石油化工设计手册

第一卷 >> 石油化工基础数据

王子宗 主编

化学工业出版社

·北京·

《石油化工设计手册》（修订版）共分四卷出版。第一卷"石油化工基础数据"内容包括：物质特性数据及其估算方法；物质的热力学性质数据及其估算方法；物质的热化学性质及其估算方法；空气、水、及其它 82 种常见物质的热物理和热化学性质；相平衡数据与化学平衡；传递性质数据与计算式；石油馏分物性数据。本卷所收集资料新、全面、实用。

　　适合从事石油化工、食品、轻工等行业技术人员阅读参考。

图书在版编目（CIP）数据

石油化工设计手册（修订版）. 第一卷，石油化工基础数据/王子宗主编. —北京：化学工业出版社，2015.4
ISBN 978-7-122-20556-8

Ⅰ.①石…　Ⅱ.①王…　Ⅲ.①石油化工-数据-技术手册　Ⅳ.①TE65-62

中国版本图书馆 CIP 数据核字（2014）第 087052 号

责任编辑：王湘民　谢丰毅　　　　　　　　　　装帧设计：王晓宇
责任校对：宋　夏

出版发行：化学工业出版社（北京市东城区青年湖南街 13 号　邮政编码 100011）
印　　装：北京虎彩文化传播有限公司
787mm×1092mm　1/16　印张 68¼　字数 1387 千字　2015 年 10 月北京第 2 版第 1 次印刷

购书咨询：010-64518888　　　　　　　售后服务：010-64518899
网　　址：http://www.cip.com.cn
凡购买本书，如有缺损质量问题，本社销售中心负责调换。

定　　价：298.00 元

《石油化工设计手册》（修订版）编写人员

主 编 王子宗 中国石油化工集团公司副总工程师、教授级高级工程师
全国勘察设计注册工程师化工专业管理委员会委员
注册化工工程师、注册咨询工程师

副主编 肖雪军 中石化炼化工程（集团）股份有限公司副总工程师兼技术部
主任、教授级高级工程师
全国注册化工工程师执业资格考试专家组副组长
注册化工工程师

袁天聪 中国石化工程建设有限公司高级工程师
注册化工工程师

第一卷编写人员

第 1 章 武向红
第 2 章 罗北辰 武向红
第 3 章 罗北辰
第 4 章 罗北辰
第 5 章 赵传钧 刘昆元 刘昌俊 麻德贤
第 6 章 童景山 麻德贤
第 7 章 张玉梅 楚纪正
第 8 章 赵世春 朱敬镐

前　言

　　《石油化工设计手册》第一版出版以来深受读者欢迎，对提高石化工程设计水平，产生了积极的影响。十年来，石化工程建设在装置大型化和清洁化上有了长足的进步，工程装备技术水平有了重要的进展，设计手段、方法和理念也得到了提高和提升。为适应这些变化，我们组织有关专家学者对手册进行了修编工作。

　　设计质量是衡量石油化工装置建设质量的一个重要因素。好的设计工具书、手册可以指导和规范设计工作，对推动石油化工技术进步和提高设计质量水平具有重要意义。

　　手册第一版出版后，我们收到一些读者的意见，他们坦诚地指出了书中的个别错误，也期待着在再版时能够得到修正，并进一步提高图书的内容质量。正是读者的热爱，激励着我们认真地进行再版的修编工作。

　　修订版的修订原则是：保持特点、充实内容，尊重原著、继承风格，在实用性、可靠性、权威性、先进性方面再下功夫，反映时代特点和要求；内容要简明扼要，一目了然，突出手册特点，提高手册的水平。手册的定位则以石油化工工艺设计人员所需的设计方法和设计资料为主要内容。

　　手册仍分四卷：第一卷——石油化工基础数据；第二卷——标准规范；第三卷——化工单元过程；第四卷——工艺和系统设计。

　　感谢参与本手册第一版编写工作的各位专家，他们有着一丝不苟、认真负责和谦虚谨慎、艰辛耕耘的精神，本次修订是在他们已获得成功的成果之上，进行再次开发。

　　本次手册的修订出版，得到了中国石化工程建设有限公司的全力支持。中国石化工程建设有限公司是世界知名的工程公司，近年来承担了大量的石化工厂、炼油厂、煤化工工厂的工程设计，有一大批国内知名的设计专家。参加修订工作的编者很多来自中国石化工程建设有限公司，他们经验丰富，手册内容也基本反映了编者的实践经验和与国际接轨的做法。此外，清华大学、天津大学、中国石油大学、北京化工大学、浙江大学、上海理工大学、大连理工大学、北京工商大学、河北工业大学、上海化工研究院、大连化学物理研究所、四川天一科技股份有限公司的相关专家教授在修订工作中也付出了辛勤劳动，在此一并表示感谢。

　　衷心希望这套手册能够成为工程设计人员实用的工具书，对提高石化工业的设计水平有所裨益。

　　由于编写经验不足，书中疏漏和不妥之处，敬请专家和读者不吝指正

王子宗

2015 年 4 月

第一版序

　　《石油化工设计手册》就要正式出版了。《手册》全面收集了石油化工设计工作中所需要的具体技术资料、图表、数据、计算公式和方法，详细介绍了工程设计的步骤和工程设计中应该考虑的问题，列有大量参考文献名录，注出图表、数据、公式等的出处，读者希望对有关问题深入了解时，可以很方便地去查阅相关的文献资料。手册选用的材料准确，有科学根据，图表、数据、公式等均经过严格的核实，手册收集的资料一般都经过实践检验，对那些正在科研阶段或虽已经过鉴定，但未工业化的科研成果和资料均未编入，有些方向性的新技术编入时，也都注明其成熟程度。手册充分体现了实用性、可靠性、权威性、先进性相结合，尤其突出实用性，是一套非常适合从事石油化工和化工设计、施工、生产、科研工作的广大技术人员查阅使用的工具书，也可作为大中专院校的师生查阅使用。

　　为编纂这套《手册》，国内 100 多位有很高学术理论水平和丰富经验的专家学者做出了极大努力，他们克服各种困难，查阅大量资料，伏案整理写作，反复修改文稿，经过五个寒冬酷暑春去秋来，终成这套《手册》。可以说《手册》是他们五年心血的结晶，《手册》是他们学识和智慧的硕果。当你阅读《手册》时请一定记住他们的名字，这是对他们最好的感谢。在《手册》出版之际，我也要向为《手册》提供资料和其他方便条件的单位和同志们表示衷心的感谢。

　　我相信，这套《手册》一定会成为石油化工、化工行业广大工程技术人员十分喜爱的工具书。

中国工程院院士

2001 年 8 月

第 1 版前言

　　石油化学工业是能源和原材料工业的重要组成部分，在国民经济中具有举足轻重的地位和作用。2000 年我国原油加工能力 2.737 亿吨/年，加工原油 2.106 亿吨，居世界第三位；乙烯生产能力 446.32 万吨/年，产量 470.00 万吨，列世界第七位。我国的石化工业已形成完整的工业体系，具有比较雄厚的实力。在石化工业发展的过程中，石化战线的设计工作者进行了大量的设计实践，积累了丰富的经验，提高了设计技术水平，亟需进行归纳整理，使其系统化、逻辑化、规范化，提供给广大设计工作者及有关工程技术人员应用。为此，化学工业出版社组织有关专家编写了《石油化工设计手册》。

　　这套手册已列为"十五"国家重点图书。手册共分四卷，约 900 余万字。自 1997 年开始组织，先后有 100 余人参加编写，这些作者都是具有扎实的理论功底和丰富实践经验的专家、教授。他们在编写工作的前期，仔细研究了国内外石油化工设计工作的现状，明确了指导思想，制定了编写大纲，此后多次征求有关方面的意见，并反复进行补充修改。在编写过程中，始终坚持理论联系实际、实事求是、突出实用等原则，对标准、规范、图表、公式和数据资料进行精心筛选，慎重取材。形成文稿后，又对稿件进行多次审查，重点章节经反复讨论、推敲，最后交执笔专家修定。各位专家一丝不苟、认真负责和谦虚谨慎、艰辛耕耘的精神令人钦佩。相信这套手册的出版不仅为石化广大工程技术人员提供一套重要的工具书，而且会对我国石化工业的发展有所裨益。

　　由于在国内第一次出版石油化工专业的设计手册，经验不足，书中疏漏和不妥之处，敬请专家和读者不吝指正。

袁晴棠　张旭之

2001 年 10 月

目　录

第1章　物质特性数据及其估算方法

1.1　物质特性数据 ··· 1
1.1.1　无机物的特性数据 ··· 1
1.1.2　有机物的特性数据 ··· 1
1.2　物质特性数据的估算方法 ··· 1
1.2.1　沸点估算方法 ··· 1
1.2.2　熔点估算方法 ··· 45
1.2.3　临界温度的估算方法 ··· 49
1.2.4　临界压力的估算方法 ··· 53
1.2.5　临界体积估算方法 ··· 54
1.2.6　偏心因子估算方法 ··· 55
1.2.7　偶极矩的数据 ··· 56
参考文献 ··· 57

第2章　物质的热力学性质及其估算方法

2.1　热力学性质数据表 ·· 58
2.1.1　低压下（$p \rightarrow 0$ 理想气体）气体的热容 ·· 58
2.1.1.1　低压下有机化合物（理想气体）气体标准状态下摩尔定压热容 $C_p^{\ominus} \sim T$ 多项式
系数 ·· 58
2.1.1.2　元素和无机物气体（低压，理想气体）标准状态下 $C_p^{\ominus} \sim T$ 关系式中各系数值 ····· 82
2.1.2　凝聚态物质的热容 ··· 94
2.1.2.1　液体有机化合物的摩尔定压热容 $C_p \sim T$ 关联式中系数值 ·························· 94
2.1.2.2　某些固体有机物的比热容 ··· 118
2.1.2.3　某些单质和无机化合物固、液态的 $C_p \sim T$ 关系式中系数值 ····················· 121
2.1.2.4　某些选定的金属元素不同温度下（$T = 4 \sim 800K$）比热容 c ····················· 127
2.1.3　聚合物的比定压热容 ··· 127
2.1.3.1　聚合物的比定压热容温度关联式中系数值 ·· 127
2.1.3.2　碳链聚合物的比定压热容 ··· 129
2.1.3.3　杂链聚合物的比定压热容 ··· 141
2.1.3.4　主链上带有环状基团的聚合物的比定压热容 ······································· 149
2.1.4　某些常见液体、固体材料及油类的比定压热容 ·· 152
2.1.5　某些有机、无机水溶液比定压热容（不同组成、不同温度下） ························ 154
2.1.5.1　几种醇水溶液的比定压热容 ·· 154
2.1.5.2　某些酸、碱、盐水溶液的比定压热容 ·· 155
2.1.6　几种重要工业气体的热容及质量热容比 ·· 157
2.1.6.1　空气 ··· 157
2.1.6.2　氮气 ··· 158
2.1.6.3　大气氮 ··· 159
2.1.6.4　氧气 ··· 159
2.1.6.5　一氧化碳 ··· 160

2.1.6.6 二氧化碳 ······ 161
2.1.6.7 氢气 ······ 162
2.1.6.8 水蒸气 ······ 163
2.1.7 某些有机、无机和单质气体在 $1.01325 \times 10^5 \mathrm{Pa}$ 下质量热容比 ······ 164
2.2 热力学性质的计算方法 ······ 165
2.2.1 热容（量） ······ 165
2.2.1.1 定义 ······ 165
2.2.1.2 C_p 与 C_v 的关系 ······ 165
2.2.1.3 热容与温度的关系 ······ 166
2.2.1.4 等温条件下 C_p 与压力的关系 ······ 167
2.2.2 热容估算方法 ······ 167
2.2.2.1 理想气体或低压下（$p \rightarrow 0$）的实际气体 $C_p^\ominus$ 的估算法 ······ 171
2.2.2.2 真实气体的热容 ······ 186
2.2.2.3 液体的热容 ······ 191
2.2.2.4 固体热容经验估算法 ······ 200
2.2.2.5 聚合物定压热容数据关联式及估算法 ······ 202
2.2.3 热力学函数与实验数据 ······ 203
2.2.4 焓、熵的计算 ······ 204
2.2.5 热力学偏离函数 ······ 205
2.2.5.1 热力学性质的偏离函数定义 ······ 205
2.2.5.2 偏离函数和逸度压力比（$f/p = \varphi$ 逸度系数）与 p、V、T 之间的关系 ······ 205
2.2.5.3 偏离焓、偏离熵以及逸度系数的计算 ······ 206
2.2.6 8种重要工业气体的热力学性质关联计算方程 ······ 217
2.3 热力学第二定律，㶲函数及㶲分析 ······ 219
2.3.1 㶲值的计算基准 ······ 219
2.3.2 㶲的计算方法 ······ 220
2.3.2.1 功和热的㶲 ······ 220
2.3.2.2 稳定流动体系与封闭体系的㶲 ······ 220
2.3.2.3 㶲损失 ······ 221
2.3.3 物质的㶲 ······ 222
2.3.3.1 化学元素和化合物的标准㶲及燃料标准㶲的估算 ······ 222
2.3.3.2 稳定流动体系纯物质的㶲 ······ 225
2.3.3.3 稳定流动体系多组分物质的㶲 ······ 226
2.3.4 㶲平衡 ······ 226
2.3.4.1 体系输入与输出之间的㶲平衡 ······ 226
2.3.4.2 体系支付与收益之间的㶲平衡 ······ 226
2.3.5 㶲分析 ······ 227
2.3.5.1 㶲分析的评价指标 ······ 227
2.3.5.2 分析步骤 ······ 227
参考文献 ······ 229

第3章 物质的热化学数据及其估算方法

3.1 物质的热化学性质数据表 ······ 231
3.1.1 纯物质的相变焓（热）——相变化热效应 ······ 231
3.1.1.1 有机化合物的相变焓及摩尔定压热容 ······ 231
3.1.1.2 元素和无机化合物的相变焓（热）及不同温度（T，K）下的 C_p ······ 238

　　　3.1.1.3　聚合物的熔化（融）热（焓）和熔化（融）熵 ·················· 250
　　3.1.2　溶液中的热效应，溶解焓（热）、稀释焓（热）及混合焓（热） ············ 275
　　　3.1.2.1　有机物溶于水的积分溶解焓（热） ················· 275
　　　3.1.2.2　无机物溶于水的积分溶解焓（热） ················· 277
　　　3.1.2.3　聚合物溶液的溶解热（焓）及混合热（焓） ··········· 280
　　3.1.3　固体表面的吸附热（焓） ··························· 286
　　　3.1.3.1　吸附质在活性炭、硅胶上的积分吸附热（焓） ·········· 286
　　　3.1.3.2　吸附质在合成沸石上的等量吸附热（焓） ············ 287
　　　3.1.3.3　水蒸气在不同吸附剂上的吸附热 ················· 287
　　　3.1.3.4　CO_2 在不同类型活性炭上的积分吸附热 ·············· 287
　　3.1.4　化学反应的热效应，物质的标准热化学性质数据 ············· 287
　　　3.1.4.1　有机化合物的标准热化学性质 ··················· 287
　　　3.1.4.2　元素及无机化合物的标准热化学性质数据 ············ 328
　　　3.1.4.3　离子和中性物质在水溶液中的标准热化学性质数据 ········ 347
　　　3.1.4.4　个别物质不同温度下自由能函数、热焓函数、$C_p^\ominus$、$S^\ominus$ 数据 ···· 352
　　　3.1.4.5　有机化合物理想气体的 $\Delta_f H^\ominus$ 与 T 的关联式系数值 ·········· 378
　　　3.1.4.6　有机化合物理想气体的 $\Delta_f G^\ominus$ 与 T 的关联式系数值 ·········· 403
　　　3.1.4.7　有机化合物标准燃烧焓（热） ··················· 444
　　　3.1.4.8　燃料的热值及单位能量（MJ）的碳排放量 ············ 456
　3.2　物质热化学性质的估算方法 ······························ 457
　　3.2.1　纯物质蒸发焓（气化焓）$\Delta_v H$ 的估算方法 ··············· 457
　　　3.2.1.1　由蒸气压方程计算 $\Delta_v H$ ····················· 457
　　　3.2.1.2　从对应状态原理估算 $\Delta_v H$ ··················· 458
　　　3.2.1.3　正常沸点下蒸发焓 $\Delta_v H_b$ 的估算 ··············· 459
　　　3.2.1.4　利用物质结构或与结构有关的特性参数估算 $\Delta_v H_b$ 的方法 ···· 462
　　　3.2.1.5　蒸发焓与温度的关系 ······················· 465
　　3.2.2　纯物质熔融焓 $\Delta_m H$ 的估算 ····················· 472
　　　3.2.2.1　熔融熵的经验规则 ························· 473
　　　3.2.2.2　Bondi 熔融熵基团贡献法 ···················· 473
　　　3.2.2.3　聚合物的熔融热（焓） ····················· 473
　　3.2.3　纯物质升华焓的估算 ························· 474
　　3.2.4　相变焓的数据及其估算法的讨论和建议 ··············· 476
　　　3.2.4.1　相变焓的数据 ·························· 476
　　　3.2.4.2　相变焓估算法的进展与建议 ·················· 476
　　3.2.5　溶解焓（热）$\Delta_{sol} H$ 的估算法 ··················· 478
　　3.2.6　标准热化学性质 $\Delta_f H^\ominus$、$\Delta_f G^\ominus$、$S^\ominus$ 和 $\Delta_c H^\ominus$ 的估算方法 ········ 479
　　　3.2.6.1　标准生成 Gibbs 函数 $\Delta_f G^\ominus$ 的推算法 ············· 479
　　　3.2.6.2　五种估算理想气体标准热化学性质的基团贡献法 ········ 481
　　　3.2.6.3　无机化合物标准热化学性质估算法 ············· 495
　　　3.2.6.4　凝聚态的标准生成焓 $\Delta_f H^\ominus$ 和标准熵 $S^\ominus$ 的估算 ········ 497
　　　3.2.6.5　燃烧焓（热）估算方法 ··················· 499
参考文献 ································· 502

第 4 章　空气、水和其它 82 种常见物质的热物理、热化学性质

　4.1　有机物质 ································· 505
　　4.1.1　饱和烃类 ······························· 505

4.1.1.1　甲烷 mathane ·· 505

4.1.1.2　乙烷 ethane ·· 508

4.1.1.3　丙烷 propane ·· 512

4.1.1.4　正丁烷 *n*-butane ··· 515

4.1.1.5　异丁烷 isobutane ·· 517

4.1.1.6　正戊烷 *n*-pentane ·· 518

4.1.1.7　异戊烷 isopentane ··· 518

4.1.1.8　新戊烷，季戊烷 neopentane ··································· 518

4.1.1.9　正己烷 *n*-hexane ··· 519

4.1.1.10　正庚烷 *n*-heptane ·· 519

4.1.1.11　正辛烷 *n*-octane ·· 520

4.1.1.12　正壬烷 *n*-nonane ··· 521

4.1.1.13　正癸烷 *n*-decane ··· 522

4.1.2　环烷烃 ··· 523

4.1.2.1　环戊烷 cyclopentane ·· 523

4.1.2.2　环己烷 cyclohexane ··· 523

4.1.3　不饱和烃 ··· 525

4.1.3.1　乙炔 acetylene ·· 525

4.1.3.2　乙烯 ethyene ··· 525

4.1.3.3　丙烯 propene ··· 529

4.1.3.4　1,2-丁二烯 1,2-butadiene ······································ 530

4.1.3.5　1,3-丁二烯 1,3-butadiene ······································ 530

4.1.4　芳香烃 ··· 531

4.1.4.1　苯 benzene ··· 531

4.1.4.2　乙苯 ethylbenzene ··· 531

4.1.4.3　丙苯 propylbenzene ··· 532

4.1.4.4　异丙苯 isopropylbenzene ······································ 532

4.1.4.5　甲苯 toluene ·· 533

4.1.4.6　间二甲苯 *m*-xylene（＝*m*-dimethylbenzene） ··············· 533

4.1.4.7　邻二甲苯 *o*-xylene ··· 533

4.1.4.8　对二甲苯 *p*-xylene ··· 534

4.1.4.9　苯乙烯 styrene ·· 535

4.1.5　含氧有机化合物 ··· 536

4.1.5.1　甲醇 methanol ·· 536

4.1.5.2　乙醇 ethanol ·· 539

4.1.5.3　正丙醇 *n*-propanol ·· 539

4.1.5.4　异丙醇 isopropanol ·· 540

4.1.5.5　正丁醇 *n*-butanol ··· 540

4.1.5.6　叔丁醇 tertbutanol ··· 540

4.1.5.7　乙二醇 1,2-ethanediol ·· 541

4.1.5.8　丙三醇（甘油）1,2,3-propanetriol（glycerol） ················· 541

4.1.5.9　二甘醇 diethyleneglycol ·· 542

4.1.5.10　三甘醇 trietheneglycol ·· 543

4.1.5.11　甲醛 formaldehyde ·· 543

4.1.5.12　乙醛 acetaldehyde ·· 543

4.1.5.13　丙酮 acetone ··· 544

4.1.5.14　乙醚 ethylether ··· 545

4.1.5.15　甲基叔丁基醚 methyl tertbutyl ether ·· 546

4.1.5.16　环氧乙烷 epoxyethane, ethylene oxide ······································· 547

4.1.5.17　1,2 环氧丙烷 1,2-epoxypropane, propylene oxide ······················· 547

4.1.5.18　乙酸 acetic acid ··· 547

4.1.5.19　乙酸甲酯 methyl acetate ·· 548

4.1.5.20　乙酸乙酯 ethyl acetate ··· 549

4.1.5.21　丙烯酸 acrylic acid ·· 550

4.1.5.22　甲基丙烯酸甲酯 methyl methacrylate（MMA） ························ 550

4.1.5.23　苯酚 phenol ··· 551

4.1.6　其它有机物质 ··· 551

4.1.6.1　R-12 freon-12 ·· 551

4.1.6.2　R-13 freon-13 ·· 555

4.1.6.3　R-21 freon-21 ·· 555

4.1.6.4　R-22 freon-22 ·· 556

4.1.6.5　三氯甲烷 trichloromethane ·· 557

4.1.6.6　四氯化碳 carbon tetrachloride ·· 557

4.1.6.7　苯胺 aniline ·· 558

4.1.6.8　A 导热姆（道-热载体）A-dowtherm ·· 559

4.1.6.9　J-导热姆 ·· 559

4.2　元素及无机物 ··· 559

4.2.1　单质气体及汞 ··· 559

4.2.1.1　氩 argon ·· 559

4.2.1.2　氦 helium ··· 561

4.2.1.3　氖 neon ··· 563

4.2.1.4　氮 nitrogen ··· 564

4.2.1.5　氢 hydrogen ·· 567

4.2.1.6　氧 oxygen ·· 572

4.2.1.7　臭氧 ozone ··· 575

4.2.1.8　氟 fluorine ··· 575

4.2.1.9　氯 chlorine ··· 576

4.2.1.10　汞 mercury ·· 576

4.2.2　无机化合物气体 ··· 580

4.2.2.1　氨 ammonia ·· 580

4.2.2.2　氟化氢 hydrogen fluride ··· 583

4.2.2.3　氯化氢 hydrogen chloride ··· 584

4.2.2.4　硫化氢 hydrogen sulfide ·· 584

4.2.2.5　一氧化碳 carbon monoxide ·· 584

4.2.2.6　二氧化碳 carbon dioxide ·· 585

4.2.2.7　二氧化硫 sulfur dioxide ··· 586

4.2.2.8　三氧化硫 sulfur trioxide ·· 586

4.2.2.9　光气 phosgene ··· 587

4.2.2.10　二氧化氮 nitrogen dioxide ·· 588

4.2.2.11　一氧化二氮 nitrous oxide ·· 589

4.3　空气、水的热物理和热化学性质 ··· 589

4.3.1　空气 air ··· 589

4.3.2　水 water ……………………………………………………………………………… 604

参考文献 ……………………………………………………………………………………… 699

第5章　相平衡数据与化学平衡

5.1　蒸气压数据及估算方法 ………………………………………………………………… 700
　5.1.1　水的蒸气压数据表 ………………………………………………………………… 700
　5.1.2　纯物质的蒸气压数据表 …………………………………………………………… 700
　5.1.3　溶液的蒸气压数据表 ……………………………………………………………… 707
　5.1.4　蒸气压的温度关联式 ……………………………………………………………… 724
　　5.1.4.1　Clapeyron 方程 ……………………………………………………………… 724
　　5.1.4.2　Antoine 方程 ………………………………………………………………… 724
　　5.1.4.3　Frost-Kalkwarf-Thodos 方程 ……………………………………………… 729
　　5.1.4.4　Wagner 方程 ………………………………………………………………… 729
　5.1.5　蒸气压估算方程 …………………………………………………………………… 730
　　5.1.5.1　对应状态法 …………………………………………………………………… 730
　　5.1.5.2　参考物质法 …………………………………………………………………… 731
　5.1.6　蒸气压文献介绍 …………………………………………………………………… 731
5.2　气液和液液相平衡数据 ………………………………………………………………… 731
　5.2.1　状态方程及其参数 ………………………………………………………………… 732
　　5.2.1.1　立方型状态方程 ……………………………………………………………… 733
　　5.2.1.2　非立方型方程 ………………………………………………………………… 735
　　5.2.1.3　混合规则及二元交互作用参数 ……………………………………………… 737
　5.2.2　活度系数模型及模型参数 ………………………………………………………… 743
　　5.2.2.1　活度系数关联模型 …………………………………………………………… 743
　　5.2.2.2　活度系数估算模型 …………………………………………………………… 750
　5.2.3　状态方程和活度系数模型联合方法 ……………………………………………… 785
　　5.2.3.1　Chao-Seader 模型及其修正式 ……………………………………………… 785
　　5.2.3.2　UNIWaals 模型 ……………………………………………………………… 786
　5.2.4　气相和液相平衡数据文献介绍 …………………………………………………… 786
5.3　气体溶解度 ……………………………………………………………………………… 787
　5.3.1　亨利（Henry）定律 ……………………………………………………………… 787
　5.3.2　气体在水中的亨利常数 …………………………………………………………… 787
　5.3.3　气体在非水液体中的亨利常数 …………………………………………………… 787
　5.3.4　弱电解质在水中的亨利常数 ……………………………………………………… 789
　5.3.5　气体在电解质水溶液中的溶解度 ………………………………………………… 789
　5.3.6　气体在非电解质水溶液中的溶解度 ……………………………………………… 790
　5.3.7　高压气体的溶解度 ………………………………………………………………… 790
5.4　固体溶解度 ……………………………………………………………………………… 791
　5.4.1　van't Hoff 方程 …………………………………………………………………… 791
　5.4.2　固体溶解度数据 …………………………………………………………………… 791
5.5　化学平衡 ………………………………………………………………………………… 798
　5.5.1　化学计量学及反应进度 …………………………………………………………… 798
　5.5.2　化学反应平衡常数 ………………………………………………………………… 799
　　5.5.2.1　化学反应标准平衡常数 ……………………………………………………… 799
　　5.5.2.2　单一化学平衡计算 …………………………………………………………… 801
　　5.5.2.3　复杂体系的化学反应平衡计算 ……………………………………………… 804

参考文献 ·· 806

第 6 章　传递性质数据与计算

6.1　黏度 ·· 809
　6.1.1　黏度的定义和单位 ·· 809
　6.1.2　气体的黏度数据 ·· 809
　6.1.3　低压下纯气体黏度的计算 ·· 816
　　6.1.3.1　理论计算法 ·· 816
　　6.1.3.2　Chung 等的计算方法 ·· 821
　　6.1.3.3　对比态法 ·· 821
　6.1.4　低压下气体混合物黏度的计算 ··· 825
　　6.1.4.1　半理论计算法 ·· 825
　　6.1.4.2　对比态关联式 ·· 829
　6.1.5　加压下纯气体黏度的计算 ·· 833
　　6.1.5.1　剩余黏度关联法 ·· 833
　　6.1.5.2　对比黏度关联法 ·· 834
　　6.1.5.3　Lucas 方法 ·· 835
　　6.1.5.4　Chung 方法 ·· 836
　　6.1.5.5　Brule-Starling 方法 ··· 837
　6.1.6　加压下气体混合物的黏度 ·· 838
　　6.1.6.1　Lucas 方法 ·· 838
　　6.1.6.2　Chung 方法 ·· 838
　　6.1.6.3　剩余黏度法 ·· 838
　6.1.7　液体黏度数据 ··· 839
　6.1.8　液体黏度的计算 ·· 840
　　6.1.8.1　低温液体黏度的推算 ·· 840
　　6.1.8.2　高温下液体黏度的推算 ··· 851
　　6.1.8.3　由 Andrado 关联式计算二甲醚的液体黏度 ··· 852
　6.1.9　液体混合物黏度的估算 ·· 852
　　6.1.9.1　Lobe 方法 ·· 852
　　6.1.9.2　Teja-Rice 方法 ·· 853
　　6.1.9.3　Grunberg-Nissan 方法 ··· 854
　6.1.10　不互溶液体混合物黏度的计算 ··· 856
　6.1.11　电解质溶液黏度和熔盐黏度的计算 ·· 856
　　6.1.11.1　Jones-Dole 关联式 ·· 856
　　6.1.11.2　熔盐混合物的黏度 ··· 857
　6.1.12　悬浮液黏度的计算 ··· 858
　附录 ·· 858
6.2　热导率 ··· 860
　6.2.1　热导率的定义和单位 ·· 860
　6.2.2　气体热导率的数据 ·· 860
　6.2.3　低压气体热导率的计算 ·· 860
　　6.2.3.1　单原子气体热导率 ··· 860
　　6.2.3.2　多原子气体热导率 ··· 861
　6.2.4　温度对低压下气体热导率的影响 ··· 865
　6.2.5　压力对气体热导率的影响 ·· 868

6.2.5.1　Stiel-Thodos 法 ·· 868

6.2.5.2　Chung 法 ·· 868

6.2.5.3　Ely-Hanley 法 ·· 869

6.2.6　低压气体混合物热导率的计算 ·· 873

6.2.6.1　Wassilijewa 方程 ·· 873

6.2.6.2　经验方程 ·· 874

6.2.6.3　Sutherland 模型法 ·· 876

6.2.6.4　Chung 等方法 ·· 881

6.2.7　高压气体混合物热导率的计算 ·· 882

6.2.7.1　Stiel-Thodos 法 ·· 882

6.2.7.2　Chung 等方法 ·· 883

6.2.7.3　Ely-Hanley 法 ·· 884

6.2.8　液体热导率数据 ·· 886

6.2.9　液体热导率的计算 ·· 888

6.2.9.1　Latini 等方法 ·· 888

6.2.9.2　Sato-Riedel 法 ·· 889

6.2.9.3　Missenard 法 ··· 889

6.2.9.4　Robbins-Kingrea 法 ·· 889

6.2.9.5　Teja-Rice 法 ··· 891

6.2.10　压力对液体热导率的影响 ··· 892

6.2.10.1　导热因子法 ··· 892

6.2.10.2　Missenard 法 ·· 892

6.2.11　液体混合物热导率的估算 ··· 893

6.2.11.1　Fillippov 方程 ··· 893

6.2.11.2　Jamieson 关联式 ··· 893

6.2.11.3　幂律方程 ··· 893

6.2.11.4　Li 方程 ·· 894

6.2.11.5　T-L 方程 ·· 894

6.2.12　电解质水溶液的热导率 ··· 895

6.2.13　固体热导率数据与估算 ··· 897

6.3　扩散系数 ·· 906

6.3.1　基本概念与单位 ·· 906

6.3.2　气相扩散系数数据 ·· 906

6.3.3　低压下气体扩散系数的计算 ·· 906

6.3.3.1　低压双元气体体系扩散系数 ·· 906

6.3.3.2　低压双元气体混合物扩散系数的经验式 ································ 909

6.3.4　高压下气体扩散系数的计算 ·· 914

6.3.4.1　Dawson-Khoury-Kobayashi 公式 ····································· 914

6.3.4.2　Mathur-Thodos 公式 ·· 914

6.3.5　温度对气体扩散的影响 ·· 915

6.3.6　多组元气体混合物的扩散 ·· 916

6.3.7　液体中的扩散 ·· 917

6.3.8　无限稀释双元溶液扩散系数的计算 ···································· 917

6.3.8.1　Wilke-Chang 推算法 ·· 917

6.3.8.2　Scheibel 关联式 ·· 918

6.3.8.3　Reddy-Doraiswamy 关联式 ··· 918

6.3.8.4　Hayduk-Laudie 关联式 ·· 919
6.3.8.5　Tyn-Calus 法 ·· 919
6.3.8.6　改进的 Tyn-Calus 法 ······································· 920
6.3.8.7　Hayduk-Minhas 法 ·························· 920
6.3.9　双液系扩散与浓度的关系 ···································· 922
6.3.10　温度和压力对液体中扩散的影响 ···························· 922
6.3.11　多组分液体混合物中的扩散 ························· 923
6.3.11.1　在混合溶剂中的扩散 ································ 923
6.3.11.2　多组分扩散系数 ······································· 924
6.3.12　电解质溶液中的扩散 ·································· 924
6.3.13　固体的扩散 ······································· 926
6.3.13.1　固体扩散系数与扩散的研究方法 ·············· 926
6.3.13.2　扩散系数与温度的关系 ························· 926
6.4　表面张力 ·························· 927
6.4.1　表面张力的定义和单位 ································ 927
6.4.2　液体表面张力数据 ·· 927
6.4.3　纯液体表面张力和温度的关系 ······················ 927
6.4.4　表面张力的估算法 ··· 929
6.4.4.1　结构贡献法 ··· 929
6.4.4.2　对比态法 ·· 930
6.4.4.3　其它估算法 ·· 932
6.4.5　溶液的表面张力 ··· 933
6.4.5.1　非水溶液的表面张力 ··························· 933
6.4.5.2　水溶液的表面张力 ······························· 937
6.4.6　量子流体低温下的表面张力 ··························· 939
6.4.7　金属熔体的表面张力 ································· 939
参考文献 ·· 940

第7章　石油馏分物性数据

7.1　石油馏分的特性数据 ··································· 943
7.1.1　平均沸点 ·· 943
7.1.2　特性因数 ·· 944
7.1.3　摩尔质量 ··· 946
7.1.4　偏心因子 ·· 946
7.1.5　分子族组成 ··· 948
7.1.6　折射率 ·· 949
7.1.7　闪点 ·· 950
7.1.8　倾点 ·· 950
7.1.9　苯胺点 ·· 951
7.1.10　烟点 ·· 951
7.1.11　冰点 ·· 952
7.1.12　云点 ·· 952
7.1.13　十六烷指数 ··· 952
7.1.14　烟点-苯胺点关联 ··································· 953
7.1.15　云点-倾点关联 ··································· 953
7.1.16　调和油的闪点 ····································· 953

7.2　蒸馏曲线的换算 ··· 954

　　7.2.1　ASTM D86-TBP 常压蒸馏曲线的相互换算 ······································· 956

　　7.2.2　10mmHg 绝压下 ASTM D1160-TBP 蒸馏曲线的相互换算 ················· 957

　　7.2.3　模拟蒸馏（ASTM D2887）到常压 TBP 蒸馏曲线的换算 ·················· 958

　　7.2.4　模拟蒸馏（ASTM D2887）到 ASTM D86 蒸馏曲线的换算 ·············· 959

　　7.2.5　减压下石油馏分蒸馏数据的相互换算 ·· 960

　　7.2.6　ASTM D86 蒸馏与常压平衡气化的曲线换算 ··································· 961

　　7.2.7　10mmHg 绝压下恩氏蒸馏到平衡气化的曲线换算 ···························· 962

　　7.2.8　10mmHg 绝压下实沸点蒸馏和平衡气化数据的换算 ························· 964

　　7.2.9　由常压恩氏蒸馏和平衡气化数据求高于 1atm 的平衡气化数据 ·········· 966

　　7.2.10　平衡气化气液相产物的性质估算 ··· 968

7.3　临界点和假临界点 ··· 974

　　7.3.1　石油馏分的临界点温度 ··· 975

　　7.3.2　石油馏分的假临界点温度 ·· 975

　　7.3.3　石油馏分的临界点压力 ··· 975

　　7.3.4　石油馏分的假临界点压力 ·· 976

　　7.3.5　明确组分和石油馏分混合物的临界点与假临界点温度 ······················ 976

　　7.3.6　明确组分和石油馏分混合物的临界点与假临界点压力 ······················ 978

7.4　石油馏分的蒸气压 ··· 979

　　7.4.1　临界性质已知的纯烃及石油窄馏分的蒸气压 ···································· 979

　　7.4.2　临界性质未知的纯烃及石油窄馏分的蒸气压 ···································· 980

　　7.4.3　原油和产品油的蒸气压 ··· 985

　　7.4.4　调和油的雷特（Reid）蒸气压 ··· 987

　　7.4.5　雷特（Reid）蒸气压的预测 ··· 988

7.5　石油馏分的密度 ·· 989

　　7.5.1　纯烃及其混合物的液体密度 ··· 990

　　7.5.2　低压下石油馏分的液体密度 ··· 990

　　7.5.3　高压下石油馏分的液体密度 ··· 991

　　7.5.4　烃及其混合物液体密度与温度和压力的关系 ···································· 992

　　7.5.5　低摩尔质量烃类与原油混合后的体积收缩 ······································· 992

　　7.5.6　烃与非烃气体及其混合物的密度 ·· 993

7.6　石油馏分的热性质 ··· 995

　　7.6.1　石油馏分的焓 ··· 995

　　7.6.2　石油馏分的等压热容和等容热容 ·· 1001

7.7　石油馏分的气液相平衡 ·· 1002

　　7.7.1　SRK 状态方程 ·· 1002

　　7.7.2　逸度系数 ··· 1004

　　7.7.3　焓差与熵差 ·· 1004

　　7.7.4　交互作用参数 ··· 1004

　　7.7.5　石油馏分的气液相平衡 ··· 1006

　　7.7.6　气液相平衡常数及平衡气化的计算方法 ··· 1006

7.8　表面张力 ··· 1009

7.9　黏度 ··· 1009

　　7.9.1　黏度换算 ··· 1009

　　7.9.2　常压下石油馏分的液体黏度 ··· 1011

　　7.9.3　压力对低摩尔质量烃液体黏度的影响 ·· 1012

　　　7.9.4　压力对高摩尔质量石油馏分液体黏度的影响 ·· 1015

　　　7.9.5　石油馏分掺和物的液体黏度 ·· 1016

　　　7.9.6　组成不明确的烃类混合物气体在低压下的黏度 ··· 1016

　　　7.9.7　压力对烃类气体黏度的影响 ·· 1017

　　　7.9.8　含溶解气的烃和烃类混合的液体黏度 ·· 1018

　　7.10　热导率 ·· 1018

　　　7.10.1　液体石油馏分的热导率 ·· 1018

　　　7.10.2　石油馏分与组成已知的烃类液态混合物的热导率 ·· 1019

　　　7.10.3　石油馏分蒸气的热导率 ·· 1020

　　7.11　燃烧热 ·· 1021

　　　7.11.1　石油馏分的燃烧热 ·· 1023

　　　7.11.2　燃料气的燃烧热 ·· 1024

　　　7.11.3　有效燃烧热 ··· 1024

　　　7.11.4　煤的热值 ··· 1025

　　参考文献 ·· 1026

第 8 章　石油化工物性数据库

　8.1　石油化工物性数据库的特点 ··· 1027

　　8.1.1　数据库技术是计算机学科的一个分支 ·· 1027

　　8.1.2　数据库的特点 ··· 1027

　8.2　数据库在石油化工工艺设计中的应用和发展 ·· 1028

　　8.2.1　数据库技术在石油化工工艺设计中发挥重要作用 ·· 1028

　　8.2.2　我国重视石油化工物性数据库的研发 ·· 1028

　　8.2.3　石油化工物性数据库在国外的发展过程 ·· 1029

　　8.2.4　我国在石油化工物性数据库方面的应用现状 ··· 1030

　8.3　PRO/Ⅱ通用过程模拟软件中的石化物性数据库 ·· 1030

　　8.3.1　PRO/Ⅱ真实组分数据库 ·· 1030

　　　8.3.1.1　纯组分数据库 ·· 1030

　　　8.3.1.2　电解质数据库 ·· 1031

　　　8.3.1.3　DIPPR 数据库 ··· 1034

　　　8.3.1.4　醇类专用热力学包 ·· 1035

　　　8.3.1.5　乙二醇专用热力学包 ··· 1036

　　8.3.2　石油组分数据库 ·· 1036

　　　8.3.2.1　石油表征方法和虚拟组分 ··· 1036

　　　8.3.2.2　石油试样数据分析 ·· 1037

　　　8.3.2.3　虚拟组分性质生成 ·· 1037

　　8.3.3　用户数据库 ··· 1038

　　8.3.4　内置性质计算系统介绍 ··· 1038

　8.4　Aspen Plus 通用过程模拟软件中的石化物性数据库 ··· 1041

　　8.4.1　Aspen Plus 及其数据库概况 ··· 1041

　　8.4.2　纯组分数据库 ·· 1043

　　8.4.3　离子数据库 ··· 1045

　　8.4.4　固体数据库 ··· 1046

　　8.4.5　无机物数据库 ·· 1046

　　8.4.6　NIST-TRC 数据库 ·· 1047

　　8.4.7　COMBUST 数据库 ·· 1048

8.4.8　ETHYLENE 数据库 ……………………………………………………… 1049

8.4.9　二元交互作用参数库 ……………………………………………………… 1050

8.4.10　内部数据库 ……………………………………………………………… 1051

8.4.11　用户数据库 ……………………………………………………………… 1051

8.4.12　选用的数据库 …………………………………………………………… 1051

8.4.12.1　PPDS 数据库 ……………………………………………………… 1051

8.4.12.2　FACTPCD 数据库 ………………………………………………… 1052

8.4.12.3　Aspen OLI Interface ……………………………………………… 1052

8.4.13　ADA/PCS 系统和石油试样数据库 …………………………………… 1052

8.4.14　物性推算系统 ……………………………………………………………… 1057

8.4.15　物性估算方法 ……………………………………………………………… 1059

8.4.16　DFMS 数据库管理系统 ………………………………………………… 1060

参考文献 …………………………………………………………………………… 1062

附录 …………………………………………………………………………… 1065

第 1 章　物质特性数据及其估算方法

1.1　物质特性数据

1.1.1　无机物的特性数据

表 1-1 中列出 97 种无机物的特性数据[1]。

熔点（℃）：为正常熔点。数字后面标有"t_p"表示三相点，此时在大于一个大气压下气、液、固处于相平衡（也就是正常熔点不存在）。

沸点（℃）：为常压沸点。数字后面标有"s_p"表示升华点，此时常压下气、固处于相平衡。

密度：固体和液体的密度是接近室温时的值，单位为"g/cm^3"。气体的密度是在 101.325kPa，25℃时计算的理想气体密度，单位为"g/L"。

1.1.2　有机物的特性数据

表 1-2 中列出了 1322 种有机物的特性数据[2]。

熔点（℃）：为正常熔点。数值后标有"dec"时表示在熔点温度时会发生分解（即真正的熔点不可能存在）。

沸点（℃）：为常压沸点。数值后标有"dec"时表示在沸点温度时会发生分解，数值后标有"exp"时表示在沸点温度时会发生爆炸。

密度（g/cm^3）：右上角的数字为摄氏温度，即密度为在此温度下的液体或固体密度。

折射率：右上角的数字为摄氏温度，表中所列数值为在此温度下的折射率。

临界性质：右上角有"*"者表示此数值为估算值。

自燃温度：引起化学品自动点燃的最低温度。

闪点：在常压下，液体上充满了可燃蒸气，与空气混合后，能被一个火苗或火星点燃时的温度。数值后的"O. C."表示此数值为开杯闪点。

爆炸极限：是指化学品蒸气（包括气、雾和粉末）与空气混合的临界比，即每一百个单位体积中的可燃蒸气的体积单位数，遇火花能引起爆炸的比例限度。如果属于气体或蒸气，则用与空气混合的百分比表示；粉末可用空气中的浓度（g/m^3）表示。

当表中找不到相关有机物的特性数据时，可采用 1.2 节物质特性数据的估算法求得。

1.2　物质特性数据的估算方法

1.2.1　沸点估算方法

正常沸点指的是在常压情况下（1atm，1atm＝101325Pa）物质的沸点，是物质最基本的物理性质、应用很广泛。这种性质的准确数据大多是从试验测试得来，目前已经比较齐全了。一般情况下，很少采用估算的数值。在必要的情况下，也有几种估算方法可供使用。

（1）Joback 法[3]

表 1-1　无机物的物性数据表

序号	化学式	中文名称	英文名称	相对分子质量	熔点/℃	沸点/℃	密度/(g/cm³)	临界温度/K	临界压力/MPa	临界体积/(cm³/mol)	临界压缩因子	偏心因子	偶极矩①/D
1	Ag	银	silver	107.868	961.78	2162	10.5	7480.8	506.6	58.2			
2	Al	铝	aluminum	26.982	660.32	2519	2.70	8550.0		40.4			
3	AlBr₃	三溴化铝	aluminum tribromide	266.694	97.5	255	3.2	763.0	2.89	310.0	0.141	0.399	5.0
4	AlCl₃	三氯化铝	aluminum trichloride	133.341	192.6	180_{sp}	2.48	620.0	2.63	259.0	0.132	0.660	2.0
5	AlI₃	三碘化铝	aluminum triiodide	407.695	188.28	382	3.98	983.0		408.0			2.3
6	Ar	氩	argon	39.948	-189.36_{tp}(69kPa)	-185.85	1.753g/L	150.8	4.87	74.9	0.291	0.001	0.0
7	As	砷	arsenic	74.922	817_{tp}(3.7MPa)	614_{sp}	5.75	1673.0	22.3	34.9	0.056	0.121	
8	AsCl₃	三氯化砷	arsenic trichloride	181.281	-16	130	2.150	654.0		252.0			1.6
9	BBr₃	三溴化硼	boron tribromide	250.523	-46	91.3	2.6	581.0		272.0			0.0
10	BCl₃	三氯化硼	boron trichloride	117.170	-107.3	12.5	4.789g/L	455.0	3.87	239.5	0.245	0.140	0.0
11	BF₃	三氟化硼	boron trifluoride	67.806	-126.8	-99.9	2.772g/L	260.8	4.99	114.7	0.264	0.393	0.0
12	BI₃	三碘化硼	boron triiodide	391.524	49.7	209.5	3.35	773.0		356.0			
13	B₂H₆	乙硼烷	diborane	27.670	-164.85	-92.49	1.131g/L	289.8	4.01	79.4			
14	Bi	铋	bismuth	208.980	271.406	1564	9.79	4620.0					
15	Br₂	溴	bromine	159.808	-7.2	58.8	3.1028	588.0	10.3	127.2	0.268	0.108	0.2
16	ClF₅	五氟化氯	chlorine pentafluoride	130.445	-103	-13.1	5.332g/L	415.9	5.27	233.0	0.355	0.212	0.0
17	ClO₃F	过氯酰氟氧氟	perchloryl fluoride	102.449	-147	-46.75	4.187	368.4	5.37	160.8	0.282	0.170	
18	Cl₂	氯	chloride	70.905	-101.5	-34.04	2.898g/L	416.9	7.98	123.8	0.285	0.090	0.0
19	CO	一氧化碳	carbon monoxide	28.010	-205.02	-191.5	1.145g/L	132.86	3.494	93	0.295	0.066	0.1
20	COS	氧硫化碳	carbon oxysulfide	60.075	-138.8	-50	2.456g/L	375.0	5.88	137.0	0.260	0.099	0.7
21	CO₂	二氧化碳	carbon dioxide	44.010	-56.558_{tp}	-78.464_{sp}	1.799g/L	304.13	7.375	94	0.274	0.239	0.0
22	Cs	铯	cesium	132.905	28.5	671	1.873	2048.1	11.65	316.4	0.255	0.109	
23	CS₂	二硫化碳	carbon disulfide	76.143	-112.1	46	1.2632[20]	552.0	7.90	173.0	0.276	-0.130	0.0
24	D₂	重氢	deuterium	4.028	-254.42	-249.48	0.164g/L	38.4	1.662	60.3	0.314	0.351	0.0
25	D₂O	重水	deuterium oxide	20.027	3.82	101.42	1.1044[25]	644.0	21.66	55.6	0.225	0.054	1.9
26	F₂	氟	fluorine	37.997	-219.67_{tp}	-188.12	1.553g/L	144.3	5.34	66.3	0.292	0.252	0.0
27	F₂N₂	顺二氟二嗪	cis-difluorodiazine	66.010	<-195	-105.75	2.896g/L	272.0	7.09	113.3	0.310	0.217	
28	F₂N₂	反二氟二嗪	trans-difluorodiazine	66.010	-172	-111.45	2.896g/L	260.1	5.57	113.3		0.088	
29	F₂O	一氧化二氟	fluorine monoxide	53.996	-223.8	-144.3	2.207g/L	215.1	4.95	97.6			0.2
30	Fe	铁	iron	55.845	1538	2861	7.87	10175.0					
31	Ge	锗	germanium	72.61	938.25	2833	5.3234	8400.0		41.9			
32	HBr	溴化氢	hydrogen bromide	80.912	-86.80	-66.38	3.307g/L	363.4	8.53	110.0		0.133	0.8
33	HCl	氯化氢	hydrogen chloride	36.461	-114.17	-85	1.490g/L	324.7	8.31	80.9	0.249		1.1

续表

序号	化学式	中文名称	英文名称	相对分子质量	熔点/℃	沸点/℃	密度/(g/cm³)	临界温度/K	临界压力/MPa	临界体积/(cm³/mol)	临界压缩因子	偏心因子	偶极矩[①]/D
34	HCN	氰化氢	hydrogen cyanide	27.026	-13.29	26	0.6876^{20}	456.7	5.25	136.0	0.197		1.9
35	HF	氟化氢	hydrogen fluoride	20.006	-83.36	20	0.818g/L	461.0	6.48	69.2	0.117	0.329	0.5
36	HI	碘化氢	hydrogen iodide	127.912	-50.76	-35.55	5.228g/L	423.7	8.25	132.7	0.307	0.049	0.0
37	He	氦-4	helium-4	4.003		-268.93	0.164g/L	5.19	0.227	57.4	0.302	-0.365	
38	Hg	汞	mercury	200.59	-38.8290	356.62	13.5336	1765.0	151.0	42.7	0.439	-0.167	
39	HgI2	碘化汞	mercury iodide	454.40	259	351	6.28	1078.1	10.00				0.0
40	H2	氢	hydrogen	2.016	$-259.198t_p$	-252.762	0.082g/L	33.2	1.30	65.0	0.305	-0.216	0.0
41	H2O	水	water	18.015	0.00	99.974	0.9970^{25}	647.3	22.1	57.1	0.235	0.344	1.8
42	H2S	硫化氢	hydrogen sulfide	34.081	-85.5	-59.55	1.393g/L	373.2	8.94	98.6	0.284	0.081	0.9
43	H2Se	硒化氢	hydrogen selenide	80.98	-65.73	-41.25	3.310g/L	411.1	9.03				0.6
44	I2	碘	iodine	253.809	113.7	184.4	4.933	819.0	11.73	154.6	0.266	0.229	
45	K	钾	potassium	39.098	63.5	759	0.89	2189.1	15.50	201.5	0.210	0.005	
46	Kr	氪	krypton	83.798	$-157.38t_p$	-153.34	3.425g/L	209.4	5.50	91.2	0.288		0.0
47	Li	锂	lithium	6.941	180.5	1342	0.534	3223.0		57.8	0.170		
48	MoF6	氟化钼	molybdenum fluoride	209.93	17.5	34	2.54	485.2	4.97	229.2	0.200		
49	Na	钠	sodium	22.990	97.794	882.940	0.97	2740.0	30.40	90.0	0.243		
50	NH3	氨	ammonia	17.031	-77.73	-33.33	0.696g/L	405.5	11.33	72.5	0.250	0.250	1.5
51	NF3	三氟化氮	nitrogen trifluoride	71.002	-206.79	-128.75	2.902g/L	234.0	4.53	124.4	0.35	0.135	0.2
52	NO	一氧化氮	nitric oxide	30.006	-163.6	-151.74	1.226g/L	179.8	6.48	57.7	0.375	0.588	0.2
53	NOCl	亚硝酰氯	nitrosyl chloride	65.459	-59.6	-5.5	2.676g/L	439.9	9.12	139.2	0.473	0.318	1.8
54	NOF3	三氟氧化氮	trifluoroamine oxide	87.001	-161	-87.5	3.556g/L	303.0	6.43	146.9	0.291	0.212	0.4
55	NO2	二氧化氮	nitrogen dioxide	46.006	-11.3	21.1	1.880g/L	431.2	10.10	167.8	0.275	0.834	0.3
56	N2	氮	nitrogen	28.013	-210.0	-195.798	1.145g/L	126.2	3.39	89.9	0.273	0.039	0.0
57	N2F4	四氟联氨	tetrafluoro hydrazine	104.007	-164.5	-74	4.251g/L	309.3	3.74	181.0		0.206	
58	N2H4	肼	hydrazine	32.045	1.54	113.55	1.0036	653.1	14.7	101.1		0.316	
59	N2O	一氧化二氮	nitrous oxide	44.012	-90.8	-88.48	1.799g/L	309.8	7.26	97.1		0.165	0.2
60	N2O4	四氧化二氮	nitrogen tetroxide	92.011	-9.3	21.15	1.45(20℃)	431.4	10.13	161.4			0.0
61	Ne	氖	neon	20.180	-248.59	-246.08	0.885g/L	44.4	2.71	41.7	0.311	-0.029	0.0
62	O2	氧	oxygen	31.999	-218.79	-182.953	1.308g/L	154.6	5.05	73.4	0.288	0.025	0.0
63	O3	臭氧	ozone	47.998	-193	-111.35	1.962g/L	261.1	5.57	88.9	0.228	0.691	0.5
64	P	磷	phosphorus	30.974	44.15	280.5	1.823	968.1	8.33				
65	PClF2	二氟氯化磷	phosphorus chloride difluoride	104.424	-164.8	-47.3	4.268g/L	362.4	4.52			0.164	
66	PCl2F	一氟二氯化磷	phosphorus dichloride fluoride	120.877	-144	13.85	4.941g/L	463.0	4.96			0.174	
67	PCl3	三氯化磷	phosphorus trichloride	137.333	-93	76	1.574	563.0		264.0			0.9

续表

序号	化学式	中文名称	英文名称	相对分子质量	熔点/℃	沸点/℃	密度/(g/cm³)	临界温度/K	临界压力/MPa	临界体积/(cm³/mol)	临界压缩因子	偏心因子	偶极矩①/D
68	PF_3	三氟化磷	phosphorus trifluoride	87.969	-151.5	-101.8	3.596g/L	271.1	4.33			0.326	
69	PH_3	磷化氢	phosphine	33.998	-133.8	-87.75	1.390g/L	324.5	6.54			0.038	0.6
70	$POCl_3$	三氯氧化磷	phosphoryl chloride	153.332	1.18	105.5	1.645	601.0	4.96	276.0		0.202	
71	$PSClF_2$	二氟氯硫化磷	phosphorothioc chloride difluoride	136.489	-155.2	6.3	5.579g/L	439.2	4.14			0.187	0.6
72	PSF_3	三氟硫化磷	phosphorothioc trifluoride	120.034	-148.8	-52.25	4.906g/L	346.0	3.82	247.0	0.189	-0.008	
73	Rb	铷	rubidium	85.468	39.30	688	1.53	2111.1	13.40			0.171	
74	Rn	氡	radon	222	-71	-61.7	9.074g/L	377.4	6.30	140.0	0.281		
75	S	硫	sulfur	32.065	115.21	444.61	2.00	1313.1	11.75	158.0			
76	Se	硒	selenium	78.96	220.8	685	4.809	1766.0	38.00	62.3	0.263	0.346	
77	SF_4	四氟化硫	sulfur tetrafluoride	108.059	-125	-40.45	4.417g/L	364.0	3.76	198.8	0.268	0.286	1.0
78	SF_6	六氟化硫	sulfur hexafluoride	146.055	-49.596t_p	-63.8s_p	5.970g/L	318.7	4.86	120.0	0.282		0.0
79	Si	硅	silicon	28.086	1414	3265	2.3296	269.6					0.0
80	$SiCl_4$	四氯化硅	silicon tetrachloride	169.898	-68.74	57.65	1.5	508.1	3.59	325.7	0.277	0.232	
81	SiF_3Cl	三氟氯硅烷	chlorotrifluorosilane	120.534	-138	-70.0	4.927g/L	307.7	3.47				0.0
82	SiF_4	四氟化硅	silicon tetrafluoride	104.080	-90.2	-86	4.254g/L	259.0	3.72			0.753	
83	$SiHCl_3$	三氯硅烷	trichlorosilane	135.452	-128.2	33	1.331	479.1	4.84	268.0			0.0
84	SiH_4	硅烷	silane	32.118	-185	-111.9	1.313g/L	269.7	3.50			0.068	
85	SiI_4	四碘硅烷	tetraiodosilane	535.704	120.5	287.35	4.1	944.0		558.0			0.0
86	$SiCl_2F_2$	二氟二氯硅烷	dichlorodifluorosilane	136.989	-44	-32	5.599g/L	369.0					
87	SO_2	二氧化硫	sulfur dioxide	64.064	-75.5	-10.05	2.619g/L	430.8	7.88	122.2	0.269	0.256	1.6
88	SO_3 (r-from)	三氧化硫	sulfur trioxide	80.063	16.8	44.5	1.90	491.2	8.21	127.3	0.256	0.481	0.0
89	$SnCl_4$	四氯化锡	stanic chloride	260.522	-34.07	114.15	2.234	591.8	3.74	351.2	0.298	0.268	
90	$TiCl_4$	四氯化钛	titanium tetrachloride	189.679	-24.12	136.45	1.73	638.0	4.66	339.2	0.298		
91	TiI_4	四碘化钛	titanium tetraiodide	555.485	155	377	4.3	1040.0	4.57	505.0			
92	UF_6	六氟化铀	uranium hexafluoride	352.019	64.06t_p	56.5s_p	5.09	505.8	4.66	250.0	0.277	0.318	
93	WF_6	六氟化钨	tungsten hexafluoride	297.83	1.9	17.1	3.44	452.7		232.7			0.0
94	Xe	氙	xenon	131.293	-111.745t_p	-108.09	5.366g/L	289.7	5.84	118.4	0.287	0.008	0.0
95	XeF_2	二氟化氙	xenon difluoride	169.29	129.03t_p	114.35s_p	4.32	631.1	9.32	148.6	0.264	0.317	
96	XeF_4	四氟化氙	xenon tetrafluoride	207.287	117.1t_p	115.75s_p	4.04	612.0	7.04	188.6	0.261	0.357	
97	Zn	锌	zine	65.409	419.53	907	7.134	2592.0		32.2			

① D (debye) 不是 SI 单位，1D=3.335641×10⁻³⁰ C·m（C·m 为库伦·米）。

表 1-2　有机物的特性数据表

序号	化学式	中文名称	英文名称	相对分子质量	正常熔点/℃	正常沸点/℃	密度/(g/cm³)	临界温度/K	临界压力/MPa	临界体积/(cm³/mol)	临界压缩因子	偏心因子	偶极矩①/D	折射率	自燃温度/℃	闪点/℃	空气中爆炸极限
1	$CBrClF_2$	溴氯二氟甲烷	bromochlorodifluoromethane	165.36	-159.5	-3.7		426.88	4.254	246.0	0.294	0.184					
2	$CBrF_3$	一溴三氟甲烷	bromotrifluoromethane	148.91	-172	-57.8	1.5800^{20}	340.2	3.956	195.0	0.273	0.173	0.7				
3	$CBrCl_3$	一溴三氯甲烷	bromotrichloromethane	198.274	-5.65	105	2.012^{25}							1.5065^{20}		51	
4	CBr_2F_2	二溴二氟甲烷	dibromodifluoromethane	209.816	-110.1	22.76		471.3	4.53	250.0		0.180	0.7				
5	$CClF_3$	一氯三氟甲烷	chlorotrifluoromethane	104.459	-181.2	-81.4	1.186^{20}	301.89	3.901	180.0	0.280		0.5				
6	$CClN$	氯化氰	cyanogen chloride	61.471	-6.5	13											
7	CCl_2F_2	二氯二氟甲烷	dichlorodifluoromethane	120.914	-157.1	-29.8		385.08	4.129	213.0	0.275	0.180	0.5				
8	CCl_2O	光气	phosgene	98.916	-127.78	8.3	1.3719^{25}	455	5.67	190.0	0.285	0.205	1.1				
9	CCl_3F	三氯一氟甲烷	trichlorofluoromethane	137.368	-110.44	23.7		471.15	4.478	247.0	0.282	0.184	0.5				
10	CCl_4	四氯化碳	carbon tetrachloride	153.823	-22.62	76.8	1.5940^{20}	556.31	4.557	276.0	0.272	0.193	0.0	1.4601^{20}			
11	CF_4	四氟甲烷	carbon tetrafluoride	88.005	-183.60	-128.0		227.55	3.738	140.0	0.279	0.186	0.0				
12	$CHBr_3$	三溴甲烷	tribromomethane	252.731	8.69	149.1	2.8788^{25}	689.96*	4.733*	270.7*	0.223*	0.1234*	1.0	1.5948^{25}			
13	$CHClF_2$	氯二氟甲烷	chlorodifluoromethane	86.469	-157.42	-40.7		369.38	5.000	166.0	0.270	0.219	1.4				
14	$CHCl_2F$	二氯一氟甲烷	dichlorofluoromethane	102.923	-130.4	8.9	1.405^{9}	451.51	5.197	194.0	0.269	0.207	1.3	1.3721^{9}			
15	$CHCl_3$	氯仿	chloroform	119.378	-63.41	61.17	1.4788^{25}	536.01	5.328	243	0.291	0.213	1.1	1.4459^{20}			
16	CHF_3	三氟甲烷	trifluoromethane	70.014	-155.2	-82.1	0.673^{25}	299.12	4.80	133.8	0.258	0.267	1.6	1.2614^{20}			
17	CHN	氰化氢	hydrogen cyanide	27.026	-13.29	26	0.6876^{20}	456.7	5.39	139.0	0.197	0.388	3.0		537.8	-18	5.6%~40.0%
18	CH_2Br_2	二溴甲烷	dibromomethane	173.835	-52.5	97	2.4969^{20}	583.0	7.154	189.5*	0.349*	0.210*	1.9	1.5420^{20}			
19	CH_2Cl_2	二氯甲烷	dichloromethane	84.933	-97.2	40	1.3266^{20}	508	6.355	153	0.235*	0.192	1.8	1.4242^{20}			
20	CH_2F_2	二氟甲烷	difluoromethane	52.024	$-136.8t_p$	-51.6	1.2139^{52}	351.31	5.808	122.0	0.243	0.276	2.0	1.3389^{20}	615	-4.2	15.5%~66.0%
21	CH_2I_2	二碘甲烷	diiodomethane	267.836	6.1	182	3.3211^{20}	740.9*	5.42*	267.5*	0.235*	0.180*	1.6	1.7411^{20}			
22	CH_2O	甲醛	formaldehyde	30.026	-92	-19.1	0.815^{-20}	402.7	6.59	99.5*	0.197	0.253	2.3		430	-67	7.0%~73.0%
23	CH_2O_2	甲酸	formic acid	46.026	8.3	101	1.220^{20}	580.0	5.50	106.5*	0.152*	0.349*	1.5	1.3714^{20}	410	68.9(O,C)	18%~57%
24	CH_3Br	溴甲烷	methyl bromide	94.939	-93.68	3.5	1.6755^{20}	464.0	6.61	153	0.262*	0.157*	1.8	1.4218^{20}	536	-40	10%~16%
25	CH_3Cl	氯甲烷	methyl chloride	50.488	-97.7	-24.09	0.911^{25}	416.26	6.697	139.0	0.269	0.153	1.9		632	<-40	7.0%~19.0%
26	CH_3Cl_3Si	甲基三氯硅烷	methyl trichlorosilane	149.48	-90	65.6	1.273^{20}	517	3.28	348.0	0.265	0.204	1.8	1.4106^{20}	>404	-9	7.6%~63%
27	CH_3F	氟甲烷	methyl fluoride	34.033	-143.3	-78.4	0.567^{25}	317.39	5.873	109.7	0.243	0.193	1.6	1.1674^{25}			
28	CH_3I	碘甲烷	methyl iodide	141.939	-66.4	42.43	2.2789^{20}	528	6.535	179.5*	0.231*		1.8	1.5308^{20}			
29	CH_3NO	甲酰胺	formamide	45.041	2.49	220	1.1334^{20}	745.0	9.50				3.1	1.4472^{20}	>500	154	
30	CH_3NO_2	硝基甲烷	nitromethane	61.041	-28.38	101.19	1.1371^{20}	588	6.31	173.0	0.223	0.310	3.1	1.3817^{20}	415	35	7.1%~63%
31	CH_4	甲烷	methane	16.043	-182.47	-161.48	0.4228^{-162}	190.56	4.599	98.60	0.286	0.011	0.0		538	-188	5.3%~15%
32	CH_4N_2O	尿素	urea	60.055	133.3	Dec	1.3230^{20}						0.0	1.484			
33	CH_4O	甲醇	methanol	32.042	-97.53	64.6	0.7914^{20}	512.5	8.084	117.0	0.224	0.566	1.7	1.3288^{20}	385	11	5.5%~44.0%
34	CH_4S	甲硫醇	methyl mercaptan	48.108	-123	5.9	0.8665^{20}	470.0	7.19	146.4	0.268	0.153	1.3			-17.8	3.9%~21.8%
35	CH_5ClSi	甲基氯硅烷	methyl chlorosilane	80.59	-135	7		517.8								13	

续表

序号	化学式	中文名称	英文名称	相对分子质量	正常熔点/℃	正常沸点/℃	密度/(g/cm³)	临界温度/K	临界压力/MPa	临界体积/(cm³/mol)	临界压缩因子	偏心因子	偶极矩①/D	折射率	自燃温度/℃	闪点/℃	空气中爆炸极限
36	CH_5N	甲胺	methylamine	31.058	-93.5	-6.32	0.656^{25}	429.6	7.44	120.5*	0.213*	0.292	1.3		430	<10	4.9%~20.7%
37	CH_6N_2	甲基肼	methylhydrazine	46.072	-52.36	87.5	0.8793^{20}	567	8.04	271.0	0.462	0.425	1.69	1.4325^{20}		8.0	2.5%~92.0%
38	CH_6Si	甲基硅烷	methylsilane	46.145	-156.5	-57.5		352.5	4.66	98.2	0.291	0.032	0.0				
39	CD_4	氘甲烷	deuteromethane	20.07	50	-161.5		189.2	3.61	368.0	0.285	0.248					
40	$C_2Br_2ClF_3$	1,2-二溴三氯乙烷	1,2-dibromochlorotrifluoroethane	276.277		93		560.7						1.361^{25}			
41	$C_2Br_2F_4$	二溴四氟乙烷	1,2-dibromotetrafluoroethane	259.823	-110.32	47.35	2.149^{25}	487.8	3.393	341.0	0.283	0.245					8.4%~38.7%
42	C_2ClF_3	三氟氯乙烯	chlorotrifluoroethylene	116.469	-158.2	-27.8	1.54^{-60}	379	4.053	212.0	0.272	0.264	0.40	1.38^{0}			
43	C_2ClF_5	五氟氯乙烷	chloropentafluoroethane	154.466	-99.4	-39.1	1.5678^{-42}	352.9	3.12	256	0.272	0.251	0.3	1.2678^{-42}			
44	$C_2Cl_2F_4$	1,1-二氯四氟乙烷	1,1-dichlorotetrafluoroethane	170.921	-56.6	3.4	1.455^{25}	418.7	3.303	294.0	0.279	0.263		1.3092^{0}		-27.8	
45	$C_2Cl_2F_4$	1,2-二氯四氟乙烷	1,2-dichlorotetrafluoroethane	170.921	-92.53	3.5	1.455^{25}	418.75	3.252	297.0	0.277	0.252	0.53	1.3092^{0}			
46	$C_2Cl_3F_3$	1,1,2-三氯三氟乙烷	1,1,2-trichlorotrifluoroethane	187.375	-36.22	47.7	1.5635^{25}	487.44	3.41	331	0.278	0.255		1.3557^{25}			10%~50%
47	C_2Cl_4	四氯乙烯	tetrachloroethylene	165.833	-22.3	121.3	1.6230^{20}	620.2	4.76	289.6	0.250	0.250*	0.0	1.5059^{20}			
48	$C_2Cl_4F_2$	1,1,1,2-四氯-2,2-二氟乙烷	1,1,1,2-tetrachlorodifluoroethane	203.83	41.0	92.8	1.649^{25}	551.79*	3.428*	366.5*	0.278*	0.2286*					
49	$C_2Cl_4F_2$	1,1,2,2-四氯-1,2-二氟乙烷	1,1,2,2-tetrachlorodifluoroethane	203.83	24.8	92.8	1.5951^{50}	551	3.621*	360.2*	0.285*	0.133*		1.4130^{25}			
50	C_2Cl_6	六氯乙烷	hexachloroethane	236.739	$186.8t_p$	$184.7s_p$	2.091^{25}	704.4*	3.94*	419.5*	0.282*	0.275*					
51	C_2F_3N	三氟乙腈	trifluoroacetonitrile	95.023		-68.8	1.519^{-76}	311.11	3.618	202.0	0.283	0.267					
52	C_2F_4	四氟乙烯	tetrafluoroethylene	100.015	-131.15	-75.9	0.9537^{-21}	306.5	3.941	170.0	0.270	0.226					
53	C_2N_2	氰	cyanogen	52.034	-27.83	-21.1	1.8563^{25}	400	6.0	273.5*	0.431*	0.278	0.2				
54	$C_2HBrClF_3$	三氟甲基氯溴甲烷	halothane	197.38	-138.5	50.2	1.194^{20}	495.0	3.956	197.0	0.264	0.219		1.3697^{0}	187.8		
55	C_2HClF_2	1-氯-2,2-二氟乙烯	1-chloro-2,2,2-difluoroethylene	98.479		-18.5		400.6	4.458	244.0	0.273	0.281					
56	C_2HClF_4	1-氯-1,1,2,2-四氟乙烷	1-chloro-1,1,2,2-tetrafluoroethane	136.48	-117	-10	1.4638^{25}	399.9	3.72	277.0	0.268						
57	$C_2HCl_2F_3$	2,2-二氯-1,1,1-三氟乙烷	2,2-dichloro-1,1,1-trifluoroethane	152.93	-107	27.82	1.50^{25}	456.92	3.673	278.0							
58	$C_2HCl_2F_3$	1,2-二氯-1,1,2-三氟乙烷	1,2-dichloro-1,1,2-trifluoroethane	152.93	-78	29.5	1.5351^{25}	461.6		256.0	0.265						
59	C_2HCl_3	三氯乙烯	trichloroethylene	131.388	-84.7	87.21	1.4642^{20}	544.2	5.02			0.213	0.9	1.4773^{20}	420	32.2	12.5%~90.0%
60	C_2HCl_3O	二氯乙酰氯	dichloroacetyl chloride	147.387		108	1.5315^{16}							1.4591^{20}			
61	C_2HCl_3O	三氯乙醛	trichloroacetaldehyde	147.387	-57.5	97.8	1.512^{20}							1.4580^{20}			
62	$C_2HCl_3O_2$	三氯乙酸	trichloroacetic acid	163.387	59.2	196.5	1.6126^{64}	684.48*	4.284*	312.1*	0.234*	0.5189*	1.0	1.4603^{61}			
63	C_2HCl_5	五氯乙烷	pentachloroethane	202.294	-28.78	156.2	1.6796^{20}	646	4.58	375.5*	0.276*	0.447*		1.5025^{20}			
64	$C_2HF_3O_2$	三氟乙酸	trifluoroacetic acid	114.023	-15.2	73	1.5351^{25}	491.3	3.258	204.0	0.163	0.540	2.3				
65	C_2HF_5	五氟乙烷	pentafluoroethane	120.021	-100.6	-48.1	1.476^{-50}	339.18	3.620	210	0.270	0.259	1.54				
66	C_2H_2	乙炔	acetylene	26.037	$-80.7t_p$	$-84.7s_p$	0.377^{25}	308.3	6.138	112.2	0.2687	0.187	0.0		305	<-50	2.1%~80.0%
67	$C_2H_2Br_4$	1,1,2,2-四溴乙烷	1,1,2,2-tetrabromoethane	345.653	0	243.5	2.9655^{20}							1.6353^{20}			
68	$C_2H_2ClF_3$	2-氯-1,1,1-三氟乙烷	2-chloro-1,1,1-trifluoroethane	118.485	-105.5	6.1	1.389^{0}	425.01		228	0.252			1.3090^{0}			
69	$C_2H_2Cl_2$	1,1-二氯乙烯	1,1-dichloroethylene	96.943	-122.56	31.6	1.213^{20}	489	4.68	219.0	0.252	0.179*		1.4249^{20}	530	-28	6.5%~15.0%

续表

序号	化学式	中文名称	英文名称	相对分子质量	正常熔点/℃	正常沸点/℃	密度/(g/cm³)	临界温度/K	临界压力/MPa	临界体积/(cm³/mol)	临界压缩因子	偏心因子	偶极矩①/D	折射率	自燃温度/℃	闪点/℃	空气中爆炸极限
70	$C_2H_2Cl_2$	顺式-1,2-二氯乙烯	cis-1,2-dichloroethylene	96.943	-80	60.1	1.2837^{20}	515.5	5.87	225.5*	0.249*	0.238	1.8	1.4490^{20}	460	6	9.7%~12.8%
71	$C_2H_2Cl_2$	反式-1,2-二氯乙烯	trans-1,2-dichloroethylene	96.943	-49.8	48.7	1.2565^{20}	535.8	4.58	225.5*	0.258*	0.232	0.0	1.4454^{20}			
72	$C_2H_2Cl_2O$	氯乙酰氯	chloroacetyl chloride	112.942	-22	106	1.4202^{20}										
73	$C_2H_2Cl_2O_2$	二氯乙酸	dichloroacetic acid	128.942	13.5	194	1.5634^{20}	686.08*	4.852*	249.5*	0.212*	0.5278*		1.4658^{20}			
74	$C_2H_2Cl_4$	1,1,1,2-四氯乙烷	1,1,1,2-tetrachloroethane	167.849	-70.2	130.2	1.5406^{20}	628.11*	4.305*	333.4*	0.275*	0.2433*	1.2	1.4821^{20}			
75	$C_2H_2Cl_4$	1,1,2,2-四氯乙烷	1,1,2,2-tetrachloroethane	167.849	-42.4	145.2	1.5953^{20}	661.15	5.12	215.5*	0.188*	0.264*	1.5	1.4940^{20}			
76	$C_2H_2F_2$	1,1-二氟乙烯	1,1-difluoroethylene	64.034	-144	-85.7		302.85	4.458	151.0	0.273	0.139	1.4		640	可燃气	5.5%~21.5%
77	$C_2H_2F_4$	1,1,1,2-四氟乙烷	1,1,1,2-tetrafluoroethane	102.031	-103.3	-26.5	1.2072^{25}	312.89	4.061	200.0	0.261	0.239					
78	$C_2H_2F_4$	1,1,2,2-四氟乙烷	1,1,2,2-tetrafluoroethane	102.031	-89	-19.9		374.21		190.0			1.4				
79	C_2H_2O	乙烯酮	ketene	42.036	-151	-49.8	0.7529^{-60}	380	6.5	145.0	0.300	0.210	1.4				
80	$C_2H_2O_2$	乙二醛	glyoxal	58.036	15	50.4	1.14^{20}	436.70*	6.279	181.5*	0.314*	1.2377*		1.3826^{20}			
81	$C_2H_2O_4$	乙二酸	oxalic acid	90.035	189.5dec	sub157	1.900^{17}										
82	C_2H_3Br	溴乙烯	vinyl bromide	106.949	-139.54	15.8	1.4933^{20}	470.1*	6.63	161.5*	0.274*	0.241*	1.5	1.4380^{20}			5.6%~15%
83	$C_2H_3Br_3$	1,1,2-三溴乙烷	1,1,2-Tribromoethane	266.757	-29.3	188.93	2.6210^{20}			179.0	0.261	0.122		1.5933^{20}			
84	C_2H_3Cl	氯乙烯	vinyl chloride	62.498	-153.84	-13.8	0.9106^{20}	432	5.67	225.0	0.267	0.237	1.5	1.3700^{20}	415	-78(O,C)	3.6%~31.0%
85	$C_2H_3ClF_2$	二氟氯乙烷	1-chloro-1,1-difluoroethane	100.495	-130.8	-9.1	1.107^{25}	410.29	4.041	204.0	0.280	0.344	2.14	1.217^{-20}	633		8.5%~24%
86	C_2H_3ClO	乙酰氯	acetyl chloride	78.497	-112.8	50.7	1.1051^{20}	508.0	5.87	213.5*			2.4	1.3886^{20}	390	5	
87	C_2H_3ClO	氯乙醛	chloroacetaldehyde	78.497	-16.3	85.5	1.19	555.78*	5.305*	202.9*	0.245*	0.3193*	1.99				
88	$C_2H_3ClO_2$	氯乙酸	chloroacetic acid	94.497	63	189.3	1.4043^{40}	682.46*	5.291*	249.5*	0.279*	0.5213*	2.31	1.4351^{55}	>500	126	8.0%~
89	$C_2H_3ClO_2$	甲基氯仿	methyl chloroformate	94.497		70.5	1.2231^{20}		5.359	288.5*				1.3868^{20}	485	5	
90	$C_2H_3Cl_2F$	二氯氟乙烷	1,1-dichloro-1-fluoroethane	116.949	-103.5	32	1.250^{10}	477.30	4.30		0.334	0.2643*	1.7	1.3600^{10}			
91	$C_2H_3Cl_3$	1,1,1-三氯乙烷	1,1,1-trichloroethane	133.404	-30.01	74.09	1.3390^{20}	545	5.14		0.279	0.216	1.4	1.4379^{20}			6.0%~15.5%
92	$C_2H_3Cl_3$	1,1,2-三氯乙烷	1,1,2-trichloroethane	133.404	-36.3	113.8	1.4397^{20}	606	5.282		0.253*	0.287*		1.4714^{20}			2.6%~21.7%
93	C_2H_3F	氟乙烯	vinyl fluoride	46.043	-160.5	-72		327.83		144.0	0.279	0.189	1.4				
94	$C_2H_3F_3$	1,1,1-三氟乙烷	1,1,1-trifluoroethane	84.04	-111.3	-47.25	1.266^{-60}	345.97	3.769	196.0	0.257	0.253	2.32		460		9.5%~19%
95	$C_2H_3F_3O$	2,2,2-三氟乙醇	2,2,2-trifluoroethanol	100.039	-43.5	74	1.3842^{20}	499.3	4.861	201.7*	0.215*	0.5777*		1.2907^{22}			
96	C_2H_3N	乙腈	acetonitrile	41.052	-43.82	81.65	0.7857^{20}	545.5	4.85	171.0	0.184	0.327	3.5	1.3442^{20}	524	2	3.0%~16.0%
97	C_2H_3NO	异氰酸甲酯	methyl isocyanate	57.051	-45	39.5	0.9230^{27}	491	5.57			0.278		1.3419^{18}		-6	5.3%~26%
98	C_2H_4	乙烯	ethylene	28.053	-169.15	-103.77	0.5678^{-104}	282.34	5.041	131.1	0.2815	0.085			425	-136	2.7%~36.0%
99	$C_2H_4Br_2$	1,1-二溴乙烷	1,1-dibromoethane	187.861	-63	108	2.0555^{20}	650.15	5.477	261.57	0.265	0.2067	1.0	1.5128^{25}			
100	$C_2H_4Br_2$	1,2-二溴乙烷	1,2-dibromoethane	187.861	9.84	131.6	2.1683^{25}	583.0	7.2	271.5*	0.320*	0.795		1.5356^{25}			
101	$C_2H_4Cl_2$	1,1-二氯乙烷	1,1-dichloroethane	98.959	-96.9	57.3	1.1757^{20}	523.4	5.061	236.0	0.275	0.244	2.0	1.4164^{20}	458	-10	5.6%~16%
102	$C_2H_4Cl_2$	1,2-二氯乙烷	1,2-dichloroethane	98.959	-35.7	83.5	1.2454^{25}	561.6	5.80	225.0	0.259	0.288	1.8	1.4422^{25}	413	13	6.2%~16.0%
103	$C_2H_4Cl_2O$	双(氯甲基)醚	bis (chloromethyl) ether	114.958	-41.5	106	1.323^{15}							1.435^{21}		19	
104	$C_2H_4F_2$	1,1-二氟乙烷	1,1-difluoroethane	66.05	-118.6	-24.05	0.896^{25}	386.4	4.509	179.0	0.252	0.263	2.0	1.3011^{-72}			
105	$C_2H_4F_2$	1,2-二氟乙烷	1,2-difluoroethane	66.05		26	1.024^{10}	453.54*	7.103	181.5*	0.342*	0.3004*	2.3				3.7%~18.0%

续表

序号	化学式	中文名称	英文名称	相对分子质量	正常熔点/℃	正常沸点/℃	密度/(g/cm³)	临界温度/K	临界压力/MPa	临界体积/(cm³/mol)	临界压缩因子	偏心因子	偶极矩①/D	折射率	自燃温度/℃	闪点/℃	空气中爆炸极限
106	C_2H_4O	乙醛	acetaldehyde	44.052	-123.37	20.1	0.7834^{18}	466	5.57	154.0	0.220	0.303	2.5	1.3316^{20}	140	-40 (O.C)	4.0%~57.0%
107	C_2H_4O	环氧乙烷	ethylene oxide	44.052	-112.5	10.6	0.8821^{10}	469	7.19	140.0	0.259	0.202	1.9	1.3597^{7}	429	-20	3.0%~100%
108	$C_2H_4O_2$	乙酸	acetic acid	60.052	16.64	117.9	1.0446^{25}	590.7	5.78	171	0.201	0.447	1.3	1.3720^{20}	463	39	4.0%~17.0%
109	$C_2H_4O_2$	甲酸甲酯	methyl formate	60.052	-99	31.7	0.9713^{20}	486.7	6.00	172.0	0.255	0.257	1.8	1.3419^{20}	449	-32	4.5%~23.0%
110	C_2H_4OS	硫代乙酸	thioacetic acid	76.12	<-17	93	1.064^{20}	577.3 *	6.92 *	219.5 *	0.317 *	0.304 *		1.4648^{20}		>110	
111	$C_2H_4O_3$	过乙酸	peroxyacetic acid	76.051	-0.2	110	1.226^{15}	520.1	5.03		0.255 *	0.276 *		1.3974^{20}		41	
112	C_2H_4S	硫代环丙烷	thiacyclopropane	60.118	-109	55	1.0130^{20}	555.0	7.38	151.5 *	0.214 *	0.154	1.66	1.4935^{20}			
113	C_2H_5Br	溴乙烷	bromoethane	108.965	-118.6	38.5	1.4604^{20}	503.9	6.231	215.0	0.320	0.183	2.0	1.4239^{20}	511	-23	6.7%~11.3%
114	C_2H_5Cl	氯乙烷	ethyl chloride	64.514	-138.7	12.3	0.8902^{25}	460.4	5.269	199.0	0.274	0.204	2.0	1.3676^{20}	510	-43 (O.C)	3.6%~14.8%
115	C_2H_5ClO	2-氯乙醇	2-chloroethanol	80.513	-67.5	128.6	1.2019^{20}	548.2	5.92	235.5 *	0.264	0.657 *	2.0	1.4419^{20}	425	60	4.9%~15.9%
116	C_2H_5ClO	氯甲基甲醚	chloromethyl methyl ether	80.513	-103.5	59.5	1.063^{10}	520.1	5.03	142.5 *	0.272	0.209	2.0	1.397^{20}		-15.5	
117	C_2H_5F	氟乙烷	ethyl fluoride	48.059	-143.2	37.7	0.7182^{20}	375.30	5.028	179.5 *	0.248 *	0.184 *	1.7	1.2656^{20}			5.0%~10.0%
118	C_2H_5I	碘乙烷	ethyl iodide	155.965	-111.1	72.3	1.9357^{20}	554.0	4.70		0.215 *	0.435 *		1.5133^{20}			
119	C_2H_5N	氮丙环	ethyleneimine	43.068	-77.9	56	0.832^{25}	524.0	9.95	169.0	0.178 *	0.4129 *	2.0		320	-13	3.6%~46%
120	C_2H_5NO	N-甲基甲酰胺	N-methyl formamide	59.067	-3.8	199.51	1.011^{19}	694.5 *	5.722 *	229.5 *				1.4319^{20}			
121	$C_2H_5NO_2$	硝基乙烷	nitroethane	75.067	-89.5	114.0	1.0448^{25}	595.0	4.85		0.238 *	0.341 *		1.3917^{20}	360	28	3.0%~5.0%
122	C_2H_6	乙烷	ethane	30.069	-182.79	-88.6	0.5446^{-89}	305.32	4.872	145.5	0.279	0.099	0.0		472	<-50	3.0%~16.0%
123	$C_2H_6Cl_2Si$	二甲基二氯硅烷	dimethyldichlorosilane	129.061	-16	70.3	1.064^{25}	520.4	3.49	350.0	0.282			1.4038^{20}	425	-16	3.4%~9.5%
124	C_2H_6O	二甲醚	dimethyl ether	46.068	-141.5	-24.8		400.2	5.34	168.0	0.270	0.204	1.3		350	-41	3.4%~27.0%
125	C_2H_6O	乙醇	ethanol	46.068	-114.1	78.29	0.7893^{20}	514.0	6.137	168	0.241	0.637	1.7	1.3611^{20}	363	12	3.4%~19.0%
126	C_2H_6OS	二甲基亚砜	dimethyl sulfoxide	78.133	17.89	189	1.1010^{25}	720.0	5.70		0.230 *			1.4793^{20}	215	95	2.6%~42%
127	C_2H_6OS	2-巯基乙醇	2-mercaptoethanol	78.133		158	1.1143^{20}	675.47 *	8.0		0.250	1.137 *	2.2	1.4996^{20}		74	2.3%~18.0%
128	$C_2H_6O_2$	乙二醇	ethylene glycol	62.068	-12.69	197.3	1.1135^{20}	720	6.472 *	185.5 *	0.266	0.3191 *		1.4318^{20}	410	110	3.2%~15.3%
129	$C_2H_6O_2S$	二甲砜	dimethylsulfone	94.133	108.9	238	1.1700^{110}	648.8 *		208.5 *	0.256 *		4.30	1.4226			
130	C_2H_6S	二甲硫醚	dimethyl sulfide	62.134	-98.24	37.33	0.8483^{20}	503.0	5.53	203.7	0.270	0.191	1.5	1.4438^{20}	206	-36	2.2%~19.7%
131	C_2H_6S	乙硫醇	ethyl mercaptan	62.134	-147.88	35.0	0.8315^{25}	498.6	5.46	207.0	0.274	0.238	1.5	1.4310^{20}	295	-45	2.8%~18.0%
132	$C_2H_6S_2$	二甲二硫	dimethyl disulfide	94.199	-84.67	109.74	1.0625^{20}	607.6	5.07	255.5 *	0.268 *	0.2294 *	1.97	1.5289^{20}		24.4	
133	$C_2H_6S_2$	乙二硫醇	1,2-ethanedithol	94.199	-41.2	146.1	1.234^{20}	675.47 *	6.096	238.2 *	0.259 *	0.302		1.5590^{20}			
134	C_2H_7N	二甲胺	dimethylamine	45.084	-92.18	6.88	0.6804^{0}	437.2	5.34	182.5 *	0.256 *	0.302	1.0	1.350^{17}	400	<-17.8	2.8%~14.4%
135	C_2H_7N	乙胺	ethylamine	45.084	-80.5	16.5	0.677^{25}	456.3	5.62	181.8	0.270	0.289	1.3	1.3663^{20}	385	-17.8	3.5%~14.0%
136	C_2H_7NO	乙醇胺	monoethanolamine	61.083	10.5	171	1.0180^{20}	443.5	4.45	196.0	0.17	0.51	2.6	1.4541^{20}		93	
137	$C_2H_8N_2$	乙二胺	ethylenediamine	60.098	11.14	117	0.8979^{20}	593.0	6.28	206.0	0.26		1.9	1.4565^{20}		34	
138	$C_2H_8N_2$	1,1-二甲基肼	1,1-dimethylhydrazine	60.098	-57.20	63.9	0.791^{22}	523	5.4	218.5	0.271	0.3152 *	1.36	1.4075^{22}	249	-15	2.7%~16.6%
139	$C_2H_8N_2$	1,2-二甲基肼	1,2-dimethylhydrazine	60.098	-8.9	81	0.8274^{20}	536.15 *	5.221 *	217.5 *	0.254 *	0.4134 *		1.4209^{20}			
140	C_3Cl_6	全氯丙烯	perchloropropene	248.75	-72.9	209.5	1.7632^{20}	725.60 *	3.686	468.5 *	0.286 *	0.3156 *	0.46	1.5091^{20}	240		2.0%~95.0%

续表

序号	化学式	中文名称	英文名称	相对分子质量	正常熔点/℃	正常沸点/℃	密度/(g/cm³)	临界温度/K	临界压力/MPa	临界体积/(cm³/mol)	临界压缩因子	偏心因子	偏极矩①/D	折射率	自燃温度/℃	闪点/℃	空气中爆炸极限
141	C_3F_6	六氟丙烯	hexafluoropropene	150.022	-156.5	-29.6		385.2	3.25					1.583^{-40}			
142	C_3F_6O	六氟丙酮	hexafluoroacetone	166.021	-125.45	-27.4		357.4	2.832	328.8	0.314	0.365					
143	C_3F_8	全氟丙烷	perfluoropropane	188.019	-147.7	-36.6		345.01	2.662	311	0.289	0.326					
144	$C_3H_2N_2$	丙二腈	malononitrile	66.061	32	218.5	1.1910^{20}							1.4116^{34}	295	112	
145	C_3H_3Cl	氯丙炔	propargyl chloride	74.509	-78	58	1.030^{25}							1.4349^{20}		15	
146	$C_3H_3Cl_3$	1,2,3-三氯丙烯	1,2,3-trichloropropene	145.415		142	1.412^{20}	658.09*	4.211*	319.4*	0.246*	0.1608*		1.5030^{20}			
147	$C_3H_3F_5$	1,1,1,2,2-五氟丙烷	1,1,1,2,2-pentafluoropropane	134.048	-17.4			380.10	3.137	273.0	0.271	0.308					
148	C_3H_3N	丙烯腈	acrylonitrile	53.063	-83.48	77.3	0.8007^{25}	540.0	4.66	210.0	0.210	0.350	3.5	1.3911^{20}	480	-5	2.8%~28.0%
149	C_3H_3NO	噁唑	oxazole	69.062		69.5		549.51*	6.621*	187.5*	0.272*	0.2648*	2.8	1.4285^{17}			
150	C_3H_3NS	噻唑	thiazole	85.128	-33.62	118	1.1198^{17}	631	6.28	212.5*	0.254	0.2268*	1.65	1.5969^{20}		22	
151	C_3H_4	丙炔	1-propyne	40.064	-102.7	-23.2	0.607^{25}	402.4	5.63	163.5	0.275	0.216	0.7	1.3863^{-40}		-151	2.4%~9.5%
152	C_3H_4	丙二烯	propadiene	40.064	-136.6	-34.4	0.584^{25}	394	5.25	162.0	0.271	0.160	0.2	1.4168		可燃气	1.7%~12%
153	C_3H_4O	丙烯醛	acrolein	56.063	-87.7	52.6	0.840^{20}	506.0	5.16		0.210	0.33	2.9	1.4017^{20}	220	-26	2.8%~31.0%
154	C_3H_4O	丙炔醇	propargyl alcohol	56.063	-51.8	113.6	0.9478^{20}	602.19*	6.952*	172.6*	0.240*	0.3919*	1.78	1.4322^{20}		36 (O.C)	2.4%~8.0%
155	$C_3H_4O_2$	丙烯酸	acrylic acid	72.063	12.5	141	1.0511^{20}	615	5.67	210.0	0.230	0.560		1.4224^{20}	438	50	2.9%~
156	$C_3H_4O_2$	β丙醇酸内酯	bata-propiolactone	72.063	-33.4	162	1.1460^{20}	475.0	5.77	210.0	0.31	0.55		1.4105^{20}		75	
157	$C_3H_4O_2$	乙烯基甲酸	vinyl formate	72.063	-78	46.0	0.965^{20}					0.4144*		1.3842^{20}			
158	$C_3H_4O_3$	碳酸亚乙基酯	ethylene carbonate	88.062	36.4	248	1.3214^{39}	801.86*	6.436*	241.5*	0.257*	0.1062*	4.51	1.4148^{50}			
159	C_3H_5Cl	2-氯丙烯	2-chloropropene	76.525	-137.4	22.6	0.9017^{20}	480.78*	4.254	226.0	0.260	0.130	1.69	1.3973^{20}		-34	4.5%~16.0%
160	C_3H_5Cl	3-氯丙烯	3-chloropropene	76.525	-134.5	45.1	0.9376^{20}	514	4.76	210.0			2.0	1.4157^{20}	485	-32	2.9%~11.1%
161	C_3H_5Cl	顺-1-氯-1-丙烯	cis-1-chloro-1-propene	76.525	-134.8	32.8	0.9347^{20}	488.56*	4.592*	235.7*	0.266*	0.1785*	1.71	1.4055^{20}			
162	C_3H_5Cl	反-1-氯-1-丙烯	trans-1-chloro-1-propene	76.525	-99	37.4	0.9349^{20}	495.91*	4.604*	235.7*	0.263*	0.1793*	1.97	1.4054^{20}			
163	C_3H_5ClO	环氧氯丙烷	alpha-epichlorohydrin	92.524	-26	118	1.1812^{20}	651.0	3.95	348.0	0.250	0.310	1.6	1.4358^{20}	416	33	5.21%~17.8%
164	$C_3H_5Cl_3$	1,2,3-三氯丙烷	1,2,3-trichloropropane	147.431	-14.7	157	1.3889^{20}							1.4852^{20}		82	3.2%~12.6%
165	C_3H_5N	丙腈	propanenitrile	55.079	-92.78	97.14	0.7818^{20}	562.5	4.18	230.0	0.205	0.313	3.7	1.3655^{20}		2	
166	C_3H_6	环丙烷	cyclopropane	42.08	-127.58	-32.81	0.617^{25}	398.0	5.54	162.0	0.272	0.134	0.0	1.3799^{-42}	495	可燃气	2.4%~10.4%
167	C_3H_6	丙烯	propylene	42.08	-185.24	-47.69	0.505^{25}	364.9	4.60	184.6	0.2798	0.142	0.4	1.3567^{-70}	455	-108	1.0%~15.0%
168	$C_3H_6Cl_2$	1,1-二氯丙烷	1,1-dichloropropane	112.986		88.1	1.1321^{20}	580.99*	4.183*	292.0*	0.262*	0.2383	2.08	1.4289^{20}			
169	$C_3H_6Cl_2$	1,2-二氯丙烷	1,2-dichloropropane	112.986	-100.53	96.4	1.1560^{20}	578.0	4.45	226.0	0.210	0.240	1.9	1.4394^{20}	555	15	3.4%~14.5%
170	$C_3H_6Cl_2$	1,3-二氯丙烷	1,3-dichloropropane	112.986	-99.5	120.9	1.1785^{25}	614.6	4.01*	301.5*	0.241*	0.288	2.09	1.4455^{25}			
171	$C_3H_6Cl_2O$	2,3-二氯-1-丙醇	2,3-dichloropropyl alcohol	128.985		184	1.3607^{20}	646.2	4.50	213	0.265	0.689*	2.9	1.4819^{20}			
172	C_3H_6O	丙酮	aceton	58.079	-94.8	56.05	0.7845^{25}	508.1	4.70	203.5*	0.232	0.304	2.9	1.3588^{20}	465	-20	2.6%~12.8%
173	C_3H_6O	丙烯醇	allyl alcohol	58.079	-129	97.4	0.8540^{20}	547.1	5.64	205.0	0.240*	0.554*	1.6	1.4135^{20}	375	21	2.5%~18.0%
174	C_3H_6O	甲基乙烯基醚	methyl vinyl ether	58.079	-122	5.5	0.7725^{25}	436.0	4.76	176.0	0.27	0.34		1.3730^{0}	210	可燃气	2.6%~39%
175	C_3H_6O	丙醛	propanal	58.079	-80	48	0.8657^{25}	515.3	6.33		0.260	0.313	2.7	1.3636^{20}	190	-30	2.3%~21.0%

续表

序号	化学式	中文名称	英文名称	相对分子质量	正常熔点/℃	正常沸点/℃	密度/(g/cm³)	临界温度/K	临界压力/MPa	临界体积/(cm³/mol)	临界压缩因子	偏心因子	偶极矩①/D	折射率	自燃温度/℃	闪点/℃	空气中爆炸极限
176	C_3H_6O	环氧丙烷	propylene oxide	58.079	-111.9	35	0.859^{0}	482.2	4.92	186.0	0.229	0.269	2.0	1.3660^{20}	420	-37	2.8%~37.0%
177	$C_3H_6O_2$	甲酸乙酯	ethyl formate	74.079	-79.6	54.4	0.9208^{20}	508.5	4.74	229.0	0.257	0.285	2.0	1.3609^{20}	440	-20	2.8%~16.0%
178	$C_3H_6O_2$	乙酸甲酯	methyl acetate	74.079	-98.25	56.87	0.9342^{20}	506.55	4.75	228.0	0.254	0.326	1.7	1.3614^{20}	454	-10	3.1%~16.0%
179	$C_3H_6O_2$	丙酸	propanoic acid	74.079	-20.5	141.15	0.9882^{25}	612	5.37	230.0	0.242	0.536	1.5	1.3809^{20}	465	52	2.9%~12.1%
180	$C_3H_6O_3$	碳酸二甲酯	dimethyl carbonate	90.078	0.5	90.5	1.0636^{25}	557	4.80	252			1.5	1.3687^{25}		19	
181	$C_3H_6O_3$	乳酸	lactic acid	90.078	18	122^{15}	1.2026^{21}	600.23*	6.367*	182.3*	0.233*	0.2016*	1.78	1.4392^{20}		>74	
182	C_3H_6S	硫环丁烷	thiacyclobutane	74.15	-73.24	95	1.0200^{20}	536.9	4.798	265.5*	0.289*	0.285		1.5102^{20}			
183	C_3H_7Br	1-溴丙烷	1-bromopropane	122.992	-110.3	71.1	1.3537^{20}	522.5*	4.90*	259.5*	0.289	0.264*	2.0	1.4343^{20}			
184	C_3H_7Br	2-溴丙烷	2-bromopropane	122.992	-89	59.5	1.3140^{20}	503.5	4.571	264.9	0.293*	0.228	2.0	1.4251^{20}			
185	C_3H_7Cl	1-氯丙烷	1-chloropropane	78.541	-122.9	46.5	0.8899^{20}	482.4	4.261	242.0	0.289	0.224	2.0	1.3879^{20}	520	<-20	2.6%~11.1%
186	C_3H_7Cl	2-氯丙烷	2-chloropropane	78.541	-117.18	35.7	0.8617^{20}	422.0	4.16*	221.5*	0.257	0.227	2.17	1.3777^{20}	590	-32	2.8%~10.7%
187	C_3H_7F	1-氟丙烷	1-fluoropropane	62.086	-159	-2.5	0.7956^{20}	374.8	2.912	274	0.263*	0.204		1.3115^{20}			
188	C_3H_7F	2-氟丙烷	2-fluoropropane	62.086	-133.4	9.4											
189	C_3H_7I	1-碘丙烷	1-iodopropane	169.992	-101.3	102.5	1.7489^{20}	589.4*	4.28*	291.5*	0.255*	0.224*	2.1	1.5058^{20}			
190	C_3H_7I	2-碘丙烷	2-iodopropane	169.992	-90	89.5	1.7042^{20}	574.6*	4.33	285.5	0.259*	0.195*		1.5028^{20}			
191	C_3H_7N	丙烯胺	allylamine	57.095	-88.2	53.3	0.758^{20}	540.0	4.83	244.5*	0.201*	0.4341*	4.2	1.4205^{20}	370	-29	2.2%~22.0%
192	C_3H_7NO	N-甲基乙酰胺	N-methylacetamide	73.094	28	205	0.9371^{25}	716.66*	4.890*	262.0	0.254*	1.107	4.2	1.4301^{20}			
193	C_3H_7NO	N,N-二甲基甲酰胺	N,N-dimethylformamide	73.094	-60.48	153	0.9445^{25}	650.0	5.500	285.5	0.254	0.376*	3.68	1.4305^{20}	445	58	2.2%~15.2%
194	$C_3H_7NO_2$	1-硝基丙烷	1-nitropropane	89.094	-108	131.1	0.9961^{25}	606.0	4.00	279.5*	0.256	0.334*	3.76	1.4018^{20}	420	36	2.6%
195	$C_3H_7NO_2$	2-硝基丙烷	2-nitropropane	89.094	-91.3	120.2	0.9821^{25}	597.0	4.15					1.3944^{20}	415	24	2.6%~11.0%
196	C_3H_8	丙烷	propane	44.096	-187.63	-42.1	0.493^{25}	369.83	4.248	200.0	0.277	0.152	0.0		450	-104	2.1%~9.5%
197	C_3H_8O	正丙醇	propanol	60.095	-124.39	97.2	0.7997^{25}	536.9	5.169	218.9	0.252	0.628	1.7	1.3850^{20}	405	12	2.2%~13.7%
198	C_3H_8O	异丙醇	isopropanol	60.095	-87.9	82.3	0.7809^{25}	516.6	5.37	219.7	0.248	0.665	1.7	1.3776^{20}	399		2.0%~12.7%
199	C_3H_8O	甲乙醚	methyl ethyl ether	60.095	-113	7.4	0.7215^{0}	437.9	4.38	222	0.267	0.219	1.2	1.3240^{4}	190	可燃气	2.0%~10.1%
200	$C_3H_8O_2$	乙二醇单甲醚	ethylene glycol monomethyl ether	76.095	-85.1	124.1	0.9647^{20}	572.09*	4.841*	231.2*	0.235	0.6331*	2.14	1.4024^{20}			
201	$C_3H_8O_2$	二甲氧基甲烷	dimethoxymethane	76.095	-105.1	42	0.8593^{20}	491	3.96	213.0	0.211	0.286	1.0	1.3513^{20}	235	-32	2.2%~13.8%
202	$C_3H_8O_2$	1,2-丙二醇	1,2-propylene glycol	76.095	-60	187.6	1.0361^{20}	676	5.9	237.0	0.28	1.152	3.6	1.4324^{20}	371	46	2.6%~12.6%
203	$C_3H_8O_2$	1,3-丙二醇	1,3-propylene glycol	76.095	-27.7	214.4	1.0538^{20}	722	6.3	231.1*	0.298*		3.46	1.4398^{20}	400	79	2.5%~13.0%
204	$C_3H_8O_3$	丙三醇	glycerin	92.094	18.1	290	1.2613^{20}	850	7.5	255.0	0.28	1.320	3.0	1.4746^{20}	370	160	0.9%~
205	C_3H_8S	甲乙硫醚	methyl ethyl sulfide	76.161	-105.93	66.7	0.8422^{20}	532.8	4.25	257.5*	0.262*	0.216	1.55	1.4404^{20}			
206	C_3H_8S	1-丙硫醇	1-propanethiol	76.161	-113.13	67.8	0.8411^{20}	536.0	4.52	257.5*	0.278*	0.218	1.64	1.4380^{20}			
207	C_3H_8S	2-丙硫醇	2-propanethiol	76.161	-130.5	52.6	0.8143^{20}	512.0	4.35	251.5*	0.284*	0.223*		1.4255^{20}			
208	C_3H_9ClSi	三甲基氯硅烷	trimethylchlorosilane	108.642	-40	60	0.856^{25}	497.8	3.20	366.0	0.271	0.303		1.3870^{20}	417	-28	1.8%~
209	C_3H_9N	正丙胺	n-propylamine	59.11	-84.75	47.22	0.7173^{20}	496.1	4.72	233.0	0.255	0.291	1.3	1.3870^{20}	318	-37	2.0%~10.4%
210	C_3H_9N	异丙胺	isopropylamine	59.11	-95.13	31.76	0.6891^{20}	471.8	4.54	221.0				1.3742^{20}	400	-32	2.0%~10.4%

续表

序号	化学式	中文名称	英文名称	相对分子质量	正常熔点/℃	正常沸点/℃	密度/(g/cm³)	临界温度/K	临界压力/MPa	临界体积/(cm³/mol)	临界压缩因子	偏心因子	偶极矩①/D	折射率	自燃温度/℃	闪点/℃	空气中爆炸极限
211	C_3H_9N	三甲胺	trimethylamine	59.11	-117.1	2.87	0.627^{25}	433.4	4.10	254.0	0.288	0.205	0.6	1.3631^{0}	190	-18	2.0%~11.6%
212	C_3H_9NO	1-氨基-2-丙醇	1-amino-2-propanol	75.19	0.9	159.4	0.9611^{20}	623.0	5.20					1.4479^{20}	350	73	1.6%~19.8%
213	C_3H_9NO	甲基乙醇胺	methyl ethanolamine	75.11		158	0.937^{20}							1.4385^{20}	360	40	2.2%~11.1%
214	$C_3H_{10}N_2$	1,2-丙二胺	1,2-propanediamine	74.124		119.5	0.878^{15}	594.70*	4.899*	250.5*	0.248*	0.4007*		1.4460^{20}			
215	$C_3H_{10}N_2$	1,3-丙二胺	1,3-propanediamine	74.13	-10.8	139.8	0.884^{25}	611.58*	4.948*	257.1*	0.250*	0.4456*	1.96	1.4600^{20}			
216	C_4Cl_6	六氯丁二烯	hexachloro-1,3-butadiene	260.761	-21	215	1.556^{25}	719.87*	3.460*	517.5*	0.299*	0.3763*	0.2	1.5542^{20}	610		
217	C_4F_8	八氟异丁烯	octafluoro-2-butene	200.03	-129	1.5	1.5297^{25}	388.5	2.80	322.7	0.280	0.356	0				
218	C_4F_8	八氟环丁烷	octafluorocyclobutane	200.03	-40.19	-5.91	1.500^{25}	388.45	2.784	325	0.274	0.372					
219	C_4F_{10}	全氟正丁烷	decafluorobutane	238.03	-129.1	-1.9	1.6884^{25}	386.35	2.332	378.0				1.4189^{20}			
220	C_4H_2	丁二炔	butadiyne	50.059	-36.4	10.3	0.7364^{0}	478.09*	5.863	183.5*	0.271*	0.1004*					
221	$C_4H_2O_3$	马来酸酐	meleic anhydride	98.057	52.56	202	1.314^{60}	710.0	6.300	219.0	0.234	0.5561			447	110 (O.C)	1.4%~7.1%
222	C_4H_4	乙烯基乙炔	vinyl acetylene	52.075	-45.6	5.1	0.7094^{0}	455.0	4.96	202.0	0.260	0.092	0.7	1.4161^{1}		<-5	2.0%~100%
223	C_4H_4O	呋喃	furan	68.074	-85.61	31.5	0.9514^{20}	487.0	5.32	218.0	0.286	0.209	0.7	1.4214^{20}	200	-35	2.3%~14.3%
224	$C_4H_4O_2$	双乙烯酮	diketene	84.074	-6.5	126.1	1.0877^{20}	635.52*	6.026	209.5*	0.239*	0.2787*	3.53	1.4379^{20}		34	
225	$C_4H_4O_3$	丁二(酸)酐	succinicanhydride	100.073	119	261	1.2^{0}	741.37*	5.978				4.1				
226	C_4H_4S	噻吩	thiophene	84.14	-38.21	84.0	1.0649^{20}	580.0	5.21	219.0	0.259	0.196	0.5	1.5289^{20}	395	-9	1.5%~12.5%
227	C_4H_5Cl	1-氯代-1,3-丁二烯	1-chloro-1,3-butadiene	88.536	-130	68	0.9606^{20}	534.8	4.26	260.0	0.253			1.4712^{20}		-20	
228	C_4H_5Cl	2-氯代-1,3-丁二烯	2-chloro-1,3-butadiene	88.536	-130	59.4	0.956^{20}	589.61*	4.060*	252.5*	0.209*	0.3698*		1.4583^{20}			4.0%~20.0%
229	C_4H_5N	2-丁烯腈	2-butenenitrile	67.09	-51.5	120	0.8239^{20}	585	3.95	265.0	0.22	0.39	4.53	1.4225^{20}			
230	C_4H_5N	3-丁烯腈	3-butenenitrile	67.09	-87	119	0.8341^{20}			200.0	0.273	0.278	3.4	1.4060^{20}			
231	C_4H_5N	吡咯	pyrrole	67.09	-23.39	129.79	0.9698^{20}	639.7	6.34	219.0	0.267	0.255	1.80	1.5085^{20}		39	2.0%~12.0%
232	C_4H_6	1,2-丁二烯	1,2-butadiene	54.091	-136.2	10.9	0.676^{0}	443.7	4.49	221	0.270	0.193	0.4	1.4205^{1}			
233	C_4H_6	1,3-丁二烯	1,3-butadiene	54.091	-108.9	-4.41	0.6149^{25}	425	4.32	208	0.270	0.110*		1.4292^{-25}	415	-78	1.4%~16.3%
234	C_4H_6	1-丁炔	1-butyne	54.091	-125.7	8.08	0.6783^{0}	440	4.60	221.0	0.277	0.124	0.8	1.3962^{20}		-6.7 (O.C)	1.4%~7.0%
235	C_4H_6	2-丁炔	2-butyne	54.091	-32.2	26.9	0.6910^{20}	488.7		209.9*	0.286*	0.1494*		1.3921^{20}		-20	
236	C_4H_6O	环丁烯	cyclobutene	54.09	-76	2	0.733^{0}	447.96*	5.074	223*	0.262	0.0831*					
237	C_4H_6O	丁烯醛	trans-crotonaldehyde	70.09		102.2	0.8516^{20}	561.7	4.56	258.5*	0.244*	0.3021*		1.4366^{20}	230	13	2.1%~15.5%
238	C_4H_6O	2,3-二氢呋喃	2,3-dihydrofutan	70.09		54.5	0.927^{25}	580.33*	4.559*	226.1*	0.2862*	0.224*		1.4293^{20}			2.1%~15.5%
239	C_4H_6O	甲基丙烯醛	2-methyl-2-propenal	70.09	-81	68.4	0.840^{25}	547.46*	4.511*	243.9*		0.3328*	2.70	1.4144^{20}		-15	2.14%~15.64%
240	C_4H_6O	甲基乙烯基(甲)酮	methylvinylketone	70.09		81.4	0.864^{20}						3.00	1.4081^{20}		-6	
241	$C_4H_6O_2$	γ-丁丙酯	gamma-butyrolactone	86.09	-43.61	204	1.1296^{20}	732.5	5.10	252.0	0.205*		4.13	1.4341^{20}			
242	$C_4H_6O_2$	顺-2-丁烯酸	*cis*-2-butenoic acid	86.09	15	169	1.0267^{25}	641.92*	4.262*	252.0	0.201*	0.5388*		1.4450^{20}		88	
243	$C_4H_6O_2$	反-2-丁烯酸	*trans*-2-butenoic acid	86.09	71.5	184.7	0.9604^{77}	664.70*	4.286*	270.0	0.195*	0.5411*	2.13	1.424^{77}			
244	$C_4H_6O_2$	丙烯酸甲酯	methyl acrylate	86.09	<-75	80.7	0.9535^{20}	536.0	4.25	252.0	0.258	0.3475		1.4040^{20}	468	-3 (O.C)	1.2%~25.0%
245	$C_4H_6O_2$	乙酸乙烯酯	vinyl acetate	86.09	-93.2	72.8	0.9256^{25}	525.0	4.35	265.0	0.26	0.34	1.7	1.3926^{25}	385	-8	2.6%~14.0%

序号	化学式	中文名称	英文名称	相对分子质量	正常熔点/℃	正常沸点/℃	密度/(g/cm³)	临界温度/K	临界压力/MPa	临界体积/(cm³/mol)	临界压缩因子	偏心因子	偶极矩①/D	折射率	自燃温度/℃	闪点/℃	空气中爆炸极限
246	$C_4H_6O_3$	醋酸酐	acetic anhydride	102.089	-74.1	139.5	1.082^{20}	606	4.0	289.5*	0.262*	0.908	3.0	1.3901^{20}	316	49	2.0%~10.3%
247	$C_4H_6O_4$	二甲基草酸酯	dimethyl oxalate	118.089	54.8	163.5	1.1716^{60}	628.0	3.98			0.556		1.379^{82}			
248	$C_4H_6O_4$	丁二酸	succinic acid	118.089	187.9	235dec	1.572^{25}						2.2	1.450			
249	C_4H_7N	丁腈	butyronitrile	69.106	-111.9	117.6	0.7936^{20}	585.4	3.88	285.5	0.223*	0.373	3.8	1.3842^{20}		8	
250	C_4H_7N	异丁腈	isobutyronitrile	69.106	-71.5	103.9	0.7704^{20}	566.0*	3.82*	279.5*	0.227*	0.347*		1.3720^{20}			
251	C_4H_7NO	2-吡咯烷酮	2-pyrrolidone	85.106	25	251	1.120^{20}	799.86*	5.662*	245.5*	0.209*	0.3604*	3.1	1.4806^{30}	145	129	1.6%~10.0%
252	C_4H_8	1-丁烯	1-butene	56.107	-185.34	-6.26	0.588^{25}	419.29	4.0005	235.8	0.2775	0.187	0.3	1.3962^{20}	385	-80	1.6%~9.7%
253	C_4H_8	顺式-2-丁烯	cis-2-butene	56.107	-138.88	3.71	0.616^{25}	435.75	4.226	235.6	0.272	0.203	0.3	1.3931^{-25}	324	-73	1.6%~9.7%
254	C_4H_8	反式-2-丁烯	trans-2-butene	56.107	-105.52	0.88	0.599^{25}	428.61	4.027	237.3	0.2735	0.218	0	1.3848^{-25}	323.9		1.8%~9.7%
255	C_4H_8	环丁烷	cyclobutane	56.107	-90.7	12.6	0.7038^{0}	460.0	4.98	210.0	0.278	0.181		1.375^{20}		-77	
256	C_4H_8	异丁烯	isobutene	56.107	-140.7	-6.9	0.589^{25}	417.9	4.00	238.8	0.2749	0.189	0.5	1.3926^{-25}	465		1.8%~8.8%
257	C_4H_8	甲基环丙烷	methyl cyclopropane	56.107	-177.6	0.7	0.6912^{-20}	436.24*	4.514*	227.7*	0.283*	0.1814*	0				
258	$C_4H_8Cl_2$	1,1-二氯丁烷	1,1-dichlorobutane	127.013		113.8	1.0863^{20}	586.78*	3.776	344.5*	0.267	0.2826		1.4355^{20}			
259	$C_4H_8Cl_2$	1,2-二氯丁烷	1,2-dichlorobutane	127.013		124.1	1.1116^{25}	608.23*	3.757	335.3*	0.249	0.2555		1.4450^{20}			
260	$C_4H_8Cl_2$	1,3-二氯丁烷	1,3-dichlorobutane	127.013		134	1.1158^{20}	623.55*	3.772	335.3*	0.244	0.2569*		1.4445^{20}			
261	$C_4H_8Cl_2$	1,4-二氯丁烷	1,4-dichlorobutane	127.013	-37.3	161	1.1331^{25}	659.2*	3.607*	350.7*	0.242*	0.329*		1.4542^{20}			
262	$C_4H_8Cl_2$	2,2-二氯丁烷	2,2-dichlorobutane	127.013	-74	104	1.1048^{25}	578.36*	3.563	258	0.260	0.2331		1.4295^{25}			
263	$C_4H_8Cl_2$	2,3-二氯丁烷	2,3-dichlorobutane	127.013	-80	119	1.105^{25}							1.4409^{25}			
264	C_4H_8O	丁醛	butanal	72.106	-96.86	74.8	0.8016^{20}	537.0	4.32	274.0	0.258	0.352	2.6	1.3843^{20}	190	-22	1.4%~12.5%
265	C_4H_8O	异丁醛	isobutanal	72.106	-65.9	64.5	0.7891^{20}	513.0	4.15		0.27	0.35		1.3730^{20}	165	<-15	1.0%~12.0%
266	C_4H_8O	1,2-环氧丁烷	1,2-epoxybutane	72.106	-150	63.4	0.8292^{20}	525.7	4.39	248.5	0.250	0.217		1.3851^{20}	550	-15	1.5%~18.3%
267	C_4H_8O	四氢呋喃	tetrahydrofuran	72.106	-108.44	65	0.8833^{35}	540.1	5.19	224.0	0.259	0.266	1.7	1.4050^{25}	230	-20	1.5%~12.4%
268	C_4H_8O	乙基乙烯基醚	ethyl vinylether	72.106	-115.8	35.5	0.7589^{20}	475	4.07		0.268*	0.2869*	1.3	1.3767^{20}			
269	C_4H_8O	甲基烯丙基醚	allyl methyl ether	72.106	-119	44.7	0.9003^{20}	488.32*	4.073*	250.3*	0.251*	0.320		1.3802^{20}			
270	C_4H_8O	甲基乙基酮	methyl ethyl ketone	72.106	-86.64	79.59	0.7999^{25}	535.6	4.15	267.0	0.252		3.3	1.3788^{20}	404	-9	1.7%~11.4%
271	$C_4H_8O_2$	丁酸	butyric acid	88.106	-5.7	163.76	0.9528^{25}	615.2	4.06	292.0	0.292	0.683	1.5	1.3980^{20}	452	72	2.0%~10.0%
272	$C_4H_8O_2$	异丁酸	isobutyric acid	88.106	-46	154.45	0.9881^{20}	605	3.7	292.0	0.234	0.623	1.3	1.3930^{20}			
273	$C_4H_8O_2$	1,3-二氧杂环己烷	1,3-dioxane	88.106	-45	106.1	1.0286^{25}	612.87*	5.118*	240.6*	0.242*	0.1647*	2.14	1.4165^{20}			
274	$C_4H_8O_2$	1,4-二氧杂环己烷	1,4-dioxane	88.106	11.8	101.5	1.0337^{20}	588.0	5.18	238.8	0.254	0.281	0.4	1.4224^{20}	375	12	2.0%~22.0%
275	$C_4H_8O_2$	乙酸乙酯	ethyl acetate	88.106	-83.8	77.11	0.9003^{20}	524.1	3.83	285.9	0.252	0.362	1.9	1.3723^{20}	426	-4	2.0%~11.5%
276	$C_4H_8O_2$	丙酸甲酯	methyl propionate	88.106	-87.5	79.8	0.9073^{20}	530.6	4.004	282.0	0.256	0.350	1.7	1.377^{20}	469	2	2.5%~13.0%
277	$C_4H_8O_2$	甲酸丙酯	propyl formate	88.106	-92.9	80.9	0.9058^{20}	538.0	4.06	285.0	0.259	0.314	1.9	1.3779^{20}	455	-3	
278	$C_4H_8O_2S$	环丁砜	sulfolane	120.171	27.6	287.3	1.2723^{18}	855.0	5.030	300.0	0.212	0.3463		1.483^{18}		176.7	
279	C_4H_8S	硫杂环戊烷	thiacyclopentane	88.172	-96.2	121.1	0.9987^{20}	632.0	5.30	247.5*	0.241*	0.224*	1.89	1.4871^{18}			2.8%~6.6%
280	C_4H_9Br	1-溴丁烷	1-bromobutane	137.018	-112.6	101.6	1.2758^{20}	572	4.26*	325	0.289*	0.339*		1.4401^{20}		18	

续表

序号	化学式	中文名称	英文名称	相对分子质量	正常熔点/℃	正常沸点/℃	密度/(g/cm³)	临界温度/K	临界压力/MPa	临界体积/(cm³/mol)	临界压缩因子	偏心因子	偶极矩①/D	折射率	自燃温度/℃	闪点/℃	空气中爆炸极限
281	C_4H_9Br	2-溴丁烷	2-bromobutane	137.018	-112.65	91.3	1.2585^{20}	558.7*	4.30*	315.5*	0.292*	0.308*		1.4366^{20}			
282	C_4H_9Cl	1-氯丁烷	1-chlorobutane	92.567	-123.1	78.4	0.8857^{20}	539.2	3.68	312.0	0.255	0.218	2.0	1.4023^{20}	240	-12	1.9%~10.1%
283	C_4H_9Cl	2-氯丁烷	2-chlorobutane	92.567	-131.3	68.2	0.8732^{20}	518.6	3.95	305.0	0.280	0.300	2.1	1.3971^{20}			
284	C_4H_9Cl	1-氯-2-甲基丙烷	1-chloro-2-methylpropane	92.567	-130.3	68.5	0.8773^{20}	526.5*	3.76*	302.5*	0.260*	0.249*	2.1	1.3984^{20}		<0	
285	C_4H_9Cl	2-氯-2-甲基丙烷	2-chloro-2-methylpropane	92.567	-25.6	50.9	0.8420^{20}	500	3.81*	297.5*	0.269*	0.189*	2.1	1.3857^{20}			
286	C_4H_9I	1-碘丁烷	1-iodobutane	184.018	-103	130.5	1.6154^{20}							1.5001^{20}		33	
287	C_4H_9I	2-碘丁烷	2-iodobutane	184.018	-104.2	120.1	1.5920^{20}							1.4991^{20}		28	
288	C_4H_9N	四氢吡咯	pyrrolidine	71.121	-57.79	86.56	0.8586^{20}	568.6	5.70	238.0	0.300	0.274	1.6	1.4431^{20}			
289	C_4H_9NO	吗啉	morpholine	87.12	-4.8	128	1.0005^{20}	618.0	5.47	253.0	0.27	0.37	1.5	1.4548^{20}	310	35	1.4%~11.2%
290	C_4H_9NO	N,N-二甲基乙酰胺	N,N-dimethylacetamide	87.12	-18.59	165	0.9372^{25}							1.4341^{25}		70	1.8%~11.5%
291	$C_4H_9NO_2$	1-硝基丁烷	1-nitrobutane	103.12	-132	153	0.970^{25}	624.0*	3.80	341.5*	0.260*	0.452*	3.40	1.4303^{20}			
292	$C_4H_9NO_2$	2-硝基丁烷	2-nitrobutane	103.12		140	0.8854^{17}	611.48*	3.775*	322.9*	0.240*	0.3894*		1.4044^{20}			
293	$C_4H_9NO_2$	2-甲基-2-硝基丙烷	2-methyl-2-nitropropane	103.12	26.23	127.16	0.9501^{28}	599.03*	3.793*	319.6*	0.243*	0.3490*	3.74	1.4015^{20}			
294	C_4H_{10}	丁烷	n-butane	58.122	-138.2	-0.5	0.573^{25}	425.16	3.787	255.0	0.274	0.199	0.0	1.3326^{20}	287	-60	1.6%~8.4%
295	C_4H_{10}	异丁烷	iso-butane	58.122	-159.4	-11.7	0.5510^{25}	407.8	3.64	259	0.278	0.177	0.1	1.3518^{-25}	460	-83	1.8%~8.4%
296	$C_4H_{10}N_2$	哌嗪	piperazine	86.135	106	148.6		657.0	4.65			0.285		1.446^{113}		81	
297	$C_4H_{10}O$	丁醇	butanol	74.121	-88.6	117.73	0.8098^{20}	563.0	4.414	274.0	0.258	0.595	1.8	1.3988^{20}	340	35	1.4%~11.2%
298	$C_4H_{10}O$	异丁醇	isobutanol	74.12	-101.9	107.89	0.8018^{20}	547.8	4.295	274.0	0.258	0.589	1.7	1.3955^{20}	415	28	1.7%~10.6%
299	$C_4H_{10}O$	仲丁醇	sec-butanol	74.12	-88.5	99.51	0.8063^{20}	536.2	4.202	269.0	0.253	0.571	1.7	1.3978^{20}	390	24	1.7%~9.8%
300	$C_4H_{10}O$	叔丁醇	tert-butanol	74.12	25.69	82.4	0.7887^{20}	506.2	3.972	275.0	0.259	0.616	1.7	1.3878^{20}	470	11	2.4%~8.0%
301	$C_4H_{10}O$	乙醚	diethyl ether	74.12	-116.2	34.5	0.7138^{20}	466.7	3.644	281	0.264	0.285	1.3	1.3526^{20}	160	-45	1.9%~36.0%
302	$C_4H_{10}O$	甲基丙基醚	methyl propyl ether	74.12		39.1	0.7356^{13}	476.2	3.801	274.0	0.263	0.271	1.2	1.3579^{25}		-20	
303	$C_4H_{10}O$	甲基异丙基醚	methyl isopropyl ether	74.12		30.77	0.7237^{15}	464.2	3.762	277.0	0.270	0.279		1.3576^{20}			
304	$C_4H_{10}O_2$	1,2-丁二醇	1,2-butanediol	90.12	<-50	190.5	1.0024^{20}	680	5.21	303	0.279	0.8821*		1.4378^{20}		90	
305	$C_4H_{10}O_2$	1,3-丁二醇	1,3-butanediol	90.12		207.5	1.0053^{20}	692.4	5.18	305	0.217	1.146		1.4401^{20}	393.9	121	1.9%~
306	$C_4H_{10}O_2$	1,4-丁二醇	1,4-butanediol	90.12	20.4	235	1.0171^{20}	723.8	5.52	283.6*	0.237*	1.189	3.86	1.4460^{20}	370	>110	1.6%~10.4%
307	$C_4H_{10}O_2$	2,3-丁二醇	2,3-butanediol	90.12	7.6	182.5	1.0033^{20}							1.4310^{25}	402.2	85	1.7%~15.6%
308	$C_4H_{10}O_2$	1,1-二甲氧基乙烷	1,1-dimethoxy ethane	90.12	-113.2	64.5	0.8501^{20}	501.98*	3.639*	283.8*	0.247*	0.3614*		1.3668^{20}			
309	$C_4H_{10}O_2$	1,2-二甲氧基乙烷	1,2-dimethoxy ethane	90.12	-58	85	0.8691^{20}	540.0	3.90	308	0.235	0.358	0.0	1.3796^{20}	202	-2	
310	$C_4H_{10}O_2$	乙二醇单甲基乙醚	ethylene glycol monomethyl ether	90.12	-70	135	0.9297^{20}	579.23*	4.145*	283.7*	0.244*	0.6506*	2.12	1.4080^{20}	235	43	
311	$C_4H_{10}O_3$	二甘醇	diethylene glycol	106.12	-10.4	245.8	1.1197^{15}	750	4.7	292.3*	0.228*	0.9431*	2.69	1.4472^{20}	227.8	143	3.0%~7.0%
312	$C_4H_{10}O_4S$	硫酸二乙酯	diethyl sulfate	154.185	-24	208	1.172^{25}							1.3989^{20}		104	
313	$C_4H_{10}S$	1-丁硫醇	1-butanethiol	90.187	-115.7	98.5	0.8416^{20}	570.0	4.0	324	0.279	0.284	1.54	1.4440^{20}		2	
314	$C_4H_{10}S$	2-丁硫醇	2-butanethiol	90.187	-165	85	0.8295^{20}	551.0	3.85	307.5*	0.284	0.257	1.65	1.4366^{20}			
315	$C_4H_{10}S$	2-甲基-1-丙硫醇	2-methyl-1-propanethiol	90.187	<-70	88.5	0.8357^{20}	557.0	3.90	307.5*	0.281	0.258*	1.53	1.4387^{20}			

续表

序号	化学式	中文名称	英文名称	相对分子质量	正常熔点/℃	正常沸点/℃	密度/(g/cm³)	临界温度/K	临界压力/MPa	临界体积/(cm³/mol)	临界压缩因子	偏心因子	偶极矩①/D	折射率	自燃温度/℃	闪点/℃	空气中爆炸极限
316	$C_4H_{10}S$	2-甲基-2-丙硫醇	2-methyl-2-propanethiol	90.187	-0.5	64.2	0.7943^{25}	521.0	3.70	302.5*	0.295*	0.230*	1.67	1.4232^{20}			
317	$C_4H_{10}S$	二乙硫醚	diethyl sulfide	90.187	-103.91	92.1	0.8362^{20}	557.8	3.90	317.6	0.272	0.292	1.6	1.4430^{20}		-10	
318	$C_4H_{10}S$	2-硫戊烷	2-thiapentane	90.187	-113	95.6	0.8424^{20}	563.0	3.85	313.5*	0.266	0.285		1.4442^{20}			
319	$C_4H_{10}S_2$	3,4-二硫己烷	3,4-dithiahexane	122.252	-101.5	154.0	0.9931^{20}	642.1	3.50	367.5*	0.279	0.306*	1.96	1.5073^{20}		-12	1.7%~9.8%
320	$C_4H_{11}N$	丁胺	butylamine	73.137	-49.1	77.0	0.7414^{20}	531.9	4.20	288.5*	0.277	0.329	1.3	1.4031^{20}	312		
321	$C_4H_{11}N$	异丁胺	isobutylamine	73.137	-86.7	67.75	0.724^{25}	516.94*	3.986*	281.4*	0.261*	0.368*	1.2	1.3988^{19}		-9.4	3.4%~9.0%
322	$C_4H_{11}N$	仲丁胺	sec-butylamine	73.137	<-72	62.73	0.7246^{20}	514.0	5.0	282.5*	0.283*	0.368		1.3932^{20}		-9.4	1.7%~10.0%
323	$C_4H_{11}N$	叔丁胺	tert-butylamine	73.137	-66.94	44.04	0.6958^{20}	483.7	3.85	293	0.279	0.285*	1.31	1.3784^{20}	310	10	1.7%~8.9%
324	$C_4H_{11}N$	二乙胺	diethylamine	73.137	-49.8	55.5	0.7056^{20}	499.7	3.754	304.0	0.270	0.291	1.1	1.3864^{20}	220	-9	1.8%~10.1%
325	$C_4H_{11}NO$	二甲氨基乙醇	dimethylaminoethanol	89.136	-59	134	0.8806^{20}							1.4300^{20}		31	
326	$C_4H_{11}NO_2$	二乙醇胺	diethanolamine	105.136	28	268.8	1.0966^{20}	715.0	3.270	349.0	0.192	1.0463		1.4776^{20}	662	137	1.6%~
327	$C_4H_{12}N_2$	1,2-丁二胺	1,2-diaminobutane	88.151		136.8	0.8980^{20}	606.88*	4.195*	303.0*	0.252*	0.4359*					
328	$C_4H_{12}Si$	四甲基硅烷	tetramethylsilane	88.224	-99.06	26.6	0.648^{19}	448.64	2.821	362.0	0.273			1.3587^{20}			
329	$C_4H_{13}N_3$	二亚乙基三胺	diethylene triamine	103.166	-39	207	0.9569^{20}							1.4810^{25}	398	94	2.0%~6.7%
330	C_5Cl_6	六氯环戊二烯	hexachlorocyclopentadiene	272.772	-9	239	1.7019^{25}							1.5658^{20}			
331	C_5F_{12}	全氟正戊烷	perfluoropentane	288.035	-10	29.2	1.733^{20}	421.3	2.041	472.0	0.275	0.432	0	1.3333^{20}			
332	$C_5H_2F_6O_2$	六氟乙酰丙酮	hexafluoroacetylacetone	208.059	-38.1	54.15	1.485^{20}	485.1	2.767	252.0	0.254	0.278					
333	$C_5H_4O_2$	糠醛	furfural	96.085	-69	161.7	1.1594^{20}	657.0	5.512			0.4442	3.6	1.5261^{20}	315	60	2.1%~19.3%
334	C_5H_4ClN	2-氯吡啶	2-chloropyridine	113.546	-56.32	170	1.205^{15}	694.0	5.20					1.5320^{20}			
335	C_5H_5N	吡啶	pyridine	79.101	-41.70	115.23	0.9819^{20}	618.7	5.88	252.8	0.277	0.243	2.3	1.5095^{20}	482	17	1.8%~12.4%
336	C_5H_6	环戊二烯	cyclopentadiene	66.102	-85	41	0.8021^{20}	504.6*	5.16*	247.0	0.286*	0.196*		1.4440^{20}	640	<0	
337	C_5H_6	2-甲基-1-丁烯-3-炔	2-methyl-1-butene-3-yne	66.102	-113	32	0.6801^{11}	501.2*	4.15*	264.4*	0.249*	0.083*		1.4110^{20}			
338	$C_5H_6N_2$	戊二腈	glutaronitrile	94.115	-29	286	0.9911^{15}					0.270		1.4295^{20}		110	
339	C_5H_6O	2-甲基呋喃	2-methyl furan	82.101	-91.3	64.7	0.9132^{20}	527.0	4.72	275.2*	0.266	0.1599*		1.4342^{20}			
340	C_5H_6O	吡喃	pyrane	82.101		80	0.8416^{20}	568.65*	4.696	275.5*	0.263		0.7	1.4559^{20}			
341	$C_5H_6O_2$	糠醇	forfuryl alcohol	98.101	-14.6	171	1.1296^{25}	643.53*	4.794*	275.5*	0.247*	0.5941*	1.92	1.4869^{20}	390	65	1.8%~16.3%
342	C_5H_6S	2-甲基噻吩	2-methylthiophene	98.167	-63.4	112.6	1.0193^{20}	610.0	4.85	271.0	0.265*	0.238*		1.5203^{20}			
343	C_5H_6S	3-甲基噻吩	3-methylthiophene	98.167	-69	115.5	1.0218^{20}	615.0	4.95	266.0	0.263	0.242		1.5204^{20}			
344	C_5H_7N	1-甲基吡咯	1-methylpyrrole	81.117	-56.32	112.81	0.9145^{15}	596.0	4.86					1.4875^{20}			
345	C_5H_7N	2-甲基吡咯	2-methylpyrrole	81.117	-35.6	147.6	0.9446^{15}	654.0	5.08					1.5035^{16}			
346	C_5H_7N	3-甲基吡咯	3-methylpyrrole	81.117	-48.4	142.9	0.6901^{20}	647.0	5.08					1.4970^{20}			
347	C_5H_8	1-戊炔	1-pentyne	68.118	-90	40.1	0.7058^{25}	493.5	4.05	278.0	0.275	0.164		1.3852^{20}			
348	C_5H_8	2-戊炔	2-pentyne	68.118	-109.3	56.1	0.7105^{20}	522.0	4.23	277.5*	0.270	0.186*		1.4039^{20}			
349	C_5H_8	3-甲基-1-丁炔	3-methyl-1-butyne	68.118	-89.7	26.3	0.6660^{20}	476.0*	4.21*	271.5*	0.289*	0.176*	0.9	1.3723^{20}			
350	C_5H_8	环戊烯	cyclopentene	68.118	-135.1	44.2	0.7720^{20}	506.2	4.80	248	0.284	0.195	0.9	1.4225^{20}		-30	

续表

序号	化学式	中文名称	英文名称	相对分子质量	正常熔点/℃	正常沸点/℃	密度/(g/cm³)	临界温度/K	临界压力/MPa	临界体积/(cm³/mol)	临界压缩因子	偏心因子	偶极矩①/D	折射率	自燃温度/℃	闪点/℃	空气中爆炸极限
351	C_5H_8	2-甲基-1,3-丁二烯	2-methyl-1,3-butadiene	68.118	-145.9	34.0	0.6792^{20}	484.0	3.85	276.0	0.264	0.164	0.3	1.4219^{20}	220	-54	1.0%~10.0%
352	C_5H_8	3-甲基-1,2-丁二烯	3-methyl-1,2-butadiene	68.118	-113.6	40.83	0.6806^{25}	496.0	4.11	267.0	0.266	0.160		1.4203^{20}			
353	C_5H_8	1,2-戊二烯	1,2-pentadiene	68.118	-137.3	44.9	0.6926^{20}	503.0	4.07	276.0	0.269	0.173		1.4209^{20}			
354	C_5H_8	1,4-戊二烯	1,4-pentadiene	68.118	-148.2	26	0.6608^{20}	478.0	3.79	276.0	0.263	0.127*	0.4	1.3888^{20}			
355	C_5H_8	2,3-戊二烯	2,3-pentadiene	68.118	-125.6	48.2	0.6950^{20}	505.8*	4.14*	275.5*	0.271*	0.204		1.4284^{20}			
356	C_5H_8	1-顺-3-戊二烯	cis-1,3-pentadiene	68.118	-140.8	44.1	0.6910^{20}	496.0	3.99	275.0	0.266	0.175		1.4363^{20}			
357	C_5H_8	1-反-3-戊二烯	trans-1,3-pentadiene	68.118	-87.4	42	0.6710^{25}	494.3*	3.89*	276.5*	0.262*	0.216*	0.7	1.4301^{20}			
358	C_5H_8O	甲基异丙烯基酮	methyl isopropenyl ketone	84.12	-54	98	0.8527^{20}	624	4.60	268.0	0.260	0.35	3.0	1.4220^{20}		26	
359	C_5H_8O	环戊酮	cyclopentanone	84.12	-51.90	130.57	0.9487^{20}	561.7	4.56	268.0	0.262	0.247		1.4366^{20}			
360	C_5H_8O	3,4-二氢吡喃	3,4-dihydro-2H-pyran	84.12		86	0.921^{19}						1.4	1.4402^{19}			
361	$C_5H_8O_2$	2,4-戊二酮	2,4-pentanedione	100.117	-23	138	0.9721^{25}	606.94*	3.988*	228.0*	0.288*	0.4387*	3.03	1.4494^{20}	340	34	2.4%
362	$C_5H_8O_2$	乙酸烯丙酯	allyl acetate	100.12		103.5	0.9275^{20}	564.0	3.68	323.0	0.253	0.31685		1.4049^{20}			
363	$C_5H_8O_2$	甲基丙烯酸甲酯	methyl methacrylate	100.12	-47.55	100.5	0.9377^{25}	552.0	3.74	320.0	0.261	0.400		1.4142^{20}	435	10	2.1%~12.5%
364	$C_5H_8O_2$	丙烯酸乙酯	ethyl acrylate	100.12	-71.2	99.4	0.9234^{20}							1.4068^{20}	345	10	1.4%~14%
365	$C_5H_8O_2$	乙酸异丙烯酯	isopropenyl acetate	100.12	-92.9	94	0.9090^{20}							1.4033^{20}			
366	$C_5H_8O_2$	反-2-丁烯酸甲酯	methyl-trans-2-butenoate	100.12	-42	121	0.9444^{20}	586.15*	3.731*	317.1*	0.243*	0.3694*		1.4242^{20}			
367	$C_5H_8O_2$	烯丙基乙酸	allylacetic acid	100.12	22.5	188.5	0.9809^{20}							1.4281^{20}			
368	$C_5H_8O_3$	乙酰乙酸甲酯	methyl acetoacetate	116.116	27.5	171.7	1.0762^{20}							1.4184^{20}			
369	$C_5H_8O_3$	乙酰丙酸	ievulinic acid	116.12	33	245dec	1.1335^{20}							1.4396^{20}			
370	$C_5H_8O_4$	戊二酸	glutaric acid	132.116	97.8	303dec	1.429^{15}	647						1.4188^{106}			
371	$C_5H_8O_4$	丙二酸二甲酯	dimethyl malonate	132.12	-61.9	181.4	1.528^{20}	604.30*	3.60	377	0.252	0.5169*		1.4135^{20}			
372	C_5H_9N	戊二腈	pentanenitrile	83.132	-96.2	141.3	0.8008^{20}	593.23*	3.348*	330.3*	0.220*	0.4170*		1.3971^{20}			
373	C_5H_9N	3-甲基丁腈	3-methylbutanenitrile	83.132	-101	127.5	0.7914^{20}		3.326*	323.7*	0.218*	0.3782*	3.86	1.3927^{20}			
374	C_5H_9NO	N-甲基-2-吡咯烷酮	N-methyl-2-pyrrolidone	99.131	-23.09	202	1.0230^{25}	721.8		311.0	0.275	0.233		1.4684^{20}			
375	C_5H_{10}	1-戊烯	1-pentene	70.133	-165.12	29.96	0.6405^{20}	464.8	3.56	298.4	0.275*	0.241	0.4	1.3715^{20}	273	-18	1.4%~8.7%
376	C_5H_{10}	顺-2-戊烯	cis-2-pentene	70.133	-151.36	36.93	0.6556^{20}	475.0	3.69	295.5*	0.275	0.237		1.3830^{20}		-45.6	1.4%~
377	C_5H_{10}	反-2-戊烯	trans-2-pentene	70.133	-140.21	36.34	0.6431^{25}	475.0	3.65	295.5*	0.275	0.229		1.3793^{20}		-48.2	1.4%~
378	C_5H_{10}	2-甲基-1-丁烯	2-methyl-1-butene	70.13	-137.53	31.2	0.6504^{20}	465.0	3.45	297.5*	0.279	0.277	0.5	1.3378^{20}			
379	C_5H_{10}	2-甲基-2-丁烯	2-methyl-2-butene	70.13	-133.72	38.56	0.6623^{20}	470.0	3.42	296.5*	0.274*	0.229		1.3874^{20}			
380	C_5H_{10}	3-甲基-1-丁烯	3-methyl-1-butene	70.13	-168.43	20.1	0.6213^{25}	452.7	3.53	304.9	0.286	0.230		1.3643^{20}			
381	C_5H_{10}	环戊烷	cyclopentane	70.13	-93.4	49.3	0.7457^{20}	511.7	4.51	259.0	0.272	0.200*	0.0	1.4065^{20}	380	-7	1.5%~8.7%
382	C_5H_{10}	甲基环丁烷	methyl cyclobutane	70.13	-161.5	36.3	0.6884^{20}	485.67	4.101*	273.9*	0.278*	0.2889*		1.3866^{20}			
383	C_5H_{10}	乙基环丙烷	ethyl cyclopropane	70.13	-149.2	35.9	0.6790^{25}	472.18	4.040*	278.0*	0.287	0.0550*	0.18	1.3786^{20}			
384	C_5H_{10}	1,1-二甲基环丙烷	1,1-dimethylcyclopropane	70.13	-109	20.6	0.6604^{20}	479.96	3.699*	272.3*	0.252*	0.2272*		1.3668^{20}			
385	C_5H_{10}	顺-2-二甲基环丙烷	1,cis-2-dimethylcycloprppane	70.133	-140.9	37.0	0.6889^{25}	479.57	3.819*	286.9*	0.275*			1.3829^{20}			

续表

序号	化学式	中文名称	英文名称	相对分子质量	正常熔点/℃	正常沸点/℃	密度/(g/cm³)	临界温度/K	临界压力/MPa	临界体积/(cm³/mol)	临界压缩因子	偏心因子	偶极矩①/D	折射率	自燃温度/℃	闪点/℃	空气中爆炸极限
386	C_5H_{10}	1,反-2-二甲基环丙烷	1,trans-2-dimethylcyclopropane	70.133	−149.6	28.2	0.6648^{25}	465.94*	3.800*	286.9*	0.281*	0.2255*		1.3713^{20}			
387	$C_5H_{10}Cl_2$	1,5-二氯戊烷	1,5-dichloropentane	141.038	−72.8	179	1.0956^{25}							1.4545^{25}			
388	$C_5H_{10}Cl_2$	2,3-二氯戊烷	2,3-dichloropentane	141.04	−77.3	139	1.0789^{20}							1.4464^{20}			
389	$C_5H_{10}O$	环戊醇	cyclopentanol	86.132	−17.5	140.42	0.9488^{20}	619.5	4.9	275.0*	0.262*	0.4196	1.72	1.4530^{20}	445		1.6%~
390	$C_5H_{10}O$	二乙酮	diethyl ketone	86.132	−39	101.9	0.816^{19}	561.46	3.729	336.0	0.269	0.334	2.7	1.3905^{25}	452	13	1.5%~8.2%
391	$C_5H_{10}O$	甲基丙基甲酮	methyl propyl ketone	86.13	−76.9	102.2	0.8092^{20}	562.5	3.694	301.2	0.238	0.346	2.5	1.3895^{20}		7	
392	$C_5H_{10}O$	甲基异丙基甲酮	methyl isopropyl ketone	86.13	−93.1	94.33	0.8051^{20}	553.4	3.85	310.0	0.259	0.331	2.8	1.3880^{20}		6	
393	$C_5H_{10}O$	四氢吡喃	tetrahydropyran	86.13	−49.1	88	0.8814^{20}	572.2	4.77	263.0	0.263	0.218	1.6	1.4200^{20}			
394	$C_5H_{10}O$	戊醛	valeraldehyde	86.13	−91.5	103	0.8095^{20}	554.0	3.54	333.0	0.260	0.400	2.6	1.3944^{20}		12	2.6%~14.0%
395	$C_5H_{10}O$	2-甲基丁醛	2-methylbutanal	86.13	−51	92.5	0.8029^{20}	543.73*	3.829*	326.5*	0.277*	0.3734*		1.3869^{20}			
396	$C_5H_{10}O$	3-甲基丁醛	3-methylbutanal	86.13	6	92.5	0.7977^{20}	544.69*	3.829*	326.5*	0.276*	0.3735*		1.3902^{20}			
397	$C_5H_{10}O$	2,2-二甲基丙醛	2,2-dimethylpropanal	86.13		77.5	0.7923^{17}	525.74*	3.882*	321.5	0.280*	0.3088*	2.62	1.3791^{20}			
398	$C_5H_{10}O$	乙基烯丙基醚	ethyl allyl ether	86.13	−91.5	67.6	0.7651^{20}	518.0	3.35	340.0	0.285			1.3881^{20}	320		
399	$C_5H_{10}O_2$	甲酸正丁酯	n-butyl formate	102.132	−95.8	106.1	0.8958^{20}	559.8	3.59	340.0		0.396		1.3887^{20}	320	18	1.7%~8.0%
400	$C_5H_{10}O_2$	甲酸异丁酯	isobutyl formate	102.13		98.2	0.8776^{20}	544.0	3.73	252.0			1.9	1.3857^{20}			
401	$C_5H_{10}O_2$	甲酸特丁酯	tert-butyl formate	102.13	35	82	0.872	545.0*	3.83*	350.0*				1.3790^{20}	475	12	
402	$C_5H_{10}O_2$	丙酸乙酯	ethyl propionate	102.13	−73.9	99.1	0.8843^{25}	546.0	3.362	345.0	0.256	0.391	1.8	1.3839^{20}	430	12	1.8%~11.0%
403	$C_5H_{10}O_2$	乙酸丙酯	n-propyl acetate	102.13	−93	101.3	0.8820^{20}	549.7	3.33	345.0		0.391	1.8	1.3828^{25}		13	1.7%~8.0%
404	$C_5H_{10}O_2$	乙酸异丙酯	isopropyl acetate	102.13	−73.4	88.7	0.8718^{20}	531.0	3.48	340.0				1.3773^{20}		2	1.8%~8.0%
405	$C_5H_{10}O_2$	丁酸甲酯	methyl butyrate	102.13	−85.8	102.8	0.8984^{20}	554.4	3.43	340.0	0.257	0.380	1.7	1.3878^{20}			
406	$C_5H_{10}O_2$	异丁酸甲酯	methyl isobutyrate	102.13	−84.7	92.5	0.8906^{20}	540.8	4.789*	339.0	0.259	0.362	2.0	1.3840^{20}			
407	$C_5H_{10}O_2$	四氢糠醇	tetrahydrofurfuryl alcohol	102.13	<−80	178	1.0524^{20}	646.95*	3.58	294.2*	0.262*	0.6392*	2.12	1.4520^{20}	280	74	1.5%~9.7%
408	$C_5H_{10}O_2$	戊酸	pentanoic acid	102.13	−33.6	186.1	0.9339^{25}	643.0	3.463	340.0		0.4085		1.4085^{20}		88	2.7%~7.6%
409	$C_5H_{10}O_2$	2-甲基丁酸	2-methylbutanoic acid	102.13	<−80	177	0.934^{20}	629.0	3.475	322.4		0.4051		1.4051^{20}			
410	$C_5H_{10}O_2$	3-甲基丁酸	3-methylbutanoic acid	102.13	−29.3	176.5	0.931^{20}					0.4033	1.15	1.4033^{20}			
411	$C_5H_{10}O_2$	2,2-二甲基丙酸	2,2-dimethylpropionic acid	102.132	35	164	0.905^{50}	628.84*	3.496	319.1*	0.214	0.4950*	1.9	1.3931^{30}			
412	$C_5H_{10}O_3$	碳酸二乙酯	diethyl carbonate	118.131	−43	126	0.9692^{25}	575.98	3.47	320.9*	0.212*	0.4849	1.0	1.3845^{20}			
413	$C_5H_{10}O_3$	乳酸乙酯	ethyl lactate	118.131	−26	154.5	1.0328^{20}	602.0	4.825		0.234			1.4124^{20}			
414	$C_5H_{10}O_3$	乙酸甲氧乙酯	2-methoxyethyl acetate	118.131	−70	143	1.0074^{19}	655.43*	3.40	274.7*	0.243*	0.2273*		1.4002^{20}	380	44	1.7%~8.2%
415	$C_5H_{10}S$	硫代环己烷	thiacyclohexane	102.198	19	141.8	0.9861^{20}	509.1	3.32	353.5*	0.263*	0.233*	1.71	1.5067^{20}			
416	$C_5H_{11}Cl$	2-氯-2-甲基丁烷	2-chloro-2-methylbutane	106.594	−73.5	85.6	0.8653^{20}							1.4055^{20}			
417	$C_5H_{11}Cl$	1-氯戊烷	1-chloropentane	106.60	−99	108.4	0.8820^{20}	571.2	4.673	364.5*	0.257*	0.437*		1.4126^{20}			
418	$C_5H_{11}N$	环戊胺	cyclopentylamine	85.148	−82.7	108	0.8689^{20}	577.60*	4.914	287.9*	0.280*	0.3706*	2.14	1.4728^{25}			
419	$C_5H_{11}N$	哌啶	piperidine	85.15	−11.02	106.22	0.8606^{20}	549.1	5.00	295.3*	0.294*	0.251*	1.18	1.4530^{20}			
420	$C_5H_{11}NO$	N,N-二乙基甲酰胺	N,N-diethylformamide	101.147		177.5	0.9080^{19}	660.0						1.4321^{25}		16	

续表

序号	化学式	中文名称	英文名称	相对分子质量	正常熔点/℃	正常沸点/℃	密度/(g/cm³)	临界温度/K	临界压力/MPa	临界体积/(cm³/mol)	临界压缩因子	偏心因子	偶极矩①/D	折射率	自燃温度/℃	闪点/℃	空气中爆炸极限
421	C_5H_{12}	正戊烷	n-pentane	72.149	-129.67	36.06	0.6262^{20}	469.7	3.370	311	0.268	0.249	0.0	1.3575^{20}	260	-40	1.7%～9.8%
422	C_5H_{12}	异戊烷	isopentane	72.149	-159.77	27.88	0.6201^{20}	460.4	3.38	306	0.270	0.228	0.1	1.3537^{20}	420	-56	1.4%～7.6%
423	C_5H_{12}	新戊烷	neopentane	72.15	-16.4	9.48	0.5852^{25}	433.8	3.196	307	0.272	0.196	0.0	1.3476^{6}	450	-7	1.3%～7.5%
424	$C_5H_{12}O$	1-戊醇	1-pentanol	88.148	-77.6	137.98	0.8144^{20}	588.1	3.897	326.0	0.260	0.594	1.7	1.4101^{20}	300	33	1.2%～10.5%
425	$C_5H_{12}O$	2-戊醇	2-pentanol	88.15	-73	119.3	0.8094^{20}	560.3	3.675	329.0	0.259	0.675		1.4053^{20}			
426	$C_5H_{12}O$	3-戊醇	3-pentanol	88.15	-69	116.25	0.8203^{20}	559.6	3.715*	325.0	0.259*	0.5784*		1.4104^{20}			
427	$C_5H_{12}O$	2-甲基-1-丁醇	2-methyl-1-butanol	88.15		127.5	0.8152^{25}	575.4	3.94	320.9*	0.252*	0.5941*		1.4092^{20}			
428	$C_5H_{12}O$	2-甲基-2-丁醇	2-methyl-2-butanol	88.15	-9.1	102.4	0.8096^{20}	543.7	3.71	317.6*	0.261*	0.483	1.8	1.4052^{20}			
429	$C_5H_{12}O$	3-甲基-1-丁醇	3-methyl-1-butanol	88.15	-117.2	131.1	0.8104^{20}	577.2	3.93	320.9*	0.249*	0.556	1.78	1.4053^{20}	340	43	1.2%～9.0%
430	$C_5H_{12}O$	3-甲基-2-丁醇	3-methyl-2-butanol	88.15		112.9	0.8180^{20}	556.1	3.87	314.3*	0.253*	0.351		1.4089^{20}			
431	$C_5H_{12}O$	2,2-二甲基丙醇	2,2-dimethylpropanol	88.15	52.5	113.5	0.812^{20}	554.80*	3.746*	317.6*	0.258*	0.5344*		1.3695^{20}			
432	$C_5H_{12}O$	乙基正丙基醚	ethyl propyl ether	88.15	-127.5	63.21	0.7386^{20}	500.2	3.370	339.0	0.275	0.346	1.16	1.3698^{25}			
433	$C_5H_{12}O$	乙基异丙基醚	ethyl isopropyl ether	88.15	-115.7	54.1	0.720^{25}	448.41*	3.305*	321.0*	0.261*	0.2962*		1.3736^{25}		-10	
434	$C_5H_{12}O$	甲基正丁基醚	methyl-n-butyl ether	88.15		70.16	0.7392^{25}	512.7	3.37	329.0	0.260	0.316	1.3	1.3680^{25}			
435	$C_5H_{12}O$	甲基仲丁基醚	methyl-sec-butyl ether	88.15		59.1	0.7415^{20}	497.39*	3.315*	321.0*	0.257*	0.2973*					
436	$C_5H_{12}O$	甲基特丁基醚	methyl-tert-butyl ether	88.15	-108.6	55.0	0.7353^{25}	497.1	3.430	322.5	0.269*	0.267	1.2	1.3664^{25}	191.7	-10	1.6%～15.1%
437	$C_5H_{12}O$	甲基异丁基醚	methyl isobutyl ether	88.15	-66.5	58.6	0.7311^{20}	495.90*	3.314*	321.0*	0.258*	0.2972*		1.3748^{18}			
438	$C_5H_{12}O_2$	二乙氧基甲烷	diethoxymethane	104.148		88	0.8319^{20}	531.7	3.271*	336.3	0.250*	0.4039*	1.23	1.4095^{20}			
439	$C_5H_{12}O_2$	乙二醇单甲基醚	ethylene glycol	104.15	129.13	145	0.9030^{20}	548.45*	3.628*	329.0	0.246*	0.6333*					
440	$C_5H_{12}O_2$	2,2-二甲基-1,3-丙二醇	2,2-dimethyl-1,3-propanediol	104.15	-18	208	0.8779^{130}	660.09*	4.120*	326.2	0.245*	0.8441*	3.64				
441	$C_5H_{12}O_2$	1,5-戊二醇	1,5-pentanediol	104.15		239	0.9914^{20}	699.99*	4.132*	336.2*	0.239*	0.9209*		1.4494^{20}			
442	$C_5H_{12}O_3$	2-(2-甲氧基乙氧基)乙醇	2-(2-methoxyethoxy) ethanol	120.147		193	1.035^{20}	672.0	3.67		0.277		1.54	1.4264^{20}			
443	$C_5H_{12}S$	1-戊硫醇	1-pentanethiol	104.214	-75.65	126.6	0.850^{20}	601.3*	3.75*	369.5	0.251*	0.333		1.4469^{20}			
444	$C_5H_{12}S$	2-甲基-1-丁硫醇	2-methyl-1-butanethiol	104.22		119.1	0.8420^{20}	601.61*	3.581*	350.7*	0.288*	0.2334*		1.4440^{20}			
445	$C_5H_{12}S$	2-甲基-2-丁硫醇	2-methyl-2-butanethiol	104.22		99.1	0.8120^{20}	566.0	3.27	358.5*		0.243*		1.4385^{20}			
446	$C_5H_{12}S$	3-甲基-1-丁硫醇	3-methyl-1-butanethiol	104.214		116	0.8350^{20}	594.68*	3.580*	350.7*	0.254*	0.2694*		1.4412^{20}			
447	$C_5H_{12}S$	3-甲基-2-丁硫醇	3-methyl-2-butanethiol	104.22	-127.1	109.8	0.8406^{20}	586.43*	3.567*	350.7*	0.256*	0.2321*					
448	$C_5H_{12}S$	2,2-二甲基-1-丙硫醇	2,2-dimethyl-1-propanethiol	104.22	-71	103.7	0.8298^{20}	578.90*	3.589*	347.4*	0.259*						
449	$C_5H_{12}S$	2-硫己烷	2-thiahexane	104.22	-97.8	123.4	0.8426^{20}	592.10*	3.489*	360.4*	0.255*	0.3280*		1.4477^{20}			
450	$C_5H_{12}S$	3-硫己烷	3-thiahexane	104.22	-117	118.6	0.8370^{20}	584.0	3.38	369.5	0.268*	0.329		1.4462^{20}			
451	$C_5H_{12}S$	2-甲基-3-硫戊烷	2-methyl-3-thiapentane	104.214	-122.2	107.5	0.8246^{20}	573.43*	3.457*	352.8*	0.256*	0.2876*					
452	$C_5H_{12}S$	3,3-二甲基-2-硫丁烷	3,3-dimethyl-2-thiabutane	104.22	-82.3	98.9	0.8252^{20}	566.75*	3.473*	350.5*	0.258*	0.2485*	1.57				
453	$C_5H_{13}N$	戊胺	pentylamine	87.164	-55	104.3	0.7544^{20}	558.0	3.32	359.9*	0.246*	0.400		1.448^{20}			
454	C_6ClF_5	五氟氯苯	pentafluorochlorobenzene	202.509		117.96	1.568^{25}	570.35	3.241	390.6*	0.224*	0.4269*		1.4256^{20}			
455	$C_6Cl_3F_3$	1,3,5-三氟-2,4,6-三氯苯	1,3,5-trifluoro-2,4,6-trichlorobenzen	235.418		198.4		684.85	3.27								

续表

序号	化学式	中文名称	英文名称	相对分子质量	正常熔点/℃	正常沸点/℃	密度/(g/cm³)	临界温度/K	临界压力/MPa	临界体积/(cm³/mol)	临界压缩因子	偏心因子	偶极矩①/D	折射率	自燃温度/℃	闪点/℃	空气中爆炸极限
456	C_6Cl_6	六氯化苯	hexachlorobenzene	284.782	228.83	325	2.044^{23}	825.8*	3.23*	557.5*	0.263*	0.543*		1.5691^{23}		242	
457	C_6F_6	六氟苯	hexafluorobenzene	186.064	5.03	80.32	1.6175^{20}	516.67	3.275	335.1	0.255	0.395		1.3777^{20}			
458	C_6F_{12}	全氟环己烷	perfluorocyclohexane	300.045	62.5	52.8	1.714^{20}	457.25	2.424	459.0	0.271	0.432	0.0				
459	C_6F_{12}	全氟-1-己烯	perfluoro-1-hexene	300.05		57.0	1.6910^{20}	454.4	1.868	555.0	0.278	0.514		1.2515^{20}			
460	C_6F_{14}	全氟正己烷	perfluorohexane	338.042	-88.2	57.14	1.7326^{20}	448.73	1.923	550.0	0.280	0.464		1.2564^{22}			
461	C_6F_{14}	全氟-2-甲基戊烷	perfluoro-2-methylpentane	338.042	-115	57.6		454.1	1.692	525.0	0.256	0.476					
462	C_6F_{14}	全氟-3-甲基戊烷	perfluoro-3-methylpentane	338.042	-15	58.4		450.0	1.874			0.394					
463	C_6F_{14}	全氟-2,3-二甲基丁烷	perfluoro-2,3-dimethylbutane	338.042		59.8		463.0									
464	C_6HCl_5	五氯氟苯	pentachlorofluorobenzene	250.337	86	277	1.834^{216}	790.70*	3.329*	410.9*	0.208*	0.4848*					
465	C_6HF_5	五氟苯	pentafluorobenzene	168.064	-47.4	85.74	1.514^{25}	530.89	3.531	334.2*	0.267*	0.373	0.88	1.3905^{20}			
466	C_6HF_5O	五氟酚	pentafluorophenol	184.063	37.5	145.6	1.728^{20}	609.0	4.00	314.3*	0.248*	0.502		1.4263^{20}			
467	$C_6H_2Cl_4$	1,2,3,4-四氯苯	1,2,3,4-tetrachlorobenzene	215.892	47.5	254	1.530^{50}	550.79	3.791	385.2*	0.214*	0.344					
468	$C_6H_2Cl_4$	1,2,3,5-四氯苯	1,2,3,5-tetrachlorobenzene	215.892	54.5	246	1.529^{60}	535.21	3.747	385.2*	0.217	0.346					
469	$C_6H_2Cl_4$	1,2,4,5-四氯苯	1,2,4,5-tetrachlorobenzene	215.892	139.5	244.5	1.858^{22}	543.31	3.801	385.2*	0.218*	0.355					
470	$C_6H_2F_4$	1,2,3,4-四氟苯	1,2,3,4-tetrafluorobenzene	150.08	-48	94.3	1.431^{20}	550.83	3.791	313.0	0.259	0.344	1.92	1.4054^{20}			
471	$C_6H_2F_4$	1,2,3,5-四氟苯	1,2,3,5-tetrafluorobenzene	150.08	4.5	84.4	1.319^{25}	535.25	3.747	323.8*	0.273*	0.346	0.65	1.4035^{20}			
472	$C_6H_2F_4$	1,2,4,5-四氟苯	1,2,4,5-tetrafluorobenzene	150.08	53	90.2	1.4255^{20}	543.35	3.801	323.8*	0.272	0.355	0.73	1.4075^{20}			
473	$C_6H_3ClN_2O_4$	1-氯-2,4-二硝基苯	1-chloro-2,4-dinitrobenzene	202.55	51.3	315	1.4982^{75}							1.5857^{60}	432	186	
474	$C_6H_3Cl_3$	1,2,3-三氯苯	1,2,3-trichlorobenzene	181.447	6.92	218.5	1.4453^{25}	732.84*	3.839*	359.4*	0.226*	0.3644*		1.5717^{20}			
475	$C_6H_3Cl_3$	1,2,4-三氯苯	1,2,4-trichlorobenzene	181.447		213.5	1.459^{25}	726.43*	3.833*	359.4*	0.228*	0.3656*				105	2.5%~6.6%
476	$C_6H_3Cl_3$	1,3,5-三氯苯	1,3,5-trichlorobenzene	181.447	62.8	208	1.373^{70}	718.81*	3.827*	359.4*	0.230*	0.3632*					
477	$C_6H_3F_3$	1,3,5-三氟苯	1,3,5-trifluorobenzene	132.083	-5.5	75.5	1.277^{25}							1.4140^{20}			
478	$C_6H_3N_3O_6$	1,3,5-三硝基苯	1,3,5-trinitrobenzene	213.104	122.9	315	1.4775^{152}	835.0	1.95								
479	$C_6H_4Br_2$	邻二溴苯	o-dibromobenzene	235.904	7.1	225	1.9843^{20}			367.7*	0.251*	0.488*		1.6155^{20}		47	
480	$C_6H_4Br_2$	间二溴苯	m-dibromobenzene	235.91	-7	218	1.9523^{20}				0.256*	0.488*		1.6083^{17}			
481	$C_6H_4Br_2$	对二溴苯	p-dibromobenzene	235.91	87.43	218.5	2.261^{17}				0.257*	0.4696*		1.5742			
482	$C_6H_4ClNO_2$	邻硝基氯苯	o-chloronitrobenzene	157.555	32.1	245.5	1.3682^{42}	756.2*	3.972*		0.244	0.272		1.5374^{80}		127	
483	$C_6H_4ClNO_2$	间硝基氯苯	m-chloronitrobenzene	157.56	44.4	235.5	1.343^{50}	741.7*	3.972*					1.5376^{100}		103	
484	$C_6H_4ClNO_2$	对硝基氯苯	p-chloronitrobenzene	157.555	82	242	1.2979^{90}	759.84*	4.409*				2.60			127	
485	$C_6H_4Cl_2$	邻二氯苯	o-dichlorobenzene	147.002	-17.0	180	1.3059^{20}	729.0	4.10	360.0	0.266*	0.322*	2.3	1.5515^{20}	647	65	2.2%~9.2%
486	$C_6H_4Cl_2$	间二氯苯	m-dichlorobenzene	147.002	-24.8	173	1.2884^{20}	685.7	4.15	361.5*	0.265*	0.322*		1.5459^{20}		63	
487	$C_6H_4Cl_2$	对二氯苯	p-dichlorobenzene	147.002	53.09	174	1.2475^{55}	680.9*	4.15	361.5*	0.264*	0.320*		1.5285^{20}		65	
488	$C_6H_4F_2$	邻二氟苯	o-difluorobenzene	114.093	-47.1	94	1.1599^{18}	548.4	4.07	299.5*	0.265*	0.299		1.4451^{18}			
489	$C_6H_4F_2$	间二氟苯	m-difluorobenzene	114.093	-69.12	82.6	1.1572^{20}		4.07	293				1.4370^{20}			
490	$C_6H_4F_2$	对二氟苯	p-difluorobenzene	114.093	-23.55	89	1.1701^{20}	556.9	4.40	299	0.266*			1.4422^{20}			

续表

序号	化学式	中文名称	英文名称	相对分子质量	正常熔点/℃	正常沸点/℃	密度/(g/cm³)	临界温度/K	临界压力/MPa	临界体积/(cm³/mol)	临界压缩因子	偏心因子	偶极矩①/D	折射率	自燃温度/℃	闪点/℃	空气中爆炸极限
491	$C_6H_4N_2O_4$	邻二硝基苯	o-dinitrobenzene	168.107	116.5	318	1.3119^{120}							1.565^{17}		150	
492	$C_6H_4N_2O_4$	间二硝基苯	m-dinitrobenzene	168.11	90.3	291	1.5751^{18}	800.0	2.45								
493	$C_6H_4N_2O_4$	对二硝基苯	p-dinitrobenzene	168.11	173.5	297	1.625^{18}										
494	$C_6H_4O_2$	苯醌	Bento quinone	108.095	115.7	sub	1.318^{20}	670			0.263	0.251			435	38~93	0.5%~2.8%
495	C_6H_5Br	溴苯	bromobenzene	157.008	-30.72	156.06	1.4950^{20}		4.519	324	0.265	0.251	1.5	1.5597^{20}	565	51	1.3%~9.6%
496	C_6H_5Cl	氯苯	chlorobenzene	112.557	-45.31	131.72	1.1058^{20}	633.4	4.52	308	0.265	0.244	1.6	1.5241^{20}	590	28	
497	C_6H_5ClO	邻氯苯酚	o-chlorophenol	128.56	9.4	174.9	1.2634^{20}	675.0	5.00					1.5524^{20}		64	
498	C_6H_5ClO	间氯苯酚	m-chlorophenol	128.56	32.6	214	1.245^{45}							1.5565^{40}		>112	
499	C_6H_5ClO	对氯苯酚	p-chlorophenol	128.557	42.8	220	1.2651^{40}		4.52					1.5579^{40}		121	
500	C_6H_5F	氟苯	fluorobenzene	96.102	-42.18	84.73	1.0225^{20}	559.8	4.519	271.3	0.263	0.247	1.4	1.4684^{30}		-12	
501	C_6H_5I	碘苯	iodobenzene	204.008	-31.3	188.4	1.8308^{20}	721		351.0	0.265		1.4	1.6200^{20}			
502	$C_6H_5NO_2$	硝基苯	nitrobenzene	123.110	5.7	210.8	1.2037^{20}	719.0*	4.340*	349.0*	0.253*	0.446*	3.93	1.5562^{20}	482	87.8	1.8%~
503	C_6H_6	苯	benzene	78.112	5.49	80.09	0.8765^{20}	562.05	4.895	256	0.268	0.211	0.0	1.5011^{20}	560	-11	1.2%~8.0%
504	C_6H_6ClN	邻氯苯胺	o-chloroaniline	127.572	-1.9	208.8	1.2161^{20}	730.0	4.60					1.5895^{20}		108	
505	C_6H_6ClN	间氯苯胺	m-chloroaniline	127.572	-10.28	230.5	1.429^{19}	753.0	5.00					1.5941^{20}		123	
506	C_6H_6ClN	对氯苯胺	p-chloroaniline	127.572	70.5	232	0.9015^{25}	756.0	4.45					1.5546^{87}		>104	
507	$C_6H_6N_2O_2$	邻硝基苯胺	o-nitroaniline	138.124	71.0	284	0.9011^{25}	831.4*	3.85*		0.240*	0.678*					
508	$C_6H_6N_2O_2$	间硝基苯胺	m-nitroaniline	138.13	113.4	306dec		804.7*	3.85*		0.248*	0.688*					
509	$C_6H_6N_2O_2$	对硝基苯胺	p-nitroaniline	138.124	145.7	332	1.424^{20}	803.3*	3.85*		0.249*	0.678*				199	
510	C_6H_6O	苯酚	phenol	94.111	40.89	181.87	1.0545^{45}	694.2	5.93	229.3	0.244	0.426	1.6	1.5408^{41}	715	79	1.7%~8.6%
511	$C_6H_6O_2$	邻苯二酚	1,2-benzenediol	110.111	104.6	245	1.344^{20}	766.00*	7.316*	242.7*	0.279*	0.6473*	2.64	1.604^{25}	608	127	1.9%~
512	$C_6H_6O_2$	间苯二酚	1,3-benzenediol	110.111	109.4	276.5	1.278^{20}	811.78*	7.383*	242.7*	0.265	0.6573*	2.09	1.578^{25}	515	127	1.4%~
513	$C_6H_6O_2$	对苯二酚	1,4-benzenediol	110.111	172.4	285	1.330^{20}	685.0	4.60		0.281*			1.632^{25}		176	
514	C_6H_6S	苯硫酚	benzenethiol	110.177	-14.93	169.1	1.0775^{20}	705	5.63	317.5*	0.250	0.294*	1.18	1.5893^{20}	530	51	1.3%~11%
515	C_6H_7N	苯胺	aniline	93.127	-6.02	184.17	1.0217^{20}		4.60	291	0.297	0.384	1.6	1.5863^{20}	535	70	
516	C_6H_7N	2-甲基吡啶	2-methylpyridine	93.127	-66.68	129.38	0.9443^{20}	621.1	4.65	335.0	0.272*	0.299	1.93	1.4957^{20}		39	1.4%~8.6%
517	C_6H_7N	3-甲基吡啶	3-methylpyridine	93.13	-18.14	144.14	0.9566^{20}	644.8	4.70	312.5*	0.283	0.306*	2.40	1.5040^{20}			
518	C_6H_7N	4-甲基吡啶	4-methylpyridine	93.127	3.67	145.36	0.9548^{20}	645.7*		292.0		0.301	2.60	1.5037^{20}			
519	C_6H_8	1,3-环己二烯	1,3-cyclohexadiene	80.128	-89	80.5	0.8405^{20}							1.4755^{20}			
520	C_6H_8	1,4-环己二烯	1,4-cyclohexadiene	80.128	-49.2	85.5	0.8471^{20}							1.4725^{20}			
521	$C_6H_8N_2$	己二腈	adiponitrile	108.141	1*	295	0.9676^{20}	780.2	2.80					1.4380^{20}	550		1.7%~5.0%
522	$C_6H_8N_2$	间苯二胺	m-phenylenediamine	108.141	66.0	285	1.0098^{20}	815.0	4.80					1.6339^{58}	560		
523	$C_6H_8N_2$	苯肼	phenylhydrazine	108.141	20.6	243.5	1.0986^{20}	750.0	5.20			0.5753*	1.72	1.6084^{20}	615		1.3%~
524	$C_6H_8O_4$	顺丁烯二酸二甲酯	dimethyl maleate	144.1	-19	202	1.1606^{20}	677.53*	3.494*	393.0*	0.244*	0.5477*	2.48	1.4416^{20}		93(O. C)	
525	$C_6H_8O_4$	反丁烯二酸二甲酯	dimethyl fumarate	144.126	103.5	193	1.37^{20}	664.70*	3.483*	393.0*	0.248*	0.5463*	2.25	1.4062^{111}		70	1.3%~

续表

序号	化学式	中文名称	英文名称	相对分子质量	正常熔点/℃	正常沸点/℃	密度/(g/cm³)	临界温度/K	临界压力/MPa	临界体积/(cm³/mol)	临界压缩因子	偏心因子	偶极矩[①]/D	折射率	自燃温度/℃	闪点/℃	空气中爆炸极限
526	C₆H₁₀	1-己炔	1-hexyne	82.143	-131.9	71.3	0.7155^{20}	529.0*	3.69*	333.5*	0.280*	0.249*	0.88	1.3989^{20}			
527	C₆H₁₀	2-己炔	2-hexyne	82.15	-89.6	84.5	0.7315^{20}	551.26*	3.932*	320.2*	0.275*	0.2478*		1.4138^{20}			
528	C₆H₁₀	3-己炔	3-hexyne	82.15	-103	81	0.7231^{20}	548.48*	3.927*	320.2*	0.277*	0.2474*		1.4115^{20}			
529	C₆H₁₀	环己烯	cyclohexene	82.15	-103.5	82.98	0.8110^{20}	560.5	4.45	286	0.274	0.214	0.6	1.4465^{20}		12.2	
530	C₆H₁₀	1-甲基环戊烯	1-methylcyclopentene	82.15	-126.5	75.5	0.7748^{25}	542.0*	3.79	311.2	0.273*	0.219*		1.4322^{20}			
531	C₆H₁₀	3-甲基环戊烯	3-methylcyclopentene	82.15		64.9	0.7572^{25}	535.7*	4.02*	298.5*	0.269*	0.221*		1.4216^{20}			
532	C₆H₁₀	4-甲基环戊烯	4-methylcyclopentene	82.15	-160.8	65.7	0.7634^{25}	543.8*	4.02*	298.5*	0.265*	0.221*		1.4209^{20}			
533	C₆H₁₀	1,2-己二烯	1,2-hexadiene	82.15		76	0.7149^{20}	508	3.44	321.7	0.257	0.160		1.4282^{20}			
534	C₆H₁₀	1,4-己二烯	1,4-hexadiene	82.15		65	0.695^{25}							1.4104^{20}			
535	C₆H₁₀	1,5-己二烯	1,5-hexadiene	82.15	-140.7	59.4	0.6878^{25}							1.4042^{20}			
536	C₆H₁₀	顺,反-2,4-己二烯	cis,trans-2,4-hexadiene	82.15	-96.1	83.5	0.7185^{25}						3.1	1.4560^{20}			1.1%~9.4%
537	C₆H₁₀	反,反-2,4-己二烯	trans,trans-2,4-hexadiene	82.15	-44.9	82.2	0.7101^{25}							1.4510^{20}			
538	C₆H₁₀	2,3-二甲基-1,3-丁二烯	2,3-dimethyl-1,3-butadiene	82.15	-76	68.8	0.7222^{25}	513.15*	3.215*	320.9*	0.242*	0.2734*	0	1.4394^{20}			
539	C₆H₁₀	4-甲基-1,3-戊二烯	4-methyl-1,3-pentadiene	82.143		76.5	0.7181^{20}	525.88*	3.382*	321.6*	0.249*	0.2857*		1.4532^{20}			
540	C₆H₁₀O	环己酮	cyclohexanone	98.142	-27.9	155.43	0.9478^{20}	665	4.6	312.5	0.248*	0.442*	3.1	1.4507^{20}	420	43	1.1%~9.4%
541	C₆H₁₀O	异亚丙基丙酮	mesityl oxide	98.14	-59	130	0.8653^{20}	593.34	3.399	330.7	0.228	0.3770*	3.0	1.4440^{20}		31	1.4%~7.2%
542	C₆H₁₀O₂	丙烯酸正丙酯	n-propyl acrylate	114.142		122	0.9140^{20}			369.2*	0.252*	0.4126*		1.4105^{20}			
543	C₆H₁₀O₂	甲基丙烯酸乙酯	ethyl methacrylate	114.14		117	0.9135^{20}	567.53	3.226				2.15	1.4147^{20}		20	1.8%~
544	C₆H₁₀O₂	羟基己酸内酯	caprolactone	114.14	-1.0	215	1.0761^{20}							1.4611^{20}			
545	C₆H₁₀O₂	3-丁烯酸乙酯	ethyl-3-butenoate	114.142		119	0.9122^{20}	572.32	3.311	369.6*	0.257*	0.4077*		1.4105^{20}			
546	C₆H₁₀O₃	乙酰乙酸乙酯	ethyl acetoacetate	130.141	-45	180.8	1.0368^{10}	649.60*	3.397	379.0*	0.238*	0.5140*	2.96	1.4171^{20}	295	84	39 (g/m³) ~
547	C₆H₁₀O₄	己二酸	adipic acid	146.141	152.5	337.5	1.360^{25}	645.8							420	196	
548	C₆H₁₀O₄	草酸二乙酯	diethyl oxalate	146.14	-40.6	185.7	1.0785^{20}		3.06					1.4101^{20}		93	
549	C₆H₁₀O₄	乙二醇二乙酸酯	ethylene glycol diacetate	146.14	-31	190	1.1043^{20}							1.4159^{20}			
550	C₆H₁₀O₄	二乙酸乙烯酯	ethyldene diacetate	146.14	18.9	169	1.070^{25}							1.3985^{25}			
551	C₆H₁₀O₄	丁二酸二甲酯	dimethyl succinate	146.141	19	196.4	1.1198^{20}	665.85*	3.264*	417.5*	0.246*	0.5487*	3.5	1.4197^{20}			
552	C₆H₁₁N	己腈	hexanenitrile	97.158	-80.3	163.65	0.8051^{20}	633.8	3.30	382.9*	0.240*	0.524		1.4068^{20}			
553	C₆H₁₁N	二丙烯胺	diallylamine	97.158		111		559.0	3.16					1.4387^{20}			
554	C₆H₁₁NO	己内酰胺	epsilon-caprolactam	113.157	69.3	270		806.0	4.770	402.0	0.286	0.4771			430	125	1.84%~8.0%
555	C₆H₁₁NO	环己酮肟	cyclohexanone oxime	113	90	206									265	83	1.3%~
556	C₆H₁₂	1-己烯	1-hexene	84.159	-139.76	63.48	0.6685^{25}	504.0	3.21	355.1	0.272	0.280	0.4	1.3852^{25}	253	-7	1.2%~6.9%
557	C₆H₁₂	顺-2-己烯	cis-2-hexene	84.16	-141.11	68.8	0.6824^{25}	518.0	3.28	351.0	0.270	0.256		1.3979^{20}			
558	C₆H₁₂	反-2-己烯	trans-2-hexene	84.16	-133	66.4	0.6733^{25}	516.0	3.27	351.0	0.270	0.242	0.3	1.3936^{20}			
559	C₆H₁₂	顺-3-己烯	cis-3-hexene	84.16	-137.8	66.4	0.6778^{20}	517.0	3.28	350.0	0.270	0.225	0.3	1.3947^{20}			
560	C₆H₁₂	反-3-己烯	trans-3-hexene	84.159	-115.4	67.1	0.6772^{20}	519.9	3.25	350.0	0.260	0.227	0.0	1.3943^{20}			

续表

序号	化学式	中文名称	英文名称	相对分子质量	正常熔点/℃	正常沸点/℃	密度/(g/cm³)	临界温度/K	临界压力/MPa	临界体积/(cm³/mol)	临界压缩因子	偏心因子	偶极矩①/D	折射率	自燃温度/℃	闪点/℃	空气中爆炸极限
561	C_6H_{12}	2-甲基-1-戊烯	2-methyl-1-pentene	84.159	-135.7	62.1	0.6799^{20}	506.5*	3.28*	353.5*	0.275*	0.267		1.3920^{20}			
562	C_6H_{12}	2-甲基-2-戊烯	2-methyl-2-pentene	84.16	-135	67.3	0.6863^{20}	518.0	3.28	351.0	0.270	0.229		1.4004^{20}			
563	C_6H_{12}	3-甲基-1-戊烯	3-methyl-1-pentene	84.16	-153	54.2	0.6675^{20}	495.3*	3.29	346.5*	0.277*	0.262*		1.3841^{20}			
564	C_6H_{12}	3-甲基顺-2-戊烯	3-methyl-cis-2-pentene	84.16	-134.8	67.7	0.6886^{25}	518.0	3.28	351.0	0.270	0.269		1.4016^{20}			
565	C_6H_{12}	3-甲基反-2-戊烯	3-methyl-trans-2-pentene	84.16	-138.5	70.4	0.6930^{25}	521.0	3.28	350.0	0.270	0.207		1.4045^{20}			
566	C_6H_{12}	4-甲基-1-戊烯	4-methyl-1-pentene	84.16	-153.6	53.9	0.6642^{20}	495	3.29	354	0.283	0.239		1.3828^{20}			
567	C_6H_{12}	4-甲基顺-2-戊烯	4-methyl-cis-2-pentene	84.16	-134.8	56.3	0.6690^{20}	490.0	3.04	360.0	0.270	0.290		1.3800^{20}			
568	C_6H_{12}	4-甲基反-2-戊烯	4-methyl-trans-2-pentene	84.16	-140.8	58.6	0.6686^{20}	493.0	3.04	360.0	0.270	0.290		1.3889^{20}			
569	C_6H_{12}	2,3-二甲基-1-丁烯	2,3-dimethyl-1-butene	84.16	-157.3	55.6	0.6803^{20}	497.7	3.24	343.0	0.270	0.221		1.3995^{20}			
570	C_6H_{12}	2,3-二甲基-2-丁烯	2,3-dimethyl-2-butene	84.16	-74.19	73.3	0.7080^{20}	521.0	3.36	351.0	0.270	0.239		1.4122^{20}			
571	C_6H_{12}	3,3-二甲基-1-丁烯	3,3-dimethyl-1-butene	84.16	-115.2	41.2	0.6529^{20}	477.4	3.25	340.0	0.270	0.156*		1.3763^{20}			
572	C_6H_{12}	2-乙基-1-丁烯	2-ethyl-1-butene	84.16	-131.5	64.7	0.6894^{20}	510.4*	3.28*	353.5*	0.273*	0.267*	0.3	1.3969^{20}			
573	C_6H_{12}	环己烷	cyclohexane	84.16	6.59	80.73	0.7733^{25}	553.8	4.08	308	0.273	0.212	0.0	1.4235^{25}	245	-16.5	1.2%~8.4%
574	C_6H_{12}	甲基环戊烷	methylcyclopentane	84.16	-142.42	71.8	0.7486^{20}	532.7	3.79	318.0	0.272	0.230	0.0	1.4097^{20}		-7	1.0%~8.35%
575	C_6H_{12}	乙基环丁烷	ethylcyclobutane	84.159	-142.9	70.8	0.7284^{20}	569.5	3.40	375	0.269	0.272	0.05	1.4020^{20}			
576	$C_6H_{12}Cl_2O$	双(2-氯异丙基)醚	dichlorodiisopropylether	171.064		187	1.103^{20}					0.4590*		1.4505^{20}		85	
577	$C_6H_{12}O$	己醛	1-hexanal	100.158	-56	131	0.8335^{20}	581.1*	3.38*	388.5*	0.256*	0.392	2.69	1.4039^{20}		25	
578	$C_6H_{12}O$	2-己酮	2-hexanone	100.16	-55.5	127.6	0.8113^{20}	587.0	3.32	356.0*	0.242*	0.378		1.4007^{20}	423	25	1.2%~8.0%
579	$C_6H_{12}O$	3-己酮	3-hexanone	100.16	-55.4	123.5	0.8118^{20}	582.82	3.320	356.0*	0.244*	0.3516*		1.4004^{20}		24	1.0%~8.0%
580	$C_6H_{12}O$	2-甲基-3-戊酮	2-methyl-3-pentanone	100.16		113.5	0.814^{18}	571.94*	3.298*	349.4*	0.242*	0.3576*		1.3975^{20}			
581	$C_6H_{12}O$	3-甲基-2-戊酮	3-methyl-2-pentanone	100.16		117.5	0.8130^{20}	576.30*	3.302*	349.4*	0.241*	0.385	2.8	1.4002^{20}	460	13	1.2%~8.0%
582	$C_6H_{12}O$	4-甲基-2-戊酮	4-methyl-2-pentanone	100.16	-84	116.5	0.7965^{25}	571.3	3.27	370.6	0.255	0.385	2.8	1.3962^{20}			
583	$C_6H_{12}O$	3,3-二甲基-2-丁酮	3,3-dimethyl-2-butanone	100.16	-52.5	106.1	0.7229^{25}	570.9	3.43	382	0.276	0.3186*	2.8	1.3952^{20}		35	1.2%~
584	$C_6H_{12}O$	环己醇	cyclohexanol	100.16	25.93	160.84	0.9624^{20}	650.1	4.26	323.5*	0.279*	0.514	1.7	1.4641^{20}	300	67	
585	$C_6H_{12}O$	乙烯基正丁基醚	butyl vinyl ether	100.158	-92	94	0.7888^{20}	540	3.20	384.0	0.274	0.380		1.4026^{20}	255	-9.4	1.2%~
586	$C_6H_{12}O_2$	己酸	n-hexanoic acid	116.158	-3	205.2	0.9212^{25}	662	3.20			0.455		1.4163^{20}	380	102	
587	$C_6H_{12}O_2$	2-乙基丁酸	2-ethyl butyric acid	116.16	-31.8	194	0.9239^{20}							1.4132^{20}			
588	$C_6H_{12}O_2$	双丙酮醇	diacetone alcohol	116.16	-44	167.9	0.9387^{20}	606.2*	3.60*		0.271*	0.784*		1.4213^{20}	640	64	1.8%~6.9%
589	$C_6H_{12}O_2$	乙酸正丁酯	n-butyl acetate	116.16	-78	126.1	0.8825^{20}	575.6	3.14	400.0	0.26	0.417	1.8	1.3941^{20}	370	22	1.2%~7.5%
590	$C_6H_{12}O_2$	乙酸仲丁酯	sec-butyl acetate	116.16	-98.9	112	0.8748^{20}	571	3.01					1.3888^{20}		19	1.5%~15.0%
591	$C_6H_{12}O_2$	乙酸叔丁酯	tert-butyl acetate	116.16		95.1	0.8665^{20}	541.2	3.04	414.0	0.267	0.455	1.8	1.3855^{20}		31	1.7%~
592	$C_6H_{12}O_2$	乙酸异丁酯	isobutyl acetate	116.16	-98.8	116.5	0.8712^{20}	564.0	3.02	421.0	0.267	0.461	1.8	1.3902^{20}	420	18	1.3%~10.5%
593	$C_6H_{12}O_2$	丁酸乙酯	ethyl butyrate	116.16	-98	121.5	0.8735^{25}	569.0	2.96	421.0	0.263	0.431	2.1	1.3898^{25}		24	
594	$C_6H_{12}O_2$	异丁酸乙酯	ethyl isobutyrate	116.16	-88.2	110.1	0.868^{20}	555.0	2.97	421.0	0.271	0.431	2.1	1.3869^{18}			
595	$C_6H_{12}O_2$	丙酸丙酯	n-propyl propionate	116.158	-75.9	122.5	0.8755^{25}	571.0	3.02				1.8	1.3909^{25}			

续表

序号	化学式	中文名称	英文名称	相对分子质量	正常熔点/℃	正常沸点/℃	密度/(g/cm³)	临界温度/K	临界压力/MPa	临界体积/(cm³/mol)	临界压缩因子	偏心因子	偶极矩①/D	折射率	自燃温度/℃	闪点/℃	空气中爆炸极限
596	C₆H₁₂O₂	丙酸异丙酯	isopropyl propionate	116.158		109.5	0.8660^{20}	558.31*	3.145	387.9	0.263	0.3943		1.3872^{20}			
597	C₆H₁₂O₂	3-甲基丁酸甲酯	methyl 3-methyl butanoate	116.16		116.5	0.8808^{20}	568.14*	3.154*	387.9*	0.259*	0.3955*		1.3927^{20}			
598	C₆H₁₂O₂	甲酸戊酯	n-pentyl formate	116.16	-73.5	130.4	0.8853^{20}	576.0	3.46			0.538		1.3992^{20}			
599	C₆H₁₂O₂	戊酸甲酯	methyl pentanoate	116.16	-88.5	127.4	0.8947^{20}	567.0	3.19					1.4003^{20}			
600	C₆H₁₂O₂	4,4-二甲基-1,3-二氧杂环己烷	4,4-dimethyl-1,3-dioxane	116.158		132.4	0.7731^{20}	653.62*	3.552	344.2*	0.223*	0.0827*					1.7%~13%
601	C₆H₁₂O₃	2-乙氧基乙酸乙酯	2-ethoxyethyl acetate	132.157	-61.7	156.4	0.9740^{20}	607.3	3.166	443.0				1.4054^{20}	380	49	
602	C₆H₁₂O₃	三聚乙醛	paraldehyde	132.157	12.6	124.3	0.9943^{20}	563.0						1.4049^{20}			
603	C₆H₁₂S	环己硫醇	cyclohexanethiol	116.224		158.8	0.9782^{20}	684	4.258*	401	0.272	0.2986*	1.64	1.4921^{20}			
604	C₆H₁₃Br	1-溴己烷	1-bromohexane	165.071	-83.7	155.3	1.1744^{20}	599						1.4478^{20}			
605	C₆H₁₃Cl	1-氯己烷	1-chlorohexane	120.620	-94.0	135.1	0.8738^{35}							1.4200^{20}			
606	C₆H₁₃N	环己胺	cyclohexylamine	99.174	-17.8	134	0.8191^{20}	626.8	4.214*	334.2*	0.277*	0.3842*	1.22	1.4625^{15}	293	32 (O.C)	1.5%~9.4%
607	C₆H₁₃N	六亚甲基亚胺	hexamethyleneimine	99.174		138	0.8643^{22}							1.4631^{20}			
608	C₆H₁₃NO	己酰胺	hexanamide	115.173	101	255	0.999^{20}	757.13*	3.528*	377.6*	0.212*	0.5231*		1.4200^{110}			
609	C₆H₁₄	正己烷	n-hexane	86.175	-95.35	68.73	0.6606^{25}	507.6	3.025	368	0.264	0.305		1.3727^{25}	244	-25.5	1.2%~6.0%
610	C₆H₁₄	2-甲基戊烷	2-methyl pentane	86.18	-153.6	60.26	0.650^{25}	497.7	3.34	368.0	0.270	0.278	0.0	1.3715^{20}	300	<-20	1.2%~7.0%
611	C₆H₁₄	3-甲基戊烷	3-methyl pentane	86.18	-162.9	63.27	0.6598^{25}	504.6	3.12	368.0	0.274	0.274		1.3765^{20}			
612	C₆H₁₄	2,2-二甲基丁烷	2,2-dimethyl butane	86.18	-98.8	49.73	0.6444^{25}	489.0	3.10	358.0	0.279	0.234		1.3688^{20}	405	-47.8	1.2%~7.0%
613	C₆H₁₄	2,3-二甲基丁烷	2,3-dimethyl butane	86.175	-128.1	57.93	0.6616^{20}	500.0	3.15	361	0.279	0.248	0.02	1.3750^{20}			
614	C₆H₁₄O	1-己醇	1-hexanol	102.174	-47.4	157.6	0.8159^{20}	610.3	3.417	384.0	0.261	0.580	1.8	1.4178^{20}		60	
615	C₆H₁₄O	2-己醇	2-hexanol	102.18		140	0.8191^{20}	585.9	3.310	383.0	0.261	0.566		1.4144^{20}	290	58	1.3%~
616	C₆H₁₄O	3-己醇	3-hexanol	102.18		135	0.8182^{20}	582.4	3.36	383.0	0.266	0.6023*		1.4167^{20}			
617	C₆H₁₄O	2-甲基-1-戊醇	2-methyl-1-pentanol	102.18		149	0.8263^{20}	604.4	3.45	373.5	0.250*	0.726		1.4182^{20}			
618	C₆H₁₄O	2-甲基-2-戊醇	2-methyl-2-pentanol	102.18	-103	121.1	0.8350^{16}	559.5	3.336	370.2	0.265*	0.5521		1.4100^{20}			
619	C₆H₁₄O	2-甲基-3-戊醇	2-methyl-3-pentanol	102.18		126.5	0.8243^{20}	576.0	3.46	366.9	0.258*	0.5984		1.4175^{20}			
620	C₆H₁₄O	3-甲基-1-戊醇	3-methyl-1-pentanol	102.18		153	0.8242^{20}	598.99*	3.351	373.5	0.251*	0.6066		1.4112^{23}			
621	C₆H₁₄O	3-甲基-2-戊醇	3-methyl-2-pentanol	102.18	-23.6	134.3	0.8307^{20}	576.60*	3.319	366.9	0.254*	0.5673*		1.4182^{20}			
622	C₆H₁₄O	3-甲基-3-戊醇	3-methyl-3-pentanol	102.18		122.4	0.8286^{20}	575.6	3.52	370.2	0.265*	0.5425		1.4186^{20}			
623	C₆H₁₄O	4-甲基-1-戊醇	4-methyl-1-pentanol	102.18	-90	151.9	0.8131^{20}	603.5	3.350	373.5	0.249*	0.5522		1.4134^{25}			
624	C₆H₁₄O	4-甲基-2-戊醇	4-methyl-2-pentanol	102.18	<-15	131.6	0.8075^{20}	574.4	3.316	366.9	0.255*	0.5821		1.4100^{20}		41	1.5%~5.0%
625	C₆H₁₄O	2,2-二甲基-1-丁醇	2,2-dimethyl-1-butanol	102.18	-14	136.5	0.8283^{20}	580.55*	3.357	370.2	0.257*	0.5682		1.4208^{20}			
626	C₆H₁₄O	2,3-二甲基-2-丁醇	2,3-dimethyl-2-butanol	102.18	-5.6	118.4	0.8236^{20}	558.10*	3.324	363.6	0.260*	0.5308		1.4176^{20}			
627	C₆H₁₄O	3,3-二甲基-2-丁醇	3,3-dimethyl-2-butanol	102.18	<-15	120.4	0.8122^{25}	560.09*	3.326	363.6	0.260*	0.5350		1.4148^{20}			
628	C₆H₁₄O	2-乙基-1-丁醇	2-ethyl-1-butanol	102.18		147	0.8326^{20}	590.76*	3.343	373.5	0.254*	0.6003		1.4220^{20}		58	
629	C₆H₁₄O	甲基正戊基醚	methyl pentyl ether	102.18		99	0.7597^{22}	546.5	3.042	391.0	0.262	0.347		1.3862^{22}			
630	C₆H₁₄O	甲基异戊基醚	methyl iso pentyl ether	102.174		91	0.7517^{20}	533.25*	3.028	373.6	0.255*	0.3448*		1.3830^{20}			

续表

序号	化学式	中文名称	英文名称	相对分子质量	正常熔点/℃	正常沸点/℃	密度/(g/cm³)	临界温度/K	临界压力/MPa	临界体积/(cm³/mol)	临界压缩因子	偏心因子	偏极矩①/D	折射率	自燃温度/℃	闪点/℃	空气中爆炸极限
631	$C_6H_{14}O$	甲基-(1-甲基丁基)醚	methyl(1-methyl butyl)ether	102.174				534.71*	3.029*	373.6*	0.254*	0.3450*					
632	$C_6H_{14}O$	甲基-(2-甲基丁基)醚	methyl(2-methyl butyl)ether	102.18		90	0.754^{18}	533.25*	3.028*	373.6*	0.255*	0.3448*		1.3849^{20}			
633	$C_6H_{14}O$	甲基-(1,2-二甲基丙基)醚	methyl((1,2-dimethyl propyl)ether	102.18				535	3.20	374	0.269	0.301					
634	$C_6H_{14}O$	甲基-(1-乙基丙基)醚	methyl(1-ethyl propyl)ether	102.18				530.31*	3.934	373.6*	0.256*	0.3444*		1.3818^{20}			
635	$C_6H_{14}O$	乙基正丁基醚	ethyl butyl ether	102.18	-124	92.3	0.7495^{20}	531.0	3.04	390.0	0.27	0.40	1.2			0	
636	$C_6H_{14}O$	乙基仲丁基醚	ethyl sec-butyl ether	102.18		81	0.7503^{20}	520.62*	3.015*	373.6*	0.260*	0.3432*		1.3802^{20}			
637	$C_6H_{14}O$	乙基特丁基醚	ethyl tert-butyl ether	102.18	-94	72.6	0.736^{25}	509.4	2.934	395	0.274	0.3055*		1.3756^{25}			
638	$C_6H_{14}O$	乙基异丁基醚	ethyl iso-butyl ether	102.18		81	0.751^{20}	520.47*	3.014*	373.6*	0.260*	0.3431*		1.3739^{25}			
639	$C_6H_{14}O$	丙醚	dipropyl ether	102.18	-114.8	90.08	0.7466^{20}	530.6	3.028	389.5	0.270	0.370	1.2	1.3809^{21}	88	-21	1.3%~7.0%
640	$C_6H_{14}O$	正丙基异丙基醚	propyl isopropyl ether	102.18		83	0.7370^{20}	518.56*	3.013*	373.6*	0.261*	0.3430*		1.376^{21}			
641	$C_6H_{14}O$	异丙醚	diisopropyl ether	102.174	-85.4	68.4	0.7192^{25}	500.3	2.832	386.0	0.263	0.338	1.2	1.3658^{25}	442	-12	1.0%~21%
642	$C_6H_{14}O_2$	二乙氧基乙烷	1,1-diethoxyethane	118.174	-100	102.25	0.8254^{20}	540	3.22					1.3834^{20}	230	<4	1.6%~10.4%
643	$C_6H_{14}O_2$	2-丁氧基乙醇	2-butoxyethanol	118.18	-74.8	168.4	0.9015^{20}	634	3.27	424.0	0.242*	0.8586*		1.4198^{20}	240	61	1.1%~10.6%
644	$C_6H_{14}O_2$	1,6-己二醇	1,6-hexanediol	118.18	41.5	208	0.9601^{50}	703.64*	3.644*	388.7*	0.260*		2.50	1.4579^{25}			
645	$C_6H_{14}O_2$	己二醇	hexylene glycol	118.18	-50	197.1	0.923^{15}	616.22*	3.606*					1.4276^{20}			
646	$C_6H_{14}O_2$	2,3-二甲基-2,3-丁二醇	2,3-dimethyl-2,3-butanediol	118.18	43.32	174.4	0.9269^{50}	617		368.8*	0.277	0.7807*					
647	$C_6H_{14}O_2$	乙二醇二乙醚	ethylene glycol diethyl ether	118.174		119.4	0.8484^{20}		3.38					1.3860^{20}	205	35	
648	$C_6H_{14}O_3$	二乙二醇二甲醚	diethylene glycol dimethyl ether	138.173	-68	162	0.9434^{20}							1.4097^{20}			
649	$C_6H_{14}O_3$	1,2-丙二醇醚	dipropylene glycol	134.18		230.5	1.0206^{20}	705.2	3.462*			1.47*				137	
650	$C_6H_{14}O_4$	三甘醇	triethylene glycol	150.173	-7	285	1.1274^{15}	749.42*	3.17*	406.1	0.226*	0.8559*	2.99	1.4531^{20}	371	165	0.9%~9.2%
651	$C_6H_{14}S$	丙硫醚	dipropyl sulfide	118.240	-102.5	142.9	0.814^{17}	609.7*	3.00	425.5*	0.266*	0.376*		1.4487^{20}			
652	$C_6H_{14}S$	乙丁硫醚	butyl-ethyl-sulfide	118.24	-95.1	144.3	0.8376^{20}	609.0	3.02	425.5	0.265	0.374		1.4492^{10}			
653	$C_6H_{14}S$	1-己硫醇	1-hexanethiol	118.24	-81	152.7	0.8424^{20}	622.0	3.17*	425.5	0.273	0.373	1.55	1.4496^{20}			
654	$C_6H_{14}S$	甲戊硫醚	meyhyl pentyl sulfide	118.24	-94	145.1	0.8431^{20}	588.0*	2.75	425.5*	0.278*	0.376*		1.4506^{20}			
655	$C_6H_{14}S_2$	二丙基二硫醚	dipropyl disulfide	150.325	-85.6	195.8	0.9599^{20}	673.0	3.222*	479.5	0.277	0.370		1.4981^{20}			
656	$C_6H_{15}N$	正己胺	hexylamine	101.19	-22.9	132.8	0.7660^{20}	587.96*	3.63	393.1*	0.4327	0.259*	1.46	1.4180^{20}	299	17 (O.C)	1.1%~7.1%
657	$C_6H_{15}N$	二正丙胺	dipropylamine	101.19	-63	109.3	0.7400^{20}	555.8	3.02			0.471	1.0	1.4050^{20}	315	-1	
658	$C_6H_{15}N$	二异丙胺	diisopropylamine	101.19	-61	83.9	0.7153^{20}	523.1	3.04			0.360	1.0	1.3924^{20}	249	<0	
659	$C_6H_{15}N$	三乙胺	triethylamine	101.19	-114.7	89	0.7275^{20}	535.6		394.5	0.269	0.320	0.9	1.4010^{20}			1.2%~8.0%
660	$C_6H_{15}N_3$	氨基乙基哌嗪	n-aminoethyl piperazine	129.203		220	0.985^{25}	787.0		472.0	0.127	1.1008		1.4983^{20}		93	
661	$C_6H_{15}NO_3$	三乙醇胺	triethanolamine	149.188	20.5	335.4	1.1242^{20}							1.4852^{20}	451.7	179	1.7%~10.0%
662	$C_6H_{15}O_4P$	三乙磷酸酯	triethyl phosphate	182.154	-56.4	215.5	1.0695^{20}	679.92*	2.450	414.7*	0.247*	0.5419*		1.4053^{20}		115	
663	$C_6H_{16}N_2$	1,6-己二胺	1,6-hexanediamine	116.204	39.13	204.6	0.9024^{50}		3.356*					1.4971^{20}		81	
664	$C_6H_{18}N_4$	三乙四胺	triethylene tetramine	146.234	12	266.5							1.94		338	135	
665	$C_6H_{18}OSi_2$	六甲基二硅醚	hexamethyl disiloxane	162.377	-66	99	0.7638^{20}	534.1	1.91	573.0	0.280			1.3774^{20}			0.7%~6.3%

续表

序号	化学式	中文名称	英文名称	相对分子质量	正常熔点/℃	正常沸点/℃	密度/(g/cm³)	临界温度/K	临界压力/MPa	临界体积/(cm³/mol)	临界压缩因子	偏心因子	偶极矩/D	折射率	自燃温度/℃	闪点/℃	空气中爆炸极限
666	C_7F_8	全氟甲苯	perfluorotoluene	236.062	-65.49	103.55	1.6616^{25}	534.47	2.693	428.0	0.260	0.475		1.3670^{20}			
667	C_7F_{14}	全氟甲基环己烷	perfluoromethylcyclohexane	350.053	-44.7	76.3	1.7878^{25}	485.91	2.019	570.0	0.285	0.4313*		1.285^{17}			
668	C_7F_{16}	全氟正庚烷	perfluoroheptane	388.049	-51.2	82.5	1.7333^{20}	474.8	1.621	664.0	0.273	0.556		1.2618^{20}			
669	$C_7H_3F_5$	2,3,4,5,6-五氟甲苯	2,3,4,5,6-pentafluorotoluene	182.091	-29.78	117.5	1.440^{20}	566.48	3.126	384.0	0.255	0.415		1.4016^{25}			
670	$C_7H_4F_3NO_2$	3-三氟甲基-1-硝基苯	3-(trifluoromethyl)-1-nitrobenzene	191.108	-2.4	202.8	1.4357^{15}	667.0	2.80					1.4719^{20}			
671	C_7H_5ClO	苯甲酰氯	benzoyl chloride	140.567	-0.4	197.2	1.2120^{20}							1.5537^{20}		72	
672	$C_7H_5Cl_3$	三氯甲苯	(trichloromethyl) benzene	195.474	-4.42	221	1.3723^{20}							1.5580^{20}	420	109	2.1%~5.6%
673	$C_7H_5F_3$	三氟甲苯	(trifluoromethyl) benzene	146.11	-28.95	102.1	1.884^{20}	562.6*	3.56*	362.5*	0.276*	0.327*	2.60	1.4146^{20}	620	12	1.4%~7.2%
674	C_7H_5N	苯甲腈	benzonitrile	103.122	-13.99	191.1	1.0093^{15}	700	4.2	345.5*	0.241*	0.362	3.5	1.5289^{20}	550	72	
675	$C_7H_6Cl_2$	二氯甲基苯	benzyl dichloride	161.029	-17	205	1.26^{25}							1.5502^{20}			
676	$C_7H_6Cl_2$	2,4-二氯甲苯	2,4-dichlorotoluene	161.029	-13.5	201	1.2476^{20}							1.5511^{20}			
677	$C_7H_6N_2O_4$	2,4-二硝基甲苯	2,4-dinitrotoluene	182.134	70.5	300dec	1.3208^{71}	815.0	2.15					1.442			
678	C_7H_6O	苯甲醛	benzaldehyde	106.122	-57.1	178.8	1.0401^{25}	695.0	4.54		0.250	0.316	2.8	1.5463^{20}	190	64	1.4%~
679	$C_7H_6O_2$	苯甲酸	benzoic acid	122.122	122.35	249.2	1.2659^{15}	752.0	4.56	341.0	0.299*	0.620	1.7	1.504^{132}	570	121	
680	$C_7H_6O_2$	水杨醛	salicylaldehyde	122.122	-7	197	1.1674^{20}	683.14*	5.619*	302.5*	0.299*	0.6397*	3.0	1.5740^{20}		76	
681	$C_7H_6O_3$	水杨酸	salicylic acid	138.121	159	211^{20}	1.443^{20}	729.0	5.180	364.0	0.311	0.9219		1.565	540	157	
682	C_7H_7Br	邻溴化甲苯	o-bromotoluene	171.035	-27.8	181.7	1.4232^{20}							1.5565^{20}			
683	C_7H_7Br	间溴化甲苯	m-bromotoluene	171.04	-39.8	183.7	1.4099^{20}							1.5510^{20}			
684	C_7H_7Br	对溴化甲苯	p-bromotoluene	171.035	28.5	184.3	1.3959^{35}							1.5477^{20}			
685	C_7H_7Cl	苄基氯	benzyl chloride	126.582	-45	179	1.1004^{20}	684.2	3.92		0.252*	0.322*		1.5391^{20}			
686	C_7H_7Cl	邻氯化甲苯	o-chlorotoluene	126.59	-35.8	159.0	1.0825^{20}	683.6*	3.33*		0.213*	0.111*		1.5268^{20}			
687	C_7H_7Cl	间氯化甲苯	m-chlorotoluene	126.59	-47.8	161.8	1.075^{20}	686.9*	3.33*		0.212*	0.112*		1.5214^{19}			
688	C_7H_7Cl	对氯化甲苯	p-chlorotoluene	126.582	7.5	162.4	1.0697^{20}	687.9*	3.33*		0.212*	0.111*		1.5150^{20}			
689	C_7H_7F	邻氟化甲苯	o-fluorotoluene	110.129	-62	115	1.0041^{13}							1.4704^{20}			
690	C_7H_7F	间氟化甲苯	m-fluorotoluene	110.13	-87	115	0.9974^{20}							1.4691^{20}			
691	C_7H_7F	对氟化甲苯	p-fluorotoluene	110.129	-56	116.6	0.9975^{20}	590.5*	3.82*	337.5*	0.262*	0.311*		1.4699^{20}		105	
692	C_7H_7NO	苯酰胺	benzamide	121.137	127.3	290	1.0792^{130}	840.10*	5.080*	377.4*	0.275*	0.4694*	3.7				
693	$C_7H_7NO_2$	邻硝基甲苯	o-nirtotoluene	137.14	-10.4	222	1.1611^{19}	720.0	3.40					1.5450^{20}			
694	$C_7H_7NO_2$	间硝基甲苯	m-nitrotoluene	137.14	15.5	232	1.1581^{20}	725.0	3.05					1.5466^{20}			
695	$C_7H_7NO_2$	对硝基甲苯	p-nirtotoluene	137.137	51.63	238.3	1.1038^{75}	735.0	3.00								
696	C_7H_8	甲苯	toluene	92.139	-94.95	110.63	0.8623^{25}	591.75	4.108	316	0.264	0.264	0.4	1.4941^{25}	535	4	1.2%~7.0%
697	C_7H_8O	邻甲酚	o-cresol	108.138	31.03	191.04	1.0327^{35}	697.6	4.71	282.0	0.244	0.434	1.6	1.5386^{35}	555	81	1.0%~7.0%
698	C_7H_8O	间甲酚	m-cresol	108.14	12.24	202.27	1.0339^{40}	705.8	4.36	312.5	0.240	0.449	1.8	1.5401^{20}	558	86	1.1%~1.3%
699	C_7H_8O	对甲酚	p-cresol	108.14	34.77	201.98	1.0185^{40}	704.6	4.07	277.0	0.244	0.513	1.6	1.5312^{20}	559	94.4	1.1%~
700	C_7H_8O	苯甲醇	benzyl alcohol	108.138	-15.4	205.31	1.0419^{24}	715.0	4.3	338.1*	0.245*	0.6107*	1.7	1.5396^{26}	435.6	100	1.1%~

续表

序号	化学式	中文名称	英文名称	相对分子质量	正常熔点/℃	正常沸点/℃	密度/(g/cm³)	临界温度/K	临界压力/MPa	临界体积/(cm³/mol)	临界压缩因子	偏心因子	偶极矩①/D	折射率	自燃温度/℃	闪点/℃	空气中爆炸极限
701	C$_7$H$_8$O	苯甲醚	anisole	108.138	-37.13	153.7	0.9940^{20}	646.5	4.24	341	0.269	0.347	1.2	1.5174^{20}	475	43	
702	C$_7$H$_8$O$_2$	2-甲氧基苯酚	2-methoxyphenol	124.138	32	205	1.1287^{21}							1.5429^{20}		82	
703	C$_7$H$_8$O$_2$	3-甲氧基苯酚	3-methoxyphenol	124.14	<-17	114^5	1.131^{25}							1.5510^{20}			
704	C$_7$H$_8$S	苄硫醇	methyl phenyl sulfide	124.204	-30	194.5	1.058^{20}	715.60*	4.486*	417.0*	0.314*	0.3056*	1.38	1.5151^{20}		38	
705	C$_7$H$_9$N	苄胺	benzylamine	107.153		185	0.9813^{20}	686.0	4.80					1.5401^{20}			
706	C$_7$H$_9$N	2,3-二甲基吡啶	2,3-dimethyl pyridine	107.16		161.12	0.9319^{25}	655.4	4.10	356.0			2.2	1.5057^{20}			
707	C$_7$H$_9$N	2,4-二甲基吡啶	2,4-dimethyl pyridine	107.16	-64	158.38	0.9309^{20}	647.0	3.95	361.0			2.3	1.5010^{20}			
708	C$_7$H$_9$N	2,5-二甲基吡啶	2,5-dimethyl pyridine	107.16	-16	156.98	0.9297^{20}	644.3	3.85	361.0			2.2	1.5006^{20}			
709	C$_7$H$_9$N	2,6-二甲基吡啶	2,6-dimethyl pyridine	107.16	-6.1	144.01	0.9226^{20}	624.0	3.85	361.0			1.7	1.4953^{20}			
710	C$_7$H$_9$N	3,4-二甲基吡啶	3,4-dimethyl pyridine	107.16	-11	179.10	0.9281^{20}	683.7	4.20	355.0			1.9	1.5096^{20}			
711	C$_7$H$_9$N	3,5-二甲基吡啶	3,5-dimethyl pyridine	107.16	-6.6	171.84	0.9419^{20}	667.7	4.05	361.0			2.6	1.5061^{20}			
712	C$_7$H$_9$N	2-乙基吡啶	2-ethyl pyridine	107.16	-63.1	148.6	0.9502^{25}	634.0	4.10					1.4964^{20}			
713	C$_7$H$_9$N	4-乙基吡啶	4-ethyl pyridine	107.16	-90.5	168.3	0.9417^{20}	663.0	4.10					1.5009^{20}			
714	C$_7$H$_9$N	N-甲基苯胺	N-methylaniline	107.16	-57	196.2	0.9891^{20}	701.6	5.20	354.5*	0.316*	0.475	1.7	1.5684^{20}	480	85	
715	C$_7$H$_9$N	邻甲苯胺	o-toluidine	107.16	-14.41	200.3	0.9984^{20}	694.0	3.75			0.438	1.6	1.5725^{20}		85	
716	C$_7$H$_9$N	间甲苯胺	m-toluidine	107.16	-31.3	203.3	0.9889^{20}	709.0	4.15			0.410	1.5	1.5681^{20}			
717	C$_7$H$_9$N	对甲苯胺	p-toluidine	107.153	43.6	200.4	0.9619^{20}	706.0	4.58			0.443	1.6	1.5534^{20}			
718	C$_7$H$_9$NO	邻甲氧基苯胺	o-anisidine	123.152	6.2	224	1.0923^{20}	728.0	5.85					1.5715^{10}		98	
719	C$_7$H$_{12}$	1-庚炔	1-heptyne	96.17	-81	99.7	0.7328^{20}	559.7*	3.30*	389.5*	0.276*	0.293*	0.87	1.4087^{20}			
720	C$_7$H$_{12}$	环庚烯	cycloheptene	96.17	-56	115	0.8228^{20}							1.4552^{20}			
721	C$_7$H$_{12}$	1-甲基环己烯	1-methyl cyclohexene	96.17	-120.4	110.3	0.8102^{20}	591.28*	3.459*	352.2	0.248*	0.2043*		1.4503^{20}			
722	C$_7$H$_{12}$	3-甲基环己烯	3-methyl cyclohexene	96.17	-115.5	104	0.7990^{20}	575.94*	3.546*	361.7*	0.268*	0.2321*		1.4414^{20}			
723	C$_7$H$_{12}$	4-甲基环己烯	4-methyl cyclohexene	96.17	-115.5	102.7	0.7991^{20}	576.29*	3.547*	361.7*	0.268*	0.2326*		1.4414^{20}			
724	C$_7$H$_{12}$	1-乙基环戊烯	1-ethyl cyclopentene	96.17	-118.5	106.3	0.7936^{20}	571.66*	3.415*	357.2*	0.257*	0.2845*		1.4412^{20}			
725	C$_7$H$_{12}$O	环庚酮	cycloheptanone	112.17		178.5	0.9508^{20}							1.4608^{20}		55	
726	C$_7$H$_{12}$O$_2$	丙烯酸丁酯	n-butyl acrylate	128.169	-64.6	145	0.8898^{20}	601.2	2.84	428.0	0.226	0.4381		1.4185^{20}	292.8	41	1.2%~10.5%
727	C$_7$H$_{12}$O$_2$	异丁烯酸丙酯	n-propyl methacrylate	128.17		141	0.9022^{21}							1.4190^{20}			
728	C$_7$H$_{12}$O$_4$	丙二酸二乙酯	diethyl malonate	160.169	-50	200	1.0551^{20}							1.4139^{20}		93	
729	C$_7$H$_{14}$	1-庚烯	1-heptene	98.186	-118.9	93.64	0.6970^{20}	537.3	2.92	409	0.267	0.331	0.3	1.3998^{20}	263	0	1.0%~
730	C$_7$H$_{14}$	顺-2-庚烯	cis-2-heptene	98.19		98.4	0.708^{20}							1.406^{20}			
731	C$_7$H$_{14}$	反-2-庚烯	trans-2-heptene	98.19	-109.5	98	0.7012^{20}							1.4045^{20}			
732	C$_7$H$_{14}$	顺-3-庚烯	cis-3-heptene	98.19	-136.6	95.8	0.7030^{20}							1.4059^{20}			
733	C$_7$H$_{14}$	反-3-庚烯	trans-3-heptene	98.19	-136.6	95.7	0.6981^{20}							1.4043^{20}			
734	C$_7$H$_{14}$	2-甲基-1-己烯	2-methyl-1-hexene	98.19	-102.8	92	0.7000^{20}							1.4035^{20}			
735	C$_7$H$_{14}$	3-甲基-1-己烯	3-methyl-1-hexene	98.186		83.9	0.6871^{20}							1.3965^{20}			

续表

序号	化学式	中文名称	英文名称	相对分子质量	正常熔点/℃	正常沸点/℃	密度/(g/cm³)	临界温度/K	临界压力/MPa	临界体积/(cm³/mol)	临界压缩因子	偏心因子	偶极矩①/D	折射率	自燃温度/℃	闪点/℃	空气中爆炸极限
736	C_7H_{14}	4-甲基-1-己烯	4-methyl-1-hexene	98.186	-141.5	86.7	0.6942^{25}	533.0						1.4000^{20}			
737	C_7H_{14}	2,3,3-三甲基-1-丁烯	2,3,3-trimethyl-1-butene	98.19	-109.9	77.9	0.7050^{20}		2.89	400.0	0.26	0.192		1.4025^{20}			
738	C_7H_{14}	2-乙基-1-戊烯	2-ethyl-1-pentene	98.19		94	0.7079^{20}							1.405^{20}			
739	C_7H_{14}	3-乙基-1-戊烯	3-ethyl-1-pentene	98.19	-127.5	84.1	0.6917^{25}							1.3982^{20}			
740	C_7H_{14}	环庚烷	cycloheptane	98.19	-8.0	118.4	0.8098^{20}	604.2	3.82	353.0	0.268	0.243	0.0	1.4436^{20}			
741	C_7H_{14}	甲基环己烷	methyl cyclohexane	98.19	-126.6	100.93	0.7694^{20}	572.1	3.48	369	0.270	0.235	0.0	1.4231^{20}	250	-4	1.2%~6.7%
742	C_7H_{14}	乙基环戊烷	ethyl cyclopentane	98.19	-138.4	103.5	0.7665^{20}	569.5	3.397	375.0	0.269	0.271	0.0	1.4198^{20}			
743	C_7H_{14}	1,1-二甲基环戊烷	1,1-Dimethyl cyclopentane	98.19	-69.8	87.5	0.7499^{25}	547	3.45	353.5	0.270	0.273	0.0	1.4136^{20}			
744	C_7H_{14}	顺-1,2-二甲基环戊烷	cis,1,2-Dimethyl cyclopentane	98.19	-54	99.5	0.7680^{25}	565.0	3.45	363.3	0.270	0.269	0.0	1.4222^{20}			
745	C_7H_{14}	反-1,2-二甲基环戊烷	trans,1,2-dimethyl cyclopentane	98.19	-117.6	91.9	0.7468^{25}	553.0	3.45	363.3	0.270	0.269	0.0	1.4120^{20}			
746	C_7H_{14}	顺-1,3-二甲基环戊烷	cis,1,3-dimethyl cyclopentane	98.19	-133.7	90.8	0.7402^{25}	551.0	3.45	363.3	0.270	0.272*	0.0	1.4089^{20}			
747	C_7H_{14}	反-1,3-二甲基环戊烷	trans,1,3-dimethyl cyclopentane	98.186	-134	91.7	0.7443^{25}	553.0	3.45	363.3	0.270	0.268*	0.0	1.4107^{20}			
748	$C_7H_{14}O$	庚醛	1-heptanal	114.185	-43.4	152.8	0.8132^{25}	638.5	3.03*	444.5*	0.250*	0.259*	2.27	1.4113^{20}			
749	$C_7H_{14}O$	环庚醇	cycloheptanol	114.19	7.2	185	0.9554^{20}							1.4071^{20}			
750	$C_7H_{14}O$	1-甲基-环己醇	1-methyl cyclohexanol	114.19	25	155	0.9194^{20}							1.4595^{20}			
751	$C_7H_{14}O$	顺-2-甲基-环己醇	cis-2-methyl cyclohexanol	114.19	7	165	0.9360^{20}							1.4640^{20}			
752	$C_7H_{14}O$	反-2-甲基-环己醇	trans-2-methyl cyclohexanol	114.19	-2.0	167.5	0.9247^{20}							1.4616^{20}			
753	$C_7H_{14}O$	顺-3-甲基-环己醇	cis-3-methyl cyclohexanol	114.19	-5.5	168	0.9155^{20}							1.4752^{20}			
754	$C_7H_{14}O$	反-3-甲基-环己醇	trans-3-methyl cyclohexanol	114.19	-0.5	167	0.9214^{30}							1.4580^{20}			
755	$C_7H_{14}O$	顺-4-甲基-环己醇	cis-4-methyl cyclohexanol	114.19	-9.2	173	0.9170^{30}							1.4614^{20}			
756	$C_7H_{14}O$	反-4-甲基-环己醇	trans-4-methyl cyclohexanol	114.19	-35	174	0.9118^{21}							1.4561^{20}			
757	$C_7H_{14}O$	2-庚酮	2-heptanone	114.19	-35	151.05	0.8111^{20}	611.5	3.436	408.6*	0.276*	0.483	2.61	1.4088^{20}	523	47	
758	$C_7H_{14}O$	3-庚酮	3-heptanone	114.19	-39	147	0.8138^{20}	605.30*	3.025	408.6*	0.246	0.4377*	2.81	1.4057^{20}		46(O.C)	
759	$C_7H_{14}O$	4-庚酮	4-heptanone	114.19	-33	144	0.8174^{20}	600.41*	3.020	408.6*	0.247	0.4371*	2.74	1.4069^{20}			
760	$C_7H_{14}O$	2-甲基-3-己酮	2-methyl-3-hexanone	114.19		135	0.8091^{20}	588.66*	3.001	402.0*	0.246	0.4003*		1.4042^{20}			
761	$C_7H_{14}O$	3-甲基-2-己酮	3-methyl-2-hexanone	114.19		143.5	0.825^{25}	598.81*	3.010	402.0*	0.243	0.4015*		1.4035^{20}			
762	$C_7H_{14}O$	4-甲基-2-己酮	4-methyl-2-hexanone	114.19		144.5	0.8130^{20}	597.36*	3.008	402.0*	0.243	0.4013*		1.4081^{24}			
763	$C_7H_{14}O$	4-甲基-3-己酮	4-methyl-3-hexanone	114.19		134.5	0.8162^{20}	593.01*	3.005	402.0*	0.245	0.4009*		1.4069^{20}			
764	$C_7H_{14}O$	5-甲基-2-己酮	5-methyl-2-hexanone	114.19		144	0.888^{20}	605.84*	3.015	402.0*	0.241	0.4022*		1.4062^{20}			
765	$C_7H_{14}O$	5-甲基-3-己酮	5-methyl-3-hexanone	114.19		135	0.8090^{20}	593.01*	3.005	402.0*	0.245	0.4009*		1.4047^{20}			
766	$C_7H_{14}O$	2,2-二甲基-3-戊酮	2,2-dimethyl-3-pentanone	114.19	-45	125.6	0.8125^{25}	581.90*	3.012	398.7*	0.248	0.3635*		1.4064^{20}			
767	$C_7H_{14}O$	2,4-二甲基-3-戊酮	2,4-dimethyl-3-pentanone	114.19	-69	125.4	0.8108^{20}	580.70*	2.985	395.3*	0.244	0.3579*	2.73	1.3999^{20}			
768	$C_7H_{14}O$	3,3-二甲基-2-戊酮	3,3-dimethyl-2-pentanone	114.19		130.6	0.8090^{20}	590.16*	2.994	398.7*	0.245	0.3644*					
769	$C_7H_{14}O$	3,4-二甲基-2-戊酮	3,4-dimethyl-2-pentanone	114.19		131.8	0.8190^{20}	591.60*	2.994	395.3*	0.241	0.3647*					
770	$C_7H_{14}O$	4,4-二甲基-2-戊酮	4,4-dimethyl-2-pentanone	114.185	-64	126	0.809^{25}	581.90*	3.012	398.7*	0.248	0.3635*		1.4036^{20}			

续表

序号	化学式	中文名称	英文名称	相对分子质量	正常熔点/℃	正常沸点/℃	密度/(g/cm³)	临界温度/K	临界压力/MPa	临界体积/(cm³/mol)	临界压缩因子	偏心因子	偶极矩①/D	折射率	自燃温度/℃	闪点/℃	空气中爆炸极限
771	$C_7H_{14}O$	3-乙基-2-戊酮	3-ethyl-2-pentanone	114.19		137.8	0.8118[20]	595.91*	3.007*	402.0*	0.244	0.4011*		1.4170[20]			
772	$C_7H_{14}O_2$	正庚酸	heptanoic acid	130.185	-7.17	222.2	0.9124[25]	679.0	2.88	434.1	0.221	0.6168*		1.4071[20]		107	
773	$C_7H_{14}O_2$	甲酸己酯	hexyl formate	130.19	-62.6	155.5	0.8813[20]	600.0	2.68	470.0					360	25	1.0%~7.5%
774	$C_7H_{14}O_2$	乙酸戊酯	pentyl acetate	130.19	-70.8	149.2	0.8756[20]	599.2	2.82					1.4023[20]	379	25	1.0%~7.5%
775	$C_7H_{14}O_2$	乙酸异戊酯	isopentyl acetate	130.19	-78.5	142.5	0.876[15]						1.8	1.4000[20]		32	
776	$C_7H_{14}O_2$	丙酸丁酯	butyl propionate	130.19	-89	146.8	0.8754[20]	594.5*	2.906*	447.1*	0.261	0.4719*	1.8	1.4014[20]	425		
777	$C_7H_{14}O_2$	戊酸乙酯	ethyl valerate	130.19	-91.2	146.1	0.8770[20]	570.1						1.4120[20]			
778	$C_7H_{14}O_2$	异戊酸乙酯	ethyl isovalerate	130.19	-99.3	135.0	0.8655[20]	588.0						1.3962[20]			
779	$C_7H_{14}O_2$	丁酸丙酯	propyl butyrate	130.19		143.0	0.8730[20]	599.8	2.72				1.8	1.4001[20]			
780	$C_7H_{14}O_2$	异丁酸丙酯	propyl isobutyrate	130.19		135.4	0.8843[20]	589.0						1.3955[20]			
781	$C_7H_{14}O_2$	己酸甲酯	methyl caproate	130.185	-71	149.5	0.8846[20]	604.61*	2.911*	447.1*	0.259	0.4726*	0.0	1.4049[20]	204		1.1%~6.7%
782	C_7H_{16}	正庚烷	heptane	100.202	-90.6	98.5	0.6837[20]	540.2	2.74	428.0	0.261	0.351	0.0	1.3878[20]			
783	C_7H_{16}	2-甲基己烷	2-methyl hexane	100.202	-118.2	90.04	0.6787[20]	530.4	2.74	421.0	0.262	0.328	0.0	1.3848[20]			
784	C_7H_{16}	3-甲基己烷	3-methyl hexane	100.20	-119.4	92	0.687[21]	535.2	2.81	404	0.256	0.322	0.0	1.3854[25]			
785	C_7H_{16}	2,2-二甲基戊烷	2,2-dimethyl pentane	100.20	-123.7	79.2	0.6739[20]	526.5	2.77	416.0	0.266	0.288	0.0	1.3822[20]			
786	C_7H_{16}	2,3-三甲基戊烷	2,3-dimethyl pentane	100.20		89.78	0.6908[25]	537.3	2.91	393	0.256	0.292	0.0	1.3894[25]			
787	C_7H_{16}	2,4-二甲基戊烷	2,4-dimethyl pentane	100.20	-119.2	80.49	0.6727[20]	519.8	2.74	418.0	0.265	0.302	0.0	1.3815[20]			
788	C_7H_{16}	3,3-三甲基戊烷	3,3-dimethyl pentane	100.20	-134.4	86.06	0.6936[20]	536.4	2.95	414.0	0.274	0.267	0.0	1.3909[20]			
789	C_7H_{16}	2,2,3-三甲基丁烷	2,2,3-trimethyl butane	100.20	-24.6	80.86	0.6901[20]	531.1	2.95	398.0	0.265	0.250	0.0	1.3864[20]			
790	C_7H_{16}	3-乙基戊烷	3-ethyl pentane	100.202	-118.55	93.5	0.6982[20]	540.6	2.89	416.0	0.267	0.309	0.0	1.3934[20]		-4	
791	$C_7H_{16}O$	1-庚醇	1-heptanol	116.201	-33.2	176.45	0.8219[20]	632.6	3.058	435	0.253	0.587	1.7	1.4249[20]			
792	$C_7H_{16}O$	2-庚醇	2-heptanol	116.20		159	0.8167[20]	603.8	3.031	442.0	0.264	0.763	1.7	1.4210[20]			
793	$C_7H_{16}O$	3-庚醇	3-heptanol	116.20	-70	157	0.8227[20]	605.4	3.031	434.0	0.261	0.5890*	1.7	1.4201[20]			
794	$C_7H_{16}O$	4-庚醇	4-heptanol	116.20	-41.2	156	0.8183[20]	602.6	3.029	432.0	0.261	0.6173*	1.7	1.4205[20]			
795	$C_7H_{16}O$	2-甲基-1-己醇	2-methyl-1-hexanol	116.201		164	0.8260[20]	608.62*	3.039	426.0	0.256	0.6514*		1.4226[20]			
796	$C_7H_{16}O$	3-甲基-1-己醇	3-ethyl-1-hexanol	116.201		169	0.8258[20]	619.76*	3.048	426.0	0.252	0.6537*		1.4245[20]			
797	$C_7H_{16}O$	4-甲基-1-己醇	4-methyl-1-hexanol	116.20		173	0.8239[20]	621.15*	3.049	426.0	0.252	0.5932*		1.4219[20]			
798	$C_7H_{16}O$	5-甲基-1-己醇	5-methyl-1-hexanol	116.20		169	0.8192[24]	619.76*	3.048	426.0	0.252	0.6242*		1.4175[20]			
799	$C_7H_{16}O$	2-甲基-2-己醇	2-methyl-2-hexanol	116.20		143	0.8119[20]	581.69*	3.035	422.7	0.265	0.5915*		1.4175[20]			
800	$C_7H_{16}O$	3-甲基-2-己醇	3-methyl-2-hexanol	116.20		151	0.8820[25]	594.62	3.019	419.4	0.256	0.5921*		1.4198[18]		60	
801	$C_7H_{16}O$	4-甲基-2-己醇	4-methyl-2-hexanol	116.201		150.8	0.8210[20]	593.22*	3.018	419.4	0.257	0.5920*					
802	$C_7H_{16}O$	5-甲基-2-己醇	5-methyl-2-hexanol	116.20		151	0.814[20]	593.22*	3.018	419.4	0.257	0.6653*					
803	$C_7H_{16}O$	2-甲基-3-己醇	2-methyl-3-hexanol	116.20		143	0.8407[20]	587.63*	3.013	419.4	0.259	0.6461*		1.4180[20]			
804	$C_7H_{16}O$	3-甲基-3-己醇	3-methyl-3-hexanol	116.20		143	0.8233[20]	581.55*	3.035	422.7	0.265	0.5893*		1.4149[20]			
805	$C_7H_{16}O$	4-甲基-3-己醇	4-methyl-3-hexanol	116.201		148.8	0.8324[20]	590.42*	3.015	419.4	0.258	0.5915*		1.4231[20]			

续表

序号	化学式	中文名称	英文名称	相对分子质量	正常熔点/℃	正常沸点/℃	密度/(g/cm³)	临界温度/K	临界压力/MPa	临界体积/(cm³/mol)	临界压缩因子	偏心因子	偶极矩①/D	折射率	自燃温度/℃	闪点/℃	空气中爆炸极限
806	C₇H₁₆O	5-甲基-3-己醇	5-methyl-3-hexanol	116.201		148	0.8330[20]	589.02*	3.014*	419.4*	0.258*	0.6560		1.4128[20]			
807	C₇H₁₆O	2,2-二甲基-1-戊醇	2,2-dimethyl-1-pentanol	116.20		152.8	0.8300[20]	596.31*	3.041*	422.7*	0.260*	0.5935*					
808	C₇H₁₆O	2,3-二甲基-1-戊醇	2,3-dimethyl-1-pentanol	116.20		163.8	0.8380[20]	611.04*	3.033*	419.4*	0.250*	0.6794					
809	C₇H₁₆O	2,4-二甲基-1-戊醇	2,4-dimethyl-1-pentanol	116.20		159	0.8197[20]	604.41*	3.028*	419.4*	0.253*	0.5934*					
810	C₇H₁₆O	3,3-二甲基-1-戊醇	3,3-dimethyl-1-pentanol	116.20		164.8	0.8327[20]	613.10*	3.061*	422.7*	0.254*	0.6165		1.427[20]			
811	C₇H₁₆O	3,4-二甲基-1-戊醇	3,4-dimethyl-1-pentanol	116.20		164.8	0.8318[20]	612.80*	3.034*	419.4*	0.250*	0.6640					
812	C₇H₁₆O	4,4-二甲基-1-戊醇	4,4-dimethyl-1-pentanol	116.20		159.8	0.8156[20]	606.10*	3.056*	422.7*	0.256*	0.5949					
813	C₇H₁₆O	2,3-二甲基-2-戊醇	2,3-dimethyl-2-pentanol	116.20		139.7	0.8320[20]	580.74*	3.026*	416.1*	0.261*	0.5533					
814	C₇H₁₆O	2,4-二甲基-2-戊醇	2,4-dimethyl-2-pentanol	116.20	<-20	133.1	0.8103[20]	571.17*	3.017*	416.1*	0.264*	0.5554		1.4172[20]			
815	C₇H₁₆O	3,3-二甲基-2-戊醇	3,3-dimethyl-2-pentanol	116.20		146.8	0.8288[20]	590.86*	3.035*	416.1*	0.257*	0.5587					
816	C₇H₁₆O	3,4-二甲基-2-戊醇	3,4-dimethyl-2-pentanol	116.20		152.8	0.8388[20]	598.98*	3.014*	412.8*	0.250*	0.5622		1.4223[20]			
817	C₇H₁₆O	4,4-二甲基-2-戊醇	4,4-dimethyl-2-pentanol	116.20		137.8	0.8119[20]	578.21*	3.024*	416.1*	0.262*	0.5579		1.4287[20]			
818	C₇H₁₆O	2,2-二甲基-3-戊醇	2,2-dimethyl-3-pentanol	116.20	-60.2	135	0.8253[20]	575.39*	3.020*	416.1*	0.263*	0.5524		1.4250[20]			
819	C₇H₁₆O	2,3-二甲基-3-戊醇	2,3-dimethyl-3-pentanol	116.20	-2.5	139.7	0.833[20]	579.61*	3.025*	416.1*	0.261*	0.5633					
820	C₇H₁₆O	2,4-二甲基-3-戊醇	2,4-dimethyl-3-pentanol	116.20	<-30	138.7	0.8288[20]	579.30*	2.998*	412.8*	0.257*	0.5560					
821	C₇H₁₆O	2-甲基-2-乙基-1-丁醇	2-methyl-2-ethyl-1-butanol	116.20	<-70	155.8	0.8288[20]	600.51*	3.051*	422.7*	0.258*	0.6062					
822	C₇H₁₆O	3-甲基-2-乙基-1-丁醇	3-methyl-2-ethyl-1-butanol	116.20		161.8	0.8377[20]	608.60*	3.031*	419.4*	0.251*	0.5939					
823	C₇H₁₆O	2,2,3-三甲基-1-丁醇	2,2,3-trimethyl-1-butanol	116.20		156.8	0.8470[20]	604.93*	3.046*	416.1*	0.252*	0.5639					
824	C₇H₁₆O	2,3,3-三甲基-1-丁醇	2,3,3-trimethyl-1-butanol	116.20		159.8	0.8280[20]	609.14*	3.050*	416.1*	0.251*	0.5646		1.4233[22]			
825	C₇H₁₆O	2,3,3-三甲基-2-丁醇	2,3,3-trimethyl-2-butanol	116.20	17	131	0.8380[25]	571.78*	3.036*	412.8*	0.264*	0.5286					
826	C₇H₁₆O	2-乙基-1-戊醇	2-ethyl-1-pentanol	116.20		165.8	0.8330[20]	611.41*	3.041*	426.0*	0.255*	0.6251					
827	C₇H₁₆O	3-乙基-1-戊醇	3-ethyl-1-pentanol	116.20		165.8	0.8300[20]	611.41*	3.047*	426.0*	0.255*	0.6231					
828	C₇H₁₆O	3-乙基-2-戊醇	3-ethyl-2-pentanol	116.20		151.8	0.8389[20]	594.62*	3.019*	419.4*	0.256*	0.5921		1.4294[20]			
829	C₇H₁₆O	3-乙基-3-戊醇	3-ethyl-3-pentanol	116.201	-12.5	142	0.8407[22]	581.69*	3.035*	422.7*	0.265*	0.5831		1.4251[20]			
830	C₇H₁₇N	庚胺	heptyl amine	115.217	-18	156	0.7754[20]	613.0	2.66				1.14				
831	C₈F₁₆O	全氟-2-丁基四氢呋喃	perfluoro-2-butyltetrahydrofuran	416.059		102.6	1.73[20]	500.2	1.607	588.0	0.285	0.5787		1.282[20]			
832	C₈F₁₈	全氟正辛烷	perfluorooctane	438.057		105.9		502.2	1.661	715	0.26						
833	C₈H₄O₃	邻苯二甲酸酐	phthalic anhydride	148.116	130.8	295	1.527[4]	810.0	4.76	368.0	0.273*	0.239*	5.3	1.5470[20]	570	151.7	1.7%~10.4%
834	C₈H₆	苯乙炔	phenylacetylene	102.134	-44.8	143	0.9300[20]	655.4*	4.40*	337.5*			0.73			31	
835	C₈H₆S	苯并噻吩	benzothiophene	134.199	32	221	1.1484[32]	764.0	4.76	379				1.6374[37]			
836	C₈H₇N	吲哚	indole	117.49	52.5	253.6	1.22[25]	794.0	4.8	356.0							
837	C₈H₇N	苯乙腈	phenylacetonitrile	117.15		233.5	1.0205[15]	709.0	3.95					1.5211[25]		102	
838	C₈H₇N	邻甲苯基氰	o-tolunitrile	117.15	-13.5	205	0.9955[20]	710.0	3.75					1.5279[20]			
839	C₈H₇N	间甲苯基氰	m-tolunitrile	117.15	-23		1.0316[20]	723.0	3.55					1.5252[20]			
840	C₈H₇N	对甲苯基氰	p-tolunitrile	117.149	29.5	217.0	0.9762[20]										

续表

序号	化学式	中文名称	英文名称	相对分子质量	正常熔点/℃	正常沸点/℃	密度/(g/cm³)	临界温度/K	临界压力/MPa	临界体积/(cm³/mol)	临界压缩因子	偏心因子	偶极矩①/D	折射率	自燃温度/℃	闪点/℃	空气中爆炸极限
841	C_8H_8	苯乙烯	styrene	104.15	−30.65	145	0.9016^{25}	617.1	3.69	369.7	0.264	0.257	0.1	1.5440^{25}	490	34.4	1.1%~6.1%
842	C_8H_8	1,3,5,7-环辛四烯	1,3,5,7-cyclooctatetraene	104.15	−2.4	140.5	0.9206^{20}	642.6*	4.14*	345.5*	0.268*	0.244*	0.07	1.5381^{20}			
843	C_8H_8O	苯乙酮	acetophenone	120.149	20.5	202	1.0281^{20}	709.6	4.01	388	0.289*	0.42*	3.0	1.5372^{20}	535	82	
844	$C_8H_8O_2$	甲酸苄酯	benzyl formate	136.149	−12.4	203	1.081^{20}	692.0	3.64	396.0	0.25	0.41		1.5154^{20}			
845	$C_8H_8O_2$	苯甲酸甲酯	methyl benzoate	136.15		199	1.0837^{25}						1.9	1.5164^{20}		83	
846	$C_8H_8O_2$	甲苯甲酸	o-toluic acid	136.149	103.5	259	1.062^{15}	708.87*	4.326*	387.1*	0.284*	0.6031*		1.512^{115}			
847	$C_8H_8O_3$	水杨酸甲酯	methyl salicylate	152.148	−8	222.9	1.181^{25}						2.43	1.535^{20}			
848	$C_8H_8O_3$	香兰素	vanillin	152.15	81.5	285	1.056^{25}	825.0	4.70								
849	C_8H_9NO	N-乙酰苯胺	acetanilide	135.163	114.3	304	1.2190^{15}	720.0	3.35								
850	$C_8H_9NO_2$	2-硝基乙基苯	2-nitroethylbenzene	151.163	−23	250	1.126^{24}							1.5407^{19}			
851	C_8H_{10}	乙苯	ethyl benzene	106.165	−94.96	136.16	0.8626^{25}	617.15	3.609	374.0	0.263	0.304	0.4	1.4959^{20}	432	15	1.0%~6.7%
852	C_8H_{10}	邻二甲苯	o-xylene	106.17	−25.2	144.5	0.8755^{25}	630.3	3.732	370.0	0.263	0.313	0.5	1.5018^{25}	463	30	1.0%~7.0%
853	C_8H_{10}	间二甲苯	m-xylene	106.17	−47.8	139.07	0.8598^{25}	617	3.541	375.0	0.259	0.326	0.3	1.4944^{25}	525	25	1.1%~7.0%
854	C_8H_{10}	对二甲苯	p-xylene	106.165	13.25	138.35	0.8565^{25}	616.2	3.511	378.0	0.259	0.326	0.1	1.4929^{25}	525	25	1.1%~7.0%
855	$C_8H_{10}O$	邻乙基苯酚	o-ethylphenol	122.164	18	204.5	1.0146^{25}	703.0	3.248*	357.1*	0.198*	0.4402*		1.5367^{20}			
856	$C_8H_{10}O$	间乙基苯酚	m-ethylphenol	122.17	−4	218.4	1.0283^{20}	716.4	3.256*	357.1*	0.195*	0.4870*					
857	$C_8H_{10}O$	对乙基苯酚	p-ethylphenol	122.17	45.0	217.9		716.4	3.262*	357.1*	0.196*	0.4831*		1.5239^{25}			
858	$C_8H_{10}O$	苯乙醇	phenethyl alcohol	122.17	−27	218.8	1.0202^{20}	723.5	3.99	390.7*	0.267*	0.6255*	1.55	1.5325^{20}			
859	$C_8H_{10}O$	2,3-二甲苯酚	2,3-xylenol	122.17	72.5	216.9	0.9650^{20}	722.8	4.86*	470.0				1.5420^{20}			
860	$C_8H_{10}O$	2,4-二甲苯酚	2,4-xylenol	122.17	24.5	210.98		707.6	4.36*	510.0			2.0	1.5420^{14}			
861	$C_8H_{10}O$	2,5-二甲苯酚	2,5-xylenol	122.17	74.8	211.1		706.9	4.86*	470.0							
862	$C_8H_{10}O$	2,6-二甲苯酚	2,6-xylenol	122.17	45.8	201.07	0.9830^{20}	701.0	4.26*	520.0			1.5				
863	$C_8H_{10}O$	3,4-二甲苯酚	3,4-xylenol	122.17	65.1	227	0.9680^{20}	729.8	4.96*	460.0							
864	$C_8H_{10}O$	3,5-二甲苯酚	3,5-xylenol	122.17	63.4	221.74	0.9651^{20}	715.6	3.65*	610.0			1.7				
865	$C_8H_{10}O$	苯乙醚	phenetole	122.164	−29.41	169.81	1.0211^{20}	647.0	3.4	469.6*	0.249*	0.415	1.8	1.5076^{20}		63	
866	$C_8H_{10}S$	苯乙硫醚	ethylphenylsulfide	138.23		205	0.9842^{20}	717.69*	3.906*	261.7	0.307*	0.3470		1.5670^{20}			
867	$C_8H_{11}N$	2,6-二甲代苯胺	2,6-xylidine	121.18	11.2	215	0.9557^{20}	722.0	4.20*					1.5610^{20}			
868	$C_8H_{11}N$	N,N-二甲基苯胺	N,N-dimethylaniline	121.18	2.42	194.15	0.9162^{27}	688.0	3.6				1.6	1.5582^{20}			1.0%~7.0%
869	$C_8H_{11}N$	2,4,6-三甲基吡啶	2,4,6-trimethylpyridine	121.18	−46	170.6	0.983^{22}	645.0	3.20			0.411		1.4929^{25}	370	63	
870	$C_8H_{11}N$	2-乙基苯胺	2-ethylaniline	121.18	−43	209.5								1.5584^{22}			
871	$C_8H_{11}N$	3-乙基苯胺	3-ethylaniline	121.18	−64	214	0.9896^{25}	698.0	4.00								
872	$C_8H_{11}N$	4-乙基苯胺	4-ethylaniline	121.18	−2.4	217.5	0.9679^{20}	715.0	3.85				1.7	1.5554^{20}			
873	$C_8H_{11}N$	N-乙基苯胺	N-ethylaniline	121.18	−63.5	203.0	0.9625^{20}	708.01*	4.409*	410.5*	0.307*	0.4886*		1.5559^{20}	480		
874	$C_8H_{11}NO$	邻氨基苯乙醚	o-phenetidine	137.179	<−21	232.5	1.0652^{16}	731.0	5.00				1.32	1.5560^{20}			
875	$C_8H_{11}NO$	对氨基苯乙醚	p-phenetidine	137.179	1.2	254								1.5528^{20}		85	

续表

序号	化学式	中文名称	英文名称	相对分子质量	正常熔点/℃	正常沸点/℃	密度/(g/cm³)	临界温度/K	临界压力/MPa	临界体积/(cm³/mol)	临界压缩因子	偏心因子	偶极矩[①]/D	折射率	自燃温度/℃	闪点/℃	空气中爆炸极限
876	C₈H₁₂O₄	马来酸二乙酯	diethyl maleate	172.179	−8.8	223	1.0662^{20}							1.4416^{20}			
877	C₈H₁₄	1-辛炔	1-octyne	110.197	−79.3	126.3	0.7461^{20}	586.9*	2.96*	445.5*	0.270*	0.338*		1.4159^{20}			
878	C₈H₁₄	1-乙基环己烯	1-ethylcyclohexene	110.20	−109.9	137	0.8176^{25}	610.01*	3.197	403.4*	0.254*	0.3116*		1.4567^{20}			
879	C₈H₁₄	3-乙基环己烯	3-ethylcyclohexene	110.197		134	0.814^{20}	599.13*	3.272	413.0*	0.271*	0.3400*		1.451^{20}			
880	C₈H₁₄O	环辛酮	cyclooctanone	126.196	29	196	0.9581^{20}	663.0						1.4694^{20}			
881	C₈H₁₄O	2-乙基-2-己烯醛	2-ethyl-2-hexenal	126.20		175	0.8554^{20}	636.11	2.906	481.5*	0.265*	0.4912*		1.4210^{20}			
882	C₈H₁₄O₂	甲基丙烯酸丁酯	butyl methacrylate	142.196		160	0.8936^{20}	613.81	2.720	488.1*	0.260*	0.4702*	2.15	1.4199^{20}	294	46	2.0%~8.0%
883	C₈H₁₄O₂	甲基丙烯酸异丁酯	isobutyl methacrylate	142.20		155	0.8858^{20}							1.442^{20}			
884	C₈H₁₄O₂	乙酸环己酯	cyclohexyl acetate	142.20		173	0.968^{20}	643.03	3.284	440.8*	0.271*	0.4648*	1.92	1.4201^{20}			
885	C₈H₁₄O₄	丁二酸二乙酯	diethyl succinate	174.195	−21	217.7	1.0402^{20}	663.0								90	0.9%~
886	C₈H₁₆	1-辛烯	1-octene	112.213	−101.7	121.29	0.7149^{20}	567.0	2.68	468	0.266	0.375	0.3	1.4087^{20}	230	21.1	
887	C₈H₁₆	顺-2-辛烯	cis-2-octene	112.22	−100.2	125.6	0.7243^{20}					0.350		1.4150^{20}			
888	C₈H₁₆	反-2-辛烯	trans-2-octene	112.22	−87.7	125	0.7199^{20}	580.0	2.77					1.4132^{20}			
889	C₈H₁₆	顺-3-辛烯	cis-3-octene	112.22	−126	122.9	0.7159^{20}							1.4135^{20}			
890	C₈H₁₆	反-3-辛烯	trans-3-octene	112.22	−110	123.3	0.7152^{20}							1.4126^{20}			
891	C₈H₁₆	顺-4-辛烯	cis-4-octene	112.22	−118.7	122.5	0.7212^{20}							1.4148^{20}			
892	C₈H₁₆	反-4-辛烯	trans-4-octene	112.22	−93.8	122.3	0.7141^{20}							1.4114^{20}			
893	C₈H₁₆	环辛烷	cyclooctane	112.22	14.59	149	0.8349^{20}	647.2	3.56	410.0	0.271	0.236	0.0	1.4586^{20}			
894	C₈H₁₆	乙基环己烷	ethylcyclohexane	112.22	−111.3	131.9	0.7880^{20}	609.0	3.00	455.8	0.270	0.243	0.0	1.4330^{20}			
895	C₈H₁₆	正丙基环戊烷	propylcyclopentane	112.22	−117.3	131	0.7763^{20}	603.0	3.00	425.0	0.250	0.335	0.0	1.4266^{20}			
896	C₈H₁₆	异丙基环戊烷	isopropylcyclopentane	112.22	−111.4	126.5	0.7765^{20}	589.43*	3.123*	417.4*	0.266*	0.240*	0.0	1.4258^{20}			
897	C₈H₁₆	1,1-二甲基环己烷	1,1-dimethylcyclohexane	112.22	−33.3	119.6	0.7809^{20}	591.0	2.90	448.9	0.270	0.238	0.0	1.4290^{20}	305	11	
898	C₈H₁₆	顺-1,2-二甲基环己烷	cis-1,2-dimethylcyclohexane	112.22	−49.8	129.8	0.7963^{20}	606.0	2.95	471.3	0.270	0.236	0.0	1.4360^{20}			
899	C₈H₁₆	反-1,2-二甲基环己烷	trans-1,2-dimethylcyclohexane	112.22	−88.15	123.5	0.7760^{20}	596.0	2.94	471.3	0.270	0.242	0.0	1.4270^{20}			
900	C₈H₁₆	顺-1,3-二甲基环己烷	cis-1,3-dimethylcyclohexane	112.22	−75.53	120.1	0.7660^{20}	587.7	3.01	416	0.256	0.274	0.0	1.4229^{20}			
901	C₈H₁₆	反-1,3-二甲基环己烷	trans-1,3-dimethylcyclohexane	112.22	−90.07	124.5	0.79^{15}	598.0	2.94	415.5*	0.254*	0.189	0.0	1.4284^{25}			
902	C₈H₁₆	顺-1,4-二甲基环己烷	cis-1,4-dimethylcyclohexane	112.22	−87.39	124.4	0.7829^{20}	598.0	2.90	471.3	0.270	0.234	0.0	1.4230^{20}			
903	C₈H₁₆	反-1,4-二甲基环己烷	trans-1,4-dimethylcyclohexane	112.22	−36.93	119.4	0.77^{15}	587.7	2.97	415.5*	0.270*	0.242	0.0	1.4185^{25}			
904	C₈H₁₆	1-甲基-1-乙基环戊烷	1-methyl-1-ethylcyclopentane	112.22	−143.8	121.6	0.7767^{25}	599.72*	3.009*	416.1*	0.251*	0.250*	0.0	1.4272^{20}			
905	C₈H₁₆	1-甲基顺-2-乙基环戊烷	1-methyl-cis-2-ethylcyclopentane	112.22	−106	128	0.7852^{20}	585.70*	3.071*	430.7*	0.272*	0.3764*	0.0	1.4293^{20}			
906	C₈H₁₆	1-甲基反-2-乙基环戊烷	1-methyl-trans-2-ethylcyclopentane	112.22	−105.9	121.2	0.7649^{25}	575.76*	3.063*	430.7*	0.276*	0.3753*	0.0	1.4219^{20}			
907	C₈H₁₆	1-甲基顺-3-乙基环戊烷	1-methyl-cis-3-ethylcyclopentane	112.22		121	0.7724^{20}	575.61*	3.062*	430.7*	0.276*	0.3752*	0.0	1.4203^{20}			
908	C₈H₁₆	1-甲基反-3-乙基环戊烷	1-methyl-trans-3-ethylcyclopentane	112.22	−108	121	0.7619^{20}	575.61*	3.062*	430.7*	0.276*	0.3752*	0.0	1.4186^{20}			
909	C₈H₁₆	1,1,2-三甲基环戊烷	1,1,2-trimethylcyclopentane	112.22	−21.6	114	0.7660^{20}	594.77*	2.890	424.1*	0.248*	0.252	0.0	1.4199^{20}			
910	C₈H₁₆	1,1,3-三甲基环戊烷	1,1,3-trimethylcyclopentane	112.213	−142.4	104.9	0.7439^{25}	581.18*	2.879	424.1*	0.253*	0.211	0.0	1.4112^{20}			

续表

序号	化学式	中文名称	英文名称	相对分子质量	正常熔点/℃	正常沸点/℃	密度/(g/cm³)	临界温度/K	临界压力/MPa	临界体积/(cm³/mol)	临界压缩因子	偏心因子	偶极矩①/D	折射率	自燃温度/℃	闪点/℃	空气中爆炸极限
911	C₈H₁₆	1,顺-2,顺-3-三甲基环戊烷	1-cis-2-cis-3-trimethylcyclopentane	112.213	-116.4	123	0.7751^{25}	583.67*	2.946*	438.8*	0.266*	0.3202*		1.4262^{20}			
912	C₈H₁₆	1,顺-2,反-3-三甲基环戊烷	1-cis-2-trans-3-trimethylcyclopentane	112.22	-112	117.5	0.7661^{25}	575.57*	2.938*	438.8*	0.269*	0.3193*		1.4218^{20}			
913	C₈H₁₆	1,反-2,反-3-三甲基环戊烷	1trans-2-cis-3-trimethylcyclopentane	112.22	-112.7	110.4	0.7492^{25}	565.05*	2.929*	438.8*	0.274*	0.3181*		1.4138^{20}			
914	C₈H₁₆	1,顺-2,顺-4-三甲基环戊烷	1-cis-2-cis-4-trimethylcyclopentane	112.22	-132.3	116.8	0.758^{25}	574.41*	2.937*	438.8*	0.270*	0.277*		1.4186^{20}			
915	C₈H₁₆	1,顺-2,反-4-三甲基环戊烷	1-cis-2-trans-4-trimethylcyclopentane	112.22	-132.6	116.7	0.7592^{25}	574.37*	2.937*	438.8*	0.270*	0.246*	0.0	1.4186^{20}			
916	C₈H₁₆	1,反-2,顺-4-三甲基环戊烷	1-trans-2-cis-4-trimethylcyclopentane	112.213	-130.8	109.3	0.7430^{25}	563.41*	2.928*	438.8*	0.274*	0.3179*	0.0	1.4106^{20}			
917	C₈H₁₆O	环辛醇	cyclooctanol	128.212	25.1	99^{16}	0.9740^{20}	612.94	2.758*	494.5*	0.268*	0.5219*	2.66	1.4871^{20}			
918	C₈H₁₆O	2-乙基己醛	2-ethylhexanal	128.21	<-100	163	0.8540^{20}	621.1*	2.74*	500.5*	0.256	0.548*		1.4142^{20}	375	44	0.8%~72%
919	C₈H₁₆O	辛醛	1-octanal	128.21		171	0.8211^{20}	632.36*	2.793*	461.2*	0.245*	0.4769*	2.72	1.4217^{20}			
920	C₈H₁₆O	2-辛酮	2-octanone	128.21	-16	172.5	0.820^{20}	694.0	2.70	486.7*	0.228*	0.6303*		1.4151^{20}			
921	C₈H₁₆O₂	辛酸	octanoic acid	144.21	16.5	239	0.9073^{25}	692.35*	2.669*	480.1*	0.223*	0.6070*	1.23	1.4285^{20}		118	0.8%~6.0%
922	C₈H₁₆O₂	2-乙基己酸	2-ethyl hexanoic acid	144.21		228	0.9031^{25}	911.0	2.45					1.4241^{20}	377	43	
923	C₈H₁₆O₂	乙酸正己酯	hexyl acetate	144.21	-80.9	171.5	0.8779^{15}	616.18*	2.689*	499.7*	0.262*	0.5063*		1.4092^{20}			
924	C₈H₁₆O₂	丙酸正戊酯	pentyl propionate	144.21	-73.1	168.6	0.8761^{25}	611.0	2.45					1.4096^{15}			
925	C₈H₁₆O₂	丙酸异戊酯	isopentyl propionate	144.21		160.2	0.8697^{20}	602.0	2.46					1.4069^{20}			
926	C₈H₁₆O₂	丁酸丁酯	butyl butyrate	144.21	-91.5	166	0.8700^{20}	626.02*	2.695*	499.7*	0.259*	0.5073*		1.4075^{20}			
927	C₈H₁₆O₂	丁酸异丁酯	isobutyl butyrate	144.21		156.9	0.8364^{18}							1.4032^{20}			
928	C₈H₁₆O₂	异丁酸异丁酯	isobutyl isobutyrate	144.21	-80.7	148.6	0.8542^{20}							1.3999^{20}			
929	C₈H₁₆O₂	正庚酸甲酯	heptyl formate	144.212		178.1	0.8784^{25}			499.7*	0.259*			1.4140^{20}		50	
930	C₈H₁₈	正辛烷	octane	114.229	-56.8	125.6	0.6986^{25}	568.7	2.49	492.0	0.259	0.396	0.0	1.3974^{20}	206	12	0.8%~6.5%
931	C₈H₁₈	2-甲基庚烷	2-methylheptane	114.23	-109.02	117.66	0.6980^{25}	559.7	2.50	488	0.262	0.377		1.3949^{20}			
932	C₈H₁₈	3-甲基庚烷	3-methylheptane	114.23	-120.48	118.9	0.7017^{25}	563.6	2.55	464	0.253	0.372		1.3961^{25}			
933	C₈H₁₈	4-甲基庚烷	4-methylheptane	114.23	-121	117.72	0.7046^{20}	561.7	2.54	476.0	0.259	0.371		1.3979^{20}			
934	C₈H₁₈	2-甲基-3-乙基戊烷	2-methyl-3-ethylpentane	114.23	-114.9	115.66	0.7193^{20}	567.1	2.70	442.0	0.253	0.361		1.4040^{20}			
935	C₈H₁₈	3-甲基-3-乙基戊烷	3-methyl-3-ethylpentane	114.23	-90.9	118.27	0.7274^{20}	576.5	2.81	455.0	0.266	0.305		1.4078^{20}			
936	C₈H₁₈	2,2-二甲基己烷	2,2-dimethyl hexane	114.23	-121.1	106.86	0.6953^{20}	549.8	2.53	478.0	0.265	0.338	0.0	1.3935^{20}			
937	C₈H₁₈	2,3-二甲基己烷	2,3-dimethyl hexane	114.23		115.62	0.6912^{25}	563.5	2.63	468	0.263	0.347		1.4011^{20}			
938	C₈H₁₈	2,4-二甲基己烷	2,4-dimethyl hexane	114.23		109.5	0.6962^{25}	553.5	2.56	472.0	0.263	0.344		1.3929^{20}			
939	C₈H₁₈	2,5-二甲基己烷	2,5-dimethyl hexane	114.23	-91	109.12	0.6901^{25}	550.0	2.49	482	0.262	0.358		1.3925^{20}			
940	C₈H₁₈	3,3-二甲基己烷	3,3-dimethyl hexane	114.23	-126.1	111.97	0.7100^{20}	562.0	2.65	443.0	0.251	0.320	0.0	1.4001^{20}			
941	C₈H₁₈	3,4-二甲基己烷	3,4-dimethyl hexane	114.23		117.73	0.7151^{25}	568.8	2.69	466.0	0.265	0.338	0.0	1.4041^{20}		<21	1%~
942	C₈H₁₈	2,2,3-三甲基戊烷	2,2,3-trimethylpentane	114.23	-112.2	110	0.7161^{20}	563.5	2.73	436.0	0.254	0.297		1.4030^{20}	346		
943	C₈H₁₈	2,2,4-三甲基戊烷	2,2,4-trimethylpentane	114.23	-107.3	99.22	0.6878^{25}	543.8	2.57	468.0	0.267	0.303		1.3884^{25}	410	-12	1.0%~6.0%
944	C₈H₁₈	2,3,3-三甲基戊烷	2,3,3-trimethylpentane	114.23	-100.9	114.8	0.7262^{20}	573.5	2.82	455.0	0.269	0.290		1.4075^{20}			
945	C₈H₁₈	2,3,4-三甲基戊烷	2,3,4-trimethylpentane	114.229	-109.2	113.5	0.7191^{20}	566.4	2.73	460.0	0.267	0.316		1.4042^{20}			

续表

序号	化学式	中文名称	英文名称	相对分子质量	正常熔点/℃	正常沸点/℃	密度/(g/cm^3)	临界温度/K	临界压力/MPa	临界体积/(cm^3/mol)	临界压缩因子	偏心因子	偶极矩①/D	折射率	自燃温度/℃	闪点/℃	空气中爆炸极限
946	C_8H_{18}	2,2,3,3-四甲基丁烷	2,2,3,3-tetramethylbutane	114.221	100.7	106.45	0.8242^{20}	567.8	2.87	461.8	0.280	0.251	0.0	1.4695^{20}			
947	C_8H_{18}	3-乙基己烷	3-ethylhexane	114.229		118.6	0.7136^{20}	565.5	2.61	455	0.252	0.363	0.0	1.4018^{20}			
948	$C_8H_{18}O$	二丁醚	dl-n-butyl ether	130.228	−95.2	140.28	0.7684^{20}	584.0	2.30	501.5*	0.259*	0.467	1.2	1.3992^{20}	175	22	0.9%~8.5%
949	$C_8H_{18}O$	二仲丁醚	dl-sec-butyl ether	130.23		121.1	0.756^{25}	562.0	2.55	489.5*	0.266*	0.410*		1.393^{25}			
950	$C_8H_{18}O$	二特丁醚	dl-tert-butyl ether	130.23		107.23	0.7658^{20}	550.0	2.46	479.5*	0.268*	0.331		1.3949^{20}			
951	$C_8H_{18}O$	2-乙基-1-己醇	2-ethyl-1-hexanol	130.23	−70	184.6	0.8319^{25}	640.5	2.8	478.6*	0.252*	0.5582*	1.76	1.4300^{20}	287.8	73.3	0.9%~9.2%
952	$C_8H_{18}O$	1-辛醇	1-octanol	130.23	−14.8	195.16	0.8262^{25}	652.5	2.777	497.0	0.254	0.594	2.0	1.4295^{20}	272.7	81	
953	$C_8H_{18}O$	2-辛醇	2-octanol	130.228	−31.6	179.3	0.8193^{20}	629.6	2.754	519.0	0.273	0.506	106	1.4203^{20}		71	
954	$C_8H_{18}O_3$	二甘醇二乙基醚	diethylene glycol diethyl ether	162.227	−45	188	0.9063^{20}	612						1.4115^{20}	205	82	
955	$C_8H_{18}O_3$	二甘醇单丁醚	diethylene glycol monobutyl ether	162.227	−68	231	0.9553^{20}	692	2.79					1.4306^{20}		46 (O. C)	
956	$C_8H_{18}O_5$	四甘醇	tetraethylene glycol	198.23	−6.2	328	1.1285^{15}	823.73*	2.840*	519.9*	0.216*	0.6917*	3.25	1.4577^{20}			
957	$C_8H_{18}S$	辛硫醇	n-octyl mercaptan	146.294	−49.2	199.1	0.8433^{20}	665.0	2.50	537.5*	0.262*	0.462*	1.58	1.4540^{20}		52	
958	$C_8H_{18}S$	二丁硫	dibutyl sulfide	146.0	−79.7	185	0.8386^{20}	650.0	2.48	537.5*	0.260*	0.394*		1.4530^{20}			
959	$C_8H_{19}N$	二丁基胺	dl-n-butylamine	129.244	−62	159.6	0.7670^{20}	607.5	3.11	506.5*	0.291*	0.580	1.1	1.4177^{20}			
960	$C_8H_{19}N$	二异丁基胺	diisobutylamine	129.25	−73.5	139.6	0.7534^{20}	584.4	3.20			0.548*		1.4090^{20}			
961	$C_8H_{19}N$	辛胺	n-octylamine	129.244	0	179.6	0.7826^{20}	636.0	2.43	492.0	0.255			1.4292^{20}			
962	$C_8H_{20}Si$	四乙基硅烷	tetraethyl silane	144.33		154.7	0.7658^{20}	603.7	2.602		0.275			1.4268^{20}			
963	$C_8H_{24}O_2Si_3$	八甲基三硅氧烷	octamethyl trisiloxane	236.53	−80	153	0.8200^{20}	565.4	1.46	841.0	0.247			1.3840^{20}			
964	$C_8H_{24}O_4Si_4$	八甲基环四硅氧烷	octamethyl cyclotetrasiloxane	296.62	17.5	175.8	0.9561^{20}	586.5	1.32	910.0				1.3968^{20}			
965	C_8F_{20}	全氟正壬烷	perfluorononane	488.064		117.61	1.8001^{20}	524.2	1.560	800	0.286						
966	$C_9H_6N_2O_2$	甲苯2,4-二异氰酸酯	toluene-2,4-diisocyanate	174.156	20.5	251	1.2244^{20}	735.0	3.15	413.2*	0.260	0.2838*		1.6268^{20}		121	
967	C_9H_7N	喹啉	quinoline	129.159	−14.78	237.16	1.0977^{15}	782.0	4.083*	413.2*	0.253	0.2288*	2.20	1.6148^{20}	480	99	0.9%~9.5%
968	C_9H_7N	异喹啉	iso-quinoline	129.16	26.47	243.22	1.0910^{20}	803.0	4.090*		0.252	0.2647*	2.60	1.5768^{20}			1.0%~
969	C_9H_8	茚	indene	116.16	−1.5	182	0.9960^{25}	702.05*	4.101*	379.9*	0.267*	0.308	0.67	1.5378^{20}			
970	C_9H_{10}	2,3-二氢化茚	indane	118.175	−51.38	177.97	0.9639^{20}	684.9	3.95	387.4*	0.269*		0.53	1.5386^{20}			
971	C_9H_{10}	α-甲基苯乙烯	alpha-methylstyrene	118.175	−23.2	165.4	0.9106^{20}	654.0	3.40	413.5*	0.260*	0.331*		1.5437^{20}	445	54	0.9%~6.6%
972	C_9H_{10}	2-甲基苯乙烯	2-methylstyrene	118.18	−68.5	169.8	0.9077^{25}	662.7*	3.37	412.5*	0.252*	0.325*		1.5411^{20}			
973	C_9H_{10}	3-甲基苯乙烯	3-methylstyrene	118.18	−86.3	164	0.9076^{25}	658.2*	3.37	412.5*	0.254*	0.325*		1.5420^{20}	494	53	0.8%~11.0%
974	C_9H_{10}	4-甲基苯乙烯	4-methylstyrene	118.18	−34.1	172.8	0.9173^{25}	659.7*	3.37	412.5*	0.253*	0.325*		1.5420^{20}	494	53	0.8%~11.0%
975	C_9H_{10}	顺-1-丙烯基苯	cis-1-propenyl benzene	118.175	−61.6	167.5	0.9088^{20}	664.6*	3.46*	411.5*	0.258*	0.316*					
976	C_9H_{10}	反-1-丙烯基苯	trans-1-propenyl benzene	118.175	−29.3	178.3	0.9023^{25}	664.6*	3.46	411.5*	0.258*	0.316*		1.5506^{20}			
977	$C_9H_{10}O_2$	乙酸苄酯	benzyl acetate	150.174	−51.3	213	1.0550^{20}	709.36*	3.274	457.6*	0.254*	0.4532*		1.5232^{20}	460	102	
978	$C_9H_{10}O_2$	苯甲酸乙酯	ethyl benzoate	150.10	−34	212	1.0415^{20}	706.15*	3.475*	459.5*	0.272*	0.4498*	1.90	1.5007^{20}	490	88	
979	C_9H_{12}	正丙苯	n-propyl benzene	120.19	−99.6	159.24	0.8593^{25}	638.35	3.200	440	0.265	0.346		1.4895^{25}	450	30	0.8%~6.0%
980	C_9H_{12}	异丙苯	isopropylbenzene	120.19	−96.02	152.41	0.8640^{25}	631.0	3.209	434.7	0.263	0.338		1.4915^{20}	420	31	0.8%~6.0%

续表

序号	化学式	中文名称	英文名称	相对分子质量	正常熔点/℃	正常沸点/℃	密度/(g/cm³)	临界温度/K	临界压力/MPa	临界体积/(cm³/mol)	临界压缩因子	偏心因子	偶极矩①/D	折射率	自燃温度/℃	闪点/℃	空气中爆炸极限
981	C_9H_{12}	邻乙基甲苯	o-ethyltoluene	120.191	−79.83	165.2	0.8807^{20}	651.0	3.04	460.0	0.260	0.294	0.56	1.5046^{20}			
982	C_9H_{12}	间乙基甲苯	m-ethyltoluene	120.19	−95.6	161.3	0.8645^{20}	637.0	2.84	490.0	0.260	0.360	0.33	1.4966^{20}			
983	C_9H_{12}	对乙基甲苯	p-ethyltoluene	120.19	−62.35	162	0.8614^{20}	640.2	3.23	470.0	0.260	0.322	0.0	1.4959^{20}			
984	C_9H_{12}	1,3,5-三甲苯	1,3,5-trimethylbenzene	120.19	−44.72	164.74	0.8615^{25}	637.3	3.127	430.0	0.262	0.399	0.1	1.4994^{20}	531	44	
985	C_9H_{12}	1,2,3-三甲苯	1,2,3-trimethylbenzene	120.19	−25.4	176.12	0.8944^{20}	664.5	3.454	435.0	0.260	0.366		1.5139^{20}	470	48	
986	C_9H_{12}	1,2,4-三甲苯	1,2,4-trimethylbenzene	120.191	−43.77	169.38	0.8758^{20}	649.1	3.232	435.0	0.256	0.379		1.5048^{20}	485	44	0.9%~7.0%
987	$C_9H_{12}O$	苄乙醚	benzyl ethyl ether	136.19		186	0.9478^{20}							1.4955^{20}			
988	$C_9H_{12}O$	2-异丙基苯酚	2-isopropylphenol	136.19	15.5	213.5	1.012^{20}	700.20*	3.526	406.2*	0.246*	0.4803*		1.5315^{20}			
989	$C_9H_{12}O$	3-异丙基苯酚	3-isopropylphenol	136.19	26	228	1.080^{30}	721.06*	3.543	406.2*	0.240*	0.5056*		1.5261^{20}			
990	$C_9H_{12}O$	4-异丙基苯酚	4-isopropylphenol	136.19	62.3	230	0.990^{20}	721.46*	3.543	406.2*	0.240*	0.4953*		1.5228^{20}			
991	$C_9H_{13}N$	N,N-二甲基-邻甲苯胺	N,N-dimethyl-o-toluidine	135.206	−60	194.1	0.9286^{20}	668.0	3.12	446.0	0.252*	0.484	0.9	1.5152^{20}			
992	$C_9H_{13}N$	N,N-二甲基-对甲苯胺	N,N-dimethyl-p-toluidine	135.21		211	0.9366^{20}	695.0	3.75			0.536		1.5366^{20}			
993	$C_9H_{14}O_6$	甘油三乙酸酯	glyceryl triacetate	218.203	−78	259	1.1583^{20}	728.07*	2.575*	591.6*	0.252*	0.6387*		1.4301^{20}	433	138	1.0%~
994	C_9H_{16}	1-壬炔	1-nonyne	124.223	−50	150.8	0.7658^{20}	627.11*	2.763*	479.1*	0.254*	0.2785*		1.4217^{20}			
995	C_9H_{18}	1-壬烯	1-nonene	126.239	−81.3	146.9	0.7253^{25}	594.0	2.34	526.0	0.280	0.430		1.4257^{20}		26.8	0.8%~
996	C_9H_{18}	环壬烷	cyclononane	126.24	11	178.4	0.8463^{25}	682	3.34	446.0	0.255*	0.2590*		1.4666^{20}			
997	C_9H_{18}	正丙基环己烷	n-propylcyclohexane	126.24	−94.9	156	0.7936^{20}	639.0	2.80	472.5	0.256*	0.258		1.4370^{20}			
998	C_9H_{18}	异丙基环己烷	isopropylcyclohexane	126.24	−89.4	154.8	0.8023^{20}	624.94*	2.947	463.7*	0.263*	0.237*	0.0	1.4410^{20}			
999	C_9H_{18}	正丁基环戊烷	butylcyclopentane	126.24	−108	156.6	0.7846^{20}	625.1*	2.76*	480.5*	0.256*	0.354*	0.0	1.4316^{20}			
1000	C_9H_{18}	1-顺-3-顺-5-三甲基环己烷	1-cis-3-cis-5-trimethylcyclohexane	126.24	−49.7	138.5		607.9*	2.65*	470.5*	0.247*	0.274*		1.4307^{20}			
1001	C_9H_{18}	1-顺-3-反-5-三甲基环己烷	1-cis-3-trans-5-trimethylcyclohexane	126.239	−107.4	140.5	0.7794^{20}	602.2	2.65*	470.5*	0.245*	0.333*		1.4210^{20}			
1002	$C_9H_{18}O$	2-壬酮	2-nonanone	142.238	−7.5	195.3	0.8208^{20}	655.07*	2.600*	513.7*	0.245*	0.5108*		1.4195^{20}			
1003	$C_9H_{18}O$	5-壬酮	5-nonanone	142.24	−3.8	188.45	0.8217^{20}	640.0	2.595	513.7*	0.251*	0.5705*		1.4273^{20}			
1004	$C_9H_{18}O$	1-壬醛	1-nonanal	142.24	−19.3	191	0.8264^{22}	640.0	2.48*	556.5*	0.262*	0.540*	2.69	1.4122^{21}			
1005	$C_9H_{18}O$	2,6-二甲基-4-庚酮	2,6-dimethyl-4-heptanone	142.238	−41.5	169.4	0.8062^{20}	624.78*	2.568*	500.5*	0.247*	0.4475*	2.66	1.4343^{19}			
1006	$C_9H_{18}O_2$	壬酸	n-nonanoic acid	158.238	12.4	254.5	0.9052^{20}	711.0	2.40	552.2*	0.258*	0.5365*		1.4123^{20}	405	14	
1007	$C_9H_{18}O_2$	丁酸戊酯	pentyl butyrate	158.24	−73.2	186.4	0.8713^{15}	632.0	2.30	555.0	0.257	0.438		1.4170^{20}			
1008	$C_9H_{18}O_2$	正辛酸甲酯	methyl caprylate	158.238	−40	192.9	0.8775^{20}	648.38*	2.519*	533.5*	0.254*	0.422		1.4058^{20}		31.1	
1009	C_9H_{20}	正壬烷	n-nonane	128.255	−53.46	150.82	0.7192^{20}	594.6	2.29	529.0	0.252	0.413*		1.4031^{20}	206.1		0.8%~2.9%
1010	C_9H_{20}	2-甲基辛烷	2-methyloctane	128.26	−80.3	143.2	0.7095^{25}	587.0	2.31	533.5*	0.254*	0.416*		1.4040^{25}			
1011	C_9H_{20}	3-甲基辛烷	3-methyloctane	128.26	−107.6	144.2	0.717^{25}	590.0	2.34	528.5*	0.254*	0.385*		1.4039^{25}			
1012	C_9H_{20}	4-甲基辛烷	4-methyloctane	128.26	−113.3	142.4	0.716^{25}	586.7*	2.33*	515.0	0.257*	0.385*		1.4016^{20}			
1013	C_9H_{20}	2,2-二甲基庚烷	2,2-dimethyl heptane	128.26	−113	132.7	0.7105^{20}	576.7	2.35	517.0	0.252	0.390		1.4088^{20}			
1014	C_9H_{20}	2,3-二甲基庚烷	2,3-dimethyl heptane	128.26	−116	140.5	0.7260^{20}	589.7	2.40		0.252			1.4034^{20}			
1015	C_9H_{20}	2,4-二甲基庚烷	2,4-dimethyl heptane	128.255		132.9	0.7115^{25}	576.8	2.34								

续表

序号	化学式	中文名称	英文名称	相对分子质量	正常熔点/℃	正常沸点/℃	密度/(g/cm³)	临界温度/K	临界压力/MPa	临界体积/(cm³/mol)	临界压缩因子	偏心因子	偶极矩①/D	折射率	自燃温度/℃	闪点/℃	空气中爆炸极限
1016	C_9H_{20}	2,5-二甲基庚烷	2,5-dimethyl heptane	128.255		136	0.7198^{20}	581.1	2.35	522.0	0.254	0.393*		1.4033^{20}			
1017	C_9H_{20}	2,6-二甲基庚烷	2,6-dimethyl heptane	128.26	-102.9	135.2	0.7089^{20}	577.9	2.30	535.0	0.256	0.400*		1.4011^{20}			
1018	C_9H_{20}	3,3-二甲基庚烷	3,3-dimethyl heptane	128.26		137.3	0.7254^{20}	588.4	2.43	506.0	0.252	0.379*		1.4087^{20}			
1019	C_9H_{20}	3,4-二甲基庚烷	3,4-dimethyl heptane	128.26		140.6	0.7314^{20}	591.9	2.46	503.0	0.252	0.379*		1.4108^{20}			
1020	C_9H_{20}	3,5-二甲基庚烷	3,5-dimethyl heptane	128.26	-120	136	0.7225^{20}	583.2	2.40	510.0	0.253	0.385*		1.4083^{20}			
1021	C_9H_{20}	4,4-二甲基庚烷	4,4-dimethyl heptane	128.26		135.2	0.7221^{20}	585.4	2.43	501.0	0.250	0.364*		1.4076^{20}			
1022	C_9H_{20}	2,2-二甲基-3-乙基戊烷	2,2-dimethyl-3-ethylpentane	128.26	-99.3	133.8	0.7438^{20}	590.4	2.55	486.0	0.253	0.333*		1.4123^{20}			
1023	C_9H_{20}	2,4-二甲基-3-乙基戊烷	2,4-dimethyl-3-ethylpentane	128.26	-122.4	136.7	0.7365^{20}	591.2	2.52	489.0	0.251	0.352*		1.4131^{20}			
1024	C_9H_{20}	2,2,3-三甲基己烷	2,2,3-trimethyl hexane	128.26		133.6	0.7257^{25}	588.0	2.49	498.9	0.254	0.332	0.0	1.4106^{20}			
1025	C_9H_{20}	2,2,4-三甲基己烷	2,2,4-trimethyl hexane	128.26	-120	126.5	0.711^{20}	573.5	2.38	506.6	0.253	0.321	0.0	1.4033^{20}			
1026	C_9H_{20}	2,2,5-三甲基己烷	2,2,5-trimethyl hexane	128.26	-105.7	124.09	0.7072^{20}	568.0	2.33	519.0	0.256	0.357		1.3997^{20}			
1027	C_9H_{20}	2,3,3-三甲基己烷	2,3,3-trimethyl hexane	128.26	-116.8	137.7	0.7345^{25}	596.0	2.55	491.0	0.253	0.333*		1.4141^{20}			
1028	C_9H_{20}	2,3,4-三甲基己烷	2,3,4-trimethyl hexane	128.26	-156.4	139.1	0.7354^{25}	594.5	2.52	494.0	0.252	0.353*		1.4144^{20}			
1029	C_9H_{20}	2,3,5-三甲基己烷	2,3,5-trimethyl hexane	128.26	-127.9	131.4	0.7218^{20}	579.2	2.40	500.0	0.254	0.364*		1.4051^{20}			
1030	C_9H_{20}	2,4,4-三甲基己烷	2,4,4-trimethyl hexane	128.26	-113.4	130.7	0.7201^{25}	581.5	2.43	500.0	0.251	0.344*		1.4074^{20}			
1031	C_9H_{20}	3,3,4-三甲基己烷	3,3,4-trimethyl hexane	128.26	-101.2	140.5	0.7414^{25}	602.3	2.62	484.0	0.254	0.328*		1.4178^{20}			
1032	C_9H_{20}	2,2,3,3-四甲基戊烷	2,2,3,3-tetramethyl pentane	128.26	-9.75	140.2	0.7530^{25}	607.5	2.74	517.5*	0.246*	0.280	0.0	1.4236^{20}			
1033	C_9H_{20}	2,2,3,4-四甲基戊烷	2,2,3,4-tetramethyl pentane	128.26	-121.0	133.0	0.7389^{20}	592.6	2.60	516.5*	0.251*	0.311	0.0	1.4147^{20}			
1034	C_9H_{20}	2,2,4,4-四甲基戊烷	2,2,4,4-tetramethyl pentane	128.26	-66.54	122.29	0.7195^{20}	574.6	2.49	517.5*	0.257*	0.316	0.0	1.4069^{20}			
1035	C_9H_{20}	2,3,3,4-四甲基戊烷	2,3,3,4-tetramethyl pentane	128.26	-102.1	141.5	0.7547^{20}	607.5	2.72	516.5*	0.246*	0.313	0.0	1.4222^{20}			
1036	C_9H_{20}	3-乙基庚烷	3-ethyl heptane	128.26	-114.9	143	0.7225^{25}	587.5*	2.33*	533.5*	0.254*	0.416*		1.4093^{20}			
1037	C_9H_{20}	4-乙基庚烷	4-ethyl heptane	128.26	-113.2	141.2	0.7241^{25}	585.0	2.33*	533.5*	0.255*	0.416*		1.4096^{20}			
1038	C_9H_{20}	3-乙基-2-甲基己烷	3-ethyl-2-methyl hexane	128.26		138	0.7310^{20}	588.1	2.45	497.0	0.249	0.378*		1.4160^{20}			
1039	C_9H_{20}	4-乙基-2-甲基己烷	4-ethyl-2-methyl hexane	128.26		133.8	0.7195^{25}	580.0	2.40	504.0	0.251	0.386*		1.4063^{20}			
1040	C_9H_{20}	3-乙基-3-甲基己烷	3-ethyl-3-methyl hexane	128.26		140.6	0.7371^{25}	597.5	2.55	487.0	0.250	0.352*		1.4140^{20}			
1041	C_9H_{20}	3-乙基-4-甲基己烷	3-ethyl-4-methyl hexane	128.255		140	0.7420^{20}	593.7	2.51	490.0	0.249	0.372*		1.4134^{20}			
1042	C_9H_{20}	3-乙基-2,3-二甲基戊烷	3-ethyl-2,3-dimethyl pentane	128.26	-99.5	144.7	0.7508^{25}	606.8	2.69	477.0	0.254	0.349*		1.4221^{20}			
1043	C_9H_{20}	3,3-二乙基戊烷	3,3-diethyl pentane	128.255	-33.1	146.3	0.7536^{20}	610.0	2.67	528.5*	0.249*	0.338	0.0	1.4206^{20}			
1044	$C_9H_{20}O$	1-壬醇	1-nonanol	144.26	-5	213.37	0.8280^{20}	670.7	2.528	572.0	0.260	0.594	1.7	1.4333^{20}		74	0.8%~6.1%
1045	$C_9H_{20}O$	2-壬醇	2-nonanol	144.26	-35	193.5	0.8471^{20}	649.5	2.53	575.0	0.269	0.890		1.4353^{20}			
1046	$C_9H_{20}S$	壬硫醇	n-nonyl mercaptan	160.32	-20.1	220	0.842^{25}	686.4*	2.46*	593.5*	0.255*	0.512*		1.4548^{20}			
1047	$C_9H_{21}N$	壬胺	n-nonylamine	143.27	-1	202.2	0.7886^{20}	658.0	2.28					1.4336^{20}	188		
1048	$C_9H_{21}N$	三丙胺	tripropylamine	143.27	-93.5	156	0.7558^{20}	603.34*	2.399*	569.3*	0.272*	0.4619*	0.58	1.4181^{20}		40	0.7%~5.6%
1049	$C_{10}F_8$	全氟萘	perfluoronaphthalene	272.094	87.5	209	1.9305^{25}	673.1	2.05								
1050	$C_{10}F_{18}$	全氟萘烷	perfluorodecalin	462.078	-10	142.02		566.0	1.52			0.392					

续表

序号	化学式	中文名称	英文名称	相对分子质量	正常熔点/℃	正常沸点/℃	密度/(g/cm³)	临界温度/K	临界压力/MPa	临界体积/(cm³/mol)	临界压缩因子	偏心因子	偶极矩①/D	折射率	自燃温度/℃	闪点/℃	空气中爆炸极限
1051	$C_{10}F_{22}$	全氟癸烷	perfluorodecane	538.072		144.2		542.04	1.448	892	0.286						
1052	$C_{10}H_8$	萘	naphthalene	128.171	80.26	217.9	1.0253^{20}	748.4	4.05	407.0	0.265	0.302	0.0	1.5898^{25}	526	78.9	0.9%～5.9%
1053	$C_{10}H_8$	薁	azulene	128.17	99	270dec		773.5*	3.90*	409.5*	0.248*	0.355*					
1054	$C_{10}H_8O$	β-萘酚	2-naphthol	144.17	121.5	285	1.28^{20}	845.76*	4.288*	403.3*	0.246*	0.4166*	1.54				
1055	$C_{10}H_9N$	1-萘胺	1-naphthylamine	143.185	49.2	300.7	1.0228^{20}	850.0	5.0	438.0				1.6140^{20}			
1056	$C_{10}H_9N$	2-萘胺	2-naphthylamine	143.185	113	306.2	1.6414^{98}	850.0	4.9	438.0				1.6493^{98}			
1057	$C_{10}H_9N$	2-甲基喹啉	2-methyl quinoline	143.19	-0.8	246.5	1.0625	797.0	4.65					1.6116^{20}			
1058	$C_{10}H_9N$	4-甲基喹啉	4-methyl quinoline	143.19	9.5	262	1.083^{20}	797.0	3.70					1.6200^{20}			
1059	$C_{10}H_9N$	6-甲基喹啉	6-methyl quinoline	143.19	-22	258.6	1.0654^{20}	791.0	5.00					1.6157^{20}			
1060	$C_{10}H_9N$	8-甲基喹啉	8-methyl quinoline	143.185	-80	247.5	1.0719^{20}							1.6164^{20}			
1061	$C_{10}H_{10}O_4$	邻苯二甲酸二甲酯	dimethyl phthalate	194.184	5.5	283.7	1.1905^{20}	772	2.77	531.6*	0.265*	0.6140*	2.8	1.5138^{20}	490	146	0.9%～
1062	$C_{10}H_{10}O_4$	间苯二甲酸二甲酯	dimethyl isophthalate	194.19	67.5	282	1.194^{20}	777.46*	3.219*	531.6*	0.265*	0.6145*		1.5168^{20}			
1063	$C_{10}H_{10}O_4$	对苯二甲酸二甲酯	dimethyl terephthalate	194.19	141	288	1.075^{141}	772.0	2.780	529.0	0.229	0.6371			570	156(O.C)	
1064	$C_{10}H_{12}$	四氢化萘	1,2,3,4-tetrahydronaphthalene	132.202	-35.7	207.6	0.9645^{25}	720.0	3.65	408.0	0.249	0.328	0.4	1.5413^{20}	425	77	0.8%～5.0%
1065	$C_{10}H_{14}$	正丁苯	n-butyl benzene	134.218	-87.85	183.31	0.8601^{20}	660.5	2.89	497.0	0.262	0.392	0.4	1.4898^{20}			
1066	$C_{10}H_{14}$	仲丁苯	sec-butyl benzene	134.22	-82.7	173.3	0.8621^{20}	652.5	3.025	490.0	0.255	0.274	0.4	1.4902^{20}			
1067	$C_{10}H_{14}$	叔丁苯	tert-butyl benzene	134.22	-57.8	169.1	0.8665^{20}	647.5	2.90	485	0.261	0.266	0.5	1.4927^{20}			
1068	$C_{10}H_{14}$	异丁苯	isobutyl benzene	134.22	-51.4	172.79	0.8532^{20}	650.0	3.05	480.0	0.28	0.381	0.3	1.4866^{20}			
1069	$C_{10}H_{14}$	邻异丙基甲苯	o-cymene	134.22	-71.5	178.1	0.8766^{20}	652.54*	2.822*	495.7*	0.258*	0.277*		1.5006^{20}			
1070	$C_{10}H_{14}$	间异丙基甲苯	m-cymene	134.22	-63.7	175.1	0.8610^{20}	648.05*	2.819*	495.7*	0.259*	0.279*		1.4930^{20}			
1071	$C_{10}H_{14}$	对异丙基甲苯	p-cymene	134.22	-67.94	177.1	0.8573^{20}	651.02*	2.821*	495.7*	0.258*	0.373*	0.0	1.4909^{20}	435	47	0.7%～5.6%
1072	$C_{10}H_{14}$	1,2-二乙苯	o-diethyl benzene	134.22	-31.2	184	0.8800^{20}	669.6	2.99	487.5	0.256*	0.354*	0.59	1.5035^{20}	395	57	
1073	$C_{10}H_{14}$	1,3-二乙苯	m-diethyl benzene	134.22	-83.9	181.1	0.8602^{20}	663.6	2.93	487.5	0.257*	0.359*	0.36	1.4955^{20}	450	56	0.8%～
1074	$C_{10}H_{14}$	1,4-二乙苯	p-diethyl benzene	134.22	-42.83	183.7	0.8620^{20}	657.9	2.803	480.5	0.250	0.404	0.4	1.4967^{20}	430	56	
1075	$C_{10}H_{14}$	1,2-二甲基-3-乙基苯	1,2-dimethyl-3-ethylbenzene	134.22	-49.5	194	0.8881^{20}	670.67*	2.859*	477.5*	0.245*	0.4253*		1.5117^{20}			
1076	$C_{10}H_{14}$	1,2-二甲基-4-乙基苯	1,2-dimethyl-4-ethylbenzene	134.22	-66.9	189.5	0.8706^{25}	664.3*	2.855*	477.5*	0.247*	0.4247*		1.5031^{20}			
1077	$C_{10}H_{14}$	1,3-二甲基-2-乙基苯	1,3-dimethyl-2-ethylbenzene	134.22	-16.2	190	0.8864^{25}	665.07*	2.855*	477.5*	0.247*	0.4247*		1.5107^{20}			
1078	$C_{10}H_{14}$	1,3-二甲基-4-乙基苯	1,3-dimethyl-4-ethylbenzene	134.22	-62.9	188.4	0.8763^{20}	662.47*	2.854*	477.5*	0.247*	0.4245*		1.5038^{20}			
1079	$C_{10}H_{14}$	1,3-二甲基-5-乙基苯	1,3-dimethyl-5-ethylbenzene	134.22	-84.3	183.6	0.8608^{25}	655.84*	2.849*	477.5*	0.250*	0.4238*		1.4980^{20}			
1080	$C_{10}H_{14}$	1,4-二甲基-2-乙基苯	1,4-dimethyl-2-ethylbenzene	134.22	-53.7	186.9	0.8732^{25}	660.51*	2.852*	477.5*	0.248*	0.4242*	0.0	1.5043^{20}			
1081	$C_{10}H_{14}$	1-甲基-2-丙基苯	1-methyl-2-propylbenzene	134.22	-60.3	185	0.8697^{25}	661.50	2.893*	482.3*	0.254*	0.4029*		1.4996^{20}	436.1	47	0.7%～5.6%
1082	$C_{10}H_{14}$	1-甲基-3-丙基苯	1-methyl-3-propylbenzene	134.22	-82.5	182	0.8569^{25}	657.22*	2.890*	482.3*	0.255*	0.4025*		1.4935^{20}			
1083	$C_{10}H_{14}$	1-甲基-4-丙基苯	1-methyl-4-propylbenzene	134.22	-63.6	183.4	0.8544^{25}	659.26*	2.892*	482.3*	0.254*	0.4027*		1.4922^{20}			
1084	$C_{10}H_{14}$	1,2,3,4-四甲基苯	1,2,3,4-tetramethylbenzene	134.22	-6.2	205	0.9052^{20}	695.1	2.84	487.5*	0.237*	0.368*		1.5203^{20}			
1085	$C_{10}H_{14}$	1,2,3,5-四甲基苯	1,2,3,5-tetramethylbenzene	134.218	-23.7	198	0.8903^{20}	679.0	2.87	487.5*	0.241*	0.412*		1.5130^{20}			

续表

序号	化学式	中文名称	英文名称	相对分子质量	正常熔点/℃	正常沸点/℃	密度/(g/cm³)	临界温度/K	临界压力/MPa	临界体积/(cm³/mol)	临界压缩因子	偏心因子	偶极矩①/D	折射率	自燃温度/℃	闪点/℃	空气中爆炸极限
1086	$C_{10}H_{14}$	1,2,4,5-四甲基苯	1,2,4,5-tetramethylbenzene	134.218	79.3	196.8	0.8380^{81}	676	2.9	487.5*	0.241*	0.435		1.4790^{81}			
1087	$C_{10}H_{14}O$	4-正丁基苯酚	4-butylphenol	150.217	22	248	0.976^{22}	738.05*	3.199*	466.9*	0.243*	0.5486*		1.5165^{25}			
1088	$C_{10}H_{14}O$	4-仲丁基苯酚	4-sec-butylphenol	150.22	61.5	241	0.986^{20}	730.83*	3.201*	458.7*	0.242*	0.5388*		1.5182^{21}			
1089	$C_{10}H_{14}O$	4-特丁基苯酚	4-tert-butylphenol	150.22	98	237	0.908^{80}	739.75*	3.402*	459.3*	0.254*	0.4761*	1.68	1.4787^{114}		97	
1090	$C_{10}H_{14}O$	4-异丁基苯酚	4-isobutylphenol	150.217	51.5	237	0.9778^{20}	726.72*	3.182*	460.7*	0.243*	0.5121*		1.5319^{25}			
1091	$C_{10}H_{15}N$	N-丁基苯胺	N-butylaniline	149.233	-14.4	243.5	0.9323^{20}	721.0	2.83	477.5*	0.250*	0.252*		1.5341^{20}	332	88	
1092	$C_{10}H_{15}N$	N,N-二乙基苯胺	N,N-diethylaniline	149.233	-38.8	216.3	0.9307^{20}	695.0	3.20	477.5*	0.254*	0.319		1.5409^{20}	237	45	0.7%~6.1%
1093	$C_{10}H_{16}$	1,8-萜二烯	D-limonene	136.234	-74.0	178	0.8411^{20}	653.0	3.20					1.4730^{20}	466	66	0.6%~3.5%
1094	$C_{10}H_{16}O$	樟脑	camphor	152.233	178.8	207.4	0.990^{25}							1.5462	255	54	0.7%~5.4%
1095	$C_{10}H_{18}$	顺十氢萘	cis-decahydronaphthalene	138.25		195.8	0.8965^{25}	703.6	3.20	557.5*	0.257*	0.294	0.0	1.4810^{20}			
1096	$C_{10}H_{18}$	反十氢萘	trans-decahydronaphthalene	138.25	-30.4	187.3	0.8595^{25}	687	2.08	584.0	0.253	0.270*	0.0	1.4695^{20}			
1097	$C_{10}H_{18}$	癸炔	1-decyne	138.25	-44	174	0.7655^{80}	632.5	2.43*	528.5*	0.255*	0.426*		1.4265^{20}			
1098	$C_{10}H_{20}$	癸烯	1-decene	140.266	-66.3	170.5	0.7408^{30}	617.0	2.22	516.2*	0.261*	0.465		1.4215^{20}			
1099	$C_{10}H_{20}$	正丁基环己烷	n-butylcyclohexane	140.27	-74.73	180	0.7902^{30}	653.1	2.56	512.9	0.262	0.362		1.4408^{20}			
1100	$C_{10}H_{20}$	仲丁基环己烷	sec-butylcyclohexane	140.27		179.3	0.8131^{20}	669.0	2.67	516.2*	0.265*	0.264		1.4467^{20}			
1101	$C_{10}H_{20}$	特丁基环己烷	tert-butylcyclohexane	140.27	-41.2	171.5	0.8127^{20}	652.0	2.66	492.3*	0.254*	0.252	0.0	1.4469^{20}			
1102	$C_{10}H_{20}$	异丁基环己烷	isobutylcyclohexane	140.27	-95	171.3	0.7952^{30}	659.0	3.12	529.1*	0.264*	0.319		1.4386^{20}			
1103	$C_{10}H_{20}$	环癸烷	cyclodecane	140.27	-10	202	0.8538^{25}	708.82*	3.043*		0.278	0.2814*		1.4716^{20}			
1104	$C_{10}H_{20}$	正戊基环戊烷	n-pentylcyclopentane	140.266	-83	180	0.7912^{20}	643.48*	2.674*			0.4582*		1.4356^{20}			
1105	$C_{10}H_{20}O$	癸醛	1-decanal	156.265	-4.0	208.5	0.830^{15}	674	2.60	599		0.634		1.4287^{20}			
1106	$C_{10}H_{20}O_2$	癸酸	n-decanoic acid	172.265	31.4	268.7	0.8858^{40}	722.0	2.10	638				1.4288^{40}			
1107	$C_{10}H_{20}O_2$	壬酸甲酯	methyl pelarganate	172.265		213	0.8799^{15}	671.18*	2.372*	604.8*		0.5522*		1.4214^{20}			
1108	$C_{10}H_{20}O_2$	乙酸辛酯	octyl acetate	172.265	-38.5	210	0.8705^{20}	659.0	2.11		0.257*			1.4150^{20}	205	46	0.6%~5.5%
1109	$C_{10}H_{22}$	癸烷	n-decane	142.282	-29.6	174.15	0.7266^{25}	617.7	2.10	624	0.256	0.484	0.0	1.4090^{25}			
1110	$C_{10}H_{22}$	2-甲基壬烷	2-methylnonane	142.282	-74.6	167.1	0.7281^{20}	610.3	2.14	596.0	0.246	0.459*		1.4099^{20}			
1111	$C_{10}H_{22}$	3-甲基壬烷	3-methylnonane	142.282	-84.6	167.9	0.7354^{20}	613.4	2.14	582.0	0.244	0.451		1.4125^{20}			
1112	$C_{10}H_{22}$	4-甲基壬烷	4-methylnonane	142.282	-99	165.7	0.7323^{20}	610.5	2.14	575.0	0.242	0.451*		1.4123^{20}			
1113	$C_{10}H_{22}$	5-甲基壬烷	5-methylnonane	142.282	-87.7	165.1	0.7326^{20}	609.6	2.14	573.0	0.242	0.452*		1.4116^{20}			
1114	$C_{10}H_{22}$	2,2-二甲基辛烷	2,2-dimethyloctane	142.282		155	0.7208^{20}	602.0	2.13	580.0	0.247	0.417		1.4082^{20}			
1115	$C_{10}H_{22}$	2,3-二甲基辛烷	2,3-dimethyloctane	142.28		164.3	0.7377^{20}	613.2	2.19	567.0	0.243	0.424*		1.4146^{20}			
1116	$C_{10}H_{22}$	2,4-二甲基辛烷	2,4-dimethyloctane	142.28		156	0.7226^{25}	599.4	2.14	566.0	0.243	0.430*		1.4091^{20}			
1117	$C_{10}H_{22}$	2,5-二甲基辛烷	2,5-dimethyloctane	142.28		158.5	0.7264^{25}	603.0	2.15	569.0	0.244	0.432		1.4112^{20}			
1118	$C_{10}H_{22}$	2,6-二甲基辛烷	2,6-dimethyloctane	142.28		160.4	0.7313^{30}	603.1	2.15	576.0	0.247	0.453*		1.4097^{20}			
1119	$C_{10}H_{22}$	2,7-二甲基辛烷	2,7-dimethyloctane	142.28	-54.9	159.9	0.7202^{25}	602.9	2.10	590.0	0.247	0.438*		1.4086^{20}			
1120	$C_{10}H_{22}$	3,3-二甲基辛烷	3,3-dimethyloctane	142.282		161.2	0.7202^{25}	612.1	2.22	557.0	0.243	0.404					

续表

序号	化学式	中文名称	英文名称	相对分子质量	正常熔点/℃	正常沸点/℃	密度/(g/cm³)	临界温度/K	临界压力/MPa	临界体积/(cm³/mol)	临界压缩因子	偏心因子	偶极矩①/D	折射率	自燃温度/℃	闪点/℃	空气中爆炸极限
1121	$C_{10}H_{22}$	3,4-二甲基辛烷	3,4-dimethyloctane	142.282		163.4	0.7410²⁵	614.0	2.24	551.0	0.242	0.417*		1.4182²⁰			
1122	$C_{10}H_{22}$	3,5-二甲基辛烷	3,5-dimethyloctane	142.28		159.4	0.7329²⁵	606.3	2.19	555.0	0.241	0.424*		1.4139²⁰			
1123	$C_{10}H_{22}$	3,6-二甲基辛烷	3,6-dimethyloctane	142.28		160.8	0.7324²⁵	608.3	2.19	562.0	0.243	0.424*		1.4139²⁰			
1124	$C_{10}H_{22}$	4,4-二甲基辛烷	4,4-dimethyloctane	142.28		157.5	0.7312²⁵	606.9	2.21	548.0	0.240	0.402*		1.4144²⁰			
1125	$C_{10}H_{22}$	4,5-二甲基辛烷	4,5-dimethyloctane	142.28		162.1	0.7432²⁵	612.2	2.24	546.0	0.240	0.418*		1.4190²⁰			
1126	$C_{10}H_{22}$	3-乙基辛烷	3-ethyloctane	142.28		166.5	0.7359²⁵	613.6	2.19	561.0	0.241	0.446*		1.4156²⁰			
1127	$C_{10}H_{22}$	4-乙基辛烷	4-ethyloctane	142.28		163.7	0.7343²⁵	609.6	2.18	552.0	0.237	0.443*		1.4151²⁰			
1128	$C_{10}H_{22}$	4-丙基庚烷	4-propylheptane	142.28		157.5	0.7321²⁵	601.0	2.18	545.0	0.238	0.444*		1.4135²⁰			
1129	$C_{10}H_{22}$	4-异丙基庚烷	4-isopropylheptane	142.28		158.9	0.7354²⁵	607.6	2.23	537.0	0.237	0.416*		1.4153²⁰			
1130	$C_{10}H_{22}$	3-乙基-2-甲基庚烷	3-ethyl-2-methylheptane	142.28		163	0.7398²⁵	610.9	2.23	544.0	0.239	0.415*		1.4174²⁰			
1131	$C_{10}H_{22}$	4-乙基-2-甲基庚烷	4-ethyl-2-methylheptane	142.28		158	0.7322²⁵	601.8	2.19	545.0	0.238	0.424*		1.4137²⁰			
1132	$C_{10}H_{22}$	5-乙基-2-甲基庚烷	5-ethyl-2-methylheptane	142.28		159.7	0.7318²⁵	606.7	2.19	555.0	0.241	0.424*		1.4134²⁰			
1133	$C_{10}H_{22}$	3-乙基-3-甲基庚烷	3-ethyl-3-methylheptane	142.28		163.8	0.7463²⁵	620.0	2.31	532.0	0.238	0.389*		1.4208²⁰			
1134	$C_{10}H_{22}$	4-乙基-3-甲基庚烷	4-ethyl-3-methylheptane	142.28		165	0.7466²⁵	614.3	2.28	530.0	0.237	0.410*		1.4206²⁰			
1135	$C_{10}H_{22}$	3-乙基-5-甲基庚烷	3-ethyl-5-methylheptane	142.28		158.2	0.7368²⁵	606.6	2.23	541.0	0.239	0.416*		1.4164²⁰			
1136	$C_{10}H_{22}$	3-乙基-4-甲基庚烷	3-ethyl-4-methylheptane	142.28		165	0.7468²⁵	615.5	2.28	533.0	0.237	0.409*		1.4207²⁰			
1137	$C_{10}H_{22}$	4-乙基-4-甲基庚烷	4-ethyl-4-methylheptane	142.28		160.8	0.7472²⁵	615.7	2.31	525.0	0.237	0.390*		1.4210²⁰			
1138	$C_{10}H_{22}$	2,2,3-三甲基庚烷	2,2,3-trimethylheptane	142.28		157.8	0.7385²⁵	611.7	2.27	546.0	0.244	0.378*		1.4168²⁰			
1139	$C_{10}H_{22}$	2,2,4-三甲基庚烷	2,2,4-trimethylheptane	142.28		148.3	0.7237²⁵	594.5	2.17	552.0	0.242	0.389*		1.4092²⁰			
1140	$C_{10}H_{22}$	2,2,5-三甲基庚烷	2,2,5-trimethylheptane	142.28		150.8	0.7243²⁵	598.0	2.17	559.0	0.244	0.389*		1.4101²⁰			
1141	$C_{10}H_{22}$	2,2,6-三甲基庚烷	2,2,6-trimethylheptane	142.28	−105	148.9	0.7200²⁵	593.4	2.13	573.0	0.247	0.396*		1.4078²⁰			
1142	$C_{10}H_{22}$	2,3,3-三甲基庚烷	2,3,3-trimethylheptane	142.28		160.2	0.7450²⁵	617.5	2.32	538.0	0.243	0.371*		1.4202²⁰			
1143	$C_{10}H_{22}$	2,3,4-三甲基庚烷	2,3,4-trimethylheptane	142.28		161	0.7447²⁹	613.7	2.29	538.0	0.241	0.391*		1.4195²⁰			
1144	$C_{10}H_{22}$	2,3,5-三甲基庚烷	2,3,5-trimethylheptane	142.28		160.7	0.7413²⁵	612.8	2.24	547.0	0.240	0.397*		1.4169²⁰			
1145	$C_{10}H_{22}$	2,3,6-三甲基庚烷	2,3,6-trimethylheptane	142.28		156	0.7305²⁵	604.1	2.19	560.0	0.244	0.403*		1.4131²⁰			
1146	$C_{10}H_{22}$	2,4,4-三甲基庚烷	2,4,4-trimethylheptane	142.28		151	0.7308²⁵	600.3	2.22	541.0	0.241	0.383*		1.4142²⁰			
1147	$C_{10}H_{22}$	2,4,5-三甲基庚烷	2,4,5-trimethylheptane	142.28		156.5	0.7373²⁵	606.9	2.24	555.0	0.245	0.397*		1.4160²⁰			
1148	$C_{10}H_{22}$	2,4,6-三甲基庚烷	2,4,6-trimethylheptane	142.28		147.6	0.7190²⁵	590.3	2.15	560.0	0.243	0.411*		1.4071²⁰			
1149	$C_{10}H_{22}$	2,5,5-三甲基庚烷	2,5,5-trimethylheptane	142.28		152.8	0.7362²⁵	602.3	2.22	550.0	0.243	0.383*		1.4149²⁰			
1150	$C_{10}H_{22}$	3,3,4-三甲基庚烷	3,3,4-trimethylheptane	142.28		161.9	0.7527²⁵	622.1	2.37	526.0	0.241	0.365*		1.4236²⁰			
1151	$C_{10}H_{22}$	3,3,5-三甲基庚烷	3,3,5-trimethylheptane	142.28		155.7	0.7248²⁵	609.5	2.32	578.5*	0.248*	0.382		1.4170²⁰			
1152	$C_{10}H_{22}$	3,4,4-三甲基庚烷	3,4,4-trimethylheptane	142.28		161.1	0.7535²⁵	620.9	2.37	524.0	0.240	0.365*		1.4235²⁰			
1153	$C_{10}H_{22}$	3,4,5-三甲基庚烷	3,4,5-trimethylheptane	142.28		162.5	0.7519²⁵	612.8	2.24	547.0	0.240	0.417*		1.4229²⁰			
1154	$C_{10}H_{22}$	3,3-二乙基己烷	3,3-diethylhexane	142.28		166.3	0.7575²⁵	627.8	2.41	510.0	0.236	0.377*		1.4258²⁰			
1155	$C_{10}H_{22}$	3,4-二乙基己烷	3,4-diethylhexane	142.282		163.9	0.7472²⁵	618.8	2.33	519.0	0.235	0.403*		1.4190²⁰			

续表

序号	化学式	中文名称	英文名称	相对分子质量	正常熔点/℃	正常沸点/℃	密度/(g/cm³)	临界温度/K	临界压力/MPa	临界体积/(cm³/mol)	临界压缩因子	偏心因子	偶极矩①/D	折射率	自燃温度/℃	闪点/℃	空气中爆炸极限
1156	$C_{10}H_{22}$	3-乙基-2,2-二甲基己烷	3-ethyl-2,2-dimethylhexane	142.28		156.1	0.7447^{25}	611.7	2.31	526.0	0.239	0.369*		1.4197^{20}			
1157	$C_{10}H_{22}$	4-乙基-2,2-二甲基己烷	4-ethyl-2,2-dimethylhexane	142.28		147	0.7330^{20}	594.6	2.22	539.0	0.242	0.384*		1.4131^{20}			
1158	$C_{10}H_{22}$	3-乙基-2,3-二甲基己烷	3-ethyl-2,3-dimethylhexane	142.28		166	0.7599^{25}	626.8	2.42	516.0	0.240	0.359*		1.4270^{207}			
1159	$C_{10}H_{22}$	4-乙基-2,3-二甲基己烷	4-ethyl-2,3-dimethylhexane	142.28		162	0.7516^{25}	617.3	2.34	524.0	0.239	0.384*		1.4226^{20}			
1160	$C_{10}H_{22}$	3-乙基-2,4-二甲基己烷	3-ethyl-2,4-dimethylhexane	142.28		162	0.7514^{25}	616.1	2.34	522.0	0.239	0.385*		1.4225^{20}			
1161	$C_{10}H_{22}$	4-乙基-2,4-二甲基己烷	4-ethyl-2,4-dimethylhexane	142.28		161.1	0.7525^{25}	620.9	2.47	524.0	0.241	0.383*		1.4235^{20}			
1162	$C_{10}H_{22}$	3-乙基-2,5-二甲基己烷	3-ethyl-2,5-dimethylhexane	142.28		154.1	0.7368^{25}	603.5	2.24	537.0	0.240	0.397*		1.4157^{20}			
1163	$C_{10}H_{22}$	4-乙基-3,3-二甲基己烷	4-ethyl-3,3-dimethylhexane	142.28		162.9	0.7598^{25}	625.7	2.42	513.0	0.239	0.358*		1.4269^{20}			
1164	$C_{10}H_{22}$	3-乙基-3,4-二甲基己烷	3-ethyl-3,4-dimethylhexane	142.28		162.1	0.7596^{25}	624.5	2.51	511.0	0.238	0.359*		1.4267^{207}			
1165	$C_{10}H_{22}$	2,2,3,3-四甲基己烷	2,2,3,3-tetramethylhexane	142.28	-54	160.3	0.7609^{25}	623.0	2.51	573.5*	0.242*	0.364		1.4282^{20}			
1166	$C_{10}H_{22}$	2,2,3,4-四甲基己烷	2,2,3,4-tetramethylhexane	142.28		157	0.7513^{25}	620.4	2.37	525.0	0.241	0.345*		1.4216^{20}			
1167	$C_{10}H_{22}$	2,2,3,5-四甲基己烷	2,2,3,5-tetramethylhexane	142.28		148.4	0.7336^{25}	601.3	2.27	540.0	0.245	0.357*		1.4142^{20}			
1168	$C_{10}H_{22}$	2,2,4,4-四甲基己烷	2,2,4,4-tetramethylhexane	142.28		153.8	0.7424^{25}	610.2	2.25	535.0	0.237	0.344*		1.4208^{20}			
1169	$C_{10}H_{22}$	2,2,4,5-四甲基己烷	2,2,4,5-tetramethylhexane	142.28		147.9	0.7316^{25}	598.5	2.22	544.0	0.243	0.363*		1.4132^{20}			
1170	$C_{10}H_{22}$	2,2,5,5-四甲基己烷	2,2,5,5-tetramethylhexane	142.28	-12.6	137.4	0.7148^{25}	581.4	2.19	573.5*	0.256*	0.375		1.4055^{20}			
1171	$C_{10}H_{22}$	2,3,3,4-四甲基己烷	2,3,3,4-tetramethylhexane	142.28		164.6	0.7656^{25}	633.1	2.48	514.0	0.242	0.334*		1.4298^{20}			
1172	$C_{10}H_{22}$	2,3,3,5-四甲基己烷	2,3,3,5-tetramethylhexane	142.28		153.1	0.7449^{25}	610.1	2.32	531.0	0.243	0.351*		1.4196^{20}			
1173	$C_{10}H_{22}$	2,3,4,4-四甲基己烷	2,3,4,4-tetramethylhexane	142.28		161.6	0.7586^{25}	626.6	2.42	518.0	0.241	0.339*		1.4267^{20}			
1174	$C_{10}H_{22}$	2,3,4,5-四甲基己烷	2,3,4,5-tetramethylhexane	142.28		156.2	0.7456^{25}	613.2	2.34	530.0	0.243	0.365*		1.4204^{20}			
1175	$C_{10}H_{22}$	3,3,4,4-四甲基己烷	3,3,4,4-tetramethylhexane	142.28		170	0.7789^{25}	646.7	2.57	506.0	0.242	0.311*		1.4368^{20}			
1176	$C_{10}H_{22}$	2,4-二甲基-3-异丙基戊烷	2,4-dimethyl-3-isopropylpentane	142.28	-81.7	157	0.7545^{25}	614.4	2.34	521.0	0.240	0.365*		1.4246^{20}			
1177	$C_{10}H_{22}$	3,3-二乙基-2-甲基戊烷	3,3-diethyl-2-methylpentane	142.28		172	0.7755^{25}	639.9	2.53	501.0	0.239	0.346*		1.4343^{20}			
1178	$C_{10}H_{22}$	3-乙基-2,2,3-三甲基戊烷	3-ethyl-2,2,3-trimethylpentane	142.28	-42.5	169.5	0.7780^{25}	646.0	2.57	503.0	0.241	0.311*		1.4420^{20}			
1179	$C_{10}H_{22}$	3-乙基-2,3,4-三甲基戊烷	3-ethyl-2,3,4-trimethylpentane	142.28		169.4	0.7735^{25}	642.3	2.54	506.0	0.241	0.329*		1.4333^{20}			
1180	$C_{10}H_{22}$	2,2,3,3,4-五甲基戊烷	2,2,3,4,4-pentamethylpentane	142.28	-36.4	166.1	0.7767^{25}	643.8	2.58	508.0	0.245	0.294*		1.4361^{20}			
1181	$C_{10}H_{22}$	2,2,3,4,4-五甲基戊烷	2,2,3,4,4-pentamethylpentane	142.28	-38.7	159.3	0.7636^{25}	627.3	2.40	521.0	0.240	0.308*		1.4307^{20}			
1182	$C_{10}H_{22}O$	正癸醇	1-decanol	158.281	6.9	231.1	0.8297^{20}	687.3	2.315	649	0.263	0.613	1.8	1.4372^{20}			
1183	$C_{10}H_{22}O$	异癸醇	isodecanol	158.281	-1.2	211	0.8250^{20}	627.0						1.4326^{25}	285	95	0.8%～7.0%
1184	$C_{10}H_{22}O$	戊醚	dl-n-pentyl ether	158.28	-69	190	0.7833^{20}	614.0	2.00		0.252*	0.595*		1.4119^{20}	170	57	2.0%～8.0%
1185	$C_{10}H_{22}O$	异戊醚	dl-iso-pentyl ether	158.281		172.5	0.7777^{20}		2.15					1.4085^{20}			
1186	$C_{10}H_{22}S$	壬硫醇	1-decanethiol	174.347	-26	240.6	0.8443^{20}	702.2*	2.24*	649.5*	0.249*	0.555*		1.4509^{20}			
1187	$C_{10}H_{22}S$	戊硫醚	dipentyl sulfide	174.347	-51.3	229	0.8407^{20}	401.0*	2.14*	649.5*	0.239*	0.551*		1.4561^{20}			
1188	$C_{10}H_{30}O_3Si_4$	十甲基四硅氧烷	decamethyl tetrasiloxane	310.685	-76	194	0.8536^{25}	599.4	1.23	1005.0	0.279	0.348		1.3895^{20}			
1189	$C_{11}H_{10}$	1-甲基萘	1-methylnaphthalene	142.0	-30.43	244.7	1.0202^{20}	772.0	3.60	462.0	0.234	0.382	0.5	1.6170^{20}	529	82	
1190	$C_{11}H_{10}$	2-甲基萘	2-methylnaphthalene	142.197	34.6	241.1	1.0058^{20}	761	3.48	462.0	0.260		0.4	1.6015^{40}		97	

续表

序号	化学式	中文名称	英文名称	相对分子质量	正常熔点/℃	正常沸点/℃	密度/(g/cm³)	临界温度/K	临界压力/MPa	临界体积/(cm³/mol)	临界压缩因子	偏心因子	偶极矩①/D	折射率	自燃温度/℃	闪点/℃	空气中爆炸极限
1191	$C_{11}H_{14}O_2$	苯甲酸丁酯	n-butyl benzoate	178.220	−22.4	250.3	1.000^{20}	723.0	2.6	561.0	0.25	0.58		1.4940^{25}	481	109	
1192	$C_{11}H_{16}$	正戊基苯	n-pentyl benzene	148.245	−75	205.4	0.8585^{20}	679.9	2.60	550.0	0.260	0.437*		1.4878^{20}			
1193	$C_{11}H_{16}$	五甲苯	pentamethyl bezene	148.245	54.5	232	0.917^{20}	691.2	2.674*	550.8*	0.242*	0.6685*		1.527^{20}			
1194	$C_{11}H_{20}$	十一炔	1-undecyne	152.277	−25	196	0.7728^{20}	651.0*	2.21*	613.5*	0.251*	0.470*		1.4306^{20}			
1195	$C_{11}H_{22}$	十一烯	1-undecene	154.293	−49.2	192.7	0.7503^{20}	637.0	1.99	632.5	0.240*	0.518		1.4261^{20}			
1196	$C_{11}H_{22}$	正戊基环己烷	n-pentylcyclohexane	154.293	−57.5	203.7	0.8037^{20}	671.56*	2.553*	575.4*	0.263*	0.4743*		1.4437^{20}			
1197	$C_{11}H_{22}$	己基环戊烷	hexylcyclopentane	154.293	−73	203	0.7965^{20}	666.91*	2.503*	581.7*	0.263*	0.476*		1.4392^{20}			
1198	$C_{11}H_{22}O_2$	十一酸	undecanoic acid	186.292	28.6	280	0.8907^{20}							1.429^{45}			
1199	$C_{11}H_{22}O_2$	乙酸壬酯	n-nonyl acetate	186.292	−26	210	0.878^{15}							1.426^{20}			
1200	$C_{11}H_{22}O_2$	正癸酸甲酯	methyl decanoate	186.292	−18	224	0.8730^{20}	681.10*	2.241*	657.4*	0.260	0.5704*		1.4259^{20}			
1201	$C_{11}H_{22}O_2$	壬酸乙酯	ethyl nonanoate	186.292	−36.7	227.0	0.8657^{20}	674.0	1.98	689	0.257			1.4220^{20}			
1202	$C_{11}H_{24}$	十一烷	n-undecane	156.309	−25.5	195.9	0.7402^{20}	639.0	2.147	718	0.264	0.536		1.4164^{20}			
1203	$C_{11}H_{24}O$	十一醇	1-undecanol	172.308	15.9	245	0.8298^{20}	703.6	2.05*	705.5*	0.242*	0.587		1.4392^{20}			
1204	$C_{11}H_{24}S$	十一硫醇	1-undecanethiol	188.374	−1.5	257.4	0.8448^{20}	716.5*	2.06		0.262	0.596*		1.4585^{20}		65 (O. C)	
1205	$C_{11}H_{25}N$	十一胺	undecylamine	171.324	17	242	0.7979^{20}	694.0			0.265*			1.4398^{20}			
1206	$C_{12}H_{10}$	联苯	diphenyl	154.207	68.93	256.1	1.04^{20}	773	3.38	497	0.338	0.366	0.0	1.588^{77}	540		
1207	$C_{12}H_{10}O$	二苯醚	diphenyl ether	170.206	26.87	258.0	1.0661^{30}	767.0	3.06	529	0.253*	0.44	1.1	1.5787^{25}	618		
1208	$C_{12}H_{10}S$	二苯硫醚	diphenylsulfide	186.272	−25.9	296	1.1136^{30}	841.50*	3.741*	631.3*	0.254*	0.3959*	1.55	1.6334^{20}	630		
1209	$C_{12}H_{11}N$	二苯胺	diphenylamine	169.222	53.2	302	1.185^{22}	774.9	3.14	601	0.253*	0.395		1.6062^{20}			
1210	$C_{12}H_{12}$	1-乙基萘	1-ethylnaphthalene	156.223	−13.9	258.6	1.0082^{20}	774.9	3.14	521.5	0.254*	0.392*		1.5999^{20}			
1211	$C_{12}H_{12}$	2-乙基萘	2-ethylnaphthalene	156.23	−7.4	258	0.9922^{20}	775.3*	3.14	521.5	0.243*	0.443*		1.6166^{20}			
1212	$C_{12}H_{12}$	1,2-二甲基萘	1,2-dimethylnaphthalene	156.23	0.8	266.5	1.0179^{20}	773.3*	3.01*	521.5	0.244*	0.443*		1.6140^{20}			
1213	$C_{12}H_{12}$	1,3-二甲基萘	1,3-dimethylnaphthalene	156.23	−6	263	1.0144^{20}	773.8*	3.01*	521.5	0.243*	0.443*		1.6127^{20}			
1214	$C_{12}H_{12}$	1,4-二甲基萘	1,4-dimethylnaphthalene	156.23	7.6	268	1.0166^{20}	776.8*	3.01*	521.5	0.244*	0.443*					
1215	$C_{12}H_{12}$	1,5-二甲基萘	1,5-dimethylnaphthalene	156.23	82	265	1.0021^{20}	773.5*	3.01*	521.5	0.243*	0.443*					
1216	$C_{12}H_{12}$	1,6-二甲基萘	1,6-dimethylnaphthalene	156.23	−16.9	264	1.0021^{20}	770.6*	3.01*	521.5	0.245*	0.443*		1.6166^{25}		113	0.6%～5.8%
1217	$C_{12}H_{12}$	1,7-二甲基萘	1,7-dimethylnaphthalene	156.23	−13.9	263	1.0115^{20}	770.6*	3.01*	521.5	0.245*	0.443*		1.6083^{20}		>110	0.8%～15.0%
1218	$C_{12}H_{12}$	2,3-二甲基萘	2,3-dimethylnaphthalene	156.23	105	268	1.003^{20}	777.8*	3.01*	521.5	0.242*	0.443*		1.5060^{20}			
1219	$C_{12}H_{12}$	2,6-二甲基萘	2,6-dimethylnaphthalene	156.23	112	262	1.003^{20}	769.2*	3.01*	521.5	0.245*		0.14			153	
1220	$C_{12}H_{12}$	2,7-二甲基萘	2,7-dimethylnaphthalene	156.223	97	265	1.003^{20}	775	3.23	601	0.300	0.420	0.41				
1221	$C_{12}H_{18}$	正己基苯	hexylbenzene	168.271	−61	226.1	0.8575^{20}	697.5	2.38	620.0	0.260	0.480*		1.4864^{25}			
1222	$C_{12}H_{18}$	1,2,4-三乙基苯	1,2,4-triethylbenzene	168.271		218	0.8738^{20}	684.4*	2.34*	599.5	0.246*	0.479*		1.5024^{20}			
1223	$C_{12}H_{18}$	1,3,5-三乙基苯	1,3,5-triethylbenzene	168.271	−66.5	215.9	0.8631^{20}	679	2.34	624	0.247*	0.479*		1.4969^{20}			
1224	$C_{12}H_{18}$	六甲基苯	hexamethylbenzene	168.271	165.5	263.4	1.0630^{25}	758.0	2.24	599.5	0.216*	0.396*					
1225	$C_{12}H_{18}$	1,3-二异丙基苯	1,3-diisopropylbenzene	168.271	−63.1	203.2	0.8559^{20}	668.84*	2.440*	569.8*	0.250*	0.4697*		1.4883^{20}			

续表

序号	化学式	中文名称	英文名称	相对分子质量	正常熔点/℃	正常沸点/℃	密度/(g/cm³)	临界温度/K	临界压力/MPa	临界体积/(cm³/mol)	临界压缩因子	偏心因子	偶极矩[①]/D	折射率	自燃温度/℃	闪点/℃	空气中爆炸极限
1226	$C_{12}H_{18}$	1,4-二异丙苯	14-diisopropyl benzene	162.271	-17	210.3	0.8568^{20}	675	2.33	617	0.256	0.4709*		1.4898^{20}			
1227	$C_{12}H_{24}$	十二烯	1-dodecene	168.319	-35.2	213.8	0.7584^{20}	658.0	1.93	688.5*	0.233*	0.564		1.4300^{20}		78	
1228	$C_{12}H_{24}$	1-环戊基庚烷	1-cyclopentylheptane	168.32	-53	224	0.8010^{20}	679.0	1.94	648.5*	0.237*	0.515		1.4421^{20}			
1229	$C_{12}H_{24}$	1-环己基己烷	1-cyclohexylhexane	168.319	-43	224	0.8076^{20}	691.8*	2.13*	640.5*	0.238*	0.456*		1.4462^{20}			
1230	$C_{12}H_{24}O$	十二醛	1-dodecanal	184.318	44.5	100^{25}	0.8351^{15}							1.435^{22}			
1231	$C_{12}H_{24}O_2$	十二酸	dodecanoic acid	200.32	43.8	225^{100}	0.8679^{50}	710.0	1.99	754.0	0.251	0.573		1.4183^{82}			
1232	$C_{12}H_{26}$	正十二烷	n-dodecane	170.334	-9.57	216.32	0.7495^{20}	658.0	1.82	718.0	0.240	0.639	0.0	1.4210^{20}	203.9	73.9	0.6%~
1233	$C_{12}H_{26}O$	正十二醇	1-dodecanol	186.333	23.9	260	0.8309^{24}	719.4	1.994	720.0	0.240	0.70	1.6	1.4204^{20}			
1234	$C_{12}H_{26}O$	己醚	dl-n-hexyl ether	186.333	-80	226	0.7936^{20}	657.0	1.82	720.0	0.236*	0.636*					
1235	$C_{12}H_{26}S$	1-十二硫醇	1-dodecanethiol	202.399	-6.7	277.0	0.844^{20}	733.7	1.81	761.5*				1.4589^{20}	230	87	
1236	$C_{12}H_{27}N$	十二胺	dodecanamine	185.349	28.3	259	0.8015^{20}	710.0	1.99	626.9*				1.4421^{20}			
1237	$C_{12}H_{27}N$	三丁胺	tri-n-butylamine	185.349	-70	216.5	0.7770^{20}	643.0	1.82	563.0			0.8	1.4299^{20}		85	
1238	$C_{12}H_{36}O_4Si_5$	十二甲烷五硅氧烷	dodecamethyl pentasiloxane	384.84		232	0.8755^{20}	629.0	0.95	1411.0	0.273	0.4650*		1.3925^{20}			
1239	$C_{13}H_{10}O$	二苯甲酮	benzophenone	182.217	47.9	305.4	1.1111^{18}	840.24*	3.565*	626.9*	0.320*	0.462	2.90	1.6077^{19}			
1240	$C_{13}H_{12}$	二苯甲烷	diphenylmethane	168.234	25.4	265.0	1.001^{26}	760.0	2.71	563.0	0.241	0.488*	0.4	1.5753^{20}	485	130	
1241	$C_{13}H_{14}$	1-丙基萘	1-propylnaphthalene	170.25	-16	268	0.9897^{20}	771.5	2.76*	577.5*	0.248*	0.488*		1.5923^{20}			
1242	$C_{13}H_{14}$	2-丙基萘	2-propylnaphthalene	170.25	-3	273.5	0.9770^{20}	772.4	2.76*	577.5*	0.248*	0.530*		1.5872^{20}			
1243	$C_{13}H_{20}$	庚基苯	n-heptylbenzene	176.298	-48	240	0.8567^{20}	713.5	2.20	660.0	0.250	0.598		1.4865^{20}			
1244	$C_{13}H_{26}$	十三稀	1-tridecene	182.345	-13	232.8	0.7658^{20}	674.0	1.70	744.5*	0.226	0.526*		1.4340^{20}			
1245	$C_{13}H_{26}$	1-环戊基辛烷	1-cyclopentyloctane	182.35	-44	243	0.8040^{20}	702.1*	1.91*	704.5*	0.231*	0.498*		1.4446^{20}			
1246	$C_{13}H_{26}$	1-环己基庚烷	1-cyclohexylheptane	182.345	-30	244	0.8109^{20}	708.6*	1.96*	696.5*	0.231	0.533*		1.4484^{20}			
1247	$C_{13}H_{26}O_2$	十三酸	n-tridecanoic acid	214.344	41.5	236^{100}	0.8458^{80}	712.1						1.4288^{60}			
1248	$C_{13}H_{26}O_2$	十三酸甲酯	methyl dodecanoate	214.344	5.2	267	0.8702^{20}	675.0	1.68	823	0.246	0.533*		1.4319^{20}			
1249	$C_{13}H_{28}$	正十三烷	n-tridecane	184.361	-5.4	235.47	0.7564^{20}	693.7*	1.77*	782.5*	0.241*	0.619		1.4256^{20}		82	
1250	$C_{13}H_{28}O$	正十三醇	1-tridecanol	200.36	31.7	274	0.8223^{31}					0.989*					
1251	$C_{14}H_{10}$	蒽	anthracene	178.229	215.76	339.9	1.28^{25}	869.3		554.0			0.0	1.5943	540	121	
1252	$C_{14}H_{10}$	菲	phenanthrene	178.229	99.24	340	0.9800^{4}	873.1		554.0						171	
1253	$C_{14}H_{12}O_2$	苯甲酸苄酯	benzyl benzoate	212.244	21	323.5	1.1121^{25}	790.67*	2.776*	602.9*	0.255*	0.4399*		1.5680^{20}	480	148	
1254	$C_{14}H_{14}$	1,2-二苯乙烷	1,2-diphenylethane	182.261	52.5	284	0.9780^{25}	835.0	4.05				0.0	1.5476^{60}		135	
1255	$C_{14}H_{15}N$	二苄胺	dibenzylamine	197.276	-26	300dec	1.0256^{22}							1.5781^{20}			
1256	$C_{14}H_{16}$	1-丁基萘	1-butylnaphthalene	184.277	-19.8	289.3	0.9738^{20}	781.5	2.50*	633.5*	0.244*	0.533*		1.5819^{20}			
1257	$C_{14}H_{16}$	2-丁基萘	2-butylnaphthalene	184.277	-2.5	292	0.9673^{30}	781.0	2.50*	633.5*	0.244*	0.533*		1.5777^{20}			
1258	$C_{14}H_{22}$	正辛苯	n-octylbenzene	190.325	-36	264	0.8562^{20}	728.0	2.04	720.0	0.250	0.577*		1.4845^{20}			
1259	$C_{14}H_{22}$	1,2,3,4-四乙基苯	1,2,3,4-tetraethylbenzene	190.33	11.8	252	0.8875^{20}	708.2*	1.93*	711.5*	0.233*	0.562*		1.5125^{20}			
1260	$C_{14}H_{22}$	1,2,4,5-四乙基苯	1,2,4,5-tetraethylbenzene	190.325	10	250	0.8788^{20}	706.9*	1.93*	711.5*	0.234*	0.562*		1.5054^{20}			

续表

序号	化学式	中文名称	英文名称	相对分子质量	正常熔点/℃	正常沸点/℃	密度/(g/cm³)	临界温度/K	临界压力/MPa	临界体积/(cm³/mol)	临界压缩因子	偏心因子	偶极矩①/D	折射率	自燃温度/℃	闪点/℃	空气中爆炸极限
1261	$C_{14}H_{28}$	十四烯	1-tetradecene	196.372	-12	233	0.7745^{25}	689.0	1.56	800.5*	0.220*	0.644		1.4351^{20}			
1262	$C_{14}H_{28}$	1-环戊基壬烷	1-cyclopentylnonane	196.38	-29	262	0.8081^{20}	717.4	1.36*	760.5*	0.225*	0.566*		1.4467^{20}			
1263	$C_{14}H_{28}$	1-环己基辛烷	1-cyclohexyloctane	196.327	-20	264	0.8138^{20}	723.6*	1.80*	752.5*	0.225*	0.538*		1.4503^{20}			
1264	$C_{14}H_{30}$	十四烷	n-tetradecane	198.388	5.82	253.58	0.7596^{20}	693.0	1.57	894.0	0.244	0.662		1.4290^{20}			
1265	$C_{14}H_{30}O$	1-十四烷醇	1-tetradecanol	214.387	38.2	287	0.8236^{38}	674.9*	1.64	838.5*	0.245*	1.006*		1.4597^{20}			
1266	$C_{14}H_{30}S$	1-十四硫醇	1-tetradecanethiol	230.453	7.0	310	0.8641^{20}	753.8	1.60*	873.5*	0.223*	0.707*		1.4630^{20}			
1267	$C_{14}H_{31}N$	十四胺	tetradecylamine	213.403	83.1	291.2	0.8079^{20}	738.0	1.86					1.4463^{20}			
1268	$C_{14}H_{42}O_5Si_6$	十四甲基六硅氧烷	tetradecamethyl hexasiloxane	458.993	-59	245.5	0.8910^{20}	653.2	0.80	1723.0	0.267			1.3948^{20}			
1269	$C_{15}H_{18}$	1-戊基萘	1-pentylnaphthalene	198.304	-22	307	0.9656^{20}	793.3*	2.27	689.5*	0.238*	0.575*		1.5725^{20}			
1270	$C_{15}H_{18}$	2-戊基萘	2-pentylnaphthalene	198.31	-4	310	0.9561^{20}	797.5*	2.27	689.5*	0.236*	0.575*		1.5694^{20}			
1271	$C_{15}H_{24}$	1-壬基苯	n-nonylbenzene	204.352	-24	280.5	0.8584^{20}	741.0	1.90	790.0	0.250	0.628*		1.4816^{20}			
1272	$C_{15}H_{24}O$	2,6-二叔丁基对甲酚	2,6-di-tert-butyl-p-cresol	220.351	71	265	0.8937^{25}			856.5*				1.4859^{75}	470	126.7	
1273	$C_{15}H_{30}$	1-十五烯	1-pentadecene	210.399	-1.4	268.2	0.7764^{20}	704.0	1.45	816.5*	0.214*	0.682		1.4389^{20}			
1274	$C_{15}H_{30}$	1-环戊基癸烷	1-cyclopentadecane	210.40	-61.3		0.8364^{61}	730.6*	1.63*	808.5*	0.219*	0.604*		1.4592^{61}			
1275	$C_{15}H_{30}$	1-环己基壬烷	1-cyclohexylnonane	210.399	-10	282	0.8163^{20}	737.8*	1.66*		0.219*	0.577*		1.4519^{20}			
1276	$C_{15}H_{32}$	十五烷	n-pentadecane	212.415	9.95	270.6	0.7685^{20}	708.0	1.48	966.0	0.243	0.705		1.4315^{20}			
1277	$C_{15}H_{32}O$	1-十五醇	1-pentadecanol	228.414	43.9	300	0.8347^{25}	722.5*	1.52*	894.5*	0.226*	1.015*		1.4480^{20}			
1278	$C_{15}H_{33}N$	1-十五胺	1-pentadecanamine	227.43	37.3	307.6	0.8104^{20}	752.0	1.78	850.0	0.250	0.675*					
1279	$C_{16}H_{26}$	正癸基苯	n-decylbenzene	218.377	-14.4	293	0.8555^{20}	753.0	1.62*	823.5*	0.222*	0.637*		1.4832^{20}			
1280	$C_{16}H_{26}$	五乙基苯	pentaethylbenzene	218.377	<-20	277	0.8971^{19}	723.6*	1.33	1034.0	0.208*	0.721		1.5127^{20}			
1281	$C_{16}H_{32}$	1-十六烯	1-hexadecene	224.425	2.1	284.9	0.7811^{20}	717.0	1.51*	912.5*	0.213*	0.638*		1.4412^{20}			
1282	$C_{16}H_{32}$	1-环戊基十一烷	1-cyclopentylundecane	224.43	-10	296	0.8135^{20}	743.3*	1.54	872.5*	0.213*	0.613*		1.4503^{20}			
1283	$C_{16}H_{32}$	1-环己基癸烷	1-cyclohexyldecane	224.425	-0.9		0.8186^{20}	750.0		864.5*		0.747		1.4534^{20}			
1284	$C_{16}H_{32}O_2$	十六酸	n-hexadecanoic acid	256.424	62.5	351.5	0.8527^{62}							1.4345^{60}			
1285	$C_{16}H_{34}$	正十六烷	n-hexadecane	226.441	18.12	286.86	0.7701^{25}	723.0	1.40	950.5*	0.241			1.4329^{25}			
1286	$C_{16}H_{34}O$	1-十六醇	1-hexadecanol	242.44	49.2	312	0.8187^{50}	767.1*	1.41*	985.5*	0.210*	1.018*		1.4283^{79}			
1287	$C_{16}H_{34}S$	1-十六硫醇	1-hexadecanethiol	258.506	19	$125^{0.5}$		774.7*	1.38*		0.211*	0.763*					
1288	$C_{16}H_{48}O_6Si_7$	十六甲基七硅氧烷	hexadecamethyl heptasiloxane	533.147	-78	270	0.9012^{20}	671.8	0.68	2104.0	0.258	0.722*		1.3965^{20}			
1289	$C_{17}H_{28}$	正十一烷基苯	n-undecylbenzene	232.404	-5	316	0.8553^{20}	764.0	1.67	910.0	0.205	0.689*		1.4828^{20}			
1290	$C_{17}H_{34}$	十七烯	1-heptadecene	238.452	11.5	300	0.7852^{20}	732.4	1.26	990.5	0.207*	0.669*		1.4432^{20}			
1291	$C_{17}H_{34}$	1-环戊基十二烷	1-cyclopentyldodecane	238.46	-5	312	0.8158^{20}	755.2*	1.40*	928.5*	0.216*			1.4518^{20}			
1292	$C_{17}H_{36}$	正十七烷	n-heptadecane	240.468	22	302.0	0.7780^{20}	736.0	1.34	1103	0.242	0.768		1.4369^{20}			
1293	$C_{17}H_{36}O$	1-十七醇	1-heptadecanol	256.47	53.8	333	0.8475^{20}	736.0	1.41	1006.5*		1.105*					
1294	$C_{18}H_{14}$	邻三联苯	o-terphenyl	230.304	56.2	332	1.199^{20}	857	2.99	731.0	0.307						
1295	$C_{18}H_{14}$	间三联苯	m-terphenyl	230.304	87	363		883	2.48	724	0.245	0.558					

续表

序号	化学式	中文名称	英文名称	相对分子质量	正常熔点/℃	正常沸点/℃	密度/(g/cm³)	临界温度/K	临界压力/MPa	临界体积/(cm³/mol)	临界压缩因子	偏心因子	偶极矩①/D	折射率	自燃温度/℃	闪点/℃	空气中爆炸极限
1296	$C_{18}H_{14}$	对三联苯	p-terphenyl	230.304	213.9	376		908	2.99	729	0.289	0.528	0.7			191	
1297	$C_{18}H_{30}$	十二烷基苯	n-dodecylbenzene	246.431	3	328	0.8551^{20}	774.0	1.58	980.0	0.240	0.773*		1.4824^{20}		141	
1298	$C_{18}H_{30}$	六乙基苯	hexaethylbenzene	246.44	129	298	0.8305^{130}	734.8*	1.38*	935.5*	0.212*	0.698*		1.4736^{130}			
1299	$C_{18}H_{36}$	1-十八烯	1-octadecene	252.479	17.5	179^{15}	0.7891^{20}	739.0	1.13	1024.5*	0.197*	0.807		1.4448^{20}			
1300	$C_{18}H_{36}$	1-环戊基十三烷	1-cyclopentyltridecane	252.479	5	327	0.8178^{20}	766.5*	1.31*	984.5*	0.202*	0.697*		1.4531^{20}			
1301	$C_{18}H_{36}$	1-环己基十二烷	1-cyclohexyldodecane	252.48	12.5	331	0.8223^{20}	772.8*	1.33	976.5*	0.202*	0.675*		1.4559^{20}			
1302	$C_{18}H_{38}$	正十八烷	n-octadecane	254.495	28.2	316.3	0.7768^{88}	747.0	1.29	1189	0.247	0.795		1.4390^{20}			
1303	$C_{18}H_{38}O$	1-十八醇	1-octadecanol	270.494	57.9	335	0.8124^{58}	790	1.44	1062.5*	0.209*	1.144*	1.7	1.4645^{20}			
1304	$C_{18}H_{38}S$	1-十八硫醇	1-octadecanethiol	286.56	30	207^{11}	0.8475^{20}	795.4*	1.20*	1097.5*	0.200*	0.798*		1.3970^{20}			
1305	$C_{18}H_{54}O_{7}Si_{8}$	十八甲基八硅氧烷	octadecamethyl octasiloxane	607.302	-63	$153^{5.1}$	0.913^{25}	688.9	0.62	2340.0	0.269						
1306	$C_{19}H_{38}$	1-十九烯	1-nonadecene	266.505	23.4	329.0	0.7886^{25}	755.1	1.11	1106.5	0.195	0.747*		1.4445^{25}			
1307	$C_{19}H_{38}$	1-环戊基十四烷	1-cyclopentyltetradecane	266.505	9	341	0.8196^{20}	772.0	1.12	1040.5*	0.201*	0.789		1.4543^{20}			
1308	$C_{19}H_{40}$	正十九烷	n-nonadecane	268.521	32.0	329.9	0.7855^{20}	755	1.16	1100.0	0.212	0.820		1.4409^{20}			
1309	$C_{19}H_{40}O$	十四烷醇	1-nonadecanol	284.520	61.7	345	0.8549^{20}	775.3*	1.15*	1118.5*	0.199*	0.976*		1.4328^{75}			
1310	$C_{20}H_{34}$	十四烷基苯	n-tetradecylbenzene	274.484	16	359	0.8492^{20}	792.0	1.42	1110.0	0.240	0.869*		1.4818^{30}			
1311	$C_{20}H_{40}$	1-二十碳烯	1-eicosene	280.532	28.5	341	0.7882^{30}	765.4	1.04	1164.5	0.190	0.770*		1.4440^{30}			
1312	$C_{20}H_{40}$	1-环戊基十五烷	1-cyclopentylpentadecane	280.532	17	355	0.8213^{20}	780.0	1.02	1096.5*	0.191*	0.833		1.4554^{20}			
1313	$C_{20}H_{40}$	1-环己基十四烷	1-cyclohexyltetradecane	280.532	24	360	0.8254^{20}	792.8*	1.16*	1088.5*	0.192*	0.719*		1.4579^{20}			
1314	$C_{20}H_{42}$	正二十烷	n-eicosane	282.547	36.6	343	0.7886^{20}	768.0	1.07	1155.5*	0.184*	0.876		1.4425^{20}			
1315	$C_{20}H_{42}O$	1-二十醇	1-eicosanol	298.546	65.4	356	0.8405^{20}	770.0	1.20	1174.5*	0.197*	1.052*		1.4350^{20}			
1316	$C_{21}H_{36}$	十五烷基苯	n-pentadecylbenzene	288.511	22	373	0.8548^{20}	800.0	1.35	1140.0	0.230	0.914*		1.4815^{20}			
1317	$C_{21}H_{42}$	1-环戊基十六烷	1-cyclopentylhexadecane	294.558	21	368	0.8228^{20}	797.3*	1.07*	1152.5*	0.186*	0.748*		1.4564^{20}			
1318	$C_{21}H_{44}$	二十一烷	heneicosane	296.574	40.01	356.5	0.7919^{20}	778	1.03					1.4441^{20}			
1319	$C_{22}H_{38}$	十六烷基苯	n-hexadecylbenzene	302.537	27	385	0.8547^{20}	808.0	1.29	1200.0	0.230	0.964*		1.4813^{20}			
1320	$C_{22}H_{44}$	1-环己基十六烷	1-cyclohexylhexadecane	308.584	33.6	385	0.8279^{20}	813.4*	1.02*	1200.5*	0.182*	0.741*		1.4596^{20}			
1321	$C_{22}H_{46}$	二十二烷	docosane	310.627	43.6	368.6	0.7944^{20}	786.0	0.98					1.4455^{20}			
1322	$C_{22}H_{48}$	二十三烷	tricosane	324.627	47.76	380	0.7785^{48}	790.0	0.92					1.4468^{20}			

① D (debye) 不是 SI 单位，1D=3.335641×10⁻³⁰ C·m。
* 为估算值。

这种方法属于基团加成法，形式如下：

$$T_b = 198 + \sum n_i \Delta T_{bi} \tag{1-1}$$

式中　ΔT_{bi}——i 种基团的基团参数，K。

不同的基团具有不同的基团参数值。Joback 法的基团参数值列于表 1-3。n_i 为分子中 i 种基团的个数，该方程适用于有机化合物。

（2）三基团参数加合法[4]

此法准确性有所提高。

$$T_b^{2.5} \times 10^{-3} = -101.5 + \sum_i \{g_i^{(0)}(T_b) + n_i[g_i^{(1)}(T_b) + x_i g_i^{(2)}(T_b)]\} \tag{1-2}$$

式中，n_i 为分子中 i 类基团的基团数；$g_i^{(0)}$、$g_i^{(1)}$、$g_i^{(2)}$ 为基团 i 的基团参数，其数值列于表1-4中；x_i 为分子中 i 类基团的基团分率，表示为

$$x_i = n_i / \sum_i n_i \tag{1-3}$$

式中，$\sum_i n_i$ 是分子中各类基团的基团数的总和。

（3）Constantinou-Gani（C-G）法

Constantinou 和 Gani（1994）在 UNIFAC 基团的基础上发展了一种更先进的基团贡献法，但是他们允许采用所需性质的更复杂的函数和"二级"贡献。这些函数给予关联更多的灵活性，同时，二级贡献可以部分地克服 UNIFAC 的不足因为 UNIFAC 的"一级"贡献不能区分特殊结构，如异构体、紧密连接的多基团以及共振结构等。

估算沸点的 C-G 法表达式为

$$T_b = 204.359\ln\Big[\sum_k N_k(t_{b1k}) + w\sum_j M_j(t_{b2j})\Big] \tag{1-4}$$

式中，N_k 是分子中 k 类一级基团的数目；t_{b1k} 是标有 $1k$ 的一级基团对沸点的贡献；M_j 是分子中 j 类二级基团的数目；t_{b2j} 是标有 $2j$ 的二级基团对沸点的贡献。一级计算时 w 值设为 0，二级计算时设为 1。

式（1-4）所用的基团值可从参考文献［2］的附录 C-2 和 C-3 中获得。也可从参考文献［3］的中译本❶的附录 C-2 和 C-3 中查得。

表 1-3　Joback 法基团参数表

基　　团	ΔT_c	Δp_c	ΔV_c	ΔT_b	ΔT_f
非环上					
—CH₃	0.0141	−0.0012	65	23.58	−5.1
〉CH₂	0.0189	0	56	22.88	11.27
〉CH—	0.0164	0.0020	41	21.74	12.64
〉C〈	0.0067	0.0043	27	18.25	46.43
=CH₂	0.0113	−0.0028	56	18.18	−4.32
=CH—	0.0129	−0.0006	46	24.96	8.73

---

❶ 赵红玲，王凤坤，陈圣坤等译，气液物性估算手册，第 5 版. 北京：化学工业出版社，2006

续表

基　团	ΔT_c	Δp_c	ΔV_c	ΔT_b	ΔT_f
=C〈	0.0117	0.0011	38	24.14	11.14
=C=	0.0026	0.0028	36	26.15	17.78
≡CH	0.0027	−0.0008	46	9.20	−11.18
≡C—	0.0020	0.0016	37	27.38	64.32
环上					
—CH₂—	0.0100	0.0025	48	27.15	7.75
〉CH—	0.0122	0.0004	38	21.78	19.88
〉C〈	0.0042	0.0061	27	21.32	60.15
=CH—	0.0082	0.0011	41	26.73	8.13
=C〈	0.0143	0.0008	32	31.03	37.02
卤素					
—F	0.0111	−0.0057	27	−0.03	−15.78
—Cl	0.0105	−0.0049	58	38.13	13.55
—Br	0.0133	0.0057	71	66.86	43.43
—I	0.0068	−0.0034	97	93.84	41.69
含氧集团					
—OH（醇）	0.0741	0.0112	28	92.88	44.45
—OH（酚）	0.0240	0.0184	−25	76.34	82.83
—O—（非环）	0.0168	0.0015	18	22.42	22.23
含氧基团					
—O—（环上）	0.0098	0.0048	13	31.22	23.05
〉C=O（非环）	0.0380	0.0031	62	76.75	61.20
〉C=O（环上）	0.0284	0.0028	55	94.97	75.97
O=CH—（醛）	0.0379	0.0030	82	72.20	36.90
—COOH（酸）	0.0791	0.0077	89	169.09	155.50
—COO—（酯）	0.0481	0.0005	82	81.10	53.60
=O 除上述以外	0.0143	0.0101	36	−10.50	2.08
含氮集团					
—NH₂	0.0243	0.0109	38	73.23	66.89
〉NH（非环）	0.0295	0.0077	35	50.17	52.66
〉NH（环上）	0.0130	0.0114	29	52.82	101.51
〉N—（非环）	0.0169	0.0074	9	11.74	48.84
—N=（非环）	0.0255	−0.0099	—	74.60	—
—N=（环上）	0.0085	0.0076	34	57.55	68.40
—CN	0.0496	−0.0101	91	125.66	59.89
—NO₂	0.0437	0.0064	91	152.54	127.24

基 团	ΔT_c	Δp_c	ΔV_c	ΔT_b	ΔT_f
含硫集团					
—SH	0.0031	0.0084	63	63.56	20.09
—S—（非环）	0.0119	0.0049	54	68.78	34.40
—S—（环上）	0.0019	0.0051	38	52.10	79.93

例 1-1 用两种方法求异戊硫醇的正常沸点，已知试验值为 393K。

解 （1）用 Joback 法

该物质的分子式如下

$$CH_3—CH_2—\overset{\displaystyle |}{\underset{\displaystyle CH_3}{CH}}—CH_2—SH$$

共有 2 个 —CH$_3$ 基团，2 个 —CH$_2$— 基团，1 个 —CH$\diagdown$ 基团和一个 —SH 基团。

查表 1-3，得如下数值。

基 团	个 数	基团参数值	基 团	个 数	基团参数值
—CH$_3$	2	23.6	—CH$\diagdown$	1	21.7
—CH$_2$—	2	22.9	—SH	1	63.6

计算 $T_b = 198 + (2 \times 23.6 + 2 \times 22.9 + 21.7 + 63.6)K = 376K$

绝对误差 $(376 - 393)K = -17K$

相对误差 $-17/393 = -0.043 = -4.3\%$

（2）用三基团参数加和法

表 1-4 为三基团参数加和法基团参数表。

查表 1-4，得如下数值。

基 团	n_i	x_i	$g_i^{(0)}$	$g_i^{(1)}$	$g_i^{(2)}$
—CH$_3$	2	0.33	152.6	−26.1	238.9
—CH$_2$—	2	0.33	−13.3	514.7	−3.6
—CH$\diagdown$	1	0.17	−166.8	941.7	−499.2
—SH	1	0.17	0	874.1	565.5

把以上各 g_i 值及相应的 n_i、x_i 数代入式（1-2）求得 T_b 的估算值为 $T_b = 391.5K$

绝对误差 $(391.5 - 393)K = -1.5K$

相对误差 $-1.5/393 = -0.0038 = -0.38\%$

1.2.2 熔点估算方法

熔点数据也比较齐全，在必要的情况下，也有几种估算方法可供使用。

（1）**Joback 法**

$$T_f = 122 + \sum n_i \Delta T_{fi} \tag{1-5}$$

式中，ΔT_{fi} 为 i 种基团的基团参数值。n_i 意义同前，ΔT_{fi} 可从表 1-3 中查到。

（2）**三基团参数加和法**。此法准确性有所提高。

$$T_f = 124.8 + \sum_i \{ g_i^{(0)}(T_f) + n_i [g_i^{(1)}(T_f) + x_i g_i^{(2)}(T_f)] \} \tag{1-6}$$

式中，$g_i^{(0)}$、$g_i^{(1)}$ 和 $g_i^{(2)}$ 为基团 i 的参数值，其数值可从表 1-4 中查到；n_i、x_i 的意义同前。

表 1-4　三基团参数加和法基团参数表

基团	T_b $g_i^{(0)}$	T_b $g_i^{(1)}$	T_b $g_i^{(2)}$	T_f $g_i^{(0)}$	T_f $g_i^{(1)}$	T_f $g_i^{(2)}$	T_c $g_i^{(0)}$	T_c $g_i^{(1)}$	T_c $g_i^{(2)}$	p_c $g_i^{(0)}$	p_c $g_i^{(1)}$	p_c $g_i^{(2)}$	V_c $g_i^{(0)}$	V_c $g_i^{(1)}$	V_c $g_i^{(2)}$
—CH₃	152.6	-26.1	238.9	-19.6	19.5	-18.8	-29.5	9.5	-13.6	0.48	4.37	0.25	3.02	55.84	-1.32
﹥CH₂	-13.3	514.7	-3.6	-20.6	9.4	2.9	0.4	22.0	0.1	-0.79	3.77	-0.97	3.89	53.86	3.27
﹥CH	-166.8	941.7	-499.2	-20.2	22.4	-27.3	-42.9	95.8	-124.7	2.95	-3.13	8.96	19.26	24.08	57.12
﹥C﹤	-242.6	1286	-1076	100.6	-194.5	935.9	-84.2	198.0	-387.9	5.73	-11.33	29.91	43.41	-38.82	263.6
＝CH₂	135.8	-36.4	231.9	-9.6	17.2	-27.9	-30.6	39.7	-83.1	-0.42	4.59	-0.42	0.75	53.07	-5.43
＝CH	40.6	438.1	76.8	-2.5	2.5	22.2	-22.6	69.5	-115.2	-0.67	3.22	-2.19	-16.57	70.41	-37.45
＝C﹤	-152.9	943.7	-65.7	-22.2	24.4	37.3	-123.7	209.6	-292.5	2.82	-2.55	3.46	-28.53	81.71	-57.09
≡CH	9.7	720.5	-256.5	0	-14.1	112.4	0	90.3	-251.0	0	0.61	-4.81	31.18	0	0.49
≡C	97.3	-77.1	320.7	-95.0	95.6	-39.0	-337.2	379.3	-264.0	-17.52	23.73	-12.74	3.23	37.03	5.42
(—CH₂—)$_R$	-61.5	529.0	365.7	94.0	-73.6	146.7	-0.1	30.7	-0.3	-0.49	-0.49	-0.01	0.01	38.15	0
(﹥CH—)$_R$	-394.4	579.2	-66.3	-12.9	18.2	-1.3	-117.3	68.1	-29.7	0.26	2.45	-0.39	-23.18	50.06	0.02
(﹥C﹤)$_R$	-155.6	771.5	-446.8	-53.9	45.8	-68.2	58.6	-57.7	267.7	-1.04	5.08	-12.58	-19.52	90.47	-125.5
(＝CH—)$_R$	0	1061	-2287	0	96.3	-448.1	81.8	0	-288.3		1.40	-10.36	0	47.48	-51.66
(＝C﹤)$_R$	-465.7	661.7	-131.0	-37.4	18.3	6.8	-56.6	49.6	-14.6	2.86	0.74	0.18	51.76	21.20	6.870
(﹥C﹤)$_R$	195.0	303.2	1555	9.2	-18.0	124.2	25.6	12.7	102.1	0.03	2.57	-6.82	-94.19	189.6	-400.7
—OH	179.4	596.4	2784	24.5	31.4	32.9	2.0	47.4	77.7	-0.50	-0.94	-1.60	32.21	-39.67	97.04

续表

基团	T_b			T_f			T_c			p_c			V_c		
	$g_i^{(0)}$	$g_i^{(1)}$	$g_i^{(2)}$	$g_i^{(0)}$	$g_i^{(1)}$	$g_i^{(2)}$	$g_i^{(0)}$	$g_i^{(1)}$	$g_i^{(2)}$	$g_i^{(0)}$	$g_i^{(1)}$	$g_i^{(2)}$	$g_i^{(0)}$	$g_i^{(1)}$	$g_i^{(2)}$
—O—	185.7	119.2	1006	-3.1	6.9	67.0	-681.8	92.7	-99.3	-2.92	4.44	-7.00	46.85	-35.39	47.43
—CHO	1345	0	-171.0	0	43.5	36.6	104.2	3.5	-139.8	0.56	0	2.73	0	77.43	-25.69
>CO	532.6	643.6	1659	95.0	0	-106.4	-52.4	158.1	-61.9	3.70	-2.35	-3.46	81.17	0	-61.55
—COOH	799.9	2078	-49.5	-4.3	116.9	100.6	165.1	0	30.3	2.63	0	-5.33	0	91.93	-26.52
—COO—	-217.6	1463	885.3	42.6	-26.1	191.0	-24.9	93.6	39.1	-5.51	10.08	-9.88	89.80	0.01	-20.13
>C₂O₃	0	4549	-4186	262.0	0	-546.3	0	301.0	-451.5	0	3.66	-8.63	0	128.4	0
=O	227.1	0	-540.3	1.5	143.0	-458.9	164.3	-23.1	-622.4	14.77	-11.67	35.90	0	-64.40	284.13
>CO)R	0	1718	-228.4	0	51.2	-42.8	0	88.2	767.0	0	0	-71.38	62.10	59.56	0
—O—)R	618.7	-757.6	2952	-52.5	54.1	72.3	37.8	-49.2	191.0	-0.11	-0.25	-0.76	97.53	-92.11	227.53
—OH)AC	0	-28.4	1062	0	66.3	207.3	0	-65.7	1275	0	4.36	-62.42	64.70	0	-866.93
—SH	0	874.1	565.5	0	-18.0	105.4	0	56.1	-20.4	4.94	0	-17.24	61.93	0	-18.86
—S—	179.7	1136	220.3	74.9	-55.3	113.4	-25.6	119.7	-42.6	3.20	-0.39	-16.74	29.12	0	-15.57
—S—)R	0	1114	0	0	24.7	0	0	0	0	0	0	0	23.60	-10.51	0
—NH₂	-343.8	1674	-903.8	-6.9	74.5	16.0	-131.5	231.8	226.7	-8.01	11.52	-16.79	0	-119.39	57.22
>NH	841.7	0	730.5	25.1	0	161.1	111.0	0	-461.5	0	1.42	-11.72	0	0	806.03
>N—	0	1028	-876.7	13.3	0	78.1	0	64.6	-164.7	-2.93	0	0	0	0	0
=N—	0	876.5	0	0	0	0	0	26.4	0	0	4.85	9.57	-28.74	0	335.42
—CN	1570	-3180	1450	216.3	-189.7	141.8	450.3	-384.6	138.5	15.15	-11.81	6.74	0	80.18	6.39

续表

基 团	T_b			T_f			T_c			p_c			V_c		
	$g_i^{(0)}$	$g_i^{(1)}$	$g_i^{(2)}$	$g_i^{(0)}$	$g_i^{(1)}$	$g_i^{(2)}$	$g_i^{(0)}$	$g_i^{(1)}$	$g_i^{(2)}$	$g_i^{(0)}$	$g_i^{(1)}$	$g_i^{(2)}$	$g_i^{(0)}$	$g_i^{(1)}$	$g_i^{(2)}$
—NO₂	0	2566	0	0	129.3	0	0	171.0	-0.5	0	-1.07	0.01	83.72	0	-0.09
(NH)_R	-1182	0	1175	0	65.3	0	0	-68.7	76.1	2.94	0	-25.42	5.20	0	165.40
=N—)_R	-1290	2929	-5765	-25.0	0	491.0	-233.6	421.9	-899.7	2.49	-5.29	8.83	53.18	-29.77	64.80
CH₂)_X	194.8	373.2	903.2	-48.6	87.5	-24.5	-36.1	95.5	-75.0	-8.20	11.46	-14.30	-18.85	96.10	-64.28
CH—)_X	-385.4	2101	-2110	164.4	-286.1	732.2	-98.1	207.8	-232.3	-0.07	0.89	-15.54	56.49	-1.39	-17.92
C)_X	245.5	157.8	3677	36.1	38.9	157.5	-38.1	33.3	328.9	-5.47	11.21	-44.78	-59.85	185.6	-366.8
=CH—)_X	249.3	190.1	610.7	-121.2	203.5	-213.4	-41.4	32.7	0	0.37	-4.34	10.80	12.14	5.55	73.82
=C—)_X	52.5	931.8	0	-98.3	100.6	0	59.6	28.2	0.1	3.92	-3.54	0	30.40	33.21	0.01
C)_R.X	-819.1	2151	-2478	0	0	0	-178.8	288.5	-436.5	7.29	-18.28	42.15	12.29	51.02	-0.02
C—)_R.X	-1094	1833	-1459	27.7	15.9	0	-111.8	191.1	-191.4	4.88	-5.95	9.73	32.36	3.90	61.83
—F	551.5	-945.6	712.0	58.7	-88.4	69.8	0.5	-96.4	60.9	2.19	1.75	3.11	10.39	5.91	3.49
—Cl	55.8	341.0	-46.9	-42.3	40.8	-33.4	-6.8	23.1	-4.7	-0.68	5.01	1.96	-4.35	54.88	-18.80
—Br	298.0	450.7	320.3	2.9	-27.9	107.3	-13.5	59.3	25.1	-2.20	6.39	-4.61	0.70	61.47	21.82
—I	2170	0	-2769	-20.1	0	107.6	0	150.7	-166.7	1.13	0.05	16.85	92.28	0	0

注：下标 R 表示环基团；X 表示与卤素原子直接相连的基团；AC 表示与芳环直接相连的基团。

例 1-2　用两种方法计算 2-溴丙烷的熔点，已知文献值为 184.15K。

解　（1）用 Joback 法

2-溴丙烷的分子式为

$$CH_3—CH—CH_3$$
$$|$$
$$Br$$

分解基团，查表 1-3 中相应的基团参数，得下表。

基　团	个　　数	基团参数值	基　团	个　　数	基团参数值
—CH$_3$	2	−5.10	—Br	1	43.43
—CH$\diagdown$	1	12.64			

$$T_f = 122 + [2 \times (−5.10) + 12.64 + 43.43]K = 167.87K$$

绝对误差　（167.87−184.15）K = −16.28K

相对误差　−16.28/184.15 = −0.088 = 8.8%

（2）用三基团参数加和法

查表 1-4 中相应的基团参数，得下表。

基　团	n_i	x_i	$g_i^{(0)}$	$g_i^{(1)}$	$g_i^{(2)}$
—CH$_3$	2	0.50	−19.6	19.5	−18.8
（CH—）x	1	0.25	164.4	−286.1	732.2
—Br	1	0.25	2.9	−27.9	107.3

把以上各 g_i 值及相应的 n_i、x_i 数代入式（1-5）求得 T_f 的估算值为 $T_f = 188.56K$。

绝对误差　（188.56−184.15）K = 4.41K

相对误差　4.41/184.15 = 0.0239 = 2.39%

（3）Constantinou-Gani(GC)方法

估算熔点的 G-C 法表达式为：

$$T_f = 102.425 \ln \left[\sum_k N_k(t_{fp1k}) + w \sum_j M_j(t_{fp2j}) \right] \tag{1-7}$$

式中，N_k，M_j，w 的意义同前。t_{fp1k} 是标有 $1k$ 的一级基团对熔点的贡献；t_{fp2j} 是标有 $2j$ 的二级基团对熔点的贡献。其数值可从参考文献 [2] 或其中译本中获得。

1.2.3　临界温度的估算方法

临界温度是最重要的基础物性数据，因此有相当多的学者研究开发临界温度的估算方法。到目前为止，已有数十种方法发表，在各种方法中，最通用和最可靠的当属基团法。下面介绍几种主要的方法。

（1）马沛生法（MXXC 法） [5]

$$T_c = T_b \left[0.573430 + 1.07746 \sum_i n_i \Delta T_i − 1.78632 \sum (n_i \Delta T_i)^2 \right]^{-1} \tag{1-8}$$

式中　T_c——临界温度，K；

　　　T_b——正常沸点，K；

　　　n_i——分子中 i 种基团的个数；

　　　ΔT_i——i 种基团的基团参数，ΔT_i 值列于表 1-5 中。

表 1-5 马沛生法（MXXC 法）基团参数表

No.	基团	ΔT_i	Δp_i	ΔV_i	No.	基团	ΔT_i	Δp_i	ΔV_i
1	—CH₃	0.0184	0.1068	4.4735	33	=CCl	0.0114	0.1206	6.2899
2	—CH₂	0.0200	0.0849	3.5649	34	(—Cl)AC	0.0140	0.0859	2.8881
3	—CH	0.0128	0.0647	2.2064	35	(—Cl)F	0.0152	0.0827	3.5259
					36	(—H)F,Cl	0.0081	0.0016	0.4916
4	—C—	0.0047	0.0366	1.0738	37	—Br	0.0087	0.0785	4.7187
					38	(—Br)AC	(0.0173)	(0.0952)	(3.9762)
5	=CH₂	0.0119	0.0965	3.6174	39	—I	(0.0047)		
6	=CH	0.0159	0.0590	2.7312	40	(—I)AC	(0.0167)	(0.1016)	(5.8081)
7	=C—	0.0213	0.0569	1.7955	41	—OH	0.0726	−0.0159	1.4920
					42	(—OH)RC	0.0282	(−0.0633)	
8	=C=	0.0092			43	(—OH)AC	0.0269	−0.0324	−0.2014
9	≡CH	−0.0220	0.0695	2.8131	44	—CHO	(0.0467)		
10	≡C—	0.0020	0.0018	1.8255	45	C=O	0.0332	0.0473	2.5146
11	(—CH₃)RC	0.0058	0.1222	4.5589					
12	(—CH₂—)R	0.0110	0.0613	3.1398	46	(C=O)RC	0.0352	0.0752	
13	(—CH—)R	0.0278	0.0421	2.6036	47	—COOH	0.0898	0.1357	5.1564
14	(=CH—)R	0.0093	0.0558	2.9792	48	—COO—	0.0469	0.0837	3.1258
15	(—CH₃)AC	0.0201	0.1253	4.3789					
16	(—CH₂)AC	0.0269	0.1336	3.4414	49	—C(=O)—O—C(=O)—	(0.4460)	(0.1626)	
17	(—CH)AC	0.0262	0.1095	1.9472					
18	(—CH)A	0.0077	0.0427	2.8582	50	=O	(0.0136)	(0.0789)	(1.7704)
19	(—C—)A	0.0148	0.0167	1.7158	51	—O—	0.0183	0.0233	0.5893
20	(—CH₃)NC	0.0290			52	(—O—)R	−0.0002	0.0046	0.8796
21	(—CH)N	0.0099	0.0371	2.6926	53	(—O—)AC	0.0228	0.0228	
22	(—C—)N	0.0053	0.0511	2.2395	54	—NH₂	0.0235	0.0106	2.3731
23	—CF₃	0.0524	0.2468	6.6216	55	—NH	0.0220	0.0627	
24	—CF₂	0.0362	0.1589	5.3239	56	—N—	(0.0112)	(0.0203)	(1.8112)
25	—CF	0.0103	0.0556	4.1673	57	(—NH)R	0.0191	−0.0332	2.3331
26	=CF₂	0.0453	0.1643	4.6069	58	(=N—)R	0.0786		
27	=CF	0.0205	0.0969	−4.0561	59	(—NH₂)AC	0.0499	0.1184	0.3192
28	(—CF₂)R	0.0311	0.1468	4.8351	60	(—NH)AC	0.0340	−0.0727	
29	(—F)AC	0.0057	0.0668	1.8469	61	(=N—)A	0.0064	−0.0010	1.5491
30	—CCl₃	0.0452	0.2277	14.0188	62	NH₂=NH	(0.5169)	(−0.0082)	(11.9125)
31	—CCl₂	0.0282	0.1587	9.2805	63	—SH	0.0036	0.0101	3.5132
					64	—S—	0.0124	0.0097	2.8133
32	—CCl	0.0117	0.1153	5.6184	65	(—S—)R	0.0066	−0.0173	0.9381
					66	S=O	(0.0500)	(−0.0013)	(7.7784)
					67	=S	(−0.0023)	(0.0188)	(3.1346)

注：1. 下标 A—芳环，R—非芳环，N—萘环，AC—芳环上取代基，RC—非芳环上取代基，NC—萘环上取代基；

2. （—Cl)F 表示含氟烷烃中的氯，（—H)F,Cl 表示含氟或含氯烷烃中碳原子上的氢；

3. 因可用实验数据少，括号中数据可靠性差；

4. 对于非芳香环的卤化物，用第 28 号基团或不带下标的含卤基团。

（2）三基团参数加和法

$$T_c^2 \times 10^{-3} = 201.8 + \sum_i \{g_i^{(0)}(T_c) + n_i[g_i^{(1)}(T_c) + x_i g_i^{(2)}(T_c)]\} \tag{1-9}$$

式中　　　　　T_c——热力学温度，K；

$g_i^{(0)}$，$g_i^{(1)}$，$g_i^{(2)}$——基团 i 的基团参数，其数值可从表 1-4 中查到；

　　　　n_i，x_i——同前。

对于 T_c 的关联，应用沸点参数有较高的准确度，对于有沸点实测数据的物质，经多次试算，其 T_c 关联式选定为

$$[T_b/(T_c - T_b)]^{0.5} \times 10^2 = 117.683 + \sum_i \{g_i^{(0)}(T_c') + n_i[g_i^{(1)}(T_c') + x_i g_i^{(2)}(T_c')]\} \tag{1-10}$$

式中　　　　　　　　T_c——临界温度，K；

　　　　　　　　T_b——正常沸点，K；

$g_i^{(0)}(T_c')$，$g_i^{(1)}(T_c')$，$g_i^{(2)}(T_c')$——基团 i 的基团参数，其数值可从表 1-6 中查到；

　　　　　　　　n_i，x_i——同前。

（3）Joback 法

$$T_c = T_b \left[0.584 + 0.965 \sum_i n_i \Delta T_{ci} - (\sum_i n_i \Delta T_{ci})^2\right]^{-1} \tag{1-11}$$

式中，ΔT_{ci} 为基团参数值，可在表 1-3 中查到。

（4）Klincewicz 法 [6]

这种方法属通用的关联式，使用起来比较方便，相关数据见表 1-6。

$$T_c = 50.2 - 0.16 M_w + 1.41 T_b \tag{1-12}$$

式中，M_w 为相对分子质量。

（5）Constantinou-Gani（G-C）方法

估算临界温度 G-C 法的表达式为：

$$T_c = 181.128 \ln\left[\sum_k N_k(t_{c1k}) + w \sum_j M_j(t_{c2j})\right] \tag{1-13}$$

式中，N_k，M_j，w 的意义同前，T_c 单位为 K。t_{c1k} 是标有 $1k$ 的一级基团对临界温度的贡献；t_{c2j} 是标有 $2j$ 的二级基团对临界温度的贡献。其数值可从参考文献 [2] 或其中译本中获得。

例 1-3　应用上面 4 种方法估算 3-甲基-2-丁酮的临界温度，已知文献值为 553.4K。该化合物的 T_b 为 367.5K，相对分子质量 M_w 为 86.13。

（1）用马沛生法（MXXC 法）

按其规则分解化合物，有 3 个 —CH₃ 基团，1 个 —CH〈 基团和 1 个 〉C=O 基团。查表 1-5 得各自的基团参数值。首先计算加合项

$$\sum n_i \Delta T_i = (3 \times 0.0184 + 0.0128 + 0.0332)K = 0.1012K$$

$$T_c = 367.5 \times (0.573430 + 1.07746 \times 0.1012 - 1.78632 \times 0.1012^2)^{-1}K$$

$$= 553.3K$$

绝对误差　　（553.3 - 553.4）K = -0.1K

相对误差　$-0.1/553.4=0.00018=0.02\%$

表 1-6　式（1-10）的基团参数值

基　团	$g_i^{(0)}$	$g_i^{(1)}$	$g_i^{(2)}$	基　团	$g_i^{(0)}$	$g_i^{(1)}$	$g_i^{(2)}$
—CH₃	2.290	1.613	2.618	(—O—)R	0.624	1.984	4.181
CH₂	-1.859	5.852	-1.323	(—OH)AC	0	8.336	-29.72
CH—	2.525	-0.234	9.836	—SH	0	7.213	-18.39
C	1.750	-0.489	6.462	—S—	-6.175	15.97	-28.04
=CH₂	1.658	0.730	0.628	(—S—)R	0	1.636	0
=CH—	0.913	1.914	3.342	—NH₂	-3.910	14.38	-12.23
=C	3.495	-0.713	6.226	NH	8.255	0	-13.06
=C=	0	-3.819	24.15	N	0	10.89	-38.67
≡CH	53.72	-62.51	39.48	=N—	0	11.25	0
≡C—	0.008	0.167	0.033	—CN	-70.40	106.0	-64.40
(CH₂)R	0.598	1.389	1.063	—NO₂	0	9.459	-0.019
(CH—)R	5.099	-2.158	13.67	(NH)R	0	-0.907	27.32
(C)R	0.834	0	26.96	(=N—)R	21.04	-28.30	69.09
(=CH—)R	2.669	1.936	-0.958	(CH₂)X	-2.151	2.596	3.448
(=C)R	-0.886	5.227	-3.854	(CH—)X	-2.463	15.28	-41.21
—OH	14.59	-8.681	48.70	(C)X	-0.657	5.945	-22.07
—O—	-6.754	16.24	-23.62	(=CH—)X	1.062	2.177	-0.007
—CHO	4.324	0.347	7.669	(=C)X	1.549	-0.107	0
CO	19.44	-13.88	11.78	(C)R,X	18.52	-12.53	24.77
—COOH	24.95	-0.001	-16.42	(=C)R,X	5.863	-5.634	11.68
—COO—	-6.076	19.44	-9.980	—F	1.228	3.802	-0.233
C₂O₃	0	1.568	103.8	—Cl	0.608	2.630	0.852
=O	-15.37	0	46.74	—Br	3.052	-0.115	2.433
(CO)R	0	46.02	-191.7	—I	0	5.014	-0.870

（2）用三基团参数加和法

查表 1-6 中相应的基团参数，得下表。

基　团	n_i	x_i	$g_i^{(0)}$	$g_i^{(1)}$	$g_i^{(2)}$
—CH₃	3	0.60	2.290	1.613	2.618
CH—	1	0.20	2.525	-0.234	9.836
C=O	1	0.20	19.44	-13.88	11.78

把以上各 g_i 值及相应的 n_i、x_i 数代入式（1-8）得 $[T_b/(T_c-T_b)]^{0.5}\times10^2=141.6986$ 将 T_b 的数值代入得　$T_c=550.53\mathrm{K}$

绝对误差　$(550.53-553.4)\mathrm{K}=-2.87\mathrm{K}$

相对误差　$-2.87/553.4=-0.0052=-5.2\%$

（3）用 Joback 法

按 Joback 法规则分解化合物，有 3 个 $-CH_3$ 基团，1 个 $-CH\big<$ 基团和 1 个 $\big>C=O$ 基团，查表 1-3 得各自的基团参数值，计算加和项

$$\sum n_i \Delta T_{ci}=3\times0.0141+0.0164+0.0380=0.0967$$

$$T_c=367.5\times(0.584+0.965\times0.0967-0.0967^2)^{-1}\mathrm{K}=550.2\mathrm{K}$$

绝对误差　$(550.2-553.4)\mathrm{K}=-3.2\mathrm{K}$

相对误差　$-3.2/553.4=-0.006=-0.6\%$

（4）用 klincewicz 法

$$T_c=(50.2-0.16\times86.13+1.41\times367.5)\mathrm{K}=554.6\mathrm{K}$$

绝对误差　$(554.6-553.4)\mathrm{K}=1.2\mathrm{K}$

相对误差　$1.2/553.4=0.002=0.2\%$

1.2.4　临界压力的估算方法

（1）马沛生法

$$p_c=0.10132\ln T_b\,[0.047290+0.28903\sum n_i\Delta p_i-0.051180\sum(n_i\Delta p_i)^2]^{-1} \tag{1-14}$$

式中　p_c——临界压力，MPa；

$\quad\quad n_i$——分子中 i 种基团的个数；

Δp_i——i 种基团的基团参数值。Δp_i 也列于表 1-5 中。

（2）三基团参数加和法

$$p_c^{-0.5}\times10^2=35.89+\sum_i\{g_i^{(0)}(p_c)+n_i[g_i^{(1)}(p_c)+x_ig_i^{(2)}(p_c)]\} \tag{1-15}$$

式中，$g_i^{(0)}(p_c)$，$g_i^{(1)}(p_c)$，$g_i^{(2)}(p_c)$ 为基团 i 的基团参数，其数值可从表 1-4 中查到，n_i，x_i 的意义同前。

（3）Joback 法

$$p_c=0.1(0.113+0.0032A-\sum_i n_i\Delta p_{ci})^{-2} \tag{1-16}$$

式中，A 为分子中原子的个数，p_c 单位为 MPa，基团参数值 Δp_{ci} 列于表 1-3。

（4）Constantinou-Gani（C-G）方法

估算临界压力，C-G 法的表达式为

$$p_c=\big[\sum_k N_k(p_{c1k})+w\sum_j M(p_{c2j})+0.10022\big]^{-2}+1.3705 \tag{1-17}$$

式中，N_k，M_j，w 的意义同前，p_c 单位为 bar。p_{c1k} 是标有 $1k$ 的一级基团对临界压力的贡献；p_{c2j} 是标有 $2j$ 的二级基团对临界压力的贡献。其数值可从参考文献 [2] 或其中译本中获得。

例 1-4　用 3 种方法估算 2，2，3-三甲基戊烷的临界压力，已知文献值为 2.73MPa，该物质的相对分子质量为 114.23，分子中所含原子数为 26（8 个碳原子，18 个氢原子），正常沸点为 383.0K。

解　（1）用马沛生法

按规则分解化合物，有 5 个 $-CH_3$ 基团，1 个 $-CH_2-$ 基团，1 个 $-CH\big<$ 基团，1 个 $\big>C\big<$ 基团。

从表 1-5 中查到各种参数值后，计算加和项

$$\sum n_i \Delta p_i = (5 \times 0.1068 + 0.0894 + 0.0647 + 0.0366) \text{MPa} = 0.7247 \text{MPa}$$

$$p_c = 0.10132 \times \ln 383.0 \times (0.04729 + 0.28903 \times 0.7247 - 0.05118 \times 0.7247^2)^{-1} \text{MPa}$$
$$= 2.62 \text{MPa}$$

绝对误差　（2.62−2.73）MPa＝−0.11MPa

相对误差　−0.11/2.73＝−0.04＝−4.0%

（2）用三基团参数加和法

查表 1-4 中相应的基团参数，得下表。

基　团	n_i	x_i	$g_i^{(0)}$	$g_i^{(1)}$	$g_i^{(2)}$
—CH₃	5	0.625	0.48	4.37	0.25
—CH₂—	1	0.125	−0.79	3.77	−0.97
—CH\	1	0.125	2.95	−3.13	8.96
＞C＜	1	0.125	5.73	−11.33	29.91

把以上各 g_i 值及相应的 n_i、x_i 数代入 （1-12） 式得 $p_c = 2.693 \text{MPa}$

绝对误差　（2.693−2.73）MPa＝−0.037MPa

相对误差　−0.037/2.73＝−0.0136＝1.36%

（3）用 Joback 法

按其分解规则分得 5 个—CH₃，一个—CH₂—，一个 —CH\，一个 ＞C＜。从表 1-3 中查出各自的基团参数值，然后计算加和项

$$\sum n_i \Delta p_{ci} = [5 \times (-0.0012) + 0 + 0.0020 + 0.0043] \text{MPa} = 0.0003 \text{MPa}$$

$$p_c = 0.1 \times (0.113 + 0.0032 \times 26 - 0.0003)^{-2} \text{MPa} = 2.606 \text{MPa}$$

绝对误差　（2.606−2.73）MPa＝−1.24MPa

相对误差　−1.24/2.73＝−0.046＝−4.6%

1.2.5　临界体积估算方法

临界体积的估算方法有各种各样类型，但估算精度一般不如临界温度和临界压力的方法。

（1）马沛生法

$$V_c = 28.89746 + 14.75246 \sum n_i \Delta V_i + 6.03853 (\sum n_i \Delta V_i)^{-1} \quad (1\text{-}18)$$

式中　V_c——临界体积；cm³/mol；

n_i——分子中 i 种基团的个数；

ΔV_i——i 种基团的基团参数，这些参数可查表 1-5。

（2）三基团参数加和法

$$V_c = 31.33 + \sum \{ g_i^{(0)}(V_c) + n_i [g_i^{(1)}(V_c) + x_i g_i^{(2)}(V_c)] \} \quad (1\text{-}19)$$

式中，$g_i^{(0)}(V_c)$，$g_i^{(1)}(V_c)$，$g_i^{(2)}(V_c)$ 为基团 i 的基团参数，这些参数可查表 1-4，n_i，x_i 的意义同前，V_c 单位为 cm³/mol。

（3）Joback 法

$$V_c = 17.5 + \sum n_i \Delta V_{ci} \quad (1\text{-}20)$$

式中基团参数值 ΔV_{ci} 列于表 1-3 中。

（4）Viswanath[7] 法

$$V_c = 10.0 + 0.259 \left(\frac{R T_c}{p_c} \right) \tag{1-21}$$

式中　R——通用气体常数，取值 8.3145；

　　　T_c——临界温度，K；

　　　p_c——临界压力，MPa。

（5）Constantinou-Gani（G-C）方法

估算临界体积的表达式为：

$$V_c = -0.00435 + \left[\sum_k N_k (V_{c1k}) + w \sum_j M_j (V_{c2j}) \right] \tag{1-22}$$

式中，N_k，M_j，w 的意义同前，V_c 单位为 cm^3/mol。V_{c1k} 是标有 $1k$ 的一级基团对临界体积的贡献；V_{c2j} 是标有 $2j$ 的二级基团对临界体积的贡献。其数值可以从参考文献 [2] 或其中译本中获得。

例 1-5　用 3 种方法估算 1,2,3-三甲基苯的临界体积，已知文献值为 $430cm^3/mol$。三甲基苯的临界温度为 664.5K，临界压力为 3.45MPa。

解　（1）用马沛生法

该化合物有芳环上 =CH— 基 3 个，芳环上 =C< 基 3 个，另外还有 3 个芳环 CH₃— 取代基团。从表 1-5 中查值，计算加合项

$$\sum n_i \Delta V_{ci} = (3 \times 2.8582 + 3 \times 1.7158 + 3 \times 4.3789) cm^3/mol = 26.8587 cm^3/mol$$

$$V_c = (28.89746 + 14.75246 \times 26.8587 + 6.03853/26.8587) cm^3/mol$$
$$= 425.4 cm^3/mol$$

绝对误差　$(425.4 - 430) cm^3/mol = -4.6 cm^3/mol$

相对误差　$-4.6/430 = -0.011 = -1.1\%$

（2）用 Joback 法

用 Joback 的分解方法，该化合物共有环上 =CH— 基 3 个，环上 =C< 基 3 个，另外还有 3 个 CH₃— 基团，查表 1-3 各基团参数，计算加合项

$$\sum n_i \Delta V_{ci} = (3 \times 41 + 3 \times 32 + 3 \times 65) cm^3/mol = 414 cm^3/mol$$

$$V_c = (17.5 + 414) cm^3/mol = 431.5 cm^3/mol$$

绝对误差　$(431.5 - 430) cm^3/mol = 1.5 cm^3/mol$

相对误差　$1.5/430 = 0.003 = 0.3\%$

（3）用 Viswansh 法

该方法要用到 T_c 和 P_c 另外二个临界参数

$$V_c = \left(10.0 + 0.259 \frac{8.3145 \times 664.5}{3.45} \right) cm^3/mol = 424.8 cm^3/mol$$

绝对误差　$(424.8 - 430) cm^3/mol = -5.2 cm^3/mol$

相对误差　$-5.2/430 = -0.012 = -1.2\%$

1.2.6　偏心因子估算方法

偏心因子 ω 是 Pitzer 定义的

$$\omega = -\lg p_{vr(T_r=0.7)} - 1.00 \tag{1-23}$$

式中 $p_{vr(T_r=0.7)}$ 是对比温度为 0.7 时的对比蒸气压。

按 ω 的定义，ω 值并非直接量出，而是由三部分实验数据确定的，即 T_c、p_c 值和包括对比温度（T_r）为 0.7 在内的一段蒸气压数据及其温度关联式。

由于物质的蒸气压数据远比临界数据丰富因此 ω 值基本决定于临界数据，缺乏 T_c，p_c 物质的 ω 值一定是估算的。

（1）Edmister[8]法

$$\omega=\frac{3}{7}\frac{T_{br}}{1-T_{br}}\lg p_c-1 \tag{1-24}$$

$$T_{br}=T_b/T_c \tag{1-25}$$

式中，p_c 的单位是 atm。

（2）Lee-kesler 法[9]

$$\omega=\frac{-\ln p_c-5.97214+6.09648T_{br}^{-1}+1.28862\ln T_{br}-0.169347T_{br}^6}{15.2812-15.6878T_{br}^{-1}-13.4721\ln T_{br}+0.43577T_{br}^6} \tag{1-26}$$

式中，p_c 的单位和 T_{br} 的定义同上式。

（3）Chen 等提出较新的估算式[10]

$$\omega=\frac{0.3(0.2803+0.4789T_{br})}{(1-T_{br})(0.9803-0.5211T_{br})}\lg p_c-1 \tag{1-27}$$

（4）Contantinou-Gani（C-G）方法

估算偏心因子的表达式为

$$\omega=0.4085\left\{\ln\left[\sum_k N_k(w_{1k})+w\sum_j M_j(\omega_{2j})+1.1507\right]\right\}^{(1/0.5050)} \tag{1-28}$$

式中，N_k，M_j，w 的意义同前。ω_{1k} 是标有 $1k$ 的一级基团对偏心因子的贡献；ω_{2j} 是标有 $2j$ 的二级基团对偏心因子的贡献。其数值可以从参考文献［3］或其中译本中获得。

例 1-6 试计算异丙苯的偏心因子（实验值 0.326）。

解 异丙苯的 $T_c=631.1K$　$T_b=425.6K$　$p_c=31.7atm$

由式（1-20），$T_{br}=425.6/631.1=0.674$

（1）Edmister 法

$$\omega=(3/7)[0.674/(1-0.674)]\lg(31.7)-1=0.330$$

相对误差　$[(10.330-0.326)/0.326]\times100\%=1.2\%$

（2）Lee-Kesler 法

由式（1-21），$\omega=-0.8669/-2.662=0.326$

相对误差　0%

（3）由式（1-22）

$$\omega=\frac{0.3(0.2803+0.4789\times0.674)}{(1-0.674)(0.9803-0.5211\times0.674)}\lg(31.7)-1$$
$$=0.324$$

相对误差　$[(0.324-0.326)/0.326]\times100\%=-0.6\%$

1.2.7　偶极矩的数据

偶极矩 μ 源于分子内原子负电性的不同，Pauling 定义负电性为"分子内的原子性自身吸引电子的力量。"如果构成键的电子离开负电性较小的原子（即带一点正电荷），朝着负电性较大的原子方向移动，那么分子将成为偶极的。考虑一个粒子，它带两个相矩为 d 的等量异种电荷 e，这样的粒子有一个电偶极或永久偶极矩 μ，定义为

$$\mu=ed \tag{1-29}$$

非对称分子由于电子在带正电荷的原子核周围的空间分布不均匀，因而具有永久偶极，对称分子如氩和甲烷偶极矩为零。在极性物质的性质关联式中，常常需要分子偶极矩。它可通过实验测定，文献［2］有 300 多种常见物质偶极矩实验数据。文献［1］［11］有更多的

偶极矩数据，对于低聚物在（Oligomer）溶液中的偶极矩可查阅文献 [12]。

偶极矩的通用单位是 Debye（D），一对电荷为 ＋e 和 －e，距离 0.1nm 或 1Å 的偶极矩为

$$\mu=(1.60218\times10^{-19}\text{C})\times(10^{-10}\text{m})=1.60218\times10^{-29}\text{C}\cdot\text{m}=4.8\text{D}$$
$$1\text{D}=3.33569\times10^{-30}\text{C}\cdot\text{m}=10^{-18}\text{esu}\cdot\text{cm}=10^{-18}(\text{erg}\cdot\text{cm}^3)^{1/2}$$

参 考 文 献

[1]　Lide, David R. Editor-inchief. CRC Handbook of Chemistry and Physics：90th ed. Chemical Rubber Co, 2009-2010.

[2]　Green, D. W.；Perrey, R. H. Chemical Engineers' Handbook：8th ed. McGraw-Hill, 2008.

[3]　(Poling, R. C.；Prausnitz, J. M O' connell, J. P.). The Properties of Gases and Liquids：Fifth ed. McGraw-Hill, New York，2000.

[4]　许文，张建侯. 化工学报. 1992. 43（2）：222.

[5]　马沛生等. 石油化工基础数据手册. 续编. 北京：化学工业出版社，1993.

[6]　Dean, J. A. Lange's Handbook of Chemistry：15th ed. McGraw-Hill New York，1999.

[7]　Kay, G. W. C., Laby, T. H. Tables of Physical and Chemical Constants and Some Mathematical Functions：14th ed. Longmans Green &. Compounds, London，1973.

[8]　王福安. 化工数据导引. 北京：化学工业出版社，1995.

[9]　Dauberte, T. E, Danner, R. P. Date compilation tables of properties of pure compounds. AichE, New York，1985.

[10]　Chen, D. H. Ind. Eng. Chem. Res. 1993，32（1）：241.

[11]　Yaws, C. L. Chemical properties Handbook：Thermodynamics, Environmental Transport, Safety &. Health Related Properties for Organic &. Inorganic Chemical, McGraw-Hill, New York，1998.

[12]　Brandrup J, E. H. Lmmergut, E. A. Grulke, Editors Polymer Handbook 4th ed Vol. 2, Ⅶ 637-647 Wiley-Lnterslience A. John Wiley &. Sons. Inc. Publication 1999 Hoboken, New Jersey.

第 2 章 物质的热力学性质及其估算方法

2.1 热力学性质数据表

2.1.1 低压下 ($p \to 0$ 理想气体) 气体的热容

2.1.1.1 低压下有机化合物 (理想气体) 气体标准状态下摩尔定压热容 $C_p^\ominus \sim T$ 多项式系数

相关数据见表 2-1。

表 2-1 低压气体 (理想气体) 有机化合物的摩尔定压热容 $C_p^\ominus(T)$[1]

$$C_p^\ominus(T) = A + BT + CT^2 + DT^3/[J/(mol \cdot K)]$$

适用温度范围 298.15~1000K

序号	化学式	名称 中文	英文	A	B	C	D	标明温度 (K) 下的 $C_p^\ominus$ 298.15	500	1000
1	CCl₄	四氯化碳	carbon-tetrachloride	40.671	204.727E−03	−226.877E−06	883.828E−10	83.76	97.40	106.78
2	CCl₃F	三氯氟甲烷	trichlorofluoromethane	32.088	216.233E−03	−233.388E−06	886.924E−10	78.07	92.97	103.51
3	CCl₂F₂	二氟二氯甲烷	dichlorodifluoromethane	23.517	226.250E−03	−233.484E−06	858.640E−10	72.43	89.04	102.05
4	CClF₃	三氟氯甲烷	chlorotrifluoromethane	15.577	233.563E−03	−230.396E−06	818.725E−10	66.86	85.02	100.54
5	CF₄	四氟化碳	carbon-tetrafluoride	8.160	237.961E−03	−221.116E−06	750.735E−10	61.42	81.30	100.04
6	CHCl₃	三氯甲烷	chloroform	23.975	189.180E−03	−183.983E−06	665.423E−10	65.73	80.92	95.65
7	CHCl₂F	一氟二氯甲烷	dichlorofluoromethane	18.987	185.924E−03	−167.854E−06	571.576E−10	61.00	77.15	94.18
8	CHClF₂	二氟氯代甲烷	chlorodifluoromethane	13.962	180.494E−03	−147.909E−06	459.320E−10	55.86	73.01	92.47
9	CHF₃	三氟甲烷	trifluoromethane	3.844	207.748E−03	−183.435E−06	627.851E−10	51.04	69.25	90.96
10	CHI₃	三碘甲烷	triiodomethane	41.552	153.260E−03	−155.427E−06	583.543E−10	74.94	86.65	97.65
11	CHNS	异硫氰酸	isothiocyanic-acid	14.770	144.842E−03	−146.135E−06	559.485E−10	46.40	57.66	69.33
12	CH₂Cl₂	二氯甲烷	dichloromethane	11.870	172.272E−03	−149.252E−06	522.833E−10	51.13	66.40	87.03
13	CH₂ClF	氟氯甲烷	chlorofluoromethane	12.674	139.733E−03	−887.092E−07	215.773E−10	47.07	63.09	85.31
14	CH₂F₂	二氟甲烷	difluoromethane	12.299	115.792E−03	−453.671E−07	789.605E−12	42.89	58.99	83.60
15	CH₂I₂	二碘甲烷	diiodomethane	21.816	158.377E−03	−140.235E−06	492.122E−10	57.86	72.17	89.12
16	CH₂O	甲醛	formaldehyde	26.386	184.757E−03	−478.984E−07	−308.524E−10	35.40	43.76	61.97
17	CH₂O₂	甲酸	formic-acid	11.702	135.670E−03	−840.733E−07	−201.656E−10	45.23	61.17	83.47

续表

序号	化学式	名称 中文	名称 英文	$C_p^{\ominus}(T)=A+BT+CT^2+DT^3$ [J/(mol·K)]				标明温度(K)下的 $C_p^{\ominus}$		
				A	B	C	D	298.15	500	1000
18	CH₃Br	一溴甲烷	bromomethane	14.415	109.060E−03	−540.071E−07	100.102E−10	42.43	56.74	79.50
19	CH₃Cl	一氯甲烷	chloromethane	13.728	102.299E−03	−406.015E−07	344.201E−11	40.75	55.19	78.91
20	CH₃F	一氟甲烷	fluoromethane	16.930	652.035E−04	189.456E−07	−240.329E−10	37.49	51.30	77.15
21	CH₃I	一碘甲烷	iodomethane	14.905	117.056E−03	−691.448E−07	175.067E−10	44.14	58.37	80.33
22	CH₃NO₂	硝基甲烷	nitromethane	7.412	197.631E−03	−108.090E−06	208.518E−10	57.32	81.84	117.86
23	CH₃NO₂	亚硝酸甲酯	methyl-nitrite	12.593	201.372E−03	−112.956E−06	224.635E−10	63.22	87.91	123.51
24	CH₃NO₃	硝酸甲酯	methyl-nitrate	17.049	240.731E−03	−149.658E−06	349.038E−10	76.48	104.39	143.05
25	CH₄	甲烷	methane	25.360	168.678E−04	713.121E−07	−408.371E−10	35.73	46.53	72.80
26	CH₄O	甲醇	methanol	21.137	708.435E−04	258.596E−07	−284.968E−10	43.89	59.50	89.45
27	CH₄S	甲硫醇	methanthiol	19.685	116.273E−03	−482.834E−07	634.253E−11	50.25	66.57	94.06
28	CH₅N	甲胺	methylamine	16.086	121.420E−03	−228.216E−07	−906.924E−11	50.08	70.00	105.69
29	C₂Cl₄	四氯乙烯	tetrachloroethene	46.037	224.928E−03	−228.697E−06	836.549E−10	94.89	111.80	125.81
30	C₂Cl₆	全氯乙烷	hexachloroethane	61.178	355.941E−03	−391.250E−06	150.532E−09	136.36	160.21	176.19
31	C₂Cl₃F₃	1,1,2-三氯三氟乙烷	1,1,2-trichlorotrifluoroethane	47.647	367.711E−03	−380.376E−06	140.294E−09	127.07	153.97	175.10
32	C₂Cl₂F₄	1,2-二氯四氟乙烷	1,2-dichlorotetrafluoroethane	23.520	433.797E−03	−448.692E−06	163.611E−09	117.24	148.95	172.09
33	C₂ClF₅	一氯五氟乙烷	chloropentafluoroethane	16.422	415.902E−03	−402.530E−06	139.030E−09	108.28	141.17	168.74
34	C₂F₄	四氟乙烯	tetrafluoroethene	28.869	228.417E−03	−204.568E−06	682.159E−10	80.54	100.46	120.88
35	C₂F₆	全氟乙烷	hexafluoroethane	14.272	419.070E−03	−411.396E−06	144.637E−09	106.40	139.16	166.44
36	C₂N₂	氰	cyanogen	35.559	940.438E−04	−837.009E−07	305.269E−10	56.90	65.48	76.36
37	C₂HCl₃	三氯乙烯	trichloroethene	29.417	228.848E−03	−218.112E−06	777.596E−10	80.25	99.08	117.82
38	C₂HCl₅	五氯乙烷	pentachloroethane	43.610	338.590E−03	−337.364E−06	122.114E−09	117.74	144.01	166.86
39	C₂HF₃	三氟乙烯	trifluoroethene	16.298	231.091E−03	−198.246E−06	649.106E−10	69.29	90.42	114.01
40	C₂H₂	乙炔	acetylene(ethyne)	15.812	128.152E−03	−127.846E−06	505.888E−10	43.93	54.27	66.61
41	C₂H₂Cl₂	1,1-二氯乙烯	1,1-dichloroethene	14.834	230.681E−03	−208.970E−06	734.878E−10	66.90	87.15	109.96
42	C₂H₂Cl₂	顺-1,2-二氯乙烯	cis-1,2-dichloroethene	11.870	233.580E−03	−206.359E−06	706.720E−10	65.02	85.94	109.70
43	C₂H₂Cl₂	反-1,2-二氯乙烯	trans-1,2-dichloroethene	18.283	208.907E−03	−174.322E−06	568.773E−10	66.57	86.32	109.70
44	C₂H₂Cl₄	1,1,2,2-四氯乙烷	1,1,2,2-tetrachloroethane	27.610	325.109E−03	−297.478E−06	102.834E−09	100.79	128.74	157.99
45	C₂H₂F₂	1,1-二氟乙烯	1,1-difluoroethene	3.158	244.120E−03	−209.606E−06	702.452E−10	59.12	81.63	107.86

续表

序号	化学式	中文	英文	$C_p^\ominus(T)=A+BT+CT^2+DT^3$ [J/(mol·K)]				标明温度(K)下的$C_p^\ominus$		
				A	B	C	D	298.15	500	1000
46	$C_2H_2F_2$	顺1,2-二氟乙烯	cis-1,2-difluoroethene	7.250	217.363E-03	-169.055E-06	514.841E-10	58.41	80.17	107.03
47	$C_2H_2F_2$	反1,2-二氟乙烯	trans-1,2-difluoroethene	12.402	202.025E-03	-151.909E-06	448.901E-10	60.33	81.09	107.40
48	C_2H_2O	乙烯酮	ketene	19.871	135.298E-03	-104.998E-06	345.942E-10	51.76	65.61	84.73
49	C_2H_3Br	溴乙烯	bromoethylene,vinylbromide	9.022	196.472E-03	-150.377E-06	472.457E-10	55.48	75.60	102.34
50	C_2H_3Cl	氯乙烯	chloroethene,vinylchloride	5.843	201.610E-03	-153.134E-06	475.010E-10	53.60	74.35	101.80
51	$C_2H_3Cl_3$	1,1,2-三氯乙烷	1,1,2-trichloroethane	18.491	309.570E-03	-272.542E-06	927.467E-10	88.99	116.82	148.20
52	C_2H_3ClO	乙酰氯	acetyl-chloride	24.996	170.962E-03	-985.039E-07	221.861E-10	67.82	88.66	119.66
53	C_2H_3F	氟乙烯	fluoroethene	2.658	199.171E-03	-142.917E-06	417.555E-10	50.46	71.80	100.67
54	$C_2H_3F_3$	1,1,1-三氟乙烷	1,1,1-trifluoroethane	5.721	313.972E-03	-259.680E-06	841.737E-10	78.45	108.37	144.14
55	C_2H_3N	乙腈	acetonitrile	20.460	119.541E-03	-449.278E-07	321.319E-11	52.22	69.41	98.32
56	C_2H_4	乙烯	ethylene	3.798	156.498E-03	-834.666E-07	175.615E-10	43.56	63.43	94.43
57	$C_2H_4Br_2$	1,2-二溴乙烷	1,2-dibromoethane	25.551	248.994E-03	-179.489E-06	547.518E-10	83.35	112.13	149.79
58	$C_2H_4Cl_2$	1,1-二氯乙烷	1,1-dichloroethane	12.458	269.383E-03	-204.849E-06	629.818E-10	76.23	103.85	139.95
59	$C_2H_4Cl_2$	1,2-二氯乙烷	1,2-dichloroethane	26.258	216.397E-03	-145.335E-06	407.630E-10	78.66	103.34	138.07
60	$C_2H_4F_2$	1,1-二氟乙烷	1,1-difluoroethane	5.947	254.270E-03	-168.925E-06	449.278E-10	67.95	96.52	136.23
61	$C_2H_4I_2$	1,2-二碘乙烷	1,2-diiodoethane	25.893	234.915E-03	-168.368E-06	491.620E-10	82.30	107.53	141.59
62	C_2H_4O	环氧乙烷	ethylene-oxide	-7.520	222.062E-03	-125.595E-06	259.182E-10	48.28	75.44	114.93
63	C_2H_4O	乙醛	acetaldehyde	15.455	144.499E-03	-432.500E-07	-398.346E-11	54.64	76.44	112.80
64	$C_2H_4O_2$	乙酸	acetic-acid	4.828	254.680E-03	-175.255E-06	495.093E-10	66.53	94.56	133.85
65	$C_2H_4O_2$	甲酸甲酯	methyl-formate	5.286	251.818E-03	-169.423E-06	460.658E-10	66.53	94.56	133.89
66	C_2H_4OS	硫代乙酸	thioacetic-acid	38.465	163.084E-03	-700.527E-07	480.198E-11	80.88	102.97	136.48
67	C_2H_4S	硫杂环丙烷	thiacyclopropane	-11.920	278.341E-03	-215.656E-06	673.122E-10	53.68	81.84	118.03
68	C_2H_5Br	溴乙烷	bromoethane	6.646	234.664E-03	-147.202E-06	380.363E-10	64.64	92.01	132.17
69	C_2H_5Cl	氯乙烷	chloroethane	3.753	238.392E-03	-147.963E-06	375.012E-10	62.72	90.71	131.71
70	C_2H_5F	氟乙烷	fluoroethane	4.637	211.786E-03	-104.299E-06	174.293E-10	59.04	86.69	129.62
71	C_2H_5I	碘乙烷	iodoethane	10.352	224.011E-03	-136.520E-06	345.686E-10	65.94	92.59	132.42
72	C_2H_5N	氮杂环丙烷	ethylenimine	-20.766	302.060E-03	-206.225E-06	564.756E-10	52.51	85.86	131.59
73	$C_2H_5NO_2$	硝基乙烷	nitroethane	-6.102	346.377E-03	-232.610E-06	624.588E-10	78.20	116.82	170.16

续表

$$C_p^{\ominus}(T) = A + BT + CT^2 + DT^3 / [\text{J}/(\text{mol} \cdot \text{K})]$$

序号	化学式	名称 中文	名称 英文	A	B	C	D	标明温度(K)下的 $C_p^{\ominus}$ 298.15	500	1000
74	$C_2H_5NO_3$	硝酸乙酯	ethyl-nitrate	3.530	389.505E-03	-274.228E-06	765.379E-10	97.36	139.37	195.35
75	C_2H_6	乙烷	ethane	8.181	161.465E-03	-400.710E-07	-694.209E-11	52.63	78.07	122.72
76	C_2H_6O	甲醚	methyl-ether	20.069	161.251E-03	-216.179E-07	-184.414E-10	65.81	93.01	141.38
77	C_2H_6O	乙醇	ethyl-alcohol	6.296	231.501E-03	-118.558E-06	222.183E-10	65.44	95.27	141.54
78	$C_2H_6O_2$	乙二醇	ethylene-glycol	29.227	287.872E-03	-224.543E-06	738.350E-10	97.07	125.94	166.86
79	C_2H_6S	二甲硫	methyl-sulfide	22.725	195.778E-03	-824.792E-07	110.930E-10	74.10	101.42	147.15
80	C_2H_6S	乙硫醇	ethanethiol	14.118	231.195E-03	-125.286E-06	279.680E-10	72.68	101.92	148.03
81	$C_2H_6S_2$	二甲二硫	methyl-disulfide	34.963	230.446E-03	-111.491E-06	188.539E-10	94.31	124.68	172.84
82	C_2H_7N	乙胺	ethylamine	3.680	274.960E-03	-158.260E-06	380.878E-10	72.63	106.44	158.49
83	C_2H_7N	二甲胺	dimethylamine	-0.176	269.391E-03	-132.913E-06	234.107E-10	69.04	104.31	159.79
84	C_2H_3N	丙烯腈	acrylonitrile	10.677	220.643E-03	-156.498E-06	460.366E-10	63.76	87.65	120.83
85	C_3H_4	丙二烯	allene(propadiene)	6.564	216.773E-03	-150.386E-06	442.165E-10	58.99	82.93	117.15
86	C_3H_4	丙炔	propyne(methylacetylene)	14.693	186.305E-03	-117.278E-06	322.352E-10	60.67	82.59	115.94
87	$C_3H_4O_2$	丙烯酸	acrylic-acid	1.732	318.846E-03	-235.099E-06	697.557E-10	77.78	111.13	155.31
88	C_3H_5Br	3-溴-1-丙烯	3-bromo-1-propene	6.651	295.319E-03	-211.075E-06	623.625E-10	77.66	109.37	153.26
89	C_3H_5Cl	3-氯-1-丙烯	3-chloro-1-propene	6.516	284.207E-03	-195.301E-06	564.966E-10	75.35	106.90	151.88
90	$C_3H_5Cl_3$	1,2,3-三氯丙烷	1,2,3-trichloropropane	26.852	361.933E-03	-278.508E-06	878.473E-10	112.21	149.33	198.07
91	C_3H_5I	3-碘-1-丙烯	3-iodo-1-prorene	10.734	303.549E-03	-230.024E-06	714.502E-10	82.63	114.01	155.64
92	C_3H_5N	丙腈	propionitrile	15.383	224.380E-03	-109.972E-06	195.497E-10	73.05	102.59	149.37
93	C_3H_6	丙烯	propene	5.084	225.639E-03	-999.265E-07	133.106E-10	63.89	94.64	144.18
94	C_3H_6	环丙烷	cyclopropane	-30.262	357.205E-03	-251.383E-06	724.836E-10	55.94	94.77	148.07
95	$C_3H_6Br_2$	1,2-二溴丙烷	1,2-dibromopropane	13.187	376.397E-03	-276.010E-06	819.060E-10	102.80	142.80	195.56
96	$C_3H_6Cl_2$	1,2-二氯丙烷	1,2-dichloropropane	14.006	349.113E-03	-237.074E-06	667.348E-10	99.33	137.86	192.80
97	$C_3H_6Cl_2$	1,3-二氯丙烷	1,3-dichloropropane	17.781	337.335E-03	-229.467E-06	647.683E-10	99.62	137.32	190.37
98	$C_3H_6Cl_2$	2,2-二氯丙烷	2,2-dichloropropane	10.720	409.727E-03	-336.912E-06	111.349E-09	105.86	145.39	194.81
99	$C_3H_6I_2$	1,2-二碘丙烷	1,2-diiodopropane	16.386	364.050E-03	-263.052E-06	781.739E-10	103.64	142.55	195.56
100	C_3H_6O	环氧丙烷	propylene-oxide	-7.868	322.817E-03	-194.979E-06	464.550E-10	72.34	110.71	166.48
101	C_3H_6O	烯丙醇	allyl-alcohol	-1.113	314.436E-03	-203.091E-06	532.205E-10	76.02	112.09	163.43

续表

序号	化学式	名称 中文	名称 英文	$C_p^{\ominus}(T)=A+BT+CT^2+DT^3/[\text{J}/(\text{mol}\cdot\text{K})]$ A	B	C	D	标明温度(K)下的 $C_p^{\ominus}$ 298.15	500	1000
102	C_3H_6O	丙醛	propionaldehyde	11.704	261.249E-03	-129.938E-06	212.773E-10	78.66	112.51	164.31
103	C_3H_6O	丙酮	acetone	13.962	226.467E-03	-746.719E-07	-207.552E-11	74.89	108.32	163.80
104	C_3H_6S	硫杂环丁烷	thiacyclobutane	-19.537	360.083E-03	-225.451E-06	549.945E-10	69.33	111.13	170.16
105	C_3H_7Br	1-溴丙烷	1-bromopropane	3.270	337.917E-03	-215.417E-06	571.032E-10	86.44	125.60	182.84
106	C_3H_7Br	2-溴丙烷	2-bromopropane	3.075	351.004E-03	-231.116E-06	621.826E-10	88.99	128.70	185.18
107	C_3H_7Cl	1-氯丙烷	1-chloropropane	4.875	348.770E-03	-230.643E-06	624.964E-10	90.08	129.54	185.52
108	C_3H_7Cl	2-氯丙烷	2-chloropropane	-2.559	423.170E-03	-261.374E-06	626.805E-10	102.13	151.63	222.00
109	C_3H_7F	1-氟丙烷	1-fluoropropane	-11.628	466.725E-03	-319.666E-06	872.741E-10	101.50	152.80	222.76
110	C_3H_7F	2-氟丙烷	2-fluoropropane	7.081	466.265E-03	-302.917E-06	767.178E-10	121.29	174.18	247.19
111	C_3H_7I	1-碘丙烷	1-iodopropane	-1.985	509.820E-03	-361.184E-06	101.303E-09	120.67	175.35	247.94
112	C_3H_7I	2-碘丙烷	2-iodopropane	0.108	344.481E-03	-221.819E-06	596.053E-10	84.68	124.39	182.38
113	$C_3H_7NO_2$	1-硝基丙烷	1-nitropropane	1.312	350.494E-03	-226.300E-06	592.120E-10	87.32	127.53	184.77
114	$C_3H_7NO_2$	2-硝基丙烷	2-nitropropane	7.424	290.583E-03	-135.486E-06	188.217E-10	82.63	121.29	181.46
115	$C_3H_7NO_3$	硝酸丙酯	propyl-nitrate	-1.643	334.118E-03	-193.765E-06	434.132E-10	82.01	122.47	182.21
116	$C_3H_7NO_3$	硝酸异丙酯	isopropyl-nitrate	12.052	310.963E-03	-180.853E-06	420.199E-10	89.87	127.70	184.22
117	C_3H_8	丙烷	propane	-5.338	310.239E-03	-164.640E-06	346.908E-10	73.51	113.05	175.02
118	C_3H_8O	甲乙醚	ethyl-methyl-ether	23.950	236.162E-03	-473.294E-07	-197.175E-10	89.75	127.74	193.22
119	C_3H_8O	丙醇	propyl-alcohol	8.918	301.194E-03	-137.499E-06	194.468E-10	87.11	127.65	192.17
120	C_3H_8O	异丙醇	isopropyl-alcohol	-7.267	394.171E-03	-265.379E-06	743.497E-10	88.74	133.43	195.89
121	C_3H_8S	甲乙硫醚	ethyl-methyl-sulfide	16.284	306.202E-03	-149.176E-06	272.073E-10	95.10	135.56	200.58
122	C_3H_8S	1-丙硫醇	1-propanethiol	15.312	306.599E-03	-142.524E-06	256.220E-10	94.77	136.23	205.06
123	C_3H_8S	2-丙硫醇	2-propanethiol	6.635	362.025E-03	-227.258E-06	590.572E-10	95.98	138.32	200.50
124	C_3H_9N	丙胺	propylamine	3.424	368.385E-03	-214.179E-06	520.448E-10	95.77	140.54	210.08
125	C_3H_9N	三甲胺	trimethylamine	-8.211	396.957E-03	-221.815E-06	462.416E-10	91.76	140.71	213.30
126	C_4F_8	全氟环丁烷	octafluorocyclosutane	9.019	664.963E-03	-643.457E-06	226.940E-09	156.15	209.62	257.32
127	C_4H_2	丁二炔	butadiyne(biacetylene)	24.367	225.250E-03	-226.091E-06	879.770E-10	73.64	91.46	111.34
128	C_4H_4	乙烯基乙炔	1-buten3-yne(vinylacetylene)	6.743	283.880E-03	-226.384E-06	745.714E-10	73.18	101.46	138.74
129	C_4H_4O	呋喃	furan	-35.511	431.914E-03	-345.276E-06	107.408E-09	65.44	107.65	158.53

续表

序号	化学式	名称 中文	名称 英文	$C_p^\ominus(T)=A+BT+CT^2+DT^3/[J/(mol\cdot K)]$ A	B	C	D	标明温度(K)下的 $C_p^\ominus$ 298.15	500	1000
130	C₄H₄S	噻吩	thiophene	-29.743	443.671E-03	-369.782E-06	121.336E-09	72.89	114.93	165.44
131	C₄H₆	1,2-丁二烯	1,2-butadiene	9.802	280.048E-03	-159.682E-06	372.564E-10	80.12	114.60	167.44
132	C₄H₆	1,3-丁二烯	1,3-butadiene	-16.316	413.467E-03	-342.515E-06	114.985E-09	79.54	119.33	169.54
133	C₄H₆	1-丁炔	1-butyne(ethylacetylene)	9.178	293.512E-03	-187.037E-06	510.490E-10	81.42	115.60	166.69
134	C₄H₆	2-丁炔	2-butyne(dimethylacetylene)	18.914	220.217E-03	-755.379E-07	715.464E-12	77.95	110.29	164.39
135	C₄H₆	环丁烯	cyclobutene	-27.686	390.012E-03	-264.128E-06	713.498E-10	67.07	110.33	169.58
136	C₄H₆O₃	乙酸酐	acetic-anhydride	-23.343	512.289E-03	-368.765E-06	106.044E-09	99.50	153.89	226.40
137	C₄H₇N	丁腈	butyronitrile	15.190	320.432E-03	-163.770E-06	298.503E-10	97.03	138.28	201.75
138	C₄H₇N	异丁腈	isobutyronitrile	6.125	363.954E-03	-222.024E-06	544.297E-10	96.40	139.45	202.51
139	C₄H₈	1-丁烯	1-butene	-4.020	357.669E-03	-205.849E-06	480.532E-10	85.65	129.41	195.89
140	C₄H₈	顺 2-丁烯	2-butene,cis	-5.201	321.934E-03	-139.373E-06	156.051E-10	78.91	122.97	193.09
141	C₄H₈	反 2-丁烯	2-butene,trans	11.891	287.612E-03	-114.328E-06	959.768E-11	87.82	128.37	194.89
142	C₄H₈	2-甲基丙烯	2-methylpropene	6.271	325.804E-03	-172.054E-06	359.673E-10	89.12	130.71	196.02
143	C₄H₈	环丁烷	cyclobutane	-37.834	442.584E-03	-266.546E-06	623.960E-10	72.22	124.93	200.66
144	C₄H₈Br₂	1,2-二溴丁烷	1,2-dibromobutane	17.413	453.253E-03	-313.967E-06	880.607E-10	127.11	176.77	244.76
145	C₄H₈Br₂	2,3-二溴丁烷	2,3-dibromobutane	6.074	494.214E-03	-356.393E-06	101.751E-09	124.56	176.98	245.60
146	C₄H₈I₂	1,2-二碘丁烷	1,2-diiodobutane	23.107	429.613E-03	-285.031E-06	771.028E-10	127.95	176.52	244.76
147	C₄H₈O	丁醛	butyraldehyde	14.060	345.465E-03	-172.230E-06	288.897E-10	102.59	147.28	216.31
148	C₄H₈O	2-丁酮	2-butanone	24.022	296.370E-03	-109.462E-06	369.987E-11	102.88	145.44	214.76
149	C₄H₈O₂	1,4-二氧六环	1,4-dioxane	-35.873	515.553E-03	-285.596E-06	483.838E-10	94.06	156.86	242.76
150	C₄H₈O₂	乙酸乙酯	ethyl-acetate	24.673	328.226E-03	-984.119E-07	-203.815E-10	113.64	161.92	234.51
151	C₄H₈S	硫杂环戊烷	thiacyclopentane	-33.254	515.343E-03	-363.636E-06	103.843E-09	90.88	146.61	222.34
152	C₄H₉Br	1-溴丁烷	1-bromobutane	2.268	433.337E-03	-270.550E-06	693.833E-10	109.33	160.12	234.43
153	C₄H₉Br	2-溴丁烷	2-bromobutane	-0.042	450.198E-03	-287.110E-06	750.400E-10	110.79	162.84	238.20
154	C₄H₉Br	2-溴-2-甲基丙烷	2-bromo-2-methylpropane	-8.840	529.151E-03	-401.693E-06	122.985E-09	116.52	170.87	241.58
155	C₄H₉Cl	1-氯丁烷	1-chlorobutane	-0.891	439.906E-03	-276.926E-06	718.686E-10	107.57	158.91	233.97
156	C₄H₉Cl	2-氯丁烷	2-chlorobutane	-0.183	439.111E-03	-271.391E-06	692.034E-10	108.49	160.37	236.81
157	C₄H₉Cl	1-氯-2-甲基丙烷	1-chloro-2-methylpropane	-0.183	439.111E-03	-271.391E-06	692.034E-10	108.49	160.37	236.81
158	C₄H₉Cl	2-氯-2-甲基丙烷	2-chloro-2-methylpropane	0.516	472.374E-03	-335.586E-06	101.353E-09	114.22	165.69	238.49
159	C₄H₉I	2-碘-2-甲基丙烷	2-iodo-2-methylpropane	-5.317	521.159E-03	-393.945E-06	120.420E-09	118.28	172.05	242.30

续表

序号	化学式	名称 中文	名称 英文	$C_p^\ominus(T)=A+BT+CT^2+DT^3/[J/(mol \cdot K)]$ A	B	C	D	标明温度(K)下的 $C_p^\ominus$ 298.15	500	1000
160	C₄H₉N	吡咯烷	pyrrolidine	-50.250	527.895E-03	-315.687E-06	715.213E-10	81.13	143.89	233.63
161	C₄H₉NO₂	1-硝基丁烷	1-nitrobutane	-4.174	521.117E-03	-319.909E-06	764.459E-10	124.89	186.10	273.59
162	C₄H₉NO₂	2-硝基丁烷	2-nitrobutane	-12.062	552.288E-03	-356.025E-06	916.714E-10	123.47	186.65	275.98
163	C₄H₁₀	丁烷	butane	-1.779	386.961E-03	-193.255E-06	348.326E-10	97.45	147.86	226.86
164	C₄H₁₀	2-甲基丙烷(异丁烷)	2-methylpropane(isobutane)	-10.853	430.534E-03	-251.592E-06	594.546E-10	96.82	149.03	227.61
165	C₄H₁₀O	乙醚	ethyl-ether	22.326	334.159E-03	-105.951E-06	-590.446E-11	112.51	162.21	244.81
166	C₄H₁₀O	甲丙醚	methyl-propyl-ether	22.326	334.159E-03	-105.951E-06	-590.446E-11	112.51	162.21	244.81
167	C₄H₁₀O	甲异丙醚	methyl-isopropyl-ether	14.447	365.280E-03	-141.992E-06	928.179E-11	111.09	162.76	247.19
168	C₄H₁₀O	丁醇	butyl-alcohol	7.913	396.635E-03	-192.657E-06	317.390E-10	110.00	162.17	243.76
169	C₄H₁₀O	仲丁醇	sec-butyl-alcohol	5.811	427.228E-03	-240.743E-06	528.941E-10	113.30	166.10	245.27
170	C₄H₁₀O	叔丁醇	tert-butyl-alcohol	-4.603	481.244E-03	-312.281E-06	830.984E-10	113.39	168.49	247.53
171	C₄H₁₀S	乙硫醚	ethylsulfide	14.515	394.957E-03	-181.636E-06	305.913E-10	117.03	170.50	258.53
172	C₄H₁₀S	甲异丙硫醚	isopropyl-methyl-sulfide	13.619	404.982E-03	-209.409E-06	514.632E-10	117.15	170.37	260.62
173	C₄H₁₀S	甲丙硫醚	methyl-propyl-sulfide	16.011	391.932E-03	-184.979E-06	327.829E-10	117.36	169.91	255.81
174	C₄H₁₀S	1-丁硫醇	1-butanethiol	17.802	382.012E-03	-159.770E-06	232.819E-10	118.16	171.84	263.38
175	C₄H₁₀S	2-丁硫醇	2-butanethiol	6.491	454.759E-03	-276.943E-06	667.515E-10	119.29	173.09	251.12
176	C₄H₁₀S	2-甲基-1-丙硫醇	2-methyl-1-propanethiol	-1.379	493.545E-03	-336.892E-06	922.655E-10	118.32	172.80	247.57
177	C₄H₁₀S	2-甲基-2-丙硫醇	2-methyl-2-propanethiol	-0.497	495.595E-03	-321.582E-06	826.340E-10	120.96	177.36	256.23
178	C₄H₁₀S₂	二乙基二硫	ethyl-disulfide	22.499	483.336E-03	-308.545E-06	786.759E-10	141.34	196.98	276.02
179	C₄H₁₁N	丁胺	butylamine	5.071	447.479E-03	-240.588E-06	496.055E-10	118.53	175.02	261.67
180	C₄H₁₁N	仲丁胺	sec-butylamine	3.024	442.416E-03	-207.828E-06	242.358E-10	117.11	175.56	261.67
181	C₄H₁₁N	叔丁胺	tert-butylamine	-11.725	538.104E-03	-352.966E-06	934.120E-10	119.96	180.96	266.90
182	C₄H₁₁N	二乙胺	diethylamine	2.022	442.751E-03	-218.267E-06	365.732E-10	115.73	173.59	263.22
183	C₅H₅N	吡啶	pyridine	-39.779	492.373E-03	-355.694E-06	100.437E-09	78.12	130.16	197.36
184	C₅H₆S	2-甲基噻吩	2-methylthiophene	-19.124	476.600E-03	-339.695E-06	968.261E-10	95.40	146.48	214.64
185	C₅H₆S	3-甲基噻吩	3-methylthiophene	-23.147	498.022E-03	-376.807E-06	113.650E-09	94.85	145.98	211.67
186	C₅H₈	1,2-戊二烯	1,2-pentadiene	2.482	424.383E-03	-290.081E-06	841.821E-10	105.44	152.72	220.92
187	C₅H₈	顺-1,3-戊二烯	1,3-pentadiene,cis	-26.856	510.825E-03	-383.568E-06	118.060E-09	94.56	147.70	218.40
188	C₅H₈	反-1,3-戊二烯	1,3-pentadiene,trans	-8.231	467.939E-03	-343.431E-06	103.813E-09	103.34	153.13	220.08
189	C₅H₈	1,4-戊二烯	1,4-pentadiene	-0.440	437.981E-03	-310.972E-06	939.643E-10	105.02	152.72	220.50
190	C₅H₈	2,3-戊二烯	2,3-pentadiene	12.498	346.783E-03	-175.121E-06	334.017E-10	101.25	146.44	217.57

续表

$$C_p^{\ominus}(T) = A + BT + CT^2 + DT^3 \; [\text{J/(mol·K)}]$$

序号	化学式	名称(中文)	名称(英文)	A	B	C	D	298.15	500	1000
191	C_5H_8	3-甲基-1,2-丁二烯	3-methyl-1,2-butadiene	12.355	372.891E-03	-219.865E-06	538.732E-10	105.44	150.62	219.24
192	C_5H_8	2-甲基-1,3-丁二烯	2-methyl-1,3-butadiene	-15.114	514.046E-03	-416.178E-06	138.700E-09	104.60	155.23	221.33
193	C_5H_8	1-戊炔	1-pentyne	16.146	360.962E-03	-206.238E-06	474.131E-10	106.69	151.04	218.40
194	C_5H_8	2-戊炔	2-pentyne	12.196	334.465E-03	-156.929E-06	253.061E-10	98.70	143.51	215.06
195	C_5H_8	3-甲基-1-丁炔	3-methyl-1-butyne	4.650	407.760E-03	-263.182E-06	700.527E-10	104.68	151.46	219.24
196	C_5H_8	环戊烯	cyclopentene	-38.987	446.266E-03	-225.756E-06	356.192E-10	75.10	132.30	217.32
197	C_5H_8	螺戊烷	spiropentane	-41.488	538.774E-03	-382.606E-06	109.165E-09	88.12	146.06	223.89
198	C_5H_{10}	1-戊烯	1-pentene	-0.142	432.584E-03	-231.597E-06	467.980E-10	109.58	146.14	247.73
199	C_5H_{10}	顺-2-戊烯	2-pentene,cis	-15.580	466.432E-03	-263.195E-06	581.534E-10	101.75	159.20	245.94
200	C_5H_{10}	反-2-戊烯	2-pentene,trans	2.247	415.475E-03	-211.798E-06	400.409E-10	108.45	162.13	246.06
201	C_5H_{10}	2-甲基-1-丁烯	2-methyl-1-butene	-0.289	434.718E-03	-232.806E-06	469.361E-10	109.96	164.85	248.66
202	C_5H_{10}	3-甲基-1-丁烯	3-methyl-1-butene	6.429	457.144E-03	-295.211E-06	820.148E-10	118.62	171.42	250.33
203	C_5H_{10}	2-甲基-2-丁烯	2-methyl-2-butene	-1.333	414.007E-03	-203.899E-06	361.092E-10	105.02	159.28	244.97
204	C_5H_{10}	环戊烷	cyclopentane	-55.982	551.995E-03	-308.382E-06	625.759E-10	83.01	150.92	250.37
205	$C_5H_{10}Br_2$	2,3-二溴-2-甲基丁烷	2,3-dibromo-2-methylbutane	-5.975	649.482E-03	-485.386E-06	142.528E-09	148.57	215.48	300.83
206	$C_5H_{10}O$	戊醛	valeraldehyde	14.215	432.416E-03	-210.664E-06	316.616E-10	125.35	181.59	267.78
207	$C_5H_{10}O$	2-戊酮	2-pentanone	1.127	480.114E-03	-281.763E-06	666.637E-10	120.96	179.08	266.14
208	$C_5H_{10}S$	硫杂环己烷	thiacyclohexane	-52.045	632.119E-03	-338.733E-06	610.278E-10	108.20	187.15	302.67
209	$C_5H_{10}S$	环戊基硫醇	cyclopentanethiol	-36.386	581.743E-03	-354.594E-06	846.340E-10	107.91	176.56	275.47
210	$C_5H_{11}Br$	1-溴戊烷	1-bromopentane	1.254	528.858E-03	-325.796E-06	817.177E-10	132.21	194.64	286.02
211	$C_5H_{11}Cl$	1-氯戊烷	1-chloropentane	-1.906	535.385E-03	-332.172E-06	842.072E-10	130.46	193.43	285.56
212	$C_5H_{11}Cl$	1-氯-3-甲基丁烷	1-chloro-3-methylbutane	-2.501	559.275E-03	-372.953E-06	103.633E-09	133.89	197.07	287.44
213	$C_5H_{11}Cl$	2-氯-2-甲基丁烷	2-chloro-2-methylbutane	-10.851	583.124E-03	-385.627E-06	102.592E-09	131.59	197.07	289.53
214	C_5H_{12}	戊烷	pentane	-3.411	485.009E-03	-251.940E-06	486.767E-10	120.21	182.34	278.45
215	C_5H_{12}	2-甲基丁烷(异戊烷)	2-methylbutane(isopentane)	-11.290	516.138E-03	-287.981E-06	638.646E-10	118.78	182.88	280.83
216	C_5H_{12}	2,2-二甲基丙烷	2,2-dimethypropane	-20.198	575.593E-03	-364.242E-06	924.455E-10	121.63	188.28	283.68
217	$C_5H_{12}O$	甲基叔丁基醚	methyl-tert-butyl-ether	4.460	504.549E-03	-246.956E-06	372.694E-10	134.18	199.58	299.83
218	$C_5H_{12}O$	戊醇	pentyl-alcohol	6.907	492.080E-03	-247.827E-06	440.366E-10	132.88	196.69	295.35
219	$C_5H_{12}O$	叔戊醇	tert-pentyl-alcohol	-9.454	564.087E-03	-328.532E-06	721.782E-10	131.67	199.49	298.74
220	$C_5H_{12}S$	甲丁硫醚	butyl-methyl-sulfide	18.502	467.353E-03	-202.213E-06	304.369E-10	140.75	205.52	314.13
221	$C_5H_{12}S$	乙丙硫醚	ethyl-propyl-sulfide	15.706	470.365E-03	-198.895E-06	282.583E-10	139.12	204.81	315.56

续表

序号	化学式	名称 中文	名称 英文	$C_p^{\ominus}(T) = A + BT + CT^2 + DT^3 /[J/(mol \cdot K)]$ A	B	C	D	标明温度(K)下的$C_p^{\ominus}$ 298.15	500	1000
222	$C_5H_{12}S$	2-甲基-2-丁硫醇	2-methyl-2-butanethiol	3.470	563.585E-03	-339.870E-06	793.579E-10	143.51	210.37	306.69
223	$C_5H_{12}S$	1-戊硫醇	1-pentanethiol	16.849	478.148E-03	-216.217E-06	362.765E-10	141.21	206.52	315.14
224	C_6Cl_6	六氯苯	hexachlorobenzene	54.379	543.878E-03	-515.594E-06	178.356E-09	175.31	219.74	260.83
225	C_6F_6	六氟苯	hexafluorobenzene	36.126	527.100E-03	-455.387E-06	145.917E-09	156.61	204.10	253.68
226	$C_6H_4Cl_2$	邻二氯苯	o-dichlorobenzene	-14.298	550.447E-03	-451.286E-06	142.863E-09	113.47	166.06	227.69
227	$C_6H_4Cl_2$	间二氯苯	m-dichlorobenzene	-13.602	548.983E-03	-450.282E-06	142.670E-09	113.80	166.27	227.69
228	$C_6H_4Cl_2$	对二氯苯	p-dichlorobenzene	-14.351	553.209E-03	-455.680E-06	144.746E-09	113.89	166.52	227.86
229	$C_6H_4F_2$	间二氟苯	m-difluorobenzene	-26.742	571.702E-03	-464.215E-06	144.976E-09	106.27	161.29	225.68
230	$C_6H_4F_2$	邻二氟苯	o-difluorobenzene	-24.499	559.192E-03	-442.249E-06	136.562E-09	106.52	161.71	228.95
231	$C_6H_4F_2$	对二氟苯	p-difluorobenzene	-25.837	571.367E-03	-466.683E-06	147.093E-09	106.90	161.67	225.89
232	C_6H_5Br	溴苯	bromobenzene	-28.314	532.581E-03	-404.723E-06	119.696E-09	97.70	151.88	219.24
233	C_6H_5Cl	氯苯	chlorobenzene	-31.032	549.485E-03	-430.534E-06	131.700E-09	98.03	152.67	219.58
234	C_6H_5F	氟苯	fluorobenzene	-38.397	565.133E-03	-441.287E-06	134.587E-09	94.43	150.79	219.99
235	C_6H_5I	碘苯	iodobenzene	-24.781	533.293E-03	-414.111E-06	125.704E-09	100.75	154.22	220.08
236	C_6H_6	苯	benzene	-43.781	523.293E-03	-376.267E-06	106.613E-09	81.67	137.24	209.87
237	C_6H_6O	苯酚	phenol	-35.833	597.810E-03	-482.415E-06	152.674E-09	103.55	161.67	232.17
238	C_6H_6S	苯硫酚(硫酚)	benzenethiol(thophenol)	-31.382	576.932E-03	-442.123E-06	134.227E-09	104.89	163.47	237.61
239	C_6H_7N	2-甲基吡啶	2-picoline	-35.421	554.338E-03	-364.874E-06	941.484E-10	100.00	162.42	248.28
240	C_6H_7N	3-甲基吡啶	3-picoline	-36.086	555.217E-03	-365.284E-06	938.764E-10	99.58	162.09	247.82
241	C_6H_7N	苯胺	aniline	-40.502	637.935E-03	-513.084E-06	163.310E-09	108.41	170.75	247.61
242	C_6H_{10}	1-己炔	1-hexyne	11.801	465.219E-03	-270.115E-06	631.951E-10	128.24	184.85	270.12
243	C_6H_{10}	环己烯	cyclohexene	-58.718	677.348E-03	-469.319E-06	129.403E-09	105.02	178.99	278.74
244	C_6H_{10}	1-甲基环戊烯	1-methylcyclopentene	-29.473	496.725E-03	-203.799E-06	480.867E-11	100.83	168.20	269.03
245	C_6H_{10}	3-甲基环戊烯	3-methylcyclopentene	-43.229	571.702E-03	-328.452E-06	696.008E-10	100.00	169.45	269.87
246	C_6H_{10}	4-甲基环戊烯	4-methylcyclopentene	-41.176	561.242E-03	-313.892E-06	631.700E-10	100.00	169.03	269.45
247	$C_6H_{10}O$	环己酮	cyclohexanone	-37.787	553.543E-03	-195.280E-06	-152.637E-10	109.66	188.28	305.43
248	C_6H_{12}	1-己烯	1-hexene	-1.757	530.531E-03	-290.131E-06	605.634E-10	132.34	198.61	299.32
249	C_6H_{12}	顺-2-己烯	2-hexene,cis	-12.491	546.179E-03	-297.926E-06	620.069E-10	125.69	194.14	297.90
250	C_6H_{12}	反-2-己烯	2-hexene,trans	5.266	495.260E-03	-245.777E-06	429.278E-10	132.38	197.07	297.90
251	C_6H_{12}	顺-3-己烯	3-hexene,cis	-24.390	596.095E-03	-362.155E-06	882.029E-10	123.64	194.14	297.90
252	C_6H_{12}	反-3-己烯	3-hexene,trans	-5.607	557.895E-03	-340.791E-06	870.941E-10	132.84	199.16	298.74

续表

序号	化学式	名称 中文	名称 英文	$C_p^\ominus(T)=A+BT+CT^2+DT^3$ [J/(mol·K)] A	B	C	D	标明温度(K)下的 $C_p^\ominus$ 298.15	500	1000
253	C₆H₁₂	2-甲基-1-戊烯	2-methyl-1-pentene	1.852	531.661E-03	-298.733E-06	655.800E-10	135.60	201.25	300.41
254	C₆H₁₂	3-甲基-1-戊烯	3-methyl-1-pentene	3.276	568.564E-03	-372.016E-06	102.759E-09	142.42	207.53	302.50
255	C₆H₁₂	4-甲基-1-戊烯	4-methyl-1-pentene	-13.205	559.736E-03	-328.909E-06	780.191E-10	126.48	194.14	295.81
256	C₆H₁₂	2-甲基-2-戊烯	2-methyl-2-pentene	-12.886	556.221E-03	-318.557E-06	725.924E-10	126.61	194.14	297.48
257	C₆H₁₂	顺-3-甲基-2-戊烯	3-methyl-2-pentene,cis	-12.886	556.221E-03	-318.557E-06	725.924E-10	126.61	194.14	297.48
258	C₆H₁₂	反-3-甲基-2-戊烯	3-methyl-2-pentene,trans	-16.123	574.380E-03	-347.670E-06	868.222E-10	126.61	194.97	297.48
259	C₆H₁₂	顺-4-甲基-2-戊烯	4-methyl-2-pentene,cis	-10.208	576.011E-03	-359.761E-06	929.978E-10	130.92	200.00	299.16
260	C₆H₁₂	反-4-甲基-2-戊烯	4-methyl-2-pentene,trans	12.606	515.176E-03	-300.641E-06	732.870E-10	141.42	204.18	300.41
261	C₆H₁₂	2-乙基-1-丁烯	2-ethyl-1-butene	-13.282	601.994E-03	-401.714E-06	113.830E-09	133.55	201.67	300.83
262	C₆H₁₂	2,3-二甲基-1-丁烯	2,3-dimethyl-1-butene	8.206	551.870E-03	-358.669E-06	100.747E-09	143.47	207.11	302.08
263	C₆H₁₂	3,3-二甲基-1-丁烯	3,3-dimethyl-1-butene	-16.833	572.622E-03	-332.837E-06	736.510E-10	126.48	195.39	297.06
264	C₆H₁₂	2,3-二甲基-2-丁烯	2,3-dimethyl-2-butene	6.912	430.450E-03	-130.457E-06	-951.400E-11	123.60	188.45	297.65
265	C₆H₁₂	环己烷	cyclohexane	-55.308	617.600E-03	-261.458E-06	159.854E-10	106.27	190.25	317.15
266	C₆H₁₂	甲基环戊烷	methylcyclopentane	-50.652	639.148E-03	-362.950E-06	773.622E-10	109.79	188.03	303.09
267	C₆H₁₂O	环己醇	cyclohexanol	-42.137	657.432E-03	-313.662E-06	375.271E-10	127.24	212.97	339.45
268	C₆H₁₂O	己醛	hexanal	11.804	536.807E-03	-283.520E-06	545.050E-10	148.24	216.31	319.66
269	C₆H₁₂S	硫杂环庚烷	thiacycloheptane	-70.538	727.891E-03	-241.254E-06	-491.955E-10	124.60	225.94	368.19
270	C₆H₁₄	己烷	hexane	-4.738	582.413E-03	-310.637E-06	629.232E-10	143.09	216.86	330.08
271	C₆H₁₄	2-甲基戊烷	2-methylpentane	-12.762	630.654E-03	-378.794E-06	921.735E-10	144.18	219.66	331.37
272	C₆H₁₄	3-甲基戊烷	3-methylpentane	-4.756	582.329E-03	-310.160E-06	625.257E-10	143.09	216.86	330.12
273	C₆H₁₄	2,2-二甲基丁烷	2,2-dimethylbutane	-21.107	654.420E-03	-391.417E-06	911.024E-10	141.88	219.66	333.46
274	C₆H₁₄	2,3-二甲基丁烷	2,3-dimethylbutane	-16.423	625.132E-03	-355.535E-06	776.592E-10	140.54	217.15	330.95
275	C₆H₁₄O	丙醚	propyl ether	20.010	526.766E-03	-219.212E-06	202.267E-10	158.28	231.21	347.98
276	C₆H₁₄O	异丙醚	isopropyl ether	20.010	526.766E-03	-219.212E-06	202.267E-10	158.28	231.21	347.98
277	C₆H₁₄O	己醇	hexyl alcohol	5.911	587.476E-03	-302.892E-06	562.832E-10	155.77	231.21	346.94
278	C₆H₁₄S	乙丁硫醚	butyl ethyl sulfide	14.362	567.560E-03	-257.036E-06	421.161E-10	161.96	239.28	367.15
279	C₆H₁₄S	异丙硫醚	isopropyl sulfide	-5.059	725.422E-03	-518.314E-06	154.657E-09	169.24	247.57	356.64
280	C₆H₁₄S	甲戊硫醚	methyl pentyl sulfide	17.152	564.547E-03	-260.404E-06	443.211E-10	163.59	239.99	365.72
281	C₆H₁₄S	丙硫醚	propyl sulfide	16.912	545.719E-03	-216.028E-06	258.605E-10	161.21	239.12	372.59
282	C₆H₁₄S	1-己硫醇	1-hexanethiol	15.502	575.384E-03	-274.383E-06	501.494E-10	164.05	241.00	366.73
283	C₆H₁₄S₂	二丙基二硫	propyl disulfide	22.739	644.964E-03	-358.812E-06	809.855E-10	185.35	265.68	389.95

续表

$$C_p^{\ominus}(T) = A + BT + CT^2 + DT^3 / [J/(mol \cdot K)]$$

序号	化学式	中文	英文	A	B	C	D	298.15	500	1000
								标明温度(K)下的 $C_p^{\ominus}$		
284	$C_6H_{15}N$	三乙胺	triethylamine	-3.962	648.771E-03	-343.021E-06	653.206E-10	160.92	243.09	367.36
285	$C_7H_5F_3$	a,a,a-三氟甲苯	a,a,a-trifluorotoluene	-40.412	731.405E-03	-585.760E-06	181.151E-09	130.42	201.67	286.39
286	C_7H_5N	苯基氰	benzonitrile	-25.621	571.116E-03	-440.241E-06	133.633E-09	109.08	166.73	238.82
287	$C_7H_6O_2$	苯甲酸	benzoic acid	-38.407	569.945E-03	-339.670E-06	684.921E-10	103.47	170.54	260.66
288	C_7H_7F	对氟甲苯	p-fluorotoluene	-33.607	622.956E-03	-442.249E-06	124.144E-09	116.15	182.97	271.29
289	C_7H_8	甲苯	toluene	-43.647	603.542E-03	-399.451E-06	104.382E-09	103.64	171.46	264.93
290	C_7H_8	1,3,5-环庚三烯	1,3,5-cycloheptatriene	-42.702	686.176E-03	-547.435E-06	174.255E-09	117.78	185.43	270.20
291	C_7H_8O	间-甲酚	m-cresol	-46.162	733.162E-03	-616.094E-06	215.597E-09	122.47	193.30	286.60
292	C_7H_8O	邻-甲酚	o-cresol	-26.030	669.649E-03	-544.673E-06	188.849E-09	130.33	196.27	287.94
293	C_7H_8O	对-甲酚	p-cresol	-37.250	691.783E-03	-559.108E-06	190.677E-09	124.47	192.76	286.19
294	C_7H_{12}	1-庚炔	1-heptyne	10.606	561.702E-03	-327.264E-06	766.383E-10	151.08	219.33	321.75
295	C_7H_{14}	1-庚烯	1-heptene	-3.319	629.232E-03	-351.080E-06	760.986E-10	155.23	233.13	351.04
296	C_7H_{14}	环庚烷	cycloheptane	-76.161	786.216E-03	-420.283E-06	756.718E-10	123.09	221.50	365.68
297	C_7H_{14}	乙基环戊烷	ethylcyclopentane	-63.258	799.897E-03	-528.063E-06	147.942E-09	131.75	221.88	356.31
298	C_7H_{14}	1,1-二甲基环戊烷	1,1-dimethylcyclopentane	-58.618	768.601E-03	-448.650E-06	975.374E-10	133.30	225.98	359.11
299	C_7H_{14}	顺-1,2-二甲基环戊烷	c-1,2-dimethylcyclopentane	-57.300	768.768E-03	-456.558E-06	102.872E-09	134.14	226.06	358.02
300	C_7H_{14}	反-1,2-二甲基环戊烷	t-1,2-dimethylcyclopentane	-56.769	769.438E-03	-461.453E-06	105.981E-09	134.47	226.06	357.44
301	C_7H_{14}	顺-1,3-二甲基环戊烷	c-1,3-dimethylcyclopentane	-56.769	769.438E-03	-461.453E-06	105.981E-09	134.47	226.06	357.44
302	C_7H_{14}	反-1,3-二甲基环戊烷	t-1,3-dimethylcyclopentane	-56.769	769.438E-03	-461.453E-06	105.981E-09	134.47	226.06	357.44
303	C_7H_{14}	甲基环己烷	methylcyclohexane	-58.057	759.229E-03	-396.120E-06	661.867E-10	135.02	231.00	371.50
304	$C_7H_{14}O$	庚醛	heptanal	10.479	633.625E-03	-339.599E-06	664.963E-10	171.08	250.62	371.12
305	C_7H_{16}	庚烷	heptane	-5.619	676.929E-03	-363.949E-06	740.735E-10	165.98	251.33	381.58
306	C_7H_{16}	2-甲基己烷	2-methylhexane	-5.619	676.929E-03	-363.949E-06	740.735E-10	165.98	251.33	381.58
307	C_7H_{16}	3-甲基己烷	3-methylhe xane	-5.619	676.929E-03	-363.949E-06	740.735E-10	165.98	251.33	381.58
308	C_7H_{16}	3-乙基戊烷	3-ethylpentane	-5.619	676.929E-03	-363.949E-06	740.735E-10	165.98	251.33	381.58
309	C_7H_{16}	2,2-二甲基戊烷	2,2-dimethylpentane	-5.619	676.929E-03	-363.949E-06	740.735E-10	165.98	251.33	381.58
310	C_7H_{16}	2,3-二甲基戊烷	2,3-dimethylpentane	-5.619	676.929E-03	-363.949E-06	740.735E-10	165.98	251.33	381.58
311	C_7H_{16}	2,4-二甲基戊烷	2,4-dimethylpentane	-5.619	676.929E-03	-363.949E-06	740.735E-10	165.98	251.33	381.58
312	C_7H_{16}	3,3-二甲基戊烷	3,3-dimethylpentane	-5.619	676.929E-03	-363.949E-06	740.735E-10	165.98	251.33	381.58
313	C_7H_{16}	2,2,3-三甲基丁烷	2,2,3-trimethylbutane	-26.302	769.061E-03	-467.729E-06	111.060E-09	164.56	255.39	386.27
314	$C_7H_{16}O$	异丙基叔丁基醚	isopropyl tert-butyl ether	20.789	615.467E-03	-266.738E-06	300.499E-10	181.17	265.77	399.82

续表

序号	化学式	名称		$C_p^{\ominus}(T) = A + BT + CT^2 + DT^3 /[J/(mol \cdot K)]$				标明温度(K)下的 $C_p^{\ominus}$		
		中文	英文	A	B	C	D	298.15	500	1000
315	$C_7H_{16}O$	庚醇	heptyl alcohol	4.908	682.913E-03	-358.038E-06	685.716E-10	178.66	265.73	398.53
316	$C_7H_{16}S$	丙丁硫醚	butyl propyl sulfide	15.543	643.039E-03	-274.395E-06	398.346E-10	184.05	273.59	424.17
317	$C_7H_{16}S$	乙戊硫醚	ethyl pentyl sulfide	13.355	663.039E-03	-312.206E-06	544.129E-10	184.85	273.80	418.73
318	$C_7H_{16}S$	甲己硫醚	hexyl methyl sulfide	16.143	660.026E-03	-315.599E-06	566.304E-10	186.48	274.51	417.31
319	$C_7H_{16}S$	1-庚硫醇	1-heptanethiol	14.496	670.821E-03	-329.553E-06	624.462E-10	186.94	275.52	418.32
320	C_8H_6	乙炔基苯	ethynylbenzene	-38.345	658.896E-03	-536.891E-06	172.360E-09	114.89	178.53	255.94
321	C_8H_8	苯乙烯	styrene	-36.914	665.256E-03	-485.051E-06	140.879E-09	122.09	192.21	284.18
322	C_8H_8	1,3,5,7-环辛四烯	1,3,5,7-cyclooctatetraene	-41.686	684.670E-03	-499.863E-06	144.938E-09	122.01	194.05	288.19
323	C_8H_{10}	乙苯	ethylbenzene	-43.087	706.761E-03	-481.035E-06	130.114E-09	128.41	206.48	312.84
324	C_8H_{10}	间二甲苯	m-xylene	-29.154	629.316E-03	-374.510E-06	847.888E-10	127.57	202.63	310.58
325	C_8H_{10}	邻二甲苯	o-xylene	-15.859	595.718E-03	-344.222E-06	753.120E-10	133.26	205.48	311.08
326	C_8H_{10}	对二甲苯	p-xylene	-25.088	603.626E-03	-337.230E-06	682.327E-10	126.86	201.08	309.70
327	C_8H_{14}	1-辛炔	1-octyne	9.677	656.344E-03	-380.388E-06	875.084E-10	173.97	253.84	373.21
328	C_8H_{16}	1-辛烯	1-octene	-4.130	723.330E-03	-403.643E-06	868.222E-10	178.07	267.61	402.50
329	C_8H_{16}	环辛烷	cyclooctane	-96.998	954.831E-03	-579.400E-06	135.655E-09	139.95	252.76	414.26
330	C_8H_{16}	丙基环戊烷	propylcyclopentane	-64.605	897.217E-03	-586.513E-06	162.009E-09	154.64	256.40	407.94
331	C_8H_{16}	乙基环己烷	ethylcyclohexane	-60.082	864.665E-03	-464.047E-06	830.984E-10	158.82	266.94	423.84
332	C_8H_{16}	1,1-二甲基环己烷	1,1-dimethylcyclohexane	-62.308	839.059E-03	-390.961E-06	414.588E-10	154.39	264.85	427.60
333	C_8H_{16}	顺-1,2-二甲基环己烷	c-1,2-dimethylcyclohexane	-63.019	862.908E-03	-448.483E-06	725.548E-10	156.48	265.68	424.26
334	C_8H_{16}	反-1,2-二甲基环己烷	t-1,2-dimethylcyclohexane	-66.931	900.732E-03	-511.494E-06	102.977E-09	158.99	268.61	425.51
335	C_8H_{16}	顺-1,3-二甲基环己烷	c-1,3-dimethylcyclohexane	-58.881	844.080E-03	-419.070E-06	602.287E-10	157.32	266.10	426.77
336	C_8H_{16}	反-1,3-二甲基环己烷	t-1,3-dimethylcyclohexane	-59.647	853.201E-03	-445.052E-06	741.781E-10	157.32	265.27	423.00
337	C_8H_{16}	顺-1,4-二甲基环己烷	c-1,4-dimethylcyclohexane	-59.647	853.201E-03	-445.052E-06	741.781E-10	157.32	265.27	423.00
338	C_8H_{16}	反-1,4-二甲基环己烷	t-1,4-dimethylcyclohexane	-67.057	891.067E-03	-488.524E-06	906.547E-10	157.74	267.78	426.35
339	$C_8H_{16}O$	辛醛	octanal	10.565	722.159E-03	-381.983E-06	717.556E-10	193.97	285.35	422.58
340	C_8H_{18}	辛烷	octane	-7.477	777.471E-03	-428.442E-06	917.635E-10	188.87	285.85	433.46
341	C_8H_{18}	2-甲基庚烷	2-methylheptane	-7.477	777.471E-03	-428.442E-06	917.635E-10	188.87	285.85	433.46
342	C_8H_{18}	3-甲基庚烷	3-methylheptane	-7.477	777.471E-03	-428.442E-06	917.635E-10	188.87	285.85	433.46
343	C_8H_{18}	4-甲基庚烷	4-methylheptane	-7.477	777.471E-03	-428.442E-06	917.635E-10	188.87	285.85	433.46
344	C_8H_{18}	3-乙基己烷	3-ethylhexane	-7.477	777.471E-03	-428.442E-06	917.635E-10	188.87	285.85	433.46
345	C_8H_{18}	2,2-二甲基己烷	2,2-dimethylhexane	-7.477	777.471E-03	-428.442E-06	917.635E-10	188.87	285.85	433.46

续表

$$C_p^\ominus(T) = A + BT + CT^2 + DT^3 /[J/(mol \cdot K)]$$

序号	化学式	名称 中文	名称 英文	A	B	C	D	标明温度（K）下的 $C_p^\ominus$ 298.15	500	1000
346	C$_8$H$_{18}$	2,3-二甲基己烷	2,3-dimethylhexane	-7.477	777.471E-03	-428.442E-06	917.635E-10	188.87	285.85	433.46
347	C$_8$H$_{18}$	2,4-二甲基己烷	2,4-dimethylhexane	-7.477	777.471E-03	-428.442E-06	917.635E-10	188.87	285.85	433.46
348	C$_8$H$_{18}$	2,5-二甲基己烷	2,5-dimethylhexane	-7.477	777.471E-03	-428.442E-06	917.635E-10	188.87	285.85	433.46
349	C$_8$H$_{18}$	3,3-二甲基己烷	3,3-dimethylhexane	-7.477	777.471E-03	-428.442E-06	917.635E-10	188.87	285.85	433.46
350	C$_8$H$_{18}$	3,4-二甲基己烷	3,4-dimethylhexane	-7.477	777.471E-03	-428.442E-06	917.635E-10	188.87	285.85	433.46
351	C$_8$H$_{18}$	3-乙基-2甲基戊烷	3-ethyl-2-methylpentane	-7.477	777.471E-03	-428.442E-06	917.635E-10	188.87	285.85	433.46
352	C$_8$H$_{18}$	3-乙基-3甲基戊烷	3-ethyl-3-methylpentane	-7.477	777.471E-03	-428.442E-06	917.635E-10	188.87	285.85	433.46
353	C$_8$H$_{18}$	2,2,3-三甲基戊烷	2,2,3-trimethylpentane	-7.477	777.471E-03	-428.442E-06	917.635E-10	188.87	285.85	433.46
354	C$_8$H$_{18}$	2,2,4-三甲基戊烷	2,2,4-trimethylpentane	-7.477	777.471E-03	-428.442E-06	917.635E-10	188.87	285.85	433.46
355	C$_8$H$_{18}$	2,3,3-三甲基戊烷	2,3,3-trimethylpentane	-7.477	777.471E-03	-428.442E-06	917.635E-10	188.87	285.85	433.46
356	C$_8$H$_{18}$	2,3,4-三甲基戊烷	2,3,4-trimethylpentane	-7.477	777.471E-03	-428.442E-06	917.635E-10	188.87	285.85	433.46
357	C$_8$H$_{18}$	2,2,3,3-四甲基丁烷	2,2,3,3-tetramethylbutane	-44.660	978.931E-03	-670.319E-06	181.925E-09	192.59	300.24	446.01
358	C$_8$H$_{18}$O	丁醚	butyl ether	17.340	721.405E-03	-336.256E-06	485.762E-10	204.01	300.20	451.29
359	C$_8$H$_{18}$O	仲丁醚	sec-butyl ether	17.340	721.405E-03	-336.256E-06	485.762E-10	204.01	300.20	451.29
360	C$_8$H$_{18}$O	叔丁醚	tert-butyl ether	17.340	721.405E-03	-336.256E-06	485.762E-10	204.01	300.20	451.29
361	C$_8$H$_{18}$O	辛醇	octyl alcohol	3.893	778.433E-03	-413.283E-06	809.060E-10	201.54	300.24	450.11
362	C$_8$H$_{18}$S	丁硫醚	butyl sulfide	14.557	738.392E-03	-329.369E-06	520.280E-10	206.94	308.11	475.76
363	C$_8$H$_{18}$S	乙己硫醚	ethyl hexyl sulfide	12.005	760.275E-03	-370.397E-06	682.996E-10	207.69	308.28	470.32
364	C$_8$H$_{18}$S	甲庚硫醚	heptyl methyl sulfide	14.798	757.220E-03	-373.740E-06	704.920E-10	209.33	308.99	468.90
365	C$_8$H$_{18}$S	丙戊硫醚	pentyl propyl sulfide	14.557	738.392E-03	-329.369E-06	520.280E-10	206.94	308.11	475.76
366	C$_8$H$_{18}$S	1-辛硫醇	1-octanethiol	13.131	768.141E-03	-387.869E-06	763.957E-10	209.79	309.99	469.91
367	C$_8$H$_{18}$S$_2$	二丁化二硫	buty-disulfide	20.391	837.595E-03	-472.081E-06	107.127E-09	231.08	334.68	493.13
368	C$_9$H$_{10}$	α-甲基苯乙烯	alpha-methylstyrene	-24.332	692.870E-03	-452.793E-06	118.060E-09	145.18	223.84	333.88
369	C$_9$H$_{10}$	顺丙烯基苯	propenylbenzene,cis	-24.332	692.870E-03	-452.793E-06	118.060E-09	145.18	223.84	333.88
370	C$_9$H$_{10}$	反丙烯基苯	propenylbenzene,trans	-29.349	723.079E-03	-493.001E-06	133.955E-09	146.02	225.94	334.72
371	C$_9$H$_{12}$	同甲基苯乙烯	m-methylstyrene	-24.332	692.870E-03	-452.793E-06	118.060E-09	145.18	223.84	333.88
372	C$_9$H$_{12}$	邻甲基苯乙烯	o-methylstyrene	-24.332	692.870E-03	-452.793E-06	118.060E-09	145.18	223.84	333.88
373	C$_9$H$_{12}$	对甲基苯乙烯	p-methylstyrene	-24.332	692.870E-03	-452.793E-06	118.060E-09	145.18	223.84	333.88
374	C$_9$H$_{12}$	丙苯	propylbenzene	-38.587	777.848E-03	-499.444E-06	124.545E-09	152.34	241.21	364.43
375	C$_9$H$_{12}$	异丙基苯	cumene	-47.380	819.939E-03	-555.552E-06	148.201E-09	151.71	242.25	365.26
376	C$_9$H$_{12}$	同乙基甲苯	m-ethyltoluene	-32.696	748.978E-03	-467.478E-06	114.294E-09	152.21	239.32	363.17

续表

$$C_p^\ominus(T) = A + BT + CT^2 + DT^3 / [\mathrm{J/(mol \cdot K)}]$$

序号	化学式	中文	英文	A	B	C	D	298.15	500	1000
								\multicolumn{3}{c}{标明温度(K)下的 $C_p^\ominus$}		
377	C_9H_{12}	邻乙基甲苯	o-ethyltoluene	−18.691	710.736E−03	−428.065E−06	994.453E−10	157.90	242.25	363.59
378	C_9H_{12}	对乙基甲苯	p-ethyltoluene	−29.355	727.599E−03	−437.186E−06	101.106E−09	151.54	238.07	362.33
379	C_9H_{12}	1,2,3-三甲基苯	1,2,3-trimethylbenzene	−1.709	601.115E−03	−274.470E−06	341.883E−10	154.18	234.72	359.41
380	C_9H_{12}	1,2,4-三甲基苯	1,2,4-trimethylbenzene	−4.744	614.002E−03	−286.960E−06	377.075E−10	154.01	235.39	360.24
381	C_9H_{12}	1,3,5-三甲基苯	mesitylene	−16.363	651.784E−03	−330.160E−06	546.472E−10	150.25	233.97	360.12
382	C_9H_{16}	1-壬炔	1-nonyne	7.735	757.471E−03	−446.266E−06	106.018E−09	196.82	288.32	425.09
383	C_9H_{18}	1-壬烯	1-nonene	−5.032	817.805E−03	−456.516E−06	975.625E−10	200.96	302.13	453.96
384	C_9H_{18}	丁基环戊烷	butylcyclopentane	−116.725	130.968E−02	−124.390E−05	529.151E−09	177.49	290.87	480.32
385	C_9H_{18}	丙基环己烷	propylcyclohexane	−62.028	982.027E−03	−560.028E−06	114.244E−09	184.22	303.76	474.47
386	C_9H_{18}	顺,顺-1,3,5-三甲基环己烷	cc-1,3,5-trimethylcyclohexane	−59.731	929.057E−03	−442.207E−06	543.753E−10	179.62	301.21	482.04
387	C_9H_{18}	顺,反-1,3,5-三甲基环己烷	ct-1,3,5-trimethylcyclohexane	−61.237	947.132E−03	−494.005E−06	821.696E−10	179.62	299.53	474.51
388	$C_9H_{18}O$	壬醛	nonanal	8.197	825.336E−03	−451.035E−06	917.091E−10	216.81	319.66	474.47
389	C_9H_{20}	壬烷	nonane	−8.386	872.155E−03	−482.164E−06	103.106E−09	211.71	320.33	484.93
390	C_9H_{20}	2-甲基辛烷	2-methyloctane	3.593	840.775E−03	−447.312E−06	881.025E−10	217.07	323.17	485.51
391	C_9H_{20}	3-甲基辛烷	3-methyloctane	−11.837	893.828E−03	−509.360E−06	112.541E−09	212.59	321.79	485.51
392	C_9H_{20}	4-甲基辛烷	4-methyloctane	−11.837	893.828E−03	−509.360E−06	112.541E−09	212.59	321.79	485.51
393	C_9H_{20}	3-乙基庚烷	3-ethylheptane	−27.273	946.923E−03	−571.451E−06	137.009E−09	208.11	320.41	485.51
394	C_9H_{20}	4-乙基庚烷	4-ethylheptane	−27.273	946.923E−03	−571.451E−06	137.009E−09	208.11	320.41	485.51
395	C_9H_{20}	2,2-二甲基庚烷	2,2-dimethylheptane	−18.588	955.877E−03	−596.848E−06	150.135E−09	217.61	329.11	490.91
396	C_9H_{20}	2,3-二甲基庚烷	2,3-dimethylheptane	−21.292	930.103E−03	−553.501E−06	130.206E−09	210.46	321.50	485.72
397	C_9H_{20}	2,4-二甲基庚烷	2,4-dimethylheptane	−35.993	979.098E−03	−607.852E−06	150.394E−09	206.06	320.20	485.85
398	C_9H_{20}	2,5-二甲基庚烷	2,5-dimethylheptane	−35.993	979.098E−03	−607.852E−06	150.394E−09	206.06	320.20	485.85
399	C_9H_{20}	2,6-二甲基庚烷	2,6-dimethylheptane	−20.547	925.919E−03	−545.636E−06	125.872E−09	210.54	321.58	485.85
400	C_9H_{20}	3,3-二甲基庚烷	3,3-dimethylheptane	−34.003	100.885E−02	−658.729E−06	174.498E−09	213.13	327.73	490.91
401	C_9H_{20}	3,4-二甲基庚烷	3,4-dimethylheptane	−36.744	983.282E−03	−615.759E−06	154.749E−09	205.98	320.12	485.72
402	C_9H_{20}	3,5-二甲基庚烷	3,5-dimethylheptane	−51.426	103.215E−02	−669.900E−06	174.833E−09	201.59	318.82	485.85
403	C_9H_{20}	4,4-二甲基庚烷	4,4-dimethylheptane	−34.003	100.885E−02	−658.729E−06	174.498E−09	213.13	327.73	490.91
404	C_9H_{20}	3-乙基-2-甲基己烷	3-ethyl-2-methylhexane	−36.744	983.282E−03	−615.759E−06	154.749E−09	205.98	320.12	485.72
405	C_9H_{20}	4-乙基-2-甲基己烷	4-ethyl-2-methylhexane	−51.426	103.215E−02	−669.900E−06	174.833E−09	201.59	318.82	485.85
406	C_9H_{20}	3-乙基-3-甲基己烷	3-ethyl-3-methylhexane	−49.447	106.203E−02	−720.945E−06	199.020E−09	208.66	326.35	490.91
407	C_9H_{20}	3-乙基-4-甲基己烷	3-ethyl-4-methylhexane	−52.162	103.629E−02	−677.724E−06	179.142E−09	201.50	318.74	485.72

续表

序号	化学式	名称 中文	名称 英文	$C_p^\ominus(T) = A + BT + CT^2 + DT^3 /[J/(mol \cdot K)]$ A	B	C	D	标明温度(K)下的 $C_p^\ominus$ 298.15	500	1000
408	C_9H_{20}	2,2,3-三甲基己烷	2,2,3-trimethylhexane	-43.468	104.516E-02	-702.996E-06	192.213E-09	211.00	327.44	491.12
409	C_9H_{20}	2,2,4-三甲基己烷	2,2,4-trimethylhexane	-58.158	109.412E-02	-757.220E-06	212.351E-09	206.61	326.14	491.24
410	C_9H_{20}	2,2,5-三甲基己烷	2,2,5-trimethylhexane	-42.723	104.102E-02	-695.130E-06	187.883E-09	211.08	327.52	491.24
411	C_9H_{20}	2,3,3-三甲基己烷	2,3,3-trimethylhexane	-43.468	104.516E-02	-702.996E-06	192.213E-09	211.00	327.44	491.12
412	C_9H_{20}	2,3,4-三甲基己烷	2,3,4-trimethylhexane	-46.166	101.935E-02	-659.650E-06	172.255E-09	203.84	319.82	485.93
413	C_9H_{20}	2,3,5-三甲基己烷	2,3,5-trimethylhexane	-45.422	101.521E-02	-651.742E-06	167.925E-09	203.93	319.91	486.06
414	C_9H_{20}	2,4,4-三甲基己烷	2,4,4-trimethylhexane	-58.158	109.412E-02	-757.220E-06	212.351E-09	206.61	326.14	491.24
415	C_9H_{20}	3,3,4-三甲基己烷	3,3,4-trimethylhexane	-58.911	109.830E-02	-765.170E-06	216.706E-09	206.52	326.06	491.12
416	C_9H_{20}	3,3-二乙基戊烷	3,3-diethylpentane	-64.902	111.520E-02	-783.203E-06	223.564E-09	204.18	324.97	490.91
417	C_9H_{20}	3-乙基-2,2-二甲基戊烷	3-ethyl-2,2-dimethylpentane	-54.789	108.136E-02	-746.007E-06	209.489E-09	207.07	325.52	490.20
418	C_9H_{20}	3-乙基-2,3-二甲基戊烷	3-ethyl-2,3-dimethylpentane	-58.911	109.830E-02	-765.170E-06	216.706E-09	206.52	326.06	491.12
419	C_9H_{20}	3-乙基-2,4-二甲基戊烷	3-ethyl-2,4-dimethylpentane	-46.166	101.935E-02	-659.650E-06	172.255E-09	203.84	319.82	485.93
420	C_9H_{20}	2,2,3,3-四甲基戊烷	2,2,3,3-trimethylpentane	-61.538	114.336E-02	-833.411E-06	247.053E-09	212.09	332.84	495.59
421	C_9H_{20}	2,2,3,4-四甲基戊烷	2,2,3,4-tetramethylpentane	-52.618	107.964E-02	-744.166E-06	208.351E-09	208.87	327.15	491.33
422	C_9H_{20}	2,2,4,4-四甲基戊烷	2,2,4,4-tetramethylpentane	-64.881	115.600E-02	-844.457E-06	249.810E-09	211.63	333.46	496.64
423	C_9H_{20}	2,3,3,4-四甲基戊烷	2,3,3,4-tetramethylpentane	-52.919	108.140E-02	-747.137E-06	209.849E-09	208.87	327.15	491.33
424	$C_9H_{20}O$	壬醇	nonyl alcohol	2.903	873.787E-03	-468.315E-06	931.275E-10	224.43	334.76	501.70
425	$C_9H_{20}S$	丁戊硫醚	butyl pentyl sulfide	13.210	835.587E-03	-387.535E-06	659.022E-10	229.79	342.59	527.35
426	$C_9H_{20}S$	乙庚硫醚	ethyl heptyl sulfide	10.905	856.297E-03	-426.684E-06	812.700E-10	230.58	342.80	521.95
427	$C_9H_{20}S$	丙己硫醚	hexyl propyl sulfide	13.210	835.587E-03	-387.535E-06	659.022E-10	229.79	342.59	527.35
428	$C_9H_{20}S$	甲辛硫醚	methyl octyl sulfide	13.683	853.369E-03	-430.199E-06	835.378E-10	232.21	343.51	520.53
429	$C_9H_{20}S$	1-壬硫醇	1-nonanethiol	12.048	864.080E-03	-444.006E-06	892.866E-10	232.67	344.51	521.54
430	$C_{10}H_8$	萘	naphthalene	-62.162	814.960E-03	-594.128E-06	169.264E-09	132.55	218.11	327.94
431	$C_{10}H_8$	薁	azulene	-72.693	844.582E-03	-624.169E-06	179.619E-09	128.41	216.27	327.36
432	$C_{10}H_{14}$	丁苯	butylbenzene	-40.834	879.728E-03	-565.384E-06	142.670E-09	175.10	275.68	416.27
433	$C_{10}H_{14}$	间二乙苯	m-diethylbenzene	-35.050	862.197E-03	-548.648E-06	137.089E-09	176.86	276.27	415.76
434	$C_{10}H_{14}$	邻二乙苯	o-diethylbenzene	-21.744	828.558E-03	-518.272E-06	127.562E-09	182.55	279.11	416.27
435	$C_{10}H_{14}$	对二乙苯	p-diethylbenzene	-30.962	836.382E-03	-511.159E-06	120.432E-09	176.15	274.72	414.89
436	$C_{10}H_{14}$	1,2,3,4-四甲基苯	1,2,3,4-tetramethylbenzene	4.848	732.828E-03	-407.216E-06	855.754E-10	189.58	280.37	416.18
437	$C_{10}H_{14}$	1,2,3,5-四甲基苯	1,2,3,5-tetramethylbenzene	5.756	704.293E-03	-358.929E-06	629.106E-10	185.73	276.27	414.26
438	$C_{10}H_{14}$	1,2,4,5-四甲基苯	1,2,4,5-tetramethylbenzene	18.400	642.830E-03	-275.416E-06	269.044E-10	186.52	274.55	413.00

续表

序号	化学式	中文名称	英文名称	$C_p^\ominus(T)=A+BT+CT^2+DT^3/[J/(mol \cdot K)]$				标明温度(K)下的 $C_p^\ominus$		
				A	B	C	D	298.15	500	1000
439	$C_{10}H_{18}$	1-癸炔	1-decyne	6.678	852.992E−03	−501.118E−06	117.880E−09	219.70	322.84	476.56
440	$C_{10}H_{18}$	顺-十氢化萘	decahydronaphthalene,*cis*	−109.738	110.571E−02	−642.955E−06	135.746E−09	166.69	299.74	489.15
441	$C_{10}H_{18}$	反-十氢化萘	decahydronaphthalene,*trans*	−97.629	104.399E−02	−547.518E−06	898.556E−10	167.53	297.65	489.24
442	$C_{10}H_{20}$	1-癸烯	1-decene	−6.964	918.890E−03	−522.289E−06	116.022E−09	223.80	336.60	505.85
443	$C_{10}H_{20}$	1-环戊基戊烷	1-cyclopentylpentane	−67.341	109.219E−02	−704.000E−06	190.590E−09	200.37	325.39	511.28
444	$C_{10}H_{20}$	丁基环己烷	butylcyclohexane	−60.325	106.148E−02	−587.852E−06	112.386E−09	207.11	338.07	525.93
445	$C_{10}H_{20}O$	癸醛	decanal	6.818	923.409E−03	−511.034E−06	106.638E−09	239.70	354.38	525.93
446	$C_{10}H_{22}$	癸烷	decane	−9.296	966.713E−03	−535.092E−06	113.884E−09	234.60	354.85	536.39
447	$C_{10}H_{22}$	2-甲基壬烷	2-methylnonane	8.861	916.463E−03	−480.407E−06	918.890E−10	242.09	358.53	537.23
448	$C_{10}H_{22}$	3-甲基壬烷	3-methylnonane	−6.595	969.684E−03	−542.707E−06	116.462E−09	237.61	357.15	537.23
449	$C_{10}H_{22}$	4-甲基壬烷	4-methylnonane	−6.595	969.684E−03	−542.707E−06	116.462E−09	237.61	357.15	537.23
450	$C_{10}H_{22}$	5-甲基壬烷	5-methylnonane	−6.595	969.684E−03	−542.707E−06	116.462E−09	237.61	357.15	537.23
451	$C_{10}H_{22}$	3-乙基辛烷	3-ethyloctane	−22.025	102.278E−02	−604.755E−06	140.905E−09	233.13	355.77	537.23
452	$C_{10}H_{22}$	4-乙基辛烷	4-ethyloctane	−22.025	102.278E−02	−604.755E−06	140.905E−09	233.13	355.77	537.23
453	$C_{10}H_{22}$	2,2-二甲基辛烷	2,2-dimethyloctane	−13.320	103.161E−02	−629.943E−06	153.925E−09	242.63	364.47	542.62
454	$C_{10}H_{22}$	2,3-二甲基辛烷	2,3-dimethyloctane	−30.720	105.475E−02	−640.905E−06	154.155E−09	231.08	355.56	537.56
455	$C_{10}H_{22}$	2,4-二甲基辛烷	2,4-dimethyloctane	−16.035	100.588E−02	−586.722E−06	134.047E−09	235.48	356.85	537.43
456	$C_{10}H_{22}$	2,5-二甲基辛烷	2,5-dimethyloctane	−30.720	105.475E−02	−640.905E−06	154.155E−09	231.08	355.56	537.56
457	$C_{10}H_{22}$	2,6-二甲基辛烷	2,6-dimethyloctane	−30.720	105.475E−02	−640.905E−06	154.155E−09	231.08	355.56	537.56
458	$C_{10}H_{22}$	2,7-二甲基辛烷	2,7-dimethyloctane	−15.284	100.165E−02	−578.815E−06	129.687E−09	235.56	356.94	537.56
459	$C_{10}H_{22}$	3,3-二甲基辛烷	3,3-dimethyloctane	−28.772	108.479E−02	−692.201E−06	178.469E−09	238.15	363.09	542.62
460	$C_{10}H_{22}$	3,4-二甲基辛烷	3,4-dimethyloctane	−31.481	105.901E−02	−648.938E−06	158.565E−09	231.00	355.47	537.43
461	$C_{10}H_{22}$	3,5-二甲基辛烷	3,5-dimethyloctane	−46.170	110.797E−02	−703.163E−06	178.703E−09	226.61	354.18	537.56
462	$C_{10}H_{22}$	3,6-二甲基辛烷	3,6-dimethyloctane	−46.170	110.797E−02	−703.163E−06	178.703E−09	226.61	354.18	537.56
463	$C_{10}H_{22}$	4,4-二甲基辛烷	4,4-dimethyloctane	−28.772	108.479E−02	−692.201E−06	178.469E−09	238.15	363.09	542.62
464	$C_{10}H_{22}$	4,5-二甲基辛烷	4,5-dimethyloctane	−31.481	105.901E−02	−648.938E−06	158.565E−09	231.00	355.47	537.43
465	$C_{10}H_{22}$	4-丙基庚烷	4-propylheptane	−22.025	102.278E−02	−604.755E−06	140.905E−09	233.13	355.77	537.23
466	$C_{10}H_{22}$	4-丙基异庚烷	4-isopropylheptane	−31.481	105.901E−02	−648.938E−06	158.565E−09	231.00	355.47	537.43
467	$C_{10}H_{22}$	3-乙基-2-甲基庚烷	3-ethyl-2-methylheptane	−31.481	105.901E−02	−648.938E−06	158.565E−09	231.00	355.47	537.43
468	$C_{10}H_{22}$	4-乙基-2-甲基庚烷	4-ethyl-2-methylheptane	−46.170	110.797E−02	−703.163E−06	178.703E−09	226.61	354.18	537.56
469	$C_{10}H_{22}$	5-乙基-2-甲基庚烷	5-ethyl-2-methylheptane	−46.170	110.797E−02	−703.163E−06	178.703E−09	226.61	354.18	537.56

续表

序号	化学式	名称 中文	名称 英文	$C_p^{\ominus}(T)=A+BT+CT^2+DT^3/[J/(mol \cdot K)]$ A	B	C	D	标明温度(K)下的 $C_p^{\ominus}$ 298.15	500	1000
470	C$_{10}$H$_{22}$	3-乙基-3-甲基庚烷	3-ethyl-3-methylheptane	-44.217	113.792E-02	-754.375E-06	202.991E-09	233.68	361.71	542.62
471	C$_{10}$H$_{22}$	4-乙基-3-甲基庚烷	4-ethyl-3-methylheptane	-46.928	111.219E-02	-711.113E-06	183.084E-09	226.52	354.09	537.43
472	C$_{10}$H$_{22}$	3-乙基-5-甲基庚烷	3-ethyl-5-methylheptane	-61.605	116.106E-02	-765.254E-06	203.171E-09	222.13	352.79	537.56
473	C$_{10}$H$_{22}$	3-乙基-4-甲基庚烷	3-ethyl-4-methylheptane	-46.928	111.219E-02	-711.113E-06	183.084E-09	226.52	354.09	537.43
474	C$_{10}$H$_{22}$	4-乙基-4-甲基庚烷	4-ethyl-4-methylheptane	-44.217	113.792E-02	-754.375E-06	202.991E-09	233.68	361.71	542.62
475	C$_{10}$H$_{22}$	2,2,3-三甲基庚烷	2,2,3-trimethylheptane	-38.215	112.098E-02	-736.259E-06	196.079E-09	236.02	362.79	542.83
476	C$_{10}$H$_{22}$	2,2,4-三甲基庚烷	2,2,4-trimethylheptane	-52.894	116.985E-02	-790.400E-06	216.166E-09	231.63	361.50	542.96
477	C$_{10}$H$_{22}$	2,2,5-三甲基庚烷	2,2,5-trimethylheptane	-52.894	116.985E-02	-790.400E-06	216.166E-09	231.63	361.50	542.96
478	C$_{10}$H$_{22}$	2,2,6-三甲基庚烷	2,2,6-trimethylheptane	-37.470	111.679E-02	-728.393E-06	191.749E-09	236.10	362.88	542.83
479	C$_{10}$H$_{22}$	2,3,3-三甲基庚烷	2,3,3-trimethylheptane	-38.215	112.098E-02	-736.259E-06	196.079E-09	236.02	362.79	542.83
480	C$_{10}$H$_{22}$	2,3,4-三甲基庚烷	2,3,4-trimethylheptane	-40.930	109.525E-02	-693.038E-06	176.201E-09	228.86	355.18	537.64
481	C$_{10}$H$_{22}$	2,3,5-三甲基庚烷	2,3,5-trimethylheptane	-55.626	114.420E-02	-747.304E-06	196.364E-09	224.47	353.88	537.77
482	C$_{10}$H$_{22}$	2,3,6-三甲基庚烷	2,3,6-trimethylheptane	-40.185	109.106E-02	-685.172E-06	171.870E-09	228.95	355.26	537.77
483	C$_{10}$H$_{22}$	2,4,4-三甲基庚烷	2,4,4-trimethylheptane	-52.894	116.985E-02	-790.400E-06	216.166E-09	231.63	361.50	542.96
484	C$_{10}$H$_{22}$	2,4,5-三甲基庚烷	2,4,5-trimethylheptane	-55.626	114.420E-02	-747.304E-06	196.364E-09	224.47	353.88	537.77
485	C$_{10}$H$_{22}$	2,4,6-三甲基庚烷	2,4,6-trimethylheptane	-54.873	114.001E-02	-739.397E-06	192.004E-09	224.56	353.97	537.90
486	C$_{10}$H$_{22}$	2,5,5-三甲基庚烷	2,5,5-trimethylheptane	-52.894	116.985E-02	-790.400E-06	216.166E-09	231.63	361.50	542.96
487	C$_{10}$H$_{22}$	3,3,4-三甲基庚烷	3,3,4-trimethylheptane	-53.660	117.411E-02	-798.475E-06	220.597E-09	231.54	361.41	542.83
488	C$_{10}$H$_{22}$	3,3,5-三甲基庚烷	3,3,5-trimethylheptane	-68.028	122.106E-02	-848.892E-06	238.517E-09	227.15	360.12	542.83
489	C$_{10}$H$_{22}$	3,4,4-三甲基庚烷	3,4,4-trimethylheptane	-53.660	117.411E-02	-798.475E-06	220.597E-09	231.54	361.41	542.83
490	C$_{10}$H$_{22}$	3,4,5-三甲基庚烷	2,3,5-trimethylheptane	-56.367	114.834E-02	-755.170E-06	200.669E-09	224.39	353.80	537.64
491	C$_{10}$H$_{22}$	3-异丙基-2-甲基己烷	3-isopropyl-2-methylhexane	-40.930	109.525E-02	-693.038E-06	176.201E-09	228.86	355.18	537.64
492	C$_{10}$H$_{22}$	3,3-二乙基己烷	3,3-diethylhexane	-59.647	119.102E-02	-816.466E-06	227.430E-09	229.20	360.33	542.62
493	C$_{10}$H$_{22}$	3,4-二乙基己烷	3,4-diethylhexane	-62.363	116.529E-02	-773.245E-06	207.552E-09	222.04	352.71	537.43
494	C$_{10}$H$_{22}$	3-乙基-2,2-二甲基己烷	3-ethyl-2,2-dimethylhexane	-53.660	117.411E-02	-798.475E-06	220.597E-09	231.54	361.41	542.83
495	C$_{10}$H$_{22}$	4-乙基-2,2-二甲基己烷	4-ethyl-2,2-dimethylhexane	-68.350	122.307E-02	-852.699E-06	240.735E-09	227.15	360.12	542.96
496	C$_{10}$H$_{22}$	3-乙基-2,3-二甲基己烷	3-ethyl-2,3-dimethylhexane	-53.660	117.411E-02	-798.475E-06	220.597E-09	231.54	361.41	542.83
497	C$_{10}$H$_{22}$	4-乙基-2,3-二甲基己烷	4-ethyl-2,3-dimethylhexane	-56.367	114.834E-02	-755.170E-06	200.669E-09	224.39	353.80	537.64
498	C$_{10}$H$_{22}$	3-乙基-2,4-二甲基己烷	3-ethyl-2,4-dimethylhexane	-56.367	114.834E-02	-755.170E-06	200.669E-09	224.39	353.80	537.64
499	C$_{10}$H$_{22}$	4-乙基-2,4-二甲基己烷	4-ethyl-2,4-dimethylhexane	-68.350	122.307E-02	-852.699E-06	240.735E-09	227.15	360.12	542.96
500	C$_{10}$H$_{22}$	4-乙基-2,5-二甲基己烷	4-ethyl-2,5-dimethylhexane	-55.739	114.491E-02	-748.518E-06	196.983E-09	224.47	353.88	537.77

续表

序号	化学式	名称 中文	名称 英文	$C_p^\ominus(T)=A+BT+CT^2+DT^3$ [J/(mol·K)] A	B	C	D	标明温度(K)下的 $C_p^\ominus$ 298.15	500	1000
501	$C_{10}H_{22}$	4-乙基-3,3-二甲基己烷	4-ethyl-3,3-dimethylhexane	-69.099	122.725E-02	-860.565E-06	245.065E-09	227.07	360.03	542.83
502	$C_{10}H_{22}$	3-乙基-3,4-二甲基己烷	3-ethyl-3,4-dimethylhexane	-69.099	122.725E-02	-860.565E-06	245.065E-09	227.07	360.03	542.83
503	$C_{10}H_{22}$	2,2,3,3-四甲基己烷	2,2,3,3-tetramethylhexane	-56.275	121.909E-02	-866.590E-06	250.869E-09	237.11	368.19	547.31
504	$C_{10}H_{22}$	2,2,3,4-四甲基己烷	2,2,3,4-tetramethylhexane	-63.111	121.035E-02	-842.574E-06	238.233E-09	229.41	361.12	543.04
505	$C_{10}H_{22}$	2,2,3,5-四甲基己烷	2,2,3,5-tetramethylhexane	-62.354	120.612E-02	-834.624E-06	233.852E-09	229.49	361.20	543.17
506	$C_{10}H_{22}$	2,2,4,4-四甲基己烷	2,2,4,4-tetramethylhexane	-75.086	128.503E-02	-940.019E-06	278.249E-09	232.17	367.44	548.36
507	$C_{10}H_{22}$	2,2,4,5-四甲基己烷	2,2,4,5-tetramethylhexane	-62.354	120.612E-02	-834.624E-06	233.852E-09	229.49	361.20	543.17
508	$C_{10}H_{22}$	2,2,5,5-四甲基己烷	2,2,5,5-tetramethylhexane	-59.655	123.194E-02	-877.971E-06	253.806E-09	236.65	368.82	548.36
509	$C_{10}H_{22}$	2,3,3,4-四甲基己烷	2,3,3,4-tetramethylhexane	-63.111	121.035E-02	-842.574E-06	238.233E-09	229.41	361.12	543.04
510	$C_{10}H_{22}$	2,3,3,5-四甲基己烷	2,3,3,5-tetramethylhexane	-62.354	120.612E-02	-834.624E-06	233.852E-09	229.49	361.20	543.17
511	$C_{10}H_{22}$	2,3,4,4-四甲基己烷	2,3,4,4-tetramethylhexane	-63.111	121.035E-02	-842.574E-06	238.233E-09	229.41	361.12	543.04
512	$C_{10}H_{22}$	2,3,4,5-四甲基己烷	2,3,4,5-tetramethylhexane	-50.367	113.140E-02	-737.054E-06	193.786E-09	226.73	354.89	537.85
513	$C_{10}H_{22}$	3,3,4,4-四甲基己烷	3,3,4,4-tetramethylhexane	-71.835	127.273E-02	-929.476E-06	275.696E-09	232.63	366.81	547.31
514	$C_{10}H_{22}$	2,4-二甲基-2-异丙基戊烷	2,4-dimethyl-2-isopropylpentane	-63.111	121.035E-02	-842.574E-06	238.233E-09	229.41	361.12	543.04
515	$C_{10}H_{22}$	3,3-二乙基-2-甲基戊烷	3,3-diethyl-2-methylpentane	-69.099	122.725E-02	-860.565E-06	245.065E-09	227.07	360.03	542.83
516	$C_{10}H_{22}$	3-乙基-2,2,3-三甲基戊烷	3-ethyl-2,2,3-trimethylpentane	-71.701	127.215E-02	-928.639E-06	275.311E-09	232.63	366.81	547.31
517	$C_{10}H_{22}$	3-乙基-2,2,4-三甲基戊烷	3-ethyl-2,2,4-trimethylpentane	-63.111	121.035E-02	-842.574E-06	238.233E-09	229.41	361.12	543.04
518	$C_{10}H_{22}$	3-乙基-2,3,4-三甲基戊烷	3-ethyl-2,3,4-trimethylpentane	-63.111	121.035E-02	-842.574E-06	238.233E-09	229.41	361.12	543.04
519	$C_{10}H_{22}$	2,2,3,3,4-五甲基戊烷	2,2,3,3,4-pentamethylpentane	-57.509	122.148E-02	-872.573E-06	254.170E-09	236.06	366.81	545.68
520	$C_{10}H_{22}$	2,2,3,4,4-五甲基戊烷	2,2,3,4,4-pentamethylpentane	-69.860	127.240E-02	-930.061E-06	275.826E-09	234.43	368.44	548.44
521	$C_{10}H_{22}O$	癸醇	decyl alcohol	1.897	969.224E-03	-523.460E-06	105.428E-09	247.32	369.28	553.29
522	$C_{10}H_{22}S$	丁己硫醚	butyl hexyl sulfide	12.094	931.735E-03	-443.964E-06	789.479E-10	252.67	377.10	578.98
523	$C_{10}H_{22}S$	乙辛硫醚	ethyl octyl sulfide	9.551	953.575E-03	-484.758E-06	949.852E-10	253.47	377.31	573.54
524	$C_{10}H_{22}S$	丙庚硫醚	heptyl propyl sulfide	12.094	931.735E-03	-443.964E-06	789.479E-10	252.67	377.10	578.98
525	$C_{10}H_{22}S$	甲壬硫醚	methyl nonyl sulfide	12.344	950.521E-03	-488.106E-06	971.776E-10	255.10	378.02	572.12
526	$C_{10}H_{22}S$	戊硫醚	pentyl sulfide	12.094	931.735E-03	-443.964E-06	789.479E-10	252.67	377.10	578.98
527	$C_{10}H_{22}S$	1-癸硫醇	1-decanethiol	10.693	961.358E-03	-502.080E-06	103.002E-09	255.56	379.02	573.12
528	$C_{10}H_{22}S_2$	二戊化二硫	pentyl disulfide	17.922	103.094E-02	-586.764E-06	134.072E-09	276.81	403.67	596.35
529	$C_{11}H_{10}$	1-甲基萘	1-methylnaphthalene	-59.706	916.296E-03	-663.875E-06	188.837E-09	159.54	256.27	381.62

续表

序号	化学式	名称 中文	名称 英文	$C_p^\ominus(T)=A+BT+CT^2+DT^3/[J/(mol\cdot K)]$ A	B	C	D	标明温度(K)下的$C_p^\ominus$ 298.15	500	1000
530	C₁₁H₁₀	2-甲基萘	2-methylnaphthalene	−52.011	879.435E−03	−618.981E−06	171.678E−09	159.79	254.68	380.16
531	C₁₁H₁₆	戊苯	pentylbenzene	−42.179	977.215E−03	−624.253E−06	156.992E−09	197.99	310.20	467.90
532	C₁₁H₁₆	五甲基苯	pentamethylbenzene	−0.385	875.879E−03	−538.272E−06	132.704E−09	216.48	319.78	469.99
533	C₁₁H₂₀	1-十一炔	1-undecyne	5.865	947.048E−03	−553.334E−06	128.348E−09	242.59	357.36	528.02
534	C₁₁H₂₂	1-十一烯	1-undecene	−8.021	101.441E−02	−577.141E−06	127.884E−09	246.69	371.12	557.31
535	C₁₁H₂₂	1-环戊基己烷	1-cyclopentylhexane	−68.262	118.696E−02	−757.806E−06	201.983E−09	223.22	359.87	562.75
536	C₁₁H₂₂	戊基环己烷	pentylcyclohexane	−65.480	118.093E−02	−683.791E−06	145.804E−09	229.95	372.79	577.81
537	C₁₁H₂₄	十一烷	undecane	−11.238	106.784E−02	−600.948E−06	132.394E−09	257.44	389.32	588.27
538	C₁₁H₂₄O	十一醇	undecyl alcohol	0.891	106.466E−02	−578.647E−06	117.725E−09	270.20	403.80	604.88
539	C₁₁H₂₄S	丁庚硫醚	butyl heptyl sulfide	10.773	102.880E−02	−501.745E−06	925.082E−10	275.56	411.62	630.57
540	C₁₁H₂₄S	甲癸硫醚	decyl methyl sulfide	11.252	104.642E−02	−544.046E−06	109.914E−09	277.94	412.50	623.71
541	C₁₁H₂₄S	乙壬硫醚	ethyl nonyl sulfide	8.459	104.943E−02	−540.698E−06	107.721E−09	276.31	411.79	625.13
542	C₁₁H₂₄S	丙辛硫醚	octyl propyl sulfide	10.773	102.880E−02	−501.745E−06	925.082E−10	275.56	411.62	630.57
543	C₁₁H₂₄S	1-十一硫醇	1-undecanethiol	9.591	105.730E−02	−558.104E−06	115.792E−09	278.40	413.50	624.71
544	C₁₂H₁₀	联苯	biphenyl	−88.094	106.152E−02	−817.344E−06	245.584E−09	162.34	269.37	401.66
545	C₁₂H₁₂	1-乙基萘	1-ethylnaphthalene	−63.798	103.901E−02	−761.363E−06	220.367E−09	184.18	293.13	434.26
546	C₁₂H₁₂	2-乙基萘	2-ethylnaphthalene	−56.103	100.219E−02	−716.510E−06	203.221E−09	184.43	291.54	432.79
547	C₁₂H₁₂	1,2-二甲基萘	1,2-dimethylnaphthalene	−59.463	101.926E−02	−732.577E−06	207.087E−09	184.85	293.13	434.42
548	C₁₂H₁₂	1,3-二甲基萘	1,3-dimethylnaphthalene	−51.764	982.403E−03	−687.682E−06	189.916E−09	185.10	291.54	432.96
549	C₁₂H₁₂	1,4-二甲基萘	1,4-dimethylnaphthalene	−59.463	101.926E−02	−732.577E−06	207.087E−09	184.85	293.13	434.42
550	C₁₂H₁₂	1,5-二甲基萘	1,5-dimethylnaphthalene	−59.463	101.926E−02	−732.577E−06	207.087E−09	184.85	293.13	434.42
551	C₁₂H₁₂	1,6-二甲基萘	1,6-dimethylnaphthalene	−51.764	982.403E−03	−687.682E−06	189.916E−09	185.10	291.54	432.96
552	C₁₂H₁₂	1,7-二甲基萘	1,7-dimethylnaphthalene	−51.764	982.403E−03	−687.682E−06	189.916E−09	185.10	291.54	432.96
553	C₁₂H₁₂	2,3-二甲基萘	2,3-dimethylnaphthalene	−32.046	885.837E−03	−563.250E−06	139.357E−09	185.81	287.65	430.03
554	C₁₂H₁₂	2,6-二甲基萘	2,6-dimethylnaphthalene	−40.094	935.919E−03	−636.972E−06	172.670E−09	187.07	290.58	431.54
555	C₁₂H₁₂	2,7-二甲基萘	2,7-dimethylnaphthalene	−39.325	932.446E−03	−632.035E−06	170.427E−09	187.07	290.58	431.54

续表

序号	化学式	中文	英文	$C_p^{\ominus}(T)=A+BT+CT^2+DT^3$[J/(mol·K)]				标明温度(K)下的 $C_p^{\ominus}$		
				A	B	C	D	298.15	500	1000
556	$C_{12}H_{18}$	己苯	hexylbenzene	-43.706	107.567E-02	-684.921E-06	172.435E-09	220.87	344.72	519.65
557	$C_{12}H_{18}$	1,2,3-三乙基苯	1,2,3-triethylbenzene	-10.544	950.396E-03	-535.594E-06	112.596E-09	228.11	345.18	517.18
558	$C_{12}H_{18}$	1,2,4-三乙基苯	1,2,4-triethylbenzene	-13.571	963.241E-03	-548.020E-06	116.077E-09	227.94	345.85	518.02
559	$C_{12}H_{18}$	1,3,5-三乙基苯	1,3,5-triethylbenzene	-25.200	100.106E-02	-591.325E-06	133.068E-09	224.18	344.43	517.90
560	$C_{12}H_{18}$	六甲基苯	hexamethylbenzene	3.380	100.433E-02	-662.997E-06	180.636E-09	248.61	362.54	525.30
561	$C_{12}H_{22}$	1-十二炔	1-dodecyne	4.031	104.751E-02	-617.977E-06	146.189E-09	265.43	391.83	579.90
562	$C_{12}H_{24}$	1-十二烯	1-dodecene	-8.845	110.851E-02	-629.483E-06	138.403E-09	269.58	405.64	608.77
563	$C_{12}H_{24}$	1-环戊基庚烷	1-cyclopentylheptane	-69.308	128.240E-02	-812.575E-06	213.794E-09	246.10	394.38	614.21
564	$C_{12}H_{24}$	1-环己基己烷	1-cyclohexylhexane	-66.659	127.742E-02	-741.028E-06	159.210E-09	252.84	407.52	629.27
565	$C_{12}H_{26}$	十二烷	dodecane	-12.181	116.265E-02	-654.545E-06	143.561E-09	280.33	423.84	639.73
566	$C_{12}H_{26}O$	十二醇	dodecyl alcohol	-0.116	116.014E-02	-633.834E-06	130.022E-09	293.09	438.32	656.47
567	$C_{12}H_{26}S$	丁辛硫醚	butyl octyl sulfide	9.659	112.483E-02	-557.895E-06	105.349E-09	298.40	446.10	682.16
568	$C_{12}H_{26}S$	乙癸硫醚	decyl ethyl sulfide	7.109	114.679E-02	-599.149E-06	121.800E-09	299.20	446.31	676.76
569	$C_{12}H_{26}S$	己硫醚	hexyl sulfide	9.659	112.483E-02	-557.895E-06	105.349E-09	298.40	446.10	682.16
570	$C_{12}H_{26}S$	甲十一硫醚	methyl undecyl sulfide	9.886	114.386E-02	-602.663E-06	124.068E-09	300.83	447.02	675.34
571	$C_{12}H_{26}S$	丙壬硫醚	nonyl propyl sulfide	9.659	112.483E-02	-557.895E-06	105.349E-09	298.40	446.10	682.16
572	$C_{12}H_{26}S$	1-十二硫醇	1-dodecanethiol	8.241	115.462E-02	-616.596E-06	129.867E-09	301.29	448.02	676.34
573	$C_{12}H_{26}S_2$	二己基二硫	hexyl disulfide	15.498	122.399E-02	-700.569E-06	160.423E-09	322.54	472.67	699.52
574	$C_{13}H_{14}$	1-丙基萘	1-propylnaphthalene	-60.229	111.545E-02	-789.061E-06	219.953E-09	208.11	328.03	486.18
575	$C_{13}H_{14}$	2-丙基萘	2-propylnaphthalene	-53.154	108.119E-02	-747.053E-06	203.455E-09	208.36	326.35	484.51
576	$C_{13}H_{14}$	2-乙基-3-甲基萘	2-ethyl-3-methylnaphthalene	-34.726	100.002E-02	-645.508E-06	162.486E-09	210.46	324.26	482.42
577	$C_{13}H_{14}$	2-乙基-6-甲基萘	2-ethyl-6-methylnaphthalene	-79.040	127.181E-02	-112.433E-05	416.396E-09	211.71	327.19	484.09
578	$C_{13}H_{14}$	2-乙基-7-甲基萘	2-ethyl-7-methylnaphthalene	-79.040	127.181E-02	-112.433E-05	416.396E-09	211.71	327.19	484.09
579	$C_{13}H_{20}$	1-苯基庚烷	1-phenylheptane	-44.631	117.047E-02	-738.769E-06	183.858E-09	243.72	379.20	571.12
580	$C_{13}H_{24}$	1-十三炔	1-tridecyne	3.531	114.039E-02	-668.812E-06	156.118E-09	288.32	426.35	631.37
581	$C_{13}H_{26}$	1-十三烯	1-tridecene	-9.645	120.257E-02	-681.950E-06	149.076E-09	292.42	440.11	660.24

续表

序号	化学式	名称 中文	名称 英文	$C_p^\ominus(T) = A + BT + CT^2 + DT^3 / [J/(mol \cdot K)]$				标明温度(K)下的 $C_p^\ominus$		
				A	B	C	D	298.15	500	1000
582	$C_{13}H_{26}$	1-环戊基辛烷	1-cyclopentyloctane	-71.166	138.294E-02	-877.050E-06	231.480E-09	268.99	428.90	666.09
583	$C_{13}H_{26}$	1-环己基庚烷	1-cyclohexylheptane	-68.166	137.562E-02	-800.399E-06	173.389E-09	275.68	441.83	680.74
584	$C_{13}H_{28}$	十三烷	tridecane	-13.149	125.771E-02	-708.686E-06	155.109E-09	303.21	458.36	691.20
585	$C_{13}H_{28}O$	1-十三醇	1-tridecanol	-3.230	126.725E-02	-709.439E-06	153.461E-09	315.85	472.71	708.35
586	$C_{13}H_{28}S$	丁壬硫醚	butyl nonyl sulfide	8.282	122.231E-02	-616.596E-06	119.554E-09	321.29	480.62	733.79
587	$C_{13}H_{28}S$	丙癸硫醚	decyl propyl sulfide	8.282	122.231E-02	-616.596E-06	119.554E-09	321.29	480.62	733.79
588	$C_{13}H_{28}S$	甲十二硫醚	dodecyl methyl sulfide	8.794	123.972E-02	-658.604E-06	136.804E-09	323.67	481.49	726.93
589	$C_{13}H_{28}S$	乙十一硫醚	ethyl undecyl sulfide	5.979	124.286E-02	-655.465E-06	134.716E-09	322.04	480.78	728.35
590	$C_{13}H_{28}S$	1-十三硫醇	1-tridecanethiol	7.133	125.060E-02	-672.662E-06	142.683E-09	324.13	482.50	727.93
591	$C_{14}H_{16}$	1-丁基萘	1-butylnaphthalene	-61.337	121.072E-02	-843.913E-06	232.049E-09	230.87	362.33	537.64
592	$C_{14}H_{16}$	2-丁基萘	2-butylnaphthalene	-52.467	116.654E-02	-784.877E-06	206.652E-09	231.12	360.66	535.97
593	$C_{14}H_{22}$	1-苯基辛烷	1-phenyloctane	-45.652	126.570E-02	-792.952E-06	195.305E-09	266.60	413.71	622.58
594	$C_{14}H_{22}$	1,2,3,4-四乙基苯	1,2,3,4-tetraethylbenzene	-6.944	119.863E-02	-755.505E-06	190.175E-09	288.15	427.65	626.55
595	$C_{14}H_{22}$	1,2,3,5-四乙基苯	1,2,3,5-tetraethylbenzene	-6.031	117.006E-02	-707.180E-06	167.486E-09	284.30	423.55	624.63
596	$C_{14}H_{22}$	1,2,4,5-四乙基苯	1,2,4,5-tetraethylbenzene	20.140	104.734E-02	-535.678E-06	910.899E-10	289.28	421.83	623.37
597	$C_{14}H_{26}$	1-十四炔	1-tetradecyne	2.093	123.750E-02	-725.966E-06	169.034E-09	311.16	460.83	682.83
598	$C_{14}H_{28}$	1-十四烯	1-tetradecene	-11.714	130.428E-02	-748.434E-06	167.770E-09	315.31	474.63	712.12
599	$C_{14}H_{28}$	1-环戊基壬烷	1-cyclopentylnonane	-71.931	147.679E-02	-929.225E-06	241.998E-09	291.83	463.38	717.56
600	$C_{14}H_{28}$	1-环己基辛烷	1-cyclohexyloctane	-66.463	145.507E-02	-828.223E-06	171.536E-09	298.57	476.14	732.20
601	$C_{14}H_{30}$	十四烷	tetradecane	-14.948	135.788E-02	-772.743E-06	172.590E-09	326.06	492.83	743.08
602	$C_{14}H_{30}O$	1-十四醇	1-tetradecanol	-4.233	136.235E-02	-763.454E-06	164.829E-09	338.74	507.23	759.81
603	$C_{14}H_{30}S$	丁癸硫醚	butyl decyl sulfide	7.169	131.830E-02	-672.745E-06	132.394E-09	344.13	515.09	785.38
604	$C_{14}H_{30}S$	乙十二硫醚	dodecyl ethyl sulfide	4.734	133.959E-02	-712.703E-06	148.072E-09	344.93	515.30	779.94
605	$C_{14}H_{30}S$	庚硫醚	heptyl sulfide	7.169	131.830E-02	-672.745E-06	132.394E-09	344.13	515.09	785.38
606	$C_{14}H_{30}S$	甲十三硫醚	methyl tridecyl sulfide	7.532	133.654E-02	-716.008E-06	150.239E-09	346.56	516.01	778.52
607	$C_{14}H_{30}S$	丙十一硫醚	propyl undecyl sulfide	7.169	131.830E-02	-672.745E-06	132.394E-09	344.13	515.09	785.38
608	$C_{14}H_{30}S$	1-十四硫醇	1-tetradecanethiol	5.882	134.733E-02	-729.983E-06	156.063E-09	347.02	517.02	779.52
609	$C_{14}H_{30}S_2$	二庚化二硫	heptyl disulfide	13.023	141.737E-02	-815.294E-06	187.389E-09	368.27	541.66	802.74

续表

序号	化学式	名称 中文	名称 英文	$C_p^{\ominus}(T)=A+BT+CT^2+DT^3/[\text{J}/(\text{mol}\cdot\text{K})]$ A	B	C	D	标明温度(K)下的 $C_p^{\ominus}$ 298.15	500	1000
610	$C_{15}H_{18}$	1-戊基萘	1-pentylnaphthalene	-64.191	131.671E-02	-916.087E-06	253.007E-09	253.76	397.06	589.53
611	$C_{15}H_{18}$	2-戊基萘	2-pentylnaphthalene	-55.601	127.474E-02	-862.197E-06	230.861E-09	254.01	395.39	587.85
612	$C_{15}H_{24}$	1-苯基壬烷	1-phenylnonane	-47.480	136.612E-02	-857.511E-06	213.120E-09	289.45	448.19	674.46
613	$C_{15}H_{28}$	1-十五炔	1-pentadecyne	0.246	133.792E-02	-790.358E-06	186.669E-09	334.05	495.34	734.71
614	$C_{15}H_{30}$	1-十五烯	1-pentadecene	-12.611	139.892E-02	-802.031E-06	179.063E-09	338.15	509.11	763.58
615	$C_{15}H_{30}$	1-环戊基癸烷	1-cyclopentyldecane	-73.011	157.235E-02	-983.951E-06	253.730E-09	314.72	497.90	769.02
616	$C_{15}H_{30}$	1-环己基壬烷	1-cyclohexylnonane	-68.404	155.578E-02	-892.573E-06	188.912E-09	321.46	510.87	784.08
617	$C_{15}H_{32}$	十五烷	pentadecane	-15.972	145.315E-02	-826.968E-06	184.067E-09	348.95	527.35	794.54
618	$C_{15}H_{32}O$	1-十五醇	1-pentadecanol	-5.044	145.649E-02	-816.006E-06	175.557E-09	361.58	541.70	811.28
619	$C_{15}H_{32}S$	丁基十一硫醚	butyl undecyl sulfide	5.949	141.486E-02	-729.732E-06	145.624E-09	367.02	549.61	836.97
620	$C_{15}H_{32}S$	丙基十二硫醚	dodecyl propyl sulfide	5.949	141.486E-02	-729.732E-06	145.624E-09	367.02	549.61	836.97
621	$C_{15}H_{32}S$	乙基十三硫醚	ethyl tridecyl sulfide	3.439	143.674E-02	-770.776E-06	161.892E-09	367.82	549.82	831.57
622	$C_{15}H_{32}S$	甲基十四硫醚	methyl tetradecyl sulfide	6.221	143.377E-02	-774.207E-06	164.134E-09	369.45	550.53	830.15
623	$C_{15}H_{32}S$	1-十五硫醇	1-pentadecanethiol	4.560	144.465E-02	-788.308E-06	170.013E-09	369.91	551.53	831.15
624	$C_{16}H_{26}$	1-苯基癸烷	1-phenyldecane	-48.380	146.072E-02	-910.689E-06	224.078E-09	312.34	482.71	725.92
625	$C_{16}H_{26}$	五乙基苯	pentaethylbenzene	-15.092	145.796E-02	-973.366E-06	263.295E09	339.70	503.88	732.95
626	$C_{16}H_{30}$	1-十六炔	1-hexadecyne	-0.578	143.206E-02	-842.699E-06	197.188E-09	356.94	529.86	786.17
627	$C_{16}H_{32}$	1-十六烯	1-hexadecene	-13.451	149.310E-02	-854.498E-06	189.661E-09	361.04	543.63	815.04
628	$C_{16}H_{32}$	1-环戊基十一烷	1-cyclopentylundecane	-74.940	167.339E-02	-104.972E-05	272.190E-09	337.57	532.37	820.90
629	$C_{16}H_{32}$	1-环己基癸烷	1-cyclohexyldecane	-72.517	166.879E-02	-976.253E-06	215.108E-09	344.30	545.59	835.54
630	$C_{16}H_{34}$	十六烷	hexadecane	-17.072	154.825E-02	-880.607E-06	195.146E-09	371.79	561.83	846.00
631	$C_{16}H_{34}O$	1-十六醇	1-hexadecanol	-7.005	155.762E-02	-881.694E-06	193.887E-09	384.47	576.22	863.16
632	$C_{16}H_{34}S$	丁基十二硫醚	butyl dodecyl sulfide	4.654	151.201E-02	-787.805E-06	159.444E-09	389.91	584.13	888.60
633	$C_{16}H_{34}S$	乙基十四硫醚	ethyl tetradecyl sulfide	2.086	153.398E-02	-828.976E-06	175.787E-09	390.66	584.30	883.16
634	$C_{16}H_{34}S$	甲基十五硫醚	methyl pentadecyl sulfide	4.843	153.114E-02	-832.658E-06	178.159E-09	392.29	585.01	881.74
635	$C_{16}H_{34}S$	辛硫醚	octyl sulfide	4.654	151.201E-02	-787.805E-06	159.444E-09	389.91	584.13	888.60
636	$C_{16}H_{34}S$	丙基十三硫醚	propyl tridecyl sulfide	4.654	151.201E-02	-787.805E-06	159.444E-09	389.91	584.13	888.60
637	$C_{16}H_{34}S$	1-十六硫醇	1-hexadecanethiol	3.223	154.180E-02	-846.340E-06	183.832E-09	392.75	586.01	882.74
638	$C_{16}H_{34}S_2$	二辛化二硫	octyl disulfide	10.461	161.134E-02	-930.773E-06	214.669E-09	414.05	610.70	905.96

续表

序号	化学式	名称 中文	名称 英文	$C_p^\ominus(T)=A+BT+CT^2+DT^3/[J/(mol \cdot K)]$				标明温度（K）下的 $C_p^\ominus$		
				A	B	C	D	298.15	500	1000
639	$C_{17}H_{28}$	1-苯基十一烷	1-phenylundecane	-49.342	155.565E-02	-964.579E-06	235.425E-09	335.22	517.23	777.39
640	$C_{17}H_{32}$	1-十七炔	1-heptadecyne	-1.487	152.674E-02	-896.380E-06	208.535E-09	379.78	564.34	837.64
641	$C_{17}H_{34}$	1-十七烯	1-heptadecene	-15.267	159.339E-02	-918.597E-06	207.142E-09	383.92	578.15	866.92
642	$C_{17}H_{34}$	1-环戊基十二烷	1-cyclopentyldodecane	-75.781	176.757E-02	-110.219E-05	282.788E-09	360.45	566.89	872.36
643	$C_{17}H_{34}$	1-环己基十一烷	1-cyclohexylundecane	-71.107	175.054E-02	-100.935E-05	216.576E-09	367.19	579.90	887.01
644	$C_{17}H_{36}$	十七烷	heptadecane	-18.722	164.825E-02	-944.998E-06	213.020E-09	394.68	596.35	897.89
645	$C_{17}H_{36}O$	1-十七醇	1-heptadecanol	-7.839	165.180E-02	-934.120E-06	204.460E-09	407.35	610.74	914.62
646	$C_{17}H_{36}S$	丁十三硫醚	butyl tridecyl sulfide	3.286	160.933E-02	-846.172E-06	173.414E-09	412.75	618.60	940.19
647	$C_{17}H_{36}S$	乙十五硫醚	ethyl pentadecyl sulfide	1.074	162.946E-02	-884.205E-06	188.113E-09	413.54	618.81	934.75
648	$C_{17}H_{36}S$	甲十六硫醚	hexadecyl methyl sulfide	3.852	162.653E-02	-887.677E-06	190.380E-09	415.18	619.52	933.32
649	$C_{17}H_{36}S$	丙十四硫醚	propyl tetradecyl sulfide	3.286	160.933E-02	-846.172E-06	173.414E-09	412.75	618.60	940.19
650	$C_{17}H_{36}S$	1-十七硫醇	1-heptadecanethiol	2.201	163.733E-02	-901.694E-06	196.209E-09	415.63	620.53	934.33
651	$C_{18}H_{30}$	1-苯基十二烷	1-phenyldodecane	-51.292	165.682E-02	-103.048E-05	253.960E-09	358.07	551.70	829.27
652	$C_{18}H_{30}$	六乙基苯	hexaethylbenzene	-14.268	170.276E-02	-118.508E-05	337.343E-09	396.48	583.46	840.86
653	$C_{18}H_{34}$	1-十八炔	1-octadecyne	-3.530	162.833E-02	-962.613E-06	227.095E-09	402.67	598.86	889.52
654	$C_{18}H_{36}$	1-十八烯	1-octadecene	-16.218	168.833E-02	-972.696E-06	218.689E-09	406.77	612.62	918.39
655	$C_{18}H_{36}$	1-环戊基十三烷	1-cycopentyltridecane	-76.584	186.159E-02	-115.432E-05	293.202E-09	383.34	601.41	923.83
656	$C_{18}H_{36}$	1-环己基十二烷	1-cyclohexyldodecane	-73.659	185.527E-02	-108.102E-05	237.978E-09	390.03	614.21	938.89
657	$C_{18}H_{38}$	十八烷	octadecane	-19.568	174.247E-02	-997.549E-06	223.643E-09	417.56	630.86	949.35
658	$C_{18}H_{38}O$	1-十八醇	1-octadecanol	-8.727	174.640E-02	-987.633E-06	215.702E-09	430.20	645.21	966.09
659	$C_{18}H_{38}S$	丁十四硫醚	butyl tetradecyl sulfide	2.285	170.477E-02	-901.275E-06	185.690E-09	435.64	653.12	991.78
660	$C_{18}H_{38}S$	乙十六硫醚	ethyl hexadecyl sulfide	-0.274	172.665E-02	-942.362E-06	201.983E-09	436.39	653.29	986.34
661	$C_{18}H_{38}S$	甲十七硫醚	heptadecyl methyl sulfide	2.546	172.352E-02	-945.459E-06	204.045E-09	438.02	654.00	984.91
662	$C_{18}H_{38}S$	壬硫醚	nonyl sulfide	2.285	170.477E-02	-901.275E-06	185.690E-09	435.64	653.12	991.78
663	$C_{18}H_{38}S$	丙十五硫醚	pentadecyl propyl sulfide	2.285	170.477E-02	-901.275E-06	185.690E-09	435.64	653.12	991.78
664	$C_{18}H_{38}S$	1-十八硫醇	1-octadecanethiol	0.874	173.444E-02	-959.642E-06	209.978E-09	438.48	655.01	985.92
665	$C_{18}H_{38}S_2$	壬二硫	nonyl disulfide	8.113	180.397E-02	-104.408E-05	240.814E-09	459.78	679.69	1009.14
666	$C_{19}H_{32}$	1-苯基十三烷	1-phenyltridecane	-52.204	175.134E-02	-108.345E-05	264.738E-09	380.95	586.22	880.73
667	$C_{19}H_{36}$	1-十九炔	1-nonadecyne	-4.361	172.255E-02	-101.537E-05	237.927E-09	425.51	633.33	940.98

续表

$C_p^{\ominus}(T) = A + BT + CT^2 + DT^3$ [J/(mol·K)]

序号	化学式	中文	英文	A	B	C	D	298.15	500	1000
								\multicolumn{3}{}{标明温度(K)下的 $C_p^{\ominus}$}		
668	$C_{19}H_{38}$	1-十九烯	1-nonadecene	-17.216	178.343E-02	-102.667E-05	230.036E-09	429.65	647.14	969.85
669	$C_{19}H_{38}$	1-环戊基十四烷	1-cyclopentyltetradecane	-78.538	196.276E-02	-122.031E-05	311.767E-09	406.18	635.88	975.71
670	$C_{19}H_{38}$	1-环己基十三烷	1-cyclohcxyltridecane	-74.538	194.937E-02	-113.290E-05	248.032E-09	412.92	648.94	990.35
671	$C_{19}H_{40}$	十九烷	nonadecane	-20.497	183.732E-02	-105.144E-05	235.091E-09	440.41	665.34	1000.81
672	$C_{19}H_{40}O$	1-十九醇	1-nonadecanol	-10.671	184.732E-02	-105.274E-05	233.647E-09	453.09	679.73	1017.97
673	$C_{19}H_{40}S$	丁十五硫醚	butyl pentadecyl sulfide	0.926	180.205E-02	-959.559E-06	199.610E-09	458.48	687.60	1043.36
674	$C_{19}H_{40}S$	乙十七硫醚	ethyl heptadecyl sulfide	-1.379	182.272E-02	-998.721E-06	214.978E-09	459.28	687.81	1037.97
675	$C_{19}H_{40}S$	丙十六硫醚	hexadecyl propyl sulfide	0.926	180.205E-02	-959.559E-06	199.610E-09	458.48	687.60	1043.36
676	$C_{19}H_{40}S$	甲十八硫醚	methyl octadecyl sulfide	1.431	181.962E-02	-100.190E-05	217.091E-09	460.91	688.52	1036.54
677	$C_{19}H_{40}S$	1-十九硫醇	1-nonadecanethiol	1.139	182.427E-02	-100.701E-05	218.844E-09	461.79	689.52	1037.55
678	$C_{20}H_{34}$	1-苯基十四烷	1-phenyltetradecane	-53.024	184.552E-02	-113.608E-05	275.516E-09	403.80	620.70	932.20
679	$C_{20}H_{38}$	1-二十炔	1-eicosyne	-5.184	181.665E-02	-106.772E-05	248.446E-09	448.40	667.85	992.44
680	$C_{20}H_{40}$	1-二十烯	1-eicosene	-19.060	188.393E-02	-109.140E-05	247.927E-09	452.50	681.62	1021.73
681	$C_{20}H_{40}$	1-环戊基十五烷	1-cyclopentylpentadecane	-79.601	205.819E-02	-127.487E-05	323.423E-09	429.07	670.40	1027.17
682	$C_{20}H_{40}$	1-环己基十四烷	1-cyclohexyltetradecane	-75.450	204.368E-02	-118.508E-05	258.241E-09	435.81	683.67	1041.82
683	$C_{20}H_{42}$	二十烷	eicosane	-22.421	193.815E-02	-111.633E-05	252.931E-09	463.29	699.86	1052.69
684	$C_{20}H_{42}O$	1-二十醇	1-eicosanol	-12.637	194.841E-02	-111.805E-05	251.693E-09	475.97	714.25	1069.85
685	$C_{20}H_{42}S$	丁十六硫醚	butyl hexadecyl sulfide	-0.147	189.795E-02	-101.558E-05	212.451E-09	481.37	722.12	1094.99
686	$C_{20}H_{42}S$	癸硫醚	decyl sulfide	-0.147	189.795E-02	-101.558E-05	212.451E-09	481.37	722.12	1094.99
687	$C_{20}H_{42}S$	乙十八硫醚	ethyl octadecyl sulfide	-2.711	191.987E-02	-105.659E-05	228.593E-09	482.16	722.33	1089.56
688	$C_{20}H_{42}S$	丙十七硫醚	heptadecyl propyl sulfide	-0.147	189.795E-02	-101.558E-05	212.451E-09	481.37	722.12	1094.99
689	$C_{20}H_{42}S$	甲十九硫醚	methyl nonadecyl sulfide	0.087	191.682E-02	-105.985E-05	230.756E-09	483.80	723.04	1088.13
690	$C_{20}H_{42}S$	1-二十硫醇	1-eicosanethiol	-1.585	192.778E-02	-107.403E-05	236.689E-09	484.26	724.04	1089.14
691	$C_{20}H_{42}S_2$	二癸化二硫	decyl disulfide	5.649	199.736E-02	-115.868E-05	267.730E-09	505.51	748.68	1112.36
692	$C_{21}H_{36}$	1-苯基十五烷	1-phenylpentadecane	-54.969	194.656E-02	-120.160E-05	293.771E-09	426.68	655.21	984.08
693	$C_{21}H_{42}$	1-环戊基十六烷	1-cyclopentylhexadecane	-80.324	215.183E-02	-132.662E-05	333.737E-09	451.91	704.88	1078.64
694	$C_{21}H_{42}$	1-环己基十五烷	1-cyclohexylpentadecane	-77.977	214.828E-02	-125.654E-05	279.537E-09	458.65	717.97	1093.70
695	$C_{22}H_{38}$	1-苯基十六烷	1-phenylhexadecane	-55.944	204.158E-02	-125.558E-05	305.168E-09	449.57	689.73	1035.54
696	$C_{22}H_{44}$	1-环己基十六烷	1-cyclohexylhexadecane	-76.584	223.011E-02	-128.980E-05	281.085E-09	481.54	752.28	1145.16

注：1. 表中 E-××即×.×××10$^{-××}$。

2. Yaws[5] 中有 1360（一12）种气体（低压、理想气体）的 $C_p = A + BT + CT^2 + DT^3 + ET^4$ 关联式，给出各化合物的回归系数值，且标明其适用温度适用范围 T_{min}、T_{max}。

2.1.1.2　元素和无机物气体（低压，理想气体）标准状态下 $C_p^{\ominus} \sim T$ 关系式中各系数数值

具体数据见表 2-2，表 2-3。

表 2-2　无机物（气体）摩尔定压热容 C_p [J/(mol·K)] A, B, C, D, E 的数值

$$C_p^{\ominus} = A + BT + CT^2 + DT^3 + ET^4$$

序号	化学式	中文	英文	A	B	C	D	E	T最低	T最高
1	Ag	银	silver	20.794	0.0000E+00	0.0000E+00	0.0000E+00	0.0000E+00	298	6000
2	AgCl	氯化银	silver chloride	32.931	1.3917E-02*	-1.6486E-05	8.4479E-09	-1.5693E-12	298	2000
3	AgI	碘化银	silver iodide	35.710	5.3212E-03	-6.3035E-06	3.2301E-09	-6.0004E-13	298	2000
4	Al	铝	aluminum	21.636	-1.3303E-03	7.3647E-07	-1.7803E-10	1.6481E-14	298	6000
5	AlBr₃	三溴化铝	aluminun bromide	39.535	2.0117E-01	-3.2271E-04	2.2542E-07	-5.7081E-11	100	1500
6	AlCl₃	三氯化铝	aluminum chloride	34.535	2.0117E-01	-3.2271E-04	2.2542E-07	-5.7081E-11	100	1500
7	AlF₃	三氟化铝	aluminum fluoride	48.884	4.9935E-02	-2.4534E-05	4.8689E-09	-3.3559E-13	200	6000
8	AlI₃	三碘化铝	aluminum iodide	69.896	2.1051E-02	-1.0811E-05	2.2023E-09	-1.5440E-13	200	6000
9	Ar	氩	argon	20.786	0.0000E+00	0.0000E+00	0.0000E+00	0.0000E+00	100	1500
10	As	砷	arsenic	20.720	5.2598E-05	9.7228E-05	-1.9217E-11	1.3200E-15	298	6000
11	AsBr₃	三溴化砷	arsenic tribromide	68.784	5.9075E-02	-6.9453E-05	3.5616E-08	-6.2661E-12	298	2000
12	AsCl₃	三氯化砷	arsenic trichloride	63.784	5.9075E-02	-6.9453E-05	3.5616E-08	-6.2661E-12	298	2000
13	AsF₃	三氟化砷	arsenic trifluoride	39.648	1.2752E-01	-1.4842E-04	7.6110E-08	-1.4060E-11	298	2000
14	AsF₅	五氟化砷	arsenic pentafluoride	74.312	1.2752E-01	-1.4842E-04	7.6110E-08	-1.4160E-11	298	2000
15	AsH₃	胂，砷化三氢	arsine	31.578	2.2579E-04	1.2295E-04	-1.3416E-07	4.1378E-11	80	1500
16	AsI₃	三碘化砷	arsenic triiodide	76.357	2.1285E-02	-2.5214E-05	1.2920E-08	-2.4001E-12	298	2000
17	Au	金	gold	20.956	-1.3652E-03	1.6529E-06	-3.2668E-10	2.2440E-14	298	6000
18	B	硼	boron	20.811	-4.4781E-05	3.5078E-08	-1.4447E-11	2.2709E-15	200	6000
19	BBr₃	三溴化硼	boron tribromide	38.762	1.4855E-01	-2.0938E-04	1.3632E-07	-3.3271E-11	298	1500
20	BCl₃	三氯化硼	boron trichloride	24.444	1.9076E-01	-2.6142E-04	1.6467E-07	-3.8875E-11	100	1500
21	BF₃	三氟化硼	boron trifluoride	22.487	1.1814E-01	-8.7099E-05	2.2344E-08	1.2182E-13	100	1500
22	BH₂CO	羰基硼烷	borine carbonyl	-2.568	1.7067E-01	-6.8997E-05	1.2108E-08	-7.6892E-13	298	1500
23	BH₃O₃	硼酸	boric acid	33.718	1.1026E-01	1.1706E-05	-6.4763E-08	2.3670E-11	100	1500
24	B₂D₆	含氘乙硼烷	deuterodiborane	21.184	1.7067E-01	-6.8997E-05	1.2108E-08	-7.6892E-13	100	6000
25	B₂H₅Br	溴代乙硼烷	diborane hydrobromide	31.932	1.7067E-01	-6.8997E-05	1.2108E-08	-7.6892E-13	100	6000
26	B₂H₆	乙硼烷	diborane	19.984	1.7067E-01	-6.8997E-05	1.2108E-08	-7.6892E-13	100	6000
27	B₃N₃H₆	烃基硼三胺	borine triamine	-38.941	6.0750E-01	-5.9547E-04	3.0827E-07	-6.4789E-11	298	1500
28	B₄H₁₀	四硼烷	tetraborane	-66.873	5.6949E-01	-3.3162E-04	5.6690E-08	7.8563E-12	298	1500
29	B₅H₉	戊硼烷（戊硼烷-9）	pentaborane	-48.121	5.6949E-01	-3.3162E-04	5.6690E-08	7.8583E-12	298	1500

续表

$$C_p^\ominus = A + BT + CT^2 + DT^3 + ET^4$$

序号	化学式	名称		A	B	C	D	E	$T_{最低}$	$T_{最高}$
		英文	中文							
30	B_5H_{11}	tetrahydropentaborane	戊硼烷11	−47.121	5.6949E−01	−3.3162E−04	5.6690E−08	7.8563E−12	298	1500
31	Ba	barium	钡	22.141	−3.5147E−04	−1.3612E−06	−2.6903E−10	−1.8480E−14	298	6000
32	Be	beryllium	铍	20.492	1.2418E−03	−1.1098E−06	3.0261E−10	−1.7385E−14	200	6000
33	$BeBr_2$	beryllium bromide	溴化铍	49.193	1.9295E−02	−9.5080E−06	1.8903E−09	−1.3044E−13	200	6000
34	$BeCl_2$	beryllium chloride	氯化铍	44.579	2.5358E−02	−1.2328E−05	2.4319E−09	−1.6699E−13	200	6000
35	BeF_2	berylliumfluoride	氟化铍	36.836	3.4492E−02	−1.6319E−05	3.1695E−06	−2.1551E−13	200	6000
36	BeI_2	beryllium iodide	碘化铍	51.249	1.6602E−02	−8.2631E−06	1.6524E−09	−1.1446E−13	200	6000
37	Bi	bismuth	铋	20.794	0.0000E+00	0.0000E+00	0.0000E+00	0.0000E+00	298	3000
38	$BiCl_3$	bismuth trichloride	三氯化铋	66.210	7.9478E−02	−1.5111E−04	1.3058E−07	−4.2429E−11	298	1000
39	BrF_5	bromine pentafluoride	五氟化溴	27.183	3.9339E−01	−5.9604E−04	4.0800E−07	−1.0308E−10	298	1500
40	Br_2	bromine	溴	27.169	4.9172E−02	8.5027E−05	6.2796E−08	−1.6556E−11	100	1500
41	C	carbon	碳	21.069	−7.9119E−04	5.0895E−07	−6.9132E−11	2.7021E−15	2.98	6000
42	$CCl_2O,COCl_2$	phosgene	光气(碳酰氯)	20.747	1.7972E−01	−2.3242E−04	1.4224E−07	−3.3087E−11	100	1500
43	CF_2O,COF_2	carbonyl fluoride	碳酰氟	23.640	8.9853E−02	−2.4575E−05	−2.8140E−08	1.4023E−11	100	1500
44	CH_4N_2O	urea	尿素	24.856	1.4437E−01	3.8088E−05	−1.1007E−07	3.9161E−11	150	1500
45	CH_4N_2S	thiourea	硫脲	21.530	2.2204E−01	−1.7193E−04	7.4203E−08	−1.3867E−11	273	1500
46	CNBr	cyanogen bromide	溴化氰	31.562	7.7072E−02	−1.0251E−04	7.0456E−08	−1.8400E−11	298	1500
47	CNCl	cyanogen chloride	氯化氰	21.270	1.1915E−01	−1.6822E−04	1.1457E−07	−2.9210E−11	100	1500
48	CNF	cyanogen fluoride	氟化氰	26.132	7.5002E−02	−8.3145E−05	4.9592E−08	−1.1885E−11	298	1500
49	CO	carbon monoxide	一氧化碳	29.556	−6.5807E−03	2.0130E−05	−1.2227E−08	2.2617E−12	60	1500
50	COS	carbonyl sulfide	氧硫化碳(硫化羰)	20.913	9.2794E−02	−9.7014E−05	5.0943E−08	−1.0615E−11	100	1500
51	COSe	carbon oxyselenide	氧硒化碳(硒化羰)	21.912	9.2794E−02	−9.7014E−05	5.0943E−08	−1.0615E−11	100	1500
52	CO_2	carbon dioxide	二氧化碳	27.437	4.2315E−02	−1.9555E−05	3.9968E−09	−2.9872E−13	50	5000
53	CS_2	carbon disulfide	二硫化碳	20.461	1.2299E−01	−1.6184E−04	1.0199E−07	−2.4444E−11	100	1500
54	CSeS	carbon selenosulfide	硒硫化碳	21.461	1.2299E−01	−1.6184E−04	1.0199E−07	−2.4444E−11	100	1500
55	C_2N_2	cyanogen·dicyanogen	氰	32.265	1.687E−01	1.4171E−04	9.2703E−08	−2.3760E−11	298	1500
56	Ca	calcium	钙	19.595	5.6939E−03	−6.2707E−06	2.2198E−09	−1.9269E−13	200	6000
57	CaF_2	calcium fluoride	氟化钙	31.889	9.1682E−02	−1.1853E−04	6.5077E−08	−1.2762E−11	100	2000
58	Cd	cadmium	镉	20.794	0.0000E+00	0.0000E+00	0.0000E+00	0.0000E+00	298	6000
59	ClF	chlorine monofluoride	一氟化氯	22.567	4.7581E−02	−6.3572E−05	3.9963E−08	−9.4968E−12	298	1500
60	$ClFO_3$	perchloryl fluoride	氟化过氯氧	13.200	2.3797E−01	−2.5150E−04	1.2324E−07	−2.2897E−11	100	1500
61	ClF_3	chlorine trifluoride	三氟化氯	21.386	2.2286E−01	−3.3105E−04	2.2357E−07	−5.5964E−11	298	1500

续表

$$C_p^\ominus = A + BT + CT^2 + DT^3 + ET^4$$

序号	化学式	英文	中文	A	B	C	D	E	T最低	T最高
62	ClF$_5$	chlorine pentafluoride	五氟化氯	15.530	4.3077E-01	-6.4695E-04	4.4026E-07	-1.1080E-10	298	1500
63	ClHO$_3$S	chlorosulfonic acid	氯磺酸	21.765	2.7543E-01	-3.3639E-04	2.0259E-07	-4.6684E-11	300	1500
64	ClHO$_4$	perchloric acid	高氯酸	16.002	2.7543E-01	-3.3639E-04	2.0259E-07	-4.6684E-11	298	1500
65	ClO$_2$	chlorine dioxide	二氧化氯	30.482	3.9797E-02	4.5262E-06	-3.2447E-08	1.3089E-11	50	1500
66	Cl$_2$	chlorine	氯	27.213	3.0426E-02	-3.3353E-05	1.5961E-08	-2.7021E-12	50	1500
67	Cl$_2$O	chlorine monoxide	一氧化二氯	25.608	1.1593E-01	-1.7030E-04	1.1417E-07	-2.8420E-11	298	1500
68	Cl$_2$O$_7$	chlorine heptoxide	七氧化二氯	110.489	3.9797E-02	4.5262E-06	-3.2447E-08	1.3089E-11	50	1500
69	Co	cobalt	钴	20.226	1.0902E-02	-5.9195E-06	1.2340E-09	-8.3106E-14	200	6000
70	CoCl$_2$	cobalt chloride	氯化钴	66.944	0.0000E+00	0.0000E+00	0.0000E+00	0.0000E+00	298	2000
71	CoNC$_3$O$_4$	cobaltnitrosyl tricarbonyl	三羰基亚硝酰钴	76.352	8.9853E-02	-2.4575E-05	-2.8140E-08	1.4023E-11	100	1500
72	Cr	chromium	铬	20.646	-1.0807E-03	2.3335E-06	-4.6120E-10	3.1680E-14	298	6000
73	CrO$_2$Cl$_2$	chromium oxychloride, chromium dioxydichloride	二氯二氧化铬	61.375	8.9853E-02	-2.4575E-05	-2.8140E-08	1.4023E-11	100	1500
74	Cs	cesium	铯	17.852	1.2814E-02	-1.2546E-05	4.0771E-09	-3.4005E-13	200	6000
75	CsCl	cesium chloride	氯化铯	35.901	3.2410E-03	-1.2812E-06	2.6274E-10	-1.8495E-14	200	6000
76	CsF	cesium fluoride	氟化铯	33.868	6.2098E-03	-2.8937E-06	5.8810E-10	-4.1159E-14	200	6000
77	CsI	cesium iodide	碘化铯	36.623	2.4559E-03	-2.9093E-06	1.4908E-09	-2.7694E-13	298	2000
78	Cu	copper	铜	21.474	-2.4764E-03	1.3408E-06	3.1615E-11	-2.1552E-14	200	6000
79	CuBr,Cu$_2$Br$_2$	cuprous bromide	溴化亚铜	33.713	1.1461E-02	-1.3577E-05	6.9571E-09	-1.2924E-12	298	2000
80	CuCl,Cu$_2$Cl$_2$	cuprous chloride	氯化亚铜	26.113	4.7580E-02	-7.3905E-05	4.9836E-08	-1.2107E-11	100	1600
81	CuI	copper iodide	碘化亚铜	34.537	9.0051E-03	-1.0667E-05	5.4663E-09	-1.0154E-12	298	2000
82	DCN	deuterium cyanide	氰化氘	25.967	3.7969E-02	-1.2416E-05	-3.2240E-09	2.2610E-12	100	1500
83	D$_2$	deuterium	氘(重氢)	31.159	-1.2796E-02	2.4964E-05	-1.5015E-08	3.3248E-12	100	1500
84	D$_2$O	deuterium oxide	氧化氘(重水)	33.308	-4.6722E-03	3.4878E-05	-2.2602E-08	4.4864E-12	100	2000
85	Eu	europium	铕	20.836	0.0000E+00	0.0000E+00	0.0000E+00	0.0000E+00	298	3000
86	F$_2$	fluorine	氟	27.408	1.2928E-02	7.0701E-06	-1.6302E-08	5.9789E-12	100	1500
87	F$_2$O	fluorine oxide	一氧化二氟	16.655	1.3539E-01	-1.8807E-04	1.2034E-07	-2.8760E-11	298	1500
88	Fe	iron	铁	23.362	1.7756E-04	-1.0357E-06	5.7896E-10	-5.7987E-14	100	6000
89	FeC$_5$O$_5$	iron pentacarbonyl	五羰基铁	86.030	8.9853E-02	-2.4575E-05	-2.8140E-08	1.4023E-11	100	1500
90	FeCl$_2$	ferrous chloride	氯化亚铁	55.454	1.8947E-02	-1.0585E-05	2.2221E-09	-1.5836E-13	200	6000
91	FeCl$_3$	ferric chloride	(三)氯化铁	71.720	1.8442E-02	-9.5458E-06	1.9534E-09	-1.3734E-13	200	6000
92	Fr	francium	钫	20.836	0.0000E+00	0.0000E+00	0.0000E+00	0.0000E+00	298	3000

续表

$$C_p^{\ominus} = A + BT + CT^2 + DT^3 + ET^4$$

序号	化学式	英文	中文	A	B	C	D	E	$T_{最低}$	$T_{最高}$
93	Ga	gallium	镓	15.486	5.6271E-02	-9.3476E-05	5.6763E-08	-1.1669E-11	100	2000
94	CaCl3	gallium trichloride	三氯化镓	53.444	1.0963E-01	-1.5367E-04	9.5770E-08	-2.2076E-11	300	1500
95	Gd	gadolinium	钆	29.589	-9.5360E-03	8.3087E-06	-3.0415E-09	3.9613E-13	298	3000
96	Ge	germanium	锗	32.510	-5.9413E-03	-6.9056E-17	3.8797E-20	-7.3999E-24	298	2300
97	GeBr4	germanium bromide	四溴化锗	87.753	7.3780E-02	-1.0615E-04	6.8167E-08	-1.6121E-11	298	1500
98	GeCl4	germanium chloride	四氯化锗	69.397	1.3977E-01	-2.0098E-04	1.2907E-07	-3.0523E-11	298	1500
99	CeHCl3	trichloro germane	三氯甲锗烷(氯锗仿)	24.939	2.5068E-01	-3.4090E-04	2.1707E-07	-5.2003E-11	100	1500
100	GeH4	germane	甲锗烷	-15.224	3.0554E-01	-4.0678E-04	2.6063E-07	-6.1884E-11	200	1500
101	Ge2H6	digermane	乙锗烷	21.867	3.0554E-01	-4.0678E-04	2.6063E-07	-6.1884E-11	200	1500
102	Ge3H8	trigermane	丙锗烷	63.478	3.0554E-01	-4.0678E-04	2.6063E-07	-6.1884E-11	200	1500
103	HBr	hydrogen bromide	溴化氢	30.169	-8.0274E-03	1.6731E-05	-7.4730E-09	8.3068E-13	200	1500
104	HCN	hydrogen cyanide	氰化氢	25.766	3.7969E-02	-1.2416E-05	-3.2240E-09	2.2610E-12	100	1500
105	HCl	hydrogen chloride	氯化氢	29.244	-1.2615E-03	1.1210E-06	4.9676E-09	-2.4963E-12	50	1500
106	HF	hyorogen fluoride	氟化氢	29.085	9.6118E-04	-4.4705E-06	6.7830E-09	-2.1975E-12	50	1500
107	HI	hydrogen iodide	碘化氢	29.770	-7.4945E-03	2.0687E-05	-1.1963E-08	2.1010E-12	100	1500
108	HNO3	nitric acid	硝酸	19.755	1.3415E-01	-6.1116E-05	-1.2343E-08	1.1106E-11	100	1500
109	H2	hydrogen	氢	25.399	2.0178E-02	-3.8549E-05	3.1880E-08	-8.7585E-12	250	1500
110	H2O	water	水	33.933	-8.4186E-03	2.9906E-05	-1.7825E-08	3.6934E-12	100	1500
111	H2O2	hydrogen peroxide	过氧化氢	36.181	8.2657E-03	6.6420E-05	-6.9944E-08	2.0951E-11	100	1500
112	H2S	hydrogen sulfide	硫化氢	33.878	-1.1216E-02	5.2578E-05	-3.8397E-08	9.0281E-12	100	1500
113	H2SO4	sulfuric acid	硫酸	9.486	3.3795E-01	-3.8078E-04	2.1308E-07	-4.6878E-11	100	1500
114	H2S2	hydrogen disulfide	二硫化氢	58.617	-1.1216E-02	5.2578E-05	-3.8397E-08	9.0281E-12	100	1500
115	H2Se	hydrogen selenide	硒化氢	34.878	-1.1216E-02	5.2578E-05	-3.8397E-08	9.0281E-12	100	1500
116	H2Te	hydrogen telluride	碲化氢	34.878	-1.1216E-02	5.2578E-05	-3.8397E-08	9.0281E-12	100	1500
117	He	helium-3	氦-3	20.786	0.0000E+00	0.0000E+00	0.0000E+00	0.0000E+00	100	1500
118	He	helium-4	氦-4	20.786	0.0000E+00	0.0000E+00	0.0000E+00	0.0000E+00	100	1500
119	Hf	hafnium	铪	17.312	8.8863E-03	6.5082E-07	-8.0882E-10	9.4573E-14	298	6000
120	Hg	mercury	汞	20.790	-1.8318E-05	2.3525E-08	-1.0144E-11	1.3685E-15	200	6000
121	HgBr2	mercuric bromide	溴化汞	57.914	7.2022E-03	-3.7349E-06	7.6521E-10	-5.3849E-14	200	6000
122	HgCl2	mercuric chloride	氯化汞	53.826	1.3601E-02	-6.9949E-06	1.4260E-09	-1.0001E-13	200	6000
123	HgI2	mercuric iodide	碘化汞	59.646	4.4227E-03	-2.2995E-06	4.7174E-10	-3.3219E-14	200	6000
124	IF7	iodine heptafluoride	七氟化碘	38.537	5.0269E-01	-7.1344E-04	4.5817E-07	-1.0835E-10	298	1500

续表

$$C_p^{\ominus} = A + BT + CT^2 + DT^3 + ET^4$$

序号	化学式	英文	中文	A	B	C	D	E	$T_{最低}$	$T_{最高}$
125	I_2	iodine	碘	34.151	1.3930E-02	-2.0952E-05	1.4362E-08	-3.5948E-12	100	1500
126	In	inoium	铟	14.644	2.1769E-02	-1.2076E-05	2.4236E-09	-1.6645E-13	298	6000
127	Ir	iridium	铱	19.981	2.0510E-03	2.0772E-06	-7.6036E-10	9.9033E-14	298	3000
128	K	potassium	钾	20.010	3.2000E-03	-2.8000E-06	7.2300E-10	-1.5340E-14	100	5900
129	KBr	potassium broimide	溴化钾	35.829	3.3664E-03	-1.3392E-06	2.7463E-10	-1.9336E-14	200	6000
130	KCl	potassium chloride	氯化钾	28.337	4.5356E-02	-7.9274E-05	5.9311E-08	-1.5806E-11	100	1500
131	KF	potassium fluoride	氟化钾	32.731	8.0972E-03	-3.7990E-06	7.7311E-10	-5.4167E-14	200	6000
132	KI	potassium iodide	碘化钾	36.133	3.1520E-03	-1.3495E-06	3.0109E-10	-2.2575E-14	200	6000
133	KOH	potassium hydroxide	氢氧化钾	21.454	1.4891E-01	-2.5712E-04	1.9271E-07	-5.1494E-11	100	1500
134	Kr	krypton	氪	20.786	0.0000E+00	0.0000E+00	0.0000E+00	0.0000E+00	100	6200
135	La	lanthanum	镧	18.456	1.7948E-02	-8.0882E-06	1.5357E-09	-1.0160E-13	298	6000
136	Li	lithium	锂	20.837	-1.1700E-04	-4.9553E-08	4.8575E-11	6.0679E-15	200	6000
137	LiBr	lithium bromide	溴化锂	30.831	1.0693E-02	-5.0365E-06	1.0064E-09	-6.9372E-14	200	6000
138	LiCl	lithium chloride	氯化锂	29.887	1.1939E-02	-5.6863E-06	1.1407E-09	-7.9176E-14	200	6000
139	LiF	lithium fluoride	氟化锂	27.741	1.4047E-02	-6.4527E-06	1.2601E-09	-8.5917E-14	200	6000
140	LiI	lithiumiodide	碘化锂	31.675	9.6641E-03	-4.5580E-06	9.2351E-10	-6.4516E-14	200	6000
141	Lu	lutecium	镥	15.468	2.5496E-02	-2.2434E-05	8.2121E-09	-1.0696E-12	298	3000
142	Mg	magnesium	镁	20.549	9.9274E-04	-8.6947E-07	2.2187E-10	-8.4283E-15	200	6000
143	$MgCl_2$	magnesium chloride	氯化镁	52.489	1.5354E-02	-7.8027E-06	1.5797E-09	-1.1030E-13	200	6000
144	MgO	magnesium oxide	氧化镁	27.851	1.3866E-02	-6.4322E-06	1.2585E-09	-8.5915E-14	200	6000
145	Mn	manganese	锰	20.794	0.0000E+00	0.0000E+00	0.0000E+00	0.0000E+00	298	6000
146	$MnCl_2$	manganese chloride	氯化锰	32.112	1.6131E-02	-1.8910E-05	9.6902E-09	-1.8001E-12	298	2000
147	Mo	molybdenum	钼	20.075	3.7542E-03	-4.8253E-06	2.0008E-09	-1.8505E-13	200	6000
148	MoF_6	molybdenum fluoride	六氟化钼	41.680	4.1131E-01	-6.0261E-04	4.0311E-07	-1.0025E-10	298	1500
149	MoO_3	molybdenum oxide	氧化钼	45.345	5.4478E-02	-2.6605E-05	5.2605E-09	-3.6170E-13	200	6000
150	NCl_3	nitrogen trichloride	三氯化氮	30.253	1.7432E-01	-2.1734E-04	1.1642E-07	-2.2436E-11	100	2000
151	ND_3	heavy ammonia	重氨	34.574	-1.2581E-02	8.8906E-05	-7.1783E-08	1.8569E-11	100	1500
152	NF_3	nitrogen trifluoride	三氟化氮	18.732	-1.5505E-01	-1.4305E-04	5.3741E-08	-5.8443E-12	100	1500
153	NH_3	ammonia	氨	33.573	-1.2581E-02	8.8906E-05	-7.1783E-08	1.8569E-11	100	1500
154	NH_3O	hydroxylamine	羟氨(胲)	21.935	1.0340E-01	-5.8693E-05	1.0557E-08	1.5150E-12	200	1500
155	NO	nitric oxide	氧化氮[(一)氧化一氮]	33.227	-2.3626E-02	5.3156E-05	-3.7858E-08	9.1197E-12	50	1500
156	NOCl	nitrosyl chloride	氯化亚硝酰(亚硝酰氯)	28.551	7.5899E-02	-9.4410E-05	6.0476E-08	-1.5054E-11	100	1500

续表

序号	化学式	英文	中文	$C_p^\ominus = A + BT + CT^2 + DT^3 + ET^4$					$T_{最低}$	$T_{最高}$
				A	B	C	D	E		
157	NOF	nitrosyl fluoride	氟化亚硝酰（亚硝化氟）	27.551	7.5899E-02	-9.4410E-05	6.0476E-08	-1.5054E-11	100	1500
158	NO2	nitrogen dioxide	二氧化氮	32.791	-7.4294E-04	8.1722E-05	-8.2872E-08	2.4424E-11	50	1500
159	N2	nitrogen	氮	29.342	-3.5395E-03	1.0076E-05	-4.3116E-09	2.5935E-13	50	1500
160	N2F4	tetrafluorohydrazine	四氟肼	12.422	3.0609E-01	-3.1077E-04	1.3914E-07	-2.2235E-11	100	1500
161	N2H4	hydrazine	肼（联氨）	23.630	9.1270E-02	2.9042E-05	-7.1858E-08	2.5093E-11	100	1500
162	N2H4C	ammonium cyanide	氰化铵	52.812	9.1270E-02	2.9042E-05	-7.1858E-08	2.5093E-11	100	1500
163	N2O	nitrous oxide	一氧化二氮（氧化亚氮）	23.219	6.1984E-02	-3.7989E-05	6.9671E-09	8.1421E-13	100	1500
164	N2O3	nitrogen trioxide	三氧化二氮	28.509	1.6895E-01	-1.8161E-04	9.9662E-08	-2.1975E-11	100	1500
165	N2O4	nitrogen tetraoxide	四氧化二氮	29.587	2.2719E-01	-2.2740E-04	1.0698E-07	-1.9223E-11	50	1500
166	N2O5	nitrogen pentoxide	五氧化二氮	63.710	1.2317E-01	-5.9937E-05	1.1842E-08	-8.1522E-13	200	6000
167	Na	sodium	钠	20.904	-5.7046E-04	6.8044E-07	-3.1392E-10	5.4554E-14	200	6000
168	NaBr	sodium bromide	溴化钠	34.638	5.2612E-03	-2.3207E-06	4.7485E-10	-3.3382E-14	200	6000
169	NaCN	sodium cyanide	氰化钠	42.090	5.0830E-02	-8.5459E-05	6.2288E-08	-1.6304E-11	100	1500
170	NaCl	sodium chloride	氯化钠	26.445	5.0830E-02	-8.5459E-05	6.2288E-08	-1.6304E-11	100	1500
171	NaF	sodium fluoride	氟化钠	25.450	4.4529E-02	-6.3995E-05	4.1793E-08	-1.0111E-11	100	1500
172	NaOH	sodium hyoroxide	氢氧化钠	22.246	1.4234E-01	-2.4264E-04	1.8054E-07	-4.8026E-11	100	1500
173	Na2SO4	sodium sulfate	硫酸钠	23.349	4.0133E-01	-5.0787E-04	2.9884E-07	-6.6688E-11	100	1500
174	Nb	niobium	铌	34.103	-1.3370E-02	5.8793E-06	-8.2040E-10	4.0084E-14	298	6000
175	Nd	neodymium	钕	16.407	2.3782E-02	-1.4863E-05	3.4524E-09	-2.6839E-13	298	3000
176	Ne	neon	氖	20.786	0.0000E+00	0.0000E+00	0.0000E+00	0.0000E+00	100	1500
177	Ni	nickel	镍	22.126	6.6383E-03	-5.2966E-06	1.4438E-09	-1.3443E-13	298	4500
178	NiC4O4	nickel carbonyl	四羰基镍	69.830	8.9853E-02	-2.4575E-05	-2.8140E-08	1.4023E-11	100	1500
179	O2	oxygen	氧	29.526	-8.8999E-03	3.8083E-05	-3.2629E-08	8.8607E-12	50	1500
180	O3	ozone	臭氧	31.467	1.4982E-02	6.7966E-05	-8.4157E-08	2.7205E-11	50	1500
181	Os	osmium	锇	22.291	-9.3555E-03	1.5950E-05	-6.4535E-09	8.4379E-13	298	3000
182	OsO4	osmium teroxide-yellow	四氧化锇-黄	24.585	2.4934E-01	-3.3236E-04	2.1344E-07	-5.0476E-11	100	1500
183	OsO4	osmium tetroxide-white	四氧化锇-白	24.585	2.4934E-01	-3.3236E-04	2.1344E-07	-5.0476E-11	298	1500
184	P	phosphorus-white	磷-白	20.785	-1.1821E-05	5.0830E-08	-8.1726E-11	4.3861E-14	100	1500
185	PBr3	phosphorus tribromide	三溴化磷	56.758	1.0427E-01	-1.6430E-04	1.1542E-07	-2.9670E-11	298	1500
186	PCl2F3	phosphorus dichloride trifluoride	二氯三氟化磷	20.696	4.7099E-01	-7.8406E-04	5.6105E-07	-1.4442E-10	298	1500
187	PCl3	phosphorus trichloride	三氯化磷	27.213	2.4066E-01	-3.9532E-04	2.8032E-07	-7.1695E-11	100	1500
188	PCl5	phosphorus pentachloride	五氯化磷	25.701	4.7099E-01	-7.8406E-04	5.6105E-07	-1.4442E-10	100	1500

续表

$$C_p^{\ominus} = A + BT + CT^2 + DT^3 + ET^4$$

序号	化学式	名称 英文	名称 中文	A	B	C	D	E	T最低	T最高
189	PH$_3$	phosphine	磷化氢(膦)	32.964	-1.4201E-02	13216E-04	-1.1915E-07	3.2843E-11	100	1500
190	PH$_4$Br	phosphonium bromide	溴化磷	62.034	-1.4201E-02	1.3216E-04	-1.1915E-07	3.2843E-11	100	1500
191	PH$_4$Cl	phosphonium chloride	氯化磷	61.942	-1.4201E-02	1.3216E-04	-1.1915E-07	3.2843E-11	100	1500
192	PH$_4$I	phosphonium iodide	碘化磷	62.037	-1.4201E-02	1.3216E-04	-1.1915E-07	3.2843E-11	100	1500
193	POCl$_3$	phosphorus oxychloride	磷酰氯(三氯氧磷)	23.911	3.2446E-01	-5.0571E-04	3.4836E-07	-8.7607E-11	40	1500
194	PSBr$_3$	phosphorus thiobromide	三溴硫化磷	63.322	1.6822E-01	-2.5688E-04	1.7681E-07	-4.4843E-11	298	1500
195	PSCl$_3$	phosphorus thiochloride	三氯硫化磷	27.454	3.3554E-01	-5.4132E-04	3.7986E-07	-9.6538E-11	100	1500
196	P$_4$O$_6$,P$_2$O$_3$	phosphorus trioxide	三氧化二磷	-26.248	8.7464E-01	-1.2429E-03	8.1470E-07	-1.9988E-10	298	1500
197	P$_4$O$_{10}$,P$_2$O$_5$	phosphorus pentoxide	五氧化二磷	-20.051	1.0106E+00	-1.2610E-03	7.4993E-07	-1.7240E-10	100	1500
198	P$_4$S$_{10}$·P$_2$S$_5$	phosphorus pentasulfide	五硫化二磷	90.333	6.3567E-01	-6.6145E-04	2.8692E-07	-3.7235E-11	300	1200
199	Pb	lead	铅	18.543	1.0164E-02	-1.3817E-05	7.2087E-09	1.0584E-12	298	3000
200	PbCl$_2$	lead chloride	氯化铅	53.551	7.4895E-03	-3.8716E-06	7.9170E-10	-5.5643E-14	200	6000
201	PbF$_2$	lead fluoride	氟化铅	47.569	1.6774E-02	-8.5850E-06	1.7453E-09	-1.2220E-13	200	6000
202	PbI$_2$	lead Iodide	碘化铅	56.891	2.1468E-03	-1.1186E-06	2.2970E-10	-1.6182E-14	200	6000
203	PbO	lead oxide	氧化铅	29.545	1.0301E-02	-4.4871E-06	8.4084E-10	-5.5752E-14	200	6000
204	PbS	lead sulfide	硫化铅	30.934	2.0057E-02	-2.3759E-05	-1.2175E-08	-2.2617E-12	298	2000
205	Pd	palladium	钯	62.467	-6.1923E-03	-1.5080E-14	2.6177E-18	-1.6819E-22	2800	5000
206	Po	polonium	钋	20.794	0.0000E+00	0.0000E+00	0.0000E+00	0.0000E+00	298	2000
207	Pt	platinum	铂	20.251	1.0042E-03	-1.8969E-17	2.6597E-21	-1.3184E-25	2000	8000
208	Ra	radium	镭	20.794	-6.4631E-14	1.0427E-16	-6.6041E-20	1.4297E-23	298	2000
209	Rb	rubidium	铷	20.794	-6.4631E-14	1.0427E-16	-6.6041E-20	1.4297E-23	298	2000
210	RbCl	rubidium chloride	氯化铷	34.663	9.7583E-03	-1.0667E-05	5.4663E-09	-1.0154E-12	298	2000
211	Re	rhenium	铼	19.288	6.9353E-03	-8.9193E-06	3.9873E-09	-5.1245E-13	298	3000
212	Rh	rhodium	铑	26.401	5.0208E-04	6.6480E-18	-1.0516E-21	5.8938E-26	1800	7000
213	Rn	radon	氡	20.794	-3.9576E-15	4.4438E-18	-1.9112E-21	2.7806E-25	298	3000
214	Ru	ruthenium	钌	16.548	2.1758E-02	-1.7864E-05	6.5392E-09	-8.5168E-13	298	3000
215	S	sulfur	硫	24.624	-5.0402E-03	2.4244E-06	-4.2197E-10	2.5175E-14	200	6000
216	SF$_4$	sulfur tetrafluoride	四氟化硫	15.486	3.1315E-01	-4.4453E-04	2.9083E-07	-7.1213E-11	298	1500
217	SF$_6$	sulfur hexafluoride	六氟化硫	-7.934	5.1224E-01	-6.4878E-04	3.7509E-07	-8.1524E-11	100	1500
218	SOBr$_2$	thionyl bromide	亚硫酰溴	48.491	1.0815E-01	-1.4791E-04	9.4987E-08	-2.2463E-11	298	1500
219	SOCl$_2$	thionyl chloride	亚硫酰氯	34.838	-1.4750E-01	-1.7837E-04	9.4399E-08	-1.8111E-11	100	2000
220	SOF$_2$	sulfurous oxyfluoride	亚硫酰氟	18.639	1.9505E-01	-2.5689E-04	1.5983E-07	-3.7838E-11	298	1500

续表

序号	化学式	名称 英文	名称 中文	$C_p^\ominus = A + BT + CT^2 + DT^3 + ET^4$ A	B	C	D	E	$T_{最低}$	$T_{最高}$
221	SO_2	sulfur dioxide	二氧化硫(亚硫酐)	29.637	3.4735E-02	9.2903E-06	-2.9985E-08	1.0937E-11	100	1500
222	SO_2Cl_2	sulfuryl chloride	磺酰氯	18.553	2.9713E-01	-4.2391E-04	2.7784E-07	-6.7857E-11	100	1500
223	SO_3	sulfur trioxide	硫酐;三氧化硫	22.466	1.1981E-01	-9.0842E-05	2.5503E-08	-7.9208E-13	100	1500
224	S_2Cl_2	sulfur monochloride	一氯化硫	51.240	1.1549E-01	-1.6270E-04	1.0449E-07	-2.4709E-11	298	1500
225	Sb	antimony	锑	20.794	-6.4631E-14	1.0427E-16	-6.6041E-20	1.4297E-23	298	2000
226	$SbBr_3$	antimony tribromide	三溴化锑	55.926	1.2781E-01	-2.4301E-04	2.0998E-07	-6.8231E-11	298	1000
227	$SbCl_3$	antimony trichloride	三氯化锑	63.593	7.1912E-02	-1.0441E-04	6.7050E-08	-1.5856E-11	298	1500
228	$SbCl_5$	antimony pentachloride	五氯化锑	106.953	7.1912E-02	-1.0441E-04	6.7050E-08	-1.5856E-11	298	1500
229	SbH_3	stibine	䏲化,锑化(三)氢	13.058	1.2924E-01	-1.3034E-04	6.6840E-08	-1.2435E-11	298	2000
230	SbI_3	antimony triIodide	三碘化锑	55.926	1.2781E-01	-2.4301E-04	2.0998E-07	-6.8231E-11	298	1000
231	Sc	scandium	钪	21.494	-3.7579E-03	2.3279E-06	-1.4837E-10	-2.5247E-15	298	7000
232	Se	selenium	硒	19.331	5.9528E-03	-2.7286E-06	5.0714E-07	-3.2857E-14	298	6000
233	$SeCl_4$	selenium tetrachloride	四氯化硒	35.672	3.1545E-01	-5.0601E-04	3.5370E-07	-8.9635E-11	100	1500
234	SeF_6	selenium hexafluoride	六氟化硒	-6.934	5.1224E-01	6.4878E-04	3.7509E-07	-8.1524E-11	100	1500
235	$SeOCl_2$	selenium oxychloride	二氯氧化硒	35.838	1.4750E-01	-1.7837E-04	9.4399E-08	-1.8111E-11	100	2000
236	Si	silicon	硅	24.177	-6.3683E-03	4.0692E-06	-8.8857E-10	6.3891E-14	200	6000
237	$SiBrCl_2F$	bromodichlorofluorosilane	一溴-二氯-一氟甲硅烷	46.876	2.1385E-01	-3.2354E-04	2.2226E-07	-5.6419E-11	298	1500
238	$SiBrF_3$	trifluorobromosilane	三氟-溴甲硅烷;烷	26.673	2.6781E-01	-3.7339E-04	2.4125E-07	-5.8565E-11	298	1500
239	$SiBr_2ClF$	dibromochlorofluorosilane	二溴-一氯-一氟甲硅	57.826	2.1385E-01	-3.2354E-04	2.2226E-07	-5.6419E-11	298	1500
240	$SiClF_3$	trifluorochlorosilane	三氟-一氯甲硅烷;烷	26.816	2.6781E-01	-3.7339E-04	2.4125E-07	-5.8565E-11	298	1500
241	$SiCl_2F_2$	dichlorodifluorosilane	二氯-二氟甲硅烷	40.896	2.1385E-01	-3.2354E-04	2.2226E-07	-5.6419E-11	298	1500
242	$SiCl_3F$	trichlorofluorosilane	三氯-一氟甲硅烷	49.698	2.1385E-01	-3.2354E-04	2.2226E-07	-5.6419E-11	298	1500
243	$SiCl_4$	silicon tetrachloride	四氯化硅	31.672	3.1545E-01	-5.0601E-04	3.5370E-07	-8.9635E-11	100	1500
244	SiF_4	silicon tetrafluoride	四氟化硅	18.032	2.7359E-01	-3.5566E-04	2.1540E-07	-4.9404E-11	298	1500
245	$SiHBr_3$	tribromosilane	三溴甲硅烷(硅溴仿)	29.302	2.5068E-01	-3.4090E-04	2.1707E-07	-5.2003E-11	100	1500
246	$SiHCl_3$	trichlorosilane	三氯甲硅烷(硅氯仿)	24.939	2.5068E-01	-3.4090E-04	2.1707E-07	-5.2003E-11	298	1500
247	$SiHF_3$	trifluorosilane	三氟甲硅烷(硅氟仿)	13.820	2.3386E-01	-2.7143E-04	1.5566E-07	-3.4933E-11	298	1500
248	SiH_2Br_2	dibromosilane	二溴甲硅烷	25.760	1.7618E-01	-1.6179E-04	7.0860E-08	-1.1902E-11	100	1500
249	SiH_2Cl_2	dichlorosilane	二氯甲硅烷	21.583	1.7618E-01	-1.6179E-04	7.0860E-08	-1.1902E-11	100	1500
250	SiH_2F_2	difluorosilane	二氟甲硅烷	6.367	1.9374E-01	-1.6805E-04	7.1483E-08	-1.1961E-11	298	1500
251	SiH_2I_2	diiodosilane	二碘甲硅烷	27.010	1.7618E-01	-1.6179E-04	7.0860E-08	-1.1902E-11	100	1500
252	SiH_3Br	monobromosilane	一溴甲硅烷	10.745	1.9428E-01	-1.9487E-04	1.0614E-07	-2.3863E-11	298	1500

续表

$$C_p^{\ominus} = A + BT + CT^2 + DT^3 + ET^4$$

序号	化学式	名称 英文	名称 中文	A	B	C	D	E	$T_{最低}$	$T_{最高}$
253	SiH$_3$Cl	monochlorosilane	一氯甲硅烷	7.830	1.9428E-01	-1.9487E-04	1.0614E-07	-2.3863E-11	298	1500
254	SiH$_3$F	monofluorosilane	一氟甲硅烷	3.610	1.9169E-01	-1.7363E-04	8.3890E-08	-1.6955E-11	298	1500
255	SiH$_3$I	iodosilane	一碘甲硅烷	9.485	1.9428E-01	-1.9487E-04	1.0614E-07	-2.3863E-11	298	1500
256	SiH$_4$	silane	甲硅烷	28.887	1.7546E-02	1.4619E-04	-1.5680E-07	4.6291E-11	100	1500
257	SiO$_2$	silicon dioxide	二氧化硅	29.690	4.6016E-02	-2.2333E-05	4.4152E-09	-3.0437E-13	100	6000
258	Si$_2$Cl$_6$	hexachlorodisilane	六氯乙硅烷	103.559	3.1545E-01	-5.0601E-04	3.5370E-07	-8.9635E-11	100	1500
259	Si$_2$F$_6$	hexafluorodisilane	六氟乙硅烷	76.975	2.7359E-01	-3.5566E-04	2.1540E-07	-4.9404E-11	100	1500
260	Si$_2$H$_5$Cl	disilanyl chloride	一氯乙硅烷	48.881	1.9428E-01	-1.9487E-04	1.0614E-07	-2.3863E-11	298	1500
261	Si$_2$H$_6$	disilane	乙硅烷	27.353	1.9208E-01	-5.8767E-05	-3.4180E-08	1.8348E-11	100	1500
262	Si$_2$OCl$_3$F$_3$	trichlorotrifluorodisiloxane	三氯三氟甲硅醚	101.566	2.1385E-01	-3.2354E-04	2.2226E-07	-5.6419E-11	298	1500
263	Si$_2$OCl$_6$	hexachlorodisiloxane	六氯(二)甲硅醚	96.365	3.1545E-01	-5.0601E-04	3.5370E-07	-8.9635E-11	100	1500
264	Si$_2$OH$_6$	disiloxane	二硅氧烷·甲硅醚	37.295	1.9208E-01	-5.8767E-05	-3.4180E-08	1.8348E-11	100	1500
265	Si$_3$Cl$_8$	octachlorotrisilane	八氯丙硅烷（全氯丙硅烷）	141.065	3.1545E-01	-5.0601E-4	3.5370E-07	-8.9635E-11	100	1500
266	Si$_3$H$_8$	trisilane	丙硅烷	47.295	1.9208E-01	-5.8767E-05	-3.4180E-08	1.8348E-11	100	1500
267	Si$_3$H$_9$N	trisilazane	三甲硅烷基氮（氨）**	81.085	1.9208E-01	-5.8767E-05	-3.4180E-08	1.8348E-11	100	1500
268	Si$_4$H$_{10}$	tetrasilane	丁硅烷	93.015	1.9208E-01	-5.8767E-05	-3.4180E-08	1.8348E-11	100	1500
269	Sm	samarium	钐	28.785	8.1797E-03	-9.9705E-06	3.6498E-09	-4.7536E-13	298	3000
270	Sn	tin	锡	14.899	3.0942E-02	-1.9228E-05	4.4884E-09	-3.6598E-13	298	5000
271	SnBr$_4$	stannic bromide	四溴化锡	46.415	3.1545E-01	-5.0601E-04	3.5370E-07	-8.9635E-11	100	1500
272	SnCl$_2$	stannous chloride	氯化亚锡	92.048	0.0000E+00	0.0000E+00	0.0000E+00	0.0000E+00	925	1500
273	SnCl$_4$	stannic chloride	四氯化锡	38.672	3.1545E-01	-5.0601E-04	3.5370E-07	-8.9635E-11	100	1500
274	SnH$_4$	stannic hydride	四氢化锡	37.102	1.7546E-02	1.4919E-04	-1.5680E-07	4.6291E-11	100	1500
275	SnI$_4$	stannic iodide	四碘化锡	95.285	6.0145E-02	-1.1436E-04	9.8816E-08	-3.2109E-11	298	1000
276	Sr	strontium	锶	20.794	0.0000E+00	0.0000E+00	0.0000E+00	0.0000E+00	298	6000
277	SrO	strontium oxide	氧化锶	26.452	3.1778E-02	-3.6851E-05	1.8883E-08	-3.5079E-12	298	2000
278	Ta	tantalum	钽	19.546	2.2704E-03	1.0416E-05	-5.9989E-09	9.7275E-13	298	3000
279	Tc	technetium	锝	18.549	1.5699E-03	1.6967E-05	-1.1184E-08	1.9556E-12	298	3000

续表

$$C_p^{\ominus} = A + BT + CT^2 + DT^3 + ET^4$$

序号	化学式	英文	中文	A	B	C	D	E	$T_{最低}$	$T_{最高}$
280	Te	tellurium	碲	21.187	−2.4502E−03	3.7389E−06	−1.3687E−09	1.7826E−13	298	3000
281	TeCl₄	tellurium tetrachloride	四氯化碲	108.784	0.0000E+00	0.0000E+00	0.0000E+00	0.0000E+00	665	2000
282	TeF₆	tellurium hexafluoride	六氟化碲	−5.933	5.1224E−01	−6.4878E−04	3.7509E−07	−8.1524E−11	100	1500
283	Ti	titanium	钛	27.731	−1.3797E−02	8.5069E−06	−1.4657E−09	8.3732E−14	200	6000
284	TiCl₄	titanium tetrachloride	四氯化钛	67.914	6.6801E−02	−3.5178E−05	7.2884E−09	−5.1766E−13	100	6000
285	Tl	thallium	铊	21.569	−4.0480E−03	4.9852E−06	−1.8249E−09	−2.3768E−13	298	3000
286	TlBr	thallous bromide	溴化亚铊	35.971	4.5026E−03	−5.3337E−06	2.7331E−09	−5.0772E−13	298	2000
287	TlI	thallous iodide	碘化亚铊	36.492	2.8653E−03	−3.3942E−06	1.7393E−09	−3.2310E−13	298	2000
288	U	uranium	铀	24.151	−3.5206E−03	5.4007E−06	−1.9770E−09	2.5749E−13	298	3000
289	UF₆	uranium fluoride	六氟化铀	−4.133	5.1224E−01	−6.4878E−04	3.7509E−07	−8.1524E−11	100	1500
290	V	vanadium	钒	25.248	−6.5941E−04	4.2019E−07	−8.3346E−11	6.0274E−15	298	6000
291	VCl₄	vanadium tetrachloride	四氯化钒	35.481	3.4358E−01	−6.0413E−04	4.4984E−07	−1.1924E−10	50	1500
292	VOCl₃	vanadium oxytrichloride	三氯氧化钒	29.050	3.2969E−01	−5.2847E−04	3.6323E−07	−8.9429E−11	50	1600
293	W	tungsten	钨	10.773	4.8986E−02	−2.9559E−05	6.5548E−09	−4.7595E−13	200	6000
294	WF₆	tungsten fluoride	(六)氟化钨	35.463	4.3695E−01	−6.4406E−04	4.3271E−07	−1.0794E−10	298	1500
295	Xe	xenon	氙	20.786	0.0000E+00	0.0000E+00	0.0000E+00	0.0000E+00	50	1500
296	Yb	ytterbium	镱	20.794	0.0000E+00	0.0000E+00	0.0000E+00	0.0000E+00	298	3000
297	Y	yttrium	钇	29.414	−2.0002E−02	1.2834E−05	−2.5366E−09	1.7424E−13	298	6000
298	Zn	zinc	锌	21.128	−1.3303E−02	7.3647E−07	−1.7803E−10	1.6481E−14	298	6000
299	ZnCl₂	zinc chloride	氯化锌	60.250	8.3680E−04	−2.8882E−14	1.2948E−17	−2.1389E−21	1005	2000
300	ZnO	zinc oxide	氧化锌	24.456	3.4987E−02	−3.9761E−05	2.0374E−08	−3.7848E−12	298	2000
301	Zr	zirconium	锆	25.546	2.0875E−04	1.0423E−06	−1.1950E−10	7.4615E−16	298	6000
302	ZrBr₄	zirconium bromide	溴化锆	96.455	1.8772E−02	−9.7142E−06	1.9876E−09	−1.3973E−13	200	6000
303	ZrCl₄	zirconium chloride	氯化锆	84.606	3.5549E−02	−1.8288E−05	3.7719E−09	−2.6793E−13	200	6000
304	ZrI₄	zirconium iodide	碘化锆	101.195	1.1254E−02	−5.8578E−06	1.2028E−09	−8.4763E−14	200	6000

C_p，摩尔定压热容，J/(mol·K)

A，B，C，D，E 化合物的摩尔定压热容 $C_p \sim T$ 关联式中系数

T，K

$T_{最低}$，K

$T_{最高}$，K

注：1.3917E−02 即 1.3917×10⁻² 。数据采自 Yaws C L. Chemical Properties Handbook (1999)。

表 2-3　元素在 298.15K，100kPa（1bar）下比定压热容、摩尔定压热容

名　　称		符号	$c_p/[J/(g \cdot K)]$	$C_p/[J/(mol \cdot K)]$
actinium	锕	Ac	0.120	27.2
aluminum	铝	Al	0.897	24.20
antimony	锑	Sb	0.207	25.23
argon	氩	Ar	0.520	20.786
arsenic	砷	As	0.329	24.64
barium	钡	Ba	0.204	28.07
beryllium	铍	Be	1.825	16.443
bismuth	铋	Bi	0.122	25.52
boron	硼	B	1.026	11.087
bromine(Br₂)	溴	Br	0.474	75.69
cadmium	镉	Ga	0.232	26.020
calcium	钙	Ca	0.647	25.929
carbon(graphite)	碳（石墨）	C	0.709	8.517
carbon(diamona) *	（金刚石）			6.125
cerium	铈	Ce	0.192	26.94
cesium	铯	Cs	0.242	32.210
chlorine(Cl₂)	氯	Cl	0.479	33.949
chromium	铬	Cr	0.449	23.35
cobalt	钴	Co	0.421	24.81
copper	铜	Cu	0.385	24.440
deuterium(normal) *	氘	D		29.194
dysprosium	镝	Dy	0.173	28.16
erbium	铒	Er	0.168	28.12
europium	铕	Eu	0.182	27.66
fluorine(F₂)	氟	F	0.824	31.304
gadolinium	钆	Ga	0.236	37.03
gallium	镓	Ga	0.373	26.03
germanium	锗	Ge	0.320	23.222
gold	金	Au	0.129	25.418
hafnium	铪	Hf	0.144	25.73
helium	氦	He	5.193	20.786
holmium	钬	Ho	0.165	27.15
hydrogen * (g)	氢	H	14.304	20.786
hydrogen(H₂)				28.836
indium	铟	In	0.233	26.74
iodine(I₂)	碘	I	0.214	54.43
iridium	铱	I_r	0.131	25.10
iron	铁	Fe	0.449	25.10
krypton	氪	Kr	0.248	20.786
lanthanum	镧	La	0.195	27.11
lead	铅	Pb	0.130	26.84
lithium	锂	Li	3.582	24.860
lutetium	镥	Lu	0.154	26.86
magnesium	镁	Mg	1.023	24.869
manganese	锰	Mn	0.479	26.32
mercury	汞	Hg	0.140	27.983
molybdenum	钼	Mo	0.251	24.06
neodymium	钕	Na	0.190	27.45
neon	氖	Ne	1.030	20.786
nickel	镍	Ni	0.444	26.07

续表

名　　称		符号	$c_p/[J/(g \cdot K)]$	$C_p/[J/(mol \cdot K)]$
niobium	铌	Nb	0.265	24.60
nitrogen(N_2)	氮	N	1.040	29.124
osmium	锇	O_5	0.130	24.7
oxygen * (g)	氧	O	0.918	21.911
oxygen(O_2)				29.378
ozone* (O_3)	臭氧			39.250
palladium	钯	Pa	0.246	25.98
phosphorus(white)	磷(白)	P	0.769	23.824
Phosphorus(red)	磷(红)			21.191
platinum	铂	Pt	0.133	25.86
plutonium*	钚	Pu		31.965
potassium	钾	K	0.757	29.600
praseodymium	镨	Pr	0.193	27.20
radon	氡	Rn	0.094	20.786
rhenium	铼	Re	0.137	25.48
rhodium	铑	Rh	0.243	24.98
rubidium	铷	Rb	0.363	31.060
ruthenium	钌	Ru	0.238	24.06
samarium	钐	Sm	0.197	29.54
scandium	钪	Sc	0.568	25.52
selenium	硒	Se	0.321	25.363
silicon	硅	Si	0.712	19.99
silver	银	Ag	0.235	25.350
sodium	钠	Na	1.228	28.230
strontium	锶	Sr	0.306	26.79
sulfur(rhombic)	硫(斜方)	S	0.708	22.70
tantalum	钽	Ta	0.140	25.36
technetium*	锝	Tc		24.252
tellurium	碲	Te	0.202	25.73
terbium	铽	Tb	0.182	28.91
thallium	铊	Tl	0.129	26.32
thorium	钍	Th	0.118	27.32
thulium	铥	Tm	0.160	27.03
tin(white)	锡(白)	Sn	0.227	26.99
titanium	钛	Ti	0.523	25.060
tungsten	钨	W	0.132	24.27
uranium	铀	U	0.116	27.665
vanadium	钒	V	0.489	24.89
xenon	氙	Xe	0.158	20.786
ytterbium	镱	Yb	0.155	26.74
yttrium	钇	Y	0.298	26.53
zinc	锌	Zn	0.388	25.390
zirconium	锆	Zr	0.278	25.36

注：* 摩尔定压热容 C_p 摘自《纯物质热化学数据手册》(程乃良等译，2003)。

2.1.2 凝聚态物质的热容

2.1.2.1 液体有机化合物的摩尔定压热容 $C_p \sim T$ 关联式中系数值

相关数据见表 2-4。

表 2-4 液体有机化合物的摩尔定压热容 $C_p(T)=A+BT+CT^2$[1,12]

单位：$J/(mol \cdot K)$

序号	化学式	中文名称	英文名称	A	B	C	温度范围/K		标明温度 (K) 下 C_p		
							$T_{最低}$	$T_{最高}$	298	$T_{最低}$	$T_{最高}$
1	CCl$_4$	四氯化碳	carbon-tetrachloride	139.73	-204.500E-03	586.787E-06	250	380	130.92	125.28	146.72
2	CCl$_3$F	三氯氟甲烷	trichlorofluoromethane	111.61	-365.740E-04	237.451E-06	162	327	121.81	111.91	125.05
3	CCl$_2$F$_2$	二氟二氯甲烷	dichlorodifluoromethane	97.76	-293.903E-04	300.827E-06	115	273	—	98.37	112.19
4	CClF$_3$	三氟一氯甲烷	chlorotrifluoromethane	88.99	-347.748E-04	440.295E-06	92	222	—	89.51	102.92
5	CF$_4$	四氟化碳	carbon-tetrafluoride	86.44	-761.166E-04	845.456E-06	86	175	—	86.18	99.05
6	CHCl$_3$	三氯甲烷	chloroform	110.54	-121.567E-03	441.074E-06	210	364	113.50	104.43	124.79
7	CHCl$_2$F	一氯二氟甲烷	dichlorofluoromethane	98.07	-261.189E-04	221.635E-06	138	312	109.99	98.69	111.50
8	CHClF$_2$	二氟氯代甲烷	chlorodifluoromethane	85.64	-289.732E-04	295.281E-06	113	262	—	86.14	98.37
9	CHF$_3$	三氟甲烷	trifluoromethane	79.87	-536.856E-04	471.134E-06	110	221	—	79.67	91.02
10	CHI$_3$	三碘甲烷	triiodomethane	194.66*	-915.083E-04*	185.804E-06*	396	521	—	187.56	197.43
11	CHNS	异硫氰酸	isothiocyanic-acid								
12	CH$_2$Cl$_2$	二氯甲烷	dichloromethane	117.11	-149.637E-03	616.276E-06	178	343	127.28	110.01	138.33
13	CH$_2$ClF	氟氯甲烷	chlorofluoromethane	86.91*	-360.248E-04*	265.612E-06*	140	294	—	87.08	99.29
14	CH$_2$F$_2$	二氟甲烷	difluoromethane	70.31*	-250.760E-04*	286.660E-06*	102	251	—	70.72	82.13
15	CH$_2$I$_2$	二碘甲烷	diiodomethane	185.35*	-180.553E-03*	468.742E-06*	279	485	173.18	171.48	208.08
16	CH$_2$O	甲醛	formaldehyde	77.73	-566.673E-04	323.989E-06	156	280	—	76.78	87.21
17	CH$_2$O$_2$	甲酸	formic-acid	133.43	-347.511E-03	785.756E-06	282	404	99.67	97.87	121.26
18	CH$_3$Br	一溴甲烷	bromomethane	101.75	-459.702E-04	249.538E-06	180	308	110.23	101.54	111.21
19	CH$_3$Cl	一氯甲烷	chloromethane	72.77	-440.239E-04	229.486E-06	175	279	—	72.10	78.36
20	CH$_3$F	一氟甲烷	fluoromethane	64.32*	-528.637E-04*	365.270E-06*	131	225	—	63.68	70.90
21	CH$_3$I	一碘甲烷	iodomethane	114.02*	-165.981E-03*	580.781E-06*	207	346	116.17	104.53	126.02
22	CH$_3$NO$_2$	硝基甲烷	nitromethane	114.64	-174.907E-03	496.451E-06	245	404	106.62	101.56	125.00
23	CH$_3$NO$_2$	亚硝酸甲酯	methyl-nitrite								
24	CH$_3$NO$_3$	硝酸甲酯	methyl-nitrate								
25	CH$_4$	甲烷	methane	54.87	-946.775E-04	859.291E-06	91	142	—	53.35	58.70
26	CH$_4$O	甲醇	methanol	74.86	-102.315E-03	406.657E-06	176	368	80.51	69.43	92.24

续表

序号	化学式	中文名称	英文名称	A	B	C	温度范围/K		标明温度（K）下 C_p		
							$T_{最低}$	$T_{最高}$	298	$T_{最低}$	$T_{最高}$
27	CH_4S	甲硫醇	methanthiol	82.77	−222.483E−04	175.418E−06	150	309	91.73	83.38	92.65
28	CH_5N	甲胺	methylamine	97.02	−723.583E−04	349.166E−06	180	297	—	95.29	106.29
29	C_2Cl_4	四氯乙烯	tetrachloroethene	145.62	−179.537E03	512.216E−06	251	424	137.62	132.83	161.64
30	C_2Cl_6	全氯乙烷	hexachloroethane	—	—	—	—	—	—	—	—
31	$C_2Cl_3F_3$	1,1,2-三氯三氟乙烷	1,1,2-trichlorotrifluoroethane	189.23	−366.073E−03	107.085E−05	238	351	175.28	162.79	192.57
32	$C_2Cl_2F_4$	1,2-二氯四氟乙烷	1,2-dichlorotetrafluoroethane	161.66	−104.512E03	507.369E−06	179	307	175.61	159.21	177.46
33	C_2ClF_5	一氯五氟乙烷	chloropentafluoroethane	—	—	—	—	—	—	—	—
34	C_2F_4	四氟乙烯	tetrafluoroethene	—	—	—	—	—	—	—	—
35	C_2F_6	全氟乙烷	hexafluoroethane	139.88	−265.002E03	113.019E−05	172	225	—	127.78	137.44
36	C_2N_2	氰	cyanogen	—	—	—	—	—	—	—	—
37	C_2HCl_3	三氯乙烯	trichloroethene	143.15	−127.892E−03	522.454E−06	187	391	151.47	137.49	173.06
38	C_2HCl_5	五氯乙烷	pentachloroethane	169.01*	−166.400E−03*	493.743E−06*	244	463	163.29	157.81	197.95
39	C_2HF_3	三氟乙烯	trifluoroethene	70.46*	−172.672E−04*	245.461E−06*	95	251	—	71.02	81.59
40	C_2H_2	乙炔	acetylene(ethyne)	—	—	—	—	—	—	—	—
41	$C_2H_2Cl_2$	1,1-二氯乙烯	1,1-dichloroethene	108.46	−115.680E−03	563.515E−06	156	335	124.07	104.12	132.87
42	$C_2H_2Cl_2$	顺-1,2-二氯乙烯	*cis*-1,2-dichloroethene	83.08	−975.183E−04	374.699E−06	193	363	87.32	78.20	97.14
43	$C_2H_2Cl_2$	反-1,2-二氯乙烯	*trans*-1,2-dichloroethene	87.52	−139.467E−03	447.417E−06	223	352	85.71	78.67	93.78
44	$C_2H_2Cl_4$	1,1,2,2-四氯乙烷	1,1,2,2-tetrachloroethane	149.84	−198.696E−03	567.125E−06	237	449	141.01	134.60	175.00
45	$C_2H_2F_2$	1,1-二氟乙烯	1,1-difluoroethene	61.54	−521.301E−04	364.349E−06	129	217	—	60.88	67.44
46	$C_2H_2F_2$	顺-1,2-二氟乙烯	*cis*-1,2-difluoroethene	79.39*	−222.399E−04*	253.956E−06*	108	278	—	79.95	92.82
47	$C_2H_2F_2$	反-1,2-二氟乙烯	*trans*-1,2-difluoroethene	79.39*	−222.399E−04*	253.956E−06*	108	278	—	79.95	92.82
48	C_2H_2O	乙烯酮	ketene	—	—	—	—	—	—	—	—
49	C_2H_3Br	溴乙烯	bromoethylene	95.70*	−195.043E−04*	190.870E−06*	134	319	106.86	96.51	108.90
50	C_2H_3Cl	氯乙烯	chloroethene	69.86	−162.097E−04	177.394E−06	119	289	—	70.45	80.02
51	$C_2H_3Cl_3$	1,1,1-三氯乙烷	1,1,1-trichloroethane	148.93*	−175.179E−03*	536.346E−06*	236	417	144.38	137.44	169.02
52	C_2H_3ClO	乙酰氯	acetyl-chloride	102.94	−915.796E−04	446.352E−06	160	354	115.32	99.73	126.44
53	C_2H_3F	氟乙烯	fluoroethene	48.65	−314.315E−04	231.521E−06	130	231	—	48.48	53.74
54	$C_2H_3F_3$	1,1,1-三氟乙烷	1,1,1-trifluoroethane	77.70*	−801.593E−04*	407.082E−06*	162	256	—	75.40	83.83
55	C_2H_3N	乙腈	acetonitrile	96.80	−193.776E−03	560.180E−06	229	383	88.82	81.82	104.69

续表

序号	化学式	中文名称	英文名称	A	B	C	温度范围/K $T_{最低}$	温度范围/K $T_{最高}$	298	标明温度（K）下 C_p $T_{最低}$	标明温度（K）下 C_p $T_{最高}$
56	C_2H_4	乙烯	ethylene	62.90	−380.067E−04	379.045E−06	104	199	—	63.04	70.39
57	$C_2H_4Br_2$	1,2-二溴乙烷	1,2-dibromoethane	146.30	−144.732E−03	384.424E−06	283	435	137.32	136.15	156.01
58	$C_2H_4Cl_2$	1,1-二氯乙烷	1,1-dichloroethane	117.19	−114.104E−03	497.223E−06	176	361	127.38	112.53	140.72
59	$C_2H_4Cl_2$	1,2-二氯乙烷	1,2-dichloroethane	130.24	−177.718E−03	538.572E−06	238	387	125.13	118.41	142.16
60	$C_2H_4F_2$	1,1-二氟乙烷	1,1-difluoroethane	83.27*	−549.535E−04*	316.685E−06*	156	277	—	82.41	92.36
61	$C_2H_4I_2$	1,2-二碘乙烷	1,2-diiodoethane	186.36*	−933.832E−04*	214.915E−06*	356	503	—	180.36	193.78
62	C_2H_4O	环氧乙烷	ethylene-oxide	79.81	−275.124E−04	182.232E−06	161	314	87.81	80.11	89.13
63	C_2H_4O	乙醛	acetaldehyde	54.70	−220.844E−04	147.634E−06	150	324	61.24	54.71	63.02
64	$C_2H_4O_2$	乙酸	acetic-acid	155.48	−326.595E−03	744.199E−06	290	421	124.26	123.33	149.97
65	$C_2H_4O_2$	甲酸甲酯	methyl-formate	—	—	—	—	—	—	—	—
66	C_2H_4OS	硫代乙酸	thioacetic-acid	—	—	—	—	—	—	—	—
67	C_2H_4S	硫杂环丙烷	thiacyclopropane	81.30*	−817.165E−04*	370.766E−06*	165	358	89.89	77.92	99.57
68	C_2H_5Br	溴乙烷	bromoethane	89.68	−595.609E−04	331.796E−06	155	342	101.41	88.40	108.07
69	C_2H_5Cl	氯乙烷	chloroethane	95.87	−226.941E−04	203.381E−06	137	316	107.18	96.57	108.95
70	C_2H_5F	氟乙烷	fluoroethane	77.39*	−333.846E−04*	267.375E−06*	130	265	—	77.57	87.37
71	C_2H_5I	碘乙烷	iodoethane	116.56*	−101.416E−03*	470.355E−06*	165	376	128.13	112.63	144.82
72	C_2H_5N	氮杂环丙烷	ethylenimine	104.16	−158.061E−03	568.414E−06	195	359	107.57	94.96	120.56
73	$C_2H_5NO_2$	硝基乙烷	nitroethane	—	—	—	—	—	—	—	—
74	$C_2H_5NO_3$	硝酸乙酯	ethyl-nitrate	—	—	—	—	—	—	—	—
75	C_2H_6	乙烷	ethane	66.34	−208.669E−04	304.217E−06	90	215	—	66.92	75.88
76	C_2H_6O	甲醚	methyl-ether	95.20	−286.597E−04	249.910E−06	132	279	—	95.76	106.68
77	C_2H_6O	乙醇	ethyl-alcohol	100.92	−111.839E−03	498.540E−06	159	381	111.90	95.75	130.80
78	$C_2H_6O_2$	1,2-乙二醇	ethylene-glycol	153.00	−114.819E−03	331.684E−06	260	500	148.25	145.58	178.62
79	C_2H_6S	二甲硫	methyl-sulfide	106.75	−116.326E−03	508.461E−06	175	341	117.27	101.96	126.13
80	C_2H_6S	乙硫醇	ethanethiol	99.36	−630.197E−04	426.305E−06	125	339	118.47	98.16	126.93
81	$C_2H_6S_2$	二甲二硫	methyl-disulfide	138.17	−107.053E−03	439.556E−06	188	413	145.32	133.60	168.90
82	C_2H_7N	乙胺	ethylamine	122.68	−692.991E−04	323.034E−06	192	320	130.74	121.29	133.56
83	C_2H_7N	二甲胺	dimethylamine	129.49	−780.495E−04	384.821E−06	181	310	140.42	127.97	142.29
84	C_3H_3N	丙烯腈	acrylonitrile	106.78	−156.184E−03	565.018E−06	190	381	110.44	97.47	129.15

续表

序号	化学式	中文名称	英文名称	A	B	C	温度范围/K		298	标明温度（K）下 C_p	
							$T_{最低}$	$T_{最高}$		$T_{最低}$	$T_{最高}$
85	C_3H_4	丙二烯	allene(propadiene)	91.28*	−407.751E−04*	303.756E−06*	137	271	—	91.39	102.56
86	C_3H_4	丙炔	propyne(methylacetylene)	100.22*	−637.039E−04*	336.678E−06*	171	280	—	99.15	108.75
87	$C_3H_4O_2$	丙烯酸	acrylic-acid	178.01	−303.313E−03	717.819E−06	285	444	151.39	149.87	184.85
88	C_3H_5Br	3-溴-1-丙烯	3-bromo-1-propene	113.85*	−798.602E−04*	419.770E−06*	154	373	127.36	111.49	142.50
89	C_3H_5Cl	3-氯-1-丙烯	3-chloro-1-propene	101.28*	−759.091E−04*	440.672E−06*	139	348	117.82	99.23	128.32
90	$C_3H_5Cl_3$	1,2,3-三氯丙烷	1,2,3-trichloropropane	191.83	−224.638E−03	613.199E−06	259	459	179.37	174.74	217.91
91	C_3H_5I	3-碘-1-丙烯	3-iodo-1-propene	130.12*	−102.528E−03*	450.722E−06*	174	405	139.62	125.92	162.57
92	C_3H_5N	丙腈	propionitrile	141.64	−179.313E−03	679.371E−06	180	400	148.57	131.40	178.73
93	C_3H_6	丙烯	propene	82.16	−128.183E−04	249.709E−06	88	256	—	82.97	95.21
94	C_3H_6	环丙烷	cyclopropane	76.03	−336.980E−04	237.628E−06	146	270	—	76.17	84.29
95	$C_3H_6Br_2$	1,2-二溴丙烷	1,2-dibromopropane	157.72	−102.920E−03	378.585E−06	218	443	160.69	153.27	186.46
96	$C_3H_6Cl_2$	1,2-二氯丙烷	1,2-dichloropropane	143.74	−154.080E−03	628.367E−06	173	400	153.66	135.87	182.47
97	$C_3H_6Cl_2$	1,3-二氯丙烷	1,3-dichloropropane	137.79*	−114.190E−03*	483.938E−06*	174	424	146.77	132.56	176.25
98	$C_3H_6Cl_2$	2,2-二氯丙烷	2,2-dichloropropane	133.55*	−203.207E−03*	606.548E−06*	239	372	126.88	119.66	142.01
99	$C_3H_6I_2$	1,2-二碘丙烷	1,2-diiodopropane	196.47*	−145.651E−03*	421.266E−06*	253	530	190.49	186.59	237.65
100	C_3H_6O	1,2-环氧丙烷	propylene-oxide	113.08*	−150.854E−03*	672.839E−06*	161	337	127.92	106.24	138.74
101	C_3H_6O	烯丙醇	allyl-alcohol	107.36*	−901.213E−04*	455.973E−06*	144	400	121.03	103.84	144.17
102	C_3H_6O	丙醛	propionaldehyde	123.74	−153.727E−03	590.605E−06	193	352	130.41	116.07	142.79
103	C_3H_6O	丙酮	acetone	117.81	−159.245E−03	633.831E−06	178	359	126.68	109.56	142.43
104	C_3H_6S	硫杂环丁烷	thiacyclobutane	109.20	−111.822E−03	412.429E−06	200	398	112.52	103.33	130.05
105	C_3H_7Br	1-溴丙烷	1-bromopropane	127.84	−981.817E−04	477.960E−06	163	374	141.06	124.55	158.02
106	C_3H_7Br	2-溴丙烷	2-bromopropane	114.78*	−110.824E−03*	465.058E−06*	184	363	123.08	110.15	135.73
107	C_3H_7Cl	1-氯丙烷	1-chloropropane	116.38	−968.096E−04	509.609E−06	150	350	132.82	113.35	144.85
108	C_3H_7Cl	2-氯丙烷	2-chloropropane	99.73*	−946.783E−04*	474.032E−06*	156	338	113.64	96.50	121.88
109	C_3H_7F	1-氟丙烷	1-fluoropropane	87.50*	−199.192E−04*	223.650E−06*	114	300	101.44	88.14	101.64
110	C_3H_7F	2-氟丙烷	2-fluoropropane	87.23*	−338.161E−04*	251.786E−06*	140	294	—	87.42	99.03
111	C_3H_7I	1-碘丙烷	1-iodopropane	129.98*	−101.429E−03*	450.704E−06*	172	406	139.81	125.88	162.98
112	C_3H_7I	2-碘丙烷	2-iodopropane	126.74*	−112.013E−03*	465.468E−06*	183	393	134.72	121.83	154.49
113	$C_3H_7NO_2$	1-硝基丙烷	1-nitropropane	—	—	—	—	—	—	—	—

续表

序号	化学式	中文名称	英文名称	A	B	C	温度范围/K		298	标明温度(K)下 C_p	
							T最低	T最高		T最低	T最高
114	$C_3H_7NO_2$	2-硝基丙烷	2-nitropropane	—	—	—					
115	$C_3H_7NO_3$	硝酸丙酯	propyl-nitrate	—	—	—					
116	$C_3H_7NO_3$	硝酸异丙酯	isopropyl-nitrate	—	—	—					
117	C_3H_8	丙烷	propane	87.31	−123.591E−04	258.959E−06	86	261		88.15	101.75
118	C_3H_8O	甲乙醚	ethyl-methyl-ether	123.05*	−359.916E−04*	302.604E−06*	134	311	139.22	123.66	141.09
119	C_3H_8O	丙醇	propyl-Alcohol	119.39	−100.208E−03	501.364E−06	147	400	134.08	115.49	159.64
120	C_3H_8O	异丙醇	isopropyl-alcohol	146.16	−192.824E−03	729.595E−06	185	385	153.53	135.43	180.23
121	C_3H_8S	甲乙硫醚	ethyl-methyl-sulfide	131.55	−121.917E−03	554.576E−06	167	370	144.50	126.67	162.41
122	C_3H_8S	1-丙硫醇	1-propanethiol	129.60*	−100.511E−03	499.223E−06*	160	369	144.01	126.30	160.53
123	C_3H_8S	2-丙硫醇	2-propanethiol	126.67	−897.192E−04	512.932E−06	143	356	145.52	124.31	159.65
124	C_3H_9N	丙胺	propylamine	158.09*	−206.700E−03*	795.297E−06*	190	352	167.16	147.52	183.92
125	C_3H_9N	三甲胺	trimethylamine	121.17	−468.472E−04	304.285E−06	156	306	134.26	121.27	135.33
126	C_4F_8	全氟环丁烷	octafluorocyclobutane	220.31	−332.586E−03	105.187E−05	232	297		199.79	214.37
127	C_4H_2	丁二炔	butadiyne(biacetylene)								
128	C_4H_4O	呋喃	furan	107.40	−130.643E−03	527.945E−06	188	335	115.38	101.47	122.77
129	C_4H_4S	噻吩	thiophene	127.21*	−158.078E−03*	492.831E−06*	235	387	123.89	117.27	139.85
130	C_4H_5N	吡咯[12]	pyrrole	53.1326	250.308E−03		250	360			
131	C_4H_6	1,2-丁二烯	1,2-butadiene	119.75*	−352.068E−04*	287.642E−06*	137	314	134.82	120.32	137.05
132	C_4H_6	1,3-丁二烯	1,3-butadiene	113.86	−565.880E−04	327.637E−06	164	299	126.12	113.40	126.20
133	C_4H_6	1-丁炔	1-butyne(ethylacetylene)	119.81	−328.672E−04	259.714E−06	147	311	133.10	120.61	134.73
134	C_4H_6	2-丁炔	2-butyne(dimethylacetylene)	158.91*	−306.452E−03*	887.658E−06*	241	330	146.45	136.59	154.48
135	C_4H_6	环丁烯	cyclobutene	72.57*	−248.280E−04*	172.411E−06*	154	306	80.49	72.83	81.10
136	$C_4H_6O_3$	乙酸酐	acetic-anhydride	182.40	−201.667E−03	711.225E−06	199	440	185.50	170.44	231.17
137	C_4H_7N	丁腈	butyronitrile	133.30*	−122.428E−03*	536.956E−06*	161	420	144.53	127.50	176.72
138	C_4H_7N	异丁腈	isobutyronitrile	128.01*	−166.514E−03*	572.114E−06*	202	407	129.22	117.69	154.99
139	C_4H_8	1-丁烯	1-butene	103.23	−950.068E−05	233.531E−06	88	297		104.20	121.00
140	C_4H_8	顺-2-丁烯	2-butene-*cis*	111.05	−330.499E−04	276.429E−06	134	307	125.77	111.60	126.94
141	C_4H_8	反-2-丁烯	2-butene-*trans*	112.71	−567.680E−04	317.927E−06	168	304	124.05	112.12	124.84
142	C_4H_8	2-甲基丙烯	2-methylpropene	113.13*	−361.507E−04*	301.276E−06*	133	296		113.65	128.87

续表

序号	化学式	中文名称	英文名称	A	B	C	温度范围/K T最低	温度范围/K T最高	298	标明温度(K)下 Cp T最低	标明温度(K)下 Cp T最高
143	C_4H_8	环丁烷	cyclobutane	99.08	−445.004E−04	234.317E−06	182	316	106.64	98.76	108.38
144	$C_4H_8Br_2$	1,2-二溴丁烷	1,2-dibromobutane	161.11*	−913.633E−04	354.848E−06*	208	469	165.42	157.45	196.42
145	$C_4H_8Br_2$	2,3-二溴丁烷	2,3-dibromobutane	164.73*	−118.608E−03	385.681E−06*	239	464	163.65	158.39	192.77
146	$C_4H_8I_2$	1,2-二碘丁烷	1,2-diioocbutane	194.12*	−180.467E−03	466.902E−06*	279	507	181.82	180.12	222.57
147	C_4H_8O	丁醛	butyraldehyde	146.50	−142.105E−03	604.095E−06	177	378	157.84	140.26	179.08
148	C_4H_8O	2-丁酮	2-butanone	150.20	−174.810E−03	676.045E−06	187	383	158.18	141.11	182.29
149	$C_4H_8O_2$	1,4-二氧六环	1,4-dioxane	—	—	—	—	—	—	—	—
150	$C_4H_8O_2$	乙酸乙酯	ethyl-acetate	162.99	−207.054E−03	777.283E−06	190	380	170.35	151.67	196.49
151	C_4H_8S	硫杂环戊烷	thiacyclopentane	130.88	−950.884E−04	410.876E−06	177	425	139.06	126.92	164.58
152	C_4H_9Br	1-溴丁烷	1-bromobutane	162.06	−106.133E−03	526.480E−06	161	405	177.22	158.60	205.35
153	C_4H_9Br	2-溴丁烷	2-bromobutane	123.63*	−834.216E−04*	414.578E−06*	161	394	135.62	120.96	155.21
154	C_4H_9Br	2-溴-2-甲基丙烷	2-bromo-2-methylpropane	138.74*	−205.484E−03*	575.658E−06*	257	376	128.64	123.94	142.95
155	C_4H_9Cl	1-氯丁烷	1-chlorobutane	116.35*	−928.447E−04*	472.235E−06*	150	382	130.65	113.05	149.69
156	C_4H_9Cl	2-氯丁烷	2-chlorobutane	110.94*	−785.871E−04*	441.222E−06*	142	371	126.73	108.67	142.55
157	C_4H_9Cl	1-氯-2-甲基丙烷	1-chloro-2-methylpropane	111.29*	−863.257E−04*	467.046E−06*	143	372	127.07	108.49	143.85
158	C_4H_9Cl	2-氯-2-甲基丙烷	2-chloro-2-methylpropane	131.22*	−245.518E−03*	692.102E−06*	248	354	119.54	112.87	131.01
159	C_4H_9I	2-碘-2-甲基丙烷	2-iodo-2-methylpropane	142.73*	−168.372E−03*	523.681E−06*	235	403	139.08	132.08	159.97
160	C_4H_9N	吡咯烷	pyrrolidine	152.57	−143.647E−03	519.404E−06	213	389	155.91	145.55	175.27
161	C_4H_9NO	吗啉[12]	morpholine	53.897	372.0E−03	—	293	353	—	—	—
162	$C_4H_{10}O_3$	二甘醇[12]	diethyleneglycol	125.41	400.58E−03	—	263	451	—	—	—
163	C_4H_{10}	丁烷	butane	120.03	−378.300E−04	309.289E−06	135	303	136.25	120.55	136.96
164	C_4H_{10}	2-甲基丙烷(异丁烷)	2-methylpropane(isobutane)	114.87	−263.099E−04	296.597E−06	114	292	—	115.71	132.41
165	$C_4H_{10}O$	乙醚	ethyl-ether	152.25	−183.636E−03	859.823E−06	157	338	173.94	144.61	188.28
166	$C_4H_{10}O$	甲丙醚	methyl-propyl-ether	144.40*	−163.912E−03*	774.744E−06*	157	342	164.41	137.76	178.86
167	$C_4H_{10}O$	甲异丙醚	methyl-isopropyl-ether	141.87	−165.266E−03	785.094E−06	157	334	162.39	135.26	174.22
168	$C_4H_{10}O$	丁醇	butyl-alcohol	162.68	−141.214E−03	623.270E−06	165	421	175.98	156.36	213.55
169	$C_4H_{10}O$	仲丁醇	sec-butyl-alcohol	182.62*	−171.806E−03*	782.850E−06*	159	403	200.99	175.05	240.43
170	$C_4H_{10}O$	叔丁醇	tert-butyl-alcohol	248.67	−295.972E−03	725.164E−06	299	386	—	224.98	242.44
171	$C_4H_{10}S$	乙硫醚	ethylsulfide	157.39	−128.640E−03	580.943E−06	169	395	170.68	152.26	197.31

续表

序号	化学式	中文名称	英文名称	A	B	C	温度范围/K		298	标明温度(K)下 C_p	
							$T_{最低}$	$T_{最高}$		$T_{最低}$	$T_{最高}$
172	C₄H₁₀S	甲异丙硫醚	isopropyl-methyl-sulfide	150.79*	−130.866E−03*	579.762E−06*	172	388	163.31	145.41	187.26
173	C₄H₁₀S	甲丙硫醚	methyl-propyl-sulfide	159.50*	−120.917E−03*	579.920E−06*	160	399	175.00	155.01	203.47
174	C₄H₁₀S	1-丁硫醇	1-butanethiol	156.02	−104.689E−03	526.029E−06	157	402	171.57	152.58	198.82
175	C₄H₁₀S	2-丁硫醇	2-butanethiol	149.81	−802.766E−04	506.510E−06	133	388	170.91	148.10	194.96
176	C₄H₁₀S	2-甲基-1-丙硫醇	2-methyl-1-propanethiol	150.02	−750.584E−04	496.370E−06	128	392	171.77	148.57	196.76
177	C₄H₁₀S	2-甲基-2-丙硫醇	2-methyl-2-propanethiol	203.45	−385.527E−03	975.260E−06	274	367	175.20	171.08	193.44
178	C₄H₁₀S₂	二乙基二硫	ethyl-disulfide	190.39	−108.326E−03	498.797E−06	172	457	202.44	186.50	244.95
179	C₄H₁₁N	丁胺	butylamine	199.66*	−291.162E−03*	922.947E−06*	224	380	194.90	180.76	222.34
180	C₄H₁₁N	仲丁胺	sec-butylamine	170.63*	−194.429E−03*	766.573E−06*	188	366	180.81	161.17	202.21
181	C₄H₁₁N	叔丁胺	tert-butylamine	157.24*	−232.101E−03*	833.842E−06*	201	347	162.16	144.29	177.07
182	C₄H₁₁N	二乙胺	diethylamine	179.38*	−305.907E−03*	962.759E−06*	223	359	173.76	159.09	193.70
183	C₅H₅N	吡啶	pyridine	147.64	−141.253E−03	459.992E−06	232	418	146.42	139.59	169.06
184	C₅H₆S	2-甲基噻吩	2-methylthiophene	141.54*	−128.490E−03*	461.710E−06*	210	416	144.27	134.90	167.91
185	C₅H₆S	3-甲基噻吩	3-methylthiophene	140.36	−120.846E−03	448.762E−06	204	419	144.22	134.39	168.41
186	C₅H₈	1,2-戊二烯	1,2-pentadiene	139.98*	−104.140E−03*	616.483E−06*	136	348	163.74	137.22	178.40
187	C₅H₈	顺-1,3-戊二烯	1,3-pentadiene,cis	149.88*	−190.399E−03*	758.234E−06*	186	345	160.51	140.67	174.47
188	C₅H₈	反-1,3-戊二烯	1,3-pentadiene,trans	152.09*	−200.190E−03*	788.688E−06*	186	347	162.52	142.11	177.67
189	C₅H₈	1,4-戊二烯	1,4-pentadiene	120.66	−918.525E−04	595.815E−06	125	329	146.24	118.48	154.96
190	C₅H₈	2,3-戊二烯	2,3-pentadiene	145.56*	−120.435E−03*	643.087E−06*	148	351	166.82	141.78	182.65
191	C₅H₈	3-甲基-1,2-丁二烯	3-methyl-1,2-butadiene	141.51*	−141.993E−03*	681.475E−06*	160	344	159.76	136.20	173.31
192	C₅H₈	2-甲基-1,3-丁二烯	2-methyl-1,3-butadiene	127.01	−107.643E−03	655.262E−06	127	337	153.17	123.92	165.23
193	C₅H₈	1-戊炔	1-pentyne	142.98*	−150.049E−03*	684.355E−06*	168	343	159.08	137.05	172.14
194	C₅H₈	2-戊炔	2-pentyne	156.80*	−140.600E−03*	666.087E−06*	164	359	174.10	151.65	192.25
195	C₅H₈	3-甲基-1-丁炔	3-methyl-1-butyne	134.92*	−166.645E−03*	687.995E−06*	183	330	146.40	127.50	154.71
196	C₅H₈	环戊烯	cyclopentene	103.19	−742.288E−04	438.992E−06	138	347	120.08	101.31	130.38
197	C₅H₈	螺戊烷	spiropentane	112.08*	−989.773E−04*	476.956E−06*	166	342	124.97	108.80	134.06
198	C₅H₁₀	1-戊烯	1-pentene	124.80	−783.259E−04	603.012E−06	108	336	155.05	123.37	166.49
199	C₅H₁₀	顺-2-戊烯	2-pentene,cis	127.26	−919.672E−04	609.575E−06	122	339	154.03	125.10	166.22
200	C₅H₁₀	反-2-戊烯	2-pentene,trans	129.30	−110.358E−03	647.586E−06	133	340	153.96	126.07	166.47

续表

序号	化学式	中文名称	英文名称	A	B	C	温度范围/K		标明温度(K)下 C_p		
							$T_{最低}$	$T_{最高}$	298	$T_{最低}$	$T_{最高}$
201	C_5H_{10}	2-甲基-1-丁烯	2-methyl-1-butene	132.85	-117.965E-03	678.830E-06	136	334	158.03	129.34	169.27
202	C_5H_{10}	3-甲基-1-丁烯	3-methyl-1-butene	136.88	-174.335E-04	273.499E-06	105	323	156.00	138.05	159.82
203	C_5H_{10}	2-甲基-2-丁烯	2-methyl-2-butene	130.26	-121.847E-03	668.438E-06	139	342	153.35	126.26	166.67
204	C_5H_{10}	环戊烷	cyclopentane	116.24	-122.050E-03	519.690E-06	179	352	126.05	111.06	137.77
205	$C_5H_{10}Br_2$	2,3-二溴-2-甲基丁烷	2,3-dibromo-2-methylbutane	180.60*	-170.993E-03*	439.318E-06*	288	474	168.67	167.79	198.26
206	$C_5H_{10}O$	戊醛	valeraldehyde	172.30*	-174.832E-03*	695.176E-06*	182	406	181.97	163.51	215.91
207	$C_5H_{10}O$	2-戊酮	2-pentanone	178.48	-214.575E-03	770.068E-06	196	405	182.96	166.01	218.06
208	$C_5H_{10}S$	硫杂环己烷	thiacyclohexane	184.41	-244.782E-03	591.832E-06	292	445	164.04	163.41	192.65
209	$C_5H_{10}S$	环戊硫醇	cyclopentanethiol	143.20	-725.693E-04	384.995E-06	155	435	155.79	141.22	184.57
210	$C_5H_{11}Br$	1-溴戊烷	1-bromopentane	143.41*	-118.070E-03*	477.862E-06*	185	433	150.69	137.94	181.81
211	$C_5H_{11}Cl$	1-氯戊烷	1-chloropentane	132.59*	-130.476E-03*	539.774E-06*	174	410	141.68	126.24	169.88
212	$C_5H_{11}Cl$	1-氯-3-甲基丁烷	1-chloro-3-methylbutane	127.91*	-112.488E-03*	494.761E-06*	169	402	138.36	123.02	162.55
213	$C_5H_{11}Cl$	2-氯-2-甲基丁烷	2-chloro-2-methylbutane	129.37*	-147.600E-03*	538.594E-06*	200	389	133.24	121.37	153.39
214	C_5H_{12}	戊烷	pentane	143.61	-144.766E-03	762.167E-06	143	339	168.20	138.52	182.20
215	C_5H_{12}	2-甲基丁烷(异戊烷)	2-methylbutane(isopentane)	132.36	-954.245E-04	679.058E-06	113	331	164.27	130.26	175.22
216	C_5H_{12}	2,2-二甲基丙烷	2,2-dimethypropane	149.79*	-205.490E-03*	579.534E-06*	257	313	140.04	135.22	142.19
217	$C_5H_{12}O$	甲基正丁基醚	methyl butyl ether	140.22	-900.000E-05	563.000E-06	165	328	179.92	154.70	200.39
218	$C_5H_{12}O$	甲基叔丁基醚	methyl-tert-butyl-ether	162.04*	-173.412E-03*	782.674E-06*	175	358	180.07	154.70	200.39
219	$C_5H_{12}O$	戊醇	pentyl-alcohol	190.68	-189.225E-03	691.359E-06	195	441	195.72	180.07	241.64
220	$C_5H_{12}O$	叔戊醇	tert-pentyl-alcohol	239.68*	-253.425E-03*	568.727E-06*	327	416	—	217.63	232.75
221	$C_5H_{12}S$	甲丁硫醚	butyl-methyl-sulfide	187.24	-147.804E-03	630.597E-06	175	427	199.23	180.71	238.94
222	$C_5H_{12}S$	乙丙硫醚	ethyl-propyl-sulfide	180.32	-121.054E-03	597.093E-06	156	422	197.31	175.97	235.43
223	$C_5H_{12}S$	2-甲基-2-丁硫醇	2-methyl-2-butanethiol	165.37*	-120.061E-03*	555.461E-06*	169	402	178.96	160.97	206.96
224	$C_5H_{12}S$	1-戊硫醇	1-pentanethiol	193.97	-163.785E-03	620.950E-06	197	430	200.34	185.84	238.28
225	C_6Cl_6	六氯苯	hexachlorobenzene	—	—	—	—	—	—	—	—
226	C_6F_6	六氟苯	hexafluorobenzene	—	—	—	—	—	—	—	—
227	$C_6H_4Cl_2$	邻二氯苯	o-dichlorobenzene	176.09*	-150.366E-03*	435.611E-06*	256	479	169.98	166.15	204.04
228	$C_6H_4Cl_2$	间二氯苯	m-dichlorobenzene	174.51*	-160.392E-03*	470.466E-06*	248	476	168.51	163.70	204.80
229	$C_6H_4Cl_2$	对二氯苯	p-dichlorobenzene	175.40*	-928.924E-04*	232.526E-06*	326	477	—	169.84	184.02

续表

序号	化学式	中文名称	英文名称	A	B	C	温度范围/K		298	标明温度(K)下 C_p	
							$T_{最低}$	$T_{最高}$		$T_{最底}$	$T_{最高}$
230	$C_6H_4F_2$	间二氟苯	m-difluorobenzene	146.20*	-227.601E-03*	641.670E-06*	249	394	135.39	129.33	156.05
231	$C_6H_4F_2$	邻二氟苯	o-difluorobenzene	143.06*	-208.584E-03*	616.801E-06*	239	395	135.70	128.45	156.81
232	$C_6H_4F_2$	对二氟苯	p-difluorobenzene	149.09*	-242.359E-03*	652.838E-06*	260	392	134.86	130.22	154.40
233	C_6H_5Br	溴苯	bromobenzene	158.52	-144.351E-03	439.981E-06	242	459	154.60	149.38	184.99
234	C_6H_5Cl	氯苯	chlorobenzene	150.41	-142.546E-03	464.210E-06	228	435	149.18	142.02	176.26
235	C_6H_5F	氟苯	fluorobenzene	151.12	-205.386E-03	631.026E-06	234	388	145.98	137.61	166.44
236	C_6H_5I	碘苯	iodobenzene	160.68	-119.998E-03	373.176E-06	242	492	158.07	153.48	191.86
237	$C_6H_5NO_2$	硝基苯[12]	nitrobenzene	85.3	337.2E-03	—	279	360	—	—	—
238	C_6H_6	苯	benzene	155.63	-271.051E-03	675.082E-06	279	383	134.82	132.52	150.92
239	C_6H_6O	苯酚	phenol	207.48	-103.749E-03	274.005E-06	314	485	—	201.92	221.60
240	C_6H_6S	苯硫酚	benzenethiol❶,thiophenol	182.68*	-160.403E-03*	461.938E-06*	258	472	175.92	172.07	209.97
241	C_6H_7N	2-甲基吡啶	2-picoline	153.40	113.465E03	426.993E-06	207	433	157.53	148.21	184.22
242	C_6H_7N	3-甲基吡啶	3-picoline	165.93	-173.861E-03	497.355E-06	255	447	158.31	153.93	187.68
243	C_6H_7N	苯胺	aniline	206.27	-211.507E-03	564.290E-06	267	487	193.37	190.03	237.17
244	C_6H_{10}	1-己炔	1-hexyne	166.32*	-111.773E03*	636.494E-06*	141	374	189.57	163.23	213.72
245	C_6H_{10}	环己烯	cyclohexene	133.86	-105.987E-03	487.155E-06	170	386	145.57	129.91	165.57
246	C_6H_{10}	1-甲基环戊烯	1-methylcyclopentene	130.32*	-891.586E-04*	488.235E-06*	146	379	147.14	127.71	166.65
247	C_6H_{10}	3-甲基环戊烯	3-methylcyclopentene	122.08*	734.100E04*	462.728E-06*	130	373	141.33	120.37	159.12
248	C_6H_{10}	4-甲基环戊烯	4-methylcyclopentene	124.41*	-586.808E-04*	448.299E-06*	112	378	146.77	123.48	166.37
249	$C_6H_{10}O$	环己酮	cyclohexanone	—	—	—	—	—	—	—	—
250	C_6H_{12}	1-己烯	1-hexene	157.71	-115.777E-03	678.781E-06	133	368	183.54	154.34	207.00
251	C_6H_{12}	顺-2-己烯	2-hexene,cis	166.92*	-114.475E-03*	686.295E-06*	132	372	193.80	163.77	219.31
252	C_6H_{12}	反-2-己烯	2-hexene,trans	167.79*	-127.277E-03*	707.027E-06*	140	371	192.69	163.82	217.88
253	C_6H_{12}	顺-3-己烯	3-hexene,cis	165.42*	-117.915E-03*	686.947E-06*	135	370	191.33	162.04	215.68
254	C_6H_{12}	反-3-己烯	3-hexene,trans	172.28*	-163.916E-03*	768.290E-06*	160	370	191.71	165.70	216.93
255	C_6H_{12}	2-甲基-1-戊烯	2-methyl-1-pentene	161.65*	-121.605E-03*	693.589E-06*	137	365	187.05	158.04	209.77
256	C_6H_{12}	3-甲基-1-戊烯	3-methyl-1-pentene	150.40*	-959.339E-04*	649.907E-06*	120	357	179.57	148.25	199.10
257	C_6H_{12}	4-甲基-1-戊烯	4-methyl-1-pentene	149.98*	-951.435E-04*	648.645E-06*	120	357	179.27	147.87	198.69
258	C_6H_{12}	2-甲基-2-戊烯	2-methyl-2-pentene	166.94*	-122.238E-03*	694.051E-06*	138	371	192.20	163.30	216.92

❶ 以为 thiophenol

续表

序号	化学式	中文名称	英文名称	A	B	C	温度范围/K		298	标明温度 (K) 下 C_p	
							$T_{最低}$	$T_{最高}$		$T_{最低}$	$T_{最高}$
259	C_6H_{12}	顺-3-甲基-2-戊烯	3-methyl-2-pentene,*cis*	152.11	−111.704E−03	632.720E−06	138	371	175.05	148.76	197.72
260	C_6H_{12}	反-3-甲基-2-戊烯	3-methyl-2-pentene,*trans*	151.56	−105.569E−03	618.193E−06	135	374	175.04	148.55	198.40
261	C_6H_{12}	顺-4-甲基-2-戊烯	4-methyl-2-pentene,*cis*	156.08*	−135.400E−03*	740.837E−06*	139	360	181.57	151.58	203.19
262	C_6H_{12}	反-4-甲基-2-戊烯	4-methyl-2-pentene,*trans*	156.38*	−123.496E−03*	721.599E−06*	132	362	183.71	152.65	206.12
263	C_6H_{12}	2-乙基-1-丁烯	2-ethyl-1-butene	165.11*	−129.086E−03*	707.602E−06*	142	368	189.53	161.02	213.37
264	C_6H_{12}	2,3-二甲基-1-丁烯	2,3-dimethyl-1-butene	150.85*	−916.155E−04*	646.598E−06*	116	359	181.01	148.92	201.22
265	C_6H_{12}	3,3-二甲基-1-丁烯	3,3-dimethyl-1-butene	147.30*	−149.003E−03*	718.807E−06*	158	344	166.77	141.70	181.24
266	C_6H_{12}	2,3-二甲基-2-丁烯	2,3-dimethyl-2-butene	191.51*	−238.163E−03*	867.422E−06*	199	376	197.61	178.45	224.76
267	C_6H_{12}	环己烷	cyclohexane	178.98	−321.567E−03	796.768E−06	280	384	153.94	151.36	172.96
268	C_6H_{12}	甲基环戊烷	methylcyclopentane	137.23	−828.903E−04	518.987E−06	131	375	158.66	135.26	179.12
269	$C_6H_{12}O$	己醛	hexanal	214.45*	−258.752E−03*	833.665E−06*	217	431	211.41	197.57	257.99
270	$C_6H_{12}S$	硫杂环庚烷	thiacycloheptane	202.73*	−219.395E−03*	552.703E−06*	292	445	186.45	185.81	214.52
271	C_6H_{14}	己烷	hexane	181.77	−215.501E−03	875.545E−06	178	372	195.35	171.13	222.74
272	C_6H_{14}	2-甲基戊烷	2-methylpentane	162.65	−108.721E−03	721.198E−06	120	363	194.34	159.95	218.38
273	C_6H_{14}	3-甲基戊烷	3-methylpentane	169.63	−157.790E−03	767.726E−06	155	366	190.84	163.62	214.87
274	C_6H_{14}	2,2-二甲基丁烷	2,2-dimethylbutane	167.85	−200.523E−03	850.346E−06	173	353	183.66	158.64	202.98
275	C_6H_{14}	2,3-二甲基丁烷	2,3-dimethylbutane	160.72	−139.457E−03	736.358E−06	145	361	184.60	155.95	206.40
276	$C_6H_{14}O$	丙醚	propyl ether	192.88*	−157.205E−03*	783.614E−06*	151	393	215.67	187.01	252.22
277	$C_6H_{14}O$	异丙醚	isopropyl ether	183.45*	−249.749E−03*	941.208E−06*	188	371	192.66	169.73	220.52
278	$C_6H_{14}O$	己醇	hexyl alcohol	240.28	−273.782E−03	833.503E−06	229	460	232.75	221.32	290.84
279	$C_6H_{14}O_4$	三甘醇[12]	triethylene glycol	153.80	587.0E−03	—	273	441	—		
				363.27	116.25E−03		441	553			
280	$C_6H_{14}S$	乙丁硫醚	butyl ethyl sulfide	219.70*	−167.158E−03*	696.309E−06*	178	447	231.76	212.01	284.29
281	$C_6H_{14}S$	异丙硫醚	isopropyl sulfide	188.85*	−139.208E−03*	622.121E−06*	170	423	202.65	183.20	241.36
282	$C_6H_{14}S$	甲戊硫醚	methyl pentyl sulfide	200.45*	−158.112E−03*	661.072E−06*	179	431	212.07	193.34	255.17
283	$C_6H_{14}S$	丙硫醚	propyl sulfide	209.80	−147.755E−03	651.952E−06	170	446	223.70	203.56	273.58
284	$C_6H_{14}S$	1-己硫醇	1-hexanethiol	234.43*	−182.565E−03*	702.753E−06*	193	456	242.47	225.34	297.23
285	$C_6H_{14}S_2$	二丙基二硫	propyl disulfide	240.41*	−144.850E−03*	588.146E−06*	188	495	249.50	233.94	312.66
286	$C_6H_{15}N$	三乙基胺	triethylamine	188.36*	−161.163E−03*	762.357E−06*	158	392	208.08	181.96	242.48

续表

序号	化学式	中文名称	英文名称	A	B	C	温度范围/K		标明温度(K)下 C_p		
							$T_{最低}$	$T_{最高}$	298	$T_{最低}$	$T_{最高}$
287	$C_7H_5F_3$	α,α,α-三氟甲苯	α,α,α-trifluorotoluene	148.19*	−206.274E−03*	599.151E−06*	244	405	139.95	133.53	162.97
288	$C_7H_6O_2$	苯甲酸	benzoic acid	282.68	−182.480E−03	351.380E−06	396	553	—	265.48	289.23
289	C_7H_7F	对-氟甲苯	p-fluorotoluene	145.66*	−158.125E−03*	528.407E−06*	216	420	145.49	136.18	172.39
290	C_7H_8	甲苯	toluene	147.04	−114.054E−03	489.671E−06	178	414	156.57	142.26	183.67
291	C_7H_8	1,3,5-环庚三烯	1,3,5-cycloheptatriene	183.18*	−161.546E−03*	622.670E−06*	194	419	190.37	175.25	224.69
292	C_7H_8O	间甲酚	m-cresol	250.43	−295.391E−03	713.665E−06	285	505	225.80	224.26	283.43
293	C_7H_8O	邻甲酚	o-cresol	239.28	−112.153E−03	308.213E−06	304	494	—	233.67	259.10
294	C_7H_8O	对甲酚	p-cresol	233.82	−109.048E−03	294.195E−06	308	505	—	228.13	253.77
295	C_7H_{12}	1-庚炔	1-heptyne	210.21*	−205.483E−03*	791.113E−06*	192	403	219.28	199.95	255.83
296	C_7H_{14}	1-庚烯	1-heptene	190.40	−146.978E−03	727.913E−06	154	397	211.29	185.05	246.68
297	C_7H_{14}	环庚烷	cycloheptane	227.52*	−306.924E−03*	822.804E−06*	265	422	209.15	203.97	244.50
298	C_7H_{14}	乙基环戊烷	ethylcyclopentane	163.77	−917.607E−04	549.067E−06	135	407	185.22	161.37	217.23
299	C_7H_{14}	1,1-二甲基环戊烷	1,1-dimethylcyclopentane	180.76	−204.724E−03	735.486E−06	203	391	185.10	169.54	213.15
300	C_7H_{14}	顺-1,2-二甲基环戊烷	c-1,2-dimethylcyclopentane	188.31	−224.256E−03	738.864E−06	219	403	187.13	174.67	217.82
301	C_7H_{14}	反-1,2-二甲基环戊烷	t-1,2-dimethylcyclopentane	169.34	−126.559E−03	627.402E−06	156	395	187.39	164.84	217.25
302	C_7H_{14}	顺-1,3-二甲基环戊烷	c-1,3-dimethylcyclopentane	166.26	−106.134E−03	603.158E−06	139	394	188.23	163.19	218.04
303	C_7H_{14}	反-1,3-二甲基环戊烷	t-1,3-dimethylcyclopentane	166.40	−104.868E−03	598.368E−06	139	395	188.32	163.39	218.29
304	C_7H_{14}	甲基环己烷	methylcyclohexane	163.15	−105.482E−03	564.751E−06	147	404	181.91	159.82	212.74
305	$C_7H_{14}O$	庚醛	heptanal	246.73*	−257.434E−03*	797.015E−06*	230	455	240.82	229.66	294.59
306	C_7H_{16}	庚烷	heptane	211.96	−229.934E−03	903.052E−06	183	402	223.68	200.08	265.24
307	C_7H_{16}	2-甲基己烷	2-methylhexane	198.01	−175.795E03	837.617E−06	155	393	220.06	190.88	258.38
308	C_7H_{16}	3-甲基己烷	3-methylhexane	181.71*	−847.700E−04*	695.958E−06*	100	395	218.31	180.20	256.81
309	C_7H_{16}	3-乙基戊烷	3-ethylpentane	197.16	−159.490E−03	777.221E−06	155	397	218.70	191.08	256.14
310	C_7H_{16}	2,2-二甲基戊烷	2,2-dimethylpentane	195.87	−167.438E−03	840.965E−06	149	382	220.70	189.62	254.79
311	C_7H_{16}	2,3-二甲基戊烷	2,3-dimethylpentane	194.10	−161.454E−03	804.405E−06	149	393	217.47	187.93	254.91
312	C_7H_{16}	2,4-二甲基戊烷	2,4-dimethylpentane	200.12	−180.992E−03	872.304E−06	154	384	223.71	192.94	259.14
313	C_7H_{16}	3,3-二甲基戊烷	3,3-dimethylpentane	188.22	−126.888E−03	718.077E−06	139	389	214.22	184.43	247.61
314	C_7H_{16}	2,2,3-三甲基丁烷	2,2,3-trimethylbutane	232.61	−401.595E−03	112.393E−05	248	384	212.79	202.19	244.14
315	$C_7H_{16}O$	异丙基叔丁基醚	isopropyl tert-butyl ether	218.41*	−209.055E−03*	856.692E−06*	178	409	232.24	208.32	276.05

续表

序号	化学式	中文名称	英文名称	A	B	C	温度范围/K		标明温度(K)下 C_p		
							$T_{最低}$	$T_{最高}$	298	$T_{最低}$	$T_{最高}$
316	$C_7H_{16}O$	庚醇	heptyl alcohol	240.57*	−268.582E−03	780.381E−06*	239	479	229.86	220.97	291.00
317	$C_7H_{16}S$	丙丁硫醚	butyl propyl sulfide	263.20*	−215.379E−03	757.602E−06*	207	474	266.33	251.05	331.41
318	$C_7H_{16}S$	乙戊硫醚	ethyl pentyl sulfide	264.00*	−232.336E−03	804.861E−06*	207	474	266.28	250.36	334.79
319	$C_7H_{16}S$	甲己硫醚	hexyl methyl sulfide	264.00*	−232.336E−03	804.861E−06*	207	474	266.28	250.36	334.79
320	$C_7H_{16}S$	1-庚硫醇	1-heptanethiol	281.23*	−272.182E−03	840.895E−06*	230	480	274.83	263.10	344.38
321	C_8H_6	乙炔基苯	ethynylbenzene	183.37*	−168.062E−03	516.447E−06*	243	448	179.17	172.99	211.84
322	C_8H_8	苯乙烯	styrene	184.57	−214.932E−03	626.303E−06	243	448	176.16	169.28	214.03
323	C_8H_8	1,3,5,7-环辛四烯	1,3,5,7-cyclooctatetraene	236.51*	−270.924E−03	735.026E−06*	266	443	221.08	216.47	260.80
324	C_8H_{10}	乙苯	ethylbenzene	172.16	−121.182E−03	518.749E−06	178	439	182.15	167.04	218.99
325	C_8H_{10}	间二甲苯	m-xylene	185.13	−193.865E−03	617.704E−06	225	442	182.24	172.81	220.20
326	C_8H_{10}	邻二甲苯	o-xylene	196.55	−221.792E−03	638.851E−06	248	447	187.21	180.84	225.22
327	C_8H_{10}	对二甲苯	p-xylene	210.61	−315.370E−03	763.119E−06	286	441	184.42	182.88	220.10
328	C_8H_{14}	1-辛炔	1-octyne	241.34*	−222.052E−03	837.700E−06*	194	429	249.61	229.78	300.43
329	C_8H_{16}	1-辛烯	1-octene	222.61	−173.861E−03	762.521E−06	171	425	238.56	215.21	286.53
330	C_8H_{16}	环辛烷	cyclooctane	277.94*	−352.051E−03	867.739E−06*	288	454	250.11	248.46	297.09
331	C_8H_{16}	丙基环戊烷	propylcyclopentane	204.13*	−140.074E−03	675.030E−06*	156	434	222.37	198.69	270.53
332	C_8H_{16}	乙基环己烷	ethylcyclohexane	206.72*	−129.358E−03	622.542E−06*	162	435	223.50	202.09	268.23
333	C_8H_{16}	1,1-二甲基环己烷	1,1-dimethylcyclohexane	218.31*	−267.156E−03	796.174E−06*	240	423	209.43	200.02	247.64
334	C_8H_{16}	顺-1,2-二甲基环己烷	c-1,2-dimethylcyclohexane	223.45*	−230.512E−03	749.990E−06*	223	433	221.39	209.35	264.22
335	C_8H_{16}	反-1,2-二甲基环己烷	t-1,2-dimethylcyclohexane	203.43*	−165.023E−03	668.842E−06*	185	427	213.69	195.79	254.80
336	C_8H_{16}	顺-1,3-二甲基环己烷	c-1,3-dimethylcyclohexane	203.30*	−186.023E−03	695.439E−06*	198	423	209.66	193.69	249.14
337	C_8H_{16}	反-1,3-二甲基环己烷	t-1,3-dimethylcyclohexane	204.26*	−175.779E−03	706.139E−06*	183	428	214.63	195.74	258.21
338	C_8H_{16}	顺-1,4-二甲基环己烷	c-1,4-dimethylcyclohexane	204.59*	−165.259E−03	667.978E−06*	186	428	214.70	196.93	256.04
339	C_8H_{16}	反-1,4-二甲基环己烷	t-1,4-dimethylcyclohexane	216.91*	−264.051E−03	798.136E−06*	236	423	209.13	199.07	247.82
340	$C_8H_{16}O$	辛醛	octanal	285.20*	−357.029E−03	993.882E−06*	246	475	267.11	257.51	339.78
341	C_8H_{18}	辛烷	octane	256.35	−322.165E−03	103.595E−05	216	429	252.39	235.15	308.67
342	C_8H_{18}	2-甲基庚烷	2-methylheptane	230.52	−196.661E−03	877.554E−06	164	421	249.90	221.87	303.16
343	C_8H_{18}	3-甲基庚烷	3-methylheptane	224.99	−178.558E−03	857.453E−06	153	422	247.98	217.72	302.37
344	C_8H_{18}	4-甲基庚烷	4-methylheptane	226.12	−173.065E−03	843.902E−06	152	421	249.54	219.33	302.79

续表

序号	化学式	中文名称	英文名称	A	B	C	温度范围/K $T_{最低}$	温度范围/K $T_{最高}$	298	标明温度(K)下 C_p $T_{最低}$	标明温度(K)下 C_p $T_{最高}$
345	C_8H_{18}	3-乙基己烷	3-ethylhexane	224.20*	−175.115E−03*	846.499E−06*	152	422	247.24	217.15	300.89
346	C_8H_{18}	2,2-二甲基己烷	2,2-dimethylhexane	211.13*	−165.124E−03*	811.636E−06*	152	410	234.05	204.78	279.87
347	C_8H_{18}	2,3-二甲基己烷	2,3-dimethylhexane	227.66*	−201.476E−03*	857.095E−06*	172	419	243.78	218.36	293.60
348	C_8H_{18}	2,4-二甲基己烷	2,4-dimethylhexane	221.00*	−206.292E−03*	872.000E−06*	172	413	237.01	211.31	284.44
349	C_8H_{18}	2,5-二甲基己烷	2,5-dimethylhexane	234.87	−243.691E−03	960.199E−06	182	412	247.58	222.32	297.33
350	C_8H_{18}	3,3-二甲基己烷	3,3-dimethylhexane	220.11	−164.831E−03	833.608E−06	147	415	245.07	213.90	295.34
351	C_8H_{18}	3,4-二甲基己烷	3,4-dimethylhexane	223.02*	−151.506E−03*	783.766E−06*	147	422	247.53	217.69	298.59
352	C_8H_{18}	3-乙基-2-甲基戊烷	3-ethyl-2-methylpentane	223.04*	−180.747E−03*	840.285E−06*	158	419	243.85	215.48	294.73
353	C_8H_{18}	3-乙基-3-甲基戊烷	3-ethyl-3-methylpentane	234.23*	−209.413E−03*	843.513E−06*	182	421	246.78	224.09	295.79
354	C_8H_{18}	2,2,3-三甲基戊烷	2,2,3-trimethylpentane	217.75*	−182.793E−03*	834.929E−06*	161	413	237.47	209.95	284.79
355	C_8H_{18}	2,2,4-三甲基戊烷	2,2,4-trimethylpentane	214.64	−193.739E−03	860.451E−06	166	402	233.37	206.17	276.00
356	C_8H_{18}	2,3,3-三甲基戊烷	2,3,3-trimethylpentane	227.71	−186.269E−03	806.423E−06	173	418	243.86	219.57	290.70
357	C_8H_{18}	2,3,4-三甲基戊烷	2,3,4-trimethylpentane	226.49	−181.947E−03	826.907E−06	164	417	245.75	218.88	294.19
358	C_8H_{18}	2,2,3,3-四甲基丁烷	2,2,3,3-tetramethylbutane	236.69	−185.561E−03	820.749E−06	172	410	254.33	229.10	298.39
359	$C_8H_{18}O$	丁醚	butyl ether	257.03*	−226.269E−03*	931.208E−06*	175	443	272.35	245.95	339.45
360	$C_8H_{18}O$	仲丁醚	sec-butyl ether	233.68*	−207.265E−03*	880.113E−06*	172	424	250.13	224.04	304.13
361	$C_8H_{18}O$	叔丁醚	tert-butyl ether	232.32*	−282.122E−03*	967.129E−06*	206	410	234.18	215.30	279.41
362	$C_8H_{18}O$	辛醇	octyl alcohol	277.09*	−326.062E−03*	868.099E−06*	258	498	257.05	250.72	330.15
363	$C_8H_{18}S$	丁硫醚	butyl sulfide	280.89	−241.293E−03	822.762E−06	210	485	282.09	266.49	357.48
364	$C_8H_{18}S$	乙己硫醚	ethyl hexyl sulfide	298.66*	−257.971E−03*	869.421E−06*	210	498	299.03	282.81	385.90
365	$C_8H_{18}S$	甲庚硫醚	heptyl methyl sulfide	298.66*	−257.971E−03*	869.421E−06*	210	498	299.03	282.81	385.90
366	$C_8H_{18}S$	丙戊硫醚	pentyl propyl sulfide	298.66*	−257.971E−03*	869.421E−06*	210	498	299.03	282.81	385.90
367	$C_8H_{18}S$	1-辛硫醇	1-octanethiol	309.98*	−275.976E−03*	873.597E−06*	224	502	305.36	291.99	391.77
368	$C_8H_{18}S_2$	二丁二硫	buty-disulfide	302.42*	−197.227E−03*	715.860E−06*	202	534	307.25	291.80	401.43
369	C_9H_{10}	α-甲基苯乙烯	alpha-methylstyrene	215.64*	−229.765E−03*	653.311E−06*	250	469	205.22	199.03	251.40
370	C_9H_{10}	顺-丙烯基苯	propenylbenzene,cis	208.90*	−168.095E−03*	582.606E−06*	211	473	210.58	199.41	259.80
371	C_9H_{10}	反-丙烯基苯	propenylbenzene,trans	219.35*	−217.669E−03*	638.967E−06*	244	473	211.26	204.26	259.41
372	C_9H_{10}	间甲基苯乙烯	m-methylstyrene	199.86*	−140.843E−03*	559.431E−06*	187	471	207.60	193.07	257.69
373	C_9H_{10}	邻甲基苯乙烯	o-methylstyrene	208.68*	−166.977E−03*	594.460E−06*	205	474	211.74	199.40	263.16

续表

序号	化学式	中文名称	英文名称	A	B	C	温度范围/K		标明温度(K)下 C_p		
							$T_{最低}$	$T_{最高}$	298	$T_{最低}$	$T_{最高}$
374	C_9H_{10}	对甲基苯乙烯	p-methylstyrene	217.17*	-219.312E-03*	652.198E-06*	239	472	209.76	202.01	259.01
375	C_9H_{12}	丙基苯	propylbenzene	200.05	-128.653E-03	563.579E-06	174	460	211.80	194.71	260.19
376	C_9H_{12}	异丙基苯	cumene	196.44	-135.398E-03	574.967E-06	177	456	207.18	190.49	254.38
377	C_9H_{12}	间乙基甲苯	m-ethyltoluene	200.36*	-139.135E-03*	583.586E-06*	178	465	210.76	194.06	261.65
378	C_9H_{12}	邻乙基甲苯	o-ethyltoluene	208.99*	-153.366E-03*	591.118E-06*	192	468	215.82	201.36	266.81
379	C_9H_{12}	对乙基甲苯	p-ethyltoluene	210.77*	-186.222E-03*	638.044E-06*	211	465	211.97	199.87	262.22
380	C_9H_{12}	1,2,3-三甲基苯	1,2,3-trimethylbenzene	225.08	-228.954E-03	656.381E-06	248	479	215.17	208.64	266.12
381	C_9H_{12}	1,2,4-三甲基苯	1,2,4-trimethylbenzene	215.05	-208.820E-03	654.268E-06	227	472	210.96	201.37	262.36
382	C_9H_{12}	1,3,5-三甲基苯	1,3,5-mesitylene	204.00	-201.648E-03	628.956E-06	228	468	199.79	190.75	247.34
383	C_9H_{16}	1-壬炔	1-nonyne	285.12*	-305.555E-03*	967.960E-06*	223	454	280.07	265.14	345.89
384	C_9H_{18}	1-壬烯	1-nonene	271.82*	-234.041E-03*	892.557E-06*	192	450	281.38	259.76	347.24
385	C_9H_{18}	丁基环戊烷	butylcyclopentane	237.66*	-159.621E-03*	720.628E-06*	165	460	254.13	230.96	316.60
386	C_9H_{18}	丙基环己烷	propylcyclohexane	242.00*	-170.474E-03*	710.674E-06*	179	460	254.35	234.23	313.92
387	C_9H_{18}	顺,顺-1,3,5-三甲基环己烷	c-c-1,3,5-trimethylcyclohexane	237.21*	-275.445E-03*	863.417E-06*	223	442	231.84	218.77	283.98
388	C_9H_{18}	顺,反-1,3,5-三甲基环己烷	c-t-1,3,5-trimethylcyclohexane	226.18*	-214.979E-03*	808.460E-06*	189	444	233.96	214.41	289.96
389	$C_9H_{18}O$	壬醛	nonanal	320.29*	-410.958E-03*	104.902E-05*	267	492	291.01	285.39	371.78
390	C_9H_{20}	壬烷	nonane	288.80	-344.804E-03	108.362E-05	220	454	282.32	265.35	355.49
391	C_9H_{20}	2-甲基辛烷	2-methyloctane	269.06*	-272.041E-03*	994.880E-06*	193	446	276.39	253.59	345.75
392	C_9H_{20}	3-甲基辛烷	3-methyloctane	258.94*	-208.571E-03*	912.119E-06*	166	447	277.84	249.41	348.18
393	C_9H_{20}	4-甲基辛烷	4-methyloctane	254.61*	-195.501E-03*	892.906E-06*	160	446	275.70	246.19	344.78
394	C_9H_{20}	3-乙基庚烷	3-ethylheptane	255.30*	-195.268E-03*	892.398E-06*	160	446	276.42	246.90	345.82
395	C_9H_{20}	4-乙基庚烷	4-ethylheptane	253.14*	-194.702E-03*	890.163E-06*	160	444	274.22	244.77	342.39
396	C_9H_{20}	2,2-二甲基庚烷	2,2-dimethylheptane	243.07*	-191.036E-03*	875.215E-06*	160	436	263.91	234.91	326.06
397	C_9H_{20}	2,3-二甲基庚烷	2,3-dimethylheptane	252.54*	-193.541E-03*	882.529E-06*	160	444	273.29	244.18	340.38
398	C_9H_{20}	2,4-二甲基庚烷	2,4-dimethylheptane	243.39*	-197.157E-03*	894.222E-06*	160	436	264.10	234.75	327.45
399	C_9H_{20}	2,5-二甲基庚烷	2,5-dimethylheptane	247.06*	-194.249E-03*	885.432E-06*	160	439	267.86	238.66	332.52
400	C_9H_{20}	2,6-二甲基庚烷	2,6-dimethylheptane	249.87*	-215.943E-03*	915.594E-06*	170	438	266.88	239.65	331.16
401	C_9H_{20}	3,3-二甲基庚烷	3,3-dimethylheptane	252.16*	-211.872E-03*	899.726E-06*	170	440	268.98	242.17	333.22
402	C_9H_{20}	3,4-二甲基庚烷	3,4-dimethylheptane	256.47*	-212.635E-03*	903.062E-06*	170	444	273.35	246.45	339.95

续表

序号	化学式	中文名称	英文名称	A	B	C	温度范围/K		298	标明温度（K）下 C_p	
							$T_{最低}$	$T_{最高}$		$T_{最低}$	$T_{最高}$
403	C_9H_{20}	3,5-二甲基庚烷	3,5-dimethylheptane	250.92*	−214.966E−03*	910.602E−06*	170	439	267.77	240.71	332.13
404	C_9H_{20}	4,4-二甲基庚烷	4,4-dimethylheptane	250.04*	−215.161E−03*	909.781E−06*	170	438	266.77	239.78	330.55
405	C_9H_{20}	2-乙基-2-甲基己烷	2-ethyl-2-methylhexane	249.60*	−195.538E−03*	887.603E−06*	160	441	270.20	241.05	336.08
406	C_9H_{20}	4-乙基-2-甲基己烷	4-ethyl-2-methylhexane	244.52*	−196.221E−03*	890.427E−06*	160	437	265.17	235.93	328.79
407	C_9H_{20}	3-乙基-3-甲基己烷	3-ethyl-3-methylhexane	252.84*	−188.625E−03*	863.291E−06*	160	444	273.35	244.78	339.14
408	C_9H_{20}	3-乙基-4-甲基己烷	3-ethyl-4-methylhexane	252.54*	−192.976E−03*	878.720E−06*	160	444	273.12	244.17	339.82
409	C_9H_{20}	2,2,2-三甲基己烷	2,2,2-trimethylhexane	242.06*	−171.762E−03*	833.469E−06*	153	437	264.94	235.30	326.03
410	C_9H_{20}	2,2,4-三甲基己烷	2,2,4-trimethylhexane	233.58*	−177.651E−03*	854.694E−06*	153	430	256.59	226.40	315.05
411	C_9H_{20}	2,2,5-三甲基己烷	2,2,5-trimethylhexane	235.77*	−206.530E−03*	893.594E−06*	167	427	253.63	226.24	310.64
412	C_9H_{20}	2,3,3-三甲基己烷	2,3,3-trimethylhexane	248.06*	−176.185E−03*	835.906E−06*	156	441	269.84	240.94	332.84
413	C_9H_{20}	2,3,4-三甲基己烷	2,3,4-trimethylhexane	249.61*	−179.972E−03*	849.824E−06*	156	442	271.50	242.24	336.20
414	C_9H_{20}	2,3,5-三甲基己烷	2,3,5-trimethylhexane	236.67*	−162.008E−03*	832.483E−06*	145	435	262.37	230.71	323.44
415	C_9H_{20}	2,4,4-三甲基己烷	2,4,4-trimethylhexane	240.79*	−190.495E−03*	870.408E−06*	160	434	261.37	232.57	321.95
416	C_9H_{20}	3,3,4-三甲基己烷	3,3,4-trimethylhexane	256.90*	−202.867E−03*	863.265E−06*	172	444	273.16	247.54	336.79
417	C_9H_{20}	3,3-二乙基戊烷	3,3-diethylpentane	292.88	−373.551E−03	107.590E−05	240	449	277.15	265.21	342.23
418	C_9H_{20}	3-乙基-2,2-二甲基戊烷	3-ethyl-2,2-dimethylpentane	249.66*	−211.837E−03*	884.331E−06*	174	437	265.11	239.54	325.96
419	C_9H_{20}	3-乙基-2,3-二甲基戊烷	3-ethyl-2,3-dimethylpentane	262.70*	−207.004E−03*	870.623E−06*	174	448	278.38	253.01	344.62
420	C_9H_{20}	3-乙基-2,4-二甲基戊烷	3-ethyl-2,4-dimethylpentane	244.92*	−170.770E−03*	839.976E−06*	151	440	268.68	238.27	332.32
421	C_9H_{20}	2,2,3,3-四甲基戊烷	2,2,3,3-tetramethylpentane	300.39	−444.003E−03	115.617E−05	263	443	270.79	263.59	330.85
422	C_9H_{20}	2,2,3,4-四甲基戊烷	2,2,3,4-tetramethylpentane	241.15*	−168.151E−03*	823.389E−06*	152	436	264.21	234.61	324.45
423	C_9H_{20}	2,2,4,4-四甲基戊烷	2,2,4,4-tetramethylpentane	262.48	−299.578E−03	102.600E−05	206	425	264.37	244.30	320.73
424	C_9H_{20}	2,3,3,4-四甲基戊烷	2,3,3,4-tetramethylpentane	258.11*	−206.539E−03*	876.129E−06*	171	445	274.42	248.42	339.54
425	$C_9H_{20}O$	壬醇	nonyl alcohol	309.92*	−360.723E−03*	919.602E−06*	268	517	284.12	279.30	369.00
426	$C_9H_{20}S$	丁戊硫醚	butyl pentyl sulfide	343.33*	−327.959E−03*	981.197E−06*	231	521	332.78	319.95	438.91
427	$C_9H_{20}S$	乙庚硫醚	ethyl heptyl sulfide	343.33*	−327.959E−03*	981.197E−06*	231	521	332.78	319.95	438.91
428	$C_9H_{20}S$	丙己硫醚	hexyl propyl sulfide	343.33*	−327.959E−03*	981.197E−06*	231	521	332.78	319.95	438.91
429	$C_9H_{20}S$	甲辛硫醚	methyl octyl sulfide	343.33*	−327.959E−03*	981.197E−06*	231	521	332.78	319.95	438.91
430	$C_9H_{20}S$	1-壬硫醇	1-nonanethiol	356.91*	−365.687E−03*	998.264E−06*	253	523	336.62	328.30	438.68
431	$C_{10}H_8$	萘	naphthalene	226.62	−104.725E−03	244.123E−06	353	521	—	220.11	238.35

续表

序号	化学式	中文名称	英文名称	A	B	C	温度范围/K		298	标明温度（K）下 C_p	
							$T_{最低}$	$T_{最高}$		$T_{最低}$	$T_{最高}$
432	$C_{10}H_8$	蒽	azulene	233.92*	−102.644E−03*	458.092E−06*	174	545	244.04	229.91	314.11
433	$C_{10}H_{14}$	丁苯	butylbenzene	229.13	−154.935E−03	619.833E−06	185	486	238.03	221.69	300.42
434	$C_{10}H_{14}$	间二乙苯	m-diethylbenzene	229.31*	−161.043E−03*	626.857E−06*	189	484	237.02	221.28	298.32
435	$C_{10}H_{14}$	邻二乙苯	o-diethylbenzene	251.39*	−248.511E−03*	726.498E−06*	242	487	241.88	233.79	302.68
436	$C_{10}H_{14}$	对二乙苯	p-diethylbenzene	248.61*	−249.870E−03*	756.465E−06*	231	487	241.36	231.25	306.30
437	$C_{10}H_{14}$	1,2,3,4-四甲基苯	1,2,3,4-tetramethylbenzene	257.60	−294.580E−03	755.423E−06	267	508	236.92	232.79	303.01
438	$C_{10}H_{14}$	1,2,3,5-四甲基苯	1,2,3,5-tetramethylbenzene	253.90	−274.713E−03	759.633E−06	249	501	239.52	232.60	307.06
439	$C_{10}H_{14}$	1,2,4,5-四甲基苯	1,2,4,5-tetramethylbenzene	332.10*	−241.356E−03*	522.417E−06*	352	500	—	311.87	342.03
440	$C_{10}H_{18}$	1-癸炔	1-decyne	319.89*	−341.526E−03*	103.891E−05*	229	477	310.42	296.19	393.47
441	$C_{10}H_{18}$	顺-十氢化萘	decahydronaphthalene, cis	234.54	−194.409E−03	609.371E−06	230	499	230.75	222.06	289.10
442	$C_{10}H_{18}$	反-十氢化萘	decahydronaphthalene, trans	239.26	−222.615E−03	655.000E−06	243	490	231.12	223.83	287.62
443	$C_{10}H_{20}$	1-癸烯	1-decene	293.75	−259.669E−03	906.361E−06	207	474	296.90	278.83	374.13
444	$C_{10}H_{20}$	1-环戊基戊烷	1-cyclopentylpentane	277.58*	−219.499E−03*	828.176E−06*	190	484	285.76	265.79	365.21
445	$C_{10}H_{20}$	丁基环己烷	butylcyclohexane	280.35*	−210.028E−03*	773.035E−06*	198	484	286.45	269.11	359.84
446	$C_{10}H_{20}O$	癸醛	decanal	353.05*	−450.931E−03*	113.712E−05*	268	512	319.69	313.90	420.02
447	$C_{10}H_{22}$	癸烷	decane	335.15	−440.914E−03	122.562E−05	244	477	312.64	300.46	403.60
448	$C_{10}H_{22}$	2-甲基壬烷	2-methylnonane	306.33	−307.405E−03	107.807E−05	199	470	310.51	287.78	400.10
449	$C_{10}H_{22}$	3-甲基壬烷	3-methylnonane	297.29	−275.680E−03	102.619E−05	188	471	306.32	281.77	395.06
450	$C_{10}H_{22}$	4-甲基壬烷	4-methylnonane	298.36	−253.142E−03	102.699E−05	174	469	314.18	285.46	405.44
451	$C_{10}H_{22}$	5-甲基壬烷	5-methylnonane	300.76	−279.808E−03	105.654E−05	185	468	311.26	285.21	401.40
452	$C_{10}H_{22}$	3-乙基辛烷	3-ethyloctane	295.81*	−272.159E−03*	102.771E−05*	185	470	306.03	280.69	394.68
453	$C_{10}H_{22}$	4-乙基辛烷	4-ethyloctane	292.42*	−279.331E−03*	104.753E−05*	185	467	302.26	276.64	390.28
454	$C_{10}H_{22}$	2,2-二甲基辛烷	2,2-dimethyloctane	301.05*	−357.918E−03*	112.209E−05*	219	460	294.09	276.51	373.89
455	$C_{10}H_{22}$	2,3-二甲基辛烷	2,3-dimethyloctane	310.89*	−360.317E−03*	112.711E−05*	219	467	303.66	286.06	388.76
456	$C_{10}H_{22}$	2,4-二甲基辛烷	2,4-dimethyloctane	300.51*	−368.396E−03*	114.832E−05*	219	459	292.76	274.93	373.39
457	$C_{10}H_{22}$	2,5-二甲基辛烷	2,5-dimethyloctane	303.64*	−365.254E−03*	114.032E−05*	219	462	296.11	278.37	378.06
458	$C_{10}H_{22}$	2,6-二甲基辛烷	2,6-dimethyloctane	307.57	−364.980E−03	114.227E−05	219	464	300.29	282.45	383.83
459	$C_{10}H_{22}$	2,7-二甲基辛烷	2,7-dimethyloctane	305.17*	−362.547E−03*	113.435E−05*	219	463	297.91	280.20	380.50
460	$C_{10}H_{22}$	3,3-二甲基辛烷	3,3-dimethyloctane	306.64*	−356.224E−03*	111.576E−05*	219	464	299.62	282.16	381.81

续表

序号	化学式	中文名称	英文名称	A	B	C	温度范围/K $T_{最低}$	$T_{最高}$	298	标明温度（K）下 C_p $T_{最低}$	$T_{最高}$	$T_{最高}$
461	$C_{10}H_{22}$	3,4-二甲基辛烷	3,4-dimethyloctane	309.67*	−359.048E−03*	112.314E−05*	219	467	302.46	284.93	386.64	
462	$C_{10}H_{22}$	3,5-二甲基辛烷	3,5-dimethyloctane	304.96*	−366.669E−03*	114.308E−05*	219	463	297.25	279.50	379.93	
463	$C_{10}H_{22}$	3,6-二甲基辛烷	3,6-dimethyloctane	306.43*	−362.038E−03*	113.157E−05*	219	464	299.08	281.44	382.04	
464	$C_{10}H_{22}$	4,4-二甲基辛烷	4,4-dimethyloctane	302.37*	−363.653E−03*	113.440E−05*	219	461	294.79	277.16	375.58	
465	$C_{10}H_{22}$	4,5-二甲基辛烷	4,5-dimethyloctane	308.31*	−363.358E−03*	113.401E−05*	219	465	300.78	283.14	384.75	
466	$C_{10}H_{22}$	4-丙基庚烷	4-propylheptane	303.31*	−378.568E−03*	117.345E−05*	219	461	294.75	276.70	377.93	
467	$C_{10}H_{22}$	4-丙异基庚烷	4-isopropylheptane	304.71*	−371.169E−03*	115.319E−05*	219	462	296.56	278.75	379.41	
468	$C_{10}H_{22}$	3-乙基-2-甲基庚烷	3-ethyl-2-methylheptane	307.32*	−365.994E−03*	114.027E−05*	219	464	299.57	281.88	383.25	
469	$C_{10}H_{22}$	4-乙基-2-甲基庚烷	4-ethyl-2-methylheptane	301.43*	−374.485E−03*	116.224E−05*	219	459	293.09	275.18	374.65	
470	$C_{10}H_{22}$	5-乙基-2-甲基庚烷	5-ethyl-2-methylheptane	305.34*	−366.585E−03*	114.281E−05*	219	463	297.64	279.89	380.50	
471	$C_{10}H_{22}$	3-乙基-3-甲基庚烷	3-ethyl-3-methylheptane	310.18*	−356.829E−03*	111.561E−05*	219	467	302.96	285.56	386.81	
472	$C_{10}H_{22}$	4-乙基-3-甲基庚烷	4-ethyl-3-methylheptane	308.66*	−365.765E−03*	113.883E−05*	219	465	300.84	283.20	385.07	
473	$C_{10}H_{22}$	3-乙基-5-甲基庚烷	3-ethyl-5-methylheptane	303.59*	−367.913E−03*	114.498E−05*	219	461	295.69	277.96	377.57	
474	$C_{10}H_{22}$	3-乙基-4-甲基庚烷	3-ethyl-4-methylheptane	309.66*	−365.188E−03*	113.740E−05*	219	466	301.89	284.26	386.59	
475	$C_{10}H_{22}$	4-乙基-4-甲基庚烷	4-ethyl-4-methylheptane	306.53*	−360.379E−03*	112.442E−05*	219	464	299.04	281.56	381.37	
476	$C_{10}H_{22}$	2,2,3-三甲基庚烷	2,2,3-trimethylheptane	301.51*	−348.037E−03*	109.384E−05*	219	461	294.98	277.77	373.37	
477	$C_{10}H_{22}$	2,2,4-三甲基庚烷	2,2,4-trimethylheptane	290.75*	−364.193E−03*	113.553E−05*	219	451	283.11	265.47	357.77	
478	$C_{10}H_{22}$	2,2,5-三甲基庚烷	2,2,5-trimethylheptane	293.50*	−358.874E−03*	112.251E−05*	219	454	286.29	268.76	361.91	
479	$C_{10}H_{22}$	2,2,6-三甲基庚烷	2,2,6-trimethylheptane	291.02*	−357.971E−03*	112.108E−05*	219	452	283.95	266.41	358.32	
480	$C_{10}H_{22}$	2,3,3-三甲基庚烷	2,3,3-trimethylheptane	304.68*	−344.848E−03*	108.521E−05*	219	463	298.34	281.23	377.89	
481	$C_{10}H_{22}$	2,3,4-三甲基庚烷	2,3,4-trimethylheptane	304.92*	−354.589E−03*	111.045E−05*	219	463	297.92	280.55	378.83	
482	$C_{10}H_{22}$	2,3,5-三甲基庚烷	2,3,5-trimethylheptane	306.24*	−359.481E−03*	112.344E−05*	219	464	298.94	281.42	381.22	
483	$C_{10}H_{22}$	2,3,6-三甲基庚烷	2,3,6-trimethylheptane	300.04*	−358.225E−03*	112.122E−05*	219	459	292.91	275.38	371.94	
484	$C_{10}H_{22}$	2,4,4-三甲基庚烷	2,4,4-trimethylheptane	293.94*	−360.684E−03*	112.622E−05*	219	454	286.51	268.98	362.42	
485	$C_{10}H_{22}$	2,4,5-三甲基庚烷	2,4,5-trimethylheptane	300.84*	−359.777E−03*	112.427E−05*	219	460	293.52	276.00	373.01	
486	$C_{10}H_{22}$	2,4,6-三甲基庚烷	2,4,6-trimethylheptane	289.81*	−364.838E−03*	113.855E−05*	219	451	282.25	264.54	356.69	
487	$C_{10}H_{22}$	2,5,5-三甲基庚烷	2,5,5-trimethylheptane	295.89*	−355.992E−03*	111.437E−05*	219	456	288.82	271.40	365.25	
488	$C_{10}H_{22}$	3,3,4-三甲基庚烷	3,3,4-trimethylheptane	306.87*	−343.850E−03*	108.205E−05*	219	465	300.54	283.48	380.98	
489	$C_{10}H_{22}$	3,3,5-三甲基庚烷	3,3,5-trimethylheptane	298.52*	−340.720E−03*	107.582E−05*	219	459	292.57	275.52	368.69	

续表

序号	化学式	中文名称	英文名称	A	B	C	温度范围/K		标明温度(K)下 Cp		
							T最低	T最高	298	T最低	T最高
490	C₁₀H₂₂	3,4,4-三甲基庚烷	3,4,4-trimethylheptane	305.85	−344.268E−03*	108.321E−05*	219	464	299.50	282.43	379.49
491	C₁₀H₂₂	3,4,5-三甲基庚烷	2⁺,3⁺,5-trimethylheptane	308.82*	−363.319E−03*	113.353E−05*	219	466	301.27	283.64	385.43
492	C₁₀H₂₂	3-异丙基-2-甲基己烷	3-isopropyl-2-methylhexane	314.52*	−364.355E−03*	113.418E−05*	219	470	306.72	289.15	393.72
493	C₁₀H₂₂	3,3-二乙基己烷	3,3-diethylhexane	313.20*	−351.998E−03*	110.212E−05*	219	469	306.23	288.99	390.85
494	C₁₀H₂₂	3,4-二乙基己烷	3,4-diethylhexane	310.90*	−365.131E−03*	113.625E−05*	219	467	303.05	285.46	388.23
495	C₁₀H₂₂	3-乙基-2,2-二甲基己烷	3-ethyl-2,2-dimethylhexane	300.06*	−354.135E−03*	110.838E−05*	219	459	293.01	275.68	371.20
496	C₁₀H₂₂	4-乙基-2,2-二甲基己烷	4-ethyl-2,2-dimethylhexane	288.94*	−361.243E−03*	112.762E−05*	219	450	281.48	263.94	354.83
497	C₁₀H₂₂	3-乙基-2,3-二甲基己烷	3-ethyl-2,3-dimethylhexane	309.03*	−341.010E−03*	107.450E−05*	219	467	302.88	285.91	384.02
498	C₁₀H₂₂	4-乙基-2,3-二甲基己烷	4-ethyl-2,3-dimethylhexane	306.22*	−353.972E−03*	110.810E−05*	219	464	299.19	281.87	380.59
499	C₁₀H₂₂	3-乙基-2,4-二甲基己烷	3-ethyl-2,4-dimethylhexane	305.21*	−354.397E−03*	110.931E−05*	219	463	298.16	280.82	379.10
500	C₁₀H₂₂	4-乙基-2,4-二甲基己烷	4-ethyl-2,4-dimethylhexane	305.83*	−344.159E−03*	108.307E−05*	219	464	299.50	282.42	379.49
501	C₁₀H₂₂	3-乙基-2,5-二甲基己烷	3-ethyl-2,5-dimethylhexane	298.07*	−363.339E−03*	113.278E−05*	219	457	290.44	272.85	368.78
502	C₁₀H₂₂	4-乙基-3,3-二甲基己烷	4-ethyl-3,3-dimethylhexane	308.18*	−343.298E−03*	107.997E−05*	219	466	301.83	284.81	382.76
503	C₁₀H₂₂	3-乙基-3,4-二甲基己烷	3-ethyl-3,4-dimethylhexane	307.30*	−345.605E−03*	108.570E−05*	219	465	300.77	283.70	381.52
504	C₁₀H₂₂	2,2,3,3-四甲基己烷	2,2,3,3-tetramethylhexane	304.36*	−337.133E−03*	106.482E−05*	219	463	298.50	281.62	376.85
505	C₁₀H₂₂	2,2,3,4-四甲基己烷	2,2,3,4-tetramethylhexane	302.66*	−340.614E−03*	107.333E−05*	219	462	296.52	279.57	374.37
506	C₁₀H₂₂	2,2,3,5-四甲基己烷	2,2,3,5-tetramethylhexane	289.72*	−346.215E−03*	108.877E−05*	219	452	283.28	266.14	355.39
507	C₁₀H₂₂	2,2,4,4-四甲基己烷	2,2,4,4-tetramethylhexane	297.28*	−355.893E−03*	111.218E−05*	219	457	290.04	272.71	366.89
508	C₁₀H₂₂	2,2,4,5-四甲基己烷	2,2,4,5-tetramethylhexane	289.59*	−354.007E−03*	110.868E−05*	219	451	282.60	265.26	355.47
509	C₁₀H₂₂	2,2,5,5-四甲基己烷	2,2,5,5-tetramethylhexane	303.06*	−481.510E−03*	125.294E−05*	261	441	270.88	262.66	334.15
510	C₁₀H₂₂	2,3,3,4-四甲基己烷	2,3,3,4-tetramethylhexane	335.56*	−455.186E−03*	119.049E−05*	261	468	305.68	297.78	383.11
511	C₁₀H₂₂	2,3,3,5-四甲基己烷	2,3,3,5-tetramethylhexane	322.82*	−479.160E−03*	124.477E−05*	261	456	290.62	282.48	363.33
512	C₁₀H₂₂	2,3,4,4-四甲基己烷	2,3,4,4-tetramethylhexane	332.56*	−465.103E−03*	121.285E−05*	261	465	301.71	293.71	378.38
513	C₁₀H₂₂	2,3,4,5-四甲基己烷	2,3,4,5-tetramethylhexane	326.90*	−479.859E−03*	124.625E−05*	261	459	294.62	286.48	369.45
514	C₁₀H₂₂	3,3,4,4-四甲基己烷	3,3,4,4-tetramethylhexane	341.01*	−437.119E−03*	115.030E−05*	261	473	312.94	305.21	391.71
515	C₁₀H₂₂	2,4-二甲基-2-异丙基戊烷	2,4-dimethyl-2-isopropylpentane	286.50*	−275.946E−03*	100.767E−05*	191	460	293.81	270.61	372.92
516	C₁₀H₂₂	3,3-二乙基-2-甲基戊烷	3,3-diethyl-2-methylpentane	302.42*	−262.515E−03*	968.498E−06*	191	473	310.24	287.66	394.84
517	C₁₀H₂₂	3-乙基-2,2,3-三甲基戊烷	3-ethyl-2,2,3-trimethylpentane	301.78*	−251.750E−03*	937.180E−06*	191	473	310.03	287.93	392.16
518	C₁₀H₂₂	3-乙基-2,2,4-三甲基戊烷	3-ethyl-2,2,4-trimethylpentane	284.11*	−270.516E−03*	991.460E−06*	191	458	291.59	268.66	368.48

续表

序号	化学式	中文名称	英文名称	A	B	C	温度范围/K $T_{最低}$	$T_{最高}$	298	标明温度(K)下C_p $T_{最低}$	$T_{最高}$
519	$C_{10}H_{22}$	3-乙基-2,3,4-三甲基戊烷	3-ethyl-2,3,4-trimethylpentane	301.84*	−256.176E−03*	950.375E−06*	191	473	309.95	287.63	393.04
520	$C_{10}H_{22}$	2,2,3,3,4-五甲基戊烷	2,2,3,3,4-pentamethylpentane	319.60*	−355.344E−03*	104.594E−05*	237	469	306.63	294.09	383.14
521	$C_{10}H_{22}$	2,2,3,4,4-五甲基戊烷	2,2,3,4,4-pentamethylpentane	311.55*	−375.090E−03*	110.114E−05*	234	462	297.60	284.13	373.58
522	$C_{10}H_{22}O$	癸醇	decyl alcohol	346.50*	−419.902E−03*	101.253E−05*	280	534	311.31	308.32	411.08
523	$C_{10}H_{22}S$	丁己硫醚	butyl hexyl sulfide	382.15*	−369.325E−03*	106.087E−05*	238	543	366.34	354.36	494.53
524	$C_{10}H_{22}S$	乙辛硫醚	ethyl octyl sulfide	382.15*	−369.325E−03*	106.087E−05*	238	543	366.34	354.36	494.53
525	$C_{10}H_{22}S$	丙庚硫醚	heptyl propyl sulfide	382.15*	−369.325E−03*	106.087E−05*	238	543	366.34	354.36	494.53
526	$C_{10}H_{22}S$	甲壬硫醚	methyl nonyl sulfide	382.15*	−369.325E−03*	106.087E−05*	238	543	366.34	354.36	494.53
527	$C_{10}H_{22}S$	戊硫醚	pentyl sulfide	382.15*	−369.325E−03*	106.087E−05*	238	543	366.34	354.36	494.53
528	$C_{10}H_{22}S$	1-癸硫醇	1-decanethiol	384.75*	−372.938E−03*	103.724E−05*	248	542	365.77	356.00	487.60
529	$C_{10}H_{22}S_2$	二戊基二硫	pentyl disulfide	358.94*	−251.922E−03*	841.347E−06*	214	567	358.62	343.57	486.62
530	$C_{11}H_{10}$	1-甲基萘	1-methylnaphthalene	257.78*	−200.341E−03*	583.510E−06*	243	548	249.92	243.53	323.15
531	$C_{11}H_{10}$	2-甲基萘	2-methylnaphthalene	232.75	−784.163E−04*	223.800E−06	308	544	—	229.81	256.36
532	$C_{11}H_{16}$	戊苯	pentylbenzene	265.76*	−187.731E−03*	690.357E−06*	198	509	271.15	255.66	348.86
533	$C_{11}H_{16}$	五甲基苯	pentamethylbenzene	326.40*	−179.938E−03*	433.323E−06*	328	535	—	313.95	354.18
534	$C_{11}H_{20}$	1-十一炔	1-undecyne	362.30*	−419.214E−03*	115.574E−05*	248	498	340.05	329.44	440.28
535	$C_{11}H_{22}$	1-十一烯	1-undecene	336.12	−373.825E−03	113.757E−05	224	496	325.79	309.46	430.41
536	$C_{11}H_{22}$	1-环戊基己烷	1-cyclopentylhexane	313.32*	−258.755E−03*	909.962E−06*	200	506	317.07	297.99	415.55
537	$C_{11}H_{22}$	戊基环己烷	pentylcyclohexane	321.25*	−286.531E−03*	928.643E−06*	216	507	318.37	302.65	414.60
538	$C_{11}H_{24}$	十一烷	undecane	369.55	−467.339E−03	127.102E−05	248	499	343.20	331.76	452.60
539	$C_{11}H_{24}O$	十一醇	undecyl alcohol	380.63*	−525.680E−03*	120.304E−05*	292	546	330.85	329.74	452.38
540	$C_{11}H_{24}S$	丁庚硫醚	butyl heptyl sulfide	427.08*	−444.553E−03*	117.580E−05*	255	563	399.06	390.13	549.63
541	$C_{11}H_{24}S$	甲癸硫醚	decyl methyl sulfide	427.08*	−444.553E−03*	117.580E−05*	255	563	399.06	390.13	549.63
542	$C_{11}H_{24}S$	乙壬硫醚	ethyl nonyl sulfide	427.08*	−444.553E−03*	117.580E−05*	255	563	399.06	390.13	549.63
543	$C_{11}H_{24}S$	丙辛硫醚	octyl propyl sulfide	427.08*	−444.553E−03*	117.580E−05*	255	563	399.06	390.13	549.63
544	$C_{11}H_{24}S$	1-十一硫醇	1-undecanethiol	431.96*	−469.362E−03*	117.256E−05*	270	561	396.26	390.77	537.31
545	$C_{12}H_{10}$	联苯	biphenyl	251.50	−835.247E−04	211.525E−06	342	558	—	247.70	270.78
546	$C_{12}H_{12}$	1-乙基萘	1-ethylnaphthalene	284.51*	−221.362E−03*	606.929E−06*	259	561	272.46	267.92	351.56
547	$C_{12}H_{12}$	2-乙基萘	2-ethylnaphthalene	286.84*	−230.201E−03*	614.202E−06*	266	561	272.80	269.04	351.22

续表

序号	化学式	中文名称	英文名称	A	B	C	温度范围/K $T_{最低}$	温度范围/K $T_{最高}$	298	标明温度（K）下 C_p $T_{最低}$	标明温度（K）下 C_p $T_{最高}$
548	$C_{12}H_{12}$	1,2-二甲基萘	1,2-dimethylnaphthalene	305.55*	−269.947E−03	687.282E−06*	272	569	286.16	282.99	374.70
549	$C_{12}H_{12}$	1,3-二甲基萘	1,3-dimethylnaphthalene	302.18*	−262.581E−03	677.965E−06*	269	568	284.16	280.62	371.95
550	$C_{12}H_{12}$	1,4-二甲基萘	1,4-dimethylnaphthalene	311.15*	−286.016E−03	703.339E−06*	281	570	288.40	286.30	376.87
551	$C_{12}H_{12}$	1,5-二甲基萘	1,5-dimethylnaphthalene	294.40*	−142.304E−03	320.198E−06*	355	568	—	284.25	316.91
552	$C_{12}H_{12}$	1,6-二甲基萘	1,6-dimethylnaphthalene	294.19*	−243.423E−03	656.438E−06*	259	566	279.97	275.20	366.79
553	$C_{12}H_{12}$	1,7-二甲基萘	1,7-dimethylnaphthalene	294.56*	−244.917E−03	657.891E−06*	260	566	280.02	275.37	366.78
554	$C_{12}H_{12}$	2,3-二甲基萘	2,3-dimethylnaphthalene	302.80*	−165.136E−03	340.912E−06*	378	571	—	289.10	319.70
555	$C_{12}H_{12}$	2,6-二甲基萘	2,6-dimethylnaphthalene	294.13*	−170.571E−03	342.432E−06*	385	565	—	279.23	307.10
556	$C_{12}H_{12}$	2,7-二甲基萘	2,7-dimethylnaphthalene	293.35*	−156.246E−03	330.701E−06*	371	566	—	280.91	310.89
557	$C_{12}H_{18}$	己苯	hexylbenzene	300.99*	−222.058E−03	753.064E−06*	212	529	301.73	287.78	394.41
558	$C_{12}H_{18}$	1,2,3-三乙基苯	1,2,3-triethylbenzene	287.38*	−230.458E−03	786.849E−06*	207	521	288.62	273.36	380.70
559	$C_{12}H_{18}$	1,2,4-三乙基苯	1,2,4-triethylbenzene	287.38*	−230.458E−03	786.849E−06*	207	521	288.62	273.36	380.70
560	$C_{12}H_{18}$	1,3,5-三乙基苯	1,3,5-triethylbenzene	285.14*	−229.195E−03	783.162E−06*	207	519	286.42	271.22	377.23
561	$C_{12}H_{18}$	六甲基苯	hexamethylbenzene	404.31	−361.645E−03	596.945E−06	439	567	—	360.54	391.04
562	$C_{12}H_{22}$	1-十二炔	1-dodecyne	397.67*	−463.689E−03	123.530E−05*	254	518	369.24	359.62	489.07
563	$C_{12}H_{24}$	1-十二烯	1-dodecene	380.30	−443.390E−03	125.318E−05	238	517	359.50	345.76	485.60
564	$C_{12}H_{24}$	1-环戊基庚烷	1-cyclopentylheptane	355.09*	−334.337E−03	104.417E−05*	220	527	348.23	332.07	469.12
565	$C_{12}H_{24}$	1-环己基己烷	1-cyclohexylhexane	382.75*	−442.261E−03	113.271E−05*	264	528	351.59	344.88	464.92
566	$C_{12}H_{26}$	十二烷	dodecane	414.35	−540.850E−03	137.080E−05	264	519	374.96	367.04	502.55
567	$C_{12}H_{26}O$	十二醇	dodecyl alcohol	418.34*	−597.346E−03	133.183E−05*	297	563	358.63	358.43	504.27
568	$C_{12}H_{26}S$	丁辛硫醚	butyl octyl sulfide	464.13*	−486.011E−03	125.404E−05*	259	582	430.70	422.40	606.20
569	$C_{12}H_{26}S$	乙癸硫醚	decyl ethyl sulfide	464.13*	−486.011E−03	125.404E−05*	259	582	430.70	422.40	606.20
570	$C_{12}H_{26}S$	己硫醚	hexyl sulfide	464.13*	−486.011E−03	125.404E−05*	259	582	430.70	422.40	606.20
571	$C_{12}H_{26}S$	甲十一硫醚	methyl undecyl sulfide	464.13*	−486.011E−03	125.404E−05*	259	582	430.70	422.40	606.20
572	$C_{12}H_{26}S$	丙壬硫醚	nonyl propyl sulfide	464.13*	−486.011E−03	125.404E−05*	259	582	430.70	422.40	606.20
573	$C_{12}H_{26}S$	1-十二硫醇	1-dodecanethiol	458.35*	−476.471E−03	121.142E−05*	265	578	423.98	417.22	587.44
574	$C_{12}H_{26}S_2$	二己基二硫	hexyl disulfide	414.76*	−311.169E−03	969.591E−06*	225	597	408.18	393.85	574.27
575	$C_{13}H_{14}$	1-丙基萘	1-propylnaphthalene	313.48*	−264.764E−03	695.545E−06*	265	576	296.37	292.13	391.72
576	$C_{13}H_{14}$	2-丙基萘	2-propylnaphthalene	317.17*	−275.190E−03	706.122E−06*	270	577	297.89	294.36	393.29

续表

序号	化学式	中文名称	英文名称	A	B	C	温度范围/K $T_{最低}$	温度范围/K $T_{最高}$	标明温度(K)下C_p 298	标明温度(K)下C_p $T_{最低}$	标明温度(K)下C_p $T_{最高}$
577	C₁₃H₁₄	2-乙基-2-甲基萘	2-ethyl-2-methylnaphthalene	313.87*	−142.952E−03*	333.716E−06*	344	580	—	304.20	343.26
578	C₁₃H₁₄	2-乙基-6-甲基萘	2-ethyl-6-methylnaphthalene	299.02*	−118.651E−03*	309.622E−06*	318	573	—	292.61	332.73
579	C₁₃H₁₄	2-乙基-7-甲基萘	2-ethyl-7-methylnaphthalene	299.02*	−118.651E−03*	309.622E−06*	318	573	—	292.61	332.73
580	C₁₃H₂₀	1-苯基庚烷	1-phenylheptane	338.19*	−272.394E−03*	850.024E−06*	225	549	332.54	319.95	444.95
581	C₁₃H₂₄	1-十三炔	1-tridecyne	440.41*	−541.833E−03*	135.106E−05*	268	537	398.96	392.26	539.19
582	C₁₃H₂₆	1-十三烯	1-tridecene	434.55*	−528.565E−03*	140.599E−05*	250	536	401.95	390.30	555.08
583	C₁₃H₂₆	1-环戊基辛烷	1-cyclopentyloctane	391.11*	−371.506E−03*	110.341E−05*	229	547	378.44	363.92	517.93
584	C₁₃H₂₆	1-环己基庚烷	1-cyclohexylheptane	401.46*	−404.172E−03*	112.701E−05*	243	548	381.14	369.75	518.47
585	C₁₃H₂₈	十三烷	tridecane	448.73	−557.540E−03	139.290E−05	268	538	406.32	399.31	551.72
586	C₁₃H₂₈O	1-十三醇	1-tridecanol	392.89*	−201.121E−03*	526.016E−06*	304	577	—	380.38	452.03
587	C₁₃H₂₈S	丁王硫醚	butyl nonyl sulfide	507.61*	−555.117E−03*	135.698E−05*	271	600	462.73	456.86	663.22
588	C₁₃H₂₈S	丙癸硫醚	decyl propyl sulfide	507.61*	−555.117E−03*	135.698E−05*	271	600	462.73	456.86	663.22
589	C₁₃H₂₈S	甲十二硫醚	dodecyl methyl sulfide	507.61*	−555.117E−03*	135.698E−05*	271	600	462.73	456.86	663.22
590	C₁₃H₂₈S	乙十一硫醚	ethyl undecyl sulfide	507.61*	−555.117E−03*	135.698E−05*	271	600	462.73	456.86	663.22
591	C₁₃H₂₈S	1-十三硫醇	1-tridecanethiol	502.92*	−563.385E−03*	133.128E−05*	282	594	453.29	449.93	637.96
592	C₁₄H₁₆	1-丁基萘	1-butylnaphthalene	338.11*	−266.521E−03*	730.613E−06*	253	593	323.59	317.49	436.71
593	C₁₄H₁₆	2-丁基萘	2-butylnaphthalene	344.54*	−295.299E−03*	758.423E−06*	268	592	323.91	319.89	435.62
594	C₁₄H₂₂	1-苯基辛烷	1-phenyloctane	373.69*	−309.289E−03*	910.779E−06*	237	568	362.44	351.57	491.53
595	C₁₄H₂₂	1,2,3,4-四乙基苯	1,2,3,4-tetraethylbenzene	445.37*	−559.407E−03*	130.348E−05*	285	554	394.46	391.81	535.66
596	C₁₄H₂₂	1,2,3,5-四乙基苯	1,2,3,5-tetraethylbenzene	443.48*	−553.567E−03*	129.510E−05*	284	554	393.56	390.76	533.99
597	C₁₄H₂₂	1,2,4,5-四乙基苯	1,2,4,5-tetraethylbenzene	441.77*	−549.807E−03*	129.145E−05*	283	553	392.65	389.63	532.80
598	C₁₄H₂₆	1-十四炔	1-tetradecyne	475.78*	−586.739E−03*	142.728E−05*	273	555	427.72	422.01	589.94
599	C₁₄H₂₈	1-十四烯	1-tetradecene	474.68*	−594.961E−03*	150.925E−05*	260	554	431.46	422.08	608.61
600	C₁₄H₂₈	1-环戊基壬烷	1-cyclopentylnonane	432.14*	−440.174E−03*	121.057E−05*	244	565	408.52	396.84	570.13
601	C₁₄H₂₈	1-环己基辛烷	1-cyclohexyloctane	441.10*	−462.991E−03*	122.271E−05*	253	567	411.75	402.30	571.45
602	C₁₄H₃₀	十四烷	tetradecane	493.41	−625.994E−03	148.930E−05	279	556	439.16	434.69	605.90
603	C₁₄H₃₀O	1-十四醇	1-tetradecanol	377.84*	−220.510E−03*	547.978E−06*	313	566	—	362.46	428.72
604	C₁₄H₃₀S	丁癸硫醚	butyl decyl sulfide	545.15*	−601.768E−03*	143.641E−05*	276	617	493.42	488.51	720.87
605	C₁₄H₃₀S	乙十二硫醚	dodecyl ethyl sulfide	545.15*	−601.768E−03*	143.641E−05*	276	617	493.42	488.51	720.87

续表

序号	化学式	中文名称	英文名称	A	B	C	温度范围/K		标明温度(K)下 C_p		
							$T_{最低}$	$T_{最高}$	298	$T_{最低}$	$T_{最高}$
606	C$_{14}$H$_{30}$S	庚硫醚	heptyl sulfide	545.15*	−601.768E−03*	143.641E−05*	276	617	493.42	488.51	720.87
607	C$_{14}$H$_{30}$S	甲十三硫醚	methyl tridecyl sulfide	545.15*	−601.768E−03*	143.641E−05*	276	617	493.42	488.51	720.87
608	C$_{14}$H$_{30}$S	丙十一硫醚	propyl undecyl sulfide	545.15*	−601.768E−03*	143.641E−05*	276	617	493.42	488.51	720.87
609	C$_{14}$H$_{30}$S	1-十四硫醇	1-tetradecanethiol	530.24*	−581.774E−03*	138.460E−05*	279	609	479.87	475.75	689.86
610	C$_{14}$H$_{30}$S$_2$	二庚化二硫	heptyl disulfide	470.60*	−377.799E−03*	110.631E−05*	235	624	456.31	442.94	665.49
611	C$_{15}$H$_{18}$	1-戊基萘	1-pentylnaphthalene	369.35*	−286.385E−03*	787.299E−06*	251	610	353.95	347.08	487.71
612	C$_{15}$H$_{18}$	2-戊基萘	2-pentylnaphthalene	384.58*	−328.525E−03*	832.795E−06*	269	613	360.66	356.49	496.24
613	C$_{15}$H$_{24}$	1-苯基壬烷	1-phenylnonane	409.86*	−349.193E−03*	973.382E−06*	249	585	392.28	383.28	538.82
614	C$_{15}$H$_{28}$	1-十五炔	1-pentadecyne	514.76*	−656.781E−03*	153.010E−05*	283	571	454.96	451.47	638.79
615	C$_{15}$H$_{30}$	1-十五烯	1-pentadecene	514.20*	−659.584E−03*	160.578E−05*	269	572	460.29	453.05	661.71
616	C$_{15}$H$_{30}$	1-环戊基癸烷	1-cyclopentyldecane	467.73*	−487.100E−03*	129.339E−05*	251	583	437.47	426.95	622.89
617	C$_{15}$H$_{30}$	1-环己基壬烷	1-cyclohexylnonane	480.87*	−522.321E−03*	131.768E−05*	263	585	442.28	434.64	625.91
618	C$_{15}$H$_{32}$	十五烷	pentadecane	529.95	−650.491E−03	152.267E−05	283	574	471.36	467.82	657.80
619	C$_{15}$H$_{32}$O	1-十五醇	1-pentadecanol	449.13*	−235.248E−03*	584.396E−06*	317	608	—	433.28	522.13
620	C$_{15}$H$_{32}$S	丁十一硫醚	butyl undecyl sulfide	585.95*	−665.038E−03*	153.159E−05*	284	633	523.82	520.64	778.87
621	C$_{15}$H$_{32}$S	丙十二硫醚	dodecyl propyl sulfide	585.95*	−665.038E−03*	153.159E−05*	284	633	523.82	520.64	778.87
622	C$_{15}$H$_{32}$S	乙十三硫醚	ethyl tridecyl sulfide	585.95*	−665.038E−03*	153.159E−05*	284	633	523.82	520.64	778.87
623	C$_{15}$H$_{32}$S	甲十四硫醚	methyl tetradecyl sulfide	585.95*	−665.038E−03*	153.159E−05*	284	633	523.82	520.64	778.87
624	C$_{15}$H$_{32}$S	1-十五硫醇	1-pentadecanethiol	571.50*	−659.117E−03*	149.283E−05*	291	624	507.69	506.10	741.32
625	C$_{16}$H$_{26}$	1-苯基癸烷	1-phenyldecane	443.26*	−383.389E−03*	102.593E−05*	259	601	420.16	412.75	583.46
626	C$_{16}$H$_{26}$	五乙基苯	pentaethylbenzene	456.05*	−260.623E−03*	613.972E−06*	328	580	—	436.57	511.50
627	C$_{16}$H$_{30}$	1-十六炔	1-hexadecyne	550.40*	−708.033E−03*	161.205E−05*	288	587	482.60	480.23	690.43
628	C$_{16}$H$_{32}$	1-十六烯	1-hexadecene	550.87	−723.346E−03*	169.973E−05	277	588	486.30	480.99	713.22
629	C$_{16}$H$_{32}$	1-环戊基十一烷	1-cyclopentylundecane	508.31*	−558.501E−03*	140.058E−05*	263	599	466.30	458.33	676.03
630	C$_{16}$H$_{32}$	1-环己基癸烷	1-cyclohexyldecane	519.01*	−582.482E−03*	141.283E−05*	271	601	470.94	464.99	679.05
631	C$_{16}$H$_{34}$	十六烷	hexadecane	573.13	−707.507E−03	160.279E−05	291	591	504.67	502.98	714.23
632	C$_{16}$H$_{34}$O	1-十六醇	1-hexadecanol	521.50*	−251.994E−03*	620.578E−06*	322	647	—	504.77	618.33
633	C$_{16}$H$_{34}$S	丁十二硫醚	butyl dodecyl sulfide	622.15*	−713.599E−03*	161.195E−05*	288	648	552.68	550.37	836.82
634	C$_{16}$H$_{34}$S	乙十四硫醚	ethyl tetradecyl sulfide	633.81*	−791.403E−03*	174.684E−05*	288	648	553.14	550.81	854.72

续表

序号	化学式	中文名称	英文名称	A	B	C	温度范围/K		298	标明温度(K)下C_p	
							$T_{最低}$	$T_{最高}$		$T_{最低}$	$T_{最高}$
635	$C_{16}H_{34}S$	甲十五硫醚	methyl pentadecyl sulfide	622.15*	−713.599E−03*	161.195E−05*	288	648	552.68	550.37	836.82
636	$C_{16}H_{34}S$	辛硫醚	octyl sulfide	622.15*	−713.599E−03*	161.195E−05*	288	648	552.68	550.37	836.82
637	$C_{16}H_{34}S$	丙十三硫醚	propyl tridecyl sulfide	622.15*	−713.599E−03*	161.195E−05*	288	648	552.68	550.37	836.82
638	$C_{16}H_{34}S$	1-十六硫醇	1-hexadecanethiol	599.55*	−689.216E−03*	155.486E−05*	291	637	532.28	530.64	791.64
639	$C_{16}H_{34}S_2$	二辛化二硫	octyl disulfide	526.90*	−451.200E−03*	124.860E−05*	244	649	503.37	491.17	760.17
640	$C_{17}H_{28}$	1-苯基十一烷	1-phenylundecane	479.71*	−442.282E−03*	112.627E−05*	268	616	447.96	442.09	634.97
641	$C_{17}H_{32}$	1-十七炔	1-heptadecyne	588.96*	−776.666E−03*	171.475E−05*	295	602	509.83	509.10	743.04
642	$C_{17}H_{34}$	1-十七烯	1-heptadecene	589.88*	−772.620E−03*	176.524E−05*	284	603	516.44	512.91	766.14
643	$C_{17}H_{34}$	1-环戊基十二烷	1-cyclopentyldodecane	542.58*	−605.798E−03*	148.238E−05*	268	614	493.74	486.73	729.54
644	$C_{17}H_{34}$	1-环己基十一烷	1-cyclohexylundecane	556.63*	−639.949E−03*	150.117E−05*	279	616	499.27	494.92	732.36
645	$C_{17}H_{36}$	十七烷	heptadecane	598.25*	−743.507E−03*	165.023E−05*	295	606	523.27	522.53	753.71
646	$C_{17}H_{36}O$	1-十七醇	1-heptadecanol	486.93*	−268.976E−03*	638.864E−06*	327	626	—	467.29	568.70
647	$C_{17}H_{36}S$	丁十三硫醚	butyl tridecyl sulfide	660.67*	−775.948E−03*	170.500E−05*	294	662	580.88	579.95	894.43
648	$C_{17}H_{36}S$	乙十五硫醚	ethyl pentadecyl sulfide	660.67*	−775.948E−03*	170.500E−05*	294	662	580.88	579.95	894.43
649	$C_{17}H_{36}S$	甲十六硫醚	hexadecyl methyl sulfide	660.67*	−775.948E−03*	170.500E−05*	294	662	580.88	579.95	894.43
650	$C_{17}H_{36}S$	丙十四硫醚	propyl tetradecyl sulfide	660.67*	−775.948E−03*	170.500E−05*	294	662	580.88	579.95	894.43
651	$C_{17}H_{36}S$	1-十七硫醇	1-heptadecanethiol	568.36*	−225.104E−03*	620.548E−06*	300	651	—	556.73	684.90
652	$C_{18}H_{30}$	1-苯基十二烷	1-phenyldodecane	512.25*	−476.222E−03*	117.686E−05*	276	631	474.88	470.49	680.10
653	$C_{18}H_{30}$	六乙基苯	hexaethylbenzene	523.51*	−453.371E−03*	810.211E−06*	401	601	—	472.02	543.76
654	$C_{18}H_{34}$	1-十八炔	1-octadecyne	546.79*	−250.831E−03	674.783E−06*	300	616	—	532.30	648.42
655	$C_{18}H_{36}$	1-十八烯	1-octadecene	631.33*	−864.916E−03*	191.733E−05*	291	618	543.90	541.95	829.08
656	$C_{18}H_{36}$	1-环戊基十三烷	1-cyclopentyltridecane	582.09*	−675.296E−03*	158.199E−05*	278	629	521.38	516.65	782.65
657	$C_{18}H_{36}$	1-环己基十二烷	1-cyclohexyldodecane	594.22*	−701.574E−03*	159.612E−05*	286	631	526.94	524.06	786.86
658	$C_{18}H_{38}$	十八烷	octadecane	561.47*	−273.091E−03*	724.392E−06*	301	620	—	544.95	670.30
659	$C_{18}H_{38}O$	1-十八醇	1-octadecanol	508.95*	−284.541E−03*	664.271E−06*	331	635	—	487.55	596.09
660	$C_{18}H_{38}S$	丁十四硫醚	butyl tetradecyl sulfide	697.65*	−827.127E−03*	178.247E−05*	298	676	609.49	609.49	953.31
661	$C_{18}H_{38}S$	乙十六硫醚	ethyl hexadecyl sulfide	697.65*	−827.127E−03*	178.247E−05*	298	676	609.49	609.49	953.31
662	$C_{18}H_{38}S$	甲十七硫醚	heptadecyl methyl sulfide	697.65*	−827.127E−03*	178.247E−05*	298	676	609.49	609.49	953.31
663	$C_{18}H_{38}S$	壬硫醚	nonyl sulfide	697.65*	−827.127E−03*	178.247E−05*	298	676	609.49	609.49	953.31
664	$C_{18}H_{38}S$	丙十五硫醚	pentadecyl propyl sulfide	697.65*	−827.127E−03*	178.247E−05*	298	676	609.49	609.49	953.31
665	$C_{18}H_{38}S$	1-十八硫醇	1-octadecanethiol	591.69*	−232.070E−03*	639.425E−06*	301	663	—	579.76	719.00
666	$C_{18}H_{38}S_2$	二壬化二硫	nonyl disulfide	581.97*	−526.118E−03*	138.412E−05*	252	672	548.15	537.31	853.68
667	$C_{19}H_{32}$	1-苯基十三烷	1-phenyltridecane	543.65*	−507.299E−03*	122.163E−05*	283	644	501.00	497.95	723.99

续表

序号	化学式	中文名称	英文名称	A	B	C	温度范围/K $T_{最低}$	$T_{最高}$	298	标明温度(K)下 C_p $T_{最低}$	$T_{最高}$
668	$C_{19}H_{36}$	1-十九炔	1-nonadecyne	573.77*	−268.047E−03*	703.354E−06*	306	630	—	557.63	684.16
669	$C_{19}H_{38}$	1-十九烯	1-nonadecene	664.70*	−897.628E−03*	194.726E−05*	297	632	570.18	569.76	874.66
670	$C_{19}H_{38}$	1-环戊基十四烷	1-cyclopentyltetradecane	613.42*	−715.000E−03*	165.215E−05*	282	642	547.11	543.17	835.57
671	$C_{19}H_{38}$	1-环己基十三烷	1-cyclohexyltridecane	630.46*	−758.542E−03*	168.216E−05*	292	645	553.84	552.32	840.54
672	$C_{19}H_{40}$	十九烷	nonadecane	583.06*	−241.040E−03*	647.172E−06*	305	633	—	569.75	689.89
673	$C_{19}H_{40}O$	1-十九醇	1-nonadecanol	553.44*	−295.932E−03*	684.768E−06*	335	659	—	531.13	655.80
674	$C_{19}H_{40}S$	丁基十五硫醚	butyl pentadecyl sulfide	644.56*	−251.090E−03*	683.600E−06*	303	689	—	631.27	796.19
675	$C_{19}H_{40}S$	乙基十七硫醚	ethyl heptadecyl sulfide	644.56*	−251.090E−03*	683.600E−06*	303	689	—	631.27	796.19
676	$C_{19}H_{40}S$	丙十六硫醚	hexadecyl propyl sulfide	644.56*	−251.090E−03*	683.600E−06*	303	689	—	631.27	796.19
677	$C_{19}H_{40}S$	甲十八硫醚	methyl octadecyl sulfide	644.56*	−251.090E−03*	683.600E−06*	303	689	—	631.27	796.19
678	$C_{19}H_{40}S$	1-十九硫醇	1-nonadecanethiol	616.94*	−250.083E−03*	668.634E−06*	307	675	—	603.19	752.89
679	$C_{20}H_{34}$	1-苯基十四烷	1-phenyltetradecane	573.75*	−537.621E−03*	126.738E−05*	289	657	526.12	524.26	767.78
680	$C_{20}H_{38}$	1-二十炔	1-eicosyne	599.04*	−281.178E−03*	728.457E−06*	309	643	—	581.74	719.53
681	$C_{20}H_{40}$	1-二十烯	1-eicosene	608.48*	−284.044E−03*	755.928E−06*	302	645	—	591.60	739.66
682	$C_{20}H_{40}$	1-环戊基十五烷	1-cyclopentylpentadecane	655.49*	−814.904E−03*	180.628E−05*	290	655	573.10	571.08	896.67
683	$C_{20}H_{40}$	1-环己基十四烷	1-cyclohexyltetradecane	665.33*	−817.215E−03*	176.931E−05*	297	657	578.96	578.72	892.38
684	$C_{20}H_{42}$	二十烷	eicosane	615.93*	−310.825E−03*	791.257E−06*	310	647	—	595.62	746.05
685	$C_{20}H_{42}O$	1-二十醇	1-eicosanol	551.85*	−311.972E−03*	706.115E−06*	339	655	—	527.24	650.15
686	$C_{20}H_{42}S$	丁基十六硫醚	butyl hexadecyl sulfide	670.84*	−268.678E−03*	712.490E−06*	308	701	—	655.70	832.73
687	$C_{20}H_{42}S$	癸硫醚	decyl sulfide	670.84*	−268.678E−03*	712.490E−06*	308	701	—	655.70	832.73
688	$C_{20}H_{42}S$	乙基十八硫醚	ethyl octadecyl sulfide	670.84*	−268.678E−03*	712.490E−06*	308	701	—	655.70	832.73
689	$C_{20}H_{42}S$	丙十七硫醚	heptadecyl propyl sulfide	670.84*	−268.678E−03*	712.490E−06*	308	701	—	655.70	832.73
690	$C_{20}H_{42}S$	甲十九硫醚	methyl nonadecyl sulfide	670.84*	−268.678E−03*	712.490E−06*	308	701	—	655.70	832.73
691	$C_{20}H_{42}S$	1-二十硫醇	1-eicosanethiol	640.13*	−263.151E−03*	691.823E−06*	310	686	—	625.10	785.29
692	$C_{20}H_{42}S_2$	二癸基二硫	decyl disulfide	636.75*	−609.965E−03*	152.848E−05*	259	693	590.77	581.33	948.34
693	$C_{21}H_{36}$	1-苯基十五烷	1-phenylpentadecane	607.87*	−601.060E−03*	137.063E−05*	295	669	550.51	549.87	819.40
694	$C_{21}H_{42}$	1-环戊基十六烷	1-cyclopentylhexadecane	686.83*	−848.133E−03*	184.371E−05*	294	667	597.86	596.88	941.63
695	$C_{21}H_{42}$	1-环己基十五烷	1-cyclohexylpentadecane	614.22*	−251.495E−03*	682.352E−06*	302	670	—	600.52	752.13
696	$C_{22}H_{38}$	1-苯基十六烷	1-phenylhexadecane	579.51*	−187.461E−03*	537.942E−06*	300	681	—	571.71	701.41
697	$C_{22}H_{44}$	1-环己基十六烷	1-cyclohexylhexadecane	639.51*	−267.177E−03*	708.662E−06*	307	682	—	624.24	787.02

注: * 估算值。

2.1.2.2 某些固体有机物的比热容

有关数据见表 2-5。

表 2-5 某些有机物（固体）的比热容[2]

序号	化学式	中文名称	英文名称	温度/℃	比热容/[J/(g·℃)]
1	CH_2N_2	氨基氰	cyanamide	20	2.289
2	CH_2O_2	甲酸	formic acid	-22	1.619
				0	1.799
3	CH_4N_2O	尿素	urea	20	1.339
4	C_2Cl_4	四氯乙烯	tetrachloroethylene	$-40\sim0$	$0.828+0.00075t$
5	$C_2HCl_3O_2$	三氯乙酸	trichloroacetic acid	固体	1.920
6	$C_2H_2O_4$	草酸	oxalic acid	$-200\sim50$	$1.084+0.00318t$
7	$C_2H_3ClO_2$	氯乙酸	chloroacetic acid	60	1.519
8	$C_2H_4O_2$	乙酸	acetic acid	$-200\sim25$	$1.381+0.00335t$
9	C_2H_6O	乙醇（结晶状）	ethyl alcohol(crystallie)	-190	0.971
				-180	1.038
				-160	1.180
				-140	1.331
				-130	1.573
		乙醇（玻璃状）	(vitreous)	-190	1.088
				-180	1.238
				-175	1.590
				-170	1.669
10	$C_2H_6O_2$	乙二醇	ethylene glycol	$-190\sim-40$	$1.531+0.00460t$
11	$C_3H_3N_3O_3$	氰白；三聚异氰酸	cyamelide	40	1.100
12	$C_3H_3N_3O_3$	氰尿酸；三聚氰酸	cyanuric acid	40	1.330
13	$C_3H_4O_4$	丙二酸	malonic acid	20	1.151
14	$C_3H_6N_6$	三聚氰胺	melamine	40	1.469
15	C_3H_6O	丙酮	acetone	$-210\sim-80$	$2.259+0.0653t$
16	$C_3H_6O_2$	丙酸	propionic acid	-33	3.038
17	$C_3H_6O_3$	甘油丙三醇	glycerol	-265	0.038
				-260	0.092
				-250	0.197
				-220	0.356
				-200	0.481
				-100	0.908
				0	1.381
18	C_3H_8O	正丙醇	propyl alcohol($n-$)	-200	0.711
				-175	1.519
				-150	1.971
				-130	2.079
19	C_3H_8O	异丙醇	isopropyt alcohol	$-200\sim-160$	$0.213+0.00690t$
20	$C_4H_6O_2$	丁烯酸（巴豆酸）	crotonic acid	$38\sim70$	$2.176+0.00084t$
21	$C_4H_6O_4$	草酸二甲酯	dimethyl oxalate	$10\sim50$	$0.887+0.0184t$
22	$C_4H_6O_4$	丁二酸（琥珀酸）	succinie acid	$0\sim160$	$1.038+0.00640t$
23	$C_4H_6O_6$	2,3-二羟基丁二酸（酒石酸）	tartaric acid	36	1.201
	$C_4H_6O_6 \cdot H_2O$	一水合酒石酸	tartaric acid	-150	0.469
				-100	0.711
				-50	0.9665
				0	1.289
				50	1.531
24	$C_4H_{10}O$	三甲基甲醇	trimethyl carbinol	-4	2.339
25	$C_4H_{10}O_4$	1,2,3,4-丁四醇（赤藓醇）	erythritol	60	1.469
26	$C_5H_8O_4$	戊二酸	glutaric acid	20	1.251

序号	化学式	中文名称	英文名称	温度/℃	比热容/[J/(g・℃)]
27	$C_5H_8O_4$	甲基丁二酸,焦酒石酸	pyrotartaric acid	20	1.259
28	$C_6H_3N_3O_7$	苦味酸(2,4,6-三硝基苯酚)	picric acid	−100	0.690
				0	1.004
				50	1.100
				100	1.243
				120	1.389
29	C_6H_4BrI	邻溴碘苯	bromoiodobenzene(o—)	−50～0	0.598+0.00105t
	C_6H_4BrI	间溴碘苯	bromoiodobenzene(m—)	−75～−15	0.598
	C_6H_4BrI	对溴碘苯	bromoiodobenzene(p—)	−40～50	0.485+0.00134t
30	$C_6H_4Br_2$	邻二溴苯	dibromobenzene(o—)	−36	1.038
31	$C_6H_4Br_2$	间二溴苯	dibromobenzene(m—)	−25	0.561
32	$C_6H_4Br_2$	对二溴苯	dibromobenzene(p—)	−50～50	0.582+0.00159t
33	$C_6H_4Cl_2$	邻二氯苯	dichlorobenzene(o—)	−48.5	0.774
34	$C_6H_4Cl_2$	间二氯苯	dichlorobenzene(m—)	−52	0.778
35	$C_6H_4Cl_2$	对二氯苯	dichlorobenzene(p—)	−50～53	0.916+0.0088t
36	$C_6H_4I_2$	邻二碘苯	di-iodobenzene(o—)	−50～15	0.456+0.00109t
37	$C_6H_4I_2$	间二碘苯	di-iodobenzene(m—)	−52～−42	0.418+0.00109t
38	$C_6H_4I_2$	对二碘苯	di-iodobenzene(p—)	−50～80	0.423+0.00109t
39	$C_6H_4N_2O_4$	邻二硝基苯	dinitrobenzene(o—)	−160～m. p.	1.054+0.00347t
40	$C_6H_4N_2O_4$	间二硝基苯	dinitrobenzene(m—)	−160～m. p.	1.038+0.00322t
41	$C_6H_4N_2O_4$	对二硝基苯	dinitrobenzene(p—)	119～m. p.	1.084+0.00238t
42	$C_6H_4O_2$	苯醌	quinone	−250	0.130
				−225	0.343
				−200	0.473
				−150～m. p.	1.180+0.00347t
43	C_6H_5I	碘苯	iodobenzene	40	0.799
44	C_6H_6	苯	benzene	−250	0.167
				−225	0.380
				−200	0.519
				−150	0.711
				−100	0.950
				−50	1.251
				0	1.569
45	$C_6H_6N_2O_2$	邻硝基苯胺	nitroaniline(o—)	−160～m. p.	1.125+0.003849t
46	$C_6H_6N_2O_2$	间硝基苯胺	nitroaniline(m—)	−160～m. p.	1.151+0.003958t
47	$C_6H_6N_2O_2$	对硝基苯胺	nitroaniline(p—)	−160～m. p.	1.155+0.004184t
48	$C_6H_6O_2$	邻二羟基苯	dihydroxybenzene(o—)	−163～m. p.	1.163+0.00410t
49	$C_6H_6O_2$	间二羟基苯	dihydroxybenzene(m—)	−160～m. p.	1.125+0.00494t
50	$C_6H_6O_2$	对二羟基苯	dihydroxybenzene(p—)	−250	0.105
				−240	0.159
				−220	0.255
				−200	0.339
				−150～m. p.	1.121+0.00389t
51	C_6H_7N	苯胺	aniline		3.100
52	$(C_6H_{10}O_5)_x$	糊精	dextrin	0～90	1.217+0.00402t
53	$C_6H_{12}O_6$	左旋糖(果糖)	levulose	20	1.151
54	$C_6H_{12}O_6$	右旋糖(葡萄糖)	dextrose	−250	0.067
				−200	0.322

续表

序号	化学式	中文名称	英文名称	温度/℃	比热容/[J/(g·℃)]
				-100	0.669
				0	1.159
				20	1.255
55	$C_6H_{14}O_6$	甘露糖醇	mannitol	$0\sim100$	$1.310+0.00105t$
56	$C_6H_{14}O_6$	己六醇(半乳糖醇)	dulcitol	20	1.180
57	$C_7H_5ClO_2$	邻氯苯甲酸	chlorobenzoic acid($o-$)	$80\sim$ m. p.	$0.954+0.00351t$
58	$C_7H_5ClO_2$	间氯苯甲酸	chlorobenzoic acid($m-$)	$94\sim$ m. p.	$0.971+0.00305t$
59	$C_7H_5ClO_2$	对氯苯甲酸	chlorobenzoic acid($p-$)	$180\sim$ m. p.	$1.013+0.00230t$
60	$C_7H_5NO_4$	邻硝基苯甲酸	nitrobenzoic acid($o-$)	$-163\sim$ m. p.	$1.071+0.00356t$
61	$C_7H_5NO_4$	间硝基苯甲酸	nitrobenzoic acid($m-$)	$66\sim$ m. p.	$1.079+0.00381t$
62	$C_7H_5NO_4$	对硝基苯甲酸	nitrobenzoic acid($p-$)	$-160\sim$ m. p.	$1.033+0.00322t$
63	$C_7H_5N_3O_6$	三硝基甲苯	trinitrotoluene	-100	0.711
				-50	1.059
				0	1.301
				100	1.611
64	$C_7H_5N_5O_8$	2,4,6-三硝基苯甲硝胺(特曲儿)	tetryl	-100	0.761
				-50	0.833
				0	0.887
				100	0.987
65	$C_7H_6O_2$	苯甲酸	benzoic acid	$20\sim$ m. p.	$1.201+0.00209t$
66	$C_7H_7NO_2$	邻氨基苯甲酸	aminobenzoic acid($o-$)	$85\sim$ m. p.	$1.063+0.00569t$
67	$C_7H_7NO_2$	间氨基苯甲酸	aminobenzoic acid($m-$)	$120\sim$ m. p.	$1.059+0.00510t$
68	$C_7H_7NO_2$	对氨基苯甲酸	aminobenzoic acid($p-$)	$128\sim$ m. p.	$1.201+0.00368t$
69	C_7H_9N	对甲基苯胺	toluidine($p-$)	0	1.410
				20	1.619
				40	1.841
70	$C_8H_7N_3O_6$	三硝基二甲苯	trinitroxylene	$-185\sim23$	1.008
				$20\sim50$	1.770
71	$C_8H_8O_2$	邻甲苯甲酸	toluic acid($o-$)	$54\sim$ m. p.	$1.159+0.00502t$
72	$C_8H_8O_2$	间甲苯甲酸	toluic acid($m-$)	$54\sim$ m. p.	$1.000+0.00816t$
73	$C_8H_8O_2$	对甲苯甲酸	toluic acid($p-$)	$130\sim$ m. p.	$1.134+0.00444t$
74	$C_8H_9NO_2$	羟基乙酰苯胺	hydroxyacetanilide	$41\sim$ m. p.	$1.042+0.00644t$
75	$C_8H_{16}O_2$	辛酸	caprylic acid	-2	2.628
76	$C_{10}H_7NO_2$	硝基萘	nitronaphthalene	$0\sim55$	$0.987+0.00900t$
77	$C_{10}H_8$	萘	naphthalene	$-130\sim$ m. p.	$1.176+0.00464t$
78	$C_{10}H_8O$	α-萘酚	naphthol($\alpha-$)	$50\sim$ m. p.	$1.004+0.00615t$
79	$C_{10}H_8O$	β-萘酚	naphthol($\beta-$)	$61\sim$ m. p.	$1.054+0.00536t$
80	$C_{10}H_9N$	α-萘胺	naphthylamine($\alpha-$)	$0\sim50$	$1.130+0.0130t$
81	$C_{10}H_{14}O$	5-甲基-2-异丙基苯酚(百里酚)	thymol	$0\sim49$	$1.318+0.0130t$
82	$C_{10}H_{16}$	莰烯	camphene	35	1.590
83	$C_{10}H_{20}O_2$	癸酸	capric acid	8	2.908
84	$C_{12}H_{10}$	联苯	diphenyl	40	1.611
85	$C_{12}H_{10}O_4$	醌氢醌	quinhydrone	-250	0.071
				-225	0.255
				-200	0.410
				-100	0.799
				0	1.071
86	$C_{12}H_{22}O_{11}$	麦芽糖	maltose	20	1.339

续表

序号	化学式	中文名称	英文名称	温度/℃	比热容/[J/(g·℃)]
87	$C_{12}H_{22}O_{11}$	蔗糖	sucrose	20	1.251
88	$C_{12}H_{24}O$	月桂酸(十二(烷)酸)	lauric acid	−30~40	1.299+0.00013t
89	$C_{12}H_{22}O_{11}$	乳糖	lactose	20	1.201
90	$C_{13}H_8N_8O_{15}$	(1分子2,4,6-三硝基苯甲硝胺+1分子2,4,6-三硝基苯酚)炸药,1份特屈儿+1份苦味酸	1tetryl+1picric acid	−100~100	1.059+0.00301t
91	$C_{13}H_{10}O_3$	水杨酸苯酯(萨罗)	salol,(=phenyl-salicylate)	32	1.209
92	$C_{14}H_8O_2$	蒽醌	anthraquinone	0~270	1.079+0.00289t
93	$C_{14}H_{14}$	二(联)苄基	dibenzyl	28	1.519
94	$C_{14}H_{28}O_2$	肉豆蔻酸[十四(烷)酸]	myristic acid	0~35	1.594+0.02280t
95	$C_{16}H_{32}O_2$	软脂酸(棕榈酸)[十六(烷)酸]	palmitic acid	−180	0.699
				−140	0.870
				−100	1.050
				−50	1.280
				0	1.598
				20	1.799
96	$C_{17}H_{12}O_3$	水杨酸 β-萘酯(比妥耳)	betol	−150	0.540
				−100	0.699
				0	1.038
				50	1.289
97	$C_{18}H_{36}O_2$	硬脂酸	stearic acid	15	1.669
98	$C_{19}H_{16}$	三苯基甲烷	triphenylmathane	0~91	0.791+0.0113t
99	$C_{21}H_{15}N_{11}O_{20}$	(1分子2,4,6-三硝基苯甲硝胺+2分子三硝基甲苯)混合炸药	1tetryl+2TNT	−100	0.720
				0	1.172
				50	1.360

注：m. p. 熔点。

2.1.2.3　某些单质和无机化合物固、液态的 $C_p \sim T$ 关系式中系数值

$$C_p = a + bT + cT^{-2} + dT^2$$

有关数据见表 2-6，表 2-7。

表 2-6　某些单质和无机化合物固、液态的摩尔定压热容与温度 T 的关系[2,3]

($C_p = a + b \times 10^{-3}T + c \times 10^6 T^{-2} - d \times 10^{-6} T^2$)

物质		$C_p/[J/(mol·K)]$				温度范围 T/K
化学式	状态	a	b	c	d	
Ag	s	24.221	2.741		2.837	298~1235
	l	33.472				1235~2432
AgCl	s	30.100	52.961	0.628		298~730
	l	67.655	−8.870			730~1835
AgBr	s	33.179	64.434			298~700
	l	62.342				700~1831
AgI	s,α	35.773	71.128			298~420
	s,β	43.664	14.828	1.523		420~830
	l	58.576				830~1773
AgNO₃	s(Ⅰ)	36.652	189.117			298~433
	s(Ⅱ)	106.692				433~483
AgNO₃	s	128.030				483~665
Al	s	20.108	13.166	0.033		298~933
	l	31.752				933~2790

续表

物 质		$C_p/[J/(mol \cdot K)]$				温度范围 T/K
化学式	状 态	a	b	c	d	
AlCl₃	s	64.936	87.864			298～454
Al₂O₃	s	117.487	10.376	−3.711		298～2327
Au	s	31.497	−13.514	−0.289	10.979	298～1338
	l	30.372				1338～3127
BN	s	41.212	9.414	−2.176		298～2000
Br₂	l	75.488				298～333
C	石墨,s	0.109	38.940	−0.148	−17.385	298～1100
	s	24.439	0.435	−3.163		1100～4055
	金刚石,s	9.121	13.221	−0.6192		298～1400
KCN	s	66.275	0.418			298～895
	l	75.312				895～1896
CaO	s	50.417	4.184	−0.849		298～3200
Ca(OH)₂	s	101.788	17.897	−1.736		298～793
CaSO₄	s	70.208	89.742			298～1723
CaF₂	s	41.058	55.463	0.849		298～1430
CaC₂	s(Ⅰ)	68.618	11.883	−0.866		298～720
	s(Ⅱ)	64.434	8.368			720～2573
CaCO₃	s(方解石)	104.516	21.924	−2.594		298～1170
CaHPO₄	s	138.407	55.103	−4.038		298～1000
Ca₃(PO₄)₂	s,α	201.836	163.511	−2.092		298～1373
	s,β	330.536				1373～2000
Cr	s	24.514				298～2130
	l	39.330				2130～2954
Cr₂O₃	s	119.370	9.205	−1.565		298～1800
Cu	s	20.531	8.611	0.155		298～1358
	l	32.844				1358～2000
CuCl	s(Ⅰ)	51.087	17.656	−0.268		298～683
	s(Ⅱ)	62.760				683～709
	l	64.434				709～1482
CuCl₂	s	78.868	2.929	−0.711		298～862
Cu₂O	s	58.199	23.974	−0.159		298～1517
	l	100.416				1517～2000
CuO	s	48.597	7.427	−0.761		298～1364
CuSO₄	s	73.429	152.842	−1.230	−71.588	298～1075
Fe	s(A)	14.954	28.079	0.155		298～1184
	s	26.439	20.677			
	s(C)	23.987	8.360			1184～1665
	s(D)	24.640	9.899			1665～1809
	l	46.024				1809～3158
FeCl₃	s	74.592	78.274	−0.088		298～577
	l	133.888				577～604
FeO	s	48.794	8.372	−0.289		298～1645
Fe₂O₃	s(赤铁矿)	98.278	77.818	−1.485		298～950
	s	150.599				950～1050
	s	132.670	7.364			1050～1729
Fe₃O₄	s(磁铁矿)	91.558	201.970			298～1870
Fe₃O₄	s	200.838				
Fe(OH)₃	s	127.612	41.639	−4.217		298～1500

物　　质		$C_p/[J/(mol \cdot K)]$				温度范围 T/K
化学式	状　态	a	b	c	d	
FeS	s(A)	−0.502	170.707			298~411
	s(B)	72.802				411~598
	s(C)	51.045				598~1461
	l	71.128				1461~2000
FeSO$_4$	s	122.005	37.823	−2.929		298~944
Fe$_2$(SO$_4$)$_3$	s	361.301	54.760	−10.636		298~1005
FeCO$_3$	s	48.660	112.089			298~458
Fe(CO)$_5$	l	233.785				298~376
Ge	s	23.351	3.899	−0.105		298~1210
	l	27.614				1210~2000
H$_2$SO$_4$	l	80.835	193.719			298~608
HNO$_3$	l	109.872				298~357
H$_3$PO$_4$	s	48.873	189.117			298~316
	l	200.832				316~630~848
H$_3$BO$_3$	s	65.940	109.746	−1.548		298~330
Hg	l	28.794	−2.761			298~629
Hg$_2$Cl$_2$	s	98.742	23.012	−0.360		298~655
HgCl$_2$	s	69.998	20.292	−0.188		298~550
	l	102.090				550~576
HgO	s	48.493	12.970	−0.753		298~720
HgS	R(晶体)	43.765	15.564			298~618
	s(B)	44.016	15.188			618~862
Hg$_2$SO$_4$	s	131.796				298~400
HgSO$_4$	s	58.576	146.440			298~941
I$_2$	s	30.125	81.630			298~387
	l	82.006				387~458
In	s	10.962	39.848	−0.347		298~430
	l(I)	29.878	−0.891			430~900
	l(II)	29.079				900~2343
KCN	s	66.275	0.418			298~895
	l	75.312				895~1896
K$_2$CO$_3$	s	97.947	92.090	−0.987		298~1173
	l	209.200				1173~2000
KOH	s(A)	43.304	72.592			298~516
	s(B)	78.659				516~679
	l	83.094				679~1589
KNO$_3$	s(A)	60.459	118.826			298~402
	s(B)	120.499				402~607
	l	123.428				607~700
Li	s	1.297	56.308	0.602		298~454
	l	26.761	1.490	0.636		454~1605
LiCl	s	42.145	22.761	−0.075		298~883
	l	62.593	−9.456			883~1633
LiBr	s	42.643	22.794	0.033		298~823
	l	65.270				823~1653
LiOH	s	50.166	34.476	−0.950		298~744
	l	87.111				744~1312
Li$_2$CO$_3$	s(A)	56.819	138.072			298~623

续表

物　　质		$C_p/[\text{J}/(\text{mol} \cdot \text{K})]$				温度范围 T/K
化学式	状　　态	a	b	c	d	
	s(B)	132.382				623～683
	s(C)	14.351	180.749			683～993
	l	185.435				993～1300
Mg	s	21.389	11.778			298～923
	l	34.309				923～1366
MgCl$_2$	s	76.400	9.247	−0.699		298～980
	l	92.801				980～1634
MgO	s(方镁石)	48.995	3.431	−1.134		298～3105
Mg(OH)$_2$	s	46.819	102.926			298～700
MgSO$_4$	s	106.441	46.275	−2.188		298～1270
Mn	s(A)	25.188	12.749	−0.326		298～980
	s(B)	33.376	4.268			980～1361
	s(C)	29.991	9.627			1361～1412
	s(D)	33.631	8.213			1412～1519
Mn	l	46.024				1519～2332
MnO$_2$	s	70.835	7.598	−1.661		298～803
Mo	s	29.732	−5.699	−0.439		298～2896
Na	s	−62.350	200.715	2.732		298～371
	l	37.468	−19.154			371～1154
NaCl	s	42.003	22.393	1.619		298～1074
	l	68.450				1074～1757
NaOH	s(A)	71.756	−110.876		235.768	298～572
	s(B)	85.981				572～596
	l	89.454				596～1828
Na$_2$SO$_4$	s(A)	82.341	154.348			298～458
	s(B)	92.964	131.804			458～514
	s(C)	131.440				514～1157
	l	197.033				1157～2000
NaNO$_2$	s	21.757	171.544			298～544
	l	124.516				544～744
NaCN	s	68.576	0.933			298～835
	l	79.496				835～1779
NH$_4$Cl	s(α_1)	38.869	160.247			298～458
	s(α_2)	34.644	111.713			458～793
(NH$_4$)$_2$SO$_4$	s	103.554	280.746			298～600
Ni	s	19.355	22.456	0.017		298～400
	s	22.288	17.464			400～700
	s	20.589	10.159	1.615		700～1728
	l	38.911				1728～3169
Ni(CO)$_4$	l	187.276	55.229	0.506		298～315
P	s(白)	13.899	33.125			298～317
	l	26.326				317～552
	s(红)	16.736	14.895			298～703
P$_4$O$_{10}$	s(二聚的)	149.787	324.678	−3.121		298～631
Pb	s	24.221	8.711			298～601
	l	36.112	−9.736	−0.280	3.238	601～2020
PbO$_2$	s	57.049	29.003	−0.418		298～587
PbS	s	46.735	9.414			298～1387

物　　质		$C_p/[J/(mol \cdot K)]$				温度范围 T/K
化学式	状　　态	a	b	c	d	
PbS	l	66.944				1387～1587
PbSO$_4$	s(A)	74.182	102.508	−0.155		298～1139
PbSO$_4$	s(B)	184.096				1139～1233
	l	179.912				1233～1600
Pt	s	24.389	5.259	−0.008		298～2042
	l	34.727				2042～4089
PtCl$_3$	s	121.336				298～718
PtCl$_4$	s					298～643
S	R(斜方的)	14.795	24.075	0.071		298～368
	M(单斜的)	17.552	19.606			368～388
	l	45.032	−16.636			388～717
Si	s	22.811	3.870	−0.356		298～1685
	l	27.196				1685～2500
SiO$_2$	s(石英 A 高)	40.497	44.601	−0.833		298～847
	s(石英 B 低)	67.593	2.577	−0.138		847～1823
SiO$_2$	s(A)(方石英)	46.903	31.506	−1.008		298～543
	s(B)(方石英)	71.630	1.883	−3.908		543～1079
	s(C)(方石英)	71.630	1.883	−3.908		1079～2001
	l	85.772				2001～2500
SiC	s(金刚砂)	42.593	8.360	−1.661	−1.272	298～2818
Sn	s	21.589	18.159			298～505
	l(Ⅰ)	21.690	6.146	1.289		505～700
	l(Ⅱ)	28.451				700～2000
SnCl$_2$	s	64.726	44.610			298～520
	l	100.500				520～885
SnCl$_4$	l	91.487	247.467			298～382
Ti	s(A)	22.238	10.205	−0.008		298～1166
	s(B)	17.405	10.314	−0.096		1166～1936
	l	47.237				1936～2500
TiCl$_4$	l	142.787	8.703	−0.017		298～409
TiO	s(A)	44.225	15.062	−0.778		298～1213
	s(B)	42.179	17.556	−0.653		1213～2023
TiO$_2$	s(金红石)	73.346	3.054	−1.703		298～2130
TiO$_2$	s(锐钛矿)	76.358	0.837	−2.008		298～1949
V$_2$O$_5$	s	141.001	42.677	−2.343		298～952
	l	190.372				952～2000
W	s	24.493	2.741	−0.079	0.167	298～3680
H$_2$WO$_4$	s	62.760	167.360	−0.761		298～393
W$_2$C	s	89.747	10.878	−1.456		298～2500
WC	s	43.376	8.636	−0.933	−1.021	298～2500
Zn	s	21.334	11.648	0.054		298～693
	l	31.380				693～1179
ZnCl$_2$	s	59.831	37.656			298～591
	l	100.834				591～1004
ZnO	s	45.338	7.289	−0.573		298～2242
ZnS	s(B)	49.246	5.272	−0.485		298～1293
	s(α)	49.455	4.435	−0.435		1293～1907
ZnSO$_4$	s(A)	65.823	135.712	−0.644		298～540
	s(B)	130.306	11.623	0.063		540～1013
	s(C)	145.185				1013～1214

注：s—固体；l—液体；括号内 α，A，B，C，Ⅰ，Ⅱ等表示晶形结构的不同。

表 2-7　无机液体摩尔定压热容 C_p[2]

单位：J/[kmol·K]

化学式	中文名称	英文名称	相对分子质量	C_1	C_2	C_3	C_4	C_5	T_{min}/K	C_p at T_{min} ×1E-05	T_{max}/K	C_p at T_{max} ×1E-05
	空气	air	28.951	-2.1446E+05	9.1851E+03	-1.0612E+02	4.1616E-01	0	75	0.5307	115	0.7132
H$_2$	氢	hydrogen[2]	2.016	6.6653E+01	6.7650E+03	-1.2363E+02	4.7827E+02	0	13.95	0.1262	32	1.3122
He	氦	helium-4[1]	4.003	3.8722E+05	-4.6557E+05	2.1180E+05	-4.2494E+04	3.2129E+03	2.2	0.1087	4.6	0.2965
Ne	氖	neon	20.180	1.0341E+06	-1.3877E+05	7.1540E+03	-1.6255E+02	1.3841E+00	24.56	0.3666	40	0.6980
Ar	氩	argon	39.948	1.3439E+05	-1.9894E+03	1.1043E+01	0	0	83.78	0.4523	135	0.6708
F$_2$	氟	fluorine	37.997	-9.4585E+04	7.5299E+03	-1.3960E+02	1.1301E+00	-3.3241E-03	58	0.5541	98	0.5966
Cl$_2$	氯	chlorine	70.905	6.3936E+04	4.6350E+01	-1.6230E-01	0	0	172.12	0.6711	239.12	0.6574
Br$_2$	溴	bromine	159.808	3.7570E+04	3.2850E+02	-6.7000E-01	0	0	265.9	0.7755	305.37	0.7541
O$_2$	氧	oxygen	31.999	1.7543E+05	-6.1523E+03	1.1392E+02	-9.2382E-01	2.7963E-03	54.36	0.5365	142	0.9066
N$_2$	氮	nitrogen	28.014	2.8197E+05	1.2281E+04	2.4800E+02	-2.2182E+00	7.4902E-03	63.15	0.5593	112	0.7960
NH$_3$	氨	ammonia[2]	17.031	6.1289E+04	8.0925E+04	7.9940E+02	-2.6510E+03	0	203.15	0.7575	401.15	4.1847
N$_2$H$_4$	肼	hydrazine	32.045	7.9815E+04	5.0929E+01	4.3379E-02	0	0	274.69	0.9708	653.15	1.3158
N$_2$O	一氧化二氮	nitrous oxide	44.013	6.7556E+04	5.4373E+01	0	0	0	182.3	0.7747	200	0.7843
NO	一氧化氮	nitric oxide	30.006	-2.9796E+06	7.6602E+04	-6.5259E+02	1.8879E+00	0	109.5	0.6229	150	1.9909
C$_2$N$_2$	氰	cyanogen	52.036	3.1322E+06	-2.4320E+04	-4.8844E+01	0	0	245.25	1.0557	300	2.3216
CO	一氧化碳	carbon monoxide[2]	28.010	6.5429E+01	2.8723E+04	-8.4739E+02	1.9596E+03	0	68.15	0.5912	132	6.4799
CO$_2$	二氧化碳	carbon dioxide	44.010	-8.3043E+05	1.0437E+05	-4.3333E+02	6.0052E-01	0	220	0.7827	290	1.6603
CS$_2$	二硫化碳	carbon disulfide	76.143	8.5600E+04	-1.2200E+02	5.6050E-01	-1.4520E-03	2.0080E-06	161.11	0.7577	552	1.3125
HF	氟化氢	hydrogen fluoride	20.006	6.2520E+04	-2.2302E+02	6.2970E-01	0	0	189.79	0.4288	292.67	0.5119
HCl	氯化氢	hydrogen chloride	36.461	4.7300E+04	9.0000E+01	0	0	0	165	0.6215	185	0.6395
HBr	溴化氢	hydrogen bromide	80.912	5.7720E+04	9.9000E+00	0	0	0	185.15	0.5955	206.45	0.5976
HCN	氰化氢	hydrogen cyanide	27.026	9.5398E+04	-1.9752E+02	3.8830E-01	0	0	259.83	0.7029	298.85	0.7105
H$_2$S	硫化氢	hydrogen sulfide[2]	34.082	6.4666E+01	4.9354E+04	2.2493E+01	-1.6230E+03	0	187.68	0.6733	370	4.9183
SO$_2$	二氧化硫	sulfur dioxide	64.065	8.5743E+04	5.7443E+00	0	0	0	197.67	0.8688	350	0.8775
SO$_3$	三氧化硫	sulfur trioxide	80.064	2.5809E+05	0.0000E+00	0	0	0	303.15	2.5809	303.15	2.5809
H$_2$O	水	water	18.015	2.7637E+05	-2.0901E+03	8.1250E+01	-1.4116E-02	9.3701E-06	273.16	0.7615	533.15	0.8939

① 低于 2.2K 温度，呈现超流体性质。

② $C_p = C_1^2/\tau + C_2 - (2 \times C_1 \times C_3)\tau - (C_1 \times C_4)\tau^2 - (C_3^{2/3})\tau^3 - (C_3 \times C_4/2)\tau^4 - (C_4^{2/5})\tau^5$，J/(kmol·K)；$\tau = 1 - T_r$，$T_r = \dfrac{T}{T_c}$；除指明适用②外其余皆应用 $C_p = C_1 + C_2 \times T + C_3 \times T^2 + C_4 \times T^3 + C_5 \times T^4$，J/(kmol·K)。

2.1.2.4　某些选定的金属元素不同温度下（$T=4\sim800K$）比热容 c

有关数据见表 2-8。

表 2-8　某些选定的金属元素不同温度下比热容 c[42]　　　　单位：kJ/(kg·K)

元素符号	T/K														
	4	6	8	10	20	40	60	80	100	200	250	300	400	600	800
Al	0.00026	0.00050	0.00088	0.00140	0.0089	0.0775	0.214	0.357	0.481	0.797	0.859	0.902	0.949	1.042	1.134
Be	0.00008			0.00028	0.0014				0.195	1.109	1.537	1.840	2.191	2.605	2.823
Bi	0.00054	0.00220	0.00541	0.01040	0.0340	0.0729	0.092	0.102	0.109	0.120	0.121	0.122	0.123	0.142	0.136
Cr	0.00016	0.00029	0.00050	0.00081	0.0021	0.0107	0.059	0.127	0.190	0.382	0.424	0.450	0.501	0.565	0.611
Co	0.00036	0.00059	0.00085	0.00121	0.0048	0.0404	0.110	0.184	0.234	0.376	0.406	0.426	0.451	0.509	0.543
Cu	0.00011	0.00024	0.00048	0.00086	0.0076	0.059	0.137	0.203	0.254	0.357	0.377	0.386	0.396	0.431	0.448
Ge			0.00037	0.00081	0.0129	0.0619	0.105	0.153	0.192	0.286	0.305	0.323	0.343	0.364	0.377
Au	0.00018	0.00047	0.00126	0.00255	0.0163	0.0569	0.084	0.100	0.109	0.124	0.127	0.129	0.131	0.136	0.141
Ir				0.00032	0.0021				0.090	0.122	0.128	0.131	0.133	0.140	0.146
Fe	0.00038	0.00061	0.00090	0.00127	0.0039	0.0276	0.086	0.154	0.216	0.384	0.422	0.450	0.491	0.555	0.692
Pb	0.00075	0.00242	0.00747	0.01350	0.0531	0.0944	0.108	0.114	0.118	0.125	0.127	1.129	0.132	0.142	
Mg	0.00034	0.00080	0.00155	0.00172	0.0148	0.138	0.336	0.513	0.648	0.929	0.985	1.005	1.082	1.177	1.263
Hg	0.00417	0.01420	0.01820	0.02250	0.0515	0.0895	0.107	0.116	0.121	0.136	0.141	0.139	0.136	0.135	0.104
Mo	0.00011	0.00019	0.00032	0.00050	0.0029	0.0236	0.061	0.105	0.140	0.223	0.241	0.248	0.261	0.280	0.292
Ni	0.00054	0.00086	0.00121	0.00178	0.0058	0.0380	0.103	0.173	0.232	0.383	0.416	0.444	0.490	0.590	0.530
Pt	0.00019	0.00028	0.00067	0.00112	0.0077	0.0382	0.069	0.088	0.101	0.127	0.132	0.130	0.136	0.140	0.446
Ag	0.00016	0.00035	0.00093	0.00186	0.0159	0.0778	0.133	0.166	0.187	0.225	0.232	0.236	0.240	0.251	0.264
Sn	0.00024	0.00127	0.00423	0.00776	0.0400	0.108	0.149	0.173	0.189	0.214	0.220	0.222	0.245	0.257	0.257
Zn	0.00011	0.00029	0.00096	0.00250	0.0269	0.123	0.205	0.258	0.295	0.366	0.380	0.389	0.404	0.435	0.479

参考文献 [5] 列有约 1700 种有机和无机物凝聚态的 $c_p\sim f(T)$ 关联式各参数数值，但由于通常状态下物质不可能气、液、固三态都存在，故实际上有数据的凝态物质的数目要少于此。对于工程技术人员来说此手册还是比较易于使用的。Yaws 在此手册中给出液体：$c_{p,l}=A+BT+CT^2+DT^3$，固体：$c_{ps}=A+BT+CT^2$ 关联式。式中各物质的回归系数皆列入相应栏目，同时给出其温度上、下限。另有例题，对有代表性的物质 c_p 计算结果与真实数据比较用图示出。

2.1.3　聚合物的比定压热容

表 2-10～表 2-73 中各标明温度下的聚合物比定压热容 c_p 数值，系文献 [42] 编者直接引用文献表格中的数据或由按实验数据绘出的大比例图中确定的，各表中数据平均误差不超过 $0.5\%\sim1\%$。

2.1.3.1　聚合物的比定压热容温度关联式中系数值

有关数据见表 2-9。

表 2-9　$c_p=a+bT+cT^2$ 的参数值[35]

聚　合　物	a /[kJ/(kg·K)]	$b\times10^3$ /[kJ/(kg·K²)]	$c\times10^6$ /[kJ/(kg·K³)]	温度范围 /K
尼龙 6（聚己内酰胺）	0.179	4.27	—	180～310
	1.331	2.73	—	510～560
γ 射线照射后（剂量 600Mrad,298K）	1.236	2.73	—	510～560
聚甲基丙烯酸	−0.054	3.76	—	298～403
聚二氧杂环庚烷	0.189	4.20	—	80～190
	1.380	1.76	—	300～360
聚二噁茂烷	0.189	3.70	—	80～200
	1.396	1.47	—	330～390
聚异丁烯	0.477	4.37	2.24	205～380
聚 1,4-甲基丁二烯（顺式）	1.052	2.68		205～275
	0.391	5.00		290～320
	0.893	3.44		320～448

聚　合　物	a /[kJ/(kg·K)]	$b×10^3$ /[kJ/(kg·K^2)]	$c×10^6$ /[kJ/(kg·K^3)]	温度范围 /K
聚甲基丙烯酸甲酯	−0.479	5.81	—	293～363
	0.493	3.91	—	398～433
聚丙烯				
无规立构	−0.268	8.67	—	265～305
	2.253	1.67	—	450～473
全同立构	−1.225	10.11	—	260～350
	−1.708	11.12	—	260～390
无定形状态	1.189	3.34	—	383～473
间同立构	0.235	4.76	—	200～280
	0.631	4.52	—	425～460
聚环氧丙烷	0.059	6.50	−6.71	85～180
	1.101	2.72		210～360
聚苯乙烯				
无规立构	−0.084	4.31	—	223～338
	0.859	2.53	—	380～550
全同立构	−0.079	4.28	—	223～333
	−0.164	4.85	—	393～450
	0.765	2.72	—	518～553
聚四氢呋喃	0.168	4.96	—	80～180
	1.510	1.90	—	315～360
聚氨酯				
1,6-己二异氰酸酯和六乙二醇	0.505	3.47	—	210～225
	1.972	0.51	—	345～375
1,6-己二异氰酸酯和二乙二醇	0.051	6.26	—	220～265
	2.608	—	—	410～440
1,6-己二异氰酸酯和四乙二醇	0.519	3.36	—	220～240
	1.950	0.54	—	370～400
1,6-己二异氰酸酯和三乙二醇	0.794	2.26	—	220～250
	1.920	0.63	—	370～410
甲苯二异氰酸酯和低齐氧化丁二醇(ТМГ-1000)	0.761	4.09	—	213～238
	1.255	2.07	—	295～373
甲苯二异氰酸酯和低齐氧化丁二醇(ТМГ-2000)	0.426	4.02	—	203～233
	0.949	4.30	—	313～373
甲苯二异氰酸酯和低齐己二酸乙二醇酯(ЭА-1000)	−0.522	6.27	—	243～293
	1.340	4.18	—	318～373
甲苯二异氰酸酯和低齐己二酸乙二醇酯(ЭА-2000)	−0.430	6.33	—	243～293
	1.340	4.18	—	330～373
高密度聚乙烯	0.234	4.90	—	100～210
	−0.789	8.28	—	250～380
	−0.504	7.56	—	310～410
	1.661	2.20	—	430～500
	1.047	3.45	—	430～500
	1.670	2.25	—	430～570
热硝酸处理后	1.240	3.06	—	420～480
无规共聚物				
丁二烯和39%丙烯腈	1.414	2.83	—	250～340
丁二烯和8.6%苯乙烯	0.973	3.21	—	235～330
丁二烯和22.6%苯乙烯	0.564	3.06	4.69	225～330
丁二烯和25.5%苯乙烯	0.519	3.18	4.84	213～333
丁二烯和43%苯乙烯	0.431	3.17	5.00	255～330

续表

聚　合　物	a /[kJ/(kg·K)]	$b\times10^3$ /[kJ/(kg·K²)]	$c\times10^6$ /[kJ/(kg·K³)]	温度范围 /K
甲基丙烯酸甲酯和5%的聚甲基丙烯酸	−0.397	5.56	—	298~373
	0.619	3.76	—	403~453
甲基丙烯酸甲酯和10%聚甲基丙烯酸	−0.326	5.30	—	298~383
	0.184	4.76	—	413~453
甲基丙烯酸甲酯和15%聚甲基丙烯酸	−0.469	5.72	—	298~383
	−0.121	5.56	—	413~453
甲基丙烯酸甲酯和20%聚甲基丙烯酸	−0.292	5.10	—	298~393
甲基丙烯酸甲酯和30%聚甲基丙烯酸	−0.406	5.42	—	298~403
甲基丙烯酸甲酯和50%聚甲基丙烯酸	−0.573	5.48	—	298~403

2.1.3.2　碳链聚合物的比定压热容

表 2-10　在结晶状态下的氯化聚乙烯

T/K	c_p /[kJ/(kg·K)]	T/K	c_p /[kJ/(kg·K)]	T/K	c_p /[kJ/(kg·K)]
80	0.618	180	1.090	280	1.640
100	0.731	200	1.208	300	1.772
120	0.827	220	1.281	310	1.873
140	0.880	240	1.370		
160	0.999	260	1.485		

表 2-11　高密度聚乙烯

T/K	c_p /[kJ/(kg·K)]	T/K	c_p /[kJ/(kg·K)]	T/K	c_p /[kJ/(kg·K)]	T/K	c_p /[kJ/(kg·K)]
"理想"的无定形样品		190	1.342	20	0.0519	230	1.240
5	0.0036	200	1.410	25	0.0879	240	1.288
10	0.0244	210	1.477	30	0.1299	250	1.338
15	0.0572	220	1.550	35	0.1760	260	1.390
20	0.0963	230	1.636	40	0.2237	270	1.449
25	0.1383	240	1.738	45	0.2725	273.15	1.465
30	0.1821	250	1.854	50	0.3196	280	1.504
35	0.2263	260	1.977	60	0.4008	290	1.564
40	0.2705	270	2.082	70	0.4895	298.15	1.616
45	0.3140	273.15	2.127	80	0.5607	300	1.625
50	0.3563	280	2.208	90	0.6230	310	1.690
60	0.4370	290	2.310	100	0.6798	320	1.753
70	0.5102	298.15	2.396	110	0.731	330	1.820
80	0.5760	300	2.420	120	0.777	340	1.890
90	0.6385	310	2.537	130	0.822	350	1.966
100	0.6950	320	2.660	140	0.862	360	2.064
110	0.753	330	2.816	150	0.902	结晶度 0.78	
120	0.811	340	3.006	160	0.940	10	0.0101
130	0.877	350	3.237	170	0.981	20	0.0668
140	0.955	360	3.520	180	1.020	30	0.1470
150	1.042	"理想"的结晶样品		190	1.062	40	0.2385
160	1.127	5	0.0010	200	1.103	50	0.3329
170	1.207	10	0.0076	210	1.149	60	0.4183
180	1.278	15	0.0244	220	1.193	70	0.4921

续表

T/K	c_p/[kJ/(kg·K)]	T/K	c_p/[kJ/(kg·K)]	T/K	c_p/[kJ/(kg·K)]	T/K	c_p/[kJ/(kg·K)]
80	0.5606	220	1.300	405.6	(131.8)	320	2.008
90	0.6254	230	1.355	405.8	(94.2)	330	2.101
100	0.6828	240	1.415	406.8	(82.2)	340	2.207
110	0.7347	250	1.484	408.5	(6.12)	350	2.330
120	0.7868	260	1.560	409.8	(4.475)	360	2.476
130	0.8390	270	1.636	414.6	(3.960)	标准的,结晶度 0.88	
140	0.8918	273.15	1.660	420.5	2.494	5	0.0013
150	0.9434	280	1.713	426.6	2.501	10	0.0094
160	0.9941	290	1.791	432.7	2.520	15	0.0279
170	1.046	300	1.869	标准的,结晶度 0.71		20	0.0567
180	1.099	310	1.950	5	0.0017	25	0.0932
190	1.149	结晶度 0.81		10	0.0124	30	0.1354
200	1.199	90	0.635	15	0.0338	35	0.1811
210	1.253	100	0.698	20	0.0645	40	0.2289
220	1.312	110	0.747	25	0.1025	45	0.2764
230	1.375	120	0.803	30	0.1451	50	0.3237
240	1.442	130	0.849	35	0.1903	60	0.4123
250	1.511	140	0.895	40	0.2375	70	0.4916
260	1.584	150	0.936	45	0.2844	80	0.5622
270	1.660	160	0.977	50	0.3308	90	0.6250
273.15	1.683	170	1.020	60	0.4170	100	0.6810
280	1.735	180	1.061	70	0.4952	110	0.733
290	1.812	190	1.108	80	0.5650	120	0.782
298.15	1.874	200	1.158	90	0.6269	130	0.828
300	1.888	210	1.200	100	0.6837	140	0.874
310	1.966	220	1.246	110	0.738	150	0.918
结晶度 0.79		230	1.299	120	0.785	160	0.964
10	0.0087	240	1.354	130	0.836	170	1.009
20	0.0621	250	1.410	140	0.888	180	1.053
30	0.1462	260	1.460	150	0.940	190	1.097
40	0.2371	270	1.525	160	0.994	200	1.142
50	0.3328	280	1.593	170	1.042	210	1.190
60	0.4192	290	1.665	180	1.093	220	1.240
70	0.4939	300	1.742	190	1.141	230	1.289
80	0.5610	310	1.825	200	1.190	240	1.342
90	0.6240	320	1.926	210	1.240	250	1.400
100	0.6820	330	2.025	220	1.292	260	1.460
110	0.7356	340	2.124	230	1.351	270	1.523
120	0.7876	350	2.241	240	1.417	273.15	1.545
130	0.8394	360	2.393	250	1.483	280	1.590
140	0.8905	370	2.612	260	1.554	290	1.654
150	0.9423	380	2.960	270	1.627	298.15	1.711
160	0.9952	390	(3.724)	273.15	1.650	300	1.724
170	1.046	399.2	(5.585)	280	1.702	310	1.794
180	1.096	401.5	(9.230)	290	1.775	320	1.865
190	1.145	403.2	(18.35)	298.15	1.835	330	1.940
200	1.195	404.1	(34.80)	300	1.849	340	2.022
210	1.247	405.4	(63.50)	310	1.926	350	2.120

续表

T/K	c_p /[kJ/(kg·K)]	T/K	c_p /[kJ/(kg·K)]	T/K	c_p /[kJ/(kg·K)]	T/K	c_p /[kJ/(kg·K)]
360	2.233	50	0.3220	170	0.989	280	1.528
标准的,结晶0.96 (在505MPa压力下 由熔体结晶的)		60	0.4111	180	1.031	290	1.590
		70	0.4909	190	1.070	298.15	1.641
5	0.0011	80	0.5612	200	1.114	300	1.653
10	0.0084	90	0.6226	210	1.159	310	1.720
15	0.0259	100	0.681	220	1.205	320	1.787
20	0.0566	110	0.732	230	1.252	330	1.855
25	0.0903	120	0.778	240	1.304	340	1.930
30	0.1325	130	0.824	250	1.359	350	2.020
35	0.1786	140	0.865	260	1.412	360	2.120
40	0.2263	150	0.908	270	1.469		
45	0.2744	160	0.946	273.15	1.490		

注：( ) 括号内数据为熔融间断时的数据。

表 2-12　低密度聚乙烯

T/K	c_p /[kJ/(kg·K)]	T/K	c_p /[kJ/(kg·K)]	T/K	c_p /[kJ/(kg·K)]	T/K	c_p /[kJ/(kg·K)]
结晶度 0.58		160	0.953	413.2	2.262	240	1.549
100	0.6840	170	1.002	415.0	2.274	250	1.653
110	0.7410	180	1.053	标准的,结晶度 0.52		260	1.761
120	0.7955	190	1.080	5	0.0026	270	1.867
130	0.8511	200	1.158	10	0.0170	273.15	1.896
140	0.9055	210	1.225	15	0.0429	280	1.965
150	0.9591	220	1.297	20	0.0779	290	2.064
160	1.014	230	1.380	25	0.1175	298.15	2.157
170	1.069	240	1.464	30	0.1595	300	2.079
180	1.125	250	1.553	35	0.2050	310	3.302
190	1.181	260	1.647	40	0.2508	320	2.450
200	1.242	270	1.746	45	0.2968	330	2.639
210	1.310	280	1.852	50	0.3405	340	2.880
220	1.389	290	1.960	60	0.4240	350	3.189
230	1.479	300	2.075	70	0.5002	360	3.590
240	1.582	310	2.209	80	0.5695	标准的,结晶度 0.54	
250	1.693	320	2.359	90	0.6318	5	0.0025
260	1.810	330	2.543	100	0.6890	10	0.0166
270	1.932	340	2.800	110	0.745	15	0.0422
273.15	1.973	350	3.162	120	0.797	20	0.0761
280	2.063	360	3.796	130	0.849	25	0.1158
290	2.198	364.7	(4.26)	140	0.902	30	0.1588
298.15	2.315	370.7	(5.12)	150	0.955	35	0.2042
300	2.342	377.7	(6.11)	160	1.010	40	0.2504
结晶度 0.59		383.7	(9.28)	170	1.064	45	0.2956
100	0.668	385.5	(11.46)	180	1.121	50	0.3408
110	0.727	387.5	(3.42)	190	1.179	60	0.4242
120	0.774	389.2	2.330	200	1.238	70	0.5002
130	0.819	395.2	2.218	210	1.318	80	0.5700
140	0.870	401.2	2.218	220	1.372	90	0.6325
150	0.906	407.2	2.240	230	1.451	100	0.6890

续表

T/K	c_p /[kJ/(kg·K)]	T/K	c_p /[kJ/(kg·K)]	T/K	c_p /[kJ/(kg·K)]	T/K	c_p /[kJ/(kg·K)]
110	0.743	180	1.113	250	1.634	300	2.184
120	0.797	190	1.170	260	1.750	310	2.326
130	0.849	200	1.229	270	1.850	320	2.470
140	0.900	210	1.290	273.15	1.880	330	2.597
150	0.953	220	1.361	280	1.951	340	2.712
160	1.007	230	1.439	290	2.060	350	2.840
170	1.060	240	1.520	298.15	2.162	360	3.058

注：（　）括号内数据为熔融间断时的数据。

表 2-13　聚氟乙烯

T/K	c_p /[kJ/(kg·K)]	T/K	c_p /[kJ/(kg·K)]	T/K	c_p /[kJ/(kg·K)]	T/K	c_p /[kJ/(kg·K)]
10	0.0102	100	0.518	190	0.830	280	1.207
20	0.0606	110	0.554	200	0.866	290	1.254
30	0.124	120	0.592	210	0.905	300	1.300
40	0.185	130	0.627	220	0.943	310	1.343
50	0.256	140	0.662	230	0.986	320	1.396
60	0.315	150	0.697	240	1.025	330	1.451
70	0.373	160	0.733	250	1.169	340	1.510
80	0.442	170	0.762	260	1.112		
90	0.480	180	0.796	270	1.155		

表 2-14　聚氯乙烯

T/K	c_p /[kJ/(kg·K)]	T/K	c_p /[kJ/(kg·K)]	T/K	c_p /[kJ/(kg·K)]	T/K	c_p /[kJ/(kg·K)]
25	0.0584	125	0.498	220	0.725	300	0.953
50	0.226	140	0.536	240	0.770	320	1.019
60	0.285	150	0.558	250	0.797	340	1.099
75	0.354	160	0.584	260	0.820	360	1.475
80	0.373	175	0.615	275	0.865	380	1.569
100	0.431	180	0.626	280	0.886	400	1.663
120	0.488	200	0.675	298.15	0.959	420	1.741

表 2-15　聚四氟乙烯

T/K	c_p /[kJ/(kg·K)]	T/K	c_p /[kJ/(kg·K)]	T/K	c_p /[kJ/(kg·K)]	T/K	c_p /[kJ/(kg·K)]
5	0.0057	100	0.389	320	0.985	475	1.194
10	0.0251	120	0.457	330	0.993	500	1.238
15	0.0472	140	0.521	340	1.001	525	1.279
20	0.0765	160	0.581	350	1.013	550	1.354
30	0.1269	180	0.639	360	1.022	575	1.571
40	0.1697	200	0.694	370	1.037	600	1.329
50	0.2056	220	0.748	380	1.052	625	1.361
60	0.2455	240	0.805	390	1.060	650	1.388
70	0.2830	260	0.877	400	1.078	675	1.420
80	0.3199	280	1.032	425	1.120	700	1.446
90	0.356	310	0.980	450	1.152	725	1.480

表 2-16 聚三氟乙烯

T/K	c_p/[kJ/(kg·K)]	T/K	c_p/[kJ/(kg·K)]	T/K	c_p/[kJ/(kg·K)]	T/K	c_p/[kJ/(kg·K)]
10	0.0244	100	0.404	190	0.681	280	0.992
20	0.0769	110	0.442	200	0.712	290	1.028
30	0.1244	120	0.474	210	0.743	300	1.065
40	0.1695	130	0.508	220	0.774	310	1.108
50	0.210	140	0.538	230	0.804	320	1.137
60	0.249	150	0.567	240	0.845	330	1.149
70	0.287	160	0.595	250	0.884	340	1.170
80	0.323	170	0.623	260	0.924		
90	0.365	180	0.653	270	0.958		

表 2-17 聚偏二氟乙烯

T/K	c_p/[kJ/(kg·K)]	T/K	c_p/[kJ/(kg·K)]	T/K	c_p/[kJ/(kg·K)]	T/K	c_p/[kJ/(kg·K)]
5	0.0032	80	0.373	180	0.720	280	1.175
10	0.0196	90	0.408	190	0.755	290	1.218
16 *	0.0566	100	0.444	200	0.788	300	1.260
20	0.0820	110	0.483	210	0.825	310	1.304
25	0.1125	120	0.516	220	0.868	320	1.353
30	0.142	130	0.550	230	0.925	330	1.403
40	0.191	140	0.586	240	0.989	340	1.454
50	0.235	150	0.619	250	1.040		
60	0.280	160	0.653	260	1.087		
70	0.322	170	0.687	270	1.128		

* 原书如此恐系 15 之误。

表 2-18 聚偏二氯乙烯

T/K	c_p/[kJ/(kg·K)]	T/K	c_p/[kJ/(kg·K)]	T/K	c_p/[kJ/(kg·K)]
25	0.0477	150	0.488	275	0.761
50	0.178	175	0.537	298.15	0.854
75	0.284	200	0.591	300	0.858
100	0.378	225	0.653		
125	0.439	250	0.704		

表 2-19 聚苯乙烯

T/K	c_p/[kJ/(kg·K)]	T/K	c_p/[kJ/(kg·K)]	T/K	c_p/[kJ/(kg·K)]	T/K	c_p/[kJ/(kg·K)]
无规立构		90	0.419	280	1.134	450	2.098
5	0.0102	100	0.454	300	1.220	460	2.125
10	0.0322	120	0.521	320	1.302	470	2.154
20	0.102	140	0.466	340	1.396	480	2.183
30	0.170	160	0.654	380	1.865	490	2.205
40	0.226	180	0.730	400	1.926	500	2.238
50	0.269	200	0.805	410	1.980	510	2.260
60	0.311	220	0.886	420	2.002	520	2.282
70	0.346	240	0.970	430	2.043	540	2.333
80	0.380	260	1.049	440	2.072	560	2.373

续表

T/K	c_p/[kJ/(kg·K)]	T/K	c_p/[kJ/(kg·K)]	T/K	c_p/[kJ/(kg·K)]	T/K	c_p/[kJ/(kg·K)]
580	2.431	482.3	2.076	411.2	1.890	70	0.3417
590	2.454	490.2	2.559	418.9	1.920	80	0.3789
全同立构,结晶度		497.1	3.254	426.8	1.967	90	0.4149
0		500.3	3.988	434.2	1.993	100	0.4501
301.9	1.241	503.5	5.032	441.6	2.056	110	0.4855
307.2	1.265	507.8	4.604	450.9	2.081	120	0.5206
312.8	1.291	512.9	2.290	461.1	2.181	130	0.5552
319.7	1.318	516.9	2.305	471.5	2.184	140	0.5901
325.7	1.346	521.4	2.323	478.5	2.162	150	0.6254
332.7	1.384	全同立构,结晶度		484.2	2.231	160	0.6608
339.3	1.415	0.26~0.45		490.3	2.487	170	0.6970
345.0	1.444	305.0	1.251	495.3	3.066	180	0.7324
350.6	1.493	319.0	1.314	499.3	3.547	190	0.7689
356.3	1.575	323.5	1.327	502.3	4.848	200	0.8066
360.8	1.696	330.8	1.369	505.1	3.962	210	0.8457
364.2	1.807	339.4	1.407	508.4	3.129	220	0.8853
367.7	1.835	346.9	1.448	512.2	2.291	230	0.9267
373.9	1.851	352.8	1.487	517.8	2.300	240	0.9698
383.1	1.883	358.2	1.606	525.9	2.335	250	1.013
392.9	1.888	362.8	1.662	全同立构,结晶度		260	1.056
403.9	1.882	367.4	1.702	0.43		270	1.100
414.8	1.796	371.8	1.722	10	0.0223	273.15	1.114
425.2	1.755	376.0	1.742	20	0.0976	280	1.145
437.0	1.546	381.3	1.762	30	0.1569	290	1.189
449.6	1.563	387.7	1.790	40	0.2108	298.15	1.225
463.1	1.965	396.2	1.826	50	0.2597	310	1.217
475.0	1.981	403.6	1.842	60	0.3029		

表 2-20　聚丙烯

T/K	c_p/[kJ/(kg·K)]	T/K	c_p/[kJ/(kg·K)]	T/K	c_p/[kJ/(kg·K)]	T/K	c_p/[kJ/(kg·K)]
无规立构,结晶度		154.0	0.937	230.3	1.272	328.4	2.240
0.03		160.3	0.965	235.3	1.309	333.7	2.280
87.0	0.581	166.2	0.986	244.7	1.307	338.2	2.282
89.6	0.593	173.9	1.020	249.3	1.405	342.5	2.340
93.9	0.622	181.0	1.068	253.8	1.443	346.1	2.337
94.5	0.622	186.8	1.098	258.0	1.618	350.9	2.375
98.5	0.652	195.7	1.128	265.2	1.879	356.3	2.407
99.7	0.655	200.1	1.125	269.2	1.940	360.9	2.401
102.8	0.681	205.1	1.169	273.7	1.980	365.5	2.450
104.4	0.689	210.1	1.182	278.9	1.992	369.5	2.453
107.6	0.706	210.4	1.202	284.7	2.034	373.5	2.483
109.3	0.730	215.0	1.190	298.1	2.089	398.4	2.590
112.4	0.734	216.4	1.224	301.5	2.196	403.3	2.591
116.8	0.751	220.0	1.270	305.2	2.218	408.2	2.630
121.1	0.780	220.4	1.270	309.1	2.175	412.9	2.641
133.9	0.858	221.5	1.154	314.2	2.217	417.8	2.650
137.9	0.873	225.1	1.152	319.2	2.160	422.3	2.765
142.4	0.903	226.6	1.156	323.8	2.242	427.2	2.820

续表

T/K	c_p/[kJ/(kg·K)]	T/K	c_p/[kJ/(kg·K)]	T/K	c_p/[kJ/(kg·K)]	T/K	c_p/[kJ/(kg·K)]
431.5	2.957	50	0.3275	171.0	1.020	439.4	(9.74)
435.5	3.340	60	0.3935	176.4	1.040	441.3	(13.65)
439.5	3.147	70	0.4565	181.6	1.049	443.0	(16.90)
444.3	2.720	80	0.5190	186.8	1.053	444.8	(11.92)
454.0	2.710	90	0.5797	191.9	1.104	447.5	2.939
457.6	2.712	100	0.6397	196.8	1.147	449.2	2.897
467.0	2.735	110	0.6972	206.1	1.170	449.8	2.875
474.7	2.798	120	0.7520	211.0	1.205	457.9	2.740
478.8	2.830	130	0.8044	215.9	1.225	463.4	2.795
483.3	2.870	140	0.8541	220.6	1.270	468.6	2.850
无规立构,结晶度 0.16		150	0.9029	225.4	1.289	473.8	2.880
10	0.0243	160	0.9507	234.0	1.318	479.0	2.876
20	0.1180	170	0.9993	242.7	1.363	483.9	2.930
30	0.2003	180	1.046	248.2	1.375	488.9	2.857
40	0.2798	190	1.093	253.6	1.406	493.9	3.001
50	0.3564	200	1.140	258.9	1.450	497.4	2.980
60	0.4267	210	1.188	264.1	1.463	间同立构,在结晶状态下的"理想"样品	
70	0.4929	220	1.237	269.3	1.542		
80	0.5566	230	1.287	274.4	1.542	180	1.099
90	0.6182	240	1.338	279.2	1.591	190	1.146
100	0.6778	250	1.392	284.1	1.618	200	1.192
110	0.7349	260	1.452	299.6	1.680	210	1.236
120	0.7909	270	1.535	304.5	1.730	220	1.280
130	0.8451	273.15	1.570	309.0	1.818	230	1.322
140	0.8974	280	1.646	310.2	1.878	240	1.377
150	0.9477	290	1.752	312.6	1.870	250	1.425
160	0.9965	298.15	1.834	315.3	1.826	260	1.473
170	1.044	300	1.851	320.4	1.890	270	1.520
180	1.091	310	1.931	325.3	1.925	273.15	1.535
190	1.137	全同立构,结晶度 0.65		330.1	1.925	280	1.568
200	1.184	84.5	0.551	334.9	1.961	290	1.615
210	1.231	90.9	0.585	337.4	1.970	298.15	1.654
220	1.279	97.0	0.626	338.9	1.955	300	1.663
230	1.327	102.7	0.660	343.2	2.012	310	1.711
240	1.385	108.1	0.689	354.1	2.090	320	1.758
250	1.708	113.3	0.724	358.9	2.111	330	1.806
260	1.901	118.5	0.744	363.6	2.140	340	1.853
270	1.952	123.3	0.770	368.0	2.200	350	1.901
273.15	1.968	128.0	0.794	372.1	2.255	360	1.949
280	2.004	128.6	0.797	387.7	2.400	370	1.996
290	2.068	132.6	0.820	399.7	2.533	380	2.044
298.15	2.129	133.1	0.822	404.1	2.616	390	2.091
300	2.145	137.5	0.853	408.2	2.645	400	2.139
310	2.229	141.7	0.870	412.3	2.768	410	2.187
全同立构,结晶度 0.48		145.9	0.886	416.4	2.853	420	2.234
10	0.0175	150.0	0.915	420.1	3.000	425	2.258
20	0.0975	153.9	0.928	423.8	3.210	425	2.554*
30	0.1813	157.8	0.949	427.5	3.519	430	2.576*
40	0.2568	161.6	0.959	431.6	4.170	440	2.622*
		165.3	1.008	433.8	(4.95)	450	2.667*
				436.7	(8.72)	460	2.712*

注：1. 加 * 者为熔体的数据。
2. 括号内数据为熔融间断时的数据。

表 2-21　聚丙烯腈

T/K	c_p /[kJ/(kg·K)]	T/K	c_p /[kJ/(kg·K)]	T/K	c_p /[kJ/(kg·K)]	T/K	c_p /[kJ/(kg·K)]
10	0.0022	90	0.525	170	0.814	250	1.112
20	0.0363	100	0.577	180	0.852	260	1.144
30	0.0930	110	0.627	190	0.884	270	1.175
40	0.180	120	0.669	200	0.923	280	1.214
50	0.259	130	0.708	210	0.963	290	1.255
60	0.347	140	0.733	220	1.002	300	1.294
70	0.406	150	0.759	230	1.042		
80	0.464	162.8	0.797	240	1.073		

表 2-22　全同立构聚 1-丁烯（结晶度 0.44）

T/K	c_p /[kJ/(kg·K)]	T/K	c_p /[kJ/(kg·K)]	T/K	c_p /[kJ/(kg·K)]	T/K	c_p /[kJ/(kg·K)]
10	0.0171	130	0.8640	250	1.629	440	2.242
20	0.0965	140	0.8996	260	1.703	450	2.296
30	0.1817	150	0.9513	270	1.777	460	2.333
40	0.2649	160	1.002	273.15	1.801	470	2.377
50	0.3433	170	1.053	280	1.854	480	2.423
60	0.4147	180	1.106	290	1.933	490	2.470
70	0.4813	190	1.161	298.15	2.000	500	2.503
80	0.5470	200	1.219	300	2.016	510	2.550
90	0.6113	210	1.281	310	2.101	520	2.588
100	0.6734	220	1.349	410	2.100		
110	0.7335	230	1.437	420	2.152		
120	0.7904	240	1.540	430	2.200		

表 2-23　1,4-聚丁二烯

T/K	c_p /[kJ/(kg·K)]	T/K	c_p /[kJ/(kg·K)]	T/K	c_p /[kJ/(kg·K)]	T/K	c_p /[kJ/(kg·K)]
反式		190	1.157	顺式		190	1.402
10	0.0148	200	1.272	10	0.0218	200	1.472
20	0.0891	210	1.372	20	0.1206	210	1.562
30	0.1794	220	1.456	30	0.2179	220	1.679
40	0.2660	230	1.543	40	0.2985	230	1.826
50	0.3465	240	1.638	50	0.3693	240	2.126
60	0.4171	250	1.745	60	0.4286	250	2.693
70	0.4787	260	1.859	70	0.4837	262	1.745
80	0.5362	270	1.982	80	0.5374	270	1.771
90	0.5919	273.15	2.023	90	0.5892	273.15	1.782
100	0.6467	280	2.113	100	0.6402	280	1.803
110	0.6999	290	2.253	110	0.6904	290	1.832
120	0.7525	298.15	2.402	120	0.7404	298.10	1.854
130	0.8047	300	2.458	130	0.7916	300	1.859
140	0.8553	310	3.370	140	0.8434	310	1.882
150	0.9057	317	2.232*	150	0.8967		
160	0.9560	320	2.294*	160	0.997		
170	1.008	330	2.505*	170	1.289		
180	1.070	340	2.726*	180	1.364		

* 是晶体中螺环构象链的数据。

表 2-24　聚异丁烯

T/K	c_p /[kJ/(kg·K)]	T/K	c_p /[kJ/(kg·K)]	T/K	c_p /[kJ/(kg·K)]	T/K	c_p /[kJ/(kg·K)]
10	0.0181	80	0.4217	180	1.035	320	2.048
20	0.0832	90	0.4868	200	1.420	340	2.212
30	0.1398	100	0.5520	220	1.622	360	2.230
40	0.1918	110	0.617	240	1.705	380	2.321
50	0.2400	120	0.681	260	1.789		
60	0.2990	140	0.806	280	1.870		
70	0.3586	160	0.925	300	1.958		

表 2-25　聚 1,4-甲基丁二烯（顺式）

T/K	c_p /[kJ/(kg·K)]	T/K	c_p /[kJ/(kg·K)]	T/K	c_p /[kJ/(kg·K)]	T/K	c_p /[kJ/(kg·K)]
5	0.0063	70	0.4860	180	1.040	280	1.846
10	0.0352	80	0.5450	190	1.093	290	1.880
15	0.0765	90	0.6019	200	1.160	298.15	1.906
20	0.1219	100	0.6550	210	1.631	300	1.917
25	0.1657	110	0.707	220	1.660	310	1.953
30	0.2095	120	0.758	230	1.687	320	1.988
35	0.2492	130	0.807	240	1.716	340	2.051
40	0.2875	140	0.855	250	1.745	360	2.130
45	0.3238	150	0.902	260	1.779	380	2.200
50	0.3578	160	0.948	270	1.813	400	2.272
60	0.4244	170	0.995	273.15	1.822	420	2.340

表 2-26　聚 4-甲基-1-戊烯（结晶度 0.29）

T/K	c_p /[kJ/(kg·K)]	T/K	c_p /[kJ/(kg·K)]	T/K	c_p /[kJ/(kg·K)]	T/K	c_p /[kJ/(kg·K)]
79.6	0.560	230.7	1.335	321.4	1.968	458.9	2.748
84.1	0.582	236.8	1.360	326.7	1.992	467.4	2.801
91.2	0.624	242.2	1.406	333.4	2.028	474.6	2.839
98.2	0.673	246.1	1.417	346.8	2.104	482.0	2.912
104.3	0.708	257.0	1.476	357.3	2.183	490.1	3.013
108.3	0.733	267.2	1.533	365.2	2.207	495.2	3.074
111.7	0.749	275.2	1.574	376.9	2.278	500.3	3.238
119.9	0.791	280.0	1.603	382.8	2.307	505.7	3.378
127.8	0.831	281.3	1.641	387.8	2.337	510.3	3.777
138.3	0.887	288.1	1.661	394.1	2.369	514.2	5.325
148.9	0.942	291.1	1.675	401.6	2.409	517.0	7.757
154.0	0.965	294.9	1.702	408.6	2.454	519.9	3.375
168.9	1.038	296.4	1.705	415.5	2.477	523.7	2.985
175.9	1.070	301.9	1.785	423.6	2.548	527.9	2.998
191.3	1.145	306.0	1.805	430.3	2.586	532.9	3.010
202.1	1.195	307.7	1.892	436.7	2.618	538.6	3.038
216.2	1.264	311.5	1.901	444.6	2.665		
225.0	1.307	316.2	1.935	452.0	2.706		

表 2-27 聚戊烯橡胶

T/K	c_p /[kJ/(kg·K)]	T/K	c_p /[kJ/(kg·K)]	T/K	c_p /[kJ/(kg·K)]	T/K	c_p /[kJ/(kg·K)]
反式		170	1.061	5	0.0062	158	0.963
50	0.348	180	1.116	10	0.0411	180	1.598
60	0.412	190	1.175	15	0.0861	200	1.631
70	0.482	200	1.228	20	0.1297	220	1.670
80	0.543	210	1.288	25	0.1720	240	1.715
90	0.604	220	1.343	30	0.2041	260	1.771
100	0.661	230	1.401	40	0.2950	280	1.834
110	0.720	240	1.457	50	0.3677	298.15	1.890
120	0.778	250	1.512	60	0.4317	310	1.930
130	0.834	300	1.956	80	0.5482	320	1.963
140	0.891	310	1.990	100	0.6547	330	1.995
150	0.949	320	2.020	120	0.7610		
160	1.005	顺式		140	0.8682		

表 2-28 聚 1-己烯

T/K	c_p /[kJ/(kg·K)]	T/K	c_p /[kJ/(kg·K)]	T/K	c_p /[kJ/(kg·K)]	T/K	c_p /[kJ/(kg·K)]
21.9	0.1225	70.4	0.5098	125.9	0.868	175.8	1.170
24.9	0.1445	75.0	0.5392	129.7	0.887	180.2	1.206
30.3	0.1980	80.2	0.5760	135.4	0.923	185.9	1.239
35.3	0.2451	85.7	0.6150	139.6	0.948	189.4	1.260
39.8	0.2814	90.5	0.6870	145.2	0.980	196.1	1.310
44.6	0.3206	99.5	0.700	150.6	1.012	250	1.886
50.1	0.3635	106.0	0.747	155.7	1.047	300	2.130
55.4	0.4030	110.4	0.768	160.9	1.080		
60.2	0.4392	114.7	0.787	166.0	1.106		
65.1	0.4795	120.9	0.835	170.9	1.137		

表 2-29 聚乙烯基三甲基硅烷

T/K	c_p /[kJ/(kg·K)]	T/K	c_p /[kJ/(kg·K)]	T/K	c_p /[kJ/(kg·K)]	T/K	c_p /[kJ/(kg·K)]
50	0.466	120	0.995	190	1.329	260	1.602
60	0.541	130	1.060	200	1.362	270	1.650
70	0.620	140	1.120	210	1.397	280	1.703
80	0.700	150	1.172	220	1.434	290	1.750
90	0.777	160	1.214	230	1.472	300	1.795
100	0.849	170	1.255	240	1.513		
110	0.925	180	1.293	250	1.558		

表 2-30 聚乙烯基苄基二甲硅烷

T/K	c_p /[kJ/(kg·K)]	T/K	c_p /[kJ/(kg·K)]	T/K	c_p /[kJ/(kg·K)]	T/K	c_p /[kJ/(kg·K)]
5	0.0073	90	0.590	180	1.022	270	1.555
10	0.0512	100	0.640	190	1.070	280	1.700
20	0.1348	110	0.691	200	1.111	300	1.927
30	0.1855	120	0.740	210	1.160	310	1.965
40	0.2791	130	0.785	220	1.212	320	2.022
50	0.3440	140	0.833	230	1.262	330	2.028
60	0.421	150	0.880	240	1.320		
70	0.479	160	0.930	250	1.379		
80	0.533	170	0.975	260	1.453		

表 2-31　聚乙烯醇缩丁醛

T/K	c_p /[kJ/(kg·K)]	T/K	c_p /[kJ/(kg·K)]	T/K	c_p /[kJ/(kg·K)]	T/K	c_p /[kJ/(kg·K)]
210	0.902	260	1.177	310	1.460	370	2.260
220	0.960	270	1.239	320	1.522	380	2.282
230	1.018	280	1.285	340	2.190	390	2.310
240	1.069	290	1.344	350	2.212		
250	1.128	300	1.400	360	2.238		

表 2-32　聚甲基丙烯酸

T/K	c_p /[kJ/(kg·K)]	T/K	c_p /[kJ/(kg·K)]	T/K	c_p /[kJ/(kg·K)]	T/K	c_p /[kJ/(kg·K)]
25	0.0545	100	0.523	180	0.906	260	1.201
30	0.0990	110	0.575	190	0.949	270	1.235
40	0.173	120	0.629	200	0.989	280	1.263
50	0.244	130	0.677	210	1.030	290	1.285
60	0.301	140	0.727	220	1.066	300	1.310
70	0.360	150	0.771	230	1.102		
80	0.414	160	0.818	240	1.138		
90	0.470	170	0.862	250	1.171		

表 2-33　聚丙烯酸甲酯

T/K	c_p /[kJ/(kg·K)]	T/K	c_p /[kJ/(kg·K)]	T/K	c_p /[kJ/(kg·K)]	T/K	c_p /[kJ/(kg·K)]
80	0.539	170	0.901	260	1.209	360	1.935
90	0.578	180	0.939	270	1.242	370	1.953
100	0.614	190	0.975	280	1.320	380	1.973
110	0.665	200	1.010	300	1.820	390	1.990
120	0.704	210	1.043	310	1.842	400	2.012
130	0.743	220	1.076	320	1.860	410	2.031
140	0.784	230	1.110	330	1.879	420	2.050
150	0.821	240	1.142	340	1.898		
160	0.866	250	1.173	350	1.916		

表 2-34　聚丙烯酸乙酯

T/K	c_p /[kJ/(kg·K)]	T/K	c_p /[kJ/(kg·K)]	T/K	c_p /[kJ/(kg·K)]	T/K	c_p /[kJ/(kg·K)]
80	0.534	160	0.889	240	1.230	330	1.900
90	0.580	170	0.930	260	1.700	340	1.936
100	0.626	180	0.968	270	1.724	350	1.960
110	0.677	190	1.011	280	1.752	360	1.990
120	0.720	200	1.043	290	1.784	370	2.020
130	0.765	210	1.081	300	1.816	380	2.048
140	0.808	220	1.118	310	1.841		
150	0.850	230	1.153	320	1.870		

表 2-35　聚甲基丙烯酸乙酯

T/K	c_p /[kJ/(kg·K)]	T/K	c_p /[kJ/(kg·K)]	T/K	c_p /[kJ/(kg·K)]	T/K	c_p /[kJ/(kg·K)]
80	0.478	160	0.865	240	1.205	320	1.615
90	0.521	170	0.903	250	1.249	330	1.685
100	0.576	180	0.950	260	1.294	350	2.026
110	0.634	190	0.990	270	1.342	360	2.069
120	0.680	200	1.033	280	1.390	370	2.116
130	0.730	210	1.074	290	1.442	380	2.166
140	0.778	220	1.114	300	1.490	390	2.230
150	0.823	230	1.158	310	1.555	400	2.305

表 2-36　聚丙烯酸丁酯

T/K	c_p /[kJ/(kg·K)]	T/K	c_p /[kJ/(kg·K)]	T/K	c_p /[kJ/(kg·K)]	T/K	c_p /[kJ/(kg·K)]
90	0.700	170	1.010	260	1.760	340	1.933
100	0.750	180	1.059	270	1.777	350	1.960
110	0.798	190	1.120	280	1.793	360	1.990
120	0.840	200	1.210	290	1.813	380	2.051
130	0.877	220	1.688	300	1.835	400	2.100
140	0.906	230	1.705	310	1.860		
150	0.939	240	1.720	320	1.886		
160	0.972	250	1.741	330	1.912		

表 2-37　无规立构聚甲基丙烯酸甲酯

T/K	c_p /[kJ/(kg·K)]	T/K	c_p /[kJ/(kg·K)]	T/K	c_p /[kJ/(kg·K)]	T/K	c_p /[kJ/(kg·K)]
5	0.0045	120	0.669	300	1.380	430	2.130
16	0.0542	140	0.752	320	1.462	440	2.155
20	0.0795	160	0.831	340	1.549	450	2.180
30	0.146	180	0.920	360	1.630	460	2.209
40	0.214	200	1.003	380	1.735	480	2.259
50	0.276	220	1.088	390	1.860	500	2.309
60	0.348	240	1.130	400	2.020	520	2.354
80	0.460	260	1.211	410	2.083	540	2.400
100	0.585	280	1.298	420	2.116	550	2.427

表 2-38　聚甲基丙烯酸丁酯

T/K	c_p /[kJ/(kg·K)]	T/K	c_p /[kJ/(kg·K)]	T/K	c_p /[kJ/(kg·K)]	T/K	c_p /[kJ/(kg·K)]
80	0.540	170	1.011	260	1.523	350	2.050
90	0.596	180	1.054	270	1.590	360	2.088
100	0.648	190	1.113	280	1.666	370	2.125
110	0.702	200	1.187	290	1.750	380	2.160
120	0.759	210	1.240	300	1.875	390	2.200
130	0.810	220	1.295	310	1.909	400	2.228
140	0.869	230	1.351	320	1.945	410	2.268
150	0.924	240	1.466	330	1.981	420	2.315
160	0.970	250	1.465	340	2.012		

表 2-39　甲基丙烯酸甲酯和甲基丙烯酸的无规共聚物

T/K	c_p/[kJ/(kg·K)]，甲基丙烯为下述摩尔分数时				
	0.114	0.17	0.225	0.537	0.80
80	0.467	0.468	0.466	0.431	0.448
100	0.578	0.574	0.570	0.520	0.542
120	0.655	0.655	0.656	0.606	0.621
140	0.735	0.736	0.737	0.687	0.702
160	0.816	0.815	0.816	0.760	0.786
180	0.885	0.883	0.885	0.836	0.866
200	0.951	0.951	0.951	0.914	0.941
220	1.017	1.017	1.016	0.985	1.012
240	1.076	1.076	1.080	1.051	1.083
260	1.140	1.150	1.149	1.125	1.150
280	1.217	1.219	1.221	1.193	1.220
298.15	1.292	1.282	1.288	1.260	1.292

2.1.3.3　杂链聚合物的比定压热容

表 2-40　α, ω-二氢化聚亚乙烯基二苯基锗（$[M]_n = 1.4 \times 10^3$）

—CH=CH—Ge—

T/K	c_p /[kJ/(kg·K)]	T/K	c_p /[kJ/(kg·K)]	T/K	c_p /[kJ/(kg·K)]	T/K	c_p /[kJ/(kg·K)]
5	0.016	80	0.540	150	0.849	220	1.180
10	0.048	90	0.587	160	0.884	230	1.252
15	0.092	100	0.632	170	0.930	250	1.761
25	0.191	110	0.680	180	0.975	260	1.793
50	0.381	120	0.728	190	1.022	270	1.820
60	0.434	130	0.760	200	1.070	280	1.855
70	0.485	140	0.809	210	1.129	300	1.919

表 2-41　α, ω-二氢化聚亚乙烯基二苯基硅（$[M]_n = 1.2 \times 10^3$）

—CH=CH—Si—

T/K	c_p /[kJ/(kg·K)]	T/K	c_p /[kJ/(kg·K)]	T/K	c_p /[kJ/(kg·K)]	T/K	c_p /[kJ/(kg·K)]
5	0.0069	90	0.743	170	1.224	250	1.760
10	0.048	100	0.810	180	1.284	260	1.880
15	0.1052	110	0.869	190	1.341	280	2.422
25	0.2262	120	0.930	200	1.403	290	2.485
50	0.453	130	0.989	210	1.466	300	2.550
60	0.533	140	1.047	220	1.532	320	2.679
70	0.609	150	1.101	230	1.601		
80	0.678	160	1.166	240	1.675		

注：$[M]_n$——数均相对分子质量。

表 2-42　尼龙 6（聚己内酰胺）

T/K	c_p /[kJ/(kg·K)]	T/K	c_p /[kJ/(kg·K)]	T/K	c_p /[kJ/(kg·K)]	T/K	c_p /[kJ/(kg·K)]
70	0.439	180	0.942	320	1.639	460	2.522
80	0.497	200	1.030	340	1.771	500	2.720
90	0.552	220	1.120	360	1.890	520	2.750
100	0.600	240	1.211	380	2.020	540	2.767
120	0.685	260	1.303	400	2.140		
140	0.770	280	1.399	420	2.269		
160	0.857	300	1.512	440	2.392		

表 2-43　尼龙 7（聚庚酰胺）

T/K	c_p /[kJ/(kg·K)]	T/K	c_p /[kJ/(kg·K)]	T/K	c_p /[kJ/(kg·K)]	T/K	c_p /[kJ/(kg·K)]
70	0.464	120	0.728	200	1.164	280	1.691
80	0.523	140	0.829	220	1.290	300	1.855
90	0.576	160	0.930	240	1.411	340	2.425
100	0.629	180	1.039	260	1.550		

表 2-44 聚丙烯砜

T/K	c_p /[kJ/(kg·K)]	T/K	c_p /[kJ/(kg·K)]	T/K	c_p /[kJ/(kg·K)]	T/K	c_p /[kJ/(kg·K)]
10	0.0158	90	0.4444	170	0.7458	250	1.012
20	0.0770	100	0.4870	180	0.7810	260	1.040
30	0.1319	110	0.5272	190	0.8155	270	1.067
40	0.1893	120	0.5666	200	0.8506	273.15	1.076
50	0.2459	130	0.6052	210	0.8858	280	1.098
60	0.2980	140	0.6422	220	0.9198	290	1.130
70	0.3477	150	0.6776	230	0.9540	298.15	1.159
80	0.3963	160	0.7118	240	0.9818	300	1.165

表 2-45 聚 1-丁烯砜

T/K	c_p /[kJ/(kg·K)]	T/K	c_p /[kJ/(kg·K)]	T/K	c_p /[kJ/(kg·K)]	T/K	c_p /[kJ/(kg·K)]
100	0.4912	160	0.7491	220	0.9636	273.15	1.143
110	0.5368	170	0.7873	230	0.9989	280	1.165
120	0.5812	180	0.8240	240	1.034	290	1.195
130	0.6250	190	0.8594	250	1.067	298.15	1.219
140	0.6679	200	0.8942	260	1.101	300	1.225
150	0.7100	210	0.9288	270	1.134		

表 2-46 聚 1-己烯砜

T/K	c_p /[kJ/(kg·K)]	T/K	c_p /[kJ/(kg·K)]	T/K	c_p /[kJ/(kg·K)]	T/K	c_p /[kJ/(kg·K)]
10	0.0186	100	0.5591	190	0.9587	273.15	1.306
20	0.0903	110	0.6102	200	0.9982	280	1.335
30	0.1551	120	0.6599	210	1.039	290	1.377
40	0.2225	130	0.7081	220	1.081	298.15	1.413
50	0.2876	140	0.7538	230	1.125	300	1.420
60	0.3454	150	0.7982	240	1.166	310	1.464
70	0.4005	160	0.8402	250	1.208		
80	0.4542	170	0.8796	260	1.250		
90	0.5065	180	0.9194	270	1.292		

表 2-47 聚二甲基硅氧烷

T/K	c_p /[kJ/(kg·K)]	T/K	c_p /[kJ/(kg·K)]	T/K	c_p /[kJ/(kg·K)]	T/K	c_p /[kJ/(kg·K)]
5	0.0055	60	0.4553	190	1.128	290	1.573
10	0.0377	80	0.5988	200	1.171	310	1.606
15	0.0789	100	0.7190	210	1.219	330	1.643
20	0.1190	120	0.820	220	1.264	350	1.684
30	0.2022	140	0.905	230	1.310		
40	0.2820	160	0.990	240	1.352		
50	0.3598	180	1.080	270	1.542		

表 2-48 聚二乙基硅氧烷

T/K	c_p /[kJ/(kg·K)]	T/K	c_p /[kJ/(kg·K)]	T/K	c_p /[kJ/(kg·K)]	T/K	c_p /[kJ/(kg·K)]
80	0.658	140	1.151	200	1.412	280	1.566
90	0.712	150	1.178	210	1.419	290	1.587
100	0.760	160	1.212	220	1.440	300	1.606
110	0.817	170	1.250	230	1.463		
120	0.870	180	1.298	240	1.488		
130	1.000	190	1.348	250	1.550		

表 2-49 聚环氧乙烷

T/K	c_p /[kJ/(kg·K)]	T/K	c_p /[kJ/(kg·K)]	T/K	c_p /[kJ/(kg·K)]	T/K	c_p /[kJ/(kg·K)]
$[M]_v=1.9\times10^4$		甲基化的		323.4	1.842	211.1	1.109
90	0.564	$[M]_n=3.1\times10^3$		326.4	2.350	219.9	1.159
100	0.610	86.9	0.560	330.4	(15.7)	230.2	1.217
110	0.652	97.9	0.621	331.1	(31.8)	239.6	1.280
120	0.690	109.1	0.660	331.5	(53.5)	249.1	1.349
130	0.729	120.4	0.707	331.8	(73.1)	259.8	1.473
140	0.761	130.2	0.740	332.0	(93.3)	270.5	1.623
150	0.794	139.7	0.773	332.1	(110.0)	279.8	1.788
160	0.829	150.3	0.806	332.3	(120.0)	284.6	2.630
170	0.858	160.0	0.833	332.4	(122.0)	286.6	3.526
180	0.887	170.0	0.870	332.6	(95.0)	288.2	4.638
190	0.916	179.2	0.901	332.9	(31.3)	289.5	5.63
200	0.950	188.2	0.925	333.6	(19.2)	290.6	6.440
210	0.978	197.4	0.946	336.0	2.050	293.5	(8.95)
220	1.011	202.4	0.961	344.9	2.053	294.9	(9.70)
230	1.054	206.1	0.975	349.9	2.069	296.1	(10.7)
240	1.104	211.5	0.999	355.3	2.074	297.2	(12.2)
250	1.163	219.9	1.020	360.5	2.071	298.2	(14.4)
260	1.233	228.1	1.053	部分甲基化的		299.1	(14.9)
270	1.300	230.3	1.058	$[M]_n=0.67\times10^3$		299.9	(16.9)
280	1.371	240.2	1.109	84.6	0.565	300.6	(17.6)
290	1.440	249.9	1.150	96.9	0.623	301.4	(17.1)
298.15	1.497	260.0	1.212	109.8	0.678	302.2	(14.1)
300	1.510	270.3	1.280	120.6	0.724	303.4	(8.35)
310	1.582	280.2	1.285	130.1	0.761	306.6	2.050
320	1.647	288.7	1.485	140.9	0.799	314.9	2.078
330	1.719	292.8	1.501	150.4	0.832	324.4	2.078
336.16	1.760	297.1	1.525	161.2	0.866	334.1	2.084
336.16	2.040	298.5	1.537	171.3	0.904	344.4	2.091
340	2.044	309.7	1.590	181.9	0.946	355.0	2.109
350	2.060	311.9	1.602	192.2	0.997		
360	2.071	320.5	1.740	201.9	1.053		

注：括号内数字为熔融间断时的数据。

$[M]_n$ 数均相对分子质量，$[M]_v$ 黏均相对分子质量。

表 2-50　聚氧杂环丁烷

T/K	c_p /[kJ/(kg·K)]	T/K	c_p /[kJ/(kg·K)]	T/K	c_p /[kJ/(kg·K)]	T/K	c_p /[kJ/(kg·K)]
结晶度 0		186.2	1.051	144.6	0.813	319.2	2.027
0.0711	0.0711	191.9	1.133	148.4	0.832	323.7	2.029
18.4	0.0945	194.6	1.244	156.0	0.860	328.3	2.042
23.4	0.1380	196.9	1.765	171.5	0.919	结晶度 1.00	
28.8	0.1812	199.0	1.854	178.7	0.953	13	0.0319
34.5	0.2309	201.0	1.857	185.6	0.984	15	0.0489
38.8	0.2654	203.0	1.860	192.4	0.997	20	0.8490
45.11	0.3102	205.0	1.870	204.3	1.237	25	0.1236
49.5	0.3493	207.3	1.877	208.1	1.284	30	0.1621
54.0	0.3719	结晶度 0.70		213.9	1.329	35	0.2010
59.5	0.413	13.6	0.0419	219.6	1.376	40	0.238
65.6	0.449	15.7	0.0583	226.5	1.429	50	0.312
72.3	0.484	18.8	0.0823	230.3	1.467	60	0.380
76.4	0.508	21.6	0.1049	234.1	1.493	70	0.445
80.5	0.531	26.0	0.1396	237.8	1.527	80	0.507
88.4	0.574	30.1	0.1710	241.5	1.560	90	0.563
96.3	0.619	34.0	0.2020	248.7	1.639	100	0.655
103.5	0.652	39.0	0.2439	252.2	1.686	110	0.655
112.6	0.695	43.9	0.2789	256.1	1.750	120	0.699
117.3	0.721	48.1	0.3140	260.4	1.800	130	0.743
121.2	0.737	52.0	0.3481	264.6	1.850	140	0.784
125.5	0.756	60.0	0.3860	268.7	1.910	150	0.820
130.1	0.778	71.8	0.471	273.5	1.988	160	0.855
134.5	0.798	80.7	0.519	280.7	2.720	170	0.890
138.9	0.815	88.6	0.560	284.4	2.868	180	0.931
147.4	0.855	95.2	0.597	287.6	3.460	190	0.959
151.6	0.874	99.0	0.632	290.7	(4.33)	200	1.025
159.8	0.909	106.4	0.647	293.6	(10.7)	230	1.174
167.3	0.950	113.6	0.680	304.7	3.050	250	1.277
171.2	0.963	120.5	0.714	307.1	2.130		
175.1	0.988	127.6	0.744	310.8	2.020		
179.0	1.009	135.1	0.774	315.0	2.024		

注：（　）括号内数字为熔融间断时的数据。

表 2-51　聚 1,3-二氧杂环庚烷 （结晶度 0.50）

T/K	c_p /[kJ/(kg·K)]	T/K	c_p /[kJ/(kg·K)]	T/K	c_p /[kJ/(kg·K)]	T/K	c_p /[kJ/(kg·K)]
20	0.072	140	0.777	220	1.434	296*	1.664
40	0.243	150	0.820	230	1.464	296*	1.898
60	0.381	160	0.861	240	1.494	300	1.905
80	0.496	170	0.905	250	1.525	310	1.923
90	0.544	180	0.950	260	1.555	320	1.940
100	0.592	190	1.070	270	1.585	330	1.958
110	0.639	200	1.291	273.15	1.595	340	1.975
120	0.686	210	1.401	280	1.616	350	1.993
130	0.732	215	1.418	290	1.646	360	2.010

注：加 * 者为熔点。

表 2-52 聚 1,3-二噁戊烷（结晶度 0.58）

T/K	c_p /[kJ/(kg·K)]	T/K	c_p /[kJ/(kg·K)]	T/K	c_p /[kJ/(kg·K)]	T/K	c_p /[kJ/(kg·K)]
20	0.071	150	0.744	250	1.395	325*	1.602
40	0.237	160	0.781	260	1.420	325*	1.874
60	0.367	170	0.818	270	1.447	330	1.882
80	0.467	180	0.857	273.15	1.456	340	1.896
90	0.513	190	0.898	280	1.475	350	1.911
100	0.556	200	0.950	290	1.504	360	1.926
110	0.597	210	1.110	298.15	1.527	370	1.941
120	0.635	220	1.200	300	1.532	380	1.955
130	0.672	230	1.285	310	1.560	390	1.970
140	0.709	240	1.361	320	1.588		

注: 加 * 者为熔点。

表 2-53 聚 3,3-双（氯甲基）-氧杂环丁烷

T/K	c_p /[kJ/(kg·K)]	T/K	c_p /[kJ/(kg·K)]	T/K	c_p /[kJ/(kg·K)]	T/K	c_p /[kJ/(kg·K)]
10	0.0206	90	0.4309	170	0.6562	250	0.8608
20	0.1016	100	0.4643	180	0.6818	260	0.8866
30	0.1718	110	0.4961	190	0.7070	270	0.9347
40	0.2273	120	0.5261	200	0.7342	280	1.037
50	0.2756	130	0.5542	210	0.7602	290	1.115
60	0.3194	140	0.5810	220	0.7863	300	1.160
70	0.3589	150	0.6063	230	0.8133	310	1.182
80	0.3960	160	0.6317	240	0.8359		

表 2-54 三噁烷与 2% 环氧乙烷的无规共聚物

T/K	c_p /[kJ/(kg·K)]	T/K	c_p /[kJ/(kg·K)]	T/K	c_p /[kJ/(kg·K)]	T/K	c_p /[kJ/(kg·K)]
10	0.0134	110	0.5809	210	0.9230	310	1.411
20	0.0847	120	0.6152	220	0.9629	320	1.490
30	0.1749	130	0.6483	230	1.005	330	1.571
40	0.2601	140	0.6815	240	1.049	340	1.643
50	0.3320	150	0.7139	250	1.094	350	1.720
60	0.3890	160	0.7472	260	1.144	360	1.798
70	0.4334	170	0.7805	270	1.196	370	1.875
80	0.4723	180	0.8141	280	1.250	380	1.983
90	0.5105	190	0.8493	290	1.308	450	2.020
100	0.5461	200	0.8846	300	1.309		

表 2-55 结晶状态下的 β-聚丙内酯

T/K	c_p /[kJ/(kg·K)]	T/K	c_p /[kJ/(kg·K)]	T/K	c_p /[kJ/(kg·K)]	T/K	c_p /[kJ/(kg·K)]
5	0.0024	100	0.559	200	0.911	300	1.250
10	0.0187	110	0.593	210	0.942	310	1.287
20	0.0785	120	0.630	220	0.979	320	1.323
30	0.1557	130	0.666	230	1.011	330	1.361
40	0.2330	140	0.700	240	1.045	340	1.399
50	0.2958	150	0.735	250	1.082	350	1.441
60	0.3681	160	0.770	260	1.117	380	2.040
70	0.4256	170	0.808	270	1.150	390	2.079
80	0.477	180	0.839	280	1.183	400	2.138
90	0.524	190	0.872	290	1.219		

表 2-56 结晶状态下的 ε-聚己内酯

T/K	c_p /[kJ/(kg·K)]	T/K	c_p /[kJ/(kg·K)]	T/K	c_p /[kJ/(kg·K)]	T/K	c_p /[kJ/(kg·K)]
10	0.0212	100	0.629	190	0.985	280	1.343
20	0.0920	110	0.672	200	1.027	290	1.384
30	0.1814	120	0.717	210	1.069	300	1.425
40	0.2643	130	0.755	220	1.104	310	1.463
50	0.3333	140	0.790	230	1.145	320	1.502
60	0.4013	150	0.823	240	1.186	330	1.544
70	0.4652	160	0.868	250	1.222	342*	1.594
80	0.5268	170	0.909	260	1.264	342*	1.835
90	0.577	180	0.946	270	1.304	350	1.856

表 2-57 聚三癸内酯（结晶度 0.75）

T/K	c_p /[kJ/(kg·K)]	T/K	c_p /[kJ/(kg·K)]	T/K	c_p /[kJ/(kg·K)]	T/K	c_p /[kJ/(kg·K)]
10	0.033	100	0.656	190	1.090	280	1.670
20	0.085	110	0.703	200	1.146	290	1.731
30	0.165	120	0.750	210	1.212	300	1.802
40	0.255	130	0.797	220	1.278	370	2.137
50	0.335	140	0.849	230	1.363	380	2.145
60	0.420	150	0.892	240	1.429	390	2.151
70	0.486	160	0.943	250	1.491		
80	0.552	170	0.986	260	1.552		
90	0.604	180	1.038	270	1.608		

表 2-58 聚氰酸酯 [2,2-双（4-氰酸苯基）丙烷] 的多环三聚产物

T/K	c_p /[kJ/(kg·K)]	T/K	c_p /[kJ/(kg·K)]	T/K	c_p /[kJ/(kg·K)]	T/K	c_p /[kJ/(kg·K)]
50	0.230	140	0.563	250	0.979	340	1.359
60	0.265	150	0.599	260	1.019	350	1.465
70	0.301	160	0.635	270	1.058	360	1.517
80	0.340	170	0.672	280	1.096	370	1.530
90	0.377	180	0.705	290	1.125	380	1.560
100	0.418	200	0.784	300	1.173	390	1.585
110	0.451	210	0.822	310	1.215	400	1.611
120	0.488	230	0.902	320	1.255	410	1.638
130	0.527	240	0.940	330	1.297	420	1.659

表 2-59 聚乙交酯（结晶度 0.67）

T/K	c_p /[kJ/(kg·K)]	T/K	c_p /[kJ/(kg·K)]	T/K	c_p /[kJ/(kg·K)]	T/K	c_p /[kJ/(kg·K)]
5	0.0017	90	0.488	180	0.777	270	1.015
10	0.0133	100	0.526	190	0.800	280	1.058
15	0.0377	110	0.563	200	0.829	290	1.114
20	0.0750	120	0.597	210	0.851	300	1.186
30	0.133	130	0.630	220	0.873	310	1.265
40	0.197	140	0.660	230	0.897	320	1.354
50	0.275	150	0.692	240	0.924	330	1.460
60	0.340	160	0.723	250	0.951	350	1.520
80	0.440	170	0.750	260	0.977	360	1.542

T/K	c_p /[kJ/(kg·K)]	T/K	c_p /[kJ/(kg·K)]	T/K	c_p /[kJ/(kg·K)]	T/K	c_p /[kJ/(kg·K)]
370	1.563	420	1.664	470	1.765	520	2.066
380	1.584	430	1.683	480	1.783	540	2.089
390	1.602	440	1.702	490	1.804	550	2.099
400	1.621	450	1.725	500*	1.822		
410	1.643	460	1.744	500*	2.043		

注：加 * 者为熔点。

表 2-60　单晶聚丁二炔（2,4-己二炔-1,6-二醇双对甲苯磺酸盐的固相聚合产物）

T/K	c_p /[kJ/(kg·K)]	T/K	c_p /[kJ/(kg·K)]	T/K	c_p /[kJ/(kg·K)]	T/K	c_p /[kJ/(kg·K)]
3	5.0×10^{-4}	35	0.173	170	0.592	310	1.008
4	1.22×10^{-3}	40	0.200	180	0.621	320	1.037
5	2.41×10^{-3}	50	0.236	190	0.652	330	1.066
6	4.2×10^{-3}	60	0.266	200	0.681	340	1.096
7	6.73×10^{-3}	70	0.295	210	0.711	350	1.126
8	9.85×10^{-3}	80	0.324	220	0.740	360	1.156
9	0.0138	90	0.354	230	0.770	370	1.185
10	0.018	100	0.393	240	0.800	380	1.214
12	0.027	110	0.414	250	0.829	390	1.247
15	0.0417	120	0.442	260	0.859	400	1.277
17	0.0521	130	0.471	270	0.890	410	1.306
20	0.0690	140	0.501	280	0.919		
25	0.103	150	0.530	290	0.950		
30	0.140	160	0.561	300	0.978		

表 2-61　聚四氢呋喃

T/K	c_p /[kJ/(kg·K)]	T/K	c_p /[kJ/(kg·K)]	T/K	c_p /[kJ/(kg·K)]	T/K	c_p /[kJ/(kg·K)]
结晶度 0.69		260	1.647	56.2	0.3830	220.2	1.445
		270	1.709	60.6	0.4170	226.6	1.460
20	0.079	280	1.725	67.2	0.4599	233.7	1.549
40	0.0270	290	1.778	74.1	0.499	246.0	1.663
60	0.425	300	1.815	79.4	0.549	250.0	1.699
80	0.551	310	1.868	87.3	0.595	257.9	1.787
90	0.611	320	2.107	94.7	0.629	265.6	1.909
100	0.670	330	2.137	101.8	0.664	273.0	1.986
110	0.721	340	2.156	110.2	0.708	284.0	2.222
120	0.774	350	2.175	119.2	0.752	287.7	2.240
130	0.828	360	2.194	125.6	0.782	294.7	2.760
140	0.876	结晶度 0.70		135.2	0.825	298.0	2.797
150	0.920			144.0	0.862	304.7	2.510
160	0.965	12.7	0.0293	152.4	0.903	316.8	1.989
170	1.011	17.8	0.0746	164.3	0.960	320.2	2.022
180	1.080	23.8	0.1197	178.0	1.032	325.0	2.035
200	1.228	29.2	0.1635	185.3	1.148	329.0	2.050
220	1.363	35.5	0.2170	192.1	1.239	331.7	2.076
230	1.437	39.5	0.2468	198.7	1.295		
240	1.512	45.9	0.2990	208.3	1.361		
250	1.589	51.9	0.3519	213.9	1.411		

表 2-62　聚甲醛

T/K	c_p /[kJ/(kg·K)]	T/K	c_p /[kJ/(kg·K)]	T/K	c_p /[kJ/(kg·K)]	T/K	c_p /[kJ/(kg·K)]
10	0.0120	110	0.5882	210	1.025	320	1.460
20	0.0806	120	0.6197	220	1.069	330	1.544
30	0.1783	130	0.6530	230	1.112	340	1.626
40	0.2608	140	0.6892	240	1.156	350	1.711
50	0.3310	150	0.7227	250	1.199	360	1.793
60	0.3902	160	0.7547	260	1.242	370	1.880
70	0.4393	170	0.7891	270	1.285	380	1.982
80	0.4810	180	0.8325	280	1.330	450	2.020
90	0.5208	190	0.8856	290	1.377	460	2.022
100	0.5558	200	0.9598	300	1.425		

表 2-63　聚亚辛基醚

T/K	c_p /[kJ/(kg·K)]	T/K	c_p /[kJ/(kg·K)]	T/K	c_p /[kJ/(kg·K)]	T/K	c_p /[kJ/(kg·K)]
结晶度 0.73		203.3	1.121	13.7	0.0397	201.6	1.129
13.7	0.0362	211.7	1.163	18.4	0.0593	210.4	1.170
18.4	0.0593	221.7	1.214	23.0	0.0930	214.6	1.191
23.0	0.0930	230.2	1.267	29.0	0.1473	218.7	1.210
29.0	0.1473	238.1	1.311	35.0	0.1970	222.9	1.234
35.0	0.2014	245.7	1.363	40.2	0.2451	227.2	1.265
42.5	0.2702	253.2	1.438	46.8	0.3036	234.3	1.301
48.8	0.3232	257.2	1.479	54.1	0.3700	242.6	1.354
55.2	0.3783	269.0	1.614	60.7	0.4222	250.9	1.429
62.2	0.4382	279.3	1.715	67.9	0.4723	260.4	1.475
76.8	0.5387	292.1	1.789	75.9	0.5300	266.4	1.505
88.8	0.620	304.5	1.885	79.6	0.559	276.8	1.565
96.6	0.661	312.4	2.008	91.5	0.631	287.0	1.634
104.0	0.704	319.9	2.220	103.7	0.697	296.8	1.714
111.9	0.741	323.6	2.432	109.0	0.721	301.7	1.761
122.1	0.783	327.6	(2.71)	119.1	0.770	311.6	1.897
134.0	0.843	334.1	(4.75)	128.7	0.813	321.0	2.360
143.3	0.880	336.9	(7.83)	138.0	0.855	329.3	(3.22)
153.0	0.917	339.1	(15.6)	147.0	0.894	334.7	(8.89)
162.6	0.958	345.9	(3.14)	156.1	0.933	337.3	(18.9)
172.0	0.996	347.6	2.270	165.4	0.973	342.2	(36.0)
181.2	1.031	350.4	2.211	174.5	1.011	344.4	(6.75)
190.2	1.064	353.5	2.227	184.4	1.049	347.3	2.560
199.0	1.103	结晶度 0.91		193.1	1.092	357.2	2.223

注：（　）内是熔融间断时的数据。

2.1.3.4 主链上带有环状基团的聚合物的比定压热容

表 2-64 吡酮类

T/K	c_p /[kJ/(kg·K)]	T/K	c_p /[kJ/(kg·K)]	T/K	c_p /[kJ/(kg·K)]	T/K	c_p /[kJ/(kg·K)]
50	0.186	140	0.350	230	0.420	320	0.783
60	0.211	150	0.353	240	0.442	330	0.850
70	0.233	160	0.355	250	0.479	340	0.916
80	0.254	170	0.359	260	0.501	350	1.000
90	0.275	180	0.362	270	0.540	360	1.069
100	0.292	190	0.369	280	0.580	370	1.147
110	0.311	200	0.377	290	0.622	380	1.240
120	0.328	210	0.385	300	0.677	390	1.335
130	0.340	220	0.400	310	0.726	400	1.430

表 2-65 聚氨基酰胺酸

T/K	c_p /[kJ/(kg·K)]	T/K	c_p /[kJ/(kg·K)]	T/K	c_p /[kJ/(kg·K)]	T/K	c_p /[kJ/(kg·K)]
50	0.283	130	0.540	250	0.820	330	1.333
60	0.322	140	0.532	260	0.888	340	1.390
70	0.365	150	0.500	270	0.953	350	1.455
80	0.400	160	0.538	280	1.028	360	1.514
90	0.442	170	0.572	290	1.090	370	1.575
100	0.480	190	0.630	300	1.155	380	1.632
110	0.512	210	0.680	310	1.218	390	1.700
120	0.530	230	0.742	320	1.273	400	1.760

表 2-66 聚二苯胺

T/K	c_p /[kJ/(kg·K)]	T/K	c_p /[kJ/(kg·K)]	T/K	c_p /[kJ/(kg·K)]	T/K	c_p /[kJ/(kg·K)]
50	0.057	160	0.155	290	0.282	400	0.456
60	0.069	170	0.164	300	0.296	410	0.462
70	0.078	180	0.172	310	0.315	420	0.469
80	0.089	190	0.181	320	0.334	430	0.475
90	0.098	200	0.193	330	0.353	440	0.482
100	0.105	210	0.201	340	0.370	450	0.486
110	0.114	220	0.212	350	0.385	460	0.494
120	0.124	230	0.222	360	0.401	480	0.500
130	0.131	240	0.233	370	0.416	500	0.505
140	0.140	260	0.252	380	0.431		
150	0.143	280	0.271	390	0.443		

表 2-67 聚氨基酰亚胺

T/K	c_p /[kJ/(kg·K)]	T/K	c_p /[kJ/(kg·K)]	T/K	c_p /[kJ/(kg·K)]	T/K	c_p /[kJ/(kg·K)]
50	0.280	140	0.436	230	0.580	320	1.128
60	0.309	150	0.450	240	0.600	330	1.208
70	0.333	160	0.473	250	0.622	340	1.280
80	0.360	170	0.488	260	0.652	350	1.350
90	0.380	180	0.503	270	0.699	360	1.417
100	0.403	190	0.629	280	0.770	370	1.480
110	0.415	200	0.520	290	0.866	380	1.535
120	0.420	210	0.540	300	0.960	390	1.588
130	0.412	220	0.560	310	1.040	400	1.638

表 2-68 聚苯并咪唑

T/K	c_p /[kJ/(kg·K)]	T/K	c_p /[kJ/(kg·K)]	T/K	c_p /[kJ/(kg·K)]	T/K	c_p /[kJ/(kg·K)]
50	0.040	160	0.140	290	0.267	400	0.454
60	0.052	170	0.149	300	0.279	410	0.468
70	0.064	180	0.157	310	0.302	420	0.475
80	0.073	190	0.168	320	0.322	430	0.484
90	0.083	200	0.175	330	0.343	440	0.493
100	0.091	210	0.185	340	0.362	450	0.501
110	0.101	220	0.196	350	0.378	460	0.507
120	0.108	230	0.206	360	0.397	480	0.514
130	0.115	240	0.217	370	0.414	500	0.525
140	0.124	260	0.237	380	0.430		
150	0.131	280	0.257	390	0.443		

表 2-69 聚对苯二甲酸乙二醇酯（结晶度 0.75）

T/K	c_p /[kJ/(kg·K)]	T/K	c_p /[kJ/(kg·K)]	T/K	c_p /[kJ/(kg·K)]	T/K	c_p /[kJ/(kg·K)]
260	0.960	320	1.193	420	1.635	480	1.870
270	1.002	330	1.222	430	1.673	540	2.062
280	1.036	340	1.330	440	1.709	550	2.090
290	1.073	360	1.425	450	1.744	560	2.118
300	1.111	380	1.490	460	1.781	570	2.142
310	1.150	400	1.560	470	1.819		

表 2-70　聚对苯二甲酸丁二醇酯（结晶度 0.37）

T/K	c_p /[kJ/(kg·K)]	T/K	c_p /[kJ/(kg·K)]	T/K	c_p /[kJ/(kg·K)]	T/K	c_p /[kJ/(kg·K)]
290.1	1.220	350.1	1.530	479.1	2.160	499.1	(7.14)
300.1	1.248	400.1	1.823	484.1	2.720	512.1	4.170
310.1	1.359	450.1	2.142	488.1	2.610	515.1	4.152
320.1	1.386	460.1	2.195	493.1	(5.14)		
330.1	1.577	469.1	2.201	496.1	(6.45)		
340.1	1.492	474.1	2.220	498.1	(6.95)		

注：（　）内数字为熔融间断时的数据。

表 2-71　基于双酚 A 的聚碳酸酯

T/K	c_p /[kJ/(kg·K)]	T/K	c_p /[kJ/(kg·K)]	T/K	c_p /[kJ/(kg·K)]	T/K	c_p /[kJ/(kg·K)]
10	0.0234	120	0.5038	220	0.8890	320	1.267
20	0.0998	130	0.5411	230	0.9281	330	1.507
30	0.1567	140	0.5796	240	0.9636	340	1.350
40	0.2063	150	0.6180	250	0.9995	350	1.392
50	0.2507	160	0.6566	260	1.037	370	1.474
60	0.2899	170	0.6953	270	1.074	380	1.519
70	0.3249	180	0.7328	280	1.112	420	1.885
80	0.3594	190	0.7716	290	1.150	460	1.970
90	0.3950	200	0.8106	300	1.188	500	2.051
100	0.4315	210	0.8501	310	1.224	540	2.149
110	0.4673						

表 2-72　聚 2,6-二甲基-1,4-亚苯基醚

T/K	c_p /[kJ/(kg·K)]	T/K	c_p /[kJ/(kg·K)]	T/K	c_p /[kJ/(kg·K)]	T/K	c_p /[kJ/(kg·K)]
结晶度 0		496.7	2.108	182.4	0.831	391.7	1.560
334.2	1.361	501.4	2.122	190.4	0.861	400.3	1.587
344.1	1.397	506.4	2.131	198.9	0.892	410.9	1.622
354.0	1.430	513.2	2.147	207.7	0.921	420.9	1.651
360.4	1.454	521.4	2.169	216.9	0.956	430.6	1.671
367.6	1.478	530.2	2.186	225.7	0.983	440.9	1.715
375.4	1.506	535.0	2.198	233.9	1.012	451.3	1.724
383.1	1.530	546.7	2.217	241.2	1.037	459.8	1.724
390.4	1.556	558.5	2.228	249.1	1.037	466.0	1.747
397.2	1.576	567.3	2.235	257.5	1.095	472.2	1.783
404.6	1.600	结晶度		266.6	1.126	477.9	1.770
413.3	1.628	0.24～0.40		277.3	1.160	483.4	1.809
421.9	1.656	81.8	0.445	287.3	1.202	489.3	1.809
428.5	1.679	89.1	0.481	296.7	1.236	494.4	1.928
433.5	1.692	95.4	0.509	305.7	1.264	500.4	2.318
439.1	1.708	101.4	0.534	314.3	1.293	505.8	2.585
445.9	1.730	108.5	0.564	323.9	1.329	508.6	2.393
453.4	1.754	110.9	0.599	334.8	1.365	511.3	2.429
462.2	1.777	116.1	0.628	344.5	1.399	514.2	2.447
470.6	1.812	136.2	0.670	353.7	1.428	517.5	2.207
477.9	1.872	144.9	0.702	363.5	1.465	521.7	2.185
479.9	1.934	154.1	0.734	373.8	1.499	527.5	2.185
485.5	2.073	163.3	0.766	383.9	1.535	534.4	2.194
492.1	2.100	173.3	0.801			544.2	2.213

表 2-73　酚醛树脂

T/K	c_p /[kJ/(kg·K)]	T/K	c_p /[kJ/(kg·K)]	T/K	c_p /[kJ/(kg·K)]	T/K	c_p /[kJ/(kg·K)]
6.0	0.0043	26.8	0.089	61.2	0.247	80.9	0.326
6.9	0.0062	27.8	0.092	65.4	0.256	83.3	0.335
8.0	0.0086	29.6	0.101	67.4	0.264	85.9	0.345
9.1	0.012	32.9	0.114	69.3	0.275	88.6	0.353
10.6	0.017	37.9	0.139	71.1	0.278	91.5	0.363
12.9	0.026	43.6	0.163	73.1	0.287	94.8	0.374
16.3	0.040	48.3	0.191	75.2	0.292	98.5	0.385
20.2	0.059	51.7	0.207	77.5	0.307		
23.7	0.075	55.9	0.226	78.8	0.315		

2.1.4　某些常见液体、固体材料及油类的比定压热容

具体内容见表 2-74a～表 2-74c。

表 2-74a　某些常见材料的比定压热容 c_p[2,6,7,8]

材　　料	c_p/[kJ/(kg·K)]	材　　料	c_p/[kJ/(kg·K)]
* 花岗岩(石)	$0.84^{20\sim100℃}$	* 普通混凝土	0.653(21.1～155.6℃)
* 石灰石(岩)	0.908		0.916(22.2～800℃)
* 大理石(云石)	$0.88^{18℃}$	矿渣混凝土	0.75～0.84
石灰质凝灰岩	0.92	钢筋混凝土	0.84
* 萤石(氟石)	$0.88^{30℃}$	泡沫混凝土	0.84
* 冰晶石	$1.059^{16\sim55℃}$	松木	$2.72^{20\sim100℃}$
* 石英	$0.71^{0℃}, 1.17^{350℃}$	* 多种木材 c_p 在 1.88～2.72	
云母	0.88	之间	
* 硅石(二氧化硅)	1.322	* 柞木,栎木,橡木(Oak)	2.38
* 氧化铝(矾土)	$0.8^{100℃}, 1.146^{1500℃}$	软木	0.96
* 铝氧粉(刚铝石,刚石)	$0.778^{100℃}$	树脂木屑板	1.88
石膏	$1.084^{16\sim46℃}$	胶合板	2.51
石棉	$0.816^{50℃}$	软木板	$1.88^{30℃}$
* 硫化铁矿类(铜)	$0.548^{19\sim50℃}$	冰	$2.26^{0℃}, 1.17^{-95℃}$
(铁)	$0.569^{15\sim98℃}$	雪	2.09
铸铁(生铁)	$0.50^{20℃}$	石蜡	2.72
* 钢	0.50	硬脂酸	$1.67^{20℃}$
不锈钢	0.50	* 纤维素	1.34
青铜	$0.381^{20℃}$	* 蚕丝	1.38
黄铜	$0.377^{0℃}$	* 羊毛	1.360
* 干砂	0.799	木棉	1.3
湿砂	$2.09^{20℃}$	* 玻璃(crown)冕牌无铅玻璃	0.67～0.84
石灰砂浆	0.84	石英玻璃	0.84
卵石	$0.84^{-20\sim20℃}$	* 派热克斯(pyrex)玻璃	0.84
* 黏土	0.937	* 硬质(火石)玻璃(flint)	0.490
普通黏土砖	0.92	* 硅酸盐(silicate)玻璃	0.787～0.854(0～100℃)
* 耐火黏土砖(Fire-clay brick)	$0.828^{100℃}, 1.247^{1500℃}$		1.004～1.088(0～700℃)
* 铬砖	0.71	* 玻璃棉(毛)glass wool	0.657
* 硅砖	$0.845^{100℃}, 0.816(1500℃)$	煤	1.09～1.55
* 碳化硅砖(silicon carbide brick)	$0.845^{100℃}$	* 煤焦油(coal tars)	1.42(15～90℃)
* 镁砖	$0.929^{100℃}, 0.816(1500℃)$	* 煤焦油馏出油(coal taroils)	1.46(40℃), 1.88(200℃)
* 镁氧(矿),氧化镁	$0.979^{100℃}, 0.787(1500℃)$	* 焦炭(coke)	1.109(21～400℃),
* 波兰特(熔渣)水泥(port-lant clinker)	0.778		1.502(21～800℃)
			1.686(21～1300℃)

续表

材　　料	$c_p/[kJ/(kg \cdot K)]$	材　　料	$c_p/[kJ/(kg \cdot K)]$
* 木炭, charcoal(wood)	1.013	未烧陶瓷(fired earthenware)	$0.757^{(60℃)}$
*(石油)沥青, 柏油(asphalt)	0.92	* 硝酸纤维塑料火棉胶(pyroxylin plasties)	1.42~1.59
* 汽油	2.22	脲醛塑料	1.3~1.7
* 煤油	1.97	聚三氟氯乙烯	1.05
* 松节油(松脂)	1.76(18℃)	有机硅聚合物	1.84
* 石料(材)	约 0.84	* 碳	$0.703^{26\sim76℃}$, $1.314^{40\sim892℃}$, $1.619^{56\sim1450℃}$
* 粗陶(器)普通的(stone ware)	$0.787^{(60℃)}$		
耐酸陶瓷(制品)	0.75~0.79	* 石墨	$0.90^{26\sim76℃}$, $1.632^{56\sim1450℃}$
耐酸搪瓷	0.84~1.26		
* 烧结柏林瓷(fired Berlin porcelain)	$0.791^{(60℃)}$	* 金刚石	0.615
		* 煤气甑碳(gasretort carbon)	0.854
* 未烧结柏林瓷(green Berlin porcelain)	$0.774^{(60℃)}$	* 炉墙(brick work)	约 0.84
		有机玻璃	0.67
* 烧结陶(器)瓷(fired earthenware)	$0.778^{(60℃)}$	橡胶	$1.38^{0℃}$
		* 硫化橡胶(vulcanized rubber)	1.736

注：* 由文献 [2] c_p 值乘以 4.184 换算而得，其它物质的 c_p 选自文献 [6] 和文献 [8] 表 21-71 c_p 数值乘以 4.184 而得。

表 2-74b　常见油（动物，蔬菜，矿物油）[2] 的比定压热容

$$c_p = A/\sqrt{d_4^{15}} + B(t-15), \ J/(g \cdot K) \qquad 式中 d_4^{15} = 密度, g/cm^3$$

油	A	B	油	A	B
蓖麻油（castor）	2.092	0.0029	油（除蓖麻油外）(except castor)	1.883	0.0029
鲸油	2.1	0	环烷基石油	1.695	0.0038
柠檬油	（在 54℃ 为 1.833）		橄榄油	（在 7℃ 为 1.97）	
无水脂肪	1.841	0.0029	石蜡基石油	1.778	0.0038
有水脂肪	1.883	0.0029	石油润滑油	1.736	0.0038
半干脂肪	1.862	0.0029			

注：选自文献 [6] 和文献 [8] 表 21-71 c_p 数值乘以 4.184 而得。

表 2-74c　不锈钢-310 * 热物理性质[9]

$t/℃$	$D_T/(mm^2/s)$	$c_p/[J/g \cdot K]$	$\rho/(g/cm^3)$	$\lambda/[W/(m \cdot K)]$
−125	3.170	0.376	7.878	9.39
−100	3.130	0.411	7.871	10.12
−75	3.145	0.435	7.863	10.76
−50	3.170	0.451	7.855	11.23
−25	3.210	0.464	7.846	11.69
0	3.256	0.475	7.838	12.12
25	3.352	0.483	7.829	12.67
50	3.439	0.490	7.820	13.18
101	3.611	0.501	7.801	14.11
150	3.763	0.512	7.782	14.99
200	3.917	0.518	7.762	15.75
250	4.075	0.525	7.742	16.56
300	4.205	0.533	7.722	17.31
350	4.331	0.541	7.701	18.04

续表

$t/℃$	$D_T/(mm^2/s)$	$c_p/[J/g \cdot K]$	$\rho/(g/cm^3)$	$\lambda/[W/(m \cdot K)]$
400	4.455	0.548	7.681	18.75
450	4.571	0.555	7.660	19.43
500	4.686	0.562	7.639	20.12
550	4.806	0.570	7.618	20.86
600	4.920	0.595	7.596	22.24
651	0.058	0.601	7.574	23.02
701	5.179	0.607	7.551	23.74
750	5.207	0.611	7.529	23.95
800	5.288	0.617	7.506	24.49
850	5.404	0.624	7.483	25.23
901	5.506	0.633	7.460	26.00
950	5.618	0.645	7.436	26.94
1000	5.707	0.655	7.411	27.70

注：D_T 热扩散系数；c_p 比定压热容；ρ 密度；λ 热导率；

* 参考标准不锈钢 310（reference standard stainless steel 310）。

2.1.5 某些有机、无机水溶液比定压热容（不同组成、不同温度下）

2.1.5.1 几种醇水溶液的比定压热容

具体内容见表 2-75。

表 2-75 甲醇，乙醇，丙醇，丙三醇（甘油）水溶液比定压热容 c_p[2]

甲醇 methyl alcohol

CH_3OH（摩尔分数）/%	$c_p/[J/(g \cdot K)]$			CH_3OH（摩尔分数）/%	$c_p/[J/(g \cdot K)]$		
	5℃	20℃	40℃		5℃	20℃	40℃
5.88	4.27	4.18	4.163	45.8	3.247	3.393	3.47
12.3	4.079	4.109	4.10	69.6	2.849	2.962	3.038
27.3	3.669	3.837	3.85	100	2.410	2.51	2.582

乙醇 ethyl alcohol

C_2H_5OH（摩尔分数）/%	$c_p/[J/(g \cdot K)]$			C_2H_5OH（摩尔分数）/%	$c_p/[J/(g \cdot K)]$		
	3℃	23℃	41℃		3℃	23℃	41℃
4.16	4.39	4.27	4.27	61.0	2.80	3.042	3.130
11.5	4.27	4.31	4.31	100.0	2.26	2.414	2.598
37.0	3.368	3.60	3.661				

正丙醇 n-propyl alcohol

C_3H_7OH（摩尔分数）/%	$c_p/[J/(g \cdot K)]$			C_3H_7OH（摩尔分数）/%	$c_p/[J/(g \cdot K)]$		
	5℃	20℃	40℃		5℃	20℃	40℃
1.55	4.31	4.27	4.23	41.2	3.14	3.26	3.410
5.03	4.48	4.44	4.31	73.0	2.561	2.699	2.96
11.4	4.330	4.318	4.14	100.0	2.234	2.38	2.598
23.1	3.669	3.77	3.81				

丙三醇（甘油）propanetriol, glycerol, glycerin

$C_3H_5(OH)_3$（摩尔分数）/%	$c_p/[J/(g \cdot K)]$		$C_8H_5(OH)_3$（摩尔分数）/%	$c_p/[J/(g \cdot K)]$	
	15℃	32℃		15℃	32℃
2.12	4.021	4.017	22.7	3.201	3.171
4.66	3.887	3.866	43.9	2.80	2.812
11.5	3.561	3.519	100.0	2.322	2.410

注：c_p 数值皆系文献 [42] 中所列相应数值乘以 4.184 而得。

2.1.5.2　某些酸、碱、盐水溶液的比定压热容

具体内容见表 2-76。

表 2-76　某些酸、碱、盐水溶液比定压热容 c_p [2]

盐酸 hydrochloric acid

HCl (摩尔分数) /%	c_p/[J/(g·K)]					HCl (摩尔分数) /%	c_p/[J/(g·K)]				
	0℃	10℃	20℃	40℃	60℃		0℃	10℃	20℃	40℃	60℃
0.0	4.21					20.0	2.43	2.406	2.473	2.573	2.669
9.09	3.01	3.01	3.10	3.14	3.26	25.9	2.30				2.55
16.7	2.55	2.531	2.640	2.799	2.80						

硫酸 sulfuric acid

H_2SO_4 /%	c_p(20℃) /[J/(g·K)]	H_2SO_4 /%	c_p(20℃) /[J/(g·K)]	H_2SO_4 /%	c_p(20℃) /[J/(g·K)]	H_2SO_4 /%	c_p(20℃) /[J/(g·K)]
0.34	4.1706	23.22	3.4330	37.69	2.9384	81.33	1.8749
0.68	4.1576	24.25	3.4003	40.49	2.8326	82.49	1.8690
1.34	4.1325	25.39	3.3644	43.75	2.7096	84.48	1.8443
2.65	4.0844	26.63	3.3242	47.57	2.5744	85.48	1.8184
3.50	4.0535	28.00	3.2790	52.13	2.4271	89.36	1.6803
5.16	3.9953	29.52	3.2288	57.65	2.2677	91.81	1.5845
9.82	3.8397	30.34	3.1995	64.47	2.0970	94.82	1.4870
15.36	3.6681	31.20	3.1711	73.13	1.9364	97.44	1.4242
21.40	3.4890	33.11	3.1054	77.91	1.8903	100.00	1.4025
22.27	3.4623	35.25	3.0284				

硝酸 nitric acid(20℃)

HNO_3/%	c_p/[J/(g·K)]	HNO_3/%	c_p/[J/(g·K)]
0	4.184	50	2.720
10	3.766	60	2.678
20	3.389	70	2.573
30	3.054	80	2.406
40	2.824	90	2.155

磷酸 phosphoric acid(21.3℃)

H_3PO_4 /%	c_p /[J/(g·K)]	H_3PO_4 /%	c_p /[J/(g·K)]	H_3PO_4 /%	c_p /[J/(g·K)]	H_3PO_4 /%	c_p /[J/(g·K)]
2.50	4.1434	29.96	3.2363	52.19	2.6024	71.88	2.1112
3.80	4.1714	32.09	3.1757	53.72	2.5577	73.71	2.0669
5.33	4.0455	33.95	3.1095	56.04	2.4987	75.79	2.0280
8.81	3.9284	36.26	3.0418	58.06	2.4397	77.69	2.0025
10.27	3.8882	38.10	2.9957	60.23	2.3866	79.54	1.9581‡
14.39	3.7480	40.10	2.9388	62.10	2.3443	80.00	1.9608‡
16.23	3.6761	42.08	2.8773	64.14	2.2845	82.00	1.9217
19.99	3.5518	44.11	2.8234	66.13	2.2380	84.00	1.8828
22.10	3.4727	46.22	2.7644	68.14	2.1933	85.98	1.8489
24.56	3.3995	48.16	2.7091	69.50	2.1589	88.01	1.8238
25.98	3.3489	49.79	2.6652	69.97	2.1577	89.72	1.7598
28.15	3.2870	50.00	2.6568				

醋酸 acetic acid(38℃)

CH₃COOH(摩尔分数)/%	0	6.98	30.9	54.5	100
c_p/[J/(g·K)]	4.18	3.812	3.05	2.640	2.238

氢氧化钠 sodium hydroxide(20℃)

NaOH(摩尔分数)/%	0	0.5	1.0	9.09	16.7	28.6	37.5
c_p/[J/(g·K)]	4.18	4.121	4.06	3.494	3.35	3.280	3.272

氢氧化钾 potassium hydroxide(19℃)

KOH(摩尔分数)/%	0	0.497	1.64	4.76	9.09
c_p/[J/(g·K)]	4.18	4.079	3.98	3.406	3.14

氨 ammonia

NH₃(摩尔分数)/%	c_p/[J/(g·K)]			
	2.4℃	20.6℃	41℃	61℃
0	4.23	4.18	4.163	4.10
10.5	4.10	4.163	4.44	4.27
20.9	4.02	4.14	4.31	
31.2	4.000	4.2		
41.4	4.121			

氯化钠 sodium chloride

NaCl(摩尔分数)%	c_p/[J/(g·K)]			
	6℃	20℃	33℃	57℃
0.249		4.14		
0.99	4.02	4.06	4.06	
2.44	3.81	3.828	3.828	3.862
9.09	3.368	3.39	3.39	3.43

氯化钾 potassium chloride

KCl(摩尔分数)/%	c_p/[J/(g·K)]			
	6℃	20℃	33℃	40℃
0.99	3.954	3.962	3.962	3.962
3.85	3.464	3.477	3.494	3.502
5.66	3.22	3.243	3.255	3.243
7.41		3.042		

碳酸钠 sodium carbonate

Na₂CO₃/%	c_p/[J/(g·K)]			
	17.6℃	30.0℃	76.6℃	98.0℃
0.000	4.1807	4.1781	4.2250	4.2191
1.498	4.1032			
2.000		4.0945		
2.901	4.0154			
4.000		4.0141		
5.000	3.9447		4.0840	
6.000		3.9300		
8.000	3.8422			
10.000	3.8016		3.9547	
13.790	3.7338			
13.840		3.7158		
20.000		3.6112	3.7388	
25.000			3.6045	3.7284

硫酸锌 zinc sulfafat

组　成	t/℃	c_p/[J/(g·K)]
ZnSO₄+50H₂O	20～52℃	3.523
ZnSO₄+200H₂O	20～52℃	3.983

硫酸铜 copper sulfate

组　成	t/℃	c_p/[J/(g·K)]
CuSO₄+50H₂O	12～15℃	3.548
CuSO₄+200H₂O	12～14℃	3.979
CuSO₄+400H₂O	13～17℃	4.079

注：所列 c_p 数值皆系文献［2］中相应数值乘以 4.184 而得到的。± 原文献数据如此，以数据顺序有误。

2.1.6　几种重要工业气体的热容及质量热容比[2,36]

具体内容见表 2-77～表 2-86。

2.1.6.1　空气

（1）空气的热容及质量热容比

表 2-77　空气在不同温度下的热容及质量热容比

air（$M=28.970$）体积组成：N_2 0.7803，O_2 0.2099，Ar 0.0094，CO 0.0003，H_2 0.0001

t /℃	T /K	c_p /[kJ/(kg·K)]	Mc_p /[kJ/(kmol·K)]	c_v /[kJ/(kg·K)]	Mc_v /[kJ/(kmol·K)]	$k=\dfrac{c_p}{c_v}$
−50	223.15	1.0020	29.026	0.7150	20.712	1.401
−25	248.15	1.0023	29.036	0.7153	20.722	1.401
0	273.15	1.0028	29.050	0.7158	20.736	1.401
25	298.15	1.0038	29.079	0.7168	20.765	1.400
50	323.15	1.0053	29.123	0.7183	20.809	1.400
75	348.15	1.0073	29.181	0.7203	20.867	1.398
100	373.15	1.0098	29.255	0.7228	20.941	1.397
125	398.15	1.0128	29.342	0.7259	21.028	1.395
150	423.15	1.0163	29.442	0.7293	21.128	1.394
175	448.15	1.0202	29.554	0.7332	21.240	1.391
200	473.15	1.0244	29.677	0.7374	21.363	1.389
250	523.15	1.0339	29.952	0.7469	21.638	1.384
300	573.15	1.0445	30.260	0.7575	21.946	1.379
350	623.15	1.0559	30.589	0.7689	22.275	1.373
400	673.15	1.0678	30.933	0.7808	22.619	1.368
450	723.15	1.0798	31.282	0.7928	22.968	1.362
500	773.15	1.0918	31.630	0.8048	23.316	1.357
550	823.15	1.1036	31.972	0.8166	23.658	1.352
600	873.15	1.1150	32.301	0.8280	23.987	1.347
650	923.15	1.1258	32.615	0.8388	24.301	1.342
700	973.15	1.1361	32.912	0.8491	24.598	1.338
750	1023.15	1.1457	33.190	0.8587	24.876	1.334
800	1073.15	1.1546	33.449	0.8676	25.135	1.331
850	1123.15	1.1629	33.690	0.8760	25.376	1.328
900	1173.15	1.1707	33.914	0.8837	25.600	1.325
950	1223.15	1.1779	34.123	0.8909	25.809	1.322
1000	1273.15	1.1846	34.318	0.8976	26.004	1.320
1050	1323.15	1.1909	34.501	0.9039	26.187	1.318
1100	1373.15	1.1969	34.673	0.9099	26.359	1.315
1150	1423.15	1.2025	34.837	0.9155	26.523	1.314
1200	1473.15	1.2079	34.993	0.9209	26.679	1.312
1250	1523.15	1.2130	35.140	0.9260	26.826	1.310
1300	1573.15	1.2179	35.282	0.9309	26.968	1.308
1350	1623.15	1.2225	35.415	0.9355	27.101	1.307
1400	1673.15	1.2268	35.540	0.9398	27.226	1.305
1450	1723.15	1.2309	35.658	0.9439	27.344	1.304
1500	1773.15	1.2347	35.768	0.9477	27.454	1.303

注：M——摩尔质量 kg/kmol，$k=c_p/c_v$——质量热容比（绝热指数）。

（2）不同压力、温度下空气质量热容比

表 2-78　不同压力、温度下空气热容比 c_p/c_v[2]①

T/K	p/bar②															
	1	10	20	40	60	80	100	150	200	250	300	400	500	600	800	1000
150	1.410	1.510	1.668	2.333	4.120	3.973	3.202	2.507	2.243	2.091	1.988	1.851	1.768	1.712	1.654	1.639
200	1.406	1.452	1.505	1.630	1.781	1.943	2.093	2.274	2.236	2.140	2.050	1.920	1.832	1.771	1.682	1.619
250	1.403	1.429	1.457	1.517	1.577	1.640	1.699	1.816	1.877	1.896	1.885	1.836	1.782	1.743	1.681	1.636
300	1.402	1.418	1.436	1.470	1.505	1.537	1.570	1.640	1.687	1.716	1.730	1.727	1.707	1.683	1.645	1.619
350	1.399	1.411	1.422	1.446	1.467	1.488	1.509	1.553	1.589	1.612	1.627	1.640	1.638	1.629	1.605	1.585
400	1.395	1.404	1.412	1.429	1.444	1.460	1.472	1.505	1.529	1.548	1.563	1.579	1.584	1.580	1.567	1.555
450	1.392	1.397	1.404	1.416	1.428	1.438	1.449	1.471	1.490	1.505	1.518	1.533	1.541	1.542	1.537	1.528

T/K	p/bar[②]														
	1	10	20	40	60	80	100	150	200	250	300	400	500	600	800	1000
500	1.387	1.391	1.395	1.406	1.414	1.421	1.430	1.448	1.463	1.474	1.484	1.499	1.507	1.510	1.510	1.504
600	1.377	1.378	1.382	1.386	1.392	1.398	1.403	1.413	1.423	1.432	1.439	1.448	1.457	1.461	1.465	1.466
800	1.353	1.355	1.357	1.359	1.361	1.365	1.366	1.372	1.375	1.381	1.384	1.392	1.397	1.401	1.406	1.409
1000	1.336	1.337	1.338	1.339	1.342	1.343	1.343	1.345	1.348	1.350	1.354	1.358	1.361	1.365	1.368	1.372

① 表中数据系文献［2］编者由 Sychev，V. V.，Vasserman A. A. et al "Thermodynamic Properties of Air"，Standartov. Moscow，1978，Hemisphere New York 1988 一书中 c_p、c_v 值计算得到。

② 1bar=10^5Pa 或 0.1MPa。

2.1.6.2 氮气

表 2-79　氮气在不同温度下的热容及质量热容比

nitrogen （$M=28.016$）N_2

t /℃	T /K	c_p /[kJ/(kg·K)]	Mc_p /[kJ/(kmol·K)]	c_v /[kJ/(kg·K)]	Mc_v /[kJ/(kmol·K)]	$k=\dfrac{c_p}{c_v}$
−50	223.15	1.0388	29.103	0.7420	20.789	1.400
−25	248.15	1.0388	29.103	0.7420	20.789	1.400
0	273.15	1.0388	29.103	0.7420	20.789	1.400
25	298.15	1.0390	29.109	0.7422	20.795	1.400
50	323.15	1.0396	29.124	0.7428	20.810	1.400
75	348.15	1.0405	29.150	0.7437	20.836	1.399
100	373.15	1.0419	29.189	0.7451	20.875	1.398
125	398.15	1.0437	29.240	0.7469	20.926	1.397
150	423.15	1.0460	29.304	0.7492	20.990	1.396
175	448.15	1.0488	29.382	0.7520	21.068	1.395
200	473.15	1.0520	29.473	0.7552	21.159	1.393
250	523.15	1.0598	29.692	0.7631	21.378	1.389
300	573.15	1.0691	29.953	0.7724	21.639	1.384
350	623.15	1.0797	30.249	0.7830	21.935	1.379
400	673.15	1.0912	30.570	0.7944	22.256	1.374
450	723.15	1.1032	30.907	0.8064	22.593	1.368
500	773.15	1.1154	31.250	0.8187	22.936	1.362
550	823.15	1.1277	31.593	0.8309	23.279	1.357
600	873.15	1.1396	31.928	0.8429	23.614	1.352
650	923.15	1.1512	32.251	0.8544	23.937	1.347
700	973.15	1.1622	32.559	0.8654	24.245	1.343
750	1023.15	1.1725	32.850	0.8758	24.536	1.339
800	1073.15	1.1823	33.123	0.8855	24.809	1.335
850	1123.15	1.1914	33.378	0.8946	25.064	1.332
900	1173.15	1.1999	33.617	0.9032	25.303	1.328
950	1223.15	1.2079	33.841	0.9112	25.527	1.326
1000	1273.15	1.2154	34.051	0.9186	25.737	1.323
1050	1323.15	1.2225	34.249	0.9257	25.935	1.321
1100	1373.15	1.2292	34.436	0.9324	26.122	1.318
1150	1423.15	1.2354	34.612	0.9387	26.298	1.316
1200	1473.15	1.2414	34.779	0.9446	26.465	1.314
1250	1523.15	1.2470	34.935	0.9502	26.621	1.312
1300	1573.15	1.2521	35.080	0.9554	26.766	1.311
1350	1623.15	1.2569	35.214	0.9602	26.900	1.309
1400	1673.15	1.2613	35.337	0.9646	27.023	1.308
1450	1723.15	1.2654	35.453	0.9687	27.139	1.306
1500	1773.15	1.2694	35.565	0.9727	27.251	1.305

2.1.6.3　大气氮

表 2-80　大气氮在不同温度下的热容及质量热容比

atmospheric nitrogen（$M=28.15$）N_2'体积组成：N_2 0.9876，CO 0.0004，Ar 0.0119，H_2 0.0001

t /℃	T /K	c_p /[kJ/(kg·K)]	Mc_p /[kJ/(kmol·K)]	c_v /[kJ/(kg·K)]	Mc_v /[kJ/(kmol·K)]	$k=\dfrac{c_p}{c_v}$
−50	223.15	1.0306	29.001	0.7349	20.687	1.402
−25	248.15	1.0305	29.008	0.7351	20.694	1.402
0	273.15	1.0305	29.008	0.7351	20.694	1.402
25	298.15	1.0307	29.014	0.7354	20.700	1.402
50	323.15	1.0311	29.029	0.7359	20.715	1.401
75	348.15	1.0322	29.055	0.7368	20.741	1.401
100	373.15	1.0335	29.093	0.7382	20.779	1.400
125	398.15	1.0353	29.144	0.7400	20.830	1.399
150	423.15	1.0376	29.208	0.7422	20.894	1.398
175	448.15	1.0404	29.286	0.7450	20.972	1.396
200	473.15	1.0436	29.376	0.7482	21.062	1.395
250	523.15	1.0513	29.593	0.7559	21.279	1.391
300	573.15	1.0605	29.852	0.7651	21.538	1.386
350	623.15	1.0709	30.145	0.7755	21.831	1.381
400	673.15	1.0822	30.463	0.7868	22.149	1.375
450	723.15	1.0940	30.796	0.7986	22.482	1.370
500	773.15	1.1061	31.136	0.8107	22.822	1.364
550	823.15	1.1181	31.474	0.8227	23.160	1.359
600	873.15	1.1298	31.805	0.8345	23.491	1.354
650	923.15	1.1412	32.124	0.8458	23.810	1.349
700	973.15	1.1520	32.428	0.8566	24.114	1.345
750	1023.15	1.1621	32.714	0.8668	24.400	1.341
800	1073.15	1.1717	32.984	0.8764	24.670	1.337
850	1123.15	1.1807	33.236	0.8853	24.922	1.334
900	1173.15	1.1891	33.472	0.8937	25.158	1.331
950	1223.15	1.1969	33.693	0.9016	25.379	1.328
1000	1273.15	1.2043	33.901	0.9090	25.587	1.325
1050	1323.15	1.2113	34.097	0.9159	25.783	1.322
1100	1373.15	1.2179	34.283	0.9225	25.969	1.320
1150	1423.15	1.2241	34.458	0.9287	26.144	1.318
1200	1473.15	1.2299	34.622	0.9346	26.308	1.316
1250	1523.15	1.2354	34.776	0.9400	26.462	1.314
1300	1573.15	1.2405	34.919	0.9451	26.605	1.312
1350	1623.15	1.2452	35.051	0.9498	26.737	1.311
1400	1673.15	1.2495	35.174	0.9542	26.860	1.310
1450	1723.15	1.2536	35.290	0.9583	26.976	1.308
1500	1773.15	1.2578	35.406	0.9624	27.092	1.307

注：N_2'除去氧的空气——大气 N_2。

2.1.6.4　氧气

表 2-81　氧气在不同温度（t℃）下的热容及质量热容比

oxygen（$M=31.9988$）O_2

t /℃	T /K	c_p /[kJ/(kg·K)]	Mc_p /[kJ/(kmol·K)]	c_v /[kJ/(kg·K)]	Mc_v /[kJ/(kmol·K)]	$k=\dfrac{c_p}{c_v}$
−50	223.15	0.9107	29.142	0.6509	20.828	1.399
−25	248.15	0.9112	29.157	0.6513	20.843	1.399
0	273.15	0.9132	29.224	0.6534	20.910	1.398
25	298.15	0.9167	29.334	0.6569	21.020	1.396
50	323.15	0.9213	29.482	0.6615	21.168	1.393

续表

t /℃	T /K	c_p /[kJ/(kg·K)]	Mc_p /[kJ/(kmol·K)]	c_v /[kJ/(kg·K)]	Mc_v /[kJ/(kmol·K)]	$k=\dfrac{c_p}{c_v}$
75	348.15	0.9268	29.659	0.6670	21.345	1.390
100	373.15	0.9331	29.860	0.6733	21.546	1.386
125	398.15	0.9400	30.081	0.6802	21.767	1.382
150	423.15	0.9473	30.315	0.6875	22.001	1.378
175	448.15	0.9550	30.559	0.6952	22.245	1.374
200	473.15	0.9628	30.810	0.7030	22.496	1.370
250	523.15	0.9787	31.318	0.7189	23.004	1.361
300	573.15	0.9944	31.820	0.7346	23.506	1.354
350	623.15	1.0094	32.302	0.7496	23.988	1.347
400	673.15	1.0236	32.754	0.7638	24.440	1.340
450	723.15	1.0366	33.172	0.7768	24.858	1.334
500	773.15	1.0485	33.553	0.7887	25.239	1.329
550	823.15	1.0593	33.898	0.7995	25.584	1.325
600	873.15	1.0691	34.210	0.8092	25.896	1.321
650	923.15	1.0779	34.492	0.8181	26.178	1.318
700	973.15	1.0858	34.747	0.8260	26.433	1.314
750	1023.15	1.0931	34.979	0.8333	26.665	1.312
800	1073.15	1.0998	35.192	0.8399	26.878	1.309
850	1123.15	1.1059	35.390	0.8461	27.076	1.307
900	1173.15	1.1118	35.576	0.8519	27.262	1.305
950	1223.15	1.1172	35.751	0.8574	27.437	1.303
1000	1273.15	1.1224	35.916	0.8626	27.602	1.301
1050	1323.15	1.1272	36.072	0.8674	27.758	1.300
1100	1373.15	1.1319	36.220	0.8721	27.906	1.298
1150	1423.15	1.1362	36.359	0.8764	28.045	1.296
1200	1473.15	1.1403	36.489	0.8805	28.175	1.295
1250	1523.15	1.1441	36.610	0.8842	28.296	1.294
1300	1573.15	1.1477	36.725	0.8878	28.411	1.293
1350	1623.15	1.1512	36.837	0.8913	28.523	1.292
1400	1673.15	1.1547	36.951	0.8949	28.637	1.290
1450	1723.15	1.1586	37.075	0.8988	28.761	1.289
1500	1773.15	1.1632	37.223	0.9034	28.909	1.288

2.1.6.5 一氧化碳

表 2-82 一氧化碳不同温度下的热容和质量热容比

carbon monoxide（$M=28.011$）CO

t /℃	T /K	c_p /[kJ/(kg·K)]	Mc_p /[kJ/(kmol·K)]	c_v /[kJ/(kg·K)]	Mc_v /[kJ/(kmol·K)]	$k=\dfrac{c_p}{c_v}$
−50	223.15	1.0393	29.090	0.7417	20.776	1.401
−25	248.15	1.0389	29.099	0.7420	20.785	1.400
0	273.15	1.0389	29.099	0.7421	20.785	1.400
25	298.15	1.0394	29.114	0.7426	20.800	1.400
50	323.15	1.0405	29.145	0.7437	20.831	1.399
75	348.15	1.0422	29.191	0.7453	20.877	1.398
100	373.15	1.0444	29.254	0.7476	20.940	1.397
125	398.15	1.0472	29.333	0.7504	21.019	1.396
150	423.15	1.0506	29.428	0.7538	21.114	1.394
175	448.15	1.0545	29.537	0.7577	21.223	1.392
200	473.15	1.0589	29.659	0.7620	21.345	1.390
250	523.15	1.0689	29.940	0.7721	21.626	1.384
300	573.15	1.0803	30.260	0.7835	21.946	1.379
350	623.15	1.0928	30.608	0.7959	22.294	1.373
400	673.15	1.1057	30.971	0.8089	22.657	1.367

t /℃	T /K	c_p /[kJ/(kg・K)]	Mc_p /[kJ/(kmol・K)]	c_v /[kJ/(kg・K)]	Mc_v /[kJ/(kmol・K)]	$k=\dfrac{c_p}{c_v}$
450	723.15	1.1190	31.342	0.8221	23.028	1.361
500	773.15	1.1321	31.710	0.8353	23.396	1.355
550	823.15	1.1449	32.069	0.8481	23.755	1.350
600	873.15	1.1572	32.412	0.8603	24.098	1.345
650	923.15	1.1688	32.738	0.8720	24.424	1.340
700	973.15	1.1797	33.043	0.8829	24.729	1.336
750	1023.15	1.1898	33.327	0.8930	25.013	1.332
800	1073.15	1.1992	33.591	0.9024	25.277	1.329
850	1123.15	1.2080	33.835	0.9111	25.521	1.326
900	1173.15	1.2161	34.062	0.9192	25.748	1.323
950	1223.15	1.2236	34.273	0.9268	25.959	1.320
1000	1273.15	1.2307	34.471	0.9338	26.157	1.318
1050	1323.15	1.2373	34.656	0.9404	26.342	1.316
1100	1373.15	1.2435	34.830	0.9467	26.516	1.314
1150	1423.15	1.2493	34.994	0.9525	26.680	1.312
1200	1473.15	1.2548	35.147	0.9580	26.833	1.310
1250	1523.15	1.2598	35.288	0.9630	26.974	1.308
1300	1573.15	1.2645	35.418	0.9676	27.104	1.307
1350	1623.15	1.2687	35.537	0.9719	27.223	1.305
1400	1673.15	1.2726	35.647	0.9758	27.333	1.304
1450	1723.15	1.2764	35.752	0.9796	27.438	1.303
1500	1773.15	1.2803	35.862	0.9835	27.548	1.302

2.1.6.6　二氧化碳

表 2-83　二氧化碳气在不同温度下的热容及质量热容比

carbon dioxide（$M=44.009$）CO_2

t /℃	T /K	c_p /[kJ/(kg・K)]	Mc_p /[kJ/(kmol・K)]	c_v /[kJ/(kg・K)]	Mc_v /[kJ/(kmol・K)]	$k=\dfrac{c_p}{c_v}$
−50	223.15	0.7605	33.470	0.5716	25.156	1.330
−25	248.15	0.7899	34.765	0.6010	26.451	1.314
0	273.15	0.8178	35.989	0.6288	27.675	1.301
25	298.15	0.8441	37.148	0.6552	28.834	1.288
50	328.15	0.8690	38.246	0.6801	29.932	1.278
75	348.15	0.8927	39.288	0.7038	30.974	1.268
100	373.15	0.9152	40.278	0.7263	31.964	1.260
125	398.15	0.9366	41.218	0.7476	32.904	1.253
150	423.15	0.9569	42.113	0.7680	33.799	1.246
175	448.15	0.9762	42.965	0.7873	34.651	1.240
200	473.15	0.9947	43.776	0.8058	35.462	1.234
250	523.15	1.0290	45.285	0.8401	36.971	1.225
300	573.15	1.0602	46.657	0.8712	38.343	1.217
350	623.15	1.0885	47.906	0.8996	39.592	1.210
400	673.15	1.1143	49.042	0.9254	40.728	1.204
450	723.15	1.1379	50.078	0.9490	41.764	1.199
500	773.15	1.1593	51.022	0.9704	42.708	1.195
550	823.15	1.1789	51.882	0.9900	43.568	1.191
600	873.15	1.1967	52.667	1.0078	44.353	1.187
650	923.15	1.2130	53.384	1.0241	45.070	1.184
700	973.15	1.2279	54.040	1.0390	45.726	1.182
750	1023.15	1.2416	54.643	1.0527	46.329	1.179
800	1073.15	1.2542	55.197	1.0653	46.883	1.177
850	1123.15	1.2658	55.708	1.0769	47.394	1.175
900	1173.15	1.2766	56.181	1.0876	47.867	1.174

t /℃	T /K	c_p /[kJ/(kg·K)]	Mc_p /[kJ/(kmol·K)]	c_v /[kJ/(kg·K)]	Mc_v /[kJ/(kmol·K)]	$k=\dfrac{c_p}{c_v}$
950	1223.15	1.2865	56.620	1.0976	48.306	1.172
1000	1273.15	1.2958	57.028	1.1069	48.714	1.171
1050	1323.15	1.3044	57.407	1.1155	49.093	1.169
1100	1373.15	1.3124	57.760	1.1235	49.446	1.168
1150	1423.15	1.3199	58.087	1.1310	49.773	1.167
1200	1473.15	1.3267	58.390	1.1378	50.076	1.166
1260	1523.15	1.3331	58.668	1.1442	50.354	1.165
1300	1573.15	1.3389	58.925	1.1500	50.611	1.164
1350	1623.15	1.3443	59.163	1.1554	50.849	1.164
1400	1673.15	1.3494	59.385	1.1604	51.071	1.163
1450	1723.15	1.3542	59.600	1.1653	51.286	1.162
1500	1773.15	1.3592	59.818	1.1703	51.504	1.161

2.1.6.7 氢气

表 2-84　氢气在不同温度下的热容与质量热容比

hydrogen（$M=2.01594$）H_2

t /℃	T /K	c_p /[kJ/(kg·K)]	Mc_p /[kJ/(kmol·K)]	c_v /[kJ/(kg·K)]	Mc_v /[kJ/(kmol·K)]	$k=\dfrac{c_p}{c_v}$
−50	223.15	13.826	27.873	9.702	19.559	1.425
−25	248.15	14.032	28.289	9.908	19.975	1.416
0	273.15	14.179	28.584	10.055	20.270	1.410
25	298.15	14.282	28.793	10.158	20.479	1.406
50	323.15	14.355	28.940	10.231	20.626	1.403
75	348.15	14.406	29.042	10.282	20.728	1.401
100	373.15	14.441	29.114	10.318	20.800	1.400
125	398.15	14.466	29.163	10.342	20.849	1.399
150	423.15	14.482	29.196	10.358	20.882	1.398
175	448.15	14.494	29.219	10.370	20.905	1.398
200	473.15	14.502	29.236	10.378	20.922	1.397
250	523.15	14.514	29.261	10.390	20.947	1.397
300	573.15	14.528	29.288	10.404	20.974	1.396
350	623.15	14.547	29.327	10.423	21.013	1.396
400	673.15	14.575	29.383	10.451	21.069	1.395
450	723.15	14.613	29.459	10.489	21.145	1.393
500	773.15	14.660	29.554	10.536	21.240	1.391
550	823.15	14.717	29.669	10.593	21.355	1.389
600	873.15	14.783	29.803	10.659	21.489	1.387
650	923.15	14.857	29.952	10.733	21.638	1.384
700	973.15	14.938	30.116	10.815	21.802	1.381
750	1023.15	15.026	30.293	10.902	21.979	1.378
800	1073.15	15.119	30.480	10.995	22.166	1.375
850	1123.15	15.216	30.675	11.092	22.361	1.372
900	1173.15	15.316	30.877	11.192	22.563	1.368
950	1223.15	15.419	31.085	11.295	22.771	1.365
1000	1273.15	15.524	31.296	11.400	22.982	1.362
1050	1323.15	15.630	31.510	11.506	23.196	1.358
1100	1373.15	15.737	31.726	11.613	23.412	1.355
1150	1423.15	15.844	31.942	11.720	23.628	1.352

t /℃	T /K	c_p /[kJ/(kg·K)]	Mc_p /[kJ/(kmol·K)]	c_v /[kJ/(kg·K)]	Mc_v /[kJ/(kmol·K)]	$k=\dfrac{c_p}{c_v}$
1200	1473.15	15.951	32.158	11.827	23.844	1.349
1250	1523.15	16.059	32.375	11.935	24.061	1.346
1300	1573.15	16.166	32.590	12.042	24.276	1.343
1350	1623.15	16.271	32.803	12.147	24.489	1.340
1400	1673.15	16.376	33.014	12.252	24.700	1.337
1450	1723.15	16.479	33.221	12.355	24.907	1.334
1500	1773.15	16.579	33.424	12.455	25.110	1.331

2.1.6.8 水蒸气

表 2-85 水蒸气在不同温度下的热容及质量热容比

steam (M=18.016) H_2O (蒸汽)

t /℃	T /K	c_p /[kJ/(kg·K)]	Mc_p /[kJ/(kmol·K)]	c_v /[kJ/(kg·K)]	Mc_v /[kJ/(kmol·K)]	$k=\dfrac{c_p}{c_v}$
0	273.15	1.8597	33.504	1.3982	25.190	1.330
25	298.15	1.8644	33.590	1.4030	25.276	1.329
50	323.15	1.8714	33.715	1.4099	25.401	1.327
75	348.15	1.8800	33.870	1.4185	25.556	1.325
100	373.15	1.8900	34.051	1.4286	25.737	1.323
125	398.15	1.9012	34.252	1.4397	25.938	1.321
150	423.15	1.9134	34.471	1.4519	26.157	1.318
175	448.15	1.9263	34.704	1.4648	26.390	1.315
200	473.15	1.9399	34.949	1.4784	26.635	1.312
250	523.15	1.9688	35.470	1.5073	27.156	1.306
300	573.15	1.9994	36.022	1.5380	27.708	1.300
350	623.15	2.0315	36.599	1.5700	28.285	1.294
400	673.15	2.0646	37.195	1.6031	28.881	1.288
450	723.15	2.0984	37.805	1.6369	29.491	1.282
500	773.15	2.1329	38.426	1.6714	30.112	1.276
550	823.15	2.1677	39.054	1.7063	30.740	1.270
600	873.15	2.2030	39.689	1.7415	31.375	1.265
650	923.15	2.2383	40.326	1.7769	32.012	1.260
700	973.15	2.2738	40.964	1.8123	32.650	1.255
750	1023.15	2.3091	41.600	1.8476	33.286	1.250
800	1073.15	2.3441	42.232	1.8827	33.918	1.245
850	1123.15	2.3788	42.857	1.9174	34.543	1.241
900	1173.15	2.4130	43.472	1.9515	35.158	1.236
950	1223.15	2.4466	44.077	1.9851	35.763	1.232
1000	1273.15	2.4793	44.667	2.0178	36.353	1.229
1050	1323.15	2.5112	45.241	2.0497	36.927	1.225
1100	1373.15	2.5420	45.797	2.0805	37.483	1.222
1150	1423.15	2.5718	46.333	2.1103	38.019	1.219
1200	1473.15	2.6004	46.849	2.1389	38.535	1.216
1250	1523.15	2.6279	47.344	2.1664	39.030	1.213
1300	1573.15	2.6541	47.817	2.1927	39.503	1.210
1350	1623.15	2.6793	48.270	2.2178	39.956	1.208
1400	1673.15	2.7034	48.704	2.2419	40.390	1.206
1450	1723.15	2.7267	49.124	2.2652	40.810	1.204
1500	1773.15	2.7494	49.534	2.2880	41.220	1.202

2.1.7　某些有机、无机和单质气体在 $1.01325×10^5$ Pa 下质量热容比

具体内容见表 2-86。

表 2-86　某些有机、无机物气体在 $1.01325×10^5$ Pa（1atm）下质量热容比 c_p/c_v [2]

化学式	中文名	英文名	$t/℃$	热容比 $k=c_p/c_v$	化学式	中文名	英文名	$t/℃$	热容比 $k=c_p/c_v$
C_2H_4O	乙醛	acetaldehyde	30	1.14	HCN	氰化氢	hydrogen cyanide	65	1.31
$C_2H_4O_2$	乙酸	acetic acid	136	1.15				140	1.28
C_2H_2	乙炔	acetylene	15	1.26				210	1.24
			−71	1.31	HI	碘化氢	-iodide	20~100	1.40
	空气	air	925	1.36	H_2S	硫化氢	-sulfide	15	1.32
			17	1.403				−45	1.30
			−78	1.408				−57	1.29
			−118	1.415	I_2	碘	Iodine	185	1.30
NH_3	氨	ammonia	15	1.310	C_4H_{10}	异丁烷	Isobutane	15	1.11
Ar	氩	argon	15	1.668	Kr	氪	krypton	19	1.68
			−180	1.76	Hg	汞	mercury	360	1.67
			0~100	1.67	CH_4	甲烷	methane	600	1.113
C_6H_6	苯	benzene	90	1.10				300	1.16
Br_2	溴	bromine	20~350	1.32				15	1.31
CO_2	二氧化碳	carbon dioxide	15	1.304				−80	1.34
			−75	1.37				−115	1.41
CS_2	二硫化碳	disulfide	100	1.21	$C_3H_6O_2$	乙酸甲酯	methyl acetate	15	1.14
CO	一氧化碳	monoxide	15	1.404	CH_4O	甲醇	alcohol	77	1.203
			−180	1.41	C_2H_6O	甲醚	ether	6~30	1.11
Cl_2	氯	chlorine	15	1.355	$C_3H_8O_2$	二甲氧基甲烷（俗称甲缩醛）	methylal	13	1.06
$CHCl_3$	氯仿	chloroform	100	1.15				40	1.09
$(CN)_2$	氰	cyanogen	15	1.256	Ne	氖	neon	19	1.64
C_6H_{12}	环己烷	cyclohexane	80	1.08	NO	氧化氮	nitric oxide	15	1.400
CCl_2F_2	二氯二氟甲烷	dichlorodifluoromethane	25	1.139				−45	1.39
C_6H_6	乙烷	Ethane	100	1.19				−80	1.35
			15	1.22	N_2	氮	nitrogen	15	1.404
			−82	1.28				−181	1.47
C_2H_6O	乙醇	ethyl alcohol	90	1.13	N_2O	氧化亚氮	nitrous oxide	100	1.28
$C_4H_{10}O$	乙醚	ether	35	1.08				15	1.303
			80	1.086				−30	1.31
C_2H_4	乙烯	ethylene	100	1.18				−70	1.34
			15	1.255	O_2	氧	oxygen	15	1.401
			−91	1.35				−76	1.415
He	氦	helium	−180	1.660				−181	1.45
C_6H_{14}	正己烷	hexane（n-）	80	1.08	C_5H_{12}	戊烷	pentane（n-）	86	1.086
H_2	氢	hydrogen	15	1.410	P	磷	phosphorus	300	1.17
			−76	1.453	K	钾	potassium	850	1.77
			−181	1.597	Na	钠	sodium	750~920	1.68
HBr	溴化氢	hydrogen bromide	20	1.42	SO_2	二氧化硫	sulfur dioxide	15	1.29
HCl	氯化氢	hydrogen chloride	15	1.41	Xe	氙	xenon	19	1.66
			100	1.40					

2.2　热力学性质的计算方法

2.2.1　热容（量）

2.2.1.1　定义

$$C_{pr} = \frac{\delta q_{pr}}{dT} \qquad (2\text{-}1)$$

式中，δq_{pr} 和 dT 分别为体系在此过程中增加（或减少）的热量及在此过程（pr）中体系的温度变化，C_{pr} 单位为 J/K。

热容是与体系物质的量（n）或质量（m）成比例的一个广度量。

单位物质的量（1mol）体系的热容（量）称为摩尔热容（molar heat capacity）

$$C_{pr,m} = \frac{\delta q_{pr}}{dT} \qquad (2\text{-}2)$$

下标 m 代表 1mol，通常可不写出，$C_{pr,m}$ 单位为 J/(mol·K)。

单位质量（1g 或 1kg）体系的热容称为比热容（specific heat capacity）

$$c_{pr} = \frac{\delta q_{pr}}{dT} \qquad (2\text{-}3)$$

摩尔热容与比热容的关系为

$$C_{pr,m} = M c_{pr} \qquad (2\text{-}4)$$

式中　M——摩尔质量，g/mol；

c_{pr}——比热容，J/(g·K) 或 kJ/(kg·K)。

C_{pr} 可以为 +，-，0，∞，它取决于体系在传热时所经历的过程。仅对确定的过程 C_{pr} 才能有确定的数值。下角标 pr 表示热容（或热量）是与过程性质有关的，例如对恒体积过程。

$$C_V(\text{摩尔定容热容}) = \frac{\delta Q_V}{dT} = \left(\frac{\partial U}{\partial T}\right)_V = T\left(\frac{\partial S}{\partial T}\right)_V = -T\left(\frac{\partial^2 A}{\partial T^2}\right)_V \qquad (2\text{-}5)$$

对恒压过程

$$C_p(\text{摩尔定压热容}) = \frac{\delta Q_p}{dT} = \left(\frac{\partial H}{\partial T}\right)_p = T\left(\frac{\partial S}{\partial T}\right)_p = -T\left(\frac{\partial^2 G}{\partial T^2}\right)_p \qquad (2\text{-}6)$$

通常气体多用摩尔热容而对凝聚态物质则多用比热容。文献和本文中，文字叙述时常将比热容，摩尔热容和体系热容（量）统称为热容，可由其单位加以区分。

2.2.1.2　C_p 与 C_V 的关系

一般物性手册上都列有 C_p 数据。C_V 的实验测定对于固体、液体都很困难，它的数据可通过热容差 $C_p - C_V$ 或热容比 $k = \dfrac{C_p}{C_V}$ 方程计算得出

$$C_p - C_V = T\left(\frac{\partial p}{\partial T}\right)_V \left(\frac{\partial V}{\partial T}\right)_p = -T\left(\frac{\partial V}{\partial T}\right)_p^2 \left(\frac{\partial p}{\partial V}\right)_T \qquad (2\text{-}7)$$

$$k = \frac{C_p}{C_V} = \left(\frac{\partial V}{\partial p}\right)_T \left(\frac{\partial p}{\partial V}\right)_S = \frac{\kappa_T}{\kappa_S} \qquad (2\text{-}8)$$

$\kappa_T = -\dfrac{1}{V}\left(\dfrac{\partial V}{\partial p}\right)_T$——等温压缩系数；

$\kappa_S = -\dfrac{1}{V}\left(\dfrac{\partial V}{\partial p}\right)_S$——绝热压缩系数。

式（2-7）和式（2-8）给出关联 C_p 和 C_V 的方法，除 $\left(\dfrac{\partial p}{\partial V}\right)_S$ 外两式中其它偏导数皆可由 PVT 数据或状态方程得到，而 $\left(\dfrac{\partial p}{\partial V}\right)_S$ 是与绝热压缩系数 K_S 或与其它因素有关的。求出真实气体的 $C_p - C_V$ 值或 C_p/C_V 值，再由已得到的 C_p 数值即可求出 C_V。

理想气体
$$C_p^\ominus - C_V^\ominus = R \qquad (2\text{-}9)$$

可以验证真实气体的 $C_p - C_V$ 值比 R 值略大。

凝聚态物质
$$C_p - C_V = TV\beta^2/K_T \qquad (2\text{-}10)$$

式中　$\beta = \dfrac{1}{V}\left(\dfrac{\partial V}{\partial T}\right)_p$——体积膨胀系数。

式（2-10）中右侧各量都是可以测得的，故利用此式由 C_p 数值即可求出 C_V 值，除非温度很低，这个差值一般还是比较显著的。低温下恒压时液体和固体的体积随温度变化很小即 $\left(\dfrac{\partial V}{\partial T}\right)_p \to 0$ 或 $\beta \to 0$ 所以 $C_p - C_V \doteq 0$，故此，凝聚系低温下这两种热容近似相等。

2.2.1.3　热容与温度的关系

纯物质或恒定组成的均相混合物其 C_p 是 T，p 的函数。理想气体的 C_p 则是温度 T 的单一函数，而对低压下的真实气体，固体和液体亦可视其 C_p 只是温度 T 的函数而与压力 p 关系不大。高温下的真实气体压力对其热容影响也较小。一般 1000 ℃以上可以认为气体的热容与压力无关。

通常纯物质（g，l，s）或定组成的均相混合物其标准状态或低压下的 $C_p^\ominus = f(T)$ 可以有以下几种表达形式。

$$C_p^\ominus = A + BT + CT^2 + DT^3 + \cdots\cdots \qquad (2\text{-}11)$$

$$C_p^\ominus = A + BT + CT^2 \qquad (2\text{-}12)$$

$$C_p^\ominus = A + BT + C'T^{-2} + CT^2 \qquad (2\text{-}13)$$

$$C_p^\ominus = A + B\exp\left(\dfrac{C}{T^D}\right) \qquad (2\text{-}14)$$

以上各式中，T 为热力学温度 K；A、B、C'、C、D 等是物质的特性常数又称为方程系数。式（2-11）、（2-12）、（2-13）中 A，J/(mol·K)；B，J/(mol·K^2)；C'，J·K/mol；C，J/(mol·K^3)；D，J/(mol·K^4)。上角标"$\ominus$"代表 $p^\ominus = 1\,\text{atm}(1.01325\times10^5\,\text{Pa})$ 或 $p^\ominus = 1\,\text{bar}$（$1\times10^5\,\text{Pa}$）理想气体或 $p \to 0$ 实际气体。对固液态则表示 $p = p^\ominus$ 的纯固体、纯液体。由于压力对凝聚态的影响不大，除非压力很高通常可将 $C_p^\ominus$ 用于几个 bar 压力下。理想气体的热容虽然仅对零压下真实气体才完全适用，但对高达几个 bar（常压）压力下的真实气体，绝大多数情况下与理想气体的偏差较小。因而在工程中，低压下的真实气体热容应用 $C_p^\ominus = f(T)$ 关联式也是适宜的。

液体热容在其熔点以上不大的温度范围内，多数可用 $C_p^\ominus = A + BT$ 线性方程而通常广泛应用式（2-12）。固体物质常用式（2-13）。气态物质则多是应用有足够精确度且方便的式（2-11），该式的温度范围可以从 50～2000K，最常见的温度范围是 298.15（或 273.15）～1000K（或 1500K）。

热容（$C_p^\ominus$）与温度（T）的关系式通常是项数愈多适用温度范围愈大，拟合的准确度也愈高，但其复杂性也增大。$C_p^\ominus \sim T$ 数据已由实验直接测定或根据物质分子结构模型（光谱数据）用统计理论的方法计算求得（多数是气体），并将实验数据或计算结果拟合成有相当准确度的代数式（2-11）～式（2-14）。各种函数关系随物质、物态、温度范围的不同而异。各式中的 A、B、C、C'、D 等特性常数可通过拟合热容数据得出，也可由下面将要介绍的各种估算方法求出。需特别指出文献中不同作者所拟合的常数是与其选用的 $C_p^\ominus = f(T)$ 经验关系式相适应的，各作者所得的常数值即使是相同的温度关联式也可能是不相同的。另外有些文献中热容温度关系式温度是 t℃ 即 $C_p^\ominus = f(t)$，除所得 $C_p^\ominus$ 值外，各特性常数更无法比拟。

通常如有若干组相关的实验数据，求其函数关系，严格的做法是用最小二乘法拟合（least square method fitting），现有不同温度下相应的多组 C_p 数据，如本章前述表中有三个

以上标明温度下的 C_p 值，准备拟合成抛物线方程 $C_p = a + bT + cT^2$，a，b，c 均为经验常数，可由拟合 C_p 实验数据而得，文献 [14a] 介绍一种简便方法是：任取三个温度下的 C_p 值即 $(T_1 C_{p,1})$，$(T_2 C_{p,2})$，$(T_3 C_{p,3})$ 代入下式即可求出 a，b，c 值。

$$\frac{C_{p,1}}{(T_1 - T_2)(T_1 - T_3)} + \frac{C_{p,2}}{(T_2 - T_1)(T_2 - T_3)} + \frac{C_{p,3}}{(T_3 - T_2)(T_3 - T_1)} = c$$

$$\left(\frac{C_{p,1} - C_{p,2}}{T_1 - T_2}\right) - [(T_1 - T_2)c] = b$$

$$(C_{p,1} - bT_1) - cT_1^2 = a$$

所得之式在给定的温度范围之内适于内插，但不宜外推。

文献 [12] 讨论了 $C_p^{\ominus} = f(T)$，关联式的适用范围与误差情况，并给出了 552 种气体有机物的式 (2-11) 中各常数数值及适用温度范围，关联结果其平均误差为 0.16%。

Ruzicka 等人[11]对于如何选用适宜的液体 C_p 与温度 T 的关联式，提出三项准则：(a) 准确拟合实验数据的能力；(b) 当其外推到实验数据温度范围以外时，关联式的性能仍有意义——外推能力；(c) 为便于计算焓差和熵差，具有积分项 $\int C_p dT$，$\int \frac{C_p}{T} dT$ 的方程应能得到解析解——积分的功能。此三项准则一般也适用于选用气体的 $C_p \sim T$ 关联式。文献 [11] 的作者并提出一个新的关联方程——准多项式 (quasipolynomial)。

$$C = \frac{e_{-1}^2}{\tau} + e_0 + 2e_{-1}e_1\tau - e_{-1}e_2\tau^2 - \frac{e_1^2\tau^3}{3} - \frac{e_1 e_2 \tau^4}{2} - \frac{e_2^2 \tau^5}{5}$$，e_{-1}，e_1，e_2 是可调参数，e_0 是由积分时产生的一个可调参数，$\tau = 1 - \frac{T}{T_c}$，T_c——临界温度。这一方程提供较好的外推能力，特别是在接近临界点区域。

Yaws[1]以式 (2-11) 和式 (2-12) 关联近 700 种主要有机物气态（理想气体）和液体的 $C_p^{\ominus}$。本章表 2-1 和表 2-4 列出其温度关联式中各特性常数数值，可用以计算这 700 种有机物各温度下的 $C_p^{\ominus}$ 值。对液体以有代表性的甲苯、甲醇为例计算值与实验值符合甚好，特别是在熔点与稍高于沸点之间的温度范围内。对于有机理想气体其关联结果平均误差则 < 0.15%。

2.2.1.4　等温条件下 C_p 与压力的关系

$$\left(\frac{\partial C_p}{\partial p}\right)_T = -T\left(\frac{\partial^2 V}{\partial T^2}\right) \tag{2-15}$$

其积分形式

$$C_p(T_1, p_1) - C_p(T_1, p_2) = -T_2 \int_{p_1}^{p_2} \left(\frac{\partial^2 V}{\partial T^2}\right)_p dp \tag{2-16}$$

$$C_p - C_p^{\ominus} = \Delta C_p = -T \int_0^T \left(\frac{\partial^2 V}{\partial T^2}\right)_p dp \tag{2-17}$$

若应用显压型状态方程 (explicit-pressure equation of state) $p = p(T, V)$ 时，ΔC_p 最方便的可由下式求出[13]

$$\Delta C_p = T \int_{\infty}^V \left(\frac{\partial^2 p}{\partial T^2}\right) dV - T \frac{(\partial p / \partial T)_V^2}{(\partial p / \partial V)_T} - R \tag{2-18}$$

2.2.2　热容估算方法

仅从经典热力学想要预测热容数值是不可能的。因此物质的热容数据需以量热实验来确定。低压下 ($p \to 0$) 的实际气体（或理想气体）的热容大部分是借助统计力学理论由光谱实验数据计算而得。对于液体来说目前尚未建立起其热容的理论计算公式，而对低温下固体物质已从热力学以外的观点导出几个重要的理论公式，例如 Einstein，Debye 方程可用以计算固体物质的定体热容，但从工程应用角度考虑，这些公式并不适用于实际问题。

表2-87　Thinh等理想气体 $\Delta_f H^\ominus$、$\Delta_f G^\ominus$、$S^\ominus$、$C_p^\ominus$ 的基团贡献值

基团	Δ_H	Δ_S	Δ_G	A	B_1	C_1	n_1	B_2	C_2	n_2
—CH$_3$	−42.362	114.823	−16.454	19.8312	85.5824	1013.8229	1.0489	0	0	0
—CH$_2$—	−20.641	38.979	8.374	12.9037	573.0482	788.7739	1.0380	503.6800	832.8313	1.0452
>CH—	−7.519	−49.634	28.428	−2.6017	318.1767	601.8911	0.9953	256.7467	1013.8229	1.0489
>C<	3.358	−152.693	50.576	−10.3372	375.4710	733.9538	1.0396	342.3287	1013.8229	1.0489
=CH$_2$	26.159	109.799	34.085	14.3951	64.4428	527.1308	0.9644	0	0	0
=C—	114.467	32.9773	105.687	10.4586	100.8906	1133.5426	1.0774	85.5824	1013.8229	1.0489
≡CH	113.450	100.4769	104.670	6.9241	52.1081	21.3585	0.5	0	0	0
≡C—	139.940	24.49	134.346	6.4087	152.4962	321.4962	0.9048	128.8860	527.1308	0.9644
—HC=CH$_2$	55.119	139.46	75.383	6.9526	131.7946	134.8699	0.8030	0	0	0
>C=CH$_2$	67.809	64.14	91.021	20.6066	262.0187	652.9594	0.9990	171.1643	1013.8229	1.0489
>C=C<	102.836	−96.42	134.982	−0.0063	430.5353	511.5828	0.9573	342.3287	1013.8229	1.0489
>C=CH—	84.506	−5.67	109.066	11.0372	329.0795	874.4157	1.0464	256.7467	1013.8229	1.0489
—HC=CH—（顺）	77.732	71.38	98.808	13.3291	260.7753	1110.9532	1.0843	171.1643	1013.8229	1.0489
—HC=CH—（反）	73.545	67.03	95.920	24.7813	252.2304	990.4639	1.0590	171.1643	1013.8229	1.0489
>C=C=CH$_2$	214.515	90.23	231.656	31.4039	279.1155	578.8631	0.9870	171.1643	1013.8229	1.0489
—HC=C=CH$_2$	204.684	178.38	215.034	35.8315	208.9812	700.3515	1.0163	85.5824	1013.8229	1.0489
—HC=C=CH—	223.307	95.25	238.982	33.7481	270.4279	949.4988	1.0596	171.1643	1013.8229	1.0489
HC↔	13.8303	44.8963	21.6240	6.0060	45.5189	1174.9378	1.1387	0	0	0
—C↔	23.2422	−19.3501	30.7052	5.7087	333.3065	1269.0479	1.1387	313.6947	986.1985	1.0928
↔C↔	18.7849	−10.6483	23.6500	9.7540	199.4973	1587.2948	1.1915	182.0760	1174.9378	1.1387
六元环上支链化										
单支链	−2.412	18.92	8.080	6.5147	472.5457	2470.4850	1.2344	473.6389	3061.5552	1.2706
双支链 1,1	0.578	14.40	−3.726	18.9943	521.8143	3819.4942	1.3044	546.4984	2405.6012	1.2375

续表

基　团	Δ_H	Δ_S	Δ_G	A	B_1	C_1	n_1	B_2	C_2	n_2
1,2（顺）	9.412	23.91	-2.261	15.2973	530.8527	2640.9182	1.2462	546.4984	2405.6012	1.2375
1,2（反）	1.583	20.31	-4.480	12.5169	536.5874	2189.0807	1.2193	546.4984	2405.6012	1.2375
1,3（顺）	-3.190	19.85	-9.127	19.7734	527.3798	3032.2880	1.2661	546.4984	2405.6012	1.2375
1,3（反）	5.016	25.62	-2.638	16.1489	533.1098	2403.6929	1.2294	546.4984	2405.6012	1.2375
1,4（顺）	4.932	19.85	-1.005	16.1489	533.1098	2403.6929	1.2294	546.4984	2405.6012	1.2375
1,4（反）	-3.023	14.19	-7.243	14.5722	530.9130	2616.9819	1.2473	546.4984	2405.6012	1.2375
芳香烃支链化的校正										
双支链										
1,2	1.926	17.54	7.159	9.2562	390.1846	1137.6065	1.1076	393.0425	1381.8801	1.1442
1,3	0.167	-12.60	3.927	1.7204	394.2571	1266.8220	1.1287	393.0425	1381.8801	1.1442
1,4	0.879	-17.88	6.217	4.4970	390.6682	1414.2979	1.1428	393.0425	1381.8801	1.1442
三支链										
1,2,3	6.280	-29.64	15.127	13.5058	446.9279	1416.3668	1.1311	452.4386	1496.1894	1.1513
1,2,4	1.926	-24.49	9.236	15.8357	442.3262	1513.4331	1.1414	452.4386	1496.1894	1.1513
1,3,5	-0.209	-35.29	10.325	5.9959	450.0936	1482.6086	1.1443	452.4386	1496.1894	1.1513
正构系列中前几个 —CH₂— 基特别校正										
正构链烷烃前 —CH₂—										
第 1 个 —CH₂—	1.45	1.47	1.03	-6.7303	248.7780	653.8562	0.9992	242.1603	779.2506	1.0174
第 1,2 个 —CH₂—	-0.23	2.72	-1.01	-2.4878	310.2695	745.5631	1.0220	312.2675	694.6245	1.0053
第 1,2,3 个 —CH₂—	0.11	2.60	-0.59	-1.3214	376.7655	750.0491	1.0256	382.0195	652.7659	0.9996
正构烷基苯上前 —CH₂—										
第 1 个 —CH₂—	0.42	1.76	-0.08	-2.6088	405.3002	972.3475	1.0980	401.3810	1115.4125	1.1162
第 1,2 个 —CH₂—	-0.92	3.02	-1.77	3.8192	463.3222	1065.8703	1.1084	469.7326	1014.5118	1.0997
第 1,2,3 个 —CH₂—	-1.93	2.89	-2.71	4.9593	529.7412	1024.6444	1.1005	538.2738	943.4540	1.0870
正构单烯烃上前两个 —CH₂—										
第 1 个 —CH₂—	7.758	12.54	4.250	7.8264	268.1097	616.9205	0.9973	287.2903	313.8732	0.8983
第 1,2 个 —CH₂—	7.591	13.80	3.705	12.6199	328.8149	721.9341	1.0225	355.8680	352.8265	0.9180
正构炔烃中前两个 —CH₂—										

续表

基团	Δ_H	Δ_S	Δ_G	A	B_1	C_1	n_1	B_2	C_2	n_2
第1个 —CH₂—	0.38	3.77	−0.054	−8.1701	226.4510	333.3507	0.9005	209.3387	504.9147	0.9628
第1,2个 —CH₂—	0.17	3.77	−0.641	−1.0002	280.4281	533.4160	0.9750	278.6772	510.4336	0.9686
环校正										
三元环	103.117	129.9386	64.393	−7.2109	126.0424	4304.6037	1.3222	137.8135	1237.7501	1.1173
五元环——环戊烷	25.916	98.18	−3.224	−23.2619	364.2466	1281.9257	1.1221	346.3003	545.5184	0.9912
五元环——环戊烯	17.141	101.53	−13.063	−9.8327	295.5738	1877.9329	1.1852	295.5236	813.0059	1.0604
六元环——环己烷	0.628	64.56	−18.464	−7.8410	400.4109	4371.2289	1.3210	415.5604	545.5184	0.9912
六元环——环己烯	−2.286	83.65	−27.130	−19.9091	381.0306	972.7163	1.1001	364.4877	756.9254	1.0481
五元环上支链化										
单支链	0.234	20.85	−6.448	11.2315	430.9482	1040.8363	1.0906	438.4517	1062.1344	1.1013
双支链										
1,1	−2.604	14.03	−6.783	23.0044	482.8142	1362.2334	1.1394	511.9707	951.9636	1.0909
1,2(顺)	6.146	20.89	−0.084	21.7090	488.0603	1170.5749	1.1148	511.9707	951.9636	1.0909
1,2(反)	−1.013	21.56	−7.452	21.0747	490.8382	1084.4398	1.1022	511.9707	951.9636	1.0909
1,3(顺)	−0.176	21.56	−6.615	21.0747	490.8382	1084.4398	1.1022	511.9707	951.9636	1.0909
1,3(反)	2.085	21.56	−4.354	21.0747	490.8382	1084.4398	1.1022	511.9707	951.9636	1.0909
正构烷基环戊烷环外前1个 —CH₂—	0.251	−0.54	0.460	−30.4929	587.9033	312.1951	0.9010	499.7695	956.9970	1.0777
正构烷基环己烷环外前两个 —CH₂—										
第1个 —CH₂—	3.642	0.29	3.601	0.8016	536.6820	2165.9117	1.2143	539.4721	2097.6983	1.2081
第1,2个 —CH₂—	2.721	−1.72	3.308	−2.1981	615.9164	1465.2225	1.1521	606.7502	1839.8190	1.1870
链烷烃支链支化的校正										
2个或2个以上C原子支链	6.699	−0.21	6.573	0	0	0	0	0	0	0
3个相邻的 —CH₂— 基团	−12.460	29.35	19.510	0	0	0	0	0	0	0
相邻的 >HC—C< 基团	10.986	11.72	7.536	0	0	0	0	0	0	0

注：↔代表芳环上C与C的连接。

2.2.2.1 理想气体或低压下 ($p \to 0$) 的实际气体 $C_p^{\ominus}$ 的估算法

（1）Thinh、Duran、Ramalho 和 Trong 法[13, 17, 18]

$$C_p^{\ominus}(T) = \sum_j n_j \left[A + B_1 \exp\left(\frac{C_1}{T^{n_1}}\right) - B_2 \exp\left(\frac{C_2}{T^{n_2}}\right) \right] \tag{2-19}$$

式中，n_j 为第 j 种基团的数目，A、B_1、C_1、n_1、B_2、C_2、n_2 数值皆列于表 2-87 中，$C_p(T)$ 单位为 J/(mol·K)。此法只适用于烃类化合物，但其温度适用范围较宽可达 $200 \sim 1500K$，一般地说除少数例外，此法是准确的，误差在 1% 以下。Thinh 等法的热容表达式在需积分计算时，不能得到解析解，而需用数值法，这是其不方便之处。

例 2-1 利用 Thinh 等提出的式（2-19）估算 800K 时 2-甲基-1,3-丁二烯的 $C_p^{\ominus}$，其文献值 $C_p^{\ominus} = 201.0$ J/(mol·K)。

解 将此化合物分解为 —CH_3，—$HC = CH_2$ 和 $\diagup\!\!\!\!{C} = CH_2$ 三个基团，由表 2-87 查出各基团的 A、B_1 等对 $C_p^{\ominus}$ 的贡献值，分别计算 800K 下各基团贡献值，然后代入式（2-19）中，

$$—CH_3 \text{ 为 } 19.8312 + 85.5824 \exp\frac{-1013.8299}{(800)^{1.0489}} = 54.15$$

$$—CH = CH_2 \text{ 为 } 6.9526 + 131.7946 \exp\frac{-134.8699}{(800)^{0.8030}} = 77.21$$

$$\diagup\!\!\!\!{C} = CH_2 \text{ 为 } 20.6066 + 262.0187 \exp\frac{-652.9594}{(800)^{0.9990}} - 171.1643 \exp\frac{-1013.8299}{(800)^{1.0489}} = 67.19$$

故 $\quad C_p^{\ominus}(800K) = (54.15 + 77.21 + 67.19) \text{J/(mol·K)} = 198.55 \text{J/(mol·K)}$

相对误差 $\quad \dfrac{198.55 - 201.0}{201.0} = -1.2\%$

（2）Rihani-Doraiswamy（R-D）[19, 23] 法及董茜[20] 改进法

$$C_p^{\ominus} = \sum_i n_i a_i + \sum_i n_i b_i T + \sum_i n_i c_i T^2 + \sum_i n_i d_i T^3 \tag{2-20}$$

式中，n_i 为 i 型基团数目，a_i、b_i、c_i、d_i 为 i 型基团的参数，$C_p^{\ominus}$ 单位为 J/(mol·K)。R-D 法适用于多种类型有机化合物包括芳香族脂肪族、碳环、杂环、非环体系，其估算误差一般是低于 $2\% \sim 3\%$。虽然 R-D 法基团分类简明易于应用，几乎 80% 的有机物皆适用，但其计算精度由于拟合的基团参数不准而受到影响，为此董茜等人[20]在对 R-D 法的计算精度与适用性给出了适量的分析和评价，在此基础上修正部分基团参数，增添 5 个新的基团及其参数，扩大了 R-D 法对有机物的应用范围，提高了计算精度，对 479 个有机物进行计算误差范围为 $0.6\% \sim 4.3\%$ 平均相对误差为 2%。温度低于 300K 时，估算值精确度略有降低。表 2-88 为修正后的 R-D 基团参数表。

表 2-88 修正后 R-D 法基团参数表①

序 号	基 团	a /[J/(mol·K)]	$b \times 10^2$ /[J/(mol·K²)]	$c \times 10^4$ /[J/(mol·K³)]	$d \times 10^6$ /[J/(mol·K⁴)]
1	—CH_3	2.5468	8.9676	−0.3565	0.004749
2	$\vert$ —CH_2	1.6506	8.9383	−0.5006	0.010862
3	=CH_2	2.2033	7.6806	−0.3992	0.08159
4	$\vert$ —CH $\vert$	−14.7411	14.2917	−1.1782	0.033534
5	$\vert$ —C— $\vert$	−24.3956	18.6360	−1.7606	0.052844
6	—$HC = CH_2$	1.1602	14.4683	−0.8025	0.017280

序号	基团	a /[J/(mol·K)]	$b\times10^2$ /[J/(mol·K²)]	$c\times10^4$ /[J/(mol·K³)]	$d\times10^6$ /[J/(mol·K⁴)]
7	>C=CH₂	−1.7460	16.2578	−1.1644	0.030811
8	(cis) H,H C=C	−13.0583	15.9243	−0.9870	0.023029
9	(trans) H / C=C \ H	3.9233	12.5118	−0.7318	0.016393
10	>C=C< H	−6.1563	14.1595	−0.9920	0.025368
11	>C=C<	1.9815	14.7206	−1.3180	0.038513
12	H >C=C=CH₂	9.3722	17.9477	1.0736	0.024720
13	>C=C=CH₂	11.00727	17.4297	−1.1903	0.030447
14	H / C=C=C \ H	−13.0746	27.9671	−2.4125	0.072927
15	≡CH	−11.9005	4.2560	−0.2887	0.078073
16	—C≡	−17.7046	32.9235	−1.2439	0.041547
17	HC (aromatic)	−6.0969	8.0111	−0.5159	0.012489
18	—C (aromatic)	−5.8086	6.3425	−0.4473	0.011125
19	C (aromatic fused)	0.5100	5.0919	−0.3577	0.08878
20	三元环	−14.7779	−0.1255	0.3125	−0.023071
21	四元环	−12.1629	0.9828	−0.3079	0.022715
22	饱和五元环	−51.4004	7.7860	−0.4339	0.08975
23	不饱和五元环	−28.7914	3.2711	−0.1443	0.002472
24	饱和六元环	−56.0355	8.9504	−0.1795	0.07803
25	不饱和六元环	−33.5716	9.3048	−0.8012	0.022900
26	—OH	1.9673	5.7153	−0.4862	0.017188
27	—O—	11.9081	−0.04184	0.1900	−0.011413
28	—C=O	14.7210	3.9484	0.2569	−0.029196
29	—C=O (with bond)	4.1907	8.6872	−0.6845	0.018803
30	—C(=O)—O—H	5.8806	14.4900	−1.0698	0.028811
31	—C(=O)—O—	11.4432	4.4982	0.2791	−0.038620
32	O (epoxide)	−15.6247	5.7434	−0.5293	0.015853
33	—C≡N	18.8715	2.2849	0.11255	−0.015857
34	—N≡C	21.2800	1.4611	0.1084	−0.010192
35	—NH₂	17.4820	3.0870	0.2841	−0.030585
36	>NH	−5.2426	9.1763	−0.6711	0.017728

续表

序　号	基　团	a /[J/(mol·K)]	$b\times10^2$ /[J/(mol·K^2)]	$c\times10^4$ /[J/(mol·K^3)]	$d\times10^6$ /[J/(mol·K^4)]
37	$\diagdown$N—	−14.5089	12.3148	−1.1184	0.032752
38	N	10.2332	1.4376	−0.07155	−0.011376
39	—NO$_2$	4.5597	11.0462	−0.7828	0.01987
40	—SH	10.7098	5.5844	−0.4975	0.01598
41	—S—	17.6799	0.4715	−0.01088	−0.000301
42	S	17.0808	−0.1259	0.03059	−0.025443
43	—SO$_3$H	28.9608	10.3491	0.7431	−0.093910
44	—F	6.01743	1.4443	−0.04435	−0.000142
45	—Cl	12.82841	0.8878	−0.05356	0.001155
46	—Br	11.5500	1.9795	−0.1904	0.005941
47	—I	13.6612	2.0506	−0.2255	0.07456
48	—C≡C—	14.0708	5.8158	−0.3996	0.011058
49	—C≡CH	7.2634	10.8617	−0.9481	0.032727
50	—O—NO$_2$	5.0250	18.9661	−1.6472	0.051881
51	（苯基）—F	3.5577	6.8199	−0.9025	0.039208
52	（苯基）—Cl	10.2801	5.5271	−0.8326	0.037861

① 表中 a，b，c，d 数值为文献 [20] 中相应各系数值乘以 4.184 而得。

例 2-2　应用 R-D 法估算 2-甲基-1,3-丁二烯 800K 时的 $C_p^{\ominus}$，此化合物 $C_p^{\ominus}$ 文献值为 201.0J/(mol·K)。

解　此化合物基团有 —CH$_3$，$\diagup$C=CH$_2$，—HC=CH$_2$ 查表 2-88 可得

—CH$_3$　　　$a=2.5469$，$b=8.9680$，$c=-0.3505$，$d=0.004745$

—HC=CH$_2$　$a=1.1603$，$b=14.4690\times10^{-2}$，$c=-0.8025\times10^{-4}$，$d=0.017281\times10^{-6}$

$\diagup$C=CH$_2$　$a=-1.7461$，$b=16.2585\times10^{-2}$，$c=-1.1645\times10^{-4}$，$d=0.030812\times10^{-6}$

$\sum n_i a_i=1.9611$，$\sum n_i b_i=39.6955\times10^{-2}$，$\sum n_i c_i=-2.3235\times10^{-4}$，
$\sum n_i d_i=0.052842\times10^{-6}$

代入式（2-20）求得 $C_p^{\ominus}$（800K）。

$$C_p^{\ominus}(800\mathrm{K})=(1.9611+39.6955\times10^{-2}\times800-2.3235\times10^{-4}\times800+0.052842\times10^{-6}$$
$$\times800)\mathrm{J/(mol\cdot K)}=197.88\mathrm{J/(mol\cdot K)}$$

相对误差　　　$\dfrac{197.88-201.0}{201.0}=1.6\%$

（3）Yoneda 或 ABWY（Anderson, Beyer, Watson, Yonedy）法 [13, 22, 24] 及赵国良等 [21] 的改进法

20 世纪 70 年代，在 ABW[22] 提出的用以计算 $S_{\text{气}}^{\ominus}$、$\Delta_\mathrm{f}H_{\text{气}}^{\ominus}$ 和 $C_p^{\ominus}$（T）方程中各项系数基团贡献法的基础上，Yoneda 对其进行了全面修正和大幅度扩充后，建议以下式估算 $C_p^{\ominus}(T)$

$$C_p^{\ominus}(T) = \sum_j n_j \Delta_{\mathrm{a}} + \left(\sum_j n_j \Delta_{\mathrm{b}}\right)\left(\frac{T}{1000}\right) + \left(\sum_j n_j \Delta_{\mathrm{c}}\right)\left(\frac{T}{1000}\right)^2 \qquad (2\text{-}21)$$

式中　Δ——贡献参数；

$\quad\quad n_j$——所需基团贡献次数；

$\quad\quad T$——热力学温度，K。

这一方法首先选取一个基本分子为骨架结构，即起始于某一基本化合物——母体［各母体分子的贡献值列于表 2-89（a）］，而需求的物质则可逐次的由基团置换而得到。每一次置换均有一组与置换基团相应的贡献值 Δ_{a}、Δ_{b}、Δ_{c}，通过加和各置换基团的贡献值则可得所求的性质（如 $C_p^{\ominus}$、$\Delta_f H_{\mathrm{g}}^{\ominus}$、$S_{\mathrm{g}}^{\ominus}$）。此法选择甲烷、环戊烷、环己烷、苯和萘为母体化合物（基本分子骨架）所有链烷烃均起始于甲烷，以 CH_3 基逐次置换烃基团构成目标分子，同样苯的衍生物均起始于苯的骨架结构。但对某些化合物若不能从这些骨架结构合成如噻吩等则不能用此法处理。

（3.1）Yonedy 法对烃类化合物其步骤为

① 选取一适宜的基本化合物。

② 初级甲基取代。以 $—CH_3$ 取代基本分子上 H 原子称为初级甲基取代。按取代先后次序又分（第）一次初级和（第）二次初级如对甲烷为母体仅有一种类型初级甲基取代（形成乙烷）而对环状化合物为基本分子时环上的氢原子就可以有几种类型的初级甲基取代，例如从环己烷（母体）出发以构成 1,3-反-二甲基环己烷则需要有一次初级甲基取代和二次初级甲基取代。各种类型的初级甲基取代基团贡献值列于表 2-89（b）中。在进行任何次级甲基取代之前，这些初级甲基取代必先实行。

③ 次级甲基取代。实行初级甲基取代后，继续以 $—CH_3$ 置换 H 原子以合成目的化合物，在此过程每一甲基取代称为次级甲基取代。这种取代其基团贡献值的大小与发生取代的 C 原子类型有关，亦与相邻的 C 原子类型有关。以 A 代表发生取代的 C 原子，以 B 表示与 A 相邻的 C 原子最高类型数如下。

C 原子类型	$—CH_3$	$—CH_2—$	$>CH—$	$—C—$	芳香环上 C
类型数	1	2	3	4	9

次级甲基取代基团贡献值列于表 2-89（c）。

以形成 2-甲基丁烷为例其逐次取代步骤为

基本分子→甲烷

初级甲基取代→乙烷

次级甲基取代：

$A=1$　$B=1$→正丙烷

$A=1$　$B=2$→正丁烷

$A=2$　$B=2$→2-甲基丁烷

④ 用双键或叁键置换单键（在需要的位置处）以形成烯烃、炔烃时其基团贡献值列于表 2-89（d）。它是与所涉及的 C 原子类型有关，如要形成 2-甲基-2-丁烯时，首先合成如上所述的 2-甲基丁烷，以后再嵌入一类型 2=3 双键，对于相邻双键、共轭双键和叁键，其贡献值不同，反映双键叁键位置关系的校正值也列于表 2-89（d）中。

按步骤①～④可以构成烃类物质和估算其理想气体的热力学性质 $\Delta_f H_{\mathrm{g}}^{\ominus}$、$S_{\mathrm{g}}^{\ominus}$、$C_p^{\ominus}$（T）。

（3.2）Yonedy 法应用于非烃类化合物。对非烃类物质同样先要确定一个合适的碳氢化合物作母体，以后逐一加入各基团以取代$—CH_n—$（不是氢原子）官能团一般类型是为一、

二、三键所表征。例如 —Br，—O—，$>$N—，第一种情况是 —Br 取代 —CH₃，第二种
是 —O— 取代 —CH₂— ，第三种情况则是 $>$N— 取代 $>$CH— ，一个醛、酮基团
=O 取代两个 —CH₃，此种基本贡献的数值列于表 2-89（e）。

　　此外，当合成非烃类化合时尚需有两种进一步的贡献值，这些贡献值被称为校正值，列
于表 2-89（f）中。

　　① 类型数校正。若一官能团加在芳香（烃）环上则不需要此种校正，例如以 —Cl 置
换甲苯中 —CH₃ 以构成氯苯时就不要进行类型数校正，其它情况下一般应遵循：

　　首先作成所有官能团的代换，对每个官能团关键是要考虑与之键合的碳原子，对每个键
合 C 原子计算（count）其邻位非氢键合原子数。总和是此数与表 2-89（f）中类型数校正值
的乘积。若官能团有多重键，对每一单键重复进行这一方法，如考虑 1-氯丙烷，在此—Cl
连到一个 C 原子上，而此 C 原子本身仅连接有一个非氢原子，因此在表 2-89（f）中—Cl 仅
一个类型数校正值，但对 2-氯丙烷对—Cl 则应有两个类型数校正值，对甲、乙酮 =O 键合
到 C 原子上而此 C 原子本身又连接在另外两个 C 原子上，因此对 =O 类型校正数是 2，最
后对全氟乙烷每个—F 键合到一个 C 原子上，而此 C 原子又连接三个非氢原子，对 6 个—F
每一个有 3 个类型数校正，故对表 2-89（f）中—F 的总类型数校正为 3×6＝18。

　　② 多重校正。若某些官能基团连接在同一个 C 原子上，表 2-89（f）的校正是必需的。
如对 1,1,1-三氯乙烷，有三个—Cl，—Cl 的多级键（multiple-bond）校正是由于氯原子间
三个二元相互作用所致。Yoneda 在其文章中选定饱和烃、不饱和烃、环烷烃、芳香烃及卤
素衍生物等 320 个有机物在 300K 和 700K 下考查，平均误差分别为 1.5% 和 1.0%。

表 2-89　估算理想气体性质（$\Delta_f H_g^\ominus$，$S_g^\ominus$，$C_p^\ominus(T)$）ABWY 法基团贡献值[13]

（a）基本分子骨架结构贡献值

基本基团	Δ_H/[kJ/mol]	Δ_S/[J/(mol·K)]	Δ_a/[J/(mol·K)]	Δ_b/[J/(mol·K²)]	Δ_c/[J/(mol·K³)]
甲烷	−74.90	186.31	16.71	65.65	−9.96
环戊烷	−77.29	293.08	−41.95	474.03	−182.71
环己烷	−123.22	298.44	−52.25	600.18	−231.07
苯	82.98	269.38	−22.52	402.81	−171.53
萘	151.06	335.87	−28.43	623.67	−269.09

（b）初级甲基取代贡献值

基本基团	Δ_H	Δ_S	Δ_a	Δ_b	Δ_c
甲烷	−9.84	43.33	−9.92	103.87	−43.54
环己烷					
第一次初级	−34.46	49.28	8.75	68.29	−23.19
第二次初级					
形成：					
1,1	−26.63	17.17	−6.03	116.43	−55.60
1,2（顺）	−17.88	24.03	−3.64	110.53	−53.26
1,2（反）	−25.04	24.70	−2.47	107.64	−52.17
1,3（顺）	−24.20	24.70	−2.47	107.64	−52.17
1,3（反）	−21.94	24.70	−2.47	107.64	−52.17
环己烷					
一次初级	−33.66	46.35	11.60	81.27	−39.61
二次初级					
形成：					
1,1	−24.24	20.47	13.52	111.49	−41.03

基本基团	Δ_H	Δ_S	Δ_a	Δ_b	Δ_c
1,2(顺)	−15.41	29.98	−8.00	100.06	−38.73
1,2(反)	−23.24	26.38	−5.82	103.37	−43.25
1,3(顺)	−28.01	25.92	−6.32	95.21	−33.03
1,3(反)	−19.80	31.69	−4.31	88.49	−32.20
1,4(顺)	−19.89	25.92	−4.31	88.47	−32.30
1,4(反)	−27.84	20.26	−8.42	107.68	−44.05
苯					
一次初级	−35.50	47.94	5.78	64.68	−19.51
二次初级					
形成:					
1,2	−27.80	36.43	12.48	50.03	−11.97
1,3	−29.14	41.66	5.02	64.81	−19.64
1,4	−28.72	36.22	5.48	60.33	−16.16
1,2,3	−30.40	42.87	14.15	29.27	9.67
1,2,4	−33.49	43.63	16.41	18.63	16.24
1,3,5	−34.22	26.84	6.20	58.41	−14.74
萘					
一次初级					
位置1	−34.12	41.83	6.36	37.39	−32.11
位置2	−34.88	44.42	10.68	61.80	−20.18
二次初级					
形成:					
1,2	−26.42	30.31	13.06	64.81	−24.58
1,3	−27.76	35.59	5.61	79.59	−32.24
1,4	−27.34	30.10	6.07	75.11	−28.76
2,3	−26.42	30.31	13.06	64.81	−24.58

(c)次级甲级取代贡献值

类型数 A	B	Δ_H	Δ_S	Δ_a	Δ_b	Δ_c
1	1	−21.10	43.71	−3.68	98.22	−42.29
1	2	−20.60	38.90	1.47	81.48	−31.48
1	3	−15.37	36.63	−0.96	91.69	−38.98
1	4	−15.37	36.63	−0.96	91.69	−38.98
1	9	−19.68	45.34	1.55	88.59	−37.68
2	1	−28.76	21.48	−2.09	95.75	−41.70
2	2	−26.59	27.34	−0.63	90.73	−37.56
2	3	−22.23	27.38	−4.90	97.68	−41.66
2	4	−20.68	27.51	−1.21	92.11	−38.02
2	9	−24.37	28.09	−3.18	90.43	−36.34
3	1	−31.48	11.76	−2.76	107.77	−49.28
3	2	−28.64	18.00	−6.91	111.79	−51.71
3	3	−20.77	25.96	−6.91	111.79	−51.75
3	4	−23.70	4.56	−4.19	129.62	−66.36
3	9	−26.13	28.09	−3.18	90.43	−36.34

(d)取代单键多键贡献值

键类型	Δ_H	Δ_S	Δ_a	Δ_b	Δ_c
1 = 1	137.08	−10.05	0.50	−32.78	3.73
1 = 2	126.23	−5.99	3.81	−50.95	16.33
1 = 3	116.98	0.71	12.81	−71.43	27.93
2 = 2(顺)	118.49	−6.32	−6.41	−37.60	11.30
2 = 2(反)	114.51	−11.39	9.17	−67.57	26.80
2 = 3	114.72	0.59	−1.05	−54.09	21.23
3 = 3	115.97	−2.09	5.90	−95.92	57.57
1 ≡ 1	311.62	−28.68	19.18	−98.81	22.99
1 ≡ 2	290.98	−20.81	16.54	−117.15	40.74
2 ≡ 2	274.40	−23.95	12.85	−127.11	51.71
相邻双键	41.41	−13.27	9.76	−7.79	2.14
共轭双键	−15.32	−17.00	−6.70	37.30	−27.51
与芳环共轭双键	−7.20	−9.50	5.36	−9.09	5.19
与芳环共轭的叁键	8.79	−20.10	−3.77	4.61	0.42
共轭叁键	17.58	−20.52	3.35	14.65	−14.65
共轭双键连结的叁键	13.82	−5.86	12.56	22.19	9.63

(e)取代—CH_n—基团的贡献值

官能团	Δ_H	Δ_S	Δ_a	Δ_b	Δ_c
=O(醛)	−10.13	−54.43	17.12	−214.20	84.32
=O(酮)	−29.68	−84.53	6.32	−148.59	36.68
—OH	−119.07	8.62	7.29	−65.73	24.45
* —OH	−146.58	−1.26	12.02	−49.82	24.28
—O—	−85.54	−5.28	13.27	−85.37	38.60
* —O—	−97.85	−15.07	18.00	−69.50	38.10
—OOH	−103.41				
—OO—	−21.86				
—COOH	−350.39	53.05	7.91	29.22	−26.67
* —COOH	−337.87	51.92	−8.04	25.20	−4.56
—COO—	−306.14	54.85	−17.58	1.26	7.95
* —COO—	−317.90	54.85	−17.58	1.26	7.95
* —OOC—	−310.33				
—COOCO—	−470.26	116.94	−5.28	124.72	−69.29
—COO$_2$CO—	−392.30				
—OOCH	−276.04	71.80	7.91	29.22	−26.67
—CO$_3$—	−490.57				
—F	−154.28	−16.62	4.23	−76.62	24.58
* —F	−165.34	−18.05	6.49	−59.54	18.38
* —F(邻位)	−143.36	−12.85	5.90	−78.92	32.45
—COF	−355.71	57.36	14.24	−18.00	4.61
* —COF	−351.69				
—Cl	2.05	−5.90	7.45	−64.90	14.95
* —Cl	9.88	−3.98	10.72	−83.40	31.07
—COCl	−159.35	53.97	22.65	−23.57	−2.43
* —COCl	−155.41				
—Br	49.57	13.10	11.14	−49.95	13.06
* —Br	57.61	7.29	12.31	−70.38	28.93
—COBr	−105.80	68.66	20.93	−43.54	9.21

续表

官能团	Δ_H	Δ_S	Δ_a	Δ_b	Δ_c
* —COBr	−98.56				
—I	101.19	14.57	11.39	−72.56	18.30
* —I	116.18	8.79	12.56	−92.95	34.33
—COI	−38.06	88.34	23.45	−33.08	9.63
* —COI	−30.98				
—SH	60.37	24.07	14.40	−65.98	28.43
* —SH	64.14	19.76	12.14	−42.45	19.43
—S—	69.67	21.65	17.12	−83.65	46.05
* —S—	71.01	17.17	15.07	−60.29	38.64
—SS—	79.88	63.51	35.63	−58.45	20.43
—SO—	−43.17				
* —SO—	−39.77				
—SO$_2$—	−280.10				
—* SO$_2$—	−276.66				
—SO$_3$H	1183.61				
—OSO$_2$—	−379.78				
—OSO$_3$—	−583.56				
—NH$_2$	61.50	13.10	7.49	−37.68	13.19
* —NH$_2$	39.44	2.05	8.83	−14.40	4.40
—NH—	87.00	−0.21	1.38	−24.62	7.75
* —NH—	57.61	−11.30	2.51	−1.26	−0.84
—N⟨	110.74	−5.86	0.04	−18.59	4.40
* —N⟨	80.72	−16.75	1.26	4.61	−4.19
—N—（酮）	187.15				
—N＝N—	266.28				
—NHNH$_2$	170.15	49.24			
* —NHNH$_2$	153.61				
—N(NH$_2$)—	187.86	31.53			
* —N(NH$_2$)—	171.24				
—NHNH—	195.86	39.10			
* —NHNH—	179.20				
—CN	172.66	6.70	14.32	−53.42	14.70
* —CN	171.49	3.94	17.79	−47.60	20.18
—NC	235.05	17.29	17.58	−47.73	20.10
＝NOH	92.11				
—CONH$_2$	−153.74	77.46	15.07	23.86	−12.56
* —CONH$_2$	−141.22				
—CONH—	−128.12				
* —NHCO—	−158.39				
—CON⟨	87.92				
—NO$_2$	11.51	45.55	4.77	4.65	−14.57
* —NO$_2$	18.00	45.64	4.61	4.61	−14.65
—ONO—	20.68	54.85	10.34	6.32	−16.08
—ONO$_2$	−36.72	72.43	17.25	31.86	−29.14
—NCS	234.46	61.55			

(f)类型数校正和多次取代校正

官能团	Δ_H	Δ_S	Δ_a	Δ_b	Δ_c
=O(醛)	-22.69	18.84	-3.60	6.74	-4.81
=O(酮)	-13.82	30.94	6.66	-47.31	34.37
—OH	-11.10	0.84	0.42	0.00	-0.42
—O—	-9.55	-2.30	2.14	-5.02	3.31
*—O—	-11.76	-2.51	2.09	-5.02	3.35
—OOH	8.37				
—OO—	-10.47				
—COOH	6.45	35.92	0.00	0.00	0.00
←COO—	-5.07	35.92	0.00	0.00	0.00
←OOC—	-11.72	-2.50	2.09	-5.02	3.35
*—COO—	7.49	-2.51	2.09	-5.02	3.35
—COOCO—	-5.07	36.01	0.00	0.00	0.00
—COO$_2$CO—	-21.35				
—OOCH	33.45	-2.51	2.09	-5.02	3.35
—CO$_3$—	-1.21				
—F	-6.15	4.14	1.59	-0.54	1.59
—F，—F(ortho)	-15.37	-3.81	-2.01	-0.75	-1.76
—F，—Cl	11.01	-0.67	7.20	-13.98	18.34
—F，—Br	17.54	6.82	4.14	-16.79	4.40
—F，—I	17.25	-0.38	7.03	-6.49	4.23
—COF	1.67				
—Cl	-2.60	5.19	3.77	-12.56	8.04
—Cl，—Cl	17.79	-6.24	-2.60	6.49	-3.77
—Cl，—Br	21.52	6.20	7.24	-29.10	12.64
—Cl，—I	20.52	5.19	7.03	-27.59	18.92
—COCl	1.88				
—Br	-7.24	-5.23	1.63	-26.59	9.67
—Br，—Br	17.63	9.92	4.69	-35.96	19.68
—Br，—I	20.52	7.95	-1.59	-32.41	16.08
—COBr	1.67				
—I	-4.31	3.94	2.76	-10.13	7.29
—I，—I	23.40	-3.06	0.50	0.75	-1.51
—COI	1.67				
—SH	-1.13	1.59	1.47	-1.21	-1.59
—S—	-3.56	-0.17	-0.17	4.52	-3.77
*—S—	-1.17	-0.42	-0.42	4.61	-3.77
—SS—	-3.43	0.08	-1.76	11.14	-9.59
—SO—	-8.25				
*—SO—	-8.37				
—SO$_2$—	-1.13				
*—SO$_2$—	25.87				
—SO$_3$H	-11.72				
—OSO$_2$—	-11.76				
—OSO$_3$—	-10.76				

续表

官能团	Δ_H	Δ_S	Δ_a	Δ_b	Δ_c
—NH₂	−5.44	−1.42	0.67	1.97	−2.55
—NH—	−9.76	−1.26	0.84	2.09	−2.51
* —NH—	−8.71	−1.26	0.84	2.09	−2.51
—N⟨	−7.12	−1.26	0.84	2.09	−2.51
* —N⟨	−4.19	−1.26	0.84	2.09	−2.51
←—N—	0.84				
←—N=	−3.77				
—N=N—	−3.77				
—NHNH₂	−5.44	−1.26			
—N(NH₂)—	−5.44	−1.26			
* —N(NH₂)—	−5.44				
—NHNH—	−5.44	−1.26			
* —NHNH—	−5.44				
—CN	−12.90	2.34	4.27	−20.43	18.76
—NC	−12.98	2.51	4.19	−20.52	18.84
=NOH	0.84				
—CONH₂	0.13	36.01	0.00	0.00	0.00
←—CONH—	−5.02				
←—NHCO—	−9.63				
* —NHCO—	−5.02				
—NO₂	−9.46	0.00	0.00	0.00	0.00
—ONO—	−26.54	0.00	0.00	0.00	0.00
—ONO₂	−10.34	2.76	−1.55	3.43	−2.30
—NCS	−3.77	−1.26			

注：1. * 表示一个芳香核。← 代表当进行类型数校正时，指示键的方向。

2. Δ_H 值系用于估算 $\Delta_f H_{\underline{\mathcal{E}}}^{\ominus}$，kJ/mol；$\Delta_S$ 值用于估算 $S_{\underline{\mathcal{E}}}^{\ominus}$，J/(mol·K)；$\Delta_a$，$\Delta_b$ 和 Δ_c 用于估算 $C_{p,\underline{\mathcal{E}}}^{\ominus}$，J/(mol·K)。

例 2-3 用 ABWY 法估算 (1) 2-甲基-1,3-丁二烯，(2) 异丙醚 800K 时 $C_p^{\ominus}$（800K）。文献值 (1) 201.0J/(mol·K)，(2) 311.5J/(mol·K)。

解 (1) 考虑先形成 2-甲基丁烷，然后再嵌入 1=2，3=4 两个双键置换单键，即可形成目的化合物 2-甲基-1,3-丁二烯，置换过程中各步取代贡献值排列如下。

	Δ_a/[J/(mol·K)]	Δ_b/[J/(mol·K²)]	Δ_c/[J/(mol·K³)]
基本分子 CH₄	16.71	65.65	−9.96
初级甲基取代→CH₃—CH₃	−9.92	103.87	−43.54
次级甲基取代			
A=1,B=1 →CH₃—CH₂—CH₃	−3.68	98.22	−42.29
A=1,B=2 →CH₃—CH₂—CH₂—CH₃	1.47	81.48	−31.48
A=2,B=2 →CH₃—CH—CH₂—CH₃ (CH₃)	−0.63	90.73	−37.56
嵌入 1=2 双键 3=4 双键 →CH₂=C—CH=CH₂ (CH₃)	2×3.81	2×(−50.95)	2×16.33
校正被连接的双键	−6.70	37.30	−27.51
	$\sum n_j\Delta_{a,j}=4.87$	$\sum n_j\Delta_{b,j}=375.35$	$\sum n_j\Delta_{c,j}=-159.68$

代入式 (2-21)

$$C_p^{\ominus}(800) = \left[4.87 + \left(375.35 \times \frac{800}{1000}\right) + \left(-159.68 \times \frac{800^2}{1000^2}\right)\right] J/(mol\cdot K) = 202.95 J/(mol\cdot K)$$

与实验值 201.0 比较其相对误差约为 0.97%（约 1.0%）

解 （2）合成的关键是形成 2,4-二甲基戊烷，然后嵌入功能基团—O—以取代第三碳原子（—CH₂—），基本分子是 CH_4。

	Δ_a	Δ_b	Δ_c
基本分子 CH_4	16.71	65.65	−9.96
初级甲基取代→CH_3—CH_3	−9.92	103.87	−43.54
次级甲基取代			
A＝1,B＝1→CH_3CH_2—CH_3	−3.68	98.22	−42.29
A＝1,B＝2→$CH_3(CH_2)_2CH_3$	1.47	81.48	−31.48
A＝1,B＝2→$CH_3(CH_2)_3CH_3$	1.47	81.48	−31.48
A＝2,B＝2→2—CH_3CH—$(CH_2)_2CH_3$ 　　　　　　　　| 　　　　　　　　CH_3	−0.63	90.73	−37.56
A＝2,B＝2→ 2,4—$CH_3CHCH_2CHCH_3$ 　　　　　　　　|　　　| 　　　　　　　　CH_3　 CH_3	−0.63	90.73	37.56
基本贡献值			
—O—→异丙醚	13.27	−85.37	38.60
类型数校正			
4×—O—	8.56	−20.08	13.24
	26.62	506.71	−182.03

代入式（2-21），

$$C_p^\ominus(800K)=26.62+(506.71)\times\frac{800}{1000}-(182.03)\times\left(\frac{800}{1000}\right)^2 J/(mol\cdot K)=315.5 J/(mol\cdot K)$$

相对误差为 $\dfrac{315.5-311.5}{311.5}\times100=1.3\%$

赵国良，靳长德[21]曾对 ABW 法进行核算后认为可以参照此法直接从某些已知热容的化合物出发（可以不受所给出的那几种基本化合物——母体的限制）通过逐次基团置换计算出另一需求的化合物的热容。这一方法既简便其准确度还常有提高。热容的基团贡献值既可用原 ABW[21,22]表中的数据亦可选用其它基团贡献的参数值。

例 2-4　若已知 ⬡—CH_3 (g) 的 $C_{p,g}^\ominus$ 值，就很容易以赵-靳的改进法对 2-甲基苯胺的 $C_{p,g}^\ominus$ 进行估算。因需求 $C_{p,g}^\ominus$ 的化合物 ⬡—CH_3 可认为是以 N⬡ 置换甲苯中一个 HC⬡ 而得到的。

故 $C_{p,g}^\ominus\left(⬡CH_3\right)=C_{p,g}^\ominus\left(⬡CH_3\right)-C_{p,g}^\ominus\left(HC⬡\right)+C_{p,g}^\ominus\left(N⬡\right)$ ，J/(mol·K)。从表 2-1 查得 ⬡—CH_3 的 $C_{p,g}^\ominus$ (T) 表达式中各系数为 $A=-43.647$，$B=603.542\times10^{-3}$，$C=-399.451\times10^{-6}$，$D=104.382\times10^{-9}$；可查出

HC⬡ ： $a=-6.0969$，$b=8.0111\times10^{-2}$，$c=-0.5159\times10^{-4}$，$d=0.012489\times10^{-6}$

N⬡ ： $a=10.2332$，$b=1.4376\times10^{-2}$，$c=-0.07155\times10^{-4}$，$d=-0.011376\times10^{-6}$

$\therefore C_{p,g}^\ominus=-27.3169+53.7807\times10^{-2}T-3.55016\times10^{-4}T^2+0.081617\times10^{-6}T^3$

代入 $T=1000K$，估算求得 2-甲基吡啶的 $C_{p,g}^{\ominus}$（1000K）为 237.08J/(mol·K)。此温度下文献值为 248.28J/(mol·K)，相对误差约为 -4.5%。当应用赵-靳改进法时，选取的母体化合物愈接近于所要求的化合物，则置换次数愈少，计算既方便，引入的误差又愈小。

(4) Joback 法[13]

$$C_p^{\ominus} = \left(\sum_j n_j \Delta_a - 37.93 \right) + \left(\sum_j n_j \Delta_b + 0.210 \right) T + \left(\sum_j n_j \Delta_c - 3.9 \times 10^{-4} \right) T^2 +$$

$$\left(\sum_j n_j \Delta_d + 2.06 \times 10^{-7} \right) T^3 \tag{2-22}$$

式中 n_j，Δ_i（$i=a$，b，c，d）意义同于上述 Yoneda 法，C_p 单位为 J/(mol·K)。各参数值可由表 2-90 中查到，对 351 个有机化合物估算的 $C_p^{\ominus}$ 其平均偏差为 1.41%。对 700K 下 2-乙基苯酚用此法估算的 $C_p^{\ominus}=281.21$J/mol·K 与文献值 283.14 比较偏差为 1.93，相对偏差为 0.68%，而对丁腈用此法估算的 $C_p^{\ominus}$（500）与文献值比较偏差仅为 0.3%。Joback 法虽对某些物质偏差较大，但他最易应用，且其适用范围广泛。

由于上述 R-D，Joback 法均已实现计算机程序化，这将大大便于在工程中应用。文献 [12，13，13a] 对于基团贡献法估算 $C_p^{\ominus}$ 问题进行了分析与推荐，并讨论它们的偏差情况，可供选用估算低压下气体的 $C_p^{\ominus}$ 方法时的参考。

表 2-90　Joback 法计算理想气体 $\Delta_f H_g^{\ominus}$、$\Delta_f G_g^{\ominus}$、$C_p^{\ominus}$（T）基团贡献值*[14]

基团	各增量					
	Δ_H /(kJ/mol)	Δ_G /(kJ/mol)	Δ_a /[J/(mol·K)]	Δ_b /[J/(mol·K²)]	Δ_c /[J/(mol·K³)]	Δ_d /[J/(mol·K⁴)]
非环增量						
—CH₃(1)△	−76.45	−43.96	1.95E+1	−8.08E−3	1.53E−4	−9.67E−8
＞CH₂ (2)	−20.64	8.42	−9.09E−1	9.50E−2	−5.44E−5	1.19E−8
＞CH— (3)	29.89	58.36	−2.30E+1	2.04E−1	−2.65E−4	1.20E−7
＞C＜ (4)	82.23	116.02	−6.62E+1	4.27E−1	−6.41E−4	3.01E−7
＝CH₂(1)	−9.63	3.77	2.36E+1	−3.81E−2	1.72E−4	−1.03E−7
＝CH—(2)	37.97	48.53	−8.00	1.05E−1	−9.63E−5	3.56E−8
＝C＜ (3)	83.99	92.36	−2.81E+1	2.08E−1	−3.06E−4	1.46E−7
＝C ＝(2)	142.14	136.70	2.74E+1	−5.57E−2	1.01E−4	−5.02E−8
≡CH (1)	79.30	77.71	2.45E+1	−2.71E−2	1.11E−4	−6.78E−8
≡C— (2)	115.51	109.82	7.87	2.01E−2	−8.33E−6	1.39E−9
环增量						
—CH₂—(2)	−26.80	−3.68	−6.03	8.54E−2	−8.00E−6	−1.80E−8
＞CH— (3)	8.67	40.99	−2.05E+1	1.62E−1	−1.60E−4	6.24E−8
＞C＜ (4)	79.72	87.88	−9.09E−1	5.57E−1	−9.00E−4	4.69E−7
＝CH—芳香环(2)	2.09	11.30	−2.14	5.74E−2	−1.64E−6	−1.59E−8
＝C＜ 芳香环(3)	46.43	54.05	−8.25	1.01E−1	−1.42E−4	6.78E−8
卤素增量						
—F(1)	−251.92	−247.19	2.65E+1	−9.13E−2	1.91E−4	−1.03E−7
—Cl(1)	−71.55	−64.31	3.33E+1	−9.63E−2	1.87E−4	−9.96E−8
—Br(1)	−29.48	−38.06	2.86E+1	−6.49E−2	1.36E−4	−7.45E−8
—I(1)	21.06	5.74	3.21E+1	−6.41E−2	1.26E−4	−6.87E−8

续表

| | 各增量 | | | | | |
基团	Δ_H /(kJ/mol)	Δ_G /(kJ/mol)	Δ_a /[J/(mol·K)]	Δ_b /[J/(mol·K²)]	Δ_c /[J/(mol·K³)]	Δ_d /[J/(mol·K⁴)]
含氧基团增量						
—OH((醇)(1)	−208.04	−189.20	2.57E+1	−6.91E−2	1.77E−4	−9.88E−8
—OH((酚)(1)	−221.65	−197.37	−2.81	1.11E−1	−1.16E−4	4.94E−8
—O—(2)	−132.22	−105.00	2.55E+1	−6.32E−2	1.11E−4	−5.48E−8
—O—(环)(2)	−138.16	−98.22	1.22E+1	−1.26E−2	6.03E−5	−3.86E−8
>C=O (2)	−133.22	−120.50	6.45	6.70E−2	−3.57E−5	2.86E−9
>C=O(环)(2)	−164.50	−126.27	3.04E+1	−8.29E−2	2.36E−4	−1.31E−7
O=CH—(醛)(1)	−162.03	−143.48	3.09E+1	−3.36E−2	1.60E−4	−9.88E−8
—COOH((酸)(1)	−426.72	−387.87	2.41E+1	4.27E−2	8.04E−5	−6.87E−8
—COO—(酯)(2)	−337.92	−301.95	2.45E+1	4.02E−2	4.02E−5	−4.52E−8
—O(除去以上的)(1)	−247.61	−250.83	6.82	1.96E−2	1.27E−5	−1.78E−8
含 N 基团增量						
—NH₂(1)	−22.02	14.07	2.69E+1	−4.12E−2	1.64E−4	−9.76E−8
>NH(2)	53.47	89.39	−1.21	7.62E−2	−4.86E−5	1.05E−8
>NH(环)(2)	31.65	75.61	1.18E+1	−2.30E−2	1.07E−4	−6.28E−8
>N—(3)	123.34	163.16	−3.11E+1	2.27E−1	−3.20E−4	1.46E−7
—N=(2)	23.61		—			
—N=(芳香环)(2)	55.52	79.93	8.83	−3.84E−3	4.35E−5	−2.60E−8
=NH(1)	93.70	119.66	5.69	−4.12E−3	1.28E−4	−8.88E−8
—CN(1)	88.43	89.22	3.65E+1	−7.33E−2	1.84E−4	−1.03E−7
—NO₂(1)	−66.57	−16.83	2.59E+1	−3.74E−3	1.29E−4	−8.88E−8
含 S 基团增量						
—SH(1)	−17.33	−22.99	3.53E+1	−7.58E−2	1.85E−4	−1.03E−7
—S—(2)	41.87	33.12	1.96E+1	−5.61E−3	4.02E−5	−2.76E−8
—S—(环)(2)	39.10	27.76	1.67E+1	4.81E−3	2.77E−5	−2.11E−8

注：＊表中数值皆与文献［14］附录 C 表 C-1 校核过。Δ 括号（　　）内数，表示可与此基团相联结的其它基团数。

例 2-5　应用 Joback's 基团贡献法式（2-22）估算（1）500K 下丁腈，（2）800K 时 2-甲基-1,3-丁二烯理想气体的摩尔定压热容 $C_p^\ominus$。

解　（1）丁腈 $C_2H_5CH_2CN$ 含有一个—CH_3，两个—CH_2—和一个—CN，由表 2-90 查得

基团	n_j	$n_j\Delta_a$	$n_j\Delta_b$	$n_j\Delta_c$	$n_j\Delta_d$
—CH₃	1	1.95×10	-8.08×10^{-3}	1.53×10^{-4}	-9.67×10^{-8}
CH₂—	2	-1.82	1.90×10^{-1}	-1.09×10^{-4}	2.38×10^{-8}
—CN	1	$\underline{3.65\times10}$	$\underline{7.33\times10^{-2}}$	$\underline{1.84\times10^{-4}}$	$\underline{-1.03\times10^{-7}}$
		54.18	0.109	2.28×10^{-4}	-1.76×10^{-7}

代入式（2-22）$C_p^\ominus(500K)=(54.18-37.93)+(0.109+0.210)\times500+(2.28\times10^{-4}-3.91\times10^{-4})\times500^2+(-1.76\times10^{-7}+2.06\times10^{-7})\times500^3$ J/(mol·K)$=138.75$J/(mol·K)

文献值是 138.37J/(mol·K)故其相对误差为 $\dfrac{138.75-138.37}{138.37}\times100=0.3\%$

解 （2）2-甲基-1,3-丁二烯结构式为 $H_2C=C-CH=CH_2$，系由 1 个—CH_3，2 个=$CH_2$1
　　　　　　　　　　　　　　　　　　　$\overset{|}{CH_3}$

个 $=C\overset{}{\big\langle}$、1 个 $=C\overset{H}{\big\langle}$ 构成查表可得

基团	n_j	Δ_a	Δ_b	Δ_c	Δ_d
—CH_3	1	19.50	-8.08×10^{-3}	1.53×10^{-4}	-0.967×10^{-7}
=CH_2	2	23.6	-38.1×10^{-3}	1.72×10^{-4}	-1.03×10^{-7}
$=C\big\langle$	1	-28.1	208×10^{-3}	-3.06×10^{-4}	1.46×10^{-7}
$=C\overset{H}{\big\langle}$	1	-8.00	105×10^{-3}	-0.963×10^{-4}	0.356×10^{-7}
$\sum n_j\Delta$		30.60	228.72×10^{-3}	0.947×10^{-4}	1.211×10^{-7}

代入式（2-22）可得

$C_p^\ominus(800\text{K})=(30.60-37.93)+(0.2287+0.210)\times800+(0.947-3.91)\times10^{-4}\times800^2+$
$(-1.211+2.06)\times10^{-7}\times800^3\text{J}/(\text{mol}\cdot\text{K})=197.47\text{J}/(\text{mol}\cdot\text{K})$

文献实验值为 201.0J/(mol·K)，故其相对误差为-1.75%。

（5）Benson, Buss 键加和法[2,23]

Benson, Buss 根据他们研究结果提出一级近似键加和法用于估算 298.15K 下理想气体的 $C_{p,\text{气}}^\ominus$，$\Delta_f H_{\text{气}}^\ominus$，$S_{\text{气}}^\ominus$，各种键对其贡献值列于表 2-91 中。

$$C_{p,\text{气}}^\ominus = \sum_i n_i C_{p,i}^\ominus \qquad (2\text{-}23)$$

式中，$C_{p,\text{气}}^\ominus$ 下角标气代表 298.15K，上角标$\ominus$为 $p=1.01325\times10^5\text{Pa}$；$n_i$ 为 i 种键的数目，$C_{p,i}^\ominus$表示第 i 种键对 $C_p^\ominus$ 的贡献值。

此法对 $C_{p,\text{气}}^\ominus$，$S_{\text{气}}^\ominus$ 估算偏差一般为 4.2～8.4J/(mol·K)，估算 $\Delta_f H_{\text{气}}^\ominus$ 的偏差一般为 12.5～25kJ/mol。

表 2-91　键加和法各键对 $C_p^\ominus$ ，$S^\ominus$ 和 $\Delta_f H^\ominus$ 的贡献值,298K[16,23]

键	$C_{p,i}^\ominus$ /[J/(mol·K)]	$S_i^\ominus$ /[J/(mol·K)]	$\Delta_f H_i^\ominus$ /(kJ/mol)
C—H	7.28	53.97	-16.02
C—D	8.62	56.90	-19.79
C—C	8.28	-68.62	11.42
C_d—H[+]	10.9	57.7	13.4
C_d—C	10.9	-59.8	28.0
ϕ—H[+]	12.6	48.95	13.60
ϕ—C	18.8	-72.8	30.33
C—F	13.97	70.71	
C_d—F	19.2	77.8	
C—Cl	19.41	82.42	-31.0
C_d—Cl	23.8	88.7	-2.9
C—Br	21.51	94.77	9.2
C_d—Br	26.4	100.8	40.6
C—I	23.18	103.14	59.0
C_d—I	28.0	109.20	90.8

续表

键	$C_{p,i}^{\ominus}$ /[J/(mol·K)]	$S_i^{\ominus}$ /[J/(mol·K)]	$\Delta_f H_i^{\ominus}$ /(kJ/mol)
C—O	11.3	−16.7	−50.2
O—H	11.3	100.4	−113.0
O—D	13.0	103.8	−116.7
O—Cl	23.0	136.0	38.1
O—O	20.5	38.1	90.0
H—CO §	17.6	112.1	−58.2
C—CO	15.5	−2.5	−60.2
O—CO	9.2	41.0	−211.3
F—CO	23.8	132.0	−113.0
Cl—CO	30.1	147.3	−113.0
C—N	8.8	−53.6	38.9
N—H	9.6	74.1	−10.9
C—S	14.2	−6.3	28.0
S—H	13.4	113.0	−3.3
S—S	22.6	48.5	
(NO₂)—O	…	180.3	−12.55
(NO)—O	…	148.5	−37.7

注：† C_d 代表四价基团；‡ φ 代表芳香核；§ 表示 H 和羰基 CO 间键。表中数据系由参考文献 [23] 中表 7-1 数据乘以 4.184 换算而得。

例 2-6　利用 Benson 等键加和法估算甲苯，1,3-丁二烯，乙酸乙酯的 $C_{p,\text{气}}^{\ominus}(g)$。

解　〔苯环〕CH₃ 中有五个苯环(φ)—H 键，一个 φ—C 键，甲基中有三个 C—H 键。故 $C_{p,\text{气}}^{\ominus}(g)=5C_p^{\ominus}(\phi-H)+C_p^{\ominus}(\phi-C)+3C_p^{\ominus}(C-H)$，由各种键的贡献数据表 2-91 中查出有关的数值代入式（2-23）即得

$C_{p,\text{气}}^{\ominus}(g)$（甲苯）$=(5\times12.6+18.8+3\times7.28)$J/(mol·K)$=103.6$J/(mol·K)，甲苯 $C_{p,\text{气}}^{\ominus}(g)$ 实验值为 103.76J/(mol·K)，估算值与实验值比较其误差极小。

1,3-丁二烯结构式　〔结构式〕　中有 6 个 C_d—H 键，一个 C_d—C 键。C_d 表示〔结构式〕故其

$C_{p,\text{气}}^{\ominus}(g)=6C_{p,\text{气}}^{\ominus}(C_d-H)+C_{p,\text{气}}^{\ominus}(C_d-C)=(6\times10.9+10.9)$J/(mol·K)$=76.3$J/(mol·K)

实验值 $C_{p,\text{气}}^{\ominus}(g)$（1,3-丁二烯）$=79.541$J/(mol·K)。误差为 4.1%。对于乙酸乙酯，分析其结构式按 Benson 键加和法可知

$C_{p,\text{气}}^{\ominus}(g)$（乙酸乙酯）$=8C_p^{\ominus}(CH)+C_p^{\ominus}(O-CO)+C_p^{\ominus}(C-CO)+C_p^{\ominus}(C-O)+C_p^{\ominus}(C-C)$

$=(8\times7.28+9.2+15.5+11.3+8.28)$J/(mol·K)$=102.52$J/(mol·K)

其实验值为 113.64J/(mol·K)故其误差为 9.8%。

由此例可见用 Benson 等键加和法估算气体的摩尔定压热容，比上述各基团贡献法要简单得多，其准确度一般要差一些，平均偏差通常为 ±(4.2～8.4)J/(mol·K)。

尽管 Benson 等键加和法对带有支链的有机物，估算结果偏差大，不能用于某些带有三键类型的分子，亦不能反映出有机物异构体的热力学性质的差异。另外一大缺点是其仅能用

于 298.15K 下理想气体的 $C_{p,\text{气}}^{\ominus}(\text{g})$（$\Delta_f H_\text{气}^{\ominus}$，$\Delta S_\text{气}^{\ominus}$ 在第 3 章中讨论）。Reid，Prausnitz 等在其新版（4，5th ed）"气体、液体性质"一书中[13,14]已不再介绍这一方法，但考虑到它在工程计算中的便捷和可用性，此法仍有其一定的实用价值，故在此仍予以保留。

（6）混合理想气体热容的估算

低压下（$p \to 0$，理想气体）气体混合物的热容可用其构成组分的 $C_{p,i}^{\ominus}$ 按摩尔分数（y_i）或质量分数（w_i）平均计算出即

$$C_{p,\text{mixt}}^{\ominus} = \sum y_i C_{p,i}^{\ominus}, \quad \text{J/(mol·K)} \tag{2-24}$$

$$C_{p,\text{mixt}}^{\ominus} = \sum w_i C_{p,i}^{\ominus}, \quad \text{J/(g·K)} \tag{2-25}$$

2.2.2.2　真实气体的热容

已经知道通常压力下（约为几个 bar 以下）实际气体的 C_p 在数值上与理想气体的 $C_p^{\ominus}$ 相同，但压力较高（高于 3.5bar）则应考虑压力的影响。

（1）状态方程计算法

压力下真实气体热容可用前述式（2-17）或式（2-18）计算

$$C_p - C_p^{\ominus} = \Delta C_p = - T\int_0^p \left(\frac{\partial^2 V}{\partial T^2}\right)\mathrm{d}p \quad T=\text{常数}$$

状态方程以 T、V 为独立变量时

$$C_p - C_p^{\ominus} = \Delta C_p = \int_\infty^V \left(\frac{\partial^2 p}{\partial T^2}\right)_V \mathrm{d}V - \frac{T(\partial p/\partial T)_V^2}{(\partial p/\partial V)_T} - R \quad T=\text{常数}$$

在此 ΔC_p 是偏离热容（departure heat capacity）。$C_p^{\ominus}$ 是 $p \to 0$ 时气体定压热容或理想气体的 C_p，以真实气体状态方程或 p、V、T 数据代入上式积分并已知 $C_p^{\ominus}$ 便可求出真实气体在 T，$p(V)$ 状态下的定压热容 C_p，但用上面两式时需要有二次微分，这不仅使计算繁复，而且会带来较大误差，因此仅在有准确的状态方程或可靠的 p、V、T 数据时才能应用上述两式计算实际气体的 C_p。

（2）Lee-Kesler[15]普遍化计算法

一种在工程上常用的方法是把对应状态和状态方程结合起来的 Lee-Kesler 方法，此法在手算时可用下式

$$C_p - C_p^{\ominus} = \Delta C_p = (\Delta C_p)^{(0)} + \omega(\Delta C_p)^{(1)} \tag{2-26}$$

式中，$(\Delta C_p)^{(0)}$ 为简单流体贡献项；$(\Delta C_p)^{(1)}$ 为偏差项，它们与 T_r，p_r 关系列于表 2-92。表中 T_r 的范围为 $0.3 \sim 4.0$，p_r 的范围为 $0.01 \sim 10.0$，ω 为偏心因子，式（2-26）仅在手算时显得简便，但计算精度和 T，p 范围受到限制。若使用 Lee-Kesler 的定压热容偏离函数 $\left[\Delta C_p = \dfrac{\partial}{\partial T}(H - H^{\ominus})_{p,\text{comp}}\right]$ 表达式计算，不仅结果更好，且适宜用计算机计算。由于偏离热容是由偏离焓求导所得，所以它的准确度要比偏离焓低，另外只要有偏离焓的图、表即可直接计算过程的热量，因此热容并不是计算过程热量所必需的热力学函数。但在计算其它热力学函数随温度变化时热容则是不可缺的，见式（2-5）和式（2-6）。

例 2-7　以式（2-26）计算乙烷气在 400K，5.066MPa 时的摩尔定压热容 C_p。

解　① 求乙烷的对比参数 T_r，p_r。乙烷的 T_c[13]$=305.4\text{K}$，$p_c=48.8\text{bar}$，$M_r=30.070$，$\omega=0.099$

$$T_r = \frac{400\text{K}}{305.4\text{K}} = 1.310, \quad p_r = \frac{50.66\text{bar}}{48.8\text{bar}} = 1.038$$

② 由表 2-92 查出 $\left(\dfrac{C_p-C_p^{\ominus}}{R}\right)^{(0)}=1.3357$，$\Delta C_p^{(0)}=(C_p-C_p^{\ominus})^{(0)}=11.1050$

③ 代入式（2-26）$\left(\dfrac{C_p-C_p^{\ominus}}{R}\right)^{(1)}=1.1145$，$\Delta C_p^{(1)}=(C_p-C_p^{\ominus})^{(1)}=9.2663$

$\Delta C_p=\Delta C_p^{(0)}+\omega(\Delta C_p)^{(1)}=11.1050+0.099\times9.2663=12.0224$

④ 由表 2-1 查乙烷理想气体 $C_p^{\ominus}$ 与温度 T 关系式为

表 2-92　Lee-Kesler 普遍化偏离热容表[13,15]

A 简单流体项 $\left(\dfrac{C_p-C_p^{\ominus}}{R}\right)^{(0)}$

T_r	p_r														
	0.010	0.050	0.100	0.200	0.400	0.600	0.800	1.000	1.200	1.500	2.000	3.000	5.000	7.000	10.000
0.30	2.805	2.807	2.809	2.814	2.830	2.842	2.854	2.866	2.878	2.896	2.927	2.989	3.122	3.257	3.466
0.35	2.808	2.810	2.812	2.815	2.823	2.835	2.844	2.853	2.881	2.875	2.897	2.944	3.042	3.145	3.313
0.40	2.925	2.926	2.928	2.933	2.935	2.940	2.945	2.951	2.956	2.965	2.979	3.014	3.085	3.164	3.293
0.45	2.989	2.990	2.990	2.991	2.993	2.995	2.997	2.999	3.002	3.006	3.014	3.032	3.079	3.135	3.232
0.50	3.006	3.005	3.004	3.003	3.001	3.000	2.998	2.997	2.996	2.995	2.995	2.999	3.019	3.054	3.122
0.55	0.118	3.002	3.000	2.997	2.990	2.984	2.978	2.973	2.968	2.961	2.951	2.938	2.934	2.947	2.988
0.60	0.089	3.009	3.006	2.999	2.986	2.974	2.963	2.952	2.942	2.927	2.907	2.874	2.840	2.831	2.847
0.65	0.069	0.387	3.047	3.036	3.014	2.993	2.973	2.955	2.938	2.914	2.878	2.822	2.753	2.720	2.709
0.70	0.054	0.298	0.687	3.138	3.099	3.065	3.033	3.003	2.975	2.937	2.881	2.792	2.681	2.621	2.582
0.75	0.044	0.236	0.526	3.351	3.284	3.225	3.171	3.122	3.076	3.015	2.924	2.795	2.629	2.537	2.469
0.80	0.036	0.191	0.415	1.032	3.647	3.537	3.440	3.354	3.277	3.176	3.038	2.838	2.601	2.473	2.373
0.85	0.030	0.157	0.336	0.794	4.404	4.158	3.957	3.790	3.647	3.470	3.240	2.931	2.599	2.427	2.292
0.90	0.025	0.131	0.277	0.633	1.858	5.679	5.095	4.677	4.359	4.000	3.585	3.096	2.626	2.399	2.227
0.93	0.023	0.118	0.249	0.560	1.538	4.208	6.720	5.766	5.149	4.533	3.902	3.236	2.657	2.392	2.195
0.95	0.021	0.111	0.232	0.518	1.375	3.341	9.316	7.127	6.010	5.050	4.180	3.351	2.684	2.391	2.175
0.97	0.020	0.104	0.217	0.480	1.240	2.778	9.585	10.011	7.451	5.785	4.531	3.486	2.716	2.393	2.159
0.98	0.019	0.101	0.210	0.463	1.181	2.563	7.350	13.270	8.611	6.279	4.743	3.560	2.733	2.395	2.151
0.99	0.019	0.098	0.204	0.447	1.126	2.378	5.038	21.948	10.362	6.897	4.983	3.641	2.752	2.398	2.144
1.00	0.018	0.095	0.197	0.431	1.076	2.218	5.156	⋯	13.281	7.686	5.255	3.729	2.773	2.401	2.138
1.01	0.018	0.092	0.191	0.417	1.029	2.076	4.516	22.295	18.967	8.708	5.569	3.821	2.794	2.405	2.131
1.02	0.017	0.089	0.185	0.403	0.986	1.951	4.025	13.184	31.353	10.062	5.923	3.920	2.816	2.408	2.125
1.05	0.016	0.082	0.169	0.365	0.872	1.648	3.047	6.458	20.234	16.457	7.296	4.259	2.891	2.425	2.110
1.10	0.014	0.071	0.147	0.313	0.724	1.297	2.168	3.649	6.510	13.256	9.787	4.927	3.033	2.462	2.093
1.15	0.012	0.063	0.128	0.271	0.612	1.058	1.670	2.553	3.885	6.985	9.094	5.535	3.186	2.508	2.083
1.20	0.011	0.055	0.113	0.237	0.525	0.885	1.345	1.951	2.758	4.430	6.911	5.710	3.326	2.555	2.079
1.30	0.009	0.044	0.089	0.185	0.408	0.651	0.946	1.297	1.711	2.458	3.850	4.793	3.452	2.628	2.077
1.40	0.007	0.036	0.072	0.149	0.315	0.502	0.711	0.946	1.208	1.650	2.462	3.573	3.282	2.626	2.068
1.50	0.006	0.029	0.060	0.122	0.255	0.399	0.557	0.728	0.912	1.211	1.747	2.647	2.917	2.525	2.038
1.60	0.005	0.025	0.050	0.101	0.210	0.326	0.449	0.580	0.719	0.938	1.321	2.016	2.508	2.347	1.978
1.70	0.004	0.021	0.042	0.086	0.176	0.271	0.371	0.475	0.583	0.752	1.043	1.586	2.128	2.130	1.889
1.80	0.004	0.018	0.036	0.073	0.150	0.229	0.311	0.397	0.484	0.619	0.848	1.282	1.805	1.907	1.778
1.90	0.003	0.016	0.031	0.063	0.129	0.196	0.265	0.336	0.409	0.519	0.706	1.060	1.538	1.696	1.656
2.00	0.003	0.014	0.027	0.055	0.112	0.170	0.229	0.289	0.350	0.443	0.598	0.893	1.320	1.505	1.531
2.20	0.002	0.011	0.021	0.043	0.086	0.131	0.175	0.220	0.265	0.334	0.446	0.661	0.998	1.191	1.292
2.40	0.002	0.009	0.017	0.034	0.069	0.104	0.138	0.173	0.208	0.261	0.347	0.510	0.779	0.956	1.086
2.60	0.001	0.007	0.014	0.028	0.056	0.084	0.112	0.140	0.168	0.210	0.278	0.407	0.624	0.780	0.917
2.80	0.001	0.006	0.012	0.023	0.046	0.070	0.093	0.116	0.138	0.172	0.227	0.332	0.512	0.647	0.779

续表

A 简单流体项 $\left(\dfrac{C_p - C_p^{\ominus}}{R}\right)^{(0)}$

T_r	p_r														
	0.010	0.050	0.100	0.200	0.400	0.600	0.800	1.000	1.200	1.500	2.000	3.000	5.000	7.000	10.000
3.00	0.001	0.005	0.010	0.020	0.039	0.058	0.078	0.097	0.116	0.144	0.190	0.277	0.427	0.545	0.668
3.50	0.001	0.003	0.007	0.013	0.027	0.040	0.053	0.066	0.079	0.098	0.128	0.187	0.289	0.374	0.472
4.00	0.000	0.002	0.005	0.010	0.019	0.029	0.038	0.048	0.057	0.071	0.093	0.135	0.209	0.272	0.350

B 偏差项 $\left(\dfrac{C_p - C_p^{\ominus}}{R}\right)^{(1)}$

T_r	0.010	0.050	0.100	0.200	0.400	0.600	0.800	1.000	1.200	1.500	2.000	3.000	5.000	7.000	10.000
0.30	8.462	8.445	8.424	8.381	8.281	8.192	8.102	8.011	7.920	7.785	7.558	7.103	6.270	5.372	4.020
0.35	9.775	9.762	9.746	9.713	9.646	9.568	9.499	9.430	9.360	9.256	9.080	8.728	8.013	7.290	6.285
0.40	11.494	11.484	11.471	11.438	11.394	11.343	11.291	11.240	11.188	11.110	10.980	10.709	10.170	9.625	8.803
0.45	12.651	12.643	12.633	12.613	12.573	12.532	12.492	12.451	12.409	12.347	12.243	12.029	11.592	11.183	10.533
0.50	13.111	13.106	13.099	13.084	13.055	13.025	12.995	12.964	12.933	12.886	12.805	12.639	12.288	11.946	11.419
0.55	0.511	13.035	13.030	13.021	13.002	12.981	12.961	12.939	12.917	12.882	12.823	12.695	12.407	12.103	11.673
0.60	0.345	12.679	12.675	12.668	12.653	12.637	12.620	12.589	12.574	12.550	12.506	12.407	12.165	11.905	11.526
0.65	0.242	1.518	12.148	12.145	12.137	12.128	12.117	12.105	12.092	12.060	12.026	11.943	11.728	11.494	11.141
0.70	0.174	1.026	2.698	11.557	11.564	11.563	11.559	11.553	11.536	11.524	11.495	11.416	11.208	10.985	10.661
0.75	0.129	0.726	1.747	10.967	10.995	11.011	11.019	11.024	11.022	11.013	10.986	10.898	10.677	10.448	10.132
0.80	0.097	0.532	1.212	3.511	10.490	10.536	10.566	10.583	10.590	10.587	10.556	10.446	10.176	9.917	9.591
0.85	0.075	0.399	0.879	2.247	9.999	10.153	10.245	10.297	10.321	10.324	10.278	10.111	9.740	9.433	9.075
0.90	0.058	0.306	0.658	1.563	5.486	9.793	10.180	10.349	10.409	10.401	10.279	9.940	9.389	8.999	8.592
0.93	0.050	0.263	0.560	1.289	3.890	…	10.285	10.769	10.875	10.801	10.523	9.965	9.225	8.766	8.322
0.95	0.046	0.239	0.505	1.142	3.215	9.389	9.993	11.420	11.607	11.387	10.865	10.055	9.136	8.621	8.152
0.97	0.042	0.217	0.456	1.018	2.712	6.588	…	13.001	…	12.498	11.445	10.215	9.061	8.485	7.986
0.98	0.040	0.207	0.434	0.962	2.506	5.711	…	…	…	…	11.856	10.323	9.037	8.420	7.905
0.99	0.038	0.198	0.414	0.911	2.324	5.027	…	…	…	…	12.388	10.457	9.011	8.359	7.826
1.00	0.037	0.189	0.394	0.863	2.162	4.477	10.511	…	…	…	13.081	10.617	8.990	8.293	7.747
1.01	0.035	0.181	0.376	0.819	2.016	4.026	8.437	…	…	…	…	10.805	8.973	8.236	7.670
1.02	0.034	0.173	0.359	0.778	1.884	3.648	7.044	…	…	…	…	11.024	8.960	8.182	7.595
1.05	0.030	0.152	0.313	0.669	1.559	2.812	4.679	7.173	2.277	…	…	11.852	8.939	8.018	7.377
1.10	0.024	0.123	0.252	0.528	1.174	1.968	2.919	3.877	4.002	3.927	…	…	8.933	7.759	7.031
1.15	0.020	0.101	0.205	0.424	0.910	1.460	2.048	2.587	2.844	2.236	7.716	12.812	8.849	7.504	6.702
1.20	0.016	0.083	0.168	0.345	0.722	1.123	1.527	1.881	2.095	1.962	2.965	9.494	8.508	7.206	6.384
1.30	0.012	0.058	0.116	0.235	0.476	0.715	0.938	1.129	1.264	1.327	1.288	3.855	6.758	6.365	5.735
1.40	0.008	0.042	0.083	0.166	0.329	0.484	0.624	0.743	0.833	0.904	0.905	1.652	4.524	5.193	5.035
1.50	0.006	0.030	0.061	0.120	0.235	0.342	0.437	0.517	0.580	0.639	0.666	0.907	2.823	3.944	4.289
1.60	0.005	0.023	0.045	0.089	0.173	0.249	0.317	0.374	0.419	0.466	0.499	0.601	1.755	2.871	3.545
1.70	0.003	0.017	0.034	0.068	0.130	0.187	0.236	0.278	0.312	0.349	0.380	0.439	1.129	2.060	2.867
1.80	0.003	0.013	0.027	0.052	0.100	0.143	0.180	0.212	0.238	0.267	0.296	0.337	0.764	1.483	2.287
1.90	0.002	0.011	0.021	0.041	0.078	0.111	0.140	0.164	0.185	0.209	0.234	0.267	0.545	1.085	1.817
2.00	0.002	0.008	0.017	0.032	0.062	0.088	0.110	0.130	0.146	0.166	0.187	0.217	0.407	0.812	1.446
2.20	0.001	0.005	0.011	0.021	0.040	0.057	0.072	0.085	0.096	0.110	0.126	0.150	0.256	0.492	0.941
2.40	0.001	0.004	0.007	0.014	0.028	0.039	0.049	0.058	0.066	0.076	0.089	0.109	0.180	0.329	0.644
2.60	0.001	0.003	0.005	0.010	0.020	0.028	0.035	0.042	0.048	0.056	0.066	0.084	0.137	0.239	0.466
2.80	0.000	0.002	0.004	0.008	0.014	0.021	0.026	0.031	0.036	0.042	0.051	0.067	0.110	0.187	0.356
3.00	0.000	0.001	0.003	0.006	0.011	0.016	0.020	0.024	0.028	0.033	0.041	0.055	0.092	0.153	0.285
3.50	0.000	0.001	0.002	0.003	0.006	0.009	0.012	0.015	0.017	0.021	0.026	0.038	0.067	0.108	0.190
4.00	0.000	0.001	0.001	0.002	0.004	0.006	0.008	0.010	0.012	0.015	0.019	0.029	0.054	0.085	0.146

注：表中黑线——气液分界线，上右为液，下左为气。

$$C_p^{\ominus}=8.181+16.1465\times10^{-2}T-0.400710\times10^{-4}T^2-0.694209\times10^{-8}T^3 \text{J/(mol·K)}$$

在 400K 时，

$$C_p^{\ominus}(400\text{K})=65.9114\text{J/(mol·K)}$$

⑤ 乙烷在此条件下的 C_p

$$C_p(400\text{K})=C_p^{\ominus}+\Delta C_p=(65.9114+12.0224)\text{J/(mol·K)}=77.93\text{J/(mol·K)}$$

（3）实际气体混合物的定压热容

低压下真实气体混合物与理想气体混合物一样，其摩尔定压热容 $C_{p,\text{mixt}}$ 可按式（2-24、2-25）摩尔分数或质量分数平均求得。而对压力下真实气体混合的 $C_{p,\text{mixt}}$。则需进行压力校正，其方法同压力下单纯真实气体一样，但要考虑混合规则。故式（2-26）和表 2-92 同样可以应用于真实气体混合物，只是需要计算其虚拟对比参数。为确定虚拟对比参数必须要有混合物的虚拟临界参数（虚拟临界参数不同于混合物的真实临界参数，但将纯物质的普遍化计算方法用于计算混合物的热力学性质时则必须应用其虚拟临界参数），表示虚拟临界参数与混合物组成的关系已提出过许多混合规则，其中最简单的是 Kay 规则。

$$T_{c,\text{mixt}}=\sum_i^N y_i T_{c,i}(2\text{-}27a),\ p_{c,\text{mixt}}=\sum_i^N y_i p_{ci}(2\text{-}27b),\ \omega_{\text{mixt}}=\sum_i^N y_i\omega_i \tag{2-27c}$$

Lee-Kesler 规则：

$$T_{c,\text{mixt}}=\frac{1}{V_{c,\text{mixt}}}\sum_{i=1}^N\sum_{j=1}^N y_i y_j V_{cij} T_{cij} \tag{2-28}$$

$$p_{c,\text{mixt}}=\frac{Z_{c,\text{mixt}}RT_{c,\text{mixt}}}{V_{c,\text{mixt}}} \tag{2-29}$$

$$\omega_{\text{mixt}}=\sum_{i=1}^N y_i\omega_i \tag{2-30}$$

$$V_{c,\text{mixt}}=\sum_{i=1}^N\sum_{j=1}^N y_i y_j V_{cij} \tag{2-31}$$

$$Z_{c,\text{mixt}}=0.2905-0.085\omega_{\text{mixt}} \tag{2-32}$$

$$T_{cij}=(T_{ci}\times T_{cj})^{1/2}k_{ij}' \tag{2-33}$$

$$V_{cij}=\frac{1}{8}(V_{ci}^{1/3}+V_{cj}^{1/3})^3 \tag{2-34}$$

$$V_{c,i}=Z_{c,i}RT_{c,i}/p_{c,i} \tag{2-35}$$

$$Z_{c,i}=0.2905-0.085\omega_i \tag{2-36}$$

因此利用纯组分的 $T_{c,i}$，$p_{c,i}$，ω_i 以及二元相互作用参数 k_{ij}' 即可确定混合的临界参数。k_{ij}' 一般应由二元系实验数据求取，文献［13］中亦列有一些二元系的 k_{ij}' 值。对于烃类混合物通常 k_{ij}' 可取为 1。

对 Lee-Kesler 法已提出多种混合规则，Knapp 等[13,25]推荐的混合规则为

$$T_{c,\text{mixt}}=\frac{1}{V_{c,\text{mixt}}^{1/4}}\sum_{i=1}^N\sum_{j=1}^N y_i y_j V_{ij}^{1/4} T_{cij} \tag{2-37}$$

$$V_{c,\text{mixt}}=\sum_i^N\sum_j^N y_i y_j V_{cij} \tag{2-38}$$

$$\omega_{\text{mixt}}=\sum_i^N y_i\omega_i \tag{2-39}$$

$$T_{cij}=(T_{c,i}\times T_{c,j})^{1/2}k_{ij}' \tag{2-40}$$

$$V_{cij}=\frac{1}{8}(V_{ci}^{1/3}+V_{cj}^{1/3})^3 \tag{2-41}$$

$$p_{c,\text{mixt}}=(0.2905-0.085\omega_{\text{mixt}})RT_{c,\text{mixt}}/V_{c,\text{mixt}} \tag{2-42}$$

　　求出虚拟的临界参数即可得到虚拟的对比参数，利用表 2-92 和式（2-26）即可求得实际气体混合物的定压热容。

　　此外亦可按各纯组分（在其分压 p_i 之下）估算其 $C_{p,i}$，再以摩尔分数平均加和的方法算出 $C_{p,\text{mixt}}$ 即仍以 $C_{p,\text{mixt}} = \sum y_i C_{p,i}$ 估算。以上实际气体混合物热容 Lee-Kesler 普遍化计算法除对有高极性组分存在的混合物外，一般所得结果是满意的，适宜于工程应用，具体应用可见例 2-8。

　　例 2-8　用 Lee-Kesler 普遍化计算法估算 50.66bar，400K 时，CO_2 和丙烷 C_3H_8 等摩尔混合气体的摩尔定压热容 $C_{p,\text{mix}}$。

　　解　由文献 [13] 查出

	M_r	T_c/K	p_c/bar	ω（偏心因子）	V_c/（cm³/mol）
CO_2	44.010	304.1	73.8	0.239	93.9
C_3H_8	44.094	369.8	42.5	0.153	203

由 Lee-Kesler 混合规则，式（2-28）～式（2-36）中有关的式子可得

$$V_{c,\text{mixt}} = \frac{1}{8} \sum_i \sum_j y_i y_j (V_{ci}^{1/3} + V_{cj}^{1/3})^3 = \frac{1}{8}[y_1^2(V_{c1}^{1/3} + V_{c1}^{1/3})^3 + y_1 y_2(V_{c1}^{1/3} + V_{c2}^{1/3})^3 + y_2 y_1$$
$$(V_{c2}^{1/3} + V_{c1}^{1/3})^3 + y_2^2(V_{c2}^{1/3} + V_{c1}^{1/3})]$$

$$= \frac{1}{8}[y_1^2 \cdot 2^3 V_{c1} + 2y_1 y_2(V_{c1}^{1/3} + V_{c2}^{1/3})^3 + y_2^2 \cdot 2^3 V_{c2}] = 144.98 \text{ cm}^3/\text{mol}$$

$$T_{c,\text{mixt}} = \frac{1}{8V_{c,\text{mixt}}} \sum_i \sum_j y_i y_j (V_{c,i}^{1/3} + V_{c,j}^{1/3})^3 (T_{ci} \cdot T_{cj})^{1/2}，在此为简便，假定 k_{ij} = 1，$$

$$T_{c,\text{mixt}} = \frac{1}{8 \times 144.98} \sum_i \sum_j [y_1^2 \cdot 2^3 V_{c1} \cdot T_{c1} + y_1 y_2 \cdot 2(V_{c1}^{1/3} + V_{c2}^{1/3})^3(T_{c1} \cdot T_{c2})^{1/2} + y_2^2 \cdot 2^3 V_{c2} T_{c2}]$$

$$= 342.351\text{K}$$

$$p_{c,\text{mixt}} = \frac{1}{V_{c,\text{mixt}}}(0.2905 - 0.085\omega_{\text{mix}})RT_{c,\text{mixt}}，在此 \omega_{\text{mixt}} = \sum y_i \omega_i = 0.196$$

$$p_{c,\text{mixt}} = \frac{1}{144.98}(0.2905 - 0.085 \times 0.196) \times 83.14 \times 342.35 \text{bar}$$

$$= 53.76\text{bar}$$

求出混合物虚拟（假）临界参数后即可按求真实纯气体的 C_p 的同样方法求此混合物虚拟对比参数

$$T_{r,\text{mixt}} = \frac{400\text{K}}{342.35\text{K}} = 1.168；\quad p_{r,\text{mix}} = \frac{50.66\text{bar}}{53.76\text{bar}} = 0.942$$

由 Lee-Kesler 热容差表 2-92 内插查得

$$\left(\frac{C_p - C_p^{\ominus}}{R}\right)^{(0)} = 2.072，\Delta C_p^{(0)} = 17.227；\quad \left(\frac{C_p - C_p^{\ominus}}{R}\right)^{(1)} = 2.225，\Delta C_p^{(1)} = 18.499$$

按 $\Delta C_{p,\text{mixt}} = \Delta C_p^{(0)} + \omega_{\text{mixt}} \Delta C_p^{(1)} = 17.227 + 0.196 \times 18.499 = 20.853$

相同条件下理想气体纯 CO_2、C_3H_8 的 $C_p^{\ominus}$ 可按

$$C_{p,CO_2}^{\ominus} = 19.774 + 0.733748T - 0.560196 \times 10^{-4}T^2 + 0.171552 \times 10^{-7}T^3$$

$$C_{p,C_3H_8}^{\ominus} = -5.338 + 0.310239T - 0.164640 \times 10^{-3}T^2 + 0.346908 \times 10^{-7}T^3$$

计算

$$C_{p,CO_2}^{\ominus} = 40.89\text{J}/(\text{mol} \cdot \text{K})，\quad C_{p,C_3H_8}^{\ominus} = 93.48\text{J}/(\text{mol} \cdot \text{K})$$

其理想气体混合物 $C_{p,\text{mixt}}^{\ominus} = \sum y_i C_{p,i}^{\ominus} = 67.19\text{J}/(\text{mol} \cdot \text{K})$

故 400K，50.66bar 等摩尔 CO_2，C_3H_8 混合气体的摩尔定压热容

$$C_{p,\text{mixt}} = C_{p,\text{mix}}^{\ominus} + \Delta C_{p,\text{mixt}} = (67.19 + 20.85)\text{J}/(\text{mol} \cdot \text{K}) = 88.04\text{J}/(\text{mol} \cdot \text{K})$$

又若对此例应用较为简单的 Kay's 规则式（2-27a，b，c），求其虚拟临界参数可得
$T_{c,\text{mixt}} = \sum y_i T_{c,i} = 336.95\text{K}$，$p_{c,\text{mixt}} = \sum y_i p_{c,i} = 58.15\text{bar}$

$$\omega_{\text{mixt}} = \sum y_i \omega_i = 0.196$$

虚拟对比参数 $T_{r,\text{mixt}} = \dfrac{400\text{K}}{336.95\text{K}} = 1.187$，$p_{r,\text{mixt}} = \dfrac{50.66\text{bar}}{58.15\text{bar}} = 0.871$

查表 2-92 得

$\Delta C_p^{(0)} = 1.880 \times 8.314\text{J/(mol·K)} = 15.630\text{J/(mol·K)}$，$\Delta C_p^{(1)} = 2.011 \times 8.314 = 16.719\text{J/(mol·K)}$

按 $\Delta C_{p,\text{mixt}} = \Delta C_p^{(0)} + \omega_{\text{mixt}} \Delta C_p^{(1)} = (15.630 + 0.196 \times 16.719)\text{J/(mol·K)} = 18.91\text{J/(mol·K)}$
已计算出 　　　　　　　　　　$C_{p,\text{mixt}}^{\ominus} = 67.19\text{J/(mol·K)}$
故在此条件下混合物的 $C_{p,\text{mixt}} = (67.19 + 18.91)$ J/(mol·K) $= 86.10\text{J/(mol·K)}$
与上述以 Lee-Kesler 虚拟临界参数法求得 $C_{p,\text{mixt}} = 88.04\text{J/(mol·K)}$ 相比较相对偏差为 2.1%。

2.2.2.3 液体的热容

液体的热容一般是在常压下测定的。压力不是很高的情况下，它对 C_p 的影响可以不予考虑，它随温度升高而增大，接近临界点趋于 ∞。另外除在很高的对比温度区（高于 $T_r = 0.7 \sim 0.8$），通常低温下液体的 C_p 虽随温度升高而增加（当温度 T 稍低于 T_b 或在 T_b 附近时有一浅的极小）但它是温度的弱函数，故若将液体的热容视为常数对工程计算来说影响不会是很大的。接近正常沸点 T_b 时，大多数有机液体其比热容在 $1.2 \sim 2\text{J/(g·K)}$ 之间，但有少数例外，如水、氨的 c_p 可高达到 4.6J/(g·K)，而卤素化合物和汞只有 0.4J/(g·K)。在此温度范围内，c_p 基本上不受压力的影响。

(1) 液体的热容通常有三种，$C_{p,l}$ 为定压下液体（过冷）的焓随温度的变化率；$C_{\sigma,l}$ 为饱和液体的焓随温度的变化率；$C_{s,l}$ 为保持液体在饱和状态时温度变化 1℃ 所需的能量，三者之间的关系为

$$C_{\sigma,l} = \frac{dH_{\sigma,l}}{dT} = C_{p,l} + \left[V_{\sigma,l} - T \left(\frac{\partial V}{\partial T} \right)_p \right] \left(\frac{dp}{dT} \right)_\sigma = C_{s,l} + V_{\sigma,l} \left(\frac{dp}{dT} \right)_\sigma \tag{2-43}$$

$$C_{p,l} - C_{s,l} = T \left(\frac{\partial V}{\partial T} \right)_p \cdot \left(\frac{dp}{dT} \right)_\sigma \tag{2-43a}$$

式中，$\left(\dfrac{dp}{dT} \right)_\sigma$ 表示饱和蒸气压力随温度的变化率。大多数的估算方法得出的热容为 $C_{p,l}$ 或 $C_{\sigma,l}$，而在原理上由量热法直接测出的常为 $C_{s,l}$。除了高对比温度区外，这三种热容在数值上是非常接近的。

作为一般规律在低于正常沸点温度 $< 0.9T_b$ 时 $C_{\sigma,l}$，$C_{s,l}$ 和 $C_{p,l}$ 相互间差别小于 0.1%。

(2) 纯液体热容的估算方法

液态理论的发展目前尚未达到据以准确计算液体热容的程度，在没有液体热容实验值情况下可用估算方法。对液体热容的估算方法有以下几种。

(2.1) 对应状态法

① Rowlinson-Bondi 方程[11,13]

$$\frac{C_{p,l} - C_p^{\ominus}}{R} = 1.45 + 0.45(1 - T_r)^{-1} + 0.25\omega [17.11$$
$$+ 25.2(1 - T_r)^{1/3} T_r^{-1} + 1.742(1 - T_r)^{-1}] \tag{2-44}$$

式中　$C_p^{\ominus}$——蒸气（低压下或理想气体）的定压热容；

ω——偏心因子。

$C_{p,l}$，$C_{\sigma,l}$ 和 $C_{s,l}$ 之间的关系可由近似于对应状态关联式给出

$$\frac{C_{p,l}-C_{\sigma,l}}{R}=\exp(20.1T_r-17.9) \tag{2-45a}$$

和

$$\frac{C_{\sigma,l}-C_{s,l}}{R}=\exp(8.655T_r-8.385) \tag{2-45b}$$

式（2-45a，b）仅当 $T_r<0.99$ 时适用，T_r 低于 0.8 时可认为 $C_{\sigma,l}$，$C_{p,l}$，$C_{s,l}$ 有相同的数值。

Rowlinson-Bondi 方程式可用于较小的 T_r 值和 T_r 接近于 1 的 T_r 范围内，除低温下的醇类化合物外其误差通常是 $<5\%$。

例 2-9　用 Rowlinson-Bondi 法估算顺-2-丁烯在 249.8K 下的热容，已知其实验值为

$$C_{\sigma,l}=152.7\text{J}/(\text{mol}\cdot\text{K})$$

$$T_c=435.6\text{K}, \quad \omega=0.202, \quad C_p^{\ominus}=91.00\text{J}/(\text{mol}\cdot\text{K})$$

解　$T_r=349.8/435.6=0.803$，由式（2-44）

$$\frac{C_{p,l}-C_p^{\ominus}}{R}=1.45+\frac{0.45}{1-0.803}+(0.25)(0.202)$$

$$=\left[17.11+\frac{25.2(1-0.803)}{0.803}+\frac{1.742}{1-0.803}\right]$$

$$=5.97$$

由式（2-45a）可得

$$\frac{C_{p,l}-C_{\sigma,l}}{R}=\exp(20.1\times T_r-17.9)=0.172$$

$$\therefore \quad C_{\sigma,l}=[8.314(5.97-0.172)+91]\text{J}/(\text{mol}\cdot\text{K})$$

$$=139.2\text{J}/(\text{mol}\cdot\text{K})$$

$$\text{误差为}-8.8\%。$$

② Sternling-Brown 方程[23]

$$\frac{C_{p,l}-C_p^{\ominus}}{R}=(0.5+2.2\omega)[3.67+11.64(1-T_r)^4+0.634(1-T_r)^{-1}] \tag{2-46}$$

③

$$\frac{C_p^d}{R}=\frac{C_p-C_p^o}{R}=1.586+\frac{0.49}{1-T_r}+\omega\left[4.2775+\frac{6.3(1-T_r)^{1/3}}{T_r}+\frac{0.4355}{1-T_r}\right] \tag{2-47}$$

此式系文献 [14] 作者对式（2-44）前两项常数重新拟合得出，它们完全相似，仅前两项常数值不同，但用以描述液体 Ar 的性质，比式（2-44）更准确。作者对 212 种物质计算其 298.15K 下的 $C_{p,l}$，偏差大于 10% 的物质有 18 种其中包括 $C_{1\sim4}$ 的醇、酸，H_2O，D_2O，溴乙烷、肼、HF，SO_3，N_2O_4，1,2-噁唑，C_6F_{14} 以及异丁胺。18 种物质中大多数是由 H-键或二聚物形成的缔合物，对其余 194 种物质计算出的 $C_{p,l}$，平均绝对百分偏差（average absolute percent deviation）仅为 2.5%，估算结果，比 Rowlinson-Bondi 法式（2-44）要好。

例 2-10　以 Sternling-Brown 方程（2-46）计算上例顺 2-丁烯的 $C_{p,l}$。

解

$$\frac{C_{p,l}-C_p^{\ominus}}{R}=[0.5+2.2\times0.202]\times\left[3.67+11.64(1-0.803)^4\times\frac{0.634}{1-0.803}\right]=6.52$$

$$\therefore \quad C_{p,l}=C_p^{\ominus}+6.52R=(91.00+6.52\times8.314)\text{J}/(\text{mol}\cdot\text{K})=145.21\text{J}/(\text{mol}\cdot\text{K})$$

④ Yuan 和 Stiel 方程[12,27,28]

非极性液体：

$$C_{\sigma,l}-C_p^{\ominus}=(\Delta C_\sigma)^0+\omega(\Delta C_\sigma)^{(1)} \tag{2-48a}$$

极性液体：$C_{\sigma,l}-C_p^{\ominus}=(\Delta C_\sigma)^{(0\mathrm{p})}+\omega(\Delta C_\sigma)^{(1\mathrm{p})}+\chi(\Delta C_\sigma)^{(2\mathrm{p})}+\chi^2(\Delta C_\sigma)^{(3\mathrm{p})}+$

$$\omega^2(\Delta C_\sigma)^{(4\mathrm{p})}+\chi\omega(\Delta C_\sigma)^{(5\mathrm{p})} \tag{2-48b}$$

式中各 $(\Delta C)^{(0)}$、$(\Delta C_\sigma)^{(1)}$、$(\Delta C_\sigma)^{(0\mathrm{p})}$、$(\Delta C_\sigma)^{(1\mathrm{p})}$……为饱和液热容的 Yuan-Stiel 偏差函数皆是 T_r 的函数其数据见表 2-93。χ 为 Stiel 极性因子，其定义和个别物质的 χ 数值可参见文献［23］，实际应用亦可按下式计算。

$$\chi=\log p_{\mathrm{vr}(T_r=0.6)}+1.70\omega+1.552 \tag{2-49}$$

Yuan 和 Stiel 用 192 个极性液体热容数据检验这一方法结果平均误差为 2.18%。

例 2-11　应用 Yuan-Stiel 法估算正己醇在 20℃时的 $C_{\sigma,l}$。

解　由文献查得正己醇的 $M_r=102.177$，$T_c=611\mathrm{K}$，$p_c=40.5\mathrm{bar}$ $\omega=0.560$，计算得 $T_r=293.15/611=0.48$。

计算极性因子 χ 时，需用 $T_r=0.6$ 时的对比饱和蒸气压，在此选用 Lee-Kesler 蒸气压关联式：$\ln p_r=(\ln p_r)^0+\omega(\ln p_r)^{(1)}$

查其关联项的表[34]代入上式可求得 $\ln p(T_r=0.6)=-5.8035$ 将此值及 ω 再代入式（2-49）即求得 $\chi=-0.016$。

当然 $T_r=0.6$ 时的对比饱和蒸气压亦可用解析形式的关联方程计算出。即

$$\ln p_{\mathrm{vr}}=f^{(0)}+\omega f^{(1)}$$

$$f^{(0)}=5.92714-6.0964T_r^{-1}-1.28862\ln T_r+0.169347T_r^6 \tag{2-50a}$$

$$f^{(1)}=15.2518-15.6875T_r^{-1}-13.4721\ln T_r+0.43577T_r^6 \tag{2-50b}$$

另外还有许多 $p_{\mathrm{vr}}=f(T_r)$ 关系式可供选用，参见文献［12］。

由表 2-93 查得 $T_r=0.48$，极性物质 $(\Delta C_{\sigma,l})^{(0\mathrm{p})}=7.36\mathrm{J/(mol\cdot K)}$，$(\Delta C_{\sigma,l})^{(1\mathrm{p})}=271.97\mathrm{J/(mol\cdot K)}$，$(\Delta C_{\sigma,l})^{(2\mathrm{p})}=-891.23\mathrm{J/(mol\cdot K)}$，$(\Delta C_{\sigma,l})^{(3\mathrm{p})}=-0.464\mathrm{J/(mol\cdot K)}$。

$$(\Delta C_{\sigma,l})^{(4\mathrm{p})}=337.25\mathrm{J/(mol\cdot K)} \quad (\Delta C_{\sigma,l})^{5\mathrm{p}}=803.37\mathrm{J/(mol\cdot K)}$$

表 2-93　Yuan-Stiel 法估算 $C_{\sigma,l}$ 的偏差函数值[23]①　　　　单位：J/(mol·K)

T_r	$(\Delta C_{\sigma,L})^{(0)}$	$(\Delta C_{\sigma,l})^{(1)}$	$(\Delta C_{\sigma,l})^{(0\mathrm{p})}$	$(\Delta C_{\sigma,l})^{(1\mathrm{p})}$	$(\Delta C_{\sigma,l})^{(2\mathrm{p})}$	$(\Delta C_{\sigma,l})^{(3\mathrm{p})}\times 10^{-2}$	$(\Delta C_{\sigma,l})^{(4\mathrm{p})}$	$(\Delta C_{\sigma,l})^{(5\mathrm{p})}$
0.96	62.22	154.8						
0.94	51.34	122.2	51.46	122.2	−527.2	+	+	+
0.92	44.35	113.8	44.68$_5$	114.6	−515.0	+	+	+
0.90	39.58	109.2	39.91$_5$	108.4	−506.3	+	+	+
0.88	36.03	106.3	36.27$_5$	104.2	−491.6	+	+	+
0.86	33.18	103.8	33.47	101.2$_5$	−481.2	+	+	+
0.84	31.17	101.2$_5$	31.80	98.3	−470.7	+	+	+
0.82	29.71	99.2	30.38	96.2	−460.3	+	+	+
0.80	28.49	97.5	29.58	94.6	−452.0	+	+	+
0.78	27.49	95.4	28.45	92.9	−448.0	+	+	+
0.76	26.69	94.1	27.70	91.6	−443.5	+	+	+
0.74	26.07	92.9	26.82	94.1	−439.3	−2.89	−17.66	−123.4
0.72	25.56	91.6	25.44	98.7	−448.0	0.63	−30.12	−125.5
0.70	25.15	90.8	25.15	102.5	−460.3	5.48	−45.6	−121.7$_5$
0.68	24.73	90.4	24.85	107.5	−473.0	9.87	−63.6	−95.4
0.66	24.39	91.2	24.23	113.8	−494.0	12.80	−83.7	−33.22
0.64	24.02	92.9	23.31	122.6	−519.0	13.56	−105.0	61.9
0.62	23.60	95.4	22.30	133.0$_5$	−552.3	12.01	−127.6	179.9
0.60	23.18	98.3	21.42	144.3	−590.0	8.12	−151.9	305.8$_5$
0.58	22.68	102.5	20.58$_5$	157.3	−632.0	2.113	−177.8	427.0

T_r	$(\Delta C_{\sigma,L})^{(0)}$	$(\Delta C_{\sigma,l})^{(1)}$	$(\Delta C_{\sigma,l})^{(0p)}$	$(\Delta C_{\sigma,l})^{(1p)}$	$(\Delta C_{\sigma,l})^{(2p)}$	$(\Delta C_{\sigma,l})^{(3p)}\times10^{-2}$	$(\Delta C_{\sigma,l})^{(4p)}$	$(\Delta C_{\sigma,l})^{(5p)}$
0.56	22.17_5	107.1	19.62	172.0	-674.0	-5.73	-205.8_5	$535._5$
0.54	21.63	112.5	18.12	190.4	-720.0	-14.98	-235.6	623.4
0.52	21.05	118.8	15.65	213.0	-770.0	-25.19	-267.8	690.4
0.50	20.42	125.5	12.01	240.6	-828.5	-35.81_5	-301.7	749.0
0.48	19.79	132.6	7.36	272.0	-891.2	-46.44	-337.2	803.4
0.46	19.16	140.2	2.84_5	303.8	-958.2	-55.65	-374.0_5	862.0
0.44	18.49	148.1	0.79	328.4	-1021.0	-62.76	-410.9	925.0
0.42	17.82	156.5						
0.40	17.07	164.8						

① 文献［23］P157 表 5-15 中数据乘以 4.184 换算而得。

注：+ 对比温度 $T_r=0.74$ 以上，无 $(\Delta C_\sigma)^{(3p)}\sim(\Delta C_\sigma)^{(5p)}$ 的数据，可假定为 0。

根据理想气体正己醇的 $C_p^\ominus(T)=f(T)$ 关系式可算得 $C_p^\ominus$ （293.15）＝152.99J/(mol・K)。正己醇饱和液热容 $C_{\sigma,l}$ 即可将各有关数据代入式 (2-48b)。

求出 $C_{\sigma,l}=213.95$J/(mol・K)再以式 (2-45a) 和式 (2-45b) 求出 $C_{p,l}$，$C_{s,l}$。由于 $T_r=0.48<0.8$，可以认为 293.15K 时 $C_{\sigma,l}$，$C_{p,l}$，$C_{s,l}$ 近似相等。即 $C_{\sigma,l}\approx C_{p,l}=213.95$J/(mol・K) 与实验值 $C_{p,l}=216.74$J/(mol・K) 相比，相对误差为-1.29%。

⑤ Tyagi $C_{s,l}$ 估算方程[12,29]

$$C_{s,l}-C_p^\ominus=\frac{\mathrm{d}H_{s,l}}{\mathrm{d}T}-C_p^\ominus=\frac{\mathrm{d}(H_{s,l}-H_p^\ominus)}{\mathrm{d}T} \tag{2-51}$$

对饱和线上液体焓 $H_{s,l}$ 与理想气体焓 $H^\ominus$ 的差值，比较好的可用 Lee-Edmister[31] 方程表示：

$$\frac{H_{s,l}-H^\ominus}{RT_c}=A_2-A_3T_r-2A_4T_r^3-6A_5T_r^7$$
$$+(A_6-A_7T_r-2A_8T_r^3)p_r-3A_9T_r^4p_r^2$$
$$+\omega(A_{10}T_r^2+A_{11}+A_{12}p_r-3A_{13}T_r^4p_r^2) \tag{2-52}$$

式中，$A_1^*=6.32873$，$A_2=-8.45167$，$A_3=-6.90287$，$A_4=1.87895$，$A_5=-0.33448$，$A_6=-0.018706$，$A_7=-0.286517$，$A_8=0.18940$，$A_9=-0.002584$，$A_{10}=8.7015$，$A_{11}=-11.201$，$A_{12}=-0.05044$，$A_{13}=0.002255$。

*A_1 用于计算 $\ln\varphi$ 方程[31]中。将式 (2-52) 代入，并略去数值很小的微分项即得。

$$\frac{\mathrm{d}(H_{s,l}-H^\ominus)}{\mathrm{d}T}=R[(-A_3-6A_4T_r^2-42A_5T_r^6)+p_r(-A_7-6A_8T_r^2-12A_9T_r^3p_r)$$
$$+\omega(2A_{10}T_r-12A_{13}T_r^3p_r^2)] \tag{2-53}$$

$$\frac{C_{s,l}-C_p^\ominus}{R}=-6.90287-11.2737T_r^2+14.04816T_r^6+p_r(0.286517$$
$$-1.1364T_r^2+0.031008T_r^3p_r)+\omega(17.403T_r-0.02706T_r^3p_r^2) \tag{2-54}$$

此即为 Tyagi 估算 $C_{s,l}$ 方程。

Tyagi 将此法应用于大多数有机液体，T_r 的范围为 0.45～0.98 适用性较好，平均误差约为 $1\%\sim2\%$。注意按原文献［29］定义 $\dfrac{\mathrm{d}H_{s,l}}{\mathrm{d}T}=C_{s,l}$ 为与前述式 (2-43) 定义。$C_{\sigma,l}=\dfrac{\mathrm{d}H_{\sigma,l}}{\mathrm{d}T}$ 一致，此处 $C_{s,l}$ 即 $C_{\sigma,l}$。

在一般情况下实际上 $C_{p,l}$ 与 $C_p^\ominus$ 间之差是与对比温度 T_r 有关的，上述几个作者所提出的几种关系式都是与 T_r 相关联的。

对于上述以对应态原理为基础估算液体热容的各种方法，文献［12，13］的作者对其适用情况、误差大小都进行过分析讨论，并推荐出认为适宜的方法。另外从经验上可以发现液体的热容 $C_{p,l}$ 与其低压蒸气的热容 $C_p^{\ominus}$ 之间的差值非常接近于一个常数，如大部分有机液体在 $T_r \ll 0.6$ 时有以下经验规律 $C_{p,l} - C_p^{\ominus} \approx 46.9$，在此 $C_p^{\ominus}$ ——理想气体的定压热容，是我们熟悉而又易于获得的，因此可以此规律用来估算液体的定压热容 $C_{p,l}$。从实验数据考察可以看出对于有羟基和氨基的分子以及链很长的分子皆不符合此一规律，对 40 多种有机物以此规律估算的 $C_{p,l}$ 平均偏差为 4％，最大偏差可达 15％。

（2.2）偏离函数 $C_p - C_p^{\ominus}$ 法

式（2-26）既可以用于实际气体亦能用于液体，在 Lee-Kesler 普遍化热容差表 2-92 中就有液体的数值，因此如同估算真实气体热容一样，可用 Lee-Kesler 热容差法估算液体的热容 $C_{p,l}$。实际上这也是以对应状态估算液体热容的方法之一。

若以计算机计算液体热容，还可用 Lee-Kesler 状态方程或其它对液体适宜的状态方程，用以计算 $C_{p,l} - C_p^{\ominus}$。

（2.3）基团贡献法[12,13]

对液体热容的估算，除上述几个对应状态法外尚有基团贡献加和法。与对应状态法相比，基团贡献法所需信息量要少，不像对应状态法那样要求有 T_c、p_c、ω、$C_p^{\ominus}$ 数据和有时还需提供有关蒸气压数据。

有几个基团贡献法可用于计算室温附近液体的热容。Shaw 法[32]可用于25℃，Johnson-Huang 法[30,34]及 Chueh-Swanson[13,35a,35b]基团贡献法都用于20℃。在此仅介绍以下 3 种较为通用的基团贡献法。

① Johnson-Huang 法

表 2-94　293.15K 下 Johnson-Huang 基团贡献值[①]

基　团	贡献值 /[J/(mol·K)]	基　团	贡献值 /[J/(mol·K)]	基　团	贡献值 /[J/(mol·K)]	基　团	贡献值 /[J/(mol·K)]
—CH₃	41.4	—COO— 酯	60.7	—NH₂	63.6	—S—	44.4
—CH₂—	26.4	＼C=O 酮／	61.5	—Cl	36.0	C₆H₅—	127.6
|—C—H|	22.6	—CN	58.2	—Br	15.5	H—(甲酸、甲酸酯)	14.9
—COOH	79.9	—OH	46.0	—NO₂	64.0		
				—O—	35.2		

① 对某些原子构型可能需用到单独的 H、C 时，贡献值分别取 15.1、7.4 看来是合适的。

例 2-12　以 Johnson-Huang 法估算20℃下 3-乙基戊烷的 $C_{p,l}$ 值，其实验值为 219.6J/(mol·K) 3-乙基戊烷分子结构式为

H_3C—CH_2—CH—CH_2—CH_3，其中有 3 个 CH_3，3 个 —CH_2— ，1 个 —C—H 其基团贡献值由
　　　　　\|
　　　　C_2H_5

表2-94可得

$$C_{p,l} = (3 \times 41.4 + 3 \times 26.4 + 22.6) \text{J/(mol·K)}$$
$$= 226.0 \text{J/(mol·K)}$$
$$误差 = \frac{219.6 - 226.0}{219.6} = 2.9\%$$

② Chuen-Swanson 法

此法用于估算20℃的定压热容，以 $C_{p,l} = \sum n_i \Delta C_{p,l}$ 关系计算，各基团对 C_p 的贡献值可由表 2-95 中查出。n_i 为 i 种基团的数目。

表 2-95　Chueh-Swanson 基团贡献值（293K）　　　　单位：J/(mol·K)

基　团	贡献值	基　团	贡献值	基　团	贡献值
烷烃		不饱和烃		环中	
—CH₃	36.8	=CH₂	21.8	—CH—	18
—CH₂—	30.4	=CH—	21.3		
—CH—	21.0	=C—	15.9	—C— 或 —C—	12
—C—	7.36	≡CH	24.7	—CHOH	76.1
		—C≡	24.7		
—COH	111.3	—N—	31	—COOH	79.9
—OH	44.8	—N=（环中）	19	—COO—	60.7
—ONO₂	119.2	—CN	58.2	—CH₂OH	73.2
含氢原子		含卤素原子		—Cl（C 原子上第 1个或第 2 个）	36
—H	15	—CH—	22		
（甲酸、甲酸酯、氢氰酸等）		—CH₂—	26	—Cl（C 原子上第 3个或第 4 个）	25
含氮原子		含氧		—Br	38
—NH₂	58.6	—O—	35	—F	17
		C=O	53.0	—I	36
NH	43.9			含硫原子	
		—CH=O	53.0	—SH	44.8
				—S—	33

注：每一双键或叁键与 —CH—、—C— 相连，加贡献值18.8；与 —CH₂— 相连时，第一个加贡献值10.5，从第二个起，加 18.8，与 —CH₃ 相连时不加；环中的任何 C 基团不加贡献值。

如
—CH—CH—C=C— 加 18.8	—C—CH₂—C=C— 加 10.5	CH₃—C=C— 不加

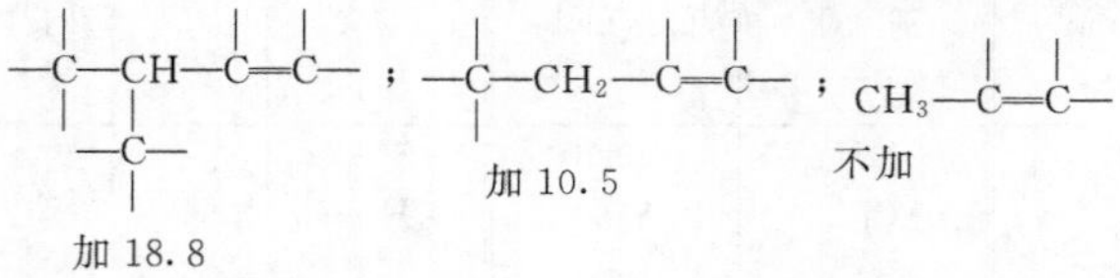

　　与 Johnson-Huang 法比较虽然稍复杂一些，但它通常要准确一些；而与 Shaw 法相比虽然二者都比较准确但 Chuen-Swanson 法应用更广一些，其误差通常少有超过 2%～3%。

　　例 2-13　用 Chueh-Swanson 基团贡献法估算 293K 下，1,4-戊二烯的液体热容。

　　解　1,4-戊二烯分子结构式 $CH_2=CH—CH_2—CH=CH_2$，由表 2-95 可得

$$C_{p,l}(293K) = 2(CH_2=) + 2(—CH_2=) + (—CH_2—) + 表注中附加值$$
$$= [2(21.8) + 2(21.3) + 30.4 + 10.5 + 18.8] J/(mol·K)$$
$$= 145.9 J/(mol·K)$$

与文献值 $C_{p,l}(293K) = 145.3 J/(mol·K)$ 相符甚好。

　　③ Missenard[33] 基团贡献法

　　此法可用于 248～373K 之间，有关的基团参数值可由表 2-96 中查出，此法不能应用于双键化合物、环烃、苯多取代物、醛、硫醇等类化合物，也不能应用于 $T_r > 0.75$；当 $T_r < 0.75$，其估算值可以认为是 $C_{p,l}$，$C_{\sigma,l}$ 或 $C_{s,l}$，因在低对比温度时三者数值基本是相同的。其误差为 ±5%。

　　例 2-14　用 Missenard 基团贡献法估算液体异丁醇在 273K 下的热容。

　　解　由表 2-96 可查出各相应的基团参数值

$$C_{p,l}(273\text{K}) = 2(\text{—CH}_3) + \overset{|}{\underset{|}{\text{—C—H}}} + (\text{—OH})$$

$$= [2(40.0) + 23.8 + 33.5] \text{J/(mol} \cdot \text{K)}$$

$$= 137.2 \text{J/(mol} \cdot \text{K)}$$

与实验值 $C_{p,l} = 135.8\text{J/(mol} \cdot \text{K)}$ 相比，误差仅为 $\approx 1\%$。

表 2-96　Missenard 基团贡献法的基团贡献值[33] $C_{p,l} = \sum n_i \Delta C_{p,i}$

基　团	T/K 248	273	298	323	348	373	基　团	T/K 248	273	298	323	348	373
	基团贡献值/[J/(mol·K)]							基团贡献值/[J/(mol·K)]					
—H	12.5	13.4	14.6	15.5	16.7	18.8	—NH—	51.0	51.0	51.0			
—CH₃	38.5	40.0	41.6	43.5	45.8	48.3	>N—	8.4	8.4	8.4			
—CH₂—	27.2	27.6	28.2	29.1	29.9	31.0	—CN	56.1	56.5	56.9			
—CH—	20.9	23.8	24.9	25.7	26.6	28.0	—NO₂	64.4	64.9	65.7	66.9	68.2	
>C<	8.4	8.4	8.4	8.4	8.4		—NH—NH—	79.5	79.5	79.5			
—C≡C—	46.0	46.0	46.0	46.0			C₆H₅—(苯基)	108.8	113.0	117.2	123.4	129.7	136.0
—O—	28.9	29.3	29.7	30.1	30.5	31.0	C₁₀H₇—(萘基)	179.9	184.1	188.3	196.6	205	213
—CO—(酮)	41.8	42.7	43.5	44.4	45.2	46.0	—F	24.3	24.3	25.1	25.9	27.0	28.2
—OH	27.2	33.5	43.9	52.3	61.7	71.1	—Cl	28.9	29.3	29.7	30.1	30.8	31.4
—COO—(酯)	56.5	57.7	59.0	61.1	63.2	64.9	—Br	35.1	35.6	36.0	36.4	37.2	38.1
—COOH	71.1	74.1	78.7	83.7	90.0	94.1	—I	39.3	39.7	40.4	41.0		
—NH₂	58.6	58.6	62.8	66.2			—S—	37.2	37.7	38.5	39.3		

例 2-15　应用 Missenard 法估算 303.2K 下液体硝基苯 $C_6H_5NO_3$ 的摩尔定压热容。$C_6H_5NO_2$ 的摩尔质量量 M 为 123.112g/mol，其 $C_{p,l}$ 的实验值为 177.4J/(mol·K)。

解　查表 2-96，

	$\Delta C_p(C_6H_5\text{—})$	$\Delta C_p(\text{—NO}_2)$
298K	117.2	6.57
323K	123.4	66.9
内插计算　303K	118.4	65.9

代入 $C_{p,l} = \sum n_i \Delta C_{p,i} = 184.3\text{J/(mol} \cdot \text{K)}$ 与实验值比较，相对误差为 3.9%。

液体热容的估算在新版"气体和液体性质"[13a] 书中，作者除提出一种对应状态法关联方程式（2-44）外，并介绍了 Růžička-Domalski 1993 年提出的基团贡献法 $C_{p,l}$ 表示式 $\frac{C_{p,l}}{R} = \left[A + B\frac{T}{100} + D\left(\frac{T}{100}\right)^2\right]$。式中，$A = \sum_i^k n_i a_i$，$B = \sum_i^k n_i b_i$，$D = \sum_i^k n_i d_i$ 皆由相应基团表列数值加和给出。这是另一个相似于估算理想气体热力学性质 Benson 类型的基团贡献法，适用于熔点到沸点之间 $C_{p,l}$ 估算。此法给出 114 个基团的 a_i, b_i, d_i 值另有 36 种不同的环张力（rsc）校正值。用以估算 300K 液体 1,3 环已二烯的 $C_{p,l}$，误差仅为 1.7%，估算 273K 下异丙醇的 $C_{p,l} = 141.8\text{J/(mol} \cdot \text{K)}$ 与实验值 135.6J/(mol·K) 比较误差为 4.57%。

用于 265 个烃类[36]的 $C_{p,l}$ 数据处理平均误差均在 2% 上、下；对 558 个非烃类物质 $C_{p,l}$ 数据关联平均误差则在 3% 左右，其中醇类误差要大些。尽管 Ruzicka-Domalski 法基团划分较细，应用温度范围和物质种类都较其他基团法贡献有改进，认为是目前最好的 $C_{p,l}$ 估算法。但也还有一些化合物不能用此法估算其 $C_{p,l}$，如单氟化物，卤代炔，酰氯，酰胺。需用此法估算化合物的 $C_{p,l}$ 者可以参阅文献 [14] 或 [36]。

Reid 等[13]建议对非极性及弱极性化合物用 Rowlinson-Bondi 法，而对那些缺乏 T_c 数据的物质或低温（$T_r < 0.75$）的醇类化合物则建议使用 Missenard 法。文献 [12] 的作者曾用大量物质的液体热容数据考察这几种估算方法，并认为 Yuan-Stiel 方法对烃类，酯类等非极性物质效果较好；而对极性物质，极性因子（χ）的值影响较大，χ 又是由 T_c、p_c、ω 值所决定的，作者提出对烷、烃、炔烃、环烷烃、酯类以及非极性卤代烃的液体热容皆可用 Yuan-Stiel 法计算，而对醇类及极性卤代烃若有可靠的 T_c，p_c，ω 数据时亦可以应用；Tyagi 法的通用性较好可用以计算烯烃、芳香烃大部分的卤代烃、醚类以及含 N、含 S 化合物的 $C_{p,l}$，一般说来对于醇类各种估算方法的误差都大，但对醇、酚和酸类估算其液体热容时则可以选可靠性略好一些的 Rowlinson-Bondi 法。作者在其所编写的手册[12]中对于相关的有机物估算其液体热容时都是按此原则考虑的。

文献[37]给出了估算液体热容方法的选用表。

方　　　法	应用范围 物质　　温度		需用的参数	误差/%	方法类型
Rowlinson-Bondi 1966[11,13]	对极性物不适用	$0.4 \leqslant T_r \leqslant 0.96$	$C_p^{\ominus}, T_c, \omega$	5	对应状态
Yuan-Stiel 1970[12,27,28]		$0.4 \leqslant T_r \leqslant 0.95$	$C_p^{\ominus}, T_c, \omega$	5～10	对应状态
Missenard 1965[13,39]	$248 < T < 373$ 且 $T_r < 0.75$			5	基团贡献
Luria-Benson 1977[23,38]	仅对烃类适用				基团贡献
Chueh-Swanson 1973[13,35a,35b]	293			<3	基团贡献

（3）估算液体热容的其它方法

Pachaiappan 等[40]曾提一个方程式从相对分子质量 M_r，可以估算出许多有机同系物液体的比热容 c_p，其关系式为

$$c_p = C M_r^n, \mathrm{kJ/(kg \cdot K)} \tag{2-55}$$

若已知同系物中两个化合物的比热容，则可求出常数 C 和 n。表 2-97 列出某些有机同系物的 C，n 数据。估算误差大多在 ±5% 之内。

表 2-97　估算有机液体比热容式（2-56）中常数 C 和 n 数值

同系物	C	n	同系物	C	n
醇	3560	−0.10	腈（脂肪族）	3030	−0.0733
酸	3800	−0.152	烃（脂肪族）	3660	−0.113
酮	2460	−0.0135	烃（芳香族）	1370	+0.0485
酯	2510	−0.0573	一氯代脂肪烃	640	+0.229
胺（脂肪族）	6820	−0.22	多氯代脂肪烃	19800	−0.63

（4）液体混合物热容的估算

当纯液体 i 的 C_{pi} 值可以得到时，按前（2-24）及（2-25）式，可取构成液体混合物的各纯组分 iC_{pi} 的摩尔分数和质量分数的算术平均值

$$C_{p,\text{mixt}} = \sum x_i C_{p,i}, \text{ J/(mol·K)} \tag{2-24}$$

或
$$C_{p,\text{mixt}} = \sum w_i C_{p,i}, \text{ J/(g·K)} \tag{2-25}$$

应用这种方法实际上是忽略了混合焓（热）的影响，这对于烃类及其相近的同系物是适用的。估算的误差 Jamieson and Cartwright[33] 曾对公式（2-24）应用于 215 个非水溶液混合物，1083 个数据点和 52 个水溶液体系 503 个数据点，进行审查评估。最大误差分别为12.5％和16.9％。并认为以公式（2-24）预测液体混合物的热容在一定程度上是成功的，但为满足工业上对液体混合物的 C_p 高准确度的需求，设法改进其预测方法又是必要的，一般情况对于混合焓不为零的液体混合物则应用

$$C_{p,\text{mixt}} = \sum x_i \bar{C}_{p,i} \tag{2-56}$$

式中，$\bar{C}_{p,i}$ 为组分 i 的偏摩尔定压热容，是温度 T、压力 p 和组成 x_i 的函数。在某些不常见的情况下偏摩定压热容 $\bar{C}_{p,i}$ 与该组分纯态时摩尔定压热容相等（理想溶液则具有这种性质），此时的 $C_{p,\text{mixt}}$ 即可按式（2-24）计算。

Teja[13,33] 研究了多参考流体法推广用于液体热容的预测。这种方法避免了上述 $C_{p,\text{mixt}} = \sum x_i C_{p,i}$ 公式中的一个假定，即在应用此式估算混合物定压热容 $C_{p,\text{mixt}}$ 时，忽略任何由于混合焓的温度效应所引起对热容的贡献。按普遍化对应态原理，任何纯流体（或混合物）的对比性质能够由相同（研究体系的）T_r，p_r 条件下两个参考流体 R_1 和 R_2 的已知性质得到，包括非极性混合物和含有极性分子的混合物以及水溶液等 16 个二元体系 385 个数据已被 Teja 考察，用此法估算 $C_{p,\text{mixt}}$ 结果表明（与实验数据比较）当仅应用纯组分 C_p 数据时估算的液体混合物 $C_{p,\text{mixt}}$ 误差为 3.03％，若在估算中使用单一温度下二元数据，平均偏差则可减少到 1.44％。与可被用来估算液体混合物热容的其它方法相比，这一方法是简单的，而且容易推广用于多组分混合物，因此受到欢迎，为人们所重视。

（5）液体和固体热容数据重要专集和手册

若为工程实用或科学研究需要更多、更详实的实测热容数据，特别是物质在凝聚态下的热容，可以从以下专题文集和相关的手册中获得。

1. Zábranský M.，V. Růžička Tr. V Majer，E. S. Domalski，Heat Capacity of Liquids Critical Review and Recommended Values. J. phys. chem，Ref Data Monograph No.6，American Chemical Society，Washington D. C. 1996

2. Zábranský M.，V. Růžička Tr. E. S. Domalski，Heat Capacity of Liquids：Critical Review and Recommended Values. supplement 1，J. Phys. chem. Ref Data Vol. 30 No.5，1199，2002

3. Domalski E. S. and E. D. Hearing，Heat Capacities and Entropies of Organie Compounds，In The Condensed Phase J. Phys. Chem，Ref Data Vol. 25 No.1，1-473，1996

4. ［土耳其］Barin I. 主编 3rd ed. 程乃良等译纯物质热化学数据手册第 1 版，北京：科学出版社，2003

5. 马沛生主编. 有机化合物实验物性数据手册—含碳、氢、氧、卤素部分第 1 版，北京，化学工业出版社，2006

Zábranský 等编辑整理并严格评审了 1897～1993 年间，1624 种有机和无机物量热法测定的液相热容，这些物质的熔点皆低于 573K，这一专题文集（monograph）（1），对选定的每个化合物可得到的所有文献数据进行全面考察，并给出某些统计数据评定。推荐值是以温度关联式—多项式，准多项式方程（qusipolynomial）或 Cubic spline equation 中回归的参数值的形式给出。一些化合物其经验方程可以有意义的外推到临界温度，此文集中也包含有对

早先 38 种汇编进行注释，对 1897～1991 年间已发表被选定的各类化合物的热容数据进行了评审。

自 1993 年上述文集（1）完成之后，1993～2000 年一些发表在公开文献中新测定液相热容数据，其中有不包括在文集（1）中，或虽已包括，但新测的数据更准确可靠或温度范围更宽。因此有必要对专论文集（1）进行补充更新，Zabransky 等又于 2001 年按前文（1）的编辑宗旨收集考查了 1993～2000 年（某些数据要早于 1993 年）1030 种文献中，约超过 670 种物质的热容数据，文中热容 C 代表 $C_{p,l}$，C_{sat} 以及 $C_{平均}$。推荐值仍以 $C \sim f(T)$ 关联式各参数数值给出。同时列出温度范围及误差分析。以不确定度的级别（levels of uncertainty）六级，表示实验和拟合方法可能带来的误差。对于热容研究工作的重要信息如数据文献源、测定方法，量热计类型及相关文献，试样纯度及鉴定方法等都一一示出。

文集（1）和文集（2）所列各种数据、信息都是经过作者对文献数据严格考查精心评选后给出的，提供的热容推荐值确实可靠。两专辑共处理约 2000 种化合物，4244 组热容数据，涉及 34583 个原始数据点（raw data points）文集（1）和（2）不仅对工程人员有实用价值亦对溶液理论研究者有重要意义。

Domalski-Hearing 1996 年发表了有机化合物凝聚态的热容和熵文集（3）。2503 种有机物（包括部分聚合物及其单体）5332 热容和熵值被列入，附带也收入用量热法测定的相变性质 ΔH，ΔS 数值，超过 2200 篇文献被引用评审定位，对热容，熵实验数据给出综合评级。文献资料时间范围是从 1881～1993 末，其中包括作者早先 1984 和 1990 发表在 J. Phys，Chem. Ref. Data 上两篇专题论文。除碳有很高的上限温度外，大多数物质温度范围，约在 200～450K，一般只给出一个温度下（298K 附近）热容和熵值，某些物质也列有 $C_{p,l} \sim f(T)$ 关联式，所选热容数据综合评级分为 A（高质量），B（好），C（一般水平），D（低质量）四级。

由于凝聚态下热容估算方法都还不够准确，有时亦很繁复。故对工程应用者来说，首先应从推介的这些专着手册中查找需用的热容数据。更新的数据专论，手册中尚未收录的，需查近期有关专业期刊。不得已的情况下才应用估算法。

2.2.2.4　固体热容经验估算法[6, 21]

（1）Dulong-Petit 规则

对所有固体来说当热力学温度 $T \to 0$ 时其 C_p 值亦趋近于零，但通常温度条件下一些基本固体元素的摩尔定压热容都近似等于 26.4J/[mol（原子）·K]，若以 kJ/(kg·K) 单位表示元素的比热容，则 $c_p = \dfrac{C_p}{M}$。实验结果表明在常温、常压下对许多元素的 C_p 值来说是大致相符的，但也有差别很大的，如 B，Be，而对 C（金刚石）则相差更大，这可由表 2-98 看出。

表 2-98　常温下某些元素的 $C_{p,298}$(s)　　　　　　单位：J/(mol·K)

元　素	C_p	元　素	C_p	元　素	C_p	元　素	C_p
Ag	25.48	Bi	25.52	Fe	25.23	Pt	26.57
Al	24.35	C(金刚石)	6.07	Ga	26.57	Sb	25.44
As	24.98	C(石墨)	8.79	Li	23.64	Se	24.89
Au	25.23	Ca	26.28	Mg	23.89	Sn	26.36
B	11.97	Co	25.56	Mn	22.13	U	27.49
Ba	26.36	Cr	23.35	Ni	25.98	W	24.98
Be	17.82	Cu	24.48	Pb	26.82	Zn	25.06

（2）Kopp 规则

Kopp 将 Dulong-Petit 定律推广到化合物可以得到化合物的摩尔热容

$$C_p = \sum n_i C_{i,s}, \quad J/(mol \cdot K) \tag{2-57a}$$

比热容
$$c = \frac{1}{M}(\sum n_i C_{i,s}), \quad kJ/(kg \cdot K) \tag{2-57b}$$

式中　n_i——分子中第 i 种原子的数目；

　　　$C_{i,s}$——i 种原子的固态原子热容，$J/(mol \cdot K)$；

　　　M——摩尔质量，g/mol。

即一个化合物的摩尔热容近似等于其组成原子的原子热容的总和。此总和可以通过表 2-99 给出的元素的原子热容按分子组成原子的加和来计算。

表 2-99　常温下原子热容　　　　单位：$J/(mol \cdot K)$，

原　子	固态的 $C_{i,s}$	液态的 $C_{i,l}$	原　子	固态的 $C_{i,s}$	液态的 $C_{i,l}$
C	7.53	11.72	P	22.59	30.96
H	9.62	17.99	S	23.01	30.96
B	11.30	19.66	Cl	25.94	（估计在 0~24℃ 之间为 33.47）
Si	15.90	24.27			
O	16.74	25.10	N[2]	15.38	
F	20.92	29.29	其它[1]	25.94	33.47

① 相对原子质量在 40 以上的固体金属元素。

② 根据文献 [9] [41] 24 种氮化物推算平均值。

例 2-16　用式（2-57a，b）估算（1）$BaCO_3$（2）苯醌在 298K 下的定压热容。

解　查表（2-77）可得化合物组成原子的热容，加和（1）$BaCO_3$ 的定压热容

（1）　　　$C_p = 23.94 + 7.53 + 3 \times 16.74 = 83.69 J/(mol \cdot K)$

或　　　　$c_p = \dfrac{83.69}{197.37} = 0.424 kJ/(kg \cdot K)$

实验值 c_p 为 0.4180kJ/(kg·K) 故相对误差为 1.4%。

（2）苯醌在室温 298K 下的热容

$$C_p = (6 \times 7.53 + 4 \times 9.62 + 2 \times 16.74)J/(mol \cdot K) = 117.14 J/(mol \cdot K)$$

而在此温度下固体苯醌的 C_p 实验值为 132.63J/(mol·K) 故与估算值相差不算很大。

Kopp 规则通常只是在缺乏 C_p 实验数据时粗略估算之用。因为是根据近似的经验规则，多数化合物不可能得到准确的结果。表 2-100 给出某些物质的估算值与文献值。相比较可以看出有的物质 C_p 估算结果偏差较大。

表 2-100　某些物质用 Dulong-Petit 规则估算的 C_p 值与文献值比较

物　质	$C_p/[J/(mol \cdot K)]$ 文献值	估算值	物　质	$C_p/[J/(mol \cdot K)]$ 文献值	估算值
LiH[1]	27.9	35.56	NaCl[2]	50.503	51.9
LiCl[1]	48.0	51.9	TeO₂[2]	63.880	59.4
BN[1]	19.7	23.8	As₂O₃[2]	96.979	135.56
B₂O₃（晶）[1]	62.8	72.8	SiO₂（石英）[2]	44.585	49.4
H₃BO₃[1]	86.1	90.4	CH₄ON₂（尿素）	93.14	87.9
CuO[1]	42.3	42.7	C₂H₅O₂N(glycine)	99.20	109.2
Cu₂O[1]	63.6	68.6	（甘氨酸）（氨基乙酸）		
MgB₂[2]	47.981	48.5	SiC[2]	26.977	23.4
MgB₄[2]	70.439	71.13			

① 取自文献 [9]；

② 取自文献 [41]；T 皆为 298.15K，其它 p=1atm，文献 [9]，[41] p=1bar。

表 2-101 液体金属及熔盐的平均原子热容

项　目	平均原子热容 $C_p^{①}$	备　注	项　目	平均原子热容 $C_p^{①}$	备　注
1.一般液体金属和合金	30.96	对于 35 种金属计算结果，其中 3/4 的误差在 5% 以内，最大误差 12%	3.熔盐 一般	33.89	对于 43 种熔盐计算结果，其中 3/4 的误差在 10% 以内，最大误差为 30%
2.过渡族金属如 Ni,Cr	40.16	对于 5 种金属计算结果，最大误差 15%	含 N 者	23.85	对于 4 种熔盐计算结果，最大误差 30%
			含 H 者	27.20	对于 7 种熔盐计算结果，最大误差 30%

① C_p 单位 kJ/[平均 kmol·K]；化合物的平均相对原子质量＝相对分子质量/原子个数。

另外从经验可以观察到 Kopp 规则亦可近似用于液体的热容粗估。表 2-99 和表 2-101 中都列有估算液体 C_p 时相应的液态原子热容数据。

2.2.2.5 聚合物定压热容数据[35]关联式及估算法

（1）聚合物比定压热容与温度的关系式可用前给出的公式（2-12）表示

$$c_p = a + bT + cT^2，\text{kJ/(kg·K)}$$

式中，系数 a，kJ/(kg·K)；b，kJ/(kg·K^2)；c，kJ/(kg·K^3)，其数值见表 2-9。以式（2-12）计算聚合物 C_p 相对误差约为 2%～5%。在足够宽的温度范围（从 15～25K 到玻璃化温度 T_g）内固态聚合物的比定压热容 c_p 在结晶相和玻璃态（无定形固体）中实际上是相同的，当聚合物加热温度超过玻璃化温度 T_g 或聚合物晶体熔化温度 T_m 时 c_p 增大，故在高弹态和熔体中聚合物的 c_p 大于固体聚合物的 c_p。

（2）固体聚合物的热容可按下面两种方法近似估算

① 由不同原子基团贡献的热容值 $\Delta C'_{p,i}$（表 2-102）按加合规则计算

$$C_p = \sum \nu_i \Delta C'_{p,i}，\text{J/(mol·K)} \tag{2-58}$$

式中，ν_i——i 种原子基团数；

$\Delta C'_{p,i}$——i 种基团摩尔定压热容贡献值。

以此法可估算已知结构聚合物在固体状态下的摩尔定压热容（按链的重复单元计），估算出的 C_p 值其误差平均为 5%～8%。

② 固态聚合物在 298K 时的比定压热容 c_p，近似地可借助于修正后的 Perepelkin 关系式计算

$$c_p A_0 v^{1/2} = 10.35 \pm 1.8，\text{kJ/(kg·K)} \tag{2-59}$$

式中，$A_0 = M_r/n$ 称为平均相对原子质量；M_r 为链段重复单元的相对分子质量；n 为链段重复单元中原子数；v，$10^{-3}\text{m}^3/\text{kg}$（原文献为 10^3，有误）称为比体积。

表 2-102 进入链重复单元中的原子基团对固体（结晶的或玻璃态的）聚合物摩尔热容的贡献，$\Delta C'_{p,i}$[42]

单位：J/(mol·K)

T/K	CH$_2$ 主链	CH$_2$ 侧链	CF$_2$	CHCl	CCl$_2$	CHCH$_3$	C$_2$H$_2$	O,按以下聚合物测定 聚环氧丁烷和聚环氧丙烷	聚甲醛和聚环氧乙烷	聚乙烯醇	C$_6$H$_4$,按以下聚合物测定 聚苯乙烯	聚碳酸酯	聚 2,6-二甲基-1,4-亚苯基醚	COO	CONH
50	4.6	5.0	10.5	10.5	12.6	9.6	10.0	6.7	5.4	3.4	18.8	16.7	…	8.8	…
60	5.9	6.3	12.1	12.1	15.9	11.3	10.4	7.1	5.9	5.4	20.5	18.4	…	12.6	…
70	7.1	7.5	14.2	13.8	18.8	13.0	12.1	7.5	6.3	7.5	22.2	20.1	20.9	15.5	16.3

续表

T/K	CH₂主链	CH₂侧链	CF₂	CHCl	CCl₂	CHCH₃	C₂H₂	O,按以下聚合物测定 聚环氧丁烷和聚环氧丙烷	O,按以下聚合物测定 聚甲醛和聚环氧乙烷	O,按以下聚合物测定 聚乙烯醇	C₆H₄,按以下聚合物测定 聚苯乙烯	C₆H₄,按以下聚合物测定 聚碳酸酯	C₆H₄,按以下聚合物测定 聚2,6-二甲基-1,4-亚苯基醚	COO	CONH
80	7.9	8.4	15.9	15.1	22.2	15.1	13.4	8.4	6.7	9.2	24.3	21.8	30.6	17.6	18.4
90	8.8	9.6	18.0	15.9	24.7	16.7	14.7	9.2	7.1	10.5	26.0	23.4	33.9	20.1	20.1
100	9.6	10.5	19.7	17.2	27.2	19.2	15.9	9.6	7.1	11.3	28.5	25.5	37.3	22.2	21.3
110	10.5	11.3	21.3	18.0	28.9	19.7	17.2	10.5	7.5	12.1	30.1	27.6	39.8	23.8	23.0
120	10.9	12.1	23.0	18.8	30.1	20.9	18.4	11.3	8.0	13.0	32.2	30.6	41.8	25.1	24.3
130	11.7	13.0	24.7	19.7	31.4	22.6	19.2	12.1	8.4	14.2	34.3	33.1	43.5	26.8	26.0
140	12.6	13.8	25.9	20.5	32.6	24.3	20.9	12.6	8.4	15.1	36.4	36.4	46.5	28.1	28.0
150	13.0	14.6	27.6	21.3	34.3	25.1	22.2	13.4	8.4	16.3	38.5	38.9	48.9	29.7	29.7
160	13.8	15.5	29.3	21.8	35.6	26.8	23.0	13.8	8.8	17.6	40.6	41.8	51.1	31.8	31.4
170	14.6	16.3	30.5	22.6	37.2	28.0	24.3	14.2	8.8	18.8	43.5	44.8	53.6	33.1	33.9
180	15.5	17.2	32.2	23.4	38.1	29.3	25.1	14.7	8.8	20.1	46.3	47.7	56.1	35.2	35.6
190	15.9	18.0	33.5	24.3	39.7	30.5	26.4	15.1	8.8	…	48.5	50.2	60.7	37.2	38.1
200	16.7	18.8	34.7	24.7	41.0	32.2	…	15.9	9.2	22.0	50.5	52.6	60.6	38.9	41.0
210	17.2	20.1	36.0	25.9	42.7	33.5	…	16.7	9.6	…	53.6	55.7	62.4	40.5	44.0
220	17.6	20.9	37.7	26.8	44.4	34.3	…	17.6	…	…	57.8	…	64.5	…	49.0
230	18.0	21.8	38.9	27.6	46.0	36.0	…	19.2	…	…	61.1	…	…	…	53.6
240	18.4	23.0	40.2	28.5	47.7	37.7	…	20.7	…	…	64.8	…	…	…	58.2

2.2.3　热力学函数与实验数据

化工工艺设计计算中经常涉及焓 H，内能 U，熵 S，逸度 f 等热力学函数，因此计算这些函数（或称性质）如何随体系的温度 T，压力 p 和其它独立变数的变化而改变是重要的。热容数据给出了热力学函数如何随温度 T 变化的信息，而体积的数据则给出热力学函数在等温下随压力或密度变化的信息。

尽管这些热力学函数与实验数据 C_p（C_V），p，V，T 数据或 pVT 的解析式——状态方程之间的关系式都可以被推导出。但在实际应用中常讨论纯流体及定组成流体混合物的 H，S 与实验数据的关系及其计算方法，因为只要能得到 H 和 S 的数值或其表达式其它热力学函数的数值和表达式即可通过热力学函数关系（定义式及与 pVT 间关系）得出。

关于基准态或参考（比）态（reference State）

热力学函数 U，H，S，A，G 的绝对值实际上是不知道的，目前只能人为的规定某些特定的参考态（或基准态）下热力学函数（在此以 M_0 表示）具有确定的值，作为计算任意状态下函数 M 的起点或基准（datum）。参考态 M_0（T_0，p_0）是根据计算是否简便而任意设定的。

同样 M_0 的数值也是人为规定的，通常为方便起见此规定的 M_0 常选定为零，由此基准态（始态 T_0，p_0）到另一状态（终态 T，p）计算而得的热力学函数值仍应视为相对值或称为规定值（Conventional Value）而不应称为绝对值。如水蒸气表中基准态规定为：水的三相点 $T_0=273.16\text{K}$，$p_0=0.006112\text{bar}$，在此基准态下水的 U，S 值规定为零即 $U_0=0$，$S_0=0$（此状态下的 $H_0=U_0+pV\approx0.0006\text{kJ/kg}$）。对氨选基准态 $T_0=229.15\text{K}$，$p_0=0.7177\times10^5\text{Pa}$，规定此状态下液态氨的 $H_0=0$，$S_0=0$，故其表中 H，S 等热力学函数数值皆为规定值。

使用物质热力学性质数值表或图时需注意其规定的基准态，不同基准态的图表其热力学函数数值不能相加减，但计算其差值时则与基准态选取无关（不同图、表的热力学函数差值则可以相加减），实际应用时也只需这些差值，不同基准态，同一物质，相同状态下热力学函数仅相差一定值，即 H（或 U）和 S 的数值与选取的基准 H_0（或 U_0）和 S_0 数值大小有关，但由图、表中计算出的 ΔH，（或 ΔU），ΔS 是不会改变的。

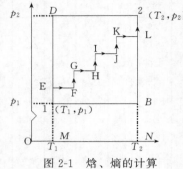

图 2-1　焓、熵的计算

2.2.4　焓、熵的计算

对于纯流体或定组成流体混合物体系，工程实用上常是要求 T，p 变化时体系的焓 H、熵 S 的改变值 ΔH，ΔS。因为热力学函数是状态函数其性质（数学性质——点函数）决定了从始态（T_1，p_1）变化到终态（T_2，p_2）时，$\Delta H_{12} = H_2 - H_1$，$\Delta S_{12} = S_2 - S_1$ 可以通过不同途径来计算，其结果都是相同的，如图 2-1 所示。

当体系由始态（T_1，p_1）经过 1B2 途径到达终态（T_2，p_2）时

$$\Delta H_{(1B2)} = \Delta H_{P_1} + \Delta H_{T_2}$$

$$= \int_{T_1}^{T_2} C_p(T, p_1)\mathrm{d}T + \int_{p_1}^{p_2}\left[V - T\left(\frac{\partial V}{\partial T}\right)\right]_{T_2}\mathrm{d}p \tag{2-60}$$

$$\Delta S_{(1B2)} = \Delta S_{P_1} + \Delta S_{T_2} = \int_{T_1}^{T_2}\frac{C_p(T, p_1)}{T}\mathrm{d}T - \int_{P_1}^{P_2}\left(\frac{\partial \overline{V}}{\partial T}\right)_{P, T_2}\mathrm{d}p \tag{2-61}$$

而当体系从初态（T_1，p_1）经由 1D2 到达终态（T_2，p_2）时则有

$$\Delta H_{(1D2)} = \Delta H_{T_1} + \Delta H_{P_2} = \int_{p_1}^{p_2}\left[V - T\left(\frac{\partial V}{\partial T}\right)\right]_{T_1}\mathrm{d}p + \int_{T_1}^{T_2} C_p(T, p_2)\mathrm{d}T \tag{2-62}$$

$$\Delta S_{(1D2)} = \Delta S_{T_1} + \Delta S_{P_2} = \int_{p_1}^{p_2}\left(\frac{\partial V}{\partial T}\right)_{p, T_1}\mathrm{d}p + \int_{T_1}^{T_2}\frac{C_p(T, p_2)}{T}\mathrm{d}T \tag{2-63}$$

根据热力学函数的性质，此二途径焓差 ΔH，熵差 ΔS 相等。显然起始相同经由任何途径都是可以的。如从始态 1 经由 1EFGHIJKL 到达 2 其 $\Delta H_{(1E\cdots L2)}$，$\Delta S_{(1E\cdots L2)}$ 应与途径（1B2），（1D2）的结果相同。由于压力下实际气体 $C_p(T, p_1)$，$C_p(T, p_2)$ 是与 T，p 都有关系一般在手册中不易查到，或实际要求的温度范围与 $C_p \sim f(T)$ 关系式温度范围不相符合时。因此计算 ΔH，ΔS 时经常是要利用理想气体或零压（或低压）下的真实气体热容，它只是温度的单一函数。$C_p^{\ominus} = f(T)$ 关系从一般手册中即可查到，如本章中表 2-1、表 2-2 等。

若计算 ΔH_{12}，ΔS_{12} 时由始态（T_1，p_1）出发经过 1MN2 到达终态（T_2，p_2）即

$$\Delta H = \int_{p_1}^{p°}\left(\frac{\partial H}{\partial p}\right)_{T_1}\mathrm{d}p + \int_{T_1}^{T_2} C_p^{\ominus}(T)\mathrm{d}T + \int_{p°}^{p_2}\left(\frac{\partial H}{\partial p}\right)_{T_2}\mathrm{d}p \tag{2-64a}$$

或　　　　　$$\Delta H = (H° - H_{p1})_{T_1} + \int_{T_1}^{T_2} C_p^{\ominus}(T)\mathrm{d}T - (H° - H_{p2})_{T_2} \tag{2-64b}$$

$$\Delta S = \int_{p_1}^{p°}\left(\frac{\partial S}{\partial p}\right)_{T_1}\mathrm{d}p + \int_{T_1}^{T_2}\frac{C_p^{\ominus}(T)\mathrm{d}T}{T} + \int_{p°}^{p_2}\left(\frac{\partial S}{\partial p}\right)_{T_2}\mathrm{d}p \tag{2-65a}$$

或　　　　　$$\Delta S = (S° - S_{p1})_{T_1} + \int_{T_1}^{T_2}\frac{C_p^{\ominus}(T)\mathrm{d}T}{T} - R\ln\frac{p_2}{p_1} - (S° - S_{p2})_{T_2} \tag{2-65b}$$

式中，$(H° - H_{p1})_{T_1}$，$(H° - H_{p2})_{T_2}$，$(S° - S_{p1})_{T_1}$，$(S° - S_{p2})_{T_2}$ 称为偏离函数。若已知 $C_p^{\ominus}(T)$ 函数关系以及偏离焓，偏离熵与 pVT 的关系，选取这一过程即可较方便的计算出

从某一状态（T_1，p_1）出发到达任意状态（T_2，p_2），过程的 ΔH，ΔS 值。

2.2.5　热力学偏离函数

根据热力学原理，真实流体（气体、液体及其定组成的混合物）的热力学性质，可由理想气体的热力学性质（这是易于由理想气体方程计算得出）以及偏离函数（departure functions）求出。

2.2.5.1　热力学性质的偏离函数定义

偏离函数
$$M^{\mathrm{d}} = M_{\mathrm{T},p,x} - M_{\mathrm{T},p^\circ,x}^{\mathrm{ig}} \tag{2-66a}$$

或
$$M^{\mathrm{d}} = M_{\mathrm{T},p^\circ,x}^{\mathrm{ig}} - M_{\mathrm{T},p,x} \tag{2-66b}$$

式中　$M_{\mathrm{T},p,x}$——真实流体（纯组分或定组成为 x 的混合物）在 T，p，x 状态下的摩尔热力学性质；

$M_{\mathrm{T},p^\circ,x}^{\mathrm{ig}}$——$T$，$p^\circ$（参考压力），$x$ 状态下理想气体的摩尔热力学性质。

通常 p° 可以有两种选择，取体系压力 p，另一是取单位压力 1bar 或 1atm 取 $p^\circ = p$ 时则：

$$M^{\mathrm{d}} = M_{\mathrm{T},p,x} - M_{\mathrm{T},p,x}^{\mathrm{ig}} \tag{2-67a}$$

或
$$M^{\mathrm{d}} = M_{\mathrm{T},p,x}^{\mathrm{ig}} - M_{\mathrm{T},p,x} \tag{2-67b}$$

式中，$M_{\mathrm{T},p,x}$ 意义同上，$M_{\mathrm{T},p,x}$ 为相同的 T，p，x 条件下理想气体的摩尔热力学性质。

由上述偏离函数定义可见 M^{d} 表示在相同 T，p 下（若为混合物则要有相同的 x）流体的实际状态的 M 与理想气体（ig）状态下的 M^{ig} 之差，实际体系的任何热力学函数 M 则可由式（2-67）$M = M^\circ(T,p,x) - M^{\mathrm{d}}(T,p,x)$

计算出，已知 M^{ig} 是易于算出，而 M^{d} 则需用实验的 P，V，T 数据或状态方程计算得到。

2.2.5.2　偏离函数和逸度压力比（$f/p = \varphi$ 逸度系数）与 p、V、T 之间的关系

以两种类型状态方程表示。

（1）a 组

$$A - A^\circ = -\int_\infty^V \left(p - \frac{RT}{V} \right) \mathrm{d}V - RT \ln \frac{V}{V^\circ} \tag{2-68}$$

显压型 $p = p(T,V)$，(explicit in pressure)

$$S - S^\circ = \int_\infty^V \left[\left(\frac{\partial p}{\partial T} \right)_V - \frac{R}{V} \right] \mathrm{d}V + R \ln \frac{V}{V^\circ} \tag{2-69}$$

$$H - H^\circ = (A - A^\circ) + T(S - S^\circ) + RT(Z - 1) \tag{2-70}$$

$$U - U^\circ = (A - A^\circ) + T(S - S^\circ) \tag{2-71}$$

$$G - G^\circ = (A - A^\circ) + RT(Z - 1) \tag{2-72}$$

$$\ln \frac{f}{p} = \ln \varphi = \frac{A - A^\circ}{RT} + \ln \frac{V}{V^\circ} + (Z - 1) - \ln Z$$

$$= -\frac{1}{RT} \int_\infty^V \left(p - \frac{RT}{V} \right) \mathrm{d}V + (Z - 1) - \ln Z \tag{2-73}$$

式中，$Z = \dfrac{pV}{RT}$，压缩因子；$V^\circ = \dfrac{RT}{p^\circ}$，处于 T，p° 状态下理想气体摩尔体积。

应用以 p 为显函数，T，V 为独立变量（一般的 EOS 皆给出此种形式）的各适用的 $p = p(T,V)$ 或 $p = \dfrac{RT}{V} Z(T,V)$ 状态方程，同时规定计算基准（p° 或 V°）代入以上 a 组各式即可求出相应的偏离函数和逸度系数。文献 [13] 列有应用 virial 截级和各立方型的 EOS 所得的 $A - A^\circ$ 和 $S - S^\circ$ 的表示式，相应的其它各偏离函数和 $\ln f/p$ 则不难由式（2-68）～式（2-

73) 求出。由以上各式（也可以计算证明）可以看到偏离函数 $H-H°$，$U-U°$ 及 $\ln\dfrac{f}{p}$ 与参考状态体积 $V°$（或 $p°$）选取无关，相反 $A-A°$，$G-G°$，$S-S°$，则与其有关。

（2）b 组

显体型 $V=V(T,p)$（explicit in Volume）

$$G-G°=RT\int_0^p (Z-1)\,\mathrm{d}\ln p+RT\ln p/p° \tag{2-74}$$

$$S-S°=R\int_0^p \left[1-Z-T\left(\frac{\partial Z}{\partial T}\right)_p\right]\mathrm{d}\ln p-R\ln\frac{p}{p°} \tag{2-75}$$

$$H-H°=(G-G°)+T(S-S°) \tag{2-76}$$

$$U-U°=G-G°+T(S-S°)-RT(Z-1) \tag{2-77}$$

$$A-A°=G-G°-RT(Z-1) \tag{2-78}$$

$$\ln f/p=\ln\varphi=\frac{G-G°}{RT}-\ln\frac{p}{p°}$$

$$=\int_0^p (Z-1)\,\mathrm{d}\ln p \tag{2-79}$$

再次可以证明 $H-H°$，$U-U°$ 及 $\ln\varphi$ 与参考态 $p°$（或 $V°$）的选取无关。

以上 b 组各式适用于，T，p 为独立变量的显体型 $V=V(T,p)$ 及 $V=\dfrac{RT}{p}Z(T,p)$ 状态方程。

2.2.5.3 偏离焓、偏离熵以及逸度系数的计算

在计算焓 H 和熵 S 的数值时需要的数据是理想气体的焓 H^{ig} 和熵 S^{ig}，以及可用来计算偏离函数的 pVT 关系，为简便，以 "°" 代替 ig。

（1）理想气体的焓H°、熵S°计算

$$\mathrm{d}H°=C_p^{\ominus}\mathrm{d}T,\;H°=H_0°+\int_{T°}^T C_p^{\ominus}\mathrm{d}T \tag{2-80}$$

$$\mathrm{d}S°=\frac{C_p^{\ominus}}{T}\mathrm{d}T-\frac{R}{p}\mathrm{d}p,\;S°=S_0°+\int_{T°}^T \frac{C_p^{\ominus}\,\mathrm{d}T}{T}-R\ln\frac{p}{p°} \tag{2-81}$$

式中，$H_0°$，$S_0°$ 是理想气体处于参考状态 $T°$，$p°$ 下的焓值，熵值，是计算 H，S 的基准可以任意给定。

另外已知只要有物质的 H 和 S 值以及 pVT 数据即可由各热力学函数的定义式求出其它热力学函数数值，因此下面只列出以 T，V 为独立变量的偏离焓、偏离熵及逸度系数（严格地说 f/p 并不是偏离函数）的计算公式。

（2）真实流体偏离焓、偏离熵及逸度系数与 pVT 关系 T = 常数时

$$H-H°=-\int_\infty^V \left[p-T\left(\frac{\partial p}{\partial T}\right)_V\right]\mathrm{d}V+RT(Z-1) \tag{2-82}$$

$$S-S°=\int_\infty^V \left[\left(\frac{\partial p}{\partial T}\right)_V-\frac{R}{V}\right]\mathrm{d}V+R\ln\frac{V}{V°} \tag{2-83}$$

$$\ln\frac{f}{p}=\ln\varphi=-\frac{1}{RT}\int_\infty^V \left(p-\frac{RT}{V}\right)\mathrm{d}V+(Z-1)-\ln Z \tag{2-84}$$

式（2-82～2-84）是以 T，V 为独立变量计算偏离焓、偏离熵以及 $\ln f/p$ 的基本公式，不仅可以直接将 pVT 数据代入计算而且可以流体的状态方程，用压缩因子表示的 pVT 关系以及普遍化的 pVT 关系式代入上式进行运算。

（3）Lee-Kesler 对比态状态方程表示的偏离焓、偏离熵及逸度系数

这是一种较为精确更为实用的计算流体偏离函数的方法。

①
$$p_r = \frac{T_r}{V_r} + \frac{BT_r}{V_r^2} + \frac{CT_r}{V_r^3} + \frac{DT_r}{V_r^6} + \frac{c_4}{T_r^2 V_r^3}\left(\beta + \frac{\gamma}{V_r^2}\right)\exp\left(-\frac{\gamma}{V_r^2}\right)$$

$$Z = \left(\frac{p_r V_r}{T_r}\right) = 1 + \frac{B}{V_r} + \frac{C}{V_r^2} + \frac{D}{V_r^5} + \frac{c_4}{T_r^3 V_r^2}\left(\beta + \frac{\gamma}{V_r^2}\right)\exp\left(-\frac{\gamma}{V_r^2}\right)$$

式中，$B = b_1 - \dfrac{b_2}{T_r} - \dfrac{b_3}{T_r^2} - \dfrac{b_4}{T_r^3}$，$C = c_1 - \dfrac{c_2}{T_r} + \dfrac{c_3}{T_r^3}$，$D = d_1 + \dfrac{d_2}{T_r}$，$T_r$——对比温度，$V_r = \dfrac{V}{\frac{RT_c}{p_c}}$——理想对比体积。

$$\frac{H^\circ - H}{RT_c} = -T_r\left[Z - 1 - \frac{b_2 + 2b_3/T_r + 3b_4/T_r^2}{T_r V_r} - \frac{c_2 - 3c_3/T_r^2}{T_r^3 2V_r^2} + \frac{d_2}{5T_r V_r^5} + 3E\right] \tag{2-85}$$

$$\frac{S^\circ - S}{R} = \ln\frac{p}{p^\circ} - \ln Z + \frac{b_1 + b_3/T_r^2 + 2b_4/T_r^3}{V_r} + \frac{c_1 - 2c_3/T_r^3}{2V_r^2} + \frac{d_1}{5V_r^5} - 2E \tag{2-86}$$

$$\ln f/p = \ln\varphi = Z - 1 - \ln Z + \frac{B}{V_r} + \frac{C}{2V_r^2} + \frac{D}{5V_r^5} + E \tag{2-87}$$

以上是 T_r 和 V_r 为自变量 Lee-Kesler 方程偏离焓、熵及逸度系数的计算公式，式中 $Z = \dfrac{p_r V_r}{T_r}$，$E = \dfrac{c_4}{2T_r^3 \gamma} \times \left[\beta + 1 - \left(\beta + 1 + \dfrac{\gamma}{V_r^2}\right)\exp\left(-\dfrac{\gamma}{V_r^2}\right)\right]$，$b_1$、$b_2$、$b_3$、$b_4$、$c_1$、$c_2$、$c_3$、$c_4$、$d_1$、$d_2$、$\beta$、$\gamma$ 是 Lee-Kesler 对比状态方程常数。利用上述式 2-85～式 2-87 即可计算流体的偏离焓，偏离熵以及逸度系数 $\ln\varphi$。

② 具体步骤是先由已知的 T_r、p_r 求出简单流体 [$\omega = 0$，以 (0) 代表] 的 $V_r^{(0)}$、$Z^{(0)}$ 及参考流体 [正辛烷 $\omega^{(R)} = 0.3978$，以 (R) 表示之] 的 $V_r^{(R)}$、$Z^{(R)}$，然后将 $V_r^{(0)}$、$Z^{(0)}$ 和 $V_r^{(R)}$、$Z^{(R)}$ 分别代入有关的偏离函数及 $\ln\varphi$ 式（2-85）～式（2-87）中得出简单流体和参考流体的偏离函数数值及 $\ln\varphi$ 值，最后利用三参数普遍化计算法[13]，得到所求的实际流体的偏离函数和逸度系数数值，以偏离焓为例，即

$$\frac{H^\circ - H}{RT_c} = \left(\frac{H^\circ - H}{RT_c}\right)^{(0)} + \frac{\omega}{\omega^{(R)}}\left[\left(\frac{H^\circ - H}{RT_c}\right)^{(R)} - \left(\frac{H^\circ - H}{RT_c}\right)^{(0)}\right] \tag{2-88}$$

若定义焓差为

$$\left(\frac{H^\circ - H}{RT_c}\right)^{(1)} = \frac{1}{\omega^{(R)}}\left[\left(\frac{H^\circ - H}{RT_c}\right)^{(R)} - \left(\frac{H^\circ - H}{RT_c}\right)^{(0)}\right]$$

上式可改写为

$$\frac{H^d}{RT_c} = \frac{H^\circ - H}{RT_c} = \left(\frac{H^\circ - H}{RT_c}\right)^{(0)} + \omega\left(\frac{H^\circ - H}{RT_c}\right)^{(1)} \tag{2-89}$$

以同样方式处理可以得到

$$\frac{S^d}{R} = \frac{S^\circ - S}{R} = -\ln p^\circ/p + \left(\frac{S^\circ - S}{R}\right)^{(0)} + \omega\left(\frac{S^\circ - S}{R}\right)^{(1)} \tag{2-90}$$

$$\ln\frac{f}{p} = \left(\ln\frac{f}{p}\right)^{(0)} + \omega\left(\ln\frac{f}{p}\right)^{(1)} \tag{2-91}$$

③ 为便于手算已解出了这些方程，并在 $0.3 \leqslant T_r \leqslant 4$ 和 $0.01 \leqslant p_r < 10$ 范围内作成以 p_r，T_r 为参数，$\left(\dfrac{H^\circ - H}{RT_c}\right)^{(0)}$，$\left(\dfrac{H^\circ - H}{RT_c}\right)^{(1)}$，$\left(\dfrac{S^\circ - S}{R}\right)^{(0)}$，$\left(\dfrac{S^\circ - S}{R}\right)^{(1)}$ 以及 $\left(\log_{10}\dfrac{f}{p}\right)^{(0)}$，$\left(\log_{10}\dfrac{f}{p}\right)^{(1)}$ 的图和表格。在此仅列出其表格，表 2-103～表 2-105。

　　注意各表中气液分界线（黑折线）的两侧数据不能作内插取值，在计算混合流体时，虚拟临界参数需按 Lee-Kesler 状态方程的混合规则处理。由于 Lee-Kesler 准确的混合规则过于繁复，而在计算虚拟临界参数和偏心因子时可以采用 Kay 方法，API 数据书中就是应用这一方法的。

　　（4）流体和流体混合物的偏离焓 H^d，偏离熵 S^d，及 $\ln f/p$（$\ln \varphi$）的计算

　　① 纯液体

　　计算纯液体的偏离焓可按下式分段进行。

$$H^L - H^\circ = (H^L - H^{SL}) + (H^{SL} - H^{SV}) + (H^{SV} - H^\circ) \tag{2-92}$$

式中　H^L——温度 T，压力 p 下过冷液体的焓；

　　　　H°——理想气体在温度 T，参考压力 p° 下的焓；

　　　　H^{SL}——T，饱和蒸气压 p^S 下饱和液体的焓；

　　　　H^{SV}——T，p^S 下饱和蒸气的焓。

　　在此蒸气贡献项 $H^{SV} - H^\circ$ 可用本章已介绍过的真实气体偏离焓计算方法进行。$H^{SL} - H^{SV}$ 即 T，p^S 下蒸发焓的负值（$-\Delta_v H_T$）可由下一章蒸发焓的各种计算方法，关联式求出。$H^L - H^{SL}$ 这一项表示压力对液体焓的影响，相对于其它两项，它的数值通常很小，低压下可略去不计。高压下，可将 Lee-Kesler 方法（解析方程 2-85 或表 2-103）应用于液相，$H^{SL} - H^\circ$ 和 $H^L - H^\circ$。通常并不推荐直接由上述 Lee-Kesler 方法求出 T，p 下的液体焓值。另外以对应状态法估算相变焓 ΔH 常常也是不够准确的（参见下一章关于相变焓的估算）。因此，单独地确定式（2-92）中的相变焓 $\Delta H = (H^{SL} - H^{SV})$ 项和改用其它方法计算 $H^L - H^{SL}$，$H^{SV} - H^\circ$ 也是可取的。

表 2-103　Lee-Kesler 普遍化 $\left(\dfrac{H^\circ - H}{RT_c}\right)^{(0)}$，$\left(\dfrac{H^\circ - H}{RT_c}\right)^{(1)}$ 表[13,15]

A. 简单流体项 $\left(\dfrac{H^\circ - H}{RT_c}\right)^{(0)}$

T_r	p_r														
	0.010	0.050	0.100	0.200	0.400	0.600	0.800	1.000	1.200	1.500	2.000	3.000	5.000	7.000	10.000
0.30	6.045	6.043	6.040	6.034	6.022	6.011	5.999	5.987	5.975	5.957	5.927	5.868	5.748	5.628	5.446
0.35	5.906	5.904	5.901	5.895	5.882	5.870	5.858	5.845	5.833	5.814	5.783	5.721	5.595	5.469	5.278
0.40	5.763	5.761	5.757	5.751	5.738	5.726	5.713	5.700	5.687	5.668	5.636	5.572	5.442	5.311	5.113
0.45	5.615	5.612	5.609	5.603	5.590	5.577	5.564	5.551	5.538	5.519	5.486	5.421	5.238	5.154	5.950
0.50	5.465	5.463	5.459	5.453	5.440	5.427	5.414	5.401	5.388	5.369	5.336	5.270	5.186	4.999	4.791
0.55	0.032	5.312	5.309	5.303	5.290	5.278	5.265	5.252	5.239	5.220	5.187	5.121	4.986	4.849	4.638
0.60	0.027	5.162	5.159	5.153	5.141	5.129	5.116	5.104	5.091	5.073	5.041	4.976	4.842	4.704	4.492
0.65	0.023	0.118	5.008	5.002	4.991	4.980	4.968	4.956	4.945	4.927	4.896	4.833	4.702	4.565	4.353
0.70	0.020	0.101	0.213	4.848	4.838	4.828	4.818	4.808	4.797	4.781	4.752	4.693	4.566	4.432	4.221
0.75	0.017	0.088	0.183	4.687	4.679	4.672	4.664	4.655	4.646	4.632	4.607	4.554	4.434	4.303	4.095
0.80	0.015	0.078	0.160	0.345	4.507	4.504	4.499	4.494	4.488	4.478	4.459	4.413	4.303	4.478	3.974
0.85	0.014	0.069	0.141	0.300	4.309	4.313	4.316	4.316	4.316	4.312	4.302	4.269	4.173	4.056	3.857
0.90	0.012	0.062	0.126	0.264	0.596	4.074	4.094	4.108	4.118	4.127	4.132	4.119	4.043	3.935	3.744
0.93	0.011	0.058	0.118	0.246	0.545	0.960	3.920	3.953	3.976	4.000	4.020	4.024	3.963	3.863	3.678
0.95	0.011	0.056	0.113	0.235	0.516	0.885	3.763	3.825	3.865	3.904	3.940	3.958	3.910	3.815	3.634
0.97	0.011	0.054	0.109	0.225	0.490	0.824	1.356	3.658	3.732	3.796	3.853	3.890	3.856	3.767	3.591
0.98	0.010	0.053	0.107	0.221	0.478	0.797	1.273	3.544	3.652	3.736	3.806	3.854	3.829	3.743	3.569
0.99	0.010	0.052	0.105	0.216	0.466	0.773	1.206	3.376	3.558	3.670	3.758	3.818	3.801	3.719	3.548
1.00	0.010	0.051	0.103	0.212	0.455	0.750	1.151	2.584	3.441	3.598	3.706	3.782	3.774	3.695	3.526
1.01	0.010	0.050	0.101	0.208	0.445	0.729	1.102	1.796	3.283	3.516	3.652	3.744	3.746	3.671	3.505

续表

A. 简单流体项 $\left(\dfrac{H°-H}{RT_c}\right)^{(0)}$

T_r	p_r														
	0.010	0.050	0.100	0.200	0.400	0.600	0.800	1.000	1.200	1.500	2.000	3.000	5.000	7.000	10.000
1.02	0.010	0.049	0.099	0.203	0.434	0.708	1.060	1.627	3.039	3.422	3.595	3.705	3.718	3.647	3.484
1.05	0.009	0.046	0.094	0.192	0.407	0.654	0.955	1.359	2.034	3.030	3.398	3.583	3.632	3.575	3.420
1.10	0.008	0.042	0.086	0.175	0.367	0.581	0.827	1.120	1.487	2.203	2.965	3.353	3.484	3.453	3.315
1.15	0.008	0.039	0.079	0.160	0.334	0.523	0.732	0.968	1.239	1.719	2.479	3.091	3.329	3.329	3.211
1.20	0.007	0.036	0.073	0.148	0.305	0.474	0.657	0.857	1.076	1.443	2.079	2.807	3.166	3.202	3.107
1.30	0.006	0.031	0.063	0.127	0.259	0.399	0.545	0.698	0.860	1.116	1.560	2.274	2.825	2.942	2.899
1.40	0.005	0.027	0.055	0.110	0.224	0.341	0.463	0.588	0.716	0.915	1.253	1.857	2.486	2.679	2.692
1.50	0.005	0.024	0.048	0.097	0.196	0.297	0.400	0.505	0.611	0.774	1.046	1.549	2.175	2.421	2.486
1.60	0.004	0.021	0.043	0.086	0.173	0.261	0.350	0.440	0.531	0.667	0.894	1.318	1.904	2.177	2.285
1.70	0.004	0.019	0.038	0.076	0.153	0.231	0.309	0.387	0.466	0.583	0.777	1.139	1.672	1.953	2.091
1.80	0.003	0.017	0.034	0.068	0.137	0.206	0.275	0.344	0.413	0.515	0.683	0.996	1.476	1.751	1.908
1.90	0.003	0.015	0.031	0.062	0.123	0.185	0.246	0.307	0.368	0.458	0.606	0.880	1.309	1.571	1.736
2.00	0.003	0.014	0.028	0.056	0.111	0.167	0.222	0.276	0.330	0.411	0.541	0.782	1.167	1.411	1.577
2.20	0.002	0.012	0.023	0.046	0.092	0.137	0.182	0.226	0.269	0.334	0.437	0.629	0.937	1.143	1.295
2.40	0.002	0.010	0.019	0.038	0.076	0.114	0.150	0.187	0.222	0.275	0.359	0.513	0.761	0.929	1.058
2.60	0.002	0.008	0.016	0.032	0.064	0.095	0.125	0.155	0.185	0.228	0.297	0.422	0.621	0.756	0.858
2.80	0.001	0.007	0.014	0.027	0.054	0.080	0.105	0.130	0.154	0.190	0.246	0.348	0.508	0.614	0.689
3.00	0.001	0.006	0.011	0.023	0.045	0.067	0.088	0.109	0.129	0.159	0.205	0.288	0.415	0.495	0.545
3.50	0.001	0.004	0.007	0.015	0.029	0.043	0.056	0.069	0.081	0.099	0.127	0.174	0.239	0.270	0.264
4.00	0.000	0.002	0.005	0.009	0.017	0.026	0.033	0.041	0.048	0.058	0.072	0.095	0.116	0.110	0.061

B. 偏差项 $\left(\dfrac{H°-H}{RT_c}\right)^{(1)}$

T_r	p_r														
	0.010	0.050	0.100	0.200	0.400	0.600	0.800	1.000	1.200	1.500	2.000	3.000	5.000	7.000	10.000
0.30	11.098	11.096	11.095	11.091	11.083	11.076	11.069	11.062	11.055	11.044	11.027	10.992	10.935	10.872	10.781
0.35	10.656	10.655	10.654	10.653	10.650	10.646	10.643	10.640	10.637	10.632	10.624	10.609	10.581	10.554	10.529
0.40	10.121	10.121	10.121	10.120	10.121	10.121	10.121	10.121	10.121	10.121	10.122	10.123	10.128	10.135	10.150
0.45	9.515	9.515	9.516	9.517	9.519	9.521	9.523	9.525	9.527	9.531	9.537	9.549	9.576	9.611	9.663
0.50	8.868	8.869	8.870	8.872	8.876	8.880	8.884	8.888	8.892	8.899	8.909	8.932	8.973	9.030	9.111
0.55	0.080	8.211	8.212	8.215	8.221	8.226	8.232	8.238	8.243	8.252	8.267	8.298	8.360	8.425	8.531
0.60	0.059	7.568	7.570	7.573	7.579	7.585	7.591	7.596	7.603	7.614	7.632	7.669	7.745	7.824	7.950
0.65	0.045	0.247	6.949	6.952	6.959	6.966	6.973	6.980	6.987	6.997	7.017	7.059	7.147	7.239	7.381
0.70	0.034	0.185	0.415	6.360	6.367	6.373	6.381	6.388	6.395	6.407	6.429	6.475	6.574	6.677	6.627
0.75	0.027	0.142	0.306	5.796	5.802	5.809	5.816	5.824	5.832	5.845	5.868	5.918	6.027	6.142	6.316
0.80	0.021	0.110	0.234	0.542	5.266	5.271	5.278	5.285	5.293	5.306	5.330	5.385	5.506	5.632	5.824
0.85	0.017	0.087	0.182	0.401	4.753	4.754	4.758	4.763	4.771	4.784	4.810	4.872	5.008	5.149	5.358
0.90	0.014	0.070	0.144	0.308	0.751	4.254	4.248	4.249	4.255	4.268	4.298	4.371	4.530	4.688	4.916
0.93	0.012	0.061	0.126	0.265	0.612	1.236	3.942	3.934	3.937	3.951	3.987	4.073	4.251	4.422	4.662
0.95	0.011	0.056	0.115	0.241	0.542	0.994	3.737	3.712	3.713	3.730	3.773	3.873	4.068	4.248	4.497
0.97	0.010	0.052	0.105	0.219	0.483	0.837	1.616	3.470	3.467	3.492	3.551	3.670	3.885	4.077	4.336
0.98	0.010	0.050	0.101	0.209	0.457	0.776	1.324	3.332	3.327	3.363	3.434	3.568	3.795	3.992	4.257
0.99	0.009	0.048	0.097	0.200	0.433	0.722	1.154	3.164	3.164	3.223	3.313	3.464	3.705	3.909	4.178
1.00	0.009	0.046	0.093	0.191	0.410	0.675	1.034	2.471	2.952	3.065	3.186	3.358	3.615	3.825	4.100
1.01	0.009	0.044	0.089	0.183	0.389	0.632	0.940	1.375	2.595	2.880	3.051	3.251	3.525	3.742	4.023

B. 偏差项 $\left(\dfrac{H°-H}{RT_c}\right)^{(1)}$

T_r	p_r														
	0.010	0.050	0.100	0.200	0.400	0.600	0.800	1.000	1.200	1.500	2.000	3.000	5.000	7.000	10.000
1.02	0.008	0.042	0.085	0.175	0.370	0.594	0.863	1.180	1.723	2.650	2.906	3.142	3.435	3.661	3.947
1.05	0.007	0.037	0.075	0.153	0.318	0.498	0.691	0.877	0.878	1.496	2.381	2.800	3.167	3.418	3.722
1.10	0.006	0.030	0.061	0.123	0.251	0.381	0.507	0.617	0.673	0.617	1.261	2.167	2.720	3.023	3.362
1.15	0.005	0.025	0.050	0.099	0.199	0.296	0.385	0.459	0.503	0.487	0.604	1.497	2.275	2.641	3.019
1.20	0.004	0.020	0.040	0.080	0.158	0.232	0.297	0.349	0.381	0.381	0.361	0.934	1.840	2.273	2.692
1.30	0.003	0.013	0.026	0.052	0.100	0.142	0.177	0.203	0.218	0.218	0.178	0.300	1.066	1.592	2.086
1.40	0.002	0.008	0.016	0.032	0.060	0.083	0.100	0.111	0.115	0.108	0.070	0.044	0.504	1.012	1.547
1.50	0.001	0.005	0.009	0.018	0.032	0.042	0.048	0.049	0.046	0.032	−0.008	−0.078	0.142	0.556	1.080
1.60	0.000	0.002	0.004	0.007	0.012	0.013	0.011	0.005	−0.004	−0.023	−0.065	−0.151	−0.082	0.217	0.689
1.70	0.000	0.000	0.000	−0.000	−0.003	−0.009	−0.017	−0.027	−0.040	−0.063	−0.109	−0.202	−0.223	−0.028	0.369
1.80	−0.000	−0.001	−0.003	−0.006	−0.015	−0.025	−0.037	−0.051	−0.067	−0.094	−0.143	−0.241	−0.317	−0.203	0.112
1.90	−0.001	−0.003	−0.005	−0.011	−0.023	−0.037	−0.053	−0.070	−0.088	−0.117	−0.169	−0.271	−0.381	−0.330	−0.092
2.00	−0.001	−0.003	−0.007	−0.015	−0.030	−0.047	−0.065	−0.085	−0.105	−0.136	−0.190	−0.295	−0.428	−0.424	−0.255
2.20	−0.001	−0.005	−0.010	−0.020	−0.040	−0.062	−0.083	−0.106	−0.128	−0.163	−0.221	−0.331	−0.493	−0.551	−0.489
2.40	−0.001	−0.006	−0.012	−0.023	−0.047	−0.071	−0.095	−0.120	−0.144	−0.181	−0.242	−0.356	−0.535	−0.631	−0.645
2.60	−0.001	−0.006	−0.013	−0.026	−0.052	−0.078	−0.104	−0.130	−0.156	−0.194	−0.257	−0.376	−0.567	−0.687	−0.754
2.80	−0.001	−0.007	−0.014	−0.028	−0.055	−0.082	−0.110	−0.137	−0.164	−0.204	−0.269	−0.391	−0.591	−0.729	−0.836
3.00	−0.001	−0.007	−0.014	−0.029	−0.058	−0.086	−0.114	−0.142	−0.170	−0.211	−0.278	−0.403	−0.611	−0.763	−0.899
3.50	−0.002	−0.008	−0.016	−0.031	−0.062	−0.092	−0.122	−0.152	−0.181	−0.224	−0.294	−0.425	−0.650	−0.827	−1.015
4.00	−0.002	−0.008	−0.016	−0.032	−0.064	−0.096	−0.127	−0.158	−0.188	−0.233	−0.306	−0.442	−0.680	−0.874	−1.097

表 2-104 Lee-Kesler 普遍化 $\left(\dfrac{S°-S}{R}\right)^{(0)}$, $\left(\dfrac{S°-S}{R}\right)^{(1)}$ 表[15]

A. 简单流体项 $\left(\dfrac{S°-S}{R}\right)^{(0)}$

T_r	p_r														
	0.010	0.050	0.100	0.200	0.400	0.600	0.800	1.000	1.200	1.500	2.000	3.000	5.000	7.000	10.000
0.30	11.614	10.008	9.319	8.635	7.961	7.574	7.304	7.099	6.935	6.740	6.497	6.182	5.847	5.683	5.578
0.35	11.185	9.579	8.890	8.205	7.529	7.140	6.869	6.663	6.497	6.299	6.052	5.728	5.376	5.194	5.060
0.40	10.802	9.196	8.506	7.821	7.144	6.755	6.483	6.275	6.109	5.909	5.660	5.330	4.967	4.772	4.619
0.45	10.453	8.847	8.157	7.472	6.794	6.404	6.132	5.924	5.757	5.557	5.306	4.974	4.603	4.401	4.234
0.50	10.137	8.531	7.841	7.156	6.479	6.089	5.816	5.608	5.441	5.240	4.989	4.656	4.282	4.074	3.899
0.55	0.038	8.245	7.555	6.870	6.193	5.803	5.531	5.324	5.157	4.956	4.706	4.373	3.998	3.788	3.607
0.60	0.029	7.983	7.294	6.610	5.933	5.544	5.273	5.066	4.900	4.700	4.451	4.120	3.747	3.537	3.353
0.65	0.023	0.122	7.052	6.368	5.694	5.306	5.036	4.830	4.665	4.467	4.220	3.892	3.523	3.315	3.131
0.70	0.018	0.096	0.206	6.140	5.467	5.082	4.814	4.610	4.446	4.250	4.007	3.684	3.322	3.117	2.935
0.75	0.015	0.078	0.164	5.917	5.248	4.866	4.600	4.399	4.238	4.045	3.807	3.491	3.138	2.939	2.761
0.80	0.013	0.064	0.134	0.294	5.026	4.649	4.388	4.191	4.034	3.846	3.615	3.310	2.970	2.777	2.605
0.85	0.011	0.054	0.111	0.239	4.785	4.418	4.166	3.976	3.825	3.646	3.425	3.135	2.812	2.629	2.463
0.90	0.009	0.046	0.094	0.199	0.463	4.145	3.912	3.738	3.599	3.434	3.231	2.964	2.663	2.491	2.334
0.93	0.008	0.042	0.085	0.179	0.408	0.750	3.723	3.569	3.444	3.295	3.108	2.860	2.577	2.412	2.262
0.95	0.008	0.039	0.080	0.168	0.377	0.671	3.556	3.433	3.326	3.193	3.023	2.790	2.520	2.362	2.215
0.97	0.007	0.037	0.075	0.157	0.350	0.607	1.056	3.259	3.188	3.081	2.932	2.719	2.463	2.312	2.170
0.98	0.007	0.036	0.073	0.153	0.337	0.580	0.971	3.142	3.106	3.019	2.884	2.682	2.436	2.287	2.148
0.99	0.007	0.035	0.071	0.148	0.326	0.555	0.903	2.972	3.010	2.953	2.835	2.646	2.408	2.263	2.126
1.00	0.007	0.034	0.069	0.144	0.315	0.532	0.847	2.178	2.893	2.879	2.784	2.609	2.380	2.239	2.105
1.01	0.007	0.033	0.067	0.139	0.304	0.510	0.799	1.391	2.736	2.798	2.730	2.571	2.352	2.215	2.083

A. 简单流体项 $\left(\dfrac{S°-S}{R}\right)^{(0)}$

T_r	p_r														
	0.010	0.050	0.100	0.200	0.400	0.600	0.800	1.000	1.200	1.500	2.000	3.000	5.000	7.000	10.000
1.02	0.006	0.032	0.065	0.135	0.294	0.491	0.757	1.225	2.495	2.706	2.673	2.533	2.325	2.191	2.062
1.05	0.006	0.030	0.060	0.124	0.267	0.439	0.656	0.965	1.523	2.328	2.483	2.415	2.242	2.121	2.001
1.10	0.005	0.026	0.053	0.108	0.230	0.371	0.537	0.742	1.012	1.557	2.081	2.202	2.104	2.007	1.903
1.15	0.005	0.023	0.047	0.096	0.201	0.319	0.452	0.607	0.790	1.126	1.640	1.968	1.966	1.897	1.810
1.20	0.004	0.021	0.042	0.085	0.177	0.277	0.389	0.512	0.651	0.890	1.308	1.727	1.827	1.789	1.722
1.30	0.003	0.017	0.033	0.068	0.140	0.217	0.298	0.385	0.478	0.628	0.891	1.299	1.554	1.581	1.556
1.40	0.003	0.014	0.027	0.056	0.114	0.174	0.237	0.303	0.372	0.478	0.663	0.990	1.303	1.386	1.402
1.50	0.002	0.011	0.023	0.046	0.094	0.143	0.194	0.246	0.299	0.381	0.520	0.777	1.088	1.208	1.260
1.60	0.002	0.010	0.019	0.039	0.079	0.120	0.162	0.204	0.247	0.312	0.421	0.628	0.913	1.050	1.130
1.70	0.002	0.008	0.017	0.033	0.067	0.102	0.137	0.172	0.208	0.261	0.350	0.519	0.773	0.915	1.012
1.80	0.001	0.007	0.014	0.029	0.058	0.088	0.117	0.147	0.177	0.222	0.296	0.438	0.661	0.799	0.908
1.90	0.001	0.006	0.013	0.025	0.051	0.076	0.102	0.127	0.153	0.191	0.255	0.375	0.570	0.702	0.815
2.00	0.001	0.006	0.011	0.022	0.044	0.067	0.089	0.111	0.134	0.167	0.221	0.325	0.497	0.620	0.733
2.20	0.001	0.004	0.009	0.018	0.035	0.053	0.070	0.087	0.105	0.130	0.172	0.251	0.388	0.492	0.599
2.40	0.001	0.004	0.007	0.014	0.028	0.042	0.056	0.070	0.084	0.104	0.138	0.201	0.311	0.399	0.496
2.60	0.001	0.003	0.006	0.012	0.023	0.035	0.046	0.058	0.069	0.086	0.113	0.164	0.255	0.329	0.416
2.80	0.000	0.002	0.005	0.010	0.020	0.029	0.039	0.048	0.058	0.072	0.094	0.137	0.213	0.277	0.353
3.00	0.000	0.002	0.004	0.008	0.017	0.025	0.033	0.041	0.049	0.061	0.080	0.116	0.181	0.236	0.303
3.50	0.000	0.001	0.003	0.006	0.012	0.017	0.023	0.029	0.034	0.042	0.056	0.081	0.126	0.166	0.216
4.00	0.000	0.001	0.002	0.004	0.009	0.013	0.017	0.021	0.025	0.031	0.041	0.059	0.093	0.123	0.162

B. 偏差项 $\left(\dfrac{S°-S}{R}\right)^{(1)}$

T_r	p_r														
	0.010	0.050	0.100	0.200	0.400	0.600	0.800	1.000	1.200	1.500	2.000	3.000	5.000	7.000	10.000
0.30	16.782	16.774	16.764	16.744	16.705	16.665	16.626	16.586	16.547	16.488	16.390	16.195	15.837	15.468	14.925
0.35	15.413	15.408	15.401	15.387	15.359	15.333	15.305	15.278	15.251	15.211	15.144	15.011	14.751	14.496	14.153
0.40	13.990	13.986	13.981	13.972	13.953	13.934	13.915	13.896	13.877	13.849	13.803	13.714	13.541	13.376	13.144
0.45	12.564	12.561	12.558	12.551	12.537	12.523	12.509	12.496	12.482	12.462	12.430	12.367	12.248	12.145	11.999
0.50	11.202	11.200	11.197	11.192	11.182	11.172	11.162	11.153	11.143	11.129	11.107	11.063	10.985	10.920	10.836
0.55	0.115	9.948	9.946	9.942	9.935	9.928	9.921	9.914	9.907	9.897	9.882	9.853	9.806	9.769	9.732
0.60	0.078	8.828	8.826	8.823	8.817	8.811	8.806	8.799	8.794	8.787	8.777	8.760	8.736	8.723	8.720
0.65	0.055	0.309	7.832	7.829	7.824	7.819	7.815	7.810	7.807	7.801	7.794	7.784	7.779	7.785	7.811
0.70	0.040	0.216	0.491	6.951	6.945	6.941	6.937	6.933	6.930	6.926	6.922	6.919	6.929	6.952	7.002
0.75	0.029	0.156	0.340	6.173	6.167	6.162	6.158	6.155	6.152	6.149	6.147	6.149	6.174	6.213	6.285
0.80	0.022	0.116	0.246	0.578	5.475	5.468	5.462	5.458	5.455	5.453	5.452	5.461	5.501	5.555	5.648
0.85	0.017	0.088	0.183	0.408	4.853	4.841	4.832	4.826	4.822	4.820	4.822	4.839	4.898	4.969	5.082
0.90	0.013	0.068	0.140	0.301	0.744	4.269	4.249	4.238	4.232	4.230	4.236	4.267	4.351	4.442	4.578
0.93	0.011	0.058	0.120	0.254	0.593	1.219	3.914	3.894	3.885	3.884	3.896	3.941	4.046	4.151	4.300
0.95	0.010	0.053	0.109	0.228	0.517	0.961	3.697	3.658	3.647	3.648	3.669	3.728	3.851	3.966	4.125
0.97	0.010	0.048	0.099	0.206	0.456	0.797	1.570	3.406	3.391	3.401	3.437	3.517	3.661	3.788	3.957
0.98	0.009	0.046	0.094	0.196	0.429	0.734	1.270	3.264	3.247	3.268	3.318	3.412	3.569	3.701	3.875
0.99	0.009	0.044	0.090	0.186	0.405	0.680	1.098	3.093	3.082	3.126	3.195	3.306	3.477	3.616	3.796
1.00	0.008	0.042	0.086	0.177	0.382	0.632	0.977	2.399	2.868	2.967	3.067	3.200	3.387	3.532	3.717
1.01	0.008	0.040	0.082	0.169	0.361	0.590	0.883	1.306	2.513	2.784	2.933	3.094	3.297	3.450	3.640

B. 偏差项 $\left(\dfrac{S°-S}{R}\right)^{(1)}$

T_r	p_r														
	0.010	0.050	0.100	0.200	0.400	0.600	0.800	1.000	1.200	1.500	2.000	3.000	5.000	7.000	10.000
1.02	0.008	0.039	0.078	0.161	0.342	0.552	0.807	1.113	1.655	2.557	2.790	2.986	3.209	3.369	3.565
1.05	0.007	0.034	0.069	0.140	0.292	0.460	0.642	0.820	0.831	1.443	2.283	2.655	2.949	3.134	3.348
1.10	0.005	0.028	0.055	0.112	0.229	0.350	0.470	0.577	0.640	0.618	1.241	2.067	2.534	2.767	3.013
1.15	0.005	0.023	0.045	0.091	0.183	0.275	0.361	0.437	0.489	0.502	0.654	1.471	2.138	2.428	2.708
1.20	0.004	0.019	0.037	0.075	0.149	0.220	0.286	0.343	0.385	0.412	0.447	0.991	1.767	2.115	2.430
1.30	0.003	0.013	0.026	0.052	0.102	0.148	0.190	0.226	0.254	0.282	0.300	0.481	1.147	1.569	1.944
1.40	0.002	0.010	0.019	0.037	0.072	0.104	0.133	0.158	0.178	0.200	0.220	0.290	0.730	1.138	1.544
1.50	0.001	0.007	0.014	0.027	0.053	0.076	0.097	0.115	0.130	0.147	0.166	0.206	0.479	0.823	1.222
1.60	0.001	0.005	0.011	0.021	0.040	0.057	0.073	0.086	0.098	0.112	0.129	0.159	0.334	0.604	0.969
1.70	0.001	0.004	0.008	0.016	0.031	0.044	0.056	0.067	0.076	0.087	0.102	0.127	0.248	0.456	0.775
1.80	0.001	0.003	0.006	0.013	0.024	0.035	0.044	0.053	0.060	0.070	0.083	0.105	0.195	0.355	0.628
1.90	0.001	0.003	0.005	0.010	0.019	0.028	0.036	0.043	0.049	0.057	0.069	0.089	0.160	0.286	0.518
2.00	0.000	0.002	0.004	0.008	0.016	0.023	0.029	0.035	0.040	0.048	0.058	0.077	0.136	0.238	0.434
2.20	0.000	0.001	0.003	0.006	0.011	0.016	0.021	0.025	0.029	0.035	0.043	0.060	0.105	0.178	0.322
2.40	0.000	0.001	0.002	0.004	0.008	0.012	0.015	0.019	0.022	0.027	0.034	0.048	0.086	0.143	0.254
2.60	0.000	0.001	0.002	0.003	0.006	0.009	0.012	0.015	0.018	0.021	0.028	0.041	0.074	0.120	0.210
2.80	0.000	0.001	0.001	0.003	0.005	0.008	0.010	0.012	0.014	0.018	0.023	0.035	0.065	0.104	0.180
3.00	0.000	0.001	0.001	0.002	0.004	0.006	0.008	0.010	0.012	0.015	0.020	0.031	0.058	0.093	0.158
3.50	0.000	0.000	0.001	0.001	0.003	0.004	0.006	0.007	0.009	0.011	0.015	0.024	0.046	0.073	0.122
4.00	0.000	0.000	0.001	0.001	0.002	0.003	0.005	0.006	0.007	0.009	0.012	0.020	0.038	0.060	0.100

表 2-105　Lee-Kesler 普遍化逸度（f）压力（p）比 $\varphi=\dfrac{f}{p}$（逸度系数）表[13,15]

A. 简单流体项 $\left(\log\dfrac{f}{p}\right)^{(0)}$

T_r	p_r														
	0.010	0.050	0.100	0.200	0.400	0.600	0.800	1.000	1.200	1.500	2.000	3.000	5.000	7.000	10.000
0.30	-3.708	-4.402	-4.696	-4.985	-5.261	-5.412	-5.512	-5.584	-5.638	-5.697	-5.759	-5.810	-5.782	-5.679	-5.461
0.35	-2.471	-3.166	-3.461	-3.751	-4.029	-4.183	-4.285	-4.359	-4.416	-4.479	-4.547	-4.611	-4.608	-4.530	-4.352
0.40	-1.566	-2.261	-2.557	-2.848	-3.128	-3.283	-3.387	-3.463	-3.522	-3.588	-3.661	-3.735	-3.752	-3.694	-3.545
0.45	-0.879	-1.575	-1.871	-2.162	-2.444	-2.601	-2.707	-2.785	-2.845	-2.913	-2.990	-3.071	-3.104	-3.063	-2.938
0.50	-0.344	-1.040	-1.336	-1.628	-1.912	-2.070	-2.177	-2.256	-2.317	-2.387	-2.468	-2.555	-2.601	-2.572	-2.468
0.55	-0.008	-0.614	-0.911	-1.204	-1.488	-1.647	-1.755	-1.835	-1.897	-1.969	-2.052	-2.145	-2.201	-2.183	-2.096
0.60	-0.007	-0.269	-0.566	-0.859	-1.144	-1.304	-1.413	-1.494	-1.557	-1.630	-1.715	-1.812	-1.878	-1.869	-1.795
0.65	-0.005	-0.026	-0.283	-0.576	-0.862	-1.023	-1.132	-1.214	-1.278	-1.352	-1.439	-1.539	-1.612	-1.611	-1.549
0.70	-0.004	-0.021	-0.043	-0.341	-0.627	-0.789	-0.899	-0.981	-1.045	-1.120	-1.208	-1.312	-1.391	-1.396	-1.344
0.75	-0.003	-0.017	-0.035	-0.144	-0.430	-0.592	-0.703	-0.785	-0.850	-0.925	-1.015	-1.121	-1.204	-1.215	-1.172
0.80	-0.003	-0.014	-0.029	-0.059	-0.264	-0.426	-0.537	-0.619	-0.685	-0.760	-0.851	-0.958	-1.046	-1.062	-1.026
0.85	-0.002	-0.012	-0.024	-0.049	-0.123	-0.285	-0.396	-0.479	-0.544	-0.620	-0.711	-0.819	-0.911	-0.930	-0.901
0.90	-0.002	-0.010	-0.020	-0.041	-0.086	-0.166	-0.276	-0.359	-0.424	-0.500	-0.591	-0.700	-0.794	-0.817	-0.793
0.93	-0.002	-0.009	-0.018	-0.037	-0.077	-0.122	-0.214	-0.296	-0.361	-0.437	-0.527	-0.637	-0.732	-0.756	-0.735
0.95	-0.002	-0.008	-0.017	-0.035	-0.072	-0.113	-0.176	-0.258	-0.322	-0.398	-0.488	-0.598	-0.693	-0.719	-0.699
0.97	-0.002	-0.008	-0.016	-0.033	-0.067	-0.105	-0.148	-0.223	-0.287	-0.362	-0.452	-0.561	-0.657	-0.683	-0.665
0.98	-0.002	-0.008	-0.016	-0.032	-0.065	-0.101	-0.142	-0.206	-0.270	-0.344	-0.434	-0.543	-0.639	-0.666	-0.649
0.99	-0.001	-0.007	-0.015	-0.031	-0.063	-0.098	-0.137	-0.191	-0.254	-0.328	-0.417	-0.526	-0.622	-0.649	-0.633
1.00	-0.001	-0.007	-0.015	-0.030	-0.061	-0.095	-0.132	-0.176	-0.238	-0.312	-0.401	-0.509	-0.605	-0.633	-0.617
1.01	-0.001	-0.007	-0.014	-0.029	-0.059	-0.091	-0.127	-0.168	-0.224	-0.297	-0.385	-0.493	-0.589	-0.617	-0.602

续表

A. 简单流体项 $\left(\log\dfrac{f}{p}\right)^{(0)}$

T_r	p_r														
	0.010	0.050	0.100	0.200	0.400	0.600	0.800	1.000	1.200	1.500	2.000	3.000	5.000	7.000	10.000
1.02	-0.001	-0.007	-0.014	-0.028	-0.057	-0.088	-0.122	-0.161	-0.210	-0.282	-0.370	-0.477	-0.573	-0.601	-0.588
1.05	-0.001	-0.006	-0.013	-0.025	-0.052	-0.080	-0.110	-0.143	-0.180	-0.242	-0.327	-0.433	-0.529	-0.557	-0.546
1.10	-0.001	-0.005	-0.011	-0.022	-0.045	-0.069	-0.093	-0.120	-0.148	-0.193	-0.267	-0.368	-0.462	-0.491	-0.482
1.15	-0.001	-0.005	-0.009	-0.019	-0.039	-0.059	-0.080	-0.102	-0.125	-0.160	-0.220	-0.312	-0.403	-0.433	-0.426
1.20	-0.001	-0.004	-0.008	-0.017	-0.034	-0.051	-0.069	-0.088	-0.106	-0.135	-0.184	-0.266	-0.352	-0.382	-0.377
1.30	-0.001	-0.003	-0.006	-0.013	-0.026	-0.039	-0.052	-0.066	-0.080	-0.100	-0.134	-0.195	-0.269	-0.296	-0.293
1.40	-0.001	-0.003	-0.005	-0.010	-0.020	-0.030	-0.040	-0.051	-0.061	-0.076	-0.101	-0.146	-0.205	-0.229	-0.226
1.50	-0.000	-0.002	-0.004	-0.008	-0.016	-0.024	-0.032	-0.039	-0.047	-0.059	-0.077	-0.111	-0.157	-0.176	-0.173
1.60	-0.000	-0.002	-0.003	-0.006	-0.012	-0.019	-0.025	-0.031	-0.037	-0.046	-0.060	-0.085	-0.120	-0.135	-0.129
1.70	-0.000	-0.001	-0.002	-0.005	-0.010	-0.015	-0.020	-0.024	-0.029	-0.036	-0.046	-0.065	-0.092	-0.102	-0.094
1.80	-0.000	-0.001	-0.002	-0.004	-0.008	-0.012	-0.015	-0.019	-0.023	-0.028	-0.036	-0.050	-0.069	-0.075	-0.066
1.90	-0.000	-0.001	-0.002	-0.003	-0.006	-0.009	-0.012	-0.015	-0.018	-0.022	-0.028	-0.038	-0.052	-0.054	-0.043
2.00	-0.000	-0.001	-0.001	-0.002	-0.005	-0.007	-0.009	-0.012	-0.014	-0.017	-0.021	-0.029	-0.037	-0.037	-0.024
2.20	-0.000	-0.000	-0.001	-0.001	-0.003	-0.004	-0.005	-0.007	-0.008	-0.009	-0.012	-0.015	-0.017	-0.012	-0.004
2.40	-0.000	-0.000	-0.000	-0.001	-0.001	-0.002	-0.003	-0.003	-0.004	-0.004	-0.005	-0.006	-0.003	-0.005	-0.024
2.60	-0.000	-0.000	-0.000	-0.000	-0.000	-0.001	-0.001	-0.001	-0.001	-0.001	-0.001	0.001	0.007	0.017	0.037
2.80	0.000	0.000	0.000	0.000	0.000	0.000	0.001	0.001	0.001	0.002	0.003	0.005	0.014	0.025	0.046
3.00	0.000	0.000	0.000	0.000	0.001	0.001	0.002	0.002	0.003	0.003	0.005	0.009	0.018	0.031	0.053
3.50	0.000	0.000	0.000	0.001	0.001	0.002	0.003	0.004	0.005	0.006	0.008	0.013	0.025	0.038	0.061
4.00	0.000	0.000	0.000	0.001	0.002	0.003	0.004	0.005	0.006	0.007	0.010	0.016	0.028	0.041	0.064

B. 偏差项 $\left(\log\dfrac{f}{p}\right)^{(1)}$

T_r	p_r														
	0.010	0.050	0.100	0.200	0.400	0.600	0.800	1.000	1.200	1.500	2.000	3.000	5.000	7.000	10.000
0.30	-8.778	-8.779	-8.781	-8.785	-8.790	-8.797	-8.804	-8.811	-8.818	-8.828	-8.845	-8.880	-8.953	-9.022	-9.120
0.35	-6.528	-6.530	-6.532	-6.536	-6.544	-6.551	-6.559	-6.567	-6.575	-6.587	-6.606	-6.645	-6.723	-6.800	-6.919
0.40	-4.912	-4.914	-4.916	-4.919	-4.929	-4.937	-4.945	-4.954	-4.962	-4.974	-4.995	-5.035	-5.115	-5.195	-5.312
0.45	-3.726	-4.728	-3.730	-3.734	-3.742	-3.750	-3.758	-3.766	-3.774	-3.786	-3.806	-3.845	-3.923	-4.001	-4.114
0.50	-2.838	-2.839	-2.841	-2.845	-2.853	-2.861	-2.869	-2.877	-2.884	-2.896	-2.915	-2.953	-3.027	-3.101	-3.208
0.55	-0.013	-2.163	-2.165	-2.169	-2.177	-2.184	-2.192	-2.199	-2.207	-2.218	-2.236	-2.273	-2.342	-2.410	-2.510
0.60	-0.009	-1.644	-1.646	-1.650	-1.657	-1.664	-1.671	-1.677	-1.684	-1.695	-1.712	-1.747	-1.812	-1.875	-1.967
0.65	-0.006	-0.031	-1.242	-1.245	-1.252	-1.258	-1.265	-1.271	-1.278	-1.287	-1.304	-1.336	-1.397	-1.456	-1.539
0.70	-0.004	-0.021	-0.044	-0.927	-0.934	-0.940	-0.946	-0.952	-0.958	-0.967	-0.983	-1.013	-1.070	-1.124	-1.201
0.75	-0.003	-0.014	-0.030	-0.675	-0.682	-0.688	-0.694	-0.700	-0.705	-0.714	-0.728	-0.756	-0.809	-0.858	-0.929
0.80	-0.002	-0.010	-0.020	-0.043	-0.481	-0.487	-0.493	-0.499	-0.504	-0.512	-0.526	-0.551	-0.600	-0.645	-0.709
0.85	-0.001	-0.006	-0.013	-0.028	-0.321	-0.327	-0.332	-0.338	-0.343	-0.351	-0.364	-0.388	-0.432	-0.473	-0.530
0.90	-0.001	-0.004	-0.009	-0.018	-0.039	-0.199	-0.204	-0.210	-0.215	-0.222	-0.234	-0.256	-0.296	-0.333	-0.384
0.93	-0.001	-0.003	-0.007	-0.013	-0.029	-0.048	-0.141	-0.146	-0.151	-0.158	-0.170	-0.190	-0.228	-0.262	-0.310
0.95	-0.001	-0.003	-0.005	-0.011	-0.023	-0.037	0.103	-0.108	-0.114	-0.121	-0.132	-0.151	-0.187	-0.220	-0.265
0.97	-0.000	-0.002	-0.004	-0.009	-0.018	-0.029	-0.042	0.075	-0.080	-0.087	-0.097	-0.116	-0.149	-0.180	-0.223
0.98	-0.000	-0.002	-0.004	-0.008	-0.016	-0.025	-0.035	-0.059	-0.064	-0.071	-0.081	-0.099	-0.132	-0.162	-0.203
0.99	-0.000	-0.002	-0.003	-0.007	-0.014	-0.021	-0.030	-0.044	-0.050	-0.056	-0.066	-0.084	-0.115	-0.144	-0.184
1.00	-0.000	-0.001	-0.003	-0.006	-0.012	-0.018	-0.025	-0.031	-0.036	-0.042	-0.052	-0.069	-0.099	-0.127	-0.166
1.01	-0.000	-0.001	-0.003	-0.005	-0.010	-0.016	-0.021	-0.024	-0.024	-0.030	-0.038	-0.054	-0.084	-0.111	-0.149
1.02	-0.000	-0.001	-0.002	-0.004	-0.009	-0.013	-0.017	-0.019	-0.015	-0.018	-0.026	-0.041	-0.069	-0.095	-0.132
1.05	-0.000	-0.001	-0.001	-0.002	-0.005	-0.006	-0.007	-0.007	-0.002	0.008	0.007	-0.005	-0.029	-0.052	-0.085
1.10	-0.000	-0.000	0.000	0.000	0.001	0.002	0.004	0.007	0.012	0.025	0.041	0.042	0.026	0.008	0.019
1.15	0.000	0.000	0.001	0.002	0.005	0.008	0.011	0.016	0.022	0.034	0.056	0.074	0.069	0.057	0.036
1.20	0.000	0.001	0.002	0.003	0.007	0.012	0.017	0.023	0.029	0.041	0.064	0.093	0.102	0.096	0.081

B. 偏差项 $\left(\log\dfrac{f}{p}\right)^{(1)}$

T_r	p_r														
	0.010	0.050	0.100	0.200	0.400	0.600	0.800	1.000	1.200	1.500	2.000	3.000	5.000	7.000	10.000
1.30	0.000	0.001	0.003	0.005	0.011	0.017	0.023	0.030	0.038	0.049	0.071	0.109	0.142	0.150	0.148
1.40	0.000	0.002	0.003	0.006	0.013	0.020	0.027	0.034	0.041	0.053	0.074	0.112	0.161	0.181	0.191
1.50	0.000	0.002	0.003	0.007	0.014	0.021	0.028	0.036	0.043	0.055	0.074	0.112	0.167	0.197	0.218
1.60	0.000	0.002	0.003	0.007	0.014	0.021	0.029	0.036	0.043	0.055	0.074	0.110	0.167	0.204	0.234
1.70	0.000	0.002	0.004	0.007	0.014	0.021	0.029	0.036	0.043	0.054	0.072	0.107	0.165	0.205	0.242
1.80	0.000	0.002	0.004	0.007	0.014	0.021	0.028	0.035	0.042	0.053	0.070	0.104	0.161	0.203	0.246
1.90	0.000	0.002	0.004	0.007	0.014	0.021	0.028	0.034	0.041	0.052	0.068	0.101	0.157	0.200	0.246
2.00	0.000	0.002	0.004	0.007	0.013	0.020	0.027	0.034	0.040	0.050	0.066	0.097	0.152	0.196	0.244
2.20	0.000	0.002	0.004	0.007	0.013	0.019	0.025	0.032	0.038	0.047	0.062	0.091	0.143	0.186	0.236
2.40	0.000	0.002	0.003	0.006	0.012	0.018	0.024	0.030	0.036	0.044	0.058	0.086	0.134	0.176	0.227
2.60	0.000	0.001	0.003	0.006	0.011	0.017	0.023	0.028	0.034	0.042	0.055	0.080	0.127	0.167	0.217
2.80	0.000	0.001	0.003	0.005	0.011	0.016	0.021	0.027	0.032	0.039	0.052	0.076	0.120	0.158	0.208
3.00	0.000	0.001	0.003	0.005	0.010	0.015	0.020	0.025	0.030	0.037	0.049	0.072	0.114	0.151	0.199
3.50	0.000	0.001	0.002	0.004	0.009	0.013	0.018	0.022	0.026	0.033	0.043	0.063	0.101	0.134	0.179
4.00	0.000	0.001	0.002	0.004	0.008	0.012	0.016	0.020	0.023	0.029	0.038	0.057	0.090	0.121	0.163

② 液体混合物

关于液体混合物的偏离焓目前还未能提出一个完全满意的方法来计算。如果仍想采用上述分段法来计算则 $H^{SV}-H°$，仍用前述计算真实气体混合物方法计算。而 $H^{SL}-H^{SV}$ 可假定其等于纯组分 $\Delta_v H_i$ 的摩尔分数平均值即

$$H^{SV}-H^{SL}=-\sum_i x_i\Delta_v H_i \tag{2-93}$$

混合液体 H^L-H^{SL} 项在低压下可以略去，或用 Lee-Kesler 的混合规则求出虚拟临界参数 T_{cm}，P_{cm} 和 ω_m，并由此求出虚拟对比参数 $T_{r,m} p_{r,m}$，然后以 Lee-Kesler 剩余焓差表（2-103）计算混合液的 H^L-H^{SL}。

这一方法只有当体系所有组分都在临界点以下时才能采用，且因忽略了混合焓（热），故而也仅对液相中不含有极性组分的体系才适用。

正如在讨论物质的热力学偏离性质时所说，原则上选用适宜的状态方程亦可以计算液体的偏离焓，如用 Soav-Redlich-Kwong 状态方程计算不含氢的液体烃类混合物的偏离焓结果就很好，比其它早先改进的 Redlich-Kwong 状态方程都更为可取。有关液体偏离焓的计算进一步情况 Reid 等在其著作［13］中作过文献简单的评介，需用时可以查阅。

（5）偏离焓，偏离熵与逸度系数之间关系

估算纯气体或其混合物的偏离熵和逸度系数可按估算偏离焓时的要求一样，选用适宜的状态方程式计算。使用 Lee-Kesler 的解析方程［13］，手算时用表 2-104，2-105，其步骤完全与估算偏离焓一样。

在此需要指出的是，这三种性质之间并不是相互独立的，而有下面关系。

$$\frac{H°-H}{RT}=\frac{S°-S}{R}-\ln f/p° \tag{2-94}$$

式中，$p°$ 代表理想气体的参考态压力，通常参考态的压力 $p°$ 可选 $p°=1\text{bar}$，或 $p°=p$（体系的压力）。

例 2-17　以 Lee-Kesler 方法估算 398.15K、100bar 下丙烯的偏离焓和偏离熵。文献值 $H°-H=244.58$ J/g，$S°-S=1.4172$ J/(g·K)，理想气体熵基准（参考）态压力 $p°=1\text{bar}$❶，已知丙

---

❶　$1\text{bar}=10^5\text{Pa}=0.1\text{MPa}$。

烯的 $M=42.081\text{g/mol}$，$T_c=364.9\text{K}$，$p_c=46.0\text{bar}$，偏心因子 $\omega=0.144$，因此 $T_r=398.15/364.9=1.09$，$p_r=\dfrac{100}{46.0}=2.17$。

解　由表 2-103、表 2-104 查得

$$\left(\frac{H^\circ-H}{RT_c}\right)^{(0)}=3.11,\quad \left(\frac{H^\circ-H}{RT_c}\right)^{(1)}=1.62$$

$$\left(\frac{S^\circ-S}{R}\right)^{(0)}=2.18,\quad \left(\frac{S^\circ-S}{R}\right)^{(1)}=1.57$$

代入式 (2-89)，(2-90)

$$
\begin{aligned}
h^\circ-h &=\frac{RT_c}{M}\left[\left(\frac{H^\circ-H}{RT_c}\right)^{(0)}+\omega\left(\frac{H^\circ-H}{RT_c}\right)^{(1)}\right]\\
&=\frac{8.314\times364.9}{42.081}[3.11+(0.144)(1.62)]\text{J/g}\\
&=241\text{J/g}
\end{aligned}
$$

$$
\begin{aligned}
S^\circ-S &=\frac{R}{M}\left[\left(\frac{S^\circ-S}{R}\right)^{(0)}+\omega\left(\frac{S^\circ-S}{R}\right)^{(1)}-\ln\frac{p^\circ}{p}\right]\\
&=\frac{8.314}{42.081}\left[2.18+0.144\times1.57-\ln\frac{1}{100}\right]\text{J/(g}\cdot\text{K)}\\
&=1.39\text{J/(g}\cdot\text{K)}
\end{aligned}
$$

此法估算的 $h^\circ-h$ 与文献值比较偏低约 3J/g，$S^\circ-S$ 偏低 0.03J/(g·K)。为与 Lee-Kesler 法相比较，下面同时亦列出以 Soave 方程和 Peng-Robinson 方程计算上述条件下丙烯的 $H^\circ-H$ 和 $S^\circ-S$ 值的结果[13]。

方法	$(h^\circ-h)/(\text{J/g})$	$(S^\circ-S)/$ [J/(g·K)]	偏差		方法	$(h^\circ-h)/(\text{J/g})$	$(S^\circ-S)/$ [J/(g·K)]	偏差	
			$\Delta_H/(\text{J/g})$	$\Delta s/[\text{J/(g·K)}]$				$\Delta_H/(\text{J/g})$	$\Delta s/[\text{J/(g·K)}]$
文献值	244.58	1.4172	0	0	P-R	235	1.36	-9.58	-0.06
Soave	235	1.37	9.58	-0.05	L-K	241	1.39	-3.58	-0.03

例 2-18　试求温度 478.15K，压力 68.9bar 下，1-丁烯蒸气的焓 H 和熵 S，规定 $T_0=273.15\text{K}$，$p_0=1.267\text{bar}$ 下丁烯-1 饱和液的 $H_0=0$，$S_0=0$，由文献 [13] 已知 $M_r=56.108$，$T_c=419.6\text{K}$，$p_c=40.2\text{bar}$，$\omega=0.191$，$T_b=266.9\text{K}$。

又若正常沸点下 $\Delta_v H_b=22114.6\text{J/mol}$，1-丁烯理想气体的摩尔定压热容 $C_p^{\ominus}=16.355+262.956\times10^{-3}T-82.077\times10^{-6}T^2$，J/(mol·K)

解　计算过程可分为下面四个步骤：

(a) 在 $T_0=273.15\text{K}$，$p_0=1.267\text{bar}$（273.15K 的饱和蒸气压）饱和液气化；

(b) 在 T_0，p_0 状态下饱和蒸气转变为相同状态 T_0，p_0 的理想气体；

(c) T_0，p_0 状态下的理想气体变化到 $T=478.15\text{K}$，$p=68.9\text{bar}$ 状态；

(d) 使 $T=478.15\text{K}$，$p=68.9\text{bar}$ 下的理想气体转变为同温同压力的真实气体。

a. 正常沸点下的 $\Delta_v H_b$ 若未知，可按 Riedel 方程（见第 3 章气化焓的估算方法）估算

$$\Delta_v H_b=1.093RT_c\left[T_{br}\frac{\ln p_c-1.013}{0.930-T_{br}}\right]$$

在此代入 $T_{br}=\dfrac{T_b}{T_c}=\dfrac{266.9}{419.6}=0.636$，$T_c=40.2\text{bar}$ 数据，可得 $\Delta_v H_b=22114.6\text{J/mol}$

已知 $\Delta_v H_b$ 数据后即可求出 $T_0=273.15\text{K}$ 下的蒸发焓 $\Delta_v H_{273.15}$，可用 Watson 公式

$$\Delta_v H_2=\Delta_v H_1\left(\frac{1-T_{r2}}{1-T_{r1}}\right)^{0.38}\quad\text{（见第 3 章）}$$

代入 $\Delta_v H_1=\Delta_v H_b=22114.6\text{J/mol}$，$T_{r2}=\dfrac{273.15}{419.6}=0.651$，$T_{r1}=0.636$ 数据，可得

$\Delta_v H_{273.15}=21760.8J/mol$

$$\Delta_v S=\frac{\Delta_v H_{273.15}}{273.15}=\frac{21760.8}{273.15}J/(mol\cdot K)=79.67J/(mol\cdot K)$$

b. 在 $T_0=273.15K$，$p_0=1.267bar$ 饱和蒸气转变为相同 T_0，p_0 的理想气体此过程的 ΔH，ΔS 即为 $H^\circ-H=\Delta H^r$，$S^\circ-S=\Delta S^r$，由表可查出 $T_r=0.651$，$p_r=\frac{1.267}{40.2}=0.0315$ 时，

$$\left(\frac{H^\circ-H}{RT_c}\right)^{(0)}=0.070,\left(\frac{H^\circ-H}{RT_c}\right)^{(1)}=0.146$$

$\therefore$ $H^\circ-H=RT_c[0.070+0.191\times0.146]=(8.314\times419.6\times0.098)J/mol=341.9J/mol$

$$\left(\frac{S^\circ-S}{R}\right)^{(0)}=0.072,\left(\frac{S^\circ-S}{R}\right)^{(1)}=0.182$$

$\therefore$ $S^\circ-S=R(0.072+0.191\times0.182)J/(mol\cdot K)=0.8876 J/(mol\cdot K)$

c. 此过程的 ΔH_c，ΔS_c 可代入计算理想气体的，由 T_0，$p_0\rightarrow T$，p 状态，过程的 ΔH，ΔS 公式计算

$$\Delta H=\int_{273.15}^{478.15}(16.355+262.956\times10^{-3}T-82.077\times10^{-6}T^2)dT=21160J/mol$$

$$\Delta S=\int_{273.15}^{478.15}\frac{1}{T}(16.355+262.956\times10^{-3}T-82.077\times10^{-6}T^2)dT-R\ln\frac{68.9}{1.267}$$
$$=23.52 J/(mol\cdot K)$$

d. 此过程的 ΔH，ΔS 实际上也是计算剩余性质的—ΔH^r，ΔS^r 问题，在此

$\because$ $T_r=\frac{478.15}{419.6}=1.139_5$，$p_r=\frac{68.9}{40.2}=1.714$，由表 2-104，表 2-105 查出 $\left(\frac{H^\circ-H}{RT_c}\right)^{(0)}=2.110$，$\left(\frac{H^\circ-H}{RT_c}\right)^{(1)}=0.560$

$\therefore$ $H^\circ-H=RT_c(2.110+0.191\times0.560)$
$=8.314\times419.6\times2.217J/mol=7734.1J/mol$

$$\left(\frac{S^\circ-S}{R}\right)^{(0)}=1.339,\left(\frac{S^\circ-S}{R}\right)^{(R)}=0.623$$

$\therefore$ $S^\circ-S=R(1.339+0.191\times0.623)J/(mol\cdot K)=12.12J/(mol\cdot K)$

将以上四步的 ΔH，ΔS 各自相加和即可得出从初态 T_0，p_0 饱和液（其 $H_0=0$，$S_0=0$）变化到终态 $T=478.15K$，$p=68.9bar$ 状态下的焓和熵的值即

$H=(21760.8+341.9+21160-7734.1)J/mol=35528.6J/mol$

$S=(79.67+0.8876+23.52-12.12)J/(mol\cdot K)=91.96J/(mol\cdot K)$

（6）真实流体混合物热力学性质的估算（estimation）

利用 pVT 实验数据或其状态方程（EOS）可以计算纯气体的偏离函数 M^d 和其相应的热力学性质。对真实气体的混合物由于加入组成 x 变量，使其计算模型变得复杂。若仍用 EOS 计算混合气体的热力学函数，则首先要将此混合物视为一种虚拟的纯物质。EOS 中各参数则为虚拟参数（Psudo-parameters）或称之为混合物参数，由各参数与组成的关系—混合规则（mixing rules）确定，将虚拟参数代入某一 EOS 即可得到混合物的状态方程。如对纯组分一样用以计算混合流体的 M^d 及相应的热力学函数，在本章应用 Lee-Kesler 对应状态方程，普遍化函数差表，估算实际气体混合物的摩尔定压热容 C_p（参见上例）已经提及。其它热力学函数的计算，选用适宜的 EOS 和混合规则与其类似。

对于液体混合物，只要有从极稀薄气体 $\left(\begin{matrix}p\rightarrow0\\V\rightarrow\infty\end{matrix}\right)$ 到液体，整个密度范围都有效的 EOS，即

对气，液两相都适用，亦可用以计算液体混合物的热力学函数，相关内容本章在讨论液体混合物的 C_p，H 时也已涉及，气液平衡（VLE）计算中，气液两相皆用 EOS 则属此类计算。

过量函数或称超额函数（excessfunctions）用以计算液体混合物的热力学函数或许更为普遍，与偏离函数类似，定义过量函数

$$M^e(T,p,x)=M(T,p,x)-M^{1d}(T,p,x)，\text{即 } M(T,p,x)=M^e(T,p,x)+M^{id}(T,p,x)$$

与 M^d 不同 M^e 是以理想溶液（或理想稀溶液）[1d] 作为比较的基准，M^e 亦可由适用于液体的混合物 EOS 计算出，但更多是由各种熔液理论模型或活度系数 γ_i，与组成的经验或半经验关联式计算出，VLE 计算中活度系数法即是这种情况在相平衡中应用最广的是过量摩尔自由焓 $G^e=G-G^{id}$，由热力学可知

$$G^e=RT\sum x_i\ln\gamma_i \qquad \text{偏摩尔过量自由焓 } \overline{G}^e_i=RT\ln\gamma_i$$

$$H^e=-RT^2\left[\frac{\partial}{\partial T}(\sum x_i\ln\gamma_i)\right]_{p,x} \qquad S^e=-RT\left[\frac{\partial}{\partial T}(\sum x_i\ln\gamma_i)\right]_{p,x}-R\sum x_i\ln\gamma_i$$

$$V^e=RT\left[\frac{\partial}{\partial P}(\overline{Z}x_i\ln\gamma_i)\right]，\text{各与活度系数密切相关。}$$

因此，低压下实际液体混合物的各热力学函数即可由上述各过量热力学函数间或与活度系数之间关系式得出。

流体混合物热力学函数的估算，需用者可以参阅本章参考文献 [14] 以及"流体相平衡的分子热力学"原著第三版 [美] Prausnitz, J. M. [德] Lichtenthaler, R. N. [葡] de Azevedo, E. G. 陆小华，刘洪来译，化学工业出版社，北京 2006. "化工相平衡" [美] Walas, S. M. 韩世钧等译. 中国石化出版社. 北京：1991。

2.2.6　8 种重要工业气体的热力学性质关联计算方程[43]

（1）摩尔定压热容关联方程

$$M_{cp}=C_p=\sum_{n=-1}^{n=7}a_n^c\left(\frac{T}{1000}\right)^n，\text{ kJ/(kmol·K)} \tag{2-95}$$

式中各系数可查表 2-106。

表 2-106　8 种气体定压摩尔热容温度关联式中各系数数值[43]

系数	空气	N_2	$N_2^{'*}$	O_2
a_{-1}^c	0	0	0	0
a_0^c	$+2.9438265\cdot10^1$	$+2.8298404\cdot10^1$	$+2.8151964\cdot10^1$	$+3.3051759\cdot10^1$
a_1^c	$-1.6108220\cdot10^0$	$+1.2689906\cdot10^1$	$+1.3197123\cdot10^1$	$-4.1834166\cdot10^1$
a_2^c	$-1.1991744\cdot10^1$	$-7.2418092\cdot10^1$	$-7.4482113\cdot10^1$	$+1.4802410\cdot10^2$
a_3^c	$+6.8828384\cdot10^1$	$+1.8536290\cdot10^2$	$+1.8998363\cdot10^2$	$-2.0502229\cdot10^2$
a_4^c	$-9.8239929\cdot10^1$	$-2.2042323\cdot10^2$	$-2.2661680\cdot10^2$	$+1.4536800\cdot10^2$
a_5^c	$+6.4883505\cdot10^1$	$+1.3735517\cdot10^2$	$+1.4204175\cdot10^2$	$-5.2290720\cdot10^1$
a_6^c	$-2.0909380\cdot10^1$	$-4.3809407\cdot10^1$	$-4.5640429\cdot10^1$	$+7.5770768\cdot10^0$
a_7^c	$+2.6652402\cdot10^0$	$+5.6619528\cdot10^0$	$+5.9487537\cdot10^0$	0

系数	CO_2	H_2O	CO	H_2
a_{-1}^c	0	$+7.3147600\cdot10^{-1}$	0	$-1.7412059\cdot10^0$
a_0^c	$+1.7640049\cdot10^1$	$+2.7885805\cdot10^1$	$+2.9161791\cdot10^1$	$+4.0010590\cdot10^1$
a_1^c	$+9.3726944\cdot10^1$	$+8.4430197\cdot10^0$	$+4.1350040\cdot10^0$	$-2.3707024\cdot10^1$
a_2^c	$-1.3037466\cdot10^2$	$+1.1985297\cdot10^1$	$-4.3774782\cdot10^1$	$+1.9219936\cdot10^1$
a_3^c	$+1.5397055\cdot10^2$	$-1.6092233\cdot10^1$	$+1.4623050\cdot10^2$	$+1.4567966\cdot10^0$
a_4^c	$-1.3999603\cdot10^2$	$+1.3636273\cdot10^1$	$-1.9532958\cdot10^2$	$-8.5065648\cdot10^0$
a_5^c	$+8.3151862\cdot10^1$	$-6.4729000\cdot10^0$	$+1.3090545\cdot10^2$	$+4.1386238\cdot10^0$
a_6^c	$-2.7578508\cdot10^1$	$+1.1891256\cdot10^0$	$-4.4090211\cdot10^1$	$-6.6190591\cdot10^{-1}$
a_7^c	$+3.8298136\cdot10^0$	0	$+5.9600455\cdot10^0$	0

注：* $N_2^{'}$—大气，即除去 O_2 的空气。

表 2-107　8 种气体摩尔焓温度关联式中系数值[43]

系数	空气	N_2	N_2'	O_2	CO_2	H_2O	CO	H_2
a_0^h	$-5.4200000 \cdot 10^1$	$+2.5450000 \cdot 10^1$	$+4.0100000 \cdot 10^1$	$-3.0030000 \cdot 10^2$	$+8.4740000 \cdot 10^2$	$+2.0129470 \cdot 10^3$	$-3.2540000 \cdot 10^3$	$-4.6847200 \cdot 10^3$
a_1^h	$+2.9438265 \cdot 10^4$	$+2.8298404 \cdot 10^4$	$+2.8151964 \cdot 10^4$	$+3.3051759 \cdot 10^4$	$+1.7640049 \cdot 10^4$	$+2.7885805 \cdot 10^4$	$+2.9161791 \cdot 10^4$	$+4.0010590 \cdot 10^4$
a_2^h	$-8.0541099 \cdot 10^2$	$+6.3449526 \cdot 13^3$	$+6.5985613 \cdot 10^3$	$-2.0917083 \cdot 10^4$	$+4.6863472 \cdot 10^4$	$+4.2215098 \cdot 10^3$	$+2.0675020 \cdot 10^3$	$-1.1853512 \cdot 10^4$
a_3^h	$-3.9972481 \cdot 10^3$	$-2.4139364 \cdot 10^4$	$-2.4827371 \cdot 10^4$	$+4.9341367 \cdot 10^4$	$-4.3458218 \cdot 10^4$	$+3.9950990 \cdot 10^3$	$-1.4591594 \cdot 10^4$	$+6.4066451 \cdot 10^3$
a_4^h	$+1.7207096 \cdot 10^4$	$+4.6340725 \cdot 10^4$	$+4.7495900 \cdot 10^4$	$-5.1255572 \cdot 10^4$	$+3.8492636 \cdot 10^4$	$-4.0230580 \cdot 10^3$	$+3.6557624 \cdot 10^4$	$+3.6419916 \cdot 10^2$
a_5^h	$-1.9647986 \cdot 10^4$	$-4.4084647 \cdot 10^4$	$-4.5323358 \cdot 10^4$	$-2.9073599 \cdot 10^4$	$-2.7999206 \cdot 10^4$	$+2.7272546 \cdot 10^3$	$-3.9065915 \cdot 10^4$	$-1.7013130 \cdot 10^2$
a_6^h	$+1.0813917 \cdot 10^4$	$+2.2892528 \cdot 10^4$	$+2.3673626 \cdot 10^4$	$-8.7151202 \cdot 10^3$	$+1.3858643 \cdot 10^4$	$-1.0788167 \cdot 10^3$	$+2.1817574 \cdot 10^4$	$+6.8977065 \cdot 10^2$
a_7^h	$-2.9870543 \cdot 10^3$	$-6.2584868 \cdot 10^3$	$-6.5200710 \cdot 10^3$	$+1.0824395 \cdot 10^3$	$-3.9397868 \cdot 10^3$	$+1.6987509 \cdot 10^3$	$-6.2986014 \cdot 10^3$	$-9.4557986 \cdot 10^2$
a_8^h	$+3.3315502 \cdot 10^2$	$+7.0774408 \cdot 10^2$	$+7.4359419 \cdot 10^2$	0	$+4.7872667 \cdot 10^2$	0	$+7.4500568 \cdot 10^2$	0
a_h		0	0	0	0	$+7.3147600 \cdot 10^3$	0	$-1.7412059 \cdot 10^3$

表 2-108　8 种气体摩尔熵温度关联式中系数值[43]

系数	空气	N_2	N_2'	O_2	CO_2	H_2O	CO	H_2
a_{-1}^s	0	0	0	0	0	$-7.3147600 \cdot 10^{-1}$	0	$+1.7412059 \cdot 10^0$
a_0^s	$+2.3017630 \cdot 10^2$	$+2.2391890 \cdot 10^2$	$+2.2322190 \cdot 10^2$	$+2.5249950 \cdot 10^2$	$+2.1171710 \cdot 10^2$	$+2.2197830 \cdot 10^2$	$+2.3294050 \cdot 10^2$	$+1.7938530 \cdot 10^2$
a_1^s	$-1.6108220 \cdot 10^0$	$+1.2689906 \cdot 10^1$	$+1.3197123 \cdot 10^1$	$-4.1834166 \cdot 10^1$	$+9.3726944 \cdot 10^1$	$+8.4430197 \cdot 10^0$	$+4.1350040 \cdot 10^0$	$-2.3707024 \cdot 10^1$
a_2^s	$-5.9958719 \cdot 10^0$	$-3.6209046 \cdot 10^1$	$-3.7241056 \cdot 10^1$	$+7.4012048 \cdot 10^1$	$-6.5187329 \cdot 10^1$	$+5.9926485 \cdot 10^0$	$-2.1887391 \cdot 10^1$	$+9.6099679 \cdot 10^0$
a_3^s	$+2.2942794 \cdot 10^1$	$+6.1787635 \cdot 10^1$	$+6.3327875 \cdot 10^1$	$-6.8340764 \cdot 10^1$	$+5.1323515 \cdot 10^1$	$-5.3640779 \cdot 10^0$	$+4.8743499 \cdot 10^1$	$+8.5559888 \cdot 10^{-1}$
a_4^s	$-2.4559982 \cdot 10^1$	$-5.5105807 \cdot 10^1$	$-5.6654199 \cdot 10^1$	$+3.6342000 \cdot 10^1$	$-3.4999006 \cdot 10^1$	$+3.4089868 \cdot 10^0$	$-4.8832394 \cdot 10^1$	$-2.1266412 \cdot 10^{-1}$
a_5^s	$+1.2976701 \cdot 10^1$	$+2.7471033 \cdot 10^1$	$+2.8408351 \cdot 10^1$	$-1.0458144 \cdot 10^1$	$+1.6630372 \cdot 10^1$	$-1.2945800 \cdot 10^0$	$+2.6181090 \cdot 10^1$	$+8.2772475 \cdot 10^{-1}$
a_6^s	$-3.4848967 \cdot 10^0$	$-7.3015678 \cdot 10^0$	$-7.6067499 \cdot 10^0$	$+1.2628462 \cdot 10^0$	$-4.5964181 \cdot 10^0$	$+1.4818760 \cdot 10^{-1}$	$-7.3483677 \cdot 10^0$	$-1.1031765 \cdot 10^{-1}$
a_7^s	$+3.8074860 \cdot 10^{-1}$	$+8.0885040 \cdot 10^{-1}$	$+8.4982197 \cdot 10^{-1}$	0	$+5.4711620 \cdot 10^{-1}$		$+8.5143506 \cdot 10^{-1}$	0
b_s	$+2.9438205 \cdot 10^1$	$+2.8298404 \cdot 10^1$	$+2.8151964 \cdot 10^1$	$+3.3051759 \cdot 10^1$	$+1.7640049 \cdot 10^1$	$+2.7885805 \cdot 10^{-1}$	$+2.4161791 \cdot 10^1$	$+4.0010590 \cdot 10^1$

（2）摩尔焓关联方程

$$Mh = H = \sum_{n=0}^{n=8} a_n^{\mathrm{h}} \left(\frac{T}{1000} \right)^n + b_{\mathrm{h}} \ln \frac{T}{1000}, \quad \mathrm{kJ/kmol} \tag{2-96}$$

式中各系数可查表 2-107。

（3）摩尔熵关联方程

$$Ms = S = \sum_{n=-1}^{n=7} a_n^{\mathrm{s}} \left(\frac{T}{1000} \right)^n + b_{\mathrm{s}} \ln \frac{T}{1000}, \quad \mathrm{kJ/(kmol \cdot K)} \tag{2-97}$$

式中各系数可查表 2-108。

利用表 2-106～表 2-108 中，各热力学性质关联式（2-95）～式（2-97）的系数值，即可计算出这 8 个工业上常用气体的焓、熵、热容，其数值列表于文献［43］中。表的温度范围是 −50～1500℃，温度间隔为 1℃，在不超过规定误差 0.5％ 条件下，压力范围可达 2.5～3MPa。本章表 2-77、表 2-79～表 2-85 列出了这 8 种气体不同温度下的摩尔定压热容数值简表。其温度亦为 −50～1500℃，温度间隔为 25℃，50℃ 两种。

2.3　热力学第二定律，㶲函数及㶲分析[44, 45]

2.3.1　㶲值的计算基准

㶲值的计算基准是环境参考态，它是基准物质体系在规定的温度、压力下的状态。为与现在通用的标准热力学性质数据表一致，本标准规定㶲的基准态温度为 298.15K（25℃），基准态压力为 0.1MPa（1bar）；基准物质体系规定为：大气物质所含元素的基准物质取大气中的对应成分，其组成如表 2-109 所示，即在上述温度和压力条件下的饱和湿空气；氢的基准物质是液态水；其他元素的基准物质取表 2-110 中所列的纯物质。

表 2-109　环境参考态下的大气组成

组分	N_2	O_2	Ar	CO_2	Ne	He	H_2O
组成（摩尔分数）	0.7561	0.2028	0.0091	0.0003	1.77×10^{-5}	5.08×10^{-6}	0.03167

表 2-110　元素的基准物质

元素	基准物质	元素	基准物质	元素	基准物质
Ag	AgCl	H	H_2O（液态）	Pr	PrF_3
Al	Al_2O_3	He	He（空气）	Pt	Pt
Ar	Ar（空气）	Hf	HfO_2	Rb	Rb_2SO_4
As	As_2O_5	Hg	$HgCl_2$	Rh	Rh
Au	Au	Ho	$HoCl_3 \cdot 6H_2O$	Ru	Ru
B	H_3BO_3	I	PdI_2	S	$CaSO_4 \cdot 2H_2O$
Ba	$Ba(NO_3)_2$	In	In_2O_3	Sb	Sb_2O_5
Be	$BeO \cdot Al_2O_3$	Ir	Ir	Sc	Sc_2O_3
Bi	BiOCl	K	KNO_3	Se	SeO_2
Br	$PtBr_2$	Kr	Kr	Si	SiO_2
C	CO_2（空气）	La	LaF_3	Sm	$SmCl_3$
Ca	$CaCO_3$	Li	$LiNO_3$	Sn	SnO_2
Cd	$CdCl_2$	Lu	Lu_2O_3	Sr	SrF_2
Ce	CeO_2	Mg	$CaCO_3 MgCO_3$	Ta	Ta_2O_5
Cl	NaCl	Mo	$CaMoO_4$	Tb	TbO_2
Co	$CoFe_2O_4$	Mn	MnO_2	Te	TeO_2
Cr	Cr_2O_3	N	N_2（空气）	Th	ThO_2
Cs	$CsNO_3$	Na	$NaNO_3$	Ti	TiO_2

元素	基准物质	元素	基准物质	元素	基准物质
Cu	CuO	Nb	Nb_2O_5	Tl	$TlCl_3$
Dy	$DyCl_3 \cdot 6H_2O$	Nd	NdF_3	Tm	Tm_2O_3
Er	$ErCl_3 \cdot 6H_2O$	Ne	Ne(空气)	U	$UO_3 \cdot H_2O$
EU	$EuCl_3 \cdot 6H_2O$	Ni	$NiO \cdot Al_2O_3$	V	V_2O_5
F	Na_3AlF_6	O	O_2(空气)	W	$CaWO_4$
Fe	Fe_2O_3	Os	OsO_4	Y	Y_2O_3
Ga	Ga_2O_3	P	$Ca_3(PO_4)_2$	Yb	Yb_2O_3
Gd	GdF_3	Pb	$PbCl_4$	Zn	$ZnSiO_3$
Ge	GeO_2	Pd	Pd	Zr	$ZrSiO_4$

2.3.2　㶲的计算方法

2.3.2.1　功和热的㶲

$$E = W \tag{2-98}$$

式中　E——㶲，J；

　　　W——功、电能或机械能等，J。

传热过程中热的㶲为

$$E_q = \int_Q \left(1 - \frac{T_0}{T}\right)\delta Q \tag{2-99}$$

式中　T_0——环境基准态的温度，K；

　　　T——体系的温度，K；

　　　Q——过程中传输的热，J。

2.3.2.2　稳定流动体系与封闭体系的㶲

在不计动能与位能时，处于一定状态下稳定物质流的㶲为

$$E = (H - T_0S) - (H_0 - T_0S_0) \tag{2-100}$$

式中　H——一定状态下体系的焓，J；

　　　S——一定状态下体系的熵，J/K；

　　　H_0——环境基准态下体系的焓，J；

　　　S_0——环境基准态下体系的熵，J/K。

从状态 1 变化到状态 2 稳定流动体系的㶲变化为

$$E_2 - E_1 = (H_2 - T_0S_2) - (H_1 - T_0S_1) \tag{2-101}$$

式中　E_1——状态 1 下体系的㶲，J；

　　　E_2——状态 2 下体系的㶲，J。

处于一定状态下封闭体系的㶲为

$$E = (U - T_0S + p_0V) - (U_0 - T_0S_0 + p_0V_0) \tag{2-102}$$

式中　p_0——环境基准态下体系的压力，Pa；

　　　V_0——环境基准态下体系的体积，m^3；

　　　U_0——环境基准态下体系的热力学能，J；

　　　U——一定状态下体系的热力学能，J；

　　　V——一定状态下体系的体积，m^3。

从状态 1 变化到状态 2 封闭体系的㶲变化为

$$E_2 - E_1 = (U_2 - T_0S_2 + p_0V_2) - (U_1 - T_0S_1 + p_0V_1) \tag{2-103}$$

式中　U_1——状态 1 下体系的热力学能，J；

U_2——状态 2 下体系的热力学能，J；
V_1——状态 1 下体系的体积，m³；
V_2——状态 2 下体系的体积，m³；
S_1——状态 1 下体系的熵，J/K；
S_2——状态 2 下体系的熵，J/K。

2.3.2.3 㶲损失

$$I = I_{int} + I_{ext} \tag{2-104}$$

式中　I——㶲损失，J；
　　　I_{int}——内部㶲损失，J；
　　　I_{ext}——外部㶲损失，J。

体系的内部㶲损失可通过㶲平衡关系导出。根据能量转换过程目的所考察的外部㶲损失则是㶲平衡关系中输出㶲E_{out}的一部分。表 2-111 列出了五种基本过程的㶲损失的计算方法，每种过程又举例说明了几种具有不同特征的情况。基中，均忽略了过程的动能、位能变化以及由于保温不良造成的热损失。

表 2-111　几种基本过程的㶲损失的计算方法

过程	①流动过程		
特征或目的	输　出　功	输　入　功	节　流
实际过程或设备	汽(气)轮机、内燃机	压缩机、泵、风机	节流阀
图示	$H_1, E_1 \rightarrow \boxed{} \uparrow W \rightarrow H_2, E_2$	$H_1, E_1 \rightarrow \boxed{} \rightarrow H_2, E_2 \uparrow W$	$H_1, E_1 \rightarrow \boxed{} \rightarrow H_2, E_2$
能量平衡	$H_1 = H_2 + W$	$H_1 + W = H_2$	$H_1 = H_2$
㶲平衡	$E_1 = E_2 + W + I_{int}$ $E_{in} = E_1$ $E_{out} = E_2 + W$	$E_1 + W = E_2 + I_{int}$ $E_{in} = E_1 + W$ $E_{out} = E_2$	$E_1 = E_2 + I_{int}$ $E_{in} = E_1$ $E_{out} = E_2$
内部㶲损失	$I_{int} = E_1 - E_2 - W$	$I_{int} = E_1 + W - E_2$	$I_{int} = E_1 - E_2$
㶲效率	$\dfrac{W}{E_1 - E_2}$	$\dfrac{E_2 - E_1}{W}$	$\dfrac{E_2}{E_1}$

过程	②传热过程	
特征或目的	放　热	吸　热
实际过程或设备	输出热的过程	输入热的过程
图示	$H_1, E_1 \rightarrow \boxed{} \uparrow Q, E_q \rightarrow H_2, E_2$	$H_1, E_1 \rightarrow \boxed{} \rightarrow H_2, E_2 \uparrow Q, E_q$
能量平衡	$H_1 = H_2 + Q$	$H_1 + Q = H_2$
㶲平衡	$E_1 = E_2 + E_q + I_{int}$ $E_{in} = E_1$ $E_{out} = E_2 + E_q$	$E_1 + E_q = E_2 + I_{int}$ $E_{in} = E_1 + E_q$ $E_{out} = E_2$
内部㶲损失	$I_{int} = E_1 - E_2 - E_q$	$I_{int} = E_1 + E_q - E_2$
㶲效率	$\dfrac{E_q}{E_1 - E_2}$	$\dfrac{E_2 - E_1}{E_q}$

续表

过程	③化学反应过程			
特征或目的	绝热反应	放热反应	吸热反应	电解
实际过程或设备	绝热反应器	有冷却的反应器	有加热的反应器	电解槽
图示	$H_1,E_1 \to \square \to H_2,E_2$	$H_1,E_1 \to \square \to H_2,E_2$；$Q,E_q \uparrow$	$H_1,E_1 \to \square \to H_2,E_2$；$Q,E_q \uparrow$	$H_1,E_1 \to \square \to H_2,E_2$；$W \uparrow$
能量平衡	$H_1=H_2$	$H_1=H_2+Q$	$H_1+Q=H_2$	$H_1+W=H_2$
烟平衡	$E_1=E_2+I_{int}$ $E_{in}=E_1$ $E_{out}=E_2$	$E_1=E_2+E_q+I_{int}$ $E_{in}=E_1$ $E_{out}=E_2+E_q$	$E_1+E_q=E_2+I_{int}$ $E_{in}=E_1+E_q$ $E_{out}=E_2$	$E_1+W=E_2+I_{int}$ $E_{in}=E_1+W$ $E_{out}=E_2$
内部烟损失	$I_{int}=E_1-E_2$	$I_{int}=E_1-E_2-E_q$	$I_{int}=E_1+E_q-E_2$	$I_{int}=E_1+W-E_2$
烟效率	$\dfrac{E_2}{E_1}$	$\dfrac{E_q}{E_1-E_2}$	$\dfrac{E_2-E_1}{E_q}$	$\dfrac{E_2-E_1}{W}$

过程	④混合过程		⑤分离过程	
特征或目的	绝热混合	放热混合	输入热的分离	输入功的分离
实际过程或设备	绝热混合器	有冷却的混合器	蒸馏釜	微分过滤、反渗透
图示	$H_1,E_1 \to \square \to H_3,E_3$；$H_2,E_2 \to$	$H_1,E_1 \to \square \to H_3,E_3$；$H_2,E_2 \to$；$Q,E_q \uparrow$	$H_1,E_1 \to \square \to H_2,E_2 / H_3,E_3$；$Q,E_q \uparrow$	$H_1,E_1 \to \square \to H_2,E_2 / H_3,E_3$；$W \uparrow$
能量平衡	$H_1+H_2=H_3$	$H_1+H_2=H_3+Q$	$H_1+Q=H_2+H_3$	$H_1+W=H_2+H_3$
烟平衡	$E_1+E_2=E_3+I_{int}$ $E_{in}=E_1+E_2$ $E_{out}=E_3$	$E_1+E_2=E_3+E_q+I_{int}$ $E_{in}=E_1+E_2$ $E_{out}=E_3+E_q$	$E_1+E_q=E_2+E_3+I_{int}$ $E_{in}=E_1+E_q$ $E_{out}=E_2+E_3$	$E_1+W=E_2+E_3+I_{int}$ $E_{in}=E_1+W$ $E_{out}=E_2+E_3$
内部烟损失	$I_{int}=E_1+E_2-E_3$	$I_{int}=E_1+E_2-E_3-E_q$	$I_{int}=E_1+E_q-E_2-E_3$	$I_{int}=E_1+W-E_2-E_3$
烟效率	$\dfrac{E_3}{E_1+E_2}$	$\dfrac{E_q+E_3}{E_1+E_2}$	$\dfrac{(E_2+E_3)-E_1}{E_q}$	$\dfrac{(E_2+E_3)-E_1}{W}$

2.3.3 物质的烟

2.3.3.1 化学元素和化合物的标准烟及燃料标准烟的估算

处于环境基准态温度和基准态压力下，纯物质的烟称为该物质的标准烟，记作 E^θ。该值通常取摩尔量。

（1）化学元素的标准烟

若化合物 $A_aB_bC_c$ 为元素 A 的基准物，且为气体混合物中的某一组分，而其摩尔分率为 $y(A_aB_bC_c)$，元素 A 的标准烟表示为

$$E^\theta(A)=\frac{1}{a}\left[-RT_0\ln y(A_aB_bC_c)-\Delta_f G^\theta(A_aB_bC_c)-bE^\theta(B)-cE^\theta(C)\right] \quad (2\text{-}105)$$

此式适用于大气圈中所含的元素，通常这些元素的基准物是大气混合物中的一个组分。

与其类似，若 $A_aB_bC_c$ 为元素 B 的基准物 *，且为纯固体，元素 B 的标准烟表示为

$$E^{\theta}(B) = \frac{1}{b}\left[-\Delta_f G^{\theta}(A_a B_b C_c) - aE^{\theta}(A) - cE^{\theta}(C)\right] \qquad (2\text{-}106)$$

此式适用于水圈和地壳岩石圈中所含元素。＊此处 $A_a B_b C_c$ 与式（2-105）中 $A_a B_b C_c$ 不是同一化合物。

由式（2-105）和式（2-106），若已知任意元素 A（或 B）基准物 $A_a B_b C_c$ 的标准生成 Gibbs 函数 $\Delta_f G^{\theta}(A_a B_b C_c)$ 以及基准物中除要求的元素外其它组成元素的标准烟 $E^{\theta}(i)$，则可由式（2-105）和式（2-106）选择适当的计算顺序，则可获得各种元素的标准烟。表2-112 就是按此方法获得的。

表 2-112 元素的标准烟

元素	标准烟 /(kJ/mol)	元素	标准烟 /(kJ/mol)	元素	标准烟 /(kJ/mol)
Ag(s)	86.570	H	117.575	Pr	978.061
Al	788.186	He	30.224	Pt	0
Ar	11.665	Hf	1057.105	Rb	354.722
As	386.137	Ho	967.432	Rh	0
Au	0	Hg	134.692	Ru	0
B	609.882	I	35.491	S	601.063
Ba	784.076	In	412.372	Sb	420.522
Be	594.277	Ir	0	Sc	906.734
Bi	308.083	K	388.426	Se	167.570
Br	25.842	Kr	0	Si	850.529
C	410.515	La	989.334	Sm	879.773
Ca	713.882	Li	374.690	Sn	516.023
Ce	1021.448	Lu	891.464	Sr	740.743
Cd	297.471	Mg	616.793	Ta	950.578
Cl	23.222	Mo	713.730	Tb	909.227
Co	240.261	Mn	463.235	Te	265.629
Cr	523.590	N	0.346	Th	1164.813
Cs	399.656	Na	360.802	Ti	885.498
Cu	126.350	Nb	877.954	Tl	171.925
Dy	957.970	Nd	969.027	Tm	894.284
Er	961.983	Ne	27.139	U	1152.058
Eu	873.616	Ni	218.435	V	704.556
F	211.481	O	1.977	W	795.441
Fe	367.761	Os	294.557	Y	905.356
Ga	496.228	P	863.689	Yb	860.434
Gd	987.942	Pb	421.961	Zn	323.059
Ge	499.780	Pd	0	Zr	1062.802

（2）化合物的标准烟

化合物（$A_a B_b C_c$）的标准烟为

$$E_m^{\theta}(A_a B_b C_c) = \Delta_f G_m^{\theta}(A_a B_b C_c) + aE_m^{\theta}(A) + bE_m^{\theta}(B) + cE_m^{\theta}(C) \qquad (2\text{-}107)$$

式中　$\Delta_f G_m^{\theta}(A_a B_b C_c)$——化合物 $A_a B_b C_c$ 的标准生成吉布斯自由能；

　　　　a——A 元素的化学计量数；

　　　　b——B 元素的化学计量数；

　　　　c——C 元素的化学计量数；

　　　$E_m^{\theta}(A)$——A 元素的标准烟，kJ/mol；

　　　$E_m^{\theta}(B)$——B 元素的标准烟，kJ/mol；

$E_m^\theta(C)$——C 元素的标准㶲，kJ/mol。

由此计算，表 2-113 列出了部分常见无机化合物的标准㶲数值，表 2-114 列出了部分常见有机化合物的标准㶲数值。同时，还列出了作为计算基础的该化合物的标准生成吉布斯自由能数值。

（3）燃料标准㶲的估算

燃料的组成不能确定时，但有可能得到其比标准燃烧汗的数据。以下各式于估算气、液、固各种燃料的比标准㶲。

气体燃料的比标准㶲为

$$e^\theta \approx 0.950 \times \Delta h_H^\theta \qquad (2\text{-}108)$$

式中　e^θ——燃料的比标准㶲，kJ/kg；

Δh_H^θ——燃料的标准高热值，kJ/kg。

液体燃料的比标准㶲为

$$e^\theta \approx 0.975 \times \Delta h_H^\theta \qquad (2\text{-}109)$$

固体燃料的比标准㶲为

$$e^\theta \approx \Delta h_L^\theta + 2438 \times w \qquad (2\text{-}110)$$

式中　Δh_L^θ——燃料的标准低热值，kJ/kg；

2438——水的气化热，kJ/kg；

w——固体燃料中含水质量百分率。

表 2-113　部分无机化合物的标准㶲数值

化合物	聚集态	$\Delta_f G_m^\theta$ /(kJ/mol)	标准㶲 /(kJ/mol)	化合物	聚集态	$\Delta_f G_m^\theta$ /(kJ/mol)	标准㶲 /(kJ/mol)
$AlCl_3$	s	-629.974	227.878	H_2SO_4	l	-689.940	154.183
$Al_2(SO_4)_3$	s	-3099.657	303.634	KBr	s	-380.213	34.055
BaO	s	-520.387	265.666	KCl	s	-408.578	3.070
$BaCl_2$	s	-810.330	20.190	K_2CO_3	s	-1065.356	127.943
$BaSO_4$	s	-1362.109	30.939	KCN	s	-102.051	697.237
$BaCO_3$	s	-1119.263	81.260	KI	s	-322.895	101.022
CaO	s	-603.511	112.349	MgO	s	-568.895	49.875
$Ca(OH)_2$	s	-898.444	54.543	$MgCl_2$	s	-594.618	68.620
$CaCl_2$	s	-748.799	11.527	$MgCO_3$	s	-1012.214	21.027
CO	g	-137.170	275.323	$Mg(OH)_2$	s	-833.675	22.223
CO_2	g	-394.394	20.075	$MgSO_4$	s	-1147.430	78.336
Cu_2O	s	-147.877	106.801	Mn_2O_3	s	-881.138	51.264
$CuSO_4 \cdot H_2O$	s	-918.016	54.434	Mn_3O_4	s	-1281.211	116.404
$FeAl_2O_4$	s	-1853.877	98.165	N_2	g	0	0.693
$Fe(OH)_3$	s	-705.469	20.948	$NaOH$	s	-379.776	100.578
Fe_2SiO_4	s	-1376.206	217.754	$NaBr$	s	-349.025	37.619
H_2	g	0	235.150	Na_2SO_4	s	-1270.001	60.576
HBr	g	-53.469	89.948	Na_2CO_3	s	-1048.227	89.824
HCl	g	-95.282	45.515	$NaHCO_3$	s	-838.298	56.526
HF	g	-274.702	54.354	$NiSO_4$	s	-762.616	64.792
HgO	s	-58.555	78.114	NH_3	g	-16.368	336.703
$HgCl_2$	s	-181.136	114.189	NO	g	86.588	88.912
$HgSO_4$	s	-594.799	148.865	NO_2	g	51.257	55.559
HI	g	1.594	154.660	O_2	g	0	3.955
H_2O	g	-228.547	8.580	PbO	s	-189.633	234.305
H_3PO_4	l	-1123.654	100.670	PbO_2	s	-224.541	201.374
H_2S	g	-33.320	802.893	$PbCl_2$	s	-314.111	154.294

续表

化合物	聚集态	$\Delta_f G_m^\theta$ /(kJ/mol)	标准㶲 /(kJ/mol)	化合物	聚集态	$\Delta_f G_m^\theta$ /(kJ/mol)	标准㶲 /(kJ/mol)
$PbBr_2$	s	-260.882	212.763	SnO	s	-257.114	260.886
$PbSO_4$	s	-813.013	217.921	ZnO	s	-320.491	4.545
$PbCO_3$	s	-625.412	212.996	$ZnCl_2$	s	-369.394	0.110
SO_2	g	-300.080	304.939	$ZnSO_4$	s	-868.741	63.291
SO_3	g	-371.068	235.927				

表 2-114　部分有机化合物的标准㶲数值

化合物	聚集态	$\Delta_f G_m^\theta$ /(kJ/mol)	标准㶲 /(kJ/mol)	化合物	聚集态	$\Delta_f G_m^\theta$ /(kJ/mol)	标准㶲 /(kJ/mol)
CH_4	g	-50.840	829.974	$HCOOCH_3$	g	-297.190	998.094
C_2H_6	g	-32.930	1493.549	$CH_3COOC_2H_4$	l	-332.700	2253.914
C_3H_8	g	-23.470	2148.674	$(CH_3)_2O$	g	-112.930	1415.526
C_4H_{10}	g	-17.150	2800.658	$(C_2H_4)_2O$	g	-51.830	2532.806
C_5H_{12}	g	-8.370	3455.103	HCHO	g	-109.910	537.732
C_6H_{14}	g	-0.250	4108.888	CH_3CHO	g	-133.300	1160.007
C_6H_{14}	l	-3.800	4105.338	$(CH_3)_2CO$	g	-153.050	1785.921
C_7H_{16}	g	7.990	4762.792	CH_3Cl	g	-62.890	723.572
C_2H_4	g	68.120	1359.449	CH_2Cl_2	g	-68.870	623.239
C_3H_6	g	62.720	1999.714	$CHCl_3$	l	-73.700	524.056
$CH_2{=\!=}CHC_2H_5$	g	71.300	2653.959	CCl_4	l	-62.600	440.803
C_2H_2	g	209.200	1265.380	CH_3Br	g	-28.160	760.922
C_5H_{10}(环戊烷)	l	36.400	3264.723	CH_3I	g	15.650	814.380
C_6H_{12}(环己烷)	l	26.700	3900.688	CF_4	g	-888.430	368.011
C_6H_6	l	124.500	3293.039	C_6H_5F	g	-69.040	3193.406
$CH_3C_6H_5$	l	113.800	3928.004	C_6H_5Cl	l	89.200	3163.386
CH_3OH	l	-166.600	716.192	C_6H_5Br	l	126.000	3202.807
C_2H_5OH	l	-174.800	1353.656	C_6H_5I	g	187.78	3274.235
C_3H_7OH	l	-170.600	2003.521	CH_3NH_2	g	32.260	1030.996
C_4H_9OH	l	-162.500	2657.286	CH_3CN	l	86.500	1260.601
$C_5H_{11}OH$	g	-149.750	3315.702	$CO(NH_2)_2$	s	-196.800	686.685
C_6H_5OH	g	-32.890	3137.627	$C_6H_5NO_2$	l	146.200	3201.466
HCOOH	l	-361.400	288.219	$C_6H_5NH_2$	l	149.200	3435.661
CH_3COOH	l	-389.900	905.384	$C_6H_{12}O_6$(α葡萄糖)	s	-910.400	2975.452
C_3H_7COOH	l	-377.700	2208.914	$C_{12}H_{22}O_{11}$(蔗糖)	s	-1544.700	5989.878
$C_{15}H_{31}COOH$	s	-274	10060.594	C_5H_5N	l	190.21	2831.010
C_6H_5COOH	s	-210.41	3372.599	C_9H_7N	l	293.5	4811.506

注：未包含在表中的其他化合物可按式（2-107）计算出。

2.3.3.2　稳定流动体系纯物质的㶲

可利用式（2-100）求取稳定流动体系纯物质的㶲。例如，对于任意温度 T 和压力 p 下某种纯物质的摩尔㶲为

$$E_m(T,p)=E_m^\theta+[H_m(T,p)-H_m^\theta(T_0,p^\theta)]-T_0[S_m(T,p)-S_m^\theta(T_0,p^\theta)] \quad (2\text{-}111)$$

式中　　　　E_m^θ——纯物质的标准㶲，kJ/mol；

$S_m^\theta(T_0,p^\theta)$——环境基准态温度 T_0 与基准态压力 p^θ 下纯物质的摩尔熵，kJ/(mol·K)；

$S_m(T,p)$——任意温度 T 和压力 p 下纯物质的摩尔熵，kJ/(mol·K)；

$H_m^\theta(T_0,p^\theta)$——环境基准态温度 T_0 与基准态压力 p^θ 下纯物质的摩尔焓，kJ/mol；

$H_m(T,p)$——任意温度 T 和压力 p 下纯物质的摩尔焓，kJ/mol。

式（2-111）中的焓与熵可以借助热力学性质模型计算，也可以从适宜的热力学性质图或表查取。

任意温度 T 和压力 p 下某种理想气体的摩尔㶲为

$$E_{\text{m}}^{\text{ig}}(T,p) = E_{\text{m}}^{\theta} + \int_{T_0}^{T}\left(1 - \frac{T_0}{T}\right)C_{p,\text{m}}^{\text{ig}}\mathrm{d}T + RT_0\ln\left(\frac{p}{p^{\theta}}\right) \tag{2-112}$$

式中 E_{m}^{θ}——纯物质的标准㶲，环境基准态下该物质为气态，kJ/mol；

$C_{p,\text{m}}^{\text{ig}}$——理想气体的定压摩尔热容，kJ/(mol·K)；

R——气体常数，为 8.3145×10^{-3}kJ/(mol·K)。

任意温度 T 和压力 p 下某种纯液体的摩尔㶲为

$$E_{\text{m}}(T,p) = E_{\text{m}}^{\theta} + \int_{T_0}^{T}\left(1 - \frac{T_0}{T}\right)C_{p,\text{m}}^{\text{l}}\mathrm{d}T \tag{2-113}$$

式中 E_{m}^{θ}——纯物质的标准㶲，环境基准态下该物质为液态，kJ/mol；

$C_{p,\text{m}}^{\text{l}}$——液体的定压摩尔热容，kJ/(mol·K)。

2.3.3.3 稳定流动体系多组分物质的㶲

对于任意温度为 T，压力为 p 和一定组成的多组分稳定流动体系，其摩尔㶲为

$$E_{\text{m}}(T,p,\underline{x}) = \sum x_iE_{\text{m},i}(T,p) + RT_0\sum x_i\ln\hat{a}_i + \left(1 - \frac{T_0}{T}\right)\Delta_{\text{mix}}H_{\text{m}} \tag{2-114}$$

式中 x_i——体系中 i 组分的摩尔分数；

$E_{\text{m},i}(T,p)$——体系温度 T 与压力 p 下组分 i 的摩尔㶲，kJ/mol，可利用式 2-111 算出；

$\hat{a}_i$——体系中 i 组分的活度，可以借助热力学性质模型计算等方法获取；

$\Delta_{\text{mix}}H_{\text{m}}$——体系的混合热，可以借助热力学性质模型计算等方法获取，kJ/mol。

理想混合物的摩尔㶲为

$$E_{\text{m}}^{\text{id}}(T,p,\underline{x}) = \sum x_iE_{\text{m},i}(T,p) + RT_0\sum x_i\ln x_i \tag{2-115}$$

式中 $E_{\text{m},i}(T,p)$——体系温度 T 与压力 p 下液体组分 i 的摩尔㶲，kJ/mol，可利用式（2-113）算出。

理想气体的混合物的摩尔㶲为

$$E_{\text{m}}^{\text{id}}(T,p,\underline{x}) = \sum x_iE_{\text{m},i}^{\text{ig}}(T,p) + RT_0\sum x_i\ln\left(\frac{p_i}{p}\right) \tag{2-116}$$

式中 $E_{\text{m}}^{\text{ig}}(T,p)$——体系温度 T 与压力 p 下理想气体组分 i 的摩尔㶲，kJ/mol，可利用式（2-112）算出；

p_i——混合物中的 i 组分的分压，Pa。

2.3.4 㶲平衡

2.3.4.1 体系输入与输出之间的㶲平衡

$$E_{\text{in}} = E_{\text{out}} + I_{\text{int}} + \Delta E_{\text{sys}} \tag{2-117}$$

式中 E_{in}——穿过体系边界的输入㶲，J；

E_{out}——穿过体系边界的输出㶲，J；

ΔE_{sys}——㶲在体系内部的积存量，J。

对于稳定流动体系

$$E_{\text{in}} = E_{\text{out}} + I_{\text{int}} \tag{2-118}$$

2.3.4.2 体系支付与收益之间的㶲平衡

$$E_{\text{p}} = E_{\text{g}} + I \tag{2-119}$$

式中 E_{p}——体系在能量转变过程中的支付㶲，J；

　　E_g——体系在能量转变过程中的收益㶲，J。

2.3.5　㶲分析

2.3.5.1　㶲分析的评价指标

　　（1）普遍㶲效率

$$\eta_{\text{gen}} = \frac{E_{\text{out}}}{E_{\text{in}}} = 1 - \frac{I_{\text{int}}}{E_{\text{in}}} \tag{2-120}$$

式中　η_{gen}——普遍㶲效率。

　　（2）目的㶲效率

$$\eta_{\text{obj}} = \frac{E_g}{E_p} = 1 - \frac{I}{E_p} \tag{2-121}$$

式中　η_{obj}——目的㶲效率。

　　（3）局部㶲损失率

$$\xi_i = \frac{I_i}{I} \tag{2-122}$$

式中　ξ_i——体系 i 的局部㶲损失率；

　　　I_i——体系 i 的局部（子体系）㶲损失，J。

　　（4）局部㶲损失系数

$$\Omega_i = \frac{I_i}{E_p} \tag{2-123}$$

式中　Ω_i——体系的局部㶲损失系数。

　　体系的局部㶲损系数与体系的目的㶲效率之间关系为

$$\eta_{\text{obj}} = 1 - \sum \Omega_i \tag{2-124}$$

　　（5）单位产品（或单位原料）的消耗

$$\omega = \frac{E_p}{M} \tag{2-125}$$

式中　ω——单位产品（或单位原料）的㶲消耗，kJ；

　　　M——总产量（或总原料量），kg。

2.3.5.2　分析步骤

　　（1）确定体系

　　事先要明确体系的边界、子体系的分割方式，以及穿过边界的所有物质和能量（例如功或热）。必要时辅以示意图说明。

　　（2）明确环境基准

　　一般应采用本标准的环境参考态。若采用其他基准态应予以说明。

　　（3）说明计算依据

　　说明所使用的热力学基础数据（如物质的热容、焓和熵等）的来源。列出直接应用本标准的计算公式或由本标准定义外延得到的数学关系式，并说明应用的场合。

　　（4）计算㶲平衡

　　建立体系的㶲平衡关系，用表和图辅助表示计算结果。基于㶲平衡关系，做出支付与收益、损失平衡表或做出输入与输出、损失平衡表。计算出㶲效率、局部㶲损失率或局部㶲损失系数，以及单位产品（或单位原料）的支付㶲等评价指标。

　　（5）评价与分析

　　根据计算结果，分析㶲损失的部位、大小和原因，为改善过程的能量利用指出方向和措施。

具体过程㶲分析例题可参见文献 [48，49]

主要符号说明

A	摩尔自由能，摩尔 Helmholtz 自由能，J/mol	$\Delta_{mix}H$	摩尔混合焓（热），J/mol，kJ/mol
$A_o\ (=M_r/n)$	平均相对原子质量	$\Delta_s H$（或 $\Delta_{sub}H$）	摩尔升华焓，J/mol，kJ/mol
$\hat{a}_i$	多组分物质中 i 组分的活度	$\Delta_{sol}H$	摩尔溶解焓（热），J/mol，kJ/mol
$a，b，c$	化合物 $A_a B_b C_c$ 中的相应元素的化学计量数	$\Delta_v H$	摩尔蒸发（气化）焓，J/mol，kJ/mol
a_n^c	热容温度关联方程（式 2-105）各项系数	I	㶲损失，J
a_n^h	焓温度关联方程（式 2-106）各项系数	$k\left(=\dfrac{c_p}{c_v}\right)$	质量热容比（绝热指数）
a_n^s	熵温度关联方程（式 2-107）各项系数	M	摩尔质量 g/mol
		M	某些热力性质一般表示
C	热容（量），J/K，kJ/K	M_r	相对分子质量
c	比热容，J/（g·K），J/(kg·K)，kJ/(kg·K)	m	质量，g，kg
		p	压力，Pa，kPa，bar（$=10^5$ Pa）
C_p	摩尔定压热容，J/(mol·K)，kJ/(mol·K)，kJ/(kmol·K)	$p_{c,m}$	混合物虚拟临界压力，bar
		Q	热量，J，kJ
$c_p\left(=\dfrac{C_p}{M}\right)$	比定压热容，J/(g·K)，J/(kg·K)，kJ/(kg·K)	Q_m	摩尔热量（m-摩尔）一般可不写出由其后单位可看出，J/mol，kJ/mol
C_V	摩尔定容热容 J/(mol·K)，kJ/(mol·K)，kJ/(kmol·K)	$q\left(=\dfrac{Q}{m}\right)$	比热量（单位质量的），J/g，kJ/g，kJ/kg
$C_{\sigma,l}\left(=\dfrac{dH_{\sigma,l}}{dT}\right)$	饱和液的焓随温度变化率，J/(mol·K)	R	气体常数，8.314J/(mol·K)
		S	摩尔熵，J/(mol·K)
$C_{s,l}\left(=\dfrac{\delta Q}{dT}\right)$	保持液体在饱和状态温度变化 1K 所需能量，J/(mol·K)	$s\left(=\dfrac{S}{M}\right)$	比熵，J/(g·K)，J/(kg·K)
		T	热力学温度，K
E	㶲	t	摄氏温度，℃
e	比㶲	T_b	正常沸点，K
E_m	摩尔㶲	T_t	临界温度，K
ΔE_{sys}	㶲在体系内部的积存，J	T_c	结晶温度（聚合物中有时用或 T_{cr}）
f	逸度，Pa，kPa，bar（$=10^5$ Pa）	$T_{c,m}$	混合物虚拟临界温度，K
G	摩尔自由焓，摩尔 Gibbs 自由能，J/mol	T_g	玻璃化转变温度，K
		T_m	熔点（聚合物中解析熔点），K
$\Delta_f G$	摩尔生成 Gibbs 自由能，J/mol	T_m^o	平衡熔点（聚合物中平衡熔融温度），K
H	摩尔焓，J/mol，kJ/mol		
$h\left(=\dfrac{H}{M}\right)$	比焓，J/g，kJ/g，kJ/kg	$T_r\left(=\dfrac{T}{T_c}\right)$	对比温度
$\Delta_{ads}H$	摩尔吸附热（焓）	$T_{r,m}$	混合物虚拟对比温度
$\Delta_c H$	摩尔燃烧焓（热），kJ/mol	T_I	最低一级相变温度，K
$\Delta_{dil}H$	摩尔稀释焓（热），J/mol	U	摩尔内能，J/mol，kJ/mol
$\Delta_f H$	摩尔生成焓（热），kJ/mol	V	摩尔体积，cm³/mol，m³/mol
$\Delta_m H$	摩尔熔化（熔融）焓，J/mol	$v\left(=\dfrac{V}{M}\right)$	比体积，cm³/g，m³/kg
		V_c	（摩尔）临界体积，cm³/mol，

	m^3/mol		L, l	液态
$V_r\left(=\dfrac{V}{V_c}\right)$	对比体积		R,（R）	参考流体
			r	热力学剩余性质
$V_r^o\left(=\dfrac{V}{\dfrac{RT_c}{P_c}}\right)$	理想对比体积		SL	饱和液
			SV	饱和蒸气
w_i	i 组分质量分数		o, ig	参考态、理想气体
x_i	i 组分摩尔分数（通用，常用于液相）		id	理想溶液
y_i	i 组分摩尔分数（常用于气相）		（o）	简单流体
$Z\left(=\dfrac{PV}{RT}\right)$	压缩因子		$\ominus$	标准状态
$Z_c\left(=\dfrac{P_cV_c}{RT_c}\right)$	临界压缩因子		下角标	
$\Delta Z_v=Z_{sv}-Z_{sl}$ 或 Z_g-Z_l			b	正常沸点
$\tau\left(=1-T_r=1-\dfrac{T}{T_c}\right)$			c	临界态、晶体
			m	熔化、混合物
γ	活度系数		mix	混合
$\varphi\left(=\dfrac{f}{p}\right)$,	逸度系数，逸度-压力比		mixt	混合物
			pr	过程
φ	体积分数		r	对比
ω　pitzer	偏心因子		S 或 sat	饱和
上角标			SCL	过冷液
d	热力学偏离函数		SL	饱和液
e	热力学过量函数		SV	饱和蒸气
			$\oslash = 298.15K$	

参 考 文 献

［1］　Yaws C L. Thermodynamic and Physical Property Data. Hydrocarbons and Organic Chemicals, Houston, Texas: Gulf Published Co. , 1992.

［2］　Perry Robert H, Green Don W, and Maloney James O. Perry's Chemical Engineer's Handbook 7thed. Chap2 Physical and Chemical Data,New York McGraw-Hill,1997.

［3］　Knacke O, Kubaschewski O, Hesselmann K. eds. Thermochemical Properties of Inorganic Substances 2nd ed. Berlin, Heidelberg: Springer-Verlag, 1991.

［4］　许志宏，王乐珊. 无机热化学数据库. 北京：科学出版社，1990.

［5］　Yaws C L. Chemical Properties Handbook, New York, McGraw-Hill Companies, 1999.

［6］　化学工程手册（I）：第一卷. 化工基础数据. 北京：化学工业出版社，1989.

［7］　日本化学工学会. 化学工学便览. I 基础篇. 改版第五版, 东京：丸善株式会社，1988.

［8］　中国石化集团上海工程有限公司，化工工艺设计手册：第 3 版, 北京：化学工业出版社，2003.

［9］　Lide D R. Editor-in Chief CRC Handbook of Chemistry and physics 90th ed Boca Raton New York CRC Press 2009～2010.

［10］　Dean John A., Langes Handbook of Chemistry 15th ed. 兰代化学手册：第二版 魏俊等译. 北京：科学出版社，2003.

［11］　Růžička V Jr, Zabransky M, Malijevsky A, Domalski E S. Fluid Phase Equilibria, 1992，75：137.

［12］　马沛生等. 石油化工基础数据手册. 续编，北京：化学工业出版社，1993.

［13］　Reid Robert C, Prausnitz John M and Poling Bruce E. The Properties of Gases and Liquids. 4th ed. New York: McGraw-Hill, 1987.

［14］　Poling Bruce E. , Prausnitz John M. O'connell John P. , The Properties of Gases and Liquids 5th ed. Singapor, International Ed. MCGraw-Hill 2001.

［15］　Lee B I and Kesler M G. AIChE J. 1975，21：510.

［16］　Daubert T E and Danner R P. Data Compilation Tables of Properties of Pure Compounds. New York：AIChE. 1985.

［17］　Thinh T-P, Duran J-L, and Ramalho R S. Ind. Eng. Chem. Process Des. Dev. ,1971,10:576.

［18］　Thinh T-P, and Trong T R. Can. J. Chem. Eng. 1976，54：344.

［19］　Rihani D N, and Doraiswamy L K. Ind. Chem. Fundam, 1965，4：17.

[20] 董茜，严新建，许志宏. 化工学报. 1989，40（5）：521.

[21] 赵国良，靳长德. 有机物热力学数据的估算. 北京：高等教育出版社，1983.

[22] Anderson J W，Beyer G H，and Watson K M. Natl. Petrol. News Tech，Sec. 1944，36：R476（July5）转见文献 [21].

[23] Reid RC，Prausnitz J. M and Sherwood T K. The Properties of Gases and Liquids. 3rd ed. New York：McGraw Hill，1977.

[24] Yoneda Y. Bull. Chem. Soc. Japan. 1979，52：1297.

[25] Knapp H，Doring R，Oellrich L，Plocker U，and Prausnitz J M. Vapor-Liquid Equilibria for Mlxtures of Low Boiling Substances，Chem. Data Ser. Vol. VI，Frankfurt：DECHEMA，1982.

[26] Bondi A. Ind. Eng. Chem. Fundam.，1966，5：443.

[27] Yuan T F，Stiel L I，Ind，Eng. Chem Fundam.，1970，9：393.

[28] Halm R L，StielLI. AIChE J. 1967，13：351；1970，16：3；1971，17：259.

[29] Tyagi K P. Ind. Eng. Chem. Proc. Des Dev.，1975，14：484.

[30] Johnson A I，and Huang C J. Can. J. Technol. 1955，33：421.

[31] Lee B I，Edmister W C. Ind. Eng，Chem. Fundam. 1971，10：229.

[32] Shaw R. J. Chem. Eng. Data，1969，14：461.

[33] Teja A S. J. Chem. Eng. Data，1983，28：83.

[34] 王福安. 化工数据导引. 北京：化学工业出版社，1995.

[35a] Chueh P L，and Swanson A C，Chem. Eng. Progr.，1973，69（7）：83.

[35b] Chueh P L，and Swanson A C，Can. J. Chem. Eng.，1973，51：596.

[36] 马沛生. 化工数据：第1版. 北京：中国石化出版社，2003.

[37] Ullmann's Encyclopedia of Industrial Chemistry. Fifth，Completely Revised Edition，Vol. B I Fundmentals of Chemical Engineeing. Editors：Barbara Elvers，Stephen Hankins，Gail Schulz. Volume Editor：Hanns Hofmann，Weinheim，Germany：VCH Verlags gesellschaft mbH，1987.

[38] Luria M，and Benson S W. J. Chem Eng. Data. 1977，20：90.

[39] Missenard F-A. Compte Rendue（C. R.）1965，260：5521.

[40] Pachaiappan V，Ibrahim S H，and Kuloor. N. R. Chem. Eng. 1967，74：241，转见文献 [7]

[41] ［土耳其］Barin，I，纯物质热化学数据手册. 3rd ed. 程乃良，牛四通，徐桂英等译. 北京：科学出版社，2003.

[42] ［乌克兰］利帕托夫 IOC，普里瓦尔科 B JI. 聚合物理化学手册：第2卷，本体聚合物的性质 Chap4 §4.1 比热容. 佟家宾，张玉崑译. 北京：中国石化出版社，1995.

[43] Rivkin soloman Lazarevich. English Edition Ed. Wagman D D.（Translated by Ghojel J I）Thermodynamic Properties of Gases 4th ed. Revisied. New York：Hemisphere Publishing Co. 1988.

[44] 蒋楚生、何耀文、孙志发、郑丹星、赵恩生. 工业节能的热力学基础和应用. 北京：化学工业出版社，1990.

[45] 郑丹星. 流体与过程热力学. 北京：化学工业出版社，2005.

第3章 物质的热化学数据及其估算方法

3.1 物质的热化学性质数据表

3.1.1 纯物质的相变焓（热）——相变化热效应

3.1.1.1 有机化合物的相变焓及摩尔定压热容

表 3-1 列出 284 个有机化合物的相变焓及摩尔定压热容 C_p 数据。对表的说明如下。

（1）$\Delta_m H$ 熔点下摩尔熔化（融）焓，$\Delta_v H$ 沸点下摩尔蒸发（气化）焓，$\Delta_s H$ 298.15K 下升华焓，单位皆为 kJ/mol。

（2）C_p 标明温度下化合物存在的物理状态的 C_p 值。

（3）$\Delta_t H$ 标明转变点温度 t℃下（右上角标）的转变焓（不同晶态间），单位为 kJ/mol。

（4）表中数据主要选自新文献 [1]；标有"†"者取自文献 [2]。

表 3-1　有机化合物的相变焓及在标明温度下的摩尔定压热容[1,2]

No.	化学式	化 合 物 名 称		$\Delta_m H$	$\Delta_v H$	$\Delta_s H$	C_p（在标明温度下）/[J/(mol·K)]			
		中 文	英 文	/(kJ/mol)			400K	600K	800K	1000K
1	CCl_2F_2	二氯二氟甲烷	dichlorodifluoromethane	4.14	20.1		82.4	93.6	99.1	100.0
2	CCl_2O	光气（碳酰氯）	phosgene(carboylchloride)	5.74	24.4		63.9	71.1	75.0	77.4
3	CBr_4	四溴甲烷	tetrabromomethane		45.1	110	97.1	102.6	106.7	105.9
4	CCl_4	四氯化碳	tetrachloromethane $\Delta_t H, 4.6^{-47.9°}$	3.28	29.8	32.4	91.7†	99.7	103.1	104.8
5	$CHClF_2$	氯代二氟甲烷	chlorodifluoromethane	4.12	20.2		65.4	78.9	87.2	92.4
6	$CHCl_2F$	二氯氟甲烷	dichlorofluoromethane		25.2		70.2	82.4	89.6	94.2
7	$CHCl_3$	三氯甲烷	chloroform（＝trichloromethane）	8.8	29.2	31.3	74.3	85.3	91.5	95.5
8	CHN_3O_6	三硝基甲烷	trinitromethane		32.6	46.7				
9	CH_2Cl_2	二氯甲烷	dichloromethane	6.00	28.1	28.8	59.6	72.4	80.8	86.8
10	CH_2N_2	氨基腈	cyanamide	8.76	68.6					
11	CH_2O	甲醛	formaldehyde		23.3		39.3	48.2	55.9	62.0
12	CH_2O_2	甲酸	formic acid	12.7	22.7	20.1	53.8	67.0	76.8	83.5
13	CH_3Br	溴（代）甲烷	bromomethane $\Delta_t H, 0.47^{-99.4}$	5.98	23.9	22.8	50.0	62.7	72.2	79.5
14	CH_3Cl	氯甲烷	chloromethane	6.43	21.4	18.9	48.2	61.3	72.3	78.9
15	CH_3NO_2	硝酸甲酯	methyl nitrate	8.2	31.6	32.1	91.5	115.2	131.7	143.1
16	CH_4	甲烷	methane $\Delta_t H,$ $0.0782^{-248°}\sim^{-252.7}$①	0.94	8.2		40.5	52.2	62.9	71.8
17	CH_4N_2O	尿素	urea	15.1	87.9					
18	CH_4O	甲醇	methanol $\Delta_t H, 0.6^{-115.8°}$	3.18	35.2	37.4	51.4	67.0	79.7	89.5

续表

No.	化学式	中文	英文	$\Delta_m H$	$\Delta_v H$	$\Delta_s H$	C_p（在标明温度下）/[J/(mol·K)]			
				/(kJ/mol)			400K	600K	800K	1000K
19	CH_5N	甲胺	methylamine	6.13	25.6	24.4	60.2	78.9	93.9	105.7
20	C_2Cl_4	四氯乙烯	tetrachloroethylene	10.56	34.7	39.7	105.0	116.6	122.6	125.8
21	C_2Cl_6	六氯乙烷	hexachloroethane $\Delta_t H$,$8.0^{71.3°}$	9.8	45.9	59.0	151.5	166.6	173.6	177.3
22	C_2F_4	四氟乙烯	tetratluoroethylene	7.7	16.8		91.9	106.8	115.5	120.8
23	C_2N_2	氰	cyanogen	8.1	23.3	19.7	61.9(g)	68.2	72.9	76.4
24	C_2HCl_3	三氯乙烯	trichloroethylene		31.4	34.5	91.2	104.9	112.7	117.8
25	C_2HCl_5	五氯乙烷	pentachloroethane	11.34	36.9	45.6	133.7	152.1	162.0	168.1
26	C_2H_2	乙炔	acetylene	3.8	17.0	21.3	50.1	58.1	63.5	68.0
27	$C_2H_2BrClF_3$	1-溴,-2-氯-1,1,2-三氟乙烷	1-bromo-2-chloro-1,1,2-trifluoroethane		28.3	30.1				
28	$C_2H_2Cl_2$	1,1-二氯乙烯	1,1-dichloroethylene	6.51	26.1	26.5	78.7	93.9	103.4	110.0
29	$C_2H_2Cl_4$	1,1,2,2-四氯乙烷	1,1,2,2-tetrachloroethane		37.6	45.7	116.7	137.7	150.0	158.0
30	$C_2H_2O_4$	草酸	oxalic acid$\Delta_t H$,1.3 ($\alpha \rightarrow \beta$)			98.0				
31	C_2H_3Cl	氯乙烯	chloroethylene	4.75	20.8		65.0	82.1	93.5	101.9
32	C_2H_3ClO	乙酰氯	acetyl chloride			30.1	78.9	97.0	110.0	119.7
33	C_2H_3N	乙腈	acetonitrile $\Delta_t H$,$0.22^{-56°}$	8.17	29.6	32.9	61.2	76.8	89.0	98.3
34	C_2H_4	乙烯	ethylene	3.35	13.5		53.1	70.7	83.8	93.9
35	$C_2H_4Br_2$	1,2-二溴乙烷	1,2-dibromoethane	10.84	34.8	41.7	99.7	122.3	137.8	149.8
36	C_2H_4O	乙醛	acetaldehyde	3.24	25.8	25.5	66.3	85.9	101.3	112.5
37	$C_2H_4O_2$	乙酸	acetic acid	11.54	23.7	23.4	81.7	105.2	121.7	133.9
38	$C_2H_4O_2$	甲酸甲酯	methyl formate	7.45	27.9	28.4	81.6	105.4	121.8	133.9
39	C_2H_5Br	溴乙烷	bromoethane	5.86	27.0	28.0	79.2	102.8	119.6	132.2
40	C_2H_5Cl	氯乙烷	chloroethane	4.45	24.7		77.6	101.6	118.8	131.7
41	C_2H_5I	碘乙烷	iodoethane		29.4	31.9	80.3	103.1	119.9	132.4
42	C_2H_5NO	乙酰胺	acetamide	15.71	56.1	78.7				
43	C_2H_6	乙烷	ethane $\Delta_t H^+$,$0.090^{-184.42}$, $\Delta_t H$,$2.05^{-183.31}$	2.86	14.7	5.2	65.5	89.3	108.0	122.6
44	C_2H_6O	乙醇	ethanol $\Delta_t H^+$$3.14^{-161.65}$	5.02	38.6	42.3	81.0	107.7	127.2	141.9
45	C_2H_6O	环氧乙烷	ethylene oxide	5.2	25.5	24.8	62.6	86.3	102.9	114.9
46	C_2H_6O	（二）甲醚	dimethyl ether	4.94	21.5	18.5	79.6	105.3	125.7	141.4
47	C_2H_6OS	二甲亚砜	dimethyl sulfoxide	14.37	43.1	52.9				
48	$C_2H_6O_2$	乙二醇	ethylene glycol (=1,2-Ethanediol)	11.23	50.5	67.8	113.2	136.9	166.9	
49	C_2H_6S	甲硫醚	dimethyl sulfide	7.99	27.0	27.7	88.4	113.0	132.2	147.2
50	C_2H_6S	乙硫醇	ethanethiol	5.0	26.6	27.3(2)	88.4	113.9	133.2	148.0
51	C_2H_7N	二甲胺	dimethylamine	5.94	26.4	25.0	87.4	118.9	142.0	159.8
52	C_2H_7N	乙胺	ethylamine		28.0	26.6	90.6	119.6	141.8	158.5
53	C_3H_3N	丙烯腈	acrylonitrile	6.23	32.6	33.5	76.8	96.7	110.6	120.8
54	C_3H_4	丙二烯	propadiene		18.6		72.0	92.1	106.4	117.2
55	C_3H_4	丙炔	propyne		22.1	14.2	72.5	91.2	105.2	115.9
56	$C_3H_4O_2$	丙烯酸	acrylic acid	11.16	44.1	54.3	96.0	123.4	142.0	155.3
57	C_3H_5N	丙腈（乙基氰）	propionitrile (ethylcyanide) $\Delta_t H$,$1.7^{-96.2}$	5.05	31.8	36.0	88.6	114.7	134.5	149.4
58	C_3H_6	丙烯	propylene	3.00	18.4		80.5	108.0	128.7	144.4
59	C_3H_6	环丙烷	cyclopropane	5.44	20.1	16.9	76.6	109.4	140.5	148.1
60	C_3H_6O	环氧丙烷（氧化丙烯）	propylene oxide	6.5	27.4	28.3	92.7	125.8	149.3	166.5

	化 合 物 名 称			$\Delta_m H$	$\Delta_v H$	$\Delta_s H$	C_p(在标明温度下)/[J/(mol·K)]			
No.	化学式	中 文	英 文		/(kJ/mol)		400K	600K	800K	1000K
61	C_3H_6O	丙酮	acetone	5.69	29.1	31.0	92.1	122.8	146.2	162.0
62	$C_3H_6O_2$	丙酸	propionic acid	10.66	32.3	32.1				
63	$C_3H_6O_2$	甲酸乙酯	ethyl formate	9.2	29.9	32.1				
64	C_3H_7Cl	1-氯丙烷	1-chloropropane	5.54	27.2	28.4	106.1	139.9	164.2	182.4
65	C_3H_7Cl	2-氯丙烷	2-chloropropane	7.39						
66	C_3H_7NO	二甲基甲酰胺	N,N-dimethylfor-mamide(DMF)	16.15	38.4	46.9				
67	C_3H_8	丙烷	propane	3.53	19.0	14.8	94.0	128.7	154.8	174.6
68	C_3H_8O	正丙醇	1-propanol	5.20	41.4	47.4	108.2	144.6	171.7	192.2
69	$C_3H_8O_3$	丙三醇(甘油)	glycerol	18.28	61.0	85.8				
70	C_3H_9N	1-丙胺	1-propylamine	10.97	29.6	31.3	119.3	159.0	188.0	210.1
71	C_3H_9N	三甲胺	trimethylamine	6.55	22.9	21.7	117.5	160.4	190.9	213.3
72	C_4H_2	1,3-丁二炔	1,3-butadiyne				84.4	96.8	105.1	111.3
73	$C_4H_2O_3$	顺-丁烯二(酸)酐	maleic anhydride			71.5				
74	C_4H_4O	呋喃	furan $\Delta_t H$,2.1$^{-123.2°}$	3.80	27.1	27.5	88.7	122.6	164.9	158.5
75	$C_4H_4N_2$	丁二腈	butanedinitril	3.7	48.5	70.0				
76	$C_4H_4O_4$	顺-丁烯二酸	maleic acid			110.0				
77	$C_4H_4O_4$	反-丁烯二酸(富马酸)	fumaric acid			136.3				
78	C_4H_4S	噻吩	thiophene $\Delta_t H$, 0.6$^{-101.6°}$	5.09	31.5	34.7	96.3	129.5	150.7	165.4
79	C_4H_6	环丁烯	cyclobutene				90.3	126.8	151.7	169.6
80	C_4H_6	1-丁炔	1-butyne	6.0	24.5	23.3	99.9	129.0	150.4	166.7
81	C_4H_6	2-丁炔	2-butyne	9.23	26.5	26.6	94.6	124.2	147.0	164.4
82	C_4H_6	1,2-丁二烯	1,2-butadiene	7.0	24.0	23.2	98.4	128.5	150.7	167.4
83	C_4H_6	1,3-丁二烯	1,3-butadiene	7.98	22.5	20.9	101.2	133.2	154.1	169.5
84	C_4H_6O	(二)乙烯基醚	divinyl ether			26.2				
85	C_4H_6O	反-2-丁烯醛	(E)-2-butenal			34.5				
86	$C_4H_6O_4$	丁二酸	succinic acid	32.95	117.5					
87	$C_4H_6O_3$	乙(酸)酐	acetic anhydride	10.5	38.2	48.3	129.1	174.1	204.6	226.4
88	C_4H_8	2-甲基丙烯	2-methylpropene	5.93	22.1	20.6	111.2	147.7	175.1	196.0
89	C_4H_7N	丁腈	butane nitrile	5.02	33.7	39.3	118.8	155.1	181.9	201.8
90	C_4H_8	1-丁烯	1-butene	3.9	22.1	20.2	109.0	147.1	174.9	195.9
91	C_4H_8	顺-2-丁烯	2-butene cis	7.58	23.3	22.2	101.8	141.4	171.0	193.1
92	C_4H_8	反-2-丁烯	2-butene $trans$	9.8	22.7	21.4	108.9	145.6	184.4	194.9
93	C_4H_8O	四氢呋喃	tetrahydrofuran	8.54	29.8	32.0				
94	C_4H_8O	2-丁酮	2-butanone	8.44	31.3	34.8	124.7	163.6	192.8	214.8
95	C_4H_8O	正丁醛	n-butyraldehyde (= bu-tanal)	11.09	31.5	34.5	126.4	165.7	195.0	216.3
96	$C_4H_8O_2$	丁酸	butyric acid	11.08	41.8	40.5				
97	$C_4H_8O_2$	乙酸乙酯	ethyl acetate	10.48	31.9	35.6	137.4	182.6	213.4	234.5
98	$C_4H_8O_2$	1,4-二噁烷(二氧杂环己烷)	1,4-dioxane	12.85	34.2	38.6	126.5	181.8	218.2	243.3
99	C_4H_8Br	1-溴丁烷	1-bromobutane	6.69	32.5	36.7	136.6	180.0	211.8	234.4
100	C_4H_9Cl	1-氯丁烷	1-chlorobutane		30.4	33.5	135.1	179.0	210.5	234.0
101	C_4H_9Cl	2-氯丁烷	2-chlorobutane		29.2	31.5	136.1	180.7	212.7	236.8
102	C_4H_{10}	丁烷	butane $\Delta_t H$,2.1$^{-165.6°}$	4.66	22.4	21.0	123.9	168.6	201.8	226.9
103	C_4H_{10}	丁烷(2-甲基丙烷)	isobutane (2-methylpro-pane)	4.66	21.3	19.3	124.6	169.5	202.8	227.1
104	$C_4H_{10}O$	1-异丁醇	1-butanol	9.28	43.3	52.3	137.2	183.7	218.0	243.8

续表

No.	化学式	中文	英文	$\Delta_m H$	$\Delta_v H$	$\Delta_s H$	C_p（在标明温度下）/[J/(mol·K)]			
				/(kJ/mol)			400K	600K	800K	1000K
105	C$_4$H$_{10}$O	叔丁醇	tert-butanol$^+$, $\Delta_t H$,0.83$^{12.98}$	6.70	39.07					
106	C$_4$H$_{10}$O	(二)乙醚	diethyl ether	7.27	26.5	27.1	138.1	183.8	218.7	244.8
107	C$_4$H$_{10}$O$_3$	二甘醇$^+$	diethylene glycol,diglcol		52.30	57.3				
108	C$_4$H$_{11}$N	二乙胺	diethylamine		29.1	31.3	143.9	197.2	235.0	263.2
109	C$_5$H$_5$N	吡啶	pyridine	8.28	35.1	40.2	106.4	149.5	177.8	197.4
110	C$_5$H$_6$	环戊二烯	cyclopentadiene			28.4				
111	C$_5$H$_8$	1-戊炔	1-pentyne		27.7	28.4	130.1	169.0	197.1	218.4
112	C$_5$H$_8$	2-戊炔	2-pentyne		29.3	30.8	122.2	161.9	192.1	215.1
113	C$_5$H$_8$	1,2-戊二烯	1,2-pentadiene		27.6	28.7	131.4	170.7	199.6	220.9
114	C$_5$H$_8$	1,3-戊二烯（顺）	1,3-pentadiene cis		27.6	28.3	123.4	166.9	196.7	218.4
115	C$_5$H$_8$	1,3-戊二烯（反）	1,3-pentadiene trans		27.0	27.8	130.5	171.1	199.6	220.1
116	C$_5$H$_8$	2,3-戊二烯	2,3-pentadiene		28.2	29.5	125.1	169.9	195.0	217.6
117	C$_5$H$_8$	1,4-戊二烯	1,4-pentadiene	6.14	25.2	25.7	131.0	170.2	199.2	220.5
118	C$_5$H$_8$	2-甲基-1,3-丁二烯（1,3-异戊二烯）	2-methyl-1,3-butadiene (isoprene)	4.79	25.9	26.8	133.1	173.2	200.8	221.3
119	C$_5$H$_8$	环戊烯	cyclopentene $\Delta_t H$,0.5$^{-186.1°}$	3.36		28.1	104.9	155.6	191.5	217.3
120	C$_5$H$_8$O	环戊酮	cyclopentanone		36.4	42.7				
121	C$_5$H$_8$O$_2$	甲基丙烯酸甲酯	methyl methacylate (MMA)		36.0	60.7				
122	C$_5$H$_8$O$_2$	2,4-戊二酮	2,4-pentanedione		34.3	41.8				
123	C$_5$H$_{10}$	环戊烷	cyclopentane $\Delta_t H$, 0.3$^{-135.1°}$,4.8$^{-150.8°}$	0.61	27.3	28.5	118.7	178.1	220.1	250.4
124	C$_5$H$_{10}$	1-戊烯	1-pentene	8.42	25.8	26.4	138.5	186.4	221.5	247.7
125	C$_5$H$_{10}$	乙基环丁烷	ethyloyclobutane $\Delta_t H$, 0.3$^{-135.1°}$		28.7	31.2				
126	C$_5$H$_{10}$	2-甲基-1-丁烯	2-methyl-1-butene	7.9	25.5	25.9	138.9	187.1	222.4	248.7
127	C$_5$H$_{10}$	3-甲基-1-丁烯	3-methyl-1-butene	5.4	24.1	23.8	147.5	192.1	225.3	250.3
128	C$_5$H$_{10}$	2-甲基-2-丁烯	2-methyl-2-butene	7.6	26.3	27.1	133.6	181.7	217.8	245.0
129	C$_5$H$_{10}$O	环戊醇	cyclopentanol			57.6				
130	C$_5$H$_{10}$O$_2$	乙酸异丙酯	isopropyl acetate		32.9	37.2				
131	C$_5$H$_{10}$O$_2$	戊酸	pentanoic acid	14.16	44.1	62.4				
132	C$_5$H$_{10}$O$_2$	乙酸丙酯	propyl acetate		33.9	39.7				
133	C$_5$H$_{10}$S	环戊硫醇	cyclopentanethiol	7.8	35.3	41.4	144.5	203.6	245.2	275.5
134	C$_5$H$_{11}$Br	1-溴戊烷	1-bromopentane $\Delta_t H$,5.7$^{-64.5°①}$ $\Delta_t H$,1.0$^{-41.6°①}$	2.0	29.2	31.4	146.1	190.7	220.3	241.6
135	C$_5$H$_{11}$Cl	1-氯戊烷	1-chloropropane		33.2	38.2	164.2	218.0	256.8	285.6
136	C$_5$H$_{12}$	戊烷	pentane	8.42	25.8	26.4	152.8	207.7	248.1	278.1
137	C$_5$H$_{12}$	异戊烷（2-甲基丁烷）	2-methylbutane (isopentane)	5.15	24.7	24.9	152.7	208.7	249.8	280.8
138	C$_5$H$_{12}$	2,2-二甲基丙烷	2,2-dimethylpropane $\Delta_t H$,2.6$^{-133.1°}$	3.2	22.7	22.4	157.1	218.5	254.3	283.7
139	C$_5$H$_{12}$O	乙（基）异丙（基）醚	ethylisopropylether		28.2	30.1				
140	C$_5$H$_{12}$O	1-戊醇	1-pentanol	9.83	44.4	57.0	166.3	222.8	264.4	295.4
141	C$_5$H$_{12}$O$_2$	2,2-二甲氧基丙烷	2,2-dimethoxypropane			29.4				
142	C$_5$H$_{12}$O$_2$	二乙氧基甲烷	diethoxyethane		31.3	35.7				

续表

No.	化学式	中文	英文	$\Delta_m H$	$\Delta_v H$	$\Delta_s H$ /(kJ/mol)	C_p(在标明温度下)/[J/(mol·K)] 400K	600K	800K	1000K
143	$C_5H_{12}O_4$	季戊四醇	pentaerythritol		92	143.9				
144	$C_5H_{12}S$	2-甲基-2-丁基硫醇	2-methyl-2-butanethiol$\Delta_t H$, 8.0$^{-114.0°}$	0.6	31.4	35.7	179.0	236.7	279.4	308.8
145	$C_5H_{12}S$	乙基异丙硫醚	ethyl isopropylsulfide	8.7	32.7	37.8				
146	$C_5H_{13}N$	戊胺	pentylamine		34.0	40.1				
147	C_6Cl_6	六氯代苯	hexachlorobenzene	23.85		92.6	201.2	233.4	250.9	260.8
148	C_6F_6	全氟代苯	hexafuorobenzene	11.58	31.7	35.7	183.6	219.9	241.1	253.7
149	C_6H_5Cl	氯苯	chlorobenzene	9.61	35.2	41.0	128.1	172.2	200.4	219.6
150	$C_6H_3N_3O_6$	1，3，5-三硝基苯	1,3,5-trinitrobenzene	16.7		99.6				
151	$C_6H_4N_2O_5$	2,4-二硝基苯酚	2,4-dinitrophenol			104.6				
152	$C_6H_5NO_2$	硝基苯	nitrobengene	11.59	40.8	55.0				
153	C_6H_6	苯	benzene	9.95	30.7	33.8	113.5	160.1	190.5	211.4
154	C_6H_6O	苯酚	phenol	11.29	45.7	57.8	135.8	182.2	211.8	232.2
155	$C_6H_6O_2$	氢醌（1，4-二羟基苯）	hydroquinone	27.11		99.2				
156	C_6H_6S	苯硫酚	thiophenol	11.5	39.9	47.6	137.1	184.6	215.9	237.6
157	C_6H_7N	苯胺	aniline	10.56	42.4	55.8	143.0	192.8	225.1	230.9
158	C_6H_{10}	环己烯	cyclohexene $\Delta_t H$, 4.3$^{-134.4°}$	3.29	30.5	33.5	144.9	206.9	248.9	278.7
159	$C_6H_{10}O$	环己酮	cyclohexanone		40.3	45.1	150.6	221.3	272.0	305.4
160	$C_6H_{10}O_4$	己二酸	adipic acid(＝hexadieno-ic)	34.85		129.3				
161	$C_6H_{11}NO$	ε-己内酰胺	ε-caprolactam	16.2	54.8	83.3				
162	C_6H_{12}	环己烷	cyclohexane $\Delta_t H$, 6.7$^{-87°}$	2.63	30.0	33.0	149.9	225.2	279.3	317.2
163	C_6H_{12}	3-甲基-1-戊烯	3-methyl-1-pentene		26.9	28.7	177.8	232.6	272.8	302.5
164	$C_6H_{12}O$	环己醇	cyclohexanol $\Delta_t H$, 8.2$^{-9.7°}$	1.76	45.5	62.0	172.1	248.1	302.0	339.5
165	$C_6H_{12}O_2$	乙酸（正）丁酯	n-butyl acetate		36.3	43.9				
166	$C_6H_{12}O_2$	丙酸丙酯	propylpropanoate		35.5	43.5				
167	C_6H_{14}	（正）己烷	hexane	13.08	28.9	31.6	181.9	246.8	294.4	330.1
168	$C_6H_{14}O$	（二）丙醚	di-n-propyl ether	8.83	31.3	35.7	196.2	262.0	311.3	348.0
169	$C_8H_{14}O$	（二）异丙醚	diisopropyl ether	11.03	29.1	32.1	196.2	262.0	311.3	348.0
170	$C_6H_{14}O$	1-己醇	1-hexanol	15.40	44.5	61.6	195.3	261.8	310.7	346.9
171	$C_6H_{14}O$	2-甲基-1-戊醇	2-methyl-1-pentanol		50.2	55.7				
172	$C_6H_{14}O_4$	三甘醇	trithylene glycol		71.4	79.1				
173	$C_7H_5N_3O_6$	三硝基甲苯	2,4,6-trinitrotoluene			104.7				
174	C_7H_6O	苯甲醛	benzaldehyde	9.32	42.5	49.8				
175	$C_7H_7NO_2$	2-氨基苯甲酸	2-aminobenzoic acid	20.5		104.9				
176	$C_7H_6O_2$	苯甲酸	benzoic acid	18.06	50.6	91.1	138.4	196.7	234.9	260.7
177	C_7H_8O	苯甲醇，苄醇	benzyl alcohol	8.97	50.5	60.3				
178	C_7H_8O	1，4-甲基酚[对-甲(苯)酚]	1，4-methylphenol（p-cresol)	11.89	47.5	73.9	161.7	218.0	255.7	286.5
179	C_7H_8	甲苯	toluene	6.85	33.2	38.0	140.1	197.5	236.9	264.9
180	C_7H_8	1，3，5-环庚三烯	1，3，5-cycloheptatriene $\Delta_t H$, 2.4$^{-119.2}$	1.2	38.7		155.4	209.5	245.1	270.2
181	C_7H_8O	1，2-甲苯酚（邻-甲酚）	1,2-methylphenol(o-cresol)	13.94	45.2	76.0	166.3	220.8	257.5	287.9
182	C_7H_8O	1，3-甲苯酚（间甲酚）	1，3-methylphenol（m-cresol)	9.41	47.4	61.7	162.1	218.7	256.4	286.6

No.	化学式	中文	英文	$\Delta_m H$	$\Delta_v H$	$\Delta_s H$	C_p(在标明温度下)/[J/(mol·K)]			
				/(kJ/mol)			400K	600K	800K	1000K
183	C_7H_9N	甲苯胺	1,3-toluidine	3.9	44.9	57.3				
184	C_7H_{14}	1-庚烯	1-heptene $\Delta_t H$,0.3$^{-136°}$	12.66	31.1	35.5	196.5	264.6	314.1	351.0
185	C_7H_9N	2,6-二甲基吡啶	2,6-dimethylpyridine	10.04	37.5	45.4				
186	$C_7H_{10}O_2$	戊酸乙酯	ethylpentanoate		37.0	47.0				
187	C_7H_{14}	1,1-二甲基环戊烷	1,1-dimethylcyclopentane $\Delta_t H$,6.5$^{-126.4}$	1.1	30.3	33.8	182.2	262.6	318.7	359.1
188	C_7H_{14}	甲基环己烷	methylcyclohexane	6.75	31.3	35.4	185.6	269.7	329.5	371.5
189	C_7H_{16}	二甲基戊烷(2,2-)	dimethylpentane(2,2-)	5.86	29.2	32.4	211.0	285.9	340.7	381.6
190	C_7H_{16}	3,3-二甲基戊烷	3.3-dimethyl-pentane	7.07	29.6	33.0	211.0	285.9	340.7	381.6
191	C_7H_{16}	庚烷	heptane	14.16	31.8	36.6	211.0	285.9	340.7	381.6
192	$C_7H_{14}O$	2,4-二甲基-3-戊酮	2,4-dimethyl-3-pentanone	11.18	34.6	41.5				
193	$C_7H_{16}O$	1-庚醇	1-heptanol	13.2	48.1	66.8	224.4	300.9	357.0	392.5
194	$C_7H_{16}S$	1-庚硫醇	1-heptanethiol	25.4	39.8	50.6	233.5	312.1	372.0	418.4
195	C_8H_8	苯乙烯	styrene	11.0	38.7	43.9	160.3	218.2	256.9	284.2
196	C_8H_9NO	N-乙酰苯胺	N-acetanilide (=antifebrin)		64.7	80.8				
197	C_8H_8	环辛四烯,1,3,5,7-	1,3,5,7-cyclooctatetraene	11.3	36.4	43.1	160.9	220.8	260.4	288.2
198	C_8H_{10}	乙苯	ethylbenzene	9.18	35.6	42.2	170.5	236.1	281.0	312.8
199	C_8H_{10}	邻二甲苯	o-xylene	13.61	36.2	43.4	171.7	234.2	278.8	311.1
200	C_8H_{10}	间二甲苯	m-xylene	11.55	36.7	42.7	167.5	232.2	277.9	310.6
201	C_8H_{10}	对二甲苯	p-xylene	16.81	35.7	42.4	166.1	230.8	276.7	309.7
202	$C_8H_{10}O$	3,5-二甲基苯酚	3,5-dimethylphenol, 3,5xylenol	18.00	49.3	82.0				
203	C_8H_{16}	2,4,4-三甲基戊烯	2,4,4-trimethyl-3-pentene		31.4	35.8				
204	C_8H_{16}	1,1-二甲基环己烷	1,1-dimethylcyclohexane $\Delta_t H$,6.0$^{-120°}$①	2.06	32.5	37.9	212.1	310.0	379.5	427.6
205	C_8H_{16}	1-辛烯	1-octene	15.57	34.1	40.4	225.6	303.7	360.5	402.5
206	C_8H_{16}	乙基环己烷	ethylcyclohexane	8.33	34.0	40.6	215.9	310.0	377.0	423.8
207	C_8H_{16}	丙基环戊烷	propylcyclopentane	10.0	34.7	41.1	212.7	297.2	361.0	407.9
208	C_8H_{16}	(顺)1,2-二甲基环己烷	cis-1,2-dimethylcyclohexane $\Delta_t H$,8.3$^{-100.6°}$	1.64	33.5	39.7	213.8	309.6	377.0	424.3
209	C_8H_{16}	(反)1,2-二甲基环己烷	$trans$-1,2-dimethylcyclohexane	10.49	33.0	38.4	217.2	312.1	378.7	425.5
210	$C_8H_{16}O$	2-乙基己醛	2-ethylhexanal			49.0				
211	$C_8H_{16}O$	2,2,4-三甲基-3-戊酮	2,2,4-trimethyl-3-pentanone		35.6	43.3				
212	$C_8H_{17}Br$	溴辛烷	bromooctane			55.4				
213	$C_8H_{17}NO$	辛酰胺	octanamide			110.5				
214	C_8H_{18}	2-乙基己烷	2-ethylhexane		33.6	39.6				
215	C_8H_{18}	辛烷	octane	20.65	34.4	41.5	240.0	325.0	387.0	433.5
216	$C_8H_{18}O$	(二)丁(基)醚	di-n-butyl ether		36.5	45.0	254.3	340.1	403.8	451.3
217	$C_8H_{18}O$	(二)叔丁基醚	di-$tert$-butylether		32.2	37.6				
218	$C_8H_{18}O$	1-辛醇	1-octanol	42.30	46.9	71.0	253.4	340.0	403.3	450.1
219	$C_8H_{18}O$	(二)异丙(基)醚	diisobutylether	11.03	29.1	32.1	196.2	262.0	311.3	348.0
220	$C_8H_{18}O_3$	二甘醇二乙醚	diethyldigol	13.60	49.0	58.4				
221	$C_8H_{18}O_5$	四甘醇	tetraethyleneglycol		62.6	98.7				

续表

化合物名称			$\Delta_m H$	$\Delta_v H$	$\Delta_s H$	C_p（在标明温度下）/[J/(mol·K)]			
No. 化学式	中文	英文	/(kJ/mol)			400K	600K	800K	1000K
222 C_9H_{10}	α-甲基苯乙烯	α-methylstyrene				187.4	254.0	300.4	333.9
223 C_9H_{10}	β-甲基苯乙烯（顺）	β-methylstyrene cis				187.4	254.0	300.4	333.9
224 C_9H_{10}	β-甲基苯乙烯（反）	β-methylstyrene trans				189.1	256.1	301.3	334.7
225 C_9H_{12}	(正)丙(基)苯	n-propylbenzene	9.27	38.2	46.2	200.1	275.6	327.6	364.7
226 C_9H_{12}	邻-乙基甲苯	1-ethyl-2-methylbenzene	10.0	38.9	47.7	202.9	275.3	326.8	363.6
227 C_9H_{12}	间-乙基甲苯	1-ethyl-3-methylbenzene	7.6	38.5	46.9	198.7	273.6	325.5	363.2
228 C_9H_{12}	异丙苯	isopropylbenzene	7.79	37.5	45.1	200.8	277.0	328.9	365.3
229 C_9H_{12}	1，2，3-三甲(基)苯	1,2,3-trimethylbenzene $\Delta_t H$, $0.7^{-54.5°②}$, $1.3^{-42.9°②}$	8.37	40.0	49.1	196.2	267.8	320.8	359.4
230 C_9H_{12}	对-乙基甲苯	1-ethyl-4-methylbenzene	13.4	38.4	46.6	197.5	272.0	324.7	362.2
231 C_9H_{12}	1，2，4-三甲(基)苯	1,2,4-trimethylbenzene	13.2	39.3	47.9	196.5	269.0	321.9	360.2
232 C_9H_{12}	1，3，5-三甲(基)苯	1,3,5-trimethylbenzene	9.51	39.0	47.5	194.2	268.1	321.5	360.1
233 $C_9H_{14}O_6$	三乙酸甘油酯	glyceryltriacetate			85.7				
234 C_9H_{18}	1-壬烯	1-nonene	18.08	36.3	45.5	254.6	342.8	406.8	454.0
235 C_9H_{20}	壬烷	nonane $\Delta_t H$, $6.3^{-56.0°}$	15.74	36.9	46.4	269.0	364.1	433.3	484.9
236 C_9H_{20}	2,2,5-三甲基己烷	2,2,5-trimethylhexane	6.2	33.7	40.2				
237 $C_{10}H_8$	萘	naphthalene	18.98	43.2	72.6	180.1(g)	251.5	297.3	329.2
238 $C_{10}H_{14}$	异丁基苯	isobutylbenzene	12.5	37.8	47.9				
239 $C_{10}H_{14}$	丁基苯	butylbenzene	11.2	38.9	51.4	229.1	314.6	373.9	416.3
240 $C_{10}H_{14}$	仲-丁基苯	sec-butylbenzene	9.83	38.0	48.0				
241 $C_{10}H_{14}$	1,2,3,4-四甲基苯	1,2,3,4-tetramethyl-benzene	11.2	45.0	57.2	237.7	316.7	374.1	416.2
242 $C_{10}H_{14}$	叔丁基苯	t-butylbenzene	8.39	37.6	47.7				
243 $C_{10}H_{14}$	1,4-二乙苯	1,4-diethylbenzene	10.6	39.4	52.5	228.8	313.1	372.5	414.9
244 $C_{10}H_{16}O$	樟脑(2-莰酮)	camphor	6.84	59.5					
245 $C_{10}H_{18}O_4$	癸二酸	decanedioic acid	40.8		160.7				
246 $C_{10}H_{20}O_2$	癸酸	decanoic acid	28.02		118.8				
247 $C_{10}H_{22}$	癸烷	decane	28.78	38.8	51.4	298.1	403.2	480.8	536.4
248 $C_{11}H_{10}$	1-甲基萘	1-methylnaphthalene, $\Delta_t H$, $5.0^{-32.4°}$	6.94	45.5		212.3	292.0	345.1	381.6
249 $C_{11}H_{10}$	2-甲基萘	2-methylanaphthalene, $\Delta_t H$, $5.6^{-15.4°②}$	11.97	46.0	61.7	211.2	290.0	343.3	381.2
250 $C_{11}H_{22}$	十一碳烯	1-undecene, $\Delta_t H$, $9.2^{-55.8°}$	16.99	40.9	55.4	312.7	421.1	499.3	557.3
251 $C_{11}H_{24}$	十一(碳)烷	undecane, $\Delta_t H$, $6.9^{-36.6°}$	22.32	41.5	56.4	327.1	442.7	525.9	588.3
252 $C_{12}H_8$	苊	acenaphthylene			73.0				
253 $C_{12}H_{10}$	二氢苊	acenaphthene		54.73	86.2				
254 $C_{12}H_{10}$	联(二)苯	biphenyl	18.6	45.6	81.8	221.0	307.7	363.7	401.7
255 $C_{12}H_{10}O$	苯醚	diphenyl ether	17.22	48.2	67.0				
256 $C_{12}H_{18}$	六甲基苯	hexamethylbenzene，$\Delta_t H$, $1.1^{-156.7°}$ $\Delta_t H$, $1.8^{110.7°}$	20.6	48.2	74.7	310.4	406.4	474.9	525.3
257 $C_{13}H_9N$	苯并喹啉	benzo(f)quinoline			83.1				
258 $C_{13}H_{10}O$	二苯(甲)酮	benzophenone	18.19		94.1				
259 $C_{13}H_{12}$	二苯甲烷	diphenyl methane	18.2		67.5				
260 $C_{13}H_{28}$	十三烷	tridecane $\Delta_t H = 7.7^{-18.2}$	28.50	45.7	66.4	385.2	520.4	618.5	691.2

续表

No.	化学式	中文	英文	$\Delta_m H$	$\Delta_v H$	$\Delta_s H$	C_p（在标明温度下）/[J/(mol·K)]			
				/(kJ/mol)			400K	600K	800K	1000K
261	$C_{14}H_{10}$	蒽	anthrace	28.83	56.5	101.5				
262	$C_{14}H_{10}$	菲	phenandrene	16.46	57.7	75.5				
263	$C_{14}H_{10}O_3$	苯甲酸酐	benzoic anhydride	17.2		96.4				
264	$C_{14}H_{28}O_2$	十四（烷）酸	tetradecanoic acid	45.38		139.8				
265	$C_{14}H_{30}$	十四烷	tetradecane	45.6	47.6	71.3	414.3	559.5	664.8	743.1
266	$C_{14}H_{30}O$	1-十四醇	1-tetradecanol	49.0		102.2				
267	$C_{15}H_{30}$	1-十五烯	1-pentadecene	28.9	48.7	75.1	428.9	577.3	684.5	763.0
268	$C_{16}H_{32}O_4$	1,2-邻苯二甲酸二丁酯	dibutyl 1,2-phthalate		79.2	91.6				
269	$C_{16}H_{32}O_2$	十六酸（棕榈酸）	hexadecanoic acid	42.04		154.4				
270	$C_{16}H_{34}$	十六烷	hexadecane	51.8	51.2	81.4	472.3	687.7	757.4	846.0
271	$C_{17}H_{34}$	十七碳烯	1-heptadecene	31.4	51.8	85.0	486.9	655.5	777.1	866.9
272	$C_{17}H_{34}O_2$	十七酸	margaric acid (= hepta-decanoic acid)	58.8						
273	$C_{17}H_{36}$	十七烷	heptadecane, $\Delta_t H$, $11.0^{11.1}$	40.5	52.9	86.0	501.4	676.8	803.7	897.9
274	$C_{18}H_{12}$	䓛	chrysene	26.15		124.5				
275	$C_{18}H_{12}$	苯并[9,10]菲	triphenylene	17.1		100.2				
276	$C_{18}H_{36}$	1-十八碳烯	octadecene	32.6	53.3	90.0	516.0	694.5	823.4	918.4
277	$C_{18}H_{36}O_2$	十八酸（硬脂酸）	octadecanoic acid	56.59		166.5				
278	$C_{18}H_{38}O$	十八醇	octadecanol			113.4				
279	$C_{18}H_{38}$	十八烷	octadecane	61.39	54.5	152.8	530.4	715.8	850.0	949.4
280	$C_{19}H_{16}$	三苯甲烷	triphenylmethane[+] (=tritane)	21.5		100.0				
281	$C_{19}H_{38}$	1-十九碳烯	1-nonadecene	33.5	54.6	94.9	545.0	733.7	896.7	969.9
282	$C_{19}H_{40}$	十九烷	nonadecane, $\Delta_t H$, $13.8^{22.8°}$	45.8	56.0	95.8	559.4	754.9	896.3	1000.8
283	$C_{20}H_{40}$	1-二十碳烯	1-icosene	34.3	55.9	99.8	574.0	772.7	916.0	1021.7
284	$C_{20}H_{40}O$	二十酸（花生酸）	icosanoic acid	72.0		199.6				
285	$C_{20}H_{42}$	二十烷	icosane	69.9	57.5	100.8	588.5	790.0	942.6	1052.7

① 参考文献［3］列有此数据，参考文献［1］未列出。
② 参考文献［1］似有误，见参考文献［2］。

3.1.1.2　元素和无机化合物的相变焓（热）及不同温度（T，K）下的 C_p

对表 3-2 的说明同表 3-1。

表 3-2　元素和无机化合物的相变焓及不同温度下的摩尔定压热容 C_p[1]

化　学　式	$\Delta_m H$	$\Delta_v H$	$\Delta_s H$	C_p（在标明温度 T，K 下）/[J/(mol·K)]			
	/(kJ/mol)			400	600	800	1000
Ag	11.95	258		25.7	26.8	28.4	30.0
AgBr	9.12	189		59.0	71.8(c)	62.3(l)	62.3
AgCl	13.2	199		56.9	54.4	54.4	54.4
AgF	16.7	179.1		54.1(c)	58.4		
AgI $\Delta_t H$, $6.15^{147°}$	9.41	143.9		64.7	56.5	56.5	58.6(l)
AgNO$_3$ $\Delta_t H$, $2.5^{160°}$	11.53			112.5	128.0		
Al	10.71	294.0	326.4	25.8	27.9	30.6	34.9(l)
AlBr$_3$	11.25	23.5		125.0	125.0	125.0	125.0
Al$_4$C$_3$				138.5	159.2	169.7	176.1

化　学　式	$\Delta_m H$	$\Delta_v H$	$\Delta_s H$	C_p（在标明温度 T，K 下）/[J/(mol·K)]			
	/(kJ/mol)			400	600	800	1000
$AlCl_3$	35.4		116	100.1	117.7	153.2	152.8
AlF_3 $\Delta_t H$,0.563$^{455°}$	98			86.3	97.3	98.5	100.8
Al_2O_3（刚玉）	111.4			96.1	112.5	120.1	124.8
$Al(OH)_3$				114.52	156.48		
Al_6BeO_{10}	402			324.3	380.6	407.8	425.2
Ar	1.12	6.43		20.8	20.8	20.8	20.8
As	24.4		31.924	25.6	27.5	29.3	
$AsBr_3$	17.7	41.8					
$AsCl_3$	10.1	35.0		133.5(l)	88.3(g)	88.3	
AsH_3	18.16	16.7		45.4	53.2	58.8	63.9
As_2O_3	18.4			116.4			
Au	12.55	324		25.8	26.8	27.8	28.8
B	50.2	480	552	15.7	20.8	23.4	25.0
BBr_3		30.5		72.6(g)	77.6	79.8	81.1
B_4C	105			76.4	98.4	107.7	114.3
BCl_3	2.10	23.8	23.1	68.4	75.0	78.2	79.8
BF_3	4.20	19.3	57.5	67.1	72.6	75.8	
BH_3				38.9	45.4	52.3	58.4
B_2H_6	4.44	14.3		74.3	101.3	121.7	136.4
B_4H_9	6.31	28.4		130.2(g)	187.6	227.4	254.4
$B_{10}H_{14}$	32.5	48.5		250.0(l)	351.6(g)	417.2	460.4
B_2O_3	24.56	390.4		77.9	98.1(c)	129.7(l)	129.7
Ba	7.12	140.3		33.2	33.9(c)		39.1(l)
$BaBr_2$	32.2			79.2	83.5	87.9	92.2
$BaCl_2$ $\Delta_t H$,16.9$^{925°}$	15.85	246.4		77.3	80.4	84.3	89.5
$BaCO_3$ $\Delta_t H$,18.8$^{806°}$	40			99.0	113.0	124.2	134.6
BaF_2 $\Delta_t H$,2.67$^{1207°}$	17.8	285.4	405.1	75.9	80.3	84.9	94.6
BaI_2	26.5	43.9	302.5	79.5	83.5	87.5(c)	113.0(l)
BaO	46	330.6	424.3	49.9	53.2	55.4	57.1
$Ba(OH)_2$	16			112.6	122.7(c)	141.0(l)	
$BaSO_4$	40			119.4	131.6	135.9	137.9
$BaTiO_3$ $\Delta_t H$,0.067$^{75°}$				111.5	121.8	126.1	128.7
Be	7.895	297	291	20.0	23.3	25.5	27.3
$BeAl_2O_4$	170.0			130.3	155.0	166.8	174.2
$BeBr_2$	18	100.0	515	70.6	77.6(c)	113.0(l)	113.0
Be_2C	75.3			47.6	51.9	64.7	73.2
$BeCl_2$ $\Delta_t H$,6.8$^{403°}$	8.66	105	136.0	68.7	75.8(c)	121.4(l)	121.4
BeF_2 $\Delta_t H$,0.92$^{227°}$	4.77	199.4		62.5	67.5	74.1(c)	85.6(l)
BeI_2	18	78.5	125	76.9	84.2		
Be_3N_2	129.3			84.4	106.5	117.6	123.6
BeO $\Delta_t H$,6.7$^{2100°}$	86			33.8	42.4	46.7	49.3
BeS				42.6	51.0	55.1	57.9
$BeSO_4$ $\Delta_t H$,1.113$^{590°}$;19.55$^{635°}$	6			103.9	126.8	149.8	174.4
Bi	11.30	151		27.0(c)	31.8(l)	31.8	31.8
$BiCl_3$	10.9	72.6					
Bi_2O_3 ΔH_t,116.7$^{717°}$	28.5			116.9	123.6	130.3	137.0

续表

化 学 式	$\Delta_m H$	$\Delta_v H$	$\Delta_s H$	C_p(在标明温度 T,K 下)/[J/(mol·K)]			
	/(kJ/mol)			400	600	800	1000
Br_2	10.57	29.9		36.7(g)	37.3	37.6	37.8
C 石墨	117		716.68[①]	12.0	16.6	19.7	21.6
CO $\Delta_t H$,0.632$^{-211.62°}$	0.837	6.04		29.3	30.4	31.9	33.2
CO_2	9.02	15.8	25.2	41.3	47.3	51.4	54.3
$COCl_2$	5.74	24.4		63.9	71.1	75.0	77.4
COF_2		16.1		54.8	64.9	70.8	74.4
COS	7.73	18.6		45.9	51.3	54.7	57.0
CS_2	4.40	26.7	27.5	49.7	54.6	57.4	59.3
Ca $\Delta_t H$,0.93$^{448°}$	8.54	154.7		26.9	30.0	33.8	39.7
CaB_4O_7	113.4			202.0	243.0	267.7	287.8
$CaBr_2$	29.1	200	298.3	78.0	80.5	83.5	88.6
CaC_2	32			67.95[①]	73.35[①]	71.13[①]	72.80[①]
$CaCl_2$	28.05	235	324.3[①]	75.6	78.2	80.9	85.8
$CaCO_3$（方解石）	36			97.07[①]	110.46[①]	117.99[①]	123.85[①]
CaF_2 ΔH_t,4.8$^{1151°}$	29.7	308.9	441	73.9	78.5	83.9	90.1
$CaMoO_4$				131.3	144.9	153.5	160.6
Ca_3N_2				122.2	140.8	159.2	
$Ca(NO_3)_2$	21.42			173.68	210.50	243.38	
CaO	79.5[②]	569.52[②]	679.02[②]	46.63	50.48	52.40	53.74
$Ca(OH)_2$ ΔH_{dec},99.2$^{521.6°}$				98.4	107.4		
$Ca_3(PO_4)_2$ $\Delta_t H$,15.5$^{1100°}$				255.1	295.6	331.3	365.7
CaS	70			49.2	51.5	53.0	54.1
$CaSO_4$	28.0			109.7	129.5	149.2	169.0
$CaSiO_3$ $\Delta_t H$,7.1$^{1190°}$	56.1			100.4	113.0	119.2	123.8
Ca_2SiO_4 $\Delta_t H$,4.44$^{675°}$$\Delta_t H$,3.26$^{1420°}$				146.4	162.8	179.2	184.0
Cd	6.19	99.9		27.1(c)	29.7(l)	29.7	29.7
$CdCl_2$	48.58	124.3		79.8	86.3	92.7	104.6
CdO			225.1	43.8	45.6	47.3	49.1
CdS			209.6	55.5	56.2	57.0	57.7
$CdSO_4$				108.3	123.8	139.2	154.7
Cl_2	6.406	20.41	17.65	35.3	36.6	37.1	37.4
ClF_3	7.61	27.5		70.6(g)	76.8	79.4	80.7
ClF_5		22.9		110.0	121.6	126.3	128.6
ClO_3F	3.83	19.33		75.9	89.2	96.1	100.0
Cl_2O		25.9		51.4	54.7	56.2	56.9
Cl_2O_7		34.69					
Co $\Delta_t H$,0.452$^{427°}$	16.2	377	424	26.5	29.7	32.4	37.0
$CoCl_2$	45	146	219	81.7	84.6	86.8	88.2
CoF_2	59	202	315	75.7	80.8	82.9	84.2
CoO				52.9	54.3	54.8	56.0
$CoSO_4$ $\Delta_t H$,2.1$^{691°}$				119	141	152	158
Cr $\Delta_t H$,0.0008$^{38.5°}$	21.0	339.5	397	25.2	27.7	29.4	31.9
$CrCl_2$	32.2	196.7		72.6	77.0	81.5	85.9
$CrCl_3$			237.7	93.1	99.0	104.9	110.7
$Cr(CO)_6$			72.0	233.9			
CrO_3	15.77			63.9	72.5	76.7	78.8
Cr_2O_3	129.7			112.7	120.5	124.3	127.0

续表

化 学 式	$\Delta_m H$	$\Delta_v H$	$\Delta_s H$	C_p(在标明温度 T,K 下)/[J/(mol·K)]			
	/(kJ/mol)			400	600	800	1000
Cs	2.09	63.9	76.6	31.5	31.0	30.9(l)	20.8(g)
CsBr	23.6	151		52.9	55.0	57.2(c)	77.4(l)
CsCl　$\Delta_t H$,3.77$^{470°}$	15.9	115.1		54.7	59.1	63.7(c)	77.4(l)
CsF	21.7	115.1		53.8	57.4	60.9(c)	74.1(l)
CsI	23.9	150.2		51.9	57.8(c)	65.5(l)	67.8
CsIO$_3$	13.01						
CsOH　$\Delta_t H$,1.30$^{137°}$;6.1$^{220°}$	4.56	120		74.4(c)	81.6(l)	81.6	81.6
CsSO$_4$　$\Delta_t H$,4.3$^{667°}$	35.7		76.5	112.1	132.2	163.2	194.2
Cu	13.26	300.4	337.7	25.3	26.5	27.4	28.7
CuBr　$\Delta_t H$,5.86$^{380°}$;2.9$^{465°}$	9.6			56.5	59.8(c)	66.9(l)	66.9
CuCl	10.2	54	241.8	56.9	61.5(c)	66.9(l)	66.9
CuCl$_2$　$\Delta_t H$,0.700^{402},$\Delta_t H$,19.00$1^{593}$	20.4			76.3	80.2(c)	82.4(l)	100.0
CuF$_2$	55	156	261	72.4	81.9	87.0	90.4
CuO	11.8			46.8	50.8	53.2	55.0
Cu$_2$O	64.8			67.6	73.3	77.6	81.5
CuS				48.8	51.0	53.2	55.4
Cu$_2$S　$\Delta_t H$,3.85$^{103°}$;0.84$^{350°}$	10.9			97.3	97.3	85.0	85.0
Cu$_2$Se　$\Delta_t H$,4.85$^{110°}$				90.9	91.7	92.5	93.4
CuSO$_4$				114.9	136.3	147.7	153.8
F$_2$　$\Delta_t H$,0.728$^{-227.6°}$	0.510	6.62		33.0	35.2	36.3	37.1
Fe　$\Delta_t H$,0.90$^{911°}$,0.837$^{1392°}$	13.81	340	415.5	27.4	32.1	38.0	101.2
FeBr$_3$　$\Delta_t H$,0.418$^{377°}$	50.2		207.5	83.0	87.0	91.4	95.9
Fe$_2$C，$\Delta_t H$,0.75^{190}	51.5			115.7	114.7	117.2	119.8
FeCl$_2$	43.01	26.3		79.7	83.1	85.5	
FeCl$_3$	43.1	43.76		106.7(c)	133.9(l)	82.3(g)	81.5
Fe(CO)$_5$	13.23	33.72		189.0	209.8	223.1	232.2
Fe$_2$O$_3$　$\Delta_t H$,0.67$^{677°}$				120.1	141.2	158.2	150.6
Fe$_3$O$_4$	138.1			171.1	212.5	252.9	
Fe(OH)$_2$			243.5	102.1	113.3	118.9	123.4
Fe(OH)$_3$				118.0	140.6	154.8	164.9
FeS　$\Delta_t H$,0.40$^{138°}$;0.095$^{325°}$	31.5			89.2	62.0	58.6	59.0
FeSO$_4$				116.7	138.0	149.4	
Fe$_2$(SO$_4$)$_3$				307.0	363.3	393.3	409.2
FeTiO$_3$	90.8	111.4	122.0	128.1	132.8		
Ge	36.94	334	283	24.3	25.4	26.2	26.9
GeCl$_4$		27.9		100.7	104.6	106.1	106.8
GeH$_4$		14.1					
GeO$_2$	43.9			61.39	69.1	72.4	75.0
H$_2$	0.117	0.904		29.2	29.3	29.6	30.2
^{2}H$_2$	0.238	1.226		29.2	29.6	30.5	31.6
^{3}H$_2$		1.347^①					
HBr	2.406	17.61	12.7	29.2	29.8	31.1	32.3
HCl　$\Delta_t H$,1.188$^{-174.77°}$	1.992	16.14	9.1	29.16$^+$	29.2	30.5	31.6
HClO				40.0	44.0	46.6	48.5
HCN	8.406	25.22		39.4	44.2	47.9	51.0
HF	4.58	28.42		29.1	29.2	29.5	30.2
HI	2.87	19.77	17.4	29.3	30.3	31.8	33.1
HNO$_3$	10.47	39.46	39.1	63.1	76.8	85.0	90.4

续表

化 学 式	$\Delta_m H$	$\Delta_v H$	$\Delta_s H$	C_p（在标明温度 T,K 下）/[J/(mol·K)]			
	/(kJ/mol)			400	600	800	1000
H_2O	6.009	40.66	44.0	34.3(g)	36.4	38.8	41.4
^2H_2O	6.280[①]	41.610[①]		35.6	38.8	42.2	45.4
H_2O_2	12.50		51.63	48.5	55.7	59.8	66.7
H_3PO_4	13.4			175.7	236.0	296.2	356.5
H_2S　$\Delta_t H$,1.531$^{-169.61°}$	2.38	18.67	14.1	38.9	42.5	45.8	
H_2SO_4	10.71	50.2		158.2	197.0(l)	125.9(g)	132.7
$H_2SO_4 \cdot 2H_2O$	18.24			294.6			
He	0.0138	0.0829		20.79	20.79	20.79	20.79
Hg	2.2	59.1	61.4	27.4	27.1(l)	20.8(g)	20.8
$HgBr_2$	17.9	58.9		78.3	102.1(l)	102.1	102.1
$HgCl_2$	19.41	58.9		77.0(c)	102.9(l)		
HgF_2	23.0	92		77.0	81.2	85.4(c)	102.9(l)
HgI_2　$\Delta_t H$,252$^{129°}$	18.9	59.2		82.0(c)	84.1(l)	62.2(g)	62.2
HgO				48.3	54.1		
HgS　$\Delta_t H$,4.2$^{386°}$				48.0	51.0	54.1	
I_2	15.52	41.6	62.4	79.6(l)	37.6(g)	37.9	38.1
ICl	11.60		52.9[②]	98.3(l)	90.0	81.6	73.2
In	3.264[②]	231.445[②]	242.672	28.5(c)	30.1(l)	30.1	30.1
Ir	26.137[②]	604.132[②]	669.440[②]	25.65[③](c)	26.82[③](l)	27.95[③]	27.99[③]
K	2.321	76.90	88.8	31.5(l)	30.1	29.8	30.7
KBO_2	31	238.9		76.7	89.8	98.5	
KBr	25.5	149.2		53.8	56.4	60.4	68.0
KCl　$\Delta_v H$,155.39（单分子）	26.53	124.3		53.0	55.9	59.2	64.0
$KClO_4$　$\Delta_t H$,13.77$^{299.6°}$				138.5	165.3		
KCN　$\Delta_t H$,1.167$^{-104.9°}$	14.6	157.1		66.3	66.4	66.5(c)	66.5(l)
K_2CO_3	27.6			128.1	150.7	170.0	189.0
$K_2Cr_2O_7$	36.7						
KF	27.2	141.8	231.8	51.0	54.3	57.4	61.2
KI	24.0	190.9	202.4	53.9	57.3	62.6(c)	72.4(l)
KNO_3　$\Delta_t H$,5.10$^{128°}$	10.1			108.4	120.5		
KOH　$\Delta_t H$,6.4$^{243°}$	8.60	142.7	192	72.5	79.0(c)	83.0(l)	83.0
K_2O　$\Delta_t H$,6.20^{372}	7			79.1	100.0	100.0	100.0
K_2S	16.15	77.3	82.5	87.7			
K_3PO_4	37.2						
K_2SiO_3	50			135.6	157.7	170.7	179.1
K_2SO_4　$\Delta_t H$,8.45$^{584°}$	34.39			147.6	172.5	199.6	226.1
Kr	1.37	9.08					
La　$\Delta_t H$,2.85$^{868°}$	6.20	402.1		28.5	29.8	31.2	32.5
$LaCl_3$	43.1	192.1		105.8	110.1	114.3	118.7
Li	3.00	147.1	159.3	27.6(c)	29.5(l)	28.9	28.8
$LiBO_2$	33.8	265		81.1	85.1	96.9	108.3
LiBr，　$\Delta_v H$,147.28（单分子）	17.6	107.1		51.3	56.1	64.5(c)	65.3(l)
$LiClO_4$	29			130.0(c)	161.0(l)	161	161
LiCl	19.832[②]	163.252[②]	212.547[②]	51.0	55.6	65.8	
Li_2CO_3　$\Delta_t H$,0.561$^{350°}$;2.238$^{410°}$	41			112.2	149.4	159.0	
LiF	27.09	146.8	276.1	46.5	51.1	55.7	59.6
LiH	22.6		231.3	34.8	46.4	57.3	

续表

化　学　式	$\Delta_m H$	$\Delta_v H$	$\Delta_s H$	C_p(在标明温度 T,K 下)/[J/(mol·K)]			
	/(kJ/mol)			400	600	800	1000
LiI	14.6	97.5		53.43	58.66(c)	63.18(l)	63.18
Li₂O	58.6			64.0	73.8	80.6	86.2
LiOH	20.88	187.9	250.6	58.0	68.2(c)	87.1(l)	87.1
LiSiO₃	28.0			118.8	134.3	144.4	152.3
Li₂Si₂O₅　$\Delta_t H$,0.941$^{936°}$	53.8			174.9	205.7	222.6	235.4
Li₂SO₄　$\Delta_t H$,28.5$^{575°}$	7.50			139.2	168.5	196.1	223.4
LiTiO₃　$\Delta_t H$,11.51$^{1212°}$	110.7			127.4	141.5	149.0	153.9
Mg	8.48	128	147	26.1	28.2	30.5	
MgAl₂O₄	192			138.0	157.9	169.5	178.7
MgBr₂	39.3	149	222	77.3	81.4	84.5	
MgCl₂	43.1	156.2	249.2	75.7	79.9	82.5	
MgCO₃	59			89.9	109.0	122.3	131.8
MgF₂	58.5	274.1	399.5	68.5	75.3	78.6	80.5
MgI₂	26		206	78.4	83.0	96.3(c)	100.4(l)
Mg₃N₂　$\Delta_t H$,0.46$^{550°}$ 　　　$\Delta_t H$,0.92$^{788°}$			107.6	113.8	119.9	123.8	
Mg(NO₃)₂				168.5	225.5		
MgO(粗晶体)	77.4③	474.47③	607③	42.6	47.4	49.7	51.2
Mg(OH)₂				91.7			
Mg₃(PO₄)₂	121			240.2	282.2	320.6	351.5
Mg₂Si	85.8			73.8	79.8	83.9	87.4
MgSiO₃　$\Delta_t H$,0.67$^{630°}$ 　　　$\Delta_t H$,1.63$^{985°}$	75③			94.2	107.0	115.8	120.3
Mg₂SiO₄	71.1③			137.6	156.4	167.1	174.6
MgSO₄	14.6			110.0	127.6	140.5	151.7
MgTiO₃	90.4			105.2	118.5	125.4	129.9
Mg₂TiO₄	129.7③			146	164	175	184
MgTi₂O₅	146.4③			165.8	184.5	196.3	205.9
MgWO₄				123.4	137.0	146.1	154.8
Mn　$\Delta_t H$,2.23$^{727°}$ 　　$\Delta_t H$,2.12$^{1101°}$ 　　$\Delta_t H$,1.88$^{1137°}$	12.9	221		28.5	31.9	34.9	37.5
MnBr₂	33	113		77.8	82.8	87.7	
Mn₃C　$\Delta_t H$,14.94$^{1037°}$				104.4	115.0	121.7	127.4
MnCl₂	30.7	149.0		77.2	81.8	85.1	96.2(l)
MnF₂	23.0			70.6	75.7	80.7	85.9
MnI₂	42			78.1	83.6	89.0	108.8
MnO	54.4			47.5	50.3	52.4	54.2
MnO₂				63.4	71.1	75.1	
MnS	26.4			50.7	52.2	53.7	55.2
MnSO₄				119.0	136.7	147.7	
MnSiO₃	66.9			100.9	113.1	119.5	124.2
Mo	37.48	617	664	25.1	26.5	27.4	28.4
MoCl₄	17	61.5		135.0(c)	146.4(l)		
MoCl₅	18.8	62.8		167.4(c)	175.7(l)	175.7	175.7
Mo(CO)₆			69.9				
MoF₆　$\Delta_t H$,8.17$^{-9.65°}$	4.33	27.2	28.0	133.1	145.3	150.4	153.0
MoO₂	48.0	138		83.1	91.8	100.0	109.0

续表

化　学　式	$\Delta_m H$	$\Delta_v H$	$\Delta_s H$	C_p（在标明温度 T，K 下）/[J/(mol·K)]			
	/(kJ/mol)			400	600	800	1000
Mo_2S_3	130			117.5	127.4	135.2	142.3
N_2　$\Delta_t H$,0.230$^{-237.53°}$	0.720	5.577		29.2	30.1	31.4	32.7
NF_3		11.6		61.9	71.4	76.0	78.4
NH_3	5.66	23.35	19.86	38.7	45.3	51.1	56.2
NH_4Br　$\Delta_t H$,3.22$^{138°}$				103			
NH_4Cl　$\Delta_t H$,1.046$^{-30.6°}$				148.7			
$\Delta_t H$,3.950$^{184.6°}$							
NH_4I　$\Delta_t H$,2.93$^{-13°}$	20.9		168.5$^{525°}$	89.0	103.3	117.7	
F_2N_2 顺	15.4	91.6		58.2	68.3	73.6	76.6
F_2N_2 反	14.2	87.9		60.2	68.9	73.8	76.7
NO	2.30	13.83		29.9	31.2	32.8	34.0
$NOCl$		25.8		47.1	50.7	53.2	54.9
NOF		19.3		44.6	48.9	51.7	53.5
N_2O	6.54	16.53		42.7	48.4	52.2	54.9
N_2O_3 ①		39.33		72.74	82.93	89.48	93.62
N_2O_4	14.65	38.12		88.5	104.0	113.4	119.2
N_2O_5		(toN_2O_4 $+NO_2$)	62.3	110.9	128.4	137.0	141.4
Na　$\Delta_s H$,137.528$^{25°}$到 $Na_2(g)$②	2.60	97.42	107.5	31.5(l)	29.3	29.9	29.0
$NaAlCl_4$				164.8(c)			
Na_3AlCl_6				254.4	273.0		
Na_3AlF_6　$\Delta_t H=8.37^{565}$	107.28			234.6	261.8	296.81 (196.8)④	282.8
$\Delta_t H=0.42^{880}$							
$NaAlO_2$　$\Delta_t H=1.297^{467}$				83.4	94.3	98.7	102.3
$NaBH_4$　$\Delta_t H=0.999^{-83.3}$				94.6	108.6		
$NaBO_2$	36.2	239.7	322.2	75.4	88.6	97.2	103.2
$Na_2B_4O_7$	76.9			221.7	268.6	444.9(l)	
$NaBr$	26.11	160.7	217.5	53.5	56.1	58.6	61.1
$NaCl$	28.16			52.3	55.5	59.3	72.5
$NaClO_3$	22.1						
$NaClO_4$　$\Delta_t H=13.98^{308}$				136.0(c)			
$NaCN$	8.79	148.1	172.8	68.7	68.8	69.0	
Na_2CO_3　$\Delta_t H=0.690^{450}$	29.64			125.1	163.3	153.3	179.8
NaF	33.35	176.1	284.9	49.6	52.7	55.7	59.5
NaH				42.5	50.7		
NaI	23.60			53.8	56.2	58.5(c)	64.9(l)
$NaNO_3$	15						
NaO_2　$\Delta_t H$,1.464$^{-76.7°}$				76.3	84.5	92.6	
$\Delta_t H$,1.548$^{-49.9°}$							
Na_2O　$\Delta_t H$,1.76$^{750.1°}$				75.78	85.73	91.29	94.92
$\Delta_t H$,11.92$^{970.1°}$							
Na_2O_2　$\Delta_t H$,5.73$^{512°}$				97.7	108.4	113.6	
$NaOH$　$\Delta_t H$,72$^{299.6°}$	6.60	175.3	228.2	64.9(c)	86.1(l)	84.9	83.7
Na_2S	19.3			20.1	20.9	21.5	22.0
Na_2S_2				104.3	115.4(c)	124.7(l)	124.7
Na_2SiO_3	51.8			127.8	147.1	159.7	169.4
$Na_2Si_2O_5$　$\Delta_t H$,0.42$^{678°}$	35.6			183.4	217.6	235.2	292.9

续表

化　学　式	$\Delta_m H$	$\Delta_v H$	$\Delta_s H$	C_p（在标明温度 T,K 下）/[J/(mol·K)]			
	/(kJ/mol)			400	600	800	1000
Na_2SO_4　$\Delta_t H$,10.91(8)$^{241°}$	23.6			145.1	175.3	187.3	200.3
Na_2TiO_3	70.3						
Na_2WO_4　$\Delta_t H$,30.85$^{587.7°}$	23.8			155.3	178.2	198.7	
$\Delta_t H$,4.113$^{588.9°}$							
Nb	30	689.9	726	25.4	26.3	27.2	28.0
$NbBr_5$	24.0	50.2	112.5	147.9(c)	147.9(l)		
$NbCl_5$	38.3	52.7		170.7(c)	127.9(g)	129.8	130.7
NbF_5	12.2	52.3		43.5(l)			
NbN　$\Delta_t H$,42$^{1370°}$	46.0			45.4	49.9	51.6	53.2
NbO	85	618		44.0	47.2	49.5	51.5
NbO_2　$\Delta_t H$,3.42$^{817°}$	92		598.0	63.5	71.7	79.5(70.5)⑤	87.5
Nb_2O_5	104.3			145.0	160.7	170.0	175.5
Nd　$\Delta_t H$,2.98$^{862°}$	7.14	289		28.2	32.1	36.9	42.0
Ne	0.335	1.71					
Ni	17.48	377.5		28.5	30.0	31.0	32.2
$NiCl_2$	71.2		231.0	76.3	79.9	80.9	
$Ni(CO)_4$	13.8	29.3		160.4(g)	173.2	182.1	188.6
NiS　$\Delta_t H$,6.4$^{379°}$	30.1			12.1	13.2	13.7	15.1
$NiSO_4$				142.6	150.8	159.2	167.4
NiS_2	65.7			72.8	79.0(70.0)⑤	81.0	85.2
Ni_3S_2　$\Delta_t H$,56.2$^{556°}$	19.7			127.1	139.9	150.7	188.6
O_2　$\Delta_t H$,0.092$^{-249.49°}$	0.444	6.820	8.204	30.11	32.09	33.74	34.88
$\Delta_t H$,0.745$^{-229.38°}$							
O_3		10.84		43.74	49.86	53.15	55.02
OF_2		11.09		64.3	72.4	76.4	78.6
Os	57.85	738		25.1	25.9	26.7	27.4
OsO_4	9.8	39.54					
P（红）	18.83	14.10	32.18	23.18	25.82	28.87	
P_4　$\Delta_t H$,0.521$^{-77.8°}$	0.659	56.5	58.9	73.3(g)	78.4	80.4	81.4
PBr_3		38.8		78.9	81.2	82.0	82.4
PCl_3	7.10	30.5	32.1	76.0(g)	79.7	81.2	81.9
PCl_5			64.9	120.1(g)	126.8	129.5	130.7
PF_3		16.5		66.3(g)	74.0	77.6	79.5
PH_3	1.130	14.60		41.8	50.9	58.5	64.3
$(P_2O_3)_2$,P_4O_6	14.06	43.43		172.1	200.8	213.5	220.0
P_4O_{10}	27.2		106.0	260.3	336.0(c)		
$POCl_3$	13.1	34.3	38.6	92.0(g)	99.1	102.5	108.5
$POClF_2$		25.4		79.3	91.6	97.7	101.1
$POCl_2F$		30.96		87.7	96.6	100.9	103.2
POF_3	15.06	23.22	21.1	79.1	91.2	97.4	100.9
PSF_3		19.58		84.5	95.3	100.3	102.9
P_4S_3	9.2	59.8		184.1	184.1(l)	155.0(g)	155.0
Pb	4.77	179.5	195.2	27.7	29.4	30.0	29.4
$PbBr_2$	16.44	133	173	81.3	88.8	112.1(l)	112.1
$Pb(CH_3)_4$	10.86						
$Pb(C_2H_5)_4$	8.80						
$PbCl_2$	21.9	127	185.3	80.1	85.9	111.5(l)	111.5

续表

化　学　式	$\Delta_m H$	$\Delta_v H$	$\Delta_s H$	C_p（在标明温度 T,K 下）/[J/(mol·K)]			
	/(kJ/mol)			400	600	800	1000
PbF$_2$　$\Delta_t H$,1.46$^{310°}$	14.7	157		76.1	82.5	89.1	95.6
PbI$_3$	23.4	104	172	78.9	83.7(c)	108.6(l)	108.6
PbO　$\Delta_t H$,0.17$^{488°}$	25.5	207		50.4	55.4	55.0	57.8
PbS	18.8	230		50.5	52.4	54.3	56.2
PbSO$_4$　$\Delta_t H$,17.2$^{866°}$	40.2			108.7	128.6	152.4	177.3
PbSiO$_3$	26.0			101.5	113.5	125.6	138.4
Pb$_2$SiO$_4$	51.0			152.0	173.3	184.2	189.1
Pd		16.74	362	26.5	27.7	28.8	30.0
PdCl$_2$		40.1					
PdO				37.6	49.5	61.3	
Pt	22.17	469	545	26.4	27.5	28.5	29.6
PtS				51.4	53.8	56.2	58.6
PtS$_2$				66.9	75.9	81.9	87.9
Pu　$\Delta_t H$,13.4$^{122°}$;2.9$^{206°}$ 3.3$^{319°}$;66.9$^{480°}$	2.82	333.5		39.5	46.9	40.6	40.6
PuBr$_3$	55.2	236.4	292.5				
PuCl$_3$	63.6	241.0	304.6				
PuF$_3$	59.8		374.9				
PuF$_4$	65.3		299.6				
PuF$_6$	17.6	29.9	48.5				
PuI$_3$	50.2						
PuO$_2$		559.8					
Ra	8.5	113					
Rb	2.19	75.77		31.7	30.9	30.7	
RbBr	15.5	154.8		52.8	54.9	57.1(c)	66.9(l)
RbCl	18.4	165.7		52.3	54.3	56.4(c)	64.0(l)
RbF	17.3	177.8		51.9	57.9	64.9	72.3
RbNO$_3$	5.61						
RbOH	6.78						
Re	60.43	704	779	26.0	26.9	28.0	29.1
ReF$_5$		58.1					
ReF$_6$	4.6	28.7					
ReF$_7$	7.5	38.3					
ReO$_2$			274.6				
ReO$_3$	21.8		208.4				
Re$_2$O$_7$	64.2	74.1					
ReOCl$_4$		45.6					
ReOF$_4$	13.5	61.0					
ReOF$_5$		32.0	37.4				
Rh	26.59	494	556	26.0	28.0	30.0	32.0
Rn	3.247	18.10					
Ru　$\Delta_t H$,0.13$^{1035°}$; 0.96$^{1500°}$	38.59	591.6		24.5	25.7	27.0	28.2
S(单斜)　$\Delta_t H$,0.400$^{95.2°}$	1.727	45	62.2	23.2	23.3(l)	21.8(g)	21.5
SCl$_2$		32.4		53.6	56.0	56.9	57.4

化　学　式	$\Delta_m H$	$\Delta_v H$	$\Delta_s H$	C_p(在标明温度 T,K 下)/[J/(mol・K)]			
	/(kJ/mol)			400	600	800	1000
S_2Cl_2		36.0		124.3(l)	80.8(g)	82.6	83.5
SF_6	5.02	17.1	9.0	116.4	136.1	144.8	149.3
SO_2	7.40	24.94	22.92	43.43	48.9	52.3	54.3
SO_3	8.60	40.7	43.14	57.7	67.3	72.8	76.0
$SOCl_2$		31.7	31	71.3	76.4	78.9	80.3
SOF_2		21.8		64.3	72.4	76.4	78.6
SO_2Cl_2		31.38	30.1	85.2	94.5	99.4	102.1
SO_2F_2		20.0		76.5	89.3	96.1	99.9
Sb	19.87	193.43		25.9	27.7	29.5	31.4
$SbCl_3$	12.7	45.2		123.4(l)	81.6(g)	82.2	82.5
$SbCl_5$	10.0	48.4					
Sb_2O_3　$\Delta_t H$,7.1$^{573°}$	54.4	74.6		108.5	122.8	137.1	150.6
Se　$\Delta_t H$,0.75$^{150°}$	6.69	95.48		28.1(c)	35.2(l)	35.1	
SeF_6	8.4		26.8	127.9	141.3	147.1	150.7
SeO_2		94.5					
$SeOCl_2$	4.23	42.7					
Si	50.21	359	450	22.3	24.5	25.7	26.5
$SiBr_4$		37.9		146.4(l)	104.9(g)	106.2	106.2
$SiC(\beta)$				34.1	41.8	45.9	48.4
$SiCl_4$	7.60	28.7	29.7	96.9(g)	102.6	104.8	106.0
SiF_4			25.7	83.1	94.1	99.4	102.3
SiH_4	0.67	12.1		51.5	65.9	76.7	84.5
SiI_4	19.7	56.9	79	164.0(l)	106.0(g)	106.9	107.3
SiO_2(石英)　$\Delta_t H$,0.73$^{574°}$;2.0$^{806°}$	7.7		600	53.5	64.4	76.2	68.94
SiS_2	20.9			78.6	81.7	83.4	85.4
Sn(白锡)$\Delta_t H$,2.09$^{13°}$	7.03	296.1		28.9	28.9(c)	28.7(l)	28.7
$SnBr_2$	7.2	102					
$SnBr_4$	11.9	43.5		158.0(l)	106.8(g)	107.3	107.5
$SnCl_2$	12.8	86.8		83.3(c)	92.1(l)	92.1	92.1
$SnCl_4$	9.20	34.9					
SnH_4		19.1					
SnO_2　$\Delta_t H$,1.88$^{410°}$				64.4	73.9	78.5	81.8
Sr　$\Delta_t H$,0.84$^{547°}$	7.43	136.9	164.0	27.8	29.8	31.9	34.1
$SrBr_2$　$\Delta_t H$,12.2$^{645°}$	10.1	194.1	310	79.0	82.7	87.6(c)	116.4(l)
$SrCl_2$　$\Delta_t H$,6.0$^{727°}$	17.5	248.1	356	78.9	83.7	90.8	105.8
$SrCO_3$　$\Delta_t H$,19.7$^{924°}$	40			95.1	107.1	116.1	124.0
SrF_2　$\Delta_t H$,0.04$^{1148°}$　$\Delta_t H$,0.04$^{1211°}$	28.5	320	451.0	74.7	79.8	81.0	85.8
SrO	81			48.5	52.0	54.3	56.1
$Sr(OH)_2$	23			88.5	115.0(c)	157.8(l)	157.8
$SrSO_4$	36			113.5	124.6	135.7	146.9
Ta	36.57	732.8	778	25.8	26.8	27.5	27.9
TaB	83.7			57.6	66.6	72.2	83.3
$TaBr_5$	45.6	62.3		168.2			
TaC	105			41.7	46.5	49.1	51.1
$TaCl_5$	41.6	54.8	94.1	148(c)	129(g)	131	132

续表

化 学 式	$\Delta_m H$	$\Delta_v H$	$\Delta_s H$	C_p（在标明温度 T,K 下）/[J/(mol·K)]			
	/(kJ/mol)			400	600	800	1000
TaF$_5$	18.8	56.9		182.0(l)			
TaN	67			45.4	51.9	58.5	65.0
Ta$_2$O$_5$	120			147.5	164.4	175.2	182.8
Te	17.49	114.1		28.0	32.3(c)	37.7(l)	37.7
TeCl$_4$	18.8	77		138.9(c)	222.6(l)	108.8(g)	108.8
TeF$_4$		34.3					
TeH$_2$		23.9					
TeO$_2$	29.1			67.9	72.5	76.1	79.2
Th $\Delta_t H$,2.73$^{1360°}$	13.81	514		28.4	30.5	32.7	34.4
ThCl$_4$ $\Delta_t H$,5.0$^{406°}$	40.2	146.4		126.7	132.7	136.4	139.6
ThO$_2$	1218.0			67.4	72.4	75.3	77.7
Ti $\Delta_t H$,4.2$^{893°}$	14.15	425	469	26.9	28.6	29.5	32.1
TiB$_2$	100.4			54.9	66.2	72.1	76.9
TiBr$_4$	12.9	44.4		151.9(l)	106.1(g)	106.9	107.3
TiC	71			40.7	47.7	49.9	51.2
TiCl$_2$		232	212	73.4	78.4	82.2	85.9
TiCl$_4$	9.97	36.2		146.2(l)	104.4(g)	106.0	106.7
TiF$_4$			97.9	126.7(c)	100.2(g)	103.3	104.9
TiH$_2$				39.3	53.8	63.1	68.5
TiI$_4$ $\Delta_t H$,9.9$^{106°}$	19.8	58.4		148.1(c)	156.5(l)	25.7(g)	27.8
TiN	66.9			43.8	48.7	50.6	52.1
TiO $\Delta_t H$,4.2$^{992°}$	41.8			45.0	50.8	55.2	59.1
TiO$_2$ 金红石	58.0		673	63.6	70.9	73.9	75.3
Ti$_2$O$_3$ $\Delta_t H$,1.138$^{197°}$	105			117.5	136.4	143.0	146.4
U $\Delta_t H$,2.93$^{672°}$ $\Delta_t H$,4.791$^{772°}$	9.14	417.1	525	29.0	34.8	41.6	41.8
UBr$_4$	55.2	119.2		131.4	140.1(c)	163.2(l)	163.2
UC				64.6	58.3	60.3	62.2
UCl$_3$	46.4	193.0		102.8	107.7	113.6	119.9
UCl$_4$	44.8	141.4		126.1	134.4	142.0	162.5
UCl$_5$	35.6	75.3		150.9	159.8(c)	186.7(l)	134.5(g)
UCl$_6$	20.9	50.2		182.8	214.0	158.8	168.0
UF$_3$				99.0	104.9	111.0	117.2
UF$_4$	42.7	221.8		119.1	125.0	130.9	136.8
UF$_5$	33.5			136.4	143.1(c)	166.6(l)	
UF$_6$	19.19	28.90	48.20	140.5(g)	148.7	152.2	154.4
UH$_3$				50.9	57.4	66.1	
UI$_4$	70.7	130.6		140.6	149.5(c)	165.7(l)	165.7
UO$_3$				88.9	95.3	99.0	
U$_3$O$_8$				266.0	290.7	304.2	
UO$_2$Cl$_2$				118.1	126.2	130.0	
UO$_2$F$_2$				113.9	122.5	126.7	129.5
V	21.5	459	516	26.2	27.5	28.7	30.1
VCl$_4$	2.30	41.4	42.5	161.7(l)	100.1(g)	102.6	104.7
VF$_5$	50.0	44.5					
VN $\Delta_{dec} H$,227.6$^{2346°}$			741	43.3	48.2	51.2	53.7
VO	63			49.6	53.5	57.1	60.5

续表

化　学　式	$\Delta_m H$	$\Delta_v H$	$\Delta_s H$	C_p(在标明温度 T,K 下)/[J/(mol・K)]			
	/(kJ/mol)			400	600	800	1000
VO_2 $\Delta_t H$,4.31$^{72°}$	56.9			67.2	74.3	77.8	80.2
V_2O_3 $\Delta_t H$,1.623$^{-104.3°}$	117.2			117.5	127.3	132.6	138.0
V_2O_4 $\Delta_t H$,9.0$^{67°}$	112.1			135.3	148.4	155.5	160.7
V_2O_5	64.5	263.6		151.0	168.3	177.3	183.7
$VOCl_3$		36.8					
W	52.31	806.7	851	24.9	25.9	26.7	27.6
WBr_5	17.1	81.5		166(c)	182(l)	132.2(g)	132.5
WBr_6				192.5(c)	156.3(g)	157.0	157.4
WCl_4				135.3	146.2(c)	106.7(g)	107.2
WCl_5	20.5	68.1	100	167.4(c)	129.5(g)	131.0	131.8
WCl_6 $\Delta_t H$,4.1$^{177°}$	6.60	52.7	79.2	192.5(c)	200.8(lq)	155.8(g)	156.6
$W(CO)_6$			72.0				
WF_6 $\Delta_t H$,2.067$^{-8.5°}$	4.10	27.05	26.65	132.4(g)	145.0	150.3	153.0
WO_2			666.3	63.4	71.3	75.5	78.2
WO_3 $\Delta_t H$,1.49$^{777°}$	73.4	76.6	550.2	82.2	93.1	98.2	101.7
$WOCl_4$	45	67.8		157(c)	123.2(g)	127.0	129.1
WOF_4	5.0	56		107.8	119.8	125.0	127.8
WO_2Cl_2				115.1	135.6(c)		
Xe	1.81	12.64		20.79(g)	20.79	20.79	20.79
Zn	7.32	123.6		26.3	28.6(c)	31.4(l)	31.4
$ZnBr_2$	16.7	118		70.1(c)	78.8(l)	113.8	61.5(g)
$ZnCl_2$	10.25	126		69.9(c)	100.8(l)	100.8	100.8
ZnF_2		190.1		66.9	69.1	71.4	73.7
ZnO,$\Delta_t H$,13.4^{1020}	52.3			49.4	52.4	54.1	55.5
ZnS $\Delta_t H$,13.4$^{1020°}$	52.3			49.4	52.4	54.1	55.5
$ZnSO_4$ $\Delta_t H$,20.3$^{740°}$				116.0	137.4	139.7	142.0
Zn_2SiO_4				129.4	141.4	153.4	165.4
Zr $\Delta_t H$,4.02$^{862°}$	21.00	573	610.0	25.9	27.3	29.0	31.1
ZrB_2	104.6			57.5	65.8	69.7	72.1
$ZrBr_2$	63	131.5	230	87.9	90.2	92.5	94.8
$ZrBr_4$				129.3	133.3(c)	107.2(g)	107.6
ZrC	79.5			43.6	49.4	52.3	53.4
$ZrCl_2$	27	45.0		76.0	80.0	83.1	85.9
$ZrCl_3$			190	101	106	109	112
$ZrCl_4$	50.00	58.72	110.5	125.4	131.1(c)	106.5(g)	107.1
ZrF_2	33	289	404	70	76	81	84
ZrF_4	64.2		237.7	113.5	124.0	129.4	134.1
ZrI_2	25.1	113		95.0	96.6	106.1	123.6
ZrI_3			176	105.9	106.7	107.1(c)	82.9(g)
ZrI_4			126.4	131.0	134.6(c)	107.6(g)	107.6
ZrN	67.4			44.8	48.7	50.9	52.7
ZrO_2 $\Delta_t H$,5.02$^{1205°}$	87.0	624		63.9	70.2	73.5	75.7
$ZrSiO_4$				114.6	133.7	142.7	147.3

① 新版文献 [1] 未列有此化合物数据。
② 文献 [4] 数据。
③ 新版数据有误，此列数据取自 Lange's Handbook of Chemistry 13th ed，1985。
④ 文献 [1] 为 196.8 似有误原文献 [3] 为 296.81。
⑤ 文献 [1]，括号内列为 70.5，70.0 似有误，原文献 [3] 为 79.5，70.0。

3.1.1.3　聚合物的熔化（融）热（焓）和熔化（融）熵[5,6]

具体内容见表 3-3～表 3-11；表 3-12 为有机化合物蒸发焓温度关联式参数值，表 3-13 为个别元素及无机物摩尔蒸发焓温度关联式系数值。

表 3-3　某些聚合物的熔化热（焓）和摩尔熔化熵[5]

聚　合　物	$\Delta_m H/(J/mol)$		T_m/K	$\Delta_m S$ /[J/(mol·K)]
	文献值	计算值（由表 3-4）		
聚乙烯	7500～8400	7600	414	18.0～20.1
聚丙烯	8800～10900	10100	456	19.3～23.9
聚苯乙烯	8400～10100	—	513	16.3～19.7
聚氯乙烯	11300	—	558	20.1
聚氟乙烯	7500	—	473	15.9
聚四氟乙烯	5900	—	600	9.6
聚三氟氯乙烯	5000～8800	—	491	10.1～17.9
聚乙烯醇	6900	—	531	13.0
聚丙烯腈	5000	—	590	8.4
聚丁二烯	9200～10100	9700	421	21.8～23.9
聚异戊二烯	12600	12200	309～347	36.0～40.6
聚氯丁二烯	8400	—	316	26.4
聚甲醛	7100	5500	460	15.5
聚氧化乙烯	8400～9200	9300	340	24.7～27.2
聚四次甲基氧	12600	16900	310	40.6
聚氧化丙烯	8400	11800	348	23.9
聚酯 26	15900	14400	320	49.9
聚酯 210	25600～29000	29600	345	74.2～84.1
聚酯 106	42700	44800	343	124.9
聚酯 99	43200	52400	338	127.8
聚酯 109	41900	56200	340	123.2
聚酯 1010	50300	60000	344	146.2
聚对苯二甲酸乙二酯	22600～24300	21400	543	41.5～44.8
聚对苯二甲酸丁二酯	31800	29000	505	62.9
聚对苯二甲酸己二酯	34800～35200	36600	434	80.0
聚对苯二甲酸癸二酯	43600～48600	51800	411	106.1～118.2
聚间苯二甲酸丁二酯	42300	—	426	99.3
聚酰胺 6	21800～23500	21900	496	44.0～47.3
聚酰胺 11	41500	40900	463	89.7
聚酰胺 66	44400～46100	43800	538	82.5～85.5
聚酰胺 610	54500～56600	59000	496	109.8～114.0
聚 2,2-二甲基丙酰胺	13000	—	546	23.9
聚碳酸双酚 A 酯	36900	—	540	68.3

表 3-4　聚合物熔化热（焓）$\Delta_m H$ 基团贡献的近似值[5]

基　　团	基团贡献值/(J/mol)	基　　团	基团贡献值/(J/mol)
—CH₂—	3800	⟨苯环⟩	22200
—CH(CH₃)—	6300	—O—	1700
—CH=CH—	2100	—COO—	-4200
—CH=C(CH₃)—	4600	—CONH—	2900

表 3-5　某些聚合物的平衡熔融温度。该温度下，结晶聚合物的比熔化热（熵）$\Delta_m h$，
比体积变化 $\Delta_m v$ 及在标准压力下测出的导数 dT_m/dp[6]

聚　合　物	T_m° /K	$\Delta_m h$ /(kJ/kg)	$\Delta_m v \times 10^3$ /(m³/kg)	$v_m \times 10^3$ /(m³/kg)	dT_m/dp /(K/MPa)
聚酰胺类					
尼龙 6(聚己内酰胺)					
1 型	511	241.0	—	—	—
	520	229.5	—	—	—
	533	230.0	—	—	0.16
	579	226.0	—	—	—
2 型	—	239.0			
尼龙 66(聚己二酰己二胺)	553	300.0	0.110		
尼龙 8(聚辛内酰胺)	491	105.0			
尼龙 11(聚 ω-氨基十一酰胺)	500	146.5			0.28
尼龙 12(聚十二内酰胺)	483	134.0			0.22
聚对苯二甲酰己二胺-对苯二甲酸己二醇酯	526	187.5	0.152	0.958	—
聚对苯二甲酰十二胺-对苯二甲酸乙二醇酯	517	194.5	0.170	0.971	—
聚对苯二甲酰十二胺-对苯二甲酸己二醇酯	487	201.0	0.169	0.992	—
聚对苯二甲酰十二胺-对苯二甲酸十二醇酯	470	211.5	0.187	1.023	—
聚乙烯类和聚甲基丙烯酸甲酯类					
聚偏氟乙烯					
1 型	451	93.0	—	—	—
2 型	460	104.5	—	—	—
3 型	470	99.0	—	—	—
聚氟乙烯	490	163.0	—	—	—
聚氯乙烯	546	181.0	—	—	—
聚氯乙烯	538	78.5	—	—	—
全同聚甲基丙烯酸甲酯	433	84.0	0.06	—	—
	493	50.0	—	0.884	—
全同聚苯乙烯	512	78.5	0.109	—	—
	513	78.5	—	—	—
	515	83.0	—	—	—
	516	96.2	—	—	—
	527	—	0.122	—	—
聚二烯类					
聚溴丁二烯	368	—	—	—	—
聚 1,4-丁二烯					
反式					
1 型	348	117.0	—	—	—
	369	255.0	—	1.170	—
2 型	415	66.0	—	—	—
	418	85.0	—	1.210	—
顺式	285	170.5	—	—	—
聚癸二烯(反式)	353	238.0	—	—	—
聚十二碳烯(反式)	357	247.0	—	—	—
1,4-聚 2-甲基丁二烯❶(反式)					
1 型	353	187.3	0.162	—	0.33
	353	190.0	0.182	1.152	—
2 型	351	140.0	—	—	—
	355	155.5	—	—	—
	356	156.0	—	1.155	—

❶ 原文献如此。似应为聚 2-甲基-1,4-丁二烯；聚 2-氯-1,4-丁二烯。

聚 合 物	T_m° /K	$\Delta_m h$ /(kJ/kg)	$\Delta_m v \times 10^3$ /(m³/kg)	$v_m \times 10^3$ /(m³/kg)	dT_m/dp /(K/MPa)
聚辛烯（反式）	350	215.5	—	—	—
聚辛烯	308	121.3	—	—	—
聚戊烯					
反式	293	119.0	—	—	—
	307	176.5	—	1.142	—
顺式	233	79.5	—	—	—
1,4-聚 2-氯丁二烯❶（反式）	380	94.5	—	—	—
聚烯烃类					
聚 1-丁烯					
1 型	409	108.2	—	1.239	—
	411	125.0			
2 型	403	106.9	0.136	1.240	0.52
	403	112.0		1.239	
	403			1.252	
3 型	380	118.5			
聚 4-甲基-1-戊烯	523	117.2	0.130	1.401	0.56
聚 4-甲基环己烯	262	81.2			
聚 1-戊烯(1 型)	403	90.5			
	403	—		1.267	
聚丙烯					
全同立构	450	182.6	0.163	—	0.40
	457	188.0			
	459	209.0	0.168	1.306	
全同立构	461	165.5	—		
	469	214.0	0.228		
	481	138.0			
间同立构	417	105.5	—	1.300	—
聚四氟乙烯	600	68.5		—	
	600	—	—	0.642	1.40
	607	61.0	—		1.54
	633	92.0			
聚 4-苯基-1-丁烯	439	33.0			
聚三氟氯乙烯	493	45.0			0.6
	497	44.8	0.059	0.537	—
聚乙烯	414	288.0	0.183	—	0.26
	414	299.0	0.200	—	0.28
	415	295.0	—	—	—
	420	307.0	0.213	1.272	0.28
	—	288.0	0.170		0.25
共聚物					
四氟乙烯与乙烯(摩尔比 1:1)	578	103.5			
一氯三氟乙烯与乙烯(摩尔比 1:1)	537	134.5			
聚硅氧烷类					
聚二甲基硅氧烷	233	35.3	—	—	—
	248	—	0.057		
聚二丙基硅氧烷	347	23.3	—	—	—
聚二苯基硅氧烷	503	40.5	—	—	—
聚二乙基硅氧烷	290	26.1	—	—	—
聚四甲基对硅亚苯基硅氧烷	427	—	—	—	—

❶ 原文献如此。似应为聚 2-甲基-1,4-丁二烯；聚 2-氯-1,4-丁二烯。

聚　合　物	T_m^0 /K	$\Delta_m h$ /(kJ/kg)	$\Delta_m v \times 10^3$ /(m³/kg)	$v_m \times 10^3$ /(m³/kg)	dT_m/dp /(K/MPa)
聚氨酯类					
聚 1-异亚丁基氨基甲酸酯	495	83.5	—	—	—
聚 1-异丙基亚乙基氨基甲酸酯	492	92.5	—	—	—
聚亚戊基氨基甲酸酯	468	230.0	—	—	—
基于下述化合物的聚氨酯					
1,6-己二异氰酸酯和六乙二醇	338	125.5	0.140	0.916	—
1,6-己二异氰酸酯和二乙二醇	405	128.4	0.134	—	—
1,6-己二异氰酸酯和四乙二醇	356	119.0	0.127	—	—
1,6-己二异氰酸酯和三乙二醇	370	117.0	0.122	0.915	—
2,4-甲苯二异氰酸酯和齐聚	313	103.0	—	—	—
己二酸乙二醇酯(эA-2000)					
聚醚类与聚硫醚类					
聚环氧己烷	347	238.0	0.153	1.109	—
聚 2,6-二甲基-1,4-亚苯基醚	548	42.0	0.104	1.012	—
聚 2,6-二甲氧基-1,4-亚苯基醚	560	21.0	—	—	—
	757	49.5	—	0.883	—
聚二氧杂环庚烷	296	140.5	—	—	—
聚二　茂烷	325	239.5	—	—	—
聚 2,6-二苯基-1,4-亚苯基醚	347	222.0	—	—	—
聚亚异丁基硫醚	475	99.5	—	—	—
聚甲醛	457	326.0	—	—	0.44
	483	330.0	—	0.865	—
聚甲醚	481	244.0	—	—	—
聚环氧辛烷	356	251.0	0.112	1.096	—
聚环氧丙烷	351	144.0	—	1.042	—
聚四氢呋喃	329	206.0	—	1.040	—
	330	195.0	0.085	1.043	—
	330	200.0	—	—	—
	—	205.0	0.199	—	0.18
聚氧杂环丁烷	305	162.5	—	—	—
聚 1,4-亚苯基醚	535	85.3	—	0.815	—
聚环氧乙烷	342	196.5	—	—	0.21
	342	197.0	—	—	—
	348	216.0	—	0.915	—
	—	205.0	0.095	—	0.15
聚环硫乙烷	489	152.0	—	—	—
聚酯类					
聚丁二酸亚己基酯	333	—	—	—	0.16
聚对苯二甲酸亚己基酯	434	143.4	—	—	—
聚乙交酯	501	203.0	—	—	—
	506	191.5	—	—	—
聚己二酸亚癸基酯	353	150.0	—	—	—
聚壬二酸亚癸基酯	338	128.0	—	—	—
聚对苯二甲酸亚癸基酯	411	151.0	—	—	—
	424	—	—	—	—
聚 α,α'-二甲基丙醇酸内酯	518	148.0	—	—	—
聚 ε-己内酯	337	146.3	0.105	0.951	—
	342	143.5	—	—	—

聚　合　物	T_m^0/K	$\Delta_m h$/(kJ/kg)	$\Delta_m v \times 10^3$/(m^3/kg)	$v_m \times 10^3$/(m^3/kg)	$\mathrm{d}T_m/\mathrm{d}p$/(K/MPa)
聚壬二酸亚壬基酯	338	138.0	—	—	—
聚 β-丙内酯	357	127.5	0.075	0.772	—
聚间苯二甲酸亚丁基酯	426	191.6	—	—	—
聚对苯二甲酸亚丁基酯	503	144.5	—	—	—
聚己二酸亚乙基酯	338	122.0	0.092	0.853	—
	343	126.0	0.095	0.848	0.23
聚癸二酸亚乙基酯	349	146.5	—	—	—
	356	140.0	0.132	0.972	—
	368	124.5	—	—	—
聚辛二酸亚乙基酯	349	133.0	0.115	0.912	—
聚丁二酸亚乙基酯	382	98.0	—	—	—
聚对苯二甲酸亚乙基酯	552	—	0.127	0.850	—
	553	140.0	—	—	—
	557	166.0	—	—	—
	563	154.5	—	—	—
	526	138.5	0.114	0.915	—
① —COO—C$_6$H$_4$—C(CH$_3$)$_2$—C$_6$H$_4$—O— 〔2,2-双(4-羟基)苯基丙烷聚碳酸酯或双酚 A 型聚碳酸酯〕	533 591	132.0 110.0	— —	— —	— —
② —COO—C$_6$H$_4$—CH$_2$—C$_6$H$_4$—O— 二(4-羟基)苯基甲烷聚碳酸酯	558	38.8	—	—	—
③ —COO—（1,4-二羟基-9,10-蒽醌）—O— 1,4-二羟基-9,10-蒽醌聚碳酸酯	518	11.3	—	—	—
④ —COO—C$_6$H$_4$—CH$_2$—CH$_2$—C$_6$H$_4$—O— 1,2-双(4-羟基)苯基乙烷聚碳酸酯	581	43.5	—	—	—
⑤ —COO—C$_6$H$_4$—SO$_2$—C$_6$H$_4$—O— 二(4-羟基)苯基砜聚碳酸酯	573	38.1	—	—	—
⑥ —COO—C$_6$H$_4$—S—C$_6$H$_4$—O— 4-羟基苯基硫醚聚碳酸酯	482	120.0	—	—	—
⑦ —COO—C$_6$H$_4$—C(〇)(苯酞)—C$_6$H$_4$—O—	561	87.3	—	—	—

续表

聚 合 物	T_m°/K	$\Delta_m h$/(kJ/kg)	$\Delta_m v \times 10^3$/(m³/kg)	$v_m \times 10^3$/(m³/kg)	dT_m/dp/(K/MPa)
⑧ —COO—⬡—O— 1,4-对苯二酚聚碳酸酯	665	220.0	—	—	—
⑨ —COO—(2,6-Br₂)—O— 2,6-二溴-1,4-对苯二酚聚碳酸酯	595	97.8	—	—	—
⑩ —COO—(Cl₂)—C(CH₃)₂—(Cl₂)—O— 3,3′,5,5′-四氯代双酚 A 型聚碳酸酯	533	41.3	—	—	—
⑪ —COO—(Br₂)—C(CH₃)₂—⬡—O— 3,5-二溴代双酚 A 型聚碳酸酯	553	18.4	—	—	—
其它聚合物					
聚 1,1,3,3-四甲基-1,3-二硅二亚甲基	266	55.5	—	—	—
聚 N(-β-三甲基硅乙基)-三亚甲基亚胺	306	62.8	—	—	—
聚 N(-β-三甲基硅乙基)-亚乙基亚胺	312	75.8	—	—	—
聚 L-乳酸	488	93.0	—	—	—
聚亚乙基亚胺	325	218.5	—	—	—

注：v_m—晶体聚合物熔融时的比体积。

表 3-6　共聚物和聚合物混合物的熔点和其摩尔熔（融）
化热（焓）$\Delta_m H$,摩尔熔化（融）熵 $\Delta_m S$[6]

第一组分的含量/%	结晶链节的摩尔分数	$M_r \times 10^{-4}$	T_m/K	T_{m1}/K	T_{m2}/K	$\Delta_m H$/(kJ/mol)	$\Delta_m S$/[J/(mol·K)]
苯二甲酸亚己酯-环氧乙烷（嵌段共聚物）							
0①	—	1.72	—	—	419	—	—
0.07①	—	1.75	—	—	419	—	—
0.68①	—	1.40	—	—	418	—	—
0.82①	—	1.61	—	—	418.5	—	—
1.28①	—	1.20	—	—	419.5	—	—
1.78①	—	1.20	—	289.5～291	417	—	—
2.24①	—	2.16	—	294	417	—	—
3.56①	—	1.85	—	299～301	416	—	—
4.71①	—	1.65	—	—	415	—	—
5.38①	—	1.95	—	302～307	415	—	—
7.15①	—	1.89	—	311.5～316	411	—	—
10.7①	—	2.69	—	—	408	—	—
16.0①	—	2.18	—	321～323.5	300.5	—	—
48.0①	—	2.27	—	327.7	—	—	—

续表

第一组分的含量/%	结晶链节的摩尔分数	$M_r \times 10^{-4}$	T_m/K	T_{m1}/K	T_{m2}/K	$\Delta_m H$ /(kJ/mol)	$\Delta_m S$ /[J/(mol·K)]
羟苯磺酰氯-3,5-二甲基-4-羟苯磺酰氯							
0	—	—	550	—	—	—	—
25	—	—	528	—	—	—	—
50	—	—	453	—	—	—	—
75	—	—	463	—	—	—	—
100	—	—	523	—	—	—	—
ε-己内酯-苯乙烯							
26	—	5.4	328	—	—	—	—
49	—	7.8	331	—	—	—	—
53	—	8.7	332	—	—	—	—
70	—	14.0	333	—	—	—	—
甲基丙烯酸硬脂酰酯-甲基丙烯腈							
42.7[1]	—	—	—	311.8	302.0	9.0	28.8
62.6[1]	—	—	—	309.6	304.6	10.2	34.4
81.8[1]	—	—	—	307.5	304.0	12.1	39.5
100[1]	—	—	—	308.7	302.5	17.8	58.0
乙烯-丁二烯（嵌段共聚物）							
33	—	0.155[2]	366	389	—	—	—
50	—	0.120[2]	378	383	—	—	—
50	—	0.125[2]	379	381	—	—	—
58	—	0.110[2]	376	380	—	—	—
62	—	0.130[2]	357	386	—	—	—
70	—	0.105[2]	378	379	—	—	—
72	—	0.135[2]	364	386	—	—	—
75	—	0.105[2]	376	397	—	—	—
93	—	0.145[2]	366	390	—	—	—
乙烯-乙酸乙烯酯							
82.1[1]	0.03	—	328	—	—	—	—
90.2[1]	0.06	—	351	—	—	—	—
92.5[1]	0.09	—	358	—	—	—	—
95.8[1]	0.18	—	367	—	—	—	—
96.9[1]	0.18	—	367	—	—	—	—
100[1]	0.42	—	381	—	—	—	—
乙烯--氯三氟乙烯							
50[1]	—	—	509	—	—	18.85	—
56[1]	—	—	443	—	—	—	—
60[1]	—	—	431	—	—	—	—
70[1]	—	—	393	—	—	—	—
80[1]	—	—	340	—	—	—	—

① 表示第一组分的摩尔分数；② 表示聚乙烯链节的分子量。

表 3-7 某些 —[—CO 〔benzene〕 CONH(CH₂)ₙNHCO 〔benzene〕 COO(CH₂)ₘO—]ₓ—

型聚酯酰胺的摩尔熔化焓 $\Delta_m H$，摩尔熔化熵 $\Delta_m S$[6]

聚 合 物	单体链节的 M_r	T_m/K	$\Delta_m H$ /(kJ/mol) [/(kcal/mol)]	$\Delta_m S$ /[J/(mol·K)] [/cal/(mol·K)]	$V_a^{473} \times 10^6$ /(m³/mol)	$\alpha \times 10^3$	T/K
$n=6, m=6$	494.6	526	92.9[22.2]	177[42.2]	457	0.64	503~553
$n=12, m=2$	522.65	517	103[24.5]	198[47.4]	493	0.65	503~553
$n=12, m=6$	578.76	487	116[27.8]	239[57.1]	568	0.69	473~523
$n=12, m=12$	662.92	470	140[33.5]	211[50.5]	679	0.75	473~523

注：m 和 n 的其它值，$V_a^{473} = [235 + 18.5(n+m)] \cdot 10^{-6}$，m³/mol；$\Delta_m H = 11 + 0.93(n+m)$，kcal/mol，$\Delta_m H = 46 + 3.89(n+m)$，kJ/mol。

表 3-8 丙烯酸正十八烷酯-丙烯酸乙酯-丙烯腈共聚物的比熔化热（焓）、玻璃化温度[6]

摩 尔 分 数			T_g/K	$\Delta_m h$[①] /(kJ/kg) [/(kcal/kg)]
丙烯酸正十八烷酯	丙烯酸乙酯	丙烯腈		
0	0.084	0.916	363.9	0[0]
0.032	0.032	0.936	307.9	0[0]
0.065	0	0.933	301.9	0[0]
0	0.144	0.856	327.9	0[0]
0.027	0.082	0.891	295.9	0[0]
0.064	0.064	0.873	309.9	0[0]
0.105	0.035	0.86	269.9	3.6[0.87]
0	0.239	0.761	312.9	[0][0]
0.037	0.187	0.776	285.9	[0][0]
0.081	0.162	0.758	266	[0][0]
0	0.338	0.662	300.9	[0][0]
0.047	0.273	0.681	280.9	[0][0]
0.093	0.265	0.642	257.9	[0][0]
0.128	0.213	0.659	252.9	2.7[0.64]
0	0.473	0.527	289.9	[0][0]
0.047	0.420	0.534	269.9	[0][0]
0.101	0.405	0.493	237.9	[0][0]
0.143	0.334	0.522	256.5	2.3[0.56]
0.194	0.290	0.516	251.9	11.6[2.78]
0.294	0.196	0.510	270.2	30.5[7.28]
0.176	0.411	0.383	285.9	44.8[10.7]
0	0.549	0.451	285.5	0[0]
0.049	0.485	0.466	262.9	0[0]
0.097	0.435	0.468	244.9	0.00[0.00]
0.144	0.385	0.470	237.9	2.6[0.63]
0.194	0.341	0.465	234.9	14.9[3.56]
0	0.603	0.397	279.9	0[0]
0.049	0.536	0.415	259.9	0[0]
0.100	0.501	0.398	274.9	0[0]
0.146	0.439	0.415	229.9	4.31[1.03]
0.20	0.401	0.399	244.9	18.3[4.36]
0.30	0.30	0.401	279.9	37.0[8.84]
0	0.694	0.306	269.9	0[0]
0.099	0.594	0.307	239.9	4.56[1.09]
0.121	0.56	0.319	266.9	10.6[2.52]
0.147	0.540	0.313	277.9	22.8[5.44]
0.170	0.510	0.321	280.9	23.5[5.61]
0.197	0.492	0.312	267.4	28.0[6.69]
0.243	0.439	0.318	277.9	38.4[9.16]
0.298	0.399	0.302	280.9	48.11[11.49]

① 是侧链形成的晶体的熔化焓值。

表 3-9 硬脂酸乙烯酯-氯乙烯和硬脂酸乙烯酯-乙酸乙烯酯-氯乙烯
共聚物的比熔化热（焓）$\Delta_m h$[6] 和玻璃化温度 T_s

摩　尔　分　数			T_g/K	$\Delta_m h$①/(kJ/kg)[/(kcal/kg)]	摩　尔　分　数			T_g/K	$\Delta_m h$①/(kJ/kg)[/(kcal/kg)]
硬脂酸乙烯酯	乙酸乙烯酯	氯乙烯			硬脂酸乙烯酯	乙酸乙烯酯	氯乙烯		
0	0	1.0	353.9	—	0	0.15	0.85	335.9	—
0.025	0	0.975	331.9	—	0.05	0.1	0.85	299.9	—
0.100	0	0.900	285.9	—	0.09	0.31	0.6	280.9	—
0.125	0	0.875	273.9	—	0.1	0.3	0.6	275.9	—
0.150	0	0.850	274.9	2.0[0.48]	0.125	0.275	0.6	267.9	—
0.175	0	0.825	280.9	5.11[1.22]	0	0.6	0.4	293.9	—
0.2	0	0.8	289.9	7.24[1.73]	0.01	0.59	0.4	289.9	—
0.25	0	0.75	291.9	21.6[5.17]	0.02	0.58	0.4	295.9	—
0.287	0	0.713	291.9	27.6[6.6]	0.03	0.57	0.4	300.9	—
0.4	0	0.6	279.9	43.67[10.43]	0.04	0.56	0.4	295.9	—
0.51	0	0.49	279.9	50.79[12.13]	0.05	0.55	0.4	289.9	—
0.6	0	0.4	250.9	54.89[13.11]	0.1	0.5	0.4	270.9	1.8[0.43]
0.75	0	0.25	272.9	66.78[15.95]	0.1	0.05	0.85	286.9	—
0.050	0	0.950	313.9	—	0.06	0.34	0.6	293.9	—
0.075	0	0.925	297.9	—	0.07	0.33	0.6	288.9	—
0	0.2	0.8	339.9	—	0.075	0.325	0.6	286.9	—
0.05	0.15	0.8	306.9	—	0.08	0.32	0.6	283.9	—
0.1	0.1	0.8	281.9	—	0	0.8	0.2	296.9	—
0	0.25	0.75	335.9	—	0.005	0.795	0.2	287.9	—
0.05	0.2	0.75	299.9	—	0.01	0.79	0.2	297.9	—
0.075	0.175	0.75	290.9	—	0.015	0.785	0.2	297.9	—
0.1	0.15	0.75	280.9	—	0.02	0.78	0.2	297.9	—
0.15	0.1	0.75	274.9	1.78[0.425]	0.025	0.775	0.2	295.9	—
0	0.4	0.6	327.9	—	0.03	0.77	0.2	293.9	—
0.025	0.375	0.6	311.9	—	0.04	0.76	0.2	288.9	—
0.05	0.35	0.6	298.9	—	0.05	0.75	0.2	284.9	—

① 是侧链形成的晶体的熔化热值。

表 3-10 四甲基正硅亚苯基酯-二甲基硅氧烷嵌段共聚物的比
熔化热、玻璃化温度和熔点以及结晶度和密度[6]

二甲基硅氧烷的质量分数/%	T_g/K		T_m/K	$\Delta_m h$/(kJ/kg)	d,10^{-3}/(kg/m³)	结晶度/%
	四甲基正硅亚苯基酯	二甲基硅氧烷				
0	253	—	433	28.6	1.046	58.5
10	233	—	427	25.0	1.036	50.6
20	223	—	419	24.3	1.028	44.6
50	197	—	400	12.3	1.009	27.5
60	173	164	395	6.05	0.999	18.2
70	168	153	383	4.6	0.994	13.1

表 3-11 几种材料的比熔化热（焓）$\Delta_m h$❶[7]

材　　料	熔点 T_m/℃	$\Delta_m h$/(J/g)
合金		
30.5Pb+69.5Sn	183	71
36.9Pb+63.1Sn	179	64.8
63.7Pb+36.3Sn	177.5	48.5
77.8Pb+22.2Sn	176.5	39.91

❶ 文献[7]表中数值乘以 4.184 换算得出。

续表

材　　料	熔点 T_m/℃	$\Delta_m h$/(J/g)
合金		
1Pb＋9Sn	236	117.1
24Pb＋27.3Sn＋48.7Bi	98.8	28.66
25.8Pb＋14.7Sn＋52.4Bi＋7Cd	75.5	35.1
硅酸盐		
钙长石（$CaAl_2Si_2O_8$）		418
正长石（$KAlSi_2O_6$）		418
微斜长石（$KAlSi_3O_3$）		347
硅灰石（$CaSiO_6$）		418
白透辉石（$Ca_8MgSi_4O_{12}$）		393
透辉石（$CaMgSi_2O_4$）		418
橄榄石（Mg_2SiO_4）		544
铁橄榄石（Fe_2SiO_4）		356
鲸蜡	43.9	154.8
蜂蜡	61.8	177.0

表 3-12　有机化合物蒸发焓温度关联式参数值[8]

（此表中各化学式所对应的化合物中文名，英文名见表 3-37 之后附表）

$$\Delta_v H_T = \Delta_v H_{T_1}\left[\frac{1-T_r}{1-T_{r_1}}\right]^{0.38} = \Delta_v H_{T_1}\left[\frac{T_c-T}{T_c-T_1}\right]^{0.38}, \text{kJ/mol}$$

序号	化学式	英　文　名	M /(g/mol)	T_m /K	T_1 /K	T_c /K	$\Delta_v H_{T_m}$ T_m	$\Delta_v H_{T_1}$ T_1	$\Delta_v H_{\ell}$ 298.15K
1	CCl_4	carbon-tetrachloride	153.82	250.0	349.8	556.5	34.846	29.999	32.654
2	CCl_3F	trichlorofluoromethane	137.37	162.0	297.1	471.2	30.810	24.769	24.712
3	CCl_2F_2	dichlorodifluoromethane	120.91	115.4	243.3	384.8	25.500	19.966	16.570
4	$CClF_3$	chlorotrifluoromethane	104.46	92.0	191.7	302.0	19.805	15.506	4.329
5	CF_4	carbon-tetrafluoride	88.01	86.4	145.2	227.5	14.683	11.966	—
6	$CHCl_3$	chloroform	119.38	209.6	334.3	535.5	35.683	29.706	31.632
7	$CHCl_2F$	dichlorofluoromethane	102.92	138.0	282.1	451.6	31.503	24.937	24.010
8	$CHClF_2$	chlorodifluoromethane	86.47	113.0	232.4	369.3	25.624	20.192	15.744
9	CHF_3	trifluoromethane	70.01	110.0	191.0	299.1	20.647	16.694	2.751
10	CHI_3	triiodomethane	393.73	396.2	491.6	794.6	46.979	42.359*	
11	CHNS	isothiocyanic-acid	59.09						
12	CH_2Cl_2	dichloromethane	84.93	178.1	313.2	508.3	34.183	27.991	28.789
13	CH_2ClF	chlorofluoromethane	68.48	140.2	264.1	424.9	28.257	22.744*	20.775
14	CH_2F_2	difluoromethane	52.02	101.7	221.5	351.5	26.243	20.476*	14.595
15	CH_2I_2	diiodomethane	267.84	279.3	455.2	740.9	46.852	39.045*	46.113
16	CH_2O	formaldehyde	30.03	156.0	249.6	402.7	27.583	23.012	19.904
17	CH_2O_2	formic-acid	46.03	281.5	373.9	580.0	25.239	21.924	24.694
18	CH_3Br	bromomethane	94.94	179.5	277.5	464.0	28.074	23.912	22.869
19	CH_3Cl	chloromethane	50.49	175.4	249.2	416.2	24.615	21.422	18.774
20	CH_3F	fluoromethane	34.03	131.4	194.8	317.9	19.528	16.677	8.318
21	CH_3I	iodomethane	141.94	206.7	315.6	528.0	31.827	27.196	28.023
22	CH_3NO_2	nitromethane	61.04	244.6	374.0	588.0	41.187	34.413	38.617
23	CH_3NO_2	methyl-nitrite	61.04	256.2	261.2	—	—	20.920	—
24	CH_3NO_3	methyl-nitrate	77.04	190.9	339.2			31.547	
25	CH_4	methane	16.04	90.7	111.6	190.7	8.943	8.180	—
26	CH_4O	methanol	32.04	175.5	337.8	513.0	45.225	35.254	38.093
27	CH_4S	methanethiol	48.10	150.0	279.1	469.7	29.894	24.560	23.596
28	CH_5N	methylamine	31.06	179.7	266.8	429.6	30.575	25.983	23.952

续表

$$\Delta_v H_T = \Delta_v H_{T_1} \left[\frac{1-T_r}{1-T_{r_1}}\right]^{0.38} = \Delta_v H_{T_1} \left[\frac{T_c-T}{T_c-T_1}\right]^{0.38}, \text{kJ/mol}$$

序号	化学式	英 文 名	M /(g/mol)	T_m /K	T_1 /K	T_c /K	$\Delta_v H_{T_m}$ T_m	$\Delta_v H_{T_1}$ T_1	$\Delta_v H_{\ell}$ 298.15K
29	C_2Cl_4	tetrachloroethene	165.83	251.0	394.2	620.2	41.849	34.727	39.731
30	C_2Cl_6	hexachloroethane	236.74	458.2	459.2	704.4	49.075	48.999	—
31	$C_2Cl_3F_3$	1,1,2-trichlorotrifluoroethane	187.38	238.2	320.8	487.3	32.001	27.462	28.822
32	$C_2Cl_2F_4$	1,2-dichlorotetrafluoroethane	170.92	179.0	277.3	418.9	28.423	23.263	21.896
33	C_2ClF_5	chloropentafluoroethane	154.47	167.0	234.7	353.2	23.103	19.456	14.539
34	C_7F_4	tetrafluoroethene	100.02	130.7	196.9	306.4	20.127	16.820	6.293
35	C_2F_6	hexafluoroethane	138.01	172.4	194.9	292.9	17.470	16.150	—
36	C_2N_2	cyanogen	52.04	245.3	252.0	399.9	28.069	27.602	23.943
37	C_2HCl_3	trichloroethene	131.39	186.8	361.2	572.0	39.455	31.380	34.657
38	C_2HCl_5	pentachloroethane	202.30	244.0	433.5	646.0	52.240	41.003	49.445
39	C_2HF_3	trifluoroethene	82.03	94.5	221.0	347.2	24.920	19.142*	13.367
40	C_2H_2	acetylene(ethyne)	26.04	192.4	192.4	309.2	16.676	16.674	6.804
41	$C_2H_2Cl_2$	1,1-dichloroethene	96.94	155.9	304.7	489.0	37.785	30.175	30.578
42	$C_2H_2Cl_2$	cis-1,2-dichloroethene	96.94	192.7	333.5	537.0	37.913	31.049	32.994
43	$C_2H_2Cl_2$	trans-1,2-dichloroethene	96.94	223.0	321.5	513.0	35.481	30.305	31.659
44	$C_2H_2Cl_4$	1,1,2,2-tetrachloroethane	167.85	237.0	419.2	661.2	51.353	41.493	48.403
45	$C_2H_2F_2$	1,1-difluoroethene	64.04	129.0	187.5	303.0	17.759	15.200*	4.552
46	$C_2H_2F_2$	cis-1,2-difluoroethene	64.04	107.9	247.9	394.7	27.428	21.267*	18.133
47	$C_2H_2F_2$	trans-1,2-difluoroethene	64.04	107.9	247.9	394.7	27.428	21.267*	18.133
48	C_2H_2O	ketene	42.04	138.0	232.0	380.0	24.865	20.627	16.469
49	C_2H_3Br	bromoethylene	106.95	133.7	289.0	470.1	32.170	25.426	24.927
50	C_2H_3Cl	chloroethene	62.50	119.4	259.4	425.0	28.100	22.263	20.118
51	$C_2H_3Cl_3$	1,1,2-trichloroethane	133.41	235.8	386.6	606.0	40.626	33.305	37.876
52	C_2H_3ClO	acetyl-chloride	78.50	160.2	323.9	508.0	36.497	28.660	30.121
53	C_2H_3F	fluoroethene	46.04	130.0	201.0	327.8	19.664	16.606	9.559
54	$C_2H_3F_3$	1,1,1-trifluoroethane	84.04	161.9	225.7	346.2	22.524	19.163	13.513
55	C_2H_3N	acetonitrile	41.05	229.3	352.8	547.9	37.805	31.380	34.463
56	C_2H_4	ethylene	28.05	104.0	169.4	282.8	16.102	13.544	—
57	$C_2H_4Br_2$	1,2-dibromoethane	187.86	283.3	404.6	646.0	42.445	36.359	41.776
58	$C_2H_4Cl_2$	1,1-dichloroethane	98.96	176.2	330.7	523.2	35.901	28.702	30.454
59	$C_2H_4Cl_2$	1,2-dichloroethane	98.96	237.5	357.1	566.1	38.016	32.008	35.179
60	$C_2H_4F_2$	1,1-difluoroethane	66.05	156.2	247.2	386.6	25.824	21.338	17.947
61	$C_2H_4I_2$	1,2-diiodoethane	281.86	356.2	473.2	749.9	46.744	40.882*	—
62	C_2H_4O	ethylene-oxide	44.05	161.0	283.8	468.9	31.069	25.606	24.833
63	C_2H_4O	acetaldehyde	44.05	150.2	293.8	461.1	32.561	25.732	25.472
64	$C_2H_4O_2$	acetic-acid	60.05	289.8	391.3	594.4	27.624	23.681	27.333
65	$C_2H_4O_2$	methyl-formate	60.05	174.2	305.1	486.7	34.658	28.200	28.603
66	C_2H_4OS	thioacetic-acid	76.11	150.2	360.2	577.3	44.566	34.464*	37.915
67	C_2H_4S	thiacyclopropane	60.11	165.4	328.1	555.0	35.863	29.204	30.611
68	C_2H_5Br	bromoethane	108.97	154.6	311.7	505.7	33.184	26.485	27.174
69	C_2H_5Cl	chloroethane	64.51	136.8	285.5	460.4	31.188	24.686	23.991
70	C_2H_5F	fluoroethane	48.06	129.9	235.5	375.3	28.598	23.096	18.423
71	C_2H_5I	iodoethane	155.97	165.0	345.6	554.0	37.736	29.769	32.181
72	C_2H_5N	ethylenimine	43.07	195.2	328.6	524.0	39.055	32.049	33.858
73	$C_2H_5NO_2$	nitroethane	75.07	223.2	387.2	595.0	43.840	35.146	40.243
74	$C_2H_5NO_3$	ethyl-nitrate	91.07	178.6	360.4	—	—	33.137	—

续表

$$\Delta_v H_T = \Delta_v H_{T_1} \left[\frac{1-T_r}{1-T_{r_1}} \right]^{0.38} = \Delta_v H_{T_1} \left[\frac{T_c-T}{T_c-T_1} \right]^{0.38}, \text{kJ/mol}$$

序号	化学式	英 文 名	M /(g/mol)	T_m /K	T_1 /K	T_c /K	$\Delta_v H_{T_m}$ T_m	$\Delta_v H_{T_1}$ T_1	$\Delta_v H_{\overline{z}}$ 298.15K
75	C_2H_6	ethane	30.07	89.9	184.6	305.4	18.327	14.707	5.048
76	C_2H_6O	methyl-ether	46.07	131.7	249.2	400.1	26.764	21.506	18.526
77	C_2H_6O	ethyl-alcohol	46.07	159.1	351.5	515.8	52.010	38.744	43.107
78	$C_2H_6O_2$	ethylene-glycol	62.07	260.2	470.5	790.0	63.634	52.509	61.862
79	C_2H_6S	methyl-sulfide	62.13	174.9	310.7	503.3	33.000	26.945	27.596
80	C_2H_6S	ethanethiol	62.13	125.3	308.7	498.6	34.622	26.778	27.335
81	$C_2H_6S_2$	methyl-disulfide	94.19	188.4	382.9	605.0	42.773	33.681	38.082
82	C_2H_7N	ethylamine	45.08	192.0	289.8	456.3	33.413	28.033	27.489
83	C_2H_7N	dimethylamine	45.08	181.0	280.1	437.8	31.876	26.485	25.288
84	C_3H_3N	acrylonitrile	53.06	189.5	350.5	536.0	41.381	32.635	35.868
85	C_3H_4	allene(propadiene)	40.06	136.9	241.2	385.4	22.894	18.619	15.380
86	C_3H_4	propyne(methylacatylene)	40.06	170.5	249.8	401.0	25.976	22.133	19.115
87	$C_3H_4O_2$	acrylic-acid	72.06	285.0	414.0	615.0	55.565	46.024	54.713
88	C_3H_5Br	3-bromo-1-propene	120.98	153.8	343.2	540.2	39.987	30.957*	33.474
89	C_3H_5Cl	3-chloro-1-propene	76.53	138.7	318.7	513.8	34.708	27.091	28.124
90	$C_3H_5Cl_3$	1,2,3-trichloropropane	147.43	258.5	429.0	651.0	47.696	38.409	45.803
91	C_3H_5I	3-iodo-1-propene	167.98	173.9	375.2	595.8	40.661	31.782*	35.611
92	C_3H_5N	propionitrile	55.08	180.3	370.3	562.5	41.889	32.259	36.412
93	C_3H_6	propene	42.08	87.9	225.7	365.0	23.905	18.410	13.925
94	C_3H_6	cyclopropane	42.08	145.7	240.3	398.0	23.959	20.041	16.845
95	$C_3H_6Br_2$	1,2-dibromopropane	201.89	218.0	413.2	634.1	52.167	41.012	48.091
96	$C_3H_6Cl_2$	1,2-dichloropropane	112.99	172.7	369.5	577.0	40.433	31.380	35.109
97	$C_3H_6Cl_2$	1,3-dichloropropane	112.99	173.7	393.6	602.7	44.531	33.890	39.092
98	$C_3H_6Cl_2$	2,2-dichloropropane	112.99	239.4	342.5	539.5	34.368	29.288	31.635
99	$C_3H_6I_2$	1,2-diiodopropane	295.89	253.2	500.2	780.5	54.471	42.844*	52.656
100	C_3H_6O	propylene-oxide	58.08	161.0	307.3	482.5	33.996	26.987	27.511
101	C_3H_6O	allyl-alcohol	58.08	144.0	369.7	545.0	54.715	39.957	45.502
102	C_3H_6O	propionaldehyde	58.08	193.0	322.0	515.3	34.345	28.284	29.559
103	C_3H_6O	acetone	58.08	178.2	329.4	508.4	36.746	29.121	30.953
104	C_3H_6S	thiacyclobutane	74.14	200.0	368.1	603.0	39.555	32.217	35.573
105	C_3H_7Br	1-bromopropane	122.99	163.5	344.2	535.5	43.269	33.598	36.464
106	C_3H_7Br	2-bromopropane	122.99	184.2	332.6	522.5	39.559	31.765	33.839
107	C_3H_7Cl	1-chloropropane	78.54	150.4	319.7	503.1	34.924	27.238	28.414
108	C_3H_7Cl	2-chloropropane	78.54	156.0	308.0	494.1	32.965	26.276	26.793
109	C_3H_7F	1-fluoropropane	62.09	114.2	270.0	422.0	29.988	22.937*	21.216
110	C_3H_7F	2-fluoropropane	62.09	139.8	263.8	415.7	27.742	22.112*	20.059
111	C_3H_7I	1-iodopropane	169.99	172.2	375.6	589.4	45.671	35.426	39.839
112	C_3H_7I	2-iodopropane	169.99	183.1	362.6	574.6	43.540	34.489	38.146
113	$C_3H_7NO_2$	1-nitropropane	89.09	165.2	404.7	606.0	50.579	37.547*	44.128
114	$C_3H_7NO_2$	2-nitropropane	89.09	180.2	393.3	597.0	46.133	35.146	40.653
115	$C_3H_7NO_3$	propyl-nitrate	105.09	173.2	383.2	—	—	35.899	—
116	$C_3H_7NO_3$	isopropyl-nitrate	105.09	173.2	373.7	—	—	34.936	—
117	C_3H_8	propane	44.10	85.5	231.1	369.7	24.667	18.774	14.604
118	C_3H_8O	ethyl-methyl-ether	60.10	134.0	280.8	437.8	31.721	24.686	23.609
119	C_3H_8O	propyl-alcohol	60.10	146.9	370.4	536.9	57.701	41.756	47.884
120	C_3H_8O	isopropyl-alcohol	60.10	184.7	355.5	516.6	52.416	39.832	44.713

续表

序号	化学式	英文名	$\Delta_v H_T = \Delta_v H_{T_1} \left[\dfrac{1-T_r}{1-T_{r_1}} \right]^{0.38} = \Delta_v H_{T_1} \left[\dfrac{T_c-T}{T_c-T_1} \right]^{0.38}$, kJ/mol						
			M /(g/mol)	T_m /K	T_1 /K	T_c /K	$\Delta_v H_{T_m}$ T_m	$\Delta_v H_{T_1}$ T_1	$\Delta_v H_{\ell}$ 298.15K
121	C_3H_8S	ethyl-methyl-sulfide	76.16	167.2	340.2	532.8	37.628	29.497	31.792
122	C_3H_8S	1-propanethiol	76.16	160.0	339.2	536.0	37.770	29.535	31.736
123	C_3H_8S	2-propanethiol	76.16	142.6	325.7	512.0	36.197	27.907	29.408
124	C_3H_9N	propylamine	59.11	190.0	322.2	496.1	36.822	29.706	31.201
125	C_3H_9N	trimethylamine	59.11	156.0	276.0	433.4	29.892	24.100	22.751
126	C_4F_8	octafluorocyclobutane	200.03	232.2	267.2	388.4	25.709	23.347	20.869
127	C_4H_2	butadiyne(biacetylene)	50.06	237.2	283.5	478.0	35.216	32.472	31.517
128	C_4H_4	1-buten-3-yne(vinylacetylene)	52.08	227.6	278.1	455.0	26.927	24.476	23.382
129	C_4H_4O	furan	68.08	187.5	304.5	487.0	32.697	27.087	27.441
130	C_4H_4S	thiophene	84.14	234.9	357.0	580.0	37.144	31.464	34.393
131	C_4H_6	1,2-butadiene	54.09	137.0	284.0	443.7	31.096	24.267	23.426
132	C_4H_6	1,3-butadiene	54.09	164.2	268.7	425.1	27.293	22.468	20.757
133	C_4H_6	1-butyne(ethylacetylene)	54.09	147.4	281.2	463.7	30.784	24.978	24.070
134	C_4H_6	2-butyne(dimethylacetylene)	54.09	240.9	300.1	488.7	29.567	26.652	26.757
135	C_4H_6	cyclobutene	54.09	153.8	275.8	446.3	31.679	25.807	24.462
136	$C_4H_6O_3$	acetic-anhydride	102.09	199.0	409.6	569.1	56.739	41.212	50.398
137	C_4H_7N	butyronitrile	69.11	161.0	390.4	582.2	46.372	34.392	39.924
138	C_4H_7N	isobutyronitrile	69.11	201.7	377.0	566.0	41.630	32.443	37.036
139	C_4H_8	1-butene	56.11	87.8	266.9	419.6	29.435	21.916	20.090
140	C_4H_8	2-butene,cis	56.11	134.3	276.9	433.1	29.871	23.347	22.083
141	C_4H_8	2-butene,trans	56.11	167.6	274.0	428.6	27.770	22.757	21.336
142	C_4H_8	2-methylpropene	56.11	132.8	266.3	417.9	28.116	22.117	20.220
143	C_4H_8	cyclobutane	56.11	182.4	285.7	463.5	28.780	24.184	23.523
144	$C_4H_8Br_2$	1,2-dibromobutane	215.92	207.8	439.5	659.3	56.003	42.601	51.445
145	$C_4H_8Br_2$	2,3-dibromobutane	215.92	238.7	434.2	657.0	53.879	42.409	50.827
146	$C_4H_8I_2$	1,2-diiodobutane	309.92	279.1	476.8	726.4	51.470	41.238*	50.624
147	C_4H_8O	butyraldehyde	72.11	176.8	347.9	545.4	39.939	31.506	34.315
148	C_4H_8O	2-butanone	72.11	186.5	352.6	535.6	39.899	31.213	34.463
149	$C_4H_8O_2$	p-dioxane	88.11	285.0	374.0	588.0	41.492	36.359	40.798
150	$C_4H_8O_2$	ethyl-acetate	88.11	189.6	349.8	524.1	41.276	32.217	35.559
151	C_4H_8S	thiacyclopentane	88.17	177.0	394.6	632.0	44.360	34.644	39.436
152	C_4H_9Br	1-bromobutane	137.02	160.8	374.8	569.5	48.742	36.773	41.714
153	C_4H_9Br	2-bromobutane	137.02	161.3	364.4	558.7	42.993	32.757	36.618
154	C_4H_9Br	2-bromo-2-methylpropane	137.02	257.0	346.4	541.1	34.650	30.012*	32.647
155	C_4H_9Cl	1-chlorobutane	92.57	150.1	351.6	542.0	39.468	29.999	32.956
156	C_4H_9Cl	2-chlorobutane	92.57	141.8	341.2	520.7	38.787	29.204	31.686
157	C_4H_9Cl	1-chloro-2-methylpropane	92.57	142.9	342.2	526.5	38.337	29.016*	31.475
158	C_4H_9Cl	2-chloro-2-methylpropane	92.57	247.8	323.9	507.8	31.260	27.405	28.804
159	C_4H_9I	2-iodo-2-methylpropane	184.02	235.0	373.2	587.9	36.698	30.384*	34.047
160	C_4H_9N	pyrrolidine	71.12	213.2	359.0	568.6	40.437	33.087	36.448
161	$C_4H_9NO_2$	1-nitrobutane	103.12	191.8	426.1	624.0	52.352	38.911	47.024
162	$C_4H_9NO_2$	2-nitrobutane	103.12	141.2	412.9	615.0	50.893	36.819	43.675
163	C_4H_{10}	butane	58.12	134.8	273.0	425.6	28.609	22.393	20.910
164	C_4H_{10}	2-methylpropane(isobutane)	58.12	113.6	261.5	407.7	27.777	21.297	19.085
165	$C_4H_{10}O$	ethyl-ether	74.12	156.9	307.7	466.8	34.387	26.694	27.288
166	$C_4H_{10}O$	methyl-propyl-ether	74.12	156.9	311.7	476.2	39.893	31.003	31.950

续表

序号	化学式	英 文 名	M /(g/mol)	T_m /K	T_1 /K	T_c /K	$\Delta_v H_{T_m}$ T_m	$\Delta_v H_{T_1}$ T_1	$\Delta_v H_{\vec{q}}$ 298.15K

$$\Delta_v H_T = \Delta_v H_{T_1}\left[\frac{1-T_r}{1-T_{r_1}}\right]^{0.38} = \Delta_v H_{T_1}\left[\frac{T_c-T}{T_c-T_1}\right]^{0.38},\text{kJ/mol}$$

序号	化学式	英 文 名	M /(g/mol)	T_m /K	T_1 /K	T_c /K	$\Delta_v H_{T_m}$ T_m	$\Delta_v H_{T_1}$ T_1	$\Delta_v H_{\vec{q}}$ 298.15K
167	$C_4H_{10}O$	methyl-isopropyl-ether	74.12	156.9	303.9	464.5	33.520	26.183*	26.536
168	$C_4H_{10}O$	butyl-alcohol	74.12	165.2	390.6	561.4	59.333	43.095	50.795
169	$C_4H_{10}O$	sec-butyl-alcohol	74.12	158.5	372.8	538.0	55.957	40.794	47.003
170	$C_4H_{10}O$	tert-butyl-alcohol	74.12	298.8	355.9	508.0	44.061	39.037	—
171	$C_4H_{10}S$	ethylsulfide	90.18	169.2	365.3	557.5	41.482	31.757	35.584
172	$C_4H_{10}S$	isopropyl-methyl-sulfide	90.18	171.7	357.9	551.0	39.683	30.702	34.013
173	$C_4H_{10}S$	methyl-propyl-sulfide	90.18	160.2	368.7	563.0	42.320	32.079	36.086
174	$C_4H_{10}S$	1-butanethiol	90.18	157.5	371.6	568.0	42.646	32.225	36.360
175	$C_4H_{10}S$	2-butanethiol	90.18	133.0	358.1	551.0	41.045	30.593	33.908
176	$C_4H_{10}S$	2-methyl-1-propanethiol	90.18	128.3	361.6	557.0	41.805	31.012	34.512
177	$C_4H_{10}S$	2-methyl-2-propanethiol	90.18	274.3	337.4	521.0	31.816	28.439	30.609
178	$C_4H_{10}S_2$	ethyl-disulfide	122.24	171.7	426.7	642.1	50.722	37.698	45.032
179	$C_4H_{11}N$	butylamine	73.14	224.1	350.1	524.0	39.477	32.091	35.443
180	$C_4H_{11}N$	sec-butylamine	73.14	188.0	336.2	511.0	37.810	29.945*	32.268
181	$C_4H_{11}N$	tert-butylamine	73.14	201.2	316.9	483.9	43.852	35.899	37.380
182	$C_4H_{11}N$	diethylamine	73.14	223.4	329.2	496.2	33.525	27.824	29.683
183	C_5H_5N	pyridine	79.10	231.5	388.4	618.7	42.816	35.146	39.850
184	C_5H_6S	2-methylthiophene	98.16	209.8	385.7	610.0	42.248	33.903	38.426
185	C_5H_6S	3-methylthiophene	98.16	204.2	388.6	615.0	42.953	34.250	38.916
186	C_5H_8	1,2-pentadiene	68.12	135.9	318.0	503.0	35.775	27.573	28.661
187	C_5H_8	1,3-pentadiene,cis	68.12	185.7	315.1	496.0	33.898	27.614	28.569
188	C_5H_8	1,3-pentadiene,trans	68.12	185.7	317.2	494.3	33.381	27.029	28.100
189	C_5H_8	1,4-pentadiene	68.12	124.9	299.1	478.0	34.998	27.029	27.083
190	C_5H_8	2,3-pentadiene	68.12	147.5	321.4	505.8	36.351	28.242	29.545
191	C_5H_3	3-methyl-1,2-butadiene	68.12	159.5	314.0	496.0	34.403	27.238	28.116
192	C_5H_3	2-methyl-1,3-butadiene	68.12	127.2	307.2	483.3	34.064	26.066	26.568
193	C_5H_3	1-pentyne	68.12	167.5	313.4	493.5	34.753	27.740	28.607
194	C_5H_3	2-pentyne	68.12	163.9	329.2	522.0	37.007	29.246	30.954
195	C_5H_3	3-methyl-1-butyne	68.12	183.5	299.5	476.0	31.684	26.150	26.225
196	C_5H_8	cyclopentene	68.12	138.1	317.4	506.0	34.786	26.987	28.001
197	C_5H_8	spiropentane	68.12	166.1	312.2	499.7	33.278	26.736	27.479
198	C_5H_{10}	1-pentene	70.13	107.9	305.8	464.7	34.264	25.196	25.650
199	C_5H_{10}	2-pentene,cis	70.13	121.7	309.3	474.9	34.812	26.108	26.759
200	C_5H_{10}	2-pentene,trans	70.13	132.9	309.5	471.0	34.515	26.066	26.747
201	C_5H_{10}	2-methyl-1-butene	70.13	135.6	304.3	464.8	33.498	25.497	25.862
202	C_5H_{10}	3-methyl-1-butene	70.13	104.7	293.3	450.0	32.535	24.100	23.810
203	C_5H_{10}	2-methyl-2-butene	70.13	139.3	311.7	470.0	34.803	26.305	27.138
204	C_5H_{10}	cyclopentane	70.13	179.3	322.4	511.8	33.805	27.296	28.575
205	$C_5H_{10}Br_2$	2,3-dibromo-2-methylbutane	229.94	288.0	444.0	668.4	50.807	41.572*	50.287
206	$C_5H_{10}O$	valeraldehyde	86.13	182.0	376.0	554.0	44.513	33.639	38.611
207	$C_5H_{10}O$	2-pentanone	86.13	196.0	375.4	562.5	43.217	33.472	38.170
208	$C_5H_{10}S$	thiacyclohexane	102.19	292.1	414.9	657.1	42.044	35.978	41.779
209	$C_5H_{10}S$	cyclopentanethiol	102.19	155.4	405.3	629.0	46.979	35.326	40.992
210	$C_5H_{11}Br$	1-bromopentane	151.05	185.3	402.7	564.8	47.641	34.476	41.659
211	$C_5H_{11}Cl$	1-chloropentane	106.60	174.2	380.2	552.0	44.759	33.179	38.480
212	$C_5H_{11}Cl$	1-chloro-3-methylbutane	106.60	168.8	371.7	558.9	42.109	31.857*	36.129

续表

$$\Delta_v H_T = \Delta_v H_{T_1} \left[\frac{1-T_r}{1-T_{r_1}} \right]^{0.38} = \Delta_v H_{T_1} \left[\frac{T_c - T}{T_c - T_1} \right]^{0.38}, kJ/mol$$

序号	化学式	英文名	M /(g/mol)	T_m /K	T_1 /K	T_c /K	$\Delta_v H_{T_m}$ T_m	$\Delta_v H_{T_1}$ T_1	$\Delta_v H_{\ell}$ 298.15K
213	$C_5H_{11}Cl$	2-chloro-2-methylbutane	106.60	199.7	358.8	549.0	37.315	29.619*	32.901
214	C_5H_{12}	pentane	72.15	143.4	309.2	470.0	33.738	25.773	26.433
215	C_5H_{12}	2-methylbutane(isopentane)	72.15	113.3	301.2	461.1	33.162	24.686	24.860
216	C_5H_{12}	2,2-dimethypropane	72.15	256.6	282.6	433.8	24.170	22.753	21.835
217	$C_5H_{12}O$	methyl-*tert*-butyl-ether	88.15	164.6	328.3	497.1	36.114	27.911*	29.709
218	$C_5H_{12}O$	pentyl-alcohol	88.15	195.0	410.9	585.9	60.190	44.350	53.575
219	$C_5H_{12}O$	tert-pentyl-alcohol	88.15	327.0	386.3	549.0	48.497	43.095	—
220	$C_5H_{12}S$	butyl-methyl-sulfide	104.21	175.3	396.6	591.0	45.794	34.309	40.087
221	$C_5H_{12}S$	ethyl-propyl-sulfide	104.21	156.2	391.7	584.0	47.055	34.727	40.368
222	$C_5H_{12}S$	2-methyl-2-butanethiol	104.21	169.4	372.3	566.0	41.184	31.367	35.476
223	$C_5H_{12}S$	1-pentanethiol	104.21	197.5	399.8	601.3	45.431	34.882	40.739
224	C_6Cl_6	hexachlorobenzene	284.78	503.2	582.6	825.8	70.800	63.593	—
225	C_6F_6	hexafluorobenzene	186.06	278.4	353.4	516.6	36.576	31.677	35.390
226	$C_6H_4Cl_2$	o-dichlorobenzene	147.00	256.1	449.1	729.0	48.411	39.664	46.728
227	$C_6H_4Cl_2$	m-dichlorobenzene	147.00	248.5	446.2	679.4	48.766	38.618	46.547
228	$C_6H_4Cl_2$	p-dichlorobenzene	147.00	326.3	447.2	680.9	45.444	38.786	—
229	$C_6H_4F_2$	m-difluorobenzene	114.09	249.2	363.7	552.9	39.108	32.673*	36.579
230	$C_6H_4F_2$	o-difluorobenzene	114.09	239.2	364.7	554.5	39.066	32.213	36.108
231	$C_6H_4F_2$	p-difluorobenzene	114.09	260.2	362.0	556.0	38.365	32.681*	36.412
232	C_6H_5Br	bromobenzene	157.01	242.3	429.1	670.1	52.857	42.501*	50.120
233	C_6H_5Cl	chlorobenzene	112.56	227.6	405.1	632.6	45.499	36.547	42.307
234	C_6H_5F	fluorobenzene	96.10	234.0	358.1	559.8	40.057	33.388	36.854
235	C_6H_5I	iodobenzene	204.01	241.8	461.6	721.1	49.866	39.497	47.551
236	C_6H_6	benzene	78.11	278.7	353.3	562.0	34.550	30.761	33.628
237	C_6H_6O	phenol	94.11	314.0	454.9	692.9	54.420	45.606	—
238	C_6H_6S	benzenethiol	110.17	258.4	442.3	685.0	50.289	40.585	48.452
239	C_6H_7N	2-picoline	93.13	207.0	402.6	621.1	52.985	41.560	48.208
240	C_6H_7N	3-picoline	93.13	254.9	417.3	644.8	46.505	37.894*	44.470
241	C_6H_7N	aniline	93.13	267.0	457.2	698.9	52.167	41.840	50.703
242	C_6H_{10}	1-hexyne	82.14	141.3	344.5	529.0	38.635	29.137*	31.725
243	C_6H_{10}	cyclohexene	82.14	169.7	356.1	560.4	38.973	30.460	33.494
244	C_6H_{10}	1-methylcyclopentene	82.14	146.0	349.0	542.0	38.177	29.054*	31.751
245	C_6H_{10}	3-methylcyclopentene	82.14	130.2	343.3	535.7	38.321	28.874*	31.273
246	C_6H_{10}	4-methylcyclopentene	82.14	112.3	348.3	543.8	39.594	29.305*	31.962
247	$C_6H_{10}O$	cyclohexanone	98.14	242.0	428.2	629.1	50.993	39.748	48.045
248	C_6H_{12}	1-hexene	84.16	133.3	337.9	508.5	38.161	28.284	30.627
249	C_6H_{12}	2-hexene,*cis*	84.16	132.0	342.0	518.0	39.248	29.121	31.689
250	C_6H_{12}	2-hexene,*trans*	84.16	140.0	341.0	516.0	38.662	28.911	31.420
251	C_6H_{12}	3-hexene,*cis*	84.16	135.3	339.6	517.0	38.403	28.702	31.086
252	C_6H_{12}	3-hexene,*trans*	84.16	159.7	340.3	519.9	37.718	28.953	31.367
253	C_6H_{12}	2-methyl-1-pentene	84.16	137.4	335.3	506.5	37.590	28.075	30.248
254	C_6H_{12}	3-methyl-1-pentene	84.16	120.2	327.3	495.3	36.512	26.903	28.592
255	C_6H_{12}	4-methyl-1-pentene	84.16	119.5	327.0	494.8	36.758	27.070	28.754
256	C_6H_{12}	2-methyl-2-pentene	84.16	138.1	340.5	518.0	38.717	28.995	31.451
257	C_6H_{12}	3-methyl-2-pentene,*cis*	84.16	138.3	340.9	518.0	38.519	28.828	31.296
258	C_6H_{12}	3-methyl-2-pentene,*trans*	84.16	134.7	343.6	521.0	39.366	29.288	31.939

$$\Delta_v H_T = \Delta_v H_{T_1}\left[\frac{1-T_r}{1-T_{r_1}}\right]^{0.38} = \Delta_v H_{T_1}\left[\frac{T_c-T}{T_c-T_1}\right]^{0.38}, \text{kJ/mol}$$

序号	化学式	英 文 名	M /(g/mol)	T_m /K	T_1 /K	T_c /K	$\Delta_v H_{T_m}$ T_m	$\Delta_v H_{T_1}$ T_1	$\Delta_v H_{\tilde{t}}$ 298.15K
259	C_6H_{12}	4-methyl-2-pentene,cis	84.16	139.0	329.6	490.0	37.130	27.573	29.514
260	C_6H_{12}	4-methyl-2-pentene,trans	84.16	132.0	331.7	493.0	37.959	27.949	30.029
261	C_6H_{12}	2-ethyl-1-butene	84.16	141.6	337.8	510.4	38.418	28.786	31.142
262	C_6H_{12}	2,3-dimethyl-1-butene	84.16	115.9	328.8	501.0	37.210	27.405	29.165
263	C_6H_{12}	3,3-dimethyl-1-butene	84.16	158.0	314.4	490.0	32.671	25.648	26.525
264	C_6H_{12}	2,3-dimethyl-2-butene	84.16	198.9	346.4	524.0	37.289	29.635	32.468
265	C_6H_{12}	cyclohexane	84.16	279.6	353.9	553.5	33.785	29.957	32.896
266	C_6H_{12}	methylcyclopentane	84.16	130.7	345.0	533.2	38.816	29.079	31.640
267	$C_6H_{12}O$	cyclohexanol	100.16	298.0	433.7	625.1	55.747	45.480	55.736
268	$C_6H_{12}O$	hexanal	100.16	217.2	401.4	581.1	50.014	38.246*	45.451
269	$C_6H_{12}S$	thiacycloheptane	116.22	292.1	414.9	640.1	43.647	36.995*	43.359
270	C_6H_{14}	hexane	86.18	177.8	341.9	507.9	37.468	28.853	31.537
271	C_6H_{14}	2-methylpentane	86.18	119.5	333.4	498.5	38.098	27.782	29.901
272	C_6H_{14}	3-methylpentane	86.18	155.0	336.4	504.4	37.078	28.075	30.347
273	C_6H_{14}	2,2-dimethylbutane	86.18	173.3	322.9	488.5	33.602	26.305	27.735
274	C_6H_{14}	2,3-dimethylbutane	86.18	144.6	331.5	500.5	36.185	27.280	29.192
275	$C_6H_{14}O$	propyl-ether	102.18	151.0	363.2	530.6	47.001	34.434	39.008
276	$C_6H_{14}O$	isopropyl-ether	102.18	187.7	341.4	500.2	37.934	29.330	32.141
277	$C_6H_{14}O$	hexyl-alcohol	102.18	229.2	430.3	610.0	64.556	48.534	59.836
278	$C_6H_{14}S$	butyl-ethyl-sulfide	118.24	178.0	417.4	609.0	49.990	36.736	44.152
279	$C_6H_{14}S$	isopropyl-sulfide	118.24	170.5	393.2	585.7	47.180	35.229	41.031
280	$C_6H_{14}S$	methyl-pentyl-sulfide	118.24	179.2	401.2	588.0	48.392	35.936*	42.462
281	$C_6H_{14}S$	propyl-sulfide	118.24	170.5	416.0	609.7	50.027	36.652	43.905
282	$C_6H_{14}S$	1-hexanethiol	118.24	192.7	425.8	622.0	50.149	37.238	45.053
283	$C_6H_{14}S_2$	propyl-disulfide	150.30	187.7	464.7	673.0	57.811	41.924	52.406
284	$C_6H_{15}N$	triethylamine	101.19	158.4	362.4	535.2	42.195	31.380	35.381
285	$C_7H_5F_3$	A,A,A-trifluorotoluene	146.11	244.1	375.2	562.6	45.399	37.112	42.298
286	C_7H_5N	benzonitrile	103.12	260.0	464.1	699.4	60.161	47.451	58.120
287	$C_7H_6O_2$	benzoic-acid	122.12	395.6	523.0	752.0	59.893	50.626	—
288	C_7H_7F	p-fluorotoluene	110.13	216.4	389.8	590.5	49.044	38.710	44.654
289	C_7H_8	toluene	92.14	178.0	383.7	593.1	43.034	33.179	37.793
290	C_7H_8	1,3,5-cycloheptatriene	92.14	193.7	388.7	593.9	45.520	35.317*	40.575
291	C_7H_8O	m-cresol	108.14	285.4	475.4	705.4	59.594	47.405	58.899
292	C_7H_8O	o-cresol	108.14	304.1	464.1	695.3	55.182	45.187	—
293	C_7H_8O	p-cresol	108.14	307.9	475.0	704.5	58.408	47.447	—
294	C_7H_{12}	1-heptyne	96.17	192.3	372.9	559.7	41.220	31.878*	36.224
295	C_7H_{14}	1-heptene	98.19	154.3	366.8	537.2	42.285	31.087	35.353
296	C_7H_{14}	cycloheptane	98.19	265.0	391.9	602.0	40.143	33.543*	38.594
297	C_7H_{14}	ethylcyclopentane	98.19	134.7	376.6	569.5	43.960	32.280	36.749
298	C_7H_{14}	1,1-dimethylcyclopentane	98.19	203.4	361.0	550.0	38.142	30.292	33.783
299	C_7H_{14}	c-1,2-dimethylcyclopentane	98.19	219.3	372.7	565.0	39.610	31.698	35.899
300	C_7H_{14}	t-1,2-dimethylcyclopentane	98.19	155.6	365.0	553.0	41.010	30.857	34.639
301	C_7H_{14}	c-1,3-dimethylcyclopentane	98.19	139.5	363.9	551.0	41.020	30.401	34.088
302	C_7H_{14}	t-1,3-dimethylcyclopentane	98.19	139.2	364.9	553.0	41.554	30.798	34.563
303	C_7H_{14}	methylcyclohexane	98.19	146.6	374.1	572.3	41.621	31.129	35.211
304	$C_7H_{14}O$	heptanal	114.19	229.9	425.0	638.5	61.112	47.752	57.010

续表

序号	化学式	英　文　名	M /(g/mol)	T_m /K	T_1 /K	T_c /K	$\Delta_v H_{T_m}$ T_m	$\Delta_v H_{T_1}$ T_1	$\Delta_v H_l$ 298.15K
							$\Delta_v H_T = \Delta_v H_{T_1}\left[\dfrac{1-T_r}{1-T_{r_1}}\right]^{0.38} = \Delta_v H_{T_1}\left[\dfrac{T_c-T}{T_c-T_1}\right]^{0.38}$, kJ/mol		
305	C_7H_{16}	heptane	100.20	182.6	371.6	540.1	42.182	31.698	36.366
306	C_7H_{16}	2-methylhexane	100.20	154.9	363.2	531.0	41.676	30.669	34.734
307	C_7H_{16}	3-methylhexane	100.20	100.0	365.0	535.4	43.981	30.794	34.919
308	C_7H_{16}	3-ethylpentane	100.20	154.6	366.6	540.7	41.896	30.957	35.111
309	C_7H_{16}	2,2-dimethylpentane	100.20	149.4	352.4	520.4	39.401	29.162	32.430
310	C_7H_{16}	2,3-dimethylpentane	100.20	149.4	363.1	537.6	41.173	30.388	34.266
311	C_7H_{16}	2,4-dimethylpentane	100.20	154.0	353.8	520.8	39.774	29.497	32.901
312	C_7H_{16}	3,3-dimethylpentane	100.20	138.7	359.2	536.3	40.316	29.648	33.181
313	C_7H_{16}	2,2,3-trimethylbutane	100.20	248.3	354.0	530.4	34.606	28.949	32.140
314	$C_7H_{16}O$	isopropyl-*tert*-butyl-ether	116.20	177.8	378.7	558.2	42.370	31.853*	36.668
315	$C_7H_{16}O$	heptyl-alcohol	116.20	239.2	449.1	631.9	64.336	48.116	60.479
316	$C_7H_{16}S$	butyl-propyl-sulfide	132.26	206.7	444.2	653.5	50.264	37.681*	46.073
317	$C_7H_{16}S$	ethyl-pentyl-sulfide	132.26	206.7	444.2	638.4	54.559	40.275*	49.838
318	$C_7H_{16}S$	hexyl-methyl-sulfide	132.26	206.7	444.2	638.4	54.559	40.275*	49.838
319	$C_7H_{16}S$	1-heptanethiol	132.26	229.9	450.1	645.0	52.977	39.748	49.482
320	C_8H_6	ethynylbenzene	102.14	242.5	418.4	655.4	44.604	36.125*	42.218
321	C_8H_8	styrene	104.15	242.5	418.2	617.1	46.828	36.819	44.051
322	C_8H_8	1,3,5,7-cyclooctatetraene	104.15	266.2	413.2	642.6	43.938	36.401	42.479
323	C_8H_{10}	ethylbenzene	106.17	178.2	409.2	617.9	47.203	35.564	41.821
324	C_8H_{10}	*m*-xylene	106.17	225.3	412.2	619.0	46.439	36.359	42.964
325	C_8H_{10}	*o*-xylene	106.17	248.0	417.5	631.1	45.968	36.819	43.580
326	C_8H_{10}	*p*-xylene	106.17	286.4	411.4	617.4	43.091	35.982	42.502
327	C_8H_{14}	1-octyne	110.20	193.9	399.4	586.9	45.755	34.539*	40.695
328	C_8H_{16}	1-octene	112.21	171.4	395.2	571.7	46.087	33.765	39.879
329	C_8H_{16}	cyclooctane	112.21	287.6	424.3	647.2	43.079	35.920*	42.594
330	C_8H_{16}	propylcyclopentane	112.21	155.8	404.1	603.0	46.405	34.108	40.116
331	C_8H_{16}	ethylcyclohexane	112.21	161.8	404.9	609.0	46.226	34.309	40.259
332	C_8H_{16}	1,1-dimethylcyclohexane	112.21	239.7	392.7	591.0	40.504	32.593	37.797
333	C_8H_{16}	*c*-1,2-dimethylcyclohexane	112.21	223.1	402.9	606.0	42.807	33.639	39.401
334	C_8H_{16}	*t*-1,2-dimethylcyclohexane	112.21	185.0	396.7	596.0	43.298	32.886	38.311
335	C_8H_{16}	*c*-1,3-dimethylcyclohexane	112.21	197.6	393.3	591.0	42.602	32.803	38.081
336	C_8H_{16}	*t*-1,3-dimethylcyclohexane	112.21	183.0	397.6	598.0	44.636	33.849	39.450
337	C_8H_{16}	*c*-1,4-dimethylcyclohexane	112.21	185.7	397.6	598.0	44.411	33.765	39.349
338	C_8H_{16}	*t*-1,4-dimethylcyclohexane	112.21	236.2	392.5	587.7	40.756	32.593	37.861
339	$C_8H_{16}O$	octanal	128.21	245.9	444.9	621.1	57.856	43.417*	54.653
340	C_8H_{18}	octane	114.23	216.4	398.8	569.1	45.378	34.413	41.051
341	C_8H_{18}	2-methylheptane	114.23	164.0	390.8	560.6	46.666	33.807	39.890
342	C_8H_{18}	3-methylheptane	114.23	152.7	392.1	564.1	47.202	33.890	39.991
343	C_8H_{18}	4-methylheptane	114.23	152.2	390.9	562.2	47.219	33.890	39.948
344	C_8H_{18}	3-ethylhexane	114.23	152.2	391.7	566.1	46.679	33.610	39.567
345	C_8H_{18}	2,2-dimethylhexane	114.23	152.0	380.0	549.9	44.576	32.259	37.458
346	C_8H_{18}	2,3-dimethylhexane	114.23	172.0	388.8	564.5	45.064	33.204	38.889
347	C_8H_{18}	2,4-dimethylhexane	114.23	172.0	382.8	554.1	44.214	32.593	37.967
348	C_8H_{18}	2,5-dimethylhexane	114.23	181.9	381.8	549.9	43.949	32.635	38.044
349	C_8H_{18}	3,3-dimethylhexane	114.23	147.0	385.1	562.8	44.851	32.468	37.775
350	C_8H_{18}	3,4-dimethylhexane	114.23	147.1	391.9	569.7	46.235	33.275	39.080

序号	化学式	英文名	M /(g/mol)	T_m /K	T_1 /K	T_c /K	$\Delta_v H_{T_m}$ T_m	$\Delta_v H_{T_1}$ T_1	$\Delta_v H_t$ 298.15K
		$\Delta_v H_T = \Delta_v H_{T_1} \left[\dfrac{1-T_r}{1-T_{r_1}} \right]^{0.38} = \Delta_v H_{T_1} \left[\dfrac{T_c-T}{T_c-T_1} \right]^{0.38}$, kJ/mol							
351	C_8H_{18}	3-ethyl-2-methylpentane	114.23	158.2	388.8	567.0	45.196	32.966	38.542
352	C_8H_{18}	3-ethyl-3-methylpentane	114.23	182.3	391.4	576.5	43.709	32.794	38.295
353	C_8H_{18}	2,2,3-trimethylpentane	114.23	160.9	383.3	563.5	43.439	32.008	37.074
354	C_8H_{18}	2,2,4-trimethylpentane	114.23	165.8	372.4	543.8	41.877	31.008	35.550
355	C_8H_{18}	2,3,3-trimethylpentane	114.23	172.5	387.9	573.5	43.340	32.342	37.571
356	C_8H_{18}	2,3,4-trimethylpentane	114.23	163.9	386.6	566.4	44.456	32.731	38.103
357	C_8H_{18}	2,2,3,3-tetramethylbutane	114.23	172.5	379.6	567.8	41.660	31.422	36.023
358	$C_8H_{18}O$	butyl-ether	130.23	175.0	412.9	580.0	55.638	39.748	48.477
359	$C_8H_{18}O$	sec-butyl-ether	130.23	171.7	394.2	562.0	48.071	34.878*	41.423
360	$C_8H_{18}O$	tert-butyl-ether	130.23	206.5	380.4	550.0	41.506	31.744*	36.887
361	$C_8H_{18}O$	octyl-alcohol	130.23	257.7	468.3	652.5	67.632	50.626	64.909
362	$C_8H_{18}S$	butyl-sulfide	146.29	209.9	455.2	650.0	54.117	39.706*	49.703
363	$C_8H_{18}S$	ethyl-hexyl-sulfide	146.29	209.9	468.2	660.7	59.375	42.974*	54.656
364	$C_8H_{18}S$	heptyl-methyl-sulfide	146.29	209.9	468.2	660.7	59.375	42.974*	54.656
365	$C_8H_{18}S$	pentyl-propyl-sulfide	146.29	209.9	468.2	660.7	59.375	42.974*	54.656
366	$C_8H_{18}S$	1-octanethiol	146.29	223.9	472.3	665.0	57.885	42.258	53.970
367	$C_8H_{18}S_2$	butyl-disulfide	178.35	202.2	504.4	704.2	66.505	46.861	61.351
368	C_9H_{10}	alpha-methylstyrene	118.18	249.9	438.5	654.0	48.614	38.284	46.322
369	C_9H_{10}	propenylbenzene,cis	118.18	211.5	443.2	664.6	50.854	38.740*	46.912
370	C_9H_{10}	propenylbenzene,trans	118.18	243.8	443.2	664.6	49.443	38.740*	46.912
371	C_9H_{10}	m-methylstyrene	118.18	186.8	441.2	658.2	48.822	36.359	44.070
372	C_9H_{10}	o-methylstyrene	118.18	204.6	444.2	662.7	48.780	36.819	44.722
373	C_9H_{10}	p-methylstyrene	118.18	239.0	442.2	659.7	46.232	35.982	43.644
374	C_9H_{12}	propylbenzene	120.19	173.7	430.2	638.6	51.872	38.242	46.080
375	C_9H_{12}	cumene	120.19	177.1	426.2	631.7	50.757	37.530	45.123
376	C_9H_{12}	m-ethyltoluene	120.19	177.6	434.5	637.0	52.607	38.535	46.861
377	C_9H_{12}	o-ethyltoluene	120.19	192.3	438.3	651.0	52.051	38.869	47.112
378	C_9H_{12}	p-ethyltoluene	120.19	210.8	435.2	640.0	50.879	38.409	46.664
379	C_9H_{12}	1,2,3-trimethylbenzene	120.19	247.7	449.3	664.5	51.472	40.041	49.009
380	C_9H_{12}	1,2,4-trimethylbenzene	120.19	227.0	442.3	649.2	51.460	39.246	47.974
381	C_9H_{12}	mesitylene	120.19	228.4	437.9	640.1	51.146	39.037	47.662
382	C_9H_{16}	1-nonyne	124.23	223.2	424.0	610.8	48.983	37.120*	45.140
383	C_9H_{18}	1-nonene	126.24	191.8	420.0	592.0	50.058	36.317	44.513
384	C_9H_{18}	butylcyclopentane	126.24	165.2	429.8	625.1	50.345	36.359	44.221
385	C_9H_{18}	propylcyclohexane	126.24	178.7	429.9	639.0	48.676	36.066	43.424
386	C_9H_{18}	c-c-135trimethylcyclohexane	126.24	223.5	411.7	607.9	43.256	33.501*	39.846
387	C_9H_{18}	c-t-135trimethylcyclohexane	126.24	188.8	413.7	602.2	47.194	35.016*	41.992
388	$C_9H_{18}O$	nonanal	142.24	267.3	461.6	640.0	67.220	50.806	65.049
389	C_9H_{20}	nonane	128.26	219.7	423.8	594.8	49.757	36.915	45.512
390	C_9H_{20}	2-methyloctane	128.26	192.8	416.2	587.0	50.363	36.652	44.750
391	C_9H_{20}	3-methyloctane	128.26	165.6	417.4	590.0	51.766	36.777	44.898
392	C_9H_{20}	4-methyloctane	128.26	160.0	415.6	586.7	51.811	36.610	44.651
393	C_9H_{20}	3-ethylheptane	128.26	160.0	416.2	587.5	52.000	36.736	44.830
394	C_9H_{20}	4-ethylheptane	128.26	160.0	414.4	585.0	51.849	36.652	44.651
395	C_9H_{20}	2,2-dimethylheptane	128.26	160.0	405.9	576.8	48.784	34.769	41.862
396	C_9H_{20}	2,3-dimethylheptane	128.26	160.2	413.7	589.6	50.684	36.108	43.741

续表

$$\Delta_v H_T = \Delta_v H_{T_1}\left[\frac{1-T_r}{1-T_{r_1}}\right]^{0.38} = \Delta_v H_{T_1}\left[\frac{T_c-T}{T_c-T_1}\right]^{0.38}, kJ/mol$$

序号	化学式	英文名	M /(g/mol)	T_m /K	T_1 /K	T_c /K	$\Delta_v H_{T_m}$ T_m	$\Delta_v H_{T_1}$ T_1	$\Delta_v H_{\acute{t}}$ 298.15K
397	C_9H_{20}	2,4-dimethylheptane	128.26	160.2	406.1	576.8	49.621	35.355	42.586
398	C_9H_{20}	2,5-dimethylheptane	128.26	160.2	409.2	581.1	50.036	35.606	43.025
399	C_9H_{20}	2,6-dimethylheptane	128.26	170.3	408.4	577.9	49.578	35.522	42.969
400	C_9H_{20}	3,3-dimethylheptane	128.26	170.3	410.2	588.4	48.827	35.313	42.502
401	C_9H_{20}	3,4-dimethylheptane	128.26	170.3	413.8	591.9	50.443	36.359	43.969
402	C_9H_{20}	3,5-dimethylheptane	128.26	170.3	409.2	583.2	49.502	35.648	42.998
403	C_9H_{20}	4,4-dimethylheptane	128.26	170.3	408.4	585.4	48.876	35.355	42.493
404	C_9H_{20}	3-ethyl-2-methylhexane	128.26	160.2	411.2	588.1	50.331	35.982	43.410
405	C_9H_{20}	4-ethyl-2-methylhexane	128.26	160.2	407.0	580.0	49.924	35.648	42.908
406	C_9H_{20}	3-ethyl-3-methylhexane	128.26	160.2	413.8	597.5	49.677	35.731	43.012
407	C_9H_{20}	3-ethyl-4-methylhexane	128.26	160.2	413.6	593.7	50.822	36.401	43.936
408	C_9H_{20}	2,2,3-trimethylhexane	128.26	153.2	406.8	588.0	48.485	34.769	41.559
409	C_9H_{20}	2,2,4-trimethylhexane	128.26	153.0	399.7	573.5	47.587	34.016	40.514
410	C_9H_{20}	2,2,5-trimethylhexane	128.26	167.4	397.2	568.0	46.686	33.765	40.177
411	C_9H_{20}	2,3,3-trimethylhexane	128.26	156.4	410.8	596.0	48.585	34.978	41.903
412	C_9H_{20}	2,3,4-trimethylhexane	128.26	156.4	412.2	594.5	49.804	35.690	42.927
413	C_9H_{20}	2,3,5-trimethylhexane	128.26	145.4	404.5	579.2	49.185	34.811	41.704
414	C_9H_{20}	2,4,4-trimethylhexane	128.26	159.8	403.8	581.5	47.648	34.309	40.965
415	C_9H_{20}	3,3,4-trimethylhexane	128.26	172.0	413.6	602.3	48.078	35.146	42.137
416	C_9H_{20}	3,3-diethylpentane	128.26	240.1	419.3	610.0	46.283	35.982	43.376
417	C_9H_{20}	3-ethyl-2,2-dimethylpentane	128.26	173.7	407.0	590.4	47.551	34.811	41.552
418	C_9H_{20}	3-ethyl-2,3-dimethylpentane	128.26	173.7	417.9	606.8	48.400	35.313	42.552
419	C_9H_{20}	3-ethyl-2,4-dimethylpentane	128.26	150.8	409.9	591.2	49.590	35.397	42.478
420	C_9H_{20}	2,2,3,3-tetramethylpentane	128.26	263.0	413.4	607.5	43.867	35.271	42.108
421	C_9H_{20}	2,2,3,4-tetramethylpentane	128.26	152.0	406.2	592.6	47.514	34.267	40.767
422	C_9H_{20}	2,2,4,4-tetramethylpentane	128.26	206.0	395.4	574.5	43.208	32.844	38.732
423	C_9H_{20}	2,3,3,4-tetramethylpentane	128.26	171.1	414.7	607.5	47.655	34.936	41.813
424	$C_9H_{20}O$	nonyl-alcohol	144.26	268.0	486.6	671.0	73.210	54.392	71.078
425	$C_9H_{20}S$	butyl-pentyl-sulfide	160.32	231.2	491.2	681.6	63.333	45.660*	59.573
426	$C_9H_{20}S$	ethyl-heptyl-sulfide	160.32	231.2	491.2	681.6	63.333	45.660*	59.573
427	$C_9H_{20}S$	hexyl-propyl-sulfide	160.32	231.2	491.2	681.6	63.333	45.660*	59.573
428	$C_9H_{20}S$	methyl-octyl-sulfide	160.32	231.2	491.2	681.6	63.333	45.660*	59.573
429	$C_9H_{20}S$	1-nonanethiol	160.32	253.0	493.0	686.4	60.255	44.350	57.790
430	$C_{10}H_8$	naphthalene	128.17	353.5	491.1	747.8	50.932	43.263	—
431	$C_{10}H_8$	azulene	128.17	173.7	515.2	773.5	76.412	55.480	69.947
432	$C_{10}H_{14}$	butylbenzene	134.22	185.2	456.4	660.7	54.105	39.246	48.806
433	$C_{10}H_{14}$	*m*-diethylbenzene	134.22	189.2	454.3	663.6	53.724	39.371	48.654
434	$C_{10}H_{14}$	*o*-diethylbenzene	134.22	241.9	457.0	669.6	51.405	39.413	48.724
435	$C_{10}H_{14}$	*p*-diethylbenzene	134.22	231.0	456.9	657.9	52.423	39.371	49.121
436	$C_{10}H_{14}$	1,2,3,4-tetramethylbenzene	134.22	266.9	478.3	695.1	58.302	45.020	56.647
437	$C_{10}H_{14}$	1,2,3,5-tetramethylbenzene	134.22	249.0	471.3	679.0	57.755	43.806	55.151
438	$C_{10}H_{14}$	1,2,4,5-tetramethylbenzene	134.22	352.0	470.0	675.6	54.085	45.522	—
439	$C_{10}H_{18}$	1-decyne	138.25	229.2	447.2	632.5	53.284	39.652*	49.617
440	$C_{10}H_{18}$	decahydronaphthalene,*cis*	138.25	230.0	468.6	702.2	51.390	39.330	48.434
441	$C_{10}H_{18}$	decahydronaphthalene,*trans*	138.25	242.8	460.4	687.0	49.714	38.493	47.262
442	$C_{10}H_{20}$	1-decene	140.27	206.9	443.7	615.0	53.768	38.660	48.837

续表

$$\Delta_v H_T = \Delta_v H_{T_1} \left[\frac{1-T_r}{1-T_{r_1}} \right]^{0.38} = \Delta_v H_{T_1} \left[\frac{T_c-T}{T_c-T_1} \right]^{0.38}, \text{kJ/mol}$$

序号	化学式	英 文 名	M /(g/mol)	T_m /K	T_1 /K	T_c /K	$\Delta_v H_{T_m}$ T_m	$\Delta_v H_{T_1}$ T_1	$\Delta_v H_{\overline{z}}$ 298.15K
443	$C_{10}H_{20}$	1-cyclopentylpentane	140.27	190.2	453.8	647.5	53.988	38.953	48.734
444	$C_{10}H_{20}$	butylcyclohexane	140.27	198.4	454.1	667.0	51.949	38.493	47.432
445	$C_{10}H_{20}O$	decanal	156.27	268.2	481.7	652.0	74.953	55.041	72.670
446	$C_{10}H_{22}$	decane	142.28	243.5	446.9	616.1	53.015	39.279	49.914
447	$C_{10}H_{22}$	2-methylnonane	142.28	198.5	440.2	610.3	54.853	39.204	49.372
448	$C_{10}H_{22}$	3-methylnonane	142.28	188.4	441.0	613.4	55.116	39.120	49.199
449	$C_{10}H_{22}$	4-methylnonane	142.28	174.5	438.9	610.5	55.276	38.786	48.694
450	$C_{10}H_{22}$	5-methylnonane	142.28	185.5	438.3	609.6	54.616	38.702	48.568
451	$C_{10}H_{22}$	3-ethyloctane	142.28	185.5	439.7	613.6	54.498	38.702	48.525
452	$C_{10}H_{22}$	4-ethyloctane	142.28	185.5	436.8	609.6	53.852	38.284	47.889
453	$C_{10}H_{22}$	2,2-dimethyloctane	142.28	219.2	430.1	602.0	51.100	37.698	46.804
454	$C_{10}H_{22}$	2,3-dimethyloctane	142.28	219.2	437.5	613.2	51.919	38.200	47.687
455	$C_{10}H_{22}$	2,4-dimethyloctane	142.28	219.2	429.1	599.4	51.319	37.823	46.972
456	$C_{10}H_{22}$	2,5-dimethyloctane	142.28	219.2	431.7	603.0	51.389	37.823	47.080
457	$C_{10}H_{22}$	2,6-dimethyloctane	142.28	219.2	433.5	603.1	52.112	38.200	47.744
458	$C_{10}H_{22}$	2,7-dimethyloctane	142.28	219.2	433.0	602.9	52.123	38.242	47.752
459	$C_{10}H_{22}$	3,3-dimethyloctane	142.28	219.2	434.4	612.1	50.848	37.614	46.691
460	$C_{10}H_{22}$	3,4-dimethyloctane	142.28	219.2	436.6	614.0	51.542	38.033	47.350
461	$C_{10}H_{22}$	3,5-dimethyloctane	142.28	219.2	432.6	606.3	51.172	37.740	46.921
462	$C_{10}H_{22}$	3,6-dimethyloctane	142.28	219.2	434.0	608.3	51.658	38.074	47.390
463	$C_{10}H_{22}$	4,4-dimethyloctane	142.28	219.2	430.7	606.9	50.247	37.238	46.080
464	$C_{10}H_{22}$	4,5-dimethyloctane	142.28	219.2	435.3	612.2	51.284	37.865	47.092
465	$C_{10}H_{22}$	4-propylheptane	142.28	219.2	430.7	601.0	51.799	38.116	47.432
466	$C_{10}H_{22}$	4-isopropylheptane	142.28	219.2	432.1	607.6	50.640	37.447	46.449
467	$C_{10}H_{22}$	3-ethyl-2-methylheptane	142.28	219.2	434.4	610.9	51.091	37.740	46.900
468	$C_{10}H_{22}$	4-ethyl-2-methylheptane	142.28	219.2	429.4	601.8	50.580	37.363	46.325
469	$C_{10}H_{22}$	5-ethyl-2-methylheptane	142.28	219.2	432.9	606.7	51.181	37.740	46.934
470	$C_{10}H_{22}$	3-ethyl-3-methylheptane	142.28	219.2	437.0	620.0	50.552	37.530	46.507
471	$C_{10}H_{22}$	4-ethyl-3-methylheptane	142.28	219.2	435.4	614.3	50.883	37.656	46.748
472	$C_{10}H_{22}$	3-ethyl-5-methylheptane	142.28	219.2	431.4	606.6	50.963	37.698	46.733
473	$C_{10}H_{22}$	3-ethyl-4-methylheptane	142.28	219.2	436.2	615.5	51.012	37.740	46.880
474	$C_{10}H_{22}$	4-ethyl-4-methylheptane	142.28	219.2	434.0	615.7	50.201	37.321	46.137
475	$C_{10}H_{22}$	2,2,3-trimethylheptane	142.28	219.2	430.8	611.7	49.811	37.112	45.734
476	$C_{10}H_{22}$	2,2,4-trimethylheptane	142.28	219.2	421.5	594.5	48.854	36.401	44.658
477	$C_{10}H_{22}$	2,2,5-trimethylheptane	142.28	219.2	424.0	598.0	49.257	36.652	45.068
478	$C_{10}H_{22}$	2,2,6-trimethylheptane	142.28	219.2	422.1	593.4	49.437	36.736	45.177
479	$C_{10}H_{22}$	2,3,3-trimethylheptane	142.28	219.2	433.4	617.5	49.870	37.196	45.852
480	$C_{10}H_{22}$	2,3,4-trimethylheptane	142.28	219.2	433.1	613.7	50.220	37.321	46.132
481	$C_{10}H_{22}$	2,3,5-trimethylheptane	142.28	219.2	433.9	612.3	50.132	37.154	46.041
482	$C_{10}H_{22}$	2,3,6-trimethylheptane	142.28	219.2	429.2	604.1	50.362	37.321	46.153
483	$C_{10}H_{22}$	2,4,4-trimethylheptane	142.28	219.2	424.2	600.3	48.753	36.359	44.634
484	$C_{10}H_{22}$	2,4,5-trimethylheptane	142.28	219.2	429.7	606.9	49.970	37.112	45.825
485	$C_{10}H_{22}$	2,4,6-trimethylheptane	142.28	219.2	420.8	590.3	49.701	36.903	45.380
486	$C_{10}H_{22}$	2,5,5-trimethylheptane	142.28	219.2	426.0	602.9	49.356	36.777	45.216
487	$C_{10}H_{22}$	3,3,4-trimethylheptane	142.28	219.2	435.1	622.1	49.791	37.196	45.829
488	$C_{10}H_{22}$	3,3,5-trimethylheptane	142.28	219.2	423.9	609.5	49.119	36.652	45.074

序号	化学式	英 文 名	M /(g/mol)	T_m /K	T_1 /K	T_c /K	$\Delta_v H_{T_m}$ T_m	$\Delta_v H_{T_1}$ T_1	$\Delta_v H_{\tilde{l}}$ 298.15K
								$\Delta_v H_T = \Delta_v H_{T_1}\left[\dfrac{1-T_r}{1-T_{r_1}}\right]^{0.38} = \Delta_v H_{T_1}\left[\dfrac{T_c-T}{T_c-T_1}\right]^{0.38}$, kJ/mol		
489	$C_{10}H_{22}$	3,4,4-trimethylheptane	142.28	219.2	434.3	620.9	49.607	37.070	45.646
490	$C_{10}H_{22}$	3,4,5-trimethylheptane	142.28	219.2	435.7	612.8	50.722	37.447	46.583
491	$C_{10}H_{22}$	3-isopropyl-2-methylhexane	142.28	219.2	439.9	623.4	49.420	36.610	45.501
492	$C_{10}H_{22}$	3,3-diethylhexane	142.28	219.2	439.5	627.8	50.487	37.614	46.529
493	$C_{10}H_{22}$	3,4-diethylhexane	142.28	219.2	437.1	618.8	50.802	37.656	46.723
494	$C_{10}H_{22}$	3-ethyl-2,2-dimethylhexane	142.28	219.2	429.3	611.7	49.096	36.694	45.078
495	$C_{10}H_{22}$	4-ethyl-2,2-dimethylhexane	142.28	219.2	420.2	594.6	48.485	36.233	44.322
496	$C_{10}H_{22}$	3-ethyl-2,3-dimethylhexane	142.28	219.2	436.9	626.8	49.720	37.196	45.812
497	$C_{10}H_{22}$	4-ethyl-2,3-dimethylhexane	142.28	219.2	434.1	617.3	50.009	37.238	45.978
498	$C_{10}H_{22}$	3-ethyl-2,4-dimethylhexane	142.28	219.2	433.3	616.1	49.881	37.154	45.847
499	$C_{10}H_{22}$	4-ethyl-2,4-dimethylhexane	142.28	219.2	434.3	620.9	49.607	37.070	45.646
500	$C_{10}H_{22}$	3-ethyl-2,5-dimethylhexane	142.28	219.2	427.3	603.5	49.516	36.819	45.370
501	$C_{10}H_{22}$	4-ethyl-3,3-dimethylhexane	142.28	219.2	436.1	625.7	49.586	37.112	45.677
502	$C_{10}H_{22}$	3-ethyl-3,4-dimethylhexane	142.28	219.2	435.3	624.5	49.403	36.987	45.497
503	$C_{10}H_{22}$	2,2,3,3-tetramethylhexane	142.28	219.2	433.5	623.0	48.469	36.359	44.621
504	$C_{10}H_{22}$	2,2,3,4-tetramethylhexane	142.28	219.2	432.0	620.4	48.511	36.401	44.633
505	$C_{10}H_{22}$	2,2,3,5-tetramethylhexane	142.28	219.2	421.6	601.3	48.260	36.233	44.194
506	$C_{10}H_{22}$	2,2,4,4-tetramethylhexane	142.28	219.2	427.0	610.2	46.766	35.062	42.923
507	$C_{10}H_{22}$	2,2,4,5-tetramethylhexane	142.28	219.2	421.0	598.5	47.801	35.815	43.742
508	$C_{10}H_{22}$	2,2,5,5-tetramethylhexane	142.28	260.6	410.6	581.4	44.822	35.271	42.748
509	$C_{10}H_{22}$	2,3,3,4-tetramethylhexane	142.28	260.6	437.8	633.1	47.270	36.987	45.397
510	$C_{10}H_{22}$	2,3,3,5-tetramethylhexane	142.28	260.6	426.3	610.1	46.307	36.275	44.347
511	$C_{10}H_{22}$	2,3,4,4-tetramethylhexane	142.28	260.6	434.8	626.6	46.851	36.652	44.961
512	$C_{10}H_{22}$	2,3,4,5-tetramethylhexane	142.28	260.6	429.4	613.2	47.213	36.861	45.233
513	$C_{10}H_{22}$	3,3,4,4-tetramethylhexane	142.28	260.6	443.2	646.7	44.668	35.020	42.962
514	$C_{10}H_{22}$	2,4-dimethyl-3-isopropylpentane	142.28	191.5	430.2	614.4	49.864	36.359	44.649
515	$C_{10}H_{22}$	3,3-diethyl-2-methylpentane	142.28	191.5	442.9	639.9	51.297	37.530	46.265
516	$C_{10}H_{22}$	3-ethyl-2,2,3-trimethylpentane	142.28	191.5	442.7	646.0	49.529	36.484	44.741
517	$C_{10}H_{22}$	3-ethyl-2,2,4-trimethylpentane	142.28	191.5	428.5	615.3	49.350	36.150	44.200
518	$C_{10}H_{22}$	3-ethyl-2,3,4-trimethylpentane	142.28	191.5	442.6	642.3	50.456	37.028	45.535
519	$C_{10}H_{22}$	2,2,3,3,4-pentamethylpentane	142.28	236.7	439.2	643.8	47.224	36.359	44.376
520	$C_{10}H_{22}$	2,2,3,4,4-pentamethylpentane	142.28	234.4	432.5	627.3	46.097	35.313	43.098
521	$C_{10}H_{22}O$	decyl-alcohol	158.28	280.1	504.1	687.0	68.039	50.208	66.875
522	$C_{10}H_{22}S$	butyl-hexyl-sulfide	174.34	238.2	513.2	701.0	68.039	48.300*	64.542
523	$C_{10}H_{22}S$	ethyl-octyl-sulfide	174.34	238.2	513.2	701.0	68.039	48.300*	64.542
524	$C_{10}H_{22}S$	heptyl-propyl-sulfide	174.34	238.2	513.2	701.0	68.039	48.300*	64.542
525	$C_{10}H_{22}S$	methyl-nonyl-sulfide	174.34	238.2	513.2	701.0	68.039	48.300*	64.542
526	$C_{10}H_{22}S$	pentyl-sulfide	174.34	238.2	513.2	701.0	68.039	48.300*	64.542
527	$C_{10}H_{22}S$	1-decanethiol	174.34	247.6	512.4	702.2	64.719	46.442	61.883
528	$C_{10}H_{22}S_2$	pentyl-disulfide	206.40	214.2	537.1	726.9	74.457	51.045	69.563
529	$C_{11}H_{10}$	1-methylnaphthalene	142.20	242.7	517.8	772.0	60.819	46.024	58.314
530	$C_{11}H_{10}$	2-methylnaphthalene	142.20	307.7	514.2	764.3	57.855	46.024	—

$$\Delta_v H_T = \Delta_v H_{T_1} \left[\frac{1-T_r}{1-T_{r_1}} \right]^{0.38} = \Delta_v H_{T_1} \left[\frac{T_c - T}{T_c - T_1} \right]^{0.38}, kJ/mol$$

序号	化学式	英 文 名	M /(g/mol)	T_m /K	T_1 /K	T_c /K	$\Delta_v H_{T_m}$ T_m	$\Delta_v H_{T_1}$ T_1	$\Delta_v H_{\not z}$ 298.15K
531	$C_{11}H_{16}$	pentylbenzene	148.25	198.2	478.6	679.9	57.418	41.212	52.559
532	$C_{11}H_{16}$	pentamethylbenzene	148.25	327.5	505.1	719.0	55.898	44.430*	—
533	$C_{11}H_{20}$	1-undecyne	152.28	248.2	468.2	651.0	56.754	42.037*	53.967
534	$C_{11}H_{22}$	1-undecene	154.30	224.0	465.8	637.0	57.124	40.878	52.985
535	$C_{11}H_{22}$	1-cyclopentylhexane	154.30	200.2	476.3	667.7	57.805	41.171	52.862
536	$C_{11}H_{22}$	pentylcyclohexane	154.30	215.7	476.9	674.0	56.271	40.836	52.184
537	$C_{11}H_{24}$	undecane	156.31	247.6	468.7	640.1	56.864	41.505	53.961
538	$C_{11}H_{24}O$	undecyl-alcohol	172.31	292.2	516.2	666.3	86.776	61.337*	86.245
539	$C_{11}H_{24}S$	butyl-heptyl-sulfide	188.37	254.7	533.2	717.9	72.025	50.790*	69.377
540	$C_{11}H_{24}S$	decyl-methyl-sulfide	188.37	254.7	533.2	717.9	72.025	50.790*	69.377
541	$C_{11}H_{24}S$	ethyl-nonyl-sulfide	188.37	254.7	533.2	717.9	72.025	50.790*	69.377
542	$C_{11}H_{24}S$	octyl-prcpyl-sulfide	188.37	254.7	533.2	717.9	72.025	50.790*	69.377
543	$C_{11}H_{24}S$	1-undecanethiol	188.37	270.4	530.6	716.5	69.433	49.790*	67.757
544	$C_{12}H_{10}$	biphenyl	154.21	342.4	528.2	789.3	55.936	45.606	—
545	$C_{12}H_{12}$	1-ethylnaphthalene	156.23	259.4	531.5	774.9	63.995	48.116	62.119
546	$C_{12}H_{12}$	2-ethylnaphthalene	156.23	265.8	531.5	774.9	63.691	48.116	62.119
547	$C_{12}H_{12}$	1,2-dimethylnaphthalene	156.23	272.2	539.5	775.3	66.958	50.208	65.622
548	$C_{12}H_{12}$	1,3-dimethylnaphthalene	156.23	269.2	538.4	773.8	66.696	49.919*	65.213
549	$C_{12}H_{12}$	1,4-dimethylnaphthalene	156.23	280.8	540.5	776.8	66.423	50.116*	65.530
550	$C_{12}H_{12}$	1,5-dimethylnaphthalene	156.23	355.2	538.2	773.5	62.097	49.903*	—
551	$C_{12}H_{12}$	1,6-dimethylnaphthalene	156.23	259.2	536.2	770.6	66.867	49.714*	64.881
552	$C_{12}H_{12}$	1,7-dimethylnaphthalene	156.23	260.2	536.2	770.6	66.817	49.714*	64.881
553	$C_{12}H_{12}$	2,3-dimethylnaphthalene	156.23	378.2	541.2	777.8	61.236	50.179*	—
554	$C_{12}H_{12}$	2,6-dimethylnaphthalene	156.23	385.2	535.2	769.2	59.899	49.622*	—
555	$C_{12}H_{12}$	2,7-dimethylnaphthalene	156.23	371.2	536.2	770.6	60.872	49.714*	—
556	$C_{12}H_{18}$	hexylbenzene	162.27	212.2	499.3	697.5	60.561	43.095	56.235
557	$C_{12}H_{18}$	1,2,3-triethylbenzene	162.27	206.7	490.7	684.4	63.052	44.744*	58.158
558	$C_{12}H_{18}$	1,2,4-triethylbenzene	162.27	206.7	490.7	684.4	63.052	44.744*	58.158
559	$C_{12}H_{18}$	1,3,5-triethylbenzene	162.27	206.7	489.2	682.3	62.826	44.606*	57.926
560	$C_{12}H_{18}$	hexamethylbenzene	162.27	438.7	536.6	758.0	52.869	45.999*	—
561	$C_{12}H_{22}$	1-dodecyne	166.31	254.2	488.2	668.2	60.909	44.384*	58.363
562	$C_{12}H_{24}$	1-dodecene	168.32	238.0	486.5	657.0	60.472	42.970	57.013
563	$C_{12}H_{24}$	1-cyclopentylheptane	168.32	220.0	497.3	679.0	61.643	43.346	57.422
564	$C_{12}H_{24}$	1-cyclohexylhexane	168.32	263.6	497.9	691.8	57.889	42.844	56.067
565	$C_{12}H_{26}$	dodecane	170.34	263.6	488.6	659.5	60.052	43.639	58.003
566	$C_{12}H_{26}O$	dodecyl-alcohol	186.34	297.1	533.1	679.0	97.588	67.701	97.485
567	$C_{12}H_{26}S$	butyl-octyl-sulfide	202.40	259.2	552.2	733.7	76.629	53.187*	74.172
568	$C_{12}H_{26}S$	decyl-ethyl-sulfide	202.40	259.2	552.2	733.7	76.629	53.187*	74.172
569	$C_{12}H_{26}S$	hexyl-sulfide	202.40	259.2	552.2	733.7	76.629	53.187*	74.172
570	$C_{12}H_{26}S$	methyl-undecyl-sulfide	202.40	259.2	552.2	733.7	76.629	53.187*	74.172
571	$C_{12}H_{26}S$	nonyl-propyl-sulfide	202.40	259.2	552.2	733.7	76.629	53.187*	74.172
572	$C_{12}H_{26}S$	1-dodecanethiol	202.40	265.4	547.8	729.8	74.059	51.882	72.027
573	$C_{12}H_{26}S_2$	hexyl-disulfide	234.46	225.2	566.7	747.1	82.063	54.810	77.497
574	$C_{13}H_{14}$	1-propylnaphthalene	170.25	264.7	546.0	771.5	69.927	51.405*	68.134
575	$C_{13}H_{14}$	2-propylnaphthalene	170.25	270.2	546.7	772.4	69.748	51.472*	68.244
576	$C_{13}H_{14}$	2-ethyl-3-methylnaphthalene	170.25	344.2	550.2	776.4	66.050	51.647*	—

序号	化学式	英 文 名	M /(g/mol)	T_m /K	T_1 /K	T_c /K	$\Delta_v H_{T_m}$ T_m	$\Delta_v H_{T_1}$ T_1	$\Delta_v H_{\bar{z}}$ 298.15K
							$\Delta_v H_T = \Delta_v H_{T_1} \left[\dfrac{1-T_r}{1-T_{r_1}} \right]^{0.38} = \Delta_v H_{T_1} \left[\dfrac{T_c-T}{T_c-T_1} \right]^{0.38}$, kJ/mol		
577	$C_{13}H_{14}$	2-ethyl-6-methylnaphthalene	170.25	318.2	543.2	766.6	66.446	50.990*	—
578	$C_{13}H_{14}$	2-ethyl-7-methylnaphthalene	170.25	318.2	543.2	766.6	66.446	50.990*	—
579	$C_{13}H_{20}$	1-phenylheptane	176.30	225.2	519.2	713.5	64.132	45.187	60.305
580	$C_{13}H_{24}$	1-tridecyne	180.33	268.2	507.2	684.1	64.583	46.673*	62.772
581	$C_{13}H_{26}$	1-tridecene	182.35	250.1	505.9	674.0	63.921	44.978	61.064
582	$C_{13}H_{26}$	1-cyclopentyloctane	182.35	229.2	516.9	702.1	64.823	45.396	61.052
583	$C_{13}H_{26}$	1-cyclohexylheptane	182.35	242.7	518.1	708.6	63.058	44.894	60.092
584	$C_{13}H_{28}$	tridecane	184.36	267.8	507.8	678.4	63.728	45.647	61.895
585	$C_{13}H_{28}O$	1-tridecanol	200.36	304.2	547.2	693.7	95.066	65.567*	—
586	$C_{13}H_{28}S$	butyl-nonyl-sulfide	216.42	271.2	570.2	748.4	80.642	55.467*	78.877
587	$C_{13}H_{28}S$	decyl-propyl-sulfide	216.42	271.2	570.2	748.4	80.642	55.467*	78.877
588	$C_{13}H_{28}S$	dodecyl-methyl-sulfide	216.42	271.2	570.2	748.4	80.642	55.467*	78.877
589	$C_{13}H_{28}S$	ethyl-undecyl-sulfide	216.42	271.2	570.2	748.4	80.642	55.467*	78.877
590	$C_{13}H_{28}S$	1-tridecanethiol	216.42	282.0	564.0	742.1	76.800	53.555	75.767
591	$C_{14}H_{16}$	1-butylnaphthalene	184.28	253.4	562.6	781.5	74.944	53.635	72.466
592	$C_{14}H_{16}$	2-butylnaphthalene	184.28	268.2	562.2	781.0	74.080	53.597	72.403
593	$C_{14}H_{22}$	1-phenyloctane	190.33	237.2	537.6	728.0	67.152	46.861	63.850
594	$C_{14}H_{22}$	1,2,3,4-tetraethylbenzene	190.33	285.0	524.2	708.2	67.027	48.844*	66.224
595	$C_{14}H_{22}$	1,2,3,5-tetraethylbenzene	190.33	284.2	523.7	707.5	66.996	48.798*	66.145
596	$C_{14}H_{22}$	1,2,4,5-tetraethylbenzene	190.33	283.2	523.2	706.9	66.976	48.752*	66.065
597	$C_{14}H_{26}$	1-tetradecyne	194.36	273.2	525.2	698.9	68.707	48.877*	67.145
598	$C_{14}H_{28}$	1-tetradecene	196.38	260.3	524.3	689.0	67.465	46.903	65.135
599	$C_{14}H_{28}$	1-cyclopentylnonane	196.38	244.2	535.3	717.0	67.938	47.237	64.878
600	$C_{14}H_{28}$	1-cyclohexyloctane	196.38	253.5	536.8	723.6	66.482	46.819	64.005
601	$C_{14}H_{30}$	tetradecane	198.39	279.0	526.1	696.8	66.909	47.614	65.727
602	$C_{14}H_{30}O$	1-tetradecanol	214.39	312.7	536.4	674.9	103.986	72.170	—
603	$C_{14}H_{30}S$	butyl-decyl-sulfide	230.45	276.2	587.2	762.2	84.909	57.601*	83.428
604	$C_{14}H_{30}S$	dodecyl-ethyl-sulfide	230.45	276.2	587.2	762.2	84.909	57.601*	83.428
605	$C_{14}H_{30}S$	heptyl-sulfide	230.45	276.2	587.2	762.2	84.909	57.601*	83.428
606	$C_{14}H_{30}S$	methyl-tridecyl-sulfide	230.45	276.2	587.2	762.2	84.909	57.601*	83.428
607	$C_{14}H_{30}S$	propyl-undecyl-sulfide	230.45	276.2	587.2	762.2	84.909	57.601*	83.428
608	$C_{14}H_{30}S$	1-tetradecanethiol	230.45	279.3	579.4	753.8	80.784	55.229	79.546
609	$C_{14}H_{30}S_2$	heptyl-disulfide	262.51	235.2	593.9	766.0	89.866	58.576	85.654
610	$C_{15}H_{18}$	1-pentylnaphthalene	198.31	251.2	580.2	793.3	79.861	56.011*	77.156
611	$C_{15}H_{18}$	2-pentylnaphthalene	198.31	269.2	583.2	797.5	79.306	56.287*	77.623
612	$C_{15}H_{24}$	1-phenylnonane	204.36	249.2	555.2	741.0	70.860	48.953	68.090
613	$C_{15}H_{28}$	1-pentadecyne	208.39	283.2	541.2	711.4	72.225	50.869*	71.253
614	$C_{15}H_{30}$	1-pentadecene	210.40	269.4	541.5	704.0	70.717	48.660	68.901
615	$C_{15}H_{30}$	1-cyclopentyldecane	210.40	251.0	552.5	730.6	71.390	48.995	68.638
616	$C_{15}H_{30}$	1-cyclohexylnonane	210.40	263.0	554.7	737.8	69.829	48.618	67.814
617	$C_{15}H_{32}$	pentadecane	212.42	283.1	543.6	717.6	70.022	49.455	69.089
618	$C_{15}H_{32}O$	1-pentadecanol	228.42	317.0	578.0	722.5	102.093	68.982*	—
619	$C_{15}H_{32}S$	butyl-undecyl-sulfide	244.48	284.2	603.2	775.2	88.705	59.543*	87.735
620	$C_{15}H_{32}S$	dodecyl-propyl-sulfide	244.48	284.2	603.2	775.2	88.705	59.543*	87.735
621	$C_{15}H_{32}S$	ethyl-tridecyl-sulfide	244.48	284.2	603.2	775.2	88.705	59.543*	87.735
622	$C_{15}H_{32}S$	methyl-tetradecyl-sulfide	244.48	284.2	603.2	775.2	88.705	59.543*	87.735

续表

$$\Delta_v H_T = \Delta_v H_{T_1}\left[\frac{1-T_r}{1-T_{r_1}}\right]^{0.38} = \Delta_v H_{T_1}\left[\frac{T_c-T}{T_c-T_1}\right]^{0.38},\ \text{kJ/mol}$$

序号	化学式	英　文　名	M /(g/mol)	T_m /K	T_1 /K	T_c /K	$\Delta_v H_{T_m}$ T_m	$\Delta_v H_{T_1}$ T_1	$\Delta_v H_{\not z}$ 298.15K
623	$C_{15}H_{32}S$	1-pentadecanethiol	244.48	290.9	593.9	764.8	87.316	59.266*	86.807
624	$C_{16}H_{26}$	1-phenyldecane	218.38	258.8	571.1	753.0	74.008	50.626	71.710
625	$C_{16}H_{26}$	pentaethylbenzene	218.38	327.7	550.2	723.6	71.468	52.229*	—
626	$C_{16}H_{30}$	1-hexadecyne	222.41	288.2	557.2	724.3	76.026	52.802*	75.359
627	$C_{16}H_{32}$	1-hexadecene	224.43	277.3	558.0	717.0	74.207	50.417	72.849
628	$C_{16}H_{32}$	1-cyclopentylundecane	224.43	263.2	568.8	743.3	74.735	50.877	72.616
629	$C_{16}H_{32}$	1-cyclohexyldecane	224.43	271.4	570.8	750.0	73.169	50.375	71.588
630	$C_{16}H_{34}$	hexadecane	226.45	291.0	560.5	734.3	73.097	51.212	72.646
631	$C_{16}H_{34}O$	1-hexadecanol	242.44	322.5	617.2	767.1	110.863	73.350	—
632	$C_{16}H_{34}S$	butyl-dodecyl-sulfide	258.51	288.2	618.2	787.3	92.384	61.233*	91.676
633	$C_{16}H_{34}S$	ethyl-tetradecyl-sulfide	258.51	288.2	618.2	791.7	87.073	58.086*	86.412
634	$C_{16}H_{34}S$	methyl-pentadecyl-sulfide	258.51	288.2	618.2	787.3	92.384	61.233*	91.676
635	$C_{16}H_{34}S$	octyl-sulfide	258.51	288.2	618.2	787.3	92.384	61.233*	91.676
636	$C_{16}H_{34}S$	propyl-tridecyl-sulfide	258.51	288.2	618.2	787.3	92.384	61.233*	91.676
637	$C_{16}H_{34}S$	1-hexadecanethiol	258.51	290.9	607.2	774.7	91.057	60.856*	90.538
638	$C_{16}H_{34}S_2$	octyl-disulfide	290.57	244.2	619.2	784.5	99.779	63.618*	95.865
639	$C_{17}H_{28}$	1-phenylundecane	232.41	268.2	586.4	764.0	77.251	52.300	75.441
640	$C_{17}H_{32}$	1-heptadecyne	236.44	295.2	572.2	736.2	79.478	54.580*	79.272
641	$C_{17}H_{34}$	1-heptadecene	238.46	284.4	573.2	732.4	76.815	51.840	75.907
642	$C_{17}H_{34}$	1-cyclopentyldooecane	238.46	268.2	584.1	755.2	78.261	52.593	76.393
643	$C_{17}H_{34}$	1-cyclohexylundecane	238.46	279.0	586.3	761.7	76.459	52.049	75.289
644	$C_{17}H_{36}$	heptadecane	240.47	295.0	576.0	749.3	76.276	52.886	76.074
645	$C_{17}H_{36}O$	1-heptadecanol	256.47)	327.0	597.0	736.0	91.426	60.668	—
646	$C_{17}H_{36}S$	butyl-tridecyl-sulfide	272.53	294.2	632.2	798.6	95.451	62.634*	95.163
647	$C_{17}H_{36}S$	ethyl-pentadecyl-sulfide	272.53	294.2	632.2	798.6	95.451	62.634*	95.163
648	$C_{17}H_{36}S$	hexadecyl-methyl-sulfide	272.53	294.2	632.2	798.6	95.451	62.634*	95.163
649	$C_{17}H_{36}S$	propyl-tetradecyl-sulfide	272.53	294.2	632.2	798.6	95.451	62.634*	95.163
650	$C_{17}H_{36}S$	1-heptadecanethiol	272.53	300.4	621.2	786.0	93.952	62.316*	—
651	$C_{18}H_{30}$	1-phenyldooecane	246.44	276.2	600.8	774.0	81.235	54.392	79.852
652	$C_{18}H_{30}$	hexaethylbenzene	246.44	401.2	571.2	734.8	71.886	54.836*	—
653	$C_{18}H_{34}$	1-octadecyne	250.47	300.2	586.2	747.3	82.668	56.095*	—
654	$C_{18}H_{36}$	1-octadecene	252.48	290.8	588.0	739.0	82.049	54.266	81.535
655	$C_{18}H_{36}$	1-cycopentyltridecane	252.48	278.2	598.6	766.5	81.478	54.308	80.193
656	$C_{18}H_{36}$	1-cyclohexyldooecane	252.48	285.7	600.9	772.8	79.551	53.555	78.769
657	$C_{18}H_{38}$	octadecane	254.50	301.3	589.5	748.0	80.761	54.476	—
658	$C_{18}H_{38}O$	1-octadecanol	270.50	331.0	608.0	747.0	113.391	74.760	—
659	$C_{18}H_{38}S$	butyl-tetradecyl-sulfide	286.56	298.2	646.2	810.5	98.292	63.810*	98.292
660	$C_{18}H_{38}S$	ethyl-hexadecyl-sulfide	286.56	298.2	646.2	810.5	98.292	63.810*	98.292
661	$C_{18}H_{38}S$	heptadecyl-methyl-sulfide	286.56	298.2	646.2	810.5	98.292	63.810*	98.292
662	$C_{18}H_{38}S$	nonyl-sulfide	286.56	298.2	646.2	810.5	98.292	63.810*	98.292
663	$C_{18}H_{38}S$	pentadecyl-propyl-sulfide	286.56	298.2	646.2	810.5	98.292	63.810*	98.292
664	$C_{18}H_{38}S$	1-octadecanethiol	286.56	300.9	633.2	795.4	96.790	63.371*	—
665	$C_{18}H_{38}S_2$	nonyl-disulfide	318.62	252.2	642.2	802.3	104.651	65.475*	101.236
666	$C_{19}H_{32}$	1-phenyltridecane	260.46	283.2	614.4	784.0	84.599	56.066	83.627
667	$C_{19}H_{36}$	1-nonadecyne	264.49	306.2	600.2	758.9	85.570	57.463*	—
668	$C_{19}H_{38}$	1-nonadecene	266.51	296.6	601.7	755.1	83.086	54.810	82.975

$$\Delta_v H_T = \Delta_v H_{T_1}\left[\frac{1-T_r}{1-T_{r_1}}\right]^{0.38} = \Delta_v H_{T_1}\left[\frac{T_c-T}{T_c-T_1}\right]^{0.38}, \text{kJ/mol}$$

序号	化学式	英　文　名	M /(g/mol)	T_m /K	T_1 /K	T_c /K	$\Delta_v H_{T_m}$ T_m	$\Delta_v H_{T_1}$ T_1	$\Delta_v H_{沸}$ 298.15K
669	$C_{19}H_{38}$	1-cyclopentyltetradecane	266.51	282.0	612.2	772.0	85.688	55.982	84.603
670	$C_{19}H_{38}$	1-cyclohexyltridecane	266.51	291.7	614.7	783.4	82.738	55.103	82.321
671	$C_{19}H_{40}$	nonadecane	268.53	305.0	603.2	776.0	81.999	56.024	
672	$C_{19}H_{40}O$	1-nonadecanol	284.52	334.9	631.0	775.3	107.783	70.534*	—
673	$C_{19}H_{40}S$	butyl-pentadecyl-sulfide	300.59	303.2	659.2	821.8	100.343	64.576*	
674	$C_{19}H_{40}S$	ethyl-heptadecyl-sulfide	300.59	303.2	659.2	821.8	100.343	64.576*	
675	$C_{19}H_{40}S$	hexadecyl-propyl-sulfide	300.59	303.2	659.2	821.8	100.343	64.576*	
676	$C_{19}H_{40}S$	methyl-octadecyl-sulfide	300.59	303.2	659.2	821.8	100.343	64.576*	
677	$C_{19}H_{40}S$	1-nonadecanethiol	300.59	307.0	645.2	805.3	98.752	64.153*	
678	$C_{20}H_{34}$	1-phenyltetradecane	274.49	289.2	627.2	792.0	88.212	57.739	87.609
679	$C_{20}H_{38}$	1-eicosyne	278.52	309.2	613.2	769.8	88.180	58.526*	—
680	$C_{20}H_{40}$	1-eicosene	280.54	301.8	614.9	765.4	85.969	56.066	
681	$C_{20}H_{40}$	1-cyclopentylpentadecane	280.54	290.0	625.0	780.0	89.288	57.656	88.720
682	$C_{20}H_{40}$	1-cyclohexyltetradecane	280.54	297.2	627.2	792.8	85.854	56.610	85.788
683	$C_{20}H_{42}$	eicosane	282.55	310.0	617.0	767.0	87.787	57.488	
684	$C_{20}H_{42}O$	1-eicosanol	298.55	339.0	629.0	770.0	99.796	65.270	
685	$C_{20}H_{42}S$	butyl-hexadecyl-sulfide	314.61	308.2	671.2	832.3	101.638	64.927*	
686	$C_{20}H_{42}S$	decyl-sulfide	314.61	308.2	671.2	832.3	101.638	64.927*	
687	$C_{20}H_{42}S$	ethyl-octadecyl-sulfide	314.61	308.2	671.2	832.3	101.638	64.927*	
688	$C_{20}H_{42}S$	heptadecyl-propyl-sulfide	314.61	308.2	671.2	832.3	101.638	64.927*	
689	$C_{20}H_{42}S$	methyl-nonadecyl-sulfide	314.61	308.2	671.2	832.3	101.638	64.927*	
690	$C_{20}H_{42}S$	1-eicosanethiol	314.61	310.4	656.2	814.6	100.107	64.475*	
691	$C_{20}H_{42}S_2$	decyl-disulfide	346.67	259.2	663.2	820.1	106.916	65.890*	104.028
692	$C_{21}H_{36}$	1-phenylpentadecane	288.52	295.2	639.2	800.0	91.759	59.413	91.552
693	$C_{21}H_{42}$	1-cyclopentylhexadecane	294.56	294.2	637.2	797.3	91.671	59.329	91.394
694	$C_{21}H_{42}$	1-cyclohexylpentadecane	294.56	302.2	640.2	803.5	88.809	57.990	—
695	$C_{22}H_{38}$	1-phenylhexadecane	302.54	300.2	651.2	808.0	95.465	61.086	—
696	$C_{22}H_{44}$	1-cyclohexylhexadecane	308.59	306.8	652.2	813.4	91.664	59.329	—

注：＊带有此标记的数值系原表作者的估算值。

表的应用例：分别估算（a）四氟化碳（CF₄）在 183.16K 下和（b）乙烷（C₂H₆）在 210K 的蒸发焓 $\Delta_v H_{183.16}$。

（a）将表列（CF₄ 序号 5）$\Delta_v H_{T_1}=11.966$，$T_1=145.2$，$T_c=227.5$ 数值代入式

$$\Delta_v H_{183.16}=\Delta_v H_{T_1}\left(\frac{T_c-T}{T_c-T_1}\right)^{0.38}=11.966\left(\frac{227.5-183.16}{227.5-145.2}\right)^{0.38}=9.460\text{kJ/mol} \text{ 与实验值比}$$

较偏差为 $\dfrac{9.460-9.538}{9.538}=-0.82\%$。

（b）同（a）将（C₂H₆ 序号 79）表列数据代入式中

$$\Delta_v H_{210}=14.707\left(\frac{305.4-210}{305.4-184.6}\right)^{0.38}\text{kJ/mol}=13.445\text{kJ/mol}$$

与文献数据比较偏差为 $\dfrac{13.445-13.527}{13.527}=-0.61\%$。

表 3-13 个别元素及无机物摩尔蒸发焓 $\Delta_v H$ 温度关联式系数值[7]

$$\left[\Delta_v H = C1 \times (1-T_r)^{C2+C3 \times T_r + C4T_r^2}, J/kmol\right]$$

化学式	中文名	英文名	M_r	C1 ×1E−07	C2	C3	C4	T_{min}/K	$\Delta_v H$ at T_{min} × 1E−07	T_{max}/K	$\Delta_v H$ at T_{max}
O_2	氧	oxygen	31.999	0.9008	0.4542	−0.4096	0.3183	54.36	0.7742	154.58	0
N_2	氮	nitrogen	28.014	0.7491	0.40406	−0.317	0.27343	63.15	0.6024	126.2	0
NH_3	氨	ammonia	17.031	3.1523	0.3914	−0.2289	0.2309	195.41	2.5298	405.65	0
N_2H_4	肼(联氨)	hydrazine	32.045	5.9794	0.9424	−1.398	0.8862	274.69	4.5238	653.15	0
N_2O	一氧化二氮	nitrous oxide	44.013	2.3215	0.384	0	0	182.3	1.6502	309.57	0
NO	氧化氮	nitric oxide	30.006	2.1310	0.4056	0	0	109.5	1.4578	180.15	0
C_2N_2	氰	cyanogen	52.036	3.3840	0.3707	0	0	245.25	2.3803	400.15	0
CO	一氧化碳	carbon monoxide	28.010	0.8585	0.4921	−0.326	0.2231	68.13	0.6517	132.5	915280
CO_2	二氧化碳	carbon dioxide	44.010	2.1730	0.382	−0.4339	0.42213	216.58	1.5202	304.21	0
CS_2	二硫化碳	carbon disulfide	76.143	3.4960	0.2986	0	0	161.11	3.1537	552	0
HF	氟化氢	hydrogen fluoride	20.006	13.4510	13.36	−23.383	10.785	277.56	0.7104	461.15	0
HCl	氯化氢	hydrogen chloride	36.461	2.2093	0.3466	0	0	158.97	1.7498	324.65	0
HBr	溴化氢	hydrogen bromide	80.912	2.4850	0.39	0	0	185.15	1.8817	363.15	0
HCN	氰化氢	hydrogen cyanide	27.026	3.3490	0.2053	0	0	259.83	2.8176	456.65	0
H_2S	硫化氢	hydrogen sulfide	34.082	2.5676	0.37358	0	0	187.68	1.9782	373.53	0
SO_2	二氧化硫	sulfur dioxide	64.065	3.6760	0.4	0	0	197.67	2.8753	430.75	0
SO_3	三氧化硫	sulfur trioxide	80.064	7.3370	0.5647	0	0	289.95	4.4303	490.85	0
H_2O	水	water	18.015	5.2053	0.3199	−0.212	0.25795	273.16	4.4733	647.13	0
	空气	air	28.951	0.8474	0.3822	0	0	59.15	0.6759	132.45	0
H_2	氢	hydrogen	2.016	0.1013	0.698	−1.817	1.447	13.95	0.0913	33.19	0
He	氦	helium-4	4.003	0.0125	1.3038	−2.6954	1.7098	2.2	0.0097	5.2	0
Ne	氖	neon	20.180	0.2389	0.3494	0	0	24.56	0.1803	44.4	0
Ar	氩	argon	39.948	0.8731	0.3526	0	0	83.78	0.6561	150.86	0
F_2	氟	fluorine	37.997	0.8876	0.34072	0	0	53.48	0.7578	144.12	0
Cl_2	氯	chlorine	70.905	3.0680	0.8458	−0.9001	0.453	172.12	2.2878	417.15	0
Br_2	溴	bromine	159.808	4.0000	0.351	0	0	265.85	3.2323	584.15	0

注：$T_r = \dfrac{T}{T_c}$。

3.1.2 溶液中的热效应，溶解焓（热）、稀释焓（热）及混合焓（热）

3.1.2.1 有机物溶于水的积分溶解焓（热）

具体内容见表 3-14。

表 3-14 某些有机物溶于水的积分溶解焓（热）[7,9]（无限稀释，近似室温）

No	溶 质 名 称 中 文	英 文	化 学 式	溶解焓（热） $\Delta_{sol}H$ /(kJ/mol)
1	尿素	urea	CH_4N_2O	15.100
2	硝酸脲	urea nitrate	$CH_5N_3O_4$	45.200
3	硫脲	thiourea	CH_4N_2S	22.301
4	乙二酸(草酸)	oxalic acid	$C_2H_2O_4$	9.581
5	二水合草酸		$(2H_2O)$	35.501
6	乙酸(固)(醋酸)	acetic acid(solid)	$C_2H_4O_2$	9.418
7	甲酸脲	ureaformate	$C_2H_6N_2O_3$	30.100
8	丙二酸	malonic acid	$C_3H_4O_4$	18.799
9	丙二酸银	silver malonate($n-$)	$C_3H_2Ag_2O_4$	40.999
10	乙酰脲	acetylurea	$C_3H_6N_2O_2$	28.501
11	草酸脲	urea oxalate	$C_3H_6N_2O_5$	74.500
12	乙酸脲	urea acetate	$C_3H_8N_2O_3$	36.798

续表

No	溶 质 名 称		化 学 式	溶解焓（热）$\Delta_{sol}H$ /(kJ/mol)
	中 文	英 文		
13	酒石酸钾钠	sodium potassium tartrate	$C_4H_4KNaO_6$	7.602
14	四水合酒石酸钾钠	sodium potassium tartrate·($4H_2O$)	$C_4H_4KNa·(4H_2O)$	51.639
15	半水合酒石酸钾	potassium tartrate(n-)(0.5H_2O)	$C_4H_4K_2O_6·(0.5H_2O)$	5.562
16	丁二酸钠	sodium succinate(n-)	$C_4H_4Na_2O_4$	-10.000
17	六水合丁二酸钠	sodium succinate(n-)·($6H_2O$)	$C_4H_4NaO_4·(6H_2O)$	45.999
18	酒石酸钠	sodium tartrate(n-)	$C_4H_4Na_2O_6$	4.690
19	二水合酒石酸钠	sodium tartrate(n-)·($2H_2O$)	$C_4H_4Na_2O_6·(2H_2O)$	24.610
20	顺丁烯二酸（马来酸）	maleic acid	$C_4H_4O_4$	18.581
21	反丁烯二酸（富马酸）	fumaric acid	$C_4H_4O_4$	24.698
22	琥珀酰亚胺	succinimide	$C_4H_5NO_2$	18.000
23	丁二酸（琥珀酸）	succinic acid	$C_4H_6O_4$	26.799
24	异丁二酸	isosuccinic acid	$C_4H_6O_4$	14.309
25	苹果酸（羟基丁二酸）	malic acid	$C_4H_6O_5$	13.180
26	d-酒石酸（二羟丁二酸）	tartaric acid(d-)	$C_4H_6O_6$	14.439
27	丁二酸铵	ammonium succinate(n-)	$C_4H_{12}N_2O_4$	14.598
28	亚甲基丁二酸（衣康酸）	itaconic acid	$C_5H_6O_4$	24.778
29	乙酰丙酮	acetylacetone	$C_5H_8O_2$	2.682
30	甲基丁二酸（焦酒石酸）	pyrotartaric acid(=methylsuccinica)	$C_5H_8O_4$	20.999
31	苦味酸钠	sodium picrate	$C_6H_2N_3NaO_7$	26.949
32	苦味酸；2,4,6-三硝基苯酚	picric acid	$C_6H_3N_3O_7$	29.698
33	苯醌	quinone	$C_6H_4O_2$	16.698
34	柠檬酸钾	potassium citrate	$C_6H_5K_3O_7$	-11.799
35	间硝基苯酚	nitrophenol(m-)	$C_6H_5NO_3$	21.799
36	邻硝基苯酚	nitrophenol(o-)	$C_6H_5NO_3$	26.401
37	对硝基苯酚	nitrophenol(p-)	$C_6H_5NO_3$	18.799
38	苦味酸铵	ammonium picrate	$C_6H_5N_4O_7$	36.401
39	柠檬酸钠	sodium citrate(tri)	$C_6H_5Na_3O_7$	-22.050
40	苯酚（固）	phenol(solid)	C_6H_6O	10.899
41	间-苯二酚	resorcinol	$C_6H_6O_2$	16.569
42	焦棓酚	pyrogallol	$C_6H_6O_3$	15.502
43	乌头酸（丙烯三甲酸）	aconitic acid	$C_6H_6O_6$	17.598
44	盐酸苯胺	aniline hydrochloride	C_6H_8ClN	11.431
45	柠檬酸（2-羟基丙三羧酸）	citric acid	$C_6H_8O_7$	22.598
46	乌洛托品（六亚甲基四胺）	hexamethylenetetramine (= urotopine)	$C_6H_{12}N_4$	-20.000
47	甘露糖醇	mannitol	$C_6H_{14}O_6$	22.008
48	苯甲酸钾	potassium benzoate	$C_7H_5KO_2$	6.301
49	间硝基苯甲酸	nitrobenzoic acid(m-)	$C_7H_5NO_4$	23.401
50	邻硝基苯甲酸	nitrobenzoic acid(o-)	$C_7H_5NO_4$	22.200
51	对硝基苯甲酸	nitrobenzoic acid(p-)	$C_7H_5NO_4$	37.200
52	苯甲酸	benzoic acid	$C_7H_6O_2$	27.200
53	水杨酸	hydroxybenzoic acid(o-)	$C_7H_6O_2$	26.568
54	对羟基苯酸	hydroxybenzoic acid(p-)	$C_7H_6O_2$	24.188
55	间羟基苯甲酰胺	hydroxybenzamide(m-)	$C_7H_7NO_2$	17.410
56	间盐酸	hydroxybenzamide(m-)	(HCl)	29.301
57	邻羟基苯甲酰胺	hydroxybenzamide(o-)	$C_7H_7NO_2$	18.159
58	对羟基苯甲酰胺	hydroxybenzamide(p-)	$C_7H_7NO_2$	22.560
59	邻羟基苄醇	hydroxybenzyl alcohol(o-)	$C_7H_8O_2$	13.401
60	苯甲酸铵	ammonium benzoate	$C_7H_9NO_2$	11.297

续表

No	溶　质　名　称		化　学　式	溶解焓(热) $\Delta_{sol}H$ /(kJ/mol)
	中　文	英　文		
61	苯乙醇酸	mandelic acid	$C_8H_8O_3$	12.929
62	苯二甲酸	phthalic acid	$C_8H_6O_4$	20.380
63	胡椒基酸	piperonylic acid	$C_8H_6O_4$	38.100
64	香草醛(香兰素)	vanillin	$C_8H_8O_3$	21.799
65	香草酸	vanillic acid	$C_8H_8O_4$	21.589
66	烟碱盐酸盐	nicotine dibydrochloride	$C_{10}H_{16}Cl_2N_2$	−27.451
67	樟脑酸	camphoric acid	$C_{10}H_{16}O_4$	2.100
68	薄荷醇	menthol	$C_{10}H_{20}O$	0
69	苦味酸钡	barium picrate	$C_{12}H_4BaN_6O_{14}$	19.698
70	苦味酸镁	magnesium picrate	$C_{12}H_4MgN_6O_{14}$	−61.501
71	八水合苦味酸镁	magnesium picrate・$(8H_2O)$	$C_{12}H_4MgN_6O_{14}・(8H_2O)$	66.500
72	苦味酸铅	lead picrate	$C_{12}H_4N_6O_{14}Pb$	29.698
73	二水合苦味酸铅	lead picrate・$(2H_2O)$	$C_{12}H_4N_6O_{14}Pb・(2H_2O)$	59.200
74	苦味酸锶	strontium picrate	$C_{12}H_4N_6O_{14}Sr$	−32.999
75	六水合苦味酸锶	strontium picrate・$(6H_2O)$	$C_{12}H_4N_6O_{14}Sr・(6H_2O)$	60.300
76	苦味酸锌	zinc picrate	$C_{12}H_4N_6O_{14}Zn$	48.099
77	八水合苦味酸锌	zinc picrate・$(8H_2O)$	$C_{12}H_4N_6O_{14}Zn・(8H_2O)$	66.500
78	胡椒酸	piperic acid	$C_{12}H_{10}O_4$	43.899
79	糊精	dextrin	$C_{12}H_{20}O_{10}$	−1.121
80	蔗糖	sucrose	$C_{12}H_{22}O_{11}$	5.519
81	乳糖	α-lactose	$C_{12}H_{22}O_{11}・H_2O$	15.502
82	棉子糖	raffinose	$C_{18}H_{32}O_{16}・5H_2O$	40.597
83	菊粉(旋复花粉)	inulin	$C_{36}H_{62}O_{31}$	0.402

注：＋吸热，−放热；溶解焓数值系由文献[7]表中数值乘以 4.184 换算得出。

3.1.2.2　无机物溶于水的积分溶解焓(热)

具体内容见表 3-15。

表 3-15　无机物溶于水的积分溶解焓(热)[7](18℃)

稀释度[1] /(mol 水/ mol 溶质)	化学式	溶解焓 (热) $\Delta_{sol}H$/ (kJ/mol)	稀释度[1] /(mol 水/ mol 溶质)	化学式	溶解焓 (热) $\Delta_{sol}H$ /(kJ/mol)	稀释度[1] /(mol 水/ mol 溶质)	化学式	溶解焓 (热) $\Delta_{sol}H$ /(kJ/mol)
aq	$AgC_2H_3O_2$	22.6	∞	$BaCl_2$	−10.0	aq	$BeCl_2$	−213.8
200	$AgNO_3$	18.4	∞	$BaCl_2・H_2O$	9.08	aq	BeI_2	−303.8
aq	$AlBr_3$	−356.9	∞	$BaCl_2・2H_2O$	18.8	aq	$BeSO_4$	−75.7
600	$AlCl_3$	−325.9	aq	$Ba(CN)_2$	−6.3	aq	$BeSO_4・H_2O$	−56.5
600	$AlCl_3・6H_2O$	−55.2	aq	$Ba(CN)_2・H_2O$	10.0	aq	$BeSO_4・2H_2O$	−33.1
aq	AlF_3	−130	aq	$Ba(CN)_2・2H_2O$	20.5	aq	$BeSO_4・4H_2O$	−4.6
aq	$AlF_3・\frac{1}{2}H_2O$	−79.5	∞	$Ba(IO_3)_2$	38.1	aq	BiI_3	−13
aq	$AlF_3・3\frac{1}{2}H_2O$	7.1	∞	$Ba(IO_3)_2・H_2O$	47.3	∞	$Ca(C_2H_3O_2)_2$	−31.8
aq	AlI_3	−372.4	∞	BaI_2	−43.9	∞	$Ca(C_2H_3O_2)_2・H_2O$	−27.2
aq	$Al_2(SO_4)_3$	−527	∞	$BaI_2・H_2O$	−11.3	∞	$CaBr_2$	−104.01
aq	$Al_2(SO_4)_3・6H_2O$	−235.1	∞	$BaI_2・2H_2O$	−0.59	∞	$CaBr_2・6H_2O$	3.8
aq	$Al_2(SO_4)_3・18H_2O$	−28.0	∞	$BaI_2・2\frac{1}{2}H_2O$	2.43	∞	$CaCl_2$	−20.5
∞	$Ba(BrO_3)_2・H_2O$	66.5	∞	$BaI_2・7H_2O$	27.66	∞	$CaCl_2・H_2O$	−51.5
∞	$BaBr_2$	−22.2	∞	$Ba(NO_3)_2$	42.7	∞	$CaCl_2・2H_2O$	−52.3
∞	$BaBr_2・H_2O$	3.3	∞	$Ba(ClO_4)_2$	11.7	∞	$CaCl_2・4H_2O$	−10.0
∞	$BaBr_2・2H_2O$	16.19	∞	$Ba(ClO_4)_2・3H_2O$	43.9	∞	$CaCl_2・6H_2O$	17.20
∞	$Ba(ClO_3)_2$	28.0	∞	BaS	−30.1	400	$Ca(CHO_2)_2$	−2.9
∞	$Ba(ClO_3)_2・H_2O$	44.4	aq	$BeBr_2$	−261.9	∞	CaI_2	−117.2

续表

稀释度①/(mol水/mol溶质)	化学式	溶解焓(热) $\Delta_{sol}H$/(kJ/mol)	稀释度①/(mol水/mol溶质)	化学式	溶解焓(热) $\Delta_{sol}H$/(kJ/mol)	稀释度①/(mol水/mol溶质)	化学式	溶解焓(热) $\Delta_{sol}H$/(kJ/mol)
∞	$CaI_2 \cdot 8H_2O$	−7.5	800	$Fe(NO_3)_3 \cdot 9H_2O$	38.1	∞	$KF \cdot 2H_2O$	7.74
∞	$Ca(NO_3)_2$	−17.2	aq	$FeBr_2$	−75.3	∞	$KF \cdot 4H_2O$	25.31
∞	$Ca(NO_3)_2 \cdot H_2O$	−2.9	400	$FeCl_2$	−74.9	∞	KHS	−3.60
∞	$Ca(NO_3)_2 \cdot 2H_2O$	13.4	400	$FeCl_2 \cdot 2H_2O$	−36.4	∞	$KHS \cdot \frac{1}{4}H_2O$	−5.06
∞	$Ca(NO_3)_2 \cdot 3H_2O$	17.6	400	$FeCl_2 \cdot 4H_2O$	−11.3	aq	KH_2PO_4	−19.7
∞	$Ca(NO_3)_2 \cdot 4H_2O$	33.43	aq	FeI_2	−97.5	800	$KHSO_4$	12.97
aq	$Ca(H_2PO_4)_2 \cdot H_2O$	2.5	400	$FeSO_4$	−61.5	∞	KI	21.88
aq	$CaHPO_4 \cdot 2H_2O$	4	400	$FeSO_4 \cdot H_2O$	−30.75	∞	KIO_2	29.00
∞	$CaSO_4$	−21.3	400	$FeSO_4 \cdot 4H_2O$	−5.9	400	$KMnO_4$	43.5
∞	$CaSO_4 \cdot \frac{1}{2}H_2O$	−15.1	400	$FeSO_4 \cdot 7H_2O$	18.4	∞	KNO_3	36.120
∞	$CaSO_4 \cdot 2H_2O$	0.75	aq	H_3AuO_4	1.7	∞	KOH	−54.02
400	$CdBr_2$	−1.7	aq	H_3BO_3	22.6	∞	$KOH \cdot \frac{3}{4}H_2O$	−17.87
400	$CdBr_2 \cdot 4H_2O$	30.5	400	H_3PO_4	−11.67	∞	$KOH \cdot 2H_2O$	−14.56
400	$CdCl_2$	−13.0	400	$H_3PO_4 \cdot \frac{1}{2}H_2O$	0.4	∞	$KOH \cdot 7H_2O$	−3.60
400	$CdCl_2 \cdot H_2O$	−2.5	aq	$H_4P_2O_7$	−108.4	∞	K_2S	46.0
400	$CdCl_2 \cdot 2\frac{1}{2}H_2O$	12.55	aq	$H_4P_2O_7 \cdot 1\frac{1}{2}H_2O$	−19.46	aq	K_2SO_3	−7.5
400	$Cd(NO_2)_2 \cdot H_2O$	−17.45	aq	$H_2S_2O_7$	75.65	aq	$K_2SO_3 \cdot H_2O$	−5.73
400	$Cd(NO_3)_2 \cdot 4H_2O$	21.25	aq	$Hg(C_2H_3O_2)_2$	16.7	∞	K_2SO_4	26.44
400	$CdSO_4$	−44.73	aq	$HgBr_2$	10.0	∞	$K_2S_2O_3$	18.8
400	$CdSO_4 \cdot H_2O$	−25.31	aq	$HgCl_2$	13.8	∞	$K_2S_2O_6$	46.0
400	$CdSO_4 \cdot 2\frac{2}{3}H_2O$	−10.50	aq	$Hg(NO_3)_2 \cdot \frac{1}{2}H_2O$	2.9	aq	$K_2S_2O_6 \cdot \frac{1}{2}H_2O$	42.76
aq	$CoBr_2$	−77.0	aq	$Hg_2(NO_3)_2 \cdot 2H_2O$	48.1	aq	$K_2S_2O_6$	54.4
aq	$CoBr_2 \cdot 6H_2O$	5.23	600	$KAl(SO_4)_2$	−202.9	∞	$LiBr$	−48.28
400	$CoCl_2$	−77.4	600	$KAl(SO_4)_2 \cdot 3H_2O$	−111.3	∞	$LiBr \cdot H_2O$	−22.18
400	$CoCl_2 \cdot 2H_2O$	−41.0		$KAl(SO_4)_2 \cdot 12H_2O$	42.3	∞	$LiBr \cdot 2H_2O$	−8.58
400	$CoCl_2 \cdot 6H_2O$	12.1	∞	$KBrO_3$	42.38	∞	$LiBr. 3H_2O$	6.65
aq	CoI_2	−78.7	∞	KBr	21.5	∞	$LiCl$	−36.23
400	$CoSO_4$	−62.8	∞	$KC_2H_3O_2$	−14.85	∞	$LiCl \cdot H_2O$	−18.62
400	$CoSO_4 \cdot 6H_2O$	5.9	400	$K_2C_2O_4$	19.2	∞	$LiCl \cdot 2H_2O$	−4.48
400	$CoSO_4 \cdot 7H_2O$	15.1		$K_2C_2O_4 \cdot H_2O$	31.4	∞	$LiCl \cdot 3H_2O$	8.28
aq	$CrCl_2$	−77.8	2000	$KHCO_3$	21.3	∞	LiF	3.10
	$CrCl_2 \cdot 3H_2O$	−22.2	∞	K_2CO_3	−27.53	∞	LiI	−62.43
	$CrCl_2 \cdot 4H_2O$	−8.4	∞	$K_2CO_3 \cdot \frac{1}{2}H_2O$	−17.78	∞	$LiI \cdot \frac{1}{2}H_2O$	−42.17
aq	CrI_2	−23.8	∞	$K_2CO_3 \cdot 1\frac{1}{2}H_2O$	1.80	∞	$LiI \cdot H_2O$	−29.00
aq	$Cu(C_2H_3O_2)_2$	−10.0	∞	$KClO_3$	43.14	∞	$LiI \cdot 2H_2O$	−14.35
aq	$Cu(CHO_2)_2$	−2.1	∞	KCl	18.426	∞	$LiI \cdot 3H_2O$	0.71
200	$Cu(NO_3)_2$	−43.1	∞	$KClO_4$	54.14	∞	$LiNO_3$	−1.950
200	$Cu(NO_3)_2 \cdot 3H_2O$	10.9	200	KCN	12.6	∞	$LiNO_3 \cdot 3H_2O$	32.93
200	$Cu(NO_3)_2 \cdot 6H_2O$	44.8	∞	$KCNS$	25.44	∞	$LiOH$	−19.83
800	$CuSO_4$	−66.5	2185	K_2CrO_4	20.5	∞	$LiOH \cdot \frac{1}{8}H_2O$	−18.37
	$CuSO_4 \cdot H_2O$	−38.9	600	$KCr(SO_4)_2$	−230	∞	$LiOH \cdot H_2O$	−40.2
	$CuSO_4 \cdot 3H_2O$	−15.27		$KCr(SO_4)_2 \cdot H_2O$	−176	∞	Li_2SO_4	−28.07
800	$CuSO_4 \cdot 5H_2O$	11.92		$KCr(SO_4)_2 \cdot 2H_2O$	−138	∞	$Li_2SO_4 \cdot H_2O$	−15.77
aq	Cu_2SO_4	−48.5	600	$KCr(SO_4)_2 \cdot 6H_2O$	−29		$MgBr_2$	−182.8
1000	$FeCl_3$	−132.6		$KCr(SO_4)_2 \cdot 12H_2O$	39.7		$MgBr_2 \cdot H_2O$	−150.2
1000	$FeCl_3 \cdot 2\frac{1}{2}H_2O$	−87.9	1600	$K_2Cr_2O_7$	74.5	∞	$MgBr_2 \cdot 6H_2O$	−82.8
1000	$FeCl_3 \cdot 6H_2O$	−23.4	∞	KF	−16.57	∞	$MgCl_2$	−151.9

续表

稀释度①/(mol水/mol溶质)	化学式	溶解焓(热) $\Delta_{sol}H$/(kJ/mol)	稀释度①/(mol水/mol溶质)	化学式	溶解焓(热) $\Delta_{sol}H$/(kJ/mol)	稀释度①/(mol水/mol溶质)	化学式	溶解焓(热) $\Delta_{sol}H$/(kJ/mol)
∞	$MgCl_2 \cdot 2H_2O$	-87.0	∞	$Na_2CO_3 \cdot 7H_2O$	45.23	aq	$Na_2S_2O_3$	-8.4
∞	$MgCl_2 \cdot 4H_2O$	-43.9	∞	$Na_2CO_3 \cdot 10H_2O$	67.86	aq	$Na_2S_2O_3 \cdot 5H_2O$	47.28
∞	$MgCl_2 \cdot 6H_2O$	-14.2	1800	$NaHCO_3$	17.2	aq	$Na_3S_2O_6$	24.27
∞	MgI_2	-210.0	200	$NaCN$	1.55	aq	$Na_3S_2O_6 \cdot 2H_2O$	49.62
∞	$Mg(NO_3)_2 \cdot 6H_2O$	15.5	200	$NaCN \cdot \frac{1}{2}H_2O$	3.85	aq	$NH_4BO_3 \cdot H_2O$	37.7
aq	$Mg_3(PO_4)_2$	-42.7	200	$NaCN \cdot 2H_2O$	18.45	aq	NH_4Br	18.62
∞	$MgSO_4$	-88.3	∞	$NaCNS$	7.66	∞	NH_4Cl	15.98
∞	$MgSO_4 \cdot H_2O$	-58.6	800	Na_2CrO_4	-10.46	aq	$(NH_4)_2CrO_4$	24.35
∞	$MgSO_4 \cdot 2H_2O$	-49.0	800	$Na_2CrO_4 \cdot 4H_2O$	31.46	600	$(NH_4)_2Cr_2O_7$	54.0
∞	$MgSO_4 \cdot 4H_2O$	-20.5	800	$Na_2CrO_4 \cdot 10H_2O$	66.9	aq	NH_4I	14.90
∞	$MgSO_4 \cdot 6H_2O$	-2.30	∞	NaF	1.13	∞	NH_4NO_3	27.07
∞	$MgSO_4 \cdot 7H_2O$	13.31	∞	NaI	-6.57	aq	$(NH_4)_2SO_3$	5.0
aq	MgS	-107.9	∞	$NaI \cdot 2H_2O$	16.28	aq	$(NH_4)_2SO_3 \cdot H_2O$	17.28
aq	$MnBr_2$	-63	∞	$NaNO_3$	21.13	∞	$(NH_4)_2SO_4$	11.51
aq	$MnBr_2 \cdot H_2O$	-60.2	aq	$NaNO_2$	15.1	800	NH_4HSO_4	-2.34
aq	$MnBr_2 \cdot 4H_2O$	-67.4	∞	$NaOH$	-42.59	aq	$NiBr_2$	-79.5
400	$MnCl_2$	-66.9	∞	$NaOH \cdot \frac{1}{2}H_2O$	-34.18	aq	$NiBr_2 \cdot 3H_2O$	-0.8
400	$MnCl_2 \cdot 2H_2O$	-34.3	∞	$NaOH \cdot \frac{3}{4}H_2O$	-29.62	800	$NiCl_2$	-80.46
400	$MnCl_2 \cdot 4H_2O$	-6.3	∞	$NaOH \cdot \frac{3}{4}H_2O$	-27.11	800	$NiCl_2 \cdot 2H_2O$	-43.5
aq	$Mn(CHO)_2$	-18.0	∞	$NaOH \cdot H_2O$	-21.63	800	$NiCl_2 \cdot 4H_2O$	-17.6
aq	$Mn(CHO_2)_2 \cdot 2H_2O$	12.1	1600	Na_2HPO_4	-21.80	800	$NiCl_2 \cdot 6H_2O$	4.81
aq	$Mn(C_2H_3O_2)_2$	-51.0	1600	Na_2PO_4	-54	aq	NiI_2	-81.72
aq	$Mn(C_2H_3O_2)_2 \cdot 4H_2O$	-6.7	1600	$Na_2PO_4 \cdot 12H_2O$	64.0	200	$Ni(NO_3)_2$	-49.4
aq	MnI_2	-109.6	1600	$Na_2HPO_4 \cdot 2H_2O$	3.43	200	$Ni(NO_3)_2 \cdot 6H_2O$	31.4
aq	$MnI_2 \cdot H_2O$	-100.8	1600	$Na_2HPO_4 \cdot 7H_2O$	50.38	200	$NiSO_4$	-63.2
aq	$MnI_2 \cdot 2H_2O$	-95.0	1600	$Na_2HPO_4 \cdot 12H_2O$	97.00	200	$NiSO_4 \cdot 7H_2O$	17.6
aq	$MnI_2 \cdot 4H_2O$	-83.3	600	NaH_2PO_3	-3.77	400	$Pb(C_2H_3O_2)_2$	-5.9
aq	$MnI_2 \cdot 6H_2O$	-88.7	600	$NaH_2PO_3 \cdot 2\frac{1}{2}H_2O$	22.13	400	$Pb(C_2H_3O_2)_2 \cdot 3H_2O$	24.7
400	$Mn(NO_3)_2$	-54.0	800	Na_2HPO_3	-38.91	aq	$PbBr_2$	42.3
400	$Mn(NO_3)_2 \cdot 3H_2O$	16.3	800	$Na_2HPO_3 \cdot 5H_2O$	19.00	aq	$PbCl_2$	14.2
400	$Mn(NO_3)_2 \cdot 6H_2O$	25.9	1600	$Na_4P_2O_7$	-49.8	aq	$Pb(CHO_2)_2$	28.9
400	$MnSO_4$	-57.7	1600	$Na_4P_2O_7 \cdot 10H_2O$	49.0	400	$Pb(NO_3)_2$	31.84
400	$NaSO_4 \cdot H_2O$	-49.8	1200	$Na_2H_2P_2O_7$	9.2	aq	SbF_3	7.1
400	$MnSO_4 \cdot 7H_2O$	7.1	1200	$Na_8H_2P_8O_7 \cdot 6H_2O$	58.6	aq	SbI_3	3.3
500	Na_3AsO_4	-65.3	600	$NaPO_3$	-16.61	aq	$SnBr_4$	-64.9
500	$Na_3AsO_4 \cdot 12H_2O$	52.76	∞	Na_2S	-63.6	aq	$SnBr_2$	6.7
900	$Na_2B_4O_7$	-41.8	∞	$Na_2S \cdot 4\frac{1}{2}H_2O$	-0.38	aq	SnI_2	24.3
900	$Na_2B_4O_7 \cdot 10H_2O$	70.3	∞	$Na_2S \cdot 5H_2O$	27.36	∞	$SrBr_2$	-68.6
∞	$NaBr$	2.43	∞	$Na_2S \cdot 9H_2O$	69.66	∞	$SrBr_2 \cdot H_2O$	-38.70
∞	$NaBr \cdot 2H_2O$	19.12	∞	$NaHS$	-19.33	∞	$SrBr_2 \cdot 2H_2O$	-27.2
∞	$NaC_2H_3O_2$	-17.092	∞	$NaHS \cdot 2H_2O$	6.23	∞	$SrBr_2 \cdot 4H_2O$	-1.7
∞	$NaC_2H_3O_2 \cdot 3H_2O$	19.518	∞	Na_2SO_3	-11.7	∞	$SrBr_2 \cdot 6H_2O$	25.5
∞	$NaCl$	4.870	∞	$Na_2SO_3 \cdot 7H_2O$	46.4	∞	$Sr(C_2H_3O_2)_2$	-25.9
∞	$NaClO_3$	22.47	∞	Na_2SO_4	-1.17	∞	$Sr(C_2H_3O_2)_2 \cdot \frac{1}{2}H_2O$	-24.7
∞	$NaClO_4$	17.36	∞	$Na_2SO_4 \cdot 10H_2O$	78.41	∞	$SrCl_2$	-48.28
∞	Na_2CO_3	-23.30	800	$NaHSO_4$	-7.28	∞	$SrCl_2 \cdot H_2O$	-26.8
∞	$Na_2CO_3 \cdot H_2O$	-9.16	800	$NaHSO_4 \cdot H_2O$	-0.63	∞	$SrCl_2 \cdot 2H_2O$	-12.34

续表

稀释度[①]/(mol 水/mol 溶质)	化学式	溶解焓（热）$\Delta_{sol}H$/(kJ/mol)	稀释度[①]/(mol 水/mol 溶质)	化学式	溶解焓（热）$\Delta_{sol}H$/(kJ/mol)	稀释度[①]/(mol 水/mol 溶质)	化学式	溶解焓（热）$\Delta_{sol}H$/(kJ/mol)
∞	$SrCl_2 \cdot 6H_2O$	29.7	∞	$SrSO_4$	-2.1	400	$Zn(NO_3)_2 \cdot 3H_2O$	21
∞	SrI_2	-86.6	400	$ZnBr_2$	-62.8	400	$Zn(NO_3)_2 \cdot 6H_2O$	25.1
∞	$SrI_2 \cdot H_2O$	-52.93	400	$Zn(C_2H_3O_7)_2$	-41.0	400	$ZnSO_4$	-77.4
∞	$SrI_2 \cdot 2H_2O$	-43.5	400	$Zn(C_2H_3O_2)_2 \cdot H_2O$	-29.3	400	$ZnSO_4 \cdot H_2O$	-41.8
∞	$SrI_2 \cdot 6H_2O$	18.8	400	$Zn(C_2H_3O_2)_2 \cdot 2H_2O$	-16.3	400	$ZnSO_4 \cdot 6H_2O$	3.3
∞	$Sr(NO_3)_2$	20.1	400	$ZnCl_2$	-65.77	400	$ZnSO_4 \cdot 7H_2O$	18.0
∞	$Sr(NO_3)_2 \cdot 4H_2O$	51.9	aq	ZnI_2	-48.5			

① 稀释度数字表示溶解 1mol 物质所用水的摩尔数，∞ 表示无限稀释度，aq—不确定稀释度的水溶液。"—"代表放热。溶解焓数值系由文献[7]表中数值乘以 4.184 换算而得。

3.1.2.3 聚合物溶液的溶解热(焓)及混合热(焓)[6]

具体内容见表 3-16～表 3-27。

表 3-16 聚合物和加氢单体（298K）的溶解热

聚合物	相对分子质量 $M_r \times 10^{-3}$	加氢单体	溶剂	聚合物的溶解热 $\Delta_{sol}h_p$/(kJ/kg)[/(kcal/kg)]	加氢单体的溶解热 $\Delta_{sol}h$/(kJ/kg)[/(kcal/kg)]
聚丁二烯		二聚体	苯	$-10.5[-2.5]$	$-21[5.1]$
聚乙酸乙烯酯	93	乙酸乙酯	丙酮	$0.4[0.1]$	$-4.2[-1.0]$
聚乙烯醇	17	亚丁基二醇	水	$18[4.2]$	$123[29.3]$
	17	乙醇	水	$18[4.2]$	$199[47.5]$
聚异丁烯	90	异辛烷	苯	$-6.7[-1.6]$	$-33[-8.0]$
聚甲基丙烯酸甲酯	240	异丁酸甲酯	二氯乙烷	$20[4.7]$	$5.4[1.3]$
聚苯乙烯	20	乙苯	甲苯	$16.7[3.99]$	$0[0]$
	20	乙苯	邻二甲苯	$13.4[3.20]$	$-1.2[-0.29]$
	20	乙苯	乙酸丁酯	$13.2[3.16]$	$-2.2[-0.53]$
	20	乙苯	丙酮	$10.5[2.51]$	$-27.3[-6.53]$
	91	乙苯	苯	$15[3.5]$	$-3.3[-0.8]$

表 3-17 某些聚合物的积分溶解和溶胀热（298K）

聚合物	相对分子质量 $M_r \times 10^{-5}$	溶剂	$\Delta_{sol}h$/(kJ/kg)[/(kcal/kg)]	聚合物	相对分子质量 $M_r \times 10^{-5}$	溶剂	$\Delta_{sol}h$/(kJ/kg)[/(kcal/kg)]
天然橡胶	—	乙炔基氯	$-2[-0.5]$		3.2	四氯化碳	$-4.1[-0.97]$
	—	汽油	$-0.4[-0.1]$	聚甲基丙烯酸甲酯	30.6	异丁酸甲酯	$0[0]$
	—	苯	$-5.69[-1.36]$	聚苯乙烯	1.42	丙酮	$9.84[2.35]$
	—	甲苯	$-1.5[-0.37]$			苯	$17[4.0]$
硝化纤维素	—	丙酮	$75\sim80[18\sim19]$			二甲苯	$14.7[3.52]$
聚乙酸乙烯酯	0.93	丙酮	$0.46[0.11]$			甲乙酮	$16.6[3.96]$
	0.93	乙酸乙酯	$0[0]$			甲苯	$18.1[4.32]$
聚乙烯醇	0.17	水	$9.6[2.3]$			乙酸乙酯	$12.6[3.02]$
	0.17	乙醇	$-9.6[-2.3]$			乙苯	$16.2[3.88]$
聚异丁烯	3.2	正庚烷	$-14[-3.4]$	纤维素		水	$41.9[10.0]$
	3.2	异辛烷	$0[0]$			季铵碱	$147[35.0]$
	3.2	甲苯	$-8.8[-2.1]$				

注：原文献表中未区分溶解热、溶胀热，所用符号亦相同。

表 3-18　聚环氧乙烷在不同溶剂中(303K)的比混合热(焓)$\Delta_{mix}h$、

比溶解热(焓)$\Delta_{sol}h$ 比熔化热(焓)$\Delta_m h$　　单位:kJ/kg(kcal/kg)

体积分数 φ_2	质量分数 w_2	$\Delta_{sol}h$	$\Delta_{mix}h$	$\Delta_m h$
水				
0.00490	0.0299	20.6(4.91)	−50.7(−12.1)	71.2(17.0)
0.00689	0.0423	23.7(5.66)	−50.2(12.0)	74.1(17.7)
0.00830	0.051	28.3(6.76)	−50.2(−12.0)	78.7(18.8)
0.00950	0.0584	24.7(5.90)	−50.2(−12.0)	74.9(17.9)
0.0127	0.0787	23.8(5.68)	−50.2(−12.0)	74.1(17.7)
0.0164	0.1018	22.8(5.45)	−49.8(−11.9)	72.9(17.4)
0.0198	0.1233	25.9(6.18)	−49.8(−11.9)	75.8(18.1)
0.0322	0.2026	26.9(6.42)	−49.0(−11.7)	75.8(18.1)
0.0615	0.4003	25.2(6.01)	−47.7(−11.4)	72.9(17.4)
				74.5 ±9.17%(17.8± 2.19%)(平均)
二氯甲烷				
0.0206	0.0256	84.2(20.1)	−160(−38.2)	244(58.3)
0.0258	0.0969	79.5(19.0)	−160(−38.1)	239(57.1)
0.0298	0.0374	86.2(20.6)	−160(−38.1)	246(58.7)
0.0376	0.0477	76.6(18.3)	−159(−38.0)	236(56.3)
0.0558	0.07020	80.8(19.3)	−158(−37.7)	239(57.0)
				241 ±5.99%(57.5± 1.43%)(平均)
氯仿				
0.00199	0.0073	51.5(12.3)	−186(−44.4)	237(56.7)
0.00329	0.0221	52.3(12.5)	−185(−44.3)	238(56.8)
0.00560	0.0205	50.7(12.1)	−185(−44.2)	235(56.2)
0.0223	0.0835	51.9(12.4)	−184(−44.0)	236(56.4)
0.0482	0.1852	58.6(14.0)	−182(−43.5)	241(57.5)
				237 ±2.51%(56.7± 0.60%)(平均)

注:φ_2、w_2 下角标"2"表示溶质,$\Delta_{sol}h$——比溶解热(焓),$\Delta_{mix}h$——比混合热(焓),$\Delta_m h$——比熔化(融)热(焓)对于结晶聚合物 $\Delta_{sol}h = \Delta_{mix}h + \Delta_m h$。

表 3-19　聚氯乙烯在四氢呋喃中(303K)的溶解热(焓)　　单位:kJ/kg(kcal/kg)

相对分子质量 $M_r \times 10^{-4}$	体积分数 φ_2	$\Delta_{sol}h$	$\Delta_{mix}h$	$(\Delta_m h + \Delta_g h)$[①]
2.32	0.00157	−33.7(−8.05)	−14.3(−3.42)	−19.4(−4.63)
	0.00990	−35.2(−8.40)	−14.2(−3.39)	−21.0(−5.01)
	0.0109	−33.5(8.00)	−14.2(−3.39)	−19.3(−4.61)
	0.0132	−35.3(−8.43)	−14.2(−3.38)	−21.1(−5.05)
	0.0139	−34.7(−8.29)	−14.2(3.38)	−20.6(−4.91)
	0.0144	−35.0(−8.35)	−14.2(−3.38)	−20.8(−4.97)
	0.0186	−34.4(−8.22)	−14.1(−3.36)	−20.3(−4.86)
				−20.3±12.1% (−4.86±2.88%)(平均)
3.87	0.00359	−35.5(−8.47)	−14.3(−3.41)	−21.2(−5.06)
	0.00441	−36.6(−8.75)	−14.3(−3.41)	−22.4(−5.34)
	0.00899	−36.1(−8.63)	−14.2(−3.40)	−21.9(−5.23)
				−21.8±8.04% (−5.21±1.92%)(平均)

续表

相对分子质量 $M_r \times 10^{-4}$	体积分数 φ_2	$\Delta_{sol}h$	$\Delta_{mix}h$	$(\Delta_m h + \Delta_g h)$[①]
5.35	0.00226	−38.6(−9.23)	−14.3(−3.42)	−24.3(−5.81)
	0.00633	−35.1(−8.38)	−14.2(−3.40)	−20.1(−4.98)
	0.00639	−34.1(−8.15)	−14.2(−3.40)	−19.9(−4.75)
	0.00702	−35.1(−8.39)	−14.2(−3.40)	−20.9(−4.99)
	0.0136	−36.6(−8.75)	−14.2(−3.38)	−22.5(−5.37)
	0.0220	−37.3(−8.90)	−14.0(−3.35)	−23.2(−5.55)
				−21.9±26.4%(−5.24±6.30%)(平均)
6.67	0.00438	−36.0(−8.60)	−14.3(−3.41)	−21.7(−5.19)
	0.00689	−38.3(−9.14)	−14.2(−3.40)	−24.0(−5.74)
				−22.9±20.7%(−5.47±4.94%)(平均)
13.6	0.00226	−38.6(−9.23)	−14.3(−3.42)	−24.3(−5.81)
	0.00425	−37.5(−8.95)	−14.3(−3.14)	−23.2(−5.55)
	0.00544	−39.1(−9.35)	−14.3(−3.14)	−24.9(−5.94)
				−24.2±10.2%(−5.77±2.43%)(平均)
15.54	0.00299	−39.0(−9.30)	−14.3(−3.41)	−24.7(−5.89)
	0.00399	−38.8(−9.25)	−14.3(−3.41)	−24.5(−5.84)
	0.00596	−38.4(−9.18)	−14.2(−3.40)	−24.2(−5.78)
	0.00698	−39.0(−9.30)	−14.2(−3.39)	−24.7(−5.91)
				−24.5±3.1%(−5.86±0.75%)(平均)

① 对于温度低于 T_g（玻璃化温度）和 T_m（熔点温度）时,无定形固态聚合物。$\Delta_{sol}h = \Delta_{mix}h + \Delta_m h + \Delta_g h$,$\Delta_g h$—玻璃态破坏时的焓变。

表 3-20　聚氯乙烯(2)在环己酮中(303K)的溶解热(焓)

单位：kJ/kg(kcal/kg)

$M_r \times 10^{-4}$	体积分数 φ_2	$\Delta_{sol}h$	$\Delta_{mix}h$	$(\Delta_m h + \Delta_g h)$
2.32	0.00298	−27.0(−6.46)	−7.50(−1.79)	−19.6(−4.67)
	0.00356	−26.9(−6.42)	−7.50(−1.79)	−19.4(−4.63)
	0.00630	−26.9(−6.42)	−7.45(−1.78)	−19.4(−4.64)
	0.00886	−26.0(−6.20)	−7.45(−1.78)	−18.5(−4.42)
	0.0138	−25.7(−6.15)	−7.41(−1.77)	−18.3(−4.38)
	0.0268	−26.3(−6.27)	−7.33(−1.75)	−18.9(−4.52)
	0.0402	−26.3(−6.27)	−7.24(−1.73)	−19.0(−4.54)
	0.0546	−26.2(−6.26)	−7.12(−1.70)	−19.1(−4.56)
	0.1002	−26.0(−6.21)	−6.78(−1.62)	−19.2(−4.59)
	0.3634	−23.4(−5.60)	−4.81(−1.15)	−18.6(−4.45)
	0.4251	−23.9(−5.71)	−4.31(−1.03)	−19.6(−4.68)
	0.5228	−22.4(−5.34)	−3.6(−0.86)	−18.8(−4.48)
	0.6755	−19.8(−4.70)	−2.4(−0.58)	−17.2(−4.12)[①]
	0.8195	−9.00(−2.15)	−1.3(−0.32)	−7.66(−1.83)[①]
2.32	0.9480	−2.1(−0.49)	−0.4(−0.09)	−1.7(−0.40)[①]
				−19.0±7.5(−4.55±1.80%)(平均)
3.87	0.00297	−28.7(−6.85)	−6.57(−1.57)	−22.1(−5.28)
	0.00975	−28.6(−6.83)	−6.53(−1.56)	−22.1(−5.27)
				−22.1±0.80%(−5.28±0.19%)(平均)

续表

$M_r \times 10^{-4}$	体积分数 φ_2	$\Delta_{sol}h$	$\Delta_{mix}h$	$(\Delta_m h + \Delta_g h)$
5.35	0.00517	$-28.3(-6.75)$	$-6.28(-1.50)$	$-22.0(-5.25)$
	0.00789	$-29.0(-6.91)$	$-6.24(-1.49)$	$-22.7(-5.42)$
	0.00794	$-28.5(-6.80)$	$-6.24(-1.49)$	$-22.2(-5.31)$
	0.0272	$-28.4(-6.79)$	$-6.11(-1.46)$	$-22.3(-5.33)$
	0.0375	$-28.3(-6.77)$	$-6.03(-1.44)$	$-22.3(-5.33)$
	0.0508	$-28.3(-6.76)$	$-5.94(-1.42)$	$-22.4(-5.34)$
	0.4359	$-25.8(-6.16)$	$-3.6(-0.85)$	$-22.2(-5.31)$
	0.6820	$-24.4(-5.82)$	$-2.0(-0.48)$	$-22.4(-5.34)$
	0.9040	$-10.4(-2.49)$	$-0.59(-0.14)$	$-3.6(-0.87)$①
	0.9340	$-4.1(-0.97)$	$-0.42(-0.10)$	$-3.6(-0.87)$①
				$-22.3\pm2.3\%$ $(-5.33\pm0.54\%)$（平均）
6.67	0.00329	$-28.8(-6.88)$	$-6.07(-1.45)$	$-22.7(-5.43)$
	0.00779	$-29.0(-6.92)$	$-6.07(-1.45)$	$-22.9(-5.47)$
				$-22.8\pm1.5\%$ $(-5.45\pm0.37\%)$（平均）
13.6	0.00329	$-30.8(-7.35)$	$-5.82(-1.39)$	$-25.0(-5.96)$
	0.00480	$-30.5(-7.29)$	$-5.78(-1.38)$	$-24.7(-5.91)$
	0.00975	$-32.0(-7.65)$	$-5.78(-1.38)$	$-26.3(-6.27)$
	0.0110	$-31.6(-7.54)$	$-5.74(-1.37)$	$-25.8(-6.17)$
				$-25.4\pm9.63\%$ $(-6.08\pm2.30\%)$（平均）
15.54	0.00196	$-32.4(-7.74)$	$-5.78(-1.38)$	$-26.6(-6.36)$
	0.00276	$-30.0(-7.15)$	$-5.78(-1.38)$	$-25.1(-6.00)$
	0.00364	$-32.2(-7.68)$	$-5.74(-1.37)$	$-26.4(-6.31)$
	0.00656	$-30.6(-7.30)$	$-5.74(-1.37)$	$-24.8(-5.93)$
	0.00670	$-30.0(-7.16)$	$-5.74(-1.37)$	$-24.2(-5.79)$
				$-25.2\pm16.7\%$ $(-6.03\pm3.98\%)$

① 是聚合物玻璃相或者结晶相还没有完全破坏时该浓度下的$(\Delta_m h + \Delta_g h)$之值。

表 3-21　聚氯乙烯在不同溶剂中（303K）溶液的稀释热（焓）

M_r	体积分数（前）φ_2	体积分数（后）φ_2'	质量分数 w_2	$\Delta_{dil}h/(kJ/kg)[/(kcal/kg)]$
四氢呋喃				
23200	0.0691	0.0173	0.0974	$-0.0691[-0.0165]$
53500	0.0351	0.0088	0.0495	$-0.0180[-0.0043]$
	0.0488	0.0122	0.0688	$-0.0385[-0.0092]$
	0.0519	0.0130	0.0732	$-0.0515[-0.0123]$
环己酮				
23200	0.0402	0.0067	0.0568	$-0.0134[-0.0032]$
	0.0546	0.0091	0.0770	$-0.024[-0.0058]$
	0.1002	0.0167	0.1413	$-0.0695[-0.0166]$
	0.3634	0.0119	0.0867	$-0.2650[-0.0633]$
	0.4251	0.0171	0.1255	$-0.3287[-0.0785]$
	0.5228	0.0113	0.0815	$-0.3383[-0.0808]$
53500	0.0272	0.0045	0.0383	$-0.0054[-0.0013]$
	0.0375	0.0062	0.0528	$-0.0105[-0.0025]$
	0.0508	0.0085	0.0716	$-0.0167[-0.0040]$

表 3-22 聚环氧乙烷在不同溶剂中（303K）溶液的稀释热（焓）

体积分数（前）φ_2	体积分数（后）φ_2'	质量分数 w_2	$\Delta_{dil}h$ /(kJ/kg)[/(kcal/kg)]	体积分数（前）φ_2	体积分数（后）φ_2'	质量分数 w_2	$\Delta_{dil}h$ /(kJ/kg)[/(kcal/kg)]
		水		0.1065	0.0266	0.1300	$-0.042[-0.010]$
0.0179	0.0149	0.0635	$-0.13[-0.0315]$	0.1616	0.0404	0.1972	$-7.662[-1.830]$
0.0346	0.0289	0.1270	$-0.29[-0.0694]$	0.1939	0.0277	0.1183	$-10.55[-2.520]$
0.0474	0.0090	0.0405	$-2.03[-0.4670]$	0.2424	0.0606	0.2957	$-12.69[-3.030]$
0.0474	0.0406	0.1730	$-0.317[-0.0758]$			氯仿	
0.0474	0.0068	0.0289	$-2.16[-0.5170]$	0.0390	0.0097	0.0475	$-2.00[-0.477]$
0.0619	0.0530	0.2270	$-0.423[-0.1010]$	0.0636	0.0159	0.0775	$-3.37[-0.806]$
0.0995	0.0911	0.6110	$-0.460[-0.1100]$	0.1244	0.0311	0.1517	$7.034[-1.680]$
0.1133	0.0283	0.1380	$-4.94[-1.1800]$	0.1901	0.0271	0.1160	$-13.94[-3.330]$
		二氯甲烷		0.2851	0.0407	0.1740	$-25.16[-6.010]$
0.0639	0.0160	0.0780	$-2.15[-0.514]$				

注：φ 下角标 2 代表溶质。

表 3-23 某些聚合物的摩尔稀释热（焓）和摩尔稀释熵（298K）

溶剂	溶剂的体积分数	T/K	$\Delta_{dil}H$ /(kJ/mol) [/(kcal/mol)]	$\Delta_{dil}S$ /[J/(mol·K)] /[cal/(mol·K)]	溶剂	溶剂的体积分数	T/K	$\Delta_{dil}H$ /(kJ/mol) [/(kcal/mol)]	$\Delta_{dil}S$ /[J/(mol·K)] /[cal/(mol·K)]
			天然橡胶			0.479	298~313	1.81(0.432)	0.523[0.125]
丙酮	0.943	285.5	17.2(4.12)	4.03[0.963]		0.943	308	14.0(3.35)	2.46[0.587]
	0.805	298	3.3(0.78)	0.980[0.234]		0.887	308	9.96(2.38)	2.05[0.490]
乙酸甲酯	0.708	298	1.6(0.38)	0.465[0.111]		0.778	308	4.65(1.11)	1.12[0.267]
甲丙酮	0.437	298	0.67(0.16)	0.167[0.040]		0.691	308	2.40(0.573)	0.645[0.154]
甲乙酮	0.551	298	1.2(0.28)	0.348[0.083]	乙酸乙酯	0.498	298	1.0(0.24)	0.276[0.066]
	0.796	310.5	4.56(1.09)	0.921[0.220]		0.898	310.5	10.0(2.40)	1.71[0.408]
	0.410	310.5	0.348(0.083)	1025[0.0245]				聚苯乙烯	
			聚丁二烯			0.862	—	4.05(0.968)	0.1398[0.0334]
氯仿	0.869	—	6.37(1.52)	$-0.691[-0.165]$	丙酮	0.735	—	1.35(0.322)	0.0720[0.0172]
	0.794	—	3.72(0.889)	$-0.595[-0.142]$		0.618	—	0.515(0.123)	0.038[0.009]
	0.713	—	2.23(0.533)	$-0.465[-0.111]$		0.51	—	0.193(0.046)	0.0201[0.0048]
	0.623	—	1.27(0.304)	$-0.3467[-0.0828]$		0.759	—	3.5(0.84)	0.3287[0.0785]
氯仿	0.525	—	0.649(0.155)	0.243[0.058]	甲乙酮	0.647	—	1.91(0.456)	0.2571[0.0614]
			聚异丁烯			0.541	—	1.06(0.254)	0.1888[0.0451]
苯	0.786	298~313	7.70(1.84)	1.62[0.386]		0.44	—	0.595(0.142)	0.1323[0.0316]
	0.682	298~313	5.23(1.25)	1.17[0.280]	环己烷	0.744	—	6.24(1.49)	1.58[0.377]
						0.629	—	3.46(0.827)	0.917[0.219]
	0.580	298~313	3.33(0.795)	892[0.213]		0.521	—	1.85(0.443)	0.511[0.122]
						0.421	—	0.996(0.238)	0.2834[0.0677]

表 3-24 各种溶剂与聚甲基丙烯酸乙酯的无限稀释溶解热（焓）$\Delta_{sol}H^\infty$ 和热力学作用参数 χ_1

溶剂	$\Delta_{sol}H^\infty$ /(kJ/mol)	χ_1	溶剂	$\Delta_{sol}H^\infty$ /(kJ/mol)	χ_1	溶剂	$\Delta_{sol}H^\infty$ /(kJ/mol)	χ_1
丙烯腈	36.99	0.605	二正丙醚	25.50	0.763	乙酸正丙酯	35.04	0.481
苯	32.71	0.221	甲腈	38.24	1.044	丙醇	37.27	0.683
溴苯	45.75	0.008	甲基环己烷	15.60	1.206	丙酸	32.91	2.663
正丁胺	30.37	0.641	甲乙酮	33.68	0.470	甲苯	37.38	0.298
正乙酸丁酯	36.76	0.459	硝基甲烷	36.71	0.773	氯苯	45.45	0.142
正丁基溴	35.76	0.214	1-硝基丙烷	43.69	0.383	氯仿	34.29	-0.220
丁醇	38.03	0.528	硝基乙烷	40.13	0.539	环己烷	12.23	1.189
正丁醛	33.93	0.376	壬烷	29.73	1.288	四氯化碳	5.94	0.613
庚烷	20.22	1.232	辛烷	24.82	1.263	乙苯	40.73	0.383
癸烷	35.66	1.310	1-辛烯	29.09	1.015	乙腈	39.12	0.785
二甲酮	34.35	0.620	戊醇	38.70	0.442	乙基环己烷	18.03	1.154

注：表中数据是用反相气体色谱法获得的。χ 下角标"1"代表溶剂。

表 3-25　聚环氧丙烷-苯和聚环氧乙烷-苯体系的混合热力学参数

苯的质量分数	$\Delta_{mix}H$/(J/mol) [/(cal/mol)]	$\Delta_{mix}S$ /[J/(mol·K)] [/[cal/(mol·K)]]	χ_1	苯的质量分数	$\Delta_{mix}H$/(J/mol) [/(cal/mol)]	$\Delta_{mix}S$ /[J/(mol·K)] [/[cal/(mol·K)]]	χ_1
聚环氧丙烷 $M_n=3\times10^5$, $T=334K$				0.4	−346[−82.7]	0.586[0.140]	0.228
0.2	−603[−144]	3.99[0.952]	0.119	0.5	−232[−55.4]	0.218[0.052]	0.243
0.3	−435[−104]	2.11[0.505]	0.137	0.6	−142[−33.9]	0.0528[0.0126]	0.262
0.4	−299[−71.3]	1.11[0.266]	0.156	聚环氧乙烷 $M_n=6\times10^5$, $T=333.15K$			
0.5	−181[−43.3]	0.590[0.141]	0.180	0.3	−544[−130]	1.19[0.285]	0.192
0.6	−91.7[−21.9]	0.314[0.075]	0.208	0.4	−393[−93.9]	0.444[0.106]	0.204
聚环氧乙烷, $M_n=6.1\times10^3$, $T=330.9K$				0.5	−266[−63.6]	0.109[0.026]	0.215
0.3	−481[−115]	1.36[0.325]	0.219	0.6	−169[−40.3]	0.0306[−0.0073]	0.223

表 3-26　聚苯乙烯（2）-乙酸乙酯（1）体系（303K）的稀释热（焓）$\Delta_{dil}H$、

相互作用的焓参数 χ_H

$M_r\times10^{-3}$	体积分数（前）φ_2	体积分数（后）φ_2'	$\Delta_{dil}H$ /(J/mol)	χ_H	$M_r\times10^{-3}$	体积分数（前）φ_2	体积分数（后）φ_2'	$\Delta_{dil}H$ /(J/mol)	χ_H
2.1	0.314	0.159	0.159	0.132	10.0	0.234	0.129	−0.164	−0.085
	0.337	0.210	0.322	0.134		0.135	0.070	−0.077	−0.075
	0.116	0.084	0.068	0.275		0.172	0.118	−0.043	−0.035
	0.084	0.063	0.068	0.311		0.129	0.094	−0.080	−0.125
	0.117	0.138	0.165	0.223		0.167	0.123	−0.095	−0.079
	0.138	0.107	0.167	0.282		0.118	0.090	−0.078	−0.123
	0.107	0.087	0.097	0.285		0.118	0.059	−0.030	−0.083
4.0	0.205	0.080	0.109	0.060	200.0	0.127	0.067	−0.032	−0.070
	0.218	0.066	0.114	0.058		0.083	0.044	−0.016	−0.086
	0.218	0.140	0.180	0.068		0.163	0.084	−0.049	−0.066
	0.202	0.111	0.131	0.077		0.059	0.040	−0.013	−0.102
	0.178	0.130	0.094	0.085		0.044	0.030	−0.007	−0.100
	0.140	0.079	0.157	0.133		0.084	0.057	−0.022	−0.088
	0.109	0.059	0.134	0.164		0.067	0.046	−0.015	−0.093
	0.092	0.075	0.045	0.197	670.0	0.161	0.092	−0.064	−0.043
	0.059	0.035	0.028	0.086		0.092	0.064	−0.043	−0.073
	0.035	0.016	0.029	0.175		0.167	0.113	−0.104	−0.044
10.0	0.321	0.109	−0.272	−0.101		0.120	0.075	−0.093	−0.062
	0.241	0.135	−0.142	−0.085		0.113	0.085	−0.094	−0.079
	0.298	0.172	−0.188	−0.066		0.070	0.063	−0.026	−0.090

表 3-27　具有直链和支链型烷烃与某些聚合物的混合热（焓）和接触作用参数 χ_{12}

溶　剂（1）	聚丁二烯（2） $M_r=2\times10^4$		聚 1-丁烯（2） $M_r=2\times10^4$		聚二甲基硅氧烷（2） $M_r=4.5\times10^3$		聚异丁烯（2）		聚丙烯（2） $M_r=6\times10^3$	
	$\Delta_{mix}h$ /(kJ/kg)	$\chi_{12}\times10^{-6}$ /(J/m³)	$\Delta_{mix}h$ /(kJ/kg)	$\chi_{12}\times10^{-6}$ /(J/m³)	$\Delta_{mix}h$ /(kJ/kg)	$\chi_{12}\times10^{-6}$ /(J/m³)	$\Delta_{mix}h$ /(kJ/kg)	$\chi_{12}\times10^{-6}$ /(J/m³)	$\Delta_{mix}h$ /(kJ/kg)	$\chi_{12}\times10^{-6}$ /(J/m³)
双环-14,4,01-葵烷										
反式	2.6	3.1	−2.0	−3.6	4.3	8.2	−0.8	0.6	−2.4	−3.3
顺式	4.2	4.7	0.1	0.5	7.1	13.7	0.2	2.2	0.5	0.8
十六烷	4.9	5.6	3.9	9.0	5.5	10.4	0.9	3.9	2.3	3.4
2,2,4,4,6,8,8-七甲基壬烷	4.8	5.3	0.1	0.6	3.5	6.8	−0.5	1.0	−0.7	−1.0
庚烷	—	—	0.0	5.5	1.9	5.0	−1.7	5.5	−1.6	0.3
2,2-二甲基戊烷	4.1	7.8	−4.0	−2.0	0.8	3.2	−1.1	7.3	−2.2	−0.1
2,3-二甲基戊烷	4.5	7.4	−2.8	−1.0	1.4	3.7	−1.9	4.2	−2.5	−1.4
2,4-二甲基戊烷	3.2	7.2	−2.3	1.8	1.6	4.8	−1.1	7.7	−1.8	0.6
3,3-二甲基戊烷	3.3	6.2	−2.2	0.3	0.5	2.1	−1.4	4.8	−3.0	−2.0
3,3-二乙基戊烷	5.2	6.2	−2.6	−4.1	1.9	3.6	−1.4	0.7	−3.9	−5.2
十二烷	4.2	5.3	2.1	6.0	4.4	8.5	0.2	3.3	1.7	2.9
3-甲基己烷	3.6	6.6	−2.1	0.5	1.3	3.6	−1.0	6.0	−1.8	−0.2

溶 剂(1)	聚丁二烯(2)		聚1-丁烯(2) $M_r=2\times10^4$		聚二甲基硅氧烷(2) $M_r=2\times10^4$		聚异丁烯(2) $M_r=4.5\times10^3$		聚丙烯(2) $M_r=6\times10^3$	
	$\Delta_{mix}h$ /(kJ/kg)	$\chi_{12}\times10^{-6}$ /(J/m³)	$\Delta_{mix}h$ /(kJ/kg)	$\chi_{12}\times10^{-6}$ /(J/m³)	$\Delta_{mix}h$ /(kJ/kg)	$\chi_{12}\times10^{-6}$ /(J/m³)	$\Delta_{mix}h$ /(kJ/kg)	$\chi_{12}\times10^{-6}$ /(J/m³)	$\Delta_{mix}h$ /(kJ/kg)	$\chi_{12}\times10^{-6}$ /(J/m³)
壬烷			0.9	4.8	3.3	6.8	-0.8	3.8	0.8	2.2
辛烷	4.3	6.7	0.4	0.7	2.4	5.2	-1.1	4.5	-1.2	-0.1
2,2,4,6,6-五甲基戊烷	5.0	6.0	0.6	2.8	2.7	5.3	-0.1	3.0	0.0	2.7
2,2,4,4-四甲基戊烷	5.8	7.5	-1.4	-0.2	2.3	4.8	-0.6	3.9	-0.8	-0.7
2,3,3,4-四甲基戊烷	5.1	6.1	-2.2	-3.2	1.9	3.6	-2.3	-0.9	-3.1	-4.0
2,2,4-三甲基戊烷	—		-0.5	3.3	1.4	3.7	-0.4	6.4	-1.0	0.4
环己烷	5.4	8.3	1.0	6.9	5.1	11.0	-0.6	6.5	2.3	5.3
环辛烷	5.8	6.9	1.8	5.4	6.8	13.0	0.3	4.1	3.0	4.7
环戊烷	0.1	4.1	-2.9	0.9	1.0	3.9	-5.9	0.0	-2.3	0.2
3-乙基戊烷	3.7	6.8	-2.8	-1.0	0.6	2.3	-2.0	4.3	-2.5	-1.4

3.1.3　固体表面的吸附热（焓）

3.1.3.1　吸附质在活性炭、硅胶上的积分吸附热（焓）

具体内容见表 3-28。

表 3-28　不同吸附质在活性炭、硅胶上的积分吸附热（焓）$\Delta_{ads}H$[10,11]

$\Delta_{ads}H$ 活 性 炭											
吸附质	吸附温度 t/℃	吸附量 q /(g吸附质/g吸附剂)	$\Delta_{ads}H$ /(kJ/mol)	吸附质	吸附温度 t/℃	吸附量 q /(g吸附质/g吸附剂)	$\Delta_{ads}H$ /(kJ/mol)	吸附质	吸附温度 t/℃	吸附量 q /(g吸附质/g吸附剂)	$\Delta_{ads}H$ /(kJ/mol)
Ar	20	—	17.6	C_2H_5Cl	0	0.13	50.2	CO	20	0.001	41.0
CCl_4	0	0.31	64.0		25		48.5*		20	0.002	36.8
	25		65.3*	C_2H_5I	25	0.31	58.6		20	0.004	29.5
	50	0.31	64.5		0		58.6*	CO_2	20	0.005	31.0
$CHCl_3$	0	0.24	60.7	C_2H_5OH	0	0.092	62.8		20	0.01	28.9
	25		59.8*		25		65.3*		20	0.02	27.4
	50	0.24	60.7	n-C_3H_8	20	0.005	47.7		20	0.03	25.1
CH_2Cl_2	25	0.17	53.6		20	0.04	38.3		20	0.04	23.9
CH_3Cl	25	0.10	38.5		20		41.0*	CS_2	25	0.15	52.3
CH_3OH	25		58.2*	n-C_3H_7Cl	25	0.16	62.8	H_2	20	—	10.5
	50	0.10	38.5	iso-C_3H_7Cl	25		54.0*	H_2O	-15	0.036	46.5
CH_4	20	0.002	26.4	n-C_3H_7OH	25	0.12	68.6	H_2O	0	0.036	41.8
	20	0.01	21.4	$(CH_3)_2CO$	25	0.12	61.5		40	0.036	38.9
	20	0.03	19.1	n-C_4H_{10}	20	0.03	48.6		80	0.036	34.7
	0		18.8*		20		48.5*		128	0.036	30.1
C_2H_4	20	0.03	29.0	n-C_4H_9Cl	20	0.19	64.5	N_2	20	0.00032	34.9
	20		28.9*		20		64.4*		20	0.003	19.5
C_2H_6	20	0.005	33.3	sec-C_4H_9Cl	25		60.7*		25		19.7*
	20	0.01	33.1	$tert$-C_4H_9Cl	25		54.8*	NH_3	20	0.0045	55.3
	20	0.03	30.4	$(C_2H_5)_2O$	20	0.15	64.9		20	0.012	45.2
	20		31.4*		20	0.15	66.1		20	0.023	40.6
C_2H_5Br	25	0.22	58.2	C_6H_6	0	0.16	61.5		20	0.028	39.8
	0		58.2*		25	0.16	65.7				

硅 胶											
CCl_4	19.7	0.066	45.2	$(C_2H_5)_2O$	18.4	0.05	73.7		20.4	0.0667	54.4
CH_3OH	19.7	0.066	63.6		20.3	0.066	72.0		19.5	0.10	49.4
C_2H_5OH	19.4	0.066	72.4		21.0	0.083	68.6	C_6H_5Cl	21.5	0.066	71.2
$(CH_3)_2CO$	20.2	0.066	73.2		20.0	0.10	65.3	C_6H_{12}	21.4	0.066	43.7
n-C_3H_7OH	20	0.066	79.5	n-C_5H_{12}	21.4	0.066	36.8	n-C_8H_{18}	21.6	0.066	59.4
$(C_2H_5)_2O$	19.2	0.0166	83.3	C_6H_6	20.5	0.0166	64.5	H_2O	22.3	0.0133	14.9
	20.5	0.0333	77.4		21.9	0.0333	62.8				

注：带 * 者吸附热数值是文献 [11] 表 2-7 中数值乘以 4.184 换算得出。

3.1.3.2　吸附质在合成沸石上的等量吸附热 (焓)

具体内容见表 3-29。

表 3-29　不同吸附质在合成沸石上的等量吸附热 (焓) $\Delta_{ads}H_{st}$[10]　单位：kJ/mol

吸附质	吸　附　剂					
	4A(NaA)		5A(NaA)		13X(NaX)	
	θ①	$\Delta_{ads}H_{st}$	θ	$\Delta_{ads}H_{st}$	θ	$\Delta_{ads}H_{st}$
水	0.1	125.7	0.1	—	0.1	95.11
	0.8	74.17	0.8	75.42	0.8	70.8
NH_3			0.1	92.18	0.1	67.04
CO_2	0.1	46.09	0.1	52.37	0.1	46.09
O_2						13.82
N_2	15*	27.24	15*	23.88	0②	18.72
CH_4			0.1	21.79	0*	17.64
C_2H_6			0.1	27.65	40*	30.59
C_3H_8					40*	46.09
C_6H_6(苯)					50*	73.32

注：① θ—遮盖率；② cm³/g。

* 指吸附量 0.5% (质量分数) 之值。

3.1.3.3　水蒸气在不同吸附剂上的吸附热

具体内容见表 3-30。

表 3-30　水蒸气在不同吸附剂上的吸附热 (焓) $\Delta_{ads}H$[11]　单位：kJ/mol

吸附剂	$\Delta_{ads}H$	吸附剂	$\Delta_{ads}H$	吸附剂	$\Delta_{ads}H$
活性氧化铝	51.96	合成沸石	75.42	硅胶	53.63

3.1.3.4　CO_2 在不同类型活性炭上的积分吸附热

具体内容见表 3-31。

表 3-31　CO_2 在不同类型活性炭上的积分吸附热 (焓) $\Delta_{ads}H$[10]　单位：kJ/mol

吸附剂	脱气温度 $t/℃$	$\Delta_{ads}H$	吸附剂	脱气温度 $t/℃$	$\Delta_{ads}H$
防护面具用活性炭	900	29.34	椰子壳炭	400	29.17
活性木炭	600	29.34	木　炭	100	28.88

3.1.4　化学反应的热效应，物质的标准热化学性质数据

3.1.4.1　有机化合物的标准热化学性质

表 3-32 列出 1273 种有机化合物的标准热化学性质数据。

(1) 在标准状态下的物质的热化学性质用上角标 "⊖" 表示，参考温度 298.15K。

(2) $\Delta_t H^{\ominus}$ 298.15K 下标准 (摩尔) 生成焓 (热)，单位 J/mol。

(3) $\Delta_t G^{\ominus}$ 298.15K 下标准 (摩尔) 生成 Gibbs 自由能，单位 J/mol。

(4) $S^{\ominus}$ 298.15K 下标准 (摩尔) 熵，单位 J/(mol·K)。

(5) $C_p^{\ominus}$ 298.15K 下标准摩尔定压热容，单位 J/(mol·K)。

(6) 标准状态：晶体、液体 (纯物质)，标准状态压力 $p^{\ominus}$，任意温度下的纯物质；气体，标准状态压力 $p^{\ominus}$，温度 T 下，假想理想气体；对于元素，通常选在 298.15K 和 $p^{\ominus}$ 下稳定形态为其参考物质，因此标准状态下的稳定单质其 $\Delta_t H^{\ominus}$，$\Delta_f G^{\ominus}$ 皆为零。

(7) 此表标准状态压力 $p^{\ominus}=1\times10^5$ Pa (=1bar)，标有 "+" 者的数据是摘自参考文献 [3] 其标准状态压力 $p^{\ominus}=1.01325$bar (=1atm)。

表 3-32　有机化合物的标准热化学性质 $\Delta_f H^\ominus$，$\Delta_f G^\ominus$，$S^\ominus$ 及 $C_p^\ominus$　($T=298.15\mathrm{K}$ 下)[3,11,12,13]

No.	化学式	中文名称	英文名称	$\Delta_f H^\ominus/(\mathrm{kJ/mol})$			$\Delta_f G^\ominus/(\mathrm{kJ/mol})$			$S^\ominus/[\mathrm{J/(mol\cdot K)}]$			$C_p^\ominus/[\mathrm{J/(mol\cdot K)}]$		
				c	l	g	c	l	g	c	l	g	c	l	g
1	CBrClF₂	溴氯二氟甲烷	†bromochlorodifluoromethane			−471.5			−448.4			318.5			74.6
2	CBrCl₂F	溴二氯氟甲烷	†bromodichlorofluoromethane			−269.5			−246.8			330.6			80.0
3	CBrCl₃	溴三氯甲烷	bromotrichloromethane			−41.1									85.3
4	CBrF₃	溴三氟甲烷	bromotrifluoromethane			−648.3									69.3
5	CBrN	溴化氰	cyanogen bromide	140.5		186.2			165.3			248.3			46.9
6	CBrN₃O₆	溴三硝基甲烷	bromotrinitromethane		32.5	80.3									
7	CBr₂ClF	二溴氯氟甲烷	†dibromochlorofluoromethane			−231.8			−223.4			342.8			82.4
8	CBr₂Cl₂	二溴二氯甲烷	dibromodichloromethane			−29.3			−19.5			347.8			
9	CBr₂F₂	二溴二氟甲烷	†dibromodifluoromethane			−429.7			−419.1			325.3			87.1
10	CBr₂O	碳酰溴	carbonyl bromide		−127.2	−96.2			−110.9			309.1			77.0
11	CBr₃Cl	三溴氯甲烷	†tribromochloromethane			12.6			9.1			357.8			89.4
12	CBr₃F	三溴氟甲烷	tribromofluoromethane			−190.0			−193.1			345.9			84.4
13	CBr₄	四溴甲烷	tetrabromomethane	29.4		83.9	47.7		67.0	212.5		358.1	144.3		91.2
14	CClFO	碳酰氯氟	carbonyl chloride fluoride						−667.4			276.7			52.4
15	CClF₃	氯三氟甲烷	†chlorotrifluoromethane			−707.8						285.4			66.9
16	CClN	氯化氰	cyanogen chloride		112.1	138.0			131.0			236.2			45.0
17	CClN₃O₆	氯三硝基甲烷	chlorotrinitromethane		−27.1	18.4									
18	CCl₂F₂	二氯二氟甲烷	dichlorodifluoromethane			−477.4			−439.4			300.8			72.3
19	CCl₂O	碳酰氯（光气）	carbonyl chloride (= phosgene)			−219.1			−204.9			283.5			57.7
20	CCl₃F	三氯氟甲烷	†trichlorofluoromethane		−301.3	−268.3		−236.8			225.4			121.6	78.1
21	CCl₄	四氯甲烷（四氯化碳）	†tetrachloromethane		−128.2	−95.7			−53.6		216.2	309.9		130.7	83.3
22	CF₃	三氟甲基	trifluoromethyl			−477.0			−464.0			264.5			49.6
23	CF₃I	三氟碘甲烷	†trifluoroiodomethane			−587.8			−572.0			307.5			70.9
24	CF₄	四氟甲烷;四氟化碳	tetrafluoromethane			−933.6			−888.3			261.6			61.0
25	CN₄O₈	四硝基甲烷	tetranitromethane		38.4	88.3									
26	CHBrF₂	溴二氟甲烷	†bromodifluoromethane			−424.9			−447.3			295.1			58.7
27	CHBr₂Cl	一氯二溴甲烷	†chlorodibromomethane(dibromochloromethane)			−20.9			−18.8			327.7			65.1
28	CHBr₂F	二溴氟甲烷	dibromofluoromethane			−223.4			−221.1			316.8			71.2
29	CHBr₃	三溴甲烷	†tribromomethane		−22.3	23.8		−5.0	8.0		220.9	330.9		130.7	55.9
30	CHClF₂	一氯二氟甲烷	†chlorodifluoromethane			−482.6			−450.0			281.0			61.0
31	CHCl₂F	二氯氟甲烷	†dichlorofluoromethane			−283.0			−253.0			293.1			65.7
32	CHCl₃	三氯甲烷	trichloromethane		−134.1	−102.7		−73.7	6.0		201.7	295.7		114.2	40.4
33	CHFO	甲酰氟（氟化甲酰）	†formylfluoride			−376.6			−368.1			246.5(8)			

续表

No.	化学式	中文名称	英文名称	$\Delta_f H^{\ominus}$/(kJ/mol)			$\Delta_f G^{\ominus}$/(kJ/mol)			$S^{\ominus}$/[J/(mol·K)]			$C^{\ominus}_p$/[J/(mol·K)]		
				c	l	g	c	l	g	c	l	g	c	l	g
34	CHF₃	三氟甲烷	†trifluoromethane			-695.4			-658.9			259.6			51.1
35	CHI₃	三碘甲烷	†triiodomethane	-181.1*		251.0			178.0			356.2			75.1
36	CHN	氰化氢	hydrogen cyanide		108.9	135.1		125.0	124.7		112.8	201.8		70.6	35.9
37	CHNO	异氰酸	isocyanic acid(HNCO)			127.6			113.0			238.0			44.9
38	CHNS	异硫氰酸	isothiocyanic acid		-32.8	-13.4						247.8			46.9
39	CHN₃O₆	三硝基甲烷	trinitromethane									435.6			134.1
40	CHNaO₂	甲酸钠	sodium formate	-666.5			-599.9			103.8			82.7		
41	CHO	氧代甲基	oxomethyl(HCO)			43.1			28.0			224.7			34.6
42	CH₂	亚甲基	methylene			390.4			372.9			194.9			33.8
43	CH₂BrCl	溴氯甲烷	†bromochloromethane			-50.2			-39.3			287.6		52.7	49.2
44	CH₂BrF	溴氟甲烷	†bromofluoromethane			-252.7			-241.5			276.3			54.7
45	CH₂Br₂	二溴甲烷	†dibromomethane			-14.8			-16.2			293.2		105.3	47.0
46	CH₂ClF	氯氟甲烷	†chlorofluoromethane			-290.8			-265.5			264.3			51.0
47	CH₂Cl₂	二氯甲烷	†dichloromethane		-124.2	-95.4			-68.9		177.8	270.3		101.2	42.9
48	CH₂F₂	二氟甲烷	†difluoromethane			-452.2			-425.4			246.6			57.7
49	CH₂I₂	二碘甲烷	diiodomethane		68.5	119.5		90.4	95.8		174.1	309.7		134.0	52.5
50	CH₂N₂	重氮甲烷	diazomethane			192.5			217.8			242.8			
51	CH₂N₂	氨基氰	cyanamide	58.8											
52	CH₂N₂O₄	二硝基甲烷	dinitromethane			-58.9									
53	CH₂O	甲醛	formaldehyde		-104.9	-108.6			-102.5			218.8			35.4
54	CH₂O₂	甲酸、蚁酸	formic acid		-425.0	-378.7		-361.4			129.0			99.0	
55	CH₃	甲基	methyl			145.7			147.9			194.2			38.7
56	CH₃BO	硼酰甲烷	borane carbonyl			-111.2			-92.9			249.4			59.5
57	CH₃Br	溴甲烷	bromomethane		-59.8	-35.4			-26.3			246.4			42.4
58	CH₃Cl	氯甲烷	chloromethane			-81.9			-58.5			234.6			40.8
59	CH₃F	氟甲烷	†fluoromethane			-237.8			-213.8			222.8			37.5
60	CH₃I	碘甲烷	†iodomethane		-13.6	14.4			15.6			254.1		126.0	44.1
61	CH₃NO	甲酰胺	formamide		-254.0	-193.9			-141.0		163.2	248.6		107.6	45.4
62	CH₃NO₂	硝基甲烷	nitromethane		-112.6	-74.3		-14.4	-6.8		171.8	282.9		106.6	55.5
63	CH₃NO₂	亚硝酸甲酯	†methyl nitrite			-66.1			1.0			284.3			63.2
64	CH₃NO₃	硝酸甲酯	methyl nitrate		-156.3	-122.0		-43.4	-39.2		217.1	305.8		157.3	76.6
65	CH₄	甲烷	methane			-74.6			-50.5			186.3			35.7
66	CH₄N₂	氰化铵	ammonium cyanide	0.4									134.0		
67	CH₄N₂O	尿素	†urea	-333.1		-245.8	-196.8			104.6			93.1		
68	CH₄N₂S	硫脲	†thiourea	-89.1		22.9	-21.8			115.9					

续表

No.	化学式	中文名称	英文名称	$\Delta_f H^{\ominus}$/(kJ/mol)			$\Delta_f G^{\ominus}$/(kJ/mol)			$S^{\ominus}$/[J/(mol·K)]			$C_p^{\ominus}$/[J/(mol·K)]		
				c	l	g	c	l	g	c	l	g	c	l	g
69	CH$_4$O	甲醇	methanol		-239.2	-201.0		-166.6	-162.3		126.8	239.9		81.1	44.1
70	CH$_4$S	甲硫醇	methanethiol		-46.7	-22.9		-7.7	-9.3		169.2	255.2		90.5	50.3
71	CH$_5$N	甲胺	methylamine		-47.3	-22.5		35.7	32.7		150.2	242.9		102.1	50.1
72	CH$_5$N$_3$	胍	guanidine	-56.0											
73	CH$_6$N$_2$	甲肼	methylhydrazine		54.2	94.7		180.0	187.0		165.9	278.8		134.9	71.1
74	CH$_6$Si	甲基甲硅烷	methylsilane									256.5			65.9
75	C$_2$	碳（双原子）	dicarbon			831.9			775.9			199.4			43.2
76	C$_2$Br$_2$ClF$_3$	1,2-二溴-1-氯-1,2,2-三氟乙烷	1,2-dibromo-1-chloro-1,2,2-trifluoroethane		-691.7	-656.6									
77	C$_2$Br$_2$F$_4$	1,2-二溴四氟乙烷	1,2-dibromotetrafluoroethane		-817.7	-789.1									
78	C$_2$Br$_4$	四溴乙烯	tetrabromoethylene									387.1		102.7	
79	C$_2$Br$_6$	六溴乙烷	hexabromoethane									441.9			139.3
80	C$_2$Ca	碳化钙(电石)	calcium carbide	-59.8			-64.9			70.0			62.7		
81	C$_2$CaN$_2$	氰化钙	calcium cyanide	184.5											
82	C$_2$CaO$_4$	草酸钙	calcium oxalate	1360.6											
83	C$_2$ClF$_3$	三氟氯乙烯	chlorotrifluoroethylene		-522.7	-505.5			-523.8			322.1			83.9
84	C$_2$ClF$_5$	五氟氯乙烷	chloropentafluoroethane			-1118.8									184.2
85	C$_2$Cl$_2$F$_4$	1,2-二氯四氟乙烷	1,2-dichlorotetrafluoroethane		-960.2	-937.0								111.7	
86	C$_2$Cl$_2$O$_2$	草酰氯	ethanedioyl dichloride	-820.5*	-367.6	-335.8									
87	C$_2$Cl$_3$F$_3$	1,1,2-三氯三氟乙烷	1,1,2-trichlorotrifluoroethane		-745.0	-716.8								170.1	
88	C$_2$Cl$_3$N	三氯乙腈	trichloroacetonitrile									336.6			96.1
89	C$_2$Cl$_4$	四氯乙烯	tetrachloroethylene		-50.6	-10.9		3.0			266.9			143.4	
90	C$_2$Cl$_4$F$_2$	1,1,1,2-四氯-2,2-二氟乙烷	1,1,1,2-tetrachloro-2,2-difluoroethane			-489.9			-407.0			382.9			123.4
91	C$_2$Cl$_4$O	三氯乙酰氯	trichloroacetyl chloride		-280.8	-239.8									
92	C$_2$Cl$_6$	六氯乙烷	hexachloroethane	-202.8		-143.6				237.3			198.2		
93	C$_2$F$_3$N	三氟乙腈	†trifluoroacetonitrile			-497.9			-461.9			298.1			77.9
94	C$_2$F$_4$	四氟乙烯	†tetrafluoroethylene			-658.9			-623.7			300.0			80.5
95	C$_2$F$_6$	六氟乙烷	hexafluoroethane			-1344.2						332.3			106.7
96	C$_2$HBr	溴乙炔	bromoacetylene												
97	C$_2$HBrClF$_3$	1-溴-2-氯-1,1,2-三氟乙烷	1-bromo-2-chloro-1,1,2-trifluoroethane		-675.3	-644.8									
98	C$_2$HBrClF$_3$	2-溴-2-氯-1,1,1-三氟乙烷	2-bromo-2-chloro-1,1,1-trifluoroethane		-720.0	-690.4						253.7			55.7

续表

No.	化学式	中文名称	英文名称	$\Delta_f H^\ominus/(kJ/mol)$			$\Delta_f G^\ominus/(kJ/mol)$			$S^\ominus[J/(mol \cdot K)]$			$C_p^\ominus[J/(mol \cdot K)]$		
				c	l	g	c	l	g	c	l	g	c	l	g
99	C_2HCl	氯乙炔	†chloroacetylene			213.0			197.0			241.9			54.3
100	C_2HClF_2	1-氯-2,2-二氟乙烯	1-chloro-2,2-difluoro-ethylene			-315.5			-289.1			303.0			72.1
101	C_2HCl_2F	2-氯-1,1-二氟乙烯	†2-chloro-1,1-difluoro-ethylene			-331.4			-305.0			302.4			
102	$C_2HCl_2F_3$	2,2-二氯-1,1,1-三氟乙烷	2,2-dichloro-1,1,1-trifluoro-ethane									352.8			102.5
103	C_2HCl_3	三氯乙烯	trichloroethylene		-43.6	-9.0					228.4	324.8		124.4	80.3
104	C_2HCl_3O	三氯乙醛	trichloroacetaldehyde		-234.5	-196.6								151.0	
105	C_2HCl_3O	二氯乙酰氯	dichloroacetyl chloride		-280.4	-241.0									
106	C_2HCl_5	五氯乙烷	†pentachloroethane		-187.6	-142.0			-70.3			381.5		173.8	118.1
107	C_2HF	氟乙炔	fluoroacetylene									231.7			52.4
108	C_2HF_3	三氟乙烯	trifluoroethylene			-490.4			-469.5			292.6			69.2
109	$C_2HF_3O_2$	三氟乙酸	trifluoroacetic acid		-1069.9	-1031.4									
110	C_2HF_5	五氟乙烷	†pentafluoroethane			-1104.6			-1029.3			333.7			95.7
111	C_2H_2	乙炔	acetylene			227.4			209.9			200.9			44.0
112	$C_2H_2Br_2$	顺(式)-1,2-二溴乙烯	cis-1,2-dibromoethylene									311.3			68.8
113	$C_2H_2Br_2$	反(式)-1,2-二溴乙烯	trans-1,2-dibromoethylene									313.5			70.3
114	$C_2H_2ClF_3$	2-氯-1,1,1-三氟乙烷	2-chloro-1,1,1-trifluoroethane									326.5			89.1
115	$C_2H_2Cl_2$	1,1-二氯乙烯	1,1-dichloroethylene		-23.9	2.8		24.1	25.4		201.5	289.0		111.3	67.1
116	$C_2H_2Cl_2$	顺(式)-1,2-二氯乙烯	cis-1,2-dichloroethylene		-26.4	4.6			24.4		198.4	289.6		116.4	65.1
117	$C_2H_2Cl_2$	反(式)-1,2-二氯乙烯	trans-1,2-dichloroethylene		-24.3	5.0		27.3	28.6		195.9	240.9		116.8	66.7
118	$C_2H_2Cl_2O$	氯乙酰氯	chloroacetyl chloride		-283.7	-244.8			-80.3						
119	$C_2H_2Cl_4$	1,1,1,2-四氯乙烷	†1,1,1,2-tetrachloroethane			-149.2			-85.6			355.9		153.8	102.7
120	$C_2H_2Cl_4$	1,1,2,2-四氯乙烷	†1,1,2,2-tetrachloroethane		-195.0(84)	-149.2					246.9*	362.7		162.3	100.8
121	$C_2H_2F_2$	1,1-二氟乙烯	†1,1-difluoroethylene			-335.0			-321.5			266.2			60.1
122	$C_2H_2F_2$	顺(式)-1,2-二氟乙烯	cis-1,2-difluoroethylene									268.3			58.2
123	$C_2H_2F_4$	1,1,1,2-四氟乙烷	†1,1,1,2-tetrafluoroethane			-895.8			-826.2			316.2			86.3
124	C_2H_2O	乙烯酮	ketene		-67.9	-47.5			-48.3			247.6			51.8
125	$C_2H_2O_4$	草酸(乙二酸)	oxalic acid	-829.9		-731.8			-662.7	109.8		320.6	91.0		86.2
126	$C_2H_2S_2$	硫杂丙烯环	thiirene			300.0			275.8			255.3			54.7
127	C_2H_3Br	溴乙烯	bromoethylene			79.2			81.8			275.8			55.5
128	C_2H_3BrO	乙酰溴	acetyl bromide		-223.5	-190.4									
129	C_2H_3Cl	氯乙烯	chloroethylene(= vinylchloride)	-94.1	14.6	37.2			53.6			264.0	59.4		53.7
130	$C_2H_3ClF_2$	1-氯-1,1-二氟乙烷	1-chloro-1,1-difluoroethane									307.2			82.5

续表

No.	化学式	中文名称	英文名称	$\Delta_f H^{\ominus}$/(kJ/mol)			$\Delta_f G^{\ominus}$/(kJ/mol)			$S^{\ominus}$/[J/(mol·K)]			$C_p^{\ominus}$/[J/(mol·K)]		
				c	l	g	c	l	g	c	l	g	c	l	g
131	C_2H_3ClO	乙酰氯	†acetyl chloride		−272.9(7)	−242.8		−208.2	−305.8		201.0	295.1		117.0	67.8
132	$C_2H_3ClO_2$	氯乙酸	chloroacetic acid	−509.7		−427.6			−368.5			325.9			78.8
133	$C_2H_3Cl_2F$	1,1-二氯-1-氟乙烷	1,1-dichloro-1-fluoroethane									320.2			88.7
134	$C_2H_3Cl_3$	1,1,1-三氯乙烷	†1,1,1-trichloroethane		−177.4	−144.4					227.4	323.1		144.3	93.3
135	$C_2H_3Cl_3$	1,1,2-三氯乙烷	†1,1,2-trichloroethane		−190.8	−151.3					232.6	337.2		150.9	89.0
136	C_2H_3FO	乙酰氟	acetyl fluoride		−467.2	−442.1									
137	$C_2H_3F_3$	1,1,1-三氟乙烷	†1,1,1-trifluoroethane			−744.6						79.8			78.2
138	$C_2H_3F_3O$	2,2,2-三氟乙醇	2,2,2-trifluoroethanol		−932.4	−888.4									
139	C_2H_3I	碘乙烯	iodoethylene												
140	C_2H_3IO	乙酰碘	acetyl iodide		−163.5	−126.4						285.0			57.9
141	C_2H_3N	乙腈	acetonitrile		40.6	74.0		86.5	91.9		149.6	243.4		91.5	52.2
142	C_2H_3N	异氰基甲烷	isocyanomethane		130.8	163.5		159.5	165.7		159.0	246.9			52.9
143	$C_2H_3NO_3$	草氨基酸（氨羰基甲酸）	oxamic acid	−661.2		−552.3									
144	C_2H_3NS	异硫氰酸甲酯	methyl isothiocyanate	79.9		131.0			144.4			252.3			65.5
145	$C_2H_3NaO_2$	乙酸钠	sodium acetate	−708.8			−607.2			123.0			79.9		
146	C_2H_4	乙烯	ethylene			52.4			68.4			219.3			42.9
147	$C_2H_4Br_2$	1,1-二溴乙烷	1,1-dibromoethane		−66.2							327.7			80.8
148	$C_2H_4Br_2$	1,2-二溴乙烷	1,2-dibromoethane		−79.2	−37.5					223.3			136.0	
149	$C_2H_4Cl_2$	1,1-二氯乙烷	1,1-dichloroethane		−158.4	−127.7		−73.8	−73.3		211.8	305.1		126.3	76.2
150	$C_2H_4Cl_2$	1,2-二氯乙烷	1,2-dichloroethane		−166.8	−126.4						308.2		128.4	78.7
151	$C_2H_4F_2$	1,1-二氟乙烷	†1,1-difluoroethane			−497.0			−443.0			282.4		118.4	67.8
152	$C_2H_4I_2$	1,2-二碘乙烷	1,2-diiodoethane	9.3		70.0			78.5			348.5			82.3
153	$C_2H_4N_2O_2$	草酰胺（乙二酰二胺）	†oxamide	−504.4			−342.7			118.0					
154	C_2H_4O	乙醛	acetaldehyde		−192.2	−166.2		−127.6	−133.0		166.2	263.8		89.0	55.3
155	C_2H_4O	环氧乙烷	ethylene oxide；oxirane		−78.0	−52.6		−11.8	−13.0		153.9	242.5		88.0	47.9
156	C_2H_4OS	硫代乙酸（乙硫羟酸）	†thioacetic acid		−216.9	−175.1			−154.0			313.2			80.9
157	$C_2H_4O_2$	乙酸（醋酸）	acetic acid		−484.3	−432.2		−389.9	−374.2		159.8	283.5		123.3	63.4
158	$C_2H_4O_2$	甲酸甲酯	methyl formate		−386.1	−357.4			−297.2			285.3		119.1	64.4
159	$C_2H_4O_3$	乙醇酸（羟基乙酸）	glycolic acid			−583.0			−504.9			318.6			87.1
160	C_2H_4S	硫杂丙环	thiirane		51.6	82.0			96.8			255.2			53.3
161	C_2H_5Br	溴乙烷	bromoethane		−90.5	−61.9		−25.8	−23.9		198.7	286.7		100.8	64.5
162	C_2H_5Cl	氯乙烷	chloroethane		−136.8	−112.1		−58.3	−60.4		190.8	276.0		104.3	62.8
163	C_2H_5F	氟乙烷	†fluoroethane			−263.2			−211.0			264.5			58.6
164	C_2H_5I	碘乙烷	iodoethane		−40.0	−8.1		14.7	19.2		211.7	306.0		115.1	66.9

续表

No.	化学式	中文名称	英文名称	$\Delta_fH^{\ominus}/(\text{kJ/mol})$ c	l	g	$\Delta_fG^{\ominus}/(\text{kJ/mol})$ c	l	g	$S^{\ominus}/[\text{J/(mol·K)}]$ c	l	g	$C_p^{\ominus}/[\text{J/(mol·K)}]$ c	l	g
165	C_2H_5N	氮丙啶(氮杂环丙烷;环乙亚胺)	†aziridine(cycloethylene-imine)		91.9	126.5			178.0			250.6			52.6
166	C_2H_5NO	乙酰胺	acetamide	-317.0		-238.3				115.0			91.3		
167	$C_2H_5NO_2$	硝基乙烷	†nitroethane		-143.9	-102.3			-4.9			315.4		134.4	78.2
168	$C_2H_5NO_2$	甘氨酸(氨基乙酸)	†glycine(gly)	-528.5		-392.1*	-368.6			103.5			99.2		
169	$C_2H_5NO_3$	硝酸乙酯	†ethyl nitrate		-190.4*	-154.1			-36.9			348.3			97.4
170	C_2H_5NS	硫代乙酰胺	thioacetamide	-71.7		11.4									
171	C_2H_6	乙烷	ethane			-84.0			-32.0			229.2			52.5
172	C_2H_6Cd	二甲基镉	dimethyl cadmium		63.6	101.6		139.0	146.9		201.9	303.0		132.0	83.3
173	C_2H_6Hg	二甲汞	dimethyl mercury		59.8	94.4		140.3	146.1		209.0	306.0			
174	C_2H_6O	乙醇	ethanol		-277.6	-234.8		-174.8	-167.9		160.7	281.6		112.3	65.6
175	C_2H_6O	二甲醚	dimethyl ether		-203.3	-184.1			-112.6			266.4			64.4
176	C_2H_6OS	二甲亚砜	dimethyl sulfoxide		-204.2	-151.3		-99.9			188.3			153.0	
177	$C_2H_6O_2$	1,2-亚乙二醇(乙二醇)	ethylene glycol=glycol	-450.1	-460.0	-392.2	-302.4		-272.7	142.0	163.2			148.6	82.7
178	$C_2H_6O_2S$	二甲砜	dimethyl sulfone			-373.1						303.8			100.0
179	$C_2H_6O_3S$	亚硫酸二甲酯	dimethyl sulfite		-523.6	-483.4									
180	$C_2H_6O_4S$	硫酸二甲酯	dimethyl sulfate		-735.5	-687.0						310.6			
181	C_2H_6S	乙硫醇	ethanethiol		-73.6	-46.1		-5.5	-4.8		207.0	296.2		117.9	72.7
182	C_2H_6S	二甲硫(甲硫醚)	†dimethyl sulfide		-65.3	-37.4					196.4	286.0		118.1	74.1
183	$C_2H_6S_2$	1,2-乙二硫醇	1,2-ethanedithiol		-54.3	-9.7									
184	$C_2H_6S_2$	二甲基二硫化物	dimethyl disulfide		-62.6	-24.7					235.4			146.1	
185	C_2H_6Zn	二甲锌	dimethyl zinc		23.4	53.0					201.6			129.2	
186	C_2H_7N	乙胺(氨基乙烷)	ethylamine		-74.1	-47.5		70.0	36.3			283.8		130.0	71.5
187	C_2H_7N	二甲胺	dimethylamine		-43.9	-18.8			68.5		182.3	273.1		137.7	70.7
188	$C_2H_8N_2$	乙二胺	1,2-ethanediamine		-63.0	-18.0		206.4							
189	$C_2H_8N_2$	1,1-二甲基肼	1,1-dimethylhydrazine		48.9	84.1								172.6	
190	$C_2H_8N_2$	1,2-二甲基肼	1,2-dimethylhydrazine		52.7	92.2					198.0			164.1	
191	C_2I_2	二碘乙炔	diiodoacetylene		285.9							313.1			70.3
192	C_2N_2	氰	cyanogen			306.7						241.9			56.9
193	C_2O_4Pb	草酸铅	lead(Ⅱ) oxalate	-851.4			-750.1			146.0			105.4		
194	$C_3H_2N_2$	丙二腈	malononitrile	186.4		265.5									
195	$C_3H_2O_2$	丙炔酸	2-propynoic acid		-193.2										
196	$C_3H_2O_3$	1,3-二氧杂环戊-2-酮	1,3-dioxol-2-one		-459.9	-418.6									
197	$C_3H_3Cl_3$	1,2,3-三氯丙烯	1,2,3-trichloropropene		-101.8										
198	$C_3H_3F_3$	3,3,3-三氟丙烯	3,3,3-trifluoropropene			-614.2									

续表

No.	化学式	中文名称	英文名称	$\Delta_f H^\ominus/(\text{kJ/mol})$			$\Delta_f G^\ominus/(\text{kJ/mol})$			$S^\ominus/[\text{J/(mol·K)}]$			$C_p^\ominus/[\text{J/(mol·K)}]$		
				c	l	g	c	l	g	c	l	g	c	l	g
199	C_3H_3N	丙烯腈	†propenenitrile;acrylonitrile		147.1	180.6									108.8
200	C_3H_3NO	噁唑	oxazole		-48.0	-15.5									
201	C_3H_3NO	异噁唑	isoxazole		42.1	78.6									
202	C_3H_4	丙二烯	†allene(=propadiene)			190.5			202.4			243.9			59.0
203	C_3H_4	丙炔	†propyne			184.9			194.4			248.1			60.7
204	C_3H_4	环丙烯	†cyclopropene			277.1			286.3			223.3			
205	$C_3H_4Cl_2$	2,3-二氯丙烯	2,3-dichloropropene		-73.3										
206	$C_3H_4F_4O$	2,2,3,3-四氟-1-丙醇	2,2,3,3-tetrafluoro-1-propanol		-1114.9	-1061.3									
207	$C_3H_4N_2$	1H-邻二氮茂	1H-pyrazole		105.4	179.4									
208	$C_3H_4N_2$	咪唑	imidazole	49.8		132.9							81.0		
209	$C_3H_4O_2$	1,2-丙二酮	†1,2-propanedione		-309.1	-271.0									
210	$C_3H_4O_2$	丙烯酸	†propenoic acid;acrylicacid		-383.8	-336.2			-286.1			315.0		145.7	77.8
211	$C_3H_4O_2$	2-丙内酯	2-oxetanone		-329.9	-282.9					175.3			122.1	
212	$C_3H_4O_3$	碳酸亚乙酯	ethylene carbonate		-682.8	-508.4								133.9	
213	C_3H_5Br	顺(式)-1-溴丙烯	cis 1-bromopropene		7.9	40.8									
214	C_3H_5Br	3-溴丙烯	3-bromopropene		12.2	45.2									
215	C_3H_5Cl	烯丙基氯(3-氯-1-丙烯)	†3-chloropropene(=allylchloride)			-0.63			43.5			306.7		125.1	75.4
216	C_3H_5ClO	3-氯-1,2-环氧丙烷(氯甲代氧丙环;表氯醇[俗])	epichlorohydrin		-148.4	-107.8								131.6	
217	$C_3H_5ClO_2$	2-氯丙酸	2-chloropropanoic acid		-522.5	-475.8									
218	$C_3H_5ClO_2$	3-氯丙酸	3-chloropropanoic acid	-549.3											
219	$C_3H_5ClO_2$	氯甲酸乙酯	ethyl chloroformate		-505.3	-462.9									
220	$C_3H_5Cl_3$	1,2,2-三氯丙烷	†1,2,2-trichloropropane			-185.8			-97.8			382.9			112.2
221	$C_3H_5Cl_3$	1,2,3-三氯丙烷	†1,2,3-trichloropropane		-230.6	-182.9								183.6	
222	C_3H_5I	3-碘丙烯	3-iodopropene		53.7	91.5		89.2							
223	C_3H_5N	丙腈	†propanenitrile		15.5	51.7					189.3			119.3	
224	C_3H_5N	乙腈	ethyl isocyanide		108.6	141.7									
225	$C_3H_5N_3O_9$	三硝基甘油(三硝基丙三醇)	trinitroglycerol		-370.9	-279.1						545.9			234.2
226	C_3H_6	丙烯	†propene		4.0	20.0			62.8			266.6			54.3
227	C_3H_6	环丙烷	cyclopropane		35.2	53.3			104.5			237.5			55.6
228	$C_3H_6Br_2$	1,2-二溴丙烷	†1,2-dibromopropane		-113.6	-71.5			-17.1			376.1		160.0	102.8
229	$C_3H_6Cl_2$	1,2-二氯丙烷	†1,2-dichloropropane		-198.8	-162.8			-83.1			354.8		149.1*	98.2
230	$C_3H_6Cl_2$	1,3-二氯丙烷	†1,3-dichloropropane		-199.9	-159.2			-82.6			367.2			99.6

续表

No.	化学式	中文名称	英文名称	$\Delta_f H^{\ominus}$/(kJ/mol)			$\Delta_f G^{\ominus}$/(kJ/mol)			$S^{\ominus}$/[J/(mol·K)]			$C_p^{\ominus}$/[J/(mol·K)]		
				c	l	g	c	l	g	c	l	g	c	l	g
231	C₃H₆Cl₂	2,2-二氯丙烷	†2,2-dichloropropane		−205.8	−173.2			−84.6			326.0			105.9
232	C₃H₆Cl₂O	2,3-二氯-1-丙醇	2,3-dichloro-1-propanol		−381.5	−316.3									
233	C₃H₆Cl₂O	1,3-二氯-2-丙醇	1,3-dichloro-2-propanol		−385.3	−318.4									
234	C₃H₆N₂O	N-(氨基羰基)-乙酰胺	N-(aminocarbonyl)acetamide	−544.2	−441.2										
235	C₃H₆N₂O₄	1,1-二硝基丙烷	1,1-dinitropropane		−163.2	−100.7									
236	C₃H₆N₂O₄	1,3-二硝基丙烷	1,3-dinitropropane		−207.1										
237	C₃H₆N₂O₄	2,2-二硝基丙烷	2,2-dinitropropane		−181.2										
238	C₃H₆O	烯丙醇(2-丙烯-1-醇)	†allyl alcohol(=2-propen-1-ol)		−171.8	−336.5			−286.3			315.2		138.9	77.8
239	C₃H₆O	丙醛	†propanal		−215.3	−185.6			−130.5			304.5		137.2	80.7
240	C₃H₆O	丙酮	acetone		−248.4	−217.1			−152.7		199.8	295.3		126.3	74.5
241	C₃H₆O	甲基环氧乙烷	methyloxirane		−123.0	−94.7					196.5	286.9		120.4	72.6
242	C₃H₆O	氧杂环丁烷	oxetane		−110.8	−80.5									
243	C₃H₆O₂	丙酸	propanoic acid		−510.7	−455.7					191.0			152.8	
244	C₃H₆O₂	甲酸乙酯	ethyl formate											149.3	
245	C₃H₆O₂	乙酸甲酯	methyl acetate		−445.9	−413.3						324.4		141.9	86.0
246	C₃H₆O₂	1,3-二氧戊环	1,3-dioxolane		−333.5	−298.0								118.0	
247	C₃H₆O₂S	巯基乳酸	thiolactic acid		−468.4										
248	C₃H₆O₃	三噁烷(三氧杂环己烷)	1,3,5-trioxane	−522.5		−465.9				133.0			111.4		
249	C₃H₆O₃	(+)乳酸(2-羟基丙酸;丙醇酸)	(+)lactic acid	−694.1			−522.9			142.3					
250	C₃H₆O₃	(±)乳酸(2-羟基丙酸;丙醇酸)	(±)lactic acid		−674.5			−518.2			192.1				
251	C₃H₆S	硫代环丁烷	thiacyclobutane(thietane)		24.7	60.6			107.1		184.9	285.0			68.3
252	C₃H₆S	甲基硫杂丙环	methylthiirane		11.3	45.8									
253	C₃H₆S₂	1,2-二硫戊环	1,2-dithiolane			0.00			47.7			313.5			86.5
254	C₃H₆S₂	1,3-二硫戊环	1,3-dithiolane			10.0			54.7			323.3			84.7
255	C₃H₇Br	1-溴丙烷	†1-bromopropane		−121.8	−87.0(33)			−22.5			330.9			86.4
256	C₃H₇Br	2-溴丙烷	†2-bromopropane		−130.5	−99.4			−27.2			316.2			89.4
257	C₃H₇Cl	1-氯丙烷	†1-chloropropane		−160.6	−131.9			−50.7			319.1		132.2	84.6
258	C₃H₇Cl	2-氯丙烷	†2-chloropropane		−172.1	−144.9			−62.5			304.2			87.3
259	C₃H₇ClO₂	3-氯-1,2-丙二醇	3-chloro-1,2-propanediol		−525.3										
260	C₃H₇ClO₂	2-氯-1,3-丙二醇	2-chloro-1,3-propanediol		−517.5										
261	C₃H₇F	1-氟丙烷	†1-fluoropropane			−285.9			−200.3			304.2			82.6
262	C₃H₇F	2-氟丙烷	†2-fluoropropane			−293.5			−204.2			292.1			82.0

续表

No.	化学式	中文名称	英文名称	$\Delta_f H^\ominus$/(kJ/mol) c	l	g	$\Delta_f G^\ominus$/(kJ/mol) c	l	g	$S^\ominus$/[J/(mol·K)] c	l	g	$C_p^\ominus$/[J/(mol·K)] c	l	g
263	C_3H_7I	1-碘丙烷	†1-iodopropane		-66.0	-30.0								126.8	91.0
264	C_3H_7I	2-碘丙烷	†2-iodopropane		-74.8	-40.3			20.1			324.5			90.1
265	C_3H_7N	烯丙胺	allylamine		-10.0										
266	C_3H_7N	环丙胺	cyclopropylamine		45.8	77.0					187.7			147.1	
267	C_3H_7NO	N,N-二甲基甲酰胺	N,N-dimethylformamide		-239.3	-192.4								150.6	
268	C_3H_7NO	丙酰胺	propanamide	-338.2		-259.0									
269	$C_3H_7NO_2$	1-硝基丙烷	1-nitropropane		-167.2	-124.3									
270	$C_3H_7NO_2$	2-硝基丙烷	2-nitropropane		-180.3	-138.9						350.0			104.1
271	$C_3H_7NO_2$	†DL-丙氨酸(±)	†DL-alanine(ala)	-563.6			-372.3			132.3				170.3	
272	$C_3H_7NO_2$	D-丙氨酸(+)	D-alanine(+)	-561.2			-369.4			132.3					
273	$C_3H_7NO_2$	L-丙氨酸(−)	†L-alanine(−)	-604.0	-465.9*		-370.5			129.3					
274	$C_3H_7NO_2$	β丙氨酸	β-alanine	-558.0	-424.0										
275	$C_3H_7NO_2$	N-甲基甘氨酸	N-methylglycine;sarcosine	-513.3	-367.3										
276	$C_3H_7NO_2S$	L-半胱氨酸	L-cysteine(cys)	-534.1											
277	$C_3H_7NO_3$	†硝酸丙酯	†propyl nitrate		-214.5	-174.1						362.6			123.2
278	$C_3H_7NO_3$	硝酸异丙酯	†isopropyl nitrate		-229.7*	-191.0			-40.7			373.2			120.7
279	$C_3H_7NO_3$	DL-丝氨酸	DL-serine	-739.0											
280	$C_3H_7NO_3$	L-丝氨酸	L-serine(ser)	-732.7											
281	C_3H_8	丙烷	propane		-120.9	-103.8			-23.4			270.3			73.6
282	$C_3H_8N_2O_3$	二羟甲基脲	oxymethurea	-717.0											
283	C_3H_8O	1-丙醇;(正)丙醇	†1-propanol		-302.6	-255.1		-170.6	-161.8		193.6	322.7		143.7	85.6
284	C_3H_8O	2-丙醇;异丙醇	2-propanol		-318.1	-272.6		-180.3	-173.4		181.1	309.2		155.0	89.3
285	C_3H_8O	乙基甲基醚	†ethyl methyl ether			-216.4			-117.7			309.2			93.3
286	$C_3H_8O_2$	1,2-丙二醇	1,2-propylene glycol		-501.0	-429.8								190.8	
287	$C_3H_8O_2$	1,3-丙二醇	1,3-propylene glycol		-480.8	-408.0									
288	$C_3H_8O_2$	二甲氧基甲烷	dimethoxymethane		-377.8	-348.5					244.0			162.0	
289	$C_3H_8O_3$	丙三醇;甘油	glycerol		-668.5	-577.0		-477.0			206.3			218.9	
290	C_3H_8S	1-丙硫醇	†1-propanethiol		-99.9	-67.9			2.2		242.5	336.4		144.6	94.8
291	C_3H_8S	2-丙硫醇	†2-propanethiol		-105.9	-76.2			-2.6		233.5	324.3		145.3	96.0
292	C_3H_8S	乙基甲基硫醚	ethyl methyl sulfide		-91.6	-59.6			11.4		239.1	331.1		144.6	95.1
293	$C_3H_8S_2$	1,3-丙二硫醇	1,3-propanedithiol		-79.4	-29.8									
294	C_3H_9Al	三甲基铝	trimethyl aluminum		-136.4	-74.1		-9.9			209.4			155.6	
295	C_3H_9B	三甲基硼	trimethylborane		-143.1	-124.3		-32.1	-35.9		238.9	314.7			88.5
296	C_3H_9ClSi	三甲基氯硅烷	trimethylchlorosilane		-382.8	-352.8		-246.4	-243.5		278.2	369.1			

续表

No.	化学式	中文名称	英文名称	$\Delta_f H^\ominus$/(kJ/mol) c	l	g	$\Delta_f G^\ominus$/(kJ/mol) c	l	g	$S^\ominus$/[J/(mol·K)] c	l	g	$C_p^\ominus$/[J/(mol·K)] c	l	g
297	C_3H_9N	丙胺	propylamine		-101.5	-70.1			39.8			325.4	164.1		91.2
298	C_3H_9N	异丙胺(2-丙胺)	isopropylamine		-112.3	-83.7			32.2		218.3	312.2	163.8		97.5
299	C_3H_9N	三甲胺	trimethylamine		-45.7	-23.6					208.5	287.1	137.9		91.8
300	$C_3H_{10}N_2$	1,2-丙二胺,(±)	1,2-propanediamine,(±)		-97.8	-53.6									
301	$C_3H_{10}Si$	三甲基硅烷	trimethylsilane	-142.5								331.0			117.9
302	$C_3H_{12}BN$	三甲胺甲硼烷	trimethylamine borane				70.7			187.0					
303	$C_3H_{12}BN$	胺(类)三甲基硼	aminetrimethylboron	-284.1			-79.3			218.0					
304	C_4F_8	全氟环丁烷	†perfluorocyclobutane		-1542.6				-1398.8				209.8		156.2
305	C_4H_2	1,3-丁二炔	†1,3-butadiyne			472.8			444.0			250.0			73.6
306	$C_4H_2N_2$	反(式)-2-丁烯二腈	trans-2-butenedinitrile	268.2		340.2									
307	$C_4H_2O_3$	马来酐(顺式丁烯二酐)	maleic anhydride	-469.8		-398.3									
308	$C_4H_2O_4$	2-丁炔二酸	2-butynedioic acid	-577.3											
309	$C_4H_3NO_3$	2-硝基呋喃	2-nitrofuran	-104.1		-28.8									
310	C_4H_4	1-丁烯-3-炔	†1-buten-3-yne			304.6			306.0			279.4			73.2
311	$C_4H_4ClNO_2$	N-氯代丁二酰亚胺	N-chlorosuccinimide	-357.9											
312	$C_4H_4N_2$	丁二腈(玻珀腈)	succinonitrile	139.7		209.7				191.6			145.6		
313	$C_4H_4N_2$	吡嗪	pyrazine	139.8		196.1									
314	$C_4H_4N_2$	嘧啶	pyrimidine		145.9	195.7									
315	$C_4H_4N_2$	哒嗪	pyridazine		224.9	278.3								120.5	
316	$C_4H_4N_2O_2$	尿嘧啶	uracil	-429.4		-302.9									
317	$C_4H_4N_2O_3$	2,4,6-三羟嘧啶	2,4,6-trihydroxypyrimidine	-634.7											
318	C_4H_4O	呋喃	furan		-62.3	-34.8					177.0	267.2	114.8		65.4
319	C_4H_4O	双烯酮	diketene		-233.1	-190.3									
320	$C_4H_4O_3$	丁二酐(琥珀酐)	succinic anhydride	-608.6		-527.9				160.8			137.0		
321	$C_4H_4O_4$	马来酸[顺式]丁烯二酸	maleic acid	-789.4		-679.4				168.0			142.0		
322	$C_4H_4O_4$	富马酸[反式]丁烯二酸	fumaric acid	-811.7		-675.8									
323	C_4H_4S	噻吩	thiophene		80.2	114.9			126.1		181.2	278.8	123.8		72.8
324	C_4H_5N	反(式)-2-丁烯腈	trans-2-butenenitrile		95.1	134.3									
325	C_4H_5N	3-丁烯腈	†3-butenenitrile		117.8*	159.7			193.4		156.4	298.4			82.1
326	C_4H_5N	吡咯	pyrrole		63.1	108.2							127.7		
327	C_4H_5N	环丙烷(基)腈	cyclopropanecarbonitrile		140.8	182.8									
328	$C_4H_5NO_2$	琥珀酰亚胺	succinimide	-459.0		-375.4									
329	C_4H_5NS	4-甲基噻唑	4-methylthiazole		67.9	111.8									

续表

No.	化学式	中文名称	英文名称	$\Delta_f H^\ominus/(kJ/mol)$ c	l	g	$\Delta_f G^\ominus/(kJ/mol)$ c	l	g	$S^\ominus/[J/(mol \cdot K)]$ c	l	g	$C_p^\ominus/[J/(mol \cdot K)]$ c	l	g
330	C$_4$H$_5$N$_3$O	胞嘧啶	†cytosine(cyt)	-221.3									132.6		
331	C$_4$H$_6$	1,2-丁二烯	†1,2-butadiene		138.6	162.3			199.5			293.0			80.1
332	C$_4$H$_6$	1,3-丁二烯	†1,3-butadiene		88.5	110.0		199.0	150.7			278.7		123.6	79.5
333	C$_4$H$_6$	1-丁炔	†1-butyne		141.4	165.2			202.1			290.8			81.4
334	C$_4$H$_6$	2-丁炔	†2-butyne		119.1	145.7			185.4			283.3			78.0
335	C$_4$H$_6$	环丁烯	†cyclobutene			156.7			174.7			263.5			67.1
336	C$_4$H$_6$N$_2$O$_2$	2,5-哌嗪二酮	2,5-piperazinedione	-446.5											
337	C$_4$H$_6$O	二乙烯基醚	divinyl ether		-39.8	-13.6									
338	C$_4$H$_6$O	反(式)-2-丁烯醛	trans-2-butenal		-138.7	-100.6									
339	C$_4$H$_6$O$_2$	反(式)-2-丁烯酸	trans-crotonic acid	-430.53											
340	C$_4$H$_6$O$_2$	异丁烯酸(甲基丙烯酸)	methacrylic acid											161.1	
341	C$_4$H$_6$O$_2$	乙酸乙烯酯	vinyl acetate		-349.2	-314.4									
342	C$_4$H$_6$O$_2$	丙烯酸甲酯	methyl acrylate		-362.2	-333.0		-243.2	-237.6		239.5			158.8	
343	C$_4$H$_6$O$_2$	γ-丁内酯	γ-butyrolactone		-420.9	-366.5								141.4	
344	C$_4$H$_6$O$_3$	乙(酸)酐	acetic anhydride		-624.4	-572.5		-489.14			268.8			168.230	
345	C$_4$H$_6$O$_3$	碳酸丙烯酯	propylene carbonate		-613.2	-582.5								218.6	
346	C$_4$H$_6$O$_4$	琥珀酸(丁二酸)	succinic acid	-940.5		-823.0				167.3			153.1		
347	C$_4$H$_6$O$_4$	草酸二甲酯	dimethyl oxalate	-756.3		-708.9									
348	C$_4$H$_6$S	2,3-二氢噻吩	2,3-dihydrothiophene		52.9	90.7			133.5			303.5			79.8
349	C$_4$H$_6$S	2,5-二氢噻吩	2,5-dihydrothiophene		47.0	86.9			131.6			297.1			83.3
350	C$_4$H$_7$ClO	2-氯乙基乙烯基醚	2-chloroethyl vinyl ether		-208.1	-170.1									
351	C$_4$H$_7$ClO$_2$	2-氯丁酸	2-chlorobutanoic acid		-575.5										
352	C$_4$H$_7$ClO$_2$	3-氯丁酸	3-chlorobutanoic acid		-556.3										
353	C$_4$H$_7$ClO$_2$	4-氯丁酸	4-chlorobutanoic acid		-566.3										
354	C$_4$H$_7$ClO$_2$	氯甲酸丙酯	propyl chlorocarbonate		-533.4	-492.7									
355	C$_4$H$_7$N	丁腈	†butanenitrile		-5.8	33.6			108.7			325.4			97.0
356	C$_4$H$_7$N	2-甲基丙腈	2-methylpropanenitrile		-13.8	23.4									
357	C$_4$H$_7$NO	2-吡咯烷酮	2-pyrrolidone		-286.2										
358	C$_4$H$_7$NO	2-甲基-2-噁唑啉	2-methyl-2-oxazoline		-169.5	-130.5									
359	C$_4$H$_7$NO$_4$	L-天冬氨酸	†L-aspartic acid(asp)	-973.3			-730.7			170.2					
360	C$_4$H$_7$N$_3$O	肌酸酐	creatinine	-238.5											
361	C$_4$H$_8$	1-丁烯	†1-butene		-20.8	0.1			71.3			305.6		118.0	85.7
362	C$_4$H$_8$	顺(式)-2-丁烯	†cis-2-butene		-29.8	-7.1			65.9			300.8		127.0	78.9

续表

No.	化学式	中文名称	英文名称	$\Delta_f H^{\ominus}$/(kJ/mol)			$\Delta_f G^{\ominus}$/(kJ/mol)			$S^{\ominus}$/[J/(mol·K)]			$C_p^{\ominus}$/[J/(mol·K)]		
				c	l	g	c	l	g	c	l	g	c	l	g
363	C_4H_8	反(式)-2-丁烯	†trans-2-butene		-33.3	-11.4			63.0			296.5			87.8
364	C_4H_8	异丁烯	isobutene		-37.5	-16.9									
365	C_4H_8	环丁烷	†cyclobutane		3.7	27.7			110.0			265.4			72.2
366	C_4H_8	甲基环丙烷	†methylcyclopropane		1.7	243.6									
367	$C_4H_8Br_2$	1,2-二溴丁烷	†1,2-dibromobutane		-142.2	-91.5			-13.1			408.8			127.1
368	$C_4H_8Br_2$	1,3-二溴丁烷	1,3-dibromobutane		-148.0										
369	$C_4H_8Br_2$	1,4-二溴丁烷	1,4-dibromobutane		-140.3	-87.8									
370	$C_4H_8Br_2$	2,3-二溴丁烷	2,3-dibromobutane		-139.6	-102.0									
371	$C_4H_8Br_2$	1,2-二溴-2-甲基丙烷	1,2-dibromo-2-methylpropane		-156.6	-113.3									
372	$C_4H_8Cl_2$	1,3-二氯丁烷	1,3-dichlorobutane		-237.3	-195.0									
373	$C_4H_8Cl_2$	1,4-二氯丁烷	1,4-dichlorobutane		-229.8	-183.4									
374	$C_4H_8N_2O_2$	琥珀酰胺(丁二酰胺)	succinamide	-581.2											
375	$C_4H_8N_2O_2$	二甲基乙二肟(二甲基乙二醛二肟)	dimethylglyoxime	-199.7						174.6					
376	$C_4H_8N_2O_3$	天冬酰胺(α-氨基丁二酸一酰胺)	†L-asparagine(asn)	-789.4			-530.6			190.0					
377	$C_4H_8N_2O_3$	N-甘氨酰甘氨酸	†N-glycylglycine	-747.7			-490.6								
378	C_4H_8O	乙基乙烯基醚	ethyl vinyl ether		-167.4	-140.8					230.9			147.0	
379	C_4H_8O	1,2-环氧丁烷	1,2-epoxybutane		-168.9						246.6	343.7		163.7	103.4
380	C_4H_8O	丁醛	butanal		-239.2	-204.8									
381	C_4H_8O	异丁醛	isobutanal		-247.3	-215.7									
382	C_4H_8O	2-丁酮	2-butanone		-273.3	-238.5					239.1	339.9		158.7	101.7
383	C_4H_8O	四氢呋喃	tetrahydrofuran		-216.2	-184.1					204.3	302.4		124.0	76.3
384	C_4H_8OS	S-乙基硫代乙酸	S-ethyl thioacetate		-268.2	-228.1		-377.7							
385	$C_4H_8O_2$	丁酸	†butanoic acid		-533.8	-475.9					222.2			178.6	
386	$C_4H_8O_2$	甲酸丙酯	propyl formate		-500.3	-462.7									
387	$C_4H_8O_2$	乙酸乙酯	ethyl acetate		-479.3	-443.6		-332.7	-327.4		257.7	362.8		170.7	113.6
388	$C_4H_8O_2$	1,3-二噁烷(1,3-二氧杂环己烷)	†1,3-dioxane		-379.7	-340.6								143.9	
389	$C_4H_8O_2$	1,4-二噁烷(1,4-二氧杂环己烷)	†1,4-dioxane		-353.9	-315.8(8)		-188.1	-180.8		270.2	299.8		153.6	94.1
390	$C_4H_8O_2$	2-甲基-1,3-二氧杂环戊烷	2-methyl-1,3-dioxolane		-386.9	-352.0									
391	C_4H_8S	四氢噻吩	tetrahydrothiophene		-72.9	-34.1			45.8			309.6			92.5
392	$C_4H_8S_2$	1,3-二噻烷	1,3-dithiane			-10.0			72.4			333.5			110.4
393	C_4H_9Br	1-溴丁烷	1-bromobutane		-143.8	-107.1			-12.9			369.8			109.3

续表

No.	化学式	中文名称	英文名称	$\Delta_f H^\ominus$/(kJ/mol)			$\Delta_f G^\ominus$/(kJ/mol)			$S^\ominus$/[J/(mol·K)]			$C_p^\ominus$/[J/(mol·K)]		
				c	l	g	c	l	g	c	l	g	c	l	g
394	C_4H_9Br	2-溴丁烷(±)	†2-bromobutane(±)		-154.8	-120.3		-19.25	-25.8			370.3			110.8
395	C_4H_9Br	2-溴-2-甲基丙烷	†2-bromo-2-methylpropane		-163.8(19)	-132.4			-28.2			332.0			116.5
396	C_4H_9Cl	1-氯丁烷	†1-chlorobutane		-188.1	-154.6			-38.8			358.1		175.0	107.6
397	C_4H_9Cl	2-氯丁烷(±)	†2-chlorobutane(±)		-192.8	-161.2			-53.5			359.6			108.5
398	C_4H_9Cl	1-氯-2-甲基丙烷	†1-chloro-2-methylpropane		-191.1	-159.4			-49.7			355.0		158.6	108.5
399	C_4H_9Cl	2-氯-2-甲基丙烷	†2-chloro-2-methylpropane		-211.2	-182.2			-64.1			322.2		172.8	114.2
400	C_4H_9ClO	2-氯乙基乙基醚	2-chloroethyl ethyl ether		-335.6	-301.3									
401	C_4H_9I	1-碘-2-甲基丙烷	1-iodo-2-methylpropane		-107.5	-72.1								162.3	
402	C_4H_9I	2-碘-2-甲基丙烷	2-iodo-2-methylpropane		5.6	41.2									
403	C_4H_9N	环丁胺	cyclobutanamine		-41.1	-3.6									
404	C_4H_9N	吡咯烷(四氢化吡咯)	†pyrrolidine						114.7		204.1	309.5		156.6	81.1
405	C_4H_9NO	丁酰胺	butanamide	-368.6	-364.8	-282.0									
406	C_4H_9NO	2-甲基丙酰胺	2-methylpropanamide			-282.6									
407	C_4H_9NO	N,N-二甲基乙酰胺	N,N-dimethylacetamide		-278.3	-228.0						369.9			115.1
408	$C_4H_9NO_2$	1-硝基丁烷	1-nitrobutane		-192.5	-143.9									
409	$C_4H_9NO_2$	2-硝基异丁烷	2-nitroisobutane		-217.2	-177.1									
410	$C_4H_9NO_2$	氨基甲酸丙酯	propyl carbamate	-552.6		-471.4									
411	$C_4H_9NO_2$	4-氨基丁酸	4-aminobutanoic acid	-581.0		-441.0									
412	$C_4H_9NO_3$	3-硝基-2-丁醇	3-nitro-2-butanol		-390.0										
413	$C_4H_9NO_3$	DL-苏氨酸	DL-threonine(thr)	-758.8											
414	$C_4H_9NO_3$	L-苏氨酸	L-threonine(thr)	-807.2											
415	$C_4H_9N_3O_2$	肌酸;甲胍基乙酸	†creatine	-537.2			-264.9			-189.5					
416	C_4H_{10}	丁烷	†butane		-147.3	-125.6			-17.2			310.1		149.9*	97.5
417	C_4H_{10}	异丁烷(己-甲基丙烷)	†isobutane		-154.2	-134.2			-20.9			294.6			96.8
418	$C_4H_{10}Hg$	二乙基汞	diethyl mercury		30.1	75.3								182.8	
419	$C_4H_{10}N_2$	哌嗪	†piperazine(=diethylenediamine)	-45.6			240.2			85.8					
420	$C_4H_{10}O$	1-丁醇	1-butanol		-327.3	-275.0		-162.5	-150.8		225.8	362.8		177.0	122.6
421	$C_4H_{10}O$	(±)-2-丁醇	†(±)-2-butanol		-342.6	-292.9		-177.0	-167.6		214.8	359.5		196.9	113.3
422	$C_4H_{10}O$	2-甲基-1-丙醇	†2-methyl-1-propanol		-334.7	-283.9			-169.35		214.7	359.0		181.2	111.3
423	$C_4H_{10}O$	2-甲基-2-丙醇	†2-methyl-2-propanol		-359.2	-312.5			-177.7		193.3	326.7		219.9	113.6
424	$C_4H_{10}O$	(二)乙醚	diethyl ether		-279.5	-252.1					172.4	342.7		175.6	119.5
425	$C_4H_{10}O$	甲基丙基醚	†methyl propyl ether		-266.0	-238.2			-109.9		262.9	349.5		165.4	112.5
426	$C_4H_{10}O$	异丙基甲基醚	†isopropyl methyl ether		-278.8	-252.0			-120.9		253.8	332.3		161.9	111.1

续表

No.	化学式	中文名称	英文名称	$\Delta_f H^{\ominus}$/(kJ/mol)			$\Delta_f G^{\ominus}$/(kJ/mol)			$S^{\ominus}$/[J/(mol·K)]			$C_p^{\ominus}$/[J/(mol·K)]		
				c	l	g	c	l	g	c	l	g	c	l	g
427	C₄H₁₀OS	二乙亚砜	diethyl sulfoxide		-268.0	-205.6									135.1
428	C₄H₁₀O₂	1,3-丁二醇	1,3-butanediol		-501.0	-433.2									
429	C₄H₁₀O₂	1,4-丁二醇	1,4-butanediol		-505.3	-428.7					223.4			200.1	
430	C₄H₁₀O₂	2,3-丁二醇	2,3-butanediol		-541.5	-482.3								213.0	
431	C₄H₁₀O₂	二甲基乙缩醛	dimethylacetal		-420.6	-389.7									
432	C₄H₁₀O₂	叔丁基-氢氧过氧化物	tert-butyl hydroperoxide		-293.6	-245.9									
433	C₄H₁₀O₃	二甘醇(二乙二醇)	diethylene glycol		-628.5	-571.1						441.0		244.8	135.1
434	C₄H₁₀O₃S	亚硫酸二乙酯	diethyl sulfite		-600.7	-552.2									
435	C₄H₁₀S	1-丁硫醇	1-butanethiol		-124.7	-88.0		4.1			276.0	362.9			171.2
436	C₄H₁₀S	2-丁硫醇	2-butanethiol		-131.0	-96.9		-0.17			271.4	338.0			
437	C₄H₁₀S	2-甲基-1-丙硫醇	2-methyl-1-propanethiol		-132.0	-97.3			5.6			362.9			118.3
438	C₄H₁₀S	2-甲基-2-丙硫醇	2-methyl-2-propanethiol		-140.5	-109.6			0.7			338.0			121.0
439	C₄H₁₀S	二乙基硫醚	diethyl sulfide		-119.4	-83.6			17.8		269.3	368.0		171.4	117.0
440	C₄H₁₀S	甲基丙基硫醚	methyl propyl sulfide		-118.5	-82.3			18.4		272.5	371.7		171.6	117.4
441	C₄H₁₀S	甲基异丙基硫醚	isopropyl methyl sulfide		-124.7	-90.4			13.4		263.1	359.3		172.4	117.2
442	C₄H₁₀S	1,4-丁二硫醇	1,4-butanedithiol		-105.7	-50.6									
443	C₄H₁₀S₂	二乙基二硫化物(二乙基连硫醚)	diethyl disulfide		-120.0	-74.6		9.5	22.3		269.3	414.5		171.3	141.3
444	C₄H₁₁N	丁胺	butylamine		-127.7	-92.0			49.2			363.3		179.2	118.6
445	C₄H₁₁N	仲丁胺	sec-butylamine		-137.5	-104.6			40.7			351.3		192.1	117.2
446	C₄H₁₁N	叔丁胺	tert-butylamine		-150.6	-121.0			28.9			337.9			120.2
447	C₄H₁₁N	异丁胺	isobutylamine		-132.6	-98.7								183.2	
448	C₄H₁₁N	二乙胺	diethylamine		-103.7	-72.2			72.1			352.2		169.2	115.7
449	C₄H₁₁NO	N,N-二甲基乙醇胺	N,N-dimethylethanolamine		-253.7	-203.6									
450	C₄H₁₁NO₂	二乙醇胺	diethanolamine	-493.8		-397.1							233.5		
451	C₄H₁₂N₂	2-甲基-1,2-丙二胺	2-methyl-1,2-propanediamine		-133.9	-90.3									
452	C₄H₁₂Pb	四甲基铅	tetramethyl lead		97.9	135.9		262.8	270.7		320.1	420.5		204.1	144.0
453	C₄H₁₂Si	四甲基硅(烷)	tetramethylsilane		-264.0	-239.1		-100.0	-99.9		277.3	359.0			143.9
454	C₄H₁₂Sn	四甲基锡烷	tetramethylstannane		-52.3	-18.8									
455	C₄N₂	2-丁炔二腈	2-butynedinitrile		500.4	529.2									
456	C₄NiO₄	羰基镍	nickel carbonyl		-633.0	-602.9		-588.2	-587.2		313.4	410.6		204.6	145.2
457	C₅FeO₅	五羰铁	iron pentacarbonyl		-774.0			-705.3			338.1			240.6	
458	C₅H₄N₄O	次黄嘌呤(6-羟基嘌呤)	hypoxanthine	-110.8			76.9			145.6			134.5		
459	C₅H₄N₄O₂	黄嘌呤(2,6-二羟基嘌呤)	xanthine	-379.6			-165.9			161.1			151.3		
460	C₅H₄N₄O₃	尿酸(2,6,8-三羟基嘌呤)	uric acid	-618.8			-358.8			173.2			166.1		

续表

No.	化学式	中文名称	英文名称	$\Delta_f H^{\ominus}/(\text{kJ/mol})$			$\Delta_f G^{\ominus}/(\text{kJ/mol})$			$S^{\ominus}/[\text{J}/(\text{mol·K})]$			$C_p^{\ominus}/[\text{J}/(\text{mol·K})]$		
				c	l	g	c	l	g	c	l	g	c	l	g
461	$C_5H_4O_2$	糠醛	furfural		-201.6	-151.0									163.2
462	$C_5H_4O_3$	α呋喃甲酸(焦粘酸)	2-furancarboxylic acid	-498.4		-390.0									
463	$C_5H_4O_3$	3-甲基-2,5-呋喃二酮	3-methyl-2,5-furandione	-504.5		-447.2									
464	$C_5H_5F_3O_2$	1,1,1-三氟-2,4-戊二酮	1,1,1-trifluoro-2,4-pentanedione	-1040.2		-993.3									78.1
465	C_5H_5N	吡啶	†pyridine		100.2	140.4		-181.3	190.2		177.9	282.2			132.7
466	$C_5H_5N_5$	腺嘌呤(6-氨基嘌呤)	adenine	96.0		205.7	299.6			151.1			147.0		
467	$C_5H_5N_5O$	鸟嘌呤(2-氨基-6-羟嘌呤)	guanine	-182.9		-424.7	47.4	-361.4		160.3	129.0				99.5
468	C_5H_6	顺(式)-3-戊烯-1-炔	cis-3-penten-1-yne			226.5									
469	C_5H_6	反(式)-3-戊烯-1-炔	trans-3-penten-1-yne			228.2									
470	C_5H_6	1,3-环戊二烯	1,3-cyclopentadiene		105.9	134.3			179.3			267.8			
471	$C_5H_6N_2O_2$	胸腺嘧啶(thy)	thymine(thy)	-462.8		-328.7							150.8		
472	$C_5H_6O_2$	糠醇	furfuryl alcohol		-276.2	-211.8									204.0
473	$C_5H_6O_4$	反(式)-1-丙烯-1,2-二羧酸	trans-1-propene-1,2-dicarboxylic acid	-824.4											
474	C_5H_6S	†2-甲基噻吩	2-methylthiophene		44.6	83.5			122.9	149.8		320.6			95.4
475	C_5H_6S	†3-甲基噻吩	3-methylthiophene		43.1	82.6			121.8			321.3			94.9
476	C_5H_7N	反(式)-3-戊烯腈	trans-3-pentenenitrile		80.9	125.7									
477	C_5H_7N	环丁腈	cyclobutanecarbonitrile		103.0	147.4									
478	C_5H_7N	1-甲基吡咯	1-methylpyrrole		62.4	103.1									
479	C_5H_7N	2-甲基吡咯	2-methylpyrrole		23.3	74.0									
480	C_5H_7N	3-甲基吡咯	3-methylpyrrole		20.5	70.2									
481	C_5H_8	†3-甲基-1-丁炔	3-methyl-1-butyne		101.2	136.4			205.5			319.0			104.7
482	C_5H_8	†1,2-戊二烯	1,2-pentadiene			140.7			210.4			333.5			105.4
483	C_5H_8	†顺(式)-1,3-戊二烯	cis-1,3-pentadiene			81.5			145.8			324.3			94.6
484	C_5H_8	†反(式)-1,3-戊二烯	trans-1,3-pentadiene			76.5			146.73			319.7			103.3
485	C_5H_8	†1,4-戊二烯	1,4-pentadiene			105.7			170.3			333.5			105.0
486	C_5H_8	†2,3-戊二烯	2,3-pentadiene			133.1			205.9			324.7			101.3
487	C_5H_8	†3-甲基-1,2-丁二烯	3-methyl-1,2-butadiene			129.7			198.6			319.7			105.4
488	C_5H_8	†2-甲基-1,3-丁二烯(异戊二烯)	2-methyl-1,3-butadiene;isoprene		48.2	75.5			145.9		229.3	315.6		152.6	104.6
489	C_5H_8	†环戊烯	cyclopentene		4.4	34.0		108.5	110.8		201.3	291.8		122.4	75.1
490	C_5H_8	亚甲基环丁烷	methylenecyclobutane		93.8	121.6									
491	C_5H_8	†螺[2,2]戊烷	spiropentane		157.5	185.2			265.3		193.7	282.2		134.5	88.1
492	$C_5H_8N_4O_{12}$	季戊四醇四硝酸酯	pentaerythritoltetranitrate	-538.6		-387.0						614.7			294.8

续表

No.	化学式	中文名称	英文名称	$\Delta_f H^\ominus$/(kJ/mol)			$\Delta_f G^\ominus$/(kJ/mol)			$S^\ominus$/[J/(mol·K)]			$C_p^\ominus$/[J/(mol·K)]		
				c	l	g	c	l	g	c	l	g	c	l	g
493	C₅H₈O	环戊酮	cyclopentanone		-235.9	-192.1									
494	C₅H₈O₂	反(式)-2-丁烯酸甲酯	methyl trans-2-butenoate		-382.9	-341.9									
495	C₅H₈O₂	2,4-戊二酮	2,4-pentanedione		-423.8	-382.0									
496	C₅H₈O₂	4-甲基-γ-丁内酯	4-methyl-gamma-butyrolactone		-461.3	-406.5									
497	C₅H₈O₂	四氢-2H-吡喃-2-酮	tetrahydro-2H-pyran-2-one		-436.7	-379.6									
498	C₅H₈O₄	戊二酸	glutaric acid	-960.0											
499	C₅H₉ClO₂	氯乙酸丙酯	propyl chloroacetate		-515.5	-467.0									
500	C₅H₉N	戊腈	pentanenitrile		-33.1	10.5									
501	C₅H₉N	2,2-二甲基丙腈	2,2-dimethylpropanenitrile		-39.8	-2.3					232.0			179.4	
502	C₅H₉NO	2-哌啶酮	2-piperidinone	-306.6											
503	C₅H₉NO	N-甲基-2-吡咯烷酮	N-methyl-2-pyrrolidinone		-262.2	-366.2							307.8		
504	C₅H₉NO₂	L-脯氨酸	L-proline(pro)	-515.2											
505	C₅H₉NO₄	D-(-)-谷氨酸[D-(-)-2-氨基戊二酸]	D-(-)-glutamic acid(glu)	-1009.7			-727.5			191.2					
506	C₅H₉NO₄	L-(+)-谷氨酸[L-(+)-2-氨基戊二酸]	L-(+)-glutamic acid	-1005.2			-731.3			188.2					
507	C₅H₁₀	1-戊烯	‡1-pentene		-46.0	-21.2			79.1		262.6	345.8		154.0	109.6
508	C₅H₁₀	顺(式)-2-戊烯	‡cis-2-pentene		-53.7	-27.6			71.8		258.6	346.3		151.7	101.8
509	C₅H₁₀	反(式)-2-戊烯	‡trans-2-pentene		-58.2	-31.9			69.9		256.5	340.4		157.0	108.5
510	C₅H₁₀	2-甲基-1-丁烯	‡2-methyl-1-butene		-61.1	-35.3			65.6		254.0	339.5		157.2	110.0
511	C₅H₁₀	3-甲基-1-丁烯	‡3-methyl-1-butene		-51.5	-27.6			74.8		253.3	333.5		156.1	118.0
512	C₅H₁₀	2-甲基-2-丁烯	‡2-methyl-2-butene		-68.6	-41.8			59.7		251.0	338.6		152.8	105.0
513	C₅H₁₀	环戊烷	‡cyclopentane		-105.1	-76.4		36.4	38.6		204.3	292.9		128.8	83.0
514	C₅H₁₀	甲基环丁烷	methylcyclobutane		-44.5										
515	C₅H₁₀	乙基环丙烷	ethylcyclopropane		-24.8										
516	C₅H₁₀	1,1-二甲基环丙烷	1,1-dimethylcyclopropane		-33.3	-8.2									
517	C₅H₁₀	顺(式)-1,2-二甲基环丙烷	cis-1,2-dimethylcyclopropane		-26.3										
518	C₅H₁₀	反(式)-1,2-二甲基环丙烷	trans-1,2-dimethylcyclopropane		-30.7										
519	C₅H₁₀N₂O	N-亚硝基哌啶	N-nitrosopiperidine		-31.1	16.6									
520	C₅H₁₀N₂O₂	N-硝基哌啶	N-nitropiperidine		-93.0	-44.5									
521	C₅H₁₀N₂O₃	L-谷氨酰胺	L-glutamine(gln)	-826.4											
522	C₅H₁₀O	环戊醇	‡cyclopentanol		-300.1	-242.5		-127.8	-108.3		206.3	383.0		184.1	125.4
523	C₅H₁₀O	戊醛	pentanal		-267.2	-228.5									
524	C₅H₁₀O	2-戊酮	‡2-pentanone		-297.3	-259.0			-137.1			376.2		184.1	121.0

续表

No.	化学式	中文名称	英文名称	$\Delta_f H^\ominus$/(kJ/mol)			$\Delta_f G^\ominus$/(kJ/mol)			$S^\ominus$/[J/(mol·K)]			$C_p^\ominus$/[J/(mol·K)]		
				c	l	g	c	l	g	c	l	g	c	l	g
525	C₅H₁₀O	3-戊酮	3-pentanone		−296.5	−257.9						266.0			190.9
526	C₅H₁₀O	3-甲基-2-丁酮	3-methyl-2-butanone		−299.5	−262.6						268.5			179.9
527	C₅H₁₀O	3,3-二甲基氧杂环丁烷	3,3-dimethyloxetane		−182.2	−148.2									
528	C₅H₁₀O	四氢吡喃	tetrahydropyran		−258.3	−223.4									
529	C₅H₁₀OS	硫代乙酸-S-丙酯	S-propyl thioacetate		−294.5	−250.4									
530	C₅H₁₀O₂	戊酸	‡pentanoic acid		−559.4	−491.9			−357.2		259.8	439.8		210.3	
531	C₅H₁₀O₂	2-甲基丁酸	2-methylbutanoic acid		−554.5										
532	C₅H₁₀O₂	3-甲基丁酸	3-methylbutanoic acid		−561.6	−510.0									
533	C₅H₁₀O₂	2,2-二甲基丙酸	2,2-dimethylpropanoic acid	−564.5	−518.9	−491.3									
534	C₅H₁₀O₂	乙酸异丙酯	isopropyl acetate			−481.6								199.4	
535	C₅H₁₀O₂	丙酸乙酯	ethyl propanoate		−502.7	−463.4									
536	C₅H₁₀O₂	顺(式)-1,2-环戊二醇	cis-1,2-cyclopentanediol	−485.0											
537	C₅H₁₀O₂	反(式)-1,2-环戊二醇	trans-1,2-cyclopentanediol	−490.1											
538	C₅H₁₀O₂	4-甲基-1,3-二噁烷	4-methyl-1,3-dioxane	−416.1	−296.5	−376.9									
539	C₅H₁₀O₂	(乙氧甲基)环氧乙烷	(ethoxymethyl)oxirane		−435.7	−369.1									
540	C₅H₁₀O₂	四氢糠醇	tetrahydrofurfuryl alcohol		−681.5	−637.9									
541	C₅H₁₀O₃	碳酸二乙酯	diethyl carbonate		−909.1										
542	C₅H₁₀O₄	乙酸1,2,3-丙三醇酯(乙酸甘油酯)	1,2,3-propanetriol,1-acetate,(±)-[glycerol 1-acetate](DL)												
543	C₅H₁₀O₅	D-核糖	D-ribose	−1047.2											
544	C₅H₁₀O₅	D-木糖	D-xylose	−1057.8											
545	C₅H₁₀O₅	α-D-阿拉伯吡喃糖	α-D-arabinopyranose	−1057.9											
546	C₅H₁₀S	硫代环己烷	thiacyclohexane		−106.3	−63.5			53.1		218.2	323.0		163.3	109.7
547	C₅H₁₀S	环戊硫醇	cyclopentanethiol		−89.5	−48.1					256.9	408.8		165.2	
548	C₅H₁₁Br	1-溴戊烷	‡1-bromopentane		−170.2	−129.0			−5.7					132.2	
549	C₅H₁₁Cl	1-氯戊烷	1-chloropentane		−213.2	−174.9			−37.4			397.0			130.5
550	C₅H₁₁Cl	2-氯-2-甲基丁烷	2-chloro-2-methylbutane		−235.7	−202.2									
551	C₅H₁₁Cl	1-氯-3-甲基丁烷	1-chloro-3-methylbutane		−216.0	−179.7									
552	C₅H₁₁Cl	2-氯-3-甲基丁烷	2-chloro-3-methylbutane		−226.6	−185.1									
553	C₅H₁₁N	环戊胺	cyclopentylamine		−95.1	−54.9					241.0			181.2	
554	C₅H₁₁N	哌啶	piperidine		−86.4	−47.1					210.0			179.9	
555	C₅H₁₁NO	戊酰胺	pentanamide	−379.5		−290.2									
556	C₅H₁₁NO	2,2-二甲基丙酰胺	2,2-dimethylpropanamide	−399.7		−313.1									
557	C₅H₁₁NO₂	1-硝基戊烷	1-nitropentane		−215.4	−164.1						390.9			137.1

No.	化学式	中文名称	英文名称	$\Delta_f H^{\ominus}/(\text{kJ/mol})$			$\Delta_f G^{\ominus}/(\text{kJ/mol})$			$S^{\ominus}/[\text{J/(mol·K)}]$			$C_p^{\ominus}/[\text{J/(mol·K)}]$		
				c	l	g	c	l	g	c	l	g	c	l	g
558	$C_5H_{11}NO_2$	DL-缬氨酸(DL-α-氨基异戊酸)	DL-valine(val)	-628.9											
559	$C_5H_{11}NO_2$	L-缬氨酸(L-α-氨基异戊酸)	†L-valine(val)	-617.9		-455.1	-359.0			178.9			168.8		
560	$C_5H_{11}NO_2$	5-氨基戊酸	5-aminopentanoic acid	-604.1		-460.0									
561	$C_5H_{11}NO_2S$	L-甲硫氨酸(L-蛋氨酸)	†L-methionine(met)	-577.5		-413.5	-505.8			231.5					
562	$C_5H_{11}NO_4$	2-乙基-2-硝基-1,3-丙二醇	2-ethyl-2-nitro-1,3-propanediol	-606.4											
563	C_5H_{12}	戊烷	†pentane		-173.5	-146.9		-9.3	-8.4		262.7	349.0		167.2	120.2
564	C_5H_{12}	异戊烷	†isopentane		-178.4	-154.0			-14.8		260.4	343.6		161.8	118.8
565	C_5H_{12}	新戊烷(季戊烷;2,2-二甲基丙烷)	†neopentane(=2,2-dimethyl-propane)		-190.2	-168.0			-1.5			306.4		163.96	121.6
566	$C_5H_{12}N_2O$	丁脲	butylurea	-419.5											
567	$C_5H_{12}N_2O$	叔丁脲	tert-butylurea	-417.4											
568	$C_5H_{12}N_2O$	N,N-二乙基脲	N,N-diethylurea	-372.2											
569	$C_5H_{12}N_2O$	四甲基脲	tetramethylurea		-262.2										
570	$C_5H_{12}N_2S$	四甲基硫脲	tetramethylthiourea	-38.1		44.9									
571	$C_5H_{12}O$	1-戊醇	†1-pentanol		-351.6	-294.7			-146.0			402.5		208.1	133.1
572	$C_5H_{12}O$	2-戊醇	2-pentanol		-365.2	-311.0									
573	$C_5H_{12}O$	3-戊醇	†3-pentanol		-368.9	-311.4			-158.2			382.0		239.7	
574	$C_5H_{12}O$	2-甲基-1-丁醇	2-methyl-1-butanol(±)		-356.6	-301.4									
575	$C_5H_{12}O$	3-甲基-1-丁醇	3-methyl-1-butanol		-356.4	-300.7									
576	$C_5H_{12}O$	2-甲基-2-丁醇	†2-methyl-2-butanol		-379.5	-329.3		-175.3			229.3			247.1	
577	$C_5H_{12}O$	3-甲基-2-丁醇	3-methyl-2-butanol(±)		-366.6	-313.5									
578	$C_5H_{12}O$	2,2-二甲基-1-丙醇	2,2-dimethyl-1-propanol		-399.4										
579	$C_5H_{12}O$	丁基甲基醚	butyl methyl ether		-290.6	-258.1					295.3			192.7	
580	$C_5H_{12}O$	叔丁基甲基醚	tert-butyl methyl ether		-313.6	-283.7					265.3			187.5	
581	$C_5H_{12}O$	乙基丙基醚	ethyl propyl ether		-303.6	-272.0					295.0			197.2	
582	$C_5H_{12}O_2$	1,5-戊二醇	1,5-pentanediol	-551.2	-528.8	-450.8									
583	$C_5H_{12}O_2$	2,2-二甲基-1,3-丙二醇	2,2-dimethyl-1,3-propanediol		-450.5	-414.7									
584	$C_5H_{12}O_2$	二乙氧基甲烷	diethoxymethane		-443.6										
585	$C_5H_{12}O_2$	1,1-二甲氧基丙烷	1,1-dimethoxypropane		-459.4										
586	$C_5H_{12}O_2$	2,2-二甲氧基丙烷	2,2-dimethoxypropane			-429.9									
587	$C_5H_{12}O_3$	2-羟甲基-2-甲基-1,3-丙二醇	2-(hydroxymethyl)-2-methyl-1,3-propanediol	-744.6											
588	$C_5H_{12}O_4$	季戊四醇	†pentaerythritol	-920.6		-776.7	-613.8			198.1			190.4		

续表

No.	化学式	中文名称	英文名称	$\Delta_f H^{\ominus}/(kJ/mol)$			$\Delta_f G^{\ominus}/(kJ/mol)$			$S^{\ominus}/[J/(mol \cdot K)]$			$C_p^{\ominus}/[J/(mol \cdot K)]$		
				c	l	g	c	l	g	c	l	g	c	l	g
589	$C_5H_{12}O_5$	木糖醇	xylitol	−1118.5											
590	$C_5H_{12}S$	1-戊硫醇	1-pentanethiol		−151.3	−110.0									
591	$C_5H_{12}S$	2-甲基-1-丁硫醇	2-methyl-1-butanethiol(+)		−154.4	−114.9									
592	$C_5H_{12}S$	3-甲基-1-丁硫醇	3-methyl-1-butanethiol		−154.4	−114.9									
593	$C_5H_{12}S$	2-甲基-2-丁硫醇	†2-methyl-2-butanethiol		−162.8	−127.1			9.2		290.1	386.9		198.1	143.5
594	$C_5H_{12}S$	3-甲基-2-丁硫醇	3-methyl-2-butanethiol		−158.8	−121.3									
595	$C_5H_{12}S$	2,2-二甲基-1-丙硫醇	2,2-dimethyl-1-propanethiol		−165.4	−129.0									
596	$C_5H_{12}S$	丁基甲基硫醚	butyl methyl sulfide		−142.9	−102.4					307.5			200.9	
597	$C_5H_{12}S$	叔丁基甲基硫醚	tert-butyl methyl sulfide		−157.1	−121.3					276.1			199.9	
598	$C_5H_{12}S$	乙基丙基硫醚	ethyl propyl sulfide		−144.8	−104.7			23.6		309.5	414.1		198.4	139.3
599	$C_5H_{12}S$	乙基异丙基硫醚	ethyl isopropyl sulfide		−156.1	−118.3									
600	$C_6H_{14}N_2$	N,N,N',N'-四甲基甲二胺	N,N,N',N'-tetramethyl-methanediamine		−51.1	−18.2									
601	C_6ClF_5	一氯五氟(代)苯	chloropentafluorobenzene	−858.4		−809.3									
602	C_6Cl_6	六氯(代)苯	hexachlorobenzene	−127.6		−35.5				260.2			201.2		
603	C_6F_6	六氟(代)苯	hexafluorobenzene		−991.3	−955.4									
604	C_6F_{10}	全氟(代)环己烯	perfluorocyclohexene		−1963.5	−1932.7									
605	C_6F_{12}	全氟(代)环己烷	perfluorocyclohexane		−2406.3	−2370.4									
606	C_6HF_5	五氟(代)苯	pentafluorobenzene	−852.7	−841.8	−806.5					280.8			221.6	
607	C_6HF_5O	五氟苯酚	pentafluorophenol	−1024.1	−1007.7										
608	$C_6H_2F_4$	1,2,4,5-四氟(代)苯	1,2,4,5-tetrafluorobenzene		−683.8										
609	$C_6H_3Cl_3$	1,2,3-三氯(代)苯	1,2,3-trichlorobenzene	−70.8		3.8									
610	$C_6H_3Cl_3$	1,2,4-三氯(代)苯	1,2,4-trichlorobenzene		−63.1	−8.1									
611	$C_6H_3Cl_3$	1,3,5-三氯(代)苯	1,3,5-trichlorobenzene	−78.4		−13.4									
612	$C_6H_3N_3O_7$	2,4,6-三硝基苯酚 (苦味酸)	2,4,6-trinitrophenol; (Picric acid)	−217.9									239.7		
613	$C_6H_4Cl_2$	邻二氯(代)苯	†o-dichlorobenzene		−17.5	30.2			82.7			341.5		162.4	113.5
614	$C_6H_4Cl_2$	间二氯(代)苯	†m-dichlorobenzene		−20.7	25.7			78.6			343.5		171	113.8
615	$C_6H_4Cl_2$	对二氯(代)苯	†p-dichlorobenzene	−42.3		22.5			77.2	175.4		336.7	147.8		113.9
616	$C_6H_4F_2$	邻二氟(代)苯	†o-difluorobenzene		−330.0	−293.8			−242.0		222.6	321.9		159.0	106.5
617	$C_6H_4F_2$	间二氟(代)苯	†m-difluorobenzene		−343.9	−309.2			−257.0		223.8	320.4		159.1	106.3
618	$C_6H_4F_2$	对二氟(代)苯	†p-difluorobenzene		−342.3	−306.7			−252.8			315.6		157.5	106.9
619	$C_6H_4N_2O_4$	1,2-二硝基苯(邻二硝基苯)	†1,2-dinitrobenzene	−1.8			211.5			216.3					

续表

No.	化学式	中文名称	英文名称	$\Delta_f H^\ominus$/(kJ/mol)			$\Delta_f G^\ominus$/(kJ/mol)			$S^\ominus$/[J/(mol·K)]			$C_p^\ominus$/[J/(mol·K)]		
				c	l	g	c	l	g	c	l	g	c	l	g
620	C₆H₄N₂O₄	1,3-二硝基苯(同二硝基苯)	1,3-dinitrobenzene	-27.0	-360								197.5		
621	C₆H₄N₂O₅	2,4-二硝基苯酚	2,4-dinitrophenol	-232.7		-128.1									
622	C₆H₄O₂	对苯醌	p-benzoquinone	-185.7		-122.9							129.0		
623	C₆H₅Br	溴苯	†bromobenzene		60.9			126.0			219.2			154.3	
624	C₆H₅Cl	氯苯	†chlorobenzene		11.0	52.0		89.2			209.2			150.2	
625	C₆H₅ClO	间氯(苯)酚	m-chlorophenol	-206.4	-189.3										
626	C₆H₅ClO	对氯(苯)酚	p-chlorophenol	-197.7	-181.3										
627	C₆H₅F	氟苯	†fluorobenzene		-150.6	-116.0					205.9	302.6		146.4	94.4
628	C₆H₅I	碘苯	†iodobenzene		117.1	164.9					205.4	334.1		158.7	100.8
629	C₆H₅NO₂	硝基苯	nitrobenzene	12.5		68.5		146.2				348.8		185.8	120.4
630	C₆H₅NO₂	3-吡啶羧酸	3-pyridinecarboxylic acid	-344.9		-221.5									
631	C₆H₅NO₃	2-硝基苯酚	2-nitrophenol	-202.4											
632	C₆H₅N₃	1H-苯并三唑(连三氮杂茚)	1H-benzotriazole	236.5		335.5									
633	C₆H₅N₃O₄	2,3-二硝基苯胺	2,3-dinitroaniline	-11.7											
634	C₆H₅N₃O₄	2,4-二硝基苯胺	2,4-dinitroaniline	-67.8											
635	C₆H₅N₃O₄	2,5-二硝基苯胺	2,5-dinitroaniline	-44.3											
636	C₆H₅N₃O₄	2,6-二硝基苯胺	2,6-dinitroaniline	-50.6											
637	C₆H₅N₃O₄	3,5-二硝基苯胺	3,5-dinitroaniline	-38.9											
638	C₆H₆	1,5-己二炔	1,5-hexadiyne		384.2										
639	C₆H₆	苯	benzene		49.1	82.9		124.5	129.7		173.4	269.2		136.0	82.4
640	C₆H₆N₂O₂	邻硝基苯胺	†o-nitroaniline	-26.1		63.8	178.2			176.2			166.0		
641	C₆H₆N₂O₂	间硝基苯胺	†m-nitroaniline	-38.3		58.4	174.1			176.2			158.0		
642	C₆H₆N₂O₂	对硝基苯胺	†p-nitroaniline	-42.0		58.8	151.0			176.2			167.0		
643	C₆H₆O	(苯)酚	†phenol	-165.1		-96.4	-50.4		-32.9	144.0	199.8[†1]	315.6	127.4		103.6
644	C₆H₆O	2-乙烯基呋喃	2-vinylfuran		-10.3	27.8									
645	C₆H₆O₂	对氢醌(对苯二酚;1,4-二羟基苯)	†p-hydroquinone(=1,4-dihydroxybenzene)	-364.5		-265.3	207.0			140.2			136.0		
646	C₆H₆O₂	焦儿茶酚(邻苯二酚)	†pyrocatechol(=1,2-dihydroxybenzene)	-354.1		-267.5	210.0			150.2			132.2		
647	C₆H₆O₂	间苯二酚(1,3-二羟基苯)	†resorcinol(=1,3-dihydroxybenzene)	-364.5		-274.7	209.2			147.7			131.0		
648	C₆H₆O₃	1,2,3-苯三酚	1,2,3-benzenetriol	-551.1		-434.2									
649	C₆H₆O₃	1,2,4-苯三酚	1,2,4-benzenetriol	-563.8		-444.0									
650	C₆H₆O₃	1,3,5-苯三酚	1,3,5-benzenetriol	-584.6		-452.9									

续表

No.	化学式	中文名称	英文名称	$\Delta_f H^\ominus$/(kJ/mol)			$\Delta_f G^\ominus$/(kJ/mol)			$S^\ominus$/[J/(mol·K)]			$C_p^\ominus$/[J/(mol·K)]		
				c	l	g	c	l	g	c	l	g	c	l	g
651	$C_6H_6O_6$	顺(式)-1-丙烯-1,2,3-三羧酸	cis-1-propene-1,2,3-tricarboxylic acid	-1224.4											
652	$C_6H_6O_6$	反(式)-1-丙烯-1,2,3-三羧酸	trans-1-propene-1,2,3-tricarboxylic acid	-1232.7											
653	C_6H_6S	苯硫酚	†benzenethiol		63.7	111.3					222.8	336.9		173.2	104.9
654	C_6H_7N	苯胺	aniline		31.6	87.5		149.2	-7.0		191.4	317.9		191.9	107.9
655	C_6H_7N	2-甲基吡啶	‡2-methylpyridine		56.7	99.2		166.5	177.1		217.9	325.0		158.4	100.0
656	C_6H_7N	3-甲基吡啶	‡3-methylpyridine		61.9	106.4		214.0	184.3		216.3	325.0		158.7	99.6
657	C_6H_7N	4-甲基吡啶	4-methylpyridine		59.2	103.8					209.1			159.0	
658	C_6H_7N	1-环戊烯腈	1-cyclopentenecarbonitrile		111.5	156.5									
659	$C_6H_8N_2$	己二腈	adiponitrile		85.1	149.5								128.7	
660	$C_6H_8N_2$	邻苯二胺	o-phenylenediamine	-0.3											
661	$C_6H_8N_2$	间苯二胺	m-phenylenediamine	-7.8						154.5			159.6		
662	$C_6H_8N_2$	对苯二胺	p-phenylenediamine	3.0											
663	$C_6H_8N_2$	苯肼	phenylhydrazine		141.0	202.9								217.0	
664	$C_6H_8N_2S$	双(2-氰乙基)硫化物	bis(2-cyanoethyl) sulfide		96.3										
665	$C_6H_8O_6$	L-抗坏血酸(维生素C)	L-ascorbic acid (Vitamin c)	-1164.6											
666	$C_6H_8O_7$	2-羟基丙烷-1,2,3-三羧酸(柠檬酸)	2-hydroxy-1,2,3-propanetricarboxylic acid (citric acid)	-1543.8											
667	$C_6H_9Cl_3O_2$	三氯乙酸丁酯	butyl trichloroacetate		-545.8	-492.3									
668	$C_6H_9Cl_3O_2$	三氯乙酸异丁酯	isobutyl trichloroacetate		-553.4	-500.2									
669	C_6H_9N	环戊烷腈	cyclopentanecarbonitrile		0.7	44.1									
670	C_6H_9N	2,4-二甲基吡咯	2,4-dimethylpyrrole	-422.3											
671	C_6H_9N	2,5-二甲基吡咯	2,5-dimethylpyrrole		-16.7	39.8									
672	$C_6H_9NO_3$	三乙酰胺	triacetamide		-610.5	-550.1									
673	$C_6H_9NO_6$	次氮基三乙酸	nitrilotriacetic acid	-1311.9											
674	$C_6H_9N_3O_2$	L-组氨酸	L-histidine(His)	-466.7											
675	C_6H_{10}	1,5-己二烯	1,5-hexadiene		54.1	84.2									
676	C_6H_{10}	3,3-二甲基-1-丁炔	3,3-dimethyl-1-butyne		78.4										
677	C_6H_{10}	环己烯	†cyclohexene		-38.5	-5.0		101.6			214.6			148.3	
678	C_6H_{10}	1-甲基环戊烯	1-methylcyclopentene		-36.4	-3.8			102.1			326.4			100.8
679	C_6H_{10}	3-甲基环戊烯	3-methylcyclopentene		-23.7	7.4			115.0			330.5			100.0
680	C_6H_{10}	4-甲基环戊烯	4-methylcyclopentene		-17.6	14.6			121.6			328.9			100.0
681	$C_6H_{10}Cl_2O_2$	二氯乙酸丁酯	butyl dichloroacetate		-550.1	-497.8									
682	$C_6H_{10}O$	环己酮	†cyclohexanone		-271.2	-226.1			-90.8		255.6	322.2		182.2	109.7

续表

No.	化学式	中文名称	英文名称	ΔfH⊖/(kJ/mol) c	ΔfH⊖/(kJ/mol) l	ΔfH⊖/(kJ/mol) g	ΔfG⊖/(kJ/mol) c	ΔfG⊖/(kJ/mol) l	ΔfG⊖/(kJ/mol) g	S⊖/[J/(mol·K)] c	S⊖/[J/(mol·K)] l	S⊖/[J/(mol·K)] g	C_p⊖/[J/(mol·K)] c	C_p⊖/[J/(mol·K)] l	C_p⊖/[J/(mol·K)] g
683	$C_6H_{10}O_2$	反(式)-2-丁烯酸乙酯	ethyl *trans*-2-butenoate		−420.0	−375.6									
684	$C_6H_{10}O_2$	环丁羧酸甲酯	methyl cyclobutanecarboxylate		−395.0	−350.2									
685	$C_6H_{10}O_3$	丙(酸)酐	†propanoic anhydride		−679.1(6)	−626.5		−475.6							
686	$C_6H_{10}O_4$	己二酸	adipic acid	−994.3											
687	$C_6H_{10}O_4$	乙二酸二乙酯(草酸二乙酯)	diethyl oxalate		−805.5	−742.0								232.2	
688	$C_6H_{10}O_4$	1,6-己二酸	†1,6-hexanedioicacid			−985.4		−207.3							
689	$C_6H_{11}Cl$	氯(代)环己烷	chlorocyclohexane		−207.2	−163.7									
690	$C_6H_{11}ClO_2$	4-氯丁酸乙酯	ethyl 4-chlorobutanoate		−566.5	−513.8									
691	$C_6H_{11}ClO_2$	3-氯丙酸丙酯	propyl 3-chloropropanoate		−537.6	−485.7									
692	$C_6H_{11}ClO_2$	氯乙酸丁酯	butyl chloroacetate		−538.4	−487.4									
693	$C_6H_{11}NO$	己内酰胺	caprolactam	−329.4									156.8		
694	$C_6H_{11}NO$	1-甲基-2-哌啶酮	1-methyl-2-piperidinone		−293.0	−239.6									
695	C_6H_{12}	1-己烯	†1-hexene		−74.1	−43.5		83.6	84.45		295.1	384.6		183.3	132.3
696	C_6H_{12}	顺(式)-2-己烯	†*cis*-2-hexene		−83.9	−52.3			76.2			386.5			125.7
697	C_6H_{12}	反(式)-2-己烯	*trans*-2-hexene		−85.5	−53.9			76.4			380.6			132.4
698	C_6H_{12}	顺(式)-3-己烯	†*cis*-3-hexene		−79.0	−47.6			83.0			379.6			123.6
699	C_6H_{12}	反(式)-3-己烯	†*trans*-3-hexene		−86.1	−54.4			77.6			374.8			132.8
700	C_6H_{12}	2-甲基-1-戊烯	†2-methyl-1-pentene		−90.0	−59.4			77.6			382.2			135.6
701	C_6H_{12}	3-甲基-1-戊烯	†3-methyl-1-pentene		−78.2	−49.5			86.4			376.8			142.4
702	C_6H_{12}	4-甲基-1-戊烯	†4-methyl-1-pentene		−80.0	−51.3			90.0			367.7			126.5
703	C_6H_{12}	3-甲基-顺(式)-2-戊烯	3-methyl-*cis*-2-pentene		−94.5	−62.3			73.2			378.4			126.6
704	C_6H_{12}	4-甲基-顺(式)-2-戊烯	4-methyl-*cis*-2-pentene		−87.0	−57.5			82.1			373.3			133.6
705	C_6H_{12}	3-甲基-反(式)-2-戊烯	3-methyl-*trans*-2-pentene		−94.6	−63.1			71.3			381.8			126.6
706	C_6H_{12}	4-甲基-反(式)-2-戊烯	4-methyl-*trans*-2-pentene		−91.6	−61.5			79.6			368.3			141.4
707	C_6H_{12}	2-乙基-1-丁烯	2-ethyl-1-butene		−87.1	−56.0			80.0			376.6			133.6
708	C_6H_{12}	2,3-二甲基-1-丁烯	†2,3-dimethyl-1-butene		−93.2	−62.6			79.0			365.6			143.5
709	C_6H_{12}	3,3-二甲基-1-丁烯	†3,3-dimethyl-1-butene		−87.5	−60.5			98.2			343.8			126.5
710	C_6H_{12}	2,3-二甲基-2-丁烯	‡2,3-dimethyl-2-butene		−101.4	−68.2			76.1		270.2	364.6		174.7	123.6
711	C_6H_{12}	环己烷	‡cyclohexane		−156.4	−123.4		26.7	31.8		204.4	298.3		154.9	106.3
712	C_6H_{12}	甲基环戊烷	†methylcyclopentane		−138.0	−106.2		31.5	35.8		247.9	339.9		158.7	109.8
713	C_6H_{12}	乙基环丁烷	ethylcyclobutane		−59.0	−27.5									
714	C_6H_{12}	1,1,2-三甲基环丙烷	1,1,2-trimethylcyclopropane		−96.2	−66.9									
715	C_6H_{12}	2-甲基-2-戊烯	†2-methyl-2-pentene		−98.5	−66.9			71.2			378.4			126.6

续表

No.	化学式	中文名称	英文名称	$\Delta_fH^\ominus$/(kJ/mol) c	l	g	$\Delta_fG^\ominus$/(kJ/mol) c	l	g	$S^\ominus$/[J/(mol·K)] c	l	g	$C_p^\ominus$/[J/(mol·K)] c	l	g
716	$C_6H_{12}N_2O_4S_2$	脱氢酸（双硫丙氨酸）	L-cystine(cys-cys)	-1032.7											
717	$C_6H_{12}O$	环己醇	‡cyclohexanol		-348.1	-286.2					199.6			208.2	
718	$C_6H_{12}N_4$	乌洛托品[（环）六亚甲基四胺]（=urotropine）	‡hexamethylenetetramine(=urotropine)	125.5			434.8	-133.3		163.4					
719	$C_6H_{12}O$	顺（式）-2-甲基环戊醇	cis-2-methylcyclopentanol		-345.5										
720	$C_6H_{12}O$	丁基乙烯基醚	butyl vinyl ether		-218.8	-182.6								232.0	
721	$C_6H_{12}O$	2-己酮	2-hexanone		-322.0	-278.9								213.3	
722	$C_6H_{12}O$	3-己酮	3-hexanone		-320.2	-277.6					305.3			216.9	
723	$C_6H_{12}O$	2-甲基-3-戊酮	2-methyl-3-pentanone		-325.9	-286.0									
724	$C_6H_{12}O$	3,3-二甲基-2-丁酮	3,3-dimethyl-2-butanone		-328.6	-290.6									
725	$C_6H_{12}O_2$	己酸	hexanoic acid		-583.8	-511.9									
726	$C_6H_{12}O_2$	乙酸丁酯	butyl acetate		-529.2	-485.3								227.8	
727	$C_6H_{12}O_2$	乙酸特丁酯	terfbutyl acetate		-554.5	-516.5								231.0	
728	$C_6H_{12}O_2$	丁酸乙酯	ethyl butanoate		-514.2	-471.1								228.0	
729	$C_6H_{12}O_2$	戊酸甲酯	methyl pentanoate		-530.1	-491.2								229.3	
730	$C_6H_{12}O_2$	2,2-二甲基丙酸甲酯	methyl 2,2-dimethylpropanoate		-673.1	-631.7								257.9	
731	$C_6H_{12}O_3$	三聚乙醛[仲（乙）醛]	paraldehyde												
732	$C_6H_{12}O_6$	β-D-果糖	β-D-fructose	-1265.6											
733	$C_6H_{12}O_6$	D-半乳糖	‡D-galactose	-1286.3			-918.8			205.4					
734	$C_6H_{12}O_6$	α-D-葡萄糖	‡α-D-glucose	-1273.3(11)			-910.4			212.1					
735	$C_6H_{12}O_6$	D-甘露糖	D-mannose	-1263.0											
736	$C_6H_{12}O_6$	L-（-）-山梨糖	L-(−)-sorbose	-1271.5			-908.4			220.9					
737	$C_6H_{12}S$	环己硫醇	cyclohexanethiol		-140.7	-96.2					255.6			192.6	
738	$C_6H_{12}S$	环戊基甲基硫化物	cyclopentyl methyl sulfide		-109.8	-64.7									
739	$C_6H_{13}Br$	1-溴己烷	1-bromohexane		-194.2	-148.3					453.0			203.5	
740	$C_6H_{13}Cl$	2-氯己烷	2-chlorohexane		-246.1	-204.3									
741	$C_6H_{13}N$	环己胺	cyclohexylamine		-147.6	-104.0									
742	$C_6H_{13}N$	（±）-2-甲基哌啶	(±)-2-methylpiperidine		-124.9	-84.4									
743	$C_6H_{13}NO$	己酰胺	hexanamide		-423.0	-324.2									
744	$C_6H_{13}NO$	N-丁基乙酰胺	N-butylacetamide		-380.9	-305.9									
745	$C_6H_{13}NO_2$	DL-亮氨酸（白氨酸；异己氨酸）	DL-leucine(Lue)	-640.6			-347.2			208.0					
746	$C_6H_{13}NO_2$	D-亮氨酸	‡D-leucine	-637.3											

续表

No.	化学式	中文名称	英文名称	$\Delta_f H^\ominus/(kJ/mol)$			$\Delta_f G^\ominus/(kJ/mol)$			$S^\ominus/[J/(mol\cdot K)]$			$C_p^\ominus/[J/(mol\cdot K)]$		
				c	l	g	c	l	g	c	l	g	c	l	g
747	$C_6H_{13}NO_2$	L-亮氨酸	†L-leucine	-637.4		-486.8	-346.3			211.8			201.1		
748	$C_6H_{13}NO_2$	DL-异亮氨酸	DL-isoleucine(Ile)	-635.3											
749	$C_6H_{13}NO_2$	L-异亮氨酸	†L-isoleucine	-637.9			-347.2			208.0			188.3		
750	$C_6H_{13}NO_2$	正亮氨酸(正白氨酸)	L-norleucine	-639.1											
751	$C_6H_{13}NO_2$	6-氨基己酸	6-aminohexanoic acid	-637.3											
752	C_6H_{14}	己烷	†hexane		-198.8	-167.1		-3.8	-0.25		296.1	388.4		195.6	143.1
753	C_6H_{14}	2-甲基戊烷	†2-methylpentane		-204.6	-174.8			-5.0		290.6	380.5		193.7	144.2
754	C_6H_{14}	3-甲基戊烷	3-methylpentane		-202.4	-172.1			2.1		292.5	379.8		190.7	143.1
755	C_6H_{14}	2,2-二甲基丁烷	†2,2-dimethylbutane		-213.8	-186.1			-9.2		272.5	385.2		191.9	141.9
756	C_6H_{14}	2,3-二甲基丁烷	†2,3-dimethylbutane		-207.4	-178.3			-4.1		287.8	365.8		189.7	140.5
757	$C_6H_{14}N_2$	偶氮丙烷	azopropane		11.5	51.3									
758	$C_6H_{14}N_2O_2$	赖氨酸;(2,6-二氨基己酸)	lysine(Lys)(±)	-678.7											
759	$C_6H_{14}N_4O_2$	D-精氨酸;(2-氨基-5-胍基戊酸)	D-arginine(Arg)	-623.5			-240.5			250.8			232.0		
760	$C_6H_{14}O$	1-己醇	†1-hexanol		-377.5	-317.6		-152.3	-135.6		287.4	441.4		240.4	155.6
761	$C_6H_{14}O$	2-己醇	2-hexanol		-392.0	-333.5								286.2	
762	$C_6H_{14}O$	3-己醇	3-hexanol		-392.4									273.0	
763	$C_6H_{14}O$	4-甲基-2-戊醇	4-methyl-2-pentanol		-394.7										
764	$C_6H_{14}O$	2-甲基-3-戊醇	2-methyl-3-pentanol		-396.4										
765	$C_6H_{14}O$	(二)丙醚	dipropyl ether		-328.8	-292.9			-105.6		323.9	422.5		221.6	158.3
766	$C_6H_{14}O$	(二)异丙醚	diisopropyl ether		-351.5	-319.2			-121.9			390.2		216.8	158.3
767	$C_6H_{14}O$	乙基叔丁基醚	ethyl tert-butyl ether		-329.4	-313.9									
768	$C_6H_{14}OS$	二丙基亚砜	dipropyl sulfoxide			-254.9									
769	$C_6H_{14}O_2$	1,2-己二醇	1,2-Hexanediol		-577.1	-490.1									
770	$C_6H_{14}O_2$	1,6-己二醇	1,6-hexanediol	-569.9	-548.6	-461.2									
771	$C_6H_{14}O_2$	1,1-二乙氧基乙烷	1,1-diethoxyethane		-491.4	-453.5								238.0	
772	$C_6H_{14}O_2$	1,2-二乙氧基乙烷	1,2-diethoxyethane		-451.4	-408.1								259.4	
773	$C_6H_{14}O_3$	三羟甲基丙烷	trimethylolpropane	-750.9											
774	$C_6H_{14}O_4$	三甘醇(二缩三乙二醇)	triethylene glycol		-804.3	-725.0									
775	$C_6H_{14}O_4S$	硫酸二丙酯	dipropyl sulfate		-859.0	-792.0									
776	$C_6H_{14}O_6$	半乳糖醇(卫矛醇)	galactitol	-1337.1	-1317.0		-942.2								
777	$C_6H_{14}O_6$	D-甘露醇	†D-mannitol		-1314.5					238.5					
778	$C_6H_{14}S$	1-己硫醇	†1-hexanethiol		-175.7	-129.9			27.8			454.3		164.1	
779	$C_6H_{14}S$	2-甲基-2-戊硫醇	2-methyl-2-pentanethiol		-188.3	-148.3									

续表

No.	化学式	中文名称	英文名称	$\Delta_f H^\ominus$/(kJ/mol) c	l	g	$\Delta_f G^\ominus$/(kJ/mol) c	l	g	$S^\ominus$/[J/(mol·K)] c	l	g	$C_p^\ominus$/[J/(mol·K)] c	l	g
780	$C_6H_{14}S$	2,3-二甲基-2-丁硫醇	2,3-dimethyl-2-butanethiol		-187.1	-147.9									
781	$C_6H_{14}S$	二丙基硫醚	†dipropyl sulfide		-171.5	-125.3			33.2			448.4			161.2
782	$C_6H_{14}S$	二异丙基硫醚	†diisopropyl sulfide		-181.6	-142.1			27.1		313.0	415.5		232.0	169.2
783	$C_6H_{14}S$	丁基乙基硫醚	†butyl ethyl sulfide		-172.3	-125.2			32.0			453.0			162.0
784	$C_6H_{14}S$	甲基戊基硫醚	†methyl pentyl sulfide		-167.1	-122.9			35.1			450.7			163.7
785	$C_6H_{14}S_2$	二丙基二硫化物	dipropyl disulfide		-171.5	-118.3									
786	$C_6H_{15}B$	三乙基硼	triethylborane		-194.6	-157.7		9.4	16.1		336.7	437.8		241.2	
787	$C_6H_{15}N$	二丙胺	dipropylamine		-156.1	-116.0									
788	$C_6H_{15}N$	二异丙胺	diisopropylamine		-178.5	-143.8									
789	$C_6H_{15}N$	三乙胺	triethylamine		-127.7	-92.8			110.3		219.9	405.4			160.9
790	$C_6H_{15}NO$	2-二乙氨基乙醇	2-diethylaminoethanol		-305.9										
791	$C_6H_{15}NO_3$	三乙醇胺[三(羟乙基)胺]	triethanolamine	-664.2		-558.3							389.0		
792	$C_6H_{18}N_3OP$	六甲基磷酰三胺	hexamethylphosphoric triamide												
793	$C_6H_{18}OSi_2$	六甲基二硅醚	hexamethyldisiloxane		-815.0	-777.7		-541.5	-534.5		433.8	535.0		311.4	238.5
794	C_6MoO_6	六羰钼	molybdenum hexacarbonyl	-982.8		-912.1	-877.7		-856.0	325.9		490.0	242.3		205.0
795	C_6N_4	四氰乙烯	tetracyanoethylene	623.8		705.0									
796	C_7F_8	全氟甲苯	perfluorotoluene		-1311.1						355.5				
797	C_7F_{14}	全氟甲基环己烷	perfluoromethylcyclohexane		-2931.1	-2897.2								353.1	
798	C_7F_{16}	全氟庚烷	perfluoroheptane		-3420.0	-3383.6					561.8			419.0	
799	C_7HF_5	2,3,4,5,6-五氟甲苯	2,3,4,5,6-pentafluorotoluene		-883.8	-842.7					306.4			225.8	
800	$C_7H_4Cl_2O$	间氯苯甲酰氯	m-chlorobenzoyl chloride		-189.7										
801	$C_7H_4N_2O_6$	3,5-二硝基苯甲酸	3,5-dinitrobenzoic acid	-409.8											
802	C_7H_5ClO	苯甲酰氯	benzoyl chloride		-158.0	-103.2									
803	$C_7H_5ClO_2$	邻氯苯甲酸	o-chlorobenzoic acid	-404.5		-325.0									
804	$C_7H_5ClO_2$	间氯苯甲酸	m*-chlorobenzoic acid	-424.3		-342.3									
805	$C_7H_5ClO_2$	对氯苯甲酸	p-chlorobenzoic acid	-428.9		-341.0							163.2		
806	$C_7H_5F_3$	三氟(甲基)苯	†(trifluoromethyl)benzene		-637.6	-600.1		-518.7	-511.3		271.5	372.6		188.4	130.4
807	C_7H_5N	苄腈(苯甲腈)	†benzonitrile		163.2	215.8			260.8		209.1	321.0		165.2	109.1
808	C_7H_5NO	苯并噁唑	benzoxazole	-24.2		44.8									
809	$C_7H_5NO_4$	2-硝基苯甲酸	†2-nitrobenzoic acid	-378.5			-196.4			208.4					
810	$C_7H_5NO_4$	3-硝基苯甲酸	3-nitrobenzoic acid	-394.7			-220.5			205.0					
811	$C_7H_5NO_4$	4-硝基苯甲酸	4-nitrobenzoic acid	-392.2			-222.0			210.0			181.2		
812	$C_7H_6N_2$	1H-苯并咪唑	1H-benzimidazole	79.5		181.7									
813	$C_7H_6N_2$	1H-吲唑	1H-indazole	151.9		243.0									

续表

No.	化学式	中文名称	英文名称	$\Delta_f H^\ominus$/(kJ/mol)			$\Delta_f G^\ominus$/(kJ/mol)			$S^\ominus$/[J/(mol·K)]			$C_p^\ominus$/[J/(mol·K)]		
				c	l	g	c	l	g	c	l	g	c	l	g
814	C_7H_6O	苯甲醛	†benzaldehyde		-87.0	-36.7		9.4	5.9*		221.2*			172.0	
815	$C_7H_6O_2$	苯甲酸	†benzoic acid	-385.2	-385.1	-294.0				167.6			146.8		
816	$C_7H_6O_2$	3-(2-呋喃基)-2-丙烯醛	3-(2-furanyl)-2-propenal		-182.0	-105.9									
817	$C_7H_6O_3$	2-羟基苯甲酸	2-hytroxybenzoic acid	-589.9						178.2			159.1		
818	$C_7H_6O_3$	3-羟基苯甲酸	3-hytroxybenzoic acid	-584.9						177.0			157.3		
819	$C_7H_6O_3$	4-羟基苯甲酸	†4-hyroxybenzoic acid	-584.5						175.7			155.1		
820	C_7H_7Cl	氯甲基苯	(chloromethyl)benzene		-32.5	18.9									
821	C_7H_7F	对氟甲苯	†p-fluorotoluene		-186.9	-147.4		-79.8			237.1			171.2	
822	C_7H_7NO	苯甲酰胺	benzamide	-202.6		-100.9									
823	$C_7H_7NO_2$	2-氨基苯甲酸(邻氨基苯酸)	2-aminobenzoic acid	-401.1		-296.0							117.8		
824	$C_7H_7NO_2$	苯胺-3-羧酸	aniline-3-carboxylic acid	-417.3		-283.6									
825	$C_7H_7NO_2$	苯胺-4-羧酸	aniline-4-carboxylic acid	-410.0		-296.7									
826	$C_7H_7NO_2$	邻硝基甲苯	o-nitrotoluene		-9.7										
827	$C_7H_7NO_2$	间硝基甲苯	m-nitrotoluene		-31.5	31.0									
828	$C_7H_7NO_2$	对硝基甲苯	p-nitrotoluene	-48.1	-22.8	30.7							172.3		
829	$C_7H_7NO_2$	硝基甲基苯	(nitromethyl)benzene												
830	$C_7H_7NO_2$	水杨醛肟	salicylaldoxime	-183.7											
831	C_7H_8	甲苯	†toluene		12.4	50.4		113.8	122.0		221.0	320.7		157.2	103.6
832	$C_7H_8N_2O$	苯基脲	phenylurea	-218.6											
833	C_7H_8O	邻甲基(苯)酚	o-cresol	-204.6		-128.6			37.1	165.4		357.6	154.6	233.6	130.3
834	C_7H_8O	间甲基(苯)酚	†m-cresol		-194.0	-132.3			-40.5		212.6	356.8		224.9	122.5
835	C_7H_8O	对甲基(苯)酚	†p-cresol	-199.3		-125.4			-30.9	167.3		347.6	150.2		124.5
836	C_7H_8O	苯甲醇(苄醇)	benzyl alcohol		-160.7	-100.4			-27.5		216.7			218.0	
837	C_7H_8O	茴香醚(苯甲醚;甲氧基苯)	anisole		-114.8	-67.9								207.2	
838	C_7H_9N	苯甲胺(苄胺)	benzylamine		34.2	94.4									
839	C_7H_9N	邻甲基苯胺	o-methylaniline		-6.3	56.4			167.6			351.0			130.2
840	C_7H_9N	间甲基苯胺	m-methylaniline		-8.1	54.6			165.4			352.5			125.5
841	C_7H_9N	对甲基苯胺	p-methylaniline	-23.5		55.3			167.7			347.0			126.2
842	C_7H_9N	1-环己烯腈	1-cyclohexenecarbonitrile		48.1	101.6									
843	C_7H_9N	2,3-二甲基吡啶	2,3-dimethylpyridine		19.4	67.1					243.7			189.5	
844	C_7H_9N	2,4-二甲基吡啶	2,4-dimethylpyridine		16.1	63.6					248.5			184.8	
845	C_7H_9N	2,5-二甲基吡啶	2,5-dimethylpyridine		18.7	66.5					248.8			184.7	
846	C_7H_9N	2,6-二甲基吡啶	2,6-dimethylpyridine		12.7	58.1					244.2			185.2	
847	C_7H_9N	3,4-二甲基吡啶	3,4-dimethylpyridine		18.3	68.8					240.7			191.8	

续表

No.	化学式	中文名称	英文名称	$\Delta_f H^{\ominus}$/(kJ/mol)			$\Delta_f G^{\ominus}$/(kJ/mol)			$S^{\ominus}$/[J/(mol·K)]			$C_p^{\ominus}$/[J/(mol·K)]		
				c	l	g	c	l	g	c	l	g	c	l	g
848	C₇H₉N	3,5-二甲基吡啶	3,5-dimethylpyridine		22.5	72.0					241.7				184.5
849	C₇H₁₀O₂	2-戊炔酸乙酯	ethyl 2-pentynoate		-301.8	-250.3									
850	C₇H₁₀O₂	2-己炔酸甲酯	methyl 2-hexynoate		-242.7										
851	C₇H₁₁Cl₃O₂	三氯乙酸3-甲基丁基酯（三氯乙酸异戊酯）	3-methylbutyl trichloroacetate (isopentyl trichloroacetate)		-580.9	-523.1									
852	C₇H₁₁N	环己腈	cyclohexanecarbonitrile		-47.2	4.8									
853	C₇H₁₂	亚甲基环己烷	methylenecyclohexane		-61.3	-25.2									
854	C₇H₁₂	乙烯基环戊烷	vinylcyclopentane		-34.8										
855	C₇H₁₂	1-乙基环戊烯	1-ethylcyclopentene		-53.3	-19.8									
856	C₇H₁₂	二环[2.2.1]庚烷	bicyclo[2.2.1]heptane	-95.1		-54.8							151.0		
857	C₇H₁₂	1-甲基二环[3.1.0]己烷	1-methylbicyclo[3.1.0]hexane		-33.2	1.7									
858	C₇H₁₂O₂	丙烯酸丁酯	butylacrylate		-422.6	-375.3									251.0
859	C₇H₁₃ClO₂	2-氯丙酸丁酯	butyl 2-chloropropanoate		-571.7	-517.3									
860	C₇H₁₃ClO₂	2-氯丙酸异丁酯	isobutyl 2-chloropropanoate		-603.1	-549.6									
861	C₇H₁₃ClO₂	3-氯丙酸丁酯	butyl 3-chloropropanoate		-557.9	-502.3									
862	C₇H₁₃ClO₂	3-氯丙酸异丁酯	isobutyl 3-chloropropanoate		-572.6	-517.3									
863	C₇H₁₃ClO₂	2-氯丁酸丙酯	propyl 2-chlorobutanoate		-630.7	-578.4									
864	C₇H₁₃N	庚腈	heptanenitrile		-82.8	-31.0									
865	C₇H₁₄	1-庚烯	†1-heptene		-97.9	-62.3		95.8			327.6	423.6		211.8	155.2
866	C₇H₁₄	顺(式)-2-庚烯	†cis-2-heptene	-1009.7	-105.1		-727.5			191.2					
867	C₇H₁₄	反(式)-2-庚烯	†trans-2-heptene	-1005.2	-109.5		-731.3			188.2					
868	C₇H₁₄	顺(式)-3-庚烯	†cis-3-heptene	-826.4	-104.3										
869	C₇H₁₄	反(式)-3-庚烯	†trans-3-heptene	-960.0	-109.3										
870	C₇H₁₄	5-甲基-1-己烯	5-methyl-1-hexene		-100.0	-65.7									
871	C₇H₁₄	顺-3-甲基-3-己烯	cis-3-methyl-3-hexene		-115.9	-79.4									
872	C₇H₁₄	反-3-甲基-3-己烯	trans-3-methyl-3-hexene		-112.7	-76.8									
873	C₇H₁₄	2,4-二甲基-1-戊烯	2,4-dimethyl-1-pentene		-117.0	-83.8									
874	C₇H₁₄	4,4-二甲基-1-戊烯	4,4-dimethyl-1-pentene		-110.6	-81.6									
875	C₇H₁₄	2,4-二甲基-2-戊烯	2,4-dimethyl-2-pentene		-123.1	-88.7									
876	C₇H₁₄	顺(式)-4,4-二甲基-2-戊烯	cis-4,4-dimethyl-2-pentene		-105.3	-72.6									
877	C₇H₁₄	反(式)-4,4-二甲基-2-戊烯	trans-4,4-dimethyl-2-pentene		-121.7	-88.8									
878	C₇H₁₄	2-乙基-3-甲基-1-丁烯	2-ethyl-3-methyl-1-butene		-114.1	-79.5									
879	C₇H₁₄	2,3,3-三甲基-1-丁烯	2,3,3-trimethyl-1-butene		-117.7	-85.5									
880	C₇H₁₄	环庚烷	†cycloheptane		-156.6	-118.1*		54.1			242.6				123.1

续表

No.	化学式	中文名称	英文名称	$\Delta_f H^\ominus$/(kJ/mol)			$\Delta_f G^\ominus$/(kJ/mol)			$S^\ominus$/[J/(mol·K)]			$C_p^\ominus$/[J/(mol·K)]		
				c	l	g	c	l	g	c	l	g	c	l	g
881	C₇H₁₄	甲基环己烷	†methylcyclohexane		−190.1	−154.7		20.3	27.3		247.9	343.3		184.9	135.0
882	C₇H₁₄	乙基环戊烷	†ethylcyclopentane		−163.4	−126.9		37.3			279.9			185.8	
883	C₇H₁₄	1,1-二甲基环戊烷	†1,1-dimethylcyclopentane		−172.1	−138.2			39.0			359.3			133.3
884	C₇H₁₄	顺(式)-1,2-二甲基环戊烷	†cis-1,2-dimethylcyclopentane		−165.3	−129.5			45.7		269.2	366.1			134.14
885	C₇H₁₄	反(式)-1,2-二甲基环戊烷	†trans-1,2-dimethylcyclopentane		−171.2	−136.6			38.4			366.8			134.5
886	C₇H₁₄	顺(式)-1,3-二甲基环戊烷	†cis-1,3-dimethylcyclopentane		−170.1	−135.9			39.2			366.8			134.5
887	C₇H₁₄	反(式)-1,3-二甲基环戊烷	†trans-1,3-dimethylcyclopentane		−168.1	−133.6			41.5			366.8			134.5
888	C₇H₁₄	1,1,2,2-四甲基环丙烷	1,1,2,2-tetramethylcyclopropane		−119.8										
889	C₇H₁₄Br₂	1,2-二溴庚烷	1,2-dibromoheptane		−212.3	−157.9									
890	C₇H₁₄O	1-庚醛	1-heptanal		−311.5	−263.8					335.4		230.1		
891	C₇H₁₄O	2,2-二甲基-3-戊酮	2,2-dimethyl-3-pentanone		−356.1	−313.6									
892	C₇H₁₄O	2,4-二甲基-3-戊酮	2,4-dimethyl-3-pentanone		−352.9	−311.3					318.0		233.7		
893	C₇H₁₄O	顺(式)-2-甲基环己醇	cis-2-methylcyclohexanol(±)		−390.2	−327.0									
894	C₇H₁₄O	反(式)-2-甲基环己醇	trans-2-methylcyclohexanol(±)		−415.7	−352.5									
895	C₇H₁₄O	顺(式)-3-甲基环己醇	cis-3-methylcyclohexanol(±)		−416.1	−350.9									
896	C₇H₁₄O	反(式)-3-甲基环己醇	trans-3-methylcyclohexanol(±)		−394.4	−329.1									
897	C₇H₁₄O	顺(式)-4-甲基环己醇	cis-4-methylcyclohexanol(±)		−413.2	−347.5									
898	C₇H₁₄O	反(式)-4-甲基环己醇	trans-4-methylcyclohexanol		−433.3	−367.2									
899	C₇H₁₄O₂	庚酸	heptanoic acid		−610.2	−536.2									
900	C₇H₁₄O₂	戊酸乙酯	ethyl pentanoate		−553.0	−505.9									
901	C₇H₁₄O₂	3-甲基丁酸乙酯	ethyl 3-methylbutanoate		−571.0	−527.0									
902	C₇H₁₄O₂	2,2-二甲基丙酸乙酯	ethyl 2,2-dimethylpropanoate		−577.2	−536.0									
903	C₇H₁₄O₂	己酸甲酯	methyl hexanoate		−540.2	−492.2									
904	C₇H₁₅Br	1-溴庚烷	1-bromoheptane		−218.4	−167.8									
905	C₇H₁₆	庚烷	heptane		−224.2	−187.6								224.7	
906	C₇H₁₆	2-甲基己烷	†2-methylhexane		−229.5	−194.6			3.2		323.3	420.0		222.9	166.0
907	C₇H₁₆	3-甲基己烷	†3-methylhexane		−226.4	−192.3			4.6			424.1		214.2	166.0
908	C₇H₁₆	3-乙基戊烷	†3-ethylpentane		−224.9	−189.6			11.0		314.5	411.5		219.6	166.0
909	C₇H₁₆	2,2-二甲基戊烷	†2,2-dimethylpentane		−238.3	−205.9			0.1		300.3	392.9		221.1	166.0
910	C₇H₁₆	2,3-二甲基戊烷	†2,3-dimethylpentane		−233.1	−198.9			0.7			414.0		218.3	166.0
911	C₇H₁₆	2,4-二甲基戊烷	†2,4-dimethylpentane		−234.6	−201.7			3.1		303.2	396.6		224.2	166.0
912	C₇H₁₆	3,3-二甲基戊烷	†3,3-dimethylpentane		−234.2	−201.2			2.6			399.7			166.0

续表

No.	化学式	中文名称	英文名称	$\Delta_f H^\ominus$/(kJ/mol)			$\Delta_f G^\ominus$/(kJ/mol)			$S^\ominus$/[J/(mol·K)]			$C_p^\ominus$/[J/(mol·K)]		
				c	l	g	c	l	g	c	l	g	c	l	g
913	C₇H₁₆	2,2,3-三甲基丁烷	†2,2,3-trimethylbutane		−236.5	−204.5			4.3		292.2	383.3		213.5	164.6
914	C₇H₁₆O	1-庚醇	†1-heptanol		−403.3	−336.5		−142.3	−120.9		320.1	480.3		272.1	178.7
915	C₇H₁₆O	叔丁基异丙基醚	tert-butyl isopropyl ether		−392.8	−358.1									
916	C₇H₁₆O₂	2,2-二乙氧基丙烷	2,2-Diethoxypropane		−538.9	−506.9									
917	C₇H₁₆S	1-庚硫醇	1-heptanethiol		−276.2	−149.9		154.2	36.2		215.5	493.3		204.0	186.9
918	C₈H₄O₃	邻苯二甲酸酐	†phthalic anhydride	−460.1		−371.4	−331.0			180.60			160.0		
919	C₈H₆	乙炔基苯(苯乙炔)	ethynylbenzene			327.3			361.8			321.7			114.9
920	C₈H₆O₄	邻苯二甲酸(1,2-苯二甲酸)	†phthalic acid(1,2-)	−782.0			591.6			207.9			188.3		
921	C₈H₆O₄	间苯二甲酸	isophthalic acid	−803.0		−696.3									
922	C₈H₆O₄	对苯二甲酸	terephthalic acid	−816.1		−717.9									
923	C₈H₆S	苯并[b]噻吩	benzo[b]thiophene	100.6		166.3									
924	C₈H₇N	1H-吲哚	1H-indole	86.6		156.5									
925	C₈H₈	苯乙烯	†styrene		103.8	147.9		202.4	213.8		237.6	345.1		182.0	122.1
926	C₈H₈O	苯基乙烯基醚	phenyl vinyl ether		−26.2	22.7									
927	C₈H₈O	苯乙酮(乙酰苯)	acetophenone		−142.5	−86.7		−17.0			249.6				
928	C₈H₈O₂	邻甲基苯甲酸	o-toluic acid	−416.5									174.9		
929	C₈H₈O₂	间甲基苯甲酸	m-toluic acid	−426.1									163.6		
930	C₈H₈O₂	对甲基苯甲酸	p-toluic acid	−429.2									169.0		
931	C₈H₈O₂	苯甲酸甲酯	methyl benzoate		−343.5	−287.9								221.3	
932	C₈H₉NO	N-苯基乙酰胺(退热冰)	acetanilide	−209.4									179.3		
933	C₈H₁₀	乙苯	†ethylbenzene		−12.3	29.9			130.6			360.5		183.2	
934	C₈H₁₀	邻二甲苯	†o-xylene		−24.4	19.1		110.3	122.1		246.5	352.4		186.1	133.3
935	C₈H₁₀	间二甲苯	†m-xylene		−25.4	17.3		107.7	118.9		252.2	357.7		183.3	127.6
936	C₈H₁₀	对二甲苯	†p-xylene		−24.4	18.0		110.1	121.1		247.4	352.4		181.5	126.9
937	C₈H₁₀O	邻乙基苯酚	o-ethylphenol	−208.8		−145.2									
938	C₈H₁₀O	间乙基苯酚	m-ethylphenol	−214.3		−146.1									
939	C₈H₁₀O	对乙基苯酚	p-ethylphenol			−144.1							206.9		
940	C₈H₁₀O	2,3-二甲苯酚	2,3-xylenol	−224.4		−157.2									
941	C₈H₁₀O	2,4-二甲苯酚	2,4-xylenol	−241.1		−163.8									
942	C₈H₁₀O	2,5-二甲苯酚	2,5-xylenol	−246.6		−161.6									
943	C₈H₁₀O	2,6-二甲苯酚	2,6-xylenol	−237.4		−162.1									
944	C₈H₁₀O	3,4-二甲苯酚	3,4-xylenol	−242.3		−157.3									
945	C₈H₁₀O	3,5-二甲苯酚	3,5-xylenol	−244.4		−162.4									
946	C₈H₁₀O	苯乙醚(乙氧基苯)	phenetole(ethoxybenzene)	−152.6		−101.6									228.5

续表

No.	化学式	中文名称	英文名称	$\Delta_f H^\ominus$/(kJ/mol)			$\Delta_f G^\ominus$/(kJ/mol)			$S^\ominus$/[J/(mol·K)]			$C_p^\ominus$/[J/(mol·K)]		
				c	l	g	c	l	g	c	l	g	c	l	g
947	$C_8H_{10}O_2$	藜芦醚(邻二甲氧基苯)	veratrole(1,2-dimethoxybenzene)		-290.3	-223.3									
948	$C_8H_{11}N$	N-乙基苯胺	N-ethylaniline		8.2	56.3		188.7			239.3				
949	$C_8H_{11}N$	N,N-二甲基苯胺	N,N-dimethylaniline		46.0	100.5									
950	C_8H_{12}	顺(式)-1,2-二乙烯基环丁烷	cis-1,2-divinylcyclobutane		124.3	166.5									
951	C_8H_{12}	反(式)-1,2-二乙烯基环丁烷	trans-1,2-divinylcyclobutane		101.3	143.5									
952	$C_8H_{12}N_4$	2,2'-偶氮二[异丁腈]	2,2'-azobis[isobutyronitrile]	246.0											
953	$C_8H_{12}O_2$	2,2,4,4-四甲基-1,3-环丁二酮	2,2,4,4-tetramethyl-1,3-cyclobutanedione	-379.9		-307.6							237.6		
954	C_8H_{14}	亚乙基环己烷	ethylidenecyclohexane		-103.5	-59.5									
955	C_8H_{14}	1-辛炔	†1-octyne			82.4			235.4				494.6		174.0
956	C_8H_8	1,3,5,7-环辛四烯	†1,3,5,7-cyclooctatetraene		254.5			358.6			220.3			184.0	
957	C_8H_{14}	烯丙基环戊烷	allylcyclopentane		-64.5	-24.1									
958	$C_8H_{15}ClO_2$	2-氯丙酸 3-甲基丁酯	3-methylbutyl 2-chloropropanoate		-627.3	-575.0									
959	$C_8H_{15}ClO_2$	3-氯丙酸 3-甲基丁酯	3-methylbutyl 3-chloropropanoate		-593.4	-539.4									
960	$C_8H_{15}N$	辛腈	octanenitrile		-107.3	-50.5									
961	C_8H_{16}	1-辛烯	†1-octene		-121.8	-81.4			104.2			462.5		241.0	178.1
962	C_8H_{16}	顺(式)-2-辛烯	cis-2-octene		-135.7									239.0	
963	C_8H_{16}	反(式)-2-辛烯	trans-2-octene		-135.7									239.0	
964	C_8H_{16}	2,2-二甲基顺(式)-3-己烯	2,2-dimethyl-cis-3-hexene		-126.4	-89.3									
965	C_8H_{16}	2,2-二甲基反(式)-3-己烯	2,2-dimethyl-trans-3-hexene		-144.9	-107.7									
966	C_8H_{16}	3-乙基-2-甲基-1-戊烯	3-ethyl-2-methyl-1-pentene		-137.9	-100.3									
967	C_8H_{16}	2,4,4-三甲基-1-戊烯	2,4,4-trimethyl-1-pentene		-145.9	-110.5									
968	C_8H_{16}	2,4,4-三甲基-2-戊烯	2,4,4-trimethyl-2-pentene		-142.4	-104.9									
969	C_8H_{16}	环辛烷	cyclooctane		-167.7	-124.4									
970	C_8H_{16}	乙基环己烷	†ethylcyclohexane		-211.9	-171.7		29.1	39.3		280.9	382.6		211.8	158.8
971	C_8H_{16}	1,1-二甲基环己烷	1,1-dimethylcyclohexane		-218.7	-180.9		26.5	35.2		267.2	365.0		209.2	154.4
972	C_8H_{16}	顺(式)-1,2-二甲基环己烷	cis-1,2-dimethylcyclohexane		-211.8	-172.1			41.2		274.1	374.5		210.2	165.5
973	C_8H_{16}	反(式)-1,2-二甲基环己烷	trans-1,2-dimethylcyclohexane		-218.2	-180.0			34.5		273.2	370.9		209.4	159.0
974	C_8H_{16}	顺(式)-1,3-二甲基环己烷	cis-1,3-dimethylcyclohexane		-222.9	-184.6			29.8		272.6	370.5		209.4	157.3

续表

No.	化学式	中文名称	英文名称	$\Delta_fH^\ominus$/(kJ/mol) c	l	g	$\Delta_fG^\ominus$/(kJ/mol) c	l	g	$S^\ominus$/[J/(mol·K)] c	l	g	$C_p^\ominus$/[J/(mol·K)] c	l	g
975	C_8H_{16}	反(式)-1,3-二甲基环己烷	†trans-1,3-dimethylcyclohexane		-215.7	-176.5			36.3		270.3	376.2		212.8	157.3
976	C_8H_{16}	顺(式)-1,4-二甲基环己烷	†cis-1,4-dimethylcyclohexane		-215.6	-176.6			38.0		271.1	370.5		212.1	157.3
977	C_8H_{16}	反(式)-1,4-二甲基环己烷	†trans-1,4-dimethylcyclohexane		-222.4	-184.5			31.7		268.0	364.8		210.2	157.7
978	C_8H_{16}	丙基环戊烷	†propylcyclopentane		-188.8	-147.1			52.6		310.8	417.3		216.8	154.6
979	C_8H_{16}	1-乙基-1-甲基环戊烷	1-ethyl-1-methylcyclopentane		-193.8										
980	C_8H_{16}	顺(式)-1-乙基-2-甲基环戊烷	cis-1-ethyl-2-methylcyclopentane		-190.8										
981	C_8H_{16}	反(式)-1-乙基-2-甲基环戊烷	trans-1-ethyl-2-methylcyclopentane		-195.1	-156.2									
982	C_8H_{16}	2,4,4-三甲基-1-戊烯	†2,4,4-trimethyl-1-pentene		-145.9	-110.5		86.4			306.3				
983	C_8H_{16}	2,4,4-三甲基-2-戊烯	†2,4,4-trimethyl-2-pentene		-142.4	-104.9		88.0			311.7				
984	C_8H_{16}	顺(式)-1-乙基-3-甲基环戊烷	cis-1-ethyl-3-methylcyclopentane		-194.4										
985	C_8H_{16}	反(式)-1-乙基-3-甲基环戊烷	trans-1-ethyl-3-methylcyclopentane		-196.0										
986	$C_8H_{16}O$	2-乙基己醛	2-ethylhexanal		-348.5	-299.6									
987	$C_8H_{16}O$	2-辛酮	†2-octanone		-384.5			140.3			373.8			273.3	
988	$C_8H_{16}O$	2,2,4-三甲基-3-戊酮	2,2,4-trimethyl-3-pentanone		-381.6	-338.3									
989	$C_8H_{16}O_2$	辛酸	octanoic acid		-636.0	-554.3								297.9	
990	$C_8H_{16}O_2$	2-乙基己酸	2-ethylhexanoic acid		-635.1	-559.5									
991	$C_8H_{16}O_2$	戊酸丙酯	propyl pentanoate		-583.0	-533.6									
992	$C_8H_{16}O_2$	戊酸异丙酯	isopropyl pentanoate		-592.2	-544.9									
993	$C_8H_{16}O_2$	庚酸甲酯	methyl heptanoate		-567.1	-515.5								285.1	
994	$C_8H_{17}Cl$	1-氯辛烷	1-chlorooctane		-291.3	-238.9									
995	$C_8H_{17}NO$	辛酰胺	octanamide	-473.2		-362.7									
996	C_8H_{18}	辛烷	†octane		-250.1	-208.6			16.4			466.7		254.6	188.9
997	C_8H_{18}	2-甲基庚烷	†2-methylheptane		-255.0	-215.4			12.8		356.4	452.5		252.0	
998	C_8H_{18}	3-甲基庚烷	†3-methylheptane		-252.3	-212.5			13.7		362.6	461.6		250.2	
999	C_8H_{18}	4-甲基庚烷	†4-methylheptane		-251.6	-212.0			16.7			453.3		251.1	
1000	C_8H_{18}	3-乙基己烷	3-ethylhexane		-250.4	-210.7									
1001	C_8H_{18}	2,2-二甲基己烷	†2,2-dimethylhexane		-261.9	-224.5*		3.0			331.9				
1002	C_8H_{18}	2,3-二甲基己烷	2,3-dimethylhexane		-252.6	-213.8*		9.1			342.7				
1003	C_8H_{18}	2,4-二甲基己烷	†2,4-dimethylhexane		-257.0	-219.2*		3.7			345.7				

续表

No.	化学式	中文名称	英文名称	$\Delta_f H^{\ominus}/(\text{kJ/mol})$			$\Delta_f G^{\ominus}/(\text{kJ/mol})$			$S^{\ominus}/[\text{J}/(\text{mol}\cdot\text{K})]$			$C_p^{\ominus}/[\text{J}/(\text{mol}\cdot\text{K})]$		
				c	l	g	c	l	g	c	l	g	c	l	g
1004	C₈H₁₈	2,5-二甲基己烷	†2,5-dimethylhexane		−260.4	−222.5*		2.5			338.7			249.2	
1005	C₈H₁₈	3,3-二甲基己烷	†3,3-dimethylhexane		−257.5	−219.9*		5.2			339.4			246.6	
1006	C₈H₁₈	3,4-二甲基己烷	†3,4-dimethylhexane		−251.8	−212.8*		8.5			347.2				
1007	C₈H₁₈	3-乙基-2-甲基戊烷	†3-ethyl-2-methylpentane		−249.6	−211.0			21.3			441.1			
1008	C₈H₁₈	3-乙基-3-甲基戊烷	†3-ethyl-3-methylpentane		−252.8	−214.8			19.9			433.0			
1009	C₈H₁₈	2,2,3-三甲基戊烷	†2,2,3-trimethylpentane		−256.9	−220.0		9.3	17.1		327.6	425.2		188.9	
1010	C₈H₁₈	2,2,4-三甲基戊烷	†2,2,4-trimethylpentane		−259.2	−224.0		6.9	13.7		328.0	423.2		239.1	
1011	C₈H₁₈	2,3,3-三甲基戊烷	†2,3,3-trimethylpentane		−253.5	−216.3		10.6	18.9		334.4	431.5		245.6	
1012	C₈H₁₈	2,3,4-三甲基戊烷	†2,3,4-trimethylpentane		−255.0	−217.3*					329.3			247.3	
1013	C₈H₁₈	2,2,3,3-四甲基丁烷	†2,2,3,3-tetramethylbutane	−269.0		−225.6			22.0	273.7		389.4	239.2		192.5
1014	C₈H₁₈N₂	偶氮丁烷	azobutane			9.2									
1015	C₈H₁₈O	1-辛醇	†1-octanol		−426.5	−355.6*		−143.1			377.4			305.1	
1016	C₈H₁₈O	2-乙基-1-己醇	2-ethyl-1-hexanol		−432.8	−365.3					347.0			317.5	
1017	C₈H₁₈O	(二)丁醚	†dibutyl ether		−377.9	−332.8			−88.5			500.4			204.0
1018	C₈H₁₈O	二仲丁醚	di-sec-butyl ether		−401.5	−360.6									
1019	C₈H₁₈O	二叔丁醚	di-tert-butyl ether		−399.6	−362.0									
1020	C₈H₁₈O	叔丁基异丁醚	tert-butyl isobutyl ether		−409.1	−369.0									
1021	C₈H₁₈O₂	1,8-辛醇	1,8-octanediol	−626.6											
1022	C₈H₁₈O₂	2,5-二甲基-2,5-己二醇	2,5-dimethyl-2,5-hexanediol	−681.7											
1023	C₈H₁₈O₃S	亚硫酸二丁酯	dibutyl sulfite		−693.1	−625.3									
1024	C₈H₁₈O₅	四甘醇(三水缩四乙二醇)	tetraethylene glycol		−981.7	−883.0									
1025	C₈H₁₈S	二丁基硫醚	†dibutyl sulfide		−220.7	−167.7		32.2			405.1			284.3	
1026	C₈H₁₈S	二仲丁基硫醚	di-sec-butyl sulfide		−220.7	−167.7									
1027	C₈H₁₈S	二叔丁基硫醚	di-tert-butyl sulfide		−232.6	−188.8									
1028	C₈H₁₈S	二异丁基硫醚	diisobutyl sulfide		−229.2	−180.5									
1029	C₈H₁₈S₂	二丁基二硫化物	†dibutyl disulfide		−222.9	−158.4(26)			53.9			572.8			231.1
1030	C₈H₁₈S₂	二叔丁基二硫化物	di-tert-butyl disulfide		−255.2	−201.0									
1031	C₈H₁₉N	二丁胺	dibutylamine		−206.0	−156.6									
1032	C₈H₁₉N	二异丁胺	diisobutylamine		−218.5	−179.2									
1033	C₈H₂₀Pb	四乙基铅	tetraethyl lead		52.7	109.6		464.6			472.5			307.4	
1034	C₉H₇N	喹啉	†quinoline		141.2	200.5*		275.7			217.2			194.9	
1035	C₉H₇N	异喹啉	isoquinoline		144.3	204.6					216.0			196.2	
1036	C₉H₇NO	2-羟基喹啉	2-hydroxyquinoline;2-quinolinol	−144.9		−25.5									
1037	C₉H₈	茚	†indene		110.6	163.4*		217.6			215.3			186.9	

续表

No.	化学式	中文名称	英文名称	$\Delta_f H^{\ominus}/(kJ/mol)$ c	l	g	$\Delta_f G^{\ominus}/(kJ/mol)$ c	l	g	$S^{\ominus}/[J/(mol\cdot K)]$ c	l	g	$C_p^{\ominus}/[J/(mol\cdot K)]$ c	l	g
1038	C₉H₁₀	环丙(基)苯	cyclopropylbenzene		100.3	150.5									
1039	C₉H₁₀	1,2-二氢(化)茚	†indane		11.5	60.3		150.8			56.0			190.3	
1040	C₉H₁₀	(α)-甲基苯乙烯	†(α)-methylstyrene			113.0			208.5			383.7			145.2
1041	C₉H₁₀	(E)-(β)甲基苯乙烯	†(E)-(β)-methylstyrene			117.2			213.7			380.3			146.0
1042	C₉H₁₀NO₂	DL-3-苯基-2-丙氨基	†DL-3-phenyl-2-alanine	−466.9			−211.7			213.6			203.0		
1043	C₉H₁₁NO₂	L-苯基丙氨酸	L-phenylalanine(Phe)	−466.9		−312.9				213.6			203.0		
1044	C₉H₁₁NO₃	L-酪氨酸(L-3-对羟苯基丙氨酸)	†L-tyrosine(Tyr)	−685.1			−385.7			214.0			216.4		
1045	C₉H₁₂	丙苯	†propylbenzene		−38.3	7.9			137.2			400.7		214.7	152.3
1046	C₉H₁₂	枯烯[异丙(基)苯]	†cumene(=isopropylbenzene)		−41.4	4.0		124.3	137.0		287.8	388.6		210.7	151.7
1047	C₉H₁₂	邻乙基甲苯	†o-ethyltoluene		−46.4*	1.3			131.1		279.8	399.2			157.9
1048	C₉H₁₂	间乙基甲苯	†m-ethyltoluene		−48.7*	−1.8			125.4			404.2			152.2
1049	C₉H₁₂	对乙基甲苯	†p-ethyltoluene		−49.8*	−3.2			85.3			398.9			151.5
1050	C₉H₁₂	1,2,3-三甲(基)苯	†1,2,3-trimethylbenzene		−58.5	−9.5*		107.5			267.8			216.4	
1051	C₉H₁₂	1,2,4-三甲(基)苯	†1,2,4-trimethylbenzene		−61.8	−13.8*		102.3			284.2			215.0	
1052	C₉H₁₂	1,3,5-三甲(基)苯	†mesitylene(=1,3,5-trimethylbenzene)		−63.4	−15.9*		103.9			273.6			209.3	
1053	C₉H₁₂O	2-异丙基苯酚	2-isopropylphenol		−233.7	−182.2									
1054	C₉H₁₂O	3-异丙基苯酚	3-isopropylphenol		−252.5	−196.0									
1055	C₉H₁₂O	4-异丙基苯酚	4-isopropylphenol			−175.3									
1056	C₉H₁₂O₂	氢过氧化异丙苯[异丙苯过氧化氢](俗)	isopropylbengenehyroper-oxide	−270.0	−148.3	−78.4									
1057	C₉H₁₄O₆	甘油三乙酸酯(三醋精)	triacetin(=glycerin triacetate)		−1330.8	−1245.0					458.3			384.7	
1058	C₉H₁₇NO	2,2,6,6-四甲基-4-哌啶酮	2,2,6,6-tetramethyl-4-piperidinone	−334.2		−273.4									
1059	C₉H₁₈	丙基环己烷	propylcyclohexane		−237.4	−192.5			47.3		311.9	419.5		242.0	184.2
1060	C₉H₁₈	1-壬烯	†1-nonene			−103.5			112.7			501.5			201.0
1061	C₉H₁₈O	2-壬酮	2-nonanone		−397.2	−340.7									
1062	C₉H₁₈O	5-壬酮	5-nonanone		−398.2	−344.9								303.6	
1063	C₉H₁₈O	2,6-二甲基-4-庚酮	2,6-dimethyl-4-heptanone		−408.5	−357.6					401.4			297.3	
1064	C₉H₁₈O₂	壬酸	nonanoic acid		−659.7	−577.3									
1065	C₉H₁₈O₂	戊酸丁酯	butyl pentanoate		−613.3	−560.2									
1066	C₉H₁₈O₂	戊酸仲丁酯	sec-butyl pentanoate		−624.2	−573.2									
1067	C₉H₁₈O₂	戊酸异丁酯	isobutyl pentanoate		−620.0	−568.6									
1068	C₉H₁₈O₂	辛酸甲酯	methyl octanoate		−590.3	−533.9								362.4	

续表

No.	化学式	中文名称	英文名称	$\Delta_f H^\ominus/(\text{kJ/mol})$			$\Delta_f G^\ominus/(\text{kJ/mol})$			$S^\ominus/[\text{J/(mol·K)}]$			$C_p^\ominus/[\text{J/(mol·K)}]$		
				c	l	g	c	l	g	c	l	g	c	l	g
1069	$C_9H_{19}N$	2,2,6,6-四甲基哌啶	2,2,6,6-tetramethylpiperidine		-206.9	-159.9									
1070	C_9H_{20}	壬烷	†nonane		-274.7	-228.2			24.8			505.7		284.4	211.7
1071	C_9H_{20}	2,2-二甲基庚烷	2,2-dimethylheptane		-288.1										
1072	C_9H_{20}	2,2,3-三甲基己烷	2,2,3-trimethylhexane		-282.7										
1073	C_9H_{20}	2,2,4-三甲基己烷	2,2,4-trimethylhexane		-282.8										
1074	C_9H_{20}	2,2,5-三甲基己烷	2,2,5-trimethylhexane		-293.3										
1075	C_9H_{20}	2,3,3-三甲基己烷	2,3,3-trimethylhexane		-281.1										
1076	C_9H_{20}	2,3,5-三甲基己烷	2,3,5-trimethylhexane		-284.0	-242.6									
1077	C_9H_{20}	2,4,4-三甲基己烷	2,4,4-trimethylhexane		-280.2										
1078	C_9H_{20}	3,3,4-三甲基己烷	3,3,4-trimethylhexane		-277.5										
1079	C_9H_{20}	3,3-二乙基戊烷	3,3-diethylpentane		-275.4	-233.3								278.2	
1080	C_9H_{20}	3-乙基-2,2-二甲基戊烷	3-ethyl-2,2-dimethylpentane		-272.7										
1081	C_9H_{20}	3-乙基-2,4-二甲基戊烷	3-ethyl-2,4-dimethylpentane		-269.7										
1082	C_9H_{20}	2,2,3,3-四甲基戊烷	2,2,3,3-tetramethylpentane		-278.3	-237.1								271.5	
1083	C_9H_{20}	2,2,3,4-四甲基戊烷	2,2,3,4-tetramethylpentane		-277.7	-236.9									
1084	C_9H_{20}	2,2,4,4-四甲基戊烷	2,2,4,4-tetramethylpentane		-280.0	-241.6								266.3	
1085	C_9H_{20}	2,3,3,4-四甲基戊烷	2,3,3,4-tetramethylpentane		-277.9	-236.1									
1086	$C_9H_{20}N_2O$	四乙基脲	tetraethylurea		-380.0	-316.4									
1087	$C_9H_{20}O$	1-壬醇	†1-nonanol	-657.6	-453.4*	-376.3			-110.5			558.6			224.3
1088	$C_9H_{20}O_2$	1,9-壬二醇	1,9-nonanediol												
1089	$C_9H_{21}N$	三丙胺	tripropylamine		-207.1	-161.0									
1090	$C_{10}H_6N_2O_4$	1,5-二硝基萘	1,5-dinitronaphthalene	29.8											
1091	$C_{10}H_6N_2O_4$	1,8-二硝基萘	1,8-Dinitronaphthalene	39.7											
1092	$C_{10}H_7Cl$	1-氯萘	1-chloronaphthalene		54.6	119.8								212.6	
1093	$C_{10}H_7Cl$	2-氯萘	2-chloronaphthalene	55.4		137.4									
1094	$C_{10}H_7I$	1-碘萘	1-iodonaphthalene		161.5	233.8									
1095	$C_{10}H_7I$	2-碘萘	2-iodonaphthalene	144.3		235.1									
1096	$C_{10}H_7NO_2$	1-硝基萘	1-nitronaphthalene	42.6		111.2									
1097	$C_{10}H_8$	萘	naphthalene	78.5		150.6	201.6		224.1	167.4		333.1	165.7		131.9
1098	$C_{10}H_8$	唑(甘菊环)	†azulene	212.3*		289.1			353.4			338.1			128.5
1099	$C_{10}H_8O$	1-萘酚	1-naphthol	-121.5		-30.4							166.9		149.4
1100	$C_{10}H_8O$	2-萘酚	2-naphthol	-124.1		-29.9				179.0		366.6	172.8		147.8
1101	$C_{10}H_9N$	1-萘胺	1-naphthalenamine	67.8		132.8									
1102	$C_{10}H_9N$	2-萘胺	2-naphthalenamine	60.2		134.3									

续表

No.	化学式	中文名称	英文名称	$\Delta_f H^{\ominus}/(\text{kJ/mol})$			$\Delta_f G^{\ominus}/(\text{kJ/mol})$			$S^{\ominus}/[\text{J/(mol·K)}]$			$C_p^{\ominus}/[\text{J/(mol·K)}]$		
				c	l	g	c	l	g	c	l	g	c	l	g
1103	$C_{10}H_{10}$	1,2-二氢化萘	1,2-dihydronaphthalene		71.6										
1104	$C_{10}H_{10}$	1,4-二氢化萘	1,4-dihydronaphthalene		84.2										
1105	$C_{10}H_{10}O$	1-四氢萘酮	1-tetralone	−209.6											
1106	$C_{10}H_{10}O_4$	间苯二酸二甲酯	dimethyl isophthalate	−730.9											
1107	$C_{10}H_{10}O_4$	对苯二酸二甲酯	dimethyl terephthalate	−732.6											
1108	$C_{10}H_{12}$	1,2,3,4-四氢化萘	1,2,3,4-tetrahydronaphthalene		−29.2	26.0							261.1	217.5	
1109	$C_{10}H_{14}$	丁苯	†butylbenzene		−63.2	−13.1			144.7			439.5		243.4	416.3
1110	$C_{10}H_{14}$	仲丁苯	sec-butylbenzene(±)		−66.4	−18.4									
1111	$C_{10}H_{14}$	叔丁苯	tert-butylbenzene		−71.9	−23.0									
1112	$C_{10}H_{14}$	异丁苯	isobutylbenzene		−69.8	−21.9									
1113	$C_{10}H_{14}$	邻异丙基苯甲烷(邻伞花烃)	o-cymene(1-isopropyl-2-methyl-bengene)		−73.3										
1114	$C_{10}H_{14}$	间异丙基苯甲烷(间伞花烃)	m-cymene(1-isopropyl-3-methyl-bengene)		−78.6										
1115	$C_{10}H_{14}$	对异丙基苯甲烷(对伞花烃)	p-cymene(1-isopropyl-4-methyl-bengene)		−78.0										
1116	$C_{10}H_{14}$	邻二乙苯	†o-diethylbenzene		−68.5*	−19.0			141.1			434.3		236.4	182.6
1117	$C_{10}H_{14}$	间二乙苯	†m-diethylbenzene		−73.5*	−21.8			136.7			439.3			176.9
1118	$C_{10}H_{14}$	对二乙苯	†p-diethylbenzene		−72.8*	−22.3			137.9			434.0			176.2
1119	$C_{10}H_{14}$	3-乙基-邻二甲苯	3-ethyl-o-xylene		−80.5										
1120	$C_{10}H_{14}$	4-乙基-1,2-二甲苯	4-ethyl-1,2-dimethylbenzene		−86.0										
1121	$C_{10}H_{14}$	2-乙基-1,3-二甲苯	2-ethyl-1,3-dimethylbenzene		−80.1										
1122	$C_{10}H_{14}$	2-乙基-1,4-二甲苯	2-ethyl-1,4-dimethylbenzene		−84.8										
1123	$C_{10}H_{14}$	1-乙基-2,4-二甲苯	1-ethyl-2,4-dimethylbenzene		−84.1										
1124	$C_{10}H_{14}$	1-乙基-3,5-二甲苯	1-ethyl-3,5-dimethylbenzene		−87.8										
1125	$C_{10}H_{14}$	1,2,4,5-四甲苯	†1,2,4,5-tetramethylbenzene		−119.9			101.3			245.6			215.1	
1126	$C_{10}H_{14}O$	百里酚(儋香草酚;5-甲基-2-异丙基苯酚)	thymol(=5-methyl-2-isopropylphenol)	−309.7		−218.5									
1127	$C_{10}H_{16}$	顺(式)顺(式)-2,6-二甲基-2,4,6-辛三烯	cis,cis-2,6-dimethyl-2,4,6-octatriene		−24.0										
1128	$C_{10}H_{16}$	二聚戊烯(双戊烯;松油精;苧烯)	dipentene		−50.8	−2.6								249.4	
1129	$C_{10}H_{16}$	d-苧烯(1,8-萜二烯)	d-limonene		−54.5									249.0	
1130	$C_{10}H_{16}$	β月桂烯(3-亚甲基-7-甲基-1,6-辛二烯)	β-myrcene		14.5										

续表

No.	化学式	英文名称	中文名称	ΔfH⊖/(kJ/mol)			ΔfG⊖/(kJ/mol)			S⊖/[J/(mol·K)]			Cp⊖/[J/(mol·K)]		
				c	l	g	c	l	g	c	l	g	c	l	g
1131	$C_{10}H_{16}$	α-pinene	α-蒎烯		−16.4	28.3									
1132	$C_{10}H_{16}$	β-pinene	β-蒎烯		−7.7	38.7									
1133	$C_{10}H_{16}$	α-terpinene	α-松油烯(萜品烯)			−20.6									
1134	$C_{10}H_{16}O$	camphor(±)	樟脑[2-莰酮(±)]	−319.4		−267.5							271.2		
1135	$C_{10}H_{18}$	†1,1'-bicyclopentyl	1,1'-二环戊基		−178.9										
1136	$C_{10}H_{18}$	cis-decahydronaphthalene	顺(式)十氢化萘		−219.4	−169.2					265.0			232.0	
1137	$C_{10}H_{18}$	trans-decahydronaphthalene	反(式)十氢化萘		−230.6	−182.1					264.9			228.5	
1138	$C_{10}H_{18}O_4$	sebacic acid	癸二酸	−1082.6		−921.9									
1139	$C_{10}H_{19}N$	decanenitrile	癸腈		−158.4	−91.5									
1140	$C_{10}H_{20}$	1-decene	1-癸烯		−173.8	−123.3*		105.0			425.0			300.8	
1141	$C_{10}H_{20}$	cis-1,2-di-tert-butylethylene	顺(式)-1,2-二叔丁基乙烯		−163.6										
1142	$C_{10}H_{20}$	butylcyclohexane	丁基环己烷		−263.1	−213.4			56.4		345.0	458.5		271.0	207.1
1143	$C_{10}H_{20}O_2$	decanoic acid	癸酸	−713.7	−684.3	−594.9									
1144	$C_{10}H_{20}O_2$	methyl nonanoate	壬酸甲酯		−616.2	−554.2									
1145	$C_{10}H_{21}NO_2$	1-nitrodecane	1-硝基癸烷		−351.5										
1146	$C_{10}H_{22}$	decane	癸烷		−300.9	−249.5*		17.5			425.5			314.4	
1147	$C_{10}H_{22}$	2-methylnonane	2-甲基壬烷		−309.8	−260.2					420.1			313.3	
1148	$C_{10}H_{22}$	5-methylnonane	5-甲基壬烷		−307.9	−258.6					423.8			314.4	
1149	$C_{10}H_{22}O$	†1-decanol	1-癸醇		−478.1	−396.6*		−132.2			430.5			370.6	
1150	$C_{10}H_{22}S$	†1-decanethiol	1-癸硫醇	−309.9*	−276.5	−211.5			61.4		476.1	610.1		350.4	255.6
1151	$C_{10}H_{22}S$	dipentyl sulfide	二戊基硫醚		−266.4	−204.9									
1152	$C_{10}H_{22}S$	diisopentylsulfide	二异戊基硫醚		−281.8	−221.5									
1153	$C_{11}H_8O_2$	1-naphthalenecarboxylic acid	1-萘甲酸	−333.5		−223.1									
1154	$C_{11}H_8O_2$	2-naphthoic acid	2-萘甲酸	−346.1		−232.5									
1155	$C_{11}H_{10}$	†1-methylnaphthalene	1-甲基萘		56.3	106.7		189.4	216.2		254.8			224.4	
1156	$C_{11}H_{10}$	†2-methylnaphthalene	2-甲基萘	44.9			192.6			220.0		380.0	196.0		159.8
1157	$C_{11}H_{12}N_2O_2$	L-tryptophan	L-色氨酸(β-吲哚基丙氨酸)	−415.3						251.0			238.1		
1158	$C_{11}H_{14}$	1,1-dimethylindian	1,1-二甲基-1,2-二氢化茚		−53.6	−1.6									
1159	$C_{11}H_{16}$	pentamethylbenzene	五甲基苯	−144.6		−67.2									
1160	$C_{11}H_{20}$	spiro[5.5]undecane	螺[5.5]十一[碳]烷		−244.5	−188.3									
1161	$C_{11}H_{22}$	†1-undecene	1-十一碳烯			−144.8			129.5			579.4		344.9*	246.7
1162	$C_{11}H_{22}O_2$	methyl decanoate	癸酸甲酯		−640.5	−573.8									
1163	$C_{11}H_{24}$	†undecane	十一烷		−327.2	−270.8*		22.8			458.1			345.2	

续表

No.	化学式	中文名称	英文名称	$\Delta_f H^{\ominus}/(\text{kJ/mol})$ c	l	g	$\Delta_f G^{\ominus}/(\text{kJ/mol})$ c	l	g	$S^{\ominus}/[\text{J/(mol·K)}]$ c	l	g	$C_p^{\ominus}/[\text{J/(mol·K)}]$ c	l	g
1164	$C_{11}H_{24}O$	1-十一(烷)醇	1-undecanol		-504.8										
1165	$C_{12}H_8$	苊	acenaphthylene	186.7		259.7							166.4		
1166	$C_{12}H_8N_2$	吩嗪	phenazine	237.0		328.8									
1167	$C_{12}H_8O$	氧芴	dibenzofuran	-5.3		83.4									
1168	$C_{12}H_8S$	硫芴	dibenzothiophene	120.0		205.1									
1169	$C_{12}H_8S_2$	噻蒽[(夹)二硫杂蒽]	thianthrene	182.0		286.0									
1170	$C_{12}H_9N$	咔唑;9-氮杂芴	carbazole	101.7		200.7									
1171	$C_{12}H_{10}$	二氢苊	acenaphthene	70.3		156.0				188.9			190.4		
1172	$C_{12}H_{10}$	联(二)苯	†biphenyl	99.4		181.4				209.4			198.4		
1173	$C_{12}H_{10}N_2O$	反(式)-氧化偶氮苯	trans-azoxybenzene	243.4		342.0									
1174	$C_{12}H_{10}O$	(二)苯醚	†diphenyl ether	-32.1	-14.9	52.0*		144.2		233.9	291.3		216.6	268.6	
1175	$C_{12}H_{10}O_2$	1-萘乙酸	1-naphthaleneacetic acid	-359.2											
1176	$C_{12}H_{10}O_2$	2-萘乙酸	2-naphthaleneacetic acid	-371.9											
1177	$C_{12}H_{11}N$	2-氨基联苯(2-苯基苯胺)	2-aminobiphenyl	93.8		184.4									
1178	$C_{12}H_{11}N$	对苯基苯胺(4-氨基联苯)	p-phenylaniline (4-aminodiphenyl)	81.0											
1179	$C_{12}H_{11}N$	二苯胺	diphenylamine	130.2		219.3									
1180	$C_{12}H_{12}N_2$	联苯胺(4,4'-二氨基联(二)苯)	p-benzidine	70.7											
1181	$C_{12}H_{14}O_4$	邻苯二甲酸二乙酯	diethyl phthalate		-776.6	-688.4					425.1			366.1	
1182	$C_{12}H_{16}$	环己基苯	cyclohexylbenzene		-76.6	-16.7									
1183	$C_{12}H_{18}$	3,9-十二碳二炔	3,9-dodecadiyne		197.8										
1184	$C_{12}H_{18}$	5,7-十二碳二炔	5,7-dodecadiyne		181.5										
1185	$C_{12}H_{18}$	六甲基苯	†hexamethylbenzene	-162.4		-77.4*	117.4			306.3			245.6		
1186	$C_{12}H_{22}$	环己基环己烷	cyclohexylcyclohexane		-273.7	-215.7									
1187	$C_{12}H_{22}$	十二(碳)炔	†dodecyne			-0.04			268.6			602.4			
1188	$C_{12}H_{22}O_4$	十二(烷)双酸	dodecanedioic acid	-1130.0		-976.9									
1189	$C_{12}H_{22}O_{11}$	蔗糖(+)	†sucrose(+)	-2226.1			-1544.7			360.2					265.4
1190	$C_{12}H_{22}O_{11}$	β-乳糖	†β-lactose	-2236.7			-1567.0			386.2					
1191	$C_{12}H_{24}$	1-十二碳烯	†1-dodecene		-226.2	-165.4			137.9		484.8			360.7	269.6
1192	$C_{12}H_{24}O_2$	十二(烷)酸	dodecanoic acid	-774.6	-737.9	-642.0						618.3	404.3		
1193	$C_{12}H_{24}O_2$	十二(烷)酸甲酯	methyl undecanoate		-665.2	-593.8									
1194	$C_{12}H_{24}O_{12}$	α-乳糖水合物	α-lactose monohydrate	-2484.1											

续表

No.	化学式	中文名称	英文名称	$\Delta_f H^\ominus$/(kJ/mol)			$\Delta_f G^\ominus$/(kJ/mol)			$S^\ominus$/[J/(mol·K)]			$C_p^\ominus$/[J/(mol·K)]		
				c	l	g	c	l	g	c	l	g	c	l	g
1195	C12H25Br	1-溴十二烷	1-bromododecane		−344.7	−269.9									
1196	C12H25Cl	1-氯十二烷	1-chlorododecane		−392.3	−321.1									
1197	C12H26	十二烷	†dodecane		−350.9	−289.7		28.1	50.0		490.6	622.5		376.0	280.3
1198	C12H26O	1-十二烷醇	1-dodecanol		−528.5	−436.6								438.1	
1199	C12H27N	三丁胺	tributylamine		−281.6	273.9									
1200	C13H9N	吖啶	acridine	179.4											
1201	C13H9N	苯并[f]喹啉	benzo[f]quinoline	150.6		233.7									
1202	C13H10	芴	fluorene	89.9		175.0				207.3			203.1		
1203	C13H10N2O	苊,2,3-苯并苊 吖啶胺	9-acridinamine	159.2											
1204	C13H10O	二苯(甲)酮(苯酰苯)	†benzophenone	−34.5		54.9*	140.2			245.2			224.8		
1205	C13H11N	9-甲基咔唑	9-methyl-1carbazole	105.5		201.0									
1206	C13H12	二苯甲烷	†diphenylmethane	71.7		139.0*		276.9		239.3				233.1	
1207	C13H24O4	十三(烷)二酸	tridecanedioic acid	−1148.3											
1208	C13H26	1-十三(碳)烯	†1-tridecene			−186.0			146.3		657.3		292.4		
1209	C13H26O2	十二(烷)酸甲酯	methyl dodecanoate		−693.0	−614.9									
1210	C13H28	十三烷	†tridecane			−311.5			58.5			661.5			303.2
1211	C13H28O	1-十三烷醇	1-tridecanol	−599.4											
1212	C14H8O2	蒽醌	9,10-anthracenedione	−188.5		−75.7									
1213	C14H8O2	菲二酮·菲醌	9,10-phenanthrenedione	−154.7		−46.6									
1214	C14H8O4	1,4-二羟基蒽醌	1,4-dihydroxy-9,10-anthracenedione	−595.8		−471.7									
1215	C14H10	蒽	anthracene	129.2		230.9				207.5			210.5		
1216	C14H10	菲	phenanthrene	116.2		207.5				215.1			220.6		
1217	C14H10	二苯(基)乙炔	diphenylacetylene	312.4		−55.5							225.9		
1218	C14H10O2	苯偶酰[联苯酰,二苯(基)乙二酮]	benzil	−153.9											
1219	C14H12	顺(式)-芪[顺(式)-二苯乙烯]	cis-stilbene	183.3		252.3									
1220	C14H12	反(式)-芪[反(式)-二苯乙烯]	†trans-stilbene	136.9		236.1*	317.6			251.0					
1221	C14H14	1,1-二苯(基)乙烷	1,1-diphenylethane	48.7				245.1			335.9				
1222	C14H14	1,2-二苯(基)乙烷	1,2-diphenylethane	51.5		142.9*		267.2			270.3				
1223	C14H14	联苄(基);二苄基	†dibenzyl	44.1		260.0				269.4			255.2		

续表

No.	化学式	中文名称	英文名称	$\Delta_f H^\ominus$/(kJ/mol) c	l	g	$\Delta_f G^\ominus$/(kJ/mol) c	l	g	$S^\ominus$/[J/(mol·K)] c	l	g	$C_p^\ominus$/[J/(mol·K)] c	l	g
1224	$C_{14}H_{27}N$	十四（烷）腈	tetradecanenitrile		-260.2	-174.9									
1225	$C_{14}H_{28}O_2$	十四（烷）酸	tetradecanoic acid	-833.5	-788.8	-693.7							432.0		
1226	$C_{14}H_{28}O_2$	十三（烷）酸甲酯	methyl tridecanoate		-717.9	-635.3									
1227	$C_{14}H_{30}O$	1-十四烷醇	1-tetradecanol	-629.6	-580.6								388.0		
1228	$C_{15}H_{28}$	†1-十五（碳）炔	†1-pentadeiyne			-61.8			293.9			719.3			33.41
1229	$C_{15}H_{30}$	†1-十五（碳）烯	†1-pentadecene			-227.2			163.1			735.2			338.2
1230	$C_{15}H_{30}O_2$	十五烷酸	pentadecanoic acid	-861.7	-811.7	-699.0							443.3		
1231	$C_{15}H_{30}O_2$	十四烷酸甲酯	methyl tetradecanoate		-743.9	-656.9									
1232	$C_{15}H_{32}$	†十五烷	†pentadecane			-352.8			75.2			739.4			349.0
1233	$C_{16}H_{10}$	荧蒽	fluoranthene	189.9		289.0				230.6			230.2		
1234	$C_{16}H_{10}$	芘	pyrene	125.5		225.7				224.9			229.7		
1235	$C_{16}H_{22}O_4$	邻苯二甲酸二丁酯	dibutyl phthalate		-842.6	-750.9									
1236	$C_{16}H_{22}O_{11}$	α-D-葡萄糖五乙酸酯	α-D-glucose pentaacetate	-2249.4											
1237	$C_{16}H_{22}O_{11}$	β-D-葡萄糖五乙酸酯	β-D-glucose pentaacetate	-2232.6											
1238	$C_{16}H_{26}$	癸（基）苯	decylbenzene		-218.3	-138.6									
1239	$C_{16}H_{32}$	†1-十六（碳）烯	†1-hexadecene		-328.7	-248.4					587.9			488.9	
1240	$C_{16}H_{32}O_2$	十六烷酸	hexadecanoic acid	-891.5	-838.1	-737.1				452.4			460.7		
1241	$C_{16}H_{32}O_2$	十五烷酸甲酯	methyl pentadecanoate		-771.0	-680.0									
1242	$C_{16}H_{33}Br$	1-溴十六烷	1-bromohexadecane		-444.5	-350.2									
1243	$C_{16}H_{34}$	十六烷	hexadecane		-456.1	-374.8									
1244	$C_{16}H_{34}O$	1-十六烷醇	1-hexadecanol	-686.6		-517.0							422.0	501.6	
1245	$C_{17}H_{34}$	†1-十七（碳）烯	†1-heptadecene			-268.4			179.9			813.1			383.9
1246	$C_{17}H_{34}O_2$	十七（烷）酸	margaric acid;heptadecanoic acid	-924.4	-865.6								475.7		
1247	$C_{17}H_{36}$	十七烷	heptadecane			-393.9			92.1			817.3			394.7
1248	$C_{18}H_{12}$	‡2,3-苯并蒽	‡2,3-benzanthracene	160.4		293.0*	359.2			215.5					
1249	$C_{18}H_{12}$	䓛	chrysene	145.3		269.8									
1250	$C_{18}H_{15}N$	三苯胺	triphenylamine	234.7		326.8									

续表

No.	化学式	中文名称	英文名称	$\Delta_f H^\ominus$ /(kJ/mol)			$\Delta_f G^\ominus$ /(kJ/mol)			$S^\ominus$ /[J/(mol·K)]			$C_p^\ominus$ /[J/(mol·K)]		
				c	l	g	c	l	g	c	l	g	c	l	g
1251	C$_{18}$H$_{36}$	1-十八(碳)烯	†1-octadecene			−289.0			188.3			852.0			406.8
1252	C$_{18}$H$_{36}$O$_2$	硬脂酸[十八(烷)酸]	stearic acid	−947.7	−884.7	−781.2							501.5		
1253	C$_{18}$H$_{37}$Cl	1-氯十八烷	1-chlorooctadecane		−544.1	−446.0									
1254	C$_{18}$H$_{38}$	十八烷	octadecane	−567.4		−414.6				480.2			485.6		
1255	C$_{19}$H$_{16}$	三苯甲烷	triphenylmethane	161.9			412.5			312.1			295.0		
1256	C$_{19}$H$_{16}$O	三苯甲醇	triphenylmethanol	−3.3			272.8			329.3					
1257	C$_{19}$H$_{36}$O$_2$	油酸甲酯	methyl oleate		−734.5	−649.9									
1258	C$_{19}$H$_{36}$O$_2$	反(式)-9-十八(碳)烯酸甲酯	methyl trans-9-octadecenoate		−737.0										
1259	C$_{19}$H$_{38}$	1-十九(碳)烯	†1-nonadecene			−309.6			196.7			891.0			429.7
1260	C$_{19}$H$_{40}$	十九(碳)烷	†nonadecane			−435.1			108.9			895.2			440.4
1261	C$_{20}$H$_{12}$	苝	perylene	182.8						264.6			274.9		
1262	C$_{20}$H$_{18}$	三苯乙烯	†triphenylethylene	233.5			514.6								
1263	C$_{20}$H$_{40}$	1-二十(碳)烯	†icosene(=eicosylene)			−330.2			205.1			929.9			452.5
1264	C$_{20}$H$_{40}$O$_2$	花生酸[二十(烷)酸]	arachidic acid(eicosanoic acid)	−1011.9	−940.0	−812.4							545.1		
1265	C$_{20}$H$_{42}$	二十(碳)烷	†icosane(=eicosane)			−455.8			117.3			934.1			463.3
1266	C$_{26}$H$_{18}$	9,10-二苯基蒽	9,10-diphenylanthracene	308.7		465.6									
1267	C$_{26}$H$_{54}$	5-丁基二十二烷	5-butyldocosane		−713.5	−587.6									
1268	C$_{26}$H$_{54}$	11-丁基二十二烷	11-butyldocosane		−716.0	−593.4									
1269	C$_{28}$H$_{18}$	9,9'-联[9,9'-缩二蒽]	9,9'-bianthracene	326.2		454.3									
1270	C$_{31}$H$_{64}$	11-癸基二十一(碳)烷	11-decylheneicosane		−848.0	−705.8									
1271	C$_{32}$H$_{66}$	三十二(碳)烷(联十六基)	dotriacontane	−968.3		−697.2									
1272	C$_{60}$	富勒烯-C$_{60}$	carbon(fullerene-C$_{60}$)	2327.0		2502.0	2302.0		2442.0	426.0		544.0	520.0		512.0
1273	C$_{70}$	富勒烯-C$_{70}$	carbon(fullerene-C$_{70}$)	2555.0		2755.0	2537.0		2692.0	464.0		614.0	650.0		585.0

注:
1. 括号内数字为不确定度 如 −41.9(18) 即 −41.9±1.8; 285.4 (4) 即 285.4±0.4 等;
2. 少数 C_p 数据以右上角数字表示为 C_p 值。如 209.8^{-6} 意为 −6℃下的 C_p 值。
3. 英文名称后括号内的英文字母为氨基酸英文名缩写;c—晶体,l—液体,g—气体;标有 "†" 者其数据取自文献 [1]. 皆与文献 [13, 14] 校对过. 其它皆与新版文献 [1] 较过, 文献 [1] 多数已删除不确定度数值. 仅极少数尚保留。

3.1.4.2　元素及无机化合物的标准热化学性质数据

表 3-33 列出 729 种元素及无机化合物的标准热化学性质数据。对表的说明同 3.1.4.1 (1)～(6)，标准状态压力 $p^{\ominus}=100\text{kPa}$（$=1\text{bar}$）。

表 3-33　元素及无机化合物的标准热化学性质 $\Delta_f H^{\ominus}$，$\Delta_f G^{\ominus}$，$S^{\ominus}$，$C_p^{\ominus}$（298.15K 下）[12~15]

No.	化学式	中文名称	英文名称	状态	$\Delta_f H^{\ominus}$ /(kJ/mol)	$\Delta_f G^{\ominus}$ /(kJ/mol)	$S^{\ominus}$ /[J/(mol·K)]	$C_p^{\ominus}$ /[J/(mol·K)]
1	Ac	锕	actinium	c	0.0		56.5	27.2
				g	406.0	366.0	188.1	20.8
2	Ag	银	silver	c	0.0		42.6	25.4
				g	284.9	246.0	173.0	20.8
3	AgBr	溴化银	silver bromide	c	−100.4	−96.9	107.1	52.4
4	AgBrO₃	溴酸银	silver bromate	c	−10.5	71.3	151.9	
5	AgCl	氯化银	silver chloride	c	−127.0	−109.8	96.3	50.8
6	AgClO₃	氯酸银	silver chlorate	c	−30.3	64.5	142.0	
7	AgClO₄	高氯酸银	silver perchlorate	c	−31.1			
8	AgCN	氰化银	silver cyanide	c	146.0	156.9	107.2	66.7
9	AgF	氟化银	silver fluoride	c	−204.6			
10	AgI	碘化银	silver iodide	c	−61.8	−66.2	115.5	56.8
11	AgIO₃	碘酸银	silver iodate	c	−171.1	−93.7	149.4	102.9
12	AgNO₃	硝酸银	silver nitrate	c	−124.4	−33.4	140.9	93.1
13	Ag₂	银（双原子）	silver(Ag₂)	g	410.0	358.8	257.1	37.0
14	Ag₂CO₃	碳酸银	silver carbonate	c	−505.8	−436.8	167.4	112.3
15	Ag₂CrO₄	铬酸银	silver chromate	c	−731.7	−641.8	217.6	142.3
16	Ag₂O	氧化银	silver oxide(Ag₂O)	c	−31.1	−11.2	121.3	65.9
17	Ag₂O₂	二氧化二银	silver oxide(Ag₂O₂)	c	−24.3	27.6	117.0	88.0
18	Ag₂O₃	三氧化二银	silver oxide(Ag₂O₃)	c	33.9	121.4	100.0	
19	Ag₂O₄S	硫酸银	silver sulfate	c	−715.9	−618.4	200.4	131.4
20	Ag₂S	硫化银（辉银矿）	silver sulfide(argentite)	c	−32.6	−40.7	144.0	76.5
21	Al	铝	aluminum	c	0.0		28.3	24.4
				g	330.0	289.4	164.6	21.4
22	AlB₃H₁₂	氢硼化铝	aluminum borohydride	l	−16.3	145.0	289.1	194.6
				g	13.0	147.0	379.2	
23	AlBr	一溴化铝	aluminum bromide(AlBr)	g	−4.0	−42.0	239.5	35.6
24	AlBr₃	（三）溴化铝	aluminum tribromide	c	−527.2		180.2	100.6
				g	−425.1			0.6
25	AlCl	一氯化铝	aluminum chloride(AlCl)	g	−47.7	−74.1	228.1	35.0
26	AlCl₃	三氯化铝	aluminum trichloride	c	−704.2	−628.8	109.3	91.1
				g	−583.2			
27	AlF	一氟化铝	aluminum fluoride(AlF)	g	−258.2	−283.7	215.0	31.9
28	AlF₃	三氟化铝	aluminum trifluoride	c	−1510.4	−1431.1	66.5	75.1
				g	−1204.6	−1188.2	277.1	62.6
29	AlF₄Na	四氟铝酸钠	sodium tetrafluoroaluminate	g	−1869.0	−1827.5	345.7	105.9
30	AlH	一氢化铝	aluminum hydride(AlH)	g	259.2	231.2	187.9	29.4
31	AlH₃	（三）氢化铝	aluminum hydride(AlH₃)	c	−46.0		30.0	40.2
32	AlH₄Li	四氢铝酸锂	Lithium tetrahydroaluminate	c	−116.3	−44.7	78.7	83.2
33	AlI₃	三碘化铝	aluminum triiodide	c	−313.8	−300.8	159.0	98.7
				g	−207.5			
34	AlN	氮化铝	aluminum nitride(AlN)	c	−318.0	−287.0	20.2	30.1
35	AlO	一氧化铝	aluminum oxide(AlO)	g	91.2	65.3	218.4	30.9
36	AlO₄P	磷酸铝	aluminum phosphate(AlPO₄)	c	−1733.8	−1617.9	90.8	93.2

续表

No.	化学式	中文名称	英文名称	状态	$\Delta_f H^{\ominus}$ /(kJ/mol)	$\Delta_f G^{\ominus}$ /(kJ/mol)	$S^{\ominus}$ /[J/(mol·K)]	$C_P^{\ominus}$ /[J/(mol·K)]
37	AlS	一硫化铝	aluminum sulfide(AlS)	g	200.9	150.1	230.6	33.4
38	Al₂	铝(双原子)	aluminum(Al₂)	g	485.9	433.3	233.2	36.4
39	Al₂Cl₆	六氯化(二)铝	aluminum hexachloride	g	−1290.8	−1220.4	490.0	
40	Al₂O		aluminum oxide(Al₂O)	g	−130.0	−159.0	259.4	45.7
41	Al₂O₃	氧化铝	aluminum oxide(Al₂O₃)	c	−1675.7	−1582.3	50.9	79.0
42	Al₂S₃	硫化铝	aluminum sulfide(Al₂S₃)	c	−724.0		116.9	105.1
43	Ar	氩	argon	g	0.0		154.8	20.8
44	As	砷(灰)	arsenic(gray)	c	0.0		35.1	24.6
				g	302.5	261.0	174.2	20.8
		砷(黄)	arsenic(yellow)	c	14.6			
45	AsBr₃	三溴化砷	arsenic tribromide	c	−197.5			
				g	−130.0	−159.0	363.9	79.2
46	AsCl₃	三氯化砷	arsenic trichloride	l	−305.0	−259.4	216.3	
				g	−261.5	−248.9	327.2	75.7
47	AsF₃	三氟化砷	arsenic trifluoride	l	−821.3	−774.2	181.2	126.6
				g	−785.8	−770.8	289.1	65.6
48	AsGa	砷化镓	gallium arsenide(GaAs)	c	−71.0	−67.8	64.2	46.2
49	AsH₃	胂,砷化三氢	arsine	g	66.4	68.9	222.8	38.1
50	AsH₃O₄	砷酸	arsenic acid(H₃AsO₄)	c	−906.3			
51	AsI₃	三碘化砷	arsenic triiodide	c	−58.2	−59.4	213.1	105.8
				g			388.3	80.6
52	AsIn	砷化铟	indium arsenide(InAs)	c	−58.6	−53.6	75.7	47.8
53	As₂	砷(双原子)	diarsenic(As₂)	g	222.2	171.9	239.4	35.0
54	As₂O₅	五氧化砷	arsenic pentoxide(As₂O₅)	c	−924.9	−782.3	105.4	116.5
55	As₂S₃	三硫化二砷	arsenic trisulfide(As₂S₃)	c	−169.0	−168.6	163.6	116.3
56	Au	金	gold	c	0.0		47.4	25.4
				g	366.1	326.3	180.5	20.8
57	AuCl	一氯化金	gold chloride(AuCl)	c	−34.7			
58	AuCl₃	氯化金	gold chloride(AuCl₃)	c	−117.6			
59	AuF₃	氟化金	gold fluoride(AuF₃)	c	−363.6			
60	AuH	氢化金	gold hydride(AuH)	g	295.0	265.7	211.2	29.2
61	Au₂	金(双原子)	digold(Au₂)	g	515.1			36.9
62	B	硼(正交的)	boron(rhombic)	c	0.0		5.9	11.1
				g	565.0	521.0	153.4	20.8
63	BBr	一溴化硼	bromoborane(BBr)	g	238.1	195.4	225.0	32.9
64	BBr₃	三溴化硼	boron tribromide	l	−239.7	−238.5	229.7	
				g	−205.6	−232.5	324.2	67.8
65	BCl	一氯化硼	chloroborane(BCl)	g	149.5	120.9	213.2	31.7
66	BCl₃	三氯化硼	boron trichloride	l	−427.2	−387.4	206.3	106.7
				g	−403.8	−388.7	290.1	62.7
67	BCsO₂	偏硼酸铯	cesium metaborate	c	−972.0	−915.0	104.4	80.6
68	BF	氟硼烷	fluoroborane(BF)	g	−122.2	−149.8	200.5	29.6
69	BF₃	三氟化硼	boron trifluoride	g	−1136.0	−1119.4	254.4	
70	BF₄Na	四氟硼酸钠	sodium tetrafluoroborate	c	−1844.7	−1750.1	145.3	120.3
71	BH	硼烷(1)	borane(BH)	g	442.7	412.7	171.8	29.2
72	BHO₂	偏硼酸	metaboric acid(monoclinic)	c	−794.3	−723.4	38.0	
				g	−561.9	−551.0	240.1	42.2
73	BH₃	甲硼烷	borane(BH₃)	g	89.2	99.3	188.2	36.0

续表

No.	化学式	中文名称	英文名称	状态	$\Delta_f H^{\ominus}$ /(kJ/mol)	$\Delta_f G^{\ominus}$ /(kJ/mol)	$S^{\ominus}$ / [J/(mol·K)]	$C_p^{\ominus}$ / [J/(mol·K)]
74	BH_3O_3	硼酸	boric acid(H_3BO_3)	c	−1094.3	−968.9	88.8	81.4
				g	−994.1			
75	BH_4K	氢硼化钾	potassium borohydride	c	−227.4	−160.3	106.3	96.1
76	BH_4Li	氢硼化锂	lithium borohydride	c	−190.8	−125.0	75.9	82.6
77	BH_4Na	氢硼化钠	sodium borohydride	c	−188.6	−123.9	101.3	86.8
78	BI_3	三碘化硼	boron triiodide	g	71.1	20.7	349.2	70.8
79	BKO_2	偏硼酸钾	potassium metaborate	c	−981.6	−923.4	80.0	66.7
80	$BLiO_2$	偏硼酸锂	lithium metaborate	c	−1032.2	−976.1	51.5	59.8
81	BN	一氮化硼	boron nitride(BN)	c	−254.4	−228.4	14.8	19.7
				g	647.5	614.5	212.3	29.5
82	$BNaO_2$	偏硼酸钠	sodium metaborate	c	−977.0	−920.7	73.5	65.9
83	BO	一氧化硼	boron oxide(BO)	g	25.0	−4.0	203.5	29.2
84	BO_2	二氧化硼	boron oxide(BO_2)	g	−300.4	−305.9	229.6	43.0
85	BO_2Rb	偏硼酸铷	rubidium metaborate	c	−971.0	−913.0	94.3	74.1
86	BS	一硫化硼	boron sulfide(BS)	g	342.0	288.8	216.2	30.0
87	B_2	硼(双原子)	boron(B_2)	g	830.5	774.0	201.9	30.5
88	B_2Cl_4	四氯二硼	tetrachlorodiborane	l	−523.0	−464.8	262.3	137.7
				g	−490.4	−460.6	357.4	95.4
89	B_2F_4	四氟二硼	tetrafluorodiborane	g	−1440.1	−1410.4	317.3	79.1
90	B_2H_6	乙硼烷	diborane	g	36.4	87.6	232.1	56.7
91	B_2O_3	氧化硼,硼酐	boron oxide(B_2O_3)	c	−1273.5	−1194.3	54.0	62.8
				g	−843.8	−832.0	279.8	66.9
92	B_2S_3	硫化硼	boron sulfide(B_2S_3)	c	−240.6		100.0	111.7
				g	67.0			
93	$B_3H_6N_3$	s-三氮杂硼烷*	s-triazaborane	l	−541.0	−392.7	199.6	
94	B_4H_{10}	丁硼烷(10)	tetraborane	g	66.1	184.3	280.3	93.2
95	$B_4Na_2O_7$	丁硼酸钠	sodium tetraborate	c	−3291.1	−3096.0	189.5	186.8
96	B_5H_9	戊硼烷(9)	pentaborane	l	42.7	171.8	184.2	151.1
				g	73.2	173.6	280.6	99.6
97	B_5H_{11}	戊硼烷(11)	pentaborane	l	73.2			
				g	103.3	230.6	321.0	130.3
98	B_6H_{10}	己硼烷(10)	hexaborane	l	56.3			
				g	94.6	211.3	296.8	125.7
99	Ba	钡	barium	c	0.0		62.5	28.1
				g	180.0	146.0	170.2	20.8
100	$BaBr_2$	溴化钡	barium bromide	c	−757.3	−736.8	146.0	
101	$BaCO_3$	碳酸钡	barium carbonate	c	−1213.0	−1134.4	112.1	86.0
102	$BaCl_2$	氯化钡	barium chloride	c	−855.0	−806.7	123.7	75.1
103	BaF_2	氟化钡	barium fluoride	c	−1207.1	−1156.8	96.4	71.2
104	BaH_2O_2	氢氧化钡	barium hydroxide	c	−944.7			
105	BaN_2O_6	硝酸钡	barium nitrate	c	−988.0	−792.6	214.0	151.4
106	BaO	氧化钡	barium oxide	c	−548.0	−520.3	72.1	47.3
107	BaO_4S	硫酸钡	barium sulfate	c	−1473.2	−1362.2	132.2	101.8
108	BaS	硫化钡	barium sulfide	c	−460.0	−456.0	78.2	49.4
109	Be	铍	beryllium	c	0.0		9.5	16.4
				g	324.0	286.6	136.3	20.8
110	$BeCl_2$	氯化铍	beryllium chloride	c	−490.4	−445.6	75.8	62.4
111	BeF_2	氟化铍	beryllium fluoride	c	−1026.8	−979.4	53.4	51.8

No.	化学式	中文名称	英文名称	状态	$\Delta_f H^{\ominus}$ /(kJ/mol)	$\Delta_f G^{\ominus}$ /(kJ/mol)	$S^{\ominus}$/ [J/(mol·K)]	$C_p^{\ominus}$/ [J/(mol·K)]
112	BeH₂O₂	氢氧化铍	beryllium hydroxide	c	−902.5	−815.0	45.5	62.1
113	BeO	氧化铍	beryllium oxide	c	−609.4	−580.1	13.8	25.6
114	BeO₄S	硫酸铍	beryllium sulfate	c	−1205.2	−1093.8	77.9	85.7
115	Bi	铋	bismuth	c	0.0		56.7	25.5
				g	207.1	168.2	187.0	20.8
116	BiClO	氯氧化铋	bismuth oxychloride	c	−366.9	−322.1	120.5	
117	BiCl₃	三氯化铋	bismuth trichloride	c	−379.1	−315.0	177.0	105.0
				g	−265.7	−256.0	358.9	79.7
118	Bi₂O₃	氧化铋	bismuth oxide(Bi₂O₃)	c	−573.9	−493.7	151.5	113.5
119	Bi₂S₃	硫化铋	bismuth sulfide(Bi₂S₃)	c	−143.1	−140.6	200.4	122.2
120	Br	溴(单原子)	bromine	g	111.9	82.4	175.0	20.8
121	BrCl	氯化溴	bromine chloride	g	14.6	−1.0	240.1	35.0
122	BrCs	溴化铯	cesium bromide	c	−405.8	−391.4	113.1	52.9
123	BrCu	溴化铜	copper bromide(CuBr)	c	−104.6	−100.8	96.1	54.7
124	BrF	氟化溴	bromine fluoride	g	−93.8	−109.2	229.0	33.0
125	BrF₃	三氟化溴	bromine trifluoride	l	−300.8	−240.5	178.2	124.6
				g	−255.5	−229.4	292.5	66.6
126	BrF₅	五氟化溴	bromine pentafluoride	l	−458.6	−351.8	225.1	
				g	−428.9	−350.6	320.2	99.6
127	BrGe	溴化锗	germanium bromide(GeBr)	g	235.6			37.1
128	BrH	溴化氢	hydrogen bromide	g	−36.3	−53.4	198.7	29.1
129	BrH₄N	溴化铵	ammonium bromide	c	−270.8	−175.2	113.0	96.0
130	BrI	溴化碘	iodine bromide	g	40.8	3.7	258.8	36.4
131	BrIn	溴化铟	indium bromide(InBr)	c	−175.3	−169.0	113.0	
				g	−56.9	−94.3	259.5	36.7
132	BrK	溴化钾	potassium bromide	c	−393.8	−380.7	95.9	52.3
133	BrKO₃	溴酸钾	potassium bromate	c	−360.2	−271.2	149.2	105.2
134	BrKO₄	过溴酸钾	potassium perbromate	c	−287.9	−174.4	170.1	120.2
135	BrLi	溴化锂	lithium bromide	c	−351.2	−342.0	74.3	
136	BrNO	亚硝酰溴	nitrosyl bromide	g	82.2	82.4	273.7	45.5
137	BrNa	溴化钠	sodium bromide	c	−361.1	−349.0	86.8	51.4
				g	−143.1	−177.1	241.2	36.3
138	BrNaO₃	溴酸钠	sodium bromate	c	−334.1	−242.6	128.9	
139	BrO	氧化溴	bromine oxide(BrO)	g	125.8	109.6	233.0	34.2
140	BrRb	溴化铷	rubidium bromide	c	−394.6	−381.8	110.0	52.8
141	BrTl	溴化亚铊	thallium bromide(TlBr)	c	−173.2	−167.4	120.5	
				g	−37.7			
142	Br₂	溴(双原子)	bromine(Br₂)	l	0.0		152.2	75.7
				g	30.9	3.1	245.5	36.0
143	Br₂Ca	溴化钙	calcium bromide	c	−682.8	−663.6	130.0	
144	Br₂Cd	溴化镉	cadmium bromide	c	−316.2	−296.3	137.2	76.7
145	Br₂Fe	溴化亚铁	iron bromide(FeBr₂)	c	−249.8	−238.1	140.6	
146	Br₂Hg	溴化汞	mercury bromide(HgBr₂)	c	−170.7	−153.1	172.0	
147	Br₂Hg₂	溴化亚汞	mercury bromide(Hg₂Br₂)	c	−206.9	−181.1	218.0	
148	Br₂Mg	溴化镁	magnesium bromide	c	−524.3	−503.8	117.2	
149	Br₂Pb	溴化铅	lead bromide(PbBr₂)	c	−278.7	−261.9	161.5	80.1
150	Br₂Sr	溴化锶	strontium bromide	c	−717.6	−697.1	135.1	75.3
151	Br₂Zn	溴化锌	zinc bromide	c	−328.7	−312.1	138.5	

续表

No.	化学式	中文名称	英文名称	状态	$\Delta_f H^\ominus$ /(kJ/mol)	$\Delta_f G^\ominus$ /(kJ/mol)	$S^\ominus$ / [J/(mol·K)]	$C_p^\ominus$ / [J/(mol·K)]
152	Br_3Fe	三溴化铁	iron bromide($FeBr_3$)	c	−268.2			
153	Br_3Ga	三溴化镓	gallium bromide($GaBr_3$)	c	−386.6	−359.8	180.0	
154	Br_3HSi	三溴硅烷	tribromosilane	l	−355.6	−336.4	248.1	
				g	−317.6	−328.5	348.6	80.8
				g			359.8	89.9
155	Br_3P	三溴化磷	phosphorus tribromide	l	−184.5	−175.7	240.2	
				g	−139.3	−162.8	348.1	76.0
156	Br_3Sb	三溴化锑	antimony tribromide	c	−259.4	−239.3	207.1	
				g	−194.6	−223.9	372.9	80.2
157	Br_3Ti	三溴化钛	titanium bromide($TiBr_3$)	c	−548.5	−523.8	176.6	101.7
158	Br_4Ge	四溴化锗	germanium tetrabromide	l	−347.7	−331.4	280.7	
				g	−300.0	−318.0	396.2	101.8
159	Br_4Pa	四溴化镤	protactinium bromide($PaBr_4$)	c	−824.0	−787.8	234.0	
160	Br_4Si	四溴化硅(四溴甲硅烷)	silicon tetrabromide	l	−457.3	−443.9	277.8	
				g	−415.5	−431.8	377.9	97.1
161	Br_4Sn	四溴化锡	tin bromide($SnBr_4$)	c	−377.4	−350.2	264.4	
				g	−314.6	−331.4	466.9	103.4
162	Br_4Ti	四溴化钛	titanium bromide($TiBr_4$)	c	−616.7	−589.5	243.5	131.5
				g	−549.4	−568.2	398.4	100.8
163	C	碳(石墨)	carbon(graphite)	c	0.0		5.7	8.5
				g	716.7	671.3	158.1	20.8
	C	碳(金刚石)	carbon(diamond)	c	1.9	2.9	2.4	6.1
164	CIN	碘化氰	cyanogen iodide	c	166.2	185.0	92.6	
				g	225.5	196.6	256.8	48.3
165	CI_4	四碘甲烷;四碘化碳	tetraiodomethane	c	−392.9			
				g	262.9	217.1	391.6	95.9
166	CKN	氰化钾	potassium cyanide	c	−113.0	−101.9	128.5	66.3
167	CKNS	硫氰酸钾	potassium thiocyanate	c	−200.2	−178.3	124.3	88.5
168	CN	氰基	cyanide	g	437.6	407.5	202.6	29.2
169	CNNa	氰化钠	sodium cyanide	c	−87.5	−76.4	115.6	70.4
170	CNNaO	氰酸钠	sodium cyanate	c	−405.4	−358.1	96.7	88.6
171	CO	一氧化碳	carbon monoxide	g	−110.5	−137.2	197.7	29.1
172	COS	氧硫化碳	carbon oxysulfide	g	−142.0	−169.2	231.6	41.5
173	CO_2	二氧化碳	carbon dioxide	g	−393.5	−394.4	213.8	37.1
174	CS	一硫化碳	carbon monosuifide	g	280.3	228.8	210.6	29.8
175	CS_2	二硫化碳	carbon disulfide	l	89.0	64.6	151.3	76.4
				g	116.7	67.1	237.8	45.4
176	CSi	碳化硅(立方晶系)	silicon carbide(cubic)	c	−65.3	−62.8	16.6	26.9
177	CSi	碳化硅(六方形)	silicon carbide(hexagonal)	c	−62.8	−60.2	16.5	26.7
178	C_2	碳(双原子)	dicarbon	g	831.9	775.9	199.4	43.2
179	Ca	钙	calcium	c	0.0		41.6	25.9
				g	177.8	144.0	154.9	20.8
180	$CaCO_3$	碳酸钙(方解石)	calcium carbonate(calcite)	c	−1207.6	−1129.1	91.7	83.5
		碳酸钙(文石)	calcium carbonate(aragonite)	c	−1207.8	−1128.2	88.0	82.3
181	$CaCl_2$	氯化钙	calcium chloride	c	−795.4	−748.8	108.4	72.9
182	CaF_2	氟化钙	calcium fluoride	c	−1228.0	−1175.6	68.5	67.0
183	CaH_2	氢化钙	calcium hydride(CaH_2)	c	−181.5	−142.5	41.4	41.0
184	CaH_2O_2	氢氧化钙	calcium hydroxide	c	−985.2	−897.5	83.4	87.5

续表

No.	化学式	中文名称	英文名称	状态	$\Delta_f H^{\ominus}$ /(kJ/mol)	$\Delta_f G^{\ominus}$ /(kJ/mol)	$S^{\ominus}$/ [J/(mol·K)]	$C_p^{\ominus}$/ [J/(mol·K)]
185	CaI$_2$	碘化钙	calcium iodide	c	−533.5	−528.9	142.0	
186	CaN$_2$O$_6$	硝酸钙	calcium nitrate	c	−938.2	−742.8	193.2	149.4
187	CaO	氧化钙	calcium oxide	c	−634.9	−603.3	38.1	42.0
188	CaO$_4$S	硫酸钙	calcium sulfate	c	−1434.5	−1322.0	106.5	99.7
189	CaS	硫化钙	calcium sulfide	c	−482.4	−477.4	56.5	47.4
190	Ca$_3$O$_8$P$_2$	磷酸钙	calcium phosphate	c	−4120.8	−3884.7	236.0	227.8
191	Cd	镉	cadmium	c	0.0		51.8	26.0
				g	111.8		167.7	20.8
192	CdCO$_3$	碳酸镉	cadmium carbonate	c	−750.6	−669.4	92.5	
193	CdCl$_2$	氯化镉	cadmium chloride	c	−391.5	−343.9	115.3	74.7
194	CdF$_2$	氟化镉	cadmium fluoride	c	−700.4	−647.7	77.4	
195	CdH$_2$O$_2$	氢氧化镉	cadmium hydroxide	c	−560.7	−473.6	96.0	
196	CdI$_2$	碘化镉	cadmium iodide	c	−203.3	−201.4	161.1	80.0
197	CdO	氧化镉	cadmium oxide	c	−258.4	−228.7	54.8	43.4
198	CdO$_4$S	硫酸镉	cadmium sulfate	c	−933.3	−822.7	123.0	99.6
199	CdS	硫化镉	cadmium sulfide	c	−161.9	−156.5	64.9	
200	CdTe	碲化镉	cadmium telluride	c	−92.5	−92.0	100.0	
201	Ce	铈	cerium	c	0.0		72.0	26.9
				g	423.0	385.0	191.8	23.1
202	CeCl$_3$	三氯化铈	cerium chloride(CeCl$_3$)	c	−1060.5	−984.8	151.0	87.4
203	CeO$_2$	二氧化铈	cerium oxide(CeO$_2$)	c	−1088.7	−1024.6	62.3	61.6
204	CeS	硫化铈	cerium sulfide(CeS)	c	−459.4	−451.5	78.2	50.0
205	Ce$_2$O$_3$	三氧化二铈	cerium oxide(Ce$_2$O$_3$)	c	−1796.2	−1706.2	150.6	114.6
206	Cl	氯(单原子)	chlorine	g	121.3	105.3	165.2	21.8
207	ClCs	氯化铯	cesium chloride	c	−443.0	−414.5	101.2	52.5
208	ClCsO$_4$	高氯酸铯	cesium perchlorate	c	−443.1	−314.3	175.1	108.3
209	ClCu	氯化亚铜	copper chloride(CuCl)	c	−137.2	−119.9	86.2	48.5
210	ClF	氟化氯	chlorine fluoride	g	−50.3	−51.8	217.9	32.1
211	ClFO$_3$	氟化过氯氧	perchloryl fluoride	g	−23.8	48.2	279.0	64.9
212	ClGe	氯化锗	germanium chloride(GeCl)	g	155.2	124.2	247.0	36.9
213	ClF$_3$	三氟化氯	chlorine trifluoride	l	−189.5			
				g	−163.2	−123.0	281.6	63.9
214	ClF$_5$S	五氟氯化硫	sulfur chloride pentafluoride	l	−1065.7			
215	ClGeH$_3$	一氯甲锗烷	chlorogermane	g			263.7	54.7
216	ClH	氯化氢	hydrogen chloride	g	−92.3	−95.3	186.9	29.1
217	ClHO	次氯酸	hypochlorous acid(HOCl)	g	−78.7	−66.1	236.7	37.2
218	ClHO$_4$	高氯酸	perchloric acid	l	−40.6			
219	ClH$_3$Si	一氯甲硅烷	chlorosilane	g			250.7	51.0
220	ClH$_4$N	氯化铵	ammonium chloride	c	−314.4	−202.9	94.6	84.1
221	ClH$_4$NO$_4$	高氯酸铵	ammonium perchlorate	c	−295.3	−88.8	186.2	
222	ClH$_4$P	氯化鏻	phosphonium chloride	c	−145.2			
223	ClI	氯化碘	iodine chloride	l	−23.9	−13.6	135.1	
				g	17.8	−5.5	247.6	35.6
224	ClIn	氯化铟	indium chloride(InCl)	c	−186.2			
				g	−75.0			
225	ClK	氯化钾	potassium chloride	c	−436.5	−408.5	82.6	51.3
226	ClKO$_3$	氯酸钾	potassium chlorate	c	−397.7	−296.3	143.1	100.3
227	ClKO$_4$	高氯酸钾	potassium perchlorate	c	−432.8	−303.1	151.0	112.4

续表

No.	化学式	中文名称	英文名称	状态	$\Delta_f H^{\ominus}$ /(kJ/mol)	$\Delta_f G^{\ominus}$ /(kJ/mol)	$S^{\ominus}$ /[J/(mol·K)]	$C_p^{\ominus}$ /[J/(mol·K)]
228	ClLi	氯化锂	lithium chloride	c	−408.6	−384.4	59.3	48.0
229	ClNO	亚硝酰氯	nitrosyl chloride	g	51.7	66.1	261.7	44.7
230	ClNO$_2$	硝酰氯	nitryl chloride	g	12.6	54.4	272.2	53.2
231	ClNa	氯化钠	sodium chloride	c	−411.2	−384.1	72.1	50.5
232	ClNaO$_3$	氯酸钠	sodium chlorate	c	−365.8	−262.3	123.4	
233	ClNaO$_4$	高氯酸钠	sodium perchlorate	c	−383.3	−254.9	142.3	
234	ClO	一氧化氯	chlorine oxide(ClO)	g	101.8	98.1	226.6	31.5
235	ClOV	氯氧化钒	vanadium oxychloride	c	−607.0	−556.0	75.0	
236	ClO$_2$	二氧化氯	chlorine dioxide(ClO$_2$)	g	102.5	120.5	256.8	42.0
237	ClO$_2$	过氧化氯	chlorine superoxide(ClOO)	g	89.1	105.0	263.7	46.0
238	ClO$_4$Rb	高氯酸铷	rubidium perchlorate	c	−437.2	−306.9	161.1	
239	ClRb	氯化铷	rubidium chloride	c	−435.4	−407.8	95.9	52.4
240	ClTl	氯化亚铊	thallium chloride(TlCl)	c	−204.1	−184.9	111.3	50.9
				g	−67.8			
241	Cl$_2$	氯	chlorine(Cl$_2$)	g	0.0		223.1	33.9
242	Cl$_2$CO	氯化钴	cobalt chloride(CoCl$_2$)	c	−312.5	−269.8	109.2	78.5
243	Cl$_2$Cr	氯化亚铬	chromium chloride(CrCl$_2$)	c	−395.4	−356.0	115.3	71.2
244	Cl$_2$CrO$_2$	铬酰氯	chromyl chloride(CrO$_2$Cl$_2$)	l	−579.5	−510.8	221.8	
				g	−538.1	−501.6	329.8	84.5
245	Cl$_2$Cu	氯化铜	copper chloride(CuCl$_2$)	c	−220.1	−175.7	108.1	71.9
246	Cl$_2$Fe	氯化亚铁	iron chloride(FeCl$_2$)	c	−341.8	−302.3	118.0	76.7
247	Cl$_2$Hg	氯化汞	mercury chloride(HgCl$_2$)	c	−224.3	−178.6	146.0	
248	Cl$_2$Hg$_2$	氯化亚汞	mercury chloride(Hg$_2$Cl$_2$)	c	−265.4	−210.7	191.6	
249	Cl$_2$Mg	氯化镁	magnesium chloride	c	−641.3	−591.8	89.6	71.4
250	Cl$_2$Mn	氯化锰	manganese chloride(MnCl$_2$)	c	−481.3	−440.5	118.2	72.9
251	Cl$_2$Ni	氯化镍	nickel chloride(NiCl$_2$)	c	−305.3	−259.0	97.7	71.7
252	Cl$_2$O	一氧化二氯	chloride monoxide	g	80.3	97.9	266.2	45.4
253	Cl$_2$OS	亚硫酰（二）氯	thionyl chloride	l	−245.6			121.0
				g	−212.5	−198.3	309.8	66.5
254	Cl$_2$O$_2$S	硫酰（二）氯	sulfuryl chloride	l	−394.1			134.0
				g	−364.0	−320.0	311.9	77.0
255	Cl$_2$O$_2$U	铀酰氯	urayl chloride	c	−1243.9	−1146.4	150.5	107.9
256	Cl$_2$Pb	氯化铅	lead chloride(PbCl$_2$)	c	−359.4	−314.1	136.0	
257	Cl$_2$Sr	氯化锶	strontium chloride	c	−828.9	−781.1	114.9	75.6
258	Cl$_2$Ti	二氯化钛	titanium chloride(TiCl$_2$)	c	−513.8	−464.4	87.4	69.8
259	Cl$_2$Zn	氯化锌	zinc chloride	c	−415.1	−369.4	111.5	71.3
				g	−266.1			
260	Cl$_3$Cr	氯化铬	chromium chloride(CrCl$_3$)	c	−556.5	−486.1	123.0	91.8
261	Cl$_3$Fe	氯化铁	iron chloride(FeCl$_3$)	c	−399.5	−334.0	142.3	96.7
262	Cl$_3$Ga	氯化镓	gallium chloride(GaCl$_3$)	c	−524.7	−454.8	142.0	
263	Cl$_3$HSi	三氯甲硅烷	trichlorosilane	l	−539.3	−482.5	227.6	
				g	−513.0	−482.0	313.9	75.8
264	Cl$_3$In	氯化铟	idium chloride(InCl$_3$)	c	−537.2			
				g	−374.0			
265	Cl$_3$La	氯化镧	lanthanum chloride(LaCl$_3$)	c	−1071.1			108.8
266	Cl$_3$Nd	氯化钕	neodymium chloride(NdCl$_3$)	c	−1041.0			113.0
267	Cl$_3$OP	磷酰氯	phosphoryl chloride	l	−597.1	−520.8	222.5	138.8
				g	−558.5	−512.9	325.5	84.9

No.	化学式	中文名称	英文名称	状态	$\Delta_f H^\ominus$ /(kJ/mol)	$\Delta_f G^\ominus$ /(kJ/mol)	$S^\ominus$ /[J/(mol·K)]	$C_p^\ominus$ /[J/(mol·K)]
268	Cl₃OV	三氯化氧钒	vanadyl trichloride	l	−734.7	−668.5	244.3	
				g	−695.6	−659.3	344.3	89.9
269	Cl₃P	三氯化磷	phosphorus trichloride	l	−319.7	−272.3	217.1	
				g	−287.0	−267.8	311.8	71.8
270	Cl₃Pr	氯化镨	praseodymium chloride(PrCl₃)	c	−1056.9			100.0
271	Cl₃Re	三氯化铼	rhenium chloride(ReCl₃)	c	−264.0	−188.0	123.8	92.4
272	Cl₃Sb	三氯化锑	antimony trichloride	c	−382.2	−323.7	184.1	107.9
273	Cl₃Ti	三氯化钛	titanium chloride(TiCl₃)	c	−720.9	−653.5	139.7	97.2
274	Cl₃U	三氯化铀	uranium chloride(UCl₃)	c	−866.5	−799.1	159.0	102.5
275	Cl₃V	三氯化钒	vanadium chloride(VCl₃)	c	−580.7	−511.2	131.0	93.2
276	Cl₃Y	氯化钇	yttrium chloride(YCl₃)	c	−1000.0			
				g	−750.2			75.0
277	Cl₄Ge	氯化锗	germanium tetrachloride	l	−531.8	−462.7	245.6	
				g	−495.8	−457.3	347.7	96.1
278	Cl₄Hf	氯化铪	hafnium chloride(HfCl₄)	c	−990.4	−901.3	190.8	120.5
				g	−884.5			
279	Cl₄Pa	氯化镤	protactinium chloride(PaCl₄)	c	−1043.0	−953.0	192.0	
280	Cl₄Pb	氯化高铅	Lead chloride(PbCl₄)	l	−329.3			
281	Cl₄Si	四氯化硅	silicon tetrachloride	l	−687.0	−619.8	239.7	145.3
				g	−657.0	−617.0	330.7	90.3
282	Cl₄Sn	氯化锡	tin chloride(SnCl₄)	l	−511.3	−440.1	258.6	165.3
				g	−471.5	−432.2	365.8	98.3
283	Cl₄Th	氯化钍	thorium chloride(ThCl₄)	c	−1186.2	−1094.5	190.4	120.3
284	Cl₄Ti	四氯化钛	titanium chloride(TiCl₄)	l	−804.2	−737.2	252.3	145.2
				g	−763.2	−726.3	353.2	95.4
285	Cl₄U	四氯化铀	uranium chloride(UCl₄)	c	−1019.2	−930.0	197.1	122.0
				g	−809.6	−786.6	419.0	
286	Cl₄V	四氯化钒	vanadium chloride(VCl₄)	l	−569.4	−503.7	255.0	
				g	−525.5	−492.0	362.4	96.2
287	Cl₄Zr	氯化锆	zirconium chloride(ZrCl₄)	c	−980.5	−889.9	181.6	119.8
288	Cl₅Nb	五氯化铌	niobium chloride(NbCl₅)	c	−797.5	−683.2	210.5	148.1
				g	−703.7	−646.0	400.6	120.0
289	Cl₅P	五氯化磷	phosphorus pentachloride	c	−443.5			
				g	−374.9	−305.0	364.6	112.8
290	Cl₅Pa	五氯化镤	protactinium chloride(PaCl₅)	c	−1145.0	−1034.0	238.0	
291	Cl₆U	六氯化铀	uranium chloride(UCl₆)	c	−1092.0	−962.0	285.8	175.7
				g	−1013.0	−928.0	431.0	
292	Cl₆W	氯化钨	tungsten chloride(WCl₆)	c	−602.5			
				g	−513.8			
293	Co	钴	cobalt	c	0.0		30.0	24.8
				g	424.7	380.3	179.5	23.0
294	CoF₂	氟化钴	cobalt fluoride(CoF₂)	c	−692.0	−647.2	82.0	68.8
295	CoH₂O₂	氢氧化钴	cobalt hydroxide[Co(OH)₂]	c	−539.7	−454.3	79.0	
296	CoO	氧化钴	cobalt oxide(CoO)	c	−237.9	−214.2	53.0	55.2
297	CoO₄S	硫酸钴	cobalt sulfate(CoSO₄)	c	−888.3	−782.3	118.0	
298	Co₃O₄	四氧化三钴	cobalt oxide(Co₃O₄)	c	−891.0	−774.0	102.5	123.4
299	Cr	铬	chromium	c	0.0		23.8	23.4
				g	396.6	351.8	174.5	20.8

续表

No.	化学式	中文名称	英文名称	状态	$\Delta_f H^{\ominus}$ /(kJ/mol)	$\Delta_f G^{\ominus}$ /(kJ/mol)	$S^{\ominus}$ /[J/(mol·K)]	$C_p^{\ominus}$ /[J/(mol·K)]
300	CrF$_3$	三氟化铬	chromium fluoride(CrF$_3$)	c	−1159.0	−1088.0	93.9	78.7
301	Cr$_2$FeO$_4$	四氧铁二铬	chromium iron oxide(FeCr$_2$O$_4$)	c	−1444.7	−1343.8	146.0	133.6
302	Cr$_2$O$_3$	三氧化二铬	chromium oxide(Cr$_2$O$_3$)	c	−1139.7	−1058.1	81.2	118.7
303	Cs	铯	cesium	c	0.0		85.2	32.2
				g	76.5	49.6	175.6	20.8
304	CsF	氟化铯	cesium fluoride	c	−553.5	−525.5	92.8	51.1
305	CsF$_2$H	二氟化氢铯	cesium hydrogen fluoride(CsHF$_2$)	c	−923.8	−858.9	135.2	87.3
306	CsHO	氢氧化铯	cesium hydroxide	c	−416.2	−371.8	104.2	69.9
				g	−256.0	−256.5	254.8	49.7
307	CsI	碘化铯	cesium iodide	c	−346.6	−340.6	123.1	52.8
308	CsNO$_3$	硝酸铯	cesium nitrate	c	−506.0	−406.5	155.2	
309	Cs$_2$CO$_3$	碳酸铯	cesium carbonate	c	−1139.7	−1054.3	204.5	123.9
310	Cs$_2$O	氧化铯	cesium oxide(Cs$_2$O)	c	−345.8	−308.1	146.9	76.0
311	Cs$_2$O$_4$S	硫酸铯	cesium sulfate	c	−1443.0	−1323.6	211.9	134.9
312	Cu	铜	copper	c	0.0		33.2	24.4
				g	337.4	297.7	166.4	20.8
313	CuI	碘化亚铜	copper iodide(CuI)	c	−67.8	−69.5	96.7	54.1
314	CuO	氧化铜	copper oxide(CuO)	c	−157.3	−129.7	42.6	42.3
315	CuO$_4$S	硫酸铜	copper sulfate(CuSO$_4$)	c	−771.4	−662.2	109.2	
316	CuO$_4$W	钨酸铜	copper tungstate(CuWO$_4$)	c	−1105.0			
317	CuS	硫化铜	copper sulfide(CuS)	c	−53.1	−53.6	66.5	47.8
318	Cu$_2$	铜(双原子)	copper(Cu$_2$)	g	484.2	431.9	241.6	36.6
319	Cu$_2$O	氧化亚铜	copper oxide(Cu$_2$O)	c	−168.6	−146.0	93.1	63.6
320	Cu$_2$S	硫化亚铜	copper sulfide(Cu$_2$S)	c	−79.5	−86.2	120.9	76.3
321	Dy	镝	dysprosium	c	0.0		75.6	27.7
				g	290.4	254.4	196.6	20.8
322	Dy$_2$O$_3$	氧化镝	dysprosium oxide(Dy$_2$O$_3$)	c	−1863.1	−1771.5	149.8	116.3
323	Er	铒	erbium	c	0.0		73.2	28.1
				g	317.1	280.7	195.6	20.8
324	Er$_2$O$_3$	三氧化二铒	erbium oxide(Er$_2$O$_3$)	c	−1863.1	−1771.5	149.8	116.3
325	Eu	铕	europium	c	0.0		77.8	27.7
				g	175.3	142.2	188.8	20.8
326	Eu$_2$O$_3$	氧化铕	europium oxide(Eu$_2$O$_3$)	c	−1651.4	−1556.8	146.0	122.2
327	Eu$_3$O$_4$	四氧化三铕	europium oxide(Eu$_3$O$_4$)	c	−2272.0	−2142.0	205.0	
328	F	氟(单原子)	fluorine	g	79.4	62.3	158.8	22.7
329	FGa	一氟化镓	gallium monofluoride(GaF)	g	−251.9			33.3
330	FGe	一氟化锗	germanium monofluoride(GeF)	g	−33.4			34.7
331	FGeH$_3$	(一)氟甲锗烷	fluorogermane	g			252.8	51.6
332	FH	氟化氢	hydrogen fluoride	l	−299.8			
				g	−273.3	−275.4	173.8	
333	FH$_3$Si	一氟甲硅烷	fluorosilane	g			238.4	47.4
334	FH$_4$N	氟化铵	ammonium fluoride	c	−464.0	−348.7	72.0	65.3
335	FI	氟化碘	iodine fluoride	g	−95.7	−118.5	236.2	33.4
336	FK	氟化钾	potassium fluoride	c	−567.3	−537.8	66.6	49.0
337	FLi	氟化锂	lithium fluoride	c	−616.0	−587.7	35.7	41.6
338	FNO	亚硝酰氟	nitrosyl fluoride	g	−66.5	−51.0	248.1	41.3
339	FNO$_2$	硝酰氟	nitryl fluoride	g			260.4	49.8
340	FNS	硫亚硝酰氟	thionitrosyl fluoride(NSF)	g			259.8	44.1

续表

No.	化学式	中文名称	英文名称	状态	$\Delta_f H^\ominus$ /(kJ/mol)	$\Delta_f G^\ominus$ /(kJ/mol)	$S^\ominus$/ [J/(mol·K)]	$C_p^\ominus$/ [J/(mol·K)]
341	FNa	氟化钠	sodium fluoride	c	−576.6	−546.3	51.1	46.9
342	FO	一氟(化)氧	fluorine oxide(FO)	g	109.0	105.0	216.8	30.5
343	FO$_2$	过氧化氟	fluorine superoxide(FOO)	g	25.4	39.4	259.5	44.5
344	FSi	氟次甲基硅	fluorosilylidyne	g	7.1	−24.3	225.8	32.6
345	F$_2$	氟	fluorine(F$_2$)	g	0.0		202.8	31.3
346	F$_2$Fe	氟化亚铁	iron fluoride(FeF$_2$)	c	−711.3	−668.6	87.0	68.1
347	F$_2$HK	氟氢化钾	potassium hydrogen fluoride(KHF$_2$)	c	−927.7	−859.7	104.3	76.9
348	F$_2$HNa	氟氢化钠	sodium hydrogen fluoride(NaHF$_2$)	c	−920.3	−852.2	90.9	75.0
349	F$_2$HRb	氟氢化铷	rubidium fluoride(RbHF$_2$)	c	−922.6	−855.6	120.1	79.4
350	F$_2$Mg	氟化镁	magnesium fluoride	c	−1124.2	−1071.1	57.2	61.6
351	F$_2$N	二氟化氮	difluoroamidogen(NF$_2$)	g	43.1	57.8	249.9	41.0
352	F$_2$Ni	氟化镍	nickel fluoride(NiF$_2$)	c	−651.4	−604.1	73.6	64.1
353	F$_2$O	一氧(化)氟	fluorine monoxide	g	24.5	41.8	247.5	43.3
354	F$_2$OS	亚硫酰氟	thionyl fluoride	g			278.7	56.8
355	F$_2$O$_2$S	磺酰氟	sulfuryl fluoride	g			284.0	66.0
356	F$_2$O$_2$U	氟化铀酰	uranyl fluoride	c	−1653.5	−1557.4	135.6	103.2
357	F$_2$Pb	氟化铅	lead fluoride(PbF$_2$)	c	−664.0	−617.1	110.5	
358	F$_2$Si	二氟亚甲硅	difluorosilylene(SiF$_2$)	g	−619.0	−628.0	252.7	43.9
359	F$_2$Sr	氟化锶	strontium fluoride	c	−1216.3	−1164.8	82.1	70.0
360	F$_2$Zn	氟化锌	zinc fluoride	c	−764.4	−713.3	73.7	65.7
361	F$_3$Ga	氟化镓	gallium fluoride(GaF$_3$)	c	−1163.0	−1085.3	84.0	
362	F$_3$Gd	氟化钆	gadolinium fluoride(GdF$_3$)	c	−1297.0			
363	F$_3$HSi	三氟甲硅烷	trifluorosilane	g			271.9	60.5
364	F$_3$N	三氟化氮	nitrogen trifluoride	g	−132.1	−90.6	260.8	53.4
365	F$_3$OP	磷酰氟,三氟氧化磷	phosphoryl trifluoride	g	−1254.3	−1205.8	285.4	68.8
366	F$_3$P	三氟化磷	phosphorus trifluoride	g	−958.4	−936.9	273.1	58.7
367	F$_3$Sb	三氟化锑	antimony trifluoride	c	−915.5			
368	F$_3$Sc	氟化钪	scandium fluoride(ScF$_3$)	c	−1629.2	−1555.6	92.0	
				g	−1247.0	−1234.0	300.5	67.8
369	F$_3$Th	三氟化钍	thorium fluoride(ThF$_3$)	g	−1166.1	−1160.6	339.2	73.3
370	F$_3$U	三氟化铀	uranium fluoride(UF$_3$)	c	−1502.1	−1433.4	123.4	95.1
				g	−1058.5	−1051.9	331.9	74.3
371	F$_3$Y	氟化钇	yttrium fluoride(YF$_3$)	c	−1718.8	−1644.7	100.0	
				g	−1288.7	−1277.8	311.8	70.3
372	F$_4$Ge	氟化锗	germanium tetrafluoride	g	−1190.2	−1150.0	301.9	
373	F$_4$Hf	四氟化铪	hafnium fluoride(HfF$_4$)	c	−1930.5	−1830.4	113.0	
				g	−1669.8			
374	F$_4$N$_2$	四氟肼	tetrafluorohydrazine	g	−8.4	79.9	301.2	79.2
375	F$_4$Pb	氟化高铅	lead fluoride(PbF$_4$)	c	−941.8			
376	F$_4$S	四氟化硫	sulfur fluoride(SF$_4$)	g	−763.2	−722.0	299.6	77.6
377	F$_4$Si	四氟甲硅烷	letrafluorosilane	g	−1615.0	−1572.8	282.8	73.6
378	F$_4$Th	四氟化钍	thorium fluoride(ThF$_4$)	c	−2091.6	−1997.0	142.1	110.5
379	F$_4$U	四氟化铀	uranium fluoride(UF$_4$)	c	−1914.2	−1823.3	151.7	116.0
				g	−1598.7	−1572.7	368.0	91.2
380	F$_4$Zr	氟化锆	zirconium fluoride(ZrF$_4$)	c	−1911.3	−1809.9	104.6	103.7
381	F$_5$I	五氟化碘	iodine pentafluoride	l	−864.8			
				g	−822.5	−751.7	327.7	99.2
382	F$_5$Nb	五氟化铌	niobium fluoride(NbF$_5$)	c	−1813.8	−1699.0	160.2	134.7

No.	化学式	中文名称	英文名称	状态	$\Delta_f H^{\ominus}$ /(kJ/mol)	$\Delta_f G^{\ominus}$ /(kJ/mol)	$S^{\ominus}$ /[J/(mol·K)]	$C_p^{\ominus}$ /[J/(mol·K)]
				g	−1739.7	−1673.6	321.9	97.1
383	F_5P	五氟化磷	phosphorus pentafluoride	g	−1594.4	−1520.7	300.8	84.8
384	F_5Ta	五氟化钽	tantalum fluoride(TaF_5)	c	−1903.6			
385	F_5V	五氟化钒	vanadium fluoride(VF_5)	l	−1480.3	−1373.1	175.7	
				g	−1433.9	−1369.8	320.9	98.6
386	$F_6H_8N_2Si$	（六）氟硅酸铵	ammonium hexafluorosilicate	c	−2681.7	−2365.3	280.2	228.1
387	F_6Ir	六氟化铱	iridium fluoride(IrF_6)	c	−579.7	−461.6	247.7	
				g	−544.0	−460.0	357.8	121.1
388	F_6K_2Si	氟硅酸钾	potassium hexafluorosilicate	c	−2956.0	−2798.6	226.0	
389	F_6Mo	六氟化钼	molybdenum fluoride(MoF_6)	l	−1585.5	−1473.0	259.7	169.8
					−1557.7	−1472.2	350.5	120.6
390	F_6Na_2Si	（六）氟硅酸钠	sodium hexafluorosilicate	c	−2909.6	−2754.2	207.1	187.1
391	F_6Pt	六氟化铂	platinum fluoride(PtF_6)	c			235.6	
				g			348.3	122.8
392	F_6S	六氟化硫	sulfur fluoride(SF_6)	g	−1220.5	−1116.5	291.5	97.0
393	F_6Se	六氟化硒	selenium fluoride(SeF_6)	g	−1117.0	−1017.0	313.9	110.5
394	F_6U	六氟化铀	uranium fluoride(UF_6)	c	−2197.0	−2068.5	227.6	166.8
				g	−2147.4	−2063.7	377.9	129.6
395	F_6W	六氟化钨	tungsten fluoride(WF_6)	l	−1747.7	−1631.4	251.5	
				g	−1721.7	−1632.1	341.1	119.0
396	Fe	铁	iron	c	0.0		27.3	25.1
				g	416.3	370.7	180.5	25.7
397	$FeCO_3$	碳酸亚铁	iron carbonate($FeCO_3$)	c	−740.6	−666.7	92.9	82.1
398	$FeMoO_4$	钼酸亚铁	iron molybdate($FeMoO_4$)	c	−1075.0	−975.0	129.3	118.5
399	FeO_4S	硫酸亚铁	iron sulfate($FeSO_4$)	c	−928.4	−820.8	107.5	100.6
400	FeO_4W	钨酸亚铁	iron tungstate($FeWO_4$)	c	−1155.0	−1054.0	131.8	114.6
401	FeS	硫化亚铁	iron sulfide(FeS)	c	−100.0	−100.4	60.3	50.5
402	FeS_2	二硫化铁	iron sulfide(FeS_2)	c	−178.2	−166.9	52.9	62.2
403	Fe_2O_3	三氧化二铁	iron oxide(Fe_2O_3)	c	−824.2	−742.2	87.4	103.9
404	Fe_2O_4Si	原硅酸亚铁	iron silicate(Fe_2SiO_4)	c	−1479.9	−1379.0	145.2	132.9
405	Fe_3C	一碳化三铁	iron carbide	c	25.1	20.1	104.6	105.9
406	Fe_3O_4	四氧化三铁	iron oxide(Fe_3O_4)	c	−1118.4	−1015.4	146.4	143.4
407	Ga	镓	gallium	c	0.0		40.8	26.1
				l	5.6			
				g	272.0	233.7	169.0	25.3
408	GaH_3O_3	氢氧化镓	gallium hydroxide[$Ga(OH)_3$]	c	−964.4	−831.3	100.0	
409	GaO	一氧化镓	gallium oxide(GaO)	g	279.5	253.5	231.1	32.1
410	GaSb	锑化镓	gallium antimonide($GaSb$)	c	−41.8	−38.9	76.1	48.5
411	Ga_2O_3	三氧化二镓	gallium oxide(Ga_2O_3)	c	−1089.1	−998.3	85.0	92.1
412	Gd	钆	gadolinium	c	0.0		68.1	37.0
				g	397.5	359.8	194.3	27.5
413	Ge	锗	germanium	c	0.0		31.1	23.3
				g	372.0	331.2	167.9	30.7
414	GeH_4	甲锗烷	germane	g	90.8	113.4	217.1	45.0
415	GeI_4	四碘化锗	germanium tetraiodide	c	−141.8	−144.3	271.1	
				g	−56.9	−106.3	428.9	104.1
416	GeO	一氧化锗（棕色）	germanium oxide(GeO)(brown)	c	−261.9	−237.2	50.0	
				g	−46.2	−73.2	224.3	30.9

No.	化学式	中文名称	英文名称	状态	$\Delta_f H^\ominus$ /(kJ/mol)	$\Delta_f G^\ominus$ /(kJ/mol)	$S^\ominus$ / [J/(mol·K)]	$C_p^\ominus$ / [J/(mol·K)]
417	GeO$_2$	二氧化锗（四方形）	germanium dioxide(tetragonal)	c	−580.0	−521.4	39.7	52.1
418	GeP	一磷化锗	germanium phosphide(GeP)	c	−21.0	−17.0	63.0	
419	GeS	一硫化锗	germanium sulfide(GeS)	c	−69.0	−71.5	71.0	
				g	92.0	42.0	234.0	33.7
420	Ge$_2$	锗（双原子）	germanium(Ge$_2$)	g	473.1	416.3	252.8	35.6
421	Ge$_2$H$_6$	乙锗烷	digermane	l	137.3			
				g	162.3			
422	Ge$_3$H$_8$	丙锗烷	trigermane	l	193.7			
				g	226.8			
423	H	氢（原子）	hydrogen	g	218.0	203.3	114.7	20.8
424	HI	碘化氢	hydrogen iodide	g	26.5	1.7	206.6	29.2
425	HKO	氢氧化钾	potassium hydroxide	c	−424.6	−379.4	1.2	68.9
				g	−232.0	−229.7	238.3	49.2
426	HKO$_4$S	硫酸氢钾	potassium hydrogen sulfate	c	−1160.6	−1031.3	138.1	
427	HLi	氢化锂	lithium hydride	c	−90.5	−68.3	20.0	27.9
428	HLiO	氢氧化锂	lithium hydroxide	c	−487.5	−441.5	42.8	49.6
				g	−229.0	−234.2	214.4	46.0
429	HN	亚氨基	imidogen(:NH)	g	351.5	345.6	181.2	29.2
430	HNO$_2$	亚硝酸	nitrous acid(HONO)	g	−79.5	−46.0	254.1	45.6
431	HNO$_3$	硝酸	nitric acid	l	−174.1	−80.7	155.6	109.9
				g	−133.9	−73.5	266.9	54.1
432	HN$_3$	叠氮酸	hydrazoic acid	l	264.0	327.3	140.6	
				g	294.1	328.1	239.0	43.7
433	HNa	氢化钠	sodium hydride	c	−56.3	−33.5	40.0	36.4
434	HNaO	氢氧化钠	sodium hydroxide	c	−425.8	−379.7	64.4	59.5
				g	−191.0	−139.9	229.0	48.0
435	HNaO$_4$S	硫酸氢钠	sodium hydrogen sulfate	c	−1125.5	−992.8	113.0	
436	HNa$_2$O$_4$P	磷酸氢二钠	disodium hydrogen phosphate	c	−1748.1	−1608.2	150.5	135.3
437	HO	羟基	hydroxyl(OH)	g	39.0	34.2	183.7	29.9
438	HOR$_6$	氢氧化铷	rubidium hydroxide(R$_6$OH)	c	−418.8	−373.9	94.0	69.0
				g	−238.0	−239.1	−248.5	49.5
439	HOTl	氢氧化亚铊	thallium hydroxide(TlOH)	c	−238.9	−195.8	88.0	
440	HO$_2$	过氧基	hydroperoxy(HOO)	g	10.5	22.6	229.0	34.9
441	HO$_4$Re	高铼酸	perrhenic acid	c	−762.3	−656.4	158.2	
442	HS	巯基，氢硫基	mercapto(SH)	g	142.7	113.3	195.7	32.3
443	HTa$_2$	一氢化二钽	tantalum hydride(Ta$_2$H)	c	−32.6	−69.0	79.1	90.8
444	H$_2$	氢	hydrogen(H$_2$)	g	0.0		130.7	28.8
445	H$_2$KO$_4$P	磷酸二氢钾	potassium dihydrogen phosphate	c	−1568.3	−1415.9	134.9	116.6
446	H$_2$Mg	氢化镁	magnesium hydride	c	−75.3	−35.9	31.1	35.4
447	H$_2$MgO$_2$	氢氧化镁	magnesium hydroxide	c	−924.5	−833.5	63.2	77.0
448	H$_2$N	氨基	amidogen(NH$_2$)	g	184.9	194.6	195.0	33.9
449	H$_2$NNa	氨基（化）钠	sodium amide	c	−123.8	−64.0	76.9	66.2
450	H$_2$NiO$_2$	氢氧化镍	nickel hydroxide(Ni(OH)$_2$)	c	−529.7	−447.2	88.0	
451	H$_2$O	水	water	l	−285.8	−237.1	70.0	75.3
				g	−241.8	−228.6	188.8	33.6
452	H$_2$O$_2$	过氧化氢	hydrogen peroxide	l	−187.8	−120.4	109.6	89.1
				g	−136.3	−105.6	232.7	43.1
453	H$_2$O$_2$Sn	氢氧化亚锡	tin hydroxide(Sn(OH)$_2$)	c	−561.1	−491.6	155.0	

续表

No.	化学式	中文名称	英文名称	状态	$\Delta_f H^{\ominus}$ /(kJ/mol)	$\Delta_f G^{\ominus}$ /(kJ/mol)	$S^{\ominus}$/ [J/(mol·K)]	$C_p^{\ominus}$/ [J/(mol·K)]
454	H_2O_2Zn	氢氧化锌	zinc hydroxide	c	−641.9	−553.5	81.2	
455	H_2O_3Si	硅酸	metasilicic acid(H_2SiO_3)	c	−1188.7	−1092.4	134.0	
456	H_2O_4S	硫酸	sulfuric acid	l	−814.0	−690.0	156.9	138.9
457	H_2S	硫化氢	hydrogen sulfide	g	−20.6	−33.4	205.8	34.2
458	H_2S_2	二硫化二氢	hydrogen disulfide(H_2S_2)	l	−18.1			84.1
				g	15.5			51.5
459	H_2Se	硒化氢	hydrogen selenide	g	29.7	15.9	219.0	34.7
460	H_2Th	二氢化钍	thorium hydride(ThH_2)	c	−139.7	−100.0	50.7	36.7
461	H_2Zr	二氢化锆	zirconium hydride(ZrH_2)	c	−169.0	−128.8	35.0	31.0
462	H_3N	氨	Ammonia	g	−45.9	−16.4	192.8	35.1
463	H_3O_2P	次磷酸	hypophosphorous acid(H_3PO_2)	c	−604.6			
				l	−595.4			
464	H_3O_4P	磷酸	phosphoric acid	c	−1284.4	−1124.3	110.5	106.1
				l	−1271.7	−1123.6	150.8	145.0
465	H_3P	磷化氢；膦	phosphine	g	5.4	13.5	210.2	37.1
466	H_3Sb	锑化氢；䏲	stibine	g	145.1	147.8	232.8	41.1
467	H_3U	三氢化铀	uranium hydride(UH_3)	c	−127.2	−72.8	63.7	49.3
468	H_4IN	碘化铵	ammonium iodide	c	−201.4	−112.5	117.0	
469	H_4N_2	肼；联氨	hydrazine	l	50.6	149.3	121.2	98.9
				g	95.4	159.4	238.5	48.4
470	$H_4N_2O_3$	硝酸铵	ammonium nitrate	c	−365.6	−183.9	151.1	139.3
471	H_4N_4	叠氮化铵	ammonium azide	c	115.5	274.2	112.5	
472	H_4O_4Si	原硅酸	silicic acid(H_4SiO_4)	c	−1481.1	−1332.9	192.0	
473	$H_4O_7P_2$	焦磷酸	diphosphoric acid($H_4P_2O_7$)	c	−2241.0			
				l	−2231.7			
474	H_4P_2	四氢化二磷	diphosphine(P_2H_4)	l	−5.0			
				g	20.9			
475	H_4Si	甲硅烷	silane	g	34.3	56.9	204.6	42.8
476	H_4Sn	甲锡烷	stannane	g	162.8	188.3	227.7	49.0
477	H_5NO	氢氧化铵	ammonium hydroxide	l	−361.2	−254.0	165.6	154.9
478	H_5NO_3S	亚硫酸氢铵	ammonium hydrogen sulfite	c	−768.6			
479	H_5NO_4S	硫酸氢铵	ammonium hydrogen sulfate	c	−1027.0			
480	H_6Si_2	乙硅烷	disilane	g	80.3	127.3	272.7	80.8
481	$H_8N_2O_4S$	硫酸铵	ammonium sulfate	c	−1180.9	−901.7	220.1	187.5
482	H_8Si_3	丙硅烷	trisilane	l	92.5			
				g	120.9			
483	$H_9N_2O_4P$	磷酸氢二铵	diammonium hydrogen phosphate	c	−1566.9			188.0
484	$H_{12}N_3O_4P$	磷酸铵	ammonium phosphate	c	−1671.9			
485	He	氦	helium	g	0.0		126.2	20.8
486	Hf	铪	hafnium	c	0.0		43.6	25.7
				g	619.2	576.5	186.9	20.8
487	HfO_2	氧化铪	hafnium oxide(HfO_2)	c	−1144.7	−1088.2	59.3	60.3
488	Hg	汞	mercury	l	0.0		75.9	28.0
				g	61.4	31.8	175.0	20.8
489	HgI_2	碘化汞(红)	mercury iodide(HgI_2)(red)	c	−105.4	−101.7	180.0	
490	HgO	氧化汞(红)	mercury oxide(HgO)(red)	c	−90.8	−58.5	70.3	44.1
491	HgO_4S	硫酸汞	mercury sulfate($HgSO_4$)	c	−707.5			
492	HgS	硫化汞	mercury sulfide(HgS)	c	−58.2	−50.6	82.4	48.4

No.	化学式	中文名称	英文名称	状态	$\Delta_f H^{\ominus}$ /(kJ/mol)	$\Delta_f G^{\ominus}$ /(kJ/mol)	$S^{\ominus}$ /[J/(mol·K)]	$C_p^{\ominus}$ /[J/(mol·K)]
493	Hg₂	汞(双原子)	mercury(Hg₂)	g	108.8	68.2	288.1	37.4
494	Hg₂CO₃	碳酸汞	mercury carbonate	c	−553.5	−468.1	180.0	
495	Hg₂I₂	碘化亚汞	mercury iodide(Hg₂I₂)	c	−121.3	−111.0	233.5	
496	Hg₂O₄S	硫酸亚汞	mercury sulfate(Hg₂SO₄)	c	−743.1	−625.8	200.7	132.0
497	Ho	钬	holmium	c	0.0		75.3	27.2
				g	300.8	264.8	195.6	20.8
498	Ho₂O₃	三氧化二钬	holmium oxide(Ho₂O₃)	c	−1880.7	−1791.1	158.2	115.0
499	I	碘(单原子)	iodine(atomic)	g	106.8	70.2	180.8	20.8
500	IIn	一碘化铟	indium monoiodide(InI)	c	−116.3	−120.5	130.0	
				g	7.5	−37.7	267.3	36.8
501	IK	碘化钾	potassium iodide	c	−327.9	−324.9	106.3	52.9
502	IKO₃	碘酸钾	potassium iodate	c	−501.4	−418.4	151.5	106.5
503	IKO₄	高碘酸钾	potassium periodate	c	−467.2	−361.4	175.7	
504	ILi	碘化锂	lithium iodide	c	−270.4	−270.3	86.8	51.0
505	INa	碘化钠	sodium iodide	c	−287.8	−286.1	98.5	52.1
506	INaO₄	高碘酸钠	sodium periodate	c	−429.3	−323.0	163.0	
507	IO	一氧化碘	iodine monoxide(IO)	g	126.0	102.5	239.6	32.9
508	IRb	碘化铷	rubidium iodide	c	−333.8	−328.9	118.4	53.2
509	ITl	碘化铊	thallium iodide(TlI)	c	−123.8	−125.4	127.6	
				g	7.1			
510	I₂	碘(正交的)	iodine(I₂)(rhombic)	c	0.0		116.1	54.4
				g	62.4	19.3	260.7	36.9
511	I₂Mg	碘化镁	magnesium iodide	c	364.0	358.2	129.7	
512	I₂Pb	碘化铅	lead iodide(PbI₂)	c	−175.5	−173.6	174.9	77.4
513	I₂Zn	碘化锌	zinc iodide	c	−208.0	−209.0	161.1	
514	I₃In	三碘化铟	indium iodide(InI₃)	c	−238.0			
				g	−120.5			
515	I₃P	三碘化磷	phosphorus triiodide	c	−45.6			
				g			374.4	78.4
516	I₄Sn	四碘化锡	tin iodide(SnI₄)	c				84.9
				g			446.1	105.4
517	I₄Ti	四碘化钛	titanium iodide(TiI₄)	c	−375.7	−371.5	249.4	125.7
				g	−277.8			
518	In	铟	indium	c	0.0		57.8	26.7
				g	243.3	208.7	173.8	20.8
519	InO	一氧化铟	indium monoxide(InO)	g	387.0	364.4	236.5	32.6
520	InP	一磷化铟	indium phosphide(InP)	c	−88.7	−77.0	59.8	45.4
521	InS	一硫化铟	indium sulfide(InS)	c	−138.1	−131.8	67.0	
				g	238.0			
522	InSb	锑化铟	indium antimonide(InSb)	c	−30.5	−25.5	86.2	49.5
				g	344.3			
523	In₂O₃	三氧化二铟	indium oxide(In₂O₃)	c	−925.8	−830.7	104.2	92.0
524	In₂S₃	三硫化二铟	indium sulfide(In₂S₃)	c	−427.0	−412.5	163.6	118.0
525	Ir	铱	iridium	c	0.0		35.5	25.1
				g	665.3	617.9	193.6	20.8
526	IrO₂	二氧化铱	iridium oxide	c	−274.1			57.3
527	K	钾	potassium	c	0.0		64.7	29.6
				g	89.0	60.5	160.3	20.8

续表

No.	化学式	中文名称	英文名称	状态	$\Delta_f H^{\ominus}$ /(kJ/mol)	$\Delta_f G^{\ominus}$ /(kJ/mol)	$S^{\ominus}$ /[J/(mol·K)]	$C_p^{\ominus}$ /[J/(mol·K)]
528	$KHCO_3$	碳酸氢钾	potassium hydrogen carbonate	c	−963.2	−863.5	115.5	
529	K_2CO_3	碳酸钾	potassium carbonate	c	−1151.0	−1063.5	155.5	114.4
530	$KMnO_4$	高锰酸钾	potassium permanganate	c	−837.2	−737.6	171.7	117.6
531	KNO_2	亚硝酸钾	potassium nitrite	c	−369.8	−306.6	152.1	107.4
532	KNO_3	硝酸钾	potassium nitrate	c	−494.6	−394.9	133.1	96.4
533	KO_2	二氧化钾	potassium superoxide(KO_2)	c	−284.9	−239.4	116.7	77.5
534	K_2	钾（双原子）	dipotassium(K_2)	g	123.7	87.5	249.7	37.9
535	K_2O_2	过氧化钾	potassium peroxide(K_2O_2)	c	−494.1	−425.1	102.1	
536	K_2O_4S	硫酸钾	potassium sulfale	c	−1437.8	−1321.4	175.6	131.5
537	K_2S	硫化钾	potassium sulfide(K_2S)	c	−380.7	−364.0	105.0	
538	Kr	氪	krypton	g	0.0		164.1	20.8
539	La	镧	lanthanum	c	0.0		56.9	27.1
				g	431.0	393.6	182.4	22.8
540	LaS	一硫化镧	lanthanum sulfide(LaS)	c	−456.0	−451.5	73.2	59.0
541	La_2O_3	三氧化二镧	lanthanum oxide(La_2O_3)	c	−1793.7	−1705.8	127.3	108.8
542	Li	锂	lithium	c	0.0		29.1	24.8
				g	159.3	126.6	138.8	20.8
543	$LiNO_2$	亚硝酸锂	lithium nitrite	c	−372.4	−302.0	96.0	
544	$LiNO_3$	硝酸锂	lithium nitrate	c	−483.1	−381.1	90.0	
545	Li_2	锂（双原子）	dilithium(Li_2)	g	215.9	174.4	197.0	36.1
546	Li_2CO_3	碳酸锂	lithium carbonate	c	−1215.9	−1132.1	90.4	99.1
547	Li_2O	氧化锂	lithium oxide(Li_2O)	c	−597.9	−561.2	37.6	54.1
548	Li_2O_3Si	硅酸锂	lithium metasilicate	c	−1648.1	−1557.2	79.8	99.1
549	Li_2O_4S	硫酸锂	lithium sulfate	c	−1436.5	−1321.7	115.1	117.6
550	Lu	镥	lutetium	c	0.0		51.0	26.9
				g	427.6	387.8	184.8	20.9
551	Lu_2O_3	氧化镥	lutetium oxide(Lu_2O_3)	c	−1878.2	−1789.0	110.0	101.8
552	Mg	镁	magnesium	c	0.0		32.7	24.9
				g	147.1	112.5	148.6	20.8
553	$MgCO_3$	碳酸镁	magnesium carbonate	c	−1095.8	−1012.1	65.7	75.5
554	MgN_2O_6	硝酸镁	magnesium nitrate	c	−790.7	−589.4	164.0	141.9
555	MgO	氧化镁	magnesium oxide	c	−601.6	−569.3	27.0	37.2
556	MgO_4S	硫酸镁	magnesium sulfate	c	−1284.9	−1170.6	91.6	96.5
557	MgS	硫化镁	magnesium sulfide	c	−346.0	−341.8	50.3	45.6
558	Mg_2O_4Si	原硅酸镁	magnesium orthosilicate	c	−2174.0	−2055.1	95.1	118.5
559	Mn	锰	manganese	c	0.0		32.0	26.3
				g	280.7	238.5	173.7	20.8
560	$MnCO_3$	碳酸锰	manganese carbonate	c	−894.1	−816.7	85.8	81.5
561	MnO	氧化锰	manganese oxide(MnO)	c	−385.2	−362.9	59.7	45.4
562	MnO_2	二氧化锰	manganese oxide(MnO_2)	c	−520.0	−465.1	53.1	54.1
563	MnO_3Si	硅酸锰	manganese metasilicate($MnSiO_3$)	c	−1320.9	−1240.5	89.1	86.4
564	MnS	硫化锰（α-型）	manganese sulfide(2-form)(MnS)	c	−214.2	−218.4	78.2	50.0
565	MnSe	硒化锰	manganese selenide(MnSe)	c	−106.7	−111.7	90.8	51.0
566	Mn_2O_3	三氧化二锰	manganese oxide(Mn_2O_3)	c	−959.0	−881.1	110.5	107.7
567	Mn_2O_4Si	原硅酸锰	manganese orthosilicate(Mn_2SiO_4)	c	−1730.5	−1632.1	163.2	129.9
568	Mn_3O_4	四氧化三锰	manganese oxide(Mn_3O_4)	c	−1387.8	−1283.2	155.6	139.7
569	Mo	钼	molybdenum	c	0.0		28.7	24.1
				g	658.1	612.5	182.0	20.8

续表

No.	化学式	中文名称	英文名称	状态	$\Delta_f H^\ominus$ /(kJ/mol)	$\Delta_f G^\ominus$ /(kJ/mol)	$S^\ominus$ /[J/(mol·K)]	$C_p^\ominus$ /[J/(mol·K)]
570	MoNa$_2$O$_4$	钼酸钠	sodium molybdate	c	−1468.1	−1354.3	159.7	141.7
571	MoO$_2$	二氧化钼	molybdenum oxide(MoO$_2$)	c	−588.9	−533.0	46.3	56.0
572	MoO$_3$	三氧化钼	molybdenum oxide(MoO$_3$)	c	−745.1	−668.0	77.7	75.0
573	MoO$_4$Pb	钼酸铅	lead molybdate(PbMO$_4$)	c	−1051.9	−951.4	166.1	119.7
574	MoS$_2$	二硫化钼	molybdenum sulfide(MoS$_2$)	c	−235.1	−225.9	62.6	63.6
575	N	氮(单原子)	nitrogen	g	472.7	455.5	153.3	20.8
576	NNaO$_3$	硝酸钠	sodium nitrate	c	−467.9	−367.0	116.5	92.9
577	NNaO$_2$	亚硝酸钠	sodium nitrite	c	−358.7	−284.6	103.8	
578	NO	(一)氧化一氮	nitric oxide	g	91.3	87.6	210.8	29.9
579	NO$_2$	二氧化氮	nitrogen dioxide	g	33.2	51.3	240.1	37.2
580	NO$_2$Rb	亚硝酸铷	rubidium nitrite	c	−367.4	−306.2	172.0	
581	NO$_3$Rb	硝酸铷	rubidium nitrate	c	−495.1	−395.8	147.3	102.1
582	NO$_3$Tl	硝酸铊	thallium nitrate	c	−243.9	−152.4	160.7	99.5
583	NP	一氮化磷	phosphorus nitride(PN)	c	−63.0			
				g	171.5	149.4	211.1	29.7
584	N$_2$	氮	nitrogen(N$_2$)	g	0.0		191.6	29.1
585	N$_2$O	一氧化二氮	nitrous oxide	g	81.6	103.7	220.0	38.6
586	N$_2$O$_3$	三氧化二氮	nitrogen trioxide	l	50.3			
				g	86.6	142.4	314.7	72.7
587	N$_2$O$_4$	四氧化二氮	nitrogen tetroxide	l	−19.5	97.5	209.2	142.7
				g	11.1	99.8	304.4	79.2
588	N$_2$O$_5$	五氧化二氮(磷酸酐)	nitrogen pentoxide	c	−43.1	113.9	178.2	143.1
				g	13.3	117.1	355.7	95.3
589	N$_2$O$_6$Pb	硝酸铅	lead nitrate[Pb(NO$_3$)$_2$]	c	−451.9			
590	N$_2$O$_6$Ra	硝酸镭	radium nitrate	c	−992.0	−796.1	222.0	
591	N$_2$O$_6$Sr	硝酸锶	strontium nitrate	c	−978.2	−780.0	194.6	149.9
592	N$_3$Na	叠氮化钠	sodium azide	c	21.7	93.8	96.9	76.6
593	N$_4$Si$_3$	四氮化三硅	silicon nitride(Si$_3$N$_4$)	c	−743.5	−642.6	101.3	
594	Na	钠	sodium	c	0.0		51.3	28.2
				g	107.5	77.0	153.7	20.8
595	NaHCO$_3$	碳酸氢钠	sodium hydrogen carbonate	c	−950.8	−851.0	101.7	87.6
596	NaO$_2$	(超)二氧化钠	sodium superoxide(NaO$_2$)	c	−260.2	−218.4	115.9	72.1
597	Na$_2$	钠(双原子)	disodium(Na$_2$)	g	142.1	103.9	230.2	37.6
598	Na$_2$CO$_3$	碳酸钠	sodium carbonate	c	−1130.7	−1044.4	135.0	112.3
599	Na$_2$O	氧化钠	sodium oxide(Na$_2$O)	c	−414.2	−375.5	75.1	69.1
600	Na$_2$O$_2$	过氧化钠	sodium peroxide(Na$_2$O$_2$)	c	−510.9	−447.7	95.0	89.2
601	Na$_2$O$_3$S	亚硫酸钠	sodium sulfite	c	−1100.8	−1012.5	145.9	120.3
602	Na$_2$O$_3$Si	硅酸钠	sodium metasilicate	c	−1554.9	−1462.8	113.9	
603	Na$_2$O$_4$S	硫酸钠	sodium sulfate	c	−1387.1	−1270.2	149.6	128.2
604	Na$_2$S	硫化钠	sodium sulfide(Na$_2$S)	c	−364.8	−349.8	83.7	
605	Nb	铌	niobium	c	0.0		36.4	24.6
				g	725.9	681.1	186.3	30.2
606	NbO	一氧化铌	niobium oxide(NbO)	c	−405.8	−378.6	48.1	41.3
607	NbO$_2$	二氧化铌	niobium oxide(NbO$_2$)	c	−796.2	−740.5	54.5	57.5
608	Nb$_2$O$_5$	五氧化二铌;铌酐	niobium oxide(Nb$_2$O$_5$)	c	−1899.5	−1766.0	137.2	132.1
609	Nd	钕	neodymium	c	0.0		71.5	27.5
				g	327.6	292.4	189.4	22.1
610	Nd$_2$O$_3$	氧化钕	neodymium oxide	c	−1807.9	−1720.8	158.6	111.3

续表

No.	化学式	中文名称	英文名称	状态	$\Delta_f H^\ominus$ /(kJ/mol)	$\Delta_f G^\ominus$ /(kJ/mol)	$S^\ominus$/ [J/(mol·K)]	$C_p^\ominus$/ [J/(mol·K)]
611	Ne	氖	neon	g	0.0		146.3	20.8
612	Ni	镍	nickel	c	0.0		29.9	26.1
				g	429.7	384.5	182.2	23.4
613	NiO$_4$S	硫酸镍	nickel sulfate(NiSO$_4$)	c	−872.9	−759.7	92.0	138.0
614	NiS	硫化镍	nickel sulfide(NiS)	c	−82.0	−79.5	53.0	47.1
615	O	氧(单原子)	oxygen	g	249.2	231.7	161.1	21.9
616	OP	一氧化磷	phosphorus monoxide(PO)	g	−28.5	−51.9	222.8	31.8
617	OPb	氧化铅(黄)	lead oxide(PbO)(yellow)	c	−217.3	−187.9	68.7	45.8
		氧化铅(红)	lead oxide(PbO)(red)	c	−219.0	−188.9	66.5	45.8
618	OPd	一氧化钯	palladium oxide(PdO)	c	−85.4			31.4
				g	348.9	325.9	218.0	
619	OS	亚硫酰(一氧化硫)	sulfur monoxide(SO)	g	6.3	−19.9	222.0	30.2
620	OSe	亚硒酰	selenium oxide(SeO)	g	53.4	26.8	234.0	31.3
621	OSi	一氧化硅;硅酰	silicon oxide(SiO)	g	−99.6	−126.4	211.6	29.9
622	OSn	一氧化锡(四方形)	tin oxide(SnO)(tetragonal)	c	−280.7	−251.9	57.2	44.3
				g	15.1	−8.4	232.1	31.6
623	OSr	氧化锶	strontium oxide	c	−592.0	−561.9	54.4	45.0
624	OTi	一氧化钛	titanium oxide(TiO)	c	−519.7	−495.0	50.0	40.0
625	OTl$_2$	氧化亚铊	thallium oxide(Tl$_2$O)	c	−178.7	−147.3	126.0	
626	OV	一氧化钒	vanadium oxide(VO)	c	−431.8	−404.2	38.9	45.4
627	OZn	一氧化锌	zinc oxide(ZnO)	c	−350.5	−320.5	43.7	40.3
628	O$_2$	氧	oxygen(O$_2$)	g	0.0		205.2	29.4
629	O$_2$P	二氧化磷	phosphorous dioxide(PO$_2$)	g	−279.9	−281.6	252.1	39.5
630	O$_2$Pb	过氧化铅(二氧化铅)	lead oxide(PbO$_2$)	c	−277.4	−217.3	68.6	64.6
631	O$_2$S	二氧化硫	sulfur dioxide	l	−320.5			
				g	−296.8	−300.1	248.2	39.9
632	O$_2$Si	二氧化硅(α-石英)	silicon dioxide(α-quartz)	c	−910.7	−856.3	41.5	44.4
				g	−322.0			
633	O$_2$Sn	二氧化锡	tin oxide(SnO$_2$)	c	−577.6	−515.8	49.0	52.6
634	O$_2$Te	二氧化碲	tellurium dioxide	c	−322.6	−270.3	79.5	
635	O$_2$Th	氧化钍	thorium oxide(ThO$_2$)	c	−1226.4	−1169.2	65.2	61.8
636	O$_2$Ti	二氧化钛(金红石)	titanium oxide(TiO$_2$)(rutile)	c	−944.0	−888.8	50.6	55.0
637	O$_2$U	二氧化铀	uranium oxide(UO$_2$)	c	−1085.0	−1031.8	77.0	63.6
				g	−465.7	−471.5	274.6	51.4
638	O$_2$W	二氧化钨	tungsten oxide(WO$_2$)	c	−589.7	−533.9	50.5	56.1
639	O$_2$Zr	二氧化锆	zirconium oxide(ZrO$_2$)	c	−1100.6	−1042.8	50.4	56.2
640	O$_3$	臭氧	ozone	g	142.7	163.2	238.9	39.2
641	O$_3$PbSi	硅酸铅	lead metasilicate(PbSiO$_3$)	c	−1145.7	−1062.1	109.6	90.0
642	O$_3$S	三氧化硫	sulfur trioxide	c	−454.5	−374.2	70.7	
				l	−441.0	−373.8	113.8	
				g	−395.7	−371.1	256.8	50.7
643	O$_3$Sc$_2$	氧化钪	scandium oxide(Sc$_2$O$_3$)	c	−1908.8	−1819.4	77.0	94.2
644	O$_3$SiSr	硅酸锶	strontium metasilicate	c	−1633.9	−1549.7	96.7	88.5
645	O$_3$Sm$_2$	三氧化二钐	samarium oxide(Sm$_2$O$_3$)	c	−1823.0	−1734.6	151.0	114.5
646	O$_3$Ti$_2$	三氧化二钛	titanium oxide(Ti$_2$O$_3$)	c	−1520.9	−1434.2	78.8	97.4
647	O$_3$Tm$_2$	氧化铥	thullium oxide(Tm$_2$O$_3$)	c	−1888.7	−1794.5	139.7	116.7
648	O$_3$U	三氧化铀	uranium oxide(UO$_3$)	c	−1223.8	−1145.7	96.1	81.7
649	O$_3$V$_2$	三氧化二钒	vanadium oxide(V$_2$O$_3$)	c	−1218.8	−1139.3	98.3	103.2

续表

No.	化学式	中文名称	英文名称	状态	$\Delta_f H^{\ominus}$ /(kJ/mol)	$\Delta_f G^{\ominus}$ /(kJ/mol)	$S^{\ominus}$ /[J/(mol·K)]	$C_p^{\ominus}$ /[J/(mol·K)]
650	O_3W	三氧化钨	tungsten oxide(WO_3)	c	−842.9	−764.0	75.9	73.8
651	O_3Y_2	三氧化二钇	yttrium oxide(Y_2O_3)	c	−1905.3	−1816.6	99.1	102.5
652	O_3Yb_2	氧化镱	ytterbium oxide(Yb_2O_3)	c	−1814.6	−1726.7	133.1	115.4
653	O_4Os	四氧化锇	osmium oxide(OsO_4)	c	−394.1	−304.9	143.9	
				g	−337.2	−292.8	293.8	74.1
654	O_4PbS	硫酸铅	lead sulfate($PbSO_4$)	c	−920.0	−813.0	148.5	103.2
655	O_4PbSe	硒酸铅	lead selenate($PbSeO_4$)	c	−609.2	−504.9	167.8	
656	O_4Pb_2Si	原硅酸铅	lead orthosilicate(Pb_2SiO_4)	c	−1363.1	−1252.6	186.6	137.2
657	O_4Pb_3	四氧化三铅	lead oxide(Pb_3O_4)	c	−718.4	−601.2	211.3	146.9
658	O_4RaS	硫酸镭	radium sulfate	c	−1471.1	−1365.6	138.0	
659	O_4Rb_2S	硫酸铷	rubidium sulfate	c	−1435.6	−1316.9	197.4	134.1
660	O_4Ru	氧化钌	ruthenium oxide(RuO_4)	c	−239.3	−152.2	146.4	
661	O_4SSr	硫酸锶	strontium sulfate	c	−1453.1	−1340.9	117.0	
662	O_4STl_2	硫酸铊	thallium sulfate(Tl_2SO_4)	c	−931.8	−830.4	230.5	
663	O_4SZn	硫酸锌	zinc sulfate	c	−982.8	−871.5	110.5	99.2
664	O_4SiSr_2	原硅酸锶	strontium orthosilicate	c	−2304.5	−2191.1	153.1	134.3
665	O_4SiZn_2	原硅酸锌	zinc orthosilicate	c	−1636.7	−1523.2	131.4	123.3
666	O_4SiZr	原硅酸锆	zirconium orthosilicate($ZrSiO_4$)	c	−2033.4	−1919.1	84.1	98.7
667	O_5Ta_2	五氧化二钽	tantalum oxide(Ta_2O_5)	c	−2046.0	−1911.2	143.1	135.1
668	O_5Ti_3	五氧化三钛	titanium oxide(Ti_3O_5)	c	−2459.4	−2317.4	129.3	154.8
669	O_5V_2	五氧化二钒	vanadium oxide(V_2O_5)	c	−1550.6	−1419.5	131.0	127.7
670	O_5V_3	五氧化三钒	vanadium oxide(V_3O_5)	c	−1933.0	−1803.0	163.0	
671	O_7Re_2	七氧化二铼	rhenium oxide(Re_2O_7)	c	−1240.1	−1066.0	207.1	166.1
				g	−1100.0	−994.0	452.0	
672	O_7U_3	七氧化三铀	uranium oxide(U_3O_7)	c	−3427.1	−3242.9	250.5	215.5
673	O_8U_3	八氧化三铀（正交）	triuranium octaoxide(U_3O_8)	c	−3574.8	−3369.5	282.6	238.4
674	O_9U_4	九氧化四铀	tetruranium nonaoxide(U_4O_9)	c	−4510.4	−4275.1	334.1	293.3
675	Os	锇	osmium	c	0.0		32.6	24.7
				g	791.0	745.0	192.6	20.8
676	P	磷（白）	phosphorus(white)	c	0.0		41.1	23.8
				g(白)	316.5	280.1	163.2	20.8
		磷（红）	phosphorus(red)	c	−17.6		22.8	21.2
		磷（黑）	phosphorus(black)	c	−39.3			
677	P_2	磷（双原子）	diphosphorus(P_2)	g	144.0	103.5	218.1	32.1
678	P_4	磷（四原子）	tetraphosphorus(P_4)	g	58.9	24.4	280.0	67.2
679	Pa	镤	protactinium	c	0.0		51.9	
				g	607.0	563.0	198.1	22.9
680	Pb	铅	lead	c	0.0		64.8	26.4
				g	195.2	162.2	175.4	20.8
681	$PbCO_3$	碳酸铅	lead carbonate	c	−699.1	−625.5	131.0	87.4
682	PbS	硫化铅	lead sulfide(PbS)	c	−100.4	−98.7	91.2	49.5
683	PbSe	硒化铅	lead selenide(PbSe)	c	−102.9	−101.7	102.5	50.2
684	PbTe	碲化铅	lead telluride(PbTe)	c	−70.7	−69.5	110.0	50.5
685	Pd	钯	palladium	c	0.0		37.6	26.0
				g	378.2	339.7	167.1	20.8

续表

No.	化学式	中文名称	英文名称	状态	$\Delta_f H^{\ominus}$ /(kJ/mol)	$\Delta_f G^{\ominus}$ /(kJ/mol)	$S^{\ominus}$/ [J/(mol·K)]	$C_p^{\ominus}$/ [J/(mol·K)]
686	PdS	一硫化钯	palladium sulfide(PdS)	c	−75.0	−67.0	46.0	
687	Pr	镨	praseodymium	c	0.0		73.2	27.2
				g	355.6	320.9	189.8	21.4
688	Pt	铂	platinum	c	0.0		41.6	25.9
				g	565.3	520.5	192.4	25.5
689	PtS	一硫化铂	platinum sulfide(PtS)	c	−81.6	−76.1	55.1	43.4
690	PtS$_2$	二硫化铂	platinum sulfide(PtS$_2$)	c	−108.8	−99.6	74.7	65.9
691	Ra	镭	Radium	c	0.0		71.0	
				g	159.0	130.0	176.5	20.8
692	Rb	铷	rubidium	c	0.0		76.8	31.1
				g	80.9	53.1	170.1	20.8
693	Rb$_2$CO$_3$	碳酸铷	rubidium carbonate	c	−1136.0	−1051.0	181.3	117.6
694	Re	铼	rhenium	c	0.0		36.9	25.5
				g	769.9	724.6	188.9	20.8
695	Rh	铑	rhodium	c	0.0		31.5	25.0
				g	556.9	510.8	185.8	21.0
696	Rn	氡	radon	g	0.0		176.2	20.8
697	Ru	钌	ruthenium	c	0.0		28.5	24.1
				g	642.7	595.8	186.5	21.5
698	S	硫(菱形晶)	sulfur(rhombic)	c	0.0		32.1	22.6
		硫(单斜晶)	sulfur(monoclinic)	g	277.2	236.7	167.8	23.7
				c	0.3			
699	SSi	一硫化硅	silicon monosulfide(SiS)	g	112.5	60.9	223.7	32.3
700	SSn	一硫化锡	tin sulfide(SnS)	c	−100.0	−98.3	77.0	49.3
701	SSr	硫化锶	strontium sulfide	c	−472.4	−467.8	68.2	48.7
702	STl$_2$	硫化亚铊	thallium sulfide(Tl$_2$S)	c	−97.1	−93.7	151.0	
703	SZn	硫化锌(纤锌矿)	zinc sulfide(wurtzite)	c	−192.6			
		硫化锌(闪锌矿)	zinc sulfide(sphalerite)	c	−206.0	−201.3	57.7	46.0
704	S$_2$	硫(双原子)	disulfur(S$_2$)	g	128.6	79.7	228.2	32.5
705	Sb	锑	antimony	c	0.0		45.7	25.2
				g	262.3	222.1	180.3	20.8
706	Sb$_2$	锑(双原子)	diantimony(Sb$_2$)	g	235.6	187.0	254.9	36.4
707	Sc	钪	scandium	c	0.0		34.6	25.5
				g	377.8	336.0	174.8	22.1
708	Se	硒(灰)	selenium(gray)	c	0.0		42.4	25.4
				g	227.1	187.0	176.7	20.8
709	SeTl$_2$	硒化亚铊	thallium selenide(Tl$_2$Se)	c	−59.0	−59.0	172.0	
710	SeZn	硒化锌	zinc selenide	c	−163.0	−163.0	84.0	
711	Se$_2$	硒(双原子)	selenium(Se$_2$)	g	146.0	96.2	252.0	35.4
712	Si	硅	silicon	c	0.0		18.8	20.0
				g	450.0	405.5	168.0	22.3
713	Si$_2$	硅(双原子)	disilicon(Si$_2$)	g	594.0	536.0	229.9	34.4
714	Sm	钐	samarium	c	0.0		69.6	29.5
				g	206.7	172.8	183.0	30.4
715	Sn	锡(白)	tin(white)	c	0.0		51.2	27.0

续表

No.	化学式	中文名称	英文名称	状态	$\Delta_f H^{\ominus}$ /(kJ/mol)	$\Delta_f G^{\ominus}$ /(kJ/mol)	$S^{\ominus}$ /[J/(mol·K)]	$C_p^{\ominus}$ /[J/(mol·K)]
				g	301.2	266.2	168.5	21.3
		锡（灰）	tin(gray)	c	−2.1	0.1	44.1	25.8
716	Sr	锶	strontium	c	0.0		55.0	26.8
				g	164.4	130.9	164.6	20.8
717	SrCO₃	碳酸锶	strontium carbonate	c	−1220.1	−1140.1	97.1	81.4
718	Ta	钽	tantalum	c	0.0		41.5	25.4
				g	782.0	739.3	185.2	20.9
719	Tb	铽	terbium	c	0.0		73.2	28.9
				g	388.7	349.7	203.6	24.6
720	Te	碲	tellurium	c	0.0		49.7	25.7
				g	196.7	157.1	182.7	20.8
721	Te₂	碲（双原子）	tellurium(Te₂)	g	168.2	118.0	268.1	36.7
722	Th	钍	thorium	c			51.8	27.3
				g	602.0	560.7	190.2	20.8
723	Ti	钛	titanium	c	0.0		30.7	25.0
				g	473.0	428.4	180.3	24.4
724	Tl	铊	thallium	c	0.0		64.2	26.3
				g	182.2	147.4	181.0	20.8
725	Tl₂CO₃	碳酸亚铊	thallium carbonate	c	−700.0	−614.6	155.2	
726	Tm	铥	thulium	c			74.0	27.0
				g	232.2	197.5	190.1	20.8
727	U	铀	uranium	c	0.0		50.2	27.7
				g	533.0	488.4	199.8	23.7
728	V	钒	vanadium	c	0.0		28.9	24.9
				g	514.2	754.4	182.3	26.0
729	W	钨	tungsten	c	0.0		32.6	24.3
				g	849.4	807.1	174.0	21.3
730	Xe	氙	xenon	g	0.0		169.7	20.8
731	Y	钇	yttrium	c	0.0		44.4	26.5
				g	421.3	381.1	179.5	25.9
732	Yb	镱	ytterbium	c	0.0		59.9	26.7
				g	152.3	118.4	173.1	20.8
733	Zn	锌	zinc	c	0.0		41.6	25.4
				g	130.4	94.8	161.0	20.8
734	ZnCO₃	碳酸锌	zinc carbonate	c	−812.8	−731.5	82.4	79.7
735	Zr	锆	zirconium	c	0.0		39.0	25.4
				g	608.8	566.5	181.4	26.7

注：状态 c—晶体，g—气体，l—液体。

3.1.4.3　离子和中性物质在水溶液中的标准热化学性质数据

见表 3-34。表中，$\Delta_f H^{\ominus}$，$\Delta_f G^{\ominus}$，$S^{\ominus}$，$C_p^{\ominus}$ 皆是指在标准状态下的数值，参考温度 298.15K = ℃。

在此标准状态规定为：$p^{\ominus} = 100$kPa（=1bar），质量摩尔浓度 $m = 1$mol/kg 的假想的理想溶液，且 $H^+(aq)$ 的 $\Delta_f H^{\ominus}$，$\Delta_f G^{\ominus}$，$S^{\ominus}$，$C_p^{\ominus}$ 皆规定为零。

表 3-34　离子和中性物质在水溶液中的标准热化学性质 $\Delta_f H^{\ominus}$，$\Delta_f G^{\ominus}$，$S^{\ominus}$，$C_p^{\ominus}$ [12]

水溶液中物质	$\Delta_f H^{\ominus}$ /(kJ/mol)	$\Delta_f G^{\ominus}$ /(kJ/mol)	$S^{\ominus}$ /[J/(mol·K)]	$C_p^{\ominus}$ /[J/(mol·K)]	水溶液中物质	$\Delta_f H^{\ominus}$ /(kJ/mol)	$\Delta_f G^{\ominus}$ /(kJ/mol)	$S^{\ominus}$ /[J/(mol·K)]	$C_p^{\ominus}$ /[J/(mol·K)]
阳离子					Lu^{3+}	−665.0	−628.0	−264.0	25.0
Ag^+	105.6	77.1	72.7	21.8	LuF^{2+}		−931.4		
Al^{3+}	−531.0	−485.0	−321.7		Mg^{2+}	−466.9	−454.8	−138.1	
$AlOH^{2+}$		−694.1			$MgOH^+$		−626.7		
Ba^{2+}	−537.6	−560.8	9.6		Mn^{2+}	−220.8	−228.1	−73.6	50.0
$BaOH^+$		−730.5			$MnOH^+$	−450.6	−405.0	−17.0	
Be^{2+}	−382.8	−379.7	−129.7		NH_4^+	−132.5	−79.3	113.4	79.9
Bi^{3+}		82.8			$N_2H_5^+$	−7.5	82.5	151.0	70.3
$BiOH^{2+}$		−146.4			Na^+	−240.1	−261.9	59.0	46.4
Ca^{2+}	−542.8	−553.6	−53.1		Nd^{3+}	−696.2	−671.6	−206.7	−21.0
$CaOH^+$		−718.4			Ni^{2+}	−54.0	−45.6	−128.9	
Cd^{2+}	−75.9	−77.6	−73.2		$NiOH^+$	−287.9	−227.6	−71.0	
$CdOH^+$		−261.1			PH_4^+		92.1		
Ce^{3+}	−696.2	−672.0	−205.0		Pa^{4+}	−619.0			
Ce^{4+}	−537.2	−503.8	−301.0		Pb^{2+}	−1.7	−24.4	10.5	
Co^{2+}	−58.2	−54.4	−113.0		$PbOH^+$		−226.3		
Co^{3+}	92.0	134.0	−305.0		Pd^{2+}	149.0	176.5	−184.0	
Cr^{2+}	−143.5				Po^{2+}		71.0		
Cs^+	−258.3	−292.0	133.1	−10.5	Po^{4+}		293.0		
Cu^+	71.7	50.0	40.6		Pr^{3+}	−704.6	−679.1	−209.0	−29.0
Cu^{2+}	64.8	65.5	−99.6		Pt^{2+}		254.8		
Dy^{3+}	−699.0	−665.0	−231.0	21.0	Ra^{2+}	−527.6	−561.5	54.0	
Er^{3+}	−705.4	−669.1	−244.3	21.0	Rb^+	−251.2	−284.0	121.5	
Eu^{2+}	−527.0	−540.2	−8.0		Re^+		−33.0		
Eu^{3+}	−605.0	−574.1	−222.0	8.0	Sc^{3+}	−614.2	−586.6	−255.0	
Fe^{2+}	−89.1	−78.9	−137.7		$ScOH^{2+}$	−861.5	−801.2	−134.0	
Fe^{3+}	−48.5	−4.7	−315.9		Sm^{2+}		−497.5		
$FeOH^+$	−324.7	−277.4	−29.0		Sm^{3+}	−691.6	−666.6	−211.7	−21.0
$FeOH^{2+}$	−290.8	−229.4	−142.0		Sn^{2+}	−8.8	−27.2	−17.0	
$Fe(OH)_2^+$		−438.0			$SnOH^+$	−286.2	−254.8	50.0	
Ga^{2+}		−88.0			Sr^{2+}	−545.8	−559.5	−32.6	
Ga^{3+}	−211.7	−159.0	−331.0		$SrOH^+$		−721.3		
$GaOH^{2+}$		−380.3			Tb^{3+}	−682.8	−651.9	−226.0	17.0
$Ga(OH)_2^+$		−597.4			$Te(OH)_3^+$	−608.4	−496.1	111.7	
Gd^{3+}	−686.0	−661.0	−205.8		Th^{4+}	−769.0	−705.1	−422.6	
H^+	0	0	0	0	$Th(OH)^{3+}$	−1030.1	−920.5	−343.0	
Hg^{2+}	171.1	164.4	−32.2		$Th(OH)_2^{2+}$	−1282.4	−1140.9	−218.0	
Hg_2^{2+}	172.4	153.5	84.5		Tl^+	5.4	−32.4	125.5	
$HgOH^+$	−84.5	−52.3	71.0		Tl^{3+}	196.6	214.6	−192.0	
Ho^{3+}	−705.0	−673.7	−226.8	17.0	$TlOH^{2+}$		−15.9		
In^+		−12.1			$Tl(OH)_2^+$		−244.7		
In^{2+}		−50.7			Tm^{3+}	−697.9	−662.0	−243.0	25.0
In^{3+}	−105.0	−98.0	−151.0		U^{3+}	−489.1	−476.2	−188.0	
$InOH^{2+}$	−370.3	−313.0	−88.0		U^{4+}	−591.2	−531.9	−410.0	
$In(OH)_2^+$	−619.0	−525.0	25.0		Y^{3+}	−723.4	−693.8	−251.0	
K^+	−252.4	−283.3	102.5	21.8	$Y_2(OH)_2^{4+}$		−1780.3		
La^{3+}	−707.1	−683.7	−217.6	−13.0	Yb^{2+}		−527.0		
Li^+	−278.5	−293.3	13.4	68.6	Yb^{3+}	−674.5	−644.0	−238.0	25.0

续表

水溶液中物质	$\Delta_f H^\ominus$ /(kJ/mol)	$\Delta_f G^\ominus$ /(kJ/mol)	$S^\ominus$ /[J/(mol·K)]	$C_P^\ominus$ /[J/(mol·K)]	水溶液中物质	$\Delta_f H^\ominus$ /(kJ/mol)	$\Delta_f G^\ominus$ /(kJ/mol)	$S^\ominus$ /[J/(mol·K)]	$C_P^\ominus$ /[J/(mol·K)]
$Y(OH)^{2+}$		-879.1			$H_2PO_4^-$	-1296.3	-1130.2	90.4	
Zn^{2+}	-153.9	-147.1	-112.1	46.0	$H_2P_2O_7^{2-}$	-2278.6	-2010.2	163.0	
$ZnOH^+$		-330.1			I^-	-55.2	-51.6	111.3	-142.3
阴离子					IO^-	-107.5	-38.5	-5.4	
AlO_2^-	-930.9	-830.9	-36.8		IO_3^-	-221.3	-128.0	118.4	
$Al(OH)_4^-$	-1502.5	-1305.3	102.9		IO_4^-	-151.5	-58.5	222.0	
AsO_2^-	-429.0	-350.0	40.6		MnO_4^-	-541.4	-447.2	191.2	-82.0
AsO_4^{3-}	-888.1	-648.4	-162.8		MnO_4^{2-}	-653.0	-500.7	59.0	
BF_4^-	-1574.9	-1486.9	180.0		MoO_4^{2-}	-997.9	-836.3	27.2	
BH_4^-	48.2	114.4	110.5		NO_2^-	-104.6	-32.2	123.0	-97.5
BO_2^-	-772.4	-678.9	-37.2		NO_3^-	-207.4	-111.3	146.4	-86.6
$B_4O_7^{2-}$		-2604.8			N_3^-	275.1	348.2	107.9	
BeO_2^{2-}	-790.8	-640.1	-159.0		OCN^-	-146.0	-97.4	106.7	
Br^-	-121.6	-104.0	82.4	-141.8	OH^-	-230.0	-157.2	-10.8	-148.5
BrO^-	-94.1	-33.4	42.0		PO_4^{3-}	-1277.4	-1018.7	-220.5	
BrO_3^-	-67.1	18.6	161.7		$P_2O_7^{4-}$	-2271.1	-1919.0	-117.0	
BrO_4^-	13.0	118.1	199.6		Re^-	46.0	10.1	230.0	
$CHOO^-$	-425.6	-351.0	92.0	-87.9	S^{2-}	33.1	85.8	-14.6	
CH_3COO^-	-486.0	-369.3	86.6	-6.3	SCN^-	76.6	92.7	144.3	-40.2
$C_2O_4^{2-}$	-825.1	-673.9	45.6		SO_3^{2-}	-635.5	-486.5	-29.0	
$C_2O_4H^-$	-818.4	-698.3	149.4		SO_4^{2-}	-909.3	-744.5	20.1	-293.0
Cl^-	-167.2	-131.2	56.5	-136.4	S_2^{2-}	30.1	79.5	28.5	
ClO^-	-167.1	-36.8	42.0		$S_2O_3^{2-}$	-652.3	-522.5	67.0	
ClO_2^-	-66.5	17.2	101.3		$S_2O_4^{2-}$	-753.5	-600.3	92.0	
ClO_3^-	-104.0	-8.0	162.3		$S_2O_8^{2-}$	-1344.7	-1114.9	244.3	
ClO_4^-	-129.3	-8.5	182.0		Se^{2-}		129.3		
CN^-	150.6	172.4	94.1		SeO_3^{2-}	-509.2	-369.8	13.0	
CO_3^{2-}	-677.1	-527.8	-56.9		SeO_4^{2-}	-599.1	-441.3	54.0	
CrO_4^{2-}	-881.2	-727.8	50.2		VO_3^-	-888.3	-783.6	50.0	
$Cr_2O_7^{2-}$	-1490.3	-1301.1	261.9		VO_4^{3-}		-899.0		
F^-	-332.6	-278.8	-13.8	-106.7	WO_4^{2-}	-1075.7			
$Fe(CN)_6^{3-}$	561.9	729.4	270.3		中性物质				
$Fe(CN)_6^{4-}$	455.6	695.1	95.0		$AgBr$	-16.0	-26.9	155.2	-120.1
$HB_4O_7^-$		-2685.1			$AgCl$	-61.6	-54.1	129.3	-114.6
HCO_3^-	-692.0	-586.8	91.2		AgF	-227.1	-201.7	59.0	-84.9
HF_2^-	-649.9	-578.1	92.5		AgI	50.4	25.5	184.1	-120.5
HPO_3F^-		-1198.2			$AgNO_3$	-101.8	-34.2	-219.2	-64.9
HPO_4^{2-}	-1292.1	-1089.2	-33.5		Ag_2SO_4	-698.1	-590.3	165.7	-251.0
$HP_2O_7^{3-}$	-2274.8	-1972.2	46.0		$AlBr_3$	-895.0	-799.0	-74.5	
HS^-	-17.6	12.1	62.8		$AlCl_3$	-1033.0	-879.0	-152.3	
HSO_3^-	-626.2	-527.7	139.7		AlF_3	-1531.0	-1322.0	-363.2	
HSO_4^-	-887.3	-755.9	131.8	-84.0	AlI_3	-699.0	-640.0	12.1	
$HS_2O_4^-$		-614.5			$Al_2(SO_4)_3$	-3791.0	-3205.0	-583.2	
HSe^-	15.9	44.0	79.0		$BaBr_2$	-780.7	-768.7	174.5	
$HSeO_3^-$	-514.6	-411.5	135.1		$BaCO_3$	-1214.8	-1088.6	-47.3	
$HSeO_4^-$	-581.6	-452.2	149.4		$BaCl_2$	-872.0	-823.2	122.6	
$H_2AsO_3^-$	-714.8	-587.1	110.5		BaF_2	-1202.9	-1118.4	-18.0	
$H_2AsO_4^-$	-909.6	-753.2	117.0		$Ba(HCO_3)_2$	-1921.6	-1734.3	192.0	

续表

水溶液中物质	$\Delta_f H^\ominus$ /(kJ/mol)	$\Delta_f G^\ominus$ /(kJ/mol)	$S^\ominus$ /[J/(mol·K)]	$C_p^\ominus$ /[J/(mol·K)]	水溶液中物质	$\Delta_f H^\ominus$ /(kJ/mol)	$\Delta_f G^\ominus$ /(kJ/mol)	$S^\ominus$ /[J/(mol·K)]	$C_p^\ominus$ /[J/(mol·K)]
BaI_2	−648.0	−663.9	232.2		Cs_2S	−483.7	−498.3	251.0	
$Ba(NO_3)_2$	−952.4	−783.3	302.5		Cs_2SO_4	−1425.8	−1328.6	286.2	
$BaSO_4$	−1446.9	−1305.3	29.7		Cs_2Se		−454.8		
$BeSO_4$	−1292.0	−1124.3	−109.6		$Cu(NO_3)_2$	−350.0	−157.0	193.3	
CCl_3COOH	−516.3				$CuSO_4$	−844.5	−679.0	−79.5	
$CHCl_2COOH$	−512.1				$DyCl_3$	−1197.0	−1059.0	−61.9	−389.0
$CHOOCs$	−683.8	−643.0	226.0		$ErCl_3$	−1207.1	−1062.7	−75.3	−389.0
$CHOOH$	−425.6	−351.0	92.0	−87.9	$EuCl_2$	−862.0			
$CHOOK$	−677.9	−634.2	192.0	−66.1	$EuCl_3$	−1106.2	−967.7	−54.0	−402.0
$CHOONH_4$	−558.1	−430.4	205.0	−7.9	$FeBr_2$	−332.2	−286.8	27.2	
$CHOONa$	−665.7	−612.9	151.0	−41.4	$FeBr_3$	−413.4	−316.7	−68.6	
$CHOORb$	−676.7	−635.1	213.0		$FeCl_2$	−423.4	−341.3	−24.7	
$CH_2ClCOOH$	−501.3				$FeCl_3$	−550.2	−398.3	−146.4	
CH_3COOCs	−744.3	−661.3	219.7		FeF_2	−754.4	−636.5	−165.3	
CH_3COOH	−486.0	−369.3	86.6	−6.3	FeF_3	−1046.4	−840.9	−357.3	
CH_3COOK	−738.4	−652.6	189.1	15.5	FeI_2	−199.6	−182.1	84.9	
CH_3COONH_4	−618.5	−448.6	200.0	73.6	FeI_3	−214.2	−159.4	18.0	
CH_3COONa	−726.1	−631.2	145.6	40.2	$Fe(NO_3)_3$	−670.7	−338.3	123.4	
CH_3COORb	−737.2	−653.3	207.9		$FeSO_4$	−998.3	−823.4	−117.6	
$(COOH)_2$	−825.1	−673.9	45.6		$Fe_2(SO_4)_3$	−2825.0	−2242.8	−571.5	
$(CH_3)_3N$	−76.0	93.1	133.5		$GdCl_3$	−1188.0	−1059.0	−36.8	−410.0
$CaBr_2$	−785.9	−761.5	111.7		HBr	−121.6	−104.0	82.4	−141.8
$CaCO_3$	−1220.0	−1081.4	−110.0		HCN	150.6	172.4	94.1	
$CaCl_2$	−877.1	−816.0	59.8		HCl	−167.2	−131.2	56.5	−136.4
CaF_2	−1208.1	−1111.2	−80.8		HF	−332.6	−278.8	−13.8	−106.7
CaI_2	−653.2	−656.7	169.5		HI	−55.2	−51.6	111.3	−142.3
$Ca(NO_3)_2$	−957.6	−776.1	239.7		HNO_3	−207.4	−111.3	146.4	−86.8
$CaSO_4$	−1452.1	−1298.1	−33.1		$HSCN$	76.4	92.7	144.3	−40.2
$CdBr_2$	−319.0	−285.5	91.6		H_2SO_4	−909.3	−744.5	20.1	−293.0
$CdCl_2$	−410.2	−340.1	39.7		$HoCl_3$	−1206.7	−1067.3	−57.7	−393.0
CdF_2	−741.2	−635.2	−100.8		KBr	−373.9	−387.2	184.9	−120.1
CdI_2	−186.3	−180.8	149.4		KCl	−419.5	−414.5	159.0	−114.6
$Cd(NO_3)_2$	−490.6	−300.1	219.7		KF	−585.0	−562.1	88.7	−84.9
$CdSO_4$	−985.2	−822.0	−53.1		$KHCO_3$	−944.4	−870.0	193.7	
$CeCl_3$	−1197.5	−1065.6	−38.0		$KHSO_4$	−1139.7	−1039.2	234.3	−63.0
$CoBr_2$	−301.2	−262.3	50.0		KI	−307.6	−334.9	213.8	−120.5
$CoCl_2$	−392.5	−316.7			KNO_3	−459.7	−394.5	248.9	−64.9
CoI_2	−168.6	−157.7	109.0		K_2CO_3	−1181.9	−1094.4	148.1	
$Co(NO_3)_2$	−472.8	−276.9	180.0		K_2S	−471.5	−480.7	190.4	
$CoSO_4$	−967.3	−799.1	−92.0		K_2SO_4	−1414.0	−1311.1	225.1	−251.0
$CsBr$	−379.6	−396.0	215.5		K_2Se		−437.2		
$CsCl$	−425.4	−423.2	189.5	−146.9	$LaCl_3$	−1208.8	−1077.3	−50.0	−423.0
CaF	−590.9	−570.8	119.2		$LiBr$	−400.0	−397.3	95.8	−73.2
$CsHCO_3$	−950.3	−878.8	224.3		$LiCl$	−445.6	−424.6	69.9	−67.8
$CsHSO_4$	−1145.6	−1047.9	264.8		LiF	−611.1	−571.9	−0.4	−38.1
CsI	−313.5	−343.6	244.3	−152.7	LiI	−333.7	−344.8	124.7	−73.6
$CsNO_3$	−465.6	−403.3	279.5	−99.0	$LiNO_3$	−485.9	−404.5	160.2	−18.0
Cs_2CO_3	−1193.7	−1111.9	209.2		Li_2CO_3	−1234.1	−1114.6	−29.7	

续表

水溶液中物质	$\Delta_f H^\ominus$ /(kJ/mol)	$\Delta_f G^\ominus$ /(kJ/mol)	$S^\ominus$ /[J/(mol·K)]	$C_p^\ominus$ /[J/(mol·K)]	水溶液中物质	$\Delta_f H^\ominus$ /(kJ/mol)	$\Delta_f G^\ominus$ /(kJ/mol)	$S^\ominus$ /[J/(mol·K)]	$C_p^\ominus$ /[J/(mol·K)]
Li_2SO_4	-1466.2	-1331.2	47.3	-155.6	$NaHSO_4$	-1127.5	-1017.8	190.8	-38.0
$LuCl_3$	-1167.0	-1021.0	-96.0	-385.0	NaI	-295.3	-313.5	170.3	-95.8
$MgBr_2$	-709.9	-662.7	26.8		$NaNO_3$	-447.5	-373.2	205.4	-40.2
$MgCl_2$	-801.2	-717.1	-25.1		Na_2CO_3	-1157.4	-1051.6	61.1	
MgI_2	-577.2	-558.1	84.5		Na_2S	-447.3	-438.1	103.3	
$Mg(NO_3)_2$	-881.6	-677.3	154.8		Na_2SO_4	-1389.5	-1268.4	138.1	-201.0
$MgSO_4$	-1376.1	-1199.5	-118.0		Na_2Se		-394.6		
$MnBr_2$	-464.0				$NdCl_3$	-1197.9	-1065.6	-37.7	-431.0
$MnCl_2$	-555.1	-490.8	38.9	-222.0	$NiBr_2$	-297.1	-253.2	36.0	
MnI_2	-331.0				$NiCl_2$	-388.3	-307.9	-15.1	
$Mn(NO_3)_2$	-635.5	-450.9	218.0	-121.0	NiF_2	-719.2	-603.3	-156.5	
$MnSO_4$	-1130.1	-972.7	-53.6	-243.0	NiI_2	-164.4	-149.0	93.6	
NH_4Br	-254.1	-183.3	195.8	-61.9	$Ni(NO_3)_2$	-468.6	-268.5	164.0	
NH_4BrO_3	-199.6	-60.7	275.1		$NiSO_4$	-963.2	-790.3	-108.8	
NH_4CN	18.0	93.0	207.5		$PbBr_2$	-244.8	-232.3	175.3	
NH_4Cl	-299.7	-210.5	169.9	-56.5	$PbCl_2$	-336.0	-286.9	123.4	
NH_4ClO_3	-236.5	-87.3	275.7		PbF_2	-666.9	-582.0	-17.2	
NH_4ClO_4	-261.8	-87.8	295.4		PbI_2	-112.1	-127.0	233.0	
NH_4F	-465.1	-358.1	99.6	-26.8	$Pb(NO_3)_2$	-416.3	-246.9	303.3	
NH_4HCO_3	-824.5	-666.1	204.6		$PrCl_3$	-1206.2	-1072.7	-42.0	-439.0
NH_4HS	-150.2	-67.2	176.1		$RaCl_2$	-861.9	-823.8	167.0	
NH_4HSO_3	-758.7	-607.0	253.1		$Ra(NO_3)_2$	-942.2	-784.0	347.0	
NH_4HSO_4	-1019.9	-835.2	245.6	-3.8	$RaSO_4$	-1436.8	-1306.2	75.0	
NH_4HSeO_4	-714.7	-531.6	262.8		$RbBr$	-372.7	-387.9	203.9	
$NH_4H_2AsO_3$	-847.3	-666.4	223.8		$RbCl$	-418.3	-415.2	178.0	
$NH_4H_2AsO_4$	-1042.1	-832.5	230.5		RbF	-583.8	-562.8	107.5	
$NH_4H_2PO_4$	-1428.8	-1209.6	203.8		$RbHCO_3$	-943.2	-870.8	212.7	
$NH_4H_3P_2O_7$	-2409.1	-2102.6	326.0		$RbHSO_4$	-1138.5	-1039.9	253.1	
NH_4I	-187.7	-130.9	224.7	-62.3	RbI	-306.4	-335.6	232.6	
NH_4IO_3	-354.0	-207.4	231.8		$RbNO_3$	-458.5	-395.2	267.8	
NH_4NO_2	-237.2	-111.6	236.4	-17.6	Rb_2CO_3	-1179.5	-1095.8	186.2	
NH_4NO_3	-339.9	-190.6	259.8	-6.7	Rb_2S	-469.4	-482.0	228.4	
NH_4OH	-362.5	-236.5	102.5	-68.6	Rb_2SO_4	-1411.6	-1312.5	263.2	
NH_4SCN	-56.1	13.4	257.7	39.7	$SmCl_3$	-1193.3	-1060.2	-42.7	-431.0
$(NH_4)_2CO_3$	-942.2	-686.4	169.9		$SrBr_2$	-788.9	-767.4	132.2	
$(NH_4)_2CrO_4$	-1146.2	-886.4	277.0		$SrCO_3$	-1222.9	-1087.3	-89.5	
$(NH_4)_2Cr_2O_7$	-1755.2	-1459.5	488.7		$SrCl_2$	-880.1	-821.9	80.3	
$(NH_4)_2HAsO_4$	-1171.4	-873.2	225.1		SrI_2	-656.2	-662.6	190.0	
$(NH_4)_2HPO_4$	-1557.2	-1247.8	193.3		$Sr(NO_3)_2$	-960.5	-782.0	260.2	
$(NH_4)_2S$	-231.8	-72.6	212.1		$SrSO_4$	-1455.1	-1304.0	-12.6	
$(NH_4)_2SO_3$	-900.4	-645.0	197.5		$TbCl_3$	-1184.1	-1045.5	-59.0	-393.0
$(NH_4)_2SO_4$	-1174.3	-903.1	246.9	-133.1	$TlBr$	-116.2	-136.4	207.9	
$(NH_4)_2SeO_4$	-864.0	-599.8	280.7		$TlBr_3$	-168.2	-97.1	54.0	
$(NH_4)_3PO_4$	-1674.9	-1256.6	117.0		$TlCl$	-161.8	-163.6	182.0	
$NaBr$	-361.7	-365.8	141.4	-95.4	$TlCl_3$	-305.0	-179.0	-23.0	
$NaCl$	-407.3	-393.1	115.5	-90.0	TlF	-327.3	-311.2	111.7	
NaF	-572.8	-540.7	45.2	-60.2	TlI	-49.8	-84.0	236.8	
$NaHCO_3$	-932.1	-848.7	150.2		$TlNO_3$	-202.0	-143.7	272.0	

续表

水溶液 中物质	$\Delta_f H^{\ominus}$ /(kJ/mol)	$\Delta_f G^{\ominus}$ /(kJ/mol)	$S^{\ominus}$ /[J/(mol·K)]	$C_p^{\ominus}$ /[J/(mol·K)]	水溶液 中物质	$\Delta_f H^{\ominus}$ /(kJ/mol)	$\Delta_f G^{\ominus}$ /(kJ/mol)	$S^{\ominus}$ /[J/(mol·K)]	$C_p^{\ominus}$ /[J/(mol·K)]
Tl$_2$SO$_4$	−898.6	−809.3	271.1		ZnBr$_2$	−397.0	−355.0	52.7	−238.0
TmCl$_3$	−1199.1	−1055.6	−75.0	−385.0	ZnCl$_2$	−488.2	−409.5	0.8	−226.0
UCl$_4$	−1259.8	−1056.8	−184.0		ZnF$_2$	−819.1	−704.6	−139.7	−167.0
UO$_2$CO$_3$	−1696.6	−1481.5	−154.4		ZnI$_2$	−264.3	−250.2	110.5	−238.0
UO$_2$(NO$_3$)$_2$	−1434.3	−1176.0	195.4		Zn(NO$_3$)$_2$	−568.6	−369.6	180.7	−126.0
UO$_2$SO$_4$	−1928.8	−1698.2	−77.4		ZnSO$_4$	−1063.2	−891.6	−92.0	−247.0
YbCl$_3$	−1176.1	−1037.6	−71.0	−385.0					

3.1.4.4 个别物质不同温度下自由能函数、热焓函数、$C_p^{\ominus}$、$S^{\ominus}$ 数据

具体内容见表 3-35。

表 3-35 的目录[①]

No.	化学式	中文名	英文名	状态	No.	化学式	中文名	英文名	状态
1	Ar	氩	argon	g	41	CuCl$_2$	氯化铜(液,晶)	copper dichloride	c,l
2	Br	溴原子	bromine	g	42	CuCl$_2$	氯化铜(气)	copper dichloride	g
3	Br$_2$	溴	dibromine	g	43	F	氟原子	fluorine	g
4	BrH	溴化氢(HBr)	hydrogen bromide	g	44	F$_2$	氟	difluorine	g
5	C	碳(石墨)	carbon(graphite)	c	45	FH	氟化氢(HF)	hydrogen fluoride	g
6	C	碳(金刚石)	carbon(diamond)	c	46	Ge	锗(晶,液)	germanium	c,l
7	C$_2$	二碳原子	dicarbon	g	47	Ge	锗(气)	germanium	g
8	C$_3$	三碳原子	tricarbon	g	48	GeO$_2$	氧化锗	germanium dioxide	c,l
9	CO	一氧化碳	carbon oxide	g	49	GeCl$_4$	四氯化锗	germanium tetrachloride	g
10	CO$_2$	二氧化碳	carbon dioxide	g	50	H	氢原子	hydrogen	g
11	CH$_4$	甲烷	methane	g	51	H$_2$	氢	dihydrogen	g
12	C$_2$H$_2$	乙炔	acetylene	g	52	HO	羟基(OH)	hydroxyl	g
13	C$_2$H$_4$	乙烯	ethylene	g	53	H$_2$O	水(液)	water	l
14	C$_2$H$_6$	乙烷	ethane	g	54	H$_2$O	水(气)	water	g
15	C$_3$H$_6$	环丙烷	cyclopropane	g	55	I	碘原子	iodine	g
16	C$_3$H$_8$	丙烷	propane	g	56	I$_2$	碘(晶,液)	diiodine	c,l
17	C$_6$H$_6$	苯(液)	benzene	l	57	I$_2$	碘(气)	diiodine	g
18	C$_6$H$_6$	苯(气)	benzene	g	58	IH	碘化氢(HI)	hydrogen iodide	g
19	C$_{10}$H$_8$	萘(晶,液)	naphthalene	c,l	59	K	钾(晶,液)	potassium	c,l
20	C$_{10}$H$_8$	萘(气)	naphthalene	g	60	K	钾(气)	potassium	g
21	CH$_2$O	甲醛	formaldehyde	g	61	K$_2$O	氧化钾	dipotassium oxide	c,l
22	CH$_4$O	甲醇	methanol	g	62	KOH	氢氧化钾(晶,液)	potassium hydroxide	c,l
23	C$_2$H$_4$O	乙醛	acetaldehyde	g	63	KOH	氢氧化钾(气)	potassium hydroxide	g
24	C$_2$H$_6$O	乙醇	ethanol	g	64	KCl	氯化钾(晶,液)	potassium chloride	c,l
25	C$_2$H$_4$O$_2$	乙酸	acetic acid	g	65	KCl	氯化钾(气)	potassium chloride	g
26	C$_3$H$_6$O	丙酮	acetone	g	66	N$_2$	氮	dinitrogen	g
27	C$_6$H$_6$O	苯酚	phenol	g	67	NO	一氧化氮	nitric oxide	g
28	CF$_4$	四氟化碳	carbon tetrafluoride	g	68	NO$_2$	二氧化氮	nitrogen dioxide	g
29	CHF$_3$	三氟甲烷	trifluoromethane	g	69	NH$_3$	氨	ammonia	g
30	CClF$_3$	氯三氟甲烷	chlorotrifluoromethane	g	70	O	氧原子	oxygen	g
31	CCl$_2$F$_2$	二氯二氟乙烷	dichlorodifluoromethane	g	71	O$_2$	氧	dioxygen	g
32	CHClF$_2$	氯二氟甲烷	chlorodifluoromethane	g	72	S	硫(晶,液)	sulfur	c,l
33	CH$_5$N	甲胺	methylamine	g	73	S	硫(气)	sulfur	g
34	Cl	氯原子	chlorine	g	74	S$_2$	二硫原子	disulfur	g
35	Cl$_2$	氯	dichlorine	g	75	S$_8$	八硫原子	octasulfur	g
36	ClH	氯化氢(HCl)	hydrogen chloride	g	76	SO$_2$	二氧化硫	sulfur dioxide	g
37	Cu	铜(晶,液)	copper	c,l	77	Si	硅(晶)	silicon	c
38	Cu	铜(气)	copper	g	78	Si	硅(气)	silicon	g
39	CuO	氧化铜	copper oxide	g	79	SiO$_2$	二氧化硅	silicon dioxide	c
40	Cu$_2$O	氧化亚铜	dicopper oxide	c	80	SiCl$_4$	四氯化硅	silicon tetrachloride	g

① 此目录列出表 3-35 中序号 1～80 元素或化合物的化学式，中、英文名，可作相应对照。

表 3-35　个别物质不同温度（298.15～1500K）下标准热化学性质，

$C_p^{\ominus}$，$S^{\ominus}$，自由能函数，热熔函数数据[13]

T/K	/[J/(K·mol)]			/(kJ/mol)			$\lg_{10}K_f^{\ominus}$
	$C_p^{\ominus}$	$S^{\ominus}$	$-[G^{\ominus}-H^{\ominus}(T_r)]/T$	$H^{\ominus}-H^{\ominus}(T_r)$	$\Delta_f H^{\ominus}$	$\Delta_f G^{\ominus}$	
1.　Ar(g)							
298.15	20.786	154.845	154.845	0.000	0.000	0.000	0.000
300	20.786	154.973	154.845	0.038	0.000	0.000	0.000
400	20.786	160.953	155.660	2.117	0.000	0.000	0.000
500	20.786	165.591	157.200	4.196	0.000	0.000	0.000
600	20.786	169.381	158.924	6.274	0.000	0.000	0.000
700	20.786	172.585	160.653	8.353	0.000	0.000	0.000
800	20.786	175.361	162.322	10.431	0.000	0.000	0.000
900	20.786	177.809	163.909	12.510	0.000	0.000	0.000
1000	20.786	179.999	165.410	14.589	0.000	0.000	0.000
1100	20.786	181.980	166.828	16.667	0.000	0.000	0.000
1200	20.786	183.789	168.167	18.746	0.000	0.000	0.000
1300	20.786	185.453	169.434	20.824	0.000	0.000	0.000
1400	20.786	186.993	170.634	22.903	0.000	0.000	0.000
1500	20.786	188.427	171.773	24.982	0.000	0.000	0.000
2.　Br(g)							
298.15	20.786	175.017	175.017	0.000	111.870	82.379	−14.432
300	20.786	175.146	175.018	0.038	111.838	82.196	−14.311
400	20.787	181.126	175.833	2.117	96.677	75.460	−9.854
500	20.798	185.765	177.373	4.196	96.910	70.129	−7.326
600	20.833	189.559	179.097	6.277	97.131	64.752	−5.637
700	20.908	192.776	180.827	8.364	97.348	59.338	−4.428
800	21.027	195.575	182.499	10.461	97.568	53.893	−3.519
900	21.184	198.061	184.093	12.571	97.796	48.420	−2.810
1000	21.365	200.302	185.604	14.698	98.036	42.921	−2.242
1100	21.559	202.347	187.034	16.844	98.291	37.397	−1.776
1200	21.752	204.231	188.390	19.010	98.560	31.850	−1.386
1300	21.937	205.980	189.676	21.195	98.844	26.279	−1.056
1400	22.107	207.612	190.900	23.397	99.141	20.686	−0.772
1500	22.258	209.142	192.065	25.615	99.449	15.072	−0.525
3.　Br₂(g)							
298.15	36.057	245.467	245.467	0.000	30.910	3.105	−0.544
300	36.074	245.690	245.468	0.067	30.836	2.933	−0.511
332.25	36.340	249.387	245.671	1.235	压力＝1bar		
400	36.729	256.169	246.892	3.711	0.000	0.000	0.000
500	37.082	264.406	249.600	7.403	0.000	0.000	0.000
600	37.305	271.188	252.650	11.123	0.000	0.000	0.000
700	37.464	276.951	255.720	14.862	0.000	0.000	0.000
800	37.590	281.962	258.694	18.615	0.000	0.000	0.000
900	37.697	286.396	261.530	22.379	0.000	0.000	0.000
1000	37.793	290.373	264.219	26.154	0.000	0.000	0.000
1100	37.883	293.979	266.763	29.938	0.000	0.000	0.000
1200	37.970	297.279	269.170	33.730	0.000	0.000	0.000
1300	38.060	300.322	271.451	37.532	0.000	0.000	0.000
1400	38.158	303.146	273.615	41.343	0.000	0.000	0.000
1500	38.264	305.782	275.673	45.164	0.000	0.000	0.000

T/K	/[J/(K·mol)]			/(kJ/mol)			$\lg_{10} K_f^{\ominus}$
	$C_P^{\ominus}$	$S^{\ominus}$	$-[G^{\ominus}-H^{\ominus}(T_r)]/T$	$H^{\ominus}-H^{\ominus}(T_r)$	$\Delta_f H^{\ominus}$	$\Delta_f G^{\ominus}$	
4. HBr(g)							
298.15	29.141	198.697	198.697	0.000	−36.290	−53.360	9.348
300	29.141	198.878	198.698	0.054	−36.333	−53.466	9.309
400	29.220	207.269	199.842	2.971	−52.109	−55.940	7.305
500	29.454	213.811	202.005	5.903	−52.484	−56.854	5.939
600	29.872	219.216	204.436	8.868	−52.844	−57.694	5.023
700	30.431	223.861	206.886	11.882	−53.168	−58.476	4.363
800	31.063	227.965	209.269	14.957	−53.446	−59.214	3.866
900	31.709	231.661	211.555	18.095	−53.677	−59.921	3.478
1000	32.335	235.035	213.737	21.298	−53.864	−60.604	3.166
1100	32.919	238.145	215.816	24.561	−54.012	−61.271	2.909
1200	33.454	241.032	217.799	27.880	−54.129	−61.925	2.696
1300	33.938	243.729	219.691	31.250	−54.220	−62.571	2.514
1400	34.374	246.261	221.499	34.666	−54.291	−63.211	2.358
1500	34.766	248.646	223.230	38.123	−54.348	−63.846	2.223
5. C(c;graphite)							
298.15	8.536	5.740	5.740	0.000	0.000	0.000	0.000
300	8.610	5.793	5.740	0.016	0.000	0.000	0.000
400	11.974	8.757	6.122	1.054	0.000	0.000	0.000
500	14.537	11.715	6.946	2.385	0.000	0.000	0.000
600	16.607	14.555	7.979	3.945	0.000	0.000	0.000
700	18.306	17.247	9.113	5.694	0.000	0.000	0.000
800	19.699	19.785	10.290	7.596	0.000	0.000	0.000
900	20.832	22.173	11.479	9.625	0.000	0.000	0.000
1000	21.739	24.417	12.662	11.755	0.000	0.000	0.000
1100	22.452	26.524	13.827	13.966	0.000	0.000	0.000
1200	23.000	28.502	14.968	16.240	0.000	0.000	0.000
1300	23.409	30.360	16.082	18.562	0.000	0.000	0.000
1400	23.707	32.106	17.164	20.918	0.000	0.000	0.000
1500	23.919	33.749	18.216	23.300	0.000	0.000	0.000
6. C(c;diamond)							
298.15	6.109	2.362	2.362	0.000	1.850	2.857	−0.501
300	6.201	2.400	2.362	0.011	1.846	2.863	−0.499
400	10.321	4.783	2.659	0.850	1.645	3.235	−0.422
500	13.404	7.431	3.347	2.042	1.507	3.649	−0.381
600	15.885	10.102	4.251	3.511	1.415	4.087	−0.356
700	17.930	12.709	5.274	5.205	1.361	4.537	−0.339
800	19.619	15.217	6.361	7.085	1.338	4.993	−0.326
900	21.006	17.611	7.479	9.118	1.343	5.450	−0.316
1000	22.129	19.884	8.607	11.277	1.372	5.905	−0.308
1100	23.020	22.037	9.731	13.536	1.420	6.356	−0.302
1200	23.709	24.071	10.842	15.874	1.484	6.802	−0.296
1300	24.222	25.990	11.934	18.272	1.561	7.242	−0.291
1400	24.585	27.799	13.003	20.714	1.646	7.675	−0.286
1500	24.824	29.504	14.047	23.185	1.735	8.103	−0.282
7. C₂(g)							
298.15	43.548	197.095	197.095	0.000	830.457	775.116	−135.795
300	43.575	197.365	197.096	0.081	830.506	774.772	−134.898

续表

T/K	/[J/(K·mol)]			/(kJ/mol)			$\lg_{10} K_f^{\ominus}$
	$C_P^{\ominus}$	$S^{\ominus}$	$-[G^{\ominus}-H^{\ominus}(T_r)]/T$	$H^{\ominus}-H^{\ominus}(T_r)$	$\Delta_f H^{\ominus}$	$\Delta_f G^{\ominus}$	
400	42.169	209.809	198.802	4.403	832.751	755.833	−98.700
500	39.529	218.924	201.959	8.483	834.170	736.423	−76.933
600	37.837	225.966	205.395	12.342	834.909	716.795	−62.402
700	36.984	231.726	208.758	16.078	835.148	697.085	−52.016
800	36.621	236.637	211.943	19.755	835.020	677.366	−44.227
900	36.524	240.943	214.931	23.411	834.618	657.681	−38.170
1000	36.569	244.793	217.728	27.065	834.012	638.052	−33.328
1100	36.696	248.284	220.349	30.728	833.252	618.492	−29.369
1200	36.874	251.484	222.812	34.406	832.383	599.006	−26.074
1300	37.089	254.444	225.133	38.104	831.437	579.596	−23.288
1400	37.329	257.201	227.326	41.824	830.445	560.261	−20.903
1500	37.589	259.785	229.405	45.570	829.427	540.997	−18.839
8. C₃(g)							
298.15	42.202	237.611	237.611	0.000	839.958	774.249	−135.643
300	42.218	237.872	237.611	0.078	839.989	773.841	−134.736
400	43.383	250.164	239.280	4.354	841.149	751.592	−98.147
500	44.883	260.003	242.471	8.766	841.570	729.141	−76.172
600	46.406	268.322	246.104	13.331	841.453	706.659	−61.519
700	47.796	275.582	249.807	18.042	840.919	684.230	−51.057
800	48.997	282.045	253.440	22.884	840.053	661.901	−43.217
900	50.006	287.876	256.948	27.835	838.919	639.698	−37.127
1000	50.844	293.189	260.310	32.879	837.572	617.633	−32.261
1100	51.535	298.069	263.524	37.999	836.059	595.711	−28.288
1200	52.106	302.578	266.593	43.182	834.420	573.933	−24.982
1300	52.579	306.768	269.524	48.417	832.690	552.295	−22.191
1400	52.974	310.679	272.326	53.695	830.899	530.793	−19.804
1500	53.307	314.346	275.006	59.010	829.068	509.421	−17.739
9. CO(g)							
298.15	29.141	197.658	197.658	0.000	−110.530	−137.168	24.031
300	29.142	197.838	197.659	0.054	−110.519	−137.333	23.912
400	29.340	206.243	198.803	2.976	−110.121	−146.341	19.110
500	29.792	212.834	200.973	5.930	−110.027	−155.412	16.236
600	30.440	218.321	203.419	8.941	−110.157	−164.480	14.319
700	31.170	223.067	205.895	12.021	−110.453	−173.513	12.948
800	31.898	227.277	208.309	15.175	−110.870	−182.494	11.915
900	32.573	231.074	210.631	18.399	−111.378	−191.417	11.109
1000	33.178	234.538	212.851	21.687	−111.952	−200.281	10.461
1100	33.709	237.726	214.969	25.032	−112.573	−209.084	9.928
1200	34.169	240.679	216.990	28.426	−113.228	−217.829	9.482
1300	34.568	243.430	218.920	31.864	−113.904	−226.518	9.101
1400	34.914	246.005	220.763	35.338	−114.594	−235.155	8.774
1500	35.213	248.424	222.527	38.845	−115.291	−243.742	8.488
10. CO₂(g)							
298.15	37.135	213.783	213.783	0.000	−393.510	−394.373	69.092
300	37.220	214.013	213.784	0.069	−393.511	−394.379	68.667
400	41.328	225.305	215.296	4.004	−393.586	−394.656	51.536
500	44.627	234.895	218.280	8.307	−393.672	−394.914	41.256
600	47.327	243.278	221.762	12.909	−393.791	−395.152	34.401

T/K	/[J/(K·mol)]			/(kJ/mol)			$\lg_{10}K_f^{\ominus}$
	$C_p^{\ominus}$	$S^{\ominus}$	$-[G^{\ominus}-H^{\ominus}(T_r)]/T$	$H^{\ominus}-H^{\ominus}(T_r)$	$\Delta_f H^{\ominus}$	$\Delta_f G^{\ominus}$	
700	49.569	250.747	225.379	17.758	−393.946	−395.367	29.502
800	51.442	257.492	228.978	22.811	−394.133	−395.558	25.827
900	53.008	263.644	232.493	28.036	−394.343	−395.724	22.967
1000	54.320	269.299	235.895	33.404	−394.568	−395.865	20.678
1100	55.423	274.529	239.172	38.893	−394.801	−395.984	18.803
1200	56.354	279.393	242.324	44.483	−395.035	−396.081	17.241
1300	57.144	283.936	245.352	50.159	−395.265	−396.159	15.918
1400	57.818	288.196	248.261	55.908	−395.488	−396.219	14.783
1500	58.397	292.205	251.059	61.719	−395.702	−396.264	13.799
11. $CH_4(g)$							
298.15	35.695	186.369	186.369	0.000	−74.600	−50.530	8.853
300	35.765	186.590	186.370	0.066	−74.656	−50.381	8.772
400	40.631	197.501	187.825	3.871	−77.703	−41.827	5.462
500	46.627	207.202	190.744	8.229	−80.520	−32.525	3.398
600	52.742	216.246	194.248	13.199	−82.969	−22.690	1.975
700	58.603	224.821	198.008	18.769	−85.023	−12.476	0.931
800	64.084	233.008	201.875	24.907	−86.693	−1.993	0.130
900	69.137	240.852	205.773	31.571	−88.006	8.677	−0.504
1000	73.746	248.379	209.660	38.719	−88.996	19.475	−1.017
1100	77.919	255.607	213.511	46.306	−89.698	30.358	−1.442
1200	81.682	262.551	217.310	54.289	−90.145	41.294	−1.797
1300	85.067	269.225	221.048	62.630	−90.367	52.258	−2.100
1400	88.112	275.643	224.720	71.291	−90.390	63.231	−2.359
1500	90.856	281.817	228.322	80.242	−90.237	74.200	−2.584
12. $C_2H_2(g)$							
298.15	44.036	200.927	200.927	0.000	227.400	209.879	−36.769
300	44.174	201.199	200.927	0.082	227.397	209.770	−36.524
400	50.388	214.814	202.741	4.829	227.161	203.928	−26.630
500	54.751	226.552	206.357	10.097	226.846	198.154	−20.701
600	58.121	236.842	210.598	15.747	226.445	192.452	−16.754
700	60.970	246.021	215.014	21.704	225.968	186.823	−13.941
800	63.511	254.331	219.418	27.931	225.436	181.267	−11.835
900	65.831	261.947	223.726	34.399	224.873	175.779	−10.202
1000	67.960	268.995	227.905	41.090	224.300	170.355	−8.898
1100	69.909	275.565	231.942	47.985	223.734	164.988	−7.835
1200	71.686	281.725	235.837	55.067	223.189	159.672	−6.950
1300	73.299	287.528	239.592	62.317	222.676	154.400	−6.204
1400	74.758	293.014	243.214	69.721	222.203	149.166	−5.565
1500	76.077	298.218	246.709	77.264	221.774	143.964	−5.013
13. $C_2H_4(g)$							
298.15	42.883	219.316	219.316	0.000	52.400	68.358	−11.976
300	43.059	219.582	219.317	0.079	52.341	68.457	−11.919
400	53.045	233.327	221.124	4.881	49.254	74.302	−9.703
500	62.479	246.198	224.864	10.667	46.533	80.887	−8.450
600	70.673	258.332	229.441	17.335	44.221	87.982	−7.659
700	77.733	269.770	234.393	24.764	42.278	95.434	−7.121
800	83.868	280.559	239.496	32.851	40.655	103.142	−6.734
900	89.234	290.754	244.630	41.512	39.310	111.036	−6.444

续表

T/K	/[J/(K·mol)]			/(kJ/mol)			$\lg_{10} K_f^{\ominus}$
	$C_p^{\ominus}$	$S^{\ominus}$	$-[G^{\ominus}-H^{\ominus}(T_r)]/T$	$H^{\ominus}-H^{\ominus}(T_r)$	$\Delta_f H^{\ominus}$	$\Delta_f G^{\ominus}$	
1000	93.939	300.405	249.730	50.675	38.205	119.067	−6.219
1100	98.061	309.556	254.756	60.280	37.310	127.198	−6.040
1200	101.670	318.247	259.688	70.271	36.596	135.402	−5.894
1300	104.829	326.512	264.513	80.599	36.041	143.660	−5.772
1400	107.594	334.384	269.225	91.223	35.623	151.955	−5.669
1500	110.018	341.892	273.821	102.107	35.327	160.275	−5.581
14. C_2H_6(g)							
298.15	52.487	229.161	229.161	0.000	−84.000	−32.015	5.609
300	52.711	229.487	229.162	0.097	−84.094	−31.692	5.518
400	65.459	246.378	231.379	5.999	−88.988	−13.473	1.759
500	77.941	262.344	235.989	13.177	−93.238	5.912	−0.618
600	89.188	277.568	241.660	21.545	−96.779	26.086	−2.271
700	99.136	292.080	247.835	30.972	−99.663	46.800	−3.492
800	107.936	305.904	254.236	41.334	−101.963	67.887	−4.433
900	115.709	319.075	260.715	52.525	−103.754	89.231	−5.179
1000	122.552	331.628	267.183	64.445	−105.105	110.750	−5.785
1100	128.553	343.597	273.590	77.007	−106.082	132.385	−6.286
1200	133.804	355.012	279.904	90.131	−106.741	154.096	−6.708
1300	138.391	365.908	286.103	103.746	−107.131	175.850	−7.066
1400	142.399	376.314	292.178	117.790	−107.292	197.625	−7.373
1500	145.905	386.260	298.121	132.209	−107.260	219.404	−7.640
15. C_3H_6(g)							
298.15	55.571	237.488	237.488	0.000	53.300	104.514	−18.310
300	55.941	237.832	237.489	0.103	53.195	104.832	−18.253
400	76.052	256.695	239.924	6.708	47.967	122.857	−16.043
500	93.859	275.637	245.177	15.230	43.730	142.091	−14.844
600	108.542	294.092	251.801	25.374	40.405	162.089	−14.111
700	120.682	311.763	259.115	36.854	37.825	182.583	−13.624
800	130.910	328.564	266.755	49.447	35.854	203.404	−13.281
900	139.658	344.501	274.516	62.987	34.384	224.441	−13.026
1000	147.207	359.616	282.277	77.339	33.334	245.618	−12.830
1100	158.749	373.961	289.965	92.395	32.640	266.883	−12.673
1200	159.432	387.588	297.538	108.060	32.249	288.197	−12.545
1300	164.378	400.549	304.967	124.257	32.119	309.533	−12.437
1400	168.689	412.892	312.239	140.915	32.215	330.870	−12.345
1500	172.453	424.662	319.344	157.976	32.507	352.193	−12.264
16. C_3H_8(g)							
298.15	73.597	270.313	270.313	0.000	−103.847	−23.458	4.110
300	73.931	270.769	270.314	0.136	−103.972	−22.959	3.997
400	94.014	294.739	273.447	8.517	−110.33	15.029	−0.657
500	112.591	317.768	280.025	18.872	−115.658	34.507	−3.605
600	128.700	339.753	288.162	30.955	−119.973	64.961	−5.655
700	142.674	360.668	297.039	44.540	−123.384	96.065	−7.168
800	154.766	380.528	306.245	59.427	−126.016	127.603	−8.331
900	165.352	399.381	315.555	75.444	−127.982	159.430	−9.253
1000	174.598	417.293	324.841	92.452	−129.380	191.444	−10.000
1100	182.673	434.321	334.026	110.325	−130.296	223.574	−10.617
1200	189.745	450.526	343.064	128.954	−130.802	255.770	−11.133

续表

T/K	/[J/(K·mol)]			/(kJ/mol)			$\lg_{10} K_f^\ominus$
	$C_P^\ominus$	$S^\ominus$	$-[G^\ominus-H^\ominus(T_r)]/T$	$H^\ominus-H^\ominus(T_r)$	$\Delta_f H^\ominus$	$\Delta_f G^\ominus$	
1300	195.853	465.961	351.929	148.241	−130.961	287.993	−11.572
1400	201.209	480.675	360.604	168.100	−130.829	320.217	−11.947
1500	205.895	494.721	369.080	188.460	−130.445	352.422	−12.272
17. C_6H_6(l)							
298.15	135.950	173.450	173.450	0.000	49.080	124.521	−21.815
300	136.312	174.292	173.453	0.252	49.077	124.989	−21.762
400	161.793	216.837	179.082	15.102	48.978	150.320	−19.630
500	207.599	257.048	190.639	33.204	50.330	175.559	−18.340
18. C_6H_6(g)							
298.15	82.430	269.190	269.190	0.000	82.880	129.750	−22.731
300	83.020	269.700	269.190	0.153	82.780	130.040	−22.641
400	113.510	297.840	272.823	10.007	77.780	146.570	−19.140
500	139.340	326.050	280.658	22.696	73.740	164.260	−17.160
600	160.090	353.360	290.517	37.706	70.490	182.680	−15.903
700	176.790	379.330	301.360	54.579	67.910	201.590	−15.042
800	190.460	403.860	312.658	72.962	65.910	220.820	−14.418
900	201.840	426.970	324.084	92.597	64.410	240.280	−13.945
1000	211.430	448.740	335.473	113.267	63.340	259.890	−13.575
1100	219.580	469.280	346.710	134.827	62.620	277.640	−13.184
1200	226.540	488.690	357.743	157.137	62.200	299.320	−13.029
1300	232.520	507.070	368.534	180.097	62.000	319.090	−12.821
1400	237.680	524.490	379.056	203.607	61.990	338.870	−12.643
1500	242.140	541.040	389.302	227.607	62.110	358.640	−12.489
19. $C_{10}H_8$(c,l)							
298.15	165.720	167.390	167.390	0.000	78.530	201.585	−35.316
300	167.001	168.419	167.393	0.308	78.466	202.349	−35.232
353.43	208.722	198.948	169.833	10.290	96.099	224.543	−33.186
相变：$\Delta_{trs}H=18.980\text{kJ/mol}$，$\Delta_{trs}S=53.702\text{J/(K·mol)}$，c-l							
353.43	217.200	252.650	169.833	29.270	96.099	224.543	−33.186
400	241.577	280.916	181.124	39.917	96.067	241.475	−31.533
470	276.409	322.712	199.114	58.091	97.012	266.859	−29.658
20. $C_{10}H_8$(g)							
298.15	131.920	333.150	333.150	0.000	150.580	224.100	−39.260
300	132.840	333.970	333.157	0.244	150.450	224.560	−39.098
400	180.070	378.800	338.950	15.940	144.190	250.270	−32.681
500	219.740	423.400	351.400	36.000	139.220	277.340	−28.973
600	251.530	466.380	367.007	59.624	135.350	305.330	−26.581
700	277.010	507.140	384.146	86.096	132.330	333.950	−24.919
800	297.730	545.520	401.935	114.868	130.050	362.920	−23.696
900	314.850	581.610	419.918	145.523	128.430	392.150	−22.759
1000	329.170	615.550	437.806	177.744	127.510	421.700	−22.027
1100	341.240	647.500	455.426	211.281	127.100	450.630	−21.398
1200	351.500	677.650	472.707	245.932	126.960	480.450	−20.913
1300	360.260	706.130	489.568	281.531	127.060	509.770	−20.482
1400	367.780	733.110	506.009	317.941	127.390	539.740	−20.137
1500	374.270	758.720	522.019	355.051	127.920	568.940	−19.812
21. H_2CO(g)							
298.15	35.387	218.760	218.760	0.000	−108.700	−102.667	17.987

T/K	/[J/(K · mol)]			/(kJ/mol)			$\lg_{10} K_f^{\ominus}$
	$C_p^{\ominus}$	$S^{\ominus}$	$-[G^{\ominus}-H^{\ominus}(T_r)]/T$	$H^{\ominus}-H^{\ominus}(T_r)$	$\Delta_f H^{\ominus}$	$\Delta_f G^{\ominus}$	
300	35.443	218.979	218.761	0.066	−108.731	−102.630	17.869
400	39.240	229.665	220.192	3.789	−110.438	−100.340	13.103
500	43.736	238.900	223.028	7.936	−112.073	−97.623	10.198
600	48.181	247.270	226.381	12.534	−113.545	−94.592	8.235
700	52.280	255.011	229.924	17.560	−114.833	−91.328	6.815
800	55.941	262.236	233.517	22.975	−115.942	−87.893	5.739
900	59.156	269.014	237.088	28.734	−116.889	−84.328	4.894
1000	61.951	275.395	240.603	34.792	−117.696	−80.666	4.213
1100	64.368	281.416	244.042	41.111	−118.382	−76.929	3.653
1200	66.453	287.108	247.396	47.655	−118.966	−73.134	3.183
1300	68.251	292.500	250.660	54.392	−119.463	−69.294	2.784
1400	69.803	297.616	253.833	61.297	−119.887	−65.418	2.441
1500	71.146	302.479	256.915	68.346	−120.249	−61.514	2.142
22. $CH_3OH(g)$							
298.15	44.101	239.865	239.865	0.000	−201.000	−162.298	28.434
300	44.219	240.139	239.866	0.082	−201.068	−162.057	28.216
400	51.713	253.845	241.685	4.864	−204.622	−148.509	19.393
500	59.800	266.257	245.374	10.442	−207.750	−134.109	14.010
600	67.294	277.835	249.830	16.803	−210.387	−119.125	10.371
700	73.958	288.719	254.616	23.873	−212.570	−103.737	7.741
800	79.838	298.987	259.526	31.569	−214.350	−88.063	5.750
900	85.025	308.696	264.455	39.817	−215.782	−72.188	4.190
1000	89.597	317.896	269.343	48.553	−216.916	−56.170	2.934
1100	93.624	326.629	274.158	57.718	−217.794	−40.050	1.902
1200	97.165	334.930	278.879	67.262	−218.457	−23.861	1.039
1300	100.277	342.833	283.497	77.137	−218.936	−7.624	0.306
1400	103.014	350.367	288.007	87.304	−219.261	8.644	−0.322
1500	105.422	357.558	292.405	97.729	−219.456	24.930	−0.868
23. $C_2H_4O(g)$							
298.15	55.318	263.840	263.840	0.000	−166.190	−133.010	23.302
300	55.510	264.180	263.837	0.103	−166.250	−132.800	23.122
400	66.282	281.620	266.147	6.189	−169.530	−121.130	15.818
500	76.675	297.540	270.850	13.345	−172.420	−108.700	11.356
600	85.942	312.360	276.550	21.486	−174.870	−95.720	8.334
700	94.035	326.230	282.667	30.494	−176.910	−82.350	6.145
800	101.070	339.260	288.938	40.258	−178.570	−68.730	4.487
900	107.190	351.520	295.189	50.698	−179.880	−54.920	3.187
1000	112.490	363.100	301.431	61.669	−180.850	−40.930	2.138
1100	117.080	374.040	307.537	73.153	−181.560	−27.010	1.283
1200	121.060	384.400	313.512	85.065	−182.070	−12.860	0.560
1300	124.500	394.230	319.350	97.344	−182.420	1.240	−0.050
1400	127.490	403.570	325.031	109.954	−182.640	15.470	−0.577
1500	130.090	412.460	330.571	122.834	−182.750	29.580	−1.030
24. $C_2H_5OH(g)$							
298.15	65.652	281.622	281.622	0.000	−234.800	−167.874	29.410
300	65.926	282.029	281.623	0.122	−234.897	−167.458	29.157
400	81.169	303.076	284.390	7.474	−239.826	−144.216	18.832
500	95.400	322.750	290.115	16.318	−243.940	−119.820	12.517

续表

T/K	/[J/(K·mol)]			/(kJ/mol)			$\lg_{10} K_f^{\ominus}$
	$C_P^{\ominus}$	$S^{\ominus}$	$-[G^{\ominus}-H^{\ominus}(T_r)]/T$	$H^{\ominus}-H^{\ominus}(T_r)$	$\Delta_f H^{\ominus}$	$\Delta_f G^{\ominus}$	
600	107.656	341.257	297.112	26.487	−247.260	−94.672	8.242
700	118.129	358.659	304.674	37.790	−249.895	−69.023	5.151
800	127.171	375.038	312.456	50.065	−251.951	−43.038	2.810
900	135.049	390.482	320.276	63.185	−253.515	−16.825	0.976
1000	141.934	405.075	328.033	77.042	−254.662	9.539	−0.498
1100	147.958	418.892	335.670	91.543	−255.454	36.000	−1.709
1200	153.232	431.997	343.156	106.609	−255.947	62.520	−2.721
1300	157.849	444.448	350.473	122.168	−256.184	89.070	−3.579
1400	161.896	456.298	357.612	138.160	−256.206	115.630	−4.314
1500	165.447	467.591	364.571	154.531	−256.044	142.185	−4.951
25. $C_2H_4O_2(g)$							
298.15	63.438	283.470	283.470	0.000	−432.249	−374.254	65.567
300	63.739	283.863	283.471	0.118	−432.324	−373.893	65.100
400	79.665	304.404	286.164	7.296	−436.006	−353.840	46.206
500	93.926	323.751	291.765	15.993	−438.875	−332.950	34.783
600	106.181	341.988	298.631	26.014	−440.993	−311.554	27.123
700	116.627	359.162	306.064	37.169	−442.466	−289.856	21.629
800	125.501	375.331	313.722	49.287	−443.395	−267.985	17.497
900	132.989	390.558	321.422	62.223	−443.873	−246.026	14.279
1000	139.257	404.904	329.060	74.844	−443.982	−224.034	11.702
1100	144.462	418.429	336.576	90.039	−443.798	−202.046	9.594
1200	148.760	431.189	343.933	104.707	−443.385	−180.086	7.839
1300	152.302	443.240	351.113	119.765	−442.795	−158.167	6.355
1400	155.220	454.637	358.105	135.146	−442.071	−136.299	5.085
1500	157.631	465.432	364.903	150.793	−441.247	−114.486	3.987
26. $C_3H_6O(g)$							
298.15	74.517	295.349	295.349	0.000	−217.150	−152.716	26.757
300	74.810	295.809	295.349	0.138	−217.233	−152.339	26.521
400	91.755	319.658	298.498	8.464	−222.212	−129.913	16.962
500	107.864	341.916	304.988	18.464	−226.522	−106.315	11.107
600	122.047	362.836	312.873	29.978	−230.120	−81.923	7.133
700	134.306	382.627	321.470	42.810	−233.049	−56.986	4.252
800	144.934	401.246	330.265	56.785	−235.350	−31.673	2.068
900	154.097	418.860	339.141	71.747	−237.149	−6.109	0.353
1000	162.046	435.513	347.950	87.563	−238.404	19.707	−1.030
1100	168.908	451.286	356.617	104.136	−239.283	45.396	−2.157
1200	174.891	466.265	365.155	121.332	−239.827	71.463	−3.110
1300	180.079	480.491	373.513	139.072	−240.120	97.362	−3.912
1400	184.556	493.963	381.596	157.314	−240.203	123.470	−4.607
1500	188.447	506.850	389.533	175.975	−240.120	149.369	−5.202
27. $C_6H_6O(g)$							
298.15	103.220	314.810	314.810	0.000	−96.400	−32.630	5.720
300	103.860	315.450	314.810	0.192	−96.490	−32.230	5.610
400	135.790	349.820	319.278	12.217	−100.870	−10.180	1.330
500	161.910	383.040	328.736	27.152	−104.240	12.970	−1.360
600	182.480	414.450	340.430	44.412	−106.810	36.650	−3.190
700	198.840	443.860	353.134	63.508	−108.800	60.750	−4.530
800	212.140	471.310	366.211	84.079	−110.300	85.020	−5.550

续表

T/K	/[J/(K·mol)]			/(kJ/mol)			$\lg_{10}K_f^{\ominus}$
	$C_p^{\ominus}$	$S^{\ominus}$	$-[G^{\ominus}-H^{\ominus}(T_r)]/T$	$H^{\ominus}-H^{\ominus}(T_r)$	$\Delta_f H^{\ominus}$	$\Delta_f G^{\ominus}$	
900	223.190	496.950	379.327	105.861	-111.370	109.590	-6.360
1000	232.490	520.960	392.302	128.658	-111.990	134.280	-7.010
1100	240.410	543.500	405.033	152.314	-112.280	158.620	-7.530
1200	247.200	564.720	417.468	176.703	-112.390	183.350	-7.980
1300	253.060	584.740	429.568	201.723	-112.330	208.070	-8.360
1400	258.120	603.680	441.331	227.288	-112.120	233.050	-8.700
1500	262.520	621.650	452.767	253.325	-111.780	257.540	-8.970
28. CF₄(g)							
298.15	61.050	261.455	261.455	0.000	-933.200	-888.518	155.663
300	61.284	261.833	261.456	0.113	-933.219	-888.240	154.654
400	72.399	281.057	264.001	6.822	-933.986	-873.120	114.016
500	80.713	298.153	269.155	14.499	-934.372	-857.852	89.618
600	86.783	313.434	275.284	22.890	-934.490	-842.533	73.348
700	91.212	327.162	281.732	31.801	-934.431	-827.210	61.726
800	94.479	339.566	288.199	41.094	-934.261	-811.903	53.011
900	96.929	350.842	294.542	50.670	-934.024	-796.622	46.234
1000	98.798	361.156	300.695	60.460	-933.745	-781.369	40.814
1100	100.250	370.643	306.629	70.416	-933.442	-766.146	36.381
1200	101.396	379.417	312.334	80.500	-933.125	-750.952	32.688
1300	102.314	387.571	317.811	90.687	-932.800	-735.784	29.564
1400	103.059	395.181	323.069	100.957	-932.470	-720.641	26.887
1500	103.671	402.313	328.116	111.295	-932.137	-705.522	24.568
29. CHF₃(g)							
298.15	51.069	259.675	259.675	0.000	-696.700	-662.237	116.020
300	51.258	259.991	259.676	0.095	-696.735	-662.023	115.267
400	61.148	276.113	261.807	5.722	-698.427	-650.186	84.905
500	69.631	290.700	266.149	12.275	-699.715	-637.969	66.647
600	76.453	304.022	271.368	19.593	-700.634	-625.528	54.456
700	81.868	316.230	276.917	27.519	-701.253	-612.957	45.739
800	86.201	327.455	282.542	35.930	-701.636	-600.315	39.196
900	89.719	337.818	288.116	44.732	-701.832	-587.636	34.105
1000	92.617	347.426	293.572	53.854	-701.879	-574.944	30.032
1100	95.038	356.370	298.879	63.240	-701.805	-562.253	26.699
1200	97.084	364.730	304.022	72.849	-701.629	-549.574	23.922
1300	98.833	372.571	308.997	82.647	-701.368	-536.913	21.573
1400	100.344	379.952	313.804	92.607	-701.033	-524.274	19.561
1500	101.660	386.921	318.449	102.709	-700.635	-511.662	17.817
30. CClF₃(g)							
298.15	66.886	285.419	285.419	0.000	-707.800	-667.238	116.896
300	67.111	285.834	285.421	0.124	-707.810	-666.986	116.131
400	77.528	306.646	288.187	7.383	-708.153	-653.316	85.313
500	85.013	324.797	293.734	15.532	-708.170	-639.599	66.818
600	90.329	340.794	300.271	24.314	-707.975	-625.901	54.489
700	94.132	355.020	307.096	33.547	-707.654	-612.246	45.686
800	96.899	367.780	313.897	43.106	-707.264	-598.642	39.087
900	98.951	379.317	320.536	52.903	-706.837	-585.090	33.957
1000	100.507	389.827	326.947	62.880	-706.396	-571.586	29.856
1100	101.708	399.465	333.108	72.993	-705.950	-558.126	26.503

续表

T/K	/[J/(K·mol)]			/(kJ/mol)			$\lg_{10} K_f^{\ominus}$
	$C_p^{\ominus}$	$S^{\ominus}$	$-[G^{\ominus}-H^{\ominus}(T_r)]/T$	$H^{\ominus}-H^{\ominus}(T_r)$	$\Delta_f H^{\ominus}$	$\Delta_f G^{\ominus}$	
1200	102.651	408.357	339.013	83.213	−705.505	−544.707	23.710
1300	103.404	416.604	344.668	93.517	−705.064	−531.326	21.349
1400	104.012	424.290	350.084	103.889	−704.628	−517.977	19.326
1500	104.512	431.484	355.273	114.316	−704.196	−504.660	17.574
31. $CCl_2F_2(g)$							
298.15	72.476	300.903	300.903	0.000	−486.000	−447.030	78.317
300	72.691	301.352	300.905	0.134	−486.002	−446.788	77.792
400	82.408	323.682	303.883	7.919	−485.945	−433.716	56.637
500	89.063	342.833	309.804	16.514	−485.618	−420.692	43.949
600	93.635	359.500	316.729	25.663	−485.136	−407.751	35.497
700	96.832	374.189	323.909	35.196	−484.576	−394.897	29.467
800	99.121	387.276	331.027	44.999	−483.984	−382.126	24.950
900	100.801	399.053	337.942	55.000	−483.388	−369.429	21.441
1000	102.062	409.742	344.596	65.146	−482.800	−356.799	18.637
1100	103.030	419.517	350.969	75.402	−482.226	−344.227	16.346
1200	103.786	428.515	357.061	85.745	−481.667	−331.706	14.439
1300	104.388	436.847	362.882	96.154	−481.121	−319.232	12.827
1400	104.874	444.602	368.445	106.618	−480.588	−306.799	11.447
1500	105.270	451.851	373.767	117.126	−480.065	−294.404	10.252
32. $CHClF_2(g)$							
298.15	55.853	280.915	280.915	0.000	−475.000	−443.845	77.759
300	56.039	281.261	280.916	0.104	−475.028	−443.652	77.246
400	65.395	298.701	283.231	6.188	−476.390	−432.978	56.540
500	73.008	314.145	287.898	13.123	−477.398	−422.001	44.086
600	78.940	328.003	293.448	20.733	−478.103	−410.851	35.767
700	83.551	340.533	299.294	28.867	−478.574	−399.603	29.818
800	87.185	351.936	305.172	37.411	−478.870	−388.299	25.353
900	90.100	362.379	310.956	46.280	−479.031	−376.967	21.878
1000	92.475	371.999	316.586	55.413	−479.090	−365.622	19.098
1100	94.433	380.908	322.033	64.761	−479.068	−354.276	16.823
1200	96.066	389.196	327.289	74.289	−478.982	−342.935	14.927
1300	97.438	396.941	332.352	83.966	−478.843	−331.603	13.324
1400	98.601	404.206	337.228	93.769	−478.661	−320.283	11.950
1500	99.593	411.044	341.923	103.681	−478.443	−308.978	10.759
33. $CH_5N(g)$							
298.15	50.053	242.881	242.881	0.000	−22.529	32.734	−5.735
300	50.227	243.196	242.893	0.091	−22.614	33.077	−5.759
400	60.171	258.986	244.975	5.604	−26.846	52.294	−6.829
500	70.057	273.486	249.244	12.121	−30.431	72.510	−7.575
600	78.929	287.063	254.431	19.579	−33.364	93.382	−8.129
700	86.711	299.826	260.008	27.873	−35.712	114.702	−8.559
800	93.545	311.865	265.749	36.893	−37.548	136.316	−8.900
900	99.573	323.239	271.511	46.555	−38.949	158.138	−9.178
1000	104.886	334.006	277.220	56.786	−39.967	180.098	−9.407
1100	109.576	344.233	282.861	67.509	−40.681	201.822	−9.584
1200	113.708	353.944	288.374	78.685	−41.136	224.240	−9.761
1300	117.341	363.190	293.775	90.239	−41.376	246.364	−9.899
1400	120.542	372.012	299.061	102.131	−41.451	268.504	−10.018

T/K	/[J/(K·mol)]			/(kJ/mol)			$\lg_{10} K_f^{\ominus}$
	$C_p^{\ominus}$	$S^{\ominus}$	$-[G^{\ominus}-H^{\ominus}(T_r)]/T$	$H^{\ominus}-H^{\ominus}(T_r)$	$\Delta_f H^{\ominus}$	$\Delta_f G^{\ominus}$	
1500	123.353	380.426	304.209	114.326	−41.381	290.639	−10.121
34. Cl(g)							
298.15	21.838	165.190	165.190	0.000	121.302	105.306	−18.449
300	21.852	165.325	165.190	0.040	121.311	105.207	−18.318
400	22.467	171.703	166.055	2.259	121.795	99.766	−13.028
500	22.744	176.752	167.708	4.522	122.272	94.203	−9.841
600	22.781	180.905	169.571	6.800	122.734	88.546	−7.709
700	22.692	184.411	171.448	9.074	123.172	82.813	−6.179
800	22.549	187.432	173.261	11.337	123.585	77.019	−5.029
900	22.389	190.079	174.986	13.584	123.971	71.175	−4.131
1000	22.233	192.430	176.615	15.815	124.334	65.289	−3.410
1100	22.089	194.542	178.150	18.031	124.675	59.368	−2.819
1200	21.959	196.458	179.597	20.233	124.996	53.416	−2.325
1300	21.843	198.211	180.963	22.423	125.299	47.439	−1.906
1400	21.742	199.826	182.253	24.602	125.587	41.439	−1.546
1500	21.652	201.323	183.475	26.772	125.861	35.418	−1.233
35. Cl₂(g)							
298.15	33.949	223.079	223.079	0.000	0.000	0.000	0.000
300	33.981	223.290	223.080	0.063	0.000	0.000	0.000
400	35.296	233.263	224.431	3.533	0.000	0.000	0.000
500	36.064	241.229	227.021	7.104	0.000	0.000	0.000
600	36.547	247.850	229.956	10.736	0.000	0.000	0.000
700	36.874	253.510	232.926	14.408	0.000	0.000	0.000
800	37.111	258.450	235.815	18.108	0.000	0.000	0.000
900	37.294	262.832	238.578	21.829	0.000	0.000	0.000
1000	37.442	266.769	241.203	25.566	0.000	0.000	0.000
1100	37.567	270.343	243.692	29.316	0.000	0.000	0.000
1200	37.678	273.617	246.052	33.079	0.000	0.000	0.000
1300	37.778	276.637	248.290	36.851	0.000	0.000	0.000
1400	37.872	279.440	250.416	40.634	0.000	0.000	0.000
1500	37.961	282.056	252.439	44.426	0.000	0.000	0.000
36. HCl(g)							
298.15	29.136	186.902	186.902	0.000	−92.310	−95.298	16.696
300	29.137	187.082	186.902	0.054	−92.314	−95.317	16.596
400	29.175	195.468	188.045	2.969	−92.587	−96.278	12.573
500	29.304	201.990	190.206	5.892	−92.911	−97.164	10.151
600	29.576	207.354	192.630	8.835	−93.249	−97.983	8.530
700	29.988	211.943	195.069	11.812	−93.577	−98.746	7.368
800	30.500	215.980	197.435	14.836	−93.879	−99.464	6.494
900	31.063	219.604	199.700	17.913	−94.149	−100.145	5.812
1000	31.639	222.907	201.858	21.049	−94.384	−100.798	5.265
1100	32.201	225.949	203.912	24.241	−94.587	−101.430	4.816
1200	32.734	228.774	205.867	27.488	−94.760	−102.044	4.442
1300	33.229	231.414	207.732	30.786	−94.908	−102.645	4.124
1400	33.684	233.893	209.513	34.132	−95.035	−103.235	3.852
1500	34.100	236.232	211.217	37.522	−95.146	−103.817	3.615
37. Cu(c,l)							
298.15	24.440	33.150	33.150	0.000	0.000	0.000	0.000

T/K	/[J/(K·mol)]			/(kJ/mol)			$\lg_{10} K_f^{\ominus}$
	$C_P^{\ominus}$	$S^{\ominus}$	$-[G^{\ominus}-H^{\ominus}(T_r)]/T$	$H^{\ominus}-H^{\ominus}(T_r)$	$\Delta_f H^{\ominus}$	$\Delta_f G^{\ominus}$	
300	24.460	33.301	33.150	0.045	0.000	0.000	0.000
400	25.339	40.467	34.122	2.538	0.000	0.000	0.000
500	25.966	46.192	35.982	5.105	0.000	0.000	0.000
600	26.479	50.973	38.093	7.728	0.000	0.000	0.000
700	26.953	55.090	40.234	10.399	0.000	0.000	0.000
800	27.448	58.721	42.322	13.119	0.000	0.000	0.000
900	28.014	61.986	44.328	15.891	0.000	0.000	0.000
1000	28.700	64.971	46.245	18.726	0.000	0.000	0.000
1100	29.553	67.745	48.075	21.637	0.000	0.000	0.000
1200	30.617	70.361	49.824	24.644	0.000	0.000	0.000
1300	31.940	72.862	51.501	27.769	0.000	0.000	0.000
1358	32.844	74.275	52.443	29.647	0.000	0.000	0.000
相变：$\Delta_{trs}H=13.141\text{kJ/mol}, \Delta_{trs}S=9.676\text{J/(K·mol)}$, c-l							
1358	32.800	83.951	52.443	42.788	0.000	0.000	0.000
1400	32.800	84.950	53.403	44.166	0.000	0.000	0.000
1500	32.800	87.213	55.583	47.446	0.000	0.000	0.000
38. Cu(g)							
298.15	20.786	166.397	166.397	0.000	337.600	297.873	-52.185
300	20.786	166.525	166.397	0.038	337.594	297.626	-51.821
400	20.786	172.505	167.213	2.117	337.179	284.364	-37.134
500	20.786	177.143	168.752	4.196	336.691	271.215	-28.333
600	20.786	180.933	170.476	6.274	336.147	258.170	-22.475
700	20.786	184.137	172.205	8.353	335.554	245.221	-18.298
800	20.786	186.913	173.874	10.431	334.913	232.359	-15.171
900	20.786	189.361	175.461	12.510	334.219	219.581	-12.744
1000	20.786	191.551	176.963	14.589	333.463	206.883	-10.806
1100	20.788	193.532	178.380	16.667	332.631	194.265	-9.225
1200	20.793	195.341	179.719	18.746	331.703	181.726	-7.910
1300	20.803	197.006	180.986	20.826	330.657	169.270	-6.801
1400	20.823	198.548	182.186	22.907	316.342	157.305	-5.869
1500	20.856	199.986	183.325	24.991	315.146	145.987	-5.084
39. CuO(c)							
298.15	42.300	42.740	42.740	0.000	-162.000	-134.277	23.524
300	42.417	43.002	42.741	0.078	-161.994	-134.105	23.349
400	46.783	55.878	44.467	4.564	-161.487	-124.876	16.307
500	49.190	66.596	47.852	9.372	-160.775	-115.803	12.098
600	50.827	75.717	51.755	14.377	-159.973	-106.883	9.305
700	52.099	83.651	55.757	19.526	-159.124	-98.102	7.320
800	53.178	90.680	59.691	24.791	-158.247	-89.444	5.840
900	54.144	97.000	63.491	30.158	-157.356	-80.897	4.695
1000	55.040	102.751	67.134	35.617	-156.462	-72.450	3.784
1100	55.890	108.037	70.615	41.164	-155.582	-64.091	3.043
1200	56.709	112.936	73.941	46.794	-154.733	-55.812	2.429
1300	57.507	117.507	77.118	52.505	-153.940	-47.601	1.913
1400	58.288	121.797	80.158	58.295	-166.354	-39.043	1.457
1500	59.057	125.845	83.070	64.163	-165.589	-29.975	1.044
40. Cu₂O(c)							
298.15	62.600	92.550	92.550	0.000	-173.100	-150.344	26.339

T/K	/[J/(K·mol)]			/(kJ/mol)			$\lg_{10} K_f^{\ominus}$
	$C_P^{\ominus}$	$S^{\ominus}$	$-[G^{\ominus}-H^{\ominus}(T_r)]/T$	$H^{\ominus}-H^{\ominus}(T_r)$	$\Delta_f H^{\ominus}$	$\Delta_f G^{\ominus}$	
300	62.721	92.938	92.551	0.116	−173.102	−150.203	26.152
400	67.587	111.712	95.078	6.654	−173.036	−142.572	18.618
500	70.784	127.155	99.995	13.580	−172.772	−134.984	14.101
600	73.323	140.291	105.643	20.789	−172.389	−127.460	11.096
700	75.552	151.764	111.429	28.235	−171.914	−120.009	8.955
800	77.616	161.989	117.121	35.894	−171.363	−112.631	7.354
900	79.584	171.245	122.629	43.755	−170.750	−105.325	6.113
1000	81.492	179.729	127.920	51.809	−170.097	−98.091	5.124
1100	83.360	187.584	132.992	60.052	−169.431	−90.922	4.317
1200	85.202	194.917	137.850	68.480	−168.791	−83.814	3.648
1300	87.026	201.808	142.507	77.092	−168.223	−76.756	3.084
1400	88.836	208.324	146.978	85.885	−194.030	−68.926	2.572
1500	90.636	214.515	151.276	94.858	−193.438	−60.010	2.090
41. CuCl₂(c,l)							
298.15	71.880	108.070	108.070	0.000	−218.000	−173.826	30.453
300	71.998	108.515	108.071	0.133	−217.975	−173.552	30.218
400	76.338	129.899	110.957	7.577	−216.494	−158.962	20.758
500	78.654	147.204	116.532	15.336	−214.873	−144.765	15.123
600	80.175	161.687	122.884	23.282	−213.182	−130.901	11.396
675	81.056	171.183	127.732	29.329	−211.185	−120.693	9.340
相变:$\Delta_{trs}H=0.700$kJ/mol,$\Delta_{trs}S=1.037$J/(K·mol),cⅡ-cⅠ							
675	82.400	172.220	127.732	30.029	−211.185	−120.693	9.340
700	82.400	175.216	129.375	32.089	−210.719	−117.350	8.757
800	82.400	186.219	135.808	40.329	−208.898	−104.137	6.799
871	82.400	193.226	140.207	46.179	−192.649	−94.893	5.691
相变:$\Delta_{trs}H=15.001$kJ/mol,$\Delta_{trs}S=17.221$J/(K·mol),cⅠ-l							
871	100.000	210.447	140.207	61.180	−192.649	−94.893	5.691
900	100.000	213.723	142.523	64.080	−191.640	−91.655	5.319
1000	100.000	224.259	150.179	74.080	−188.212	−80.730	4.217
1100	100.000	233.790	157.353	84.080	−184.873	−70.144	3.331
1130.75	100.000	236.547	159.470	87.155	−183.867	−66.951	3.093
42. CuCl₂(g)							
298.15	56.814	278.418	278.418	0.000	−43.268	−49.883	8.739
300	56.869	278.769	278.419	0.105	−43.271	−49.924	8.692
400	58.992	295.456	280.679	5.911	−43.428	−52.119	6.806
500	60.111	308.752	285.010	11.871	−43.606	−54.271	5.670
600	60.761	319.774	289.911	17.918	−43.814	−56.385	4.909
700	61.168	329.173	294.865	24.015	−44.060	−58.462	4.362
800	61.439	337.360	299.677	30.147	−44.349	−60.500	3.950
900	61.630	344.608	304.274	36.301	−44.688	−62.499	3.627
1000	61.776	351.109	308.638	42.471	−45.088	−64.457	3.367
1100	61.900	357.003	312.771	48.655	−45.566	−66.372	3.152
1200	62.022	362.394	316.685	54.851	−46.139	−68.239	2.970
1300	62.159	367.364	320.395	61.060	−46.829	−70.053	2.815
1400	62.325	371.976	323.916	67.284	−60.784	−71.404	2.664
1500	62.531	376.283	327.265	73.526	−61.613	−72.133	2.512
43. F(g)							
298.15	22.746	158.750	158.750	0.000	79.380	62.280	−10.911

T/K	/[J/(K·mol)]			/(kJ/mol)			$\lg_{10} K_f^{\ominus}$
	$C_p^{\ominus}$	$S^{\ominus}$	$-[G^{\ominus}-H^{\ominus}(T_r)]/T$	$H^{\ominus}-H^{\ominus}(T_r)$	$\Delta_f H^{\ominus}$	$\Delta_f G^{\ominus}$	
300	22.742	158.891	158.750	0.042	79.393	62.173	-10.825
400	22.432	165.394	159.639	2.302	80.043	56.332	-7.356
500	22.100	170.363	161.307	4.528	80.587	50.340	-5.259
600	21.832	174.368	163.161	6.724	81.046	44.246	-3.852
700	21.629	177.717	165.008	8.897	81.442	38.081	-2.842
800	21.475	180.595	166.780	11.052	81.792	31.862	-2.080
900	21.357	183.117	168.458	13.193	82.106	25.601	-1.486
1000	21.266	185.362	170.039	15.324	82.391	19.308	-1.009
1100	21.194	187.386	171.525	17.447	82.654	12.986	-0.617
1200	21.137	189.227	172.925	19.563	82.897	6.642	-0.289
1300	21.091	190.917	174.245	21.675	83.123	0.278	-0.011
1400	21.054	192.479	175.492	23.782	83.335	-6.103	0.228
1500	21.022	193.930	176.673	25.886	83.533	-12.498	0.435
44. F₂(g)							
298.15	31.304	202.790	202.790	0.000	0.000	0.000	0.000
300	31.337	202.984	202.790	0.058	0.000	0.000	0.000
400	32.995	212.233	204.040	3.277	0.000	0.000	0.000
500	34.258	219.739	206.453	6.643	0.000	0.000	0.000
600	35.171	226.070	209.208	10.117	0.000	0.000	0.000
700	35.839	231.545	212.017	13.669	0.000	0.000	0.000
800	36.343	236.365	214.765	17.279	0.000	0.000	0.000
900	36.740	240.669	217.409	20.934	0.000	0.000	0.000
1000	37.065	244.557	219.932	24.625	0.000	0.000	0.000
1100	37.342	248.103	222.334	28.346	0.000	0.000	0.000
1200	37.588	251.363	224.619	32.093	0.000	0.000	0.000
1300	37.811	254.381	226.794	35.863	0.000	0.000	0.000
1400	38.019	257.191	228.866	39.654	0.000	0.000	0.000
1500	38.214	259.820	230.843	43.466	0.000	0.000	0.000
45. HF(g)							
298.15	29.137	173.776	173.776	0.000	-273.300	-275.399	48.248
300	29.137	173.956	173.776	0.054	-273.302	-275.412	47.953
400	29.149	182.340	174.919	2.968	-273.450	-276.096	36.054
500	29.172	188.846	177.078	5.884	-273.679	-276.733	28.910
600	29.230	194.169	179.496	8.804	-273.961	-277.318	24.142
700	29.350	198.683	181.923	11.732	-274.277	-277.852	20.733
800	29.549	202.614	184.269	14.676	-274.614	-278.340	18.174
900	29.827	206.110	186.505	17.645	-274.961	-278.785	16.180
1000	30.169	209.270	188.626	20.644	-275.309	-279.191	14.583
1100	30.558	212.163	190.636	23.680	-275.652	-279.563	13.275
1200	30.974	214.840	192.543	26.756	-275.988	-279.904	12.184
1300	31.403	217.336	194.355	29.875	-276.315	-280.217	11.259
1400	31.831	219.679	196.081	33.037	-276.631	-280.505	10.466
1500	32.250	221.889	197.729	36.241	-276.937	-280.771	9.777
46. Ge(c,l)							
298.15	23.222	31.090	31.090	0.000	0.000	0.000	0.000
300	23.249	31.234	31.090	0.043	0.000	0.000	0.000
400	24.310	38.083	32.017	2.426	0.000	0.000	0.000
500	24.962	43.582	33.798	4.892	0.000	0.000	0.000

续表

T/K	/[J/(K·mol)]			/(kJ/mol)				$\lg_{10}K_f^{\ominus}$
	$C_p^{\ominus}$	$S^{\ominus}$	$-[G^{\ominus}-H^{\ominus}(T_r)]/T$	$H^{\ominus}-H^{\ominus}(T_r)$	$\Delta_f H^{\ominus}$	$\Delta_f G^{\ominus}$		
600	25.452	48.178	35.822	7.414	0.000	0.000		0.000
700	25.867	52.133	37.876	9.980	0.000	0.000		0.000
800	26.240	55.612	39.880	12.586	0.000	0.000		0.000
900	26.591	58.723	41.804	15.227	0.000	0.000		0.000
1000	26.926	61.542	43.639	17.903	0.000	0.000		0.000
1100	27.252	64.124	45.386	20.612	0.000	0.000		0.000
1200	27.571	66.509	47.048	23.353	0.000	0.000		0.000
1211.4	27.608	66.770	47.232	23.668	0.000	0.000		0.000
相变：$\Delta_{trs}H=37.030$kJ/mol，$\Delta_{trs}S=30.568$J/(K·mol)，c-l								
1211.4	27.600	97.338	47.232	60.698	0.000	0.000		0.000
1300	27.600	99.286	50.714	63.143	0.000	0.000		0.000
1400	27.600	101.331	54.258	65.903	0.000	0.000		0.000
1500	27.600	103.236	57.460	68.663	0.000	0.000		0.000
47. Ge(g)								
298.15	30.733	167.903	167.903	0.000	367.800	327.009		−57.290
300	30.757	168.094	167.904	0.057	367.814	326.756		−56.893
400	31.071	177.025	169.119	3.162	368.536	312.959		−40.868
500	30.360	183.893	171.415	6.239	369.147	298.991		−31.235
600	29.265	189.334	173.965	9.222	369.608	284.914		−24.804
700	28.102	193.758	176.487	12.090	369.910	270.773		−20.205
800	27.029	197.439	178.882	14.845	370.060	256.598		−16.754
900	26.108	200.567	181.122	17.501	370.073	242.414		−14.069
1000	25.349	203.277	183.205	20.072	369.969	228.234		−11.922
1100	24.741	205.664	185.141	22.575	369.763	214.069		−10.165
1200	24.264	207.795	186.941	25.025	369.471	199.928		−8.703
1300	23.898	209.722	188.621	27.432	332.088	188.521		−7.575
1400	23.624	211.483	190.192	29.807	331.704	177.492		−6.622
1500	23.426	213.105	191.666	32.159	331.296	166.491		−5.798
48. GeO$_2$(c,l)								
298.15	50.166	39.710	39.710	0.000	−580.200	−521.605		91.382
300	50.475	40.021	39.711	0.093	−580.204	−521.242		90.755
400	61.281	56.248	41.850	5.759	−579.893	−501.610		65.503
500	66.273	70.519	46.191	12.164	−579.013	−482.134		50.368
600	69.089	82.872	51.299	18.943	−577.915	−462.859		40.295
700	70.974	93.671	56.597	25.952	−576.729	−443.776		33.115
800	72.449	103.247	61.841	33.125	−575.498	−424.866		27.741
900	73.764	111.857	66.928	40.436	−574.235	−406.113		23.570
1000	75.049	119.696	71.819	47.877	−572.934	−387.502		20.241
1100	76.378	126.910	76.504	55.447	−571.582	−369.024		17.523
1200	77.796	133.616	80.987	63.155	−570.166	−350.671		15.264
1300	79.332	139.903	85.279	71.010	−605.685	−329.732		13.249
1308	79.460	140.390	85.615	71.646	−584.059	−328.034		13.100
相变：$\Delta_{trs}H=21.500$kJ/mol，$\Delta_{trs}S=16.437$J/(K·mol)，cⅡ-cⅠ								
1308	80.075	156.827	85.615	93.146	−584.059	−328.034		13.100
1388	81.297	161.617	89.858	99.601	−565.504	−312.415		11.757
相变：$\Delta_{trs}H=17.200$kJ/mol，$\Delta_{trs}S=12.392$J/(K·mol)，cⅠ-l								
1388	78.500	174.009	89.858	116.801	−565.504	−312.415		11.757
1400	78.500	174.685	90.582	117.743	−565.328	−310.228		11.575

续表

T/K	/[J/(K·mol)]			/(kJ/mol)			lg₁₀K_f⊖
	$C_p^\ominus$	$S^\ominus$	$-[G^\ominus-H^\ominus(T_r)]/T$	$H^\ominus-H^\ominus(T_r)$	$\Delta_f H^\ominus$	$\Delta_f G^\ominus$	$\lg_{10}K_f^\ominus$
1500	78.500	180.100	96.372	125.593	−563.882	−292.057	10.170
49. GeCl₄(g)							
298.15	95.918	348.393	348.393	0.000	−500.000	−461.582	80.866
300	96.041	348.987	348.395	0.178	−499.991	−461.343	80.326
400	100.750	377.342	352.229	10.045	−499.447	−448.540	58.573
500	103.206	400.114	359.604	20.255	−498.845	−435.882	45.536
600	104.624	419.067	367.980	30.652	−498.234	−423.347	36.855
700	105.509	435.266	376.463	41.162	−497.634	−410.914	30.662
800	106.096	449.396	384.715	51.744	−497.057	−398.565	26.023
900	106.504	461.917	392.611	62.375	−496.509	−386.287	22.419
1000	106.799	473.155	400.113	73.041	−495.993	−374.068	19.539
1100	107.020	483.344	407.224	83.733	−495.512	−361.899	17.185
1200	107.189	492.644	413.961	94.444	−495.067	−349.772	15.225
1300	107.320	501.249	420.349	105.169	−531.677	−334.973	13.459
1400	107.425	509.206	426.416	115.907	−531.265	−319.857	11.934
1500	107.509	516.621	432.185	126.654	−530.861	−304.771	10.613
50. H(g)							
298.15	20.786	114.716	114.716	0.000	217.998	203.276	−35.613
300	20.786	114.845	114.716	0.038	218.010	203.185	−35.377
400	20.786	120.824	115.532	2.117	218.635	198.149	−25.875
500	20.786	125.463	117.071	4.196	219.253	192.956	−20.158
600	20.786	129.252	118.795	6.274	219.867	187.639	−16.335
700	20.786	132.457	120.524	8.353	220.476	182.219	−13.597
800	20.786	135.232	122.193	10.431	221.079	176.712	−11.538
900	20.786	137.680	123.780	12.510	221.670	171.131	−9.932
1000	20.786	139.870	125.282	14.589	222.247	165.485	−8.644
1100	20.786	141.852	126.700	16.667	222.806	159.781	−7.587
1200	20.786	143.660	128.039	18.746	223.345	154.028	−6.705
1300	20.786	145.324	129.305	20.824	223.864	148.230	−5.956
1400	20.786	146.864	130.505	22.903	224.360	142.393	−5.313
1500	20.786	148.298	131.644	24.982	224.835	136.522	−4.754
51. H₂(g)							
298.15	28.836	130.680	130.680	0.000	0.000	0.000	0.000
300	28.849	130.858	130.680	0.053	0.000	0.000	0.000
400	29.181	139.217	131.818	2.960	0.000	0.000	0.000
500	29.260	145.738	133.974	5.882	0.000	0.000	0.000
600	29.327	151.078	136.393	8.811	0.000	0.000	0.000
700	29.440	155.607	138.822	11.749	0.000	0.000	0.000
800	29.623	159.549	141.172	14.702	0.000	0.000	0.000
900	29.880	163.052	143.412	17.676	0.000	0.000	0.000
1000	30.204	166.217	145.537	20.680	0.000	0.000	0.000
1100	30.580	169.113	147.550	23.719	0.000	0.000	0.000
1200	30.991	171.791	149.460	26.797	0.000	0.000	0.000
1300	31.422	174.288	151.275	29.918	0.000	0.000	0.000
1400	31.860	176.633	153.003	33.082	0.000	0.000	0.000
1500	32.296	178.846	154.653	36.290	0.000	0.000	0.000
52. OH(g)							
298.15	29.886	183.737	183.737	0.000	39.349	34.631	−6.067

续表

T/K	/[J/(K·mol)]			/(kJ/mol)			$\lg_{10} K_f^{\ominus}$
	$C_P^{\ominus}$	$S^{\ominus}$	$-[G^{\ominus}-H^{\ominus}(T_r)]/T$	$H^{\ominus}-H^{\ominus}(T_r)$	$\Delta_f H^{\ominus}$	$\Delta_f G^{\ominus}$	
300	29.879	183.922	183.738	0.055	39.350	34.602	−6.025
400	29.604	192.476	184.906	3.028	39.384	33.012	−4.311
500	29.495	199.067	187.104	5.982	39.347	31.422	−3.283
600	29.513	204.445	189.560	8.931	39.252	29.845	−2.598
700	29.655	209.003	192.020	11.888	39.113	28.287	−2.111
800	29.914	212.979	194.396	14.866	38.945	26.752	−1.747
900	30.265	216.522	196.661	17.874	38.763	25.239	−1.465
1000	30.682	219.731	198.810	20.921	38.577	23.746	−1.240
1100	31.135	222.677	200.848	24.012	38.393	22.272	−1.058
1200	31.603	225.406	202.782	27.149	38.215	20.814	−0.906
1300	32.069	227.954	204.621	30.332	38.046	19.371	−0.778
1400	32.522	230.347	206.374	33.562	37.886	17.941	−0.669
1500	32.956	232.606	208.048	36.836	37.735	16.521	−0.575
53. $H_2O(l)$							
298.15	75.300	69.950	69.950	0.000	−285.830	−237.141	41.546
300	75.281	70.416	69.951	0.139	−285.771	−236.839	41.237
373.21	76.079	86.896	71.715	5.666	−283.454	−225.160	31.513
54. $H_2O(g)$							
298.15	33.598	188.832	188.832	0.000	−241.826	−228.582	40.046
300	33.606	189.040	188.833	0.062	−241.844	−228.500	39.785
400	34.283	198.791	190.158	3.453	−242.845	−223.900	29.238
500	35.259	206.542	192.685	6.929	−243.822	−219.050	22.884
600	36.371	213.067	195.552	10.509	−244.751	−214.008	18.631
700	37.557	218.762	198.469	14.205	−245.620	−208.814	15.582
800	38.800	223.858	201.329	18.023	−246.424	−203.501	13.287
900	40.084	228.501	204.094	21.966	−247.158	−198.091	11.497
1000	41.385	232.792	206.752	26.040	−247.820	−192.603	10.060
1100	42.675	236.797	209.303	30.243	−248.410	−187.052	8.882
1200	43.932	240.565	211.753	34.574	−248.933	−181.450	7.898
1300	45.138	244.129	214.108	39.028	−249.392	−175.807	7.064
1400	46.281	247.516	216.374	43.599	−249.792	−170.132	6.348
1500	47.356	250.746	218.559	48.282	−250.139	−164.429	5.726
55. $I(g)$							
298.15	20.786	180.787	180.787	0.000	106.760	70.172	−12.294
300	20.786	180.915	180.787	0.038	106.748	69.945	−12.178
400	20.786	186.895	181.602	2.117	97.974	58.060	−7.582
500	20.786	191.533	183.142	4.196	75.988	50.202	−5.244
600	20.786	195.323	184.866	6.274	76.190	45.025	−3.920
700	20.786	198.527	186.594	8.353	76.385	39.816	−2.971
800	20.787	201.303	188.263	10.432	76.574	34.579	−2.258
900	20.789	203.751	189.851	12.510	76.757	29.319	−1.702
1000	20.795	205.942	191.352	14.589	76.936	24.038	−1.256
1100	20.806	207.924	192.770	16.669	77.109	18.740	−0.890
1200	20.824	209.735	194.110	18.751	77.277	13.426	−0.584
1300	20.851	211.403	195.377	20.835	77.440	8.098	−0.325
1400	20.889	212.950	196.577	22.921	77.596	2.758	−0.103
1500	20.936	214.392	197.717	25.013	77.745	−2.592	0.090
56. $I_2(c,l)$							
298.15	54.440	116.139	116.139	0.000	0.000	0.000	0.000

T/K	/[J/(K·mol)]			/(kJ/mol)			$\lg_{10} K_f^{\ominus}$
	$C_p^{\ominus}$	$S^{\ominus}$	$-[G^{\ominus}-H^{\ominus}(T_r)]/T$	$H^{\ominus}-H^{\ominus}(T_r)$	$\Delta_f H^{\ominus}$	$\Delta_f G^{\ominus}$	
300	54.518	116.476	116.140	0.101	0.000	0.000	0.000
386.75	61.531	131.039	117.884	5.088	0.000	0.000	0.000
相变：$\Delta_{trs}H=15.665\text{kJ/mol},\Delta_{trs}S=40.504\text{J/(K·mol)},\text{c-l}$							
386.75	79.555	171.543	117.884	20.753	0.000	0.000	0.000
400	79.555	174.223	119.706	21.807	0.000	0.000	0.000
457.67	79.555	184.938	127.266	26.395	0.000	0.000	0.000
57. $I_2(g)$							
298.15	36.887	260.685	260.685	0.000	62.420	19.324	−3.385
300	36.897	260.913	260.685	0.068	62.387	19.056	−3.318
400	37.256	271.584	262.138	3.778	44.391	5.447	−0.711
457.67	37.385	276.610	263.652	5.931			
500	37.464	279.921	264.891	7.515	0.000	0.000	0.000
600	37.613	286.765	267.983	11.269	0.000	0.000	0.000
700	37.735	292.573	271.092	15.037	0.000	0.000	0.000
800	37.847	297.619	274.099	18.816	0.000	0.000	0.000
900	37.956	302.083	276.965	22.606	0.000	0.000	0.000
1000	38.070	306.088	279.681	26.407	0.000	0.000	0.000
1100	38.196	309.722	282.249	30.220	0.000	0.000	0.000
1200	38.341	313.052	284.679	34.047	0.000	0.000	0.000
1300	38.514	316.127	286.981	37.890	0.000	0.000	0.000
1400	38.719	318.989	289.166	41.751	0.000	0.000	0.000
1500	38.959	321.668	291.245	45.635	0.000	0.000	0.000
58. $HI(g)$							
298.15	29.157	206.589	206.589	0.000	26.500	1.700	−0.298
300	29.158	206.769	206.589	0.054	26.477	1.546	−0.269
400	29.329	215.176	207.734	2.977	17.093	−6.289	0.821
500	29.738	221.760	209.904	5.928	−5.481	−9.946	1.039
600	30.351	227.233	212.348	8.931	−5.819	−10.806	0.941
700	31.070	231.965	214.820	12.002	−6.101	−11.614	0.867
800	31.807	236.162	217.230	15.145	−6.323	−12.386	0.809
900	32.511	239.950	219.548	18.362	−6.489	−13.133	0.762
1000	33.156	243.409	221.763	21.646	−6.608	−13.865	0.724
1100	33.735	246.597	223.878	24.991	−6.689	−14.586	0.693
1200	34.249	249.555	225.896	28.391	−6.741	−15.302	0.666
1300	34.703	252.314	227.823	31.839	−6.775	−16.014	0.643
1400	35.106	254.901	229.666	35.330	−6.797	−16.723	0.624
1500	35.463	257.336	231.430	38.858	−6.814	−17.432	0.607
59. $K(c,l)$							
298.15	29.600	64.680	64.680	0.000	0.000	0.000	0.000
300	29.671	64.863	64.681	0.055	0.000	0.000	0.000
336.86	32.130	68.422	64.896	1.188	0.000	0.000	0.000
相变：$\Delta_{trs}H=2.321\text{kJ/mol},\Delta_{trs}S=6.891\text{J/(K·mol)},\text{c-l}$							
336.86	32.129	75.313	64.896	3.509	0.000	0.000	0.000
400	31.552	80.784	66.986	5.519	0.000	0.000	0.000
500	30.741	87.734	70.469	8.632	0.000	0.000	0.000
600	30.158	93.283	73.824	11.675	0.000	0.000	0.000
700	29.851	97.905	76.943	14.673	0.000	0.000	0.000
800	29.838	101.887	79.818	17.655	0.000	0.000	0.000

续表

T/K	/[J/(K·mol)]			/(kJ/mol)			$\lg_{10} K_f^\ominus$
	$C_p^\ominus$	$S^\ominus$	$-[G^\ominus-H^\ominus(T_r)]/T$	$H^\ominus-H^\ominus(T_r)$	$\Delta_f H^\ominus$	$\Delta_f G^\ominus$	
900	30.130	105.415	82.470	20.651	0.000	0.000	0.00
1000	30.730	108.618	84.927	23.691	0.000	0.000	0.000
1039.4	31.053	109.812	85.847	24.908	0.000	0.000	0.000
60. K(g)							
298.15	20.786	160.340	160.340	0.000	89.000	60.479	−10.596
300	20.786	160.468	160.340	0.038	88.984	60.302	−10.499
400	20.786	166.448	161.155	2.117	85.598	51.332	−6.703
500	20.786	171.086	162.695	4.196	84.563	42.887	−4.480
600	20.786	174.876	164.419	6.274	83.599	34.643	−3.016
700	20.786	178.080	166.148	8.353	82.680	26.557	−1.982
800	20.786	180.856	167.817	10.431	81.776	18.601	−1.215
900	20.786	183.304	169.404	12.510	80.859	10.759	−0.624
1000	20.786	185.494	170.905	14.589	79.897	3.021	−0.158
1039.4	20.786	186.297	171.474	15.408	压力＝1bar		
1100	20.786	187.475	172.323	16.667	0.000	0.000	0.000
1200	20.786	189.284	173.662	18.746	0.000	0.000	0.000
1300	20.789	190.948	174.929	20.825	0.000	0.000	0.000
1400	20.793	192.489	176.129	22.904	0.000	0.000	0.000
1500	20.801	193.923	177.268	24.983	0.000	0.000	0.000
61. K₂O(c,l)							
298.15	72.000	96.000	96.000	0.000	−361.700	−321.171	56.267
300	72.130	96.446	96.001	0.133	−361.704	−320.920	55.876
400	79.154	118.158	98.914	7.698	−366.554	−306.416	40.013
500	86.178	136.575	104.647	15.964	−366.043	−291.423	30.444
590	92.500	151.348	110.662	24.005	−364.204	−278.079	24.619
相变：$\Delta_{trs}H=0.700$kJ/mol，$\Delta_{trs}S=1.186$J/(K·mol)，cⅢ-cⅡ							
590	100.000	152.534	110.662	24.705	−364.204	−278.079	24.619
600	100.000	154.215	111.374	25.705	−363.968	−276.621	24.082
645	100.000	161.447	114.618	30.205	−358.901	−270.109	21.874
相变：$\Delta_{trs}H=4.000$kJ/mol，$\Delta_{trs}S=6.202$J/(K·mol)，cⅡ-cⅠ							
645	100.000	167.649	114.618	34.205	−358.901	−270.109	21.874
700	100.000	175.832	119.111	39.705	−357.592	−262.592	19.595
800	100.000	189.185	127.054	49.705	−355.224	−249.183	16.270
900	100.000	200.963	134.625	59.705	−352.919	−236.067	13.701
1000	100.000	211.499	141.794	69.705	−350.732	−223.202	11.659
1013	100.000	212.791	142.697	71.005	−323.459	−221.546	11.424
相变：$\Delta_{trs}H=27.000$kJ/mol，$\Delta_{trs}S=26.654$J/(K·mol)，cⅠ-l							
1013	100.000	239.444	142.697	98.005	−323.459	−221.546	11.424
1100	100.000	247.684	150.679	106.705	−479.439	−203.633	9.670
1200	100.000	256.385	159.131	116.705	−475.371	−178.740	7.780
1300	100.000	264.389	166.924	126.705	−471.321	−154.185	6.195
1400	100.000	271.800	174.154	136.705	−467.287	−129.941	4.848
1500	100.000	278.699	180.896	146.705	−463.268	−105.986	3.691
62. KOH(c,l)							
298.15	64.900	78.870	78.870	0.000	−424.580	−378.747	66.354
300	65.038	79.272	78.871	0.120	−424.569	−378.463	65.895
400	72.519	99.007	81.512	6.998	−426.094	−362.765	47.372
500	80.000	115.993	86.745	14.624	−424.572	−347.093	36.260

T/K	/[J/(K·mol)]			/(kJ/mol)			$\lg_{10} K_f^{\ominus}$
	$C_p^{\ominus}$	$S^{\ominus}$	$-[G^{\ominus}-H^{\ominus}(T_r)]/T$	$H^{\ominus}-H^{\ominus}(T_r)$	$\Delta_f H^{\ominus}$	$\Delta_f G^{\ominus}$	
520	81.496	119.159	87.931	16.239	−417.725	−344.002	34.555
			相变：$\Delta_{trs}H=6.450$kJ/mol，$\Delta_{trs}S=12.404$J/(K·mol)，cⅡ-cⅠ				
520	79.000	131.563	87.931	22.689	−417.725	−344.002	34.555
600	79.000	142.868	94.520	29.009	−416.274	−332.766	28.969
678	79.000	152.523	100.649	35.171	−405.464	−321.998	24.807
			相变：$\Delta_{trs}H=9.400$kJ/mol，$\Delta_{trs}S=13.865$J/(K·mol)，cⅠ-l				
678	83.000	166.388	100.649	44.571	−405.464	−321.998	24.807
700	83.000	169.038	102.757	46.397	−404.981	−319.297	23.826
800	83.000	180.121	111.750	54.697	−402.808	−307.206	20.058
900	83.000	189.897	119.901	62.997	−400.694	−295.383	17.143
1000	83.000	198.642	127.345	71.297	−398.668	−283.791	14.824
1100	83.000	206.553	134.192	79.597	−475.618	−267.780	12.716
1200	83.000	213.775	140.527	87.897	−472.711	−249.014	10.839
1300	83.000	220.418	146.421	96.197	−469.843	−230.490	9.261
1400	83.000	226.569	151.929	104.497	−467.011	−212.184	7.917
1500	83.000	232.296	157.098	112.797	−464.217	−194.080	6.758
63. KOH(g)							
298.15	49.184	238.283	238.283	0.000	−227.989	−229.685	40.239
300	49.236	238.588	238.284	0.091	−228.007	−229.696	39.993
400	51.178	253.053	240.243	5.124	−231.377	−229.667	29.991
500	52.178	264.591	243.998	10.296	−232.309	−229.129	23.937
600	52.804	274.163	248.251	15.547	−233.145	−228.413	19.885
700	53.296	282.340	252.551	20.853	−233.934	−227.562	16.981
800	53.758	289.487	256.730	26.206	−234.708	−226.599	14.795
900	54.229	295.846	260.730	31.605	−235.495	−225.538	13.090
1000	54.713	301.585	264.533	37.052	−236.322	−224.388	11.721
1100	55.203	306.823	268.143	42.548	−316.077	−218.535	10.377
1200	55.686	311.647	271.570	48.092	−315.925	−209.674	9.127
1300	56.153	316.122	274.827	53.684	−315.764	−200.826	8.069
1400	56.598	320.300	277.927	59.322	−315.595	−191.991	7.163
1500	57.016	324.220	280.884	65.003	−315.420	−183.169	6.378
64. KCl(c,l)							
298.15	51.300	82.570	82.570	0.000	−436.490	−408.568	71.579
300	51.333	82.887	82.571	0.095	−436.481	−408.395	71.107
400	52.977	97.886	84.605	5.312	−438.463	−398.651	52.058
500	54.448	109.867	88.498	10.685	−437.990	−388.749	40.612
600	55.885	119.921	92.919	16.201	−437.332	−378.960	32.991
700	57.425	128.649	97.413	21.865	−436.502	−369.295	27.557
800	59.205	136.430	101.812	27.694	−435.505	−359.760	23.490
900	61.361	143.523	106.058	33.719	−434.337	−350.360	20.334
1000	64.032	150.121	110.138	39.983	−432.981	−341.100	17.817
1044	65.405	152.908	111.882	42.830	−485.450	−336.720	16.847
			相变：$\Delta_{trs}H=26.320$kJ/mol，$\Delta_{trs}S=25.210$J/(K·mol)，c-l				
1044	72.000	178.118	111.882	69.150	−485.450	−336.720	16.847
1100	72.000	181.880	115.351	73.182	−483.633	−328.790	15.613
1200	72.000	188.145	121.160	80.382	−480.393	−314.856	13.705
1300	72.000	193.908	126.537	87.582	−477.158	−301.192	12.102
1400	72.000	199.244	131.542	94.782	−473.928	−287.778	10.737

续表

T/K	/[J/(K·mol)]			/(kJ/mol)			$\lg_{10} K_f^{\ominus}$
	$C_p^{\ominus}$	$S^{\ominus}$	$-[G^{\ominus}-H^{\ominus}(T_r)]/T$	$H^{\ominus}-H^{\ominus}(T_r)$	$\Delta_f H^{\ominus}$	$\Delta_f G^{\ominus}$	
1500	72.000	204.211	136.223	101.982	−470.704	−274.594	9.562
65. KCl(g)							
298.15	36.505	239.091	239.091	0.000	−214.575	−233.320	40.876
300	36.518	239.317	239.092	0.068	−214.594	−233.436	40.644
400	37.066	249.904	240.532	3.749	−218.112	−239.107	31.224
500	37.384	258.212	243.267	7.473	−219.287	−244.219	25.513
600	37.597	265.048	246.344	11.222	−220.396	−249.100	21.686
700	37.769	270.857	249.441	14.991	−221.461	−253.799	18.938
800	37.907	275.910	252.441	18.775	−222.509	−258.347	16.868
900	38.041	280.382	255.302	22.572	−223.568	−262.764	15.250
1000	38.162	284.397	258.014	26.383	−224.667	−267.061	13.950
1100	38.279	288.039	260.581	30.205	−304.696	−266.627	12.661
1200	38.401	291.375	263.010	34.039	−304.821	−263.161	11.455
1300	38.518	294.454	265.312	37.885	−304.941	−259.684	10.434
1400	38.639	297.313	267.496	41.743	−305.053	−256.199	9.559
1500	38.761	299.983	269.574	45.613	−305.159	−252.706	8.800
66. N₂(g)							
298.15	29.124	191.608	191.608	0.000	0.000	0.000	0.000
300	29.125	191.788	191.608	0.054	0.000	0.000	0.000
400	29.249	200.180	192.752	2.971	0.000	0.000	0.000
500	29.580	206.738	194.916	5.911	0.000	0.000	0.000
600	30.109	212.175	197.352	8.894	0.000	0.000	0.000
700	30.754	216.864	199.812	11.936	0.000	0.000	0.000
800	31.433	221.015	202.208	15.046	0.000	0.000	0.000
900	32.090	224.756	204.509	18.222	0.000	0.000	0.000
1000	32.696	228.169	206.706	21.462	0.000	0.000	0.000
1100	33.241	231.311	208.802	24.759	0.000	0.000	0.000
1200	33.723	234.224	210.801	28.108	0.000	0.000	0.000
1300	34.147	236.941	212.708	31.502	0.000	0.000	0.000
1400	34.517	239.485	214.531	34.936	0.000	0.000	0.000
1500	34.842	241.878	216.275	38.404	0.000	0.000	0.000
67. NO(g)							
298.15	29.862	210.745	210.745	0.000	91.277	87.590	−15.345
300	29.858	210.930	210.746	0.055	91.278	87.567	−15.247
400	29.954	219.519	211.916	3.041	91.320	86.323	−11.272
500	30.493	226.255	214.133	6.061	91.340	85.071	−8.887
600	31.243	231.879	216.635	9.147	91.354	83.816	−7.297
700	32.031	236.754	219.168	12.310	91.369	82.558	−6.160
800	32.770	241.081	221.642	15.551	91.386	81.298	−5.308
900	33.425	244.979	224.022	18.862	91.405	80.036	−4.645
1000	33.990	248.531	226.298	22.233	91.426	78.772	−4.115
1100	34.473	251.794	228.469	25.657	91.445	77.505	−3.680
1200	34.883	254.811	230.540	29.125	91.464	76.237	−3.318
1300	35.234	257.618	232.516	32.632	91.481	74.967	−3.012
1400	35.533	260.240	234.404	36.170	91.495	73.697	−2.750
1500	35.792	262.700	236.209	39.737	91.506	72.425	−2.522
68. NO₂(g)							
298.15	37.178	240.166	240.166	0.000	34.193	52.316	−9.165

T/K	/[J/(K·mol)]			/(kJ/mol)			$\lg_{10}K_f^{\ominus}$
	$C_p^{\ominus}$	$S^{\ominus}$	$-[G^{\ominus}-H^{\ominus}(T_r)]/T$	$H^{\ominus}-H^{\ominus}(T_r)$	$\Delta_f H^{\ominus}$	$\Delta_f G^{\ominus}$	
300	37.236	240.397	240.167	0.069	34.181	52.429	-9.129
400	40.513	251.554	241.666	3.955	33.637	58.600	-7.652
500	43.664	260.939	244.605	8.167	33.319	64.882	-6.778
600	46.383	269.147	248.026	12.673	33.174	71.211	-6.199
700	48.612	276.471	251.575	17.427	33.151	77.553	-5.787
800	50.405	283.083	255.107	22.381	33.213	83.893	-5.478
900	51.844	289.106	258.555	27.496	33.334	90.221	-5.236
1000	53.007	294.631	261.891	32.741	33.495	96.534	-5.042
1100	53.956	299.729	265.102	38.090	33.686	102.828	-4.883
1200	54.741	304.459	268.187	43.526	33.898	109.105	-4.749
1300	55.399	308.867	271.148	49.034	34.124	115.363	-4.635
1400	55.960	312.994	273.992	54.603	34.360	121.603	-4.537
1500	56.446	316.871	276.722	60.224	34.604	127.827	-4.451
69. $NH_3(g)$							
298.15	35.630	192.768	192.768	0.000	-45.940	-16.407	2.874
300	35.678	192.989	192.769	0.066	-45.981	-16.223	2.825
400	38.674	203.647	194.202	3.778	-48.087	-5.980	0.781
500	41.994	212.633	197.011	7.811	-49.908	4.764	-0.498
600	45.229	220.578	200.289	12.174	-51.430	15.846	-1.379
700	48.269	227.781	203.709	16.850	-52.682	27.161	-2.027
800	51.112	234.414	207.138	21.821	-53.695	38.639	-2.523
900	53.769	240.589	210.516	27.066	-54.499	50.231	-2.915
1000	56.244	246.384	213.816	32.569	-55.122	61.903	-3.233
1100	58.535	251.854	217.027	38.309	-55.589	73.629	-3.496
1200	60.644	257.039	220.147	44.270	-55.920	85.392	-3.717
1300	62.576	261.970	223.176	50.432	-56.136	97.177	-3.905
1400	64.339	266.673	226.117	56.779	-56.251	108.975	-4.066
1500	65.945	271.168	228.971	63.295	-56.282	120.779	-4.206
70. $O(g)$							
298.15	21.911	161.058	161.058	0.000	249.180	231.743	-40.600
300	21.901	161.194	161.059	0.041	249.193	231.635	-40.331
400	21.482	167.430	161.912	2.207	249.874	225.677	-29.470
500	21.257	172.197	163.511	4.343	250.481	219.556	-22.937
600	21.124	176.060	165.290	6.462	251.019	213.319	-18.571
700	21.040	179.310	167.067	8.570	251.500	206.997	-15.446
800	20.984	182.115	168.777	10.671	251.932	200.610	-13.098
900	20.944	184.584	170.399	12.767	252.325	194.171	-11.269
1000	20.915	186.789	171.930	14.860	252.686	187.689	-9.804
1100	20.893	188.782	173.372	16.950	253.022	181.173	-8.603
1200	20.877	190.599	174.733	19.039	253.335	174.628	-7.601
1300	20.864	192.270	176.019	21.126	253.630	168.057	-6.753
1400	20.853	193.815	177.236	23.212	253.908	161.463	-6.024
1500	20.845	195.254	178.389	25.296	254.171	154.851	-5.392
71. $O_2(g)$							
298.15	29.378	205.148	205.148	0.000	0.000	0.000	0.000
300	29.387	205.330	205.148	0.054	0.000	0.000	0.000
400	30.109	213.873	206.308	3.026	0.000	0.000	0.000
500	31.094	220.695	208.525	6.085	0.000	0.000	0.000

续表

T/K	/[J/(K·mol)]			/(kJ/mol)				$\lg_{10} K_f^{\ominus}$
	$C_p^{\ominus}$	$S^{\ominus}$	$-[G^{\ominus}-H^{\ominus}(T_r)]/T$	$H^{\ominus}-H^{\ominus}(T_r)$	$\Delta_f H^{\ominus}$	$\Delta_f G^{\ominus}$	
600	32.095	226.454	211.045	9.245	0.000	0.000	0.000
700	32.987	231.470	213.612	12.500	0.000	0.000	0.000
800	33.741	235.925	216.128	15.838	0.000	0.000	0.000
900	34.365	239.937	218.554	19.244	0.000	0.000	0.000
1000	34.881	243.585	220.878	22.707	0.000	0.000	0.000
1100	35.314	246.930	223.096	26.217	0.000	0.000	0.000
1200	35.683	250.019	225.213	29.768	0.000	0.000	0.000
1300	36.006	252.888	227.233	33.352	0.000	0.000	0.000
1400	36.297	255.568	229.162	36.968	0.000	0.000	0.000
1500	36.567	258.081	231.007	40.611	0.000	0.000	0.000
72. S(c,l)							
298.15	22.690	32.070	32.070	0.000	0.000	0.000	0.000
300	22.737	32.210	32.070	0.042	0.000	0.000	0.000
368.3	24.237	37.030	32.554	1.649	0.000	0.000	0.000
相变:$\Delta_{trs}H=0.401$kJ/mol,$\Delta_{trs}S=1.089$J/(K·mol),cⅡ-cⅠ							
368.3	24.773	38.119	32.553	2.050	0.000	0.000	0.000
388.36	25.180	39.444	32.875	2.551	0.000	0.000	0.000
相变:$\Delta_{trs}H=1.722$kJ/mol,$\Delta_{trs}S=4.431$J/(K·mol),cⅠ-l							
388.36	31.710	43.875	32.872	4.273	0.000	0.000	0.000
400	32.369	44.824	33.206	4.647	0.000	0.000	0.000
500	38.026	53.578	36.411	8.584	0.000	0.000	0.000
600	34.371	60.116	39.842	12.164	0.000	0.000	0.000
700	32.451	65.278	43.120	15.511	0.000	0.000	0.000
800	32.000	69.557	46.163	18.715	0.000	0.000	0.000
882.38	32.000	72.693	48.496	21.351	0.000	0.000	0.000
73. S(g)							
298.15	23.673	167.828	167.828	0.000	277.180	236.704	-41.469
300	23.669	167.974	167.828	0.044	277.182	236.453	-41.170
400	23.233	174.730	168.752	2.391	274.924	222.962	-29.115
500	22.741	179.860	170.482	4.689	273.286	210.145	-21.953
600	22.338	183.969	172.398	6.942	271.958	197.646	-17.206
700	22.031	187.388	174.302	9.160	270.829	185.352	-13.831
800	21.800	190.314	176.125	11.351	269.816	173.210	-11.309
900	21.624	192.871	177.847	13.522	215.723	162.258	-9.417
1000	21.489	195.142	179.465	15.677	216.018	156.301	-8.164
1100	21.386	197.185	180.985	17.821	216.284	150.317	-7.138
1200	21.307	199.043	182.413	19.955	216.525	144.309	-6.282
1300	21.249	200.746	183.759	22.083	216.743	138.282	-5.556
1400	21.209	202.319	185.029	24.206	216.940	132.239	-4.934
1500	21.186	203.781	186.231	26.325	217.119	126.182	-4.394
74. S₂(g)							
298.15	32.505	228.165	228.165	0.000	128.600	79.696	-13.962
300	32.540	228.366	228.165	0.060	128.576	79.393	-13.823
400	34.108	237.956	229.462	3.398	122.703	63.380	-8.276
500	35.133	245.686	231.959	6.863	118.296	49.031	-5.122
600	35.815	252.156	234.800	10.413	114.685	35.530	-3.093
700	36.305	257.715	237.686	14.020	111.599	22.588	-1.685
800	36.697	262.589	240.501	17.671	108.841	10.060	-0.657
882.38	36.985	266.200	242.734	20.706	压力=1bar		
900	37.045	266.932	243.201	21.358	0.000	0.000	0.000

T/K	/[J/(K · mol)]			/(kJ/mol)			lg$_{10}K_f^\ominus$
	$C_p^\ominus$	$S^\ominus$	$-[G^\ominus-H^\ominus(T_r)]/T$	$H^\ominus-H^\ominus(T_r)$	$\Delta_f H^\ominus$	$\Delta_f G^\ominus$	
1000	37.377	270.852	245.773	25.079	0.000	0.000	0.000
1100	37.704	274.430	248.218	28.833	0.000	0.000	0.000
1200	38.030	277.725	250.541	32.620	0.000	0.000	0.000
1300	38.353	280.781	252.751	36.439	0.000	0.000	0.000
1400	38.669	283.635	254.856	40.290	0.000	0.000	0.000
1500	38.976	286.314	256.865	44.173	0.000	0.000	0.000
75. S$_8$(g)							
298.15	156.500	432.536	432.536	0.000	101.277	48.810	−8.551
300	156.768	433.505	432.539	0.290	101.231	48.484	−8.442
400	167.125	480.190	438.834	16.542	80.642	32.003	−4.179
500	173.181	518.176	451.022	33.577	66.185	21.409	−2.237
600	177.936	550.180	464.951	51.137	55.101	13.549	−1.180
700	182.441	577.948	479.152	69.157	46.349	7.343	−0.548
800	186.764	602.596	493.071	87.620	39.177	2.263	−0.148
900	190.595	624.821	506.495	106.494	−392.062	6.554	−0.380
1000	193.618	645.067	519.355	125.712	−387.728	50.614	−2.644
1100	195.684	663.625	531.639	145.185	−383.272	94.233	−4.475
1200	196.825	680.707	543.359	164.817	−378.786	137.444	−5.983
1300	197.195	696.480	554.539	184.524	−374.356	180.283	−7.244
1400	196.988	711.089	565.206	204.237	−370.048	222.785	−8.312
1500	196.396	724.662	575.389	223.909	−365.905	264.984	−9.227
76. SO$_2$(g)							
298.15	39.842	248.219	248.219	0.000	−296.810	−300.090	52.574
300	39.909	248.466	248.220	0.074	−296.833	−300.110	52.253
400	43.427	260.435	249.828	4.243	−300.240	−300.935	39.298
500	46.490	270.465	252.978	8.744	−302.735	−300.831	31.427
600	48.938	279.167	256.634	13.520	−304.699	−300.258	26.139
700	50.829	286.859	260.413	18.513	−306.308	−299.386	22.340
800	52.282	293.746	264.157	23.671	−307.691	−298.302	19.477
900	53.407	299.971	267.796	28.958	−362.075	−295.987	17.178
1000	54.290	305.646	271.301	34.345	−362.012	−288.647	15.077
1100	54.993	310.855	274.664	39.810	−361.934	−281.314	13.358
1200	55.564	315.665	277.882	45.339	−361.849	−273.989	11.926
1300	56.033	320.131	280.963	50.920	−361.763	−266.671	10.715
1400	56.426	324.299	283.911	56.543	−361.680	−259.359	9.677
1500	56.759	328.203	286.735	62.203	−361.605	−252.053	8.777
77. Si(c)							
298.15	19.789	18.810	18.810	0.000	0.000	0.000	0.000
300	19.855	18.933	18.810	0.037	0.000	0.000	0.000
400	22.301	25.023	19.624	2.160	0.000	0.000	0.000
500	23.610	30.152	21.231	4.461	0.000	0.000	0.000
600	24.472	34.537	23.092	6.867	0.000	0.000	0.000
700	25.124	38.361	25.006	9.348	0.000	0.000	0.000
800	25.662	41.752	26.891	11.888	0.000	0.000	0.000
900	26.135	44.802	28.715	14.478	0.000	0.000	0.000
1000	26.568	47.578	30.464	17.114	0.000	0.000	0.000
1100	26.574	50.130	32.138	19.791	0.000	0.000	0.000
1200	27.362	52.493	33.737	22.508	0.000	0.000	0.000
1300	27.737	54.698	35.265	25.263	0.000	0.000	0.000
1400	28.103	56.767	36.728	28.055	0.000	0.000	0.000
1500	28.462	58.719	38.130	30.883	0.000	0.000	0.000
78. Si(g)							
298.15	22.251	167.980	167.980	0.000	450.000	405.525	−71.045
300	22.234	168.117	167.980	0.041	450.004	405.249	−70.559

T/K	/[J/(K·mol)]			/(kJ/mol)			$\lg_{10} K_f^\ominus$
	$C_p^\ominus$	$S^\ominus$	$-[G^\ominus - H^\ominus(T_r)]/T$	$H^\ominus - H^\ominus(T_r)$	$\Delta_f H^\ominus$	$\Delta_f G^\ominus$	
400	21.613	174.416	168.843	2.229	450.070	390.312	-50.969
500	21.316	179.204	170.456	4.374	449.913	375.388	-39.216
600	21.153	183.074	172.246	6.497	449.630	360.508	-31.385
700	21.057	186.327	174.032	8.607	449.259	345.682	-25.795
800	21.000	189.135	175.748	10.709	448.821	330.915	-21.606
900	20.971	191.606	177.375	12.808	448.329	316.205	-18.352
1000	20.968	193.815	178.911	14.904	447.791	301.553	-15.751
1100	20.989	195.815	180.358	17.002	447.211	286.957	-13.626
1200	21.033	197.643	181.723	19.103	446.595	272.416	-11.858
1300	21.099	199.329	183.014	21.209	445.946	257.927	-10.364
1400	21.183	200.895	184.236	23.323	445.268	243.489	-9.085
1500	21.282	202.360	185.396	25.446	444.563	229.101	-7.978
79. SiO₂(c)							
298.15	44.602	41.460	41.460	0.000	-910.700	-856.288	150.016
300	44.712	41.736	41.461	0.083	-910.708	-855.951	149.032
400	53.477	55.744	43.311	4.973	-910.912	-837.651	109.385
500	60.533	68.505	47.094	10.705	-910.540	-819.369	85.598
600	64.452	79.919	51.633	16.971	-909.841	-801.197	69.749
700	68.234	90.114	56.414	23.590	-908.958	-783.157	58.439
800	76.224	99.674	61.226	30.758	-907.668	-765.265	49.966
848	82.967	104.298	63.533	34.569	-906.310	-756.747	46.613
相变：$\Delta_{trs} H = 0.411 kJ/mol$，$\Delta_{trs} S = 0.484 J/(K·mol)$，cⅡ-cⅡ′							
848	67.446	104.782	63.532	34.980	-906.310	-756.747	46.613
900	67.953	108.811	66.033	38.500	-905.922	-747.587	43.388
1000	68.941	116.021	70.676	45.345	-905.176	-730.034	38.133
1100	69.940	122.639	75.104	52.289	-904.420	-712.557	33.836
1200	70.947	128.768	79.323	59.333	-901.382	-695.148	30.259
相变：$\Delta_{trs} H = 2.261 kJ/mol$，$\Delta_{trs} S = 1.883 J/(K·mol)$，cⅡ′-cⅠ							
1200	71.199	130.651	79.323	61.594	-901.382	-695.148	30.259
1300	71.743	136.372	83.494	68.742	-900.574	-677.994	27.242
1400	72.249	141.707	87.463	75.941	-899.782	-660.903	24.658
1500	72.739	146.709	91.248	83.191	-899.004	-643.867	22.421
80. SiCl₄(g)							
298.15	90.404	331.446	331.446	0.000	-662.200	-622.390	109.039
300	90.562	332.006	331.448	0.167	-662.195	-622.143	108.323
400	96.893	359.019	335.088	9.572	-661.853	-608.841	79.505
500	100.449	381.058	342.147	19.456	-661.413	-595.637	62.225
600	102.587	399.576	350.216	29.616	-660.924	-582.527	50.713
700	103.954	415.500	358.432	39.948	-660.417	-569.501	42.496
800	104.875	429.445	366.455	50.392	-659.912	-556.548	36.338
900	105.523	441.837	374.155	60.914	-659.422	-543.657	31.553
1000	105.995	452.981	381.490	71.491	-658.954	-530.819	27.727
1100	106.349	463.101	388.456	82.109	-658.515	-518.027	24.599
1200	106.620	472.366	395.068	92.758	-658.107	-505.274	21.994
1300	106.834	480.909	401.347	103.431	-657.735	-492.553	19.791
1400	107.003	488.833	407.316	114.123	-657.400	-479.860	17.904
1500	107.141	496.220	413.000	124.830	-657.104	-467.189	16.269

注：$[G^\ominus - H^\ominus(T_r)]/T$ 为自由能函数；$[H^\ominus - H^\ominus(T_r)]/T$ 为热焓函数；T_r 为参考温度，通常可选 0K，或 298.15K＝T_r；$R\ln K^\ominus(T) = -\Delta_R\left[\dfrac{G^\ominus(T) - H^\ominus(T_r)}{T}\right] - \dfrac{\Delta_R H^\ominus(T_r)}{T}$，$\Delta_R$ 下标 R 为反应。

3.1.4.5 有机化合物理想气体的 $\Delta_f H^{\ominus}$ 与 T 的关联式系数值

具体内容见表 3-36。

表 3-36 有机化合物理想气体的标准生成焓 $\Delta_f H^{\ominus}$ 与温度 T 关联式中系数值*[28]

单位：kJ/mol

$$\Delta_f H^{\ominus} = A + BT + CT^2$$

序号	化学式	英文名	A	B	C	在标准明温度 T 下的 $\Delta_f H^{\ominus}$		
						298K	500K	700K
1	CCl_4	carbon-tetrachloride	-103.24	906.045E-05	953.324E-09	-100.42	-98.48	-96.43
2	CCl_3F	trichlorofluoromethane	-286.59	493.796E-05	149.013E-08	-284.93	-283.75	-282.40
3	CCl_2F_2	dichlorodifluoromethane	-493.46	-759.438E-06	396.024E-08	-493.29	-492.85	-492.05
4	$CClF_3$	chlorotrifluoromethane	-706.51	-703.372E-05	701.448E-08	-707.93	-708.27	-708.00
5	CF_4	carbon-tetrafluoride	-930.40	-116.972E-04	896.799E-08	-933.03	-934.00	-934.19
6	$CHCl_3$	chloroform	-98.91	-101.487E-04	715.129E-08	-101.25	-102.19	-102.51
7	$CHCl_2F$	dichlorofluoromethane	-281.30	-147.628E-04	871.276E-08	-284.93	-286.51	-287.37
8	$CHClF_2$	chlorodifluoromethane	-478.19	-219.581E-04	123.805E-07	-483.67	-486.07	-487.49
9	CHF_3	trifluoromethane	-691.66	-232.325E-04	116.830E-07	-697.51	-700.35	-702.20
10	CHI_3	triiodomethane	116.96	-118.252E-04	276.479E-08	210.87	117.06	117.49
11	$CHNS$	isothiocyanic-acid	140.81	-523.962E-04	270.981E-07	127.61	121.38	117.41
12	CH_2Cl_2	dichloromethane	-88.94	-253.994E-04	123.043E-07	-95.40	-98.57	-100.69
13	CH_2ClF	chlorofluoromethane	-256.09	-327.415E-04	161.159E-07	-264.43	-268.43	-271.11
14	CH_2F_2	difluoromethane	-443.88	-348.736E-04	156.185E-07	-452.88	-457.41	-460.64
15	CH_2I_2	diiodomethane	59.50	173.561E-04	874.163E-08	117.99	53.00	51.63
16	CH_2O	formaldehyde	-109.67	-231.513E-04	786.969E-08	-115.90	-119.28	-122.02
17	CH_2O_2	formic-acid	-371.64	-274.504E-04	131.005E-07	-378.61	-382.09	-384.43
18	CH_3Br	bromomethane	-44.10	-351.657E-04	150.427E-07	-37.66	-57.93	-61.35
19	CH_3Cl	chloromethane	-76.58	-375.414E-04	161.285E-07	-86.32	-91.31	-94.95
20	CH_3F	fluoromethane	-223.11	-412.346E-04	170.699E-07	-233.89	-239.46	-243.61
21	CH_3I	iodomethane	-9.25	-319.089E-04	135.980E-07	13.97	-21.81	-24.93
22	CH_3NO_2	nitromethane	-62.21	-504.549E-04	271.416E-07	-74.73	-80.65	-84.23
23	CH_3NO_2	methyl-nitrite	-53.28	-444.341E-04	270.985E-07	-64.02	-68.72	-71.10
24	CH_3NO_3	methyl-nitrate	-109.62	-456.223E-04	290.478E-07	-120.50	-125.17	-127.32
25	CH_4	methane	-63.43	-433.546E-04	172.197E-07	-74.85	-80.80	-85.34
26	CH_4O	methanol	-188.19	-498.231E-04	207.907E-07	-201.17	-207.90	-212.88

续表

$$\Delta_f H^\ominus = A + BT + CT^2$$

序号	化学式	英文名	A	B	C	任标明温度下的 $\Delta_f H^\ominus$ 298K	500K	700K
27	CH_4S	methanethiol	-0.43	-885.878E-04	434.299E-07	-22.97	-33.87	-41.17
28	CH_5N	methylamine	-7.49	-605.383E-04	278.002E-07	-23.01	-30.81	-36.24
29	C_2Cl_4	tetrachloroethene	-15.60	122.558E-04	-221.317E-08	-12.13	-10.02	-8.10
30	C_2Cl_6	hexachloroethane	-147.86	212.656E-04	354.577E-09	-141.42	-137.14	-132.80
31	$C_2Cl_3F_3$	1,1,2-trichlorotrifluoroethane	-699.56	141.327E-04	386.095E-08	-694.96	-691.53	-687.78
32	$C_2Cl_2F_4$	1,2-dichlorotetrafluoroethane	-890.31	746.175E-05	605.090E-08	-887.43	-885.07	-882.13
33	C_2ClF_5	chloropentafluoroethane	-1112.32	118.679E-04	574.547E-10	-1108.76	-1106.37	-1103.98
34	C_2F_4	tetrafluoroethene	-658.98	953.241E-06	126.399E-08	-658.56	-658.19	-657.69
35	C_2F_6	hexafluoroethane	-1342.77	-426.894E-05	975.416E-08	-1343.06	-1342.47	-1340.98
36	C_2N_2	cyanogen	305.35	144.687E-04	-780.651E-08	308.95	310.64	311.66
37	C_2HCl_3	trichloroethene	-9.15	-267.450E-05	336.385E-08	-9.62	-9.65	-9.38
38	C_2HCl_5	pentachloroethane	-143.24	493.085E-06	833.871E-08	-142.26	-140.90	-138.80
39	C_2HF_3	trifluoroethene	-487.94	-114.437E-04	604.170E-08	-490.78	-492.15	-492.99
40	C_2H_2	acetylene(ethyne)	227.22	-354.674E-06	-396.108E-08	226.73	226.05	225.03
41	$C_2H_2Cl_2$	1,1-dichloroethene	6.37	-159.088E-04	803.621E-08	2.38	0.42	-0.83
42	$C_2H_2Cl_2$	cis-1,2-dichloroethene	1.81	-184.104E-04	929.852E-08	-2.80	-5.07	-6.52
43	$C_2H_2Cl_2$	trans-1,2-dichloroethene	3.90	-171.364E-04	851.570E-08	-0.42	-2.54	-3.93
44	$C_2H_2Cl_4$	1,1,2,2-tetrachloroethane	-148.70	-183.991E-04	155.076E-07	-152.72	-154.03	-153.98
45	$C_2H_2F_2$	1,1-difluoroethene	-331.21	-219.894E-04	102.106E-07	-336.81	-339.66	-341.60
46	$C_2H_2F_2$	cis-1,2-difluoroethene	-316.03	-239.752E-04	108.433E-07	-322.17	-325.30	-327.50
47	$C_2H_2F_2$	trans-1,2-difluoroethene	-316.57	-218.472E-04	979.684E-08	-322.17	-325.04	-327.06
48	C_2H_2O	ketene	-58.15	-103.336E-04	179.515E-08	-61.09	-62.86	-64.50
49	C_2H_3Br	bromoethylene	69.96	-278.328E-04	118.541E-07	78.37	59.01	56.29
50	C_2H_3Cl	chloroethene	36.30	-303.968E-04	132.185E-07	28.45	24.41	21.50
51	$C_2H_3Cl_3$	1,1,2-trichloroethane	-131.47	-292.127E-04	178.757E-07	-138.49	-141.60	-143.16
52	C_2H_3ClO	acetyl-chloride	-235.52	-325.436E-04	143.373E-07	-243.93	-248.20	-251.27
53	C_2H_3F	fluoroethene	-130.39	-328.134E-04	138.796E-07	-138.91	-143.33	-146.56
54	$C_2H_3F_3$	1,1,1-trifluoroethane	-736.38	-371.840E-04	200.744E-07	-745.59	-749.96	-752.58

续表

$$\Delta_f H^{\ominus} = A + BT + CT^2$$

序号	化学式	英文名	A	B	C	在标明温度下的 $\Delta_f H^{\ominus}$		
						298K	500K	700K
55	C_2H_3N	acetonitrile	95.93	−307.574E−04	123.495E−07	87.86	83.64	80.46
56	C_2H_4	ethylene	63.05	−410.756E−04	165.983E−07	52.30	46.66	42.43
57	$C_2H_4Br_2$	1,2-dibromoethane	−61.72	−351.205E−04	226.631E−07	−38.91	−73.62	−75.20
58	$C_2H_4Cl_2$	1,1-dichloroethane	−119.16	−430.785E−04	224.693E−07	−129.91	−135.08	−138.30
59	$C_2H_4Cl_2$	1,2-dichloroethane	−119.41	−404.886E−04	196.539E−07	−129.70	−134.74	−138.12
60	$C_2H_4F_2$	1,1-difluoroethane	−480.87	−505.971E−04	245.191E−07	−493.71	−500.04	−504.27
61	$C_2H_4I_2$	1,2-diiodoethane	12.03	−343.879E−04	178.565E−07	66.53	−0.70	−3.29
62	C_2H_4O	ethylene-oxide	−38.88	−540.406E−04	256.006E−07	−52.63	−59.50	−64.16
63	C_2H_4O	acetaldehyde	−154.12	−471.662E−04	202.794E−07	−166.36	−172.64	−177.20
64	$C_2H_4O_2$	acetic-acid	−422.58	−483.545E−04	233.371E−07	−434.84	−440.93	−445.00
65	$C_2H_4O_2$	methyl-formate	−337.59	−481.537E−04	232.363E−07	−349.78	−355.85	−359.91
66	C_2H_4OS	thioacetic-acid	−162.02	−787.471E−04	398.618E−07	−181.96	−191.43	−197.61
67	C_2H_4S	thiacyclopropane	106.58	−973.282E−04	521.243E−07	82.22	70.95	63.99
68	C_2H_5Br	bromoethane	−66.06	−538.565E−04	253.521E−07	−64.02	−86.65	−91.34
69	C_2H_5Cl	chloroethane	−96.99	−578.605E−04	276.362E−07	−111.71	−119.01	−123.95
70	C_2H_5F	fluoroethane	−245.67	−618.270E−04	286.612E−07	−261.50	−269.42	−274.91
71	C_2H_5I	iodoethane	−27.25	−506.306E−04	233.852E−07	−8.37	−46.72	−51.23
72	C_2H_5N	ethylenimine	140.15	−667.390E−04	342.850E−07	123.43	115.35	110.23
73	$C_2H_5NO_2$	nitroethane	−83.51	−717.138E−04	389.518E−07	−101.25	−109.63	−114.63
74	$C_2H_5NO_3$	ethyl-nitrate	−137.81	−670.319E−04	409.442E−07	−153.97	−161.09	−164.67
75	C_2H_6	ethane	−66.73	−693.373E−04	303.792E−07	−84.68	−93.81	−100.39
76	C_2H_6O	methyl-ether	−165.52	−719.146E−04	323.821E−07	−184.05	−193.38	−199.99
77	C_2H_6O	ethyl-alcohol	−216.96	−695.716E−04	317.444E−07	−234.81	−243.81	−250.11
78	$C_2H_6O_2$	ethylene-glycol	−377.81	−458.441E−04	231.442E−07	−389.32	−394.95	−398.56
79	C_2H_6S	methyl-sulfide	−9.82	−109.374E−03	551.284E−07	−37.53	−50.73	−59.37
80	C_2H_6S	ethanethiol	−17.75	−112.642E−03	587.266E−07	−46.11	−59.39	−67.82
81	$C_2H_6S_2$	methyl-disulfide	13.67	−151.273E−03	817.512E−07	−24.14	−41.53	−52.17
82	C_2H_7N	ethylamine	−25.88	−794.918E−04	387.296E−07	−46.02	−55.94	−62.55

续表

$$\Delta_f H^{\ominus} = A + BT + CT^2$$

序号	化学式	英文名	A	B	C	在标明温度下的 $\Delta_f H^{\ominus}$ 298K	500K	700K
83	C_3H_7N	dimethylamine	2.79	-856.800E-04	427.898E-07	-18.83	-29.35	-36.22
84	C_3H_3N	acrylonitrile	191.58	-253.530E-04	101.742E-07	184.93	181.44	178.82
85	C_3H_4	allene(propadiene)	200.50	-316.842E-04	120.708E-07	192.13	187.67	184.23
86	C_3H_4	propyne(methylacetylene)	193.47	-299.252E-04	101.805E-07	185.43	181.05	177.51
87	$C_3H_4O_2$	acrylic-acid	-325.04	-440.575E-04	209.259E-07	-336.23	-341.84	-345.62
88	C_3H_5Br	3-bromo-1-propene	49.84	-580.781E-04	282.918E-07	49.37	27.87	23.04
89	C_3H_5Cl	3-chloro-1-propene	12.75	-520.197E-04	234.685E-07	-0.63	-7.39	-12.16
90	$C_3H_5Cl_3$	1,2,3-trichloropropane	-173.44	-497.227E-04	271.324E-07	-185.77	-191.52	-194.95
91	C_3H_5I	3-iodo-1-prpene	74.09	-394.254E-04	185.293E-07	95.81	59.01	55.58
92	C_3H_5N	propionitrile	64.38	-533.920E-04	240.057E-07	50.63	43.68	38.76
93	C_3H_6	propene	37.33	-651.909E-04	280.847E-07	20.42	11.76	5.46
94	C_3H_6	cyclopropane	71.80	-728.895E-04	349.469E-07	53.30	44.09	37.90
95	$C_3H_6Br_2$	1,2-dibromopropane	-90.39	-561.535E-04	307.813E-07	-72.80	-110.77	-114.61
96	$C_3H_6Cl_2$	1,2-dichloropropane	-149.37	-653.206E-04	345.557E-07	-165.69	-173.39	-178.17
97	$C_3H_6Cl_2$	1,3-dichloropropane	-145.61	-631.157E-04	320.289E-07	-161.50	-169.16	-174.09
98	$C_3H_6Cl_2$	2,2-dichloropropane	-162.67	-530.615E-04	295.838E-07	-175.73	-181.80	-185.31
99	$C_3H_6I_2$	1,2-diiodopropane	-14.12	-537.519E-04	289.884E-07	35.98	-33.75	-37.55
100	C_3H_6O	propylene-oxide	-74.45	-721.824E-04	349.787E-07	-92.76	-101.80	-107.84
101	C_3H_6O	allyl-alcohol	-115.10	-658.980E-04	300.457E-07	-132.01	-140.54	-146.51
102	C_3H_6O	propionaldehyde	-175.52	-644.169E-04	294.976E-07	-192.05	-200.35	-206.16
103	C_3H_6O	acetone	-199.18	-714.837E-04	325.335E-07	-217.57	-226.78	-233.27
104	C_3H_6S	thiacyclobutane	93.86	-131.097E-03	712.493E-07	61.13	46.12	37.00
105	C_3H_7Br	1-bromopropane	-84.92	-739.940E-04	353.151E-07	-87.86	-113.09	-119.41
106	C_3H_7Br	2-bromopropane	-95.42	-697.808E-04	343.674E-07	-97.07	-121.72	-127.43
107	C_3H_7Cl	1-chloropropane	-110.19	-784.960E-04	379.066E-07	-130.12	-139.96	-146.56
108	C_3H_7Cl	2-chloropropane	-127.43	-754.459E-04	378.384E-07	-146.44	-155.70	-161.70
109	C_3H_7F	1-fluoropropane	-260.42	-814.374E-04	389.518E-07	-281.16	-291.41	-298.34
110	C_3H_7F	2-fluoropropane	-268.21	-807.721E-04	392.053E-07	-288.70	-298.79	-305.54

续表

$$\Delta_f H^\ominus = A + BT + CT^2$$

序号	化学式	英文名	A	B	C	在标明温度下的 $\Delta_f H^\ominus$		
						298K	500K	700K
111	C_3H_7I	1-iodopropane	-45.45	-675.674E-04	321.269E-07	-30.54	-71.20	-77.01
112	C_3H_7I	2-iodopropane	-57.70	-648.520E-04	314.549E-07	-41.84	-82.26	-87.68
113	$C_3H_7NO_2$	1-nitropropane	-102.02	-913.409E-04	494.172E-07	-124.68	-135.33	-141.74
114	$C_3H_7NO_2$	2-nitropropane	-117.76	-906.171E-04	496.139E-07	-140.16	-150.66	-156.88
115	$C_3H_7NO_3$	propyl-nitrate	-153.07	-863.201E-04	511.327E-07	-174.05	-183.45	-188.44
116	$C_3H_7NO_3$	isopropyl-nitrate	-170.18	-860.356E-04	517.184E-07	-191.00	-200.27	-205.06
117	C_3H_8	propane	-80.70	-904.999E-04	421.036E-07	-103.85	-115.42	-123.42
118	C_3H_8O	ethyl-methyl-ether	-193.08	-912.028E-04	425.722E-07	-216.44	-228.04	-236.06
119	C_3H_8O	propyl-alcohol	-233.95	-921.233E-04	428.484E-07	-257.53	-269.30	-277.44
120	C_3H_8O	isopropyl-alcohol	-250.36	-879.017E-04	431.705E-07	-272.59	-283.52	-290.74
121	C_3H_8S	ethyl-methyl-sulfide	-25.63	-135.223E-03	710.485E-07	-59.62	-75.48	-85.47
122	C_3H_8S	1-propanethiol	-33.53	-137.164E-03	737.095E-07	-67.86	-83.68	-93.42
123	C_3H_8S	2-propanethiol	-42.79	-133.629E-03	717.807E-07	-76.23	-91.66	-101.16
124	C_3H_9N	propylamine	-47.07	-100.081E-03	494.800E-07	-72.38	-84.74	-92.88
125	C_3H_9N	trimethylamine	2.51	-105.261E-03	545.008E-07	-23.85	-36.50	-44.47
126	C_3F_8	octafluorocyclobutane	-1528.29	-416.731E-05	153.846E-07	-1528.00	-1526.53	-1523.67
127	C_4H_2	butadiyne(biacetylene)	469.15	160.641E-04	-122.838E-07	472.79	474.11	474.38
128	C_4H_4	1-buten-3-yne(vinylacetylene)	310.87	-232.589E-04	745.673E-08	304.60	301.10	298.24
129	C_4H_4O	furan	-21.89	-506.431E-04	244.593E-07	-34.69	-41.10	-45.35
130	C_4H_4S	thiophene	139.43	-957.006E-04	540.740E-07	115.73	105.10	98.93
131	C_4H_6	1,2-butadiene	176.56	-551.660E-04	234.287E-07	162.21	154.84	149.43
132	C_4H_6	1,3-butadiene	123.29	-512.247E-04	231.919E-07	110.16	103.47	98.79
133	C_4H_6	1-butyne(ethylacetylene)	178.84	-522.456E-04	214.476E-07	165.18	158.08	152.78
134	C_4H_6	2-butyne(dimethylacetylene)	161.94	-594.128E-04	237.300E-07	146.31	138.17	131.98
135	C_4H_6	cyclobutene	147.57	-702.703E-04	334.779E-07	129.70	120.80	114.78
136	$C_4H_6O_3$	acetic-anhydride	-554.71	-841.235E-04	436.182E-07	-575.72	-585.87	-592.23
137	C_4H_7N	butyronitrile	52.41	-720.150E-04	343.038E-07	34.06	24.98	18.81
138	C_4H_7N	isobutyronitrile	43.55	-715.464E-04	347.013E-07	25.40	16.45	10.47

续表

$$\Delta_f H^\ominus = A + BT + CT^2$$

序号	化学式	英文名	A	B	C	在标明温度下的 $\Delta_f H^\ominus$		
						298K	500K	700K
139	C_4H_8	1-butene	21.82	-854.582E-04	389.024E-07	-0.13	-11.18	-18.94
140	C_4H_8	2-butene,*cis*	17.62	-954.454E-04	426.224E-07	-6.99	-19.45	-28.31
141	C_4H_8	2-butene,*trans*	10.65	-844.750E-04	373.698E-07	-11.17	-22.24	-30.17
142	C_4H_8	2-methylpropene	4.13	-816.257E-04	366.192E-07	-16.90	-27.53	-35.07
143	C_4H_8	cyclobutane	52.78	-103.571E-03	517.435E-07	26.65	13.93	5.63
144	$C_4H_8Br_2$	1,2-dibromobutane	-112.19	-740.317E-04	388.007E-07	-99.16	-139.51	-145.00
145	$C_4H_8Br_2$	2,3-dibromobutane	-115.21	-747.765E-04	399.965E-07	-102.09	-142.60	-147.96
146	$C_4H_8I_2$	1,2-diiodobutane	-33.63	-715.882E-04	369.832E-07	11.92	-60.18	-65.62
147	C_4H_8O	butyraldehyde	-183.62	-838.557E-04	397.919E-07	-205.02	-215.60	-222.82
148	C_4H_8O	2-butanone	-216.59	-848.264E-04	390.840E-07	-238.36	-249.24	-256.82
149	$C_4H_8O_2$	p-dioxane	-286.84	-114.181E-03	626.261E-07	-315.06	-328.28	-336.08
150	$C_4H_8O_2$	ethyl-acetate	-420.20	-898.849E-04	444.968E-07	-442.92	-454.02	-461.32
151	C_4H_8S	thiacyclopentane	4.53	-154.189E-03	854.875E-07	-33.81	-51.19	-61.51
152	C_4H_9Br	1-bromobutane	-99.66	-931.484E-04	451.747E-07	-107.32	-134.94	-142.73
153	C_4H_9Br	2-bromobutane	-113.16	-913.158E-04	461.746E-07	-120.08	-147.27	-154.46
154	C_4H_9Br	2-bromo-2-methylpropane	-130.75	-784.458E-04	415.911E-07	-133.89	-159.57	-165.28
155	C_4H_9Cl	1-chlorobutane	-122.28	-986.964E-04	485.470E-07	-147.28	-159.49	-167.58
156	C_4H_9Cl	2-chlorobutane	-136.66	-986.127E-04	498.691E-07	-161.50	-173.50	-181.25
157	C_4H_9Cl	1-chloro-2-methylpropane	-134.57	-986.127E-04	498.691E-07	-159.41	-171.40	-179.16
158	C_4H_9Cl	2-chloro-2-methylpropane	-160.67	-899.811E-04	462.750E-07	-183.26	-194.09	-200.98
159	C_4H_9I	2-iodo-2-methylpropane	-88.74	-714.962E-04	376.556E-07	-73.64	-115.07	-120.33
160	C_4H_9N	pyrrolidine	28.93	-129.897E-03	671.992E-07	-3.60	-19.22	-29.07
161	$C_4H_9NO_2$	1-nitrobutane	-116.28	-111.294E-03	598.270E-07	-143.93	-156.97	-164.87
162	$C_4H_9NO_2$	2-nitrobutane	-135.56	-113.353E-03	622.412E-07	-163.59	-176.68	-184.41
163	C_4H_{10}	butane	-98.19	-109.742E-03	522.540E-07	-126.15	-139.99	-149.40
164	C_4H_{10}	2-methylpropane(isobutane)	-106.75	-109.290E-03	526.933E-07	-134.52	-148.22	-157.43
165	$C_4H_{10}O$	ethyl-ether	-223.74	-111.730E-03	534.590E-07	-252.21	-266.24	-275.76
166	$C_4H_{10}O$	methyl-propyl-ether	-209.26	-111.730E-03	534.590E-07	-237.73	-251.76	-261.28

续表

序号	化学式	英文名	$\Delta_f H^{\ominus} = A + BT + CT^2$			在标明温度下的 $\Delta_f H^{\ominus}$		
			A	B	C	298K	500K	700K
167	$C_4H_{10}O$	methyl-isopropyl-ether	−223.27	−113.445E−03	556.054E−07	−252.04	−266.09	−275.43
168	$C_4H_{10}O$	butyl-alcohol	−245.81	−112.353E−03	535.050E−07	−274.43	−288.61	−298.24
169	$C_4H_{10}O$	sec-butyl-alcohol	−265.14	−106.947E−03	516.933E−07	−292.29	−305.69	−314.67
170	$C_4H_{10}O$	tert-butyl-alcohol	−299.19	−105.433E−03	523.335E−07	−325.81	−338.82	−347.35
171	$C_4H_{10}S$	ethylsulfide	−43.40	−160.515E−03	873.661E−07	−83.47	−101.82	−112.95
172	$C_4H_{10}S$	isopropyl-methyl-sulfide	−50.44	−159.975E−03	866.716E−07	−90.42	−108.76	−119.96
173	$C_4H_{10}S$	methyl-propyl-sulfide	−41.91	−159.185E−03	854.624E−07	−81.76	−100.13	−111.46
174	$C_4H_{10}S$	1-butanethiol	−48.09	−160.724E−03	890.899E−07	−88.07	−106.18	−116.94
175	$C_4H_{10}S$	2-butanethiol	−57.47	−155.218E−03	841.863E−07	−96.23	−114.03	−124.87
176	$C_4H_{10}S$	2-methyl-1-propanethiol	−58.54	−154.670E−03	830.482E−07	−97.24	−115.11	−126.11
177	$C_4H_{10}S$	2-methyl-2-propanethiol	−71.04	−155.498E−03	884.707E−07	−109.50	−126.67	−136.53
178	$C_4H_{10}S_2$	ethyl-disulfide	−26.61	−193.297E−03	107.533E−06	−74.64	−96.37	−109.22
179	$C_4H_{11}N$	butylamine	−61.68	−120.303E−03	601.115E−07	−92.05	−106.80	−116.44
180	$C_4H_{11}N$	sec-butylamine	−73.53	−121.922E−03	621.240E−07	−104.18	−118.96	−128.43
181	$C_4H_{11}N$	tert-butylamine	−90.77	−116.788E−03	618.395E−07	−119.87	−133.70	−142.22
182	$C_4H_{11}N$	diethylamine	−40.87	−125.177E−03	635.592E−07	−72.38	−87.57	−97.35
183	C_5H_5N	pyridine	156.94	−670.821E−04	348.531E−04	140.16	132.11	127.06
184	C_5H_6S	2-methylthiophene	112.97	−117.340E−03	636.596E−07	83.63	70.22	62.03
185	C_5H_6S	3-methylthiophene	112.00	−116.596E−03	621.994E−07	82.80	69.25	60.86
186	C_5H_8	1,2-pentadiene	163.64	−703.958E−04	324.787E−07	145.60	136.57	130.28
187	C_5H_8	1,3-pentadiene-cis	99.11	−816.968E−04	378.627E−07	78.24	67.73	60.48
188	C_5H_8	1,3-pentadiene,trans	95.90	−706.970E−04	326.540E−07	77.82	68.72	62.41
189	C_5H_8	1,4-pentadiene	123.47	−703.038E−04	321.850E−07	105.44	96.36	90.03
190	C_5H_8	2,3-pentadiene	158.72	−781.529E−04	343.908E−07	138.49	128.24	120.86
191	C_5H_8	3-methyl-1,2-butadiene	148.24	−718.979E−04	321.938E−07	129.70	120.34	113.69
192	C_5H_8	2-methyl-1,3-butadiene	93.06	−680.528E−04	320.193E−07	75.73	67.04	61.11
193	C_5H_8	1-pentyne	162.43	−698.310E−04	305.892E−07	144.35	135.16	128.53
194	C_5H_8	2-pentyne	150.02	−813.411E−04	346.958E−07	128.87	118.02	110.08

续表

$$\Delta_f H^\ominus = A + BT + CT^2$$

序号	化学式	英文名	A	B	C	在标明温度下的 $\Delta_f H^\ominus$		
						298K	500K	700K
195	C_5H_8	3-methyl-1-butyne	154.74	-713.372E-04	322.825E-07	136.40	127.14	120.62
196	C_5H_8	cyclopentene	61.37	-111.675E-03	531.201E-07	32.93	18.81	9.22
197	C_5H_8	spiropentane	207.94	-921.819E-04	472.876E-07	185.23	173.67	166.58
198	C_5H_{10}	1-pentene	5.87	-104.847E-03	491.787E-07	-20.92	-34.26	-43.43
199	C_5H_{10}	2-pentene,*cis*	1.08	-114.006E-03	531.243E-07	-28.07	-42.65	-52.70
200	C_5H_{10}	2-pentene,*trans*	-4.42	-106.554E-03	489.361E-07	-31.76	-45.46	-55.03
201	C_5H_{10}	2-methyl-1-butene	-9.63	-104.621E-03	495.511E-07	-36.32	-49.56	-58.59
202	C_5H_{10}	3-methyl-1-butene	-5.47	-919.560E-04	434.467E-07	-28.95	-40.59	-48.55
203	C_5H_{10}	2-methyl-2-butene	-13.97	-111.278E-03	508.231E-07	-42.55	-56.90	-66.96
204	C_5H_{10}	cyclopentane	-42.03	-139.620E-03	698.561E-07	-77.24	-94.37	-105.53
205	$C_5H_{10}Br_2$		-148.91	-895.836E-04	497.603E-07	-138.91	-181.26	-187.23
206	$C_5H_{10}O$	valeraldehyde	-201.38	-104.098E-03	504.758E-07	-227.82	-240.81	-249.52
207	$C_5H_{10}O$	2-pentanone	-231.17	-107.918E-03	514.088E-07	-258.65	-272.28	-281.52
208	$C_5H_{10}S$	thicyclohexane	-14.74	-201.388E-03	129.164E-06	-63.26	-83.15	-92.42
209	$C_5H_{10}S$	cyclopentanethiol	-1.68	-186.017E-03	103.424E-06	-47.91	-68.83	-81.21
210	$C_5H_{11}Br$	1-bromopentane	-116.92	-111.993E-03	548.899E-07	-129.16	-159.19	-168.42
211	$C_5H_{11}Cl$	1-chloropentane	-144.90	-118.650E-03	589.400E-07	-174.89	-189.49	-199.07
212	$C_5H_{11}Cl$	1-chloro-3-methylbutane	-151.72	-113.629E-03	573.668E-07	-180.33	-194.19	-203.15
213	$C_5H_{11}Cl$	2-chloro-2-methylbutane	-173.27	-116.763E-03	605.216E-07	-202.51	-216.52	-225.35
214	C_5H_{12}	pentane	-113.40	-130.009E-03	629.023E-07	-146.44	-162.68	-173.58
215	C_5H_{12}	2-methylbutane(isopentane)	-121.12	-131.838E-03	651.742E-07	-154.47	-170.74	-181.47
216	C_5H_{12}	2,2-dimethylpropane	-134.24	-126.323E-03	644.796E-07	-165.98	-181.29	-191.07
217	$C_5H_{12}O$	methyl-tert-butyl-ether	-259.73	-131.570E-03	662.244E-07	-292.88	-308.96	-319.38
218	$C_5H_{12}O$	pentyl-alcohol	-268.78	-132.252E-03	639.064E-07	-302.38	-318.93	-330.04
219	$C_5H_{12}O$	tert-pentyl-alcohol	-295.76	-132.210E-03	662.829E-07	-329.07	-345.30	-355.83
220	$C_5H_{12}S$	butyl-methyl-sulfide	-56.63	-182.958E-03	101.031E-06	-102.17	-122.85	-135.19
221	$C_5H_{12}S$	ethyl-propyl-sulfide	-58.40	-185.807E-03	103.165E-06	-104.60	-125.51	-137.91
222	$C_5H_{12}S$	2-methyl-2-butanethiol	-83.02	-177.259E-03	992.612E-07	-127.03	-146.83	-158.46

续表

$$\Delta_f H^\ominus = A + BT + CT^2$$

序号	化学式	英 文 名	A	B	C	在标明温度下的 $\Delta_f H^\ominus$		
						298K	500K	700K
223	C$_5$H$_{12}$S	1-pentanethiol	−63.02	−182.678E−03	101.742E−06	−108.41	−128.92	−141.04
224	C$_6$Cl$_6$	hexachlorobenzene	−41.59	269.203E−04	−398.672E−08	−33.89	−29.13	−24.70
225	C$_6$F$_6$	hexafluorobenzene	−960.48	128.499E−04	−525.301E−10	−956.63	−954.07	−951.51
226	C$_6$H$_4$Cl$_2$	o-dichlorobenzene	39.32	−377.573E−04	203.840E−07	29.96	25.54	22.88
227	C$_6$H$_4$Cl$_2$	m-dichlorobenzene	35.71	−373.995E−04	202.117E−07	26.44	22.06	19.43
228	C$_6$H$_4$Cl$_2$	p-dichlorobenzene	32.21	−371.702E−04	202.250E−07	23.01	18.68	16.10
229	C$_6$H$_4$F$_2$	m-difluorobenzene	−299.32	−428.065E−04	223.162E−07	−309.99	−315.15	−318.35
230	C$_6$H$_4$F$_2$	o-difluorobenzene	−283.52	−445.763E−04	246.496E−07	−294.51	−299.64	−302.64
231	C$_6$H$_4$F$_2$	p-difluorobenzene	−296.73	−421.915E−04	220.978E−07	−307.23	−312.30	−315.44
232	C$_6$H$_5$Br	bromobenzene	102.37	−523.084E−04	250.044E−07	105.02	82.47	78.01
233	C$_6$H$_5$Cl	chlorobenzene	65.51	−541.954E−04	267.734E−07	51.84	45.11	40.70
234	C$_6$H$_5$F	fluorobenzene	−102.16	−573.041E−04	287.872E−07	−116.57	−123.61	−128.16
235	C$_6$H$_5$I	iodobenzene	142.16	−459.027E−04	216.664E−07	162.55	124.62	120.64
236	C$_6$H$_6$	benzene	101.40	−721.364E−04	328.775E−07	82.93	73.55	67.02
237	C$_6$H$_6$O	phenol	−80.96	−610.529E−04	300.579E−07	−96.36	−103.97	−108.96
238	C$_6$H$_6$S	benzenethiol	140.38	−116.001E−03	643.206E−07	111.55	98.46	90.69
239	C$_6$H$_7$N	2-picoline	121.44	−895.753E−04	458.985E−07	98.95	88.13	81.23
240	C$_6$H$_7$N	3-picoline	128.78	−900.857E−04	460.407E−07	106.15	95.24	88.28
241	C$_6$H$_7$N	aniline	105.26	−735.129E−04	375.527E−07	86.86	77.89	72.20
242	C$_6$H$_{10}$	1-hexyne	147.17	−917.426E−04	422.333E−07	123.64	111.86	103.65
243	C$_6$H$_{10}$	cyclohexene	24.72	−120.612E−03	637.265E−07	−5.36	−19.66	−28.48
244	C$_6$H$_{10}$	1-methylcyclopentene	27.22	−128.775E−03	627.391E−07	−5.44	−21.49	−32.18
245	C$_6$H$_{10}$	3-methylcyclopentene	41.14	−128.097E−03	623.416E−07	8.66	−7.32	−17.98
246	C$_6$H$_{10}$	4-methylcyclopentene	47.35	−128.415E−03	623.751E−07	14.77	−1.26	−11.97
247	C$_6$H$_{10}$O	cyclohexanone	−194.77	−143.654E−03	815.587E−07	−230.12	−246.20	−255.36
248	C$_6$H$_{12}$	1-hexene	−9.81	−125.047E−03	597.350E−07	−41.67	−57.40	−68.07
249	C$_6$H$_{12}$	2-hexene,cis	−18.32	−133.532E−03	634.922E−07	−52.34	−69.21	−80.68
250	C$_6$H$_{12}$	2-hexene,trans	−21.69	−125.955E−03	591.534E−07	−53.89	−69.87	−80.87

续表

序号	化学式	英文名	$\Delta_f H^{\ominus} = A + BT + CT^2$			在标明温度下的 $\Delta_f H^{\ominus}$		
			A	B	C	298K	500K	700K
251	C_6H_{12}	3-hexene,*cis*	-13.42	-134.470E-03	643.374E-07	-47.61	-64.57	-76.02
252	C_6H_{12}	3-hexene,*trans*	-23.00	-123.173E-03	582.036E-07	-54.43	-70.04	-80.70
253	C_6H_{12}	2-methyl-1-pentene	-21.53	-120.746E-03	580.823E-07	-52.26	-67.38	-77.59
254	C_6H_{12}	3-methyl-1-pentene	-17.02	-110.290E-03	535.970E-07	-45.02	-58.76	-67.96
255	C_6H_{12}	4-methyl-1-pentene	-10.70	-130.629E-03	608.354E-07	-44.10	-60.81	-72.33
256	C_6H_{12}	2-methyl-2-pentene	-26.35	-130.922E-03	618.312E-07	-59.75	-76.35	-87.70
257	C_6H_{12}	3-methyl-2-pentene,*cis*	-24.34	-130.917E-03	618.312E-07	-57.74	-74.34	-85.69
258	C_6H_{12}	3-methyl-2-pentene,*trans*	-25.26	-130.922E-03	618.312E-07	-58.66	-75.27	-86.61
259	C_6H_{12}	4-methyl-2-pentene,*cis*	-18.95	-123.206E-03	586.430E-07	-50.33	-65.89	-76.46
260	C_6H_{12}	4-methyl-2-pentene,*trans*	-25.46	-113.135E-03	535.887E-07	-54.35	-68.63	-78.39
261	C_6H_{12}	2-ethyl-1-butene	-20.69	-121.411E-03	586.220E-07	-51.55	-66.74	-76.96
262	C_6H_{12}	2,3-dimethyl-1-butene	-27.86	-109.462E-03	525.594E-07	-55.73	-69.45	-78.73
263	C_6H_{12}	3,3-dimethyl-1-butene	-9.85	-130.700E-03	619.609E-07	-43.14	-59.71	-70.98
264	C_6H_{12}	2,3-dimethyl-2-butene	-23.09	-141.156E-03	664.503E-07	-59.20	-77.06	-89.34
265	C_6H_{12}	cyclohexane	-81.82	-167.055E-03	928.304E-07	-123.14	-142.14	-153.27
266	C_6H_{12}	methylcyclopentane	-67.64	-155.030E-03	783.789E-07	-106.69	-125.56	-137.76
267	$C_6H_{12}O$	cyclohexanol	-255.67	-158.461E-03	911.233E-07	-294.55	-312.12	-321.94
268	$C_6H_{12}O$	hexanal	-216.53	-125.357E-03	617.517E-07	-248.15	-263.78	-274.03
269	$C_6H_{12}S$	thiacycloheptane	-1.71	-252.575E-03	175.975E-06	-61.34	-84.01	-92.29
270	C_6H_{14}	hexane	-129.11	-150.135E-03	734.585E-07	-167.19	-185.82	-198.21
271	C_6H_{14}	2-methylpentane	-137.11	-147.072E-03	727.849E-07	-174.31	-192.45	-204.40
272	C_6H_{14}	3-methylpentane	-133.55	-150.135E-03	734.585E-07	-171.63	-190.25	-202.65
273	C_6H_{14}	2,2-dimethylbutane	-147.72	-150.365E-03	760.986E-07	-185.56	-203.88	-215.69
274	C_6H_{14}	2,3-dimethylbutane	-139.27	-152.348E-03	756.635E-07	-177.78	-196.53	-208.84
275	$C_6H_{14}O$	propyl-ether	-254.36	-151.825E-03	744.334E-07	-292.88	-311.67	-324.17
276	$C_6H_{14}O$	isopropyl-ether	-280.30	-151.825E-03	744.334E-07	-318.82	-337.61	-350.11
277	$C_6H_{14}O$	hexyl-alcohol	-280.97	-152.369E-03	744.459E-07	-319.62	-338.55	-351.15
278	$C_6H_{14}S$	butyl-ethyl-sulfide	-73.41	-208.284E-03	116.056E-06	-125.19	-148.54	-162.34

续表

$$\Delta_f H^\ominus = A + BT + CT^2$$

序号	化学式	英文名	A	B	C	在标明温度下的 $\Delta_f H^\ominus$		
						298K	500K	700K
279	C$_6$H$_{14}$S	isopropyl-sulfide	-93.60	-191.795E-03	106.730E-06	-141.25	-162.81	-175.55
280	C$_6$H$_{14}$S	methyl-pentyl-sulfide	-71.76	-204.941E-03	113.487E-06	-122.76	-145.86	-159.61
281	C$_6$H$_{14}$S	propyl-sulfide	-73.08	-210.677E-03	118.449E-06	-125.35	-148.80	-162.51
282	C$_6$H$_{14}$S	1-hexanethiol	-78.24	-204.116E-03	113.499E-06	-128.99	-151.92	-165.51
283	C$_6$H$_{14}$S$_2$	propyl-disulfide	-56.99	-243.367E-03	138.683E-06	-117.19	-144.00	-159.39
284	C$_6$H$_{15}$N	triethylamine	-57.92	-166.096E-03	857.469E-07	-99.58	-119.53	-132.17
285	C$_7$H$_5$F$_3$	A,A,A-trifluorotoluene	-584.55	-635.173E-04	364.343E-07	-600.07	-607.20	-611.16
286	C$_7$H$_5$N	benzonitrile	230.95	-479.110E-04	232.292E-07	218.82	212.80	208.80
287	C$_7$H$_6$O$_2$	benzoic-acid	-266.14	-935.793E-04	416.668E-07	-290.20	-302.51	-311.23
288	C$_7$H$_7$F	p-fluorotoluene	-127.73	-805.169E-04	404.225E-07	-148.03	-157.89	-164.29
289	C$_7$H$_8$	toluene	74.32	-959.977E-04	470.114E-07	50.00	38.07	30.16
290	C$_7$H$_8$	1,3,5-cycloheptatriene	200.42	-742.409E-04	386.823E-07	181.88	172.97	167.40
291	C$_7$H$_8$O	m-cresol	-110.62	-860.816E-04	428.902E-07	-132.34	-142.93	-149.86
292	C$_7$H$_8$O	o-cresol	-108.51	-796.132E-04	396.673E-07	-128.62	-138.40	-144.80
293	C$_7$H$_8$O	p-cresol	-103.58	-862.239E-04	425.597E-07	-125.39	-136.06	-143.09
294	C$_7$H$_{12}$	1-heptyne	131.62	-112.014E-03	528.983E-07	103.01	88.84	79.13
295	C$_7$H$_{12}$	1-heptene	-25.41	-145.189E-03	703.330E-07	-62.30	-80.42	-92.58
296	C$_7$H$_{14}$	cycloheptane	-71.72	-191.749E-03	104.236E-06	-119.33	-141.54	-154.87
297	C$_7$H$_{14}$	ethylcyclopentane	-83.20	-174.218E-03	886.715E-07	-127.07	-148.14	-161.70
298	C$_7$H$_{14}$	1,1-dimethylcyclopentane	-94.65	-174.519E-03	914.581E-07	-138.28	-159.05	-172.00
299	C$_7$H$_{14}$	c-1,2-dimethylcyclopentane	-86.26	-172.891E-03	899.267E-07	-129.54	-150.22	-163.22
300	C$_7$H$_{14}$	t-1,2-dimethylcyclopentane	-93.56	-172.163E-03	891.820E-07	-136.69	-157.34	-170.37
301	C$_7$H$_{14}$	c-1,3-dimethylcyclopentane	-92.72	-172.163E-03	891.820E-07	-135.85	-156.51	-169.54
302	C$_7$H$_{14}$	t,1,3-dimethylcyclopentane	-90.46	-172.163E-03	891.820E-07	-133.60	-154.25	-167.28
303	C$_7$H$_{14}$	methylcyclohexane	-110.91	-177.379E-03	100.027E-06	-154.77	-174.84	-186.41
304	C$_7$H$_{14}$O	heptanal	-227.53	-144.181E-03	714.251E-07	-264.01	-281.76	-293.45
305	C$_7$H$_{16}$	heptane	-144.67	-170.276E-03	840.566E-07	-187.78	-208.79	-222.68
306	C$_7$H$_{16}$	2-methylhexane	-151.82	-170.276E-03	840.607E-07	-194.93	-215.95	-229.83

续表

$$\Delta_f H^\ominus = A + BT + CT^2$$

序号	化学式	英文名	A	B	C	在标明温度下的 $\Delta_f H^\ominus$		
						298K	500K	700K
307	C_7H_{16}	3-methylhexane	-149.19	-170.276E-03	840.566E-07	-192.30	-213.31	-227.19
308	C_7H_{16}	3-ethylpentane	-146.55	-170.276E-03	840.566E-07	-189.66	-210.68	-224.56
309	C_7H_{16}	2,2-dimethylpentane	-163.04	-170.276E-03	840.607E-07	-206.15	-227.16	-241.04
310	C_7H_{16}	2,3-dimethylpentane	-156.13	-170.276E-03	840.607E-07	-199.24	-220.26	-234.14
311	C_7H_{16}	2,4-dimethylpentane	-158.90	-170.276E-03	840.566E-07	-202.00	-223.02	-236.90
312	C_7H_{16}	3,3-dimethylpentane	-158.44	-170.276E-03	840.566E-07	-201.54	-222.56	-236.44
313	C_7H_{16}	2,2,3-trimethylbutane	-162.13	-170.042E-03	872.573E-07	-204.81	-225.34	-238.41
314	$C_7H_{16}O$	isopropyl-tert-butyl-ether	-314.69	-171.557E-03	847.260E-07	-358.15	-379.28	-393.26
315	$C_7H_{16}O$	heptyl-alcohol	-291.16	-172.502E-03	850.021E-07	-334.85	-356.17	-370.27
316	$C_7H_{16}S$	butyl-propyl-sulfide	-88.12	-233.162E-03	131.415E-06	-145.94	-171.85	-186.94
317	$C_7H_{16}S$	ethyl-pentyl-sulfide	-88.68	-229.915E-03	128.202E-06	-145.81	-171.59	-186.81
318	$C_7H_{16}S$	hexyl-methyl-sulfide	-87.03	-226.505E-03	125.508E-06	-143.39	-168.91	-184.09
319	$C_7H_{16}S$	1-heptanethiol	-93.45	-226.032E-03	125.897E-06	-149.62	-174.99	-189.98
320	C_8H_6	ethynylbenzene	340.02	-496.599E-04	222.547E-07	327.27	320.75	316.16
321	C_8H_8	styrene	167.88	-803.537E-04	374.175E-07	147.36	137.06	129.97
322	C_8H_8	1,3,5,7-cyclooctatetraene	318.70	-818.307E-04	404.488E-07	298.03	287.90	281.24
323	C_8H_{10}	ethylbenzene	58.10	-111.286E-03	531.828E-07	29.79	15.75	6.26
324	C_8H_{10}	m-xylene	46.62	-114.796E-03	533.711E-07	17.24	2.56	-7.59
325	C_8H_{10}	o-xylene	46.76	-108.244E-03	499.277E-07	19.00	5.12	-4.55
326	C_8H_{10}	p-xylene	47.81	-116.437E-03	536.724E-07	17.95	3.01	-7.40
327	C_8H_{14}	1-octyne	116.06	-132.156E-03	635.006E-07	82.42	65.86	54.67
328	C_8H_{16}	1-octene	-41.00	-165.289E-03	808.391E-07	-82.93	-103.44	-117.09
329	C_8H_{16}	cyclooctane	-71.83	-216.606E-03	115.780E-06	-125.77	-151.18	-166.72
330	C_8H_{16}	propylcyclopentane	-99.22	-194.175E-03	990.813E-07	-148.07	-171.53	-186.59
331	C_8H_{16}	ethylcyclohexane	-123.34	-196.326E-03	110.219E-06	-171.75	-193.95	-206.76
332	C_8H_{16}	1,1-dimethylcyclohexane	-130.38	-205.815E-03	117.721E-06	-181.00	-203.86	-216.77
333	C_8H_{16}	c-1,2-dimethylcyclohexane	-122.91	-199.991E-03	112.633E-06	-172.17	-194.74	-207.71
334	C_8H_{16}	t-1,2-dimethylcyclohexane	-131.91	-195.510E-03	110.930E-06	-180.00	-201.94	-214.41

续表

$$\Delta_f H^\ominus = A + BT + CT^2$$

序号	化学式	英文名	A	B	C	在标明温度下的 $\Delta_f H^\ominus$		
						298K	500K	700K
335	C$_8$H$_{16}$	c-1,3-dimethylcyclohexane	-135.42	-200.594E-03	113.943E-06	-184.77	-207.23	-220.00
336	C$_8$H$_{16}$	t-1,3-dimethylcyclohexane	-127.55	-198.577E-03	110.872E-06	-176.56	-199.12	-212.23
337	C$_8$H$_{16}$	c-1,4-dimethylcyclohexane	-127.63	-198.577E-03	110.872E-06	-176.65	-199.20	-212.31
338	C$_8$H$_{16}$	t-1,4-dimethylcyclohexane	-135.91	-198.087E-03	112.805E-06	-184.60	-206.76	-219.30
339	C$_8$H$_{16}$O	octanal	-248.11	-164.469E-03	821.319E-07	-289.66	-309.81	-322.99
340	C$_8$H$_{18}$	octane	-160.34	-190.251E-03	944.915E-07	-208.45	-231.84	-247.21
341	C$_8$H$_{18}$	2-methylheptane	-167.37	-190.255E-03	944.956E-07	-215.48	-238.87	-254.24
342	C$_8$H$_{18}$	3-methylheptane	-164.52	-190.255E-03	944.956E-07	-212.63	-236.03	-251.40
343	C$_8$H$_{18}$	4-methylheptane	-163.98	-190.255E-03	944.956E-07	-212.09	-235.48	-250.85
344	C$_8$H$_{18}$	3-ethylhexane	-162.77	-190.251E-03	944.956E-07	-210.87	-234.27	-249.64
345	C$_8$H$_{18}$	2,2-dimethylhexane	-176.62	-190.251E-03	944.956E-07	-224.72	-248.12	-263.49
346	C$_8$H$_{18}$	2,3-dimethylhexane	-165.82	-190.255E-03	944.956E-07	-213.93	-237.32	-252.70
347	C$_8$H$_{18}$	2,4-dimethylhexane	-171.30	-190.255E-03	944.956E-07	-219.41	-242.80	-258.18
348	C$_8$H$_{18}$	2,5-dimethylhexane	-174.52	-190.251E-03	944.956E-07	-222.63	-246.02	-261.40
349	C$_8$H$_{18}$	3,3-dimethylhexane	-172.01	-190.255E-03	944.956E-07	-220.12	-243.51	-258.88
350	C$_8$H$_{18}$	3,4-dimethylhexane	-164.90	-190.251E-03	944.956E-07	-213.01	-236.40	-251.77
351	C$_8$H$_{18}$	3-ethyl-2-methylpentane	-163.10	-190.255E-03	944.956E-07	-211.21	-234.60	-249.98
352	C$_8$H$_{18}$	3-ethyl-3-methylpentane	-166.87	-190.255E-03	944.956E-07	-214.97	-238.37	-253.74
353	C$_8$H$_{18}$	2,2,3-trimethylpentane	-172.01	-190.255E-03	944.956E-07	-220.12	-243.51	-258.88
354	C$_8$H$_{18}$	2,2,4-trimethylpentane	-176.03	-190.255E-03	944.956E-07	-224.14	-247.53	-262.90
355	C$_8$H$_{18}$	2,3,3-trimethylpentane	-168.33	-190.255E-03	944.956E-07	-216.44	-239.83	-255.21
356	C$_8$H$_{18}$	2,3,4-trimethylpentane	-169.33	-190.255E-03	944.956E-07	-217.44	-240.84	-256.21
357	C$_8$H$_{18}$	2,2,3,3-tetramethylbutane	-180.90	-181.556E-03	986.838E-07	-225.89	-247.00	-259.63
358	C$_8$H$_{18}$O	butyl-ether	-285.37	-191.832E-03	953.659E-07	-333.88	-357.44	-372.92
359	C$_8$H$_{18}$O	sec-butyl-ether	-312.14	-191.832E-03	953.659E-07	-360.66	-384.22	-399.70
360	C$_8$H$_{18}$O	tert-butyl-ether	-316.33	-191.828E-03	953.659E-07	-364.84	-388.40	-403.88
361	C$_8$H$_{18}$O	octyl-alcohol	-308.35	-192.640E-03	956.002E-07	-357.06	-380.77	-396.36
362	C$_8$H$_{18}$S	butyl-sulfide	-104.21	-254.437E-03	143.181E-06	-167.32	-195.63	-212.16

续表

序号	化学式	英 文 名	$\Delta_f H^\ominus = A + BT + CT^2$			任标明温度下的 $\Delta_f H^\ominus$		
			A	B	C	298K	500K	700K
363	C₈H₁₈S	ethyl-hexyl-sulfide	−104.01	−251.002E−03	139.654E−06	−166.40	−194.59	−211.28
364	C₈H₁₈S	heptyl-methyl-sulfide	−102.29	−247.944E−03	137.336E−06	−163.97	−191.93	−208.56
365	C₈H₁₈S	pentyl-propyl-sulfide	−103.46	−254.442E−03	143.185E−06	−166.57	−194.88	−211.41
366	C₈H₁₈S	1-octanethiol	−108.68	−247.597E−03	137.917E−06	−170.21	−198.00	−214.42
367	C₈H₁₈S₂	buty-disulfide	−87.42	−286.851E−03	163.101E−06	−158.41	−190.07	−208.30
368	C₉H₁₀	alpha-methylstyrene	139.14	−102.194E−03	473.043E−07	112.97	99.87	90.79
369	C₉H₁₀	propenylbenzene,*cis*	147.51	−102.194E−03	473.043E−07	121.34	108.24	99.15
370	C₉H₁₀	propenylbenzene,*trans*	142.70	−100.090E−03	469.905E−07	117.15	104.41	95.67
371	C₉H₁₀	*m*-methylstyrene	141.65	−102.194E−03	473.043E−07	115.48	102.38	93.30
372	C₉H₁₀	*o*-methylstyrene	144.58	−102.194E−03	473.043E−07	118.41	105.31	96.23
373	C₉H₁₀	*p*-methylstyrene	140.82	−102.194E−03	473.043E−07	114.64	101.55	92.46
374	C₉H₁₂	propylbenzene	40.97	−130.675E−03	634.629E−07	7.82	−8.50	−19.40
375	C₉H₁₂	cumene	36.88	−130.231E−03	639.106E−07	3.93	−12.25	−22.96
376	C₉H₁₂	*m*-ethyltoluene	31.61	−131.742E−03	628.897E−07	−1.92	−18.54	−29.79
377	C₉H₁₂	*o*-ethyltoluene	33.10	−124.989E−03	592.664E−07	1.21	−14.58	−25.35
378	C₉H₁₂	*p*-ethyltoluene	30.72	−133.219E−03	630.864E−07	−3.26	−20.12	−31.62
379	C₉H₁₂	1,2,3-trimethylbenzene	24.67	−133.181E−03	606.638E−07	−9.58	−26.75	−38.83
380	C₉H₁₂	1,2,4-trimethylbenzene	20.26	−133.206E−03	613.207E−07	−13.93	−31.02	−42.94
381	C₉H₁₂	mesitylene	19.09	−137.193E−03	636.094E−07	−16.07	−33.60	−45.78
382	C₉H₁₆	1-nonyne	100.49	−152.264E−03	739.941E−07	61.80	42.85	30.16
383	C₉H₁₈	1-nonene	−56.53	−185.489E−03	914.790E−07	−103.51	−126.40	−141.55
384	C₉H₁₈	butylcyclopentane	−113.73	−216.995E−03	112.077E−06	−168.28	−194.21	−210.71
385	C₉H₁₈	propylcyclohexane	−141.00	−211.840E−03	118.098E−06	−193.30	−217.40	−231.42
386	C₉H₁₈	*c-c*-1,3,5-trimethylcyclohexane	−160.44	−223.698E−03	128.131E−06	−215.39	−240.26	−254.24
387	C₉H₁₈	*c-t*-1,3,5-trimethylcyclohexane	−152.25	−219.748E−03	122.077E−06	−206.56	−231.61	−246.26
388	C₉H₁₈O	nonanal	−263.63	−184.828E−03	928.346E−07	−310.29	−332.84	−347.52
389	C₉H₂₀	nonane	−175.88	−210.359E−03	105.006E−06	−229.03	−254.81	−271.68
390	C₉H₂₀	2-methyloctane	−184.63	−204.075E−03	101.981E−06	−236.19	−261.17	−277.51

续表

序号	化学式	英文名	$\Delta_fH^\ominus = A + BT + CT^2$			在标明温度下的 $\Delta_fH^\ominus$		
			A	B	C	298K	500K	700K
391	C_9H_{20}	3-methyloctane	−180.77	−208.384E−03	104.587E−06	−233.34	−258.81	−275.39
392	C_9H_{20}	4-methyloctane	−180.77	−208.384E−03	104.587E−06	−233.34	−258.81	−275.39
393	C_9H_{20}	3-ethylheptane	−176.87	−212.602E−03	107.106E−06	−230.45	−256.40	−273.21
394	C_9H_{20}	4-ethylheptane	−176.87	−212.602E−03	107.106E−06	−230.45	−256.40	−273.21
395	C_9H_{20}	2,2-dimethylheptane	−196.45	−201.033E−03	103.906E−06	−246.86	−270.99	−286.26
396	C_9H_{20}	2,3-dimethylheptane	−182.70	−210.041E−03	105.839E−06	−235.64	−261.26	−277.87
397	C_9H_{20}	2,4-dimethylhepiane	−186.59	−214.158E−03	108.412E−06	−240.50	−266.56	−283.37
398	C_9H_{20}	2,5-dimethylheptane	−186.59	−214.158E−03	108.412E−06	−240.50	−266.56	−283.37
399	C_9H_{20}	2,6-dimethylheptane	−190.46	−210.016E−03	105.968E−06	−243.38	−268.98	−285.55
400	C_9H_{20}	3,3-dimethylheptane	−190.19	−205.192E−03	106.382E−06	−241.58	−266.19	−281.70
401	C_9H_{20}	3,4-dimethylheptane	−178.79	−214.371E−03	108.474E−06	−232.76	−258.85	−275.69
402	C_9H_{20}	3,5-dimethylheptane	−182.65	−218.639E−03	111.181E−06	−237.61	−264.18	−281.22
403	C_9H_{20}	4,4-dimethylheptane	−190.19	−205.192E−03	106.382E−06	−241.58	−266.19	−281.70
404	C_9H_{20}	3-ethyl-2-methylhexane	−178.79	−214.371E−03	108.474E−06	−232.76	−258.85	−275.69
405	C_9H_{20}	4-ethyl-2-methylhexane	−182.65	−218.639E−03	111.181E−06	−237.61	−264.18	−281.22
406	C_9H_{20}	3-ethyl-3-methylhexane	−183.83	−209.807E−03	109.232E−06	−236.31	−261.42	−277.17
407	C_9H_{20}	3-ethyl-4-methylhexane	−174.89	−218.702E−03	111.123E−06	−229.87	−256.46	−273.53
408	C_9H_{20}	2,2,3-trimethylhexane	−189.39	−207.100E−03	107.838E−06	−241.21	−265.98	−281.52
409	C_9H_{20}	2,2,4-trimethylhexane	−190.36	−211.543E−03	110.700E−06	−243.22	−268.46	−284.20
410	C_9H_{20}	2,2,5-trimethylhexane	−202.21	−207.074E−03	107.968E−06	−254.01	−278.76	−294.26
411	C_9H_{20}	2,3,3-trimethylhexane	−187.00	−207.100E−03	107.838E−06	−238.82	−263.59	−279.13
412	C_9H_{20}	2,3,4-trimethylhexane	−180.77	−215.894E−03	109.654E−06	−235.06	−261.30	−278.17
413	C_9H_{20}	2,3,5-trimethylhexane	−188.54	−215.832E−03	109.717E−06	−242.80	−269.02	−285.86
414	C_9H_{20}	2,4,4-trimethylhexane	−187.98	−211.543E−03	110.700E−06	−240.83	−266.08	−281.82
415	C_9H_{20}	3,3,4-trimethylhexane	−183.08	−211.480E−03	110.512E−06	−235.94	−261.20	−276.97
416	C_9H_{20}	3,3-diethylpentane	−178.50	−213.987E−03	111.767E−06	−231.96	−257.55	−273.53
417	C_9H_{20}	3-ethyl-2,2-dimethylpentane	−185.59	−210.715E−03	109.445E−06	−238.32	−263.59	−279.46
418	C_9H_{20}	3-ethyl-2,3-dimethylpentane	−180.70	−211.480E−03	110.512E−06	−233.55	−258.81	−274.58
419	C_9H_{20}	3-ethyl-2,4-dimethylpentane	−180.77	−215.894E−03	109.654E−06	−235.06	−261.30	−278.17

续表

序号	化学式	英文名	$\Delta_f H^\ominus = A + BT + CT^2$			在标明温度下的 $\Delta_f H^\ominus$		
			A	B	C	298K	500K	700K
420	C_9H_{20}	2,2,3,3-tetramethylpentane	-186.61	-203.614E-03	108.968E-06	-237.23	-261.18	-275.75
421	C_9H_{20}	2,2,3,4-tetramethylpentane	-184.80	-208.773E-03	109.131E-06	-236.98	-261.91	-277.47
422	C_9H_{20}	2,2,4,4-tetramethylpentane	-191.26	-204.284E-03	110.094E-06	-241.96	-265.88	-280.32
423	C_9H_{20}	2,3,3,4-tetramethylpentane	-184.05	-208.773E-03	109.131E-06	-236.23	-261.15	-276.72
424	$C_9H_{20}O$	nonyl-alcohol	-333.13	-212.765E-03	106.136E-06	-386.89	-412.98	-430.06
425	$C_9H_{20}S$	butyl-pentyl-sulfide	-119.32	-276.705E-03	155.887E-06	-187.95	-218.70	-236.63
426	$C_9H_{20}S$	ethyl-heptyl-sulfide	-119.12	-273.265E-03	152.356E-06	-187.02	-217.66	-235.75
427	$C_9H_{20}S$	hexyl-propyl-sulfide	-118.53	-276.709E-03	155.887E-06	-187.15	-217.91	-235.84
428	$C_9H_{20}S$	methyl-octyl-sulfide	-117.47	-269.856E-03	149.658E-06	-184.60	-214.98	-233.03
429	$C_9H_{20}S$	1-nonanethiol	-123.79	-269.860E-03	150.616E-06	-190.83	-221.06	-238.89
430	$C_{10}H_8$	naphthalene	173.66	-892.782E-04	426.852E-07	150.96	139.69	132.08
431	$C_{10}H_8$	azulene	303.62	-934.162E-04	447.646E-07	279.91	268.10	260.16
432	$C_{10}H_{14}$	butylbenzene	24.38	-150.783E-03	739.689E-07	-13.81	-32.52	-44.92
433	$C_{10}H_{14}$	m-diethylbenzene	15.81	-148.423E-03	722.661E-07	-21.84	-40.34	-52.68
434	$C_{10}H_{14}$	o-diethylbenzene	17.10	-141.976E-03	689.105E-07	-18.95	-36.66	-48.52
435	$C_{10}H_{14}$	p-diethylbenzene	15.92	-150.331E-03	727.974E-07	-22.26	-41.04	-53.64
436	$C_{10}H_{14}$	1,2,3,4-tetramethylbenzene	-7.19	-136.156E-03	649.775E-07	-41.92	-59.02	-70.66
437	$C_{10}H_{14}$	1,2,3,5-tetramethylbenzene	-8.49	-142.009E-03	669.105E-07	-44.81	-62.77	-75.11
438	$C_{10}H_{14}$	1,2,4,5-tetramethylbenzene	-8.66	-142.712E-03	663.248E-07	-45.27	-63.44	-76.06
439	$C_{10}H_{18}$	1-decyne	84.91	-172.255E-03	844.582E-07	41.21	19.89	5.71
440	$C_{10}H_{18}$	decahydronaphthalene,cis	-108.22	-244.295E-03	131.637E-06	-168.95	-197.46	-214.72
441	$C_{10}H_{18}$	decahydronaphthalene,trans	-121.42	-244.747E-03	131.905E-06	-182.30	-210.82	-228.11
442	$C_{10}H_{20}$	1-decene	-72.19	-205.296E-03	101.755E-06	-124.14	-149.40	-166.04
443	$C_{10}H_{20}$	1-cyclopentylpentane	-129.96	-234.446E-03	120.215E-06	-188.91	-217.13	-235.17
444	$C_{10}H_{20}$	butylcyclohexane	-155.73	-232.430E-03	128.997E-06	-213.17	-239.70	-255.22
445	$C_{10}H_{20}O$	decanal	-279.32	-204.568E-03	103.106E-06	-330.91	-355.83	-372.00
446	$C_{10}H_{22}$	decane	-191.47	-230.501E-03	115.587E-06	-249.66	-277.82	-296.18
447	$C_{10}H_{22}$	2-methylnonane	-200.84	-221.677E-03	111.069E-06	-256.81	-283.92	-301.59
448	$C_{10}H_{22}$	3-methylnonane	-196.93	-226.158E-03	113.813E-06	-253.97	-281.56	-299.47

续表

序号	化学式	英文名	$\Delta_f H^\ominus = A + BT + CT^2$			在标称明温度下的 $\Delta_f H^\ominus$		
			A	B	C	298K	500K	700K
449	$C_{10}H_{22}$	4-methylnonane	−196.93	−226.158E−03	113.813E−06	−253.97	−281.56	−299.47
450	$C_{10}H_{22}$	5-methylnonane	−196.93	−226.158E−03	113.813E−06	−253.97	−281.56	−299.47
451	$C_{10}H_{22}$	3-ethyloctane	−193.02	−230.488E−03	116.449E−06	−251.08	−279.15	−297.30
452	$C_{10}H_{22}$	4-ethyloctane	−193.02	−230.488E−03	116.449E−06	−251.08	−279.15	−297.30
453	$C_{10}H_{22}$	2,2-dimethyloctane	−212.60	−218.886E−03	113.177E−06	−267.48	−293.75	−310.36
454	$C_{10}H_{22}$	2,3-dimethyloctane	−202.67	−232.292E−03	117.939E−06	−261.12	−289.33	−307.48
455	$C_{10}H_{22}$	2,4-dimethyloctane	−198.90	−227.681E−03	114.985E−06	−256.27	−284.00	−301.94
456	$C_{10}H_{22}$	2,5-dimethyloctane	−202.67	−232.292E−03	117.939E−06	−261.12	−289.33	−307.48
457	$C_{10}H_{22}$	2,6-dimethyloctane	−202.67	−232.292E−03	117.939E−06	−261.12	−289.33	−307.48
458	$C_{10}H_{22}$	2,7-dimethyloctane	−206.62	−227.815E−03	115.190E−06	−264.01	−291.73	−309.65
459	$C_{10}H_{22}$	3,3-dimethyloctane	−206.31	−223.216E−03	115.826E−06	−262.21	−288.96	−305.81
460	$C_{10}H_{22}$	3,4-dimethyloctane	−194.97	−232.124E−03	117.675E−06	−253.38	−281.61	−299.79
461	$C_{10}H_{22}$	3,5-dimethyloctane	−198.77	−236.609E−03	120.558E−06	−258.24	−286.93	−305.32
462	$C_{10}H_{22}$	3,6-dimethyloctane	−198.77	−236.609E−03	120.558E−06	−258.24	−286.93	−305.32
463	$C_{10}H_{22}$	4,4-dimethyloctane	−206.31	−223.216E−03	115.826E−06	−262.21	−288.96	−305.81
464	$C_{10}H_{22}$	4,5-dimethyloctane	−194.97	−232.124E−03	117.675E−06	−253.38	−281.61	−299.79
465	$C_{10}H_{22}$	4-propylheptane	−193.02	−230.488E−03	116.449E−06	−251.08	−279.15	−297.30
466	$C_{10}H_{22}$	4-isopropylheptane	−192.71	−232.124E−03	117.675E−06	−251.12	−279.35	−297.53
467	$C_{10}H_{22}$	3-ethyl-2-methylheptane	−194.97	−232.124E−03	117.675E−06	−253.38	−281.61	−299.79
468	$C_{10}H_{22}$	4-ethyl-2-methylheptane	−198.77	−236.609E−03	120.558E−06	−258.24	−286.93	−305.32
469	$C_{10}H_{22}$	5-ethyl-2-methylheptane	−198.77	−236.609E−03	120.558E−06	−258.24	−286.93	−305.32
470	$C_{10}H_{22}$	3-ethyl-3-methylheptane	−200.01	−227.534E−03	118.432E−06	−256.94	−284.17	−301.25
471	$C_{10}H_{22}$	4-ethyl-3-methylheptane	−191.05	−236.455E−03	120.307E−06	−250.50	−279.20	−297.62
472	$C_{10}H_{22}$	3-ethyl-5-methylheptane	−194.95	−240.668E−03	122.947E−06	−255.39	−284.55	−303.17
473	$C_{10}H_{22}$	3-ethyl-4-methylheptane	−191.05	−236.455E−03	120.307E−06	−250.50	−279.20	−297.62
474	$C_{10}H_{22}$	4-ethyl-4-methylheptane	−200.01	−227.534E−03	118.432E−06	−256.94	−284.17	−301.25
475	$C_{10}H_{22}$	2,2,3-trimethylheptane	−205.56	−224.890E−03	117.106E−06	−261.83	−288.73	−305.61
476	$C_{10}H_{22}$	2,2,4-trimethylheptane	−206.54	−229.250E−03	119.863E−06	−263.84	−291.20	−308.29
477	$C_{10}H_{22}$	2,2,5-trimethylheptane	−214.45	−229.250E−03	119.863E−06	−271.75	−299.11	−316.19

续表

序号	化学式	英 文 名	$\Delta_f H^\ominus = A + BT + CT^2$			在标明温度下的 $\Delta_f H^\ominus$		
			A	B	C	298K	500K	700K
478	$C_{10}H_{22}$	2,2,6-trimethylheptane	-218.38	-224.873E-03	117.198E-06	-274.64	-301.52	-318.37
479	$C_{10}H_{22}$	2,3,3-trimethylheptane	-203.18	-224.890E-03	117.106E-06	-259.45	-286.35	-303.22
480	$C_{10}H_{22}$	2,3,4-trimethylheptane	-196.87	-233.886E-03	119.014E-06	-255.68	-284.06	-302.27
481	$C_{10}H_{22}$	2,3,5-trimethylheptane	-200.70	-238.262E-03	121.800E-06	-260.54	-289.38	-307.80
482	$C_{10}H_{22}$	2,3,6-trimethylheptane	-204.60	-233.948E-03	119.190E-06	-263.42	-291.78	-309.96
483	$C_{10}H_{22}$	2,4,4-trimethylheptane	-204.16	-229.250E-03	119.863E-06	-261.46	-288.82	-305.90
484	$C_{10}H_{22}$	2,4,5-trimethylheptane	-200.70	-238.262E-03	121.800E-06	-260.54	-289.38	-307.80
485	$C_{10}H_{22}$	2,4,6-trimethylheptane	-193.40	-238.220E-03	121.897E-06	-253.22	-282.04	-300.43
486	$C_{10}H_{22}$	2,5,5-trimethylheptane	-212.07	-229.250E-03	119.863E-06	-269.37	-296.73	-313.81
487	$C_{10}H_{22}$	3,3,4-trimethylheptane	-199.30	-229.036E-03	119.554E-06	-256.56	-283.93	-301.05
488	$C_{10}H_{22}$	3,3,5-trimethylheptane	-200.21	-233.714E-03	122.579E-06	-258.57	-286.42	-303.74
489	$C_{10}H_{22}$	3,4,4-trimethylheptane	-199.30	-229.036E-03	119.554E-06	-256.56	-283.93	-301.05
490	$C_{10}H_{22}$	3,4,5-trimethylheptane	-193.00	-238.220E-03	121.650E-06	-252.84	-281.69	-300.14
491	$C_{10}H_{22}$	3-isopropyl-2-methylhexane	-196.87	-233.886E-03	119.014E-06	-255.68	-284.06	-302.27
492	$C_{10}H_{22}$	3,3-diethylhexane	-193.69	-231.911E-03	121.093E-06	-251.67	-279.38	-296.70
493	$C_{10}H_{22}$	3,4-diethylhexane	-187.05	-240.936E-03	123.056E-06	-247.57	-276.76	-295.41
494	$C_{10}H_{22}$	3-ethyl-2,2-dimethylhexane	-201.69	-229.032E-03	119.554E-06	-258.95	-286.32	-303.43
495	$C_{10}H_{22}$	4-ethyl-2,2-dimethylhexane	-202.59	-233.718E-03	122.583E-06	-260.96	-288.81	-306.13
496	$C_{10}H_{22}$	3-ethyl-2,3-dimethylhexane	-196.92	-229.036E-03	119.554E-06	-254.18	-281.55	-298.66
497	$C_{10}H_{22}$	4-ethyl-2,3-dimethylhexane	-193.00	-238.220E-03	121.650E-06	-252.84	-281.69	-300.14
498	$C_{10}H_{22}$	3-ethyl-2,4-dimethylhexane	-193.00	-238.220E-03	121.650E-06	-252.84	-281.69	-300.14
499	$C_{10}H_{22}$	4-ethyl-2,4-dimethylhexane	-197.82	-233.714E-03	122.579E-06	-256.19	-284.04	-301.36
500	$C_{10}H_{22}$	3-ethyl-2,5-dimethylhexane	-200.70	-238.262E-03	121.800E-06	-260.54	-289.38	-307.80
501	$C_{10}H_{22}$	4-ethyl-3,3-dimethylhexane	-195.32	-233.660E-03	122.420E-06	-253.68	-281.54	-298.89
502	$C_{10}H_{22}$	3-ethyl-3,4-dimethylhexane	-192.93	-233.664E-03	122.420E-06	-251.29	-279.16	-296.51
503	$C_{10}H_{22}$	2,2,3,3-tetramethylhexane	-202.79	-221.409E-03	118.194E-06	-257.86	-283.94	-299.86
504	$C_{10}H_{22}$	2,2,3,4-tetramethylhexane	-195.68	-230.856E-03	120.955E-06	-253.34	-280.87	-298.01
505	$C_{10}H_{22}$	2,2,3,5-tetramethylhexane	-211.30	-231.011E-03	121.202E-06	-268.99	-296.51	-313.62
506	$C_{10}H_{22}$	2,2,4,4-tetramethylhexane	-201.15	-226.296E-03	121.838E-06	-257.32	-283.84	-299.86

续表

$$\Delta_f H^\ominus = A + BT + CT^2$$

序号	化学式	英文名	A	B	C	在标明温度下的 $\Delta_f H^\ominus$		
						298K	500K	700K
507	$C_{10}H_{22}$	2,2,4,5-tetramethylhexane	−208.46	−231.011E−03	121.202E−06	−266.14	−293.66	−310.77
508	$C_{10}H_{22}$	2,2,5,5-tetramethylhexane	−230.16	−221.832E−03	119.106E−06	−285.27	−311.30	−327.08
509	$C_{10}H_{22}$	2,3,3,4-tetramethylhexane	−196.14	−230.856E−03	120.951E−06	−253.80	−281.33	−298.47
510	$C_{10}H_{22}$	2,3,3,5-tetramethylhexane	−201.01	−231.011E−03	121.202E−06	−258.70	−286.21	−303.33
511	$C_{10}H_{22}$	2,3,4,4-tetramethylhexane	−193.29	−230.856E−03	120.955E−06	−250.96	−278.48	−295.62
512	$C_{10}H_{22}$	2,3,4,5-tetramethylhexane	−198.86	−235.513E−03	120.273E−06	−258.03	−286.55	−304.79
513	$C_{10}H_{22}$	3,3,4,4-tetramethylhexane	−196.47	−225.790E−03	120.863E−06	−252.59	−279.15	−295.30
514	$C_{10}H_{22}$	2,4-dimethyl-3-isopropylpentane	−200.36	−230.856E−03	120.951E−06	−258.03	−285.55	−302.70
515	$C_{10}H_{22}$	3,3-diethyl-2-methylpentane	−190.55	−233.664E−03	122.420E−06	−248.91	−276.77	−294.13
516	$C_{10}H_{22}$	3-ethyl-2,2,3-trimethylpentane	−196.47	−225.790E−03	120.863E−06	−252.59	−279.15	−295.30
517	$C_{10}H_{22}$	3-ethyl-2,2,4-trimethylpentane	−195.68	−230.856E−03	120.955E−06	−253.34	−280.87	−298.01
518	$C_{10}H_{22}$	3-ethyl-2,3,4-trimethylpentane	−193.75	−230.856E−03	120.951E−06	−251.42	−278.94	−296.09
519	$C_{10}H_{22}$	2,2,3,3,4-pentamethylpentane	−191.86	−222.078E−03	117.725E−06	−247.19	−273.47	−289.63
520	$C_{10}H_{22}$	2,2,3,4,4-pentamethylpentane	−191.56	−223.434E−03	120.211E−06	−247.02	−273.22	−289.06
521	$C_{10}H_{22}O$	decyl-alcohol	−345.11	−229.610E−03	113.893E−06	−403.25	−431.44	−450.03
522	$C_{10}H_{22}S$	butyl-hexyl-sulfide	−134.55	−298.273E−03	167.908E−06	−208.53	−241.71	−261.07
523	$C_{10}H_{22}S$	ethyl-octyl-sulfide	−134.39	−294.838E−03	164.381E−06	−207.65	−240.71	−260.23
524	$C_{10}H_{22}S$	heptyl-propyl-sulfide	−133.80	−298.273E−03	167.908E−06	−207.78	−240.96	−260.32
525	$C_{10}H_{22}S$	methyl-nonyl-sulfide	−132.67	−291.775E−03	162.059E−06	−205.23	−238.05	−257.51
526	$C_{10}H_{22}S$	pentyl-sulfide	−134.55	−298.273E−03	167.908E−06	−208.53	−241.71	−261.07
527	$C_{10}H_{22}S$	1-decanethiol	−139.13	−291.156E−03	162.398E−06	−211.46	−244.11	−263.36
528	$C_{10}H_{22}S_2$	pentyl-disulfide	−117.86	−330.206E−03	187.255E−06	−199.62	−236.15	−257.25
529	$C_{11}H_{10}$	1-methylnaphthalene	143.10	−103.868E−03	513.879E−07	116.86	104.01	95.57
530	$C_{11}H_{10}$	2-methylnaphthalene	142.61	−104.416E−03	505.511E−07	116.11	103.04	94.29
531	$C_{11}H_{16}$	pentylbenzene	8.79	−170.921E−03	845.545E−07	−34.43	−55.53	−69.42
532	$C_{11}H_{16}$	pentamethylbenzene	−36.62	−149.181E−03	731.154E−07	−74.48	−92.93	−105.22
533	$C_{11}H_{20}$	1-undecyne	69.27	−192.209E−03	948.680E−07	20.59	−3.12	−18.79
534	$C_{11}H_{22}$	1-undecene	−87.79	−225.438E−03	112.353E−06	−144.77	−172.42	−190.55
535	$C_{11}H_{22}$	1-cyclopentylhexane	−145.55	−254.400E−03	130.612E−06	−209.49	−240.10	−259.63

续表

序号	化学式	英文名	$\Delta_f H^\ominus = A + BT + CT^2$			在标准明温度下的 $\Delta_f H^\ominus$		
			A	B	C	298K	500K	700K
536	$C_{11}H_{22}$	pentylcyclohexane	−171.49	−251.864E−03	139.072E−06	−233.80	−262.66	−279.65
537	$C_{11}H_{24}$	undecane	−207.11	−250.454E−03	125.997E−06	−270.29	−300.84	−320.69
538	$C_{11}H_{24}O$	undecyl-alcohol	−358.44	−252.785E−03	127.097E−06	−422.21	−453.06	−473.11
539	$C_{11}H_{24}S$	butyl-heptyl-sulfide	−149.76	−320.197E−03	180.309E−06	−229.16	−264.78	−285.54
540	$C_{11}H_{24}S$	decyl-methyl-sulfide	−147.90	−313.344E−03	174.084E−06	−225.81	−261.06	−281.94
541	$C_{11}H_{24}S$	ethyl-nonyl-sulfide	−149.55	−316.754E−03	176.778E−06	−228.24	−263.74	−284.66
542	$C_{11}H_{24}S$	octyl-propyl-sulfide	−148.88	−320.193E−03	180.309E−06	−228.28	−263.90	−284.66
543	$C_{11}H_{24}S$	1-undecanethiol	−154.29	−313.072E−03	174.795E−06	−232.04	−267.13	−287.79
544	$C_{12}H_{10}$	biphenyl	209.42	−108.315E−03	535.092E−07	182.09	164.64	159.82
545	$C_{12}H_{12}$	1-ethylnaphthalene	127.10	−120.985E−03	611.031E−07	96.65	81.88	72.35
546	$C_{12}H_{12}$	2-ethylnaphthalene	126.57	−121.370E−03	601.199E−07	95.90	80.92	71.07
547	$C_{12}H_{12}$	1,2-dimethylnaphthalene	113.95	−120.759E−03	610.027E−07	83.55	68.82	59.31
548	$C_{12}H_{12}$	1,3-dimethylnaphthalene	112.46	−121.307E−03	601.659E−07	81.80	66.85	57.02
549	$C_{12}H_{12}$	1,4-dimethylnaphthalene	112.91	−120.759E−03	610.027E−07	82.51	67.78	58.27
550	$C_{12}H_{12}$	1,5-dimethylnaphthalene	112.19	−120.759E−03	610.027E−07	81.80	67.07	57.55
551	$C_{12}H_{12}$	1,6-dimethylnaphthalene	113.17	−121.307E−03	601.659E−07	82.51	67.56	57.74
552	$C_{12}H_{12}$	1,7-dimethylnaphthalene	112.46	−121.307E−03	601.659E−07	81.80	66.85	57.02
553	$C_{12}H_{12}$	2,3-dimethylnaphthalene	114.95	−123.148E−03	588.814E−07	83.55	68.09	57.60
554	$C_{12}H_{12}$	2,6-dimethylnaphthalene	113.03	−120.152E−03	582.789E−07	82.51	67.52	57.48
555	$C_{12}H_{12}$	2,7-dimethylnaphthalene	113.05	−120.173E−03	583.040E−07	82.51	67.54	57.50
556	$C_{12}H_{18}$	hexylbenzene	−6.77	−191.050E−03	951.232E−07	−55.02	−78.51	−93.89
557	$C_{12}H_{18}$	1,2,3-triethylbenzene	−21.22	−184.033E−03	892.991E−07	−67.99	−90.91	−106.28
558	$C_{12}H_{18}$	1,2,4-triethylbenzene	−24.33	−184.276E−03	901.485E−07	−71.09	−93.93	−109.15
559	$C_{12}H_{18}$	1,3,5-triethylbenzene	−27.08	−187.995E−03	922.321E−07	−74.73	−98.02	−113.49
560	$C_{12}H_{18}$	hexamethylbenzene	−66.22	−156.331E−03	787.596E−07	−105.69	−124.70	−137.06
561	$C_{12}H_{22}$	1-dodecyne	53.73	−212.501E−03	105.554E−06	−0.04	−26.13	−43.30
562	$C_{12}H_{24}$	1-dodecene	−103.27	−245.814E−03	123.093E−06	−165.35	−195.40	−215.02
563	$C_{12}H_{24}$	1-cyclopentylheptane	−161.09	−274.692E−03	141.298E−06	−230.12	−263.11	−284.14
564	$C_{12}H_{24}$	1-cyclohexylhexane	−187.02	−272.040E−03	149.591E−06	−254.39	−285.64	−304.14

续表

序号	化学式	英文名	$\Delta_f H^\ominus = A + BT + CT^2$			在标明温度下的 $\Delta_f H^\ominus$		
			A	B	C	298K	500K	700K
565	$C_{12}H_{26}$	dodecane	-222.63	-270.659E-03	136.620E-06	-290.87	-323.80	-345.14
566	$C_{12}H_{26}O$	dodecyl-alcohol	-373.95	-273.211E-03	137.880E-06	-442.83	-476.08	-497.64
567	$C_{12}H_{26}S$	butyl-octyl-sulfide	-164.89	-342.105E-03	192.627E-06	-249.74	-287.79	-309.98
568	$C_{12}H_{26}S$	decyl-ethyl-sulfide	-166.30	-338.385E-03	188.853E-06	-250.37	-288.28	-310.63
569	$C_{12}H_{26}S$	hexyl-sulfide	-164.89	-342.105E-03	192.627E-06	-249.74	-287.79	-309.98
570	$C_{12}H_{26}S$	methyl-undecyl-sulfide	-163.08	-335.327E-03	186.535E-06	-246.44	-284.11	-306.41
571	$C_{12}H_{26}S$	nonyl-propyl-sulfide	-164.14	-342.109E-03	192.631E-06	-248.99	-287.03	-309.23
572	$C_{12}H_{26}S$	1-dodecanethiol	-169.46	-334.988E-03	187.121E-06	-252.67	-290.18	-312.27
573	$C_{12}H_{26}S_2$	hexyl-disulfide	-148.14	-374.322E-03	212.305E-06	-240.83	-282.23	-306.14
574	$C_{13}H_{14}$	1-propylnaphthalene	110.00	-140.453E-03	714.669E-07	74.68	57.64	46.70
575	$C_{13}H_{14}$	2-propylnaphthalene	108.93	-139.612E-03	697.055E-07	73.47	56.56	45.36
576	$C_{13}H_{14}$	2-ethyl-3-methylnaphthalene	101.31	-140.013E-03	683.498E-07	65.77	48.39	36.79
577	$C_{13}H_{14}$	2-ethyl-6-methylnaphthalene	95.17	-133.072E-03	633.249E-07	61.30	44.46	33.04
578	$C_{13}H_{14}$	2-ethyl-7-methylnaphthalene	94.68	-131.679E-03	623.960E-07	60.92	44.44	33.07
579	$C_{13}H_{20}$	1-phenylheptane	-22.30	-211.317E-03	105.759E-06	-75.65	-101.52	-118.40
580	$C_{13}H_{24}$	1-tridecyne	38.15	-232.538E-03	116.060E-06	-20.63	-49.10	-67.76
581	$C_{13}H_{26}$	1-tridecene	-118.91	-265.789E-03	133.537E-06	-185.98	-218.42	-239.52
582	$C_{13}H_{26}$	1-cyclopentyloctane	-176.67	-294.725E-03	151.804E-06	-250.71	-286.08	-308.59
583	$C_{13}H_{26}$	1-cyclohexylheptane	-202.66	-291.960E-03	160.042E-06	-275.01	-308.63	-328.62
584	$C_{13}H_{28}$	tridecane	-238.30	-290.462E-03	146.909E-06	-311.50	-346.81	-369.64
585	$C_{13}H_{28}O$	1-tridecanol	-389.58	-293.165E-03	148.273E-06	-463.46	-499.09	-522.14
586	$C_{13}H_{28}S$	butyl-nonyl-sulfide	-167.18	-433.630E-03	280.671E-06	-270.37	-313.83	-333.20
587	$C_{13}H_{28}S$	decyl-propyl-sulfide	-179.44	-363.548E-03	204.464E-06	-269.62	-310.10	-333.74
588	$C_{13}H_{28}S$	dodecyl-methyl-sulfide	-178.31	-356.899E-03	198.560E-06	-267.02	-307.12	-330.84
589	$C_{13}H_{28}S$	ethyl-undecyl-sulfide	-179.96	-360.305E-03	201.255E-06	-269.45	-309.80	-333.56
590	$C_{13}H_{28}S$	1-tridecanethiol	-184.63	-356.904E-03	199.518E-06	-273.26	-313.20	-336.70
591	$C_{14}H_{16}$	1-butylnaphthalene	93.41	-160.632E-03	819.646E-07	53.05	33.59	21.13
592	$C_{14}H_{16}$	2-butylnaphthalene	92.96	-161.348E-03	813.328E-07	52.30	32.62	19.87
593	$C_{14}H_{22}$	1-phenyloctane	-37.84	-231.547E-03	116.420E-06	-96.23	-124.51	-142.88

续表

序号	化学式	英文名	$\Delta_f H^{\ominus} = A + BT + CT^2$			在标明温度下的 $\Delta_f H^{\ominus}$		
			A	B	C	298K	500K	700K
594	$C_{14}H_{22}$	1,2,3,4-tetraethylbenzene	−71.83	−204.062E−03	103.274E−06	−123.26	−148.04	−164.07
595	$C_{14}H_{22}$	1,2,3,5-tetraethylbenzene	−69.81	−209.957E−03	105.240E−06	−122.84	−148.48	−165.21
596	$C_{14}H_{22}$	1,2,4,5-tetraethylbenzene	−69.99	−210.468E−03	104.504E−06	−123.26	−149.09	−166.11
597	$C_{14}H_{28}$	1-tetradecyne	22.54	−252.609E−03	126.574E−06	−41.25	−72.12	−92.26
598	$C_{14}H_{28}$	1-tetradecene	−134.41	−285.914E−03	144.089E−06	−206.52	−241.35	−263.95
599	$C_{14}H_{28}$	1-cyclopentylnonane	−192.31	−314.649E−03	162.197E−06	−271.33	−309.09	−333.09
600	$C_{14}H_{28}$	1-cyclohexyloctane	−218.15	−312.306E−03	170.732E−06	−295.60	−331.62	−353.11
601	$C_{14}H_{30}$	tetradecane	−253.83	−310.850E−03	157.691E−06	−332.13	−369.84	−394.16
602	$C_{14}H_{30}O$	1-tetradecanol	−405.22	−313.126E−03	158.682E−06	−484.09	−522.11	−546.65
603	$C_{14}H_{30}S$	butyl-decyl-sulfide	−195.53	−384.828E−03	216.229E−06	−291.00	−333.89	−358.96
604	$C_{14}H_{30}S$	dodecyl-ethyl-sulfide	−195.23	−381.874E−03	213.275E−06	−290.08	−332.85	−358.04
605	$C_{14}H_{30}S$	heptyl-sulfide	−195.49	−384.832E−03	216.238E−06	−290.96	−333.85	−358.91
606	$C_{14}H_{30}S$	methyl-tridecyl-sulfide	−193.51	−378.811E−03	210.953E−06	−287.65	−330.18	−355.31
607	$C_{14}H_{30}S$	propyl-undecyl-sulfide	−194.74	−384.832E−03	216.238E−06	−290.20	−333.09	−358.16
608	$C_{14}H_{30}S$	1-tetradecanethiol	−219.21	−308.670E−03	150.444E−06	−293.88	−335.94	−361.56
609	$C_{14}H_{30}S_2$	heptyl-disulfide	−178.58	−417.810E−03	236.722E−06	−282.04	−328.31	−355.05
610	$C_{15}H_{18}$	1-pentylnaphthalene	77.76	−180.498E−03	924.580E−07	32.43	10.63	−3.28
611	$C_{15}H_{18}$	2-pentylnaphthalene	77.31	−181.192E−03	917.342E−07	31.67	9.65	−4.58
612	$C_{15}H_{24}$	1-phenylnonane	−53.51	−251.366E−03	126.721E−06	−116.86	−147.51	−167.37
613	$C_{15}H_{28}$	1-pentadecyne	7.00	−272.734E−03	137.122E−06	−61.84	−95.09	−116.72
614	$C_{15}H_{30}$	1-pentadecene	−150.17	−305.721E−03	154.377E−06	−227.23	−264.44	−288.53
615	$C_{15}H_{30}$	1-cyclopentyldecane	−207.92	−334.774E−03	172.766E−06	−291.96	−332.11	−357.60
616	$C_{15}H_{30}$	1-cyclohexylnonane	−233.72	−332.515E−03	181.326E−06	−316.23	−354.64	−377.63
617	$C_{15}H_{32}$	pentadecane	−269.38	−331.130E−03	168.364E−06	−352.75	−392.86	−418.68
618	$C_{15}H_{32}O$	1-pentadecanol	−420.74	−333.264E−03	169.251E−06	−504.67	−545.06	−571.09
619	$C_{15}H_{32}S$	butyl-undecyl-sulfide	−210.70	−406.743E−03	228.631E−06	−311.58	−356.91	−383.39
620	$C_{15}H_{32}S$	dodecyl-propyl-sulfide	−209.94	−406.748E−03	228.635E−06	−310.83	−356.16	−382.64
621	$C_{15}H_{32}S$	ethyl-tridecyl-sulfide	−210.34	−404.141E−03	225.982E−06	−310.70	−355.92	−382.51
622	$C_{15}H_{32}S$	methyl-tetradecyl-sulfide	−206.58	−409.856E−03	231.279E−06	−308.28	−353.69	−380.15

续表

序号	化学式	英文名	$\Delta_f H^\ominus = A + BT + CT^2$			在标明温度下的 $\Delta_f H^\ominus$		
			A	B	C	298K	500K	700K
623	$C_{15}H_{32}S$	1-pentadecanethiol	−215.08	−400.455E−03	223.995E−06	−314.51	−359.31	−385.64
624	$C_{16}H_{26}$	1-phenyldecane	−69.05	−271.642E−03	137.390E−06	−137.49	−170.53	−191.88
625	$C_{16}H_{26}$	pentaethylbenzene	−116.42	−234.225E−03	121.127E−06	−175.18	−203.25	−221.02
626	$C_{16}H_{30}$	1-hexadecyne	−8.59	−292.876E−03	147.708E−06	−82.47	−118.10	−141.22
627	$C_{16}H_{32}$	1-hexadecene	−165.66	−326.013E−03	165.063E−06	−247.82	−287.40	−312.99
628	$C_{16}H_{32}$	1-cyclopentylundecane	−223.41	−355.029E−03	183.372E−06	−312.54	−355.08	−382.08
629	$C_{16}H_{32}$	1-cyclohexyldecane	−249.48	−351.962E−03	191.431E−06	−336.85	−377.61	−402.06
630	$C_{16}H_{34}$	hexadecane	−284.97	−351.088E−03	178.757E−06	−373.34	−415.82	−443.14
631	$C_{16}H_{34}O$	1-hexadecanol	−436.31	−353.389E−03	179.816E−06	−525.26	−568.05	−595.57
632	$C_{16}H_{34}S$	butyl-dodecyl-sulfide	−225.87	−428.651E−03	240.961E−06	−332.21	−379.96	−407.86
633	$C_{16}H_{34}S$	ethyl-tetradecyl-sulfide	−225.57	−425.722E−03	237.999E−06	−331.29	−378.93	−406.96
634	$C_{16}H_{34}S$	methyl-pentadecyl-sulfide	−223.74	−423.212E−03	236.250E−06	−328.86	−376.28	−404.22
635	$C_{16}H_{34}S$	octyl-sulfide	−225.83	−428.651E−03	240.961E−06	−332.17	−379.91	−407.81
636	$C_{16}H_{34}S$	propyl-tridecyl-sulfide	−225.12	−428.651E−03	240.961E−06	−331.46	−379.21	−407.10
637	$C_{16}H_{34}S$	1-hexadecanethiol	−230.28	−422.082E−03	236.007E−06	−335.10	−382.32	−410.10
638	$C_{16}H_{34}S_2$	octyl-disulfide	−209.03	−461.370E−03	261.190E−06	−323.30	−374.42	−404.00
639	$C_{17}H_{28}$	1-phenylundecane	−84.63	−291.692E−03	147.917E−06	−158.07	−193.49	−216.33
640	$C_{17}H_{32}$	1-heptadecyne	−24.19	−312.976E−03	158.226E−06	−103.09	−141.12	−165.74
641	$C_{17}H_{34}$	1-heptadecene	−181.25	−346.046E−03	175.573E−06	−268.40	−310.38	−337.45
642	$C_{17}H_{34}$	1-cyclopentyldodecane	−241.73	−375.171E−03	193.970E−06	−335.89	−380.82	−409.30
643	$C_{17}H_{34}$	1-cyclohexylundecane	−264.94	−372.464E−03	202.204E−06	−357.44	−400.62	−426.58
644	$C_{17}H_{36}$	heptadecane	−300.52	−371.225E−03	189.355E−06	−393.92	−438.80	−467.60
645	$C_{17}H_{36}O$	1-heptadecanol	−451.91	−373.447E−03	190.301E−06	−545.89	−591.06	−620.08
646	$C_{17}H_{36}S$	butyl-tridecyl-sulfide	−241.04	−450.575E−03	253.354E−06	−352.79	−402.99	−432.30
647	$C_{17}H_{36}S$	ethyl-pentadecyl-sulfide	−240.84	−447.353E−03	250.153E−06	−351.92	−401.98	−431.42

续表

$$\Delta_f H^{\ominus} = A + BT + CT^2$$

序号	化学式	英 文 名	A	B	C	在标明温度下的 $\Delta_f H^{\ominus}$		
						298K	500K	700K
648	$C_{17}H_{36}S$	hexadecyl-methyl-sulfide	−238.36	−447.855E−03	251.408E−06	−349.49	−399.43	−428.67
649	$C_{17}H_{36}S$	propyl-tetradecyl-sulfide	−240.28	−450.575E−03	253.358E−06	−352.04	−402.23	−431.54
650	$C_{17}H_{36}S$	1-heptadecanethiol	−245.49	−444.006E−03	248.404E−06	−355.72	−405.39	−434.58
651	$C_{18}H_{30}$	1-phenyldodecane	−100.27	−311.650E−03	158.323E−06	−178.70	−216.51	−240.84
652	$C_{18}H_{30}$	hexaethylbenzene	−159.77	−258.182E−03	136.239E−06	−224.26	−254.80	−273.74
653	$C_{18}H_{34}$	1-octadecyne	−39.68	−333.256E−03	168.883E−06	−123.68	−164.09	−190.21
654	$C_{18}H_{36}$	1-octadecene	−196.81	−366.255E−03	186.167E−06	−289.03	−333.40	−361.97
655	$C_{18}H_{36}$	1-cycopentyltridecane	−254.60	−395.141E−03	204.397E−06	−353.76	−401.07	−431.04
656	$C_{18}H_{36}$	1-cyclohexyldodecane	−280.55	−392.434E−03	212.669E−06	−378.07	−423.60	−451.05
657	$C_{18}H_{38}$	octadecane	−316.10	−391.351E−03	199.891E−06	−414.55	−461.80	−492.10
658	$C_{18}H_{38}O$	1-octadecanol	−467.44	−393.714E−03	200.949E−06	−566.47	−614.06	−644.57
659	$C_{18}H_{38}S$	butyl-tetradecyl-sulfide	−256.31	−472.164E−03	265.383E−06	−373.42	−426.04	−456.79
660	$C_{18}H_{38}S$	ethyl-hexadecyl-sulfide	−256.05	−468.985E−03	262.157E−06	−372.50	−425.01	−455.88
661	$C_{18}H_{38}S$	heptadecyl-methyl-sulfide	−254.24	−466.265E−03	260.157E−06	−370.07	−422.33	−453.15
662	$C_{18}H_{38}S$	nonyl-sulfide	−256.31	−472.164E−03	265.383E−06	−373.42	−426.04	−456.79
663	$C_{18}H_{38}S$	pentadecyl-propyl-sulfide	−255.55	−472.164E−03	265.379E−06	−372.67	−425.29	−456.03
664	$C_{18}H_{38}S$	1-octadecanethiol	−260.63	−465.930E−03	260.718E−06	−376.31	−428.41	−459.03
665	$C_{18}H_{38}S_2$	nonyl-disulfide	−239.47	−504.842E−03	285.608E−06	−364.51	−420.49	−452.91
666	$C_{19}H_{32}$	1-phenyltridecane	−115.81	−331.787E−03	168.908E−06	−199.28	−239.48	−265.29
667	$C_{19}H_{36}$	1-nonadecyne	−55.32	−353.226E−03	179.322E−06	−144.31	−187.10	−214.71
668	$C_{19}H_{38}$	1-nonadecene	−212.34	−386.443E−03	196.778E−06	−309.62	−356.37	−386.43
669	$C_{19}H_{38}$	1-cyclopentyltetradecane	−270.14	−415.417E−03	215.066E−06	−374.38	−424.09	−455.55
670	$C_{19}H_{38}$	1-cyclohexyltridecane	−296.11	−412.538E−03	223.187E−06	−398.65	−446.59	−475.53
671	$C_{19}H_{40}$	nonadecane	−331.69	−411.325E−03	210.334E−06	−435.14	−484.77	−516.55
672	$C_{19}H_{40}O$	1-nonadecanol	−483.04	−413.693E−03	211.392E−06	−587.10	−637.04	−669.05

续表

$$\Delta_f H^{\ominus}=A+BT+CT^2$$

序号	化学式	英文名	A	B	C	在标明温度下的 $\Delta_f H^{\ominus}$ 298K	500K	700K
673	$C_{19}H_{40}S$	butyl-pentadecyl-sulfide	-283.24	-429.864E-03	194.004E-06	-394.05	-449.68	-489.09
674	$C_{19}H_{40}S$	ethyl-heptadecyl-sulfide	-271.16	-491.243E-03	274.864E-06	-393.13	-448.07	-480.35
675	$C_{19}H_{40}S$	hexadecyl-propyl-sulfide	-270.57	-494.674E-03	278.395E-06	-393.25	-448.31	-480.43
676	$C_{19}H_{40}S$	methyl-octadecyl-sulfide	-269.51	-487.854E-03	272.173E-06	-390.70	-445.39	-477.64
677	$C_{19}H_{40}S$	1-nonadecanethiol	-275.83	-487.854E-03	273.119E-06	-396.94	-451.48	-483.50
678	$C_{20}H_{34}$	1-phenyltetradecane	-131.43	-351.745E-03	179.297E-06	-219.91	-262.48	-289.80
679	$C_{20}H_{38}$	1-eicosyne	-70.87	-373.355E-03	189.878E-06	-164.89	-210.08	-239.18
680	$C_{20}H_{40}$	1-eicosene	-227.97	-406.400E-03	207.175E-06	-330.24	-379.38	-410.93
681	$C_{20}H_{40}$	1-cyclopentylpentadecane	-285.77	-435.387E-03	225.501E-06	-395.01	-447.09	-480.04
682	$C_{20}H_{40}$	1-cyclohexyltetradecane	-311.73	-432.626E-03	233.714E-06	-419.28	-469.62	-500.05
683	$C_{20}H_{42}$	eicosane	-347.28	-431.454E-03	220.886E-06	-455.76	-507.79	-541.07
684	$C_{20}H_{42}O$	1-eicosanol	-498.69	-433.672E-03	221.873E-06	-607.73	-660.06	-693.54
685	$C_{20}H_{42}S$	butyl-hexadecyl-sulfide	-286.60	-516.264E-03	290.420E-06	-414.63	-472.12	-505.67
686	$C_{20}H_{42}S$	decyl-sulfide	-286.60	-516.264E-03	290.420E-06	-414.63	-472.12	-505.67
687	$C_{20}H_{42}S$	ethyl-octadecyl-sulfide	-286.43	-512.833E-03	286.893E-06	-413.76	-471.13	-504.84
688	$C_{20}H_{42}S$	heptadecyl-propyl-sulfide	-285.84	-516.264E-03	290.416E-06	-413.88	-471.37	-504.92
689	$C_{20}H_{42}S$	methyl-nonadecyl-sulfide	-284.72	-509.779E-03	284.571E-06	-411.33	-468.46	-502.12
690	$C_{20}H_{42}S$	1-eicosanethiol	-291.17	-509.151E-03	284.905E-06	-417.56	-474.52	-507.97
691	$C_{20}H_{42}S_2$	decyl-disulfide	-269.90	-548.188E-03	309.767E-06	-405.72	-466.55	-501.85
692	$C_{21}H_{36}$	1-phenylpentadecane	-147.02	-371.874E-03	189.857E-06	-240.54	-285.49	-314.30
693	$C_{21}H_{42}$	1-cyclopentylhexadecane	-301.37	-455.345E-03	235.940E-06	-415.60	-470.05	-504.50
694	$C_{21}H_{42}$	1-cyclohexylpentadecane	-327.31	-452.751E-03	244.300E-06	-439.91	-492.61	-524.53
695	$C_{22}H_{38}$	1-phenylhexadecane	-162.58	-392.016E-03	200.451E-06	-261.12	-308.47	-338.77
696	$C_{22}H_{44}$	1-cyclohexylhexadecane	-342.72	-473.420E-03	255.216E-06	-460.49	-515.63	-549.06

注：1. 除S、Br和I的化合物外，温度范围是298~1000K。
2. 对S、Br和I化合物温度范围分别为：298~717.2K，332.6~1000K和458.4~1000K。
3. 附加：$H_2O(g)$ A=-2.3841E+02，B=-1.2256E-02，C=2.7656E-06；
$HCl(g)$ A=-9.1264E+01，B=-3.5626E-03，C=4.0022E-07。
4. 表中 E-××=×10^{-××}。

3.1.4.6 有机化合物理想气体的 $\Delta_f G^{\ominus}$ 与 T 的关联式系数值

具体内容见表 3-37。

表 3-37　有机气体（理想）标准生成 Gibbs 自由能 $\Delta_f G^{\ominus}$ 与温度 T 关联式系数值[8]

单位：kJ/mol

$$\Delta_f G^{\ominus} = A + BT + CT^2$$

序号	化学式	英文名	A	B	C	标明温度下的 $\Delta_f G^{\ominus}$		
						298K	500K	700K
1	CCl_4	carbon-tetrachloride	-100.84	145.609E-03	-867.663E-08	-58.24	-30.20	-3.16
2	CCl_3F	trichlorofluoromethane	-284.76	134.872E-03	-537.070E-08	-245.18	-218.67	-192.99
3	CCl_2F_2	dichlorodifluoromethane	-481.83	144.815E-03	433.975E-08	-438.06	-408.33	-378.33
4	$CClF_3$	chlorotrifluoromethane	-694.33	135.453E-03	685.245E-09	-653.96	-626.43	-599.17
5	CF_4	carbon-tetrafluoride	-933.82	152.062E-03	673.339E-10	-888.43	-857.77	-827.34
6	$CHCl_3$	chloroform	-101.85	111.366E-03	863.023E-09	-68.53	-45.95	-23.47
7	$CHCl_2F$	dichlorofluoromethane	-283.83	102.951E-03	306.903E-08	-252.81	-231.58	-210.26
8	$CHClF_2$	chlorodifluoromethane	-482.20	104.932E-03	424.614E-08	-450.47	-428.67	-406.67
9	CHF_3	trifluoromethane	-698.17	115.277E-03	710.537E-08	-663.08	-638.75	-613.99
10	CHI_3	triiodomethane	116.35	109.319E-03	-237.345E-08	177.95	170.42	191.71
11	CHNS	isothiocyanic-acid	129.90	-664.633E-04	312.146E-07	112.88	104.47	98.67
12	CH_2Cl_2	dichloromethane	-95.97	880.798E-04	854.381E-08	-68.87	-49.79	-30.12
13	CH_2ClF	chlorofluoromethane	-262.55	833.359E-04	108.379E-07	-236.64	-218.17	-198.90
14	CH_2F_2	difluoromethane	-453.61	906.213E-04	127.208E-07	-425.35	-405.12	-383.94
15	CH_2I_2	diiodomethane	53.34	921.336E-04	314.667E-07	101.09	100.20	119.38
16	CH_2O	formaldehyde	-115.97	166.302E-04	113.811E-07	-109.91	-104.81	-98.75
17	CH_2O_2	formic-acid	-379.19	914.307E-04	952.487E-08	-351.00	-331.10	-310.52
18	CH_3Br	bromomethane	-55.24	801.987E-04	112.069E-07	-28.16	-12.34	6.39
19	CH_3Cl	chloromethane	-86.90	757.224E-04	148.233E-07	-62.89	-45.34	-26.63
20	CH_3F	fluoromethane	-234.48	766.129E-04	168.072E-07	-210.00	-191.97	-172.61
21	CH_3I	iodomethane	-20.63	832.543E-04	807.007E-08	15.65	23.02	41.61
22	CH_3NO_2	nitromethane	-76.17	227.359E-03	143.553E-07	-6.95	41.10	90.01
23	CH_3NO_2	methyl-nitrite	-65.64	220.226E-03	929.454E-08	1.00	46.80	93.07
24	CH_3NO_3	methyl-nitrate	-122.36	306.256E-03	821.966E-08	-30.17	32.83	96.05
25	CH_4	methane	-75.26	759.249E-04	186.997E-07	-50.84	-32.62	-12.95
26	CH_4O	methanol	-201.86	125.419E-03	203.447E-07	-162.51	-134.06	-104.10

续表

$$\Delta_f G^\ominus = A + BT + CT^2$$

序号	化学式	英文名	A	B	C	标明温度下的 $\Delta_f G^\ominus$		
						298K	500K	700K
27	CH_4S	methanethiol	-19.48	161.976E-04	527.382E-07	-9.92	1.80	17.70
28	CH_5N	methylamine	-24.12	181.788E-03	221.824E-07	32.26	72.32	114.01
29	C_2Cl_4	tetrachloroethene	-12.18	119.186E-03	-767.196E-08	22.64	45.50	67.50
30	C_2Cl_6	hexachloroethane	-142.17	291.994E-03	-183.493E-07	-56.82	-0.76	53.24
31	$C_2Cl_3F_3$	1,1,2-trichlorotrifluoroethane	-696.13	270.818E-03	-169.698E-07	-617.14	-564.96	-514.87
32	$C_2Cl_2F_4$	1,2-dichlorotetrafluoroethane	-888.42	281.665E-03	-120.462E-07	-805.42	-750.60	-697.16
33	C_2ClF_5	chloropentafluoroethane	-1108.40	282.351E-03	-626.041E-08	-1025.08	-968.78	-913.82
34	C_2F_4	tetrafluoroethene	-658.65	117.760E-03	-182.951E-07	-623.71	-600.23	-577.12
35	C_2F_6	hexafluoroethane	-1344.41	294.105E-03	-767.688E-08	-1257.38	-1199.28	-1142.30
36	C_2N_2	cyanogen	309.37	-394.433E-04	-402.258E-08	297.19	288.65	279.79
37	C_2HCl_3	trichloroethene	-9.89	873.312E-04	-103.916E-08	16.07	33.52	50.74
38	C_2HCl_5	pentachloroethane	-143.23	259.526E-03	-902.274E-08	-66.65	-15.73	34.01
39	C_2HF_3	trifluoroethene	-491.04	879.268E-04	362.433E-08	-464.47	-446.17	-427.71
40	C_2H_2	acetylene(ethyne)	227.19	-616.747E-04	439.600E-08	209.20	197.45	186.17
41	$C_2H_2Cl_2$	1,1-dichloroethene	1.99	767.447E-04	520.893E-08	25.40	41.67	58.27
42	$C_2H_2Cl_2$	cis-1,2-dichloroethene	-3.26	750.098E-04	597.321E-08	19.66	35.73	52.17
43	$C_2H_2Cl_2$	trans-1,2-dichloroethene	-0.77	744.742E-04	582.582E-08	22.01	37.92	54.21
44	$C_2H_2Cl_4$	1,1,2,2-tetrachloroethane	-153.86	229.023E-03	-569.053E-09	-85.56	-39.49	6.18
45	$C_2H_2F_2$	1,1-difluoroethene	-337.27	785.146E-04	797.414E-08	-313.09	-296.02	-278.40
46	$C_2H_2F_2$	cis-1,2-difluoroethene	-322.59	745.866E-04	909.828E-08	-299.49	-283.02	-265.92
47	$C_2H_2F_2$	trans-1,2-difluoroethene	-322.54	751.165E-04	836.706E-08	-299.32	-282.89	-265.86
48	C_2H_2O	ketene	-60.99	202.040E-06	676.598E-08	-60.29	-59.19	-57.53
49	C_2H_3Br	bromoethylene	61.12	561.998E-04	886.989E-08	80.75	91.43	104.80
50	C_2H_3Cl	chloroethene	31.56	328.638E-04	187.880E-07	42.93	52.69	63.77
51	$C_2H_3Cl_3$	1,1,2-trichloroethane	-139.62	206.297E-03	591.553E-08	-77.49	-34.99	7.69

续表

序号	化学式	英文名	$\Delta_f G^\ominus = A + BT + CT^2$			标明温度下的 $\Delta G^\ominus$		
			A	B	C	298K	500K	700K
52	C_2H_3ClO	acetyl-chloride	-244.47	124.175E-03	124.937E-07	-206.23	-179.26	-151.43
53	C_2H_3F	fluoroethene	-139.38	436.737E-04	133.762E-07	-125.06	-114.19	-102.25
54	$C_2H_3F_3$	1,1,1-trifluoroethane	-746.79	224.668E-03	999.497E-08	-678.77	-631.96	-584.62
55	C_2H_3N	acetonitrile	87.55	563.393E-04	132.334E-07	105.60	119.02	133.47
56	C_2H_4	ethylene	51.75	493.376E-04	172.841E-07	68.12	80.74	94.76
57	$C_2H_4Br_2$	1,2-dibromoethane	-72.86	195.148E-03	359.020E-08	-10.59	25.61	65.50
58	$C_2H_4Cl_2$	1,1-dichloroethane	-131.06	190.064E-03	129.388E-07	-73.09	-32.79	8.32
59	$C_2H_4Cl_2$	1,2-dichloroethane	-130.55	185.622E-03	137.747E-07	-73.85	-34.29	6.14
60	$C_2H_4F_2$	1,1-difluoroethane	-494.86	191.012E-03	169.484E-07	-436.22	-395.12	-352.85
61	$C_2H_4I_2$	1,2-diiodoethane	1.06	192.667E-03	597.733E-08	78.49	98.89	138.86
62	C_2H_4O	ethylene-oxide	-53.84	130.484E-03	187.414E-07	-13.10	16.09	46.68
63	C_2H_4O	acetaldehyde	-167.05	107.139E-03	186.650E-07	-133.30	-108.82	-82.91
64	$C_2H_4O_2$	acetic-acid	-435.96	193.457E-03	163.621E-07	-376.69	-335.14	-292.53
65	$C_2H_4O_2$	methyl-formate	-350.91	174.740E-03	163.219E-07	-297.19	-259.46	-220.60
66	C_2H_4OS	thioacetic-acid	-178.88	694.660E-04	461.672E-07	-154.01	-132.60	-107.63
67	C_2H_4S	thiacyclopropane	85.45	224.029E-04	529.458E-07	96.90	109.89	127.08
68	C_2H_5Br	bromoethane	-83.27	178.079E-03	145.441E-07	-26.32	9.40	48.51
69	C_2H_5Cl	chloroethane	-112.95	171.037E-03	199.920E-07	-60.00	-22.43	16.57
70	C_2H_5F	fluoroethane	-262.74	171.170E-03	220.818E-07	-209.53	-171.64	-132.11
71	C_2H_5I	iodoethane	-45.12	181.480E-03	112.913E-07	21.34	48.44	87.45
72	C_2H_5N	ethylenimine	121.66	182.046E-03	205.208E-07	177.99	217.82	259.15
73	$C_2H_5NO_2$	nitroethane	-103.42	323.768E-03	197.970E-07	-4.90	63.41	132.91
74	$C_2H_5NO_3$	ethyl-nitrate	-156.47	396.372E-03	138.519E-07	-36.86	45.18	127.77
75	C_2H_6	ethane	-85.79	168.575E-03	268.531E-07	-32.93	5.21	45.37
76	C_2H_6O	methyl-ether	-185.26	233.783E-03	270.748E-07	-112.93	-61.60	-8.34

续表

$$\Delta_f G^{\ominus} = A + BT + CT^2$$

序号	化学式	英文名	A	B	C	标明温度下的 $\Delta_f G^{\ominus}$		
						298K	500K	700K
77	C_2H_6O	ethyl-alcohol	-236.10	219.041E-03	256.591E-07	-168.28	-120.17	-70.20
78	$C_2H_6O_2$	ethylene-glycol	-390.50	283.779E-03	144.916E-07	-304.47	-244.99	-184.76
79	C_2H_6S	methyl-sulfide	-33.60	117.043E-03	629.334E-07	6.95	40.66	79.17
80	C_2H_6S	ethanethiol	-42.42	107.839E-03	619.790E-07	-4.69	27.00	63.44
81	$C_2H_6S_2$	methyl-disulfide	-18.56	863.883E-04	837.315E-07	14.73	45.57	82.94
82	C_2H_7N	ethylamine	-47.73	276.216E-03	269.319E-07	37.28	97.11	158.82
83	C_2H_7N	dimethylamine	-20.84	288.748E-03	277.358E-07	67.99	130.47	194.88
84	C_3H_3N	acrylonitrile	184.58	324.957E-04	106.800E-07	195.31	203.50	212.56
85	C_3H_4	allene(propadiene)	191.84	307.524E-04	141.936E-07	202.38	210.76	220.32
86	C_3H_4	propyne(methylacetylene)	185.35	257.303E-04	147.713E-07	194.43	201.91	210.60
87	$C_3H_4O_2$	acrylic-acid	-337.27	166.724E-03	152.088E-07	-286.06	-250.11	-213.11
88	C_3H_5Br	3-bromo-1-propene	30.62	153.052E-03	136.032E-07	79.96	110.55	144.43
89	C_3H_5Cl	3-chloro-1-propene	-1.57	145.161E-03	194.439E-07	43.60	75.88	109.57
90	$C_3H_5Cl_3$	1,2,3-trichloropropane	-187.12	295.007E-03	138.330E-07	-97.78	-36.16	26.16
91	C_3H_5I	3-iodo-1-propene	60.30	161.493E-03	873.291E-08	120.16	143.23	177.62
92	C_3H_5N	propionitrile	49.76	149.017E-03	201.993E-07	96.15	129.32	163.97
93	C_3H_6	propene	19.41	136.848E-03	257.491E-07	62.72	94.27	127.82
94	C_3H_6	cyclopropane	51.64	168.731E-03	249.558E-07	104.39	142.25	181.98
95	$C_3H_6Br_2$	1,2-dibromopropane	-108.36	286.774E-03	107.656E-07	-17.66	37.72	97.65
96	$C_3H_6Cl_2$	1,2-dichloropropane	-167.41	276.357E-03	191.606E-07	-83.09	-24.44	35.43
97	$C_3H_6Cl_2$	1,3-dichloropropane	-162.98	262.930E-03	200.359E-07	-82.59	-26.51	30.88
98	$C_3H_6Cl_2$	2,2-dichloropropane	-177.37	306.543E-03	139.726E-07	-84.56	-20.61	44.06
99	$C_3H_6I_2$	1,2-diiodopropane	-33.34	288.062E-03	739.602E-08	74.52	112.54	171.93
100	C_3H_6O	propylene-oxide	-94.38	221.996E-03	244.126E-07	-25.77	22.72	72.98
101	C_3H_6O	allyl-alcohol	-133.30	200.209E-03	241.671E-07	-71.25	-27.15	18.69

续表

$$\Delta_f G^\ominus = A + BT + CT^2$$

序号	化学式	英文名	A	B	C	标明温度下的 $\Delta_f G^\ominus$		
						298K	500K	700K
102	C_3H_6O	propionaldehyde	-193.33	203.184E-03	234.462E-07	-130.46	-85.87	-39.61
103	C_3H_6O	acetone	-218.78	211.773E-03	266.191E-07	-153.05	-106.24	-57.49
104	C_3H_6S	thiacyclobutane	64.91	122.198E-03	683.217E-07	107.49	143.09	183.92
105	C_3H_7Br	1-bromopropane	-108.65	273.275E-03	193.725E-07	-22.47	32.83	92.13
106	C_3H_7Br	2-bromopropane	-117.88	289.055E-03	170.345E-07	-27.24	30.90	92.80
107	C_3H_7Cl	1-chloropropane	-131.80	263.316E-03	267.857E-07	-50.67	6.55	65.64
108	C_3H_7Cl	2-chloropropane	-148.23	279.426E-03	242.476E-07	-62.51	-2.45	59.25
109	C_3H_7F	1-fluoropropane	-282.86	267.688E-03	281.086E-07	-200.29	-141.99	-81.71
110	C_3H_7F	2-fluoropropane	-290.50	280.410E-03	272.111E-07	-204.22	-143.49	-80.88
111	C_3H_7I	1-iodopropane	-69.40	282.159E-03	140.726E-07	27.95	75.20	135.01
112	C_3H_7I	2-iodopropane	-80.62	294.020E-03	130.036E-07	20.08	69.64	131.57
113	$C_3H_7NO_2$	1-nitropropane	-127.33	419.573E-03	254.818E-07	0.33	88.83	178.86
114	$C_3H_7NO_2$	2-nitropropane	-142.92	428.129E-03	-246.327E-07	-12.80	77.30	168.84
115	$C_3H_7NO_3$	propyl-nitrate	-177.03	495.312E-03	195.991E-07	-27.32	75.52	179.29
116	$C_3H_7NO_3$	isopropyl-nitrate	-194.08	507.987E-03	187.927E-07	-40.67	64.62	170.72
117	C_3H_8	propane	-105.60	264.747E-03	325.001E-07	-23.47	34.89	95.64
118	C_3H_8O	ethyl-methyl-ether	-218.14	326.279E-03	327.341E-07	-117.65	-46.82	26.29
119	C_3H_8O	propyl-alcohol	-259.32	312.317E-03	330.634E-07	-162.97	-94.89	-24.49
120	C_3H_8O	isopropyl-alcohol	-274.61	329.145E-03	292.426E-07	-173.59	-102.72	-29.88
121	C_3H_8S	ethyl-methyl-sulfide	-55.32	201.604E-03	736.147E-07	11.42	63.89	121.88
122	C_3H_8S	1-propanethiol	-63.60	198.528E-03	733.011E-07	2.18	53.99	111.29
123	C_3H_8S	2-propanethiol	-72.29	212.570E-03	704.565E-07	-2.55	51.61	111.04
124	C_3H_9N	propylamine	-74.69	373.127E-03	328.762E-07	39.79	120.09	202.60
125	C_3H_9N	trimethylamine	-26.51	409.893E-03	322.152E-07	98.91	186.49	276.20
126	C_4F_8	octafluorocyclobutane	-1530.07	444.137E-03	-138.774E-07	-1398.84	-1311.47	-1225.97

续表

序号	化学式	英文名	$\Delta_f G^\ominus = A + BT + CT^2$			标明温度下的 $\Delta_f G^\ominus$		
			A	B	C	298K	500K	700K
127	C_4H_2	butadiyne(biacetylene)	473.69	-992.978E-04	-659.995E-09	443.96	423.88	403.86
128	C_4H_4	1-buten-3-yne(vinylacetylene)	304.51	115.700E-05	117.543E-07	305.98	308.03	311.08
129	C_4H_4O	furan	-35.96	117.914E-03	170.071E-07	0.88	27.25	54.92
130	C_4H_4S	thiophene	118.62	124.782E-04	490.997E-07	126.78	137.14	151.42
131	C_4H_6	1,2-butadiene	161.46	116.861E-03	222.111E-07	198.45	225.44	254.14
132	C_4H_6	1,3-butadiene	109.17	132.962E-03	190.029E-07	150.67	180.40	211.56
133	C_4H_6	1-butyne(ethylacetylene)	164.52	118.915E-03	217.259E-07	202.09	229.41	258.41
134	C_4H_6	2-butyne(dimethylacetylene)	145.73	124.975E-03	255.360E-07	185.43	214.60	245.72
135	C_4H_6	cyclobutene	128.17	148.153E-03	243.153E-07	174.72	208.33	243.79
136	$C_4H_6O_3$	acetic-anhydride	-578.08	331.621E-03	251.878E-07	-476.68	-405.97	-333.60
137	C_4H_7N	butyronitrile	32.61	246.730E-03	251.246E-07	108.66	162.26	217.64
138	C_4H_7N	isobutyronitrile	23.81	259.598E-03	241.696E-07	103.60	159.65	217.37
139	C_4H_8	1-butene	-1.69	234.424E-03	315.821E-07	71.30	123.42	177.88
140	C_4H_8	2-butene,cis	-8.62	237.933E-03	361.435E-07	65.86	119.38	175.64
141	C_4H_8	2-butene,trans	-12.50	242.524E-03	324.845E-07	62.97	116.89	173.19
142	C_4H_8	2-methylpropene	-18.30	246.087E-03	308.603E-07	58.07	112.46	169.09
143	C_4H_8	cyclobutane	24.22	276.769E-03	335.700E-07	110.04	170.99	234.40
144	$C_4H_8Br_2$	1,2-dibromobutane	-135.88	391.613E-03	160.383E-07	-13.14	63.94	146.11
145	$C_4H_8Br_2$	2,3-dibromobutane	-139.24	406.857E-03	151.936E-07	-11.92	67.99	153.00
146	$C_4H_8I_2$	1,2-diiodobutane	-58.98	396.542E-03	119.098E-07	82.09	142.27	224.44
147	C_4H_8O	butyraldehyde	-206.70	298.661E-03	293.822E-07	-114.77	-50.03	16.76
148	C_4H_8O	2-butanone	-239.89	304.510E-03	309.490E-07	-146.06	-79.89	-11.57
149	$C_4H_8O_2$	p-dioxane	-318.55	451.609E-03	308.701E-07	-180.79	-85.03	12.70
150	$C_4H_8O_2$	ethyl-acetate	-444.94	384.436E-03	296.138E-07	-327.40	-245.32	-161.32
151	C_4H_8S	thiacyclopentane	-29.54	229.632E-03	786.844E-07	46.02	104.95	169.76

续表

序号	化学式	英文名	$\Delta_f G^\ominus = A + BT + CT^2$			标明温度下的 $\Delta_f G^\ominus$		
			A	B	C	298K	500K	700K
152	C_4H_9Br	1-bromobutane	−129.46	372.684E−03	238.164E−07	−12.89	62.83	143.08
153	C_4H_9Br	2-bromobutane	−142.49	373.860E−03	212.264E−07	−25.77	49.75	129.61
154	C_4H_9Br	2-bromo-2-methylpropane	−155.86	412.863E−03	164.428E−07	−28.16	54.68	141.20
155	C_4H_9Cl	1-chlorobutane	−149.46	360.390E−03	327.399E−07	−38.79	38.92	118.85
156	C_4H_9Cl	2-chlorobutane	−163.84	359.789E−03	313.209E−07	−53.47	23.88	103.36
157	C_4H_9Cl	1-chloro-2-methylpropane	−161.76	365.554E−03	313.300E−07	−49.66	28.85	109.48
158	C_4H_9Cl	2-chloro-2-methylpropane	−185.49	397.934E−03	278.138E−07	−64.10	20.43	106.69
159	C_4H_9I	2-iodo-2-methylpropane	−113.91	417.081E−03	114.952E−07	23.64	97.50	183.68
160	C_4H_9N	pyrrolidine	−6.98	394.817E−03	395.414E−07	114.68	200.32	288.77
161	$C_4H_9NO_2$	1-nitrobutane	−147.10	516.732E−03	315.320E−07	10.13	119.15	230.07
162	$C_4H_9NO_2$	2-nitrobutane	−166.95	528.685E−03	308.094E−07	−6.23	105.09	218.22
163	C_4H_{10}	butane	−128.38	360.473E−03	382.563E−07	−17.15	61.43	142.70
164	C_4H_{10}	2-methylpropane(isobutane)	−136.80	376.407E−03	374.968E−07	−20.88	60.78	145.06
165	$C_4H_{10}O$	ethyl-ether	−254.38	430.048E−03	389.009E−07	−122.34	−29.63	65.71
166	$C_4H_{10}O$	methyl-propyl-ether	−239.99	423.587E−03	386.661E−07	−109.91	−18.53	75.46
167	$C_4H_{10}O$	methyl-isopropyl-ether	−254.44	435.377E−03	380.716E−07	−120.88	−27.24	68.98
168	$C_4H_{10}O$	butyl-alcohol	−276.72	409.886E−03	390.996E−07	−150.67	−62.00	29.36
169	$C_4H_{10}O$	sec-butyl-alcohol	−294.63	415.011E−03	363.669E−07	−167.32	−78.03	13.70
170	$C_4H_{10}O$	tert-butyl-alcohol	−328.30	448.907E−03	344.240E−07	−191.04	−95.25	2.80
171	$C_4H_{10}S$	ethylsulfide	−78.87	298.949E−03	835.785E−07	17.78	91.50	171.35
172	$C_4H_{10}S$	isopropyl-methyl-sulfide	−85.85	307.882E−03	833.753E−07	13.43	88.93	170.52
173	$C_4H_{10}S$	methyl-propyl-sulfide	−77.08	294.830E−03	841.103E−07	18.41	91.37	170.52
174	$C_4H_{10}S$	1-butanethiol	−83.58	292.494E−03	822.665E−07	11.05	83.24	161.48
175	$C_4H_{10}S$	2-butanethiol	−91.73	301.221E−03	813.634E−07	5.40	79.22	159.00
176	$C_4H_{10}S$	2-methyl-1-propanethiol	−92.73	305.096E−03	814.889E−07	5.56	80.19	160.76

续表

序号	化学式	英文名	$\Delta_f G^{\ominus}=A+BT+CT^2$			标明温度下的 $\Delta_f G^{\ominus}$		
			A	B	C	298K	500K	700K
177	$C_4H_{10}S$	2-methyl-2-propanethiol	−105.41	332.625E−03	770.864E−07	0.71	80.17	165.20
178	$C_4H_{10}S_2$	ethyl-disulfide	−68.44	273.596E−03	101.559E−06	22.26	93.75	172.84
179	$C_4H_{11}N$	butylamine	−94.79	470.000E−03	391.292E−07	49.20	149.99	253.38
180	$C_4H_{11}N$	sec-butylamine	−107.19	483.074E−03	381.799E−07	40.63	143.89	249.67
181	$C_4H_{11}N$	tert-butylamine	−123.07	498.174E−03	340.759E−07	28.87	134.53	242.35
182	$C_4H_{11}N$	diethylamine	−75.36	481.364E−03	396.170E−07	72.09	175.22	281.00
183	C_5H_5N	pyridine	138.33	167.302E−03	201.238E−07	190.20	227.01	265.30
184	C_5H_6S	2-methylthiophene	87.23	101.013E−03	618.723E−07	122.93	153.20	188.25
185	C_5H_6S	3-methylthiophene	86.42	998.682E−04	625.120E−07	121.84	151.98	186.96
186	C_5H_8	1,2-pentadiene	144.35	213.113E−03	258.045E−07	210.41	257.36	306.17
187	C_5H_8	1,3-pentadiene,cis	76.49	222.787E−03	291.983E−07	145.77	195.19	246.75
188	C_5H_8	1,3-pentadiene,trans	76.39	227.560E−03	255.639E−07	146.73	196.56	248.21
189	C_5H_8	1,4-pentadiene	104.15	213.178E−03	259.145E−07	170.25	217.22	266.07
190	C_5H_8	2,3-pentadiene	137.27	220.320E−03	302.518E−07	205.89	255.00	306.32
191	C_5H_8	3-methyl-1,2-butadiene	128.51	226.245E−03	272.448E−07	198.61	248.44	300.23
192	C_5H_8	2-methyl-1,3-butadiene	74.31	232.057E−03	240.481E−07	145.85	196.35	248.53
193	C_5H_8	1-pentyne	143.27	215.808E−03	271.577E−07	210.25	257.97	307.65
194	C_5H_8	2-pentyne	127.76	212.155E−03	326.282E−07	194.18	241.99	292.25
195	C_5H_8	3-methyl-1-butyne	135.08	227.574E−03	264.852E−07	205.52	255.49	307.36
196	C_5H_8	cyclopentene	30.60	256.148E−03	388.960E−07	110.79	168.40	228.96
197	C_5H_8	spiropentane	182.92	266.642E−03	291.235E−07	265.31	323.53	383.84
198	C_5H_{10}	1-pentene	−22.94	330.056E−03	374.491E−07	79.12	151.45	226.45
199	C_5H_{10}	2-pentene,cis	−30.29	329.147E−03	409.300E−07	71.84	144.51	220.17
200	C_5H_{10}	2-pentene,trans	−33.67	334.629E−03	390.947E−07	69.91	143.42	219.73
201	C_5H_{10}	2-methyl-1-butene	−38.41	336.758E−03	367.988E−07	65.61	139.17	215.36

续表

$\Delta_f G^\ominus = A + BT + CT^2$

序号	化学式	英文名	A	B	C	标明温度下的 $\Delta_f G^\ominus$		
						298K	500K	700K
202	C_5H_{10}	3-methyl-1-butene	−30.77	343.369E−03	324.188E−07	74.77	149.02	225.47
203	C_5H_{10}	2-methyl-2-butene	−44.55	336.142E−03	409.620E−07	59.66	133.76	210.82
204	C_5H_{10}	cyclopentane	−80.50	384.521E−03	451.712E−07	38.62	123.06	210.80
205	$C_5H_{10}Br_2$	2,3-dibromo-2-methylbutane	−177.70	529.638E−03	163.491E−07	−13.35	91.21	201.06
206	$C_5H_{10}O$	valeraldehyde	−229.99	396.520E−03	355.178E−07	−108.28	−22.85	64.98
207	$C_5H_{10}O$	2-pentanone	−260.84	402.685E−03	376.774E−07	−137.07	−50.08	39.50
208	$C_5H_{10}S$	thiacyclohexane	−59.52	352.047E−03	842.733E−07	53.05	137.57	228.21
209	$C_5H_{10}S$	cyclopentanethiol	−43.02	307.204E−03	938.082E−07	57.03	134.03	217.99
210	$C_5H_{11}Br$	1-bromopentane	−152.75	472.419E−03	279.964E−07	−5.73	90.46	191.66
211	$C_5H_{11}Cl$	1-chloropentane	−177.62	457.450E−03	387.646E−07	−37.40	60.79	161.58
212	$C_5H_{11}Cl$	1-chloro-3-methylbutane	−183.10	455.573E−03	361.435E−07	−43.68	53.73	153.52
213	$C_5H_{11}Cl$	2-chloro-2-methylbutane	−205.55	488.096E−03	354.422E−07	−56.48	47.36	153.49
214	C_5H_{12}	pentane	−149.14	457.477E−03	444.174E−07	−8.37	90.70	192.86
215	C_5H_{12}	2-methylbutane(isopentane)	−157.44	463.989E−03	434.106E−07	−14.81	85.40	188.62
216	C_5H_{12}	2,2-dimethypropane	−169.09	502.838E−03	396.055E−07	−15.23	92.23	202.31
217	$C_5H_{12}O$	methyl-tert-butyl-ether	−296.01	558.063E−03	420.935E−07	−125.44	−6.46	115.26
218	$C_5H_{12}O$	pentyl-alcohol	−305.15	506.375E−03	452.319E−07	−149.75	−40.66	71.47
219	$C_5H_{12}O$	tert-pentyl-alcohol	−332.31	544.428E−03	423.711E−07	−165.77	−49.50	69.55
220	$C_5H_{12}S$	butyl-methyl-sulfide	−97.06	386.606E−03	938.884E−07	26.65	119.71	219.57
221	$C_5H_{12}S$	ethyl-propyl-sulfide	−99.57	384.531E−03	942.396E−07	23.56	116.25	215.77
222	$C_5H_{12}S$	2-methyl-2-butanethiol	−122.52	415.145E−03	882.342E−07	9.20	107.11	211.32
223	$C_5H_{12}S$	1-pentanethiol	−103.45	383.920E−03	926.492E−07	19.37	111.67	210.69
224	C_6Cl_6	hexachlorobenzene	−34.38	269.336E−03	−186.860E−07	44.18	95.61	144.99
225	C_6F_6	hexafluorobenzene	−957.24	264.654E−03	−116.291E−07	−879.39	−827.82	−777.68
226	$C_6H_4Cl_2$	o-dichlorobenzene	28.79	177.213E−03	104.811E−07	82.68	120.01	157.97

续表

$$\Delta_f G^\ominus = A + BT + CT^2$$

序号	化学式	英文名	A	B	C	标明温度下的 $\Delta_f G^\ominus$		
						298K	500K	700K
227	$C_6H_4Cl_2$	m-dichlorobenzene	25.24	175.407E-03	101.908E-07	78.58	115.49	153.02
228	$C_6H_4Cl_2$	p-dichlorobenzene	21.84	182.095E-03	101.153E-07	77.15	115.42	154.27
229	$C_6H_4F_2$	h-difluorobenzene	-311.29	177.861E-03	124.202E-07	-257.02	-219.26	-180.71
230	$C_6H_4F_2$	o-difluorobenzene	-295.93	176.945E-03	116.369E-07	-242.00	-204.55	-166.37
231	$C_6H_4F_2$	p-difluorobenzene	-308.56	182.826E-03	120.125E-07	-252.84	-214.14	-174.69
232	C_6H_5BR	bromobenzene	85.58	164.802E-03	135.997E-07	138.53	171.39	207.61
233	C_6H_5Cl	chlorobenzene	50.48	157.373E-03	176.177E-07	99.16	133.57	169.27
234	C_6H_5F	fluorobenzene	-118.07	158.422E-03	180.217E-07	-69.04	-34.36	1.65
235	C_6H_5I	iodobenzene	125.95	166.801E-03	979.300E-08	187.78	211.80	247.51
236	C_6H_6	benzene	81.51	152.823E-03	265.222E-07	129.66	164.55	201.48
237	C_6H_6O	phenol	-97.90	211.401E-03	199.801E-07	-32.89	12.80	59.87
238	C_6H_6S	benzenethiol	114.97	912.843E-04	602.042E-07	147.61	175.67	208.37
239	C_6H_7N	2-picoline	96.69	260.322E-03	277.202E-07	177.07	233.78	292.50
240	C_6H_7N	3-picoline	103.83	260.469E-03	278.532E-07	184.26	241.03	299.81
241	C_6H_7N	aniline	84.82	267.075E-03	225.979E-07	166.69	224.01	282.85
242	C_6H_{10}	1-hexyne	121.94	313.085E-03	334.263E-07	218.57	286.83	357.47
243	C_6H_{10}	cyclohexene	-8.70	375.737E-03	352.082E-07	106.86	187.97	271.57
244	C_6H_{10}	1-methylcyclopentene	-8.31	356.078E-03	432.210E-07	102.13	180.53	262.12
245	C_6H_{10}	3-methylcyclopentene	5.79	351.929E-03	430.953E-07	114.98	192.53	273.25
246	C_6H_{10}	4-methylcyclopentene	11.92	353.455E-03	433.072E-07	121.59	199.48	280.56
247	$C_6H_{10}O$	cyclohexanone	-234.48	469.628E-03	364.112E-07	-90.75	9.43	112.10
248	C_6H_{12}	1-hexene	-44.22	427.345E-03	433.515E-07	87.45	180.29	276.17
249	C_6H_{12}	2-hexene,cis	-55.00	424.754E-03	468.282E-07	76.23	169.08	265.27
250	C_6H_{12}	2-hexene,trans	-56.24	430.258E-03	449.577E-07	76.44	170.12	266.97
251	C_6H_{12}	3-hexene,cis	-50.43	432.228E-03	465.326E-07	83.01	177.31	274.93

续表

序号	化学式	英文名	$\Delta_f G^\ominus = A + BT + CT^2$			标明温度下的 $\Delta_f G^\ominus$		
			A	B	C	298K	500K	700K
252	C_6H_{12}	3-hexene,*trans*	−56.85	436.691E−03	435.043E−07	77.61	172.37	270.15
253	C_6H_{12}	2-methyl-1-pentene	−54.75	430.222E−03	414.678E−07	77.61	170.73	266.72
254	C_6H_{12}	3-methyl-1-pentene	−47.34	436.298E−03	374.705E−07	86.44	180.18	276.43
255	C_6H_{12}	4-methyl-1-pentene	−46.66	443.130E−03	468.627E−07	90.04	186.62	286.50
256	C_6H_{12}	2-methyl-2-pentene	−62.37	432.885E−03	461.352E−07	71.21	165.60	263.25
257	C_6H_{12}	3-methyl-2-pentene,*cis*	−60.37	432.896E−03	461.270E−07	73.22	167.61	265.26
258	C_6H_{12}	3-methyl-2-pentene,*trans*	−61.31	429.601E−03	460.531E−07	71.30	165.00	261.98
259	C_6H_{12}	4-methyl-2-pentene,*cis*	−52.91	438.866E−03	428.243E−07	82.13	177.23	275.28
260	C_6H_{12}	4-methyl-2-pentene,*trans*	−56.55	443.682E−03	398.058E−07	79.62	175.25	273.53
261	C_6H_{12}	2-ethyl-1-butene	−54.17	436.204E−03	413.841E−07	79.96	174.28	271.45
262	C_6H_{12}	2,3-dimethyl-1-butene	−57.96	447.077E−03	377.497E−07	79.04	175.02	273.50
263	C_6H_{12}	3,3-dimethyl-1-butene	−45.90	468.137E−03	456.195E−07	98.16	199.58	304.15
264	C_6H_{12}	2,3-dimethyl-2-butene	−61.87	445.491E−03	501.095E−07	75.86	173.40	274.53
265	C_6H_{12}	cyclohexane	−127.92	520.324E−03	447.064E−07	31.76	143.42	258.22
266	C_6H_{12}	methylcyclopentane	−110.44	474.008E−03	491.225E−07	35.77	138.85	245.44
267	$C_6H_{12}O$	cyclohexanol	−299.46	595.521E−03	392.113E−07	−117.91	8.10	136.61
268	$C_6H_{12}O$	hexanal	−251.06	492.552E−03	415.762E−07	−100.12	5.61	114.09
269	$C_6H_{12}S$	thiacycloheptane	−58.17	449.562E−03	907.101E−07	84.06	189.29	300.97
270	C_6H_{14}	hexane	−170.45	554.166E−03	503.033E−07	−0.25	119.21	242.12
271	C_6H_{14}	2-methylpentane	−177.68	563.031E−03	483.129E−07	−5.02	115.92	240.12
272	C_6H_{14}	3-methylpentane	−174.86	562.714E−03	503.510E−07	−2.13	119.08	243.71
273	C_6H_{14}	2,2-dimethylbutane	−189.23	586.489E−03	476.231E−07	−9.62	115.93	244.65
274	C_6H_{14}	2,3-dimethylbutane	−181.31	577.831E−03	497.220E−07	−4.10	120.04	247.54
275	$C_6H_{14}O$	propyl-ether	−296.08	622.218E−03	509.143E−07	−105.56	27.75	164.42
276	$C_6H_{14}O$	isopropyl-ether	−322.05	654.579E−03	508.371E−07	−121.88	17.95	161.07

续表

序号	化学式	英文名	$\Delta_f G^\ominus = A + BT + CT^2$			标明温度下的 $\Delta_f G^\ominus$		
			A	B	C	298K	500K	700K
277	$C_6H_{14}O$	hexyl-alcohol	-322.92	603.465E-03	511.754E-07	-137.95	-8.39	124.58
278	$C_6H_{14}S$	butyl-ethyl-sulfide	-119.84	477.879E-03	104.043E-06	32.01	145.11	265.66
279	$C_6H_{14}S$	isopropyl-sulfide	-136.42	519.580E-03	957.949E-07	27.11	147.32	274.22
280	$C_6H_{14}S$	methyl-pentyl-sulfide	-117.40	480.249E-03	103.431E-06	35.10	148.59	269.46
281	$C_6H_{14}S$	propyl-sulfide	-119.95	482.099E-03	104.745E-06	33.22	147.28	268.84
282	$C_6H_{14}S$	1-hexanethiol	-123.63	476.853E-03	102.814E-06	27.82	140.50	260.55
283	$C_6H_{14}S_2$	propyl-disulfide	-110.28	457.048E-03	122.245E-06	36.99	148.80	269.55
284	$C_6H_{15}N$	triethylamine	-103.70	700.720E-03	510.243E-07	110.29	259.42	411.81
285	$C_7H_5F_3$	A,A,A-trifluorotoluene	-602.33	300.183E-03	150.138E-07	-511.28	-448.49	-384.85
286	C_7H_5N	benzonitrile	217.64	139.739E-03	159.121E-07	260.87	291.49	323.25
287	$C_7H_6O_2$	benzoic-acid	-292.08	262.490E-03	350.276E-07	-210.41	-152.08	-91.18
288	C_7H_7F	p-fluorotoluene	-150.01	256.885E-03	255.934E-07	-70.88	-15.17	42.35
289	C_7H_8	toluene	47.81	238.315E-03	319.163E-07	122.01	174.95	230.27
290	C_7H_8	1,3,5-cycloheptatriene	179.88	245.841E-03	222.851E-07	255.39	308.38	362.89
291	C_7H_8O	m-cresol	-134.43	305.729E-03	277.719E-07	-40.54	25.38	93.19
292	C_7H_8O	o-cresol	-130.47	304.775E-03	258.439E-07	-37.07	28.38	95.53
293	C_7H_8O	p-cresol	-127.45	314.576E-03	282.228E-07	-30.88	36.90	106.59
294	C_7H_{12}	1-heptyne	100.83	409.979E-03	395.496E-07	226.94	315.71	407.19
295	C_7H_{14}	1-heptene	-65.35	524.301E-03	494.395E-07	95.81	209.16	325.88
296	C_7H_{14}	cycloheptane	-124.73	611.709E-03	533.251E-07	63.01	194.46	329.60
297	C_7H_{14}	ethylcyclopentane	-131.22	571.361E-03	547.720E-07	44.56	168.15	295.57
298	C_7H_{14}	1,1-dimethylcyclopentane	-142.80	592.413E-03	522.084E-07	39.04	166.45	297.47
299	C_7H_{14}	c-1,2-dimethylcyclopentane	-133.96	585.137E-03	524.301E-07	45.73	171.71	301.32
300	C_7H_{14}	t-1,2-dimethylcyclopentane	-141.08	584.363E-03	524.547E-07	38.37	164.22	293.68
301	C_7H_{14}	c-1,3-dimethylcyclopentane	-140.24	584.372E-03	524.482E-07	39.20	165.06	294.52

续表

序号	化学式	英文名	$\Delta_f G^\ominus = A + BT + CT^2$			标明温度下的 $\Delta_f G^\ominus$		
			A	B	C	298K	500K	700K
302	C_7H_{14}	t-1,3-dimethylcyclopentane	-137.98	584.368E-03	524.514E-07	41.46	167.32	296.78
303	C_7H_{14}	methylcyclohexane	-160.04	612.549E-03	463.027E-07	27.28	157.81	291.43
304	$C_7H_{14}O$	heptanal	-267.23	589.993E-03	473.324E-07	-86.65	39.60	168.96
305	C_7H_{16}	heptane	-191.52	650.525E-03	564.439E-07	7.99	147.85	291.50
306	C_7H_{16}	2-methylhexane	-198.64	658.367E-03	564.751E-07	3.22	144.66	289.89
307	C_7H_{16}	3-methylhexane	-196.03	654.274E-03	564.537E-07	4.60	145.22	289.62
308	C_7H_{16}	3-ethylpentane	-193.37	666.871E-03	564.504E-07	11.00	154.17	301.10
309	C_7H_{16}	2,2-dimethylpentane	-209.89	685.628E-03	563.519E-07	0.08	147.01	297.66
310	C_7H_{16}	2,3-dimethylpentane	-203.03	664.558E-03	562.862E-07	0.67	143.32	289.74
311	C_7H_{16}	2,4-dimethylpentane	-205.76	681.892E-03	563.322E-07	3.10	149.27	299.16
312	C_7H_{16}	3,3-dimethylpentane	-205.33	678.870E-03	563.273E-07	2.64	148.19	297.48
313	C_7H_{16}	2,2,3-trimethylsutane	-209.10	698.109E-03	526.206E-07	4.27	153.11	305.36
314	$C_7H_{16}O$	isopropyl-tert-butyl-ether	-361.84	762.681E-03	569.185E-07	-128.83	33.73	199.92
315	$C_7H_{16}O$	heptyl-alcohol	-338.70	700.604E-03	571.468E-07	-124.18	25.89	179.72
316	$C_7H_{16}S$	butyl-propyl-sulfide	-140.23	569.475E-03	114.498E-06	39.87	173.13	314.51
317	$C_7H_{16}S$	ethyl-pentyl-sulfide	-140.04	570.585E-03	114.473E-06	40.38	173.87	315.46
318	$C_7H_{16}S$	hexyl-methyl-sulfide	-137.59	572.926E-03	113.891E-06	43.47	177.35	319.27
319	$C_7H_{16}S$	1-heptanethiol	-143.86	569.692E-03	113.204E-06	36.19	169.29	310.40
320	C_8H_6	ethynylbenzene	326.26	112.973E-03	185.004E-07	361.75	387.37	414.41
321	C_8H_8	styrene	145.66	219.167E-03	284.904E-07	213.80	262.36	313.03
322	C_8H_8	1,3,5,7-cyclooctatetraene	296.08	238.774E-03	267.874E-07	369.91	422.17	476.35
323	C_8H_{10}	ethylbenzene	27.42	333.266E-03	385.421E-07	130.58	203.69	279.59
324	C_8H_{10}	m-xylene	15.06	334.521E-03	413.865E-07	118.87	192.67	269.51
325	C_8H_{10}	o-xylene	17.05	339.400E-03	394.281E-07	122.09	196.61	273.95
326	C_8H_{10}	p-xylene	15.76	339.524E-03	423.013E-07	121.13	196.10	274.16

续表

$$\Delta_f G^{\ominus} = A + BT + CT^2$$

序号	化学式	英文名	A	B	C	标明温度下的 $\Delta_f G^{\ominus}$		
						298K	500K	700K
327	C_8H_{14}	1-octyne	79.74	507.054E-03	455.029E-07	235.39	344.64	456.97
328	C_8H_{16}	1-octene	-86.50	621.351E-03	554.568E-07	104.22	238.04	375.62
329	C_8H_{16}	cyclooctane	-131.71	722.439E-03	622.362E-07	89.91	245.07	404.49
330	C_8H_{16}	propylcyclopentane	-152.70	668.236E-03	609.339E-07	52.59	196.66	344.93
331	C_8H_{16}	ethylcyclohexane	-177.58	709.804E-03	511.984E-07	39.25	190.12	344.37
332	C_8H_{16}	1,1-dimethylcyclohexane	-187.27	728.667E-03	514.825E-07	35.23	189.94	348.02
333	C_8H_{16}	c-1,2-dimethylcyclohexane	-178.14	718.087E-03	518.668E-07	41.21	193.87	349.94
334	C_8H_{16}	t-1,2-dimethylcyclohexane	-186.00	722.488E-03	496.579E-07	34.48	187.66	344.08
335	C_8H_{16}	c-1,3-dimethylcyclohexane	-190.82	722.670E-03	510.769E-07	29.83	183.29	340.08
336	C_8H_{16}	t-1,3-dimethylcyclohexane	-182.42	715.812E-03	524.350E-07	36.32	188.60	344.34
337	C_8H_{16}	c-1,4-dimethylcyclohexane	-182.49	721.570E-03	524.350E-07	37.95	191.40	348.30
338	C_8H_{16}	t-1,4-dimethylcyclohexane	-190.65	728.665E-03	500.488E-07	31.71	186.20	343.94
339	$C_8H_{16}O$	octanal	-293.42	687.040E-03	533.383E-07	-83.30	63.43	213.64
340	C_8H_{18}	octane	-212.69	747.742E-03	623.610E-07	16.40	176.77	341.28
341	C_8H_{18}	2-methylheptane	-219.79	759.402E-03	622.313E-07	12.76	175.47	342.28
342	C_8H_{18}	3-methylheptane	-216.88	752.841E-03	624.284E-07	13.72	175.15	340.70
343	C_8H_{18}	4-methylheptane	-216.35	761.186E-03	623.249E-07	16.74	179.82	347.02
344	C_8H_{18}	3-ethylhexane	-215.14	756.327E-03	623.298E-07	16.53	178.61	344.83
345	C_8H_{18}	2,2-dimethylhexane	-229.04	783.450E-03	622.526E-07	10.71	178.25	349.88
346	C_8H_{18}	2,3-dimethylhexane	-218.22	770.622E-03	622.822E-07	17.70	182.66	351.74
347	C_8H_{18}	2,4-dimethylhexane	-223.70	768.942E-03	622.888E-07	11.72	176.35	345.08
348	C_8H_{18}	2,5-dimethylhexane	-226.95	775.682E-03	621.968E-07	10.46	176.44	346.50
349	C_8H_{18}	3,3-dimethylhexane	-224.41	776.532E-03	622.691E-07	13.26	179.42	349.67
350	C_8H_{18}	3,4-dimethylhexane	-217.26	766.168E-03	623.512E-07	17.32	181.41	349.61
351	C_8H_{18}	3-ethyl-2-methylpentane	-215.53	773.593E-03	621.968E-07	21.25	186.81	356.46

序号	化学式	英文名	$\Delta_f G^\ominus = A + BT + CT^2$			标明温度下的 $\Delta_f G^\ominus$		
			A	B	C	298K	500K	700K
352	C_8H_{18}	3-ethyl-3-methylpentane	−219.25	781.583E−03	623.150E−07	19.92	187.12	358.39
353	C_8H_{18}	2,2,3-trimethylpentane	−224.33	789.134E−03	625.023E−07	17.11	185.86	358.68
354	C_8H_{18}	2,2,4-trimethylpentane	−228.38	791.253E−03	623.643E−07	13.68	182.83	356.05
355	C_8H_{18}	2,3,3-trimethylpentane	−220.67	782.842E−03	624.464E−07	18.91	186.36	357.92
356	C_8H_{18}	2,3,4-trimethylpentane	−221.74	786.549E−03	622.658E−07	18.91	187.10	359.35
357	C_8H_{18}	2,2,3,3-tetramethylbutane	−231.15	832.026E−03	504.971E−07	22.01	197.49	376.01
358	$C_8H_{18}O$	butyl-ether	−337.80	814.904E−03	642.628E−07	−88.53	85.72	264.13
359	$C_8H_{18}O$	sec-butyl-ether	−364.96	854.327E−03	627.519E−07	−104.06	77.89	263.81
360	$C_8H_{18}O$	tert-butyl-ether	−369.11	889.566E−03	628.176E−07	−97.70	91.38	284.37
361	$C_8H_{18}O$	octyl-alcohol	−361.39	797.533E−03	631.986E−07	−117.36	53.18	227.85
362	$C_8H_{18}S$	butyl-sulfide	−161.11	667.567E−03	125.270E−06	49.20	203.99	367.57
363	$C_8H_{18}S$	ethyl-hexyl-sulfide	−160.10	662.826E−03	125.466E−06	48.83	202.68	365.36
364	$C_8H_{18}S$	heptyl-methyl-sulfide	−157.57	664.956E−03	124.929E−06	51.92	206.14	369.12
365	$C_8H_{18}S$	pentyl-propyl-sulfide	−160.31	661.613E−03	125.501E−06	48.24	201.87	364.31
366	$C_8H_{18}S$	1-octanethiol	−163.96	662.300E−03	123.659E−06	44.64	198.10	360.24
367	$C_8H_{18}S_2$	buty-disulfide	−150.65	642.751E−03	142.784E−06	53.85	206.42	369.24
368	C_9H_{10}	alpha-methylstyrene	111.07	314.716E−03	371.207E−07	208.53	277.71	349.56
369	C_9H_{10}	propenylbenzene,cis	119.44	314.706E−03	371.289E−07	216.90	286.08	357.93
370	C_9H_{10}	propenylbenzene,trans	115.15	318.932E−03	355.063E−07	213.72	283.50	355.80
371	C_9H_{10}	m-methylstyrene	113.57	308.882E−03	371.067E−07	209.28	277.29	347.97
372	C_9H_{10}	o-methylstyrene	116.52	314.687E−03	371.437E−07	213.97	283.15	355.00
373	C_9H_{10}	p-methylstyrene	112.75	314.718E−03	371.190E−07	210.20	279.38	351.24
374	C_9H_{12}	propylbenzene	4.89	429.374E−03	440.117E−07	137.24	230.58	327.02
375	C_9H_{12}	cumene	0.98	441.752E−03	434.057E−07	136.98	232.71	331.48
376	C_9H_{12}	m-ethyltoluene	−4.70	424.853E−03	456.130E−07	126.44	219.12	315.04

续表

$$\Delta_f G^\ominus = A + BT + CT^2$$

序号	化学式	英文名	A	B	C	标明温度下的 $\Delta_f G^\ominus$		
						298K	500K	700K
377	C$_9$H$_{12}$	o-ethyltoluene	−1.30	429.581E−03	437.687E−07	131.08	224.43	320.85
378	C$_9$H$_{12}$	p-ethyltoluene	−5.95	429.499E−03	467.511E−07	126.69	220.49	317.61
379	C$_9$H$_{12}$	1,2,3-trimethylbenzene	−11.86	441.402E−03	493.886E−07	124.56	221.19	321.32
380	C$_9$H$_{12}$	1,2,4-trimethylbenzene	−16.36	431.195E−03	485.642E−07	116.94	211.38	309.27
381	C$_9$H$_{12}$	mesitylene	−18.60	441.655E−03	496.793E−07	117.95	214.65	314.91
382	C$_9$H$_{16}$	1-nonyne	58.59	604.064E−03	515.778E−07	243.76	373.51	506.71
383	C$_9$H$_{18}$	1-nonene	−107.58	718.380E−03	614.413E−07	112.68	266.97	425.39
384	C$_9$H$_{18}$	butylcyclopentane	−173.39	765.144E−03	670.645E−07	61.38	225.95	395.07
385	C$_9$H$_{18}$	propylcyclohexane	−199.50	808.737E−03	561.762E−07	47.32	218.91	394.14
386	C$_9$H$_{18}$	c-c-135trimethylcylohexane	−222.26	840.088E−03	557.623E−07	33.89	211.73	393.13
387	C$_9$H$_{18}$	c-t-135trimethylcyclohexane	−212.96	828.097E−03	586.297E−07	39.87	215.75	395.44
388	C$_9$H$_{18}$O	nonanal	−314.56	784.026E−03	594.377E−07	−74.94	92.31	263.38
389	C$_9$H$_{20}$	nonane	−233.83	844.766E−03	684.506E−07	24.81	205.67	391.05
390	C$_9$H$_{20}$	2-methyloctane	−240.80	854.744E−03	662.894E−07	20.59	203.14	390.00
391	C$_9$H$_{20}$	3-methyloctane	−238.22	849.547E−03	669.956E−07	21.71	203.30	389.29
392	C$_9$H$_{20}$	4-methyloctane	−238.22	849.547E−03	669.956E−07	21.71	203.30	389.29
393	C$_9$H$_{20}$	3-ethylheptane	−235.49	855.560E−03	679.809E−07	26.32	209.28	396.71
394	C$_9$H$_{20}$	4-ethylheptane	−235.49	855.560E−03	679.809E−07	26.32	209.28	396.71
395	C$_9$H$_{20}$	2,2-dimethylheptane	−251.91	880.463E−03	615.727E−07	16.74	203.71	394.58
396	C$_9$H$_{20}$	2,3-dimethylheptane	−240.58	862.744E−03	671.762E−07	23.30	207.59	396.26
397	C$_9$H$_{20}$	2,4-dimethylheptane	−245.67	863.281E−03	678.594E−07	18.45	202.94	391.88
398	C$_9$H$_{20}$	2,5-dimethylheptane	−245.67	863.281E−03	678.594E−07	18.45	202.94	391.88
399	C$_9$H$_{20}$	2,6-dimethylheptane	−248.40	874.599E−03	669.036E−07	19.00	205.62	396.60
400	C$_9$H$_{20}$	3,3-dimethylheptane	−246.82	871.642E−03	625.187E−07	19.29	204.63	393.96
401	C$_9$H$_{20}$	3,4-dimethylheptane	−237.95	860.401E−03	679.547E−07	25.31	209.24	397.63

续表

$$\Delta_f G^\ominus = A + BT + CT^2$$

序号	化学式	英文名	A	B	C	标明温度下的 $\Delta_f G^\ominus$		
						298K	500K	700K
402	C_9H_{20}	3,5-dimethylheptane	-243.06	866.779E-03	685.787E-07	22.18	207.47	397.29
403	C_9H_{20}	4,4-dimethylheptane	-246.85	877.503E-03	624.628E-07	21.00	207.51	398.01
404	C_9H_{20}	3-ethyl-2-methylhexane	-237.90	863.156E-03	680.368E-07	26.19	210.68	399.64
405	C_9H_{20}	4-ethyl-2-methylhexane	-243.01	869.498E-03	686.970E-07	23.05	208.91	399.30
406	C_9H_{20}	3-ethyl-3-methylhexane	-241.79	872.152E-03	632.840E-07	24.56	210.11	399.72
407	C_9H_{20}	3-ethyl-4-methylhexane	-235.26	863.688E-03	687.660E-07	29.08	213.78	403.02
408	C_9H_{20}	2,2,3-trimethylhexane	-246.60	888.455E-03	625.154E-07	24.52	213.26	405.95
409	C_9H_{20}	2,2,4-trimethylhexane	-248.84	888.948E-03	632.413E-07	22.51	211.44	404.41
410	C_9H_{20}	2,2,5-trimethylhexane	-259.50	894.593E-03	621.672E-07	13.43	203.34	397.18
411	C_9H_{20}	2,3,3-trimethylhexane	-244.23	885.145E-03	624.891E-07	25.90	213.97	406.00
412	C_9H_{20}	2,3,4-trimethylhexane	-240.37	873.764E-03	680.171E-07	26.90	213.52	404.60
413	C_9H_{20}	2,3,5-trimethylhexane	-248.15	882.624E-03	677.773E-07	21.76	210.11	402.90
414	C_9H_{20}	2,4,4-trimethylhexane	-246.46	885.613E-03	632.347E-07	23.89	212.15	404.45
415	C_9H_{20}	3,3,4-trimethylhexane	-241.55	879.806E-03	633.004E-07	27.07	214.18	405.33
416	C_9H_{20}	3,3-diethylpentane	-237.69	893.379E-03	640.263E-07	35.06	225.00	419.05
417	C_9H_{20}	3-ethyl-2,2-dimethylpentane	-243.87	894.299E-03	637.603E-07	29.12	219.22	413.38
418	C_9H_{20}	3-ethyl-2,3-dimethylpentane	-239.24	885.832E-03	631.198E-07	31.17	219.45	411.77
419	C_9H_{20}	3-ethyl-2,4-dimethylpentane	-240.32	882.282E-03	681.320E-07	29.50	217.84	410.64
420	C_9H_{20}	2,2,3,3-tetramethylpentane	-242.93	910.219E-03	584.064E-07	34.31	226.79	422.85
421	C_9H_{20}	2,2,3,4-tetramethylpentane	-242.53	901.978E-03	624.333E-07	32.64	224.07	419.45
422	C_9H_{20}	2,2,4,4-tetramethylpentane	-247.82	925.869E-03	576.345E-07	34.02	229.52	428.52
423	C_9H_{20}	2,3,3,4-tetramethylpentane	-241.80	904.511E-03	623.512E-07	34.10	226.04	421.91
424	$C_9H_{20}O$	nonyl-alcohol	-391.76	894.632E-03	691.897E-07	-118.20	72.86	268.39
425	$C_9H_{20}S$	butyl-pentyl-sulfide	-181.27	754.507E-03	135.705E-06	55.90	229.91	413.38
426	$C_9H_{20}S$	ethyl-heptyl-sulfide	-180.36	755.868E-03	135.530E-06	57.20	231.46	415.16

续表

$$\Delta_f G^\ominus = A + BT + CT^2$$

序号	化学式	英文名	A	B	C	标明温度下的 $\Delta_f G^\ominus$		
						298K	500K	700K
427	$C_9H_{20}S$	hexyl-propyl-sulfide	−180.49	754.546E−03	135.665E−06	56.69	230.70	414.17
428	$C_9H_{20}S$	methyl-octyl-sulfide	−177.89	758.278E−03	134.747E−06	60.33	234.93	418.93
429	$C_9H_{20}S$	1-nonanethiol	−184.23	755.326E−03	133.804E−06	53.01	226.88	410.06
430	$C_{10}H_8$	naphthalene	148.99	240.144E−03	307.051E−07	223.59	276.74	332.13
431	$C_{10}H_8$	azulene	277.71	238.263E−03	317.964E−07	351.87	404.79	460.08
432	$C_{10}H_{14}$	butylbenzene	−17.19	526.332E−03	501.900E−07	144.68	258.52	375.84
433	$C_{10}H_{14}$	m-diethylbenzene	−25.14	526.371E−03	498.517E−07	136.69	250.51	367.74
434	$C_{10}H_{14}$	o-diethylbenzene	−21.96	530.912E−03	481.930E−07	141.08	255.55	373.30
435	$C_{10}H_{14}$	p-diethylbenzene	−25.53	531.209E−03	509.225E−07	137.86	252.80	371.26
436	$C_{10}H_{14}$	1,2,3,4-tetramethylbenzene	−44.52	547.623E−03	476.182E−07	123.43	241.20	362.15
437	$C_{10}H_{14}$	1,2,3,5-tetramethylbenzene	−47.44	540.792E−03	504.741E−07	118.74	235.57	355.84
438	$C_{10}H_{14}$	1,2,4,5-tetramethylbenzene	−47.80	544.035E−03	516.763E−07	119.45	237.14	358.35
439	$C_{10}H_{18}$	1-decyne	37.49	701.194E−03	575.163E−07	252.21	402.46	556.51
440	$C_{10}H_{18}$	decahydronaphthalene,*cis*	−175.79	854.123E−03	690.648E−07	85.81	268.54	455.94
441	$C_{10}H_{18}$	decahydronaphthalene,*trans*	−189.00	856.772E−03	694.656E−07	73.43	256.75	444.78
442	$C_{10}H_{20}$	1-decene	−128.71	815.304E−03	675.737E−07	121.04	295.84	475.11
443	$C_{10}H_{20}$	1-cyclopentylpentane	−194.53	862.223E−03	730.096E−07	69.79	254.83	444.80
444	$C_{10}H_{20}$	butylcyclohexane	−219.88	905.715E−03	623.052E−07	56.44	248.55	444.65
445	$C_{10}H_{20}O$	decanal	−335.67	881.034E−03	654.157E−07	−66.53	121.20	313.10
446	$C_{10}H_{22}$	decane	−255.00	942.014E−03	742.545E−07	33.22	234.57	440.79
447	$C_{10}H_{22}$	2-methylnonane	−261.87	952.056E−03	717.582E−07	29.08	232.10	439.73
448	$C_{10}H_{22}$	3-methylnonane	−259.23	946.740E−03	725.268E−07	30.21	232.27	439.02
449	$C_{10}H_{22}$	4-methylnonane	−259.23	946.740E−03	725.268E−07	30.21	232.27	439.02
450	$C_{10}H_{22}$	5-methylnonane	−259.27	952.609E−03	724.710E−07	31.92	235.15	443.07
451	$C_{10}H_{22}$	3-ethyloctane	−256.59	953.016E−03	733.348E−07	34.81	238.25	446.45

续表

序号	化学式	英文名	$\Delta_f G^\ominus = A + BT + CT^2$			标明温度下的 $\Delta_f G^\ominus$		
			A	B	C	298K	500K	700K
452	$C_{10}H_{22}$	4-ethyloctane	-256.56	947.133E-03	734.103E-07	33.10	235.36	442.40
453	$C_{10}H_{22}$	2,2-dimethyloctane	-272.91	977.525E-03	672.222E-07	25.23	232.66	444.30
454	$C_{10}H_{22}$	2,3-dimethyloctane	-266.77	960.735E-03	732.100E-07	26.94	231.90	441.62
455	$C_{10}H_{22}$	2,4-dimethyloctane	-261.65	960.107E-03	725.925E-07	31.80	236.55	445.99
456	$C_{10}H_{22}$	2,5-dimethyloctane	-266.77	960.735E-03	732.100E-07	26.94	231.90	441.62
457	$C_{10}H_{22}$	2,6-dimethyloctane	-266.77	960.735E-03	732.100E-07	26.94	231.90	441.62
458	$C_{10}H_{22}$	2,7-dimethyloctane	-269.40	971.671E-03	725.268E-07	27.49	234.57	446.31
459	$C_{10}H_{22}$	3,3-dimethyloctane	-267.93	969.108E-03	678.594E-07	27.78	233.59	443.70
460	$C_{10}H_{22}$	3,4-dimethyloctane	-259.03	957.790E-03	733.315E-07	33.81	238.20	447.36
461	$C_{10}H_{22}$	3,5-dimethyloctane	-264.14	958.387E-03	739.917E-07	28.95	233.55	442.99
462	$C_{10}H_{22}$	3,6-dimethyloctane	-264.09	964.002E-03	741.001E-07	30.67	236.43	447.02
463	$C_{10}H_{22}$	4,4-dimethyloctane	-267.93	969.108E-03	678.594E-07	27.78	233.59	443.70
464	$C_{10}H_{22}$	4,5-dimethyloctane	-258.99	963.438E-03	734.432E-07	35.52	241.09	451.40
465	$C_{10}H_{22}$	4-propylheptane	-256.53	961.933E-03	734.826E-07	37.53	242.80	452.83
466	$C_{10}H_{22}$	4-isopropylheptane	-256.74	966.350E-03	734.268E-07	38.66	244.79	455.68
467	$C_{10}H_{22}$	3-ethyl-2-methylheptane	-258.97	960.450E-03	735.155E-07	34.69	239.63	449.37
468	$C_{10}H_{22}$	4-ethyl-2-methylheptane	-264.08	961.093E-03	741.067E-07	29.83	235.00	445.00
469	$C_{10}H_{22}$	5-ethyl-2-methylheptane	-264.11	966.942E-03	740.607E-07	31.55	237.88	449.04
470	$C_{10}H_{22}$	3-ethyl-3-methylheptane	-262.89	969.604E-03	686.411E-07	33.05	239.07	449.47
471	$C_{10}H_{22}$	4-ethyl-3-methylheptane	-256.38	958.286E-03	741.264E-07	36.69	241.29	450.74
472	$C_{10}H_{22}$	3-ethyl-5-methylheptane	-261.41	961.360E-03	750.789E-07	32.68	238.04	448.33
473	$C_{10}H_{22}$	3-ethyl-4-methylheptane	-256.32	960.996E-03	742.381E-07	37.57	242.74	452.75
474	$C_{10}H_{22}$	4-ethyl-4-methylheptane	-262.89	969.604E-03	686.411E-07	33.05	239.07	449.47
475	$C_{10}H_{22}$	2,2,3-trimethylheptane	-267.62	985.613E-03	680.828E-07	33.01	242.21	455.67
476	$C_{10}H_{22}$	2,2,4-trimethylheptane	-269.87	986.218E-03	687.232E-07	31.00	240.42	454.15

续表

$$\Delta_f G^\ominus = A + BT + CT^2$$

序号	化学式	英文名	A	B	C	标明温度下的 $\Delta_f G^\ominus$		
						298K	500K	700K
477	$C_{10}H_{22}$	2,2,5-trimethylheptane	-277.78	986.218E-03	687.232E-07	23.10	232.51	446.24
478	$C_{10}H_{22}$	2,2,6-trimethylheptane	-280.48	991.710E-03	677.510E-07	21.97	232.32	446.92
479	$C_{10}H_{22}$	2,3,3-trimethylheptane	-265.18	982.124E-03	681.780E-07	34.43	242.93	455.71
480	$C_{10}H_{22}$	2,3,4-trimethylheptane	-261.39	970.992E-03	735.089E-07	35.40	242.48	454.32
481	$C_{10}H_{22}$	2,3,5-trimethylheptane	-266.47	971.442E-03	742.808E-07	30.54	237.82	449.94
482	$C_{10}H_{22}$	2,3,6-trimethylheptane	-269.15	973.934E-03	734.038E-07	28.53	236.17	448.57
483	$C_{10}H_{22}$	2,4,4-trimethylheptane	-267.45	982.755E-03	687.988E-07	32.43	241.13	454.19
484	$C_{10}H_{22}$	2,4,5-trimethylheptane	-266.47	971.442E-03	742.808E-07	30.54	237.82	449.94
485	$C_{10}H_{22}$	2,4,6-trimethylheptane	-259.17	980.249E-03	741.001E-07	40.46	249.48	463.32
486	$C_{10}H_{22}$	2,5,5-trimethylheptane	-275.36	982.755E-03	687.988E-07	24.52	233.22	446.28
487	$C_{10}H_{22}$	3,3,4-trimethylheptane	-262.65	977.254E-03	686.608E-07	35.56	243.15	455.07
488	$C_{10}H_{22}$	3,3,5-trimethylheptane	-264.90	977.825E-03	693.178E-07	33.56	241.34	453.54
489	$C_{10}H_{22}$	3,4,4-trimethylheptane	-262.65	977.254E-03	686.608E-07	35.56	243.15	455.07
490	$C_{10}H_{22}$	*2,3,5-trimethylheptane	-259.80	971.405E-03	756.931E-07	38.24	244.82	457.27
491	$C_{10}H_{22}$	3-isopropyl-2-methylhexane	-261.39	979.688E-03	734.990E-07	37.99	246.82	460.40
492	$C_{10}H_{22}$	3,3-diethylhexane	-257.80	979.082E-03	695.050E-07	41.05	249.12	461.62
493	$C_{10}H_{22}$	3,4-diethylhexane	-253.62	973.011E-03	750.625E-07	43.93	251.65	464.27
494	$C_{10}H_{22}$	3-ethyl-2,2-dimethylhexane	-264.98	986.200E-03	687.857E-07	35.90	245.31	459.06
495	$C_{10}H_{22}$	4-ethyl-2,2-dimethylhexane	-267.23	992.538E-03	694.294E-07	35.65	246.40	461.57
496	$C_{10}H_{22}$	3-ethyl-2,3-dimethylhexane	-260.27	977.271E-03	686.477E-07	37.95	245.53	457.46
497	$C_{10}H_{22}$	4-ethyl-2,3-dimethylhexane	-258.81	974.491E-03	742.019E-07	39.12	246.98	459.69
498	$C_{10}H_{22}$	3-ethyl-2,4-dimethylhexane	-258.79	971.488E-03	743.038E-07	38.24	245.53	457.66
499	$C_{10}H_{22}$	4-ethyl-2,4-dimethylhexane	-262.42	983.295E-03	695.214E-07	37.70	246.61	459.95
500	$C_{10}H_{22}$	3-ethyl-2,5-dimethylhexane	-266.53	974.592E-03	740.673E-07	31.42	239.29	451.98
501	$C_{10}H_{22}$	4-ethyl-3,3-dimethylhexane	-259.93	983.343E-03	695.674E-07	40.21	249.13	462.50
502	$C_{10}H_{22}$	3-ethyl-3,4-dimethylhexane	-257.58	977.627E-03	695.411E-07	40.84	248.62	460.84

*原文误，应为3、4、5。

续表

序号	化学式	英文名	$\Delta_f G^\ominus = A + BT + CT^2$			标明温度下的 $\Delta_f G^\ominus$		
			A	B	C	298K	500K	700K
503	$C_{10}H_{22}$	2,2,3,3-tetramethylhexane	−264.02	100.768E−02	637.405E−07	42.80	255.75	472.59
504	$C_{10}H_{22}$	2,2,3,4-tetramethylhexane	−259.48	996.643E−03	688.776E−07	44.56	256.06	471.92
505	$C_{10}H_{22}$	2,2,3,5-tetramethylhexane	−275.20	999.844E−03	685.755E−07	29.75	241.87	458.30
506	$C_{10}H_{22}$	2,2,4,4-tetramethylhexane	−263.86	100.885E−02	638.128E−07	43.35	256.52	473.61
507	$C_{10}H_{22}$	2,2,4,5-tetramethylhexane	−272.35	999.853E−03	685.689E−07	32.59	244.71	461.14
508	$C_{10}H_{22}$	2,2,5,5-tetramethylhexane	−291.59	102.333E−02	629.522E−07	19.83	235.81	455.59
509	$C_{10}H_{22}$	2,3,3,4-tetramethylhexane	−260.02	990.712E−03	686.477E−07	42.22	252.50	467.11
510	$C_{10}H_{22}$	2,3,3,5-tetramethylhexane	−264.91	996.517E−03	685.623E−07	39.04	250.49	466.25
511	$C_{10}H_{22}$	2,3,4,4-tetramethylhexane	−257.18	990.742E−03	686.247E−07	45.06	255.34	469.96
512	$C_{10}H_{22}$	2,3,4,5-tetramethylhexane	−263.91	990.312E−03	734.629E−07	38.66	249.61	465.31
513	$C_{10}H_{22}$	3,3,4,4-tetramethylhexane	−258.98	100.479E−02	645.584E−07	47.07	259.55	476.00
514	$C_{10}H_{22}$	2,4-dimethyl-3-isopropylpentane	−264.22	100.485E−02	687.068E−07	42.26	255.39	472.84
515	$C_{10}H_{22}$	3,3-diethyl-2-methylpentane	−255.12	992.265E−03	697.250E−07	47.70	258.45	473.63
516	$C_{10}H_{22}$	3-ethyl-2,2,3-trimethylpentane	−258.97	100.236E−02	645.551E−07	46.36	258.35	474.31
517	$C_{10}H_{22}$	3-ethyl-2,2,4-trimethylpentane	−259.53	100.616E−02	687.265E−07	47.32	260.73	478.46
518	$C_{10}H_{22}$	3-ethyl-2,3,4-trimethylpentane	−257.59	996.323E−03	687.594E−07	46.32	257.76	473.53
519	$C_{10}H_{22}$	2,2,3,3,4-pentamethylpentane	−253.28	102.011E−02	647.785E−07	57.36	272.97	492.54
520	$C_{10}H_{22}$	2,2,3,4,4-pentamethylpentane	−253.38	103.057E−02	633.595E−07	60.25	277.75	499.07
521	$C_{10}H_{22}O$	decyl-alcohol	−408.59	991.549E−03	752.826E−07	−105.52	106.00	322.38
522	$C_{10}H_{22}S$	butyl-hexyl-sulfide	−201.50	847.424E−03	146.025E−06	64.31	258.72	463.25
523	$C_{10}H_{22}S$	ethyl-octyl-sulfide	−200.45	848.145E−03	146.346E−06	65.61	260.21	464.97
524	$C_{10}H_{22}S$	heptyl-propyl-sulfide	−200.75	847.459E−03	145.990E−06	65.06	259.48	464.00
525	$C_{10}H_{22}S$	methyl-nonyl-sulfide	−198.09	850.984E−03	145.177E−06	68.70	263.69	468.73
526	$C_{10}H_{22}S$	pentyl-sulfide	−201.40	852.915E−03	146.206E−06	66.07	261.61	467.28

续表

$$\Delta_f G^\ominus = A + BT + CT^2$$

序号	化学式	英 文 名	A	B	C	298K	500K	700K
						标明温度下的 $\Delta_f G^\ominus$		
527	$C_{10}H_{22}S$	1-decanethiol	−204.39	847.978E−03	144.214E−06	61.42	255.65	459.86
528	$C_{10}H_{22}S_2$	pentyl-disulfide	−190.97	828.015E−03	163.861E−06	70.67	264.00	468.93
529	$C_{11}H_{10}$	1-methylnaphthalene	114.46	334.898E−03	341.802E−07	217.69	290.45	365.63
530	$C_{11}H_{10}$	2-methylnaphthalene	113.83	331.511E−03	354.422E−07	216.15	288.45	363.26
531	$C_{11}H_{16}$	pentylbenzene	−38.34	622.898E−03	561.860E−07	152.93	287.15	425.22
532	$C_{11}H_{16}$	pentamethylbenzene	−77.65	657.615E−03	499.420E−07	123.34	263.65	407.15
533	$C_{11}H_{20}$	1-undecyne	16.39	798.079E−03	636.584E−07	260.62	431.34	606.24
534	$C_{11}H_{22}$	1-undecene	−149.84	912.363E−03	735.384E−07	129.45	324.73	524.85
535	$C_{11}H_{22}$	1-cyclopentylhexane	−215.72	959.535E−03	788.266E−07	78.20	283.76	494.58
536	$C_{11}H_{22}$	pentylcyclohexane	−241.09	100.307E−02	679.579E−07	64.85	277.43	494.36
537	$C_{11}H_{24}$	undecane	−276.11	103.890E−02	804.065E−07	41.59	263.44	490.52
538	$C_{11}H_{24}O$	undecyl-alcohol	−428.07	108.863E−02	812.342E−07	−95.44	136.55	373.78
539	$C_{11}H_{24}S$	butyl-heptyl-sulfide	−221.66	940.091E−03	156.421E−06	72.72	287.49	513.05
540	$C_{11}H_{24}S$	decyl-methyl-sulfide	−218.27	943.912E−03	155.347E−06	77.15	292.52	518.59
541	$C_{11}H_{24}S$	ethyl-nonyl-sulfide	−220.62	941.068E−03	156.521E−06	74.06	289.04	514.82
542	$C_{11}H_{24}S$	octyl-propyl-sulfide	−220.79	940.131E−03	156.380E−06	73.60	288.37	513.93
543	$C_{11}H_{24}S$	1-undecanethiol	−224.54	940.684E−03	154.655E−06	69.83	284.46	509.72
544	$C_{12}H_{10}$	biphenyl	179.42	325.896E−03	353.133E−07	280.08	351.19	424.85
545	$C_{12}H_{12}$	1-ethylnaphthalene	93.65	431.031E−03	383.179E−07	225.98	318.74	414.15
546	$C_{12}H_{12}$	2-ethylnaphthalene	93.05	427.548E−03	396.268E−07	224.43	316.73	411.75
547	$C_{12}H_{12}$	1,2-dimethylnaphthalene	80.61	442.197E−03	383.393E−07	216.23	311.29	408.94
548	$C_{12}H_{12}$	1,3-dimethylnaphthalene	78.98	438.805E−03	395.710E−07	213.72	308.27	405.53
549	$C_{12}H_{12}$	1,4-dimethylnaphthalene	79.52	448.067E−03	382.424E−07	216.90	313.12	411.91
550	$C_{12}H_{12}$	1,5-dimethylnaphthalene	78.82	448.029E−03	382.719E−07	216.19	312.40	411.19

续表

序号	化学式	英文名	$\Delta_f G^{\ominus}=A+BT+CT^2$			标明温度下的 $\Delta_f G^{\ominus}$		
			A	B	C	298K	500K	700K
551	$C_{12}H_{12}$	1,6-dimethylnaphthalene	79.69	438.795E-03	395.792E-07	214.43	308.98	406.24
552	$C_{12}H_{12}$	1,7-dimethylnaphthalene	78.98	438.805E-03	395.710E-07	213.72	308.27	405.53
553	$C_{12}H_{12}$	2,3-dimethylnaphthalene	81.06	435.238E-03	426.536E-07	215.02	309.34	406.63
554	$C_{12}H_{12}$	2,6-dimethylnaphthalene	79.92	438.394E-03	406.943E-07	214.64	309.29	406.74
555	$C_{12}H_{12}$	2,7-dimethylnaphthalene	79.92	438.422E-03	406.417E-07	214.64	309.29	406.73
556	$C_{12}H_{18}$	hexylbenzene	-59.46	719.974E-03	621.722E-07	161.34	316.07	474.98
557	$C_{12}H_{18}$	1,2,3-triethylbenzene	-71.84	728.671E-03	625.039E-07	151.54	308.12	468.86
558	$C_{12}H_{18}$	1,2,4-triethylbenzene	-72.94	709.998E-03	680.844E-07	145.23	299.08	457.42
559	$C_{12}H_{18}$	1,3,5-triethylbenzene	-78.85	729.002E-03	627.158E-07	144.68	301.33	462.18
560	$C_{12}H_{18}$	hexamethylbenzene	-109.22	786.422E-03	502.475E-07	130.21	296.56	465.90
561	$C_{12}H_{22}$	1-dodecyne	-4.72	895.003E-03	697.579E-07	268.99	460.22	655.96
562	$C_{12}H_{24}$	1-dodecene	-170.91	100.932E-02	796.543E-07	137.90	353.67	574.65
563	$C_{12}H_{24}$	1-cyclopentylheptane	-236.80	105.639E-02	850.115E-07	86.61	312.64	544.32
564	$C_{12}H_{24}$	1-cyclohexylhexane	-262.18	110.005E-02	740.705E-07	73.26	306.36	544.15
565	$C_{12}H_{26}$	dodecane	-297.18	113.589E-02	864.567E-07	50.04	292.38	540.31
566	$C_{12}H_{26}O$	dodecyl-alcohol	-449.24	118.577E-02	871.924E-07	-87.07	165.44	423.52
567	$C_{12}H_{26}S$	butyl-octyl-sulfide	-241.77	103.267E-02	166.966E-06	81.17	316.31	562.92
568	$C_{12}H_{26}S$	decyl-ethyl-sulfide	-242.38	103.408E-02	166.615E-06	80.92	316.31	563.11
569	$C_{12}H_{26}S$	hexyl-sulfide	-241.88	103.890E-02	166.495E-06	82.89	319.20	566.94
570	$C_{12}H_{26}S$	methyl-undecyl-sulfide	-238.54	103.697E-02	165.391E-06	85.52	321.30	568.39
571	$C_{12}H_{26}S$	nonyl-propyl-sulfide	-241.03	103.272E-02	166.916E-06	81.92	317.06	563.67
572	$C_{12}H_{26}S$	1-dodecanethiol	-244.80	103.370E-02	164.749E-06	78.24	313.24	559.52
573	$C_{12}H_{26}S_2$	hexyl-disulfide	-231.34	101.361E-02	184.496E-06	87.49	321.59	568.59
574	$C_{13}H_{14}$	1-propylnaphthalene	71.18	526.901E-03	439.411E-07	232.63	345.62	461.54

续表

序号	化学式	英文名	$\Delta_f G^{\ominus} = A + BT + CT^2$			标明温度下的 $\Delta_f G^{\ominus}$		
			A	B	C	298K	500K	700K
575	$C_{13}H_{14}$	2-propylnaphthalene	70.48	523.394E-03	452.796E-07	231.00	343.49	459.04
576	$C_{13}H_{14}$	2-ethyl-3-methylnaphthalene	62.76	525.302E-03	470.253E-07	224.01	337.17	453.51
577	$C_{13}H_{14}$	2-ethyl-6-methylnaphthalene	58.50	527.119E-03	463.323E-07	220.20	333.64	450.19
578	$C_{13}H_{14}$	2-ethyl-7-methylnaphthalene	58.50	527.119E-03	463.323E-07	220.20	333.64	450.19
579	$C_{13}H_{20}$	1-phenylheptane	-80.56	816.878E-03	682.864E-07	169.74	344.95	524.72
580	$C_{13}H_{24}$	1-tridecyne	-25.83	992.061E-03	757.457E-07	277.44	489.14	705.73
581	$C_{13}H_{26}$	1-tridecene	-192.06	110.640E-02	856.257E-07	146.27	382.55	624.37
582	$C_{13}H_{26}$	1-cyclopentyloctane	-257.93	115.358E-02	908.810E-07	95.06	341.59	594.11
583	$C_{13}H_{26}$	1-cyclohexylheptane	-283.30	119.705E-02	800.419E-07	81.67	335.23	593.85
584	$C_{13}H_{28}$	tridecane	-318.27	123.278E-02	925.923E-07	58.45	321.26	590.04
585	$C_{13}H_{28}O$	1-tridecanol	-470.34	128.400E-02	933.182E-07	-78.28	194.99	474.19
586	$C_{13}H_{28}S$	butyl-nonyl-sulfide	-261.91	112.516E-02	177.592E-06	89.54	345.07	612.72
587	$C_{13}H_{28}S$	decyl-propyl-sulfide	-261.15	112.512E-02	177.632E-06	90.29	345.82	613.47
588	$C_{13}H_{28}S$	dodecyl-methyl-sulfide	-258.63	112.946E-02	176.087E-06	93.97	350.12	618.28
589	$C_{13}H_{28}S$	ethyl-undecyl-sulfide	-260.98	112.649E-02	177.382E-06	90.88	346.61	614.48
590	$C_{13}H_{28}S$	1-tridecanethiol	-264.95	112.637E-02	175.214E-06	86.65	342.04	609.37
591	$C_{14}H_{16}$	1-butylnaphthalene	49.10	623.802E-03	502.557E-07	240.08	373.57	510.39
592	$C_{14}H_{16}$	2-butylnaphthalene	48.47	620.349E-03	514.956E-07	238.53	371.52	507.95
593	$C_{14}H_{22}$	1-phenyloctane	-101.61	913.814E-03	743.333E-07	178.20	373.88	574.48
594	$C_{14}H_{22}$	1,2,3,4-tetraethylbenzene	-128.01	930.828E-03	649.690E-07	155.94	353.65	555.40
595	$C_{14}H_{22}$	1,2,3,5-tetraethylbenzene	-127.66	924.142E-03	676.952E-07	154.56	351.34	552.41
596	$C_{14}H_{22}$	1,2,4,5-tetraethylbenzene	-127.87	927.068E-03	691.240E-07	155.35	352.94	554.95
597	$C_{14}H_{26}$	1-tetradecyne	-46.99	108.910E-02	818.024E-07	285.81	518.01	755.46
598	$C_{14}H_{26}$	1-tetradecene	-213.14	120.353E-02	915.708E-07	154.77	411.52	674.20

续表

$$\Delta_f G^\ominus = A + BT + CT^2$$

序号	化学式	英文名	A	B	C	标明温度下的 $\Delta_f G^\ominus$		
						298K	500K	700K
599	$C_{14}H_{28}$	1-cyclopentylnonane	−279.03	125.046E−02	970.363E−07	103.43	370.46	643.84
600	$C_{14}H_{28}$	1-cyclohexyloctane	−304.39	129.401E−02	861.874E−07	90.08	364.16	643.65
601	$C_{14}H_{30}$	tetradecane	−339.49	133.009E−02	983.994E−07	66.82	350.15	639.79
602	$C_{14}H_{30}O$	1-tetradecanol	−491.53	138.121E−02	991.877E−07	−69.87	223.88	523.92
603	$C_{14}H_{30}S$	butyl-decyl-sulfide	−282.13	121.806E−02	187.787E−06	97.95	373.85	662.53
604	$C_{14}H_{30}S$	dodecyl-ethyl-sulfide	−281.24	121.953E−02	187.446E−06	99.24	375.39	664.28
605	$C_{14}H_{30}S$	heptyl-sulfide	−282.10	122.384E−02	187.857E−06	99.70	376.78	666.63
606	$C_{14}H_{30}S$	methyl-tridecyl-sulfide	−278.79	122.190E−02	186.834E−06	102.34	378.87	668.09
607	$C_{14}H_{30}S$	propyl-undecyl-sulfide	−281.34	121.812E−02	187.727E−06	98.74	374.65	663.33
608	$C_{14}H_{30}S$	1-tetradecanethiol	−285.17	121.931E−02	185.369E−06	95.06	370.83	659.18
609	$C_{14}H_{30}S_2$	heptyl-disulfide	−271.60	119.869E−02	205.658E−06	104.31	379.16	668.26
610	$C_{15}H_{18}$	1-pentylnaphthalene	27.93	720.518E−03	560.054E−07	248.32	402.19	559.74
611	$C_{15}H_{18}$	2-pentylnaphthalene	27.30	717.003E−03	573.635E−07	246.77	400.14	557.31
612	$C_{15}H_{24}$	1-phenylnonane	−122.81	101.097E−02	803.145E−07	186.56	402.75	624.22
613	$C_{15}H_{28}$	1-pentadecyne	−68.04	118.602E−02	878.658E−07	294.26	546.93	805.22
614	$C_{15}H_{30}$	1-pentadecene	−234.40	130.065E−02	975.356E−07	163.05	440.30	723.84
615	$C_{15}H_{30}$	1-cyclopentyldecane	−300.18	134.759E−02	102.945E−06	111.84	399.35	693.57
616	$C_{15}H_{30}$	1-cyclohexylnonane	−325.56	139.118E−02	921.653E−07	98.49	393.07	693.43
617	$C_{15}H_{32}$	pentadecane	−360.56	142.689E−02	104.581E−06	75.23	379.03	689.51
618	$C_{15}H_{32}O$	1-pentadecanol	−512.58	147.803E−02	105.396E−06	−61.46	252.78	573.69
619	$C_{15}H_{32}S$	butyl-undecyl-sulfide	−302.38	131.111E−02	197.921E−06	106.36	402.66	712.38
620	$C_{15}H_{32}S$	dodecyl-propyl-sulfide	−301.62	131.109E−02	197.941E−06	107.11	403.41	713.13
621	$C_{15}H_{32}S$	ethyl-tridecyl-sulfide	−301.46	131.249E−02	197.580E−06	107.65	404.18	714.10
622	$C_{15}H_{32}S$	methyl-tetradecyl-sulfide	−298.94	131.452E−02	197.279E−06	110.75	407.64	717.89

续表

序号	化学式	英文名	$\Delta_f G^\ominus = A + BT + CT^2$			标明温度下的 $\Delta_f G^\ominus$		
			A	B	C	298K	500K	700K
623	$C_{15}H_{32}S$	1-pentadecanethiol	−305.32	131.196E−02	195.784E−06	103.47	399.60	708.98
624	$C_{16}H_{26}$	1-phenyldecane	−143.98	110.818E−02	861.414E−07	194.97	431.65	673.96
625	$C_{16}H_{26}$	pentaethylbenzene	−181.01	113.652E−02	716.958E−07	164.98	405.18	649.69
626	$C_{16}H_{30}$	1-hexadecyne	−89.18	128.309E−02	938.503E−07	302.67	575.83	854.97
627	$C_{16}H_{32}$	1-hexadecene	−255.46	139.757E−02	103.632E−06	171.50	469.23	773.62
628	$C_{16}H_{32}$	1-cyclopentylundecane	−321.25	144.445E−02	109.127E−06	120.25	428.26	743.34
629	$C_{16}H_{32}$	1-cyclohexyldecane	−346.68	148.826E−02	980.151E−07	106.90	421.95	743.12
630	$C_{16}H_{34}$	hexadecane	−381.70	152.408E−02	110.460E−06	83.68	407.96	739.29
631	$C_{16}H_{34}O$	1-hexadecanol	−533.68	157.509E−02	111.354E−06	−53.01	281.71	623.45
632	$C_{16}H_{34}S$	butyl-dodecyl-sulfide	−322.60	140.407E−02	208.056E−06	114.77	431.44	762.19
633	$C_{16}H_{34}S$	ethyl-tetradecyl-sulfide	−321.54	140.490E−02	208.357E−06	116.11	433.00	763.99
634	$C_{16}H_{34}S$	methyl-pentadecyl-sulfide	−319.15	140.755E−02	207.434E−06	119.20	436.49	767.78
635	$C_{16}H_{34}S$	octyl-sulfide	−322.41	140.917E−02	208.728E−06	116.52	434.36	766.28
636	$C_{16}H_{34}S$	propyl-tridecyl-sulfide	−321.86	140.409E−02	208.036E−06	115.52	432.20	762.94
637	$C_{16}H_{34}S$	1-hexadecanethiol	−325.52	140.483E−02	206.139E−06	111.88	428.43	758.87
638	$C_{16}H_{34}S_2$	octyl-disulfide	−312.19	138.509E−02	225.505E−06	121.09	436.73	767.87
639	$C_{17}H_{28}$	1-phenylundecane	−165.02	120.501E−02	923.722E−07	203.43	460.58	723.75
640	$C_{17}H_{32}$	1-heptadecyne	−110.34	138.019E−02	998.052E−07	311.04	604.71	904.70
641	$C_{17}H_{34}$	1-heptadecene	−276.57	149.466E−02	109.580E−06	179.91	498.15	823.39
642	$C_{17}H_{34}$	1-cyclopentyldodecane	−345.06	154.135E−02	115.223E−06	125.94	454.42	790.34
643	$C_{17}H_{34}$	1-cyclohexylundecane	−367.82	158.535E−02	104.069E−06	115.31	450.88	792.92
644	$C_{17}H_{36}$	heptadecane	−402.75	162.088E−02	116.688E−06	92.09	436.87	789.05
645	$C_{17}H_{36}O$	1-heptadecanol	−554.82	167.212E−02	117.404E−06	−44.64	310.59	673.19
646	$C_{17}H_{36}S$	butyl-tridecyl-sulfide	−342.68	149.648E−02	218.832E−06	123.22	460.27	812.08

续表

序号	化学式	英文名	$\Delta_f G^\ominus = A + BT + CT^2$			标明温度下的 $\Delta_f G^\ominus$		
			A	B	C	298K	500K	700K
647	$C_{17}H_{36}S$	ethyl-pentadecyl-sulfide	-341.81	$149.799E-02$	$218.381E-06$	124.47	461.78	813.79
648	$C_{17}H_{36}S$	hexadecyl-methyl-sulfide	-339.36	$150.035E-02$	$217.779E-06$	127.57	465.26	817.59
649	$C_{17}H_{36}S$	propyl-tetradecyl-sulfide	-341.94	$149.654E-02$	$218.772E-06$	123.97	461.02	812.84
650	$C_{17}H_{36}S$	1-heptadecanethiol	-345.75	$149.779E-02$	$216.274E-06$	120.29	457.22	808.68
651	$C_{18}H_{30}$	1-phenyldodecane	-186.16	$130.205E-02$	$983.699E-07$	211.79	489.46	773.48
652	$C_{18}H_{30}$	hexaethylbenzene	-231.02	$136.130E-02$	$761.825E-07$	182.46	468.68	759.22
653	$C_{18}H_{34}$	1-octadecyne	-131.48	$147.736E-02$	$105.737E-06$	319.49	633.63	954.48
654	$C_{18}H_{36}$	1-octadecene	-297.65	$159.148E-02$	$115.788E-06$	188.32	527.03	873.11
655	$C_{18}H_{36}$	1-cycopentyltridecane	-363.55	$163.847E-02$	$120.951E-06$	136.98	485.93	842.65
656	$C_{18}H_{36}$	1-cyclohexyldodecane	-388.88	$168.208E-02$	$110.290E-06$	123.72	479.73	842.62
657	$C_{18}H_{38}$	octadecane	-423.91	$171.805E-02$	$122.574E-06$	100.50	465.76	838.78
658	$C_{18}H_{38}O$	1-octadecanol	-575.86	$176.899E-02$	$123.546E-06$	-36.19	339.52	722.97
659	$C_{18}H_{38}S$	butyl-tetradecyl-sulfide	-362.93	$158.948E-02$	$228.936E-06$	131.59	489.04	861.88
660	$C_{18}H_{38}S$	ethyl-hexadecyl-sulfide	-361.84	$159.021E-02$	$229.248E-06$	132.93	490.58	863.64
661	$C_{18}H_{38}S$	heptadecyl-methyl-sulfide	-359.40	$159.259E-02$	$228.625E-06$	136.02	494.05	867.44
662	$C_{18}H_{38}S$	nonyl-sulfide	-362.87	$159.500E-02$	$229.217E-06$	133.30	491.93	865.94
663	$C_{18}H_{38}S$	pentadecyl-propyl-sulfide	-362.19	$158.955E-02$	$228.866E-06$	132.34	489.80	862.64
664	$C_{18}H_{38}S$	1-octadecanethiol	-365.79	$158.994E-02$	$227.351E-06$	128.74	486.02	858.57
665	$C_{18}H_{38}S_2$	nonyl-disulfide	-352.42	$157.017E-02$	$246.677E-06$	137.95	494.33	867.56
666	$C_{19}H_{32}$	1-phenyltridecane	-207.23	$139.902E-02$	$104.427E-06$	220.25	518.38	823.25
667	$C_{19}H_{36}$	1-nonadecyne	-152.62	$157.438E-02$	$111.748E-06$	327.86	662.51	1004.21
668	$C_{19}H_{38}$	1-nonadecene	-318.80	$168.872E-02$	$121.628E-06$	196.73	555.96	922.90
669	$C_{19}H_{38}$	1-cyclopentyltetradecane	-384.62	$173.551E-02$	$127.212E-06$	145.48	514.94	892.57
670	$C_{19}H_{38}$	1-cyclohexyltridecane	-409.96	$177.907E-02$	$116.333E-06$	132.17	508.66	892.40

续表

$$\Delta_f G^\ominus = A + BT + CT^2$$

序号	化学式	英文名	A	B	C	标明温度下的 $\Delta_f G^\ominus$		
						298K	500K	700K
671	$C_{19}H_{40}$	nonadecane	−444.99	181.500E−02	128.670E−06	108.91	494.67	888.55
672	$C_{19}H_{40}O$	1-nonadecanol	−597.02	186.609E−02	129.478E−06	−27.78	368.40	772.69
673	$C_{19}H_{40}S$	butyl-pentadecyl-sulfide	−380.29	166.781E−02	256.450E−06	140.00	517.73	912.84
674	$C_{19}H_{40}S$	ethyl-heptadecyl-sulfide	−382.17	168.357E−02	239.031E−06	141.29	519.37	913.45
675	$C_{19}H_{40}S$	hexadecyl-propyl-sulfide	−382.30	168.217E−02	239.312E−06	140.79	518.61	912.48
676	$C_{19}H_{40}S$	methyl-octadecyl-sulfide	−379.71	168.587E−02	238.489E−06	144.39	522.84	917.25
677	$C_{19}H_{40}S$	1-nonadecanethiol	−386.12	168.326E−02	237.174E−06	137.11	514.81	908.38
678	$C_{20}H_{34}$	1-phenyltetradecane	−228.42	149.617E−02	110.368E−06	228.61	547.26	872.98
679	$C_{20}H_{38}$	1-eicosyne	−173.61	167.104E−02	118.068E−06	336.31	691.42	1053.97
680	$C_{20}H_{40}$	1-eicosene	−339.91	178.562E−02	127.744E−06	205.14	584.83	972.62
681	$C_{20}H_{40}$	1-cyclopentylpentadecane	−405.77	183.266E−02	133.117E−06	153.89	543.84	942.32
682	$C_{20}H_{40}$	1-cyclohexyltetradecane	−431.14	187.624E−02	122.265E−06	140.54	537.55	942.15
683	$C_{20}H_{42}$	eicosane	−466.09	191.191E−02	134.733E−06	117.32	523.55	938.27
684	$C_{20}H_{42}O$	1-eicosanol	−618.21	196.331E−02	135.351E−06	−19.41	397.28	822.43
685	$C_{20}H_{42}S$	butyl-hexadecyl-sulfide	−403.30	177.507E−02	249.587E−06	148.41	546.63	961.55
686	$C_{20}H_{42}S$	decyl-sulfide	−403.29	178.089E−02	249.536E−06	150.16	549.53	965.60
687	$C_{20}H_{42}S$	ethyl-octadecyl-sulfide	−402.32	177.606E−02	249.737E−06	149.70	548.14	963.29
688	$C_{20}H_{42}S$	heptadecyl-propyl-sulfide	−402.58	177.523E−02	249.426E−06	149.16	547.39	962.30
689	$C_{20}H_{42}S$	methyl-nonadecyl-sulfide	−399.88	177.856E−02	248.864E−06	152.80	551.62	967.06
690	$C_{20}H_{42}S$	1-eicosanethiol	−406.16	177.536E−02	248.142E−06	145.52	543.56	958.19
691	$C_{20}H_{42}S_2$	decyl-disulfide	−392.69	175.524E−02	267.929E−06	154.77	551.91	967.26
692	$C_{21}H_{36}$	1-phenylpentadecane	−249.52	159.310E−02	116.458E−06	237.02	576.15	922.72
693	$C_{21}H_{42}$	1-cyclopentylhexadecane	−426.84	192.957E−02	139.227E−06	162.30	572.75	992.08
694	$C_{21}H_{42}$	1-cyclohexylpentadecane	−452.26	197.326E−02	128.223E−06	148.95	566.43	991.85
695	$C_{22}H_{38}$	1-phenylhexadecane	−270.68	169.032E−02	122.318E−06	245.43	605.07	972.49
696	$C_{22}H_{44}$	1-cyclohexylhexadecane	−473.34	207.019E−02	134.392E−06	157.36	595.35	1041.65

注: 1. 温度范围除含S, Br和I的化合物外皆为298~1000K。

2. 对于含S, Br和I的化合物其温度范围分别为298~717.2K, 332.6~1000K和458.4~1000K。

3. 附加: H_2O (g)　$A=-2.4174E+02$, $B=4.1740E-02$, $C=7.4281E-06$;

　HCl (g)　$A=-9.2209E+01$, $B=-1.1226E-02$, $C=2.6966E-06$。

4. 表中 $E-\times\times=\times10^{-\times\times}$。

表 3-36 应用例题

(1) 估算低压甲烷气（CH_4）在 500K（标准）生成焓由表查得 CH_4（序号 29）关联式常数 $A=-63.43$，$B=-4.33546\times10^{-2}$，$C=1.72197\times10^{-5}$ 及 $T=500$K 代入关联式得

$$\Delta_f H^{\ominus}=[-63.43-4.33546\times10^{-2}(500)+1.72197\times10^{-5}(500^2)]kJ/mol$$
$$=-80.80kJ/mol$$

(2) 计算 900K 温度下 1-丁烯（1-C_4H_8）脱氢生成 1,3-丁二烯（1,3-C_4H_6）的标准反应焓变 $\Delta_r H^{\ominus}$。

$$1-C_4H_8(g)=1,3-C_4H_6(g)+H_2(g)$$

$$\Delta_r H^{\ominus}=\sum V_t \Delta_f H_i^{\ominus}\qquad V_i——计量系数，反应物取负值，产物取正$$

对此反应　　　　　　$$\Delta_r H^{\ominus}=\Delta_f H^{\ominus}_{C_4H_6}+\Delta_f H^{\ominus}_{H_2}-\Delta_f H^{\ominus}_{C_4H_8}$$

由表列 1-C_4H_8（序号 143），1,3-C_4H_6（序号 136）查出相应的关联式常数，并代入 $T=900$K

$$\Delta_f H^{\ominus}_{C_4H_8}=[21.82-8.54582\times10^{-2}(900)+3.89024\times10^{-5}(900^2)]kJ/mol=-23.58kJ/mol$$

$$\Delta_f H^{\ominus}_{H_2}=0（规定）$$

$$\Delta_f H^{\ominus}_{C_4H_6}=[123.29-5.12247\times10^{-2}(900)+2.31919\times10^{-5}(900^2)]kJ/mol=95.97kJ/mol$$

代入反应焓变式得

$$\Delta_r H^{\ominus}_{900}=[95.97+0-(-23.58)]kJ/mol=119.55kJ/mol$$

反应焓变为正值系为吸热反应，需要加热才能维持反应温度在 900K。

表（3-12，3-36，3-37）中有机化合物的化学式，汉、英名称对照

1	CCl_4	四氯化碳	carbon-tetrachloride
2	CCl_3F	三氯氟代甲烷	trichlorofluoromethane
3	CCl_2F_2	二氟二氯甲烷	dichlorodifluoromethane
4	$CClF_3$	三氟氯代甲烷	chlorotrifluoromethane
5	CF_4	四氟化碳	carbon-tetrafluoride
6	$CHCl_3$	三氯甲烷	chloroform
7	$CHCl_2F$	一氟二氯甲烷	dichlorofluoromethane
8	$CHClF_2$	二氟氯代甲烷	chlorodifluoromethane
9	CHF_3	三氟甲烷	trifluoromethane
10	CHI_3	三碘甲烷	triiodomethane
11	CHNS	异硫氰酸	isothiocyanic-acid
12	CH_2Cl_2	二氯甲烷	dichloromethane
13	CH_2ClF	氯氟甲烷	chlorofluoromethane
14	CH_2F_2	二氟甲烷	difluoromethane
15	CH_2I_2	二碘甲烷	diiodomethane
16	CH_2O	甲醛	formaldehyde
17	CH_2O_2	甲酸	formic-acid
18	CH_3Br	一溴甲烷	bromomethane
19	CH_3Cl	一氯甲烷	chloromethane
20	CH_3F	一氟甲烷	fluoromethane
21	CH_3I	一碘甲烷	iodomethane
22	CH_3NO_2	硝基甲烷	nitromethane
23	CH_3NO_2	亚硝酸甲酯	methyl-nitrite
24	CH_3NO_3	硝酸甲酯	methyl-nitrate
25	CH_4	甲烷	methane
26	CH_4O	甲醇	methanol
27	CH_4S	甲硫醇	methanthiol

28	CH_5N	甲胺	methylamine
29	C_2Cl_4	四氯乙烯	tetrachloroethene
30	C_2Cl_6	全氯乙烷	hexachloroethane
31	$C_2Cl_3F_3$	1,1,2-三氯三氟乙烷	1,1,2-trichlorotrifluoroethane
32	$C_2Cl_2F_4$	1,2-二氯四氟乙烷	1,2-dichlorotetrafluoroethane
33	C_2ClF_5	一氯五氟乙烷	chloropentafluoroethane
34	C_2F_4	四氟乙烯	tetrafluoroethene
35	C_2F_6	全氟乙烷	hexafluoroethane
36	C_2N_2	氰	cyanogen
37	C_2HCl_3	三氯乙烯	trichloroethene
38	C_2HCl_5	五氯乙烷	pentachloroethane
39	C_2HF_3	三氟乙烯	trifluoroethene
40	C_2H_2	乙炔	acetylene(ethyne)
41	$C_2H_2Cl_2$	1,1-二氯乙烯	1,1-dichloroethene
42	$C_2H_2Cl_2$	顺-1,2-二氯乙烯	*cis*-1,2-dichloroethene
43	$C_2H_2Cl_2$	反-1,2-二氯乙烯	*trans*-1,2-dichloroethene
44	$C_2H_2Cl_4$	1,1,2,2-四氯乙烷	1,1,2,2-tetrachloroethane
45	$C_2H_2F_2$	1,1-二氟乙烯	1,1-difluoroethene
46	$C_2H_2F_2$	顺-1,2-二氟乙烯	*cis*-1,2-difluoroethene
47	$C_2H_2F_2$	反-1,2-二氟乙烯	*trans*-1,2-difluoroethene
48	C_2H_2O	乙烯酮	ketene
49	C_2H_3Br	溴乙烯	bromoethylene
50	C_2H_3Cl	氯乙烯	chloroethene
51	$C_2H_3Cl_3$	1,1,2-三氯乙烷	1,1,2-trichloroethane
52	C_2H_3ClO	乙酰氯	acetyl-chloride
53	C_2H_3F	氟乙烯	fluoroethene
54	$C_2H_3F_3$	1,1,1-三氟乙烷	1,1,1-trifluoroethane
55	C_2H_3N	乙腈	acetonitrile
56	C_2H_4	乙烯	ethylene
57	$C_2H_4Br_2$	1,2-二溴乙烷	1,2-dibromoethane
58	$C_2H_4Cl_2$	1,1-二氯乙烷	1,1-dichloroethane
59	$C_2H_4Cl_2$	1,2-二氯乙烷	1,2-dichloroethane
60	$C_2H_4F_2$	1,1-二氟乙烷	1,1-difluoroethane
61	$C_2H_4I_2$	1,2-二碘乙烷	1,2-diiodoethane
62	C_2H_4O	环氧乙烷	ethylene-oxide
63	C_2H_4O	乙醛	acetaldehyde
64	$C_2H_4O_2$	乙酸	acetic-acid
65	$C_2H_4O_2$	甲酸甲酯	methyl-formate
66	C_2H_4OS	硫代乙酸	thioacetic-acid
67	C_2H_4S	硫杂环丙烷	thiacyclopropane
68	C_2H_5Br	溴乙烷	bromoethane
69	C_2H_5Cl	氯乙烷	chloroethane
70	C_2H_5F	氟乙烷	fluoroethane
71	C_2H_5I	碘乙烷	iodoethane
72	C_2H_5N	氮杂环丙烷	ethylenimine
73	$C_2H_5NO_2$	硝基乙烷	nitroethane
74	$C_2H_5NO_3$	硝酸乙酯	ethyl-nitrate
75	C_2H_6	乙烷	ethane
76	C_2H_6O	甲醚	methyl-ether
77	C_2H_6O	乙醇	ethyl-alcohol
78	$C_2H_6O_2$	1,2-乙二醇	ethylene-glycol
79	C_2H_6S	二甲硫	methyl-sulfide

80	C_2H_6S	乙硫醇	ethanethiol
81	$C_2H_6S_2$	二甲二硫	methyl-disulfide
82	C_2H_7N	乙胺	ethylamine
83	C_2H_7N	二甲胺	dimethylamine
84	C_3H_3N	丙烯腈	acrylonitrile
85	C_3H_4	丙二烯	allene(propadiene)
86	C_3H_4	丙炔	propyne(methylacetylene)
87	$C_3H_4O_2$	丙烯酸	acrylic-acid
88	C_3H_5Br	3-溴-1-丙烯	3-bromo-1-propene
89	C_3H_5Cl	3-氯-1-丙烯	3-chloro-1-propene
90	$C_3H_5Cl_3$	1,2,3-三氯丙烷	1,2,3-trichloropropane
91	C_3H_5I	3-碘-1-丙烯	3-iodo-1-propene
92	C_3H_5N	丙腈	propionitrile
93	C_3H_6	丙烯	propene
94	C_3H_6	环丙烷	cyclopropane
95	$C_3H_6Br_2$	1,2-二溴丙烷	1,2-dibromopropane
96	$C_3H_6Cl_2$	1,2-二氯丙烷	1,2-dichloropropane
97	$C_3H_6Cl_2$	1,3-二氯丙烷	1,3-dichloropropane
98	$C_3H_6Cl_2$	2,2-二氯丙烷	2,2-dichloropropane
99	$C_3H_6I_2$	1,2-二碘丙烷	1,2-diiodopropane
100	C_3H_6O	1,2-环氧丙烷	propylene-oxide
101	C_3H_6O	烯丙醇	allyl-alcohol
102	C_3H_6O	丙醛	propionaldehyde
103	C_3H_6O	丙酮	acetone
104	C_3H_6S	硫杂环丁烷	thiacyclobutane
105	C_3H_7Br	1-溴丙烷	1-bromopropane
106	C_3H_7Br	2-溴丙烷	2-bromopropane
107	C_3H_7Cl	1-氯丙烷	1-chloropropane
108	C_3H_7Cl	2-氯丙烷	2-chloropropane
109	C_3H_7F	1-氟丙烷	1-fluoropropane
110	C_3H_7F	2-氟丙烷	2-fluoropropane
111	C_3H_7I	1-碘丙烷	1-iodopropane
112	C_3H_7I	2-碘丙烷	2-iodopropane
113	$C_3H_7NO_2$	1-硝基丙烷	1-nitropropane
114	$C_3H_7NO_2$	2-硝基丙烷	2-nitropropane
115	$C_3H_7NO_3$	硝酸丙酯	propyl-nitrate
116	$C_3H_7NO_3$	硝酸异丙酯	isopropyl-nitrate
117	C_3H_8	丙烷	propane
118	C_3H_8O	甲乙醚	ethyl-methyl-ether
119	C_3H_8O	丙醇	propyl-alcohol
120	C_3H_8O	异丙醇	isopropyl-alcohol
121	C_3H_8S	甲乙硫醚	ethyl-methyl-sulfide
122	C_3H_8S	1-丙硫醇	1-propanethiol
123	C_3H_8S	2-丙硫醇	2-propanethiol
124	C_3H_9N	丙胺	propylamine
125	C_3H_9N	三甲胺	trimethylamine
126	C_4F_8	全氟环丁烷	octafluorocyclosutane
127	C_4H_2	丁二炔	butadiyne(biacetylene)
128	C_4H_4	乙烯基乙炔	1-buten-3-yne(vinylacetylene)
129	C_4H_4O	呋喃	furan
130	C_4H_4S	噻吩	thiophene
131	C_4H_6	1,2-丁二烯	1,2-butadiene

132	C_4H_6	1,3-丁二烯	1,3-butadiene
133	C_4H_6	1-丁炔	1-butyne(ethylacetylene)
134	C_4H_6	2-丁炔	2-butyne(dimethylacetylene)
135	C_4H_6	环丁烯	cyclobutene
136	$C_4H_6O_3$	乙酸酐	acetic-anhydride
137	C_4H_7N	丁腈	butyronitrile
138	C_4H_7N	异丁腈	isobutyronitrile
139	C_4H_8	1-丁烯	1-butene
140	C_4H_8	顺-2-丁烯	2-butene,*cis*
141	C_4H_8	反-2-丁烯	2-butene,*trans*
142	C_4H_8	2-甲基丙烯	2-methylpropene
143	C_4H_8	环丁烷	cyclobutane
144	$C_4H_8Br_2$	1,2-二溴丁烷	1,2-dibromobutane
145	$C_4H_8Br_2$	2,3-二溴丁烷	2,3-dibromobutane
146	$C_4H_8I_2$	1,2-二碘丁烷	1,2-diiodobutane
147	C_4H_8O	丁醛	butyraldehyde
148	C_4H_8O	2-丁酮	2-butanone
149	$C_4H_8O_2$	1,4-二氧六环（二 烷）	1,4-dioxane
150	$C_4H_8O_2$	乙酸乙酯	ethyl-acetate
151	C_4H_8S	硫杂环戊烷	thiacyclopentane
152	C_4H_9Br	1-溴丁烷	1-bromobutane
153	C_4H_9Br	2-溴丁烷	2-bromobutane
154	C_4H_9Br	2-溴-2-甲基丙烷	2-bromo-2-methylpropane
155	C_4H_9Cl	1-氯丁烷	1-chlorobutane
156	C_4H_9Cl	2-氯丁烷	2-chlorobutane
157	C_4H_9Cl	1-氯-2-甲基丙烷	1-chloro-2-methylpropane
158	C_4H_9Cl	2-氯-2-甲基丙烷	2-chloro-2-methylpropane
159	C_4H_9I	2-碘-2-甲基丙烷	2-iodo-2-methylpropane
160	C_4H_9N	吡咯烷	pyrrolidine
161	$C_4H_9NO_2$	1-硝基丁烷	1-nitrobutane
162	$C_4H_9NO_2$	2-硝基丁烷	2-nitrobutane
163	C_4H_{10}	丁烷	butane
164	C_4H_{10}	2-甲基丙烷（异丁烷）	2-methylpropane(isobutane)
165	$C_4H_{10}O$	乙醚	ethyl-ether
166	$C_4H_{10}O$	甲丙醚	methyl-propyl-ether
167	$C_4H_{10}O$	甲异丙醚	methyl-isopropyl-ether
168	$C_4H_{10}O$	丁醇	butyl-alcohol
169	$C_4H_{10}O$	仲丁醇	*sec*-butyl-alcohol
170	$C_4H_{10}O$	叔丁醇	*tert*-butyl-alcohol
171	$C_4H_{10}S$	乙硫醚	ethylsulfide
172	$C_4H_{10}S$	甲异丙硫醚	isopropyl-methyl-sulfide
173	$C_4H_{10}S$	甲丙硫醚	methyl-propyl-sulfide
174	$C_4H_{10}S$	1-丁硫醇	1-butanethiol
175	$C_4H_{10}S$	2-丁硫醇	2-butanethiol
176	$C_4H_{10}S$	2-甲基-1-丙硫醇	2-methyl-1-propanethiol
177	$C_4H_{10}S$	2-甲基-2-丙硫醇	2-methyl-2-propanethiol
178	$C_4H_{10}S_2$	二乙化二硫	ethyl-disulfide
179	$C_4H_{11}N$	丁胺	butylamine
180	$C_4H_{11}N$	仲丁胺	*sec*-butylamine
181	$C_4H_{11}N$	叔丁胺	*tert*-butylamine
182	$C_4H_{11}N$	二乙胺	diethylamine
183	C_5H_5N	吡啶	pyridine

184	C_5H_6S	2-甲基噻吩	2-methylthiophene
185	C_5H_6S	3-甲基噻吩	3-methylthiophene
186	C_5H_8	1,2-戊二烯	1,2-pentadiene
187	C_5H_8	顺-1,3-戊二烯	1,3-pentadiene,*cis*
188	C_5H_8	反-1,3-戊二烯	1,3-pentadiene,*trans*
189	C_5H_8	1,4-戊二烯	1,4-pentadiene
190	C_5H_8	2,3-戊二烯	2,3-pentadiene
191	C_5H_8	3-甲基-1,2-丁二烯	3-methyl-1,2-butadiene
192	C_5H_8	2-甲基-1,3-丁二烯	2-methyl-1,3-butadiene
193	C_5H_8	1-戊炔	1-pentyne
194	C_5H_8	2-戊炔	2-pentyne
195	C_5H_8	3-甲基-1-丁炔	3-methyl-1-butyne
196	C_5H_8	环戊烯	cyclopentene
197	C_5H_8	螺戊烷	spiropentane
198	C_5H_{10}	1-戊烯	1-pentene
199	C_5H_{10}	顺-2-戊烯	2-pentene,*cis*
200	C_5H_{10}	反-2-戊烯	2-pentene,*trans*
201	C_5H_{10}	2-甲基-1-丁烯	2-methyl-1-butene
202	C_5H_{10}	3-甲基-1-丁烯	3-methyl-1-butene
203	C_5H_{10}	2-甲基-2-丁烯	2-methyl-2-butene
204	C_5H_{10}	环戊烷	cyclopentane
205	$C_5H_{10}Br_2$	2,3-二溴-2-甲基丁烷	2,3-dibromo-2-methylbutane
206	$C_5H_{10}O$	戊醛	valeraldehyde
207	$C_5H_{10}O$	2-戊酮	2-pentanone
208	$C_5H_{10}S$	硫杂环己烷	thiacyclohexane
209	$C_5H_{10}S$	环戊硫醇	cyclopentanethiol
210	$C_5H_{11}Br$	1-溴戊烷	1-bromopentane
211	$C_5H_{11}Cl$	1-氯戊烷	1-chloropentane
212	$C_5H_{11}Cl$	1-氯-3-甲基丁烷	1-chloro-3-methylbutane
213	$C_5H_{11}Cl$	2-氯-2-甲基丁烷	2-chloro-2-methylbutane
214	C_5H_{12}	戊烷	pentane
215	C_5H_{12}	2-甲基丁烷(异戊烷)	2-methylbutane(isopentane)
216	C_5H_{12}	2,2-二甲基丙烷	2,2-dimethypropane
217	$C_5H_{12}O$	甲基叔丁基醚	methyl-tert-butyl-ether
218	$C_5H_{12}O$	戊醇	pentyl-alcohol
219	$C_5H_{12}O$	叔戊醇	tert-pentyl-alcohol
220	$C_5H_{12}S$	甲丁硫醚	butyl-methyl-sulfide
221	$C_5H_{12}S$	乙丙硫醚	ethyl-propyl-sulfide
222	$C_5H_{12}S$	2-甲基-2-丁硫醇	2-methyl-2-butanethiol
223	$C_5H_{12}S$	1-戊硫醇	1-pentanethiol
224	C_6Cl_6	六氯苯	hexachlorobenzene
225	C_6F_6	六氟苯	hexafluorobenzene
226	$C_6H_4Cl_2$	邻二氯苯	*o*-dichlorobenzene
227	$C_6H_4Cl_2$	间二氯苯	*m*-dichlorobenzene
228	$C_6H_4Cl_2$	对二氯苯	*p*-dichlorobenzene
229	$C_6H_4F_2$	间二氟苯	*m*-difluorobenzene
230	$C_6H_4F_2$	邻二氟苯	*o*-difluorobenzene
231	$C_6H_4F_2$	对二氟苯	*p*-difluorobenzene
232	C_6H_5Br	溴苯	bromobenzene
233	C_6H_5Cl	氯苯	chlorobenzene
234	C_6H_5F	氟苯	fluorobenzene
235	C_6H_5I	碘苯	iodobenzene

236	C_6H_6	苯	benzene
237	C_6H_6O	苯酚	phenol
238	C_6H_6S	巯基苯	benzenethiol
239	C_6H_7N	2-甲基吡啶	2-picoline
240	C_6H_7N	3-甲基吡啶	3-picoline
241	C_6H_7N	苯胺	aniline
242	C_6H_{10}	1-己炔	1-hexyne
243	C_6H_{10}	环己烯	cyclohexene
244	C_6H_{10}	1-甲基环戊烯	1-methylcyclopentene
245	C_6H_{10}	3-甲基环戊烯	3-methylcyclopentene
246	C_6H_{10}	4-甲基环戊烯	4-methylcyclopentene
247	$C_6H_{10}O$	环己酮	cyclohexanone
248	C_6H_{12}	1-己烯	1-hexene
249	C_6H_{12}	顺-2-己烯	2-hexene,cis
250	C_6H_{12}	反-2-己烯	2-hexene,$trans$
251	C_6H_{12}	顺-3-己烯	3-hexene,cis
252	C_6H_{12}	反-3-己烯	3-hexene,$trans$
253	C_6H_{12}	2-甲基-1-戊烯	2-methyl-1-pentene
254	C_6H_{12}	3-甲基-1-戊烯	3-methyl-1-pentene
255	C_6H_{12}	4-甲基-1-戊烯	4-methyl-1-pentene
256	C_6H_{12}	2-甲基-2-戊烯	2-methyl-2-pentene
257	C_6H_{12}	顺-3-甲基-2-戊烯	3-methyl-2-pentene,cis
258	C_6H_{12}	反-3-甲基-2-戊烯	3-methyl-2-pentene,$trans$
259	C_6H_{12}	顺-4-甲基-2-戊烯	4-methyl-2-pentene,cis
260	C_6H_{12}	反-4-甲基-2-戊烯	4-methyl-2-pentene,$trans$
261	C_6H_{12}	2-乙基-1-丁烯	2-ethyl-1-butene
262	C_6H_{12}	2,3-二甲基-1-丁烯	2,3-dimethyl-1-butene
263	C_6H_{12}	3,3-二甲基-1-丁烯	3,3-dimethyl-1-butene
264	C_6H_{12}	2,3-二甲基-2-丁烯	2,3-dimethyl-2-butene
265	C_6H_{12}	环己烷	cyclohexane
266	C_6H_{12}	甲基环戊烷	methylcyclopentane
267	$C_6H_{12}O$	环己醇	cyclohexanol
268	$C_6H_{12}O$	己醛	hexanal
269	$C_6H_{12}S$	硫杂环庚烷	thiacycloheptane
270	C_6H_{14}	己烷	hexane
271	C_6H_{14}	2-甲基戊烷	2-methylpentane
272	C_6H_{14}	3-甲基戊烷	3-methylpentane
273	C_6H_{14}	2,2-二甲基丁烷	2,2-dimethylbutane
274	C_6H_{14}	2,3-二甲基丁烷	2,3-dimethylbutane
275	$C_6H_{14}O$	丙醚	propyl ether
276	$C_6H_{14}O$	异丙醚	isopropyl ether
277	$C_6H_{14}O$	己醇	hexyl alcohol
278	$C_6H_{14}S$	乙丁硫醚	butyl ethyl sulfide
279	$C_6H_{14}S$	异丙硫醚	isopropyl sulfide
280	$C_6H_{14}S$	甲戊硫醚	methyl pentyl sulfide
281	$C_6H_{14}S$	丙硫醚	propyl sulfide
282	$C_6H_{14}S$	1-己硫醚	1-hexanethiol
283	$C_6H_{14}S_2$	二丙基二硫	propyl disulfide
284	$C_6H_{15}N$	三乙胺	triethylamine
285	$C_7H_5F_3$	A,A,A-三氟甲苯	A,A,A-trifluorotoluene
286	C_7H_5N	苯基氰	benzonitrile
287	$C_7H_6O_2$	苯甲酸	benzoic acid

288	C_7H_7F	对-氟甲苯	*p*-fluorotoluene
289	C_7H_8	甲苯	toluene
290	C_7H_8	1,3,5-环庚三烯	1,3,5-cycloheptatriene
291	C_7H_8O	间甲酚	*m*-cresol
292	C_7H_8O	邻甲酚	*o*-cresol
293	C_7H_8O	对甲酚	*p*-cresol
294	C_7H_{12}	1-庚炔	1-heptyne
295	C_7H_{14}	1-庚烯	1-heptene
296	C_7H_{14}	环庚烷	cycloheptane
297	C_7H_{14}	乙基环戊烷	ethylcyclopentane
298	C_7H_{14}	1,1-二甲基环戊烷	1,1-dimethylcyclopentane
299	C_7H_{14}	顺-1,2-二甲基环戊烷	*c*-1,2-dimethylcyclopentane
300	C_7H_{14}	反-1,2-二甲基环戊烷	*t*-1,2-dimethylcyclopentane
301	C_7H_{14}	顺-1,3-二甲基环戊烷	*c*-1,3-dimethylcyclopentane
302	C_7H_{14}	反-1,3-二甲基环戊烷	*t*-1,3-dimethylcyclopentane
303	C_7H_{14}	甲基环己烷	methylcyclohexane
304	$C_7H_{14}O$	庚醛	heptanal
305	C_7H_{16}	庚烷	heptane
306	C_7H_{16}	2-甲基己烷	2-methylhexane
307	C_7H_{16}	3-甲基己烷	3-methylhexane
308	C_7H_{16}	3-乙基戊烷	3-ethylpentane
309	C_7H_{16}	2,2-二甲基戊烷	2,2-dimethylpentane
310	C_7H_{16}	2,3-二甲基戊烷	2,3-dimethylpentane
311	C_7H_{16}	2,4-二甲基戊烷	2,4-dimethylpentane
312	C_7H_{16}	3,3-二甲基戊烷	3,3-dimethylpentane
313	C_7H_{16}	2,2,3-三甲基丁烷	2,2,3-trimethylbutane
314	$C_7H_{16}O$	异丙基叔丁基醚	isopropyl tert-butyl ether
315	$C_7H_{16}O$	庚醇	heptyl alcohol
316	$C_7H_{16}S$	丙丁硫醚	butyl propyl sulfide
317	$C_7H_{16}S$	乙戊硫醚	ethyl pentyl sulfide
318	$C_7H_{16}S$	甲己硫醚	hexyl methyl sulfide
319	$C_7H_{16}S$	1-庚硫醇	1-heptanethiol
320	C_8H_6	乙炔基苯	ethynylbenzene
321	C_8H_8	苯乙烯	styrene
322	C_8H_8	1,3,5,7-环辛四烯	1,3,5,7-cyclooctatetraene
323	C_8H_{10}	乙苯	ethylbenzene
324	C_8H_{10}	间二甲苯	*m*-xylene
325	C_8H_{10}	邻二甲苯	*o*-xylene
326	C_8H_{10}	对二甲苯	*p*-xylene
327	C_8H_{14}	1-辛炔	1-octyne
328	C_8H_{16}	1-辛烯	1-octene
329	C_8H_{16}	环辛烷	cyclooctane
330	C_8H_{16}	丙基环戊烷	propylcyclopentane
331	C_8H_{16}	乙基环己烷	ethylcyclohexane
332	C_8H_{16}	1,1-二甲基环己烷	1,1-dimethylcyclohexane
333	C_8H_{16}	顺-1,2-二甲基环己烷	*c*-1,2-dimethylcyclohexane
334	C_8H_{16}	反-1,2-二甲基环己烷	*t*-1,2-dimethylcyclohexane
335	C_8H_{16}	顺-1,3-二甲基环己烷	*c*-1,3-dimethylcyclohexane
336	C_8H_{16}	反-1,3-二甲基环己烷	*t*-1,3-dimethylcyclohexane
337	C_8H_{16}	顺-1,4-二甲基环己烷	*c*-1,4-dimethylcyclohexane
338	C_8H_{16}	反-1,4-二甲基环己烷	*t*-1,4-dimethylcyclohexane
339	$C_8H_{16}O$	辛醛	octanal

340	C_8H_{18}	辛烷	octane
341	C_8H_{18}	2-甲基庚烷	2-methylheptane
342	C_8H_{18}	3-甲基庚烷	3-methylheptane
343	C_8H_{18}	4-甲基庚烷	4-methylheptane
344	C_8H_{18}	3-乙基己烷	3-ethylhexane
345	C_8H_{18}	2,2-二甲基己烷	2,2-dimethylhexane
346	C_8H_{18}	2,3-二甲基己烷	2,3-dimethylhexane
347	C_8H_{18}	2,4-二甲基己烷	2,4-dimethylhexane
348	C_8H_{18}	2,5-二甲基己烷	2,5-dimethylhexane
349	C_8H_{18}	3,3-二甲基己烷	3,3-dimethylhexane
350	C_8H_{18}	3,4-二甲基己烷	3,4-dimethylhexane
351	C_8H_{18}	3-乙基-2-甲基戊烷	3-ethyl-2-methylpentane
352	C_8H_{18}	3-乙基-3-甲基戊烷	3-ethyl-3-methylpentane
353	C_8H_{18}	2,2,3-三甲基戊烷	2,2,3-trimethylpentane
354	C_8H_{18}	2,2,4-三甲基戊烷	2,2,4-trimethylpentane
355	C_8H_{18}	2,3,3-三甲基戊烷	2,3,3-trimethylpentane
356	C_8H_{18}	2,3,4-三甲基戊烷	2,3,4-trimethylpentane
357	C_8H_{18}	2,2,3,3-四甲基丁烷	2,2,3,3-tetramethylbutane
358	$C_8H_{18}O$	丁醚	butyl ether
359	$C_8H_{18}O$	仲丁醚	*sec*-butyl ether
360	$C_8H_{18}O$	叔丁醚	*tert*-butyl ether
361	$C_8H_{18}O$	辛醇	octyl alcohol
362	$C_8H_{18}S$	丁硫醚	butyl sulfide
363	$C_8H_{18}S$	乙己硫醚	ethyl hexyl sulfide
364	$C_8H_{18}S$	甲庚硫醚	heptyl methyl sulfide
365	$C_8H_{18}S$	丙戊硫醚	pentyl propyl sulfide
366	$C_8H_{18}S$	1-辛硫醇	1-octanethiol
367	$C_8H_{18}S_2$	二丁（化）二硫	dibuty-disulfide
368	C_9H_{10}	α-甲基苯乙烯	alpha-methylstyrene
369	C_9H_{10}	丙烯基苯,顺	propenylbenzene,*cis*
370	C_9H_{10}	丙烯基苯,反	propenylbenzene,*trans*
371	C_9H_{10}	间甲基苯乙烯	*m*-methylstyrene
372	C_9H_{10}	邻甲基苯乙烯	*o*-methylstyrene
373	C_9H_{10}	对甲基苯乙烯	*p*-methylstyrene
374	C_9H_{12}	丙基苯	propylbenzene
375	C_9H_{12}	异丙基苯	cumene
376	C_9H_{12}	间乙基甲苯	*m*-ethyltoluene
377	C_9H_{12}	邻乙基甲苯	*o*-ethyltoluene
378	C_9H_{12}	对乙基甲苯	*p*-ethyltoluene
379	C_9H_{12}	1,2,3-三甲基苯	1,2,3-trimethylbenzene
380	C_9H_{12}	1,2,4-三甲基苯	1,2,4-trimethylbenzene
381	C_9H_{12}	1,3,5-三甲基苯	mesitylene
382	C_9H_{16}	1-壬炔	1-nonyne
383	C_9H_{18}	1-壬烯	1-nonene
384	C_9H_{18}	丁基环戊烷	butylcyclopentane
385	C_9H_{18}	丙基环己烷	propylcyclohexane
386	C_9H_{18}	顺-顺-1,3,5-三甲基环己烷	*c-c*-1,3,5-trimethylcyclohexane
387	C_9H_{18}	顺-反-1,3,5-三甲基环己烷	*c-t*-1,3,5-trimethylcyclohexane
388	$C_9H_{18}O$	壬醛	nonanal
389	C_9H_{20}	壬烷	nonane
390	C_9H_{20}	2-甲基辛烷	2-methyloctane
391	C_9H_{20}	3-甲基辛烷	3-methyloctane

392	C_9H_{20}	4-甲基辛烷	4-methyloctane
393	C_9H_{20}	3-乙基庚烷	3-ethylheptane
394	C_9H_{20}	4-乙基庚烷	4-ethylheptane
395	C_9H_{20}	2,2-二甲基庚烷	2,2-dimethylheptane
396	C_9H_{20}	2,3-二甲基庚烷	2,3-dimethylheptane
397	C_9H_{20}	2,4-二甲基庚烷	2,4-dimethylheptane
398	C_9H_{20}	2,5-二甲基庚烷	2,5-dimethylheptane
399	C_9H_{20}	2,6-二甲基庚烷	2,6-dimethylheptane
400	C_9H_{20}	3,3-二甲基庚烷	3,3-dimethylheptane
401	C_9H_{20}	3,4-二甲基庚烷	3,4-dimethylheptane
402	C_9H_{20}	3,5-二甲基庚烷	3,5-dimethylheptane
403	C_9H_{20}	4,4-二甲基庚烷	4,4-dimethylheptane
404	C_9H_{20}	3-乙基-2-甲基己烷	3-ethyl-2-methylhexane
405	C_9H_{20}	4-乙基-2-甲基己烷	4-ethyl-2-methylhexane
406	C_9H_{20}	3-乙基-3-甲基己烷	3-ethyl-3-methylhexane
407	C_9H_{20}	3-乙基-4-甲基己烷	3-ethyl-4-methylhexane
408	C_9H_{20}	2,2,3-三甲基己烷	2,2,3-trimethylhexane
409	C_9H_{20}	2,2,4-三甲基己烷	2,2,4-trimethylhexane
410	C_9H_{20}	2,2,5-三甲基己烷	2,2,5-trimethylhexane
411	C_9H_{20}	2,3,3-三甲基己烷	2,3,3-trimethylhexane
412	C_9H_{20}	2,3,4-三甲基己烷	2,3,4-trimethylhexane
413	C_9H_{20}	2,3,5-三甲基己烷	2,3,5-trimethylhexane
414	C_9H_{20}	2,4,4-三甲基己烷	2,4,4-trimethylhexane
415	C_9H_{20}	3,3,4-三甲基己烷	3,3,4-trimethylhexane
416	C_9H_{20}	3,3-二乙基戊烷	3,3-diethylpentane
417	C_9H_{20}	3-乙基-2,2-二甲基戊烷	3-ethyl-2,2-dimethylpentane
418	C_9H_{20}	3-乙基-2,3-二甲基戊烷	3-ethyl-2,3-dimethylpentane
419	C_9H_{20}	3-乙基-2,4-二甲基戊烷	3-ethyl-2,4-dimethylpentane
420	C_9H_{20}	2,2,3,3-四甲基戊烷	2,2,3,3-trimethylpentane
421	C_9H_{20}	2,2,3,4-四甲基戊烷	2,2,3,4-tetramethylpentane
422	C_9H_{20}	2,2,4,4-四甲基戊烷	2,2,4,4-tetramethylpentane
423	C_9H_{20}	2,3,3,4-四甲基戊烷	2,3,3,4-tetramethylpentane
424	$C_9H_{20}O$	壬醇	nonyl alcohol
425	$C_9H_{20}S$	丁戊硫醚	butyl pentyl sulfide
426	$C_9H_{20}S$	乙庚硫醚	ethyl heptyl sulfide
427	$C_9H_{20}S$	丙己硫醚	hexyl propyl sulfide
428	$C_9H_{20}S$	甲辛硫醚	methyl octyl sulfide
429	$C_9H_{20}S$	1-壬硫醇	1-nonanethiol
430	$C_{10}H_8$	萘	naphthalene
431	$C_{10}H_8$	薁(甘菊环)	azulene
432	$C_{10}H_{14}$	丁苯	butylbenzene
433	$C_{10}H_{14}$	间二乙苯	*m*-diethylbenzene
434	$C_{10}H_{14}$	邻二乙苯	*o*-diethylbenzene
435	$C_{10}H_{14}$	对二乙苯	*p*-diethylbenzene
436	$C_{10}H_{14}$	1,2,3,4-四甲基苯	1,2,3,4-tetramethylbenzene
437	$C_{10}H_{14}$	1,2,3,5-四甲基苯	1,2,3,5-tetramethylbenzene
438	$C_{10}H_{14}$	1,2,4,5-四甲基苯	1,2,4,5-tetramethylbenzene
439	$C_{10}H_{18}$	1-癸炔	1-decyne
440	$C_{10}H_{18}$	十氢化萘,顺	decahydronaphthalene,*cis*
441	$C_{10}H_{18}$	十氢化萘,反	decahydronaphthalene,*trans*
442	$C_{10}H_{20}$	1-癸烯	1-decene
443	$C_{10}H_{20}$	1-环戊基戊烷	1-cyclopentylpentane

444	$C_{10}H_{20}$	丁基环己烷	butylcyclohexane
445	$C_{10}H_{20}O$	癸醛	decanal
446	$C_{10}H_{22}$	癸烷	decane
447	$C_{10}H_{22}$	2-甲基壬烷	2-methylnonane
448	$C_{10}H_{22}$	3-甲基壬烷	3-methylnonane
449	$C_{10}H_{22}$	4-甲基壬烷	4-methylnonane
450	$C_{10}H_{22}$	5-甲基壬烷	5-methylnonane
451	$C_{10}H_{22}$	3-乙基辛烷	3-ethyloctane
452	$C_{10}H_{22}$	4-乙基辛烷	4-ethyloctane
453	$C_{10}H_{22}$	2,2-二甲基辛烷	2,2-dimethyloctane
454	$C_{10}H_{22}$	2,3-二甲基辛烷	2,3-dimethyloctane
455	$C_{10}H_{22}$	2,4-二甲基辛烷	2,4-dimethyloctane
456	$C_{10}H_{22}$	2,5-二甲基辛烷	2,5-dimethyloctane
457	$C_{10}H_{22}$	2,6-二甲基辛烷	2,6-dimethyloctane
458	$C_{10}H_{22}$	2,7-二甲基辛烷	2,7-dimethyloctane
459	$C_{10}H_{22}$	3,3-二甲基辛烷	3,3-dimethyloctane
460	$C_{10}H_{22}$	3,4-二甲基辛烷	3,4-dimethyloctane
461	$C_{10}H_{22}$	3,5-二甲基辛烷	3,5-dimethyloctane
462	$C_{10}H_{22}$	3,6-二甲基辛烷	3,6-dimethyloctane
463	$C_{10}H_{22}$	4,4-二甲基辛烷	4,4-dimethyloctane
464	$C_{10}H_{22}$	4,5-二甲基辛烷	4,5-dimethyloctane
465	$C_{10}H_{22}$	4-丙基庚烷	4-propylheptane
466	$C_{10}H_{22}$	4-异丙基庚烷	4-isopropylheptane
467	$C_{10}H_{22}$	3-乙基-2-甲基庚烷	3-ethyl-2-methylheptane
468	$C_{10}H_{22}$	4-乙基-2-甲基庚烷	4-ethyl-2-methylheptane
469	$C_{10}H_{22}$	5-乙基-2-甲基庚烷	5-ethyl-2-methylheptane
470	$C_{10}H_{22}$	3-乙基-3-甲基庚烷	3-ethyl-3-methylheptane
471	$C_{10}H_{22}$	4-乙基-3-甲基庚烷	4-ethyl-3-methylheptane
472	$C_{10}H_{22}$	3-乙基-5-甲基庚烷	3-ethyl-5-methylheptane
473	$C_{10}H_{22}$	3-乙基-4-甲基庚烷	3-ethyl-4-methylheptane
474	$C_{10}H_{22}$	4-乙基-4-甲基庚烷	4-ethyl-4-methylheptane
475	$C_{10}H_{22}$	2,2,3-三甲基庚烷	2,2,3-trimethylheptane
476	$C_{10}H_{22}$	2,2,4-三甲基庚烷	2,2,4-trimethylheptane
477	$C_{10}H_{22}$	2,2,5-三甲基庚烷	2,2,5-trimethylheptane
478	$C_{10}H_{22}$	2,2,6-三甲基庚烷	2,2,6-trimethylheptane
479	$C_{10}H_{22}$	2,3,3-三甲基庚烷	2,3,3-trimethylheptane
480	$C_{10}H_{22}$	2,3,4-三甲基庚烷	2,3,4-trimethylheptane
481	$C_{10}H_{22}$	2,3,5-三甲基庚烷	2,3,5-trimethylheptane
482	$C_{10}H_{22}$	2,3,6-三甲基庚烷	2,3,6-trimethylheptane
483	$C_{10}H_{22}$	2,4,4-三甲基庚烷	2,4,4-trimethylheptane
484	$C_{10}H_{22}$	2,4,5-三甲基庚烷	2,4,5-trimethylheptane
485	$C_{10}H_{22}$	2,4,6-三甲基庚烷	2,4,6-trimethylheptane
486	$C_{10}H_{22}$	2,5,5-三甲基庚烷	2,5,5-trimethylheptane
487	$C_{10}H_{22}$	3,3,4-三甲基庚烷	3,3,4-trimethylheptane
488	$C_{10}H_{22}$	3,3,5-三甲基庚烷	3,3,5-trimethylheptane
489	$C_{10}H_{22}$	3,4,4-三甲基庚烷	3,4,4-trimethylheptane
490	$C_{10}H_{22}$	3,4,5-三甲基庚烷	3,4,5-trimethylheptane
491	$C_{10}H_{22}$	3-异丙基-2-甲基己烷	3-isopropyl-2-methylhexane
492	$C_{10}H_{22}$	3,3-二乙基己烷	3,3-diethylhexane
493	$C_{10}H_{22}$	3,4-二乙基己烷	3,4-diethylhexane
494	$C_{10}H_{22}$	3-乙基-2,2-二甲基己烷	3-ethyl-2,2-dimethylhexane
495	$C_{10}H_{22}$	4-乙基-2,2-二甲基己烷	4-ethyl-2,2-dimethylhexane

496	$C_{10}H_{22}$	3-己基-2,3-二甲基己烷	3-ethyl-2,3-dimethylhexane
497	$C_{10}H_{22}$	4-乙基-2,3-二甲基己烷	4-ethyl-2,3-dimethylhexane
498	$C_{10}H_{22}$	3-乙基-2,4-二甲基己烷	3-ethyl-2,4-dimethylhexane
499	$C_{10}H_{22}$	4-乙基-2,4-二甲基己烷	4-ethyl-2,4-dimethylhexane
500	$C_{10}H_{22}$	4-乙基-2,5-二甲基己烷	4-ethyl-2,5-dimethylhexane
501	$C_{10}H_{22}$	4-乙基-3,3-二甲基己烷	4-ethyl-3,3-dimethylhexane
502	$C_{10}H_{22}$	3-乙基-3,4-二甲基己烷	3-ethyl-3,4-dimethylhexane
503	$C_{10}H_{22}$	2,2,3,3-四甲基己烷	2,2,3,3-tetramethylhexane
504	$C_{10}H_{22}$	2,2,3,4-四甲基己烷	2,2,3,4-tetramethylhexane
505	$C_{10}H_{22}$	2,2,3,5-四甲基己烷	2,2,3,5-tetramethylhexane
506	$C_{10}H_{22}$	2,2,4,4-四甲基己烷	2,2,4,4-tetramethylhexane
507	$C_{10}H_{22}$	2,2,4,5-四甲基己烷	2,2,4,5-tetramethylhexane
508	$C_{10}H_{22}$	2,2,5,5-四甲基己烷	2,2,5,5-tetramethylhexane
509	$C_{10}H_{22}$	2,3,3,4-四甲基己烷	2,3,3,4-tetramethylhexane
510	$C_{10}H_{22}$	2,3,3,5-四甲基己烷	2,3,3,5-tetramethylhexane
511	$C_{10}H_{22}$	2,3,4,4-四甲基己烷	2,3,4,4-tetramethylhexane
512	$C_{10}H_{22}$	2,3,4,5-四甲基己烷	2,3,4,5-tetramethylhexane
513	$C_{10}H_{22}$	3,3,4,4-四甲基己烷	3,3,4,4-tetramethylhexane
514	$C_{10}H_{22}$	2,4-二甲基-3-异丙基戊烷	2,4-dimethyl-3-isopropylpentane
515	$C_{10}H_{22}$	3,3-二乙基-2-甲基戊烷	3,3-diethyl-2-methylpentane
516	$C_{10}H_{22}$	3-乙基-2,2,3-三甲基戊烷	3-ethyl-2,2,3-trimethylpentane
517	$C_{10}H_{22}$	3-乙基-2,2,4-三甲基戊烷	3-ethyl-2,2,4-trimethylpentane
518	$C_{10}H_{22}$	3-乙基-2,3,4-三甲基戊烷	3-ethyl-2,3,4-trimethylpentane
519	$C_{10}H_{22}$	2,2,3,3,4-五甲基戊烷	2,2,3,3,4-pentamethylpentane
520	$C_{10}H_{22}$	2,2,3,4,4-五甲基戊烷	2,2,3,4,4-pentamethylpentane
521	$C_{10}H_{22}O$	癸醇	decyl alcohol
522	$C_{10}H_{22}S$	丁己硫醚	butyl hexyl sulfide
523	$C_{10}H_{22}S$	乙辛硫醚	ethyl octyl sulfide
524	$C_{10}H_{22}S$	丙庚硫醚	heptyl propyl sulfide
525	$C_{10}H_{22}S$	甲壬硫醚	methyl nonyl sulfide
526	$C_{10}H_{22}S$	戊硫醚	pentyl sulfide
527	$C_{10}H_{22}S$	1-癸硫醇	1-decanethiol
528	$C_{10}H_{22}S_2$	二戊化二硫	pentyl disulfide
529	$C_{11}H_{10}$	1-甲基萘	1-methylnaphthalene
530	$C_{11}H_{10}$	2-甲基萘	2-methylnaphthalene
531	$C_{11}H_{16}$	戊基苯	pentylbenzene
532	$C_{11}H_{16}$	五甲基苯	pentamethylbenzene
533	$C_{11}H_{20}$	1-十一炔	1-undecyne
534	$C_{11}H_{22}$	1-十一烯	1-undecene
535	$C_{11}H_{22}$	1-环戊基己烷	1-cyclopentylhexane
536	$C_{11}H_{22}$	戊基环己烷	pentylcyclohexane
537	$C_{11}H_{24}$	十一烷	undecane
538	$C_{11}H_{24}O$	十一醇	undecyl alcohol
539	$C_{11}H_{24}S$	丁庚硫醚	butyl heptyl sulfide
540	$C_{11}H_{24}S$	甲癸硫醚	decyl methyl sulfide
541	$C_{11}H_{24}S$	乙壬硫醚	ethyl nonyl sulfide
542	$C_{11}H_{24}S$	丙辛硫醚	octyl propyl sulfide
543	$C_{11}H_{24}S$	1-十一硫醇	1-undecanethiol
544	$C_{12}H_{10}$	联苯	biphenyl
545	$C_{12}H_{12}$	1-乙基萘	1-ethylnaphthalene
546	$C_{12}H_{12}$	2-乙基萘	2-ethylnaphthalene
547	$C_{12}H_{12}$	1,2-二甲基萘	1,2-dimethylnaphthalene

548	$C_{12}H_{12}$	1,3-二甲基萘	1,3-dimethylnaphthalene
549	$C_{12}H_{12}$	1,4-二甲基萘	1,4-dimethylnaphthalene
550	$C_{12}H_{12}$	1,5-二甲基萘	1,5-dimethylnaphthalene
551	$C_{12}H_{12}$	1,6-二甲基萘	1,6-dimethylnaphthalene
552	$C_{12}H_{12}$	1,7-二甲基萘	1,7-dimethylnaphthalene
553	$C_{12}H_{12}$	2,3-二甲基萘	2,3-dimethylnaphthalene
554	$C_{12}H_{12}$	2,6-二甲基萘	2,6-dimethylnaphthalene
555	$C_{12}H_{12}$	2,7-二甲基萘	2,7-dimethylnaphthalene
556	$C_{12}H_{18}$	己苯	hexylbenzene
557	$C_{12}H_{18}$	1,2,3-三乙基苯	1,2,3-triethylbenzene
558	$C_{12}H_{18}$	1,2,4-三乙基苯	1,2,4-triethylbenzene
559	$C_{12}H_{18}$	1,3,5-三乙基苯	1,3,5-triethylbenzene
560	$C_{12}H_{18}$	六甲基苯	hexamethylbenzene
561	$C_{12}H_{22}$	1-十二炔	1-dodecyne
562	$C_{12}H_{24}$	1-十二烯	1-dodecene
563	$C_{12}H_{24}$	1-环戊基庚烷	1-cyclopentylheptane
564	$C_{12}H_{24}$	1-环己基己烷	1-cyclohexylhexane
565	$C_{12}H_{26}$	十二烷	dodecane
566	$C_{12}H_{26}O$	十二醇	dodecyl alcohol
567	$C_{12}H_{26}S$	丁辛硫醚	butyl octyl sulfide
568	$C_{12}H_{26}S$	乙癸硫醚	decyl ethyl sulfide
569	$C_{12}H_{26}S$	己硫醚	hexyl sulfide
570	$C_{12}H_{26}S$	甲十一硫醚	methyl undecyl sulfide
571	$C_{12}H_{26}S$	丙壬硫醚	nonyl propyl sulfide
572	$C_{12}H_{26}S$	1-十二硫醇	1-dodecanethiol
573	$C_{12}H_{26}S_2$	二己基二硫	hexyl disulfide
574	$C_{13}H_{14}$	1-丙基萘	1-propylnaphthalene
575	$C_{13}H_{14}$	2-丙基萘	2-propylnaphthalene
576	$C_{13}H_{14}$	2-乙基-3-甲基萘	2-ethyl-3-methylnaphthalene
577	$C_{13}H_{14}$	2-乙基-6-甲基萘	2-ethyl-6-methylnaphthalene
578	$C_{13}H_{14}$	2-乙基-7-甲基萘	2-ethyl-7-methylnaphthalene
579	$C_{13}H_{20}$	1-苯基庚烷	1-phenylheptane
580	$C_{13}H_{24}$	1-十三炔	1-tridecyne
581	$C_{13}H_{26}$	1-十三烯	1-tridecene
582	$C_{13}H_{26}$	1-环戊基辛烷	1-cyclopentyloctane
583	$C_{13}H_{26}$	1-环己基庚烷	1-cyclohexylheptane
584	$C_{13}H_{28}$	十三烷	tridecane
585	$C_{13}H_{28}O$	1-十三醇	1-tridecanol
586	$C_{13}H_{28}S$	丁壬硫醚	butyl nonyl sulfide
587	$C_{13}H_{28}S$	丙癸硫醚	decyl propyl sulfide
588	$C_{13}H_{28}S$	甲十二硫醚	dodecyl methyl sulfide
589	$C_{13}H_{28}S$	乙十一硫醚	ethyl undecyl sulfide
590	$C_{13}H_{28}S$	1-十三硫醇	1-tridecanethiol
591	$C_{14}H_{16}$	1-丁基萘	1-butylnaphthalene
592	$C_{14}H_{16}$	2-丁基萘	2-butylnaphthalene
593	$C_{14}H_{22}$	1-苯基辛烷	1-phenyloctane
594	$C_{14}H_{22}$	1,2,3,4-四乙基苯	1,2,3,4-tetraethylbenzene
595	$C_{14}H_{22}$	1,2,3,5-四乙基苯	1,2,3,5-tetraethylbenzene
596	$C_{14}H_{22}$	1,2,4,5-四乙基苯	1,2,4,5-tetraethylbenzene
597	$C_{14}H_{26}$	1-十四炔	1-tetradecyne
598	$C_{14}H_{28}$	1-十四烯	1-tetradecene
599	$C_{14}H_{28}$	1-环戊基壬烷	1-cyclopentylnonane

600	$C_{14}H_{28}$	1-环己基辛烷	1-cyclohexyloctane
601	$C_{14}H_{30}$	十四烷	tetradecane
602	$C_{14}H_{30}O$	1-十四醇	1-tetradecanol
603	$C_{14}H_{30}S$	丁癸硫醚	butyl decyl sulfide
604	$C_{14}H_{30}S$	乙十二硫醚	dodecyl ethyl sulfide
605	$C_{14}H_{30}S$	庚硫醚	heptyl sulfide
606	$C_{14}H_{30}S$	甲十三硫醚	methyl tridecyl sulfide
607	$C_{14}H_{30}S$	丙十一硫醚	propyl undecyl sulfide
608	$C_{14}H_{30}S$	1-十四硫醇	1-tetradecanethiol
609	$C_{14}H_{30}S_2$	二庚化二硫	heptyl disulfide
610	$C_{15}H_{18}$	1-戊基萘	1-pentylnaphthalene
611	$C_{15}H_{18}$	2-戊基萘	2-pentylnaphthalene
612	$C_{15}H_{24}$	1-苯基壬烷	1-phenylnonane
613	$C_{15}H_{28}$	1-十五炔	1-pentadecyne
614	$C_{15}H_{30}$	1-十五烯	1-pentadecene
615	$C_{15}H_{30}$	1-环戊基癸烷	1-cyclopentyldecane
616	$C_{15}H_{30}$	1-环己基壬烷	1-cyclohexylnonane
617	$C_{15}H_{32}$	十五烷	pentadecane
618	$C_{15}H_{32}O$	1-十五醇	1-pentadecanol
619	$C_{15}H_{32}S$	丁十一硫醚	butyl undecyl sulfide
620	$C_{15}H_{32}S$	丙十二硫醚	dodecyl propyl sulfide
621	$C_{15}H_{32}S$	乙十三硫醚	ethyl tridecyl sulfide
622	$C_{15}H_{32}S$	甲十四硫醚	methyl tetradecyl sulfide
623	$C_{15}H_{32}S$	1-十五硫醇	1-pentadecanethiol
624	$C_{16}H_{26}$	1-苯基癸烷	1-phenyldecane
625	$C_{16}H_{26}$	五乙基苯	pentaethylbenzene
626	$C_{16}H_{30}$	1-十六炔	1-hexadecyne
627	$C_{16}H_{32}$	1-十六烯	1-hexadecene
628	$C_{16}H_{32}$	1-环戊基十一烷	1-cyclopentylundecane
629	$C_{16}H_{32}$	1-环己基癸烷	1-cyclohexyldecane
630	$C_{16}H_{34}$	十六烷	hexadecane
631	$C_{16}H_{34}O$	1-十六醇	1-hexadecanol
632	$C_{16}H_{34}S$	丁十二硫醚	butyl dodecyl sulfide
633	$C_{16}H_{34}S$	乙十四硫醚	ethyl tetradecyl sulfide
634	$C_{10}H_{34}S$	甲十五硫醚	methyl pentadecyl sulfide
635	$C_{16}H_{34}S$	辛硫醚	octyl sulfide
636	$C_{16}H_{34}S$	丙十三硫醚	propyl tridecyl sulfide
637	$C_{16}H_{34}S$	1-十六硫醇	1-hexadecanethiol
638	$C_{16}H_{34}S_2$	二辛（化）二硫	dioctyl disulfide
639	$C_{17}H_{28}$	1-苯基十一烷	1-phenylundecane
640	$C_{17}H_{32}$	1-十七炔	1-heptadecyne
641	$C_{17}H_{34}$	1-十七烯	1-heptadecene
642	$C_{17}H_{34}$	1-环戊基十二烷	1-cyclopentyldodecane
643	$C_{17}H_{34}$	1-环己基十一烷	1-cyclohexylundecane
644	$C_{17}H_{36}$	十七烷	heptadecane
645	$C_{17}H_{36}O$	1-十七醇	1-heptadecanol
646	$C_{17}H_{36}S$	丁十三硫醚	butyl tridecyl sulfide
647	$C_{17}H_{36}S$	乙十五硫醚	ethyl pentadecyl sulfide
648	$C_{17}H_{36}S$	甲十六硫醚	hexadecyl methyl sulfide
649	$C_{17}H_{36}S$	丙十四硫醚	propyl tetradecyl sulfide
650	$C_{17}H_{36}S$	1-十七硫醇	1-heptadecanethiol
651	$C_{18}H_{30}$	1-苯基十二烷	1-phenyldodecane

652	$C_{18}H_{30}$	六乙基苯	hexaethylbenzene
653	$C_{18}H_{34}$	1-十八炔	1-octadecyne
654	$C_{18}H_{36}$	1-十八烯	1-octadecene
655	$C_{18}H_{36}$	1-环戊基十三烷	1-cyopentyltridecane
656	$C_{18}H_{36}$	1-环己基十二烷	1-cyclohexyldodecane
657	$C_{18}H_{38}$	十八烷	octadecane
658	$C_{18}H_{38}O$	1-十八醇	1-octadecanol
659	$C_{18}H_{38}S$	丁十四硫醚	butyl tetradecyl sulfide
660	$C_{18}H_{38}S$	乙十六硫醚	ethyl hexadecyl sulfide
661	$C_{18}H_{38}S$	甲十七硫醚	heptadecyl methyl sulfide
662	$C_{18}H_{38}S$	壬硫醚	nonyl sulfide
663	$C_{18}H_{38}S$	丙十五硫醚	pentadecyl propyl sulfide
664	$C_{18}H_{38}S$	1-十八硫醇	1-octadecanethiol
665	$C_{18}H_{38}S_2$	二壬（化）二硫	nonyl disulfide
666	$C_{19}H_{32}$	1-苯基十三烷	1-phenyltridecane
667	$C_{19}H_{36}$	1-十九炔	1-nonadecyne
668	$C_{19}H_{38}$	1-十九烯	1-nonadecene
669	$C_{19}H_{38}$	1-环戊基十四烷	1-cyclopentyltetradecane
670	$C_{19}H_{38}$	1-环己基十三烷	1-cyclohexyltridecane
671	$C_{19}H_{40}$	十九烷	nonadecane
672	$C_{19}H_{40}O$	1-十九醇	1-nonadecanol
673	$C_{19}H_{40}S$	丁十五硫醚	butyl pentadecyl sulfide
674	$C_{19}H_{40}S$	乙十七硫醚	ethyl heptadecyl sulfide
675	$C_{19}H_{40}S$	丙十六硫醚	hexadecyl propyl sulfide
676	$C_{19}H_{40}S$	甲十八硫醚	methyl octadecyl sulfide
677	$C_{19}H_{40}S$	1-十九硫醇	1-nonadecanethiol
678	$C_{20}H_{34}$	1-苯基十四烷	1-phenyltetradecane
679	$C_{20}H_{38}$	1-二十炔	1-eicosyne
680	$C_{20}H_{40}$	1-十二烯	1-eicosene
681	$C_{20}H_{40}$	1-环戊基十五烷	1-cyclopentylpentadecane
682	$C_{20}H_{40}$	1-环己基十四烷	1-cyclohexyltetradecane
683	$C_{20}H_{42}$	二十烷	eicosane
684	$C_{20}H_{42}O$	1-二十醇	1-eicosanol
685	$C_{20}H_{42}S$	丁十六硫醚	butyl hexadecyl sulfide
686	$C_{20}H_{42}S$	癸硫醚	decyl sulfide
687	$C_{20}H_{42}S$	乙十八硫醚	ethyl octadecyl sulfide
688	$C_{20}H_{42}S$	丙十七硫醚	heptadecyl propyl sulfide
689	$C_{20}H_{42}S$	甲十九硫醚	methyl nonadecyl sulfide
690	$C_{20}H_{42}S$	1-二十硫醇	1-eicosanethiol
691	$C_{20}H_{42}S_2$	二癸化二硫	decyl disulfide
692	$C_{21}H_{36}$	1-苯基十五烷	1-phenylpentadecane
693	$C_{21}H_{42}$	1-环戊基十六烷	1-cyclopentylhexadecane
694	$C_{21}H_{42}$	1-环己基十五烷	1-cyclohexylpentadecane
695	$C_{22}H_{38}$	1-苯基十六烷	1-phenylhexadecane
696	$C_{22}H_{44}$	1-环己基十六烷	1-cyclohexylhexadecane

3.1.4.7　有机化合物标准燃烧焓（热）

有机化合物的标准摩尔燃烧焓（热）列于表 3-38。

（1）$\Delta_c H_\text{æ}^\ominus$ 是含有 C，H，N，O 元素的有机化合物 298.15K （=$\overline{\mathbb{C}}$）标准（$p^\ominus = 1\text{atm}$ 下）燃烧焓。

（2）燃烧产物为标准状态下 的 $CO_2(g)$，$H_2O(l)$，$N_2(g)$，$\Delta_c H_\text{æ}^\ominus$ 为高（总）热值——

higher（gross）calorific value（HCV），此值减去 H_2O 的冷凝热 $\Delta_{cond}H_\mathcal{E}^\ominus$ 即可得到低（净）热值——lower（net）calorific Value（LCV）。

（3）表中给出化合物的摩尔质量 M，以便于将摩尔燃烧焓 $\Delta_cH^\ominus$，kJ/mol 转换为比燃烧焓 $\Delta_ch^\ominus$，kJ/kg。

（4）表中 $\Delta_cH^\ominus$ 数值是负数，代表燃烧 1mol 化合物放出的热量。

（5）更多有机物 $\Delta_cH_\mathcal{E}^\ominus$ 数据可由文献［16］［17］中查到，马沛生在文献［2］中所列 4916 种有机化合物不同相态的 $\Delta_cH_\mathcal{E}^\ominus$ 实验数据其中部分也是取自文献［16］。

表 3-38　有机化合物标准摩尔燃烧焓（热）$\Delta_cH_\mathcal{E}^{\ominus[15]}$

化学式	中文名	英　文　名	M /(g/mol)	$-\Delta_cH_\mathcal{E}^\ominus$/(kJ/mol)		
				c	l	g
C	碳	carbon	12.011	393.5		1110.2
CN_4O_8	四硝基甲烷	tetranitromethane	196.033		431.9	475.5
CO	一氧化碳	carbon monoxide	28.010			283.0
CHN	氰化氢	hydrogen cyanide	27.026		645.3	671.5
CH_2N_2	氨基氰	cyanamide	42.040	738.1		
CH_2O	甲醛	formaldehyde	30.026			570.7
CH_2O_2	甲酸	formic acid	46.026		254.6	300.7
CH_3NO	甲酰胺	formamide	45.041		568.3	
CH_3NO_2	硝基甲烷	nitromethane	61.040		709.2	747.6
CH_3NO_3	硝酸甲酯	methyl nitrate	77.040		663.3	697.6
CH_4	甲烷	methane	16.043			890.8
CH_4N_2	氰化铵	ammonium cyanide	44.056	965.6		
CH_4N_2O	尿素	urea	60.056	631.6		719.4
CH_4O	甲醇	methanol	32.042		726.1	763.7
CH_5N	甲胺	methylamine	31.057		1060.8	1085.6
CH_5NO_3	碳酸氢铵（NH_4HCO_3）	ammonium hydrogen carbonate	79.056	258.7		
CH_6N_2	甲肼	methylhydrazine	46.072		1305.0	1345.3
C_2N_2	氰	cyanogen(=dieyanogen)	52.036		1072.9	1093.7
C_2H_2	乙炔	acetylene	26.038			1301.1
C_2H_2O	乙烯酮	ketene	42.037		1005.0	1025.4
$C_2H_2O_2$	乙二醛	glyoxal(=oxalaldehyde)	58.037			860.8
$C_2H_2O_4$	乙二酸；草酸	oxalic acid	90.036	251.1		349.1
C_2H_3N	乙腈	acetonitrile	41.053		1247.2	1280.1
C_2H_3N	异氰基甲烷	isocyanomethane	41.053		1333.0	1364.8
C_2H_3NO	异氰酸甲酯	methylisocyanate	57.052		1123.8	
C_2H_4	乙烯	ethylene	28.054			1411.2
C_2H_4O	乙醛	acetaldehyde	44.053		1166.9	1192.5
C_2H_4O	环氧乙烷	ethylene oxide(=oxirane)	44.053		1280.9	1306.1
$C_2H_4O_2$	乙酸	acetic acid	60.053		874.2	925.9
$C_2H_4O_2$	甲酸甲酯	methyl formate	60.053		972.6	1003.2
C_2H_5N	吖丙啶，氮丙环	ethyleneimine	43.068		1593.5	1628.1
C_2H_5NO	乙酰胺	acetamide	59.068	1184.6		1263.3
$C_2H_5NO_2$	硝基乙烷	nitroethane	75.067		1357.7	1399.3
$C_2H_5NO_2$	甘氨酸	glycine(gly)	75.067	973.1		1109.5
C_2H_6	乙烷	ethane	30.070			1560.7
C_2H_6O	二甲醚	dimethyl ether	46.069			1460.4
C_2H_6O	乙醇	ethanol	46.069		1366.8	1409.4
$C_2H_6O_2$	乙二醇	ethylene glycol	62.068		1189.2	1257.0
C_2H_7N	二甲胺	dimethylamine	45.084		1743.5	1768.9
C_2H_7N	乙胺	ethylamine	45.084		1713.3	1739.9
$C_2H_8N_2$	1,1-二甲肼	1,1-dimethylhydrazine	60.099		1979.2	2014.2
$C_2H_8N_2$	1,2-乙二胺	1,2-ethanediamine	60.099		1867.3	1912.7

续表

化学式	中文名	英 文 名	M /(g/mol)	$-\Delta_c H_{\mathrm{m}}^{\ominus}$/(kJ/mol)		
				c	l	g
$C_2H_8N_2O_4$	单酸铵	ammonium oxalate	124.097	807.3		
C_3H_3N	丙烯腈	propenenitrile	53.064		1756.4	1789.9
C_3H_3NO	噁唑	oxazole	69.063		1561.3	1593.8
C_3H_3NO	异噁唑	isoxazole	69.063		1651.4	1687.9
C_3H_4	丙炔	propyne	40.065			1937.1
C_3H_4	丙二烯	allene(＝propadiene)	40.065			1942.7
C_3H_4	环丙烯	cyclopropene	40.065			2029.3
$C_3H_4N_2$	咪唑	imidazole	68.078	1810.7		
$C_3H_4O_2$	丙烯酸	propenoic acid	72.064		1368.4	
$C_3H_4O_2$	2-丙内酯	2-oxetanone	72.064		1422.3	1469.3
C_3H_5N	丙腈	propanenitrile	55.079		1910.6	1946.6
$C_3H_5N_3O_9$	三硝基甘油	trinitroglycerol	227.088		1524.2	1624.2
C_3H_6	丙烯	propene	42.081		2039.7	2058.0
C_3H_6	环丙烷	cyclopropane	42.081			2091.3
C_3H_6O	丙酮	acetone	58.080		1789.9	1820.7
C_3H_6O	烯丙醇	allyl alcohol	58.080		1866.2	1913.5
C_3H_6O	丙醛	propanal	58.080		1822.7	1852.4
C_3H_6O	甲基环氧乙烷	methyloxirane	58.080		1915.4	1943.3
$C_3H_6O_2$	乙酸甲酯	methyl acetate	74.079		1592.2	1626.1
$C_3H_6O_2$	丙酸	propanoic acid	74.079		1527.3	1584.5
$C_3H_6O_2$	1,3-二氧戊环	1,3-dioxolane	74.079		1704.5	1740.0
$^{\ddagger}C_3H_6O_3$	右旋乳酸	lactic acid(L),2-hydroxypropionic acid(L)	90.0779	1344.0		
$C_3H_6O_3$	三噁烷	trioxane	90.079	1515.5		1572.1
C_3H_7N	环丙胺	cyclopropylamine	57.095		2226.7	2257.9
C_3H_7NO	N,N-二甲基甲酸胺	N,N-dimethylformamide(DMF)	73.095		1941.6	1989.2
$C_3H_7NO_2$	1-硝基丙烷	1-nitropropane	89.094		2013.7	2057.1
$C_3H_7NO_2$	2-硝基丙烷	2-nitropropane	89.094		2000.6	2041.9
$C_3H_7NO_2$	l-氨基丙酸	1-alanine(ala)	89.094	1576.9		1715.0
$C_3H_7NO_2$	d-氨基丙酸	d-alanine(ala)	89.094	1619.7		
$C_3H_7NO_3$	l-丝氨酸	1-serine(ser)	105.094	1448.2		
C_3H_8	丙烷	propane	44.097			2219.2
C_3H_8O	1-丙醇	1-propanol	60.096		2021.3	2068.8
C_3H_8O	2-丙醇	2-propanol	60.096		2005.8	2051.1
C_3H_8O	甲乙醚	ethyl methyl ether	60.096			2107.5
$C_3H_8O_2$	1,2-丙二醇	1,2-propylene glycol	76.095		1838.2	1902.6
$C_3H_8O_2$	1,3-丙二醇	1,3-propylene glycol	76.095		1859.0	1931.8
$C_3H_8O_2$	二甲氧基甲烷	dimethoxymethane	76.095		1946.2	1975.5
$C_3H_8O_3$	丙三醇,甘油	glycerol	92.095		1655.4	1741.2
C_3H_9N	丙胺	propylamine	59.111		2365.3	2396.7
C_3H_9N	异丙胺	isopropylamine	59.111		2354.5	2383.1
C_3H_9N	三甲胺	trimethylamine	59.111		2421.1	2443.1
$C_4H_2O_3$	马来酐(顺-丁烯二酸酐)	maleic anhydride	98.058	1390.1		1461.6
$C_4H_4N_2$	哒嗪	pyridazine(＝1,2-diazine)	80.089		2370.5	2424.0
$C_4H_4N_2$	嘧啶	pyrimidine	80.089		2291.6	2341.6
$C_4H_4N_2$	丁二腈琥珀腈	succinonitrile	80.089		2285.4	2355.4
$C_4H_4N_2O_2$	尿嘧啶	uracil	112.088	1716.3		1842.8
C_4H_4O	呋喃	furan(＝furfuran)	68.075		2083.4	2110.8
$C_4H_4O_2$	双烯酮	diketen(e)	84.075		1912.6	1955.5
$C_4H_4O_3$	丁二酸酐(琥珀酐)	succinic anhydride	100.074	1537.9		
$C_4H_4O_4$	富马酸(反-丁烯二酸)	fumaric acid	116.073	1334.0		1469.9
$C_4H_4O_4$	马来酸(顺-丁烯二酸)	maleic acid	116.073	1356.3		1466.3
C_4H_5N	环丙腈	cyclopropanecarbonitrile	67.090		2429.4	2470.4
C_4H_5N	吡咯	pyrrole	67.090		2351.7	2396.9

续表

化学式	中文名	英 文 名	M /(g/mol)	$-\Delta_c H_{\mp}^{\ominus}$/(kJ/mol)		
				c	l	g
$C_4H_5N_3O$	胞嘧啶	cytosine	111.103	2067.3		
C_4H_6	1,2-丁二烯	1,2-butadiene	54.092		2570.5	2593.8
C_4H_6	1,3-丁二烯	1,3-butadiene	54.092		2519.4	2541.5
C_4H_6	1-丁炔	1-butyne	54.092		2573.4	2596.7
C_4H_6	2-丁炔	2-butyne	54.092		2550.6	2577.2
C_4H_6	环丁烯	cyclobutene	54.092			2588.2
C_4H_6O	反-2-丁烯醛(巴豆醛)	trans-2-butenal	70.091		2292.8	2330.9
C_4H_6O	二乙烯基醚	divinyl ether	70.091		2391.7	2417.9
$C_4H_6O_2$	丙烯酸甲酯	methyl acrylate	86.090		2069.3	2098.5
$C_4H_6O_2$	乙酸乙烯酯	vinyl acetate	86.090		2151.4	2116.6
$C_4H_6O_3$	乙酸酐	acetic anhydride	102.090		1807.1	1859.0
$C_4H_6O_4$	丁二酸,琥珀酸	succinic acid	118.089	1491.0		1608.5
$C_4H_6O_4$	草酸二甲酯	dimethyl oxalate	118.089	1675.2		1722.6
C_4H_7N	丁腈	butanenitrile	69.106		2568.6	2608.0
C_4H_7N	2-甲基丙腈	2-methylpropanenitrile	69.106		2560.6	2597.7
C_4H_7NO	2-吡咯烷酮	2-pyrrolidone	85.106		2288.2	
$C_4H_7NO_4$	1-天门冬氨酸	1-aspartic acid(1-asp)	133.104	1601.1		
C_4H_8	1-丁烯	1-butene	56.107		2696.9	2717.5
C_4H_8	顺-2-丁烯	cis-2-butene	56.107		2687.7	2710.3
C_4H_8	反-2-丁烯	trans-2-butene	56.107		2684.4	2706.0
C_4H_8	异丁烯	isobutene	56.107		2679.9	2700.5
C_4H_8	环丁烷	cyclobutane	56.107		2721.1	2745.8
C_4H_8	甲基环丙烷	methylcyclopropane	56.107		2719.1	
$C_4H_8N_2O_3$	天冬酰胺	1-asparagine	132.119	1928.0		
C_4H_8O	1,2-环氧丁烷	1,2-epoxybutane	72.107		2548.5	
C_4H_8O	丁醛	butanal	72.107		2478.2	2512.6
C_4H_8O	异丁醛	isobutanal	72.107		2470.0	2501.6
C_4H_8O	2-丁酮	2-butanone	72.107		2444.1	2478.7
C_4H_8O	四氢呋喃	tetrahydrofuran	72.107		2501.2	2533.2
C_4H_8O	乙基乙烯基醚	ethyl vinyl ether	72.107		2550.0	2576.6
$C_4H_8O_2$	1,3-二噁烷	1,3-dioxane	88.106		2337.7	2375.1
$C_4H_8O_2$	1,4-二噁烷	1,4-dioxane	88.106		2363.5	2401.6
$C_4H_8O_2$	乙酸乙酯	ethyl acetate	88.106		2238.1	2273.3
$C_4H_8O_2$	甲酸丙酯	propyl formate	88.106		2217.1	
$C_4H_8O_2$	丁酸	butanoic acid	88.106		2183.6	2241.6
C_4H_9N	吡咯烷	pyrrolidine	71.122		2819.3	2856.9
C_4H_9NO	N,N-二甲基乙酰胺	N,N-dimethylacetamide(DMA)	87.122		2582.0	
$C_4H_9NO_3$	1-苏氨酸	1-threonine(thr)	119.120	2053.1		
C_4H_{10}	丁烷	butane	58.123		2856.6	2877.6
C_4H_{10}	异丁烷	isobutane	58.123		2849.7	2869.0
$C_4H_{10}O$	1-丁醇	1-butanol	74.123		2675.9	2728.2
$C_4H_{10}O$	2-丁醇	2-butanol	74.123		2660.6	2710.3
$C_4H_{10}O$	2-甲基-2-丙醇	2-methyl-2-propanol	74.123		2644.0	2690.7
$C_4H_{10}O$	2-甲基-1-丙醇	2-methyl-1-propanol	74.123		2668.5	2719.3
$C_4H_{10}O$	(二)乙醚	diethyl ether	74.123		2723.9	2751.1
$C_4H_{10}O$	甲丙醚	methyl propyl ether	74.123		2737.2	2765.0
$C_4H_{10}O$	异丙基甲基醚	isopropyl methyl ether	74.123		2724.5	2751.2
$C_4H_{10}O_2$	1,3-丁二醇	1,3-butanediol	90.122		2502.2	2570.0
$C_4H_{10}O_2$	1,4-丁二醇	1,4-butanediol	90.122		2499.9	2576.5
$C_4H_{10}O_3$	二甘醇	diethylene glycol	106.122		2374.7	2432.0
$C_4H_{11}N$	丁胺	butylamine	73.138		3018.4	3054.1
$C_4H_{11}N$	异丁胺	isobutylamine	73.138		3013.5	3047.4

续表

化学式	中文名	英 文 名	M /(g/mol)	$-\Delta_c H_{\text{g}}^{\ominus}$/(kJ/mol)		
				c	l	g
$C_4H_{11}N$	仲丁胺	*sec*-butylamine	73.138		3008.6	3041.2
$C_4H_{11}N$	叔丁胺	*tert*-butylamine	73.138		2995.5	3025.2
$C_4H_{11}N$	二乙胺	diethylamine	73.138		3042.4	3073.6
$C_5H_4N_4O$	次黄嘌呤	hypoxanthine(=6-hydroxypurine)	136.113	2428.4		
$C_5H_4N_4O_2$	黄嘌呤	xanthine(=2,6-dinydroxypurine)	152.113	2159.6		
$C_5H_4N_4O_3$	尿酸	uric acid	168.112	1920.4		
$C_5H_4O_2$	糠醛	furfural(=furfurylidene)	96.086		2337.6	2388.2
C_5H_5N	吡啶	pyridine	79.101		2782.3	2822.5
$C_5H_5N_5$	腺嘌呤	adenine(=b-aminopurine)	135.128	2778.1		2886.9
$C_5H_5N_5O$	鸟嘌呤	guanine	151.128	2498.2		
C_5H_6	顺-3-戊烯-1-炔	*cis*-3-penten-1-yne	66.103			2906.4
C_5H_6	反-3-戊烯-1-炔	*trans*-3-penten-1-yne	66.103		3053.2	
C_5H_6	1,3-环戊二烯	1,3-cyclopentadiene	66.103		2930.9	2959.3
$C_5H_6N_2O_2$	胸腺嘧啶	thymine(thy)	126.115	2362.2		2496.3
$C_5H_6O_2$	糠醇	furfuryl alcohol	98.101		2548.8	2613.2
C_5H_7N	环丁腈	cyclobutanecarbonitrile	81.117		3071.0	3111.1
C_5H_8	2-甲基-1,3-丁二烯	2-methyl-1,3-butadiene	68.119		3159.1	3186.4
C_5H_8	顺-1,3-戊二烯	*cis*-1,3-pentadiene	68.119			3192.3
C_5H_8	反-1,3-戊二烯	*trans*-1,3-pentadiene	68.119			3187.0
C_5H_8	1,4-戊二烯	1,4-pentadiene	68.119			3216.5
C_5H_8	环戊烯	cyclopentene	68.119		3115.3	3144.8
C_5H_8	螺戊烷	spiropentane	68.119		3268.6	3296.1
C_5H_8O	环戊酮	cyclopentanone	84.118		2875.2	2918.8
$C_5H_8O_2$	2,4-戊二酮	2,4-pentanedione	100.117		2687.1	2730.3
$C_5H_8O_4$	戊二酸	glutaric acid	132.116	2150.9		
C_5H_9N	戊腈	pentanenitrile	83.133		3220.7	3264.3
C_5H_9N	2,2-二甲基丙腈	2,2-dimethylpropamenitrile	83.133		3214.0	3251.3
C_5H_9NO	N-甲基-2-吡咯烷酮	N-methyl-2-pyrrolidone	99.133		2991.6	
$C_5H_9NO_2$	1-脯氨酸	1-proline(pro)	115.132	2741.6		2887.6
$C_5H_9NO_4$	l-谷氨酸	l-glutamic acid	147.131	2244.1		
C_5H_{10}	1-戊烯	1-pentene	70.134		3349.8	3375.4
C_5H_{10}	顺-2-戊烯	*cis*-2-pentene	70.134		3343.0	3369.1
C_5H_{10}	反-2-戊烯	*trans*-2-pentene	70.134		3338.5	3364.8
C_5H_{10}	2-甲基-1-丁烯	2-methyl-1-butene	70.134		3335.7	3361.4
C_5H_{10}	2-甲基-2-丁烯	2-methyl-2-butene	70.134		3328.1	3354.9
C_5H_{10}	3-甲基-1-丁烯	3-methyl-1-butene	70.134		3345.2	3369.1
C_5H_{10}	环戊烷	cyclopentane	70.134		3291.6	3320.3
$C_5H_{10}N_2O_3$	1-谷酰胺	1-glutamine(gln)	146.146	2570.3		
$C_5H_{10}O$	环戊醇	cyclopentanol	86.134		3096.6	3154.1
$C_5H_{10}O$	2-戊酮	2-pentanone	86.134		3099.4	3137.7
$C_5H_{10}O$	3-戊酮	3-pentanone	86.134		3100.2	3138.8
$C_5H_{10}O$	3-甲基-2-丁酮	3-methyl-2-butanone	86.134		3097.3	3134.2
$C_5H_{10}O$	3,3-二甲基氧杂环丁烷	3,3-dimethyloxetane	86.134		3214.5	3248.5
$C_5H_{10}O$	四氢吡喃	tetrahydropyrane	86.134		3138.4	3173.3
$C_5H_{10}O$	戊醛	pentanal	86.134		3129.4	3108.2
$C_5H_{10}O_2$	乙酸异丙酯	isopropyl acetate	102.133		2877.8	2915.0
$C_5H_{10}O_2$	丙酸乙酯	ethyl propanoate	102.133		2894.0	2933.1
$C_5H_{10}O_2$	戊酸	pentanoic acid	102.133		2837.3	2904.2
$C_5H_{10}O_2$	3-甲基丁酸	3-methylbutanoic acid	102.133		2835.1	2886.7
$C_5H_{10}O_2$	2-甲基丁酸	2-methylbutanoic acid	102.133		2842.2	
$C_5H_{10}O_2$	四氢糠醇	tetrahydrofurfuryl alcohol	102.133		2961.0	3027.5
$C_5H_{10}O_3$	碳酸二乙酯	diethyl carbonate	118.133		2715.2	2758.8

续表

化学式	中文名	英　文　名	M /(g/mol)	$-\Delta_c H_\notin^\ominus$/(kJ/mol)		
				c	l	g
$^+C_5H_{10}O_5$	α-木糖(D)	α-xylose(D)	150.1299	2338.9		
$^+C_5H_{10}O_5$	核糖 D	ribose(D)	150.1299	2345.6		
$^+C_5H_{10}O_5$	阿拉伯糖 D	arabinose(D)	150.1299	2338.8		
$C_5H_{11}N$	哌啶	piperidine	85.149		3453.2	3492.4
$C_5H_{11}N$	环戊胺	cyclopentylamine	85.149		3444.5	3484.7
$C_5H_{11}NO_2$	l-缬氨酸	l-valine(val)	117.148	2921.7		3084.5
C_5H_{12}	戊烷	pentane	72.150		3509.0	3535.6
C_5H_{12}	异戊烷	isopentane	72.150		3504.0	3528.8
C_5H_{12}	新戊烷	neopentane	72.150		3492.3	3514.4
$C_5H_{12}O$	甲基丁基醚	butyl methyl ether	88.150		3391.9	3424.4
$C_5H_{12}O$	甲基叔丁基醚	$tert$-butyl methyl ether	88.150		3368.9	3399.0
$C_5H_{12}O$	乙丙醚	ethyl propyl ether	88.150		3378.9	3410.3
$C_5H_{12}O$	1-戊醇	1-pentanol	88.150		3330.9	3387.8
$C_5H_{12}O$	2-戊醇	2-pentanol	88.150		3317.3	3369.8
$C_5H_{12}O$	3-戊醇	3-pentanol	88.150		3313.6	3365.3
$C_5H_{12}O$	2-甲基-1-丁醇	2-methyl-1-butanol	88.150		3325.9	3380.5
$C_5H_{12}O$	2-甲基-2-丁醇	2-methyl-2-butanol	88.150		3303.0	3351.7
$C_5H_{12}O$	3-甲基-1-丁醇	3-methyl-1-butanol	88.150		3326.1	3381.2
$C_5H_{12}O$	3-甲基-2-丁醇	3-methyl-2-butanol	88.150		3315.9	3367.3
$C_5H_{12}O$	2,2-二甲基-1-丙醇	2,2-dimethyl-1-propanol	88.150		3283.1	
$C_5H_{12}O_2$	1,5-戊二醇	1,5-pentanediol	104.149		3151.0	3233.4
$C_5H_{12}O_2$	二乙氧基甲烷	diethoxymethane	104.149		3232.1	3267.7
$C_5H_{12}O_4$	季戊四醇	pentaerythritol	136.148	2761.9		2905.8
$C_6H_4O_2$	对苯醌	p-benzoquinone	108.097	2747.0		2809.8
$C_6H_5NO_2$	硝基苯	nitrobenzene	123.111		3088.1	3143.1
$C_6H_5NO_2$	烟酸(尼克酸)	nicotinic acid	123.111	2731.1		
C_6H_6	苯	benzene	78.114		3267.6	3301.2
$C_6H_6N_2O_2$	邻硝基苯胺	o-nitroaniline	138.126	3192.5	3209.2	3282.4
$C_6H_6N_2O_2$	间硝基苯胺	m-nitroaniline	138.126	3180.3	3204.2	3277.0
$C_6H_6N_2O_2$	对硝基苯胺	p-nitroaniline	138.126	3176.6	3197.9	3277.4
C_6H_6O	苯酚	phenol	94.113	3053.5		3122.2
$C_6H_6O_2$	对苯二酚	p-hydroquinone	110.112	2854.1		2953.3
C_6H_7N	苯胺	aniline	93.128		3392.8	3449.0
C_6H_7N	2-甲基吡啶	2-methylpyridine	93.128		3418.2	3460.7
C_6H_7N	3-甲基吡啶	3-methylpyridine	93.128		3423.4	3467.9
C_6H_7N	4-甲基吡啶	4-methylpyridine	93.128		3420.7	3465.6
C_6H_7N	1-环戊烯甲腈	1-cyclopentenecarbonitrile	93.128		3473.0	3518.0
$C_6H_8N_2$	己二腈	adiponitrile	108.143		3589.5	3653.9
$C_6H_8N_2$	苯肼	phenylhydrazine	108.143		3645.4	3707.3
$C_6H_8N_2$	邻苯二胺	o-phenylenediamine	108.143	3504.1		
$C_6H_8N_2$	间苯二胺	m-phenylenediamine	108.143	3496.6		
$C_6H_8N_2$	对苯二胺	p-phenylenediamine	108.143	3507.5		
C_6H_9N	环戊烷甲腈	cyclopentanecarbonitrile	95.144		3648.0	3690.3
$C_6H_9NO_3$	三乙酰胺	triacetamide	143.142		3036.8	3097.2
$C_6H_9N_3O_2$	l-组氨酸	l-histidine(his)	155.157	3180.6		
C_6H_{10}	环己烯	cyclohexene	82.145		3751.7	3785.2
C_6H_{10}	1,5-己二烯	1,5-hexadiene	82.145		3844.3	3874.3
C_6H_{10}	3,3-二甲基-1-丁炔	3,3-dimethyl-1-butyne	82.145		3868.6	
$C_6H_{10}O$	环己酮	cyclohexanone	98.145		3519.0	3564.1
$C_6H_{10}O_2$	环丁烷羧酸甲酯	methyl cyclobutanecarboxylate	114.144		3395.2	3434.9
$C_6H_{10}O_3$	丙(酸)酐	propanoic anhydride	130.144		3111.1	3163.7
$C_6H_{10}O_4$	己二酸	adipic acid(=adipinic)	146.143	2795.9		2925.2

续表

化学式	中文名	英 文 名	M /(g/mol)	$-\Delta_c H_{\text{f}}^{\ominus}$/(kJ/mol) c	l	g
$C_6H_{10}O_4$	草酸二乙酯	diethyl oxalate	146.143		2984.7	3048.2
$C_6H_{11}NO$	己内酰胺	caprolactam	113.160	3603.7		3686.9
C_6H_{12}	环己烷	cyclohexane	84.161		3919.6	3952.6
C_6H_{12}	甲基环戊烷	methylcyclopentane	84.161		3938.1	3969.8
C_6H_{12}	乙基环丁烷	ethylcyclobutane	84.161		4017.0	4049.7
C_6H_{12}	1-己烯	1-hexene	84.161		4001.8	4032.5
C_6H_{12}	顺-2-己烯	cis-2-hexene	84.161		3992.1	4023.7
C_6H_{12}	反-2-己烯	trans-2-hexene	84.161		3990.5	4022.1
C_6H_{12}	2-甲基-1-戊烯	2-methyl-1-pentene	84.161		3986.0	4016.6
C_6H_{12}	2-甲基-2-戊烯	2-methyl-2-pentene	84.161		3977.5	4009.1
C_6H_{12}	4-甲基-1-戊烯	4-methyl-1-pentene	84.161		3996.0	4024.7
C_6H_{12}	4-甲基-顺-2-戊烯	4-methyl-cis-2-pentene	84.161		3989.0	4018.5
C_6H_{12}	4-甲基-反-2-戊烯	4-methyl-trans-2-pentene	84.161		3984.5	4014.5
C_6H_{12}	2,3-二甲基-1-丁烯	2,3-dimethyl-1-butene	84.161		3982.7	4013.4
C_6H_{12}	2,3-二甲基-2-丁烯	2,3-dimethyl-2-butene	84.161		3974.5	4007.8
C_6H_{12}	2-乙基-1-丁烯	2-ethyl-1-butene	84.161		3988.9	4020.0
$C_6H_{12}O$	环己醇	cyclohexanol	100.161		3727.8	3789.8
$C_6H_{12}O$	2-己酮	2-hexanone	100.161		3754.0	3796.2
$C_6H_{12}O$	3-己酮	3-hexanone	100.161		3755.8	3797.7
$C_6H_{12}O$	2-甲基-3-戊酮	2-methyl-3-pentanone	100.161		3750.1	3789.9
$C_6H_{12}O$	3,3-二甲基-2-丁酮	3,3-dimethyl-2-butanone	100.161		3747.4	3785.3
$C_6H_{12}O_2$	乙酸丁酯	butyl acetate	116.160		3546.8	3590.4
$C_6H_{12}O_2$	戊酸甲酯	methyl pentanoate	116.160		3561.8	3604.8
$C_6H_{12}O_2$	2,2-二甲基丙酸甲酯	methyl 2,2-dimethylpropanoate	116.160		3546.0	3581.7
$C_6H_{12}O_2$	己酸	hexanoic acid	116.160		3492.2	3564.1
†$C_6H_{12}O_6$	甘露糖(D)	mannose(D)	180.1559	2813.0		
†$C_6H_{12}O_6$	山梨糖(L)	sorbose(L)	180.1559	2804.6		
†$C_6H_{12}O_6$	葡萄糖(D)	α-glacose(D)	180.1559	2802.8		
†$C_6H_{12}O_6$	半乳糖(D)	galactose(D)	180.1559	2789.8		
†$C_6H_{12}O_6$	果糖(D)	fructose(D)	180.1559	2810.4		
$C_6H_{13}N$	环己胺	cyclohexylamine	99.176		4071.3	4114.1
$C_6H_{13}NO_2$	l-亮氨酸	l-leucine(l-Leu)	131.175	3581.6		3732.2
$C_6H_{13}NO_2$	d-亮氨酸	d-leucine(d-Leu)	131.175	3581.7		
$C_6H_{13}NO_2$	l-异亮氨酸	l-isoleucine(Ile)	131.175	3581.1		
C_6H_{14}	己烷	hexane	86.177		4163.2	4194.8
C_6H_{14}	2-甲基戊烷	2-methylpentane	86.177		4157.3	4187.1
C_6H_{14}	3-甲基戊烷	3-methylpentane	86.177		4159.5	4189.8
C_6H_{14}	2,2-二甲基丁烷	2,2-dimethylbutane	86.177		4148.1	4175.8
C_6H_{14}	2,3-二甲基丁烷	2,3-dimethylbutane	86.177		4154.5	4183.6
$C_6H_{14}N_2$	二丙基偶氮	azopropane	114.191		4373.4	4413.4
$C_6H_{14}N_2O_2$	赖氨酸	lysine(Lys)	146.189	3683.2		
$C_6H_{14}N_4O_2$	d-精氨酸	d-arginine	174.203	3738.4		
$C_6H_{14}O$	（二）丙醚	dipropyl ether	102.177		4033.1	4069.0
$C_6H_{14}O$	（二）异丙醚	diisopropyl ether	102.177		4010.4	4042.7
$C_6H_{14}O$	1-己醇	1-hexanol	102.177		3984.4	4046.1
$C_6H_{14}O$	2-己醇	2-hexanol	102.177		3969.9	
$C_6H_{14}O$	4-甲基-2-戊醇	4-methyl-2-pentanol	102.177		3967.2	
$C_6H_{14}O_2$	1,1-二乙氧基乙烷	1,1-diethoxyethane	118.176		3870.5	3908.4
$C_6H_{14}O_2$	1,2-二乙氧基乙烷	1,2-diethoxyethane	118.176		3910.5	3953.7
$C_6H_{14}O_2$	1,6-己二醇	1,6-hexanediol	118.176	3792.0	3817.5	3900.7
$C_6H_{14}O_3$	三甲基丙烷	trimethylolpropane	134.175	3611.0		

续表

化学式	中文名	英　文　名	M /(g/mol)	$-\Delta_c H_{\boldsymbol{\xi}}^{\ominus}$/(kJ/mol)		
				c	l	g
$C_6H_{14}O_4$	三甘醇	triethylene glycol	150.175		3557.7	3636.9
$C_6H_{15}N$	三乙胺	triethylamine	101.192		4377.1	4412.0
$C_6H_{15}N$	二丙胺	dipropylamine	101.192		4348.7	4388.7
$C_6H_{15}N$	二异丙胺	diisopropylamine	101.192		4326.3	4360.8
C_7H_5N	苄腈,苯基腈	benzonitrile	103.123		3632.3	3684.8
C_7H_6O	苯甲醛	benzaldehyde	106.124		3525.1	3575.4
$C_7H_6O_2$	苯甲酸	benzoic acid	122.123	3228.2		3318.0
$C_7H_6O_3$	水杨酸	salicylic acid	138.123	3022.2		3117.3
C_7H_7NO	苯甲酰胺	benzamide	121.139	3552.4		
$C_7H_7NO_2$	邻硝基甲苯	o-nitrotoluene	137.138		3745.3	
$C_7H_7NO_2$	间硝基甲苯	m-nitrotoluene	137.138		3723.5	
$C_7H_7NO_2$	对硝基甲苯	p-nitrotoluene	137.138	3706.9		3786.0
C_7H_8	甲苯	toluene	92.141		3910.3	3948.3
C_7H_8O	邻甲(苯)酚	o-cresol	108.140	3693.3		3769.3
C_7H_8O	间甲(苯)酚	m-cresol	108.140		3703.9	3765.6
C_7H_8O	对甲(苯)酚	p-cresol	108.140	3698.6		3772.5
C_7H_8O	苄醇,苯甲醇	benzyl alcohol	108.140		3737.2	3797.5
C_7H_8O	苯甲醚	anisole	108.140		3783.1	3830.0
C_7H_9N	邻甲基苯胺	o-methyl aniline	107.155		4034.5	4097.2
C_7H_9N	间甲基苯胺	m-methyl aniline	107.155		4032.7	4095.4
C_7H_9N	对甲基苯胺	p-methyl aniline	107.155	4017.3		4096.1
C_7H_9N	1-环己烯甲腈	1-cyclohexenecarbonitrile	107.155		4088.9	4142.4
C_7H_9N	2,3-二甲基吡啶	2,3-dimethylpyridine	107.155		4060.2	4109.1
C_7H_9N	2,4-二甲基吡啶	2,4-dimethylpyridine	107.155		4057.0	4104.7
C_7H_9N	2,5-二甲基吡啶	2,5-dimethylpyridine	107.155		4059.5	4107.3
C_7H_9N	2,6-二甲基吡啶	2,6-dimethylpyridine	107.155		4053.5	4099.5
C_7H_9N	3,4-二甲基吡啶	3,4-dimethylpyridine	107.155		4059.1	4110.9
C_7H_9N	3,5-二甲基吡啶	3,5-dimethylpyridine	107.155		4063.3	4113.6
$C_7H_{11}N$	环己烷甲腈	cyclohexanecarbonitrile	109.171		4279.4	4331.4
C_7H_{12}	1-甲基二环(3,1,0)己烷	1-methylbicyclo(3,1,0)hexane	96.172		4436.4	4471.1
C_7H_{14}	环庚烷	cycloheptane	98.188		4598.8	4637.3
C_7H_{14}	甲基环己烷	methylcyclohexane	98.188		4565.3	4600.7
C_7H_{14}	乙基环戊烷	ethylcyclopentane	98.188		4592.0	4628.5
C_7H_{14}	顺-1,3-二甲基环戊烷	cis-1,3-dimethylcyclopentane	98.188		4585.3	4619.5
C_7H_{14}	顺-1,2-二甲基环戊烷	cis-1,2-dimethylcyclopentane	98.188		4590.1	4625.9
C_7H_{14}	反-1,2-二甲基环戊烷	$trans$-1,2-dimethylcyclopentane	98.188		4584.2	4618.8
C_7H_{14}	1-戊烯	1-heptene	98.188		4657.5	4693.1
C_7H_{14}	顺-2-戊烯	cis-2-heptene	98.188		4650.3	
C_7H_{14}	顺-3-戊烯	cis-3-heptene	98.188		4651.1	
$C_7H_{14}O$	2,4-二甲基-3-戊酮	2,4-dimethyl-3-pentanone	114.188		4402.5	4444.1
$C_7H_{14}O$	2,2-二甲基-3-戊酮	2,2-dimethyl-3-pentanone	114.188		4399.3	4441.7
$C_7H_{14}O$	1-戊醛	1-heptanal	114.188		4443.9	4491.6
$C_7H_{14}O$	顺-2-甲基环己醇	cis-2-methylcyclohexanol	114.188		4365.2	4428.4
$C_7H_{14}O$	反-2-甲基环己醇	$trans$-2-methylcyclohexanol	114.188		4339.7	4402.9
$C_7H_{14}O$	顺-3-甲基环己醇	cis-3-methylcyclohexanol	114.188		4339.3	4404.5
$C_7H_{14}O$	反-3-甲基环己醇	$trans$-3-methylcyclohexanol	114.188		4361.0	4426.3
$C_7H_{14}O$	顺-4-甲基环己醇	cis-4-methylcyclohexanol	114.188		4342.2	4407.9

续表

化学式	中文名	英 文 名	M /(g/mol)	$-\Delta_c H_\pm^\ominus$/(kJ/mol)		
				c	l	g
$C_7H_{14}O$	反-4-甲基环己醇	*trans*-4-methylcyclohexanol	114.188		4322.1	4388.2
$C_7H_{14}O_2$	2,2-二甲基丙酸乙酯	ethyl-2,2-dimethylpropanoate	130.187		4178.2	4219.4
$C_7H_{14}O_2$	己酸甲酯	methyl hexanoate	130.187		4215.2	4262.8
$C_7H_{14}O_2$	戊酸乙酯	ethyl pentanoate	130.187		4202.4	4248.5
$C_7H_{14}O_2$	3-甲基丁酸乙酯	ethyl-3-methylbutanoate	130.187		4184.5	4228.4
$C_7H_{14}O_2$	庚酸	heptanoic acid	130.187		4145.2	4219.2
C_7H_{16}	庚烷	heptane	100.204		4817.0	4853.5
C_7H_{16}	2-甲基己烷	2-methylhexane	100.204		4811.7	4846.6
C_7H_{16}	3-甲基己烷	3-methylhexane	100.204		4814.8	4849.9
C_7H_{16}	2,2-二甲基戊烷	2,2-dimethylpentane	100.204		4802.9	4835.3
C_7H_{16}	2,3-二甲基戊烷	2,3-dimethylpentane	100.204		4808.1	4842.3
C_7H_{16}	2,4-二甲基戊烷	2,4-dimethylpentane	100.204		4806.6	4839.5
C_7H_{16}	3,3-二甲基戊烷	3,3-dimethylpentane	100.204		4807.0	4840.0
C_7H_{16}	3-乙基戊烷	3-ethylpentane	100.204		4816.4	4851.6
C_7H_{16}	2,2,3-三甲基丁烷	2,2,3-trimethylbutane	100.204		4804.7	4836.7
$C_7H_{16}O$	1-戊醇	1-heptanol	116.203		4637.9	4704.8
$C_8H_4O_3$	邻苯二甲酸酐	phthalic anhydride	148.118	3259.6		3348.3
$C_8H_6O_4$	邻苯二甲酸	phthalic acid	166.133	3223.6		
$C_8H_6O_4$	异邻苯二甲酸	isophthalic acid	166.133	3202.6		3309.3
$C_8H_6O_4$	对苯二甲酸	terephthalic acid	166.133	3189.5		3287.7
C_8H_8	苯乙烯	styrene	104.152		4395.2	4439.3
C_8H_8O	乙酰苯,苯乙酮	acetophenone	120.151		4148.9	4204.7
$C_8H_8O_2$	邻甲苯甲酸	*o*-toluic acid	136.150	3874.9		
$C_8H_8O_2$	间甲苯甲酸	*m*-toluic acid	136.150	3865.3		
$C_8H_8O_2$	对甲苯甲酸	*p*-toluic acid	136.150	3862.2		
$C_8H_8O_2$	苯甲酸甲酯	methyl benzoate	136.150		3947.9	4003.5
$^\ddagger C_8H_8O_6$	维生素 C(L-抗坏血酸)	DitaminC(L-ascorbic acid)	176.1241	2339.8		
C_8H_{10}	乙苯	ethylbenzene	106.167		4564.9	4607.1
C_8H_{10}	邻二甲苯	*o*-xylene	106.167		4552.8	4596.3
C_8H_{10}	间二甲苯	*m*-xylene	106.167		4551.8	4594.5
C_8H_{10}	对二甲苯	*p*-xylene	106.167		4552.8	4595.2
$C_8H_{10}O$	邻乙基苯酚	*o*-ethylphenol	122.167		4368.4	4432.0
$C_8H_{10}O$	间乙基苯酚	*m*-ethylphenol	122.167		4362.9	4431.1
$C_8H_{10}O$	对乙基苯酚	*p*-ethylphenol	122.167	4352.8		4433.1
$C_8H_{10}O$	2,3-二甲(苯)酚	2,3-xylenol	122.167	4336.1		4420.0
$C_8H_{10}O$	2,4-二甲(苯)酚	2,4-xylenol	122.167		4348.5	4414.3
$C_8H_{10}O$	2,5-二甲(苯)酚	2,5-xylenol	122.167	4330.6		4415.6
$C_8H_{10}O$	2,6-二甲(苯)酚	2,6-xylenol	122.167	4339.8		4415.4
$C_8H_{10}O$	3,4-二甲(苯)酚	3,4-xylenol	122.167	4334.9		4420.6
$C_8H_{10}O$	3,5-二甲(苯)酚	3,5-xylenol	122.167	4332.8		4415.7
$C_8H_{10}O$	乙氧基苯(苯乙醚)	phenetole(＝ethylphenolate)	122.167		4424.6	4475.6
$C_8H_{11}N$	N,N-二甲基苯胺	N,N-dimethylaniline	121.182		4767.8	4820.6
$C_8H_{11}N$	N-乙基苯胺	N-ethylaniline	121.182		4724.1	4776.4
$C_8H_{15}N$	辛腈	octanenitrile	125.214		5184.5	5241.3
C_8H_{16}	环辛烷	cyclooctane	112.215		5267.0	5310.3
C_8H_{16}	丙基环戊烷	propylcyclopentane	112.215		5245.9	5287.0
C_8H_{16}	1-乙基-2-甲基环戊烷	1-ethyl-1-methylcyclopentane	112.215		5240.9	
C_8H_{16}	乙基环己烷	ethylcyclohexane	112.215		5222.8	5263.0

续表

化学式	中文名	英文名	M /(g/mol)	$-\Delta_c H_{\boxed{8}}^{\ominus}$/(kJ/mol)		
				c	l	g
C_8H_{16}	1,1-二甲基环己烷	1,1-dimethylcyclohexane	112.215		5216.0	5253.8
C_8H_{16}	顺-1,2-二甲基环己烷	cis-1,2-dimethylcyclohexane	112.215		5222.9	5262.6
C_8H_{16}	反-1,2-二甲基环己烷	trans-1,2-dimethylcyclohexane	112.215		5216.5	5254.8
C_8H_{16}	顺-1,3-二甲基环己烷	cis-1,3-dimethylcyclohexane	112.215		5211.8	5250.1
C_8H_{16}	反-1,3-二甲基环己烷	trans-1,3-dimethylcyclohexane	112.215		5219.0	5258.2
C_8H_{16}	顺-1,4-二甲基环己烷	cis-1,4-dimethylcyclohexane	112.215		5219.1	5258.1
C_8H_{16}	反-1,4-二甲基环己烷	trans-1,4-dimethylcyclohexane	112.215		5212.3	5250.2
$C_8H_{16}O$	2,2,4-三甲基-3-戊酮	2,2,4-trimethyl-3-pentanone	128.214		5053.1	5096.4
$C_8H_{16}O$	2-乙基己醛	2-ethylhexanal	128.214		5086.2	5135.1
$C_8H_{16}O_2$	辛酸	octanoic acid	144.214		4798.7	4880.4
$C_8H_{16}O_2$	2-乙基己酸	2-ethylhexanoic acid	144.214		4799.6	4875.2
$C_8H_{16}O_2$	庚酸甲酯	methyl heptanoate	144.214		4867.6	4918.8
C_8H_{18}	辛烷	octane	114.231		5470.5	5512.0
C_8H_{18}	2-甲基庚烷	2-methylheptane	114.231		5465.6	5505.2
C_8H_{18}	3-甲基庚烷	3-methylheptane	114.231		5468.3	5508.1
C_8H_{18}	4-甲基庚烷	4-methylheptane	114.231		5469.0	5508.6
C_8H_{18}	2,2-二甲基己烷	2,2-dimethylhexane	114.231		5458.7	5496.0
C_8H_{18}	2,3-二甲基己烷	2,3-dimethylhexane	114.231		5468.0	5506.8
C_8H_{18}	2,4-二甲基己烷	2,4-dimethylhexane	114.231		5463.6	5501.4
C_8H_{18}	2,5-二甲基己烷	2,5-dimethylhexane	114.231		5460.2	5498.1
C_8H_{18}	3,3-二甲基己烷	3,3-dimethylhexane	114.231		5463.1	5500.6
C_8H_{18}	3,4-二甲基己烷	3,4-dimethylhexane	114.231		5468.8	5507.8
C_8H_{18}	3-乙基己烷	3-ethylhexane	114.231		5470.2	5509.9
C_8H_{18}	3-乙基-2-甲基戊烷	3-ethyl-2-methylpentane	114.231		5471.0	5509.6
C_8H_{18}	3-乙基-3-甲基戊烷	3-ethyl-3-methylpentane	114.231		5467.8	5505.8
C_8H_{18}	2,2,3-三甲基戊烷	2,2,3-trimethylpentane	114.231		5463.7	5500.6
C_8H_{18}	2,2,4-三甲基戊烷	2,2,4-trimethylpentane	114.231		5461.4	5496.6
C_8H_{18}	2,3,3-三甲基戊烷	2,3,3-trimethylpentane	114.231		5467.1	5504.3
C_8H_{18}	2,3,4-三甲基戊烷	2,3,4-trimethylpentane	114.231		5465.6	5503.3
C_8H_{18}	2,2,3,3-四甲基丁烷	2,2,3,3-tetramethylbutane	114.231	5451.7		5495.0
$C_8H_{18}N_2$	二丁基偶氮	azobutane	142.244		5680.5	5729.8
$C_8H_{18}O$	1-辛醇	1-octanol	130.230		5294.1	5365.1
$C_8H_{18}O$	2-乙基-1-己醇	2-ethyl-1-hexanol	130.230		5287.8	5355.3
$C_8H_{18}O$	(二)丁醚	dibutyl ether	130.230		5342.7	5387.2
$C_8H_{18}O$	仲丁醚	di-sec-butyl ether	130.230		5319.1	5359.7
$C_8H_{18}O$	叔丁醚	di-tert-butyl ether	130.230		5321.0	5358.6
$C_8H_{18}O_5$	四甘醇	tetraethylene glycol	194.228		4738.9	4837.6
$C_8H_{19}N$	二丁胺	dibutylamine	129.246		5657.5	5706.9
$C_8H_{19}N$	二异丁胺	diisobutylamine	129.246		5645.0	5684.3
C_9H_7N	异喹啉	isoquinoline	129.161		4686.5	
C_9H_8	茚	indene	116.163		4795.5	4848.3
C_9H_{10}	环丙(基)苯	cyclopropylbenzene	118.178		5071.0	5121.2
C_9H_{10}	1,2-二氢化茚	indan(e)	118.178		4982.2	5031.4
$C_9H_{11}NO_2$	1-苯基丙氨酸	1-phenylalanine(Phe)	165.192	4646.8		4800.8
$C_9H_{11}NO_3$	1-酪氨酸	1-tyrosine(Tyr)	181.191	4428.6		
C_9H_{12}	异丙苯,枯烯	cumene	120.194		5215.5	5260.6
C_9H_{12}	邻乙基甲苯	o-ethyltoluene	120.194		5210.2	5257.9
C_9H_{12}	间乙基甲苯	m-ethyltoluene	120.194		5207.9	5254.8
C_9H_{12}	对乙基甲苯	p-ethyltoluene	120.194		5206.8	5253.4

化学式	中文名	英　文　名	M/(g/mol)	$-\Delta_c H_{\text{m}}^{\ominus}$/(kJ/mol) c	l	g
C_9H_{12}	丙（基）苯	propylbenzene	120.194		5218.3	5264.5
C_9H_{12}	1,2,3-三甲（基）苯	1,2,3-trimethylbenzene	120.194		5198.1	5247.1
C_9H_{12}	1,2,4-三甲（基）苯	1,2,4-trimethylbenzene	120.194		5194.8	5242.8
C_9H_{12}	1,3,5-三甲（基）苯	mesitylene；1,3,5-trimethylbenzene	120.194		5193.2	5240.7
$C_9H_{14}O_6$	三乙（醋）酸甘油酯	triacetin	218.207		4211.6	4293.6
C_9H_{18}	丙基环己烷	propylcyclohexane	126.242		5876.7	5921.6
$C_9H_{18}O$	2-壬酮	2-nonanone	142.241		5716.9	5773.4
$C_9H_{18}O$	5-壬酮	5-nonanone	142.241		5715.9	5769.2
$C_9H_{18}O$	2,6-二甲基-4-庚酮	2,6-dimethyl-4-heptanone	142.241		5705.6	5756.5
$C_9H_{18}O_2$	壬酸	nonanoic acid	158.241		5454.4	5536.8
$C_9H_{18}O_2$	草酸甲酯	methyl octanoate	158.241		5523.8	5580.3
C_9H_{20}	壬烷	nonane	128.258		6125.2	6171.7
C_9H_{20}	2,2-二甲基庚烷	2,2-dimethylheptane	128.258		6111.7	
C_9H_{20}	2,2,5-三甲基己烷	2,2,5-trimethylhexane	128.258		6106.6	
C_9H_{20}	2,3,5-三甲基己烷	2,3,5-trimethylhexane	128.258		6115.9	
C_9H_{20}	2,2,3,3-四甲基戊烷	2,2,3,3-tetramethylpentane	128.258		6121.6	6162.8
C_9H_{20}	2,2,3,4-四甲基戊烷	2,2,3,4-tetramethylpentane	128.258		6122.2	6163.0
C_9H_{20}	3,3-二乙基戊烷	3,3-diethylpentane	128.258		6124.5	6167.6
C_9H_{20}	2,2,4,4-四甲基戊烷	2,2,4,4-tetramethylpentane	128.258		6119.9	6158.3
C_9H_{20}	2,3,3,4-四甲基戊烷	2,3,3,4-tetramethylpentane	128.258		6122.0	6163.8
$C_9H_{20}O$	1-壬醇	1-nonanol	144.257		5943.4	
$C_{10}H_8$	薁（甘菊环）	azulene	128.174	5290.7		5367.5
$C_{10}H_8$	萘	naphthalene	128.174	5156.3		5228.7
$C_{10}H_8O$	1-萘酚	1-naphthol	144.173	4957.4		5048.5
$C_{10}H_8O$	2-萘酚	2-naphthol	144.173		4954.2	5048.4
$C_{10}H_{10}O_4$	间苯二酸二甲酯	dimethyl isophthalate	194.187	4633.4		
$C_{10}H_{10}O_4$	对苯二酸二甲酯	dimethyl terephthalate	194.187	4631.7		
$C_{10}H_{12}$	1,2,3,4-四氢萘	1,2,3,4-tetrahydronaphthalene	132.205		5620.9	5676.1
$C_{10}H_{14}$	丁（基）苯	butylbenzene	134.221		5872.7	5922.8
$C_{10}H_{14}$	异丁苯	isobutylbenzene	134.221		5866.1	5914.4
$C_{10}H_{14}$	仲丁（基）苯	*sec*-butylbenzene	134.221		5869.5	5918.5
$C_{10}H_{14}$	叔丁（基）苯	*tert*-butylbenzene	134.221		5865.2	5913.3
$C_{10}H_{14}$	邻异丙基苯甲烷	*o*-cymene	134.221		5862.6	
$C_{10}H_{14}$	间异丙基苯甲烷	*m*-cymene	134.221		5857.3	
$C_{10}H_{14}$	对异丙基苯甲烷	*p*-cymene	134.221		5857.9	
$C_{10}H_{14}$	邻二乙基苯	*o*-diethylbenzene	134.221		5867.4	
$C_{10}H_{14}$	间二乙基苯	*m*-diethylbenzene	134.221		5862.4	
$C_{10}H_{14}$	对二乙基苯	*p*-diethylbenzene	134.221		5863.1	
$C_{10}H_{14}$	1,2,4,5-四甲基苯	1,2,4,5-tetramethylbenzene	134.221	5816.0		
$C_{10}H_{14}$	3-乙基-邻-二甲苯	3-ethyl-*o*-xylene	134.221		5855.4	
$C_{10}H_{14}O$	百里酚（麝香草酚）	thymol	150.221	5626.2		5717.4
$C_{10}H_{16}$	α-蒎烯	α-pinene	136.237		6205.3	6250.0
$C_{10}H_{16}$	β-蒎烯	β-pinene	136.237		6214.0	6260.4
$C_{10}H_{16}O$	樟脑(2-莰酮)	camphor	152.236	5902.3		5954.2
$C_{10}H_{18}$	顺-萘烷	*cis*-decahydronaphthalene	138.253		6288.2	6338.4
$C_{10}H_{18}$	反-萘烷(反-十氢化萘)	*trans*-decahydronaphthalene	138.253		6277.0	6325.5
$C_{10}H_{18}O_4$	癸二酸	sebacic acid	202.251	5425.0		5585.7
$C_{10}H_{19}N$	癸腈	decanenitrile	153.268		6492.1	6559.0
$C_{10}H_{20}$	丁基环己烷	butylcyclohexane	140.269		6530.3	6580.1

化学式	中文名	英 文 名	M /(g/mol)	$-\Delta_c H_{\oplus}^{\ominus}$/(kJ/mol)		
				c	l	g
$C_{10}H_{20}$	1-癸烯	1-decene	140.269		6619.6	6670.0
$C_{10}H_{20}O_2$	癸酸	decanoic acid	172.268	6079.7	6109.1	6198.5
$C_{10}H_{22}$	癸烷	decane	142.285		6778.3	6829.7
$C_{10}H_{22}$	2-甲基壬烷(异癸烷)	2-methylnonane	142.285		6769.4	6819.3
$C_{10}H_{22}$	5-甲基壬烷	5-methylnonane	142.285		6771.3	6820.6
$C_{10}H_{22}O$	1-癸醇	1-decanol	158.284		6601.1	6682.8
$C_{11}H_{10}$	1-甲基萘	1-methylnaphthalene	142.200		5814.1	
$C_{11}H_{10}$	2-甲基萘	2-methylnaphthalene	142.200	5802.7		5864.5
$C_{11}H_{12}N_2O_2$	色氨酸	1-tryptophan	204.229	5628.3		
$C_{11}H_{24}$	十一烷	undecane	156.312		7431.4	7487.7
$C_{12}H_8$	苊	acenaphthylene	152.196	6052.1		6125.1
$C_{12}H_9N$	咔唑(9-氮杂芴)	carbazole	167.210	6133.5		6218.0
$C_{12}H_{10}$	二氢苊	acenaphthene	154.211	6221.6		6307.3
$C_{12}H_{10}$	联苯	biphenyl	154.211	6250.7		6332.7
$C_{12}H_{10}O$	二苯醚	diphenyl ether	170.211	6119.2		6203.3
$C_{12}H_{11}N$	二苯胺	diphenylamine	169.226	6424.4		6513.5
$C_{12}H_{12}N_2$	对联苯胺	*p*-benzidine	184.241	6507.8		
$C_{12}H_{14}O_4$	邻苯二甲酸二乙酯	diethyl phthalate	222.241		5946.3	6034.5
$C_{12}H_{16}$	环己基苯	cyclohexylbenzene	160.259		6932.2	6992.1
$C_{12}H_{18}$	5,7-十二碳二炔	5,7-dodecadiyne	162.275		7476.1	
$C_{12}H_{18}$	3,9-十二碳二炔	3,9-dodecadiyne	162.275		7492.4	
$C_{12}H_{18}$	六甲基苯	hexamethylbenzene	162.275	7133.1		7207.8
$C_{12}H_{22}$	环己基环己烷	cyclohexylcyclohexane	166.307		7592.6	7650.6
$^+C_{12}H_{22}O_{11}$	蔗糖(D)	D-sucrose,D-saccharose	262.2995	5640.4		
$^+C_{12}H_{22}O_{11}$	乳糖	β-lactose,milk sugar	262.2995	5629.5		
$C_{12}H_{24}$	十二碳烯	1-dodecene	168.323		7925.9	7986.7
$C_{12}H_{24}O_2$	十二酸	dodecanoic acid	200.321	7377.5	7414.2	7510.1
$C_{12}H_{26}$	十二烷	dodecane	170.338		8087.0	8148.2
$C_{12}H_{26}O$	十二烷醇	1-dodecanol	186.338		7909.4	8001.3
$C_{12}H_{27}N$	三丁(基)胺	tributylamine	185.353		8299.2	
$C_{13}H_{10}O$	二苯酮	benzophenone	182.222	6510.3		6599.7
$C_{13}H_{12}$	二苯甲烷	diphenylmethane	168.238	6902.1	6920.1	6969.6
$C_{13}H_{26}O_2$	十二酸甲酯	methyl dodecanoate	214.348		8138.4	8216.6
$C_{13}H_{28}O$	1-十三(烷)醇	1-tridecanol	200.365	8517.9		
$C_{14}H_{10}$	蒽	anthracene	178.233	7067.5		7169.2
$C_{14}H_{10}$	菲	phenanthrene	178.233	7054.5		7145.8
$C_{14}H_{10}$	二苯乙炔	diphenylacetylene(=tolane)	178.233	7250.7		
$C_{14}H_{10}O_2$	苯偶酰	benzil	210.232	6784.4		6882.8
$C_{14}H_{12}$	顺-芪(顺-1,2-二苯乙烯)	*cis*-stilbene	180.249		7407.4	7476.4
$C_{14}H_{12}$	反-芪(反-1,2-二苯乙烯)	*trans*-stilbene	180.249	7361.0		7460.2
$C_{14}H_{14}$	1,1-二苯基乙烷	1,1-diphenylethane	182.265		7558.7	
$C_{14}H_{14}$	1,2-二苯基乙烷	1,2-diphenylethane	182.265	7561.5		7652.9
$C_{14}H_{27}N$	十四(碳)甲腈	tetradecanenitrile	209.375		9107.6	9192.9
$C_{14}H_{28}O_2$	十四(烷)酸	tetradecanoic acid	228.375	8677.3	8722.0	8817.1
$C_{14}H_{30}O$	十四醇	1-tetradecanol	214.392	9167.0	9216.0	
$C_{15}H_{30}O_2$	十五(烷)酸	pentadecylic acid	242.402	9328.4	9378.4	
$C_{16}H_{10}$	荧蒽	fluoranthene	202.255	7915.2		8014.3
$C_{16}H_{10}$	芘	pyrene	202.255	7850.8		7951.0
$C_{16}H_{22}O_4$	邻苯二甲酸二丁酯	dibutyl phthalate	278.348		8597.7	8689.4

续表

化学式	中文名	英 文 名	M /(g/mol)	$-\Delta_c H_{\S}^{\ominus}$/(kJ/mol)		
				c	l	g
$C_{16}H_{26}$	癸基苯	decylbenzene	218.382		9793.7	9873.4
$C_{16}H_{32}$	1-十六烯	1-hexadecene	224.430		10540.7	10620.9
$C_{16}H_{32}O_2$	十六(烷)酸	hexadecanoic acid	256.429	9977.9	10031.3	10132.3
$C_{16}H_{34}$	十六烷	hexadecane	226.446		10699.2	10780.5
$C_{16}H_{34}O$	1-十六醇	1-hexadecanol	242.445	10468.8		10638.3
$C_{17}H_{34}O_2$	十七(烷)酸	margaric acid(=heptadecanoic acid)	270.456	10624.4	10683.2	
$C_{18}H_{12}$	䓛	chrysene	228.293	8943.5		9068.0
$C_{18}H_{36}O_2$	硬脂酸[十八(烷)酸]	stearic acid	284.483	11280.4	11343.4	11446.9
$C_{18}H_{38}$	十八烷	octadecane	254.500	11946.6		12099.4
$C_{19}H_{36}O_2$	油酸甲酯	methyl oleate	296.494		11887.1	11971.7
$C_{20}H_{12}$	苝(二萘嵌苯)	perylene	252.315	9768.0		
$C_{20}H_{40}O_2$	花生酸(二十烷酸)	arachidic acid	312.536	12574.9	12646.8	12774.4
$C_{22}H_{42}O_2$	巴西烯酸	brassidic acid(=13-dodecosenoic acid)	338.574	13699.0		

注：c—晶体，l—液体，g—气体。标有"⊥"者皆摘自马沛生主编"有机化合物实验物性数据手册.北京：化学工业出版社，2006.此手册亦包含有碳、氢、氧、卤素的有机物更多的 $\Delta_c H_{\S}^{\ominus}$"数据。

3.1.4.8 燃料的热值及单位能量（MJ）的碳排放量

具体内容见表 3-38a。

表 3-38a 燃料的热值、单位能量排出的碳量[13]

燃料	u_{cont} /(MJ/kg)	g_c g(C)/MJ	燃料	u_{cont} /(MJ/kg)	g_c g(C)/MJ
纯化合物			化石燃料		
Hydrogen 氢	141.8	0.0	Natural gas 天然气	54.0	13.9
Methane 甲烷	55.5	13.5	Gasoline 汽油	46.5	17.6
Ethane 乙烷	51.9	15.4	Kerosene 煤油	46.4	18.5
Propane 丙烷	50.3	16.2	Fuel oil 燃料油	40.9	21.3
Hexane 己烷	48.3	17.3	Coal,high bituminous 高沥青煤	36.3	23.5
Heptane 庚烷	48.1	17.5	Coal,low bituminous 低沥青煤	28.9	26.3
Octane 辛烷	47.9	17.6	Coal,anthracite 无烟煤	34.6	27.3
Methanol 甲醇	22.7	16.5	其它材料		
Ethanol 乙醇	29.7	17.6	Wood ,oak 橡木,栎木	18.9	25.3
1-Propanol 正丙醇	33.6	17.8	Wood,locust 槐木	19.7	25.7
1-Butanol 正丁醇	36.1	18.0	Wood,Ponderosa pine ponderosa 松木	20.0	24.6
1-Octanol 正辛醇	40.7	18.1	Wood,redwood 红木	20.7	24.4
Methyl *tert*-butyl ether 甲基叔丁基醚	38.2	17.8	Charcoal,wood 木炭	34.7	26.8
			Newsprint 新闻纸,白报纸	18.6	26.5
			Cellulose 纤维素	17.3	25.6
			Grass(lawn clippings)青草(草场割下的)	19.3	24.9

注：1. u_{cont} 原文献为 energy content 定为标准（比）燃烧焓的负值即 $u_{cont}=-\Delta_{ch}$，在此译为热值值（heating value）似更为适宜通用，又因其燃烧产物 CO_2 为气体，H_2O 为液体故为高热值（higher heating value i.e. gross heat combustion）。

2. g_c 单位兆焦能量释放出 CO_2 的碳量，g of C per MJ [g(C)/MJ]（the grams of carbon released as carbon dioride per megajoule of energy）可以认为是获得单位能量（MJ）的碳排放量（g）。

3. 化石燃料和其它材料的 u_{cont} 是代表性的个别样品会显示出大的变化。

4. Δ 天然气假定甲烷为 95%，乙烷为 2.5%，惰性化合物为 2.5%，实际天然气组成可能有较大的变化。

3.2　物质热化学性质的估算方法

两相平衡时等温条件下一定量的物质（1mol 或 1g）由 α 相转变为 β 相过程的焓变称为相变化的热效应——相变焓（热），可以 $\Delta_\alpha^\beta H$ 或 $\Delta_\alpha^\beta h$ 表示，具体应用中可将 α 相和 β 相换成相应的 s（固）和 l（液）——熔化（熔融），简化为 $\Delta_m H$，或 l（液）和 g（气）——蒸发气化，简化为 $\Delta_v H$，或 s 和 g——升华，简化为 $\Delta_s H$ 及 S^I 和 S^{II}——晶型-I 转变为晶型 II，简化为 $\Delta_t H$（表格中有时以 ΔH_t 表示）。

3.2.1　纯物质蒸发焓（气化焓）$\Delta_v H$ 的估算方法

3.2.1.1　由蒸气压方程计算 $\Delta_v H$

蒸发焓 $\Delta_v H$ 的数据常有 $\Delta_v H_T$，$\Delta_v H_b$，$\Delta_v H_{\oplus}^{\ominus}$ 几种表示。$\Delta_v H_{\oplus}^{\ominus}$ 的气相是标准状态下的理想气体，而实测之 $\Delta_v H_{\oplus}$ 气相则为实际气体，即是当 $T = 298.15 K$ 时的 $\Delta_v H_T$，$\Delta_v H_{\oplus}^{\ominus}$ 不是实测的，是由 $\Delta_v H_{\oplus}^{\ominus} = \Delta_v H_{\oplus} + (H^{ig} - H^g) = \Delta_v H_{\oplus} + H^d_{\oplus}$ 计算得到。[18]

蒸发焓（热）可由量热法直接测定，由于实验技术的进步，已提出大量的 $\Delta_v H_T$ 实验值，1985 年 Majer 和 Svoboda[19] 收集整理，并严格评审了 1932 年后约 600 种有机物的 $\Delta_v H$ 量热实验数据，迄今，这一专著仍然是 $\Delta_v H$ 数据可靠的重要来源。

由蒸气压 p^{sat} 温度间的 $p^{sat} \sim T$ 关联式，应用 Clausius-Clapeyron（C-C）* 方程求得的蒸发焓（或其它相变焓），由于 p^{sat} 数据是实验测出的而 C-C 方程本身又是严格正确的，因此，所得出的相变焓，亦可认为是（间接）实验值。但在计算这一间接实验值时不仅含有测量 p^{sat} 的误差，亦有 $p^{sat} \sim T$ 关联式的误差，以及相变 $\Delta \bar{v}$ 或 ΔZ 的计算误差，所以这种间接实验数据，尽管数量颇多，可其可靠性通常则低于量热实验直接测量的结果。

(1) Clausius-Clapeyron（C-C）方程❶

$$\frac{dp^{sat}}{dT} = \frac{\Delta_v H}{T(V_g - V_l)} \tag{3-1}$$

在此 $(V_g - V_l)$ 值可以由压缩因子状态方程得到

$V_g - V_l = \dfrac{RT}{p}(Z_g - Z_l)$ 将此关系式代入式（3-1）即可得到式（3-2a）

$$\Delta_v H = -R \Delta Z_v \frac{d\ln p^{sat}}{d(1/T)} \tag{3-2a}$$

或

$$\Delta_v H = -RT_c \Delta Z_v \frac{d\ln p_r^{sat}}{d(1/T_r)} \tag{3-2b}$$

式中，$\Delta_v H$ 为蒸发焓，J/mol，R 为通用气体常数，其数值应与 $\Delta_s H$ 所用单位相一致，在此 $R = 8.314 J/(mol \cdot K)$；$\Delta Z_v = Z_g - Z_l$，$Z_g$ 为饱和蒸气压缩系数，Z_l 为饱和液压缩系数；T 为热力学温度 K；p^{sat} 为（饱和）蒸气压（bar），$T_r = \dfrac{T}{T_c}$ 为对比温度；$p_r^{sat} = p^{sat}/p_c$ 为对比饱和蒸气压。由式（3-1a）式（3-1b）可以看出，若有准确的 Z_g 和 Z_l 数据可资应用即能由微分任一蒸气压（方程）关联式或 $p^{sat} \sim t$（或 T）数据的数值微分求得较准确的 $\Delta_v H$ 数值。Clausius-Clapeyron 方程本身或其改进形式又是许多其它估算 $\Delta_s H$ 方法的出发点，因此它是推算 $\Delta_v H$ 方法中重要的基础性方程。

(2) Lee-Kesler 方程

$$\Delta_v H / RT_c \Delta Z_v = 6.09648 - 1.28862 T_r + 1.016 T_r^7 +$$

---

❶　这个方程一般被称为 Clapeyron 方程，因是 Clapeyron 在 1834 利用 Carnot 循环最先提出的。现按王竹溪"热力学"及其它物理热力学多称其为 Clausius-Clapeyron 方程，因其是在 30 年后由 Clausius 首先用热力学原理导出。

$$\omega(15.6875-13.4721T_r+2.615T_r^7) \tag{3-3}$$

式中，ω 为 Pitzer 偏心因子。

(3) Antoine 方程

$$\Delta_v H/RT_c\Delta Z_v=\frac{B}{T_c}\left(\frac{T_r}{T_r-C/T_c}\right)^2 \tag{3-4}$$

在此式中 B，C 为相应蒸气压方程 $\ln p^{sat}=A-\dfrac{B}{T+C}$ 中的常数。

(4) Comez-Thodos 方程

$$\Delta_v H/RT_c\Delta Z_v=7\gamma T_r^5-\frac{\beta\cdot m}{T_r^{m-1}} \tag{3-5}$$

式中，β，γ，m 为相应蒸气压方程中的常数。

$$\ln p_r^{sat}=\beta\left(\frac{1}{T_r^m}-1\right)+\gamma(T_r^7-1)$$

式 (3-5) 具体的导出可见文献 [37]、[20]。

(5) Wagner 方程

$$\Delta_v H/RT_c\Delta Z_v=-a+b\tau^{0.5}(0.5\tau-1.5)+c\tau^2(2\tau-3)$$
$$+d\tau^5(5\tau-6) \tag{3-6}$$

$$\Delta_v H/RT_c\Delta Z_v=-a+b\tau^{0.5}(0.5\tau-1.5)+c\tau^{1.5}(1.5\tau-2.5)+d\tau^4(4\tau-5) \tag{3-6a}$$

式中，$\tau=1-T_r$，a，b，c，d 为相应蒸气压方程 $\ln p_r^{sat}=\dfrac{1}{T_r}(a\tau+b\tau^{1.5}+c\tau^3+d\tau^6)$ 中的常数。

(6) C-C 方程式 (3-2b) 的简化

$$\Delta_v H/RT_c\Delta Z_v=T_{br}\frac{\ln(p_c/1.01325)}{1-T_{br}} \tag{3-2c}$$

式中，T_{br} 为对比正常沸点温度；T_b 为 1.01325bar 压力下的沸点温度，p_c 单位用 bar。

Reid 等在文献 [20] 中曾对式 (3-3)～式 (3-6) 以及式(3-2c)用以计算丙烷的 $\Delta_v H/RT_c\Delta Z_v$ 值并与文献值进行比较和讨论，认为用蒸气压关联式预测 $\Delta_v H$，可得到很好的结果，但必须有准确的 ΔZ_v 数据，目前还未能获得准确的 ΔZ_v 关联式。因此还需要由饱和蒸气、饱和液的 Z 值数据来确定。

3.2.1.2 从对应状态原理估算 $\Delta_v H$

(1) Pitzer 等偏心因子关联式 [20, 21]

当 $0.6<T_r\leqslant1.0$ 时，

$$\Delta_v H/RT_c=7.08(1-T_r)^{0.354}+10.95\omega(1-T_r)^{0.456} \tag{3-7a}$$

例 3-1 用式 (3-7a) 估算丙醛在 302.69K 时的 $\Delta_v H$；已知丙醛的临界温度 $T_c=496.0K$，偏心因子 $\omega=0.313$；对比温度 $T_r=\dfrac{302.69}{496.0}=0.6103$。

解 将其代入式(3-7a) 可得

$$\Delta_v H/RT_c=(7.08)(1-0.6103)^{0.354}+(10.95)$$
$$\times(0.313)(1-0.6103)^{0.456}$$
$$=7.302$$

$$\therefore \quad \Delta_v H=7.302(8.31433)\times496.0$$
$$=30113J/mol=30.113\ kJ/mol$$

实验值为 29374J/mol，误差 $=\dfrac{30113-29374}{29374}\times100\%=2.5\%$

因丙醛不是正常流体，此误差是可以预想到的。

(2) Nath[22] 偏心因子关联方程，在 $0.5 < T_r < 0.7$ 范围内 Nath 提出一类似于 Pitzer 的关联式如下

$$\Delta_v H / RT_c = A + B\omega + C\omega^2 \tag{3-7b}$$
$$A = 31.4589 - 58.0378 T_r + 33.86 T_r^2$$
$$B = 68.0793 - 147.6182 T_r + 91.3371 T_r^2$$
$$C = 43.5305 - 127.3007 T_r + 91.8686 T_r^2$$

(3) **二参考流体法** [20, 23, 24]

Sivaraman 和 Torquato，Stell 提出以苯和咔唑（9-氮杂芴）为参考流体估算 $\Delta_v H$ 方程

$$\Delta_v H / RT_c = \left(\frac{\Delta_v H}{RT_c}\right)^{(R1)} + \left(\frac{\omega - \omega^{(R1)}}{\omega^{(R2)} - \omega^{(R1)}}\right) \times \left[\left(\frac{\Delta_v H}{RT_c}\right)^{(R2)} - \left(\frac{\Delta_v H}{RT_c}\right)^{(R1)}\right] \tag{3-8}$$

对苯　$(\Delta_v H / RT_c)^{(R1)} = 6.537\tau^{1/3} - 2.467\tau^{5/6} - 77.521\tau^{1.208} + 59.634\tau$
$$+ 36.009\tau^2 - 14.606\tau^3 \tag{3-8a}$$

咔唑与苯的对比蒸发焓差为
$$(\Delta_v H / RT_c)^{(R2)} - (\Delta_v H / RT_c)^{(R1)} = -0.133\tau^{1/3} - 28.215\tau^{5/6} - 82.958\tau^{1.208} + 99.000\tau$$
$$+ 19.105\tau^2 - 2.796\tau^3 \tag{3-8b}$$

上述方程中 $\tau = 1 - T_r$，$\omega^{(R1)} = 0.21$，$\omega^{(R2)} = 0.46$
τ 的值由要求 $\Delta_v H$ 的物质的对比温度确定。

例 3-2　用二参考流体法估算 553.15K 时萘的蒸发焓，在此温度下其实验值为 39.82kJ/mol，$T_c = 748.4$K，$\omega = 0.302$。

解　$\tau = 1 - 553.15/748.4 = 0.2609$，由方程(3-8a) 和(3-8b) 可得
$$(\Delta_v H / RT_c)^{(R1)} = 5.840 \text{ 和} (\Delta_v H / RT_c)^{(R2)}$$
$$- (\Delta_v H / RT_c)^{(R1)} = 1.426$$

代入方程(3-8)
$$\Delta_v H / RT_c = 5.840 + \left(\frac{0.302 - 0.21}{0.46 - 0.21}\right) \times 1.426 = 6.365$$

∴
$$\Delta_v H = 6.365 \times 8.314 \times 748.4 \text{J/mol} = 39.600 \text{J/mol}$$
$$误差 = \frac{39.60 - 39.82}{39.82} \times 100\% = -0.6\%$$

3.2.1.3　正常沸点下蒸发焓 $\Delta_v H_b$ 的估算

上述方程(3-2)～(3-8)每一个都可用于计算 $\Delta_v H_b$，仅是温度变为 $T = T_b$，压力 $p = 1.01325$ bar。下面再介绍几个直接用于估算 $\Delta_v H_b$ 的方法。

(1) **Giacalone 方程** [20, 25]

$$\Delta_v H_b = RT_c \left[T_{br} \frac{\ln(p_c/1.01325)}{1 - T_{br}}\right] \tag{3-9}$$

此方程是式 (3-2c) 的进一步简化，即假定 $\Delta Z_{vb} = 1$。它可用于简捷估算 $\Delta_v H_b$ 值，经广泛的检验认为它通常是过高估计 $\Delta_v H_b$ 值，误差约为百分之几。

Rechsteiner，Jr. Carl E 在文献 [26] 中认为 Giacalone 建议 ΔZ_{vb} 取值为 1，这样的近似是合理的，$Z_g - Z_1$ 在 T_b 时等于 0.95，而在 $0.74T_b$ 时等于 1.00，并认为式(3-9)用于非烃类和极性有机物是最精确的，同时它也能用于其它许多种化合物。

(2) **Riedel 方程** [20, 27]

$$\Delta_v H_b = 1.093 RT_c \left[T_{br} \frac{\ln p_c - 1.01325}{0.930 - T_{br}}\right] \tag{3-10}$$

Riedel 方程是对方程(3-9)的些微改进，其估算误差几乎总是＜2%。

（3）Chen [20, 28] 方程

$$\Delta_v H_b = RT_c T_{br} \frac{3.978 T_{br} - 3.958 + 1.555 \ln p_c}{1.07 - T_{br}} \quad (3-11$$

以 169 种物质的文献值与其计算值比较平均误差为 2.1%。

（4）Vetere 方程 [29]

$$\Delta_v H_b = RT_b \frac{(1 - T_{br})^{0.38} [\ln P_c - 0.513 + 0.5066/(P_c T_{br}^2)]}{1 - T_{br} + F[1 - (1 - T_{br})^{0.38}] \ln T_{br}} \quad (3-12a)$$

式（3-12a）是 Vetere 提出的用以估算正常沸点下的蒸发焓它类似于 Chen 方程式（3-11）。式中 F 对 C_{2+} 醇类和二聚化合物如 SO_3，NO 和 NO_2，$F = 1.05$，而对其它所有为 Vetere 研究过的化合物 F 皆为 1。

当无 T_c，P_c 值可资利用时 Vetere 提出另一方程

$$\Delta_v H_b = RT_b \left(A + B\ln T_b + \frac{C T_b^{1.72}}{M'} \right) \quad (3-12b)$$

A、B、C 为方程三个常数，几类化合物其值列于表 3-38b；M' 为假设的（fictitious）相对分子质量，对大多数化合物等于其真实的相对分子质量即 $M' = M_{true}$，而对含有卤素及磷，这些原子贡献于 M' 上的数值亦列于表 3-38b 中。

表 3-38b 方程（3-12a）常数值及卤素、磷原子对方程（3-12b）M' 的贡献值

化合物	A	B	C	原子	贡献值
CCl_4 和烃类	3.298	1.015	0.00352	F	1
醇类	−13.173	4.359	0.00151	Cl	19.6
酯类	4.814	0.890	0.00374	Br	60
其它极性化合物	4.542	0.840	0.00352	I	60
				P	24

例 3-3 以（1）Giacalone，（2）Riedel，（3）Chen，（4）Vetere 法估算丙醛正常沸点下蒸发焓 $\Delta_v H_b$，其文献实验值为 28.310kJ/mol。

解 由手册查出丙醛 $T_b = 321.1$ K，$T_c = 504.4$K，$p_c = 49.2$bar，$T_{br} = \dfrac{T_b}{T_c} = \dfrac{321.1}{504.4} = 0.6366$

（1）**应用式(3-9) Giacalone 法**

$$\Delta_v H_b = 8.314 \times 504.4 \times \frac{0.6366 \ln(49.2/1.01325)}{1 - 0.6366} \text{kJ/mol} = 28.520 \text{kJ/mol}$$

相对误差为 $\dfrac{28.526 - 28.310}{28.310} \times 100\% = 0.76\%$

（2）**应用式(3-10) Riedel 法**

$$\Delta_v H_b = 1.093 \times 8.314 \times 504.4 \times \frac{0.6366(\ln 49.2 - 1.01325)}{0.930 - 0.6366} \text{kJ/mol} = 28.671 \text{kJ/mol}$$

相对误差为 $\dfrac{28.671 - 28.310}{28.310} \times 100\% = 1.28\%$

（3）**应用式(3-11) Chen 法**

$$\Delta_v H_b = \frac{8.314 \times 504.4 \times 0.6366[3.978 \times (0.6366) - 3.958 + 1.555 \ln 49.2]}{1.07 - 0.6366} \text{kJ/mol}$$

$$= 28.532 \text{kJ/mol}$$

相对误差为 $\dfrac{28.532 - 28.310}{28.310} \times 100\% = 0.78\%$

(4) 应用式 (3-12) Detere 法

① 式 (3-12a) 在此 $F = 1.0$

$$\Delta_v H_b = 8.314 \times \left\{ 321.1 \dfrac{(1-0.6366)^{0.38}(\ln 49.2 - 0.513 + 0.5066)/[(49.2)(0.6366)^2]}{1 - 0.6366 + [1-(1-0.6366)^{0.38}]\ln 0.6366} \right\}$$

$$= 28260 \text{J/mol} = 28.260 \text{kJ/mol}$$

相对百分偏差 $= \dfrac{28.260 - 28.310}{28.310} \times 100\% = -0.18\%$

② 式 (3-12b)，因丙醛中不含有表中所列原子故其 $M' = M_{\text{true}} = 58.08$

$$\Delta_v H_b = 8.314 \times (321.1)\left[4.542 + 0.840\ln 321.1 + \dfrac{(0.00352)(321.1)}{58.08} \right]$$

$$= 28383 \text{J/mol} = 28.383 \text{kJ/mol}$$

相对百分偏差 $= \dfrac{28.383 - 28.310}{28.310} \times 100\% = 0.26\%$

(5) 四种方法的比较

方程 (3-9)～(3-12) 用于估算 $\Delta_v H_b$，它们的误差，通常都是 2% 左右。表 3-38c 列出了上面四种方法估算的 $\Delta_v H_b$ 值与实验值的比较[30]。

表 3-38c　四种方法估算的 $\Delta_v H_b$ 值与实验值的比较

	M'	T_c/K	T_b/K	$\Delta_v H_b$ /(kJ/mol)	P_c /bar	相对百分偏差[①]/%				
						Giacalone 式(3-9)	Riedel 式(3-10)	Chen 式(3-11)	Vetere 式(3-12a)	Vetere 式(3-12b)
pentane,戊烷	72.15	469.6	309.2	25.79	33.7	2.3	0.5	0.1	-0.1	0.2
octane,辛烷	114.231	568.8	398.8	34.41	24.9	3.2	1.3	0.1	-0.7	-0.8
3-methyl pentane,3-甲基戊烷	86.177	504.4	336.4	28.06	31.2	2.6	0.5	0.0	-0.1	0.8
cyclohexane,环己烷	84.161	553.4	353.9	29.97	40.7	0.6	-0.5	-0.8	-1.0	-0.5
1-pentene,1-戊烯	70.134	464.7	303.1	25.2	35.3	2.1	0.4	0.0	0.0	0.3
1-octene,1-辛烯	112.215	566.6	394.4	34.07	26.2	3.0	1.3	0.1	-0.7	-1.1
benzene,苯	78.114	562.1	363.3	30.72	48.9	-0.2	-0.3	-0.6	-1.1	-1.1
ethylbenzene,乙苯	106.167	617.1	409.3	35.57	36	1.4	0.4	0.0	-0.7	-0.2
hexafluorobenzene,六氟(代)苯	78.066	516.7	353.4	31.66	33	2.3	2.4	1.0	-0.4	-2.0
1,2-dichloroethane,1,2-二氯乙烷	67.254	561.2	356.6	31.98	53.7	1.0	2.2	1.6	0.3	-0.2
$C_2Br_2ClF_3$	206.43	560.7	366	31.17	36.1	0.5	-1.0	-1.4	-1.6	-3.0
propylamine,丙胺	59.111	497	321.7	29.55	48.1	-0.9	0.1	-0.7	-2.0	-3.9
pyridine,吡啶	79.101	620	388.4	35.09	56.3	-1.0	0.0	-0.4	-1.5	-0.5
ethyl propyl ether,乙基丙基醚	88.15	500.2	336.4	28.94	33.7	3.3	2.6	1.7	0.0	0.3
methyl phenyl ether,甲基苯基醚	108.14	644.1	426.8	38.97	42.5	0.8	1.9	0.8	-0.8	-2.4
ethanol,乙醇	46.069	513.9	351.4	38.56	61.4	-1.7	4.4	1.3	1.4	-0.3
1-pentanol,1-戊醇	88.15	588.2	411.1	44.36	39.1	-6.5	-3.3	-6.1	-4.9	4.8
propanal,丙醛	58.08	496.2	321.1	28.31	63.3	0.5	1.3	0.8	-0.2	0.3
acetone,丙酮	58.08	508.2	329.2	29.10	47	2.6	3.5	2.7	1.4	0.7
3-methyl-2-butanone,三甲基-2-丁酮	86.134	553.4	367.4	32.35	38.5	2.2	2.3	1.4	0.2	-0.3

续表

	M'	T_c/K	T_b/K	$\Delta_v H_b$ /(kJ/mol)	P_c /bar	相对百分偏差[①]/%				
						Giacalone 式(3-9)	Riedel 式(3-10)	Chen 式(3-11)	Vetere 式(3-12a)	Vetere 式(3-12b)
acetic acid,醋(乙)酸	60.053	592.7	391.1	37.48	57.9	3.2	6.9	5.3	2.5	−2.5
ethyl acetate,乙酸乙酯	88.106	523.2	350.3	31.94	38.3	0.2	0.7	−0.4	−1.8	0.7
tetrahydrofuran，四氢呋喃	72.107	540.2	339.1	29.81	51.9	0.0	0.4	0.1	−0.7	−0.4
carbon disulphide,二硫化碳	76.143	552	319.4	26.74	79	2.7	3.7	3.8	3.3	2.5
thiophene,噻吩	84.142	579.4	357.3	31.48	56.9	−0.8	−0.3	−0.5	−1.2	−0.8
ethyl mercaptan,乙硫醇	62.136	499	308.2	26.79	54.9	−0.1	0.2	0.0	−0.6	−0.2
nitromethane,硝基甲烷	61.04	588	374.4	33.99	63.1	4.2	6.9	6.1	3.9	1.3
$C_3H_3Cl_2F_3O$	97.256	559.3	384.9	35.67						−5.3
$C_3H_2Cl_2F_4O$	97.25	518.5	360.5	32.69						−4.7

① 相对百分偏差$=[(\text{calc.}-\text{exp.})/\text{exp.}]\times100\%$[31]，Lit. value for acetic acid from Majer, et al. (1989), other from Majer and Svoboda (1985)[19]。

Riedel，Chen 和 Vetere 关系式（3-10）~式（3-12）用于 $\Delta_v H_b$ 的估算是方便的，而且通常是准确的。应用时必须知道 T_b、T_c 和 p_c 值或需要从相应的估算式计算出，这可以利用本卷第 1 章提供的方法估算，其结果必然会带来误差的增加。方程（3-12b）的优点是其估算 $\Delta_v H_b$ 时，则不需要知道 T_c，p_c 数值。

3.2.1.4 利用物质结构或与结构有关的特性参数估算 $\Delta_v H_b$ 的方法

（1）Trouton经验规则

考察许多液体气化焓的数据可得

$$\Delta_v H_b \approx 10.6 R T_b \tag{3-13a}$$

或

$$\Delta_v S_b = \frac{\Delta_v H_b}{T_b} \approx 88 J/(mol \cdot K) \tag{3-13b}$$

式中，$\Delta_v S_b$ 为正常沸点下蒸发熵。

Trouton 规则是最早用于估算 $\Delta_v H_b$ 数值的方法，以后有许多人对其进行修正。利用这一规则对那些难以确定其临界参数的一些物质，则可仅由它们的正常沸点数据，即能方便快速的估算其 $\Delta_v H_b$。对于沸点高于 170K 的非缔合液体，Trouton 法可以得到较好的结果（正常液体 $\Delta_v S_b = 86.6 \pm 3.3$）。但对那些强极性液体及在 150K 温度以下沸腾的液体则不适用（如 H_2 的 $\Delta_v S_b \approx 44.4$，He 为 25.1，$N_2$ 为 71，水为 109，C_2H_5OH 则为 113），Wanger[32] 曾指出对二聚（体）缔合液体其 $\Delta_v S_b$ 平均约为 117.6。

(2) Kistiakowsky[20,33] 方程

$$\frac{\Delta_v H_b}{T_b} = \Delta_v S_b = 36.6 + R \ln T_b, J/(mol \cdot K) \tag{3-14}$$

此式是为改进 Trouton 经验规则的准确度而提出的，它对烃类有很高的准确度，但对极性化合物其结果仍然是很差的。

(3) Vetere[20,34] 改进的方程

最近 Vetere 为改进 Kistiakowsky 方程提出以 $\Delta_v S_b$ 作为 T_b，M_r 的函数进行关联，对有机物分类应用不同的关联式。对烃类，

$$\Delta_v S_b = 58.20 + 13.7 \lg M_r + 6.49 \frac{[T_b - (263 M_r)^{0.581}]^{1.037}}{M_r} \tag{3-15a}$$

对醇类、酸类及甲胺化合物。

$$\Delta_v S_b = 81.119 + 13.083 \lg T_b - 25.769 \frac{T_b}{M_r} + 0.146528 \frac{T_b^2}{M_r} - 2.1362 \times 10^{-4} \frac{T_b^3}{M_r}$$

$$(3\text{-}15b)$$

对其它极性化合物，

$$\Delta_v S_b = 44.367 + 15.33 \lg_{10} T_b + 0.39137 \frac{T_b}{M_r} + 4.330 \times 10^{-3} \frac{T_b^2}{M_r} - 5.627 \times 10^{-6} \frac{T_b^3}{M_r}$$

$$(3\text{-}15c)$$

对酯类，应将式 (3-15c) 计算出的 $\Delta_v S_b$ 值再乘以 1.03。

Vetere 改进方程预测的 $\Delta_v H_b$ 准确度几乎都是在实验值的 5% 以内，多数情况下其误差 <3%。以丙醛为例计算出的 $\Delta_v H_b$ 值与实验值比较相对误差为 1.5%，Tamir[35] 认为 Vetere 方程与最好的基于临界参数的关联式计算 $\Delta_v H_b$ 可得同样的准确度。

例 3-4 以 Vetere 改进方程估算丙醛的 $\Delta_v S_b$ 及 $\Delta_v H_b$，已知丙醛的 $T_b = 321K$ 和 $M_r = 58.08$，$\Delta_v H_b$ 实验值为 28.280kJ/mol。

解 应用方程 (3-15c) 得

$$\Delta_v S_b = \left(44.376 + 15.33 \lg 321 + 0.39137 \frac{321}{58.08} \right.$$

$$\left. + 4.330 \times 10^{-3} \frac{321^2}{58.08} - 5.627 \times 10^{-6} \frac{321^2}{58.08} \right) J/(mol \cdot K)$$

$$= 89.43 J/(mol \cdot K)$$

$$\Delta_v H_b = 89.43 \times 321 kJ/mol = 28.710 kJ/mol$$

$$相对误差 \frac{28.710 - 28.280}{28.280} \times 100\% = 1.5\%$$

(4) Ma Peisheng (马沛生) 和 Zhao Xinmin (赵新民)[36] 改进的新基团贡献法

马-赵在分析了 Hoshino 等[37,38] 的正常沸点蒸发熵 $\Delta_v S_b$ 基团贡献法关系式后提出一个能估算类型广泛的有机化合物的 $\Delta_v S_b$，其估算结果准确度很高（表 3-39a）。

$$\Delta_v S_b = \Delta_v H_b / T_b = A + \sum n_i \Delta_i, \ J/(mol \cdot K) \tag{3-16}$$

式中，A 为常数 (=86.9178)；Δ_i 为基团 i 的增量；n_i 为分子中基团 i 的数目。

例 3-5 用 Ma（马）-Zhao（赵）新基团法估算 1-甲基-1-乙基环戊烷（1）和萘（2）的 $\Delta_v S_b$，相应的实验值为

$$\Delta_v S_{b,exp(1)} = 84.115 J/(mol \cdot K)$$

$$\Delta_v S_{b,exp(2)} = 88.088 J/(mol \cdot K)$$

解 （1）结构式 $\begin{array}{c} CH_2 - CH_2 \\ | \quad\quad\quad \\ CH_2 - CH_2 \end{array} \begin{array}{c} CH_3 \\ \diagup \\ C \\ \diagdown \\ CH_2CH_3 \end{array}$

分子中有 4 (—CH₂—)$_{环中}$ + $\diagup\!\!\!C\!\!\!\diagdown$ $_{环中}$ + (—CH₃)$_{连到环上}$ —CH₂— $_{连到环上}$ + (—CH₃)$_{非环}$

故 $\Delta_v S_b = \Delta_v H_b / T_b = A + \sum n_i \Delta s_i$

查表 3-39 给出

$$\Delta_v S_b = [86.9178 + 4(-0.43744) + 1.02830 - 1.48445 + 0.03176 - 1.43477] J/(mol \cdot K)$$

$$= 83.309 J/(mol \cdot K)$$

与实验值比较误差为 -0.96%。

（2）结构式为 $\hexagon\!\!\!\hexagon$ 由

$$8(=CH—)_{芳环中} + 2(=C\!\!\!\diagdown)_{芳环中}$$

$$\therefore \ \Delta_v S_b = A + \sum n_i \Delta S_i = [86.9178 + 8(-0.08451) + 2(0.94853)]J/(mol \cdot K)$$
$$= 87.939 J/(mol \cdot K)$$

与实验值比较误差为-0.17%。

表 3-39a 马-赵新基团贡献法估算 $\Delta_v S_b$ 的基团增量

基 团	$\Delta S_i/[J/(mol \cdot K)]$	基 团	$\Delta S_i/[J/(mol \cdot K)]$	基 团	$\Delta S_i/[J/(mol \cdot K)]$
		非环基团			
—CH₃	-1.43477	—CH₂	0.18656	>CH	1.27315
>C<	1.69807	=CH₂	-2.60440	=CH—	0.99458
=C<	2.50426	=C=	0.61072	≡CH	0.68170
≡C—	1.85679	—CH₂F	10.70200	—CHF₂	0.17150
—CF₃	-2.48046	—CF₂	0.96341	>CF—	3.24697
—CH₂Cl	1.06175	—CHCl₂	2.07363	—CCl₃	1.01919
—CHCl	0.04378	>CCl	2.41736	—CHCl	0.51964
=CCl₂	0.72724	—CH₂Br	0.61462	—CHBr—	0.34029
>CBr	1.70036	—CH₂I	-0.20456	—CHI	0.47073
>Cl	1.60407	—CF₂Cl	1.08167	—CFCl₂	-4.02309
—CHFCl	0.70034	—CFCl—	0.00001	—CHClBr	2.41696
—CF₂Br	-1.14546	—CFClBr	-0.60841	—CH₂OH	20.73950
>CHOH	21.80900	>COH	21.97611	—CHO	3.69299
>C=O	3.39457	—COO	6.87737	—O—	2.65641
		O=C—O—C=O	15.97601	—O—CH₂CH₂OH	8.66733
—NH₂	5.65673	—NH	3.86298	>N—	3.67625
—CN	1.67411	—NHNH₂	13.74770	—NNH₂	12.76911
—NHNH—	13.56420	—NO₂	3.47383	—NO₃	7.42947
—SH	0.98987	—S—	2.39961	—COS	4.56971
		在环中的基团			
—CH₂—	-0.43744	>CH—	0.57966	>C<	1.02830
=CH—	-0.78038	=C<	-0.89522	>C=O	4.35729
—NH—	6.60287	=N—	10.12250	>N—	5.61753
—S—	3.87556	—O—	3.11435		
		连接在环上的基团			
—CH₃	-1.48445	—CH₂—	0.03176	>CH—	2.04483
>C<	2.21868	—F	-1.12292	—CF₂—	7.78673
—OH	19.41000	—COO—	5.66269	—NH₂	3.46378
—SH	1.39761				
		在芳环中的基团			
—CH—	-0.08451	=C<	0.94853		

续表

基 团	$\Delta S_i/[\text{J}/(\text{mol}\cdot\text{K})]$	基 团	$\Delta S_i/[\text{J}/(\text{mol}\cdot\text{K})]$	基 团	$\Delta S_i/[\text{J}/(\text{mol}\cdot\text{K})]$
		连接在芳环上的基团			
—CH₃	−0.29355	—CH₂—	1.56046	>CH—	1.18641
—CH—	3.18353	>C<	1.89327	=C<	3.89295
—F	−0.50872	—CF₃	−3.09845	—Cl	−0.79379
—I	−1.83480	—OH	10.48920	—O—	5.29535
—CHO	6.98096	—CH₂OH	18.07230	—COO—	6.07815
O=C—O—C=O	0.05886	—NH₂	6.70416		
		A=86.9178			

酸类与多元醇类基团增量	基团	ΔS_i /[J/(mol·K)]	基团	ΔS_i /[J/(mol·K)]	基团	ΔS_i /[J/(mol·K)]	基团	ΔS_i /[J/(mol·K)]
酸类基团	—CH₃	15.056	>CH—	16.994	—CH₂—	15.750	—COOH	−37.903
多元醇类基团	—CH₃	18.295	>CH—	−11.267	—CH₂—	4.208	—OH	−3.120

3.2.1.5 蒸发焓与温度的关系

$\Delta_v H$ 是温度的函数且随温度的增加而降低，在临界点处为零。

（1）Watson关系式[20,39] 这是一个单点数值外推法。由某个温度下的 $\Delta_v H_1$ 数据估算其它任意温度下的 $\Delta_v H_2$，这种某个特定温度下的 $\Delta_v H_1$ 如 $\Delta_v H_{\notin}$、$\Delta_v H_{T_b}$ 数据通常是能够在文献手册中查到的，或如前述亦可用适宜的方法估算得出。

Watson 提出一广泛应用的方程

$$\Delta_v H_2 = \Delta_v H_1 \left(\frac{1-T_{r2}}{1-T_{r1}}\right)^n \tag{3-17}$$

式中，下标 1，2 是指在温度 T_1 和 T_2 下。n 是随物质不同而有不同的值。对 44 种流体 n 平均是 0.378，但对仲氢 $n=0.237$（n 最小），对乙醛 $n=0.589$（n 最大）。Watson 推荐对非缔合液体 n 为常数，且取值为 0.375 或 0.38。在 T_b 和 T_c 温度范围内，此值满足工程计算的要求。由 n 引起的 $\Delta_v H$ 估算误差约在 2% 之内。

Viswanath 和 Kuloor[20,45] 建议以下式计算出 n 值。

$$n = \left(0.00264 \frac{\Delta_v H_b}{RT_b} + 0.8794\right)^{10} \tag{3-17a}$$

Fishtine[26,40] 提出指数 n 与 T_{br} 有以下关系。

$$\left.\begin{array}{ll} T_{br} & n \\ <0.57 & 0.30 \\ >0.71 & 0.41 \\ 0.57\sim0.71 & 0.740T_{br}-0.116 \end{array}\right\} \tag{3-17b}$$

由此关系得到的 $\Delta_v H$ 估算值较好。

用正常沸点下的 $\Delta_v H_b$ 值推算另一温度下的蒸发焓 $\Delta_v H$ 可将式（3-17）写成

$$\Delta_v H = \Delta_v H_b \left(\frac{1-T_r}{1-T_{br}}\right)^{0.38} \tag{3-17c}$$

式中，$\Delta_v H_b$，T_{br} 可视为该物质的两个经验参数。$T_{br} = \dfrac{T_b}{T_c}$。

例 3-6 估算 298.15K 下异辛烷的蒸发焓 $\Delta_v H$，已知 $T_b = 372.4\text{K}$，$T_c = 543.9\text{K}$，$\Delta_v H$

的实验值为 35.133kJ/mol

解　$T_{br} = T_b/T_c = 0.6847$

由文献查得 $\Delta_v H_b = 31.008$J/mol。由式（3-17b），

$$n = 0.740(0.6847) - 0.116 = 0.39$$

由式（3-17c）可得

$$\Delta_v H = 31008\left[\frac{1 - 298.15/543.9}{1 - 0.6847}\right]^{0.39} \text{J/mol}$$

$$= 35678 \text{J/mol}$$

相对误差 = $(35678 - 35133)/35133 \times 100\% = 1.6\%$

（2）Fish 和 Lielmezs [20, 41, 42] **关联式**

$$\Delta_v H = \Delta_v H_b \frac{T_r}{T_{br}} \frac{X + X^q}{1 + X^p} \tag{3-18}$$

在此 $X = \frac{T_{br}}{T_r} \cdot \frac{1 - T_r}{1 - T_{br}}$，$q$、$p$ 值见表 3-39b。

表 3-39b　Fish 和 Lielmezs 关联参数

参　　数	q	p
液态金属	0.20957	-0.17467
量子液体（He，H₂，D₂，Ne）	0.14543	0.52740
无机和有机液体	0.35298	0.13856

与式（3-17）（n 取值为 0.38）比较，当 $T < T_b$ 时式（3-18）预测的 $\Delta_v H$ 稍小一些，而当 $T > T_b$ 又稍高一些。对液态金属与量子液体，以式（3-18）估算其 $\Delta_v H$ 更准确，但对有机和无机液体估算 $\Delta_v H$ 的平均误差，两个方程并无明显的差别。

（3）Tékǎc，Majer 和 Svoboda等 [37, 19, 31] **关联式**

$$\text{二参数　} \Delta_v H = A(1 - T_r)^\beta \exp(-\beta T_r) \tag{3-19}$$

$$\text{三参数　} \Delta_v H = A(1 - T_r)^\beta \exp(-\alpha T_r) \tag{3-19a}$$

$$\Delta_v H = A(1 - T_r)^{0.285} \exp(-0.285 T_r) \tag{3-19b}$$

式（3-19a）是式（3-19）的改进式，有 A、α、β 三个参数，可适用于强极性化合物，以及更宽的温度范围。Majer 等在其专著 [19] 中给出了几百种有机物的 A、α、β 数值。若式（3-19）中取 $\beta = 0.285$ 即是式（3-19b）。

通常 $\Delta_v H$ 与温度的关联应用较广的是 Watson 方程，Yaws 在其有机物的热力学和物理性质数据集[8]中，就是以此方程预测、关联了近 700 种主要有机物在熔点和 298.15K 下的 $\Delta_v H$ 数据❶，参见表 3-13。而在文献 [17] 中 Yaws 给出 1360 种有机物，343 种无机物的 $\Delta_v H_b$ 数值及 $\Delta_v H_T = A\left(1 - \dfrac{T}{T_c}\right)^n$ 关联式，同时列出各物质的 A，T_c 和 n 的数值。

Majer 等在文献 [31] 中列出 12 个 $\Delta_v H \sim T$ 关联方程，认为若数据温度范围 $T < 100$K 时可选用 2-参数关联方程如式（3-19），而在 $T > 150$K 时则需用 3-参数方程如式（3-19a），或更多参数的关联式，关键在于能否找到需求化合物的回归参数值。

中国台湾台中 providence 大学 Tu C-H 和 Liu C-P 系统的研究了 14 个 $\Delta_v H_T$ 的温度 T 关联式并分别给出其平均绝对百分偏差 $d\%$。Graue 等的 2 个，3 个，4 个参数关联方程与其它参数相应的关联方程比较，Graue 等的关联方程其 $d\%$ 都最小，Tu 和 Liu 就是利用

❶　在 Yaws 的数据集中所列正常沸点下的蒸发焓绝大多数是文献的实验值，少数注有"＊"者是用 Riedel 方程估算值。

Graue 等的三参数关联方程式（3-20）开发出 Tu-Liu 新的基团贡献法式（3-20a）。

例 3-7 利用 Fish-Lielmezs 关联式（3-18）估算 298.15K 下异辛烷的 $\Delta_v H$，已知 $T_b = 372.4K$，$T_c = 543.9K$，$\Delta_v H$ 的实验值为 35.133kJ/mol，$T_{br} = T_b/T_c = 0.6847$，$T_r = 0.5479$

解 查得 $\Delta_v H_b = 31.008$kJ/mol，由表中取 $q = 0.35298$，$p = 0.13856$ 将其代入式（3-13）。

$$X = 0.6847 \times 0.5479^{-1} (1 - 0.5479) \times (1 - 0.6847)^{-1} = 1.7919$$

$$\therefore \Delta_v H_{\bar{e}} = 31.008 \times \frac{0.5479}{0.6847} \times \frac{1.7919 + 1.7919^{0.35298}}{1 + 1.7919^{0.13856}} \text{kJ/mol}$$

$$= 35.960 \text{kJ/mol}$$

相对误差 $= (35.960 - 35.133) \times 35.133^{-1} \times 100\% = 2.45\%$

（4） Tu Chein-Hsium，Liu Chiu-Ping （Tu-Liu）基团贡献法[43]

1996 年 Tu C-H 和 Liu C-P 在广泛地考察了 14 个 2～4 个常数的蒸发焓温度关联式后，在 Graue 等三常数蒸发焓温度关联式 $\Delta_v H = \sum\limits_{i}^{3} A_1 (1 - T_r)^{i/3}$（3-20）的基础上提出

$$\Delta_v H = \sum_{i=1} N_i [a_i (1 - T_r)^{1/3} + b_i (1 - T_r)^{2/3} + c_i (1 - T_r)], \text{kJ/mol} \tag{3-20}$$

式中　$T_r = T/T_c$，T_c——临界温度，K，a_i，b_i，c_i 为基团 i 的预测参数（predictive parameters）；

N_i——分子中基团的数目。

39 个有机基团 i 参数 a_i，b_i，c_i 的数值列于表 3-40 中，a_i，b_i，c_i 参数值是由 509 个有机化合物 3396 个蒸发焓实验数据回归计算得出的，对此方法所需的 T_c 值，文献［43］作者已提供 509 个有机物经调整后（为使回归计算中误差最小时的 T_c 调节值 adjusted critical temperature）T_c 的经验值。

Tu-Liu 基团贡献法可用于极性、非极性类型广泛的有机化合物，与①Basařová and svoboda 基团贡献法[44]以及另外 5 个通行的估算法②Watson[20,39]式（3-17），③Viswanath and Kuloor[20,45]式（3-17a），④Fish and Lielmezs[20,41,42]式（3-18），⑤Carruth and Kobayashi 改进的 pitzer 法[20]，⑥Sivaraman etal[20,23,24]式（3-8）相比较，此法不仅准确而且更为简单，可用于温度到 750K，蒸发焓到 100kJ/mol，以及用于近临界温度，$T_r \approx 0.9 \sim 1$（相对误差为 2.8%）。对 509 个有机物，3396 个数据点考察此法，使用调整 T_c 值其平均绝对偏差 ε 为 0.74kJ/mol，标准偏差 σ 为 1.08kJ/mol，总平均绝对百分偏差 d 为 0.25%。有机酸类偏差则大得多。若在估算时使用未经调整的文献 T_c 实际值则 ε 变为 1.04kJ/mol，σ 为 1.42 kJ/mol，d 为 3.7%。

表 3-40　Tu-Liu 基团贡献法参数值[43]

p	基团	a_i	b_i	c_i
1	—CH₃	1.39	29.85	-22.87
2	—CH₂—	6.37	-7.04	7.06
3	⟩CH—	15.28	-58.80	47.02
4	⟩C⟨	-18.57	8.96	2.30
5	=CH₂	5.63	17.79	-17.45
6	=CH—	6.02	-7.11	8.22
7	=C⟨	12.10	-51.35	46.84
8	=C=	-157.20	471.75	-338.15
9	≡CH	4.33	20.12	-14.54
10	≡C—	8.26	-7.06	7.72
11	(—CH₂—)_R	4.24	7.92	-5.35
12	(—CH—)_R ①	-1.78	0.32	0.72

续表

p	基团	a_i	b_i	c_i
13	(＞C＜)$_R$	2.07	-34.96	30.84
14	(＝CH—)$_R$	2.68	11.87	-8.05
15	(＝C＜)$_R$	10.71	-27.56	20.80
16	—OH	18.60	34.27	-8.96
17	—OH (Phenols)	4192.40	-11139.78	7378.65
18	—CHO	701.65	-1855.45	1271.87
19	—O—	5.12	1.38	-1.31
20	—CO—	158.81	-400.31	281.37
21	—COOH	152.35	-399.47	309.01
22	—COO—	17.95	-4.40	11.93
23	—NH$_2$	427.98	-1116.16	765.29
24	—NH—	32.04	-55.62	33.06
25	＞N—	165.97	-445.55	294.88
26	(＝N—)$_R$	297.30	-762.62	508.32
27	—CN	35.56	-13.53	10.85
28	—NO$_2$	-912.14	2535.36	-1691.73
29	(—NH—)$_R$	-641.59	1772.71	-1182.84
30	—F	5.75	13.62	-15.15
31	(—F)$_R$	-9.80	43.78	-29.58
32	—Cl	11.24	4.67	-1.48
33	—Br	121.72	-289.84	203.90
34	—I	-692.65	1894.54	-1246.92
35	—S—	-186.93	544.61	-370.19
36	(—S—)$_R$	-436.54	1171.03	-754.25
37	—SH	-126.30	407.83	-284.04
38	(—O—)$_R$	-899.51	2544.16	-1761.97
39	(—O—)$_F$	24.10	-49.46	39.95

① 原表中如此，应是（ ＞CH—)$_R$。下标：R 表示基团连到环上；F 表示基团连在呋喃环中。

Tu-Liu 基团贡献法是近年提出的各种估算 $\Delta_v H_T$ 方法中最适宜于实际应用的一个。此法不仅对化合物覆盖面广（各种有机化合物）且其基团数仅有 39 个，参数不多，只需一个已知 T_c 值，其估算结果准确度完全可以满足各种工程计算的实际需要。故在此特给以推荐。

例 3-8 估算 2,3-二甲基吡啶在 368.2K 时的蒸发焓。在此温度下的实验值为 43.45kJ/mol[19]，T_c 是 641.5K（调整经验值）。

解 分子结构式为 ，可分解成 2 个 —CH$_3$ ，环中有 3 个 ＝CH— ，2 个 ＝C＜ ，1 个 ＝N— 。由表 3-40 查出各基团相应的 a_i，b_i，c_i 值。

基团	数目	a_i	b_i	c_i
—CH$_3$	2	1.39	29.85	-22.87
(＝CH—)$_R$	3	2.68	11.87	-8.05
(＝C＜)$_R$	2	10.71	-27.56	20.80
(＝N—)$_R$	1	297.30	-762.62	508.32

$A = \sum N_i a_i = 329.54$，$B = \sum N_i b_i = -722.43$，$C = \sum N_i c_i = 480.03$

代入式(3-20)，

$$\Delta_v H = A(1-T_r)^{1/3} + B(1-T_r)^{2/3} + C(1-T_r) = 329.54\left(1-\frac{T}{T_c}\right)^{1/3}$$

$$-722.43\left(1-\frac{T}{T_c}\right)^{2/3}+480.03\left(1-\frac{T}{T_c}\right)$$

再代入 $T=368.2\mathrm{K}$，$T_c=641.5\mathrm{K}$，求得 $\Delta_v H_{368.2}=43.40\mathrm{kJ/mol}$

相对误差为 $\dfrac{43.40-43.45}{43.45}\times100\%\approx-0.1\%$

若改用实际临界温度 $T_c=655.4\ \mathrm{K}$[20]，其余同上求得

$\Delta_v H_{368.2}=43.88\mathrm{kJ/mol}$，则相对误差为 $\dfrac{43.88-43.45}{43.45}\times100\%\approx1\%$

（5）1994 年李平等[46]应用对应状态，基团贡献相结合的方法 [corresponding-states Group-Contribution method （CSGC）] 提出 CSGC-HW1 和 CSGC-HW2 两个新的方程用于估算不同温度纯化合物的 $\Delta_v H_T$。此法取 CS 与 GC 法之长补两者之短，不仅提高了估算的准确度亦扩大了应用范围，包括烃类以及含 O，Z（卤素），S，N 各类有机物皆可应用此法估算 $\Delta_v H_T$。CSGC-HW1 能得到更高的估算精度，即使对含氧的有机物，其估算偏差也全部低于 1%，而对其它各类有机物其偏差皆低于 0.5，405 种，12 类有机物总平均误差为 0.43%，但应用 CSGC-HW1 估算 $\Delta_v H_T$ 时，需用到正常沸点 T_b 及在 T_b 下的蒸发焓 $\Delta_v H_{Tb}$ 数据，对无 $\Delta_v H_{Tb}$ 数据时，仅需有 T_b 值则可利用 CSGC-HW2 估算任意温度下 $\Delta_v H_T$ 值，亦可得到满意的结果，对 397 种各类有机物估算的总平均误差为 1.01%。

CSGC-HW1 方程

$$\Delta_v H=\Delta_v H_b\left(\frac{1-T_r^*}{1-T_{br}^*}\right)^q \tag{3-21a}$$

此式类似于 Watson 方程（3-17）。式中 $T_r^*=\dfrac{T^*}{T_c^*}$；$T_{br}^*=\dfrac{T_b}{T_c^*}$；$q=aT_{br}^*+b$

T_b 为正常沸点；$\Delta_v H_b$ 为正常沸点下蒸发焓；T_c^* 为化合物假定的临界温度（Assumed-critical temperature）。T_c^* 可由以下基团贡献法方程计算出

$$T_c^*=\frac{T_b}{\left[A_T+B_T\sum_i^M n_i\Delta_{T_i}+C_T\left(\sum_i^M n_i\Delta_{T_i}\right)^2+D_T\left(\sum_i^M n_i\Delta_{T_i}\right)^3\right]} \tag{3-21b}$$

Δ_{T_i} 是基团 i 贡献到相应化合物 T_c^* 上的值，常数 $A_T\sim D_T$ 和 a，b 可由各种化合物不同温度下 $\Delta_v H_T$ 数据确定。

CSGC-HW2 方程，[它类似于 Riedel 方程（3-10）]

$$\Delta_v H_b^*=cRT_c^* T_{br}^*\frac{\ln\left(\dfrac{P_c^*}{101.325}\right)+d}{e+T_{br}^*} \tag{3-22a}$$

式中，T_c^* 由上述式（3-21b）计算，p_c^* 是化合物假设临界压力（Assumed-critical pressure）

由下面方程计算出

$$p_c^*=\frac{101.325\ln T_b}{\left[A_P+B_P\sum_i^M n_i\Delta_{P_i}+C_P\left(\sum_i^M n_i\Delta_{P_i}\right)^2+D_P\left(\sum_i^M n_i\Delta_{P_i}\right)^3\right]} \tag{3-22b}$$

式中，Δp_i 为基团 i 贡献到相应化合物 p_c^* 上的值，以 $\Delta_v H_b^*$ 代替方程 CSGC-HW1 中 $\Delta_v H_b$，即得 CSGC-HW2 方程

$$\Delta_v H=\Delta_v H_b^*\left(\frac{1-T_r^*}{1-T_{br}^*}\right)^q \tag{3-22c}$$

式中，q 相同于方程 CSGC-HW1 中的 q，$A_P \sim D_P$ 和 $c \sim e$ 由不同温度下各种化合物 $\Delta_v H_T$ 实验值回归得出

方程 CSGC-HW1 and CSGC-HW2 中常数如下：

$A_T = 0.5782359$ $B_T = 1.064102$ $C_T = -1.780121$ $D_T = -0.5002329$

$A_P = 0.02912515$ $B_P = 0.2070870$ $C_P = -0.04948187$ $D_P = -0.08637077$

$a = 0.7815677$ $b = -0.1072383$ $c = 1.319767$ $d = -1.140257$

$e = 1.059397$

计算 T_c^* 和 p_c^* 77 个基团的 Δ_{T_i} 和 Δ_{P_i} 贡献值列于表 3-41。

表 3-41 CSGC-HW1 方程 CSGC-HW2 方程基团贡献参数值

No.	基团	Δ_T	Δ_P
1	—CH$_3$	1.510725×10^{-2}	7.199872×10^{-2}
2	—CH$_2$—	1.724960×10^{-2}	4.949358×10^{-2}
3	—CH<	8.206141×10^{-3}	5.134904×10^{-3}
4	>C<	2.200289×10^{-3}	-3.474154×10^{-3}
5	=CH$_2$	1.151103×10^{-2}	6.799675×10^{-2}
6	=CH—	1.359028×10^{-2}	3.455132×10^{-2}
7	=C<	9.800723×10^{-3}	-1.465733×10^{-2}
8	=C=	2.367769×10^{-3}	-1.353578×10^{-2}
9	≡CH	1.784879×10^{-4}	3.943810×10^{-2}
10	(≡C—)	-1.937481×10^{-3}	-5.737282×10^{-2}
11	(—CH$_2$—)$_R$	1.177097×10^{-2}	4.193545×10^{-2}
12	(—CH<)$_R$	9.362444×10^{-3}	3.376520×10^{-2}
13	(>C<)$_R$	-4.191567×10^{-4}	-4.982913×10^{-3}
14	(—CH$_3$)$_{RC}$	9.480162×10^{-3}	4.652391×10^{-2}
15	(—CH$_2$—)$_{RC}$	1.194979×10^{-2}	2.624436×10^{-2}
16	(—CH<)$_{RC}$	-5.167713×10^{-3}	-2.574088×10^{-2}
17	(>C<)$_{RC}$	1.680153×10^{-2}	1.012096×10^{-1}
18	(=CH—)$_R$	1.288065×10^{-2}	4.019941×10^{-2}
19	(=C<)$_R$	-1.011081×10^{-1}	-1.966530×10^{-1}
20	(=CH—)$_{RC}$	1.109243×10^{-2}	5.332780×10^{-2}
21	(=CH—)$_A$	9.785078×10^{-3}	3.006393×10^{-2}
22	(=C<)$_A$	3.712300×10^{-3}	3.569117×10^{-6}
23	(—CH$_3$)$_{AC}$	1.953138×10^{-2}	7.507947×10^{-2}
24	(—CH$_2$—)$_{AC}$	2.111048×10^{-2}	5.410683×10^{-2}
25	(>C<)$_{AC}$	1.951424×10^{-3}	-1.090683×10^{-2}
26	—OH	1.327208×10^{-1}	-5.462839×10^{-2}
27	—O—	1.382214×10^{-2}	-5.538195×10^{-3}
28	(—O—)$_R$	5.035264×10^{-3}	-2.000529×10^{-2}
29	>C=O	3.335130×10^{-2}	1.483678×10^{-2}
30	—CHO	2.545107×10^{-2}	3.824443×10^{-2}
31	—COOH$^+$	-3.496539×10^{-1}	—
32	HCOO—	4.016020×10^{-2}	3.305347×10^{-6}
33	—COO—	5.102944×10^{-2}	2.587184×10^{-2}
34	—NH$_2$	5.379153×10^{-2}	1.541143×10^{-2}
35	—NH—	3.768647×10^{-2}	3.258488×10^{-2}

续表

No.	基团	Δ_T	Δ_P
36	—N<	-9.525362×10^{-3}	-7.779588×10^{-2}
37	(—NH—)$_R$	1.611774×10^{-2}	-4.814038×10^{-2}
38	(—NH$_2$)$_{RC}$	4.459879×10^{-2}	6.450627×10^{-2}
39	(=N—)$_A$	2.143643×10^{-2}	1.929150×10^{-2}
40	(—NH$_2$)$_{AC}$	1.167201×10^{-1}	2.429057×10^{-1}
41	—CN	4.492363×10^{-2}	9.417060×10^{-2}
42	(—CN)$_{RC}$	4.668695×10^{-2}	1.240533×10^{-1}
43	—NO$_2$	3.868289×10^{-2}	5.012809×10^{-2}
44	—SH	1.282602×10^{-2}	2.333337×10^{-2}
45	(—SH)$_{RC}$	6.339581×10^{-3}	-3.469069×10^{-3}
46	(—SH)$_{AC}$	4.929587×10^{-3}	3.305347×10^{-6}
47	—S—	8.997162×10^{-3}	-1.326967×10^{-2}
48	(—S—)$_R$	8.092776×10^{-3}	7.763084×10^{-3}
49	—CSO—	4.026105×10^{-2}	4.778532×10^{-2}
50	—CF$_3$	3.071368×10^{-2}	2.154626×10^{-1}
51	—CF$_2$—	2.296236×10^{-2}	3.483323×10^{-1}
52	—CF<	5.112411×10^{-2}	1.340106×10^{-1}
53	—CHF$_2$	4.324814×10^{-2}	1.228295×10^{-1}
54	—CH$_2$F	3.048606×10^{-3}	-1.742926×10^{-1}
55	(—CF$_2$—)$_R$	2.317780×10^{-2}	-2.962061×10^{-2}
56	(—CF<)$_R$	1.702169×10^{-2}	-4.216218×10^{-2}
57	(=CF—)$_A$	1.838424×10^{-2}	4.646963×10^{-2}
58	(—CF$_3$)$_{AC}$	4.197127×10^{-2}	1.313363×10^{-1}
59	—CCl$_3$	4.468359×10^{-2}	1.248717×10^{-1}
60	—CCl<	2.296236×10^{-2}	3.948416×10^{-2}
61	—CHCl$_2$	5.160032×10^{-2}	1.280653×10^{-1}
62	—CH$_2$Cl	2.379402×10^{-2}	5.785393×10^{-2}
63	—CHCl—	2.016681×10^{-2}	9.476376×10^{-1}
64	=CCl$_2$	2.738311×10^{-2}	8.252156×10^{-2}
65	=CHCl	-6.984272×10^{-5}	2.853214×10^{-2}
66	(=CCl—)$_A$	1.804573×10^{-2}	6.196290×10^{-2}
67	—CH$_2$Br	2.343512×10^{-2}	5.867490×10^{-2}
68	—CHBr—	2.354890×10^{-2}	4.797461×10^{-2}
69	—CBr<	-1.608204×10^{-3}	-3.549410×10^{-2}
70	—CH$_2$I	3.226361×10^{-2}	1.032156×10^{-1}
71	—CHI—	2.486769×10^{-2}	6.499634×10^{-2}
72	—CI<	1.856501×10^{-2}	9.151742×10^{-1}
73	—CF$_2$Cl	3.238498×10^{-2}	1.110023×10^{-1}
74	—CFClH	2.299236×10^{-2}	8.005106×10^{-2}
75	—CFCl—	2.840858×10^{-2}	4.344384×10^{-2}
76	—CF$_2$Br	3.954288×10^{-2}	1.349304×10^{-1}
77	—CClBrH	4.342815×10^{-2}	9.365589×10^{-4}

注：下标 A 芳香环上；AC 芳香环相连；R 非芳香环上；RC 非芳香环相连；+—马沛生化工数据。

CSGC-HW1 与 CSGC-HW2 估算 $\Delta_{\mathrm{v}}H_{\mathrm{T}}$ 例示

例 3-9 估算乙苯在 298.2K 下（正常沸点 $T_{\mathrm{b}}=409.3\mathrm{K}$）蒸发焓 $\Delta_{\mathrm{v}}H_{\ell}$，文献实验值 $\Delta_{\mathrm{v}}H_{\ell}=42.24\mathrm{kJ/mol}$。

乙苯分子结构式如下所示。

$$\bigcirc\!\!\!-\mathrm{CH_2-CH_3}$$

相应基团及基团贡献值由表 3-41 查出如下。

No.	基团	n	Δ_{T}	Δ_{P}
1	—CH₃	1	1.510725×10^{-2}	7.199872×10^{-2}
21	(=CH—)ₐ	5	9.785078×10^{-3}	3.006393×10^{-2}
22	(=C<)ₐ	1	3.712300×10^{-3}	3.569117×10^{-6}
24	(—CH₂—)ₐc	1	2.111048×10^{-2}	5.410683×10^{-2}

估算结果	方程	$\Delta_{\mathrm{v}}H_{\ell}/(\mathrm{kJ/mol})$	百分误差/%
	CSGC-HW1	42.22	0.05
	CSGC-HW2	42.14	0.23

例 3-10 估算 358.2K 下，乙基环己烷（正常沸点 $T_{\mathrm{b}}=405.0\mathrm{K}$）蒸发焓 $\Delta_{\mathrm{v}}H_{\mathrm{T}}$ 此温度下，乙基环己烷的 $\Delta_{\mathrm{v}}H_{358.2}$ 实验值为 $37.00\mathrm{kJ/mol}$。

乙基环己烷分子结构式，为

$$\begin{array}{c}\mathrm{CH_2}\\\mathrm{CH_2}\quad\mathrm{CH-CH_2-CH_3}\\\mathrm{CH_2}\quad\mathrm{CH_2}\\\mathrm{CH_2}\end{array}$$

由表 3-41 查出其相应基团及贡献值如下所示。

No.	基团	n	Δ_{T}	Δ_{P}
1	—CH₃	1	1.510725×10^{-2}	7.199872×10^{-2}
11	(—CH₂—)ᵣ	5	1.177097×10^{-2}	4.193545×10^{-2}
12	(>CH—)ᵣ	1	9.362444×10^{-3}	3.376520×10^{-2}
15	(—CH₂—)ᵣc	1	1.194979×10^{-2}	2.624436×10^{-2}

估算结果	方程	$\Delta_{\mathrm{v}}H_{358.2}/(\mathrm{kJ/mol})$	相对百分偏差/%
	CSGC-HW1	37.03	−0.08
	CSGC-HW2	37.232	−0.62

李平等人提出的新方程与 Watson 方程（3-17），Viswanath-Kuloor 方程（3-17a），Fishtine 方程（3-17b），Fish-Lielmezs 方程（3-18）比较，对 13 种不同类型有机物的 $\Delta_{\mathrm{v}}H_{\mathrm{T}}$ 进行预测（predicting），方程 CSGC-HW1 和 CSGC-HW2 所得结果总平均误差皆小于上述四种估算法，且其在预测时并不需要临界温度 T_{c} 数值。

3.2.2 纯物质熔融焓 $\Delta_{\mathrm{m}}H$ 的估算

熔融焓或熔化焓 $\Delta_{\mathrm{m}}H$ 通常称为熔融（化）热。它部分地与固体晶型有关，这使得计算 $\Delta_{\mathrm{m}}H$ 问题变得复杂。虽然已有几种估算 $\Delta_{\mathrm{m}}H$ 的方法，但到目前为止还未建立起一种既简便而又有相当准确度的估算法，亦未有成功的普遍化的关联式。文献［35］给出了 1900～1981 年间发表的包括熔融焓在内的相变焓数据文献 4500 余篇。但其未能给出具体数据。

可以利用 Clausius-Clapeyron 方程计算 $\Delta_{\mathrm{m}}H$，但要用到 T_{m}（熔点）随压力变化的数据，这是很少能够得到的。从液体理论预测 $\Delta_{\mathrm{m}}H$，结果都很差，仅对少数几种金属元素其理论预测值才能与实验值相符。

3.2.2.1 熔融熵的经验规则

对于单原子固体 Richards 提出一经验规则

$$\Delta_m S_m \approx R \tag{3-23}$$

即熔点下的熔化熵 $\Delta_m S_m$ 近似等于气体常数 R。此规则适用范围很小，只对某些金属适用。

与蒸发熵不同，各种化合物的熔融熵有很大的差别，故可以认为 $\Delta_m H$ 与其熔点 T_m 间无法找出一种简单、准确的关联式。

由大量实验数据比较发现，对有机物熔点 T_m 下的摩尔熔融熵有

$$\Delta_m S_m = \frac{\Delta_m H_m}{T_m} \approx 56.48 J/(mol \cdot K) \tag{3-24}$$

但此经验关系很不准确，将其估算值与实验值比较，可能有高达几倍的误差。由 Reid[20] 书中表 7-6 可以看到 $\Delta_m S_m$ 有大到 225.5（二十烷），小至 2.6 J/（mol · K）（1，1-二甲基环己烷）的。

3.2.2.2 Bondi[5, 47] 熔融熵基团贡献法

Bondi 提出了目前最好的理论处理，他将分子晶体的熔化熵与分子结构相关联，认为 $\Delta_m S$ 与分子结构间的关系比 $\Delta_m H$ 与结构间关系更有规律，提出用基团贡献法估算含有次甲基、次苯基、氧基、酯基和酰胺基的线性聚合物的摩尔熔化熵 $\Delta_m S$，从而估算出 $\Delta_m H$。

$$\Delta_m S = \frac{\Delta_m H}{T_m}, J/(mol \cdot K) \tag{3-25}$$

$$\Delta_m S = \sum n_i \Delta S_i \tag{3-26}$$

式中，$n_i = i$ 类型基团的数目；ΔS_i 为每个 i 种基团的熵贡献值见表 3-42。

表 3-42　Bondi 法熔融熵 $\Delta_m S$ 的基团贡献值表

基　　团	$\Delta S_i/[J/(mol \cdot K)]$	基　　团	$\Delta S_i/[J/(mol \cdot K)]$
—CH₂—	8.4	—COO—	0.0
(次苯基)	29.3	—CONH—	0.0
—O—	7.5		

显然酯基和酰胺基对熔融熵没有贡献。

用此法估算聚对苯二甲酸乙二酯在熔点（$T_m = 543K$）下的 $\Delta_m H$ 值（$= 46.1 \times 543 = 25032 J/mol$）与实验值（$= 23450 J/mol$）相比较其误差约为 7%。

根据式（3-25）和式（3-26），若熔点 T_m 已知，对含有亚甲基，亚苯基，氧—O—，酯基和酰胺基的线型聚合物皆可估算出其熔融焓。

熔化焓、熔化熵和熔点 T_m 三者之间可以式（3-25）相关联，而由 Bondi[48] 最先提出用于估算固态物质从 0K 到熔点 T_m 下液体相变的总熵变 ΔS_{tot} 的概念，对于那些确有固—固相转变的物质，其 ΔS_{tot} 可能会比 $\Delta_m S$ 大得多，实例可参见文献 [30]，而对于那些无固—固相变的物质其 ΔS_{tot} 与 $\Delta_m S$ 则是相同的，此时的 ΔS_{tot} 可按式（3-25）$\Delta_m H = T_m \Delta_m S$ 估算 $\Delta_m H$。由于尚无法预测那些确有固—固相转变的物质，是否出现了固—固相变，因此还没有可靠的方法用来估算 $\Delta_m S$。然而 ΔS_{tot} 的概念仍然是一个有意义的发展，其估算方法亦可参见文献 [30]。

3.2.2.3 聚合物的熔融热（焓）

$\Delta_m H$ 是计算其它热力学函数的一种重要的量，同时对于设计许多聚合物的加工设备 $\Delta_m H$ 的资料也是必需的，但仅对为数不多的聚合物才有可用的 $\Delta_m H$ 实验值。直接测定时

应考虑到试样的结晶度；而在间接确定（例如根据溶液性质）时，则取决于所用热力学公式的可靠性，因而所发表的 $\Delta_m H$ 数据很不一致。一般说来对某聚合物所列举的 $\Delta_m H$ 数据中以最高的数值是最可能的值。表 3-3 列出某些聚合物的文献值，但要导出与聚合物结构相联系的可靠关系式，表中的数据还是不够的，尽管表 3-4 中列出的几个基团对 $\Delta_m H$ 贡献值，估算出的 $\Delta_m H$ 与表 3-3 中的数据还相当一致，但用这种方法估算 $\Delta_m H$ 仅可认为是很粗略的一级近似。

3.2.3　纯物质升华焓的估算

(1) 蒸发焓与熔融焓加和法

熔点下的升华焓 $\Delta_s H_{Tm}$ 可由熔点 T_m 下的蒸发焓 $\Delta_v H_{Tm}$ 与熔融焓 $\Delta_m H$ 加和得到，即

$$\Delta_s H_{Tm} = \Delta_v H_{Tm} + \Delta_m H \tag{3-27}$$

作为工程上粗略计算，$\Delta_v H_{Tm}$、$\Delta_m H$ 都可以通过估算法得到，并以它们的加和来获得 $\Delta_s H_{Tm}$。由于 $\Delta_m H$ 通常小于加和量的 1/4，即 $\Delta_v H_{Tm} \gg \Delta_m H$ 所以即使 $\Delta_m H$ 估算不够准确，它对 $\Delta_s H_{Tm}$ 的影响也不算大。

利用已知某温度 T_1（如 T_m，$\varnothing$）下的 $\Delta_s H_{T_1}^{\ominus}$，求另一温度 T 下的升华焓。可用下式换算成其它温度 T 下的升华焓 $\Delta_s H_T^{\ominus}$

$$\Delta_s H_T^{\ominus} = \Delta_s H_{T_1}^{\ominus} + \int_{T_1}^{T} [C_p^{\ominus}(g) - C_p^{\ominus}(s)] dT \tag{3-28}$$

（2）　Clausius-Clapeyron 方程应用于 $\Delta_s H$ 的计算

原则上升华焓最好是由固体蒸气压的数据应用 Clausius-Clapeyron 方程计算得到。通常很少有熔点下准确的升华压力数据，因在熔点下升华压与液体蒸气相同虽可从液体蒸气压关联式代入 T_b 或 T_c 数据外推到熔点 T_m 计算蒸气压，而蒸气压关联式又没有一个在极低压力范围内是准确的。所以通常并不推荐用此种方法来计算 $\Delta_s H$。即使 T_m 下的蒸气压已知，至少还要一个固体的蒸气压数据，才能从 Clausius-Clapeyron 积分方程计算出 $\Delta_s H$。文献 [30] 提出固体蒸气压数据可从 (1) Dellesite (1997)，(2) Oja 和 Suuberg (1998，1999)，(3) Pouillot 等 (1996) 文中获得。①Dellesite A. J. Phys. Chem. Ref. Data 1997，26：157；②Oja V and Suuberg J. Chem. Eng，Data 1998，43：486；ibid 1999，44：26；③Pouillot Fll Chandler D and Eckert C A Ind. Eng. Chem. Res.，1996，35：2408。

(3) 利用生成焓数据计算升华焓

某些情况下可由热化学数据得到 $\Delta_s H$，如由纯固体和蒸气的已知生成焓 $\Delta_f H$ 的数据相减而得，但在文献手册中所列标准状态下生成焓的数据部分常是根据升华焓的测定值而确定的，故此这一方法也难以作为估算未知的 $\Delta_s H$ 数据的基础。

(4) Bondi 基团贡献升华焓的估算法

Bondi[48] 曾提出以基团贡献法估算有机物分子晶体和无机氢化物、全卤化物以及过羰基化物（percarbonyls），在最低的一级相转变温度（the lowest first-order transition temperature）$T_I^{(\S)}$ 时的升华焓 $\Delta_s H_{T_I}$。

$$\Delta_s H_{T_I} = \Delta_s H_{T_I}(R \cdot) + \Delta_s H_{T_I}(X) \tag{3-29}$$

式中，$\Delta_s H_{T_I}(R \cdot)$ 为烷基对 $\Delta_s H_{T_I}$ 的贡献值；$\Delta_s H_{T_I}(X)$ 为其它基团对 $\Delta_s H_{T_I}$ 的贡献值。Bondi 的基团贡献值数据可从原文献 [48] 中查出。表 3-43 是其部分基团贡献数据摘录（单位经换算）。

由此法估算甲基丙烯酸甲酯的 $\Delta_s H_{T_I}$ 为 61.4kJ/mol，而其实验值 $\Delta_s H_{T_I} = 59.4$kJ/mol，误差为 3.4%。

但 Bondi 的基团加和法也只是一种近似方法，而且在许多情况下要特别注意确定何种贡

献是必需的，因此工程上并不常用它。

（§）：由 $\Delta_s H_{T_I}$ 换算成温度 T 时的升华焓，需要知道最低一级相变温度 T_I。一般，物质的最低一级相转变温度 T_I 接近于物质的熔点 T_m，如饱和烷烃除正丁烷（表 3-44）外，二者几乎相同，但对某些分子则有相当的差别，如环己烷 $T_m=279.6K$，而它的 T_I 则是 186K。看来似乎还没有一个能预示任何一级相转变温度的普遍规则。

(5) Klages[49] 沸点关联估算法

作为工程计算之用，升华焓 $\Delta_s H_{\text{昇}}^{\ominus}$ 可以由 Klages 提出的沸点 T_b 与 $\Delta_s H_{\text{昇}}^{\ominus}$ 关联式估算。

对非极性或弱极性有机物，

$$\Delta_s H_{\text{昇}}^{\ominus}=22.6+1.51T_b,\text{J/mol} \tag{3-30a}$$

对氢键化合物

$$\Delta_s H_{\text{昇}}^{\ominus}=28.5+0.188T_b,\text{J/mol} \tag{3-30b}$$

但对某些物质常温下是固体，它们的 T_b 是无法测定。因此这一方法亦受到一定的限制。

表 3-43　Bondi 法各种基团对 $\Delta_s H_{T_I}$ 的增量　　　单位：kJ/mol

类型	R·	$H_s^I(R·)$	类型	R·	$H_s^I(R·)$
脂肪	·CH₃	10.25		tert-C₄H₉·	23.43
	＞CH₂	8.49	脂环	⬡·	$35.6+2.93/N_B$
	n-C₃H₇·	17.91	单烯烃	CH₂＝CH·	17.32
	i-C₃H₇·	22.26		CH₃—CH＝CH·	24.69
	n-C₄H₉·	34.06		CH₂＝C(CH₃)·	25.65
	i-C₄H₉·	28.58	苯	⬡·	$35.15+6.69/N_B$
	sec-C₄H₉·	30.17		⬡·	$29.29+20.08/\sum N_B$

类型	X	$H_s^I(X)$	类型	X	$H_s^I(X)$
脂醚	·O·	$6.49+9.87/N_c$	脂肪酮	:C＝O	23.43
脂肪醛	·C＝O	26.78	羧酸酯	-C(=O)O-	$18.41+21.34/N_c$

注：N_B——支链上的碳原子数；$\sum N_B$——所有支链上的碳原子总数；N_C——碳原子数。

表 3-44　正烷烃的 T_I 和 $\Delta_s H_{T_I}$　　　单位：kJ/mol

碳原子数	1	2	3	4	5	6	7	8	9	10
T_I/K	90	90	86	107	143	178	183	216	219	243
$\Delta_s H_I$	9.20	25.50	28.91	35.86	41.97	50.84	57.86	68.03	72.30	84.77

例 3-11　用 Bondi 基团贡献法估算甲基丙烯酸甲酯的最低一级相变温度 T_I 时的升华焓 $\Delta_s H_{T_I}$，其实验值为 59.4kJ/mol。

解　甲基丙烯酸甲酯结构式为 $CH_3-O-\underset{O}{\overset{\|}{C}}-\underset{CH_3}{\overset{\|}{C}}=CH_2$，查表 3-43 并代入式（3-29）

$$\Delta_s H_{T_I}=H_s^I(CH_3·)+H_s^I(·O-\underset{O}{\overset{\|}{C}}-)+H_s^I(·\underset{CH_3}{\overset{\|}{C}}=CH_2)$$

$$=(10.25+18.41+21.34/3+25.65)\text{kJ/mol}=61.42\text{kJ/mol}$$

3.2.4 相变焓的数据及其估算法的讨论和建议

3.2.4.1 相变焓的数据

相变焓（热）包括蒸发焓 $\Delta_v H$，熔（融）化焓 $\Delta_m H$，升华焓 $\Delta_s H$ 晶型转变焓（固—固相变）$\Delta_t H$，化学工程师，在设计、模拟化学合成与加工工艺计算涉及相变化时是必须要考虑的。环境工程中也常用到相变焓。故其为热化学中极为重要的基础数据，标准相变焓常广泛被用于不同相态之间的标准生成焓的转换。

蒸发焓是相变焓中最为重要的，其数据（来源于实验和模型计算）和估算方法也较多，某些情况下蒸发焓也用于预测或关联其它热力学性质。

相变焓的数据可在下述专题文献中查到。

① Tamir 等[35]收集了 8600 种纯物质及少部分混合物的相变焓，但此文献仅给出相变焓的文献源而无具体数据。② Majer 和 Svoboda 的文献 [19] 收集 600 余种化合物的 $\Delta_v H_a$ 和 $\Delta_v H_b$ 实验数据，因评审严谨并给出推荐值。颇具权威性，迄今仍为评多研究者以其作为评 $\Delta_v H$ 估算法的标准。③Yaws 在文献 [17] 表列 1360 种有机物以及 343 种无机物的 $\Delta_v H_b$ 和 $\Delta_m H_{Tm}$，并给出 $\Delta_v H$ 与 TK 的关联式 $\Delta_v H = A\left(1 - \dfrac{T}{T_c}\right)^n$ 和式中各物质的 A，T_c，n 的回归数值，④1996 年 Domalski 和 Hearing[51]汇集了凝聚态物质的热容与熵的数据（见本卷第 2 章热容部分）此专辑中作者同时收集了大量的 1881~1993 年间文献中的相变焓相变熵数据，并给出其 5 级精确度评级。⑤Chickos 和 Acree[52]总集了 1880~2002 年间有机，有机金属化合物和少量无机物的 $\Delta_v H$ 数据。此文集是作者的相变焓系列专集的第三部分、前两集是熔化焓和升华焓。此集中列有 $\Delta_v H$ 的测定方法及其文献源，但对收录的数据未作评级亦未给出推荐值。⑥马沛生在其有机化合物实验数据手册 [2] 中收录有大量的（含氧、卤素）有机物的相变焓数据并给出 $\Delta_v H$ 与 TK 关联式 $\Delta_v H = A[\exp(-2T_r)](1 - T_r)^\beta$ 中各化合物的相关系数 A，α，β 数值，作者在其专著化工数据[18]一书中亦有较多的相变焓文献资料介绍可供参考。

更新的相变焓文献数据及其确定方法等可直接查阅以下几种期刊。

①J. Chem. Thermodynamics；②J. Phys. Chem. Ref. Data；③J. Chem. Eng. Data；④Fluid Phase Equilibria；⑤Hydrocarbon Proeessing。

3.2.4.2 相变焓估算法的进展与建议

选用相变焓应遵循先查文献实验数据或其关联式的常数数值代入式中求得相变焓，前述介绍的文献中除列有相变焓（以 $\Delta_v H$ 为主）的数据外，个别文献亦列出 $\Delta_v H$ 与 TK 的关联式常数数值。Majer 等文献 [19] 中全面评述了 1989 年前用于确定 $\Delta_v H$ 的经验回归方程并亦给出 $\Delta_v H_T = A(1 - T_r)^\beta \exp(-\alpha T_r)$ 关联式中各物质的 α，β 和 A 的数值。仅当手册、文献上查不到需用物质相变焓的数据，而又无关联式中各常数数值时，才考虑选用适宜的估算法。相变焓估算法重点仍是指对 $\Delta_v H$ 的估算。文献 [30，19，55] 作者都曾对相变焓的估算作出过评价与推荐。文献 [30] 作者认为对于 $\Delta_v H$ 的估算①应用 $p^{sat} \sim T$ 关联式求出 $\mathrm{d}p^{sat}/\mathrm{d}T$ 得到 $\Delta_v H$ 时，如前述 §3.2.1.1 可知在某些条件下可得与量热实验测定值几近相同准确的数据，故此有时称其为间接实验法。文献中许多 $\Delta_v H$ 数据就是以此种方法获得的。②基于对应态原理的估算法如 pitzer 等关联式（3-7a）对于工程应用来说是方便适用的，但需有 T_c 和 w 数据。③估算不同温度下的 $\Delta_v H_T$，首先要确定某一温度 T_1 下的 $\Delta_v H_{T1}$ 值，通常是 $\Delta_v H_b$，然后应用 Watson 方程式（3-17）即可。$\Delta_v H_b$ 可由式（3-9）~式（3-12）进行估算除 Vetere 方程式（3-12b）外，这类估算法都需有 T_c，p_c 值这是其最大的不足之处。上述三种估算方法都能得到较为满意的结果。在较大的温度范围，对多类化合物，平均而言皆能得到近似相同的误差。Reidel 法式（3-10），Chen 法式（3-11）及 Vetere 法式（3-12a）他们的估算误差通常为 2％左右。但在估算时皆需用到 T_b，T_c，p_c 值，Vetere 法式（3-12b）可得与上述三者近于相同的准确度但不需要 T_c，p_c 数据故是其更方便之处。

基团贡献法和对应状态法的新发展。

文献［54］作者认为估算 $\Delta_v H_b$ 应以基团贡献法为首选，因其不仅平均误差可达 2％以下，且可不要临界数据仅用到一个基团贡献值的表即可。因此基团贡献是更为通用更可靠的方法。它通过基团法估算 $\Delta_v S_b$ 再得出 $\Delta_v H_b$，则需有 T_b 数据，但这不会成为一个困难，因为 T_b 较之 T_c 易于得到，而从原理和精确度来看通过 $\Delta_v S_b$ 估算 $\Delta_v H_b$ 还要优于直接估算 $\Delta_v H_b$。

① 1994 年 Constantinou 和 Gani（C-G）[30] 在 UNIFAC 基团法基础上开发出一种改进的基团法，他们对需求的性质采用更精致的（sophisticated）函数关系和"二级"贡献。这些性质函数式给予关联以更多的灵活性，同时二级贡献可以部分改善 UNIFAC 的不足，如对异构体，紧密相连的多基团以及共振体等特殊结构的分子不能进行区分。本法的基团贡献数值主要取自 DIPPR（Design Institute for Physical Property Reserch 物理性质研究设计协会）系统物性数据计算而得。性质 F 的 C-G 法通用表达式如下。

$$F = f\Big[\sum_k N_k(F_{1k}) + W \sum_j M_j(F_{2j})\Big]$$

式中 f 可以是线性的或非线性的函数。

N_k，M_j 分别为分子中 k 类第 1 级和 j 类第 2 级基团数；F_{1k}，F_{2j} 则为相应的第 1 级和第 2 级基团对所求性质 F 的贡献值。仅做一级基团计算时 $W=0$，包含有二级基团计算时 $W=1$。

C-G 基团贡献法可用于多种物性的估算其中包括 $\Delta_v H_{\text{æ}}$，$C_{p(\text{T})}^{\ominus}$。通用物性函数 F 可为 T_m，T_b，T_c，p_c，V_c，W，$\Delta_f H^{\ominus}$，$\Delta_f G^{\ominus}$，$\Delta_v H_{\text{æ}}$，$V_{1,\text{æ}}$，$C_{p(\text{T})}^{\ominus}$。此法的优点亦是只用一个基团贡献值表（包括 1～2 级）即可估算出上述多种物质性质。此法对很小，很大分子的化合物估算估差较大，特别对氟化物和较大分子的环状化合物，估算估误差有时已达不具有明显的误差特征。文献［30］的作者认为二级基团贡献的改进作用很多有限，仅对个别物质引入这一额外复杂的计算才有实际意义，但在应用中通过确定基团二级贡献值的大小，可给使用者提供是否需要采用基团二级贡献的判断依据。

C-G 法是基团贡献法一个发展。用于估算物质性质亦为多个作者所推荐。此法的各种性质函数表达式及其相应的 1～2 级基团贡献值表可参阅文献［30］附录 C-2 和附表 C-2、C-3。具体估算方法和实例可见：临界性质 §2-2，p.2.4；偏心因子 w §2-3，p.2.2.4；正常 T_b，T_m，§2-4，p.2.27；$\Delta_f H_{\text{æ}}^{\ominus}$，$\Delta_f G_{\text{æ}}^{\ominus}$ 及 $C_{p(\text{T})}^{\ominus}$，§3-4，p.3.8；$\Delta_v H_{\text{æ}}$，§7-10，p.7.22。

② 2005 年 Kolska 等[55] 推广一种物质性质的三级（three level）基团估算法，用于纯有机化合物的 $\Delta_v H_{\text{æ}}$，$\Delta_v H_b$ 及 $\Delta_v S_b$ 估算。其平均相对偏差（ARE）分别为 2.2％，2.6％及 1.8％。他们的基团贡献值是用经严格评审过的大型数据库中的相关数据计算得出的。831 个化合物用于 $\Delta_v H_{\text{æ}}$ 的基团贡献值计算 589 个用于计算 $\Delta_v S_b'$ 的基团贡献参数，Kolska 等认为与之比较 Vetere[29] 经验方程（3-12a，b），Ma-Zhao[36] 的 $\Delta_v S_b$ 估算式（3-16）皆存有不足之处，即对某些复杂的化合物不适用。如 Ma-Zhao 方程就缺乏连接到脂环和芳环上的腈基团，亦未有苯硫酚及含有卤素的双键等复杂化合物的基团贡献值。Kolska 等并以未参与回归基团参数的 74 种不同化合物作为检验组（test groups）预测其 $\Delta_v H_{\text{æ}}$（66 个），$\Delta_v S_b$（8 个），ARE 为 2.5％与两个一级基团贡献法 Basarova 和 Svobodo[44]，Tu-Lin[43] 式（3-20）以及 Li-Ping etal[46] 基团贡献结合对应状态（CSGC）法式（3-21），式（3-22）进行比

较，此三种估算法除基团贡献值外尚需有 T_b，$\Delta_v H_b$ 数据，对单取代基的化合物，估算结果亦很好，但由于缺少稠环芳族，杂环等化合物的基团贡献值。故其对复杂的多基团化合物也常常是无法应用的。马沛生[18,54]认为这是基团贡献法目前共同存在的一个缺失，是由于这类结构复杂多基团化合物的相关实验数据的缺乏所致。Kolska 等的基团法利用某些复杂化合物的实验数据并考虑到 1 级，2 级，3 级分子结构对分子性质不同的影响，增加了基团数，与前述基团贡献法和经验方程法比较，新模型从预测能力，一致性和外推性都优于类似的其它模型，估算结果常常也好于其它基团贡献法。

③ Mulero 等[56]于 2008 年讨论并以计算实例比较了 4 个基于 pitzer 等[30,21]对应状态原理用于估算流体蒸发焓的关联式 Carruth-Kobayashi（CK）、Sivaraman，Magee，Kobayashi（SMK）[23]、Morgan，Kobayashi（MK），其中包括 Morgan（M）2007 提出的关联式

$$\Delta_v H/RT_c = d_1(1-T_r)^{d_2+d_3 T+d_4 T^2}$$

式中，d_i 被拟合成 w 立方多项式函数，Mulero 等考察了这四个关联式用于估算蒸发焓 $\Delta_v H$ 的有效性（Validity），适用性（opplicability）和准确度（accuracy），所得预测值（Predicted values）分别与 DIPPR 项目数据库被认可的 81 类流体数据比较。总体上，M 关联式要优于 CK，SMK，以及 MK 三个关联式。作者并突破这类方程原先仅能应用于正常流体（normal fluids 非极性，微极性，非氢键，非量子流体）的界限，完成 1594 种极性和非极性的有机、无机化合物，以及包括氢和重氢 24 种元素在内的流体的计算。考察了 47930 个数据、相关的 T_c 和 w 数据亦取自 DIPPR 数据库。其结果总平均绝对百分偏差（OMAPD）为：CK 4.1%，SMK 3.7%，MK 3.6%，M 3.3%，M 模型对多类流体给出最好的估算结果，但其中也有个别几类流体有较大的平均绝对百分偏差（MAPD），如对正烷烃，二烯烃，烷基环己烷，多元醇等，对 n-烷烃类 M 模型就未明显示出其结果要好于 MK 模型，其 MAPD（2.9%）还高于 MK 的 MAPD（2.0%），个别碳个数多，长链正烷烃（如 $C_{24\sim30,32,36}$）估算的 $\Delta_v H$ 偏差 AAD% 还高于其它三个模型。

作者详细讨论了每个模型对各类及个别物质的适用性以及与 DIPPR 数据的偏差 MAPD 及 AAD。对各模型有最大偏差的流体可清楚的在文中表和图上被识别出。作者明确给出每个模型应用建议。尽管 Morgan 新提出 M 模型有其前述缺陷，但它对多类流体预测的 $\Delta_v H$ 值，能与 DIPPR 认可的数据获得最好的相符结果，且其在应用上简单、方便以及在高低两个末端温度条件下完全适用的优点，免除了 SMK 和 MK 模型在这两个温度区域显现的不良结果。基于以上理由，作者坚定推荐（must recommend）使用 M 模型用于预测 $\Delta_v H$ 数据。

在本文最后，作者指出，新模型的开发应该针对于那些类别化合物蒸发焓的预测，这些类化合物的 $\Delta_v H$ 数据预测，以基于简单对应状态原理的模型（包括此文中的）皆未能获得有足够准确度（即偏差很大）的结果。

3.2.5　溶解焓（热）$\Delta_{sol} H$ 的估算法[57]

以下利用溶解度数据估算溶解焓（热）$\Delta_{sol} H$。

(1) 对于溶解度不大的物质其溶解焓可按下式计算

$$\Delta_{sol} H = \frac{8.314 T_1 T_2 \ln(C_1/C_2)}{T_1 - T_2} \tag{3-31a}$$

式中，$\Delta_{sol} H$ 为溶解焓，J/mol；C_1，C_2 为物质在温度 T_1(K)，T_2(K)时的溶解度。如溶质为气体亦可以溶质的分压 p_1，p_2 代替 C_1，C_2。

(2) 对一般情况可按下式计算

$$\Delta_{sol} H = -8.314 T^2 \cdot \frac{d\ln\gamma_i}{dT} \tag{3-31b}$$

式中，γ_i 为该浓度时的溶质 i 活度系数。

若溶质溶解时无化学作用产生，即不发生分子的离解或缔合作用（自缔合或相互缔合，形成络合物等）时，对于气态溶质，溶解焓数值可用蒸发焓的负值；对于固态溶质可以其熔融焓数值代替。对于液态溶质即为混合焓。若形成理想溶液，混合焓为零。形成非理想溶液时则可用式（3-31b）估算。非电解质液态混合物的混合热实验数据及原始文献目录可由文献［58，59］中查到。

(3) 吸收焓（热）$\Delta_{abs}H$ 的估算[60]

吸收焓实际上即气体溶于液体中的溶解焓（热），用溶解度数据可由式（3-32）

$$\Delta_{abs}H = (\bar{H}_i^{\infty} - H_i^*) = R\left[\mathrm{d}\ln k_H / \mathrm{d}\left(\frac{1}{T}\right)\right] \tag{3-32}$$

估算吸收焓。

式中，$\bar{H}_i^{\infty}$ 是一定温度（T）、压力（p）下液相中 i 组分在无限稀释时的偏摩尔焓，H_i^* 是纯气体 i 在 T、p 下的摩尔焓，k_H 是亨利系数，即气压的分压力除以其溶解度 x。

例 3-12　以式（3-32）计算 CO_2 在 15℃ 水中的吸收焓，已知：

t/℃	0	5	10	15	20
T/K	298.15	303.15	308.15	313.15	318.15
k_H/bar	737.6	887.6	1053	1236	1439

① 求出 $\mathrm{d}\ln k_H / \mathrm{d}\left(\frac{1}{T}\right)$

作 $\ln k_H \sim \frac{1}{T}$ 图，求出曲线斜率为 -2.707×10^3 K

② 计算吸收焓

将斜率 $\mathrm{d}\ln k_H / \mathrm{d}\left(\frac{1}{T}\right)$ 代入式（3-32）

即可得　$\Delta_{abs}H = R\mathrm{d}\ln k_H / \mathrm{d}\left(\frac{1}{T}\right) = 8.314 \times (-2.707 \times 10^3) \mathrm{kJ/mol} = -22.52\mathrm{kJ/mol}$

本法可用于低压溶解度数据，估算溶解热。

3.2.6　标准热化学性质 $\Delta_f H^{\ominus}$、$\Delta_f G^{\ominus}$、$S^{\ominus}$ 和 $\Delta_c H^{\ominus}$ 的估算方法

直接估算 $\Delta_f G^{\ominus}$ 的方法不多，通常是分别估算 $\Delta_f H^{\ominus}$ 和 $\Delta_f S^{\ominus}$（或 $S^{\ominus}$）后再用 $\Delta_f G^{\ominus} = \Delta_f H^{\ominus} - T\Delta_f S^{\ominus}$ 关系来确定 $\Delta_f G^{\ominus}$ 的。另外热化学性质估算方法，包括一些基团贡献法都是与分子的结构相关，要求估算的结果愈是准确其方法亦愈复杂。

3.2.6.1　标准生成 Gibbs 函数 $\Delta_f G^{\ominus}$ 的推算法

(1) 精确的计算法

$$\Delta_f G_T^{\ominus} = \Delta_f H_T^{\ominus} - T\Delta_f S_T^{\ominus} \tag{3-33}$$

通常的标准热力学函数表中皆是在一定温度下如 298.15K（$\oslash$）的数值，为了将此一定温度下的数值普遍应用于任一温度 TK 下则需要有摩尔热容与温度的关系，此时 $\Delta_f G_T^{\ominus}$ 有以下关系

$$\Delta_f G_T^{\ominus} = \Delta_f H_T^{\ominus} - T\Delta_f S_{\oslash}^{\ominus} + \int_{\oslash}^{T} \Delta C_p^{\ominus}{}_{(T)} \mathrm{d}T - T\int_{\oslash}^{T} \frac{\Delta C_p^{\ominus}{}_{(T)}}{T} \mathrm{d}T$$

$$= \Delta_f H_{\oslash}^{\ominus} - T\Delta_f S_{\oslash}^{\ominus} - \int_{\oslash}^{T} \frac{\mathrm{d}T}{T^2}\int_{\oslash}^{T} \Delta C_p^{\ominus}{}_{(T)} \mathrm{d}T \tag{3-34}$$

式中，$\Delta C_p^{\ominus}{}_{(T)}=\sum \nu_i C_{pi}^{\ominus}{}_{(T)}$，生成的化合物与构成元素的比热容代数和；$\nu_i$ 为反应的化学计量系数；$\Delta_f S_{\hat{z}}^{\ominus}=\sum \nu_i S_{\hat{z}i}^{\ominus}$，标准生成反应的熵变。

式（3-34）中 $\Delta_f H_{\hat{z}}^{\ominus}$ 和 $\Delta_f S_{\hat{z}}^{\ominus}$ 皆可由表中数据（如表 3-11、表 3-12）计算得到。现时许多单质及重要化合物的 $C_p^{\ominus}{}_{(T)}$ 关系亦已被确定（例如第 2 章表 2-1、表 2-2），故应用上式计算任一温度下[在 $C_{p(T)}$ 关系适用温度范围以内]的 $\Delta_f G_T^{\ominus}$ 或 $\Delta G^{\ominus}$ 和标准反应的平衡常数 $K^{\ominus}$ [$K^{\ominus}=\exp(-\Delta G_T^{\ominus}/RT)$] 是不会产生困难的。

(2) 近似方法

精确的计算常常需要用到许多实验数据，若文献上查不到，而在许多问题中又只需要约略的数值即可解决问题，简便、快捷的 $\Delta_f G_T^{\ominus}$ 估算法就很必要。

① van Krevelen 和 Cherman[49,5,61,62]法。他们认为 $\Delta_f G_T^{\ominus}$ 可由温度 T 线性函数关联

$$\Delta_f G_T^{\ominus}=A+BT \tag{3-35}$$

式中，常数 A、B 由基团贡献法而得。因在 $300\sim1500K$ 温度范围内不能应用单一的线性方程，而将此温度范围分成 $300\sim600K$ 和 $600\sim1500K$ 两个温度段。它们各有其相应的 A、B 常数基团贡献值。应用此方程时，必须考虑分子对称性和对映异构体的校正，这是其最不方便之处。对称数 σ 等于 σ_{ext} 和 σ_{int} 之积，由于 σ_{int} 对称校正已包括在基团贡献值内故只需考虑外对称性校正 $R\ln\sigma_{ext}$，并将其加于参数 B 中。对映异构体校正——$R\ln\eta$ 亦需加于 B 参数中。η 为对映异构体数目可从有关手册中查出。van Krevelen 和 Chermin 关系方程中两个温度段的 A、B 基团贡献值列表可由文献 [61] 及表 7-10 中查到。

例 3-13 用式（3-35）估算 1,2-二碘丙烷，500K 下的 $\Delta_f G_{500}^{\ominus}$。已知 1,2-二碘丙烷的 $\sigma_{ext}=1$，$\sigma_{int}=3$，$\eta=2$。

解 由表中查出基团贡献值如下。

基团	A	$B\times10^{-2}$	基团	A	$B\times10^{-2}$
—CH$_3$	−10.93	2.215	2(−I)	2×(7.80)	2×(0)
—CH$_2$—	−5.193	2.430	$+R\ln\sigma_{ext}$		0
—CH—	−0.705	2.910	$-R\ln\eta$		$-R\ln2$
			Σ	−1.241	6.178

故 $\Delta_f G_{500}^{\ominus}=-1.241+6.178\times10^{-2}\times500=29.65$kcal/mol 或 124.06kJ/mol

在此温度下由文献可得 $\Delta_f G_{500}^{\ominus}=26.9$kcal/mol 或 112.55kJ/mol。计算值与文献值偏差为 11.5kcal/mol。

又在此温度下 $\Delta_f H^{\ominus}=-8.06$. $\Delta_f S^{\ominus}=-7.0\times10^{-2}$，显然它们并不能与式（3-35）中的 A 和 $-B$ 相等同，尽管比较 $\Delta_f G_T^{\ominus}=A+BT$ 与 $\Delta_f G_T^{\ominus}=\Delta_f H_T^{\ominus}-T\Delta_f S_T^{\ominus}$ 式，A 项具有生成焓 $\Delta_f H^{\ominus}$ 的量纲，B 项具有 $\Delta_f S_T^{\ominus}$ 的量纲。企图把它们联系起来也是很吸引人的，但 Reid 等不推荐如此作法。

用此法计算理想气体的 $\Delta_f G^{\ominus}$ 与文献值[61] 比较，对烃类偏差小于 3kJ/mol，非烃类估算的精确度则要差些，偏差可达 12kJ/mol，对甲酸甲酯和乙酸乙酯其偏差分别为 75.3kJ/mol 和 54.4kJ/mol。

文献 [5] 中应用 van Krevelen 和 Chermin 基团贡献法在 $300\sim600K$ 温度段计算理想气体聚合物的 $\Delta_f G^{\ominus}$，又由于聚合物通常总是处于凝聚态下，作者又引用了 Dainton 和 Ivin 的修正。以 1,3-丁二烯（液态）聚合生成丁二烯-1,4 聚合物（无定形固态）为例估算结果与文献值比较符合很好。

② Yaws 等[8,17] $\Delta_f G_T^\ominus$ 关联式。Yaws 等提出 $\Delta_f G^\ominus$ 与 TK 的关系可以下面级数形式关联。

$$\Delta_f G_T^\ominus = A + BT + CT^2 \qquad (3\text{-}36)$$

式中，$\Delta_f G_T^\ominus$ 为温度 TK 下标准状态理想气体生成 Gibbs 函数，kJ/mol；A、B、C 为化学物质的特性常数。

对 700 种（新版 [17] 有 1360 种有机物）主要有机物包括含氢、氧、氮、卤素、硫等化合物，关联结果与文献数据符合甚好，平均偏差约为 0.6kJ/mol，对大多数化合物还要低于此数。在 Yaws 等的表中除给出 A、B、C 数值外并有 298K，500K 和 700K 下的 $\Delta_f G^\ominus$ 数值。室温 298K 下是实际值，而其余两个温度下的 $\Delta_f G^\ominus$ 值是从关联式（3-36）计算而得。温度范围除 S、Br、I 化合物是 298~1000K。对含 S、Br、I 的化合物分别为 298~717.2K，332.6~1000K，458.4~1000K。需用时可查本章第一部分表 3-37 或参考文献 [17]。

有了各物质的 ABC 特性常数，则可计算出在给定温度范围内任一温度 T 下的 $\Delta_f G_T^\ominus$ 数值，从而可以计算某温度 T 下的标准反应 Gibbs 函数变化值 $\Delta_R G_T^\ominus$。

利用 $\Delta_R G_T^\ominus = -RT\ln K^\ominus$ 关系即可求得反应的标准平衡常数 $K^\ominus$。

3.2.6.2 五种估算理想气体标准热化学性质的基团贡献法

Reid 等在文献 [20] 中介绍了用于估算理想气体标准热化学性质的五种基团贡献法。其中 Joback，Yoneda（或 ABWY），Benson 三种方法可用于 $\Delta_f H^\ominus$ 和 $C_p^\ominus{}_{(T)}$ 的估算。Joback 法还同时提供直接估算 $\Delta_f G^\ominus$ 的基团贡献参数。Yoneda 和 Benson 法则提供估算 $S^\ominus$ 的方法。Thinh 及其合作者提出可精确估算烃类化合物的 $\Delta_f H^\ominus$，$\Delta_f G^\ominus$，$S^\ominus$ 和 $C_p^\ominus(T)$ 的基团加和法。但这几种方法都不能直接用于凝聚态物质的标准热化学性质的估算。近年 Cardozo 提出一种基团贡献法，用于估算 $\Delta_c H^\ominus$，由之同时估算 $\Delta_f H^\ominus$，$\Delta_v H^\ominus$ 及 $\Delta_v H_b$，Cardozo 法亦能粗略估算 $\Delta_s H^\ominus$。这一方法不仅非常简便，且可以用于各类复杂的有机化合物气液固三态。

(1) **Joback 法** [20, 30]

$$\Delta_f H^\ominus = 68.29 + \sum_j n_j \Delta_H, \text{kJ/mol} \qquad (3\text{-}37)$$

$$\Delta_f G^\ominus = 53.88 + \sum_j n_j \Delta_G, \text{kJ/mol} \qquad (3\text{-}38)$$

式中，n_j 是 j 型基团数，Δ 是 j 型基团的贡献值，Joback 法各基团贡献值列于本书第 2 章表 2-90。此法亦可用于 T_m，T_b，T_c，p_c，V_c，$\Delta_v H$，$\Delta_m H$，$C_p^\ominus{}_{(T)}$（见本卷第二章热容部分），基团定义、关联方程及对各性质的基团贡献值表可参见文献 [17] 附录 C。

例 3-14 用 Joback 法估算丁腈 298.15K 下的 $\Delta_f H^\ominus$ 和 $\Delta_f G^\ominus$。

解 从丁腈结构式 CH_3—CH_2—CH_2—CN 可知它含有 1 个 CH_3，2 个—CH_2—和 1 个—CN。由表 2-90 可得

基团	n_j	$n_j\Delta_H$	$n_j\Delta_G$
—CH_3	1	-76.45	-43.96
—CH_2—	2	-41.28	16.84
—CN	1	88.43	89.22

$$\sum n_j\Delta_H = -29.30 \qquad \sum n_j\Delta_G = 62.10$$

由式（3-37） $\Delta_f H^\ominus = 68.29 - 29.30 = 38.99\text{kJ/mol}$

由式（3-38） $\Delta_f G^\ominus = 53.88 + 62.10 = 115.98\text{kJ/mol}$

文献值 $\Delta_f H^\ominus$ 是 34.08kJ/mol，$\Delta_f G^\ominus$ 是 108.73kJ/mol

$\Delta_f H^\ominus$ 偏差 $38.99 - 34.08 = 4.91\text{kJ/mol}$

$$\Delta_f G_{\xi}^{\ominus} \text{偏差 } 115.98-108.73=7.25\text{kJ/mol}$$

（2）Thinh,（Trong,Thompson）等方法[8]

$$\Delta_f H_{\xi}^{\ominus} = \sum_j n_j \Delta_H \qquad (3\text{-}39)$$

$$\Delta_f G_{\xi}^{\ominus} = \sum_j n_j \Delta_G \qquad (3\text{-}40)$$

$$S_{\xi}^{\ominus} = \sum_j n_j \Delta_S \qquad (3\text{-}41)$$

式中各符号意义同上，各贡献值列于表 2-87 中。

例 3-15　以 Thinh 等基团贡献法估算 2-甲基-1,3-丁二烯 298.15K 下标准生成焓 $\Delta_f H_{\xi}^{\ominus}$，其文献值为 75.78kJ/mol。

解　2-甲基-1,3-丁二烯可分解成—CH_3，—$HC = CH_2$ 和 $\diagdown C = CH_2$ 基团。从表 2-87 中各基团的 Δ_H 代入式（3-39）可得

$\Delta_f H_{\xi}^{\ominus} = -42.36+55.12+67.81=80.54\text{kJ/mol}$，其偏差＝估算值－文献值＝80.54－75.78＝4.8kJ/mol

（3）Yoneda（ABWY）法[8]

$$\Delta_f H_{\xi}^{\ominus} = \sum_j n_j \Delta_H, \text{kJ/mol} \qquad (3\text{-}42)$$

$$S_{\xi}^{\ominus} = \sum_j n_j \Delta_S, \text{J/(mol·K)} \qquad (3\text{-}43)$$

各基团贡献值列于表 2-89，Yoneda 法的应用具体步骤见本书第 2 章 Yoneda 法估算理想气体的 $C_p^{\ominus}$。

例 3-16　以 Yoneda 基团贡献法估算异丙醚的 $\Delta_f H_{\xi}^{\ominus}$，$S_{\xi}^{\ominus}$，其文献值分别为 -319.0kJ/mol，390.5J/(mol·K)。

解　以甲烷为母体分子开始合成 2,4-二甲基戊烷，然后在第 3 碳原子（—CH_2—）基插入—O—基。

	Δ_H	Δ_S
基本分子甲烷	-74.90	186.31
初级—CH_3 取代——乙烷	-9.84	43.33
次级—CH_3 取代		
$A=1$，$B=1$——正丙烷	-21.10	43.70
$A=1$，$B=2$——正丁烷	-20.60	38.90
$A=1$，$B=2$——正戊烷	-20.60	38.90
$A=2$，$B=2$——2-甲基戊烷	-26.59	27.34
$A=2$，$B=2$——2,4-二甲基戊烷	26.59	27.34
主要贡献—O——异丙醚	-85.54	-5.28
类型数校正（—O—）×4	38.20	-9.20
	$\overline{-323.96}$	$\overline{391.35}$

代入式（3-42）$\Delta_f H_{\xi}^{\ominus} = \sum n_j \Delta_H = 323.96\text{kJ/mol}$

与实验值比较偏差为 $[-323.96-(-319.0)]\text{kJ/mol} \approx -4.9\text{kJ/mol}$

代入式（3-43）$S_i^{\ominus} = \sum n_j \Delta_S = 391.35\text{J/(mol·K)}$

与实验值比较偏差为 $(391.35-390.5)\text{J/(mol·K)} = 0.9\text{J/(mol·K)}$

（4）Benson 法

Benson 和其合作者[30]提出一种准确估算 $\Delta_f H_{\xi}^{\ominus}$，$S_{\xi}^{\ominus}$ 和几个不同温度下（298.15K，400K，500K，600K，800K，1000K，1500K）的 $C_{p(T)}^{\ominus}$ 的基团贡献法，其基团划分是以原

子或原子团（基团）为中心，并考虑到与此结构基团（structural group）相键合（bonding）
的其它原子（H 除外）或基团—相邻基团（neighbor group）的影响，故此法是涉及次最近
邻的相互作用（next-nearest neighbor iteraction）。基团划分很细，共有 632 种基团，并同
时对未包含在结构基团中的各种影响因素给出校正值。

在应用 Benson 法时，由于其基团分类复杂，使用一套特殊速记标志符号，不仅要求使
用者具有关于分子结构的知识，明了各种校正的意义，另外还要熟悉所采用的符号系统，特
别是关于分子对称数（symmetry number-Nts），光学异构体（optical isomers Noi）的确定
等。这一切都给 Benson 法带来颇大的复杂性和一定的难度。但由于 Benson 法的理论基础，
计算精度等都有其突出的优点。目前仍有许多人，对这一方法进行研究，改进，修订和提出
新的基团参数，以扩大其适应性，在编制计算机自动解析生成 Benson 基团程序系统方面，
国内外都有人进行这一研究，虽有进展，但仍不够成熟，离工程技术实用尚有相当大的差
距。故在此将略去 Benson 法的计算公式及其相应的基团贡献表格。有兴趣的读者，需用者
可参考有关文献资料或查阅本手册第一版相关的章节。更完全的论述和计算过程可参阅本章
参考文献［20，30，63］，以及 CHETAH Version 7.2：The ASTM Compute program for
Chemical Thermodynamic and Energy Release Evaluation（NIST Special Databaselb）4th ed
1998.CHETAH 程序可以计算所有由这些基团构成的化合物的相关性质。此程序并包含了
一个相当大的数据库，库中化合物分子的有关性质皆源自文献资料。

(5) Cardozo 基团贡献法[20, 64, 65] 估算 $\Delta_c H_{\mnot\!\pi}^{\ominus}$，$\Delta_f H_{\mnot\!\pi}^{\ominus}$，$\Delta_v H_{\mnot\!\pi}^{\ominus}$，$\Delta_v H_b$ 和 $\Delta_v H_{\mnot\!\pi}^{\ominus}$

① 计算等价正-烷烃链长 N（equivalent chain length）

$$N = N_c + \sum_i \Delta N_i \tag{3-44}$$

式中　N_c——需求化合物的碳原子总数；

ΔN_i——官能团，支链校正系数；与化合物结构、相态有关。

② 标准燃烧焓，298.15K（$=\varnothing$）下

$$\Delta_c H_{\mnot\!\pi}^{\ominus}(g) = -198.435 - 614.924 N_g，kJ/mol \tag{3-45a}$$

$$\Delta_c H_{\mnot\!\pi}^{\ominus}(l) = -195.837 - 610.080 N_l，kJ/mol \tag{3-45b}$$

$$\Delta_c H_{\mnot\!\pi}^{\ominus}(s) = -206.086 - 606.375 N_s，kJ/mol \tag{3-45c}$$

燃烧产物是标准状态下，298.15K 的 H_2O（g），CO_2（g），SO_2（g），N_2（g）和 HX
（g），X 为卤素原子。

在此 $\ominus$ 标准状态：$p^{\ominus} = 1.01325 \times 10^5 Pa$（= 1atm），理想气体。由于规定 $p^{\ominus} =$
1.01325bar(= 1atm)，298.15K 下燃烧产物 H_2O 为气态，故 $\Delta_c H$ 是低值燃烧焓。Cardozo
方法可与最好的估算燃烧焓的其它方法相比拟。

③ 标准生成焓

$$\begin{aligned}\Delta_f H_{\mnot\!\pi}^{\ominus} = [&-393.65 N_C - 241.90(N_H - N_X)/2 - 272.32 N_F \\ &-92.34 N_{Cl} - 36.33 N_{Br} + 26.361 N_I \\ &-296.95 N_S - \Delta_c H_{\mnot\!\pi}^{\ominus}]kJ/mol\end{aligned} \tag{3-46}$$

气、液、固三态的 $\Delta_f H_{\mnot\!\pi}^{\ominus}$ 用同一式表达，但 $\Delta_f H_{\mnot\!\pi}^{\ominus}$（g、l、s）要与 $\Delta_c H_{\mnot\!\pi}^{\ominus}$（g，l，s）
相对应。

式中，N_C、N_H、N_F、N_{Cl}、N_{Br}、N_I、N_S 是每个分子中相应元素的原子数；N_X 为卤
素原子总数。

④ 蒸发焓

298.15K 标准状态下 $[p^{\ominus}=1.01325\text{bar}\ (=1\text{atm})]$ 蒸发焓 $\Delta_{\text{v}}H_{\vec{z}}^{\ominus}$

$$\Delta_{\text{v}}H_{\vec{z}}^{\ominus}=2.598+614.924N_{\text{g}}-610.080N_{\text{l}},\text{kJ/mol} \tag{3-47a}$$

正常沸点下蒸发焓

$$\Delta_{\text{v}}H_{\text{b}}=\left[2.60+614.924N_{\text{g}}-610.080N_{\text{l}}-0.35e^{-0.02(T_{\text{b}}-298.15)}\right]\times\left[\frac{T_{\text{c}}-T_{\text{b}}}{T_{\text{c}}-298.15}\right]^{\beta}\times$$

$$e^{\beta(298.15-T_{\text{b}})}/T_{\text{c}},\text{kJ/mol} \tag{3-47b}$$

式中，$\beta=0.263\times e^{0.014N_{\text{l}}}$

⑤ 298.15K，标准状态下的升华焓 $\Delta_{\text{s}}H_{\vec{z}}^{\ominus}$

$$\Delta_{\text{s}}H_{\vec{z}}^{\ominus}=-7.651+614.924N_{\text{g}}-606.375N_{\text{i}} \tag{3-48}$$

各校正系数 ΔN_{i} 可在表 3-45 中查到。Cardozo 法估算 $\Delta_{\text{v}}H_{\text{b}}$ 从其所估算的非极性液体碳原子数 1→32 考查，576 点数据计算值与实验值，其标准偏差为 2.1kJ/mol 或 5.9%，概括 100 多种化合物估算的升华焓与文献值比较，平均偏差±14 kJ/mol 或 11%，故此法用于估计升华焓仅应作为粗略近似。

用于估算气、液、固态物质的 $\Delta_{\text{c}}H_{\vec{z}}^{\ominus}$ 其误差则低于 1%。估算理想气体的 $\Delta_{\text{f}}H_{\vec{z}}^{\ominus}$ 尽管与最精确的 Benson 法相比，稍差一些，但由于其简便得多；而又能用于气、液、固三态等优点而受到注意。本法除升华焓外，在估算燃烧焓、生成焓、蒸发焓的准确度均可充分的满足化工计算的需要。

附表 A1 列出了 Cardozo 法估算 45 种有机物的 $\Delta_{\text{c}}H_{\vec{z}}^{\ominus}$，$\Delta_{\text{f}}H_{\vec{z}}^{\ominus}$，$\Delta_{\text{v}}H_{\text{b}}$ 的结果。附表 A2、附表 A3 为与之相关的估算示例。

表 3-45　Cardozo 燃烧焓校正系数

代号	物质(基,键,分子)	每键	g　$\Delta_{\text{c}}H^{\ominus}=-198.435-614.924N_{\text{g}}$,kJ/mol　(1.7)　l　$\Delta_{\text{c}}H^{\ominus}=-195.837-610.080N_{\text{l}}$,kJ/mol　(1.7)　s　$\Delta_{\text{c}}H^{\ominus}=-206.086-606.375N_{\text{s}}$,kJ/mol　(2.10)			
			$\Delta N_{\text{i}}(\text{g})$	$\Delta N_{\text{i}}(\text{l})$	$\Delta N_{\text{i}}(\text{s})$	备注 k,l
B1	C—C 键,2-甲基	单	−0.012	−0.009	−0.009	(1.23)
B2	C—C 键,i-甲基($i\neq2$)	单	−0.007	−0.004	−0.004	(1.39)
B3	C—C 键,2-2-甲基	单	−0.014	−0.011	−0.011	2,(1.27)
B4	C—C,i-i-甲基($i\neq z$)	单	−0.010	−0.006	−0.006	2
B5	C—C,乙基作甲基但有附加	单	+0.005	+0.005	+0.005	
B6	C—C,其它作甲基但有附加	单	−0.006	−0.005	−0.005	
B7	C—C 双键,2-亚甲基	双	−0.214	−0.213	—	(1.17)
B8	C—C 双键,3-亚甲基	双	−0.208	−0.208	—	
*B9	单个 C—C(环上),任意长度	单	−0.018	−0.015	−0.010	3,(1.21)
B10	附加校正,对每分子二个支链	—	+0.001	+0.001	+0.001	(1.26)
B11	附加校正,对每分子三个支链	—	+0.014	+0.012	+0.011	(1.31)
B12	附加校正,对每分子四个支链	—	+0.034	+0.024	+0.020	4
C1	1-链烯烃	双	−0.189	−0.189	−0.189	(1.3)
C2	i-链烯烃($i\neq1$)	双	−0.206	−0.208	−0.218	(1.12)
C3	对相连的一对多重 C—C 键附加校正	—	+0.083	+0.074	—	
C4	共轭的多重 C—C 多重键附加校正	—	−0.029	−0.026	−0.026	5,(1.13)
C5	同上,对顺式构型	—	+0.004	+0.003	+0.003	6,(1.30)
C6	同上,对反式构型	—	−0.003	−0.002	−0.002	6,(1.45)
D1	1-链炔烃	三	−0.314	−0.318	−0.320	(1.13)
D2	i-链炔烃($i\neq1$)	三	−0.341	−0.348	−0.350	(1.40)
E1	环丙烷	—	−0.10	−0.10		7
E2	环丁烷	—	−0.15	−0.15	—	7,(1.2)
E3	环戊烷	—	−0.274	−0.277	−0.25	7,(1.30)
E4	环己烷	—	−0.315	−0.320	−0.29	7,(1.44)
E5	环庚烷	—	−0.284	−0.289		7
E6	环辛烷	—	−0.27	−0.27		7
E7	螺烷烃($C^{*}\geqslant8$)	—	−0.635	−0.639		7,(1.42)

续表

g $\quad \Delta_c H^\ominus = -198.435 - 614.924 N_g$，kJ/mol　　(1.7)
l $\quad \Delta_c H^\ominus = -195.837 - 610.080 N_l$，kJ/mol　　(1.7)
s $\quad \Delta_c H^\ominus = -206.086 - 606.375 N_s$，kJ/mol　　(2.10)

代号	物质(基,键,分子)	每键	ΔN_i(g)	ΔN_i(l)	ΔN_i(s)	备注 k,l
F1	苯(类)	—	−1.169	−1.182	−1.182	7,(1.18)
F2	邻位构型附加校正	—	+0.003	−0.004	−0.004	6,(1.18)
F3	间位构型附加校正	—	−0.001	−0.007	−0.007	6
F4	对位构型附加校正	—	0	−0.006	−0.006	6,(1.18)
G1	α-萘	—	−2.103	−2.126	−2.126	7,(2.5)
G2	β-萘	—	−2.114	−2.129	−2.130	7
G3	其它线型多核芳香烃类	—	$+0.216-0.2316C^*$			(2.8)
				$+0.200-0.2314C^*$		
					$+0.238-0.2367C^*$	
G4	非线型多核芳香烃类	—	$-0.003-0.2197C^*$			
					$-0.069-0.2184C^*$	
G5	全氢化线型多核芳香烃类	—	$+0.206-0.0872C^*$			
				$+0.193-0.0855C^*$		
					$+0.242-0.0870C^*$	
H1	醇,伯醇类	—OH	−0.245	−0.290	−0.303	(1.14)
H2	醇类,脂肪/脂环,仲	—OH	−0.274	−0.318	−0.320	(1.15)
H3	醇类,脂肪,叔	—OH	−0.290	−0.334	−0.338	
H4	芳香醇类	—OH	−0.290	−0.331	−0.352	(1.18)
H5	芳香醇类,叔	—OH	−0.324	−0.363		
I	醛类	=O	−0.522	−0.544	—	(1.3)
J1	酮类,脂肪/环	=O	−0.576	−0.598	−0.60	(1.11)
J2	醌类	(=O,=O)	—	—	$-0.290-0.2854C^*$	
					$+0.00162(C^*)^2$	
						(1.41)
K1	羧酸,第一	(=O,—OH)	−0.961	−1.022	−1.036	(1.4)
K2	羧酸,第二	(=O,—OH)	−0.95	−1.02	−1.027	
K3	羧酸,第三	(=O,—OH)	—	—	−0.96	
L1	酸酐类,脂肪族	(=O,—O,=O)	−1.547	−1.593	−1.62	
L2	酸酐类,芳香族	(=O,—O,=O)	—	—	−1.62	
M1	酯,第一	(=O,—O—)	−0.924	−0.941	—	(1.8)
M2	酯,第二	(=O,—O—)	−0.877	−0.881	—	
M3	甘油酯,单	(=O,—O—)	—	—	−0.916	8
M4	甘油酯,二/三	(=O,—O—)	—	—	−0.877	8,(1.45)
M5	甲酯附加校正	—	+0.026	+0.013	—	(1.17)
M6	甲酸甲酯的附加校正	—	+0.057	+0.046	—	
M7	乙酸甲酯的附加校正	—	+0.004	−0.009	—	(1.8)
M8	有 C=C,C=O 共轭键酯的附加校正	—	+0.023	+0.020	—	
N	内酯类	—	—	−1.14	−1.23	7,(1.14)
01	醚	—O—	−0.204	−0.214	−0.256	(1.25)
02	甲醚类附加校正	—	+0.022	+0.020	+0.015	(1.25)
03	芳香醚类附加校正	—	−0.041	−0.045	—	(1.25)
P1	胺类,脂肪族,单,第一	—NH₂	+0.253	+0.233	+0.22	(1.4)
P2	胺类,脂肪族,单,第二	—NH₂	+0.220	+0.201	—	
P3	胺类,脂肪族,二,第一	=NH	+0.280	+0.268	—	
P4	胺类,脂肪族,三,第一	≡N	+0.30	+0.30	+0.316	(1.9)
P5	胺类,脂环,单,第一	—NH₂	+0.223	+0.206	+0.17	(1.28)

续表

$$g \quad \Delta_c H^{\ominus} = -198.435 - 614.924 N_g, \text{kJ/mol} \quad (1.7)$$
$$l \quad \Delta_c H^{\ominus} = -195.837 - 610.080 N_l, \text{kJ/mol} \quad (1.7)$$
$$s \quad \Delta_c H^{\ominus} = -206.086 - 606.375 N_s, \text{kJ/mol} \quad (2.10)$$

代号	物质(基,键,分子)	每键	$\Delta N_i(g)$	$\Delta N_i(l)$	$\Delta N_i(s)$	备注 k,l
P6	胺类,芳香,单,第一	—NH₂	+0.204	+0.177	+0.168	(1.39)
P7	胺类,芳香,二,第一	=NH	+0.223	+0.190	+0.19	
P8	胺类,芳香,三,第一	≡N	+0.257	+0.247	—	
P9	甲基胺类附加校正		+0.012	+0.008	—	
Q1	酰胺,第一	(=O,—NH₂)	−0.444	−0.524	−0.543	(2.4)
Q2	酰胺,第二	(=O,—NH₂)	—	—	−0.561	(1.6)
R	N-(某)酰苯胺类	(=O,=NH)	—	—	−0.49	(1.38)
S	1,3-戊二烯	—	—	−0.057	—	7
T1	吡啶	—	−0.912	−0.942	−0.997	7,(1.22)
T2	α-吡啶附加校正	—	−0.007	−0.002	−0.002	
T3	β或γ-吡啶附加校正	—	−0.005	−0.004	−0.004	(1.22)
U	喹啉	—	−1.847	−1.885	—	7
V	四唑	—	—	—	+0.097	7,(1.28)
W	吡咯	—	−0.60	−0.65	−0.69	7
X	氨基酸	—	—	—	—	Additional −0.043 9,(1.4)
Y	二肽	—	—	—	—	Σamino acids+0.449,(1.39)
Z	二酮(基)哌嗪	—	—	—	—	Σamino acids+0.599
AA	内酰胺	—	—	—	−0.80	7
BB1	1-硝基,脂肪,第一	—NO₂	−0.226	−0.272	—	
BB2	i-硝基(i≠1),脂肪,第一	—NO₂	−0.256	−0.295	−0.304	(1.16)
BB3	硝基,芳香族,第一	—NO₂	−0.225	−0.251	−0.285	(1.18)
BB4	硝基,芳香族,第二	—NO₂	—	—	−0.215	(1.18)
BB5	硝基,芳香族,第三	—NO₂	—	—	−0.16	
CC1	腈,脂肪族	≡N	−0.334	−0.362	—	(1.5)
CC2	腈,芳香族	≡N	−0.317	−0.344	—	
DD	硝酸酯	—NO₃	−0.31	−0.35	—	
EE1	硫醚	—S—	+0.547	+0.533	—	(1.24)
EE2	甲基硫化物附加校正	—	+0.004	+0.003	—	(1.24)
FF1	二硫化物	—S—S—	+1.050	+1.022	—	(1.33)
FF2	甲基二硫化物附加校正	—	+0.015	+0.009	—	
GG1	硫醇类,伯,第一	—SH	+0.544	+0.525	+0.516	
GG2	硫醇类,伯,第二	—SH	+0.546	+0.520	—	
GG3	硫醇类,仲,第一	—SH	+0.531	+0.515	—	
GG4	硫醇类,叔,第一	—SH	+0.522	+0.509	—	(1.23)
HH	噻吩	—	−0.305	−0.331	—	7,(1.21)
II	硫杂脂环化合物 E 值附加校正	—S—	+0.53	+0.50	—	7,(1.10)
JJ1	砜,脂肪族	—SO₂	−0.020	−0.10	−0.10	(2.6)
JJ2	砜,芳香族	—SO₂	−0.012	−0.05	−0.05	
KK	亚硫酸酯,脂肪族	—SO₃	−0.10−0.04C +3.34·10⁻³(C)²			
			−0.15−0.04C +3.25(C)²			
	硫酸酯,脂肪族	—SO₄	−0.42−0.04C +3.29·10⁻³(C)²			
			−0.48−0.04C +3.29·10⁻³(C)²			
MM1	1-氟,脂肪族,第一	—F	−0.24	−0.26	−0.27	
MM2	i-氟(i≠1),脂肪族,第一	—F	−0.26	−0.28	−0.29	
MM3	F,芳香族,第一	—F	−0.264	−0.265	—	

续表

$$\text{g}\quad \Delta_c H^{\ominus}=-198.435-614.924N_g,\text{kJ/mol}\quad(1.7)$$
$$\text{l}\quad \Delta_c H^{\ominus}=-195.837-610.080N_l,\text{kJ/mol}\quad(1.7)$$
$$\text{s}\quad \Delta_c H^{\ominus}=-206.086-606.375N_s,\text{kJ/mol}\quad(2.10)$$

代号	物质(基,键,分子)	每键	$\Delta N_i(g)$	$\Delta N_i(l)$	$\Delta N_i(s)$	备注 k,l
MM4	全氟,脂肪族	$\sum(-F)$	$-0.1884-0.26162F^*$		10	
			$-0.2063-0.26242F^*$		—	
MM5	全氟,脂环族	$\sum(-F)$	$-0.0027-0.26882F^*$			10,(1.2)
			$-0.0090-0.27145F^*$		—	
MM6	全氟,芳香族	$\sum(-F)$	$-0.3176-0.17900F^*$		10	
			$-0.3172-0.18025F^*$			
NN1	1-Cl,脂肪族	—Cl	-0.287	-0.307	-0.305	(1.1)
NN2	i-Cl($i\neq1$),脂肪	—Cl	-0.309	-0.328		
NN3	对每分子中两个 Cl 原子附加校正,脂肪族	—	$+0.014$	$+0.018$		
NN4	Cl,芳香族,第一	—Cl	-0.294	-0.308	-0.306	(2.2)
NN5	Cl,芳香族,第二	—Cl	-0.282	-0.291	-0.295	
NN6	C=C—Cl 构型,脂肪族,附加校正	—	$+0.021$	$+0.028$		(1.1)
001	1-Br,脂肪族	—Br	-0.303	-0.329	—	
002	i-Br($i\neq1$)脂肪族	—Br	-0.323	-0.346	—	
003	对每分子中两个 Br 原子附加校正,脂肪族	—	$+0.009$	$+0.010$		
004	Br,芳香族,第一	—Br	-0.29	-0.31		(1.19)
005	Br,芳香族,第二	—Br	-0.28	-0.28		
PP1	I-碘,脂肪族,第一	—I	-0.312	-0.345		
PP2	I-碘($i\neq1$),脂肪族,第一	—I	-0.339	-0.369		
PP3	碘,脂环,第一	—I	-0.339	-0.369		
PP4	碘,芳香族,第一	—I	-0.305	-0.323	-0.323	
QQ1	单糖	呋喃(糖)环	—	—	-0.558	F,11
QQ2	单糖	吡喃(糖)环	—	—	-0.551	F,11
RR1	二糖和低聚糖	呋喃(糖)环			-0.54	11,(1.37)
RR2	二糖和低聚糖	吡喃(糖)环			-0.514	11,(1.37)

注：1. 计数所述分子的碳原子总数 N_C 是建立计算 N 的基础。

2. 对有一个或更多环的化合物,确定 N_C 时,环上的碳原子要加上特殊的结构校正,例如附表 A1 的 (1.21)。

3. 许多情况下,构成环的碳原子数 C^* 用以确定 ΔN_i 的数值,例如在附表 A2 实例 (2.8) 中 $C^*=14$。对 i-乙基蒽,$C^*=14$ 和 $N_C=16$。

4. 计算 N_C 适用性的限制给在每个校正系数中,没有这种表示,如对脂肪族、芳香族等化合物按需要校正系数可被使用多次；校正系数 Q1 和 Q2 表示带有两个最高酰氨基的分子,这种分子皆包括在这个工作中。

5. 大多数情况下 ΔN_i 给小数点后三位数字,或一个相应有三位小数点的方程式,都表示预测准确度为 2kJ/mol,当仅给出两位小数点时则表示数据的不足 (4 个或更少) 或数据可用性的不一致。

6. 通常校正数不应超过 N_C。

备注：1. 括号 ( ) 内数字表示附表 A_1,附表 A_2 中的实例序号。

2. 校正系数用到每个键上。

3. 两个环直接键合在一起其校正系数计算二次。

4. 对分子中有 4 个以上 C—C 支链,校正系数的值可按以下式子计算：
$\Delta N_i(g)=-0.033+0.017n$,$\Delta N_i(l)=-0.022+0.012n$ 和 $\Delta N_i(s)=-0.020+0.010n$,各式中 n 为支键数

5. 校正系数也应用于共轭 C=C 和 C=O 键,但酯类除外见表中 M8。

6. 校正系数是普适的,应用于表示出结构的所有化合物。

7. 校正系数应用到环结构中碳原子上,计数这些环上碳原子是为了确定 N_C,连接到环结构碳原子上的官能团作为次 (二) 级基团。

8. 确定 N 的 M3、M4,对甘油单酯为 $1\times$M3,甘油二酯为 $2\times$M4,甘油三酯为 $3\times$M4。

9. 氨基酸校正系数以常规方法计算即氨基和羧酸相加,再加上一个附加常数 (-0.043)。

10. 对全氟 (perfluoro) 化合物氟原子总数 F^* 是被用以计算 ΔN_i。

11. 氧桥 —O— 作为醚键。

附表 A1　Cardozo 法估算标准燃烧焓，生成焓，蒸发焓示例[64]

实例序号	化合物	物态	N 的计算		T_b/K	T_c/K
1.1	vinyl chloride	g	$2+C1+NN1+NN6$	$=1.545$	260	425
	C_2H_3Cl	l		$=1.532$		
1.2	octafluorocyclobutane	g	$4+E2+MM5$	$=1.697$	267	389
	C_4F_8	l		$=1.659$		
1.3	acrolein	g	$3+C1+C4+I$	$=2.260$	326	510
	C_3H_4O	l		$=2.241$		
1.4	asparagine	s	$4+K1+P1+Q1+X$	$=2.598$	—	—
	$C_4H_8O_3N_2$					
1.5	propionitrile	g	$3+CC1$	$=2.666$	371	564
	C_3H_5N	l		$=2.638$		
1.6	succinamide	s	$4+Q1+Q2$	$=2.896$	—	—
	$C_4H_8O_2N_2$					
1.7	propane	g	3	$=3.000$	231	370
	C_3H_8	l		$=3.000$		
1.8	ethyl acetate	g	$4+M1+M7$	$=3.080$	350	523
	$C_4H_8O_2$	l		$=3.050$		
1.9	trimethyl amine	g	$3+P4+3\times P9$	$=3.336$	276	433
	C_3H_9N	l		$=3.324$		
1.10	thiacyclobutane	g	$3+E2+II$	$=3.38$	368	600E
	C_3H_6S	l		$=3.34$		
1.11	methyl ethyl ketone	g	$4+J1$	$=3.424$	353	537
	C_4H_8O	l		$=3.402$		
1.12	crotononitrile	g	$4+C2+C6+CC1$	$=3.457$	395	590
	C_4H_5N	l		$=3.428$		
1.13	vinylacetylene	g	$4+C1+C4+D1$	$=3.468$	278	455
	C_4H_4	l		$=3.467$		
1.14	1-gulonic acid γ-lactone	s	$6+H1+3\times H2+N$	$=3.507$	—	—
	$C_6H_{10}O_6$					
1.15	2-butanol	g	$4+H2$	$=3.762$	373	536
	$C_4H_{10}O$	l		$=3.682$		
1.16	2-nitrobutane	g	$4+BB2$	$=3.744$	413	611E
	$C_4H_9NO_2$	l		$=3.705$		
1.17	methyl methacrylate	g	$5+B7+M1+M5+M8$	$=3.911$	373	563
	$C_5H_8O_2$	l		$=3.879$		
1.18	2,4-dinitrophenol	s	$6+F1+F2+F4+H4+BB3+BB4$	$=3.956$	—	—
	$C_6H_4N_2O_5$					
1.19	bromobenzene	g	$6+F1+004$	$=4.541$	429	670
	C_6H_5Br	l		$=4.508$		
1.20	2-methyl-1,3-butadiene	g	$5+B7+C1+C4$	$=4.568$	307	484
	C_5H_8	l		$=4.572$		
1.21	3-methylthiophene	g	$5+B9+HH$	$=4.677$	389	611
	C_5H_6S	l		$=4.654$		
1.22	3-picoline	g	$6+B9+T1+T3$	$=5.065$	417	645
	C_6H_7N	l		$=5.039$		
1.23	2-methyl-2-butanethiol	g	$5+B1+GG4$	$=5.510$	372	570
	$C_5H_{12}S$	l		$=5.500$		
1.24	butyl methyl sulfide	g	$5+EE1+EE2$	$=5.551$	397	594E
	$C_5H_{12}S$	l		$=5.536$		
1.25	anisole	g	$7+F1+01+02+03$	$=5.608$	427	646
	C_7H_8O	l		$=5.579$		

续表

实例序号	化合物	物态	N 的计算		T_b/K	T_c/K
1.26	isopropyl ether	g	$6+2×B1+B10+O1$	$=5.773$	342	500
	$C_6H_{14}O$	l		$=5.769$		
1.27	3,3-dimethyl-1-butene	g	$6+2×B3+B10+C1$	$=5.784$	314	480
	C_6H_{12}	l		$=5.790$		
1.28	5-phenylaminotetrazole	s	$7+F1+P7+V$	$=6.105$	—	—
	$C_7H_7N_5$					
1.29	2,4-dimethyl-3-pentanone	g	$7+2×B1+B10+J1$	$=6.401$	398	582
	$C_7H_{14}O$	l		$=6.385$		
1.30	*cis* 1,3-dimethylcyclopentane	g	$7+2×B9+B10+C5+E3$	$=6.695$	364	552
	C_7H_{14}	l		$=6.697$		
1.31	2,2,3-trimethylbutane	g	$7+B1+2×B3+B11$	$=6.974$	354	531
	C_7H_{16}	l		$=6.981$		
1.32	*n*-heptane	g	7	$=7.000$	372	540
	C_7H_{16}	l		$=7.000$		
1.33	propyl disulfide	g	$6+FF1$	$=7.050$	469	679E
	$C_6H_{14}S_2$	l		$=7.022$		
1.34	1,2,4-trimethylbenzene	g	$9+3×B9+B11+F1+F2+F4$	$=7.794$	443	649
	C_9H_{12}	l		$=7.775$		
1.35	p-ethyltoluene	g	$9+2×B9+B10+F1+F4$	$=7.796$	435	638
	C_9H_{12}	l		$=7.783$		
1.36	eugenol	l	$10+B9+C1+F1+F2+F4$		—	—
	$C_{10}H_{12}O_2$		$+H4+O1+O2+O3$	$=8.034$		
1.37	sucrose	s	$12+3×B9+B11+3×H1+5×H2$		—	—
	$C_{12}H_{22}O_{11}$		$+O1+RR1+RR2$	$=8.161$		
1.38	benzanilide	s	$13+B9+2×F1+R$	$=10.136$	—	—
	$C_{13}H_{11}NO$					
1.39	valylphenylanaline	s	$5+B2+K1+P1+X$　　$=4.137$		—	—
	$C_{14}H_{20}N_2O_2$		$9+B9+F1+K1+P6+X=6.897$			
			Y　　　　　　　$=0.44$			
			$+$　　$=11.474$			
1.40	diphenylbutadiyne	s	$16+2×B9+B10+C4+2×D2+2×F1$	$=12.891$	—	—
	$C_{16}H_{10}$					
1.41	pentacene-6,13-quinone	s	$22+J2$	$=16.215$	—	—
	$C_{22}H_{12}O_2$					
1.42	7-hexadecylspiro(4,5)decane	l	$26+B9+E7$	$=25.346$	—	—
	$C_{26}H_{50}$					
1.43	13-phenylpentacosane	s	$31+B9+F1$	$=29.808$	—	—
	$C_{31}H_{56}$					
1.44	13-cyclohexylpentacosane	l	$31+B9+E4$	$=30.665$	—	—
	$C_{31}H_{62}$					
1.45	glyceroltribrassidate	s	$69+3×C2+3×C6+3×M4$	$=65.709$	—	—
	$C_{69}H_{128}O_6$					

No.	$\Delta_c H_{\bar{m}}^{\ominus}$ /(kJ/mol) Lit.	δ /(kJ/mol)	$\Delta_f H_{\bar{m}}^{\ominus}$ /(kJ/mol) Lit.	δ /(kJ/mol)	$\Delta_v H_{\bar{m}}^{\ominus}$ /(kJ/mol) Lit.	δ /(kJ/mol)	$\Delta_v H_b$ /(kJ/mol) Lit.	δ /(kJ/mol)
1.1	-1151.3	2.8	28.4	-1.5	19.3	-1.3	20.4	-1.4
	—	—	9.2	-0.3				
1.2	—	—	$-1,542.6$	-1.2	22.6	5.3	24.4	5.7
	—	—	$-1,565.2$	-6.3				
1.3	—	—	-74.5	-2.1	—	—	30.4	-6.8

No.	$\Delta_c H_{\xi}^{\ominus}$ /(kJ/mol) Lit.	δ /(kJ/mol)	$\Delta_f H_{\xi}^{\ominus}$ /(kJ/mol) Lit.	δ /(kJ/mol)	$\Delta_v H_{\xi}^{\ominus}$ /(kJ/mol) Lit.	δ /(kJ/mol)	$\Delta_v H_b$ /(kJ/mol) Lit.	δ /(kJ/mol)
	−1560.1	−2.9	−106.5	4.8				
1.4	−1751.9	−29.6	−789.4	28.7	—	—	—	—
1.5	—	—	51.5	−0.6	36.2	−3.6	32.3	−3.5
	−1800.6	−4.6	15.5	4.0				
1.6	−1961.8	−0.4	−581.5	1.5	—	—	—	—
1.7	−2043.4	0.2	−104.7	−0.6	16.3	0.9	19.0	0.8
			−120.1	−2.3				
1.8	—	—	−450.5	0.7	35.2	0.6	32.0	0.4
	−2062.7	6.1	−485.9	0.3				
1.9	—	—	−23.5	3.8	22.2	3.9	22.9	4.1
	−2223.3	−0.4	−45.7	−0.1				
1.10	—	—	60.6	12.7	36.0	7.4	32.3	6.7
	−2228.3	−5.2	24.7	5.2				
1.11	—	—	−238.7	0.4	34.9	−2.3	31.3	−1.9
	−2268.4	−2.9	−273.3	2.4				
1.12	—	—	140.7	4.2	40.3	−3.2	34.1	−2.5
	−2279.5	−7.7	107.8	7.1				
1.13	—	—	304.8	−32.2			34.5	−14.1
1.14	−2352.7	20.1	−1,220.5	−18.3	—	—	—	—
1.15	—	—	−292.9	−1.6	49.8	−2.3	40.8	−0.3
	−2440.9	−1.2	−342.5	0.6				
1.16	—	—	−163.6	1.2	43.8	0.7	34.3	2.9
	−2455.1	−1.1	−207.5	0.5				
1.17	—	—	−332.0	−0.4	—	—	34.3	1.7
	—	—	−371.4	−2.1				
1.18	−2612.1	7.2	−232.8	−8.0	—	—	—	—
1.19	—	—	105.4	3.4	44.5	0.2	36.9	0.4
	—	—	60.9	3.1				
1.20	−3010.8	3.4	75.3	−3.8	26.8	−4.5	25.8	−4.9
	−2982.4	−2.7	48.0	1.3				
1.21	—	—	82.6	0.9	39.5	−0.2	34.2	0.0
	−3036.8	1.6	43.1	1.1				
1.22	—	—	106.4	−1.9	44.4	−1.4	37.5	−1.3
	−3269.6	−0.4	61.9	−0.4				
1.23	—	—	−127.1	−2.8	35.7	−0.3	31.4	−0.3
	−3553.7	2.4	−162.8	−2.5				
1.24	—	—	102.2	−2.5	40.6	−2.0	34.5	−1.7
	—	—	−142.8	−0.6				
1.25	—	—	−68.0	−8.3	46.8	0.7	39.0	0.3
	−3604.6	5.1	−114.8	−8.9				
1.26	—	—	−319.1	12.3	32.3	0.7	29.1	0.8
	−3702.8	−12.6	−351.5	11.7				
1.27	—	—	−60.5	2.4	26.7	0.3	25.6	0.2
	−3724.2	−4.0	−87.6	2.5				
1.28	−3909.1	1.1	305.2	0.6	—	—	—	—
1.29	—	—	−311.3	−3.0	41.6	1.8	34.6	1.7
	−4095.6	4.4	−356.1	−1.5				
1.30	—	—	−135.9	2.4	34.3	−0.5	30.4	−0.5
	−4277.6	−3.9	−170.1	2.8				

No.	$\Delta_c H_{\overline{m}}^{\ominus}$ /(kJ/mol) Lit.	δ /(kJ/mol)	$\Delta_f H_{\overline{m}}^{\ominus}$ /(kJ/mol) Lit.	δ /(kJ/mol)	$\Delta_v H_{\overline{m}}^{\ominus}$ /(kJ/mol) Lit.	δ /(kJ/mol)	$\Delta_v H_b$ /(kJ/mol) Lit.	δ /(kJ/mol)
1.31	—	—	−204.5	0.7	32.1	0.0	28.9	0.2
	−4452.5	−2.3	−236.5	0.6				
1.32	—	—	−187.7	−0.1	36.7	−0.2	31.5	0.0
	−4465.1	−1.3	−224.2	−0.2				
1.33	—	—	−117.3	1.9	53.6	0.2	41.9	0.2
	−4478.2	−1.6	−171.5	2.2				
1.34	—	—	−13.8	10.7	47.9	4.0	39.5	2.1
	−4931.2	−8.0	−61.8	6.8				
1.35	—	—	−3.2	1.3	46.6	1.7	37.7	1.2
	−4943.2	−0.9	−49.6	−0.6				
1.36	−5123.3	26.1	−263.3	−27.4	—	—	—	—
1.37	−5156.7	2.0	−2227.0	−3.0	—	—	—	—
1.38	−6353.8	1.5	−94.6	−1.0	—	—	—	—
1.39	−7162.3	−1.3	−765.8	−0.7	—	—	—	—
1.40	−8023.7	0.8	518.4	−3.4	—	—	—	—
1.41	−10035.7	−2.9	−72.8	−0.3	—	—	—	—
1.42	−15688.0	29.1	−590.4	−33.1	—	—	—	—
1.43	−18284.7	3.8	−687.0	−8.4	—	—	—	—
1.44	−18904.8	0.9	−792.7	−5.4	—	—	—	—
1.45	−40048.1	−2.3	−2616.7	23.6	—	—	—	—

附表 A2　Cardozo 法估算标准升华焓示例

示例 序号	化合物		N 的计算		$\Delta_f H^\circ$ /(kJ/mol) Lit.	δ /(kJ /mol)	$\Delta_s H^\circ$ /(kJ/mol) Lit.	δ /(kJ /mol)	δ^*
2.1	pentaerythritol	g	$5+2\times B3+B10+4\times H1$	=3.993	−776.7	10.9	143.9	19.6	13.6
	$C_5H_{12}O_4$	s		=3.767	−920.6	−8.7			
2.2	2-chlorobenzoic acid	g	$7+B9+F1+F2+K1+NN4$	=4.561	−325.0	−3.6	79.5	11.9	14.9
	C_7H_5O	s		=4.462	−404.5	−15.5			
2.3	p-cresol	g	$7+B9+F1+F4+H4$	=5.523	−125.4	−3.1	73.9	13.0	17.5
	C_7H_8O	s		=5.450	−199.3	−16.1			
2.4	hexanamide	g	$6+Q1$	=5.556	−324.2	4.9	98.7	1.2	1.2
	$C_6H_{13}ON$	s		=5.457	−423.0	3.8			
2.5	1-naphthol	g	$10+G1+H4$	=7.607	−29.9	2.0	91.2	17.7	19.4
	$C_{10}H_8O$	s		=7.522	−121.0	−15.9			
2.6	dibutyl sulfone	g	$8+JJ1$	=7.98	−509.8	−7.9	100.4	8.7	8.7
	$C_8H_{18}SO_2$	s		=7.90	−610.2	−16.6			
2.7	benzophenone	g	$13+2\times B9+B10+2\times F1+$	=10.051	54.3	−2.2	88.9	10.0	11.2
	$C_{13}H_{10}O$	s	$+J1$	=10.017	−34.5	−12.3			
2.8	anthracene	g	$14+G3$	=10.974	230.9	−4.9	101.7	14.8	14.5
	$C_{14}H_{10}$	s		=10.924	129.2	−19.7			
2.9	1,2-diphenylethane	g	$14+2\times B9+B10+2\times F1$	=11.627	142.9	0.9	91.4	6.4	7.0
	$C_{14}H_{14}$	s		=11.617	51.5	−5.6			
2.10	dotriacontane	g	32	=32.000	−697.2	−6.3	271.1	−5.2	−1.9
	$C_{32}H_{66}$	s		=32.000	−967.6	−1.8			

注：$\delta^* = (\delta/\Delta_s H^\circ$ 文献值$)\times 100\%$。

附表 A3　Cardozo 法估算结果概要

性　　质	物　态	碳原子总数 N_C	性质的范围 /(kJ/mol)	计算与实验标准偏差		被检验的数据点数目
				/(kJ/mol)	/%	
标准燃烧焓 $\Delta_c H_{\overline{\mathfrak{K}}}^{\ominus}$	g	1→32	−3500→−1000	20	1.1	42
	l	1→32	19000→−1000	15	0.5	772
	s	2→69	−41000→−1000	19	0.3	389
标准生成焓 $\Delta_f H_{\overline{\mathfrak{K}}}^{\ominus}$	g	1→32	−4600→+330	4.8	0.5	1206
	l	1→32	−4700→+290	6.2	0.6	1119
	s	2→69	−5500→+520	13	2.4	518
非极性液体标准蒸发焓 $\Delta_v H_{\overline{\mathfrak{K}}}^{\ominus}$ *		1→32	15→125	1.6	4.3	556
非极性液体正常沸点下蒸发焓 $\Delta_v H_b^{\ominus}$ *		1→32	15→120	2.1	5.9	576
($\Delta_s H^{\ominus}$)标准升华焓 $\Delta_s H_{\overline{\mathfrak{K}}}^{\ominus}$		3→32	70→275	15	11	115

注：* 通常为 0～2.5（debye）德拜。

(6) 五种基团贡献法估算标准热化学性质的比较

上述五种基团估算法，Reid 等在文献 [20] 中对它们都进行了评价。并列出各种方法的基团贡献数值表，以及通过例题详述其计算步骤，偏差情况，并按 $C_p^{\ominus}$，$\Delta_f H^{\ominus}$ 和 $S^{\ominus}$ 分类列表，将各种有机物以不同的估算法所得结果与文献值比较（表 3-46～表 3-48），最后作出讨论与建议。为能得到有最高准确度的估算值 Reid 等建议选用 Benson 或 Yoneda 法，但他们同时也认为 Joback 和 Cardozo 方法通常也能为工程计算提供可靠的估算结果，而且应用起来要简单得多。Cardozo 法对于非常复杂的有机化合物，尤其在感兴趣的温度下，这些物质为凝聚态时最为有用，但这一方法不能用于 $C_p^{\ominus}(T)$ 和 $S^{\ominus}$ 的估算。

表 3-46　298K，800K 下 $C_p^{\ominus}$ 的各种估算法的估算值与文献值的比较[50]

化　合　物		T/K	$C_p^{\ominus}$ /[J/(mol·K)]	百分误差①			
				Joback 法	Benson 法	Yoneda 法	Thinh 等法
propane	丙烷	298	73.94	1.1	0.9	0.6	−0.5
		800	155.25	−0.4	0.6	0.5	0.2
n-heptane	正庚烷	298	166.09	−0.2	0.4	0.1	−0.1
		800	340.93	−0.2	0.6	0.3	0.8
2,2,3-trimethylbutane	2,2,3-三甲基丁烷	298	164.67	0.9	0.8	0.3	0.7
		800	346.37	0.1	0.7	0.5	1.0
trans-2-butene	顺-2-丁烯	298	87.88	−4.6	−1.8	1.0	0
		800	173.75	−0.3	−0.1	0.6	0.1
3,3-dimethyl-1-butene	3,3-二甲基-1-丁烯	298	126.57	4.7	4.6	4.5	6.6
		800	266.28	2.5	3.5	2.6	4.3
2-methyl-1,3-butadiene	2-甲基-1,3-丁二烯	298	104.7	−4.4	0.7	1.7	−2.0
		800	201.0	−2.2	0.5	1.0	−1.2
2-pentyne	2-戊炔	298	98.77	2.0	−0.2	1.1	−0.3
		800	192.17	0.7	0.6	0.6	0.4
p-ethyltoluene	对乙基甲苯	298	151.65	0.9	0.8	0.4	−1.3
		800	324.90	0.3	0.5	0.5	−0.5
2-methylnaphthalene	2-甲基萘	298	159.89	−2.3	0	0.6	−2.2
		800	343.44	−1.6	0.9	0.6	−0.4
cis-1,3-dimethylcyclopentane	顺式-1,3-二甲基环戊烷	298	134.56	1.3	−5.9	0.4	0
		800	317.53	3.5	−1.1	0.5	0.1

续表

化 合 物		T/K	$C_p^{\ominus}$ /[J/(mol·K)]	百分误差[1]			
				Joback 法	Benson 法	Yoneda 法	Thinh 等法
-butanol	2-丁醇	298	113.38	−1.9	−0.8	−2.1	
		800	220.56	−0.1	0.5	0.2	
-cresol	对甲酚	298	124.56	0.9	0.1	1.9	
		800	255.86	0.1	−0.1	3.9	
sopropyl ether	异丙醚	298	158.39	0	−0.8	1.9	
		800	311.46	1.3	2.3	1.3	
-dioxane	二 烷；二氧杂环 己烷	298	94.12	−0.4	−1.0	—	
		800	218.34	0.1	0	—	
nethyl ethyl ketone	甲乙酮	298	102.95	−5.1	−2.5	−4.1	
		800	192.93	0.6	−0.1	−0.3	
thyl acetate	乙酸乙酯	298	113.71	−0.4	−0.5	−28.	
		800	213.57	0.2	0.1	−11.	
rimethyl amine	三甲胺	298	91.82	−0.2	0.3	0.2	
		800	191.00	0.1	0.5	0.4	
ropionitrile	丙烯腈	298	73.10	1.9	−1.4	1.1	
		800	134.56	0.8	2.1	1.7	
-nitrobutane	2-硝基丁烷	298	123.55	2.0	1.0	1.4	
		800	248.86	−0.3	0.1	0.3	
-picoline	3-甲基吡啶	298	99.65	2.2	—	—	
		800	222.40	−0.4	—	—	
,1-difluoroethane	1,1-二氟乙烷	298	67.99	−0.5	−1.3	4.1	
		800	124.31	0.3	0.6	0.9	
Octafluorocyclobutane	八氟环丁烷	298	156.25	−12.	−6.8	—	
		800	245.56	−1.5	5.5	—	
romobenzene	溴苯	298	97.76	−0.1	2.8	1.7	
		800	200.05	0	1.1	4.6	
trichloroethylene	三氯乙烯	298	80.26	1.4	0.3	−5.1	
		800	112.79	−2.8	0.1	−2.9	
outyl methyl sulfide	甲基丁基硫醚	298	140.84	0.2	−0.1	0.3	
		800	278.55	−2.1	−0.1	−0.5	
2-methyl-2-butanethiol	2-甲基-2-丁硫醇	298	146.31	−1.5	0.4	−0.9	
		800	277.50	−0.1	−0.2	0.2	
propyl disulfide	丙基二硫	298	185.48	−0.2	0.4	1.2	
		800	350.44	−1.8	0.4	−1.3	
3-methylthiophene	3-甲基噻吩	298	94.91	1.8	0.3	—	
		800	192.38	1.0	2.5	—	
化合物数				28	27	24	10
平均误差,%				1.4	1.1	1.4[2]	1.1

① 误差=[(计算值−文献值)/文献值]×100%。
② 不包括误差异常大的乙酸乙酯。

表 3-47　298.15K 下各种标准生成焓估算法的估算值与文献值比较[20]

化 合 物		$\Delta_f H^{\ominus}$/(kJ/mol)Literature	Joback 法的偏差①	Benson法的偏差	Yoneda(ABWY)法的偏差	Thinh 等法的偏差	Cardozo法的偏差
propane	丙烷	−103.92	−1.4	−1.2	−1.9	0	−1.5
n-heptane	正-庚烷	−187.90	0.1	−0.1	0.3	0.1	−0.1
2,2,3-trimethylbutane	2,2,3-三甲基丁烷	−204.94	3.0	1.5	2.6	−0.1	2.8
trans-2-butene	反-2-丁烯	−11.18	2.5	−1.3	−0.8	0	−0.8
3,3-dimethyl-1-butane	3,3-二甲基-1-丁烯	−43.17	−7.4	−14.0	−12.0	−25.0	−23.0
2-methyl-1,3-butadiene	2-甲基-1,3-丁二烯	75.78	19.0	0	−0.9	4.8	6.8
2-pentyne	2-戊炔	128.95	−1.5	−2.5	−1.6	−5.0	−0.8
p-ethyltoluene	对乙基甲苯	−3.27	−1.9	−0.1	2.3	0.6	−1.1
2-methylnaphthalene	2-甲基萘	116.18	30.0	2.9	0	−0.9	−4.2
cis-1,3-dimethylcyclopentane	顺-1,3-二甲基环戊烷	−135.95	15.0	−0.2	0	0	−17.0
2-butanol	2-丁醇	−292.49	9.4	−1.5	−1.8		0.3
p-cresol	对甲酚	−125.48	−3.1	−0.8	−2.3		8.6
isopropyl ether	异丙醚	−319.03	9.0	−2.1	−4.9		5.9
p-dioxane	对-二　烷	315.27	0	8.0	—		
methyl ethyl ketone	甲乙酮	−238.52	0	0.8	−0.5		0.1
ethyl acetate	乙酸乙酯	−443.21	0	9.5	−1.1		32.0
methyl methacrylate	甲基丙烯酸甲酯（MMA）	−332.0	16.0	−9.3	−20.0		14.0
trimethyl amine	三甲胺	−23.86	−14.0	−0.6	—		−5.8
propionitrile	丙酰腈	50.66	9.0	1.3	3.3		8.8
2-nitrobutane	2-硝基丁烷	−163.7	22.0	−7.5	3.3		−1.3
3-picoline	3-甲基吡啶	106.22	−4.0		—		−1.1
1,1-difluoroethane	1,1-二氟乙烷	−494.0	13.0	−4.0	11.0		30.0
octafluorocyclobutane	八氟环丁烷	−1529.0		14.0	—		
bromobenzene	溴苯	105.1	−9.3	8.8	0		−1.2
trichloroethylene	三氯乙烯	−5.86	−19.0	7.1	22.0		—
butyl methyl sulfide	甲基丁基硫醚	−102.24	−2.4	0.9	0.7		−1.6
2-methyl-2-butanethiol	2-甲基-2-丁硫醇	−127.11	10.0	−3.2	2.4		6.7
propyl disulfide	丙基二硫	−117.27	34.0	3.1	2.1		0.7
3-methylthiophene	3-甲基噻吩	82.86	0.8	0.4	—		0.4

① 偏差＝(计算值−文献值)，kJ/mol。

表 3-48　298.15K 下文献值的标准熵与各种估算法的估算值比较[20]

化 合 物		$S^{\ominus}$(298 K)/[J/(mol·K)]Literature	Benson 法的偏差	Yoneda(ABWY)法的偏差	Thinh 等法的偏差
propane	丙烷	270.09	0	3.3	0
n-heptane	正庚烷	428.18	−0.4	1.0	−1.0
2,2,3-trimethylbutane	2,2,3-三甲基丁烷	383.55	0.8	1.5	−12.0
trans-2-butene	反-2-丁烯	296.68	0.7	4.2	0
3,3-dimethyl-1-butene	3,3-二甲基-1-丁烯	343.99	5.0	7.6	−13.0
2-methyl-1,3-butadiene	2-甲基-1,3-丁二烯	315.85	−0.9	1.5	2.6
2-pentyne	2-戊炔	332.01	0.7	−4.8	6.3
p-ethyltoluene	对乙基甲苯	399.17	−0.9	−0.3	−7.5
2-methylnaphthalene	2-甲基萘	380.29	5.1	0	8.2
cis-1,3-dimethylcyclopentane	反-1,3-二甲基环戊烷	367.06	0.9	0	0
2-butanol	2-丁醇	359.27	2.1	−7.3	

化　合　物		$S^{\ominus}$ (298 K) /[J/(mol·K)]	Benson 法的偏差	Yoneda (ABWY) 法的偏差	Thinh 等法的偏差
p-cresol	对甲酚	347.88	4.6	4.4	
isopropyl ether	异丙醚	390.50	21.0	0.9	
methyl ethyl ketone	甲乙酮	338.34	1.1	−3.4	
ethyl acetate	乙酸乙酯	363.00	13.0	1.2	
trimethyl amine	三甲胺	288.97	0.1	0	
propionitrile	丙腈	286.80	−0.4	−4.4	
2-nitrobutane	2-硝基丁烷	383.59	11.0	2.0	
1,1-difluoroethane	1,1-二氟乙烷	282.69	−0.9	−8.3	
octafluorocyclobutane	八氟环丁烷	400.63	4.9	—	
bromobenzene	溴苯	324.60	1.4	0	
trichloroethylene	三氯乙烯	325.02	−0.5	17.0	
butyl methyl sulfide	丁(基)甲(基)硫醚	412.11	−0.4	−0.8	
2-methyl-2-butanethiol	2-甲基-2-丁醇	387.20	−0.3	−0.8	
propyl disulfide		495.30	0.5	−2.7	
3-methylthiophene	3-甲基噻吩	321.50	−3.1	—	

3.2.6.3　无机化合物标准热化学性质估算法

无机物标准热化学性质数据通常可以由有关的文献手册中查到[3,9,15,66]，但有时估算方法仍是必需的。

由于无机物结构及其分子内各质点间相互作用的复杂性，造成推算无机物标准热化学性质的困难，文献 [66] 分析了开发无机物标准热化学性质推算法进展不快的原因。书中介绍了推算无机物标准热容、生成焓、相变焓、相变熵以及标准熵的几种方法，对有些估算模型作者未能将必需的参数值列出，可由所列原始参考文献查出。

键焓法：一种既能用于估算气态有机物又能用于气态无机化合物的 $\Delta_f H_\text{ǎ}^{\ominus}$。

键焓估算法可用下式表示：

$$\Delta_f H_\text{ǎ}^{\ominus} = \sum_i n_i \Delta_f h_{(i)}^{\ominus} - \sum_i m_i B_{(j)} \tag{3-49}$$

式中，$\Delta_f h_{\text{ǎ}(i)}^{\ominus}$ 是 i 原子的气态单原子生成焓；n_i 是一个分子中 i 原子的个数；$B_{(j)}$ 则是 j 型键的键焓值，m 是分子中 j 型键的数目，只要由表中查到所需的键焓值及单个原子气体标准生成焓 $\Delta_f h_{\text{ǎ}(i)}^{\ominus}$ 数值，即可用式 （3-49） 估算出化合物的标准生成焓 $\Delta_f H_{\text{ǎ}(g)}^{\ominus}$ （理想气体 $p_i^{\ominus} = 101.325\text{kPa}$）。

Pauling 及其他人都给过气态单原子生成焓及各种类型键的键焓数据，见表 3-49a、b、表 3-50。Allen[67] 及 Laidler[68] 都曾对键焓法估算标准生成焓进行过修正。

表 3-49a　单键键焓[49]*　　　　单位：kJ/mol

H—H	436.0	C—H	415.1	Si—Cl	395.8
Li—Li	110.9	Si—H	295.0	Si—Br	289.1
Na—Na	74.9	N—H	391.2	Si—I	213.0
K—K	54.8	P—H	322.2	Ge—Cl	407.9
Rb—Rb	51.9	As—H	245.2	N—O	174.9
Cs—Cs	45.2	O—H	463.2	N—F	269.9
B—B	225.1	S—H	368.2	N—Cl	200.0
C—C	343.9	Se—H	277.0	P—O	359.8

续表

Si—Si	187.0	Te—H	241.0	P—F	486.2
Ge—Ge	156.9	H—F	563.2	P—Cl	317.1
Sn—Sn	143.1	H—Cl	432.2	P—Br	366.1
N—N	159.0	H—Br	366.1	P—I	218.0
P—P	217.1	H—I	299.2	As—O	310.9
As—As	133.9	B—C	312.1	As—F	466.1
Sb—Sb	125.9	B—O	459.8	As—Cl	287.9
Bi—Bi	105.0	B—S	276.1	As—Br	236.0
O—O	143.1	B—F	582.0	As—I	174.1
S—S	266.1	B—Cl	387.9	O—F	212.1
Se—Se	184.1	B—Br	310.0	O—Cl	210.0
Te—Te	168.2	C—Si	289.9	O—Br	217.1
F—F	158.16	C—N	292.0	O—I	241.0
Cl—Cl	243.1	C—O	350.2	S—Cl	277.0
Br—Br	192.9	C—S	259.0	S—Br	238.9
I—I	151.0	C—F	443.1	Se—Cl	243.1
Li—H	245.2	C—Cl	328.0	Cl—F	251.0
Na—H	202.1	C—Br	276.1	Br—F	248.9
K—H	181.6	C—I	240.2	Br—Cl	218.0
Rb—H	166.9	Si—O	432.2	I—F	281.2
Cs—H	174.9	Si—S	227.2	I—Cl	210.0
B—H	331.0	Si—F	589.9	I—Br	177.8

* 皆系原表列数值乘以 4.184 换算得出。

表 3-49b 多重键键焓 *[49]　　　　　　　　单位：kJ/mol

C＝C	615.0	C＝S	477.0
N＝N	418.0	C≡C	812.1
O＝O	401.7	N≡N	946.0
C＝N	615.0	C≡N	889.9
C＝O	725.1	P≡P	489.9

* 皆系原表列数值乘以 4.184 换算得出。

表 3-50　298.15K 单原子气体标准生成热[49] *　　　　　　　　单位：kJ/mol

H 218.0																	
Li 159.3	Be 324.0											B 565.0	C 716.7	N 472.7	O 249.2	F 79.4
Na 107.5	Mg 147.1											Al 330.0	Si 450.0	P 316.5	S 277.2	Cl 121.3
K 89.0	Ca 177.8	Sc 337.8	Ti 473.0	V 514.2	Cr 396.6	Mn 280.7	Fe 416.3	Co 424.7	Ni 429.7	Cu 337.4	Zn 130.4	Ga 272.0	Ge 372.0	As 302.5	Se 227.1	Br 111.9
Rb 80.9	Sr 164.4	Y 421.3	Zr 608.8	Nb 725.9	Mo 658.1		Ru 642.7	Rh 556.9	Pd 378.2	Ag 284.9	Cd 111.8	In 243.3	Sn 301.2	Sb 262.3	Te 196.7	I 106.8
Cs 76.5	Ba 180.0	431.0 La~Lu 427.6	Hf 619.2	Ta 782.0	W 849.4	Re 769.9	Os 791.0	Ir 665.3	Pt 565.3	Au 366.1	Hg 61.4	Tl 182.2	Pb 195.2	Bi 207.1		
		Th 602.0 U 533.0														

* 文献 [49] 表列单原子气体标准生成焓 $\Delta_f H_{(a)}^{\ominus}$ 数据皆以 kcal/mol 为单位且时间较早。现表中数据皆选自文献 Standard thermodynamic properties of chemical substances 中的 $\Delta_f H_{(a)}^{\ominus}$ 数值。

例 3-17　用键焓法估算气体 CH_2FCH_2OH 的标准生成焓 $\Delta_f H_{\bar{t}}^{\ominus}$，其实验值 $\Delta_f H_{\bar{t}}^{\ominus}$ 为 400.41kJ/mol。

解　此化合物含有键的类型及相应的键焓可由表 3-49a 查出。

4 个 C—H 键　　4×415.1kJ/mol$=1660.4$kJ/mol

1 个 C—F 键　　1×443.1kJ/mol$=443.1$kJ/mol

1 个 C—C 键　　1×343.9kJ/mol$=343.9$kJ/mol

1 个 C—O 键　　1×350.2kJ/mol$=350.2$kJ/mol

1 个 O—H 键　　1×463.2kJ/mol$=463.2$kJ/mol

$$\sum_j m_j H_{(j)} = 3260.8$$

此化合物含有的原子及气体原子的标准生成焓由表 3-50 可得

2 个 C 原子，　$\Delta_f H_{\bar{t}}^{\ominus}(C) = 2 \times 716.7kJ/mol=1433.4$kJ/mol

5 个 H 原子，　$\Delta_f H_{\bar{t}}^{\ominus}(H) = 5 \times 218.0kJ/mol=1090.0$kJ/mol

1 个 F 原子，　$\Delta_f H_{\bar{t}}^{\ominus}(F) = 1 \times 79.4kJ/mol=79.4$kJ/mol

1 个 O 原子，　$\Delta_f H_{\bar{t}}^{\ominus}(O) = 1 \times 249.20kJ/mol=249.2$kJ/mol

$$\sum_i n_i \Delta_f H_{\bar{t}}^{\ominus}{}_{(i)} = 2852.0\,kJ/mol$$

代入式（3-49）　$\therefore \Delta_f H_{\bar{t}}^{\ominus}(CH_2FCH_2OH) = (2852.0-3260.8)kJ/mol=408.8$kJ/mol

与实验值比较相对误差 $= \dfrac{408.8-400.41}{400.41} \times 100\% = \dfrac{8.4}{400.41} \times 100\% = 2.1\%$

例 3-18　利用键焓法估算乙烷分解为乙烯和氢的反应热焓（热）

解　反应物乙烷中有一个 C—C 键，6 个 C—H 键，生成物乙烯和氢中有一个 C═ 键，4 个 C—H 键，一个 H—H 键。

反应焓变 $\Delta_r H_{\bar{t}}^{\ominus} = [\sum \Delta H_{\bar{t}}^{\ominus}{}_{(i)}]_{反应物} - [\sum \Delta H_{\bar{t}}^{\ominus}]_{产物}$ 由表 3-49a，b 可得

$\Delta_r H_{\bar{t}}^{\ominus} = [\Delta H_{\bar{t}}^{\ominus}(C—C) + 6\Delta H_{\bar{t}}^{\ominus}(C—H)] - [\Delta H_{\bar{t}}^{\ominus}(C═C) + 4\Delta H_{\bar{t}}^{\ominus}(C—H) +$

$\quad\quad \Delta H_{\bar{t}}^{\ominus}(H—H)]$

$= [343.9+6 \times 415.1]$kJ/mol$-[615.0+4 \times 415.1+436.0]kJ/mol=123.1$kJ/mol

利用表 3-32 的标准生成焓 $\Delta_f H_{\bar{t},i}^{\ominus}$ 数据计算可求得此反应的 $\Delta_r H_{\bar{t}}^{\ominus}$ 则为 136.4kJ/mol。两者相差约 10% 说明用键焓估算反应焓变仅是近似的。

3.2.6.4　凝聚态的标准生成焓 $\Delta_f H^{\ominus}$ 和标准熵 $S^{\ominus}$ 的估算[49]

(1) 凝聚态标准生成焓的估算

在上述几种基团贡献法以及键焓法估算标准生成焓除 Cardozo 法外都只是估算理想气体的 $\Delta_f H_{\bar{t}}^{\ominus}$，对固态或液态的 $\Delta_f H_{\bar{t}}^{\ominus}$ 可由下面方程获得

$$\Delta_f H_{\bar{t}}^{\ominus}(s\ 或\ l) = \Delta_f H_{\bar{t}}^{\ominus}(g) - \Delta_{(s或v)} H_{\bar{t}}^{\ominus} \tag{3-50}$$

$\Delta_f H_{\bar{t}}^{\ominus}(g)$ 是理想气体标准生成焓，可由标准热力学函数表中查出，例如本章表 3-32，表 3-33。若表中查不到则可用介绍过的几种方法进行估算；$\Delta_{(s或v)} H_{\bar{t}}^{\ominus}$ 是物质在 298.15K 标准状态下的升华焓 $\Delta_s H_{\bar{t}}^{\ominus}$ 或蒸发焓 $\Delta_v H_{\bar{t}}^{\ominus}$，它们皆可由前述相变焓各种估算方法求出。

$$\Delta_f H^{\ominus}_{\bar{t}}(s) = \Delta_f H_{\bar{t}}^{\ominus}(g) - \Delta_s H_{\bar{t}}^{\ominus} \tag{3-51}$$

$$\Delta_f H^{\ominus}_{\bar{t}}(l) = \Delta_f H_{\bar{t}}^{\ominus}(g) - \Delta_v H_{\bar{t}}^{\ominus} \tag{3-52}$$

用上式估算凝聚态物质的标准生成焓，其误差为计算 $\Delta_f H_{\bar{t}}^{\ominus}$（g）的误差与估算相变焓误差之和。一般来说对于估算 $\Delta_f H_{\bar{t}}^{\ominus}$（l）误差多在 ±12.6kJ/mol 之内；而对 $\Delta_f H_{\bar{t}}^{\ominus}$（s）由于 $\Delta_s H_{\bar{t}}^{\ominus}$ 一般难以准确估算，所以对 $\Delta_f H_{\bar{t}}^{\ominus}$（s）估算的结果其误差则稍大一些，尽管如此

它通常还是能够满足工程实际需要的。

（2）凝聚态标准熵的估算

① 液体的标准熵 $S^{\ominus}$（l）

$$S_T^{\ominus}(l) = S_T^{\ominus}(g) - \Delta_v S_T^{\ominus} \tag{3-53}$$

式中，$S_T^{\ominus}$（l）是 T K 下液体标准熵；$S_T^{\ominus}$（g）是 T K 下理想气体标准熵；$\Delta_v S_T^{\ominus}$ 是 T K 下标准蒸发熵。

前面已介绍过 $S_T^{\ominus}$（g）的估算法［如 Yonedo 法式（3-43）］以及 $\Delta_v S_T^{\ominus}$ 的估算法，将结果代入上式即可得到 $S_T^{\ominus}$（l）的估计值。

若 $T = \text{Ꞓ}$，可用已知 T_b 下的 $\Delta_v S_{T_b}^{\ominus}$ 数据计算出 $S_{\text{Ꞓ}}^{\ominus}$（l）

$$\Delta_v S_{\text{Ꞓ}}^{\ominus} = \Delta_v S_{T_b}^{\ominus} - \int_{\text{Ꞓ}}^{T_b} [C_p^{\ominus}(g) - C_p^{\ominus}(l)] d\ln T \tag{3-54a}$$

$$S_{\text{Ꞓ}}^{\ominus}(l) = S_{\text{Ꞓ}}^{\ominus}(g) - \Delta_v S_{T_b}^{\ominus} + \int_{\text{Ꞓ}}^{T_b} [C_p^{\ominus}(g) - C_p^{\ominus}(l)] d\ln T \tag{3-54b}$$

式中　T_b——正常沸点，K。

$S_{\text{Ꞓ}}^{\ominus}$（l）的估算误差为 $S^{\ominus}$（g）和 $\Delta_v S_{\text{Ꞓ}}^{\ominus}$ 估算误差之和，若无热容实验数据则还需算 $C_p(T)$

② 固体的标准熵 $S^{\ominus}$（s）

可用下式计算

$$S_T^{\ominus}(s) = S_T^{\ominus}(g) - \Delta_v S_T^{\ominus} + \int_T^{T_m} [C_p^{\ominus}(l) - C_p^{\ominus}(s)] d\ln T - \Delta_m S_{T_m}^{\ominus} \tag{3-55a}$$

若 $T = \text{Ꞓ}$ 则

$$S_{\text{Ꞓ}}^{\ominus}(s) = S_{\text{Ꞓ}}^{\ominus}(g) - \Delta_v S_{\text{Ꞓ}}^{\ominus} + \int_{\text{Ꞓ}}^{T_m} [C_p^{\ominus}(l) - C_p^{\ominus}(s)] d\ln T - \Delta_m S_{T_m}^{\ominus} \tag{3-55b}$$

T_m 为熔点，K。

即由理想气体的标准熵 $S_{\text{Ꞓ}}^{\ominus}$（g）、蒸发熵 $\Delta_v S_{\text{Ꞓ}}^{\ominus}$、熔化熵 $\Delta_m S_{T_m}^{\ominus}$ 以及液体和固体的热容数据计算出固体的标准熵 $S_{\text{Ꞓ}}^{\ominus}$（s），因 $\Delta_v S_{\text{Ꞓ}}^{\ominus} = \dfrac{\Delta_v H_{\text{Ꞓ}}}{298.15}$，$\Delta_m S_{T_m}^{\ominus} = \dfrac{\Delta_m H_{T_m}}{T_m}$，故亦可由相变焓、相变温度计算出其相变熵。从而由式（3-55b）计算出 298.15K，标准状态下的 $S_{\text{Ꞓ}}^{\ominus}$（s）。

③ 直接估算凝聚态标准熵

在文献［49］中赵国良等人介绍以下几个经验关系式可方便地应用于凝聚态标准熵的工程计算。

a. 液体有机化合物

$$S_{\text{Ꞓ}}^{\ominus}(l) = 1.4 C_{p,\text{Ꞓ}}^{\ominus}(l) \tag{3-56}$$

式中，$C_{p,\text{Ꞓ}}^{\ominus}$（l）是液体的 298.15K 下摩尔定压热容。

例 3-19　已知乙酸的 $C_{p,\text{Ꞓ}}^{\ominus} = 123.43$ J/(mol·K)，$S_{\text{Ꞓ}}^{\ominus}$ 实验值为 159.8J/(mol·K)，求其 $S_{\text{Ꞓ}}^{\ominus}$（l）。

解　$S_{\text{Ꞓ}}^{\ominus}(l) = 1.4 \times 123.43$ J/(mol·K) $= 172.8$ J/(mol·K)，误差为 8.1%。

b. 固态有机化合物

$$S_{\text{Ꞓ}}^{\ominus}(s) = 1.1 C_{p,\text{Ꞓ}}^{\ominus}(s) \tag{3-57}$$

式中，$C_{p,\text{Ꞓ}}^{\ominus}$（s）是固体的 298.15K 下的摩尔定压热容。

c. 对液态烷烃、芳烃、环烷烃（包括带有支链的）的标准熵估算

$$S_{\underline{f}}^{\ominus}(l)=104.6+32.22n-18.83r+81.59p_1+110.88p_2[\text{J}/(\text{mol}\cdot\text{K})] \qquad (3-58)$$

式中，n 是环以外的 C 原子数；p_1 是苯基数；p_2 是环戊烷或环己烷数；r 是直链上的支链数或连接于脂肪链任一碳原子上的各种烃基（如脂肪烃，芳烃或环烃）数减 2。若烃基数为 1 时，r 则定为零，而不取其为负值。

例 3-20 2-甲基丁烷中 $n=5$，$r=0$，$p_1=0$，$p_2=0$

解 $S_{\underline{f}}^{\ominus}(l)=(104.6+32.22\times5)\text{J}/(\text{mol}\cdot\text{K})$
$\qquad\qquad =265.7\text{J}/(\text{mol}\cdot\text{K})$

实验值为 261.58J/(mol·K)，误差为 1.6%。

甲苯中 $n=1$，$r=0$，$p_1=1$，$p_2=0$ 故其：

$\qquad S_{\underline{f}}^{\ominus}(l)=(104.6+32.22\times1+81.59\times1)\text{J}/(\text{mol}\cdot\text{K})=218.41\text{J}/(\text{mol}\cdot\text{K})$

实验值为 219.58 J/(mol·K)，误差为 0.53%。

d. 对于一般的固态烷烃标准熵估算

$$S_{\underline{f}}^{\ominus}(s)=75.31+24.27n, \text{J}/(\text{mol}\cdot\text{K}) \qquad (3-59)$$

式中，n 是分子中碳原子数目。

④ 赵国良等[49] $\Delta_v S_{\underline{f}}^{\ominus}$ 与 T_b 经验关联式　利用此式可直接从 T_b 数据得到 $\Delta_v S_{\underline{f}}^{\ominus}$，而不需用液体和气体的摩尔热容数值。

$$\Delta_v S_{\underline{f}}^{\ominus}=\text{Alg}T_b+B, \text{J}/(\text{mol}\cdot\text{K}) \qquad (3-60)$$

式中，A，B 是经验常数列于表 3-51 中。

表 3-51　各类化合物的 A，B 值

化合物类型	A	B	化合物类型	A	B
烷烃和芳烃	168.62	−334.97	醇和酸类	390.58	−874.16
烯烃,炔烃及其它非极性	166.82	−328.70	胺和苯胺	180.62	−355.89
化合物			其它极性化合物	125.52	−222.59

例 3-21 利用赵国良经验式估算邻二甲苯的 $S_{\underline{f}}^{\ominus}(l)$。

解 由文献查出此化合物 $T_b=417.63\text{K}$，$S_{\underline{f}}^{\ominus}(g)=352.8\text{J}/(\text{mol}\cdot\text{K})$（或由估算法求得）

由表 3-52 查出 $A=168.62$，$B=-334.97$

由式（3-60）估算蒸发熵

$\qquad\quad \Delta_v S_{\underline{f}}^{\ominus}=(168.62\lg417.63-334.97)\text{J}/(\text{mol}\cdot\text{K})$
$\qquad\qquad\quad =106.95 \text{J}/(\text{mol}\cdot\text{K})$

$\therefore \quad S_{\underline{f}}^{\ominus}(l)=S_{\underline{f}}^{\ominus}(g)-\Delta_v S_{\underline{f}}^{\ominus}$
$\qquad\quad (352.55-106.95)\text{J}/(\text{mol}\cdot\text{K})=245.85\text{J}/(\text{mol}\cdot\text{K})$

由本章第一部分表 3-32 查出邻二甲苯液体在 298.15K 下标准熵 $S_{\underline{f}}^{\ominus}(l)=246.5\text{J}/(\text{mol}\cdot\text{K})$，两者相差不大。提出者曾对 100 多种有机物试算，结果发现式（3-60）平均相对误差在 2% 之内，但对酸类误差较大。

3.2.6.5 燃烧焓（热）估算方法

(1) 由生成焓计算燃烧焓

物质摩尔燃烧焓可以从其完全燃烧时形成的 CO_2 和 H_2O 等产物的生成焓与被燃烧物的生成焓之差来计算。

例 3-22 求甘氨酸 NH_2CH_2COOH 按下面反应燃烧的 $\Delta_c H_{\underline{f}}^{\ominus}$。

$$NH_2CH_2COOH(s)+\frac{9}{4}O_2(g)\longrightarrow 2CO_2(g)+\frac{5}{2}H_2O(l)+\frac{1}{2}N_2$$

由表 3-32、表 3-33 查出产物、反应物的生成焓 $\Delta_f H_{\text{形},i}^{\ominus}$ 即得甘氨酸燃烧焓。

$$\Delta_c H_{\text{形}}^{\ominus} = \left[\frac{1}{2}(0) + \frac{5}{2}(-285.8) + 2(-393.5) - (-528.5) - \frac{9}{4}(0)\right] \text{kJ/mol}$$
$$= -973.0 \text{kJ/mol}$$

这一计算方法有时常常是不实际的，因为许多有机物（包括聚合物）的生成焓是由其实验燃烧焓值而得的。

（2）由前述 3.2.5.2 节 Cardozo 基团贡献法式（3-45a，b，c）可估算，298.15K，g，l，s 标准状态下的 $\Delta_c H_{\text{形}}^{\ominus}$

（3）估算聚合物的 $\Delta_c H$ 经验方法

聚合物燃烧焓经验估算式[5]如下

$$\Delta_c H = \Delta(O_2) \times 435, \text{kJ/mol} \tag{3-61a}$$

式中，$\Delta(O_2)$ 是结构单元完全燃烧所需的氧分子数目（摩尔需氧量），若以比燃烧焓（热）$\Delta_c h$ 表示即

$$\Delta_c h = \frac{\Delta(O_2)}{M} \times 435, \text{kJ/g} \tag{3-61b}$$

式中 M——摩尔质量，g/mol。

摩尔需氧量 $\Delta(O_2)$ 可按以下各式得到

对 C—H 化合物或 C—H—O 化合物，燃烧最终产物是 CO_2 (g) 和 H_2O (l)

$$C_a H_b + \left(\frac{4a+b}{4}\right) O_2 \longrightarrow a CO_2 + \frac{b}{2} H_2O$$

$$\Delta(O_2) = \left(\frac{4a+b}{4}\right)$$

$$C_a H_b O_c + \left(\frac{4a+b-2c}{4}\right) O_2 \longrightarrow a CO_2 + \frac{b}{2} H_2O$$

$$\Delta(O_2) = \left(\frac{4a+b-2c}{4}\right)$$

对 C—H—O—N 化合物则以 CO_2 (g)、H_2O (l) 和 N_2 (g) 作为最终产物

$$C_a H_b O_c N_d + \left(\frac{4a+b-2c}{4}\right) O_2 \longrightarrow a CO_2 + \frac{b}{2} H_2O(l) + \frac{d}{2} N_2$$

$$\Delta(O_2) = \left(\frac{4a+b-2c}{4}\right)$$

对含硫有机物，燃烧产物对 S 是生成 $H_2SO_4 \cdot (115 H_2O)$

$$C_a H_b O_c S_e + \left(\frac{4a+b-2c+6e}{4}\right) O_2 + \left(116e - \frac{b}{2}\right) H_2O \longrightarrow a CO_2 + e[H_2SO_4 \cdot (115 H_2O)]$$

$$\Delta(O_2) = \left(\frac{4a+b-2c+6e}{4}\right)$$

对于卤素有机物规定燃烧产物对 F 为 HF $(2 H_2O)$ (l)、Cl 为 HCl $(600 H_2O)$ (l)、Br 为 Br_2 (l)，I 为 I_2 (s)。如对含氯有机物其燃烧反应规定为

$$C_a H_b O_c Cl_f + \left(\frac{4a+b-2c-f}{4}\right) O_2 + \left(\frac{1201f-b}{2}\right) H_2O \longrightarrow a CO_2 + f[HCl \cdot (600 H_2O)]$$

$$\Delta(O_2) = \left(\frac{4a+b-2c-f}{4}\right)$$

表 3-52 示出以式 (3-61b) 估算的 $\Delta_c h$ 准确程度。

表 3-52　一些聚合物的比燃烧焓实验值与估算值的比较[5]

聚　合　物	结构单元的元素组成	$M/(\text{g/mol})$	$\Delta(O_2)$	$\Delta_c h/(\text{kJ/g})$	
				计　算	实　验
聚甲醛	CH_2O	30.0	1.0	14.5	16.7
聚甲基丙烯酸甲酯	$C_5H_8O_2$	100.1	6.0	26.1	—
聚丙烯腈	C_3H_3N	53.1	3.75	30.8	30.6
聚乙烯	C_2H_4	28.1	3.0	46.3	46.5
聚丙烯	C_3H_6	42.1	4.5	46.5	46.5
聚异戊二烯	C_5H_8	68.1	7.0	44.7	44.9
聚丁二烯	C_4H_6	54.1	5.5	44.2	45.2
聚苯乙烯	C_8H_8	104.1	10.0	41.7	41.5
纤维素	$C_6H_{10}O_5$	162.2	6.0	16.1	16.7
聚对苯二甲酸乙二酯	$C_{10}H_8O_4$	192.2	10.0	22.7	22.2
聚乙烯醇	C_2H_4O	44.1	2.5	24.7	25.1
尼龙 66	$C_{12}H_{22}O_2N_2$	226.3	16.5	31.7	31.4
聚碳酸酯	$C_{16}H_{14}O_3$	254.3	18.0	30.8	31.0
Nomex(商)	$C_{14}H_{10}O_2N_2$	238.3	15.5	28.3	28.7
氯丁橡胶	C_4H_5Cl	88.5	5.0	24.5	24.3
聚氯乙烯	C_2H_3Cl	62.5	2.5	17.5	18.0
聚偏氯乙烯	$C_2H_2Cl_2$	97.0	2.0	9.0	10.45

主要符号说明

aq	水溶液		释时偏摩尔焓，kJ/mol
C 或 Cr	晶体	H_i^*	纯气体 i 在 T, p 下的摩尔焓，J/mol，kJ/mol
C_p	摩尔定压热容，J/(mol·K)，kJ/(mol·K)		
		$K^\ominus$	(反应)标准平衡常数
d	密度，kg/m³	$K_f^\ominus$	生成反应的标准平衡常数
G	摩尔 Gibbs 自由能，J/mol，kJ/mol	L, l	液态
		M	摩尔质量，g/mol
G, g	气体(态)	M_n	数均分子量
H	摩尔焓，kJ/mol，J/mol	M_r	相对分子质量
$h\left(=\dfrac{H}{M}\right)$	比焓，J/g，kJ/g，kJ/kg	M_v	黏均分子量
		M_w	质均分子量
$\Delta_{ads}H_{st}$	等量吸附热(焓)，kJ/mol	m	质量摩尔浓度，mol/kg 溶剂
$\Delta_f H^\ominus_{(a)}$	单原子气体标准生成焓，kJ/mol	p	压力，Pa，kPa，bar (=10⁵Pa)
		p_c	临界压力，bar，Pa，kPa
$\Delta_s H_{Tm}$, $\Delta_s H_m$	熔点 T_m 下的升华焓(热)，kJ/mol	$p_r\left(=\dfrac{p}{p_c}\right)$	对比压力
$\Delta_s H_{TI}$	最低一级相转变温度 T_I 时的升华焓，kJ/mol	p^s, p^{sat}	饱和蒸气压，bar，Pa，kPa
$\Delta_t H$, ΔH_t	晶型转变焓，J/mol	$p^\ominus$	标准状态压力，$p^\ominus=1.01325\times10^5$ Pa (=1 atm) 或 $p^\ominus=1\times10^5$ Pa (=1bar)
$\Delta_v H_b$, $\Delta_v H_{T_b}$	正常沸点下蒸发焓，kJ/mol		
$\Delta_v H_{\bar a}$	298.15K 下蒸发焓，kJ/mol	q	吸附量，g 吸附质/g 吸附剂
$\Delta_g h$	玻璃态破坏时比焓变，kJ/kg	R	气体常数，8.314J/(mol·K)
$\Delta_{sol}h_H$	加氢单位比溶解热，kJ/kg	R	参考流体
$\Delta_{sol}h_p$	聚合物比溶解热，kJ/kg	S	摩尔熵，J/(mol·K)
$\overline{H}_i^\infty$	液相 i 组分在 T, p 下无限稀	$s\left(=\dfrac{S}{M}\right)$	比熵，J/(g·K)，J/(kg·K)

S^{I},S^{II}	晶体 I，II		Δ_{ads}	吸附
$\Delta_{\mathrm{m}}S_{T_{\mathrm{m}}}$,$\Delta_{\mathrm{m}}S_{\mathrm{m}}$	熔点下熔化熵，J/(mol·K)		Δ_{dil}	稀释
$\Delta_{\mathrm{v}}S_{\mathrm{b}}$，$\Delta_{\mathrm{v}}S_{T_{\mathrm{b}}}$	正常沸点蒸发熵，J/(mol·K)		Δ_{f}	生成
$\Delta_{\mathrm{v}}S_{\pi}^{\ominus}$	298.15K 下标准蒸发熵，J/(mol·K)		Δ_{g}	玻璃态破坏
T	热力学温度，K		Δ_{m}	熔化（融）
t	摄氏温度，°C		Δ_{mix}	混合
T_{b}	正常沸点，K		Δ_{r}	反应
T_{c}，T_{cr}	结晶温度，K		Δ_{s}	升华
T_{c}	临界温度，K		Δ_{sol}	溶解
T_{g}	玻璃化转变温度，K		Δ_{v}	蒸发（气化）
T_{m}	熔点		Δ_{t}	晶型转变
T_{m}°	平衡熔融温度，K		Δ_{H}、Δ_{S}、Δ_{C_p}	各基团对焓、熵、C_p 的贡献值
$T_{\mathrm{r}}\left(=\dfrac{T}{T_{\mathrm{c}}}\right)$	对比温度		η	对应（光学）异构体数
T_{r}	参考温度，通常选 0K 或 298.15K		ν_i	反应化学计量系数
			σ	对称数
$T_{\mathrm{br}}\left(=\dfrac{T_{\mathrm{b}}}{T_{\mathrm{c}}}\right)$	对比正常沸点温度		$\tau\left(=1-T_{\mathrm{r}}=1-\dfrac{T}{T_{\mathrm{c}}}\right)$	
T_{I}	最低的一级相变温度，K		φ	体积分数
v_{m}	晶体聚合物熔化（融）时的比体积，cm³/g		ω	偏心因子
w	质量分数		上角标	
			R	参考物质
x_i 或 y_i	组分 i 在液相（或气相）中的摩尔分数		R$_1$、R$_2$	参考物质1、参考物质2
			s，sat	饱和
$Z\left(=\dfrac{pV}{RT}\right)$	压缩因子		$\ominus$	标准状态
$Z_{\mathrm{c}}\left(\dfrac{p_{\mathrm{c}}V_{\mathrm{c}}}{RT_{\mathrm{c}}}\right)$	临界压缩因子		下角标	
			L，l	液体
ΔZ_{v}（$=Z_g-Z_l$ 或 Z_{SV}-Z_{SL}）			m，mixt	混合物
ΔZ_{vb}	正常沸点 T_{b} 的 ΔZ_{v}		s	固体
Δ	差值，变化值		sl	饱和液
Δ_{abs}	吸收		sv	饱和蒸气
			v	蒸气

参 考 文 献

[1] Dean J A, ed. Lange's Handbook of Chemistry, 15th ed. 1999, 魏俊发等译 兰氏化学手册. 第 2 版. 北京：科学出版社，2003.

[2] 马沛生主编. 有机化合物实验物性数据手册—含碳、氢、氧、卤素部分. 北京：化学工业出版社，2006.

[3] Dean J A, ed., Lange's Handbook of Chemistry, 14th ed. New York：McGraw-Hill, 1992.

[4] [土耳其] Barin I, Thermochemical Data of Pure Substances, 3rd ed. 程乃良. 牛四通，徐桂英等译. 纯物质热化学数据手册（上、下卷）. 北京：科学出版社，2003.

[5] van Krevelen D W. [荷兰]，聚合物的性质——性质的估算及其与化学结构的关系，2ed. 许元泽等译. 北京：科学出版社，1978.

[6] [乌克兰] 利帕托夫 Ю C. 聚合物物理化学手册；涅斯捷罗夫 AE 编. 聚合物溶液与混合物的性质 Chap. 1，§1.10；普里瓦尔科 B Л 编. 本体聚合物的性质 Chap. 2，§2. 3. 闫家宾. 张王崐译. 北京：中国石化出版社，1995.

[7] Perry Robert H, Green Don W and Maloney James O. Perry's Chemical Engineers' Handbook 7th ed. New York：McGraw-Hill，1997，Reprinting by Science press，China，2001.

[8] Yaws C L. Thermodynamic and Physical Property Data, Comprehensive Thermodynamic and Physical Property for

Hydrocarbons and Organic Chemicals，Houston，Texas Gulf Publishing Co. 1992.

[9] Perry R. H. ed. Perry's Chemical Engineers' Handbook，6th ed. New York：McGraw-Hill，1984.

[10] 时钧，汪家鼎. 化学工程手册，第二版. 北京：化学工业出版社，1996.

[11] 叶振华. 吸着分离过程基础. 北京：化学工业出版社，1988.

[12] Lide David R，and Fredrikse H P R. ed. CRC Handbook of Chemistry and Physics 78th ed. ，New York，Boca Raton，FL：CRC Press，1997～1998.

[13] Lide David R Editor-in-Chief. CRC Handbook of Chemistry and Physics 87th ed Boca Raton New York CRC Press，2006～2007.

[14] Lide David R Editor-in-Chief. CRC Handbook of Chemistry and Physics 90th ed. Boca Raton London New York CRC Press 2009～2010.

[15] Lide David R and Frederikse H P R，ed. CRC Handbook of Chemistry and Physics 70th Ed. Boca Raton，FL：CRC Press 1994～1995.

[16] Fedors，R. F. Polym，Eng. Sci. ，1974，14：147，转见文献 [31].

[17] Yaws Carl L. Chemical properties Handbook，New York：MCGraw-Hill，世界图书出版公司，北京公司重印，1999.

[18] 马沛生. 化工数据. 北京：中国石化出版社，2003.

[19] Majer V，Svoboda V. Enthalpies of Vaporization of Organic Compounds，A Critical Review and Data Compilation. IUPAC Chemical Data Series No32. Oxford：Blackwells，1985.

[20] Reid R C，Prausnitz J M，Poling B E. The Properties of Gases and Liquids，4th. ed. New York：McGraw-Hill：1987.

[21] Pitzer K S，et al. J. Am. Chem. Soc. ，1955，77：3433.

[22] Nath J. Ind. Eng. Chem. Fundam. 1979，18：297.

[23] Sivaraman A，et al. Ind. Eng. Chem. Fundam. 1984，23：97.

[24] Torquato S，and Stell G R. Ind. Eng. Chem. Fundam. 1982，21：202.

[25] Giacalone A. Gazz. Chim. Ital. 1951，81：180，转见文献 [8].

[26] Lyman W. J，Reehl W F，Rosenblatt D H. 化学性质估算方法手册. 许志宏等译. 北京：化学工业出版社，1991.

[27] Riedel L. Chem. Ing. Tech. 1954，26：679，转见文献 [8].

[28] Chen N H. J. Chem. Eng. Data 1965，10：207.

[29] Vetere A. Fluid Phase Equibria. 1995，106：1.

[30] Poling B E，Prausnitz J M，and O'connell J P. The Properties of Gases and Liguids，5th. ed. New York：McGraw-Hill，International Edition，Singapore，2001.

[31] Majer V，Svoboda V and Pick J. Heat of Vaporization of Fluids. Studies in Modern Thermodynamics 9，Amsterdam：Elsevier，1989.

[32] Wagner C Z. Electrochem. 1925，31，308，转见文献 [27].

[33] Kistiakowsky W. Z. Phys. Chem. 1923，107：65，转见文献 [8].

[34] Vetere A. Modification of the Kistiakowsky Equation for the Calculation of the Enthalpies of Vaporization of Pure Compounds，Laboratori Ricerche Chimica Industriale，SNAM PROGELLI，San Donato Milanese 1973，转见文献 [8].

[35] Tamir A，Tamir F，Stephan K. Heat of Phase Change of Pure Components and Mixtures，Amsterdam Elseier：1983.

[36] Ma P，and Zhao X. Ind. Eng. Chem. Res. 1993，32，3180.

[37] 马沛生等. 石油化工基础数据手册（续编），北京：化学工业出版社，1993.

[38] Hoshino D，Nagahama K，Hirata M. Ind. Eng. Chem. Fundam. ，1983，22：430 (1991).

[39] Thek R E and Stiel L I. AIChE J. 1966，12：599 ibid. 1967，13：626.

[40] Fishtine S H. Ind. Eng. Chem. 1963，55 (5)：49.

[41] Fish L W，and Lielmezs J. Ind. Eng. Chem. Fundam. ，1975，14：248.

[42] Santrach D and Lielmezs J. Ind. Eng. Chem. Fundam. 1978，17：93.

[43] Tu Chein-Hsiun，Liu Chiu-Ping. Fluid Phase Equilibria，1996，121：45-65.

[44] Basarova Pavlina，Svoboda Vaelav Fluid Phase Equilibria，1995，105：27-47.

[45] Viswanath D S and Kuloor N R，Can. J. Chem. Eng. ，1967，45：29.

[46] Li Ping，Liang Ying-Hua，Ma Pei-Sheng，Chen Zhu，Fluid Phase Equilibria，1997，137：63-74.

[47] Bondi A. Physical Properties of Molecular Crystals，Liquids and Gases，New York：Wiley，1968. Bondi A.

Chem. Rev.，1967，67：565.

[48] Bondi A. J. Chem. Eng. Data, 1963, 8：317，转见文献 [31].

[49] 赵国良，靳长德. 有机物热力学数据的估算，北京：高等教育出版社，1983.

[50] Dean J A., Handbook of Organic Chemistry New York：McGraw-Hill, 1987.

[51] Domalski ES, Hearing E D. J. Phys. Chem. Ref. Data 1996 25：No. 1, 1-473.

[52] Chickos J S. Acree Tr. W E T. Phys. Chem. Ref. Data 2003. 32：No. 2 519-887.

[53] 日本化学会. 化学便覧：基礎篇Ⅱ. 改訂第三版. 東京：丸善株式会社，1984.

[54] 马沛生. 化工数据教程. 天津：天津大学出版社，2008.

[55] Kolska Zolenka，Ruzicka Vlastimi，Crani Rafiqul. Ind. Eng. Chem. Res. 2005 44：No. 22，8436-8454.

[56] Mulero Angel. Cachadina Isidro, and Parra Maria I. Ind. Eng. Chem. Res, 2008, 47：No. 20, 7903-7916.

[57] 化学工程手册（Ⅰ）第一卷 1. 化工基础数据. 北京：化学工业出版社，1989.

[58] Christensen J J, Hanks R W, Izatt R M, Handbook of Heat of Mixing. New York：Wiley, 1982.

[59] Christensen C, Gmehling J, Rasmussen P，Weidlich U. Heat of Mixing Data Collection，Part I，1984，Suppl，Ⅰ，Ⅱ，(1989) (1991)，Frankfurt：DECHEMA.

[60] Chopey N P and Hicks T G，ed. Handbook of Chemical Engineering Calculation，3re ed. 朱开宏译. 化工计算手册. 第三版，北京：中国石化出版社，2005.

[61] Reid R C，Prausnitz J M，Sherwood T K. The Properties of Gases and Liquids 3rd. ed. New York：McGraw Hill，1977.

[62] Van Krevelen D W and Chermin H A G. Chem. Eng. Sci.，1951，1：66 ibid. 1952，1：238，转见文献 [37].

[63] Cardozo R L. AIChE J. 1991, 37：290.

[64] Benson S W. Thermochemical Kinetics. Ind ed New York：Wiley，1976.

[65] Cardozo R L. AIChE J. 1986, 32：844.

[66] 许志宏，王乐珊. 无机热化学数据库. 北京：科学出版社，1987.

[67] Allen L. J. Chem. Phys. 1959, 31：1039，转见文献 [31].

[68] Laidler K J. Can. J. Chem. 1959，34：626，转见文献 [31].

第 4 章 空气、水和其它 82 种常见物质的热物理、热化学性质

4.1 有机物质

4.1.1 饱和烃类

4.1.1.1 甲烷 mathane

具体内容见表 4-1～表 4-5。

表 4-1 饱和甲烷热力学性质[1]

化学式 CH₄					T_c 190.55K(190.56K)				
M_r 16.042(16.043)					p_c 4641kPa(4.599MPa)				
T_b 111.42K(111.67K)					ρ_c 162kg/m³(V_c=98.60cm³/mol)				
T_m 90.66K(90.68K)					(T_{tr}=90.694K, p_{tr}=11.696kPa)				

T_{sat}/K	111.42	120	130	140	150	160	170	180	185	190
p_{sat}/kPa	101	192	367	638	1033	1588	2338	3288	3854	4552
ρ_l/(kg/m³)	424.3	412.0	396.7	379.8	361.0	339.3	312.3	271.9	240.0	182.0
ρ_g/(kg/m³)	1.79	3.26	5.95	10.03	16.08	25.03	38.57	59.14	76.28	120.9
h_l/(kJ/kg)	716.3	747.0	784.1	821.9	860.0	901.4	948.4	1011.1	1057.0	1133.4
h_g/(kJ/kg)	1228.1	1241.8	1255.7	1267.2	1274.9	1277.6	1273.3	1258.9	1245.0	1203.2
$\Delta_v h$/(kJ/kg)	511.8	494.8	471.8	445.3	414.9	376.2	324.9	247.8	188	69.8
$c_{p,l}$/[kJ/(kg·K)]	3.43	3.53	3.63	3.77	3.94	4.12	5.16	7.45	11.3	70.5
$c_{p,g}$/[kJ/(kg·K)]	2.07	2.11	2.19	2.33	2.53	2.90	3.62	5.95	6.33	277.5

注：括号内数据为文献 [2] 数值。

表 4-2 饱和甲烷的 v,h,s,c_p[3]

T/K	p/bar	v_l/(m³/kg)	v_g/(m³/kg)	h_l/(kJ/kg)	h_g/(kJ/kg)	s_l/[kJ/(kg·K)]	s_g/[kJ/(kg·K)]	c_p/[kJ/(kg·K)]
90.7^t	0.117	2.215E−03	3.976	216.4	759.9	4.231	10.225	3.288
95	0.198	2.244E−03	2.463	232.5	769.0	4.406	10.034	3.318
100	0.345	2.278E−03	1.479	246.3	776.9	4.556	9.862	3.369
105	0.565	2.316E−03	0.940	263.2	785.7	4.719	9.710	3.425
110	0.884	2.353E−03	0.625	280.1	794.5	4.882	9.558	3.478
115	1.325	2.396E−03	0.430	297.7	802.5	5.035	9.436	3.525
120	1.919	2.438E−03	0.306	315.3	810.4	5.188	9.314	3.570
125	2.693	2.487E−03	0.223	333.5	817.3	5.332	9.062	3.620
130	3.681	2.536E−03	0.167	351.7	824.1	5.476	8.810	3.679
135	4.912	2.594E−03	0.127	370.6	829.5	5.614	8.871	3.755
140	6.422	2.652E−03	0.098	389.5	834.8	5.751	8.932	3.849

续表

T/K	p/bar	v_l/(m³/kg)	v_g/(m³/kg)	h_l/(kJ/kg)	h_g/(kJ/kg)	s_l/[kJ/(kg·K)]	s_g/[kJ/(kg·K)]	c_p/[kJ/(kg·K)]
145	8.246	2.722E-03	0.077	409.5	844.4	5.885	8.891	3.965
150	10.41	2.792E-03	0.061	429.4	853.9	6.019	8.849	4.101
155	12.97	2.882E-03	0.049	450.8	848.5	6.151	8.725	4.27
160	15.94	2.971E-03	0.039	472.1	843.0	6.283	8.601	4.47
165	19.39	3.095E-03	0.032	495.4	840.0	6.417	8.513	4.75
170	23.81	3.218E-03	0.026	518.6	837.0	6.551	8.424	5.16
175	27.81	3.419E-03	0.020	545.8	827.6	6.697	8.315	5.89
180	32.86	3.619E-03	0.016	572.9	818.1	6.843	8.205	7.27
185	38.59	3.979E-03	0.012	605.4	797.7	7.017	8.049	11.1
190	45.20	4.900E-03	0.008	661.6	750.7	7.293	7.762	70.
190.6^c	45.99	6.233E-03	0.006	704.4	704.4	7.516	7.516	∞

注：1. 选自 Goodwin，NBS Tech. Note 653，1974.

2. t 为三相点；c 为临界点。

3. v_l 栏 4.900E-03 即 4.900×10^{-3}。

4. 1bar$=10^5$Pa$=0.1$MPa，以下同。

表 4-3　甲烷气的 v(m³/kg)，h(kJ/kg)，s[kJ/(kg·K)][3]

p/bar		T/K								
		100	150	200	250	300	350	400	450	500
1	v	0.00228	0.7661	1.0299	1.2915	1.5521	1.8122	2.0719	2.3669	2.5911
	h	246.4	879.0	984.3	1090.4	1199.8	1314.5	1437.4	1568.8	1708.9
	s	4.555	10.152	10.757	11.230	11.629	11.983	12.310	12.618	12.914
5	v	0.00228	0.1434	0.2006	0.2549	0.3083	0.3611	0.4136	0.4657	0.5181
	h	247.0	865.0	976.1	1084.7	1195.5	1311.5	1434.7	1566.6	1706.9
	s	4.553	9.256	9.896	10.381	10.785	11.142	11.471	11.781	12.066
10	v	0.00227	0.0643	0.0968	0.1254	0.1528	0.1798	0.2063	0.2327	0.2590
	h	247.8	843.6	965.5	1077.9	1190.6	1307.9	1432.0	1564.1	1705.3
	s	4.549	8.797	9.501	10.002	10.414	10.775	11.106	11.417	11.715
20	v	0.00227	0.00277	0.0446	0.0606	0.0751	0.0891	0.1027	0.1162	0.1295
	h	249.4	429.8	941.9	1063.6	1180.7	1300.6	1426.5	1560.3	1702.1
	s	4.542	6.003	9.059	9.603	10.030	10.400	10.736	11.050	11.349
40	v	0.00226	0.00274	0.0176	0.0281	0.0363	0.0438	0.0510	0.0579	0.0648
	h	252.5	430.8	879.3	1032.9	1160.5	1286.0	1415.7	1552.1	1696.0
	s	4.528	5.973	8.465	9.155	9.621	10.008	10.354	10.674	10.978
60	v	0.00226	0.00271	0.00615	0.0173	0.0234	0.0287	0.0338	0.0386	0.0432
	h	255.7	432.2	734.0	999.8	1140.0	1271.7	1405.1	1544.2	1690.0
	s	4.515	5.946	7.623	8.847	9.359	9.765	10.121	10.440	10.756
80	v	0.00225	0.00268	0.00411	0.0119	0.0171	0.0213	0.0252	0.0289	0.0324
	h	258.9	433.8	660.5	964.4	1119.7	1257.7	1394.9	1536.6	1684.4
	s	4.502	5.920	7.209	8.590	9.158	9.584	9.951	10.283	10.595
100	v	0.00224	0.00266	0.00375	0.00888	0.0133	0.0169	0.0201	0.0231	0.0260
	h	262.1	435.5	644.5	928.5	1099.6	1244.2	1385.2	1529.4	1679.0
	s	4.489	5.897	7.090	8.364	8.991	9.437	9.814	10.153	10.469
150	v	0.00223	0.00261	0.00337	0.00555	0.00852	0.0111	0.0134	0.0155	0.0175
	h	270.2	440.7	630.2	860.0	1054.1	1213.1	1362.8	1513.0	1667.0
	s	4.458	5.843	6.930	7.953	8.664	9.155	9.555	9.907	10.233
200	v	0.00221	0.00256	0.00318	0.00447	0.00644	0.00837	0.0101	0.0118	0.0133
	h	278.3	446.5	626.5	825.0	1019.8	1187.2	1343.6	1498.9	1656.9
	s	4.429	5.796	6.829	7.719	8.426	8.944	9.362	9.727	10.060

续表

p/bar		T/K								
		100	150	200	250	300	350	400	450	500
300	v	0.00218	0.00249	0.00296	0.00369	0.00474	0.00593	0.00708	0.00818	0.00924
	h	294.7	459.6	629.2	804.4	982.9	1153.6	1316.8	1478.5	1642.2
	s	4.373	5.714	6.690	7.471	8.122	8.649	9.085	9.465	9.811
400	v		0.00244	0.00282	0.00336	0.00406	0.00486	0.00569	0.00560	0.00729
	h		473.8	637.7	802.4	970.1	1137.8	1303.0	1467.7	1634.7
	s		5.645	6.588	7.323	7.935	8.451	8.893	9.280	9.633
500	v		0.00239	0.00272	0.00315	0.00368	0.00428	0.00492	0.00555	0.00616
	h		488.8	648.9	807.7	969.0	1132.8	1297.8	1464.2	1633.2
	s		5.584	6.507	7.215	7.802	8.307	8.748	9.139	9.496

表 4-4　液体甲烷的 p_{sat}，V_l，摩尔热容[4]

T	p_{sat}	V_l	C_{sat}	C_p	C_v
/K	/bar	/(cm³/mol)	/[J/(K · mol)]		
90.68^t	0.1172	35.55	52.7	52.7	34.0
100	0.3448	36.55	54.3	54.3	34.1
110	0.8839	37.76	55.5	55.6	33.5
111.631^b	1.0132	37.97	55.7	55.8	33.4
120	1.919	39.13	56.7	56.9	32.7
130	3.680	40.70	58.1	58.6	31.8
140	6.419	42.54	60.0	61.0	31.0
150	10.40	44.78	63.1	65.0	30.7
160	15.92	47.66	68	72	31
170	23.27	51.63	77	85	32
180	32.83	58.1	—	—	—
190.555^c	45.95	98.9	∞	∞	∞

注：t 为三相点；b 为沸点；c 为临界点。以下同。

表 4-5　甲烷的热力学性质[5]

T	ρ	U	H	S	C_v	C_p
/K	/(mol/L)	/(J/mol)	/(J/mol)	/[J/(mol · K)]	/[J/(mol · K)]	/[J/(mol · K)]
			$p=0.1\text{MPa}(1\text{bar})$			
100	27.370	−5258	−5254	73.0	33.4	54.1
125	0.099	3026	4039	156.5	25.4	34.6
150	0.081	3667	4896	162.7	25.2	34.0
175	0.069	4301	5743	168.0	25.2	33.8
200	0.061	4935	6587	172.5	25.3	33.8
225	0.054	5571	7434	176.5	25.5	34.0
250	0.048	6216	8288	180.1	26.0	34.4
275	0.044	6875	9156	183.4	26.6	35.0
300	0.040	7552	10042	186.4	27.5	35.9
325	0.037	8252	10951	189.4	28.5	36.9
350	0.034	8979	11887	192.1	29.7	38.0
375	0.032	9737	12853	194.8	30.9	39.3
400	0.030	10528	13852	197.4	32.3	40.7
425	0.028	11354	14886	199.9	33.7	42.1
450	0.027	12215	15956	202.3	35.2	43.5
500	0.024	14047	18204	207.1	38.0	46.4
600	0.020	18111	23101	216.0	42.9	51.3

T /K	ρ /(mol/L)	U /(J/mol)	H /(J/mol)	S /[J/(mol·K)]	C_v /[J/(mol·K)]	C_p /[J/(mol·K)]
			$p=1\text{MPa}(10\text{bar})$			
100	27.413	−5268	−5231	72.9	33.4	54.0
125	25.137	−3882	−3842	85.3	32.4	57.4
150	0.969	3282	4315	140.9	27.9	45.2
175	0.765	4041	5348	147.3	26.4	38.9
200	0.644	4736	6289	152.3	25.9	36.8
225	0.560	5410	7197	156.6	25.9	36.0
250	0.497	6081	8093	160.4	26.2	35.8
275	0.448	6758	8991	163.8	26.8	36.1
300	0.408	7449	9901	167.0	27.6	36.7
325	0.375	8160	10829	169.9	28.6	37.6
350	0.347	8897	11781	172.8	29.7	38.6
375	0.323	9662	12760	175.5	31.0	39.8
400	0.302	10460	13770	178.1	32.4	41.1
425	0.284	11291	14814	180.6	33.8	42.4
450	0.268	12157	15892	183.1	35.2	43.8
500	0.241	13997	18153	187.8	38.1	46.6
600	0.200	18073	23070	196.8	43.0	51.4
			$p=10\text{MPa}(100\text{bar})$			
100	27.815	−5362	−5003	72.0	33.8	53.2
125	25.754	−4036	−3648	84.1	32.7	55.3
150	23.441	−2655	−2229	94.4	31.4	58.6
175	20.613	−1175	−689	103.9	30.3	65.5
200	16.602	542	1144	113.6	30.1	84.7
225	10.547	2680	3628	125.3	30.8	102.2
250	7.013	4289	5714	134.1	29.3	67.4
275	5.530	5387	7195	139.8	28.7	53.4
300	4.685	6320	8454	144.2	28.9	48.0
325	4.115	7192	9622	147.9	29.6	45.8
350	3.695	8047	10753	151.3	30.5	44.9
375	3.366	8903	11874	154.4	31.7	44.8
400	3.101	9774	12999	157.3	32.9	45.2
425	2.880	10666	14138	160.0	34.3	46.0
450	2.692	11584	15298	162.7	35.7	46.9
500	2.389	13507	17692	167.7	38.5	48.9
600	1.963	17700	22795	177.0	43.3	52.9

4.1.1.2　乙烷 ethane

具体内容见表 4-6～表 4-10。

表 4-6　饱和乙烷热力学性质[1]

化学式　CH_3CH_3					T_c　305.5K（305.32K）				
M_r　30.068（30.069）					p_c　4913kPa（4.872MPa）				
T_b　184.52K（184.55K）					ρ_c　212kg/m³（V_c=145.5cm³/mol）				
T_m　89.88K（90.36K）									

T_{sat}/K	184.52	200	210	230	240	260	270	280	290	300
p_{sat}/kPa	101	217	334	700	968	1712	2208	2801	3510	4365
ρ_l/(kg/m³)	546.45	529.10	516.79	489.71	474.60	440.14	419.81	396.35	364.56	316.25
ρ_g/(kg/m³)	2.04	4.09	6.21	12.75	17.56	31.65	42.03	55.96	77.10	119.18
h_l/(kJ/kg)	399.52	437.50	462.53	415.34	541.41	598.79	629.79	663.10	700.28	753.08
h_g/(kJ/kg)	889.19	903.74	912.82	929.18	935.72	943.27	943.23	941.14	930.10	892.31
$\Delta_v h$/(kJ/kg)	489.67	466.24	450.29	414.84	394.31	344.48	313.44	278.04	229.82	139.23
$c_{p,l}$/[kJ/(kg·K)]	2.42	2.48	2.54	2.66	2.70	3.00	3.18	3.42	3.80	
$c_{p,g}$/[kJ/(kg·K)]	1.40	1.48	1.54	1.70	1.79	2.13	2.42	2.94	3.31	9.51

注：括号内数据为文献［2］数值。

表 4-7 饱和乙烷的 $v, h, s, c_{p,l}$ [3]

T/K	p /bar	v_l /(m³/kg)	v_g /(m³/kg)	h_l /(kJ/kg)	h_g /(kJ/kg)	s_l/[kJ/ (kg·K)]	s_g/[kJ/ (kg·K)]	$c_{p,l}$/[kJ/ (kg·K)]
90.4^t	1.131E−05	1.534E−03	21945	176.8	769.4	2.560	9.113	2.260
100	1.110E−04	1.546	2484.5	198.7	782.4	2.790	8.627	2.274
110	7.467E−03	1.573	407.0	221.5	795.0	3.008	8.222	2.284
120	3.545E−03	1.615	93.61	244.4	807.2	3.207	7.897	2.292
130	1.291E−02	1.644	27.83	267.4	819.3	3.391	7.637	2.302
140	3.831E−02	1.675	10.08	290.5	831.4	3.562	7.426	2.316
150	9.672E−02	1.708	4.263	313.7	843.5	3.722	7.254	2.333
160	0.2146	1.743	2.039	337.2	855.6	3.873	7.113	2.355
170	0.4290	1.780	1.075	360.9	867.6	4.017	6.998	2.383
180	0.7874	1.819	0.6139	384.9	879.4	4.154	6.901	2.417
190	1.347	1.862	0.3738	409.3	890.8	4.285	6.819	2.458
200	2.174	1.908	0.2395	434.2	901.7	4.412	6.750	2.508
210	3.340	1.958	0.1602	459.7	911.9	4.535	6.689	2.568
220	4.922	2.014	0.1109	485.9	921.4	4.655	6.635	2.640
230	7.004	2.076	0.0789	512.8	929.6	4.773	6.585	2.730
240	9.670	2.148	0.0573	540.8	936.6	4.890	6.539	2.843
250	13.01	2.231	0.0423	569.9	941.9	5.006	6.493	2.991
260	17.12	2.330	0.0316	600.7	945.4	5.123	6.449	3.214
270	22.10	2.452	0.0237	633.6	946.4	5.233	6.392	3.511
280	28.06	2.613	0.0177	669.3	943.6	5.370	6.350	4.011
290	35.14	2.847	0.0129	709.8	934.7	5.502	6.278	5.089
300	43.54	3.295	0.0087	761.6	910.8	5.669	6.166	9.919
305.3^c	48.71	4.891	0.0048	841.2	841.2	5.919	5.919	∞

注：1. 数字末 E−××=×10$^{-××}$。

2. 此表 v_l 栏第一个数字以下恐系原表有误皆漏−3。

3. t 为三相点，c 为临界点。

表 4-8 乙烷气的 $v(\mathrm{m^3/kg}), h(\mathrm{kJ/kg}), s[\mathrm{kJ/(kg \cdot K)}]$ [1]

p/MPa (T_{sat})/K	性质	T/K							
		300	340	380	420	460	500	540	580
0.070 (177.8)	v	1.180	1.340	1.499	1.658	1.816	1.975	2.134	2.292
	h	764.36	838.62	919.15	1006.11	1099.55	1199.46	1305.74	1418.27
	s	4.0686	4.3007	4.5245	4.7419	4.9543	5.1625	5.3669	5.5679
0.101325 (184.3)	v	0.8132	0.9240	1.034	1.144	1.254	1.364	1.474	1.583
	h	763.73	838.14	918.77	1005.80	1099.29	1199.24	1305.56	1418.11
	s	3.9648	4.1974	4.4214	4.6390	4.8516	5.0598	5.2643	5.4653
0.40 (214.3)	v	0.2012	0.2305	0.2592	0.2877	0.3160	0.3441	0.3721	0.4001
	h	757.62	833.52	915.14	1002.86	1096.86	1197.19	1303.80	1416.60
	s	3.5706	3.8079	4.0347	5.2541	4.4677	4.6768	4.8818	5.0833
0.70 (229.8)	v	0.1122	0.1296	0.1465	0.1632	0.1796	0.1958	0.2120	0.2281
	h	751.24	828.77	911.44	999.88	1094.40	1195.12	1302.04	1415.07
	s	3.4008	3.6433	3.8730	4.0942	4.3090	4.5189	4.7245	4.9264
1.0 (240.9)	v	0.07648	0.08926	0.1015	0.1133	0.1250	0.1365	0.1480	0.1593
	h	744.60	823.91	907.68	996.87	1091.93	1193.05	1300.27	1413.55
	s	3.2865	3.5345	3.7673	3.9904	4.2064	4.4171	4.6234	4.8257
2.0 (265.8)	v	0.03451	0.04205	0.04882	0.05520	0.06135	0.06736	0.07326	0.07910
	h	720.03	806.77	894.73	986.63	1083.58	1186.08	1294.36	1408.47
	s	3.0353	3.3067	3.5512	3.7811	4.0015	4.2151	4.4233	4.6271
4.0	v	0.01183	0.01813	0.02243	0.02614	0.02957	0.03283	0.03597	0.03904

续表

p/MPa (T_{sat})/K	性质	T/K							
		300	340	380	420	460	500	540	580
(295.5)	h	644.02	766.56	866.58	965.16	1066.43	1171.98	1282.52	1398.37
	s	2.6418	3.0271	3.3054	3.5520	3.7823	4.0022	4.2148	4.4218
7.0	v		0.00727	0.01106	0.01374	0.01604	0.01812	0.02009	0.02197
	h		678.32	817.80	930.66	1039.90	1150.64	1264.88	1383.51
	s		2.6637	3.0531	3.3357	3.5841	3.8149	4.0347	4.2466
10	v		0.00397	0.00672	0.00892	0.01074	0.01235	0.01383	0.01523
	h		589.90	764.34	894.94	1013.29	1129.67	1247.78	1369.25
	s		2.3579	2.8446	3.1719	3.4411	3.6837	3.9109	4.1279
20	v		0.00277	0.00342	0.00429	0.00521	0.00609	0.00691	0.00769
	h		532.36	668.78	808.21	941.97	1071.47	1199.79	1329.20
	s		2.0966	2.4756	2.8246	3.1289	3.3989	3.6458	3.8769
30	v		0.00252	0.00287	0.00332	0.00384	0.00438	0.00492	0.00544
	h		526.36	646.92	774.99	905.97	1037.43	1169.40	1302.75
	s		2.0017	2.3367	2.6570	2.9549	3.2290	3.4829	3.7211

表 4-9　乙烷气的 $v(m^3/kg)$, $h(kJ/kg)$, $s[kJ/(kg \cdot K)]$[3]

p/bar		T/K										
		100	150	200	250	300	350	400	450	500	600	700
1.013	v	0.00156	0.00171	0.5310	0.6725	0.8118	0.9500	1.0877	1.2250	1.3622	1.6360	1.9096
	h	198.9	313.8	909.3	984.7	1068.3	1161.5	1265.3	1379.8	1504.6	1783	2097
	s	2.790	3.722	6.993	7.330	7.634	7.921	8.198	8.467	8.730	9.237	9.720
5	v	0.00156	0.00171	0.00191	0.1288	0.1595	0.1890	0.2178	0.2464	0.2747	0.3308	0.3867
	h	199.4	314.3	434.5	973.3	1060.3	1155.6	1260.7	1376.1	1501.5	1781	2096
	s	2.789	3.720	4.411	6.858	7.175	7.468	7.748	8.020	8.284	8.793	9.227
10	v	0.00156	0.00171	0.00190	0.0590	0.0765	0.0923	0.1073	0.1220	0.1365	0.1650	0.1933
	h	200.0	314.9	435.0	956.5	1050.0	1148.2	1255.0	1371.5	1497.9	1777	2094
	s	2.788	3.719	4.408	6.618	6.959	7.262	7.547	7.821	8.087	8.598	9.088
20	v	0.00156	0.00170	0.00190	0.00222	0.0346	0.0438	0.0521	0.0599	0.0674	0.0822	0.0966
	h	201.3	316.1	435.9	569.8	1026.1	1132.3	1243.3	1362.4	1490.5	1774	2090
	s	2.785	3.715	4.404	4.999	6.710	7.038	7.334	7.614	7.884	8.399	8.886
40	v	0.00155	0.00170	0.00189	0.00219	0.0118	0.0193	0.0244	0.0288	0.0329	0.0407	0.0482
	h	203.9	318.5	437.9	569.8	947.9	1096.2	1218.6	1343.8	1475.9	1764	2083
	s	2780	3.709	4.394	4.982	6.309	6.770	7.097	7.391	7.670	8.194	8.686
60	v	0.00155	0.00170	0.00188	0.00217	0.00290	0.0109	0.0152	0.0185	0.0215	0.0270	0.0321
	h	206.5	321.0	439.8	570.3	738.1	1050.9	1192.0	1324.8	1461.2	1754	2077
	s	2.775	3.702	4.385	4.966	5.574	6.557	6.934	7.247	7.535	8.068	8.564
80	v	0.00155	0.00169	0.00188	0.00215	0.00273	0.00667	0.0106	0.0134	0.0158	0.0201	0.0459
	h	209.1	323.4	441.9	570.9	728.1	993.8	1163.6	1305.5	1446.7	1745	2070
	s	2.769	3.696	4.377	4.951	5.522	6.345	6.800	7.135	7.432	7.975	8.476
100	v	0.00155	0.00169	0.00187	0.00213	0.00263	0.00465	0.00791	0.0104	0.0124	0.0160	0.0193
	h	211.7	325.8	443.9	571.8	722.7	924.4	1134.7	1286.3	1432.4	1736	2064
	s	2764	3.690	4.368	4.938	5.486	6.166	6.682	7.040	7.348	7.900	8.406
150	v	0.00155	0.00168	0.00185	0.00209	0.00247	0.00328	0.00488	0.00655	0.00805	0.0107	0.0130
	h	218.1	332.0	449.2	574.6	716.4	887.4	1075.2	1242.3	1399.3	1715	2050
	s	2.752	3.674	4.348	4.907	5.423	5.955	6.457	6.851	7.182	7.758	8.274
200	v	0.00154	0.00167	0.00184	0.00205	0.00237	0.00291	0.00383	0.00495	0.00605	0.00806	0.00966
	h	224.6	338.2	454.7	578.2	714.8	870.5	1041.7	1210.2	1327.3	1697	2038
	s	2.738	3.660	4.329	4.880	5.377	5.863	6.320	6.717	7.059	7.651	8.176
300	v	0.00153	0.00166	0.00181	0.00200	0.00225	0.00259	0.00307	0.00367	0.00433	0.00563	0.00686
	h	237.6	350.6	465.9	586.8	715.9	860.9	1014.9	1175.5	1338.7	1671	2019
	s	2715	3.632	4.294	4.833	5.309	5.757	6.168	6.547	6.891	7.496	8.032
400	v	0.00153	0.00165	0.00179	0.00195	0.00216	0.00244	0.00276	0.00316	0.00361	0.00454	0.00545
	h	250.6	363.2	477.6	596.6	723.7	861.6	1008.3	62.5	1322.7	1657	2008
	s	2.692	3.605	4.262	4.793	5.257	5.688	6.080	6.443	6.780	7.388	7.930
500	v	0.00152	0.00163	0.00176	0.00192	0.00210	0.00232	0.00258	0.00288	0.00322	0.00392	0.00465
	h	263.5	375.8	489.5	607.1	732.0	866.5	1009.3	1159.5	1316.9	1650	2003
	s	2670	3.580	4.234	4.758	5.213	5.634	6.015	6.369	6.00	7.306	7.851

表 4-10　乙烷的热力学性质[5]

T /K	ρ /(mol/L)	U /(J/mol)	H /(J/mol)	S/[J/ (mol·K)]	C_v/[J/ (mol·K)]	C_p/[J/ (mol·K)]
			$p=0.1MPa(1bar)$			
95	21.50	−14555	−14550	80.2	47.2	68.7
100	21.32	−14210	−14205	83.8	47.1	69.3
125	20.41	−12468	−12463	99.3	45.0	69.8
150	19.47	−10717	−10712	112.1	43.4	70.4
175	18.49	−8938	−8933	123.1	42.7	72.1
200	0.062	5503	7123	210.1	34.5	43.8
225	0.054	6401	8238	215.4	36.5	45.5
250	0.049	7349	9401	220.3	38.9	47.7
275	0.044	8360	10624	224.9	41.6	50.2
300	0.040	9439	11914	229.4	44.5	53.1
325	0.037	10592	13278	233.8	47.6	56.1
350	0.035	11823	14719	238.1	50.7	59.2
375	0.032	13133	16240	242.3	54.0	62.4
400	0.030	14525	17841	246.4	57.2	65.6
450	0.027	17548	21282	254.5	63.6	72.0
500	0.024	20883	25035	262.4	69.7	78.1
600	0.020	28429	33415	277.6	80.9	89.3
			$p=1MPa(10bar)$			
95	21.514	−14562	−14515	80.2	47.3	68.7
100	21.334	−14217	−14170	83.7	47.2	69.3
125	20.427	−12478	−12429	99.2	45.0	69.8
150	19.494	−10731	−10679	112.0	43.4	70.3
175	18.515	−8957	−8903	123.0	42.7	72.0
200	17.464	−7127	−7070	132.7	42.9	74.9
225	16.288	−5199	−5137	141.8	43.8	80.2
250	0.564	6762	8534	198.7	41.6	57.5
275	0.489	7902	9949	204.1	43.2	56.2
300	0.435	9063	11363	209.0	45.5	57.2
325	0.393	10273	12815	213.7	48.3	59.1
350	0.360	11546	14321	218.1	51.3	61.5
375	0.333	12889	15893	222.5	54.4	64.2
400	0.310	14306	17534	226.7	57.5	67.1
450	0.272	17367	21038	234.9	63.8	73.0
500	0.244	20730	24836	242.9	69.9	78.9
600	0.201	28313	33278	258.3	81.0	89.8
			$p=10MPa(100bar)$			
95	21.624	−14626	−14163	79.5	47.4	68.5
100	21.448	−14286	−13819	83.0	47.4	69.1
125	20.570	−12572	−12086	98.5	45.5	69.3
150	19.678	−10858	−10350	111.1	43.9	69.6
175	18.758	−9130	−8596	121.9	43.3	70.8
200	17.793	−7363	−6801	131.5	43.5	73.0
225	16.760	−5535	−4938	140.3	44.3	76.4
250	15.620	−3609	−2969	148.6	45.8	81.5
275	14.301	−1539	−839	156.7	47.9	89.4
300	12.666	757	1547	165.0	50.8	102.7
325	10.398	3443	4404	174.1	54.7	129.1
350	7.292	6643	8015	184.8	58.8	150.1
375	5.182	9419	11349	194.1	60.0	115.7
400	4.182	11577	13968	200.8	61.4	96.9
450	3.204	15379	18500	211.5	65.8	87.5
500	2.677	19135	22870	220.7	71.2	88.0
600	2.076	27160	31978	237.3	81.8	94.7

4.1.1.3 丙烷 propane

具体内容见表4-11～表4-14。

表 4-11 饱和丙烷的热力学性质[1]

化学式 CH₃CH₂CH₃					T_c	370.00K			

化学式　$CH_3CH_2CH_3$　　　　　　　　　　　　　　T_c　370.00K
M_r　44.094　　　　　　　　　　　　　　　　　　p_c　4264kPa
T_b　231.10K　　　　　　　　　　　　　　　　　ρ_c　225kg/m³
T_m　85.47K

T_{sat}/K	231.1	248.06	259.83	275.24	291.83	317.42	330.70	351.23	359.61	367.18
p_{sat}/kPa	101	203	304	507	810	1520	2026	3039	3545	4052
$\rho_l/(kg/m^3)$	582	562	549	528	504	460	434	381	347	300
$\rho_g/(kg/m^3)$	2.42	4.63	6.77	11.0	17.5	33.9	47.1	80.4	104	150
$h_l/(kJ/kg)$	421.2	459.7	485.2	522.5	563.1	631.8	672.8	745.7	781.7	829.0
$h_g/(kJ/kg)$	847.4	866.7	879.2	895.6	911.0	929.5	937.4	942.4	934.9	915.9
$\Delta_v h/(kJ/kg)$	426.2	407.0	394.0	373.1	347.9	297.7	264.6	196.7	153.2	86.6
$c_{p,l}/[kJ/(kg \cdot K)]$	2.24	2.32	2.38	2.47	2.58	2.78	3.27	4.27	6.62	
$c_{p,g}/[kJ/(kg \cdot K)]$	1.37	1.51	1.65	1.88	2.27	3.37	4.14	6.16	7.01	11.42

表 4-12 饱和丙烷的 $v,h,s,c_{p,l}$[3]

T/K	p /bar	v_l /(m³/kg)	v_g /(m³/kg)	h_l /(kJ/kg)	h_g /(kJ/kg)	$s_l/[kJ/ (kg \cdot K)]$	$s_g/[kJ/ (kg \cdot K)]$	$c_{p,l}/[kJ/ (kg \cdot K)]$
85.5^t	3.0E−9	1.364E−3	5.37E+7	124.92	690.02	1.8738	8.3548	1.92
90	1.5E−8	1.373E−3	1.12E+7	133.56	693.58	1.9723	8.0953	1.92
100	3.2E−7	1.392E−3	5.85E+5	152.74	702.23	2.1743	7.6163	1.93
110	3.9E−6	1.412E−3	53275	172.03	711.71	2.3581	7.2377	1.94
120	3.1E−5	1.432E−3	7350	191.46	721.78	2.5271	6.9343	1.95
130	1.8E−4	1.453E−3	1400	211.03	732.27	2.6838	6.6885	1.96
140	7.7E−4	1.475E−3	344	230.77	743.07	2.8300	6.4881	1.98
150	2.74E−3	1.497E−3	103	250.67	754.12	2.9674	6.3237	2.00
160	8.22E−3	1.521E−3	36.8	270.78	765.37	3.0971	6.1886	2.02
170	0.0214	1.545E−3	15.0	291.10	776.80	3.2202	6.0775	2.04
180	0.0495	1.570E−3	6.84	311.66	788.40	3.3377	5.9862	2.07
190	0.1035	1.597E−3	3.43	332.48	800.15	3.4503	5.9114	2.10
200	0.1993	1.625E−3	1.868	353.61	812.03	3.5586	5.8502	2.13
210	0.3574	1.654E−3	1.087	375.07	824.01	3.6631	5.8005	2.16
220	0.6031	1.686E−3	0.669	396.90	836.04	3.7645	5.7603	2.20
230	0.9661	1.719E−3	0.432	419.16	848.08	3.8631	5.7280	2.25
240	1.4800	1.754E−3	0.290	442.07	860.07	3.9605	5.7022	2.29
250	2.1819	1.792E−3	0.2020	465.58	871.94	4.0563	5.6817	2.34
260	3.1118	1.833E−3	0.1445	489.70	883.62	4.1505	5.6656	2.41
270	4.3120	1.878E−3	0.1059	514.45	895.02	4.2433	5.6528	2.48
280	5.8278	1.927E−3	0.0791	539.88	906.03	4.3349	5.6426	2.56
290	7.7063	1.982E−3	0.0600	566.06	916.54	4.4257	5.6343	2.65
300	9.9973	2.044E−3	0.0461	593.11	926.41	4.5160	5.6270	2.76
310	12.75	2.115E−3	0.0357	621.18	935.45	4.6062	5.6200	2.89
320	16.03	2.200E−3	0.0279	650.49	943.38	4.6971	5.6124	3.06
330	19.88	2.301E−3	0.0218	681.37	949.79	4.7896	5.6030	3.28
340	24.36	2.430E−3	0.0170	714.38	953.92	4.8850	5.5896	3.62
350	29.56	2.607E−3	0.0130	750.52	954.23	4.9861	5.5681	4.23
360	35.55	2.896E−3	0.0095	792.50	946.56	5.0997	5.5277	5.98
369.8^c	42.42	4.566E−3	0.0046	879.20	879.20	5.3300	5.3300	∞

注: 1. E−××=×10⁻××, E+××=10××。

$\quad\quad$ 注: 1. $E-\times\times=\times10^{-\times\times}$, $E+\times\times=10^{\times\times}$。
$\quad\quad\ \ $ 2. t 为三相点，c 为临界点。

表 4-13　丙烷气的 $v(\mathrm{m^3/kg})$, $h(\mathrm{kJ/kg})$, $s[\mathrm{kJ/(kg \cdot K)}]$ [1]

p/MPa (T_{sat})	性质	T/K							
		250	300	350	400	450	500	550	600
0.050 (216.4)	v	0.9291	1.123	1.315	1.505	1.695	1.885	2.074	2.263
	h	523.67	603.16	693.61	795.32	908.02	1031.20	1164.24	1306.49
	s	2.4106	2.6999	2.9783	3.2496	3.5148	3.7742	4.0277	4.2751
0.101325 (231.3)	v	0.4509	0.5494	0.6455	0.7404	0.8347	0.9286	1.022	1.116
	h	521.02	601.52	692.49	794.51	907.40	1030.72	1163.85	1306.17
	s	2.2697	2.5627	2.8427	3.1149	3.3806	3.6402	3.8938	4.1414
0.20 (247.9)	v	0.2208	0.2736	0.3238	0.3728	0.4211	0.4691	0.5169	0.5645
	h	515.70	598.29	690.32	792.93	906.21	1029.78	1163.09	1305.54
	s	2.1260	2.4267	2.7100	2.9837	3.2503	3.5105	3.7645	4.0123
0.40 (267.9)	v		0.1318	0.1586	0.1840	0.2088	0.2332	0.2574	0.2814
	h		591.44	685.79	789.70	903.77	1027.87	1161.55	1304.27
	s		2.2794	2.5700	2.8472	3.1157	3.3770	3.6317	3.8799
1.0 (300.3)	v			0.05915	0.07065	0.08135	0.09163	0.1017	0.1116
	h			671.19	779.59	896.28	1022.05	1156.89	1300.45
	s			2.3669	2.6562	2.9308	3.1957	3.4526	3.7023
2.0 (330.4)	v			0.02534	0.03268	0.03882	0.04444	0.04979	0.05497
	h			641.60	761.13	883.12	1012.06	1148.99	1294.01
	s			2.1723	2.4916	2.7788	3.0504	3.3113	3.5635
4.0 (366.5)	v			0.01316	0.01745	0.02085	0.02389	0.02673	
	h			714.17	853.84	990.91	1132.70	1280.98	
	s			2.2702	2.5994	2.8882	3.1584	3.4164	
7.0	v			0.00418	0.00822	0.01080	0.01288	0.01473	
	h			591.69	800.86	956.60	1107.49	1261.33	
	s			1.9064	2.4019	2.7303	3.0179	3.2856	
10	v			0.00298	0.00495	0.00697	0.00862	0.01005	
	h			544.14	746.96	921.77	1082.57	1242.27	
	s			1.7619	2.2400	2.6088	2.9154	3.1933	
20	v			0.00238	0.00287	0.00355	0.00431	0.00506	
	h			517.85	678.83	849.71	1021.44	1192.46	
	s			1.6314	2.0098	2.3702	2.6976	2.9952	

表 4-14　丙烷的热力学性质 [5]

T /K	ρ /(mol/L)	U /(J/mol)	H /(J/mol)	S /[J/(mol·K)]	C_v /[J/(mol·K)]	C_p /[J/(mol·K)]
			$p=0.1\mathrm{MPa}(=1\mathrm{bar})$			
90	16.526	−21486	−21426	87.3	59.2	84.5
100	16.295	−20639	−20577	96.2	59.6	85.2
125	15.726	−18495	−18432	115.4	59.2	86.5
150	15.156	−16319	−16253	131.3	58.9	88.0
175	14.577	−14096	−14028	145.0	59.5	90.3
200	13.982	−11806	−11735	157.3	61.0	93.5
225	13.339	−9395	−9387	168.5	63.4	97.9
250	0.050	9194	11213	257.6	57.2	66.8
275	0.045	10691	12930	264.1	61.6	70.7
300	0.041	12297	14752	270.5	66.2	75.1

T /K	ρ /(mol/L)	U /(J/mol)	H /(J/mol)	S /[J/(mol·K)]	C_v /[J/(mol·K)]	C_p /[J/(mol·K)]
325	0.037	14019	16689	276.7	71.1	79.8
350	0.035	15862	18744	282.8	76.0	84.6
375	0.032	17827	20921	288.8	80.9	89.5
400	0.030	19912	23217	294.7	85.7	94.3
450	0.027	24441	28166	306.4	95.2	103.6
500	0.024	29428	33573	317.7	104.1	112.6
600	0.020	40677	45658	339.7	120.4	128.8
$p=1\text{MPa}(10\text{bar})$						
90	16.526	−21486	−21426	87.2	59.3	84.5
100	16.295	−20639	−20577	96.2	59.7	85.2
125	15.726	−18495	−18432	115.3	59.2	86.4
150	15.156	−16319	−16253	131.2	59.0	88.0
175	14.577	−14096	−14028	144.9	59.6	90.2
200	13.982	−11806	−11735	157.2	61.1	93.4
225	13.361	−9424	−9349	168.4	63.4	97.7
250	12.696	−6919	−6840	179.0	66.4	103.3
275	11.962	−4252	−4169	189.1	70.0	110.8
300	11.102	−1360	−1270	199.2	74.1	121.9
325	0.428	13278	15614	255.2	74.1	89.6
350	0.383	15259	17869	261.9	78.0	91.2
375	0.349	17318	20183	268.3	82.2	94.2
400	0.322	19472	22582	274.4	86.7	97.8
450	0.279	24092	27672	286.4	95.7	105.9
500	0.248	29137	33172	298.0	104.4	114.1
600	0.203	40455	45374	320.2	120.5	129.7
$p=10\text{MPa}(100\text{bar})$						
90	16.590	−21553	−20951	86.5	59.9	84.4
100	16.364	−20714	−20103	95.4	60.1	85.1
125	15.810	−18595	−17962	114.5	59.6	86.1
150	15.259	−16448	−15793	130.3	59.3	87.5
175	14.705	−14261	−13581	144.0	59.9	89.5
200	14.141	−12016	−11309	156.1	61.4	92.4
225	13.562	−9692	−8955	167.2	63.7	96.1
250	12.960	−7268	−6496	177.5	66.7	100.7
275	12.322	−4721	−3909	187.4	70.2	106.4
300	11.631	−2027	−1167	196.9	74.1	113.2
325	10.860	843	1764	206.3	78.4	121.5
350	9.973	3924	4927	215.7	82.9	132.0
375	8.905	7270	8393	225.2	87.7	146.1
400	7.561	10957	12279	235.3	93.0	165.7
450	4.614	18845	21013	255.8	101.8	167.8
500	3.241	25567	28652	272.0	107.8	142.7
600	2.242	38131	42591	297.4	121.7	140.5

4.1.1.4　正丁烷 n-butane

具体内容见表 4-15～表 4-17。

表 4-15　饱和正丁烷的热力学性质[1]

化学式 $CH_3CH_2CH_2CH_3$					T_c　425.16K				
M_r　58.12					p_c　3796kPa				
T_b　272.66K					ρ_c　225.3kg/m^3				
T_m　134.82K									

T_{sat}/K	273.15	289	305	321	337	353	369	385	405	425.16
p_{sat}/kPa	103	184	304	469	706	1023	1526	1925	2739	3797
ρ_l/(kg/m^3)	603	587	571	551	529	504	475	441	388	225.3
ρ_g/(kg/m^3)	2.81	4.81	7.53	11.6	17.4	25.1	35.6	51.3	80.7	225.3
h_l/(kJ/kg)	−1194	−1158	−1121	−1081	−1040	−997	−945	−896	−821	−665
h_g/(kJ/kg)	−809	−789	−769	−747	−725	−706	−681	−663	−648	−665
$\Delta_v h$/(kJ/kg)	385	369	352	334	315	291	264	233	173	
$c_{p,l}$[kJ/(kg·K)]	2.34	2.47	2.59	2.68	2.80	2.95	3.11	3.36	3.80	
$c_{p,g}$[kJ/(kg·K)]	1.67	1.76	1.88	2.00	2.15	2.33	2.62	3.03	4.76	

表 4-16　饱和正丁烷的 $v,h,s,c_{p,l}$[3]

T/K	p/bar	v_l /(m^3/kg)	v_g /(m^3/kg)	h_l /(kJ/kg)	h_g /(kJ/kg)	s_l/[kJ/ (kg·K)]	s_g/[kJ/ (kg·K)]	$c_{p,l}$/[kJ/ (kg·K)]
134.9^t	6.7E−6	1.360E−3	28630	0.00	494.21	2.3056	5.9702	1.946
140	1.7E−5	1.369E−3	11635	9.95	499.96	2.3778	5.8779	1.953
150	8.7E−5	1.387E−3	2470	29.44	511.39	2.5121	5.7251	1.970
160	3.5E−4	1.405E−3	654	49.10	523.13	2.6389	5.6016	1.985
170	1.17E−3	1.424E−3	207	68.94	535.16	2.7592	5.5017	2.001
180	3.37E−3	1.443E−3	76.4	88.97	547.48	2.8738	5.4211	2.018
190	8.53E−3	1.463E−3	31.8	109.22	560.07	2.9835	5.3564	2.035
200	1.94E−2	1.484E−3	14.7	129.71	572.93	3.0887	5.3048	2.055
210	4.05E−2	1.505E−3	7.39	150.45	586.06	3.1900	5.2643	2.077
220	7.81E−2	1.528E−3	4.00	171.49	599.42	3.2879	5.2331	2.101
230	0.1411	1.551E−3	2.31	192.83	613.06	3.3828	5.2097	2.128
240	0.2408	1.575E−3	1.40	214.50	626.83	3.4749	5.1929	2.158
250	0.3915	1.601E−3	0.893	236.52	640.82	3.5647	5.1818	2.192
260	0.6100	1.628E−3	0.592	258.92	654.97	3.6523	5.1755	2.231
270	0.9155	1.656E−3	0.406	281.72	669.24	3.7380	5.1732	2.274
280	1.3297	1.686E−3	0.286	309.94	683.60	3.8220	5.1744	2.323
290	1.8765	1.718E−3	0.207	328.62	697.99	3.9046	5.1783	2.377
300	2.5811	1.752E−3	0.1533	352.77	712.36	3.9860	5.1846	2.437
310	3.4706	1.790E−3	0.1156	377.46	726.67	4.0663	5.1928	2.503
320	4.5731	1.830E−3	0.0885	402.71	740.84	4.1458	5.2025	2.577
330	5.9179	1.874E−3	0.0687	428.61	754.80	4.2248	5.2132	2.657
340	7.5354	1.923E−3	0.0539	455.25	768.49	4.3035	5.2248	2.746
350	9.4573	1.978E−3	0.0427	482.57	781.79	4.3822	5.2367	2.842
360	11.72	2.041E−3	0.0340	511.22	794.60	4.4613	5.2485	2.947
370	14.35	2.114E−3	0.0272	540.88	806.72	4.5412	5.2597	3.062
380	17.40	2.200E−3	0.0218	571.94	817.86	4.6225	5.2696	3.20
390	20.90	2.307E−3	0.0174	604.76	827.56	4.7058	5.2771	3.34
400	24.92	2.447E−3	0.0138	639.85	834.95	4.7922	5.2800	3.50
410	29.54	2.652E−3	0.0106	678.30	838.10	4.8842	5.2740	3.69
420	34.86	3.048E−3	0.0075	723.89	830.34	4.9903	5.2437	3.84
425.2^c	37.96	4.405E−3	0.0044	783.50	783.50	5.1290	5.1290	∞

注：1. E−××=×10$^{-××}$。
2. t 为三相点，c 为临界点。

表 4-17　气体正丁烷的 $v(m^3/kg)$，$h(kJ/kg)$，$s[kJ/(kg \cdot K)]$[3]

p/bar		T/K									
		150	200	250	300	350	400	450	500	600	700
1.013	v	0.00139	0.00148	0.00160	0.4106	0.4847	0.5575	0.6297	0.7013	0.8440	0.9861
	h	29.6	129.8	236.6	718.9	810.7	913.1	1026.0	1149.0	1423	1730
	s	2.512	3.088	3.564	5.334	5.616	5.889	6.155	6.414	6.913	7.386
5	v	0.00139	0.00148	0.00160	0.00175	0.0909	0.1078	0.1238	0.1393	0.1693	0.1988
	h	30.0	130.2	237.0	352.9	798.5	904.3	1019.3	1143.7	1420	1728
	s	2.511	3.088	3.563	3.985	5.363	5.645	5.916	6.178	6.680	7.155
10	v	0.00139	0.00148	0.00160	0.00175	0.00198	0.0502	0.0593	0.0677	0.0835	0.0987
	h	30.6	130.8	237.4	353.3	482.7	891.9	1010.3	1136.8	1415	1725
	s	2.510	3.087	3.562	3.983	4.382	5.524	5.803	6.069	6.575	7.052
20	v	0.00138	0.00148	0.00160	0.00174	0.00196	0.0205	0.0268	0.0318	0.0406	0.0487
	h	31.7	131.8	238.4	354.0	482.6	860.0	990.1	1122.0	1406	1718
	s	2.509	3.085	3.560	3.980	4.376	5.364	5.670	5.948	6.464	6.945
30	v	0.00138	0.00148	0.00159	0.00174	0.00195	0.00240	0.0156	0.0198	0.0263	0.0320
	h	32.8	132.9	239.3	354.7	482.6	637.3	965.5	1105.9	1396	1711
	s	2.507	3.082	3.557	3.976	4.370	4.783	5.570	5.866	6.394	6.880
40	v	0.00138	0.00148	0.00159	0.00173	0.00194	0.00234	0.0097	0.0137	0.0192	0.0237
	h	33.9	134.0	240.3	355.4	482.7	633.6	932.2	1088.1	1387	1705
	s	2.505	3.080	3.555	3.973	4.365	4.768	5.468	5.797	6.341	6.832
50	v	0.00138	0.00148	0.00159	0.00173	0.00193	0.00229	0.00549	0.0101	0.0149	0.0188
	h	35.0	135.0	241.3	356.2	428.8	631.0	877.0	1068.2	1377	1699
	s	2.503	3.078	3.552	3.970	4.360	4.755	5.329	5.734	6.297	6.792
60	v	0.00138	0.00148	0.00159	0.00172	0.00192	0.00255	0.00352	0.00764	0.0121	0.0155
	h	36.2	136.1	242.3	356.9	483.1	629.1	825.1	1046.4	1367	1692
	s	2.501	3.076	3.550	3.967	4.355	4.745	5.204	5.673	6.258	6.759
80	v	0.00138	0.00147	0.00158	0.00172	0.00190	0.00219	0.00286	0.00482	0.00868	0.0114
	h	38.4	138.3	244.2	358.5	483.7	626.5	798.1	1001.5	1347	1680
	s	2.498	3.072	3.545	3.960	4.346	4.727	5.130	5.559	6.191	6.704
100	v	0.00138	0.00147	0.00158	0.00171	0.00188	0.00214	0.00264	0.00368	0.00669	0.00901
	h	40.6	140.4	246.2	360.1	484.5	624.9	787.9	971.3	1329	1668
	s	2.495	3.069	3.540	3.954	4.337	4.712	5.095	5.310	6.134	6.658
200	v	0.00137	0.00146	0.00156	0.00167	0.00178	0.00200	0.00225	0.00258	0.00349	0.00460
	h	51.9	151.3	257.9	368.8	490.3	624.4	773.3	933.7	1270	1623
	s	2.478	3.049	3.518	3.927	4.301	4.660	5.010	5.348	5.960	6.849
300	v	0.00136	0.00145	0.00154	0.00164	0.00176	0.00191	0.00209	0.00231	0.00284	0.00345
	h	63.2	162.2	266.7	378.3	498.0	629.2	773.4	928.4	1255	1603
	s	2.462	3.032	3.498	3.903	4.273	4.623	4.962	5.288	5.884	6.419
400	v	0.00136	0.00144	0.00152	0.00162	0.00173	0.00185	0.00200	0.00217	0.00255	0.00298
	h	74.5	173.3	277.4	388.2	506.8	636.2	778.0	930.2	1253	1600
	s	2.447	3.015	3.479	3.882	4.248	4.593	4.927	5.247	5.836	6.366
500	v	0.00136	0.00143	0.00151	0.00160	0.00170	0.00181	0.00193	0.00207	0.00240	0.00272
	h	85.8	184.4	288.1	398.4	516.3	644.5	784.8	935.3	1256	1599
	s	2.432	2.999	3.461	3.863	4.226	4.569	4.898	5.215	5.799	6.328

4. 1. 1. 5　异丁烷 isobutane

具体内容见表 4-18、表 4-19。

表 4-18　饱和异丁烷热力学性质[1]

| 化学式 | $(CH_3)_2CHCH_3$ | | | | | | T_c | 408.1K | | |
| 化学式 | $(CH_3)_2CHCH_3$ | | | | | | | | | |

化学式　$(CH_3)_2CHCH_3$　　　　　　　　　T_c　408.1K
M_r　58.12　　　　　　　　　　　　　p_c　3647kPa
T_b　261.4K　　　　　　　　　　　　ρ_c　221kg/m³
T_m　113.55K

T_{sat}/K	261.4	285	300	315	330	345	360	375	390	408.1
p_{sat}/kPa	101.3	233	355	553	805	1132	1540	2066	2697	3647
ρ_l/(kg/m³)	594	567	550	529	508	485	455	422	377	221
ρ_g/(kg/m³)	2.87	6.33	9.81	14.6	21.2	30.0	42.2	59.7	87.3	221
h_l/(kJ/kg)	232.5	286.1	323.3	360.5	397.7	437.3	481.5	528.0	574.5	697.8
h_g/(kJ/kg)	597.8	623.4	646.6	667.6	686.2	704.8	721.1	737.3	744.3	697.8
$\Delta_v h$/(kJ/kg)	365.2	337.3	323.3	307.1	288.5	267.5	239.6	209.3	169.8	
$c_{p,l}$/[kJ/(kg·K)]	2.12	2.34	2.45	2.56	2.68	2.79	2.95	3.16	3.59	
$c_{p,g}$/[kJ/(kg·K)]	1.53	1.69	1.81	1.94	2.09	2.28	2.55	3.00	4.18	

表 4-19　饱和异丁烷的 $v,h,s,c_{p,l}$[3]

T/K	p/bar	v_l/(m³/kg)	v_g/(m³/kg)	h_l/(kJ/kg)	h_g/(kJ/kg)	s_l/[kJ/(kg·K)]	s_g/[kJ/(kg·K)]	$c_{p,l}$/[kJ/(kg·K)]
113.6^t	1.9E−7	1.349E−3	8.60E−6	0.0	485.3	1.863	6.136	
120	9.3E−7	1.360E−3	1.84E−6	11.0	491.1	1.957	5.957	1.78
140	4.8E−5	1.396E−3	4210	46.0	510.1	2.226	5.541	1.87
160	8.2E−4	1.435E−3	278.2	82.1	530.8	2.467	5.272	1.93
180	0.0070	1.476E−3	36.66	119.5	533.0	2.688	5.097	1.99
200	0.0369	1.520E−3	7.723	158.5	576.7	2.893	4.984	2.05
220	0.1374	1.568E−3	2.265	199.0	601.5	3.086	4.916	2.12
240	0.3989	1.621E−3	0.8432	241.4	627.4	3.270	4.878	2.19
260	0.9600	1.680E−3	0.3738	285.8	654.2	3.446	4.863	2.28
270	1.4081	1.712E−3	0.2617	308.8	667.7	3.532	4.861	2.33
280	2.0020	1.746E−3	0.1882	332.3	681.0	3.617	4.863	2.39
290	2.7686	1.784E−3	0.1385	356.4	694.9	3.700	4.867	2.46
300	3.7365	1.824E−3	0.1040	381.1	708.4	3.783	4.874	2.53
310	4.934	1.868E−3	0.0794	406.4	721.7	3.865	4.882	2.61
320	6.392	1.916E−3	0.0614	432.2	734.8	3.946	4.891	2.70
330	8.140	1.971E−3	0.0481	459.2	747.7	4.028	4.902	2.81
340	10.21	2.032E−3	0.0380	486.9	760.0	4.109	4.912	2.92
350	12.64	2.103E−3	0.0301	515.7	771.8	4.191	4.923	3.04
360	15.46	2.187E−3	0.0240	545.6	782.7	4.273	4.932	3.17
370	18.72	2.289E−3	0.0190	577.1	792.3	4.357	4.939	3.31
380	22.48	2.420E−3	0.0150	610.6	799.8	4.444	4.942	3.45
390	26.82	2.604E−3	0.0115	647.1	803.7	4.536	4.937	3.62
400	31.86	2.920E−3	0.0083	689.6	799.6	4.639	4.915	3.85
408.0^c	36.55	4.464E−3	0.0045	752.5	752.5	4.791	4.791	∞

注：1. E−××=×$10^{-××}$。
2. t 为三相点，c 为临界点。

4.1.1.6　正戊烷 *n*-pentane

具体内容见表 4-20。

表 4-20　饱和正戊烷热力学性质[1]

	化学式　$CH_3(CH_2)_3CH_3$						T_c　469.6K			
	M_r　72.151						p_c　3369kPa			
	T_b　309.2K						ρ_c　273.3kg/m³			
	T_m　143.4K									
T_{sat}/K	309.2	335	350	365	380	395	410	425	440	469.6
p_{sat}/kPa	101.3	227	341	492	688	935	1249	1634	2103	3370
$\rho_l/(kg/m^3)$	610.2	582.9	566.0	548.0	528.9	507.9	484.1	456.5	423.5	280.9
$\rho_g/(kg/m^3)$	3.00	6.36	9.41	13.51	18.99	26.11	36.21	49.73	68.96	184.1
$h_l/(kJ/kg)$	319.8	383.8	423.3	458.2	504.7	546.6	588.5	637.3	686.2	846.7
$h_g/(kJ/kg)$	678.0	721.1	744.3	767.6	790.8	814.1	837.4	855.9	876.9	846.7
$\Delta_v h/(kJ/kg)$	358.2	337.3	321.0	309.4	286.1	267.5	248.9	218.6	190.7	
$c_{p,l}/[kJ/(kg\cdot K)]$	2.34	2.52	2.62	2.72	2.82	2.94	3.06	3.20	3.44	
$c_{p,g}/[kJ/(kg\cdot K)]$	1.79	1.96	2.05	2.16	2.28	2.48	2.66	2.96	3.37	

注：正戊烷 EOS 方程可参见 Grigoryev, B. A, Yu L. Rostorguyev etal, Int. J Thermophys 11, 3, 487～502, 1990 饱和与过热气体 200bar, 600K 下表与图, 可在 Reynolds, W. C., Thermodynamic Properties In SI. Stanford univ Publ, 1979 一书中查到。

4.1.1.7　异戊烷 isopentane

具体内容见表 4-21。

表 4-21　饱和异戊烷热力学性质[1]

	化学式　$(CH_3)_2C(CH_3)_2$						T_c　460.4K			
	M_r　72.146						p_c　3380kPa			
	T_b　301.0K						ρ_c　236kg/m³			
	T_m　113.25K									
T_{sat}/K	301.0	325	340	355	370	385	400	415	430	460.4
p_{sat}/kPa	101.3	217	328	476	667	913	1222	1603	2070	3380
$\rho_l/(kg/m^3)$	613	586	569	552	532	511	488	461	428	236
$\rho_g/(kg/m^3)$	3.07	6.30	9.41	13.5	18.9	26.2	36.0	49.3	68.3	236
$h_l/(kJ/kg)$	290.8	348.9	383.8	423.3	465.2	504.7	546.6	588.5	639.7	790.8
$h_g/(kJ/kg)$	632.7	669.9	693.1	716.4	739.7	765.3	783.9	807.1	825.7	790.8
$\Delta_v h/(kJ/kg)$	341.9	321.0	309.3	293.1	274.5	260.6	237.3	218.6	186.0	
$c_{p,l}/[kJ/(kg\cdot K)]$	2.29	2.43	2.53	2.62	2.71	2.80	2.91	3.05	3.24	
$c_{p,g}/[kJ/(kg\cdot K)]$	1.72	1.86	1.96	2.08	2.20	2.34	2.54	2.81	3.28	

4.1.1.8　新戊烷，季戊烷 neopentane

具体内容见表 4-22。

表 4-22　饱和新戊烷热力学性质[1]

	化学式　$C(CH_3)_4$						T_c　433.78K			
	M_r　72.15						p_c　3196kPa			
	T_b　282.65K						ρ_c　238kg/m³			
	T_m　256.58K									
T_{sat}/K	282.65	305	320	335	350	365	380	395	410	433.78
p_{sat}/kPa	101.3	215	362	482	676	945	1280	1700	2200	3196
$\rho_l/(kg/m^3)$	603	575	558	543	519	497	472	443	407	238
$\rho_g/(kg/m^3)$	3.28	6.38	9.91	14.5	20.7	29.0	40.2	55.8	79.1	238
$h_l/(kJ/kg)$	−111	−50	−25	13	51	91	128	175	221	329
$h_g/(kJ/kg)$	204	237	260	282	305	327	347	366	379	329
$\Delta_v h/(kJ/kg)$	315	297	284	269	254	236	219	191	158	
$c_{p,l}/[kJ/(kg\cdot K)]$	2.14	2.27	2.37	2.48	2.63	2.77	2.96	3.20	3.59	
$c_{p,g}/[kJ/(kg\cdot K)]$	1.65	1.80	1.91	2.03	2.16	2.32	2.53	2.85	3.51	

4.1.1.9　正己烷 n-hexane

具体内容见表 4-23。

表 4-23　饱和正己烷热力学性质[1]

化学式　$CH_3(CH_2)_4CH_3$　　　　　　　　　　T_c　507.44K

M_r　86.178　　　　　　　　　　　　　　　　p_c　3031kPa

T_b　341.88K　　　　　　　　　　　　　　　ρ_c　232.8kg/m³

T_m　177.83K

T_{sat}/K	341.88	370	385	400	415	430	445	460	475	507.44
p_{sat}/kPa	101.3	228	331	465	683	854	1124	1457	1859	3031
ρ_l/(kg/m³)	613	585	568	551	532	511	488	463	432	233
ρ_g/(kg/m³)	3.3	7.0	10.0	14.1	19.5	26.7	34.7	48.6	66.2	233
h_l/(kJ/kg)	395.4	465.2	507.1	546.6	586.2	632.7	676.9	725.7	774.6	930.4
h_g/(kJ/kg)	728.0	776.9	802.5	830.4	856.0	879.2	907.1	930.4	953.7	930.4
$\Delta_v h$/(kJ/kg)	332.6	311.7	295.4	283.8	269.8	246.5	230.2	204.7	179.1	
$c_{p,l}$/[kJ/(kg·K)]	2.39	2.58	2.68	2.78	2.89	3.00	3.12	3.26	3.46	
$c_{p,g}$/[kJ/(kg·K)]	1.91	2.07	2.18	2.28	2.39	2.51	2.66	2.92	3.32	

4.1.1.10　正庚烷 n-heptane

具体内容见表 4-24～表 4-26。

表 4-24　饱和正庚烷热力学性质[1]

化学式　$CH_3(CH_2)_5CH_3$　　　　　　　　　　T_c　540.61K

M_r　100.198　　　　　　　　　　　　　　　　p_c　2736kPa

T_b　371.6K　　　　　　　　　　　　　　　　ρ_c　234.1kg/m³

T_m　182.6K

T_{sat}/K	371.6	380	400	420	440	460	480	500	520	540.6
p_{sat}/kPa	101.3	130	219	349	529	721	1094	1513	2046	2736
ρ_l/(kg/m³)	614	606	585	563	540	512	484	448	397	234
ρ_g/(kg/m³)	3.46	4.36	7.23	11.5	17.4	25.6	37.8	56.5	88.3	234
h_l/(kJ/kg)	453.6	474.5	530.3	586.2	639.7	702.5	760.6	825.7	895.5	1004.8
h_g/(kJ/kg)	765.3	786.2	823.4	860.6	897.8	937.4	972.3	1009.5	1035.1	1004.8
$\Delta_v h$/(kJ/kg)	319.7	311.7	293.1	274.4	258.1	234.9	211.7	183.8	139.6	
$c_{p,l}$/[kJ/(kg·K)]	2.57	2.61	2.72	2.82	2.93	3.03	3.19	3.39	3.85	
$c_{p,g}$/[kJ/(kg·K)]	1.98	2.01	2.15	2.26	2.41	2.51	2.72	3.05	3.60	

表 4-25　饱和正庚烷的 v, h, s, $c_{p,l}$[3]

T/K	p/bar	v_l/(m³/kg)	v_g/(m³/kg)	h_l/(kJ/kg)	h_g/(kJ/kg)	s_l/[kJ/(kg·K)]	s_g/[kJ/(kg·K)]	$c_{p,l}$/[kJ/(kg·K)]
182.6^t	—	1.292E−3	—	284.1	—	2.260	—	2.025
200	0.00002	1.316E−3	—	319.4	722.6	2.441	4.457	2.011
220	0.00019	1.344E−3	—	359.7	757.1	2.636	4.442	2.026
240	0.00133	1.374E−3	—	400.5	791.4	2.814	4.443	2.063
250	0.00303	1.389E−3	—	421.3	808.3	2.899	4.447	2.088
260	0.00635	1.405E−3	—	442.4	824.9	2.981	4.453	2.117
270	0.01316	1.422E−3	—	463.6	841.2	3.061	4.460	2.147
280	0.02347	1.440E−3	—	485.2	857.8	3.140	4.471	2.180
290	0.03997	1.457E−3	—	507.2	874.8	3.217	4.485	2.216
300	0.06674	1.475E−3	3.744	529.6	891.9	3.293	4.501	2.252
310	0.1070	1.494E−3	2.412	552.5	908.9	3.367	4.517	2.291
320	0.1656	1.514E−3	1.596	575.4	926.0	3.441	4.537	2.329
330	0.2461	1.534E−3	1.101	598.8	943.3	3.513	4.557	2.370
340	0.3614	1.555E−3	0.7650	622.8	961.2	3.584	4.579	2.412
350	0.5130	1.578E−3	0.5510	647.5	979.1	3.655	4.604	2.454

T/K	p/bar	v_l $/(m^3/kg)$	v_g $/(m^3/kg)$	h_l $/(kJ/kg)$	h_g $/(kJ/kg)$	$s_l/[kJ/$ $(kg \cdot K)]$	$s_g/[kJ/$ $(kg \cdot K)]$	$c_{p,l}/[kJ/$ $(kg \cdot K)]$
360	0.712	1.601E-3	0.4058	671.9	997.5	3.725	4.629	2.500
370	0.967	1.625E-3	0.3036	697.1	1016.1	3.794	4.656	2.548
371.6	1.013	1.629E-3	0.2904	701.9	1019.8	3.805	4.660	2.556
380	1.289	1.651E-3	0.2308	723.9	1035.4	3.864	4.684	2.60
390	1.689	1.678E-3	0.1781	750.4	1054.2	3.932	4.711	2.65
400	2.180	1.708E-3	0.1388	777.2	1073.2	4.000	4.740	2.70
420	3.471	1.775E-3	0.0734	—	—	—	—	2.81
440	5.268	1.853E-3	0.0576	—	—	—	—	2.93
460	7.691	1.954E-3	0.0389	—	—	—	—	3.05
480	10.92	2.065E-3	0.0265	—	—	—	—	3.19
500	15.10	2.235E-3	0.0178	—	—	—	—	3.38
520	20.43	2.52E-3	—	—	—	—	—	3.7
540.1^c	27.35	4.3E-3	0.0043	—	—	—	—	

注：p 和 v 由 "Vargaftik, *Handbook of Thermophysical Properties of Gases and Liquids*, Hemisphere, Washington, and McGraw-Hill, New York, 1957." 的表内插而得。h 和 s 值从 "Thermodynamics Research Center, Texas. A&M University, College Station." 的 API 表计算得出。t 为三相点，c 为临界点。E—××＝×10$^{-××}$。

表 4-26 液体正庚烷摩尔体积 V，摩尔热容 C[4]

t	p_{sat}	V	C_{sat}	C_p	C_V
/°C	/bar	/(cm^3/mol)	/[J/(K·mol)]		
−90.60^t	—	129.5	203.1	203.1	—
−80	—	130.9	201.7	201.7	—
−60	—	133.6	202.0	202.0	—
−40	—	136.6	205.1	205.1	—
−20	—	139.7	209.9	209.9	—
0	0.0152	143.0	216.0	216.0	169
20	0.0473	146.6	223.0	223.0	176.0
40	0.1230	150.3	230.6	230.6	183.2
60	0.2780	154.4	238.8	238.9	190.8
80	0.5790	158.8	247.4	247.6	198.7
100	1.060	163.6	256.8	257.1	206.8
150	3.71	179.0	282.5	283.7	227.0
200	9.68	202.3	313	318	249
250	21.31	259	400	450	287
267.1^c	27.3	∞	430	∞	

注：t 为三相点，c 为临界点。

4.1.1.11 正辛烷 *n*-octane

具体内容见表 4-27、表 4-28。

表 4-27 饱和正辛烷热力学性质[1]

化学式 $CH_3(CH_2)_6CH_3$						T_c	568.8K		
M_r 114.224						p_c	2486kPa		
T_b 398.8K						ρ_c	232kg/m^3		
T_m 216.35K									

T_{sat}/K	398.8	415	435	455	475	495	515	535	555	568.8
p_{sat}/kPa	101.3	156	252	386	569	809	1127	1535	2052	2486
$\rho_l/(kg/m^3)$	611	595	575	553	529	502	470	432	373	232
$\rho_g/(kg/m^3)$	3.80	5.67	8.98	13.7	20.4	29.9	44.0	65.0	105	232
$h_l/(kJ/kg)$	514.1	558.2	609.4	667.6	725.7	786.2	851.3	921.1	990.9	1088.6
$h_g/(kJ/kg)$	814.1	844.3	883.9	923.4	965.3	1004.8	1046.7	1081.6	1109.5	1088.6
$\Delta_v h/(kJ/kg)$	300.0	286.1	274.5	255.8	239.6	218.6	195.4	160.5	118.6	
$c_{p,l}/[kJ/(kg \cdot K)]$	2.50	2.61	2.74	2.89	3.03	3.18	3.36	3.60	4.23	
$c_{p,g}/[kJ/(kg \cdot K)]$	2.11	2.19	2.30	2.42	2.56	2.73	2.96	3.30	4.80	

表 4-28　饱和正辛烷的 v, h, s, $c_{p,l}$[3]

T/K	p/bar	v_l /(m³/kg)	v_g /(m³/kg)	h_l /(kJ/kg)	h_g /(kJ/kg)	s_l/[kJ/ (kg·K)]	s_g/[kJ/ (kg·K)]	$c_{p,l}$/[kJ/ (kg·K)]
216.4^t	1.49E−5	—	—	365.9	—	2.487	—	2.033
220	2.41E−5	—	—	373.2	—	2.520	—	2.035
240	2.18E−4	1.353E−3	700	414.1	811.4	2.698	4.207	2.059
260	0.0014	1.368E−3	125	455.8	842.1	2.865	4.259	2.105
280	0.0061	1.384E−3	31.9	498.4	873.5	3.023	4.312	2.165
300	0.0207	1.420E−3	10.7	542.4	906.2	3.175	4.366	2.231
320	0.0575	1.457E−3	4.01	589.8	939.8	3.325	4.419	—
340	0.1384	1.495E−3	1.752	637.9	974.6	3.471	4.461	—
360	0.3000	1.536E−3	0.844	687.1	1010.4	3.611	4.509	—
380	0.5856	1.582E−3	0.448	737.7	1047.3	3.747	4.562	—
400	1.0507	1.632E−3	0.252	790.1	1084.8	3.881	4.617	—
420	1.758	1.685E−3	0.155	843.1	1123.6	4.010	4.677	—
440	2.797	1.747E−3	0.100	897.5	1162.5	4.137	4.740	—
460	4.246	1.818E−3	0.066	954.8	1202.0	4.264	4.802	—
480	6.201	1.904E−3	0.045	1013.5	1241.8	4.388	4.864	—
500	8.785	2.013E−3	0.031	1072.8	1281.2	4.508	4.924	—
520	12.15	2.16E−3	0.021	1136.0	1318.6	4.629	4.980	—
540	16.46	2.37E−3	0.014	1201.5	1352.4	4.749	5.028	—
560	21.98	2.81E−3	0.008	1276.7	1370.4	4.880	5.048	—
568.8^c	24.97	4.26E−3	0.004	1331.7	1331.7	4.977	4.977	—

注：t 为三相点，c 为临界点，E−××＝×10⁻ˣˣ。

4.1.1.12　正壬烷 n-nonane

具体内容见表 4-29、表 4-30。

表 4-29　饱和正壬烷热力学性质[1]

化学式　$CH_3(CH_2)_7CH_3$　　　　　T_c　594.63K
M_r　128.26　　　　　　　　　　p_c　2289kPa
T_b　423.97K　　　　　　　　　　ρ_c　234kg/m³
T_m　219.7K

T_{sat}/K	423.97	435	455	475	495	515	535	555	575	594.63
p_{sat}/kPa	101.3	134	214	338	496	717	965	1320	1750	2289
$\rho_l/(kg/m^3)$	614	602	581	560	535	510	479	444	394	234
$\rho_g/(kg/m^3)$	3.94	5.18	8.22	12.6	18.7	27.3	39.6	58.0	89.8	234
$h_l/(kJ/kg)$	195	226	282	340	402	464	529	594	664	754
$h_g/(kJ/kg)$	490	513	555	598	640	683	724	762	792	754
$\Delta_v h/(kJ/kg)$	295	287	273	258	238	219	195	168	128	
$c_{p,l}/[kJ/(kg·K)]$	2.72	2.77	2.87	2.97	3.10	3.23	3.38	3.59	4.00	
$c_{p,g}/[kJ/(kg·K)]$	2.24	2.30	2.40	2.51	2.63	2.77	2.95	3.25	4.05	

表 4-30　饱和正壬烷 v, h, s, $c_{p,l}$[3]

T/K	p/bar	v_l /(m³/kg)	v_g /(m³/kg)	h_l /(kJ/kg)	h_g /(kJ/kg)	s_l/[kJ/ (kg·K)]	s_g/[kJ/ (kg·K)]	$c_{p,l}$/[kJ/ (kg·K)]
219.7^t	2.6E−6	—	—	358.4	—	2.424	—	2.07
220	2.7E−6	—	—	359.2	—	2.427	—	2.07
240	3.74E−5	—	—	400.6	—	2.607	—	2.08
260	2.97E−4	—	—	442.2	828.7	2.774	4.210	2.10
280	1.61E−3	—	—	484.8	859.4	2.932	4.243	2.16
300	6.40E−3	1.404E−3	30.35	528.6	891.7	3.083	4.282	2.22

T/K	p/bar	v_l /(m³/kg)	v_g /(m³/kg)	h_l /(kJ/kg)	h_g /(kJ/kg)	s_l/[kJ/ (kg·K)]	s_g/[kJ/ (kg·K)]	$c_{p,l}$/[kJ/ (kg·K)]
320	0.0203	1.436E−3	10.19	573.8	925.6	3.229	4.324	2.30
340	0.0547	1.471E−3	4.00	622.0	961.1	3.370	4.368	—
360	0.1279	1.508E−3	1.80	671.3	998.2	3.511	4.419	—
380	0.2678	1.548E−3	0.894	722.5	1036.5	3.650	4.476	—
400	0.513	1.591E−3	0.485	776.7	1076.0	3.788	4.536	—
420	0.911	1.637E−3	0.286	833.3	1116.6	3.927	4.601	—
440	1.521	1.690E−3	0.161	890.2	1157.1	4.053	4.660	—
460	2.401	1.748E−3	0.104	950.3	1199.2	4.186	4.727	—
480	3.639	1.815E−3	0.069	1012.1	1241.3	4.316	4.794	—
500	5.309	1.895E−3	0.045	1076.2	1282.9	4.444	4.857	—
520	7.437	2.00E−3	0.030	1141.3	1324.5	4.569	4.921	—
540	10.20	2.13E−3	0.021	1207.7	1363.8	4.691	3.980	—
560	13.76	2.35E−3	0.013	1275.4	1338.7	4.811	5.029	—
580	18.02	2.78E−3	0.008	1342.9	1318.1	4.927	5.056	—
594.6^c	22.90	4.23E−3	0.004	1305.2	1305.2	5.032	5.032	—

注：p 和 v 的值由 "Vargaftik, *Handbook of Thermophysical Properties of Gases and Liquids*, Hemisphere, Washington, and McGraw-Hill, New York, 1975" 的表内插而得。h 和 s 值由 Texas A & M University, Colege Station 的 *API* 表计算而得。t 为三相点，c 为临界点，E−×× = ×10⁻××。

4.1.1.13 正癸烷 n-decane

具体内容见表 4-31、表 4-32。

表 4-31 饱和正癸烷热力学性质[1]

化学式	$CH_3(CH_2)_8CH_3$					T_c	617.6K			
M_r	142.3					p_c	2096kPa			
T_b	447.4K					ρ_c	235.9kg/m³			
T_m	243.51K									

T_{sat}/K	447.31	460	480	500	520	540	560	580	600	617.6
p_{sat}/kPa	101.3	141	227	329	479	675	927	1250	1650	2096
$\rho_l/(\text{kg/m}^3)$	621	608	588	564	538	513	479	445	392	235.9
$\rho_g/(\text{kg/m}^3)$	4.13	5.60	8.73	13.2	19.4	28.1	40.7	59.6	93.1	235.9
$h_l/(\text{kJ/kg})$	265	299	357	416	476	538	603	673	743	824
$h_g/(\text{kJ/kg})$	542	569	613	658	702	746	789	829	859	824
$\Delta_v h/(\text{kJ/kg})$	277	270	256	242	226	208	186	156	116	
$c_{p,l}/[\text{kJ/(kg·K)}]$	2.79	2.85	2.94	3.06	3.16	3.29	3.44	3.65	4.06	
$c_{p,g}/[\text{kJ/(kg·K)}]$	2.33	2.39	2.49	2.59	2.71	2.85	3.03	3.33	4.20	

表 4-32 饱和正癸烷 v, h, s, $c_{p,l}$[3]

T/K	p/bar	v_l /(m³/kg)	v_g /(m³/kg)	h_l /(kJ/kg)	h_g /(kJ/kg)	s_l/[kJ/ (kg·K)]	s_g/[kJ/ (kg·K)]	$c_{p,l}$/[kJ/ (kg·K)]
243.5^m	0.00001	1.319E−3	20750	418.1	812.5	2.561	4.092	2.119
260	0.00006	1.334E−3	3300	452.7	836.3	2.699	4.120	2.109
280	0.00042	1.356E−3	443	495.3	866.9	2.856	4.158	2.155
300	0.00197	1.381E−3	88.74	539.0	899.2	3.007	4.200	2.217
320	0.00720	1.410E−3	22.73	584.0	933.2	3.153	4.246	2.286
340	0.02155	1.442E−3	8.883	631.1	968.9	3.303	4.296	—
360	0.05522	1.478E−3	3.763	680.1	1006.2	3.443	4.350	—
380	0.1248	1.515E−3	1.750	730.7	1045.0	3.581	4.408	—
400	0.2549	1.552E−3	0.892	782.0	1085.0	3.712	4.469	—

续表

T/K	p/bar	v_l /(m³/kg)	v_g /(m³/kg)	h_l /(kJ/kg)	h_g /(kJ/kg)	s_l/[kJ/ (kg·K)]	s_g/[kJ/ (kg·K)]	c_{pl}/[kJ/ (kg·K)]
420	0.4789	1.591E−3	0.490	835.6	1126.2	3.842	4.534	—
440	0.8387	1.632E−3	0.290	889.6	1168.4	3.968	4.602	—
447.3	1.0133	1.650E−3	0.243	909.4	1184.0	4.014	4.627	
460	1.3852	1.682E−3	0.178	944.5	1211.4	4.089	4.670	
480	2.1745	1.735E−3	0.115	1002.6	1255.2	4.213	4.739	
500	3.2690	1.797E−3	0.0759	1062.7	1299.4	4.335	4.808	
520	4.733	1.868E−3	0.0525	1124.5	1344.4	4.456	4.879	
540	6.633	1.952E−3	0.0369	1190.1	1389.5	4.573	4.949	
560	9.062	2.067E−3	0.0248	1256.1	1432.0	4.698	5.011	
580	12.16	2.255E−3	0.0154	1318.5	1468.1	4.802	5.060	
600	16.12	2.588E−3	0.0093	1384.5	1495.6	4.913	5.098	
617.5^c	20.97	4.238E−3	0.0042	1483.2	1483.2	5.073	5.073	

注：表中值取自 Das and Kuloor, *Ind. J. Technol.*, 5, 75 (1967)。*m* 为融熔，*c* 为临界点，E−××＝×10⁻××。

1.2　环烷烃

1.2.1　环戊烷 cyclopentane

具体内容见表 4-33。

表 4-33　饱和环戊烷热力学性质[1]

化学式	C_5H_{10}		T_c	511.8K
M_r	70.135		p_c	4508kPa
T_b	322.45K		ρ_c	272kg/m³
T_m	179.25K			

T_{sat}/K	322.4	350	370	390	410	430	450	470	490	511.8
p_{sat}/kPa	101.3	239	406	642	948	1309	1861	2742	3562	4508
ρ_l/(kg/m³)	706	680	656	635	607	577	547	505	455	272
ρ_g/(kg/m³)	10.8	20.0	36.3	52.1	69.2	97.5	117	141	176	272
h_l/(kJ/kg)	−288.7	−217.3	−179.4	−155.3	−92.8	−44.2	−3.8	62.2	127.4	227.1
h_g/(kJ/kg)	104.9	138.6	163.9	189.6	215.4	240.5	264.1	284.1	294.9	227.1
$\Delta_v h$/(kJ/kg)	393.6	355.9	343.3	334.9	318.2	284.7	267.9	221.9	167.5	
$c_{p,l}$/[kJ/(kg·K)]	1.92	2.05	2.12	2.22	2.37	2.53	2.73	3.04	3.78	
$c_{p,g}$/[kJ/(kg·K)]	1.34	1.47	1.61	1.79	1.93	2.11	2.40	2.81	3.91	

1.2.2　环己烷 cyclohexane

具体内容见表 4-34、表 4-35 及图 4-1～图 4-3。

表 4-34　饱和环己烷热力学性质[1]

化学式	C_6H_{12}		T_c	554.15K
M_r	84.162		p_c	4075kPa
T_b	353.87K		ρ_c	273kg/m³
T_m	279.7K			

T_{sat}/K	353.87	360	385	410	435	460	485	510	535	554.15
p_{sat}/kPa	101.3	124	234	414	689	1069	1586	2275	3723	4075
ρ_l/(kg/m³)	715	710	685	660	630	590	555	510	445	273
ρ_g/(kg/m³)	3.02	3.75	6.76	11.6	18.9	29.0	42.9	64.6	144	273
h_l/(kJ/kg)	314.0	325.6	379.1	434.9	500.1	558.2	628.0	707.1	790.8	895.5
h_g/(kJ/kg)	674.2	681.34	717.2	751.9	791.5	820.44	859.8	902.1	933.0	895.5
$\Delta_v h$/(kJ/kg)	360.2	355.7	338.1	316.9	291.4	262.2	231.8	195.0	142.2	
$c_{p,l}$/[kJ/(kg·K)]	1.84	1.86	1.93	1.99	2.07	2.13	2.23	2.49	2.82	
$c_{p,g}$/[kJ/(kg·K)]	1.60	1.64	1.79	1.95	2.15	2.36	2.57	3.11	7.05	

表 4-35　环戊烷，环己烷（环丙烷，环丁烷）热力学性质[6]

名　　称	环丙烷	环丁烷	环戊烷	环己烷
化学式	C_3H_6	C_4H_8	C_5H_{10}	C_6H_{12}
M_r	42.081	56.107	70.134	84.161
T_c/K	397.91	459.93	511.76	553.54
p_c/bar	55.749	49.849	45.023	40.748
$V_c/(mL/mol)$	162.80	210.16	258.32	307.88
Z_c	0.274	0.274	0.273	0.273
T_m/K	145.73	182.48	179.31	279.69
T_b/K	240.37	285.66	322.40	353.87
$\Delta_v h(T_b)/(kJ/kg)$	477.24	427.43	388.67	355.14
$\rho_l(298.15K)/(g/mL)$	0.619	0.689	0.750	0.773
$c_{p,g}(298.15K)/[J/(g \cdot K)]$	1.320	1.265	1.188	1.272
$c_{p,l}(298.15K)/[J/(g \cdot K)]$	2.257	1.954	1.814	1.840
$\Delta_f H_g^{\ominus}(298.15K)/(kJ/mol)$	53.17	26.50	−77.45	−123.38
$\Delta_f G_g^{\ominus}(298.15K)/(kJ/mol)$	104.17	109.72	38.16	31.19

注：括号内物质，目录中没有编号，以下同。

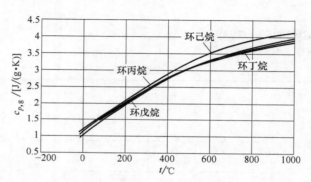

图 4-1　气体环戊烷、环己烷、环丙烷、
环丁烷 $c_{p,g}$-t 关系[6]

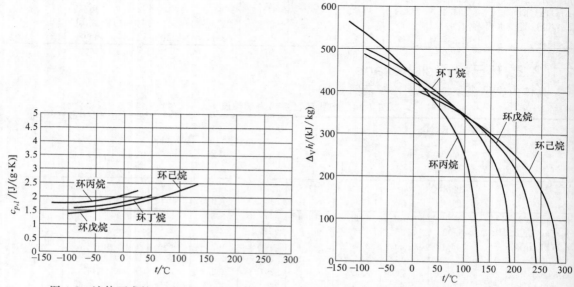

图 4-2　液体环戊烷、环己烷、环丙烷、
环丁烷 $c_{p,l}$-t 关系[6]

图 4-3　环戊烷、环己烷、环丙烷、环丁烷 $\Delta_v h$-t 关系[6]

1.3 不饱和烃

1.3.1 乙炔 acetylene

具体内容见表 4-36。

表 4-36 饱和乙炔热力学性质[1]

化学式 C_2H_2
M_r 26.036
T_b 189.2K
T_m 192.2K
T_c 308.7K
p_c 6240kPa
ρ_c 230kg/m³

sat/K	192.2	200	210	230	240	250	270	280	290	308.7
sat/kPa	128	189	304	689	986	1370	2450	3190	4080	6240
/(kg/m³)	617	606	590	556	538	519	473	445	411	231
/(kg/m³)	2.16	3.11	4.86	10.8	15.6	22.1	41.0	54.0	73.2	231
/(kJ/kg)	−369.5	−351.8	−331.6	−271.6	−236.1	−202.0	−136.2	−100.5	−66.2	104.7
g/(kJ/kg)	214.8	222.9	230.9	248.6	254.4	257.6	257.0	252.8	238.8	104.7
v h/(kJ/kg)	584.3	574.7	562.5	520.2	490.5	459.6	393.2	363.3	305.0	
,l/[kJ/(kg·K)]	3.09	3.12	3.15	3.27	3.35	3.46	3.87	4.25	5.14	
,g/[kJ/(kg·K)]	1.47	1.51	1.59	1.80	1.93	2.14	2.64	2.93	3.39	

1.3.2 乙烯 ethyene

具体内容见表 4-37～表 4-39a。

表 4-37 饱和乙烯热力学性质[1]

化学式 C_2H_4
M_r 28.052(28.053)
T_b 169.43K(169.38K)
T_m 104K(104.00K)
T_c 282.65K(282.34K)
p_c 5060kPa(5.041MPa)
ρ_c 220kg/m³($V_c=131$cm³/mol)

sat/K	169.43	183	193	203	213	223	233	243	263	281
sat/kPa	101.3	213	341	518	755	1063	1453	1938	3240	4899
/(kg/m³)	567.92	547.95	532.88	517.17	500.61	482.84	463.41	441.61	385.64	287.43
g/(kg/m³)	2.09	4.24	6.60	9.81	14.01	19.47	26.58	36.12	69.58	152.70
/(kJ/kg)	−662.49	−624.50	−600.49	−578.48	−552.50	−526.51	−498.48	−468.50	−396.51	−301.15
/(kJ/kg)	−179.97	−163.61	−155.64	−151.12	−145.06	−141.54	−140.04	−140.71	−152.62	−213.38
v h/(kJ/kg)	482.52	460.89	444.85	427.36	407.44	384.97	358.44	327.79	243.89	94.56
,l/[kJ/(kg·K)]	2.32	2.46	2.54	2.61	2.67	2.73	2.80	2.93	3.89	
,g/[kJ/(kg·K)]	1.31	1.35	1.40	1.47	1.56	1.67	1.82	2.02	2.91	

注：括号内数据为文献 [2] 数值。

表 4-38 饱和乙烯的 v, h, s, $c_{p,l}$ [3]

T/K	p/bar	v_l/(m³/kg)	v_g/(m³/kg)	h_l/(kJ/kg)	h_g/(kJ/kg)	s_l/[kJ/(kg·K)]	s_g/[kJ/(kg·K)]	$c_{p,l}$/[kJ/(kg·K)]
104.0^t	0.00123	0.001527	251.36	−323.81	244.36	−1.9901	3.4730	2.497
110	0.00334	0.001545	97.57	−309.54	251.47	−1.8571	3.2431	2.500
120	0.01380	0.001576	25.75	−284.17	263.23	−1.6362	2.9255	2.539
130	0.04456	0.001609	8.62	−259.13	274.87	−1.4358	2.6717	2.465
140	0.1191	0.001644	3.46	−234.80	286.28	−1.2554	2.4663	2.405
150	0.2747	0.001681	1.5977	−210.90	297.37	−1.0908	2.2977	2.377
160	0.5636	0.001721	0.8232	−187.12	308.00	−0.9378	2.1566	2.377
170	1.0526	0.001763	0.4625	−163.23	318.04	−0.7935	2.0375	2.395
180	1.8207	0.001810	0.2784	−139.05	327.35	−0.6559	1.9352	2.427
190	2.9574	0.001861	0.1770	−114.46	335.79	−0.5244	1.7812	2.472

T/K	p/bar	v_l/(m³/kg)	v_g/(m³/kg)	h_l/(kJ/kg)	h_g/(kJ/kg)	s_l/[kJ/(kg·K)]	s_g/[kJ/(kg·K)]	$c_{p,l}$/[kJ/(kg·K)]
200	4.560	0.001918	0.1177	−89.33	343.21	−0.3967	1.7659	2.531
210	6.730	0.001981	0.0810	−63.52	349.41	−0.2730	1.6932	2.608
220	9.575	0.002054	0.0573	−36.84	354.18	−0.1515	1.6258	2.711
230	13.206	0.002139	0.0431	−9.04	357.17	−0.0314	1.5609	2.852
240	17.742	0.002241	0.0302	20.23	357.90	0.0088	1.4957	3.055
250	23.307	0.002369	0.02222	51.55	355.37	0.2114	1.4276	3.372
260	30.046	0.002541	0.01624	85.91	348.68	0.3397	1.3503	3.945
270	38.132	0.002804	0.01152	125.79	333.71	0.4819	1.3054	5.40
280	47.834	0.003442	0.00720	183.40	292.83	0.6803	1.0711	20.0
282.3[c]	50.403	0.004669	0.00467	234.55	234.55	0.8585	0.8585	

注：t 为三相点，c 为临界点，$h_l = s_l = 0$ 在 $T = 233.15K$ 下。

表 4-39　乙烯气的 v，m³/kg；h，kJ/kg；s，kJ/(kg·K)[1]

p/MPa (T_{sat}/K)	性质	不同温度(K)时的数值							
		250	275	300	325	350	375	400	425
0.101325 (169.4)	v	0.7239	0.7983	0.8725	0.9464	1.020	1.094	1.167	1.241
	h	636.60	672.44	710.12	749.81	791.63	835.64	881.87	930.30
	s	3.6592	3.7958	3.9269	4.0539	4.1778	4.2993	4.4186	4.5360
0.20 (181.9)	v	0.3630	0.4015	0.4395	0.4774	0.5151	0.5526	0.5901	0.6275
	h	634.30	670.58	708.57	748.50	790.50	834.66	881.00	929.53
	s	3.4514	3.5896	3.7218	3.8496	3.9741	4.0959	4.2155	4.3332
0.50 (202.3)	v	0.1406	0.1569	0.1728	0.1884	0.2039	0.2192	0.2344	0.2496
	h	627.07	664.76	703.78	744.46	787.04	831.65	878.36	927.19
	s	3.1599	3.3036	3.4393	3.5695	3.6957	3.8188	3.9394	4.0577
1.0 (221.3)	v	0.06616	0.07520	0.08377	0.09204	0.1001	0.1081	0.1159	0.1237
	h	614.02	654.54	695.48	737.54	781.16	826.57	873.91	923.25
	s	2.9178	3.0723	3.2147	3.3494	3.4787	3.6039	3.7261	3.8458
2.0 (244.3)	v	0.02809	0.03402	0.03912	0.04379	0.04822	0.05249	0.05665	0.06072
	h	581.93	631.43	677.50	722.94	768.96	816.15	864.87	915.31
	s	2.6176	2.8065	2.9668	3.1123	3.2487	3.3789	3.5047	3.6270
5.0 (282.0)	v			0.01137	0.01454	0.01700	0.01917	0.02116	0.02304
	h			602.17	670.35	727.99	782.62	836.57	890.92
	s			2.5021	2.7208	2.8918	3.0425	3.1818	3.3136

表 4-39a　压缩乙烯气的热力学性质[3]

p/bar		T/K							
		110	125	150	175	200	225	250	275
1	v/(m³/kg)	0.001545	0.001592	0.001681	0.5036	0.5814	0.6580	0.7337	0.8091
	h/(kJ/kg)	−309.4	−271.4	−210.8	324.8	357.0	389.9	424.0	459.7
	s/[kJ/(kg·K)]	−1.858	−1.534	−1.091	2.091	2.264	2.419	2.562	2.698
5	v/(m³/kg)	0.001544	0.001591	0.001680	0.001785	0.001917	0.1240	0.1407	0.1569
	h/(kJ/kg)	−308.9	−271.0	−210.4	−150.8	−89.3	378.4	415.0	452.3
	s/[kJ/(kg·K)]	−1.859	−1.535	−1.093	−0.726	−0.397	1.907	2.061	2.203
10	v/(m³/kg)	0.001543	0.001591	0.001679	0.001783	0.001914	0.05643	0.06672	0.07525
	h/(kJ/kg)	−308.3	−270.4	−209.8	−150.3	−89.0	361.2	402.4	442.3
	s/[kJ/(kg·K)]	−1.860	−1.537	−1.095	−0.728	−0.400	1.646	1.820	1.973
20	v/(m³/kg)	0.001542	0.001589	0.001676	0.001780	0.001908	0.002084	0.02810	0.03405
	h/(kJ/kg)	−307.1	−269.2	−208.7	−149.4	−88.2	−23.0	370.3	419.7

续表

p/bar		110	125	150	175	2200	225	250	275
	s/[kJ/(kg·K)]	−1.863	−1.540	−1.098	−0.733	−0.406	−0.099	1.520	1.708
30	v/(m³/kg)	0.001541	0.001588	0.001674	0.001776	0.001903	0.002072	0.002347	0.01978
	h/(kJ/kg)	−305.9	−268.0	−207.6	−148.4	−87.5	−22.8	50.5	390.7
	s/[kJ/(kg·K)]	−1.866	−1.543	−1.102	−0.737	−0.412	−0.107	0.201	1.508
40	v/(m³/kg)	0.001540	0.001587	0.001672	0.001773	0.001897	0.002062	0.002318	0.01163
	h/(kJ/kg)	−304.7	−266.8	−206.5	−147.4	−86.7	−22.5	49.1	344.7
	s/[kJ/(kg·K)]	−1.869	−1.546	−1.106	−0.741	−0.418	−0.115	0.186	1.284
50	v/(m³/kg)	0.001539	0.001585	0.001670	0.001770	0.001892	0.002052	0.002293	0.002846
	h/(kJ/kg)	−303.5	−265.7	−205.4	−146.4	−85.9	−22.2	48.1	139.8
	s/[kJ/(kg·K)]	−1.872	−1.550	−1.110	−0.746	−0.423	−0.123	0.173	0.521
60	v/(m³/kg)	0.001538	0.001584	0.001668	0.001767	0.001887	0.002043	0.002270	0.002723
	h/(kJ/kg)	−302.3	−264.5	−204.2	−145.4	−85.1	−21.8	47.4	132.3
	s/[kJ/(kg·K)]	−1.875	−1.553	−1.113	−0.750	−0.428	−0.130	0.161	0.484
80	v/(m³/kg)	0.001535	0.001581	0.001664	0.001761	0.001877	0.002025	0.002232	0.002585
	h/(kJ/kg)	−299.8	−262.1	−202.0	−143.4	−83.5	20.9	46.5	124.1
	s/[kJ/(kg·K)]	−1.881	−1.559	−1.120	−0.759	−0.439	−0.145	0.139	0.434
100	v/(m³/kg)	0.001533	0.001579	0.001660	0.001754	0.001867	0.002009	0.002199	0.002495
	h/(kJ/kg)	−297.4	−259.7	−199.7	−141.2	−81.8	−19.9	46.1	119.6
	s/[kJ/(kg·K)]	−1.887	−1.565	−1.127	−0.767	0.449	0.158	0.120	0.400
150	v/(m³/kg)	0.001528	0.001571	0.001650	0.001740	0.001846	0.001973	0.002136	0.002356
	h/(kJ/kg)	−291.3	−253.7	−194.0	−136.0	−77.3	−16.7	46.6	114.4
	s/[kJ/(kg·K)]	−1.901	−1.580	−1.145	−0.787	−0.473	−0.188	0.079	0.337
200	v/(m³/kg)	0.001522	0.001565	0.001641	0.001727	0.001826	0.001943	0.002086	0.002268
	h/(kJ/kg)	−285.3	−247.7	−188.3	−130.7	−72.5	−13.0	48.6	113.2
	s/[kJ/(kg·K)]	−1.914	−1.595	−1.161	−0.806	−0.495	−0.215	0.045	0.291
250	v/(m³/kg)	0.001517	0.001559	0.001633	0.001715	0.001809	0.001918	0.002046	0.002203
	h/(kJ/kg)	−279.2	−241.7	−182.5	−125.2	−67.6	−8.9	51.4	113.9
	s/[kJ/(kg·K)]	−1.928	−1.610	−1.177	−0.824	−0.516	−0.240	0.015	0.253
300	v/(m³/kg)	0.001512	0.001552	0.001625	0.001704	0.001793	0.001895	0.002012	0.002151
	h/(kJ/kg)	−273.0	−235.7	−174.5	−119.6	−62.5	−4.4	54.9	115.9
	s/[kJ/(kg·K)]	−1.942	−1.623	−1.192	−0.841	−0.536	−0.262	−0.012	0.220
400	v/(m³/kg)	0.001503	0.001542	0.001609	0.001683	0.001765	0.001855	0.001957	0.002072
	h/(kJ/kg)	−206.8	−223.6	−164.8	−108.3	−51.9	5.1	63.0	122.1
	s/[kJ/(kg·K)]	−1.968	−1.650	−1.221	−0.873	−0.572	−0.303	−0.059	0.166
500	v/(m³/kg)	0.001499	0.001531	0.001596	0.001665	0.001740	0.001823	0.001913	0.00201
	h/(kJ/kg)	−246.9	−211.4	−152.9	−96.8	−40.9	15.3	72.3	130.1
	s/[kJ/(kg·K)]	−1.978	−1.676	−1.249	−0.906	−0.605	−0.339	−0.099	0.121

p/bar		300	325	350	375	400	425	450
1	v/(m³/kg)	0.8842	0.9591	1.0339	1.1084	1.1830	1.2575	1.3319
	h/(kJ/kg)	497.3	536.9	578.8	622.8	668.9	717.2	767.9
	s/[kJ/(kg·K)]	2.829	2.956	3.079	3.201	3.320	3.437	3.553
5	v/(m³/kg)	0.1728	0.1884	0.2039	0.2193	0.2346	0.2499	0.2650
	h/(kJ/kg)	491.0	531.5	574.1	618.6	665.2	713.9	764.9
	s/[kJ/(kg·K)]	2.338	2.467	2.593	2.716	2.836	2.954	3.071

续表

p/bar		T/K						
		300	325	350	375	400	425	450
10	$v/(m^3/kg)$	0.08380	0.09207	0.1002	0.1081	0.1160	0.1238	0.1316
	$h/(kJ/kg)$	482.8	542.5	568.0	613.3	660.5	709.7	761.1
	$s/[kJ/(kg \cdot K)]$	2.113	2.247	2.375	2.500	2.622	2.742	2.859
20	$v/(m^3/kg)$	0.03914	0.04379	0.04823	0.05257	0.05675	0.06088	0.06491
	$h/(kJ/kg)$	465.0	509.8	555.5	602.4	650.9	701.2	753.5
	$s/[kJ/(kg \cdot K)]$	1.866	2.009	2.144	2.274	2.399	2.521	2.640
30	$v/(m^3/kg)$	0.02404	0.02763	0.03090	0.03400	0.03700	0.03990	0.04270
	$h/(kJ/kg)$	444.7	493.8	542.3	591.2	641.2	692.6	745.9
	$s/[kJ/(kg \cdot K)]$	1.696	1.853	1.996	2.131	2.261	2.387	2.508
40	$v/(m^3/kg)$	0.01630	0.01947	0.02220	0.02473	0.02710	0.02938	0.03160
	$h/(kJ/kg)$	420.6	476.3	528.3	579.5	631.2	688.9	738.2
	$s/[kJ/(kg \cdot K)]$	1.550	1.728	1.882	2.023	2.157	2.286	2.409
50	$v/(m^3/kg)$	0.01140	0.01451	0.01697	0.01916	0.02119	0.02311	0.02495
	$h/(kJ/kg)$	390.4	456.9	513.4	567.5	621.1	675.1	730.5
	$s/[kJ/(kg \cdot K)]$	1.404	1.617	1.784	1.933	2.072	2.207	2.330
60	$v/(m^3/kg)$	0.007757	0.01116	0.01347	0.01546	0.01725	0.01892	0.02052
	$h/(kJ/kg)$	347.8	435.1	497.7	555.2	610.9	666.3	722.9
	$s/[kJ/(kg \cdot K)]$	1.230	1.510	1.696	1.854	1.999	2.135	2.263
80	$v/(m^3/kg)$	0.003672	0.006864	0.009136	0.01085	0.01237	0.01374	0.01502
	$h/(kJ/kg)$	238.7	382.8	463.5	529.4	590.1	648.5	707.6
	$s/[kJ/(kg \cdot K)]$	0.832	1.295	1.534	1.717	1.874	2.016	2.151
100	$v/(m^3/kg)$	0.003094	0.004698	0.006596	0.008163	0.009492	0.01068	0.01177
	$h/(kJ/kg)$	210.2	330.2	427.5	503.1	569.3	630.9	692.7
	$s/[kJ/(kg \cdot K)]$	0.715	1.098	1.387	1.596	1.768	1.918	2.059
150	$v/(m^3/kg)$	0.002684	0.003223	0.004040	0.004983	0.005914	0.006765	0.007578
	$h/(kJ/kg)$	188.8	272.7	361.4	445.5	521.6	592.1	658.1
	$s/[kJ/(kg \cdot K)]$	0.596	0.864	1.126	1.359	1.556	1.722	1.878
200	$v/(m^3/kg)$	0.002508	0.002840	0.003292	0.003838	0.004445	0.005058	0.005664
	$h/(kJ/kg)$	181.7	255.0	332.4	410.6	487.0	560.1	629.5
	$s/[kJ/(kg \cdot K)]$	0.529	0.763	0.992	1.208	1.406	1.580	1.742
250	$v/(m^3/kg)$	0.002397	0.002644	0.003024	0.003327	0.003743	0.004190	0.004648
	$h/(kJ/kg)$	179.2	247.7	319.1	392.1	465.5	538.2	608.5
	$s/[kJ/(kg \cdot K)]$	0.480	0.698	0.910	1.111	1.301	1.476	1.639
300	$v/(m^3/kg)$	0.002317	0.002517	0.002578	0.003037	0.003351	0.003690	0.004042
	$h/(kJ/kg)$	179.1	244.6	312.6	382.2	452.9	524.1	593.9
	$s/[kJ/(kg \cdot K)]$	0.440	0.670	0.850	1.043	1.226	1.398	1.558
400	$v/(m^3/kg)$	0.002203	0.002352	0.002522	0.002711	0.002919	0.003413	0.003382
	$h/(kJ/kg)$	182.7	244.9	308.8	374.3	441.3	509.8	578.3
	$s/[kJ/(kg \cdot K)]$	0.377	0.576	0.764	0.946	1.119	1.285	1.442
500	$v/(m^3/kg)$	0.002122	0.002245	0.002379	0.002524	0.002678	0.002847	0.003022
	$h/(kJ/kg)$	189.1	250.7	312.8	376.1	440.4	505.8	572.0
	$s/[kJ/(kg \cdot K)]$	0.326	0.523	0.707	0.882	1.048	1.206	1.358

注：Converted from Jacobsen, R. T. M. Jahangiri, et al, *Ethylene—Intl. Thermodyn. Tables of the Fluid State*—10, Blackwell Sci. Publ. Oxford, 1988（299pp.）$s_1 = h_1 = 0$ at 233.15K=−40℃。

4.1.3.3 丙烯 propene

具体内容见表 4-40～表 4-42。

表 4-40 饱和丙烯热力学性质[1]

化学式 C_3H_6					T_c 364.8K(364.9K)				
M_r 42.078(42.080)					p_c 4610kPa(4.60MPa)				
T_b 225.45K(225.46K)					ρ_c 233kg/m³(185cm³/mol)				
T_m 87.9K(87.91K)									

T_{sat}/K	225.45	240	255	270	285	300	315	330	345	365
p_{sat}/kPa	101.3	187	333	530	820	1210	1710	2410	3190	4610
ρ_l/(kg/m³)	611	587	575	556	535	509	481	443	390	233
ρ_g/(kg/m³)	2.15	3.93	6.68	10.70	16.4	24.4	35.6	51.7	77.2	233
h_l/(kJ/kg)	−309.0	−273.7	−237.3	−199.8	−161.2	−121.3	−79.8	−36.2	10.4	119.5
h_g/(kJ/kg)	130.2	150.0	164.8	182.3	196.3	212.0	229.7	220.2	210.5	119.5
$\Delta_v h$/(kJ/kg)	439.2	423.7	402.1	382.1	357.5	333.3	309.5	256.4	220.9	
$c_{p,l}$/[kJ/(kg·K)]	2.39	2.45	2.55	2.64	2.72	2.85	3.10	3.40	3.77	
$c_{p,g}$/[kJ/(kg·K)]	1.31	1.40	1.49	1.62	1.78	1.96	2.23	2.62	3.71	

注：括号内数据为文献 [2] 数值。

表 4-41 饱和丙烯的 v, h, s, $c_{p,l}$[3]

T/K	p/bar	v_l/(m³/kg)	v_g/(m³/kg)	h_l/(kJ/kg)	h_g/(kJ/kg)	s_l/[kJ/(kg·K)]	s_g/[kJ/(kg·K)]	$c_{p,l}$/[kJ/(kg·K)]
87.9^t	9.54E−9	0.001301	1.82+7	−290.1	279.2	−1.923	4.554	
90	2.05E−8	0.001305	8.66+6	−285.1	281.1	−1.867	4.424	
100	4.81E−7	0.001325	411165	−265.4	290.2	−1.659	3.897	1.695
110	6.08E−6	0.001346	35753	−247.7	299.6	−1.490	3.488	1.760
120	4.88E−5	0.001367	4856	−229.8	309.3	−1.335	3.158	1.820
130	2.77E−4	0.001389	927.0	−211.4	319.3	−1.187	2.895	1.875
140	1.20E−3	0.001411	230.91	−192.4	329.4	−1.046	2.681	1.923
150	4.17E−3	0.001434	71.043	−172.9	339.8	−0.912	2.506	1.964
160	0.0122	0.001458	25.903	−153.1	350.4	−0.784	2.363	1.996
170	0.0309	0.001483	10.842	−133.1	361.2	−0.663	2.245	2.020
180	0.0697	0.001508	5.080	−112.7	372.1	−0.547	2.147	2.044
190	0.1425	0.001535	2.613	−92.2	383.1	−0.436	2.066	2.067
200	0.2686	0.001563	1.452	−71.4	394.2	−0.329	1.999	2.094
210	0.4727	0.001593	0.860	−50.3	405.2	−0.226	1.943	2.128
220	0.7849	0.001624	0.538	−28.8	416.3	−0.127	1.896	2.162
225.5^b	1.0133	0.001642	0.4241	−16.9	422.2	−0.073	1.874	2.182
230	1.2401	0.001657	0.3515	−7.0	427.1	−0.030	1.857	2.199
240	1.8775	0.001693	0.2388	15.3	437.8	0.064	1.825	2.243
250	2.7401	0.001732	0.1674	38.0	448.2	0.157	1.797	2.298
260	3.8737	0.001774	0.1206	61.3	458.2	0.247	1.774	2.369
270	5.3269	0.001820	0.0888	85.2	467.8	0.336	1.753	2.418
280	7.1499	0.001872	0.0666	109.9	476.9	0.425	1.735	2.494
290	9.3954	0.001929	0.0507	135.3	485.4	0.512	1.719	2.584
300	12.12	0.001995	0.0390	161.6	492.8	0.600	1.704	2.693
310	15.38	0.002071	0.0303	189.0	499.3	0.688	1.688	2.842
320	19.23	0.002162	0.0236	217.7	504.3	0.776	1.672	3.007
330	23.75	0.002273	0.0184	248.2	507.4	0.867	1.652	3.335
340	29.01	0.002418	0.0142	280.9	507.6	0.961	1.627	3.723
350	35.12	0.002628	0.0107	317.6	502.8	1.062	1.592	4.669
360	42.20	0.003038	0.0075	364.1	486.0	1.188	1.527	
365.6^c	46.65	0.004476	0.0045	433.3	433.3	1.374	1.374	

注：t 为三相点，b 为正常沸点（1atm=1.0133bar）；c 为临界点，9.54E-9 即 9.54×10⁻⁹；233.15K 下，$h_l = s_l = 0$。

表 4-42 丙烯气的 v, m³/kg; h, kJ/kg; s, kJ/(kg·K)[1]

p/MPa (T_{sat}/K)	性质	不同温度（K）时的数值							
		260	300	340	380	420	460	500	540
0.070 (217.6)	v	0.7229	0.8385	0.9533	1.068	1.181	1.295	1.409	1.522
	h	545.62	604.29	668.72	738.90	815.18	897.33	985.06	1078.00
	s	2.4924	2.7021	2.9032	3.0984	3.2892	3.4759	3.6587	3.8375

p/MPa (T_{sat}/K)	性质	不同温度(K)时的数值							
		260	300	340	380	420	460	500	540
0.101325 (225.4)	v	0.4960	0.5767	0.6566	0.7359	0.8150	0.8937	0.9724	1.051
	h	544.60	603.51	668.01	738.40	814.77	896.98	984.75	1077.73
	s	2.4167	2.6273	2.8289	3.0245	3.2154	3.4023	3.5852	3.7640
0.20 (241.6)	v	0.2456	0.2880	0.3295	0.3703	0.4109	0.4512	0.4913	0.5314
	h	541.28	601.00	666.04	736.81	813.45	895.87	983.80	1076.91
	s	2.2738	2.4873	2.6906	2.8872	3.0789	3.2662	3.4495	3.6285
0.40 (261.0)	v		0.1396	0.1614	0.1826	0.2034	0.2240	0.2444	0.2646
	h		595.69	661.96	733.55	810.77	893.61	981.87	1075.23
	s		2.3383	2.5454	2.7444	2.9375	3.1258	3.3097	3.4893
0.70 (279.3)	v		0.07576	0.08933	0.1021	0.1145	0.1266	0.1385	0.1503
	h		587.03	655.54	728.51	806.67	890.19	978.96	1072.72
	s		2.2075	2.4218	2.6246	2.8200	3.0099	3.1949	3.3752
1.0 (292.5)	v		0.04991	0.06039	0.06989	0.07891	0.08764	0.09619	0.1046
	h		577.25	648.73	723.31	802.50	886.73	976.03	1070.20
	s		2.1136	2.3372	2.5445	2.7425	2.9340	3.1201	3.3012
2.0 (321.9)	v			0.02608	0.03212	0.03734	0.04219	0.04681	0.05129
	h			621.71	704.43	787.93	874.92	966.15	1061.76
	s			2.1417	2.3718	2.5807	2.7784	2.9686	3.1525
4.0 (357.1)	v				0.01256	0.01641	0.01944	0.02215	0.02467
	h				654.01	754.88	849.80	945.84	1044.76
	s				2.1325	2.3852	2.6011	2.8013	2.9915
7.0	v				0.00314	0.00716	0.00970	0.01164	0.01334
	h				490.13	689.17	807.70	914.06	1019.08
	s				1.6498	2.1504	2.4205	2.6422	2.8443
10	v				1.00263	0.00399	0.00596	0.00756	0.00891
	h				463.63	618.60	762.41	881.75	993.83
	s				1.5578	1.9449	2.2726	2.5216	2.7372

4.1.3.4 1,2-丁二烯 1,2-butadiene

具体内容见表 4-43。

表 4-43 饱和 1,2-丁二烯热力学性质[1]

化学式 C_4H_6					T_c 443.7K				
M_r 54.09					p_c 4500kPa				
T_b 284.0K					ρ_c 246.8kg/m³				
T_m 137.0K									

T_{sat}/K	284.0	300	315	330	345	360	375	390	400	443.7
p_{sat}/kPa	101.3	189	265	445	661	945	1310	1770	2140	4500
ρ_l/(kg/m³)	651	643	625	605	585	563	537	507	485	246.8
ρ_g/(kg/m³)	2.32	4.04	6.43	9.80	14.4	20.7	29.2	40.7	50.8	246.8
h_l/(kJ/kg)	−197	−166	−131	−94	−57	−19	19	61	88	255
h_g/(kJ/kg)	237	257	275	293	311	327	341	354	359	255
$\Delta_v h$/(kJ/kg)	434	423	406	387	368	346	322	293	271	
$c_{p,l}$/[kJ/(kg·K)]	2.20	2.24	2.30	2.41	2.49	2.60	2.72	2.87	3.01	
$c_{p,g}$/[kJ/(kg·K)]	1.48	1.56	1.65	1.75	1.87	2.01	2.18	2.43	2.68	

4.1.3.5 1,3-丁二烯 1,3-butadiene

具体内容见表 4-44。

表 4-44　饱和 1,3-丁二烯热力学性质[1]

化学式 C_4H_6					T_c	425.15K			
M_r 54.088					p_c	4330kPa			
T_b 268.69K					ρ_c	245kg/m³			
T_b 164.24K									

T_{sat}/K	268.69	285	300	315	330	350	370	390	410	425.15
p_{sat}/kPa	101.3	184	298	458	676	1080	1630	2370	3350	4330
ρ_l/(kg/m³)	650	631	612	593	572	541	507	464	405	245
ρ_g/(kg/m³)	2.53	4.41	6.97	10.5	15.5	26.7	38.7	53.5	101	245
h_l/(kJ/kg)	493.3	529.0	563.0	598.4	635.0	686.5	741.5	800.1	867.5	
h_g/(kJ/kg)	908.7	928.4	946.4	964.4	981.7	1003.8	1023.2	1038.3	1041.4	
$\Delta_v h$/(kJ/kg)	415.4	399.4	383.4	366.0	346.7	317.3	281.7	238.2	173.9	
$c_{p,l}$/[kJ/(kg·K)]	2.14	2.22	2.29	2.37	2.47	2.63	2.81	3.03	3.28	
$c_{p,g}$/[kJ/(kg·K)]	1.42	1.53	1.63	1.74	1.87	2.07	2.35	2.92	4.54	

4.1.4　芳香烃

4.1.4.1　苯 benzene

具体内容见表 4-45、表 4-46。

表 4-45　饱和苯热力学性质[1]

化学式 C_6H_6					T_c	562.6K			
M_r 78.108					p_c	4924kPa			
T_b 353.25K					ρ_c	301.6kg/m³			
T_m 278.7K									

T_{sat}/K	353.3	375	400	425	450	475	500	525	550	562.6
p_{sat}/kPa	101.3	191	354	607	975	1484	2166	3060	4218	4924
ρ_l/(kg/m³)	823	798	767	735	699	660	615	559	475	304
ρ_g/(kg/m³)	2.74	4.90	8.87	14.8	23.6	36.1	54.2	82.0	133	304
h_l/(kJ/kg)	−154.3	−113.0	−62.1	−8.9	47.5	106.8	169.7	238.6	322.8	432.6
h_g/(kJ/kg)	243.4	270.3	302.1	334.8	367.9	400.7	432.3	460.4	478.5	432.6
$\Delta_v h$/(kJ/kg)	397.7	383.3	364.2	343.7	320.4	293.9	262.6	221.8	155.7	
$c_{p,l}$/[kJ/(kg·K)]	1.88	1.98	2.08	2.20	2.32	2.45	2.60	2.83		
$c_{p,g}$/[kJ/(kg·K)]	1.29	1.40	1.53	1.67	1.81	2.01	2.32	2.73		

表 4-46　液体苯摩尔体积 V，摩尔热容 C[4]

T	p_{sat}	V	C_{sat}	C_p	C_V	T	p_{sat}	V	C_{sat}	C_p	C_V
/°C	/bar	/(cm³/mol)	/[J/(K·mol)]			/°C	/bar	/(cm³/mol)	/[J/(K·mol)]		
5.524^t	0.0480	87.34	132	132	91	100	1.800	98.53	153	153	112
20	0.1000	88.86	134.9	134.9	93.5	150	5.822	106.9	170	171	125
40	0.2437	91.08	139.2	139.2	98.4	200	14.35	118.3			
60	0.5219	93.46	144.2	144.3	103.7	250	29.85	140			
80.10^b	1.0103	95.90	149	149	109	288.94^c	48.98	255.3	∞	∞	∞

注：t 为三相点，b 为沸点，c 为临界点。

4.1.4.2　乙苯 ethylbenzene

具体内容见表 4-47。

表 4-47　饱和乙苯热力学性质[1]

化学式 $C_6H_5·C_2H_5$					T_c	617.1K			
M_r 106.2					p_c	3510kPa			
T_b 409.3K					ρ_c	284kg/m³			
T_m 178.1K									

T_{sat}/K	409.3	433	453	473	493	513	553	573	593	613
p_{sat}/kPa	101.3	189	297	447	645	903	1640	2150	2770	3450
ρ_l/(kg/m³)	751	727	705	682	657	630	568	529	478	388
ρ_g/(kg/m³)	3.26	5.76	8.88	13.2	19.0	26.9	52.1	72.9	106	189
h_l/(kJ/kg)	−42.8	9.0	53.3	101.6	159.3	207.9	306.7	368.2	427.8	481.6
h_g/(kJ/kg)	298.8	335.6	367.3	399.3	431.4	463.3	524.4	550.8	570.2	557.0
$\Delta_v h$/(kJ/kg)	341.6	326.6	314.0	297.7	272.1	255.4	217.7	192.6	142.4	75.4
$c_{p,l}$/[kJ/(kg·K)]	1.98	2.04	2.11	2.19	2.28	2.38	2.63	2.85	3.22	4.20
$c_{p,g}$/[kJ/(kg·K)]	1.67	1.77	1.86	1.95	2.05	2.16	2.48	2.78	3.52	17.5

4.1.4.3 丙苯 propylbenzene
4.1.4.4 异丙苯 isopropylbenzene

具体内容见表 4-48 及图 4-4～图 4-6。

表 4-48 苯，乙苯，丙苯，异丙苯的热力学性质[6]

名　称	苯	乙苯	丙苯	异丙苯
化学式	C_6H_6	C_8H_{10}	C_9H_{12}	C_9H_{12}
M_r	78.114(78.112K)	106.167	120.194	120.194
T_c/K	562.16(562.05K)	617.17	638.38	631.15
p_c/bar	48.980(4.895MPa)	36.094	31.998	32.088
$V_c/(ml/mol)$	258.94(256)	373.81	440.00	427.70
Z_c	0.271	0.263	0.265	0.262
T_m/K	278.68(278.64K)	178.20	173.67	177.14
T_b/K	353.24(353.24K)	409.35	432.39	425.56
$\Delta_v h(T_b)/(kJ/kg)$	393.84	334.89	316.89	312.72
$\rho_l(298.15K)/(g/mL)$	0.876	0.862	0.858	0.858
$c_{p,g}(298.15K)/[J/(g \cdot K)]$	1.045	1.209	1.267	1.262
$c_{p,l}(298.15K)/[J/(g \cdot K)]$	1.726	1.716	1.762	1.724
$\Delta_f H_g^\ominus(298.15K)/(kJ/mol)$	82.82	29.65	7.65	3.73
$\Delta_f G_g^\ominus(298.15K)/(kJ/mol)$	129.43	130.21	136.82	136.55

注：括号内数据为文献 [2] 数值。

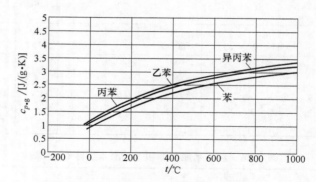

图 4-4 苯、乙苯、丙苯、异丙苯 $c_{p,g}$-t 关系[6]

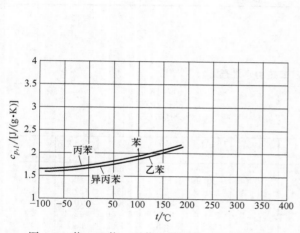

图 4-5 苯、乙苯、丙苯、异丙苯 $c_{p,l}$-t 关系[6]

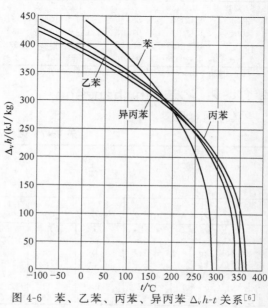

图 4-6 苯、乙苯、丙苯、异丙苯 $\Delta_v h$-t 关系[6]

4.1.4.5　甲苯 toluene

具体内容见表 4-49。

表 4-49　饱和甲苯热力学性质[1]

化学式　C_7H_8						T_c　594.0K				
M_r　92.134						p_c　4050kPa				
T_b　383.78K						ρ_c　290kg/m³				
T_m　178.16K										

T_{sat}/K	383.78	400	425	450	475	500	525	550	575	594.0
p_{sat}/kPa	101.3	158	285	487	776	1230	1820	2570	3450	4050
$\rho_l/(kg/m^3)$	778	760	733	702	670	632	590	541	469	290
$\rho_g/(kg/m^3)$	2.91	4.42	7.88	13.2	20.9	32.2	48.8	74.3	120.8	290
$h_l/(kJ/kg)$	695	725	762	797	832	866	901	932	948	899
$h_g/(kJ/kg)$	336	381	432	488	551	604	667	734	808	899
$\Delta_v h/(kJ/kg)$	359	344	330	309	281	262	234	198	140	
$c_{p,l}/[kJ/(kg \cdot K)]$	1.81	1.88	1.96	2.07	2.21	2.38	2.59	2.86	3.34	
$c_{p,g}/[kJ/(kg \cdot K)]$	1.13	1.18	1.25	1.33	1.42	1.54	1.71	2.04	3.33	

4.1.4.6　间二甲苯 m-xylene　（ = m-dimethylbenzene）

具体内容见表 4-50。

表 4-50　饱和间二甲苯热力学性质[1]

化学式　C_8H_{10}						T_c　617.0K				
M_r　106.168						p_c　3543kPa				
T_b　412.3K						ρ_c　283kg/m³				
T_m　225.5K										

T_{sat}/K	412	430	455	480	505	530	555	580	605	617
p_{sat}/kPa	101.3	162	281	472	741	1121	1601	2264	3052	3543
$\rho_l/(kg/m^3)$	752	731	700	673	642	604	570	505	396	283
$\rho_g/(kg/m^3)$	3.22	4.98	8.69	14.3	22.6	34.6	52.6	81.3	140	283
$h_l/(kJ/kg)$	−34.6	−1.2	50.2	114.7	172.6	233.9	299.2	371.4	460.6	516.7
$h_g/(kJ/kg)$	310.8	337.9	376.8	416.1	455.2	493.5	529.5	559.8	571.1	516.7
$\Delta_v h/(kJ/kg)$	345.4	339.1	326.6	301.4	282.6	259.6	230.3	188.4	100.5	
$c_{p,l}/[kJ/(kg \cdot K)]$	2.13	2.19	2.29	2.40	2.54	2.69	2.87	3.16	3.86	
$c_{p,g}/[kJ/(kg \cdot K)]$	1.66	1.73	1.84	1.95	2.08	2.24	2.47	2.91	5.27	

4.1.4.7　邻二甲苯 o-xylene

具体内容见表 4-51。

表 4-51　饱和邻二甲苯热力学性质[1]

化学式　C_8H_{10}						T_c　630.4K				
M_r　106.168						p_c　3729kPa				
T_b　417.6K						ρ_c　288kg/m³				
T_m　248.0K										

T_{sat}/K	417.56	430	455	480	505	530	555	580	605	630.4
p_{sat}/kPa	101.3	142	249	422	655	995	1420	2040	2750	3729
$\rho_l/(kg/m^3)$	764	751	725	696	666	632	594	549	489	288
$\rho_g/(kg/m^3)$	3.17	4.31	7.54	12.5	19.6	30.0	45.1	67.8	107	288
$h_l/(kJ/kg)$	6.5	30.4	83.2	145.0	201.7	263.7	331.0	400.6	476.9	581.2
$h_g/(kJ/kg)$	349.9	369.5	409.8	450.5	491.4	531.7	570.5	605.8	631.8	581.2
$\Delta_v h/(kJ/kg)$	343.4	339.1	326.6	305.5	289.7	268.0	239.5	205.2	154.9	
$c_{p,l}/[kJ/(kg \cdot K)]$	2.16	2.20	2.30	2.40	2.52	2.65	2.81	3.02	3.44	
$c_{p,g}/[kJ/(kg \cdot K)]$	1.71	1.76	1.86	1.97	2.08	2.22	2.40	2.70	3.49	

4.1.4.8 对二甲苯 p-xylene

具体内容见表 4-52 及表 4-53、图 4-7～图 4-9。

表 4-52 饱和对二甲苯热力学性质[1]

化学式 C_8H_{10}					T_c	616.3K			
M_r 106.168					p_c	3510kPa			
T_b 411.5K					ρ_c	280kg/m³			
T_m 286.4K									

T_{sat}/K	412	430	455	480	505	530	555	580	605	618
p_{sat}/kPa	101.3	161	287	476	752	1120	1590	2270	3100	3510
$\rho_l/(kg/m^3)$	753	734	706	676	643	607	565	513	432	280
$\rho_g/(kg/m^3)$	3.23	5.08	8.83	14.5	22.8	34.9	52.9	81.8	142	280
$h_l/(kJ/kg)$	-35.7	-2.4	49.7	113.8	171.4	232.3	297.2	368.9	466.7	514.0
$h_g/(kJ/kg)$	309.7	337.7	376.3	415.2	454.0	491.9	527.5	557.3	567.2	514.0
$\Delta_v h/(kJ/kg)$	345.4	339.1	326.6	301.4	282.6	259.6	230.3	188.4	100.5	
$c_{p,l}/[kJ/(kg \cdot K)]$	2.11	2.18	2.27	2.39	2.52	2.67	2.86	3.15	3.88	
$c_{p,g}/[kJ/(kg \cdot K)]$	1.64	1.72	1.83	1.94	2.07	2.23	2.46	2.92	5.51	

表 4-53 甲苯，间二甲苯，邻二甲苯，对二甲苯热力学性质[6]

名 称	甲 苯	间二甲苯	邻二甲苯	对二甲苯
化学式	C_7H_8	C_8H_{10}	C_8H_{10}	C_8H_{10}
M_r	92.141	106.167	106.167	106.167
T_c/K	591.79	617.05	630.37	616.26
p_c/bar	41.086	35.412	37.342	35.108
$V_c/(mL/mol)$	315.79	375.80	369.17	379.11
Z_c	0.264	0.259	0.263	0.260
T_m/K	178.18	225.30	247.98	286.41
T_b/K	383.78	412.27	417.58	411.51
$\Delta_v h(T_b)/K$	364.59	342.24	348.55	337.40
$\rho_l(298.15K)/(g/mL)$	0.862	0.859	0.875	0.856
$c_{p,g}(298.15K)/[J/(g \cdot K)]$	1.124	1.200	1.254	1.194
$c_{p,l}(298.15K)/[J/(g \cdot K)]$	1.699	1.717	1.763	1.737
$\Delta_f H_g^{\ominus}(298.15K)/(kJ/mol)$	49.88	17.14	18.93	17.87
$\Delta_f G_g^{\ominus}(298.15K)/(kJ/mol)$	121.70	118.48	121.75	120.75

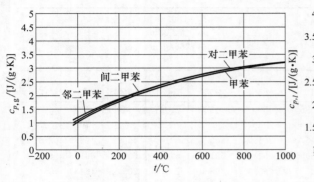

图 4-7 甲苯、间二甲苯、邻
二甲苯、对二甲苯 $c_{p,g}$-t 关系[6]

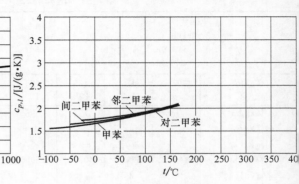

图 4-8 甲苯、间二甲苯、邻
二甲苯、对二甲苯 $c_{p,l}$-t 关系[6]

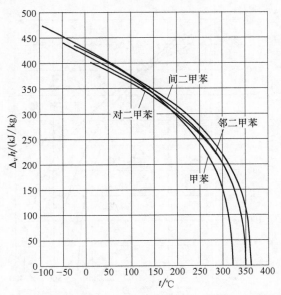

图 4-9　甲苯、间二甲苯、邻二甲苯、对二甲苯 $\Delta_v h$-t 关系[6]

4.1.4.9　苯乙烯 styrene

具体内容见表 4-54 及图 4-10～图 4-12。

表 4-54　苯乙烯（环戊烯、环己烯、环辛二烯）热力学性质[6]

名　　　称	苯乙烯	环戊烯	环己烯	环辛二烯
化学式	C_8H_8	C_5H_8	C_6H_{10}	C_8H_{12}
M_r	104.152	68.118	82.145	108.183
T_c/K	648.00	507.00	560.40	645.00
p_c/bar	40.000	47.900	43.500	39.000
V_c/(mL/mol)	352.00	240.00	291.00	366.00
Z_c	0.261	0.273	0.272	0.266
T_m/K	242.54	138.13	169.67	203.98
T_b/K	418.31	317.38	356.12	423.27
$\Delta_v h$/(kJ/kg)	351.63	405.24	378.71	346.21
ρ_l/(g/mL)	0.900	0.767	0.806	0.878
$c_{p,g}(298.15\text{K})/[\text{J}/(\text{g}\cdot\text{K})]$	1.173	1.091	1.254	1.298
$c_{p,l}(298.15\text{K})/[\text{J}/(\text{g}\cdot\text{K})]$	1.748	1.802	1.807	1.921
$\Delta_f H_g^{\ominus}(298.15\text{K})/(\text{kJ/mol})$	147.25	32.80	−5.58	101.14
$\Delta_f G_g^{\ominus}(298.15\text{K})/(\text{kJ/mol})$	213.54	110.43	106.46	243.42

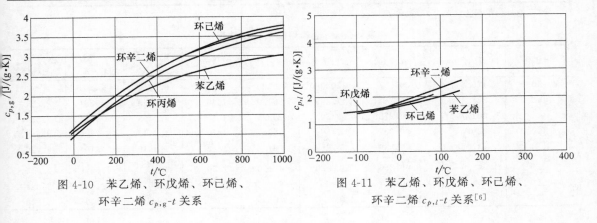

图 4-10　苯乙烯、环戊烯、环己烯、
环辛二烯 $c_{p,g}$-t 关系

图 4-11　苯乙烯、环戊烯、环己烯、
环辛二烯 $c_{p,l}$-t 关系[6]

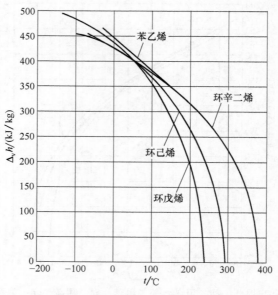

图 4-12　苯乙烯、环戊烯、环己烯、环辛二烯 $\Delta_v h$-t 关系[6]

4.1.5　含氧有机化合物

4.1.5.1　甲醇 methanol

具体内容见表 4-55、表 4-56。

表 4-55　饱和甲醇热力学性质[1]

化学式　CH_3OH
M_r　32.00(32.04)
T_b　337.85K(337.75)
T_m　175.15K(175.62K)

T_c　513.15K(512.5K)
p_c　7950kPa(8.084MPa)
ρ_c　275kg/m³(V_c=117cm³/mol)

T_{sat}/K	337.85	353.2	373.2	393.2	413.2	433.2	453.2	473.2	493.2	511.7
p_{sat}/kPa	101.3	178.4	349.4	633.3	1076	1736	2678	3970	5675	7775
ρ_l/(kg/m³)	751.0	735.5	714.0	690.0	664.0	634.0	598.0	553.0	490.0	363.5
ρ_g/(kg/m³)	1.222	2.084	3.984	7.142	12.16	19.94	31.86	50.75	86.35	178.9
h_l/(kJ/kg)	0.0	45	108	176	249	328	413	506		
h_g/(kJ/kg)	1101	1115	1130	1144	1171	1171	1169	1151		
$\Delta_v h$/(kJ/kg)	1101	1070	1022	968	922	843	756	645	482	
$c_{p,l}$/[kJ/(kg·K)]	2.88	3.03	3.26	3.52	3.80	4.11	4.45	4.81		
$c_{p,g}$/[kJ/(kg·K)]	1.55	1.61	1.69	1.83	1.99	2.20	2.56	3.65	5.40	

注：括号内数据为文献 [2] 数值。

表 4-55a　饱和甲醇热力学性质[3]

p/bar	T/K	v_l/(m³/kg)	v_g/(m³/kg)	h_l/(kJ/kg)	h_g/(kJ/kg)	s_l/[kJ/(kg·K)]	s_g/[kJ/(kg·K)]	c_{pl}/[kJ/(kg·K)]
4×10^{-6t}	175.6	0.001057	1700000	0.0	1303.1	2.8114	10.2328	
0.1	288.4	0.001257	7.309	261.0	1440.3	3.9383	8.0281	2.531
0.2	301.7	0.001276	3.801	293.9	1455.4	4.0493	7.9032	2.554
0.5	320.7	0.001307	1.599	345.0	1476.2	4.2117	7.7386	2.669
1.013	337.7	0.001336	0.819	391.7	1492.1	4.3516	7.6104	2.777
1.5	348.0	0.001356	0.5632	421.0	1500.3	4.4361	7.5379	2.845
2.0	356.0	0.001371	0.4276	444.2	1505.8	4.5014	7.4836	2.894
2.5	362.5	0.001385	0.3443	463.5	1509.8	4.5536	7.4398	2.946

续表

p/bar	T/K	v_l/(m³/kg)	v_g/(m³/kg)	h_l/(kJ/kg)	h_g/(kJ/kg)	s_l/[kJ/(kg·K)]	s_g/[kJ/(kg·K)]	c_{pl}/[kJ/(kg·K)]
3.0	368.0	0.001396	0.2893	479.8	1512.4	4.5992	7.4051	2.984
4.0	377.1	0.001417	0.2188	507.8	1515.9	4.6728	7.3474	3.050
5	384.5	0.001434	0.17569	529.7	1517.4	4.7307	7.2992	3.117
6	390.8	0.001450	0.14683	549.6	1518.4	4.7836	7.2624	3.176
8	401.3	0.001479	0.11015	582.7	1518.0	4.8678	7.1988	3.265
10	409.8	0.001504	0.08783	610.3	1516.1	4.9366	7.1471	3.349
15	426.3	0.001560	0.05761	665.8	1507.9	5.0708	7.0461	3.540
20	438.9	0.001611	0.04224	710.5	1553.8	5.1744	6.9677	3.72
25	449.3	0.001666	0.03290	749.0	1486.4	5.2605	6.9017	3.91
30	458.2	0.001710	0.02661	783.8	1474.7	5.3355	6.8435	4.12
40	472.9	0.001814	0.01863	846.7	1450.1	5.4650	6.7409	4.67
50	484.9	0.001934	0.01373	905.2	1423.2	5.5793	6.6475	5.55
60	495.1	0.002086	0.01032	963.3	1391.8	5.6889	6.5543	
80	508.1	0.002507	0.00642	1065.3	1318.7	5.8803	6.3791	
80.95^c	512.6	0.003715	0.00372	1186.8	1186.8	6.0979	6.0979	

表 4-55b 压缩甲醇热力学性质[3]

p/bar		T/K							
		200	250	300	350	400	450	500	550	600
0.1	v/(m³/kg)	0.001137	0.001203	7.630	8.942	10.23	11.56	12.84		15.45
	h/(kJ/kg)	57.5	169.8	1456.7	1529.5	1607.5	1691.5	1781.7	1878.1	1980.2
	s/[kJ/(kg·K)]	3.096	3.597	8.081	8.305	8.514	8.711	8.901	9.085	9.263
0.5	v/(m³/kg)	0.001137	0.001202	0.001274	1.764	2.033	2.296	2.558	2.818	3.078
	h/(kJ/kg)	57.5	169.9	290.5	1522.7	1603.0	1687.9	1778.9	1875.3	1977.4
	s/[kJ/(kg·K)]	3.096	3.597	4.038	7.877	8.091	8.291	8.482	8.666	8.844
1.013	v/(m³/kg)	0.001137	0.001202	0.001274	0.8560	0.9958	1.1283	1.2843	1.3870	1.5157
	h/(kJ/kg)	57.6	169.9	290.5	1514.0	1598.7	1685.1	1795.4	1873.5	1975.8
	s/[kJ/(kg·K)]	3.096	3.597	4.038	7.675	7.902	8.105	8.117	8.482	8.660
10	v/(m³/kg)	0.001136	0.001201	0.001272	0.001357	0.001474	0.1068	0.1236	0.1381	0.1519
	h/(kJ/kg)	58.4	170.7	291.2	427.4	578.8	1638.1	1751.5	1858.0	1965.2
	s/[kJ/(kg·K)]	3.095	3.596	4.036	4.451	4.857	7.427	7.667	7.870	8.056
15	v(m³/kg)	0.001136	0.001201	0.001272	0.001356	0.001472	0.0673	0.0806	0.0911	0.1007
	h/(kJ/kg)	58.8	171.1	291.6	427.7	578.9	1601.9	1735.6	1849.4	1960.2
	s/[kJ/(kg·K)]	3.094	3.595	4.035	4.450	4.856	7.253	7.536	7.752	7.946
20	v/(m³/kg)	0.001135	0.001200	0.001271	0.001355	0.001469	0.0466	0.0589	0.0675	0.0751
	h/(kJ/kg)	59.2	171.6	292.0	428.1	579.0	1565.3	1717.7	1840.0	1954.8
	s/[kJ/(kg·K)]	3.094	3.595	4.035	4.449	4.854	7.087	7.431	7.664	7.864
30	v/(m³/kg)	0.001134	0.001199	0.001269	0.001355	0.001465	0.001659	0.0367	0.0436	0.0492
	h/(kJ/kg)	60.1	172.4	292.9	428.8	579.4	751.3	1675.4	1818.7	1942.7
	s/[kJ/(kg·K)]	3.092	3.593	4.036	4.447	4.851	5.264	7.253	7.526	7.743
40	v/(m³/kg)	0.001133	0.001198	0.001268	0.001350	0.001461	0.001649	0.0251	0.0314	0.0361
	h/(kJ/kg)	61.0	173.3	293.7	429.5	579.8	750.4	1623.0	1794.2	1928.8
	s/[kJ/(kg·K)]	3.091	3.592	4.032	4.445	4.849	5.258	7.088	7.414	7.650
50	v/(m³/kg)	0.001133	0.001197	0.001266	0.001348	0.001457	0.001637	0.0176	0.0239	0.0282
	h/(kJ/kg)	61.9	174.2	294.4	430.2	580.2	749.7	1556.4	1766.7	1913.4
	s/[kJ/(kg·K)]	3.090	3.591	4.030	4.443	4.846	5.579	6.912	7.314	7.570

p/bar		200	250	300	350	400	450	500	550	600
						T/K				
60	$v/(m^3/kg)$	0.001131	0.001196	0.001265	0.001346	0.001453	0.001628	0.0120	0.0188	0.0228
	$h/(kJ/kg)$	62.8	175.0	295.3	430.9	580.6	749.1	1461.8	1736.1	1896.6
	$s/[kJ/(kg \cdot K)]$	3.089	3.589	4.029	4.442	4.843	5.248	6.692	7.220	7.500
75	$v/(m^3/kg)$	0.001130	0.001194	0.001263	0.001343	0.001448	0.001614	0.002084	0.01359	0.0174
	$h/(kJ/kg)$	64.1	176.3	296.6	431.9	581.2	748.3	982.1	1683.9	1869.1
	$s/[kJ/(kg \cdot K)]$	3.087	3.587	4.027	4.439	4.839	5.241	5.718	7.081	7.405
100	$v/(m^3/kg)$	0.001128	0.001191	0.001259	0.001337	0.001439	0.001595	0.001952	0	0.01188
	$h/(kJ/kg)$	66.3	178.5	298.6	433.8	582.4	747.5	964.8	1572.9	1818.8
	$s/[kJ/(kg \cdot K]$	3.084	3.584	4.023	4.435	4.833	5.230	5.673	6.829	7.261
150	$v/(m^3/kg)$	0.001125	0.001186	0.001252	0.001328	0.001423	0.001562	0.001825		0.006513
	$h/(kJ/kg)$	70.7	182.8	302.8	437.4	584.9	746.8	948.4	1248.8	1704.3
	$s/[kJ/(kg \cdot K)]$	3.078	3.578	4.016	4.426	4.822	5.211	5.622	6.302	6.997
200	$v/(m^3/kg)$	0.001121	0.001182	0.001246	0.001317	0.001408	0.001535	0.001751	0.002314	0.004091
	$h/(kJ/kg)$	75.1	187.2	307.0	441.2	587.8	747.0	939.9	1223.5	1583.5
	$s/[kJ/(kg \cdot K)]$	3.071	3.571	4.009	4.418	4.811	5.194	5.587	6.125	6.752
300	$v/(m^3/kg)$	0.001113	0.001172	0.001234	0.001302	0.001384	0.001492	0.001656	0.001957	0.002600
	$h/(kJ/kg)$	83.9	195.9	315.4	448.9	593.8	749.4	932.0	1173.4	1443.5
	$s/[kJ/(kg \cdot K)]$	3.060	3.559	3.996	4.403	4.791	5.166	5.537	5.996	6.466
400	$v/(m^3/kg)$	0.001107	0.001164	0.001223	0.001288	0.001363	0.001459	0.001593	0.001808	0.002182
	$h/(kJ/kg)$	92.7	204.7	324.0	456.9	600.5	753.4	929.6	1154.4	1388.1
	$s/[kJ/(kg \cdot K)]$	3.048	3.548	3.983	4.388	4.774	5.142	5.500	5.926	6.335
500	$v/(m^3/kg)$	0.001101	0.001156	0.001213	0.001274	0.001345	0.001431	0.001546	0.001716	0.001980
	$h/(kJ/kg)$	101.5	213.4	332.6	465.1	607.7	758.4	930.4	1145.6	1360.6
	$s/[kJ/(kg \cdot K)]$	3.037	3.536	3.971	4.375	4.757	5.121	5.470	5.880	6.254

表 4-56　甲醇热力学性质[7]

M_r 32.0	T_b (337.644±0.05)K	T_m (175.63±0.07)K	T_t (175.61±0.1)K
T_c 512.60K	p_c 8.1035MPa	ρ_c 0.00860mol/cm^3	p_t (0.187±0.001)Pa
$\Delta_m H$ (3215±4)J/mol			

T/K	p_{sat}/MPa	$v_{l1}/(cm^3/mol)$	$C_{p,l}$	$C_{v,l}$	$H_l/(J/mol)$	$S_l/[J/(mol \cdot K)]$
			/[J/(mol · K)]			
175.610^t	0.0000001864	35.432	70.39	56.73	−47160	−151.8
200	0.0000006096	36.400	70.95	56.70	−45432	−142.6
250	0.0008103	38.535	74.09	60.34	−41832	−126.5
300	0.01868	40.844	81.60	67.88	−37951	−112.4
337.632^b	0.101325	42.817	90.56	75.25	−34719	−102.3
350	0.16172	43.545	94.10	77.81	−33576	−98.97
375	0.37483	45.203	102.2	83.06	−31120	−92.23
400	0.77374	47.218	111.9	88.32	−28442	−85.36
425	1.4561	49.803	124.1	93.61	−25498	−78.31
450	2.5433	53.360	141.2	99.07	−22215	−70.94
480	4.5713	60.411	183.5	106.7	−17619	−61.30
500	6.5250	70.963	319.4	115.64	−13665	−5350
512	8.0195	93.918	2579	130.92	−9700.8	−45.91
513.380	8.2158	113.830	∞	∞	−7861.2	−42.37

注：t 为三相点，b 为沸点。

298.15K，0.1MPa 理想气体　$S=0$，S^{ig}(298.15K，0.1MPa)$-S^{ic}$(0K)$=239.81J/(K \cdot mol)$；

298.15K，　　理想气体　$H=0$，H^{ig}(298.15K)$-H^{ic}$(0K)$=11.427kJ/mol$。

4.1.5.2　乙醇 ethanol

具体内容见表 4-57、表 4-57a。

表 4-57　饱和乙醇热力学性质[1]

化学式　CH_3CH_2OH					T_c　516.25K(514.0K)				
M_r　46.1(46.068)					p_c　6390kPa(6.137MPa)				
T_b　351.45K(351.44K)					ρ_c　280kg/m³(168cm³/mol)				
T_m　158.65K(159.01K)									

T_{sat}/K	351.45	373	393	413	433	453	473	483	503	513
p_{sat}/kPa	101.3	226	429	753	1256	1960	2940	3560	5100	6020
ρ_l/(kg/m³)	757.0	733.7	709.0	680.3	648.5	610.5	564.0	537.6	466.2	420.3
ρ_g/(kg/m³)	1.435	3.175	5.841	10.25	17.15	27.65	44.40	56.85	101.1	160.2
h_l/(kJ/kg)	202.5	271.7	340.0	413.2	491.5	576.5	670.7	722.2	837.4	909.8
h_g/(kJ/kg)	1165.5	1198.7	1225.5	1247.2	1264.4	1275.3	1269.0	1259.0	1224.6	1190.3
$\Delta_v h$/(kJ/kg)	963.0	927.0	885.5	834.0	772.9	698.9	598.3	536.7	387.3	280.5
$c_{p,l}$/[kJ/(kg·K)]	3.00	3.30	3.61	3.96	4.65	5.51	6.16	6.61		
$c_{p,g}$/[kJ/(kg·K)]	1.83	1.92	2.02	2.11	2.31	2.80	3.18	3.78	6.55	

注：括号内数据为文献 [2] 数值。

表 4-57a　饱和乙醇热力学性质[3]

T/K	P/bar	v_l/(m³/kg)	v_g/(m³/kg)	h_f/(kJ/kg)	h_g/(kJ/kg)	s_l/[kJ/(kg·K)]	s_g/[kJ/(kg·K)]	c_{pl}/[kJ/(kg·K)]
250	0.0027	0.001184						2.113
260	0.0059	0.001196						2.167
270	0.0128	0.001208						2.227
280	0.025	0.001220						2.294
290	0.048	0.001233						2.369
300	0.088	0.001246						2.45
310	0.151	0.001260						2.54
320	0.253	0.001274						2.64
330	0.406	0.001288						2.75
340	0.632	0.001304						2.86
350	0.956	0.001318	0.7656	199.9	1161.9			2.99
360	1.409	0.001337	0.5052	230.1	1178.4			3.12
370	2.023	0.001357	0.3555	262.2	1193.9			3.27
380	2.837	0.001379	0.2556	295.1	1208.4			3.42
390	3.897	0.001403	0.1873	329.1	1221.5			3.58
400	5.251	0.001430	0.1398	364.2	1233.6			3.74
410	6.954	0.001461	0.1058	400.8	1244.2			3.99
420	9.063	0.001495	0.0812	435.7	1254.2			4.26
430	11.64	0.001532	0.0631	472.7	1262.3			4.55
440	14.72	0.001574	0.0493	512.7	1269.2			4.88
450	18.33	0.001623	0.0389	557.2	1274.2			5.23
460	22.61	0.001682	0.0308	605.0	1275.5			
470	27.66	0.001752	0.0243	653.7	1271.1			
480	33.55	0.001832	0.0193	704.5	1262.3			
490	40.39	0.001950	0.0148	757.7	1250.2			
500	48.28	0.002091	0.0110	818.9	1232.7			
510	57.32							
516.3^c	63.90							

4.1.5.3　正丙醇 n-propanol

具体内容见表 4-58。

表 4-58　饱和正丙醇热力学性质[1]

化学式　$CH_3CH_2CH_2OH$					T_c　536.85K				
M_r　60.1					p_c　5050kPa				
T_b　370.95K					ρ_c　273kg/m³				
T_m　184.15K									

T_{sat}/K	373.2	393.2	413.2	433.2	453.2	473.2	493.2	513.2	523.2	533.1
p_{sat}/kPa	109.4	218.5	399.2	683.6	1089	1662	2426	3402	3998	4689
ρ_l/(kg/m³)	732.5	711	687.5	660	628.5	592.0	548.5	492.0	452.5	390.5
ρ_g/(kg/m³)	2.26	4.43	8.05	13.8	22.5	35.3	55.6	90.4	118.0	161.0
h_l/(kJ/kg)	0.0	65	139	222	315	433	548	691		

续表

$h_g/(kJ/kg)$	687	710	733	766	802	860	904	955		
$\Delta_v h/(kJ/kg)$	687	645	594	544	486	427	356	264	209	138
$c_{p,l}/[kJ/(kg \cdot K)]$	3.21	3.47	3.86	4.36	5.02	5.90	6.78	7.79		
$c_{p,g}/[kJ/(kg \cdot K)]$	1.65	1.82	1.93	2.05	2.20	2.36	2.97	3.94		

4.1.5.4　异丙醇 isopropanol

具体内容见表4-59。

表 4-59　饱和异丙醇热力学性质[1]

化学式 $(CH_3)_2CHOH$						T_c　508.75K				
M_r　60.1						p_c　5370kPa				
T_b　355.65K						ρ_c　274kg/m³				
T_m　194.15K										

T_{sat}/K	355.65	373	390	408	425	443	459	478	498	508
p_{sat}/kPa	101.3	200	380	580	925	1425	2025	3039	4052	5369
$\rho_l/(kg/m³)$	732.3	712.7	683.0	660.0	630.1	597.4	566.0	514.8	460.5	288.0
$\rho_g/(kg/m³)$	2.06	4.15	7.73	14.3	21.00	32.78	46.40	72.3	108.4	252
$h_l/(kJ/kg)$	0.0	60.1	121.8	190.2	257.6	331.8	400.1	484.0		
$h_g/(kJ/kg)$	677.8	688.0	736.8	767.9	796.1	822.9	841.7	851.5	284.5	82.5
$\Delta_v h/(kJ/kg)$	677.8	627.9	615.0	577.7	538.5	491.1	441.6	367.5		
$c_{p,l}/[kJ/(kg \cdot K)]$	3.37	3.55	3.71	3.88	4.04	4.20	4.34	4.49		
$c_{p,g}/[kJ/(kg \cdot K)]$	1.63	1.71	1.80	1.94	2.15	2.37	2.83	3.97		

4.1.5.5　正丁醇 n-butanol

具体内容见表4-60。

表 4-60　饱和正丁醇热力学性质[1]

化学式　$C_2H_5CH_2CH_2OH$						T_c　561.15K				
M_r　74.12						p_c　4960kPa				
T_b　390.65K						ρ_c　270.5kg/m³				
T_m　183.2K										

T_{sat}/K	390.65	410.2	429.2	446.5	469.5	485.2	508.3	530.2	545.5	558.9
p_{sat}/kPa	101.3	182	327	482	759	1190	1830	2530	3210	4030
$\rho_l/(kg/m³)$	712	688	664	640	606	581	538	487	440	364
$\rho_g/(kg/m³)$	2.30	4.10	7.9	12.5	23.8	27.8	48.2	74.0	102.3	240.2
$h_l/(kJ/kg)$	0.0	64.8	135.0	206.8	315.3	399.6	541.9	700.2		
$h_g/(kJ/kg)$	591.3	629.8	672.3	716.5	784.1	836.8	924.4	1015.3	248.4	143.0
$\Delta_v h/(kJ/kg)$	591.3	565.0	537.3	509.7	468.8	437.2	382.5	315.1		
$c_{p,l}/[kJ/(kg \cdot K)]$	3.20	3.54	3.95	4.42	5.15	5.74	6.71	7.76		
$c_{p,g}/[kJ/(kg \cdot K)]$	1.87	1.95	2.03	2.14	2.24	2.37	2.69	3.05	3.97	

4.1.5.6　叔丁醇 tertbutanol

具体内容见表4-61。

表 4-61　饱和叔丁醇热力学性质[1]

化学式　$(CH_3)_3COH$						T_c　506.2K				
M_r　74.12						p_c　3970kPa				
T_b　355.6K						ρ_c　270kg/m³				
T_m　298.8K										

T_{sat}/K	355.6	375	390	405	420	435	450	465	480	506.2
p_{sat}/kPa	101.3	207	322	483	779	1010	1516	1896	2619	3970
$\rho_l/(kg/m³)$	710	688	670	647	621	596	567	533	487	270
$\rho_g/(kg/m³)$	2.64	5.12	8.11	12.4	18.5	27.1	39.1	56.4	82.3	270
$h_l/(kJ/kg)$	−182.0	−130.7	−78.4	−35.2	15.0	63.3	117.4	171.2	238.1	351.6
$h_g/(kJ/kg)$	324.6	355.0	378.0	400.2	421.1	440.1	456.5	468.5	472.6	351.6
$\Delta_v h/(kJ/kg)$	506.6	485.7	456.4	435.4	406.1	376.8	339.1	297.3	234.5	
$c_{p,l}/[kJ/(kg \cdot K)]$	2.90	3.06	3.19	3.34	3.47	3.62	3.79	4.01	4.38	
$c_{p,g}/[kJ/(kg \cdot K)]$	1.81	1.92	2.02	2.13	2.26	2.42	2.64	3.00	3.73	

4.1.5.7 乙二醇 1，2-ethanediol

具体内容见表 4-62。

表 4-62 乙二醇热力学性质[8]

化学式 $C_2H_4(OH)_2$

M_r	62.068	T_m	260.15K	$\Delta_f H^{\ominus}_g$	−389.32kJ/mol	
T_c	645.00K	T_t	260.15K	$\Delta_f G^{\ominus}$	−304.47kJ/mol	
p_c	7530.0kPa	p_t	0.19878Pa	$S^{\ominus}$	323.55J/(mol·K)	
V_c	0.19100dm³/mol	T_b	470.45K	$\Delta_m H$	9.9579kJ/mol	
Z_c	0.268	V_l	0.055914dm³/mol			

性 质	方 程 系 数				
	A	B	C	D	E
$\rho_s/(kmol/m^3)$	2.1400E+01				
仅有一个值可用 (260.15,2.1400E+01)	$\rho_s = A + BT + CT^2 + DT^3 + ET^4$				
$\rho_l/(kmol/m^3)$	1.3353E+00	2.5499E−01	6.4500E+02	1.7200E−01	
min(260.15,1.8285E+01) max(645.00,5.2367E+00)	$\rho_l = A/[1+(1-T/C)^D]$				
p_{sat}/Pa	1.9464E+02	−1.4615E+04	−2.5433E+01	2.0140E−05	2.0000E+00
min(260.15,1.9878E−01) max(645.00,7.4773E+06)	$p_{sat} = \exp[A + B/T + C\ln T + DT^E]$				
$\Delta_v H/(J/kmol)$	8.8200E+07	3.9700E−01			
min(260.15,7.1851E+07) max(645.00,0.0000E+00)	$\Delta_v H = A(1-T_r)^{[B+CT_r+DT_r^2+ET_r^3]}$				
$C_{p,s}/[J/(kmol·K)]$	2.4940E+04	−1.3620E+02	6.7640E+00	−4.1820E−02	8.7886E−05
min(40.00,2.7863E+04) max(240.00,9.5323E+04)	$C_{p,s} = A + BT + CT^2 + DT^3 + ET^4$				
$C_{p,l}/[J/(kmol·K)]$	1.1480E+05	−7.5000E+01	8.0200E−01	−5.7000E−04	
min(260.15,1.3953E+05) max(550.00,2.2132E+05)	$C_{p,l} = A + BT + CT^2 + DT^3 + ET^4$				
$C^0_{p,g}/[J/(kmol·K)]$	5.7470E+04	2.0350E+05	1.4980E+02	7.9280E−01	
min(100.00,6.1632E+04) max(1500.00,1.8665E+05)	$C^0_{p,g} = A + B\exp\left(\dfrac{-C}{T^D}\right)$				

注：1. T_c，p_c Lydersen 法估算值。2. V_c Fedors 法估算值。3. T_t 等于熔点温度估算值。4. $\Delta_v H$ 文献值与蒸气压方程不一致。5. ρ_s 系由 Penn State 用三相点液体密度估算得出。6. E+××=×10$^{××}$；E−××=×10$^{-××}$。

4.1.5.8 丙三醇（甘油）1，2，3-propanetriol(glycerol)

具体内容见表 4-63。

表 4-63 丙三醇热力学性质[8]

化学式 $C_3H_5(OH)_3$

M_r	92.094	T_m	291.33K	$\Delta_f H^{\ominus}$	−582.80kJ/mol	T_c 723.00K
T_t	291.33K	$\Delta_f G^{\ominus}$	−448.49kJ/mol	p_c	4000.0kPa	p_t 0.0095357Pa
$S^{\ominus}$	396.39J/(mol·K)	V_c	0.26400dm³/mol	T_b	563.15K	$\Delta_m H$ 18.284kJ/mol
Z_c	0.176	V_l	0.073289dm³/mol			

性 质	方 程 系 数				
	A	B	C	D	E
$\rho_s/(kmol/m^3)$	1.6000E+01				
仅有一个值可用 (291.33,1.6000E+01)	$\rho_s = A + BT + CT^2 + DT^3 + ET^4$				
$\rho_l/(kmol/m^3)$	9.4390E−01	2.4902E−01	7.2300E+02	1.5410E−01	
min(291.33,1.3688E+01) max(723.00,3.7905E+00)	$\rho_l = A/B^{[1+(1-T/C)^D]}$				
p_{sat}/Pa	1.1205E+02	−1.4376E+04	−1.1871E+01	7.9537E−18	6.0000E+00
min(291.33,9.5357E−03) max(723.00,3.8003E+06)	$p_{sat} = \exp[A + B/T + C\ln T + DT^E]$				

续表

性　质	方　程　系　数				
	A	B	C	D	E
$\Delta_v H/(\text{J/kmol})$	1.0420E+08	3.0130E−01			
min(291.33, 8.9203E+07) max(563.15, 6.6128E+07)	$\Delta_v H = A(1-T_r)^{[B+CT_r+DT_r^2+ET_r^3]}$				
$C_{p,s}/[\text{J/(kmol·K)}]$	−1.6400E+04	1.1090E+03	−5.0570E+00	1.2950E−02	−8.2500E−06
min(25.25, 8.5832E+03) max(291.33, 1.3826E+05)	$C_{p,s} = A+BT+CT^2+DT^3+ET^4$				
$C_{p,l}/[\text{J/(kmol·K)}]$	6.8230E+04	5.0520E+02			
min(291.33, 2.1541E+05) max(540.00, 3.4104E+05)	$C_{p,l} = A+BT+CT^2+DT^3+ET^4$				
$C_{p,g}^0/[\text{J/(kmol·K)}]$	5.3500E+04	1.1430E+08	1.4760E+01	1.1980E−01	
min(100.00, 7.6726E+04) max(1500.00, 2.9834E+05)	$C_{p,g}^0 = A+B\exp[-C/T^D]$				

注：1. T_c　Lydersen 法估算值。2. p_c　蒸气压关联式外推或内插值。3. V_c　Feders 法估算值。4. T_t　等于熔点温度估算值。5. $\Delta_f G^\ominus$　由规定熵和生成焓计算值。6. $S^\ominus$　Benson 法估算值。7. p_{sat}　Othmer & Yu 法回归计算值。8. $\Delta_v H$　Clapeyron 方程回归计算值。9. ρ_s　系由 Peno State 以三相点液体密度估算得出。10. E+×× = ×10$^{××}$，E−×× = ×10$^{-××}$。

4.1.5.9　二甘醇 diethyleneglycol

具体内容见表 4-64。

表 4-64　二甘醇热力学性质[8]

化学式　$C_4H_{10}O_3$

M_r　106.121	T_m　262.70K	$\Delta_f H^\ominus$　−571.12kJ/mol	T_c　680.00K
T_t　262.70K	$\Delta_f G^\ominus$　−409.08kJ/mol	p_c　4600.0kPa	p_t　0.020029Pa
$S^\ominus$　439.66J/(mol·K)	V_c　0.31200dm³/mol	T_b　518.15K	$\Delta_m H$　kJ/mol
Z_c　0.254	V_l　0.095174dm³/mol		

性　质	方　程　系　数				
	A	B	C	D	E
$\rho_s/(\text{kmol/m}^3)$	1.2600E+01				
仅有一个值可用 (262.70, 1.2600E+01)	$\rho_s = A+BT+CT^2+DT^3+ET^4$				
$\rho_l/(\text{kmol/m}^3)$	8.4770E−01	2.6446E−01	6.8000E+02	1.9690E−01	
min(262.70, 1.0729E+01) max(680.00, 3.2054E+00)	$\rho_l = A/B^{[1+(1-T/C)^D]}$				
p_{sat}/Pa	7.4550E+01	−1.0632E+04	−6.8195E+00	9.0968E−18	6.0000E+00
min(262.70, 2.0029E−02) max(680.00, 4.5775E+06)	$p_{sat} = \exp[A+B/T+C\ln T+DT^E]$				
$\Delta_v H/(\text{J/kmol})$	7.7900E+07	1.6400E−01			
min(262.70, 7.1905E+07) max(518.15, 6.1560E+07)	$\Delta_v H = A(1-T_r)^{[B+CT_r+DT_r^2+ET_r^3]}$				
$C_{p,s}/[\text{J/(kmol·K)}]$	1.7700E+05				
仅有一个值可用 (262.70, 1.7700E+05)	$C_{p,s} = A+BT+CT^2+DT^3+ET^4$				
$C_{p,l}/[\text{J/(kmol·K)}]$	1.2541E+05	4.0058E+02			
min(262.70, 2.3064E+05) max(451.15, 3.0613E+05)	$C_{p,l} = A+BT+CT^2+DT^3+ET^4$				
$C_{p,g}^0/[\text{J/(kmol·K)}]$	6.7493E+04	4.0113E+05	2.4912E+02	8.6560E−01	
min(298.15, 1.3400E+05) max(1000.00, 2.8105E+05)	$C_{p,g}^0 = A+B\exp[-C/T^D]$				

注：1. T_c，p_c　Lydersen 法估算值。2. V_c　Fedors 法估算值。3. $T_t = T_m$，估计值。4. $\Delta_f G^\ominus$　规定熵和生成焓计算值。5. $S^\ominus$　Benson's 法估算值。6. $\Delta_m H$　无实验值或无满意预测方法。7. $\Delta_v H$　Clapeyron 方程回归计算值。8. $C_{p,s}$　Lee-Kesler 法回归预测值。9. $C_{p,l}$　451.15K ~ T_bK 范围内系数 $A = 2.4213E+05$，$B = 1.4215E+02$。10. $C_{p,g}^0$　推广的 Benson 基团法回归计算值。11. E+×× = ×10$^{××}$，E−×× = ×10$^{-××}$。

4. 1. 5. 10 三甘醇 trietheneglycol

具体内容见表 4-65。

表 4-65 三甘醇热力学性质[8]

化学式 $C_6H_{14}O_4$

M_r 150.174		T_m 265.79K		$\Delta_f H^\ominus$ −725.09kJ/mol
T_c 700.00K		T_t 265.79K		$\Delta_f G^\ominus$ −486.52kJ/mol
p_c 3320.0kPa		p_t 0.0053624Pa		$S^\ominus$ 557.98J/(mol·K)
V_c 0.44300dm³/mol		T_b 551.00K		$\Delta_m H$ kJ/mol
Z_c 0.253		V_l 0.133844dm³/mol		

性 质	方 程 系 数				
	A	B	C	D	E
ρ_s/(kmol/m³) 仅有一个值可用 (265.79, 8.9100E+00)	8.9100E+00 $\rho_s = A + BT + CT^2 + DT^3 + ET^4$				
ρ_l/(kmol/m³) min(265.79, 7.6186E+00) max(700.00, 2.2576E+00)	5.8857E−01 $\rho_l = A/B^{[1+(1-T/C)^D]}$	2.6071E−01	7.0000E+02	2.0960E−01	
p_{sat}/Pa min(265.79, 5.3592E−03) max(700.00, 3.2809E+06)	3.5644E+01 $p_{sat} = \exp[A + B/T + C\ln T + DT^E]$	−8.8389E+03	−1.3933E+00	2.2740E−06	2.0000E+00
$\Delta_v H$/(J/kmol) min(265.79, 1.0507E+08) max(700.00, 0.0000E+00)	1.3088E+08 $\Delta_v H = A(1-T_r)^{[B+CT_r+DT_r^2+ET_r^3]}$	4.6000E−01			
$C_{p,s}$/[J/(kmol·K)] 仅有一个值可用 (265.79, 2.4740E+05)	2.4740E+05 $C_{p,s} = A + BT + CT^2 + DT^3 + ET^4$				
$C_{p,l}$/[J/(kmol·K)] min(273.15, 3.1414E+05) max(441.00, 4.1267E+05)	1.5380E+05 $C_{p,l} = A + BT + CT^2 + DT^3 + ET^4$	5.8700E+02			
$C_{p,g}^0$/[J/(kmol·K)] min(300.00, 1.9232E+05) max(1000.00, 4.0385E+05)	6.9470E+04 $C_{p,g}^0 = A + B\exp[-C/T^D]$	6.5313E+05	1.2722E+02	7.5960E−01	

原注：1. T_c、p_c Lydersen 法估算值。2. V_c Fedors 法估算值。3. T_t 估计等于 T_m。4. $\Delta_f G^\ominus$ 由规定熵和生成焓计算值。5. $S^\ominus$ Benson's 法估算值。6. $\Delta_m H$ 无实验值亦无满意的估算方法。7. $C_{p,s}$ Kopp's 规则估算值。8. $C_{p,l}$ 温度范围 441~533.15K 系数 $A = 3.63270E+05$，$B = 1.16250E+02$。9. $C_{p,g}^0$ 由扩展的 Benson 基团法估算。

4. 1. 5. 11 甲醛 formaldehyde

4. 1. 5. 12 乙醛 acetaldehyde

具体内容见表 4-66 及图 4-13～图 4-15。

表 4-66 甲醛、乙醛（丙醛、丁醛）热力学性质[6]

名 称	甲 醛	乙 醛	丙 醛	丁 醛
化学式	CH_2O	C_2H_4O	C_3H_6O	C_4H_8O
M_r	30.026	44.053	58.080	72.107
T_c/K	408.00	461.00	496.00	525.00
p_c/bar	65.861	55.500	46.600	40.000
V_c/(mL/mol)	105.00	157.00	210.00	263.00
Z_c	0.204	0.227	0.237	0.241
T_m/K	181.15	150.15	193.15	176.75
T_b/K	254.05	293.55	321.15	347.95
$\Delta_v h(T_b)$/(kJ/kg)	758.15	584.45	487.89	436.89
ρ_l(298.15K)/(g/mL)	0.732	0.770	0.779	0.785
$c_{p,g}$(298.15K)/[J/(g·K)]	1.18	1.24	1.35	1.42
$c_{p,l}$(298.15K)/[J/(g·K)]		1.39	2.25	2.17
$\Delta_f H_g^\ominus$(298.15K)/(kJ/mol)	−115.87	−166.38	−192.10	−205.08
$\Delta_f G_g^\ominus$(298.15K)/(kJ/mol)	−110.00	−133.45	−130.67	−115.04

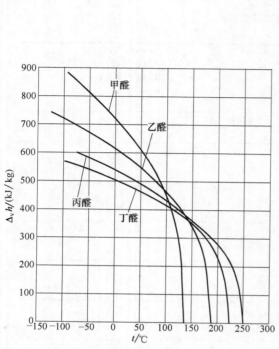

图 4-13 甲醛、乙醛、丙醛、丁醛 $\Delta_v h$-t 关系[6]

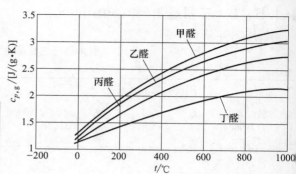

图 4-14 甲醛、乙醛、丙醛、丁醛 $c_{p,g}$-t 关系[6]

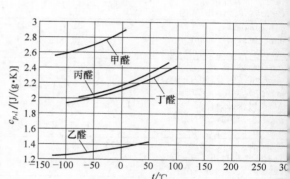

图 4-15 甲醛、乙醛、丙醛、丁醛 $c_{p,l}$-t 关系[6]

4.1.5.13 丙酮 acetone

具体内容见表 4-67、表 4-68 及图 4-16～图 4-18。

表 4-67 饱和丙酮热力学性质[1]

化学式 CH₃COCH₃					T_c 508.15K				M_r 58.1	
p_c 4761kPa					T_b 329.25K				ρ_c 273kg/m³	
T_m 179.95K										
T_{sat}/K	329.25	340	360	380	400	420	440	460	480	508.15
p_{sat}/kPa	101.3	152	274	452	731	1082	1637	2279	3252	4761
ρ_l/(kg/m³)	750	736	710	683	655	625	590	553	504	273
ρ_g/(kg/m³)	2.23	3.11	5.49	9.13	14.5	22.3	33.6	50.3	77.2	273
h_l/(kJ/kg)	−258	−233	−180	−131	−74	−32	23	79	138	257
h_g/(kJ/kg)	248	261	285	308	330	350	367	379	380	257
$\Delta_v h$/(kJ/kg)	506	494	465	439	414	382	344	300	242	
$c_{p,l}$/[kJ/(kg·K)]	2.28	2.32	2.42	2.53	2.65	2.83	3.03	3.29	3.76	
$c_{p,g}$/[kJ/(kg·K)]	1.41	1.46	1.55	1.66	1.79	1.95	2.18	2.54	3.38	

表 4-68 丙酮（甲乙酮）热力学性质[6]

名　称	丙 酮	甲乙酮	名　称	丙 酮	甲乙酮
化学式	C₃H₆O	C₄H₈O	化学式	C₃H₆O	C₄H₈O
M_r	58.080	72.107	$\Delta_v h(T_b)$/(kJ/kg)	512.94	432.98
T_c/K	508.20	535.50	$\rho_l(298.15K)$/(g/mL)	0.786	0.799
p_c/bar	47.015	41.543	$c_{p,g}(298.15K)$/[J/(g·K)]	1.301	1.431
V_c/(mL/mol)	209.00	267.00	$c_{p,l}(298.15K)$/[J/(g·K)]	2.175	2.200
Z_c	0.233	0.249	$\Delta_f H_g^\ominus(298.15K)$/(kJ/mol)	−217.60	−238.41
T_m/K	178.45	186.48	$\Delta_f G_g^\ominus(298.15K)$/(kJ/mol)	−153.27	−146.35
T_b/K	329.44	352.79			

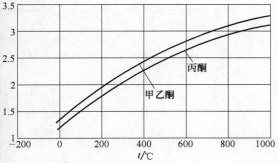

图 4-16　丙酮、甲乙酮 $c_{p,g}$-t 关系[6]

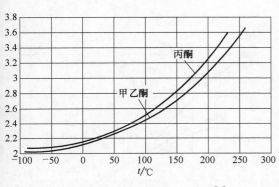

图 4-17　丙酮、甲乙酮 $c_{p,l}$-t 关系[6]

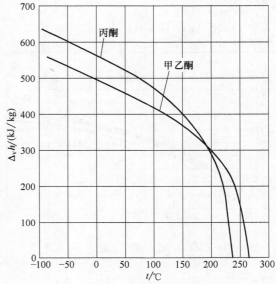

图 4-18　丙酮、甲乙酮 $c_{p,l}$-t 关系[6]

4.1.5.14　乙醚 ethylether

具体内容见表 4-69、表 4-70 及图 4-19～图 4-21。

表 4-69　饱和乙醚热力学性质[1]

化学式　$(CH_3CH_2)_2O$						T_c　467K			
M_r　74.10						p_c　3610kPa			
T_b　307.8K						ρ_c　265kg/m³			
T_m　156.9K									

T_{sat}/K	307.75	323	343	363	383	403	423	443	458	463
p_{sat}/kPa	101.3	170	307	511	811	1220	1770	2490	3150	3490
ρ_l/(kg/m³)	696.2	676.4	653.2	625.0	594.2	558.0	517.9	465.8	401.8	366.3
ρ_g/(kg/m³)	3.16	5.08	8.92	14.77	23.49	36.38	55.51	87.31	132.0	162.0
h_l/(kJ/kg)	0.0	36.6	85.9	137.0	190.3	248.6	305.0	367.1	416.1	433.0
h_g/(kJ/kg)	349.9	373.6	404.1	434.3	464.5	497.7	520.6	532.5	523.9	524.6
$\Delta_v h$/(kJ/kg)	349.9	337.0	318.2	297.3	274.2	249.1	215.6	165.4	107.8	81.6
$c_{p,l}$/[kJ/(kg·K)]	2.37	2.43	2.51	2.61	2.72	2.86	3.01	3.20	3.75	4.07
$c_{p,g}$/[kJ/(kg·K)]	1.40	1.96	2.05	2.14	2.26	2.43	2.75	3.44	4.15	4.50

表 4-70　乙醚（甲醚、丙醚、丁醚）热力学性质[6]

名　　称	甲　醚	乙　醚	丙　醚	丁　醚
化学式	C_2H_6O	$C_4H_{10}O$	$C_6H_{14}O$	$C_8H_{18}O$
M_r	46.069	74.123	102.177	130.230
T_c/K	400.10	466.70	530.60	580.00
p_c/bar	53.702	36.376	30.276	23.00
V_c/(mL/mol)	170.00	280.00	382.00	501.50
Z_c	0.274	0.262	0.262	0.260
T_m/K	131.66	156.85	149.95	175.0
T_b/K	248.31	307.58	362.79	412.90

名　　称	甲　醚	乙　醚	丙　醚	丁　醚
化学式	C_2H_6O	$C_4H_{10}O$	$C_6H_{14}O$	$C_8H_{18}O$
$\Delta_v h(T_b)/(kJ/kg)$	467.87	360.23	337.32	305.21
$\rho_l(298.15K)/(g/mL)$	0.659	0.707	0.731	0.764
$c_{p,g}(298.15K)/[J/(g \cdot K)]$	1.427	1.516	1.547	1.565
$c_{p,l}(298.15K)/[J/(g \cdot K)]$	2.363	2.347	2.111	2.091
$\Delta_f H^{\ominus}(g,298.15K)/(kJ/mol)$	−184.08	−252.30	−293.01	−334.09
$\Delta_f G^{\ominus}(g,298.15K)/(kJ/mol)$	−113.15	−122.70	−106.04	−89.12

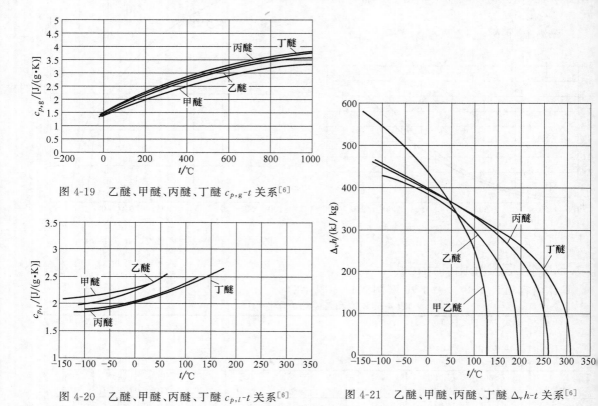

图 4-19　乙醚、甲醚、丙醚、丁醚 $c_{p,g}$-t 关系[6]

图 4-20　乙醚、甲醚、丙醚、丁醚 $c_{p,l}$-t 关系[6]

图 4-21　乙醚、甲醚、丙醚、丁醚 $\Delta_v h$-t 关系[6]

4.1.5.15　甲基叔丁基醚 methyl tertbutyl ether

具体内容见表 4-71。

表 4-71　饱和甲基叔丁基醚热力学性质[1]

化学式	$CH_3OC_4H_9$					T_c	503.4K			
M_r	88.1					p_c	3411kPa			
T_b	331.2K					ρ_c	275kg/m³			
T_m	162.4K									

T_{sat}/K	331.2	340	360	380	400	420	440	460	480	503.4
p_{sat}/kPa	101.3	133	234	386	602	897	1290	1800	2440	3411
$\rho_l/(kg/m^3)$	706	697	673	649	623	591	556	517	467	275
$\rho_g/(kg/m^3)$	3.40	4.39	7.51	12.2	18.9	28.5	42.3	62.7	96.2	275
$h_l/(kJ/kg)$	−22.2	−1.7	46.5	96.6	148.7	203.1	259.8	319.2	382	488.1
$h_g/(kJ/kg)$	292.2	306.6	339.8	373.7	407.8	441.8	474.9	505.4	529.3	488.1
$\Delta_v h/(kJ/kg)$	314.4	308.3	293.3	277.1	259.1	238.7	215.1	186.3	147.3	
$c_{p,l}/[kJ/(kg \cdot K)]$	2.30	2.35	2.46	2.57	2.69	2.83	3.01	3.27	3.83	
$c_{p,g}/[kJ/(kg \cdot K)]$	1.78	1.83	1.95	2.08	2.23	2.39	2.61	2.95	3.76	

4.1.5.16 环氧乙烷 epoxyethane, ethylene oxide

具体内容见表 4-72。

表 4-72 饱和环氧乙烷热力学性质[1]

化学式 C_2H_4O						T_c	469K		
M_r 44.054						p_c	7194kPa		
T_b 283.5K						ρ_c	315kg/m³		
T_m 161K									

T_{sat}/K	283.5	300	320	340	360	380	400	420	440	469
p_{sat}/kPa	101.3	186	359	621	1030	1660	2480	3450	4830	7194
$\rho_l/(kg/m^3)$	889	866	835	804	760	721	691	682	584	315
$\rho_g/(kg/m^3)$	1.94	3.44	6.33	10.8	17.5	27.2	41.1	61.6	93.9	315
$h_l/(kJ/kg)$	−440	−409	−367	−333	−289	−238	−183	−129	−65	66
$h_g/(kJ/kg)$	129	144	161	178	193	206	215	219	211	66
$\Delta_v h/(kJ/kg)$	569	553	528	511	482	444	398	348	276	
$c_{p,l}/[kJ/(kg \cdot K)]$	1.96	2.01	2.09	2.19	2.32	2.48	2.68	2.92	3.21	
$c_{p,g}/[kJ/(kg \cdot K)]$	1.09	1.17	1.28	1.40	1.55	1.73	1.99	2.47	3.40	

4.1.5.17 1,2环氧丙烷 1,2-epoxypropane, propylene oxide

具体内容见表 4-73。

表 4-73 饱和环氧丙烷热力学性质[1]

化学式 $CH_3(CHCH_2)O$						T_c	482.2K		
M_r 58.08						p_c	4920kPa		
T_b 307.5K						ρ_c	312kg/m³		
T_m 161K									

T_{sat}/K	307.5	320	340	360	380	400	420	440	460	482.2
p_{sat}/kPa	101.3	159	297	496	814	1230	1790	2480	3450	4920
$\rho_l/(kg/m^3)$	812	796	769	740	709	675	636	491	531	312
$\rho_g/(kg/m^3)$	2.38	3.57	6.39	10.7	17.2	26.6	40.5	61.1	95.9	312
$h_l/(kJ/kg)$	−293	−271	−220	−177	−135	−86	−37	33	106	200
$h_g/(kJ/kg)$	184	198	220	242	263	282	298	309	307	200
$\Delta_v h/(kJ/kg)$	477	469	440	419	398	368	335	276	201	
$c_{p,l}/[kJ/(kg \cdot K)]$	2.06	2.10	2.18	2.29	2.42	2.60	2.81	3.07	3.38	
$c_{p,g}/[kJ/(kg \cdot K)]$	1.32	1.39	1.49	1.62	1.76	1.94	2.19	2.63	3.83	

4.1.5.18 乙酸 acetic acid

具体内容见表 4-74、表 4-75 及图 4-22～图 4-24。

表 4-74 饱和乙酸热力学性质[1]

化学式 CH_3CO_2H						T_c	594.75K		
M_r 60.05						p_c	5790kPa		
T_b 391.15K						ρ_c	350.6kg/m³		
T_m 289.85K									

T_{sat}/K	391.15	420	440	460	480	500	520	540	560	594.75
p_{sat}/kPa	101.3	230	382	427	898	1320	1890	2630	3590	5790
$\rho_l/(kg/m^3)$	939	900	874	846	815	782	743	697	642	350.6
$\rho_g/(kg/m^3)$	1.93	4.53	7.56	12.0	18.4	27.3	39.9	57.8	85.0	350.6
$h_l/(kJ/kg)$	260	326	372	420	473	524	480	643	710	854
$h_g/(kJ/kg)$	642	703	740	775	807	834	850	874	882	854
$\Delta_v h/(kJ/kg)$	382	377	368	355	334	310	270	231	172	
$c_{p,l}/[kJ/(kg \cdot K)]$	2.42	2.55	2.66	2.76	2.91	3.04	3.21	3.43	3.82	
$c_{p,g}/[kJ/(kg \cdot K)]$	1.39	1.49	1.58	1.69	1.82	1.99	2.24	2.66	3.59	

表 4-75　乙酸（甲酸、丙酸、丁酸）热力学性质[6]

名　　称	甲　酸	乙　酸	丙　酸	丁　酸
化学式	CH_2O_2	$C_2H_4O_2$	$C_3H_6O_2$	$C_4H_8O_2$
M_r	46.026	60.053	74.079	88.106
T_c/K	580.00	592.71	604.00	628.00
p_c/bar	73.900	57.857	45.300	44.200
V_c/(mL/mol)	125.00	171.00	230.00	283.00
Z_c	0.192	0.201	0.207	0.240
T_m/K	281.55	289.81	252.45	267.95
T_b/K	373.71	391.05	414.32	436.42
$\Delta_v h(T_b)$/(kJ/kg)	477.69	388.46	421.43	514.04
ρ_l(298.15K)/(g/mL)	1.214	1.043	0.988	0.953
$c_{p,g}$(298.15K)/[J/(g·K)]	0.994	1.061	1.207	1.309
$c_{p,l}$(298.15K)/[J/(g·K)]	2.158	2.054	2.400	2.018
$\Delta_f H_g^\ominus$(298.15K)/(kJ/mol)	−378.79	−433.18	−453.92	−476.52
$\Delta_f G_g^\ominus$(298.15K)/(kJ/mol)	−351.35	−374.67	−367.46	−355.91

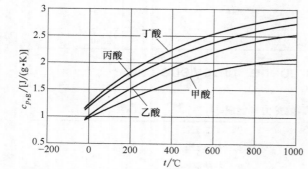

图 4-22　乙酸、甲酸、丙酸、丁酸气体的 $c_{p,g}$-t 关系[6]

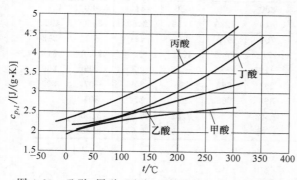

图 4-23　乙酸、甲酸、丙酸、丁酸液体的 $c_{p,l}$-t 关系[6]

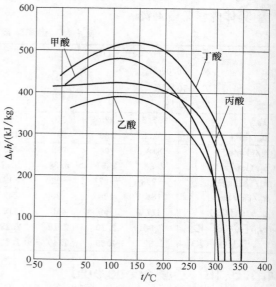

图 4-24　乙酸、甲酸、丙酸、丁酸的 $\Delta_v h$-t 关系[6]

4.1.5.19　乙酸甲酯 methyl acetate

具体内容见表 4-76。

表 4-76　饱和乙酸甲酯热力学性质[1]

化学式	$CH_3CO_2CH_3$		T_c	506.8K			M_r	74.08		
p_c	4687kPa			T_b	330.3K			ρ_c	325kg/m³	
T_m	174.45K									

T_{sat}/K	331	350	370	390	410	430	450	470	490	506.8
p_{sat}/kPa	101.3	200	359	537	854	1344	1930	2688	3723	4687
ρ_l/(kg/m³)	875	850	820	780	750	715	680	620	540	325
ρ_g/(kg/m³)	2.83	5.16	8.87	14.5	22.7	34.6	52.2	79.3	127.8	325
h_l/(kJ/kg)	−173.4	−136.1	−96.5	−57.7	−17.8	26.7	76.4	126.7	196.4	254.6
h_g/(kJ/kg)	228.5	249.1	269.8	289.8	308.8	326.0	340.2	348.6	342.9	254.6
$\Delta_v h$/(kJ/kg)	401.9	385.2	366.3	347.5	326.6	297.3	263.8	221.9	146.5	
$c_{p,l}$/[kJ/(kg·K)]	1.92	1.99	2.08	2.18	2.32	2.46	2.65	2.94	3.58	
$c_{p,g}$/[kJ/(kg·K)]	1.19	1.25	1.35	1.45	1.57	1.72	1.95	2.38	3.86	

1.5.20　乙酸乙酯 ethyl acetate

具体内容见表 4-77、表 4-78 及图 4-25~图 4-27。

表 4-77　饱和乙酸乙酯热力学性质[1]

化学式	$CH_3CO_2C_2H_5$					T_c	523.25K			
M_r	88.10					p_c	3832kPa			
T_b	350.25K					ρ_c	307.7kg/m³			
T_m	189.55K									

T_{sat}/K	350.25	370	390	410	430	450	470	490	510	523.25
p_{sat}/kPa	101.3	193	310	510	792	1172	1655	2275	3172	3832
ρ_l/(kg/m³)	830	800	770	740	705	670	625	570	475	307.8
ρ_g/(kg/m³)	3.20	5.63	9.45	15.1	23.4	35.5	54.2	81.3	134.5	307.8
h_l/(kJ/kg)	−89.7	−47.3	−6.7	35.7	81.3	131.7	182.0	241.7	315.8	362.8
h_g/(kJ/kg)	274.6	300.2	326.2	351.8	376.5	399.6	420.6	434.3	433.0	362.8
$\Delta_v h$/(kJ/kg)	364.3	347.5	332.9	316.1	295.2	267.9	238.6	192.6	117.2	
$c_{p,l}$/[kJ/(kg·K)]	2.10	2.17	2.28	2.36	2.50	2.64	2.82	3.09	3.76	
$c_{p,g}$/[kJ/(kg·K)]	1.46	1.54	1.63	1.73	1.85	2.00	2.25	2.68	4.52	

表 4-78　乙酸甲酯、乙酸乙酯（乙酸乙烯酯）热力学性质[6]

名　称	乙酸甲酯	乙酸乙酯	乙酸乙烯酯
化学式	$C_3H_6O_2$	$C_4H_8O_2$	$C_4H_6O_2$
M_r	74.079	88.106	86.090
T_c/K	506.80	523.30	524.00
p_c/bar	46.900	38.800	42.500
V_c/(mL/mol)	228.00	286.00	270.00
Z_c	0.254	0.255	0.263
T_m/K	175.15	189.60	180.35
T_b/K	330.09	350.21	345.65
$\Delta_v h(T_b)$/(kJ/kg)	413.23	365.82	363.69
ρ_l(298.15K)/(g/mL)	0.927	0.894	0.926
$c_{p,g}$(298.15K)/[J/(g·K)]	1.170	1.290	1.152
$c_{p,l}$(298.15K)/[J/(g·K)]	1.915	1.939	1.860
$\Delta_f H_g^\ominus$(298.15K)/(kJ/mol)	−410.49	−445.01	−316.07
$\Delta_f G_g^\ominus$(298.15K)/(kJ/mol)	−322.26	−328.98	−229.49

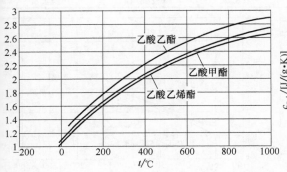

图 4-25　乙酸甲酯、乙酸乙酯、乙酸乙烯酯
　　　　气体的 $c_{p,g}$-t 关系[6]

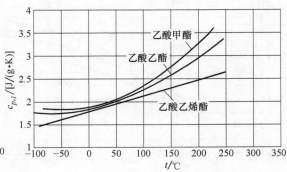

图 4-26　乙酸甲酯、乙酸乙酯、乙酸乙烯酯
　　　　液体的 $c_{p,l}$-t 关系[6]

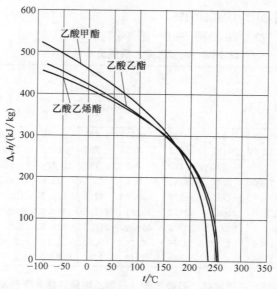

图 4-27　乙酸甲酯、乙酸乙酯、乙酸乙烯酯的 $\Delta_v h\text{-}t$ 关系[6]

4.1.5.21　丙烯酸 acrylic acid

4.1.5.22　甲基丙烯酸甲酯 methyl methacrylate (MMA)

具体内容见表 4-79 及图 4-28～图 4-30。

表 4-79　丙烯酸、甲基丙烯酸甲酯（丙烯酸甲酯、丙烯酸乙酯）热力学性质[6]

名　称	丙烯酸	丙烯酸甲酯	丙烯酸乙酯	甲基丙烯酸甲酯
化学式	$C_3H_4O_2$	$C_4H_6O_2$	$C_5H_8O_2$	$C_5H_8O_2$
M_r	72.064	86.090	100.117	100.117
T_c/K	615.00	536.00	553.00	564.00
p_c/bar	56.600	42.500	36.800	36.800
$V_c/(\text{mL/mol})$	208.00	270.00	323.00	323.00
Z_c	0.230	0.258	0.259	0.253
T_m/K	286.65	196.32	201.95	224.95
T_b/K	414.15	353.35	372.65	373.45
$\Delta_v h(T_b)/(\text{kJ/kg})$	590.03	374.16	336.86	342.65
$\rho_l(298.15K)/(\text{g/mL})$	1.046	0.949	0.918	0.937
$c_{p,g}(298.15K)/[\text{J/(g·K)}]$	1.080	1.151	1.196	1.161
$c_{p,l}(298.15K)/[\text{J/(g·K)}]$	2.009	1.879	1.871	1.911
$\Delta_f H_g^{\ominus}(298.15K)/(\text{kJ/mol})$	−336.53	−333.48	−350.22	−348.06
$\Delta_f G_g^{\ominus}(298.15K)/(\text{kJ/mol})$	−286.55	−258.04	−246.42	−242.60

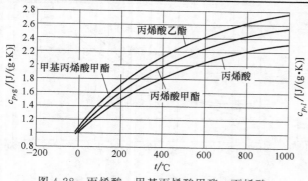

图 4-28　丙烯酸、甲基丙烯酸甲酯、丙烯酸
甲酯、丙烯酸乙酯气体的 $c_{p,g}\text{-}t$ 关系[6]

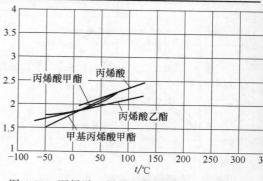

图 4-29　丙烯酸、甲基丙烯酸甲酯、丙烯酸
甲酯、丙烯酸乙酯液体的 $c_{p,l}\text{-}t$ 关系[6]

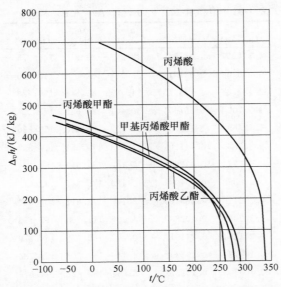

图 4-30　丙烯酸、甲基丙烯酸甲酯、丙烯酸甲酯、丙烯酸乙酯 $\Delta_v h\text{-}t$ 关系[6]

4.1.5.23　苯酚 phenol

具体内容见表 4-80。

表 4-80　饱和苯酚热力学性质[1]

化学式　C_6H_5OH				T_c　693.2K			M_r　94.1		
p_c　6130kPa				T_b　454.95K			ρ_c　435.7kg/m³		
T_m　313.90K									
T_{sat}/K	455	480	505	530	555	580	605	635	665	693.15
p_{sat}/kPa	101.3	216	404	693	1100	1650	2360	3410	4720	6129
$\rho_l/(kg/m^3)$	955	932	905	877	851	809	772	713	636	436
$\rho_g/(kg/m^3)$	2.60	5.36	9.88	16.9	27.2	41.9	62.9	101	170	436
$h_l/(kJ/kg)$	−153	−93	−41	20	80	147	206	290	399	514
$h_g/(kJ/kg)$	336	374	411	447	482	515	545	575	587	514
$\Delta_v h/(kJ/kg)$	489	467	452	427	402	368	339	285	188	
$c_{p,l}/[kJ/(kg\cdot K)]$	2.55	2.61	2.66	2.76	2.85	3.01	3.10	3.43	3.77	
$c_{p,g}/[kJ/(kg\cdot K)]$	1.63	1.74	1.85	1.95	2.06	2.22	2.44	2.94	5.10	

4.1.6　其它有机物质

4.1.6.1　R-12 freon-12

具体内容见表 4-81～表 4-83。

表 4-81　饱和 R-12 热力学性质[1]

化学式　CCl_2F_2				T_c　384.8K			M_r　120.92		
p_c　4132kPa				T_b　243.2K			ρ_c　561.8kg/m³		
T_m　118K									
T_{sat}/K	243.2	260	275	290	305	320	335	350	365	384.8
p_{sat}/kPa	101.3	200	333	528	793	1145	1602	2183	2907	4132
$\rho_l/(kg/m^3)$	1486	1436	1388	1338	1284	1225	1157	1075	969.7	561.8
$\rho_g/(kg/m^3)$	6.33	11.8	19.2	29.9	44.8	65.4	94.6	136.4	203.2	561.8
$h_l/(kJ/kg)$	473.6	488.3	501.9	516.3	531.1	546.8	563.8	582.3	603.2	649.8
$h_g/(kJ/kg)$	641.9	649.8	656.6	662.9	668.8	674.0	677.8	679.9	679.0	649.8
$\Delta_v h/(kJ/kg)$	168.3	161.5	154.7	146.6	137.7	127.2	114.0	97.6	75.8	
$c_{p,l}/[kJ/(kg\cdot K)]$	0.896	0.911	0.932	0.957	0.990	1.03	1.08	1.13	1.22	
$c_{p,g}/[kJ/(kg\cdot K)]$	0.569	0.614	0.646	0.689	0.746	0.825	0.920	1.22	1.68	

表 4-82 饱和 R-12 v, h, s, Δv, $\Delta_v h$, $\Delta_v S$[9]

$t/°C$	p/MPa	v_l /(m³/kg)	Δ_v /(m³/kg)	v_g /(m³/kg)	h_l /(kJ/kg)	Δh /(kJ/kg)	h_g /(kJ/kg)	s_l/[kJ/ (kg·K)]	$\Delta_v S$/[kJ/ (kg·K)]	s_g/[kJ/ (kg·K)]
−90	0.0028	0.000608	4.414937	4.415545	−43.243	189.618	146.375	−0.2084	1.0352	0.8268
−85	0.0042	0.000612	3.036704	3.037316	−38.968	187.608	148.640	−0.1854	0.9970	0.8116
−80	0.0062	0.000617	2.137728	2.138345	−34.688	185.612	150.924	−0.1630	0.9609	0.7979
−75	0.0088	0.000622	1.537030	1.537651	−30.401	183.625	153.224	−0.1411	0.9266	0.7855
−70	0.0123	0.000627	1.126654	1.127280	−26.103	181.640	155.536	−0.1197	0.8940	0.7744
−65	0.0168	0.000632	0.840534	0.841166	−21.793	179.651	157.857	−0.0987	0.8630	0.7643
−60	0.0226	0.000637	0.637274	0.637910	−17.469	177.653	160.184	−0.0782	0.8334	0.7552
−55	0.0300	0.000642	0.490358	0.491000	−13.129	175.641	162.512	−0.0581	0.8051	0.7470
−50	0.0391	0.000648	0.382457	0.383105	−8.772	173.611	164.840	−0.0384	0.7779	0.7396
−45	0.0504	0.000654	0.302029	0.302682	−4.396	171.558	167.163	−0.0190	0.7519	0.7329
−40	0.0642	0.000659	0.241251	0.241910	−0.000	169.479	169.479	−0.0000	0.7269	0.7269
−35	0.0807	0.000666	0.194732	0.195398	4.416	167.368	171.784	0.0187	0.7027	0.7214
−30	0.1004	0.000672	0.158703	0.159375	8.854	165.222	174.076	0.0371	0.6795	0.7165
−25	0.1237	0.000679	0.130487	0.131166	13.315	163.037	176.352	0.0552	0.6570	0.7121
−20	0.1509	0.000685	0.108162	0.108847	17.800	160.810	178.610	0.0730	0.6352	0.7082
−15	0.1826	0.000693	0.090326	0.091018	22.312	158.534	180.846	0.0906	0.6141	0.7046
−10	0.2191	0.000700	0.075946	0.076646	26.851	156.207	183.058	0.1079	0.5936	0.7014
−5	0.2610	0.000708	0.064255	0.064963	31.420	153.823	185.243	0.1250	0.5736	0.6986
0	0.3086	0.000716	0.054673	0.055389	36.022	151.376	187.397	0.1418	0.5542	0.6960
5	0.3626	0.000724	0.046761	0.047485	40.659	148.859	189.518	0.1585	0.5351	0.6937
10	0.4233	0.000733	0.040180	0.040914	45.337	146.265	191.602	0.1750	0.5165	0.6916
15	0.4914	0.000743	0.034671	0.035413	50.058	143.586	193.644	0.1914	0.4983	0.6897
20	0.5673	0.000752	0.030028	0.030780	54.828	140.812	195.641	0.2076	0.4803	0.6879
25	0.6516	0.000763	0.026091	0.026854	59.653	137.933	197.586	0.2237	0.4626	0.6863
30	0.7449	0.000774	0.022734	0.023508	64.539	134.936	199.475	0.2397	0.4451	0.6848
35	0.8477	0.000786	0.019855	0.020641	69.494	131.805	201.299	0.2557	0.4277	0.6834
40	0.9607	0.000798	0.017373	0.018171	74.527	128.525	203.051	0.2716	0.4104	0.6820
45	1.0843	0.000811	0.015220	0.016032	79.647	125.074	204.722	0.2875	0.3931	0.6806
50	1.2193	0.000826	0.013344	0.014170	84.868	121.430	206.298	0.3034	0.3758	0.6792
55	1.3663	0.000841	0.011701	0.012542	90.201	117.565	207.766	0.3194	0.3582	0.6777
60	1.5259	0.000858	0.010253	0.011111	95.665	113.443	209.109	0.3355	0.3405	0.6760
65	1.6988	0.000877	0.008971	0.009847	101.279	109.024	210.303	0.3518	0.3224	0.6742
70	1.8858	0.000897	0.007828	0.008725	107.067	104.255	211.321	0.3683	0.3038	0.6721
75	2.0874	0.000920	0.006802	0.007723	113.058	99.068	212.126	0.3851	0.2845	0.6697
80	2.3046	0.000946	0.005875	0.006821	119.291	93.373	212.665	0.4023	0.2644	0.6667
85	2.5380	0.000976	0.005029	0.006005	125.818	87.047	212.865	0.4201	0.2430	0.6631
90	2.7885	0.001012	0.004246	0.005258	132.708	79.907	212.614	0.4385	0.2200	0.6585
95	3.0569	0.001056	0.003508	0.004563	140.068	71.658	211.726	0.4579	0.1946	0.6526
100	3.3440	0.001113	0.002790	0.003903	148.076	61.768	209.843	0.4788	0.1655	0.6444
105	3.6509	0.001197	0.002045	0.003242	157.085	49.014	206.099	0.5023	0.1296	0.6319
110	3.9784	0.001364	0.001098	0.002462	168.059	28.425	196.484	0.5322	0.0742	0.6064
112	4.1155	0.001792	0.000005	0.001797	174.920	0.151	175.071	0.5651	0.0004	0.5655

表 4-83　气体 R-12 的 v, h, s[9]

t/℃	v/(m³/kg)	h/(kJ/kg)	s/[kJ/(kg·K)]	v/(m³/kg)	h/(kJ/kg)	s/[kJ/(kg·K)]	v/(m³/kg)	h/(kJ/kg)	s/[kJ/(kg·K)]
	0.05MPa			0.10MPa			0.15MPa		
−20.0	0.341857	181.042	0.7912	0.167701	179.861	0.7401			
−10.0	0.356227	186.757	0.8133	0.175222	185.707	0.7628	0.114716	184.619	0.7318
0.0	0.370508	192.567	0.8350	0.182647	191.628	0.7849	0.119866	190.660	0.7543
10.0	0.384716	198.471	0.8562	0.189994	197.628	0.8064	0.124932	196.762	0.7763
20.0	0.398863	204.469	0.8770	0.197277	203.707	0.8275	0.129930	202.927	0.7977
30.0	0.412959	210.557	0.8974	0.204506	209.866	0.8482	0.134873	209.160	0.8186
40.0	0.427012	216.733	0.9175	0.211691	216.104	0.8684	0.139768	215.463	0.8390
50.0	0.441030	222.997	0.9372	0.218839	222.421	0.8883	0.144625	221.835	0.8591
60.0	0.455017	229.344	0.9565	0.225955	228.815	0.9078	0.149450	228.277	0.8787
70.0	0.468978	235.774	0.9755	0.233044	235.285	0.9269	0.154247	234.789	0.8980
80.0	0.482917	242.282	0.9942	0.240111	241.829	0.9457	0.159020	241.371	0.9169
90.0	0.496838	248.868	1.0126	0.247159	248.446	0.9642	0.163774	248.020	0.9354
	0.20MPa			0.25MPa			0.30MPa		
0.0	0.088608	189.669	0.7320	0.069752	188.644	0.7139	0.057150	187.583	0.6984
10.0	0.092550	195.878	0.7543	0.073024	194.969	0.7366	0.059984	194.034	0.7216
20.0	0.096418	202.135	0.7760	0.076218	201.322	0.7587	0.062734	200.490	0.7440
30.0	0.100228	208.446	0.7972	0.079350	207.715	0.7801	0.065418	206.969	0.7658
40.0	0.103989	214.814	0.8178	0.082431	214.153	0.8010	0.068049	213.480	0.7869
50.0	0.107710	221.243	0.8381	0.085470	220.642	0.8214	0.070635	220.030	0.8075
60.0	0.111397	227.735	0.8578	0.088474	227.185	0.8413	0.073185	226.627	0.8276
70.0	0.115055	234.291	0.8772	0.091449	233.785	0.8608	0.075705	233.273	0.8473
80.0	0.118690	240.910	0.8962	0.094398	240.443	0.8800	0.078200	239.971	0.8665
90.0	0.122304	247.593	0.9149	0.097327	247.160	0.8987	0.080673	246.723	0.8853
100.0	0.125901	254.339	0.9332	0.100238	253.936	0.9171	0.083127	253.530	0.9038
110.0	0.129483	261.147	0.9512	0.103134	260.770	0.9352	0.085566	260.391	0.9220
	0.40MPa			0.50MPa			0.60MPa		
20.0	0.045836	198.762	0.7199	0.035646	196.935	0.6999			
30.0	0.047971	205.428	0.7423	0.037464	203.814	0.7230	0.030422	202.116	0.7063
40.0	0.050046	212.095	0.7639	0.039214	210.656	0.7452	0.031966	209.154	0.7291
50.0	0.052072	218.779	0.7849	0.040911	217.484	0.7667	0.033450	216.141	0.7511
60.0	0.054059	225.488	0.8054	0.042565	224.315	0.7875	0.034887	223.104	0.7723
70.0	0.056014	232.230	0.8253	0.044184	231.161	0.8077	0.036285	230.062	0.7929
80.0	0.057941	239.012	0.8448	0.045774	238.031	0.8275	0.037653	237.027	0.8129
90.0	0.059846	245.837	0.8638	0.047340	244.932	0.8467	0.038995	244.009	0.8324
100.0	0.061731	252.707	0.8825	0.048886	251.869	0.8656	0.040316	251.016	0.8514
110.0	0.063600	259.624	0.9008	0.050415	258.845	0.8840	0.041619	258.053	0.8700
120.0	0.065455	266.590	0.9187	0.051929	265.862	0.9021	0.042907	265.124	0.8882
130.0	0.067298	273.605	0.9364	0.053430	272.923	0.9198	0.044181	272.231	0.9061
	0.70MPa			0.80MPa			0.90MPa		
40.0	0.026761	207.580	0.7148	0.022830	205.924	0.7016	0.019744	204.170	0.6982
50.0	0.028100	214.745	0.7373	0.024068	213.290	0.7248	0.020912	211.765	0.7131
60.0	0.029387	221.854	0.7590	0.025247	220.558	0.7469	0.022012	219.212	0.7358
70.0	0.030632	228.931	0.7799	0.026380	227.766	0.7682	0.023062	226.564	0.7575
80.0	0.031843	235.997	0.8002	0.027477	234.941	0.7888	0.024072	233.856	0.7785
90.0	0.033027	243.066	0.8199	0.028545	242.101	0.8088	0.025051	241.113	0.7987
100.0	0.034189	250.146	0.8392	0.029588	249.260	0.8283	0.026005	248.355	0.8184
110.0	0.035332	257.247	0.8579	0.030612	256.428	0.8472	0.026937	255.593	0.8376
120.0	0.036458	264.374	0.8763	0.031619	263.613	0.8657	0.027851	262.839	0.8562
130.0	0.037572	271.531	0.8943	0.032612	270.820	0.8838	0.028751	270.100	0.8745
140.0	0.038673	278.720	0.9119	0.033592	278.055	0.9016	0.029639	277.381	0.8923
150.0	0.039764	285.946	0.9292	0.034563	285.320	0.9189	0.030515	284.687	0.9098

t /℃	v /(m³/kg)	h /(kJ/kg)	s/[kJ/ (kg·K)]	v /(m³/kg)	h /(kJ/kg)	s/[kJ/ (kg·K)]	v /(m³/kg)	h /(kJ/kg)	s/[kJ/ (kg·K)]
	1.00MPa			1.20MPa			1.40MPa		
50.0	0.018366	210.162	0.7021	0.014483	206.661	0.6812			
60.0	0.019410	217.810	0.7254	0.015463	214.805	0.7060	0.012579	211.457	0.6876
70.0	0.020397	225.319	0.7476	0.016368	222.687	0.7293	0.013448	219.822	0.7123
80.0	0.021341	232.739	0.7689	0.017221	230.398	0.7514	0.014247	227.891	0.7355
90.0	0.022251	240.101	0.7895	0.018032	237.995	0.7727	0.014997	235.766	0.7575
100.0	0.023133	247.430	0.8094	0.018812	245.518	0.7931	0.015710	243.512	0.7785
110.0	0.023993	254.743	0.8287	0.019567	252.993	0.8129	0.016393	251.170	0.7988
120.0	0.024835	262.053	0.8475	0.020301	260.441	0.8320	0.017053	258.770	0.8183
130.0	0.025661	269.369	0.8659	0.021018	267.875	0.8507	0.017695	266.334	0.8373
140.0	0.026474	276.699	0.8839	0.021721	275.307	0.8689	0.018321	273.877	0.8558
150.0	0.027275	284.047	0.9015	0.022412	282.745	0.8867	0.018934	281.411	0.8738
160.0	0.028068	291.419	0.9187	0.023093	290.195	0.9041	0.019535	288.946	0.8914
	1.60MPa			1.80MPa			2.00MPa		
70.0	0.011208	216.650	0.6959	0.009406	213.049	0.6794			
80.0	0.011984	225.177	0.7204	0.010187	222.198	0.7057	0.008704	218.859	0.6909
90.0	0.012698	233.390	0.7433	0.010884	230.835	0.7298	0.009406	228.056	0.7166
100.0	0.013366	241.397	0.7651	0.011526	239.155	0.7524	0.010035	236.760	0.7402
110.0	0.014000	249.264	0.7859	0.012126	247.264	0.7739	0.010615	245.154	0.7624
120.0	0.014608	257.035	0.8059	0.012697	255.228	0.7944	0.011159	253.341	0.7835
130.0	0.015195	264.742	0.8253	0.013244	263.094	0.8141	0.011676	261.384	0.8037
140.0	0.015765	272.406	0.8440	0.013772	270.891	0.8332	0.012172	269.327	0.8232
150.0	0.016320	280.044	0.8623	0.014284	278.642	0.8518	0.012651	277.201	0.8420
160.0	0.016864	287.669	0.8801	0.014784	286.364	0.8698	0.013116	285.027	0.8603
170.9	0.017398	295.290	0.8975	0.015272	294.069	0.8874	0.013570	292.822	0.8781
180.0	0.017923	302.914	0.9145	0.015752	301.767	0.9046	0.014013	300.598	0.8955
	2.50MPa			3.00MPa			3.50MPa		
90.0	0.006595	219.562	0.6823						
100.0	0.007264	229.852	0.7103	0.005231	220.529	0.6770			
110.0	0.007837	239.271	0.7352	0.005886	232.068	0.7075	0.004324	222.121	0.6750
120.0	0.008351	248.192	0.7582	0.006419	242.208	0.7336	0.004959	234.875	0.7078
130.0	0.008827	256.794	0.7798	0.006887	251.632	0.7573	0.005456	245.661	0.7349
140.0	0.009273	265.180	0.8003	0.007313	260.620	0.7793	0.005884	255.524	0.7591
150.0	0.009697	273.414	0.8200	0.007709	269.319	0.8001	0.006270	264.846	0.7814
160.0	0.010104	281.540	0.8390	0.008083	277.817	0.8200	0.006626	273.817	0.8023
170.0	0.010497	289.589	0.8574	0.008439	286.171	0.8391	0.006961	282.545	0.8222
180.0	0.010879	297.583	0.8752	0.008782	294.422	0.8575	0.007279	291.100	0.8413
190.0	0.011250	305.540	0.8926	0.009114	302.597	0.8753	0.007584	299.528	0.8597
200.0	0.011614	313.472	0.9095	0.009436	310.718	0.8927	0.007878	307.864	0.8775
	4.00MPa								
120.0	0.003736	224.863	0.6771						
130.0	0.004325	238.443	0.7111						
140.0	0.004781	249.703	0.7386						
150.0	0.005172	259.904	0.7630						
160.0	0.005522	269.492	0.7854						
170.0	0.005845	278.684	0.8063						
180.0	0.006147	287.602	0.8262						
190.0	0.006434	296.326	0.8453						
200.0	0.006708	304.906	0.8636						
210.0	0.006972	313.380	0.8813						
220.0	0.007228	321.774	0.8985						
230.0	0.007477	330.108	0.9152						

. 1. 6. 2　R -13 freon -13

具体内容见表 4-84。

表 4-84　饱和 R-13 热力学性质[1]

化学式　$CClF_3$					T_c　302. 28K				
M_r　104. 47					p_c　3900kPa				
T_b　191. 7K					ρ_c　571kg/m³				
T_m　93. 2K									

T_{sat}/K	191. 7	200	210	220	235	250	265	280	295	302. 28
p_{sat}/kPa	101. 3	155	245	371	641	1060	1590	2340	3320	3900
ρ_l/(kg/m³)	1521	1489	1450	1408	1339	1257	1175	1066	893	571
ρ_g/(kg/m³)	6. 89	10. 3	15. 8	23. 4	39. 9	67. 2	103	166	290	571
h_l/(kJ/kg)	417. 1	424. 6	433. 9	443. 3	458. 1	474. 5	489. 8	509. 1	532. 8	562. 0
h_g/(kJ/kg)	566. 4	569. 8	573. 7	577. 5	582. 6	587. 2	589. 8	590. 3	583. 9	562. 0
$\Delta_v h$/(kJ/kg)	149. 3	145. 2	139. 8	134. 2	124. 5	112. 7	100. 0	81. 2	51. 1	
$c_{p,l}$/[kJ/(kg·K)]	1. 11	1. 13	1. 16	1. 21	1. 27	1. 36	1. 56	1. 96	3. 92	
$c_{p,g}$/[kJ/(kg·K)]	0. 529	0. 552	0. 588	0. 633	0. 696	0. 854	0. 962	1. 30	2. 52	

. 1. 6. 3　R-21 freon-21

具体内容见表 4-85，表 4-85a。

表 4-85　饱和 R-21 热力学性质[1]

化学式　$CHCl_2F$					T_c　451. 25K				
M_r　102. 92					p_c　5181kPa				
T_b　281. 9K					ρ_c　525. 0kg/m³				
T_m　138K									

T_{sat}/K	281. 9	300	320	340	360	380	400	420	440	451. 25
p_{sat}/kPa	101. 3	196	364	626	1010	1540	2240	3160	4350	5181
ρ_l/(kg/m³)	1406	1360	1311	1258	1199	1134	1057	962. 8	823. 0	525
ρ_g/(kg/m³)	4. 62	8. 55	15. 48	26. 14	41. 93	64. 94	98. 91	151. 1	124. 1	525
h_l/(kJ/kg)	509. 1	528. 1	549. 9	572. 3	595. 2	618. 4	642. 4	668. 6	701. 4	748. 7
h_g/(kJ/kg)	748. 1	756. 5	765. 5	773. 6	780. 5	786. 6	790. 7	791. 5	785. 3	748. 7
$\Delta_v h$/(kJ/kg)	239. 0	228. 4	215. 6	201. 3	185. 3	168. 2	148. 3	122. 9	83. 9	
$c_{p,l}$/[kJ/(kg·K)]	1. 04	1. 05	1. 07	1. 10	1. 17	1. 26	1. 37	1. 52	1. 89	
$c_{p,g}$/[kJ/(kg·K)]	0. 721	0. 733	0. 780	0. 832	0. 902	0. 982	1. 05	1. 43	2. 50	

表 4-85a　饱和 R-21 热力学性质[3]

T/K	p/bar	v_l(m³/kg)	v_g/(m³/kg)	h_l/(kJ/kg)	h_g/(kJ/kg)	s_l/[kJ/(kg·K)]	s_g/[kJ/(kg·K)]
250	0. 2415	0. 000677	0. 8292	16. 6	274. 8	0. 0687	1. 1015
260	0. 3953	0. 000687	0. 5247	26. 5	279. 9	0. 1076	1. 0820
270	0. 6200	0. 000698	0. 3455	36. 6	284. 9	0. 1454	1. 0653
280	0. 9364	0. 000709	0. 2355	46. 7	290. 0	0. 1824	1. 0511
290	1. 3682	0. 000722	0. 1654	57. 1	295. 0	0. 2186	1. 0389
300	1. 9417	0. 000735	0. 1192	67. 7	300. 0	0. 2543	1. 0286
310	2. 6849	0. 000748	0. 0879	78. 4	304. 8	0. 2894	1. 0196
320	3. 6279	0. 000763	0. 0661	89. 5	309. 5	0. 3242	1. 0119
330	4. 8022	0. 000778	0. 0505	100. 7	314. 1	0. 3586	1. 0051
340	6. 2409	0. 000794	0. 0391	112. 3	318. 4	0. 3927	0. 9989
350	7. 978	0. 000812	0. 0307	124. 1	322. 4	0. 4266	0. 9932
360	10. 049	0. 000830	0. 0243	136. 2	326. 1	0. 4602	0. 9877

续表

T/K	p/bar	$v_l(m^3/kg)$	$v_g/(m^3/kg)$	$h_1/(kJ/kg)$	$h_g/(kJ/kg)$	$s_l/[kJ/(kg \cdot K)]$	$s_g/[kJ/(kg \cdot K)]$
370	12.489	0.000850	0.0194	148.6	329.3	0.4935	0.9820
380	15.337	0.000870	0.0155	161.2	331.9	0.5264	0.9758
390	18.630	0.000893	0.0125	173.9	333.8	0.5587	0.9688
400	22.41	0.000918	0.01011	186.4	334.8	0.5896	0.9605
410	26.72	0.000944	0.00820	198.3	334.7	0.6180	0.9506
420	31.60	0.000972	0.00672	208.7	333.7	0.6418	0.9394
430	37.10	0.001002	0.00564	216.4	332.4	0.6587	0.9286
440	43.26	0.001034	0.00491	221.1	332.3	0.6682	0.9208

4.1.6.4　R-22 freon-22

具体内容见表 4-86，表 4-86a。

表 4-86　饱和 R-22 热力学性质[1]

化学式	$CHClF_2$					T_c	369.3K		
M_r	86.48					p_c	4986kPa		
T_b	242.4K					ρ_c	513kg/m^3		
T_m	113.2K								

T_{sat}/K	242.4	250	265	280	295	310	325	340	355	369.3
p_{sat}/kPa	101.3	218	376	619	958	1420	2020	2800	3800	4986
$\rho_l/(kg/m^3)$	1413	1360	1313	1260	1206	1146	1076	991	877	513
$\rho_g/(kg/m^3)$	4.70	9.59	16.1	26.3	40.6	60.9	90.2	134	208	513
$h_l/(kJ/kg)$	453.6	469.3	490.2	508.1	526.3	545.2	565.3	587.3	613.2	667.3
$h_g/(kJ/kg)$	687.0	694.9	701.0	706.7	711.5	715.0	716.9	716.0	708.9	667.3
$\Delta_v h/(kJ/kg)$	233.4	225.6	210.8	198.6	185.2	169.8	151.6	128.7	95.7	
$c_{p,l}/[kJ/(kg \cdot K)]$	1.10	1.13	1.16	1.19	1.24	1.30	1.41	1.65	2.43	
$c_{p,g}/[kJ/(kg \cdot K)]$	0.599	0.646	0.691	0.747	0.820	0.930	1.09	1.40	2.31	

表 4-86a　饱和 R-22 热力学性质[3]

T/K	p/bar	$v_l/(m^3/kg)$	$v_g/(m^3/kg)$	$h_l/(kJ/kg)$	$h_g/(kJ/kg)$	$s_l/[kJ/(kg \cdot K)]$	$s_g/[kJ/(kg \cdot K)]$	$c_{p,l}/[kJ/(kg \cdot K)]$
150	0.0017	6.209.-4	83.40	268.2	547.3	3.355	5.215	1.059
160	0.0054	6.293.-4	28.20	278.2	552.1	3.430	5.141	1.058
170	0.0150	6.381.-4	10.85	288.3	557.0	3.494	5.075	1.057
180	0.0369	6.474.-4	4.673	298.7	561.9	3.551	5.013	1.057
190	0.0821	6.573.-4	2.225	308.6	566.8	3.605	4.963	1.060
200	0.1662	6.680.-4	1.145	318.8	571.6	3.657	4.921	1.065
210	0.3116	6.794.-4	0.6370	329.1	576.5	3.707	4.885	1.071
220	0.5470	6.917.-4	0.3772	339.7	581.2	3.756	4.854	1.080
230	0.9076	7.050.-4	0.2352	350.6	585.9	3.804	4.828	1.091
240	1.4346	7.195.-4	0.1532	361.7	590.5	3.852	4.805	1.105
250	2.174	7.351.-4	0.1037	373.0	594.9	3.898	4.785	1.122
260	3.177	7.523.-4	0.07237	384.5	599.0	3.942	4.768	1.143
270	4.497	7.733.-4	0.05187	396.3	603.0	3.986	4.752	1.169
280	6.192	7.923.-4	0.03803	408.2	606.6	4.029	4.738	1.193
290	8.324	8.158.-4	0.02838	420.4	610.0	4.071	4.725	1.220
300	10.956	8.426.-4	0.02148	432.7	612.8	5.113	4.713	1.257
310	14.17	8.734.-4	0.01643	445.5	615.1	4.153	4.701	1.305
320	18.02	9.096.-4	0.01265	458.6	616.7	4.194	4.688	1.372
330	22.61	9.535.-4	9.753.-3	472.4	617.3	4.235	4.674	1.460
340	28.03	1.010.-3	7.479.-3	487.2	616.5	4.278	4.658	1.573
350	34.41	1.086.-3	5.613.-3	503.7	613.3	4.324	4.637	1.718
360	41.86	1.212.-3	4.036.-3	523.7	605.5	4.378	4.605	1.897
369.3^c	49.89	2.015.-3	2.015.-3	570.0	570.0	4.501	4.501	∞

1.6.5　三氯甲烷 trichloromethane

具体内容见表 4-87。

表 4-87　饱和三氯甲烷热力学性质[1]

| 化学式　CHCl₃ | | | | | T_c　536.4K | | | | | |
| 化学式　$CHCl_3$ | | | | | | | | | | |

M_r　119.4					p_c　5470kPa					
T_b　334.5K					ρ_c　498kg/m³					
T_m　209.9K										

T_{sat}/K	334.5	360	380	400	420	440	460	480	505	536.4
p_{sat}/kPa	101.3	221	374	599	914	1321	1893	2598	3725	5470
$\rho_l/(kg/m^3)$	1415	1361	1333	1282	1248	1184	1114	1050	969	498
$\rho_g/(kg/m^3)$	4.50	9.33	15.3	23.4	36.1	53.0	77.3	109	158	498
$h_l/(kJ/kg)$	−108	−79	−61	−41	−17	4	27	45	67	136
$h_g/(kJ/kg)$	141	154	164	173	181	188	194	197	197	136
$\Delta_v h/(kJ/kg)$	249	233	225	214	198	184	167	152	130	
$c_{p,l}/[kJ/(kg \cdot K)]$	1.00	1.03	1.07	1.11	1.15	1.21	1.32	1.43	1.59	
$c_{p,g}/[kJ/(kg \cdot K)]$	0.60	0.63	0.66	0.69	0.73	0.79	0.87	1.00	1.28	

1.6.6　四氯化碳 carbon tetrachloride

具体内容见表 4-88，表 4-89。

表 4-88　饱和四氯化碳热力学性质[1]

化学式　CCl_4					T_c　556.35K					
M_r　153.8					p_c　4560kPa					
T_b　349.85K					ρ_c　588kg/m³					
T_m　250.25K										

T_{sat}/K	349.9	370	390	410	430	450	470	495	525	556.35
p_{sat}/kPa	101.3	184	307	473	701	1020	1390	2020	3160	4560
$\rho_l/(kg/m^3)$	1484	1442	1397	1351	1303	1250	1199	1107	989	588
$\rho_g/(kg/m^3)$	5.44	9.40	15.2	23.4	34.8	50.3	71.2	108.5	184.5	588
$h_l/(kJ/kg)$	−36	−17	−1	16	38	53	72	92	123	177
$h_g/(kJ/kg)$	159	169	179	188	197	205	212	218	221	177
$\Delta_v h/(kJ/kg)$	195	188	180	172	159	152	140	126	98	
$c_{p,l}/[kJ/(kg \cdot K)]$	0.92	0.94	0.97	1.01	1.06	1.14	1.24	1.36	1.57	
$c_{p,g}/[kJ/(kg \cdot K)]$	0.58	0.60	0.62	0.65	0.68	0.73	0.80	0.91	1.30	

表 4-89　液体四氯化碳摩尔体积 V 和摩尔热容 C[4]

t	p_{sat}	V	C_{sat}	C_p	C_v
/°C	/bar	/(cm³/mol)	/[J/(K·mol)]		
−22.9[t]	0.0109	91.7	130	130	90
−20	0.0134	92.1	130	130	90
−10	0.0253	93.1	131	131	90
0	0.0447	94.20	131.0	131.0	90.5
10	0.0753	95.33	131.3	131.3	90.7
20	0.1215	96.49	131.7	131.7	91.0
30	0.1890	97.68	132.0	132.0	91.2
40	0.2845	98.91	132.3	132.3	91.4
50	0.416	100.18	132.6	132.7	91.6
60	0.591	101.50	133	133	92
70	0.822	102.87	133	133	92
76.72[b]	1.013	103.8	134	134	92
80	1.118	104.3	134	134	93
100	1.945	107.3	135	135	93
200	14.57	129.4	—	—	—
283.2[c]	45.6	276	∞	∞	∞

4.1.6.7 苯胺 aniline

具体内容见表 4-90、表 4-91 及图 4-31～图 4-33。

表 4-90 饱和苯胺热力学性质[1]

化学式 $C_6H_5NH_2$						T_c 699.0K				
M_r 93.06						p_c 5301kPa				
T_b 457.55K						ρ_c 340kg/m³				
T_m 267.05K										
T_{sat}/K	457.5	500	525	550	575	600	625	650	675	699.0
p_{sat}/kPa	101.3	276	456	716	1080	1560	2200	3010	4050	5300
$\rho_l/(kg/m^3)$	875	828	800	769	736	699	658	608	541	340
$\rho_g/(kg/m^3)$	2.56	6.62	10.7	16.7	25.3	37.5	55.1	81.7	128	340
$h_l/(kJ/kg)$	−114	−10	53	137	184	254	323	396	473	584
$h_g/(kJ/kg)$	357	427	468	509	549	589	623	653	669	584
$\Delta_v h/(kJ/kg)$	471	437	415	372	365	335	300	257	196	
$c_{p,l}/[kJ/(kg·K)]$	2.37	2.52	2.61	2.71	2.84	2.97	3.13	3.36	3.84	
$c_{p,g}/[kJ/(kg·K)]$	1.74	1.89	1.99	2.09	2.20	2.35	2.55	2.90	3.95	

表 4-91 苯胺（吡啶）热力学性质[6]

名 称	吡啶	苯胺	名 称	吡啶	苯胺
化学式	C_5H_5N	C_6H_7N	化学式	C_5H_5N	C_6H_7N
M_r	79.101	93.128	$\Delta_v H(T_b)/(kJ/kg)$	452.21	474.84
T_c/K	619.95	699.00	$\rho_l(298.15K)/(g/mL)$	0.979	1.017
p_c/bar	56.337	53.094	$c_{p,g}(298.15K)/[J/(g·K)]$	1.001	1.191
$V_c/(mL/mol)$	254.00	270.00	$c_{p,l}(298.15K)/[J/(g·K)]$	1.677	2.071
Z_c	0.278	0.247	$\Delta_f H_g^\ominus(298.15K)/(kJ/mol)$	140.04	86.68
T_m/K	231.53	267.13	$\Delta_f G_g^\ominus(298.15K)/(kJ/mol)$	190.00	166.46
T_b/K	388.41	457.60			

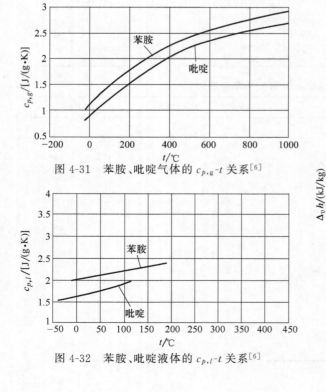

图 4-31 苯胺、吡啶气体的 $c_{p,g}$-t 关系[6]

图 4-32 苯胺、吡啶液体的 $c_{p,l}$-t 关系[6]

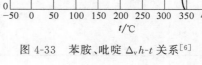

图 4-33 苯胺、吡啶 $\Delta_v h$-t 关系[6]

4.1.6.8 A 导热姆（道-热载体）A-dowtherm

具体内容见表 4-92。

表 4-92 饱和 A 导热姆热力学性质[1]

化学组成 $(C_6H_5)_2O(73.5\%)$；$(C_6H_5)_2(26.5\%)$ T_c 770.15K
M_r 166 p_c 3134kPa
T_b 530.25K ρ_c 315.5kg/m³
T_m 285.15K

T_{sat}/K	530.25	555	580	605	630	655	680	700	730	770.15
p_{sat}/kPa	101.3	170.4	270	411	600	848	1170	1470	2040	3134
$\rho_l/(kg/m^3)$	851.9	826	799	770	740	706	670	637	573	315.5
$\rho_g/(kg/m^3)$	3.96	6.47	10.0	15.2	22.0	31.8	45.1	60.1	100	315.5
$h_l/(kJ/kg)$	465	522	580	642	703	769	835	890	970	
$h_g/(kJ/kg)$	761	806	850	897	942	990	1035	1070	1110	
$\Delta_v h/(kJ/kg)$	296	284	270	255	239	221	200	180	140	
$c_{p,l}/[kJ/(kg \cdot K)]$	2.24	2.32	2.40	2.47	2.53	2.59	2.69	2.83	3.26	
$c_{p,g}/[kJ/(kg \cdot K)]$	1.83	1.91	1.97	2.03	2.10	2.16	2.24	2.34	2.54	

4.1.6.9 J-导热姆

表 4-93 饱和 J 导热姆热力学性质[1]

化学式 $C_{10}H_{14}$ T_c 656.15K
M_r 134 p_c 2837kPa
T_b 454.26K ρ_c 273.82kg/m³
T_m <235.37K

T_{sat}/K	454.26	480	500	520	540	560	580	600	620	656.15
p_{sat}/kPa	101.3	187	279	351	536	804	1070	1460	1870	2837
$\rho_l/(kg/m^3)$	729.3	705.3	683.5	660.9	636.6	609.5	580.8	545.4	505.3	273.8
$\rho_g/(kg/m^3)$	3.75	6.70	9.79	14.2	20.3	28.7	39.5	63.9	96.4	273.8
$h_l/(kJ/kg)$	330	394	444	497	552	609	665	721	779	
$h_g/(kJ/kg)$	635	684	721	760	799	838	876	910	937	
$\Delta_v h/(kJ/kg)$	305	290	277	263	247	229	211	189	158	
$c_{p,l}/[kJ/(kg \cdot K)]$	2.40	2.51	2.58	2.66	2.75	2.84	2.95	3.08	3.25	
$c_{p,g}/[kJ/(kg \cdot K)]$	1.91	2.00	2.06	2.12	2.17	2.24	2.29	2.34	2.39	

4.2 元素及无机物

4.2.1 单质气体及汞

4.2.1.1 氩 argon

具体内容见表 4-94～表 4-96。

表 4-94 饱和氩热力学性质[1]

化学式 Ar T_c 150.86K
M_r 39.944 p_c 4898kPa
T_b 87.29K ρ_c 536kg/m³
T_m 83.78K

T_{sat}/K	87.29	94.4	101.4	108.5	115.5	122.6	129.7	136.7	143.8	150.9
p_{sat}/kPa	101.3	201.6	362.2	601.5	938.2	1393	1987	2738	3702	4898
$\rho_l/(kg/m^3)$	1393	1348	1301	1251	1197	1137	1068	986.7	877.6	535.6
$\rho_g/(kg/m^3)$	5.78	10.9	18.6	30.2	46.4	68.9	100.2	146.8	222.4	535.6
$h_l/(kJ/kg)$	−116.1	−108.8	−101.1	−92.9	−84.2	−74.9	−64.5	−53.0	−40.2	−2.4
$h_g/(kJ/kg)$	43.5	45.8	47.6	48.7	49.0	48.2	46.0	41.7	33.3	−2.4
$\Delta_v h/(kJ/kg)$	159.6	154.6	148.9	141.6	133.2	123.1	110.6	94.7	73.5	
$c_{p,l}/[kJ/(kg \cdot K)]$	1.083	1.168	1.200	1.218	1.257	1.358	1.559	1.923	2.011	
$c_{p,g}/[kJ/(kg \cdot K)]$	0.548	0.569	0.626	0.665	0.745	0.866	1.067	1.509	2.951	

表 4-95 液态氩摩尔体积 V 和摩尔热容 C [4]

T	p_{sat}	V	C_{sat}	C_p	C_v
/K	/bar	/(cm³/mol)		/[J/(K·mol)]	
83.80^t	0.689	28.24	41.8	41.9	19.4
85	0.790	28.39	42.1	42.2	19.7
87.28^b	1.013	28.69	42.8	42.9	20.0
90	1.338	29.04	43.4	43.6	20.2
95	2.137	29.72	44.6	44.9	20.4
100	3.247	30.47	45.9	46.3	20.1
105	4.735	31.29	47.0	47.6	19.6
110	6.665	32.21	48.1	49.1	19.3
120	12.13	34.43	51	53	18
130	20.23	37.48	57	62	18
140	31.67	42.40	73	90	18
150.86^c	48.98	74.6	∞	∞	∞

注：t 为 triple point 三相点；b 为 boiling point 沸点；c 为 critical point 临界点。

表 4-96 氩（Ar）热力学性质 ρ,U,H,S,C_v,C_p [5]

T /K	ρ /(mol/L)	U /(J/mol)	H /(J/mol)	S /[J/(mol·K)]	C_v /[J/(mol·K)]	C_p /[J/(mol·K)]
			$p=0.1\text{MPa}(1\text{bar})$			
85	35.243	−4811	−4808	53.6	23.1	44.7
90	0.138	1077	1802	129.4	13.1	22.5
100	0.123	1211	2024	131.8	12.9	21.9
120	0.102	1471	2456	135.7	12.6	21.4
140	0.087	1727	2881	139.0	12.6	21.1
160	0.076	1980	3302	141.8	12.5	21.0
180	0.067	2232	3722	144.3	12.5	21.0
200	0.060	2483	4141	146.5	12.5	20.9
220	0.055	2734	4559	148.5	12.5	20.9
240	0.050	2984	4976	150.3	12.5	20.9
260	0.046	3234	5394	152.0	12.5	20.9
280	0.043	3484	5811	153.5	12.5	20.8
300	0.040	3734	6227	155.0	12.5	20.8
320	0.038	3984	6644	156.3	12.5	20.8
340	0.035	4234	7060	157.6	12.5	20.8
360	0.033	4484	7477	158.7	12.5	20.8
380	0.032	4734	7893	159.9	12.5	20.8
			$p=1\text{MPa}(10\text{bar})$			
85	35.307	−4820	−4792	53.5	23.1	44.6
90	34.542	−4598	−4569	56.1	21.6	44.7
100	32.909	−4145	−4115	60.9	19.9	46.2
120	1.181	1210	2057	114.3	14.7	30.1
140	0.945	1544	2603	118.5	13.5	25.4
160	0.799	1838	3089	121.8	13.0	23.6
180	0.697	2116	3551	124.5	12.8	22.7
200	0.619	2384	3999	126.9	12.7	22.2
220	0.559	2648	4438	128.5	12.6	21.8
240	0.509	2908	4873	130.8	12.6	21.6
260	0.468	3167	5304	132.6	12.6	21.5
280	0.433	3423	5732	134.2	12.6	21.4

续表

T /K	ρ /(mol/L)	U /(J/mol)	H /(J/mol)	S /[J/(mol·K)]	C_v /[J/(mol·K)]	C_p /[J/(mol·K)]
300	0.403	3679	6159	135.6	12.5	21.3
320	0.377	3934	6583	137.0	12.5	21.2
340	0.355	4188	7007	138.3	12.5	21.2
360	0.335	4441	7429	139.5	12.5	21.1
380	0.317	4694	7851	140.6	12.5	21.1
			$p=10\mathrm{MPa}(100\mathrm{bar})$			
90	35.208	−4694	−4410	55.0	21.9	43.2
100	33.744	−4271	−3974	59.6	20.4	44.0
120	30.525	−3396	−3069	67.8	18.8	46.9
140	26.609	−2447	−2072	75.5	17.6	54.1
160	20.816	−1279	−799	83.9	17.4	78.6
180	12.296	228	1042	94.8	17.3	83.6
200	8.442	1118	2302	101.4	15.3	48.6
220	6.776	1661	3137	105.4	14.2	36.8
240	5.787	2087	3815	108.4	13.7	31.6
260	5.105	2458	4416	110.8	13.4	28.8
280	4.596	2798	4974	112.9	13.2	27.1
300	4.195	3119	5503	114.7	13.1	25.9
320	3.869	3427	6012	116.3	13.0	25.0
340	3.596	3726	6506	117.8	13.0	24.4
360	3.364	4017	6989	119.2	12.9	23.9
380	3.164	4303	7464	120.5	12.9	23.5

4.2.1.2 氦 helium

具体内容见表 4-97～表 4-99。

表 4-97 饱和氦热力学性质[1]

化学式 He				T_c 5.19K					
M_r 4.0026				p_c 2290kPa					
T_b 4.21K				ρ_c 69.3kg/m³					
T_m 0.95K									

T_{sat}/K	4.21	4.3	4.4	4.5	4.6	4.7	4.8	4.9	5.0	5.19
p_{sat}/kPa	101.3	111	120	132	144	157	169	184	199	229
ρ_l/(kg/m³)	125.0	123.6	122.0	119.5	117.0	114.4	111.0	106.5	101.0	69.3
ρ_g/(kg/m³)	11.58	12.43	13.13	14.12	15.07	16.08	16.95	18.08	19.16	
h_l/(kJ/kg)	0.00	0.42	0.50	0.53	0.57	0.62	0.69	0.82	1.02	
h_g/(kJ/kg)	20.9	20.72	20.20	19.33	18.57	17.42	16.29	14.62	13.62	
$\Delta_v h$/(kJ/kg)	20.9	20.3	19.7	18.8	18.0	16.8	15.6	13.8	12.0	
$c_{p,l}$/[kJ/(kg·K)]	4.48	4.77	5.11	5.53	5.94	6.57	7.53	9.08	11.5	
$c_{p,g}$/[kJ/(kg·K)]	5.19	5.19	5.19	5.19	5.19	5.19	5.19	5.19	5.19	

表 4-98 气态氦-4 的 v, m³/kg; h, kJ/kg; s, kJ/(kg·K)[1]

p /MPa	热力学性质	不同温度(K)时的数值							
		40	70	100	300	500	700	1000	1500
0.101325	v	0.8219	1.438	2.053	6.153	10.25	14.35	20.50	30.75
	h	219.62	375.63	531.50	1570.19	2608.80	3647.41	5205.32	7801.84
	s	19.4650	22.3755	24.2286	29.9343	32.5871	34.3344	36.1866	38.2922
0.20	v	0.4173	0.7298	1.042	3.119	5.196	7.273	10.39	15.58
	h	219.59	375.81	531.75	1570.51	2609.12	3647.72	5205.62	7802.12
	s	18.0470	20.9616	22.8157	28.5220	31.1747	32.9220	34.7742	36.8798
0.50	v	0.1681	0.2936	0.4184	1.249	2.080	2.911	4.157	6.234
	h	219.49	376.35	532.51	1571.51	2610.10	3648.68	5206.54	7802.99
	s	16.1271	19.0542	20.9110	26.6190	29.2717	31.0189	32.8711	34.9766

p /MPa	热力学性质	不同温度(K)时的数值							
		40	70	100	300	500	700	1000	1500
1.0	v	0.08500	0.1481	0.2107	0.6261	1.041	1.457	2.080	3.118
	h	219.35	377.25	533.79	1573.16	2611.74	3650.27	5208.07	7804.45
	s	14.6600	17.6076	19.4690	25.1797	27.8323	29.5795	31.4316	33.5371
2.0	v	0.04350	0.07544	0.1068	0.3146	0.5221	0.7296	1.041	1.560
	h	219.24	379.06	536.33	1576.46	2615.00	3653.45	5211.14	7807.34
	s	13.1690	16.1546	18.0247	23.7409	26.3935	28.1406	29.9925	32.0979
4.0	v	0.02288	0.03910	0.05490	0.1588	0.2624	0.3661	0.5216	0.7810
	h	219.93	382.80	541.40	1583.04	2621.51	3659.80	5217.25	7813.13
	s	11.6450	14.6897	16.5762	22.3032	24.9557	26.7025	28.5541	30.6592
7.0	v	0.01421	0.02355	0.03264	0.09197	0.1511	0.2103	0.2991	0.4471
	h	223.35	388.84	549.09	1592.86	2631.24	3669.28	5226.37	7821.77
	s	10.4014	13.4953	15.4016	21.1440	23.7962	25.5425	27.3938	29.4985
10	v	0.01083	0.01735	0.02374	0.06525	0.1066	0.1480	0.2100	0.3136
	h	228.94	395.47	556.93	1602.63	2640.91	3678.71	5235.45	7830.37
	s	9.6173	12.7293	14.6502	20.4062	23.0583	24.8042	26.6550	28.7593
20	v	0.00700	0.01017	0.01336	0.03405	0.05462	0.07521	0.1061	0.1578
	h	255.08	420.70	584.25	1634.95	2672.86	3709.83	5265.41	7858.75
	s	8.1528	11.2409	13.1866	18.9770	21.6282	23.3728	25.2222	27.3252
50	v	0.00465	0.00583	0.00708	0.01527	0.02336	0.03149	0.04374	0.06421
	h	350.04	506.54	670.41	1730.11	2766.57	3800.87	5352.83	7941.55
	s	6.4042	9.3095	11.2572	17.1061	19.7540	21.4941	23.3392	25.4384
100	v	0.00370	0.00427	0.00487	0.00890	0.01285	0.01683	0.02284	0.03294
	h	504.52	653.87	814.00	1882.29	2917.30	3946.88	5492.26	8072.99
	s	5.1517	7.9229	9.8246	15.7180	18.3630	20.0952	21.9324	24.0251

表 4-99　氦（He-4）热力学性质 ρ,U,H,S,C[5]

T /K	ρ /(mol/L)	U /(J/mol)	H /(J/mol)	S /[J/(mol·K)]	C_v /[J/(mol·K)]	C_p /[J/(mol·K)]
			$p=0.1\mathrm{MPa}(1\mathrm{bar})$			
3	35.794	−39	−36	9.8	7.6	9.4
4	32.477	−27	−24	13.3	9.1	16.3
5	2.935	52	86	39.1	12.7	27.1
10	1.238	120	201	55.2	12.5	21.7
20	0.602	247	413	69.9	12.5	21.0
50	0.240	623	1039	89.0	12.5	20.8
100	0.120	1247	2079	103.4	12.5	20.8
200	0.060	2494	4158	117.8	12.5	20.8
300	0.040	3741	6237	126.3	12.5	20.8
400	0.030	4988	8315	132.3	12.5	20.8
500	0.024	6236	10394	136.9	12.5	20.8
600	0.020	7483	12472	140.7	12.5	20.8
700	0.017	8730	14551	143.9	12.5	20.8
800	0.015	9977	16630	146.7	12.5	20.8
900	0.013	11224	18708	149.1	12.5	20.8
1000	0.012	12471	20787	151.3	12.5	20.8
1500	0.008	18707	31179	159.7	12.5	20.8
			$p=1\mathrm{MPa}(10\mathrm{bar})$			
3	39.703	−42	−16	8.6	7.1	7.8
4	38.210	−34	−7	11.2	8.3	10.9
5	35.818	−22	6	14.0	9.7	15.1
10	15.378	78	143	32.2	12.3	30.5
20	6.067	228	393	49.8	12.6	22.9
50	2.353	617	1042	69.8	12.5	21.1

续表

T /K	ρ /(mol/L)	U /(J/mol)	H /(J/mol)	S /[J/(mol·K)]	C_v /[J/(mol·K)]	C_p /[J/(mol·K)]
100	1.186	1245	2089	84.3	12.5	20.9
200	0.597	2495	4170	98.7	12.5	20.8
300	0.399	3742	6249	107.1	12.5	20.8
400	0.300	4990	8327	113.1	12.5	20.8
500	0.240	6237	10406	117.8	12.5	20.8
600	0.200	7485	12484	121.5	12.5	20.8
700	0.172	8732	14562	124.7	12.5	20.8
800	0.150	9979	16641	127.5	12.5	20.8
900	0.133	11227	18719	130.0	12.5	20.8
1000	0.120	12474	20798	132.2	12.5	20.8
1500	0.080	18710	31190	140.6	12.5	20.8
$p=10MPa(100bar)$						
4	51.978	−24	169	6.7	6.0	7.3
5	51.118	−18	177	8.5	7.9	9.3
10	46.872	23	236	16.6	11.0	14.5
20	37.092	154	423	29.5	12.6	20.7
50	19.192	572	1093	49.9	12.9	22.4
100	10.525	1231	2181	65.0	12.8	21.3
200	5.605	2500	4284	79.6	12.6	20.9
300	3.829	3755	6367	88.0	12.6	20.8
400	2.908	5006	8445	94.0	12.6	20.8
500	2.344	6256	10522	98.6	12.5	20.8
600	1.963	7505	12599	102.4	12.5	20.8
700	1.689	8754	14676	105.6	12.5	20.8
800	1.481	10003	16753	108.4	12.5	20.8
900	1.320	11252	18830	110.9	12.5	20.8
1000	1.189	12500	20907	113.0	12.5	20.8
1500	0.797	18742	31294	121.5	12.5	20.8

4.2.1.3　氖 neon

具体内容见表 4-100。

表 4-100　饱和氖的热力学性质[1]

化学式　Ne		T_c　44.4K							
M_r　20.183		p_c　2654kPa							
T_b　27.09K		ρ_c　483kg/m³							
T_m　24.5K									

T_{sat}/K	27.1	29	31	33	35	37	39	41	43	44.4
p_{sat}/kPa	101.3	174	284	439	646	916	1260	1688	2216	2654
ρ_l/(kg/m³)	1205	1170	1131	1089	1043	992	932	859	754	483
ρ_g/(kg/m³)	9.57	15.7	25.0	38.0	56.0	80.8	115.3	164.5	243.5	483
h_l/(kJ/kg)	5.01	9.00	13.38	17.96	22.74	27.70	32.93	38.67	46.32	
h_g/(kJ/kg)	91.11	92.23	93.00	93.27	92.94	91.85	89.83	86.58	81.13	
$\Delta_v h$/(kJ/kg)	86.1	83.2	79.6	75.3	70.2	64.2	56.9	47.9	34.8	
$c_{p,l}$/[kJ/(kg·K)]	1.87	1.92	1.97	2.05	2.14	2.29	2.49	2.77	3.23	
$c_{p,g}$/[kJ/(kg·K)]	1.31	1.42	1.61	1.84	2.02	2.42	3.06	4.45	8.08	

4.2.1.4 氮 nitrogen

具体内容见表 4-101～表 4-106。

表 4-101　饱和氮热力学性质[1]

化学式　N_2						T_c　126.25K				
M_r　28.016(28.014)						p_c　3396kPa				
T_b　77.35K						ρ_c　304kg/m³				
T_m　63.15K						[T_{tr}=63.15K, p_{tr}=12.463kPa, p_{tr}(l)=0.870g/mol]				
T_{sat}/K	77.35	85	90	95	100	105	110	115	120	126
p_{sat}/kPa	101.3	290	360	540	778	1083	1467	1940	2515	3357
$\rho_l/(kg/m^3)$	807.10	771.01	746.27	719.42	691.08	660.5	626.17	583.43	528.54	379.22
$\rho_g/(kg/m^3)$	4.621	9.833	15.087	22.286	31.989	44.984	62.578	87.184	124.517	237.925
$h_l/(kJ/kg)$	−120.8	−105.7	−95.6	−85.2	−74.5	−63.8	−51.4	−38.1	−21.4	17.4
$h_g/(kJ/kg)$	76.8	82.3	85.0	86.8	87.7	87.4	85.6	81.8	74.3	49.5
$\Delta_v h/(kJ/kg)$	197.6	188.0	180.5	172.2	162.2	150.7	137.0	119.9	95.7	32.1
$c_{p,l}/[kJ/(kg·K)]$	2.064	2.096	2.140	2.211	2.311	2.467	2.711	3.180	4.347	
$c_{p,g}/[kJ/(kg·K)]$	1.123	1.192	1.258	1.350	1.474	1.666	1.975	2.586	4.136	

注：括号中数据为文献[2]数值。

表 4-102　饱和氮的 v，h，s[9]

T/K	p/MPa	$v/(m^3/kg)$			$h/(kJ/kg)$			$s/[kJ/(kg·K)]$		
		v_l	$\Delta_v v$	v_g	h_l	$\Delta_v h$	h_g	s_l	$\Delta_v S$	s_g
63.143m	0.01253	0.001152	1.480060	1.481212	−150.348	215.188	64.840	2.4310	3.4076	5.8386
65	0.01742	0.001162	1.093173	1.094335	−146.691	213.291	66.600	2.4845	3.2849	5.7694
70	0.03858	0.001189	0.525785	0.526974	−136.569	207.727	71.158	2.6345	2.9703	5.6048
75	0.07612	0.001221	0.280970	0.282191	−126.287	201.662	75.375	2.7755	2.6915	5.4670
77.347b	0.101325	0.001237	0.215504	0.216741	−121.433	198.645	77.212	2.8390	2.5706	5.4096
80	0.1370	0.001256	0.162794	0.164050	−115.926	195.089	79.163	2.9083	2.4409	5.3492
85	0.2291	0.001296	0.100434	0.101730	−105.461	187.892	82.431	3.0339	2.2122	5.2461
90	0.3608	0.001340	0.064950	0.066290	−94.817	179.894	85.077	3.1535	2.0001	5.1536
95	0.5411	0.001392	0.043504	0.044896	−83.895	170.877	86.982	3.2688	1.7995	5.0683
100	0.7790	0.001452	0.029861	0.031313	−72.571	160.562	87.991	3.3816	1.6060	4.9876
105	1.0843	0.001524	0.020745	0.022269	−60.691	148.573	87.882	3.4930	1.4150	4.9080
110	1.4673	0.001613	0.014402	0.016015	−48.027	134.319	86.292	3.6054	1.2209	4.8263
115	1.9395	0.001797	0.009696	0.011493	−34.157	116.701	82.544	3.7214	1.0145	4.7359
120	2.5135	0.001904	0.006130	0.008034	−18.017	93.092	75.075	3.8450	0.7803	4.6253
125	3.2079	0.002323	0.002568	0.004891	+6.202	50.114	56.316	4.0356	0.3989	4.4345
126.1c	3.4000	0.003184	0.000000	0.003184	+30.791	0.000	30.791	4.2269	0.0000	4.2269

表 4-103　氮气热力学性质 v，m³/kg；h，kJ/kg；s，kJ/(kg·K)[1]

p/MPa (T_{sat}/K)	性质	标明温度(K)下的数值							
		200	300	400	500	600	800	1000	1200
0.101325 (77.35)	v	0.5845	0.8786	1.172	1.465	1.758	2.344	2.930	3.516
	h	357.00	461.14	565.30	670.20	776.59	995.91	1224.55	1461.29
	s	3.9829	4.4051	4.7048	4.9388	5.1327	5.4479	5.7028	5.9185
0.50 (93.98)	v	0.1174	0.1779	0.2378	0.2974	0.3569	0.4758	0.5946	0.7134
	h	355.05	460.25	564.89	670.03	776.59	996.10	1224.84	1461.63
	s	3.5019	3.9286	4.2297	4.4643	4.6585	4.9739	5.2289	5.4447
1.0 (103.7)	v	0.05810	0.08890	0.1191	0.1490	0.1788	0.2384	0.2978	0.3572
	h	352.58	459.16	564.37	669.84	776.60	996.33	1225.20	1462.07
	s	3.2870	3.7195	4.0222	4.2575	4.4521	4.7679	5.0231	5.2389
2.0 (115.6)	v	0.02844	0.04440	0.05971	0.07481	0.08980	0.1197	0.1494	0.1791
	h	347.60	457.00	563.37	669.47	776.62	996.81	1225.92	1462.94
	s	3.0626	3.5070	3.8131	4.0499	4.2452	4.5616	4.8170	5.0330

续表

p/MPa (T_{sat}/K)	性 质	标明温度（K）下的数值							
		200	300	400	500	600	800	1000	1200
5.0	v	0.01071	0.01775	0.02413	0.03031	0.03640	0.04843	0.06038	0.07230
	h	332.45	450.83	560.56	668.48	776.77	998.29	1228.12	1465.57
	s	2.7330	3.2154	3.5314	3.7722	3.9696	4.2880	4.5442	4.7606
10	v	0.00502	0.00895	0.01232	0.01551	0.01861	0.02470	0.03071	0.03669
	h	308.56	441.78	556.63	667.31	777.34	1000.90	1231.86	1470.01
	s	2.4341	2.9797	3.3106	3.5576	3.7582	4.0796	4.3371	4.5541
20	v	0.00269	0.00470	0.00649	0.00815	0.00975	0.01285	0.01588	0.01889
	h	280.28	428.93	551.48	666.60	779.54	1006.65	1239.64	1479.06
	s	2.1168	2.7261	3.0795	3.3365	3.5425	3.8690	4.1288	4.3470
40	v	0.00188	0.00278	0.00368	0.00453	0.00535	0.00694	0.00848	0.00999
	h	272.71	421.05	550.24	670.61	787.47	1019.85	1256.13	1497.70
	s	1.8614	2.4664	2.8389	3.1078	3.3209	3.6551	3.9186	4.1387
70	v	0.00156	0.00204	0.00254	0.00302	0.00350	0.00442	0.00531	0.00618
	h	287.71	431.56	562.23	685.58	805.40	1042.66	1282.44	1526.54
	s	1.6820	2.2676	2.6442	2.9197	3.1382	3.4794	3.7469	3.9694
100	v	0.00142	0.00175	0.00209	0.00243	0.00276	0.00341	0.00404	0.00466
	h	309.67	451.53	582.06	706.35	827.54	1067.65	1309.89	1555.93
	s	1.5689	2.1461	2.5222	2.7997	3.0208	3.3662	3.6363	3.8606
200	v	0.00121	0.00138	0.00155	0.00172	0.00189	0.00222	0.00254	0.00286
	h	393.11	534.36	664.90	790.06	912.85	1157.26	1404.11	1654.43
	s	1.3371	1.9118	2.2878	2.5673	2.7912	3.1428	3.4181	3.6462

表 4-104　氮气的热力学性质 v,h,s[9]

T/K	v/(m³/kg)	h/(kJ/kg)	s/[kJ/(kg·K)]	v/(m³/kg)	h/(kJ/kg)	s/[kJ/(kg·K)]	v/(m³/kg)	h/(kJ/kg)	s/[kJ/(kg·K)]
	0.1MPa			0.2MPa			0.5MPa		
100	0.290978	101.965	5.6944	0.142475	100.209	5.4767	0.055520	94.345	5.1706
125	0.367217	128.505	5.9313	0.181711	127.371	5.7194	0.073422	123.824	5.4343
150	0.442619	154.779	6.1228	0.220014	153.962	5.9132	0.090150	151.470	5.6361
175	0.517576	180.935	6.2841	0.257890	180.314	6.0760	0.106394	178.434	5.8025
200	0.592288	207.029	6.4234	0.295531	206.537	6.2160	0.122394	205.063	5.9447
225	0.666552	233.085	6.5460	0.332841	232.690	6.3388	0.138173	231.459	6.0690
250	0.741375	259.122	6.6561	0.370418	258.796	6.4491	0.154006	257.828	6.1801
275	0.815563	285.144	6.7550	0.407619	284.876	6.5485	0.169642	284.076	6.2800
300	0.890205	311.158	6.8457	0.445047	310.937	6.6393	0.185346	310.273	6.3715
	1.0MPa			2.0MPa			4.0MPa		
125	0.033065	117.422	5.1872	0.014021	101.489	4.8878			
150	0.041884	147.176	5.4042	0.019546	137.916	5.1547	0.008234	115.716	4.8384
175	0.050125	175.255	5.5779	0.024155	168.709	5.3449	0.011186	154.851	5.0804
200	0.058096	202.596	5.7237	0.028436	197.609	5.4992	0.013648	187.521	5.2553
225	0.065875	229.526	5.8502	0.035697	225.578	5.6309	0.015894	217.757	5.3976
250	0.073634	256.220	5.9632	0.036557	253.032	5.7469	0.018060	246.793	5.5202
275	0.081260	282.720	6.0639	0.040485	280.132	5.8501	0.020133	275.056	5.6277
300	0.088899	309.173	6.1563	0.044398	307.014	5.9436	0.022178	302.848	5.7248
	6.0MPa			8.0MPa			10.0MPa		
150	0.004413	87.090	4.5667	0.002917	61.903	4.3518	0.002388	48.687	4.2287
175	0.006913	140.183	4.8966	0.004863	125.536	4.7470	0.003750	112.489	4.6239
200	0.008772	177.447	5.0961	0.006390	167.680	4.9726	0.005016	158.578	4.8709
225	0.010396	210.139	5.2410	0.007691	202.867	5.1384	0.006104	196.079	5.0474
250	0.011934	240.806	5.3796	0.008903	235.141	5.2750	0.007112	229.861	5.1900
275	0.013383	270.222	5.4917	0.010034	265.676	5.3910	0.008046	261.450	5.3103
300	0.014800	298.907	5.5916	0.011133	295.219	5.4942	0.008950	291.800	5.4163

续表

T /K	v /(m³/kg)	h /(kJ/kg)	s/[kJ/ (kg·K)]	v /(m³/kg)	h /(kJ/kg)	s/[kJ/ (kg·K)]	v /(m³/kg)	h /(kJ/kg)	s/[kJ/ (kg·K)]
	15.0MPa			20.0MPa					
150	0.001956	36.922	4.0798	0.001781	33.637	3.9956			
175	0.002603	92.284	4.4213	0.002186	83.453	4.3029			
200	0.003369	140.886	4.6813	0.002685	130.291	4.5535			
225	0.004106	182.034	4.8752	0.003208	172.307	4.7511			
250	0.004808	218.710	5.0303	0.003728	210.456	4.9127			
275	0.005461	252.465	5.1845	0.004223	245.640	5.0467			
300	0.006091	284.523	5.2707	0.004704	278.942	5.1629			

表 4-105　液态氮的摩尔体积 V，摩尔热容 C[4]

T /K	p_{sat} /bar	V /(cm³/mol)	C_{sat}	C_p /[J/(K·mol)]	C_v
63.148[t]	0.1252	32.28	56.2	56.2	35.6
65	0.1742	32.54	56.4	56.5	34.9
70	0.3858	33.32	56.8	56.9	33.0
75	0.7612	34.20	57.3	57.4	31.3
77.347[b]	1.013	34.64	57.5	57.7	30.6
80	1.370	35.18	57.7	58.0	29.9
85	2.290	36.29	58.2	58.6	28.6
90	3.607	37.55	59.3	60.1	27.8
95	5.409	39.00	60.5	61.8	27.1
100	7.789	40.68	62.6	64.7	26.8
105	10.84	42.69	65.6	69.1	26.7
110	14.67	45.2	69.8	75.7	26.6
115	19.39	48.5	77	88	27.2
120	25.13	53.3	—	—	—
126.20[c]	34.00	89.2	∞	∞	∞

注：t 为 triple point 三相点；b 为 boiling point 沸点；c 为 critical point 临界点。

表 4-106　氮的热力学性质 ρ，U，H，S，C_v，C_p[5]

T /K	ρ /(mol/L)	U /(J/mol)	H /(J/mol)	S /[J/(mol·K)]	C_v /[J/(mol·K)]	C_p /[J/(mol·K)]
	$p=0.1$MPa(1bar)					
70	30.017	−3828	−3824	73.8	28.5	57.2
77.25	28.881	−3411	−3407	79.5	27.8	57.8
77.25	0.163	1546	2161	151.6	21.6	31.4
100	0.123	2041	2856	159.5	21.1	30.0
200	0.060	4140	5800	179.9	20.8	29.2
300	0.040	6223	8717	191.8	20.8	29.2
400	0.030	8308	11635	200.2	20.9	29.2
500	0.024	10414	14573	206.7	21.2	29.6
600	0.020	12563	17554	212.2	21.8	30.1
700	0.017	14770	20593	216.8	22.4	30.7
800	0.015	17044	23698	221.0	23.1	31.4
900	0.013	19383	26869	224.7	23.7	32.0
1000	0.012	21786	30103	228.1	24.3	32.6
1500	0.008	34530	47004	241.8	26.4	34.7

续表

T /K	ρ /(mol/L)	U /(J/mol)	H /(J/mol)	S/[J/ (mol·K)]	C_v/[J/ (mol·K)]	C_p/[J/ (mol·K)]
			$p=1\text{MPa}(10\text{bar})$			
70	30.070	−3838	−3805	73.6	28.9	56.9
80	28.504	−3267	−3232	81.3	27.8	57.7
90	26.721	−2685	−2648	88.2	26.7	59.4
100	24.634	−2073	−2032	94.6	26.2	64.4
103.75	23.727	−1828	−1786	97.1	26.2	67.8
103.75	1.472	1788	2467	138.1	24.1	45.0
200	0.614	4048	5675	160.3	21.0	30.4
300	0.402	6171	8661	172.5	20.9	29.6
400	0.300	8273	11609	180.9	20.9	29.5
500	0.240	10389	14563	187.5	21.3	29.7
600	0.200	12544	17554	193.0	21.8	30.2
700	0.171	14756	20600	197.7	22.4	30.8
800	0.150	17032	23709	201.8	23.1	31.4
900	0.133	19374	26884	205.6	23.7	32.1
1000	0.120	21778	30121	209.0	24.3	32.7
1500	0.080	34527	47029	222.7	26.4	34.8
			$p=10\text{MPa}(100\text{bar})$			
65.32	31.120	−4176	−3855	68.6	31.8	53.8
100	26.201	−2328	−1946	92.0	27.4	56.3
200	7.117	3037	4442	136.4	22.7	45.5
300	3.989	5667	8174	151.7	21.4	33.4
400	2.898	7941	11392	161.0	21.3	31.3
500	2.302	10148	14492	167.9	21.5	30.8
600	1.918	12361	17575	173.5	21.9	30.9
700	1.647	14613	20683	178.3	22.5	31.3
800	1.445	16919	23837	182.5	23.2	31.8
900	1.288	19283	27046	186.8	23.8	32.4
1000	1.162	21705	30308	189.8	24.4	32.9
1500	0.783	34504	47283	203.5	26.5	34.8

4.2.1.5　氢 hydrogen

具体内容见表 4-107～表 4-111。

表 4-107　饱和氢的热力学性质[1]

化学式	H_2				T_c	33.23K(32.97K)			
M_r	2.0160(2.016)				p_c	1316kPa(1.293MPa)			
T_b	20.38K(20.388)				ρ_c	31.6kg/m³($\overline{V}_c$=65cm³/mol)			
T_m	13.95K(13.952K)				$[T_{tr}=13.8\text{K}, p_{tr}=7.042\text{kPa}, \rho_{tr,(l)}=0.0770\text{g/mL}]$				

T_{sat}/K	20.38	21	23	25	27	29	30	31	32	33.23
p_{sat}/kPa	101.3	121	204	321	479	685	808	946	1100	1316
ρ_l/(kg/m³)	71.1	70.4	67.9	65.0	61.6	57.4	54.9	51.7	47.5	31.6
ρ_g/(kg/m³)	1.31	1.56	2.49	3.88	5.81	8.60	10.5	13.0	16.6	31.6
h_l/(kJ/kg)	262	268	291	317	348	384	406	431	463	561
h_g/(kJ/kg)	718	721	729	732	730	719	710	694	671	561
$\Delta_v h$/(kJ/kg)	456	453	438	415	382	335	304	263	208	
$c_{p,l}$/[kJ/(kg·K)]	9.74	10.2	11.8	13.7	16.4	21.1	25.5	33.8	55.8	
$c_{p,g}$/[kJ/(kg·K)]	11.7	11.9	13.0	14.6	17.5	23.3	28.9	39.7	69.1	

注：括号中数据为文献 [2] 数值。

表 4-108 饱和正常氢气的 v, h, s, $c_{p,l}$[3]

T/K	p/bar	$v_l/(m^3/kg)$	$v_g/(m^3/kg)$	$h/(kJ/kg)$	$h_g/(kJ/kg)$	$s_l/[kJ/(kg \cdot K)]$	$s_g/[kJ/(kg \cdot K)]$	$c_{p,l}/[kJ/(kg \cdot K)]$
13.95^t	0.072	0.01298	7.974	218.3	667.4	14.079	46.635	6.36
14	0.074	0.01301	7.205	219.6	669.3	14.173	46.301	6.47
15	0.127	0.01316	4.488	226.4	678.2	14.640	44.763	6.91
16	0.204	0.01332	2.954	233.8	686.7	15.104	43.418	7.36
17	0.314	0.01348	2.032	241.6	694.7	15.568	42.227	7.88
18	0.461	0.01366	1.449	249.9	702.1	16.032	41.158	8.42
19	0.654	0.01387	1.064	258.8	708.8	16.498	40.188	8.93
20	0.901	0.01407	0.8017	268.3	714.8	16.966	39.299	9.45
21	1.208	0.01430	0.6177	278.4	720.2	17.440	38.485	10.13
22	1.585	0.01455	0.4828	289.2	724.4	17.919	37.710	10.82
23	2.039	0.01483	0.3829	300.8	727.6	18.405	36.973	11.69
24	2.579	0.01515	0.3072	313.3	729.8	18.901	36.266	12.52
25	3.213	0.01551	0.2489	326.7	730.7	19.408	35.579	13.44
26	3.950	0.01592	0.2032	341.2	730.2	19.929	34.900	14.80
27	4.800	0.01639	0.1667	357.0	728.0	20.473	34.221	16.17
28	5.770	0.01696	0.1370	374.3	723.7	21.041	33.524	18.48
29	6.872	0.01765	0.1125	393.6	716.6	21.650	32.795	22.05
30	8.116	0.01854	0.0919	415.4	705.9	22.315	32.002	26.59
31	9.510	0.01977	0.0738	441.3	689.7	23.075	31.091	36.55
32	11.07	0.02174	0.0571	474.7	663.3	24.032	29.926	65.37
33.18^c	13.13	0.03182	0.0318	565.4	565.4	26.680	26.680	∞

注：t 为三相点；c 为临界点。

表 4-109 （仲）氢气的 v, m^3/kg; h, kJ/kg; s, $kJ/(kg \cdot K)$[1]

p/MPa (T_{sat}/K)	性质	不同温度（K）时的数值							
		100	200	300	400	600	800	1200	1500
0.101325 (20.28)	v	4.070	8.147	12.22	16.29	24.43	32.57	48.85	61.06
	h	1399.8	2971.3	4509.6	5976.6	8880.9	11806.0	17833.5	22547.2
	s	42.689	53.475	59.729	63.952	69.840	74.046	80.146	83.650
0.20 (22.81)	v	2.061	4.130	6.194	8.257	12.38	16.51	24.75	30.94
	h	1398.3	2971.3	4510.1	5977.3	8881.7	11806.9	17834.3	22548.0
	s	39.869	50.667	56.924	61.147	67.035	71.242	77.342	80.846
0.50 (27.12)	v	0.8241	1.656	2.482	3.307	4.957	6.607	9.906	12.38
	h	1393.6	2971.5	4511.6	5979.4	8884.2	11809.5	17836.9	22550.6
	s	36.046	46.880	53.143	57.367	63.257	67.463	73.563	77.067
1.0 (31.26)	v	0.4119	0.8308	1.245	1.658	2.483	3.307	4.957	6.194
	h	1386.0	2971.7	4514.1	5982.8	8888.4	11813.8	17841.3	22554.9
	s	33.114	44.008	50.280	54.507	60.398	64.605	70.705	74.209
2.0	v	0.2059	0.4184	0.6261	0.8328	1.245	1.658	2.482	3.101
	h	1371.4	2972.3	4519.1	5989.7	8896.7	11822.6	17850.1	22563.5
	s	30.114	41.122	47.413	51.645	57.539	61.747	67.847	71.351
4.0	v	0.1034	0.2123	0.3168	0.4204	0.6268	0.8329	1.245	1.554
	h	1345.2	2974.1	4529.3	6003.5	8913.3	11840.0	17867.6	22580.8
	s	26.993	38.213	44.538	48.781	54.681	58.890	64.990	68.494
7.0	v	0.06019	0.1240	0.1843	0.2436	0.3616	0.4793	0.7146	0.8911
	h	1313.9	2978.3	4544.9	6024.2	8938.1	11866.0	17893.8	22606.6
	s	24.349	35.834	42.207	46.465	52.374	56.584	62.685	66.188
10	v	0.04345	0.08877	0.1312	0.1729	0.2556	0.3379	0.5025	0.6260
	h	1292.9	2984.2	4561.0	6045.1	8962.9	11892.0	17920.0	22632.3
	s	22.615	34.299	40.715	44.987	50.904	55.116	61.217	64.720
20	v	0.02528	0.04795	0.06945	0.09043	0.1818	0.1729	0.2551	0.3167
	h	1281.7	3015.9	4617.9	6115.4	9045.0	11978.2	18007.0	22718.0
	s	19.291	31.274	37.794	42.105	48.047	52.265	58.367	61.869

p/MPa (T_{sat}/K)	性质	不同温度（K）时的数值							
		100	200	300	400	600	800	1200	1500
50	v	0.01551	0.02401	0.03257	0.04097	0.05751	0.07391	0.1066	0.1311
	h	1456.2	3185.6	4816.6	6336.4	9290.7	12233.9	18265.8	22973.9
	s	15.362	27.268	33.906	38.282	44.275	48.508	54.614	58.113
100	v	0.01192	0.01608	0.02031	0.02448	0.03272	0.04086	0.05708	0.06923
	h	1850.1	3553.2	5192.3	6725.3	9700.6	12655.0	18692.0	23396.7
	s	12.618	24.314	30.983	35.397	41.433	45.682	51.794	55.291

表 4-110　压缩（正常）氢气的 v，m^3/kg；h，kJ/kg；s，$kJ/(kg \cdot K)$[3]

p /bar	性质	T/K									
		15	20	30	40	50	60	80	100	150	200
0.1	v	6.076	8.176	12.333	16.473	20.606	24.736	32.991	41.244	61.870	82.495
	h	679.2	731.6	835.5	938.9	1042.3	1146	1356	1575	2172	2826
	s	46.02	49.04	53.25	56.23	58.53	60.43	63.45	65.89	70.68	74.46
1	v	0.0131	0.0141	1.196	1.625	2.046	2.463	3.295	4.123	6.190	8.254
	h	227.3	268.3	826.0	932.7	1037.9	1143	1354	1574	2172	2826
	s	14.62	16.96	43.56	46.63	48.98	50.89	53.93	56.38	61.17	64.96
5	v	0.0131	0.0140	0.2006	0.3039	0.3958	0.4839	0.6553	0.8238	1.241	1.655
	h	231.7	272.1	775.0	903.4	1017.6	1128	1345	1568	2170	2826
	s	14.57	16.88	35.80	39.52	42.07	44.07	47.20	49.68	54.66	58.31
10	v	0.0130	0.0138	0.0181	0.1376	0.1895	0.2366	0.3255	0.4116	0.6221	0.8303
	h	237.2	277.0	412.1	861.8	991.1	1109	1334	1560	2167	2826
	s	14.50	16.77	22.09	35.95	38.85	40.99	44.23	46.75	51.63	55.44
20	v	0.0129	0.0136	0.0167	0.0521	0.0866	0.1135	0.1611	0.2057	0.3129	0.4179
	h	248.2	286.9	406.5	752.0	934.7	1070	1312	1546	2163	2826
	s	14.37	16.58	21.33	31.07	35.19	37.67	41.15	43.76	48.71	52.55
40	v	—	0.0133	0.0155	0.0216	0.0376	0.0533	0.0796	0.1033	0.1586	0.2119
	h	—	307.3	413.5	589.3	823.5	997	1271	1521	2155	2826
	s	—	16.26	20.50	25.49	30.73	33.91	37.87	40.65	45.75	49.64
60	v	—	0.0130	0.0147	0.0182	0.0254	0.0351	0.0532	0.0697	0.1073	0.1433
	h	—	328.0	427.2	570.1	757.0	940	1237	1499	2149	2828
	s	—	15.98	19.95	24.03	28.19	31.54	35.82	38.76	43.99	47.92
80	v	—	0.0127	0.0142	0.0167	0.0211	0.0273	0.0406	0.0531	0.0818	0.1090
	h	—	348.9	443.5	572.3	732.8	905	1210	1482	2146	2831
	s	—	15.74	19.53	23.21	26.78	29.93	34.34	37.37	42.72	46.69
100	v	—	0.0125	0.0138	0.0158	0.0190	0.0233	0.0335	0.0434	0.0666	0.0885
	h	—	369.8	461.1	581.5	727.4	888	1192	1469	2144	2835
	s	—	15.53	19.19	22.63	25.88	28.80	33.19	36.28	41.73	45.73
200	v	—	0.0117	0.0125	0.0136	0.0150	0.0167	0.0207	0.0253	0.0368	0.0480
	h	—	474.4	556.1	658.7	776.9	908	1182	1458	2156	2869
	s	—	14.71	17.99	20.93	23.56	25.94	29.88	32.97	38.59	42.72
400	v	—	—	0.0113	0.0119	0.0126	0.0134	0.0151	0.0171	0.0225	0.0279
	h	—	—	751.0	841.9	945.4	1059	1303	1560	2249	2973
	s	—	—	16.59	19.20	21.50	23.58	27.07	29.94	35.48	39.67
600	v	—	—	0.0106	0.0110	0.0115	0.0120	0.0131	0.0144	0.0178	0.0214
	h	—	—	941.5	1027	1124	1231	1463	1709	2385	3107
	s	—	—	15.68	18.14	20.29	22.24	25.57	28.31	33.74	37.92
800	v	—	—	—	0.0104	0.0107	0.0111	0.0120	0.0130	0.0155	0.0181
	h	—	—	—	1209	1302	1405	1628	1870	2535	3255
	s	—	—	—	17.35	19.43	21.30	24.50	27.20	32.54	36.70
1000	v	—	—	—	0.0099	0.0102	0.0106	0.0112	0.0120	0.0140	0.0160
	h	—	—	—	1387	1478	1578	1796	2032	2692	3403
	s	—	—	—	16.72	18.75	20.58	23.70	26.33	31.63	35.75

续表

p/bar	性质	T/K										
		250	300	350	400	450	500	600	700	800	900	1000
0.1	v	103.12	123.23	144.35	164.97	185.60	206.22	247.46	288.70	329.94	371.18	412.43
	h	3517	4227	4945	5668	6393	7118	8571	10028	11493	12969	14458
	s	77.53	80.13	82.34	84.27	85.98	87.51	90.15	92.40	94.36	96.10	97.66
1	v	10.32	12.38	14.44	16.50	18.57	20.63	24.75	28.88	33.00	37.13	41.25
	h	3517	4227	4946	5669	6393	7118	8571	10029	11494	12969	14459
	s	68.03	70.63	72.85	74.78	76.48	78.01	80.66	82.91	84.86	86.60	88.17
5	v	2.069	2.482	2.895	3.307	3.720	4.132	4.957	5.782	6.607	7.432	8.257
	h	3518	4229	4948	5671	6396	7121	8574	10032	11497	12973	14462
	s	61.39	63.99	66.21	68.14	69.84	71.37	74.02	76.27	78.23	79.96	81.53
10	v	1.038	1.245	1.451	1.658	1.864	2.070	2.483	2.896	3.308	3.720	4.133
	h	3519	4231	4951	5674	6399	7125	8578	10036	11501	12977	14467
	s	58.52	61.12	63.34	65.28	66.98	68.51	71.16	78.41	75.37	77.10	78.67
20	v	0.522	0.6259	0.7294	0.8328	0.9361	1.040	1.246	1.452	1.658	1.865	2.071
	h	3522	4235	4956	5680	6406	7132	8586	10044	11509	12985	14475
	s	55.65	58.26	60.48	62.41	64.12	65.65	68.30	70.55	72.51	74.24	75.81
40	v	0.2644	0.3166	0.3685	0.4204	0.4721	0.5238	0.6271	0.7303	0.8335	0.9366	1.040
	h	3527	4244	4967	5692	6419	7146	8601	10059	11525	13002	14492
	s	52.76	55.38	57.61	59.55	61.26	62.79	65.44	67.69	69.65	71.39	72.95
60	v	0.1786	0.2136	0.2483	0.2829	0.3174	0.3519	0.4209	0.4897	0.5585	0.6273	0.6961
	h	3533	4253	4978	5705	6432	7160	8616	10075	11542	13018	14508
	s	51.05	53.69	55.92	57.86	59.58	61.11	63.76	66.02	67.97	70.51	71.28
80	v	0.1357	0.1621	0.1882	0.2142	0.2401	0.2660	0.3177	0.3694	0.4120	0.4726	0.5242
	h	3540	4263	4989	5718	6446	7174	8631	10091	11558	13035	14525
	s	49.84	52.49	54.73	56.67	58.39	59.92	62.57	64.83	66.79	68.52	70.09
100	v	0.1099	0.1312	0.1521	0.1730	0.1937	0.2145	0.2559	0.2972	0.3385	0.3798	0.4211
	h	3547	4273	5001	5731	6460	7189	8647	10107	11574	13051	14542
	s	48.89	51.55	53.79	55.74	57.46	59.00	61.65	63.90	65.87	67.60	69.17
200	v	0.0588	0.0695	0.0801	0.0905	0.1001	0.1114	0.1321	0.1528	0.1734	0.1941	0.2147
	h	3594	4329	5064	5798	6531	7263	8724	10187	11656	13134	14625
	s	45.94	48.62	50.89	52.85	54.58	56.12	58.78	61.04	63.00	64.74	66.31
400	v	0.0334	0.0388	0.0441	0.0493	0.0545	0.0597	0.0701	0.0804	0.0908	0.1011	0.1114
	h	3716	4458	5202	5943	6681	7416	8883	10349	11820	13300	14792
	s	42.98	45.68	47.97	49.95	51.69	53.24	55.91	58.17	60.14	61.88	63.45
600	v	0.0249	0.0285	0.0321	0.0355	0.0390	0.0425	0.0494	0.0562	0.0631	0.0700	0.0768
	h	3854	4600	5349	6095	6836	7574	9045	10513	11985	13466	14958
	s	41.24	43.95	46.26	48.26	50.00	51.56	54.24	56.50	58.47	60.21	61.78
800	v	0.0207	0.0234	0.0260	0.0286	0.0312	0.0338	0.0390	0.0441	0.0492	0.0543	0.0594
	h	4003	4748	5501	6249	6993	7734	9207	10677	12150	13631	15124
	s	40.03	42.73	45.05	47.05	48.81	50.37	53.05	55.32	57.29	59.03	60.60
1000	v	0.0181	0.0202	0.0223	0.0244	0.0265	0.0286	0.0327	0.0367	0.0408	0.0449	0.0490
	h	4156	4898	5654	6405	7151	7893	9370	10842	12316	13797	15289
	s	39.10	41.79	44.12	46.12	47.88	49.45	52.14	54.41	56.38	58.12	59.69

注：此表系文献［3］摘自 McCarty，Hord and Roder，NBS Monogr. 168，1981。该数据源包括有关正常氢和仲氢性质的详尽的表。v＝比体积，$\mathrm{m^3/kg}$；h＝比焓，$\mathrm{kJ/kg}$；s＝比熵，$\mathrm{kJ/(kg \cdot K)}$。

表 4-111　氢的 ρ 及摩尔热力学性质 U，H，S，C_v，C_p[5]

T /K	ρ /(mol/L)	U /(J/mol)	H /(J/mol)	S /[J/(mol·K)]	C_v /[J/(mol·K)]	C_p /[J/(mol·K)]
			$p=0.1MPa(1bar)$			
15	37.738	−605	−603	11.2	9.7	14.4
20	35.278	−524	−521	15.8	11.3	19.1
40	0.305	491	818	75.6	12.5	21.3
60	0.201	748	1244	84.3	13.1	21.6
80	0.151	1030	1694	90.7	15.3	23.7
100	0.120	1370	2202	96.4	18.7	27.1
120	0.100	1777	2776	101.6	21.8	30.2
140	0.086	2237	3401	106.4	23.8	32.2
160	0.075	2723	4054	110.8	24.6	33.0
180	0.067	3216	4714	114.7	24.6	32.9
200	0.060	3703	5367	118.1	24.1	32.4
220	0.055	4179	6009	121.2	23.4	31.8
240	0.050	4641	6638	123.9	22.8	31.2
260	0.046	5093	7256	126.4	22.3	30.6
280	0.043	5535	7865	128.6	21.9	30.2
300	0.040	5970	8466	130.7	21.6	29.9
400	0.030	8093	11421	139.2	21.0	29.3
			$p=1MPa(10bar)$			
15	38.109	−609	−583	10.9	10.1	14.1
20	35.852	−532	−504	15.5	11.4	18.4
40	3.608	399	676	54.1	12.9	28.4
60	2.098	697	1173	64.3	13.2	23.5
80	1.523	994	1651	71.1	15.4	24.7
100	1.204	1343	2174	77.0	18.8	27.7
120	0.999	1756	2758	82.3	21.9	30.6
140	0.854	2219	3390	87.1	23.9	32.5
160	0.747	2709	4048	91.5	24.7	33.2
180	0.663	3204	4712	95.4	24.6	33.1
200	0.597	3693	5368	98.9	24.1	32.5
220	0.543	4170	6012	102.0	23.5	31.9
240	0.498	4634	6643	104.7	22.9	31.2
260	0.460	5087	7263	107.2	22.3	30.7
280	0.427	5530	7873	109.5	21.9	30.3
300	0.399	5966	8475	111.5	21.6	30.0
400	0.299	8091	11433	120.1	21.0	29.4
			$p=10MPa(100bar)$			
20	39.669	−568	−316	13.0	10.9	15.0
40	31.344	−209	110	27.3	13.2	27.0
60	21.273	255	725	39.7	13.8	32.5
80	14.830	686	1360	48.8	15.9	31.1
100	11.417	1110	1986	55.8	19.3	31.9
120	9.357	1571	2640	61.8	22.4	33.5
140	7.969	2068	3323	67.0	24.3	34.6
160	6.963	2583	4020	71.7	25.0	34.9
180	6.195	3099	4713	75.7	24.9	34.4
200	5.588	3604	5393	79.3	24.4	33.6
220	5.094	4094	6057	82.5	23.7	32.8
240	4.683	4569	6704	85.3	23.1	32.0
260	4.336	5030	7336	87.8	22.6	31.3
280	4.038	5481	7958	90.1	22.1	30.8
300	3.780	5924	8570	92.3	21.8	30.4
400	2.869	8073	11559	100.9	21.2	29.6

4.2.1.6　氧 oxygen

具体内容见表 4-112～表 4-116。

表 4-112　饱和氧的热力学性质[1]

化学式	O_2					T_c	154.77K(154.59K)			
M_r	32.00(31.999)					p_c	5090kPa(5.043MPa)			
T_b	90.18K(90.20K)					ρ_c	405kg/m²(V_c=73cm³/mol)			
T_m	54.35K(54.36K)					$[T_{tr}=54.3584K, p_{tr}=0.14633kPa, \rho_{tr(l)}=1.306g/mol]$				

T_{sat}/K	90.18	97	104	111	118	125	132	140	146	154
p_{sat}/kPa	101.3	196	352	583	908	1348	1924	2782	3591	3939
ρ_l/(kg/m³)	1135.72	1102.05	1065.07	1025.64	982.32	934.58	880.28	808.41	737.56	557.10
ρ_g/(kg/m³)	4.48	8.23	14.14	22.79	35.03	52.05	75.81	116.12	163.34	304.41
h_l/(kJ/kg)	−133.4	−122.1	−110.3	−98.2	−85.4	−71.8	−57.8	−38.9	−23.2	10.6
h_g/(kJ/kg)	78.9	83.8	88.0	91.2	93.3	93.9	92.8	88.4	81.4	56.7
$\Delta_v h$/(kJ/kg)	212.3	205.9	198.3	189.4	178.7	165.7	150.1	127.3	104.6	46.1
$c_{p,l}$/[kJ/(kg·K)]	1.63	1.66	1.70	1.76	1.86	2.00	2.22	2.63	3.28	
$c_{p,g}$/[kJ/(kg·K)]	0.96	1.00	1.05	1.12	1.23	1.36	1.68	2.27	3.63	

注：括号内数据为文献（2）数值。

表 4-113　饱和氧的 v、h、s[9]

T/K	p/MPa	v/(m³/kg)			h/(kJ/kg)			s/[kJ/(kg·K)]		
		v_l	$\Delta_v v$	v_g	h_l	$\Delta_v h$	h_g	s_l	$\Delta_v s$	s_g
54.3507[m]	0.00015	0.000765	92.9658	92.9666	−193.432	242.553	49.121	2.0938	4.4514	6.5452
60	0.00073	0.000780	21.3461	21.3469	−184.029	238.265	54.236	2.2585	3.9686	6.2271
70	0.00623	0.000808	2.9085	2.9093	−167.372	230.527	63.155	2.5151	3.2936	5.8087
80	0.03006	0.000840	0.68104	0.68188	−150.646	222.289	71.643	2.7382	2.7779	5.5161
90	0.09943	0.000876	0.22649	0.22736	−133.758	213.070	79.312	2.9364	2.3663	5.3027
100	0.25425	0.000917	0.094645	0.095562	−116.557	202.291	85.734	3.1161	2.0222	5.1383
110	0.54339	0.000966	0.045855	0.046821	−98.829	189.320	90.491	3.2823	1.7210	5.0033
120	1.0215	0.001027	0.024336	0.025363	−80.219	173.310	93.091	3.4401	1.4445	4.8846
130	1.7478	0.001108	0.013488	0.014596	−60.093	152.887	92.794	3.5948	1.1766	4.7714
140	2.7866	0.001230	0.007339	0.008569	−37.045	125.051	88.006	3.7567	0.8935	4.6502
150	4.2190	0.001480	0.003180	0.004660	−7.038	79.459	72.421	3.9498	0.5301	4.4799
154.576[t]	5.0427	0.002293	0.000000	0.002293	32.257	0.000	32.257	4.1977	0.0000	4.1977

注：m 为融熔，t 为三相点。

表 4-114　氧气的热力学性质 v，m³/kg；h，kJ/kg；s，kJ/(kg·K)[1]

p/MPa (T_{sat}/K)	性质	不同温度 T，K 时的数值							
		200	300	400	500	600	700	800	1000
0.050 (83.94)	v	1.038	1.558	2.079	2.598	3.118	3.638	4.158	5.197
	h	374.65	466.10	559.00	654.63	753.40	855.13	959.43	1174.09
	s	4.1275	4.4982	4.7653	4.9786	5.1586	5.3153	5.4546	5.6939
0.101325 (90.19)	v	0.5113	0.7688	1.026	1.282	1.539	1.795	2.052	2.565
	h	374.39	465.97	558.94	654.60	753.39	855.14	959.45	1174.11
	s	3.9431	4.3143	4.5816	4.7950	4.9750	5.1318	5.2710	5.5104
0.20 (97.24)	v	0.2583	0.3893	0.5197	0.6498	0.7798	0.9098	1.040	1.300
	h	373.89	465.73	558.82	654.54	753.38	855.15	959.48	1174.17
	s	3.7647	4.1370	4.4047	4.6181	4.7982	4.9551	5.0944	5.3337
0.50 (108.8)	v	0.1024	0.1554	0.2079	0.2601	0.3122	0.3642	0.4162	0.5201
	h	372.35	464.99	558.44	654.37	753.33	855.19	959.57	1174.33
	s	3.5212	3.8969	4.1656	4.3796	4.5599	4.7169	4.8562	5.0957
1.0 (119.6)	v	0.05039	0.07749	0.1039	0.1302	0.1563	0.1823	0.2083	0.2603
	h	369.73	463.76	557.81	654.09	753.25	855.25	959.73	1174.59
	s	3.3320	3.7135	3.9840	4.1987	4.3794	4.5366	4.6760	4.9156

续表

p/MPa (T_{sat}/K)	性质	不同温度 T，K 时的数值							
		200	300	400	500	600	700	800	1000
2.0 (132.7)	v	0.02439	0.03853	0.05198	0.06520	0.07832	0.09137	0.1044	0.1304
	h	364.33	461.29	556.57	653.52	753.11	855.38	960.04	1175.13
	s	3.1328	3.5266	3.8007	4.0169	4.1984	4.3560	4.4958	4.7356
5.0 (154.4)	v	0.00876	0.01516	0.02082	0.02624	0.03156	0.03681	0.04204	0.05244
	h	346.74	453.93	552.90	651.86	752.69	855.78	961.00	1176.75
	s	2.8310	3.2684	3.5533	3.7740	3.9578	4.1167	4.2571	4.4977
10	v	0.00361	0.00743	0.01046	0.01327	0.01598	0.01864	0.02126	0.02647
	h	313.19	442.21	547.14	649.30	752.12	856.53	962.66	1179.50
	s	2.5239	3.0559	3.3582	3.5861	3.7736	3.9345	4.0762	4.3180
20	v	0.00173	0.00370	0.00534	0.00682	0.00822	0.00957	0.01089	0.01350
	h	268.46	422.72	537.55	645.22	751.58	858.40	966.22	1185.16
	s	2.1834	2.8202	3.1515	3.3919	3.5858	3.7505	3.8944	4.1386

表 4-115 氧气的 v, h, s[9]

T /K	v /(m³/kg)	h /(kJ/kg)	s /[kJ/(kg·K)]	v /(m³/kg)	h /(kJ/kg)	s /[kJ/(kg·K)]	v /(m³/kg)	h /(kJ/kg)	s /[kJ/(kg·K)]
	0.10MPa			0.20MPa			0.50MPa		
100	0.253503	88.828	5.4016	0.123394	86.864	5.2083			
125	0.320717	112.214	5.6107	0.158268	110.988	5.4241	0.050674	107.093	5.1650
150	0.386914	135.301	5.7787	0.192016	134.440	5.5947	0.075039	131.788	5.3448
175	0.452645	158.255	5.9202	0.225276	157.609	5.7376	0.088842	155.643	5.4919
200	0.518127	181.145	6.0427	0.258282	180.638	5.8609	0.102371	179.105	5.6175
225	0.583465	204.007	6.1502	0.291140	203.596	5.9688	0.115746	202.359	5.7268
250	0.648711	226.869	6.2468	0.323906	226.529	6.0657	0.129025	225.506	5.8246
275	0.713895	249.769	6.3369	0.356610	249.483	6.1560	0.142242	248.621	5.9156
300	0.779036	272.720	6.4140	0.389271	272.475	6.2332	0.155415	271.740	5.9932
	1.00MPa			2.00MPa			4.00MPa		
125	0.027869	99.653	4.9431						
150	0.035976	127.112	5.1433	0.016270	116.476	4.9130	0.005526	81.481	4.5475
175	0.043341	152.269	5.2986	0.020544	145.112	5.0899	0.009029	128.618	4.8414
200	0.050394	176.508	5.4283	0.024395	171.150	5.2293	0.011376	159.715	5.0080
225	0.057282	200.280	5.5401	0.028051	196.052	5.3464	0.013444	187.333	5.1380
250	0.064068	223.795	5.6394	0.031597	220.348	5.4491	0.015378	213.374	5.2480
275	0.070790	247.185	5.7314	0.035073	244.309	5.5433	0.017233	238.560	5.3469
300	0.077467	270.516	5.8098	0.038502	268.076	5.6263	0.019039	263.234	5.4300
	6.00MPa			8.00MPa			10.00MPa		
175	0.005051	107.496	4.6431	0.003002	79.513	4.4384	0.002020	52.661	4.2573
200	0.007027	147.232	4.8565	0.004864	133.760	4.7308	0.003603	119.767	4.6189
225	0.008589	178.304	5.0029	0.006181	169.069	4.8973	0.004757	159.686	4.8072
250	0.009991	206.340	5.1214	0.007316	199.317	5.0251	0.005730	192.401	4.9455
275	0.011306	232.848	5.2253	0.008360	227.219	5.1344	0.006606	221.685	5.0572
300	0.012570	258.464	5.3116	0.009351	253.797	5.2240	0.007432	249.262	5.1533
	20.00MPa								
175	0.001343	24.551	4.0086						
200	0.001727	75.318	4.2798						
225	0.002236	122.595	4.5024						
250	0.002755	163.109	4.6739						
275	0.003241	198.021	4.8069						
300	0.003700	229.655	4.9174						

表 4-116　氧的密度 ρ 及摩尔热力学性质 U、H、S、C_v、C_p[2]

Oxygen（O$_2$）

T /K	ρ /(mol/L)	U /(J/mol)	H /(J/mol)	S /[J/(mol·K)]	C_v /[J/(mol·K)]	C_p /[J/(mol·K)]
\multicolumn{7}{c}{$p=0.1$MPa（1bar）}
60	40.049	−5883	−5880	72.4	34.9	53.4
80	37.204	−4814	−4812	87.7	31.0	53.6
100	0.123	2029	2840	172.9	21.4	30.5
120	0.102	2458	3442	178.4	21.0	29.8
140	0.087	2881	4035	182.9	20.9	29.5
160	0.076	3301	4624	186.9	20.9	29.4
180	0.067	3720	5210	190.3	20.8	29.3
200	0.060	4138	5796	193.4	20.8	29.3
220	0.055	4556	6381	196.2	20.8	29.3
240	0.050	4974	6966	198.8	20.9	29.3
260	0.046	5393	7552	201.1	20.9	29.3
280	0.043	5812	8138	203.3	21.0	29.4
300	0.040	6234	8726	205.3	21.1	29.4
320	0.038	6657	9316	207.2	21.2	29.5
340	0.035	7082	9908	209.0	21.3	29.7
360	0.033	7510	10503	210.7	21.5	29.8
380	0.032	7941	11100	212.3	21.6	30.0
\multicolumn{7}{c}{$p=1$MPa（10bar）}
60	40.084	−5887	−5863	72.3	34.9	53.3
80	37.254	−4822	−4795	87.6	31.0	53.5
100	34.153	−3741	−3712	99.7	28.5	55.2
120	1.198	2163	2997	156.7	24.0	40.6
140	0.950	2683	3735	162.4	22.2	34.4
160	0.802	3151	4398	166.8	21.5	32.2
180	0.698	3598	5030	170.5	21.2	31.2
200	0.620	4035	5647	173.8	21.1	30.6
220	0.559	4466	6255	176.7	21.0	30.3
240	0.509	4894	6858	179.3	21.0	30.1
260	0.468	5321	7458	181.7	21.0	29.9
280	0.433	5748	8056	183.9	21.1	29.9
300	0.403	6174	8654	186.0	21.1	29.9
320	0.377	6602	9252	187.9	21.2	29.9
340	0.355	7032	9851	189.7	21.4	30.0
360	0.335	7463	10452	191.4	21.5	30.1
380	0.317	7898	11056	193.1	21.7	30.2
\multicolumn{7}{c}{$p=10$MPa（100bar）}
60	40.419	−5931	−5684	71.5	35.1	53.0
80	37.727	−4893	−4628	86.7	31.6	52.7
100	34.881	−3856	−3570	98.5	29.1	53.4
120	31.721	−2796	−2481	108.4	27.3	55.9
140	27.890	−1662	−1304	117.5	26.2	62.9
160	22.379	−322	125	127.0	26.1	84.8
180	13.232	1489	2245	139.5	26.6	105.9
200	8.666	2681	3835	147.9	24.0	60.6
220	6.868	3424	4880	152.9	22.6	46.4
240	5.836	4029	5742	156.6	22.0	40.6
260	5.134	4573	6521	159.7	21.8	37.6
280	4.613	5086	7254	162.5	21.6	35.8
300	4.205	5581	7959	164.9	21.6	34.7
320	3.874	6063	8645	167.1	21.7	33.9
340	3.598	6538	9318	169.1	21.8	33.4
360	3.363	7009	9982	171.0	21.9	33.0
380	3.161	7477	10641	172.8	22.0	32.8

4.2.1.7 臭氧 ozone

具体内容见表 4-117～表 4-119。

表 4-117 臭氧热力学性质[10,11]

名　称	臭　氧	名　称	臭　氧
化学式	O_3	$\Delta_f G_卒^{\ominus}$①/(kJ/mol)	163.2
M_r	47.998	$S_卒^{\ominus}$①/[J/(mol·K)]	238.9
T_c/K	261.05(261.1K)①	$C_{p,g}^{\ominus}$①(卒)/[J/(mol·K)]	39.2

$C_{p,g}$② $= 31.467 + 1.4982 \times 10^{-2} T + 6.7966 \times 10^{-5} T^2 - 8.4157 \times 10^{-8} T^3 + 2.7205 \times 10^{-11} T^4$, 50—1500K

$C_{p,l}$② $= 40.279 + 8.1284 \times 10^{-1} T - 4.6303 \times 10^{-3} T^2 + 1.3033 \times 10^{-5} T^3$, 90—248K

$C_{p,s}$② $= 52.933 + 4.8005 \times 10^{-2} T + 1.5939 \times 10^{-3} T^2$, 30—80K

$\log p_{u,p} = 3.96200 - 552.5000/(T + 251.00 - 273.15)$ bar

名称	臭氧
p_c/bar	55.70
V_c/(cm³/mol)	89.40(89)①
$Z_c \left(= \dfrac{p_c V_c}{RT_c} \right)$	0.229
T_t/K	80.2
p_t/Pa	1.1452
T_m/K	80.65
$\Delta_m H$②($T_m = 80.15$K)	2.092
T_b/K	161.80
$\Delta_v H(T_b)$/(kJ/mol)	14.20
$\Delta_f H_卒^{\ominus}$①/(kJ/mol)	142.7

	$p_{vp,min}$/bar	T_{min}/K
	0.02	120.00
	$p_{vp,max}$/bar	T_{max}/K
	2	173.07

① 引自文献[2]。② 引自文献[12]。

表 4-118 不同温度下理想气体 O_3 热力学性质($p^{\ominus} = 1.01325$bar)[11]

T/K	$H^{\ominus}/RT$	$S^{\ominus}$/[J/(mol·K)]	$G^{\ominus}/RT$	$C_{p,g}^{\ominus}$/[J/(mol·K)]	T/K	$H^{\ominus}/RT$	$S^{\ominus}$/[J/(mol·K)]	$G^{\ominus}/RT$	$C_{p,g}^{\ominus}$/[J/(mol·K)]
150	33.33	214.24	180.90	33.74	350	35.56	245.30	209.74	41.56
200	33.59	224.07	190.52	35.06	400	36.46	250.99	214.55	43.68
250	34.07	232.13	198.07	37.04	450	37.37	256.31	218.89	45.52
298.15	34.74	238.84	204.10	39.22	500	38.26	261.15	222.87	47.13
300	34.75	239.09	204.31	39.30	550	39.13	265.69	226.55	48.50

表 4-119 臭氧气体热力学性质[11]

T/K	p/bar			T/K	p/bar		
	1.013	5.065	10.13		1.013	5.065	10.13
	H/RT				G/RT		
100*(200)	33.29	32.09	—	200	190.63	177.67	—
298.15	34.63	34.22	33.70	298.15	204.14	190.89	185.30
350	35.51	35.23	34.88	350	209.76	196.45	190.79
	S/[J/(mol·K)]				$C_{p,g}$/[J/(mol·K)]		
200	223.88	209.73	—	200	35.58	37.63	—
298.15	238.77	225.10	218.99	298.15	39.98	40.04	40.87
350	245.26	231.68	225.67	350	41.68	42.12	42.66

注：* 原文献 100，恐系 200 之误。

4.2.1.8 氟 fluorine

具体内容见表 4-120。

表 4-120　氟热力学性质[10,12]

名称	氟		
化学式	F_2	$\Delta_{s,t}H(T_{s,t})/(J/mol)$	727.6(45.55K)[12]
M_r	37.997	p_{sat}/kPa	0.22(53.56K),
T_c/K	144.3		2.79(63.49K)[12]
p_c/bar	52.15		18.62(72.56K),
$V_c/(cm^3/mol)$	66.2		80.52(83.06K)
$Z_c\left(=\dfrac{p_c}{R}\dfrac{V_c}{T_c}\right)$	0.288		162.11(89.40K)

$C_{p,g}^{②}=27.408+1.2928\times10^{-2}T+7.0701\times10^{-6}T^2-1.6302\times10^{-8}T^3+5.9789\times10^{-12}T^4,100\sim1500K$

$C_{p,l}=83.829-7.8518\times10^{-1}T+5.2305\times10^{-3}T^2+4.6617\times10^{-6}T^3,53\sim137K$

$C_{p,s}^{②}=17.167+5.1968\times10^{-1}T-6.0949\times10^{-4}T^2,40\sim53K$

	氟
T_m/K	53.48
T_b/K	84.95
$\Delta_m H/(J/mol)$	510[13]
$\Delta_v H(-188.44℃,98.4kPa)/(J/mol)$	6544[13]
$\rho_l(T_b)/(kg/m^3)$	1516[13]
ρ_s(估算平均值)$/(kg/m^3)$	1900[13]
$C_{p,g}^{\ominus ①}/[J/(mol\cdot K)]$	31.3 (298.15K)
$S^{\ominus ①}/[J/(mol\cdot K)]$	202.8 (298.15K)
$C_{p,l}/[J/(mol\cdot K)]$	57.312[12]
$C_{p,s}/[J/(mol\cdot K)]$	(-223℃) 49.338[12]
	(-238℃) 31.074
	(-253℃) 12.987

	$C_{p,Tmin}$	$C_{p,Tmax}$
	36.979	43.216

$\lg p_{v,\rho}=3.89087-304.3500/(T+266.54-273.15),$ bar

	p_{vpmin}/bar,	p_{vpmax}/bar
	0.02	2
	T_{min}/K	T_{max}/K
	61.00	91.39

①引自文献[2]，②引自文献[12]。

4.2.1.9　氯 chlorine

具体内容见表 4-121。

表 4-121　饱和氯热力学性质[1]

化学式	Cl_2	T_c	417.15K
M_r	70.914	p_c	7710kPa
T_b	239.11K	ρ_c	573kg/m³
T_m	172.65K		

T_{sat}/K	239	261	283	305	328	350	372	394	411	416
p_{sat}/kPa	101.3	241	501	928	1575	2501	3769	5452	7036	7634
$\rho_l/(kg/m^3)$	1563	1503	1439	1370	1295	1213	1116	992.1	838.9	700.8
$\rho_g/(kg/m^3)$	3.69	8.20	16.2	28.9	48.5	78.1	123.8	202.0	329.0	468.4
$h_l/(kJ/kg)$	237.7	258.8	280.5	302.6	325.6	349.9	377.0	409.7	444.2	467.3
$h_g/(kJ/kg)$	525.4	533.9	541.7	548.1	552.8	554.8	553.0	543.9	523.4	499.8
$\Delta_v h/(kJ/kg)$	287.7	275.1	261.2	245.5	227.2	204.9	176.0	134.2	79.2	32.5
$c_{p,l}/[kJ/(kg\cdot K)]$	0.949	0.954	0.962	0.973	1.01	1.10	1.40	1.93		
$c_{p,g}/[kJ/(kg\cdot K)]$	0.497	0.528	0.579	0.644	0.748	0.985	1.40	1.98	4.40	

4.2.1.10　汞 mercury

具体内容见表 4-122～表 4-127。

表 4-122　饱和汞热力学性质[1]

化学式	Hg	T_c	1763.2K(1764K)
M_r	200.51(200.59)	p_c	151000kPa(167MPa)
T_b	630.1K(629.77K)	ρ_c	5500kg/m³
T_m	234.32K(234.321K)		

T_{sat}/K	630.1	650	700	750	800	850	900	950	1000	1050
p_{sat}/kPa	101.3	145	316	620	1120	1880	2990	4530	6580	9230

续表

ρ_l/(kg/m³)	12737	12688	12567	12444	12318	12190	12059	11927	11791	11650
ρ_g/(kg/m³)	3.91	5.37	10.9	20.1	34.2	54.6	82.7	119.9	167.7	227.3
h_l/(kJ/kg)	91.8	94.5	101.3	108.2	115.2	122.3	129.5	136.9	144.4	153.8
h_g/(kJ/kg)	386.7	388.7	393.6	398.4	403.0	407.4	411.6	415.5	419.1	423.0
$\Delta_v h$/(kJ/kg)	294.9	294.2	292.3	290.2	287.8	285.1	282.1	278.6	274.7	269.2
$c_{p,l}$/[kJ/(kg·K)]	0.136	0.136	0.137	0.138	0.140	0.142	0.144	0.146	0.149	0.153
$c_{p,g}$/[kJ/(kg·K)]	0.104	0.104	0.105	0.106	0.107	0.108	0.109	0.111	0.113	0.116

注：括号内数据为文献［2］数值。

表 4-123　饱和汞的 h, s, v[9]

p/MPa	t/℃	h_l	$\Delta_v h$	h_g	s_l	$\Delta_v s$	s_g	v/(m³/kg)
		/(kJ/kg)			/[kJ/(kg·K)]			
0.00006	109.2	15.13	297.20	312.33	0.0466	0.7774	0.8240	259.6
0.00007	112.3	15.55	297.14	312.69	0.0477	0.7709	0.8186	224.3
0.00008	115.0	15.93	297.09	313.02	0.0487	0.7654	0.8141	197.7
0.00009	117.5	16.27	297.04	313.31	0.0496	0.7604	0.8100	176.8
0.00010	119.7	16.58	297.00	313.58	0.0503	0.7560	0.8063	160.1
0.0002	134.9	18.67	296.71	315.38	0.0556	0.7271	0.7827	83.18
0.0004	151.5	20.93	296.40	317.33	0.0610	0.6981	0.7591	43.29
0.0006	161.8	22.33	296.21	318.54	0.0643	0.6811	0.7454	29.57
0.0008	169.4	23.37	296.06	319.43	0.0666	0.6690	0.7356	22.57
0.0010	175.5	24.21	295.95	320.16	0.0685	0.6596	0.7281	18.31
0.002	195.6	26.94	295.57	322.51	0.0744	0.6305	0.7049	9.570
0.004	217.7	29.92	295.15	325.07	0.0806	0.6013	0.6819	5.013
0.006	231.6	31.81	294.89	326.70	0.0843	0.5842	0.6685	3.438
0.008	242.0	33.21	294.70	327.91	0.0870	0.5721	0.6591	2.632
0.010	250.3	34.33	294.54	328.87	0.0892	0.5627	0.6519	2.140
0.02	278.1	38.05	294.02	332.07	0.0961	0.5334	0.6295	1.128
0.04	309.1	42.21	293.43	335.64	0.1034	0.5039	0.6073	0.5942
0.06	329.0	44.85	293.06	337.91	0.1078	0.4869	0.5947	0.4113
0.08	343.9	46.84	292.78	339.62	0.1110	0.4745	0.5855	0.3163
0.1	356.1	48.45	292.55	341.00	0.1136	0.4649	0.5785	0.2581
0.2	397.1	53.87	291.77	345.64	0.1218	0.4353	0.5571	0.1377
0.3	423.8	57.38	291.27	348.65	0.1268	0.4179	0.5447	0.09551
0.4	444.1	60.03	290.89	350.92	0.1305	0.4056	0.5361	0.07378
0.5	460.7	62.20	290.58	352.78	0.1334	0.3960	0.5294	0.06044
0.6	474.9	64.06	290.31	354.37	0.1359	0.3881	0.5240	0.05137
0.7	487.3	65.66	290.08	355.74	0.1380	0.3815	0.5195	0.04479
0.8	498.4	67.11	289.87	356.98	0.1398	0.3757	0.5155	0.03978
0.9	508.5	68.42	289.68	358.10	0.1415	0.3706	0.5121	0.03584
1.0	517.8	69.61	289.50	359.11	0.1429	0.3660	0.5089	0.03266
1.2	534.4	71.75	289.19	360.94	0.1455	0.3581	0.5036	0.02781
1.4	549.0	73.63	288.92	362.55	0.1478	0.3514	0.4992	0.02429

续表

p /MPa	t /℃	h_l	$\Delta_v h$	h_g	s_l	$\Delta_v s$	s_g	v /(m³/kg)
		/(kJ/kg)			/[kJ/(kg·K)]			
1.6	562.0	75.37	288.67	364.04	0.1498	0.3456	0.4954	0.02161
1.8	574.0	76.83	288.45	365.28	0.1515	0.3405	0.4920	0.01949
2.0	584.9	78.23	288.24	366.47	0.1531	0.3359	0.4890	0.01778
2.2	595.1	79.54	288.05	367.59	0.1546	0.3318	0.4864	0.01637
2.4	604.6	80.75	287.87	368.62	0.1559	0.3280	0.4839	0.01518
2.6	613.5	81.89	287.70	369.59	0.1571	0.3245	0.4816	0.01416
2.8	622.0	82.96	287.54	370.50	0.1583	0.3212	0.4795	0.01329
3.0	630.0	83.97	287.39	371.36	0.1594	0.3182	0.4776	0.01252
3.5	648.5	86.33	287.04	373.37	0.1619	0.3115	0.4734	0.01096
4.0	665.1	88.43	286.73	375.16	0.1641	0.3056	0.4697	0.00978
4.5	680.3	90.35	286.44	376.79	0.1660	0.3004	0.4664	0.00885
5.0	694.4	92.11	286.18	378.29	0.1678	0.2958	0.4636	0.00809
5.5	707.4	93.76	285.93	379.69	0.1694	0.2916	0.4610	0.00746
6.0	719.7	95.30	285.70	381.00	0.1709	0.2878	0.4587	0.00693
6.5	731.3	96.75	285.48	382.23	0.1723	0.2842	0.4565	0.00648
7.0	742.3	98.12	285.28	383.40	0.1736	0.2809	0.4545	0.00609
7.5	752.7	99.42	285.08	384.50	0.1748	0.2779	0.4527	0.00575

注：引自 sheldon Lucian A Thermodynamicpropertles of Mercury Vapor，ASME 49A，30，1949。

表 4-124　气态汞的 v，m³/kg；h，kJ/kg；s，kJ/(kg·K)[1]

p/MPa (T_{sat}/K)	性质	不同温度（T，K）时的数值							
		900	1000	1100	1200	1300	1400	1500	1600
0.20 (670.0)	v	0.1861	0.2069	0.2277	0.2484	0.2692	0.2899	0.3107	0.3314
	h	353.51	363.91	374.29	384.68	395.05	405.43	415.80	426.17
	s	0.5375	0.5484	0.5583	0.5674	0.5757	0.5834	0.5905	0.5972
0.50 (733.2)	v	0.07422	0.08258	0.09091	0.09924	0.1076	0.1159	0.1242	0.1325
	h	353.20	363.65	374.07	384.48	394.89	405.28	415.67	426.06
	s	0.4993	0.5103	0.5202	0.5293	0.5376	0.5453	0.5525	0.5592
1.0 (789.7)	v	0.03692	0.04113	0.04532	0.04951	0.05368	0.05785	0.06202	0.06618
	h	352.68	363.21	373.70	384.16	394.61	405.04	415.46	425.87
	s	0.4702	0.4813	0.4913	0.5004	0.5087	0.5165	0.5237	0.5304
2.0 (855.8)	v	0.01827	0.02040	0.02253	0.02464	0.02674	0.02884	0.03093	0.03302
	h	351.62	362.32	372.95	383.52	394.05	404.55	415.02	425.48
	s	0.4407	0.4520	0.4621	0.4713	0.4797	0.4875	0.4948	0.5015
5.0 (962.8)	v		0.00796	0.00885	0.00972	0.01058	0.01143	0.01228	0.01313
	h		359.56	370.63	381.54	392.34	403.06	413.71	424.32
	s		0.4122	0.4228	0.4323	0.4409	0.4489	0.4562	0.4630
10 (1064)	v			0.00428	0.00474	0.00518	0.00563	0.00606	0.00650
	h			366.56	378.11	389.40	400.51	411.48	422.34
	s			0.3916	0.4017	0.4107	0.4189	0.4265	0.4335

表 4-125　气态、液态汞的 C_p-t 关系[2]

$t/℃$	$C_p/[\text{J}/(\text{mol}\cdot\text{K})]$		$t/℃$	$C_p/[\text{J}/(\text{mol}\cdot\text{K})]$		$t/℃$	$C_p/[\text{J}/(\text{mol}\cdot\text{K})]$	
	L	G		L	G		L	G
−38.84	28.2746	20.786	140	27.3675	20.786	340	27.1500	20.836
−20	28.1466	20.786	160	27.3090	20.786	356.73	27.1677	20.849
0	28.0190	20.786	180	27.2588	20.790	360	27.1709	20.853
20	27.9002	20.786	200	27.2169	20.790	380	27.1981	20.870
25	27.8717	20.786	220	27.1834	20.794	400	27.2324	20.891
40	27.7897	20.786	240	27.1583	20.794	420	27.2738	20.916
60	27.6880	20.786	260	27.1412	20.799	440	27.3207	20.941
80	27.5952	20.786	280	27.1320	20.807	460	27.3742	20.974
100	27.5106	20.786	300	27.1303	20.815	480	27.4332	21.008
120	27.4349	20.786	320	27.1366	20.824	500	27.4985	21.046

表 4-126　α-固态汞的 C_p-t 关系[2] rhombohedral（α-mercury）form

$t/℃$	$C_p/$ $[\text{J}/(\text{mol}\cdot\text{K})]$	$t/℃$	$C_p/$ $[\text{J}/(\text{mol}\cdot\text{K})]$	$t/℃$	$C_p/$ $[\text{J}/(\text{mol}\cdot\text{K})]$	$t/℃$	$C_p/$ $[\text{J}/(\text{mol}\cdot\text{K})]$
−268.99	0.99①	−248.15	12.74	−193.15	23.16	−113.15	26.15
−268.99	0.97②	−243.15	14.78	−183.15	23.76	−93.15	26.69
−268.15	1.6	−233.15	17.90	−173.15	24.24	−73.15	27.28
−263.15	4.6	−223.15	19.94	−153.15	25.00	−53.15	27.96
−258.15	7.6	−213.15	21.40	−133.15	25.61	−38.87	28.5
−253.15	10.33	−203.15	22.42				

①超导状态。②正常状态。

表 4-127　不同温度（t,℃）下汞的密度（ρ）和比体积（v）[2]

$t/℃$	$\rho/(\text{g}/\text{mL})$	$v/(\text{mL}/\text{kg})$	$t/℃$	$\rho/(\text{g}/\text{mL})$	$v/(\text{mL}/\text{kg})$	$t/℃$	$\rho/(\text{g}/\text{mL})$	$v/(\text{mL}/\text{kg})$
−20	13.64461	73.2890	−6	13.60991	73.4759	8	13.57535	73.6629
−19	13.64212	73.3024	−5	13.60743	73.4892	9	13.57289	73.6763
−18	13.63964	73.3157	−4	13.60496	73.5026	10	13.57043	73.6896
−17	13.63716	73.3291	−3	13.60249	73.5160	11	13.56797	73.7030
−16	13.63468	73.3424	−2	13.60002	73.5293	12	13.56551	73.7164
−15	13.63220	73.3558	−1	13.59755	73.5427	13	13.56305	73.7297
−14	13.62972	73.3691	0	13.59508	73.5560	14	13.56059	73.7431
−13	13.62724	73.3824	1	13.59261	73.5694	15	13.55813	73.7565
−12	13.62476	73.3958	2	13.59014	73.5827	16	13.55567	73.7698
−11	13.62228	73.4091	3	13.58768	73.5961	17	13.55322	73.7832
−10	13.61981	73.4225	4	13.58521	73.6095	18	13.55076	73.7966
−9	13.61733	73.4358	5	13.58275	73.6228	19	13.54831	73.8100
−8	13.61485	73.4492	6	13.58028	73.6362	20	13.54585	73.8233
−7	13.61238	73.4625	7	13.57782	73.6495	21	13.54340	73.8367

$t/℃$	$\rho/(g/mL)$	$v/(mL/kg)$	$t/℃$	$\rho/(g/mL)$	$v/(mL/kg)$	$t/℃$	$\rho/(g/mL)$	$v/(mL/kg)$
22	13.54094	73.8501	55	13.46035	74.2923	88	13.38037	74.7364
23	13.53849	73.8635	56	13.45791	74.3057	89	13.37795	74.7498
24	13.53604	73.8769	57	13.45548	74.3192	90	13.37554	74.7633
25	13.53359	73.8902	58	13.45305	74.3326	91	13.37313	74.7768
26	13.53114	73.9036	59	13.45062	74.3460	92	13.37071	74.7903
27	13.52869	73.9170	60	13.44819	74.3594	93	13.36830	74.8038
28	13.52624	73.9304	61	13.44576	74.3729	94	13.36589	74.8173
29	13.52379	73.9438	62	13.44333	74.3863	95	13.36347	74.8308
30	13.52134	73.9572	63	13.44090	74.3998	96	13.36106	74.8443
31	13.51889	73.9705	64	13.43848	74.4132	97	13.35865	74.8579
32	13.51645	73.9839	65	13.43605	74.4266	98	13.35624	74.8714
33	13.51400	73.9973	66	13.43362	74.4401	99	13.35383	74.8849
34	13.51156	74.0107	67	13.43120	74.4535	100	13.35142	74.8984
35	13.50911	74.0241	68	13.42877	74.4670	110	13.3273	75.0337
36	13.50667	74.0375	69	13.42635	74.4804	120	13.3033	75.1693
37	13.50422	74.0509	70	13.42392	74.4939	130	13.2793	75.3052
38	13.50178	74.0643	71	13.42150	74.5073	140	13.2553	75.4413
39	13.49934	74.0777	72	13.41908	74.5208	150	13.2314	75.5778
40	13.49690	74.0911	73	13.41665	74.5342	160	13.2075	75.7147
41	13.49446	74.1045	74	13.41423	74.5477	170	13.1886	75.8519
42	13.49202	74.1179	75	13.41181	74.5612	180	13.1597	75.9895
43	13.48958	74.1313	76	13.40939	74.5746	190	13.1359	76.1274
44	13.48714	74.1447	77	13.40697	74.5881	200	13.1120	76.2659
45	13.48470	74.1581	78	13.40455	74.6016	210	13.0882	76.4047
46	13.48226	74.1715	79	13.40213	74.6150	220	13.0644	76.5440
47	13.47982	74.1850	80	13.39971	74.6285	230	13.0406	76.6838
48	13.47739	74.1984	81	13.39729	74.6420	240	13.0167	76.8241
49	13.47495	74.2118	82	13.39487	74.6554	250	12.9929	76.9650
50	13.47251	74.2252	83	13.39245	74.6689	260	12.9691	77.1064
51	13.47008	74.2386	84	13.39003	74.6824	270	12.9453	77.2484
52	13.46765	74.2520	85	13.38762	74.6959	280	12.9214	77.3909
53	13.46521	74.2655	86	13.38520	74.7094	290	12.8975	77.5341
54	13.46278	74.2789	87	13.38278	74.7229	300	12.8736	77.6779

注：ρ 值的不确定度，$-20 \sim -10℃$ 为 $0.0003g/mL$；$-10 \sim 200℃ \leqslant 0.0001$；$200 \sim 300℃$ 为 0.0002。Ref. Ambrose D.，Metrologia，27，245，1990。

4.2.2 无机化合物气体

4.2.2.1 氨 ammonia

具体内容见表 4-128～表 4-130。

表 4-128 饱和氨热力学性质[1]

化学式	NH₃				T_c	405.55K(405.56K)			
M_r	17.032(17.031)				p_c	11290kPa(11.357MPa)			
T_b	239.75K(239.82K)				ρ_c	235kg/m³(V_c=69.8cm³/mol)			
T_m	195.45K(195.42K)				(T_{tr}=195.4K,p_{tr}=6.12kPa)				

T_{sat}/K	239.75	250	270	290	310	330	350	370	390	400
p_{sat}/kPa	101.3	165.4	381.9	775.3	1424.9	2422	3870	5891	8606	10280
$\rho_l/(kg/m^3)$	682	669	643	615	584	551	512	466	400	344
$\rho_g/(kg/m^3)$	0.86	1.41	3.09	6.08	11.0	18.9	31.5	52.6	93.3	137
$h_l/(kJ/kg)$	808.0	854.0	945.7	1039.6	1135.7	1235.7	1341.9	1457.5	1591.4	1675.3
$h_g/(kJ/kg)$	2176	2192	2219	2240	2251	2255	2251	2202	2099	1982
$\Delta_v h/(kJ/kg)$	1368	1338	1273	1200	1115	1019	899	744	508	307
$c_{p,l}/[kJ/(kg \cdot K)]$	4.472	4.513	4.585	4.649	4.857	5.066	5.401	5.861	7.74	
$c_{p,g}/[kJ/(kg \cdot K)]$	2.12	2.32	2.69	3.04	3.44	3.90	4.62	6.21	8.07	

注：括号内数据为文献［2］数值。

表 4-129　饱和氨的 v，h，$s^{[9]*}$

t/℃	p/kPa	v/(m³/kg)			h/(kJ/kg)			s/[kJ/(kg·K)]		
		v_l	$\Delta_v v$	v_g	h_l	$\Delta_v h$	h_g	s_l	$\Delta_v s$	s_g
−50	40.88	0.001424	2.6239	2.6254	−44.3	1416.7	1372.4	−0.1942	6.3502	6.1561
−48	45.96	0.001429	2.3518	2.3533	−35.5	1411.3	1375.8	−0.1547	6.2696	6.1149
−46	51.55	0.001434	2.1126	2.1140	−26.6	1405.8	1379.2	−0.1156	6.1902	6.0746
−44	57.69	0.001439	1.9018	1.9032	−17.8	1400.3	1382.5	−0.0768	6.1120	6.0352
−42	64.42	0.001444	1.7155	1.7170	−8.9	1394.7	1385.8	−0.0382	6.0349	5.9967
−40	71.77	0.001449	1.5506	1.5521	0.0	1389.0	1389.0	0.0000	5.9589	5.9589
−38	79.80	0.001454	1.4043	1.4058	8.9	1383.3	1392.2	0.0380	5.8840	5.9220
−36	88.54	0.001460	1.2742	1.2757	17.8	1377.6	1395.4	0.0757	5.8101	5.8858
−34	98.05	0.001465	1.1582	1.1597	26.8	1371.8	1398.5	0.1132	5.7372	5.8504
−32	108.37	0.001470	1.0547	1.0562	35.7	1365.9	1401.6	0.1504	5.6652	5.8156
−30	119.55	0.001476	0.9621	0.9635	44.7	1360.0	1404.6	0.1873	5.5942	5.7815
−28	131.64	0.001481	0.8790	0.8805	53.6	1354.0	1407.6	0.2240	5.5241	5.7481
−26	144.70	0.001487	0.8044	0.8059	62.6	1347.9	1410.5	0.2605	5.4548	5.7153
−24	158.78	0.001492	0.7373	0.7388	71.6	1341.8	1413.4	0.2967	5.3864	5.6831
−22	173.93	0.001498	0.6768	0.6783	80.7	1335.6	1416.2	0.3327	5.3188	5.6515
−20	190.22	0.001504	0.6222	0.6237	89.7	1329.3	1419.0	0.3684	5.2520	5.6205
−18	207.71	0.001510	0.5728	0.5743	98.8	1322.9	1421.7	0.4040	5.1860	5.5900
−16	226.45	0.001515	0.5280	0.5296	107.8	1316.5	1424.4	0.4393	5.1207	5.5600
−14	246.51	0.001521	0.4874	0.4889	116.9	1310.0	1427.0	0.4744	5.0561	5.5305
−12	267.95	0.001528	0.4505	0.4520	126.0	1303.5	1429.5	0.5093	4.9922	5.5015
−10	290.85	0.001534	0.4169	0.4185	135.2	1296.8	1432.0	0.5440	4.9290	5.4730
−8	315.25	0.001540	0.3863	0.3878	144.3	1290.1	1434.4	0.5785	4.8664	5.4449
−6	341.25	0.001546	0.3583	0.3599	153.5	1283.3	1436.8	0.6128	4.8045	5.4173
−4	368.90	0.001553	0.3328	0.3343	162.7	1276.4	1439.1	0.6469	4.7432	5.3901
−2	398.27	0.001559	0.3094	0.3109	171.9	1269.4	1441.3	0.6808	4.6825	5.3633
0	429.44	0.001566	0.2879	0.2895	181.1	1262.4	1443.5	0.7145	4.6223	5.3369
2	462.49	0.001573	0.2683	0.2698	190.4	1255.2	1445.6	0.7481	4.5627	5.3108
4	497.49	0.001580	0.2502	0.2517	199.6	1248.0	1447.6	0.7815	4.5037	5.2852
6	534.51	0.001587	0.2335	0.2351	208.9	1240.6	1449.6	0.8148	4.4451	5.2599
8	573.64	0.001594	0.2182	0.2198	218.3	1233.2	1451.5	0.8479	4.3871	5.2350
10	614.95	0.001601	0.2040	0.2056	227.6	1225.7	1453.3	0.8808	4.3295	5.2104
12	658.52	0.001608	0.1910	0.1926	237.0	1218.1	1455.1	0.9136	4.2725	5.1861
14	704.44	0.001616	0.1789	0.1805	246.4	1210.4	1456.8	0.9463	4.2159	5.1621
16	752.79	0.001623	0.1677	0.1693	255.9	1202.6	1458.5	0.9788	4.1597	5.1385
18	803.66	0.001631	0.1574	0.1590	265.4	1194.7	1460.0	1.0112	4.1039	5.1151
20	857.12	0.001639	0.1477	0.1494	274.9	1186.7	1461.5	1.0434	4.0486	5.0920
22	913.27	0.001647	0.1388	0.1405	284.4	1178.5	1462.9	1.0755	3.9937	5.0692
24	972.19	0.001655	0.1305	0.1322	294.0	1170.3	1464.3	1.1075	3.9392	5.0467
26	1033.97	0.001663	0.1228	0.1245	303.6	1162.0	1465.6	1.1394	3.8850	5.0244
28	1098.71	0.001671	0.1156	0.1173	313.2	1153.6	1466.8	1.1711	3.8312	5.0023
30	1166.49	0.001680	0.1089	0.1106	322.9	1145.0	1469.0	1.2028	3.7777	4.9805
32	1237.41	0.001689	0.1027	0.1044	332.5	1136.4	1469.0	1.2343	3.7246	4.9589
34	1311.55	0.001698	0.0969	0.0986	342.3	1127.6	1469.9	1.2656	3.6718	4.9374
36	1389.03	0.001707	0.0914	0.0931	352.1	1118.7	1470.8	1.2969	3.6192	4.9161
38	1469.92	0.001716	0.0863	0.0880	361.9	1109.7	1471.5	1.3281	3.5669	4.8950
40	1554.33	0.001726	0.0815	0.0833	371.7	1100.5	1472.2	1.3591	3.5148	4.8740
42	1642.35	0.001735	0.0771	0.0788	381.6	1091.2	1472.8	1.3901	3.4630	4.8530
44	1734.09	0.001745	0.0728	0.0746	391.5	1081.7	1473.2	1.4209	3.4112	4.8322
46	1829.65	0.001756	0.0689	0.0707	401.5	1072.0	1473.5	1.4518	3.3595	4.8113
48	1929.13	0.001766	0.0652	0.0669	411.5	1062.2	1473.7	1.4826	3.3079	4.7905
50	2032.62	0.001777	0.0617	0.0635	421.7	1052.0	1473.7	1.5135	3.2561	4.7696

注：由 National Bureau of Standards Circular No. 142，Tables of Thermodynamic Properties of Ammonia 改编而成。

表 4-130　氨气的 v, m³/kg; h, kJ/kg; s, kJ/(kg·K)[9]

p/kPa (t_{sat}/℃)		−20	−10	0	10	20	30	40	50	60	70	80	100
50 (−46.54)	v	2.4474	2.5481	2.6482	2.7479	2.8473	2.9464	3.0453	3.1441	3.2427	3.3413	3.4397	
	h	1435.8	1457.0	1478.1	1499.2	1520.4	1541.7	1563.0	1584.5	1606.1	1627.8	1649.7	
	s	6.3256	6.4077	6.4865	6.5625	6.6360	6.7073	6.7766	6.8441	6.9099	6.9743	7.0372	
75 (−39.18)	v	1.6233	1.6915	1.7591	1.8263	1.8932	1.9597	2.0261	2.0923	2.1584	2.2244	2.2903	
	h	1433.0	1454.7	1476.1	1497.5	1518.9	1540.3	1561.8	1583.4	1605.1	1626.9	1648.9	
	s	6.1190	6.2028	6.2828	6.3597	6.4339	6.5058	6.5756	6.6434	6.7096	6.7742	6.8373	
100 (−33.61)	v	1.2110	1.2631	1.3145	1.3654	1.4160	1.4664	1.5165	1.5664	1.6163	1.6659	1.7155	1.8145
	h	1430.1	1452.2	1474.1	1495.7	1517.3	1538.9	1560.5	1582.2	1604.1	1626.0	1648.0	1692.6
	s	5.9695	6.0552	6.1366	6.2144	6.2894	6.3618	6.4321	6.5003	6.5668	6.6316	6.6950	6.8177
125 (−29.08)	v	0.9635	1.0059	1.0476	1.0889	1.1297	1.1703	1.2107	1.2509	1.2909	1.3309	1.3707	1.4501
	h	1427.2	1449.8	1472.0	1493.9	1515.7	1537.5	1559.3	1581.1	1603.0	1625.0	1647.2	1691.8
	s	5.8512	5.9389	6.0217	6.1006	6.1763	6.2494	6.3201	6.3887	6.4555	6.5206	6.5842	6.7072
150 (−25.23)	v	0.7984	0.8344	0.8697	0.9045	0.9388	0.9729	1.0068	1.0405	1.0740	1.1074	1.1408	1.2072
	h	1424.1	1447.3	1469.8	1492.1	1514.1	1536.1	1558.0	1580.0	1602.0	1624.1	1646.3	1691.1
	s	5.7526	5.8424	5.9266	6.0066	6.0831	6.1568	6.2280	6.2970	6.3641	6.4295	6.4933	6.6167
200 (−18.86)	v		0.6199	0.6471	0.6738	0.7001	0.7261	0.7519	0.7774	0.8029	0.8282	0.8533	0.9035
	h		1442.0	1465.5	1488.4	1510.9	1533.2	1555.5	1577.7	1599.9	1622.2	1644.6	1689.6
	s		5.6863	5.7737	5.8559	5.9342	6.0091	6.0813	6.1512	6.2189	6.2849	6.3491	6.4732
250 (−13.67)	v		0.4910	0.5135	0.5354	0.5568	0.5780	0.5989	0.6196	0.6401	0.6605	0.6809	0.7212
	h		1436.6	1461.0	1484.5	1507.6	1530.3	1552.9	1575.4	1597.8	1620.3	1642.8	1688.1
	s		5.5609	5.6517	5.7365	5.8165	5.8928	5.9661	6.0368	6.1052	6.1717	6.2365	6.3613
300 (−9.23)	v			0.4243	0.4430	0.4613	0.4792	0.4968	0.5143	0.5316	0.5488	0.5658	0.5997
	h			1456.3	1480.6	1504.2	1527.4	1550.3	1573.0	1595.7	1618.4	1641.1	1686.7
	s			5.5493	5.6366	5.7186	5.7963	5.8707	5.9423	6.0114	6.0785	6.1437	6.2693
350 (−5.35)	v			0.3605	0.3770	0.3929	0.4086	0.4239	0.4391	0.4541	0.4689	0.4837	0.5129
	h			1451.5	1476.5	1500.7	1524.4	1547.6	1570.7	1593.6	1616.5	1639.3	1685.2
	s			5.4600	5.5502	5.6342	5.7135	5.7890	5.8615	5.9314	5.9990	6.0647	6.1910
400 (−1.89)	v			0.3125	0.3274	0.3417	0.3556	0.3692	0.3826	0.3959	0.4090	0.4220	0.4478
	h			1446.5	1472.4	1497.2	1521.3	1544.9	1568.3	1591.5	1614.5	1637.6	1683.7
	s			5.3803	5.4735	5.5597	5.6405	5.7173	5.7907	5.8613	5.9296	5.9957	6.1228
450 (1.26)	v			0.2752	0.2887	0.3017	0.3143	0.3266	0.3387	0.3506	0.3624	0.3740	0.3971
	h			1441.3	1468.1	1493.6	1518.2	1542.2	1565.9	1589.3	1612.6	1635.8	1682.2
	s			5.3078	5.4042	5.4926	5.5752	5.6532	5.7275	5.7989	5.8678	5.9345	6.0623

p/kPa (t_{sat}/℃)		20	30	40	50	60	70	80	100	120	140	160	180
500 (4.14)	v	0.2698	0.2813	0.2926	0.3036	0.3144	0.3251	0.3357	0.3565	0.3771	0.3975		
	h	1489.9	1515.0	1539.5	1563.4	1587.1	1610.6	1634.0	1680.7	1727.5	1774.7		
	s	5.4314	5.5157	5.5950	5.6704	5.7425	5.8120	5.8793	6.0079	6.1301	6.2472		
600 (9.29)	v	0.2217	0.2317	0.2414	0.2508	0.2600	0.2691	0.2781	0.2957	0.3130	0.3302		
	h	1482.4	1508.6	1533.8	1558.5	1582.7	1606.6	1630.4	1677.7	1724.9	1772.4		
	s	5.3222	5.4102	5.4923	5.5697	5.6436	5.7144	5.7826	5.9129	6.0363	6.1541		
700 (13.81)	v	0.1874	0.1963	0.2048	0.2131	0.2212	0.2291	0.2369	0.2522	0.2672	0.2821		
	h	1474.5	1501.9	1528.1	1553.4	1578.2	1602.6	1626.8	1674.6	1722.4	1770.2		
	s	5.2259	5.3179	5.4029	5.4826	5.5582	5.6303	5.6997	5.8316	5.9562	6.0749		

续表

p/kPa ($t_{sat}/℃$)		$t/℃$											
		20	30	40	50	60	70	80	100	120	140	160	180
800 (17.86)	v	0.1615	0.1696	0.1773	0.1848	0.1920	0.1991	0.2060	0.2196	0.2329	0.2459	0.2589	
	h	1466.3	1495.0	1522.2	1548.3	1573.7	1598.6	1623.1	1671.6	1719.8	1768.0	1816.4	
	s	5.1387	5.2351	5.3232	5.4053	5.4827	5.5562	5.6268	5.7603	5.8861	6.0057	6.1202	
900 (21.54)	v		0.1488	0.1559	0.1627	0.1693	0.1757	0.1820	0.1942	0.2061	0.2178	0.2294	
	h		1488.0	1516.2	1543.0	1569.1	1594.4	1619.4	1668.5	1717.1	1765.7	1814.4	
	s		5.1593	5.2508	5.3354	5.4147	5.4897	5.5614	5.6968	5.8237	5.9442	6.0594	
1000 (24.91)	v		0.1321	0.1388	0.1450	0.1511	0.1570	0.1627	0.1739	0.1847	0.1954	0.2058	0.2162
	h		1480.6	1510.0	1537.7	1564.4	1590.3	1615.6	1665.4	1714.5	1763.4	1812.4	1861.7
	s		5.0889	5.1840	5.2713	5.3525	5.4292	5.5021	5.6392	5.7674	5.8888	6.0047	6.1159
1200 (30.96)	v		0.1129	0.1185	0.1238	0.1289	0.1338	0.1434	0.1526	0.1616	0.1705	0.1792
	h			1497.1	1526.6	1554.7	1581.7	1608.0	1659.2	1709.2	1758.9	1808.5	1858.2
	s			5.0629	5.1560	5.2416	5.3215	5.3970	5.5379	5.6687	5.7919	5.9091	6.0214
1400 (36.28)	v			0.0944	0.0995	0.1042	0.1088	0.1132	0.1216	0.1297	0.1376	0.1452	0.1528
	h			1483.4	1515.1	1544.7	1573.0	1600.2	1652.8	1703.9	1754.3	1804.5	1854.7
	s			4.9534	5.0530	5.1434	5.2270	5.3053	5.4501	5.5836	5.7087	5.8273	5.9406
1600 (41.05)	v				0.0851	0.0895	0.0937	0.0977	0.1053	0.1125	0.1195	0.1263	0.1330
	h				1502.9	1534.4	1564.0	1592.3	1646.4	1698.5	1749.7	1800.5	1851.2
	s				4.9584	5.0543	5.1419	5.2232	5.3722	5.5084	5.6355	5.7555	5.8699
1800 (45.39)	v				0.0739	0.0781	0.0820	0.0856	0.0926	0.0992	0.1055	0.1116	0.1177
	h				1490.0	1523.5	1554.6	1584.1	1639.8	1693.1	1745.1	1796.5	1847.7
	s				4.8693	4.9715	5.0635	5.1482	5.3018	5.4409	5.5699	5.6914	5.8069
2000 (49.38)	v				0.0648	0.0688	0.0725	0.0760	0.0824	0.0885	0.0943	0.0999	0.1054
	h				1476.1	1512.0	1544.9	1575.6	1633.2	1687.6	1740.4	1792.4	1844.1
	s				4.7834	4.8930	4.9902	5.0786	5.2371	5.3793	5.5104	5.6333	5.7499

4.2.2.2 氟化氢 hydrogen fluride

具体内容见表 4-131。

表 4-131 饱和氟化氢热力学性质[1]

化学式 HF					T_c 461.15K				
M_r 20.063					p_c 6485kPa				
T_b 292.69K					ρ_c 290.0kg/m³				
T_m 190K									

T_{sat}/K	292.69	305	325	345	365	385	405	425	445	461.15
p_{sat}/kPa	101.3	152	285	500	820	1320	2100	3150	4800	6490
$\rho_l/(kg/m³)$	968	945	905	862	816	765	710	640	545	290
$\rho_g/(kg/m³)$	2.0	3.5	5.0	10.0	14.0	20	28	45	88	290
$h_l/(kJ/kg)$	0.0	37.9	101.6	168	239	316	400	493	598	
$h_g/(kJ/kg)$	330	407.9	536.6	653	769	896	1010	1068	993	
$\Delta_v h/(kJ/kg)$	330	370	435	485	530	580	610	575	395	
$c_{p,l}/[kJ/(kg·K)]$	3.04	3.12	3.26	3.44	3.68	4.00	4.41	4.92	5.56	
$c_{p,g}/[kJ/(kg·K)]$	1.46	1.46	1.46	1.46	1.46	1.46	1.46	1.46	1.46	

4.2.2.3 氯化氢 hydrogen chloride

具体内容见表 4-132。

表 4-132 饱和氯化氢热力学性质[1]

化学式	HCl					T_c	324.6K			
M_r	36.461					p_c	8309kPa			
T_b	188.05K					ρ_c	450kg/m³			
T_m	158.93K									

T_{sat}/K	188.05	200	215	230	245	260	275	290	305	324.65
p_{sat}/kPa	101.3	180	370	670	1100	1800	2700	3800	5500	8309
ρ_l/(kg/m³)	1190	1155	1115	1070	1020	970	925	845	755	450
ρ_g/(kg/m³)	2.5	5	10	15	25	40	55	90	140	450
h_l/(kJ/kg)	0.0	20	45	71	99	130	164	203	247	
h_g/(kJ/kg)	442	452	461	467	473	478	480	478	465	
$\Delta_v h$/(kJ/kg)	442	432	416	396	374	348	316	275	218	
$c_{p,l}$/[kJ/(kg·K)]	1.61	1.66	1.74	1.84	1.95	2.15	2.34	2.67	3.28	
$c_{p,g}$/[kJ/(kg·K)]	0.85	0.87	0.91	0.96	1.04	1.16	1.36	1.74	2.74	

4.2.2.4 硫化氢 hydrogen sulfide

具体内容见表 4-133。

表 4-133 饱和硫化氢热力学性质[1]

化学式	H₂S					T_c	373.15K			
M_r	34.08					p_c	8937kPa			
T_b	212.8K					ρ_c	346kg/m³			
T_m	187.6K									

T_{sat}/K	212.8	220	240	260	280	300	320	340	360	373.1
p_{sat}/kPa	101.3	140	325	680	1020	2000	3250	4890	7050	8937
ρ_l/(kg/m³)	965	955	915	875	830	780	720	650	565	346
ρ_g/(kg/m³)	2.0	2.6	5.5	11.0	21.0	35.0	55.0	95.0	160.0	346
h_l/(kJ/kg)	−356	−341	−301	−256	−207	−161	−104	−42	45	68
h_g/(kJ/kg)	199	204	219	230	239	244	241	228	190	68
$\Delta_v h$/(kJ/kg)	555	545	520	485	445	405	345	270	145	
$c_{p,l}$/[kJ/(kg·K)]	1.83	1.85	1.91	2.00	2.13	2.35	2.64	3.10	4.38	
$c_{p,g}$/[kJ/(kg·K)]	1.02	1.03	1.08	1.16	1.28	1.45	1.77	2.48	6.45	

4.2.2.5 一氧化碳 carbon monoxide

具体内容见表 4-134、表 4-135。

表 4-134 饱和一氧化碳热力学性质[1]

化学式	CO					T_c	133.16K(132.86K)			
M_r	28.011(28.010)					p_c	3498kPa(3.494MPa)			
T_b	81.66K(81.65K)					ρ_c	301kg/m³(V_c=93cm³/mol)			
T_m	68.16K(68.13K)					(T_{tr}=90.694K, p_{tr}=15.4kPa)				

T_{sat}/K	81.66	90	95	100	105	110	115	120	125	133.16
p_{sat}/kPa	101.3	245	437	548	776	1070	1433	1875	2423	3498
ρ_l/(kg/m³)	789	751	728	702	675	646	613	574	526	301
ρ_g/(kg/m³)	4.40	9.99	15.4	22.4	31.0	42.6	57.2	77.5	153	301
h_l/(kJ/kg)	150.4	168.6	179.8	192.3	204.7	216.1	227.1	239.3	258.1	314.33
h_g/(kJ/kg)	366.0	369.7	371.2	372.9	374.3	374.6	374.0	370.9	363.7	314.33
$\Delta_v h$/(kJ/kg)	215.6	201.1	191.4	180.6	169.6	158.5	146.9	131.6	105.6	
$c_{p,l}$/[kJ/(kg·K)]	2.15	2.17	2.20	2.26	2.34	2.46	2.61	2.79	3.02	
$c_{p,g}$/[kJ/(kg·K)]	1.22	1.35	1.52	1.60	1.79	2.03	2.42	3.18	5.25	

注：括号内数据为文献 [2] 数值。

表 4-135　饱和一氧化碳的 v, h, s[3]

T/K	p/bar	$v_l/(m^3/kg)$	$v_g/(m^3/kg)$	$h_l/(kJ/kg)$	$h_g/(kJ/kg)$	$s_l/[kJ/(kg \cdot K)]$	$s_g/[kJ/(kg \cdot K)]$
81.62	1.01	1.268E−3	0.0666	150.25	365.30	3.005	5.640
83.36	1.52	1.295E−3	0.0631	158.56	368.07	3.104	5.559
88.25	2.03	1.317E−3	0.0606	165.00	370.00	3.178	5.501
96.16	4.05	1.385E−3	0.0547	182.76	374.21	3.368	5.359
101.51	6.08	1.440E−3	0.0513	195.0	375.98	3.489	5.271
105.69	9.12	1.489E−3	0.0318	204.8	376.6	3.580	5.206
109.17	10.13	1.535E−3	0.0253	213.2	376.6	3.656	5.152
116.08	15.20	1.651E−3	0.0163	231.0	374.5	3.807	5.043
121.48	20.27	1.778E−3	0.0116	246.3	370.2	3.918	4.948
125.97	25.33	1.936E−3	0.0085	261.2	363.6	4.041	4.854
129.84	30.40	2.168E−3	0.0063	277.6	313.15	4.161	4.747
132.91^c	34.96	3.337E−3	0.0033				

注：1. 此表压力和体积值是转换的，焓和熵值复制于 "Hust and Stewart，NBS Tech. Note 202，1963."。此出处给
　　出 72.373K 及其以上在更近压力间隔的值。
　　2. E−×＝×10⁻×，c 为临界点。

2.2.6　二氧化碳 carbon dioxide

具体内容见表 4-136、表 4-137。

表 4-136　饱和二氧化碳热力学性质[1]

化学式	CO_2			T_c	304.19K（304.13K）				
M_r	44.011（44.010）			p_c	7382kPa（7.375MPa）				
T_b	194.65K（194.686K 升华点）			ρ_c	468kg/m³（V_c＝94cm³/mol）				
T_m	216.55K（216.592K 三相点）			（T_{tr} 216.58K，p_{tr} 518.0kPa，V_c＝94cm³/mol）					

T_{sat}/K	216.55	230	240	250	260	270	280	290	300	304.19
p_{sat}/kPa	518	891	1282	1787	2421	3203	4159	5315	6712	7382
$\rho_l/(kg/m^3)$	1179	1130	1089	1046	998	944	883	805	676	468
$\rho_g/(kg/m^3)$	15.8	20.8	32.7	45.9	63.6	88.6	121	172	268	468
$h_l/(kJ/kg)$	−206.2	−181.5	−162.5	−142.6	−121.9	−99.6	−75.7	−47.6	−10.8	42.8
$h_g/(kJ/kg^{-1})$	141.1	148.5	151.7	151.1	148.6	142.9	134.9	122.8	96.3	42.8
$\Delta_v h/(kJ/kg)$	347.3	330.0	314.2	293.7	270.5	242.5	210.6	170.4	107.1	
$c_{p,l}/[kJ/(kg \cdot K)]$	2.15	2.08	2.09	2.13	2.24	2.42	2.76	3.63	7.69	
$c_{p,g}/[kJ/(kg \cdot K)]$	0.89	0.98	1.01	1.20	1.42	1.64	1.94	3.03	9.25	

注：括号中数据为文献［2］数值。

表 4-137　气态二氧化碳的 v, m³/kg; h, kJ/kg; s, kJ/(kg · K)[1]

p/MPa	性质	不同温度（T, K）时的数值							
（T_{sat}/K）		300	400	500	600	700	800	900	1000
.0	v	0.05379	0.07418	0.09376	0.1130	0.1322	0.1513	0.1703	0.1893
(233.0)	h	419.95	513.65	613.22	718.90	829.90	945.34	1064.46	1186.61
	s	1.7737	2.0430	2.2649	2.4574	2.6284	2.7825	2.9228	3.0515
.0	v	0.02535	0.03640	0.04654	0.05638	0.06608	0.07571	0.08529	0.09484
(253.6)	h	409.41	508.45	610.01	716.73	828.37	944.25	1063.68	1186.07
	s	1.6174	1.9025	2.1289	2.3233	2.4954	2.6500	2.7907	2.9196
.0	v	0.00779	0.01374	0.01824	0.02241	0.02643	0.03039	0.03429	0.03817
(287.5)	h	366.98	492.26	600.43	710.37	823.93	941.10	1061.45	1184.53
	s	1.3351	1.6993	1.9407	2.1410	2.3160	2.4724	2.6141	2.7438
.0	v		0.00620	0.00885	0.01112	0.01325	0.01530	0.01731	0.01929
	h		463.19	584.73	700.24	816.97	936.20	1058.02	1182.21
	s		1.5127	1.7846	1.9952	2.1751	2.3343	2.4777	2.6086
0	v		0.00262	0.00426	0.00554	0.00670	0.00779	0.00885	0.00988
	h		403.03	555.30	681.94	804.67	927.73	1052.23	1178.42
	s		1.2634	1.6054	1.8366	2.0258	2.1901	2.3367	2.4697

4.2.2.7　二氧化硫 sulfur dioxide

具体内容见表 4-138。

表 4-138　二氧化硫热力学性质[8]

M_r	64.059		T_m	200.00K		$\Delta_f H^{\ominus}$	-296.84kJ/mol
T_c	430.75K		T_t	197.67K		$\Delta_f G^{\ominus}$	-300.16kJ/mol
p_c	7884.1kPa		p_t	1615.9Pa		$S^{\ominus}$	248.11J/(mol·K)
V_c	0.12200dm³/mol		T_b	263.13K		$\Delta_m H$	7.4015kJ/mol
Z_c	0.269		V_l	0.043864dm³/mol			

性质	方程系数				
	A	B	C	D	E
ρ_s/(kmol/m³) min max					
ρ_l/(kmol/m³)	1.1313E+00	1.9205E−01	4.3092E+02	2.1016E−01	
min(197.67,2.5120E+01) max(430.75,8.0941E+00)	$\rho_l = A/[1+(1-T/C)^D]$				
p_{sat}/Pa	5.0350E+01	−4.1751E+03	−4.1458E+00	1.9553E−06	2.0000E+00
min(197.67,1.6159E+03) max(430.75,7.8318E+06)	$p_{sat} = \exp(A+B/T+C\ln T+DT^E)$				
$\Delta_v H$/(J/kmol)	4.6900E+07	1.3070E+00		−1.3260E+00	4.9000E−01
min(197.67,2.8665E+07) max(430.75,0.0000E+00)	$\Delta_v H = A(1-T_r)^{(B+CT_r+DT_r^2+ET_r^3)}$				
$C_{p,s}$/[J/(kmol·K)]	−2.2900E+04	1.7236E+03	−1.6519E+01	7.6593E−02	−1.2792E−04
min(30.00,1.5905E+04) max(197.67,6.8627E+04)	$C_{p,s} = A+BT+CT^2-DT^3+ET^4$				
$C_{p,l}$/[J/(kmol·K)]	3.3794E+04	7.5100E+02	−3.4013E+00	4.9771E−03	
min(197.67,8.7785E+04) max(263.13,8.6582E+04)	$C_{p,l} = A+BT+CT^2+DT^3+ET^4$				
$C_{p,g}^0$/[J/(kmol·K)]	3.3710E+04	2.8390E+04	2.5080E+03	1.2994E+00	
min(100.00,3.3761E+04) max(1500.00,5.7253E+04)	$C_{p,g}^0 = A+B\exp\left(\dfrac{-C}{T^D}\right)$				

注：1. ρ_s　无实验值，亦无满意的预测方法。　2. $\Delta_v H$　Clapeyron 方程回归计算值。　3. V_l　正常沸点下确定值。　4. E−××=×10⁻××，E+××=×10××。

4.2.2.8　三氧化硫 sulfur trioxide

具体内容见表 4-139。

表 4-139　三氧化硫热力学性质[8]

M_r	80.058		T_m	289.95K		$\Delta_f H^{\ominus}$	-395.72kJ/mol
T_c	490.85K		T_t	289.95K		$\Delta_f G^{\ominus}$	-370.95kJ/mol
p_c	8207.3kPa		p_t	21130Pa		$S^{\ominus}$	256.51J/(mol·K)
V_c	0.12708dm³/mol		T_b	317.90K		$\Delta_m H$	1.9678kJ/mol*
Z_c	0.256		$V_{m,l}$	0.042349dm³/mol			

性质	方程系数				
	A	B	C	D	E
ρ_s/(kmol/m³) 仅有一个值可用	2.8604E+01				
(173.15,2.8604E+01)	$\rho_s = A+BT+CT^2+DT^3+ET^4$				
ρ_l/(kmol/m³)	2.0000E+00	2.3610E−01	4.9085E+02	3.6600E−01	
min(289.95,2.3988E+01) max(490.85,8.4710E+00)	$\rho_l = A/[1+(1-T/C)^D]$				
p_{sat}/Pa	2.6751E+02	−1.4879E+04	−3.6784E+01	2.7445E−05	2.0000E+00
min(289.95,2.0890E+04) max(490.85,7.9680E+06)	$p_{sat} = \exp(A+B/T+C\ln T+DT^E)$				

续表

性　质	方　程　系　数				
	A	B	C	D	E
$\Delta_v H/[\text{J/kmol}]$	2.0920E+07	−5.0550E+00		9.7530E+00	−4.5020E+00
min(289.95,4.5295E+07)					
max(490.85,0.0000E+00)	$\Delta_v H = A(1-T_r)^{(B+CT_r+DT_r^2+ET_r^3)}$				
$C_{p,s}/[\text{J/(kmol·K)}]$	7.4000E+05				
仅有一个值可用					
(289.95,7.4000E+05)	$C_{p,s} = A+BT+CT^2+DT^3+ET^4$				
$C_{p,l}/[\text{J/(kmol·K)}]$	2.5809E+05				
仅有一个值可用					
(303.15,2.5809E+05)	$C_{p,l} = A+BT+CT^2+DT^3+ET^4$				
$C_{p,g}^0/[\text{J/(kmol·K)}]$	3.3720E+04	5.3740E+04	1.5820E+03	1.2690E+00	
min(100.00,3.4269E+04)					
max(1500.00,8.0091E+04)	$C_{p,g}^0 = A+B\exp(-C/T^D)$				

注：1. SO_3 有三个固相 $\alpha\text{-}SO_3$，$\beta\text{-}SO_3$，$\gamma\text{-}SO_3$。2. T_m 在饱和蒸气压下。3. $\Delta_v H$ 由 Clapeyron 方程回归计算得到。4. $C_{p,s}$ 由 Kopp's 规则估算。5. $C_{p,l}$ 尚无预测方法，其系数是由可利用的数据得到。6. "＊"表列数据 1.9678 存，文献[3] SO_3 (α) 为 8.62；Lange's 15th ed, 1999, 中译本科学出版社 2003, 给出为 8.60；文献[13] 为 7.532；献[14] 为 7.53；文献[5] SO_3 (α) 为 8.60。7. E−××=×10⁻××，E+××=×10××。

.2.2.9　光气 phosgene

具体内容见表 4-140 及图 4-34～图 4-36。

表 4-140　光气［氯醛，乙酰氯］热力学性质[6]

名　称	光　气（碳酰氯）Phosgene (carbonylchloride)	氯醛（三氯乙醛）Chloral (Trichloro-acetaldehyde)	乙酰氯 Acetyl Chloride
化学式	CCl_2O	C_2HCl_3O	C_2H_3ClO
M_r	98.916	147.387	78.498
T_c/K	455.00	565.00	508.00
P_c/bar	56.742	44.100	57.400
$V_c/(\text{mL/mol})$	190.22	288.00	196.00
Z_c	0.285	0.270	0.266
T_m/K	145.37	216.00	160.30
T_b/K	280.71	370.85	323.90
$\Delta_v h(T_b)/(\text{kJ/kg})$	250.48	231.57	382.88
$\rho_l(298.15\text{K})/(\text{g/mL})$	1.363	1.499	1.102
$c_{p,g}(298.15\text{K})/[\text{J/(g·K)}]$	0.584	0.660	0.865
$c_{p,l}(298.15\text{K})/[\text{J/(g·K)}]$	1.013	1.066	1.446
$\Delta_f H_g^{\ominus}(298.15\text{K})/(\text{kJ/mol})$	−218.99	−197.07	−243.60
$\Delta_f G_g^{\ominus}(298.15\text{K})/(\text{kJ/mol})$	−205.92	−148.02	−206.21

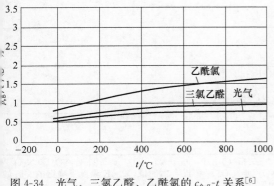

图 4-34　光气、三氯乙醛、乙酰氯的 $c_{p,g}\text{-}t$ 关系[6]

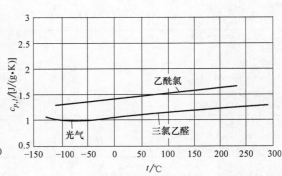

图 4-35　光气、三氯乙醛、乙酰氯的 $c_{p,l}\text{-}t$ 关系[6]

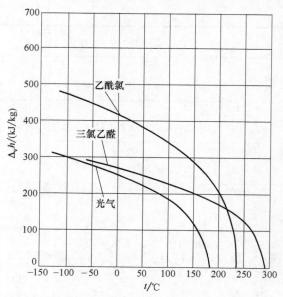

图 4-36　光气、三氯乙醛、乙酰氯的 $\Delta_v h$-t 关系[6]

4.2.2.10　二氧化氮 nitrogen dioxide

具体内容见表 4-141。

表 4-141　二氧化氮热力学性质[8]

M_r	46.006	T_m	261.95K	$\Delta_f H^{\ominus}$	33.095kJ/mol
T_c	431.35K	T_t	261.95K	$\Delta_f G^{\ominus}$	51.241kJ/mol
p_c	10133kPa	P_t	18746Pa	$S^{\ominus}$	239.92J/(mol·K)
V_c	0.08249dm³/mol	T_b	294.00K	$\Delta_m H$	kJ/mol
Z_c	0.233	V_l	0.031663dm³/mol		

性　　质	方程系数				
	A	B	C	D	E
ρ_s/(kmol/m³)					
min					
max					
ρ_l/(kmol/m³)	3.2080E+00	2.7210E−01	4.3135E+02	2.4320E−01	
min(293.15,3.1629E+01)					
max(431.35,1.1790E+01)	$\rho_l = A/[1+(1-T/C)^D]$				
p_{sat}/Pa	7.8852E+01	−5.1952E+03	−9.7701E+00	1.9931E−02	1.0000E+00
min(261.95,1.8746E+04)					
max(431.35,1.0128E+07)	$p_{sat} = \exp[A+B/T+C\ln T+DT^E]$				
$\Delta_v H$/(J/kmol)	3.8116E+07				
仅有一个值可用					
(294.30,3.8116E+07)	$\Delta_v H = A(1-T_r)^{(B+CT_r+DT_r^2+ET_r^3)}$				
$C_{p,s}$/[J/(kmol·K)]					
min					
max					
$C_{p,l}$/[J/(kmol·K)]	9.2670E+04	1.6727E+02			
min(298.00,1.4252E+05)					
max(400.00,1.5968E+05)	$c_{p,l} = A+BT+CT^2+DT^3+ET^4$				
$C_{p,g}^{\circ}$/[J/(kmol·K)]	3.3550E+04	2.7020E+04	6.5260E+03	1.4150E+00	
min(100.00,3.3552E+04)					
max(1500.00,5.5470E+04)	$C_{p,g}^{\circ} = A+B\exp\left(\dfrac{-C}{T^D}\right)$				

注：1. $C_{p,s}$，ρ_s　固体中以 N_2O_4 形式存在。2. ρ_l，p_{sat}，$\Delta_v H$，C_p，T_c，p_c，V_c，T_m，ρ_l，T_b 皆 NO_2 和 N_2O_4 平衡混合物值。3. $\Delta_m H$　无实验值亦无满意估算法。4. V_l　NO_2 和 N_2O_4 平衡混合物的值，294K 温度下确定的。5. T_t 等于熔点温度的估算值。6.E+××=×10^{××}，E−××=×10^{-××}。

4.2.2.11　一氧化二氮 nitrous oxide

具体内容见表 4-142。

表 4-142　一氧化二氮热力学性质[8]

M_r	44.013	T_m	182.33K	$\Delta_f H^\ominus$	82.048kJ/mol	
T_c	309.57K	T_t	182.30K	$\Delta_f G^\ominus$	104.17kJ/mol	
p_c	7244.7kPa	p_t	87850Pa	$S^\ominus$	219.85J/(mol·K)	
V_c	0.09737dm³/mol	T_b	184.67K	$\Delta_m H$	6.5396kJ/mol	
Z_c	0.274	V_l	0.034764m³/mol			

性　质	方程系数				
	A	B	C	D	E
ρ_s/(kmol/m³)	3.6489E+01				
仅有一个值可用					
(78.15, 3.6489E+01)	$\rho_s = A + BT + CT^2 + DT^3 + ET^4$				
ρ_l/(kmol/m³)	2.0700E+00	2.2850E−01	3.0961E+02	2.7000E−01	
min(182.30, 2.8935E+01)					
max(309.57, 1.0333E+01)	$\rho_l = A/[1+(1-T/C)^D]$				
p_{sat}/Pa	1.4654E+02	−4.8390E+03	−2.2337E+01	4.1980E−02	1.0000E+00
min(182.30, 8.6691E+04)					
max(309.57, 7.2577E+06)	$p_{sat} = \exp[A + B/T + C\ln T + DT^E]$				
$\Delta_v H$/(J/kmol)	2.6860E+07	1.8200E−01	9.3870E−01	−7.0600E−01	
min(182.30, 1.7377E+07)					
max(309.57, 0.0000E+00)	$\Delta_v H = A(1-T_r)^{[B+CT_r+DT_r^2+ET_r^3]}$				
$C_{p,s}$/[J/(kmol·K)]	−1.2650E+04	1.1330E+03	−8.0880E+00	2.2260E−02	
min(15.00, 2.6003E+03)					
max(182.30, 5.9966E+04)	$C_{p,s} = A + BT + CT^2 + DT^3 + ET^4$				
$C_{p,l}$/[J/(kmol·K)]	6.7556E+04	5.4373E+01			
min(182.30, 7.7468E+04)					
max(200.00, 7.8431E+04)	$C_{p,l} = A + BT + CT^2 + DT^3 + ET^4$				
$C_{p,g}^\circ$/[J/(kmol·K)]	2.8620E+04	4.0750E+04	3.4276E+02	9.6360E−01	
min(100.00, 2.9328E+04)					
max(1500.00, 5.8863E+04)	$C_{p,g}^\circ = A + B\exp\left(\dfrac{-C}{T^D}\right)$				

注：1. V_l　正常沸点下确定值。2. $\Delta_v H$　Clapeyron 方程回归计算值。3. E−××＝×10⁻××，E+××＝×10××。

4.3　空气、水的热物理和热化学性质

4.3.1　空气 air

具体内容见表 4-143～表 4-150a 及图 4-37～图 4-41。

表 4-143　空气的热力学性质[11]

组成（%）	N₂(78.11); O₂(20.96); Ar(0.93)	T_c	(132.5±0.1)K
M_r	28.96	p_c	(3.766±0.020)MPa
T_b	(78.67±0.01)K	ρ_c	(316.5±6.0)kg/m³

表 4-143a　不同温度下饱和空气的泡点、露点压力及热物理性质[2]

T/K	P/MPa	ρ/(kg/m³)	H/(kJ/kg)	S/[kJ/(kg·K)]	C_v/[kJ/(kg·K)]	C_p/[kJ/(kg·K)]	u/(m/s)	η/μPa·s	λ/[mW/(m·K)]
59.75	0.005265	957.6	−36.66	−0.5306	1.174	1.901	1030	376.6	171.4
59.75	0.002432	0.1421	185.5	3.340	0.7184	1.009	154.8	4.220	5.294

续表

T/K	P/MPa	ρ /(kg/m³)	H /(kJ/kg)	S /[kJ/ (kg·K)]	C_v /[kJ/ (kg·K)]	C_p /[kJ/ (kg·K)]	u /(m/s)	η /μPa·s	λ /[mW/ (m·K)]
60	0.005546	956.5	−36.19	−0.5226	1.173	1.901	1028	371.9	171.0
60	0.002584	0.1504	185.8	3.326	0.7186	1.009	155.1	4.238	5.320
62	0.008270	948.2	−32.38	−0.4603	1.157	1.901	1012	336.9	167.8
62	0.004111	0.2318	187.7	3.225	0.7198	1.012	157.6	4.386	5.529
64	0.01200	939.9	−28.58	−0.3999	1.143	1.902	995.8	306.3	164.6
64	0.006325	0.3460	189.6	3.132	0.7212	1.015	160.0	4.532	5.739
66	0.01699	931.5	−24.77	−0.3414	1.129	1.903	979.1	279.4	161.3
66	0.009442	0.5018	191.5	3.047	0.7230	1.019	162.3	4.679	5.950
68	0.02352	923.0	−20.95	−0.2846	1.115	1.906	962.2	255.7	158.0
68	0.01371	0.7089	193.4	2.968	0.7252	1.024	164.5	4.825	6.162
70	0.03191	914.4	−17.13	−0.2293	1.102	1.908	945.1	234.8	154.7
70	0.01943	0.9785	195.2	2.896	0.7277	1.030	166.7	4.970	6.376
72	0.04250	905.7	−13.31	−0.1756	1.090	1.912	927.7	216.3	151.4
72	0.02692	1.322	197.0	2.828	0.7305	1.037	168.7	5.115	6.592
74	0.05566	897.0	−9.468	−0.1232	1.078	1.917	910.0	199.9	148.1
74	0.03655	1.753	198.7	2.766	0.7338	1.046	170.6	5.260	6.810
76	0.07179	888.1	−5.617	−0.07209	1.067	1.923	892.1	185.2	144.8
76	0.04870	2.285	200.4	2.708	0.7375	1.055	172.5	5.405	7.031
78	0.09129	879.1	−1.751	−0.02217	1.056	1.930	873.9	172.1	141.5
78	0.06381	2.933	202.0	2.653	0.7416	1.066	174.2	5.549	7.256
80	0.1146	870.0	2.132	0.02665	1.045	1.938	855.4	160.4	138.2
80	0.08232	3.711	203.6	2.602	0.7460	1.078	175.8	5.694	7.485
82	0.1422	860.7	6.036	0.07444	1.035	1.948	836.7	149.8	134.8
82	0.1047	4.635	205.1	2.554	0.7510	1.092	177.4	5.839	7.719
84	0.1745	851.3	9.962	0.1213	1.025	1.959	817.6	140.2	131.4
84	0.1315	5.724	206.5	2.509	0.7563	1.108	178.8	5.984	7.959
86	0.2121	841.7	13.91	0.1673	1.016	1.972	798.2	131.5	128.1
86	0.1631	6.993	207.8	2.466	0.7620	1.125	180.0	6.131	8.206
88	0.2553	832.0	17.90	0.2125	1.007	1.986	778.6	123.6	124.8
88	0.2002	8.464	209.1	2.425	0.7682	1.144	181.2	6.278	8.461
90	0.3048	822.0	21.91	0.2569	0.9984	2.003	758.5	116.4	121.4
90	0.2432	10.16	210.3	2.386	0.7748	1.166	182.2	6.427	8.725
92	0.3609	811.8	25.97	0.3007	0.9902	2.022	738.2	109.7	118.0
92	0.2927	12.09	211.4	2.349	0.7817	1.190	183.1	6.578	9.001
94	0.4243	801.4	30.06	0.3439	0.9825	2.044	717.5	103.6	114.6
94	0.3493	14.29	212.3	2.313	0.7891	1.217	183.8	6.732	9.289
96	0.4954	790.7	34.21	0.3866	0.9752	2.069	696.5	97.88	111.2
96	0.4136	16.78	213.2	2.279	0.7969	1.248	184.5	6.889	9.593
98	0.5749	779.7	38.41	0.4288	0.9684	2.098	675.0	92.57	107.8
98	0.4861	19.60	214.0	2.246	0.8052	1.282	184.9	7.050	9.915
100	0.6631	768.4	42.66	0.4707	0.9619	2.131	653.3	87.61	104.4
100	0.5674	22.76	214.6	2.213	0.8138	1.320	185.3	7.215	10.26

续表

T/K	P/MPa	ρ /(kg/m³)	H /(kJ/kg)	S /[kJ/ (kg·K)]	C_v /[kJ/ (kg·K)]	C_p /[kJ/ (kg·K)]	u /(m/s)	η /μPa·s	λ /[mW/ (m·K)]
102	0.7608	756.7	46.98	0.5122	0.9560	2.168	631.1	82.94	101.0
102	0.6582	26.32	215.1	2.182	0.8230	1.363	185.5	7.387	10.63
104	0.8684	744.6	51.38	0.5535	0.9505	2.212	608.5	78.53	97.62
104	0.7590	30.31	215.5	2.151	0.8326	1.413	185.6	7.566	11.02
106	0.9864	732.1	55.86	0.5947	0.9456	2.262	585.5	74.35	94.25
106	0.8706	34.78	215.7	2.120	0.8429	1.470	185.5	7.754	11.46
108	1.116	719.1	60.44	0.6358	0.9412	2.321	562.1	70.36	90.89
108	0.9934	39.79	215.8	2.089	0.8537	1.536	185.2	7.952	11.94
110	1.256	705.5	65.12	0.6769	0.9375	2.390	538.2	66.54	87.55
110	1.128	45.41	215.6	2.059	0.8653	1.614	184.9	8.163	12.47
112	1.409	691.2	69.93	0.7182	0.9345	2.472	513.9	62.87	84.24
112	1.276	51.73	215.2	2.028	0.8777	1.708	184.3	8.391	13.07
114	1.575	676.2	74.87	0.7598	0.9324	2.571	489.0	59.31	80.96
114	1.437	58.84	214.6	1.997	0.8912	1.821	183.6	8.637	13.76
116	1.755	660.3	79.98	0.8019	0.9312	2.693	463.5	55.85	77.72
116	1.612	66.88	213.8	1.965	0.9059	1.961	182.7	8.909	14.56
118	1.948	643.4	85.29	0.8447	0.9312	2.847	437.3	52.47	74.52
118	1.801	76.04	212.6	1.932	0.9220	2.139	181.7	9.210	15.50
120	2.156	625.1	90.83	0.8885	0.9327	3.048	410.2	49.13	71.36
120	2.007	86.55	211.0	1.898	0.9402	2.374	180.4	9.552	16.63
122	2.379	605.3	96.66	0.9338	0.9363	3.323	382.0	45.81	68.24
122	2.229	98.76	208.9	1.861	0.9608	2.694	179.1	9.946	18.04
124	2.617	583.3	102.9	0.9811	0.9427	3.723	352.3	42.46	65.17
124	2.468	113.2	206.3	1.821	0.9847	3.157	177.5	10.41	19.85
126	2.872	558.3	109.7	1.032	0.9537	4.367	320.4	39.01	62.18
126	2.727	130.6	202.9	1.777	1.013	3.882	175.8	10.98	22.29
128	3.143	528.3	117.3	1.088	0.9728	5.589	285.0	35.33	59.44
128	3.006	152.6	198.3	1.725	1.049	5.166	174.0	11.72	25.84
130	3.429	488.3	126.7	1.157	1.010	8.849	243.7	31.07	58.05
130	3.308	182.7	191.7	1.660	1.096	8.033	171.9	12.77	31.81
132	3.723	411.2	142.6	1.273	1.117	35.04	189.1	24.47	67.80
132	3.646	235.4	179.7	1.556	1.168	20.65	169.4	14.80	47.00
132.63	3.785	302.6	164.5	1.437				17.83	

注：1. 表中数据是由 2000 年 Lemmon 等假纯流体（pseudo-pure fluid）EOS 计算得到。
2. 表中第一行表示液体性质 p 值为泡点压力；第二行为气体性质，p 值是露点压力。
3. 空气的正常沸点 T_b（泡点压力达到 1.01325bar＝1atm 时的温度）为 78.90K（−194.25℃）。

表 4-144　平衡线上饱和空气的泡点、露点压力 p 及蒸发焓 $\Delta_v h$（温度表）[11]

T /K	p' /MPa	p'' /MPa	$\Delta_v h$ /(kJ/kg)	T /K	p' /MPa	p'' /MPa	$\Delta_v h$ /(kJ/kg)
70	0.03401	0.01939	200.5	75	0.06583	0.04242	200.5
71	0.03910	0.02292	200.8	76	0.07435	0.04889	200.1
72	0.04478	0.02694	201.0	77	0.08371	0.05610	199.7
73	0.05110	0.03150	200.9	78	0.09396	0.06410	199.1
74	0.05810	0.03664	200.8	79	0.10515	0.07295	198.5

续表

T /K	p' /MPa	p'' /MPa	$\Delta_v h$ /(kJ/kg)	T /K	p' /MPa	p'' /MPa	$\Delta_v h$ /(kJ/kg)
80	0.11736	0.08272	197.8	107	1.0556	0.92992	158.0
81	0.13063	0.09345	197.0	108	1.1217	0.99286	155.7
82	0.14502	0.10521	196.2	109	1.1907	1.0589	153.4
83	0.16060	0.11806	195.3	110	1.2626	1.1280	150.9
84	0.17742	0.13206	194.3	111	1.3375	1.2004	148.3
85	0.19554	0.14727	193.4	112	1.4155	1.2761	145.7
86	0.21504	0.16376	192.3	113	1.4967	1.3552	143.0
87	0.23597	0.18160	191.3	114	1.5810	1.4379	140.1
88	0.25839	0.20085	190.0	115	1.6687	1.5242	137.1
89	0.28238	0.22157	188.9	116	1.7597	1.6142	134.0
90	0.30798	0.24385	187.6	117	1.8541	1.7081	130.8
91	0.33528	0.26773	186.3	118	1.9519	1.8059	127.5
92	0.36434	0.29330	185.0	119	2.0534	1.9078	123.9
93	0.39521	0.32063	183.5	120	2.1584	2.0138	120.1
94	0.42797	0.34979	182.0	121	2.2672	2.1241	116.2
95	0.46269	0.38084	180.5	122	2.3797	2.2388	112.0
96	0.49942	0.41387	179.0	123	2.4961	2.3579	107.6
97	0.53823	0.44896	177.4	124	2.6163	2.4817	103.0
98	0.57920	0.48616	175.7	125	2.7406	2.6102	97.9
99	0.62238	0.52558	173.9	126	2.8689	2.7435	92.4
100	0.66785	0.56727	172.2	127	3.0014	2.8817	86.5
101	0.71567	0.61133	170.4	128	3.1381	3.0250	79.8
102	0.76590	0.65783	168.5	129	3.2792	3.1735	72.3
103	0.81861	0.70685	166.5	130	3.4246	3.3272	63.5
104	0.87387	0.75849	164.5	131	3.5745	3.4864	52.9
105	0.93174	0.81282	162.5	132	3.7289	3.6511	38.9
106	0.99229	0.86993	160.3	132.5	3.8079	3.7356	29.8

注："'"为泡点线上饱和液；""" 为露点线上饱和气。

表 4-145　平衡线上饱和空气的泡点、露点温度 T 及蒸发焓 $\Delta_v h$（压力表）[11]

p /MPa	T' /K	T'' /K	$\Delta_v h$ /(kJ/kg)	p /MPa	T' /K	T'' /K	$\Delta_v h$ /(kJ/kg)
0.025	67.89	71.53	202.4	0.850	103.57	105.66	165.7
0.050	72.83	76.16	203.7	0.900	104.46	106.51	163.8
0.075	76.07	79.22	202.6	0.950	105.31	107.32	161.9
0.100	78.55	81.57	201.1	1.000	106.12	108.11	160.0
0.125	80.59	83.51	199.6	1.100	107.68	109.60	156.4
0.150	82.33	85.17	198.0	1.200	109.13	110.99	152.8
0.175	83.86	86.64	196.4	1.300	110.50	112.31	149.3
0.200	85.23	87.96	195.0	1.400	111.80	113.55	145.8
0.250	87.63	90.26	192.2	1.500	113.04	114.72	142.2
0.300	89.70	92.25	189.5	1.600	114.22	115.84	138.7
0.350	91.51	94.01	187.0	1.700	115.35	116.92	135.2
0.400	93.15	95.59	184.5	1.800	116.43	117.94	131.7
0.450	94.64	97.03	182.2	1.900	117.47	118.92	128.1
0.500	96.02	98.36	179.9	2.000	118.48	119.87	124.5
0.500	97.29	99.59	177.8	2.100	119.45	120.78	120.9
0.600	98.49	100.75	175.6	2.200	120.39	121.67	117.2
0.650	99.61	101.84	173.6	2.300	121.30	122.52	113.5
0.700	100.68	102.86	171.6	2.400	122.18	123.34	109.7
0.750	101.69	103.84	169.6	2.500	123.03	124.14	105.8
0.800	102.65	104.77	167.6	2.600	123.87	124.92	101.8

续表

p /MPa	T' /K	T'' /K	$\Delta_v h$ /(kJ/kg)	p /MPa	T' /K	T'' /K	$\Delta_v h$ /(kJ/kg)
2.700	124.68	125.68	97.7	3.200	128.44	129.17	74.3
2.800	125.47	126.41	96.5	3.300	129.15	129.83	68.6
2.900	126.24	127.13	89.0	3.400	129.83	130.46	62.5
3.000	126.99	127.83	84.4	3.500	130.51	131.08	55.6
3.100	127.72	128.51	79.5	3.600	131.17	131.69	48.0

注："'" 为泡点线上饱和液。"''" 为露点线上饱和气。

表 4-146　气液平衡线上空气饱和液、饱和气热力学性质(温度表)[11]

T /K	ρ' /(kg/m³)	ρ'' /(kg/m³)	h' /(kJ/kg)	h'' /(kJ/kg)	s' /[kJ/(kg·K)]	s'' /[kJ/(kg·K)]	f' /MPa	f'' /MPa
70	914.44	0.9799	121.2	321.7	2.894	5.865		
71	909.96	1.1422	121.8	322.6	2.902	5.830		
72	905.48	1.325	122.5	323.5	2.912	5.797		
73	900.99	1.533	123.4	324.3	2.924	5.765		
74	896.50	1.761	124.4	325.2	2.938	5.734		
75	892.01	2.017	125.5	326.0	2.953	5.704		
76	887.50	2.300	126.8	326.9	2.969	5.675		
77	882.97	2.611	128.0	327.7	2.985	5.648		
78	878.43	2.953	129.4	328.5	3.003	5.621		
79	873.86	3.325	130.8	329.3	3.021	5.595		
80	869.26	3.735	132.3	330.1	3.039	5.570		
81	864.64	4.179	133.9	330.9	3.058	5.546		
82	859.99	4.665	135.5	331.7	3.078	5.523		
83	855.30	5.191	137.1	332.4	3.097	5.501		
84	850.57	5.758	138.8	333.1	3.117	5.479		
85	845.80	6.370	140.5	333.9	3.137	5.458		
86	840.99	7.029	142.3	334.6	3.158	5.437		
87	836.14	7.736	144.0	335.3	3.178	5.417		
88	831.24	8.495	145.9	335.9	3.198	5.398		
89	826.29	9.313	147.7	336.6	3.219	5.378		
90	821.28	10.19	149.6	337.2	3.240	5.360	0.258	0.227
91	816.22	11.12	151.5	337.8	3.260	5.342	0.280	0.249
92	811.11	12.11	153.4	338.4	3.281	5.324	0.304	0.271
93	805.93	13.17	155.4	338.9	3.302	5.307	0.329	0.295
94	800.69	14.31	157.4	339.4	3.323	5.290	0.355	0.320
95	795.38	15.51	159.4	339.9	3.344	5.273	0.383	0.347
96	790.01	16.79	161.4	340.4	3.364	5.256	0.412	0.375
97	784.56	18.15	163.5	340.9	3.385	5.240	0.443	0.404
98	779.03	19.59	165.6	341.3	3.406	5.224	0.475	0.436
99	773.43	21.12	167.7	341.6	3.427	5.208	0.509	0.468
100	767.74	22.74	169.8	342.0	3.447	5.192	0.544	0.502
101	761.96	24.46	171.9	342.3	3.489	5.177	0.581	0.538
102	756.09	26.29	174.1	342.6	3.489	5.146	0.659	0.614
103	750.12	28.22	176.3	342.8	3.509	5.131	0.700	0.655
104	744.05	30.27	178.5	343.0	3.530	5.131	0.700	0.655
105	737.86	32.44	180.7	343.2	3.551	5.116	0.743	0.697
106	731.56	34.74	183.0	343.3	3.571	5.111	0.788	0.741
107	725.13	37.17	185.3	343.3	3.592	5.086	0.834	0.787
108	718.56	39.75	187.6	343.3	3.613	5.071	0.881	0.834
109	711.85	42.49	189.9	343.3	3.633	5.055	0.931	0.883
110	704.99	45.39	192.3	343.2	3.654	5.040	0.981	0.934
111	697.96	48.47	194.7	343.0	3.675	5.025	1.034	0.986
112	690.75	51.74	197.1	342.8	3.696	5.010	1.088	1.040

续表

T /K	ρ' /(kg/m³)	ρ'' /(kg/m³)	h' /(kJ/kg)	h'' /(kJ/kg)	s' /[kJ/(kg·K)]	s'' /[kJ/(kg·K)]	f' /MPa	f'' /MPa
113	683.35	55.21	199.6	342.6	3.717	4.994	1.143	1.096
114	675.74	58.91	202.1	342.2	3.738	4.978	1.200	1.153
115	667.89	62.85	204.7	341.8	3.759	4.962	1.259	1.212
116	659.80	67.04	207.3	341.3	3.780	4.946	1.319	1.273
117	651.43	71.53	209.9	340.7	3.802	4.929	1.381	1.336
118	642.75	76.33	212.6	340.1	3.824	4.912	1.444	1.400
119	633.72	81.49	215.4	339.3	3.846	4.895	1.509	1.466
120	624.31	87.03	218.3	338.4	3.868	4.877	1.575	1.533
121	614.46	93.01	221.2	337.4	3.891	4.858	1.642	1.602
122	604.11	99.49	224.2	336.2	3.914	4.839	1.711	1.673
123	593.17	106.54	227.3	334.9	3.938	4.819	1.782	1.745
124	581.54	114.26	230.5	333.5	3.962	4.758	1.854	1.819
125	569.09	122.77	233.9	331.8	3.988	4.776	1.927	1.894
126	555.61	132.21	237.5	329.9	4.014	4.752	2.002	1.971
127	540.85	142.81	241.2	327.7	4.042	4.727	2.078	2.049
128	524.39	154.89	245.3	325.1	4.072	4.699	2.155	2.128
129	505.58	168.88	249.8	322.1	4.105	4.668	2.234	2.209
130	483.24	185.46	255.0	318.5	4.143	4.634	2.313	2.291
131	454.93	205.77	261.2	314.1	4.188	4.594	2.394	2.374
132	414.34	231.32	269.7	308.6	4.250	4.547	2.476	2.458
132.5	385.55	246.43	275.7	305.5	4.294	4.520	2.517	2.500

注："'"为饱和液，下同；"''"为饱和气，下同。

表 4-147　气液平衡线上空气饱和液、饱和气的热力学性质（压力表）[11]

p /MPa	ρ' /(kg/m³)	ρ'' /(kg/m³)	h' /(kJ/kg)	h'' /(kJ/kg)	s' /[kJ/(kg·K)]	s'' /[kJ/(kg·K)]	f' /MPa	f'' /MPa
0.025	923.91	1.239	120.7	323.1	2.886	5.812		
0.050	901.75	2.348	123.3	327.0	2.922	5.671		
0.075	887.18	3.413	126.9	329.5	2.970	5.590		
0.100	875.92	4.451	130.2	331.3	3.013	5.533		
0.125	866.54	5.471	133.2	332.8	3.051	5.490		
0.150	858.44	6.478	136.0	334.0	3.084	5.454		
0.175	851.24	7.474	138.6	335.0	3.113	5.424		
0.200	844.70	8.463	140.9	335.9	3.142	5.398		
0.250	833.06	10.43	145.1	337.4	3.191	5.355		
0.300	822.79	12.37	149.0	338.5	3.234	5.320		
0.350	813.62	14.31	152.5	339.5	3.271	5.289		
0.400	805.12	16.25	155.7	340.2	3.305	5.263		
0.450	797.30	18.19	158.7	340.9	3.336	5.240		
0.500	789.90	20.12	161.5	341.4	3.365	5.218		
0.550	782.97	22.07	164.1	341.9	3.391	5.199		
0.600	776.30	24.02	166.6	342.2	3.416	5.181	0.492	0.529
0.650	769.97	25.98	168.9	342.5	3.439	5.164	0.530	0.569
0.700	763.82	27.95	171.2	342.8	3.461	5.148	0.569	0.609
0.750	757.92	29.93	173.4	343.0	3.482	5.134	0.607	0.648
0.800	752.22	31.93	175.5	343.1	3.502	5.119	0.645	0.687
0.850	746.67	33.93	177.5	343.2	3.521	5.106	0.682	0.726
0.900	741.21	35.95	179.5	343.3	3.540	5.093	0.720	0.764
0.950	735.92	38.00	181.4	343.3	3.550	5.081	0.757	0.802
1.000	730.79	40.05	183.3	343.3	3.574	5.069	0.793	0.839
1.100	720.67	44.21	186.8	343.2	3.606	5.046	0.866	0.913
1.200	710.97	48.46	190.2	343.0	3.636	5.025	0.937	0.986

续表

p /MPa	ρ' /(kg/m³)	ρ'' /(kg/m³)	h' /(kJ/kg)	h'' /(kJ/kg)	s' /[kJ/(kg·K)]	s'' /[kJ/(kg·K)]	f' /MPa	f'' /MPa
1.300	701.50	52.78	193.5	342.8	3.664	5.005	1.007	1.057
1.400	692.21	57.20	196.6	342.4	3.692	4.985	1.077	1.127
1.500	683.05	61.74	199.7	341.9	3.717	4.966	1.145	1.196
1.600	674.03	66.38	202.7	341.4	3.742	4.948	1.213	1.264
1.700	665.09	71.13	205.6	340.8	3.766	4.931	1.280	1.330
1.800	656.24	76.04	208.4	340.1	3.789	4.913	1.345	1.396
1.900	647.39	81.10	211.2	339.3	3.812	4.896	1.410	1.461
2.000	638.46	86.30	214.0	338.5	3.834	4.879	1.475	1.524
2.100	629.54	91.70	216.7	337.6	3.856	4.862	1.538	1.587
2.200	624.52	97.26	219.4	336.6	3.877	4.845	1.601	1.649
2.300	611.40	103.07	222.1	335.6	3.898	4.829	1.663	1.710
2.400	602.18	109.14	224.7	334.4	3.918	4.812	1.724	1.770
2.500	592.85	115.46	227.4	333.2	3.938	4.795	1.784	1.830
2.600	583.08	122.08	230.1	331.9	3.959	4.777	1.844	1.888
2.700	573.16	129.04	232.8	330.5	3.979	4.760	1.904	1.946
2.800	562.88	136.46	232.5	329.0	4.000	4.742	1.962	2.003
2.900	552.18	144.29	238.3	327.3	4.021	4.723	2.020	2.059
3.000	541.00	152.67	241.2	325.6	4.042	4.704	2.077	2.114
3.100	529.24	161.73	244.1	323.6	4.063	4.684	2.133	2.169
3.200	516.48	171.65	247.2	321.5	4.086	4.662	2.190	2.223
3.300	502.41	182.25	250.6	319.2	4.110	4.640	2.245	2.276
3.400	487.43	194.33	254.0	316.5	4.136	4.616	2.300	2.329
3.500	469.70	207.82	258.0	313.6	4.164	4.590	2.354	2.380
3.600	449.05	222.99	262.4	310.4	4.197	4.562	2.408	2.432

注:"′"为饱和液;"″"为饱和气。

表 4-148　气液平衡线上气态、液态空气的比热容 c(温度表)[11]

T/K	c_v' /[kJ/(kg·K)]	c_v'' /[kJ/(kg·K)]	c_p' /[kJ/(kg·K)]	c_p'' /[kJ/(kg·K)]	c_{sat}' /[kJ/(kg·K)]	c_{sat}'' /[kJ/(kg·K)]
90	0.906	0.856	1.881	1.261	1.862	−1.652
91	0.917	0.856	1.907	1.268	1.886	−1.634
92	0.927	0.856	1.933	1.277	1.910	−1.617
93	0.936	0.857	1.957	1.286	1.932	−1.603
94	0.943	0.857	1.981	1.295	1.953	−1.590
95	0.950	0.857	2.004	1.306	1.974	−1.580
96	0.956	0.858	2.027	1.317	1.994	−1.571
97	0.961	0.858	2.050	1.329	2.013	−1.565
98	0.965	0.859	2.073	1.342	2.033	−1.560
99	0.969	0.860	2.096	1.357	2.052	−1.558
100	0.972	0.861	2.119	1.373	2.071	−1.557
101	0.975	0.862	2.142	1.390	2.089	−1.559
102	0.977	0.864	2.166	1.409	2.109	−1.563
103	0.979	0.865	2.191	1.429	2.128	−1.569
104	0.980	0.867	2.217	1.452	2.147	−1.577
105	0.981	0.869	2.244	1.476	2.168	−1.587
106	0.982	0.872	2.273	1.503	2.189	−1.600
107	0.983	0.875	2.303	1.532	2.211	−1.616
108	0.983	0.878	2.336	1.564	2.234	−1.634
109	0.984	0.881	2.370	1.599	2.258	−1.655
110	0.984	0.884	2.408	1.638	2.284	−1.679
111	0.984	0.888	2.448	1.681	2.311	−1.707
112	0.985	0.893	2.492	1.729	2.340	−1.738
113	0.985	0.897	2.541	1.782	2.371	−1.773
114	0.985	0.902	2.595	1.841	2.406	−1.813
115	0.986	0.908	2.654	1.907	2.444	−1.858

T/K	c_v' /[kJ/(kg·K)]	c_v'' /[kJ/(kg·K)]	c_p' /[kJ/(kg·K)]	c_p'' /[kJ/(kg·K)]	c_{sat}' /[kJ/(kg·K)]	c_{sat}'' /[kJ/(kg·K)]
116	0.986	0.914	2.721	1.981	2.485	−1.908
117	0.987	0.920	2.796	2.065	2.531	−1.965
118	0.989	0.927	2.882	2.161	2.582	−2.029
119	0.990	0.935	2.980	2.271	2.639	−2.102
120	0.992	0.943	3.094	2.398	2.705	−2.185
121	0.994	0.952	3.227	2.548	2.780	−2.280
122	0.997	0.961	3.386	2.725	2.866	−2.391
123	1.001	0.971	3.579	2.938	2.969	−2.519
124	1.005	0.982	2.817	3.199	3.091	−2.672
125	1.010	0.993	4.119	3.525	3.241	−2.854
126	1.016	1.006	4.514	3.944	3.428	−3.076
127	1.024	1.019	5.053	4.498	3.673	−3.352
128	1.033	1.034	5.831	5.264	4.006	−3.704
129	1.045	1.050	7.048	6.382	4.489	−4.166
130	1.059	1.068	9.201	8.122	5.262	−4.792
131	1.079	1.086	13.901	11.083	6.711	−5.647
132	1.106	1.104	29.272	16.445	10.181	−6.683
132.5	1.121	1.112	50.758	20.343	12.712	−7.039

注：“'”为饱和液；“''”为饱和气。

表 4-149　气液平衡线上气态、液态空气的比热容 c（压力表）[11]

p/MPa	c_v' /[kJ/(kg·K)]	c_v'' /[kJ/(kg·K)]	c_p' /[kJ/(kg·K)]	c_p'' /[kJ/(kg·K)]	c_{sat}' /[kJ/(kg·K)]	c_{sat}'' /[kJ/(kg·K)]
0.600	0.967	0.862	2.084	1.385	2.043	−1.558
0.650	0.971	0.864	2.110	1.405	2.064	−1.562
0.700	0.974	0.865	2.135	1.426	2.085	−1.568
0.750	0.973	0.867	2.159	1.448	2.104	−1.575
0.800	0.978	0.869	2.182	1.470	2.121	−1.585
0.850	0.979	0.871	2.206	1.493	2.140	−1.595
0.900	0.981	0.873	2.230	1.517	2.158	−1.608
0.950	0.981	0.876	2.253	1.542	2.175	−1.621
1.000	0.982	0.878	2.276	1.568	2.192	−1.636
1.100	0.983	0.883	2.325	1.622	2.227	−1.669
1.200	0.983	0.888	2.375	1.681	2.262	−1.707
1.300	0.984	0.894	2.427	1.744	2.297	−1.749
1.400	0.984	0.900	2.483	1.813	2.334	−1.795
1.500	0.984	0.907	2.543	1.888	2.374	−1.845
1.600	0.985	0.913	2.607	1.969	2.415	−1.900
1.700	0.986	0.920	2.677	2.057	2.459	−1.960
1.800	0.987	0.927	2.752	2.155	2.505	−2.025
1.900	0.988	0.934	2.835	2.263	2.555	−2.096
2.000	0.989	0.942	2.927	2.381	2.609	−2.174
2.100	0.991	0.950	3.029	2.514	2.668	−2.259
2.200	0.993	0.958	3.143	2.661	2.733	−2.352
2.300	0.995	0.966	3.272	2.830	2.804	−2.455
2.400	0.998	0.975	3.418	3.023	2.884	−2.569
2.500	1.001	0.983	3.585	3.243	2.972	−2.696
2.600	1.004	0.992	3.783	3.498	3.074	−2.839
2.700	1.008	1.002	4.014	3.795	3.189	−3.000
2.800	1.013	1.011	4.291	4.156	3.324	−3.183
2.900	1.018	1.021	4.628	4.583	3.481	−3.394
3.000	1.024	1.032	5.047	5.110	3.670	−3.638
3.100	1.030	1.042	5.577	5.776	3.898	−3.924

续表

p/MPa	c_v' /[kJ/(kg·K)]	c_v'' /[kJ/(kg·K)]	c_p' /[kJ/(kg·K)]	c_p'' /[kJ/(kg·K)]	c_{sat}' /[kJ/(kg·K)]	c_{sat}'' /[kJ/(kg·K)]
3.200	1.038	1.054	6.291	6.645	4.192	−4.264
3.300	1.047	1.064	7.302	7.734	4.586	−4.670
3.400	1.057	1.076	8.716	9.293	5.094	−5.157
3.500	1.069	1.088	11.094	11.465	5.881	−5.734
3.600	1.083	1.099	15.336	14.523	7.110	−6.373

注:"′"为饱和液;"″"为饱和气。

表 4-150　单相空气热力学性质[5]①

液态

p /bar	T /K	ρ /(g/cm³)	h /(J/g)	s /[J/(g·K)]	c_p /[J/(g·K)]
1	75	0.8935	−131.7	2.918	1.843
5	75	0.8942	−131.4	2.916	1.840
5	80	0.8718	−122.3	3.031	1.868
5	85	0.8482	−112.9	3.143	1.901
5	90	0.8230	−103.3	3.250	1.941
5	95	0.7962	−93.5	3.356	1.991
10	75	0.8952	−131.1	2.913	1.836
10	80	0.8729	−122.0	3.028	1.863
10	90	0.8245	−103.1	3.246	1.932
10	100	0.7695	−83.2	3.452	2.041
50	75	0.9025	−128.2	2.892	1.806
50	100	0.7859	−81.8	3.415	1.939
50	125	0.6222	−28.3	3.889	2.614
50	150	0.1879	91.9	4.764	2.721
100	75	0.9111	−124.5	2.867	1.774
100	100	0.8033	−79.4	3.376	1.852
100	125	0.6746	−31.4	3.805	2.062
100	150	0.4871	32.8	4.271	2.832

气态

p /bar	T /K	ρ /(g/L)	h /(J/g)	s /[J/(g·K)]	c_p /[J/(g·K)]
1	100	3.556	98.3	5.759	1.032
1	200	1.746	199.7	6.463	1.007
1	300	1.161	300.3	6.871	1.007
1	500	0.696	503.4	7.389	1.030
1	1000	0.348	1046.6	8.138	1.141
10	200	17.835	195.2	5.766	1.049
10	300	11.643	298.3	6.204	1.021
10	500	6.944	502.9	6.727	1.034
10	1000	3.471	1047.2	7.477	1.142
100	200	213.950	148.8	4.949	1.650
100	300	116.945	279.9	5.486	1.158
100	500	66.934	499.0	6.048	1.073
100	1000	33.613	1052.4	6.812	1.151

① 更详细的单相空气热力学性质可在参考文献 [11] 中 p.119～p.269 表Ⅱ-11,表Ⅱ-12 中查到,其温度压力范围为:$T=105～1500K$;$p=0.1～100MPa$。

表 4-150a 空气在不同等压线上热物理性质[5]

t/K	ρ /(kg/m³)	h /(kJ/kg)	s /[kJ/(kg·K)]	c_v /[kJ/(kg·K)]	c_p /[kJ/(kg·K)]	u_s /(m/s)	η /μPa·s	λ /[mW/(m·K)]
$P=0.1\text{MPa}(1\text{bar})$								
60	956.7	−36.11	−0.5230	1.173	1.901	1029	372.4	171.1
78.79	875.5	−0.2237	−0.002818	1.051	1.933	866.7	167.4	140.2
81.61	4.442	204.8	2.563	0.7500	1.089	177.1	5.811	7.673
100	3.557	224.3	2.779	0.7282	1.040	198.2	7.107	9.469
120	2.938	244.9	2.966	0.7211	1.022	218.3	8.457	11.38
140	2.507	265.2	3.123	0.7184	1.014	236.4	9.750	13.24
160	2.188	285.5	3.258	0.7172	1.011	253.2	10.99	15.05
180	1.942	305.6	3.377	0.7166	1.008	268.8	12.18	16.80
200	1.746	325.8	3.483	0.7163	1.007	283.5	13.33	18.50
220	1.586	345.9	3.579	0.7163	1.006	297.4	14.44	20.16
240	1.453	366.0	3.667	0.7164	1.006	310.7	15.51	21.77
260	1.341	386.2	3.747	0.7168	1.006	323.4	16.55	23.35
280	1.245	406.3	3.822	0.7173	1.006	335.6	17.56	24.88
300	1.161	426.4	3.891	0.7181	1.007	347.4	18.54	26.38
320	1.089	446.5	3.956	0.7192	1.007	358.7	19.49	27.85
340	1.024	466.7	4.018	0.7206	1.009	369.6	20.41	29.29
360	0.9674	486.9	4.075	0.7223	1.010	380.3	21.32	30.71
380	0.9164	507.1	4.130	0.7243	1.012	390.5	22.20	32.09
400	0.8706	527.4	4.182	0.7266	1.014	400.5	23.06	33.45
500	0.6964	629.5	4.410	0.7426	1.030	446.4	27.09	39.94
600	0.5803	733.6	4.599	0.7641	1.051	487.1	30.77	46.01
700	0.4974	839.9	4.763	0.7879	1.075	523.9	34.18	51.76
800	0.4352	948.6	4.908	0.8117	1.099	557.8	37.37	57.25
900	0.3869	1060	5.039	0.8340	1.121	589.6	40.39	62.54
1000	0.3482	1173	5.158	0.8540	1.141	619.6	43.28	67.68
$P=0.5\text{MPa}(5\text{bar})$								
60	957.3	−35.80	−0.5248	1.173	1.900	1031	374.6	171.4
80	870.9	2.387	0.02430	1.046	1.934	858.5	161.4	138.6
96.12	790.0	34.46	0.3892	0.9748	2.071	695.2	97.55	111.0
98.36	20.14	214.1	2.240	0.8067	1.288	185.0	7.079	9.974
100	19.65	216.2	2.261	0.7967	1.261	187.4	7.192	10.10
120	15.48	239.6	2.475	0.7461	1.115	212.4	8.542	11.81
140	12.94	261.4	2.643	0.7311	1.068	232.8	9.834	13.58
160	11.17	282.5	2.784	0.7245	1.045	250.9	11.07	15.32
180	9.842	303.3	2.906	0.7213	1.032	267.4	12.26	17.04
200	8.811	323.8	3.014	0.7195	1.025	282.6	13.41	18.71
220	7.981	344.3	3.112	0.7186	1.020	297.0	14.51	20.34
240	7.297	364.6	3.200	0.7182	1.017	310.6	15.58	21.94
260	6.724	385.0	3.282	0.7182	1.015	323.5	16.62	23.50
280	6.235	405.2	3.357	0.7185	1.014	335.9	17.62	25.02
300	5.813	425.5	3.427	0.7191	1.013	347.8	18.60	26.51
320	5.446	445.8	3.492	0.7200	1.013	359.3	19.54	27.97
340	5.123	466.0	3.553	0.7213	1.013	370.3	20.47	29.41
360	4.836	486.3	3.611	0.7229	1.014	381.0	21.37	30.81
380	4.580	506.6	3.666	0.7248	1.016	391.3	22.24	32.19
400	4.350	526.9	3.718	0.7271	1.018	401.3	23.10	33.55
500	3.477	629.3	3.947	0.7429	1.032	447.3	27.13	40.02
600	2.897	733.5	4.137	0.7643	1.053	488.0	30.80	46.07
700	2.483	840.0	4.301	0.7881	1.076	524.8	34.20	51.80
800	2.173	948.8	4.446	0.8119	1.100	558.7	37.40	57.27
900	1.932	1060	4.577	0.8341	1.122	590.5	40.42	62.58
1000	1.739	1173	4.696	0.8542	1.142	620.4	43.30	67.71
$P=1\text{MPa}(10\text{bar})$								
60	958.0	−35.42	−0.5271	1.174	1.898	1033	377.2	171.7
80	872.2	2.720	0.02129	1.047	1.930	862.5	162.8	139.1
100	770.1	42.76	0.4673	0.9623	2.119	658.2	88.33	105.0
106.22	730.7	56.36	0.5992	0.9451	2.268	583.0	73.90	93.88
108.10	40.07	215.8	2.088	0.8543	1.540	185.2	7.963	11.96

续表

t/K	ρ /(kg/m³)	h /(kJ/kg)	s /[kJ/(kg·K)]	c_v /[kJ/(kg·K)]	c_p /[kJ/(kg·K)]	u_s /(m/s)	η /μPa·s	λ /[mW/(m·K)]
P=1MPa(10bar)								
120	33.48	232.3	2.233	0.7844	1.285	204.0	8.718	12.59
140	27.02	256.3	2.419	0.7481	1.148	228.2	9.978	14.11
160	22.94	278.7	2.568	0.7341	1.093	248.1	11.20	15.74
180	20.03	300.2	2.695	0.7273	1.065	265.7	12.38	17.38
200	17.83	321.3	2.806	0.7236	1.048	281.7	13.51	19.00
220	16.09	342.2	2.906	0.7216	1.038	296.6	14.61	20.60
240	14.68	362.9	2.996	0.7204	1.031	310.6	15.67	22.17
260	13.50	383.5	3.078	0.7199	1.026	323.8	16.70	23.70
280	12.50	403.9	3.154	0.7199	1.023	336.4	17.70	25.21
300	11.64	424.4	3.224	0.7203	1.021	348.4	18.67	26.68
320	10.90	444.8	3.290	0.7211	1.020	360.0	19.62	28.13
340	10.25	465.2	3.352	0.7222	1.019	371.1	20.54	29.55
360	9.668	485.6	3.410	0.7237	1.019	381.9	21.43	30.95
380	9.153	506.0	3.465	0.7255	1.020	392.3	22.31	32.32
400	8.690	526.4	3.518	0.7277	1.022	402.3	23.16	33.67
500	6.943	629.1	3.747	0.7434	1.034	448.5	27.18	40.11
600	5.784	733.5	3.937	0.7646	1.054	489.2	30.84	46.15
700	4.957	840.0	4.101	0.7884	1.077	526.0	34.24	51.87
800	4.338	948.9	4.247	0.8121	1.100	559.9	37.43	57.35
900	3.857	1060	4.378	0.8343	1.122	591.5	40.45	62.63
1000	3.472	1173	4.497	0.8543	1.142	621.5	43.33	67.75
P=2MPa(20bar)								
60.11[a]	959.1	−34.44	−0.5282	1.175	1.895	1037	380.5	172.2
80	874.6	3.390	0.01535	1.048	1.921	870.2	165.5	140.1
100	775.0	43.09	0.4576	0.9636	2.086	672.5	90.43	106.6
118.52	638.8	86.69	0.8559	0.9314	2.894	430.4	51.60	73.71
119.94	86.20	211.0	1.899	0.9396	2.365	180.5	9.540	16.59
120	86.03	211.2	1.900	0.9382	2.354	180.7	9.542	16.57
140	59.88	244.8	2.161	0.7883	1.387	218.3	10.44	15.68
160	48.61	270.5	2.333	0.7545	1.213	242.7	11.55	16.80
180	41.54	294.0	2.471	0.7396	1.139	262.8	12.67	18.21
200	36.52	316.3	2.589	0.7319	1.100	280.3	13.77	19.69
220	32.70	338.0	2.692	0.7275	1.076	296.2	14.84	21.19
240	29.66	359.4	2.785	0.7249	1.060	310.8	15.88	22.68
260	27.18	380.5	2.870	0.7235	1.050	324.6	16.89	24.16
280	25.11	401.4	2.947	0.7228	1.042	337.6	17.88	25.62
300	23.34	422.2	3.019	0.7227	1.037	349.9	18.84	27.06
320	21.82	442.9	3.086	0.7231	1.033	361.7	19.77	28.47
340	20.49	463.5	3.148	0.7240	1.031	373.0	20.68	29.87
360	19.32	484.1	3.207	0.7253	1.030	383.9	21.57	31.24
380	18.27	504.7	3.263	0.7269	1.029	394.4	22.44	32.59
400	17.34	525.3	3.315	0.7290	1.029	404.5	23.29	33.93
500	13.84	628.6	3.546	0.7442	1.039	450.8	27.28	40.31
600	11.52	733.4	3.737	0.7653	1.057	491.5	30.93	46.30
700	9.878	840.2	3.902	0.7889	1.079	528.3	34.32	52.00
800	8.646	949.3	4.047	0.8125	1.102	562.1	37.49	57.46
900	7.689	1061	4.178	0.8346	1.123	593.7	40.50	62.73
1000	6.923	1174	4.298	0.8546	1.143	623.6	43.38	67.84
P=5MPa(50bar)								
60.64[a]	961.4	−31.10	0.5246	1.176	1.886	1048	386.2	173.3
80	881.7	5.437	−0.001766	1.054	1.898	892.1	173.5	143.0
100	788.3	44.27	0.4311	0.9681	2.009	710.6	96.44	111.1
120	665.1	87.67	0.8256	0.9194	2.429	496.8	57.06	79.02
140	321.3	172.5	1.467	1.049	8.515	199.5	19.25	43.18
160	151.4	240.7	1.930	0.8269	1.916	231.8	13.80	22.96
180	116.7	273.4	2.123	0.7785	1.453	258.2	14.14	22.02

t/K	ρ /(kg/m³)	h /(kJ/kg)	s /[kJ/(kg·K)]	c_v /[kJ/(kg·K)]	c_p /[kJ/(kg·K)]	u_s /(m/s)	η /μPa·s	λ /[mW/(m·K)]
$P=5$MPa(50bar)								
200	97.93	300.6	2.267	0.7569	1.288	279.4	14.90	22.54
220	85.43	325.5	2.385	0.7451	1.205	297.7	15.77	23.49
240	76.25	349.0	2.488	0.7381	1.155	314.0	16.68	24.62
260	69.12	371.8	2.579	0.7338	1.123	328.8	17.60	25.83
280	63.36	394.0	2.661	0.7312	1.101	342.7	18.52	27.09
300	58.59	415.8	2.736	0.7297	1.085	355.6	19.42	28.39
320	54.55	437.4	2.806	0.7291	1.074	367.9	20.31	29.69
340	51.07	458.8	2.871	0.7292	1.065	379.6	21.18	30.98
360	48.05	480.1	2.932	0.7298	1.059	390.7	22.04	32.27
380	45.38	501.2	2.989	0.7310	1.055	401.4	22.88	33.55
400	43.01	522.3	3.043	0.7327	1.052	411.7	23.70	34.81
500	34.21	627.4	3.277	0.7466	1.052	458.3	27.61	40.97
600	28.48	733.2	3.470	0.7671	1.066	498.9	31.20	46.83
700	24.42	840.8	3.636	0.7903	1.085	535.4	34.55	52.43
800	21.39	950.4	3.782	0.8136	1.106	569.0	37.69	57.83
900	19.03	1062	3.914	0.8356	1.127	600.3	40.68	63.04
1000	17.14	1176	4.034	0.8554	1.146	629.9	43.54	68.12
$P=10$MPa(100bar)								
61.52[a]	965.2	−25.55	−0.5187	1.177	1.871	1064	395.1	175.0
80	892.4	8.950	−0.02831	1.063	1.868	925.2	186.8	147.5
100	806.9	46.73	0.3930	0.9767	1.924	763.5	105.8	117.8
120	706.1	86.65	0.7565	0.9192	2.094	591.1	67.00	89.01
140	573.7	132.1	1.106	0.8916	2.517	418.1	41.82	63.61
160	397.0	188.0	1.479	0.8787	2.882	297.6	24.99	43.38
180	273.3	238.0	1.774	0.8267	2.098	283.1	19.31	32.89
200	214.1	274.8	1.968	0.7908	1.646	296.3	18.16	29.63
220	179.9	305.4	2.114	0.7701	1.434	312.4	18.17	28.80
240	157.0	332.8	2.233	0.7574	1.317	328.0	18.60	28.89
260	140.2	358.3	2.336	0.7492	1.245	342.7	19.20	29.38
280	127.3	382.7	2.426	0.7439	1.196	356.5	19.90	30.15
300	116.9	406.3	2.507	0.7404	1.162	369.5	20.64	31.12
320	108.3	429.3	2.582	0.7383	1.138	381.8	21.40	32.15
340	101.0	451.8	2.650	0.7372	1.120	393.5	22.17	33.22
360	94.80	474.1	2.714	0.7369	1.106	404.6	22.95	34.33
380	89.36	496.1	2.773	0.7374	1.096	415.3	23.72	35.45
400	84.57	517.9	2.829	0.7384	1.088	425.6	24.49	36.58
500	67.06	625.7	3.070	0.7505	1.073	471.8	28.19	42.26
600	55.82	733.3	3.266	0.7699	1.080	511.9	31.67	47.84
700	47.90	842.0	3.433	0.7926	1.095	547.8	34.94	53.26
800	42.00	952.4	3.581	0.8155	1.113	580.8	38.04	58.52
900	37.42	1065	3.713	0.8372	1.132	611.6	40.99	63.64
1000	33.75	1179	3.833	0.8568	1.150	640.7	43.81	68.64
$P=20$MPa(200bar)								
63.24[a]	972.3	−14.49	−0.5069	1.180	1.847	1094	411.4	178.4
80	911.3	16.25	−0.07568	1.081	1.825	982.1	213.1	155.4
100	836.2	52.71	0.3311	0.9948	1.827	846.0	123.1	128.7
120	755.9	89.57	0.6670	0.9334	1.864	711.9	82.28	103.9
140	668.7	127.4	0.9589	0.8906	1.926	589.6	58.52	82.08
160	575.8	166.5	1.220	0.8606	1.977	491.8	43.00	65.18

续表

t/K	ρ /(kg/m³)	h /(kJ/kg)	s /[kJ/(kg·K)]	c_v /[kJ/(kg·K)]	c_p /[kJ/(kg·K)]	u_s /(m/s)	η /μPa·s	λ /[mW/(m·K)]
$P=20$MPa(200bar)								
180	484.9	206.0	1.452	0.8365	1.946	428.0	33.22	53.43
200	407.6	243.6	1.651	0.8143	1.808	397.2	27.80	46.02
220	348.5	278.1	1.815	0.7956	1.642	387.6	25.12	41.70
240	304.6	309.5	1.952	0.7812	1.506	388.7	23.92	39.30
260	271.5	338.6	2.068	0.7705	1.405	394.7	23.48	37.98
280	245.7	365.9	2.169	0.7627	1.331	402.8	23.47	37.46
300	225.0	392.0	2.259	0.7572	1.277	412.0	23.70	37.57
320	208.0	417.1	2.340	0.7532	1.236	421.5	24.08	37.94
340	193.7	441.5	2.414	0.7506	1.204	431.1	24.56	38.47
360	181.5	465.3	2.482	0.7491	1.180	440.6	25.10	39.13
380	170.9	488.7	2.546	0.7485	1.161	450.0	25.68	39.88
400	161.7	511.7	2.605	0.7486	1.146	459.2	26.29	40.69
500	128.3	624.0	2.856	0.7575	1.108	501.8	29.49	45.27
600	107.0	734.4	3.057	0.7753	1.103	539.5	32.69	50.19
700	92.10	845.1	3.227	0.7969	1.112	573.7	35.78	55.18
800	80.99	957.0	3.377	0.8191	1.126	605.6	38.75	60.13
900	72.34	1070	3.510	0.8402	1.142	634.8	41.61	65.02
1000	65.41	1185	3.631	0.8594	1.157	662.8	44.36	69.84
$P=50$MPa(500bar)								
68.21[a]	991.5	18.30	−0.4728	1.192	1.793	1173	450.9	187.5
80	955.5	39.24	−0.1896	1.128	1.761	1112	292.7	174.1
100	895.9	73.98	0.1982	1.043	1.715	1012	171.6	152.8
120	837.8	107.9	0.5077	0.9811	1.680	920.9	118.9	133.2
140	781.1	141.2	0.7643	0.9342	1.649	839.4	90.60	115.9
160	726.2	173.9	0.9826	0.8983	1.619	770.2	72.86	101.0
180	673.9	205.9	1.171	0.8706	1.586	714.1	60.73	88.73
200	624.9	237.3	1.337	0.8488	1.549	670.6	52.14	79.05
220	579.8	267.9	1.482	0.8313	1.509	638.1	45.98	71.65
240	539.0	297.7	1.612	0.8171	1.467	614.7	41.60	66.11
260	502.4	326.6	1.728	0.8057	1.425	598.5	38.49	61.97
280	470.0	354.7	1.832	0.7964	1.385	588.0	36.32	58.99
300	441.2	382.0	1.926	0.7890	1.349	581.7	34.82	57.07
320	415.6	408.7	2.012	0.7832	1.316	578.4	33.83	55.77
340	392.9	434.7	2.091	0.7787	1.287	577.4	33.19	54.93
360	372.7	460.2	2.164	0.7754	1.262	578.1	32.82	54.41
380	354.6	485.2	2.232	0.7731	1.241	580.0	32.66	54.15
400	338.2	509.8	2.295	0.7717	1.223	582.9	32.64	54.07
500	276.1	629.0	2.561	0.7749	1.168	604.1	33.85	55.45
600	234.6	744.6	2.772	0.7890	1.148	629.5	36.00	58.34
700	204.6	859.2	2.948	0.8080	1.147	655.5	38.46	61.93
800	181.8	974.2	3.102	0.8285	1.154	681.0	41.00	65.86
900	163.8	1090	3.238	0.8483	1.164	705.9	43.55	69.98
1000	149.2	1207	3.362	0.8665	1.175	730.1	46.07	74.20

注："a"液态凝固点。

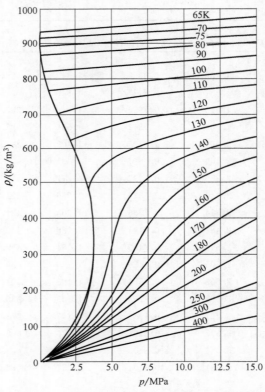

图 4-37 空气密度（ρ）与压力、温度的关系（压力坐标）[11]

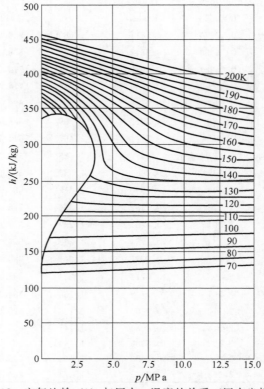

图 4-38 空气比焓（h）与压力、温度的关系（压力坐标）[11]

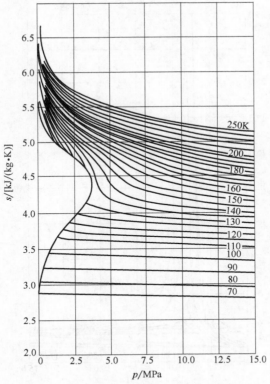

图 4-39 空气比熵（s）与温度、压力的关系（压力坐标）[11]

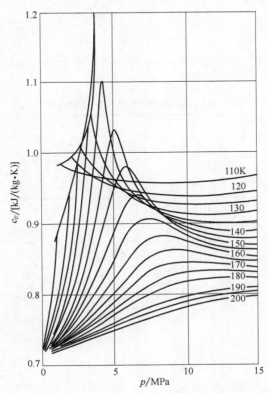

图 4-40 空气比定体热容（c_v）与压力、温度的关系（压力坐标）[11]

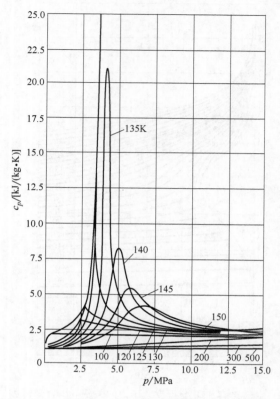

图 4-41 空气比定压热容（c_p）与压力、温度的关系（压力坐标）[11]

4.3.2 水 water

具体内容见表 4-151、表 4-152 及图 4-42～图 4-45；表 4-153～表 4-160 及图 4-46～图 4-51；表 4-161～表 4-172。

表 4-151 饱和水和水蒸气热力学性质[1]

化学式 H_2O	T_c 647.3K
M_r 18.0156	p_c 22129kPa
T_b 373.15K	ρ_c 315kg/m³
T_m 273.15K	

T_{sat}/K	373.15	400	430	460	490	520	550	580	610	647.3
p_{sat}/kPa	101.3	247	571	1172	2185	3773	6124	9460	14044	22129
$\rho_l/(kg/m^3)$	958.3	937.5	910.3	879.4	844.3	803.8	756.1	697.2	619.5	315
$\rho_g/(kg/m^3)$	0.597	1.370	3.020	5.975	10.95	18.90	31.52	51.85	87.5	315
$h_l/(kJ/kg)$	419.10	533.0	662.1	793.5	929.4	1070.9	1220.5	1384.0	1572.9	2100
$h_g/(kJ/kg)$	2675.8	2716	2754.9	2783.9	2800.9	2801.9	2783.1	2734.3	2637.1	2100
$\Delta_v h/(kJ/kg)$	2256.7	2183	2092.8	1990.4	1871.5	1731.0	1562.6	1350.3	1064.2	0.0
$c_{p,l}/[kJ/(kg \cdot K)]$	4.22	4.24	4.28	4.45	4.60	4.84	5.07	5.70	8.12	
$c_{p,g}/[kJ/(kg \cdot K)]$	2.03	2.16	2.35	2.70	3.17	3.84	4.87	6.71	11.2	

表 4-152　饱和水，水蒸气的热力学性质（压力表）[14]

压力 p/MPa	温度 t/℃	比体积 v/(m³/kg)		比内能 u/(kJ/kg)			比焓 h/(kJ/kg)			比熵 s/[kJ/(kg·K)]		
		$10^3 v_l$	$10^3 v_g$	u_l	$\Delta_v u$	u_g	h_l	$\Delta_v h$	h_g	s_l	$\Delta_v s$	s_g
0.0006113	0.01	1.0002	206136	0.00	2375.3	2375.3	0.01	2501.3	2501.4	0.0000	9.1562	9.1562
0.0007	1.89	1.0001	181255	7.90	2370.0	2377.9	7.91	2496.9	2504.8	0.0288	9.0775	9.1064
0.0008	3.77	1.0001	159675	15.81	2364.7	2380.6	15.81	2492.5	2508.3	0.0575	8.9999	9.0573
0.0009	5.45	1.0001	142789	22.88	2360.0	2382.9	22.89	2488.5	2511.4	0.0829	8.9312	9.0142
0.0010	6.98	1.0002	129208	29.30	2355.7	2385.0	29.30	2484.9	2514.2	0.1059	8.8697	8.9756
0.0011	8.37	1.0002	118042	35.17	2351.8	2386.9	35.17	2481.6	2516.8	0.1268	8.8140	8.9408
0.0012	9.66	1.0003	108696	40.58	2348.1	2388.7	40.58	2478.6	2519.1	0.1460	8.7631	8.9091
0.0013	10.86	1.0004	100755	45.60	2344.7	2390.3	45.60	2475.7	2521.3	0.1637	8.7162	8.8799
0.0014	11.98	1.0005	93922	50.31	2341.6	2391.9	50.31	2473.1	2523.4	0.1802	8.6727	8.8529
0.0015	13.03	1.0007	87980	54.71	2338.6	2393.3	54.71	2470.6	2525.3	0.1957	8.6322	8.8279
0.0016	14.02	1.0008	82763	58.87	2335.8	2394.7	58.87	2468.3	2527.1	0.2102	8.5943	8.8044
0.0017	14.95	1.0009	78146	62.80	2333.2	2396.0	62.80	2466.0	2528.8	0.2238	8.5586	8.7825
0.0018	15.84	1.0010	74030	66.53	2330.7	2397.2	66.54	2463.9	2530.5	0.2368	8.5250	8.7618
0.0019	16.69	1.0012	70337	70.09	2328.3	2398.4	70.10	2461.9	2532.0	0.2491	8.4931	8.7422
0.0020	17.50	1.0013	67004	73.48	2326.0	2399.5	73.48	2460.0	2533.5	0.2607	8.4629	8.7237
0.0021	18.28	1.0014	63981	76.73	2323.8	2400.6	76.74	2458.2	2534.9	0.2719	8.4341	8.7060
0.0022	19.02	1.0016	61226	79.84	2321.7	2401.6	79.85	2456.4	2536.3	0.2826	8.4067	8.6892
0.0023	19.73	1.0017	58705	82.83	2319.7	2402.6	82.83	2454.8	2537.6	0.2928	8.3804	8.6732
0.0024	20.42	1.0019	56389	85.71	2317.8	2403.5	85.72	2453.1	2538.8	0.3026	8.3552	8.6579
0.0025	21.08	1.0020	54254	88.48	2315.9	2404.4	88.49	2451.5	2540.0	0.3120	8.3311	8.6432
0.0026	21.72	1.0021	52279	91.16	2314.1	2405.3	91.17	2450.1	2541.2	0.3211	8.3079	8.6290
0.0027	22.34	1.0023	50446	93.75	2312.4	2406.1	93.75	2448.6	2542.3	0.3299	8.2856	8.6155
0.0028	22.94	1.0024	48742	96.26	2310.7	2407.0	96.27	2447.2	2543.4	0.3384	8.2640	8.6024
0.0029	23.52	1.0026	47152	98.69	2309.1	2407.8	98.70	2445.8	2544.5	0.3466	8.2432	8.5898
0.0030	24.08	1.0027	45665	101.04	2307.5	2408.5	101.05	2444.5	2545.5	0.3545	8.2231	8.5776
0.0032	25.16	1.0030	42964	105.56	2304.4	2410.0	105.57	2441.9	2547.5	0.3697	8.1848	8.5545
0.0034	26.19	1.0032	40572	109.83	2301.6	2411.4	109.84	2439.5	2549.3	0.3840	8.1488	8.5327
0.0036	27.16	1.0035	38440	113.89	2298.8	2412.7	113.90	2437.2	2551.1	0.3975	8.1148	8.5123
0.0038	28.08	1.0038	36527	117.76	2296.2	2414.0	117.77	2435.0	2552.8	0.4104	8.0826	8.4930
0.0040	28.96	1.0040	34800	121.45	2293.7	2415.2	121.46	2432.9	2554.4	0.4226	8.0520	8.4746
0.0042	29.81	1.0043	33234	124.99	2291.3	2416.3	125.00	2430.9	2555.9	0.4343	8.0229	8.4572
0.0044	30.62	1.0045	31806	128.39	2289.1	2417.4	128.39	2429.0	2557.4	0.4455	7.9951	8.4406
0.0046	31.40	1.0048	30500	131.64	2286.9	2418.5	131.65	2427.2	2558.8	0.4562	7.9686	8.4248
0.0048	32.15	1.0050	29299	134.78	2284.7	2419.5	134.79	2425.4	2560.2	0.4665	7.9431	8.4096
0.0050	32.88	1.0053	28192	137.81	2282.7	2420.5	137.82	2423.7	2561.5	0.4764	7.9187	8.3951
0.0055	34.58	1.0058	25769	144.94	2277.9	2422.8	144.95	2419.6	2564.5	0.4997	7.8616	8.3613
0.0060	36.16	1.0064	23739	151.53	2273.4	2425.0	151.53	2415.9	2567.4	0.5210	7.8094	8.3304
0.0065	37.63	1.0069	22014	157.66	2269.3	2426.9	157.67	2412.4	2570.0	0.5408	7.7613	8.3020
0.0070	39.00	1.0074	20530	163.39	2265.4	2428.8	163.40	2409.1	2572.5	0.5592	7.7167	8.2758
0.0075	40.29	1.0079	19238	168.78	2261.7	2430.5	168.79	2406.0	2574.8	0.5764	7.6750	8.2515
0.0080	41.51	1.0084	18103	173.87	2258.3	2432.2	173.88	2403.1	2577.0	0.5926	7.6361	8.2287
0.0085	42.67	1.0089	17099	178.69	2255.0	2433.7	178.70	2400.3	2579.0	0.6079	7.5994	8.2073
0.0090	43.76	1.0094	16203	183.27	2251.9	2435.2	183.29	2397.7	2581.0	0.6224	7.5648	8.1872
0.0095	44.81	1.0098	15399	187.64	2248.9	2436.6	187.65	2395.2	2582.9	0.6362	7.5321	8.1682
0.010	45.81	1.0102	14674	191.82	2246.1	2437.9	191.83	2392.8	2584.7	0.6493	7.5009	8.1502
0.011	47.69	1.0111	13415	199.66	2240.8	2440.4	199.67	2388.3	2588.0	0.6738	7.4430	8.1168
0.012	49.42	1.0119	12361	206.91	2235.8	2442.7	206.92	2384.1	2591.1	0.6963	7.3900	8.0863
0.013	51.04	1.0126	11465	213.66	2231.2	2444.9	213.67	2380.2	2593.9	0.7172	7.3412	8.0584
0.014	52.55	1.0134	10693	219.98	2226.9	2446.9	219.99	2376.6	2596.6	0.7366	7.2959	8.0325
0.015	53.97	1.0141	10022	225.92	2222.9	2448.7	225.94	2373.1	2599.1	0.7549	7.2536	8.0085
0.016	55.32	1.0147	9433	231.54	2219.0	2450.5	231.56	2369.9	2601.4	0.7720	7.2140	7.9860
0.017	56.59	1.0154	8910	236.86	2215.3	2452.2	236.89	2366.8	2603.7	0.7882	7.1767	7.9649
0.018	57.80	1.0160	8445	241.93	2211.8	2453.8	241.95	2363.8	2605.8	0.8035	7.1416	7.9451
0.019	58.96	1.0166	8027	246.76	2208.5	2455.3	246.78	2361.0	2607.8	0.8181	7.1082	7.9263
0.020	60.06	1.0172	7649	251.38	2205.4	2456.7	251.40	2358.3	2609.7	0.8320	7.0766	7.9085
0.021	61.12	1.0178	7307	255.81	2202.3	2458.1	255.83	2355.7	2611.6	0.8452	7.0464	7.8916

续表

压力 p/MPa	温度 t/℃	比体积 v/(m³/kg)		比内能 u/(kJ/kg)			比焓 h/(kJ/kg)			比熵 s/[kJ/(kg·K)]		
		$10^3 v_l$	$10^3 v_g$	u_l	$\Delta_v u$	u_g	h_l	$\Delta_v h$	h_g	s_l	$\Delta_v s$	s_g
0.022	62.14	1.0183	6995.0	260.06	2199.4	2459.4	260.08	2353.2	2613.3	0.8579	7.0176	7.8756
0.023	63.12	1.0189	6709.0	264.15	2196.6	2460.7	264.18	2350.8	2615.0	0.8701	6.9901	7.8602
0.024	64.06	1.0194	6446.0	268.09	2193.8	2461.9	268.12	2348.5	2616.6	0.8818	6.9637	7.8455
0.025	64.97	1.0199	6204.0	271.90	2191.2	2463.1	271.93	2346.3	2618.2	0.8931	6.9383	7.8314
0.026	65.85	1.0204	5980.0	275.58	2188.7	2464.2	275.61	2344.1	2619.7	0.9040	6.9139	7.8179
0.027	66.70	1.0209	5772.0	279.14	2186.2	2465.3	279.17	2342.0	2621.2	0.9145	6.8904	7.8049
0.028	67.53	1.0214	5579.0	282.60	2183.8	2466.4	282.62	2340.0	2622.6	0.9246	6.8678	7.7924
0.029	68.33	1.0218	5398.0	285.95	2181.5	2467.4	285.98	2338.0	2624.0	0.9344	6.8459	7.7803
0.030	69.10	1.0223	5229.0	289.20	2179.2	2468.4	289.23	2336.1	2625.3	0.9439	6.8247	7.7686
0.032	70.60	1.0232	4922.0	295.45	2174.9	2470.3	295.48	2332.4	2627.8	0.9622	6.7843	7.7465
0.034	72.01	1.0241	4650.0	301.37	2170.8	2472.1	301.40	2328.8	2630.2	0.9793	6.7463	7.7257
0.036	73.36	1.0249	4408.0	307.01	2166.8	2473.8	307.05	2325.5	2632.5	0.9956	6.7104	7.7061
0.038	74.64	1.0257	4190.0	312.39	2163.1	2475.5	312.43	2322.3	2634.7	1.0111	6.6764	7.6876
0.040	75.87	1.0265	3993.0	317.53	2159.5	2477.0	317.58	2319.2	2636.8	1.0259	6.6441	7.6700
0.042	77.05	1.0272	3815.0	322.47	2156.0	2478.5	322.51	2316.2	2638.7	1.0400	6.6133	7.6534
0.044	78.18	1.0279	3652.0	327.22	2152.7	2479.9	327.26	2313.4	2640.6	1.0536	6.5839	7.6375
0.046	79.27	1.0286	3503.0	331.78	2149.5	2481.3	331.83	2310.6	2642.5	1.0666	6.5558	7.6223
0.048	80.32	1.0293	3367.0	336.19	2146.4	2482.6	336.23	2308.0	2644.2	1.0790	6.5288	7.6078
0.050	81.33	1.0300	3240.0	340.44	2143.4	2483.9	340.49	2305.4	2645.9	1.0910	6.5029	7.5939
0.055	83.72	1.0316	2964.0	350.48	2136.3	2486.8	350.54	2299.3	2649.8	1.1193	6.4422	7.5615
0.060	85.94	1.0331	2732.0	359.79	2129.6	2489.5	359.86	2293.6	2653.5	1.1453	6.3867	7.5320
0.065	88.01	1.0346	2535.0	368.48	2123.6	2492.1	368.54	2288.3	2656.9	1.1694	6.3354	7.5048
0.070	89.95	1.0360	2365.0	376.63	2117.8	2494.5	376.70	2283.3	2660.0	1.1919	6.2878	7.4797
0.075	91.78	1.0373	2217.0	384.31	2112.4	2496.7	384.39	2278.6	2663.0	1.2130	6.2434	7.4564
0.080	93.50	1.0386	2087.0	391.58	2107.2	2498.8	391.66	2274.1	2665.8	1.2329	6.2017	7.4346
0.085	95.14	1.0398	1972.0	398.48	2102.3	2500.7	398.57	2269.8	2668.4	1.2517	6.1625	7.4141
0.090	96.71	1.0410	1869.0	405.06	2097.6	2502.6	405.15	2265.7	2670.9	1.2695	6.1254	7.3949
0.095	98.20	1.0421	1777.0	411.34	2093.0	2504.4	411.43	2261.8	2673.2	1.2864	6.0902	7.3766
0.100	99.63	1.0432	1694.0	417.36	2088.7	2506.1	417.46	2258.0	2675.5	1.3026	6.0568	7.3594
0.105	101.00	1.0443	1618.4	423.13	2084.6	2507.7	423.24	2254.4	2677.6	1.3181	6.0249	7.3430
0.110	102.31	1.0453	1549.5	428.68	2080.5	2509.2	428.79	2250.9	2679.7	1.3329	5.9944	7.3273
0.115	103.58	1.0463	1486.4	434.03	2076.7	2510.7	434.15	2247.5	2681.7	1.3471	5.9653	7.3124
0.120	104.80	1.0473	1428.4	439.20	2072.9	2512.1	439.32	2244.2	2683.5	1.3608	5.9373	7.2981
0.125	105.99	1.0483	1374.9	444.19	2069.3	2513.5	444.32	2241.0	2685.4	1.3740	5.9104	7.2844
0.130	107.13	1.0492	1325.4	449.02	2065.8	2514.8	449.15	2238.0	2687.1	1.3867	5.8845	7.2712
0.135	108.24	1.0501	1279.4	453.70	2062.4	2516.1	453.83	2235.0	2688.8	1.3990	5.8596	7.2586
0.140	109.31	1.0510	1236.6	458.24	2059.1	2517.3	458.39	2232.1	2690.4	1.4109	5.8355	7.2464
0.145	110.36	1.0519	1196.7	462.65	2055.9	2518.5	462.80	2229.2	2692.0	1.4224	5.8123	7.2347
0.150	111.37	1.0528	1159.3	466.94	2052.7	2519.7	467.11	2226.5	2693.6	1.4336	5.7897	7.2233
0.155	112.36	1.0536	1124.3	471.12	2049.7	2520.8	471.28	2223.8	2695.0	1.4444	5.7679	7.2123
0.160	113.32	1.0544	1091.4	475.19	2046.7	2521.9	475.36	2221.1	2696.5	1.4550	5.7467	7.2017
0.165	114.26	1.0552	1060.4	479.15	2043.8	2522.9	479.33	2218.5	2697.9	1.4652	5.7262	7.1914
0.170	115.17	1.0560	1031.2	483.02	2040.9	2523.9	483.20	2216.0	2699.2	1.4752	5.7062	7.1814
0.175	116.06	1.0568	1003.6	486.80	2038.1	2524.9	486.99	2213.6	2700.6	1.4849	5.6868	7.1717
0.180	116.93	1.0576	977.5	490.49	2035.4	2525.9	490.68	2211.2	2701.8	1.4944	5.6679	7.1623
0.185	117.79	1.0583	952.8	494.11	2032.7	2526.8	494.30	2208.8	2703.1	1.5036	5.6495	7.1532
0.190	118.62	1.0591	929.3	497.64	2030.1	2527.7	497.84	2206.5	2704.3	1.5127	5.6316	7.1443
0.195	119.43	1.0598	907.0	501.10	2027.5	2528.6	501.31	2204.2	2705.5	1.5215	5.6141	7.1356
0.200	120.23	1.0605	885.7	504.49	2025.0	2529.5	504.70	2201.9	2706.7	1.5301	5.5970	7.1271
0.205	121.02	1.0613	865.5	507.81	2022.5	2530.4	508.03	2199.8	2707.8	1.5386	5.5803	7.1189
0.210	121.78	1.0620	846.2	511.06	2020.1	2531.2	511.29	2197.6	2708.9	1.5468	5.5640	7.1109
0.215	122.53	1.0626	827.7	514.26	2017.7	2532.0	514.48	2195.5	2710.0	1.5549	5.5481	7.1030
0.220	123.27	1.0633	810.1	517.40	2015.4	2532.8	517.63	2193.4	2711.0	1.5628	5.5325	7.0953
0.225	124.00	1.0640	793.3	520.47	2013.1	2533.6	520.72	2191.3	2712.1	1.5706	5.5173	7.0878
0.230	124.71	1.0647	777.1	523.50	2010.8	2534.3	523.74	2189.3	2713.1	1.5782	5.5023	7.0805
0.235	125.41	1.0653	761.6	526.47	2008.6	2535.1	526.72	2187.3	2714.1	1.5856	5.4877	7.0733
0.240	126.10	1.0660	746.7	529.39	2006.4	2535.8	529.65	2185.4	2715.0	1.5930	5.4733	7.0663

续表

压力 p/MPa	温度 t/℃	比体积 v/(m³/kg)		比内能 u/(kJ/kg)			比焓 h/(kJ/kg)			比熵 s/[kJ/(kg·K)]		
		$10^3 v_l$	$10^3 v_g$	u_l	$\Delta_v u$	u_g	h_l	$\Delta_v h$	h_g	s_l	$\Delta_v s$	s_g
0.245	126.77	1.0666	732.4	532.27	2004.3	2536.5	532.53	2183.5	2716.0	1.6002	5.4593	7.0594
0.250	127.44	1.0672	718.7	535.10	2002.1	2537.2	535.37	2181.5	2716.9	1.6072	5.4455	7.0527
0.255	128.09	1.0679	705.5	537.88	2000.0	2537.9	538.15	2179.7	2717.8	1.6142	5.4319	7.0461
0.260	128.73	1.0685	692.8	540.62	1998.0	2538.6	540.90	2177.8	2718.7	1.6210	5.4186	7.0396
0.265	129.37	1.0691	680.5	543.32	1995.9	2539.3	543.60	2176.0	2719.6	1.6277	5.4056	7.0333
0.270	129.99	1.0697	668.7	545.97	1993.9	2539.9	546.27	2174.2	2720.5	1.6343	5.3927	7.0270
0.275	130.60	1.0703	657.3	548.59	1991.9	2540.5	548.89	2172.4	2721.3	1.6408	5.3801	7.0209
0.280	131.21	1.0709	646.3	551.18	1990.0	2541.2	551.48	2170.7	2722.1	1.6472	5.3677	7.0149
0.285	131.81	1.0715	635.7	553.72	1988.1	2541.8	554.02	2168.9	2723.0	1.6535	5.3555	7.0090
0.290	132.39	1.0720	625.4	556.23	1986.2	2542.4	556.54	2167.2	2723.8	1.6597	5.3435	7.0032
0.295	132.97	1.0726	615.4	558.71	1984.3	2543.0	559.02	2165.5	2724.5	1.6658	5.3317	6.9975
0.300	133.55	1.0732	605.8	561.15	1982.4	2543.6	561.47	2163.8	2725.3	1.6718	5.3201	6.9919
0.305	134.11	1.0737	596.5	563.56	1980.6	2544.1	563.88	2162.2	2726.1	1.6777	5.3087	6.9864
0.310	134.67	1.0743	587.5	565.94	1978.8	2544.7	566.27	2160.6	2726.8	1.6835	5.2974	6.9810
0.315	135.22	1.0749	578.7	568.29	1977.0	2545.3	568.62	2158.9	2727.6	1.6893	5.2863	6.9756
0.320	135.76	1.0754	570.2	570.61	1975.2	2545.8	570.95	2157.3	2728.3	1.6950	5.2754	6.9704
0.325	136.30	1.0759	562.0	572.90	1973.5	2546.4	573.25	2155.8	2729.0	1.7006	5.2646	6.9652
0.330	136.83	1.0765	554.0	575.16	1971.7	2546.9	575.52	2154.2	2729.7	1.7061	5.2540	6.9601
0.335	137.35	1.0770	546.3	577.40	1970.0	2547.4	577.76	2152.6	2730.4	1.7116	5.2435	6.9551
0.340	137.87	1.0775	538.7	579.61	1968.3	2547.9	579.97	2151.1	2731.1	1.7169	5.2332	6.9502
0.345	138.38	1.0781	531.4	581.79	1966.6	2548.4	582.16	2149.6	2731.8	1.7222	5.2230	6.9453
0.350	138.88	1.0786	524.3	583.95	1965.0	2548.9	584.33	2148.1	2732.4	1.7275	5.2130	6.9405
0.355	139.38	1.0791	517.3	586.09	1963.3	2549.4	586.47	2146.6	2733.1	1.7327	5.2031	6.9358
0.360	139.87	1.0796	510.6	588.20	1961.7	2549.9	588.59	2145.1	2733.7	1.7378	5.1933	6.9311
0.365	140.36	1.0801	504.0	590.29	1960.1	2550.4	590.68	2143.7	2734.4	1.7428	5.1836	6.9265
0.370	140.84	1.0806	497.6	592.36	1958.5	2550.9	592.75	2142.2	2735.0	1.7478	5.1741	6.9219
0.375	141.32	1.0811	491.4	594.40	1956.9	2551.3	594.81	2140.8	2735.6	1.7528	5.1647	6.9175
0.380	141.79	1.0816	485.3	596.42	1955.4	2551.8	596.83	2139.4	2736.2	1.7577	5.1554	6.9130
0.385	142.26	1.0821	479.4	598.43	1953.8	2552.2	598.84	2138.0	2736.8	1.7625	5.1462	6.9087
0.390	142.72	1.0826	473.6	600.41	1952.3	2552.7	600.83	2136.6	2737.4	1.7673	5.1371	6.9044
0.395	143.18	1.0831	468.0	602.37	1950.8	2553.1	602.80	2135.2	2738.0	1.7720	5.1281	6.9001
0.40	143.63	1.0836	462.5	604.31	1949.3	2553.6	604.74	2133.8	2738.6	1.7766	5.1193	6.8959
0.41	144.53	1.0845	451.9	608.14	1946.3	2554.4	608.59	2131.1	2739.7	1.7858	5.1018	6.8877
0.42	145.40	1.0855	441.7	611.90	1943.4	2555.3	612.36	2128.4	2740.8	1.7948	5.0848	6.8796
0.43	146.26	1.0864	432.1	615.59	1940.5	2556.1	616.06	2125.8	2741.9	1.8036	5.0681	6.8717
0.44	147.10	1.0873	422.8	619.21	1937.6	2556.9	619.68	2123.2	2742.9	1.8122	5.0518	6.8641
0.45	147.93	1.0882	414.0	622.77	1934.9	2557.6	623.25	2120.7	2743.9	1.8207	5.0359	6.8565
0.46	148.74	1.0891	405.5	626.26	1932.1	2558.4	626.76	2118.2	2744.9	1.8290	5.0202	6.8492
0.47	149.54	1.0900	397.4	629.70	1929.4	2559.1	630.21	2115.7	2745.9	1.8371	5.0049	6.8420
0.48	150.32	1.0909	389.6	633.08	1926.8	2559.8	633.60	2113.2	2746.8	1.8451	4.9898	6.8349
0.49	151.10	1.0917	382.1	636.40	1924.1	2560.6	636.94	2110.8	2747.8	1.8530	4.9751	6.8280
0.50	151.86	1.0926	374.9	639.68	1921.6	2561.2	640.23	2108.5	2748.7	1.8607	4.9606	6.8213
0.51	152.60	1.0934	368.0	642.90	1919.0	2561.9	643.46	2106.1	2749.6	1.8682	4.9464	6.8146
0.52	153.34	1.0942	361.3	646.08	1916.5	2562.6	646.65	2103.8	2750.5	1.8757	4.9324	6.8081
0.53	154.06	1.0951	354.9	649.20	1914.0	2563.2	649.78	2101.5	2751.3	1.8830	4.9187	6.8017
0.54	154.78	1.0959	348.7	652.28	1911.6	2563.9	652.87	2099.3	2752.1	1.8902	4.9052	6.7955
0.55	155.48	1.0967	342.7	655.32	1909.2	2564.5	655.93	2097.0	2753.0	1.8973	4.8920	6.7893
0.56	156.17	1.0975	336.9	658.32	1906.8	2565.1	658.93	2094.8	2753.8	1.9043	4.8789	6.7832
0.57	156.86	1.0983	331.3	661.27	1904.4	2565.7	661.90	2092.7	2754.5	1.9112	4.8661	6.7773
0.58	157.53	1.0991	325.9	664.18	1902.1	2566.3	664.83	2090.5	2755.3	1.9180	4.8535	6.7714
0.59	158.20	1.0999	320.7	667.06	1899.8	2566.8	667.71	2088.4	2756.1	1.9246	4.8411	6.7657
0.60	158.85	1.1006	315.7	669.90	1897.5	2567.4	670.56	2086.3	2756.8	1.9312	4.8288	6.7600
0.61	159.50	1.1014	310.8	672.70	1895.3	2568.0	673.37	2084.2	2757.5	1.9377	4.8168	6.7545
0.62	160.14	1.1021	306.0	675.47	1893.0	2568.5	676.15	2082.1	2758.3	1.9441	4.8049	6.7490
0.63	160.77	1.1029	301.5	678.20	1890.8	2569.0	678.89	2080.1	2759.0	1.9504	4.7932	6.7436
0.64	161.39	1.1036	297.0	680.90	1888.7	2569.6	681.60	2078.0	2759.6	1.9566	4.7817	6.7383

压力 p/MPa	温度 t/℃	比体积 v/(m³/kg)		比内能 u/(kJ/kg)			比焓 h/(kJ/kg)			比熵 s/[kJ/(kg·K)]		
		$10^3 v_l$	$10^3 v_g$	u_l	$\Delta_v u$	u_g	h_l	$\Delta_v h$	h_g	s_l	$\Delta_v s$	s_g
0.65	162.01	1.1044	292.7	683.56	1886.5	2570.1	684.28	2076.0	2760.3	1.9627	4.7703	6.7331
0.66	162.61	1.1051	288.5	686.20	1884.4	2570.6	686.93	2074.0	2761.0	1.9688	4.7591	6.7279
0.67	163.21	1.1058	284.4	688.80	1882.3	2571.1	689.55	2072.1	2761.6	1.9748	4.7481	6.7228
0.68	163.81	1.1066	280.5	691.38	1880.2	2571.6	692.13	2070.1	2762.3	1.9807	4.7372	6.7178
0.69	164.39	1.1073	276.6	693.93	1878.1	2572.0	694.69	2068.2	2762.9	1.9865	4.7264	6.7129
0.70	164.97	1.1080	272.9	696.44	1876.1	2572.5	697.22	2066.3	2763.5	1.9922	4.7158	6.7080
0.71	165.55	1.1087	269.2	698.93	1874.0	2573.0	699.72	2064.4	2764.1	1.9979	4.7053	6.7032
0.72	166.11	1.1094	265.7	701.40	1872.0	2573.4	702.20	2062.5	2764.7	2.0035	4.6950	6.6985
0.73	166.67	1.1101	262.2	703.84	1870.1	2573.9	704.64	2060.7	2765.3	2.0091	4.6848	6.6938
0.74	167.23	1.1103	258.9	706.25	1868.1	2574.3	707.07	2058.8	2765.9	2.0146	4.6747	6.6892
0.75	167.78	1.1115	255.6	708.64	1866.1	2574.7	709.47	2057.0	2766.4	2.0200	4.6647	6.6847
0.76	168.32	1.1121	252.4	711.00	1864.2	2575.2	711.85	2055.2	2767.0	2.0253	4.6549	6.6802
0.77	168.86	1.1128	249.3	713.34	1862.2	2575.6	714.20	2053.4	2767.5	2.0306	4.6451	6.6758
0.78	169.39	1.1135	246.3	715.66	1860.3	2576.0	716.52	2051.6	2768.1	2.0359	4.6355	6.6714
0.79	169.91	1.1142	243.3	717.95	1858.5	2576.4	718.83	2049.8	2768.6	2.0411	4.6260	6.6670
0.80	170.43	1.1148	240.4	720.22	1856.6	2576.8	721.11	2048.0	2769.1	2.0462	4.6166	6.6628
0.81	170.95	1.1155	237.6	722.47	1854.7	2577.2	723.38	2046.3	2769.7	2.0513	4.6073	6.6585
0.82	171.46	1.1161	234.9	724.70	1852.9	2577.6	725.62	2044.5	2770.2	2.0563	4.5981	6.6544
0.83	171.97	1.1168	232.2	726.91	1851.1	2578.0	727.83	2042.8	2770.7	2.0612	4.5890	6.6502
0.84	172.47	1.1174	229.5	729.10	1849.2	2578.3	730.04	2041.1	2771.2	2.0662	4.5800	6.6462
0.85	172.96	1.1181	227.0	731.27	1847.4	2578.7	732.22	2039.4	2771.6	2.0710	4.5711	6.6421
0.86	173.46	1.1187	224.5	733.42	1845.7	2579.1	734.38	2037.7	2772.1	2.0758	4.5623	6.6381
0.87	173.94	1.1193	222.0	735.55	1843.9	2579.4	736.52	2036.1	2772.6	2.0806	4.5536	6.6342
0.88	174.43	1.1200	219.6	737.66	1842.1	2579.8	738.64	2034.4	2773.0	2.0853	4.5450	6.6303
0.89	174.90	1.1206	217.3	739.75	1840.4	2580.1	740.75	2032.8	2773.5	2.0900	4.5364	6.6264
0.90	175.38	1.1212	215.0	741.83	1838.6	2580.5	742.83	2031.1	2773.9	2.0946	4.5280	6.6226
0.91	175.85	1.1218	212.7	743.89	1836.9	2580.8	744.91	2029.5	2774.4	2.0992	4.5196	6.6188
0.92	176.31	1.1225	210.5	745.93	1835.2	2581.1	746.96	2027.9	2774.8	2.1038	4.5113	6.6151
0.93	176.78	1.1231	208.4	747.95	1833.5	2581.5	749.00	2026.3	2775.3	2.1083	4.5031	6.6114
0.94	177.24	1.1237	206.3	749.96	1831.8	2581.8	751.02	2024.7	2775.7	2.1127	4.4950	6.6077
0.95	177.69	1.1243	204.2	751.95	1830.2	2582.1	753.02	2023.1	2776.1	2.1172	4.4869	6.6041
0.96	178.14	1.1249	202.2	753.93	1828.5	2582.4	755.01	2021.5	2776.5	2.1215	4.4789	6.6005
0.97	178.59	1.1255	200.2	755.89	1826.9	2582.7	756.98	2019.9	2776.9	2.1259	4.4710	6.5969
0.98	179.03	1.1261	198.2	757.84	1825.2	2583.1	758.94	2018.4	2777.3	2.1302	4.4632	6.5934
0.99	179.47	1.1267	196.3	759.77	1823.6	2583.4	760.88	2016.8	2777.7	2.1345	4.4555	6.5899
1.00	179.91	1.1273	194.44	761.68	1822.0	2583.6	762.81	2015.3	2778.1	2.1387	4.4478	6.5865
1.02	180.77	1.1284	190.80	765.47	1818.8	2584.2	766.63	2012.2	2778.9	2.1471	4.4326	6.5796
1.04	181.62	1.1296	187.30	769.21	1815.6	2584.8	770.38	2009.2	2779.6	2.1553	4.4177	6.5729
1.06	182.46	1.1308	183.92	772.89	1812.5	2585.4	774.08	2006.2	2780.3	2.1634	4.4030	6.5664
1.08	183.28	1.1319	180.67	776.52	1809.4	2585.9	777.74	2003.3	2781.0	2.1713	4.3886	6.5599
1.10	184.09	1.1330	177.53	780.09	1806.3	2586.4	781.34	2000.4	2781.7	2.1792	4.3744	6.5536
1.12	184.89	1.1342	174.49	783.62	1803.3	2586.9	784.89	1997.5	2782.4	2.1869	4.3605	6.5473
1.14	185.68	1.1353	171.56	787.11	1800.3	2587.4	788.40	1994.6	2783.0	2.1945	4.3467	6.5412
1.16	186.46	1.1364	168.73	790.54	1797.4	2587.9	791.86	1991.8	2783.6	2.2020	4.3332	6.5351
1.18	187.23	1.1375	165.99	793.94	1794.4	2588.4	795.28	1989.0	2784.2	2.2093	4.3199	6.5292
1.20	187.99	1.1385	163.33	797.29	1791.5	2588.8	798.65	1986.2	2784.8	2.2166	4.3067	6.5233
1.22	188.74	1.1396	160.77	800.60	1788.7	2589.3	801.98	1983.5	2785.4	2.2238	4.2938	6.5176
1.24	189.48	1.1407	158.28	803.87	1785.9	2589.7	805.28	1980.7	2786.0	2.2309	4.2810	6.5119
1.26	190.20	1.1417	155.86	807.09	1783.0	2590.1	808.53	1978.0	2786.5	2.2379	4.2685	6.5063
1.28	190.93	1.1428	153.53	810.29	1780.3	2590.6	811.75	1975.3	2787.1	2.2447	4.2561	6.5008
1.30	191.64	1.1438	151.25	813.44	1777.5	2591.0	814.93	1972.7	2787.6	2.2515	4.2438	6.4953
1.32	192.34	1.1449	149.05	816.56	1774.8	2591.4	818.07	1970.0	2788.1	2.2582	4.2318	6.4900
1.34	193.04	1.1459	146.91	819.64	1772.1	2591.7	821.18	1967.4	2788.6	2.2648	4.2199	6.4847
1.36	193.72	1.1469	144.83	822.69	1769.4	2592.1	824.25	1964.8	2789.1	2.2714	4.2081	6.4795
1.38	194.40	1.1479	142.81	825.71	1766.8	2592.5	827.29	1962.3	2789.6	2.2778	4.1965	6.4743
1.40	195.07	1.1489	140.84	828.70	1764.1	2592.8	830.30	1959.7	2790.0	2.2842	4.1850	6.4693
1.42	195.74	1.1499	138.93	831.65	1761.5	2593.2	833.28	1957.2	2790.5	2.2905	4.1737	6.4643

续表

压力 p/MPa	温度 $t/℃$	比体积 $v/(\mathrm{m^3/kg})$		比内能 $u/(\mathrm{kJ/kg})$			比焓 $h/(\mathrm{kJ/kg})$			比熵 $s/[\mathrm{kJ/(kg\cdot K)}]$		
		$10^3 v_l$	$10^3 v_g$	u_l	$\Delta_v u$	u_g	h_l	$\Delta_v h$	h_g	s_l	$\Delta_v s$	s_g
1.44	196.39	1.1509	137.07	834.57	1759.0	2593.5	836.23	1954.7	2790.9	2.2968	4.1625	6.4593
1.46	197.04	1.1519	135.25	837.46	1756.4	2593.9	839.14	1952.2	2791.3	2.3029	4.1515	6.4544
1.48	197.69	1.1529	133.49	840.33	1753.9	2594.2	842.03	1949.7	2791.7	2.3090	4.1406	6.4496
1.50	198.32	1.1539	131.77	843.16	1751.3	2594.5	844.89	1947.3	2792.2	2.3150	4.1298	6.4448
1.55	199.88	1.1563	127.66	850.13	1745.1	2595.3	851.92	1941.2	2793.1	2.3298	4.1033	6.4331
1.60	201.41	1.1587	123.80	856.94	1739.0	2596.0	858.79	1935.2	2794.0	2.3442	4.0776	6.4218
1.65	202.89	1.1610	120.16	863.59	1733.0	2596.6	865.50	1929.4	2794.9	2.3582	4.0526	6.4108
1.70	204.34	1.1634	116.73	870.09	1727.2	2597.3	872.06	1923.6	2795.7	2.3718	4.0282	6.4000
1.75	205.76	1.1656	113.49	876.46	1721.4	2597.8	878.50	1917.9	2796.4	2.3851	4.0044	6.3896
1.80	207.15	1.1679	110.42	882.69	1715.7	2598.4	884.79	1912.4	2797.1	2.3981	3.9812	6.3794
1.85	208.51	1.1701	107.51	888.80	1710.1	2598.9	890.96	1906.8	2797.8	2.4109	3.9585	6.3694
1.90	209.84	1.1724	104.75	894.79	1704.6	2599.4	897.02	1901.4	2798.4	2.4233	3.9364	6.3597
1.95	211.14	1.1745	102.12	900.67	1699.2	2599.9	902.96	1896.0	2799.0	2.4354	3.9147	6.3502
2.00	212.42	1.1767	99.63	906.44	1693.8	2600.3	908.79	1890.7	2799.5	2.4474	3.8935	6.3409
2.05	213.67	1.1789	97.25	912.11	1688.6	2600.7	914.52	1885.5	2800.0	2.4590	3.8728	6.3318
2.10	214.90	1.1810	94.98	917.67	1683.4	2601.0	920.15	1880.3	2800.5	2.4704	3.8524	6.3229
2.15	216.10	1.1831	92.81	923.15	1678.2	2601.4	925.69	1875.2	2800.9	2.4817	3.8325	6.3141
2.20	217.29	1.1852	90.73	928.53	1673.2	2601.7	931.14	1870.2	2801.3	2.4927	3.8129	6.3056
2.25	218.45	1.1872	88.75	933.83	1668.2	2602.0	936.49	1865.2	2801.7	2.5035	3.7937	6.2972
2.30	219.60	1.1893	86.85	939.04	1663.2	2602.3	941.77	1860.2	2802.0	2.5141	3.7749	6.2890
2.35	220.72	1.1913	85.02	944.17	1658.4	2602.5	946.97	1855.7	2802.3	2.5245	3.7564	6.2809
2.40	221.83	1.1933	83.27	949.22	1653.5	2602.8	952.09	1850.5	2802.6	2.5347	3.7382	6.2729
2.45	222.92	1.1953	81.59	954.21	1648.8	2603.0	957.13	1845.7	2802.8	2.5448	3.7204	6.2651
2.5	223.99	1.1973	79.98	959.11	1644.0	2603.1	962.11	1841.0	2803.1	2.5547	3.7028	6.2575
2.6	226.09	1.2013	76.92	968.73	1634.7	2603.5	971.85	1831.6	2803.5	2.5740	3.6685	6.2425
2.7	228.12	1.2051	74.09	978.09	1625.6	2603.7	981.34	1822.4	2803.8	2.5927	3.6353	6.2280
2.8	230.10	1.2090	71.45	987.20	1616.7	2603.9	990.59	1813.4	2804.0	2.6109	3.6030	6.2139
2.9	232.02	1.2127	68.99	996.10	1607.9	2604.0	999.61	1804.5	2804.1	2.6285	3.5717	6.2002
3.0	233.90	1.2165	66.68	1004.78	1599.3	2604.1	1008.42	1795.7	2804.2	2.6457	3.5412	6.1869
3.1	235.72	1.2202	64.52	1013.26	1590.9	2604.1	1017.04	1787.1	2804.1	2.6624	3.5116	6.1740
3.2	237.51	1.2239	62.49	1021.56	1582.5	2604.1	1025.47	1778.6	2804.1	2.6787	3.4827	6.1614
3.3	239.24	1.2275	60.57	1029.68	1574.3	2604.0	1033.72	1770.2	2803.9	2.6946	3.4544	6.1491
3.4	240.94	1.2311	58.77	1037.63	1566.3	2603.9	1041.82	1761.9	2803.7	2.7101	3.4269	6.1370
3.5	242.60	1.2347	57.07	1045.43	1558.3	2603.7	1049.75	1753.7	2803.4	2.7253	3.4000	6.1253
3.5	244.23	1.2382	55.45	1053.07	1550.4	2603.5	1057.53	1745.6	2803.1	2.7401	3.3737	6.1138
3.7	245.82	1.2418	53.92	1060.58	1542.7	2603.3	1065.17	1737.6	2802.8	2.7546	3.3479	6.1025
3.8	247.38	1.2453	52.47	1067.95	1535.0	2603.0	1072.68	1729.7	2802.4	2.7688	3.3227	6.0915
3.9	248.91	1.2487	51.09	1075.19	1527.5	2602.6	1080.05	1721.9	2801.9	2.7828	3.2980	6.0807
4.0	250.40	1.2522	49.78	1082.31	1520.0	2602.3	1087.31	1714.1	2801.4	2.7964	3.2737	6.0701
4.2	253.31	1.2590	47.33	1096.20	1505.3	2601.5	1101.48	1698.8	2800.3	2.8229	3.2266	6.0495
4.4	256.12	1.2658	45.10	1109.66	1490.9	2600.6	1115.22	1683.8	2799.0	2.8485	3.1811	6.0296
4.6	258.83	1.2726	43.06	1122.73	1476.8	2599.5	1128.58	1669.0	2797.6	2.8732	3.1371	6.0103
4.8	261.45	1.2792	41.18	1135.43	1462.9	2598.4	1141.57	1654.5	2796.0	2.8970	3.0945	5.9916
5.0	263.99	1.2859	39.44	1147.81	1449.3	2597.1	1154.23	1640.1	2794.3	2.9202	3.0532	5.9734
5.2	266.45	1.2925	37.83	1159.87	1435.9	2595.8	1166.58	1626.0	2792.6	2.9427	3.0131	5.9557
5.4	268.84	1.2991	36.34	1171.65	1422.8	2594.4	1178.66	1612.0	2790.7	2.9645	2.9740	5.9385
5.6	271.17	1.3056	34.95	1183.16	1409.8	2592.9	1190.46	1598.1	2788.6	2.9858	2.9359	5.9217
5.8	273.43	1.3122	33.65	1194.41	1396.9	2591.3	1202.02	1584.5	2786.5	3.0065	2.8988	5.9052
6.0	275.64	1.3187	32.44	1205.44	1384.3	2589.7	1213.35	1571.0	2784.3	3.0267	2.8625	5.8892
6.2	277.78	1.3252	31.30	1216.25	1371.7	2588.0	1224.46	1557.6	2782.1	3.0464	2.8270	5.8734
6.4	279.88	1.3317	30.23	1226.85	1359.4	2586.2	1235.37	1544.3	2779.7	3.0657	2.7923	5.8580
6.6	281.93	1.3382	29.22	1237.26	1347.1	2584.4	1246.09	1531.2	2777.2	3.0845	2.7583	5.8428
6.8	283.93	1.3448	28.27	1247.49	1335.0	2582.5	1256.63	1518.1	2774.7	3.1030	2.7249	5.8279
7.0	285.88	1.3513	27.37	1257.55	1323.0	2580.5	1267.00	1505.1	2772.1	3.1211	2.6922	5.8133
7.2	287.79	1.3578	26.52	1267.44	1311.0	2578.5	1277.21	1492.2	2769.4	3.1389	2.6600	5.7989
7.4	289.67	1.3644	25.71	1277.18	1299.2	2576.4	1287.28	1479.4	2766.7	3.1563	2.6284	5.7847
7.6	291.50	1.3710	24.94	1286.78	1287.5	2574.3	1297.19	1466.6	2763.8	3.1734	2.5973	5.7707
7.8	293.30	1.3776	24.21	1296.24	1275.8	2572.1	1306.98	1453.9	2760.9	3.1902	2.5666	5.7569

续表

压力 p/MPa	温度 t/℃	比体积 v/(m³/kg)		比内能 u/(kJ/kg)			比焓 h/(kJ/kg)			比熵 s/[kJ/(kg·K)]		
		$10^3 v_l$	$10^3 v_g$	u_l	$\Delta_v u$	u_g	h_l	$\Delta_v h$	h_g	s_l	$\Delta_v s$	s_g
8.0	295.06	1.3842	23.52	1305.57	1264.2	2569.8	1316.64	1441.3	2758.0	3.2068	2.5364	5.7432
8.2	296.79	1.3908	22.86	1314.78	1252.7	2567.5	1326.18	1428.7	2754.9	3.2230	2.5067	5.7297
8.4	298.49	1.3975	22.22	1323.87	1241.3	2565.2	1335.61	1416.2	2751.8	3.2391	2.4773	5.7164
8.6	300.16	1.4042	21.62	1332.86	1229.9	2562.8	1344.93	1403.7	2748.7	3.2549	2.4484	5.7032
8.8	301.80	1.4110	21.04	1341.73	1218.6	2560.3	1354.14	1391.3	2745.4	3.2704	2.4197	5.6902
9.0	303.40	1.4178	20.48	1350.51	1207.3	2557.8	1363.26	1378.9	2742.1	3.2858	2.3915	5.6772
9.2	304.99	1.4246	19.95	1359.19	1196.0	2555.2	1372.29	1366.5	2738.8	3.3009	2.3635	5.6644
9.4	306.54	1.4315	19.44	1367.78	1184.8	2552.6	1381.23	1354.1	2735.4	3.3159	2.3358	5.6517
9.6	308.07	1.4384	18.95	1376.28	1173.6	2549.9	1390.08	1341.8	2731.9	3.3306	2.3084	5.6391
9.8	309.58	1.4454	18.48	1384.70	1162.5	2547.2	1398.86	1329.5	2728.3	3.3452	2.2813	5.6265
10.0	311.06	1.4524	18.026	1393.04	1151.4	2544.4	1407.56	1317.1	2724.7	3.3596	2.2544	5.6141
10.2	312.52	1.4595	17.588	1401.31	1140.3	2541.6	1416.19	1304.8	2721.0	3.3739	2.2278	5.6017
10.4	313.96	1.4667	17.167	1409.51	1129.2	2538.7	1424.76	1292.5	2717.3	3.3880	2.2014	5.5894
10.6	315.38	1.4739	16.760	1417.64	1118.2	2535.8	1433.26	1280.2	2713.5	3.4020	2.1752	5.5771
10.8	316.77	1.4812	16.367	1425.71	1107.1	2532.8	1441.70	1267.9	2709.6	3.4158	2.1491	5.5649
11.0	318.15	1.4886	15.987	1433.7	1096.1	2529.8	1450.1	1255.5	2705.6	3.4295	2.1233	5.5527
11.2	319.50	1.4960	15.620	1441.7	1085.1	2526.7	1458.4	1243.2	2701.6	3.4430	2.0976	5.5406
11.4	320.84	1.5036	15.264	1449.6	1073.9	2523.5	1466.7	1230.8	2697.5	3.4565	2.0720	5.5285
11.6	322.16	1.5112	14.920	1457.4	1062.9	2520.3	1474.9	1218.4	2693.4	3.4698	2.0466	5.5165
11.8	323.46	1.5189	14.587	1465.2	1051.8	2517.0	1483.1	1206.0	2689.2	3.4831	2.0214	5.5044
12.0	324.75	1.5267	14.263	1473.0	1040.7	2513.7	1491.3	1193.6	2684.9	3.4962	1.9962	5.4924
12.2	326.02	1.5345	13.949	1480.7	1029.6	2510.3	1499.4	1181.1	2680.5	3.5092	1.9712	5.4804
12.4	327.27	1.5425	13.644	1488.3	1018.5	2506.9	1507.5	1168.6	2676.0	3.5222	1.9462	5.4684
12.6	328.51	1.5506	13.348	1496.0	1007.4	2503.3	1515.5	1156.0	2671.5	3.5351	1.9213	5.4564
12.8	329.73	1.5588	13.060	1503.6	996.2	2499.8	1523.5	1143.4	2666.9	3.5478	1.8965	5.4444
13.0	330.93	1.5671	12.780	1511.1	985.0	2496.1	1531.5	1130.7	2662.2	3.5606	1.8718	5.4323
13.2	332.12	1.5756	12.508	1518.7	973.7	2492.4	1539.5	1118.0	2657.5	3.5732	1.8471	5.4203
13.4	333.30	1.5841	12.242	1526.2	962.4	2488.6	1547.4	1105.2	2652.6	3.5858	1.8224	5.4082
13.6	334.46	1.5928	11.983	1533.7	951.1	2484.7	1555.3	1092.4	2647.7	3.5983	1.7978	5.3961
13.8	335.61	1.6017	11.731	1541.1	939.7	2480.8	1563.2	1079.5	2642.7	3.6108	1.7731	5.3839
14.0	336.75	1.6107	11.485	1548.6	928.2	2476.8	1571.1	1066.5	2637.6	3.6232	1.7485	5.3717
14.2	337.87	1.6198	11.245	1556.0	916.7	2472.7	1579.0	1053.4	2632.4	3.6356	1.7239	5.3595
14.4	338.98	1.6291	11.010	1563.4	905.1	2468.5	1586.9	1040.2	2627.1	3.6479	1.6992	5.3471
14.6	340.08	1.6386	10.781	1570.8	893.4	2464.3	1594.8	1026.9	2621.7	3.6603	1.6745	5.3348
14.8	341.16	1.6483	10.557	1578.2	881.7	2459.9	1602.6	1013.5	2616.1	3.6726	1.6498	5.3223
15.0	342.24	1.6581	10.337	1585.6	869.8	2455.5	1610.5	1000.0	2610.5	3.6848	1.6249	5.3098
15.2	343.30	1.6682	10.123	1593.0	857.9	2450.9	1618.4	986.4	2604.8	3.6971	1.6001	5.2971
15.4	344.35	1.6785	9.912	1600.4	845.8	2446.3	1626.3	972.7	2598.9	3.7093	1.5751	5.2844
15.6	345.39	1.6890	9.706	1607.8	833.7	2441.5	1634.2	958.8	2593.0	3.7216	1.5500	5.2716
15.8	346.42	1.6997	9.504	1615.3	821.4	2436.7	1642.1	944.8	2586.9	3.7338	1.5248	5.2586
16.0	347.44	1.7107	9.306	1622.7	809.0	2431.7	1650.1	930.6	2580.7	3.7461	1.4994	5.2455
16.2	348.44	1.7220	9.111	1630.1	796.5	2426.6	1658.0	916.2	2574.3	3.7584	1.4739	5.2323
16.4	349.44	1.7336	8.920	1637.6	783.8	2421.4	1666.0	901.7	2567.7	3.7707	1.4482	5.2189
16.6	350.43	1.7454	8.732	1645.1	771.0	2416.1	1674.1	886.9	2561.0	3.7830	1.4223	5.2053
16.8	351.40	1.7577	8.547	1652.6	758.0	2410.6	1682.2	872.0	2554.2	3.7954	1.3961	5.1916
17.0	352.37	1.7702	8.364	1660.2	744.8	2405.0	1690.3	856.9	2547.2	3.8079	1.3698	5.1777
17.2	353.33	1.7832	8.185	1667.8	731.4	2399.2	1698.5	841.5	2540.0	3.8204	1.3431	5.1635
17.4	354.28	1.7966	8.008	1675.5	717.7	2393.2	1706.8	825.8	2532.6	3.8330	1.3161	5.1491
17.6	355.21	1.8104	7.833	1683.2	703.9	2387.1	1715.1	809.9	2525.0	3.8457	1.2888	5.1345
17.8	356.14	1.8248	7.660	1691.0	689.8	2380.8	1723.5	793.6	2517.2	3.8586	1.2611	5.1196
18.0	357.06	1.8397	7.489	1698.9	675.4	2374.3	1732.0	777.1	2509.1	3.8715	1.2329	5.1044
18.2	357.98	1.8551	7.320	1706.9	660.7	2367.6	1740.7	760.1	2500.8	3.8846	1.2043	5.0889
18.4	358.88	1.8713	7.153	1715.0	645.6	2360.6	1749.4	742.8	2492.2	3.8978	1.1752	5.0730
18.6	359.77	1.8881	6.987	1723.2	630.2	2353.4	1758.3	725.1	2483.3	3.9112	1.1455	5.0567
18.8	360.66	1.9058	6.822	1731.5	614.4	2345.9	1767.3	706.8	2474.1	3.9249	1.1151	5.0400
19.0	361.54	1.9243	6.657	1739.9	598.1	2338.1	1776.5	688.0	2464.5	3.9388	1.0839	5.0228
19.2	362.41	1.9439	6.493	1748.6	581.3	2329.9	1785.9	668.7	2454.6	3.9530	1.0520	5.0050
19.4	363.27	1.9646	6.329	1757.4	563.9	2321.4	1795.6	648.6	2444.2	3.9676	1.0191	4.9866
19.6	364.12	1.9866	6.165	1766.5	545.9	2312.4	1805.5	627.8	2433.3	3.9825	0.9851	4.9676
19.8	364.97	2.0102	6.000	1775.9	527.1	2303.0	1815.7	606.1	2421.8	3.9979	0.9498	4.9477
20.0	365.81	2.036	5.834	1785.6	507.5	2293.0	1826.3	583.4	2409.7	4.0139	0.9130	4.9269
20.2	366.64	2.063	5.665	1795.6	486.8	2282.4	1837.3	559.6	2396.9	4.0305	0.8745	4.9050
20.4	367.46	2.093	5.495	1806.2	464.9	2271.1	1848.9	534.3	2383.2	4.0479	0.8340	4.8819
20.6	368.28	2.126	5.320	1817.3	441.5	2258.8	1861.1	507.3	2368.4	4.0663	0.7908	4.8571
20.8	369.09	2.164	5.139	1829.2	416.2	2245.4	1874.2	478.1	2352.3	4.0861	0.7444	4.8304

续表

压力 p/MPa	温度 t/℃	比体积 v/(m³/kg)		比内能 u/(kJ/kg)			比焓 h/(kJ/kg)			比熵 s/[kJ/(kg·K)]		
		$10^3 v_l$	$10^3 v_g$	u_l	$\Delta_v u$	u_g	h_l	$\Delta_v h$	h_g	s_l	$\Delta_v s$	s_g
21.0	369.89	2.207	4.952	1842.1	388.5	2230.6	1888.4	446.2	2334.6	4.1075	0.6938	4.8013
21.2	370.69	2.257	4.754	1856.3	357.7	2214.0	1904.2	410.6	2314.8	4.1313	0.6377	4.7690
21.4	371.47	2.318	4.538	1872.6	322.1	2194.6	1922.2	369.6	2291.8	4.1585	0.5733	4.7318
21.6	372.25	2.398	4.298	1892.0	279.2	2171.3	1943.8	320.3	2264.1	4.1914	0.4962	4.6876
21.8	373.03	2.514	4.007	1917.8	222.5	2140.3	1972.6	255.1	2227.6	4.2351	0.3947	4.6298
22.0	373.80	2.756	3.568	1964.4	122.7	2087.1	2025.0	140.6	2165.6	4.3154	0.2173	4.5327
22.09	374.14	3.155	3.155	2029.6	0	2029.6	2099.3	0	2099.3	4.4298	0	4.4298

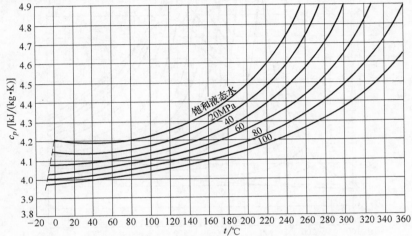

图 4-42　不同温度、压力下水的比定压热容 c_p（温度坐标）[15]

注：低于65℃的曲线（光滑后）与计算值比较低 1/250

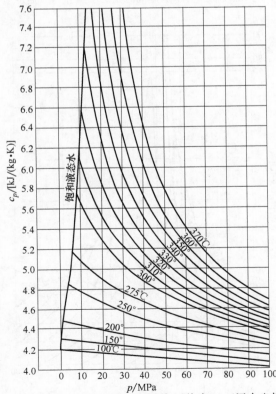

图 4-43　不同温度、压力下水的比定压热容 c_p（压力坐标）[15]

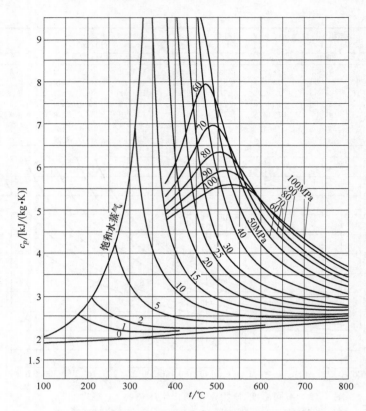

图 4-44　不同温度、压力下水蒸气的比定压热容 c_p（温度坐标）[15]

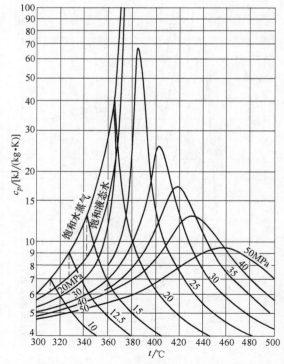

图 4-45　接近临界点，水和水蒸气的比定压热容 c_p（温度坐标）[15]

表 4-153　饱和水与饱和水蒸气热力学性质（温度表）[9]

温度	压力	比体积		比内能			比焓			比熵		
	p	$v/(m^3/kg)$		$u/(kJ/kg)$			$h/(kJ/kg)$			$s/[kJ/(kg \cdot K)]$		
$t/℃$	$/(kPa)$ $/MPa$	v_l	v_g	u_l	$\Delta_v u$	u_g	h_l	$\Delta_v h$	h_g	s_l	$\Delta_v s$	s_g
0.01	(0.6113)	0.001000	206.14	0.00	2375.3	2375.3	0.01	2501.3	2501.4	0.0000	9.1562	9.1562
5	(0.8721)	0.001000	147.12	20.97	2361.3	2382.3	20.98	2489.6	2510.6	0.0761	8.9496	9.0257
10	(1.2276)	0.001000	106.38	42.00	2347.2	2389.2	42.01	2477.7	2519.8	0.1510	8.7498	8.9008
15	(1.7051)	0.001001	77.93	62.99	2333.1	2396.1	62.99	2465.9	2528.9	0.2245	8.5569	8.7814
20	(2.339)	0.001002	57.79	83.95	2319.0	2402.9	83.96	2454.1	2538.1	0.2966	8.3706	8.6672
25	(3.169)	0.001003	43.36	104.88	2304.9	2409.8	104.89	2442.3	2547.2	0.3674	8.1905	8.5580
30	(4.246)	0.001004	32.89	125.78	2290.8	2416.6	125.79	2430.5	2556.3	0.4369	8.0164	8.4533
35	(5.628)	0.001006	25.22	146.67	2276.7	2423.4	146.68	2418.6	2565.3	0.5053	7.8478	8.3531
40	(7.384)	0.001008	19.52	167.56	2262.6	2430.1	167.57	2406.7	2574.3	0.5725	7.6845	8.2570
45	(9.593)	0.001010	15.26	188.44	2248.4	2436.8	188.45	2394.8	2583.2	0.6387	7.5261	8.1648
50	(12.349)	0.001012	12.03	209.32	2234.2	2443.5	209.33	2382.7	2592.1	0.7038	7.3725	8.0763
55	(15.758)	0.001015	9.568	230.21	2219.9	2450.1	230.23	2370.7	2600.9	0.7679	7.2234	7.9913
60	(19.940)	0.001017	7.671	251.11	2205.5	2456.6	251.13	2358.5	2609.6	0.8312	7.0784	7.9096
65	(25.03)	0.001020	6.197	272.02	2191.1	2463.1	272.06	2346.2	2618.3	0.8935	6.9375	7.8310
70	(31.19)	0.001023	5.042	292.95	2176.6	2469.6	292.98	2333.8	2626.8	0.9549	6.8004	7.7553
75	(38.58)	0.001026	4.131	313.90	2162.0	2475.9	313.93	2321.4	2635.3	1.0155	6.6669	7.6824
80	(47.39)	0.001029	3.407	334.86	2147.4	2482.2	334.91	2308.8	2643.7	1.0753	6.5369	7.6122
85	(57.83)	0.001033	2.828	355.84	2132.6	2488.4	355.90	2296.0	2651.9	1.1343	6.4102	7.5445
90	(70.14)	0.001036	2.361	376.85	2117.7	2494.5	376.92	2283.2	2660.1	1.1925	6.2866	7.4791
95	(84.55)	0.001040	1.982	397.88	2102.7	2500.6	397.96	2270.2	2668.1	1.2500	6.1659	7.4159
100	0.10135	0.001044	1.6729	418.94	2087.6	2506.5	419.04	2257.0	2676.1	1.3069	6.0480	7.3549
105	0.12082	0.001048	1.4194	440.02	2072.3	2512.4	440.15	2243.7	2683.8	1.3630	5.9328	7.2958
110	0.14327	0.001052	1.2102	461.14	2057.0	2518.1	461.30	2230.2	2691.5	1.4185	5.8202	7.2387
115	0.16906	0.001056	1.0366	482.30	2041.4	2523.7	482.48	2216.5	2699.0	1.4734	5.7100	7.1833
120	0.19853	0.001060	0.8919	503.50	2025.8	2529.3	503.71	2202.6	2706.3	1.5276	5.6020	7.1296
125	0.2321	0.001065	0.7706	524.74	2009.9	2534.6	524.99	2188.5	2713.5	1.5813	5.4962	7.0775
130	0.2701	0.001070	0.6685	546.02	1993.9	2539.9	546.31	2174.2	2720.5	1.6344	5.3925	7.0269
135	0.3130	0.001075	0.5822	567.35	1977.7	2545.0	567.69	2159.6	2727.3	1.6870	5.2907	6.9777
140	0.3613	0.001080	0.5089	588.74	1961.3	2550.0	589.13	2144.7	2733.9	1.7391	5.1908	6.9299
145	0.4154	0.001085	0.4463	610.18	1944.7	2554.9	610.63	2129.6	2740.3	1.7907	5.0926	6.8833
150	0.4758	0.001091	0.3928	631.68	1927.9	2559.5	632.20	2114.3	2746.5	1.8418	4.9960	6.8379
155	0.5431	0.001096	0.3468	653.24	1910.8	2564.1	653.84	2098.6	2752.4	1.8925	4.9010	6.7935
160	0.6178	0.001102	0.3071	674.87	1893.5	2568.4	675.55	2082.6	2758.1	1.9427	4.8075	6.7502
165	0.7005	0.001108	0.2727	696.56	1876.0	2572.5	697.34	2066.2	2763.5	1.9925	4.7153	6.7078
170	0.7917	0.001114	0.2428	718.33	1858.1	2576.5	719.21	2049.5	2768.7	2.0419	4.6244	6.6663
175	0.8920	0.001121	0.2168	740.17	1840.0	2580.2	741.17	2032.4	2773.6	2.0909	4.5347	6.6256
180	1.0021	0.001127	0.19405	762.09	1821.6	2583.7	763.22	2015.0	2778.2	2.1396	4.4461	6.5857
185	1.1227	0.001134	0.17409	784.10	1802.9	2587.0	785.37	1997.1	2782.4	2.1879	4.3586	6.5465
190	1.2544	0.001141	0.15654	806.19	1783.8	2590.0	807.62	1978.8	2786.4	2.2359	4.2720	6.5079
195	1.3978	0.001149	0.14105	828.37	1764.4	2592.8	829.98	1960.0	2790.0	2.2835	4.1863	6.4698
200	1.5538	0.001157	0.12736	850.65	1744.7	2595.3	852.45	1940.7	2793.2	2.3309	4.1014	6.4323
205	1.7230	0.001164	0.11521	873.04	1724.5	2597.5	875.04	1921.0	2796.0	2.3780	4.0172	6.3952
210	1.9062	0.001173	0.10441	895.53	1703.9	2599.5	897.76	1900.7	2798.5	2.4248	3.9337	6.3585
215	2.104	0.001181	0.09479	918.14	1682.9	2601.1	920.62	1879.9	2800.5	2.4714	3.8507	6.3221
220	2.318	0.001190	0.08619	940.87	1661.5	2602.4	943.62	1858.5	2802.1	2.5178	3.7683	6.2861
225	2.548	0.001199	0.07849	963.73	1639.6	2603.3	966.78	1836.5	2803.3	2.5639	3.6863	6.2503
230	2.795	0.001209	0.07158	986.74	1617.2	2603.9	990.12	1813.8	2804.0	2.6099	3.6047	6.2146
235	3.060	0.001219	0.06537	1009.89	1594.2	2604.1	1013.62	1790.5	2804.2	2.6558	3.5233	6.1791
240	3.344	0.001229	0.05976	1033.21	1570.8	2604.0	1037.32	1766.5	2803.8	2.7015	3.4422	6.1437
245	3.648	0.001240	0.05471	1056.71	1546.7	2603.4	1061.23	1741.7	2803.0	2.7472	3.3612	6.1083
250	3.973	0.001251	0.05013	1080.39	1522.0	2602.4	1085.36	1716.2	2801.5	2.7927	3.2802	6.0730
255	4.319	0.001263	0.04598	1104.28	1496.7	2600.9	1109.73	1689.8	2799.5	2.8383	3.1992	6.0375
260	4.688	0.001276	0.04221	1128.37	1470.6	2599.0	1134.37	1662.5	2796.9	2.8838	3.1181	6.0019
265	5.081	0.001289	0.03877	1152.74	1443.9	2596.6	1159.28	1634.4	2793.6	2.9294	3.0368	5.9662

续表

温度	压力	比 体 积		比 内 能			比 焓			比 熵		
t/℃	p (/kPa) /MPa	v/(m³/kg)		u/(kJ/kg)			h/(kJ/kg)			s/[kJ/(kg·K)]		
		v_l	v_g	u_l	$\Delta_v u$	u_g	h_l	$\Delta_v h$	h_g	s_l	$\Delta_v s$	s_g
270	5.499	0.001302	0.03564	1177.36	1416.3	2593.7	1184.51	1605.2	2789.7	2.9751	2.9551	5.9301
275	5.942	0.001317	0.03279	1202.25	1387.9	2590.2	1210.07	1574.9	2785.0	3.0208	2.8730	5.8938
280	6.412	0.001332	0.03017	1227.46	1358.7	2586.1	1235.99	1543.6	2779.6	3.0668	2.7903	5.8571
285	6.909	0.001348	0.02777	1253.00	1328.4	2581.4	1262.31	1511.0	2773.3	3.1130	2.7070	5.8199
290	7.436	0.001366	0.02557	1278.92	1297.1	2576.0	1289.07	1477.1	2766.2	3.1594	2.6227	5.7821
295	7.993	0.001384	0.02354	1305.2	1264.7	2569.9	1316.3	1441.8	2758.1	3.2062	2.5375	5.7437
300	8.581	0.001404	0.02167	1332.0	1231.0	2563.0	1344.0	1404.9	2749.0	3.2534	2.4511	5.7045
305	9.202	0.001425	0.019948	1359.3	1195.9	2555.2	1372.4	1366.4	2738.7	3.3010	2.3633	5.6643
310	9.856	0.001447	0.018350	1387.1	1159.4	2546.4	1401.3	1326.0	2727.3	3.3493	2.2737	5.6230
315	10.547	0.001472	0.016867	1415.5	1121.1	2536.6	1431.0	1283.5	2714.5	3.3982	2.1821	5.5804
320	11.274	0.001499	0.015488	1444.6	1080.9	2525.5	1461.5	1238.6	2700.1	3.4480	2.0882	5.5362
330	12.845	0.001561	0.012996	1505.3	993.7	2498.9	1525.3	1140.6	2665.9	3.5507	1.8909	5.4417
340	14.586	0.001638	0.010797	1570.3	894.3	2464.6	1594.2	1027.9	2622.0	3.6594	1.6763	5.3357
350	16.513	0.001740	0.008813	1641.9	776.6	2418.4	1670.6	893.4	2563.9	3.7777	1.4335	5.2112
360	18.651	0.001893	0.006945	1725.2	626.3	2351.5	1760.5	720.5	2481.0	3.9147	1.1379	5.0526
370	21.03	0.002213	0.004925	1844.0	384.5	2228.5	1890.5	441.6	2332.1	4.1106	0.6865	4.7971
374.14	22.09	0.003155	0.003155	2029.6	0	2029.6	2099.3	0	2099.3	4.4298	0	4.4298

表 4-154 过热水蒸气热力学性质[9]

t/℃	p=0.010MPa(45.81)*				p=0.050MPa(81.33)*				p=0.10MPa(99.63)*			
	v /(m³/kg)	u /(kJ/kg)	h /(kJ/kg)	s /[kJ/(kg·K)]	v /(m³/kg)	u /(kJ/kg)	h /(kJ/kg)	s /[kJ/(kg·K)]	v /(m³/kg)	u /(kJ/kg)	h /(kJ/kg)	s /[kJ/(kg·K)]
(sat.)	14.674	2437.9	2584.7	8.1502	3.240	2483.9	2645.9	7.5939	1.6940	2506.1	2675.5	7.3594
50	14.869	2443.9	2592.6	8.1749								
100	17.196	2515.5	2687.5	8.4479	3.418	2511.6	2682.5	7.6947	1.6958	2506.7	2676.2	7.3614
150	19.512	2587.9	2783.0	8.6882	3.889	2585.6	2780.1	7.9401	1.9364	2582.8	2776.4	7.6134
200	21.825	2661.3	2879.5	8.9038	4.356	2659.9	2877.7	8.1580	2.172	2658.1	2875.3	7.8343
250	24.136	2736.0	2977.3	9.1002	4.820	2735.0	2976.0	8.3556	2.406	2733.7	2974.3	8.0333
300	26.445	2812.1	3076.5	9.2813	5.284	2811.3	3075.5	8.5373	2.639	2810.4	3074.3	8.2158
400	31.063	2968.9	3279.6	9.6077	6.209	2968.5	3278.9	8.8642	3.103	2967.9	3278.2	8.5435
500	35.679	3132.3	3489.1	9.8978	7.134	3132.0	3488.7	9.1546	3.565	3131.6	3488.1	8.8342
600	40.295	3302.5	3705.4	10.1608	8.057	3302.2	3705.1	9.4178	4.028	3301.9	3704.7	9.0976
700	44.911	3479.6	3928.7	10.4028	8.981	3479.4	3928.5	9.6599	4.490	3479.2	3928.2	9.3398
800	49.526	3663.8	4159.0	10.6281	9.904	3663.6	4158.9	9.8852	4.952	3663.5	4158.6	9.5652
900	54.141	3855.0	4396.4	10.8396	10.828	3854.9	4396.3	10.0967	5.414	3854.8	4396.1	9.7767
1000	58.757	4053.0	4640.6	11.0393	11.751	4052.9	4640.5	10.2964	5.875	4052.8	4640.3	9.9764
1100	63.372	4257.5	4891.2	11.2287	12.674	4257.4	4891.1	10.4859	6.337	4257.3	4891.0	10.1659
1200	67.987	4467.9	5147.8	11.4091	13.597	4467.8	5147.7	10.6662	6.799	4467.7	5147.6	10.3463
1300	72.602	4683.7	5409.7	11.5811	14.521	4683.6	5409.6	10.8382	7.260	4683.5	5409.5	10.5183
	p=0.20MPa(120.23)*				p=0.30MPa(133.55)*				p=0.40MPa(143.63)*			
(sat.)	0.8857	2529.5	2706.7	7.1272	0.6058	2543.6	2725.3	6.9919	0.4625	2553.6	2738.6	6.8959
150	0.9596	2576.9	2768.8	7.2795	0.6339	2570.8	2761.0	7.0778	0.4708	2564.5	2752.8	6.9299
200	1.0803	2654.4	2870.5	7.5066	0.7163	2650.7	2865.6	7.3115	0.5342	2646.8	2860.5	7.1706
250	1.1988	2731.2	2971.0	7.7086	0.7964	2728.7	2967.6	7.5166	0.5951	2726.1	2964.2	7.3789
300	1.3162	2808.6	3071.8	7.8926	0.8753	2806.7	3069.3	7.7022	0.6548	2804.8	3066.8	7.5662
400	1.5493	2966.7	3276.6	8.2218	1.0315	2965.6	3275.0	8.0330	0.7726	2964.4	3273.4	7.8985
500	1.7814	3130.8	3487.1	8.5133	1.1867	3130.0	3486.0	8.3251	0.8893	3129.2	3484.9	8.1913
600	2.013	3301.4	3704.0	8.7770	1.3414	3300.8	3703.2	8.5892	1.0055	3300.2	3702.4	8.4558

t/℃	p=0.20MPa(120.23)*				p=0.30MPa(133.55)*				p=0.40MPa(143.63)*			
	v /(m³/kg)	u /(kJ/kg)	h /(kJ/kg)	s /[kJ/(kg·K)]	v /(m³/kg)	u /(kJ/kg)	h /(kJ/kg)	s /[kJ/(kg·K)]	v /(m³/kg)	u /(kJ/kg)	h /(kJ/kg)	s /[kJ/(kg·K)]
700	2.244	3478.8	3927.6	9.0194	1.4957	3478.4	3927.1	8.8319	1.1215	3477.9	3926.5	8.6987
800	2.475	3663.1	4158.2	9.2449	1.6499	3662.9	4157.8	9.0576	1.2372	3662.4	4157.3	8.9244
900	2.706	3854.5	4395.8	9.4566	1.8041	3854.2	4395.4	9.2692	1.3529	3853.9	4395.1	9.1362
1000	2.937	4052.5	4640.0	9.6563	1.9581	4052.3	4639.7	9.4690	1.4685	4052.0	4639.4	9.3360
1100	3.168	4257.0	4890.7	9.8458	2.1121	4256.8	4890.4	9.6585	1.5840	4256.5	4890.2	9.5256
1200	3.399	4467.5	5147.3	10.0262	2.2661	4467.2	5147.1	9.8389	1.6996	4467.0	5146.8	9.7060
1300	3.630	4683.2	5409.3	10.1982	2.4201	4683.0	5409.0	10.0110	1.8151	4682.8	5408.8	9.8780

t/℃	p=0.50MPa(151.86)*				p=0.60MPa(158.85)*				p=0.80MPa(170.43)*			
(sat.)	0.3749	2561.2	2748.7	6.8213	0.3157	2567.4	2756.8	6.7600	0.2404	2576.8	2769.1	6.6628
200	0.4249	2642.9	2855.4	7.0592	0.3520	2638.9	2850.1	6.9665	0.2608	2630.6	2839.3	6.8158
250	0.4744	2723.5	2960.7	7.2709	0.3938	2720.9	2957.2	7.1816	0.2931	2715.5	2950.0	7.0384
300	0.5226	2802.9	3064.2	7.4599	0.4344	2801.0	3061.6	7.3724	0.3241	2797.2	3056.5	7.2328
350	0.5701	2882.6	3167.7	7.6329	0.4742	2881.2	3165.7	7.5464	0.3544	2878.2	3161.7	7.4089
400	0.6173	2963.2	3271.9	7.7938	0.5137	2962.1	3270.3	7.7079	0.3843	2959.7	3267.1	7.5716
500	0.7109	3128.4	3483.9	8.0873	0.5920	3127.6	3482.8	8.0021	0.4433	3126.0	3480.6	7.8673
600	0.8041	3299.6	3701.7	7.3522	0.6697	3299.1	3700.9	8.2674	0.5018	3297.9	3699.4	8.1333
700	0.8969	3477.5	3925.9	8.5952	0.7472	3477.0	3925.3	8.5107	0.5601	3476.2	3924.2	8.3770
800	0.9896	3662.1	4156.9	8.8211	0.8245	3661.8	4156.5	8.7367	0.6181	3661.1	4155.6	8.6033
900	1.0822	3853.6	4394.7	9.0329	0.9017	3853.4	4394.4	8.9486	0.6761	3852.8	4393.7	8.8153
1000	1.1747	4051.8	4639.1	9.2328	0.9788	4051.5	4638.8	9.1485	0.7340	4051.0	4638.2	9.0153
1100	1.2672	4256.3	4889.9	9.4224	1.0559	4256.1	4889.6	9.3381	0.7919	4255.6	4889.1	9.2050
1200	1.3596	4466.8	5146.6	9.6029	1.1330	4466.5	5146.3	9.5185	0.8497	4466.1	5145.9	9.3855
1300	1.4521	4682.5	5408.6	9.7749	1.2101	4682.3	5408.3	9.6906	0.9076	4681.8	5407.9	9.5575

t/℃	p=1.00MPa(179.91)*				p=1.20MPa(187.99)*				p=1.40MPa(195.07)*			
(sat.)	0.19444	2583.6	2778.1	6.5865	0.16333	2588.8	2784.8	6.5233	0.14084	2592.8	2790.0	6.4693
200	0.2060	2621.9	2827.9	6.6940	0.16930	2612.8	2815.9	6.5898	0.14302	2603.1	2803.3	6.4975
250	0.2327	2709.9	2942.6	6.9247	0.19234	2704.2	2935.0	6.8294	0.16350	2698.3	2927.2	6.7467
300	0.2579	2793.2	3051.2	7.1229	0.2138	2789.2	3045.8	7.0317	0.18228	2785.2	3040.4	6.9534
350	0.2825	2875.2	3157.7	7.3011	0.2345	2872.2	3153.6	7.2121	0.2003	2869.2	3149.5	7.1360
400	0.3066	2957.3	3263.9	7.4651	0.2548	2954.9	3260.7	7.3774	0.2178	2952.5	3257.5	7.3026
500	0.3541	3124.4	3478.5	7.7622	0.2946	3122.8	3476.3	7.6759	0.2521	3121.1	3474.1	7.6027
600	0.4011	3296.8	3697.9	8.0290	0.3339	3295.6	3696.3	7.9435	0.2860	3294.4	3694.8	7.8710
700	0.4478	3475.3	3923.1	8.2731	0.3729	3474.4	3922.0	8.1881	0.3195	3473.6	3920.8	8.1160
800	0.4943	3660.4	4154.7	8.4996	0.4118	3659.7	4153.8	8.4148	0.3528	3659.0	4153.0	8.3431
900	0.5407	3852.2	4392.9	8.7118	0.4505	3851.6	4392.2	8.6272	0.3861	3851.1	4391.5	8.5556
1000	0.5871	4050.5	4637.6	8.9119	0.4892	4050.0	4637.0	8.8274	0.4192	4049.5	4636.4	8.7559
1100	0.6335	4255.1	4888.6	9.1017	0.5278	4254.6	4888.0	9.0172	0.4524	4254.1	4887.5	8.9457
1200	0.6798	4465.6	5145.4	9.2822	0.5665	4465.1	5144.9	9.1977	0.4855	4464.7	5144.4	9.1262
1300	0.7261	4681.3	5407.4	9.4543	0.6051	4680.9	5407.0	9.3698	0.5186	4680.4	5406.5	9.2984

t/℃	p=1.60MPa(201.41)*				p=1.80MPa(207.15)*				p=2.00MPa(212.42)*			
(sat.)	0.12380	2596.0	2794.0	6.4218	0.11042	2598.4	2797.1	6.3794	0.09963	2600.3	2799.5	6.3409
225	0.13287	2644.7	2857.3	6.5518	0.11673	2636.6	2846.7	6.4808	0.10377	2628.3	2835.8	6.4147
250	0.14184	2692.3	2919.2	6.6732	0.12497	2686.0	2911.0	6.6066	0.11144	2679.6	2902.5	6.5453
300	0.15862	2781.1	3034.8	6.8844	0.14021	2776.9	3029.2	6.8226	0.12547	2772.6	3023.5	6.7664
350	0.17456	2866.1	3145.4	7.0694	0.15457	2863.0	3141.2	7.0100	0.13857	2859.8	3137.0	6.9563
400	0.19005	2950.1	3254.2	7.2374	0.16847	2947.7	3250.9	7.1794	0.15120	2945.2	3247.6	7.1271

续表

$t/℃$	$p=1.60\text{MPa}(201.41)*$				$p=1.80\text{MPa}(207.15)*$				$p=2.00\text{MPa}(212.42)*$			
	v /(m³/kg)	u /(kJ/kg)	h /(kJ/kg)	s /[kJ/(kg·K)]	v /(m³/kg)	u /(kJ/kg)	h /(kJ/kg)	s /[kJ/(kg·K)]	v /(m³/kg)	u /(kJ/kg)	h /(kJ/kg)	s /[kJ/(kg·K)]
500	0.2203	3119.5	3472.0	7.5390	0.19550	3117.9	3469.8	7.4825	0.17568	3116.2	3467.6	7.4317
600	0.2500	3293.3	3693.2	7.8080	0.2220	3292.1	3691.7	7.7523	0.19960	3290.9	3690.1	7.7024
700	0.2794	3472.7	3919.7	8.0535	0.2482	3471.8	3918.5	7.9983	0.2232	3470.9	3917.4	7.9487
800	0.3086	3658.3	4152.1	8.2808	0.2742	3657.6	4151.2	8.2258	0.2467	3657.0	4150.3	8.1765
900	0.3377	3850.5	4390.8	8.4935	0.3001	3849.9	4390.1	8.4386	0.2700	3849.3	4389.4	8.3895
1000	0.3668	4049.0	4635.8	8.6938	0.3260	4048.5	4635.2	8.6391	0.2933	4048.0	4634.6	8.5901
1100	0.3958	4253.7	4887.0	8.8837	0.3518	4253.2	4886.4	8.8290	0.3166	4252.7	4885.9	8.7800
1200	0.4248	4464.2	5143.9	9.0643	0.3776	4463.7	5143.4	9.0096	0.3398	4463.3	5142.9	8.9607
1300	0.4538	4679.9	5406.0	9.2364	0.4034	4679.5	5405.6	9.1818	0.3631	4679.0	5405.1	9.1329

$t/℃$	$p=2.50\text{MPa}(223.99)*$				$p=3.00\text{MPa}(233.90)*$				$p=3.50\text{MPa}(242.60)*$			
(sat.)	0.07998	2603.1	2803.1	6.2575	0.06668	2604.1	2804.2	6.1869	0.05707	2603.7	2803.4	6.1253
225	0.08027	2605.6	2806.3	6.2639								
250	0.08700	2662.6	2880.1	6.4085	0.07058	2644.0	2855.8	6.2872	0.05872	2623.7	2829.2	6.1749
300	0.09890	2761.6	3008.8	6.6438	0.08114	2750.1	2993.5	6.5390	0.06842	2738.0	2977.5	6.4461
350	0.10976	2851.9	3126.3	6.8403	0.09053	2843.7	3115.3	6.7428	0.07678	2835.3	3104.0	6.6579
400	0.12010	2939.1	3239.3	7.0148	0.09936	2932.8	3230.9	6.9212	0.08453	2926.4	3222.3	6.8405
450	0.13014	3025.5	3350.8	7.1746	0.10787	3020.4	3344.0	7.0834	0.09196	3015.3	3337.2	7.0052
500	0.13998	3112.1	3462.1	7.3234	0.11619	3108.0	3456.5	7.2338	0.09918	3103.0	3450.9	7.1572
600	0.15930	3288.0	3686.3	7.5960	0.13243	3285.0	3682.3	7.5085	0.11324	3282.1	3678.4	7.4339
700	0.17832	3468.7	3914.5	7.8435	0.14838	3466.5	3911.7	7.7571	0.12699	3464.3	3908.8	7.6837
800	0.19716	3655.3	4148.2	8.0720	0.16414	3653.5	4145.9	7.9862	0.14056	3651.8	4143.7	7.9134
900	0.21590	3847.9	4387.6	8.2853	0.17980	3846.5	4385.9	8.1999	0.15402	3845.0	4384.1	8.1276
1000	0.2346	4046.7	4633.1	8.4861	0.19541	4045.4	4631.6	8.4009	0.16743	4044.1	4630.1	8.3288
1100	0.2532	4251.5	4884.6	8.6762	0.21098	4250.3	4883.3	8.5912	0.18080	4249.2	4881.9	8.5192
1200	0.2718	4462.1	5141.7	8.8569	0.22652	4460.9	5140.5	8.7720	0.19415	4459.8	5139.3	8.7000
1300	0.2905	4677.8	5404.0	9.0291	0.24206	4676.6	5402.8	8.9442	0.20749	4675.5	5401.7	8.8723

$t/℃$	$p=4.0\text{MPa}(250.40)*$				$p=4.5\text{MPa}(257.49)*$				$p=5.0\text{MPa}(263.99)*$			
(sat.)	0.04978	2602.3	2801.4	6.0701	0.04406	2600.1	2798.3	6.0198	0.03944	2597.1	2794.3	5.9734
275	0.05457	2667.9	2886.2	6.2285	0.04730	2650.3	2863.2	6.1401	0.04141	2631.3	2838.3	6.0544
300	0.05884	2725.3	2960.7	6.3615	0.05135	2712.0	2943.1	6.2828	0.04532	2698.0	2924.5	6.2084
350	0.06645	2826.7	3092.5	6.5821	0.05840	2817.8	3080.6	6.5131	0.05194	2808.7	3068.4	6.4493
400	0.07341	2919.9	3213.6	6.7690	0.06475	2913.3	3204.7	6.7047	0.05781	2906.6	3195.7	6.6459
450	0.08002	3010.2	3330.3	6.9363	0.07074	3005.0	3323.3	6.8746	0.06330	2999.7	3316.2	6.8186
500	0.08643	3099.5	3445.3	7.0901	0.07651	3095.3	3439.6	7.0301	0.06857	3091.0	3433.8	6.9759
600	0.09885	3279.1	3674.4	7.3688	0.08765	3276.0	3670.5	7.3110	0.07869	3273.0	3666.5	7.2589
700	0.11095	3462.1	3905.9	7.6198	0.09847	3459.9	3903.0	7.5631	0.08849	3457.6	3900.1	7.5122
800	0.12287	3650.0	4141.5	7.8502	0.10911	3648.3	4139.3	7.7942	0.09811	3646.6	4137.1	7.7440
900	0.13469	3843.6	4382.3	8.0647	0.11965	3842.2	4380.6	8.0091	0.10762	3840.7	4378.8	7.9593
1000	0.14645	4042.9	4628.7	8.2662	0.13013	4041.6	4627.2	8.2108	0.11707	4040.4	4625.7	8.1612
1100	0.15817	4248.0	4880.6	8.4567	0.14056	4246.8	4879.3	8.4015	0.12648	4245.6	4878.0	8.3520
1200	0.16987	4458.6	5138.1	8.6376	0.15098	4457.5	5136.9	8.5825	0.13587	4456.3	5135.7	8.5331
1300	0.18156	4674.3	5400.5	8.8100	0.16139	4673.1	5399.4	8.7549	0.14526	4672.0	5398.2	8.7055

$t/℃$	$p=6.0\text{MPa}(275.64)*$				$p=7.0\text{MPa}(285.88)*$				$p=8.0\text{MPa}(295.06)*$			
(sat.)	0.03244	2589.7	2784.3	5.8892	0.02737	2580.5	2772.1	5.8133	0.02352	2569.8	2758.0	5.7432
300	0.03616	2667.2	2884.2	6.0674	0.02947	2632.2	2838.4	5.9305	0.02426	2590.9	2785.0	5.7906
350	0.04223	2789.6	3043.0	6.3335	0.03524	2769.4	3016.0	6.2283	0.02995	2747.7	2987.3	6.1301

续表

t/℃	p=6.0MPa(275.64)*				p=7.0MPa(285.88)*				p=8.0MPa(295.06)*			
	v /(m³/kg)	u /(kJ/kg)	h /(kJ/kg)	s /[kJ/(kg·K)]	v /(m³/kg)	u /(kJ/kg)	h /(kJ/kg)	s /[kJ/(kg·K)]	v /(m³/kg)	u /(kJ/kg)	h /(kJ/kg)	s /[kJ/(kg·K)]
400	0.04739	2892.9	3177.2	6.5408	0.03993	2878.6	3158.1	6.4478	0.03432	2863.8	3138.3	6.3634
450	0.05214	2988.9	3301.8	6.7193	0.04416	2978.0	3287.1	6.6327	0.03817	2966.7	3272.0	6.5551
500	0.05665	3082.2	3422.2	6.8803	0.04814	3073.4	3410.3	6.7975	0.04175	3064.3	3398.3	6.7240
550	0.06101	3174.6	3540.6	7.0288	0.05195	3167.2	3530.9	6.9486	0.04516	3159.8	3521.0	6.8778
600	0.06525	3266.9	3658.4	7.1677	0.05565	3260.7	3650.3	7.0894	0.04845	3254.4	3642.0	7.0206
700	0.07352	3453.1	3894.2	7.4234	0.06283	3448.5	3888.3	7.3476	0.05481	3443.9	3882.4	7.2812
800	0.08160	3643.1	4132.7	7.6566	0.06981	3639.5	4128.2	7.5822	0.06097	3636.0	4123.8	7.5173
900	0.08958	3837.8	4375.3	7.8727	0.07669	3835.0	4371.8	7.7991	0.06702	3832.1	4368.3	7.7351
1000	0.09749	4037.8	4622.7	8.0751	0.08350	4035.3	4619.8	8.0020	0.07301	4032.8	4616.9	7.9384
1100	0.10536	4243.3	4875.4	8.2661	0.09027	4240.9	4872.8	8.1933	0.07896	4238.6	4870.3	8.1300
1200	0.11321	4454.0	5133.3	8.4474	0.09703	4451.7	5130.9	8.3747	0.08489	4449.5	5128.5	8.3115
1300	0.12106	4669.6	5396.0	8.6199	0.10377	4667.3	5393.7	8.5473	0.09080	4665.0	5391.5	8.4842

t/℃	p=9.0MPa(303.40)*				p=10.0MPa(311.06)*				p=12.5MPa(327.89)*			
(sat.)	0.02048	2557.8	2742.1	5.6772	0.018026	2544.4	2724.7	5.6141	0.013495	2505.1	2673.8	5.4624
325	0.02327	2646.6	2856.0	5.8712	0.019861	2610.4	2809.1	5.7568				
350	0.02580	2724.4	2956.6	6.0361	0.02242	2699.2	2923.4	5.9443	0.016126	2624.6	2826.2	5.7118
400	0.02993	2848.4	3117.8	6.2854	0.02641	2832.4	3096.5	6.2120	0.02000	2789.3	3039.3	6.0417
450	0.03350	2955.2	3256.6	6.4844	0.02975	2943.4	3240.9	6.4190	0.02299	2912.5	3199.8	6.2719
500	0.03677	3055.2	3386.1	6.6576	0.03279	3045.8	3373.7	6.5966	0.02560	3021.7	3341.8	6.4618
550	0.03987	3152.2	3511.0	6.8142	0.03564	3144.6	3500.9	6.7561	0.02801	3125.0	3475.2	6.6290
600	0.04285	3248.1	3633.7	6.9589	0.03837	3241.7	3625.3	6.9029	0.03029	3225.4	3604.0	6.7810
650	0.04574	3343.6	3755.3	7.0943	0.04101	3338.2	3748.2	7.0398	0.03248	3324.4	3730.4	6.9218
700	0.04857	3439.3	3876.5	7.2221	0.04358	3434.7	3870.5	7.1687	0.03460	3422.9	3855.3	7.0536
800	0.05409	3632.5	4119.3	7.4596	0.04859	3628.9	4114.8	7.4077	0.03869	3620.0	4103.6	7.2965
900	0.05950	3829.2	4364.8	7.6783	0.05349	3826.3	4361.2	7.6272	0.04267	3819.1	4352.5	7.5182
1000	0.06485	4030.3	4614.0	7.8821	0.05832	4027.8	4611.0	7.8315	0.04658	4021.6	4603.8	7.7237
1100	0.07016	4236.3	4867.7	8.0740	0.06312	4234.0	4865.1	8.0237	0.05045	4228.2	4858.8	7.9165
1200	0.07544	4447.2	5126.2	8.2556	0.06789	4444.9	5123.8	8.2055	0.05430	4439.3	5118.0	8.0987
1300	0.08072	4662.7	5389.2	8.4284	0.07265	4460.5	5387.0	8.3783	0.05813	4654.8	5381.4	8.2717

t/℃	p=15.0MPa(342.24)*				p=17.5MPa(354.75)*				p=20.0MPa(365.81)*			
(sat.)	0.010337	2455.5	2610.5	5.3098	0.007920	2390.2	2528.8	5.1419	0.005834	2293.0	2409.7	4.9269
350	0.011470	2520.4	2692.4	5.4421								
400	0.015649	2740.7	2975.5	5.8811	0.012447	2685.0	2902.9	5.7213	0.009942	2619.3	2818.1	5.5540
450	0.018445	2879.5	3156.2	6.1404	0.015174	2844.2	3109.7	6.0184	0.012695	2806.2	3060.1	5.9017
500	0.02080	2996.6	3308.6	6.3443	0.017358	2970.3	3274.1	6.2383	0.014768	2942.9	3238.2	6.1401
550	0.02293	3104.7	3448.6	6.5199	0.019288	3083.9	3421.4	6.4230	0.016555	3062.4	3393.5	6.3348
600	0.02491	3208.6	3582.3	6.6776	0.02106	3191.5	3560.1	6.5866	0.018178	3174.0	3537.6	6.5048
650	0.02680	3310.3	3712.3	6.8224	0.02274	3296.0	3693.9	6.7357	0.019693	3281.4	3675.3	6.6582
700	0.02861	3410.9	3840.1	6.9572	0.02434	3398.7	3824.6	6.8736	0.02113	3386.4	3809.0	6.7993
800	0.03210	3610.9	4092.4	7.2040	0.02738	3601.8	4081.1	7.1244	0.02385	3592.7	4069.7	7.0544
900	0.03546	3811.9	4343.8	7.4279	0.03031	3804.7	4335.1	7.3507	0.02645	3797.5	4326.4	7.2830
1000	0.03875	4015.4	4596.6	7.6348	0.03316	4009.3	4589.5	7.5589	0.02897	4003.1	4582.5	7.4925
1100	0.04200	4222.6	4852.6	7.8283	0.03597	4216.9	4846.4	7.7531	0.03145	4211.3	4840.2	7.6874
1200	0.04523	4433.8	5112.3	8.0108	0.03876	4428.3	5106.6	7.9360	0.03391	4422.8	5101.0	7.8707
1300	0.04845	4649.1	5376.0	8.1840	0.04154	4643.5	5370.5	8.1093	0.03636	4638.0	5365.1	8.0442

t/℃	p=25.0MPa				p=30.0MPa				p=35.0MPa			
375	0.0019731	1798.7	1848.0	4.0320	0.0017892	1737.8	1791.5	3.9305	0.0017003	1702.9	1762.4	3.8722
400	0.006004	2430.1	2580.2	5.1418	0.002790	2067.4	2151.1	4.4728	0.002100	1914.1	1987.6	4.2126
425	0.007881	2609.2	2806.3	5.4723	0.005303	2455.1	2614.2	5.1504	0.003428	2253.4	2373.4	4.7747
450	0.009162	2720.7	2949.7	5.6744	0.006735	2619.3	2821.4	5.4424	0.004961	2498.7	2672.4	5.1962

续表

t/℃	p=25.0MPa				p=30.0MPa				p=35.0MPa			
	v/(m³/kg)	u/(kJ/kg)	h/(kJ/kg)	s/[kJ/(kg·K)]	v/(m³/kg)	u/(kJ/kg)	h/(kJ/kg)	s/[kJ/(kg·K)]	v/(m³/kg)	u/(kJ/kg)	h/(kJ/kg)	s/[kJ/(kg·K)]
500	0.011123	2884.3	3162.4	5.9592	0.008678	2820.7	3081.1	5.7905	0.006927	2751.9	2994.4	5.6282
550	0.012724	3017.5	3335.6	6.1765	0.010168	2970.3	3275.4	6.0342	0.008345	2921.0	3213.0	5.9026
600	0.014137	3137.9	3491.4	6.3602	0.011446	3100.5	3443.9	6.2331	0.009527	3062.0	3395.5	6.1179
650	0.015433	3251.6	3637.4	6.5229	0.012596	3221.0	3598.9	6.4058	0.010575	3189.8	3559.9	6.3010
700	0.016646	3361.3	3777.5	6.6707	0.013661	3335.8	3745.6	6.5606	0.011533	3309.8	3713.5	6.4631
800	0.018912	3574.3	4047.1	6.9345	0.015623	3555.5	4024.2	6.8332	0.013278	3536.7	4001.5	6.7450
900	0.021045	3783.0	4309.1	7.1680	0.017448	3768.5	4291.9	7.0718	0.014883	3754.0	4274.9	6.9886
1000	0.02310	3990.9	4568.5	7.3802	0.019196	3978.8	4554.7	7.2867	0.016410	3966.7	4541.1	7.2064
1100	0.02512	4200.2	4828.2	7.5765	0.020903	4189.2	4816.3	7.4845	0.017895	4178.3	4804.6	7.4057
1200	0.02711	4412.0	5089.9	7.7605	0.022589	4401.3	5079.2	7.6692	0.019360	4390.7	5068.3	7.5910
1300	0.02910	4626.9	5354.4	7.9342	0.024266	4616.0	5344.0	7.8432	0.020815	4605.1	5333.6	7.7653

t/℃	p=40.0MPa				p=50.0MPa				p=60.0MPa			
375	0.0016407	1677.1	1742.8	3.8290	0.0015594	1638.6	1716.6	3.7639	0.0015028	1609.4	1699.5	3.7141
400	0.0019077	1854.6	1930.9	4.1135	0.0017309	1788.1	1874.6	4.0031	0.0016335	1745.4	1843.4	3.9318
425	0.002532	2096.9	2198.1	4.5029	0.002007	1959.7	2060.0	4.2734	0.0018165	1892.7	2001.7	4.1626
450	0.003693	2365.1	2512.8	4.9459	0.002486	2159.6	2284.0	4.5884	0.002085	2053.9	2179.0	4.4121
500	0.005622	2678.4	2903.3	5.4700	0.003892	2525.5	2720.1	5.1726	0.002956	2390.6	2567.9	4.9321
550	0.006984	2869.7	3149.1	5.7785	0.005118	2763.6	3019.5	5.5485	0.003956	2658.8	2896.2	5.3441
600	0.008094	3022.6	3346.4	6.0114	0.006112	2942.0	3247.6	5.8178	0.004834	2861.1	3151.2	5.6452
650	0.009063	3158.0	3520.6	6.2054	0.006966	3093.5	3441.6	6.0342	0.005595	3028.8	3364.5	5.8829
700	0.009941	3283.6	3681.2	6.3750	0.007727	3230.5	3616.8	6.2189	0.006272	3177.2	3553.5	6.0824
800	0.011523	3517.8	3978.7	6.6662	0.009076	3479.8	3933.6	6.5290	0.007459	3441.5	3889.1	6.4109
900	0.012962	3739.4	4257.9	6.9150	0.010283	3710.3	4224.4	6.7882	0.008508	3681.0	4191.5	6.6805
1000	0.014324	3954.6	4527.6	7.1356	0.011411	3930.5	4501.1	7.0146	0.009480	3906.4	4475.2	6.9127
1100	0.015642	4167.4	4793.1	7.3364	0.012496	4145.7	4770.5	7.2184	0.010409	4124.1	4748.6	7.1195
1200	0.016940	4380.1	5057.7	7.5224	0.013561	4359.1	5037.2	7.4058	0.011317	4338.2	5017.2	7.3083
1300	0.018229	4594.3	5323.5	7.6969	0.014616	4572.8	5303.6	7.5808	0.012215	4551.4	5284.3	7.4837

注：( )* 相应压力下平衡温度 t℃。

表 4-155 压缩水热力学性质[9]

t/℃	p=5MPa(263.99)*				p=10MPa(311.06)*				p=15MPa(342.24)*			
	v/(m³/kg)	u/(kJ/kg)	h/(kJ/kg)	s/[kJ/(kg·K)]	v/(m³/kg)	u/(kJ/kg)	h/(kJ/kg)	s/[kJ/(kg·K)]	v/(m³/kg)	u/(kJ/kg)	h/(kJ/kg)	s/[kJ/(kg·K)]
(sat.)	0.0012859	1147.8	1154.2	2.9202	0.0014524	1393.0	1407.6	3.3596	0.0016581	1585.6	1610.5	3.6848
0	0.0009977	0.04	5.04	0.0001	0.0009952	0.09	10.04	0.0002	0.0009928	0.15	15.05	0.0004
20	0.0009995	83.65	88.65	0.2956	0.0009972	83.36	93.33	0.2945	0.0009950	83.06	97.99	0.2934
40	0.0010056	166.95	171.97	0.5705	0.0010034	166.35	176.38	0.5686	0.0010013	165.76	180.78	0.5666
60	0.0010149	250.23	255.30	0.8285	0.0010127	249.36	259.49	0.8258	0.0010105	248.51	263.67	0.8232
80	0.0010268	333.72	338.85	1.0720	0.0010245	332.59	342.83	1.0688	0.0010222	331.48	346.81	1.0656
100	0.0010410	417.52	422.72	1.3030	0.0010385	416.12	426.50	1.2992	0.0010361	414.74	430.28	1.2955
120	0.0010576	501.80	507.09	1.5233	0.0010549	500.08	510.64	1.5189	0.0010522	498.40	514.19	1.5145
140	0.0010768	586.76	592.15	1.7343	0.0010737	584.68	595.42	1.7292	0.0010707	582.66	598.72	1.7242
160	0.0010988	672.62	678.12	1.9375	0.0010953	670.13	681.08	1.9317	0.0010918	667.71	684.09	1.9260
180	0.0011240	759.63	765.25	2.1341	0.0011199	756.65	767.84	2.1275	0.0011159	753.76	770.50	2.1210
200	0.0011530	848.1	853.9	2.3255	0.0011480	844.5	856.0	2.3178	0.0011433	841.0	858.2	2.3104
220	0.0011866	938.4	944.4	2.5128	0.0011805	934.1	945.9	2.5039	0.0011748	929.9	947.5	2.4953
240	0.0012264	1031.4	1037.5	2.6979	0.0012187	1026.0	1038.1	2.6872	0.0012114	1020.8	1039.0	2.6771
260	0.0012749	1127.9	1134.3	2.8830	0.0012645	1121.1	1133.7	2.8699	0.0012550	1114.6	1133.4	2.8576
280					0.0013216	1220.9	1234.1	3.0548	0.0013084	1212.5	1232.1	3.0393
300					0.0013972	1328.4	1342.3	3.2469	0.0013770	1316.6	1337.3	3.2260
320									0.0014724	1431.1	1453.2	3.4247
340									0.0016311	1567.5	1591.9	3.6546

续表

t/℃	p=20MPa(365.81)*				p=30MPa				p=50MPa			
	v /(m³/kg)	u /(kJ/kg)	h /(kJ/kg)	s /[kJ/(kg·K)]	v /(m³/kg)	u /(kJ/kg)	h /(kJ/kg)	s /[kJ/(kg·K)]	v /(m³/kg)	u /(kJ/kg)	h /(kJ/kg)	s /[kJ/(kg·K)]
sat.)	0.002036	1785.6	1826.3	4.0139								
0	0.0009904	0.19	20.01	0.0004	0.0009856	0.25	29.82	0.0001	0.0009766	0.20	49.03	0.0014
20	0.0009928	82.77	102.62	0.2923	0.0009886	82.17	111.84	0.2899	0.0009804	81.00	130.02	0.2848
40	0.0009992	165.17	185.16	0.5646	0.0009951	164.04	193.89	0.5607	0.0009872	161.86	211.21	0.5527
60	0.0010084	247.68	267.85	0.8206	0.0010042	246.06	276.19	0.8154	0.0009962	242.98	292.79	0.8052
80	0.0010199	330.40	350.80	1.0624	0.0010156	328.30	358.77	1.0561	0.0010073	324.34	374.70	1.0440
100	0.0010337	413.39	434.06	1.2917	0.0010290	410.78	441.66	1.2844	0.0010201	405.88	456.89	1.2703
120	0.0010496	496.76	517.76	1.5102	0.0010445	493.59	524.93	1.5018	0.0010348	487.65	539.39	1.4857
140	0.0010678	580.69	602.04	1.7193	0.0010621	576.88	608.75	1.7098	0.0010515	569.77	622.35	1.6915
160	0.0010885	665.35	687.12	1.9204	0.0010821	660.82	693.28	1.9096	0.0010703	652.41	705.92	1.8891
180	0.0011120	750.95	773.20	2.1147	0.0011047	745.59	778.73	2.1024	0.0010912	735.69	790.25	2.0794
200	0.0011388	837.7	860.5	2.3031	0.0011302	831.4	865.3	2.2893	0.0011146	819.7	875.5	2.2634
220	0.0011693	925.9	949.3	2.4870	0.0011590	918.3	953.1	2.4711	0.0011408	904.7	961.7	2.4419
240	0.0012046	1016.0	1040.0	2.6674	0.0011920	1006.9	1042.6	2.6490	0.0011702	990.7	1049.2	2.6158
260	0.0012462	1108.6	1133.5	2.8459	0.0012303	1097.4	1134.3	2.8243	0.0012034	1078.1	1138.2	2.7860
280	0.0012965	1204.7	1230.6	3.0248	0.0012755	1190.6	1229.0	2.9986	0.0012415	1167.2	1229.3	2.9537
300	0.0013596	1306.1	1333.3	3.2071	0.0013304	1287.9	1327.8	3.1741	0.0012860	1258.7	1323.0	3.1200
320	0.0014437	1415.7	1444.6	3.3979	0.0013997	1390.7	1432.7	3.3539	0.0013388	1353.3	1420.2	3.2868
340	0.0015684	1539.7	1571.0	3.6075	0.0014920	1501.7	1546.5	3.5426	0.0014032	1452.0	1522.1	3.4557
360	0.0018226	1702.8	1739.3	3.8772	0.0016265	1626.6	1675.4	3.7494	0.0014838	1556.0	1630.2	3.6291
380					0.0018691	1781.4	1837.5	4.0012	0.0015884	1667.2	1746.6	3.8101

注：（ ）* 意义与表 4-154 同。

表 4-156　冰与其平衡水蒸气热力学性质[9]

温度 t/℃	压力 p/kPa	比体积 v/(m³/kg)		比内能 u/(kJ/kg)			比焓 h/(kJ/kg)			比熵 s/[kJ/(kg·K)]		
		$v_i\times10^3$	v_g	u_i	$\Delta_{sub}u$	u_g	h_i	$\Delta_{sub}h$	h_g	s_i	$\Delta_{sub}s$	s_g
0.01	0.6113	1.0908	206.1	−333.40	2708.7	2375.3	−333.40	2834.8	2501.4	−1.221	10.378	9.156
0	0.6108	1.0908	206.3	−333.43	2708.8	2375.3	−333.43	2834.8	2501.3	−1.221	10.378	9.157
−2	0.5176	1.0904	241.7	−337.62	2710.2	2372.6	−337.62	2835.3	2497.7	−1.237	10.456	9.219
−4	0.4375	1.0901	283.8	−341.78	2711.6	2369.8	−341.78	2835.7	2494.0	−1.253	10.536	9.283
−6	0.3689	1.0898	334.2	−345.91	2712.9	2367.0	−345.91	2836.2	2490.3	−1.268	10.616	9.348
−8	0.3102	1.0894	394.4	−350.02	2714.2	2364.2	−350.02	2836.6	2486.6	−1.284	10.698	9.414
−10	0.2602	1.0891	466.7	−354.09	2715.5	2361.4	−354.09	2837.0	2482.9	−1.299	10.781	9.481
−12	0.2176	1.0888	553.7	−358.14	2716.8	2358.7	−358.14	2837.3	2479.2	−1.315	10.865	9.550
−14	0.1815	1.0884	658.8	−362.15	2718.0	2355.9	−362.15	2837.6	2471.8	−1.331	10.950	9.619
−16	0.1510	1.0881	786.0	−366.14	2719.2	2353.1	−366.14	2837.9	2471.8	−1.346	11.036	9.690
−18	0.1252	1.0878	940.5	−370.10	2720.4	2350.3	−370.10	2838.0	2468.1	−1.362	11.123	9.762
−20	0.1035	1.0874	1128.6	−374.03	2721.6	2347.5	−374.03	2838.4	2464.3	−1.377	11.212	9.835
−22	0.0853	1.0871	1358.4	−377.93	2722.7	2344.7	−377.93	2838.6	2460.7	−1.393	11.302	9.909
−24	0.0701	1.0868	1640.1	−381.80	2723.7	2342.0	−381.80	2838.7	2456.9	−1.408	11.394	9.985
−26	0.0574	1.0864	1986.4	−385.64	2724.8	2339.2	−385.64	2838.9	2453.2	−1.424	11.486	10.062
−28	0.0469	1.0861	2413.7	−389.45	2725.8	2336.4	−389.45	2839.0	2449.5	−1.439	11.580	10.141
−30	0.0381	1.0858	2943	−393.23	2726.8	2333.6	−393.23	2839.0	2445.8	−1.455	11.676	10.221
−32	0.0309	1.0854	3600	−396.98	2727.8	2330.8	−396.98	2839.1	2442.1	−1.471	11.773	10.303
−34	0.0250	1.0851	4419	−400.71	2728.7	2328.0	−400.71	2839.1	2438.4	−1.486	11.872	10.386
−36	0.0201	1.0848	5444	−404.40	2729.6	2325.2	−404.40	2839.1	2434.7	−1.501	11.972	10.470
−38	0.0161	1.0844	6731	−408.06	2730.5	2322.4	−408.06	2839.0	2430.9	−1.517	12.073	10.556
−40	0.0129	1.0841	8354	−411.70	2731.3	2319.6	−411.70	2838.9	2427.2	−1.532	12.176	10.644

注："i" 为冰；"g" 为水蒸气；"sub" 为升华。

表 4-157　不同压力和温度下液态水的比定压热容 c_p[1]　　单位：kJ/(kg·K)

p /bar (10^5 Pa)	T/K								
	273.15	293.15	323.15	373.15	423.15	473.15	523.15	573.15	623.15
1	4.217	4.182	4.181						
5	4.215	4.181	4.180	4.215	4.310				
10	4.212	4.179	4.179	4.214	4.308				
50	4.191	4.166	4.170	4.205	4.296	4.477	4.855	3.299	
100	4.165	4.151	4.158	4.194	4.281	4.450	4.791	5.703	4.042
150	4.141	4.137	4.148	4.183	4.266	4.425	4.735	5.495	8.863
200	4.117	4.123	4.137	4.173	4.252	4.402	4.685	5.332	8.103
250	4.095	4.109	4.127	4.163	4.239	4.379	4.639	5.201	7.017
300	4.073	4.097	4.117	4.153	4.226	4.358	4.598	5.091	6.451
350	4.052	4.084	4.107	4.144	4.214	4.338	4.560	4.999	6.084
400	4.032	4.073	4.098	4.135	4.202	4.319	4.525	4.919	5.820
450	4.013	4.062	4.089	4.126	4.190	4.301	4.493	4.848	5.616
500	3.994	4.051	4.081	4.117	4.179	4.284	4.463	4.786	5.451
600	3.957	4.032	4.064	4.100	4.157	4.252	4.410	4.681	5.200
700	3.920	4.014	4.049	4.084	4.137	4.222	4.362	4.595	5.014
800	3.883	3.997	4.035	4.068	4.117	4.195	4.320	4.523	4.871
900	3.844	3.982	4.022	4.054	4.099	4.169	4.282	4.462	4.757
1000	3.800	3.968	4.010	4.039	4.081	4.145	4.284	4.410	4.663

表 4-158　水的 p_{sat}，摩尔体积 V 和摩尔热容 C[4]

t /℃	p_{sat} /bar	V /(cm³/mol)	C_{sat}	C_p	C_v
			/[J/(K·mol)]		
0.01^t	0.006111	18.0191	75.98	75.98	75.92
10	0.012276	18.0216	75.53	75.53	75.44
20	0.023384	18.0485	75.34	75.34	74.83
40	0.073812	18.1574	75.27	75.27	73.35
60	0.19933	18.3238	75.38	75.38	71.62
80	0.47375	18.5386	75.58	75.59	69.76
100.00^b	1.01325	18.7980	75.93	75.95	67.89
150	4.757	19.645	77.7	77.8	63.1
200	15.55	20.833	80.6	81.0	60
250	39.78	22.55	86.1	87.6	57
300	85.9	25.29	98	104	56
350	165.3	31.37	143	182	57
373.85^c	220.3	55.83	∞	∞	∞

注：t 为三相点；b 为沸点；c 为临界点。

p /MPa	t /℃	ρ_l /(kg/m³)	ρ_g /(kg/m³)	h_l /(kJ/kg)	h_g /(kJ/kg)	$\Delta_v h$ /(kJ/kg)	u_l /(kJ/kg)	u_g /(kJ/kg)	s_l /[kJ/(kg·K)]	s_g /[kJ/(kg·K)]	$c_{p,l}$ /[kJ/(kg·K)]	$c_{p,g}$ /[kJ/(kg·K)]	$c_{v,l}$ /[kJ/(kg·K)]	$c_{v,g}$ /[kJ/(kg·K)]
0.00061	0.01	999.8	0.0049	0.0006	2500.5	2500.5	0.0000	2374.5	0.000	9.154	4.229	1.868	4.225	1.404
0.00065	0.8	999.8	0.0051	3.5421	2502.1	2498.5	3.5415	2375.7	0.013	9.132	4.222	1.868	4.220	1.404
0.00070	1.9	999.9	0.0055	7.8939	2504.0	2496.1	7.8932	2377.1	0.029	9.104	4.215	1.869	4.214	1.405
0.00075	2.8	999.9	0.0059	11.973	2505.8	2493.8	11.972	2378.4	0.044	9.079	4.210	1.869	4.209	1.405
0.00080	3.8	999.9	0.0063	15.813	2507.4	2491.6	15.812	2379.7	0.057	9.055	4.205	1.870	4.205	1.405
0.00085	4.6	999.9	0.0066	19.443	2509.0	2489.6	19.442	2380.9	0.071	9.033	4.202	1.870	4.202	1.406
0.00090	5.4	999.9	0.0070	22.886	2510.5	2487.6	22.885	2382.0	0.083	9.012	4.199	1.871	4.198	1.406
0.00095	6.2	999.9	0.0074	26.162	2512.0	2485.8	26.161	2383.1	0.095	8.992	4.196	1.871	4.196	1.407
0.00100	7.0	999.9	0.0077	29.288	2513.3	2484.0	29.287	2384.1	0.106	8.974	4.194	1.872	4.193	1.407
0.00110	8.4	999.8	0.0085	35.142	2515.9	2480.7	35.141	2386.1	0.127	8.939	4.191	1.873	4.189	1.408
0.00120	9.7	999.7	0.0092	40.541	2518.3	2477.7	40.540	2387.8	0.146	8.907	4.189	1.874	4.185	1.409
0.00130	10.9	999.6	0.0099	45.555	2520.4	2474.9	45.553	2389.5	0.164	8.878	4.187	1.875	4.181	1.409
0.00140	12.0	999.5	0.0106	50.238	2522.5	2472.3	50.237	2391.0	0.180	8.851	4.186	1.875	4.178	1.410
0.00150	13.0	999.4	0.0114	54.635	2524.4	2469.8	54.634	2392.5	0.195	8.826	4.185	1.876	4.175	1.411
0.00160	14.0	999.2	0.0121	58.781	2526.2	2467.5	58.779	2393.8	0.210	8.802	4.185	1.877	4.173	1.411
0.00170	14.9	999.1	0.0128	62.705	2527.9	2465.2	62.703	2395.1	0.223	8.780	4.184	1.878	4.170	1.412
0.00180	15.8	999.0	0.0135	66.430	2529.6	2463.1	66.428	2396.3	0.236	8.760	4.184	1.878	4.168	1.412
0.00190	16.7	998.8	0.0142	69.978	2531.1	2461.1	69.976	2397.5	0.249	8.740	4.184	1.879	4.165	1.413
0.00200	17.5	998.7	0.0149	73.366	2532.6	2459.2	73.364	2398.6	0.260	8.722	4.184	1.880	4.163	1.413
0.00220	19.0	998.4	0.0163	79.717	2535.4	2455.7	79.715	2400.7	0.282	8.687	4.183	1.881	4.158	1.414
0.00240	20.4	998.1	0.0177	85.582	2537.9	2452.3	85.580	2402.6	0.302	8.656	4.183	1.882	4.154	1.415
0.00260	21.7	997.8	0.0191	91.034	2540.3	2449.3	91.031	2404.4	0.321	8.627	4.183	1.884	4.150	1.416
0.00280	22.9	997.5	0.0205	96.130	2542.5	2446.4	96.127	2406.1	0.338	8.600	4.183	1.885	4.146	1.417
0.00300	24.1	997.3	0.0219	100.92	2544.6	2443.7	100.92	2407.6	0.354	8.576	4.183	1.886	4.142	1.418
0.00320	25.2	997.0	0.0233	105.44	2546.6	2441.1	105.43	2409.1	0.369	8.552	4.183	1.887	4.138	1.419
0.00340	26.2	996.7	0.0246	109.71	2548.4	2438.7	109.71	2410.5	0.384	8.531	4.183	1.888	4.135	1.420
0.00360	27.2	996.4	0.0260	113.78	2550.2	2436.4	113.77	2411.8	0.397	8.510	4.183	1.889	4.131	1.420
0.00380	28.1	996.2	0.0274	117.65	2551.9	2434.2	117.64	2413.1	0.410	8.491	4.183	1.890	4.128	1.421
0.00400	29.0	995.9	0.0287	121.35	2553.5	2432.1	121.34	2414.3	0.422	8.473	4.183	1.891	4.124	1.422
0.00450	31.0	995.3	0.0321	129.93	2557.2	2427.3	129.93	2417.1	0.451	8.431	4.183	1.893	4.116	1.424

续表

p/MPa	t/℃	ρ_l/(kg/m³)	ρ_g/(kg/m³)	h_l/(kJ/kg)	h_g/(kJ/kg)	$\Delta_v h$/(kJ/kg)	u_l/(kJ/kg)	u_g/(kJ/kg)	s_l/[kJ/(kg·K)]	s_g/[kJ/(kg·K)]	$c_{p,l}$/[kJ/(kg·K)]	$c_{p,g}$/[kJ/(kg·K)]	$c_{v,l}$/[kJ/(kg·K)]	$c_{v,g}$/[kJ/(kg·K)]
0.00500	32.88	994.7	0.0355	137.72	2560.5	2422.8	137.72	2419.6	0.476	8.393	4.183	1.895	4.108	1.425
0.00550	34.59	994.1	0.0388	144.87	2563.6	2418.8	144.86	2421.9	0.499	8.359	4.183	1.897	4.101	1.427
0.00600	36.17	993.6	0.0421	151.47	2566.5	2415.0	151.46	2424.0	0.521	8.328	4.183	1.899	4.094	1.428
0.00650	37.63	993.1	0.0454	157.61	2569.1	2411.5	157.60	2426.0	0.541	8.300	4.183	1.901	4.087	1.430
0.00700	39.01	992.5	0.0487	163.35	2571.6	2408.2	163.35	2427.9	0.559	8.274	4.183	1.903	4.081	1.431
0.00750	40.30	992.1	0.0520	168.76	2573.9	2405.1	168.75	2429.6	0.576	8.249	4.182	1.905	4.075	1.432
0.00800	41.52	991.6	0.0552	173.85	2576.1	2402.2	173.85	2431.3	0.593	8.227	4.182	1.907	4.069	1.434
0.00850	42.67	991.1	0.0585	178.68	2578.1	2399.5	178.68	2432.8	0.608	8.205	4.182	1.908	4.064	1.435
0.00900	43.77	990.7	0.0617	183.27	2580.1	2396.8	183.27	2434.3	0.622	8.185	4.182	1.910	4.058	1.436
0.00950	44.82	990.2	0.0649	187.65	2582.0	2394.3	187.64	2435.7	0.636	8.166	4.182	1.911	4.053	1.437
0.01000	45.82	989.8	0.0681	191.83	2583.8	2391.9	191.82	2437.0	0.649	8.148	4.182	1.913	4.048	1.438
0.01200	49.43	988.2	0.0809	206.95	2590.2	2383.2	206.93	2441.8	0.696	8.084	4.182	1.918	4.030	1.442
0.01400	52.56	986.8	0.0935	220.03	2595.7	2375.7	220.02	2446.0	0.737	8.031	4.182	1.924	4.014	1.446
0.01600	55.33	985.5	0.1060	231.61	2600.6	2369.0	231.59	2449.7	0.772	7.984	4.182	1.929	4.000	1.449
0.01800	57.81	984.3	0.1184	242.00	2605.0	2363.0	241.99	2452.9	0.804	7.943	4.182	1.933	3.987	1.453
0.02000	60.07	983.1	0.1307	251.46	2608.9	2357.5	251.44	2455.9	0.832	7.907	4.183	1.937	3.975	1.456
0.02200	62.15	982.0	0.1430	260.15	2612.5	2352.4	260.12	2458.6	0.858	7.874	4.183	1.941	3.964	1.458
0.02400	64.07	981.0	0.1551	268.18	2615.9	2347.7	268.16	2461.1	0.882	7.844	4.184	1.945	3.954	1.461
0.02600	65.86	980.1	0.1672	275.67	2619.0	2343.3	275.65	2463.5	0.904	7.816	4.185	1.949	3.945	1.464
0.02800	67.54	979.1	0.1792	282.69	2621.9	2339.2	282.66	2465.6	0.925	7.791	4.186	1.953	3.936	1.466
0.03000	69.11	978.3	0.1912	289.30	2624.6	2335.3	289.27	2467.7	0.944	7.767	4.186	1.956	3.928	1.469
0.03500	72.70	976.2	0.2209	304.32	2630.7	2326.4	304.28	2472.3	0.988	7.714	4.189	1.964	3.910	1.474
0.04000	75.88	974.3	0.2504	317.64	2636.1	2318.5	317.59	2476.4	1.026	7.669	4.191	1.972	3.893	1.479
0.04500	78.74	972.6	0.2796	329.62	2640.9	2311.3	329.58	2480.0	1.060	7.629	4.193	1.979	3.878	1.484
0.05000	81.34	971.0	0.3086	340.54	2645.3	2304.8	340.49	2483.3	1.091	7.593	4.195	1.986	3.865	1.489
0.05500	83.73	969.4	0.3374	350.59	2649.3	2298.7	350.53	2486.3	1.119	7.561	4.198	1.993	3.853	1.493
0.06000	85.95	968.0	0.3660	359.90	2653.0	2293.1	359.84	2489.0	1.145	7.531	4.200	1.999	3.842	1.497
0.06500	88.02	966.7	0.3944	368.60	2656.4	2287.8	368.53	2491.6	1.170	7.504	4.202	2.005	3.831	1.501
0.07000	89.96	965.4	0.4228	376.75	2659.6	2282.8	376.68	2494.0	1.192	7.479	4.204	2.011	3.821	1.505
0.07500	91.78	964.1	0.4510	384.43	2662.5	2278.1	384.36	2496.2	1.213	7.456	4.206	2.017	3.812	1.509

续表

p /MPa	t /℃	ρ_l /(kg/m³)	ρ_g /(kg/m³)	h_l /(kJ/kg)	h_g /(kJ/kg)	$\Delta_v h$ /(kJ/kg)	u_l /(kJ/kg)	u_g /(kJ/kg)	s_l /[kJ/(kg·K)]	s_g /[kJ/(kg·K)]	$c_{p,l}$ /[kJ/(kg·K)]	$c_{p,g}$ /[kJ/(kg·K)]	$c_{v,l}$ /[kJ/(kg·K)]	$c_{v,g}$ /[kJ/(kg·K)]
0.08000	93.51	962.9	0.4790	391.71	2665.3	2273.6	391.63	2498.3	1.233	7.434	4.209	2.022	3.803	1.512
0.09000	96.71	960.7	0.5348	405.20	2670.5	2265.3	405.11	2502.2	1.270	7.394	4.213	2.033	3.787	1.519
0.10000	99.63	958.7	0.5902	417.51	2675.1	2257.6	417.41	2505.7	1.303	7.359	4.217	2.043	3.773	1.525
0.1200	104.81	954.9	0.6999	439.38	2683.3	2243.9	439.26	2511.8	1.361	7.298	4.224	2.062	3.747	1.537
0.1400	109.32	951.5	0.8085	458.46	2690.2	2231.8	458.31	2517.1	1.411	7.246	4.231	2.079	3.725	1.548
0.1600	113.33	948.4	0.9161	475.44	2696.3	2220.9	475.27	2521.7	1.455	7.202	4.237	2.096	3.705	1.558
0.1800	116.94	945.6	1.0228	490.78	2701.7	2210.9	490.59	2525.7	1.495	7.162	4.243	2.112	3.687	1.568
0.2000	120.24	943.0	1.1289	504.80	2706.5	2201.7	504.59	2529.4	1.530	7.127	4.249	2.127	3.671	1.577
0.2500	127.44	937.0	1.3912	535.49	2716.8	2181.4	535.22	2537.1	1.608	7.053	4.262	2.162	3.636	1.597
0.3000	133.56	931.8	1.6505	561.61	2725.3	2163.7	561.29	2543.5	1.672	6.992	4.275	2.195	3.607	1.616
0.3500	138.89	927.2	1.9074	584.48	2732.4	2147.9	584.10	2548.9	1.728	6.941	4.286	2.226	3.582	1.634
0.4000	143.64	922.9	2.1624	604.91	2738.5	2133.6	604.47	2553.5	1.777	6.896	4.297	2.256	3.559	1.651
0.4500	147.94	919.0	2.4157	623.42	2743.9	2120.5	622.93	2557.6	1.821	6.857	4.307	2.284	3.539	1.666
0.5000	151.87	915.3	2.6677	640.38	2748.6	2108.2	639.84	2561.2	1.861	6.821	4.317	2.312	3.521	1.682
0.6000	158.86	908.6	3.1683	670.71	2756.7	2086.0	670.05	2567.3	1.932	6.760	4.335	2.365	3.489	1.710
0.7000	164.98	902.6	3.6655	697.35	2763.3	2066.0	696.58	2572.4	1.993	6.708	4.353	2.415	3.462	1.736
0.8000	170.44	897.1	4.1603	721.23	2768.9	2047.7	720.33	2576.6	2.046	6.663	4.370	2.464	3.438	1.761
0.9000	175.39	891.9	4.6531	742.93	2773.6	2030.7	741.92	2580.2	2.095	6.622	4.387	2.511	3.417	1.785
1.0000	179.92	887.2	5.1445	762.88	2777.7	2014.8	761.75	2583.3	2.139	6.586	4.403	2.557	3.398	1.808
1.1000	184.10	882.6	5.6349	781.38	2781.2	1999.9	780.14	2586.0	2.179	6.553	4.419	2.602	3.380	1.830
1.2000	188.00	878.4	6.1246	798.68	2784.3	1985.7	797.31	2588.4	2.217	6.523	4.435	2.646	3.364	1.852
1.3000	191.64	874.3	6.6138	814.93	2787.0	1972.1	813.44	2590.5	2.252	6.495	4.450	2.689	3.350	1.873
1.4000	195.08	870.4	7.1028	830.28	2789.4	1959.1	828.67	2592.3	2.284	6.468	4.466	2.732	3.336	1.893
1.5000	198.33	866.7	7.5918	844.85	2791.5	1946.7	843.12	2593.9	2.315	6.444	4.481	2.775	3.324	1.912
1.6000	201.41	863.1	8.0809	858.73	2793.3	1934.6	856.88	2595.3	2.344	6.421	4.496	2.816	3.312	1.931
1.7000	204.35	859.6	8.5703	872.00	2795.0	1923.0	870.02	2596.6	2.372	6.399	4.511	2.858	3.301	1.950
1.8000	207.15	856.3	9.0601	884.71	2796.4	1911.7	882.61	2597.7	2.398	6.378	4.526	2.899	3.290	1.969
1.9000	209.84	853.0	9.5504	896.92	2797.6	1900.7	894.70	2598.7	2.423	6.358	4.541	2.940	3.281	1.987
2.0000	212.42	849.9	10.041	908.69	2798.7	1890.0	906.33	2599.5	2.447	6.340	4.556	2.981	3.271	2.004
2.2000	217.29	843.8	11.025	931.01	2800.5	1869.5	928.41	2600.9	2.492	6.304	4.586	3.062	3.254	2.039

续表

p /MPa	t /°C	ρ_l /(kg/m³)	ρ_g /(kg/m³)	h_l /(kJ/kg)	h_g /(kJ/kg)	Δh /(kJ/kg)	u_l /(kJ/kg)	u_g /(kJ/kg)	s_l /[kJ/(kg·K)]	s_g /[kJ/(kg·K)]	$c_{p,l}$ /[kJ/(kg·K)]	$c_{p,g}$ /[kJ/(kg·K)]	$c_{v,l}$ /[kJ/(kg·K)]	$c_{v,g}$ /[kJ/(kg·K)]
2.4000	221.83	838.0	12.013	951.96	2801.7	1849.8	949.09	2601.9	2.534	6.272	4.616	3.142	3.239	2.072
2.6000	226.08	832.5	13.004	971.71	2802.6	1830.9	968.59	2602.6	2.574	6.241	4.646	3.222	3.225	2.104
2.8000	230.10	827.1	14.000	990.45	2803.1	1812.6	987.06	2603.1	2.611	6.212	4.676	3.301	3.212	2.136
3.0000	233.89	822.0	15.001	1008.3	2803.3	1795.0	1004.6	2603.3	2.645	6.186	4.706	3.381	3.200	2.166
3.2000	237.50	817.0	16.007	1025.3	2803.2	1777.8	1021.4	2603.3	2.678	6.160	4.737	3.461	3.189	2.196
3.4000	240.93	812.2	17.019	1041.7	2802.8	1761.1	1037.5	2603.1	2.710	6.136	4.767	3.541	3.179	2.226
3.6000	244.22	807.5	18.037	1057.4	2802.3	1744.9	1053.0	2602.7	2.740	6.112	4.798	3.621	3.170	2.254
3.8000	247.37	802.9	19.061	1072.6	2801.5	1729.0	1067.8	2602.2	2.769	6.090	4.829	3.702	3.161	2.282
4.0000	250.39	798.5	20.092	1087.2	2800.6	1713.4	1082.2	2601.5	2.796	6.069	4.801	3.783	3.153	2.310
4.5000	257.47	787.8	22.700	1121.9	2797.6	1675.7	1116.2	2599.4	2.861	6.019	4.942	3.989	3.135	2.377
5.0000	263.98	777.5	25.355	1154.2	2793.7	1639.5	1147.8	2596.5	2.920	5.973	5.025	4.200	3.120	2.441
6.0000	275.62	758.2	30.825	1213.3	2783.9	1570.6	1205.4	2589.3	3.027	5.889	5.201	4.643	3.096	2.563
7.0000	285.86	739.9	36.534	1267.0	2771.8	1504.8	1257.5	2580.2	3.121	5.813	5.394	5.121	3.078	2.679
8.0000	295.04	722.4	42.518	1316.6	2757.8	1441.2	1305.5	2569.6	3.207	5.743	5.609	5.647	3.067	2.789
9.0000	303.38	705.4	48.817	1363.1	2742.0	1378.9	1350.3	2557.6	3.285	5.677	5.849	6.233	3.059	2.895
10.000	311.03	688.6	55.477	1407.3	2724.5	1317.2	1392.8	2544.3	3.359	5.614	6.124	6.897	3.056	2.998
11.000	318.11	672.0	62.555	1449.7	2705.4	1255.7	1433.3	2529.5	3.429	5.553	6.443	7.662	3.057	3.097
12.000	324.71	655.3	70.118	1490.7	2684.5	1193.8	1472.4	2513.4	3.495	5.492	6.820	8.558	3.061	3.195
13.000	330.89	638.5	78.253	1530.9	2661.8	1131.0	1510.5	2495.7	3.559	5.432	7.274	9.629	3.069	3.291
14.000	336.70	621.3	87.071	1570.4	2637.1	1066.7	1547.9	2476.3	3.622	5.371	7.836	10.94	3.081	3.386
15.000	342.19	603.5	96.720	1609.8	2610.1	1000.2	1585.0	2455.0	3.684	5.309	8.551	12.58	3.099	3.480
17.500	354.72	554.5	126.08	1710.7	2529.0	818.29	1679.2	2390.2	3.839	5.142	11.69	19.51	3.169	3.713
20.000	365.80	491.2	170.25	1826.7	2413.6	586.81	1786.0	2296.1	4.015	4.933	22.37	40.99	3.313	3.926
21.000	369.88	454.5	199.19	1887.6	2342.8	455.19	1841.4	2237.4	4.106	4.814	40.82	76.58	3.438	4.059
21.200	370.67	445.0	207.03	1902.6	2324.3	421.67	1854.9	2221.9	4.129	4.784	50.13	94.20	3.480	4.104
21.400	371.46	434.1	216.20	1919.5	2302.9	383.40	1870.2	2203.9	4.154	4.749	66.05	123.7	3.545	4.175
21.600	372.24	420.9	227.46	1939.6	2277.1	337.47	1888.3	2182.1	4.185	4.708	99.77	182.4	3.679	4.327
21.800	373.00	402.3	242.76	1966.8	2242.8	276.00	1912.6	2153.0	4.226	4.653	221.3	351.1	4.051	4.685
22.000	373.8	370.2	273.78	2012.7	2176.3	163.62	1953.3	2096.0	4.296	4.549	1404	4042	5.273	5.837
22.055	374.0	322.0	322.0	2085.8	2085.8	0	2017.3	2017.3	4.409	4.409	∞	∞		

表 4-160　饱和线上水和水蒸气比饱和热容 c_{sat}[14]

$p\quad 0.00061 \sim 22.055 MPa; t\quad 0.01 \sim 374.0℃$

p /MPa	t /℃	c'_{sat}	c''_{sat}	p /MPa	t /℃	c'_{sat}	c''_{sat}
		/[kJ/(kg·K)]				/[kJ/(kg·K)]	
0.00061	0.01	4.229	−7.314	0.08000	93.5	4.208	−4.587
0.00065	0.8	4.222	−7.279	0.09000	96.7	4.212	−4.527
0.00070	1.9	4.215	−7.237	0.10000	99.63	4.216	−4.475
0.00075	2.8	4.210	−7.197	0.12000	104.8	4.223	−4.385
0.00080	3.8	4.205	−7.160	0.14000	109.3	4.229	−4.311
0.00085	4.6	4.202	−7.126	0.16000	113.3	4.235	−4.248
0.00090	5.4	4.199	−7.093	0.18000	116.9	4.241	−4.194
0.00095	6.2	4.196	−7.062	0.20000	120.2	4.247	−4.147
0.00100	7.0	4.194	−7.032	0.25000	127.4	4.260	−4.050
0.00110	8.4	4.191	−6.978	0.30000	133.6	4.271	−3.975
0.00120	9.7	4.189	−6.928	0.35000	138.9	4.282	−3.914
0.00130	10.9	4.187	−6.882	0.40000	143.6	4.292	−3.864
0.00140	12.0	4.186	−6.840	0.45000	147.9	4.301	−3.822
0.00150	13.0	4.185	−6.800	0.50000	151.9	4.310	−3.786
0.00160	14.0	4.185	−6.763	0.60000	158.9	4.327	−3.728
0.00170	14.9	4.184	−6.729	0.70000	165.0	4.344	−3.684
0.00180	15.8	4.184	−6.696	0.80000	170.4	4.359	−3.649
0.00190	16.7	4.184	−6.665	0.90000	175.4	4.374	−3.622
0.00200	17.5	4.184	−6.635	1.0000	179.9	4.389	−3.601
0.00220	19.0	4.183	−6.581	1.1000	184.1	4.403	−3.583
0.00240	20.4	4.183	−6.531	1.2000	188.0	4.417	−3.570
0.00260	21.7	4.183	−6.485	1.3000	191.6	4.431	−3.559
0.00280	22.9	4.183	−6.443	1.4000	195.1	4.444	−3.551
0.00300	24.1	4.183	−6.403	1.5000	198.3	4.457	−3.545
0.00320	25.2	4.183	−6.366	1.6000	201.4	4.471	−3.541
0.00340	26.2	4.183	−6.332	1.7000	204.3	4.484	−3.539
0.00360	27.2	4.183	−6.299	1.8000	207.2	4.497	−3.538
0.00380	28.1	4.183	−6.268	1.9000	209.8	4.510	−3.538
0.00400	29.0	4.183	−6.239	2.0000	212.4	4.522	−3.539
0.00450	31.0	4.183	−6.172	2.2000	217.3	4.548	−3.545
0.00500	32.9	4.183	−6.112	2.4000	221.8	4.573	−3.553
0.00550	34.6	4.183	−6.057	2.6000	226.1	4.598	−3.565
0.00600	36.2	4.183	−6.008	2.8000	230.1	4.623	−3.578
0.00650	37.6	4.183	−5.962	3.0000	233.9	4.648	−3.594
0.00700	39.0	4.183	−5.920	3.2000	237.5	4.674	−3.612
0.00750	40.3	4.182	−5.881	3.4000	240.9	4.699	−3.632
0.00800	41.5	4.182	−5.844	3.6000	244.2	4.724	−3.652
0.00850	42.7	4.182	−5.810	3.8000	247.4	4.749	−3.675
0.00900	43.8	4.182	−5.777	4.0000	250.4	4.774	−3.699
0.00950	44.8	4.182	−5.747	4.5000	257.5	4.838	−3.763
0.01000	45.8	4.182	−5.718	5.0000	264.0	4.903	−3.835
0.01200	49.4	4.182	−5.615	6.0000	275.6	5.037	−3.999
0.01400	52.6	4.182	−5.528	7.0000	285.9	5.180	−4.189
0.01600	55.3	4.182	−5.454	8.0000	295.0	5.332	−4.407
0.01800	57.8	4.182	−5.388	9.0000	303.4	5.498	−4.656
0.02000	60.1	4.183	−5.329	10.000	311.0	5.680	−4.941
0.02200	62.1	4.183	−5.277	11.000	318.1	5.884	−5.268
0.02400	64.1	4.184	−5.229	12.000	324.7	6.115	−5.646
0.02600	65.9	4.185	−5.185	13.000	330.9	6.382	−6.087
0.02800	67.5	4.185	−5.144	14.000	336.7	6.696	−6.610
0.03000	69.1	4.186	−5.106	15.000	342.2	7.076	−7.240
0.03500	72.7	4.188	−5.023	17.500	354.7	8.548	−9.641
0.04000	75.9	4.190	−4.951	20.000	365.8	12.38	−15.60
0.04500	78.7	4.193	−4.887	21.000	369.9	17.35	−23.14
0.05000	81.3	4.195	−4.831	21.200	370.7	19.47	−26.28
0.05500	83.7	4.197	−4.781	21.400	371.5	22.49	−31.54
0.06000	85.9	4.199	−4.734	21.600	372.2	27.95	−40.13
0.06500	88.0	4.202	−4.694	21.800	373.0	41.13	−62.48
0.07000	90.0	4.204	−4.655	22.000	373.8	106.3	−155.0
0.07500	91.8	4.206	−4.620	22.055	374.0	∞	−∞

注:"sat"为饱和;"'"为饱和液,"""为饱和气。

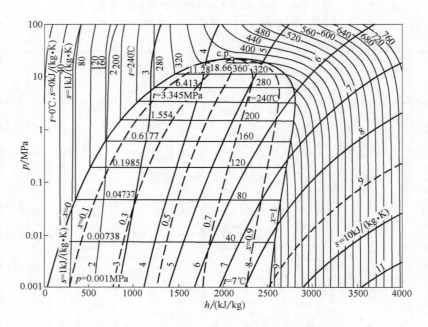

图 4-46　水的压力-（比）焓（lg$p$-h）图[14]

（c. P. 临界点）

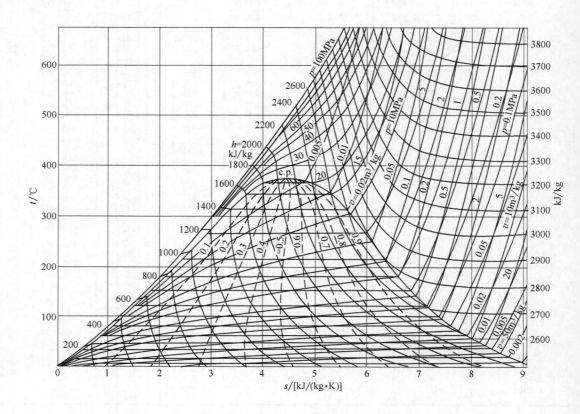

图 4-47　水的温-熵（t-s）图[14]

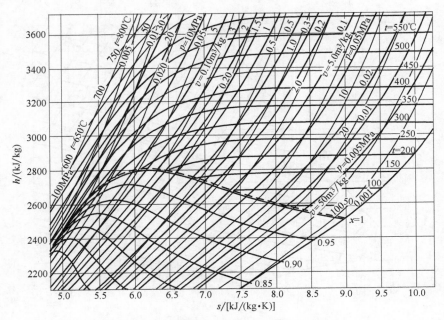

图 4-48　水蒸气的焓-熵（$h\text{-}s$ Mollier）图[14]
$p \leqslant 100\text{MPa}$；$50℃ \leqslant t \leqslant 800℃$

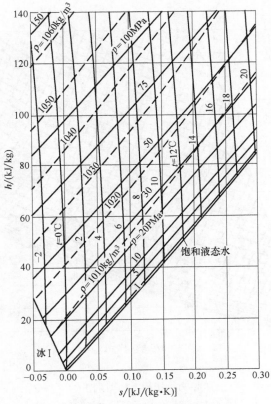

图 4-49　压缩水的 $h\text{-}s$ 图[14]
$p \leqslant 150\text{MPa}$；$-2℃ \leqslant t \leqslant 20℃$

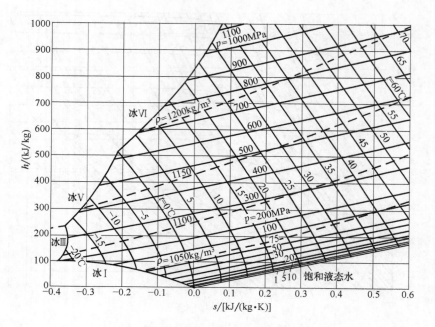

图 4-50　压缩水的 h-s 图[14]

$p \leqslant 1100\text{MPa}$；$-22℃ \leqslant t \leqslant 72℃$

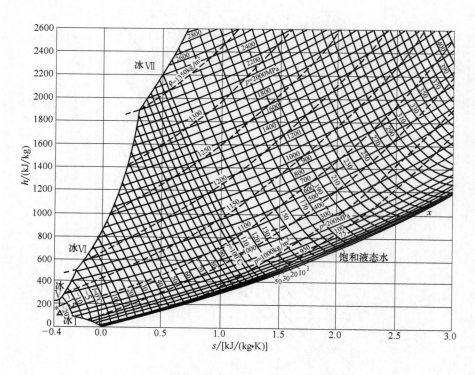

图 4-51　压缩水的 h-s 图[14]

$p \leqslant 2900\text{MPa}$；$-22℃ \leqslant t \leqslant 420℃$

X—$\mu_{\text{J.T}}=0$ 转换温度；$\mu_{\text{J.T}}$—焦耳-汤姆逊系数

表 4-161　普通液态水和过热蒸汽（包括饱和态数值）[14] 的热力学性质和传递性质

1. 从三相点到 1000℃，1000bar(100MPa)。
2. 表中 0℃，$p \leqslant 0.1$MPa 时的表列数值是过冷水的数据。
3. $t_{tp} = 0.01℃$，$p_{tp} = 0.0006113$MPa。
4. 饱和液态水在三相点(triple point——tp)$u_l = 0$，$s_l = 0$。
5. 体积膨胀系数 α_p，10^{-3}/K；黏度 η，μPa·s；热导率 λ，mW/(K·m)。

$p = 0.0006117$MPa $= 0.006117$bar

t /℃	v /(dm³/kg)	h /(kJ/kg)	u /(kJ/kg)	s /[kJ/(kg·K)]	c_p /[kJ/(kg·K)]	$\alpha_p \times 10^{-3}$ /K	λ /[mW/(K·m)]	η /μPa·s
0.0	1.0002	−0.04	−0.04	−0.0002	4.229	−0.081	561.0	1792
0.01				三相点				
冰	1.0908	−333.4	−333.4	−1.221	1.93	0.1	2.2	—
水	1.0002	0.0	0	0	4.229	−0.080	561.0	1791
水蒸气	205986	2500	2374	9.154	1.868	3.672	17.07	9.22
5.0	209913	2509	2381	9.188	1.867	3.605	17.33	9.34
10.0	213695	2519	2388	9.222	1.867	3.540	17.60	9.46
15.0	217477	2528	2395	9.254	1.868	3.478	17.88	9.59
20.0	221258	2537	2402	9.286	1.868	3.417	18.17	9.73
25.0	225039	2547	2409	9.318	1.869	3.359	18.47	9.87
30.0	228819	2556	2416	9.349	1.869	3.304	18.78	10.02
35.0	232598	2565	2423	9.380	1.870	3.249	19.10	10.17
40.0	236377	2575	2430	9.410	1.871	3.197	19.43	10.32
45.0	240155	2584	2437	9.439	1.872	3.147	19.77	10.47
50.0	243933	2593	2444	9.469	1.874	3.098	20.11	10.63
60.0	251489	2612	2459	9.526	1.876	3.004	20.82	10.96
70.0	259043	2631	2473	9.581	1.880	2.916	21.56	11.29
80.0	266597	2650	2487	9.635	1.883	2.833	22.31	11.64
90.0	274150	2669	2501	9.688	1.887	2.755	23.10	11.99
100.0	281703	2688	2515	9.739	1.891	2.681	23.90	12.35
125.0	300583	2735	2551	9.862	1.902	2.512	25.99	13.28
150.0	319462	2783	2587	9.978	1.914	2.364	28.19	14.23
175.0	338339	2831	2624	10.089	1.927	2.232	30.50	15.21
200.0	357216	2879	2661	10.194	1.940	2.114	32.89	16.21
225.0	376093	2928	2698	10.294	1.954	2.008	35.37	17.22
250.0	394969	2977	2735	10.390	1.969	1.912	37.93	18.24
275.0	413845	3026	2773	10.481	1.984	1.824	40.56	19.27
300.0	432721	3076	2811	10.571	2.000	1.745	43.26	20.30
325.0	451597	3126	2850	10.657	2.015	1.672	46.02	21.34
350.0	470473	3177	2889	10.739	2.031	1.605	48.84	22.38
375.0	489348	3228	2929	10.820	2.047	1.543	51.73	23.41
400.0	508224	3279	2968	10.897	2.064	1.486	54.66	24.45
450.0	545974	3383	3049	11.046	2.097	1.383	60.69	26.52
500.0	583725	3489	3132	11.188	2.131	1.293	66.90	28.57
550.0	621476	3596	3216	11.322	2.166	1.215	73.29	30.60
600.0	659226	3705	3302	11.451	2.201	1.145	79.83	32.61
650.0	696976	3816	3390	11.575	2.236	1.083	86.51	34.59
700.0	734726	3929	3480	11.694	2.272	1.028	93.32	36.55
750.0	772477	4043	3571	11.808	2.307	0.977	100.2	38.47
800.0	810227	4160	3664	11.919	2.342	0.932	107.3	40.37
850.0	847977	4278	3759	12.027	2.377	0.890	114.4	42.24
900.0	885727	4397	3856	12.131	2.411	0.852	121.6	44.07
950.0	923477	4519	3954	12.232	2.445	0.818	128.9	45.88
1000.0	961227	4642	4054	12.331	2.478	0.785	136.3	47.66

续表

\多\多\multicolumn{9}{c|}{$p=0.0020\mathrm{MPa}=0.020\mathrm{bar}$}

t /℃	v /(dm³/kg)	h /(kJ/kg)	u /(kJ/kg)	s /[kJ/(kg·K)]	c_p /[kJ/(kg·K)]	$\alpha_p \times 10^{-3}$ /K	λ /[mW/(K·m)]	η /μPa·s
0.0	1.0002	−0.04	−0.04	−0.0002	4.229	−0.081	561.0	1792
5.0	1.0001	21.0	21.0	0.076	4.200	0.011	570.5	1518
10.0	1.0003	42.0	42.0	0.151	4.188	0.087	580.0	1306
15.0	1.0009	62.9	62.9	0.224	4.184	0.152	589.3	1138
17.50				饱和				
液	1.0013	73.4	73.4	0.260	4.184	0.181	593.9	1066
汽	66997	2532	2398	8.722	1.880	3.463	18.07	9.66
20.0	67578	2537	2402	8.738	1.879	3.432	18.22	9.73
25.0	68737	2546	2409	8.769	1.878	3.372	18.51	9.87
30.0	69895	2556	2416	8.801	1.878	3.315	18.82	10.01
35.0	71053	2565	2423	8.831	1.878	3.259	19.14	10.16
40.0	72211	2574	2430	8.862	1.878	3.206	19.47	10.32
45.0	73368	2584	2437	8.891	1.878	3.154	19.80	10.47
50.0	74525	2593	2444	8.921	1.879	3.104	20.14	10.63
60.0	76838	2612	2458	8.978	1.881	3.010	20.85	10.96
70.0	79150	2631	2472	9.034	1.883	2.921	21.58	11.29
80.0	81462	2650	2487	9.088	1.886	2.837	22.34	11.64
90.0	83773	2668	2501	9.140	1.889	2.758	23.11	11.99
100.0	86083	2687	2515	9.192	1.893	2.684	23.92	12.35
125.0	91857	2735	2551	9.315	1.903	2.514	26.00	13.28
150.0	97630	2783	2587	9.431	1.915	2.365	28.20	14.23
175.0	103402	2831	2624	9.541	1.927	2.233	30.50	15.21
200.0	109173	2879	2661	9.646	1.941	2.114	32.90	16.21
225.0	114943	2928	2698	9.747	1.955	2.008	35.38	17.22
250.0	120714	2977	2735	9.843	1.969	1.912	37.93	18.24
275.0	126484	3026	2773	9.935	1.984	1.825	40.56	19.27
300.0	132254	3076	2811	10.024	2.000	1.745	43.26	20.30
325.0	138024	3126	2850	10.110	2.015	1.672	46.02	21.34
350.0	143793	3177	2889	10.192	2.031	1.605	48.85	22.38
375.0	149563	3228	2929	10.273	2.047	1.543	51.73	23.41
400.0	155332	3279	2968	10.350	2.064	1.486	54.66	24.45
450.0	166871	3383	3049	10.499	2.097	1.383	60.69	26.52
500.0	178410	3489	3132	10.641	2.131	1.293	66.91	28.57
550.0	189948	3596	3216	10.775	2.166	1.215	73.29	30.60
600.0	201487	3705	3302	10.904	2.201	1.145	79.83	32.61
650.0	213025	3816	3390	11.028	2.236	1.083	86.51	34.59
700.0	224563	3929	3480	11.146	2.272	1.028	93.32	36.55
750.0	236102	4043	3571	11.261	2.307	0.977	100.2	38.47
800.0	247640	4160	3664	11.372	2.342	0.932	107.3	40.37
850.0	259178	4278	3759	11.480	2.377	0.890	114.4	42.24
900.0	270716	4397	3856	11.584	2.411	0.852	121.6	44.07
950.0	282254	4519	3954	11.685	2.445	0.818	128.9	45.88
1000.0	293792	4642	4054	11.784	2.478	0.785	136.3	47.66

$p=0.0030\text{MPa}=0.030\text{bar}$

t /℃	v /(dm³/kg)	h /(kJ/kg)	u /(kJ/kg)	s /[kJ/(kg·K)]	c_p /[kJ/(kg·K)]	$\alpha_p \times 10^{-3}$ /K	λ /[mW/(K·m)]	η /μPa·s
0.0	1.0002	−0.04	−0.04	−0.0002	4.229	−0.081	561.0	1792
5.0	1.0001	21.0	21.0	0.076	4.200	0.011	570.5	1518
10.0	1.0003	42.0	42.0	0.151	4.188	0.087	580.0	1306
15.0	1.0009	62.9	62.9	0.224	4.184	0.152	589.3	1138
20.0	1.0018	83.8	83.8	0.296	4.183	0.209	598.4	1002
24.08				饱和				
液	1.0028	100.9	100.9	0.354	4.183	0.250	605.6	909.4
汽	45661	2544	2407	8.576	1.886	3.392	18.49	9.84
25.0	45803	2546	2408	8.581	1.886	3.381	18.54	9.87
30.0	46577	2555	2416	8.613	1.884	3.322	18.85	10.01
35.0	47350	2565	2423	8.643	1.883	3.266	19.17	10.16
40.0	48123	2574	2430	8.674	1.883	3.212	19.49	10.31
45.0	48896	2584	2437	8.704	1.883	3.160	19.82	10.47
50.0	49669	2593	2444	8.733	1.883	3.109	20.16	10.63
60.0	51212	2612	2458	8.790	1.884	3.014	20.87	10.96
70.0	52755	2631	2472	8.846	1.886	2.924	21.60	11.29
80.0	54297	2649	2487	8.900	1.888	2.840	22.35	11.64
90.0	55839	2668	2501	8.953	1.891	2.760	23.13	11.99
100.0	57380	2687	2515	9.004	1.894	2.685	23.93	12.35
125.0	61231	2735	2551	9.128	1.904	2.515	26.01	13.27
150.0	65081	2782	2587	9.244	1.915	2.366	28.21	14.23
175.0	68930	2831	2624	9.354	1.928	2.233	30.51	15.21
200.0	72778	2879	2661	9.459	1.941	2.115	32.90	16.21
225.0	76626	2928	2698	9.559	1.955	2.008	35.38	17.22
250.0	80473	2977	2735	9.656	1.970	1.912	37.93	18.24
275.0	84320	3026	2773	9.748	1.985	1.825	40.56	19.27
300.0	88167	3076	2811	9.837	2.000	1.745	43.26	20.30
325.0	92014	3126	2850	9.922	2.016	1.672	46.02	21.34
350.0	95860	3177	2889	10.005	2.031	1.605	48.85	22.38
375.0	99707	3228	2929	10.085	2.047	1.543	51.73	23.41
400.0	103553	3279	2968	10.163	2.064	1.486	54.66	24.45
450.0	111246	3383	3049	10.312	2.097	1.383	60.69	26.52
500.0	118939	3489	3132	10.454	2.131	1.294	66.91	28.57
550.0	126631	3596	3216	10.588	2.166	1.215	73.29	30.60
600.0	134324	3705	3302	10.717	2.201	1.145	79.83	32.61
650.0	142016	3816	3390	10.840	2.236	1.083	86.51	34.59
700.0	149708	3929	3480	10.959	2.272	1.028	93.32	36.55
750.0	157400	4043	3571	11.074	2.307	0.977	100.2	38.47
800.0	165093	4160	3664	11.185	2.342	0.932	107.3	40.37
850.0	172785	4278	3759	11.292	2.377	0.890	114.4	42.24
900.0	180477	4397	3856	11.397	2.411	0.852	121.6	44.07
950.0	188169	4519	3954	11.498	2.445	0.818	128.9	45.88
1000.0	195861	4642	4054	11.597	2.478	0.785	136.3	47.66

t /℃	v /(dm³/kg)	h /(kJ/kg)	u /(kJ/kg)	s /[kJ/(kg·K)]	c_p /[kJ/(kg·K)]	$\alpha_p \times 10^{-3}$ /K	λ /[mW/(K·m)]	η /μPa·s
				$p=0.0040\text{MPa}=0.040\text{bar}$				
0.0	1.0002	−0.04	−0.04	−0.0002	4.229	−0.081	561.0	1792
5.0	1.0001	21.0	21.0	0.076	4.200	0.011	570.5	1518
10.0	1.0003	42.0	42.0	0.151	4.188	0.087	580.0	1306
15.0	1.0009	62.9	62.9	0.224	4.184	0.152	589.3	1138
20.0	1.0018	83.8	83.8	0.296	4.183	0.209	598.4	1002
25.0	1.0030	104.8	104.7	0.367	4.183	0.259	607.1	890.5
28.97				饱和				
液	1.0041	121.3	121.3	0.422	4.183	0.296	613.7	815.5
汽	34797	2553	2414	8.473	1.891	3.343	18.81	9.98
30.0	34918	2555	2415	8.479	1.891	3.330	18.88	10.01
35.0	35499	2564	2422	8.510	1.889	3.273	19.19	10.16
40.0	36080	2574	2429	8.540	1.888	3.218	19.51	10.31
45.0	36660	2583	2437	8.570	1.887	3.165	19.85	10.47
50.0	37240	2593	2444	8.600	1.887	3.114	20.18	10.63
60.0	38399	2612	2458	8.657	1.887	3.017	20.88	10.95
70.0	39558	2630	2472	8.713	1.888	2.927	21.61	11.29
80.0	40715	2649	2486	8.767	1.890	2.842	22.36	11.64
90.0	41872	2668	2501	8.820	1.892	2.762	23.14	11.99
100.0	43029	2687	2515	8.871	1.895	2.687	23.94	12.35
125.0	45918	2735	2551	8.995	1.905	2.517	26.02	13.27
150.0	48807	2782	2587	9.111	1.916	2.367	28.22	14.23
175.0	51694	2830	2624	9.221	1.928	2.234	30.51	15.21
200.0	54580	2879	2661	9.326	1.941	2.115	32.91	16.21
225.0	57467	2928	2698	9.427	1.955	2.009	35.38	17.22
250.0	60352	2977	2735	9.523	1.970	1.913	37.94	18.24
275.0	63238	3026	2773	9.615	1.985	1.825	40.56	19.27
300.0	66123	3076	2811	9.704	2.000	1.745	43.26	20.30
325.0	69009	3126	2850	9.790	2.016	1.672	46.02	21.34
350.0	71894	3177	2889	9.872	2.031	1.605	48.85	22.38
375.0	74779	3228	2928	9.953	2.048	1.543	51.73	23.41
400.0	77664	3279	2968	10.030	2.064	1.486	54.67	24.45
450.0	83434	3383	3049	10.179	2.097	1.383	60.69	26.52
500.0	89203	3489	3132	10.321	2.131	1.294	66.91	28.57
550.0	94973	3596	3216	10.455	2.166	1.215	73.29	30.60
600.0	100742	3705	3302	10.584	2.201	1.145	79.83	32.61
650.0	106511	3816	3390	10.708	2.236	1.083	86.51	34.59
700.0	112281	3929	3480	10.827	2.272	1.028	93.32	36.55
750.0	118050	4043	3571	10.941	2.307	0.977	100.2	38.47
800.0	123819	4160	3664	11.052	2.342	0.932	107.3	40.37
850.0	129588	4278	3759	11.160	2.377	0.890	114.4	42.24
900.0	135358	4397	3856	11.264	2.411	0.852	121.6	44.07
950.0	141127	4519	3954	11.365	2.445	0.818	128.9	45.88
1000.0	146896	4642	4054	11.464	2.478	0.785	136.3	47.66

$p=0.0050\text{MPa}=0.050\text{bar}$

t /℃	v /(dm³/kg)	h /(kJ/kg)	u /(kJ/kg)	s /[kJ/(kg·K)]	c_p /[kJ/(kg·K)]	$\alpha_p \times 10^{-3}$ /K	λ /[mW/(K·m)]	η /μPa·s
0.0	1.0002	−0.04	−0.04	−0.0002	4.229	−0.081	561.0	1792
5.0	1.0001	21.0	21.0	0.076	4.200	0.011	570.5	1518
10.0	1.0003	42.0	42.0	0.151	4.188	0.087	580.0	1306
15.0	1.0009	62.9	62.9	0.224	4.184	0.152	589.3	1138
20.0	1.0018	83.8	83.8	0.296	4.183	0.209	598.4	1002
25.0	1.0030	104.8	104.7	0.367	4.183	0.259	607.1	890.5
30.0	1.0044	125.7	125.7	0.437	4.183	0.305	615.4	797.7
32.88				饱和				
液	1.0053	137.7	137.7	0.476	4.183	0.330	620.0	751.1
汽	28191	2560	2419	8.393	1.895	3.305	19.08	10.09
35.0	28388	2564	2422	8.406	1.894	3.280	19.22	10.16
40.0	28853	2574	2429	8.437	1.893	3.224	19.54	10.31
45.0	29318	2583	2436	8.467	1.891	3.171	19.87	10.47
50.0	29783	2592	2444	8.496	1.891	3.119	20.21	10.63
60.0	30711	2611	2458	8.554	1.890	3.021	20.90	10.95
70.0	31639	2630	2472	8.610	1.891	2.930	21.63	11.29
80.0	32566	2649	2486	8.664	1.892	2.845	22.38	11.63
90.0	33492	2668	2501	8.717	1.894	2.765	23.15	11.99
100.0	34418	2687	2515	8.768	1.897	2.689	23.95	12.35
125.0	36731	2735	2551	8.891	1.906	2.518	26.03	13.27
150.0	39042	2782	2587	9.008	1.916	2.367	28.22	14.23
175.0	41352	2830	2624	9.118	1.929	2.234	30.52	15.21
200.0	43662	2879	2660	9.223	1.942	2.116	32.91	16.21
225.0	45971	2927	2698	9.324	1.956	2.009	35.38	17.22
250.0	48280	2977	2735	9.420	1.970	1.913	37.94	18.24
275.0	50589	3026	2773	9.512	1.985	1.825	40.57	19.27
300.0	52897	3076	2811	9.601	2.000	1.746	43.26	20.30
325.0	55206	3126	2850	9.687	2.016	1.672	46.03	21.34
350.0	57514	3177	2889	9.769	2.032	1.605	48.85	22.38
375.0	59822	3228	2928	9.850	2.048	1.543	51.73	23.41
400.0	62130	3279	2968	9.927	2.064	1.486	54.67	24.45
450.0	66746	3383	3049	10.076	2.097	1.383	60.69	26.52
500.0	71362	3489	3132	10.218	2.131	1.294	66.91	28.57
550.0	75978	3596	3216	10.352	2.166	1.215	73.29	30.60
600.0	80593	3705	3302	10.481	2.201	1.145	79.83	32.61
650.0	85209	3816	3390	10.605	2.236	1.083	86.51	34.59
700.0	89824	3929	3480	10.724	2.272	1.028	93.32	36.55
750.0	94440	4043	3571	10.838	2.307	0.977	100.2	38.47
800.0	99055	4160	3664	10.949	2.342	0.932	107.3	40.37
850.0	103670	4278	3759	11.057	2.377	0.890	114.4	42.24
900.0	108286	4397	3856	11.161	2.411	0.852	121.6	44.07
950.0	112901	4519	3954	11.262	2.445	0.818	128.9	45.88
1000.0	117516	4642	4054	11.361	2.478	0.785	136.3	47.66

$p=0.0075\text{MPa}=0.075\text{bar}$

t /℃	v /(dm³/kg)	h /(kJ/kg)	u /(kJ/kg)	s /[kJ/(kg·K)]	c_p /[kJ/(kg·K)]	$\alpha_p \times 10^{-3}$ /K	λ /[mW/(K·m)]	η /μPa·s
0.0	1.0002	−0.03	−0.04	−0.0002	4.229	−0.081	561.0	1792
5.0	1.0001	21.0	21.0	0.076	4.200	0.011	570.5	1518
10.0	1.0003	42.0	42.0	0.151	4.188	0.087	580.0	1306
15.0	1.0009	62.9	62.9	0.224	4.184	0.152	589.3	1138
20.0	1.0018	83.8	83.8	0.296	4.183	0.209	598.4	1002
25.0	1.0030	104.8	104.7	0.367	4.183	0.259	607.1	890.5
30.0	1.0044	125.7	125.7	0.437	4.183	0.305	615.4	797.7
35.0	1.0060	146.6	146.6	0.505	4.183	0.347	623.2	719.6
40.0	1.0079	167.5	167.5	0.572	4.182	0.386	630.5	653.2
40.30				饱和				
液	1.0080	168.8	168.7	0.576	4.182	0.388	631.0	649.6
汽	19237	2573	2429	8.249	1.905	3.237	19.62	10.32
45.0	19529	2582	2436	8.278	1.902	3.185	19.93	10.46
50.0	19840	2592	2443	8.307	1.900	3.132	20.26	10.62
60.0	20461	2611	2457	8.365	1.898	3.032	20.95	10.95
70.0	21081	2630	2472	8.421	1.897	2.938	21.67	11.29
80.0	21700	2649	2486	8.476	1.897	2.852	22.42	11.63
90.0	22318	2668	2500	8.529	1.898	2.770	23.19	11.99
100.0	22937	2687	2515	8.580	1.900	2.694	23.98	12.35
125.0	24480	2734	2551	8.704	1.908	2.521	26.05	13.27
150.0	26022	2782	2587	8.820	1.918	2.370	28.24	14.23
175.0	27564	2830	2624	8.931	1.930	2.236	30.53	15.21
200.0	29104	2879	2660	9.036	1.943	2.117	32.92	16.20
225.0	30644	2927	2698	9.136	1.956	2.010	35.39	17.22
250.0	32184	2976	2735	9.232	1.971	1.913	37.94	18.24
275.0	33723	3026	2773	9.325	1.985	1.826	40.57	19.27
300.0	35263	3076	2811	9.414	2.000	1.746	43.27	20.30
325.0	36802	3126	2850	9.499	2.016	1.673	46.03	21.34
350.0	38341	3177	2889	9.582	2.032	1.606	48.85	22.38
375.0	39880	3228	2928	9.662	2.048	1.544	51.73	23.41
400.0	41419	3279	2968	9.740	2.064	1.486	54.67	24.45
450.0	44496	3383	3049	9.889	2.097	1.383	60.69	26.52
500.0	47574	3489	3132	10.031	2.131	1.294	66.91	28.57
550.0	50651	3596	3216	10.165	2.166	1.215	73.29	30.60
600.0	53728	3705	3302	10.294	2.201	1.145	79.83	32.61
650.0	56805	3816	3390	10.418	2.236	1.083	86.51	34.59
700.0	59882	3929	3480	10.536	2.272	1.028	93.32	36.55
750.0	62959	4043	3571	10.651	2.307	0.977	100.2	38.47
800.0	66036	4160	3664	10.762	2.342	0.932	107.3	40.37
850.0	69113	4278	3759	10.869	2.377	0.890	114.4	42.24
900.0	72190	4397	3856	10.974	2.411	0.852	121.6	44.07
950.0	75267	4519	3954	11.075	2.445	0.818	128.9	45.88
1000.0	78344	4642	4054	11.174	2.478	0.785	136.3	47.66

$p=0.01\text{MPa}=0.1\text{bar}$

t /℃	v /(dm³/kg)	h /(kJ/kg)	u /(kJ/kg)	s /[kJ/(kg·K)]	c_p /[kJ/(kg·K)]	$\alpha_p \times 10^{-3}$ /K	λ /[mW/(K·m)]	η /μPa·s
0.0	1.0002	−0.03	−0.04	−0.0002	4.229	−0.081	561.0	1792
5.0	1.0001	21.0	21.0	0.076	4.200	0.011	570.5	1518
10.0	1.0003	42.0	42.0	0.151	4.188	0.087	580.0	1306
15.0	1.0009	62.9	62.9	0.224	4.184	0.152	589.3	1138
20.0	1.0018	83.8	83.8	0.296	4.183	0.209	598.4	1002
25.0	1.0030	104.8	104.7	0.367	4.183	0.259	607.1	890.5
30.0	1.0044	125.7	125.7	0.437	4.183	0.305	615.4	797.7
35.0	1.0060	146.6	146.6	0.505	4.183	0.347	623.2	719.6
40.0	1.0079	167.5	167.5	0.572	4.182	0.386	630.5	653.2
45.0	1.0099	188.4	188.4	0.639	4.182	0.423	637.3	596.3
45.82				饱和				
液	1.0103	191.8	191.8	0.649	4.182	0.428	638.4	587.8
汽	14673	2583	2437	8.148	1.913	3.190	20.04	10.49
50.0	14869	2591	2443	8.173	1.910	3.144	20.31	10.62
60.0	15336	2610	2457	8.231	1.906	3.042	21.00	10.95
70.0	15802	2629	2471	8.288	1.903	2.947	21.71	11.28
80.0	16267	2648	2486	8.342	1.902	2.858	22.45	11.63
90.0	16732	2667	2500	8.395	1.903	2.776	23.22	11.98
100.0	17196	2686	2514	8.447	1.904	2.698	24.01	12.34
125.0	18355	2734	2551	8.571	1.910	2.524	26.07	13.27
150.0	19513	2782	2587	8.687	1.920	2.372	28.26	14.23
175.0	20669	2830	2623	8.798	1.931	2.238	30.54	15.21
200.0	21825	2879	2660	8.903	1.943	2.118	32.93	16.20
225.0	22981	2927	2697	9.003	1.957	2.011	35.40	17.21
250.0	24136	2976	2735	9.100	1.971	1.914	37.95	18.24
275.0	25291	3026	2773	9.192	1.986	1.826	40.58	19.27
300.0	26445	3076	2811	9.281	2.001	1.746	43.27	20.30
325.0	27600	3126	2850	9.367	2.016	1.673	46.03	21.34
350.0	28754	3177	2889	9.449	2.032	1.606	48.85	22.38
375.0	29909	3228	2928	9.530	2.048	1.544	51.74	23.41
400.0	31063	3279	2968	9.607	2.064	1.486	54.67	24.45
450.0	33371	3383	3049	9.757	2.097	1.383	60.70	26.52
500.0	35679	3489	3132	9.898	2.131	1.294	66.91	28.57
550.0	37987	3596	3216	10.032	2.166	1.215	73.30	30.60
600.0	40295	3705	3302	10.161	2.201	1.145	79.83	32.61
650.0	42603	3816	3390	10.285	2.236	1.083	86.51	34.59
700.0	44911	3929	3480	10.404	2.272	1.028	93.32	36.55
750.0	47219	4043	3571	10.518	2.307	0.977	100.2	38.47
800.0	49527	4160	3664	10.629	2.342	0.932	107.3	40.37
850.0	51835	4278	3759	10.737	2.377	0.890	114.4	42.24
900.0	54142	4397	3856	10.841	2.411	0.852	121.6	44.07
950.0	56450	4519	3954	10.942	2.445	0.818	128.9	45.88
1000.0	58758	4642	4054	11.041	2.478	0.785	136.3	47.66

续表

$p=0.02\mathrm{MPa}=0.2\mathrm{bar}$								
t /°C	v /(dm³/kg)	h /(kJ/kg)	u /(kJ/kg)	s /[kJ/(kg·K)]	c_p /[kJ/(kg·K)]	$\alpha_p \times 10^{-3}$ /K	λ /[mW/(K·m)]	η /μPa·s
0.0	1.0002	−0.02	−0.04	−0.0002	4.229	−0.081	561.0	1792
5.0	1.0000	21.0	21.0	0.076	4.200	0.011	570.5	1518
10.0	1.0003	42.0	42.0	0.151	4.188	0.087	580.0	1306
15.0	1.0009	62.9	62.9	0.224	4.184	0.152	589.3	1138
20.0	1.0018	83.9	83.8	0.296	4.183	0.209	598.4	1002
25.0	1.0030	104.8	104.7	0.367	4.183	0.259	607.1	890.5
30.0	1.0044	125.7	125.7	0.437	4.183	0.305	615.4	797.7
35.0	1.0060	146.6	146.6	0.505	4.183	0.347	623.2	719.6
40.0	1.0079	167.5	167.5	0.572	4.182	0.386	630.5	653.2
45.0	1.0099	188.4	188.4	0.639	4.182	0.423	637.3	596.3
50.0	1.0122	209.3	209.3	0.704	4.182	0.457	643.5	547.1
60.0	1.0171	251.2	251.1	0.831	4.183	0.522	654.3	466.6
60.07				饱和				
液	1.0172	251.5	251.4	0.832	4.183	0.523	654.4	466.1
汽	7649.9	2608	2455	7.907	1.937	3.082	21.19	10.94
70.0	7883.5	2628	2470	7.964	1.929	2.980	21.88	11.27
80.0	8118.1	2647	2484	8.019	1.923	2.886	22.60	11.62
90.0	8352.0	2666	2499	8.073	1.920	2.798	23.35	11.97
100.0	8585.5	2685	2514	8.125	1.918	2.717	24.12	12.34
125.0	9167.7	2733	2550	8.249	1.920	2.536	26.16	13.26
150.0	9748.4	2781	2586	8.366	1.926	2.380	28.32	14.22
175.0	10328	2830	2623	8.477	1.936	2.244	30.59	15.20
200.0	10907	2878	2660	8.582	1.947	2.123	32.97	16.20
225.0	11485	2927	2697	8.683	1.960	2.014	35.43	17.21
250.0	12063	2976	2735	8.779	1.973	1.917	37.97	18.23
275.0	12641	3026	2773	8.872	1.987	1.828	40.60	19.26
300.0	13219	3075	2811	8.961	2.002	1.748	43.29	20.30
325.0	13797	3126	2850	9.046	2.017	1.674	46.05	21.34
350.0	14374	3176	2889	9.129	2.033	1.607	48.87	22.37
375.0	14952	3227	2928	9.210	2.049	1.545	51.75	23.41
400.0	15529	3279	2968	9.287	2.065	1.487	54.68	24.45
450.0	16684	3383	3049	9.436	2.098	1.384	60.70	26.52
500.0	17838	3489	3132	9.578	2.132	1.294	66.92	28.57
550.0	18992	3596	3216	9.712	2.166	1.215	73.30	30.60
600.0	20147	3705	3302	9.841	2.201	1.146	79.84	32.61
650.0	21301	3816	3390	9.965	2.236	1.084	86.52	34.59
700.0	22455	3929	3480	10.084	2.272	1.028	93.33	36.55
750.0	23609	4043	3571	10.198	2.307	0.978	100.3	38.47
800.0	24763	4160	3664	10.309	2.343	0.932	107.3	40.37
850.0	25917	4278	3759	10.417	2.377	0.890	114.4	42.24
900.0	27071	4397	3856	10.521	2.412	0.853	121.6	44.07
950.0	28225	4519	3954	10.622	2.445	0.818	128.9	45.88
1000.0	29378	4642	4054	10.721	2.478	0.786	136.3	47.66

续表

$p=0.03\text{MPa}=0.3\text{bar}$

t /°C	v /(dm³/kg)	h /(kJ/kg)	u /(kJ/kg)	s /[kJ/(kg·K)]	c_p /[kJ/(kg·K)]	$\alpha_p \times 10^{-3}$ /K	λ /[mW/(K·m)]	η /μPa·s
0.0	1.0002	−0.01	−0.04	−0.0002	4.229	−0.081	561.0	1792
5.0	1.0000	21.1	21.0	0.076	4.200	0.011	570.5	1518
10.0	1.0003	42.0	42.0	0.151	4.188	0.087	580.0	1306
15.0	1.0009	62.9	62.9	0.224	4.184	0.152	589.3	1138
20.0	1.0018	83.9	83.8	0.296	4.183	0.209	598.4	1002
25.0	1.0030	104.8	104.7	0.367	4.183	0.259	607.1	890.5
30.0	1.0044	125.7	125.7	0.437	4.183	0.305	615.4	797.7
35.0	1.0060	146.6	146.6	0.505	4.183	0.347	623.3	719.6
40.0	1.0079	167.5	167.5	0.572	4.182	0.386	630.6	653.2
45.0	1.0099	188.4	188.4	0.639	4.182	0.423	637.3	596.3
50.0	1.0121	209.3	209.3	0.704	4.182	0.457	643.5	547.1
60.0	1.0171	251.2	251.1	0.831	4.183	0.522	654.3	466.6
69.11				饱和				
液	1.0222	289.3	289.3	0.944	4.186	0.578	662.4	409.0
汽	5229.8	2624	2467	7.767	1.956	3.024	21.99	11.23
70.0	5243.8	2626	2468	7.772	1.955	3.014	22.05	11.26
80.0	5401.5	2645	2483	7.828	1.945	2.914	22.75	11.61
90.0	5558.6	2665	2498	7.882	1.937	2.821	23.48	11.96
100.0	5715.2	2684	2513	7.935	1.933	2.736	24.24	12.33
125.0	6105.1	2732	2549	8.060	1.929	2.549	26.25	13.26
150.0	6493.5	2781	2586	8.178	1.933	2.389	28.39	14.22
175.0	6880.9	2829	2623	8.289	1.940	2.250	30.65	15.20
200.0	7267.6	2878	2660	8.394	1.950	2.127	33.01	16.20
225.0	7653.9	2927	2697	8.495	1.962	2.018	35.46	17.21
250.0	8039.8	2976	2735	8.592	1.975	1.919	38.00	18.23
275.0	8425.5	3025	2773	8.684	1.989	1.831	40.62	19.26
300.0	8811.0	3075	2811	8.773	2.004	1.750	43.30	20.30
325.0	9196.3	3125	2850	8.859	2.018	1.676	46.06	21.33
350.0	9581.6	3176	2889	8.942	2.034	1.608	48.88	22.37
375.0	9966.7	3227	2928	9.022	2.050	1.546	51.76	23.41
400.0	10351	3279	2968	9.100	2.066	1.488	54.69	24.45
450.0	11121	3383	3049	9.249	2.098	1.384	60.71	26.52
500.0	11891	3488	3132	9.391	2.132	1.295	66.92	28.57
550.0	12661	3596	3216	9.525	2.166	1.216	73.31	30.60
600.0	13430	3705	3302	9.654	2.201	1.146	79.85	32.61
650.0	14200	3816	3390	9.778	2.237	1.084	86.53	34.59
700.0	14969	3929	3480	9.896	2.272	1.028	93.33	36.55
750.0	15739	4043	3571	10.011	2.308	0.978	100.3	38.47
800.0	16508	4159	3664	10.122	2.343	0.932	107.3	40.37
850.0	17277	4278	3759	10.230	2.377	0.891	114.4	42.24
900.0	18047	4397	3856	10.334	2.412	0.853	121.6	44.07
950.0	18816	4519	3954	10.435	2.445	0.818	128.9	45.88
1000.0	19585	4642	4054	10.534	2.478	0.786	136.3	47.66

续表

$p=0.04\text{MPa}=0.4\text{bar}$

t /°C	v /(dm³/kg)	h /(kJ/kg)	u /(kJ/kg)	s /[kJ/(kg·K)]	c_p /[kJ/(kg·K)]	$\alpha_p \times 10^{-3}$ /K	λ /[mW/(K·m)]	η /μPa·s
0.0	1.0002	−0.001	−0.04	−0.0002	4.229	−0.080	561.0	1792
5.0	1.0000	21.1	21.0	0.076	4.200	0.011	570.5	1518
10.0	1.0003	42.0	42.0	0.151	4.188	0.087	580.0	1306
15.0	1.0009	63.0	62.9	0.224	4.184	0.152	589.3	1138
20.0	1.0018	83.9	83.8	0.296	4.183	0.209	598.4	1002
25.0	1.0030	104.8	104.7	0.367	4.183	0.259	607.1	890.5
30.0	1.0044	125.7	125.7	0.437	4.183	0.305	615.4	797.7
35.0	1.0060	146.6	146.6	0.505	4.183	0.347	623.3	719.6
40.0	1.0079	167.5	167.5	0.572	4.182	0.386	630.6	653.2
45.0	1.0099	188.4	188.4	0.639	4.182	0.423	637.5	596.3
50.0	1.0121	209.4	209.3	0.704	4.182	0.457	643.5	547.1
60.0	1.0171	251.2	251.1	0.831	4.183	0.522	654.3	466.6
70.0	1.0228	293.0	293.0	0.955	4.187	0.583	663.1	404.1
75.88				饱和				
液	1.0264	317.6	317.6	1.026	4.191	0.617	667.3	373.6
汽	3994.0	2636	2476	7.669	1.972	2.985	22.61	11.45
80.0	4043.1	2644	2482	7.692	1.966	2.942	22.90	11.60
90.0	4161.8	2663	2497	7.747	1.955	2.845	23.61	11.96
100.0	4279.9	2683	2512	7.800	1.948	2.756	24.36	12.32
125.0	4573.7	2731	2548	7.926	1.939	2.562	26.33	13.25
150.0	4866.0	2780	2585	8.044	1.939	2.398	28.45	14.21
175.0	5157.3	2828	2622	8.155	1.945	2.256	30.70	15.19
200.0	5447.9	2877	2659	8.261	1.954	2.132	33.05	16.19
225.0	5738.0	2926	2697	8.362	1.965	2.021	35.49	17.21
250.0	6027.8	2975	2734	8.458	1.977	1.922	38.02	18.23
275.0	6317.3	3025	2772	8.551	1.991	1.833	40.64	19.26
300.0	6606.6	3075	2811	8.640	2.005	1.751	43.32	20.30
325.0	6895.8	3125	2849	8.726	2.020	1.677	46.07	21.33
350.0	7184.9	3176	2889	8.809	2.035	1.609	48.89	22.37
375.0	7473.9	3227	2928	8.889	2.050	1.546	51.77	23.41
400.0	7762.8	3278	2968	8.967	2.066	1.489	54.70	24.45
450.0	8340.5	3383	3049	9.116	2.099	1.385	60.72	26.52
500.0	8917.9	3488	3132	9.258	2.132	1.295	66.93	28.57
550.0	9495.3	3596	3216	9.392	2.167	1.216	73.31	30.60
600.0	10072	3705	3302	9.521	2.202	1.146	79.85	32.61
650.0	10649	3816	3390	9.645	2.237	1.084	86.53	34.60
700.0	11226	3929	3480	9.764	2.272	1.028	93.34	36.55
750.0	11804	4043	3571	9.878	2.308	0.978	100.3	38.48
800.0	12381	4159	3664	9.989	2.343	0.932	107.3	40.37
850.0	12958	4277	3759	10.097	2.378	0.891	114.4	42.24
900.0	13535	4397	3856	10.201	2.412	0.853	121.6	44.07
950.0	14112	4519	3954	10.302	2.445	0.818	128.9	45.88
1000.0	14689	4642	4054	10.401	2.478	0.786	136.3	47.66

$p=0.05\text{MPa}=0.5\text{bar}$

t /°C	v /(dm³/kg)	h /(kJ/kg)	u /(kJ/kg)	s /[kJ/(kg·K)]	c_p /[kJ/(kg·K)]	$\alpha_p \times 10^{-3}$ /K	λ /[mW/(K·m)]	η /μPa·s
0.0	1.0002	0.009	−0.04	−0.0002	4.228	−0.080	561.0	1792
5.0	1.0000	21.1	21.0	0.076	4.200	0.011	570.5	1518
10.0	1.0003	42.0	42.0	0.151	4.188	0.087	580.0	1306
15.0	1.0009	63.0	62.9	0.224	4.184	0.152	589.4	1137
20.0	1.0018	83.9	83.8	0.296	4.183	0.209	598.4	1002
25.0	1.0030	104.8	104.7	0.367	4.183	0.259	607.1	890.5
30.0	1.0044	125.7	125.7	0.437	4.183	0.305	615.4	797.7
35.0	1.0060	146.6	146.6	0.505	4.183	0.347	623.3	719.6
40.0	1.0079	167.5	167.5	0.572	4.182	0.386	630.6	653.2
45.0	1.0099	188.5	188.4	0.639	4.182	0.423	637.3	596.3
50.0	1.0121	209.4	209.3	0.704	4.182	0.457	643.5	547.1
60.0	1.0171	251.2	251.1	0.831	4.183	0.522	654.3	466.6
70.0	1.0227	293.0	293.0	0.955	4.187	0.583	663.1	404.1
80.0	1.0290	334.9	334.9	1.075	4.194	0.640	670.0	354.5
81.34 饱和								
液	1.0299	340.5	340.5	1.091	4.195	0.648	670.8	348.6
汽	3240.9	2645	2483	7.593	1.986	2.957	23.14	11.64
90.0	3323.6	2662	2496	7.641	1.973	2.869	23.74	11.95
100.0	3418.8	2682	2511	7.694	1.963	2.776	24.47	12.31
125.0	3654.9	2730	2548	7.821	1.949	2.575	26.42	13.24
150.0	3889.5	2779	2585	7.939	1.946	2.407	28.52	14.21
175.0	4123.1	2828	2622	8.051	1.950	2.262	30.75	15.19
200.0	4356.0	2877	2659	8.157	1.957	2.136	33.08	16.19
225.0	4588.4	2926	2696	8.258	1.968	2.025	35.52	17.20
250.0	4820.5	2975	2734	8.355	1.979	1.925	38.05	18.23
275.0	5052.4	3025	2772	8.448	1.992	1.835	40.66	19.26
300.0	5284.0	3075	2810	8.537	2.006	1.753	43.34	20.29
325.0	5515.5	3125	2849	8.623	2.021	1.678	46.09	21.33
350.0	5746.9	3176	2888	8.706	2.036	1.610	48.90	22.37
375.0	5978.2	3227	2928	8.786	2.051	1.547	51.78	23.41
400.0	6209.4	3278	2968	8.864	2.067	1.489	54.71	24.45
450.0	6671.7	3382	3049	9.013	2.099	1.385	60.73	26.52
500.0	7133.8	3488	3132	9.155	2.133	1.295	66.94	28.57
550.0	7595.8	3596	3216	9.289	2.167	1.216	73.32	30.60
600.0	8057.7	3705	3302	9.418	2.202	1.146	79.86	32.61
650.0	8519.5	3816	3390	9.542	2.237	1.084	86.54	34.60
700.0	8981.3	3929	3480	9.661	2.272	1.028	93.35	36.55
750.0	9443.0	4043	3571	9.775	2.308	0.978	100.3	38.48
800.0	9904.7	4159	3664	9.886	2.343	0.932	107.3	40.37
850.0	10366	4277	3759	9.994	2.378	0.891	114.4	42.24
900.0	10828	4397	3856	10.098	2.412	0.853	121.6	44.07
950.0	11289	4519	3954	10.199	2.445	0.818	128.9	45.88
1000.0	11751	4642	4054	10.298	2.478	0.786	136.3	47.66

$p = 0.075\text{MPa} = 0.75\text{bar}$

t /°C	v /(dm³/kg)	h /(kJ/kg)	u /(kJ/kg)	s /[kJ/(kg·K)]	c_p /[kJ/(kg·K)]	$\alpha_p \times 10^{-3}$ /K	λ /[mW/(K·m)]	η /μPa·s
0.0	1.0002	0.03	−0.04	−0.0001	4.228	−0.080	561.0	1792
5.0	1.0000	21.1	21.0	0.076	4.200	0.011	570.6	1518
10.0	1.0003	42.1	42.0	0.151	4.188	0.087	580.0	1306
15.0	1.0009	63.0	62.9	0.224	4.184	0.152	589.4	1137
20.0	1.0018	83.9	83.8	0.296	4.183	0.209	598.4	1002
25.0	1.0030	104.8	104.7	0.367	4.183	0.259	607.2	890.5
30.0	1.0044	125.7	125.7	0.437	4.183	0.305	615.5	797.7
35.0	1.0060	146.7	146.6	0.505	4.183	0.347	623.3	719.6
40.0	1.0079	167.6	167.5	0.572	4.182	0.386	630.6	653.2
45.0	1.0099	188.5	188.4	0.639	4.182	0.423	637.3	596.3
50.0	1.0121	209.4	209.3	0.704	4.182	0.457	643.5	547.1
60.0	1.0171	251.2	251.1	0.831	4.183	0.522	654.3	466.6
70.0	1.0227	293.0	293.0	0.955	4.187	0.583	663.1	404.1
80.0	1.0290	334.9	334.9	1.075	4.194	0.640	670.0	354.5
90.0	1.0359	376.9	376.9	1.193	4.204	0.696	675.3	314.5
91.78				饱和				
液	1.0372	384.4	384.4	1.213	4.206	0.706	676.0	308.2
汽	2217.5	2662	2496	7.456	2.017	2.912	24.20	11.99
100.0	2270.4	2679	2508	7.500	2.001	2.827	24.77	12.29
125.0	2429.8	2728	2546	7.629	1.974	2.608	26.64	13.23
150.0	2587.5	2777	2583	7.749	1.963	2.429	28.69	14.19
175.0	2744.2	2826	2621	7.862	1.962	2.278	30.87	15.18
200.0	2900.2	2875	2658	7.968	1.966	2.148	33.18	16.18
225.0	3055.7	2925	2696	8.070	1.974	2.033	35.60	17.20
250.0	3210.9	2974	2733	8.167	1.985	1.931	38.11	18.22
275.0	3365.8	3024	2772	8.259	1.997	1.840	40.70	19.26
300.0	3520.5	3074	2810	8.349	2.010	1.757	43.38	20.29
325.0	3675.1	3124	2849	8.435	2.023	1.682	46.12	21.33
350.0	3829.6	3175	2888	8.518	2.038	1.613	48.93	22.37
375.0	3984.0	3226	2928	8.598	2.053	1.550	51.80	23.41
400.0	4138.3	3278	2968	8.676	2.068	1.491	54.73	24.45
450.0	4446.7	3382	3049	8.826	2.100	1.387	60.75	26.52
500.0	4755.0	3488	3131	8.967	2.134	1.296	66.96	28.57
550.0	5063.1	3595	3216	9.102	2.168	1.217	73.34	30.61
600.0	5371.2	3705	3302	9.231	2.202	1.147	79.87	32.61
650.0	5679.1	3816	3390	9.354	2.237	1.085	86.55	34.60
700.0	5987.1	3928	3479	9.473	2.273	1.029	93.36	36.55
750.0	6295.0	4043	3571	9.588	2.308	0.978	100.3	38.48
800.0	6602.8	4159	3664	9.699	2.343	0.932	107.3	40.37
850.0	6910.7	4277	3759	9.807	2.378	0.891	114.4	42.24
900.0	7218.5	4397	3856	9.911	2.412	0.853	121.7	44.08
950.0	7526.3	4519	3954	10.012	2.445	0.818	128.9	45.88
1000.0	7834.1	4642	4054	10.111	2.478	0.786	136.3	47.66

$p=0.10\text{MPa}=1.0\text{bar}$

t /°C	v /(dm³/kg)	h /(kJ/kg)	u /(kJ/kg)	s /[kJ/(kg·K)]	c_p /[kJ/(kg·K)]	$\alpha_p \times 10^{-3}$ /K	λ /[mW/(K·m)]	η /μPa·s
0.0	1.0002	0.06	−0.04	−0.0001	4.228	−0.080	561.0	1792
5.0	1.0000	21.1	21.0	0.076	4.200	0.011	570.6	1518
10.0	1.0003	42.1	42.0	0.151	4.188	0.087	580.0	1306
15.0	1.0009	63.0	62.9	0.224	4.184	0.152	589.4	1137
20.0	1.0018	83.9	83.8	0.296	4.183	0.209	598.4	1001
25.0	1.0029	104.8	104.7	0.367	4.183	0.259	607.2	890.4
30.0	1.0044	125.8	125.7	0.437	4.183	0.305	615.5	797.7
35.0	1.0060	146.7	146.6	0.505	4.183	0.347	623.3	719.6
40.0	1.0079	167.6	167.5	0.572	4.182	0.386	630.6	653.3
45.0	1.0099	188.5	188.4	0.638	4.182	0.423	637.3	596.3
50.0	1.0121	209.4	209.3	0.704	4.181	0.457	643.6	547.1
60.0	1.0171	251.2	251.1	0.831	4.183	0.522	654.4	466.6
70.0	1.0227	293.1	293.0	0.955	4.187	0.583	663.1	404.1
80.0	1.0290	335.0	334.9	1.075	4.194	0.640	670.0	354.5
90.0	1.0359	377.0	376.9	1.193	4.204	0.696	675.3	314.6
99.63				饱和				
液	1.0431	417.5	417.4	1.303	4.217	0.748	679.0	283.0
汽	1694.3	2675	2505	7.359	2.043	2.885	25.05	12.26
100.0	1696.1	2675	2506	7.361	2.042	2.881	25.08	12.27
125.0	1817.1	2726	2544	7.492	1.999	2.642	26.87	13.21
150.0	1936.4	2776	2582	7.613	1.980	2.452	28.85	14.18
175.0	2054.7	2825	2619	7.726	1.974	2.295	31.00	15.17
200.0	2172.3	2874	2657	7.833	1.975	2.160	33.28	16.18
225.0	2289.3	2924	2695	7.935	1.981	2.042	35.68	17.19
250.0	2406.1	2973	2733	8.033	1.990	1.938	38.17	18.22
275.0	2522.5	3023	2771	8.126	2.001	1.845	40.75	19.25
300.0	2638.8	3073	2810	8.215	2.013	1.761	43.42	20.29
325.0	2754.9	3124	2848	8.301	2.026	1.685	46.16	21.33
350.0	2870.9	3175	2888	8.385	2.040	1.616	48.96	22.37
375.0	2986.9	3226	2927	8.465	2.055	1.552	51.83	23.41
400.0	3102.7	3278	2967	8.543	2.070	1.493	54.76	24.45
450.0	3334.2	3382	3048	8.693	2.102	1.388	60.77	26.52
500.0	3565.5	3488	3131	8.834	2.135	1.297	66.97	28.57
550.0	3796.8	3595	3216	8.969	2.168	1.218	73.35	30.61
600.0	4027.9	3705	3302	9.098	2.203	1.147	79.89	32.61
650.0	4259.0	3816	3390	9.222	2.238	1.085	86.57	34.60
700.0	4490.0	3928	3479	9.341	2.273	1.029	93.37	36.55
750.0	4721.0	4043	3571	9.455	2.308	0.978	100.3	38.48
800.0	4951.9	4159	3664	9.566	2.343	0.933	107.3	40.37
850.0	5182.8	4277	3759	9.674	2.378	0.891	114.4	42.24
900.0	5413.7	4397	3856	9.778	2.412	0.853	121.7	44.08
950.0	5644.6	4518	3954	9.879	2.446	0.818	129.0	45.88
1000.0	5875.5	4642	4054	9.978	2.478	0.786	136.3	47.66

续表

$p=0.50\text{MPa}=5.0\text{bar}$

t /°C	v /(dm³/kg)	h /(kJ/kg)	u /(kJ/kg)	s /[kJ/(kg·K)]	c_p /[kJ/(kg·K)]	$\alpha_p \times 10^{-3}$ /K	λ /[mW/(K·m)]	η /μPa·s
0.0	1.0000	0.5	−0.03	−0.0001	4.226	−0.079	561.2	1791
5.0	0.9998	21.5	21.0	0.076	4.198	0.013	570.8	1517
10.0	1.0001	42.5	42.0	0.151	4.186	0.088	580.2	1305
15.0	1.0007	63.4	62.9	0.224	4.182	0.153	589.6	1137
20.0	1.0016	84.3	83.8	0.296	4.182	0.210	598.6	1001
25.0	1.0028	105.2	104.7	0.367	4.182	0.260	607.3	890.4
30.0	1.0042	126.1	125.6	0.436	4.182	0.305	615.6	797.6
35.0	1.0058	147.0	146.5	0.505	4.182	0.347	623.5	719.6
40.0	1.0077	167.9	167.4	0.572	4.181	0.386	630.8	653.3
45.0	1.0097	188.8	188.3	0.638	4.181	0.423	637.5	596.4
50.0	1.0119	209.7	209.2	0.704	4.181	0.457	643.7	547.1
60.0	1.0169	251.6	251.0	0.831	4.182	0.522	654.5	466.7
70.0	1.0225	293.4	292.9	0.955	4.186	0.582	663.3	404.2
80.0	1.0288	335.3	334.8	1.075	4.193	0.640	670.2	354.6
90.0	1.0357	377.3	376.7	1.192	4.203	0.695	675.5	314.7
100.0	1.0432	419.4	418.8	1.307	4.216	0.749	679.3	282.0
125.0	1.0647	525.3	524.7	1.581	4.257	0.884	683.8	222.3
150.0	1.0904	632.3	631.8	1.842	4.312	1.026	682.1	182.5
151.87				饱和				
液	1.0925	640.4	639.8	1.861	4.317	1.038	681.7	180.1
汽	374.86	2748	2561	6.821	2.312	2.884	31.87	14.06
175.0	399.33	2800	2601	6.941	2.204	2.599	33.17	15.01
200.0	424.87	2854	2642	7.059	2.138	2.372	34.93	16.05
225.0	449.80	2907	2682	7.168	2.101	2.196	36.95	17.09
250.0	474.32	2960	2722	7.270	2.081	2.054	39.18	18.14
275.0	498.54	3011	2762	7.367	2.072	1.934	41.57	19.19
300.0	522.55	3063	2802	7.459	2.069	1.831	44.09	20.24
325.0	546.40	3115	2842	7.547	2.072	1.741	46.72	21.29
350.0	570.12	3167	2882	7.632	2.078	1.661	49.44	22.34
375.0	593.74	3219	2922	7.714	2.087	1.589	52.25	23.39
400.0	617.29	3271	2963	7.794	2.097	1.524	55.13	24.44
450.0	664.20	3377	3045	7.945	2.121	1.410	61.08	26.52
500.0	710.94	3483	3128	8.087	2.149	1.313	67.25	28.58
550.0	757.55	3592	3213	8.223	2.180	1.229	73.61	30.62
600.0	804.08	3701	3299	8.352	2.212	1.156	80.13	32.63
650.0	850.53	3813	3388	8.477	2.245	1.092	86.80	34.61
700.0	896.94	3926	3478	8.596	2.279	1.034	93.59	36.57
750.0	943.31	4041	3569	8.711	2.313	0.983	100.5	38.49
800.0	989.65	4157	3663	8.822	2.348	0.936	107.5	40.39
850.0	1036.0	4276	3758	8.930	2.382	0.894	114.6	42.26
900.0	1082.2	4396	3854	9.034	2.415	0.855	121.8	44.09
950.0	1128.5	4517	3953	9.136	2.448	0.820	129.1	45.90
1000.0	1174.8	4640	4053	9.234	2.481	0.787	136.4	47.68

续表

$p=1.0\text{MPa}=10\text{bar}$								
t /°C	v /(dm³/kg)	h /(kJ/kg)	u /(kJ/kg)	s /[kJ/(kg·K)]	c_p /[kJ/(kg·K)]	$\alpha_p \times 10^{-3}$ /K	λ /[mW/(K·m)]	η /μPa·s
0.0	0.9997	1	−0.02	−0.00008	4.223	−0.076	561.5	1790
5.0	0.9996	22.0	21.0	0.076	4.196	0.014	571.0	1517
10.0	0.9998	43.0	42.0	0.151	4.184	0.090	580.5	1305
15.0	1.0004	63.9	62.9	0.224	4.181	0.154	589.8	1137
20.0	1.0014	84.8	83.8	0.296	4.180	0.210	598.9	1001
25.0	1.0025	105.7	104.7	0.367	4.181	0.260	607.6	890.2
30.0	1.0040	126.6	125.6	0.436	4.181	0.306	615.9	797.6
35.0	1.0056	147.5	146.5	0.505	4.180	0.347	623.7	719.6
40.0	1.0075	168.4	167.4	0.572	4.180	0.386	631.0	653.3
45.0	1.0095	189.3	188.3	0.638	4.180	0.423	637.8	596.4
50.0	1.0117	210.2	209.2	0.703	4.179	0.457	644.0	547.2
60.0	1.0167	252.0	251.0	0.831	4.181	0.522	654.8	466.8
70.0	1.0223	293.8	292.8	0.954	4.185	0.582	663.6	404.3
80.0	1.0286	335.7	334.7	1.075	4.192	0.639	670.5	354.7
90.0	1.0355	377.7	376.6	1.192	4.202	0.694	675.8	314.9
100.0	1.0430	419.7	418.7	1.306	4.215	0.749	679.6	282.1
125.0	1.0644	525.6	524.5	1.581	4.256	0.883	684.1	222.4
150.0	1.0901	632.6	631.5	1.841	4.310	1.024	682.4	182.7
175.0	1.1206	741.3	740.2	2.091	4.385	1.185	675.4	154.8
179.92				饱和				
液	1.1272	762.9	761.8	2.139	4.403	1.220	673.4	150.3
汽	194.38	2777	2583	6.586	2.557	3.038	36.43	15.02
200.0	205.90	2827	2621	6.693	2.400	2.714	37.21	15.89
225.0	219.53	2885	2666	6.814	2.282	2.430	38.67	16.97
250.0	232.64	2941	2709	6.923	2.213	2.221	40.51	18.04
275.0	245.41	2996	2751	7.026	2.171	2.058	42.63	19.11
300.0	257.93	3050	2792	7.122	2.147	1.926	44.95	20.18
325.0	270.27	3104	2833	7.213	2.134	1.815	47.44	21.25
350.0	282.47	3157	2874	7.301	2.128	1.720	50.06	22.31
375.0	294.57	3210	2915	7.384	2.128	1.637	52.79	23.37
400.0	306.58	3263	2957	7.465	2.132	1.563	55.61	24.42
450.0	330.43	3370	3040	7.618	2.147	1.437	61.48	26.51
500.0	354.10	3478	3124	7.762	2.168	1.333	67.60	28.58
550.0	377.64	3587	3209	7.899	2.195	1.244	73.93	30.63
600.0	401.09	3698	3296	8.029	2.224	1.168	80.43	32.64
650.0	424.48	3810	3385	8.154	2.255	1.100	87.09	34.63
700.0	447.81	3923	3475	8.274	2.287	1.041	93.87	36.59
750.0	471.10	4038	3567	8.389	2.320	0.988	100.8	38.52
800.0	494.37	4155	3661	8.500	2.353	0.941	107.8	40.41
850.0	517.60	4274	3756	8.608	2.386	0.897	114.8	42.28
900.0	540.82	4394	3853	8.713	2.419	0.858	122.0	44.11
950.0	564.01	4515	3951	8.815	2.452	0.822	129.2	45.92
1000.0	587.20	4639	4052	8.914	2.484	0.789	136.5	47.69

续表

				$p=1.5\text{MPa}=15\text{bar}$				
t /℃	v /(dm³/kg)	h /(kJ/kg)	u /(kJ/kg)	s /[kJ/(kg·K)]	c_p /[kJ/(kg·K)]	$\alpha_p \times 10^{-3}$ /K	λ /[mW/(K·m)]	η /μPa·s
0.0	0.9995	1.5	−0.01	−0.00004	4.221	−0.074	561.8	1788
5.0	0.9993	22.5	21.0	0.076	4.193	0.016	571.3	1516
10.0	0.9996	43.4	41.9	0.151	4.182	0.091	580.7	1304
15.0	1.0002	64.3	62.8	0.224	4.179	0.155	590.0	1136
20.0	1.0011	85.2	83.7	0.296	4.179	0.211	599.1	1001
25.0	1.0023	106.1	104.6	0.367	4.179	0.261	607.8	890.1
30.0	1.0037	127.0	125.5	0.436	4.179	0.306	616.1	797.5
35.0	1.0054	147.9	146.4	0.504	4.179	0.348	623.9	719.6
40.0	1.0072	168.8	167.3	0.572	4.179	0.386	631.2	653.4
45.0	1.0093	189.7	188.2	0.638	4.178	0.423	638.0	596.5
50.0	1.0115	210.6	209.1	0.703	4.178	0.457	644.2	547.3
60.0	1.0165	252.4	250.9	0.830	4.180	0.521	655.0	466.9
70.0	1.0221	294.2	292.7	0.954	4.184	0.582	663.8	404.4
80.0	1.0283	336.1	334.5	1.074	4.191	0.639	670.7	354.9
90.0	1.0352	378.0	376.5	1.192	4.201	0.694	676.0	314.9
100.0	1.0427	420.1	418.6	1.306	4.214	0.748	679.9	282.3
125.0	1.0641	525.9	524.3	1.580	4.254	0.882	684.4	222.5
150.0	1.0898	632.9	631.3	1.841	4.309	1.023	682.8	182.8
175.0	1.1201	741.5	739.9	2.090	4.383	1.183	675.8	154.9
198.33				饱和				
液	1.1538	844.9	843.1	2.315	4.481	1.363	664.4	135.6
汽	131.72	2791	2593	6.444	2.775	3.218	39.78	15.66
200.0	132.43	2796	2597	6.454	2.752	3.179	39.80	15.73
225.0	142.50	2861	2647	6.588	2.509	2.721	40.56	16.85
250.0	151.92	2922	2694	6.708	2.369	2.418	41.94	17.95
275.0	160.92	2980	2739	6.816	2.285	2.199	43.75	19.04
300.0	169.65	3036	2782	6.917	2.233	2.031	45.86	20.13
325.0	178.17	3092	2825	7.011	2.201	1.896	48.20	21.21
350.0	186.55	3147	2867	7.101	2.182	1.784	50.70	22.28
375.0	194.82	3201	2909	7.187	2.172	1.688	53.35	23.35
400.0	203.00	3255	2951	7.269	2.168	1.605	56.11	24.41
450.0	219.17	3364	3035	7.424	2.172	1.466	61.89	26.51
500.0	235.15	3473	3120	7.570	2.188	1.353	67.96	28.59
550.0	251.00	3583	3206	7.708	2.210	1.259	74.26	30.64
600.0	266.76	3694	3294	7.839	2.235	1.179	80.75	32.66
650.0	282.46	3806	3382	7.964	2.264	1.109	87.39	34.65
700.0	298.10	3920	3473	8.084	2.295	1.048	94.16	36.61
750.0	313.70	4036	3565	8.200	2.326	0.994	101.0	38.54
800.0	329.27	4153	3659	8.312	2.359	0.945	108.0	40.43
850.0	344.82	4271	3754	8.420	2.391	0.901	115.1	42.30
900.0	360.34	4392	3851	8.525	2.423	0.861	122.2	44.13
950.0	375.85	4514	3950	8.626	2.455	0.825	129.4	45.94
1000.0	391.34	4637	4050	8.725	2.487	0.791	136.7	47.71

续表

$p=2.0\text{MPa}=20\text{bar}$

t /°C	v /(dm³/kg)	h /(kJ/kg)	u /(kJ/kg)	s /[kJ/(kg·K)]	c_p /[kJ/(kg·K)]	$\alpha_p \times 10^{-3}$ /K	λ /[mW/(K·m)]	η /μPa·s
0.0	0.9992	2.0	0.0005	−0.000	4.218	−0.072	562.1	1787
5.0	0.9991	23.0	21.0	0.076	4.191	0.017	571.5	1515
10.0	0.9994	43.9	41.9	0.151	4.180	0.092	581.0	1304
15.0	1.0000	64.8	62.8	0.224	4.177	0.156	590.3	1136
20.0	1.0009	85.7	83.7	0.296	4.177	0.212	599.3	1001
25.0	1.0021	106.6	104.6	0.366	4.178	0.261	608.0	890.0
30.0	1.0035	127.5	125.5	0.436	4.178	0.307	616.3	797.5
35.0	1.0052	148.4	146.4	0.504	4.178	0.348	624.1	719.6
40.0	1.0070	169.3	167.3	0.572	4.178	0.386	631.4	653.4
45.0	1.0090	190.2	188.1	0.638	4.177	0.423	638.2	596.6
50.0	1.0113	211.0	209.0	0.703	4.177	0.457	644.4	547.4
60.0	1.0162	252.8	250.8	0.830	4.178	0.521	655.3	467.0
70.0	1.0218	294.6	292.6	0.954	4.183	0.581	664.0	404.5
80.0	1.0281	336.5	334.4	1.074	4.190	0.638	671.0	355.0
90.0	1.0350	378.4	376.4	1.191	4.200	0.693	676.3	315.1
100.0	1.0424	420.5	418.4	1.305	4.213	0.747	680.2	282.4
125.0	1.0639	526.3	524.2	1.580	4.253	0.880	684.7	222.7
150.0	1.0894	633.3	631.1	1.840	4.307	1.021	683.1	182.9
175.0	1.1197	741.8	739.6	2.090	4.381	1.180	676.2	155.0
200.0	1.1560	852.6	850.2	2.330	4.486	1.374	663.8	134.5
212.42				饱和				
液	1.1767	908.7	906.3	2.447	4.556	1.490	655.4	126.1
汽	99.588	2798	2599	6.340	2.981	3.409	42.57	16.14
225.0	103.74	2834	2627	6.413	2.794	3.091	42.65	16.72
250.0	111.41	2901	2678	6.544	2.555	2.653	43.49	17.85
275.0	118.59	2963	2726	6.660	2.414	2.360	44.94	18.97
300.0	125.45	3022	2771	6.765	2.328	2.147	46.81	20.07
325.0	132.09	3080	2816	6.863	2.273	1.983	48.98	21.17
350.0	138.56	3136	2859	6.956	2.239	1.851	51.37	22.25
375.0	144.92	3192	2902	7.043	2.217	1.741	53.93	23.33
400.0	151.19	3247	2945	7.127	2.205	1.648	56.62	24.40
450.0	163.52	3357	3030	7.285	2.199	1.495	62.31	26.51
500.0	175.67	3467	3116	7.432	2.208	1.374	68.33	28.60
550.0	187.68	3578	3203	7.571	2.225	1.275	74.60	30.66
600.0	199.60	3690	3291	7.702	2.247	1.190	81.07	32.68
650.0	211.45	3803	3380	7.828	2.274	1.118	87.70	34.67
700.0	223.25	3917	3471	7.949	2.303	1.055	94.45	36.63
750.0	235.00	4033	3563	8.065	2.333	0.999	101.3	38.56
800.0	246.73	4150	3657	8.177	2.364	0.949	108.3	40.46
850.0	258.42	4269	3753	8.286	2.396	0.905	115.3	42.32
900.0	270.10	4390	3850	8.391	2.427	0.864	122.4	44.15
950.0	281.76	4512	3949	8.492	2.459	0.827	129.6	45.96
1000.0	293.41	4636	4049	8.592	2.490	0.793	136.8	47.73

$p=2.5\mathrm{MPa}=25\mathrm{bar}$

t /°C	v /(dm³/kg)	h /(kJ/kg)	u /(kJ/kg)	s /[kJ/(kg·K)]	c_p /[kJ/(kg·K)]	$\alpha_p \times 10^{-3}$ /K	λ /[mW/(K·m)]	η /μPa·s
0.0	0.9990	2.5	0.01	0.00003	4.215	−0.070	562.4	1786
5.0	0.9988	23.5	21.0	0.076	4.189	0.019	571.8	1514
10.0	0.9991	44.4	41.9	0.151	4.178	0.093	581.2	1303
15.0	0.9997	65.3	62.8	0.224	4.176	0.157	590.5	1136
20.0	1.0007	86.2	83.7	0.296	4.176	0.212	599.5	1000
25.0	1.0019	107.1	104.6	0.366	4.176	0.262	608.3	889.9
30.0	1.0033	127.9	125.4	0.436	4.177	0.307	616.5	797.5
35.0	1.0049	148.8	146.3	0.504	4.177	0.348	624.4	719.6
40.0	1.0068	169.7	167.2	0.571	4.176	0.387	631.7	653.4
45.0	1.0088	190.6	188.1	0.637	4.176	0.423	638.4	596.6
50.0	1.0110	211.5	208.9	0.703	4.176	0.457	644.7	547.5
60.0	1.0160	253.2	250.7	0.830	4.177	0.521	655.5	467.1
70.0	1.0216	295.0	292.5	0.953	4.182	0.581	664.3	404.7
80.0	1.0279	336.9	334.3	1.074	4.189	0.638	671.2	355.1
90.0	1.0347	378.8	376.2	1.191	4.199	0.692	676.5	315.2
100.0	1.0422	420.9	418.3	1.305	4.212	0.746	680.4	282.5
125.0	1.0636	526.6	524.0	1.579	4.252	0.879	685.0	222.8
150.0	1.0891	633.6	630.8	1.840	4.305	1.019	683.4	183.1
175.0	1.1193	742.1	739.3	2.089	4.379	1.177	676.6	155.2
200.0	1.1554	852.8	849.9	2.329	4.484	1.370	664.2	134.6
223.99				饱和				
液	1.1973	962.0	959.0	2.554	4.631	1.610	646.6	119.3
汽	79.949	2802	2602	6.256	3.182	3.608	45.01	16.55
225.0	80.239	2805	2604	6.262	3.160	3.573	45.00	16.60
250.0	86.978	2879	2661	6.407	2.777	2.937	45.16	17.76
275.0	93.115	2945	2712	6.531	2.563	2.545	46.21	18.90
300.0	98.882	3007	2760	6.642	2.433	2.277	47.82	20.02
325.0	104.40	3067	2806	6.744	2.352	2.078	49.80	21.13
350.0	109.75	3125	2851	6.840	2.299	1.923	52.06	22.23
375.0	114.97	3182	2895	6.929	2.266	1.798	54.52	23.31
400.0	120.09	3239	2938	7.015	2.245	1.693	57.15	24.39
450.0	130.13	3350	3025	7.175	2.227	1.526	62.75	26.52
500.0	139.97	3462	3112	7.323	2.228	1.396	68.71	28.61
550.0	149.68	3573	3199	7.463	2.240	1.290	74.94	30.67
600.0	159.30	3686	3288	7.596	2.259	1.202	81.39	32.70
650.0	168.84	3799	3377	7.722	2.283	1.127	88.01	34.69
700.0	178.33	3914	3468	7.844	2.310	1.062	94.75	36.66
750.0	187.78	4030	3561	7.960	2.339	1.005	101.6	38.58
800.0	197.20	4148	3655	8.072	2.370	0.954	108.5	40.48
850.0	206.59	4267	3751	8.181	2.400	0.908	115.5	42.34
900.0	215.96	4388	3848	8.286	2.431	0.867	122.6	44.17
950.0	225.31	4510	3947	8.388	2.462	0.830	129.8	45.98
1000.0	234.65	4634	4048	8.488	2.493	0.795	137.0	47.75

续表

				$p=3.0\text{MPa}=30\text{bar}$					
t /°C	v /(dm³/kg)	h /(kJ/kg)	u /(kJ/kg)	s /[kJ/(kg·K)]	c_p /[kJ/(kg·K)]	$\alpha_p \times 10^{-3}$ /K	λ /[mW/(K·m)]	η /μPa·s
0.0	0.9987	3.0	0.02	0.00007	4.212	−0.068	562.6	1785
5.0	0.9986	24.0	21.0	0.076	4.186	0.021	572.1	1513
10.0	0.9989	44.9	41.9	0.151	4.176	0.095	581.5	1303
15.0	0.9995	65.8	62.8	0.224	4.174	0.158	590.7	1135
20.0	1.0004	86.7	83.6	0.296	4.174	0.213	599.8	1000
25.0	1.0016	107.5	104.5	0.366	4.175	0.263	608.5	889.8
30.0	1.0031	128.4	125.4	0.436	4.175	0.307	616.8	797.4
35.0	1.0047	149.3	146.3	0.504	4.175	0.348	624.6	719.6
40.0	1.0066	170.2	167.1	0.571	4.175	0.387	631.9	653.5
45.0	1.0086	191.0	188.0	0.637	4.175	0.423	638.7	596.7
50.0	1.0108	211.9	208.9	0.702	4.175	0.457	644.9	547.6
60.0	1.0158	253.7	250.6	0.830	4.176	0.521	655.7	467.2
70.0	1.0214	295.4	292.4	0.953	4.181	0.580	664.5	404.8
80.0	1.0276	337.3	334.2	1.073	4.188	0.637	671.5	355.3
90.0	1.0345	379.2	376.1	1.190	4.198	0.692	676.8	315.3
100.0	1.0419	421.2	418.1	1.305	4.210	0.745	680.7	282.7
125.0	1.0633	527.0	523.8	1.579	4.251	0.878	685.3	222.9
150.0	1.0887	633.9	630.6	1.839	4.304	1.017	683.8	183.2
175.0	1.1189	742.3	739.0	2.088	4.377	1.175	676.9	155.3
200.0	1.1549	853.0	849.5	2.328	4.481	1.366	664.7	134.7
225.0	1.1986	966.8	963.2	2.563	4.634	1.616	646.2	118.9
233.89				饱和				
液	1.2166	1008	1004	2.645	4.706	1.727	637.9	114.0
汽	66.662	2803	2603	6.186	3.381	3.815	47.25	16.90
250.0	70.564	2854	2643	6.286	3.047	3.284	47.00	17.67
275.0	76.060	2926	2698	6.420	2.733	2.759	47.57	18.83
300.0	81.126	2992	2749	6.537	2.550	2.421	48.87	19.97
325.0	85.918	3054	2797	6.644	2.437	2.182	50.66	21.09
350.0	90.520	3114	2843	6.742	2.364	2.001	52.78	22.20
375.0	94.987	3173	2888	6.834	2.317	1.858	55.14	23.30
400.0	99.353	3230	2932	6.921	2.286	1.740	57.69	24.38
450.0	107.87	3344	3020	7.083	2.255	1.557	63.19	26.52
500.0	116.18	3456	3108	7.234	2.248	1.418	69.10	28.62
550.0	124.35	3569	3196	7.375	2.256	1.306	75.30	30.69
600.0	132.43	3682	3285	7.508	2.272	1.214	81.73	32.72
650.0	140.44	3796	3375	7.635	2.293	1.136	88.33	34.72
700.0	148.39	3911	3466	7.757	2.318	1.069	95.06	36.68
750.0	156.30	4028	3559	7.874	2.346	1.010	101.9	38.61
800.0	164.18	4146	3653	7.987	2.375	0.958	108.8	40.50
850.0	172.03	4265	3749	8.095	2.405	0.912	115.8	42.37
900.0	179.87	4386	3847	8.201	2.435	0.870	122.8	44.20
950.0	187.68	4509	3946	8.303	2.466	0.832	129.9	46.00
1000.0	195.48	4633	4046	8.402	2.496	0.797	137.1	47.77

$p=3.5\text{MPa}=35\text{bar}$								
t /℃	v /(dm³/kg)	h /(kJ/kg)	u /(kJ/kg)	s /[kJ/(kg·K)]	c_p /[kJ/(kg·K)]	$\alpha_p \times 10^{-3}$ /K	λ /[mW/(K·m)]	η /μPa·s
0.0	0.9984	3.5	0.03	0.0001	4.210	−0.066	562.9	1783
5.0	0.9983	24.5	21.0	0.076	4.184	0.022	572.3	1513
10.0	0.9986	45.4	41.9	0.151	4.175	0.096	581.7	1302
15.0	0.9993	66.3	62.8	0.224	4.172	0.159	591.0	1135
20.0	1.0002	87.1	83.6	0.295	4.172	0.214	600.0	1000
25.0	1.0014	108.0	104.5	0.366	4.173	0.263	608.7	889.7
30.0	1.0028	128.9	125.3	0.435	4.174	0.308	617.0	797.4
35.0	1.0045	149.7	146.2	0.504	4.174	0.349	624.8	719.6
40.0	1.0063	170.6	167.1	0.571	4.174	0.387	632.1	653.5
45.0	1.0084	191.5	187.9	0.637	4.174	0.423	638.9	596.8
50.0	1.0106	212.3	208.8	0.702	4.174	0.457	645.1	547.7
60.0	1.0156	254.1	250.5	0.829	4.175	0.520	656.0	467.4
70.0	1.0212	295.8	292.3	0.953	4.179	0.580	664.8	404.9
80.0	1.0274	337.7	334.1	1.073	4.187	0.636	671.7	355.4
90.0	1.0342	379.6	376.0	1.190	4.197	0.691	677.1	315.5
100.0	1.0417	421.6	418.0	1.304	4.209	0.744	681.0	282.8
125.0	1.0630	527.3	523.6	1.578	4.249	0.876	685.6	223.0
150.0	1.0884	634.2	630.4	1.839	4.302	1.015	684.1	183.3
175.0	1.1185	742.6	738.7	2.088	4.375	1.172	677.3	155.4
200.0	1.1544	853.2	849.1	2.328	4.478	1.363	665.1	134.9
225.0	1.1980	966.9	962.7	2.562	4.630	1.611	646.7	119.0
242.60				饱和				
液	1.2348	1049	1045	2.725	4.783	1.844	629.4	109.7
汽	57.054	2802	2602	6.124	3.581	4.031	49.34	17.22
250.0	58.712	2828	2622	6.174	3.379	3.719	49.05	17.58
275.0	63.809	2906	2683	6.320	2.931	3.010	49.04	18.77
300.0	68.403	2976	2737	6.444	2.681	2.583	50.00	19.92
325.0	72.688	3041	2787	6.555	2.530	2.295	51.56	21.06
350.0	76.768	3103	2834	6.657	2.433	2.084	53.53	22.18
375.0	80.702	3163	2880	6.751	2.370	1.921	55.78	23.28
400.0	84.529	3222	2926	6.840	2.328	1.790	58.25	24.37
450.0	91.956	3337	3015	7.005	2.284	1.590	63.65	26.52
500.0	99.175	3450	3103	7.157	2.269	1.440	69.49	28.63
550.0	106.25	3564	3192	7.300	2.271	1.322	75.66	30.71
600.0	113.24	3678	3281	7.434	2.284	1.226	82.07	32.74
650.0	120.15	3792	3372	7.561	2.303	1.145	88.65	34.74
700.0	127.00	3908	3464	7.684	2.326	1.076	95.37	36.70
750.0	133.82	4025	3557	7.801	2.353	1.016	102.2	38.63
800.0	140.60	4143	3651	7.914	2.381	0.963	109.1	40.53
850.0	147.35	4263	3748	8.023	2.410	0.915	116.0	42.39
900.0	154.09	4384	3845	8.128	2.439	0.873	123.1	44.22
950.0	160.80	4507	3944	8.231	2.469	0.834	130.1	46.02
1000.0	167.50	4631	4045	8.330	2.499	0.799	137.3	47.78

续表

					$p=4.0\text{MPa}=40\text{bar}$			
t /°C	v /(dm³/kg)	h /(kJ/kg)	u /(kJ/kg)	s /[kJ/(kg·K)]	c_p /[kJ/(kg·K)]	$\alpha_p \times 10^{-3}$ /K	λ /[mW/(K·m)]	η /μPa·s
0.0	0.9982	4.0	0.04	0.0001	4.207	−0.064	563.2	1782
5.0	0.9981	25.0	21.0	0.076	4.182	0.024	572.6	1512
10.0	0.9984	45.9	41.9	0.151	4.173	0.097	581.9	1302
15.0	0.9991	66.7	62.7	0.224	4.170	0.160	591.2	1135
20.0	1.0000	87.6	83.6	0.295	4.171	0.215	600.2	1000
25.0	1.0012	108.4	104.4	0.366	4.172	0.264	608.9	889.6
30.0	1.0026	129.3	125.3	0.435	4.173	0.308	617.2	797.3
35.0	1.0043	150.2	146.2	0.504	4.173	0.349	625.0	719.7
40.0	1.0061	171.0	167.0	0.571	4.173	0.387	632.4	653.6
45.0	1.0082	191.9	187.9	0.637	4.173	0.423	639.1	596.8
50.0	1.0104	212.8	208.7	0.702	4.173	0.457	645.4	547.8
60.0	1.0153	254.5	250.4	0.829	4.174	0.520	656.2	467.5
70.0	1.0209	296.3	292.2	0.953	4.178	0.580	665.0	405.0
80.0	1.0272	338.1	334.0	1.073	4.186	0.636	672.0	355.5
90.0	1.0340	380.0	375.8	1.190	4.196	0.690	677.3	315.6
100.0	1.0414	422.0	417.8	1.304	4.208	0.743	681.2	282.9
125.0	1.0627	527.7	523.4	1.578	4.248	0.875	685.9	223.2
150.0	1.0881	634.5	630.1	1.838	4.301	1.014	684.5	183.4
175.0	1.1181	742.9	738.4	2.087	4.373	1.170	677.7	155.5
200.0	1.1539	853.4	848.8	2.327	4.475	1.359	665.5	135.0
225.0	1.1973	967.0	962.2	2.561	4.626	1.605	647.2	119.1
250.0	1.2514	1085	1080	2.793	4.856	1.954	621.4	106.2
250.39				饱和				
液	1.2524	1087	1082	2.796	4.861	1.961	620.9	106.0
汽	49.771	2800	2601	6.069	3.783	4.257	51.33	17.51
275.0	54.553	2885	2666	6.227	3.163	3.306	50.63	18.70
300.0	58.822	2959	2724	6.360	2.828	2.766	51.19	19.88
325.0	62.742	3027	2776	6.476	2.631	2.418	52.51	21.03
350.0	66.437	3091	2826	6.581	2.507	2.173	54.31	22.16
375.0	69.977	3153	2873	6.678	2.427	1.988	56.45	23.27
400.0	73.403	3213	2919	6.769	2.373	1.842	58.83	24.37
450.0	80.019	3330	3010	6.936	2.314	1.623	64.12	26.53
500.0	86.421	3445	3099	7.090	2.291	1.463	69.90	28.65
550.0	92.681	3559	3189	7.234	2.288	1.339	76.03	30.72
600.0	98.841	3674	3278	7.369	2.297	1.238	82.41	32.76
650.0	104.93	3789	3369	7.497	2.313	1.155	88.98	34.76
700.0	110.96	3905	3461	7.620	2.335	1.083	95.69	36.73
750.0	116.95	4023	3555	7.737	2.359	1.021	102.5	38.66
800.0	122.91	4141	3650	7.850	2.386	0.967	109.4	40.55
850.0	128.84	4261	3746	7.960	2.415	0.919	116.3	42.41
900.0	134.75	4383	3844	8.065	2.444	0.876	123.3	44.24
950.0	140.64	4506	3943	8.168	2.473	0.837	130.3	46.04
1000.0	146.52	4630	4044	8.268	2.502	0.801	137.4	47.80

$p=4.5\text{MPa}=45\text{bar}$

t /°C	v /(dm³/kg)	h /(kJ/kg)	u /(kJ/kg)	s /[kJ/(kg·K)]	c_p /[kJ/(kg·K)]	$\alpha_p \times 10^{-3}$ /K	λ /[mW/(K·m)]	η /μPa·s
0.0	0.9979	4.5	0.05	0.0002	4.204	−0.062	563.5	1781
5.0	0.9979	25.5	21.0	0.076	4.180	0.025	572.8	1511
10.0	0.9982	46.4	41.9	0.151	4.171	0.098	582.2	1301
15.0	0.9988	67.2	62.7	0.224	4.169	0.161	591.4	1134
20.0	0.9998	88.1	83.6	0.295	4.169	0.215	600.5	1000
25.0	1.0010	108.9	104.4	0.366	4.171	0.264	609.2	889.5
30.0	1.0024	129.8	125.3	0.435	4.171	0.308	617.5	797.3
35.0	1.0041	150.6	146.1	0.503	4.172	0.349	625.3	719.7
40.0	1.0059	171.5	167.0	0.571	4.172	0.387	632.6	653.6
45.0	1.0079	192.3	187.8	0.637	4.172	0.423	639.4	596.9
50.0	1.0102	213.2	208.6	0.702	4.172	0.457	645.6	547.9
60.0	1.0151	254.9	250.3	0.829	4.173	0.520	656.5	467.6
70.0	1.0207	296.7	292.1	0.952	4.177	0.579	665.3	405.2
80.0	1.0269	338.5	333.9	1.072	4.185	0.635	672.3	355.7
90.0	1.0338	380.4	375.7	1.189	4.195	0.690	677.6	315.7
100.0	1.0412	422.4	417.7	1.303	4.207	0.743	681.5	283.1
125.0	1.0624	528.0	523.2	1.577	4.247	0.874	686.2	223.3
150.0	1.0877	634.8	629.9	1.838	4.299	1.012	684.8	183.6
175.0	1.1177	743.1	738.1	2.086	4.370	1.167	678.1	155.7
200.0	1.1534	853.6	848.4	2.326	4.472	1.355	666.0	135.1
225.0	1.1966	967.1	961.7	2.560	4.621	1.599	647.8	119.2
250.0	1.2505	1085	1079	2.791	4.850	1.945	622.0	106.3
257.47				饱和				
液	1.2694	1121	1116	2.861	4.942	2.081	612.6	102.8
汽	44.053	2797	2599	6.019	3.989	4.493	53.26	17.78
275.0	47.285	2862	2649	6.139	3.436	3.661	52.38	18.64
300.0	51.332	2942	2711	6.281	2.994	2.973	52.48	19.84
325.0	54.984	3013	2766	6.403	2.742	2.554	53.51	21.00
350.0	58.388	3079	2817	6.512	2.587	2.268	55.13	22.14
375.0	61.625	3143	2865	6.612	2.486	2.058	57.14	23.26
400.0	64.743	3204	2913	6.704	2.419	1.896	59.44	24.37
450.0	70.732	3323	3005	6.875	2.344	1.657	64.60	26.54
500.0	76.500	3439	3095	7.030	2.312	1.487	70.31	28.66
550.0	82.123	3554	3185	7.175	2.304	1.356	76.40	30.74
600.0	87.644	3670	3275	7.311	2.309	1.251	82.77	32.78
650.0	93.093	3786	3367	7.440	2.323	1.164	89.32	34.79
700.0	98.486	3902	3459	7.563	2.343	1.091	96.01	36.75
750.0	103.84	4020	3553	7.681	2.366	1.027	102.8	38.68
800.0	109.15	4139	3648	7.794	2.392	0.972	109.6	40.58
850.0	114.44	4259	3744	7.904	2.419	0.923	116.6	42.44
900.0	119.71	4381	3842	8.010	2.448	0.879	123.5	44.26
950.0	124.96	4504	3942	8.112	2.476	0.839	130.5	46.06
1000.0	130.20	4628	4043	8.212	2.505	0.803	137.6	47.82

续表

$p=5.0\text{MPa}=50\text{bar}$

t /°C	v /(dm³/kg)	h /(kJ/kg)	u /(kJ/kg)	s /[kJ/(kg·K)]	c_p /[kJ/(kg·K)]	$\alpha_p\times10^{-3}$ /K	λ /[mW/(K·m)]	η /μPa·s
0.0	0.9977	5.0	0.06	0.0002	4.202	−0.060	563.7	1780
5.0	0.9976	26.0	21.0	0.076	4.178	0.027	573.1	1510
10.0	0.9979	46.9	41.9	0.151	4.169	0.099	582.4	1301
15.0	0.9986	67.7	62.7	0.223	4.167	0.162	591.7	1134
20.0	0.9995	88.5	83.5	0.295	4.168	0.216	600.7	1000.0
25.0	1.0007	109.4	104.4	0.366	4.169	0.265	609.4	889.4
30.0	1.0022	130.2	125.2	0.435	4.170	0.309	617.7	797.3
35.0	1.0038	151.1	146.0	0.503	4.171	0.349	625.5	719.7
40.0	1.0057	171.9	166.9	0.570	4.171	0.387	632.8	653.7
45.0	1.0077	192.8	187.7	0.636	4.170	0.423	639.6	597.0
50.0	1.0099	213.6	208.6	0.701	4.170	0.456	645.8	547.9
60.0	1.0149	255.3	250.3	0.829	4.172	0.520	656.7	467.7
70.0	1.0205	297.1	292.0	0.952	4.176	0.579	665.5	405.3
80.0	1.0267	338.9	333.7	1.072	4.183	0.635	672.5	355.8
90.0	1.0335	380.8	375.6	1.189	4.193	0.689	677.9	315.9
100.0	1.0409	422.7	417.5	1.303	4.206	0.742	681.8	283.2
125.0	1.0621	528.4	523.1	1.577	4.245	0.873	686.5	223.4
150.0	1.0874	635.1	629.7	1.837	4.298	1.010	685.1	183.7
175.0	1.1173	743.4	737.8	2.086	4.368	1.165	678.5	155.8
200.0	1.1529	853.8	848.0	2.325	4.469	1.352	666.4	135.2
225.0	1.1960	967.3	961.3	2.559	4.617	1.594	648.3	119.4
250.0	1.2496	1085	1079	2.790	4.843	1.935	622.7	106.5
263.98				饱和				
液	1.2861	1154	1147	2.920	5.025	2.204	604.3	100.1
汽	39.440	2793	2596	5.973	4.200	4.741	55.16	18.03
275.0	41.399	2837	2630	6.053	3.766	4.094	54.32	18.58
300.0	45.303	2923	2696	6.207	3.181	3.210	53.86	19.80
325.0	48.755	2998	2754	6.335	2.863	2.704	54.57	20.97
350.0	51.935	3067	2808	6.448	2.672	2.371	55.99	22.12
375.0	54.935	3132	2858	6.551	2.549	2.133	57.87	23.25
400.0	57.808	3195	2906	6.646	2.468	1.953	60.06	24.37
450.0	63.298	3316	2999	6.819	2.376	1.693	65.10	26.55
500.0	68.560	3433	3091	6.976	2.335	1.511	70.74	28.68
550.0	73.675	3550	3181	7.122	2.320	1.373	76.79	30.76
600.0	78.686	3666	3272	7.259	2.322	1.263	83.13	32.81
650.0	83.623	3782	3364	7.388	2.333	1.174	89.67	34.81
700.0	88.505	3899	3457	7.512	2.351	1.098	96.34	36.78
750.0	93.343	4017	3551	7.630	2.373	1.033	103.1	38.71
800.0	98.148	4137	3646	7.744	2.398	0.976	109.9	40.60
850.0	102.93	4257	3742	7.854	2.424	0.926	116.8	42.46
900.0	107.68	4379	3841	7.960	2.452	0.882	123.8	44.29
950.0	112.42	4502	3940	8.063	2.480	0.842	130.7	46.08
1000.0	117.15	4627	4041	8.163	2.508	0.805	137.7	47.84

$p = 6.0\text{MPa} = 60\text{bar}$

t /°C	v /(dm³/kg)	h /(kJ/kg)	u /(kJ/kg)	s /[kJ/(kg·K)]	c_p /[kJ/(kg·K)]	$a_p \times 10^{-3}$ /K	λ /[mW/(K·m)]	η /μPa·s
0.0	0.9972	6.1	0.08	0.0003	4.197	−0.056	564.3	1777
5.0	0.9971	27.0	21.0	0.076	4.173	0.030	573.6	1509
10.0	0.9975	47.8	41.8	0.150	4.165	0.102	582.9	1300
15.0	0.9981	68.6	62.7	0.223	4.164	0.163	592.1	1133
20.0	0.9991	89.5	83.5	0.295	4.165	0.217	601.2	999.6
25.0	1.0003	110.3	104.3	0.365	4.166	0.266	609.8	889.1
30.0	1.0017	131.1	125.1	0.435	4.168	0.310	618.1	797.2
35.0	1.0034	152.0	145.9	0.503	4.168	0.350	626.0	719.7
40.0	1.0052	172.8	166.8	0.570	4.168	0.387	633.3	653.8
45.0	1.0073	193.6	187.6	0.636	4.168	0.423	640.1	597.1
50.0	1.0095	214.5	208.4	0.701	4.168	0.456	646.3	548.1
60.0	1.0144	256.2	250.1	0.828	4.170	0.519	657.2	467.9
70.0	1.0200	297.9	291.8	0.951	4.174	0.578	666.0	405.6
80.0	1.0262	339.7	333.5	1.071	4.181	0.634	673.0	356.1
90.0	1.0330	381.5	375.3	1.188	4.191	0.688	678.4	316.1
100.0	1.0404	423.5	417.3	1.302	4.204	0.740	682.3	283.5
125.0	1.0616	529.1	522.7	1.576	4.243	0.870	687.1	223.7
150.0	1.0868	635.7	629.2	1.836	4.294	1.007	685.8	183.9
175.0	1.1165	743.9	737.2	2.084	4.364	1.160	679.2	156.0
200.0	1.1519	854.2	847.3	2.324	4.464	1.344	667.3	135.5
225.0	1.1947	967.5	960.3	2.557	4.609	1.583	649.3	119.6
250.0	1.2478	1085	1077	2.788	4.830	1.917	624.0	106.7
275.0	1.3170	1210	1202	3.021	5.190	2.447	589.0	95.56
275.62				饱和				
液	1.3190	1213	1205	3.027	5.201	2.464	588.0	95.30
汽	32.442	2783	2589	5.889	4.643	5.278	58.94	18.51
300.0	36.151	2883	2666	6.066	3.642	3.805	57.00	19.73
325.0	39.352	2967	2731	6.210	3.144	3.054	56.91	20.93
350.0	42.218	3042	2788	6.332	2.861	2.603	57.85	22.10
375.0	44.875	3111	2842	6.441	2.686	2.298	59.41	23.25
400.0	47.390	3177	2892	6.540	2.572	2.075	61.38	24.37
450.0	52.139	3301	2989	6.720	2.442	1.768	66.14	26.57
500.0	56.647	3422	3082	6.881	2.381	1.561	71.62	28.71
550.0	61.000	3540	3174	7.029	2.354	1.408	77.58	30.81
600.0	65.248	3658	3266	7.167	2.348	1.289	83.87	32.86
650.0	69.419	3775	3359	7.298	2.354	1.193	90.37	34.86
700.0	73.533	3893	3452	7.423	2.368	1.113	97.02	36.83
750.0	77.604	4012	3546	7.542	2.387	1.044	103.7	38.76
800.0	81.641	4132	3642	7.656	2.409	0.985	110.5	40.65
850.0	85.650	4253	3739	7.766	2.434	0.934	117.4	42.51
900.0	89.638	4375	3837	7.873	2.460	0.888	124.3	44.33
950.0	93.608	4499	3937	7.976	2.487	0.847	131.2	46.13
1000.0	97.563	4624	4039	8.076	2.514	0.809	138.1	47.89

续表

				$p=7.0\text{MPa}=70\text{bar}$					
t /°C	v /(dm³/kg)	h /(kJ/kg)	u /(kJ/kg)	s /[kJ/(kg·K)]	c_p /[kJ/(kg·K)]	$\alpha_p\times10^{-3}$ /K	λ /[mW/(K·m)]	η /μPa·s	
0.0	0.9967	7.1	0.1	0.0003	4.192	−0.052	564.8	1775	
5.0	0.9967	28.0	21.0	0.076	4.169	0.033	574.1	1507	
10.0	0.9970	48.8	41.8	0.150	4.161	0.104	583.4	1299	
15.0	0.9977	69.6	62.6	0.223	4.160	0.165	592.6	1133	
20.0	0.9986	90.4	83.4	0.295	4.162	0.219	601.6	999.2	
25.0	0.9999	111.2	104.2	0.365	4.164	0.267	610.3	888.9	
30.0	1.0013	132.0	125.0	0.434	4.165	0.310	618.6	797.1	
35.0	1.0030	152.9	145.8	0.503	4.166	0.350	626.4	719.7	
40.0	1.0048	173.7	166.7	0.570	4.166	0.388	633.7	653.8	
45.0	1.0068	194.5	187.5	0.636	4.166	0.423	640.5	597.3	
50.0	1.0091	215.3	208.3	0.701	4.166	0.456	646.8	548.3	
60.0	1.0140	257.0	249.9	0.827	4.168	0.519	657.6	468.2	
70.0	1.0196	298.7	291.6	0.951	4.172	0.577	666.5	405.8	
80.0	1.0258	340.5	333.3	1.071	4.179	0.633	673.5	356.3	
90.0	1.0325	382.3	375.1	1.188	4.189	0.686	678.9	316.4	
100.0	1.0399	424.3	417.0	1.302	4.201	0.738	682.9	283.7	
125.0	1.0610	529.8	522.3	1.575	4.240	0.868	687.7	224.0	
150.0	1.0861	636.4	628.8	1.835	4.291	1.003	686.5	184.2	
175.0	1.1157	744.5	736.7	2.083	4.360	1.155	680.0	156.3	
200.0	1.1510	854.6	846.6	2.322	4.458	1.337	668.1	135.7	
225.0	1.1934	967.8	959.4	2.555	4.601	1.572	650.3	119.9	
250.0	1.2460	1085	1076	2.785	4.817	1.899	625.2	107.0	
275.0	1.3143	1209	1200	3.018	5.166	2.412	590.7	95.89	
285.86				饱和					
液	1.3515	1266	1257	3.121	5.394	2.749	572.1	91.30	
汽	27.372	2771	2580	5.813	5.121	5.881	62.82	18.96	
300.0	29.460	2837	2631	5.929	4.272	4.639	60.83	19.68	
325.0	32.556	2933	2705	6.093	3.490	3.494	59.61	20.90	
350.0	35.231	3015	2768	6.227	3.082	2.875	59.92	22.09	
375.0	37.660	3088	2825	6.343	2.840	2.484	61.09	23.25	
400.0	39.928	3157	2878	6.447	2.686	2.210	62.81	24.39	
450.0	44.159	3287	2978	6.633	2.512	1.848	67.24	26.60	
500.0	48.132	3410	3073	6.798	2.428	1.613	72.55	28.75	
550.0	51.944	3530	3167	6.949	2.389	1.444	78.41	30.86	
600.0	55.647	3649	3260	7.089	2.375	1.315	84.64	32.91	
650.0	59.272	3768	3353	7.221	2.375	1.212	91.11	34.92	
700.0	62.839	3887	3447	7.347	2.385	1.128	97.72	36.89	
750.0	66.362	4007	3542	7.466	2.401	1.056	104.4	38.82	
800.0	69.850	4127	3638	7.581	2.421	0.995	111.2	40.71	
850.0	73.311	4249	3736	7.692	2.444	0.941	117.9	42.56	
900.0	76.750	4372	3834	7.799	2.469	0.894	124.8	44.38	
950.0	80.171	4496	3934	7.903	2.494	0.851	131.6	46.17	
1000.0	83.576	4621	4036	8.003	2.521	0.813	138.5	47.93	

				$p=8.0\text{MPa}=80\text{bar}$					
t /°C	v /(dm³/kg)	h /(kJ/kg)	u /(kJ/kg)	s /[kJ/(kg·K)]	c_p /[kJ/(kg·K)]	$\alpha_p \times 10^{-3}$ /K	λ /[mW/(K·m)]	η /μPa·s
0.0	0.9962	8.1	0.1	0.0004	4.186	−0.048	565.4	1773
5.0	0.9962	29.0	21.0	0.076	4.165	0.036	574.6	1506
10.0	0.9965	49.8	41.8	0.150	4.158	0.106	583.9	1298
15.0	0.9972	70.5	62.6	0.223	4.157	0.167	593.1	1132
20.0	0.9982	91.3	83.3	0.294	4.159	0.220	602.1	998.8
25.0	0.9994	112.1	104.1	0.365	4.161	0.268	610.7	888.7
30.0	1.0009	132.9	124.9	0.434	4.162	0.311	619.0	797.0
35.0	1.0025	153.8	145.7	0.502	4.163	0.351	626.9	719.7
40.0	1.0044	174.6	166.5	0.569	4.164	0.388	634.2	653.9
45.0	1.0064	195.4	187.3	0.635	4.164	0.423	641.0	597.4
50.0	1.0086	216.2	208.1	0.700	4.164	0.456	647.2	548.5
60.0	1.0136	257.9	249.7	0.827	4.166	0.518	658.1	468.4
70.0	1.0191	299.5	291.4	0.950	4.170	0.576	667.0	406.1
80.0	1.0253	341.3	333.1	1.070	4.177	0.632	674.0	356.6
90.0	1.0321	383.1	374.8	1.187	4.187	0.685	679.4	316.7
100.0	1.0394	425.0	416.7	1.301	4.199	0.737	683.4	284.0
125.0	1.0605	530.4	522.0	1.574	4.238	0.865	688.3	224.2
150.0	1.0855	637.0	628.3	1.834	4.288	1.000	687.1	184.4
175.0	1.1150	745.0	736.1	2.082	4.357	1.150	680.7	156.5
200.0	1.1500	855.1	845.9	2.321	4.453	1.330	669.0	136.0
225.0	1.1922	968.0	958.5	2.553	4.593	1.561	651.3	120.1
250.0	1.2443	1085	1075	2.783	4.804	1.882	626.5	107.3
275.0	1.3116	1209	1198	3.014	5.143	2.379	592.4	96.21
295.04				饱和				
液	1.3843	1316	1305	3.207	5.609	3.068	556.5	87.81
汽	23.520	2757	2569	5.743	5.647	6.565	66.93	19.40
300.0	24.256	2784	2590	5.790	5.196	5.904	65.77	19.65
325.0	27.377	2896	2677	5.981	3.927	4.060	62.79	20.89
350.0	29.946	2986	2746	6.129	3.342	3.201	62.27	22.09
375.0	32.221	3065	2807	6.253	3.014	2.696	62.96	23.26
400.0	34.314	3138	2863	6.363	2.811	2.360	64.35	24.41
450.0	38.165	3272	2966	6.555	2.586	1.933	68.42	26.64
500.0	41.741	3398	3064	6.724	2.478	1.668	73.52	28.80
550.0	45.150	3520	3159	6.878	2.425	1.482	79.27	30.91
600.0	48.446	3641	3253	7.020	2.402	1.342	85.44	32.96
650.0	51.662	3761	3348	7.154	2.396	1.233	91.87	34.98
700.0	54.819	3881	3442	7.280	2.402	1.143	98.44	36.94
750.0	57.931	4001	3538	7.401	2.415	1.068	105.1	38.87
800.0	61.008	4122	3634	7.516	2.433	1.004	111.8	40.76
850.0	64.057	4245	3732	7.628	2.454	0.948	118.5	42.62
900.0	67.085	4368	3831	7.735	2.477	0.900	125.3	44.44
950.0	70.094	4492	3932	7.839	2.502	0.856	132.1	46.22
1000.0	73.087	4618	4033	7.940	2.527	0.817	138.9	47.97

$p=9.0\text{MPa}=90\text{bar}$

t /°C	v /(dm³/kg)	h /(kJ/kg)	u /(kJ/kg)	s /[kJ/(kg·K)]	c_p /[kJ/(kg·K)]	$\alpha_p \times 10^{-3}$ /K	λ /[mW/(K·m)]	η /μPa·s
0.0	0.9957	9.1	0.1	0.0004	4.181	−0.044	566.0	1770
5.0	0.9957	29.9	21.0	0.076	4.160	0.039	575.1	1504
10.0	0.9961	50.7	41.8	0.150	4.154	0.109	584.4	1297
15.0	0.9968	71.5	62.5	0.223	4.154	0.169	593.5	1132
20.0	0.9977	92.3	83.3	0.294	4.156	0.222	602.5	998.5
25.0	0.9990	113.0	104.1	0.365	4.158	0.269	611.2	888.6
30.0	1.0004	133.8	124.8	0.434	4.160	0.312	619.5	797.0
35.0	1.0021	154.6	145.6	0.502	4.161	0.351	627.3	719.8
40.0	1.0039	175.5	166.4	0.569	4.161	0.388	634.6	654.0
45.0	1.0060	196.3	187.2	0.635	4.161	0.423	641.4	597.6
50.0	1.0082	217.1	208.0	0.700	4.162	0.456	647.7	548.7
60.0	1.0131	258.7	249.6	0.826	4.163	0.518	658.6	468.6
70.0	1.0187	300.3	291.2	0.950	4.168	0.576	667.5	406.3
80.0	1.0248	342.1	332.8	1.069	4.175	0.631	674.5	356.9
90.0	1.0316	383.9	374.6	1.186	4.185	0.684	680.0	316.9
100.0	1.0389	425.8	416.4	1.300	4.197	0.735	684.0	284.3
125.0	1.0599	531.1	521.6	1.573	4.235	0.863	688.9	224.5
150.0	1.0848	637.6	627.9	1.833	4.285	0.996	687.8	184.7
175.0	1.1142	745.5	735.5	2.080	4.353	1.145	681.5	156.8
200.0	1.1490	855.5	845.1	2.319	4.448	1.324	669.8	136.2
225.0	1.1909	968.3	957.6	2.551	4.586	1.551	652.3	120.4
250.0	1.2425	1085	1074	2.781	4.792	1.865	627.7	107.6
275.0	1.3091	1208	1197	3.011	5.120	2.347	594.0	96.52
300.0	1.4018	1343	1330	3.251	5.724	3.241	548.6	86.12
303.38				饱和				
液	1.4177	1363	1350	3.285	5.849	3.429	541.5	84.69
汽	20.485	2741	2557	5.677	6.233	7.351	71.39	19.83
325.0	23.258	2854	2645	5.870	4.498	4.819	66.65	20.90
350.0	25.789	2955	2723	6.034	3.652	3.595	64.96	22.11
375.0	27.964	3040	2789	6.169	3.211	2.939	65.03	23.29
400.0	29.931	3117	2848	6.285	2.948	2.526	66.04	24.44
450.0	33.495	3256	2955	6.485	2.665	2.025	69.66	26.68
500.0	36.767	3386	3055	6.658	2.530	1.725	74.54	28.85
550.0	39.863	3510	3152	6.814	2.462	1.521	80.17	30.96
600.0	42.843	3633	3247	6.958	2.430	1.370	86.27	33.02
650.0	45.742	3754	3342	7.093	2.418	1.253	92.66	35.04
700.0	48.580	3875	3437	7.221	2.419	1.158	99.19	37.01
750.0	51.373	3996	3534	7.342	2.429	1.080	105.8	38.93
800.0	54.131	4118	3631	7.458	2.444	1.013	112.5	40.82
850.0	56.861	4240	3729	7.570	2.464	0.956	119.2	42.67
900.0	59.568	4364	3828	7.678	2.486	0.906	125.9	44.49
950.0	62.256	4489	3929	7.782	2.509	0.861	132.6	46.27
1000.0	64.930	4615	4031	7.883	2.534	0.821	139.3	48.02

续表

$p=10.0\text{MPa}=100\text{bar}$

t /°C	v /(dm³/kg)	h /(kJ/kg)	u /(kJ/kg)	s /[kJ/(kg·K)]	c_p /[kJ/(kg·K)]	$\alpha_p \times 10^{-3}$ /K	λ /[mW/(K·m)]	η /μPa·s
0.0	0.9952	10.1	0.1	0.0004	4.177	−0.040	566.5	1768
5.0	0.9952	30.9	21.0	0.076	4.156	0.042	575.6	1503
10.0	0.9956	51.7	41.7	0.150	4.150	0.111	584.9	1296
15.0	0.9963	72.4	62.5	0.223	4.151	0.171	594.0	1131
20.0	0.9973	93.2	83.2	0.294	4.153	0.223	603.0	998.1
25.0	0.9985	114.0	104.0	0.364	4.156	0.270	611.7	888.4
30.0	1.0000	134.8	124.8	0.433	4.157	0.313	619.9	796.9
35.0	1.0016	155.5	145.5	0.501	4.158	0.352	627.8	719.8
40.0	1.0035	176.3	166.3	0.568	4.159	0.388	635.1	654.1
45.0	1.0055	197.1	187.1	0.634	4.159	0.423	641.9	597.7
50.0	1.0078	217.9	207.8	0.699	4.160	0.456	648.2	548.9
60.0	1.0127	259.5	249.4	0.826	4.161	0.517	659.1	468.8
70.0	1.0182	301.2	291.0	0.949	4.166	0.575	668.0	406.6
80.0	1.0244	342.9	332.6	1.069	4.173	0.630	675.0	357.1
90.0	1.0311	384.6	374.3	1.185	4.183	0.682	680.5	317.2
100.0	1.0384	426.5	416.1	1.299	4.195	0.734	684.5	284.5
125.0	1.0593	531.8	521.2	1.572	4.233	0.861	689.5	224.7
150.0	1.0842	638.2	627.4	1.832	4.282	0.993	688.5	184.9
175.0	1.1134	746.1	735.0	2.079	4.349	1.141	682.2	157.0
200.0	1.1481	855.9	844.4	2.318	4.442	1.317	670.7	136.5
225.0	1.1897	968.6	956.7	2.550	4.578	1.541	653.3	120.7
250.0	1.2409	1085	1072	2.778	4.780	1.848	629.0	107.8
275.0	1.3065	1208	1195	3.008	5.099	2.316	595.7	96.83
300.0	1.3975	1342	1328	3.247	5.676	3.167	550.9	86.52
311.03				饱和				
液	1.4522	1407	1392	3.359	6.124	3.847	527.0	81.84
汽	18.025	2724	2544	5.614	6.897	8.263	76.33	20.27
325.0	19.855	2808	2609	5.755	5.284	5.892	71.55	20.94
350.0	22.416	2922	2698	5.943	4.028	4.082	68.11	22.15
375.0	24.532	3014	2769	6.088	3.436	3.221	67.35	23.33
400.0	26.408	3096	2832	6.211	3.100	2.711	67.89	24.48
450.0	29.752	3241	2943	6.419	2.749	2.122	70.99	26.73
500.0	32.784	3373	3046	6.597	2.584	1.785	75.61	28.91
550.0	35.632	3500	3144	6.756	2.500	1.561	81.11	31.02
600.0	38.361	3624	3241	6.902	2.458	1.398	87.13	33.09
650.0	41.006	3747	3337	7.038	2.440	1.274	93.47	35.10
700.0	43.590	3868	3433	7.167	2.437	1.174	99.97	37.07
750.0	46.128	3990	3529	7.289	2.444	1.092	106.5	38.99
800.0	48.630	4113	3627	7.406	2.456	1.023	113.2	40.88
850.0	51.104	4236	3725	7.518	2.474	0.963	119.8	42.73
900.0	53.555	4360	3825	7.627	2.494	0.912	126.4	44.54
950.0	55.987	4486	3926	7.731	2.516	0.866	133.1	46.32
1000.0	58.404	4612	4028	7.832	2.540	0.825	139.7	48.07

续表

$p=11.0\text{MPa}=110\text{bar}$

t /°C	v /(dm³/kg)	h /(kJ/kg)	u /(kJ/kg)	s /[kJ/(kg·K)]	c_p /[kJ/(kg·K)]	$\alpha_p \times 10^{-3}$ /K	λ /[mW/(K·m)]	η /μPa·s
0.0	0.9947	11.1	0.2	0.0005	4.172	−0.036	567.1	1766
5.0	0.9947	31.9	21.0	0.076	4.152	0.045	576.2	1501
10.0	0.9951	52.6	41.7	0.150	4.147	0.113	585.3	1295
15.0	0.9959	73.4	62.4	0.222	4.148	0.172	594.5	1130
20.0	0.9969	94.1	83.2	0.294	4.150	0.224	603.4	997.7
25.0	0.9981	114.9	103.9	0.364	4.153	0.271	612.1	888.2
30.0	0.9995	135.7	124.7	0.433	4.155	0.313	620.4	796.9
35.0	1.0012	156.4	145.4	0.501	4.156	0.352	628.2	719.8
40.0	1.0031	177.2	166.2	0.568	4.157	0.389	635.5	654.2
45.0	1.0051	198.0	186.9	0.634	4.157	0.423	642.4	597.9
50.0	1.0073	218.8	207.7	0.699	4.157	0.456	648.6	549.0
60.0	1.0122	260.4	249.2	0.825	4.159	0.517	659.6	469.1
70.0	1.0178	302.0	290.8	0.948	4.164	0.574	668.5	406.8
80.0	1.0239	343.6	332.4	1.068	4.171	0.629	675.6	357.4
90.0	1.0306	385.4	374.1	1.185	4.181	0.681	681.0	317.5
100.0	1.0380	427.3	415.9	1.298	4.193	0.732	685.1	284.8
125.0	1.0588	532.5	520.9	1.572	4.230	0.858	690.1	225.0
150.0	1.0835	638.9	627.0	1.831	4.279	0.990	689.2	185.2
175.0	1.1126	746.6	734.4	2.078	4.345	1.136	683.0	157.3
200.0	1.1471	856.3	843.7	2.316	4.437	1.310	671.6	136.7
225.0	1.1884	968.8	955.8	2.548	4.571	1.531	654.3	120.9
250.0	1.2392	1085	1071	2.776	4.768	1.832	630.2	108.1
275.0	1.3041	1208	1193	3.005	5.078	2.287	597.3	97.14
300.0	1.3932	1341	1325	3.243	5.630	3.098	553.2	86.92
318.11				饱和				
液	1.4881	1449	1433	3.429	6.443	4.338	513.1	79.18
汽	15.986	2705	2529	5.553	7.662	9.339	81.90	20.72
325.0	16.934	2753	2567	5.634	6.456	7.545	78.16	21.03
350.0	19.604	2886	2670	5.851	4.494	4.699	71.85	22.21
375.0	21.698	2987	2748	6.010	3.697	3.552	69.98	23.39
400.0	23.510	3073	2815	6.141	3.269	2.918	69.92	24.54
450.0	26.683	3225	2931	6.358	2.839	2.227	72.41	26.79
500.0	29.521	3361	3036	6.541	2.641	1.848	76.74	28.97
550.0	32.168	3490	3136	6.703	2.540	1.602	82.08	31.09
600.0	34.692	3616	3234	6.851	2.487	1.428	88.03	33.15
650.0	37.130	3739	3331	6.988	2.463	1.295	94.31	35.17
700.0	39.506	3862	3428	7.118	2.455	1.190	100.8	37.13
750.0	41.836	3985	3525	7.241	2.458	1.104	107.3	39.06
800.0	44.129	4108	3623	7.359	2.469	1.032	113.9	40.94
850.0	46.394	4232	3722	7.471	2.484	0.971	120.4	42.79
900.0	48.635	4357	3822	7.580	2.503	0.918	127.0	44.60
950.0	50.858	4482	3923	7.685	2.524	0.871	133.6	46.38
1000.0	53.066	4609	4025	7.786	2.546	0.829	140.2	48.12

				$p=12.0\text{MPa}=120\text{bar}$					
t /°C	v /(dm³/kg)	h /(kJ/kg)	u /(kJ/kg)	s /[kJ/(kg·K)]	c_p /[kJ/(kg·K)]	$\alpha_p \times 10^{-3}$ /K	λ /[mW/(K·m)]	η /μPa·s
0.0	0.9942	12.1	0.2	0.0005	4.167	−0.033	567.6	1764
5.0	0.9943	32.9	21.0	0.076	4.148	0.048	576.7	1500
10.0	0.9947	53.6	41.7	0.150	4.143	0.116	585.8	1294
15.0	0.9954	74.3	62.4	0.222	4.144	0.174	595.0	1130
20.0	0.9964	95.1	83.1	0.294	4.147	0.226	603.9	997.4
25.0	0.9977	115.8	103.8	0.364	4.150	0.272	612.6	888.0
30.0	0.9991	136.6	124.6	0.433	4.152	0.314	620.8	796.8
35.0	1.0008	157.3	145.3	0.501	4.154	0.353	628.7	719.9
40.0	1.0026	178.1	166.1	0.568	4.154	0.389	636.0	654.4
45.0	1.0047	198.9	186.8	0.633	4.155	0.423	642.8	598.0
50.0	1.0069	219.6	207.6	0.698	4.155	0.456	649.1	549.2
60.0	1.0118	261.2	249.1	0.825	4.157	0.516	660.0	469.3
70.0	1.0173	302.8	290.6	0.948	4.162	0.573	669.0	407.1
80.0	1.0235	344.4	332.2	1.068	4.169	0.628	676.1	357.7
90.0	1.0302	386.2	373.8	1.184	4.179	0.680	681.5	317.7
100.0	1.0375	428.0	415.6	1.298	4.190	0.731	685.6	285.1
125.0	1.0582	533.2	520.5	1.571	4.228	0.856	690.7	225.3
150.0	1.0829	639.5	626.5	1.829	4.276	0.987	689.8	185.4
175.0	1.1119	747.2	733.8	2.077	4.341	1.132	683.7	157.5
200.0	1.1462	856.8	843.0	2.315	4.432	1.304	672.4	137.0
225.0	1.1872	969.1	954.9	2.546	4.563	1.521	655.3	121.2
250.0	1.2375	1085	1070	2.774	4.757	1.816	631.4	108.4
275.0	1.3016	1207	1192	3.002	5.059	2.258	598.8	97.44
300.0	1.3892	1340	1323	3.238	5.586	3.034	555.4	87.30
324.71				饱和				
液	1.5259	1490	1472	3.495	6.820	4.926	499.9	76.65
汽	14.262	2684	2513	5.492	8.558	10.63	88.27	21.18
325.0	14.306	2687	2515	5.496	8.473	10.50	88.00	21.19
350.0	17.203	2846	2639	5.758	5.092	5.507	76.44	22.31
375.0	19.309	2958	2726	5.934	4.001	3.943	73.00	23.46
400.0	21.080	3050	2797	6.074	3.457	3.152	72.18	24.61
450.0	24.120	3208	2919	6.300	2.934	2.339	73.93	26.86
500.0	26.800	3348	3027	6.488	2.699	1.913	77.92	29.04
550.0	29.281	3480	3128	6.653	2.580	1.645	83.09	31.16
600.0	31.634	3607	3228	6.803	2.517	1.457	88.95	33.22
650.0	33.901	3732	3325	6.942	2.486	1.317	95.18	35.24
700.0	36.104	3856	3423	7.073	2.473	1.206	101.6	37.20
750.0	38.260	3980	3521	7.197	2.473	1.117	108.1	39.13
800.0	40.379	4103	3619	7.315	2.481	1.042	114.6	41.01
850.0	42.469	4228	3718	7.428	2.494	0.979	121.1	42.85
900.0	44.536	4353	3818	7.537	2.512	0.924	127.6	44.66
950.0	46.585	4479	3920	7.642	2.531	0.876	134.1	46.43
1000.0	48.618	4606	4023	7.744	2.553	0.833	140.6	48.17

$p=13.0\mathrm{MPa}=130\mathrm{bar}$

t /°C	v /(dm³/kg)	h /(kJ/kg)	u /(kJ/kg)	s /[kJ/(kg·K)]	c_p /[kJ/(kg·K)]	$\alpha_p \times 10^{-3}$ /K	λ /[mW/(K·m)]	η /μPa·s
0.0	0.9937	13.1	0.2	0.0005	4.162	−0.029	568.2	1762
5.0	0.9938	33.9	20.9	0.076	4.144	0.051	577.2	1498
10.0	0.9942	54.6	41.6	0.150	4.140	0.118	586.3	1293
15.0	0.9950	75.3	62.3	0.222	4.141	0.176	595.4	1129
20.0	0.9960	96.0	83.0	0.293	4.145	0.227	604.4	997.0
25.0	0.9972	116.7	103.8	0.363	4.148	0.273	613.0	887.8
30.0	0.9987	137.5	124.5	0.432	4.150	0.315	621.3	796.8
35.0	1.0004	158.2	145.2	0.500	4.151	0.353	629.1	719.9
40.0	1.0022	179.0	165.9	0.567	4.152	0.389	636.5	654.5
45.0	1.0043	199.7	186.7	0.633	4.153	0.423	643.3	598.2
50.0	1.0065	220.5	207.4	0.698	4.153	0.455	649.5	549.4
60.0	1.0114	262.0	248.9	0.824	4.155	0.516	660.5	469.5
70.0	1.0169	303.6	290.4	0.947	4.160	0.573	669.5	407.3
80.0	1.0230	345.2	331.9	1.067	4.167	0.627	676.6	357.9
90.0	1.0297	387.0	373.6	1.183	4.176	0.678	682.1	318.0
100.0	1.0370	428.8	415.3	1.297	4.188	0.729	686.2	285.3
125.0	1.0577	533.9	520.2	1.570	4.225	0.854	691.3	225.5
150.0	1.0822	640.1	626.1	1.828	4.273	0.983	690.5	185.7
175.0	1.1111	747.7	733.3	2.075	4.338	1.127	684.5	157.7
200.0	1.1452	857.2	842.3	2.313	4.427	1.297	673.3	137.2
225.0	1.1860	969.4	954.0	2.544	4.556	1.511	656.3	121.4
250.0	1.2359	1085	1069	2.772	4.746	1.801	632.6	108.6
275.0	1.2993	1207	1190	2.999	5.039	2.231	600.4	97.75
300.0	1.3852	1339	1321	3.234	5.546	2.973	557.6	87.67
325.0	1.5193	1489	1470	3.491	6.703	4.741	502.4	77.09
330.89				饱和				
液	1.5662	1530	1510	3.559	7.274	5.647	487.4	74.22
汽	12.779	2661	2495	5.432	9.629	12.19	95.65	21.68
350.0	15.103	2801	2605	5.661	5.892	6.615	82.24	22.44
375.0	17.259	2927	2702	5.858	4.360	4.413	76.49	23.56
400.0	19.009	3026	2779	6.008	3.668	3.417	74.69	24.70
450.0	21.945	3191	2906	6.245	3.035	2.460	75.56	26.94
500.0	24.495	3335	3017	6.438	2.761	1.982	79.16	29.12
550.0	26.836	3469	3121	6.606	2.622	1.689	84.15	31.23
600.0	29.046	3598	3221	6.758	2.548	1.488	89.91	33.30
650.0	31.168	3725	3320	6.899	2.509	1.338	96.08	35.31
700.0	33.225	3850	3418	7.031	2.492	1.222	102.4	37.27
750.0	35.234	3974	3516	7.155	2.488	1.129	108.9	39.19
800.0	37.206	4099	3615	7.274	2.493	1.052	115.4	41.07
850.0	39.148	4224	3715	7.388	2.505	0.986	121.8	42.91
900.0	41.068	4349	3815	7.497	2.520	0.930	128.3	44.72
950.0	42.969	4476	3917	7.603	2.539	0.881	134.7	46.49
1000.0	44.854	4603	4020	7.705	2.559	0.838	141.1	48.22

$p=14.0\text{MPa}=140\text{bar}$

t /°C	v /(dm³/kg)	h /(kJ/kg)	u /(kJ/kg)	s /[kJ/(kg·K)]	c_p /[kJ/(kg·K)]	$\alpha_p \times 10^{-3}$ /K	λ /[mW/(K·m)]	η /μPa·s
0.0	0.9933	14.1	0.2	0.0006	4.157	−0.025	568.7	1759
5.0	0.9933	34.8	20.9	0.076	4.140	0.054	577.7	1497
10.0	0.9938	55.5	41.6	0.150	4.136	0.120	586.8	1292
15.0	0.9945	76.2	62.3	0.222	4.138	0.178	595.9	1129
20.0	0.9955	96.9	83.0	0.293	4.142	0.229	604.8	996.7
25.0	0.9968	117.6	103.7	0.363	4.145	0.274	613.5	887.7
30.0	0.9983	138.4	124.4	0.432	4.148	0.315	621.8	796.7
35.0	0.9999	159.1	145.1	0.500	4.149	0.354	629.6	720.0
40.0	1.0018	179.9	165.8	0.567	4.150	0.390	636.9	654.6
45.0	1.0038	200.6	186.6	0.633	4.150	0.423	643.7	598.3
50.0	1.0060	221.4	207.3	0.697	4.151	0.455	650.0	549.6
60.0	1.0109	262.9	248.7	0.824	4.153	0.516	661.0	469.8
70.0	1.0164	304.4	290.2	0.947	4.158	0.572	669.9	407.6
80.0	1.0226	346.0	331.7	1.066	4.165	0.626	677.1	358.2
90.0	1.0292	387.7	373.3	1.183	4.174	0.677	682.6	318.3
100.0	1.0365	429.5	415.0	1.296	4.186	0.727	686.7	285.6
125.0	1.0571	534.6	519.8	1.569	4.223	0.851	691.9	225.8
150.0	1.0816	640.8	625.6	1.827	4.271	0.980	691.2	185.9
175.0	1.1104	748.3	732.7	2.074	4.334	1.123	685.2	158.0
200.0	1.1443	857.7	841.7	2.312	4.422	1.291	674.1	137.4
225.0	1.1848	969.7	953.1	2.542	4.549	1.502	657.3	121.6
250.0	1.2343	1085	1068	2.769	4.735	1.786	633.8	108.9
275.0	1.2969	1207	1189	2.997	5.021	2.205	601.9	98.04
300.0	1.3814	1338	1318	3.230	5.507	2.916	559.7	88.04
325.0	1.5111	1487	1465	3.484	6.577	4.543	505.6	77.65
336.70				饱和				
液	1.6096	1570	1547	3.622	7.836	6.552	475.4	71.85
汽	11.485	2637	2476	5.371	10.94	14.14	104.3	22.21
350.0	13.218	2751	2566	5.557	7.033	8.239	89.94	22.64
375.0	15.472	2893	2677	5.781	4.793	4.989	80.61	23.69
400.0	17.219	3001	2760	5.944	3.906	3.720	77.50	24.80
450.0	20.075	3174	2893	6.192	3.144	2.589	77.31	27.03
500.0	22.517	3322	3007	6.390	2.824	2.054	80.47	29.20
550.0	24.739	3459	3113	6.562	2.664	1.735	85.25	31.31
600.0	26.828	3590	3214	6.716	2.579	1.519	90.90	33.37
650.0	28.825	3717	3314	6.859	2.533	1.361	97.00	35.38
700.0	30.757	3843	3413	6.991	2.510	1.239	103.3	37.35
750.0	32.640	3969	3512	7.117	2.503	1.142	109.7	39.26
800.0	34.486	4094	3611	7.236	2.506	1.061	116.1	41.14
850.0	36.303	4219	3711	7.351	2.515	0.994	122.5	42.98
900.0	38.096	4345	3812	7.461	2.529	0.936	128.9	44.78
950.0	39.870	4472	3914	7.566	2.547	0.886	135.3	46.54
1000.0	41.628	4600	4017	7.669	2.566	0.842	141.6	48.27

$p=15.0\text{MPa}=150\text{bar}$

t /℃	v /(dm³/kg)	h /(kJ/kg)	u /(kJ/kg)	s /[kJ/(kg·K)]	c_p /[kJ/(kg·K)]	$a_p \times 10^{-3}$ /K	λ /[mW/(K·m)]	η /μPa·s
0.0	0.9928	15.1	0.2	0.0006	4.153	−0.021	569.3	1757
5.0	0.9929	35.8	20.9	0.076	4.136	0.057	578.2	1495
10.0	0.9933	56.5	41.6	0.149	4.133	0.123	587.3	1291
15.0	0.9941	77.2	62.3	0.222	4.135	0.180	596.4	1128
20.0	0.9951	97.8	82.9	0.293	4.139	0.230	605.3	996.4
25.0	0.9963	118.5	103.6	0.363	4.142	0.275	613.9	887.5
30.0	0.9978	139.3	124.3	0.432	4.145	0.316	622.2	796.7
35.0	0.9995	160.0	145.0	0.500	4.147	0.354	630.0	720.0
40.0	1.0014	180.7	165.7	0.566	4.148	0.390	637.4	654.7
45.0	1.0034	201.5	186.4	0.632	4.148	0.423	644.2	598.5
50.0	1.0056	222.2	207.1	0.697	4.149	0.455	650.5	549.8
60.0	1.0105	263.7	248.6	0.823	4.151	0.515	661.5	470.0
70.0	1.0160	305.2	290.0	0.946	4.156	0.571	670.4	407.8
80.0	1.0221	346.8	331.5	1.066	4.163	0.625	677.6	358.5
90.0	1.0288	388.5	373.1	1.182	4.172	0.676	683.1	318.6
100.0	1.0360	430.3	414.7	1.295	4.184	0.726	687.2	285.9
125.0	1.0566	535.3	519.5	1.568	4.221	0.849	692.5	226.0
150.0	1.0810	641.4	625.2	1.826	4.268	0.977	691.8	186.2
175.0	1.1096	748.8	732.2	2.073	4.330	1.118	686.0	158.2
200.0	1.1434	858.1	841.0	2.310	4.417	1.285	674.9	137.7
225.0	1.1836	970.0	952.3	2.541	4.542	1.493	658.3	121.9
250.0	1.2327	1085	1067	2.767	4.724	1.772	635.0	109.2
275.0	1.2946	1207	1187	2.994	5.003	2.179	603.4	98.34
300.0	1.3777	1337	1316	3.226	5.470	2.862	561.7	88.40
325.0	1.5033	1484	1462	3.477	6.465	4.367	508.6	78.18
342.19					饱和			
液	1.6571	1609	1584	3.684	8.551	7.725	464.0	69.50
汽	10.339	2610	2454	5.309	12.58	16.64	114.6	22.79
350.0	11.469	2691	2519	5.440	8.838	10.89	100.9	22.94
375.0	13.889	2857	2649	5.703	5.325	5.710	85.53	23.86
400.0	15.652	2974	2739	5.880	4.177	4.068	80.68	24.93
450.0	18.450	3156	2879	6.141	3.260	2.728	79.18	27.13
500.0	20.800	3309	2997	6.345	2.891	2.130	81.85	29.29
550.0	22.921	3448	3104	6.520	2.708	1.782	86.39	31.40
600.0	24.904	3581	3207	6.677	2.610	1.551	91.92	33.46
650.0	26.794	3710	3308	6.820	2.557	1.383	97.96	35.46
700.0	28.618	3837	3408	6.954	2.529	1.256	104.2	37.42
750.0	30.392	3963	3507	7.081	2.518	1.154	110.6	39.34
800.0	32.129	4089	3607	7.201	2.518	1.071	116.9	41.21
850.0	33.836	4215	3708	7.316	2.526	1.002	123.3	43.04
900.0	35.520	4342	3809	7.426	2.538	0.942	129.6	44.84
950.0	37.184	4469	3911	7.532	2.554	0.891	135.9	46.60
1000.0	38.833	4597	4015	7.635	2.573	0.846	142.1	48.33

续表

				$p=16.0\text{MPa}=160\text{bar}$					
t /°C	v /(dm³/kg)	h /(kJ/kg)	u /(kJ/kg)	s /[kJ/(kg·K)]	c_p /[kJ/(kg·K)]	$\alpha_p \times 10^{-3}$ /K	λ /[mW/(K·m)]	η /μPa·s
0.0	0.9923	16.1	0.2	0.0006	4.148	−0.018	569.8	1755
5.0	0.9924	36.8	20.9	0.076	4.132	0.060	578.7	1494
10.0	0.9929	57.5	41.6	0.149	4.129	0.125	587.8	1290
15.0	0.9936	78.1	62.2	0.222	4.132	0.181	596.8	1127
20.0	0.9946	98.8	82.9	0.293	4.136	0.231	605.7	996.1
25.0	0.9959	119.5	103.5	0.363	4.140	0.276	614.4	887.4
30.0	0.9974	140.2	124.2	0.432	4.143	0.317	622.7	796.6
35.0	0.9991	160.9	144.9	0.499	4.144	0.355	630.5	720.1
40.0	1.0009	181.6	165.6	0.566	4.146	0.390	637.8	654.8
45.0	1.0030	202.3	186.3	0.632	4.146	0.423	644.7	598.7
50.0	1.0052	223.1	207.0	0.696	4.147	0.455	650.9	550.0
60.0	1.0101	264.6	248.4	0.823	4.149	0.515	661.9	470.3
70.0	1.0156	306.1	289.8	0.946	4.154	0.571	670.9	408.1
80.0	1.0217	347.6	331.3	1.065	4.161	0.624	678.1	358.7
90.0	1.0283	389.3	372.9	1.181	4.170	0.675	683.6	318.8
100.0	1.0355	431.0	414.5	1.295	4.182	0.724	687.8	286.1
125.0	1.0561	536.0	519.1	1.567	4.218	0.847	693.1	226.3
150.0	1.0804	642.0	624.8	1.825	4.265	0.974	692.5	186.4
175.0	1.1089	749.4	731.6	2.072	4.327	1.114	686.7	158.5
200.0	1.1425	858.6	840.3	2.309	4.412	1.278	675.8	137.9
225.0	1.1825	970.3	951.4	2.539	4.535	1.484	659.2	122.1
250.0	1.2311	1085	1066	2.765	4.714	1.757	636.1	109.4
275.0	1.2924	1206	1186	2.991	4.985	2.154	604.9	98.63
300.0	1.3740	1336	1314	3.222	5.435	2.811	563.8	88.76
325.0	1.4960	1482	1458	3.471	6.364	4.209	511.6	78.69
347.39				饱和				
液	1.7099	1649	1622	3.745	9.498	9.305	453.1	67.13
汽	9.3105	2580	2431	5.245	14.72	19.94	127.1	23.44
350.0	9.7553	2615	2459	5.301	12.32	16.19	118.8	23.41
375.0	12.467	2818	2619	5.622	5.998	6.639	91.55	24.07
400.0	14.265	2946	2718	5.816	4.487	4.473	84.29	25.08
450.0	17.023	3138	2866	6.091	3.385	2.879	81.20	27.24
500.0	19.296	3295	2986	6.302	2.960	2.209	83.30	29.38
550.0	21.330	3438	3096	6.480	2.754	1.830	87.58	31.49
600.0	23.221	3572	3201	6.639	2.642	1.583	92.98	33.54
650.0	25.017	3703	3302	6.784	2.581	1.406	98.94	35.54
700.0	26.747	3831	3403	6.919	2.548	1.273	105.1	37.50
750.0	28.426	3958	3503	7.047	2.534	1.167	111.4	39.41
800.0	30.067	4084	3603	7.168	2.531	1.081	117.7	41.28
850.0	31.679	4211	3704	7.283	2.536	1.009	124.0	43.11
900.0	33.266	4338	3806	7.394	2.547	0.948	130.3	44.90
950.0	34.835	4466	3908	7.500	2.562	0.896	136.5	46.66
1000.0	36.388	4594	4012	7.603	2.579	0.850	142.7	48.38

续表

$p=17.0\text{MPa}=170\text{bar}$

t /°C	v /(dm³/kg)	h /(kJ/kg)	u /(kJ/kg)	s /[kJ/(kg·K)]	c_p /[kJ/(kg·K)]	$a_p \times 10^{-3}$ /K	λ /[mW/(K·m)]	η /μPa·s
0.0	0.9918	17.1	0.2	0.0006	4.143	−0.014	570.4	1753
5.0	0.9919	37.8	20.9	0.076	4.128	0.063	579.2	1493
10.0	0.9924	58.4	41.5	0.149	4.126	0.127	588.3	1289
15.0	0.9932	79.0	62.2	0.221	4.129	0.183	597.3	1127
20.0	0.9942	99.7	82.8	0.292	4.133	0.233	606.2	995.7
25.0	0.9955	120.4	103.5	0.362	4.137	0.277	614.8	887.2
30.0	0.9970	141.1	124.1	0.431	4.140	0.318	623.1	796.6
35.0	0.9986	161.8	144.8	0.499	4.142	0.355	630.9	720.1
40.0	1.0005	182.5	165.5	0.566	4.143	0.390	638.3	654.9
45.0	1.0025	203.2	186.2	0.631	4.144	0.424	645.1	598.8
50.0	1.0048	223.9	206.9	0.696	4.145	0.455	651.4	550.2
60.0	1.0096	265.4	248.2	0.822	4.147	0.514	662.4	470.5
70.0	1.0151	306.9	289.6	0.945	4.152	0.570	671.4	408.4
80.0	1.0212	348.4	331.1	1.064	4.159	0.623	678.6	359.0
90.0	1.0278	390.1	372.6	1.181	4.168	0.673	684.2	319.1
100.0	1.0350	431.8	414.2	1.294	4.180	0.723	688.3	286.4
125.0	1.0555	536.7	518.8	1.566	4.216	0.845	693.7	226.5
150.0	1.0797	642.7	624.3	1.824	4.262	0.971	693.1	186.7
175.0	1.1081	749.9	731.1	2.070	4.323	1.110	687.5	158.7
200.0	1.1416	859.0	839.6	2.307	4.408	1.272	676.6	138.2
225.0	1.1813	970.6	950.5	2.537	4.528	1.475	660.2	122.4
250.0	1.2296	1085	1064	2.763	4.704	1.744	637.3	109.7
275.0	1.2902	1206	1184	2.988	4.968	2.131	606.4	98.92
300.0	1.3705	1335	1312	3.218	5.402	2.762	565.8	89.11
325.0	1.4891	1480	1454	3.465	6.272	4.067	514.4	79.19
350.0	1.7269	1666	1636	3.769	9.702	9.645	450.0	66.45
352.34				饱和				
液	1.7698	1689	1659	3.807	10.82	11.54	442.7	64.71
汽	8.3733	2547	2404	5.178	17.62	24.51	142.4	24.18
375.0	11.168	2775	2585	5.537	6.879	7.884	99.10	24.34
400.0	13.025	2917	2695	5.752	4.846	4.948	88.44	25.26
450.0	15.759	3119	2851	6.043	3.518	3.041	83.38	27.36
500.0	17.967	3281	2976	6.260	3.033	2.291	84.82	29.49
550.0	19.925	3427	3088	6.442	2.800	1.880	88.81	31.58
600.0	21.736	3563	3194	6.603	2.675	1.616	94.07	33.63
650.0	23.450	3695	3296	6.750	2.606	1.430	99.95	35.63
700.0	25.095	3824	3398	6.886	2.568	1.290	106.1	37.58
750.0	26.691	3952	3498	7.014	2.549	1.180	112.3	39.49
800.0	28.248	4079	3599	7.136	2.544	1.091	118.6	41.35
850.0	29.775	4207	3700	7.252	2.547	1.017	124.8	43.18
900.0	31.278	4334	3802	7.363	2.556	0.955	131.0	44.97
950.0	32.762	4462	3905	7.470	2.570	0.901	137.1	46.72
1000.0	34.230	4591	4009	7.573	2.586	0.854	143.2	48.44

				$p=18.0\text{MPa}=180\text{bar}$					
t /°C	v /(dm³/kg)	h /(kJ/kg)	u /(kJ/kg)	s /[kJ/(kg·K)]	c_p /[kJ/(kg·K)]	$\alpha_p \times 10^{-3}$ /K	λ /[mW/(K·m)]	η /μPa·s
0.0	0.9913	18.1	0.3	0.0006	4.139	−0.010	570.9	1751
5.0	0.9915	38.8	20.9	0.076	4.124	0.065	579.7	1491
10.0	0.9920	59.4	41.5	0.149	4.123	0.129	588.7	1288
15.0	0.9927	80.0	62.1	0.221	4.126	0.185	597.8	1126
20.0	0.9938	100.6	82.7	0.292	4.131	0.234	606.7	995.4
25.0	0.9951	121.3	103.4	0.362	4.135	0.278	615.3	887.1
30.0	0.9965	142.2	124.0	0.431	4.138	0.318	623.6	796.6
35.0	0.9982	162.7	144.7	0.499	4.140	0.356	631.4	720.2
40.0	1.0001	183.4	165.4	0.565	4.141	0.391	638.7	655.0
45.0	1.0021	204.1	186.0	0.631	4.142	0.424	645.6	599.0
50.0	1.0043	224.8	206.7	0.695	4.143	0.455	651.9	550.4
60.0	1.0092	266.2	248.1	0.822	4.145	0.514	662.9	470.7
70.0	1.0147	307.7	289.4	0.944	4.150	0.569	671.9	408.6
80.0	1.0208	349.2	330.9	1.064	4.157	0.622	679.1	359.3
90.0	1.0274	390.8	372.3	1.180	4.166	0.672	684.7	319.4
100.0	1.0346	432.6	413.9	1.293	4.178	0.721	688.9	286.7
125.0	1.0550	537.4	518.4	1.565	4.214	0.843	694.3	226.8
150.0	1.0791	643.3	623.9	1.823	4.259	0.968	693.8	186.9
175.0	1.1074	750.5	730.6	2.069	4.319	1.105	688.2	159.0
200.0	1.1407	859.5	838.9	2.306	4.403	1.266	677.5	138.4
225.0	1.1802	970.9	949.7	2.535	4.522	1.466	661.2	122.6
250.0	1.2281	1086	1063	2.761	4.694	1.730	638.5	110.0
275.0	1.2880	1206	1183	2.985	4.952	2.108	607.9	99.20
300.0	1.3671	1334	1310	3.215	5.370	2.716	567.8	89.45
325.0	1.4825	1478	1451	3.459	6.188	3.938	517.2	79.66
350.0	1.7028	1658	1627	3.754	9.025	8.502	454.7	67.52
357.04				饱和				
液	1.8399	1732	1698	3.871	12.78	14.94	433.0	62.16
汽	7.5046	2509	2374	5.105	21.83	31.25	162.0	25.05
375.0	9.9590	2726	2546	5.445	8.095	9.645	108.9	24.70
400.0	11.905	2885	2671	5.687	5.267	5.512	93.23	25.47
450.0	14.631	3100	2837	5.995	3.662	3.217	85.73	27.50
500.0	16.784	3267	2965	6.219	3.108	2.378	86.42	29.60
550.0	18.675	3416	3080	6.405	2.848	1.932	90.10	31.68
600.0	20.415	3554	3187	6.569	2.709	1.650	95.20	33.72
650.0	22.056	3688	3291	6.717	2.631	1.453	101.0	35.72
700.0	23.628	3818	3393	6.855	2.587	1.307	107.1	37.66
750.0	25.149	3947	3494	6.984	2.565	1.193	113.3	39.57
800.0	26.631	4075	3595	7.106	2.557	1.101	119.4	41.43
850.0	28.083	4202	3697	7.222	2.558	1.025	125.6	43.25
900.0	29.511	4330	3799	7.334	2.565	0.961	131.7	45.04
950.0	30.920	4459	3902	7.441	2.577	0.906	137.8	46.79
1000.0	32.312	4588	4007	7.545	2.593	0.858	143.8	48.50

$p=19.0\mathrm{MPa}=190\mathrm{bar}$

t /°C	v /(dm³/kg)	h /(kJ/kg)	u /(kJ/kg)	s /[kJ/(kg·K)]	c_p /[kJ/(kg·K)]	$\alpha_p\times10^{-3}$ /K	λ /[mW/(K·m)]	η /μPa·s
0.0	0.9908	19.1	0.3	0.0007	4.135	−0.006	571.5	1749
5.0	0.9910	39.7	20.9	0.075	4.121	0.068	580.2	1490
10.0	0.9915	60.3	41.5	0.149	4.119	0.132	589.2	1287
15.0	0.9923	80.9	62.1	0.221	4.123	0.187	598.2	1126
20.0	0.9933	101.6	82.7	0.292	4.128	0.235	607.1	995.1
25.0	0.9946	122.2	103.3	0.362	4.132	0.279	615.8	886.9
30.0	0.9961	142.9	123.9	0.431	4.136	0.319	624.0	796.6
35.0	0.9978	163.6	144.6	0.498	4.138	0.356	631.9	720.2
40.0	0.9997	184.2	165.3	0.565	4.139	0.391	639.2	655.2
45.0	1.0017	204.9	185.9	0.630	4.140	0.424	646.0	599.2
50.0	1.0039	225.6	206.6	0.695	4.141	0.455	652.3	550.6
60.0	1.0088	267.1	247.9	0.821	4.143	0.514	663.4	471.0
70.0	1.0143	308.5	289.2	0.944	4.148	0.568	672.4	408.9
80.0	1.0203	350.0	330.6	1.063	4.155	0.621	679.6	359.5
90.0	1.0269	391.6	372.1	1.179	4.164	0.671	685.2	319.6
100.0	1.0341	433.3	413.7	1.292	4.176	0.720	689.4	286.9
125.0	1.0545	538.1	518.1	1.564	4.211	0.840	694.9	227.1
150.0	1.0785	644.0	623.5	1.822	4.256	0.965	694.5	187.2
175.0	1.1067	751.1	730.0	2.068	4.316	1.101	688.9	159.2
200.0	1.1398	859.9	838.3	2.304	4.398	1.260	678.3	138.6
225.0	1.1790	971.3	948.9	2.534	4.515	1.458	662.1	122.9
250.0	1.2266	1086	1062	2.759	4.684	1.717	639.6	110.2
275.0	1.2859	1206	1181	2.983	4.936	2.085	609.3	99.49
300.0	1.3638	1334	1308	3.211	5.340	2.672	569.7	89.79
325.0	1.4762	1476	1448	3.453	6.111	3.820	519.9	80.13
350.0	1.6824	1651	1619	3.740	8.526	7.668	459.1	68.47
361.52				饱和				
液	1.9252	1776	1740	3.939	16.02	20.66	424.5	59.42
汽	6.6815	2466	2339	5.026	28.50	42.15	187.9	26.10
375.0	8.8066	2669	2502	5.343	9.908	12.34	122.3	25.20
400.0	10.885	2852	2645	5.621	5.767	6.193	98.82	25.73
450.0	13.618	3081	2822	5.949	3.816	3.407	88.28	27.65
500.0	15.724	3253	2955	6.180	3.187	2.468	88.11	29.72
550.0	17.556	3405	3071	6.370	2.897	1.985	91.43	31.79
600.0	19.233	3545	3180	6.536	2.743	1.684	96.36	33.82
650.0	20.809	3680	3285	6.686	2.656	1.477	102.1	35.81
700.0	22.315	3811	3387	6.824	2.607	1.324	108.1	37.75
750.0	23.769	3941	3489	6.954	2.581	1.206	114.2	39.65
800.0	25.185	4070	3591	7.077	2.569	1.111	120.3	41.51
850.0	26.570	4198	3693	7.194	2.568	1.033	126.4	43.32
900.0	27.930	4327	3796	7.306	2.574	0.967	132.5	45.10
950.0	29.271	4456	3900	7.414	2.585	0.911	138.5	46.85
1000.0	30.597	4585	4004	7.518	2.599	0.862	144.4	48.56

续表

t /℃	v /(dm³/kg)	h /(kJ/kg)	u /(kJ/kg)	s /[kJ/(kg·K)]	c_p /[kJ/(kg·K)]	$\alpha_p \times 10^{-3}$ /K	λ /[mW/(K·m)]	η /μPa·s

$p=20.0\text{MPa}=200\text{bar}$

t /℃	v /(dm³/kg)	h /(kJ/kg)	u /(kJ/kg)	s /[kJ/(kg·K)]	c_p /[kJ/(kg·K)]	$\alpha_p \times 10^{-3}$ /K	λ /[mW/(K·m)]	η /μPa·s
0.0	0.9904	20.1	0.3	0.0007	4.130	−0.003	572.0	1747
5.0	0.9905	40.7	20.9	0.075	4.117	0.071	580.8	1489
10.0	0.9911	61.3	41.5	0.149	4.116	0.134	589.7	1287
15.0	0.9919	81.9	62.0	0.221	4.120	0.188	598.7	1125
20.0	0.9929	102.5	82.6	0.292	4.125	0.237	607.6	994.8
25.0	0.9942	123.1	103.2	0.362	4.130	0.280	616.2	886.8
30.0	0.9957	143.8	123.9	0.430	4.133	0.320	624.5	796.5
35.0	0.9974	164.4	144.5	0.498	4.135	0.357	632.3	720.3
40.0	0.9992	185.1	165.1	0.564	4.137	0.391	639.7	655.3
45.0	1.0013	205.8	185.8	0.630	4.138	0.424	646.5	599.3
50.0	1.0035	226.5	206.4	0.695	4.139	0.455	652.8	550.8
60.0	1.0084	267.9	247.7	0.821	4.141	0.513	663.8	471.2
70.0	1.0138	309.3	289.1	0.943	4.146	0.568	672.9	409.1
80.0	1.0199	350.8	330.4	1.062	4.153	0.620	680.1	359.8
90.0	1.0265	392.4	371.9	1.179	4.162	0.670	685.7	319.9
100.0	1.0336	434.1	413.4	1.292	4.174	0.718	690.0	287.2
125.0	1.0539	538.8	517.8	1.563	4.209	0.838	695.5	227.3
150.0	1.0779	644.6	623.0	1.821	4.254	0.962	695.1	187.4
175.0	1.1059	751.6	729.5	2.067	4.312	1.097	689.7	159.4
200.0	1.1389	860.4	837.6	2.303	4.394	1.255	679.1	138.9
225.0	1.1779	971.6	948.0	2.532	4.509	1.449	663.1	123.1
250.0	1.2251	1086	1061	2.757	4.674	1.704	640.8	110.5
275.0	1.2838	1205	1180	2.980	4.920	2.064	610.8	99.77
300.0	1.3605	1333	1306	3.207	5.311	2.630	571.6	90.12
325.0	1.4702	1474	1444	3.448	6.039	3.711	522.5	80.58
350.0	1.6645	1645	1612	3.728	8.138	7.028	463.3	69.33
365.80				饱和				
液	2.0360	1826	1786	4.015	22.37	32.07	419.4	56.30
汽	5.8738	2413	2296	4.933	40.99	63.01	225.5	27.47
375.0	7.6675	2600	2447	5.225	12.98	17.05	142.1	25.92
400.0	9.9458	2816	2617	5.552	6.371	7.030	105.4	26.03
450.0	12.701	3060	2806	5.903	3.982	3.613	91.03	27.81
500.0	14.769	3239	2944	6.142	3.269	2.563	89.89	29.85
550.0	16.549	3393	3062	6.335	2.948	2.039	92.81	31.90
600.0	18.169	3536	3173	6.504	2.778	1.720	97.57	33.92
650.0	19.687	3672	3279	6.656	2.682	1.502	103.2	35.90
700.0	21.133	3805	3382	6.796	2.627	1.342	109.1	37.84
750.0	22.528	3936	3485	6.926	2.597	1.219	115.2	39.73
800.0	23.883	4065	3587	7.050	2.583	1.121	121.2	41.58
850.0	25.207	4194	3690	7.167	2.579	1.041	127.2	43.40
900.0	26.508	4323	3793	7.280	2.584	0.973	133.2	45.17
950.0	27.788	4452	3897	7.388	2.593	0.916	139.1	46.92
1000.0	29.053	4582	4001	7.492	2.606	0.866	145.0	48.62

				$p=21.0\text{MPa}=210\text{bar}$				
t /°C	v /(dm³/kg)	h /(kJ/kg)	u /(kJ/kg)	s /[kJ/(kg·K)]	c_p /[kJ/(kg·K)]	$\alpha_p \times 10^{-3}$ /K	λ /[mW/(K·m)]	η /μPa·s
0.0	0.9899	21.1	0.3	0.0007	4.126	0.001	572.6	1745
5.0	0.9901	41.7	20.9	0.075	4.113	0.074	581.3	1487
10.0	0.9906	62.2	41.4	0.149	4.113	0.136	590.2	1286
15.0	0.9914	82.8	62.0	0.221	4.117	0.190	599.2	1125
20.0	0.9925	103.4	82.6	0.292	4.123	0.238	608.0	994.5
25.0	0.9938	124.0	103.2	0.361	4.127	0.281	616.7	886.7
30.0	0.9953	144.7	123.8	0.430	4.131	0.321	624.9	796.5
35.0	0.9970	165.3	144.4	0.498	4.133	0.357	632.8	720.4
40.0	0.9988	186.0	165.0	0.564	4.135	0.392	640.1	655.4
45.0	1.0009	206.7	185.7	0.630	4.136	0.424	647.0	599.5
50.0	1.0031	227.4	206.3	0.694	4.137	0.455	653.3	551.0
60.0	1.0079	268.7	247.6	0.820	4.139	0.513	664.3	471.5
70.0	1.0134	310.1	288.9	0.943	4.144	0.567	673.4	409.4
80.0	1.0194	351.6	330.2	1.062	4.151	0.619	680.6	360.1
90.0	1.0260	393.2	371.6	1.178	4.160	0.669	686.3	320.2
100.0	1.0331	434.8	413.1	1.291	4.172	0.717	690.5	287.5
125.0	1.0534	539.5	517.4	1.563	4.207	0.836	696.1	227.6
150.0	1.0773	645.2	622.6	1.820	4.251	0.959	695.8	187.7
175.0	1.1052	752.2	729.0	2.066	4.309	1.093	690.4	159.7
200.0	1.1380	860.9	837.0	2.302	4.389	1.249	679.9	139.1
225.0	1.1768	971.9	947.2	2.530	4.503	1.441	664.0	123.4
250.0	1.2236	1086	1060	2.754	4.665	1.691	641.9	110.7
275.0	1.2817	1205	1178	2.977	4.905	2.043	612.2	100.0
300.0	1.3573	1332	1304	3.204	5.283	2.590	573.5	90.45
325.0	1.4644	1472	1441	3.442	5.973	3.612	525.1	81.01
350.0	1.6486	1640	1605	3.716	7.825	6.517	467.2	70.12
369.88				饱和				
液	2.2003	1887	1841	4.106	40.82	66.07	427.2	52.39
汽	5.0204	2342	2237	4.814	76.58	123.1	296.0	29.49
375.0	6.4607	2510	2374	5.073	19.70	27.76	176.2	27.13
400.0	9.0738	2778	2587	5.481	7.114	8.079	113.3	26.41
450.0	11.868	3040	2790	5.857	4.162	3.838	94.02	28.00
500.0	13.903	3224	2932	6.104	3.355	2.662	91.76	29.99
550.0	15.637	3382	3054	6.302	3.000	2.095	94.25	32.02
600.0	17.206	3527	3166	6.473	2.813	1.755	98.80	34.03
650.0	18.671	3665	3273	6.627	2.708	1.526	104.3	36.00
700.0	20.064	3799	3377	6.768	2.647	1.360	110.2	37.93
750.0	21.404	3930	3480	6.899	2.613	1.232	116.1	39.82
800.0	22.705	4060	3583	7.024	2.596	1.131	122.1	41.67
850.0	23.975	4190	3686	7.142	2.590	1.048	128.1	43.47
900.0	25.221	4319	3790	7.254	2.593	0.979	134.0	45.25
950.0	26.446	4449	3894	7.363	2.601	0.921	139.8	46.98
1000.0	27.656	4579	3999	7.467	2.613	0.870	145.6	48.68

				$p=22.0\text{MPa}=220\text{bar}$				
t /°C	v /(dm³/kg)	h /(kJ/kg)	u /(kJ/kg)	s /[kJ/(kg·K)]	c_p /[kJ/(kg·K)]	$\alpha_p \times 10^{-3}$ /K	λ /[mW/(K·m)]	η /μPa·s
0.0	0.9894	22.1	0.3	0.0007	4.122	0.004	573.1	1743
5.0	0.9896	42.6	20.9	0.075	4.109	0.077	581.8	1486
10.0	0.9902	63.2	41.4	0.148	4.109	0.138	590.7	1285
15.0	0.9910	83.7	61.9	0.220	4.114	0.192	599.7	1124
20.0	0.9920	104.3	82.5	0.291	4.120	0.239	608.5	994.3
25.0	0.9933	124.9	103.1	0.361	4.125	0.282	617.1	886.5
30.0	0.9948	145.6	123.7	0.430	4.129	0.321	625.4	796.5
35.0	0.9965	166.2	144.3	0.497	4.131	0.358	633.2	720.4
40.0	0.9984	186.9	164.9	0.564	4.133	0.392	640.6	655.5
45.0	1.0004	207.5	185.5	0.629	4.134	0.424	647.4	599.7
50.0	1.0026	228.2	206.2	0.694	4.135	0.455	653.7	551.2
60.0	1.0075	269.6	247.4	0.820	4.137	0.512	664.8	471.7
70.0	1.0130	311.0	288.7	0.942	4.142	0.566	673.9	409.7
80.0	1.0190	352.4	330.0	1.061	4.149	0.618	681.1	360.3
90.0	1.0256	393.9	371.4	1.177	4.158	0.667	686.8	320.4
100.0	1.0327	435.6	412.9	1.290	4.169	0.716	691.0	287.7
125.0	1.0529	540.2	517.1	1.562	4.204	0.834	696.7	227.8
150.0	1.0767	645.9	622.2	1.819	4.248	0.956	696.4	187.9
175.0	1.1045	752.8	728.5	2.064	4.306	1.089	691.1	159.9
200.0	1.1371	861.3	836.3	2.300	4.385	1.243	680.8	139.3
225.0	1.1757	972.3	946.4	2.529	4.496	1.433	665.0	123.6
250.0	1.2221	1086	1059	2.752	4.656	1.679	643.0	111.0
275.0	1.2797	1205	1177	2.975	4.890	2.022	613.6	100.3
300.0	1.3542	1332	1302	3.200	5.256	2.552	575.3	90.77
325.0	1.4589	1470	1438	3.437	5.912	3.519	527.6	81.44
350.0	1.6343	1635	1599	3.706	7.567	6.097	471.0	70.86
373.77				饱和				
液	2.7011	2012	1953	4.296	1403	2801	907.1	47.04
汽	3.6526	2176	2095	4.549	4041	6865	1408	38.18
375.0	4.8643	2349	2242	4.817	55.30	87.60	275.7	30.21
400.0	8.2555	2736	2554	5.405	8.054	9.429	122.9	26.87
450.0	11.107	3018	2774	5.811	4.356	4.082	97.26	28.20
500.0	13.115	3210	2921	6.068	3.445	2.766	93.72	30.14
550.0	14.808	3371	3045	6.270	3.053	2.153	95.75	32.14
600.0	16.331	3518	3159	6.443	2.849	1.792	100.1	34.14
650.0	17.748	3657	3267	6.599	2.734	1.551	105.4	36.10
700.0	19.092	3792	3372	6.741	2.667	1.378	111.2	38.02
750.0	20.384	3924	3476	6.874	2.629	1.246	117.1	39.90
800.0	21.635	4055	3579	6.998	2.609	1.141	123.1	41.75
850.0	22.855	4185	3683	7.117	2.601	1.056	129.0	43.55
900.0	24.051	4315	3786	7.230	2.602	0.986	134.8	45.32
950.0	25.227	4446	3891	7.339	2.609	0.925	140.6	47.05
1000.0	26.387	4576	3996	7.444	2.620	0.874	146.3	48.75

续表

$p=23.0\text{MPa}=230\text{bar}$

t /℃	v /(dm³/kg)	h /(kJ/kg)	u /(kJ/kg)	s /[kJ/(kg·K)]	c_p /[kJ/(kg·K)]	$\alpha_p \times 10^{-3}$ /K	λ /[mW/(K·m)]	η /μPa·s
0.0	0.9889	23.1	0.3	0.0007	4.117	0.008	573.7	1741
5.0	0.9892	43.6	20.9	0.075	4.106	0.079	582.3	1485
10.0	0.9897	64.1	41.4	0.148	4.106	0.140	591.2	1284
15.0	0.9905	84.7	61.9	0.220	4.111	0.194	600.1	1124
20.0	0.9916	105.2	82.4	0.291	4.117	0.241	609.0	994.0
25.0	0.9929	125.8	103.0	0.361	4.122	0.283	617.6	886.4
30.0	0.9944	146.5	123.6	0.429	4.126	0.322	625.8	796.5
35.0	0.9961	167.1	144.2	0.497	4.129	0.358	633.7	720.5
40.0	0.9980	187.8	164.8	0.563	4.130	0.392	641.0	655.7
45.0	1.0000	208.4	185.4	0.629	4.132	0.424	647.9	599.8
50.0	1.0022	229.1	206.0	0.693	4.133	0.455	654.2	551.4
60.0	1.0071	270.4	247.2	0.819	4.135	0.512	665.3	471.9
70.0	1.0125	311.8	288.5	0.942	4.140	0.566	674.4	409.9
80.0	1.0185	353.2	329.8	1.061	4.147	0.617	681.6	360.6
90.0	1.0251	394.7	371.1	1.176	4.156	0.666	687.3	320.7
100.0	1.0322	436.3	412.6	1.290	4.167	0.714	691.6	288.0
125.0	1.0523	540.9	516.7	1.561	4.202	0.832	697.3	228.1
150.0	1.0761	646.5	621.8	1.818	4.245	0.953	697.1	188.2
175.0	1.1038	753.3	727.9	2.063	4.302	1.085	691.9	160.1
200.0	1.1362	861.8	835.7	2.299	4.380	1.238	681.6	139.6
225.0	1.1746	972.6	945.6	2.527	4.490	1.425	665.9	123.8
250.0	1.2207	1086	1058	2.750	4.647	1.667	644.1	111.2
275.0	1.2777	1205	1176	2.972	4.876	2.002	615.0	100.6
300.0	1.3512	1331	1300	3.197	5.231	2.515	577.1	91.09
325.0	1.4536	1469	1435	3.432	5.855	3.433	530.1	81.85
350.0	1.6212	1630	1593	3.696	7.347	5.745	474.6	71.55
375.0	2.2164	1913	1862	4.140	29.44	45.00	406.1	52.24
400.0	7.4787	2689	2517	5.324	9.277	11.22	134.8	27.44
450.0	10.408	2996	2757	5.766	4.567	4.349	100.8	28.43
500.0	12.394	3194	2909	6.032	3.538	2.874	95.80	30.29
550.0	14.050	3359	3036	6.238	3.107	2.212	97.29	32.27
600.0	15.532	3509	3151	6.415	2.886	1.829	101.4	34.25
650.0	16.906	3649	3261	6.572	2.761	1.576	106.6	36.20
700.0	18.205	3786	3367	6.715	2.688	1.396	112.3	38.12
750.0	19.452	3919	3471	6.849	2.645	1.259	118.2	39.99
800.0	20.658	4050	3575	6.974	2.622	1.151	124.0	41.83
850.0	21.833	4181	3679	7.093	2.612	1.064	129.8	43.63
900.0	22.983	4312	3783	7.207	2.611	0.992	135.6	45.39
950.0	24.113	4442	3888	7.316	2.617	0.930	141.3	47.12
1000.0	25.228	4573	3993	7.421	2.626	0.878	146.9	48.81

				$p=24.0\text{MPa}=240\text{bar}$					
t /°C	v /(dm³/kg)	h /(kJ/kg)	u /(kJ/kg)	s /[kJ/(kg·K)]	c_p /[kJ/(kg·K)]	$\alpha_p \times 10^{-3}$ /K	λ /[mW/(K·m)]	η /μPa·s
0.0	0.9885	24.0	0.3	0.0006	4.113	0.011	574.2	1739
5.0	0.9887	44.6	20.8	0.075	4.102	0.082	582.8	1484
10.0	0.9893	65.1	41.3	0.148	4.103	0.143	591.7	1283
15.0	0.9901	85.6	61.8	0.220	4.109	0.195	600.6	1123
20.0	0.9912	106.2	82.4	0.291	4.115	0.242	609.4	993.7
25.0	0.9925	126.8	102.9	0.360	4.120	0.284	618.0	886.3
30.0	0.9940	147.4	123.5	0.429	4.124	0.323	626.3	796.5
35.0	0.9957	168.0	144.1	0.496	4.127	0.359	634.1	720.6
40.0	0.9976	188.6	164.7	0.563	4.128	0.392	641.5	655.8
45.0	0.9996	209.3	185.3	0.628	4.130	0.424	648.3	600.0
50.0	1.0018	229.9	205.9	0.693	4.131	0.455	654.7	551.6
60.0	1.0067	271.2	247.1	0.819	4.133	0.512	665.8	472.2
70.0	1.0121	312.6	288.3	0.941	4.138	0.565	674.8	410.2
80.0	1.0181	354.0	329.6	1.060	4.145	0.616	682.1	360.9
90.0	1.0246	395.5	370.9	1.176	4.154	0.665	687.8	321.0
100.0	1.0317	437.1	412.3	1.289	4.165	0.713	692.1	288.3
125.0	1.0518	541.6	516.4	1.560	4.200	0.830	697.8	228.3
150.0	1.0755	647.2	621.3	1.817	4.243	0.950	697.8	188.4
175.0	1.1031	753.9	727.4	2.062	4.299	1.081	692.6	160.4
200.0	1.1354	862.3	835.0	2.297	4.376	1.232	682.4	139.8
225.0	1.1735	972.9	944.8	2.525	4.484	1.417	666.9	124.1
250.0	1.2193	1086	1057	2.748	4.638	1.655	645.2	111.5
275.0	1.2757	1205	1174	2.970	4.862	1.983	616.4	100.9
300.0	1.3482	1330	1298	3.194	5.206	2.480	578.9	91.41
325.0	1.4485	1467	1432	3.427	5.801	3.353	532.5	82.26
350.0	1.6092	1626	1588	3.687	7.159	5.444	478.0	72.19
375.0	2.0614	1872	1823	4.073	17.40	23.09	405.5	55.94
400.0	6.7315	2637	2475	5.237	10.93	13.71	149.7	28.19
450.0	9.7632	2973	2739	5.721	4.795	4.641	104.6	28.68
500.0	11.733	3179	2898	5.996	3.635	2.988	97.98	30.46
550.0	13.356	3348	3027	6.208	3.164	2.272	98.90	32.41
600.0	14.799	3499	3144	6.387	2.923	1.866	102.7	34.37
650.0	16.133	3642	3255	6.545	2.788	1.602	107.8	36.31
700.0	17.392	3779	3362	6.690	2.708	1.414	113.5	38.22
750.0	18.597	3913	3467	6.825	2.661	1.272	119.2	40.09
800.0	19.762	4045	3571	6.951	2.635	1.162	125.0	41.92
850.0	20.895	4177	3675	7.071	2.623	1.072	130.8	43.71
900.0	22.004	4308	3780	7.185	2.620	0.998	136.4	45.47
950.0	23.093	4439	3885	7.294	2.625	0.935	142.0	47.19
1000.0	24.165	4570	3991	7.399	2.633	0.882	147.6	48.88

$p=25.0\text{MPa}=250\text{bar}$

t /°C	v /(dm³/kg)	h /(kJ/kg)	u /(kJ/kg)	s /[kJ/(kg·K)]	c_p /[kJ/(kg·K)]	$\alpha_p \times 10^{-3}$ /K	λ /[mW/(K·m)]	η /μPa·s
0.0	0.9880	25.0	0.3	0.0006	4.109	0.015	574.8	1737
5.0	0.9883	45.5	20.8	0.075	4.099	0.085	583.3	1482
10.0	0.9888	66.0	41.3	0.148	4.100	0.145	592.1	1283
15.0	0.9897	86.5	61.8	0.220	4.106	0.197	601.1	1123
20.0	0.9908	107.1	82.3	0.291	4.112	0.243	609.9	993.4
25.0	0.9921	127.7	102.9	0.360	4.118	0.285	618.5	886.2
30.0	0.9936	148.3	123.4	0.429	4.122	0.324	626.7	796.5
35.0	0.9953	168.9	144.0	0.496	4.124	0.359	634.6	720.7
40.0	0.9972	189.5	164.6	0.563	4.126	0.393	641.9	655.9
45.0	0.9992	210.1	185.2	0.628	4.128	0.424	648.8	600.2
50.0	1.0014	230.8	205.7	0.692	4.129	0.454	655.1	551.8
60.0	1.0063	272.1	246.9	0.818	4.131	0.511	666.2	472.4
70.0	1.0117	313.4	288.1	0.940	4.136	0.565	675.3	410.4
80.0	1.0177	354.8	329.4	1.059	4.143	0.615	682.6	361.1
90.0	1.0242	396.3	370.7	1.175	4.152	0.664	688.3	321.2
100.0	1.0313	437.9	412.1	1.288	4.163	0.711	692.7	288.5
125.0	1.0513	542.3	516.1	1.559	4.197	0.828	698.4	228.6
150.0	1.0749	647.8	620.9	1.816	4.240	0.947	698.4	188.6
175.0	1.1024	754.5	726.9	2.061	4.296	1.077	693.3	160.6
200.0	1.1345	862.7	834.4	2.296	4.371	1.227	683.2	140.0
225.0	1.1724	973.3	944.0	2.524	4.478	1.409	667.8	124.3
250.0	1.2179	1087	1056	2.746	4.629	1.643	646.3	111.7
275.0	1.2737	1205	1173	2.967	4.848	1.965	617.7	101.1
300.0	1.3453	1330	1296	3.190	5.182	2.446	580.7	91.72
325.0	1.4435	1466	1430	3.422	5.751	3.278	534.8	82.65
350.0	1.5981	1623	1583	3.679	6.994	5.184	481.3	72.81
375.0	1.9794	1849	1799	4.034	13.72	16.54	411.2	58.22
400.0	6.0014	2578	2428	5.139	13.27	17.30	169.0	29.18
450.0	9.1666	2950	2721	5.676	5.043	4.960	108.8	28.96
500.0	11.123	3164	2886	5.962	3.737	3.107	100.3	30.64
550.0	12.716	3336	3018	6.178	3.221	2.335	100.6	32.55
600.0	14.126	3490	3137	6.359	2.961	1.905	104.1	34.49
650.0	15.423	3634	3248	6.520	2.815	1.627	109.1	36.42
700.0	16.644	3772	3356	6.666	2.729	1.432	114.6	38.32
750.0	17.812	3908	3462	6.801	2.678	1.286	120.3	40.18
800.0	18.938	4041	3567	6.928	2.649	1.172	126.0	42.00
850.0	20.033	4173	3672	7.048	2.634	1.080	131.7	43.79
900.0	21.104	4304	3777	7.163	2.630	1.004	137.8	45.54
950.0	22.154	4436	3882	7.273	2.632	0.940	142.8	47.26
1000.0	23.188	4568	3988	7.379	2.640	0.886	148.3	48.95

$p=27.5\mathrm{MPa}=275\mathrm{bar}$								
t /°C	v /(dm³/kg)	h /(kJ/kg)	u /(kJ/kg)	s /[kJ/(kg·K)]	c_p /[kJ/(kg·K)]	$\alpha_p \times 10^{-3}$ /K	λ /[mW/(K·m)]	η /μPa·s
0.0	0.9868	27.5	0.3	0.0006	4.099	0.024	576.1	1732
5.0	0.9871	47.9	20.8	0.075	4.090	0.092	584.6	1479
10.0	0.9877	68.4	41.2	0.148	4.092	0.150	593.4	1281
15.0	0.9886	88.9	61.7	0.219	4.099	0.201	602.2	1122
20.0	0.9897	109.4	82.2	0.290	4.106	0.247	611.0	992.8
25.0	0.9910	129.9	102.7	0.359	4.112	0.288	619.6	885.9
30.0	0.9926	150.5	123.2	0.428	4.116	0.325	627.9	796.5
35.0	0.9943	171.1	143.7	0.495	4.119	0.360	635.7	720.9
40.0	0.9961	191.7	164.3	0.562	4.121	0.393	643.1	656.3
45.0	0.9982	212.3	184.8	0.627	4.123	0.425	649.9	600.6
50.0	1.0004	232.9	205.4	0.691	4.124	0.454	656.3	552.3
60.0	1.0052	274.2	246.5	0.817	4.126	0.510	667.4	473.0
70.0	1.0106	315.4	287.7	0.939	4.131	0.563	676.6	411.1
80.0	1.0166	356.8	328.8	1.058	4.138	0.613	683.9	361.8
90.0	1.0231	398.2	370.1	1.173	4.147	0.661	689.6	321.9
100.0	1.0301	439.7	411.4	1.286	4.158	0.708	694.0	289.2
125.0	1.0500	544.1	515.2	1.557	4.192	0.823	699.9	229.2
150.0	1.0734	649.4	619.9	1.813	4.234	0.940	700.1	189.2
175.0	1.1006	755.9	725.6	2.058	4.287	1.067	695.2	161.2
200.0	1.1324	863.9	832.8	2.292	4.361	1.214	685.3	140.6
225.0	1.1698	974.2	942.0	2.519	4.464	1.390	670.1	124.9
250.0	1.2144	1087	1054	2.741	4.608	1.615	649.1	112.3
275.0	1.2690	1205	1170	2.961	4.816	1.920	621.1	101.8
300.0	1.3383	1329	1292	3.182	5.127	2.367	585.0	92.48
325.0	1.4319	1463	1423	3.411	5.637	3.110	540.5	83.61
350.0	1.5734	1614	1571	3.659	6.660	4.660	489.1	74.23
375.0	1.8621	1813	1762	3.972	10.22	10.48	425.7	61.97
400.0	4.1803	2378	2263	4.824	24.84	36.16	248.4	33.97
450.0	7.8506	2888	2673	5.561	5.764	5.900	121.0	29.78
500.0	9.7900	3124	2855	5.877	4.010	3.428	106.6	31.15
550.0	11.321	3306	2995	6.105	3.371	2.498	105.0	32.94
600.0	12.655	3466	3118	6.294	3.059	2.003	107.8	34.82
650.0	13.873	3615	3233	6.459	2.885	1.693	112.4	36.71
700.0	15.013	3756	3343	6.608	2.782	1.478	117.6	38.58
750.0	16.098	3893	3451	6.746	2.719	1.320	123.1	40.42
800.0	17.141	4028	3557	6.875	2.682	1.197	128.6	42.23
850.0	18.153	4162	3663	6.997	2.662	1.100	134.1	44.00
900.0	19.140	4295	3768	7.112	2.653	1.020	139.5	45.74
950.0	20.106	4427	3874	7.223	2.652	0.953	144.8	47.45
1000.0	21.056	4560	3981	7.329	2.657	0.896	150.0	49.12

$p=30.0\text{MPa}=300\text{bar}$

t /°C	v /(dm³/kg)	h /(kJ/kg)	u /(kJ/kg)	s /[kJ/(kg·K)]	c_p /[kJ/(kg·K)]	$\alpha_p \times 10^{-3}$ /K	λ /[mW/(K·m)]	η /μPa·s
0.0	0.9857	29.9	0.4	0.0005	4.089	0.032	577.5	1728
5.0	0.9860	50.3	20.8	0.075	4.081	0.098	585.8	1476
10.0	0.9866	70.8	41.2	0.147	4.085	0.155	594.6	1279
15.0	0.9875	91.2	61.6	0.219	4.092	0.205	603.4	1121
20.0	0.9887	111.7	82.0	0.289	4.100	0.250	612.2	992.2
25.0	0.9900	132.2	102.5	0.359	4.106	0.290	620.8	885.7
30.0	0.9915	152.7	123.0	0.427	4.111	0.327	629.0	796.5
35.0	0.9932	173.3	143.5	0.494	4.114	0.362	636.8	721.1
40.0	0.9951	193.9	164.0	0.561	4.116	0.394	644.2	656.6
45.0	0.9971	214.5	184.5	0.626	4.118	0.425	651.1	601.1
50.0	0.9993	235.0	205.1	0.690	4.119	0.454	657.4	552.9
60.0	1.0042	276.2	246.1	0.816	4.122	0.509	668.6	473.7
70.0	1.0096	317.5	287.2	0.938	4.126	0.561	677.8	411.8
80.0	1.0155	358.8	328.3	1.056	4.133	0.611	685.1	362.5
90.0	1.0220	400.2	369.5	1.172	4.143	0.658	690.9	322.6
100.0	1.0290	441.6	410.8	1.284	4.154	0.705	695.3	289.9
125.0	1.0487	545.9	514.4	1.555	4.186	0.818	701.4	229.9
150.0	1.0719	651.0	618.9	1.811	4.227	0.933	701.7	189.9
175.0	1.0989	757.3	724.4	2.055	4.279	1.058	697.0	161.8
200.0	1.1303	865.2	831.2	2.289	4.350	1.201	687.3	141.2
225.0	1.1672	975.1	940.1	2.515	4.449	1.372	672.4	125.5
250.0	1.2110	1087	1051	2.736	4.588	1.589	651.8	112.9
275.0	1.2644	1204	1167	2.955	4.785	1.878	624.3	102.4
300.0	1.3317	1327	1288	3.174	5.075	2.295	589.1	93.22
325.0	1.4211	1460	1417	3.400	5.537	2.964	545.9	84.52
350.0	1.5522	1608	1561	3.642	6.401	4.261	496.3	75.51
375.0	1.7913	1791	1737	3.930	8.768	8.044	437.9	64.58
400.0	2.7929	2150	2066	4.472	25.08	36.75	329.7	44.00
450.0	6.7363	2822	2620	5.444	6.655	7.082	136.0	30.85
500.0	8.6761	3083	2823	5.794	4.312	3.784	113.7	31.73
550.0	10.158	3276	2972	6.036	3.530	2.670	109.8	33.37
600.0	11.431	3443	3100	6.232	3.160	2.105	111.7	35.17
650.0	12.583	3595	3218	6.402	2.956	1.760	115.8	37.02
700.0	13.655	3740	3330	6.555	2.836	1.525	120.7	38.86
750.0	14.671	3879	3439	6.695	2.761	1.354	126.0	40.68
800.0	15.645	4016	3547	6.825	2.716	1.223	131.3	42.47
850.0	16.587	4151	3654	6.948	2.690	1.120	136.5	44.22
900.0	17.504	4285	3760	7.065	2.677	1.035	141.7	45.95
950.0	18.400	4419	3867	7.177	2.672	0.965	146.8	47.64
1000.0	19.281	4553	3974	7.284	2.674	0.906	151.9	49.30

$p=32.5\mathrm{MPa}=325\mathrm{bar}$								
t /°C	v /(dm³/kg)	h /(kJ/kg)	u /(kJ/kg)	s /[kJ/(kg·K)]	c_p /[kJ/(kg·K)]	$\alpha_p\times10^{-3}$ /K	λ /[mW/(K·m)]	η /μPa·s
0.0	0.9845	32.4	0.4	0.0004	4.079	0.041	578.8	1724
5.0	0.9849	52.7	20.7	0.074	4.073	0.105	587.1	1474
10.0	0.9856	73.1	41.1	0.147	4.077	0.161	595.8	1277
15.0	0.9865	93.5	61.5	0.218	4.085	0.209	604.6	1120
20.0	0.9876	114.0	81.9	0.289	4.093	0.253	613.3	991.7
25.0	0.9890	134.5	102.3	0.358	4.100	0.293	621.9	885.5
30.0	0.9905	155.0	122.8	0.426	4.105	0.329	630.1	796.6
35.0	0.9922	175.5	143.3	0.493	4.109	0.363	638.0	721.3
40.0	0.9941	196.0	163.7	0.560	4.111	0.395	645.4	657.0
45.0	0.9961	216.6	184.2	0.625	4.113	0.425	652.2	601.6
50.0	0.9983	237.2	204.7	0.689	4.114	0.454	658.6	553.4
60.0	1.0031	278.3	245.7	0.814	4.117	0.509	669.8	474.3
70.0	1.0085	319.5	286.7	0.936	4.122	0.560	679.0	412.4
80.0	1.0144	360.8	327.8	1.055	4.129	0.609	686.4	363.1
90.0	1.0209	402.1	368.9	1.170	4.138	0.656	692.2	323.3
100.0	1.0278	443.5	410.1	1.283	4.149	0.701	696.7	290.5
125.0	1.0475	547.6	513.6	1.553	4.181	0.813	702.9	230.5
150.0	1.0705	652.7	617.9	1.808	4.221	0.927	703.3	190.5
175.0	1.0972	758.8	723.1	2.052	4.272	1.049	698.8	162.4
200.0	1.1283	866.4	829.7	2.286	4.340	1.188	689.3	141.8
225.0	1.1646	976.0	938.2	2.511	4.436	1.355	674.7	126.0
250.0	1.2078	1088	1049	2.732	4.569	1.563	654.4	113.5
275.0	1.2600	1204	1163	2.949	4.756	1.839	627.5	103.1
300.0	1.3253	1327	1283	3.167	5.028	2.229	593.2	93.94
325.0	1.4111	1457	1411	3.390	5.449	2.837	551.0	85.39
350.0	1.5335	1602	1552	3.626	6.194	3.945	503.0	76.69
375.0	1.7404	1774	1718	3.898	7.936	6.684	448.3	66.65
400.0	2.3073	2041	1966	4.301	15.54	19.73	363.0	51.39
450.0	5.7810	2750	2562	5.322	7.739	8.540	154.4	32.24
500.0	7.7322	3041	2789	5.712	4.644	4.177	121.7	32.41
550.0	9.1747	3246	2947	5.970	3.699	2.853	115.1	33.84
600.0	10.396	3418	3081	6.174	3.265	2.210	115.9	35.56
650.0	11.492	3575	3202	6.348	3.029	1.827	119.4	37.35
700.0	12.507	3723	3317	6.504	2.890	1.572	124.0	39.15
750.0	13.464	3865	3428	6.647	2.804	1.388	129.0	40.95
800.0	14.379	4004	3537	6.779	2.751	1.249	134.1	42.72
850.0	15.262	4141	3645	6.904	2.718	1.139	139.1	44.45
900.0	16.120	4276	3752	7.021	2.700	1.051	144.1	46.16
950.0	16.958	4411	3860	7.134	2.692	0.977	149.0	47.84
1000.0	17.778	4545	3968	7.242	2.692	0.915	153.8	49.49

$p=35.0\text{MPa}=350\text{bar}$

t /°C	v /(dm³/kg)	h /(kJ/kg)	u /(kJ/kg)	s /[kJ/(kg·K)]	c_p /[kJ/(kg·K)]	$\alpha_p\times10^{-3}$ /K	λ /[mW/(K·m)]	η /μPa·s
0.0	0.9834	34.8	0.4	0.0003	4.070	0.049	580.2	1719
5.0	0.9838	55.1	20.7	0.074	4.065	0.112	588.4	1471
10.0	0.9845	75.5	41.0	0.147	4.070	0.166	597.0	1275
15.0	0.9854	95.8	61.3	0.218	4.079	0.213	605.7	1119
20.0	0.9866	116.2	81.7	0.288	4.087	0.256	614.5	991.1
25.0	0.9879	136.7	102.1	0.357	4.095	0.295	623.0	885.3
30.0	0.9895	157.2	122.6	0.425	4.100	0.331	631.3	796.7
35.0	0.9912	177.7	143.0	0.493	4.104	0.364	639.1	721.6
40.0	0.9931	198.2	163.5	0.559	4.106	0.396	646.5	657.4
45.0	0.9951	218.8	183.9	0.624	4.108	0.425	653.4	602.0
50.0	0.9973	239.3	204.4	0.688	4.109	0.454	659.8	554.0
60.0	1.0021	280.4	245.3	0.813	4.113	0.508	671.0	474.9
70.0	1.0075	321.6	286.3	0.935	4.117	0.558	680.2	413.1
80.0	1.0134	362.8	327.3	1.053	4.124	0.607	687.7	363.8
90.0	1.0198	404.1	368.4	1.168	4.133	0.653	693.5	323.9
100.0	1.0267	445.4	409.5	1.281	4.144	0.698	698.0	291.2
125.0	1.0462	549.4	512.8	1.550	4.176	0.808	704.3	231.1
150.0	1.0690	654.3	616.9	1.806	4.215	0.920	704.9	191.1
175.0	1.0955	760.2	721.9	2.049	4.264	1.040	700.6	162.9
200.0	1.1263	867.6	828.2	2.282	4.331	1.176	691.3	142.3
225.0	1.1621	977.0	936.3	2.508	4.423	1.338	677.0	126.6
250.0	1.2046	1089	1046	2.727	4.551	1.539	657.0	114.1
275.0	1.2557	1204	1160	2.943	4.729	1.802	630.7	103.7
300.0	1.3193	1326	1279	3.160	4.984	2.169	597.1	94.64
325.0	1.4017	1455	1406	3.380	5.371	2.724	556.0	86.22
350.0	1.5168	1596	1543	3.612	6.022	3.687	509.3	77.79
375.0	1.7007	1761	1702	3.871	7.384	5.799	457.4	68.40
400.0	2.1057	1988	1914	4.214	11.67	12.96	384.4	55.79
450.0	4.9596	2672	2499	5.197	8.982	10.22	176.4	34.03
500.0	6.9235	2997	2754	5.632	5.006	4.605	130.7	33.19
550.0	8.3332	3214	2923	5.905	3.875	3.043	120.8	34.37
600.0	9.5106	3394	3061	6.117	3.373	2.318	120.3	35.97
650.0	10.558	3556	3186	6.297	3.104	1.896	123.3	37.70
700.0	11.523	3706	3303	6.456	2.945	1.619	127.5	39.47
750.0	12.431	3851	3416	6.601	2.847	1.422	132.2	41.23
800.0	13.295	3992	3526	6.735	2.785	1.274	137.0	42.97
850.0	14.128	4130	3635	6.861	2.747	1.159	141.8	44.69
900.0	14.935	4267	3744	6.980	2.724	1.066	146.5	46.38
950.0	15.721	4403	3852	7.094	2.713	0.990	151.2	48.05
1000.0	16.491	4538	3961	7.202	2.709	0.925	155.8	49.68

续表

				$p=37.5\mathrm{MPa}=375\mathrm{bar}$					
t /°C	v /(dm³/kg)	h /(kJ/kg)	u /(kJ/kg)	s /[kJ/(kg·K)]	c_p /[kJ/(kg·K)]	$\alpha_p \times 10^{-3}$ /K	λ /[mW/(K·m)]	η /μPa·s
0.0	0.9823	37.2	0.4	0.0002	4.061	0.057	581.5	1715
5.0	0.9827	57.5	20.7	0.074	4.057	0.118	589.6	1468
10.0	0.9834	77.8	40.9	0.146	4.063	0.171	598.2	1274
15.0	0.9844	98.1	61.2	0.217	4.072	0.217	606.9	1118
20.0	0.9855	118.5	81.6	0.287	4.082	0.259	615.6	990.7
25.0	0.9869	139.0	101.9	0.357	4.089	0.297	624.1	885.2
30.0	0.9885	159.4	122.3	0.425	4.095	0.333	632.4	796.8
35.0	0.9902	179.9	142.8	0.492	4.099	0.365	640.2	721.9
40.0	0.9921	200.4	163.2	0.558	4.101	0.396	647.6	657.8
45.0	0.9941	220.9	183.6	0.623	4.103	0.426	654.5	602.2
50.0	0.9963	241.4	204.1	0.687	4.105	0.454	660.9	554.5
60.0	1.0011	282.5	245.0	0.812	4.108	0.507	672.1	475.5
70.0	1.0065	323.6	285.9	0.933	4.113	0.557	681.4	413.8
80.0	1.0123	364.8	326.8	1.052	4.120	0.605	688.9	364.5
90.0	1.0187	406.0	367.8	1.167	4.129	0.650	694.8	324.6
100.0	1.0256	447.3	408.9	1.279	4.139	0.695	699.3	291.9
125.0	1.0450	551.2	512.0	1.548	4.171	0.804	705.8	231.8
150.0	1.0676	655.9	615.9	1.803	4.208	0.914	706.6	191.7
175.0	1.0939	761.7	720.7	2.046	4.256	1.031	702.4	163.5
200.0	1.1243	868.9	826.7	2.279	4.321	1.164	693.3	142.9
225.0	1.1597	978.0	934.5	2.504	4.410	1.322	679.2	127.2
250.0	1.2015	1089	1044	2.722	4.533	1.516	659.6	114.7
275.0	1.2516	1204	1158	2.938	4.703	1.767	633.8	104.3
300.0	1.3135	1325	1276	3.153	4.944	2.112	600.9	95.32
325.0	1.3929	1453	1400	3.371	5.300	2.623	560.8	87.02
350.0	1.5017	1592	1535	3.598	5.877	3.471	515.3	78.82
375.0	1.6682	1751	1688	3.848	6.984	5.169	465.6	69.94
400.0	1.9892	1954	1880	4.156	9.806	9.783	400.8	58.89
450.0	4.2626	2592	2432	5.070	10.21	11.87	201.4	36.29
500.0	6.2251	2952	2718	5.553	5.393	5.062	140.6	34.09
550.0	7.6061	3183	2898	5.843	4.060	3.241	126.9	34.95
600.0	8.7449	3370	3042	6.063	3.484	2.427	125.0	36.42
650.0	9.7509	3536	3170	6.248	3.180	1.966	127.3	38.08
700.0	10.673	3690	3290	6.411	3.001	1.667	131.1	39.79
750.0	11.536	3837	3404	6.558	2.890	1.456	135.4	41.52
800.0	12.357	3980	3516	6.694	2.820	1.300	140.0	43.24
850.0	13.145	4119	3626	6.822	2.775	1.178	144.6	44.94
900.0	13.908	4257	3736	6.942	2.748	1.081	149.1	46.61
950.0	14.650	4394	3845	7.056	2.733	1.002	153.5	48.26
1000.0	15.376	4531	3954	7.165	2.726	0.935	157.8	49.88

$p = 40.0\text{MPa} = 400\text{bar}$

t /°C	v /(dm³/kg)	h /(kJ/kg)	u /(kJ/kg)	s /[kJ/(kg·K)]	c_p /[kJ/(kg·K)]	$\alpha_p \times 10^{-3}$ /K	λ /[mW/(K·m)]	η /μPa·s
0.0	0.9811	39.6	0.4	0.00003	4.053	0.065	582.9	1711
5.0	0.9816	59.9	20.6	0.073	4.050	0.124	590.9	1466
10.0	0.9823	80.1	40.8	0.146	4.056	0.176	599.4	1272
15.0	0.9833	100.4	61.1	0.217	4.066	0.221	608.1	1117
20.0	0.9845	120.8	81.4	0.287	4.076	0.262	616.7	990.2
25.0	0.9859	141.2	101.8	0.356	4.084	0.300	625.3	885.1
30.0	0.9875	161.6	122.1	0.424	4.090	0.334	633.5	796.9
35.0	0.9892	182.1	142.5	0.491	4.094	0.367	641.4	722.2
40.0	0.9911	202.6	162.9	0.557	4.097	0.397	648.8	658.2
45.0	0.9931	223.1	183.3	0.622	4.099	0.426	655.7	603.0
50.0	0.9953	243.6	203.7	0.685	4.100	0.454	662.1	555.1
60.0	1.0001	284.6	244.6	0.810	4.104	0.506	673.3	476.2
70.0	1.0054	325.6	285.4	0.932	4.108	0.556	682.6	414.4
80.0	1.0113	366.7	326.3	1.050	4.115	0.603	690.1	365.2
90.0	1.0176	407.9	367.2	1.165	4.124	0.648	696.1	325.3
100.0	1.0245	449.2	408.3	1.277	4.135	0.692	700.7	292.5
125.0	1.0437	553.0	511.2	1.546	4.165	0.799	707.3	232.4
150.0	1.0662	657.6	614.9	1.801	4.202	0.907	708.2	192.3
175.0	1.0923	763.2	719.5	2.044	4.249	1.023	704.1	164.1
200.0	1.1223	870.1	825.3	2.276	4.312	1.153	695.3	143.5
225.0	1.1573	979.0	932.7	2.500	4.398	1.306	681.5	127.7
250.0	1.1984	1090	1042	2.718	4.516	1.494	662.2	115.3
275.0	1.2476	1205	1155	2.932	4.679	1.735	636.8	104.9
300.0	1.3079	1324	1272	3.146	4.906	2.060	604.6	95.99
325.0	1.3846	1451	1395	3.362	5.235	2.532	565.4	87.80
350.0	1.4879	1588	1528	3.586	5.752	3.287	521.0	79.80
375.0	1.6405	1742	1676	3.828	6.678	4.693	473.1	71.32
400.0	1.9096	1930	1854	4.113	8.717	7.972	414.0	61.31
450.0	3.6912	2513	2365	4.946	11.08	12.93	227.7	39.02
500.0	5.6188	2906	2681	5.474	5.799	5.536	151.6	35.12
550.0	6.9727	3151	2872	5.782	4.251	3.444	133.5	35.59
600.0	8.0771	3345	3022	6.011	3.597	2.538	130.0	36.90
650.0	9.0459	3516	3154	6.201	3.256	2.035	131.5	38.47
700.0	9.9295	3673	3276	6.367	3.057	1.714	134.8	40.13
750.0	10.754	3823	3393	6.517	2.933	1.490	138.8	41.83
800.0	11.536	3967	3506	6.655	2.854	1.325	143.1	43.52
850.0	12.286	4109	3617	6.784	2.803	1.198	147.4	45.19
900.0	13.010	4248	3728	6.905	2.772	1.096	151.7	46.85
950.0	13.714	4386	3837	7.020	2.753	1.014	155.8	48.48
1000.0	14.401	4523	3947	7.130	2.744	0.944	160.0	50.08

t /°C	v /(dm³/kg)	h /(kJ/kg)	u /(kJ/kg)	s /[kJ/(kg·K)]	c_p /[kJ/(kg·K)]	$\alpha_p \times 10^{-3}$ /K	λ /[mW/(K·m)]	η /μPa·s
0.0	0.9800	42.0	0.4	−0.0001	4.044	0.073	584.2	1707
5.0	0.9805	62.2	20.6	0.073	4.042	0.131	592.1	1463
10.0	0.9813	82.5	40.8	0.145	4.050	0.181	600.5	1271
15.0	0.9823	102.7	61.0	0.216	4.060	0.225	609.2	1116
20.0	0.9835	123.1	81.3	0.286	4.070	0.266	617.9	989.8
25.0	0.9849	143.4	101.6	0.355	4.078	0.302	626.4	885.0
30.0	0.9865	163.9	121.9	0.423	4.085	0.336	634.6	797.0
35.0	0.9882	184.3	142.3	0.490	4.089	0.368	642.5	722.5
40.0	0.9901	204.7	162.7	0.556	4.092	0.398	649.9	658.6
45.0	0.9921	225.2	183.0	0.620	4.094	0.426	656.8	603.5
50.0	0.9943	245.7	203.4	0.684	4.096	0.454	663.2	555.6
60.0	0.9991	286.7	244.2	0.809	4.099	0.506	674.5	476.8
70.0	1.0044	327.7	285.0	0.931	4.104	0.554	683.8	415.1
80.0	1.0102	368.7	325.8	1.048	4.111	0.601	691.4	365.9
90.0	1.0166	409.9	366.7	1.163	4.120	0.645	697.4	326.0
100.0	1.0234	451.1	407.6	1.275	4.130	0.689	702.0	293.2
125.0	1.0425	554.8	510.4	1.544	4.160	0.795	708.7	233.0
150.0	1.0649	659.2	613.9	1.799	4.197	0.901	709.8	192.8
175.0	1.0906	764.7	718.3	2.041	4.242	1.015	705.9	164.7
200.0	1.1204	871.4	823.8	2.273	4.303	1.142	697.3	144.0
225.0	1.1549	980.0	930.9	2.496	4.386	1.291	683.7	128.3
250.0	1.1954	1090	1040	2.713	4.500	1.473	664.7	115.8
275.0	1.2437	1205	1152	2.927	4.655	1.703	639.7	105.5
300.0	1.3025	1324	1268	3.139	4.870	2.012	608.2	96.64
325.0	1.3768	1449	1391	3.353	5.177	2.450	569.9	88.55
350.0	1.4752	1584	1521	3.574	5.643	3.128	526.5	80.72
375.0	1.6166	1734	1665	3.810	6.433	4.319	480.0	72.58
400.0	1.8499	1912	1833	4.079	7.997	6.800	425.2	63.33
450.0	3.2455	2440	2302	4.834	11.30	12.99	253.2	42.02
500.0	5.0912	2860	2644	5.397	6.208	6.004	163.4	36.27
550.0	6.4174	3119	2846	5.723	4.446	3.649	140.5	36.28
600.0	7.4902	3321	3002	5.961	3.713	2.650	135.2	37.41
650.0	8.4257	3496	3138	6.156	3.334	2.105	135.8	38.89
700.0	9.2752	3657	3263	6.326	3.114	1.761	138.7	40.49
750.0	10.066	3809	3381	6.478	2.977	1.524	142.3	42.14
800.0	10.813	3955	3496	6.618	2.889	1.350	146.3	43.80
850.0	11.529	4098	3608	6.748	2.832	1.217	150.3	45.46
900.0	12.218	4239	3719	6.870	2.795	1.111	154.3	47.09
950.0	12.888	4378	3830	6.987	2.773	1.025	158.3	48.70
1000.0	13.541	4516	3941	7.097	2.761	0.954	162.1	50.29

$p=42.5\text{MPa}=425\text{bar}$

$p=45.0\text{MPa}=450\text{bar}$

t /°C	v /(dm³/kg)	h /(kJ/kg)	u /(kJ/kg)	s /[kJ/(kg·K)]	c_p /[kJ/(kg·K)]	$\alpha_p \times 10^{-3}$ /K	λ /[mW/(K·m)]	η /μPa·s
0.0	0.9789	44.4	0.4	−0.0003	4.036	0.081	585.5	1704
5.0	0.9795	64.6	20.5	0.073	4.035	0.137	593.4	1461
10.0	0.9802	84.8	40.7	0.145	4.043	0.186	601.7	1269
15.0	0.9813	105.0	60.9	0.216	4.054	0.229	610.4	1115
20.0	0.9825	125.3	81.1	0.286	4.065	0.269	619.0	989.4
25.0	0.9839	145.7	101.4	0.354	4.073	0.305	627.5	884.9
30.0	0.9855	166.1	121.7	0.422	4.080	0.338	635.8	797.2
35.0	0.9872	186.5	142.1	0.489	4.084	0.369	643.6	722.8
40.0	0.9891	206.9	162.4	0.555	4.087	0.399	651.0	659.1
45.0	0.9912	227.3	182.7	0.619	4.089	0.427	657.9	604.1
50.0	0.9934	247.8	203.1	0.683	4.091	0.454	664.4	556.2
60.0	0.9981	288.7	243.8	0.808	4.095	0.505	675.7	477.5
70.0	1.0034	329.7	284.5	0.929	4.100	0.553	685.0	415.8
80.0	1.0092	370.7	325.3	1.047	4.107	0.599	692.6	366.5
90.0	1.0155	411.8	366.1	1.162	4.115	0.643	698.7	326.6
100.0	1.0223	453.0	407.0	1.274	4.125	0.686	703.3	293.9
125.0	1.0413	556.5	509.7	1.542	4.155	0.790	710.2	233.6
150.0	1.0635	660.9	613.0	1.796	4.191	0.895	711.4	193.4
175.0	1.0890	766.2	717.1	2.038	4.235	1.007	707.7	165.2
200.0	1.1185	872.7	822.4	2.269	4.294	1.131	699.2	144.6
225.0	1.1526	981.0	929.2	2.492	4.374	1.276	685.9	128.8
250.0	1.1925	1091	1038	2.709	4.484	1.452	667.2	116.4
275.0	1.2399	1205	1149	2.922	4.633	1.674	642.7	106.1
300.0	1.2974	1323	1265	3.133	4.837	1.966	611.7	97.29
325.0	1.3693	1448	1386	3.345	5.123	2.375	574.2	89.28
350.0	1.4634	1581	1515	3.563	5.547	2.989	531.7	81.60
375.0	1.5954	1727	1655	3.793	6.233	4.016	486.5	73.74
400.0	1.8025	1897	1816	4.050	7.483	5.977	435.0	65.07
450.0	2.9123	2377	2246	4.736	10.94	12.18	276.6	45.06
500.0	4.6324	2814	2605	5.322	6.601	6.438	176.1	37.56
550.0	5.9281	3087	2820	5.665	4.644	3.852	147.9	37.03
600.0	6.9713	3296	2982	5.912	3.829	2.761	140.6	37.95
650.0	7.8764	3476	3122	6.112	3.412	2.173	140.3	39.32
700.0	8.6951	3640	3249	6.286	3.170	1.808	142.6	40.86
750.0	9.4548	3795	3369	6.440	3.020	1.557	145.9	42.47
800.0	10.172	3943	3485	6.582	2.923	1.375	149.6	44.10
850.0	10.856	4088	3599	6.714	2.860	1.236	153.3	45.73
900.0	11.515	4229	3711	6.837	2.819	1.126	157.1	47.34
950.0	12.154	4370	3823	6.954	2.793	1.037	160.7	48.93
1000.0	12.777	4509	3934	7.066	2.778	0.963	164.4	50.51

$p=47.5\text{MPa}=475\text{bar}$								
t /°C	v /(dm³/kg)	h /(kJ/kg)	u /(kJ/kg)	s /[kJ/(kg·K)]	c_p /[kJ/(kg·K)]	$\alpha_p \times 10^{-3}$ /K	λ /[mW/(K·m)]	η /μPa·s
0.0	0.9778	46.8	0.4	−0.0005	4.028	0.088	586.8	1700
5.0	0.9784	67.0	20.5	0.073	4.028	0.143	594.6	1459
10.0	0.9792	87.1	40.6	0.144	4.037	0.190	602.9	1268
15.0	0.9802	107.3	60.8	0.215	4.048	0.233	611.5	1114
20.0	0.9815	127.6	81.0	0.285	4.059	0.272	620.1	989.1
25.0	0.9829	147.9	101.2	0.354	4.068	0.307	628.6	884.9
30.0	0.9845	168.3	121.5	0.421	4.075	0.340	636.9	797.4
35.0	0.9862	188.7	141.8	0.488	4.079	0.370	644.7	723.1
40.0	0.9882	209.1	162.1	0.554	4.083	0.399	652.1	659.5
45.0	0.9902	229.5	182.5	0.618	4.085	0.427	659.1	604.6
50.0	0.9924	249.9	202.8	0.682	4.087	0.454	665.5	556.8
60.0	0.9971	290.8	243.4	0.807	4.090	0.504	676.9	478.1
70.0	1.0024	331.7	284.1	0.928	4.095	0.552	686.2	416.5
80.0	1.0082	372.7	324.8	1.045	4.102	0.597	693.9	367.2
90.0	1.0145	413.8	365.6	1.160	4.111	0.641	699.9	327.3
100.0	1.0212	454.9	406.4	1.272	4.121	0.683	704.7	294.5
125.0	1.0401	558.3	508.9	1.540	4.150	0.786	711.6	234.3
150.0	1.0621	662.5	612.1	1.794	4.185	0.889	713.0	194.0
175.0	1.0875	767.6	716.0	2.035	4.228	0.999	709.5	165.8
200.0	1.1166	874.0	821.0	2.266	4.285	1.121	701.2	145.1
225.0	1.1504	982.1	927.4	2.489	4.363	1.262	688.0	129.4
250.0	1.1897	1092	1035	2.705	4.469	1.433	669.6	116.9
275.0	1.2362	1205	1147	2.917	4.611	1.646	645.5	106.7
300.0	1.2924	1323	1262	3.126	4.805	1.924	615.2	97.91
325.0	1.3622	1446	1381	3.337	5.073	2.306	578.4	89.99
350.0	1.4525	1578	1509	3.552	5.461	2.866	536.8	82.45
375.0	1.5764	1721	1646	3.778	6.065	3.765	492.6	74.83
400.0	1.7634	1884	1801	4.025	7.094	5.365	443.6	66.62
450.0	2.6674	2326	2199	4.656	10.30	10.95	297.4	47.91
500.0	4.2348	2768	2567	5.248	6.953	6.802	189.3	38.97
550.0	5.4952	3055	2794	5.608	4.841	4.049	155.7	37.84
600.0	6.5100	3272	2962	5.864	3.946	2.870	146.3	38.53
650.0	7.3869	3456	3105	6.070	3.490	2.241	145.0	39.78
700.0	8.1776	3624	3235	6.247	3.227	1.853	146.7	41.25
750.0	8.9093	3781	3357	6.404	3.063	1.590	149.6	42.81
800.0	9.5984	3931	3475	6.548	2.958	1.399	152.9	44.40
850.0	10.255	4077	3590	6.681	2.888	1.254	156.4	46.00
900.0	10.887	4220	3703	6.805	2.842	1.141	159.8	47.59
950.0	11.498	4362	3815	6.923	2.813	1.049	163.3	49.17
1000.0	12.094	4502	3927	7.036	2.795	0.972	166.6	50.73

续表

| $p=50.0\mathrm{MPa}=500\mathrm{bar}$ | | | | | | | | |
t /°C	v /(dm³/kg)	h /(kJ/kg)	u /(kJ/kg)	s /[kJ/(kg·K)]	c_p /[kJ/(kg·K)]	$\alpha_p \times 10^{-3}$ /K	λ /[mW/(K·m)]	η /μPa·s
0.0	0.9767	49.2	0.4	−0.0008	4.020	0.096	588.1	1697
5.0	0.9773	69.3	20.4	0.072	4.021	0.149	595.8	1456
10.0	0.9782	89.4	40.5	0.144	4.031	0.195	604.1	1267
15.0	0.9792	109.6	60.6	0.215	4.043	0.237	612.7	1114
20.0	0.9805	129.9	80.8	0.284	4.054	0.275	621.3	988.8
25.0	0.9819	150.1	101.1	0.353	4.063	0.309	629.8	884.9
30.0	0.9835	170.5	121.3	0.420	4.070	0.341	638.0	797.6
35.0	0.9853	190.8	141.6	0.487	4.075	0.372	645.9	723.5
40.0	0.9872	211.2	161.9	0.553	4.078	0.400	653.3	660.0
45.0	0.9892	231.6	182.2	0.617	4.081	0.428	660.2	605.1
50.0	0.9914	252.0	202.5	0.681	4.083	0.454	666.7	557.4
60.0	0.9962	292.9	243.1	0.805	4.086	0.503	678.0	478.8
70.0	1.0014	333.8	283.7	0.926	4.091	0.550	687.4	417.1
80.0	1.0072	374.7	324.3	1.044	4.098	0.595	695.1	367.9
90.0	1.0134	415.7	365.1	1.159	4.107	0.638	701.2	328.0
100.0	1.0201	456.8	405.8	1.270	4.117	0.680	706.0	295.2
125.0	1.0389	560.1	508.2	1.538	4.146	0.782	713.1	234.9
150.0	1.0608	664.2	611.1	1.792	4.180	0.884	714.6	194.6
175.0	1.0859	769.2	714.9	2.033	4.221	0.991	711.2	166.4
200.0	1.1148	875.3	819.6	2.263	4.277	1.111	703.2	145.7
225.0	1.1481	983.2	925.7	2.485	4.352	1.249	690.2	129.9
250.0	1.1869	1093	1033	2.701	4.454	1.414	672.1	117.5
275.0	1.2326	1206	1144	2.912	4.591	1.619	648.4	107.3
300.0	1.2876	1323	1258	3.120	4.775	1.884	618.5	98.53
325.0	1.3554	1445	1377	3.329	5.027	2.242	582.5	90.68
350.0	1.4422	1575	1503	3.542	5.384	2.756	541.7	83.27
375.0	1.5593	1716	1638	3.763	5.921	3.551	498.4	75.85
400.0	1.7301	1874	1787	4.002	6.789	4.890	451.5	68.02
450.0	2.4858	2284	2160	4.589	9.595	9.699	315.8	50.50
500.0	3.8919	2724	2529	5.178	7.239	7.064	202.8	40.49
550.0	5.1112	3023	2767	5.554	5.033	4.235	163.7	38.71
600.0	6.0981	3247	2942	5.818	4.062	2.976	152.1	39.14
650.0	6.9486	3437	3089	6.030	3.567	2.308	149.8	40.26
700.0	7.7134	3607	3222	6.210	3.283	1.898	150.9	41.65
750.0	8.4196	3767	3346	6.369	3.107	1.622	153.4	43.16
800.0	9.0834	3919	3465	6.515	2.992	1.423	156.4	44.72
850.0	9.7151	4067	3581	6.649	2.916	1.273	159.5	46.29
900.0	10.322	4211	3695	6.775	2.866	1.155	162.7	47.86
950.0	10.908	4353	3808	6.894	2.833	1.060	165.9	49.41
1000.0	11.479	4495	3921	7.007	2.812	0.982	169.0	50.95

$p=55.0\text{MPa}=550\text{bar}$

t /°C	v /(dm³/kg)	h /(kJ/kg)	u /(kJ/kg)	s /[kJ/(kg·K)]	c_p /[kJ/(kg·K)]	$\alpha_p \times 10^{-3}$ /K	λ /[mW/(K·m)]	η /μPa·s
0.0	0.9746	53.9	0.3	−0.001	4.006	0.111	590.7	1690
5.0	0.9752	74.0	20.3	0.071	4.008	0.160	598.3	1452
10.0	0.9761	94.0	40.3	0.143	4.019	0.205	606.4	1264
15.0	0.9772	114.2	60.4	0.213	4.032	0.244	614.9	1112
20.0	0.9785	134.4	80.5	0.283	4.044	0.280	623.5	988.3
25.0	0.9800	154.6	100.7	0.351	4.053	0.314	632.0	884.9
30.0	0.9816	174.9	120.9	0.419	4.061	0.345	640.2	798.1
35.0	0.9834	195.2	141.1	0.485	4.066	0.374	648.1	724.2
40.0	0.9853	215.5	161.3	0.551	4.069	0.402	655.5	660.9
45.0	0.9873	235.9	181.6	0.615	4.072	0.428	662.5	606.2
50.0	0.9895	256.3	201.8	0.679	4.074	0.454	668.9	558.6
60.0	0.9942	297.0	242.3	0.803	4.078	0.502	680.4	480.1
70.0	0.9995	337.8	282.9	0.924	4.083	0.548	689.8	418.5
80.0	1.0052	378.7	323.4	1.041	4.090	0.592	697.6	369.3
90.0	1.0114	419.6	364.0	1.155	4.098	0.634	703.7	329.4
100.0	1.0180	460.7	404.7	1.267	4.108	0.675	708.6	296.5
125.0	1.0366	563.7	506.7	1.534	4.136	0.774	715.9	236.1
150.0	1.0581	667.5	609.3	1.787	4.169	0.873	717.7	195.8
175.0	1.0829	772.2	712.6	2.027	4.208	0.977	714.7	167.5
200.0	1.1112	878.0	816.9	2.257	4.260	1.091	707.0	146.7
225.0	1.1438	985.4	922.5	2.478	4.331	1.223	694.5	131.0
250.0	1.1815	1094	1029	2.692	4.426	1.378	676.9	118.6
275.0	1.2257	1206	1139	2.902	4.552	1.569	653.9	108.4
300.0	1.2784	1322	1252	3.108	4.720	1.810	625.0	99.73
325.0	1.3427	1443	1369	3.314	4.944	2.129	590.4	92.01
350.0	1.4234	1570	1492	3.523	5.251	2.568	551.0	84.81
375.0	1.5292	1706	1622	3.737	5.687	3.208	509.3	77.75
400.0	1.6759	1856	1764	3.964	6.335	4.197	465.4	70.49
450.0	2.2407	2223	2099	4.488	8.399	7.644	346.6	54.89
500.0	3.3475	2642	2458	5.049	7.552	7.209	229.9	43.72
550.0	4.4662	2960	2715	5.449	5.386	4.553	180.6	40.59
600.0	5.3966	3199	2902	5.730	4.289	3.173	164.3	40.44
650.0	6.1983	3398	3057	5.952	3.721	2.434	159.8	41.27
700.0	6.9165	3575	3194	6.139	3.394	1.985	159.6	42.49
750.0	7.5774	3739	3322	6.304	3.192	1.684	161.2	43.89
800.0	8.1966	3895	3444	6.452	3.060	1.469	163.4	45.36
850.0	8.7843	4046	3563	6.590	2.972	1.308	165.9	46.87
900.0	9.3474	4193	3679	6.718	2.912	1.182	168.5	48.39
950.0	9.8908	4337	3793	6.838	2.872	1.082	171.1	49.91
1000.0	10.418	4480	3907	6.953	2.846	0.999	173.7	51.41

$p=60.0\text{MPa}=600\text{bar}$

t /°C	v /(dm³/kg)	h /(kJ/kg)	u /(kJ/kg)	s /[kJ/(kg·K)]	c_p /[kJ/(kg·K)]	$\alpha_p \times 10^{-3}$ /K	λ /[mW/(K·m)]	η /μPa·s
0.0	0.9725	58.7	0.3	−0.002	3.992	0.125	593.3	1684
5.0	0.9732	78.6	20.2	0.071	3.996	0.172	600.7	1449
10.0	0.9741	98.6	40.2	0.142	4.008	0.214	608.8	1262
15.0	0.9753	118.7	60.2	0.212	4.021	0.251	617.2	1111
20.0	0.9766	138.8	80.2	0.281	4.034	0.286	625.8	987.9
25.0	0.9781	159.0	100.3	0.350	4.044	0.318	634.2	885.1
30.0	0.9797	179.3	120.5	0.417	4.052	0.348	642.4	798.6
35.0	0.9815	199.5	140.7	0.483	4.057	0.376	650.3	725.1
40.0	0.9834	219.8	160.8	0.549	4.061	0.403	657.8	662.0
45.0	0.9854	240.2	181.0	0.613	4.064	0.429	664.7	607.4
50.0	0.9876	260.5	201.2	0.676	4.066	0.454	671.2	559.9
60.0	0.9923	301.2	241.6	0.800	4.070	0.501	682.7	481.4
70.0	0.9975	341.9	282.0	0.921	4.075	0.546	692.2	419.9
80.0	1.0032	382.7	322.5	1.038	4.082	0.588	700.0	370.7
90.0	1.0093	423.5	363.0	1.152	4.090	0.629	706.3	330.7
100.0	1.0159	464.5	403.5	1.263	4.100	0.669	711.2	297.9
125.0	1.0343	567.3	505.2	1.530	4.127	0.766	718.8	237.4
150.0	1.0556	670.8	607.5	1.782	4.158	0.862	720.9	197.0
175.0	1.0799	775.2	710.4	2.022	4.196	0.963	718.8	168.6
200.0	1.1077	880.7	814.3	2.251	4.245	1.073	710.9	147.8
225.0	1.1395	987.6	919.3	2.471	4.311	1.198	698.7	132.0
250.0	1.1763	1096	1025	2.684	4.400	1.345	681.6	119.6
275.0	1.2191	1207	1134	2.892	4.517	1.523	659.2	109.5
300.0	1.2698	1322	1246	3.097	4.670	1.745	631.3	100.9
325.0	1.3310	1441	1361	3.300	4.871	2.030	597.8	93.29
350.0	1.4066	1566	1482	3.505	5.138	2.412	559.7	86.26
375.0	1.5034	1699	1609	3.714	5.502	2.943	519.4	79.47
400.0	1.6328	1843	1745	3.931	6.011	3.711	477.6	72.65
450.0	2.0839	2180	2054	4.413	7.547	6.233	371.2	58.45
500.0	2.9547	2571	2394	4.937	7.534	6.901	255.8	47.03
550.0	3.9548	2901	2663	5.351	5.673	4.765	198.1	42.64
600.0	4.8263	3152	2862	5.647	4.500	3.343	177.0	41.85
650.0	5.5823	3359	3025	5.879	3.869	2.549	170.1	42.36
700.0	6.2590	3543	3167	6.072	3.503	2.064	168.5	43.38
750.0	6.8804	3712	3299	6.242	3.275	1.742	169.1	44.65
800.0	7.4614	3872	3424	6.394	3.126	1.512	170.6	46.04
850.0	8.0115	4025	3545	6.534	3.026	1.341	172.4	47.49
900.0	8.5377	4175	3663	6.664	2.957	1.208	174.4	48.95
950.0	9.0446	4321	3779	6.787	2.910	1.102	176.5	50.42
1000.0	9.5359	4466	3894	6.903	2.879	1.016	178.6	51.89

$p=65.0\text{MPa}=650\text{bar}$

t /°C	v /(dm³/kg)	h /(kJ/kg)	u /(kJ/kg)	s /[kJ/(kg·K)]	c_p /[kJ/(kg·K)]	$a_p \times 10^{-3}$ /K	λ /[mW/(K·m)]	η /μPa·s
0.0	0.9704	63.3	0.3	−0.002	3.979	0.138	595.8	1679
5.0	0.9712	83.2	20.1	0.070	3.984	0.182	603.1	1445
10.0	0.9721	103.2	40.0	0.141	3.997	0.222	611.0	1260
15.0	0.9733	123.2	59.9	0.211	4.011	0.258	619.4	1110
20.0	0.9747	143.3	79.9	0.280	4.024	0.292	628.0	987.7
25.0	0.9762	163.4	100.0	0.348	4.035	0.323	636.4	885.4
30.0	0.9778	183.6	120.1	0.415	4.043	0.351	644.6	799.2
35.0	0.9796	203.9	140.2	0.482	4.049	0.379	652.5	725.9
40.0	0.9815	224.1	160.3	0.547	4.053	0.405	660.0	663.0
45.0	0.9836	244.4	180.5	0.611	4.056	0.430	667.0	608.2
50.0	0.9857	264.7	200.6	0.674	4.058	0.454	673.5	561.1
60.0	0.9905	305.3	240.9	0.798	4.062	0.500	685.0	482.8
70.0	0.9956	345.9	281.2	0.918	4.067	0.543	694.6	421.3
80.0	1.0013	386.6	321.5	1.035	4.074	0.585	702.5	372.1
90.0	1.0073	427.4	361.9	1.149	4.082	0.625	708.8	332.1
100.0	1.0139	468.3	402.4	1.260	4.091	0.664	713.8	299.2
125.0	1.0321	570.9	503.8	1.526	4.118	0.758	721.6	238.6
150.0	1.0530	674.2	605.8	1.778	4.148	0.852	724.0	198.1
175.0	1.0770	778.3	708.3	2.017	4.184	0.949	721.7	169.7
200.0	1.1043	883.5	811.7	2.245	4.230	1.055	714.7	148.9
225.0	1.1355	990.0	916.1	2.464	4.292	1.175	702.9	133.1
250.0	1.1713	1098	1022	2.677	4.375	1.314	686.3	120.7
275.0	1.2129	1208	1130	2.883	4.484	1.481	664.5	110.6
300.0	1.2617	1322	1240	3.086	4.625	1.685	637.4	102.0
325.0	1.3201	1440	1354	3.287	4.807	1.944	604.9	94.51
350.0	1.3914	1563	1473	3.489	5.042	2.279	568.0	87.63
375.0	1.4808	1693	1596	3.693	5.352	2.730	528.8	81.06
400.0	1.5971	1831	1728	3.903	5.765	3.350	488.5	74.57
450.0	1.9741	2148	2019	4.355	6.945	5.264	391.4	61.42
500.0	2.6717	2513	2340	4.844	7.304	6.342	279.8	50.20
550.0	3.5491	2845	2614	5.260	5.870	4.852	215.5	44.81
600.0	4.3586	3106	2823	5.569	4.688	3.475	189.9	43.36
650.0	5.0706	3322	2993	5.809	4.008	2.648	180.6	43.50
700.0	5.7095	3512	3141	6.010	3.607	2.136	177.6	44.32
750.0	6.2957	3685	3276	6.184	3.355	1.795	177.2	45.46
800.0	6.8431	3849	3404	6.339	3.191	1.553	177.9	46.75
850.0	7.3607	4005	3527	6.482	3.079	1.372	179.1	48.12
900.0	7.8549	4157	3647	6.614	3.002	1.233	180.5	49.53
950.0	8.3304	4306	3764	6.738	2.948	1.122	182.0	50.95
1000.0	8.7907	4452	3881	6.856	2.911	1.032	183.5	52.38

$p=70.0\text{MPa}=700\text{bar}$

t /°C	v /(dm³/kg)	h /(kJ/kg)	u /(kJ/kg)	s /[kJ/(kg·K)]	c_p /[kJ/(kg·K)]	$\alpha_p \times 10^{-3}$ /K	λ /[mW/(K·m)]	η /μPa·s
0.0	0.9683	68.0	0.2	−0.003	3.967	0.151	598.3	1674
5.0	0.9692	87.8	20.0	0.069	3.973	0.193	605.4	1442
10.0	0.9702	107.7	39.8	0.140	3.987	0.231	613.3	1258
15.0	0.9714	127.7	59.7	0.210	4.002	0.265	621.7	1109
20.0	0.9728	147.7	79.7	0.279	4.015	0.297	630.2	987.6
25.0	0.9743	167.9	99.7	0.347	4.026	0.327	638.6	885.8
30.0	0.9759	188.0	119.7	0.414	4.035	0.355	646.8	799.9
35.0	0.9777	208.2	139.8	0.480	4.041	0.381	654.7	726.9
40.0	0.9797	228.4	159.8	0.545	4.045	0.406	662.2	664.1
45.0	0.9817	248.6	179.9	0.609	4.048	0.431	669.2	609.8
50.0	0.9839	268.9	200.0	0.672	4.050	0.454	675.7	562.4
60.0	0.9886	309.4	240.2	0.796	4.054	0.499	687.3	484.2
70.0	0.9938	350.0	280.4	0.915	4.059	0.541	696.9	422.7
80.0	0.9994	390.6	320.6	1.032	4.066	0.582	704.9	373.4
90.0	1.0054	431.3	360.9	1.146	4.074	0.621	711.3	333.4
100.0	1.0118	472.1	401.3	1.257	4.083	0.659	716.4	300.5
125.0	1.0298	574.5	502.4	1.522	4.109	0.751	724.5	239.9
150.0	1.0505	677.6	604.0	1.773	4.138	0.842	727.2	199.3
175.0	1.0741	781.4	706.2	2.012	4.172	0.936	725.1	170.8
200.0	1.1010	886.2	809.2	2.239	4.216	1.038	718.5	149.9
225.0	1.1315	992.3	913.1	2.458	4.274	1.153	707.1	134.1
250.0	1.1665	1100	1018	2.669	4.352	1.285	690.8	121.7
275.0	1.2068	1210	1125	2.874	4.454	1.442	669.6	111.6
300.0	1.2540	1323	1235	3.076	4.584	1.631	643.2	103.1
325.0	1.3099	1439	1347	3.275	4.749	1.867	611.7	95.68
350.0	1.3774	1560	1464	3.473	4.959	2.165	575.9	88.93
375.0	1.4608	1688	1585	3.673	5.227	2.554	537.6	82.55
400.0	1.5667	1822	1713	3.877	5.571	3.068	498.6	76.33
450.0	1.8917	2123	1991	4.308	6.505	4.572	408.3	63.98
500.0	2.4645	2466	2294	4.767	6.992	5.721	301.7	53.13
550.0	3.2267	2794	2569	5.178	5.974	4.816	232.5	47.03
600.0	3.9725	3063	2785	5.496	4.846	3.563	202.7	44.93
650.0	4.6416	3286	2961	5.744	4.135	2.729	191.0	44.70
700.0	5.2452	3481	3114	5.950	3.705	2.199	186.7	45.30
750.0	5.7996	3659	3253	6.129	3.433	1.842	185.3	46.29
800.0	6.3170	3826	3384	6.288	3.253	1.589	185.2	47.47
850.0	6.8058	3986	3509	6.433	3.130	1.401	185.7	48.77
900.0	7.2720	4140	3631	6.567	3.045	1.256	186.5	50.12
950.0	7.7202	4290	3750	6.693	2.985	1.140	187.4	51.50
1000.0	8.1534	4439	3868	6.812	2.943	1.047	188.4	52.88

				$p＝75.0$MPa$＝750$bar					
t /°C	v /(dm³/kg)	h /(kJ/kg)	u /(kJ/kg)	s /[kJ/(kg·K)]	c_p /[kJ/(kg·K)]	$\alpha_p \times 10^{-3}$ /K	λ /[mW/(K·m)]	η /μPa·s
0.0	0.9663	72.6	0.1	−0.004	3.956	0.164	600.7	1669
5.0	0.9672	92.4	19.9	0.068	3.963	0.203	607.7	1440
10.0	0.9683	112.3	39.6	0.139	3.977	0.239	615.6	1257
15.0	0.9695	132.2	59.5	0.208	3.993	0.272	623.9	1109
20.0	0.9709	152.2	79.4	0.277	4.007	0.302	632.3	987.7
25.0	0.9724	172.2	99.3	0.345	4.018	0.331	640.8	886.3
30.0	0.9741	192.4	119.3	0.412	4.027	0.358	649.0	800.7
35.0	0.9759	212.5	139.3	0.478	4.033	0.383	656.9	727.9
40.0	0.9779	232.7	159.3	0.543	4.037	0.408	664.4	665.3
45.0	0.9799	252.9	179.4	0.607	4.040	0.432	671.4	611.1
50.0	0.9821	273.1	199.4	0.670	4.043	0.454	678.0	563.8
60.0	0.9868	313.5	239.5	0.793	4.047	0.498	689.6	485.6
70.0	0.9919	354.0	279.6	0.913	4.052	0.539	699.3	424.1
80.0	0.9975	394.6	319.8	1.029	4.058	0.579	707.3	374.8
90.0	1.0034	435.2	359.9	1.143	4.066	0.617	713.8	334.8
100.0	1.0098	475.9	400.2	1.253	4.075	0.654	719.0	301.8
125.0	1.0277	578.1	501.0	1.518	4.101	0.744	727.3	241.1
150.0	1.0481	681.0	602.4	1.769	4.128	0.832	730.3	200.4
175.0	1.0714	784.6	704.2	2.007	4.161	0.924	728.5	171.8
200.0	1.0977	889.1	806.7	2.234	4.202	1.022	722.2	150.9
225.0	1.1277	994.8	910.2	2.451	4.257	1.132	711.2	135.1
250.0	1.1618	1102	1014	2.662	4.330	1.258	695.3	122.7
275.0	1.2011	1211	1121	2.866	4.425	1.406	674.6	112.6
300.0	1.2467	1323	1230	3.066	4.545	1.582	648.9	104.2
325.0	1.3004	1438	1341	3.263	4.697	1.798	618.3	96.82
350.0	1.3645	1558	1456	3.459	4.885	2.066	583.4	90.17
375.0	1.4427	1683	1575	3.655	5.120	2.406	546.0	83.95
400.0	1.5402	1815	1699	3.854	5.413	2.842	507.9	77.95
450.0	1.8269	2104	1966	4.268	6.172	4.059	422.9	66.23
500.0	2.3088	2428	2255	4.702	6.674	5.139	321.4	55.80
550.0	2.9697	2749	2527	5.105	5.995	4.683	249.0	49.24
600.0	3.6520	3023	2749	5.427	4.969	3.604	215.3	46.56
650.0	4.2792	3252	2931	5.683	4.249	2.790	201.4	45.95
700.0	4.8495	3452	3088	5.894	3.796	2.251	195.6	46.31
750.0	5.3746	3634	3231	6.077	3.506	1.883	193.3	47.14
800.0	5.8648	3804	3364	6.239	3.312	1.622	192.4	48.22
850.0	6.3278	3966	3492	6.387	3.179	1.427	192.3	49.44
900.0	6.7692	4123	3615	6.523	3.086	1.277	192.5	50.72
950.0	7.1931	4275	3736	6.650	3.021	1.157	192.9	52.05
1000.0	7.6026	4425	3855	6.770	2.974	1.061	193.4	53.40

$p=80.0\text{MPa}=800\text{bar}$

t /°C	v /(dm³/kg)	h /(kJ/kg)	u /(kJ/kg)	s /[kJ/(kg·K)]	c_p /[kJ/(kg·K)]	$\alpha_p \times 10^{-3}$ /K	λ /[mW/(K·m)]	η /μPa·s
0.0	0.9643	77.2	0.08	−0.005	3.945	0.175	603.1	1665
5.0	0.9653	97.0	19.7	0.067	3.953	0.213	610.0	1437
10.0	0.9664	116.8	39.5	0.137	3.968	0.247	617.8	1256
15.0	0.9676	136.6	59.2	0.207	3.984	0.278	626.0	1108
20.0	0.9691	156.6	79.1	0.276	3.998	0.308	634.5	987.9
25.0	0.9706	176.6	99.0	0.343	4.010	0.335	642.9	886.8
30.0	0.9723	196.7	118.9	0.410	4.019	0.361	651.2	801.6
35.0	0.9741	216.8	138.9	0.476	4.025	0.386	659.1	728.9
40.0	0.9761	236.9	158.9	0.541	4.030	0.409	666.6	666.5
45.0	0.9781	257.1	178.8	0.605	4.033	0.432	673.6	612.3
50.0	0.9803	277.3	198.8	0.668	4.035	0.454	680.2	565.1
60.0	0.9850	317.6	238.8	0.791	4.040	0.497	691.8	487.0
70.0	0.9901	358.1	278.9	0.910	4.045	0.537	701.6	425.5
80.0	0.9956	398.5	318.9	1.026	4.051	0.576	709.7	376.2
90.0	1.0015	439.1	359.0	1.140	4.059	0.613	716.2	336.2
100.0	1.0079	479.7	399.1	1.250	4.068	0.650	721.5	303.2
125.0	1.0255	581.7	499.7	1.515	4.093	0.737	730.1	242.3
150.0	1.0457	684.4	600.7	1.765	4.119	0.823	733.4	201.5
175.0	1.0686	787.7	702.2	2.002	4.150	0.912	732.0	172.9
200.0	1.0946	891.9	804.3	2.228	4.189	1.007	725.9	152.0
225.0	1.1239	997.2	907.3	2.445	4.241	1.113	715.3	136.1
250.0	1.1573	1104	1011	2.654	4.309	1.232	699.8	123.7
275.0	1.1955	1212	1117	2.857	4.398	1.372	679.6	113.6
300.0	1.2397	1324	1225	3.056	4.510	1.537	654.5	105.2
325.0	1.2914	1438	1335	3.251	4.649	1.735	624.6	97.92
350.0	1.3526	1556	1448	3.445	4.820	1.978	590.6	91.37
375.0	1.4263	1679	1565	3.639	5.028	2.279	554.1	85.28
400.0	1.5168	1808	1687	3.833	5.280	2.655	516.7	79.46
450.0	1.7740	2087	1946	4.233	5.912	3.663	435.7	68.26
500.0	2.1882	2397	2222	4.647	6.383	4.632	339.1	58.22
550.0	2.7634	2710	2489	5.039	5.955	4.484	264.6	51.39
600.0	3.3846	2985	2714	5.364	5.057	3.602	227.5	48.20
650.0	3.9711	3219	2901	5.625	4.347	2.830	211.5	47.22
700.0	4.5098	3424	3063	5.841	3.880	2.292	204.4	47.34
750.0	5.0076	3610	3209	6.027	3.574	1.918	201.1	48.01
800.0	5.4729	3783	3345	6.193	3.369	1.650	199.6	48.98
850.0	5.9126	3947	3474	6.343	3.227	1.450	198.8	50.12
900.0	6.3316	4106	3600	6.481	3.126	1.295	198.4	51.34
950.0	6.7339	4261	3722	6.610	3.055	1.173	198.2	52.62
1000.0	7.1222	4412	3842	6.731	3.004	1.073	198.2	53.92

续表

					$p=85.0\text{MPa}=850\text{bar}$				
t /℃	v /(dm³/kg)	h /(kJ/kg)	u /(kJ/kg)	s /[kJ/(kg·K)]	c_p /[kJ/(kg·K)]	$\alpha_p\times10^{-3}$ /K	λ /[mW/(K·m)]	η /μPa·s
0.0	0.9624	81.8	−0.00003	−0.006	3.936	0.187	605.5	1661
5.0	0.9633	101.5	19.6	0.066	3.943	0.222	612.2	1435
10.0	0.9645	121.2	39.3	0.136	3.959	0.254	620.0	1255
15.0	0.9658	141.1	59.0	0.206	3.975	0.284	628.2	1108
20.0	0.9672	161.0	78.8	0.274	3.990	0.313	636.6	988.1
25.0	0.9688	181.0	98.6	0.342	4.002	0.339	645.1	887.5
30.0	0.9705	201.0	118.5	0.408	4.011	0.364	653.3	802.5
35.0	0.9723	221.1	138.4	0.474	4.018	0.388	661.2	730.1
40.0	0.9743	241.2	158.4	0.539	4.022	0.411	668.7	667.7
45.0	0.9763	261.3	178.3	0.603	4.026	0.433	675.8	613.7
50.0	0.9785	281.4	198.3	0.665	4.028	0.455	682.4	566.5
60.0	0.9832	321.7	238.2	0.788	4.032	0.496	694.1	488.4
70.0	0.9883	362.1	278.1	0.907	4.037	0.535	703.9	426.9
80.0	0.9938	402.5	318.0	1.024	4.044	0.573	712.1	377.6
90.0	0.9997	443.0	358.0	1.137	4.052	0.610	718.7	337.5
100.0	1.0059	483.5	398.0	1.247	4.060	0.645	724.0	304.5
125.0	1.0234	585.3	498.4	1.511	4.085	0.731	732.9	243.5
150.0	1.0434	687.8	599.1	1.760	4.110	0.814	736.4	202.7
175.0	1.0660	790.9	700.3	1.997	4.139	0.901	735.4	174.0
200.0	1.0915	894.8	802.0	2.223	4.176	0.993	729.7	153.0
225.0	1.1203	999.8	904.6	2.439	4.225	1.094	719.3	137.1
250.0	1.1529	1106	1008	2.647	4.290	1.208	704.2	124.7
275.0	1.1902	1214	1113	2.849	4.373	1.340	684.4	114.6
300.0	1.2331	1324	1220	3.047	4.477	1.495	659.9	106.2
325.0	1.2829	1438	1329	3.240	4.606	1.679	630.7	98.98
350.0	1.3415	1555	1441	3.432	4.761	1.900	597.5	92.52
375.0	1.4113	1676	1556	3.623	4.947	2.170	561.7	86.55
400.0	1.4959	1803	1675	3.814	5.168	2.498	525.1	80.88
450.0	1.7297	2074	1927	4.203	5.702	3.350	447.2	70.10
500.0	2.0923	2371	2194	4.600	6.128	4.203	355.1	60.43
550.0	2.5964	2675	2454	4.981	5.874	4.252	279.5	53.47
600.0	3.1605	2950	2681	5.305	5.112	3.562	239.3	49.85
650.0	3.7075	3188	2873	5.570	4.430	2.850	221.2	48.52
700.0	4.2161	3397	3038	5.791	3.955	2.322	212.9	48.40
750.0	4.6884	3586	3187	5.980	3.638	1.947	208.8	48.90
800.0	5.1308	3762	3326	6.149	3.422	1.674	206.5	49.76
850.0	5.5491	3929	3457	6.301	3.271	1.470	205.1	50.80
900.0	5.9478	4090	3584	6.441	3.165	1.312	204.2	51.96
950.0	6.3305	4246	3708	6.571	3.088	1.187	203.5	53.19
1000.0	6.6998	4399	3830	6.694	3.033	1.085	203.0	54.44

$p=90.0\text{MPa}=900\text{bar}$

t /°C	v /(dm³/kg)	h /(kJ/kg)	u /(kJ/kg)	s /[kJ/(kg·K)]	c_p /[kJ/(kg·K)]	$\alpha_p \times 10^{-3}$ /K	λ /[mW/(K·m)]	η /μPa·s
0.0	0.9604	86.4	−0.08	−0.007	3.926	0.198	607.7	1658
5.0	0.9615	106.0	19.5	0.065	3.934	0.231	614.5	1433
10.0	0.9626	125.7	39.1	0.135	3.950	0.262	622.1	1254
15.0	0.9640	145.5	58.7	0.204	3.967	0.290	630.3	1108
20.0	0.9654	165.4	78.5	0.273	3.983	0.317	638.7	988.6
25.0	0.9670	185.3	98.3	0.340	3.995	0.343	647.2	888.3
30.0	0.9688	205.3	118.1	0.407	4.004	0.367	655.4	803.5
35.0	0.9706	225.4	138.0	0.472	4.011	0.390	663.3	731.2
40.0	0.9725	245.4	157.9	0.537	4.015	0.412	670.9	669.0
45.0	0.9746	265.5	177.8	0.600	4.019	0.434	678.0	615.0
50.0	0.9768	285.6	197.7	0.663	4.021	0.455	684.6	567.9
60.0	0.9814	325.8	237.5	0.786	4.026	0.495	696.3	489.9
70.0	0.9865	366.1	277.3	0.905	4.031	0.534	706.2	428.4
80.0	0.9919	406.5	317.2	1.021	4.037	0.570	714.4	379.0
90.0	0.9978	446.9	357.1	1.134	4.045	0.606	721.1	338.9
100.0	1.0040	487.4	397.0	1.244	4.053	0.641	726.6	305.8
125.0	1.0213	589.0	497.1	1.507	4.077	0.724	735.6	244.7
150.0	1.0410	691.2	597.5	1.756	4.101	0.806	739.5	203.8
175.0	1.0633	794.1	698.4	1.992	4.129	0.890	738.7	175.0
200.0	1.0884	897.7	799.7	2.217	4.164	0.979	733.4	154.0
225.0	1.1167	1002	901.8	2.433	4.210	1.076	723.3	138.1
250.0	1.1487	1108	1004	2.640	4.271	1.185	708.6	125.6
275.0	1.1851	1216	1109	2.841	4.349	1.311	689.2	115.6
300.0	1.2267	1325	1215	3.038	4.447	1.456	665.1	107.2
325.0	1.2748	1438	1323	3.230	4.565	1.627	636.6	100.0
350.0	1.3311	1554	1434	3.420	4.708	1.830	604.2	93.62
375.0	1.3975	1674	1548	3.608	4.876	2.073	569.1	87.75
400.0	1.4770	1798	1665	3.796	5.071	2.363	533.0	82.22
450.0	1.6916	2063	1910	4.175	5.529	3.095	457.5	71.80
500.0	2.0140	2350	2169	4.559	5.908	3.843	369.6	62.46
550.0	2.4594	2645	2423	4.928	5.770	4.008	293.5	55.45
600.0	2.9715	2918	2651	5.251	5.138	3.491	250.6	51.49
650.0	3.4808	3158	2845	5.519	4.495	2.851	230.6	49.82
700.0	3.9607	3371	3014	5.743	4.022	2.341	221.1	49.46
750.0	4.4091	3563	3166	5.936	3.696	1.968	216.1	49.81
800.0	4.8302	3742	3307	6.107	3.472	1.694	213.1	50.54
850.0	5.2288	3911	3441	6.261	3.314	1.487	211.2	51.50
900.0	5.6089	4074	3569	6.403	3.201	1.327	209.8	52.59
950.0	5.9738	4232	3694	6.535	3.120	1.199	208.6	53.76
1000.0	6.3259	4386	3817	6.658	3.061	1.095	207.6	54.97

续表

$p=95.0\text{MPa}=950\text{bar}$

t /℃	v /(dm³/kg)	h /(kJ/kg)	u /(kJ/kg)	s /[kJ/(kg·K)]	c_p /[kJ/(kg·K)]	$\alpha_p \times 10^{-3}$ /K	λ /[mW/(K·m)]	η /μPa·s
0.0	0.9585	90.9	−0.2	−0.008	3.917	0.208	610.0	1655
5.0	0.9596	110.5	19.3	0.064	3.926	0.239	616.6	1432
10.0	0.9608	130.2	38.9	0.134	3.942	0.268	624.2	1253
15.0	0.9622	149.9	58.5	0.203	3.960	0.296	632.4	1108
20.0	0.9637	169.8	78.2	0.271	3.975	0.322	640.8	989.1
25.0	0.9653	189.7	98.0	0.338	3.988	0.346	649.3	889.1
30.0	0.9670	209.6	117.8	0.405	3.997	0.370	657.5	804.6
35.0	0.9689	229.6	137.6	0.470	4.004	0.392	665.5	732.5
40.0	0.9708	249.7	157.4	0.535	4.009	0.414	673.0	670.3
45.0	0.9729	269.7	177.3	0.598	4.012	0.435	680.1	616.4
50.0	0.9750	289.8	197.1	0.661	4.014	0.455	686.8	569.3
60.0	0.9797	329.9	236.9	0.783	4.019	0.494	698.6	491.3
70.0	0.9847	370.2	276.6	0.902	4.024	0.532	708.5	429.8
80.0	0.9901	410.4	316.4	1.018	4.030	0.568	716.8	380.5
90.0	0.9960	450.8	356.1	1.131	4.038	0.603	723.6	340.3
100.0	1.0022	491.2	396.0	1.240	4.046	0.637	729.1	307.1
125.0	1.0193	592.6	495.8	1.503	4.069	0.718	738.4	245.9
150.0	1.0388	694.6	596.0	1.752	4.093	0.798	742.6	204.9
175.0	1.0608	797.3	696.5	1.988	4.119	0.879	742.1	176.1
200.0	1.0855	900.6	797.5	2.212	4.152	0.965	737.1	155.0
225.0	1.1133	1004	899.2	2.427	4.196	1.059	727.3	139.0
250.0	1.1446	1110	1001	2.634	4.253	1.164	712.9	126.6
275.0	1.1801	1217	1105	2.834	4.327	1.283	693.9	116.5
300.0	1.2206	1327	1211	3.029	4.418	1.420	670.3	108.2
325.0	1.2672	1438	1318	3.220	4.529	1.580	642.4	101.0
350.0	1.3212	1553	1428	3.408	4.659	1.767	610.6	94.69
375.0	1.3846	1671	1540	3.594	4.812	1.987	576.1	88.91
400.0	1.4597	1794	1655	3.779	4.986	2.246	540.6	83.50
450.0	1.6585	2053	1895	4.150	5.385	2.883	467.1	73.38
500.0	1.9487	2331	2146	4.522	5.720	3.540	382.7	64.33
550.0	2.3458	2618	2395	4.882	5.656	3.769	306.8	57.33
600.0	2.8112	2889	2622	5.202	5.140	3.397	261.5	53.10
650.0	3.2850	3131	2819	5.471	4.545	2.834	239.5	51.13
700.0	3.7376	3346	2991	5.698	4.080	2.350	228.8	50.54
750.0	4.1633	3541	3146	5.894	3.749	1.983	223.1	50.72
800.0	4.5645	3723	3289	6.067	3.518	1.709	219.5	51.33
850.0	4.9448	3894	3424	6.223	3.354	1.501	217.0	52.20
900.0	5.3078	4059	3554	6.366	3.236	1.339	215.1	53.22
950.0	5.6564	4218	3681	6.500	3.150	1.210	213.5	54.34
1000.0	5.9927	4374	3805	6.625	3.087	1.104	212.1	55.51

$p=100.0\text{MPa}=1000\text{bar}$

t /°C	v /(dm³/kg)	h /(kJ/kg)	u /(kJ/kg)	s /[kJ/(kg·K)]	c_p /[kJ/(kg·K)]	$\alpha_p \times 10^{-3}$ /K	λ /[mW/(K·m)]	η /μPa·s
0.0	0.9567	95.4	−0.3	−0.009	3.909	0.217	612.2	1652
5.0	0.9578	115.0	19.2	0.062	3.918	0.247	618.7	1430
10.0	0.9590	134.6	38.7	0.132	3.935	0.275	626.3	1253
15.0	0.9604	154.3	58.3	0.201	3.952	0.302	634.5	1108
20.0	0.9619	174.1	77.9	0.270	3.968	0.326	642.9	989.7
25.0	0.9635	194.0	97.6	0.337	3.981	0.350	651.3	890.1
30.0	0.9653	213.9	117.4	0.403	3.990	0.373	659.6	805.7
35.0	0.9671	233.9	137.2	0.468	3.997	0.394	667.6	733.7
40.0	0.9691	253.9	157.0	0.533	4.002	0.415	675.1	671.7
45.0	0.9712	273.9	176.8	0.596	4.005	0.436	682.3	617.9
50.0	0.9733	293.9	196.6	0.659	4.008	0.455	688.9	570.8
60.0	0.9780	334.0	236.2	0.781	4.012	0.494	700.8	492.8
70.0	0.9830	374.2	275.9	0.900	4.017	0.530	710.8	431.3
80.0	0.9884	414.4	315.5	1.015	4.023	0.565	719.1	381.9
90.0	0.9942	454.6	355.2	1.128	4.031	0.599	726.0	341.6
100.0	1.0003	495.0	395.0	1.237	4.039	0.632	731.6	308.4
125.0	1.0173	596.3	494.5	1.500	4.062	0.712	741.2	247.1
150.0	1.0365	698.1	594.4	1.748	4.084	0.790	745.6	206.0
175.0	1.0582	800.5	694.7	1.983	4.109	0.869	745.5	177.1
200.0	1.0826	903.6	795.3	2.207	4.141	0.952	740.7	156.0
225.0	1.1099	1007	896.6	2.421	4.182	1.043	731.3	140.0
250.0	1.1406	1112	998.7	2.627	4.236	1.143	717.2	127.5
275.0	1.1753	1219	1102	2.826	4.306	1.257	698.5	117.5
300.0	1.2148	1328	1206	3.020	4.391	1.386	675.3	109.1
325.0	1.2599	1439	1313	3.210	4.494	1.536	648.0	102.0
350.0	1.3120	1553	1421	3.396	4.615	1.709	616.8	95.73
375.0	1.3726	1670	1532	3.580	4.754	1.911	583.0	90.02
400.0	1.4439	1790	1646	3.763	4.911	2.144	547.9	84.71
450.0	1.6292	2045	1882	4.127	5.261	2.704	476.0	74.86
500.0	1.8932	2316	2126	4.490	5.557	3.284	394.8	66.07
550.0	2.2504	2595	2370	4.840	5.541	3.544	319.2	59.11
600.0	2.6743	2863	2595	5.156	5.122	3.288	271.8	54.67
650.0	3.1148	3105	2794	5.426	4.581	2.802	248.0	52.43
700.0	3.5416	3323	2968	5.655	4.129	2.349	236.2	51.61
750.0	3.9460	3520	3126	5.853	3.797	1.992	229.7	51.63
800.0	4.3285	3704	3271	6.029	3.561	1.721	225.5	52.12
850.0	4.6918	3877	3408	6.187	3.392	1.512	222.6	52.91
900.0	5.0390	4044	3540	6.332	3.269	1.349	220.2	53.86
950.0	5.3725	4205	3668	6.466	3.179	1.219	218.2	54.92
1000.0	5.6943	4362	3793	6.592	3.113	1.112	216.3	56.04

表 4-162　0～100℃ 水的热物理与传递性质 $p=100kPa$（1bar）[5]

t_{68} /℃	ρ /(g/cm³)	c_p /[J/(g・K)]	p_{sat} /kPa	η /μPa・s	λ /[mW/(K・m)]	ε const	σ /(mN/m)
0	0.99984	4.2176	0.6113	1793	561.0	87.90	75.64
10	0.99970	4.1921	1.2281	1307	580.0	83.96	74.23
20	0.99821	4.1818	2.3388	1002	598.4	80.20	72.75
30	0.99565	4.1784	4.2455	797.7	615.4	76.60	71.20
40	0.99222	4.1785	7.3814	653.2	630.5	73.17	69.60
50	0.98803	4.1806	12.344	547.0	643.5	69.88	67.94
60	0.98320	4.1843	19.932	466.5	654.3	66.73	66.24
70	0.97778	4.1895	31.176	404.0	663.1	63.73	64.47
80	0.97182	4.1963	47.373	354.4	670.0	60.86	62.67
90	0.96535	4.2050	70.117	314.5	675.3	58.12	60.82
100	0.95840	4.2159	101.325	281.8	679.1	55.51	58.91

表 4-163　不同温度下水的摩尔蒸发焓（IPTS-68 scale）[2]

t /℃	$\Delta_v H$ /(kJ/mol)	t /℃	$\Delta_v H$ /(kJ/mol)	t /℃	$\Delta_v H$ /(kJ/mol)	t /℃	$\Delta_v H$ /(kJ/mol)
0	45.054	100	40.657	200	34.962	300	25.300
25	43.990	120	39.684	220	33.468	320	22.297
40	43.350	140	38.643	240	31.809	340	18.502
60	42.482	160	37.518	260	29.930	360	12.966
80	41.585	180	36.304	280	27.795	374	2.066

表 4-164　$p=101325Pa$（1atm）纯水的标准密度（标准平均海水 SMOW）[2]

t/℃	ρ/(g/cm³)	t/℃	ρ/(g/cm³)	t/℃	ρ/(g/cm³)	t/℃	ρ/(g/cm³)	t/℃	ρ/(g/cm³)
0.1	0.9998493	4.3	0.9999742	8.5	0.9998189	12.7	0.9994167	16.9	0.9987942
0.2	0.9998558	4.4	0.9999736	8.6	0.9998121	12.8	0.9994043	17.0	0.9987769
0.3	0.9998622	4.5	0.9999728	8.7	0.9998051	12.9	0.9993918	17.1	0.9987595
0.4	0.9998683	4.6	0.9999719	8.8	0.9997980	13.0	0.9993792	17.2	0.9987419
0.5	0.9998743	4.7	0.9999709	8.9	0.9997908	13.1	0.9993665	17.3	0.9987243
0.6	0.9998801	4.8	0.9999696	9.0	0.9997834	13.2	0.9993536	17.4	0.9987065
0.7	0.9998857	4.9	0.9999683	9.1	0.9997759	13.3	0.9993407	17.5	0.9986886
0.8	0.9998912	5.0	0.9999668	9.2	0.9997682	13.4	0.9993276	17.6	0.9986706
0.9	0.9998964	5.1	0.9999651	9.3	0.9997604	13.5	0.9993143	17.7	0.9986525
1.0	0.9999015	5.2	0.9999632	9.4	0.9997525	13.6	0.9993010	17.8	0.9986343
1.1	0.9999065	5.3	0.9999612	9.5	0.9997444	13.7	0.9992875	17.9	0.9986160
1.2	0.9999112	5.4	0.9999591	9.6	0.9997362	13.8	0.9992740	18.0	0.9985976
1.3	0.9999158	5.5	0.9999568	9.7	0.9997279	13.9	0.9992602	18.1	0.9985790
1.4	0.9999202	5.6	0.9999544	9.8	0.9997194	14.0	0.9992464	18.2	0.9985604
1.5	0.9999244	5.7	0.9999518	9.9	0.9997108	14.1	0.9992325	18.3	0.9985416
1.6	0.9999284	5.8	0.9999490	10.0	0.9997021	14.2	0.9992184	18.4	0.9985228
1.7	0.9999323	5.9	0.9999461	10.1	0.9996932	14.3	0.9992042	18.5	0.9985038
1.8	0.9999360	6.0	0.9999430	10.2	0.9996842	14.4	0.9991899	18.6	0.9984847

续表

$t/℃$	$\rho/(g/cm^3)$	$t/℃$	$\rho/(g/cm^3)$	$t/℃$	$\rho/(g/cm^3)$	$t/℃$	$\rho/(g/cm^3)$	$t/℃$	$\rho/(g/cm^3)$
1.9	0.9999395	6.1	0.9999398	10.3	0.9996751	14.5	0.9991755	18.7	0.9984655
2.0	0.9999429	6.2	0.9999365	10.4	0.9996658	14.6	0.9991609	18.8	0.9984462
2.1	0.9999461	6.3	0.9999330	10.5	0.9996564	14.7	0.9991463	18.9	0.9984268
2.2	0.9999491	6.4	0.9999293	10.6	0.9996468	14.8	0.9991315	19.0	0.9984073
2.3	0.9999519	6.5	0.9999255	10.7	0.9996372	14.9	0.9991166	19.1	0.9983877
2.4	0.9999546	6.6	0.9999216	10.8	0.9996274	15.0	0.9991016	19.2	0.9983680
2.5	0.9999571	6.7	0.9999175	10.9	0.9996174	15.1	0.9990864	19.3	0.9983481
2.6	0.9999595	6.8	0.9999132	11.0	0.9996074	15.2	0.9990712	19.4	0.9983282
2.7	0.9999616	6.9	0.9999088	11.1	0.9995972	15.3	0.9990558	19.5	0.9983081
2.8	0.9999636	7.0	0.9999043	11.2	0.9995869	15.4	0.9990403	19.6	0.9982880
2.9	0.9999655	7.1	0.9998996	11.3	0.9995764	15.5	0.9990247	19.7	0.9982677
3.0	0.9999672	7.2	0.9998948	11.4	0.9995658	15.6	0.9990090	19.8	0.9982474
3.1	0.9999687	7.3	0.9998898	11.5	0.9995551	15.7	0.9989932	19.9	0.9982269
3.2	0.9999700	7.4	0.9998847	11.6	0.9995443	15.8	0.9989772	20.0	0.9982063
3.3	0.9999712	7.5	0.9998794	11.7	0.9995333	15.9	0.9989612	20.1	0.9981856
3.4	0.9999722	7.6	0.9998740	11.8	0.9995222	16.0	0.9989450	20.2	0.9981649
3.5	0.9999731	7.7	0.9998684	11.9	0.9995110	16.1	0.9989287	20.3	0.9981440
3.6	0.9999738	7.8	0.9998627	12.0	0.9994996	16.2	0.9989123	20.4	0.9981230
3.7	0.9999743	7.9	0.9998569	12.1	0.9994882	16.3	0.9988957	20.5	0.9981019
3.8	0.9999747	8.0	0.9998509	12.2	0.9994766	16.4	0.9988791	20.6	0.9980807
3.9	0.9999749	8.1	0.9998448	12.3	0.9994648	16.5	0.9988623	20.7	0.9980594
4.0	0.9999750	8.2	0.9998385	12.4	0.9994530	16.6	0.9988455	20.8	0.9980380
4.1	0.9999748	8.3	0.9998321	12.5	0.9994410	16.7	0.9988285	20.9	0.9980164
4.2	0.9999746	8.4	0.9998256	12.6	0.9994289	16.8	0.9988114	21.0	0.9979948
21.1	0.9979731	26.1	0.9967604	31.1	0.9953139	36.1	0.9936531	51.0	0.98758
21.2	0.9979513	26.2	0.9967337	31.2	0.9952827	36.2	0.9936178	52.0	0.98712
21.3	0.9979294	26.3	0.9967069	31.3	0.9952514	36.3	0.9935825	53.0	0.98665
21.4	0.9979073	26.4	0.9966800	31.4	0.9952201	36.4	0.9935470	54.0	0.98617
21.5	0.9978852	26.5	0.9966530	31.5	0.9951887	36.5	0.9935115	55.0	0.98569
21.6	0.9978630	26.6	0.9966259	31.6	0.9951572	36.6	0.9934759	56.0	0.98521
21.7	0.9978406	26.7	0.9965987	31.7	0.9951255	36.7	0.9934403	57.0	0.98471
21.8	0.9978182	26.8	0.9965714	31.8	0.9950939	36.8	0.9934045	58.0	0.98421
21.9	0.9977957	26.9	0.9965441	31.9	0.9950621	36.9	0.9933687	59.0	0.98371
22.0	0.9977730	27.0	0.9965166	32.0	0.9950302	37.0	0.9933328	60.0	0.98320
22.1	0.9977503	27.1	0.9964891	32.1	0.9949983	37.1	0.9932968	61.0	0.98268
22.2	0.9977275	27.2	0.9964615	32.2	0.9949663	37.2	0.9932607	62.0	0.98216
22.3	0.9977045	27.3	0.9964337	32.3	0.9949342	37.3	0.9932246	63.0	0.98163
22.4	0.9976815	27.4	0.9964059	32.4	0.9949020	37.4	0.9931884	64.0	0.98109
22.5	0.9976584	27.5	0.9963780	32.5	0.9948697	37.5	0.9931521	65.0	0.98055
22.6	0.9976351	27.6	0.9963500	32.6	0.9948373	37.6	0.9931157	66.0	0.98000

续表

$t/℃$	$\rho/(\text{g/cm}^3)$	$t/℃$	$\rho/(\text{g/cm}^3)$	$t/℃$	$\rho/(\text{g/cm}^3)$	$t/℃$	$\rho/(\text{g/cm}^3)$	$t/℃$	$\rho/(\text{g/cm}^3)$
22.7	0.9976118	27.7	0.9963219	32.7	0.9948049	37.7	0.9930793	67.0	0.97945
22.8	0.9975883	27.8	0.9962938	32.8	0.9947724	37.8	0.9930428	68.0	0.97890
22.9	0.9975648	27.9	0.9962655	32.9	0.9947397	37.9	0.9930062	69.0	0.97833
23.0	0.9975412	28.0	0.9962371	33.0	0.9947071	38.0	0.9929695	70.0	0.97776
23.1	0.9975174	28.1	0.9962087	33.1	0.9946743	38.1	0.9929328	71.0	0.97719
23.2	0.9974936	28.2	0.9961801	33.2	0.9946414	38.2	0.9928960	72.0	0.97661
23.3	0.9974697	28.3	0.9961515	33.3	0.9946085	38.3	0.9928591	73.0	0.97603
23.4	0.9974456	28.4	0.9961228	33.4	0.9945755	38.4	0.9928221	74.0	0.97544
23.5	0.9974215	28.5	0.9960940	33.5	0.9945423	38.5	0.9927850	75.0	0.97484
23.6	0.9973973	28.6	0.9960651	33.6	0.9945092	38.6	0.9927479	76.0	0.97424
23.7	0.9973730	28.7	0.9960361	33.7	0.9944759	38.7	0.9927107	77.0	0.97364
23.8	0.9973485	28.8	0.9960070	33.8	0.9944425	38.8	0.9926735	78.0	0.97303
23.9	0.9973240	28.9	0.9959778	33.9	0.9944091	38.9	0.9926361	79.0	0.97241
24.0	0.9972994	29.0	0.9959486	34.0	0.9943756	39.0	0.9925987	80.0	0.97179
24.1	0.9972747	29.1	0.9959192	34.1	0.9943420	39.1	0.9925612	81.0	0.97116
24.2	0.9972499	29.2	0.9958898	34.2	0.9943083	39.2	0.9925236	82.0	0.97053
24.3	0.9972250	29.3	0.9958603	34.3	0.9942745	39.3	0.9924860	83.0	0.96990
24.4	0.9972000	29.4	0.9958306	34.4	0.9942407	39.4	0.9924483	84.0	0.96926
24.5	0.9971749	29.5	0.9958009	34.5	0.9942068	39.5	0.9924105	85.0	0.96861
24.6	0.9971497	29.6	0.9957712	34.6	0.9941728	39.6	0.9923726	86.0	0.96796
24.7	0.9971244	29.7	0.9957413	34.7	0.9941387	39.7	0.9923347	87.0	0.96731
24.8	0.9970990	29.8	0.9957113	34.8	0.9941045	39.8	0.9922966	88.0	0.96664
24.9	0.9970735	29.9	0.9956813	34.9	0.9940703	39.9	0.9922586	89.0	0.96598
25.0	0.9970480	30.0	0.9956511	35.0	0.9940359	40.0	0.9922204	90.0	0.96531
25.1	0.9970223	30.1	0.9956209	35.1	0.9940015	41.0	0.99183	91.0	0.96463
25.2	0.9969965	30.2	0.9955906	35.2	0.9939671	42.0	0.99144	92.0	0.96396
25.3	0.9969707	30.3	0.9955602	35.3	0.9939325	43.0	0.99104	93.0	0.96327
25.4	0.9969447	30.4	0.9955297	35.4	0.9938978	44.0	0.99063	94.0	0.96258
25.5	0.9969186	30.5	0.9954991	35.5	0.9938631	45.0	0.99021	95.0	0.96189
25.6	0.9968925	30.6	0.9954685	35.6	0.9938283	46.0	0.98979	96.0	0.96119
25.7	0.9968663	30.7	0.9954377	35.7	0.9937934	47.0	0.98936	97.0	0.96049
25.8	0.9968399	30.8	0.9954069	35.8	0.9937585	48.0	0.98893	98.0	0.95978
25.9	0.9968135	30.9	0.9953760	35.9	0.9937234	49.0	0.98848	99.0	0.95907
26.0	0.9967870	31.0	0.9953450	36.0	0.9936883	50.0	0.98804	99.974	0.95837

注：标准平均海水 SMOW（standard Mean Ocean Water）是指无溶解盐，无溶解气体，已知同位素组成的高纯度标准水样。

表 4-165　水（H₂O）和重水（D₂O）固定点的热物理性质[2]

性　　质	单　　位	H₂O	D₂O
M_r		18.01528	20.02748
t_m（101.325kPa）（T）	℃（K）	0.00（273.15）	3.82（276.97）
t_b（101.325kPa）（T）	℃（K）	100.00（373.15）	101.42（374.57）
t_t（T）	℃（K）	0.01（273.16）	3.82（276.97）
p_t	Pa	611.73	661
$\rho_{l,t}$（l）	g/cm³	0.99978	1.1055
$\rho_{g,t}$（g）	mg/L	4.885	5.75
t_c（T_c）	℃（K）	373.99（647.14）	370.74（643.89）
p_c	MPa	22.064	21.671
ρ_c	g/cm³	0.322	0.356
V_c	cm³/g	3.11	2.81
$\rho_{max}^{①}$（saturated liquid）	g/cm³	0.99995	1.1053
$t_{m,d}^{②}$	℃（K）	4.0（277.15）	11.2（284.35）

①饱和液态最大密度。②最大密度时温度。1968 年国际实用温标 IPTS-68。
注：括号中数据为文献[2]数值。

表 4-166　气液平衡状态下水（H₂O）和重水（D₂O）的导热系数 λ[2]

t/℃	H₂O（热导率）			D₂O（热导率）		
	p/kPa	λ_l/[mW/(K·m)]	λ_l/[mW/(K·m)]	p/kPa	λ_l/[mW/(K·m)]	λ_l/[mW/(K·m)]
0	0.6	561.0	16.49			
10	1.2	580.0	17.21	1.0	575	17.0
20	2.3	598.4	17.95	2.0	589	17.8
30	4.2	615.4	18.70	3.7	600	18.5
40	7.4	630.5	19.48	6.5	610	19.3
50	12.3	643.5	20.28	11.1	618	20.2
60	19.9	654.3	21.10	18.2	625	21.0
70	31.2	663.1	21.96	28.8	629	21.9
80	47.4	670.0	22.86	44.2	633	22.8
90	70.1	675.3	23.80	66.1	635	23.8
100	101.3	679.1	24.79	96.2	636	24.8
150	476	682.1	30.77	465	625	30.8
200	1555	663.4	39.10	1546	592	39.0
250	3978	621.4	51.18	3995	541	52.0
300	8593	547.7	71.78	8688	473	75.2
350	16530	447.6	134.59	16820	391	143.0

表 4-167　重水（D₂O）的密度，p＝100kPa（1bar）[2]

t/℃	3.8	5	10	15	20	25	30
ρ/(g/cm³)	1.1053	1.1055	1.1057	1.1056	1.105	1.1044	1.1034
t/℃	35	40	45	50	55	60	65
ρ/(g/cm³)	1.1019	1.1001	1.0979	1.0957	1.0931	1.0905	1.0875
t/℃	70	75	80	85	90	95	100
ρ/(g/cm³)	1.0847	1.0815	1.0783	1.0748	1.0712	1.0673	1.0635

表 4-168　不同压力下水的沸点[2]

P/mbar	T/℃	P/mbar	T/℃	P/mbar	T/℃	P/mbar	T/℃
50	32.88	915	97.17	1013.25	100.00	1200	104.81
100	45.82	920	97.32	1015	100.05	1250	105.99
150	53.98	925	97.47	1020	100.19	1300	107.14
200	60.07	930	97.62	1025	100.32	1350	108.25
250	64.98	935	97.76	1030	100.46	1400	109.32
300	69.11	940	97.91	1035	100.60	1450	110.36
350	72.70	945	98.06	1040	100.73	1500	111.38
400	75.88	950	98.21	1045	100.87	1550	112.37
450	78.74	955	98.35	1050	101.00	1600	113.33
500	81.34	960	98.50	1055	101.14	1650	114.26
550	83.73	965	98.64	1060	101.27	1700	115.18
600	85.95	970	98.78	1065	101.40	1750	116.07
650	88.02	975	98.93	1070	101.54	1800	116.94
700	89.96	980	99.07	1075	101.67	1850	117.79
750	91.78	985	99.21	1080	101.80	1900	118.63
800	93.51	990	99.35	1085	101.93	1950	119.44
850	95.15	995	99.49	1090	102.06	2000	120.24
900	96.71	1000	99.63	1095	102.19	2050	121.02
905	96.87	1005	99.77	1100	102.32	2100	121.79
910	97.02	1010	99.91	1150	103.59	2150	122.54

注：表中数据系由国际水蒸气性质协会（IAPS）推荐的 EOS 计算得出。

各种冰相转变点，皆与液态水平衡

ice i-ice Ⅲ	209.9MPa	−21.985℃
ice Ⅲ-ice Ⅴ	350.1	−16.986
ice Ⅴ-ice Ⅵ	632.4	0.16
ice Ⅵ-ice Ⅶ	2216	82

表 4-169　不同压力下冰的熔点[2]

p/MPa	t/℃	p/MPa	t/℃	p/MPa	t/℃
0.1	0.00	40	−3.15	130	−12.07
1	−0.06	50	−4.02	140	−13.22
2	−0.14	60	−4.91	150	−14.40
3	−0.21	70	−5.83	160	−15.62
4	−0.29	80	−6.79	170	−16.85
5	−0.36	90	−7.78	180	−18.11
10	−0.74	100	−8.80	190	−19.39
20	−1.52	110	−9.86	200	−20.69
30	−2.32	120	−10.95	210	−22.00

注：国际温标 ITS-90，表中各压力下相应熔点系用 IAPS 推荐的方程对冰 I—水相平衡下计算得出。

表 4-170　冰的蒸气压（升华压）[2]

t/℃	p/Pa	t/℃	p/Pa	t/℃	p/Pa
0.01	611.657	−1	562.67	−3	476.06
0	611.15	−2	517.72	−4	437.47

续表

$t/℃$	p/Pa	$t/℃$	p/Pa	$t/℃$	p/Pa
−5	401.76	−20	103.26	−35	22.35
−6	368.73	−21	93.77	−36	20.04
−7	338.19	−22	85.10	−37	17.96
−8	309.98	−23	77.16	−38	16.07
−9	283.94	−24	69.91	−39	14.37
−10	259.90	−25	63.29	−40	12.84
−11	237.74	−26	57.25	−45	7.202
−12	217.32	−27	51.74	−50	3.936
−13	198.52	−28	46.73	−55	2.093
−14	181.22	−29	42.16	−60	1.080
−15	165.30	−30	38.01	−65	0.540
−16	150.68	−31	34.24	−70	0.261
−17	137.25	−32	30.82	−75	0.122
−18	124.92	−33	27.71	−80	0.055
−19	113.62	−34	24.90		

注：t 的温标是 ITS-90，不精确度：$t>−25℃$ 为 0.1%，$t<−25℃$ 为 0.5%，上角标 t 为三相点。此升华蒸汽压系由国际水蒸气性质协会（IAPS）推荐方程计算得到。

表 4-171　冰（六方晶系 I_h）与过冷水的密度[2]

$t/℃$	ρ(冰)/(g/cm³)	ρ(过冷水)/(g/cm³)	$t/℃$	ρ(冰)/(g/cm³)	ρ(过冷水)/(g/cm³)
0	0.9167	0.9998	−80	0.9274	
−10	0.9187	0.9982	−100	0.9292	
−20	0.9203	0.9935	−120	0.9305	
−30	0.9216	0.9839	−140	0.9314	
−40	0.9228		−160	0.9331	
−50	0.9240		−180	0.9340	
−60	0.9252				

表 4-172　冰的热物理性质[2]

$t/℃$	$\alpha_v(\times 10^{-6})/K$	$\kappa(\times 10^{-5})/MPa$	ε	$\lambda/[W/(cm \cdot K)]$	$c_p/[J/(g \cdot K)]$
0	159	13.0	91.6	0.0214	2.11
−10	155	12.8	94.4	0.023	2.03
−20	149	12.7	97.5	0.024	1.96
−30	143	12.5	99.7	0.025	1.88
−40	137	12.4	101.9	0.026	1.80
−50	130	12.2	106.9	0.028	1.72
−60	122	12.1	119.5	0.030	1.65
−80	105	11.9		0.033	1.50
−100	85	11.6		0.037	1.36
−120	77	11.4		0.042	1.23
−140	60	11.3		0.049	1.10
−160	45	11.2		0.057	0.97
−180	30	11.1		0.070	0.83
−200		11.0		0.087	0.67
−220		10.9		0.118	0.50
−240		10.9		0.20	0.29
−250		10.9		0.32	0.17

注：冰的融化焓 $\Delta_{fus}H$（0℃）=333.6J/g；冰的升华焓 $\Delta subH$（0℃）=2838J/g。

主要符号说明

C_p	摩尔定压热容，$J/(mol \cdot K)$，$J/(kmol \cdot K)$，$kJ/(mol \cdot K)$	T	热力学温度，K
		t	摄氏温度，℃
		U	摩尔内能，$J/kmol$，kJ/mol，J/mol
$c_p\left(=\dfrac{C_p}{M}\right)$	比定压热容，$J/(kg \cdot K)$，$J/(g \cdot K)$，$kJ/(kg \cdot K)$	$u\left(=\dfrac{U}{M}\right)$	比内能，J/kg，kJ/kg
C_V	摩尔定体热容，$J/(mol \cdot K)$，$J/(kmol \cdot K)$，$kJ/(mol \cdot K)$	V	摩尔体积，cm^3/mol，m^3/mol，mL/mol，dm^3/mol
$c_V\left(=\dfrac{C_V}{M}\right)$	比定体热容，$J/(kg \cdot K)$，$J/(g \cdot K)$，$kJ/(kg \cdot K)$	$v\left(=\dfrac{V}{M}\right)$	比体积，m^3/kg，dm^3/kg，mL/kg
c、p	临界点	$Z_c\left(=\dfrac{p_c V_c}{RT_c}\right)$	临界压缩因子
f	逸度，Pa，kPa，MPa，$bar(=10^5 Pa)$	u_s	声速 m/s
G	气体	$\alpha_p,\alpha_V = -\left(\dfrac{1}{V}\right)(\partial V/\partial T)_p$	体胀系数，$10^{-3}\dfrac{1}{K}$
G/RT	对比 Gibbs 函数	$10^{-6}\dfrac{1}{K}$	
H	摩尔焓，J/mol，kJ/mol，$J/kmol$	ε	介电常数
		η	黏度，$\mu Pa \cdot s$
$h\left(=\dfrac{H}{M}\right)$	比焓，kJ/kg，J/kg	λ	热导率，$mW/(K \cdot m)$，$W/cm^3 \cdot K$
$\Delta_v H$	摩尔蒸发焓，J/mol，kJ/mol，$J/kmol$	ρ	密度，kg/m^3，kg/dm^3，g/cm^3，mol/cm^3，g/mL，g/L，mol/L，mg/L
$\Delta_v h\left(=\dfrac{\Delta_v H}{M}=h_g-h_l\right)$	比蒸发焓，kJ/kg，J/kg		
$\Delta_m H$	摩尔熔化焓，J/mol，kJ/mol	σ	表面张力，N/m
$\Delta_m h\left(=\dfrac{\Delta_m H}{M}\right)$	比熔化焓，J/kg，J/g	$\overline{\underline{C}}=298.15K$	
$\Delta_t H$	摩尔转变焓（晶体），J/mol，kJ/mol	Δ_f	生成
$\Delta_{s,t} H$	转变焓（固体），J/mol，kJ/mol	$K\left(-\dfrac{1}{V}\right)(\partial V/\partial p)_s$	绝热压缩系数，$10^{-5}\dfrac{1}{MPa}$
L	液体	**上角标**	
M	摩尔质量，g/mol	ig	理想气体
M_r	相对分子质量	$\circ$	理想气体
p	压力，Pa，kPa，MPa，$bar(=10^5 Pa=MPa)$	ic	理想晶体
		"l"	饱和液
		"$''$"	饱和气
S	摩尔熵，$J/(mol \cdot K)$，$kJ/(mol \cdot K)$	$\ominus$	标准状态
$s\left(=\dfrac{S}{M}\right)$	比熵，$J/(kg \cdot K)$，$kJ/(kg \cdot K)$	**下角标**	
		fusg-气，l-熔化液，s-固体	
		sat.	饱和
$\Delta_v S$	摩尔蒸发熵，$J/(mol \cdot K)$，$kJ/(kmol \cdot K)$，$kJ/(mol \cdot K)$	b	正常沸点
		m	融熔（化）
		t,t_p,t_r	三相点
$\Delta_v s$	比气化熵，$kJ/(kg \cdot K)$，$J/(kg \cdot K)$	sub	升华
		数字的上角标	

b	正常沸点(p=1.01325×10⁵ Pa=	m	熔点
	1atm)或(p=1×10⁵ Pa=1bar)	t	三相点
c	临界点		

b　正常沸点(p=1.01325×10^5 Pa=1atm)或(p=1×10^5 Pa=1bar)　　m　熔点
c　临界点　　t　三相点

参 考 文 献

[1]　Schlünder E U. (德),换热器设计手册:第五卷.物理性质.马庆芳,马重芳主译.北京:机械工业出版社,1988.

[2]　Lide David R. Editor-inchief. Associate Editor "Mickey"Haynes W. M. CRC Handbook of Chemistry and physics 90th ed,Boca Raton,N. Y:CRCPress 2009~2010.

[3]　Perry R H. and Green D. W. Perry′s Chemical Engineers′ Handbook 7th ed. McGraw-Hill,1997,Keprinting by science Press,2001.

[4]　Rowlinson J S,and Swinton F L. Liquid and Liquid Mixtures 3rd ed. London:Butterworth Scientific,1982.

[5]　Lide David R. Editor-in Chief. CRC Handbook of Chemistry and Physics 87 th ed,Boca Raton,New York:CRC Press 2006~2007.

[6]　Robert W Gallant and Yaws Carl L. Physical Properties of Hydrocarbons V. 2,3rd ed. Houston,Texas:Gulf Pub. Co. , 1993.

[7]　de Reuck K M. and Craven R J B. "Methanol-International Thermodynamic Tables of the Fluid State-12,IUPAC Commission on Thermodynamics. London:Oxford Blackwell Scintific Publications,1993.

[8]　Daubert T E,and Danner R P. Data Compilation Tables of Properties of Pure Compound. New York:AIChE,1985.

[9]　Van Wylen Gordon J and Sonntag Richard E. Fundamentals of Classical Thermodynamics. 2nd ed. Revised Printing SI Version,New York:John Wiley & Sons,1978.

[10]　Poling B E.　Prausnitz John M. O′Connell John P. The Properties of Gases and Liquids,5th ed. New York:McGraw-Hill,Book Co. International Editions,Singapore,2001.

[11]　Sychev V V,Vasserman A A. Kozlov A D,Spiridonov G A. and Tsymarny V A. Thermodynamic Properties of Air. Washington:Hemisphere Publishing Corporation,1987.

[12]　Yaws Carl L. Chemi cal Properties Handbook. NewYork,McGraw-Hill book singapore,1999.

[13]　Mary Howe-Grant. ed. Fluorine Chemistry:A Comprehensive Treatment Encyclopedia Reprint Series. New York:John Wiley & Sons,1995.

[14]　Keenan J H,Keys F G,Hill P G,and Moore J G. Steam Tables-Thermodynamic Properties of Water,Including Vapor Liquid and Solid Phase SI Units New York:John Wiley & Sons,1978.

[15]　Grigull U,Straub J,and Schiebener P. Steam Tables in SI-Units Third Enlarged ed. Berlin:Springer-Verlag,1990.

第 5 章　相平衡数据与化学平衡

5.1　蒸气压数据及估算方法

5.1.1　水的蒸气压数据表

表 5-1 列出水的蒸气压数据。

表 5-1　水的蒸气压[1]　　　　　　　　　　　　　　　　　单位：kPa

温度/℃	0	1	2	3	4	5	6	7	8	9
−10	s0.260	s0.284	s0.310	s0.338	s0.369	s0.402	s0.437	s0.476	s0.517	s0.562
0	0.611	0.657	0.706	0.753	0.813	0.872	0.935	1.001	1.072	1.147
10	1.227	1.312	1.401	1.497	1.597	1.704	1.817	1.936	2.062	2.196
20	2.337	2.485	2.642	2.808	2.982	3.166	3.360	3.564	3.778	4.004
30	4.242	4.491	4.753	5.029	5.318	5.622	5.940	6.274	6.624	6.991
40	7.375	7.777	8.199	8.639	9.100	9.582	10.086	10.612	11.162	11.736
50	12.335	12.961	13.613	14.293	15.002	15.741	16.511	17.313	18.147	19.016
60	19.920	20.861	21.838	22.855	23.912	25.009	26.150	27.334	28.563	29.838
70	31.162	32.666	33.958	35.484	36.964	38.549	40.191	41.891	43.652	45.474
80	47.360	49.311	51.329	53.416	55.573	57.806	60.108	62.489	64.948	67.487
90	70.109	72.315	75.607	78.489	81.461	84.526	87.686	90.944	94.301	97.761

温度/℃	0	10	20	30	40	50	60	70	80	90
100	101.325	143.3	198.5	270.1	361.4	476.0	618.1	792.0	1002.7	1255.1
200	1554.9	1907.7	2319.8	2797.6	3347.8	3977.6	4694.3	5505.8	6420.2	7446.1
300	8592.7	9870	11289	12828	14605	16535	18675	21054	—	—

注：1. s 为固体水。

2. 详细的水蒸气数据见 4.3.2 节。

5.1.2　纯物质的蒸气压数据表

表 5-2 列出部分纯物质在正常熔点和正常沸点间的蒸气压。表中 T_f 为正常熔点（℃），T_b 为正常沸点（℃），蒸气压单位为 Pa。

表 5-2　纯液体蒸气压[2]　　　　　　　　　　　　　　　　　单位：Pa

序　号	1	2	3	4	5	6	7	8	9	10
物　质	氧	氮	甲烷	乙烯	乙烷	丙烯	四氟乙烯	氯化氢	丙烷	正丁烷
T_f/℃	−218.8	−209.9	−182.5	−169.2	−183.3	−185.3	−142.5	−114.2	−187.7	−138.4
T_b/℃	−183.0	−195.8	−161.5	−103.7	−88.6	−47.7	−75.7	−85.1	−42.1	−0.5
蒸气压 −210℃	548.8	—	—	—	—	—	—	—	—	—
蒸气压 −200℃	10802	59915	—	—	—	—	—	—	—	—
蒸气压 −190℃	45404	—	—	—	—	—	—	—	—	—
蒸气压 −180℃	—	—	15928	—	—	—	—	—	—	—
蒸气压 −170℃	—	—	47268	—	—	—	—	—	—	—

续表

序　号	1	2	3	4	5	6	7	8	9	10
物　质	氧	氮	甲烷	乙烯	乙烷	丙烯	四氟乙烯	氯化氢	丙烷	正丁烷
蒸气压　−160℃	—	—	114243	—	—	—	—	—	—	—
−150℃	—	—	—	2000. 0	—	—	—	—	—	—
−140℃	—	—	—	6102.4	1855.4	—	—	—	—	—
−130℃	—	—	—	15576	5219.3	—	1326.7	—	—	—
−120℃	—	—	—	34604	12610	—	3901.0	—	—	—
−110℃	—	—	—	68861	26999	1638.9	9787.6	19313	—	—
−100℃	—	—	—	—	52432	4021.3	21648	39933	2878.3	—
−90℃	—	—	—	—	93994	8000.3	43246	78420	6411.6	—
−80℃	—	—	—	—	—	17535	79477	—	12984	—
−70℃	—	—	—	—	—	32320	—	—	24287	2439.8
−60℃	—	—	—	—	—	55801	—	—	42506	4985.2
−50℃	—	—	—	—	—	91143	—	—	70300	9443.4
−40℃	—	—	—	—	—	—	—	—	—	16775
−30℃	—	—	—	—	—	—	—	—	—	28200
−20℃	—	—	—	—	—	—	—	—	—	45211
−10℃	—	—	—	—	—	—	—	—	—	69552

序　号	11	12	13	14	15	16	17	18	19	20
物　质	异丁烷	1-丁烯	顺丁烯	异丁烯	1, 3-丁二烯	丙炔	乙烯基乙炔	1-丁炔	氯甲烷	氯乙烯
$T_f/℃$	−159.6	−185.4	−138.9	−140.3	−108.9	−102.7	−45.6	−125.7	−97.8	−153.8
$T_b/℃$	−11.7	−6.3	3.7	−6.9	−4.5	−23.2	4.9	8.1	−24.3	−13.4
蒸气压　−90℃	—	—	—	—	—	1351.6	—	—	—	—
−80℃	2267.3	1482.5	—	1571.2	—	3299.7	—	—	4009.5	2508.0
−70℃	4786.9	3248.4	1758.2	3432.9	2909.5	7200.9	—	—	8334.0	5318.1
−60℃	9301.5	6518.4	3727.8	6876.4	5915.1	14328	—	2470.7	15995	10322
−50℃	16853	12160	7243.7	12803	11155	26402	—	5069.3	28700	18612
−40℃	28774	21313	13200	22400	19736	45604	10994	9653.7	48621	31539
−30℃	46687	35412	22699	37158	33063	74563	19632	17253	78406	50700
−20℃	72489	56182	37133	58866	52834	—	33176	29196	—	77898
−10℃	—	85629	58166	89606	81044	—	53451	47130	—	—
0℃	—	—	87726	—	—	—	82623	73014	—	—

序　号	21	22	23	24	25	26	27	28	29	30
物　质	乙醚	甲醛	乙醛	甲胺	二甲胺	环氧乙烷	硫化氢	二氧化硫	氨	2-氯丙烷
$T_f/℃$	−116.3	−117	−123.0	−93.5	−92.2	−112	−85.6	−75.5	−77.8	−117.2
$T_b/℃$	34.5	−19.5	20.4	−6.4	6.8	10.3	−60.4	−10.0	−33.5	35.7

续表

序 号		21	22	23	24	25	26	27	28	29	30
物 质		乙醚	甲醛	乙醛	甲胺	二甲胺	环氧乙烷	硫化氢	二氧化硫	氨	2-氯丙烷
蒸气压	−100℃	—	—	—	—	—	—	—	—	—	15.38
	−90℃	—	—	—	—	—	—	—	—	—	48.59
	−80℃	—	2560.6	—	—	—	—	33842	—	—	134.9
	−70℃	220.6	5595.0	—	1916.1	—	980.7	61463	2668.0	11040	335.5
	−60℃	548.4	11224	1254.3	4306.8	2714.9	2184.1	—	5804.3	22133	759.7
	−50℃	1231.9	20950	2663.4	8890.5	5494.1	4479.2	—	11621	41242	1586.1
	−40℃	2543.3	36772	5237.3	17071	10354	8562.0	—	21685	72217	3086.4
	−30℃	4885.5	61220	9644.3	30804	18358	15405	—	38100	—	5648.1
	−20℃	8821.9	—	16783	52685	30885	26302	—	63555	—	9794.4
	−10℃	15101	—	27810	86005	49641	42900	—	—	—	16198
	0℃	24677	—	44148	—	76671	67226	—	—	—	25521
	10℃	39111	—	67504	—	—	—	—	—	—	38982
	20℃	59072	—	99845	—	—	—	—	—	—	57936
	30℃	86329	—	—	—	—	—	—	—	—	83995

序 号		31	32	33	34	35	36	37	38	39	40
物 质		甲基叔丁基醚	正戊烷	异戊烷	正己烷	环戊烷	甲基环戊烷	1-戊烯	1-己烯	2-甲基-1,3-丁二烯	二氯甲烷
T_f/℃		−108.6	−129.7	−159.9	−95.3	−93.8	−142.5	−165.2	−139.8	−146.0	−95.1
T_b/℃		55.3	36.1	27.8	68.7	49.3	71.8	29.9	63.5	34.1	39.8
蒸气压	−100℃	1.74	—	—	—	—	—	—	—	—	—
	−90℃	6.74	—	—	—	—	—	—	—	—	—
	−80℃	22.40	—	—	—	—	—	—	—	—	—
	−70℃	65.36	—	—	—	—	—	—	—	—	—
	−60℃	170.5	—	—	—	—	—	—	—	—	—
	−50℃	403.8	1347.1	2206.9	—	—	—	1895.6	—	1483.2	—
	−40℃	879.7	2712.0	4288.0	—	1371.2	—	3732.2	—	2971.5	1804.3
	−30℃	1781.4	5096.8	7804.6	—	2684.3	—	6874.9	—	5559.9	3561.1
	−20℃	3384.1	9028.1	13428	1863.2	4931.5	1703.3	11960	2452.5	9810.4	6591.2
	−10℃	6076.4	15193	22007	3448.7	8575.3	3145.9	19800	4457.5	1645.3	11540
	0℃	10380	24451	34570	6042.6	14215	5503.5	31393	7684.1	26397	19249
	10℃	16965	37842	52325	10093	22598	9181.9	42927	12649	40738	30775
	20℃	26655	56579	76646	16164	34622	14695	70767	19994	61290	47401
	30℃	40431	82049	—	24947	51342	22669	—	30492	87902	70637
	40℃	59422	—	—	37260	73958	33850	—	45051	—	—
	50℃	84894	—	—	54045	—	49099	—	64703	—	—
	60℃	—	—	—	76367	—	69388	—	90603	—	—
	70℃	—	—	—	—	—	95795	—	—	—	—

续表

序　号	41	42	43	44	45	46	47	48	49	50
物　质	氯乙烷	1-氯丙烷	丙酮	甲酸甲酯	甲酸乙酯	乙酸甲酯	乙胺	氢氰酸	环氧丙烷	二硫化碳
T_f/℃	−136.4	−122.8	−95	−99.0	−79.4	−98	−81	−13.3	−112	−111.9
T_b/℃	12.2	46.6	56.2	31.7	54.2	56.9	16.5	25.7	34.3	46.2

		41	42	43	44	45	46	47	48	49	50
蒸气压	−50℃	4359.4	—	—	—	—	—	2463.9	—	992.2	—
	−40℃	8228.0	1450.5	—	2456.2	—	—	5059.2	—	2189.0	1854.0
	−30℃	14604	2857.4	1562.5	4838.4	1450.7	—	9686.8	—	4419.2	3485.0
	−20℃	24583	5276.9	3002.8	8936.7	2898.6	2476.3	17464	—	8280.1	6188.8
	−10℃	39523	9217.2	5448.2	15613	5420.2	4687.3	29884	21269	14561	10458
	0℃	61044	15339	9400.9	25988	9572.5	8365.3	48859	34537	24258	16921
	10℃	91016	24465	15521	41463	16087	14187	76752	53917	38563	26350
	20℃	—	37590	24646	63732	25884	23010	—	81291	58867	39667
	30℃	—	55883	37805	94780	40089	35889	—	—	86725	57943
	40℃	—	80677	56225	—	60026	54072	—	—	—	82390
	50℃	—	—	81341	—	87218	79004	—	—	—	—

序　号	51	52	53	54	55	56	57	58	59	60
物　质	呋喃	氟化氢	正庚烷	正辛烷	环己烷	甲基环己烷	苯	甲苯	乙苯	异丙苯
T_f/℃	−85.7	−83	−90.6	−56.8	6.5	−126.6	5.5	−94.9	−95.0	−96.0
T_b/℃	31.3	19.5	98.4	125.7	80.7	100.9	80.1	110.6	136.1	152.4

		51	52	53	54	55	56	57	58	59	60
蒸气压	−50℃	1354.0	4010.2	—	—	—	—	—	—	—	—
	−40℃	2815.5	7132.3	—	—	—	—	—	—	—	—
	−30℃	5436.4	12132	—	—	—	—	—	—	—	—
	−20℃	9852.9	19825	—	—	—	—	—	—	—	—
	−10℃	16775	31303	—	—	—	—	—	—	—	—
	0℃	27671	47860	1522.3	—	—	1615.2	—	—	—	—
	10℃	43447	71122	2754.3	—	6333.9	2859.2	6070.0	1657.1	—	226.6
	20℃	65777	—	4739.7	1394.8	10340	4827.7	10026	2911.1	943.3	445.3
	30℃	96432	—	7805.2	2460.5	16236	7818.8	15909	4888.1	1681.7	829.3
	40℃	—	—	12363	4147.3	24635	12204	24367	7886.6	2881.6	1466.5
	50℃	—	—	18920	6714.8	36253	18434	36166	12280	4685.7	2482.5
	60℃	—	—	28075	10490	51910	27042	52189	18525	7393.5	4041.0
	70℃	—	—	40529	15872	72530	38637	73434	27163	11296	6350.1
	80℃	—	—	57077	23339	99124	53912	101008	3882.5	16767	9671.2
	90℃	—	—	78607	33448	—	73634	—	54226	24247	14319
	100℃	—	—	—	46831	—	98640	—	74169	34249	20668
	110℃	—	—	—	64204	—	—	—	99536	47353	29151
	120℃	—	—	—	86350	—	—	—	—	64211	40217
	130℃	—	—	—	—	—	—	—	—	85537	53993
	140℃	—	—	—	—	—	—	—	—	—	72642
	150℃	—	—	—	—	—	—	—	—	—	95192

续表

序　号		61	62	63	64	65	66	67	68	69	70
物　质		四氯化碳	三氯甲烷	1,2-二氯乙烷	甲醇	乙醇	1-丙醇	异丙醇	正丁醇	异丁醇	甲乙酮
$T_f/℃$		−23	−63.6	−35.7	−97.7	−114.1	−126.3	−88.5	−89.3	−108	−86.7
$T_b/℃$		76.5	61.1	83.4	64.6	78.3	97.2	82.2	117.2	107.8	79.6
蒸气压	−20℃	1354.7	—	—	—	—	—	—	—	—	—
	−10℃	2528.9	—	1513.3	2067.6	—	—	—	—	—	1963.0
	0℃	4468.4	—	2803.9	4013.9	1588.7	—	—	—	—	3534.6
	10℃	7525.5	13324	4926.8	7388.1	3137.7	—	2279.8	—	—	6067.9
	20℃	12151	21126	8264.5	12972	5870.5	1941.2	4418.2	557.0	950.9	9986.9
	30℃	18901	32363	13308	21844	10470	3780.6	8120.3	1186.7	1982.8	15833
	40℃	28444	48048	20666	35698	17893	6953.8	14240	2359.4	3858.6	24281
	50℃	41562	69347	31076	55579	29436	12165	23955	4417.0	7073.6	36140
	60℃	59147	97566	45399	84597	46800	20360	38825	7846.0	12310	52366
	70℃	82197	—	64631	—	72154	32768	60862	13308	20465	74063
	80℃	—	—	89887	—	—	50930	92584	21669	32684	—
	90℃	—	—	—	—	—	76730	—	34024	50372	—
	100℃	—	—	—	—	—	—	—	51724	75210	—
	110℃	—	—	—	—	—	—	—	76382	—	—

序　号		71	72	73	74	75	76	77	78	79	80
物　质		甲酸	乙酸	乙酸乙烯酯	丙烯酸甲酯	乙酸乙酯	甲基丙烯酸甲酯	乙腈	丙烯腈	硝基甲烷	吡啶
$T_f/℃$		8.3	16.6	−100	−75	−83.6	−48.2	−43.9	−83.7	−28.6	−41.7
$T_b/℃$		100.6	117.9	73	80.2	77.1	100.3	81.6	77.3	101.2	115.3
蒸气压	−20℃	—	—	—	776.7	—	—	—	—	—	—
	−10℃	—	—	2284.0	1535.2	1804.9	698.5	1662.8	2196.1	—	—
	0℃	—	—	4208.2	2868.4	3379.2	1332.8	3074.0	3966.3	—	—
	10℃	2638.9	—	7346.4	5080.8	5985.1	2412.7	5392.1	6807.6	1878.8	—
	20℃	4457.9	1509.8	12236	8614.4	10099	4167.4	9032.3	11174	3398.5	2085.3
	30℃	7251.1	2703.8	19556	14033	16332	6901.3	14528	17633	5850.3	3619.0
	40℃	11401	4627.2	30133	22098	25438	11004	22541	26875	9640.8	6011.9
	50℃	17389	7606.4	44952	33549	38322	16962	33869	39710	15240	9607.5
	60℃	25803	12062	65152	49598	56042	25352	49453	57073	23421	14833
	70℃	37346	18524	92018	71444	79808	36852	70373	80013	34802	24886
	80℃	52844	27635	—	100494	—	52243	97844	—	50318	32339
	90℃	73250	40169	—	—	—	72387	—	—	70978	45936
	100℃	99641	57023	—	—	—	98235	—	—	97917	63799
	110℃		79231	—	—	—	—	—	—	—	86818

序　号	81	82	83	84	85	86	87	88	89	90
物　质	四氢呋喃	糠醛	茚	环己醇	苄醇	苯甲醛	糠醇	硝基苯	正壬烷	正癸烷
T_f/℃	-108.5	-36.5	-1.5	25	-15.4	-57.2	-14.0	5.8	-53.5	-29.6
T_b/℃	65.9	161.8	182.4	161.2	205.5	179.1	170.2	210.8	150.7	174.1
蒸气压 0℃	6398.0	—	33.24	—	4.24	27.21	8.54	—	—	—
10℃	10739	—	70.29	—	10.39	59.44	21.86	6.52	—	—
20℃	17284	—	140.4	—	23.75	123.3	51.94	15.38	—	—
30℃	26802	—	266.7	222.1	51.03	238.6	115.3	34.00	—	—
40℃	40215	720.1	483.7	441.2	103.7	429.2	241.0	70.96	1406.3	—
50℃	58594	1278.8	841.9	834.6	200.4	775.8	476.8	140.5	2414.5	—
60℃	83156	2181.0	1411.3	1509.9	370.0	1341.1	897.8	265.4	3977.6	1510.8
70℃	—	3585.8	2286.5	2622.7	655.4	2228.2	1615.9	480.0	6316.5	2525.0
80℃	—	5703.8	3591.3	4390.1	1117.7	3572.9	2702.0	834.7	9707.0	4065.0
90℃	—	8804.3	5482.8	7103.6	1841.2	5549.2	4647.5	1400.2	14484	6328.8
100℃	—	13223	8156.1	11143	2938.6	8374.3	7477.4	2272.9	21048	9561.6
110℃	—	19373	11847	16987	4555.9	12313	11662	3579.6	29860	14059
120℃	—	27743	16836	25224	6547.5	17680	17680	5483.3	41451	20184
130℃	—	38909	23448	36557	8539.1	24847	26112	8188.0	56415	28306
140℃	—	53540	32056	51807	12694	34238	37656	13497	75408	38922
150℃	—	72376	43078	71909	18416	46336	53124	18860	99149	52540
160℃	—	96279	56976	97907	26128	61681	73449	25870	—	69733
170℃	—	—	74258	—	36326	80869	99688	34887	—	91123
180℃	—	—	95469	—	49575	—	—	46315	—	—
190℃	—	—	—	—	66510	—	—	60602	—	—
200℃	—	—	—	—	87843	—	—	78241	—	—

序　号	91	92	93	94	95	96	97	98	99	100
物　质	苯乙烯	邻二甲苯	间二甲苯	对二甲苯	正丙苯	1,2,3-三甲苯	氯苯	溴苯	苄基氯	1-戊醇
T_f/℃	-30.6	-25.2	-47.9	13.3	-99.5	-25.4	-45.6	-30.9	-39	-78.2
T_b/℃	145.1	144.4	139.1	138.4	159.2	176.1	131.7	156.0	179.4	137.8
蒸气压 40℃	1934.0	2046.0	2523.9	2579.5	—	—	—	—	—	970.6
50℃	3234.9	3394.2	4257.1	4337.1	1891.3	—	5678.6	2253.4	—	1890.4
60℃	5208.0	5441.1	6588.4	6857.7	3117.7	1577.1	8850.2	3673.2	1423.5	3472.6
70℃	8103.6	8426.0	10121	10501	4957.7	2588.4	13374	5778.7	2332.6	6061.8
80℃	12230	12665	15100	15621	7632.7	4106.1	19657	8807.3	3698.2	10117
90℃	17957	18533	21948	22642	11415	6314.1	28178	13045	5690.4	16228
100℃	25719	26470	31152	32056	16629	9441.5	39485	18832	8520.5	25127
110℃	36016	36982	43274	44423	23658	13764	54202	26560	12443	37705
120℃	49417	50642	58944	60374	32940	19608	73021	36677	17772	55006
130℃	66550	68093	78864	80607	44971	27354	96700	49681	2485.5	78240
140℃	88111	90035	—	—	60304	37433	—	66125	34096	—
150℃	—	—	—	—	79549	50335	—	86606	45961	—
160℃	—	—	—	—	—	66600	—	—	60977	—
170℃	—	—	—	—	—	86821	—	—	80695	—

续表

序　号	101	102	103	104	105	106	107	108	109	110
物　质	异戊醇	2-氯乙醇	环己酮	丙烯酸	丙酸	甲基丙烯酸	乙酐	顺丁烯二酸酐	乙二胺	苯胺
T_f/℃	−70	−67.5	−31.2	12	−20.7	15.0	−74	53	11	−6
T_b/℃	128.6	128.6	155.6	141	140.8	162	139	199.6	117	184.3
蒸气压 40℃	1316.1	937.3	—	—	—	—	1772.3	—	—	—
50℃	2587.1	1913.8	1746.5	2429.1	2226.7	1012.3	3092.8	—	—	—
60℃	4778.5	3681.3	2925.1	4167.9	3852.5	1786.9	5169.2	—	—	—
70℃	8361.3	6714.9	4728.9	6863.8	6405.2	3031.4	8314.8	—	18593	1451.6
80℃	13955	11682	7403.4	10898	10277	4960.3	12925	1439.5	27966	2418.0
90℃	22345	19475	11267	16747	15971	7854.0	19485	2360.3	40899	3888.5
100℃	34489	31259	16688	24990	24113	12068	28578	3740.9	58323	6058.2
110℃	51532	48464	24146	36318	35468	18046	40882	5750.3	81293	9172.4
120℃	74793	72863	34157	51537	50948	26304	57185	8597.8	—	13532
130℃	—	—	47420	71566	71623	37470	78366	12537	—	19498
140℃	—	—	64595	97437	98722	52274	—	17870	—	27499
150℃	—	—	86511	—	—	71515	—	24947	—	38029
160℃	—	—	—	—	—	96107	—	34170	—	51649
170℃	—	—	—	—	—	—	—	45996	—	68998
180℃	—	—	—	—	—	—	—	60930	—	90780
190℃	—	—	—	—	—	—	—	79528	—	—

序　号	111	112	113	114	115	116	117	118	119	120
物　质	苯酚	二甲基亚砜	萘	一氯醋酸	α-甲基苯乙烯	苯甲醇	乙二醇	丙三醇	联苯	苯甲酸
T_f/℃	40.8	18.5	80.3	60.0	−23.2	−15.4	−13.0	18	69.2	122.4
T_b/℃	181.8	189.0	217.9	189.4	165.3	205.4	197.2	290	255.2	250
蒸气压 70℃	—	1124.3	—	773.3	—	—	—	—	—	—
80℃	2012.8	1888.9	—	1364.2	—	—	—	—	—	—
90℃	3379.9	3068.0	1568.0	2317.2	—	—	—	—	—	—
100℃	5465.3	4832.0	2466.7	3802.3	13861	—	2169.4	—	—	—
110℃	8544.1	7399.6	3769.9	6044.9	19794	—	3548.2	—	—	—
120℃	12958	11044	5610.7	8802.2	27674	5701.3	5649.0	—	—	—
130℃	19122	16100	8153.2	13576	37943	8635.8	8773.0	—	—	—
140℃	27528	22980	11458	20331	44442	12765	13317	—	—	1812.8
150℃	38751	32140	16153	29649	67717	184.52	19790	—	—	2954.4
160℃	53445	44147	22102	42214	88379	26132	28843	—	—	4664.8
170℃	72347	59620	29736	58808	—	36320	41278	1511.5	10184	7155.4
180℃	96276	79277	39389	80316	—	49612	58087	2426.2	14061	10697
190℃	—	—	51433	—	—	66693	80467	3782.2	19099	15612
200℃	—	—	66273	—	—	88339	—	5740.7	25550	22297
210℃	—	—	84350	—	—	—	—	8504.2	33700	31216
220℃	—	—	—	—	—	—	—	12320	43872	42910
230℃	—	—	—	—	—	—	—	17488	56423	57999
240℃	—	—	—	—	—	—	—	24362	71743	77188
250℃	—	—	—	—	—	—	—	33355	90260	—
260℃	—	—	—	—	—	—	—	44942	—	—
270℃	—	—	—	—	—	—	—	59664	—	—
280℃	—	—	—	—	—	—	—	78132	—	—

续表

序　号	121	122	123	124	125
物　质	邻苯二甲酸酐	邻苯二甲酸二丁酯	己内酰胺	对苯二酚	对苯二甲酸
T_f/℃	131	−35	69.2	170.3	
T_b/℃	287	335	328	285.4	402
140℃	1563.6	—	—	—	2380.6(280℃)
150℃	2328.3	—	—	—	3538.8(290℃)
160℃	3388.9	—	—	—	5160.0(300℃)
170℃	4830.9	—	911.3	—	7389.1(310℃)
180℃	6755.8	—	1385.2	—	10406(320℃)
190℃	9282.4	—	2059.8	—	14408(330℃)
200℃	12548	1577.9	3001.2	—	19967(340℃)
210℃	16708	2400.9	4293.0	—	26466(350℃)
220℃	21939	3567.7	6032.8	14226	35139(360℃)
230℃	28436	5187.7	8340.6	20042	46083(370℃)
240℃	36417	7394.3	11355	27763	59721(380℃)
250℃	46114	10347	15240	37845	76531(390℃)
260℃	57785	14235	20184	50825	97069(400℃)
270℃	71702	19278	26405	67311	—
280℃	88158	25729	34126	88011	—
290℃	—	33875	43641	—	—
300℃	—	44040	55232	—	—
310℃	—	56583	69235	—	—
320℃	—	71903	85984	—	—
330℃	—	90434	—	—	—

（蒸气压）

5.1.3　溶液的蒸气压数据表

具体内容见表 5-3～表 5-20。表中 E-×× 即为 ×10$^{-××}$。

表 5-3　HCl 水溶液上水分压[3]

$$\lg p_v(H_2O) = A - B/(t+273.15)；水的分压 p_v \qquad 单位：kPa$$

HCl/%	A	B	温度 t/℃															
			0	5	10	15	20	25	30	35	40	45	50	60	70	80	90	100	110
6	8.11646	2282	0.557	0.805	1.13	1.56	2.12	2.91	3.88	5.25	6.75	8.83	11.47	18.5	29.3	44.4	65.6	95.3	
10	8.12354	2295	0.512	0.736	1.03	1.43	1.95	2.67	3.57	4.73	6.27	8.20	10.66	17.3	27.2	41.3	61.7	90.3	128
14	8.09565	2300	0.452	0.65	0.93	1.29	1.75	2.40	3.21	4.25	5.61	7.37	9.60	15.5	24.7	36.4	56.7	83.3	119
18	8.10504	2323	0.383	0.56	0.79	1.10	1.51	2.05	2.75	3.67	4.85	6.39	8.33	13.6	21.6	33.1	49.9	73.3	104
20	8.10367	2334	0.349	0.51	0.72	1.00	1.37	1.88	2.53	3.35	4.44	5.81	7.60	12.5	20.0	30.7	46.0	68.0	97.2
22	8.15198	2363	0.311	0.45	0.64	0.90	1.24	1.68	2.28	3.04	4.03	5.31	6.93	11.4	18.4	28.1	42.3	62.3	89.3
24	8.08512	2356	0.273	0.405	0.57	0.80	1.11	1.52	2.05	2.72	3.61	4.76	6.23	10.3	16.5	25.9	38.7	56.8	81.5
26	8.14001	2390	0.235	0.35	0.49	0.69	0.96	1.33	1.80	2.40	3.20	4.23	5.53	9.20	14.9	23.1	34.8	51.6	74.0
28	8.10101	2395	0.200	0.30	0.43	0.605	0.84	1.17	1.57	2.11	2.81	3.72	4.87	8.09	13.2	20.5	31.2	46.5	66.5
30	8.12607	2422	0.168	0.25	0.36	0.52	0.72	1.00	1.36	1.83	2.45	3.24	4.27	7.13	11.7	18.1	27.6	41.3	59.2
32	8.15807	2453	0.139	0.21	0.30	0.43	0.61	0.85	1.16	1.56	2.09	2.80	3.69	6.20	10.2	16.0	24.5	36.7	52.8
34	8.19633	2487	0.113	0.17	0.25	0.36	0.51	0.71	0.98	1.33	1.80	2.41	3.20	5.40	8.87	13.9	21.5	32.4	47.3
36	8.24305	2526	0.0907	0.14	0.20	0.29	0.41	0.59	0.81	1.11	1.52	2.05	2.72	4.64	7.60	12.0	18.7	28.3	41.5
38	8.33273	2579	0.0707	0.11	0.16	0.23	0.33	0.48	0.67	0.92	1.27	1.73	2.32	3.95	6.55	10.3	16.0	24.3	35.5
40	8.46413	2647	0.0547	0.084	0.125	0.18	0.27	0.38	0.545	0.76	1.05	1.43	1.93	3.33	5.61	8.97	14.0	21.1	30.7
42	8.57443	2709	0.0413	0.064	0.096	0.14	0.21	0.31	0.44	0.61	0.86	1.19	1.61	2.83	4.77	7.63	11.9	18.0	26.0

表 5-4 HCl 水溶液上 HCl 分压[3]

$$\lg p_v (H_2O) = A - B/(t+273.15)；水的分压\ p_v$$

单位：kPa

温度 $t/℃$

HCl/%	A	B	0	5	10	15	20	25	30	35	40	45	50	60	70	80	90	100	110
2	10.9286	4736	0.0000022	0.0000048	0.0000016	0.0000031	0.0000057	0.000011	0.000020	0.000037	0.000063	0.00011	0.00019	0.00051	0.00133	0.00327	0.00773	0.0176	0.0373
4	10.7649	4471	0.0000088	0.000017	0.0000092	0.000017	0.000032	0.000059	0.000103	0.000179	0.00031	0.00051	0.00085	0.00220	0.00540	0.01267	0.0280	0.0613	0.1240
6	10.3393	4202	0.000016	0.000043	0.000031	0.000057	0.000101	0.000175	0.000300	0.000507	0.00083	0.00136	0.00217	0.00533	0.01253	0.02746	0.0587	0.1227	0.2373
8	10.1655	4042	0.000056	0.000100	0.000078	0.000139	0.000237	0.000413	0.000687	0.001133	0.00181	0.00293	0.00459	0.01080	0.02440	0.05200	0.1093	0.2186	0.4133
10	10.0560	3908	0.000132	0.000233	0.000179	0.000309	0.000527	0.000893	0.00148	0.002373	0.00376	0.00600	0.00920	0.02093	0.04666	0.09733	0.1973	0.3866	0.7199
12	9.9149	3765	0.000320	0.000553	0.000407	0.000693	0.001173	0.001933	0.003120	0.004933	0.00773	0.01213	0.01813	0.04066	0.08799	0.1787	0.3533	0.6799	1.24
14	9.8203	3636	0.000747	0.001267	0.000947	0.001573	0.002613	0.004213	0.00667	0.01040	0.01613	0.02466	0.03666	0.07999	0.1667	0.3333	0.6399	1.200	2.13
16	9.7510	3516	0.00180	0.003000	0.002133	0.003533	0.005706	0.009133	0.01413	0.02173	0.03293	0.05000	0.07333	0.1560	0.3200	0.6213	1.173	2.416	3.73
18	9.6206	3376	0.00421	0.006933	0.004933	0.008000	0.012666	0.01973	0.03040	0.04600	0.06866	0.1027	0.1480	0.3066	0.6066	1.147	2.093	3.733	6.40
20	9.5082	3245	0.00979	0.015865	0.011199	0.017599	0.027331	0.04266	0.06399	0.09599	0.1413	0.2066	0.2946	0.5866	1.133	2.080	3.746	6.533	11.1
22	9.4421	3125	0.0233	0.036930	0.024931	0.03197	0.059995	0.09066	0.1360	0.2000	0.2906	0.4186	0.5893	1.147	2.173	3.906	6.933	12.00	19.5
24	9.3434	2995	0.0547	0.085326	0.057329	0.08799	0.1333	0.19865	0.2893	0.4186	0.6000	0.8533	1.187	2.253	4.133	7.267	12.53	20.93	33.7
26	9.2552	2870	0.133	0.202650	0.130656	0.19598	0.2893	0.4266	0.6080	0.8666	1.227	1.693	2.333	4.333	7.799	13.33	22.53	36.80	58.1
28	9.1364	2732	0.320	0.475961	0.302642	0.44796	0.6533	0.9399	1.320	1.840	2.546	3.520	4.760	8.533	14.93	25.06	41.20	65.73	101
30	9.0012	2593	0.760	1.107	0.697276	1.0133	1.413	2.013	2.800	3.813	5.253	7.066	9.466	16.53	27.73	45.33	72.26	113	
32	8.8772	2457	1.747	2.506	1.5731	2.2398	3.133	4.333	5.9333	7.999	10.80	14.27	18.80	31.73	52.00	83.06	129		
34	8.7310	2316	3.866	5.466	3.520	4.9063	6.733	9.133	12.27	16.27	21.46	28.13	36.40	60.00	95.99				
36	8.6511	2229	8.399	11.60	7.519	10.40	14.07	18.93	25.06	32.80	42.93	55.46	71.33	114.7					
38	8.5919	2094	17.33	23.46	15.599	21.06	28.00	36.93	48.00	61.99	79.73	101	127						
40	8.3405	1939	33.73	44.26	31.06	40.93	53.20	68.66	83.59	110									
42	8.1174	1800	67.99	87.33	57.33	74.66	94.53	120.0											
44	7.9870	1681	125.3		112	112													
46	—	—																	

gSO₂/100gH₂O	10℃ H₂O	10℃ SO₂	20℃ H₂O	20℃ SO₂	30℃ H₂O	30℃ SO₂	40℃ H₂O	40℃ SO₂	50℃ H₂O	50℃ SO₂	60℃ H₂O	60℃ SO₂	70℃ H₂O	70℃ SO₂	80℃ H₂O	80℃ SO₂	90℃ H₂O	90℃ SO₂	100℃ H₂O	100℃ SO₂	110℃ H₂O	110℃ SO₂	120℃ H₂O	120℃ SO₂	130℃ H₂O	130℃ SO₂
0.0	1.23	—	2.33	—	4.24	—	7.37	—	12.33	—	19.93	—	31.20	—	47.33	—	70.13	—	101.33	—	143.2	—	198.4	—	270.1	—
0.5	1.23	2.80	2.33	3.87	4.23	5.60	7.36	8.00	12.31	11.1	19.89	14.8	31.20	19.2	47.20	24.3	69.99	30.0	101.06	36.5	142.9	43.5	198.1	50.3	269.8	56.0
1.0	1.23	5.60	2.32	7.87	4.23	11.3	7.35	16.0	12.29	21.9	19.87	28.9	31.06	37.5	47.20	47.5	69.86	59.3	100.93	73.1	142.8	88.1	197.9	103	269.6	117
1.5	1.23	8.53	2.32	12.0	4.21	17.2	7.33	24.1	12.27	32.9	19.84	43.7	31.06	56.8	47.06	72.4	69.73	91.2	100.79	113	142.7	137.6				
2.0	1.21	11.50	2.32	16.4	4.21	23.5	7.33	32.7	12.25	44.4	19.81	59.2	31.06	77.5	47.06	99.5	69.73	125								
2.5	1.21	14.4	2.32	20.9	4.20	29.9	7.32	41.5	12.24	56.1	19.77	74.9	30.93	98.5	46.93	127										
3.0	1.21	17.3	2.31	25.5	4.20	36.4	7.29	50.4	12.21	68.1	19.75	90.9	30.93	119												
3.5	1.21	20.4	2.31	30.3	4.20	43.2	7.29	59.6	12.20	80.4	19.72	107														
4.0	1.21	23.5	2.31	35.2	4.19	50.1	7.28	69.1	12.19	93.1																
4.5	1.21	26.5	2.31	40.0	4.19	57.1	7.27	78.4	12.16	106																
5.0	1.21	29.7	2.29	45.1	4.17	64.3	7.25	88.1																		
5.5	1.20	32.9	2.29	50.0	4.17	71.5	7.25	97.7																		
6.0	1.20	36.1	2.29	54.8	4.16	78.4	7.24	107																		
6.5	1.20	39.3	2.29	59.7	4.16	85.6																				
7.0	1.20	42.7	2.28	64.8	4.15	93.1																				
7.5	1.20	46.0	2.28	69.9	4.15	100																				
8.0	1.20	49.3	2.28	74.9	4.13	107																				
8.5	1.20	52.7	2.27	80.0																						
9.0	1.20	56.1	2.27	85.1																						
9.5	1.19	59.6	2.27	90.1																						
10.0	1.19	63.1	2.27	95.2																						
10.5	1.19	66.5	2.27	100																						
11.0	1.19	70.1	2.25	105																						
11.5	1.19	73.7																								
12.0	1.19	77.3																								
12.5	1.19	81.1																								
13.0	1.17	84.7																								
13.5	1.17	88.3																								
14.0	1.17	91.9																								
14.5	1.17	95.5																								
15.0	1.17	99.1																								
15.5	1.17	102.8																								
16.0	1.17	106.5																								

表 5-6 硫酸溶液上水的分压[3]（×10²） 单位：kPa

/℃	H_2SO_4 质量分数/%									
	10.0	20.0	30.0	40.0	50.0	60.0	70.0	75.0	80.0	85.0
0	.582E-02	.534E-02	.448E-02	.326E-02	.193E-02	.836E-03	.207E-03	.747E-04	.197E-04	.343E-05
10	.117E-01	.107E-01	.909E-02	.670E-02	.405E-02	.180E-02	.467E-03	.175E-03	.490E-04	.352E-05
20	.223E-01	.205E-01	.174E-01	.100E-01	.302E-02	.367E-02	.995E-03	.388E-03	.115E-04	.245E-04
30	.404E-01	.373E-01	.319E-01	.211E-01	.151E-01	.710E-02	.201E-02	.811E-03	.253E-03	.589E-04
40	.703E-01	.649E-01	.558E-01	.427E-01	.272E-01	.131E-01	.387E-02	.162E-02	.531E-03	.133E-03
50	.117	.109	.939E-01	.725E-01	.470E-01	.232E-01	.715E-02	.309E-02	.106E-02	.286E-03
60	.189	.175	.152	.119	.782E-01	.395E-01	.127E-01	.565E-02	.204E-02	.584E-03
70	.296	.275	.239	.188	.126	.651E-01	.217E-01	.997E-02	.376E-02	.114E-02
80	.449	.417	.365	.290	.196	.104	.360E-01	.170E-01	.668E-02	.213E-02
90	.664	.617	.542	.434	.298	.161	.578E-01	.281E-01	.115E-01	.383E-02
100	.957	.891	.786	.634	.441	.244	.905E-01	.452E-01	.192E-01	.566E-02
110	1.349	1.258	1.113	.904	.638	.360	.138	.703E-01	.312E-01	.112E-01
120	1.863	1.740	1.544	1.264	.903	.519	.206	.108	.493E-01	.183E-01
130	2.524	2.361	2.101	1.732	1.253	.734	.301	.162	.750E-01	.291E-01
140	3.361	3.149	2.810	2.883	1.708	1.020	.431	.236	.115	.451E-01
150	4.404	4.132	3.697	3.090	2.289	1.392	.605	.339	.170	.682E-01
160	5.685	5.342	4.793	4.031	3.021	1.870	.837	.478	.246	.101
170	7.236	6.810	6.127	5.185	3.930	2.475	1.138	.662	.350	.147
180	9.093	8.571	7.731	6.584	5.045	3.233	1.525	.902	.439	.208
190	11.289	10.658	9.640	8.259	6.397	4.169	2.017	1.212	.573	.291
200	13.861	13.107	11.387	10.245	8.020	5.312	2.632	1.606	.913	.401
210	16.841	15.951	14.505	12.576	9.948	6.696	3.395	2.101	1.220	.542
220	20.264	19.225	17.529	15.287	12.217	8.354	4.331	2.714	1.609	.724
230	24.160	22.960	20.992	18.414	14.864	10.322	5.466	3.467	2.096	.952
240	28.561	27.188	24.927	21.992	17.929	12.641	6.831	4.381	2.699	1.237
250	33.494	31.930	29.364	26.056	21.452	15.351	8.458	5.480	3.435	1.587
260	38.984	37.240	34.334	30.642	25.472	18.496	10.382	6.785	4.326	2.012
270	45.055	43.116	39.865	35.734	30.030	22.121	12.640	8.333	5.395	2.525
280	51.726	49.590	45.984	41.514	35.168	26.274	15.269	10.142	6.663	3.136
290	59.015	56.681	52.715	47.865	40.926	31.003	18.311	12.242	8.155	3.857
300	66.934	64.407	60.081	54.368	47.346	36.360	21.808	14.665	9.837	4.701
310	75.495	72.781	68.100	62.653	54.470	42.395	25.804	17.438	11.912	5.680
320	84.705	81.816	75.792	70.947	62.337	49.164	30.343	20.591	14.227	6.806
330	94.567	94.513	86.172	80.077	70.988	56.721	35.473	24.153	16.867	8.093
340	105.083	101.894	96.252	89.969	80.463	65.123	41.240	28.154	19.855	9.551
350	116.251	112.946	107.043	100.646	90.802	74.426	47.692	32.622	23.217	11.193

/℃	H_2SO_4 质量分数/%									
	90.0	92.0	94.0	96.0	97.0	98.0	98.5	99.0	99.5	100.0
0	.518E-06	.242E-06	.107E-06	.401E-07	.218E-07	.980E-08	.569E-08	.268E-08	.775E-09	.496E-09
10	.159E-05	.752E-06	.344E-06	.130E-06	.718E-07	.323E-07	.138E-07	.888E-08	.258E-08	.655E-09
20	.448E-05	.220E-05	.101E-05	.390E-06	.215E-06	.978E-07	.572E-07	.271E-07	.789E-08	.201E-08
30	.117E-04	.587E-05	.275E-05	.108E-05	.598E-06	.275E-06	.161E-06	.766E-07	.224E-07	.575E-08
40	.285E-04	.146E-04	.696E-05	.278E-05	.155E-05	.720E-06	.424E-06	.202E-06	.595E-07	.153E-07
50	.652E-04	.341E-04	.166E-04	.672E-05	.379E-05	.177E-05	.105E-05	.503E-06	.149E-06	.384E-07
60	.141E-03	.754E-04	.372E-04	.154E-04	.875E-05	.413E-05	.245E-05	.118E-05	.350E-06	.910E-07
70	.290E-03	.158E-03	.795E-04	.334E-04	.192E-04	.912E-05	.544E-05	.283E-05	.784E-06	.205E-06

续表

	H₂SO₄ 质量分数/%									
℃	90.0	92.0	94.0	96.0	97.0	98.0	98.5	99.0	99.5	100.0
80	.569E−03	.316E−03	.162E−03	.691E−04	.400E−04	.492E−04	.115E−04	.559E−05	.168E−05	.439E−06
90	.107E−02	.606E−03	.315E−03	.137E−03	.801E−04	.888E−04	.234E−04	.114E−04	.343E−05	.303E−06
100	.194E−02	.112E−02	.590E−03	.261E−03	.154E−03	.752E−03	.455E−04	.223E−04	.674E−05	.178E−05
110	.338E−02	.198E−02	.107E−02	.479E−03	.285E−03	.141E−03	.855E−04	.420E−04	.128E−04	.339E−05
120	.571E−02	.341E−02	.186E−02	.851E−03	.511E−03	.254E−03	.155E−03	.766E−04	.233E−04	.623E−05
130	.938E−02	.569E−02	.315E−02	.146E−02	.886E−03	.445E−03	.273E−03	.135E−03	.414E−04	.111E−04
140	.150E−01	.923E−02	.519E−02	.245E−02	.149E−02	.757E−03	.467E−03	.232E−03	.711E−04	.191E−04
150	.233E−01	.146E−01	.832E−02	.399E−02	.245E−02	.125E−02	.776E−03	.387E−03	.119E−03	.321E−04
160	.354E−01	.225E−01	.150E−01	.633E−02	.393E−02	.202E−02	.126E−02	.629E−03	.194E−03	.526E−04
170	.526E−01	.340E−01	.199E−01	.983E−02	.614E−02	.319E−02	.199E−02	.999E−03	.309E−03	.840E−04
180	.766E−01	.502E−01	.298E−01	.149E−01	.941E−02	.492E−02	.309E−02	.155E−02	.482E−03	.131E−03
190	.110	.729E−01	.438E−01	.222E−01	.141E−01	.744E−02	.469E−02	.236E−02	.735E−03	.201E−03
200	.154	.104	.631E−01	.325E−01	.208E−01	.110E−01	.698E−02	.352E−02	.110E−02	.300E−03
210	.213	.146	.894E−01	.467E−01	.300E−01	.161E−01	.102E−01	.516E−02	.161E−02	.442E−03
220	.290	.201	.125	.660E−01	.427E−01	.230E−01	.147E−01	.743E−02	.232E−02	.638E−03
230	.389	.273	.171	.918E−01	.598E−01	.325E−01	.208E−01	.105E−01	.329E−02	.906E−03
240	.514	.366	.232	.126	.825E−01	.451E−01	.290E−01	.147E−01	.460E−02	127E−02
250	.673	.485	.310	.170	.112	.618E−01	.398E−01	.202E−01	.633E−02	.174E−02
260	.870	.635	.409	.227	.151	.835E−01	.540E−01	.274E−01	.358E−02	.237E−02
270	1.112	.822	.534	.300	.200	.111	.723E−01	.366E−01	.115E−01	.617E−02
280	1.407	1.052	.689	.391	.263	.147	.957E−01	.485E−01	.152E−01	.420E−02
290	1.783	1.335	.880	.505	.341	.192	.125	.634E−01	.199E−01	.548E−02
300	2.190	1.676	1.112	.646	.437	.248	.162	.320E−01	.257E−01	.708E−02
310	2.696	2.088	1.394	.817	.556	.316	.208	.105	.328E−01	.905E−02
320	3.292	2.578	1.732	1.025	.701	.400	.264	.133	.415E−01	.114E−01
330	3.990	3.159	2.133	1.274	.875	.502	.331	.167	.520E−01	.143E−01
340	4.801	3.843	2.603	1.571	1.083	.624	.413	.208	.646E−01	.178E−01
350	5.738	4.641	3.164	1.922	1.331	.770	.511	.256	.795E−01	.218E−01

表 5-7　硫酸溶液上三氧化硫的分压[3]　（×10²）　　　　单位：kPa

	H₂SO₄ 质量分数/%									
/℃	10.0	20.0	30.0	40.0	50.0	60.0	70.0	75.0	80.0	85.0
0	.644E−29	.103E−27	.205E−26	.688E−25	368E−23	.341E−21	.784E−19	.174E−17	.531E−16	.229E−14
10	.149E−27	.223E−26	.395E−25	.113E−23	.522E−22	.415E−20	.796E−18	.158E−16	.417E−15	.141E−13
20	.278E−26	.394E−25	.626E−24	.156E−22	.621E−21	.426E−19	.685E−17	.121E−15	.280E−14	.767E−13
30	.426E−25	.577E−24	.832E−23	.181E−21	.630E−20	.376E−18	.509E−16	.808E−15	.164E−13	.371E−12
40	.549E−24	.714E−23	.941E−22	.181E−20	.555E−19	.288E−17	.331E−15	.246E−13	.395E−12	.643E−11
50	.602E−23	.757E−22	.921E−21	.158E−19	.429E−18	.195E−16	.191E−14	.116E−12	.165E−11	.234E−10
60	573E−22	.699E−21	.789E−20	.122E−18	.294E−17	.118E−15	.985E−14	.116E−12	.634E−11	.791E−10
70	.477E−21	.567E−20	.599E−19	.843E−18	.181E−16	.643E−15	.461E−13	.492E−12	.634E−11	.791E−10
80	.352E−20	.410E−19	.408E−18	.524E−17	.101E−15	.319E−14	.197E−12	.192E−11	.223E−10	.249E−09
90	.233E−19	.266E−18	.250E−17	.296E−16	.516E−15	.145E−13	.775E−12	.693E−11	.731E−10	.734E−09
100	.139E−18	.157E−17	.140E−16	.153E−15	.242E−14	.606E−13	.283E−11	.232E−10	.223E−09	.204E−08
110	.756E−18	.844E−17	.719E−16	.730E−15	.105E−13	.236E−12	.961E−11	.729E−10	.641E−09	.538E−08
120	.377E−17	.418E−16	.340E−15	.323E−14	.424E−13	.858E−12	.307E−10	.215E−09	.174E−08	.135E−07
130	.174E−16	.191E−15	.150E−14	.133E−13	.160E−12	.293E−11	.922E−10	.601E−09	.446E−08	.324E−07

续表

H₂SO₄ 质量分数/%

/℃	10.0	20.0	30.0	40.0	50.0	60.0	70.0	75.0	80.0	85.0
140	.743E−16	.315E−15	.615E−14	.517E−13	.569E−12	.943E−11	.262E−09	.159E−08	.109E−07	.745E−07
150	.297E−15	.325E−14	.237E−13	.188E−12	.191E−11	.287E−10	.710E−09	.403E−08	.256E−07	.165E−06
160	.111E−14	.122E−13	.862E−13	.649E−12	.608E−11	.833E−10	.183E−08	.974E−08	.575E−07	.351E−06
170	.393E−14	.430E−13	.296E−12	.212E−11	.184E−10	.231E−09	.453E−08	.226E−07	.125E−06	.725E−06
180	.131E−13	.144E−12	.967E−12	.622E−11	.532E−10	.610E−09	.107E−07	.505E−07	.260E−06	.145E−05
190	.415E−13	.458E−12	.301E−11	.197E−10	.147E−09	.155E−08	.246E−07	.109E−06	.527E−06	.282E−05
200	.125E−12	.139E−11	.893E−11	.561E−10	.391E−09	.379E−08	.542E−07	.228E−06	.103E−05	.534E−05
210	.362E−12	.404E−11	.254E−10	.154E−09	.100E−08	.894E−08	.116E−06	.462E−06	.198E−05	.986E−05
220	.100E−11	.112E−10	.695E−10	.405E−09	.246E−08	.204E−07	.240E−06	.911E−06	.368E−05	.178E−04
230	.265E−11	.301E−10	.183E−09	.103E−08	.587E−08	.450E−07	.482E−06	.175E−05	.668E−05	.314E−04
240	.678E−11	.777E−10	.465E−09	.253E−08	.135E−07	.965E−07	.944E−06	.328E−05	.119E−04	.543E−04
250	.167E−10	.193E−09	.114E−08	.602E−08	.303E−07	.201E−06	.180E−05	.600E−05	.206E−04	.923E−04
260	.399E−10	.466E−09	.272E−08	.139E−07	.660E−07	.408E−06	.336E−05	.108E−04	.352E−04	.154E−03
270	.920E−10	.109E−08	.628E−08	.312E−07	.140E−06	.807E−06	.612E−05	.189E−04	.590E−04	.253E−03
280	.206E−09	.247E−08	.141E−07	.683E−07	.288E−06	.156E−05	.109E−04	.326E−04	.973E−04	.408E−03
290	.449E−09	.545E−08	.208E−07	.145E−06	.580E−06	.295E−05	.191E−04	.553E−04	.158E−03	.649E−03
300	.953E−09	.117E−07	.657E−07	.302E−06	.114E−05	.546E−05	.320E−04	.921E−04	.253E−03	.102E−02
310	.197E−08	.245E−07	.136E−06	.614E−06	.220E−05	.990E−05	.556E−04	.151E−03	.398E−03	.158E−02
320	.397E−08	.502E−07	.277E−06	.122E−05	.414E−05	.176E−04	.923E−04	.245E−03	.621E−03	.242E−02
330	.782E−08	.100E−06	.351E−06	.237E−05	.766E−05	.308E−04	.151E−03	.391E−03	.956E−03	.367E−02
340	.151E−07	.196E−06	.107E−05	.452E−05	.139E−04	.529E−04	.243E−03	.617E−03	.145E−02	.550E−02
350	.285E−07	.376E−06	.204E−05	.846E−05	.246E−04	.893E−04	.387E−03	.963E−03	.219E−02	.815E−02

H₂SO₄ 质量分数/%

/℃	90.0	92.0	94.0	96.0	97.0	98.0	98.5	99.0	99.5	100.0
0	.671E−13	.216E−12	.677E−12	.240E−11	.500E−11	.124E−10	.224E−10	.502E−10	.182E−09	.755E−09
10	.345E−12	.107E−11	.326E−11	.114E−10	.234E−10	.578E−10	.104E−09	.232E−09	.839E−09	.347E−08
20	.159E−11	.475E−11	.141E−10	.482E−10	.986E−10	.241E−09	.433E−09	.961E−09	.346E−08	.142E−07
30	.664E−11	.192E−10	.557E−10	.186E−09	.376E−09	.911E−09	.163E−08	.360E−08	.129E−07	.528E−07
40	.254E−10	.709E−10	.201E−09	.655E−09	.131E−08	.315E−08	.562E−08	.123E−07	.440E−07	.179E−06
50	.397E−10	.242E−09	.669E−09	.214E−08	.424E−08	.101E−07	.179E−07	.391E−07	.139E−06	.560E−06
60	.294E−09	.771E−09	.207E−08	.647E−08	.127E−07	.299E−07	.528E−07	.115E−06	.405E−06	.163E−05
70	.904E−09	.230E−08	.602E−08	.184E−07	.357E−07	.833E−07	.146E−06	.316E−06	.111E−05	.444E−05
80	.261E−08	.643E−08	.165E−07	.492E−07	.946E−07	.218E−06	.381E−06	.820E−06	.286E−05	.114E−04
90	.712E−08	.171E−07	.426E−07	.124E−06	.237E−06	.541E−06	.940E−06	.201E−05	.698E−05	.276E−04
100	.184E−07	.430E−07	.105E−06	.300E−06	.565E−06	.127E−05	.220E−05	.470E−05	.162E−04	.638E−04
110	.456E−07	.103E−06	.247E−06	.689E−06	.128E−05	.287E−05	.494E−05	.105E−04	.359E−04	.141E−03
120	.108E−06	.238E−06	.555E−06	.152E−05	.280E−05	.619E−05	.106E−04	.224E−04	.764E−04	.298E−03
130	.244E−06	.526E−06	.120E−05	.321E−05	.586E−05	.128E−04	.219E−04	.459E−04	.156E−03	.606E−03
140	.533E−06	.112E−05	.250E−05	.656E−05	.118E−04	.257E−04	.435E−04	.910E−04	.308E−03	.119E−02
150	.112E−05	.230E−05	.504E−05	.129E−04	.231E−04	.497E−04	.837E−04	.174E−03	.588E−03	.226E−02
160	.229E−05	.459E−05	.983E−05	.247E−04	.438E−04	.932E−04	.156E−03	.324E−03	.109E−02	.416E−02
170	.453E−05	.886E−05	.186E−04	.459E−04	.806E−04	.170E−03	.283E−03	.586E−03	.196E−02	.746E−02
180	.870E−05	.166E−04	.343E−04	.829E−04	.144E−03	.301E−03	.499E−03	.103E−02	.343E−02	.130E−01
190	.163E−04	.304E−04	.615E−04	.146E−03	.252E−03	.520E−03	.859E−03	.177E−02	.587E−02	.222E−01

续表

℃	H₂SO₄ 质量分数/%									
	90.0	92.0	94.0	96.0	97.0	98.0	98.5	99.0	99.5	100.0
200	.297E-04	.543E-04	.108E-03	.251E-03	.429E-03	.878E-03	.144E-02	.296E-02	.981E-02	.370E-01
210	.528E-04	.946E-04	.185E-03	.422E-03	.714E-03	.145E-02	.237E-02	.486E-02	.161E-01	.603E-01
220	.919E-04	.161E-03	.309E-03	.694E-03	.117E-02	.235E-02	.383E-02	.781E-02	.258E-01	.965E-01
230	.157E-03	.269E-03	.508E-03	.112E-02	.187E-02	373E-02	.605E-02	.123E-01	.405E-01	.152
240	.261E-03	.441E-03	.819E-03	.178E-02	.293E-02	.582E-02	.939E-02	.191E-01	.527E-01	.234
250	.428E-03	.708E-03	.130E-02	.276E-02	.453E-02	.891E-02	.143E-01	.291E-01	955E-01	.356
260	.690E-03	.112E-02	.202E-02	.423E-02	.688E-02	.134E-01	.215E-01	.437E-01	.143	.532
270	.109E-02	.174E-02	.309E-02	.638E-02	.103E-01	.200E-01	.319E-01	.646E-01	.212	.786
280	.170E-02	.266E-02	.466E-02	.948E-02	.152E-01	.293E-01	.465E-01	.943E-01	.309	1.144
290	.261E-02	.401E-02	.694E-02	.139E-01	.221E-01	.423E-01	.670E-01	.136	.444	1.646
300	.395E-02	.595E-02	.102E-01	.201E-01	.318E-01	.604E-01	.953E-01	.193	.632	2.339
310	.589E-02	.373E-02	.148E-01	.287E-01	.451E-01	.852E-01	.134	.272	.889	3.289
320	.868E-02	.126E-01	.211E-01	.405E-01	.632E-01	.119	.186	.378	1.236	4.575
330	.126E-01	.181E-01	.299E-01	.565E-01	.877E-01	.164	.256	.520	1.703	6.303
340	.181E-01	.255E-01	.418E-01	.780E-01	.120	.224	.348	.708	2.323	8.603
350	.258E-01	.357E-01	.578E-01	.107	.164	.303	.470	.956	3.142	11.640

表 5-8 硫酸溶液上 H₂SO₄ 的分压[3] （×10²）　　　　单位：kPa

℃	H₂SO₄ 质量分数/%									
	10.0	20.0	30.0	40.0	50.0	60.0	70.0	75.0	80.0	85.0
0	.576E-21	.843E-20	.141E-18	.344E-17	.109E-15	.438E-14	.249E-12	.200E-11	.161E-10	.121E-09
10	.634E-20	.874E-19	.131E-17	.276E-16	.769E-15	.273E-13	135E-11	.101E-10	.743E-10	.490E-09
20	.588E-19	.769E-13	.104E-16	.193E-15	.474E-14	.149E-12	.649E-11	.447E-10	.205E-09	.179E-08
30	.468E-18	.584E-17	.721E-16	.119E-14	.259E-13	.725E-12	.278E-10	.178E-09	.113E-08	.594E-08
40	.324E-17	.389E-16	.441E-15	.649E-14	.127E-12	.317E-11	.108E-09	.643E-09	.379E-08	.181E-07
50	.197E-16	.229E-15	.241E-14	.320E-13	.562E-12	.126E-10	.380E-09	.212E-08	.117E-07	.135E-06
60	.107E-15	.121E-14	.119E-13	.144E-12	.228E-11	.462E-10	.124E-08	.646E-08	.334E-07	.135E-06
70	.526E-15	.581E-14	.535E-13	.592E-12	.851E-11	.156E-09	.373E-08	.183E-07	.388E-07	.336E-06
80	.235E-14	.254E-13	.221E-12	.225E-11	.295E-10	.492E-09	.105E-07	.485E-07	.222E-06	.786E-06
90	.960E-14	.102E-12	.344E-12	.798E-11	.956E-10	.145E-08	.279E-07	.121E-06	.522E-06	.175E-05
100	.353E-13	.381E-12	.300E-11	.284E-10	.291E-09	.402E-08	.698E-07	.287E-06	.117E-05	.371E-05
110	.127E-12	.132E-11	.997E-11	.824E-10	.835E-09	.106E-07	.166E-06	.644E-06	.249E-05	.752E-05
120	.418E-12	.432E-11	.312E-10	.243E-09	.227E-08	.264E-07	.375E-06	.138E-05	.508E-05	.147E-04
130	.129E-11	.132E-10	.924E-10	.678E-09	.589E-08	.831E-07	.814E-06	.285E-05	.995E-05	.277E-04
140	.375E-11	.385E-10	.259E-09	.181E-08	.146E-07	.144E-06	.169E-05	.565E-05	.188E-04	.503E-04
150	.103E-10	.106E-09	.694E-09	.460E-08	.346E-07	.316E-06	.340E-05	.108E-04	.343E-04	.889E-04
160	.272E-10	.279E-09	.178E-08	.112E-07	.789E-07	.670E-06	.659E-05	.200E-04	.608E-04	.152E-03
170	.682E-10	.702E-09	.436E-08	.264E-07	.174E-06	.137E-05	.124E-04	.359E-04	.104E-03	.255E-03
180	.164E-09	.170E-08	.103E-07	.599E-07	.369E-06	.271E-05	.225E-04	.627E-04	.175E-03	.416E-03
190	.378E-09	.394E-08	.234E-07	.131E-06	.760E-06	.521E-05	.400E-04	.107E-03	.286E-03	.663E-03
200	.842E-09	.883E-08	.514E-07	.278E-06	.152E-05	.975E-05	.691E-04	.177E-03	.457E-03	.104E-02
210	.181E-08	.191E-07	.109E-06	.573E-06	.295E-05	.178E-04	.117E-03	.288E-03	.715E-03	.159E-02
220	.376E-08	.401E-07	.226E-06	.115E-05	.559E-05	.316E-04	.193E-03	.459E-03	.110E-02	.239E-02
230	.758E-08	.817E-07	.455E-06	.224E-05	.103E-04	.549E-04	.311E-03	.717E-03	.166E-02	.354E-02
240	.148E-07	.162E-06	.889E-06	.427E-05	.186E-04	.935E-04	.494E-03	.110E-02	.245E-02	.515E-02
250	.283E-07	.312E-06	.170E-05	.793E-05	.329E-04	.156E-03	.770E-03	.166E-02	.358E-02	.740E-02

续表

/℃	H₂SO₄ 质量分数/%									
	10.0	20.0	30.0	40.0	50.0	60.0	70.0	75.0	80.0	85.0
260	.526E-07	.588E-06	.316E-05	.144E-04	.569E-04	.255E-03	.118E-02	.247E-02	.516E-02	.105E-01
270	.954E-07	.108E-05	.577E-05	.257E-04	.965E-04	.411E-03	.178E-02	.362E-02	.733E-02	.147E-01
280	.169E-06	.194E-05	.103E-04	.450E-04	.161E-03	.650E-03	.265E-02	.524E-02	.103E-01	.203E-01
290	.294E-06	.342E-05	.180E-04	.771E-04	.263E-03	.101E-02	.389E-02	.750E-02	.143E-01	.278E-01
300	.500E-06	.591E-05	.309E-04	.130E-03	.424E-03	.156E-02	.563E-02	.106E-01	.196E-01	.376E-01
310	.834E-06	.100E-04	.522E-04	.215E-03	.672E-03	.236E-02	.805E-02	.148E-01	.266E-01	.504E-01
320	.137E-05	.167E-04	.865E-04	.352E-03	.105E-02	.352E-02	.114E-01	.205E-01	.359E-01	.670E-01
330	.220E-05	.273E-04	.141E-03	.565E-03	.162E-02	.519E-02	.159E-01	.281E-01	.480E-01	.883E-01
340	.349E-05	.440E-04	.227E-03	.895E-03	.246E-02	.757E-02	.221E-01	382E-01	.636E-01	.116
350	.544E-05	.698E-04	.360E-03	.140E-02	.369E-02	.109E-01	.303E-01	.516E-01	.836E-01	.150

/℃	H₂SO₄ 质量分数/%									
	90.0	92.0	94.0	96.0	97.0	98.0	98.5	99.0	99.5	100.0
0	.534E-09	.803E-09	.112E-08	.148E-08	.167E-08	.187E-08	.196E-08	.206E-08	.217E-08	.228E-08
10	.200E-08	236E-08	.469E-08	.540E-08	.609E-08	.679E-08	.714E-08	.750E-08	.788E-08	.827E-08
20	.677E-08	.993E-08	.136E-07	.179E-07	.201E-07	.224E-07	.236E-07	.247E-07	.260E-07	.273E-07
30	.211E-07	.366E-07	.415E-07	.543E-07	.611E-07	.680E-07	.714E-07	.749E-07	.736E-07	.324E-07
40	.607E-07	.870E-07	.117E-06	.153E-06	.171E-06	.191E-06	.200E-06	.210E-06	.220E-06	.230E-06
50	.183E-06	.231E-06	.309E-06	.400E-06	.449E-06	.498E-06	.523E-06	.548E-06	.574E-06	.600E-06
60	.411E-06	.575E-06	.765E-06	.985E-06	.110E-05	.122E-05	.128E-05	.134E-05	.140E-05	.147E-05
70	.976E-06	.135E-05	.179E-05	.229E-05	.256E-05	.233E-05	.297E-05	.310E-05	.325E-05	.339E-05
80	.220E-05	.302E-05	.396E-05	.504E-05	.562E-05	.622E-05	.652E-05	.681E-05	.712E-05	.743E-05
90	.473E-05	.642E-05	.835E-05	.106E-04	.118E-04	.130E-04	.136E-04	.143E-04	.149E-04	.155E-04
100	.973E-05	.131E-04	.169E-04	.213E-04	.237E-04	.261E-04	.274E-04	.285E-04	.298E-04	.310E-04
110	.192E-04	.256E-04	.328E-04	.412E-04	.457E-04	.503E-04	.527E-04	.549E-04	.572E-04	.595E-04
120	.366E-04	.482E-04	.614E-04	.767E-04	.849E-04	.935E-04	.977E-04	.102E-03	.106E-03	.110E-03
130	.672E-04	.879E-04	.111E-03	.138E-03	.153E-03	.168E-03	.175E-03	.182E-03	.190E-03	.197E-03
140	.120E-03	.155E-03	.195E-03	.241E-03	.266E-03	.292E-03	.304E-03	.316E-03	.329E-03	.341E-03
150	.207E-03	.266E-03	.332E-03	.408E-03	.449E-03	.493E-03	.514E-03	.534E-03	.554E-03	.574E-03
160	.348E-03	.444E-03	.550E-03	.673E-03	.740E-03	.810E-03	.844E-03	.876E-03	.909E-03	.941E-03
170	.572E-03	.723E-03	.889E-03	.108E-02	.119E-02	.130E-02	.135E-02	.140E-02	.145E-02	.150E-02
180	.917E-03	.115E-02	.140E-02	.170E-02	.186E-02	.204E-02	.212E-02	.220E-02	.227E-02	.235E-02
190	.144E-02	.179E-02	.217E-02	.262E-02	.286E-02	.312E-02	.325E-02	.336E-02	.348E-02	.359E-02
200	.221E-02	.273E-02	.329E-02	.395E-02	.431E-02	.470E-02	.488E-02	.505E-02	522E-02	.538E-02
210	.333E-02	.408E-02	.490E-02	.585E-02	.637E-02	.693E-02	.720E-02	.744E-02	.768E-02	.791E-02
220	.494E-02	.601E-02	.715E-02	.850E-02	.924E-02	.100E-01	.104E-01	.108E-01	.111E-01	.114E-01
230	.719E-02	.869E-02	.103E-01	.122E-01	.132E-01	.143E-01	.149E-01	.153E-01	.158E-01	.162E-01
240	.103E-01	.124E-01	.146E-01	.171E-01	.186E-01	.201E-01	.209E-01	.215E-01	.221E-01	.227E-01
250	.146E-01	.174E-01	.203E-01	.238E-01	.257E-01	.278E-01	.289E-01	.297E-01	.305E-01	.314E-01
260	.203E-01	.240E-01	.279E-01	.326E-01	.352E-01	.380E-01	.394E-01	.405E-01	.416E-01	.427E-01
270	.279E-01	.329E-01	.380E-01	.441E-01	.475E-01	.513E-01	.531E-01	.545E-01	.560E-01	.574E-01
280	.380E-01	.444E-01	.510E-01	.589E-01	.633E-01	.683E-01	.706E-01	.725E-01	.744E-01	.762E-01
290	.510E-01	.592E-01	.676E-01	.778E-01	.835E-01	.900E-01	.930E-01	.954E-01	.978E-01	.100
300	.678E-01	.782E-01	.888E-01	.102	.109	.117	.121	.124	.127	.130
310	.892E-01	.102	.115	.132	.141	.151	.156	.160	.164	.167
320	.116	.132	.149	.169	.180	.193	.199	.204	.209	.213
330	.150	.170	.190	.214	.228	.245	.252	.258	.263	.269
340	.192	.216	.240	.270	.287	.307	.317	.323	.330	.336
350	.243	.272	.301	.337	.358	.383	.394	.402	.410	.417

表 5-9　硫酸溶液的总压[3]　（×10²）　　　　　　　　　　单位：kPa

℃	10.0	20.0	30.0	40.0	50.0	60.0	70.0	75.0	80.0	85.0
	H₂SO₄ 质量分数/%									
0	.582E-02	.534E-02	.448E-02	.326E-02	.193E-02	.836E-03	.207E-03	.747E-04	.197E-04	.343E-05
10	.117E-01	.107E-01	.909E-02	.670E-02	.405E-02	.180E-02	.467E-03	.175E-03	.490E-04	.952E-05
20	.223E-01	.205E-01	.174E-01	.130E-01	.302E-02	367E-02	.995E-03	.388E-03	.115E-03	.245E-04
30	.404E-01	.373E-01	.319E-01	.241E-01	.151E-01	.710E-02	.201E-02	.811E-03	.253E-03	.589E-04
40	.703E-01	.649E-01	.558E-01	.427E-01	.272E-01	.131E-01	.387E-02	.162E-02	.531E-03	.134E-03
50	.117	.109	.939E-01	.725E-01	.470E-01	.232E-01	.715E-02	.309E-02	.106E-02	.286E-03
60	.189	.175	.152	.119	.782E-01	.395E-01	.127E-01	.565E-02	.204E-02	.584E-03
70	.296	.275	.239	.188	.126	.651E-01	.217E-01	.997E-01	.376E-02	.114E-02
80	.449	.417	.365	.290	.196	.104	.360E-01	.170E-01	.668E-02	.213E-02
90	.664	.617	.542	.434	.298	.161	.578E-01	.281E-01	.115E-01	.383E-02
100	.957	.891	.786	.634	.441	.244	.905E-01	.452E-01	.192E-01	.666E-02
110	1.349	1.258	1.113	.904	.638	.360	.138	.708E-01	.312E-01	.112E-01
120	1.863	1.740	1.544	1.264	.903	.519	.206	.108	.493E-01	.183E-01
130	2.524	2.361	2.101	1.732	1.253	.734	.301	.162	.760E-01	.291E-01
140	3.361	3.149	.2.310	.2.333	1.708	1.020	.431	.236	.115	.451E-01
150	4.404	4.132	3.697	3.090	2.289	1.392	.605	.339	.170	.683E-01
160	5.685	5.342	4.793	4.031	3.021	1.870	337	.478	.246	.101
170	7.236	6.310	6.127	5.185	3.930	2.475	1.138	.662	.350	.147
180	9.093	3.571	7.731	6.584	5.045	3.233	1.525	.902	.489	.209
190	11.289	10.658	9.640	8.250	6.397	4.169	2.017	1.212	.673	.292
200	13.861	13.107	11.387	10.245	8.020	5.312	2.633	1.606	.913	.402
210	16.841	15.951	14.505	12.576	9.948	6.696	3.396	2.101	1.221	.544
220	20.264	19.225	17.529	15.287	12.217	8.354	4.331	2.715	1.610	.726
230	24.160	22.960	20.992	18.414	14.864	10.322	5.466	3.468	2.098	.956
240	28.561	27.188	24.927	21.992	17.929	12.641	6.832	4.332	2.701	1.242
250	33.494	31.939	29.364	26.056	21.452	15.351	8.459	5.481	3.439	1.594
260	38.984	37.240	34.334	30.642	25.472	18.496	10.384	6.791	4.332	2.023
270	45.055	43.116	39.865	35.784	30.030	22.122	12.642	8.337	5.402	2.540
280	51.726	49.590	45.984	41.514	35.168	26.275	15.272	10.147	6.673	3.157
290	59.015	56.681	52.715	47.366	40.926	31.004	18.315	12.250	8.170	3.886
300	66.934	64.407	60.081	54.869	47.347	36.361	21.814	14.675	9.916	4.740
310	75.495	72.781	63.101	62.553	54.470	42.398	25.812	17.453	11.939	5.732
320	84.705	81.816	76.792	70.947	62.338	49.168	30.355	20.611	14.264	6.876
330	94.567	91.518	86.172	80.078	70.990	56.727	35.489	24.182	16.916	8.185
340	105.083	101.894	96.252	89.970	80.466	65.130	41.262	23.193	19.920	9.672
350	116.251	112.947	107.043	100.647	90.806	74.437	47.723	32.674	23.303	11.351

℃	90.0	92.0	94.0	96.0	97.0	98.0	98.5	99.0	99.5	100.0
	H₂SO₄ 质量分数/%									
0	.518E-06	.243E-06	.109E-06	.416E-07	.235E-07	117E-07	.768E-08	.479E-08	.313E-08	.323E-08
10	.159E-05	.765E-06	.348E-06	.136E-06	.774E-07	.391E-07	.261E-07	.166E-07	.110E-07	.124E-07
20	.449E-05	.221E-05	.102E-05	.407E-06	.235E-06	.121E-06	.312E-07	.528E-07	.373E-07	.435E-07
30	.117E-04	.590E-05	.279E-05	.113E-05	.659E-06	.344E-06	.234E-06	.155E-06	.114E-06	.141E-06
40	.385E-04	.147E-04	.708E-05	.293E-05	.173E-05	.914E-06	.630E-06	.425E-06	.323E-06	.425E-06
50	.653E-04	.344E-04	.169E-04	.712E-05	.425E-05	.228E-05	.159E-05	.109E-05	.361E-06	.120E-05
60	.141E-03	.759E-04	.380E-04	.164E-04	.987E-05	.538E-05	.379E-05	.264E-05	.216E-05	.319E-05
70	.291E-03	.159E-03	.813E-04	.357E-04	.218E-04	.120E-04	.856E-05	.605E-05	.514E-05	.304E-05

/℃	H_2SO_4 质量分数/%									
	90.0	92.0	94.0	96.0	97.0	98.0	98.5	99.0	99.5	100.0
80	.571E−03	.319E−03	.166E−03	.742E−04	.458E−04	.257E−04	.134E−04	.132E−04	.117E−04	.193E−04
90	.107E−02	.612E−03	.324E−03	.148E−03	.921E−04	.524E−04	.390E−04	.277E−04	.253E−04	.441E−04
100	.195E−02	.113E−02	.607E−03	.283E−03	.178E−03	.103E−03	.751E−04	.555E−04	527E−04	.966E−04
110	.340E−02	.201E−02	.110E−02	.521E−03	.332E−03	.194E−03	.143E−03	.107E−03	.106E−03	.204E−03
120	.575E−02	.346E−02	.192E−02	.929E−03	.598E−03	.354E−03	.263E−03	.201E−03	.206E−03	.414E−03
130	.944E−02	.573E−02	.327E−02	.161E−02	.104E−02	.626E−03	.470E−03	.363E−03	.387E−03	.814E−03
140	.151E−01	.939E−02	.539E−02	.270E−02	.177E−02	.107E−02	.315E−03	.639E−03	.708E−03	.155E−0
150	.235E−01	.149E−01	.366E−02	.441E−02	.293E−02	.180E−02	.137E−02	.109E−02	.125E−02	.287E−0
160	.357E−01	.230E−01	.136E−01	.703E−02	.471E−02	.293E−02	.226E−02	.183E−02	.219E−02	.516E−0
170	.532E−01	.347E−01	.208E−01	.110E−01	.741E−02	.466E−02	.363E−02	.299E−02	.372E−02	.905E−0
180	.775E−01	.514E−01	.312E−01	.167E−01	.114E−01	.726E−02	.571E−02	478E−02	.619E−02	.155E−0
190	.111	.747E−01	.460E−01	.250E−01	.172E−01	.111E−01	.880E−02	.749E−02	.101E−01	.260E−0
200	.156	.107	.665E−01	.367E−01	.255E−01	.166E−01	.133E−01	.115E−01	.161E−01	.427E−01
210	.216	.150	.244E−01	.530E−01	.371E−01	.245E−01	.198E−01	.175E−01	.253E−01	.687E−0
220	.295	.207	.132	.752E−01	.531E−01	.354E−01	.289E−01	.260E−01	.392E−01	.109
230	.396	.282	.182	.105	.749E−01	.505E−01	.417E−01	.382E−01	.596E−01	.169
240	.525	.379	.247	.145	.104	.710E−01	.592E−01	.553E−01	.895E−01	.258
250	.688	.503	.331	.197	.143	.985E−01	.830E−01	.790E−01	.132	.389
260	.381	.660	.439	.264	.193	.135	.115	.112	.193	.577
270	1.141	.356	.575	.351	.258	.153	.157	.156	.279	.846
280	1.447	1.099	.744	.460	.341	.245	.213	.215	.398	1.225
290	1.817	1.398	.954	.597	.446	.324	.285	.295	.562	1.751
300	2.261	1.761	1.211	.767	.578	.425	.379	.399	.785	2.476
310	2.791	2.199	1.524	.977	.742	.553	.498	.536	1.085	3.465
320	3.417	2.723	1.901	1.234	.944	.713	.649	.714	1.486	4.800
330	4.153	3.347	2.353	1.545	1.191	.911	.840	.944	2.018	6.586
340	5.011	4.084	2.889	1.919	1.491	1.156	1.078	1.239	2.718	8.957
350	6.006	4.949	3.523	2.366	1.852	1.456	1.374	1.614	3.631	12.079

表 5-10　硝酸水溶液上 HNO_3 和 H_2O 的分压[3]　（×10²）　　单位：kPa

/℃	20%		25%		30%		35%		40%		45%		50%	
	HNO_3	H_2O	HNO_3	H_2O	HNO_3	H_2O	HNO_3	H_2O	HNO_3	H_2O	HNO_3	H_2O	HNO_3	H_2O
0	—	0.55	—	0.51	—	0.48	—	0.44		0.40	—	0.35	—	0.28
5	—	0.76	—	0.72	—	0.67	—	0.61	—	0.56	—	0.48	—	0.40
10	—	1.1	—	1.0	—	0.95	—	0.87	—	0.77	—	0.67	0.016	0.56
15	—	1.45	—	1.4	—	1.3	—	1.2	—	1.1	0.013	0.92	0.024	0.77
20	—	2.0	—	1.9	—	1.8	—	1.6	—	1.4	0.020	1.25	0.036	1.05
25	—	2.7	—	2.6	—	2.4	—	2.16	0.016	1.9	0.031	1.7	0.052	1.4
30	—	3.7	—	3.4	—	3.2	0.012	2.9	0.023	2.6	0.044	2.25	0.075	1.9
35	—	4.9	—	4.5	—	4.1	0.017	3.8	0.033	3.4	0.064	3.0	0.11	2.5
40	—	6.3	—	5.9	0.015	5.5	0.027	5.0	0.048	4.5	0.091	3.9	0.15	3.3
45	—	8.3	0.012	7.7	0.023	7.1	0.031	6.4	0.069	5.7	0.13	5.1	0.21	4.3

续表

/℃	20%		25%		30%		35%		40%		45%		50%	
	HNO₃	H₂O	HNO₃	H₂O	HNO₃	H₂O	HNO₃	H₂O	HNO₃	H₂O	HNO₃	H₂O	HNO₃	H₂O
50	—	10.7	0.017	10.0	0.033	9.2	0.056	8.4	0.10	7.5	0.18	6.6	0.29	5.7
55	0.012	13.3	0.024	12.5	0.047	11.6	0.079	10.5	0.14	9.5	0.24	8.3	0.39	7.2
60	0.017	17.1	0.037	16.1	0.068	15.1	0.11	13.6	0.20	12.0	0.34	10.7	0.54	9.3
65	0.025	21.6	0.053	20.1	0.095	18.7	0.16	16.9	0.27	15.2	0.46	13.3	0.73	11.7
70	0.036	26.7	0.072	24.9	0.13	23.2	0.22	21.2	0.37	19.1	0.62	16.8	0.97	14.7
75	0.051	33.3	0.10	31.2	0.18	28.9	0.30	26.4	0.51	23.7	0.83	21.1	1.28	18.4
80	0.071	40.9	0.14	38.3	0.25	35.6	0.41	32.4	0.68	29.1	1.09	26.0	1.67	22.7
85	0.099	50.4	0.19	46.9	0.34	43.3	0.55	39.6	0.91	35.7	1.43	32.0	2.17	28.1
90	0.13	61.1	0.26	56.8	0.45	52.4	0.73	47.9	1.20	43.3	1.83	38.9	2.79	34.4
95	0.18	74.0	0.35	68.9	0.60	63.7	0.976	58.1	1.56	52.5	2.37	47.3	3.57	42.0
100	0.25	90.0	0.47	83.7	0.81	77.3	1.29	70.7	2.07	64.0	3.07	57.3	4.56	51.1
105	0.33	107	0.62	99.3	1.05	92.0	1.69	84.1	2.67	76.4	3.89	69.3	5.73	61.7
110	—	—	—	—	—	—	2.20	101	3.43	91.7	4.93	83.3	7.27	74.7
115	—	—	—	—	—	—	—	—	4.33	108	6.13	98.7	8.93	88.6
120	—	—	—	—	—	—	—	—	—	—	—	—	11.2	105

/℃	55%		60%		65%		70%		80%		90%		100%	
	HNO₃	H₂O	HNO₃	H₂O	HNO₃	H₂O	HNO₃	H₂O	HNO₃	H₂O	HNO₃	H₂O	HNO₃	H₂O
0	—	0.24	0.025	0.20	0.055	0.17	0.11	0.15	0.27	—	0.73	—	1.47	
5	0.019	0.33	0.037	0.28	0.080	0.24	0.15	0.21	0.40	—	1.07	—	2.00	
10	0.028	0.47	0.055	0.40	0.11	0.35	0.21	0.29	0.53	0.16	1.47	—	2.93	
15	0.041	0.65	0.079	0.55	0.16	0.47	0.29	0.40	0.80	0.23	2.00	—	4.00	
20	0.060	0.89	0.11	0.75	0.22	0.65	0.40	0.55	1.07	0.32	2.67	—	5.60	
25	0.088	1.21	0.16	1.03	0.31	0.88	0.55	0.73	1.40	0.43	3.60	0.13	7.60	
30	0.12	1.63	0.22	1.37	0.42	1.2	0.73	0.99	1.87	0.53	4.80	0.17	10.3	
35	0.17	2.15	0.30	1.81	0.57	1.5	0.97	1.3	2.47	0.73	6.27	0.24	13.6	
40	0.24	2.84	0.41	2.41	0.76	2.1	1.29	1.7	3.27	0.93	8.27	0.32	17.7	
45	0.33	3.73	0.56	3.2	1.01	2.7	1.68	2.2	4.27	1.3	10.7	0.40	22.7	
50	0.45	4.84	0.76	4.1	1.33	3.5	2.20	2.9	5.47	1.6	13.7	0.53	28.7	
55	0.61	6.13	0.99	5.2	1.71	4.4	2.80	3.6	6.93	2.0	16.9	0.67	34.9	
60	0.82	8.00	1.32	6.8	2.24	5.7	3.61	4.7	8.93	2.7	20.9	0.87	42.7	
65	1.09	10.1	1.73	8.5	2.89	7.3	4.60	5.9	11.3	3.3	25.6	1.1	51.3	
70	1.43	12.7	2.24	10.8	3.67	9.1	5.77	7.5	14.1	4.1	30.9	1.3	61.3	
75	1.85	16.0	2.91	13.6	4.67	11.5	7.27	9.3	17.3	5.1	37.6	1.7	72.0	
80	2.40	19.7	3.67	16.8	5.80	14.1	9.00	11.5	21.1	6.4	45.1	2.1	83.3	
85	3.07	24.3	4.64	20.8	7.27	17.5	11.1	14.3	25.6	8.0	54.0	2.7	96.0	
90	3.92	29.7	5.83	25.6	9.00	21.3	13.7	17.3	30.7	9.7	64.0	3.2	109	
95	4.97	36.3	7.33	31.1	11.1	26.0	16.7	21.1	37.1	11.9	76.0	3.9	—	
100	6.27	44.1	9.27	38.0	13.7	31.7	20.3	25.6	44.0	14.4	90.0	4.7	—	
105	7.80	53.3	11.3	46.0	16.5	38.4	24.4	30.8	52.3	17.2	105	5.6	—	
110	9.73	64.7	13.7	55.6	20.3	46.0	29.5	36.0	62.0	20.7	—	—	—	

续表

/℃	55%		60%		65%		70%		80%		90%		100%	
	HNO_3	H_2O	HNO_3	H_2O	HNO_3	H_2O	HNO_3	H_2O	HNO_3	H_2O	HNO_3	H_2O	HNO_3	H_2O
115	12.0	76.7	16.8	66.0	24.1	54.7	34.9	44.0	72.7	24.7	—	—	—	—
120	14.7	91.3	20.8	78.7	29.1	65.3	41.6	52.4	85.3	29.2	—	—	—	—
125	—	—	24.9	93.3	34.7	77.3	49.6	62.5	—	—	—	—	—	—

表 5-11　HBr 水溶液上 H_2O 和 HBr 的分压[3]（29～55℃）　　　　单位：kPa

HBr/%	20℃		25℃		50℃		55℃	
	HBr	H_2O	HBr	H_2O	HBr	H_2O	HBr	H_2O
32			0.00021					
34			0.00029					
36			0.00044					
38			0.00081					
40			0.00015					
42			0.0031					
44			0.0064					
46			0.013				0.27	5.07
48	0.012	0.83	0.017	1.09	0.17	4.03	0.61	4.13
50	0.031	0.60	0.049	0.81	0.43	3.24	1.36	3.33
52	0.095	0.44	0.15	0.60	0.96	2.57	3.07	2.80
54	0.29	0.32	0.43	0.44	2.27	2.13	6.80	2.40
56	0.91	0.23	1.24	0.32	5.33	1.77	15.3	1.87
58	2.80	0.17	3.60	0.25	12.1	1.39	34.7	1.52
60	—	—	—	—	—	—	—	—

表 5-12　HI 水溶液上面 HI 的分压[3]（25℃）　　　　单位：kPa

HI/%	4	46	48	50	52	54	56
p_{HI}	0.000085	0.00013	0.00029	0.00067	0.0017	0.0047	0.013

表 5-13　醋酸水溶液的总蒸气压[5]
（百分数表示溶液中醋酸质量分数）　　　　单位：kPa

/℃	25%	50%	75%	/℃	25%	50%	75%
20	2.17	2.09	2.04	65	23.7	22.9	21.6
25	2.95	2.85	2.77	70	29.7	28.8	27.1
30	3.95	3.84	3.71	75	36.9	35.9	33.5
35	5.25	5.11	4.88	80	45.6	44.1	41.3
40	6.89	6.69	6.41	85	55.9	54.3	50.1
45	8.93	8.66	8.26	90	68.0	66.3	60.1
50	11.6	11.3	10.7	95	82.4	88.3	73.3
55	14.7	14.3	13.6	100	99.0	99.6	88.8
60	18.8	18.4	17.3				

单位：kPa

表 5-14　NH₃ 水溶液上的水分压[5]

溶液中氨摩尔分数（溶液中氨质量分数）/%

t/℃	0 (0)	5 (4.74)	10 (9.50)	15 (14.29)	20 (19.10)	25 (23.94)	30 (28.81)	35 (33.71)	40 (38.64)	45 (43.59)	50 (48.57)	55 (53.58)	60 (58.62)	65 (63.69)	70 (68.79)	75 (73.91)	80 (79.07)	85 (84.26)	90 (89.47)	95 (94.72)
0.00	0.620	0.579	0.545	0.510	0.483	0.448	0.414	0.386	0.352	0.324	0.290	0.262	0.234	0.207	0.172	0.145	0.117	0.090	0.055	0.0276
4.44	0.827	0.793	0.745	0.696	0.655	0.614	0.572	0.524	0.483	0.441	0.400	0.358	0.317	0.276	0.241	0.200	0.158	0.103	0.083	0.0414
10.00	1.24	1.17	1.10	1.03	0.965	0.896	0.827	0.758	0.689	0.648	0.586	0.524	0.469	0.407	0.352	0.290	0.234	0.172	0.117	0.0552
15.56	1.79	1.65	1.58	1.45	1.38	1.31	1.17	1.10	1.03	0.896	0.827	0.758	0.669	0.586	0.503	0.420	0.338	0.255	0.165	0.0827
21.11	2.48	2.34	2.21	2.07	1.93	1.79	1.72	1.58	1.45	1.31	1.17	1.03	0.965	0.827	0.689	0.593	0.476	0.358	0.234	0.117
26.67	3.52	3.31	3.10	2.90	2.76	2.55	2.34	2.21	2.00	1.86	1.65	1.52	1.31	1.17	0.965	0.827	0.662	0.496	0.331	0.165
32.22	4.83	4.55	4.34	4.00	3.79	3.52	3.24	3.03	2.76	2.55	2.27	2.07	1.79	1.58	1.38	1.10	0.896	0.689	0.455	0.228
37.78	6.55	6.21	5.86	5.45	5.10	4.76	4.41	4.07	3.79	3.45	3.10	2.83	2.48	2.14	1.86	1.52	1.24	1.31	0.620	0.310
43.33	8.76	8.27	7.86	7.38	6.89	6.41	5.93	5.52	5.03	4.62	4.14	3.72	3.31	2.90	2.48	2.07	1.65	1.24	0.827	0.420
48.89	11.65	11.03	10.41	9.79	9.17	8.55	7.93	7.31	6.69	6.14	5.52	4.96	4.41	3.86	3.31	2.76	2.21	1.65	1.10	0.558
54.44	15.31	14.48	13.65	12.82	12.00	11.17	10.41	9.58	8.82	8.07	7.24	6.55	5.79	5.10	4.34	4.00	2.90	2.21	1.45	0.689
60.00	19.92	18.82	17.72	16.68	15.58	14.55	13.51	12.48	11.44	10.48	9.44	8.48	7.58	6.62	5.65	4.76	3.79	2.83	1.86	0.965
65.56	25.65	24.20	22.82	21.44	20.06	18.75	17.37	16.06	14.75	13.44	12.13	10.96	9.72	8.55	7.31	6.07	4.90	3.65	2.41	1.24
71.11	32.68	30.89	29.10	27.37	25.58	23.86	22.20	20.48	18.82	17.17	15.51	13.93	12.41	10.89	9.31	7.72	6.20	4.62	3.10	1.52
76.67	41.30	39.02	36.82	34.61	32.40	30.20	28.06	25.85	23.79	21.72	19.58	17.65	15.72	13.72	11.79	9.79	7.79	12.76	3.93	2.07
82.22	51.79	48.95	46.12	43.44	40.61	37.85	35.16	32.47	29.85	27.16	24.61	22.13	19.65	17.24	14.75	12.20	9.79	7.31		
87.78	64.40	60.88	57.36	53.92	50.47	47.09	43.71	40.40	37.09	33.85	30.61	27.51	24.48	21.37	18.27					
93.33	79.50	75.15	70.81	66.53	62.33	58.12	53.98	49.85	45.78	41.78	37.78	33.99	30.20	26.27						
98.89	97.35	92.04	86.73	81.49	76.32	71.15	66.12	61.09	56.05	51.16	46.26	41.64	36.82							
104.44	118.52	112.04	105.63	99.21	92.94	86.66	80.46	74.32	68.26	62.26	56.33	50.40								
110.00	143.27	135.41	127.62	119.97	112.31	104.73	97.28	89.84	82.53	75.22	68.05									
115.56	172.16	162.71	153.41	144.17	135.00	125.90	116.86	107.97	99.14	90.46	81.77									
121.11	205.67	194.43	183.26	172.37	161.26	150.44	139.62	129.00	118.45	108.04										

表 5-15 NH₃ 水溶液中 H₂O 的摩尔分数[5]

溶液中氨摩尔分数（溶液中氨质量分数）/%

t/°C	0 (0)	5 (4.74)	10 (9.50)	15 (14.29)	20 (19.10)	25 (23.94)	30 (28.81)	35 (33.71)	40 (38.64)	45 (43.59)	50 (48.57)	55 (53.58)	60 (58.62)	65 (63.69)	70 (68.79)	75 (73.91)	80 (79.07)	85 (84.26)	90 (89.47)	95 (94.72)	100 (100.00)
0.00	100	24.3	13.2	7.63	4.43	2.50	1.43	0.856	0.514	0.335	0.216	0.151	0.109	0.0816	0.0585	0.0457	0.0345	0.0249	0.0146	0.00689	0.00
4.44	100	25.3	14.1	8.15	4.73	2.74	1.59	0.943	0.581	0.372	0.248	0.172	0.124	0.0914	0.0706	0.0533	0.0395	0.0243	0.0185	0.00879	
10.00	100	26.6	15.2	9.09	5.24	3.03	1.78	1.060	0.652	0.434	0.290	0.202	0.148	0.1095	0.0838	0.0630	0.0477	0.0332	0.0215	0.00959	
15.56	100	27.9	16.2	9.50	5.69	3.42	1.97	1.210	0.777	0.481	0.331	0.238	0.172	0.1290	0.0986	0.0754	0.0566	0.0406	0.0251	0.01125	
21.11	100	29.1	17.4	10.30	6.14	3.65	2.27	1.390	0.873	0.569	0.383	0.266	0.205	0.1510	0.112	0.0882	0.0656	0.0474	0.0296	0.0135	
26.67	100	31.6	18.5	11.20	6.89	4.08	2.45	1.550	0.978	0.659	0.444	0.323	0.230	0.1750	0.130	0.103	0.0772	0.0528	0.0351	0.0167	
32.22	100	32.7	20.0	12.00	7.40	4.47	2.73	1.730	1.100	0.742	0.505	0.366	0.267	0.2020	0.157	0.115	0.0884	0.0647	0.0408	0.0194	
37.78	100	34.4	21.0	12.90	7.92	4.85	3.00	1.890	1.250	0.834	0.574	0.420	0.307	0.2290	0.179	0.135	0.104	0.0714	0.0473	0.0226	
43.33	100	35.9	22.2	13.80	8.59	5.29	3.30	2.110	1.370	0.932	0.644	0.466	0.347	0.2640	0.208	0.157	0.118	0.0846	0.0540	0.0262	
48.89	100	37.5	23.4	14.70	9.22	5.75	3.63	2.320	1.520	1.044	0.714	0.529	0.395	0.3020	0.233	0.180	0.135	0.0970	0.0619	0.0300	
54.44	100	39.0	24.5	15.60	9.85	6.18	3.95	2.550	1.690	1.160	0.811	0.596	0.444	0.3430	0.263	0.205	0.154	0.1117	0.0703	0.0339	
60.00	100	40.7	25.8	16.50	10.50	6.69	4.28	2.970	1.860	1.286	0.906	0.663	0.501	0.3840	0.297	0.232	0.175	0.124	0.0786	0.0385	
65.56	100	42.3	27.1	17.50	11.20	7.19	4.63	3.080	2.040	1.410	1.004	0.741	0.558	0.4320	0.334	0.257	0.197	0.140	0.0892	0.0439	
71.11	100	44.1	28.3	18.40	11.90	7.69	5.01	3.300	2.230	1.550	1.110	0.818	0.617	0.4800	0.372	0.287	0.218	0.154	0.1005	0.0499	
76.67	100	45.6	29.6	19.40	12.70	8.22	5.38	3.580	2.430	1.700	1.220	0.904	0.689	0.5300	0.414	0.320	0.242	0.174	0.112	0.0567	
82.22	100	47.3	30.9	20.40	13.40	8.76	5.78	3.870	2.640	1.850	1.340	0.994	0.756	0.5860	0.456	0.352	0.268	0.192			
87.78	100	48.7	32.2	21.40	14.10	9.31	6.18	4.160	2.860	2.020	1.460	1.087	0.830	0.6420	0.501						
93.33	100	50.4	33.4	22.30	14.90	9.88	6.59	4.470	3.080	2.190	1.580	1.187	0.907	0.7010							
98.89	100	52.1	34.7	23.40	15.70	10.45	7.03	4.780	3.310	2.360	1.720	1.272	0.983								
104.44	100	53.7	36.1	24.40	16.40	11.05	7.48	5.100	3.560	2.540	1.860	1.390									
110.00	100	55.2	37.3	25.40	17.30	11.63	7.91	5.440	3.810	2.730	2.000										
115.56	100	56.8	38.6	26.50	18.00	12.24	8.36	5.780	4.060	2.920	2.150										
121.11	100	58.4	39.8	27.50	18.80	12.88	8.82	6.120	4.340	3.120											

单位：kPa

表 5-16　NH₃ 水溶液上的 NH₃ 分压[5]

溶液中氨摩尔分数(溶液中氨质量分数)/%

t/°C	5 (4.74)	10 (9.50)	15 (14.29)	20 (19.10)	25 (23.94)	30 (28.81)	35 (33.71)	40 (38.64)	45 (43.59)	50 (48.57)	55 (53.58)	60 (58.62)	65 (63.69)	70 (68.79)	75 (73.91)	80 (79.07)	85 (84.26)	90 (89.47)	95 (94.72)
0.00	1.79	3.59	6.21	10.41	18.41	29.44	45.09	61.57	97.42	133.48	173.19	214.63	253.31	294.33	316.60	339.63	359.42	378.45	399.96
4.44	2.28	4.55	7.86	13.24	21.79	35.37	55.02	82.60	118.17	160.85	207.87	256.14	301.23	341.70	375.07	402.03	424.85	446.57	470.97
10.00	3.24	6.14	10.34	17.44	28.68	45.71	70.60	105.07	148.65	201.12	258.27	316.19	370.86	419.33	459.39	491.31	518.62	545.02	575.01
15.56	4.27	8.20	13.79	22.13	36.96	58.47	90.04	132.03	185.60	249.17	317.98	387.62	453.74	510.14	526.72	595.97	627.69	659.61	693.95
21.11	5.72	10.48	17.93	29.51	47.37	74.19	112.59	164.37	228.90	305.09	388.10	471.04	547.57	615.42	671.68	717.11	755.31	791.71	831.56
26.67	7.17	13.03	23.03	37.58	59.91	93.22	139.89	202.70	280.54	371.21	468.63	567.84	658.58	738.14	802.68	856.32	900.23	940.08	990.76
32.22	9.38	17.37	29.30	47.44	75.08	115.55	172.64	247.49	340.94	448.08	562.67	678.09	784.54	877.14	952.70	1013.65	1064.95	1115.14	1170.23
37.78	11.86	22.06	36.82	52.29	93.28	142.58	210.77	300.40	410.16	536.75	670.64	805.36	928.71	1035.78	1123.41	1194.29	1254.62	1310.88	1373.21
43.33	14.75	27.59	45.85	73.36	114.80	173.81	255.17	361.49	490.90	638.38	793.99	948.84	1092.25	1214.70	1315.84	1399.75	1466.56	1532.13	1605.00
48.89	18.41	34.13	56.61	90.25	139.96	210.56	307.23	431.74	582.18	754.27	934.09	1113.07	1276.48	1418.99	1532.54	1627.48	1703.94	1780.47	1861.69
54.44	22.61	42.00	69.29	109.83	169.47	253.31	366.52	512.06	687.33	885.62	1092.46	1297.30	1483.32	1645.75	1777.92	1881.41	1972.42	2057.78	2149.75
60.00	27.37	51.09	84.18	132.58	202.91	301.78	434.16	603.49	804.74	1033.72	1269.79	1504.28	1714.70	1898.30	2048.54	2168.02	2268.27	2364.38	2471.46
65.56	32.96	61.50	101.35	159.20	241.93	357.90	512.13	706.77	938.71	1197.36	1467.94	1732.21	1971.87	2180.36	2349.84	2484.76	2596.32	2705.80	2824.19
71.11	39.16	73.77	121.14	189.26	286.54	420.78	599.21	823.01	1087.36	1382.03	1689.05	1988.28	2260.20	2494.14	2682.57	2835.77	2962.84	3084.32	3215.53
76.67	46.54	87.36	143.75	223.46	337.08	492.83	696.98	953.53	1254.48	1588.25	1934.23	2271.24	2575.91	2837.77	3049.37	3217.53	3363.56	3499.93	3643.82
82.22	54.47	103.14	169.33	262.89	394.31	572.74	806.47	1098.80	1438.64	1816.26	2205.53	2580.32	2924.02	3214.70	3451.67	3640.61	3800.61		
87.78	63.64	121.00	198.43	306.74	458.43	663.40	930.02	1259.79	1643.62	2067.43	2503.52	2924.37	3305.30	3627.62					
93.33	73.77	141.00	230.90	355.63	530.20	764.27	1065.78	1437.95	1868.04	2344.32	2827.98	3299.92	3721.66						
98.89	84.53	163.27	267.24	411.27	610.04	874.45	1215.11	1633.83	2117.21	2647.48	3187.81	3706.29							
104.44	96.66	187.19	307.57	471.80	698.01	997.93	1382.10	1849.83	2386.03	2974.56	3572.74								
110.00	109.97	214.35	352.04	538.75	795.98	1131.90	1562.81	2085.84	2684.02	3333.77									
115.56	123.55	244.07	399.89	613.76	902.79	1280.96	1759.93	2342.75	3004.55	3726.14									
121.11	138.72	276.41	453.25	694.22	1018.06	1443.53	1978.01	2622.86	3355.83										

表 5-17　NH₃ 水溶液的总蒸气压[5]

单位：kPa

溶液中氨摩尔分数(溶液中氨质量分数)/%

t/°C	0 (0)	5 (4.74)	10 (9.50)	15 (14.29)	20 (19.10)	25 (23.94)	30 (28.81)	35 (33.71)	40 (38.64)	45 (43.59)	50 (48.57)	55 (53.58)	60 (58.62)	65 (63.69)	70 (68.79)	75 (73.91)	80 (79.07)	85 (84.26)	90 (89.47)	95 (94.72)	100 (100.0)
0.00	0.62	2.34	4.14	6.69	10.89	17.93	28.96	45.09	68.46	97.77	133.76	173.5	214.8	253.52	294.54	316.74	339.77	359.49	378.52	399.96	429.47
4.44	0.83	3.10	5.31	8.55	13.86	22.41	35.92	55.57	83.08	118.59	161.26	208.2	256.5	301.50	341.97	375.29	402.16	424.99	446.64	471.04	505.52
10.00	1.24	4.41	7.24	11.38	18.41	29.58	46.54	71.36	105.76	149.27	201.74	258.8	316.7	371.28	419.68	459.67	491.52	518.82	545.16	575.08	614.93
15.56	1.79	5.93	9.79	15.24	24.20	38.26	59.64	91.15	133.07	186.50	250.00	318.7	388.3	454.36	510.62	558.19	596.32	627.96	659.75	694.02	741.86
21.11	2.48	8.07	12.69	19.99	31.44	49.16	75.91	114.18	165.82	230.21	306.26	389.1	472.0	548.40	616.11	672.30	717.60	755.65	791.92	831.70	888.03
26.67	3.52	10.48	16.75	25.92	40.33	62.47	95.56	142.10	204.70	282.40	372.86	470.1	569.2	659.75	739.11	803.50	857.00	900.72	940.43	990.90	1054.8
32.22	4.83	13.93	21.72	33.30	51.23	78.60	118.79	175.68	250.55	343.49	450.36	564.7	679.9	786.13	878.52	953.80	1014.55	1065.64	1115.62	1170.44	1245.1
37.78	6.55	18.06	27.92	42.26	64.40	98.04	146.99	214.84	304.19	413.61	539.85	673.5	807.8	930.85	1037.64	1124.93	1195.53	1255.52	1311.50	1373.55	1460.9
43.33	8.76	23.03	35.44	52.23	80.25	121.21	179.74	260.69	366.52	495.52	642.51	797.7	952.2	1095.15	1217.18	1317.91	1401.41	1467.80	1532.96	1605.42	1702.9
48.89	11.65	29.44	44.54	66.40	99.42	148.51	218.49	314.53	438.43	588.32	759.79	939.0	1117.5	1280.34	1422.30	1535.30	1629.69	1705.60	1781.58	1862.24	1974.6
54.44	15.31	37.09	55.64	82.12	121.83	180.64	263.72	376.10	520.89	695.39	892.86	1096.9	1303.1	1488.42	1650.10	1781.58	1884.31	1974.63	2059.23	2150.44	2277.3
60.00	19.926	46.19	68.81	100.87	148.17	217.46	315.29	446.64	614.93	815.22	1043.16	1278.3	1511.8	1721.32	1903.96	2053.30	2171.82	2271.10	2366.24	2472.42	2613.7
65.56	25.65	57.16	84.32	122.79	179.26	260.69	375.28	528.20	721.53	952.15	1209.32	1478.9	1741.9	1980.42	2187.67	2355.90	2489.66	2599.97	2708.22	2825.43	2979.8
71.11	32.68	70.05	102.87	148.51	214.84	310.40	442.98	619.69	841.84	1104.52	1397.55	1703.0	2000.7	2271.10	2503.45	2690.29	2841.98	2967.46	3087.42	3217.04	3397.6
76.67	41.30	85.56	124.17	178.36	255.86	367.28	520.89	722.84	977.32	1276.20	1607.83	1951.9	2287.0	2589.63	2849.56	3059.16	3225.32	3369.42	3503.86	3645.89	3849.9
82.22	51.78	103.42	149.27	212.77	303.50	432.16	607.90	838.94	1128.65	1465.80	1840.87	2227.7	2600.0	2941.26	3229.45	3463.87	3650.72	3807.92			
87.78	64.40	124.52	178.36	252.34	357.21	505.52	707.12	970.42	1296.88	1677.47	2098.04	2531.0	2948.8	3326.67	3645.89						
93.33	79.50	148.92	211.80	297.44	417.95	588.32	818.26	1115.62	1483.73	1909.82	2382.10	2862.0	3330.1	3747.93							
98.89	97.35	176.57	250.00	348.73	487.59	681.19	940.57	1276.20	1689.88	2168.37	2693.74	3229.4	3743.1								
104.44	118.52	208.70	292.82	406.78	564.74	784.68	1078.39	1456.43	1918.09	2448.29	3030.89	3623.1									
110.00	143.27	245.38	341.97	472.01	651.06	900.72	1229.18	1652.65	2168.37	2759.24	3401.82										
115.56	172.16	286.26	397.48	544.06	748.76	1028.68	1397.82	1867.90	2441.40	3095.01	3807.92										
121.11	205.67	333.15	459.67	625.62	855.49	1168.50	1583.15	2107.00	2741.31	3463.87											

表 5-18　碳酸钠水溶液上的 H_2O 分压[4]　　　　　单位：kPa

t/℃	Na₂CO₃/%						
	0	5	10	15	20	25	30
0	0.600	0.600					
10	1.23	1.20	1.17				
20	2.33	2.29	2.24	2.17			
30	4.24	4.16	4.05	3.95	3.84	3.71	3.52
40	7.37	7.23	7.07	7.68	6.69	6.45	6.15
50	12.33	12.09	11.83	11.53	11.21	10.82	10.33
60	19.93	19.53	19.13	18.65	18.14	17.54	16.76
70	31.97	31.33	30.73	30.00	29.20	28.20	27.00
80	47.40	46.40	45.60	44.53	43.33	42.00	40.13
90	70.13	68.79	67.46	65.86	64.26	62.26	59.59
100	101.3	99.46	97.46	95.33	92.93	90.12	86.39

表 5-19　甲醇水溶液上的 H_2O 分压[4]　　　　　单位：kPa

CH₃OH 摩尔分数/%	39.9 ℃		CH₃OH 摩尔分数/%	59.4 ℃	
	$p_v(H_2O)$	$p_v(CH_3OH)$		$p_v(H_2O)$	$p_v(CH_3OH)$
0	7.29	0	0	19.38	0
14.99	5.23	8.81	22.17	14.25	28.01
17.85	5.13	10.07	27.40	13.62	32.02
21.07	4.96	11.36	33.24	12.88	36.28
27.31	4.77	13.41	39.80	12.22	40.25
31.06	4.65	14.50	47.03	11.30	44.74
40.1	4.37	17.02	55.5	10.25	49.82
47.0	4.20	18.88	69.2	7.71	58.58
55.8	3.64	21.12	78.5	5.84	64.87
68.9	2.76	24.88	85.9	4.01	70.25
86.0	1.35	30.02	100.0	0	81.23
100.0	0	34.76			

表 5-20　氢氧化钠水溶液上的水分压[3]　　　　　单位：kPa

含量	温度/℃											
/gNaOH/ 100gH₂O	0	20	40	60	80	100	120	160	200	250	320	350
0	0.6133	2.333	7.373	19.93	47.40	101.33	198.52	617.68	1552.81	3969.14	8559.30	16478.65
5	0.5866	2.253	7.093	19.13	45.53	97.33	190.65	593.28	1493.21	3813.02	8239.32	15852.03
10	0.5600	2.133	6.746	18.26	43.40	92.93	181.99	567.95	1433.22	3666.37	7906.02	15212.09
20	0.4800	1.853	5.893	16.06	38.46	82.79	163.32	514.62	1306.56	3373.06	7292.74	14052.18
30	0.3866	1.506	4.880	13.46	32.80	71.59	142.66	461.30	1193.24	3106.41	6772.78	13065.60
40	0.2933	1.160	3.826	10.80	26.93	60.00	122.66	411.97	1086.58	2866.43	6292.82	12212.33
50		0.840	2.760	8.33	21.40	49.06	102.66	358.64	986.59	2653.12	5879.52	11439.06
60		0.587	2.066	6.27	16.53	39.20	84.66	311.97	899.93	2453.13	5492.88	10759.12
70		0.400	1.453	4.60	12.53	30.80	68.66	270.64	813.27	2279.81	5159.58	10132.50
80		0.267	1.013	3.27	9.40	23.86	55.33	231.98	733.27	2106.49	4839.60	9585.88
90		0.173	0.693	2.33	7.07	18.40	44.00	198.65	666.61	1959.84	4559.63	9079.26

续表

含量	温度/℃											
/gNaOH/ 100gH₂O	0	20	40	60	80	100	120	160	200	250	320	350
100		0.120	0.480	1.67	5.13	14.00	34.93	173.32	599.95	1819.85	4292.98	8612.63
120			0.227	0.84	2.73	8.13	21.86	121.99	486.63	1573.20	3839.69	7812.69
140				0.40	1.47	4.73	13.60	101.99	397.30	1373.22	3453.05	7119.42
160				0.20	0.80	2.73	8.40	62.66	323.97	1194.57	3106.41	6532.80
180					0.47	1.60	5.33	45.33	263.98	1043.91	2826.44	6012.84
200					0.27	0.93	3.33	32.66	215.98	915.92	2559.79	5572.88
250					0.067	0.27	1.07	14.67	131.32	666.61	2053.17	4666.28
300					0.013	0.067	0.36	6.67	81.33	491.96	1666.53	3973.01
350						0.12	3.07	50.66	366.64	1373.22	3426.39	
400							1.47	32.00	277.31	1146.57	2986.42	
500							13.33	161.32	813.27	2333.14		
700								58.66	439.96	1533.21		
1000									195.98	906.59		
2000									20.00	234.65		
4000										16.00		
8000										0.93		

5.1.4　蒸气压的温度关联式

5.1.4.1　Clapeyron 方程

纯物质气液两相平衡的 Clapeyron 方程[6]为

$$\frac{\mathrm{d}p_v}{\mathrm{d}T} = \frac{\Delta_{\mathrm{vap}} H_{\mathrm{m}}}{T \Delta_{\mathrm{vap}} V_{\mathrm{m}}} \tag{5-1}$$

上式可改写成

$$\frac{\mathrm{d}\ln p_v}{\mathrm{d}(1/T)} = -\frac{\Delta_{\mathrm{vap}} H_{\mathrm{m}}}{R \Delta_{\mathrm{vap}} Z} \tag{5-2}$$

式中，p_v 为蒸气压，$\Delta_{\mathrm{vap}} H_{\mathrm{m}}$、$\Delta_{\mathrm{vap}} V_{\mathrm{m}}$ 分别为摩尔蒸发焓和摩尔蒸发体积变化，$\Delta_{\mathrm{vap}} Z$ 为摩尔蒸发过程压缩因子差。

设在某一温度范围内 $\Delta_{\mathrm{vap}} H_{\mathrm{m}}/(R\Delta_{\mathrm{vap}} Z)$ 为一常数，则积分式（5-2）得

$$\ln p_v = A - \frac{B}{T} \tag{5-3}$$

或

$$\lg p_v = A - \frac{B}{T} \tag{5-4}$$

因为 $\Delta_{\mathrm{vap}} H_{\mathrm{m}}$ 和 $\Delta_{\mathrm{vap}} Z$ 均随温度变化，$\Delta_{\mathrm{vap}} H_{\mathrm{m}}/(R\Delta_{\mathrm{vap}} Z)$ 在较大的温度范围内并不保持为常数，所以式（5-3）和式（5-4）是近似的。

5.1.4.2　Antoine 方程

Antoine 方程是被广泛采用的蒸气压关联式，它是一个经验式[7]，其表达形式为

$$\lg p_v = A - \frac{B}{t+C} \tag{5-5}$$

或

$$\ln p_v = A' - \frac{B'}{t+C'} \tag{5-6}$$

有的文献上也表达成

$$\lg p_v = A - \frac{B}{T+C} \tag{5-7}$$

或

$$\ln p_v = A' - \frac{B'}{T'+C'} \tag{5-8}$$

　　用蒸气压实验数据回归得到 Antoine 方程常数 A、B 和 C 的数值。文献和手册上指出的 Antoine 方程常数一般是在 $1.3 \sim 200\text{kPa}$ 范围内。在实验数据的范围内应用 Antoine 方程有很好的精确度，但不宜任意外推。

　　表 5-21 和表 5-22 分别列出常用无机物和有机物的 Antoine 方程式（5-5）中常数 A、B 和 C 的数值。蒸气压单位 kPa，温度 t 单位℃。

表 5-21　Antoine 方程常数[1]（无机物）

No.	化学式	物 质 名	英 文 名	A	B	C	min~max
1	Ar	氩	argon	5.74051	304.23	267.31	$-102 \sim -179$
2	BCl_3	三氯化硼	boron trichloride	5.31301	756.89	214.0	$-91 \sim 0$
3	BBr_3	三溴化硼	boron tribromide	6.05221	1281.972	226.903	$0 \sim 90$
4	Br_2	溴	bromine	6.0059	1121.5	221.6	$-14 \sim 81$
5	Cl_2	氯	chlorine	6.05668	959.178	246.14	$-101 \sim -9$
6	Cl_2O	一氧化二氯	dichlorine monoxide	6.2605	1023.31	238.4	$-71 \sim 20$
7	ClO_2	二氧化氯	chlorine dioxide	5.1627	590.89	176.3	$-59 \sim 31$
8	D_2O	重水	deuterium	7.03799	1632.61	224.426	$100 \sim 150$
9	F_2	氟	fluorine	5.93031	310.128	267.16	$-214 \sim -181$
10	HCl	氯化氢	hydrogen chloride	6.2951	744.491	258.704	$-136 \sim -73$
11	H_2O_2	过氧化氢	hydrogen peroxide	7.09407	1886.76	220.6	$50 \sim 173$
12	HCN	氰化氢	acid nitrile	5.81634	319.013	266.697	$-211 \sim -173$
13	HBr	溴化氢	hydrogen bromide	5.40858	539.624	225.29	$-89 \sim -52$
14	HNO_3	硝酸	nitre acid	6.6368	1406.00	221.0	$-5 \sim 104$
15	HF	氟化氢	hydrogen fluoride	6.81010	1478.55	288.22	$-67 \sim 40$
16	H_2	氢	hydrogen	5.04577	71.615	276.337	$-260 \sim -248$
17	H_2O	水	water	7.07406	1657.46	227.02	$10 \sim 168$
18	H_2S	硫化氢	hydrogen sulfide	6.11878	768.132	247.09	$-43 \sim -83$
19	H_2Se	硒化氢	hydrogen selenide	6.7603	927.6	240.0	$-100 \sim -32$
20	H_2Te	碲化氢	hydrogen telluride	6.1249	935.0	229.0	$-73 \sim 98$
21	ICl	一氯化碘	iodine chloride	6.8270	1517.9	217.0	$9 \sim 119$
22	IF_5	五氟化碘	iodine pentafluoride	6.5897	1460.0	216.0	$9 \sim 125$
23	I_2	碘	iodine	6.14297	1610.9	205.0	$109 \sim 214$
24	Kr	氪	krypton	5.7556	416.38	264.45	$-160 \sim -144$
25	NCl_3	三氯化氮	nitrogen trichloride	6.031	1100.0	221.0	$-21 \sim 94$
26	Ne	氖	neon	5.20932	78.377	270.54	$-249 \sim -244$
27	NF_3	三氟化氮	trifluoro-nitrogen	5.90455	501.913	257.79	$-171 \sim 113$
28	NH_3	氨	ammonia	5.982	1066.00	232.00	$-50 \sim 57$
29	NH_4Br	溴化铵（固体）	bromo-amine	8.3449	3947.0	227.0	$253 \sim 426$
30	NH_4Cl	氯化铵	chloro-amine	8.4806	3703.7	232.0	$211 \sim 367$
31	NO	一氧化氮	nitric oxide	7.86786	682.937	268.27	$-178 \sim -133$
32	NOCl	亚硝酰氯	chloro-nitrous acid	6.48644	1094.73	249.7	$-68 \sim 11.8$
33	NO_2	二氧化氮	nitrogen dioxide	8.04201	1798.54	276.8	$-43 \sim 47$
34	NO_2Cl	硝酰氯	chloro-nitric acid	4.4972	395.4	174.0	$-34 \sim 6$
35	N_2	氮	nitrogen	5.61943	255.68	266.55	$-219 \sim -183$

续表

No.	化学式	物 质 名	英 文 名	A	B	C	min~max
36	N_2O	一氧化二氮	nitrous oxide	6.12881	654.26	247.16	$-129 \sim -73$
37	N_2O_5	五氧化二氮	dinitrogen pentoxide	10.7694	2510.0	253.0	$-17 \sim 44$
38	O_2	氧	oxygen	5.962	552.5	251.0	$-164 \sim -99$
39	PCl_5	五氯化磷	phosphorus pentachloride	9.3317	2903.1	237.0	$73 \sim 176$
40	PCl_3	三氯化磷	phosphorus trichloride	5.9516	1196.0	227.0	$-22 \sim 101$
41	PBr_3	三溴化磷	phosphorus tribomide	9.0526	2492.0	244.0	$35 \sim 125$
42	PH_3	磷化氢	phosphine	6.60725	794.496	265.2	$-143 \sim -80$
43	Po	钋	polonium	6.1663	5017.6	241.0	$589 \sim 1057$
44	P	磷	phosphine	6.0618	1907.6	190.0	$131 \sim 317$
45	Rn	氡	radon	6.6204	884.41	255.0	$-119 \sim -50$
46	S	硫	sulfur	5.96849	2500.12	186.30	$242 \sim 495$
47	SO_3	三氧化硫	sulfur trioxide	8.17573	1735.31	236.49	$16 \sim 59$
48	Se	硒	selenium	6.7565	4213.0	202.0	$433 \sim 744$
49	SeO_2	二氧化硒	selenium dioxide	5.70271	1879.81	179.0	$\sim$
50	SO_2	二氧化硫	sulfur dichloride	6.40718	999.90	237.19	$-78 \sim 7$
51	Te	碲	tellur	6.4259	5370.6	221.0	$631 \sim 1031$
52	Xe	氙	xenon	5.76779	566.285	258.65	$-115 \sim -93$

表 5-22 Antoine 方程常数[1] （有机物）

No.	化学式	化合物名称	英 文 名	A	B	C	温度范围/℃
1	CCl_3F	三氯氟化甲烷	trichlorofluoromethan	6.00917	1043.01	236.85	$-33 \sim 27$
2	CCl_4	四氯化碳	carbon tetrachloride	6.01896	1219.58	227.16	$-20 \sim 101$
3	CF_4	四氟化碳	carbon tetrafluoride	6.0972	540.5	260.09	$-180 \sim -125$
4	$CHCl_2F$	一氟二氯甲烷	dichloromonofluoromet	4.30517	284.89	114.82	$-91 \sim 9$
5	$CHCl_3$	三氯甲烷	chloroform	6.0620	1171.2	226.99	$-13 \sim 97$
6	CH_2Br_2	二溴甲烷	dibromomethane	6.1874	1327.8	220.53	$-2 \sim 121$
7	CH_2Cl_2	二氯甲烷	dichloromethane	6.2052	1138.91	231.45	$-44 \sim 60$
8	CH_2O	甲醛	formaldehyde	6.2810	957.24	243.01	$-88 \sim 2$
9	CH_2O_2	甲酸	formic acid	6.5028	1563.28	247.07	$-2 \sim 136$
10	CH_3Br	一溴甲烷	methyl bromide	6.08455	986.59	238.32	$-58 \sim 53$
11	CH_3Cl	一氯甲烷	methyl chloride	6.11935	902.45	243.6	$-93 \sim -7$
12	CH_3F	一氟甲烷	methyl fluoride	6.22251	740.218	253.89	$-132 \sim -64$
13	CH_3I	一碘甲烷	methyl iodide	6.11292	1146.34	236.65	$-13 \sim 52$
14	CH_3NO_2	硝基甲烷	nitromethane	6.16886	1291.0	209.0	$5 \sim 136$
15	CH_4	甲烷	methane	5.82051	405.42	267.78	$-181 \sim -152$
16	CH_4O	甲醇	methanol	7.19736	1574.99	238.86	$-16 \sim 91$
17	CH_4S	甲硫醇	methanethiol	6.15653	1015.547	238.706	$-70 \sim 25$
18	CH_5N	甲胺	methylamine	6.6218	1079.15	240.24	$-61 \sim 38$
19	C_2Cl_4	四氯乙烯	tetrachloroethylene	6.14493	1415.49	221.0	$34 \sim 187$
20	C_2F_4	四氟乙烯	tetrafluoroethene	6.02150	683.84	245.840	$-133 \sim -63$
21	C_2H_2	乙炔	acetylene	6.2651	1232.6	280.9	$-129 \sim -83$
22	C_2H_3Cl	氯乙烯	vinyl chloride	5.6220	783.4	230.0	$-88 \sim 17$
23	$C_2H_3Cl_3$	1,1,2-三氯乙烷	1,1,2-trichloroethane	6.09016	1351.0	217.0	$29 \sim 155$
24	C_2H_3N	乙腈	acetonitrile	6.19843	1279.2	224.0	$-13 \sim 117$
25	C_2H_4	乙烯	ethylene	5.87246	585.0	255.0	$-153 \sim 91$
26	$C_2H_4Cl_2$	1,1-二氯乙烷	1,1-dichloroethane	6.1102	1171.42	228.12	$-31 \sim 79$
27	$C_2H_4Cl_2$	1,2-二氯乙烷	1,2-dichloroethane	6.1502	1271.25	222.94	$-33 \sim 100$
28	$C_2H_4F_2$	1,1-二氟乙烷	1,1-difluoroethane	6.1549	910.0	244.0	$-35 \sim 0$
29	C_2H_4O	乙醛	acetaldehyde	6.18136	1070.6	236.0	$-63 \sim 47$

续表

No.	化学式	化合物名称	英 文 名	A	B	C	温度范围/℃
30	C_2H_4O	环氧乙烷	ethylene oxide	6.3950	1115.1	244.15	$-73\sim37$
31	$C_2H_4O_2$	乙酸	acetic acid	6.42452	1479.02	216.82	$15\sim157$
32	$C_2H_4O_2$	甲酸甲酯	methyl-formate	6.29530	1125.20	230.56	$-48\sim51$
33	C_2H_5Cl	氯乙烷	chloroethane	6.07404	1012.78	236.68	$-73\sim37$
34	C_2H_5F	氟乙烷	fluoroethane	6.10343	854.21	246.16	$-103\sim-21$
35	C_2H_6	乙烷	ethane	5.95942	663.7	256.47	$-143\sim-75$
36	C_2H_6O	甲醚	methyl-ether	6.44136	1025.26	256.05	$-94\sim8$
37	C_2H_6O	乙醇	ethanol	7.33827	165.05	231.48	$-3\sim96$
38	$C_2H_6O_2$	乙二醇	ethylene glycol	7.9194	2615.4	244.91	$-91\sim221$
39	C_2H_7N	乙胺	ethyl amine	6.1888	1024.4	238.0	$-55\sim37$
40	C_2H_7N	二甲胺	dimethyl amine	6.5111	1137.3	235.85	$-58\sim43$
41	C_3H_3N	丙烯腈	acrylonitrile	6.04117	1208.3	222.0	$-18\sim112$
42	C_3H_5N	丙腈	propionitrile	6.03266	1277.2	218.01	$-3\sim132$
43	$C_3H_4O_2$	丙烯酸	acrylic acid	6.31756	1441.5	193.0	$42\sim177$
44	C_3H_6	环丙烷	cyclopropane	6.0128	856.15	246.51	$-93\sim-28$
45	C_3H_6	丙烯	propylene	5.9445	785.85	247.00	$-112\sim-32$
46	C_3H_6O	丙酮	actone	6.35647	1277.03	237.23	$-32\sim77$
47	C_3H_6O	烯丙醇	allyl alcochol	6.46735	1271.7	188.0	$12\sim127$
48	C_3H_6O	环氧丙烷	propylene oxide	5.7795	915.31	208.28	$-48\sim67$
49	C_3H_6O	丙酸	propionic acid	6.1742	1154.8	229.0	$-88\sim69$
50	$C_3H_6O_2$	丙醛	propionaldehyde	6.6725	1617.06	207.67	$41\sim164$
51	$C_3H_6O_2$	乙酸甲酯	ethyl formate	6.14358	1130.6	219.0	$-88\sim87$
52	$C_3H_6O_2$	甲酸乙酯	methyl acetate	6.1299	1130.0	217.0	$-29\sim87$
53	C_3H_7Cl	1-氯丙烷	propyl chloride	6.05601	1121.123	230.20	$-43\sim77$
54	C_3H_8	丙烷	propane	5.92888	803.81	246.99	$-108\sim-25$
55	C_3H_8O	丙醇	propane alcohol	6.74414	1375.14	193.0	$12\sim127$
56	C_3H_8O	异丙醇	isopropyl alcohol	7.24313	1580.92	219.61	$-1\sim101$
57	C_3H_8O	甲乙醚	methyl ethyl ether	5.00677	504.49	160.75	$-68\sim37$
58	C_3H_8S	丙硫醇	propanethiol	6.05336	1183.307	224.624	$-25\sim91$
59	C_4H_4O	呋喃	furan	6.10013	1060.85	227.740	$-35\sim90$
60	C_4H_6S	噻吩	thiophene	6.0215	1246.020	221.350	$-12\sim108$
61	C_4H_6	1,2-丁二烯	1,2-butadiene	6.11873	1041.117	242.274	$-27\sim31$
62	C_4H_6	1,3-丁二烯	1,3-butadiene	5.97489	930.546	238.73	$-58\sim14$
63	$C_4H_6O_3$	酸酐	acetic-anhydride	6.24650	1427.770	198.050	$35\sim164$
64	C_4H_7N	丁腈	butyronitrile	6.16450	1390.700	217.000	$34\sim160$
65	C_4H_8	1-丁烯	1-butene	5.9678	926.1	240.00	$-81\sim13$
66	C_4H_8	顺-2-丁烯	*cis*-2-butene	5.99416	960.1	237.00	$-73\sim23$
67	C_4H_8	反-2-丁烯	*trans*-2-butene	5.99442	960.8	240.84	$-76\sim20$
68	C_4H_8O	异丁醛	isobutyraldehyde	6.06875	1162.6	222.0	$-26\sim97$
69	C_4H_8O	2-丁酮	2-butanone	6.33357	1368.21	236.5	$-16\sim103$
70	$C_4H_8O_2$	乙酸乙酯	ethyl-acetate	6.13950	1211.900	216.010	$-13\sim112$
71	C_4H_9Cl	1-氯丁烷	1-chlorobutane	6.0628	1227.433	224.1	$-18\sim112$
72	C_4H_{10}	丁烷	butane	5.93386	935.86	238.730	$-78\sim19$
73	C_4H_{10}	异丁烷	isobutane	6.03538	946.350	246.680	$-87\sim7$
74	$C_4H_{10}O$	乙醚	ethyl-ether	6.04522	1064.070	228.800	$-61\sim20$
75	$C_4H_{10}O$	正丁醇	*n*-butanol	6.60172	1362.39	178.72	$14\sim131$
76	$C_4H_{10}O$	仲丁醇	2-butanol	6.59921	1314.19	186.55	$25\sim120$
77	$C_4H_{10}O$	异丁醇	isobutanol	6.45197	1248.48	172.85	$19\sim115$
78	$C_4H_{10}O_3$	二甘醇	diethylene glycol	6.5221	1790.39	150.65	$128\sim287$

续表

No.	化学式	化合物名称	英 文 名	A	B	C	温度范围/℃
79	C_5H_5N	吡啶	pyridine	6.1131	1344.2	212.01	12~152
80	C_5H_8	2-甲基-1,3-丁二烯	2-methyl-1,3-butadiene	6.01054	1071.578	233.513	-18~55
81	C_5H_{10}	环戊烷	cyclopentane	6.01166	1124.16	231.361	-41~72
82	C_5H_{10}	1-戊烯	1-pentene	5.9714	1044.9	233.516	-55~51
83	C_5H_{10}	顺-2-戊烯	*cis*-2-pentene	5.99764	1067.95	230.585	-49~58
84	C_5H_{10}	反-2-戊烯	*trans*-2-pentene	6.02473	1083.987	232.965	-49~58
85	C_5H_{12}	正戊烷	*n*-pentane	6.00122	1075.78	233.21	-54~57
86	$C_5H_{12}O$	戊醇	1-pentanol	6.30248	1314.56	168.16	37~138
87	$C_5H_{12}O$	乙基-丙基醚	ethyl propylether	5.83648	1052.47	210.88	-27~117
88	C_6F_6	全氟苯	perfluorobenzene	6.1579	1227.98	215.49	-3~117
89	$C_6H_4Cl_2$	邻二氯苯	*o*-dichlorobenzene	6.1952	1649.55	213.32	58~210
90	$C_6H_4Cl_2$	间二氯苯	*m*-dichlorobenzene	6.4286	1782.4	230.01	53~202
91	$C_6H_4Cl_2$	对二氯苯	*p*-dichlorobenzene	6.1229	1575.11	208.513	53~204
92	C_6H_5Br	溴苯	bromobenzene	5.9855	1438.82	205.44	47~177
93	C_6H_5Cl	氯苯	chlorobenzene	6.1030	1431.05	217.55	0~110
94	C_6H_5F	氟苯	fluorobenzene	6.3119	1381.83	235.57	-23~97
95	C_6H_6	苯	benzene	6.03055	1211.033	220.790	-16~104
96	C_6H_6O	苯酚	phenol	6.25947	1516.072	174.569	72~208
97	C_6H_7N	苯胺	aniline	6.36668	1675.3	200.00	67~227
98	C_6H_{10}	环己烯	cyclohexene	5.99731	1221.9	223.17	27~87
99	$C_6H_{10}O$	环己酮	cyclohexanone	6.5954	1495.58	209.55	90~166
100	C_6H_{12}	环己烷	cyclohexane	5.96407	1200.31	222.504	6~105
101	C_6H_{12}	甲基环戊烷	methylcyclopentane	5.98773	1186.059	226.042	-24~96
102	C_6H_{12}	1-己烯	1-hexene	5.99062	1152.971	225.849	-29~87
103	$C_6H_{12}O$	环己醇	cyclohexanol	5.3802	912.87	109.13	94~161
104	$C_6H_{12}O_2$	乙酸正丁酯	*n*-butylacetate	6.15335	1368.5	204.0	21~162
105	$C_6H_{12}O_2$	乙酸异丁酯	isobutylacetate	6.1480	1343.2	207.0	15~154
106	$C_6H_{12}O_2$	丁酸乙酯	ethybutyrate	6.1395	1211.9	216.0	-13~112
107	C_6H_{14}	己烷	*n*-bexane	5.99514	1168.72	224.21	-25~92
108	$C_6H_{14}O$	己醇	1-hexanol	6.98535	1761.26	196.67	35~157
109	$C_7H_6O_2$	苯甲酸	benzoic acid	6.5789	1820.0	147.96	132~287
110	C_7H_8	甲苯	toluene	6.07954	1344.8	219.482	6~137
111	C_7H_8O	邻甲酚	*o*-cresol	6.0366	1435.5	165.16	97~207
112	C_7H_8O	间甲酚	*m*-cresol	6.6329	1856.36	199.07	97~207
113	C_7H_8O	对甲酚	*p*-cresol	6.1600	1511.08	167.86	97~207
114	C_7H_{14}	乙基环戊烷	ethylcyclopentane	6.01199	1298.599	220.673	-3~129
115	C_7H_{14}	甲基环己烷	methylcyclohexane	5.9479	1270.763	221.416	-3~127
116	C_7H_{14}	1-庚烯	1-heptene	6.02677	1257.505	219.179	-6~118
117	C_7H_{16}	庚烷	heptane	6.01875	1264.370	216.636	-2~123
118	$C_7H_{16}O$	1-庚醇	1-heptanol	5.7725	1140.64	126.56	60~176
119	C_8H_8	苯乙烯	styrene	6.0820	1445.58	209.43	31~187
120	C_8H_{10}	邻二甲苯	*o*-xylene	6.12381	1474.679	213.686	32~172
121	C_8H_{10}	间二甲苯	*m*-xylene	6.13398	1462.266	215.105	28~166
122	C_8H_{10}	对二甲苯	*p*-xylene	6.11542	1453.43	215.307	26~170
123	C_8H_{10}	乙苯	ethylbenzene	6.08208	1424.255	213.06	26~163
124	C_8H_{16}	1-辛烯	1-octene	6.05753	1353.46	212.764	15~148
125	C_8H_{18}	正辛烷	*n*-octane	6.0343	1349.82	209.385	19~152
126	$C_8H_{18}O$	辛醇	1-octanol	5.96191	1310.62	136.06	70~195
127	C_9H_{10}	α-甲基苯乙烯	alpha-methylstyrene	6.21730	1582.700	206.010	75~220

续表

No.	化学式	化合物名称	英 文 名	A	B	C	温度范围/℃
128	C_9H_{12}	丙苯	propylbenzene	6.19926	1569.622	209.578	48～193
129	C_9H_{12}	异丙苯	isopropylbenaene	6.06156	1460.793	207.777	38～181
130	C_9H_{18}	1-壬烯	1-nonene	6.07877	1435.359	205.535	36～174
131	$C_{10}H_8$	萘	naphthalene	6.13555	1733.71	201.859	87～250
132	$C_9H_{20}O$	壬醇	nonyl-alcohol	5.80060	1276.630	123.060	90～214
133	$C_{10}H_{14}$	正丁苯	n-butylbenzene	6.10807	1577.008	201.378	62～213
134	$C_{10}H_{20}$	1-癸烯	1-decene	6.2336	1501.872	195.875	54～200
135	$C_{10}H_{22}$	正癸烷	n-decane	6.08865	1508.75	195.374	58～203
136	$C_{10}H_{22}O$	癸醇	1-decanol	6.04734	1472.01	134.15	102～230
137	$C_{11}H_{10}$	1-甲基萘	1-methylnaphthalene	6.16082	1826.948	195.002	107～278
138	$C_{11}H_{10}$	2-甲基萘	2-methylnaphthalene	6.1934	1840.268	198.395	104～275
139	$C_{11}H_{22}$	1-十一烯	1-undecene	6.09152	1562.469	189.843	72～223
140	$C_{11}H_{24}$	正十一烷	n-undecene	6.09711	1569.57	187.7	75～225
141	$C_{11}H_{24}O$	十一醇	undecyl-alcohol	5.65200	1250.000	100.000	120～243
142	$C_{12}H_{24}$	1-十二烯	1-dodecene	6.10012	1619.862	182.271	88～244
143	$C_{12}H_{26}$	十二烷	dodecane	6.12285	1639.270	181.835	91～247
144	$C_{12}H_{26}O$	十二醇	dodecyl-alcohol	6.66476	2003.290	168.130	138～214
145	$C_{13}H_{26}$	1-十三烯	1-tridecene	6.11053	1674.741	175.214	105～264
146	$C_{13}H_{28}$	正十三烷	n-tridecane	6.13246	1690.67	174.22	107～267
147	$C_{14}H_{10}$	蒽	anthracene	6.79891	2819.63	247.02	175～380
148	$C_{14}H_{28}$	1-十四烯	1-tetradecene	6.14495	1745.001	170.475	119～283
149	$C_{14}H_{30}O$	1-十四醇	1-tetradecanol	5.79900	1204.500	54.000	130～264
150	$C_{15}H_{30}$	1-十五烯	1-pentadecene	6.14045	1781.974	162.582	133～302
151	$C_{15}H_{32}$	正十五烷	n-pentadecane	6.14849	1789.950	161.38	135～304
152	$C_{16}H_{32}$	1-十六烯	1-hexadecene	6.16927	1843.581	157.917	147～319
153	$C_{16}H_{34}$	正十六烷	n-hexadecane	6.15357	1830.51	154.45	149～321
154	$C_6H_{34}O$	1-十六醇	1-hexadecanol	5.28350	1380.000	91.000	145～190
155	$C_{17}H_{36}O$	1-十七醇	1-heptadecanol	5.9069	1595.0	85.6	191～383
156	$C_{17}H_{36}$	十七烷	heptadecane	6.13919	1865.1	149.15	160～337
157	$C_{18}H_{36}$	1-十八烯	1-octadecene	6.17008	1917.9	145.9	171～350
158	$C_{18}H_{38}$	正十八烷	n-octadecane	6.1271	1894.3	143.3	172～352
159	$C_{18}H_{38}O$	1-十八醇	1-octadecanol	6.17313	1632.0	80.6	305～385
160	$C_{20}H_{42}$	正二十烷	n-eicosane	6.2771	2032.7	132.1	198～379
161	$C_{20}H_{42}O$	1-二十醇	1-eicosanol	5.9969	1699.0	70.06	219～406

5.1.4.3　Frost-Kalkwarf-Thodos 方程

Frost-Kalkwarf-Thodos 方程[8]是一个四常数方程

$$\ln p_v = A - \frac{B}{T} + C\ln T + \frac{Dp_v}{T^2} \tag{5-9}$$

此方程关联精度虽然比 Antoine 方程略好，但因为其形式为 p_v 的隐函数，所以使用时不太方便。参考文献 [7] 的附录 A 中列有某些化合物的 Frost-Kalkwarf-Thodos 方程常数值。

5.1.4.4　Wagner 方程

Wagner 方程[9]是采用对比参数的蒸气压关联式

$$\ln p_{v_r} = \frac{1}{T_r}(a\tau + b\tau^{1.5} + c\tau^3 + d\tau^6) \tag{5-10}$$

式中，对比蒸气压 $p_{v_r} = p_v/p_c$，对比温度 $T_r = T/T_c$，$\tau = 1 - T_r$。参考文献 [7] 的附

录 A 中也列出部分化合物的 Wagner 方程常数值。Wagner 方程的外推能力优于其它方程，但使用时需要可靠的临界参数。

5.1.5 蒸气压估算方程

5.1.5.1 对应状态法

（1）Pitzer-Lee-Kesler 方程[10]

$$\ln p_{v_r} = f^{(0)} + \omega f^{(1)} \tag{5-11}$$

$$f^{(0)} = 5.92714 - \frac{6.09648}{T_r} - 1.28862\ln T_r + 0.169347 T_r^6$$

$$f^{(1)} = 15.2518 - \frac{15.6875}{T_r} - 13.4721\ln T_r + 0.43577 T_r^6$$

式中，ω 为偏心因子，$p_{v_r} = p_v/p_c$，$T_r = T/T_c$。用式（5-11）估算蒸气压需要物质的 T_c，p_c 和 ω。

（2）Riedel 方程[11]

$$\ln p_{v_r} = A^+ - \frac{B^+}{T_r} + C^+ \ln T_r + D^+ T_r^6 \tag{5-12}$$

$$A^+ = -35Q, \qquad B^+ = -36Q, \qquad C^+ = 42Q + \alpha_c, \qquad D^+ = -Q$$

$$Q = 0.0838(3.758 - \alpha_c)$$

$$\alpha_c = \frac{0.315\psi_b + \ln(p_c/101.325)}{0.0838\psi_b - \ln T_{br}}$$

$$\psi_b = -35 + \frac{36}{T_{br}} + 42\ln T_{br} - T_{br}^6$$

式中，$p_{v_r} = p_v/p_c$，$T_{br} = T_b/T_c$，$T_r = T/T_c$，p_c 的单位是 kPa。用式（5-12）估算蒸气压需要 T_c，p_c 和 T_b。

（3）Riedel-Plank-Miller 方程[7]

$$\ln p_{v_r} = -\frac{G}{T_r}[1 - T_r^2 + k(3 + T_r)(1 - T_r)^3] \tag{5-13}$$

$$G = 0.4835 + 0.4605h$$

$$k = \frac{h/G - (1 - T_{br})}{(3 + T_{br})(1 - T_{br})^2}$$

$$h = T_{br}\frac{\ln(p_c/101.325)}{1 - T_{br}}$$

式中，$p_{v_r} = p_v/p_c$，$T_{br} = T_b/T_c$，$T_r = T/T_c$，p_c 的单位是 kPa。用式（5-13）估算蒸气压需要 T_c，p_c 和 T_b。

（4）Gomez-Thodos 方程[12~14]

$$\ln p_{v_r} = \beta\left(\frac{1}{T_r^m} - 1\right) + \gamma(T_r^\gamma - 1) \tag{5-14}$$

$$\gamma = ah + b\beta$$

$$a = \frac{1 - 1/T_{br}}{T_{br} - 1}, \qquad b = \frac{1 - 1/T_{br}^m}{T_{br}^r - 1}$$

$$h = T_{br}\frac{\ln(p_c/101.325)}{1 - T_{br}}$$

式中，$p_{v_r} = p_v/p_c$，$T_{br} = T_b/T_c$，$T_r = T/T_c$，p_c 的单位是 kPa。β、m 和 γ 的求法如下。非极性化合物

$$\beta = -4.26700 - \frac{221.79}{h^{2.5}\exp(0.0384h^{2.5})} + \frac{3.8126}{\exp(2272.44/h^2)} + \Delta$$

$$m = 0.78425\exp(0.089315h) - \frac{8.5217}{\exp(0.74826h)}$$

除 He（$\Delta = 0.41815$），H_2（$\Delta = 0.19904$）和 N（$\Delta = 0.02319$）外，其它物质 $\Delta = 0$。γ 根据上述公式由 β 和 m 计算。

极性化合物（包括 NH_3 和 CH_3COOH）

$$m = 0.466T_c^{0.166}$$

$$\gamma = 0.08594\exp(7.462 \times 10^{-4} T_c)$$

氢键化合物（包括醇和水）

$$m = 0.0052M^{0.29}T_c^{0.72}$$

$$\gamma = \frac{2.464}{M}\exp(9.8 \times 10^{-6} MT_c)$$

对于极性化合物和氢键化合物，β 根据上述公式由 m 和 γ 算出。式中 M 是相对分子质量。用式（5-14）估算蒸气压需要物质的 T_c，p_c 和 T_b。

5.1.5.2　参考物质法

采用两种参考物质来估算蒸气压的计算公式为[15]

$$\ln p_{v_r} = \ln p_{v_r}^{(R1)} + \ln p_{v_r}^{(R2)} - \ln p_{v_r}^{(R1)} \frac{\omega - \omega^{(R1)}}{\omega^{(R2)} - \omega^{(R1)}} \tag{5-15}$$

式中，$p_{v_r} = p_v/p_c$，ω 为偏心因子，R1 和 R2 代表两种参考物质。一般来说，宜选择相似的物质作为参考物质。Ambrose 和 Patel 建议选用丙烷和辛烷或苯和五氟甲苯作为参考物质，并用 Wagner 方程即式（5-10）计算它们的 p_{v_r}。表 5-23 列出了上述四种参考物质的 Wagner 方程常数值[15]。

表 5-23　四种参考物质的常数值[15]

物质	T_c/K	p_c/MPa	ω	a	b	c	d
丙烷	369.85	4.24535	0.153	-6.72219	1.33236	-2.13868	-1.38551
辛烷	568.81	2.48617	0.398	-7.91211	1.38007	-3.80435	-4.50132
苯	562.16	4.89794	0.212	-6.98273	1.33213	-2.62863	-3.33399
五氟甲苯	566.52	3.12481	0.415	-8.05688	1.46673	-3.82439	-2.78727

5.1.6　蒸气压文献介绍

（1）卢焕章等编著．石油化工基础数据手册．北京：化学工业出版社，1982，387 种化合物的蒸气压和其它物性数据。附录中列有一些物质的 Antoine 方程常数值。

（2）马沛生等编著．石油化工基础数据手册（续编）．北京：化学工业出版社，1993，552 种手册正编中未包括的化合物的蒸气压和其它物性数据。附录 1 中列出 552 种化合物的 Antoine 方程常数值。

（3）American Petroleum Institute Research Project 42，"Properties of Hydrocarbons of High Molecular Weight"，API，Division of Science and Technology，New York，1966，321 种重烃类物理性质及低压下蒸气压数据。

（4）Ohe，S，"Computer Aided Data Book of Vapor Pressure"，Data Book Publ. Co，Tokyo，1976，用 Antoine 方程关联的蒸气压数据。

（5）Boublik，T. V. Fried，and E. Háìa，"The Vapor Pressure of Pure Substances"，Elsevier，Amsterdam，1984，常压和低压区内纯物质蒸气压数据及关联式。

5.2　气液和液液相平衡数据

石油化工设计计算中经常遇到气液平衡计算，即气液平衡常数计算。体系中组分 i 的气

液平衡常数 K_i 定义为

$$K_i = y_i/x_i \tag{5-16}$$

式中，y_i 是组分 i 在气相中的摩尔分数，x_i 是 i 在液相中的摩尔分数。K_i 的计算随体系的特性和所处温度、压力不同而异。

（1）低压（一般在 200kPa 以下）

气相混合物可作理想气体处理。当液相是理想混合物（理想溶液）时，则 K_i 的计算公式为

$$K_i = y_i/x_i = p_{v,i}/p \tag{5-17}$$

式中，$p_{v,i}$ 是纯液体 i 的饱和蒸气压，p 是体系总压。

若液相是非理想的，则气液平衡常数计算公式为

$$K_i = y_i/x_i = \gamma_i p_{v,i}/p \tag{5-18}$$

式中，γ_i 是液相混合物中组分 i 的活度系数。用活度系数关联式或估算模型计算。

（2）加压（压力不是很高时）

此时，气相是非理想气体，液相也是非理想的；气液平衡常数计算公式如下。

$$K_i = y_i/x_i = \frac{\gamma_i \varphi_i p_{v,i}}{\hat{\varphi}_i p} \exp\left\{\frac{V_i^L(p - p_{v,i})}{RT}\right\} \tag{5-19}$$

式中，φ_i 是纯液体 i 在体系温度 T 时饱和蒸气的逸度系数，$\hat{\varphi}_i$ 是气相混合物中组分 i 的逸度系数，均用状态方程式计算。液相中 i 的活度系数 γ_i 仍用活度系数关联式或估算模型计算。$\exp\{V_i^L(p - p_{v,i})/RT\}$ 称为 Poynting 因子（其中 V_i^L 是纯液体 i 的摩尔体积），一般情况下 p 和 $p_{v,i}$ 相差不大，此因子近似等于 1。

（3）高压

高压气液平衡常数通常用下式计算

$$K_i = y_i/x_i = \hat{\varphi}_i^L / \hat{\varphi}_i^V \tag{5-20}$$

式中，$\hat{\varphi}_i^L$ 是液相混合物中 i 的逸度系数，$\hat{\varphi}_i^V$ 是气相混合物中 i 的逸度系数，它们采用同一个状态方程式计算。

对于某些特殊体系，高压气液平衡常数也采用状态方程式和活度系数模型联合方法计算。例如，计算烃类体系高压气液平衡常数的 Chao-Seader 模型等（详见 5.2.3.1）。

液液平衡常数为

$$K_i = \frac{x_i^\alpha}{x_i^\beta} = \frac{\gamma_i^\beta}{\gamma_i^\alpha} \tag{5-21}$$

式中，x_i^α 是液相 α 中组分 i 的摩尔分数，x_i^β 是液相 β 中 i 的摩尔分数。γ_i^α 和 γ_i^β 分别是组分 i 在 α 相和 β 相中的活度系数，它们采用活度系数关联式或估算模型计算。

5.2.1 状态方程及其参数

状态方程除了用来进行 p-V-T 计算和焓、熵计算外，在相平衡计算中主要用于逸度（系数）的计算。

纯组分 i 逸度系数 φ_i 计算基本方程为

$$\ln\varphi_i = \ln\frac{f_i}{p} = \frac{1}{RT}\int_{p_0}^{p}\left(V_i - \frac{RT}{p}\right)\mathrm{d}p$$

$$= \frac{1}{RT}\left[\int_{p_0 V_0}^{pV}\mathrm{d}(pV) - \int_{V_0}^{V}p\mathrm{d}V\right] - \int_{p_0}^{p}\frac{\mathrm{d}p}{p}$$

$$= \frac{1}{RT} \int_{p_0}^{p} (Z-1) \frac{\mathrm{d}p}{p} \tag{5-22}$$

式中，$p_0 \to 0$，V_0 为 T、p_0 下的摩尔体积。将状态方程代入上式即得具体计算公式。表 5-32 列出了几个常用状态方程计算纯组分逸度系数的公式。

混合物中组分 i 逸度系数 $\hat{\varphi}_i$ 计算基本方程为

$$\ln \hat{\varphi}_i = \ln \frac{\hat{f}_i}{p x_i} = \frac{1}{RT} \int_{p_0}^{p} \left(\overline{V}_i - \frac{RT}{p} \right) \mathrm{d}p$$

$$= \frac{1}{RT} \int_{p_0}^{p} (\overline{Z}_i - 1) \frac{\mathrm{d}p}{p}$$

$$= \frac{1}{RT} \int_{\infty}^{V} \left[\frac{RT}{V} - \left(\frac{\partial p}{\partial n_i} \right)_{T,V,n_{j \neq i}} \right] \mathrm{d}V - \ln Z \tag{5-23}$$

式中，$\overline{V}_i$ 为组分 i 的偏摩尔体积，$\overline{Z} = p\overline{V}_i / RT$。将状态方程和混合规则代入上式即可导出具体计算公式。表 5-33 列出了几个常用状态方程计算 $\hat{\varphi}_i$ 的公式。

5.2.1.1　立方型状态方程

（1）van der Waals 方程——简称 VdW 方程

$$\left(p + \frac{a}{V^2} \right)(V - b) = RT \tag{5-24}$$

$$a = \frac{27 R^2 T_c^2}{64 p_c}$$

$$b = \frac{RT_c}{8 p_c}$$

一些物质的方程参数 a 和 b 的数值列在表 5-24。

表 5-24　van der Waals 方程参数 a 和 b 值[16]

物质名称	T_c/K	p_c/MPa	$a/[(Pa \cdot m^6)/mol^2]$	$b/(dm^3/mol)$
氢	33.25	1.297	0.024856	0.02664
氦	5.19	0.227	0.034603	0.02376
氩	150.8	4.87	0.13617	0.03218
氮	126.2	3.39	0.13700	0.03869
氧	154.6	5.05	0.13802	0.03182
二氧化碳	304.2	7.38	0.36565	0.04284
甲烷	190.6	4.60	0.23029	0.04306
乙醇	516.2	6.38	1.2179	0.08408
甲苯	562.1	4.89	1.8842	0.11946

（2）Redlich-Kwong 方程[17]——简称 RK 方程

$$p = \frac{RT}{V-b} - \frac{a}{T^{1/2} V(V+b)} \tag{5-25}$$

$$a = \frac{\Omega_a R^2 T_c^{2.5}}{p_c}$$

$$b = \frac{\Omega_b RT_c}{p_c}$$

式中，Ω_a 和 Ω_b 的数值由纯组分的实验数据确定。由临界参数定出的值为

$$\Omega_a = 0.42748$$

$$\Omega_b = 0.08664$$

由纯组分饱和蒸气的 p-V-T 数据确定的 Ω_a 和 Ω_b 值列在表 5-25 中。

表 5-25 　RK 方程常数 Ω_a 和 Ω_b 值（对饱和蒸气）[17]

组分	甲烷	氮	乙烯	硫化氢	乙烷	丙烯	丙烷	异丁烷	乙烷	丁烯-1
Ω_a	0.4278	0.4290	0.4323	0.4340	0.4340	0.4370	0.4380	0.4420	0.4420	0.4420
Ω_b	0.0867	0.0870	0.0876	0.0882	0.0880	0.0889	0.0889	0.0898	0.0902	0.0902

组分	正丁烷	环己烷	苯	异戊烷	二氧化碳	正戊烷	正己烷	正庚烷	正辛烷
Ω_a	0.4450	0.4440	0.4450	0.4450	0.4470	0.4510	0.4590	0.4680	0.4760
Ω_b	0.0906	0.0903	0.0904	0.0906	0.0911	0.0919	0.0935	0.0952	0.0968

（3）Soave-Redlich-Kwong 方程[18]——简称 SRK 方程

Soave 将 RK 方程中 $a/T^{1/2}$ 项改为 $a \cdot \alpha(T)$

$$p = \frac{RT}{V-b} - \frac{a\alpha(T)}{V(V+b)} \tag{5-26}$$

$$a = 0.42748 \frac{R^2 T_\text{c}^2}{p_\text{c}}$$

$$b = 0.08664 \frac{RT_\text{c}}{p_\text{c}}$$

$$\alpha(T) = [1 + m(1 - T_\text{r}^{0.5})]^2$$

$$m = 0.480 + 1.574\omega - 0.176\omega^2$$

式中，$T_\text{r} = T/T_\text{c}$，$\omega$ 为偏心因子。

SRK 方程计算精度比 RK 方程高，尤其应用于气液平衡和剩余焓的计算时，结果相当精确。

（4）Peng（彭定宇）-Robinson 方程[19]——简称 PR 方程

$$p = \frac{RT}{V-b} - \frac{a\alpha(T)}{V(V+b) + b(V-b)} \tag{5-27}$$

$$a = 0.45724 \frac{R^2 T_\text{c}^2}{p_\text{c}}$$

$$b = 0.07780 \frac{RT_\text{c}}{p_\text{c}}$$

$$\alpha(T) = [1 + m(1 - T_\text{r}^{0.5})]^2$$

$$m = 0.37464 + 1.54226\omega - 0.26992\omega^2$$

（5）Patel-Teja 方程[20]——简称 PT 方程

$$p = \frac{RT}{V-b} - \frac{a\alpha(T)}{V(V+b) + c(V-b)} \tag{5-28}$$

$$a = \Omega_\text{a} \frac{R^2 T_\text{c}^2}{p_\text{c}}$$

$$b = \Omega_\text{b} \frac{RT_\text{c}}{p_\text{c}}$$

$$c = \Omega_\text{c} \frac{RT_\text{c}}{p_\text{c}}$$

$$\Omega_\text{c} = 1 - 3\zeta_\text{c}$$

$$\Omega_\text{a} = 3\zeta_\text{c}^2 + 3(1 - 2\zeta_\text{c})\Omega_\text{b} + \Omega_\text{b}^2 + 1 - 3\zeta_\text{c}$$

$$\Omega_\text{b} + (2 - 3\zeta_\text{c})\Omega_\text{b}^2 + 3\zeta_\text{c}^2\Omega_\text{b} - \zeta_\text{c}^3 = 0 \quad （取最小值）$$

$$\alpha(T) = [1 + F(1 - T_\text{r}^{0.5})]^2$$

式中，F 和 ζ_c 作为经验参数由纯物质的饱和性质求得。表 5-26 中列出一些物质的 F 和

ζ_c 值。

表中还列出了 C 值。F 和 ζ_c 也可关联成 ω 的函数，

$$F = 0.45241 + 1.30982\omega - 0.295937\omega^2$$

$$\zeta_c = 0.329032 - 0.076799\omega + 0.0211947\omega^2$$

若采用以上两式计算 F 和 ζ_c 时，计算精度受到一定影响。

表 5-26　PT 方程参数值[20]

组分	ζ_c	F	C	组分	ζ_c	F	C
氩	0.328	0.450751	0.524130	正十一烷	0.297	1.080416	1.291079
氮	0.329	0.516798	0.673567	正十二烷	0.294	1.115585	1.339256
氧	0.327	0.487035	0.545990	正十三烷	0.295	1.179982	1.319388
甲烷	0.324	0.455336	0.526324	正十四烷	0.291	1.188785	1.427823
乙烷	0.317	0.561567	0.708265	正十七烷	0.283	1.297054	1.354358
乙烯	0.318	0.554369	0.642236	正十八烷	0.276	1.276058	1.538738
丙烷	0.317	0.648049	0.763276	正二十烷	0.277	1.409671	1.741225
丙烯	0.324	0.661305	0.750739	二氧化碳	0.309	0.707727	0.865847
乙炔	0.310	0.664179	0.659602	一氧化碳	0.328	0.535060	0.678260
正丁烷	0.309	0.678389	0.831715	二氧化硫	0.307	0.754966	0.871496
异丁烷	0.315	0.683133	0.775633	硫化氢	0.320	0.583165	0.855553
1-丁烯	0.315	0.696483	0.744573	水	0.269	0.689803	0.987468
正戊烷	0.308	0.746470	0.851904	氨	0.282	0.627090	1.405590
异戊烷	0.314	0.741095	0.854607	苯	0.310	0.704657	0.880833
正己烷	0.305	0.801605	0.868531	甲醇	0.272	0.972708	0.939465
正庚烷	0.305	0.868855	0.890894	乙醇	0.300	1.230395	1.221152
正辛烷	0.304	0.918544	1.057530	1-丙醇	0.303	1.244347	1.806248
正壬烷	0.301	0.984750	1.247160	1-丁醇	0.304	1.199787	3.503814
正癸烷	0.297	1.021919	1.299741	1-戊醇	0.311	1.242855	2.811893

5.2.1.2　非立方型方程

（1）Benediclt-Webb-Rubin 方程[21]——简称 BWR 方程

$$p = RT\rho + (B_0 RT - A_0 - C_0 T^2)\rho^2 + (bRT - a)\rho^3$$
$$+ a\alpha\rho^6 + cT^{-2}\rho^3 (1 + \gamma\rho^2)\exp(-\gamma\rho^2) \tag{5-29}$$

式中，$\rho = 1/V$，A_0，B_0，C_0，a，b，c，α 和 γ 八个参数值列在表 5-27 中。

Starling[22]对 BWR 方程进行改进，改进后的方程被称为 BWRS 方程

$$p = \rho RT + (B_0 RT - A_0 C_0/T^2 + D_0/T^3 - E_0/T^4)\rho^2 + (bRT - a - d/T)\rho^3$$
$$+ \alpha(a + d/T)\rho^6 + c\rho^3/T^2 (1 + \tau\rho^2)\exp(-\tau\rho^2) \tag{5-30}$$

此方程包含有 11 个参数，计算精度比 BWR 方程明显提高。

（2）Lee-Kesler-Plöcker 方程[23]——简称 LKP 方程或 LK 方程

$$Z = Z^{(o)} + \frac{\omega}{\omega^{(r)}}(Z^{(r)} - Z^{(o)}) \tag{5-31}$$

式中，上标（o）表示简单流体，上标（r）表示参考流体。$Z^{(o)}$ 和 $Z^{(r)}$ 均用 BWRS 方程的对比形式计算。

$$Z = \left(\frac{p_r V_r}{T_r}\right) = 1 + \frac{B}{V_r} + \frac{C}{V_r^2} + \frac{D}{V_r^5} + \frac{c_4}{T_r^3 V_r^2}\left(\beta + \frac{\gamma}{V_r^2}\right)\exp\left(-\frac{\gamma}{V_r^2}\right) \tag{5-32}$$

$$B = b_1 - \frac{b_2}{T_r} - \frac{b_3}{T_r^2} - \frac{b_4}{T_r^3}$$

$$C = c_1 - c_2 T_r + c_3 T_r^3$$

$$D = d_1 + d_2 T_r$$

$$V_r = \frac{p_c V}{RT_c}$$

表 5-27　BWR 方程参数值[21]

$(p,\ \mathrm{MPa};\ V,\ \mathrm{L/mol};\ T,\ \mathrm{K};\ R=0.08206)$

物质	A_0	B_0	C_0	a	b	c	α	γ	有效的范围 温度(℃)至 d_r	p_{max}/MPa
氢	9.7319×10^{-2}	1.8041×10^{-2}	3.8914×10^{2}	-9.2211×10^{-3}	1.7976×10^{-4}	-2.4613×10^{2}	-0.34215×10^{-5}	1.89×10^{-3}	(0)~(150)2.5	253.31
氮	1.1925	0.0458	5.8891×10^{3}	0.0149	1.98154×10^{-3}	5.48064×10^{2}	2.91545×10^{-4}	7.5×10^{-3}	(-163)~(200)1.25	60.80
氧	0.872086	2.81066×10^{-2}	7.81375×10^{3}	3.12319×10^{-2}	3.2351×10^{-3}	5.47364×10^{2}	7.093×10^{-5}	4.5×10^{-3}	(-170)~(100)2.0	
一氧化碳	1.4988	4.6524×10^{-2}	3.8617×10^{3}	-4.0507×10^{-2}	-2.7963×10^{-4}	-2.0376×10^{2}	8.641×10^{-6}	3.59×10^{-3}	(-110)~(125)0.8	101.33
二氧化碳	1.34122	5.45425×10^{-2}	8.562×10^{3}	3.665×10^{-2}	2.6316×10^{-3}	1.04×10^{3}	1.350×10^{-4}	0.006	(-140)~(-25)	101.33
二氧化碳	1.03115	0.040	1.124×10^{4}	3.665×10^{-2}	2.6316×10^{-3}	1.04×10^{3}	1.350×10^{-4}	0.006	(-25)~(200)	
二氧化硫	2.7374	4.9909×10^{-2}	1.38564×10^{5}	1.3681×10^{-1}	7.2105×10^{-3}	1.49183×10^{4}	8.4658×10^{-5}	5.393×10^{-3}	(10)~(150)	70.93
二氧化硫	2.51604	4.48842×10^{-2}	1.474405×10^{5}	1.3681×10^{-1}	4.12381×10^{-3}	1.49183×10^{4}	8.4658×10^{-5}	5.253×10^{-3}	(150)~(250)	70.93
二氧化氮	2.7634	4.5628×10^{-2}	1.1333×10^{5}	5.1689×10^{-2}	3.0819×10^{-3}	1.1271×10^{4}	1.1271×10^{-4}	4.94×10^{-3}	(0)~(275)2.1	70.93
硫化氢	7.08538	0.10896	4.43966×10^{5}	6.87046×10^{-2}	1.93727×10^{-2}	5.85038×10^{4}	5.86479×10^{-5}	8.687×10^{-3}	(10)~(250)2.0	20.27
氨	2.12042	2.61817×10^{-2}	7.93840×10^{5}	0.844680	1.46531×10^{-2}	1.13356×10^{5}	7.1951×10^{-5}	5.923×10^{-3}	(10)~(250)2.0	20.27
氯甲烷	3.0868	3.48471×10^{-2}	1.2725×10^{5}	0.10946	3.7755×10^{-3}	1.3794×10^{4}	9.377×10^{-5}	5.301×10^{-3}	(0)~(150)2.0	20.27
甲烷	3.10377	5.07705×10^{-2}	1.9721×10^{5}	0.144984	4.42477×10^{-2}	1.87032×10^{4}	7.0316×10^{-5}	4.555×10^{-2}	(-30)~(170)2.2	70.93
乙烷	3.78928	4.2600×10^{-2}	1.78567×10^{5}	0.10354	7.19561×10^{-3}	1.57536×10^{5}	4.651890×10^{-6}	1.980×10^{-2}	(5)~(175)	111.46
乙烯	1.8550	4.54625×10^{-2}	2.257×10^{4}	0.0494	3.38004×10^{-3}	2.545×10^{3}	4.13840×10^{-4}	1.131×10^{-2}	(40)~(300)1.5	30.40
乙炔	1.79894	6.27724×10^{-2}	3.18382×10^{4}	0.04352	2.52033×10^{-2}	3.5878×10^{3}	1.24359×10^{-4}	0.006	(40)~(220)2.1	40.53
丙烷	4.15556	5.56833×10^{-2}	1.79592×10^{5}	0.34516	1.1122×10^{-2}	3.2767×10^{3}	3.30×10^{-3}	1.05×10^{-2}	(-70)~(200)1.8	40.53
丙烯	3.33958	5.5851×10^{-3}	1.31140×10^{5}	0.259	0.00860	2.112×10^{4}	2.43389×10^{-4}	1.18×10^{-2}	(0)~(350)1.8	30.40
丙炔	1.5307	9.7313×10^{-2}	2.1586×10^{5}	-0.10001	-3.7810×10^{-5}	1.29×10^{5}	1.78×10^{-3}	9.23×10^{-3}	(0)~(275)1.6	30.40
异丁烷	6.87225	8.50647×10^{-2}	5.08256×10^{5}	0.9477	0.0225	1.02611×10^{5}	-5.549×10^{-4}	7.14×10^{-3}	(0)~(200)1.6	15.20
丁烷	6.11220	6.9779×10^{-2}	4.39182×10^{5}	7.74056×10^{1}	1.87059×10^{-2}	1.09855×10^{5}	6.07175×10^{-4}	0.022	(20)~(250)1.6	
1-丁烯	5.10806	1.37544×10^{-1}	6.40624×10^{5}	0.69714	1.4832×10^{-2}	2.8601×10^{5}	4.55696×10^{-4}	1.829×10^{-2}	(100)~(275)1.75	30.40
顺-2-丁烯	10.23264	1.24361×10^{-1}	8.49943×10^{5}	1.93763	4.24352×10^{-2}	3.1640×10^{5}	2.7363×10^{-4}	1.245×10^{-2}	(25)~(300)1.45	
1,3-丁二烯	10.0847	0.116019	0.99283×10^{6}	1.88231	3.99983×10^{-2}	2.7493×10^{5}	1.07408×10^{-3}	0.034	(50)~(200)	
异丁烯	9.05497	0.121971	9.27248×10^{6}	1.68197	3.4815×10^{-2}	3.33972×10^{5}	1.10132×10^{-3}	3.4×10^{-2}	(100)~(240)1.8	25.33
戊烷	9.82266	9.5452×10^{-2}	1.0719×10^{6}	1.91732	3.8444×10^{-2}	2.45052×10^{5}	9.1084×10^{-4}	2.96×10^{-2}	(150)~(300)1.8	
异戊烷	7.41998	1.16025×10^{-1}	1.03999×10^{6}	1.39146	2.8002×10^{-2}	2.7492×10^{5}	1.05693×10^{-3}	3.27×10^{-2}	(150)~(250)	
2,2-二甲基丙烷	8.95325	0.156751	9.2728×10^{5}	1.6927	3.48156×10^{-2}	8.2417×10^{5}	1.09881×10^{-3}	2.35×10^{-2}	(150)~(275)1.8	
2,2-二甲基丙烷	12.1794	0.160053	2.12121×10^{6}	4.0748	6.6812×10^{-2}	4.73969×10^{5}	9.10889×10^{-4}	2.96×10^{-2}	(140)~(280)1.5	20.27
1-戊烯	12.7959	0.19534	1.74632×10^{6}	3.7562	6.6812×10^{-2}	4.31017×10^{5}	1.810×10^{-3}	4.75×10^{-2}	(130)~(280)1.5	20.27
己烷	11.05352	5.17798×10^{-2}	1.07186×10^{6}	2.72334	5.71607×10^{-2}	4.53779×10^{5}	1.70×10^{-3}	4.63×10^{-2}	(160)~(275)2.1	
庚烷	14.4373	1.27921×10^{-1}	1.62085×10^{6}	2.06202	4.62003×10^{-2}	1.51276×10^{6}	2.24898×10^{-3}	5.352×10^{-2}	(30)~(200)1.7	25.33
辛烷	17.5206	1.77813×10^{-1}	1.38870×10^{6}	2.262816	4.2286×10^{-2}	2.47×10^{6}	2.51254×10^{-3}	5.342×10^{-2}	(275)~(350)1.8	7.09
壬烷	-41.456199	-9.64946×10^{-1}	3.31935×10^{6}	7.11671	1.09131×10^{-1}	2.516085×10^{6}	3.230516×10^{-3}	12.23×10^{-2}	(40)~(250)	70.93
癸烷	-19.38795	-9.46923×10^{-1}	3.43152×10^{6}	59.87797	9.86288×10^{-1}	7.822297×10^{6}	5.35394×10^{-3}	15.3×10^{-2}	(40)~(250)	70.93

式中，b_1，b_2，b_3，b_4，c_1，c_2，c_3，c_4，d_1，d_2，β 和 γ 值列于表 5-28 中。

表 5-28　LKP 方程参数值[23]

参　数	简单流体	参考流体	参　数	简单流体	参考流体
b_1	0.1181193	0.2026579	c_3	0.0	0.016901
b_2	0.265728	0.331511	c_4	0.042724	0.041577
b_3	0.154790	0.027655	$d_1 \times 10^4$	0.155488	0.48736
b_4	0.030323	0.203488	$d_2 \times 10^4$	0.623689	0.0740336
c_1	0.0236744	0.0313385	β	0.65392	1.266
c_2	0.0186984	0.0503618	γ	0.060167	0.03754

（3）　Martin -侯虞钧方程[24] ——简称 MH 方程

MH 方程自 1955 年提出后，经多次改进，成为如下形式。

$$p = \frac{RT}{V-b} + \frac{A_2 + B_2 T + C_2 \exp(-5.475 T_r)}{(V-b)^2} +$$

$$\frac{A_3 + B_3 T + C_3 \exp(-5.475 T_r)}{(V-b)^3} + \frac{A_4 + B_4 T}{(V-b)^4} + \frac{B_5 T}{(V-b)^5} \tag{5-33}$$

上式被称为 MH-81 型，式中各参数值的求取方法见参考文献[24]。

5.2.1.3　混合规则及二元交互作用参数

（1）van der Waals 混合规则

van der Waals 混合规则是立方型状态方程（如 VdW 方程，RK 方程，SRK 方程，PR 方程等）广泛采用的混合规则。

$$a_M = \sum_i \sum_j x_i x_j a_{ij}$$

$$b_M = \sum_i x_i b_i \tag{5-34}$$

$$a_{ij} = (a_i a_j)^{1/2}(1 - k_{ij})$$

式中，下标 M 表示混合物。纯物质参数 a_i 和 b_i 由纯物质性质计算（计算公式见 5.2.1.1），二元交互作用参数 k_{ij} 需利用二元体系气液平衡实验数据回归求得。表 5-30 列出若干体系的二元交互作用参数值[25]。

二元交互作用参数也可采用虚拟临界参数的方法来求得。虚拟临界参数计算公式见表 5-31。

（2）用于 SRK（或 PR）方程的新混合规则

为了拓宽 SRK（或 PR）方程的适用范围，提高计算精度，近年来发展了一些新的混合规则。新的混合规则一般对 a_M 的表达式作改进，b_M 的表达式仍沿用 van der Waals 混合规则的公式。

① Kabadi-banner混合规则[26]。此混合规则应用于 SRK 方程，简称 SRKKD。能改善含富水相体系的相平衡计算。

$$a_M = \sum_i \sum_j x_i x_j (a_i a_j)^{1/2}(1 - k_{ij}) + \sum_{i \neq w} a'_{wi} a_w^2 x_i$$

$$a'_{wi} = G_i (1 - T_{rw}^{0.8}) \tag{5-35}$$

$$G_i = \sum_j g_j$$

式中，下标 w 代表水。$T_{rw} = T/T_{cw}$，a'_{wi} 为富水相中烃和水的相互作用参数，g_j 是烃类中基团 j 的贡献，G_i 为烃类分子 i 中不同结构基团贡献之和。Kadadi 和 Danner[26] 给出了 k_{ij} 的推荐值和基团贡献法求 G_i 的方法。

② Panagiotopoulos-Reid混合规则[27]。此混合规则应用于 SRK 方程称为 SRKP，用于

PR 方程称为 PRP

$$a_M = \sum_i \sum_j x_i x_j a_{ij}$$

$$a_{ij} = (a_i a_j)^{1/2} \{(1-k_{ij}) + (k_{ij}-k_{ji})x_i\} \tag{5-36}$$

式中，有两个二元交互作用参数（k_{ij} 和 k_{ji}），被称为不对称混合规则。它可以明显改善极性-非极性二元体系的关联，不仅可用于低压和高压下的非理想体系，而且能用于三相体系或超临界流体体系。

此混合规则用于多元体系时，有时会出现热力学性质不一致现象，特别是采用假组分进行计算时。

③ 修正 Panagiotopoulos-Reid 混合规则[28]。此混合规则是为了克服 SRKP（PRP）的缺点而提出的，用于 SRK 方程称为 SRKM，用于 PR 方程称为 PRM。

$$a_{ij} = (a_i a_j)^{1/2} \{(1-k_{ij}) + (k_{ij}-k_{ji})[x_i/(x_i+x_j)]^{c_{ij}}\} \tag{5-37}$$

a_{ji} 的表达式与上式类似。对一个二元体系，共有四个交互作用参数，即 k_{ij}，k_{ji}，c_{ij} 和 c_{ji}。

④ Simsci混合规则[29]。可用于 SRK 方程，简称 SRKS。是对上述混合规则的进一步改进。对二元体系，

$$a_{12} = (a_1 a_2)^{1/2} \{(1-k_{12}) + (H_{12}G_{12}x_2^2/x_1 + G_{12}x_2)\} \tag{5-38}$$
$$H_{12} = k_{12} - k_{21}$$
$$G_{12} = \exp(-\beta_{12}H_{12})$$

a_{21} 的表达式与 a_{12} 的表达式类似。对一个二元体系，有 k_{12}，k_{21}，β_{12} 和 β_{21} 四个交互作用参数。对多元体系，

$$a_M = \sum_i \sum_j x_i x_j (a_i a_j)^{1/2}(1-k_{ij}) + \sum_i x_i \Big\{\sum_j H_{ij}^{1/3}G_{ij}^{1/3}(a_i a_j)^{1/6}x_j\Big\}^3 / \sum_j G_{ij}x_j \tag{5-39}$$

式中，$H_{ij} = (k_{ji}-k_{ij})$；$G_{ij} = \exp(-\beta_{ij}H_{ij})$。

（3） PT 方程混合规则 [20]

$$a_M = \sum_i \sum_j x_i x_j a_{ij}$$
$$b_M = \sum_i x_i b_i \tag{5-40}$$
$$c_M = \sum_i x_i c_i$$
$$a_{ij} = (a_i a_j)^{1/2}(1-k'_{ij})$$

表 5-29 中列出了若干体系的 k'_{ij} 值[30]。

（4）BWR 方程混合规则 [31]

$$A_0 = \sum_i \sum_j x_i x_j (1-k_{ij})A_{0i}^{1/2}A_{0j}^{1/2} \tag{5-41}$$
$$B_0 = \sum_i x_i B_{0i}$$
$$C_0 = \Big[\sum_i x_i C_{0i}^{1/2}\Big]^2$$
$$a = \Big[\sum_i x_i a_i^{1/3}\Big]^3$$
$$b = \Big[\sum_i x_i b_i^{1/3}\Big]^3$$
$$c = \Big[\sum_i x_i c_i^{1/3}\Big]^3$$
$$\alpha = \Big[\sum_i x_i \alpha_i^{1/3}\Big]^3$$

表 5-29　PT 方程二元交互作用参数值[30]

体　系	T/K	k_{ij}^l	体　系	T/K	k_{ij}^l
CH_4-C_2H_6	250	0.995	C_3H_8-i-C_5H_{12}	373.2	0.979
CH_4-n-C_4H_{10}	311.0	1.008	C_3H_8-C_3H_6	311.0	0.970
CH_4-i-C_4H_{10}	311.0	0.986	C_2H_6-i-C_4H_{10}	294.3	1.002
CH_4-C_5H_{12}	273.2	0.980	n-C_4H_{10}-n-$C_{10}H_{22}$	377.6	0.995
CH_4-n-C_6H_{14}	373.2	0.990	i-C_4H_{10}-n-C_4H_{10}	411.0	1.003
C_2H_6-C_3H_8	277.6	0.996	CO_2-C_2H_4	241.5	0.907
C_2H_6-C_3H_6	283.2	0.994	CO_2-C_2H_6	253.0	0.872
C_2H_6-n-C_5H_{10}	310.4	0.999	CO_2-C_2H_4	231.6	0.943
C_2H_6-n-C_5H_{10}	311.4	1.001	CO_2-C_3H_8	294.3	0.869
C_2H_6-n-C_7H_{16}	366.5	1.015	CO_2-n-C_4H_{10}	273.2	0.891
C_2H_4-CH_4	150.0	0.974	CO_2-i-C_4H_{10}	311.0	0.873
C_2H_4-C_2H_6	255.4	0.992	CO_2-n-C_5H_{12}	377.6	0.865
C_2H_4-C_3H_8	273.1	0.981	H_2S-CH_4	277.6	0.920
C_2H_4-n-C_4H_{10}	322.0	0.938	H_2S-C_2H_6	283.2	0.911
C_3H_8-i-C_4H_{10}	299.8	0.987	H_2S-i-C_4H_{10}	344.4	0.954
C_3H_8-n-C_5H_{12}	361.0	0.987	H_2S-i-C_7H_{16}	311.0	0.947

$$\gamma = \left[\sum_i x_i \gamma_i^{1/2}\right]^2$$

式中二元交互作用参数值见表 5-30。

（5）LKP 方程混合规则

Knapp[25] 推荐 LKP 方程的混合规则如下。

$$T_{CM} = \frac{1}{V_{CM}^{1/4}} \sum_i \sum_j x_i x_j V_{Cij}^{1/4} T_{Cij} \tag{5-42}$$

$$V_{CM} = \sum_i \sum_j x_i x_j V_{Cij}$$

$$\omega_M = \sum_i x_i \omega_i$$

$$T_{Cij} = (T_{Ci} T_{Cj})^{1/2} k_{ij}$$

$$V_{Cij} = \frac{1}{8}(V_{Ci}^{1/3} + V_{Cj}^{1/3})^3$$

$$P_{CM} = \frac{(0.2905 - 0.085\omega_M)RT_{CM}}{V_{CM}}$$

k_{ij} 的数值见表 5-30。

表 5-30　气液相平衡体系中状态方程二元交互作用参数值[25]

体　系	温度范围 /K	压力范围 /kPa	k_{ij} LKP	BWRS	SRK	PR
氢气-一氧化碳	68.0~88.0	1720~22700	1.1285	-0.0344	0.0807	0.0919
氢气-氮气	90.0~113.0	1610~9550	1.0944	0.0689	0.0563	0.0711
氢气-二氧化碳	219.0~289.0	1080~20300	1.6250	0.0278	-0.3426	-0.1622
氢气-甲烷	116.0~172.0	3370~27500	1.2178	0.0859	-0.0260	0.0151
氢气-乙烯	158.0~255.0	1660~53300	1.5033	0.0600	-0.0681	-0.0122
氢气-丙烯	200.0~297.0	1720~55100	1.8033	0.1800	-0.3233	-0.1037
氢气-丙烷	173.0~348.0	1379~20880	1.8633	0.1344	-0.2904	-0.1311
氨-水	333.0~420.0	24~1650	1.1489	-0.0330	-0.2700	-0.2552
氮气-氨气	277.0~394.0	505~41300	1.0341	-0.0500	0.2222	0.2193
氮气-甲烷	113.0~183.0	120~5030	0.9789	0.0144	0.0244	0.0263
氮气-甲醇	213.0~298.0	~101	1.5528	0.3541	-0.2881	-0.2141

续表

体 系	温度范围 /K	压力范围 /kPa	k_{ij}			
			LKP	BWRS	SRK	PR
氮气--一氧化碳	70.0~122.0	22~2780	0.9744	0.0052	0.0367	0.0300
氮气-氩气	90.0~120.0	140~500	0.9867	0.0019	−0.0014	−0.0052
氮气-硫化氢	256.0~344.0	1160~20700	0.9830	−0.0067	0.1685	0.1652
一氧化碳-硫化氢	203.0~293.0	61~23700	1.0015	0.1448	0.0367	0.0544
一氧化碳-丙烷	148.0~323.0	1370~15100	1.1519	0.0900	0.0156	0.0259
硫化氢-水	303.0~443.0	1720~2340	1.0000	0.0872	0.0074	0.0394
氩-甲烷	150.0~178.0	1080~5090	1.0030	0.0026	0.0048	0.0078
二氧化碳-水	383.0~623.0	10000~150000	1.2100	−0.0600	0.1000	0.0952
二氧化碳-氮气	218.0~273.0	1270~13800	1.1056	0.0167	−0.0326	−0.0193
二氧化碳-硫化氢	254.0~366.0	2020~8100	0.9241	0.0211	0.0989	0.0967
二氧化碳-甲醇	213.0~247.0	101~1520	1.0900	0.0458	0.0141	0.0220
二氧化碳-乙烯	223.0~293.0	678~6490	0.9570	0.0101	0.0530	0.0541
二氧化碳-乙醚	298.0~313.0	702~7220	1.0246	0.0222	0.0498	0.0470
二氧化碳-1,丁烯	273.0~273.0	127~3480	0.9778	0.0211	0.0596	0.0593
甲烷--一氧化碳	91.0~123.0	27~521	0.9630	0.0159	0.0322	0.0300
甲烷--二氧化碳	153.0~219.0	582~6470	0.9830	0.0078	0.0881	0.0885
甲烷-乙烯	148.0~168.0	196~2110	1.0193	0.0137	0.0174	0.0204
甲烷-乙烷	130.0~199.0	1~5150	1.0548	0.0093	−0.0089	−0.0033
甲烷-丙烯	130.0~190.0	141~4230	1.0948	0.0370	0.0289	0.0330
甲烷-丙烷	277.0~360.0	545~10100	1.1089	−0.0022	0.0180	0.0210
甲烷-正丁烷	294.0~394.0	216~13200	1.1742	−0.0011	0.0215	0.0244
乙烯-乙炔	235.0~255.0	1550~2720	0.9440	0.0152	0.0596	0.0652
乙炔-丙烯	250.0~308.0	101~2630	1.2400	−0.1100	−0.4200	−0.4300
乙烯-乙烷	169.0~273.0	42~4110	0.9922	0.0026	0.0100	0.0078
乙烯-正丁烷	322.0~388.0	488~6700	1.0011	0.0220	0.1000	0.0922
乙烷-丙烯	260.0~344.0	400~4970	0.9996	0.0030	0.0026	0.0089
乙烷-丙烷	255.0~366.0	261~5180	1.0122	−0.0012	−0.0022	0.0011
乙烷-正丁烷	229.0~419.0	689~5790	1.0326	0.0007	0.0052	0.0089
乙烷-异丁烷	311.0~394.0	503~5370	1.0352	−0.0022	−0.0100	−0.0067
丙烯-丙烷	223.0~239.0	72~183	0.9904	0.0021	0.0144	0.0096
丙烷-正丁烷	333.0~423.0	640~4060	1.0056	−0.0007	0.0000	0.0033
丙烷-异丁烷	266.0~394.0	123~4170	1.0052	0.0015	−0.0100	−0.0078
1,丁烯-丁二烯	310.0~338.0	413~869	0.9974	0.0015	−0.0044	0.0022

（6）虚拟临界性质的混合规则

通过混合物的临界性质来计算混合物的物性，由于混合物的临界性质的实验值很少而遇到困难。通常采用虚拟临界性质的方法。即通过一定的混合规则，由混合物中各组分的纯物质临界参数来计算虚拟临界性质。表 5-31 列出了常用的虚拟临界性质的混合规则。

利用表 5-31 的混合规则求出的虚拟临界参数，也能用来计算状态方程中的二元交叉相互作用项（如 a_{ij}）的值。

表 5-31　虚拟临界性质的混合规则

虚拟临界性质	Kay(1938)	Prausnitz 和 Gunn(1958)	Lorertz-Berthelot 型 (LB)
T_c	$\sum Y_i T_{ci}$	$\sum Y_i T_{ci}$	$(1-k_{ij}')\sqrt{T_{ci}T_{cj}}$
V_c	$\sum Y_i V_{ci}$	$\sum Y_i V_{ci}$	$(V_{ci}^{1/3}+V_{cj}^{1/3})^3/8$
Z_c	$\sum Y_i Z_{ci}$	$\sum Y_i Z_{ci}$	$0.5(Z_{ci}+Z_{cj})=0.291-0.080\omega$
ω	$\sum Y_i \omega_i$	$\sum Y_i \omega_i$	$0.5(\omega_i+\omega_j)$
p_c	$\sum Y_i p_{ci}$	$Z_c R T_c/V_c$	$Z_c R T_c/V_c$

用状态方程计算相平衡时，一般某个状态方程必须选用相应的混合规则，表 5-32 及表 5-33 中分别列出了几个常用状态方程计算纯组分、混合物中组分 i 的逸度系数的公式，同时也注明所采用的混合规则。使用时不得任意调换。

表 5-32　计算纯组分逸度系数公式

状态方程	$\ln\varphi_i$	参数计算
van der Waals	$Z-1-\ln Z+\ln\dfrac{V}{V-b}-\dfrac{a}{RTV}$ $Z=pV/RT$	式(5-24) 表 5-24
RK	$Z-1-\ln\left(Z-\dfrac{pb}{RT}\right)-\dfrac{a}{bRT^{1.5}}\ln\left(1+\dfrac{b}{V}\right)$ $Z=pV/RT$	式(5-25) 表 5-25
SRK	$Z-1-\ln\left(Z-\dfrac{pb}{RT}\right)-\dfrac{a\alpha(T)}{bRT}\ln\left(1+\dfrac{b}{V}\right)$ $Z=pV/RT$	式(5-26)
PR	$Z-1-\ln(Z-B)-\dfrac{A}{2\sqrt{2}B}\ln\left[\dfrac{Z+(1+\sqrt{2})B}{Z+(1-\sqrt{2})B}\right]$ $Z=pV/RT\qquad A=\alpha(T)p/(RT)^2\qquad B=bp/RT$	式(5-27)
PT	$Z-1-\ln(Z-B)-\dfrac{\alpha(T)}{2NRT}\ln\left[\dfrac{Z+M}{Z+Q}\right]$ $Z=\dfrac{pV}{RT}\qquad B=\dfrac{bp}{RT}\qquad N=\sqrt{bc+\left(\dfrac{b+c}{2}\right)^2}$ $M=\left(\dfrac{b+c}{2}-N\right)\dfrac{p}{RT}\qquad Q=\left(\dfrac{b+c}{2}+N\right)\dfrac{p}{RT}$	式(5-28) 表 5-26
BWR	$-\ln Z+\dfrac{2}{RT}\left(B_0RT-A_0-\dfrac{C_0}{T^2}\right)\rho+\dfrac{3}{2RT}(bRT-a)\rho^2+\dfrac{6}{56R}a\alpha\rho^5+$ $\dfrac{c}{RT^3}\left[\dfrac{1}{\gamma}+\left(-\dfrac{1}{\gamma}+\dfrac{\rho^2}{2}+\gamma\rho^4\right)\exp\left(-\gamma\rho^2\right)\right]$ $Z=\dfrac{pV}{\rho RT}$	表 5-27

表 5-33　计算混合物中组分 i 逸度系数公式

状态方程	$\ln\hat{\varphi}_i$	混合规则
RK	$\ln\dfrac{V}{V-b_M}+\dfrac{b_i}{V-b_M}-\dfrac{2\sum_j x_j a_{ij}}{RT^{1.5}b_M}\ln\dfrac{V+b_M}{V}+\dfrac{a_M b_i}{RT^{1.5}b_M^2}\ln\left[\ln\dfrac{V+b_M}{V}-\dfrac{b_M}{V+b_M}\right]-\ln Z$	式(5-34)
SRK	$\ln\dfrac{V}{V-b_M}+\dfrac{b_i}{V-b_M}-\dfrac{2\sum_j x_j a_{ij}\alpha(T)}{RTb_M}\ln\dfrac{V+b_M}{V}+\dfrac{a_M\alpha(T)b_i}{RTb_M^2}\ln\left[\ln\dfrac{V+b_M}{V}-\dfrac{b_M}{V+b_M}\right]-\ln Z$	式(5-34)或 式(5-35)～ 式(5-39)
PR	$\dfrac{b_i}{b_M}(Z-1)-\ln(Z-B)-\dfrac{A}{2\sqrt{2}B}\left(\dfrac{2\sum_j x_j a_{ij}}{a_M}-\dfrac{b_i}{b_M}\right)\ln\left[\ln\dfrac{Z+(1+\sqrt{2})B}{Z+(1-\sqrt{2})B}\right]-\ln Z$ $A=\dfrac{a_M p}{R^2 T^2}\qquad B=\dfrac{b_M p}{RT}$	式(5-34)或 式(5-36)～ 式(5-37)
PT	$-\ln(Z-B)+\dfrac{b_i}{V-b_M}-\dfrac{2\sum_j x_j a_{ij}}{RTd}\ln\left(\dfrac{Q+d}{Q-d}\right)+\dfrac{a_M(b_i+c_i)}{2RT(Q^2-d^2)}$ $+\dfrac{a_M}{8RTd^3}\left[c_M(3b_i+c_i)+b_M(3c_i+b_i)\right]\left[\ln\left(\dfrac{Q+d}{Q-d}\right)-\dfrac{2Qd}{Q^2-d^2}\right]$ $B=\dfrac{b_M p}{RT}\qquad Q=\left(V+\dfrac{b_M+c_M}{2}\right)\qquad d=\left[b_M c_M+\left(\dfrac{b_M+c_M}{2}\right)^2\right]^{1/2}$	式(5-40)

状态方程	$\ln\hat{\varphi}_i$	混合规则
BWR	$-\ln Z+\dfrac{1}{RT}\Big[(B_0RT-B_{0i})RT-2(A_0A_{0i})^{1/2}-\dfrac{2(C_0C_i)^{1/2}}{T^2}\Big]\rho$ $+\dfrac{3}{RT}\big[RT(b^2b_i)^{1/3}-(a^2a_i)^{1/3}\big]\rho^2+\dfrac{3}{5RT}\big[a(a^2a_i)^{1/3}+\alpha(a^2a_i)^{1/3}\big]\rho^5$ $+\dfrac{3\rho^2(c^2c_i)^{1/3}}{RT^3}\Big[\dfrac{1-\exp(-\gamma\rho^2)}{\gamma\rho^2}-\dfrac{\exp(-\gamma\rho^2)}{2}\Big]$ $-\dfrac{2\rho^2c}{RT^3}\Big(\dfrac{\gamma_i}{\gamma}\Big)^{1/2}\Big[\dfrac{1-\exp(-\gamma\rho^2)}{\gamma\rho^2}-\dfrac{\exp(-\gamma\rho^2)}{2}-\exp(-\gamma\rho^2)\Big]$	式(5-41)

例 5-1　用 RK 方程计算 423K、15MPa 下 CO_2（1）和丙烷（2）等摩尔混合物中 CO_2 和丙烷的逸度系数。

解　混合物的 RK 方程式（5-25）可改写成

$$Z=\frac{pV}{RT}=\frac{1}{1-h}-\frac{a_M}{b_MRT^{1.5}}\Big(\frac{h}{1+h}\Big) \tag{a}$$

$$h=\frac{b_M}{V}=\frac{b_Mp}{ZRT} \tag{b}$$

混合规则

$$a_M=\sum_i\sum_j y_iy_ja_{ij}=y_1^2a_{11}+2y_1y_2a_{12}+y_2^2a_{22}$$

$$b_M=\sum_i y_ib_i=y_1b_1+y_2b_2$$

$$b_i=\frac{0.08664RT_{Ci}}{p_{Ci}}$$

$$a_{ij}=\frac{0.42748R^2T_{Cij}^{2.5}}{p_{Cij}}$$

查取的 CO_2 和丙烷临界性质，用表 5-31 中的混合规则计算虚拟临界参数 T_{C12} 和 p_{C12} 再代入上式计算出 a_i 和 a_{ij} 值如下。

ij	$b_i/(m^3/kmol)$	$a_{ij}/[(m^6\cdot Pa\cdot K^{0.5})/kmol]$
11	0.02973	6.472×10^6
22	0.06279	18.32×10^6
12	—	11.14×10^6

$$a_M=(0.5^2\times6.472+2\times0.5^2\times11.14+0.5^2\times18.32)\times10^6(m^6\cdot Pa\cdot K^{0.5})/mol$$
$$=11.77\times10^6(m^6\cdot Pa\cdot K^{0.5})/mol$$

$$b_M=0.5\times(0.02973+0.06279)m^3/kmol=0.04626m^3/kmol$$

将 $T=423K$，$p=15MPa$ 和 a_M 及 b_M 的值代入(a)和(b)两式,得

$$Z=\frac{1}{1-h}-3.56\Big(\frac{h}{1+h}\Big)$$

$$h=\frac{0.1972}{Z}$$

用迭代法求解上面两个方程,得 $h=0.3229$ 和 $Z=0.6192$。

表 5-33 中用 RK 方程计算混合物中组分逸度系数公式可改写为

$$\ln\hat{\varphi}_i=\frac{b_i}{b}(Z-1)-\ln(Z-Zh)+\frac{a_M}{b_MRT^{1.5}}\Big(\frac{b_i}{b}-\frac{2\sum_j y_ja_{ij}}{a_M}\Big)\ln(1+h)$$

将有关数值代入上式计算 $\hat{\varphi}_i$

$$\ln\hat{\varphi}_1 = \frac{b_1}{b}(Z-1) - \ln(Z-Zh) + \frac{a_M}{b_M RT^{1.5}}\left[\frac{b_1}{b} - \frac{2(y_1 a_{11} + y_2 a_{22})}{a_M}\right]\ln(1+h)$$

$$= \frac{0.02973}{0.04626}(0.6192-1) - \ln(0.6192 - 0.6192 \times 0.3229) +$$

$$\frac{11.77 \times 10^6}{0.04626 \times 8.3145 \times 10^3 \times 423^{1.5}}\left[\frac{0.02973}{0.04626} - \frac{2 \times 0.5 \times (6.472 + 11.14) \times 10^6}{11.77 \times 10^6}\right] \times$$

$$\ln(1+0.3229) = -0.2983$$

$$\hat{\varphi}_1 = 0.7421$$

$$\ln\hat{\varphi}_2 = \frac{b_2}{b}(Z-1) - \ln(Z-Zh) + \frac{a_M}{b_M RT^{1.5}}\left[\frac{b_2}{b} - \frac{2(y_1 a_{12} + y_2 a_{22})}{a_M}\right]\ln(1+h)$$

$$= -0.9139$$

$$\hat{\varphi}_2 = 0.4009$$

1.2.2　活度系数模型及模型参数

活度系数模型用于计算液相中组分的活度系数。各种活度系数模型各有其适用范畴，使用时注意根据体系特性来选用。

1.2.2.1　活度系数关联模型

（1）正规溶液理论[32]

正规溶液理论假设混合过程 $S^E = 0$ 和 $V^E = 0$。由此导出活度系数公式为

$$G^E = \sum_k x_k V_k^L \sum_i \sum_j \varphi_i \varphi_j (\delta_i - \delta_j)^2$$

$$\ln r_i = V_i^L (\delta_i - \overline{\delta})^2 / RT \tag{5-43}$$

$$\overline{\delta} = \sum_j \varphi_j \delta_j;$$

式中　V_i^L ——液态纯组分 i 的摩尔体积；

$\varphi_i = \dfrac{x_i V_i^L}{\sum\limits_k x_k V_k^L}$，组分 i 的体积分数；

$\delta_i = \left(\dfrac{\Delta_{\mathrm{vap}} U}{V_i^L}\right)^{y_2}$，组分 i 的溶解度参数。

表 5-34 中列出一些液体物质的摩尔体积和溶解度参数，更完善的溶解度参数数据见参考文献 [33]。

表 5-34　一些非极性液体的摩尔体积和溶解度参数[33]

化合物名称	$V_i^L/(\mathrm{cm^3/mol})$	$\delta_i/J^{0.5} \cdot \mathrm{cm}^{1.5}$	化合物名称	$V_i^L/(\mathrm{cm^3/mol})$	$\delta_i/J^{0.5} \cdot \mathrm{cm}^{1.5}$
90K 的液化气			正己烯	132	14.9
氮	38.1	10.8	1-己烯	126	14.9
一氧化碳	37.1	10.7	正辛烷	164	15.3
氩	29.0	13.9	正十六烷	294	15.3
氧	28.0	14.3	环己烷	109	16.8
甲烷	35.3	15.1	四氯化碳	97	17.6
四氟化碳	46.0	17.0	乙苯	123	18.0
乙烷	45.7	19.4	甲苯	107	18.2
298K 的液体			苯	89	18.8
全氟正庚烷	226	12.3	苯乙烯	116	19.0
新戊烷	122	12.7	四氯乙烯	103	19.0
异戊烷	117	13.4	二硫化碳	61	20.5
正戊烷	116	14.5	溴	51	23.5

二元体系式（5-43）化为

$$G^E = (x_1 V_1^L + x_2 V_2^L) \varphi_1 \varphi_2 (\delta_1 - \delta_2)^2$$

$$\ln\gamma_1 = V_1^L (\delta_1 - \bar{\delta})^2 / RT \tag{5-44}$$

$$\ln\gamma_1 = V_2^L (\delta_2 - \bar{\delta})^2 / RT$$

$$\bar{\delta} = \varphi_1 \delta_1 + \varphi_2 \delta_2$$

在计算气液平衡时，常需引入二元交互作用参数 l_{ij} 才能取得满意的结果。此时相应的公式为

$$G^E = \sum_k x_k \nu_k^L \sum_i \sum_j \varphi_i \varphi_j [(\delta_i - \delta_j)^2 + 2l_{ij}\delta_i\delta_j]$$

$$\ln\gamma_i = \frac{V_i^L}{RT} \sum_j \sum_k \varphi_j \varphi_k (D_{ji} - D_{jk}/2) \tag{5-45}$$

$$D_{ij} = (\delta_i - \delta_j)^2 + 2l_{ij}\delta_i\delta_j$$

严格地说，正规溶液理论导出的公式只能适用于分子大小相近的非极性体系。

（2）Florv-Huggins 理论[32]

Flory-Huggins 理论假设在某些分子大小相差很大的组分混合过程的热效应可认为等于零，即形成的是无热溶液。据此导出的活度系数公式为

$$\ln\gamma_i = \ln\varphi_i + 1 - \varphi_i \tag{5-46}$$

式中，φ_i 是体积分数，用上式只需知道摩尔体积就可计算无热溶液中组分的活度系数。由于实际溶液形成时热效应并不严格为零，所以在工程应用时常在上式中加上一项 $\ln\gamma_i^{reg}$ 来反映热效应的贡献，即

$$\ln\gamma_i = \ln\varphi_i^{reg} + \ln\varphi_i + 1 - \varphi_i \tag{5-47}$$

式中，$\ln\gamma_i^{reg}$ 是按正规溶液理论计算的活度系数项，可由式（5-43）计算。上式特别适用于聚合物/溶剂体系。

（3）Margules 方程

常用的三尾标 Margules 方程[34]为

$$\ln\gamma_i = (1 - x_1)^2 [A_{ij} + 2(A_{ji} - A_{ij})x_1] \tag{5-48}$$

二元体系方程为

$$\ln\gamma_1 = x_2^2 [A_{12} + 2(A_{21} - A_{12})x_1]$$

$$\ln\gamma_2 = x_1^2 [A_{21} + 2(A_{12} - A_{21})x_2] \tag{5-49}$$

表 5-35 列出 Margules 方程参数 A_{12} 和 A_{21} 的数值。

由于 Margules 方程中没有反映出温度的影响，所以应用时不能作较大的温度外推。

（4）van Laar 方程[35]

$$\ln\gamma_i = \sum_{l=1}^N a_{il} Z_l - \sum_{j=1}^N a_{ij} Z_i Z_j - 1/2 \sum_{j=1}^N \sum_{k=1}^N a_{jk} \frac{a_{ij}}{a_{ji}} Z_j Z_k \tag{5-50}$$

式中

$$Z_l = \frac{x_l}{\sum_j x_j \left(\dfrac{a_{jl}}{a_{lj}}\right)}$$

$$a_{ii} = a_{jj} = 0$$

二元体系方程为

$$\ln\gamma_1 = A_{12} \left(\frac{x_2 A_{21}}{x_1 A_{12} + x_2 A_{21}}\right)^2$$

$$\ln\gamma_2 = A_{21} \left(\frac{x_1 A_{12}}{x_1 A_{12} + x_2 A_{21}}\right)^2 \tag{5-51}$$

式中，$A_{12} = a_{12}$，$A_{21} = a_{21}$。表 5-35 中列出 van Laar 方程参数 A_{12} 和 A_{21} 的数值。

van Laar 方程中也没有反映出温度的影响，所以不能作较大的温度外推。而且也不能表示活度系数随组成变化曲线中有最大或最小值的情况。

（5）Wilson 方程 [36]

Wilson 方程是基于局部组成概念导出的方程

$$\ln\gamma_i = 1 - \ln\sum_{j=1}^{N} x_j\Lambda_{ij} - \sum_{k=1}^{N} \frac{x_k\Lambda_{ki}}{\sum\limits_{j=1}^{N} x_j\Lambda_{kj}} \qquad (5\text{-}52)$$

$$\Lambda_{ij} = \frac{V_i^L}{V_j^L}\exp\left[-\frac{A_{ij}}{RT}\right]$$

式中，V_i^L 是组分 i 的液体摩尔体积。$\Lambda_{ii} = \Lambda_{jj} = 1$。

二元体系方程为

$$\ln\gamma_1 = -\ln(x_1 + \Lambda_{21}x_2) + x_2\left(\frac{\Lambda_{21}}{x_1 + \Lambda_{21}x_2} - \frac{\Lambda_{12}}{x_2 + \Lambda_{12}x_1}\right)$$

$$\ln\gamma_2 = -\ln(x_2 + \Lambda_{12}x_1) + x_1\left(\frac{\Lambda_{12}}{x_2 + \Lambda_{12}x_1} - \frac{\Lambda_{21}}{x_1 + \Lambda_{21}x_2}\right) \qquad (5\text{-}53)$$

$$\Lambda_{12} = \frac{V_1^L}{V_2^L}\exp\left[-\frac{A_{12}}{RT}\right]$$

$$\Lambda_{21} = \frac{V_2^L}{V_1^L}\exp\left[-\frac{A_{21}}{RT}\right]$$

表 5-35 中列出 A_{12} 和 A_{21} 的数值。

Wilson 参数 A_{12} 和 A_{21} 没有明显的温度依赖性，所以有较大的温度适用范围，对极性体系应用也很好。但不能适用于活度系数有极大值或极小值的体系，特别不能用于液相分层体系（即不能用于液液平衡计算）。

（6）NRTL 方程 [36,37]

NRTL 方程是 Non-random Two-Liquid Equation 的简称。

$$\ln\gamma_i = \frac{\sum\limits_{j=1}^{N} \tau_{ji}G_{ji}x_j}{\sum\limits_{l=1}^{N} G_{li}x_l} + \sum_{j=1}^{N} \frac{x_j G_{ij}}{\sum\limits_{l=1}^{N} G_{li}x_l}\left(\tau_{ij} - \frac{\sum\limits_{n=1}^{N} x_n G_{nj}\tau_{nj}}{\sum\limits_{l=1}^{N} G_{li}x_l}\right) \qquad (5\text{-}54)$$

$$\tau_{ji} = \frac{g_{ji} - g_{ii}}{RT}$$

$$G_{ji} = \exp(-\alpha_{ji}\tau_{ji})$$

$$\tau_{ii} = \tau_{jj} = 0$$

$$G_{ii} = G_{jj} = 1$$

$$\alpha_{ij} = \alpha_{ji}$$

二元体系方程为

$$\ln\gamma_1 = x_2^2\left\{\tau_{21}\left(\frac{G_{21}}{x_1 + G_{21}x_2}\right)^2 + \left(\frac{\tau_{12}G_{12}}{(x_2 + G_{12}x_1)^2}\right)\right\}$$

$$\ln\gamma_2 = x_1^2\left\{\tau_{12}\left(\frac{G_{12}}{x_2 + G_{12}x_1}\right)^2 + \left(\frac{\tau_{21}G_{21}}{(x_1 + G_{21}x_2)^2}\right)\right\} \qquad (5\text{-}55)$$

表 5-35 活度系数关联模型参数值[11]

体系	Margules		van Laar		Wilson		Nrtl			Uniquac		温度范围/K	
	A_{12}	A_{21}	A_{12}	A_{21}	A_{12}	A_{21}	A_{12}	A_{21}	α_{12}	A_{12}	A_{21}	T_{min}	T_{max}
水-甲酸	-0.2966	-0.2715	-0.2935	-0.2757	-1297.4835	4940.1840	-763.3051	-99.4001	0.3064	-522.3343	-1053.3567	374.1	375.6
水-乙醛	1.7856	1.2350	1.7887	1.3327	1194.8931	4374.6519	-195.9827	5512.3200	0.2867	443.5379	1136.2949	306.1	373.1
水-1-丁醇	0.9001	3.3958	1.1395	3.9571	6430.1988	7026.9096	11177.4920	1648.1592	0.4362	2452.2700	216.1028	365.6	389.1
水-叔丁醇	2.6525	0.8282	3.1522	1.0948	5009.0258	5918.9571	1973.8932	8497.2342	0.5155	964.4530	1135.1393	352.8	373.1
水-1-戊醇	0.6474	3.4636	1.1541	4.5775	7067.0300	25633.4732	13663.5637	505.2640	0.3309	2100.7383	640.6549	371.1	393.1
水-1-己醇	1.4132	2.8360	1.4979	3.6455	8518.3412	38831.8071	12515.1160	-1944.7458	0.1563	-40.6886	3358.2240	371.1	430.1
甲醇-水	0.8664	0.4516	0.9141	0.5107	1134.4422	1811.9569	-1280.9534	4178.0617	0.3012	-1693.7091	2918.5781	339.1	366.1
甲醇-乙醇	0.0571	-0.1002	-0.0094	1869.4170	568.2345	-552.5290	281.5422	-295.0105	0.3009	-1986.4758	3191.6192	337.8	351.5
甲醇-1-丁醇	-0.3075	0.5503	0.0987	653.6589	-507.6004	39928.9594	182039.9923	-160041.3474	0.0022	4555.6530	-1808.3980	344.5	375.6
甲醇-叔丁醇	-0.1810	-0.2706	-0.1898	-0.2711	60.9450	478.5605	1082.8422	-1567.9293	0.2536	321.3885	-153.0921	338.4	354.3
甲醇-1-戊醇	0.2841	0.3220	0.1724	2.5838	293.8231	50413.3032	5534.9023	-2799.6885	0.2996	-228.0456	1387.6696	339.2	395.6
乙醇-水	1.5596	0.8432	1.6383	0.9419	1268.2294	4020.6290	-365.0649	5306.0840	0.3006	362.3097	789.3179	351.4	373.1
乙醇-1-丁醇	-0.0120	0.0369	0.0055	0.0303	-35.1138	514.0609	159.2945	-137.8268	0.3038	315.2874	-161.9505	351.4	390.7
乙醇-1-戊醇	0.2960	0.1615	0.3707	0.1259	3795.7466	-2731.4240	978.4887	1191.0313	5.0798	-1175.4693	2126.3741	353.4	405.5
丙酮-1-己烯	1.2963	1.1891	1.2983	1.1915	3822.8710	320.0948	1391.3026	2382.9562	0.2922	-551.6637	2238.8304	323.2	331.0
丙酮-苯	0.4608	0.3159	0.4723	0.3289	2288.7267	-906.2916	-915.1295	2354.6100	0.3006	-1108.3621	1721.6696	330.8	349.6
丙酮-甲苯	0.5945	0.4407	0.6083	0.4407	3385.2560	-1443.7867	-1037.4195	3043.9027	0.2950	-1319.1273	2325.2237	329.8	381.1
丙酮-氯仿	0.2684	0.4673	0.2951	0.4538	822.4476	416.7030	1286.7327	-137.4716	0.3053	167.7328	58.7697	332.5	395.7
丁二烯-氯丁二烯	0.0294	0.9465	0.2488	1.4813	-1402.2822	5339.0844	6100.0088	-2450.3763	0.2998	3195.7300	-1505.6973	272.0	314.1
顺酐-邻二甲苯	1.4430	1.7484	1.4498	1.7668	1032.6723	5141.6189	4768.1672	37.4175	0.0372	488.9632	795.4378	341.1	395.1
叔丁醇-MTBE	0.1755	0.4660	0.2196	0.5577	-1983.4306	3934.9315	4006.7976	-2061.0376	0.2974	2406.0774	-1461.4461	328.1	355.3
苯-甲苯	-0.0118	-0.0190	-0.0139	-0.0170	1351.9429	-1298.3257	14.1812	-60.8981	0.3029	549.6567	-497.5115	353.2	383.7
苯-对二甲苯	-0.0704	-0.0230	-0.0717	-0.0367	-0.1669	21.3999	-210.3025	59.4881	0.3056	24.0149	2.3845	356.7	402.1

续表

体系	Margules A12	Margules A21	van Laar A12	van Laar A21	Wilson A12	Wilson A21	Nrtl A12	Nrtl A21	α_{12}	Uniquac A12	Uniquac A21	温度范围/K T_{min}	T_{max}
苯-乙苯	-0.1399	0.1842			-1802.1065	4448.8393	-296.3828	238.8654	0.3034	3061.4998	-1962.5395	353.2	409.2
苯-苯乙烯	0.0469	-0.0746			-1209.4798	2383.5863	-2692.8220	4060.2641	0.3110	-1531.9068	2249.0653	296.6	323.1
苯-丙苯	-0.1819	0.1161			-1461.4766	3746.9318	-803.9276	592.0586	0.3032	337.1225	-245.6456	353.2	432.3
苯-异丙苯	-0.2750	0.5178	0.0983	0.7766	-1255.9356	5525.6381	8015.3633	-3391.1454	0.3693	3286.5437	-1849.3477	354.7	409.5
苯-氯胺	0.3747	0.4073	0.3737	0.4114	1067.9505	303.6927	216.7061	1131.6841	0.3004	-124.4589	679.5092	370.4	424.0
苯-氯苯	0.1051	0.1019	0.1075	0.0988	999.9446	-645.0849	-367.2523	724.4738	0.3093	-485.7498	684.6401	353.2	404.8
甲苯-苯胺	0.4723	0.5017	0.4752	0.4999	342.8692	1460.8516	945.7555	814.6156	0.3008	488.1188	115.8328	398.4	427.0
甲苯-苯甲醛	0.1772	0.7119	0.3096	0.7236	-598.3978	2253.3300	2912.8213	-1129.9951	0.3021	942.6276	-432.9595	327.5	370.0
苯乙烯丙苯	0.0434	0.1214	0.0429	0.2104	-1080.1569	2109.6410	2719.0507	-1897.3072	0.3067	1100.3799	-850.4938	336.4	346.1
乙苯-丁苯	-0.1124	-0.1163	-0.1115	-0.1175	4724.0377	-3631.5664	-3305.0646	4004.7123	0.3026	-1522.6400	1840.2035	410.4	453.1
乙苯-苯乙烯	0.0291	0.0279	0.0728	0.0133	142.6518	-46.4315	-301.7158	397.6306	0.3048	-138.0302	166.8165	347.2	355.3
乙苯-苯胺	0.7987	0.8916	0.8008	0.8938	383.5799	2488.8445	1526.1638	1196.3470	0.2994	1253.9101	-296.3561	349.1	385.7
同二甲苯-对二甲苯	-0.0008	-0.0007	-0.0008	-0.0007	-723.0433	802.1741	1135.0472	-1032.3531	0.3085	-469.3201	503.1507	411.4	412.2
异丙苯-苯酚	0.6688	1.0024	0.6875	1.0309	-1503.2719	5190.1001	4290.5054	-709.1955	0.2318	3118.8013	-1396.2364	423.1	451.1
1,2,3-三甲苯-1,2,4-三甲苯	-0.0268	0.0338	0.7306	0.0004	-2391.8321	3536.1331	3674.7064	-2744.2890	0.3261	-4.7237	9.0082	440.5	447.2
1,2,3-三甲苯-1,2,5-三甲苯	0.0410	-0.0239	0.5207	0.0039	2418.4093	-1653.1172	-32733.7898	34937.1704	0.0059	-67.2833	72.7870	368.9	378.1
1,2,4-三甲苯-1,2,5-三甲苯	0.0078	0.0027	1.6531	0.0021	2.5874	13.3967	712.7402	-650.7639	0.3064	269.0852	-254.1860	368.9	372.4
苯酚-丙酮	-1.4592	-1.4269	-1.4572	-1.4302	-1207.0694	-2982.9071	-3158.6928	-1173.1225	0.3086	-1959.7362	114.5793	329.2	453.6
苯酚-甲苯	0.7142	1.0344	0.7467	1.0349	137.7148	3283.4944	3547.0584	-269.2124	0.1720	1620.3268	-371.5233	383.6	445.8
苯酚-苯甲醛	-1.2357	-0.8852	-1.2468	-0.9260	-1049.8895	-1650.5713	-2995.6214	336.1932	0.3077	-1060.6817	62.1362	346.1	358.3
苯胺-对二甲苯	0.7849	0.8165	0.7823	0.8218	379.6060	2818.8512	1305.3210	1707.9440	0.2972	1561.7663	-457.0158	413.1	453.3
氯苯-对二甲苯	-0.1250	-0.0955	-0.1340	-0.0888	-1819.3417	2645.8976	-1655.3209	1505.2170	0.3055	2029.4798	-1635.1030	401.0	407.6

$$\tau_{12} = \frac{g_{12} - g_{21}}{RT} \qquad \tau_{21} = \frac{g_{21} - g_{11}}{RT}$$

$$G_{12} = \exp(-\alpha_{12}\tau_{12}) \qquad G_{21} = \exp(-\alpha_{21}\tau_{21})$$

$$\alpha_{12} = \alpha_{21}$$

表 5-35 中列出 NRTL 方程参数值，表中 $A_{12} = g_{12} - g_{22}$，$A_{21} = g_{21} - g_{11}$，在缺乏 α_{12} 数值的情况下，气液平衡计算时 α_{12} 可取 0.3，液液平衡可取 0.2。若计算时温度跨度很大，也可以将 τ_{ij} 和 α_{ij} 表达成下列温度的经验关系式

$$\tau_{ij} = a_{ij} + \frac{b_{ij}}{RT} + \frac{c_{ij}}{R^2 T^2}$$

$$\alpha_{ij} = \alpha_{ij} + \beta_{ij} T$$

NRTL 方程不仅用于各类体系的气液平衡计算，也用于液液平衡计算。

（7）UNIQUAC 方程[38]

UNIQUAC 方程是 Universal Quasi-Chemical Equation 的简写，它由溶液的 QNIQUAC 模型导出。

$$\ln\gamma_i = \ln\gamma_i^c + \ln\gamma_i^R$$

$$\ln\gamma_i^c = \ln\frac{\varphi_i}{x_i} + \frac{Z}{2}q_i\ln\frac{\theta_i}{\varphi_i} + l_i + \frac{\varphi_i}{x_i}\sum_{j=1}^{N}x_j l_j$$

$$\ln\gamma_i^R = q_i\left[1 - \ln\left(\sum_{j=1}^{N}\theta_j\tau_{ji}\right) - \sum_{j=1}^{N}\frac{\theta_j\tau_{ij}}{\sum\limits_{k=1}^{N}\theta_k\tau_{kj}}\right] \qquad (5\text{-}56)$$

$$l_i = \frac{Z}{2}(\gamma_i q_i) - (\gamma_i - 1) \qquad Z = 10$$

$$\tau_{ij} = \exp\left(-\frac{u_{ji} - u_{ii}}{RT}\right)$$

$$\tau_{ii} = \tau_{jj} = 1$$

$$\theta_i = \frac{q_i x_i}{\sum\limits_{j=1}^{N}q_j x_j} \qquad \varphi_i = \frac{\gamma_i x_i}{\sum\limits_{j=1}^{N}\gamma_j x_j}$$

二元体系方程为

$$\ln\gamma_1 = \ln\gamma_1^c + \ln\gamma_1^R$$

$$\ln\gamma_1^c = \ln\frac{\varphi_1}{x_1} + \frac{Z}{2}q_1\ln\frac{\theta_1}{\varphi_1} + \varphi_2\left(l_1 - \frac{\gamma_1}{\gamma_2}l_2\right) \qquad (5\text{-}57)$$

$$\ln\gamma_1^R = -q_1\ln(\theta_1 + \theta_2\tau_{21}) + \theta_2 q_1\left(\frac{\tau_{21}}{\theta_1 + \theta_2\tau_{21}} - \frac{\tau_{12}}{\theta_1\tau_{12} + \theta_2}\right)$$

$$\ln\gamma_2 = \ln\gamma_2^c + \ln\gamma_2^R$$

$$\ln\gamma_2^c = \ln\frac{\varphi_2}{x_2} + \frac{Z}{2}q_2\ln\frac{\theta_2}{\varphi_2} + \varphi_1\left(l_2 - \frac{\gamma_2}{\gamma_1}l_1\right) \qquad (5\text{-}58)$$

$$\ln\gamma_2^R = -q_2\ln(\theta_2 + \theta_1\tau_{12}) + \theta_1 q_2\left(-\frac{\tau_{12}}{\theta_2 + \theta_1\tau_{12}} - \frac{\tau_{21}}{\theta_2\tau_{21} + \theta_1}\right)$$

$$l_1 = \frac{Z}{2}(\gamma_1 q_1) - (\gamma_1 - 1)$$

$$l_2 = \frac{Z}{2}(\gamma_2 q_2) - (\gamma_2 - 1)$$

$$\tau_{12} = \exp\left(-\frac{u_{12} - u_{22}}{RT}\right) \qquad \tau_{21} = \exp\left(-\frac{u_{21} - u_{11}}{RT}\right)$$

$$\theta_1 = \frac{q_1 x_1}{q_1 x_1 + q_2 x_2} \qquad \theta_2 = \frac{q_2 x_2}{q_1 x_1 + q_2 x_2}$$

$$\varphi_1 = \frac{\gamma_1 x_1}{\gamma_1 x_1 + \gamma_2 x_2} \qquad \varphi_2 = \frac{\gamma_2 x_2}{\gamma_1 x_1 + \gamma_2 x_2}$$

表 5-35 中列出 UNIQUAC 方程中能量参数的数值，表中 $A_{12} = u_{12} - u_{22}$，$A_{21} = u_{21} -$ 11。组分 i 的体积参数 r_i 和表面积参数 q_i 根据分子的 van der Waals 体积和表面积算出，表 -36 中列出了一些物质的 r_i 和 q_i 的值。

表 5-36　某些物质的 UNIQUAC 方程中结构参数值[39]

组　分	r_i	q_i	组　分	r_i	q_i
四氯化碳	3.33	2.82	甲乙酮	3.25	2.88
氯仿	2.70	2.34	二乙胺	3.68	3.17
甲酸	1.54	1.48	苯	3.19	2.40
甲醇	1.43	1.43	甲基环戊烷	3.97	3.01
乙腈	1.87	1.72	甲基异丁基酮	4.60	4.03
乙酸	1.90	1.80	正己烷	4.50	3.86
硝基乙烷	2.68	2.41	甲苯	3.92	2.97
乙醇	2.11	1.97	正庚烷	5.17	4.40
丙酮	2.57	2.34	正辛烷	5.86	4.94
乙酸乙酯	3.48	3.12	水	0.92	1.40

例 5-2　求 101.325kPa 下含甲醇 40%（摩尔分数）的甲醇（1）-水（2）体系的泡点和气相组成。设液相混合物中各组分的活度系数可用 Wilson 方程计算，液相摩尔体积（cm³/mol）与温度 T（K）的关系如下：

$$V_1^L = 64.509 - 0.19716T + 3.8735 \times 10^{-4} T^2$$

$$V_2^L = 22.888 - 0.03642T + 0.6857 \times 10^{-4} T^2$$

解　常压下，气相作理想气体处理。先假设泡点温度为 75.6℃（348.75K），利用 Antoine 方程计算纯组分蒸气压。

查表 5-22 得甲醇和水的 Antoine 方程常数如下：

物　质	A	B	C
甲醇	7.19736	1574.99	238.86
水	7.07406	1657.46	227.02

带入 Antoine 方程式（5-5）计算得

$$p_{V1} = 154.456\text{kPa} \qquad p_{V2} = 39.539\text{kPa}$$

将 $T = 348.75$K 代入题给的摩尔体积关系式计算得

$$V_1^L = 42.592\text{cm}^3/\text{mol} \qquad V_2^L = 18.526\text{cm}^3/\text{mol}$$

查表 5-35 得该体系 Wilson 方程参数为

$$A_{12} = 1811.9569 \qquad A_{21} = 1134.4422$$

代入式(5-53)计算活度系数

$$\Lambda_{12} = \frac{V_1^L}{V_2^L} \exp\left[-\frac{A_{12}}{RT}\right] = \frac{42.592}{18.526} \exp\left[-\frac{1811.9569}{8.3145 \times 348.75}\right] = 1.2307$$

$$\Lambda_{21} = \frac{V_2^L}{V_1^L} \exp\left[-\frac{A_{21}}{RT}\right] = \frac{18.526}{42.592} \exp\left[-\frac{1134.4422}{8.3145 \times 348.75}\right] = 0.29413$$

$$\ln\gamma_1 = -\ln(x_1 + \Lambda_{21}x_2) + x_2\left(\frac{\Lambda_{21}}{x_1 + \Lambda_{21}x_2} - \frac{\Lambda_{12}}{x_2 + \Lambda_{12}x_1}\right)$$

$$= -\ln(0.4 + 0.29413 \times 0.6) + 0.6\left(\frac{0.29413}{0.4 + 0.29413 \times 0.6} - \frac{1.2307}{0.6 + 1.2307 \times 0.4}\right)$$

$$= 0.18092$$

$$\gamma_1 = 1.198$$

$$\ln\gamma_2 = -\ln(x_2 + \Lambda_{12}x_1) + x_1\left(\frac{\Lambda_{12}}{x_2 + \Lambda_{12}x_1} - \frac{\Lambda_{21}}{x_1 + \Lambda_{21}x_2}\right)$$

$$= -\ln(0.6 + 1.2307 \times 0.4) + 0.4\left(\frac{1.2307}{0.6 + 1.2307 \times 0.4} - \frac{0.29413}{0.4 + 0.29413 \times 0.6}\right)$$

$$= 0.15833$$

$$\gamma_2 = 1.172$$

计算气相组成

$$y_1 = \frac{\gamma_1 x_1 p_{v1}}{p} = \frac{1.198 \times 0.4 \times 154.456}{101.325} = 0.7305$$

$$y_2 = \frac{\gamma_2 x_2 p_{v2}}{p} = \frac{1.172 \times 0.6 \times 39.539}{101.325} = 0.2744$$

$$\sum_i y_i = y_1 + y_2 = 0.7305 + 0.2744 = 1.0049$$

$\sum\limits_i y_i$ 接近于1，说明假设的温度合适，不必再调节温度迭代。将气相组成归一化，即

$$y_1 = \frac{0.7305}{0.7305 + 0.2744} = 0.7269$$

$$y_2 = \frac{0.2744}{0.7305 + 0.2744} = 0.2731$$

5.2.2.2 活度系数估算模型

（1）ASOG 模型

ASOG 模型是 Derr 和 Deal[40] 于 1969 年提出的估算活度系数的基团贡献模型。经过逐步的改进和发展，ASOG 模型能用于中低压气液平衡，液液平衡和固液平衡计算。

ASOG 模型计算活度系数的方程如下：

$$\ln\gamma_i = \ln\gamma_i^{FH} + \ln\gamma_i^{G} \tag{5-59}$$

$$\ln\gamma_i^{FH} = 1 + \ln\left(\frac{\nu_i^{FH}}{\sum\limits_{j=1}^{N} x_j \nu_j^{FH}}\right) - \frac{\nu_i^{FH}}{\sum\limits_{j=1}^{N} x_j \nu_j^{FH}} \tag{5-60}$$

$$\ln\gamma_i^{G} = \sum_k \nu_{k,i}[\ln\Gamma_k - \ln\Gamma_k^{(i)}] \tag{5-61}$$

$$\ln\Gamma_k = 1 - \ln\left(\sum_l x_l a_{kl}\right) - \sum_l\left\{\frac{X_l a_{lk}}{\sum\limits_m X_l a_{lm}}\right\} \tag{5-62}$$

$$X_k = \sum_{i=1}^{N} \frac{x_i \nu_{ki}}{\sum\limits_{l=1}^{N}\sum\limits_{j=1}^{N} x_j \nu_{lj}}$$

$$a_{kl} = \exp\left(m_{kl} + \frac{n_{kl}}{T}\right)$$

$$\nu_i^{FH} = \sum_k \nu_{ki}$$

表 5-37　ASOG 基团相互作用参数 （298.15～423.15K）[4]

l →	1.CH₂		2. C=C		3. ArCH		4. CyCH		5. H₂O	
k	m	n	m	n	m	n	m	n	m	n
1 CH₂	0.0	0.0	0.7767	−94.4	−0.7457	146.0	0.1530	2.1	−0.2727	−271.3
2 C=C	−0.4816	−58.9	0.0	0.0	−0.0622	−140.0	−1.0732	263.4	0.8390	−331.8
3 ArCH	0.7297	−176.8	0.0744	88.8	0.0	0.0	−0.3288	156.3	n. a.	n. a.
4 CyCH	−0.1842	0.3	1.2487	−347.0	0.5301	−251.0	0.0	0.0	n. a.	n. a.
5 H₂O	0.5045	−2382.3	−9.5958	498.6	n. a.	n. a.	n. a.	n. a.	0.0	0.0
6 OH	4.7125	−3060	−0.4867	−751.8	−0.5859	−939.1	5.6308	−3221.4	−5.8341	1582.5
7 ArOH	−3.8090	0.5	−6.4189	1634.6	−2.6414	0.6	n. a.	n. a.	n. a.	n. a.
8 GOH	−17.925	102.0	n. a.	n. a.	−0.9602	5.6	n. a.	n. a.	2.2157	−450.2
9 CO	−1.7588	169.6	2.8184	−1212.8	−0.4021	−216.8	0.0319	−350.3	0.3198	−91.2
10 O	0.7666	−444.0	−0.8602	472.9	−2.4476	562.6	0.1546	0.2	−3.2419	1037.9
11 CHO	−1.1266	0.2	−4.9564	1355.3	−0.5546	−0.1	−1.2628	0.1	−5.0228	1562.0
12 COO	−0.3699	162.6	−0.1323	114.2	−0.1541	97.5	−0.0991	2.4	−2.5548	659.9
13 COOH	−10.9719	4022.0	n. a.	n. a.	−0.2256	−213.7		n. a.	−2.1113	779.7
14 HCOOH	−0.0721	−264.8	n. a.	n. a.	−0.3000	−232.2	n. a.	n. a.	1.5229	−921.5
15 CON	−1.3137	−103.2	−1.4194	116.2	0.5928	−252.7	−0.1198	−397.7	−1.2225	159.3
16 CN	1.2569	−990.6	−1.4116	−48.1	−0.1163	−379.9	−4.5090	478.7	−0.2016	−85.6
17 NH₂	−1.1005	−346.7	−1.3899	4.6	−0.6231	−183.8	n. a.	n. a.	4.4468	−1847.2
18 NH	0.2778	−274.9	−0.5681	12.0	−0.5387	34.7	−0.7841	0.3	−2.6892	919.5
19 N	0.1993	2.8	0.1398	72.4	2.324	−733.0	−0.4799	0.2	1.9691	−304.6
20 ArNH₂	−12.764	1.8	−9.8620	55.7	0.3858	−832.8	n. a.	n. a.	n. a.	n. a.
21 NO₂	−1.4089	228.5	−1.0057	141.4	−0.1225	−161.6	−0.8600	0.1	0.7062	−341.5
22 ArNO₂	4.4726	−1571.0	0.031	−4.4	−4.857	1152.7	−4.4362	1354.8	n. a.	n. a.

续表

l k	1. CH$_2$		2. C=C		3. ArCH		4. CyCH		5. H$_2$O	
	m	n	m	n	m	n	m	n	m	n
23 Cl	-1.2497	0.3	2.2753	-690.8	-0.7402	-0.2	-0.7970	0.0	n. a.	n. a.
24 CCl$_2$	0.2849	-151.1	-1.0081	379.0	-0.5189	0.0	-0.0744	0.1	0.0430	-335.3
25 CCl$_3$	-0.1134	41.1	0.4263	-1.2	0.2511	1.0	-0.2819	3.9	-3.2238	670.1
26 CCl$_4$	0.6926	-358.5	-3.5607	1161.7	0.8304	-374.5	0.0193	-78.1	3.7046	-1414.1
27 ArCl	3.1729	-520.4	-7.268	53.7	2.4031	-195.3	0.8643	243.5	n. a.	n. a.
28 ArF	-0.5051	-0.1	n. a.	n. a.	-0.7661	-111.1	-0.3937	0.0	n. a.	n. a.
29 Br	-7.0135	1842.7	0.5317	-419.0	-3.7012	1050.8	-0.6985	0.2	n. a.	n. a.
30 I	-2.0131	2.8	n. a.	n. a.	-1.8259	0.1	n. a.	n. a.	n. a.	n. a.
31 CS$_2$	-0.0033	6.0	-0.1252	2.3	-1.3705	279.3	0.3599	-178.5	-2.2182	15.4
32 Pyridine	0.0106	-39.0	-0.1709	2.2	-0.2436	-12.3	-0.4535	83.6	-0.5628	3.0
33 Furfural	0.6961	-241.2	n. a.	n. a.	0.5358	-91.7	n. a.	n. a.	-0.1105	-80.2
34 ACRY	-1.4541	9.1	n. a.	n. a.	n. a.	n. a.	n. a.	n. a.	-0.8244	7.3
35 Cl (C=C)	-1.9268	227.5	-2.4412	31.8	-0.2341	-250.5	-1.9390	327.9	n. a.	n. a.
36 DMSO	-0.8839	-93.8	n. a.	n. a.	-0.4264	-41.9	-2.3215	-37.7	-0.3146	321.6
37 NMP	1.0464	-64.5	n. a.	n. a.	0.3164	-6.6	2.4176	-893.7	-1.4178	421.2
38 C≡C	1.2210	-563.2	-0.0150	1.5	n. a.	n. a.	n. a.	n. a.	n. a.	n. a.
39 SH	-1.0967	-203.0	n. a.	n. a.	-0.9086	-2.7	n. a.	n. a.	n. a.	n. a.
40 DMF	1.5415	-794.2	2.2580	-862.2	-2.8986	724.5	2.8862	-1057.6	-1.4479	455.7
41 EDOH	-4.3182	121.3	n. a.	n. a.	-10.598	208.8	n. a.	n. a.	-0.3272	51.8
42 DEG	-7.5046	63.1	-0.6872	13.0	0.0648	8.8	n. a.	n. a.	n. a.	n. a.
43 Sulfolane	-1.4478	247.4	n. a.	n. a.	-0.4483	-30.0	n. a.	n. a.	n. a.	n. a.

续表

l / k	6. OH m	6. OH n	7. ArOH m	7. ArOH n	8. GOH m	8. GOH n	9. CO m	9. CO n	10. O m	10. O n
1 CH$_2$	-41.2503	7686.4	-9.5152	0.7	-7.1548	64.0	2.6172	-865.1	-1.3836	606.4
2 C=C	-4.1886	566.7	11.708	-4898.9	n. a.	n. a.	-1.0930	367.8	-0.0419	-407.5
3 ArCH	2.2682	-1111.5	-5.8576	1.0	-7.6896	-7.5	0.9273	-185.8	-0.4041	370.9
4 CyCH	-11.9939	-2231.6	n. a.	n. a.	n. a.	n. a.	0.8476	-281.0	-0.4055	0.1
5 H$_2$O	1.4318	-280.2	n. a.	n. a.	-7.9975	2379.4	0.0585	-278.8	-0.3168	369.2
6 OH	0.0	0.0	-0.2115	-0.2	n. a.	n. a.	-0.7262	2.9	0.4251	-474.9
7 ArOH	0.9971	0.1	0.0	0.0	n. a.	n. a.	-4.3851	2209.5	n. a.	n. a.
8 GOH	n. a.	n. a.	0.0	0.0	0.0	0.0	n. a.	n. a.	-5.3133	1673.0
9 CO	0.3283	1.3	-12.348	363	n. a.	n. a.	0.0	0.0	-0.264	-0.1
10 O	-1.2619	380.7	0.0	0.0	-4.2085	2478.6	0.2650	0.2	0.0	0.0
11 CHO	0.9824	-0.1					0.3871	72.9	0.4542	0.1
12 COO	-0.0296	2.6	0.8646	0.0			-0.1212	180.0	1.0059	0.7
13 COOH	1.7000	-664.5					1.8864	-543.0	-4.8241	1433.0
14 HCOOH	n. a.	n. a.					n. a.	n. a.	n. a.	n. a.
15 CON	0.3059	-58.5					-0.7286	388.4	n. a.	n. a.
16 CN	0.6616	-230.8					-0.2673	0.0	n. a.	n. a.
17 NH$_2$	0.3741	-0.1					n. a.	n. a.	n. a.	n. a.
18 NH	5.9417	-1834.8					n. a.	n. a.	n. a.	n. a.
19 N	2.6807	-115.6					0.8531	0.6	n. a.	n. a.
20 ArNH$_2$	-0.2167	0.1	0.4097	0.0			0.0578	1.6	n. a.	n. a.
21 NO$_2$	2.8755	-916.7					0.0617	1.9	0.5306	0.1
22 ArNO$_2$	0.4607	0.6	n. a.	n. a.			n. a.	n. a.	n. a.	n. a.

续表

l / k	6. OH m	6. OH n	7. ArOH m	7. ArOH n	8. GOH m	8. GOH n	9. CO m	9. CO n	10. O m	10. O n
23 Cl	-0.6453	0.2	-24.647	188.4	n. a.	n. a.	-0.7939	0.0	0.5451	0.3
24 CCl$_2$	-0.6986	0.2	n. a.	n. a.	n. a.	n. a.	0.1845	0.1	0.2922	-0.1
25 CCl$_3$	-2.2978	605.7	n. a.	n. a.	n. a.	n. a.	0.3823	3.1	0.7693	-0.1
26 CCl$_4$	-9.7985	2539.0	-36.680	1301.4	n. a.	n. a.	0.8583	-252.5	0.4234	-9.0
27 ArCl	1.4497	0.1	n. a.	n. a.	n. a.	n. a.	1.5244	0.0	-11.339	137.0
28 ArF	-0.9964	0.5	n. a.	n. a.	n. a.	n. a.	n. a.	n. a.	-4.3765	-0.2
29 Br	0.7523	-589.5	n. a.	n. a.	n. a.	n. a.	0.1539	-280.2	n. a.	n. a.
30 I	-0.8586	-421.2	n. a.	n. a.	n. a.	n. a.	-0.8678	-0.1	0.2383	0.0
31 CS$_2$	0.9985	-4056.7	n. a.	n. a.	n. a.	n. a.	-0.1141	-88.2	0.0461	0.1
32 Pyridine	1.2271	-704.9	n. a.	n. a.	n. a.	n. a.	0.4533	-43.4	n. a.	n. a.
33 Furfural	2.5170	-817.9	n. a.	n. a.	n. a.	n. a.	2.6700	-794.0	n. a.	n. a.
34 ACRY	-0.5398	6.8	n. a.	n. a.	n. a.	n. a.	n. a.	n. a.	n. a.	n. a.
35 Cl (C=C)	-1.7019	35.5	n. a.	n. a.	n. a.	n. a.	-0.4612	-73.3	n. a.	n. a.
36 DMSO	0.1689	275.2	n. a.	n. a.	n. a.	n. a.	-0.5942	31.2	n. a.	n. a.
37 NMP	0.1221	281.4	n. a.	n. a.	n. a.	n. a.	n. a.	n. a.	n. a.	n. a.
38 C≡C	n. a.	n. a.	n. a.	n. a.	n. a.	n. a.	0.0865	2.0	n. a.	n. a.
39 SH	-1.5491	11.9	n. a.	n. a.	n. a.	n. a.	-0.5705	1.9	0.0055	1.8
40 DMF	-0.6461	-251.6	n. a.	n. a.	n. a.	n. a.	0.0236	17.4	n. a.	n. a.
41 EDOH	n. a.	n. a.	n. a.	n. a.	n. a.	n. a.	n. a.	n. a.	n. a.	n. a.
42 DEG	n. a.	n. a.	n. a.	n. a.	n. a.	n. a.	n. a.	n. a.	n. a.	n. a.
43 Sulfolane	n. a.	n. a.	n. a.	n. a.	n. a.	n. a.	n. a.	n. a.	n. a.	n. a.

续表

k \ l	11.CHO m	11.CHO n	12.COO m	12.COO n	13.COOH m	13.COOH n	14.HCOOH m	14.HCOOH n	15.CON m	15.CON n
1 CH$_2$	0.1147	0.1	-15.2623	515.0	9.7236	-3797.5	0.2365	-95.3	1.0067	-378
2 C=C	3.3580	-1057.2	-2.4963	-31.6	n. a.	n. a.	n. a.	n. a.	0.9654	-323.4
3 ArCH	0.1448	0.1	-0.5812	-249.3	1.4405	-492.9	0.1022	12.0	-1.1344	162.6
4 CyCH	0.1354	0.1	-2.0465	10.5	n. a.	n. a.	n. a.	n. a.	0.5723	-236.6
5 H$_2$O	7.9800	-2720.9	-2.4686	565.7	-0.4492	7.4	-0.6400	423.3	-0.8552	513.7
6 OH	-1.7642	0̂.1	0.0583	-455.3	3.8786	-1712.0	n. a.	n. a.	0.1083	-23.7
7 ArOH	n. a.	n. a.	-0.0404	0.4	n. a.	n. a.	n. a.	n. a.	n. a.	n. a.
8 GOH	n. a.	n. a.	n. a.	n. a.	n. a.	n. a.	n. a.	n. a.	n. a.	n. a.
9 CO	-1.4943	176.3	-2.5152	489.5	1.0434	-626.0	n. a.	n. a.	-0.6023	-133.4
10 O	-0.4918	0.0	-7.8816	-0.3	3.9356	41.4	n. a.	n. a.	n. a.	n. a.
11 CHO	0.0	0.0	-1.1887	0.0	-5.329	579.7	n. a.	n. a.	n. a.	n. a.
12 COO	0.5393	0.1	0.0	0.0	6.4321	-2243.2	n. a.	n. a.	n. a.	n. a.
13 COOH	3.32	-775.3	-2.1320	228.5	0.0	0.0	0.0	0.0	n. a.	n. a.
14 HCOOH	n. a.	n. a.	n. a.	n. a.	0.0	0.0	0.0	0.0	n. a.	n. a.
15 CON	n. a.	n. a.	n. a.	n. a.	n. a.	n. a.	n. a.	n. a.	0.0	0.0
16 CN	n. a.	n. a.	-0.5146	0.0	n. a.	n. a.	n. a.	n. a.	n. a.	n. a.
17 NH$_2$	n. a.	n. a.	n. a.	n. a.	n. a.	n. a.	n. a.	n. a.	n. a.	n. a.
18 NH	n. a.	n. a.	-1.2709	0.0	n. a.	n. a.	n. a.	n. a.	n. a.	n. a.
19 N	n. a.	n. a.	n. a.	n. a.	n. a.	n. a.	n. a.	n. a.	n. a.	n. a.
20 ArNH$_2$	n. a.	n. a.	-0.4415	1.2	n. a.	n. a.	n. a.	n. a.	n. a.	n. a.
21 NO$_2$	n. a.	n. a.	0.0238	0.1	n. a.	n. a.	n. a.	n. a.	n. a.	n. a.
22 ArNO$_2$	n. a.	n. a.	n. a.	n. a.	n. a.	n. a.	n. a.	n. a.	n. a.	n. a.

续表

l / k	11. CHO m	11. CHO n	12. COO m	12. COO n	13. COOH m	13. COOH n	14. HCOOH m	14. HCOOH n	15. CON m	15. CON n
23 Cl	-0.2703	1.1	-2.3239	0.1	n. a.	n. a.	0.0373	-274.0	n. a.	n. a.
24 CCl$_2$	n. a.	n. a.	-0.9944	0.2	n. a.	n. a.	n. a.	n. a.	n. a.	n. a.
25 CCl$_3$	n. a.	n. a.	-16.8658	-3637.1	-0.3039	3.7	-0.1506	3.3	n. a.	n. a.
26 CCl$_4$	n. a.	n. a.	-2.8851	-27.1	5.2636	-2014.2			0.2965	4.9
27 ArCl	n. a.	n. a.	1.9759	2.1					n. a.	n. a.
28 ArF	n. a.	n. a.	n. a.	n. a.					n. a.	n. a.
29 Br	n. a.	n. a.	0.6142	-280.1					n. a.	n. a.
30 I	n. a.	n. a.	-1.6441	0.0					n. a.	n. a.
31 CS$_2$	n. a.	n. a.	-1.5267	0.1					n. a.	n. a.
32 Pyridine	n. a.	n. a.	n. a.	n. a.					n. a.	n. a.
33 Furfural	n. a.	n. a.	0.0487	-6.4					n. a.	n. a.
34 ACRY	n. a.	n. a.	n. a.	n. a.					n. a.	n. a.
35 Cl (C=C)	n. a.	n. a.	-2.5822	4.0					n. a.	n. a.
36 DMSO	n. a.	n. a.	-0.6784	3.3					n. a.	n. a.
37 NMP	-5.4464	1447.3	n. a.	n. a.					n. a.	n. a.
38 C≡C	n. a.	n. a.	n. a.	n. a.					0.0	0.0
39 SH	n. a.	n. a.	n. a.	n. a.					n. a.	n. a.
40 DMF	n. a.	n. a.	n. a.	n. a.					n. a.	n. a.
41 EDOH	n. a.	n. a.	n. a.	n. a.					n. a.	n. a.
42 DEG	n. a.	n. a.	n. a.	n. a.					n. a.	n. a.
43 Sulfolane	n. a.	n. a.	n. a.	n. a.					n. a.	n. a.

续表

k \ l	16. CN m	16. CN n	17. NH₂ m	17. NH₂ n	18. NH m	18. NH n	19. N m	19. N n	20. ArNH₂ m	20. ArNH₂ n
1 CH₂	-0.0786	10.4	0.6435	-159.8	-12.3803	-785.1	-14.6389	5.9	-9.2417	1.2
2 C=C	0.7720	-186.5	-0.0924	5.0	-1.8432	7.2	-4.9244	-14.9	-4.3664	10.5
3 ArCH	-0.2142	176.4	0.9525	-268.4	-2.3433	454.7	-3.2954	728.4	-2.3077	-1799.9
4 CyCH	1.4239	-278.4	n. a.	n. a.	-2.4289	0.3	-1.3776	0.1	n. a.	n. a.
5 H₂O	-0.3984	-107.2	4.2174	-1082.2	-0.5958	489.1	-3.8611	1497.3	-0.9734	0.1
6 OH	-1.9168	166.7	0.7008	0.0	-3.5886	1484.0	-2.1231	231.6	0.1214	0.1
7 ArOH	n. a.	n. a.	n. a.	n. a.	n. a.	n. a.	n. a.	n. a.	n. a.	n. a.
8 GOH	n. a.	n. a.	n. a.	n. a.	n. a.	n. a.	n. a.	n. a.	-5.0439	-0.7
9 CO	0.3168	0.0	n. a.	n. a.	n. a.	n. a.	-3.4855	-0.6	n. a.	n. a.
10 O	n. a.	n. a.	n. a.	n. a.	n. a.	n. a.	n. a.	n. a.	n. a.	n. a.
11 CHO	n. a.	n. a.	n. a.	n. a.	n. a.	n. a.	n. a.	n. a.	-5.1419	0.3
12 COO	0.0960	0.0	0.6579	0.0	0.6579	0.0	n. a.	n. a.	n. a.	n. a.
13 COOH	n. a.	n. a.	n. a.	n. a.	n. a.	n. a.	n. a.	n. a.	n. a.	n. a.
14 HCOOH	n. a.	n. a.	n. a.	n. a.	n. a.	n. a.	n. a.	n. a.	n. a.	n. a.
15 CON	n. a.	n. a.	n. a.	n. a.	n. a.	n. a.	n. a.	n. a.	0.5119	0.8
16 CN	0.0	0.0	0.0	0.0	-0.8988	0.0	-4.3706	1400.0	n. a.	n. a.
17 NH₂	n. a.	n. a.	n. a.	n. a.	0.0	0.0	0.0	0.0	n. a.	n. a.
18 NH	n. a.	n. a.	0.6143	0.1	0.0	0.0	2.6204	-769	n. a.	n. a.
19 N	-0.3426	-301.5	n. a.	n. a.	-12.4922	231.6	0.0	0.0	0.0	0.0
20 ArNH₂	-2.1018	0.3	n. a.	n. a.	n. a.	n. a.	n. a.	n. a.	0.0	0.0
21 NO₂	0.5731	0.2	n. a.	n. a.	n. a.	n. a.	n. a.	n. a.	n. a.	n. a.
22 ArNO₂	n. a.	n. a.	n. a.	n. a.	n. a.	n. a.	n. a.	n. a.	0.0849	-0.4

续表

k	l	16. CN		17. NH$_2$		18. NH		19. N		20. ArNH$_2$	
		m	n	m	n	m	n	m	n	m	n
23 Cl		−0.7719	0.1	n. a.	n. a.	n. a.	n. a.	1.4946	−471.8	−9.3156	1.3
24 CCl$_2$		−1.6043	0.4	n. a.	n. a.	n. a.	n. a.	−1.1286	0.8	n. a.	n. a.
25 CCl$_3$		0.0081	0.1	n. a.	n. a.	n. a.	n. a.	0.0056	−0.2	n. a.	n. a.
26 CCl$_4$		n. a.	n. a.	1.4075	−305.3	−6.9598	1261.6	−3.0713	503.1	−16.841	129.9
27 ArCl		1.0743	0.1	0.0936	4.7	−34.169	13.5	1.6708	−0.2	n. a.	n. a.
28 ArF		n. a.	n. a.	n. a.	n. a.	n. a.	n. a.	−0.5503	11.6	n. a.	n. a.
29 Br		n. a.	n. a.	n. a.	n. a.	n. a.	n. a.			n. a.	n. a.
30 I		n. a.	n. a.	n. a.	n. a.	n. a.	n. a.			n. a.	n. a.
31 CS$_2$		−0.5953	0.2	n. a.	n. a.	n. a.	n. a.			n. a.	n. a.
32 Pyridine		0.0608	4.2	n. a.	n. a.	n. a.	n. a.			n. a.	n. a.
33 Furfural		n. a.	n. a.	n. a.	n. a.	n. a.	n. a.			n. a.	n. a.
34 ACRY		−0.1420	1.9	n. a.	n. a.	n. a.	n. a.			n. a.	n. a.
35 Cl(C=C)		−11.477	156.3	n. a.	n. a.	n. a.	n. a.	−0.3215	−1.5	n. a.	n. a.
36 DMSO		n. a.	n. a.	n. a.	n. a.	n. a.	n. a.			n. a.	n. a.
37 NMP		n. a.	n. a.	n. a.	n. a.	n. a.	n. a.			n. a.	n. a.
38 C≡C		−0.3102	−109.4	n. a.	n. a.	n. a.	n. a.			n. a.	n. a.
39 SH		−0.7913	3.0	0.1122	2.6	n. a.	n. a.			n. a.	n. a.
40 DMF		n. a.	n. a.	n. a.	n. a.	n. a.	n. a.			n. a.	n. a.
41 EDOH		n. a.	n. a.	n. a.	n. a.	n. a.	n. a.			n. a.	n. a.
42 DEG		n. a.	n. a.	n. a.	n. a.	n. a.	n. a.			n. a.	n. a.
43 Sulfolane		n. a.	n. a.	n. a.	n. a.	n. a.	n. a.			n. a.	n. a.

续表

k＼l	21. NO2 m	21. NO2 n	22. ArNO2 m	22. ArNO2 n	23. Cl m	23. Cl n	24. CCl2 m	24. CCl2 n	25. CCl3 m	25. CCl3 n
1 CH2	−0.3228	−70.8	−3.0243	854.1	0.2909	0.3	0.2805	−96.9	0.2352	−119.8
2 C=C	0.7995	−355.5	−0.7495	7.2	−1.7799	218.2	2.2117	−769.4	−0.5531	8.2
3 ArCH	−0.4070	131.4	3.7681	−985.1	0.3910	0.2	0.4390	0.0	−0.2599	1.9
4 CyCH	−0.4029	0.2	−70.4174	619.0	0.0409	0.1	−0.0065	−0.1	0.1390	1.9
5 H2O	−2.1995	162.5	n. a.	n. a.	n. a.	n. a.	−4.0265	577.5	−3.4302	−811.2
6 OH	0.4399	−821.2	−7.9764	0.2	−1.7798	0.1	−2.4298	0.2	2.8040	−1898.7
7 ArOH	n. a.	n. a.	n. a.	n. a.	−46.055	201.3	n. a.	n. a.	n. a.	n. a.
8 GOH	n. a.	n. a.	n. a.	n. a.	n. a.	n. a.	n. a.	n. a.	n. a.	n. a.
9 CO	0.0734	0.8	n. a.	n. a.	0.5934	−0.1	−0.1850	−0.1	−1.118	−101.3
10 O	−0.3103	0.0	n. a.	n. a.	−0.9684	0.3	0.6880	0.1	0.2244	0.1
11 CHO	n. a.	n. a.	n. a.	n. a.	0.1527	36.2	n. a.	n. a.	n. a.	n. a.
12 COO	−0.1814	0.0	n. a.	n. a.	0.8513	0.0	0.3375	0.1	−0.4238	380.9
13 COOH	n. a.	n. a.	n. a.	n. a.	n. a.	n. a.	n. a.	n. a.	−0.6070	168.3
14 HCOOH	n. a.	n. a.	n. a.	n. a.	−4.0112	915.5	−0.5650	2.1	n. a.	n. a.
15 CON	n. a.	n. a.	n. a.	n. a.	n. a.	n. a.	n. a.	n. a.	n. a.	n. a.
16 CN	−0.7931	−0.6	n. a.	n. a.	0.7529	0.0	0.4827	−1.3	−0.4294	0.0
17 NH2	n. a.	n. a.	n. a.	n. a.	n. a.	n. a.	n. a.	n. a.	n. a.	n. a.
18 NH	n. a.	n. a.	n. a.	n. a.	n. a.	n. a.	n. a.	n. a.	n. a.	n. a.
19 N	n. a.	n. a.	n. a.	n. a.	−2.357	368.5	1.2659	−0.4	1.6569	−0.2
20 ArNH2	n. a.	n. a.	−1.5563	2.1	−2.6502	0.8	n. a.	n. a.	n. a.	n. a.
21 NO2	0.0	0.0	0.5023	0.0	2.3999	−659.6	n. a.	n. a.	n. a.	n. a.
22 ArNO2	−1.3655	0.3	0.0	0.0	n. a.	n. a.	n. a.	n. a.	n. a.	n. a.

续表

k	21. NO$_2$ m	21. NO$_2$ n	22. ArNO$_2$ m	22. ArNO$_2$ n	23. Cl m	23. Cl n	24. CCl$_2$ m	24. CCl$_2$ n	25. CCl$_3$ m	25. CCl$_3$ n
23 Cl	-0.9281	111.5	n. a.	n. a.	0.0	0.0	-0.7878	-0.3	-0.7114	0.1
24 CCl$_2$	n. a.	n. a.	n. a.	n. a.	0.5065	0.2	0.0	0.0	0.1852	57.6
25 CCl$_3$	n. a.	n. a.	n. a.	n. a.	0.4207	0.0	-0.5350	24.2	0.0	0.0
26 CCl$_4$	-1.0435	229.9	0.0442	5.0	0.0817	0.1	0.0730	2.1	0.0195	24.1
27 ArCl	2.5829	-236.2	n. a.	n. a.	1.9183	0.2	3.8955	-854.7	n. a.	n. a.
28 ArF	n. a.	n. a.	n. a.	n. a.	n. a.	n. a.	n. a.	n. a.	n. a.	n. a.
29 Br	0.1008	2.3	n. a.	n. a.	0.7114	0.0	n. a.	n. a.	-0.9142	10.0
30 I	-1.4827	-0.1	n. a.	n. a.	n. a.	n. a.	-0.2628	0.0	-2.7033	694.7
31 CS$_2$	-2.0453	344.4	n. a.	n. a.	0.3352	0.0	n. a.	n. a.	-1.3831	269.1
32 Pyridine	n. a.	n. a.	n. a.	n. a.	n. a.	n. a.	0.0393	3.2	0.5132	4.8
33 Furfural	n. a.	n. a.	n. a.	n. a.	n. a.	n. a.	n. a.	n. a.	n. a.	n. a.
34 ACRY	n. a.	n. a.	n. a.	n. a.	n. a.	n. a.	n. a.	n. a.	n. a.	n. a.
35 Cl(C=C)	n. a.	n. a.	n. a.	n. a.	-81.178	611.7	n. a.	n. a.	-1.0044	-4.8
36 DMSO	n. a.	n. a.	n. a.	n. a.	n. a.	n. a.	-0.5936	5.8	-1.2394	119.5
37 NMP	n. a.	n. a.	n. a.	n. a.	n. a.	n. a.	n. a.	n. a.	n. a.	n. a.
38 C≡C	-0.4273	-3.0	n. a.	n. a.	n. a.	n. a.	n. a.	n. a.	n. a.	n. a.
39 SH	n. a.	n. a.	n. a.	n. a.	n. a.	n. a.	n. a.	n. a.	n. a.	n. a.
40 DMF	n. a.	n. a.	n. a.	n. a.	-2.6549	-46.4	n. a.	n. a.	n. a.	n. a.
41 EDOH	-1.0633	3.3	n. a.	n. a.	n. a.	n. a.	n. a.	n. a.	n. a.	n. a.
42 DEG	n. a.	n. a.	n. a.	n. a.	n. a.	n. a.	n. a.	n. a.	n. a.	n. a.
43 Sulfolane	n. a.	n. a.	n. a.	n. a.	n. a.	n. a.	n. a.	n. a.	n. a.	n. a.

续表

l \ k	26. CCl₄ m	26. CCl₄ n	27. ArCl m	27. ArCl n	28. ArF m	28. ArF n	29. Br m	29. Br n	30. I m	30. I n
1 CH₂	−0.3917	227.9	−0.0904	−414.4	0.3653	0.1	−10.7665	−1628.9	0.3598	−1.1
2 C=C	4.1529	−1370.5	−0.0676	−86.3	n. a.	n. a.	−5.4517	453.5	0.5627	n. a.
3 ArCH	−0.5769	270.4	0.1546	−469.3	0.3856	98.6	−9.6405	502.6	n. a.	0.1
4 CyCH	0.0103	55.07	4.1582	−1746.2	0.1225	0.1	−2.4054	0.3	n. a.	n. a.
5 H₂O	−11.816	215.5	−3.5499	0.1	n. a.	n. a.	n. a.	n. a.	n. a.	n. a.
6 OH	5.9993	−3241.0	n. a.	n. a.	−7.3618	0.5	1.6700	−1217.7	0.5339	−836.5
7 ArOH	−0.9416	−1006.5	n. a.	n. a.	n. a.	n. a.	n. a.	n. a.	n. a.	n. a.
8 GOH	n. a.	n. a.	n. a.	n. a.	n. a.	n. a.	n. a.	n. a.	n. a.	n. a.
9 CO	0.6643	−536.3	−1.1822	0.6	n. a.	n. a.	−4.9986	1582.6	−0.0874	0.1
10 O	−2.2383	631.0	0.7735	−121.3	0.5774	−0.6	n. a.	n. a.	−1.3801	0.0
11 CHO	n. a.	n. a.	n. a.	n. a.	n. a.	n. a.	n. a.	n. a.	n. a.	n. a.
12 COO	−0.5166	253.3	−4.8012	−0.4	n. a.	n. a.	−5.4226	1582.6	−0.0622	0.0
13 COOH	−5.0606	1679.3	n. a.	n. a.	n. a.	n. a.	n. a.	n. a.	n. a.	n. a.
14 HCOOH	n. a.	n. a.	n. a.	n. a.	n. a.	n. a.	n. a.	n. a.	n. a.	n. a.
15 CON	−1.9351	5.0	n. a.	n. a.	n. a.	n. a.	n. a.	n. a.	n. a.	n. a.
16 CN	n. a.	n. a.	−1.8328	0.1	n. a.	n. a.	n. a.	n. a.	n. a.	n. a.
17 NH₂	−1.6955	−34.3	−0.8748	3.2	n. a.	n. a.	n. a.	n. a.	n. a.	n. a.
18 NH	1.5993	−511.7	−1.6453	548.5	n. a.	n. a.	n. a.	n. a.	n. a.	n. a.
19 N	−0.7196	346.8	1.3450	−0.1	−2.1126	10.8	n. a.	n. a.	n. a.	n. a.
20 ArNH₂	−37.843	220.3	n. a.	n. a.	n. a.	n. a.	n. a.	n. a.	n. a.	n. a.
21 NO₂	−0.436	−79.1	−4.7073	15.9	n. a.	n. a.	−0.7920	2.1	0.3076	0.2
22 ArNO₂	−0.7072	1.6	n. a.	n. a.	n. a.	n. a.	n. a.	n. a.	n. a.	n. a.

续表

l / k	26. CCl₄ m	26. CCl₄ n	27. ArCl m	27. ArCl n	28. ArF m	28. ArF n	29. Br m	29. Br n	30. I m	30. I n
23 Cl	-0.6544	0.1	-5.5731	0.4	n. a.	n. a.	-6.0004	1.1	n. a.	n. a.
24 CCl₂	-0.4902	92.2	-62.946	723.4	n. a.	n. a.	n. a.	n. a.	-0.0730	0.1
25 CCl₃	-0.0063	-43.9	n. a.	n. a.	n. a.	n. a.	-0.2827	4.2	-0.4744	130.2
26 CCl₄	0.0	0.0	-1.4077	225.8	0.119	0.1	-2.5136	0.2	0.3080	0.1
27 ArCl	2.7659	-478.0	0.0	0.0	n. a.	n. a.	1.2242	0.8	n. a.	n. a.
28 ArF	-0.2123	0.0	n. a.	n. a.	0.0	0.0	n. a.	n. a.	n. a.	n. a.
29 Br	-0.3827	0.2	0.1938	-0.5	0.0	0.0	0.0	0.0	0.3107	74.6
30 I	-1.2747	0.3	n. a.	n. a.	n. a.	n. a.	0.9094	-441.6	0.0	0.0
31 CS₂	-0.7212	218.8	n. a.	n. a.	n. a.	n. a.	n. a.	n. a.	n. a.	n. a.
32 Pyridine	-0.4234	-15.4	n. a.	n. a.	n. a.	n. a.	n. a.	n. a.	n. a.	n. a.
33 Furfural	-0.6327	0.2	n. a.	n. a.	n. a.	n. a.	n. a.	n. a.	n. a.	n. a.
34 ACRY	-0.7635	-11.1	n. a.	n. a.	n. a.	n. a.	n. a.	n. a.	n. a.	n. a.
35 Cl(C=C)	-0.8124	48.1	n. a.	n. a.	n. a.	n. a.	n. a.	n. a.	n. a.	n. a.
36 DMSO	-0.8684	-16.5	n. a.	n. a.	n. a.	n. a.	n. a.	n. a.	n. a.	n. a.
37 NMP	n. a.	n. a.	n. a.	n. a.	n. a.	n. a.	n. a.	n. a.	n. a.	n. a.
38 C≡C	n. a.	n. a.	n. a.	n. a.	n. a.	n. a.	n. a.	n. a.	n. a.	n. a.
39 SH	n. a.	n. a.	n. a.	n. a.	n. a.	n. a.	n. a.	n. a.	n. a.	n. a.
40 DMF	-1.9153	163.4	n. a.	n. a.	n. a.	n. a.	n. a.	n. a.	n. a.	n. a.
41 EDOH	n. a.	n. a.	n. a.	n. a.	n. a.	n. a.	n. a.	n. a.	n. a.	n. a.
42 DEG	n. a.	n. a.	n. a.	n. a.	n. a.	n. a.	n. a.	n. a.	n. a.	n. a.
43 Sulfolane	n. a.	n. a.	n. a.	n. a.	n. a.	n. a.	n. a.	n. a.	n. a.	n. a.

k \\ l	31. CS₂ m	31. CS₂ n	32. Pyridine m	32. Pyridine n	33. Furfural m	33. Furfural n	34. ACRY m	34. ACRY n	35. Cl (C=C) m	35. Cl (C=C) n
1 CH₂	−0.3104	11.8	0.3012	−137.6	−0.7638	114.8	0.5607	−4.6	1.1392	−171.2
2 C=C	−0.0706	1.1	−0.0156	2.4	n. a.	n. a.	n. a.	n. a.	0.9875	−20.9
3 ArCH	−0.2253	128.7	0.2311	−5.9	−0.6636	78.0	n. a.	n. a.	0.1170	182.9
4 CyCH	−0.2922	114.0	0.6196	−210.1	n. a.	n. a.	n. a.	n. a.	0.9884	−129.7
5 H₂O	−1.8482	12.8	−0.6486	5.4	−0.6920	−262.3	−0.8319	1.8	n. a.	n. a.
6 OH	5.3401	−2977.0	−3.5249	862.8	−2.8028	241.5	−2.1018	9.8	−9.3298	56.5
7 ArOH	n. a.	n. a.	n. a.	n. a.	n. a.	n. a.	n. a.	n. a.	n. a.	n. a.
8 COH	n. a.	n. a.	n. a.	n. a.	n. a.	n. a.	n. a.	n. a.	n. a.	n. a.
9 CO	−0.0999	−247.9	−0.6859	8.7	−0.9171	144.5	n. a.	n. a.	0.7515	−140.8
10 O	−0.3254	0.0	n. a.	n. a.	n. a.	n. a.	n. a.	n. a.	n. a.	n. a.
11 CHO	n. a.	n. a.	n. a.	n. a.	n. a.	n. a.	n. a.	n. a.	n. a.	n. a.
12 COO	−0.2434	0.1	n. a.	n. a.	−0.4431	6.5	n. a.	n. a.	0.473	1.4
13 COOH	n. a.	n. a.	n. a.	n. a.	n. a.	n. a.	n. a.	n. a.	n. a.	n. a.
14 HCOOH	n. a.	n. a.	n. a.	n. a.	n. a.	n. a.	n. a.	n. a.	n. a.	n. a.
15 CON	n. a.	n. a.	n. a.	n. a.	n. a.	n. a.	n. a.	n. a.	n. a.	n. a.
16 CN	−1.2178	0.1	−0.5626	1.5	n. a.	n. a.	−0.2184	3.4	1.0854	−130.9
17 NH₂	n. a.	n. a.	n. a.	n. a.	n. a.	n. a.	n. a.	n. a.	n. a.	n. a.
18 NH	n. a.	n. a.	n. a.	n. a.	n. a.	n. a.	n. a.	n. a.	n. a.	n. a.
19 N	n. a.	n. a.	n. a.	n. a.	n. a.	n. a.	n. a.	n. a.	n. a.	n. a.
20 ArNH₂	n. a.	n. a.	n. a.	n. a.	n. a.	n. a.	n. a.	n. a.	n. a.	n. a.
21 NO₂	−1.5109	244.8	n. a.	n. a.	n. a.	n. a.	n. a.	n. a.	n. a.	n. a.
22 ArNO₂	n. a.	n. a.	n. a.	n. a.	n. a.	n. a.	n. a.	n. a.	n. a.	n. a.

续表

l	k	31. CS₂		32. Pyridine		33. Furfural		34. ACRY		35. Cl (C=C)	
		m	n	m	n	m	n	m	n	m	n
23 Cl		−0.9223	0.0	n. a.	n. a.	n. a.	n. a.	n. a.	n. a.	−0.9831	611.2
24 CCl₂		n. a.	n. a.	0.0115	1.6	n. a.	n. a.	n. a.	n. a.	n. a.	n. a.
25 CCl₃		−0.2393	138.5	−0.4599	3.3	n. a.	n. a.	n. a.	n. a.	0.5687	5.1
26 CCl₄		0.7329	−255.8	0.2985	−0.6	0.207	4.4	0.2042	34.9	−0.0045	166.4
27 ArCl		n. a.	n. a.	n. a.	n. a.	n. a.	n. a.	n. a.	n. a.	n. a.	n. a.
28 ArF		n. a.	n. a.	n. a.	n. a.	n. a.	n. a.	n. a.	n. a.	n. a.	n. a.
29 Br		n. a.	n. a.	n. a.	n. a.	n. a.	n. a.	n. a.	n. a.	n. a.	n. a.
30 I		n. a.	n. a.	n. a.	n. a.	n. a.	n. a.	n. a.	n. a.	n. a.	n. a.
31 CS₂		0.0	0.0	0.0	0.0	n. a.	n. a.	n. a.	n. a.	0.2582	2.4
32 Pyridine		n. a.	n. a.	0.0	0.0	n. a.	n. a.	n. a.	n. a.	n. a.	n. a.
33 Furfural		n. a.	n. a.	n. a.	n. a.	0.0	0.0	n. a.	n. a.	n. a.	n. a.
34 ACRY		n. a.	n. a.	n. a.	n. a.	n. a.	n. a.	0.0	0.0	n. a.	n. a.
35 Cl(C=C)		−0.5219	2.8	n. a.	n. a.	n. a.	n. a.	n. a.	n. a.	0.0	0.0
36 DMSO		n. a.	n. a.	n. a.	n. a.	n. a.	n. a.	n. a.	n. a.	n. a.	n. a.
37 NMP		n. a.	n. a.	n. a.	n. a.	n. a.	n. a.	n. a.	n. a.	n. a.	n. a.
38 C≡C		n. a.	n. a.	n. a.	n. a.	n. a.	n. a.	n. a.	n. a.	n. a.	n. a.
39 SH		n. a.	n. a.	n. a.	n. a.	n. a.	n. a.	n. a.	n. a.	n. a.	n. a.
40 DMF		n. a.	n. a.	n. a.	n. a.	n. a.	n. a.	n. a.	n. a.	n. a.	n. a.
41 EDOH		n. a.	n. a.	n. a.	n. a.	n. a.	n. a.	n. a.	n. a.	n. a.	n. a.
42 DEG		n. a.	n. a.	n. a.	n. a.	n. a.	n. a.	n. a.	n. a.	n. a.	n. a.
43 Sulfolane		n. a.	n. a.	n. a.	n. a.	n. a.	n. a.	n. a.	n. a.	n. a.	n. a.

续表

l	36. DMSO		37. NMP		38. C≡C		39. SH		40. DMF	
k	m	n	m	n	m	n	m	n	m	n
1 CH$_2$	1.1476	−340.7	−1.8315	49.3	−1.3791	478.8	0.6493	−90.7	−0.1442	112.0
2 C=C	n. a.	n. a.	n. a.	n. a.	−0.1650	3.8	n. a.	n. a.	−1.2730	452.7
3 ArCH	0.4226	−59.9	n. a.	n. a.	n. a.	n. a.	0.2005	7.4	1.629	−394.0
4 CyCH	1.1713	−253.5	−1.5936	504.8	n. a.	n. a.	n. a.	n. a.	−1.6170	511.4
5 H$_2$O	−0.0058	−181.9	−0.4469	9.7	n. a.	n. a.	n. a.	n. a.	0.2704	−235.2
6 OH	−1.2893	−185.6	−1.7009	−308.8	n. a.	n. a.	−2.3877	12.3	−0.9392	254.1
7 ArOH	n. a.	n. a.	n. a.	n. a.	n. a.	n. a.	n. a.	n. a.	n. a.	n. a.
8 COH	n. a.	n. a.	n. a.	n. a.	n. a.	n. a.	n. a.	n. a.	n. a.	n. a.
9 CO	0.3948	−17.2	n. a.	n. a.	−0.2678	1.9	0.0602	3.6	−0.2038	1.0
10 O	n. a.	n. a.	n. a.	n. a.	n. a.	n. a.	0.0751	1.1	n. a.	n. a.
11 CHO	n. a.	n. a.	1.5366	−1094.2	n. a.	n. a.	n. a.	n. a.	n. a.	n. a.
12 COO	0.1131	3.4	n. a.	n. a.	n. a.	n. a.	n. a.	n. a.	n. a.	n. a.
13 COOH	n. a.	n. a.	n. a.	n. a.	n. a.	n. a.	n. a.	n. a.	n. a.	n. a.
14 HCOOH	n. a.	n. a.	n. a.	n. a.	n. a.	n. a.	n. a.	n. a.	n. a.	n. a.
15 CON	n. a.	n. a.	n. a.	n. a.	0.0	5.0	n. a.	n. a.	n. a.	n. a.
16 CN	n. a.	n. a.	n. a.	n. a.	−0.783	280.9	0.0864	−0.3	n. a.	n. a.
17 NH$_2$	n. a.	n. a.	n. a.	n. a.	n. a.	n. a.	−0.3014	1.6	n. a.	n. a.
18 NH	n. a.	n. a.	n. a.	n. a.	n. a.	n. a.	n. a.	n. a.	n. a.	n. a.
19 N	0.7100	1.6	n. a.	n. a.	n. a.	n. a.	n. a.	n. a.	n. a.	n. a.
20 ArNH$_2$	n. a.	n. a.	n. a.	n. a.	n. a.	n. a.	n. a.	n. a.	n. a.	n. a.
21 NO$_2$	n. a.	n. a.	n. a.	n. a.	0.1228	0.6	n. a.	n. a.	n. a.	n. a.
22 ArNO$_2$	n. a.	n. a.	n. a.	n. a.	n. a.	n. a.	n. a.	n. a.	n. a.	n. a.

续表

l / k	36. DMSO		37. NMP		38. C≡C		39. SH		40. DMF	
	m	n	m	n	m	n	m	n	m	n
23 Cl	n. a.	n. a.	n. a.	n. a.	n. a.	n. a.	n. a.	n. a.	n. a.	n. a.
24 CCl$_2$	0.4910	24.2	n. a.	n. a.	n. a.	n. a.	n. a.	n. a.	n. a.	n. a.
25 CCl$_3$	0.3529	154.0	n. a.	n. a.	n. a.	n. a.	n. a.	n. a.	n. a.	n. a.
26 CCl$_4$	0.2529	21.0	n. a.	n. a.	n. a.	n. a.	n. a.	n. a.	-0.2233	114.9
27 ArCl	n. a.	n. a.	n. a.	n. a.	n. a.	n. a.	n. a.	n. a.	n. a.	n. a.
28 ArF	n. a.	n. a.	n. a.	n. a.	n. a.	n. a.	n. a.	n. a.	n. a.	n. a.
29 Br	n. a.	n. a.	n. a.	n. a.	n. a.	n. a.	n. a.	n. a.	1.7273	-332.3
30 I	n. a.	n. a.	n. a.	n. a.	n. a.	n. a.	n. a.	n. a.	n. a.	n. a.
31 CS$_2$	n. a.	n. a.	n. a.	n. a.	n. a.	n. a.	n. a.	n. a.	n. a.	n. a.
32 Pyridine	n. a.	n. a.	n. a.	n. a.	n. a.	n. a.	n. a.	n. a.	n. a.	n. a.
33 Furfural	n. a.	n. a.	n. a.	n. a.	n. a.	n. a.	n. a.	n. a.	n. a.	n. a.
34 ACRY	n. a.	n. a.	n. a.	n. a.	n. a.	n. a.	n. a.	n. a.	n. a.	n. a.
35 Cl(C=C)	n. a.	n. a.	n. a.	n. a.	n. a.	n. a.	n. a.	n. a.	n. a.	n. a.
36 DMSO	0.0	0.0	n. a.	n. a.	n. a.	n. a.	n. a.	n. a.	n. a.	n. a.
37 NMP	n. a.	n. a.	0.0	0.0	n. a.	n. a.	n. a.	n. a.	n. a.	n. a.
38 C≡C	n. a.	n. a.	n. a.	n. a.	0.0	0.0	n. a.	n. a.	0.1352	1.2
39 SH	n. a.	n. a.	n. a.	n. a.	n. a.	n. a.	0.0	0.0	0.3152	-219.6
40 DMF	n. a.	n. a.	n. a.	n. a.	0.0021	3.7	2.8472	-805.0	0.0	0.0
41 EDOH	n. a.	n. a.	n. a.	n. a.	n. a.	n. a.	n. a.	n. a.	0.0321	2.1
42 DEG	n. a.	n. a.	n. a.	n. a.	n. a.	n. a.	n. a.	n. a.	n. a.	n. a.
43 Sulfolane	n. a.	n. a.	n. a.	n. a.	n. a.	n. a.	n. a.	n. a.	n. a.	n. a.

续表

l		41. EDOH		42. DEG		43. Sulfolane	
	k	m	n	m	n	m	n
1 CH$_2$		0.4982	−132.8	0.9532	−186.0	0.9906	−326.9
2 C=C		n. a.	n. a.	−0.0696	−3.0	n. a.	n. a.
3 ArCH		0.7659	−100.1	−0.3610	−5.7	0.3259	−11.4
4 CyCH		n. a.	n. a.	n. a.	n. a.	n. a.	n. a.
5 H$_2$O		−0.5995	141.1	n. a.	n. a.	n. a.	n. a.
6 OH		n. a.	n. a.	n. a.	n. a.	n. a.	n. a.
7 ArOH		n. a.	n. a.	n. a.	n. a.	n. a.	n. a.
8 COH		n. a.	n. a.	n. a.	n. a.	n. a.	n. a.
9 CO		n. a.	n. a.	n. a.	n. a.	n. a.	n. a.
10 O		n. a.	n. a.	n. a.	n. a.	n. a.	n. a.
11 CHO		n. a.	n. a.	n. a.	n. a.	n. a.	n. a.
12 COO		n. a.	n. a.	n. a.	n. a.	n. a.	n. a.
13 COOH		n. a.	n. a.	n. a.	n. a.	n. a.	n. a.
14 HCOOH		n. a.	n. a.	n. a.	n. a.	n. a.	n. a.
15 CON		n. a.	n. a.	n. a.	n. a.	n. a.	n. a.
16 CN		n. a.	n. a.	n. a.	n. a.	n. a.	n. a.
17 NH$_2$		n. a.	n. a.	n. a.	n. a.	n. a.	n. a.
18 NH		n. a.	n. a.	n. a.	n. a.	n. a.	n. a.
19 N		n. a.	n. a.	n. a.	n. a.	n. a.	n. a.
20 ArNH$_2$		n. a.	n. a.	n. a.	n. a.	n. a.	n. a.
21 NO$_2$		0.0240	3.3	n. a.	n. a.	n. a.	n. a.
22 ArNO$_2$		n. a.	n. a.	n. a.	n. a.	n. a.	n. a.

续表

k \ l	41. EDOH		42. DEG		43. Sulfolane	
	m	n	m	n	m	n
23 Cl	n. a.	n. a.	n. a.	n. a.	n. a.	n. a.
24 CCl$_2$	n. a.	n. a.	n. a.	n. a.	n. a.	n. a.
25 CCl$_3$	n. a.	n. a.	n. a.	n. a.	n. a.	n. a.
26 CCl$_4$	n. a.	n. a.	n. a.	n. a.	n. a.	n. a.
27 ArCl	n. a.	n. a.	n. a.	n. a.	n. a.	n. a.
28 ArF	n. a.	n. a.	n. a.	n. a.	n. a.	n. a.
29 Br	n. a.	n. a.	n. a.	n. a.	n. a.	n. a.
30 I	n. a.	n. a.	n. a.	n. a.	n. a.	n. a.
31 CS$_2$	n. a.	n. a.	n. a.	n. a.	n. a.	n. a.
32 Pyridine	n. a.	n. a.	n. a.	n. a.	n. a.	n. a.
33 Furfural	n. a.	n. a.	n. a.	n. a.	n. a.	n. a.
34 ACRY	n. a.	n. a.	n. a.	n. a.	n. a.	n. a.
35 Cl(C=C)	n. a.	n. a.	n. a.	n. a.	n. a.	n. a.
36 DMSO	n. a.	n. a.	n. a.	n. a.	n. a.	n. a.
37 NMP	n. a.	n. a.	n. a.	n. a.	n. a.	n. a.
38 C≡C	n. a.	n. a.	n. a.	n. a.	n. a.	n. a.
39 SH	n. a.	n. a.	n. a.	n. a.	n. a.	n. a.
40 DMF	-0.0851	1.8	n. a.	n. a.	n. a.	n. a.
41 EDOH	0.0	0.0	n. a.	n. a.	n. a.	n. a.
42 DEG	n. a.	n. a.	0.0	0.0	n. a.	n. a.
43 Sulfolane	n. a.	n. a.	n. a.	n. a.	0.0	0.0

式中，ν_i^{FH} 是分子 i 的大小参数。ν_{ki} 是分子 i 中基团 k 的大小参数，其数值一般等于基团 k 中除氢以外的原子数。例如，基团 CH_2 的 $\nu_{CH_2}=1$，环己烷的 $\nu_{环己烷}^{FH}=6$。

基团相互作用参数 m_{kl} 和 n_{kl} 是利用已知气液平衡和无限稀释活度系数实验数据回归得出。表 5-37 列出了最新的 43 个基团之间的相互作用参数数值。表中 $n.a.$ 表示没有实验数据可用来确定参数值。

（2）UNIFAC 模型

UNIFAC 模型是将 UNIQUAC 模型基团化后得到的[42]，后经多次改进形成目前应用最广泛的修正 UNIFAC 模型 Modified UNIFAC Model[43]（Dortmund）。

$$\ln\gamma_i = \ln\gamma_r^C + \ln\gamma_i^R \tag{5-63}$$

$$\ln\gamma_i^C = 1 - V_i' + \ln V_i' - 5q_i\left(1 - \frac{V_i}{F_i} + \ln\left(\frac{V_i}{F_i}\right)\right) \tag{5-64}$$

$$V_i' = \frac{\gamma_i^{3/4}}{\sum_j x_j \gamma_j^{3/4}} ; V_i = \frac{\gamma_i}{\sum_j x_j \gamma_j}$$

$$\gamma_i = \sum_k \nu_k^{(i)} R_k ; F_i = \frac{q_i}{\sum_j x_j q_j}$$

$$q_i = \sum_k \nu_k^{(i)} Q_k$$

$$\ln\gamma_i^R = \sum_k \nu_k^{(i)}\left[\ln\Gamma_k - \ln\Gamma_k^{(i)}\right] \tag{5-65}$$

$$\ln\Gamma_k = Q_k\left(1 - \ln\left(\sum_m \theta_m \Psi_{mk}\right) - \sum_m \frac{\theta_m \Psi_{km}}{\sum_n \theta_n \Psi_{nm}}\right) \tag{5-66}$$

$$\theta_m = \frac{Q_m X_m}{\sum_n Q_n X_n}$$

$$X_m = \frac{\sum_j \nu_m^{(j)} x_j}{\sum_j \sum_n \nu_n^{(j)} x_j}$$

$$\Psi_{nm} = \exp\left(-\frac{a_{nm} + b_{nm}T + c_{nm}T^2}{T}\right)$$

每个基团 k 有两个几何参数 R_k（体积参数）和 Q_k（表面积参数）。表 5-38 中列出修正 UNIFAC 模型的基团 R_k 和 Q_k 值。

每个基团对 $n-m$ 的相互作用参数有三个，即：a_{nm}，b_{nm} 和 c_{nm}，它们都是与温度无关的常数。图 5-1 示出修正 UNIFAC 模型的相互作用参数现状，表 5-39 列出相应的参数值。

表 5-38　修正 UNIFAC 模型（Dortnmund）的基团参数 R_k 和 Q_k 数值

主基团	子基团	no.	R_k	Q_k		基团划分实例
1"CH_2"	CH_3	1	0.6325	1.0608	正己烷	$2CH_3, 4CH_2$
	CH_2	2	0.6325	0.7081	正辛烷	$2CH_3, 6CH_2$
	CH	3	0.6325	0.3554	2-甲基丙烷	$3CH_3, 1CH$
	C	4	0.6325	0.0000	季戊烷	$4CH_3, 1C$
2"$C=C$"	$CH_2=CH$	5	1.2832	1.6016	1-己烯	$1CH_3, 3CH_2, 1CH_2=CH$
	$CH=CH$	6	1.2832	1.2489	2-己烯	$2CH_3, 2CH_2, 1CH=CH$
	$CH_2=C$	7	1.2832	1.2489	2-甲基-1-丁烯	$2CH_3, 1CH_2, 1CH_2=C$
	$CH=C$	8	1.2832	0.8962	2-甲基-2-丁烯	$2CH_3, 1CH=C$
	$C=C$	70	1.2832	0.4582	2,3-二甲基-2-丁烯	$4CH_3, 1C=C$
3"ACH"	ACH	9	0.3763	0.4321	萘	$8ACH, 2AC$
	AC	10	0.3763	0.2113	苯乙烯	$1CH_2=CH, 5ACH, 1AC$
4"$ACCH_2$"	$ACCH_3$	11	0.9100	0.9490	甲苯	$5ACH, 1ACCH_3$

续表

主基团	子基团	no.	R_k	Q_k	基团划分实例	
	ACCH$_2$	12	0.9100	0.7962	乙苯	1CH$_3$,5ACH,1ACCH$_2$
	ACCH	13	0.9100	0.3769	异丙苯	2CH$_3$,5ACH,1ACCH
5"OH"	OH(p)	14	1.2302	0.8927	1-丙醇	2CH$_3$,1CH$_2$,1OH(p)
	OH(s)	81	1.0630	0.8663	2-丙醇	2CH$_3$,1CH,1OH(s)
	OH(t)	82	0.6895	0.8345	叔丁醇	3CH$_3$,1C,1OH(t)
6"CH$_3$OH"	CH$_3$OH	15	0.8585	0.9938	甲醇	1CH$_3$OH
7"H$_2$O"	H$_2$O	16	1.7334	2.4561	水	1H$_2$O
8"ACOH"	ACOH	17	1.0800	0.9750	酚	5ACH,1ACOH
9"CH$_2$CO"	CH$_3$CO	18	1.7048	1.6700	丁酮-2	1CH$_3$,1CH$_2$,1CH$_3$CO
	CH$_2$CO	19	1.7048	1.5542	戊酮-2	2CH$_3$,1CH$_2$,1CH$_2$CO
10"CHO"	CHO	20	0.7173	0.7710	丙醛	1CH$_3$,1CH$_2$,1CHO
11"CCOO"	CH$_3$COO	21	1.2700	1.6286	乙酸丁酯	1CH$_3$,3CH$_2$,1CH$_3$COO
	CH$_2$COO	22	1.2700	1.4228	丙酸甲酯	2CH$_3$,1CH$_2$COO
12"HCOO"	HCOO	23	1.9000	1.8000	甲酸乙酯	1CH$_3$,1CH$_2$,1HCOO
13"CH$_2$O"	CH$_3$O	24	1.1434	1.6022	二甲醚	1CH$_3$,1CH$_3$O
	CH$_2$O	25	1.1434	1.2495	二乙醚	2CH$_3$,1CH$_2$,1CH$_2$O
	CHO	26	1.1434	0.8968	二异丙醚	4CH$_3$,1CH,1CHO
14"CNH$_2$"	CH$_3$NH$_2$	28	1.6607	1.6904	甲胺	1CH$_3$NH$_2$
	CH$_2$NH$_2$	29	1.6607	1.3377	乙胺	1CH$_3$,1CH$_2$NH$_2$
	CHNH$_2$	30	1.6607	0.9850	异丙胺	2CH$_3$,1CHNH$_2$
	CNH$_2$	85	1.6607	0.9850	特丁基胺	3CH$_3$,1CNH$_2$
15"CNH"	CH$_3$NH	31	1.3680	1.4332	二甲胺	1CH$_3$,1CH$_3$NH
	CH$_2$NH	32	1.3680	1.0805	二乙胺	2CH$_3$,1CH$_2$,1CH$_2$NH
	CHNH	33	1.3680	0.7278	二异丙基胺	4CH$_3$,1CH,1CHNH
16"(C)3N"	CH$_3$N	34	1.0746	1.1760	三甲基胺	2CH$_3$,1CH$_3$N
	CH$_2$N	35	1.0746	0.8240	三乙基胺	3CH$_3$,2CH$_2$,1CH$_2$N
17"ACNH$_2$"	ACNH$_2$	36	1.1849	0.8067	苯胺	5ACH,1ACNH$_2$
18"Pyridine"	C$_5$H$_5$N	37	2.5000	2.1477	吡啶	1C$_5$H$_5$N
	C$_5$H$_4$N	38	2.8882	2.2496	2-甲基吡啶	1CH$_3$,1C$_5$H$_4$N
	C$_5$H$_3$N	39	3.2211	2.5000	2,3-二甲基吡啶	2CH$_3$,1C$_5$H$_3$N
19"CCN"	CH$_3$CN	40	1.5575	1.5193	乙腈	1CH$_3$CN
	CH$_2$CN	41	1.5575	1.1666	丙腈	1CH$_3$,1CH$_2$CN
20"COOH"	COOH	42	0.8000	0.9215	乙酸	1CH$_3$,1COOH
21"CCl"	CH$_2$Cl	44	0.9919	1.3654	1-氯丁烷	1CH$_3$,2CH$_2$,1CH$_2$Cl
	CHCl	45	0.9919	1.0127	2-氯丙烷	2CH$_3$,1CHCl
	CCl	46	0.9919	0.6600	特丁基氯	3CH$_3$,1CCl
22"CCl$_2$"	CH$_2$Cl$_2$	47	1.8000	2.5000	二氯甲烷	1CH$_2$Cl$_2$
	CHCl$_2$	48	1.8000	2.1473	1,1-二氯乙烷	1CH$_3$,1CHCl$_2$
	CCl$_2$	49	1.8000	1.7946	2,2-二氯丙烷	2CH$_3$,1CCl$_2$
23"CCl$_3$"	CCl$_3$	51	2.6500	2.3778	1,1,1-三氯乙烷	1CH$_3$,1CCl$_3$
24"CCl$_4$"	CCl$_4$	52	2.6180	3.1836	四氯甲烷	1CCl$_4$
25"ACCl"	ACCl	53	0.5365	0.3177	氯苯	5ACH,1ACCl
26"CNO$_2$"	CH$_3$NO$_2$	54	2.6440	2.5000	硝基甲烷	1CH$_3$NO$_2$
	CH$_2$NO$_2$	55	2.5000	2.3040	1-硝基丙烷	1CH$_3$,1CH$_2$,1CH$_2$NO$_2$
	CHNO$_2$	56	2.8870	2.2410	2-硝基丙烷	2CH$_3$,1CHNO$_2$
27"ACNO$_2$"	ACNO$_2$	57	0.4656	0.3589	硝基苯	5ACH,1ACNO$_2$
28"CS$_2$"	CS$_2$	58	1.2400	1.0680	二硫化碳	1CS$_2$
29"CH$_3$SH"	CH$_3$SH	59	1.2890	1.7620	甲硫醇	1CH$_3$SH
	CH$_2$SH	60	1.5350	1.3160	乙硫醇	1CH$_3$,1CH$_2$SH
30"furfural"	furfural	61	1.2990	1.2890	糠醛	1furfural
31"DOH"	DOH	62	2.0880	2.4000	1,2-乙二醇	1DOH
32"I"	I	63	1.0760	0.9169	碘乙烷	1CH$_3$,1CH$_2$,1I
33"Br"	Br	64	1.2090	1.4000	溴乙烷	1CH$_3$,1CH$_2$,1Br

续表

主基团	子基团	no.	R_k	Q_k		基团划分实例
34"C≡C"	CH≡C	65	0.9214	1.3000	1-己炔	$1CH_3,3CH_2,1CH\equiv C$
	C≡C	66	1.3030	1.1320	2-己炔	$2CH_3,2CH_2,1C\equiv C$
35"DMSO"	DMSO	67	3.6000	2.6920	二甲基亚砜	1DMSO
36"ACRY"	acrylonitrile	68	1.0000	0.9200	丙烯腈	1acrylonitrile
37"ClCC"	Cl(C=C)	69	0.5229	0.7391	四氯乙烯	$1CH=C,3Cl(C=C)$
38"ACF"	ACF	71	0.8814	0.7269	六氟代苯	6ACF
39"DMF"	DMF	72	2.0000	2.0930	N,N-二甲基甲酰胺	1DMF
	$HCON(CH_2)_2$	73	2.3810	1.5220	N,N-二乙基甲酰胺	$2CH_3,1HCON(CH_2)_2$
40"CF₂"	CF_3	74	1.2840	1.2660	1,1,1-三氟乙烷	$1CH_3,1CF_3$
	CF_2	75	1.2840	1.0980	全氟己烷	$2CF_3,4CF_2$
	CF	76	0.8215	0.5135	全氟甲基环己烷	$1CF_3,5CF_2,1CF$
41"COO"	COO	77	1.6000	0.9000	甲基丙烯酸	$1CH_3,1CH_2=CH,1COO$
42"c-CH₂"	c-CH_2	78	0.7136	0.8635	环己烷	$6c\text{-}CH_2$
	c-CH	79	0.3479	0.1071	甲基环己烷	$1CH_3,5c\text{-}CH_2,1c\text{-}CH$
	c-C	80	0.3470	0.0000	1,1-二甲基环己烷	$2CH_3,5c\text{-}CH_2,1c\text{-}C$
43"c-CH₂O"	c-CH_2OCH_2	27	1.7023	1.8784	四氢呋喃	$2c\text{-}CH_2,1c\text{-}CH_2OCH_2$
	c-$CH_2O[CH_2]_{1/2}$	83	1.4046	1.4000	1,3-二噁烷	$1c\text{-}CH_2,2c\text{-}CH_2O[CH_2]_{1/2}$
	c-$[CH_2]_{1/2}O[CH_2]_{1/2}$	84	1.0413	1.0116	1,3,5-三噁烷	$3c\text{-}[CH_2]_{1/2}O[CH_2]_{1/2}$
44"HCOOH"	HCOOH	43	0.8000	1.2742	甲酸	1HCOOH
45"CHCl₃"	$CHCl_3$	50	2.4500	2.8912	氯仿	$1CHCl_3$

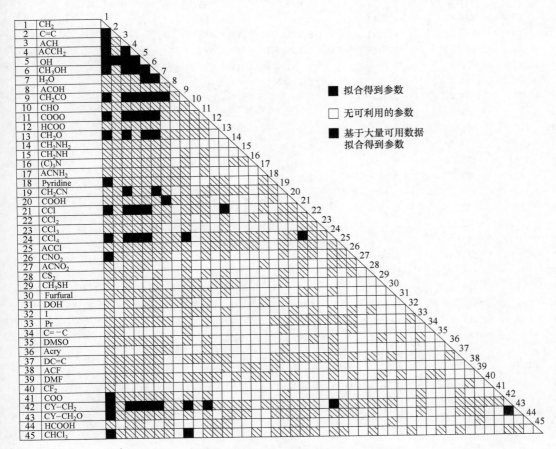

■ 拟合得到参数

□ 无可利用的参数

■ 基于大量可用数据拟合得到参数

图 5-1　修正 UNIFAC 模型相互作用参数现状

表 5-39　修正 UNIFAC 模型（Dortmund）基团相互作用参数值[43]

n	m	a_{nm}/K	b_{nm}	c_{nm}/K^{-1}	a_{mn}/K	b_{mn}	c_{mn}/K^{-1}
1	2	189.66	−0.2723	0.0	−95.418	0.6171×10^{-1}	0.0
1	3	114.20	0.9330×10^{-1}	0.0	16.070	−0.2998	0.0
1	4	7.3390	−0.4538	0.0	47.200	0.3575	0.0
1	5−!	2777.0	−4.6740	0.1551×10^{-2}	1606.0	−4.7460	0.9181×10^{-3}
1	6−!	2409.4	−3.0099	0.0	82.593	−0.4857	0.0
1	7	1391.3	−3.6156	0.1144×10^{-2}	−17.253	0.8389	0.9021×10^{-3}
1	8	1381.0	−0.9977	0.0	1987.0	−4.6150	0.0
1	9	433.60	0.1473	0.0	199.00	−0.8709	0.0
1	10	875.85	0.0	0.0	256.21	0.0	0.0
1	11	98.656	1.9294	$−0.3133\times10^{-2}$	632.22	−3.3912	0.3928×10^{-2}
1	12	508.40	−0.6215	0.0	238.50	−0.5358	0.0
1	13	233.10	−0.3155	0.0	−9.6540	$−0.3242\times10^{-1}$	0.0
1	14	−164.04	4.9683	$−0.1025\times10^{-1}$	326.04	−2.6348	0.3358×10^{-2}
1	15	350.58	0.6673×10^{-1}	0.0	207.26	−1.0916	0.0
1	16	−175.70	1.8570	0.0	205.65	−1.4436	0.0
1	17+!	958.74	−0.1484	0.0	2257.3	−5.6676	0.0
1	18	−9.2805	1.9682	$−0.1405\times10^{-2}$	258.57	−2.1156	0.1574×10^{-2}
1	19	593.07	0.7335	0.0	293.81	−1.3979	0.0
1	20	1182.2	−3.2647	0.9198×10^{-2}	2017.7	−9.0933	0.1024×10^{-1}
1	21	401.00	−0.7277	0.0	−65.685	0.7409×10^{-1}	0.0
1	22	−233.66	1.2561	0.0	311.55	−1.1856	0.0
1	23	−653.74	4.5311	$−0.8735\times10^{-2}$	1302.6	−8.4270	0.1442×10^{-1}
1	24	267.51	−1.7109	0.3388×10^{-2}	−148.07	1.0927	$−0.2416\times10^{-2}$
1	25	−1385.0	15.890	$−0.4831\times10^{-1}$	3264.0	−20.840	0.3317×10^{-1}
1	26	2345.0	−13.200	0.2156×10^{-1}	−396.50	3.0920	$−0.6266\times10^{-2}$
1	27	2383.0	−2.693	0.0	1744.0	−4.0820	0.0
1	28	24.330	1.5210	0.0	72.120	−1.1260	0.0
1	29	465.90	−0.8557	0.0	−59.900	$−0.8313\times10^{-2}$	0.0
1	30	577.70	0.9384	0.0	210.50	−1.0810	0.0
1	31−!	897.70	0.0	0.0	28.170	0.0	0.0
1	32	559.90	−0.3564	0.0	166.00	−0.7116	
1	33	527.70	−0.4990	0.0	−62.080	−0.3658	
1	34	477.50	−0.6581	0.0	−22.040	−0.1018	
1	35	−547.50	3.4570	0.0	477.10	−2.1750	
1	36±!	1662.0	0.0	0.0	−291.90	0.0	
1	37+!	334.50	0.9102×10^{-2}	0.0	3.2020	−0.6894	
1	38	468.50	−1.0420	0.0	−160.30	$−0.1080\times10^{-1}$	
1	39	406.20	0.6525	0.0	151.00	−0.9023	
1	40	342.00	−1.6790	0.0	−484.30	2.4670	
1	41	1312.0	−3.6430	0.0	−314.60	1.2870	
1	42+!	−680.95	4.0194	$−0.6878\times10^{-2}$	1020.8	−6.0746	0.1015×10^{-1}
1	43	79.507	0.7089	$−0.2098\times10^{-2}$	186.71	−1.3546	0.2402×10^{-2}
1	44−!	1935.7	0.0	0.0	−21.230	0.0	0.0
1	45	164.25	−0.2683	0.0	−44.069	0.2778×10^{-1}	0.0
2	3	174.10	−0.5886	0.0	−157.20	0.6166	
2	4	117.30	−0.8552	0.0	−113.10	1.1720	
2	5	2649.0	−6.5080	0.4822×10^{-2}	1566.0	−5.8090	0.5197×10^{-2}
2	6	−628.07	10.000	$−0.1497\times10^{-1}$	−96.297	0.6304	$−0.1800\times10^{-2}$
2	7−!	778.30	0.1482	0.0	−1301.0	4.0720	0.0

续表

n	m	a_{nm}/K	b_{nm}	c_{nm}/K^{-1}	a_{mn}/K	b_{mn}	c_{mn}/K^{-1}
2	8	1207.0	−1.9550	0.0	191.60	0.4936	0.0
2	9	179.80	0.6991	0.0	91.811	−0.7171	0.0
2	10	476.25	0.0	0.0	202.49	0.0	0.0
2	11	980.74	−2.4224	0.0	−582.82	1.6732	0.0
2	12	309.80	0.0	0.0	−28.630	0.0	0.0
2	13−!	733.30	−2.5090	0.0	−844.30	2.9450	0.0
2	14±!	1857.0	−8.6530	0.1088×10^{-1}	498.80	−5.1480	0.1039×10^{-1}
2	15±!	224.80	0.0	0.0	−124.32	0.0	0.0
2	16±!	165.30	0.0	0.0	−131.50	0.0	0.0
2	17	2800.0	−10.720	0.1339×10^{-1}	3982.0	−19.720	0.2783×10^{-1}
2	18±!	13.502	0.0	0.0	−13.317	0.0	0.0
2	19	634.85	0.0	0.0	−181.93	0.0	0.0
2	20±!	−2026.1	8.1549	0.0	−347.50	1.2160	0.0
2	21	498.90	−1.4870	0.0	−359.60	1.2380	0.0
2	22	−44.958	0.0	0.0	55.881	0.0	0.0
2	23±!	−204.51	0.0	0.0	255.41	0.0	0.0
2	24	616.62	−2.1164	0.0	−663.45	2.3281	0.0
2	25	−56.690	9.8050	0.0	215.50	−1.5190	0.0
2	26	417.60	0.8726×10^{-1}	0.0	452.20	−1.9970	0.0
2	28±!	46.060	1.5450	0.0	70.880	−1.0900	0.0
2	30	470.40	0.0	0.0	−146.10	0.0	0.0
2	33	−19.820	0.5941	0.0	160.40	−0.5148	0.0
2	34	−44.760	0.0	0.0	180.60	0.0	0.0
2	35	−174.60	1.9600	0.0	154.00	−1.3030	0.0
2	36	179.70	0.0	0.0	−113.80	0.0	0.0
2	37	967.90	$−0.3862 \times 10^{-1}$	0.0	−300.60	$−0.9576 \times 10^{-1}$	0.0
2	38	142.10	−0.3025	0.0	−139.50	0.9076	0.0
2	39	388.40	0.0	0.0	−152.20	0.0	0.0
2	41	−339.80	1.2970	0.0	698.50	−2.1590	0.0
2	42	−78.190	0.1327	0.0	182.40	−0.3030	0.0
2	43±!	−322.10	−0.2037	0.4517×10^{-2}	1182.6	−5.0000	0.3745×10^{-2}
2	45	389.28	0.0	0.0	−174.41	0.0	0.0
3	4	139.20	−0.6500	0.0	−45.330	0.4223	0.0
3	5	3972.0	−13.160	0.1208×10^{-1}	3049.0	−12.770	0.1435×10^{-1}
3	6	1604.3	−2.0299	0.0	13.733	−0.1177	0.0
3	7	792.00	−1.7260	0.0	332.30	1.1580	0.0
3	8	1356.0	−2.1180	0.0	2340.0	−5.0430	0.0
3	9	146.20	−1.2370	0.4237×10^{-2}	−57.530	1.2120	$−0.3715 \times 10^{-2}$
3	10	−365.50	1.8740	0.0	1011.0	−2.1670	0.0
3	11	−274.54	0.9149	0.0	622.73	−1.7605	0.0
3	12	170.50	$−0.2393 \times 10^{-1}$	0.0	108.30	−0.2620	0.0
3	13	−87.080	−0.1859	0.0	179.00	0.5615×10^{-1}	0.0
3	14	2036.0	−8.7290	0.8138×10^{-2}	−121.00	−1.9010	0.6999×10^{-2}
3	15	139.67	0.3769×10^{-1}	0.0	105.63	−0.6067	0.0
3	16	−71.400	0.7078	0.0	16.290	−0.6022	0.0
3	17	1044.7	−1.7112	0.0	154.39	1.2458	0.0
3	18	1047.0	−5.5620	0.8771×10^{-2}	−590.00	2.9160	$−0.4935 \times 10^{-2}$
3	19	−17.440	0.9437	0.0	111.80	−0.5959	0.0
3	20	69.561	1.8881	0.0	613.32	−1.5950	0.0

续表

n	m	a_{nm}/K	b_{nm}	c_{nm}/K^{-1}	a_{mn}/K	b_{mn}	c_{mn}/K^{-1}
3	21	73.046	-0.2132	0.0	-58.972	0.1046	0.0
3	22	133.66	-0.4614	0.0	-142.20	0.3966	0.0
3	23	66.214	-0.6363	0.0	-78.116	0.6998	0.0
3	24	269.0	-1.7760	0.2645×10^{-2}	-305.50	2.1200	-0.3239×10^{-2}
3	25	595.20	3.3090	-0.2844×10^{-1}	1885.0	-10.980	0.1661×10^{-1}
3	26	134.10	-0.8156	0.1450×10^{-2}	-330.00	3.0660	-0.5376×10^{-2}
3	27	746.90	0.0	0.0	36.450	0.0	0.0
3	28	3736.0	-25.000	0.4593×10^{-1}	574.60	-3.7020	0.3682×10^{-2}
3	29±!	59.230	0.0	0.0	-41.770	0.0	0.0
3	30	331.60	0.3778	0.0	0.4086	-0.4601	0.0
3	31	345.50	0.0	0.0	-14.060	0.0	0.0
3	32±!	-82.280	0.5677	0.0	298.90	-0.8374	0.0
3	33	-248.20	1.2140	0.0	187.50	-0.9020	0.0
3	35	347.60	-1.4300	0.0	-345.60	1.5450	0.0
3	37	602.10	-7.7980	0.1966×10^{-1}	1887.0	-8.7070	0.7813×10^{-2}
3	38	808.00	-5.3310	0.6077×10^{-2}	-1367.0	7.8830	-0.7754×10^{-2}
3	39	15.570	0.8460	0.0	-4.2990	-0.4298	0.0
3	41	-126.20	0.3860	0.0	670.80	-1.8070	0.0
3	42	33.344	-0.4849	0.0	84.418	0.4046	0.0
3	43	-26.852	-0.4421	0.0	47.230	0.6404	0.0
3	44+!	-1172.0	10.106	-0.1428×10^{-1}	-1141.6	8.6562	-0.1544×10^{-1}
3	45	380.02	-0.2333	0.0	-201.52	-0.6877×10^{-1}	0.0
4	5-!	3989.0	-14.090	0.1530×10^{-1}	2673.0	-5.7650	-0.3320×10^{-3}
4	6	436.21	1.9094	0.0	145.54	-0.4880	0.0
4	7	1050.2	-1.9939	0.0	24.144	1.6504	0.0
4	8	1375.0	-1.7020	0.0	1825.0	-3.7430	0.0
4	9	1001.0	-1.8710	0.2390×10^{-3}	-146.60	0.2419	0.1133×10^{-3}
4	10	683.60	-1.0200	0.8690×10^{-3}	1963.0	2.6560	-0.1355×10^{-1}
4	11	-242.50	2.7200	-0.3449×10^{-2}	1624.0	-9.4090	0.1338×10^{-1}
4	12±!	78.940	0.0	0.0	732.00	0.0	0.0
4	13	-595.10	2.9780	0.0	375.00	-1.5700	0.0
4	14	2977.0	-19.160	0.3333×10^{-1}	-45.440	5.1410	-0.1420×10^{-1}
4	15±!	1250.0	0.0	0.0	-316.22	0.0	0.0
4	16	-2631.0	13.560	-0.7036×10^{-2}	978.30	-6.4810	0.7088×10^{-2}
4	17	4000.0	-16.680	0.2112×10^{-1}	3969.0	8.4970	-0.5945×10^{-2}
4	18	-189.30	1.8600	0.0	214.20	-1.2790	0.0
4	19	208.10	1.3330	0.0	170.10	-0.8218	0.0
4	20	1352.5	0.0	0.0	29.747	0.0	0.0
4	21	-46.994	0.3044	0.0	113.07	-0.5957	0.0
4	22	213.85	0.2000	0.0	-75.010	-0.4268	0.0
4	23	192.52	-0.2536	0.0	-38.939	-0.1938	0.0
4	24	-106.20	0.6081	0.0	107.80	-0.6785	0.0
4	25	-113.60	19.720	0.0	-69.230	-0.7359	0.0
4	26	1358.0	-9.9680	0.2093×10^{-1}	1014.0	-4.7020	0.4381×10^{-2}
4	27	-2345.0	12.290	0.0	1567.0	-2.6780	0.0
4	28	2586.0	-9.5000	0.8819×10^{-2}	-1494.0	7.6790	-0.1225×10^{-1}
4	30	157.90	1.4080	0.0	181.20	-1.0810	0.0
4	31	323.60	-0.2739	0.0	694.80	-0.8527	0.0
4	32	69.000	0.4317	0.0	448.80	-0.9919	0.0

n	m	a_{nm}/K	b_{nm}	c_{nm}/K^{-1}	a_{mn}/K	b_{mn}	c_{mn}/K^{-1}
4	33	277.00	−0.5955	0.0	−156.70	0.1221	0.0
4	35	88.930	0.2236	0.0	178.60	−0.7113	0.0
4	37	234.20	−0.2311	0.0	−115.90	$−0.2925 \times 10^{-1}$	0.0
4	38	−172.20	0.2257	0.0	−13.150	0.1763×10^{-2}	0.0
4	39	403.30	−0.3234	0.0	−45.150	$−0.5665 \times 10^{-2}$	0.0
4	41	2303.0	−6.3460	0.0	−736.80	3.3320	0.0
4	42	147.38	−0.4889	0.0	−62.534	0.1798	0.0
4	43	−26.486	−0.2952	0.0	199.48	0.3370×10^{-1}	0.0
4	44＋!	−514.79	4.9372	0.0	291.65	−1.2039	0.0
4	45	297.73	−0.2420	0.0	−248.30	0.2547	0.0
5	6	346.31	−2.4583	0.2929×10^{-2}	−1218.2	9.7928	$−0.1616 \times 10^{-1}$
5	7	−801.90	3.8240	$−0.7514 \times 10^{-2}$	1460.0	−8.6730	0.1641×10^{-1}
5	8	83.910	−1.2620	0.0	465.40	−1.8410	0.0
5	9	−250.00	2.8570	$−0.6022 \times 10^{-2}$	653.30	−1.4120	0.9540×10^{-3}
5	10−!	−281.40	2.3790	$−0.6668 \times 10^{-2}$	1590.0	−24.570	0.6212×10^{-1}
5	11	973.80	−5.6330	0.7690×10^{-2}	310.40	1.5380	$−0.4885 \times 10^{-2}$
5	12	235.90	−0.5874	0.0	839.60	−1.2150	0.0
5	13	1102.0	−7.1760	0.9698×10^{-2}	1631.0	−7.3620	0.1176×10^{-1}
5	14−!	−923.70	2.4680	0.0	−75.630	−0.1511	0.0
5	15−!	−355.10	0.5800	0.0	−660.20	1.7430	0.0
5	16	104.60	−5.0140	0.8854×10^{-2}	1876.0	11.500	0.9000×10^{-1}
5	17	−1114.0	5.9160	$−0.7126 \times 10^{-2}$	1325.0	−6.2630	0.7584×10^{-2}
5	18−!	3979.0	−19.790	0.2691×10^{-1}	−1496.0	9.3530	$−0.1410 \times 10^{-1}$
5	19	123.50	0.8503	$−0.2478 \times 10^{-2}$	−46.000	4.4150	$−0.8780 \times 10^{-2}$
5	20−!	−1295.0	4.3634	0.0	1525.8	−4.9155	0.0
5	21	238.10	−0.7077	0.0	2177.0	−4.3630	0.0
5	22	−126.00	0.1322	0.0	2389.0	−4.5090	0.0
5	23	1314.8	0.0	0.0	963.37	0.0	0.0
5	24	925.60	−2.0270	0.0	3139.0	−5.9640	0.0
5	25	1862.0	32.070	$−0.9397 \times 10^{-2}$	3664.0	34.130	0.2987×10^{-2}
5	26	741.80	−2.0980	0.0	1091.0	−1.2740	0.0
5	27	2100.0	0.0	0.0	316.60	0.0	0.0
5	30	738.40	−1.7710	0.0	616.50	−0.1457	0.0
5	31	499.80	−2.4100	0.0	−468.80	2.4210	0.0
5	32	838.80	0.0	0.0	774.7	0.0	0.0
5	33	699.70	−1.7670	0.0	1439.0	−1.6730	0.0
5	34	−148.90	1.0340	0.0	1255.0	−2.5380	0.0
5	35	190.40	−1.2000	0.0	−452.30	1.9560	0.0
5	36	1117.0	−2.1960	0.0	1072.0	−1.2480	0.0
5	37	439.40	0.0	0.0	959.30	0.0	0.0
5	38±!	848.60	0.0	0.0	1253.0	0.0	0.0
5	39	1036.0	−2.9950	0.0	−366.40	1.1290	0.0
5	41	403.80	−0.9346	0.0	703.40	−1.3830	0.0
5	42	3856.0	−17.970	0.2083×10^{-1}	3246.0	−4.9370	$−0.1143 \times 10^{-2}$
5	43	401.89	−0.4363	$−0.2004 \times 10^{-2}$	−238.36	5.0000	$−0.8186 \times 10^{-2}$
5	45	−32.643	$−0.1043 \times 10^{-1}$	0.0	2985.8	−6.2270	0.0
6	7	108.20	−0.9224	0.0	−774.50	3.8720	0.0
6	8±!	−867.00	−1.2580	0.2998×10^{-1}	265.50	−2.9050	0.2283×10^{-2}
6	9	86.439	−0.4651	0.0	394.78	−0.3605	0.0

续表

n	m	a_{nm}/K	b_{nm}	c_{nm}/K^{-1}	a_{mn}/K	b_{mn}	c_{mn}/K^{-1}
6	10±!	−392.50	2.2560	0.0	−158.40	−0.6469	0.0
6	11	299.23	−1.2702	0.0	294.76	0.3745	0.0
6	12	220.70	−0.6402	0.0	444.70	$−0.6819 \times 10^{-1}$	0.0
6	13	−87.480	−0.5522	0.0	475.20	0.1198	0.0
6	14−!	−495.25	1.0807	0.0	−467.95	0.6574	0.0
6	15−!	−1508.5	4.4917	0.0	−278.09	−0.3989	0.0
6	16−!	−1039.0	5.6030	$−0.6551 \times 10^{-2}$	39.330	−3.3540	0.6714×10^{-2}
6	17	−2012.0	13.460	$−0.2004 \times 10^{-1}$	251.20	−1.2740	0.2214×10^{-2}
6	18	3153.0	−13.320	0.1190×10^{-1}	1556.0	−14.970	0.3041×10^{-1}
6	19	97.973	−0.2867	0.0	615.01	−0.9444	0.0
6	20	−733.07	2.3351	0.0	1075.5	−3.4339	0.0
6	21	−16.521	−0.2814	0.0	1831.2	−2.9694	0.0
6	22	−85.926	−0.2637	0.0	1904.4	−2.7981	0.0
6	23	−139.58	0.0	0.0	893.38	0.0	0.0
6	24	−40.130	$−0.6709 \times 10^{-1}$	0.0	2150.0	−2.8130	0.0
6	25	3000.0	−11.810	0.0	2955.0	−6.3830	0.0
6	26	374.20	−2.2120	0.2688×10^{-2}	1079.0	−1.7660	0.1238×10^{-2}
6	28+!	−332.40	4.4190	$−0.7797 \times 10^{-2}$	2645.0	−9.1720	0.1177×10^{-1}
6	29+!	75.710	−0.3753	0.0	1334.0	−1.8630	0.0
6	30	−369.80	2.2030	0.0	662.00	−1.9030	0.0
6	31	33.190	−0.2074	0.0	−3.4280	0.4830	0.0
6	32	180.50	0.3161	0.0	1965.0	−3.8580	0.0
6	33±!	28.950	−0.3303	0.0	648.80	0.8050	0.0
6	35±!	−185.90	0.3906×10^{-1}	0.0	145.00	−0.6343	0.0
6	36	164.00	0.0	0.0	135.90	0.0	0.0
6	37	−43.880	0.0	0.0	2421.0	0.0	0.0
6	38	−99.580	0.0	0.0	1235.0	0.0	0.0
6	39	101.20	−1.0780	0.0	−269.70	1.7320	0.0
6	41	308.70	−1.1750	0.0	678.10	−1.3350	0.0
6	42	68.972	−0.4200	0.0	2540.7	−3.5236	0.0
6	43	−308.7	1.7454	$−0.3350 \times 10^{-2}$	952.24	−3.3287	0.5360×10^{-2}
6	45	−242.60	0.2956	$−0.9006 \times 10^{-4}$	4519.3	−19.456	0.2598×10^{-1}
7	8	−2686.0	19.440	$−0.2702 \times 10^{-1}$	148.40	−2.7570	0.2329×10^{-2}
7	9	190.50	−3.6690	0.8838×10^{-2}	770.60	−0.5873	$−0.3252 \times 10^{-2}$
7	10−!	−1545.0	6.5120	0.0	512.60	−2.1450	0.0
7	11	−675.50	3.6090	0.0	322.30	−1.3050	0.0
7	13	−197.50	0.1766	0.0	140.70	0.5679×10^{-1}	0.0
7	14−!	798.50	−5.8690	0.1032×10^{-1}	−980.60	3.6710	$−0.5908 \times 10^{-2}$
7	15−!	1524.0	−2.5310	0.0	−851.00	1.0340	0.0
7	16−!	274.50	−0.5905	0.2205×10^{-2}	−446.00	−0.7738	0.2634×10^{-2}
7	17	158.40	0.5246	0.0	−131.00	−0.7957	0.0
7	18−!	732.20	−0.6607	0.2019×10^{-2}	−619.30	1.9300	$−0.3386 \times 10^{-2}$
7	19	−634.10	3.5900	0.00	509.60	−1.9160	0.0
7	20	−1795.2	12.708	$−0.1546 \times 10^{-1}$	624.97	−4.6878	0.5237×10^{-2}
7	21	86.690	1.5920	0.0	313.30	−0.5041	0.0
7	22	134.10	0.9495	0.0	748.20	−1.3190	0.0
7	24−!	1008.0	−1.7950	0.0	1282.0	−2.8150	0.0
7	25	−1895.0	9.3030	0.0	591.60	−3.0800	0.0
7	26	−595.70	2.6340	0.0	882.60	−2.6060	

n	m	a_{nm}/K	b_{nm}	c_{nm}/K^{-1}	a_{mn}/K	b_{mn}	c_{mn}/K^{-1}
7	30	−123.80	3.8470	0.0	501.40	−1.9390	0.0
7	31	372.50	−0.9091	0.0	−368.80	0.7775	0.0
7	33	822.20	0.0	0.0	−17.990	0.0	0.0
7	35−!	117.00	−0.6110	0.0	−370.80	0.1043	0.0
7	36	419.80	2.4360	0.0	276.90	−0.9948	0.0
7	39−!	−494.20	2.8260	0.0	−121.80	−0.6029	0.0
7	41	676.00	−0.9909	0.0	808.40	−2.9290	0.0
7	42	274.37	−0.5861	$−0.3001×10^{-3}$	1632.9	−2.8719	$0.3455×10^{-2}$
7	43	54.962	−2.5850	$0.8218×10^{-2}$	843.09	−2.6350	$0.7040×10^{-3}$
7	44−!	−804.28	2.8280	0.0	594.45	−2.2535	0.0
7	45	509.30	−0.2900	0.0	−523.80	3.1580	0.0
8	9−!	−145.20	−0.7380	0.0	−666.80	1.9180	0.0
8	11−!	−212.90	0.0	0.0	−224.40	0.0	0.0
8	13	−329.30	0.0	0.0	−80.580	0.0	0.0
8	17−!	542.00	−6.7920	$0.1655×10^{-1}$	−131.10	−0.9399	$0.4690×10^{-3}$
8	18−!	−1231.0	4.9730	$−0.6327×10^{-2}$	608.20	−6.2610	$0.9693×10^{-2}$
8	20	401.88	0.0	0.0	281.08	0.0	0.0
8	24	2356.0	−3.3470	0.0	2157.0	−3.7180	0.0
8	25	555.50	0.0	0.0	1554.0	0.0	0.0
8	31−!	−309.00	0.0	0.0	191.70	0.0	0.0
8	42	−749.40	6.5890	$−0.1101×10^{-1}$	1826.0	−1.0350	$−0.2210×10^{-2}$
9	10	197.60	0.0	0.0	−93.080	0.0	0.0
9	11	−16.486	−0.2792	0.0	33.415	0.2191	0.0
9	12	−83.570	0.0	0.0	101.30	0.0	0.0
9	13	3645.0	−26.910	$0.4757×10^{-1}$	695.80	−0.9619	$−0.2462×10^{-2}$
9	15	−47.970	0.0	0.0	119.50	0.0	0.0
9	16	−389.60	0.1944	$0.1863×10^{-2}$	2831.0	−13.010	$0.1558×10^{-1}$
9	17	1732.0	−9.896	$0.141×10^{-1}$	1460.0	−13.730	$0.2917×10^{-1}$
9	18	513.30	−1.0360	0.0	−258.00	0.5070	0.0
9	19	−191.00	0.6835	0.0	79.080	−0.3808	0.0
9	20	−109.51	0.9689	0.0	178.22	−0.9168	0.0
9	21	−99.976	0.0	0.0	55.270	0.0	0.0
9	22−!	−18.695	−0.5261	0.0	−218.94	1.0749	0.0
9	23	810.17	−3.2209	$0.2144×10^{-2}$	−48.641	−0.7950	$0.3713×10^{-2}$
9	24	−808.60	4.5640	$−0.7230×10^{-2}$	913.90	−3.3060	$0.4963×10^{-2}$
9	25	1297.0	−1.3650	$−0.2253×10^{-1}$	1375.0	2.4990	$0.6309×10^{-2}$
9	26	−35.890	−0.1009	0.0	−32.600	$0.8470×10^{-1}$	0.0
9	27	−169.60	2.9860	0.0	−328.10	0.3045	0.0
9	28	419.90	$0.9772×10^{-1}$	0.0	315.30	−0.5617	0.0
9	29±!	2.7140	0.0	0.0	64.410	0.0	0.0
9	30−!	−986.00	3.8470	0.0	277.00	−1.3570	0.0
9	31±!	478.50	−1.1480	0.0	−72.580	0.4909	0.0
9	32±!	346.60	−0.7017	0.0	−182.00	0.7905	0.0
9	33	−717.76	2.9431	0.0	319.69	−1.4362	0.0
9	34	−62.430	−0.8977	0.0	−481.20	9.6040	0.0
9	35	−76.870	0.5372	0.0	38.060	−0.5189	0.0
9	37	64.010	−1.0770	0.0	−153.40	3.1430	0.0
9	39	80.792	−3.7020	$0.1159×10^{-1}$	1955.5	−10.000	$0.1139×10^{-1}$
9	41	64.210	0.0	0.0	−148.30	0.0	0.0

n	m	a_{nm}/K	b_{nm}	c_{nm}/K^{-1}	a_{mn}/K	b_{mn}	c_{mn}/K^{-1}
9	42	156.53	−0.7135	0.0	498.92	−0.4400×10^{-1}	0.0
9	43	−62.857	0.2898	0.0	80.038	−0.1012	0.0
9	45−!	−497.98	0.7972	0.2982×10^{-3}	945.14	−3.8168	0.4535×10^{-2}
10	11	−208.40	0.0	0.0	389.70	0.0	0.0
10	12	−160.70	0.0	0.0	226.60	0.0	0.0
10	13	209.00	−0.6241	0.0	235.70	0.1314	0.0
10	20	435.64	0.0	0.0	−188.00	0.0	0.0
10	21±!	985.70	−2.9860	0.0	−888.30	3.4260	0.0
10	22±!	−111.50	0.0	0.0	473.30	0.0	0.0
10	29±!	−373.70	0.0	0.0	−397.50	0.0	0.0
10	30±!	−742.70	0.0	0.0	−214.80	0.0	0.0
10	32±!	114.30	0.0	0.0	293.50	0.0	0.0
10	37+!	−43.560	0.0	0.0	945.60	0.0	0.0
10	39±!	2371.0	0.0	0.0	−225.30	0.0	0.0
10	42±!	856.5	−1.9000	0.0	1129.0	−0.4978	0.0
11	12−!	342.40	0.0	0.0	−251.70	0.0	0.0
11	13	195.30	−9.75	0.4051×10^{-1}	824.20	−6.0090	0.8271×10^{-2}
11	15	3168.0	−24.070	0.4303×10^{-1}	3329.0	−13.780	0.1193×10^{-1}
11	16+!	152.80	−1.0990	0.0	160.80	0.8719	0.0
11	17−!	−1355.0	7.6830	−0.1012×10^{-1}	3499.0	−22.960	0.3543×10^{-1}
11	19	−193.23	0.4301	0.0	139.55	−0.4367	0.0
11	20	62.031	1.0567	0.0	59.594	−0.7120	0.0
11	21	−49.339	0.0	0.0	48.852	0.0	0.0
11	22±!	168.17	−1.0536	0.0	−461.35	1.8569	0.0
11	24	−5.7100	−0.2724	0.0	223.40	0.1237	0.0
11	25−!	3351.0	−14.540	0.0	−788.60	1.6930	0.0
11	26	9.2220	−0.3292	0.0	−50.360	0.2448×10^{-1}	0.0
11	28±!	861.10	−1.6930	0.0	280.00	−0.9491	0.0
11	30	80.690	0.0	0.0	−136.30	0.0	0.0
11	31	−72.070	0.0	0.0	69.250	0.0	0.0
11	32±!	82.960	0.0	0.0	11.620	0.0	0.0
11	33	−386.30	1.8920	0.0	248.30	−1.1980	0.0
11	35±!	296.80	−1.2640	0.0	−337.10	0.8843	0.0
11	36−!	−92.120	0.9031	0.0	503.50	−1.7920	0.0
11	37−!	−201.40	0.5487	0.0	−320.00	1.0520	0.0
11	39	231.00	0.0	0.0	−173.50	0.0	0.0
11	41−!	−338.80	1.8370	0.0	3.9240	−1.1740	0.0
11	42	296.88	−1.1816	0.0	323.18	0.3626	0.0
11	43	−28.231	0.0	0.0	36.948	0.0	0.0
11	44−!	745.40	0.0	0.0	−447.04	0.0	0.0
11	45±!	−579.11	0.9455	0.0	966.35	−2.1861	0.0
12	18	167.50	0.0	0.0	−14.230	0.0	0.0
12	19±!	92.210	0.0	0.0	−33.640	0.0	0.0
12	24±!	−142.20	0.5720	0.0	465.80	−0.7730	0.0
12	25±!	1894.0	0.0	0.0	18.790	0.0	0.0
12	29±!	161.80	0.0	0.0	13.970	0.0	0.0
12	37±!	745.40	−0.6220	0.0	−479.10	0.8031	0.0
12	39−!	580.30	0.0	0.0	−285.50	0.0	0.0
12	42±!	245.10	−0.8394	0.0	475.90	−0.1080	0.0

续表

n	m	a_{nm}/K	b_{nm}	c_{nm}/K^{-1}	a_{mn}/K	b_{mn}	c_{mn}/K^{-1}
2	44−!	489.15	0.0	0.0	−441.01	0.0	0.0
2	45−!	260.64	−1.2868	0.0	−597.09	2.5295	0.0
3	18	957.80	−5.7730	0.1074×10^{-1}	460.30	−5.6870	0.9776×10^{-2}
3	19	1987.0	−8.0220	0.1065×10^{-1}	−588.80	1.4810	-0.2636×10^{-2}
3	20	521.48	0.0	0.0	−310.82	0.0	0.0
3	21	−208.60	−0.2571	0.2418×10^{-2}	872.00	−2.9390	0.1269×10^{-2}
3	22±!	492.90	−6.4750	0.1806×10^{-1}	215.30	−2.4820	0.2745×10^{-2}
3	23	−607.35	2.3467	0.0	97.128	−0.6439	0.0
3	24	−425.40	0.9514	0.0	641.20	−1.4860	0.0
3	25	974.00	−1.3680	-0.1983×10^{-1}	381.10	−5.6820	0.1675×10^{-1}
3	26±!	−305.10	0.7063	0.0	319.60	−1.3680	0.0
3	28!	35.020	1.7020	0.0	198.50	−1.4340	0.0
13	29±!	102.60	0.0	0.0	−210.10	0.0	0.0
13	30	513.70	0.0	0.0	−299.60	0.0	0.0
13	32±!	−104.80	0.0	0.0	464.00	0.0	0.0
13	37−!	−422.70	2.2300	0.0	−326.40	0.2400	0.0
13	38±!	155.70	−1.5780	0.0	−528.80	2.8220	0.0
13	42	251.40	−1.0210	0.0	−86.600	0.9724	0.0
13	43	−124.33	−0.294	0.0	561.14	−0.7058	0.0
13	44−!	−454.92	0.0	0.0	310.75	0.0	0.0
13	45−!	−515.93	0.3835	0.0	1368.0	−2.6254	0.0
14	15+!	1517.0	−12.720	0.2557×10^{-1}	−1074.0	9.0000	-0.1795×10^{-1}
14	16	−472.40	−0.2051	0.1058×10^{-1}	836.60	−5.2080	0.4801×10^{-2}
14	19	−412.38	−0.4909	0.6255×10^{-2}	2412.2	−10.495	0.9741×10^{-2}
14	24+!	−65.760	−0.3148	0.0	333.90	−0.1415	0.0
14	25±!	2553.0	−11.900	0.0	3873.0	−9.315	0.0
14	29	−205.10	0.0	0.0	244.40	0.0	0.0
14	39±!	162.14	0.0	0.0	−112.76	0.0	0.0
14	42	444.60	−3.1420	0.2975×10^{-2}	−526.10	7.6850	-0.1110×10^{-1}
14	43±!	−143.07	0.0	0.0	182.58	0.0	0.0
15	16	402.60	−1.6140	0.0	−639.90	2.5610	0.0
15	19	242.20	0.0	0.0	−131.90	0.0	0.0
15	24	−3.2800	0.0	0.0	43.830	0.0	0.0
15	25±!	3888.0	−16.260	0.0	−868.80	2.9480	0.0
15	38±!	−330.20	0.0	0.0	904.10	0.0	0.0
15	42+!	154.50	−0.9466	0.0	528.30	−0.3991	0.0
15	43	−186.98	0.0	0.0	295.07	0.0	0.0
16	22±!	−473.00	0.8883	0.0	406.80	−1.5240	0.0
16	24±!	215.90	−1.3990	0.0	−825.90	3.1500	0.0
16	25−!	1622.0	−4.8120	-0.1856×10^{-1}	−94.870	−9.6120	0.3722×10^{-1}
16	38±!	−7.5320	−0.8077	0.0	35.160	0.9723×10^{-1}	0.0
16	39	965.00	0.0	0.0	−311.90	0.0	0.0
16	45±!	−420.24	0.2632	0.0	−1035.8	3.0780	0.0
17	18−!	1489.0	−13.480	0.2990×10^{-1}	245.80	−0.1692	-0.6990×10^{-3}
17	19−!	393.90	−4.703	0.9003×10^{-2}	2987.0	−9.3360	0.7147×10^{-2}
17	21±!	582.10	−2.3300	0.3770×10^{-3}	−338.0	3.3720	-0.3676×10^{-2}
17	24	3986.0	−16.150	0.1635×10^{-1}	2626.0	−10.590	0.1466×10^{-1}
17	27	3770.0	1.6860	0.0	1.6550	−1.1640	0.0
17	31−!	1268.0	−3.0420	0.0	−818.80	3.2290	0.0

续表

n	m	a_{nm}/K	b_{nm}	c_{nm}/K^{-1}	a_{mn}/K	b_{mn}	c_{mn}/K^{-1}
17	39−!	−391.90	0.0	0.0	650.70	0.0	0.0
17	42	1186.0	−2.2810	$−0.1336\times10^{-2}$	1851.0	−4.4760	0.5577×10^{-2}
18	19	81.520	0.0	0.0	31.100	0.0	0.0
18	20−!	−502.21	1.0583	0.0	−504.25	0.4034	0.0
18	22±!	−63.540	−0.4358	0.0	−92.490	0.2791	0.0
18	33±!	−623.80	2.5670	0.0	243.20	−1.4720	0.0
18	37	50.527	−0.7980	0.0	−110.08	2.1903	0.0
18	38	196.00	−1.1780	0.0	−474.50	2.1540	0.0
18	42	173.70	−1.7780	0.1480×10^{-2}	32.270	2.6840	$−0.3948\times10^{-2}$
18	43±!	−95.689	−0.1720	0.0	173.18	$−0.3557\times10^{-1}$	0.0
18	45−!	−29.855	−0.7479	0.0	−422.66	1.8153	0.0
19	21	176.50	−1.2370	0.0	−368.70	1.9920	0.0
19	22	−78.960	0.0	0.0	14.760	0.0	0.0
19	24	65.820	−0.6265	0.0	357.60	0.7676	0.0
19	25	1283.0	3.3610	$−0.2978\times10^{-1}$	2331.0	−9.2380	0.1158×10^{-1}
19	26	117.53	−0.4469	0.0	−128.21	0.5035	0.0
19	28±!	468.80	0.0	0.0	434.80	0.0	0.0
19	29±!	−18.800	−0.3652	0.0	41.540	0.6460	0.0
19	31±!	506.60	−1.2630	0.0	11.720	0.7004	0.0
19	33±!	−211.20	0.0	0.0	362.60	0.0	0.0
19	34±!	11.650	−1.2290	0.0	−1428.0	7.6980	0.0
19	36±!	267.10	0.0	0.0	−144.70	0.0	0.0
19	37	61.960	−0.4161	0.0	−19.100	1.1950	0.0
19	39±!	396.60	−1.8290	0.0	−663.00	2.6910	0.0
19	41	−75.670	0.0	0.0	26.800	0.0	0.0
19	42	−128.30	0.8538	$−0.2378\times10^{-2}$	2402.0	−10.300	0.1521×10^{-1}
19	43	−28.653	−0.4815	0.0	56.754	0.8978	0.0
19	45−!	237.42	−1.2928	0.0	642.44	2.8574	0.0
20	21	27.618	0.0	0.0	702.40	0.0	0.0
20	22	94.606	0.0	0.0	425.97	0.0	0.0
20	24	701.95	−1.7576	0.0	213.34	2.1861	0.0
20	25±!	−1398.7	0.0	0.0	1000.0	0.0	0.0
20	32	146.06	0.0	0.0	780.71	0.0	0.0
20	33	−18.328	0.0	0.0	753.21	0.0	0.0
20	37±!	−447.95	1.5141	0.0	283.64	1.5491	0.0
20	39	−421.21	0.0	0.0	93.773	0.0	0.0
20	42±!	1169.3	−3.0737	0.0	582.81	1.4976	0.0
20	43	720.45	−1.5187	0.0	−140.77	0.3090	0.0
20	44−!	−65.631	0.0	0.0	−14.016	0.0	0.0
20	45	508.72	−1.4005	0.0	−386.93	2.3961	0.0
21	22	70.790	0.0	0.0	−66.210	0.0	0.0
21	23	592.40	−4.2459	0.6905×10^{-2}	603.29	−3.9770	0.6248×10^{-2}
21	24	16.340	0.7287×10^{-1}	0.0	95.050	−0.2348	0.0
21	25±!	3985.0	−15.700	0.0	15.620	−1.0990	0.0
21	26	24.440	−0.4713	0.0	142.10	−0.1530	0.0
21	27+!	1248.0	−2.0400	0.0	1295.0	−4.2240	0.0
21	28±!	295.90	0.0	0.0	−137.70	0.0	0.0
21	30−!	666.00	0.0	0.0	−390.60	0.0	0.0
21	33	128.80	−0.2077	0.0	−92.680	$−0.1307\times10^{-1}$	0.0

续表

n	m	a_{nm}/K	b_{nm}	c_{nm}/K^{-1}	a_{mn}/K	b_{mn}	c_{mn}/K^{-1}
1	37	280.00	0.0	0.0	−207.30	0.0	0.0
1	42	−65.685	0.7409×10^{-1}	0.0	401.00	−0.7277	0.0
1	43−!	−325.77	2.0412	0.0	70.075	−1.1490	0.0
1	44	530.30	0.0	0.0	17.052	0.0	0.0
1	45	207.12	−0.4396	0.0	−175.29	0.3275	0.0
2	23	187.43	−3.4460	0.6718×10^{-2}	1468.9	−5.0000	0.3701×10^{-2}
2	24	46.290	−0.2115	0.0	46.030	0.5388×10^{-1}	0.0
2	25−!	3353.0	−14.200	0.0	368.60	−1.7480	0.0
2	26±!	822.40	−2.0500	0.0	−423.10	0.8154	0.0
2	30−!	−174.60	0.0	0.0	106.30	0.0	0.0
2	32±!	132.70	−0.1183	0.0	−23.810	$−0.9204\times10^{-1}$	0.0
2	33±!	−139.60	1.0220	0.0	96.400	−0.7760	0.0
2	35±!	−178.30	0.7426	0.0	−39.450	−0.8556	0.0
2	37	160.70	0.0	0.0	−135.90	0.0	0.0
22	42−!	34.133	−0.3925	0.0	193.77	0.3179×10^{-1}	0.0
22	43	108.83	−0.8606	0.0	−358.57	1.3307	0.0
22	45	7.3664	0.4046	0.0	−1.6641	−0.3783	0.0
23	24±!	−323.17	1.1973	0.0	350.92	−1.3456	0.0
23	33−!	599.82	0.0	0.0	−364.76	0.0	0.0
23	37±!	325.81	0.0	0.0	−199.87	0.0	0.0
24	25	−131.80	9.8020	$−0.3582\times10^{-1}$	972.10	−6.8200	0.9219×10^{-2}
24	26±!	441.50	−0.5353	0.0	−65.740	0.9670×10^{-1}	0.0
24	27±!	3286.0	0.0	0.0	167.50	0.0	0.0
24	28	9.3620	1.0330	0.0	52.010	−0.9095	0.0
24	30−!	750.20	0.8165	0.0	186.40	−0.7294	0.0
24	32±!	49.510	0.6829	0.0	100.50	−0.8269	0.0
24	33	203.20	−1.3280	0.0	−1360.0	7.4020	0.0
24	35±!	325.20	0.4405	0.0	−60.890	−0.6321	0.0
24	36±!	902.00	0.0	0.0	−194.90	0.0	0.0
24	37	220.60	0.3756	0.0	−134.40	−0.3226	0.0
24	38	197.40	−0.4858	0.0	−98.980	$−0.2128\times10^{-1}$	0.0
24	39±!	512.70	0.2702×10^{-1}	0.0	−168.40	−0.1230	0.0
24	42	−37.183	$−0.4783\times10^{-1}$	0.0	60.780	0.2426×10^{-1}	0.0
24	43	190.45	0.1272×10^{-1}	0.0	−131.87	$−0.1420\times10^{-1}$	0.0
24	45	22.779	0.4214×10^{-1}	0.0	14.947	−0.1109	0.0
25	26	3986.0	25.000	0.0	3638.0	−14.250	0.0
25	27	518.50	0.0	0.0	−1713.0	0.0	0.0
25	33	−69.880	0.0	0.0	981.50	0.0	0.0
25	42	1352.0	−3.7970	0.0	2838.0	−12.980	0.0
25	43±!	96.855	−1.2993	0.0	2991.9	−9.3959	0.0
25	45−!	−27.161	0.6110	0.0	4235.3	−16.954	0.0
26	27−!	85.600	0.0	0.0	986.00	0.0	0.0
26	28±!	68.870	3.2170	0.0	655.70	−2.2030	0.0
26	32±!	643.80	−0.7376	0.0	17.810	−0.2245	0.0
26	33−!	9.2580	−0.1079	0.0	121.40	0.5397×10^{-1}	0.0
26	34	−70.240	0.0	0.0	132.20	0.0	0.0
26	37	159.00	0.0	0.0	108.40	0.0	0.0
26	39±!	606.90	0.0	0.0	−340.90	0.0	0.0
26	42	115.60	−0.5435	0.0	531.00	−0.2908	0.0

续表

n	m	a_{nm}/K	b_{nm}	c_{nm}/K^{-1}	a_{mn}/K	b_{mn}	c_{mn}/K^{-1}
26	43	53.750	0.0	0.0	-47.089	0.0	0.0
27	42±!	1804.0	0.6361	0.0	2500.0	-3.8140	0.0
28	32±!	212.40	-0.3692	0.0	200.60	-0.2280	0.0
28	37	-93.310	-0.1286	0.0	319.40	0.3419×10^{-1}	0.0
28	42±!	29.450	-0.9194	0.0	92.400	1.1910	0.0
28	43±!	166.56	-1.0407	0.0	1.0902	1.5927	0.0
28	45	89.744	-1.0122	0.0	40.987	1.1526	0.0
29	35±!	467.10	0.0	0.0	-360.00	0.0	0.0
29	39	356.60	0.0	0.0	-247.60	0.0	0.0
29	42±!	-255.30	0.3653	0.0	685.30	-1.0480	0.0
30	37−!	-277.60	0.0	0.0	1168.0	0.0	0.0
30	42	96.590	-0.7691	0.0	846.70	0.2545	0.0
30	44±!	778.78	0.0	0.0	-384.29	0.0	0.0
31	35±!	-228.40	0.0	0.0	-47.810	0.0	0.0
31	39±!	373.80	0.0	0.0	-231.60	0.0	0.0
32	33±!	-536.20	1.9950	0.0	558.00	-1.9240	0.0
32	45±!	-47.772	-0.9201×10^{-2}	0.0	92.429	0.1744	0.0
33	35±!	-83.700	0.1436	0.0	-116.70	-0.6775×10^{-1}	0.0
33	41±!	-378.10	2.5600	0.0	13.780	-0.9360	0.0
33	42±!	-146.20	0.2411	0.0	498.10	-0.7754	0.0
33	43±!	-186.40	0.0	0.0	265.42	0.0	0.0
34	39−!	1025.0	0.0	0.0	-416.50	0.0	0.0
35	39±!	-213.80	0.0	0.0	203.40	0.0	0.0
35	45−!	-322.46	-0.2083×10^{-1}	0.0	67.069	0.2396	0.0
36	37	-74.880	0.0	0.0	1004.0	0.0	0.0
37	41−!	-211.10	0.0	0.0	516.50	0.0	0.0
37	42	1026.0	-7.4690	0.1114×10^{-1}	-1189.0	8.8650	-0.1285×10^{-1}
37	43±!	321.62	-4.9963	0.1387×10^{-1}	713.90	-2.7759	0.9172×10^{-3}
37	45	185.82	0.0	0.0	-139.00	0.0	0.0
38	40±!	-57.380	0.0	0.0	110.40	0.0	0.0
38	42	96.190	-0.4476	0.0	32.470	-0.7141×10^{-1}	0.0
38	43±!	-22.572	0.0	0.0	-7.5600	0.0	0.0
39	42	141.20	-0.8783	0.0	666.50	-0.1555	0.0
39	43	53.871	-0.6775	0.0	-54.260	1.0612	0.0
39	44−!	-310.13	0.0	0.0	-367.48	0.0	0.0
40	42±!	108.50	0.0	0.0	-69.940	0.0	0.0
41	42	610.10	5.9600	0.0	835.20	-2.6780	0.0
42	43	242.49	-0.3832×10^{-1}	0.0	20.834	-0.3472	0.0
42	45±!	183.79	-0.1518	0.0	-61.922	-0.5944×10^{-1}	0.0
43	45±!	-523.96	0.4945	0.0	1414.0	-2.8776	0.0

注：+！参数用于高温下；−！参数用于低温下；±！参数不宜用于高温或低温。

由于修正 UNIFAC 基团相互作用参数是利用大量气液平衡，液液平衡，超额焓和无限稀释活度系数实验数据回归得出，所以此模型不仅能用于相平衡中活度系数计算，也能用于无限稀释活度系数和焓的计算。

例 5-3 用 UNIFAC 模型计算 307K 下，正戊烷(1)-丙酮(2)二元液体混合物 $X_1=0.953$ 时各组分的活度系数。

解 按规定划分基团，并查得各基团的 R_k 和 Q_k 值：

基团 k	$CH_3(1,1)^*$	$CH_2(1,2)$	$CH_3CO(9,18)$	基团 k	$CH_3(1,1)^*$	$CH_2(1,2)$	$CH_3CO(9,18)$
正戊烷(1)	$\nu_1^{(1)}=2$	$\nu_2^{(1)}=3$	$\nu_{18}^{(1)}=0$	R_k	0.6325	0.6325	1.7048
丙酮(2)	$\nu_1^{(2)}=1$	$\nu_2^{(2)}=0$	$\nu_{18}^{(2)}=1$	Q_k	1.0608	0.7081	1.6700

* 括弧内的数字为(主基团,子基团),例如 $CH_3(1,1)$ 表示 CH_3 属于主基团 1,子基团 1。其余类此。

$$\gamma_1=\nu_1^{(1)}R_1+\nu_2^{(1)}R_2=2\times0.6325+3\times0.6325=3.1625$$

$$\gamma_2=\nu_1^{(2)}R_1+\nu_{18}^{(2)}R_{18}=1\times0.6325+3\times1.7048=2.3373$$

$$q_1=\nu_1^{(1)}Q_1+\nu_2^{(1)}Q_2=2\times1.0608+3\times0.7081=4.2459$$

$$q_2=\nu_1^{(2)}Q_1+\nu_{18}^{(2)}Q_{18}=1\times1.0608+1\times1.6700=2.7308$$

$$V_1=\frac{\gamma_1}{x_1\gamma_1+x_2\gamma_2}=\frac{3.1625}{0.953\times3.1625+0.047\times2.3373}=1.0124$$

$$V_2=\frac{\gamma_2}{x_1\gamma_1+x_2\gamma_2}=\frac{2.3373}{0.953\times3.1625+0.047\times2.3373}=0.7482$$

$$V_1'=\frac{\gamma_1^{3/4}}{x_1\gamma_1^{3/4}+x_2\gamma_2^{3/4}}=\frac{(3.1625)^{3/4}}{0.953\times(3.1625)^{3/4}+0.047\times(2.3373)^{3/4}}=1.0096$$

$$V_2'=\frac{\gamma_2^{3/4}}{x_1\gamma_1^{3/4}+x_2\gamma_2^{3/4}}=\frac{(2.3373)^{3/4}}{0.953\times(3.1625)^{3/4}+0.047\times(2.3373)^{3/4}}=0.8048$$

$$F_1=\frac{q_1}{x_1q_1+x_2q_2}=\frac{4.2459}{0.953\times4.2459+0.047\times2.7308}=1.0171$$

$$F_2=\frac{q_2}{x_1q_1+x_2q_2}=\frac{2.7308}{0.953\times4.2459+0.047\times2.7308}=0.6541$$

计算组合贡献:

$$\ln\gamma_1^c=1-V_1'+\ln V_1'-5q_1\left[1-\frac{V_1}{F_1}+\ln\left(\frac{V_1}{F_1}\right)\right]$$

$$=1-1.0096+\ln1.0096-5\times4.2459\left[1-\frac{1.0124}{1.0171}+\ln\left(\frac{1.0124}{1.0171}\right)\right]$$

$$=-0.000101$$

$$\ln\gamma_2^c=1-V_2'+\ln V_2'-5q_2\left[1-\frac{V_2}{F_2}+\ln\left(\frac{V_2}{F_2}\right)\right]$$

$$=1-0.8048+\ln0.8048-5\times2.7308\left[1-\frac{0.7482}{0.6541}+\ln\left(\frac{0.7482}{0.6541}\right)\right]$$

$$=0.1071$$

查表得基团对相互作用参数:

主基团对 n,m	子基团对	a_{nm}/K	b_{nm}	c_{nm}/K^{-1}
1,9	1,18 2,18	433.60	0.1473	0.0
9,1	18,1 18,2	199.00	-0.8709	0.0

$$\psi_{1,18}=\psi_{2,18}=\exp\left(-\frac{433.60+0.1473\times307}{307}\right)=0.2102$$

$$\psi_{18,1}=\psi_{18,2}=\exp\left(-\frac{199.00-0.8709\times307}{307}\right)=1.2494$$

$$\psi_{1,1}=\psi_{1,2}=\psi_{2,1}=\psi_{2,2}=\psi_{18,18}=1$$

计算剩余贡献中纯组分项：

$$X_1^{(1)} = \frac{\nu_1^{(1)}}{\nu_1^{(1)} + \nu_2^{(1)}} = \frac{2}{2+3} = 0.4$$

$$X_2^{(1)} = \frac{\nu_2^{(1)}}{\nu_1^{(1)} + \nu_2^{(1)}} = \frac{3}{2+3} = 0.6$$

$$X_1^{(2)} = \frac{\nu_1^{(2)}}{\nu_1^{(2)} + \nu_{18}^{(2)}} = \frac{1}{1+1} = 0.5$$

$$X_{18}^{(2)} = \frac{\nu_{18}^{(2)}}{\nu_1^{(2)} + \nu_{18}^{(2)}} = \frac{1}{1+1} = 0.5$$

$$\theta_1^{(1)} = \frac{\theta_1 X_1^{(1)}}{\theta_1 X_1^{(1)} + \theta_2 X_2^{(1)}} = \frac{1.0608}{1.0608 \times 0.4 + 0.7081 \times 0.6} = 0.4997$$

$$\theta_2^{(1)} = 1 - \theta_1^{(1)} = 1 - 0.4997 = 0.5003$$

$$\theta_1^{(2)} = \frac{Q_1 X_1^{(2)}}{Q_1 X_1^{(2)} + Q_{18} X_{18}^{(2)}} = \frac{1.0608 \times 0.5}{1.0608 \times 0.5 + 1.6700 \times 0.5} = 0.3885$$

$$\theta_{16}^{(2)} = 1 - \theta_1^{(2)} = 1 - 0.3885 = 0.6115$$

$$\ln \Gamma_1^{(1)} = \ln \Gamma_2^{(1)} = 0$$

$$\ln \Gamma_1^{(2)} = Q_1 \left\{ 1 - \ln[\theta_1^{(2)} \psi_{1,1} + \theta_{18}^{(2)} \psi_{18,1}] - \left(\frac{\theta_1^{(2)} \psi_{1,1}}{\theta_1^{(2)} \psi_{1,1} + \theta_{18}^{(2)} \psi_{18,1}} + \frac{\theta_{18}^{(2)} \psi_{1,18}}{\theta_1^{(2)} \psi_{1,18} + \theta_{18}^{(2)} \psi_{18,18}} \right) \right\}$$

$$= 1.0608 \left\{ 1 - \ln(0.3885 + 0.6115 \times 1.2494) \right.$$

$$\left. - \left(\frac{0.3885}{0.3885 + 0.6115 \times 1.2494} + \frac{0.6115 \times 0.2102}{0.3885 \times 0.2102 + 0.615} \right) \right\} = 0.3566$$

$$\ln \Gamma_{18}^{(2)} = Q_{18} \left\{ 1 - \ln[\theta_1^{(2)} \psi_{1,18} + \theta_{18}^{(2)} \psi_{18,18}] - \left(\frac{\theta_1^{(2)} \psi_{18,1}}{\theta_1^{(2)} \psi_{1,1} + \theta_{18}^{(2)} \psi_{18,1}} + \frac{\theta_{18}^{(2)} \psi_{18,18}}{\theta_1^{(2)} \psi_{1,18} + \theta_{18}^{(2)} \psi_{18,18}} \right) \right\}$$

$$= 1.6700 \left\{ 1 - \ln(0.3885 \times 0.2102 + 0.6115) \right.$$

$$\left. - \left(\frac{0.3885 \times 1.2494}{0.3885 + 0.6115 \times 1.2494} + \frac{0.6115}{0.3885 \times 0.2102 + 0.615} \right) \right\} = 0.1047$$

计算剩余贡献中混合物项：

$$X_1 = \frac{\nu_1^{(1)} x_1 + \nu_1^2 x_2}{\nu_1^{(1)} x_1 + \nu_1^2 x_2 + \nu_2^{(1)} x_1 + \nu_2^2 x_2 + \nu_{18}^{(1)} x_1 + \nu_{18}^2 x_2}$$

$$= \frac{2 \times 0.953 + 1 \times 0.047}{(2+3) \times 0.953 + (1+1) \times 0.047} = 0.4019$$

$$X_2 = \frac{\nu_2^{(1)} x_1 + \nu_2^{(2)} x_2}{\nu_1^{(1)} x_1 + \nu_1^{(2)} x_2 + \nu_2^{(1)} x_1 + \nu_2^{(2)} x_2 + \nu_{18}^{(1)} x_1 + \nu_{18}^{(2)} x_2}$$

$$= \frac{3 \times 0.953}{(2+3) \times 0.953 + (1+1) \times 0.047} = 0.5884$$

$$X_{18} = 1 - X_1 - X_2 = 1 - 0.4019 - 0.5884 = 0.0097$$

$$\theta_1 = \frac{Q_2 X_2}{Q_1 X_1 + Q_2 X_2 + Q_3 X_3} = \frac{1.0608 \times 0.4019}{1.0608 \times 0.4019 + 0.7081 \times 0.5884 + 1.6700 \times 0.0097} = 0.4963$$

$$\theta_2 = \frac{Q_2 X_2}{Q_1 X_1 + Q_2 X_2 + Q_3 X_3} = 0.4849$$

$$\theta_{18} = 1 - \theta_1 - \theta_2 = 1 - 0.4963 - 0.4849 = 0.0188$$

$$\ln \Gamma_1 = Q_1 \left\{ 1 - \ln(\theta_1 \psi_{1,1} + \theta_2 \psi_{2,1} + \theta_{18} \psi_{18,1}) - \left(\frac{\theta_1 \psi_{1,1}}{\theta_1 \psi_{1,1} + \theta_2 \psi_{2,1} + \theta_{18} \psi_{18,1}} \right. \right.$$

$$+\frac{\theta_2\psi_{1,2}}{\theta_1\psi_{1,2}+\theta_2\psi_{2,2}+\theta_{18}\psi_{18,2}}+\frac{\theta_{18}\psi_{1,18}}{\theta_1\psi_{1,18}+\theta_2\psi_{2,18}+\theta_{18}\psi_{18,18}}\Big)\Big\}$$

$$=1.0608\Big\{1-\ln(0.4963+0.4849+0.0188\times1.2494)-\Big(\frac{0.4963}{0.4963+0.4849+0.0188\times1.2494}$$

$$+\frac{0.4849}{0.4963+0.4849+0.0188\times1.2494}+\frac{0.0188\times0.2102}{0.4963\times0.2102+0.4849\times0.2102+0.0188}\Big)\Big\}$$

$$=0.0105$$

$$\ln\Gamma_2=\frac{Q_2}{Q_1}\ln\Gamma_1=\frac{0.7081}{1.0608}\times0.0105=0.0070$$

$$\ln\Gamma_{18}=Q_{18}\Big\{1-\ln(\theta_1\psi_{1,18}+\theta_2\psi_{2,18}+\theta_{18}\psi_{18,18})-\Big(\frac{\theta_1\psi_{18,1}}{\theta_1\psi_{1,1}+\theta_2\psi_{2,1}+\theta_{18}\psi_{18,1}}$$

$$+\frac{\theta_2\psi_{18,2}}{\theta_1\psi_{1,2}+\theta_2\psi_{2,2}+\theta_{18}\psi_{18,2}}+\frac{\theta_{18}\psi_{18,18}}{\theta_1\psi_{1,18}+\theta_2\psi_{2,18}+\theta_{18}\psi_{18,18}}\Big)\Big\}$$

$$=1.6700\Big\{1-\ln(0.4963\times0.2102+0.4849\times0.2102+0.0188)$$

$$-\Big(\frac{0.4963\times1.2494}{0.4963+0.4849+0.0188\times1.2494}+\frac{0.4849\times1.2494}{0.4963-0.4849+0.0188\times1.2494}$$

$$+\frac{0.0188}{0.4963\times0.2102+0.4849\times0.2102+0.0188}\Big)\Big\}$$

$$=1.9832$$

计算剩余贡献：

$$\ln\gamma_1^R=\nu_1^{(1)}[\ln\Gamma_1-\ln\Gamma_1^{(1)}]+\nu_2^{(1)}[\ln\Gamma_2-\ln\Gamma_2^{(1)}]$$

$$=2(0.0105-0)+3(0.0070-0)$$

$$=0.0420$$

$$\ln\gamma_2^R=\nu_1^{(2)}[\ln\Gamma_1-\ln\Gamma_1^{(2)}]+\nu_{18}^{(2)}[\ln\Gamma_{18}-\ln\Gamma_{18}^{(2)}]$$

$$=1(0.0105-0.3566)+1(1.9832-0.1047)$$

$$=1.5324$$

计算各组分活度系数：

$$\ln\gamma_1=\ln\gamma_1^c+\ln\gamma_1^R=(-0.000101)+0.0420=0.0419 \qquad \gamma_1=1.043$$

$$\ln\gamma_2=\ln\gamma_2^c+\ln\gamma_2^R=0.1071+1.5324=1.6395 \qquad \gamma_2=5.152$$

实验值分别为 1.11 和 4.41。

5.2.3 状态方程和活度系数模型联合方法

5.2.3.1 Chao-Seader 模型及其修正式

Chao（赵广绪）-Seader 模型[44]简称 CS 模型，用于计算烃类体系高压气液相平衡常数

$$K_i=\frac{y_i}{x_i}=\frac{r_i}{\varphi_i}\Big(\frac{f_i^{oL}}{p}\Big) \tag{5-67}$$

式中，K_i 为组分 i 的相平衡常数，x_i 和 y_i 分别为液相和气相中组分 i 的摩尔分数。r_i 为液相中组分 i 的活度系数，用正规溶液理论公式，即式（5-43）计算。φ_i 是气相中组分 i 的逸度系数，用 RK 方程计算（计算公式见表 5-32）。$\left(\frac{f_i^{oL}}{p}\right)=\nu_i^0$ 为纯液态 i 在体系温度和压力下的逸度系数。

用普遍化公式计算：

$$\lg\nu_i^0=\lg\nu_i^{(0)}+\omega_i\lg\nu_i^{(1)} \tag{5-68}$$

$$\lg \nu_i^0 = A_0 + \frac{A_1}{T_{ri}} + A_2 T_{ri} + A_3 T_{ri}^2 + A_4 T_{ri}^3 + (A_5 + A_6 T_{ri} + A_7 T_{ri}^2) p_{ri}$$
$$+ (A_8 + A_9 T_{ri}) p_{ri}^2 - \lg p_{ri} \tag{5-69}$$

$$\lg \nu_i^{(1)} = -4.23893 + 8.65808 T_{ri} - 1.22060/T_{ri} - 3.15224 T_{ri}^3 - 0.25(p_{ri} - 0.6) \tag{5-70}$$

式中，ω 是偏心因子，$T_r = T/T_c$，$p_r = p/p_c$。

式（5-69）中各常数值列在表 5-40 中，这些常数适合除甲烷以外的烃类。

Grayson-Streed[45] 重新确定了式（5-69）中各常数的数值。不仅使修正后的公式（简称 GS 公式）能适用于含氢和甲烷的体系，而且将 CS 模型的适用范围扩大到 482℃ 和 20MPa。

Erbar 和 Edmister 确定了适用于 N_2，H_2O 和 CO_2 的式（5-69）常数值，并得出计算上述物质 γ_i 所需要的溶解度参数和摩尔体积的数值，使 CS 模型扩大应用到含 N_2，H_2O，CO_2 的体系。有关参数数值见参考文献[46]。此修改后的模型被称为 CSE 和 GSE。

表 5-40　式（5-69）中常数值

常　　数	Chao-Seader	Grayson-Streed		
		烃类	CH_4	H_2
A_0	5.75748	2.05135	2.43840	1.96718
A_1	−3.01761	−2.10899	−2.24550	1.02972
A_2	−4.98500	0	−0.34084	−0.054009
A_3	2.02299	−0.19396	0.00212	0.0005288
A_4	0	0.02282	−0.00223	0
A_5	0.08427	0.08852	0.10486	0.008585
A_6	0.26667	0	−0.03691	0
A_7	−0.31138	−0.00872	0	0
A_8	−0.02655	−0.00353	0	0
A_9	0.02883	0.00203	0	0

5.2.3.2　UNIWaals 模型

假定从低压气液相平衡获得的超额 Gibbs 自由能 g^E（即活度系数模型）的参数也能应用到高压状态方程中，可导出计算状态方程混合物参数 a_M 的公式，称为 Vidal 混合规则[47,48]。通过 Vidal 混合规则把适当的状态方程和活度系数模型联合起来进行相平衡计算。

Gupte 等人[47] 将 UNIFAC 模型和 VDW 方程联合得到如下的 UNIWaals 模型：

$$\frac{a_M}{RTb_M} = f\left\{\frac{pV^E}{RT} - \left[\ln\frac{p(V-b)}{RT} - \sum_i x_i \ln\frac{p(V_i - b_i)}{RT}\right]\right\} + f\sum_i \frac{x_i a_i}{f_i RT b_i} - \frac{f g^E}{RT} \tag{5-71}$$

$$f = \frac{b_M}{V}; f_i = \frac{b_i}{V_i}$$

式中，V^E 为超额体积，V 为混合物体积，V_i 为纯组分 i 在体系 T、p 下液相体积。

$$\frac{g^E}{RT} = \sum_i x_i \ln\gamma_i$$

式中，$\ln\gamma_i$ 用 UNIFAC 模型公式计算。将式（5-71）和 VDW 方程联立解出 V 和 $\frac{a_M}{RTb_M}$，即可进行相平衡计算。由于 UNIWaals 模型采用 UNIFAC 方程计算 $\ln\gamma_i$，所以具有预测功能，但计算精度受到 VDW 方程的局限。如果采用别的立方型方程（如 SRK 方程或 PR 方程），就能获得更好的结果。

5.2.4　气相和液相平衡数据文献介绍

（1）Gmehling，J，and Onken U. "Vapor-liquid Equilibrium Data Collection" DECHEMA Chemistry Data Series，Vol 1（part1～10），DECHEMA，Frankfurt，1977.

中低压下 6000 多个二元及多元体系气液平衡数据汇编，并收录关联和热力学一致性检验的结果。

（2）Knpp，H，Doring，R，Oellrich，L. R，Plocker，U and Pransnitz，J. M. "Vapor-Liquid Equilibria for Mixture of Low Boiling Substances，" DECHEMA Chemistry Data Series，Schon，Wetzel Gmbh，Frankfurt/Main，F. R. Germany，1981.

收集低沸点物质体系高压气液平衡数据，并有用状态方程的关联结果。

（3）Oellrich，L. R，Plocher，J and Knapp，H. "Vapor-liquid Equilibria" Technical University，Institute for Thermodynamics，Berlein，1973.

低温体系气液平衡数据汇编。

（4）Horsley，I. H. " Azeotropic Data Advances in Chem. Ser. " American Chem. Ser. Washington D. C. 1973.

恒沸数据汇编。

（5）Sorensen，J. M，and Arit，W. "Liquid-liquid Equilibrium Data Collection，" （Part1~3），DECHEMA，1970~1980.

液液平衡数据汇编。

5.3 气体溶解度[39]

5.3.1 亨利（Henry）定律

亨利定律指出气体溶质 2 的溶解度 x_2（摩尔分数）和溶质在气相平衡逸度 f_2 呈正比，即

$$f_2 = Hx_2 \tag{5-72}$$

式中，H 称为亨利常数。当压力不高，气相无缔合时，上式化为

$$p_2 = py_2 = Hx_2 \tag{5-73}$$

式中，y_2 是气相中 z 的摩尔分数。

气体溶解度若用质量摩尔浓度 m（mol/kg）或物质的量浓度 c（mol/L）作单位时，亨利定律分别写成

$$p_2 = H_{(m)}m \tag{5-74}$$

或

$$p_2 = H_{(c)}c \tag{5-75}$$

当考虑溶液的非理想性时，亨利定律分别表达成 $f_2 = H\gamma_2 x_2$，$f_2 = H_{(m)}\gamma_{(m)}m$ 和 $f_2 = H_{(c)}\gamma_{(c)}c$。

5.3.2 气体在水中的亨利常数

气体在水中的亨利常数可由下式计算

$$\ln\left(\frac{H}{H_0}\right) = A\left(1 - \frac{T_0}{T}\right) + B\ln\left(\frac{T}{T_0}\right) + C\left(\frac{T}{T_0} - 1\right) \tag{5-76}$$

式中，H_0 是在 T_0（=298.15K）时的亨利常数，表 5-41 列出式（5-76）中参数 A、B、C 和 H_0 的数值。

5.3.3 气体在非水液体中的亨利常数

气体在非水液体中的亨利常数可用下式计算

$$\ln\left(\frac{H}{H_0}\right) = A\left(1 - \frac{T_0}{T}\right) + B\ln\left(\frac{T}{T_0}\right) \tag{5-77}$$

式中，$T_0 = 298.15K$，H_0 是 T_0 下的亨利常数，单位为 MPa。

表 5-42 列出 H_2、N_2、O_2、CH_2 和 CO_2 五种气体在五种非水液体中的亨利常数计算公式（5-77）中参数的数值。

表 5-41　计算气体在水中的亨利常数方程的参数值[49,50]

化学式	物质名	H_0/MPa	A	B	C	温度范围/K
CF_4	四氟化碳	26530	51.745	−45.669		276～324
He	氦	14480	14.287	−14.000		273～349
N_2	氮	8569	28.952	−24.798		273～349
Air	空气	7262	26.149	−21.652		273～374
H_2	氢	7179	18.543	−16.889		273～354
CO	一氧化碳	5878	27.828	−23.337		273～354
C_4H_{10}	丁烷	4612	55.336	−14.862		273～349
O_2	氧	4420	29.339	−24.453		273～349
CH_4	甲烷	4041	30.561	−25.038	0.0428	273～354
Ar	氩	4023	25.076	−20.140		273～349
C_3H_8	丙烷	3747	53.400	−44.324		273～349
C_2H_6	乙烷	3029	44.837	−37.553	0.6861	273～354
NO	一氧化氮	2914	27.618	−22.816		273～359
C_2H_4	乙烯	1181	26.697	−20.511		273～346
O_3	臭氧	439	6.592			277～294
COS	氧硫化碳	264.2	40.332	−30.365		273～304
N_2O	一氧化二氮	232	29.793	−21.256		273～314
CO_2	二氧化碳	165.8	29.319	−21.669	0.3257	273～354
C_2H_2	乙炔	135.5	27.369	−21.402		273～344
H_2S	硫化氢	54.75	27.592	−20.231	−0.3858	273～334

表 5-42　计算气体在非水液体中的亨利常数方程的参数值[1]

溶　剂	参　数	H_2	N_2	O_2	CH_4	CO_2
己烷	H_0	153	73.6	51.2	20.1	—
	A	−1.421	1.681	5.520	0.826	—
	B	0	−2.125	0	0	—
	$T_L～T_H$	212～299	213～299	295～314	290～313	—
四氯化硫	H_0	314	158	84.4	35.5	9.51
	A	−2.373	1.368	0.550	2.635	3.739
	B	0	−2.363	−0.554	−1.466	0
	$T_L～T_H$	273～334	253～334	273～334	253～334	283～304
正戊烷	H_0	391	230	125	49.0	10.4
	A	−2.730	4.087	2.932	3.858	3.779
	B	0	−5.646	−3.530	−3.230	0
	$T_L～T_H$	283～339	280～334	283～344	286～334	283～314
丙酮	H_0	337	187	120	54.8	5.42
	A	−0.399	1.266	2.411	3.618	6.24
	B	−1.727	−2.349	−2.936	−2.957	0
	$T_L～T_H$	193～314	193～324	193～314	196～314	283～314
乙醇	H_0	492	284	174	793	15.8
	A	−1.473	1.815	2.765	1.478	49.77
	B	0	−2.056	−2.358	0	−44.91
	$T_L～T_H$	193～314	213～324	248～344	290～314	283～314

5.3.4　弱电解质在水中的亨利常数

Edwards[1] 等推荐用下式计算 NH_3、CO_2、H_2S、SO_2 和 HCN 在水中的亨利常数。

$$\ln\left(\frac{H_{(m)}}{H_{(m),0}}\right)=A\left(1-\frac{T_0}{T}\right)-B\ln\left(\frac{T_0}{T}\right)+C\left(\frac{T_0}{T}-1\right) \tag{5-78}$$

式中，$H_{(m)}$ 是相应于式（5-74）的亨利常数。$H_{(m),0}$ 是在 $T_0=298.15K$ 下的亨利常数。表 5-43 列出上式参数的数值。

表 5-43　弱电解质在水中的亨利常数计算方程的参数值[51]

溶质	$H_{(m),0}/[(kPa \cdot kg)/mol]$	A	B	C	温度范围/K
NH_3	1.66	0.52843	28.100	−14.677	273~423
CO_2	2900	22.771	−11.452	−3.117	273~573
H_2S	987	44.396	−55.055	17.759	273~423
SO_2	81.9	18.711	−8.7615	0.0	273~373
HCN	8.79	164.58	−241.82	93.921	283~413

5.3.5　气体在电解质水溶液中的溶解度

气体在电解质水溶液中的溶解度的计算方程为

$$\lg\left(\frac{c}{c_\omega}\right)=\lg\left[\frac{H_{(c),\omega}}{H_{(c)}}\right]=-k_s I \tag{5-79}$$

式中，c_ω 称为质量溶解度，是气体分压为 101.325kPa 时溶于 1g 溶剂中的气体摩尔数，它和 X_2 的关系如下：

$$x_2=\left(1+\frac{1}{c_\omega M_L}\right)^{-1} \tag{5-80}$$

式中，M_L 是溶剂的相对分子质量。式（5-79）中 I 是电解质溶液的离子强度（kmol/m^3），k_s 为盐效应系数（m^3/kmol）。

盐效应系数 k_s 由下式计算[52]：

$$k_s=i_g+i_++i_- \tag{5-81}$$

表 5-44～表 5-47 分别列出一些物质的 i_g，i_+，i_- 的数值，单位均为 m^3/kmol。

表 5-44　几种气体的 i_g 值

物　质	15℃	25℃	物　质	15℃	25℃
H_2	−0.008	−0.002	H_2S	—	−0.033
O_2	0.034	0.022	NH_3	—	−0.054
N_2O	0.003	0.000	C_2H_4	—	−0.009
CO_2	−0.010	−0.019	SO_2	—	−0.103

表 5-45　CO_2 和 Cl_2 在不同温度下的 i_g 值

温度/℃	CO_2	Cl_2	温度/℃	CO_2	Cl_2
0	−0.007	—	30	—	−0.0247
15	−0.010	—	40	−0.025	−0.0296
20	—	−0.0145	50	−0.029	−0.0357
25	−0.019	—	60	−0.015	—

表 5-46 i_+、i_- 值

物　质	i_+	物　质	i_-
H^+	0.000	Ba^{2+}	0.060
NH_4^+	0.028	Mn^{2+}	0.046
K^+	0.074	Fe^{2+}	0.049
Na^+	0.001	Co^{2+}	0.058
Mg^{2+}	0.051	Ni^{2+}	0.059
Zn^{2+}	0.048	Fe^{2+}	0.014
Ca^{2+}	0.053		

表 5-47 i_- 值

物　质	i_-	物　质	i_-
NO_3^-	-0.001	OH^-	0.066
I^-	0.005	HCO_3^-	0.119
Br^-	0.012	CO_3^{2-}	0.017
Cl^-	0.021	SO_4^{2-}	0.022

5.3.6　气体在非电解质水溶液中的溶解度

当非电解质的浓度 $c_s \leqslant 2\,kmol/m^3$ 时，用下式计算气体溶解度 c

$$\lg\left(\frac{c}{c_w}\right)=\lg\left[\frac{H_{(c),w}}{H_{(c)}}\right]=-k_s' c_s \tag{5-82}$$

式中，盐效应系数 k_s'（$m^3/kmol$）的值见参考文献 [52]。

5.3.7　高压气体的溶解度

高压下气体的溶解度可采用下式[53]计算

$$\ln\frac{f_2}{X_2}=\ln H+\frac{\overline{V_2^\infty}\,(p-p_{v1})}{RT} \tag{5-83}$$

式中，下标 2 表示溶质（气体），下标 1 表示溶剂。p_{v1} 是溶剂的纯饱和蒸气压，p 是总压，$\overline{V_2^\infty}$ 是溶质 2 在无限稀释溶液中的偏摩尔体积，f_2 和 X_2 分别为溶质 2 的逸度和摩尔分数。H 称为校正亨利常数，式(5-83) 也称为校正亨利定律表达式，此式可适用于压力达 100MPa 下的氢、氮等气体溶解度计算。表 5-48 列出一些气体在水中的偏摩尔体积和校正亨利常数值。表中 H 的单位 kPa/摩尔分数，$\overline{V_2^\infty}$ 单位 cm^3/mol。适用的最高压力：甲烷、乙烷为 68.9MPa，丙烷为 20.67MPa，H_2 和 N_2 为 10.1MPa。

也有人将亨利常数关联成温度和压力的函数[39]。

$$\ln H=C_1+\frac{C_2}{T}+C_3\ln T+C_4\,p \tag{5-84}$$

上式可计算压力下的亨利常数。

表 5-48　气体在水中的偏摩尔体积和校正亨利常数值[53]

温度	甲　烷		乙　烷		丙　烷		氢		氮	
$t/°C$	H	$\overline{V}_2$	H	$\overline{V}_2$	H	$\overline{V}_2$	H	$\overline{V}_2$	H	$\overline{V}_2$
0	—	—	—	—	—	—	563.88	20	—	—
25	—	—	—	—	—	—	700.30	19.5	846.42	32.8
40	477.84	36	421.97	53	500.36	75.8	—	—	—	—
50	—	—	—	—	—	—	752.29	19.6	1081.64	33.4
60	596.22	37.8	570.54	53	689.10	77.5	—	—	—	—
80	622.71	39.3	652.05	54.1	817.12	81.2	—	—	—	—
100	629.92	40.5	667.24	56.5	873.54	82	668.32	21.4	1135.23	36.2
120	593.31	41.4	629.92	60.0	853.66	80	—	—	—	—
140	534.91	41.9	561.41	63.8	780.34	74.3	—	—	—	—
160	472.37	42.1	486.72	65.1	695.48	57.8	—	—	—	—

5.4　固体溶解度

5.4.1　van't Hoff 方程

根据热力学关系式导出的固体溶解度的 van't Hoff 方程[39]为

$$\ln\gamma_2 x_2 = \frac{\Delta_f H_m}{RT_t}\left[\frac{T}{T_t}-1\right] + \frac{\Delta_f C_p}{R}\left[\frac{T_t}{T}-1\right] - \frac{\Delta_f C_p}{R}\ln\frac{T_t}{T} \qquad (5\text{-}85)$$

式中，x_2 是固体溶解度（摩尔分数），γ_2 是固体溶质在溶液中的活度系数，$\Delta_f H_m$ 是摩尔熔化焓变，$\Delta_f C_p$ 是熔化热容变化，T_t 是三相点温度。

若溶液是饱和的，即 $\gamma_2 = 1$，（5-85）式可化简为

$$\ln x_2 = \frac{\Delta_f H_m}{RT_t}\left[\frac{T}{T_t}-1\right] + \frac{\Delta_f C_p}{R}\left[\frac{T_t}{T}-1\right] - \frac{\Delta_f C_p}{R}\ln\frac{T_t}{T} \qquad (5\text{-}86)$$

进一步忽略含 $\Delta_f C_p$ 项，并以正常熔点 T_f 代替 T_t，则上式简化为

$$\ln x_2 = \frac{\Delta_f S_m}{R}\left[\frac{T}{T_f}-1\right] \qquad (5\text{-}87)$$

$\Delta_f S_m$ 是摩尔熔化熵变 $= \dfrac{\Delta_f H_m}{T_f}$。用上式已知熔化焓变，即可计算固体溶解度。

若溶液是非理想的，则可选择 5.2.2 中一种合适的活度系数关联式计算 γ_2。

5.4.2　固体溶解度数据

表 5-49～表 5-52 是一些固体溶质在不同溶剂的溶解度数据。注意表中溶解度的单位不完全相同。

表 5-49　月桂酸钨的溶解度[54]（30°C）　　　　　单位：mol/L

溶　媒	溶解度$\times 10^5$	溶　媒	溶解度$\times 10^5$	溶　媒	溶解度$\times 10^5$
丙　酮	4.3±0.1	间二甲苯	3.7±0.1	异丙醇	126±1
甲乙酮	12.3±0.1	甲　醇	238±2	异丁醇	136±1
二甲替甲酰胺	25.4±0.1	乙　醇	166±1	水	4.8±0.1
苯	2.7±0.1	正丙醇	486±3		
甲　苯	3.0±0.1	正丁醇	529±4		

表 5-50　不同温度下无机物在水中的溶解度[2]

本表列出了不同温度下溶于 100g 水中的无水物质的克数，物质名称后加 "*" 的，其数值表示 100cm³ 饱和溶液中所含物质的克数。"固态" 则给出与饱和溶液平衡的物质的水合形式。

序号	物　质	化　学　式	固　态	0℃	10℃	20℃	30℃	40℃	50℃	60℃	70℃	80℃	90℃	100℃
1	氯化铝	$AlCl_3$	$6H_2O$			69.86^{15}*								
2	硫酸铝	$Al_2(SO_4)_3$	$18H_2O$	31.2	33.5	36.4	40.4	46.1	52.2	59.2	66.1	73.0	80.8	89.0
3	铵铝矾	$(NH_4)_2Al_2(SO_4)_4$	$24H_2O$	2.1	4.99	7.74	10.94	14.88	20.10	26.70				109.7^{95}*
4	碳酸氢铵	NH_4HCO_3		11.9	15.8	21	27							
5	溴化铵	NH_4Br		60.6	68	75.5	83.2	91.1	99.2	107.8	116.8	126	135.6	145.6
6	氯化铵	NH_4Cl		29.4	33.3	37.2	41.4	45.8	50.4	55.2	60.2	65.6	71.3	77.3
7	氯铂酸铵	$(NH_4)_2PtCl_4$			0.7									1.25
8	铬酸铵	$(NH_4)_2CrO_4$					40.4							
9	硫酸铬铵	$(NH_4)_2Cr_2(SO_4)_4$	$24H_2O$				10.78^{25}*							
10	重铬酸铵	$(NH_4)_2Cr_2O_7$					47.17							
11	亚磷酸二氢铵	$NH_4H_2PO_3$		171		$190^{14.5}$*	260^{21}							
12	磷酸氢二铵	$(NH_4)_2HPO_4$				131^{15}*								
13	碘化铵	NH_4I		154.2	163.2	172.3	181.4	190.5	199.6	208.9	218.7	228.8		250.3
14	磷酸镁铵	NH_4MgPO_4	$6H_2O$	0.023		0.052		0.036	0.030	0.040	0.016	0.019		
15	磷酸锰铵	NH_4MnPO_4	$7H_2O$			0		0	0	0	0.005	0.007		
16	硝酸铵	NH_4NO_3		118.3		192	241.8	297.0	344.0	421.0	499.0	580.0	740.0	871.0
17	草酸铵	$(NH_4)_2C_2O_4$	$1H_2O$	2.2	3.1	4.4	5.9	8.0	10.3					
18	高氯酸铵*	NH_4ClO_4*		11.56		20.85		30.58		39.05		48.19		57.01
19	过硫酸铵	$(NH_4)_2S_2O_8$		58.2										
20	硫酸铵	$(NH_4)_2SO_4$		70.6	73.0	75.4	78.0	81.0		88.0		95.3		103.3
21	硫氰酸铵	NH_4CNS		119.8	144	170	207.7							
22	钒酸铵	NH_4VO_3				0.48	0.84	1.32	1.78		3.05			
23	氟化亚锑	SbF_3		384.7		444.7	563.6							
24	硫化亚锑	Sb_2S_3				0.000175^{180}								
25	五氧化二砷	As_2O_5		59.5	62.1	65.8	69.5	71.2	73.0	73.0				76.7
26	硫化砷	As_2S_3		$6.17\times10^{-5}\,^{15}$*										
27	醋酸钡	$Ba(C_2H_3O_2)_2$	$3H_2O$	69	63	71	75	79	77	74	74	75.1		75
28	醋酸钡	$Ba(C_2H_3O_2)_2$	$1H_2O$											
29	碳酸钡	$BaCO_3$			0.0016^{8}*	0.0022^{18}*	$0.0024^{24.2}$*							
30	氯酸钡	$Ba(ClO_3)_2$	$1H_2O$	20.34	26.95	33.80	41.70	49.61		66.81		81.84		101.9
31	氯化钡	$BaCl_2$	$2H_2O$	31.6	33.3	35.7	38.2	40.7	43.6	46.4	49.4	52.4		58.8
32	铬酸钡	$BaCrO_4$		0.0002	0.00028	0.00037	0.00046							

续表

序号	物质	化学式	固态	0℃	10℃	20℃	30℃	40℃	50℃	60℃	70℃	80℃	90℃	100℃
33	氢氧化钡	$Ba(OH)_2$	$8H_2O$	1.67	2.48	3.89	5.59	8.22	13.12	20.94		101.4		
34	碘化钡	BaI_2	$6H_2O$	170.2	185.7	203.1	219.6	231.9		247.3		261.0		271.7
35	碘酸钡	BaI_2	$2H_2O$											
36	硝酸钡	$Ba(NO_3)_2$	$1H_2O$	5.0	7.0	9.2	11.6	14.2	17.1	20.3		27.0		34.2
37	亚硝酸钡	$Ba(NO_2)_2$				67.5		205.8				205.8		300
38	草酸钡	BaC_2O_4	$3H_2O$		0.0016^{8*}	0.0022^{15*}	$0.0024^{24.2*}$							
39	高氯酸钡	$Ba(ClO_4)_2$	$3H_2O$	205.8		289.1		358.7	426.3		495.2		562.8	
40	硫酸钡	$BaSO_4$		1.15×10^{-4}	2.0×10^{-4}	2.4×10^{-4}	2.85×10^{-4}							
41	硫酸铍	$BeSO_4$	$4H_2O$				52		60.67		62		83	100
42	硫酸铍	$BeSO_4$	$2H_2O$				43.78	46.74				84.76	98	110
43	硫酸铍	$BeSO_4$												
44	硼酸	H_3BO_3		2.66	3.57	5.04	6.60	8.72	11.54	14.81	16.73	23.75	30.38	40.25
45	氧化硼	B_2O_3		1.1	1.5	2.2	3.13	4.0		6.2	6.2	9.5		15.7
46	溴	Br_2		4.22	3.4	3.20								
47	氯化镉	$CdCl_2$	$4H_2O$	97.59	125.1	134.6	132.1							
48	氯化镉	$CdCl_2$	$2\frac{1}{2}H_2O$	90.01	135.1									
49	氯化镉	$CdCl_2$	$1H_2O$					135.3		136.5		140.4		147.0
50	氰化镉	$Cd(CN)_2$				1.7^{16*}								
51	氢氧化镉	$Cd(OH)_2$					$2.6\times10^{-4}\ ^{25*}$							
52	硫酸镉	$CdSO_4$		76.48	76.00	76.60		78.54		83.68			63.13	60.77
53	醋酸钙	$Ca(C_2H_3O_2)_2$	$2H_2O$	37.4	36.0	34.7	33.8							
54	醋酸钙	$Ca(C_2H_3O_2)_2$	$1H_2O$					33.2		32.7		33.5	31.1	29.7
55	碳酸氢钙	$Ca(HCO_3)_2$		16.15		16.60		17.05		17.50		17.95		18.40
56	氯化钙	$CaCl_2$	$6H_2O$	59.5	65.0	74.5	102							
57	氯化钙	$CaCl_2$	$2H_2O$							136.8	141.7	147.0	152.7	159
58	氟化钙	CaF_2				0.0016^{15*}	0.0017^{25*}							
59	氢氧化钙	$Ca(OH)_2$		0.185	0.176	0.165	0.153	0.141	0.128	0.116	0.106	0.094	0.085	0.077
60	硝酸钙	$Ca(NO_3)_2$	$4H_2O$	102.0	115.3	129.3	152.6	195.9						
61	硝酸钙	$Ca(NO_3)_2$	$3H_2O$					237.5	281.5					
62	硝酸钙	$Ca(NO_3)_2$	$2H_2O$									358.7		363.6
63	亚硝酸钙	$Ca(NO_2)_2$	$4H_2O$	62.07		76.68				132.6	151.9			
64	亚硝酸钙	$Ca(NO_2)_2$	$2H_2O$										244.8	
65	草酸钙	CaC_2O_4	$2H_2O$		$6.7\times10^{-4}\ ^{15*}$		$6.8\times10^{-4}\ ^{26*}$		9.5×10^{-4}					$14\times10^{-4}\ ^{95*}$
66	硫酸钙	$CaSO_4$	$2H_2O$	0.1759	0.1928		0.2090	0.2097		0.2047	0.1966			0.1619
67	二氧化碳	CO_2		0.3346	0.2318	0.1688	0.1257	0.0973	0.0761	0.0576				0

续表

序号	物质	化学式	固态	0℃	10℃	20℃	30℃	40℃	50℃	60℃	70℃	80℃	90℃	100℃
68	一氧化碳	CO		0.0044	0.0035	0.0028	0.0024	0.0021	0.0018	0.0015	0.0013	0.0010	0.0006	0
69	氯化铯	CsCl		161.4	174.7	186.5	197.3	208.0	218.5	229.7	239.5	250.0	260.1	270.5
70	硝酸铯	$CsNO_3$		9.33	14.9	23.0	33.9	47.2	64.4	83.8	107.0	134.0	163.0	197.0
71	硫酸铯	Cs_2SO_4		167.1	173.1	178.7	184.1	189.9	194.9	199.9	205.0	210.3	214.9	220.3
72	氯	Cl_2		1.46	0.980	0.716	0.562	0.451	0.386	0.324	0.274	0.219	0.125	0
73	三氧化铬	CrO_3		164.9				174.0	182.1				217.5	206.8
74	氯化铜	$CuCl_2$	$2H_2O$	70.7	73.76	77.0	80.34	83.8	87.44	91.2		99.2		107.9
75	硝酸铜	$Cu(NO_3)_2$	$6H_2O$	81.8	95.28	125.1								
76	硝酸铜	$Cu(NO_3)_2$	$3H_2O$					159.8		178.8		207.8		
77	硫酸铜	$CuSO_4$	$5H_2O$	14.3	17.4	20.7	25	28.5	33.3	40		55		75.4
78	硫化铜	CuS				$3.3\times10^{-5\,18}$								
79	氯化亚铜	CuCl					1.52^{25}*							
80	三氯化铁	$FeCl_3$	$4H_2O$	74.4	81.9	91.8			315.1			525.8		535.7
81	氯化亚铁	$FeCl_2$				83.8								
82	氯化亚铁	$FeCl_2$			64.6		73.0	77.3	82.5	88.7		100	105.3	105.8
83	硝酸亚铁	$Fe(NO_3)_2$	$6H_2O$	71.02						165.6				
84	硫酸亚铁	$FeSO_4$	$7H_2O$	15.65	20.51	26.5	32.9	40.2	48.6					
85	硫酸亚铁	$FeSO_4$	$1H_2O$								50.9	43.6	37.3	
86	溴化氢	HBr		221.2	210.3	198			171.5					130
87	氯化氢	HCl		82.3			67.3	63.3	59.6	56.1				
88	碘	I_2				0.029	0.04	0.056	0.078					
89	醋酸铅	$Pb(C_2H_3O_2)_2$	$3H_2O$				55.04^{25}*							
90	溴化铅	$PbBr_2$		0.4554		0.85	1.15	1.53	1.94	2.36		3.34		4.75
91	碳酸铅	$PbCO_3$				0.00011								
92	氯化铅	$PbCl_2$		0.6728		0.99	1.20	1.45	1.70	1.98		2.62		3.34
93	铬酸铅	$PbCrO_4$				7×10^{-6}								
94	氟化铅	PbF_2			0.060	0.064	0.068							
95	硝酸铅	$Pb(NO_3)_2$		38.8	48.3	56.5	66	75	85	95		115		
96	硫酸铅	$PbSO_4$		0.0028	0.0035	0.0041	0.0049	0.0056						
97	溴化镁	$MgBr_2$	$6H_2O$	91.0	94.5	96.5	99.2	101.6	104.1	107.5		113.7		120.2
98	氯化镁	$MgCl_2$	$6H_2O$	52.8	53.5	54.5		57.5		61.0		66.0		73.0
99	氢氧化镁	$Mg(OH)_2$				0.0009^{18}*								
100	硝酸镁	$Mg(NO_3)_2$	$6H_2O$	66.55				84.74					137.0	
101	硫酸镁	$MgSO_4$	$7H_2O$		30.9	35.5	40.8	45.6						

续表

序号	物质	化学式	固态	0℃	10℃	20℃	30℃	40℃	50℃	60℃	70℃	80℃	90℃	100℃
102	硫酸镁	$MgSO_4$	$6H_2O$	40.8	42.2	44.5	45.3		50.4	53.5	59.5	64.2	69.0	74.0
103	硫酸镁	$MgSO_4$	$1H_2O$									62.9		68.3
104	硫酸锰	$MnSO_4$	$7H_2O$	53.23	60.01	62.9	67.76							
105	硫酸锰	$MnSO_4$	$5H_2O$		59.5	64.5	66.44	68.8						
106	硫酸锰	$MnSO_4$	$4H_2O$						72.6	55.0	52.0	48.0	42.5	34.0
107	硫酸锰	$MnSO_4$	$1H_2O$						58.17					
108	氯化亚汞	$HgCl$		0.00014		0.0002		0.0007						
109	三氧化钼	MoO_3	$2H_2O$			0.138	0.264	0.476	0.687	1.206	2.055	2.106		
110	氯化镍	$NiCl_2$	$6H_2O$	53.9	59.5	64.2	68.9		78.3	82.2	85.2			87.6
111	硝酸镍	$Ni(NO_3)_2$	$6H_2O$	79.58		96.31		122.2						
112	硝酸镍	$Ni(NO_3)_2$	$3H_2O$							163.1	169.1		235.1	
113	硫酸镍	$NiSO_4$	$7H_2O$	27.22	32		42.46							
114	硫酸镍	$NiSO_4$	$6H_2O$						50.15	54.80	59.44	63.17		76.7
115	一氧化氮	NO		0.00984	0.00757	0.00618	0.00517	0.00440	0.00376	0.00324	0.00267	0.00199	0.00114	0
116	一氧化二氮	N_2O			0.1705	0.1211								
117	醋酸钾	$KC_2H_3O_2$	$1\frac{1}{2}H_2O$	216.7	233.9	255.6	283.8	323.3	337.3	350	364.8	380.1	396.3	
118	醋酸钾	$KC_2H_3O_2$	$\frac{1}{2}H_2O$											
119	(钾)明矾	$K_2SO_4 \cdot Al_2(SO_4)_3$	$24H_2O$	3.0	4.0	5.9	8.39	11.70	17.00	24.75	40.0	71.0	109.0	
120	碳酸氢钾	$KHCO_3$		22.4	27.7	33.2	39.1	45.4		60.0				
121	硫酸氢钾	$KHSO_4$		36.3		51.4		67.3						121.6
122	酒石酸氢钾	$KHC_4H_4O_6$		0.32	0.40	0.53	0.90	1.32	1.83	2.46		4.6		6.95
123	碳酸钾	K_2CO_3	$2H_2O$	105.5	108	110.5	113.7	116.9	121.2	126.8	133.1	139.8	147.5	155.7
124	氯酸钾	$KClO_3$		3.3	5	7.4	10.5	14	19.3	24.5		38.5		57
125	氯化钾	KCl		27.6	31.0	34.0	37.0	40.0	42.6	45.5	48.3	51.1	54.0	56.7
126	铬酸钾	K_2CrO_4		58.2	60.0	61.7	63.4	65.2	66.8	68.6	70.4	72.1	73.9	75.6
127	重铬酸钾	$K_2Cr_2O_7$		5	7	12	20	26	34	43	52			
128	铁氰酸钾	$K_3Fe(CN)_6$		31	36	43	50	60		66		61	70	80
129	氢氧化钾	KOH	$2H_2O$	97	103	112	126		140					82.6[104]*
130	氢氧化钾	KOH	$1H_2O$											178
131	硝酸钾	KNO_3		13.3	20.9	31.6	45.8	63.9	85.5	110.0	138	169	202	246
132	亚硝酸钾	KNO_2		278.8		298.4		334.9						412.8
133	高氯酸钾	$KClO_4$		0.75	1.05	1.80	2.6	4.4	6.5	9	11.8	14.8	18	21.8
134	高锰酸钾	$KMnO_4$		2.83	4.4	6.4	9.0	12.56	16.89	22.2				
135	过(二)硫酸钾*	$K_2S_2O_8$		1.62	2.60	4.49	7.19	9.89						

续表

序号	物质	化学式	固态	0℃	10℃	20℃	30℃	40℃	50℃	60℃	70℃	80℃	90℃	100℃
136	硫酸钾	K_2SO_4		7.35	9.22	11.11	12.97	14.76	16.50	18.17	19.75	21.4	22.8	24.1
137	硫氰酸钾	$KCNS$		177.0		217.5								
138	氰化银	$AgCN$				2.2×10^{-5}								
139	硝酸银	$AgNO_3$		122	170	222	300	376	455	525		669		952
140	硫酸银	Ag_2SO_4		0.573	0.695	0.796	0.888	0.979	1.08	1.15	1.22	1.30	1.36	1.41
141	醋酸钠	$NaC_2H_3O_2$	$3H_2O$	36.3	40.8	46.5	54.5	65.5	83	139				
142	醋酸钠	$NaC_2H_3O_2$		119	121	123.5	126	129.5	134	139.5	146	153	161	170
143	碳酸氢钠	$NaHCO_3$		6.9	8.15	9.6	11.1	12.7	14.45	16.4				
144	碳酸钠	Na_2CO_3	$10H_2O$	7	12.5	21.5	38.8	48.5						
145	碳酸钠	Na_2CO_3	$1H_2O$				50.5			46.4		45.8		45.5
146	氯酸钠	$NaClO_3$		79	89	101	113	126	140	155	172	189		230
147	氯化钠	$NaCl$		35.7	35.8	36.0	36.3	36.6	37.0	37.3	37.8	38.4	39.0	39.8
148	铬酸钠	Na_2CrO_4	$10H_2O$	31.70	50.17	88.7								
149	铬酸钠	Na_2CrO_4	$4H_2O$				88.7							
150	铬酸钠	Na_2CrO_4						95.96	104	114.6	123.0	124.8		125.9
151	重铬酸钠	$Na_2Cr_2O_7$	$2H_2O$	163.0		177.8			244.8					
152	重铬酸钠	$Na_2Cr_2O_7$	$2H_2O$								316.7	376.2		426.3
153	磷酸二氢钠	NaH_2PO_4	$2H_2O$	57.9	69.9	85.2	106.5	138.2	158.6					
154	磷酸二氢钠	NaH_2PO_4	$1H_2O$							179.3				
155	磷酸二氢钠	NaH_2PO_4									190.3	207.3	225.3	246.6
156	砷酸氢二钠	Na_2HAsO_4	$12H_2O$	7.3	15.5	26.5	37	47		65		85		
157	磷酸氢二钠	Na_2HPO_4	$12H_2O$	1.67	3.6	7.7	20.8							
158	磷酸氢二钠	Na_2HPO_4	$7H_2O$											
159	磷酸氢二钠	Na_2HPO_4	$2H_2O$					51.8	80.2	82.9	88.1	92.4	102.9	102.2
160	磷酸氢二钠	Na_2HPO_4												
161	氢氧化钠	$NaOH$	$4H_2O$	42	51.5									
162	氢氧化钠	$NaOH$	$3½H_2O$											
163	氢氧化钠	$NaOH$	$1H_2O$			109	119	129	145	174				
164	氢氧化钠	$NaOH$											313	347
165	硝酸钠	$NaNO_3$		73	80	88	96	104	114	124		148		180
166	亚硝酸钠	$NaNO_2$		72.1	78.0	84.5	91.6	98.4	104.1			132.6		163.2
167	草酸钠	$Na_2C_2O_4$				3.7								6.33
168	磷酸钠	Na_3PO_4	$12H_2O$	1.5	4.1	11	20	31	43	55		81		108
169	焦磷酸钠	$Na_4P_2O_7$	$10H_2O$	3.16	3.95	6.23	9.95	13.50	17.45	21.83				
170	硫酸钠	Na_2SO_4	$10H_2O$	5.0	9.0	19.4	40.8					30.04		40.26

续表

序号	物　质	化　学　式	固　态	0℃	10℃	20℃	30℃	40℃	50℃	60℃	70℃	80℃	90℃	100℃
171	硫酸钠	Na_2SO_4	$7H_2O$	19.5	30	44		48.8	46.7	45.3	45.73	43.7		42.5
172	硫酸钠	Na_2SO_4	$9H_2O$		15.42	18.8	22.5	28.5						
173	硫化钠	Na_2S	$9H_2O$						39.82	42.69	45.73	51.40	59.23	
174	硫化钠	Na_2S	$5\frac{1}{2}H_2O$						36.4	39.1	43.31	49.14	57.28	
175	硫化钠	Na_2S	$6H_2O$	13.9	20	26.9	36	28						
176	亚硫酸钠	Na_2SO_3	$7H_2O$					28	28.2	28.8		28.3		
177	亚硫酸钠	Na_2SO_3							10.5	20.3				
178	四硼酸钠	$Na_2B_4O_7$	$10H_2O$	1.3	1.6	2.7	3.9							
179	四硼酸钠	$Na_2B_4O_7$	$5H_2O$								24.4	31.5	41	52.5
180	钒酸钠(偏)	$NaVO_3$	$2H_2O$			15.3^{25*}		30.2		68.4		38.8^{75*}		
181	钒酸钠(偏)	$NaVO_3$				21.10^{25*}		26.23		32.97	36.9			
182	氯化亚锡	$SnCl_2$		83.9		269.8^{15*}								
183	硫酸锡	$SnSO_4$		36.9		19								18
184	醋酸锶	$Sr(C_2H_3O_2)_2$	$4H_2O$	43.5	43.61	41.6	39.5		37.35					
185	醋酸锶	$Sr(C_2H_3O_2)_2$	$\frac{1}{2}H_2O$		42.95						36.24	36.10		36.4
186	氯化锶	$SrCl_2$	$6H_2O$	52.7	47.7	62.9	58.7	65.3	72.4	81.8	85.9	90.5		100.8
187	氯化锶	$SrCl_2$	$2H_2O$			64.0			83.8	97.2			130.4	139
188	硝酸锶	$Sr(NO_3)_2$	$1H_2O$	40.1		70.5								
189	硝酸锶	$Sr(NO_3)_2$					88.6	90.1						
190	硝酸锶	$Sr(NO_3)_2$	$4H_2O$							93.8	96	98	100	
191	硫酸锶	$SrSO_4$		0.0113		0.0114	0.0114							
192	二氧化硫	SO_2		22.83	16.21	11.29	7.81	5.41	4.5					
193	硫酸亚铊	Tl_2SO_4	$9H_2O$	2.70	3.70	4.87	6.16		9.21	10.92	12.74	14.61	16.53	18.45
194	硫酸钍	$Th(SO_4)_2$	$8H_2O$	0.74	0.98	1.38	1.995	2.998	5.22	6.64				
195	硫酸钍	$Th(SO_4)_2$	$6H_2O$	1.0	1.25	1.62	2.45							
196	硫酸钍	$Th(SO_4)_2$	$4H_2O$	1.50		1.90								
197	硫酸钍	$Th(SO_4)_2$	$6H_2O$					4.04	2.54	1.63	1.09			
198	氯酸锌	$ZnClO_3$	$6H_2O$	145.0	152.5	200.3	209.2	223.2	273.1					
199	氯酸锌	$ZnClO_3$	$4H_2O$											
200	硝酸锌	$Zn(NO_3)_2$	$6H_2O$	94.78		118.3		206.9						
201	硝酸锌	$Zn(NO_3)_2$	$3H_2O$											
202	硫酸锌	$ZnSO_4$	$7H_2O$	41.9	47	54.4		70.1	76.8					
203	硫酸锌	$ZnSO_4$	$6H_2O$							76.8		86.6	83.7	
204	硫酸锌	$ZnSO_4$	$1H_2O$											80.8

表 5-51　氯化钠在有机物＋水中的溶解度[54][(50±0.02)℃]

有　机　物	有机物的质量分数/%	溶解度/(g/kg)	有　机　物	有机物的质量分数/%	溶解度/(g/kg)
乙二醇	25.30	266.8	二乙二醇乙基醚	90.00	16.65
	50.24	184.7		95.16	7.94
	74.83	113.6	聚乙二醇乙基醚(350)	25.01	242.8
	85.26	91.9		50.01	139.0
	95.06	75.6		75.00	50.0
	100.00	68.4		84.99	23.2
聚乙二醇(200)	89.87	43.0		90.00	12.4
	95.02	32.2		95.00	3.96
聚乙二醇(300)	89.99	30.7	聚乙二醇乙基醚(750)	25.01	248.0
	95.03	19.8		49.98	137.5
聚乙二醇(400)	24.97	250.5		74.97	47.0
	49.92	150.0		85.00	19.5
	74.90	63.4		90.00	9.16
聚乙二醇(400)	84.98	36.0		95.00	2.14
	90.01	24.6	乙二醇二甲醚	95.01	0.13
	97.74	13.4	二乙二醇二甲醚	90.00	2.32
	100.00	4.57		94.73	0.22
聚乙二醇(600)	90.00	17.0	四乙二醇二甲醚	90.00	3.32
	95.00	7.0		94.95	0.32
聚乙二醇(1000)	24.94	248.8	聚乙二醇二甲醚(260)	94.97	0.55
	50.07	140.6	聚乙二醇二甲醚(280)	94.99	0.68
	74.96	51.6	聚乙二醇二甲醚(850)	94.87	0.65
	85.05	23.0	聚乙二醇二甲醚(1230)	25.01	246.6
	89.99	11.9		50.02	135.0
	95.01	3.19		74.93	43.8
乙二醇乙基醚	95.03	11.3		84.92	15.5
				95.00	0.64

表 5-52　萘在醇-水体系中的溶解度[39]

醇	醇在溶剂混合物中的摩尔分数	温度/℃	溶解度(mol)/%	醇	醇在溶剂混合物中的摩尔分数	温度/℃	溶解度(mol)/%
甲醇	0.922	35.7	2.4	1-丙醇	0.739	46.7	7.4
	0.922	50.6	4.6		0.616	52.1	5.7
乙醇	0.906	27.5	3.4	1-丁醇	0.813	21.8	4.3
	0.906	39.5	5.5		0.813	29.6	5.8
	0.743	73.0	3.8		0.680	30.7	4.7
1-丙醇	0.739	40.9	5.6		0.680	43.5	8.0

5.5　化学平衡[55~57]

5.5.1　化学计量学及反应进度

设反应体系中共包括 N_t 种物质，它们之间发生下述反应

$$O = \sum_{i=1}^{N_t} \nu_i A_i \qquad (5\text{-}88)$$

式中，ν_i 是物质 i 的化学计量数，A_i 为物质 i 的化学式。

定义反应进度

$$\mathrm{d}\zeta = \frac{\mathrm{d}n_i}{\nu_i}$$

则得物料衡算公式为

$$n_i(\zeta) = n_i(o) + \nu_i \zeta \qquad i = 1, 2, \cdots, N_t \tag{5-89}$$

式中，$n_i(o)$ 为反应起始时物质 i 的摩尔数，式中 $n_i(\zeta)$ 为反应进行到某个瞬间当反应进度为 ζ 时物质 i 的摩尔数。

若反应体系中同时有 r 个独立反应发生，

$$O = \sum_{i=1}^{N_t} \nu_{ji} A_i \qquad j = 1, 2, \cdots, r \tag{5-90}$$

式中，ν_{ji} 是第 j 个反应中物质 i 的化学计量数，r 个反应进度定义如下：

$$\mathrm{d}\zeta_j = \frac{\mathrm{d}n_{ji}}{\nu_{ji}} \qquad j = 1, 2, \cdots, r \tag{5-91}$$

且

$$\mathrm{d}n_i = \sum_{j=1}^{r} \mathrm{d}n_{ji} = \sum_{j=1}^{r} \nu_{ji} \mathrm{d}\zeta_j \qquad j = 1, 2, \cdots, r$$

则可导出物料衡算式

$$n_i = n_i(o) + \sum_{j=1}^{r} \nu_{ji} \zeta_j \qquad i = 1, 2, \cdots, N_t \tag{5-92}$$
$$j = 1, 2, \cdots, r$$

式中，n_i 是反应进行到某个瞬间时物质 i 的摩尔数。

5.5.2 化学反应平衡常数

5.5.2.1 化学反应标准平衡常数

发生化学反应 $O = \sum\limits_{i=1} \nu_i A_i$ 的体系达平衡的条件为

$$\sum_i \nu_i \mu_i = 0 \tag{5-93}$$

式中，μ_i 是组分 i 的化学位。温度 $T\mathrm{K}$ 下的标准平衡常数 $K^{\ominus}(T)$ 定义为

$$K^{\ominus}(T) = \exp\left[-\sum \nu_i \mu_i^{\ominus}(T)/RT\right] = \exp\left[-\frac{\Delta_r G_m^{\ominus}(T)}{RT}\right] \tag{5-94}$$

式中，$\mu_i^{\ominus}(T)$ 是物质 i 在温度 $T\mathrm{K}$ 的标准态化学位。$\Delta_r G_m^{\ominus}(T)$ 是化学反应在 $T\mathrm{K}$ 的标准摩尔 Gibbs 函数变化，它可由物质标准热化学数据计算

$$\Delta_r G_m^{\ominus} = \sum_i \nu_i \Delta_f G_{m,i}^{\ominus}(T) \tag{5-95}$$

式中，$\Delta_f G_{m,i}^{\ominus}$ 是物质 i 的标准摩尔生成 Gibbs 函数。联合式（5-94）和式（5-95）得

$$K^{\ominus}(T) = \exp\left[\frac{-\sum \nu_i \Delta_f G_{m,i}^{\ominus}(T)}{RT}\right] \tag{5-96}$$

本篇第二部分列出有机物和无机物在 298.15K 下的标准摩尔生成 Gibbs 函数值，代入上式即可计算 298.15K 下的标准平衡常数 $K^{\ominus}(298)$。其它温度下的标准平衡常数利用等压方程式求算

$$\ln K^{\ominus}(T) = \ln K^{\ominus}(298) + \int_{298}^{T} \frac{\Delta_r H_m^{\ominus}(T)}{RT^2} \mathrm{d}T \tag{5-97}$$

式中，$\Delta_r H_m^{\ominus}(T)$ 是化学反应标准焓变。

$$\Delta_r H_m^{\ominus}(T) = \Delta_r H_m^{\ominus}(298) + \int_{298}^{T} \Delta C_p \mathrm{d}T \tag{5-98}$$

式中，$\Delta_r H_m^{\ominus}$（298）是 298.15K 下反应标准焓变，它可用本篇第二部分提供的物质的标准摩尔生成焓数据求算

$$\Delta_r H_m^{\ominus}(298) = \sum_i \nu_i \Delta_f H_{m,i}^{\ominus}(298) \qquad (5\text{-}99)$$

式（5-98）中，ΔC_p 是化学反应热容变，当恒压热容采用温度多项式 $C_{pm}^{\ominus} = a + bT + cT^2 + \cdots$ 表示时，

$$\Delta C_p = \sum_i \nu_i C_{pm,i}^{\ominus} = \Delta a + \Delta bT + \Delta cT^2 + \cdots \qquad (5\text{-}100)$$

式中

$$\Delta a = \sum_i \nu_i a_i$$
$$\Delta b = \sum_i \nu_i b_i$$
$$\Delta c = \sum_i \nu_i c_i$$
$$\cdots\cdots$$

a_i，b_i，c_i 等参数值见本篇第 4 部分。

例 5-4 试利用热化学数据计算 400K 下列反应的标准平衡常数

$$CO + 2H_2 \Longrightarrow CH_3OH \ (g)$$

解 在此反应中 $\nu_{CO} = -1$，$\nu_{H_2} = -2$，$\nu_{CH_3OH} = 1$。

查得各物质热化学性质数据如下：

物 质	$\Delta_f G_m^{\ominus}$（298）/（kJ/mol）	$\Delta_f H_m^{\ominus}$（298）/（kJ/mol）
CO（g）	−137.15	−110.53
H₂（g）	0	0
CH₃OH（g）	−162.84	−201.5

	$C_{pm}^{\ominus} = a + bT + cT^2 + dT^3$ /［J/（K·mol）］			
物 质	a	$b \times 10^3$	$c \times 10^6$	$d \times 10^9$
CO（g）	27.48708	4.248518	2.508561	−1.244534
H₂（g）	28.62090	0.92052	−0.046994	0.73628
CH₃OH（g）	14.18429	110.7315	−39.02158	3.786256

按式（5-95）和式（5-96）得

$\Delta_r G_m^{\ominus}(298) = [(1)(-162.84) + (-1)(-137.15) + (-2)(0)]kJ/mol = -25.69kJ/mol$

$\ln K^{\ominus}(298) = \dfrac{-\Delta G_m^{\ominus}(298)}{RT} = -\left[\dfrac{-25.69 \times 10^3}{8.3145 \times 298.15}\right] = 10.363$

$K^{\ominus}(298) = 31672$

用式（5-99）计算 $\Delta_r H_m^{\ominus}$（298），

$\Delta_r H_m^{\ominus}(298) = [(1)(-201.5) + (-1)(-110.53) + (-2)(0)]kJ/mol = -90.97kJ/mol$

将 $C_{pm}^{\ominus}$ 表达式常数 a_i，b_i，c_i 和 d_i 等代入式（5-100）求出 ΔC_p 为

$\Delta C_p = -70.5446 + 104.6419 \times 10^{-3} T - 41.4362 \times 10^{-6} T^2 + 3.5582 \times 10^{-9} T^3$，J/（K·mol）

将上式代入式（5-98）并积分得

$$\Delta_r H_m^{\ominus}(T) = \Delta_r H_m^{\ominus}(298) + \int_{298.15}^{T} \Delta C_p dT$$
$$= -74292 - 70.5446T + 52.3209 \times 10^{-3} T^2$$

$$-13.8121 \times 10^{-6} T^3 + 0.8896 \times 10^{-9} T^4$$

代入式(5-97)得

$$R\ln K^{\ominus}(400) = R\ln K^{\ominus}(298) + \int_{298.15}^{400.15} \frac{\Delta_r H_m^{\ominus}(T)}{T^2} dT$$

$$= (8.3145)(10.363) + \int_{298.15}^{400.15} \left\{ \frac{-74292}{T^2} - \frac{70.5446}{T} + 52.3209 \times 10^{-3} T \right.$$

$$\left. -13.8121 \times 10^{-6} T^2 + 0.8896 \times 10^{-9} T^3 \right\} dT$$

$$= 6.7452$$

$$\ln K^{\ominus}(400) = 6.7452/8.3145 = 0.81126$$

$$K^{\ominus}(400) = 2.2507$$

5.5.2.2　单一化学平衡计算

（1）气相反应

将气相混合物中组分 i 的化学位表达式（标准压力 $P^{\ominus}$ 下的理想气体为标准态）代入式(5-93)得

$$K^{\ominus}(T) = K_f = \prod_i \left(\frac{\hat{f}_i}{P^{\ominus}} \right)^{\nu_i} = \left(\frac{P}{P^{\ominus}} \right)^{\sum_i \nu_i} K_\phi K_y \tag{5-101}$$

式中，$P^{\ominus} = 10^5 \mathrm{Pa}$，$K_\phi = \prod_i \hat{\varphi}_i^{\nu_i}$，$K_y = \prod_i y_i^{\nu_i}$，$y_i = \dfrac{n_i}{\sum_i n_i}$，其中 n_i 按式(5-89)计算，此时反应进度为平衡反应进度 ζ^{eq}。$\hat{\varphi}_i$ 计算可选择 5.2.1 中的适当的状态方程来进行，或者按本章 5.4 中介绍的方法计算（注意：用后一种方法求出的是纯物质逸度系数，用于化学平衡体系中时需认为 Lewis-Randall 规则可以适用）。当用前一种方法计算 $\hat{\varphi}_i$ 时，由于 $\hat{\varphi}_i$ 也是 y_i 的函数，所以需要采用试差迭代法求解。

例 5-5　已知反应 $C_2H_4 + H_2O(g) = C_2H_5OH(g)$ 在 523K 的标准平衡常数 $K^{\ominus}(523) = 8.15 \times 10^{-3}$，求压力为 3.4MPa 时，乙烯的平衡转化率。设反应器进料水蒸气和乙烯的摩尔比为 5∶1。

解
$$\sum_i \nu_i = \nu_{C_2H_4} + \nu_{H_2O} + \nu_{C_2H_5OH} = (-1) + (-1) + 1 = -1$$

$$K_f = K^{\ominus}(523) = 8.15 \times 10^{-3}$$

按式(5-101)

$$K_\phi K_y = \left(\frac{\hat{\varphi}_{C_2H_5OH}}{\hat{\varphi}_{C_2H_4} \cdot \hat{\varphi}_{H_2O}} \right) \times \left(\frac{y_{C_2H_5OH}}{y_{C_2H_4} \cdot y_{H_2O}} \right)$$

$$= \left(\frac{P^{\ominus}}{P} \right)^{\sum_i \nu_i} \cdot K_f$$

$$= \left(\frac{10^5}{3.4 \times 10^6} \right)^{-1} (8.15 \times 10^{-3}) = 0.2771$$

$$n_{C_2H_4}(o) = 1\mathrm{mol}, n_{H_2O}(o) = 5\mathrm{mol}, n_{C_2H_5OH}(o) = 0\mathrm{mol},$$

$$n_{C_2H_4} = 1 - \zeta^{eq}, \quad n_{H_2O} = 5 - \zeta^{eq}, \quad n_{C_2H_5OH} = \zeta^{eq}$$

$$n = \sum_i n_i = 6 - \zeta^{eq}$$

$$y_{C_2H_4} = \frac{n_{C_2H_4}}{n} = \frac{1 - \zeta^{eq}}{6 - \zeta^{eq}}$$

$$y_{H_2O} = \frac{n_{H_2O}}{n} = \frac{5 - \zeta^{eq}}{6 - \zeta^{eq}}$$

$$y_{C_2H_5OH} = \frac{n_{C_2H_5OH}}{n} = \frac{\zeta^{eq}}{6-\zeta^{eq}}$$

$$K_y = \frac{\zeta^{eq}(6-\zeta^{eq})}{(5-\zeta^{eq})(1-\zeta^{eq})}$$

设 Lewis-Randall 规则可用于此体系，并用普遍化方法求得 523K 和 3.4MPa 下的逸度系数如下：

$$\varphi_{C_2H_4} = 0.98 = \hat{\varphi}_{C_2H_4}$$

$$\varphi_{CH_2O} = 0.89 = \hat{\varphi}_{H_2O}$$

$$\varphi_{C_2H_5OH} = 0.83 = \hat{\varphi}_{C_2H_5OH}$$

$$K_\phi = \frac{0.83}{0.98 \times 0.89} = 0.9516$$

$$K_y = \frac{\zeta^{eq}(6-\zeta^{eq})}{(5-\zeta^{eq})(1-\zeta^{eq})} = \frac{0.2771}{0.9516} = 0.2912$$

从上式解出平衡反应进度 $\zeta^{eq} = 0.195$mol。乙烯平衡转化率为

$$\frac{0.195}{1} \times 100\% = 19.5\%$$

（2）液相混合物中的反应

将液相混合物中组分 i 的化学位表达式（纯液体 i 为标准态）代入式（5-93）得

$$K^\ominus(T) = K_a = K_r K_x \tag{5-102}$$

式中

$$K_r = \prod_i \gamma_i^{v_i}$$

$$K_x = \prod_i x_i^{v_i}$$

γ_i 是液相混合物中组分 i 的活度系数，可采用 5.2.2 中适当的活度系数模型计算。x_i 是平衡液相混合物中组分 i 的摩尔分数，它通过物料衡算式（5-89）计算，是平衡反应进度的函数。由于 γ_i 是温度和组成（x_i）的函数，所以求解时也需试差迭代。

（3）溶液中溶质间的反应

将溶质 B 表达式代入（5-93）得

$$K^\ominus(T) = K_a = \prod_B a_B^{v_B} \tag{5-103}$$

溶质采用摩尔分率 x_B 的浓度单位时

$$K_a = \prod_B \gamma_B^{v_B} \prod_B x_B^{v_B} \tag{5-104}$$

式中，γ_B 是以 T，$p^\ominus$ 下，$x_B = 1$ 的假想态为标准态，以无限稀溶液（$\gamma_B^\infty = 1$）为参考态的活度系数，一般常用于气体在液体溶剂中的溶液。若溶剂 A 的活度系数可以用 5.2.2 中的适当的活度系数模型计算，则可根据 Gibbs-Duhem 方程导出 γ_B 的计算公式。例如，溶剂 A 的活度系数采用双尾标的 Margules 方程

$$\ln\gamma_A = \frac{A}{RT}x_2^2$$

则从 Gibbs-Duhem 方程导得

$$\ln\gamma_B = \frac{A}{RT}(x_1^2 - 1)$$

此外 γ_B 也可用正规溶液理论导出的活度系数方程估算。溶质采用质量摩尔浓度 m_B 时

$$K_a = \exp\left[-\frac{\sum\limits_B \nu_B \mu_B^\ominus (T, p^\ominus, m_B^\ominus = 1)}{RT}\right] = \exp\left[-\frac{\Delta_r G_m^\ominus (T)}{RT}\right]$$

$$= \prod_B \gamma_B(m)^{\nu_B} \prod_B m_B^{\nu_B} \tag{5-105}$$

式中，标准态指在 T, $p^\ominus$ 下，$m_B^\ominus = 1$ 的假想态，$\gamma_B(m)$ 是以无限稀溶液（$\gamma_B^\infty(m) = 1$）为参考态的活度系数。在计算 $\Delta_r G_m^\ominus(T)$ 时，要选取上述标准态时溶质 B 的标准生成 Gibbs 函数，而不能采用纯物质 B 的数值！

溶质采用体积摩尔浓度 C_B 时，

$$K_a = \exp\left[-\frac{\sum\limits_B \nu_B \mu_B^\ominus (T, p^\ominus, C_B^\ominus = 1)}{RT}\right] = \exp\left[-\frac{\Delta_r G_m^\ominus (T)}{RT}\right]$$

$$= \prod_B \gamma(C)^{\nu_B} \prod_B C_B^{\nu_B} \tag{5-106}$$

式中，标准态指在 T, $p^\ominus$ 下，$C_B^\ominus = 1$ 的假想态，$\gamma_B(C)$ 是以无限稀溶液 [$\gamma_B^\infty(C) = 1$] 为参考态的活度系数。同样，在计算 $\Delta_r G_m^\ominus(T)$ 时，要选取上述标准态时溶质 B 的标准生成 Gibbs 函数，而不能采用纯物质 B 的数值！

固体（特别是固体电解质）溶解在液体溶剂中的溶液常采用 $\gamma_B(m)$ 或 $\gamma_B(C)$。对非极性的溶质和溶剂，可采用正规溶液理论导出的方程预测活度系数。电解质溶液中离子的活度系数用 Debye-Huckel 公式或 Pitzer 方程计算，分子溶质的活度系数采用 Setschenow-Pitzer 关系式[58,59]。

（4）多相反应

多相反应标准平衡常数的表达式需根据具体反应式才能写出，从热化学数据计算 $K^\ominus(T)$ 时也应注意处于不同相的物质的标准态各不相同。

例 5-6　试估算在大气压力下，碳酸钙分解产生的气体中至少含 15% 二氧化碳的温度。

解　碳酸钙分解反应方程式

$$CaCO_3(s) = CaO(s) + CO_2(g)$$

将各物质化学位表达式代入式(5-93)得

$$K^\ominus(T) = \frac{a_{CaO} \hat{f}_{CO_2} / p^\ominus}{a_{CaCO_3}}$$

式中，纯固体活度 $a_{CaCO_3} = a_{CaO} = 1$，$\hat{f}_{CO_2} = P y_{CO_2} \hat{\varphi}_{CO_2}$，大气压下 $p \approx p^\ominus = 10^5\ Pa$，$\hat{\varphi}_{CO_2} \approx 1$，上式化简为

$$K^\ominus(T) = y_{CO_2}$$

查得 298.15K 各物质热化学数据如下：

物　质	$\Delta_f G_m^\ominus /(kJ/mol)$	$\Delta_f H_m^\ominus /(kJ/mol)$	$C_{pm}^\ominus = a + bT + c'T^{-2}/[J/(K^{-1} \cdot mol)]$		
			a	$b \times 10^3$	$c' \times 10^{-5}$
$CaCO_3(s)$	-1128.79	-1206.92	104.52	21.9	-25.94
$CaO(s)$	-604.03	-635.09	49.62	4.52	-6.95
$CO_2(g)$	-394.17	-393.51	44.14	9.04	-8.53

$$\Delta_r G_m^\ominus(298) = [(-604.03 - 394.17) - (-1128.79)]kJ/mol = 130.59 kJ/mol$$

$$K^\ominus(298) = \exp\left\{\frac{-130.59 \times 10^3}{8.3145 \times 298.15}\right\} = 1.319 \times 10^{-23} = y_{CO_2}(298)$$

即 298.15K 下达到平衡时气相中 CO_2 摩尔分数仅为 1.319×10^{-23}。

$$\Delta_r H_{\mathrm{m}}^{\ominus}(298)=[(-635.09-393.51)-(-1206.92)]\mathrm{kJ/mol}=178.32\mathrm{kJ/mol}>0$$

升高温度使 $K^{\ominus}(T)$ 增大，即增大气相中 CO_2 含量。将各物质 $C_{\mathrm{pm}}^{\ominus}$ 和 $\Delta_f H_{\mathrm{m}}^{\ominus}$ (298) 代入式（5-99）和式（5-100），得

$$\Delta_r H_{\mathrm{m}}^{\ominus}(T)=185407-10.76T-8.34\times10^{-3}T^2-10.46\times10^5/T$$

将上述结果代入等压方程积分式（5-97），导出下列 $K^{\ominus}(T)$ 和 T 的关系式

$$R\ln K^{\ominus}(T)=\frac{185407}{T}-10.76\ln T-0.00417T+\frac{5.23\times10^5}{T^2}+252.29$$

按题意，$K^{\ominus}(T)=0.15$ 时由上式解出

$$T=979\mathrm{K}$$

5.5.2.3 复杂体系的化学反应平衡计算

（1）独立反应的确定

由 L 种元素和 N_t 种物质构成的复杂反应体系，以 A_i 代表物质 i，B_l 表示元素 l，则

$$A_i=\sum_{l=1}^{L}a_{li}B_l \qquad i=1,2,\cdots,N_t \tag{5-107}$$

式中，原子系数 a_{li} 代表物质 i 的分子中元素 l 原子的数目。体系的原子系数矩阵为

$$A=\begin{bmatrix} a_{11} & a_{12} & \cdots\cdots & a_{1N_t} \\ a_{21} & a_{22} & \cdots\cdots & a_{2N_t} \\ \vdots & \vdots & & \vdots \\ \vdots & \vdots & & \vdots \\ a_{L1} & a_{L2} & \cdots\cdots & a_{LN_t} \end{bmatrix} \tag{5-108}$$

设矩阵 A 的秩为 H，则体系包含的独立反应数为

$$r=N_t-H \tag{5-109}$$

将式（5-107）代入式（5-88）的下列齐次线性方程组

$$A\cdot\nu=O \tag{5-110}$$

式中，ν 代表列向量 $(\nu_1, \nu_2, \cdots, \nu_{N_t})^{-1}$，$O$ 代表 L 阶零向量。

将 A 经矩阵运算变成三角矩阵 T，上式改写成

$$T\cdot\nu=O \tag{5-111}$$

上式的 r 个线性独立解即代表体系中 r 个独立反应。

例 5-7 某反应体系含有 CH_4，H_2O，H_2，CO 和 CO_2 五种物质，它们由三种元素（C，H 和 O）构成，试确定其独立反应。

解 此体系的原子系数矩阵为

$$\begin{array}{c} \quad\ CH_4 \quad H_2O \quad H_2 \quad CO \quad CO_2 \\ \begin{array}{c} C \\ H \\ O \end{array}\begin{pmatrix} 1 & 0 & 0 & 1 & 1 \\ 4 & 2 & 2 & 0 & 0 \\ 0 & 1 & 0 & 1 & 2 \end{pmatrix} \end{array}$$

上述矩阵变形为下列三角形矩阵

$$\begin{pmatrix} 1 & 0 & 0 & 1 & 1 \\ 0 & 1 & 1 & -2 & -2 \\ 0 & 0 & 1 & -3 & -4 \end{pmatrix}$$

此三角形矩阵的最高阶非零子式为

$$\begin{vmatrix} 1 & 1 & 1 \\ 1 & -2 & -2 \\ 1 & -3 & -4 \end{vmatrix} = 0$$

其秩 $H=3$，独立反应数

$$r = 5 - 3 = 2$$

式 (5-111) 为如下线性齐次方程组

$$\nu_1 + \nu_4 + \nu_5 = 0$$
$$\nu_2 + \nu_3 - 2\nu_4 - 2\nu_5 = 0$$
$$\nu_3 - 3\nu_4 - 4\nu_5 = 0$$

体系的独立组分数为 $N_t - r = 5 - 2 = 3$，选择 CH_4，H_2O 和 H_2 为独立组分，上述方程组的全部解为

$$\nu_1 = -\nu_4 - \nu_5 = -\lambda_4 - \lambda_5$$
$$\nu_2 = -\nu_3 + 2\nu_4 + 2\nu_5 = -\lambda_4 - \lambda_5$$
$$\nu_3 = 3\nu_4 + 4\nu_5 = 3\lambda_4 + 4\lambda_5$$
$$\nu_4 = \lambda_4$$
$$\nu_5 = \lambda_5$$

式中，λ_4 和 λ_5 是任意实数。通过选择 λ_4 和 λ_5 的数值来确定二个线性独立解，通常选择 $(\lambda_4，\lambda_5)$ 为 $(1, 0)$ 和 $(0, 1)$，得以下二个线性独立解
$\lambda_4 = 1$，$\lambda_5 = 0$

$$\nu_{11} = -1，\nu_{12} = -1，\nu_{13} = 3，\nu_{14} = 1，\nu_{15} = 0$$

和
$\lambda_4 = 0$，$\lambda_5 = 1$

$$\nu_{21} = -1，\nu_{22} = -2，\nu_{23} = 4，\nu_{24} = 0，\nu_{25} = 1$$

这两个线性独立解代表以下两个独立反应

$$CH_4 + H_2O \Longrightarrow 3H_2 + CO \tag{a}$$
$$CH_4 + 2H_2O \Longrightarrow 4H_2 + CO_2 \tag{b}$$

上述独立反应的计量数构成的计量数矩阵为

$$\begin{array}{c} \\ (a) \\ (b) \end{array} \begin{array}{ccccc} CH_4 & H_2O & H_2 & CO & CO_2 \\ \begin{pmatrix} -1 & -1 & 3 & 1 & 0 \\ -1 & -2 & 4 & 0 & 1 \end{pmatrix} \end{array}$$

(2) 多个反应同时平衡体系的组成计算

① 平衡常数联立方程法：对包含 r 个独立反应同时平衡的体系，按式 (5-92) 进行物料衡算：

$$n_i = n_i(o) + \sum_{j=1}^{r} \nu_{ji} \zeta_{ji} \qquad j = 1, 2, \cdots, r$$

将物料衡算式代入平衡常数表达式中

$$K^{\ominus}(T)_j = f(\zeta_j^e) \qquad j = 1, 2, \cdots, r \tag{5-112}$$

上式为 r 个联立方程，求解 r 个平衡反应进度 ζ_j^e，即得平衡组成。

② Gibbs 函数最小原理法：含 r 个独立反应的体系，在指定 T、p 下，体系 Gibbs 函数是各物质的摩尔数的函数，即

$$G_{T,P} = G(n_1, n_2, \cdots, n_{N_t}) \tag{5-113}$$

体系达化学平衡时，其 Gibbs 函数最小。计算平衡组成就是求 Gibbs 函数最小时的 n_i

值。n_i 的限制条件为

$$\sum_{i=1}^{N_t} a_{li} n_i = b_l \qquad l = 1, 2, \cdots, L$$

$$b_l = \sum_{i=1}^{N_t} a_{li} n_i(o) \tag{5-114}$$

式中，b_l 代表体系中元素 l 的总摩尔数，反应前后 b_l 不变。a_{li} 仍代表物质 i 分子中元素 l 的原子数。对每种元素引入不定乘数 α_l，得

$$\sum_{l=1}^{L} \alpha_l \left(\sum_{i=1}^{N_t} a_{li} n_i - b_l \right) = 0 \tag{5-115}$$

令

$$F = G + \sum_{l=1}^{L} \alpha_l \left(\sum_{i=1}^{N_t} a_{li} n_i - b_l \right) = 0$$

则得

$$\left(\frac{\partial F}{\partial n_i} \right)_{T,P,n_{j \neq i}} = \left(\frac{\partial G}{\partial n_i} \right)_{T,P,n_{j \neq i}} + \sum_{l=1}^{L} \alpha_l a_{li} = 0$$

即

$$\mu_i + \sum_{l=1}^{L} \alpha_l a_{li} = 0 \qquad i = 1, 2, \cdots, N_t$$

若上式中，化学位 $\mu_i = \mu_i^{\ominus}(T, p^{\ominus}) + RT \ln \hat{f}_i / f_i^{\ominus}$，当考虑气相反应时 $\hat{f}_i / f_i^{\ominus} = \varphi_i y_i p / p^{\ominus}$，$y_i = n_i / n, n = \sum_i n_i$，则上式变为

$$\Delta_f G_m^{\ominus}(T) + RT \ln \frac{p}{p^{\ominus}} + RT \ln \hat{\varphi}_i + RT \ln \frac{n_i}{n} + \sum_{l=1}^{L} \alpha_l a_{li} = 0$$

$$i = 1, 2, \cdots, N_t \tag{5-116}$$

式中，$\Delta_f G_m^{\ominus}(T)$ 即 $\mu_i^{\ominus}(T, p^{\ominus})$，是物质 i 在标准态的生成 Gibbs 函数，可从热化学数据求得。

联立式(5-116) 和式(5-114)，共 $N_t + L$ 个方程，求解 $N_t + L$ 个未知数，即得平衡组成。

某些参考书中有电算程序可供复杂体系平衡组成计算选用[60]。

参 考 文 献

[1]　日本化学工学協会. 化学工学便覧。第五版，東京：丸善株式会社，1998.

[2]　Dean J. A. Lange's Handbook of Chemistry. 13th ed. . New York：McGraw-Hill Book, 1985.

[3]　Perry R. H. Perry 化学工程手册：上卷 . 第六版．天津大学等译．北京：化学工业出版社，1992.

[4]　International Critical Tables. Vol. 3. New York：McGraw-Hill Book, 1939. 292-302.

[5]　Wilson G. Univ. Ill. Eng. Expt. Sta. Bull. 146.

[6]　傅献彩，沈文霞，姚天扬. 物理化学. 第四版. 北京：高等教育出版社，1990. 144-145.

[7]　Reid R. C, Prausnitz J. M, Poling B. E. The Properties of Gases and Liquids. 4th ed. New York：McGraw-Hill, 1987.

[8]　Frost A. A, Kalkwarf D. R. J. Chem. Phys. . 1953，**21**：264.

[9]　Wagner W. Cryogenics. 1973，**13**：470.

[10]　Lee B. I, Kesler M. G. AIchE J. 1975，**21**：510.

[11]　Riedel L. Chem. Eng. Tech. 1954，**26**：83.

[12]　Gomez-Nieto M, Thodos G. Can. J. Chem. Eng. 1977，**55**：445.

[13] Gomez-Nieto M, Thodos G. Can. J. Chem. Fundam. 1977，**16**：254.

[14] Gomez-Nieto M, Thodos G. Can. J. Chem. Fundam. 1978，**17**：45.

[15] Ambrose D, Patel N. C. J. Chem. Thermodyn. 1984，**16**：459.

[16] Stanley W. W. 化工相平衡. 韩世钧等译. 北京：化学工业出版社，1991.

[17] Prausnitz J. M, Chueh P. L. Computer Calculation for High Pressure Vapor-liquid Equilibria. New York：Preutice-Hall Inc，1968.

[18] Soave G. Chem. Eng. Sci. 1974，**27**：1197.

[19] Peng D. Y, Robinson D. B. IEC Fundam. 1976，**15**：59.

[20] Patel N. C, Teja A. S. Chem. Eng. Sci. 1982，**37**：483.

[21] Benedict M, Webb G. R, Rubin L. C. J. Chem. Phys. 1940，**8**：334-345.

[22] Stariing K. E. Fluid Thermodynamic Properties for light Petroleum Systems. Houston：Gulf Publishing Company，1973.

[23] Plöcker U, Knapp H, Prausnitz J. M. Ind. Eng. Chem. Proc. Des. Dev. 1978，**17**：324-332.

[24] 侯虞钧，张彬，唐宏青. 化工学报. 1981(1)：1.

[25] Knapp H, Doring R, Oellrich L. R, Plöcker U, Prausnitz J. M. Vapor-liquid Equilibria for Mixture of low Boiling Substances DECHEMA chemistry Data Series. Frankfurt/Main，F. R. Germany：Schon，Wetzel GmbH，1981.

[26] Kabadi V. N, Danner R. P. Ind. Eng. Chem. Proc. Des. Dev. 1985，**24**：537-541.

[27] Panagiotopoulos A. Z.，Reid R. C. ACS Symp. Ser. 300，American Chemical Society，Washington D. C. 1986，71-82.

[28] Harvey A. H, Prausnitz J. M. AIchEJ. 1989，**35**：635-644.

[29] Tww C. H, Bluck D, Gunningham J. R, Coon, J. E. Fluid Phase Equil. 1991，**69**：33-50.

[30] 朱自强等. 流体相平衡原理及其应用. 杭州：浙江大学出版社，1990.

[31] 郭天民等. 多元汽-液平衡和精馏. 北京：化学工业出版社，1983.

[32] 胡英. 流体的分子热力学. 北京：高等教育出版社，1983.

[33] Barton A. F. M. Handbook of Solubility Parameters and Other Cohesion Parameters BoCa，Raton，Florida：CRC，Press InC，1983.

[34] Redlich O, Kister A. T. Ind. Eng. Chem. 1948，**40**：345-348.

[35] van Laar J. J. Z. Phys. Chem. 1910，**72**：723-751.

[36] Wilson G. M. J. Amer. Chem. Soc. 1964，**86**：127.

[37] Renon H, Prausnitz J. M. AIchE J. 1968，**14**：135-144.

[38] Abrams D. S, Prausnitz J. M. AIchE J. 1975，**21**：116-128.

[39] 普劳斯尼茨 J. M. 等. 流体相平衡的分子热力学. 第二版. 骆赞椿等译. 北京：化学工业出版社，1990.

[40] Den E. L, Deal C. H. J. Chem. E. Symposium Series No. 32，1969，40.

[41] Tochigi K, Tiegs D, al etc. J. Chem. Eng. Japan 1990，**23**(4)：453-463.

[42] Fredenslund Aa, Jones R. L, Prausniz J. M. AIchE J. 1975，**21**：1086-1099.

[43] Gmening J, Li J, Schiller M. Ind. Eng. Chem. Res. 1993，**32**：178-193.

[44] Chao K. C, Seader J. D. AIchE J. 1961，**7**(4)：598-605.

[45] Gragson H. G, Streed C. W. Vapor-Liquid Equilibria for High Temperatures，High Pressure Hydrocarbon-Hydrocarbon Systems. 6th World Congress，Frankfurt am Main，Jure 19-26，1963.

[46] Erbar J. H, Edmister W. C. VLE for High Temp，High Pre. Hydrocarbon-Hydrocarbon Systems. 6th World Congress Frankfurt Main，Jure 19-26，1963.

[47] Huron M. J, Vidal J. Fluid Phase Equilibria 1979，**3**：255.

[48] Gupte P. A, Rasmussen P, Fredensland A. Ind. Eng. Chem. Fundam. 1986，**25**：636-645.

[49] IUPAC Solubility Data Series. Vol. 1. London：Pergamon，1979，5-32.

[50] Wilhelm E, Battine R, Wilcock R. J. Chem. Rev. 1977，**77**：2192-2262.

[51] Edwards T. J, Naurer G, Newman J, Prausnitz. J. M. AIchE J. 1978，**24**：966.

[52] Van Krevelen D. W, Hoffizzer P. J. Chem. Ind. XXI Conger. Int. Chem. Ind. 1948：168.

[53] Krichevsky I. R, Kasarnovsky J. S. J. Am. Chem. Soc. 1953，**57**：2168.

[54] Baldwin W. H, Raridon R. J, Kraw K. A. J. Phys. Chem. 1969，**73**(10)：3417-3420.

[55] 金克斯，赵传钧，马沛生. 化工热力学. 天津：天津大学出版社，1990.

[56] McGlashcm M. L. Chemical Thermodynamics. Academic Press，1979.

[57] Holub R，Vonka P，The Chemical Equilibrium of Gaseous Systems. D. Reidel Publishing Co，1976.

[58] 黄子卿. 电解质溶液理论导论. 修订版. 北京：科学出版社，1983.

[59] Zemaitis J. F. Jr，Clark D. M，Rafal M，Scrivner W. C. Handbook of Aqueous Electrolyte Thermodynamics New York：AIchE，1986.

[60] 李恪. 化工热力学. 北京：石油工业出版社，1985.

第6章 传递性质数据与计算

6.1 黏度

6.1.1 黏度的定义和单位

把流体中任意一点上单位面积的剪切应力和速度梯度的比值定义为流体的黏度，即

$$\eta = F / \frac{\mathrm{d}u}{\mathrm{d}Z}$$

式中，η 为黏度；F 为单位面积的剪切应力；$\mathrm{d}u/\mathrm{d}Z$ 为速度梯度。

按黏度的定义，黏度的量纲为（力）·（时间）·（长度）$^{-2}$ 或（质量）·（长度）$^{-1}$·（时间）$^{-1}$。如果将力、时间和长度单位分别用牛（N），秒（s）和米（m），则 $1\mathrm{N} \cdot \mathrm{s} \cdot \mathrm{m}^{-2} = 1\mathrm{Pa} \cdot \mathrm{s}$（帕秒）。除上述单位外，在工程上还常用泊（P），厘泊（cP）和微泊（μP）等单位，其换算单位为

$$1\mathrm{P} = 0.1\mathrm{Pa} \cdot \mathrm{s} \qquad 1\mathrm{cP} = 10^{-3}\mathrm{Pa} \cdot \mathrm{s}$$
$$1\mu\mathrm{P} = 10^{-7}\mathrm{Pa} \cdot \mathrm{s} \qquad 1\mathrm{Pa} \cdot \mathrm{s} = 1\mathrm{kg}/(\mathrm{m} \cdot \mathrm{s})$$

黏度与密度之比值为（运）动黏度，即

$$\nu = \eta/\rho = \eta \cdot g/\gamma$$

式中，ν 为动黏度；η 为黏度；γ 为重度；g 为重力加速度。

如果黏度的单位是 $\mathrm{Pa} \cdot \mathrm{s}$ [$\mathrm{kg}/(\mathrm{m} \cdot \mathrm{s})$]，密度单位为 kg/m^3，则动黏度的单位为 m^2/s。除此单位外，也有采用斯（托克斯）（St）

$$1\mathrm{St} = 10^{-4}\mathrm{m}^2/\mathrm{s}$$

6.1.2 气体的黏度数据

由于气体黏度实验测定难度较大，而且测试装置也不多，实验数据很缺乏。1967 年前的实验数据可参看 LB 手册[1]。另外，Vargaftik[2]，Golubev[3]，Liley[4,5] 等的著作中也收集了一些实验数据。

气体黏度 η 与温度 T（K）的关联式很多。当温度范围不大时，可用两参数式

$$\eta = A_0 + A_1 T \tag{6-1}$$
$$\eta = a T^n \tag{6-2}$$
$$\eta = K \sqrt{T} / (1 + S/T) \tag{6-3}$$

以上三式回归误差相接近。式（6-3）为著名的 Sutherland 方程，其中 S 为 Sutherland 常数，可用 $S = 1.47 T_b$（T_b 为正常沸点，K）估算，但目前常与 K 一起回归确定。

当黏度数据的温度范围扩大时，则可用多参数关联式

$$\eta = A_0 + A_1 T + A_2 T^2 \tag{6-4}$$
$$\eta = K T^n / (1 + S/T) \tag{6-5}$$

$$\eta = A_0 + A_1 T + A_2 T^2 + A_3 T^3 \tag{6-6}$$

$$\ln\eta = A_0 + B_0 \ln T + B_1 T^{-1} + B_2 T^{-2} \tag{6-7}$$

马沛生等[6]曾应用 1967～1979 年之间发表的 50 种物质的实验数据，按式（6-6）、（6-7）进行回归，其误差仅为 0.16%。

表 6-1 给出一些气体的黏度数据，取自参考文献 [3]。

表 6-1　常压和不同温度下气体的黏度（×10⁻⁷）　　单位：g/(cm·s)

温度 /℃	氦 He	氖 Ne	氩 A	氪 Kr	氙 Xe	氢 H_2	氘 D_2
−220	640	858	470				
−210	716	1008	550				
−200	790	1149	630			332	465
−190	862	1280	710			367	516
−180	930	1400	790			399	565
−170	995	1510	870			430	605
−160	1055	1615	950			460	650
−150	1117	1720	1025			488	690
−140	1176	1819	1105			516	728
−130	1235	1915	1180			542	765
−120	1290	2005	1255			568	802
−110	1345	2095	1325			593	837
−100	1400	2182	1405			618	872
−75	1526	2388	1585			677	956
−50	1640	2600	1760			733	1035
−25	1750	2788	1930			788	1110
0	1860	2975	2085	2330	2110	840	1185
+20	1946	3113	2215	2480	2255	880	1240
25	1968	3142	2248	2515	2290	890	1255
50	2065	3310	2400	2695	2470	938	1325
75	2175	3482	2550	2880	2645	985	1390
100	2281	3646	2695	3060	2820	1033	1460
150	2475	3950	2965	3400	3165	1123	1590
200	2672	4248	3223	3725	3484	1213	1715
250	2875	4527	3462	4040	3790	1299	1830
300	3055	4785	3680	4325	4080	1382	1955
400	3415	5300	4110	4850	4620	1538	2170
500	3750	5796	4505	5350	5120	1686	2380

温度	氦	氖	氩	氪	氙	氢	氘
/℃	He	Ne	A	Kr	Xe	H₂	D₂
600	4070	6255	4870	5840	5600	1828	2580
700	4370	6689	5215			1965	2780
800	4660	7100	5550			2103	2970
1000	5240	7855	6160			2355	3320

温度	氮	氧	空气	一氧化碳	氧化氮	二氧化碳	氧化亚氮	水
/℃	N₂	O₂	—	CO	NO	CO₂	N₂O	H₂O
−200			520					
−190		635						
−180	650	710	663					
−170	718	785	730					
−160	783	860	800					
−150	846	935	860		860			
−140	907	1010	922		930			
−130	967	1085	990		1000			
−120	1028	1150	1050	1030	1064			
−110	1082	1218	1109	1090	1130			
−100	1143	1286	1170	1130	1198	886		
−75	1285	1452	1312	1275	1357	1007	990	
−50	1419	1612	1445	1400	1510	1126	1115	
−25	1542	1753	1582	1528	1656	1247	1240	
0	1665	1910	1708	1662	1800	1367	1360	883
+20	1766	2026	1812	1749	1899	1463	1460	—
25	1778	2052	1840	1766	1920	1486	1482	975
50	1883	2182	1954	1872	2035	1607	1595	1065
75	1986	2310	2068	1980	2156	1716	1712	1157
100	2086	2437	2180	2076	2272	1827	1822	1250
150	2278	2674	2391	2271	2475	2045	2040	1435
200	2464	2867	2588	2452	2682	2254	2245	1615
250	2639	3103	2760	2622	2870	2456	2450	1800
300	2800	3310	2942	2788	3055	2646	2649	1985
400	3118	3686	3275	3090	3400	2994	3030	2350
500	3403	4030	3567	3370	3700	3309	3375	2720
600	3665	4350	3842	3630	4010	3605		3090
700	3916	4652	4110	3870	4275	3876		3460
800	4160	4940	4365	4100	4535	4140		3820
900	4390	5210	4610	4330	4780	4400		4190
1000	4600	5470	4850	4530	5075	4658		4560

续表

温度	二氧化硫	氨	甲烷	重氢甲烷	乙烷	乙烯
/℃	SO_2	NH_3	CH_4	CD_4	C_2H_6	C_2H_4
−190			336	399		
−180			375	446		
−170			414	492		
−160			453	540		
−150			490	584		
−140			528	629		
−130			566	675		
−120			603	718		
−110			640	761		
−100			677	806	552	
−75	855	670	769	915	623	
−50	955	760	860	1022	703	792
−25	1053	850	946	1126	780	864
0	1158	935	1028	1223	855	941
20	1250	1000	1092	1290	915	1010
25	1270	1025	1108	1319	929	1027
50	1390	1110	1185	1410	1020	1108
75	1500	1205	1260	1500	1070	1180
100	1611	1285	1332	1590	1150	1260
150	1830	1463	1472	1750	1280	1405
200	2040	1648	1604	1910	1410	1545
250	2255	1820	1725	2055	1525	1670
300	2455	1990	1850	2200	1640	1810
400	2820	2337	2080	2480	1900	2049
500	3155	2650	2268	2700	2140	2260
600	3465	2925	2465	2940	2380	
700	3760	3210	2650			
800	4040	3480	2820			
900	4305	3740	2980			
1000	4540	3990	3135			

温度	氯	溴	碘	氯化氢	溴化氢	碘化氢	磷化氢
/℃	Cl_2	Br_2	I_2	HCl	HBr	HI	PH_3
0	1245	1390		1320	1710	1700	1072
20	1335	1495		1425	1843	1830	1150
25	1360	1520		1450	1877	1862	1171
50	1465	1645		1580	2040	2020	1264

续表

温度	氯	溴	碘	氯化氢	溴化氢	碘化氢	磷化氢
/℃	Cl_2	Br_2	I_2	HCl	HBr	HI	PH_3
75	1570	1770		1705	2200	2172	1358
100	1675	1890	1730	1830	2365	2323	1451
150	1882	2135	1953	2070	2690	2625	1935
200	2090	2380	2175	2302	3010	2923	1818
250	2295	2625	2400	2530		3216	
300	2505	2865	2630	2755		3510	
400	2920	3340	3065				
500	3326	3815	3505				
600	3730	4290	3935				

温度	氯仿	氯甲烷	溴甲烷	亚硝酰(基)氯	二氯甲烷	氯乙烷	四氯化碳
/℃	$CHCl_3$	CH_3Cl	CH_3Br	NOCl	CH_2Cl_2	C_2H_5Cl	CCl_4
0	933	989	1232	1084	916	911	906
20	1000	1062	1327	1170	989	978	966
25	1017	1080	1350	1193	1005	994	982
50	1100	1173	1471	1297	1095	1080	1061
75	1182	1264	1589	1402	1181	1164	1141
100	1265	1355	1707	1503	1269	1247	1216
150	1430	1537	1945	1718	1440	1410	1367
200	1590	1725	2190	1910	1602	1574	1517
250	1750	1895	2430	2115	1766	1736	1670
300	1906	2070	2670	2315	1928	1900	1815
400	2205	2420	3145	2505	2220	2225	2100

温度	硫化氢	二硫化碳	氧硫化碳	噻吩	甲基噻吩	噻唑	甲硅烷
/℃	H_2S	CS_2	COS	C_4H_4S	$C_4H_3CH_3S$	C_3H_3SN	SiH_4
0	1179	920	1132	755	690	910	1076
20	1265	990	1220	614	742	958	1148
25	1290	1008	1240	628	756	972	1167
50	1398	1094	1346	901	824	1034	1258
75	1505	1184	1456	973	888	1098	1344
100	1608	1262	1557	1045	954	1160	1435
150		1432	1755	1190	1085	1285	1610
200		1600		1333	1218	1410	
250		1766		1472	1349	1535	
300		1930		1612	1478	1658	

续表

温度 /℃	砷化氢 AsH₃	氰化氢 HCN	氰 C₂N₂	吡啶 C₂H₅N
0	1468	672	933	
20	1576	737	1002	
25	1602	754	1020	
50	1734	834	1108	830
75	1865	914	1194	892
100	1996	994	1279	955
150	2260	1150	1452	1084
200		1305		1208
250		1460		1334
300		1613		1462
400		1920		1720

温度 /℃	汞 Hg	氯化汞 HgCl₂	溴化汞 HgBr₂	碘化汞 HgI₂	锌 Zn	四氯化锡 SnCl₄	四溴化锡 SnBr₄	镉 Cd
100						1330	1422	
150						1485	1496	
200	4500	2200	2253	2045		1640	1770	
250	5020	2460	2487	2262		1795	1945	
300	5530	2725	2725	2478		1950	2112	
400	6570	3256	3190	2908		2260	2468	
500	7620	3792	3664	3335	5250	2570	2818	5690
600	8770	4310	4120	3752	6000	2880	3160	6490
700					6750			7300

温度 /℃	丙烷 C₃H₈	正丁烷 n-C₃H₁₀	异丁烷 C₄H₁₀	正戊烷 n-C₅H₁₂	异戊烷 C₅H₁₂	正己烷 n-C₆H₁₄	2,2,3-三甲基丁烷 C₅H₁₀
0	750	682	689	623	638	600	
20	800	735	744	668	685	644	
25	811	749	758	680	696	654	
50	878	814	821	737	752	710	691
75	942	881	886	796	805	765	741
100	1006	947	947	850	860	820	768
150	1130	1070	1074	967	969	930	857
200	1248	1185	1202	1079	1079	1040	941
250	1362	1300	1326	1191	1185	1150	1027
300	1475	1420	1450	1295	1291	1260	1110
400	1715	1650		1510		1475	
500	1940	1880		1725		1685	
600	2180	2100		1930		1900	

续表

温度	正庚烷	正辛烷	正壬烷	丙烯	1-丁烯	2-丁烯	异丁烯
/℃	$n\text{-}C_7H_{16}$	$n\text{-}C_8H_{18}$	$n\text{-}C_9H_{20}$	C_3H_6	C_4H_8	C_4H_8	C_4H_8
0				784	708	694	732
20				840	761	746	786
25				855	775	759	801
50	618	586	554	930	841	825	870
75	667	630	592	1002	906	889	938
100	716	674	633	1073	971	952	1006
150	810	757	702	1211	1098	1076	1411
200	900	843	778	1340	1228	1192	1273
250	985	927	850	1470	1355	1301	1408
300	1072	1007	920	1592	1483	1410	1542

温度	2-戊烯	3-甲基-1-丁烯	2-甲基-2-丁烯	3-甲基-1-丁烯	乙炔	丙炔
/℃	C_5H_{10}	C_5H_{10}	C_5H_{10}	C_5H_{10}	C_2H_2	C_3H_4
0	629	665	639	665	955	808
20	676	716	686	716	1017	867
25	685	729	698	729	1033	879
50	744	800	754	792	1110	951
75	801	857	820	854	1188	1020
100	858	915	886	915	1265	1090
150	972	1050	1102	1040	1417	1230

温度	环丙烷	环己烷	苯	甲苯	均三甲苯	二苯甲烷
/℃	C_3H_6	C_6H_{12}	C_6H_6	C_3H_8	C_9H_{12}	$C_{13}H_{12}$
0	808	653	693			
20	870	701	746	686		
25	884	712	758	698		
50	960	770	822	763	660	605
75	1038	817	886	826	704	653
100	1113	878	950	891	745	700
150	1265	986	1077	1008	831	796
200	1414	1090	1202	1120	907	888
250		1191	1326	1230	988	976
300		1291	1453	1335	1067	1063
400		1482	1690	1545		1228
500		1670	1926	1745		1390
600		1860	2170	1950		1550

温度	甲醇	乙醇	正丙醇	异丙醇	丙酮	甲酸乙酯	乙酸乙酯	乙酸丙酯
/℃	CH_3OH	C_2H_5OH	C_3H_7OH	C_3H_7OH	$C_3H_6O_2$	$C_3H_6O_2$	$C_4H_8O_2$	$C_5H_{10}O_2$
0	870	775	715	720	685		690	740
20	935	835	770	774	735		743	797
25	950	850	780	786	750		756	811
50	1040	930	850	855	815	870	820	880
75	1130	1010	910	915	880	944	884	952
100	1225	1083	970	980	945	1016	949	1022
150	1393	1230	1111	1112	1076	1160	1078	1162
200	1563	1375	1245	1242	1210	1298	1206	
250	1725	1512	1380	1370	1340	1435	1333	
300	1895	1650	1500	1505	1466	1567	1462	
400	2220	1920	1755	1760	1720	1830	1710	
500	2550	2200	2010	2020	1975	2090	1960	

温度	丙酸乙酯	乙酸异丁酯	甲酸异丁酯	丁酸甲酯	甲醚	二乙醚	二苯醚	乙酸
/℃	$C_5H_{10}O_2$	$C_6H_{12}O_2$	$C_5H_{10}O_2$	$C_5H_{10}O_2$	$(CH_3)_2O$	$C_4H_{10}O$	$C_{12}H_{10}O$	$C_2H_4O_2$
0					870	680		
20	890	778	840	824	925	730		
25	906	800	858	843	942	742		
50	990	906	951	934	1020	808	610	825
75	1074	1014	1047	1028	1095	870	657	912
100	1158	1120	1142	1120	1168	930	703	1000
150	1325	1332	1330	1304	1315	1050	797	1170
200					1465	1172	888	1340
250					1610	1290	978	1510
300					1750	1405	1064	1670
400					2040	1640	1238	1980

6.1.3　低压下纯气体黏度的计算

6.1.3.1　理论计算法

对于分子间无相互作用的硬球模型，其黏度公式为

$$\eta = 26.69 \frac{\sqrt{MT}}{\sigma^2} \tag{6-8}$$

式中　M——摩尔质量，g/mol；

　　　T——热力学温度，K；

　　　σ——硬球直径，Å（1Å=0.1mm）。

当分子间存在相互作用力时，则应用 Chapman-Enskog 理论。Chapman 与 Enskog 提出如下的气体黏度通用式

$$\eta=\frac{\left(\dfrac{5}{16}\right)(\pi MRT)^{0.5}}{\pi\sigma^2\Omega_{\mathrm{v}}}=\frac{26.69(MT)^{0.5}}{\sigma^2\Omega_{\mathrm{v}}} \tag{6-9}$$

式中，Ω_{v} 称为分子碰撞积分，它反映分子作用力，原则上可以由不同分子位能函数求出。

从式（6-9）可知，只要知道硬球直径 σ 和碰撞积分 Ω_{v}，即可应用该公式来计算气体的黏度。Ω_{v} 是无因次的温度 T^* 的复杂函数，取决于所选用的分子位能函数的形式。位能函数有多种，其中最重要的是 Lennard-Jones12-6 位能函数，即

$$\psi(r)=4\varepsilon\left[\left(\frac{\sigma}{r}\right)^{12}-\left(\frac{\sigma}{r}\right)^6\right] \tag{6-10}$$

应用上式计算出的 Ω_{v} 值，见表 6-2。根据无因次温度 T^* 可直接从表中查得 Ω_{v} 值。T^* 的定义式为

$$T^*=\kappa T/\varepsilon$$

式中，κ 是 Boltzmann 常量；T^* 为特性温度。

表 6-2 黏度的碰撞积分值

$\kappa T/\varepsilon$‡	Ω_{v}‡	$f_1(\kappa T/\varepsilon)$	$\kappa T/\varepsilon$‡	Ω_{v}‡	$f_1(\kappa T/\varepsilon)$	$\kappa T/\varepsilon$‡	Ω_{v}‡	$f_1(\kappa T/\varepsilon)$
0.30	2.785	0.1969	1.65	1.264	1.0174	4.0	0.9700	2.0719
0.35	2.628	0.2252	1.70	1.248	1.0453	4.1	0.9649	2.1090
0.40	2.492	0.2540	1.75	1.234	1.0729	4.2	0.9600	2.1457
0.45	2.368	0.2834	1.80	1.221	1.0999	4.3	0.9553	2.1820
0.50	2.257	0.3134	1.85	1.209	1.1264	4.4	0.9507	2.2180
0.55	2.156	0.3440	1.90	1.197	1.1529	4.5	0.9464	2.2536
0.60	2.065	0.3751	1.95	1.186	1.1790	4.6	0.9422	2.2888
0.65	1.982	0.4066	2.00	1.175	1.2048	4.7	0.9382	2.3237
0.70	1.908	0.4384	2.1	1.156	1.2558	4.8	0.9343	2.3583
0.75	1.841	0.4704	2.2	1.138	1.3057	4.9	0.9305	2.3926
0.80	1.780	0.5025	2.3	1.122	1.3547	5.0	0.9269	2.4264
0.85	1.725	0.5346	2.4	1.107	1.4028	6.0	0.8963	2.751
0.90	1.675	0.5666	2.5	1.093	1.4501	7.0	0.8727	3.053
0.95	1.629	0.5985	2.6	1.081	1.4962	8.0	0.8538	3.337
1.00	1.587	0.6302	2.7	1.069	1.5417	9.0	0.8379	3.607
1.05	1.549	0.6616	2.8	1.058	1.5861	10	0.8242	3.866
1.10	1.514	0.6928	2.9	1.048	1.6298	20	0.7432	6.063
1.15	1.482	0.7237	3.0	1.039	1.6728	30	0.7005	7.880
1.20	1.452	0.7544	3.1	1.030	1.7154	40	0.6718	9.488
1.25	1.424	0.7849	3.2	1.022	1.7573	50	0.6504	10.958
1.30	1.399	0.8151	3.3	1.014	1.7983	60	0.6335	12.324
1.35	1.375	0.8449	3.4	1.007	1.8388	70	0.6194	13.615
1.40	1.353	0.8744	3.5	0.9999	1.8789	80	0.6076	14.839
1.45	1.333	0.9036	3.6	0.9932	1.9186	90	0.5973	16.010
1.50	1.314	0.9325	3.7	0.9870	1.9576	100	0.5882	17.137
1.55	1.296	0.9611	3.8	0.9811	1.9962	200	0.5320	26.80
1.60	1.279	0.9894	3.9	0.9755	2.0343	400	0.4811	41.90

‡ Hirschfelder, Curtiss, and Bird use the symbol T^* for $\kappa T/\varepsilon$ and $\Omega^{(2.2)^*}$ for Ω_{v}. Bromley and Wilke use $(\kappa T/\varepsilon)^{1/2}$ V/W^2 (2) for $f_1(\kappa T/\varepsilon)$. More complete tables of these functions are given in the two references cited.

为了计算方便，迄今已发表了许多 Ω_{v} 与 T^* 的关系式，例如 Kim 和 Ross 提出如下关联式[7]

$$\Omega_{\mathrm{v}} = \begin{cases} 1.604(T^*)^{-0.5} & 0.4 < T^* < 1.4 \quad (6\text{-}11) \\ 0.7616\left(1 + \dfrac{1.09}{T^*}\right) & 1 < T^* < 5 \quad (6\text{-}12) \\ 1.148(T^*)^{-0.145} & 20 < T^* < 100 \quad (6\text{-}13) \end{cases}$$

上述三式与表 6-1 中的数值相比，其最大偏差分别为 0.7%，0.1% 和 0.02%。

Hattikudur 和 Thodos[8] 提出的关联式比上式稍复杂，表示为

$$\Omega_{\mathrm{v}} = \frac{1.155}{T^{*\,0.1462}} + \frac{0.3945}{\exp\,(0.6672T^*)} + \frac{2.05}{\exp\,(2.168T^*)} \qquad (6\text{-}14)$$

该式平均偏差为 0.13%。

P. D. Neufeld 等人于 1972 年又提出下列的改进式[9]

$$\Omega_{\mathrm{v}} = \frac{A}{T^{*\,B}} + \frac{C}{\exp\,(DT^*)} + \frac{E}{\exp\,(FT^*)} \qquad (6\text{-}15)$$

其中 $A = 1.16145$ $B = 0.14874$ $C = 0.52487$
         $D = 0.77320$ $E = 2.16178$ $F = 2.43787$

此式适用于 $0.3 < T^* < 100$ 范围内，其平均偏差为 0.064%。

以上几个方法中使用的 ε/κ 和 σ 值可以从附录中查到，或应用下列公式由偏心因子和临界参数来确定。

$$\sigma\left(\frac{p_{\mathrm{c}}}{T_{\mathrm{c}}}\right)^{\frac{1}{3}} = 2.36545 - 0.08778\omega \qquad (6\text{-}16)$$

$$\frac{\varepsilon}{\kappa T_{\mathrm{c}}} = 0.7915 + 0.1693\omega \qquad (6\text{-}17)$$

式中 ω——偏心因子；

     p_{c}——临界压力，bar（1bar=0.1MPa）；

     T_{c}——临界温度，K；

     ε——位能常数，ergs（1ergs=10^{-7}J）；

     κ——Boltzmann 常量，1.3805ergs/K。

应用式（6-9）和式（6-15）及附录计算所得到的黏度值与实验值相比较，误差<1%。当应用式（6-16）和式（6-17）计算 ε/κ 和 σ，再计算黏度时，其误差稍大一点，一般为 1%～3%。

例 6-1   推算 311K 时正辛烷蒸气的黏度，并与实验值 58.2μP（5.82×10^{-6}Pa·s）作比较。

解   由于附录中没有正辛烷的 ε/κ 和 σ 值，因此使用式（6-16）和式（6-17）来估算。查得正辛烷的有关数据

$$T_{\mathrm{c}} = 568.8\mathrm{K} \quad p_{\mathrm{c}} = 24.82\mathrm{bar} \quad M = 114.23 \quad \omega = 0.394$$

故 $$\sigma = \frac{2.36545 - (0.08778)(0.394)}{(24.82/568.8)^{1/3}}\text{Å} = 6.62\text{Å}$$

$$\varepsilon/\kappa = 568.8[0.7915 + 0.1693 \times 0.394]\mathrm{K} = 488.0\mathrm{K}$$

$$T^* = T/\varepsilon/\kappa = 311/488.0 = 0.637$$

将 T^* 值代入式（6-15）求得 $\Omega_{\mathrm{v}} = 2.022$，再由式（6-9）计算

$$\eta = \frac{(26.69)[(114.23)(311)]^{0.5}}{(6.62)^2(2.022)} = 56.9\mu\mathrm{P} = 5.69 \times 10^{-6}\mathrm{Pa \cdot s}$$

$$\text{误差} = \frac{56.9 - 58.2}{58.2} \times 100 = -2.2\%$$

上述 Lennard-Jones 位能函数原则上只适用于非极性流体。对于极性流体，一个较合适的位能函数是由 Stockmayer 提出的，该函数除去计及分子间的永久偶极-偶极作用项外，本

质上是和 Lennard-Jones 位能函数是一样的。L. Monchick 和 E. A. Mason[10] 应用该函数曾得到 Ω_v 的近似值，见表 6-4。为了求取 Ω_v，ε/κ 和 σ 值是必需的。这里 δ 是一个极性参数，定义为

$$\delta = \frac{\mu_p^2}{2\varepsilon\sigma^3} \tag{6-18}$$

表 6-3　某些极性分子势能参数

	偶极矩 μ_p/D[①]	σ /Å[②]	ε/κ /K	δ		偶极矩 μ_p/D[①]	σ /Å[②]	ε/κ /K	δ
H_2O	1.85	2.52	775	1.0	C_2H_5Cl	2.03	4.45	423	0.4
NH_3	1.47	3.15	358	0.7	CH_3OH	1.70	3.69	417	0.5
HCl	1.08	3.36	328	0.34	C_2H_5OH	1.69	4.31	431	0.3
HBr	0.80	3.41	417	0.14	$n\text{-}C_3H_7OH$	1.69	4.71	495	0.2
HI	0.42	4.13	313	0.029	$i\text{-}C_3H_7OH$	1.69	4.64	518	0.2
SO_2	1.63	4.04	347	0.42	$(CH_3)_2O$	1.30	4.21	432	0.19
H_2S	0.92	3.49	343	0.21	$(C_2H_5)_2O$	1.15	5.49	362	0.08
$NOCl$	1.83	3.53	690	0.4	$(CH_3)_2CO$	1.20	4.50	549	0.11
$CHCl_3$	1.013	5.31	355	0.07	CH_3COOCH_3	1.72	5.04	418	0.2
CH_2Cl_2	1.57	4.52	483	0.2	$CH_3COOC_2H_5$	1.78	5.24	499	0.16
CH_3Cl	1.87	3.94	414	0.5	CH_3NO_2	2.15	4.16	290	2.3
CH_3Br	1.80	4.25	382	0.4					

① $1D = 3.33564 \times 10^{-3} c \cdot m$；② $1Å = 0.1nm$。

极性分子的碰撞积分也可以由偶极矩 μ_p 和 Stockmayer 势能参数由表 6-4 中查到。表中

$$\delta = \frac{\mu_p^2}{2\varepsilon\sigma^3} \qquad T^* = \frac{\kappa T}{\varepsilon}$$

式中，μ_p 为偶极矩，ε 和 δ 为 Stockmayer 参数，δ 是无量纲的。表 6-3 给出了少数有代表性的极性分子的 ε/κ、σ 和 δ 值。

表 6-4　极性分子黏度的碰撞积分 Ω_v

T^*	δ							
	0	0.25	0.50	0.75	1.0	1.5	2.0	2.5
0.1	4.1005	4.266	4.833	5.742	6.729	8.624	10.34	11.89
0.2	3.2626	3.305	3.516	3.914	4.433	5.570	6.637	7.618
0.3	2.8399	2.836	2.936	3.168	3.511	4.329	5.126	5.874
0.4	2.5310	2.522	2.586	2.749	3.004	3.640	4.282	4.895
0.5	2.2837	2.277	2.329	2.460	2.665	3.187	3.727	4.249
0.6	2.0838	2.081	2.130	2.243	2.417	2.862	3.329	3.786
0.7	1.9220	1.924	1.970	2.072	2.225	2.614	3.028	3.435
0.8	1.7902	1.795	1.840	1.934	2.070	2.417	2.788	3.156
0.9	1.6823	1.689	1.733	1.820	1.944	2.258	2.596	2.933
1.0	1.5929	1.601	1.644	1.725	1.838	2.124	2.435	2.746
1.2	1.4551	1.465	1.504	1.574	1.670	1.913	2.181	2.451
1.4	1.3551	1.365	1.400	1.461	1.544	1.754	1.989	2.228
1.6	1.2800	1.289	1.321	1.374	1.447	1.630	1.838	2.053
1.8	1.2219	1.231	1.259	1.306	1.370	1.532	1.718	1.912
2.0	1.1757	1.184	1.209	1.251	1.307	1.451	1.618	1.795
2.5	1.0933	1.100	1.119	1.150	1.193	1.304	1.435	1.578
3.0	1.0388	1.044	1.059	1.083	1.117	1.204	1.310	1.428
3.5	0.99963	1.004	1.016	1.035	1.062	1.133	1.220	1.319
4.0	0.96988	0.9732	0.9830	0.9991	1.021	1.079	1.153	1.236
5.0	0.92676	0.9291	0.9360	0.9473	0.9628	1.005	1.058	1.121

续表

T^*	δ							
	0	0.25	0.50	0.75	1.0	1.5	2.0	2.5
6.0	0.89616	0.8979	0.9030	0.9114	0.9230	0.9545	0.9955	1.044
7.0	0.87272	0.8741	0.8780	0.8845	0.8935	0.9181	0.9505	0.9893
8.0	0.85379	0.8549	0.8580	0.8632	0.8703	0.8901	0.9164	0.9482
9.0	0.83795	0.8388	0.8414	0.8456	0.8515	0.8678	0.8895	0.9160
10.0	0.82435	0.8251	0.8273	0.8308	0.8356	0.8493	0.8676	0.8901
12.0	0.80184	0.8024	0.8039	0.8065	0.8101	0.8201	0.8337	0.8504
14.0	0.78363	0.7840	0.7852	0.7872	0.7899	0.7976	0.8081	0.8212
16.0	0.76834	0.7687	0.7696	0.7712	0.7733	0.7794	0.7878	0.7983
18.0	0.75518	0.7554	0.7562	0.7575	0.7592	0.7642	0.7711	0.7797
20.0	0.74364	0.7438	0.7445	0.7455	0.7470	0.7512	0.7569	0.7642
25.0	0.71982	0.7200	0.7204	0.7211	0.7221	0.7250	0.7289	0.7339
30.0	0.70097	0.7011	0.7014	0.7019	0.7026	0.7047	0.7076	0.7112
35.0	0.68545	0.6855	0.6858	0.6861	0.6867	0.6883	0.6905	0.6932
40.0	0.67232	0.6724	0.6726	0.6728	0.6733	0.6745	0.6762	0.6784
50.0	0.65099	0.6510	0.6512	0.6513	0.6516	0.6524	0.6534	0.6546
75.0	0.61397	0.6141	0.6143	0.6145	0.6147	0.6148	0.6148	0.6147
100.0	0.58870	0.5889	0.5894	0.5990	0.5903	0.5901	0.5895	0.5885

R. S. Brokaw[11]对 Stockmayer 位能函数作了广泛的研究之后，提出了一个近似的 Ω_v 公式，以取代使用表 6-4。

$$\Omega_v(\text{Stockmayer}) = \Omega_v(L-J) + \frac{0.2\delta^2}{T^*} \tag{6-19}$$

其中，$\Omega_v(L-J)$ 由式（6-15）求得。另外，如果位能参数在表 6-2 未给出，Brokaw 推荐以下公式来估算。

$$\sigma = \left(\frac{1.585V_b}{1+1.3\delta^2}\right)^{\frac{1}{3}} \tag{6-20}$$

$$\varepsilon/\kappa = (1.18)(1+1.3\delta^2)T_b \tag{6-21}$$

$$\delta = \frac{1.94 \times 10^3 \mu_p^2}{V_b T_b} \tag{6-22}$$

式中，σ 单位为 Å，ε/κ 和正常沸点温度 T_b 的单位为 K，μ_p 单位为 D，而 V_b 为正常沸点下的液体饱和体积，cm^3/mol。

例 6-2　计算在 493K 和 1bar 下氨的黏度。实验值为 $169\mu P$（1.69×10^{-5} Pa·s）

解　由表 6-2 查得

$$\sigma = 3.15\text{Å} \qquad \varepsilon/\kappa = 358\text{K} \qquad \delta = 0.7$$

已知 $T=493$K，$T^* = T/(\varepsilon/\kappa) = 493/358 = 1.378$，$M=17.03$，应用公式（6-15）计算非极性碰撞积分

$$\Omega_v(\text{非极性}) = \frac{1.16145}{1.378^{0.14874}} + \frac{0.52487}{\exp[(0.7732)(1.378)]} + \frac{2.16178}{\exp[(2.43787)(1.378)]} = 1.363$$

再由式（6-19）计算极性碰撞积分

$$\Omega_v(\text{极性}) = 1.363 + \frac{(0.2)(0.7)^2}{1.378} = 1.434$$

最后，代入式（6-9），得

$$\eta = \frac{(26.69)(17.03)^{0.5}(493)^{0.5}}{(3.15)^2(1.434)} = 172\mu P = 1.72 \times 10^{-5} \text{ Pa·s}$$

$$\text{误差} = \frac{172-169}{169} \times 100 = 1.8\%$$

6.1.3.2 Chung 等的计算方法

Chung 等[12,13]曾对式（6-9）作了修正，从而提出如下形式的方程

$$\eta = 40.785 \frac{F_c(MT)^{0.5}}{V_c^{2/3} \cdot \Omega_v} \tag{6-23}$$

式中 M——摩尔质量，g/mol；

T——绝对温度，K；

V_c——临界体积，cm³/mol。

修正工作主要有两点：式（6-23）中的碰撞直径 σ 是用 $\sigma = 0.809V_c^{1/3}$ 取代，另外，引入了参数 F_c，此用于计及分子的形状和气体的极性。

$$F_c = 1 - 0.2756\omega + 0.059035\mu_r^4 + k \tag{6-24}$$

式中，ω 为偏心因子，而 μ_r 为无量纲的偶极矩；如果 V_c 单位是取用 cm³/mol，而 T_c 为 K，偶极矩 μ_p 为 D，则

$$\mu_r = 131.3 \frac{\mu_p}{(V_c T_c)^{0.5}} \tag{6-25}$$

其中，k 是对缔合性物质，如醇类和羧酸类的校正，称为缔合因子，表 6-5 给出了若干种物质的 k 值。该值也可以按下列公式来估算。

$$k = 0.0682 + 0.2767[(17)(-OH \text{ 基团数/相对分子质量})] \tag{6-26}$$

式（6-23）中的 Ω_v 仍使用式（6-15），而特性温度 T^* 则采用 $T^* = 1.2593(T/T_c)$ 计算。

表 6-5　缔合因子 k

化合物	k	化合物	k	化合物	k
甲醇	0.215	正丁醇	0.132	正庚醇	0.109
乙醇	0.175	异丁醇	0.132	乙酸	0.0916
正丙醇	0.143	正戊醇	0.122	水	0.076
异丙醇	0.143	正己醇	0.114		

例 6-3　应用 Chung 法推算常压和 573K 下二氧化硫气体的黏度。已知实验黏度值为 246μP（$2.46×10^{-5}$ Pa·s）。

解　先查得有关的已知数据

$T_c = 430.8K$，$V_c = 122cm^3/mol$，$\omega = 0.256$，$M = 64.063$，$\mu_p = 1.6D$

这里假设 K 可以忽略，于是根据式（6-25）

$$\mu_r = \frac{(131.3)(1.6)}{[(122)(430.8)]^{0.5}} = 0.916$$

并应用式（6-26），得

$$F_c = 1 - (0.2756)(0.256) + (0.059035)(0.916)^4 = 0.971$$

$$T^* = 1.2593 \frac{573}{430.8} = 1.675$$

于是，应用式（6-15），得 $\Omega_v = 1.256$。由式（6-23）

$$\eta = (40.785)(0.971)\frac{[(64.063)(573)]^{0.5}}{(122)^{2/3}(1.256)} = 245.6\mu P$$

$$= 2.456×10^{-5} \text{Pa·s}$$

$$误差 = \frac{245.6 - 246}{246} × 100 = -0.2\%$$

6.1.3.3 对比态法

根据对比态原理，应用物质的临界态参数推算气体黏度。本节介绍如下若干方法。

(1) Golubev 法

I. F. Golubev (1959) 提出如下通用方程

$$\eta = \begin{cases} \eta_c^* \, T_r^{0.965} & T_r < 1 \qquad (6\text{-}27) \\ \eta_c^* \, T_r^{(0.71+0.29/T_r)} & T_r > 1 \qquad (6\text{-}28) \end{cases}$$

其中，η_c^* 是指低压、临界温度下的黏度，可用下列公式计算

$$\eta_c^* = 3.469 \frac{M^{1/2} \cdot p_c^{2/3}}{T_c^{1/6}} \qquad (6\text{-}29)$$

式中，M 为相对分子质量，p_c、T_c、η_c^* 使用的单位分别为 bar、K、μP。

例 6-4 试计算甲苯在低压下 523K 时的黏度。已知实验值为 0.01227cP（1.227×10^{-5} Pa·s）。

解 先由式（6-29）计算得到 $\eta_c^* = 136.97\mu$P $= 0.013697$cP，再算得 $T_r = 0.883$，代入式（6-27），得

$$\eta = 136.97(0.883)^{0.965} = 121.47\mu\text{P}$$
$$= 1.215 \times 10^{-5}\,\text{Pa·s}$$
$$\text{误差} = \frac{121.47 - 122.7}{122.7} \times 100 = -1.0\%$$

(2) Thodos 法

对于非极性气体

$$\eta\xi = 4.610 T_r^{0.618} - 2.04 e^{-0.449 T_r} + 1.94 e^{-4.058 T_r} + 0.1 \qquad (6\text{-}30)$$

对于极性气体

a. 氢键类，$T_r < 2.0$

$$\eta\xi = (0.755 T_r - 0.055) Z_c^{-5/4} \qquad (6\text{-}31)$$

b. 非氢键类，$T_r < 2.5$

$$\eta\xi = (1.90 T_r - 0.29)^{4/5} Z_c^{-2/3} \qquad (6\text{-}32)$$

以上诸式中

$$\xi = T_c^{1/6} M^{-\frac{1}{2}} p_c^{-2/3} \qquad (6\text{-}33)$$

Z_c 是临界压缩因子，M 是相对分子质量，T_c、p_c 的单位分别是 K 和 bar（1bar = 0.1MPa）。对于 H_2、He 和双原子卤族气体，上述方法不适用。

(3) Lucas 法

Lucas 提出如下关联式[14,15]

$$\eta\xi = [0.807 T_r^{0.618} - 0.357\exp(-0.449 T_r)$$
$$+ 0.340\exp(-4.058 T_r) + 0.018] \cdot F_p^o \cdot F_Q^o \qquad (6\text{-}34)$$

$$\xi = 0.176 \left(\frac{T_c}{M^3 p_c^4} \right)^{1/6} \qquad (6\text{-}35)$$

各个量的单位为：ξ（黏度倒数），$(\mu\text{P})^{-1}$；T_c，K；M，gmol^{-1}，而 p_c，bar（1bar = 0.1MPa）。其中两个校正因子 F_p^o 和 F_Q^o 分别用来计及分子极性和量子效应。式中 η 单位为 μP，T_r 为对比温度。为了求得 F_p^o，需要一对比偶极矩 μ_r，该值可用下列公式计算。

$$\mu_r = 52.46 \frac{\mu_p^2 p_c}{T_c^2} \tag{6-36}$$

式中，μ_p 单位为 D，p_c 单位为 bar，T_c 为 K，于是 F_p^o 值为

$$
\left.
\begin{aligned}
F_p^o &= 1 & 0 \leqslant \mu_r < 0.022 \\
F_p^o &= 1 + 30.55 \, (0.292 - Z_c)^{1.72} & 0.022 \leqslant \mu_r < 0.075 \\
F_p^o &= 1 + 30.55 \, (0.292 - Z_c)^{1.72} \times \mid 0.96 + 0.1 \, (T_r - 0.7) \mid & 0.075 \leqslant \mu_r
\end{aligned}
\right\} \tag{6-37}
$$

对于量子气体（He、H_2 和 D_2），校正因子 F_Q^o 的计算式为

$$F_Q^o = 1.22 Q^{0.15} \{1 + 0.00385 [(T_r - 12)^2]^{1/M} \cdot \text{Sign}(T_r - 12)\} \tag{6-38}$$

式中，$Q = 1.38(\text{He})$，$Q = 0.76(H_2)$，$Q = 0.52(D_2)$，其中 Sign（　）用"$+1$"或者用"-1"是决定于变量（　）是大于零还是小于零。

Lucas 方程与 Thodos 方程很相似，值得指出的，如果 $T_r < 1$，此时 Lucas 方程中括号内的 $f(T_r)$ 可近似取 $0.606 T_r$，于是得

$$\eta\xi = (0.606 T_r) F_p^o F_Q^o \qquad T_r \leqslant 1 \tag{6-39}$$

例 6-5　应用 Lucas 法推算甲醇蒸气在 550K 和 1bar（1bar＝0.1MPa）下的黏度。已知实验值为 $181.0 \mu P$。

解　先查得有关数据：$T_c = 512.6K$，$p_c = 80.9 \text{bar}$，$Z_c = 0.224$，$M = 32.042$ 及 $\mu_p = 1.7D$（$1D = 3.33564 \times 10^{-30} C \cdot m$）。于是 $T_r = 550/512.6 = 1.07$ 和 $\mu_r = 52.46 \times [(1.7)(80.9)/(512.6)]^2 = 4.67 \times 10^{-2}$。由式（6-37）得

$$F_p^o = 1 + (30.55)(0.292 - 0.224)^{1.72} = 1.30$$

应用式（6-35）

$$\xi = 0.176 \left[\frac{512.6}{(32.042)^3 (80.9)^4} \right]^{1/6} (\mu P)^{-1} = 4.71 \times 10^{-3} (\mu P)^{-1}$$

于是，应用式（6-34）

$$
\begin{aligned}
\eta\xi &= \{(0.807)(1.07)^{0.618} - 0.357\exp[-(0.449)(1.07)] \\
&\quad + 0.340\exp[-(4.058)(1.07)] + 0.018\}(1.30) = 0.836
\end{aligned}
$$

$$\eta = \frac{0.836}{(4.71 \times 10^{-3})} = 178 \mu P = 1.780 \times 10^{-5} Pa \cdot s$$

$$误差 = \frac{178 - 181}{181} \times 100 = -1.7\%$$

（4）Reichenberg 法

D. Reichenberg[16] 对有机化合物的低压黏度提出另一种对比关联式

$$\eta = \frac{M^{0.5} T}{a^* [1 + (4/T_c)][1 + 0.36 T_r (T_r - 1)]^{1/6}} \times \frac{T_r (1 + 270 \mu_r^4)}{T_r + 270 \mu_r^4} \tag{6-40}$$

式中，η 单位为 μP；M 为相对分子质量；T 为热力学温度，K；T_c 为临界温度，K；T_r 为对比温度；而 μ_r 为对比偶极矩，由公式（6-36）来确定。参数 a^* 定义为

$$a^* = \sum_i N_i C_i \tag{6-41}$$

其中，N_i 为第 i 型基团数目，C_i 为基团贡献，参看表 6-6。

方程（6-40）的分母中的（$1 + 4/T_c$），除了处理低 T_c 值的量子气体外，可以略去。

表 6-6　计算 a^* 的基团贡献 C_i 值　　　　　　单位：μP

基　团	C_i 值	基　团	C_i 值
—CH₃	9.04	＼C＝（环状）	3.59
＼CH₂（非环状）	6.47	—F	4.46
＼CH—（非环状）	2.67	—Cl	10.06
＼C＼（非环状）	−1.53	—Br	12.83
＝CH₂	7.68	—OH（醇类）	7.96
＝CH—（非环状）	5.53	＼O＼（非环类）	3.59
＼C＝（非环状）	1.78	＼C＝O（非环类）	12.02
≡CH	7.41	—CHO（醛类）	14.02
≡C—（非环状）	5.24	—COOH（酸类）	18.65
＼CH₂（环状）	6.91	—COO—（酯类）或 HCOO（甲酸盐）	13.41
＼CH—（环状）	1.16	—NH₂	9.71
＼C＼（环状）	0.23	＼NH（非环状）	3.68
＝CH—（环状）	5.90	＝N—（环状）	4.97
		—CN	18.13
		＼S（环状）	8.86

例 6-6　推算乙酸乙酯蒸气在低压和 398.2K 时的黏度。已知实验值为 $101\mu P$（$1.010\times 10^{-5}\,Pa\cdot s$）

解　先查取有关数据：$T_c=523.2K$，$M=88.107$，$p_c=38.3bar$ 和 $\mu_p=1.9D$。应用式（6-36）

$$\mu_r=\frac{(52.46)(1.9)^2(38.3)}{(523.2)^2}=0.0265$$

已知 $T_r=398.2/523.2=0.761$。应用式（6-41）和表 6-6。

$$a^*=2(—CH_3)+(—CH_2)+(—COO—)=2(9.04)+6.47+13.41=37.96$$

应用式（6-40）

$$\eta=\frac{(88.107)^{0.5}\cdot(398.2)}{37.96[1+(0.36)(0.761)(0.761-1)]^{1/6}}\times\frac{(0.761)[1+(270)(0.0256)^4]}{0.761+(270)(0.0265)}$$
$$=99.4\mu P=9.94\times10^{-6}\,Pa\cdot s$$

$$误差=\frac{99.4-101}{101}\times100=-1.5\%$$

(5) 简捷经验法

低压下气体黏度与温度之关系可应用下列简单指数式表示。

$$\eta_T=\eta_0\left(\frac{T}{T_0}\right)^m \tag{6-42}$$

式中　η_0——在温度 $T_0=273.15K$ 时的黏度；

　　　m——经验指数。

关于 η_0 和 m 可参照表 6-7 来计算。

<h3>表 6-7　某些物质的 η_0 及 m 值</h3>

物　质	化学式	$\eta_0 \times 10^6$ /[(kg·s)/m²]	m	物　质	化学式	$\eta_0 \times 10^6$ /[(kg·s)/m²]	m
氮气	N_2	1.70	0.68	氙气	Xe	2.15	0.89
氨	NH_3	0.954	1.06	甲烷	CH_4	1.06	0.76
戊醇	$C_5H_{12}O$	0.632	0.96	甲醇	CH_4O	0.901	1.04
氩	Ar	2.16	0.72	氖气	Ne	3.03	0.65
丙酮	C_3H_6O	0.70	1.03	一氧化碳	CO	1.69	0.695
苯	C_6H_6	0.712	1.00	辛烷	C_8H_{18}	0.493	1.02
溴甲烷	CH_3Br	1.25	1.05	戊烷	C_5H_{12}	0.648	0.99
丁烷	C_4H_{10}	0.697	0.97	丙烷	C_3H_8	0.765	0.92
丁醇	$C_4H_{10}O$	0.673	0.98	丙醇	C_3H_8O	0.731	1.00
氢	H_2	0.852	0.678	甲苯	C_7H_8	0.674	0.89
水蒸气	H_2O	0.84	1.20	氯化甲烷	CH_3Cl	1.00	1.02
空气	—	1.75	0.683	氯仿	$CHCl_3$	0.981	0.94
己烷	C_6H_{14}	0.602	1.03	环己烷	C_6H_{12}	0.651	0.907
氦气	He	1.88	0.68	四氯化碳	CCl_4	0.942	0.92
庚烷	C_7H_{16}	0.535	1.05	乙烷	C_2H_6	0.877	0.90
二氧化硫	SO_2	1.23	0.912	醋酸乙酯	$C_4H_8O_2$	0.705	1.01
二氧化碳	CO_2	1.43	0.82	乙醇	C_2H_6O	0.800	1.02
氧气	O_2	1.98	0.693	乙醚	$C_6H_{10}O$	0.699	0.97
氪气	Kr	2.39	0.83				

推荐意见

本节叙述的几种方法的任何一种对非极性气体，其计算误差一般为 $0.5\%\sim1.5\%$，而对极性气体，约为 $2\%\sim4\%$。Lucas 法需要输入数据：T_c、p_c 和 M，以及对极性气体，还需 μ_p 和 Z_c 数据。目前它还不适用于强缔合物质，如乙酸。Chung 法需要更多的输入数据；除 T_c、V_c 和 M 外，对极性物质，还需要 μ_p、ω 和 κ，其中缔合因子 κ 是一个经验常数，需要黏度数据回归确定。该方法不适用于量子气体。Reichenberg 法需要 M、T_c 和基团贡献数据，以及极性校正用的 μ_p。本方法对无机物质不适用，并且还不能用于那些其基团贡献尚未确定的有机化合物。

6.1.4　低压下气体混合物黏度的计算

低压气体混合物的黏度可以通过各组分的纯物质黏度，分子量及摩尔分数，根据一定的混合规则求得。

6.1.4.1　半理论计算法

严格的 Chapman-Enskog 动力论可以推广用于计算低压下多元气体混合物的黏度。此理论表达式是相当复杂的，它是由两个行列式之比所构成，而行列式中的元素是包含有摩尔分数、分子量、纯组分黏度、温度以及各个碰撞积分。若略去二阶的影响，则严格的数值解可近似地用级数表示为

$$\eta_m = \sum_{i=1}^{n} \frac{y_i \eta_i}{\sum_{j=1}^{n} y_i \phi_{ij}} \tag{6-43}$$

式中，y_i 为组分 i 的摩尔分数；η_i 为组分 i 的黏度；ϕ_{ij} 为组分 i 和 j 的结合因子。

在以下各节中将给出推算参数 ϕ_{ij} 和 ϕ_{ji} 的方法。

(1) Wilke 方法

C. R. Wilke[17] 应用了 Sutherland 的分子动力理论模型得出

$$\phi_{ij} = \frac{[1+(\eta_i/\eta_j)^{\frac{1}{2}}(M_j/M_i)^{\frac{1}{4}}]^2}{[8(1+M_i/M_j)]^{\frac{1}{2}}} \tag{6-44}$$

ϕ_{ji} 可按上式更换下标即，或者由下列公式确定

$$\phi_{ji} = \frac{\eta_j M_i}{\eta_i M_j}\phi_{ij} \tag{6-45}$$

对 1 和 2 的双元体系，由式（6-43）～式（6-45），得

$$\eta_m = \frac{y_1\eta_1}{y_1+y_2\phi_{12}} + \frac{y_2\eta_2}{y_2+y_1\phi_{21}} \tag{6-46}$$

式中，η_m 为混合物黏度；η_1，η_2 为组分 1，2 的黏度；M_1，M_2 为组分 1，2 的相对分子质量；y_1，y_2 为组分 1，2 的摩尔分数。

$$\phi_{12} = \frac{[1+(\eta_1/\eta_2)^{\frac{1}{2}}(M_2/M_1)^{\frac{1}{4}}]^2}{\{8[1+(M_1/M_2)]\}^{\frac{1}{2}}} \tag{6-47}$$

$$\phi_{21} = \phi_{12}\frac{\eta_2}{\eta_1} \times \frac{M_1}{M_2} \tag{6-48}$$

上述方程通过对 17 个双元体系的计算检验，其平均误差<1%。

例 6-7 已知 293.2K 时纯甲烷和纯正丁烷的黏度分别是 $109.4\mu P$ 和 $72.74\mu P$，求 293.2K 时正丁烷的摩尔分数为 0.303 的甲烷-正丁烷混合物的黏度，该条件下的实验值为 $93.35\mu P$（9.335×10^{-6} Pa·s）。

解 令甲烷为组分 1，正丁烷为组分 2，则

$$M_1 = 16.043 \qquad M_2 = 58.124$$

$$\phi_{12} = \frac{[1+(109.4/72.74)^{\frac{1}{2}}(58.124/16.043)^{\frac{1}{4}}]^2}{\{8[1+(16.043/58.124)]\}^{\frac{1}{2}}} = 2.268$$

$$\phi_{21} = 2.268\frac{72.74}{109.4} \times \frac{16.043}{58.124} = 0.416$$

代入式（6-46）

$$\eta_m = \frac{(0.697)(109.4)}{0.697+(0.303)(2.268)} + \frac{(0.303)(72.74)}{0.303+(0.697)(0.416)} = 92.26\mu P$$

$$= 9.226 \times 10^{-6} \text{Pa·s}$$

$$误差 = \frac{92.26-93.35}{93.35} \times 100 = -1.2\%$$

（2）Herning-Zipperer 近似法

$$\phi_{ij} = \left(\frac{M_j}{M_i}\right)^{\frac{1}{2}} = \phi_{ji}^{-1} \tag{6-49}$$

本方法对含 H_2 混合物，如 $H_2\text{-}NH_3$，$H_2\text{-}N_2$ 等不适用。

例 6-8 使用 Herning-Zepperer 近似法重复例 6-7 的计算。

解 令甲烷为组分 1，正丁烷为组分 2

$$\phi_{12} = \left(\frac{58.124}{16.043}\right)^{\frac{1}{2}} = 1.903$$

$$\phi_{21} = \phi_{12}^{-1} = 0.525$$

所以

$$\eta_m = \frac{(0.697)(109.4)}{0.697+(0.303)(1.903)} + \frac{(0.303)(72.74)}{0.303+(0.697)(0.525)} = 92.82\mu P$$

$$= 9.282 \times 10^{-6} \text{Pa·s}$$

$$误差 = \frac{92.82 - 93.35}{93.35} \times 100 = -0.6\%$$

（3）　改进的 Sutherland 法[18]

童景山等对 Sutherland 提出的气体混合物黏度方程中的结合因子作了较大修改，从而推导出如下的关系式

$$\phi_{ij} = \varepsilon_{ij} \phi_{ij}^* \tag{6-50}$$

其中相互作用参数 ϕ_{ij}^* 为

$$\phi_{ij}^* = \frac{1}{4} \left(\frac{M_{ij}}{M_j} \right)^{-\frac{1}{2}} \left\{ 1 + \left[\left(\frac{\eta_i}{\eta_j} \right) \left(\frac{M_j}{M_i} \right)^{\frac{1}{2}} \frac{1 + \frac{S_i}{T}}{1 + \frac{S_j}{T}} \right]^{\frac{1}{2}} \right\}^2 \frac{1 + \frac{S_{ij}}{T}}{1 + \frac{S_i}{T}} \tag{6-51}$$

式中，η_i，η_j 为组分 i 和 j 的黏度；M_i，M_j 为组分 i 和 j 的相对分子质量；S_i，S_j 为组分 i 和 j 的 Sutherland 常数，可按 $S = 1.47 T_b$（T_b 为正常沸点，K）估算，对量子气体，如氦、氖、氢、氚，直接取 $S = 79$；S_{ij} 为相互作用 Sutherland 常数，$S_{ij} = C_s \sqrt{S_i S_j}$。对一般气体，取 $C_s = 1$，对于含强极性组分，如氨，水蒸气等体系，则取 $C_s = 0.733$。

校正系数 ε_{ij} 是一个包含 M_i 和 M_j 的无量纲函数，一般情况下它是一个大于 1 而又接近于 1 的数，现将此函数表示如下。

$$\varepsilon_{ij} = \varepsilon_{ji} = \left(\frac{M_{ij}}{\overline{M}_{ij}} \right)^{\frac{1}{4}} \tag{6-52}$$

式中，$M_{ij} = (M_i + M_j)/2$，算术平均相对分子质量；$\overline{M}_{ij} = \sqrt{M_i M_j}$，几何平均相对分子质量。

通过广泛检验，本方法的平均误差为 1.5%；而应用 Wilke 方法进行同样计算，其平均误差为 2.9%。上述方法特别适用于含 H_2 的混合物。

例 6-9　试计算氢含量为 70%（摩尔），氮含量为 30% 的气体混合物在低压、293.2K 时的黏度。已查得 η_1（氢黏度，20℃）$= 87.5 \mu P$（$1 \mu P = 0.1 \mu Pa \cdot s$）和 η_2（氮的黏度，20℃）$= 174 \mu P$。

解　应用式（6-50）和式（6-51）来确定 ϕ_{ij}。先求 S_1，S_2 和 S_{12}。

$$S_1 = 79K, S_2 = 1.47 T_{b2} = (1.47)(77.4) = 113.8$$

$$S_{12} = S_{21} = \sqrt{S_1 S_2} = [(79)(113.8)]^{\frac{1}{2}} = 94.8$$

查得相对分子质量 $M_1 = 2$，$M_2 = 28$，则校正系数

$$\varepsilon_{12} = \varepsilon_{21} = \left[\frac{(M_1 + M_2)/2}{\sqrt{M_1 M_2}} \right]^{\frac{1}{4}} = \left(\frac{15}{7.5} \right)^{\frac{1}{4}} = 1.19$$

再计算 ϕ_{12}^* 及 ϕ_{21}^*，将上述计算结果代入式（6-51），得

$$\phi_{12}^* = \frac{1}{4} \left(\frac{M_{12}}{M_2} \right)^{-\frac{1}{2}} \left\{ 1 + \left[\left(\frac{\eta_1}{\eta_2} \right) \left(\frac{M_2}{M_1} \right)^{\frac{1}{2}} \frac{1 + \frac{S_1}{T}}{1 + \frac{S_2}{T}} \right]^{\frac{1}{2}} \right\}^2 \frac{1 + \frac{S_{12}}{T}}{1 + \frac{S_1}{T}}$$

$$= \frac{1}{4} \left(\frac{15}{28} \right)^{-\frac{1}{2}} \left\{ 1 + \left[\left(\frac{87.5}{174} \right) \left(\frac{28}{2} \right)^{\frac{1}{2}} \frac{1 + \frac{79}{293}}{1 + \frac{113.8}{293}} \right]^{\frac{1}{2}} \right\}^2 \frac{1 + \frac{94.8}{293}}{1 + \frac{79}{293}}$$

$$= 1.90$$

同理，$\phi_{21}^* = 0.27$

代入式（6-50），得

$$\phi_{12}=\varepsilon_{12}\phi_{12}^*=(1.19)(1.90)=2.261$$

同理

$$\phi_{21}=\varepsilon_{21}\phi_{21}^*=(1.19)(0.27)=0.321$$

所以，气体混合物黏度由式（6-46），可得

$$\eta_m=\frac{\eta_1}{1+\phi_{12}\dfrac{y_2}{y_1}}+\frac{\eta_2}{1+\phi_{21}\dfrac{y_1}{y_2}}=\frac{87.5}{1+2.261\dfrac{0.3}{0.7}}+\frac{174}{1+0.321\dfrac{0.7}{0.3}}$$

$$=143.9\mu P=1.439\times10^{-5}Pa\cdot s$$

从文献中查得　$\eta_m=145.1\mu P$（$1.451\times10^{-5}Pa\cdot s$）

$$误差=\frac{143.9-145.1}{145.1}\times100=-0.8\%$$

（4）Brokaw 近似法[19]

通过对气体混合物黏度做全面研究以后，R.S.Brokaw 提出如下的关系式

$$\phi_{ij}=\left(\frac{\eta_i}{\eta_j}\right)^{\frac{1}{2}}\cdot S_{ij}A_{ij} \tag{6-53}$$

ϕ_{ji} 可以由对 ϕ_{ij} 进行下标变换得到，其中

$$A_{ij}=m_{ij}M_{ij}^{-\frac{1}{2}}\left[1+\frac{M_{ij}-M_{ij}^{0.45}}{2(1+M_{ij})+\dfrac{(1+M_{ij}^{0.45})m_{ij}^{-\frac{1}{2}}}{1+m_{ij}}}\right] \tag{6-54}$$

$$m_{ij}=\left[\frac{4}{(1+M_{ij}^{-1})(1+M_{ij})}\right]^{\frac{1}{4}} \tag{6-55}$$

$$M_{ij}=\frac{M_i}{M_j} \tag{6-56}$$

或由下式近似表示

$$A_{ij}=\left(\frac{M_i}{M_j}\right)^{-0.37}\qquad 0.4<\frac{M_i}{M_j}<1.33 \tag{6-57}$$

对于组分 i 和 j 都是非极性的混合物，则 $S_{ij}=1$。对于含有极性气体的混合物，如果 δ_i 或者 $\delta_j>0.1$ [δ 由式（6-18）定义]，则

$$S_{ij}=S_{ji}=\frac{1+(T_i^*T_j^*)^{\frac{1}{2}}+(\delta_i\delta_j/4)}{[1+T_i^*+(\delta_i^2/4)]^{\frac{1}{2}}[1+T_j^*+(\delta_j^2/4)]^{\frac{1}{2}}} \tag{6-58}$$

式中　$T^*=\kappa T/\varepsilon$，ε/κ 和 δ 值可由表 6-2 得到，如果 δ_i 和 δ_j 都小于 0.1，则 $S_{ij}=S_{ji}=1.0$

例 6-10　试计算 353.2K 时，摩尔分数分别为 0.494，0.262，0.244 的氯甲烷，二氧化硫，二甲醚的三气体混合物的黏度。已知实验值为 $131.9\mu P$（$1.319\times10^{-5}Pa\cdot s$）。

解　该温度下纯组分的黏度及其它参数如下。

组　分	M	δ	ε/κ,K	T^*	$\eta,\mu P$
氯甲烷	58.488	0.50	414	0.853	127.8
二氧化硫	64.063	0.42	347	1.018	152.8
二甲醚	46.069	0.19	432	0.817	109.8

由式（6-58）计算 S_{ij}，$i=CH_3Cl$，$j=SO_2$ 时，

$$S_{ij}=\frac{1+[(0.853)(1.018)]^{\frac{1}{2}}+[(0.5)(0.42)/4]}{[1+0.853+(0.5)^2/4]^{\frac{1}{2}}\cdot[1+1.018+(0.42)^2/4]^{-\frac{1}{2}}}=1.00$$

各项计算结果列于下表：

组 分		$\dfrac{M_i}{M_j}$	A_{ij}	S_{ij}	$\left(\dfrac{\eta}{\eta_j}\right)^{\frac{1}{2}}$	ϕ_{ij}
i	j					
CH_3Cl	SO_2	0.788	1.095	1.00	0.916	1.013
SO_2	CH_3Cl	1.269	0.909	1.01	1.092	1.003
CH_3Cl	$(CH_3)_2O$	1.096	0.964	0.993	1.079	1.033
$(CH_2)_2O$	CH_3Cl	0.912	1.036	0.993	0.927	0.954
SO_2	$(CH_3)_2O$	1.390	0.875	0.995	1.178	1.026
$(CH_3)_2O$	SO_2	0.719	1.133	0.995	0.849	0.957

代入式 (6-43) 得

$$\eta_m = \frac{(0.494)(127.8)}{0.494+(0.262)(1.013)+(0.244)(1.033)}$$

$$+\frac{(0.262)(152.3)}{0.262+(0.494)(1.003)+(0.244)(1.026)}$$

$$+\frac{(0.244)(109.8)}{0.244+(0.49)(0.954)+(0.262)(0.957)}$$

$$=130\mu P=1.300\times10^{-5}\,Pa\cdot s$$

$$误差=\frac{130-132}{132}\times100=-1.5\%$$

6.1.4.2 对比态关联式

在本方法中是使用纯组分的推算法，而借助混合规则把混合物的临界和其它性质与纯组分性质和组成相关联。

(1) Dean-Stiel 法

D. E. Dean 和 K. I. Stiel[20] 提出如下的关联式

$$\eta_m \xi_m = \begin{cases} (3.4)T_{rm}^{8/9} & T_{rm}\leqslant1.5 \\ (16.68)(0.1338T_{rm}-0.0932)^{5/9} & T_{rm}>1.5 \end{cases} \tag{6-59}$$

式中　η_m——混合物黏度，μP。

$$\xi_m = \frac{T_{cm}^{1/6}}{p_{cm}^{2/3}\left(\sum_i y_i M_i\right)^{1/2}} \tag{6-60}$$

$$T_{rm} = T/T_{cm}$$

$$T_{cm} = \sum_i y_i T_{ci} \tag{6-61}$$

$$p_{cm} = \frac{R\left(\sum_i y_i Z_{ci}\right)T_{cm}}{\sum_i y_i V_{ci}} \tag{6-62}$$

(2) Lucas 规则

K. Lucas 把式 (6-60)～式 (6-62) 用于混合物，而规定混合物性质如下

$$M_m = \sum_i y_i M_i \tag{6-63}$$

$$F_{pm}^o = \sum_i y_i F_{pi}^o \tag{6-64}$$

$$F_{Qm}^o = \left(\sum_i y_i F_{Qi}^o\right)A \tag{6-65}$$

而 T_{cm} 和 p_{cm} 仍使用式 (6-61) 和式 (6-62) 来确定。

设下标 H 表示高相对分子质量的混合物组分，而 L 为低相对分子质量的组分，

$$A = 1 - 0.01 \left(\frac{M_H}{M_L} \right)^{0.87} \qquad 当 \frac{M_H}{M_L} > 9，及 0.05 < y_H < 0.7 \qquad (6-66)$$

而其它情况，$A = 1$。

例 6-11 试应用 Lucas 法推算氨的摩尔分数为 0.677 的氨和氢二元混合物在低压和 303.2K 下的黏度。

解 所需的物性数据给定如下：

参数	氨	氢	参数	氨	氢
T_c, K	405.5	33.2	M	17.031	2.016
p_c, bar	113.5	13.0	μ_P, D	1.47	0
Z_c	0.244	0.306	T_r	0.755	9.233

应用式（6-61），式（6-62）和式（6-63），分别求得 $T_{cm} = 285.2$K，$p_{cm} = 89.4$bar 和 $M_m = 12.18$。由这些数据和式（6-60），$\xi_m = 6.472 \times 10^{-3} \ (\mu P)^{-1}$。由式（6-36），$\mu_r$（氨）$= 7.825 \times 10^{-2}$ 和 μ_r（氢）$= 0$。然后，应用式（6-37）

$$F_p^\circ (氨) = 1 + 30.55(0.292 - 0.244)^{1.72} |0.96 + 0.1(0.755 - 0.70)| = 1.159$$

$$F_p^\circ (氢) = 1.0$$

$$F_{pm}^\circ = (1.159)(0.677) + (1)(0.323) = 1.107$$

对于量子校正，用式（6-66），因 $\frac{M_H}{M_L} = \frac{17.031}{2.016} = 8.4 < 9$。因此 $A = 1$。F_Q°（氨）$= 1.0$，并使用式（6-38）

$$F_Q^\circ (氢) = (1.22)(0.76)^{0.15} \{1 + 0.00385[(9.223 - 12)^2]^{\frac{1}{2.016}}$$
$$\times \text{Sign}(9.223 - 12)\} = (1.171)[1 + (0.0161)(-1)] = 1.158$$

$$F_{Qm}^\circ = (1.158)(0.323) + (1)(0.677) = 1.051$$

然后，根据式（6-61），用 $T_{rm} = 306.2/285.2 = 1.073$

$$\eta_m \xi_m = (0.645)(1.107)(1.051) = 0.750$$

$$\eta_m = \frac{0.750}{6.472 \times 10^{-3}} = 115.9 \mu P = 1.159 \times 10^{-5} \text{Pa} \cdot \text{s}$$

$$误差 = \frac{115.9 - 120.0}{120.0} \times 100 = -3.4\%$$

（3）Chung 规则[12]

本方法是使用式（6-9）来计算混合物黏度，然而，此处使用了在式（6-23）中应用的校正因子 F_c，来校正分子形状和极性。

$$\eta_m = \frac{26.69 F_{cm} (M_m T)^{\frac{1}{2}}}{\sigma_m \Omega_v} \qquad (6-67)$$

其中，$\Omega_v = f(T_m^*)$。在本方法中，混合规则为

$$\sigma_m^3 = \sum_i \sum_j y_i y_j \sigma_{ij}^3 \qquad (6-68)$$

$$T_m^* = \frac{T}{(\varepsilon / \kappa)_m} \qquad (6-69)$$

$$\left(\frac{\varepsilon}{\kappa} \right)_m = \frac{\sum_i \sum_j y_i y_j (\varepsilon_{ij} / \kappa) \sigma_{ij}^3}{\sigma_m^3} \qquad (6-70)$$

$$M_m = \left[\frac{\sum_i \sum_j y_i y_j (\varepsilon_{ij} / \kappa) \sigma_{ij}^2 M_{ij}^{\frac{1}{2}}}{(\varepsilon / \kappa)_m \sigma_m^2} \right]^2 \qquad (6-71)$$

$$\omega_{\mathrm{m}} = \frac{\sum\limits_{i} \sum\limits_{j} y_i y_j \omega_{ij} \sigma_{ij}^3}{\sigma_{\mathrm{m}}^3} \tag{6-72}$$

$$\mu_{\mathrm{Pm}}^4 = \sigma_{\mathrm{m}}^3 \sum_{i} \sum_{j} \left(\frac{y_i y_j \mu_{\mathrm{Pi}}^2 \mu_{\mathrm{Pj}}^2}{\sigma_{ij}^3} \right) \tag{6-73}$$

$$\kappa_{\mathrm{m}} = \sum_{i} \sum_{j} y_i y_j \kappa_{ij} \tag{6-74}$$

及组合规则为

$$\sigma_{ii} = \sigma_i = 0.809 V_{ci}^{1/3} \tag{6-75}$$

$$\sigma_{ij} = \xi_{ij} (\sigma_i \sigma_j)^{\frac{1}{2}} \tag{6-76}$$

$$\frac{\varepsilon_{ii}}{\kappa} = \frac{\varepsilon_i}{\kappa} = \frac{T_{ci}}{1.2593} \tag{6-77}$$

$$\frac{\varepsilon_{ij}}{\kappa} = \zeta_{ij} \left(\frac{\varepsilon_i}{\kappa} \cdot \frac{\varepsilon_j}{\kappa} \right)^{\frac{1}{2}} \tag{6-78}$$

$$\omega_{ii} = \omega_i \tag{6-79}$$

$$\omega_{ij} = \frac{\omega_i + \omega_j}{2} \tag{6-80}$$

$$\kappa_{ii} = \kappa_i \tag{6-81}$$

$$\kappa_{ij} = (\kappa_i \kappa_j)^{\frac{1}{2}} \tag{6-82}$$

$$M_{ij} = \frac{2 M_i M_j}{M_i + M_j} \tag{6-83}$$

ξ_{ij} 和 ζ_{ij} 为双元相互作用系数，通常设它等于 1。式（6-67）中的 F_{cm} 为

$$F_{cm} = 1 - 0.275 \omega_{\mathrm{m}} + 0.059035 \mu_{rm}^4 + \kappa_{\mathrm{m}} \tag{6-84}$$

其中，μ_{rm} 由式（6-25）给定

$$\mu_{rm} = \frac{131.3 \mu_{pm}}{(V_{cm} \cdot T_{cm})^{0.5}} \tag{6-85}$$

$$V_{cm} = (\sigma_{\mathrm{m}} / 0.809)^3 \tag{6-86}$$

$$T_{cm} = 1.2593 \left(\frac{\varepsilon}{\kappa} \right)_{\mathrm{m}} \tag{6-87}$$

在上述方程中，T_c、V_c 和 μ_p 的单位分别为 K，cm^3/mol，D。

例 6-12　试应用 Chung 法计算硫化氢含量为 20.4%（摩尔）的硫化氢（1）-乙醚（2）双元系在低压和 331K 时的黏度。

解　对硫化氢和乙醚混合物，需要如下的物性数据。

参数	硫化氢（组分1）	乙醚（组分2）	参数	硫化氢（组分1）	乙醚（组分2）
T_c/K	373.2	466.7	μ_p/D	0.9	1.3
$V_c/(cm^3/mol)$	98	280	M	34.080	74.123
ω	0.109	0.281	κ	0	0

由式（6-75）和式（6-76）

$$\sigma_1 = (0.809)(98)^{\frac{1}{3}} = 3.730 \text{Å}$$

$$\sigma_2 = 5.293 \text{Å}$$

$$\sigma_{12} = 4.443 \text{Å}$$

然后，应用式（6-68），

$$\sigma_{\mathrm{m}}^3 = (0.204)^2 (3.730)^3 + (0.796)^2 (5.293)^3$$

$$+(2)(0.204)(0.796)(4.443)^3 = 124.58$$

由式（6-77）和式（6-78）

$$\left(\frac{\varepsilon}{\kappa}\right)_1 = \frac{373.2}{1.2593} = 296.4\text{K}$$

$$\left(\frac{\varepsilon}{\kappa}\right)_2 = 370.6\text{K}$$

$$\left(\frac{\varepsilon}{\kappa}\right)_{12} = 331.4\text{K}$$

于是，应用式（6-70）得

$$\left(\frac{\varepsilon}{\kappa}\right)_{\text{m}} = [(0.204)^2(296.4)(3.730)^3 + (0.796)^2(370.6)(5.293)^3$$
$$+ (2)(0.204)(0.796)(331.4)(4.443)^3]/124.58\text{K} = 360.4\text{K}$$

应用式（6-71）和式（6-83）

$$M_{\text{m}} = (\{(0.204)^2(296.4)(3.730)^2(34.080)^{\frac{1}{2}} + (0.796)^2(370.6)(5.293)^2(74.123)^{\frac{1}{2}}$$
$$+ (2)(0.204)(0.796)(331.4)(4.443)^2$$
$$\times [(2)(34.080)(74.123)/(34.080+74.123)]^{\frac{1}{2}}\}/(360.4)(124.58)^{2/3})^2\text{g/mol}$$
$$= 64.43\text{g/mol}$$

应用式（6-72）

$$\omega_{\text{m}} = \{(0.204)^2(0.109)(3.730)^3 + (0.796)^2(0.281)(5.293)^3$$
$$+ (2)(0.204)(0.796)[(0.109+0.281)/2](4.443)^3\}/124.58$$
$$= 0.258$$

并应用式（6-73）

$$\mu_{\text{Pm}}^4 = \{[(0.204)^2(0.9)^4/(3.730)^3] + [(0.796)^2(1.3)^4/(5.293)^3]$$
$$+ [(2)(0.204)(0.796)(0.9)^2(1.3)^2/(4.443)^3]\}(124.58)$$
$$= 2.218$$
$$\mu_{\text{Pm}} = 1.22\text{D}$$

然后，应用式（6-85）～式（6-87）

$$V_{\text{cm}} = \frac{(124.58)}{(0.809)^3}\text{cm}^3/\text{mol} = 235.3\text{cm}^3/\text{mol}$$

$$T_{\text{cm}} = (1.2593)(360.4)\text{K} = 453.9\text{K}$$

$$\mu_{\text{rm}} = \frac{(131.3)(1.22)}{[(235.3)(453.9)]^{\frac{1}{2}}} = 0.490$$

因为 $K_{\text{m}} = 0$，应用式（6-84）

$$F_{\text{cm}} = 1 - (0.275)(0.258) + (0.059035)(0.490)^4 = 0.932$$

由式（6-69）求得 $T_{\text{m}}^* = 331/360.4 = 0.918$ 和应用式（6-15）得 $\Omega_{\text{v}} = 1.664$。最后，应用式（6-67）

$$\eta_{\text{m}} = \frac{(26.69)(0.932)[(64.43)(331)]^{\frac{1}{2}}}{(124.58)^{\frac{2}{3}}(1.664)} = 87.6\mu\text{P} = 8.76\times10^{-6}\text{Pa}\cdot\text{s}$$

已知实验值为 $87\mu\text{P}$（$8.70\times10^{-6}\text{Pa}\cdot\text{s}$）

$$\text{误差} = \frac{87.6-87.0}{87.0}\times100 = 0.4\%$$

推荐意见

从本节所讨论的估算法可以看出，混合气体的黏度是组成的复杂函数，在这几个方法中

Reichenberg 方法与其它方法相比，其计算精度最高，但它最复杂。改进的 Sutherland 法的计算精度也比较高，且特别适用于组分分子量相差很大的体系。如果有了可靠的纯组分的黏度，建议应用 Reichenberg 法或改进的 Sutherland 法。另外，如果所有组分的临界参数数据可靠，则 Lucas 法或者 Chung 法都是可以用的。

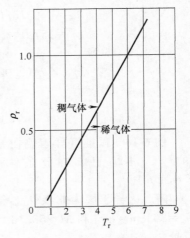

图 6-1　修正黏度的分界线

6.1.5　加压下纯气体黏度的计算

在较高压力下，一般需要考虑压力对气体黏度的影响，那么在何种情形下需要考虑压力影响的修正呢？图 6-1 提供了一个简便的判断方法。在图中分界线以上（即稠气体），需要考虑压力影响，分界线以下（即稀气体），只要进行低压气体黏度的计算。

下面介绍几种常用的压力修正法。

6.1.5.1　剩余黏度关联法[21]

在本方法中分别给出非极性气体和极性气体剩余黏度关系式。

（1）非极性气体

$$[(\eta-\eta°)\xi+1]^{1/4}=1.0230+0.23364\rho_r+0.58533\rho_r^2-0.40758\rho_r^3+0.093324\rho_r^4 \tag{6-88}$$

式中　η——高压气体黏度，μP；

$\eta°$——低压气体黏度，μP；

ρ_r——对比密度，$\rho_r=\rho/\rho_c=V_c/V$；

ξ——组合数 $(T_c/M^3 p_c^4)^{1/6}$，$(\mu P)^{-1}$，其中 M 为相对分子质量，T_c 和 p_c 的单位分别为 K，atm（1atm=0.1MPa）。

上式适用范围为 $0.1 \leqslant \rho_r < 3$。

（2）极性气体

$$(\eta-\eta°)\xi=1.6560\rho_r^{1.111} \qquad \rho_r \leqslant 0.1 \tag{6-89}$$

$$(\eta-\eta°)\xi=0.0607(9.045\rho_r+0.63)^{1.739} \qquad 0.1 \leqslant \rho_r \leqslant 0.9 \tag{6-90}$$

$$\lg\{4-\log[(\eta-\eta°)\xi]\}=0.6439-0.1005\rho_r-\Delta \qquad 0.9 \leqslant \rho_r \leqslant 2.6 \tag{6-91}$$

其中 Δ 按下式计算

$$\Delta=\begin{cases} 0 & 0.9 \leqslant \rho_r < 2.2 \\ (4.75)(10^{-4})(\rho_r^3-10.65)^2 & 2.2 < \rho_r < 2.6 \end{cases} \tag{6-92}$$

此外，在 $\rho_r=2.8$ 和 3.0 时，$(\eta-\eta^0)\xi$ 分别等于 90.0 和 250。

例 6-13　试推算 444.2K 和 137.8bar 下氨的黏度。已知实验值为 $197\mu P$（1.970×10^{-5} Pa·s）。

解　氨是极性气体，必须使用式（6-89）～式（6-92）

查得　　　　　　　　$T_c=405.6K$　　　　$p_c=112.77bar$

　　　　　　　　　　$V_c=72.5cm^3/mol$　　　$\omega=0.250$

故　　　　$T_r=444.2/405.6=1.095，p_r=137.80/112.77=1.22$

根据上述的 T_r 和 p_r 参数值，从 $Z^{(0)}$ 和 $Z^{(1)}$ 数据表中查得 $Z^{(0)}=0.558$，$Z^{(1)}=0.096$（参看本书有关 pVT 数据一节），于是

$$Z=Z^0+\omega Z^{(1)}=0.558+(0.250)(0.096)=0.582$$

故

$$\rho_r=\frac{\rho}{\rho_c}=\rho V_c=\frac{pV_c}{ZRT}=\frac{(137.8)(72.5)}{(0.582)(83.14)(444.2)}=0.465$$

$$\xi = [405.6/(17)^3(111.3)^4]^{1/6} = 0.0285$$

$$\eta^\circ = 157\mu P$$

代入式（6-90）

$$(\eta - 157)(0.0285) = 0.0607[(9.045)(0.465) + 0.63]^{1.739}$$

$$\eta = 190 \quad \mu P = 1.900 \times 10^{-5} Pa \cdot s$$

$$\text{误差} = \frac{190 - 197}{197} \times 100 = -3.5\%$$

例 6-14 试推算异丁烷在 500K 和 100bar 下的黏度。已知实验值为 $261\mu P$（$2.610 \times 10^{-5} Pa \cdot s$）。已知在此条件下异丁烷的比容为 $243.8 cm^3/mol$。在低压和 500K 下，$\eta^\circ = 120\mu P$。

解 因异丁烷为非极性化合物，应使用式（6-88）。查得 $T_c = 408.2K$，$p_c = 36.5 bar$，$V_c = 263 cm^3/mol$ 和 $M = 58.12$。

于是

$$\xi = \left[\frac{(408.2)}{(58.12)^3(36.0)^4}\right]^{\frac{1}{6}}(\mu P)^{-1} = 3.277 \times 10^{-2}(\mu P)^{-1}$$

$$\rho_r = V_c/V = 263/243.8 = 1.079$$

应用式（6-88）

$$[(\eta - 120)(3.277 \times 10^{-2}) - 1]^{\frac{1}{4}} = 1.0230 + (0.23364)(1.079) + (0.58533)(1.079)^2$$
$$- (0.40758)(1.079)^3 + (0.093324)(1.079)^4 = 1.571$$

$$\eta = 275\mu P = 2.750 \times 10^{-5} Pa \cdot s$$

$$\text{误差} = \frac{275 - 261}{261} \times 100 = 5.4\%$$

6.1.5.2 对比黏度关联法 [22]

在本方法中，黏度比 η/η° 表示为

$$\eta/\eta^\circ = 1 + Q\frac{Ap_r^{3/2}}{Bp_r + (1 + Cp_r^D)} \tag{6-93}$$

其中，常数 A，B，C 和 D 是对比温度函数，

$$A = \frac{\alpha_1}{T_r}\exp(\alpha_2 T_r^a) \qquad B = A(\beta_1 T_r - \beta_2)$$

$$C = \frac{\gamma_1}{T_r}\exp(\gamma_2 T_r^c) \qquad D = \frac{\delta_1}{T_r}\exp(\delta_2 T_r^d)$$

其中

$$\alpha_1 = 1.9824 \times 10^{-3} \quad \alpha_2 = 5.2683 \quad a = -0.5767$$
$$\beta_1 = 1.6552 \quad \beta_2 = 1.2760$$
$$\gamma_1 = 0.1319 \quad \gamma_2 = 3.7035 \quad c = -79.8678$$
$$\delta_1 = 2.9496 \quad \delta_2 = 2.9190 \quad d = -16.6169$$

而 $Q = (1 - 5.655\mu_r)$，其中 μ_r 按式（6-36）来确定，对于非极性物质，$Q = 1.0$。

例 6-15 试推算正戊烷在 500K 和 101bar 时的黏度。已知实验值为 $546\mu P$（$5.46 \times 10^{-5} Pa \cdot s$）。

解 已知正戊烷偶极矩为零，故 $Q = 1.0$，查得临界参数数据：$T_c = 469.7K$，$p_c = 33.74 bar$，则 $T_r = 500/469.7 = 1.065$，$p_r = 101/33.7 = 3.00$。根据 A，B，C 和 D 的定义式，求得 $A = 0.2999$，$B = 0.1458$，$C = 1.2710$ 和 $D = 7.785$。应用式（6-93）得

$$\frac{\eta}{\eta^\circ} = 1 + \frac{(0.2999)(3.00)^{3/2}}{(0.1458)(3.00) + [1 + (1.2710)(3.00)^{7.785}]^{-1}} = 4.56$$

已给出 500K 下低压黏度为 $\eta^\circ=114\mu P$，故

$$\eta=(4.56)(114)=520\mu P=5.20\times10^{-5}Pa\cdot s$$

$$误差=\frac{520-546}{546}\times100=-4.7\%$$

6.1.5.3　Lucas 方法[15]

K. Lucas 推荐如下的计算方法。首先计算参数 Z_1

$$Z_1=[0.807T_r^{0.618}-0.357\exp(-0.449T_r)+0.340\exp(-4.058T_r)+0.018]F_P^\circ\cdot F_Q^\circ \qquad (6\text{-}94)$$

注意，根据式（6-34），$Z_1=\eta^\circ\xi$，其中 η° 是低压黏度。

如果 $T_r\leqslant1.0$，且 $p_r<(p_{VP}/p_c)$，则

$$Z_2=0.600+0.760p_r^\alpha+(6.990p_r^\beta-0.6)(1-T_r) \qquad (6\text{-}95)$$

其中

$$\alpha=3.262+14.98p_r^{5.508}$$

$$\beta=1.390+5.746p_r$$

如果 $(1<T_r<40)$ 且 $(0<p_r\leqslant100)$，则

$$Z_2=\eta^\circ\xi\left[1+\frac{ap_r^e}{bp_r^f+(1+cp_r^d)^{-1}}\right] \qquad (6\text{-}96)$$

其中，$\eta^\circ\xi$ 由式（6-94）求取。此项乘以一组合数，等同于前述的 Reichenberg 方法中的压力校正项，但其中常数值不同。

$$a=\frac{a_1}{T_r}\exp(a_2T_r^\gamma)$$

$$b=a(b_1T_r-b_2)$$

$$c=\frac{c_1}{T_r}\exp(c_2T_r^\delta)$$

$$d=\frac{d_1}{T_r}\exp(d_2T_r^\varepsilon)$$

$$e=1.3088$$

$$f=f_1\exp(f_2T_r^\zeta)$$

而

$a_1=1.245\times10^{-3}$	$a_2=5.1726$	$\gamma=-0.3286$
$b_1=1.6553$	$b_2=1.2723$	
$c_1=0.4489$	$c_2=3.0578$	$\delta=-37.7332$
$d_1=1.7368$	$d_2=2.2310$	$\varepsilon=-7.6351$
$f_1=0.9426$	$f_2=-0.1853$	$\zeta=0.4489$

当计算出 Z_1 和 Z_2 之后，再确定

$$Y=Z_2/Z_1 \qquad (6\text{-}97)$$

而校正因子 F_P 和 F_Q 为

$$F_P=\frac{1+(F_P^\circ-1)Y^{-3}}{F_P^\circ} \qquad (6\text{-}98)$$

$$F_Q=\frac{1+(F_Q^\circ-1)[Y^{-1}-(0.007)(\ln Y)^4]}{F_Q^\circ} \qquad (6\text{-}99)$$

其中，F_P° 和 F_Q° 是低压下的极性和量子效应因子，由式（6-37）和式（6-38）来确定。最后，稠气体黏度由下式计算。

$$\eta=\frac{Z_2Z_1F_Q}{\xi} \qquad (6\text{-}100)$$

其中，ξ 是由式（6-35）给出。在低压下 Y 基本上等于 1，且 $F_P=1.0$，$F_Q=1.0$。于是，Z_2 等于 $\eta^\circ\xi$，因此 $\eta\to\eta^\circ$。

例 6-16 试应用 Lucas 方法推算氨气在 420K 和 300bar 时的黏度。η^0 和 η 的实验值分别为 146 和 571μP（1.46×10^{-5} 和 5.71×10^{-5} Pa·s）。

解 先查得氨的物性数据：$M=17.03$，$Z_c=0.244$，$T_c=405.6$K，$p_c=112.8$bar 以及 $\mu_p=1.47$D，因而，$T_r=420/405.6=1.036$，$p_r=300/113.5=2.643$。由式（6-35）

$$\xi=(0.176)\left[\frac{405.6}{(1.703)^3(112.8)^4}\right]^{1/6}(\mu\text{P})^{-1}=4.97\times10^{-3}(\mu\text{P})^{-1}$$

并由式（6-36）

$$\mu_r=(52.46)\left[\frac{(1.47)^2(113.5)}{(405.6)^2}\right]=7.825\times10^{-2}$$

$$F_Q^\circ=1.0$$

且由式（6-37）

$$F_P^\circ=1+30.55(0.292-0.244)^{1.72}\cdot[0.96+(0.1)(1.036-0.7)]=1.164$$

根据式（6-94），$Z_1=\eta^\circ\xi=0.7258$

$$\eta^\circ=\frac{0.7258}{4.96\times10^{-3}}\mu\text{P}=146\mu\text{P}$$

因 $T_r>1.0$，故应用式（6-96）来确定 Z_2，其中系数值为 $a=0.1998$，$b=6.834\times10^{-2}$，$c=0.9764$，$d=9.235$，$e=1.3088$ 和 $f=0.7808$。于是，

$$Z_2=\left\{1+\frac{(0.1998)(2.643)^{1.3088}}{(8.834\times10^{-2})(2.643)^{0.7808}+[1+(0.9764)(2.643)^{9.235}]^{-1}}\right\}\times(0.7258)$$

$$=(4.776)(0.7258)=3.466$$

应用式（6-97）～式（6-99）

$$Y=\frac{3.466}{0.7258}=4.776$$

$$F_P=\frac{1+(1.164-1)(4.776)^{-3}}{1.164}=0.860$$

$$F_Q=1.0$$

并应用式（6-100）

$$\eta=\frac{(3.466)(0.860)(1.0)}{4.96\times10^{-3}}=601\mu\text{P}=6.01\times10^{-5}\text{Pa·s}$$

$$误差=\frac{601-571}{571}\times100=5.2\%$$

6.1.5.4 Chung 方法[12, 13]

本方法是推算低压气体黏度的 Chung 方法的扩展，其关联式为

$$\eta=\eta^*\frac{36.344(MT_c)^{0.5}}{V_c^{2/3}} \tag{6-101}$$

式中 η——黏度，μP；

M——摩尔质量，g/mol；

T_c——临界温度，K；

V_c——临界体积，cm³/mol。

$$\eta^*=\frac{(T^*)^{1/2}}{\Omega_v}\{F_c[(G_2)^{-1}+E_6y]\}+\eta^{**} \tag{6-102}$$

其中，F_c 由式（6-24）给出，Ω_v 作为 T^* 的函数由式（6-15）求取，$T^*=1.2593T_r$，其中使用密度 ρ，mol/cm³。

$$y=\frac{\rho V_c}{6} \tag{6-103}$$

$$G_1 = \frac{1-0.5y}{(1-y)^3} \tag{6-104}$$

$$G_2 = \frac{E_1\{[1-\exp(-E_4 y)]/y\} + E_2\exp(E_5 y) + E_3 G_1}{E_1 E_4 + E_2 + E_3} \tag{6-105}$$

$$\eta^{**} = E_7 y^2 G_2 \exp[E_8 + E_9(T^*)^{-1} + E_{10}(T^*)^{-2}] \tag{6-106}$$

而参数 $E_1 \sim E_{10}$ 作为 ω （偏心因子）、μ_r^4 [由式（6-25）定义]，和缔合因子 κ （参看表 6-5）的线性函数：$E_i = a_i + b_i\omega + c_i\mu_r^4 + d_i\kappa$。其方程常数由表 6-8 给出。在低压下 y 趋于零，G_1 和 G_2 趋于 1，而 η^{**} 可忽略。

表 6-8　计算 E_i 的系数

i	a_i	b_i	c_i	d_i
1	6.324	50.412	−51.680	1189.0
2	1.210×10^{-3}	-1.154×10^{-3}	-6.257×10^{-3}	0.03728
3	5.283	254.209	−168.48	3898.0
4	6.623	38.096	−8.464	31.42
5	19.745	7.630	−14.354	31.53
6	−1.900	−12.537	4.985	−18.15
7	24.275	3.450	−11.291	69.35
8	0.7972	1.117	0.01235	−4.117
9	−0.2382	0.06770	−0.8163	4.025
10	0.06863	0.3479	0.5926	−0.727

例 6-17　试推算氨在 520K 和 600bar 时的黏度。已知 η 的实验值为 $466\mu P (4.66 \times 10^{-5} Pa \cdot s)$。该温度下 $\eta^\circ = 182\mu P$。已知在 520K 和 600bar 下的氨比容为 $48.2 cm^3/mol$。

解　先查得氨的物性数据：$T_c = 405.6K$，$V_c = 72 cm^3/mol$，$\omega = 0.250$，$M = 17.03$ 及 $\mu_p = 1.47D$。因此 $T_r = T/T_c = 520/405.6 = 1.282$，$\rho = 1/V = 1/48.2 = 2.07 \times 10^{-2} mol/cm^3$。应用式（6-25）

$$\mu_r = \frac{(131.3)(1.47)}{[(72)(405.6)]^{0.5}} = 1.13$$

并应用式（6-24）

$$F_c = 1 - (0.2756)(0.250) + (0.059035)(1.13)^4 = 1.208$$

$$T^* = (1.2593)(1.282) = 1.615$$

且由式（6-15），$\Omega_v = 1.275$，应用式（6-103）和式（6-104）

$$y = \frac{(2.075 \times 10^{-2} \times 72)}{6} = 0.249 \text{ 及 } G_1 = 2.067$$

由表 6-8，算得如下系数：$E_1 = -64.82$，$E_2 = -9.218 \times 10^{-3}$，$E_3 = -204.2$，$E_4 = 2.430$，$E_5 = -1.609$，$E_6 = 3.045$，$E_7 = 6.839$，$E_8 = 1.097$，$E_9 = -1.544$，$E_{10} = 1.116$。然后，应用式（6-105），$G_2 = 1.494$，而根据式（6-106），求得 $\eta^{**} = 1.118$。

最后，应用式（6-102）和式（6-101）

$$\eta^* = \frac{(1.615)^{\frac{1}{2}}}{1.275}(1.208)[(1.494)^{-1} + (3.045)(0.249)] + 1.118 = 2.579$$

$$\eta = \frac{(2.579)(36.344)[(17.03)(405.6)]^{\frac{1}{2}}}{(72)^{2/3}}$$

$$= 450\mu P = 4.50 \times 10^{-5} Pa \cdot s$$

$$误差 = \frac{450 - 466}{466} \times 100 = -3.4\%$$

6.1.5.5　Brule-Starling 方法 [23]

在某种意义上，本方法在形式上与 Chung 法相同，但 Brule-Starling 提出另一套 $E_1 \sim$

E_{10} 不相同的系数值，参看表 6-9。这里，E_i 是定位参数 γ 的函数，即 $E_i = a_i + b_i \gamma$。当缺乏 γ 数据时，可用偏心因子来代替。

本方法可用来计算重烃（类）化合物在较宽的温度和压力范围内的黏度，其误差一般低于 5%。当 $T_r < 0.35$ 时，本方法不适用。

表 6-9　Brule-Starling 计算 E_i 的系数

i	a_i	b_i	i	a_i	b_i
1	17.450	34.063	6	4.668	-39.941
2	-9.611×10^{-4}	7.235×10^{-3}	7	3.762	56.623
3	51.043	169.46	8	1.004	3.140
4	-0.6059	71.174	9	-7.774×10^2	-3.584
5	21.382	-2.110	10	0.3175	1.160

推荐意见

Lucas 法和 Chung 法均可用于非极性和极性化合物黏度的计算，不过 Chung 法只适用低对比温度（$T_r < 0.5$）的情况。对于分子量较大的烃及多环芳烃化合物，建议使用 Brule-Starling 法。Lucas 法-Chung 法及 Brule-Starling 公式都比较复杂，其共同特点是不需要低压气体黏度数据。

6.1.6　加压下气体混合物的黏度

推算稠气体混合物黏度最为方便的方法，是把上两节给出的方法进行组合。

6.1.6.1　Lucas 方法 [14, 15]

在 Lucas 提出的稠气体黏度的计算法中，是使用式（6-94）和式（6-100）。将此方法应用于混合物，对于混合物的 T_c，p_c 和 M，应该使用式（6-61）～式（6-63），而引入的极性（和量子效应）校正是应用式（6-98）和式（6-99），其中 F_P° 和 F_Q° 的混合物值是按式（6-64）～式（6-65）计算。式（6-98）和式（6-99）中的 Y 必须基于 T_{cm} 和 p_{cm}。纯组分的 F_P° 和 F_Q° 由式（6-37）和式（6-38）给出。

6.1.6.2　Chung 方法 [13]

为了把式（6-101）～式（6-106）应用于稠气体混合物，在本方程中的参数 T_c，V_c，ω，M，μ_P 和 κ 与组成的函数关系由下表给出。

参数	使用的方程	参数	使用的方程
T_{cm}	(6-87)，(6-70)	M_m	(6-71)，(6-70) 及 (6-68)
V_{cm}	(6-86)，(6-68)	μ_{pm}	(6-73)，(6-68)
ω_m	(6-72)，(6-68)	κ_m	(6-74)

6.1.6.3　剩余黏度法 [20]

Dean 和 Stiel 提出如下的关系式

$$(\eta_m - \eta_m^\circ) \xi_m = (1.08)[\exp(1.439\rho_{rm}) - \exp(-1.111\rho_{rm}^{1.858})] \tag{6-107}$$

式中　η_m——高压气体混合物黏度，μP；

η_m°——低压气体混合物黏度，μP；

ρ_{rm}——虚拟对比气体混合物密度，ρ_m / ρ_{cm}；

ρ_m——气体混合物密度，mol/cm^3；

ρ_{cm}——虚拟临界混合物密度，$\rho_{cm} = p_{cm}/(Z_{cm}RT_{cm})$，$mol/cm^3$；

ξ_m——混合物组合数，$\xi_m = [T_{cm}/(M_m^3 p_{cm}^4)]^{1/6}$。

其中混合物分子量 M_m 是按摩尔分数平均，对虚拟混合物参数——Z_{cm}，T_{cm} 和 p_{cm}，

Dean 和 Stiel 选用了改进的 Prausnitz-Gunn 规则，即

$$T_{cm} = \sum_i y_i T_{ci} \tag{6-108}$$

$$Z_{cm} = \sum_i y_i Z_{ci} \tag{6-109}$$

$$V_{cm} = \sum_i y_i V_{ci} \tag{6-110}$$

$$p_{cm} = \frac{Z_{cm} R T_{cm}}{V_{cm}} \tag{6-111}$$

这些虚拟的临界值可用来计算 ρ_{cm} 和 ξ_m。

式 (6-107) 只能用于非极性混合物，它既可应用于高压下的气体，也可应用于高温下的液体，但对于对比密度大于 2 的液体，其误差比较大。对于含有极性气体的混合物，使用此式，误差比较明显。

例 6-18　试推算 423K 和 121.6bar（120atm）下含乙烯 18.65%（摩尔）的乙烯-乙烷混合物的黏度。已知实验值为 188.2μP（1.882×10^{-5} Pa·s）。

解　令 1-乙烯，2-乙烷。查得有关的物性数据：

$T_{c1} = 282.4K$，$V_{c1} = 129cm^3/mol$，$Z_{c1} = 0.276$，$M_1 = 28.054$，$\omega_1 = 0.085$

$T_{c2} = 305.4K$，$V_{c2} = 148cm^3/mol$，$Z_{c2} = 0.285$，$M_2 = 30.70$，$\omega_2 = 0.098$

因此

$$T_{cm} = (0.1865)(282.4) + (0.8135)(305.4)K = 301.1K$$

$$M_m = (0.1865)(28.054) + (0.8135)(30.07) = 29.69$$

$$V_{cm} = (0.1865)(129) + (0.8135)(148)cm^3/mol = 144.5cm^3/mol$$

$$Z_{cm} = (0.1865)(0.276) + (0.8135)(0.285) = 0.283$$

$$\omega_m = (0.1865)(0.085) + (0.8135)(0.098) = 0.096$$

$$p_{cm} = \frac{Z_{cm} R T_{cm}}{V_{cm}} = \frac{(0.283)(82.06)(301.1)}{144.5}atm = 48.4atm$$

$$\xi_m = \frac{T_{cm}^{1/6}}{M_m^{1/2} p_{cm}^{2/3}} = \frac{(301.1)^{1/6}}{(29.69)^{1/2}(48.4)^{2/3}} = 0.0358$$

$$T_{rm} = \frac{423}{301.1} = 1.40 \qquad p_{rm} = \frac{120}{48.4} = 2.48$$

根据 T_{rm} 和 p_{rm}，从 $Z^{(0)}$ 和 $Z^{(1)}$ 表（参看本书有关 PVT 数据一节）查得 $Z_m^{(0)} = 0.747$，$Z_m^{(1)} = 0.214$。

$$Z_m = Z_m^{(0)} + \omega_m Z_m^{(1)} = 0.747 + (0.096)(0.214) = 0.767$$

$$V_m = \frac{Z_m R T}{p} = \frac{(0.767)(82.06)(423)}{120}cm^3/mol = 222cm^3/mol$$

$$\rho_{rm} = \frac{V_{cm}}{V_m} = \frac{144.5}{222} = 0.651$$

由低压混合物黏度计算法算得 $\eta_m^\circ = 128.1\mu$P，故由式 (6-107)

$$(\eta_m - 128.1)(0.0358) = 1.08[e^{(1.439)(0.651)} - e^{(-1.111)(0.651)^{1.858}}]$$

$$\eta_m = 187\mu P = 1.870 \times 10^{-5} Pa·s$$

$$误差 = \frac{187 - 188.2}{188.2} \times 100 = -0.5\%$$

6.1.7　液体黏度数据

液体黏度，由于易于实验测定，实验数据比较丰富，LB 手册[1]汇集了近 2000 种液体黏度数据。Viswanath 和 Natarajan 在 1989 年出版的专著中作出了新的汇集和评选[24]。

与气体黏度相反，液体黏度随温度升高而减小，在低于正常沸点下，液体黏度的对数值与 $\frac{1}{T}$ 近似呈线性关系，因此可用下列公式（也称 Andrade 方程）关联

$$\ln\eta = A + B/T \tag{6-112}$$

有一些作者利用以上公式回归并汇集了一批物质的 A，B 系数值，其中有 Duhne 提供的 222 种物质的系数[25]，Reid 等人又扩充为 247 种物质。

当温度高于沸点时，$\ln\eta$ 与 $\frac{1}{T}$ 关系图中出现了弯曲，当使用式（6-112）时，其计算误差增大。实验表明，当温度略高于熔点时黏度值是很大的，可达几千甚至几万 cP。如果要求关联式中包括这样大的黏度值，此时采用 Vogel 式（或称 Antoine 型）比较好。

$$\ln\eta = A + \frac{B}{T+C} \tag{6-113}$$

或

$$\lg\eta = A + \frac{B}{t+C} \tag{6-114}$$

使用式（6-114）时，若只有两个实验值，则可用 Goletz 等[26]提出的使用沸点 T_b（K）的经验式

$$C = 187 - 0.19T_b \tag{6-115}$$

除了上述的式（6-112）和式（6-113）外，还应用其它一些方程，如

$$\eta = AT^B \tag{6-116}$$

$$\ln\eta = A + \frac{B}{T} + CT + DT^2 \tag{6-117}$$

表 6-10 中给出了式（6-112），式（6-116）和式（6-117）中的常数。

6.1.8 液体黏度的计算

6.1.8.1 低温液体黏度的推算

在工程计算中，在低温和常温范围内（$T_r < 0.75$）可使用下列一些方法。

（1）Orrick 和 Erbar 法

本方法使用基团贡献法来确定式（6-118）中的常数 A，B。

$$\ln\frac{\eta_L}{\rho_L M} = A + \frac{B}{T} \tag{6-118}$$

式中 　η_L——液体黏度，cP；

　　　ρ_L——20℃液体密度，g/cm³；

　　　M——相对分子质量；

　　　T——热力学温度，K。

求得 A 和 B 的基团贡献在表 6-11 给出。对于其正常沸点低于20℃的液体，则使用该温度下的 ρ_L 值；对于其冻结点高于20℃的液体，则应使用熔点下的 ρ_L。Orrick 和 Erbar 用 188 种有机液体数据检验了本法，误差变化较宽，平均偏差约为 15%。

例 6-19 试推算液态正丁醇 393K 时黏度。已知实验值为 0.394cP（3.94×10^{-4}Pa·s）。

解 由表 6-10 查得

$$A = -6.95 - (0.21)(4) - 3.00 = -10.79$$
$$B = 275 + (99)(4) + 1600 = 2271$$

查得 $\rho_L(20℃) = 0.810$g/cm³，$M = 74.123$。然后，应用式（6-118）

$$\ln\eta/(0.810)(74.12) = -10.79 + \frac{2271}{T}$$

表 6-10　实验的液体黏度数据关联

化学式	名　　称	英文名称	方程号	A	B	C	D	温度范围/℃	η/cP(T,℃)
Ar	氩	Argon	3	$-2.851E+01$	$1.057E+03$	$2.429E-01$	$-8.096E-04$	$-189\sim-124$	0.25(-185)
Br$_2$	溴	Bromine	2	$-3.112E+01$	$9.075E+02$			$-4\sim29$	0.99(19.5)
Cl$_2$	氯	Chlorine	3	$-1.768E+00$	$3.486E+02$	$-1.857E-03$	$7.8\,E-07$	$-101\sim144$	0.34(25)
F$_2$	氟	Fluorine	3	$-3.629E+00$	$1.972E+02$	$9.378E-04$	$-6.275E-06$	$-219\sim-185$	0.73(-215)
HBr	溴化氢	Hydrogen bromide	3	$-2.127E+01$	$1.996E+03$	$7.902E-02$	$-1.191E-04$	$-88\sim90$	0.20(25)
HCl	氯化氢	Hydrogen chloride	3	$-3.488E+00$	$4.481E+02$	$7.062E-03$	$-3.168E-05$	$-110\sim50$	0.068(25)
HF	氟化氢	Hydrogen fluoride	3	$-1.404E+01$	$1.879E+03$	$2.975E-02$	$-3.060E-05$	$-80\sim180$	0.20(25)
HI	碘化氢	Hydrogen iodide	3	$-2.158E+01$	$2.337E+03$	$7.336E-02$	$-9.717E-05$	$-50\sim150$	0.60(25)
H$_2$	氢	Hydrogen	3	$-1.118E+01$	$5.786E+01$	$3.244E-01$	$-6.385E-03$	$-258\sim-240$	0.016(-256)
H$_2$O	水	Water	3	$-2.471E+01$	$4.209E+03$	$4.527E-02$	$-3.376E-05$	$0\sim370$	0.90(25)
H$_3$N	氨	Ammonia	3	$-1.978E+01$	$2.018E+03$	$6.173E-02$	$-8.317E-05$	$-75\sim130$	0.13(25)
H$_2$N$_2$	肼	Hydrazine	3	$-1.848E+01$	$2.991E+03$	$3.709E-02$	$-3.062E-05$	$2\sim370$	0.90(25)
H$_2$O$_2$	过氧化氢	Hydrogen peroxide	3	$-3.719E+00$	$1.160E+03$	$8.06E-04$	$-2.689E-06$	$0\sim400$	1.19(25)
H$_2$O$_4$S	硫酸	Sulfuric acid	2	$-6.178E+00$	$2.736E+03$			$0\sim80$	25.4(20)
He	氦	Helium	3	$-2.083E+00$	$1.195E+03$	$-4.566E-04$	$1.08E-07$	$114\sim200$	0.0034(-270)
I$_2$	碘	Iodine	3	$-1.150E+01$	5N487E+02	$8.448E+02$	$-3092E-04$	$-160\sim160$	1.8(150)
NO	一氧化氮	Nitric oxide	3	$-1.941E+01$	$2.147E+03$	$6.353E-02$	$-8.644E-05$	$-11\sim150$	0.35(-160)
NO$_2$	二氧化氮	Nitrogen dioxide	3	$-1.090E+00$	$5.020E+01$	$-1.134E-02$	$-9.841E-06$	$-100\sim30$	0.39(25)
N$_2$O	氧化亚氮	Nitrous oxide	3	$-2.795E+01$	$8.660E+02$	$2.763E-01$	$-1.084E-03$	$-205\sim195$	0.05(25)
N$_2$	氮	Nitrogen	3	$-1.929E+01$	$1.990E+02$	$5.453E-01$	$-6.675E-03$	$-248\sim229$	0.18(-200)
Ne	氖	Neon	3	$-4.771E+00$	$2.146E+02$	$1.389E+01$	$-6.255E-05$	$-218\sim-120$	0.137(-247)
O$_2$	氧	Oxygen	3	$-6.148E+00$	$9.365E+02$	$1.414E-02$	$-2.887E-05$	$-70\sim155$	0.47(-210)
O$_2$S	二氧化硫	Sulfur dioxide	3	$2.894E+01$	$-2.277E+03$	$-9.392E-02$	$8.064E-05$	$160\sim210$	0.26(25)
O$_3$S	三氧化硫	Sulfur trioxide	3	$-1.303E+01$	$2.290E+03$	$2.339E-02$	$-2.011E-05$	$-20\sim283$	1.60(25)
CCl$_4$	四氯化碳	Carbon tetrachloride	3	$-5.402E+00$	$2.422E+02$	$1.062E-02$	$-4.522E-05$	$-200\sim140$	0.86(25)
CO	一氧化碳	Carbon monoxide	3	$-3.097E+00$	$4.886E+01$	$2.381E-01$	$-7.840E-05$	$-56\sim30$	0.21(-200)
CO$_2$	二氧化碳	Carbon dioxide	3	$-3.442E+00$	$7.138E+02$			$-13\sim40$	0.06(25)
CS$_2$	二硫化碳	Carbon disulfide	2	$-3.405E+00$	$1.195E+03$			$5\sim90$	0.36(20)
CHBr$_3$	溴仿	Bromofom	2	$-4.172E+00$	$9.153E+02$			$-63\sim263$	1.89(25)
CHCl$_3$	氯仿	Chlorofom	3	$-3.353E+00$	$9.876E+02$	$2.70E-03$	$-4.108E-06$	$15\sim40$	0.52(25)
CH$_2$Br$_2$	二溴甲烷	Methylene bromide	2	$-8.061E+00$	$1.185E+03$			$-97\sim240$	1.09(15)
CH$_2$Cl$_2$	二氯甲烷	Methylene chloride	3	$-5.156E+00$	$1.679E+03$	$1.162E-02$	$-1.839E-05$	$8\sim110$	0.41(25)
CH$_2$O$_2$	甲酸	Formic acid	2	$-5.073E+00$	$9.819E+02$			$0\sim130$	1.80(20)
CH$_3$Cl	氯(代)甲烷	Methyl chloride	2	$-3.366E+00$	$7.741E+02$			$0\sim50$	0.18(20)
CH$_3$I	碘(代)甲烷	Methyl iodide	2						0.50(20)

续表

化学式	名称	英文名称	方程号	A	B	C	D	温度范围/℃	η/cP(T,℃)
CH_3NO	甲酰胺	Formamide	1	7.737E+23	-9.445E+00			0~25	3.30(25)
CH_3NO_2	硝基甲烷	Nitromethane	2	-3.989E+00	1.042E+03			0~90	0.63(25)
CH_4	甲烷	Methane	3	-2.687E+01	1.150E+03	1.871E-01	-5.211E-04	-180~-84	0.14(-170)
CH_4O	甲醇	Methanol	3	-3.935E+01	4.826E+03	1.091E-01	-1.127E-04	-40~239	0.55(25)
CH_5N	甲胺	Methyl amine							0.24(0)
$C_2Cl_3F_3$	三氯三氟乙烷	Trichlorotrifluoroethane	2	-4.219E+00	1.126E+03			20~50	0.70(20)
C_2Cl_4	四氯乙烯	Tetrachloroethylene	2	-3.334E+00	9.464E+02			0~117	0.88(22)
$C_2H_2Cl_4$	1,1,2,2-四氯乙烷	1,1,2,2-Tetrachloroethane	2	-4.505E+00	1.490E+03			0~90	1.64(25)
C_2H_3N	乙腈	Acetonitrile	1	3.851E+06	-2.849E+00			0~25	0.35(25)
C_2H_4	乙烯	Ethylene	3	-1.774E+01	1.078E+03	8.577E-02	-1.758E-04	-169~-9	0.031(0)
$C_2H_4Br_2$	1,2-二溴乙烷	1,2-Dibromethane	2	-3.899E+00	1.299E+03			0~130	1.71(20)
$C_2H_4Cl_2$	1,1-二氯乙烷	1,1-Dichloroethane	2	-3.970E+00	9.493E+02			7~60	0.49(19)
$C_2H_4Cl_2$	1,2-二氯乙烷	1,2-Dichloroethane	2	-3.926E+00	1.090E+03			0~100	0.83(20)
$C_2H_4F_2$	1,2-二氟乙烷	1,2-Difluoroethane	2	-3.941E+00	7.352E+02			0~70	0.25(20)
C_2H_4O	乙醛	Acetaldehyde		5.140E+07	-3.390E+00			0~20	0.22(20)
C_2H_4O	环氧乙烷	Ethylene oxide	3	-3.864E+00	7.193E+02	7.443E-04	-1.805E-06	-112~195	0.25(25)
$C_2H_4O_2$	甲酸甲酯	Methyl formate	2	-3.932E+00	8.363E+02			0~40	0.35(20)
$C_2H_4O_2$	乙酸	Acetic acid	2	-4.519E+00	1.384E+03			15~120	1.30(18)
C_2H_5Br	溴乙烷	Ethyl bromide	2	-3.859E+00	8.515E+02			-100~50	0.40(20)
C_2H_5Cl	氯乙烷	Ethyl Chioride	2	-3.873E+00	7.390E+02			-20~50	0.27(20)
C_2H_5I	碘乙烷	Ethyl iodide	2	-3.467E+00	8.539E+02			0~80	0.59(20)
C_2H_5NO	乙酰胺	Acetamide	2	-5.470E+00	2.173E+03			105~120	1.32(105)
C_2H_6	乙烷	Ethane	3	-1.023E+01	6.680E+02	4.386E-02	-9.588E-05	-183~32	0.032(25)
C_2H_6O	乙醇	Ethanol	3	-6.210E+00	1.614E+03	6.18E-03	-1.132E-05	-105~243	1.04(25)
$C_2H_6O_2$	乙二醇	Ethylene glycol	2	-7.811E+00	3.143E+03			20~110	19.9(20)
C_2H_7N	乙胺	Ethylamine							0.44(-33)
C_3H_6	丙烯	Propylene	3	-1.153E+01	9.514E+02	4.078E-02	-7.120E-05	-160~91	0.081(25)
C_3H_6	环丙烷	Cyclopropane	3	-3.074E+00	2.676E+02	2.55E-04	-8.83E-08	-127~124	0.12(25)
$C_3H_6Br_2$	1,2-二溴丙烷	1,2-Dibromopropane	2	-3.921E+00	1.290E+03			0~140	1.49(25)
C_3H_6O	丙酮	Acetone	2	-4.033E+00	8.456E+02			-80~60	0.32(25)
$C_3H_6O_2$	丙酸	Propionic acid	2	-4.116E+00	1.232E+03			5~150	1.10(20)
$C_3H_6O_2$	乙酸甲酯	Methyl acetate	2	-4.200E+00	9.409E+02			0~70	0.38(20)
$C_3H_6O_2$	甲酸乙酯	Ethyl formate	2	-4.081E+00	9.231E+02			0~70	0.37(28)
C_3H_7O	氧化丙烯	Propylene oxide	3	-2.717E+00	7.00E+02	-4.384E-03	5.363E-06	-112~209	0.30(25)
C_3H_8	丙烷	Propane	3	-7.764E+00	7.219E+02	2.381E-02	-4.665E-05	-187~96	0.091(25)

续表

化学式	名　称	英文名称	方程号	A	B	C	D	温度范围/℃	η/cP(T,℃)
C_3H_8O	正丙醇	n-Propanol	3	-1.228E+01	2.666E+03	2.008E-02	-2.233E+02	-72~260	1.94(25)
C_3H_8O	异丙醇	Isopropanol	2	-8.114E+00	2.624E+03			0~90	0.98(52)
$C_3H_8O_2$	丙二醇	Propylene glycol	2	-7.577E+00	3.233E+03			40~180	19.4(40)
$C_3H_8O_3$	丙三醇	Glycerol	1	3.426E+73	-2.852E+01			0~30	954.(25)
C_3H_9N	丙胺	Propyl amine							0.35(25)
C_4H_6	1,3-丁二烯	1,3-Butadiene	3	-6.072E+00	1.000E+03	4.46E-03	-6.694E-06	-108~152	0.14(25)
C_4H_8	1-丁烯	1-Butene	3	-1.063E+01	9.816E+02	3.525E-02	-5.593E-05	-140~146	0.17(25)
C_4H_8	环丁烷	Cyclobutane	3	-4.541E+01	6.724E+02	3.27E-03	-3.928E-06	-90~190	0.19(25)
$C_4H_8O_2$	丁酸	Butyric acid	2	-4.592E+00	1.475E+03			0~160	1.54(20)
$C_4H_8O_2$	异丁酸	Isobutyric acid	2	-4.355E+00	1.355E+03			4~150	1.38(17)
$C_4H_8O_2$	丙酸甲酯	Methyl propionate	2	-4.173E+00	9.872E+02			0~80	0.41(30)
$C_4H_8O_2$	乙酸乙酯	Ethyl acetate	2	-4.171E+00	9.841E+02			0~80	0.46(20)
$C_4H_8O_2$	甲酸丙酯	Propyl fomate	2	-4.238E+00	1.043E+03			0~90	0.51(23)
$C_4H_8O_2$	甲酸异丙酯	Isopropyl formate	2						0.57(20)
C_4H_{10}	正丁烷	n-Butane	2	-3.821E+00	6.121E+02			-90~0	0.22(-5)
C_4H_{10}	2-甲基丙烷	2-Methylpropane	2	-4.093E+00	6.966E+02			-80~0	0.27(-20)
$C_4H_{10}O$	正丁醇	n-Butaol	3	-9.722E+00	2.602E+03	9.53E-03	-9.966E-06	-60~289	2.61(25)
$C_4H_{10}O$	异丁醇	Isobutanol	2	-8.163E+00	2.789E+03			0~110	3.98(19)
$C_4H_{10}O$	二乙醚	Diethyl ether	2	-4.267E+00	8.131E+02			-80~100	0.23(20)
$C_5H_4O_2$	糠醛	Furfural	1	3.628E+14	-5.815E+00			0~25	1.49(25)
C_5H_{10}	1-戊烯	1-Pentene	2	-4.023E+00	7.029E+02			-90~0	0.24(0)
C_5H_{10}	环戊烷	Cyclopentane	3	-6.021E+00	1.118E+03	7.28E-03	-8.662E-06	-90~235	0.42(25)
$C_5H_{10}O$	二乙基甲酮	Diethyl ketone	2	-4.123E+00	9.789E+02			0~100	0.47(19)
$C_5H_{10}O_2$	戊酸	Valeric acid	2	-4.921E+00	1.679E+03			16~100	2.30(20)
$C_5H_{10}O_2$	丁酸甲酯	Methyl butyrate	2	-4.334E+00	1.104E+03			0~110	0.58(20)
$C_5H_{10}O_2$	丙酸乙酯	Ethyl propionate	2	-4.289E+00	1.067E+03			0~100	0.535(20)
$C_5H_{10}O_2$	乙酸丙酯	Propyl acetate	2	-4.406E+00	1.127E+03			0~110	0.58(21)
$C_5H_{10}O_2$	甲酸丁酯	n-Butyl formate	1	4.752E+10	-4.394E+00			0~20	0.69(20)
C_5H_{12}	正戊烷	n-Pentane	2	-3.958E+00	7.222E+02			-130~40	0.225(25)
C_5H_{12}	2-甲基丁烷	2-Methylbutane	2	-4.415E+00	8.458E+02			-50~30	0.21(25)
$C_5H_{12}O$	正戊醇	n-Pentanol	2	-7.581E+00	2.651E+03			0~140	4.40(20)
C_6H_5Br	溴苯	Bromobenzene	2	-3.869E+00	1.170E+03			0~150	1.17(18)
C_6H_5Cl	氯苯	Chlorbenzene	3	-4.573E+00	1.196E+03	1.37E-03	-1.378E-06	-45~350	0.76(25)
C_6H_5F	氟苯	Fluorbenzene	2	-4.116E+00	1.041E+03			9~100	0.58(20)

续表

化学式	名称	英文名称	方程号	A	B	C	D	温度范围/℃	η/cP(T,℃)
C_6H_5I	碘苯	Iodobenzene	2	-3.933E+00	1.303E+03			4~140	1.78(17)
$C_6H_5NO_2$	硝基苯	Nitrobenzene	2	-4.344E+00	1.480E+03			0~200	2.02(20)
C_6H_6	苯	Benzene	3	4.612E+00	1.489E+02	-2.544E-02	2.222E-05	6~288	0.61(25)
C_6H_6O	苯酚	Phenol	3	-1.851E+01	4.350E+03	2.429E-02	-1.547E-05	41~420	3.25(50)
C_6H_7N	苯胺	Aniline	3	3.569E+02	-3.237E+04	-1.254E+00	1.428E-03	-6~50	3.93(25)
C_6H_{12}	环己烷	Cyclohexane	3	-4.398E+00	1.380E+03	-1.55E-03	1.157E-06	7~280	0.88(25)
C_6H_{12}	己烯	1-Hexene	2	-4.162E+00	8.230E+02			-55~70	0.25(25)
C_6H_{12}	甲基环戊烷	Methylcyclopentane	2	-4.170E+00	1.014E+03			-25~80	0.48(25)
C_6H_{14}	正己烷	n-Hexane	2	-4.034E+00	8.354E+02			-95~70	0.30(25)
C_6H_{14}	2-甲基戊烷	2-Methylpentane	2	-4.247E+00	8.845E+02			0~70	0.285(25)
C_6H_{14}	2,2-二甲基丁烷	2,2-Dimethyl butane	2	-4.454E+00	1.010E+03			0~40	0.35(25)
C_6H_{14}	2,3-二甲基丁烷	2,3-Dimethyl butane	2	-4.469E+00	1.023E+03			0~40	0.36(25)
$C_6H_{14}O$	己醇	n-Hexanol	2	-7.651E+00	2.716E+03			20~60	4.37(25)
C_7H_8	甲苯	Toluene	3	-5.878E+00	1.287E+03	4.575E-03	-4.499E-06	-40~315	0.55(25)
C_7H_8O	邻甲酚	o-Cresol	2	-9.657E+00	3.351E+03			0~120	9.56(20)
C_7H_8O	间甲酚	m-Cresol	2	-1.109E+01	4.000E+03			0~120	16.4(20)
C_7H_8O	对甲酚	p-Cresol	2	-1.129E+01	4.207E+03			0~120	18.9(20)
C_7H_{14}	甲基环己烷	Methylcyclohexane	2	-4.480E+00	1.217E+03			-25~110	0.68(25)
C_7H_{14}	乙基环戊烷	Ethylcyclopentane	2	-4.000E+00	9.989E+02			-20~110	0.53(25)
C_7H_{16}	正庚烷	n-Heptane	2	-4.325E+00	1.006E+03			-90~100	0.40(25)
C_8H_{10}	邻二甲苯	o-Xylene	3	-3.332E+00	1.039E+03	-1.768E-03	1.076E-06	-25~350	0.76(25)
C_8H_{10}	间二甲苯	m-Xylene	3	-3.820E+00	1.027E+03	-6.38E-04	4.52E-07	-47~340	0.60(25)
C_8H_{10}	对二甲苯	p-Xylene	3	-7.790E+00	1.580E+03	8.73E-03	-6.735E-06	13~340	0.61(25)
C_8H_{10}	乙苯	Ethylbenzene	3	-6.106E+00	1.353E+03	5.112E-03	-4.552E-06	-40~340	0.64(25)
C_8H_{16}	1-辛烯	1-Octene	2	4.058E+00	9.644E+02			0~125	0.45(25)
C_8H_{16}	乙基环己烷	Ethylcyclohexane	2	-4.153E+00	1.166E+03			-25~125	0.785(25)
C_8H_{18}	正辛烷	n-Octane	2	-4.333E+00	1.091E+03			-55~125	0.51(25)
$C_8H_{18}O$	正辛醇	n-Octanol	2	-8.166E+00	3.021E+03			15~100	7.21(25)
C_9H_{20}	正壬烷	n-Nonane	2	-4.447E+00	1.210E+03			-50~150	0.67(25)
$C_{10}H_8$	萘	Naphthalene	3	-1.027E+01	2.517E+03	1.098E-02	-5.867E-06	81~475	0.78(100)
$C_{10}H_{22}$	正癸烷	n-Decane	2	-4.460E+00	1.286E+03			-25~175	0.86(25)
$C_{11}H_{24}$	正十一烷	n-Undecane	2	-4.571E+00	1.394E+03			-25~200	1.09(25)
$C_{12}H_{26}$	正十二烷	n-Dodecane	2	-4.562E+00	1.454E+03			-5~220	1.37(25)

注：方程1：$\eta = AT^B$；方程2：$\ln\eta = A + B/T$；方程3：$\ln\eta = A + B/T + CT + DT^2$；单位：$\eta$，cP；$T$，$T_C$，K。1cP=1mPa·s；E+××=×10$^{××}$，E-××=×10$^{-××}$。

表 6-11 计算式（6-118）中 A、B 的结构贡献

基 团	A	B	基 团	A	B
C 原子[①]	$-(6.95+0.21n)$	$275+99n$	邻位取代	-0.12	100
R—C—R（带一个R支链）	-0.15	35	间位取代	0.05	-34
			对位取代	-0.01	-5
R—C—R（带两个R支链）	-1.20	400	氯	-0.61	220
			溴	-1.25	365
			碘	-1.75	400
双键	0.24	-90	—OH	-3.00	1600
五元环	0.10	32	—COO—	-1.00	420
六元环	-0.45	250	—O—	-0.38	140
芳香环	0	20	—C=O	-0.50	350
			—COOH	-0.90	770

① 是不包括上述基团中 C 原子的 C 原子数。

当 $T=393K$，$\eta_L=0.399cP=3.99\times10^{-4}Pa\cdot s$

$$误差=\frac{0.399-0.394}{0.394}\times100=1.3\%$$

（2） Van Velzen Cardozo 和 Langenkamp 法[27]

在详细研究物质结构对液体黏度的影响之后，Van Velzen 等人提出如下的方程

$$\lg\eta_L=B(T^{-1}-T_0^{-1}) \tag{6-119}$$

式中 η_L——液体黏度，cP。

B 和 T_0 是与结构有关的参数，为了确定这些参数，首先必须求得等价链长 N^*

$$N^*=N+\sum_i\Delta N_i \tag{6-120}$$

式中，N 为分子中的碳原子的实际数目，而 ΔN_i 是表示结构贡献，由表 6-12 中查得。如果 ΔN_i 的结构或功能基团在分子中出现 n 次，则需加上 $n_i\Delta N_i$ 进行修正。

有了 N^*，于是就可以用它来确定出现在式（6-119）中的常数 T_0 和 B，对于 T_0

$$T_0=\begin{cases}28.86+37.439N^*-1.3547(N^*)^2+0.02076(N^*)^3 & N^*<20 \quad (6\text{-}121)\\ 8.164N^*+238.59 & N^*>20 \quad (6\text{-}122)\end{cases}$$

对于 B

$$B=B_A+\sum_i\Delta B_i \tag{6-123}$$

$$B_A=\begin{cases}24.79+66.885N^*-1.3173(N^*)^2-0.00377(N^*)^3 & N^*<20 \quad (6\text{-}124)\\ 530.59+13.740N^* & N^*>20 \quad (6\text{-}125)\end{cases}$$

其中，ΔB_i 可按表 6-12 中的基团贡献值进行加和来确定。即使某一功能基团在化合物中出现多次，ΔB_i 只能用一次。

把求得的 B 和 T_0 值代入式（6-119），即可求出液体的黏度。η_L 和 T_0 的单位分别是 cP 和 K。

例 6-20 试计算二苯甲酮、氯仿、甲基二苯胺、N-N-二乙基苯胺、烯丙醇和间硝基甲苯的 N^* 值。

解 （a）二苯甲酮 $C_6H_5COCH_5$，$N=13$，其中有酮的 ΔN_i 贡献，即 $3.265-0.122N=3.265-(13)(0.122)=1.68$，此外，每个芳香环对芳香酮有 2.70 的修正，因此

表6-12 计算式(6-119)～式(6-125)所使用的结构贡献

结构或功能基团	ΔN_i	ΔB_i	举例 化合物	N^*	B	T_0	注
正烷烃	0	0	正己烷	6.00	377.86	209.21	
异烷烃	$1.389-0.238N$	15.51	2-甲基丁烷	5.20	351.95	189.83	
在不同位置上有二个甲基的饱和烃	$2.319-0.238N$	15.51	2,3-二甲基丁烷	6.89	437.37	229.29	
正烯烃	$-0.152-0.042N$	$-44.94+5.410N^*$	1-辛烯	7.51	446.89	242.41	
正二烯烃	$-0.304-0.084N$	$-44.94+5.410N^*$	1,3-丁二烯	3.36	211.21	140.15	
异烯烃	$1.237-0.280N$	$-36.01+5.410N^*$	2-甲基2丁烯	4.84	307.40	180.68	
异二烯烃	$1.085-0.322N$	$-36.01+5.410N^*$	2-甲基-1,3-丁二烯	4.48	285.89	171.26	
有一个双键且在不同位置上有二个甲基的烃类	$2.626-0.518N$	$-36.01+5.410N^*$	2,3-二甲基-1-丁烯	5.52	347.07	197.74	在不同位置增加一个 CH_3 ΔN 增加 $1.389-0.238N$
有二个双键且在不同位置上有二个甲基的烃类	$2.474-0.560N$	$-36.01+5.410N^*$	2,3-二甲基-1,3-丁二烯	5.11	323.30	187.57	在不同位置上增加一个 CH_3 ΔN 增加 $1.389-0.238N$
环戊烷	$0.205+0.069N$	$-45.96+2.224N^*$	正丁基环戊烷	9.83	527.3	285.7	$N\leq16$，对 $N=5,6$ 不使用
	$3.971-0.172N$	$-339.67+23.135N^*$	十三基环戊烷	18.87	889.40	392.45	$N>16$
环己烷	1.48	$-272.85+25.04N^*$	乙基环己烷	9.48	501.80	279.72	$N<17$，对 $N=6,7$ 不使用
	$6.517-0.311N$	$-272.85+25.041N^*$	十二基环己烷	18.92	994.10	392.87	$N>17$
烷基苯	0.60	$-140.04+13.869N^*$	邻二甲苯	9.11	563.09	273.20	$N<16$，对 $N=6,7$[a,e,f] 不使用 $N>16$[a,e,f]
	$3.055-0.161N$	$-140.04+13.869N^*$					
聚苯	$-5.340+0.815N$	$-188.40+9.558N^*$	间三联苯	27.44	1008.7	462.58	
醇							
伯醇	$10.606-0.276N$	$-589.44+70.519N^*$	1-戊醇	14.23	1113.0	347.12	b
仲醇	$11.200-0.605N$	497.58	异丙醇	12.38	1141.35	324.12	b
叔醇	$11.200-0.605N$	928.83	2-甲基丁醇-2	13.42	1699.1	337.49	b
二醇(修正)	见注	557.77	丙二醇	22.66	1399.71	432.55	对于 ΔN，使用醇的贡献再加上 $N-2.50$
苯酚(修正)	$16.17-N$	213.68					a,c,d
芳香环侧链上的 —OH (修正)	-0.16	213.68					
酸	$6.795+0.365N$	$-249.12+22.449N^*$	正丁酸	12.25	665.40	322.36	$N<11$，$N=1,2$ 不使用 $N>11$
	10.71	$-249.12+22.449N^*$					
异酸	见注	$-249.12+22.449N^*$	异丁酸	12.01	652.02	319.06	就像直链酸那样计算 ΔB，ΔN，对于不同位置上的每个甲基 ΔN 还需减去0.24

续表

结构或功能基团	ΔN_i	ΔB_i	举例				注
			化合物	N^*	B	T_0	
结构中具有芳基核的酸（修正）	4.81	$-188.40+9.558N^*$	苯乙酸	22.52	1123.29	422.41	如果羟基具有异构，看说明 e
酯	$4.337-0.230N$	$-149.13+18.695N^*$	乙基戊酸盐	9.73	580.16	284.01	加到酯基计算的 ΔN 和 ΔB 上
在结构中具有芳基的酯（修正）	$-1.174+0.376N$	$-140.04+13.869N^*$	苯酸苄酯	19.21	1133.17	395.31	同酯类一栏注
酮	$3.265-0.122N$	$-117.21+15.781N^*$	甲基正丁酮	8.53	514.53	262.53	加到酯类计算的 ΔN 和 ΔB 上
在结构中具有芳基核的酮（修正）	2.70	$-760.65+50.478N^*$	苯乙酮	12.99	645.92	322.10	加到酮基计算的 ΔN 和 ΔB 上
醚	$0.298+0.209N$	$-9.39+2.848N^*$	乙基己基醚	9.97	575.96	288.04	如果羟基具有异构现象，见说明 e
芳香醚	$11.5-N$	$-140.04+13.869N^*$	丙苯醚	11.5	656.83	311.82	c 不对正常醚的 ΔN 值修正 要修正
胺：							
伯胺	$3.581+0.325N$	$25.39+8.744N^*$	丙胺	7.56	545.01	243.44	同醚类一栏注
芳香环侧链上的伯胺（修正）	-0.16	0	苯胺	12.70	790.47	328.36	修正值加到醚的计算值上
仲胺	$1.390+0.461N$	$25.39+8.744N^*$	乙基丙胺	8.69	605.44	265.53	同醚类一栏注
叔胺	3.27	$25.39+8.744N^*$		8.69	605.44	265.53	同醚类一栏注
基核上具有 $\cdot H_2$ 的胺（修正）	$15.04-N$	0	间甲苯胺	15.04	904.08	356.13	a,c 不对正常胺的 ΔN 值修正 用伯胺中的值求 ΔB
至少有一个芳基附在胺基氮上的仲胺与叔胺	f	f	苯基苯胺	21.58	1041.18	414.74	
硝基化合物							
1-硝基	$7.812-0.236N$	$-213.14+18.330N^*$	硝基甲烷	8.57	442.82	263.28	注意：需要烯的贡献
2-硝基	5.84	$-213.14+18.330N^*$	2-硝基丙烯	10.48	567.43	296.33	
3-硝基	5.56	$-338.01+25.086N^*$					
4-硝基;5-硝基	5.36	$-338.01+25.086N^*$					
芳香硝基化合物	$7.812-0.236N$	$-213.14+18.330N^*$	硝基苯	13.00	728.79	332.23	对于芳香修正看说明 f
卤代化合物							
氟化物	1.43	5.75					
氯化物	3.21	-17.03	氯乙烷	5.21	349.94	190.08	e,f
溴化物	4.39	$-101.97+5.954N^*$	1-溴-2-甲基丙烷	8.15	435.85	255.24	e,f
碘化物	5.76	-85.32	碘苯	12.36	589.18	323.85	e,f
特殊结构（修正）：							
$C(Cl)_x$							
—CCl—CCl	$1.91-1.459x$	-26.38					
	0.96	0					

续表

结构或功能基团	ΔN_i	ΔB_i	举例				注
			化合物	N^*	B	T_0	
—C(Br)x	0.50	$81.34-86.850x$					
—CBr—CBr—	1.60	-57.73					
CF$_3$, 在醇中		-3.93	341.68				
CF$_3$ 在其它化合物	-3.93	25.55					
醛	3.38	$146.45-25.11N^*$	丙醛	6.38	383.16	217.97	
结构中具有芳基核的醛(修正)	2.70	$-760.65+50.478N^*$	苯醛	13.08	391.19	333.25	
酐	$7.97-0.50N$	-33.50	丙酐	10.79	554.87	301.19	
结构中具有一个芳基核的酐(修正)	2.70	$-760.65+50.478N^*$					
酰胺	$13.12+1.49N$	$524.63-20.72N^*$	乙酰胺	18.10	931.07	385.79	
结构中具有一个芳基核的酰胺(修正)	2.70	$-760.65+50.478N^*$					

注：1. 对于一个位置以上的芳基核上的取代，需要附加下列修正：

邻位　$\Delta N=0.51$　$\Delta B=\begin{cases}-571.94 & \text{有 —OH} \\ 54.84 & \text{无 —OH}\end{cases}$

同位　$\Delta N=0.11$　$\Delta B=27.25$

对位　$\Delta N=-0.04$　$\Delta B=-17.57$

2. 对于醇，如果在不同的位置上有一个甲基，ΔN增加0.24，或者，如果化合物是芳香醚，使用表中 ΔN 的贡献，但是略去环上其它取代，例如卤素、CH$_3$、NO$_2$ 等。然而在计算 ΔB 时，必须考虑这种取代。

3. 如果化合物有一个芳香的—OH或—NH$_2$，ΔB增加94.23。

4. 对于芳香醇和侧链上有一个—OH的化合物，必须包括醇（伯醇等）的贡献，例如，

邻氢苯酚

$\Delta B=\Delta B(\text{伯醇})+\Delta B(\text{氯})+\Delta B(\text{苯酚})+\Delta B(\text{邻位修正})$ [a]

由于 $N^*=16.17$

$\Delta B=(-589.44+70.519\times16.17)+(-17.03)+(213.68)+(-571.94)=175.56$

$B_a=745.94$　$B=B_a+\Delta B=921.50$

2-苯乙醇

$N=8$　$\Delta N=\Delta N(\text{伯醇})+\Delta N(\text{修正})=[10.606-(0.276)(8)]+(-0.16)=8.24$

$N^*=N+\Delta N=8+8.24=16.24$

$\Delta B=\Delta B(\text{伯醇})+\Delta B(\text{修正})=[-589.44+(70.519)(16.24)]+213.68=769.47$

$B_a=747.43$　$B=B_a+\Delta B=1516.9$

5. 对于醛、烷基苯、卤烃和酮，如果在烃链的不同位置上有一个甲基，那么对于每一个这种基团，ΔN 减少0.24，ΔB 增加8.93。对于醚和胺，对每一个这种基团，ΔN 增加0.60，如果 $N\geq16$，ΔN 增加 $3.055-0.161N$，

6. 对于烷基苯、萘基苯、卤代苯、硝基苯、卤代苯、氨代苯和至少有一个芳基连接在氨基上的氢的伸胺与叔胺，对每个芳基核需加下列修正。如果 $N<16$，ΔN 增加0.60，如果 $N\geq16$，ΔN 增加 $3.055-0.161N$，两种情况均对增加的 N，ΔB 增加 $(-140.04+13.869N^*)$。

$$N^* = 13 + 1.68 + (2)(2.70) = 20.08$$

（b）氯仿 $CHCl_3$，$N=1$，三个氯原子各有 3.21 的贡献，此外，$C(Cl)_x$ 结构还有 $1.91 - 1.459x$ 的修正项，对氯仿而言，$x=3$，则

$$N^* = 1 + (3)(3.21) + 1.91 - (3)(1.459) = 8.16$$

（c）甲基二苯胺 $(C_6H_5)_2N(CH_3)$，$N=13$，这是一个叔胺，因此 $\Delta N_i = 3.27$，此外，每个芳香基团需作 0.6 的修正，因此，

$$N^* = 13 + 3.27 + (2)(0.6) = 17.47$$

（d）N,N-二乙基苯胺 $(C_6H_5)N(C_2H_5)_2$，$N=10$，叔胺的贡献是 3.27，只有一个芳香基团，故修正 0.6，因此

$$N^* = 10 + 3.27 + 0.6 = 13.87$$

（e）烯丙醇 $CH_2{=}CHCH_2OH$，$N=3$，作为一种伯醇

$$\Delta N_i = 10.606 - 0.276N = 10.606 - (3)(0.276) = 9.778$$

此外，作为一种烯

$$\begin{aligned}
\Delta N_i &= -0.152 - 0.042N \\
&= -0.152 - (3)(0.042) \\
&= -0.278
\end{aligned}$$

因此

$$N^* = 3 + 9.778 - 0.278 = 12.50$$

（f）间硝基甲苯 $C_6H_4NO_2(CH_3)$，$N=7$，对于硝基芳香烃化合物

$$\Delta N_i = 7.812 - 0.236N = 7.812 - (7)(0.236) = 6.16$$

烷基苯没有贡献，对于间位修正，$\Delta N_i = 0.11$，因此

$$N^* = 7 + 6.16 + 0.11 = 13.27$$

例 6-21 试计算二苯甲酮的 B 和 T_0 值，并推算 25℃，55℃，95℃ 和 120℃ 时二苯甲酮的黏度，已知实验值为 13.61，4.67，1.74 和 $1.38\mu P$（1.361×10^{-2}，4.670×10^{-3}，1.740×10^{-3} 和 $1.380 \times 10^{-3} Pa \cdot s$）。

解 由例 6-20，

$$N^* = 20.08 > 20$$
$$T_0 = (8.164)(20.08) + 238.59 = 402.52$$
$$B_A = 530.59 + (13.740)(20.08) = 806.49$$

ΔB_i 修正是

$$\Delta B(\text{酮}) = -117.21 + (15.781)(20.08) = 199.67$$
$$\Delta B(\text{芳香酮}) = -760.65 + (50.478)(20.08) = 252.95$$

故

$$B = 806.49 + 199.67 + 252.95 = 1259.11$$

由式（6-119）

$$\lg\eta_L = 1259.11\left(\frac{1}{T} - \frac{1}{402.52}\right)$$

计算结果如下。

$T/℃$	η_L/cP		误差/%	$T/℃$	η_L/cP		误差/%
	计算值	实验值			计算值	实验值	
25	12.44	13.61	-8.7	95	1.96	1.74	12
55	5.11	4.67	9.4	120	1.19	1.38	-14

（3）Przezdziecki 和 Sridhar 法[28]

在本方法中作者建议，使用 Hildebrand 修正的 Batschinski 方程

$$\eta_L = \frac{V_0}{E(V-V_0)} \tag{6-126}$$

式中　η_L——液体黏度，cP；

　　　V——液体摩尔体积，cm^3/mol。

$$E = -1.12 + \frac{V_c}{12.94 + 0.10M - 0.23p_c + 0.0424T_f - 11.58(T_f/T_c)} \tag{6-127}$$

$$V_0 = 0.0085\omega T_c - 2.02 + \frac{V_m}{0.342(T_f/T_c) + 0.894} \tag{6-128}$$

式中　T_c——临界温度，K；

　　　p_c——临界压力，bar；

　　　V_c——临界体积，cm^3/mol；

　　　M——摩尔质量，g/mol；

　　　T_f——冻结点，K；

　　　ω——偏心因子；

　　　V_m——在 T_f 下液体摩尔体积，cm^3/mol。

在使用式（6-126）时，除了必须有 T_c，p_c，V_c，T_f 及 ω 值外，还需要液体体积数据，该数据可按下列公式计算

$$V(T) = \frac{f(T)}{f(T^R)}V^R \tag{6-129}$$

其中

$$f(T) = H_1(1 - \omega H_2) \tag{6-130}$$

$$H_1 = 0.33593 - 0.33953T_r + 1.51941T_r^2 - 2.02512T_r^3 + 1.11422T_r^4 \tag{6-131}$$

$$H_2 = 0.29607 - 0.09045T_r - 0.04842T_r^2 \tag{6-132}$$

例 6-22　试应用 Przezdziecki-Sridhar 关联式推算甲苯在 383K 时的黏度。已知实验值为 0.249cP（$2.49 \times 10^{-4} Pa \cdot s$）。

解　先查得甲苯的有关的物性数据：$T_c = 591.8K$，$p_c = 41.0bar$，$V_c = 316cm^3/mol$，$T_f = 178K$，$M = 92.14g/mol$，$\omega = 0.263$，$\rho_L = 0.867g/cm^3$（293K）。

因此，在 $T^R = 293K$ 时，$V^R = 92.14/0.867 = 106.30cm^3/mol$，应用式（6-129）～式(6-132)

$$T = T^R, T_r^R = \frac{293}{591.8} = 0.495$$

$$\begin{aligned} H_1(T_r^R) = &0.33593 - (0.33953)(0.495) + (1.51941)(0.495)^2 - (2.02512)(0.493)^3 \\ &+ (1.11422)(0.495)^4 = 0.361 \end{aligned}$$

$$H_2(T_r^R) = 0.29607 - (0.09045)(0.495) - (0.04842)(0.495)^2 = 0.239$$

$$f(T^R) = 0.361[1 - (0.263)(0.239)] = 0.338$$

同理

	T/K	T_r	H_1	H_2	$f(T)$
T_f	178	0.301	0.325	0.265	0.302
T	383	0.647	0.399	0.206	0.377

于是

$$V_m = \frac{0.302}{0.338}(106.3)cm^3/mol = 95.0cm^3/mol$$

$$V = \frac{0.377}{0.338}(106.3)cm^3/mol = 118.6cm^3/mol$$

应用式（6-127）和式（6-128）

$$E=-1.12+316/[12.94+(0.1)(92.14)-(0.23)(41.0)+(0.0424)(178)-(11.58)$$
$$(178/591.8)]=17.70$$

$$V_0=\left\{(0.0085)(0.263)(591.8)-2.02+\frac{95.0}{[(0.342)(178/591.8)+0.894]}\right\}cm^3/mol=94.6cm^3/mol$$

于是，应用式（6-126）

$$\eta_L=\frac{94.6}{17.70(118.6-94.6)}=0.223cP=2.23\times10^{-4}Pa\cdot s$$

$$误差=\frac{0.223-0.249}{0.249}\times100=-10\%$$

6.1.8.2 高温下液体黏度的推算

对于饱和液体，Letsou 和 Stiel[29] 提出下列公式

$$\eta_{SL}\xi=(\eta_L\xi)^{(0)}+\omega(\eta_L\xi)^{(1)} \tag{6-133}$$

其中，参数 $(\eta_L\xi)^{(0)}$ 和 $(\eta_L\xi)^{(1)}$ 只是对比温度的函数，在不同 T_r 下， $(\eta_L\xi)^{(0)}$ 和 $(\eta_L\xi)^{(1)}$ 的数值，参看表 6-13 与 T_r 的回归式如下。

$$(\eta_L\xi)^{(0)}=10^{-3}(2.648-3.725T_r+1.309T_r^2) \tag{6-134}$$
$$(\eta_L\xi)^{(1)}=10^{-3}(7.425-13.39T_r+5.933T_r^2) \tag{6-135}$$

式中，ω 为偏心因子；η_L 为液体黏度，cP。其中 ξ 是按式（6-35）来确定。

表 6-13 Letsou-Stiel 法的 $(\eta_L\xi)^{(0)}$ 和 $(\eta_L\xi)^{(1)}$ 值

T_r	$(\eta_L\xi)^{(0)}$	$(\eta_L\xi)^{(1)}$	T_r	$(\eta_L\xi)^{(0)}$	$(\eta_L\xi)^{(1)}$
0.76	32.8	38.8	0.88	22.0	13.5
0.78	30.9	33.8	0.90	20.9	8.9
0.80	29.0	29.3	0.92	19.1	7.5
0.82	27.1	25.0	0.94	17.5	4.2
0.84	25.4	20.5	0.96	15.9	1.4
0.86	23.6	17.1	0.98	14.4	0.0

例 6-23 应用 Letsou-Stiel 公式推算正丙醇在 433.2K 时饱和液体的黏度。已知实验值为 0.188cP（$1.88\times10^{-4}Pa\cdot s$）。

解 先查得所需的物性数据：$T_c=536.8K$，$p_c=51.7bar$，$\omega=0.623$ 以及 $M=60.10$。因此，由式（6-35）

$$\xi=0.176\frac{T_c^{1/6}}{M^{1/2}p_c^{2/3}}=(0.176)\frac{(536.8)^{1/6}}{(60.10)^{1/2}(51.7)^{2/3}}=4.664\times10^{-3}$$

当 $T=433.2K$，$T_r=433.2/536.8=0.807$，应用式（6-134）和式（6-135）。

$$(\eta_L\xi)^{(0)}=10^{-3}[2.648-(3.725)(0.807)+(1.309)(0.807)^2]=4.944\times10^{-4}$$
$$(\eta_L\xi)^{(1)}=10^{-3}[7.425-(13.39)(0.807)+(5.933)(0.807)^2]=4.831\times10^{-4}$$
$$\eta_L\xi=[4.944+(0.623)(4.831)](10^{-4})=7.954\times10^{-4}$$
$$\eta_L=\frac{7.954\times10^{-4}}{4.664\times10^{-3}}=0.171cP=1.71\times10^{-4}Pa\cdot s$$

$$误差=\frac{0.171-0.188}{0.188}\times100=-9.0\%$$

推荐意见

首先应注意温度范围。在 $T_r>0.75$ 时，推算法较多，但其中有许多是基团法，这里以 Van Velzen-Cardozo-Langenkamp 法适用范围最广、可靠性也比较好。另一类是对比态方法，这里以 Przezdziecki-Sridhar 法为代表。Reid 等认为一般情况下，推荐使用 VanVelzen-

Cardozo-Langenkamp 法，其误差一般为 $10\%\sim15\%$。当 $T_r>0.75$ 时，主要是采用 Letsou-Stiel 法。

6.1.8.3 由 Andrade 关联式计算二甲醚的液体黏度

Andrade 提出的理论式

$$\eta V^{1/3} = Ae^{-B/VT}$$

式中 A 和 B 为常数，V 为摩尔体积。

把上式改写成下列形式：

$$\ln(\eta V^{1/3}) = A_o + B_o/VT$$

其中 A_o、B_o 为待定常数。

计算二甲醚液体黏度，A_o、B_o 的取值如下。

温度/℃	A_o	B_o
$-10\sim30$	-1.64268	0.243724×10^5
$40\sim80$	-2.28054	0.388195×10^5

二甲醚液体黏度的计算结果与实验数据符合良好，平均绝对偏差为 0.29%，数据如下：

温度/℃	$\eta_{实}$	$\eta_{计}$	Dev/%
-10	0.199	0.1988	-0.10
0	0.182	0.1823	-0.16
10	0.168	0.1679	-0.06
20	0.155	0.1552	0.12
30	0.144	0.1439	-0.07
40	0.131	0.1326	1.22
50	0.119	0.119	0.0
60	0.107	0.107	0.0
70	0.0961	0.0963	0.21
80	0.0857	0.0865	0.93

6.1.9 液体混合物黏度的估算

液体混合物的黏度与组成之间一般不存在线性关系，有时会出现极大值，极小值或者既有极大值又有极小值或 S 形曲线关系，目前还难以理论预测。除实验测定外，工程上大多采用一些经验的或半经验的黏度模型进行关联与计算。

6.1.9.1 Lobe 方法

V. M. Lobe 等人检验了许多液体黏度关联式之后，发现用下列公式可以得到最佳计算结果。

$$\nu_m = \sum_i \varphi_i \nu_i \exp\left(\sum_j \frac{\alpha_j \varphi_j}{RT}\right) \quad j\neq i \tag{6-136}$$

式中 ν_m——运动黏度 η/ρ，cSt；

 φ_j——组分 j 的体积分数；

 α_j——混合物中组分 j 的特性黏度参数，J/mol；

 R——通用气体常数，8.314J/(mol·K)；

 T——绝对温度，K。

对于双元混合物，上式简化为

$$\nu_m = \varphi_A \nu_A \exp(\varphi_B \alpha_B^*) + \varphi_B \nu_B \exp(\varphi_A \alpha_A^*) \tag{6-137}$$

式中，$\alpha_A^* = \alpha_A^* / (RT)$；$\alpha_B^* = \alpha_B / (RT)$。

如果把纯液体黏度值较小的组分作为 A，且混合物的运动黏度随组成单调地变化的

话，则

$$\alpha_A^* = -1.7\ln\frac{\nu_B}{\nu_A} \tag{6-138}$$

$$\alpha_B^* = 0.27\ln\frac{\nu_B}{\nu_A} + \left(1.3\ln\frac{\nu_B}{\nu_A}\right)^{\frac{1}{2}} \tag{6-139}$$

例 6-24　试推算含苯（甲）酸乙酯 0.394（分子分数）和苯酸苄酯 0.606（分子分数）的液体混合物在 25 ℃时的黏度。已知实验值为 4.95cP（4.95×10^{-3}Pa・s）。

解　令苯（甲）酸乙酯为组分 1，苯酸苄酯为组分 2。组分 1 和组分 2 的物性数据为

$$\eta_1 = 2.01\text{cP}, \eta_2 = 8.48\text{cP}$$
$$\rho_1 = 1.043\text{g/cm}^3, \rho_2 = 1.112\text{g/cm}^3$$

应用式（6-137）～式（6-139）

$$\nu_A = \nu_1 = \frac{2.01}{1.043} = 1.927\text{cSt}$$

$$\nu_B = \nu_2 = \frac{8.48}{1.112} = 7.626\text{cSt}$$

$$\alpha_A^* = \alpha_1^* = -1.7\ln\frac{7.626}{1.927} = -2.338$$

$$\alpha_B^* = \alpha_2^* = 0.27\ln\frac{7.626}{1.927} + \left(1.3\ln\frac{7.626}{1.927}\right)^{\frac{1}{2}} = 1.709$$

纯组分的摩尔体积分别为

$$\nu_1 = 144\text{cm}^3/\text{mol} \qquad \nu_2 = 178\text{cm}^3/\text{mol}$$

所以

$$\varphi_B = \varphi_2 = \frac{(0.606)(178)}{(0.606)(178)+(0.394)(144)} = 0.655$$

$$\varphi_A = \varphi_1 = 1 - \phi_2 = 0.345$$

$$\nu_m = (0.345)(1.927)\exp(0.655\times1.709)+(0.655)(7.626)\exp(0.345\times-2.338)\text{cSt}$$
$$= 4.27\text{cSt}$$

溶液的密度为 1.091g/cm³，故

$$\eta_m = (1.091)(4.27) = 4.66 \quad \text{cP} = 4.66\times10^{-3}\text{Pa・s}$$

$$误差 = \frac{4.66-4.95}{4.95}\times100 = -5.8\%$$

6.1.9.2　Teja-Rice 方法[30, 31]

基于混合物压缩因子的对比态处理法，A. S. Teja 等人提出一个与此类似的液体混合物黏度公式。

$$\ln(\eta_m\varepsilon_m) = \ln(\eta\varepsilon)^{(r_1)} + [\ln(\eta\varepsilon)^{(r_2)} - \ln(\eta\varepsilon)^{(r_1)}]\frac{\omega_m-\omega^{(r_1)}}{\omega^{(r_2)}-\omega^{(r_1)}} \tag{6-140}$$

其中，上标（r_1）和（r_2）指的是两个参比流体，η 是黏度，ω 为偏心因子，而 ε 是一个特性参数，定义为

$$\varepsilon = \frac{\nu_c^{2/3}}{(T_cM)^{1/2}} \tag{6-141}$$

组成变量在四处引入：ω_m，V_{cm}，T_{cm} 和 M_m 的定义式。这些混合参数的混合规则为

$$V_{cm} = \sum_i\sum_j x_ix_jV_{cij} \tag{6-142}$$

$$T_{cm} = \frac{\sum_i\sum_j x_ix_jV_{cij}T_{cij}}{V_{cm}} \tag{6-143}$$

$$M_{\mathrm{m}} = \sum_i x_i M_i \tag{6-144}$$

$$\omega_{\mathrm{m}} = \sum_i x_i \omega_i \tag{6-145}$$

$$V_{\mathrm{c}ij} = \left(\frac{V_{\mathrm{c}i}^{1/3} + V_{\mathrm{c}j}^{1/3}}{2} \right)^3 \tag{6-146}$$

$$T_{\mathrm{c}ij} V_{\mathrm{c}ij} = \psi_{ij} (T_{\mathrm{c}i} T_{\mathrm{c}j} V_{\mathrm{c}i} V_{\mathrm{c}j})^{\frac{1}{2}} \tag{6-147}$$

其中，ψ_{ij} 为相互作用参数，必须由实验数据回归确定。

应注意，对一给定混合物在指定的温度下使用式（6-140）时，两个参比流体的黏度值不是对 T 求取的，而是按 $T[(T_{\mathrm{c}})^{(r_1)}/T_{\mathrm{cm}}]$ 对 (r_1) 和 $T[(T_{\mathrm{c}})^{(r_2)}/T_{\mathrm{cm}}]$ 对 (r_2) 来确定。T_{cm} 由式（6-143）给出。

例 6-25 试推算水和 1,4-二噁烷液体混合物在 333.2K 时的黏度，水的分子分数为 0.83。对此非理想溶液 Teja 和 Rice 提出相互作用参数 $\psi_{12}=1.37$。

解 设水为组分 1，1,4-二噁烷为组分 2。查得水和 1,4-二噁烷的物性数据：$T_{\mathrm{c}1}=647.1\mathrm{K}$，$V_{\mathrm{c}1}=56\mathrm{cm}^3/\mathrm{mol}$，$M_1=18.02$，而 $T_{\mathrm{c}2}=587\mathrm{K}$，$V_{\mathrm{c}2}=238\mathrm{cm}^3/\mathrm{mol}$，$M_2=88.11$，应用式（6-141），$\varepsilon_1=(56)^{\frac{2}{3}}/[(647.1)(18.02)]^{\frac{1}{2}}=0.136$，$\varepsilon_2=0.169$。由式（6-142），

$$V_{\mathrm{cm}} = (0.830)^2(56) + (0.170)^2(238) + (2)(0.830)(0.170)\frac{[(56)^{\frac{1}{3}} + (238)^{\frac{1}{3}}]^3}{8}\mathrm{cm}^3/\mathrm{mol}$$

$$= 80.98\mathrm{cm}^3/\mathrm{mol}$$

并应用式（6-143）和式（6-147）

$$T_{\mathrm{cm}} = \{(0.830)^2(647.1)(56) + (0.170)^2(587)(238)$$

$$+ (2)(0.830)(0.170)(1.37)[(647.1)(56)(587)(238)]^{\frac{1}{2}}\}/80.98\mathrm{K}$$

$$= 697.8\mathrm{K}$$

$$M_{\mathrm{m}} = (0.830)(18.02) + (0.170)(88.11) = 29.94$$

因此，应用式（6-141）

$$\varepsilon_{\mathrm{m}} = \frac{(80.98)^{2/3}}{[(697.8)(29.94)]^{1/2}} = 0.130$$

其次，需要知道的，是水在 (333.2)(647.1)/697.8＝309.0K（35.8℃）下的黏度，该黏度值为 0.712cP。同理，对 1,4-二噁烷，参比温度为 (333.2)(587)/697.8＝280.3K（7.1℃），而在该温度下 $\eta=1.63\mathrm{cP}$。最后，应用式（6-140），

$$\ln[(\eta_{\mathrm{m}})(0.130)] = (0.830)\ln[(0.712)(0.136)] + (0.170)\ln[(1.63)(0.169)] = -2.157$$

故

$$\eta_{\mathrm{m}} = 0.900\mathrm{cP} = 9.00 \times 10^{-4}\mathrm{Pa \cdot s}$$

实验值为 0.89cP（$8.90 \times 10^{-4}\mathrm{Pa \cdot s}$）

6.1.9.3 Grunberg-Nissan 方法[32]

在本方法中，低温下液体混合物的黏度公式为

$$\ln\eta_{\mathrm{m}} = \sum_i x_i \ln\eta_i + \sum_{\substack{i \\ (i \neq j)}} \sum_j x_i x_j G_{ij} \tag{6-148}$$

式中，G_{ij} 为双元相互作用参数（$G_{ii}=0$），对由组分 1 和 2 组成的双元体系

$$\ln\eta_{\mathrm{m}} = x_1 \ln\eta_1 + x_2 \ln\eta_2 + x_1 x_2 G_{12} \tag{6-149}$$

G_{ij} 可由实验数据拟合。298K 时的 G_{ij} 可按以下程序用基团加和法进行确定。

（1）首先按下列规则选定 i（j 作为第二组分）

a. 如果体系含醇，则 i 选醇；b. 如果体系含酸，则 i 选酸；c. i 是碳原子最多的组分；d. i 是氢原子最多的组分；e. i 是—CH₃ 最多的组分；f. 如果上述规则不存在，则 $G_{ij}=0$。

（2）由表 6-14 的基团贡献值按下式计算 G_{ij}

$$G_{ij}=\sum\Delta_i-\sum\Delta_j+w \tag{6-150}$$

（3）当组分 i 和 j 中所含碳原子数是 N_i 和 N_j 时，按下式计算 w（如果 i 或 j 中除碳和氢外，还含其它原子，则 $w=0$）

$$w=\frac{(0.3161)(N_i-N_j)^2}{N_i+N_j}-(0.1188)(N_i-N_j) \tag{6-151}$$

表 6-14　298K 时 Grunberg-Nissan 法基团贡献值 Δ

基　　团		Δ	基　　团		Δ
—CH₃		−0.100	—OH	甲醇	0.887
⟩CH₂		0.096		乙醇	−0.023
⟩CH—		0.204		高脂醇	−0.443
⟩C⟨		0.433	⟩C=O	酮	1.046
苯环		0.766	—Cl		$0.653-0.161N_{Cl}$
取代位：邻		0.174	—Br		−0.116
间		—	—COOH	酸与非缔合液	$-0.411+0.06074N_C$
对		0.154		酸与酮	1.130
环己烷环		0.416		甲酸与酮	0.167

注：N_{Cl}——分子中氯原子数；N_C——双元系中碳原子总数。

例 6-26　试推算 298K 时正己烷-正十六烷液体混合物的黏度。已知 298K 时正己烷和正十六烷的黏度分别为 0.298 和 3.078cP。

解　选正十六烷为组分 1，再由表 6-14 数据确定 $\sum\Delta$

$$\sum\Delta_1=(2)(-0.100)+(14)(0.096)=1.144$$
$$\sum\Delta_2=(2)(-0.100)+(4)(0.096)=0.184$$

已知正十六烷中含碳原子数为 16，而正己烷含 6，应用式（6-151），

$$w=[0.3161(16-6)^2/(16+6)]-0.1188(16-6)=0.249$$

应用式（6-150），

$$G_{12}=1.144-0.184+0.249=1.209$$

然后，应用式（6-149）

$$\ln\eta_m=x_1\ln(0.298)+x_2\ln(3.078)+x_1x_2(1.209)$$

计算结果如下：

x_1	0	0.2	0.4	0.6	0.8	1.0
$(\eta_m)_{计}$		0.577	1.01	1.62	2.34	
$(\eta_m)_{实}$	0.298	0.584	0.991	1.51	2.24	3.078

一般来说，G_{ij} 是温度的函数，但对烷-烷溶液，或缔合-非缔合化合物体系，G_{ij} 是温度的弱函数，可按下列公式计算

$$G_{ij}=1-[1-G_{ij}(298)](573-T)/275 \tag{6-152}$$

式中，T 单位是 K。

例 6-27　试推算 323K 时乙酸-丙酮体系的黏度，其中乙酸的摩尔分数为 0.7。已知50℃下乙酸和丙酮的黏度分别为 0.798 和 0.241cP。

解　先计算 298K 时的 G_{ij}。选乙酸为组分 1，由于混合物中除了碳和氢外，还含有氧原子，故 $w=0$，由表 6-14，

$$\sum\Delta_1=(—CH_3)+(—COOH)=-0.100+1.130=1.030$$

$$\sum \Delta_2 = 2(-CH_3) + (\rangle C = O) = 2(-0.100) + (1.046) = 0.846$$

应用式（6-150），

$$G_{12}(298) = 1.030 - 0.846 = 0.184$$

再应用式（6-152），

$$G_{12} = 1 - (1 - 0.184)(573 - 323)/275 = 0.258$$

由式（6-149）计算 $x_1 = 0.7$ 时溶液的黏度

$$\ln \eta_m = 0.7 \ln(0.796) + 0.3 \ln(0.241) + (0.7)(0.3)(0.258) = -0.531$$

$$\eta_m = 0.588 cP$$

该推算值基本上等于实验结果（0.587cP）。

此法适用于低压溶液黏度的计算。对于非极性，弱极性体系，计算误差不大，而对极性体系，误差为 $5\% \sim 10\%$，且不能用于水溶液。

推荐意见

对于低温下液体混合物的黏度计算，Grunberg-Nissan 法和 Teja-Rice 法均可应用，两者均需要一些实验数据来确定其中相互作用参数值。然而，在许多情况下，Grunberg-Nissan 法的相互作用参数 G_{ij} 可应用基团贡献法来确定。上述方法的计算误差一般从百分之几（非极性或弱极性体系）到 $5\% \sim 10\%$（极性混合物）。Grunberg-Nissan 法对水溶液不适用。

6.1.10 不互溶液体混合物黏度的计算

（1）分散相的体积分数 $\phi_d < 0.03$ 的混合物

对于这种混合物，其黏度计算可使用下列公式

$$\frac{\eta_m}{\eta_c} = 1 + 2.5 \phi_d \frac{\eta_d + 0.4 \eta_c}{\eta_d + \eta_c} \tag{6-153}$$

式中，下标 c，d 和 m 分别表示连续相，分散相和混合物。

（2）分散相的体积分数 $\phi_d > 0.03$ 的不互溶混合物

对这种不互溶程度比较大的体系，可使用下列公式

$$\ln \eta_m = x_1 \ln \eta_1 + x_2 \ln \eta_2 \tag{6-154}$$

式中，x_1 和 x_2 为摩尔分数。

（3）乳化液

当溶液成为乳化状态时，此时可使用下列公式计算

$$\eta_m = \frac{\eta_c}{\phi_c} \left(1 + \frac{1.5 \eta_d \phi_d}{\eta_c + \eta_d} \right) \tag{6-155}$$

式中，η_c 和 ϕ_c 为连续相的黏度和体积分数。

6.1.11 电解质溶液黏度和熔盐黏度的计算

本节主要讨论稀释（$<1mol/L$）电解质水溶液黏度的计算。

6.1.11.1 Jones-Dole 关联式

对于稀释电解质溶液，G. Jones 和 S. Dole 提出如下方程

$$\eta_P / \eta_0 = 1 + A \sqrt{c} + B(\sqrt{c})^2 \tag{6-156}$$

式中　η_P——溶液的黏度，cP；

η_0——溶剂（水）的黏度，cP；

c——溶液的浓度，mol/L。

式中，A 和 B 是待定系数，其中 A 反映离子与离子之间的相互作用，而 B 是反映离子与溶剂分子之间的相互作用。

为了提高上述方程的关联精度，把上述方程改写成如下形成

$$\eta_p/\eta_0 = 1 + A\sqrt{c} + B(\sqrt{c})^2 + D(\sqrt{c})^4 \tag{6-157}$$

若干种常见电解质在 298K 时的方程常数 A、B、D 列于表 6-15 中。

表 6-15　几种电解质之 A、B、D 数值

化合物	$A/(\text{mol/L})^{-1/2}$	$B/(\text{mol}\cdot\text{L})^{-1}$	$D/(\text{mol/L})^{-2}$	化合物	$A/(\text{mol/L})^{-1/2}$	$B/(\text{mol}\cdot\text{L})^{-1}$	$D/(\text{mol/L})^{-2}$
NaCl	0.0062	0.0793	0.0080	MgCl$_2$	0.0165	0.3712	0
KCl	0.0052	−0.0140	0.001	MgSO$_4$	0.0235	0.5939	0.02
KI	0.0047	−0.0755	0	CeCl$_3$	0.0310	0.0555	0.11
K$_2$SO$_4$	0.0135	0.1937	0.032				

另外，编者通过对电解质溶液性质的研究，提出了如下关联式

$$\eta_p/\eta_0 = 1 + A\sqrt{m} + B(\sqrt{m})^2 + D(\sqrt{m})^4 \tag{6-158}$$

式中　η_p——水溶液黏度，cP；

η_0——溶剂（水）的黏度，cP；

m——质量摩尔浓度，mol/kg（溶剂）。

表 6-16 中给出了一些电解质水溶液黏度方程常数值。

表 6-16　电解质溶液黏度关联结果

物　质	$t/℃$	A	B	D
HNO$_3$	20	−0.6658	1.1030	−0.1103
HNO$_3$	30	−0.5843	1.0674	−0.1084
HNO$_3$	40	−0.5633	1.0817	−0.1120
H$_2$SO$_4$	20	−0.4502	2.2348	0.7094
H$_2$SO$_4$	30	−0.4111	2.7660	0.1437
H$_2$SO$_4$	40	−0.1718	1.9581	0.6374
Na$_2$SO$_4$	20	1.9802	−6.8423	39.1784
HCl	20	0.1058	0.2470	0.2116
NaCl	10	0.0207	0.4854	1.5888
NaCl	20	−0.0248	0.7485	1.3112
NaCl	30	0.1595	0.3156	1.6552
CH$_3$COOH	20	0.1113	0.9744	−0.1918
CH$_3$COOH	30	0.1740	0.8400	−0.1633
CH$_3$COOH	40	0.1637	0.7689	−0.1464
NaOH	20	0.8710	−1.2044	9.0334
NaOH	30	1.4762	−2.5596	9.1725
NaOH	40	1.2957	−1.9123	7.6804

6.1.11.2　熔盐混合物的黏度[33]

混合熔盐黏度的变化规律一般和非电解质溶液相类似，可用流度（即黏度倒数）的二次型方程进行关联。

$$\eta_m^{-1} = \sum_i \sum_j x_i x_j \eta_{ij}^{-1} \tag{6-159}$$

对于双元体系

$$\eta_m^{-1} = x_1^2 \eta_1^{-1} + x_2^2 \eta_2^{-1} + 2x_1 x_2 \eta_{12}^{-1} \tag{6-160}$$

式（6-159）中的 η_{ij} 按下式计算

$$\ln(\eta_{ij}/\eta_{ij}^*) = -2.11 + (2.17 T_{ij}^*/T) - 0.06(T/T_{ij}^*)^8 \tag{6-161}$$

$$(\eta_{ij}^*)^{-1} = \frac{1}{2}[(\eta_i^*)^{-1} + (\eta_j^*)^{-1}] \tag{6-162}$$

$$T_{ij}^* = (T_i^* T_j^*)^{1/2} \left[1 - 0.37 \left(\frac{|V_i^* - V_j^*|}{V_i^* - V_j^*} \right) \right] \tag{6-163}$$

式中，T^*、V^*、η^* 是纯组分的特性参数，参看表 6-17。

表 6-17　熔盐的特性参数 T^* V^* η^* 值

盐类	T^*/K	V^*/(cm³/mol)	η^*/mPa·s	盐类	T^*/K	V^*/(cm³/mol)	η^*/mPa·s
LiCl	1239	31.47	0.639	NaI	1093	57.88	0.985
NaCl	1121	38.17	1.183	KI	997	68.97	1.469
KCl	1040	48.73	1.180	R_6I	983	75.16	1.204
RbCl	1003	54.10	1.289	CsI	1024	85.78	1.283
CsCl	1008	62.46	1.022	$LiNO_3$	1038	46.23	0.686
LiBr	1319	39.47	0.477	$NaNO_3$	908	51.02	0.839
NaBr	1110	45.37	1.132	KNO_3	906	61.10	0.927
KBr	1017	56.15	1.191	$RbNO_3$	890	67.59	1.178
RbBr	991	61.78	1.384	$CsNO_3$	886	75.35	1.287
CsBr	989	70.13	—	NaOH	1175	26.79	0.526
LiI	1162	49.24	0.669	KOH	1256	38.65	0.314

6.1.12　悬浮液黏度的计算

在工程中常遇到液固两相（液体与固体颗粒的混合物）的流动过程，在此情况下混合物黏度与纯液体黏度是不一样的，巴钦斯基提出如下形式的经验方程

$$\eta_m = \eta_0 (1 + 4.5\varphi) \tag{6-164}$$

式中　η_m——混合物的黏度，cP；

　　　η_0——纯液体的黏度，cP；

　　　φ——固相的体积分数。

附　录

Lennard-Jones 势的势能参数

物　质		b_0 [①] /(cm³/mol)	σ/Å	(ε/k)/K
Ar	氩	46.08	3.542	93.3
He	氦	20.95	2.551	10.22
Kr	氪	61.62	3.655	178.9
Ne	氖	28.30	2.820	32.8
Xe	氙	83.66	4.047	231.0
Air	空气	64.50	3.711	78.6
AsH_3	胂	89.88	4.145	259.8
BCl_3	氯化硼	170.1	5.127	337.7
BF_3	氟化硼	93.35	4.198	186.3
$B(OCH_3)_3$	硼酸甲酯	210.3	5.503	396.7
Br_2	溴	100.1	4.296	507.9
CCl_4	四氯化碳	265.5	5.947	322.7
CF_4	四氟化碳	127.9	4.662	134.0
$CHCl_3$	氯仿	197.5	5.389	340.2
CH_2Cl_2	二氯甲烷	148.3	4.898	356.3
CH_3Br	溴代甲烷	88.14	4.118	449.2
CH_3Cl	氯甲烷	92.31	4.182	350
CH_3OH	甲醇	60.17	3.626	481.8
CH_4	甲烷	66.98	3.758	148.6

物　　质		$b_0^{①}$ /(cm³/mol)	$\sigma/\text{Å}$	$(\varepsilon/k)/\text{K}$
CO	一氧化碳	63.41	3.690	91.7
COS	氧硫化碳	88.91	4.130	336.0
CO₂	二氧化碳	77.25	3.941	195.2
CS₂	二硫化碳	113.7	4.483	467
C₂H₂	乙炔	82.79	4.033	231.8
C₂H₄	乙烯	91.06	4.163	224.7
H₂H₆	乙烷	110.7	4.443	215.7
C₂H₅Cl	氯乙烷	148.3	4.898	300
C₂H₅OH	乙醇	117.3	4.530	362.6
C₂N₂	氰	104.7	4.361	348.6
CH₃OCH₃	二甲醚	100.9	4.307	395.0
CH₂CHCH₃	丙烯	129.2	4.678	298.8
CH₃CCH	丙炔	136.2	4.761	251.8
C₃H₆	环丙烷	140.2	4.807	248.9
C₃H₈	丙烷	169.2	5.118	237.1
n-C₃H₇OH	丙醇	118.8	4.549	576.7
CH₃COCH₃	丙酮	122.8	4.600	560.2
CH₃COOCH₃	醋酸甲酯	151.8	4.936	469.8
n-C₄H₁₀	正丁烷	130.0	4.687	531.4
i-C₄H₁₀	异丁烷	185.6	5.278	330.1
C₂H₅OC₂H₅	二乙醚	231.0	5.678	313.8
CH₃COOC₂H₅	醋酸乙酯	178.0	5.205	521.3
n-C₅H₁₂	正戊烷	244.2	5.784	341.1
C(CH₃)₄	2,2-二甲基丙烷	340.9	6.464	193.4
C₆H₆	苯	193.2	5.349	412.3
C₆H₁₂	环己烷	298.2	6.182	297.1
n-C₆H₁₄	正己烷	265.7	5.949	399.3
Cl₂	氯	94.65	4.217	316.0
F₂	氟	47.75	3.357	112.6
HBr	溴化氢	47.58	3.353	449
HCN	氰化氢	60.37	3.630	569.1
HCl	氯化氢	46.98	3.339	344.7
HF	氟化氢	39.37	3.148	330
HI	碘化氢	94.24	4.211	288.7
H₂	氢	28.51	2.827	59.7
H₂O	水	23.25	2.641	809.1
H₂O₂	双氧水	93.24	4.196	289.3
H₂S	硫化氢	60.02	3.623	301.1
Hg	汞	33.03	2.969	750
HgBr	溴化汞	165.5	5.080	686.2
HgCl₂	氯化汞	118.9	4.550	750
HgI₂	碘化汞	224.6	5.625	695.6
I₂	碘	173.4	5.160	474.2
NH₃	氨	30.78	2.900	558.3
NO	氧化氮	53.74	3.492	116.7
NOCl	亚硝酰(基)氯	87.75	4.112	395.3
N₂	氮	69.14	3.798	71.4
N₂O	氧化亚氮	70.80	3.828	232.4
O₂	氧	52.60	3.467	106.7
PH₃	磷化氢	79.63	3.981	251.5
SF₆	六氟化硫	170.2	5.128	222.1
SO₂	二氧化硫	87.75	4.112	335.4
SiF₆	氟化硅	146.7	4.880	171.9
SiH₄	甲硅烷	85.97	4.084	207.6
SnBr₄	四溴化锡	329.0	6.388	563.7
UF₆	六氟化铀	268.1	5.967	236.8

① $b_0 = \frac{2}{3}\pi N_0 \sigma^3$，其中 N_0 为 Avogadro 常数。

6.2 热导率

6.2.1 热导率的定义和单位

热导率（λ）也称导热系数，是反映物质的热传导能力。按傅立叶定律，其定义为每单位时间（秒），在温度梯度为 1K/m 下通过单位面积（m^2）的热量（J）。单位为 J/(s·m·K)，或 W/(m·K)。该单位与其它单位的换算关系

$$1W/(m·K)=0.01W/(cm·K)=10mW/(cm·K)$$
$$=0.01J/(cm·s·K)=2.39006×10^{-3}cal/(cm·s·K)$$
$$=0.860421kcal/(m·h·K)$$

在工程中常把高热导率的物体称为导热体，如大多数金属。热导率小的物质称为绝热体，如大多数气体和保温材料。热导率一般受温度影响比较大。气体与非金属的热导率随温度升高而增大，而纯金属和大多数液体却随温度升高而减小。此外，非金属材料的热导率还与其含湿量，结构和孔隙度等因素有关，一般湿物料的热导率比干物料大，如干砖的热导率为 0.35W/(m·K)，而湿砖则为 1.05W/(m·K)。物质的密度大的，其热导率也较大。各类物质的热导率的大致范围为：纯金属为 50～420，合金为 12～120，绝热材料为 0.03～0.17，液体为 0.17～0.70，气体为 0.007～0.17W/(m·K)。

6.2.2 气体热导率的数据

气体热导率的实测数据不太多，目前已有的数据手册主要是 LB 手册[34]和美国热物理中心的专著[35,36]。LB 手册列举了 1967 年之前的 150 多种气体的热导率值，而热物理中心的专著较系统地总结与评价了数十种气体的热导率数据。

气体热导率受温度影响较大，随温度升高而增大。实用上有以下一些关联式

$$\lambda=aT^n \tag{6-165}$$

$$\lambda=a\sqrt{T}\Big/\Big(1+\frac{S}{T}\Big) \tag{6-166}$$

$$\lambda=aT^n\Big/\Big(1+\frac{S}{T}\Big) \tag{6-167}$$

$$\lambda=\lambda_0\Big(\frac{T}{T_0}\Big)^n \tag{6-168}$$

$$\lambda=A+BT+CT^2+DT^3 \tag{6-169}$$

式中，λ_0 是 273.15K（T_0）下的热导率，S 是 Sutherland 常数，最常用的是式（6-169），Miller 等[37]曾给出了 60 多种气体的此式参数值。

6.2.3 低压气体热导率的计算

6.2.3.1 单原子气体热导率

对单原子气体，没有转动和振动自由度，通过严格分析，得

$$\lambda=8.3233×10^{-2}\frac{(T/M)^{\frac{1}{2}}}{r_0^2\Omega_v}f_\lambda \tag{6-170}$$

式中　λ——热导率，W/(m·K)；

　　　T——温度，K；

　　　M——相对分子质量；

　　　r_0——分子的特性尺寸，Å；

　　　Ω_v——碰撞积分，无量纲。

式中，校正项 f_λ 可由表 6-18 查得。

表 6-18　f_λ 值

KT/ε	0.30	0.50	0.75	1.00	1.25	1.50	2.0	2.5	3.0	4.0	5.0	10.0	50.0	100.0
f_λ	1.0022	1.0003	1.0000	1.0001	1.0002	1.0006	1.0021	1.0038	1.0052	1.0076	1.0090	1.0116	1.0125	1.0125

对于硬球分子，Ω_v 等于 1。如果分子相互作用位能为 Lennard-Jones 模型，则 Ω_v 按式 (6-15) 计算。

6.2.3.2　多原子气体热导率

（1）Eucken 法

Eucken 从理论上对计算单原子气体热导率公式进行修改，从而提出了计算多原子气体热导率公式

$$\frac{\lambda M}{\eta C_v}=1+\frac{9/4}{(C_p/R)-1} \tag{6-171}$$

这就是著名的 Eucken 关联式，由于其中的某些假设不尽合理，许多人又提出了新的假设[38,39]，从而导出新的公式。如 Svehla[40] 提出下列公式

$$\frac{\lambda M}{\eta C_v}=1.32+\frac{1.77}{(C_p/R)-1} \tag{6-172}$$

上式常被称为改进的 Eucken 关联式。

上述两式中，左边的 $\lambda M/\eta C_v$ 被称为 Eucken 因子，它是无量纲的量。若采用 SI 单位，则气体热导率的单位是 W/(m·K)，相对分子质量 M 的单位是 kg/mol，低压气体黏度 η 的单位为 N·s/m²，定容比热容 C_v 的单位是 J/(mol·K)。

（2）Chung 法[41, 42]

许多人进一步探讨了从理论上预测多原子气体的热导率。如 Mason 和 Monchick[43] 提出了一个用于极性多原子气体的方法，但由于计算时所需要的某些参数难以确定，因此实用价值不大。Chung 等采用了类似于 Mason 和 Monchick 的方法，提出如下公式。

$$\frac{\lambda M}{\eta C_v}=\frac{3.75\psi}{C_v/R} \tag{6-173}$$

式中，λ 是气体热导率，W/(m·K)；M 是摩尔质量，kg/mol；η 为低压下气体黏度，(N·s)/m²；C_v 是定容比热容，J/(mol·K)；R 是气体常量，等于 8.314J/(mol·K)。其中，

$$\psi=1+\alpha\frac{[0.215+0.28288\alpha-1.061\beta+0.26665Z]}{[0.6366+\beta Z+1.061\alpha\beta]}$$

$$\alpha=(C_v/R)-\frac{3}{2}$$

$$\beta=0.7662-0.7109\omega+1.3168\omega^2$$

$$Z=2.0+10.5T_r^2+1.3168\omega^2$$

这里 β 关联式只适用于非极性物质。对于极性物质，β 对每种物质是特定的，Chung 等给出了少数物质的数据。部分极性物质的 β^{-1} 值为

氨	1.08	水	0.78	二氧化硫	1.16
甲醇	1.31	乙醇	1.38	正丙醇	1.43
乙醚	1.48	丙酮	1.42	乙酸乙酯	1.44

如果没有 β 值，可直接取 $\beta=0.758$。

对于大的 Z 值，ψ 简化为

$$\psi=1+0.2665\frac{\alpha}{\beta} \tag{6-174}$$

经广泛检验，对非极性化合物，其平均误差为 2%。对于极性化合物，平均误差不大

于 7%。

（3）Ely-Hanley 法 [44, 45]

Ely-Hanley 方法被用来推算非极性流体，包括纯物质和混合物，在较宽的密度和温度范围内的黏度和热导率。本方法曾被简化，以用来处理低压下纯气体的热导率。本方法的简化式为

$$\lambda = \lambda^* + \frac{\eta^*}{M}(1.32)\left(C_v - \frac{3}{2}R\right) \tag{6-175}$$

式中 λ——低压气体热导率，W/(m·K)；

M——摩尔质量，kg/mol；

C_v——低压气体定容比热容，J/(mol·K)；

R——通用气体常量，8.314J/(mol·K)。

λ^* 和 η^* 下面予以明确表示。计算程序如下。

① 先计算 $T_r = T/T_c$，定义参数 T^+

$$T^+ = T_r \quad T_r \leqslant 2 \qquad T^+ = 2 \quad T_r > 2 \tag{6-176}$$

② 计算化合物相对于甲烷的形状因子

$$\theta = 1 + (\omega - 0.011)\left(0.56553 - 0.86276\ln T^+ - \frac{0.69852}{T^+}\right) \tag{6-177}$$

$$\phi = [1 + (\omega - 0.011)(0.38560 - 1.1617\ln T^+)]\frac{0.288}{Z_c} \tag{6-178}$$

上两式中的 0.011 及 0.288 分别为参比物质甲烷的偏心因子和临界压缩因子。

③ 由形状因子计算温度和体积的定标（比例）参数

$$f = \frac{T_c}{190.4}\theta \tag{6-179}$$

$$h = \frac{V_c}{99.2}\phi \tag{6-180}$$

上两式中 190.4 为甲烷的临界温度（K），99.2 为甲烷的临界体积（cm³/mol）。

④ 计算参比物质甲烷在温度 T_0 时的低压气体黏度和热导率

$$T_0 = \frac{T}{f} \tag{6-181}$$

$$\eta_0 = 10^{-7}\sum_{n=1}^{9} C_n T_0^{(n-4)/3} \tag{6-182}$$

$$\lambda_0 = 1944\eta_0 \tag{6-183}$$

式中，η_0 是 T_0 下低压甲烷气体黏度 [(N·s)/m²] 和 λ_0 为低压甲烷气体热导率 [W/(m·K)]。式（6-182）中的系数 C_n（$n=1, 2, \cdots 9$）为

$C_1 = 2.90774 \times 10^6$ $\quad C_4 = -4.33190 \times 10^5$ $\quad C_7 = 4.32517 \times 10^2$

$C_2 = -3.31287 \times 10^6$ $\quad C_5 = 7.06248 \times 10^4$ $\quad C_8 = -1.44591 \times 10$

$C_3 = 1.60810 \times 10^6$ $\quad C_6 = -7.11662 \times 10^3$ $\quad C_9 = 2.03712 \times 10^{-1}$

⑤ 求算式（6-175）中的 λ^* 和 η^*

$$\lambda^* = \lambda_0 H \tag{6-184}$$

$$\eta^* = \eta_0 H \frac{M}{16.04 \times 10^{-3}} \tag{6-185}$$

$$H = \left(\frac{16.04 \times 10^{-3}}{M}\right)^{\frac{1}{2}} f^{\frac{1}{2}} \cdot h^{-\frac{2}{3}} \tag{6-186}$$

因此，要用 Ely-Hanley 法计算低压下纯气体的热导率，需要临界性质 T_c、V_c 和 Z_c 以

及偏心因子 ω、摩尔质量 M 及低压下比热容 C_v 等数据。

例 6-28 推算 2-甲基丁烷（异戊烷）蒸气在 1bar 和 373K 时的热导率。文献值为 2.2×10^{-2} W/(m·K)。

解 查得 $T_c = 460.4$K，$p_c = 33.4$bar，$V_c = 306$cm³/mol，$Z_c = 0.267$，$\omega = 0.227$ 和 $M = 72.151$g/mol$= 72.151 \times 10^{-3}$kg/mol。首先需要推算 2-甲基丁烷的黏度，应用 Chung 关联式，即

$$\eta = \frac{40.785 F_c (MT)^{\frac{1}{2}}}{V_c^{2/3} \cdot \Omega_v}$$

式中 $F_c = 1 - 0.2756\omega$ [由式（6-24），因 μ_r 和 κ 为零]，$T^* = 1.2593$，$T_r = 1.2593$ $(373/460.4) = 1.020$，并由式（6-15）求得 $\Omega_v = 1.576$，因此

$$\eta = \frac{(40.785)[1 - (0.2756)(0.227)][(72.151)(373)]^{\frac{1}{2}}}{(306)^{2/3}(1.576)}$$

$$= 87.7\mu\text{P} = 8.77 \times 10^{-5}\text{P} = 8.77 \times 10^{-6}(\text{N} \cdot \text{s})/\text{m}^2$$

理想气体 C_v 是按 $(C_p - R)$ 计算，已查得 $C_p = 144$J/(mol·K)，故

$$C_v = C_p - R = (144 - 8.3)\text{J/(mol·K)} = 135.9\text{J/(mol·K)}$$

而

$$M = 72.151 \times 10^{-3}\text{kg/mol}$$

应用 Eucken 法

$$\lambda = \frac{(8.77 \times 10^{-6})(135.9)}{72.151 \times 10^{-3}}\left[1 + \frac{9/4}{135.9/8.314}\right]\text{W/(m·K)} = 1.88 \times 10^{-2}\text{W/(m·K)}$$

$$\text{误差} = \frac{1.88 - 2.2}{2.2} \times 100 = -14\%$$

应用改进的 Eucken 法

$$\lambda = \frac{\eta C_v}{M}\left(1.32 + \frac{1.77}{C_v/R}\right)$$

$$= \frac{(8.77 \times 10^{-6})(135.9)}{72.151 \times 10^{-3}}\left(1.32 + \frac{1.77}{135.9/8.314}\right)\text{W/(m·K)}$$

$$= 2.36 \times 10^{-2}\text{W/(m·K)}$$

应用 Chung 法

$$\frac{\lambda M}{\eta C_v} = \frac{3.75\psi}{C_v/R}$$

如式（6-173）中所定义的

$$\alpha = \frac{C_v}{R} - 1.5 = \frac{135.9}{8.314} - 1.5 = 14.85$$

$$\beta = 0.7862 - (0.7109)(0.227) + (1.3168)(0.227)^2 = 0.693$$

$$T_r = \frac{373}{460.4} = 0.810 \text{ 及 } Z = 2.0 + (10.5)(0.810)^2 = 8.89$$

$$\psi = 1 + 14.85\frac{0.215 + (0.28288)(14.85) - (1.061)(0.693) + (0.26665)(8.89)}{0.6366 + (0.693)(8.89) + (1.061)(14.85)(0.692)}$$

$$= 6.073$$

$$\lambda = \frac{(3.75)(6.073)}{135.9/8.314} \cdot \frac{(8.77 \times 10^{-6})(135.9)}{72.151 \times 10^{-3}}\text{W/(m·K)} = 2.30 \times 10^{-2}\text{W/(m·K)}$$

$$\text{误差} = \frac{2.30 - 2.20}{2.20} \times 100 = 4.5\%$$

应用 Ely-Hanley 法遵循如下步骤进行计算。

① $T_r = 373/460.4 = 0.810$，因此 $T^+ = T_r = 0.810$

② $\theta=1+(0.227-0.011)\left[0.56553-0.86276\ln(0.810)-\dfrac{0.69853}{0.810}\right]$

$\quad=0.97527$

$\phi=\{1+(0.227-0.011)[0.38560-1.1627\ln(0.810)]\}\dfrac{0.288}{0.267}$

$\quad=1.2248$

③ $f=\dfrac{460.4}{190.4}(0.97527)=2.356$

$\quad h=\dfrac{306}{99.2}(1.2248)=3.778$

④ $T_0=\dfrac{373}{2.356}\mathrm{K}=158.3\mathrm{K}$

$\quad \eta_0=10^{-7}\sum C_n(158.3)^{(n-4)/3}(\mathrm{N\cdot s})/\mathrm{m}^2=6.22\times10^{-6}(\mathrm{N\cdot s})/\mathrm{m}^2$

$\quad \lambda_0=(1944)(6.22\times10^{-6})\mathrm{W}/(\mathrm{m\cdot K})=1.21\times10^{-2}\mathrm{W}/(\mathrm{m\cdot K})$

⑤ $H=\left(\dfrac{16.04\times10^{-3}}{72.151\times10^{-3}}\right)^{1/2}\cdot\dfrac{(2.356)^{1/2}}{(3.778)^{2/3}}=0.2984$

$\quad \eta^*=(6.22\times10^{-6})(0.2984)\dfrac{72.151\times10^{-3}}{16.04\times10^{-3}}(\mathrm{N\cdot s})/\mathrm{m}^2=8.35\times10^{-6}(\mathrm{N\cdot s})/\mathrm{m}^2$

$\quad \lambda^*=(1.21\times10^{-2})(0.2984)\mathrm{W}/(\mathrm{m\cdot K})=3.61\times10^{-3}\mathrm{W}/(\mathrm{m\cdot K})$

然后，应用式（6-175）

$$\lambda=3.61\times10^{-3}+\dfrac{8.35\times10^{-6}}{72.151\times10^{-3}}(1.32)\left[135.9-\dfrac{(3)(8.314)}{2}\right]$$

$$=(3.61\times10^{-3}+1.89\times10^{-2})\mathrm{W}/(\mathrm{m\cdot K})=2.25\times10^{-2}\mathrm{W}/(\mathrm{m\cdot K})$$

$$误差=\dfrac{2.25-2.20}{2.20}\times100=2.2\%$$

（4）Roy-Thodos 法[46, 47]

D. Roy 和 G. Thodos 改进了 Misic-Thodos 提出的计算法；把乘积 $\lambda\Gamma$ 分成两部分：第一部分来源于平动能，此部分只与 T_r 有关；第二部分来源于转动、振动等能量，它与 T_r 和特征常数有关。最后方程为

$$\lambda\Gamma=(\lambda\Gamma)_{\mathrm{tr}}+(\lambda\Gamma)_{\mathrm{int}} \tag{6-187}$$

式中，λ 为低压气体热导率，$\mathrm{W}/(\mathrm{m\cdot K})$，而 Γ 是由下式定义

$$\Gamma=210\left(\dfrac{T_c M^3}{p_c^4}\right)^{1/6} \tag{6-188}$$

式中，Γ 为对比倒热导率，$(\mathrm{m\cdot K})/\mathrm{W}$，而 $T_c\cdot M$ 和 p_c 的单位分别为 $(\mathrm{K\cdot g})/\mathrm{mol}$ 和 bar。

式（6-187）中右侧两项分别为

$$(\lambda\Gamma)_{\mathrm{tr}}=8.757[\exp(0.0464T_r)-\exp(-0.2412T_r)] \tag{6-189}$$

$$(\lambda\Gamma)_{\mathrm{int}}=Cf(T_r) \tag{6-190}$$

不同化合物的函数关系 $f(T_r)$ 列于表 6-19 中，常数 C 由基团贡献加和法求得（参看文献 [46]），或查图得到（图 6-2）；$C=0.879\times10^5\times B$。

例 6-29 试应用 Roy-Thodos 方法重算例 6-28

解 已查得 $T_c=460.4\mathrm{K}$，$p_c=33.4\mathrm{bar}$，$M=72.151\times10^{-3}\mathrm{kg/mol}$

其中 Γ 按式（6-188）

$$\Gamma=210\left(\dfrac{T_c M^3}{p_c^4}\right)^{1/6}=210\left(\dfrac{(460.4)(72.151)^3}{(33.4)^4}\right)^{1/6}=478$$

应用对比温度，$T_r = 373/460.8 = 0.810$，按式（6-189）求算 $(\lambda\Gamma)_{tr}$

$$(\lambda\Gamma)_{tr} = 8.757\{\exp[(0.0464)(0.810)] - \exp[(-0.2412)(0.810)]\} = 1.89$$

为了求得 $(\lambda\Gamma)_{int}$，首先必须确定常数 C。对于烃类，可从图 6-2 中先查得 $B = 16.26 \times 10^{-5}$，然后乘以换算因子，即得 $C' = (0.879 \times 10^5)(16.26 \times 10^{-5}) = 14.30$。对于饱和烃，表 6-19 给出相应的 $f(T_r)$。

$$\begin{aligned} f(T_r) &= -0.152T_r + 1.191T_r^2 - 0.039T_r^3 \\ &= (-0.152)(0.810) + (1.191)(0.810)^2 \\ &\quad - (0.039)(0.810)^3 \\ &= 0.638 \end{aligned}$$

于是，

$$(\lambda\Gamma)_{int} = Cf(T_r) = (14.30)(0.638) = 9.12$$

$$\lambda = \frac{1.89 + 9.12}{478} \, \text{W}/(\text{m} \cdot \text{K}) = 2.30 \times 10^{-2} \, \text{W}/(\text{m} \cdot \text{K})$$

$$\text{误差} = \frac{2.30 - 2.20}{2.20} \times 100 = 4.5\%$$

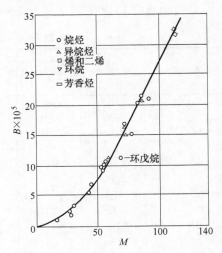

图 6-2 Roy-Thodos 常数 B

表 6-19 式（6-190）中的函数关系 $f(T_r)$

饱和烃[①]	$-0.152T_r + 1.191T_r^2 - 0.039T_r^3$
烯烃	$-0.255T_r + 1.065T_r^2 + 0.190T_r^3$
炔烃	$-0.068T_r + 1.251T_r^2 - 0.183T_r^3$
环烷和芳香烃	$-0.354T_r + 1.501T_r^2 - 0.147T_r^3$
醇类	$1.000T_r^2$
醛、酮、醚、酯类	$-0.082T_r + 1.045T_r^2 + 0.037T_r^3$
胺和腈类	$0.633T_r^2 + 0.367T_r^3$
卤化物	$-0.107T_r + 1.330T_r^2 - 0.223T_r^3$
环状化合物[②]	$-0.354T_r + 1.501T_r^2 - 0.147T_r^3$

① 对甲烷建议不使用此关系。
② 例如：吡啶、噻吩、环氧乙烷、二噁烷等。

推荐意见

Eucken 关联式的计算值比实验值偏低，而改进的 Eucken 法的计算值偏高。Chung 法和 Ely-Hanley 法都是把 Eucken 因子 $\lambda M/\eta C_v$ 和其它变量（如 T_r，ω 等）相关联，因此，计算时对非极化合物较合适，其误差一般不超过 5%～7%。

Roy-Thodos 法是一种基团贡献法。该方法优点是可以计算一些极性物质（如醇、醛等）的气体热导率。但该方法解析规律较复杂，因此使用起来比较困难。

6.2.4　温度对低压下气体热导率的影响

低压下气体热导率随温度升高而增加，λ 与 T 的真实关系难以从 λ 推算法予以判定，因为其它和温度有关的参数（如比热容，黏度）包含在关联式中。下面介绍两种经验关联式。

（1）简单指数式

$$\frac{\lambda}{\lambda_0} = \left(\frac{T}{T_0}\right)^n \tag{6-191}$$

式中 λ_0——273.15K 时的低压气体热导率；

λ——温度 T 时的气体热导率。

某些物质的 λ_0 和 n 可由表 6-20 中查到。

表 6-20　公式（6-191）中的 λ_0 及指数 n

物　质	化学式	$\lambda_0 \times 10^3$ /[kcal/(m·h·℃)]	n	物　质	化学式	$\lambda_0 \times 10^3$ /[kcal/(m·h·℃)]	n
氮	N_2	20.8	0.8	氙	Xe	4.50	0.91
氨	NH_3	18.1	1.53	甲　烷	CH_4	26.4	1.33
戊　醇	$C_5H_{12}O$	9.30	1.83	甲　醇	CH_4O	11.0	1.72
氩	Ar	14.2	0.80	氖	Ne	39.9	0.71
丙　酮	C_3H_6O	8.36	1.86	一氧化碳	CO	20.0	0.80
苯	C_6H_6	7.93	2.03	辛　烷	C_8H_{18}	8.4	1.90
溴甲烷	CH_3Br	5.41	1.69	戊　烷	C_5H_{12}	10.6	1.85
丁　烷	C_6H_{10}	11.4	1.84	丙　烷	C_3H_8	13.1	1.77
丁　醇	$C_4H_{10}O$	9.51	1.84	丙　醇	C_3H_8O	9.91	1.84
氢	H_2	148.0	0.78	甲　苯	C_7H_8	11.1	1.80
水蒸气	H_2O	13.0	1.48	氯代甲烷	CH_3Cl	7.92	1.76
空　气	—	21.0	0.82	氯　仿	$CHCl_3$	5.47	1.46
己　烷	C_6H_{14}	9.66	1.96	环己烷	C_6H_{12}	8.36	2.00
氦	He	122.6	0.73	四氯化碳	CCl_4	5.15	1.21
庚　烷	C_7H_{16}	9.20	1.90	乙　烷	C_2H_6	16.3	1.67
二氧化硫	SO_2	7.20	—	乙酸乙酯	$C_4H_8O_2$	7.79	1.94
二氧化碳	CO_2	12.8	1.23	乙　醇	C_2H_6O	11.1	1.82
氧	O_2	21.1	0.87	乙　醚	$C_4H_{10}O$	11.2	1.83
氪	Kr	7.64	0.86				

注：1kcal=4.1855J。

（2）多项式

J. W. Miller 等提出用多项式表示气体 λ 与温度 T 的关系[37]

$$\lambda = A + BT + CT^2 + DT^3 \tag{6-192}$$

式中，λ 为气体热导率，[W/(m·K)]，T 为热力学温度（K）。

表 6-21 给出了气体热导率方程常数（A、B、C、D）值（1bar）

表 6-21　一些气体在 1bar 下的热导率

$\lambda = A + BT + CT^2 + DT^3$；$\lambda$ 单位为 W/(m·K)，T 单位为 K

化学式	名称	英文名称	A	B	C	D	温度范围	λ(298K)
He	氦	helium	3.722E-2	3.896E-4	-7.450E-8	1.290E-11	115~1070	1.47E-1
Ne	氖	neon	9.108E-2	1.541E-4	-8.396E-8	2.530E-11	115~1470	4.83E-1
A	氩	argon	2.714E-3	5.540E-5	-2.178E-8	5.528E-12	115~1470	1.74E-2
H_2	氢	hydrogen	8.099E-3	6.689E-4	-4.158E-7	1.562E-10	115~1470	1.75E-1
N_2	氮	nitrogen	3.919E-4	9.816E-5	-5.067E-8	1.504E-11	115~1470	2.55E-2
O_2	氧	oxygen	-3.273E-4	9.966E-5	-3.743E-8	9.732E-12	115~1470	2.63E-2
F_2	氟	fluorine	7.812E-4	8.287E-5	5.193E-8	-7.441-11	145~795	2.81E-2
Cl_2	氯	chlorine	1.361E-3	2.429E-5	8.794-9	-5.235E-12	195~1470	9.24E-3
Br_2	溴	bromine	-6.700E-5	1.729E-5	-1.256E-9	-3.769E-13	195~1470	4.97E-3
I_2	碘	iodine	2.638E-3	1.143E-5	-1.256E-9	6.281E-13	195~1470	3.58E-3
HF	氟化氢	hydrogen fluoride	3.857E-3	5.276E-5	2.261E-8	-9.841E-13	175~1670	2.13E-2

化学式	名称	英文名称	A	B	C	D	温度范围	$\lambda(298K)$
HCl	氯化氢	hydrogen chloride	$-1.089E-4$	$5.306E-5$	$-1.047E-8$	$6.700E-13$	$125\sim1670$	$1.48E-2$
HBr	溴化氢	hydrogen bromide	$-7.915E-4$	$3.836E-5$	$-1.089E-8$	$2.219E-12$	$125\sim1670$	$9.73E-3$
HI	碘化氢	hydrogen iodide	$-2.152E-3$	$3.049E-5$	$-9.213E-9$	$1.801E-12$	$125\sim1670$	$6.16E-3$
CO	一氧化碳	carbon monoxide	$5.067E-4$	$9.125E-5$	$-3.524E-8$	$8.199E-12$	$115\sim1670$	$2.48E-2$
CO_2	二氧化碳	carbon dioxide	$-7.215E-3$	$8.015E-5$	$5.477E-9$	$-1.053E-11$	$185\sim1670$	$1.69E-2$
SO_2	二氧化硫	sulfur dioxide	$-8.086E-3$	$6.344E-5$	$-1.382E-8$	$2.303E-12$	$273\sim1670$	$9.65E-3$
SO_3	三氧化硫	sulfur trioxide	$-6.683E-3$	$7.077E-5$	$-1.968E-8$	$1.256E-11$	$175\sim1270$	$1.30E-2$
N_2O	氧化亚氮	nitrous oxide	$-7.835E-3$	$8.903E-5$	$-8.970E-9$	$-2.668E-12$	$175\sim1670$	$1.78E-2$
NO	氧化氮	nitric oxide	$5.021E-3$	$7.194E-5$	$-0.838E-9$	$-3.559E-12$	$85\sim1670$	$2.63E-2$
NO_2	二氧化氮	nitrogen dioxide	$-1.404E-2$	$1.108E-4$	$-3.162E-8$	$4.485E-12$	$300\sim1670$	$1.63E-2$
H_2O	水	water	$7.341E-3$	$-1.013E-5$	$1.801E-7$	$-9.100E-11$	$273\sim1070$	$1.79E-2$
H_2O_2	过氧化氢	hydrogen peroxide	$-8.823E-3$	$7.106E-5$	$7.119E-8$	$-6.533E-12$	$273\sim1470$	$1.28E-2$
NH_3	氨	ammonia	$3.811E-4$	$5.389E-5$	$1.227E-7$	$-3.635E-11$	$273\sim1670$	$2.64E-2$
N_2H_4	肼	hydrazine	$-2.257E-2$	$1.193E-4$	$8.375E-9$	$-7.956E-13$	$273\sim1670$	$1.37E-2$
CH_4	甲烷	methane	$-1.869E-3$	$8.727E-5$	$1.179E-7$	$-3.614E-11$	$273\sim1270$	$3.37E-2$
C_2H_6	乙烷	ethane	$-3.174E-2$	$2.201E-4$	$-1.923E-7$	$1.664E-10$	$273\sim1020$	$2.12E-2$
C_3H_8	丙烷	propane	$1.858E-3$	$-4.698E-6$	$2.177E-7$	$-8.409E-11$	$273\sim1270$	$1.76E-2$
C_2H_4	乙烯	ethylene	$-1.760E-2$	$1.200E-4$	$3.335E-8$	$-1.366E-11$	$200\sim1270$	$2.08E-2$
C_3H_6	丙烯	propylene	$-7.584E-3$	$6.101E-5$	$9.966E-8$	$-3.840E-11$	$175\sim1270$	$1.84E-11$
C_4H_8	1-丁烯	1-butene	$-1.052E-2$	$5.771E-5$	$1.018E-7$	$-4.271E-11$	$175\sim1270$	$1.46E-2$
C_4H_8	异丁烯	isobutylene	$-2.776E-3$	$-2.806E-6$	$2.525E-7$	$-1.281E-10$	$273\sim1070$	$1.54E-2$
C_4H_6	1,3-丁二烯	1,3-butadiene	$-2.844E-3$	$1.255E-4$	$7.286E-8$	$-5.109E-11$	$273\sim1270$	$1.41E-2$
C_5H_8	异戊二烯	isoprene	$-2.363E-2$	$1.101E-4$	$5.486E-8$	$-3.174E-11$	$273\sim1270$	$1.32E-2$
C_6H_6	苯	benzene	$-8.455E-3$	$3.618E-5$	$9.799E-8$	$-4.058E-11$	$273\sim1270$	$9.96E-3$
C_7H_8	甲苯	toluene	$7.596E-3$	$-4.008E-5$	$2.370E-7$	$-9.305E-11$	$273\sim1270$	$1.42E-2$
C_8H_{10}	乙苯	ethyl benzene	$6.030E-4$	$-5.863E-6$	$2.140E-7$	$-8.924E-11$	$273\sim1270$	$1.55E-2$
C_8H_{10}	邻二甲苯	o-xylene	$-5.720E-3$	$3.572E-5$	$7.454E-8$	$-2.621E-11$	$273\sim1270$	$1.09E-2$
C_8H_{10}	间二甲苯	m-xylene	$1.320E-2$	$-4.196E-5$	$1.662E-7$	$-6.106E-11$	$273\sim1270$	$1.39E-2$
C_8H_{10}	邻二甲苯	p-xylene	$-8.178E-3$	$3.890E-5$	$7.580E-8$	$-2.902E-11$	$273\sim1270$	$9.38E-3$
C_8H_8	苯乙烯	styrene	$8.752E-4$	$-1.926E-6$	$1.244E-7$	$-5.071E-11$	$273\sim1270$	$1.00E-2$
C_9H_{12}	异丙基苯	cumene	$-5.590E-3$	$2.253E-5$	$1.813E-7$	$-7.504E-11$	$273\sim1270$	$1.52E-2$
$C_{10}H_8$	萘	naphthalene	$-9.380E-3$	$4.937E-5$	$3.811E-8$	$-1.064E-11$	$273\sim1270$	$8.44E-3$
C_3H_6	环丙烷	cyclopropane	$-8.568E-3$	$4.079E-5$	$1.579E-7$	$-6.817E-11$	$273\sim1270$	$1.58E-2$
C_4H_8	环丁烷	cyclobutane	$-9.795E-3$	$3.832E-5$	$1.474E-7$	$-6.202E-11$	$273\sim1270$	$1.31E-2$
C_5H_{10}	环戊烷	cyclopentane	$-8.522E-3$	$2.475E-5$	$1.621E-7$	$-6.914E-11$	$273\sim1270$	$1.14E-2$
C_6H_{12}	环己烷	cyclohexane	$-8.614E-3$	$1.863E-5$	$1.704E-7$	$-7.249E-11$	$273\sim1270$	$1.02E-2$
CH_3OH	甲醇	methanol	$-7.797E-3$	$4.167E-5$	$1.214E-7$	$-5.184E-11$	$273\sim1270$	$1.40E-2$
C_2H_5OH	乙醇	ethanol	$-7.797E-3$	$4.167E-5$	$1.214E-7$	$-5.184E-11$	$273\sim1270$	$1.40E-2$
C_3H_7OH	正丙醇	n-propanol	$-7.931E-3$	$3.987E-5$	$1.193E-7$	$-5.021E-11$	$273\sim1270$	$1.32E-2$
C_4H_9OH	正丁醇	n-butanol	$-7.772E-3$	$3.564E-5$	$1.206E-7$	$-4.992E-11$	$273\sim1270$	$1.22E-2$
C_2H_4O	环氧乙烷	ethylene oxide	$-1.459E-2$	$5.427E-5$	$1.520E-7$	$-7.647E-11$	$273\sim1270$	$1.31E-2$
C_3H_7O	环氧丙烷	propylene oxide	$-8.204E-3$	$3.664E-5$	$1.072E-7$	$-4.569E-11$	$273\sim1270$	$1.10E-2$
C_4H_9O	环氧丁烷	butylene oxide	$-9.150E-3$	$3.245E-5$	$9.883E-8$	$-4.464E-11$	$273\sim1270$	$8.12E-3$
C_6H_5OH	酚	phenol	$-1.335E-2$	$6.390E-5$	$7.286E-8$	$-1.843E-11$	$273\sim1270$	$1.17E-2$
C_6H_5NH	胺	aniline	$-1.105E-2$	$4.979E-5$	$6.491E-8$	$-1.801E-11$	$273\sim1270$	$9.07E-3$
CH_3Cl	氯化甲烷	methyl chloride	$-3.191E-3$	$1.579E-5$	$1.181E-7$	$-5.406E-11$	$300\sim1270$	$1.06E-2$
CH_2Cl_2	二氯甲烷	methylene chloride	$1.177E-3$	$-4.188E-6$	$9.673E-8$	$-4.276E-11$	$300\sim1270$	$7.39E-3$
$CHCl_3$	氯仿	chloroform	$-2.400E-3$	$2.634E-5$	$2.472E-8$	$-1.404E-11$	$300\sim1270$	$7.27E-3$
CCl_4	四氯化碳	carbon tetrachloride	$-1.742E-4$	$1.703E-5$	$2.561E-8$	$-1.493E-11$	$300\sim1270$	$6.78E-3$
C_6H_5Cl	氯苯	chlorobenzene	$-6.394E-3$	$2.634E-5$	$7.328E-8$	$-2.316E-11$	$273\sim1270$	$7.35E-3$
C_4H_5Cl	氯丁二烯	chloroprene	$-1.142E-2$	$4.560E-5$	$1.189E-7$	$-5.507E-11$	$273\sim1270$	$1.13E-2$

6.2.5　压力对气体热导率的影响

虽然在低压和中压下压力对气体热导率的影响较小，但高压下气体热导率是随压力而增加的。现介绍几种高压下气体热导率的估算法。

6.2.5.1　Stiel-Thodos 法[48]

L. I. Stiel 和 G. Thodos 通过因次分析得到 $\lambda-\lambda_0$，Z_c，Γ 和 ρ 之间的关系，其中 Γ 是由式（6-175）定义。基于 20 种非极性物质，其中包括惰性气体，双原子气体，CO_2 和烃类的数据分析，建立了近似解析式

$$(\lambda-\lambda^\circ)\Gamma Z_c^5=1.22\times10^2[\exp(0.535\rho_r)-1] \quad \rho_r<0.5 \tag{6-193}$$

$$(\lambda-\lambda^\circ)\Gamma Z_c^5=1.14\times10^2[\exp(0.67\rho_r)-1.069] \quad 0.5<\rho_r<2.0 \tag{6-194}$$

$$(\lambda-\lambda^\circ)\Gamma Z_c^5=2.60\times10^3[\exp(1.155\rho_r)+2.016] \quad 2.0<\rho_r<2.8 \tag{6-195}$$

式中，λ 的单位是 $W/(m\cdot K)$，ρ_r 是对比密度，即 $\rho_r=\rho/\rho_c=V_c/V$。

例 6-30　试推算氧化亚氮在 378K 和 138bar 下的热导率。已知在该温度和压力下的实验值为 $3.9\times10^{-2}W/(m\cdot K)$。在 1bar 和 378K 下 $\lambda^\circ=2.34\times10^{-2}W/(m\cdot K)$。已查得氧化亚氮的物性数据：$T_c=309.6K$，$p_c=72.4bar$，$V_c=97.4cm^3/mol$，$Z_c=0.274$ 和 $M=44.013g/mol$，并已知 N_2O 在 378K 和 138bar 下的压缩因子 $Z=0.63$。

解　应用式（6-188），

$$\Gamma=210\left(\frac{T_cM^3}{p_c^4}\right)^{1/6}=210\left[\frac{(309.6)(44.013)^3}{(72.4)^4}\right]^{1/6}=209$$

$$V=\frac{ZRT}{p}=\frac{(0.63)(8.314)(378)}{138\times10^5}\times10^6 cm^3/mol=144cm^3/mol$$

$$\rho_r=\frac{97.4}{144}=0.676$$

然后，应用式（6-194）

$$(\lambda-\lambda^\circ)(209)(0.274)^5=(1.14\times10^2)\{\exp[(0.67)(0.676)]-1.069\}$$

$$\lambda-\lambda^\circ=1.78\times10^{-2}W/(m\cdot K)$$

$$\lambda=4.12\times10^{-2}W/(m\cdot K)$$

$$误差=\frac{4.12-3.90}{3.90}\times100=5.6\%$$

6.2.5.2　Chung 法[42, 43]

纯组分低压热导率推算法已由一些作者改进并由方程（6-173）形式给出。本方法经进一步改进用来处理高压（或高密度）下的物质

$$\lambda=\frac{31.2\eta^\circ\psi}{M}(G_2^{-1}+B_6y)+qB_7T_r^{1/2}G_2 \tag{6-196}$$

式中　λ——热导率，$W/(m\cdot K)$；
　　η°——低压气体黏度，$(N\cdot s)/m^2$；
　　M——摩尔质量，kg/mol；
　　ψ——式（6-173）中定义的参数；
　　q——特性参数，$q=3.586\times10^{-3}(T_c/M)^{1/2}/V_c^{2/3}$；
　　T_c——临界温度，K；
　　T_r——对比温度；
　　V_c——临界体积，cm^3/mol；

$$y=\frac{V_c}{6V} \tag{6-197}$$

$$G_1 = \frac{1 - 0.5y}{(1-y)^3} \tag{6-198}$$

$$G_2 = \frac{(B_1/y)[1 - \exp(-B_4 y)] + B_2 G_1 \exp(B_5 y) + B_3 G_1}{B_1 B_4 + B_2 + B_3} \tag{6-199}$$

系数 $B_1 \sim B_7$ 是偏心因子 ω、对比偶极矩 μ_r［由式（6-25）给出］以及缔合因子 κ 的函数。某些物质的 κ 值由表 6-21 给出。

$$B_i = a_i + b_i \omega + c_i \mu_r^\varphi + d_i \kappa \tag{6-200}$$

其中，a_i，b_i，c_i 及 d_i 在表 6-22 中给出。

表 6-22　式（6-200）中的系数值

$$B_i = a_i + b_i \omega + c_i \mu_r^4 + d_i \kappa$$

i	a_i	b_i	c_i	d_i
1	$2.4166E+0$	$7.4824E-1$	$-9.1858E-1$	$1.2172E+2$
2	$-5.0924E-1$	$-1.5094E+0$	$-4.9991E+1$	$6.9983E+1$
3	$6.6107E+0$	$5.6207E+0$	$6.4760E+1$	$2.7039E+1$
4	$1.4543E+1$	$-8.9139E+0$	$-5.6379E+0$	$7.4344E+1$
5	$7.9274E-1$	$8.2019E-1$	$-6.9369E-1$	$6.3173E+0$
6	$-5.8634E+0$	$1.2801E+1$	$9.5893E+0$	$6.5529E+1$
7	$9.1089E/1$	$1.2811E+2$	$-5.4217E+1$	$5.2381E+2$

当使用式（6-196）时，应注意，η° 为低压下纯气体黏度，可应用实验值，或应用上一章中给出的推法来确定，η° 的单位为 $(N \cdot s)/m^2$。本方法经检验，其偏差一般为 $5\% \sim 8\%$。

6.2.5.3　Ely-Hanley 法[44, 45]

本方法对低压纯气体已在上一节讨论过，现在要把该方法推广应用于高密度纯组分，把式（6-175）改进为

$$\lambda = \lambda^{**} + \frac{\eta^*}{M}(1.32)\left(C_v - \frac{3}{2}R\right) \tag{6-201}$$

λ^{**} 下面给予定义，而式（6-181）右侧第二项与式（6-175）中的相同。

这里推算 λ 所需的数据为 T_c、V_c、Z_c、ω、M、C_v（在 T 和低压下）、T 和 V。温度和体积的单位分别为 K 和 cm^3/mol，Z_c 和 ω 无量纲，M 和 C_v 在式（6-175）中已经定义。

① 确定对比温度和对比体积 $T_r = \frac{T}{T_c}$，$V_r = \frac{V}{V_c}$，然后定义参数 T^+ 和 V^+ 为

$$\begin{aligned} T^+ &= T_r & T_r \leqslant 2 \\ &= 2 & T_r > 2 \end{aligned} \tag{6-202}$$

及

$$\begin{aligned} V^+ &= V_r & 0.5 < V_r < 2 \\ &= 0.5 & V_r < 0.5 \\ &= 2 & V_r \geqslant 2 \end{aligned} \tag{6-203}$$

② 计算物质的形状因子，以甲烷为基准。

$$\begin{aligned} \theta = 1 + (\omega - 0.011)[&0.09057 - 0.86276 \ln T^+ \\ &+ \left(0.31664 - \frac{0.46568}{T^+}\right)(V^+ - 0.5)] \end{aligned} \tag{6-204}$$

$$\begin{aligned} \phi = \{1 + (\omega - 0.011)[&0.39490(V^+ - 1.02355) \\ &- (0.93281)(V^+ - 0.75464)\ln T^+]\}\frac{0.288}{Z_c} \end{aligned} \tag{6-205}$$

注意，在低压下，V 很大，故 $V^+ = 2$，式（6-204）和式（6-205）变为式（6-177）和式（6-178）。

③ 求算以甲烷为基准的化合物的定标参数

$$f = \frac{T_c}{190.4}\theta \tag{6-206}$$

$$h = \frac{V_c}{99.2}\phi \tag{6-207}$$

并用它们来推算当量温度 T_0 和当量密度 ρ_0，以计算选作参比流体的甲烷的热导率和黏度。

$$T_0 = T/f \tag{6-208}$$

$$\rho_0 = \frac{16.04}{V}h \tag{6-209}$$

④ 现在再来计算 η_0，即参比流体（甲烷）的低压黏度，这里应用 T_0［由式（6-208）给出］，和式（6-182）［其中常数 C_n 已由式（6-182）给出］。

⑤ 应用 η_0，即可按式（6-210）求得热导率的第一部分。

$$\lambda(1) = 1944\eta_0 \tag{6-210}$$

本方程与式（6-183）的形式是相同的。

⑥ 热导率的第二部分则由下列公式计算

$$\lambda(2) = \left\{ b_1 + b_2 \left[b_3 - \ln\left(\frac{T_0}{b_4}\right) \right]^2 \right\} \rho_0 \tag{6-211}$$

式中，T_0 和 ρ_0 分别由式（6-208）和式（6-209）给出，而 b_n 为：$b_1 = -2.5276 \times 10^{-4}$，$b_2 = 3.3433 \times 10^{-4}$，$b_3 = 1.12$，$b_4 = 1.680 \times 10^2$。

⑦ 热导率的第三部分由下式给出

$$\begin{aligned}
\lambda(3) = \exp\left(a_1 + \frac{a_2}{T_0}\right) &\left\{ \exp\left[\left(a_3 + \frac{a_4}{T_0^{3/2}}\right)\rho_0^{0.1}\right.\right. \\
&\left.\left. + \left(\frac{\rho_0}{0.1617} - 1\right)\rho_0^{\frac{1}{2}}\left(a_5 + \frac{a_6}{T_0} + \frac{a_7}{T_0^2}\right)\right] - 1.0 \right\} \times 10^{-3}
\end{aligned} \tag{6-212}$$

其中，T_0 和 ρ_0 还是由式（6-208）和式（6-209）确定，而常数 a_n 为

$a_1 = -7.19771 \qquad a_2 = 85.67822 \qquad a_3 = 12.47183$

$a_4 = -984.6252 \qquad a_5 = 0.3594685 \qquad a_6 = 69.79841$

$a_7 = -872.8833$

⑧ 最后，求算式（6-175）中的 λ^{**} 值

$$\lambda^{**} = [\lambda(1) + \lambda(2) + \lambda(3)]H \tag{6-213}$$

$$H = \frac{(16.04 \times 10^3/M)^{\frac{1}{2}} f^{\frac{1}{2}}}{h^{\frac{2}{3}}} \tag{6-214}$$

为了提高精确度，Ely 和 Hanley 在式（6-213）引入一校正因子，该因子用 X 表示，把它乘在式（6-213）的右侧，即

$$\lambda^{**} = [\lambda(1) + \lambda(2) + \lambda(3)]HX \tag{6-215}$$

$$X = \left\{ \left[1 - \frac{T}{f}\left(\frac{\partial f}{\partial T}\right)_V \right] \frac{0.288}{Z_c} \right\}^{3/2} \tag{6-216}$$

$$\left(\frac{\partial f}{\partial T}\right)_V = \frac{T_0}{190.4}\left(\frac{\partial \theta}{\partial T}\right)_V \tag{6-217}$$

$$\left(\frac{\partial \theta}{\partial T}\right)_V = (\omega - 0.011)\left\{ -0.86276\left(\frac{\partial \ln T^+}{\partial T}\right)_V \right.$$

$$-(0.46568)(V^+-0.5)\left[\frac{\partial\left(\frac{1}{T^+}\right)}{\partial T}\right]_{\text{V}}\right\} \tag{6-218}$$

$$\left(\frac{\partial\theta}{\partial T}\right)_{\text{V}}=\left\{\begin{matrix}0 & T^+=0\\ (\omega-0.011)\left[\frac{-0.86276}{T}+(V^+-0.5)\frac{0.46568T_c}{T^2}\right] & T^+=T_{\text{r}}\end{matrix}\right. \tag{6-219}$$

应用 $\left(\frac{\partial\theta}{\partial T}\right)_{\text{V}}$ 值和式 (6-217)，校正因子 X 即可求得。

Ely 和 Hanley 用大量的烃类数据对他们的方法进行广泛检验，一般情况下其误差为 $3\%\sim8\%$，最大误差为 15%。

例 6-31 试应用 (1) Chung 方法和 (2) Ely-Hanley 方法计算丙烯在 473K 和 150bar 下的热导率。Vargaftik 报道了该条件下 $\lambda=6.64\times10^{-2}$ W/(m·K) 和 $V=172.1$cm³/mol。此外，还给出了 473K 和低压下的丙烯的黏度和热导率 $\eta_0=134\times10^{-7}$ (N·s) /m² 和 $\lambda_0=3.89\times10^{-2}$ W/(m·K)。

解 查得丙烯的基础物性数据：$T_c=364.9$K，$p_c=46.0$bar，$V_c=181$cm³/mol，$Z_c=0.274$，$\omega=0.144$，$M=42.081$g/mol=0.042081kg/mol 及 $\mu_p=0.4$D。另外，因丙烯是非极性，在 Chung 方法中，$\kappa=0$。低压定压比热容 C_p 已求得为 91.01J/(mol·K)。因此 $C_v=C_p-R=91.01-8.31=82.70$J/(mol·K)。

(1) Chung 方法

根据式 (6-173) 中给出的参数 ψ 的定义式，其中

$$\alpha=\frac{C_v}{R}-\frac{3}{2}=\frac{82.70}{8.314}-\frac{3}{2}=8.447$$

$$\beta=0.7862-0.7109\omega+1.3168\omega^2=0.7862-(0.7109)(0.144)+(1.3168)(0.144)^2$$
$$=0.7111$$

$$T_{\text{r}}=\frac{T}{T_c}=\frac{473}{364.9}=1.296$$

$$Z=2.0+10.5T_{\text{r}}^2=2.0+(10.5)(1.296)^2=19.64$$

于是

$$\psi=1+8.447\frac{0.215+(0.28288)(8.447)-(1.061)(0.7111)+(0.26665)(19.64)}{0.6366+(0.7111)(19.64)+(1.061)(8.447)(0.7111)}$$
$$=3.854$$

根据式 (6-197)

$$y=\frac{\rho V_c}{6}=\frac{V_c}{6V}=\frac{181}{(6)(172.1)}=0.1753$$

根据表 6-22 并应用式 (6-200) 求 B_{i} 值，这里 $\omega=0.144$，而缔合因子 $\kappa=0$

$$\mu_{\text{r}}^4=\left\{\frac{(131.3)(0.4)}{[(181)(364.9)]^{1/2}}\right\}^4=1.74\times10^{-3}$$

例如

$$B_1=2.4166+(7.4824\times10^{-1})(0.144)-(9.1858\times10^{-1})(1.74\times10^{-3})$$
$$=2.5227$$

$$B_2=-8.1358\times10^{-1} \qquad B_3=7.5328 \qquad B_4=1.3250\times10^1$$

$$B_5=9.0964\times10^{-1} \qquad B_6=-4.0034 \qquad B_7=1.0944\times10^2$$

应用式 (6-198) 和式 (6-199)

$$G_1=\frac{1-(0.5)(0.1753)}{(1-0.1753)^3}=1.627$$

对于 G_2

$$\frac{B_1}{y}[1-\exp(-B_4 y)]=\frac{2.5227}{0.1753}\{1-\exp[-(13.250)(0.1753)]\}=12.98$$

$$B_2 G_1 \exp(B_5 \cdot y)=(-0.81358)(1.627)\exp[(0.90964)(0.1753)]=-1.553$$

$$B_3 G_1=(7.5328)(1.627)=12.26$$

$$B_1 B_4+B_2+B_3=(2.5227)(13.250)-0.81358+7.5328=40.145$$

因此

$$G_2=\frac{(12.98-1.553+12.26)}{40.145}=0.5900$$

及

$$q=\frac{3.586\times10^{-3}(T_c/M)^{\frac{1}{2}}}{(181)^{2/3}}=1.044\times10^{-2}$$

由式（6-196）

$$\lambda=\frac{(31.2)(134\times10^{-7})(3.854)}{0.042081}[(0.5900)^{-1}-(4.0034)(0.1753)]$$

$$+(1.044\times10^{-2})(109.44)(0.1753)^2(1.296)^{\frac{1}{2}}(0.5900)$$

$$=3.829\times10^{-2}(0.9931)+2.36\times10^{-2}\,\text{W/(m}\cdot\text{K)}=6.16\times10^{-2}\,\text{W/(m}\cdot\text{K)}$$

$$误差=\frac{6.16-6.64}{6.64}\times100=-7\%$$

（2）Ely-Hanley 方法

遵照原文中提出的步骤，先求 $T_r=473/364.9=1.296$ 和 $V_r=\dfrac{172.1}{181}=0.951$，然后由式（6-202）和式（6-203）求得 $T^+=T_r=1.296$，$V^+=V_r=0.951$。应用式（6-204）和式（6-205）得

$$\theta=1+(0.144-0.011)\left\{\begin{array}{l}0.09057-0.86276\ln(1.296)\\ +\left[0.31664-\dfrac{0.46568}{1.296}\right](0.951-0.5)\end{array}\right\}=0.9797$$

$$\phi=\left\{1+(0.144-0.011)[(0.39490)(0.951-1.02355)\right.$$

$$\left.-(0.9328)(0.951-0.75464)\ln(1.296)]\right\}\frac{0.288}{0.274}$$

$$=1.040$$

然后，应用式（6-206）～式（6-209）

$$f=\frac{364.9}{190.4}(0.9797)=1.876$$

$$h=\frac{181}{99.2}(1.040)=1.898$$

$$T_0=\frac{473}{1.876}=252.1\text{K}$$

$$\rho_0=\frac{16.04}{172.1}(1.898)=0.1769$$

对于 $T_0=252.1\text{K}$，应用式（6-182）求取 $\eta_0=96.35\times10^{-7}$ （N·s）/m²。
再根据式（6-210）得

$$\lambda(1)=1944(96.35\times10^{-7})=1.873\times10^{-2}$$

然后，应用式（6-211）和式（6-212）分别求得

$$\lambda(2)=\left\{-2.5276\times10^{-4}+3.9433\times10^{-4}\left[1.12-\ln\left(\frac{252.1}{168.0}\right)\right]^2\right\}(0.1769)$$

$$=9.299\times10^{-5}$$

$$\lambda(3)=\left|\exp\left(-7.19771+\frac{85.67822}{252.1}\right)\right|$$
$$\times\left\{\exp\left|\left(12.47183-\frac{984.6252}{(252.1)^{3/2}}\right)(0.1769)^{0.1}\right.\right.$$
$$+\left(\frac{0.1769}{0.1617}-1\right)(0.1769)^{\frac{1}{2}}\left(0.3594685+\frac{69.7984}{252.1}\right.$$
$$\left.\left.-\frac{872.8833}{252.1}\right)\right|-1.0\right\}\times10^{-3}=3.144\times10^{-2}$$

然后，应用式（6-213）和式（6-214）

$$H=\frac{(16.04\times10^{-3}/0.042081)^{1/2}\cdot(1.876)^{1/2}}{(1.898)^{2/3}}=0.5516$$

$$\lambda^{**}=(1.873\times10^{-2}+9.30\times10^{-5}+3.144\times10^{-2})(0.5516)\,\text{W/(m}\cdot\text{K)}$$
$$=2.77\times10^{-2}\,\text{W/(m}\cdot\text{K)}$$

为了得到式（6-201）中第二项，按照如式（6-175）中所示的同样步骤，$T_r=473/364.9=1.296$，故 $T^+=T_r=1.296$。应用式（6-177）和式（6-178），$\theta=0.9738$ 及 $\phi=1.063$ [注意，这些和按式（6-204）和式（6-205）计算的 θ，ϕ 值有些不同，因为不包含体积项]。继续进行，应用式（6-181）和式（6-182），求得 $T_0=253.5\text{K}$ 和 $\eta_0=9.68\times10^{-6}$（N·s）/m²。由式（6-186），得 $H=0.542$，并且根据式（6-185），得 $\eta^*=137\times10^{-7}$（N·s）/m²。注意，此项应代表低压和 473K 时纯丙烯的黏度；它与文献值 [134×10^{-7}（N·s）/m²] 基本符合。回到式（6-201）

$$\lambda=2.77\times10^{-2}+\left(\frac{137\times10^{-7}}{0.042081}\right)(1.32)[82.70-(3)(8.314)/2]$$
$$=2.77\times10^{-2}+3.02\times10^{-2}=5.79\times10^{-2}\,\text{W/(m}\cdot\text{K)}$$

如果使用校项 [式（6-216）]，根据式（6-217）和式（6-218）

$$\left(\frac{\partial\theta}{\partial T}\right)_V=(0.144-0.011)\left[-\frac{0.86276}{473}+(0.951-0.5)\frac{(0.46568)(364.9)}{(473)^2}\right]$$
$$=10^{-4}$$

$$\left(\frac{\partial f}{\partial T}\right)_V=\frac{364.9}{190.4}\times10^{-4}=1.91\times10^{-4}$$

$$X=\left\{\left[1-\left(\frac{473}{1.876}\right)(1.91\times10^{-4})\right]\frac{0.288}{0.274}\right\}^{3/2}=1.001$$

因此，校正后的 λ 值为

$$\lambda=(2.77\times10^{-2})(1.001)+3.02\times10^{-2}\,\text{W/(m}\cdot\text{K)}=5.80\times10^{-2}\,\text{W/(m}\cdot\text{K)}$$

$$误差=\frac{5.80-6.64}{6.64}\times100=-12\%$$

推荐意见

本节主要介绍 Chung 等、Ely-Hanley 及 Thoclos 方法，它们都不适用于极性化合物，对于非极性化合物，其计算误差有时可能也比较大。据报道 Chung 等法和 Ely-Hanley 法可以用于较宽密度范围。甚至可达到液相。迄今为止，还没有比这更好的方法。

6.2.6　低压气体混合物热导率的计算

迄今为止提出了许多关于低压下混合气体热导率的计算式，而其中多数均可化成 Wassilijewa 方程的基本形式。

6.2.6.1　Wassilijewa 方程

A. Wassilijewa 首次提出如下形式的混合气体热导率方程

$$\lambda_{\mathrm{m}} = \sum_{i=1}^{n} \frac{y_i \lambda_i}{\sum_{j=1}^{n} y_j A_{ij}} \tag{6-220}$$

式中　λ_{m}——气体混合物热导率；

$\qquad\lambda_i$——纯组分 i 的热导率；

y_i，y_j——组分 i 和 j 的分子分数；

$\qquad A_{ij}$——结合参数。

A_{ij} 可按下列几种方法计算。

（1）Mason 和 Saxena 修正式[49]

$$A_{ij} = \varepsilon \frac{[1 + (\lambda_{\mathrm{Tr}i}/\lambda_{\mathrm{Tr}j})^{\frac{1}{2}} (M_i/M_j)^{\frac{1}{4}}]^2}{[8(1 + M_i/M_j)]^{\frac{1}{2}}} \tag{6-221}$$

式中　M——相对分子质量；

$\qquad\lambda_{\mathrm{Tr}}$——热导率的单原子值；

$\qquad\varepsilon$——经验系数，接近于 1，实际使用时，可取 $\varepsilon = 1$。

① 使用组分的黏度数据

$$\frac{\lambda_{\mathrm{Tr}i}}{\lambda_{\mathrm{Tr}j}} = \frac{\eta_i}{\eta_j} \cdot \frac{M_j}{M_i} \tag{6-222}$$

此时，式（6-221）变为

$$A_{ij} = \frac{[1 + (\eta_i/\eta_j)^{\frac{1}{2}} (M_j/M_i)^{\frac{1}{4}}]^2}{[8 \cdot (1 + M_i/M_j)]^{\frac{1}{2}}} = \phi_{ij} \tag{6-223}$$

② 使用对比态数据

$$\frac{\lambda_{\mathrm{Tr}i}}{\lambda_{\mathrm{Tr}j}} = \frac{\Gamma_j}{\Gamma_i} \cdot \frac{\exp(0.0464 T_{ri}) - \exp(-0.2412 T_{ri})}{\exp(0.0464 T_{rj}) - \exp(-0.2412 T_{rj})} \tag{6-224}$$

其中

$$\Gamma = \frac{T_{\mathrm{c}}^{1/6} M^{1/2}}{p_{\mathrm{c}}^{2/3}}$$

（2）Lindsay 和 Bromley 修正式[50]

$$A_{ij} = \frac{1}{4} \left\{ 1 + \left[\left(\frac{\eta_i}{\eta_j}\right) \left(\frac{M_j}{M_i}\right)^{\frac{3}{4}} \frac{T + S_i}{T + S_j} \right]^{\frac{1}{2}} \right\}^2 \frac{T + S_{ij}}{T + S_i} \tag{6-225}$$

式中　η——纯气体黏度，$(\mathrm{N} \cdot \mathrm{s})/\mathrm{m}^2$；

$\qquad T$——热力学温度，K；

$\qquad S$——Sutherland 常数，计算详见第 6.1.4 节。

6.2.6.2　经验方程

（1）Brokaw 经验式[51]

R. S. Brokaw 指出，大多数非极性混合物 λ_{m} 是小于线性分子分数平均值，但大于倒数平均值，于是，对双元体系他建议采用下式

$$\lambda_{\mathrm{m}} = q\lambda_{\mathrm{mL}} + (1-q)\lambda_{\mathrm{mR}} \tag{6-226}$$

其中　　　　$\lambda_{\mathrm{mL}} = y_1\lambda_1 + y_2\lambda_2$　　和　　$\dfrac{1}{\lambda_{\mathrm{mR}}} = \dfrac{y_1}{\lambda_1} + \dfrac{y_2}{\lambda_2}$

q 随混合物中轻组分的组成而变，可由表 6-23 查得。

表 6-23　**Brokaw 因子随轻组分组成的变化**

轻组分分子分数	q	轻组分分子分数	q	轻组分分子分数	q
0	0.32	0.4	0.42	0.8	0.61
0.1	0.34	0.5	0.46	0.9	0.69
0.2	0.37	0.6	0.5	0.95	0.74
0.3	0.39	0.7	0.55	1.0	0.8

（2）Ribblett 经验式

$$\lambda_{\mathrm{m}} = \frac{\sum\limits_{i=1}^{n} \lambda_i y_i M_i^{1/3}}{\sum\limits_{i=1}^{n} y_i M_i^{1/3}} \tag{6-227}$$

式中　λ_i——组分 i 的热导率；

M_i——组分 i 的相对分子质量。

此经验式适用于一般常见气体及碳氢化合物，平均误差为 3% 左右，最大误差为 27%。对于单原气体（Ar，He，Ne，Kr），特别对氢不适用。

例 6-32　推算在 1bar 和 368K 时甲烷的摩尔分数为 0.486 的甲烷-丙烷混合物的热导率；实验值为 $3.20 \times 10^{-2} \mathrm{W/(m \cdot K)}$。

解　通过查表和计算，得到如下的有关数据。

参　数	甲　烷	乙　烷	参　数	甲　烷	乙　烷
相对分子质量	16.043	44.097	$C_v(95℃)/[\mathrm{J/(mol \cdot K)}]$	31.15	81.65
纯气体 $\lambda/[\mathrm{W/(m \cdot K)}]$	4.39×10^{-2}	2.65×10^{-2}	临界温度$(T_c)/\mathrm{K}$	190.6	369.8
纯气体 η/cP	1.32×10^{-2}	1.00×10^{-2}	临界压力$(p_c)/\mathrm{bar}$	46.0	42.45
正常沸点/K	111.7	231.1	对比温度	1.93	0.995

① Lindsay-Bcomley

令：1-甲烷和 2-丙烷，由 6.1.4 节介绍的方法，$S = 1.47 T_b$。

$$S_1 = (1.47)(111.7) = 164$$
$$S_2 = (1.47)(231.1) = 340$$
$$S_{12} = [(164)(340)]^{\frac{1}{2}} = 236$$

由式（6-225）

$$A_{12} = \frac{1}{4} \left\{ 1 + \left[\frac{1.32}{1.00} \left(\frac{44.097}{16.043} \right)^{\frac{3}{4}} \frac{1 + 164/368}{1 + 340/368} \right]^{\frac{1}{2}} \right\}^2 \frac{1 + 236/368}{1 + 164/368} = 1.71$$

同理，可求出 $A_{21} = 0.61$

由式（6-220），

$$\lambda_{\mathrm{m}} = \frac{y_1 \lambda_1}{y_1 + A_{12} y_2} + \frac{y_2 \lambda_2}{y_2 + A_{21} y_1}$$

$$= \left[\frac{(0.486)(4.39 \times 10^{-2})}{0.486 + (1.71)(0.514)} + \frac{(0.514)(2.65 \times 10^{-2})}{0.514 + (0.61)(0.486)} \right] \mathrm{W/(m \cdot K)}$$

$$= 3.245 \times 10^{-2} \mathrm{W/(m \cdot K)}$$

$$误差 = \frac{3.245 - 3.20}{3.20} \times 100 = 1.4\%$$

② Mason-Saxena 修正式

可以由式（6-223）或式（6-224）及式（6-221）两种方法计算 A_{ij}，由式（6-223）

$$A_{12} = \phi_{12} = \frac{[1 + (1.32/1.00)^{\frac{1}{2}} (44.097/16.043)^{\frac{1}{4}}]^2}{8^{\frac{1}{2}} (1 + 16.04/44.10)^{\frac{1}{2}}} = 1.86$$

$$A_{21} = \phi_{21} = 0.51$$

$$\lambda_m = \left[\frac{(0.486)(4.39 \times 10^{-2})}{0.486 + (1.86)(0.514)} + \frac{(0.514)(2.65 \times 10^{-2})}{0.514 + (0.51)(0.486)} \right] W/(m \cdot K)$$

$$= 3.27 \times 10^{-2} \, W/(m \cdot K)$$

$$误差 = \frac{3.27 - 3.20}{3.20} \times 100 = 2.2\%$$

若由式（6-224），可不使用纯组分黏度数据，则

$$\Gamma = 210 \left(\frac{T_c M^3}{p_c^4} \right)^{\frac{1}{6}} \quad \Gamma_1 = 157.18 \quad \Gamma_2 = 307.01$$

$$\frac{\lambda_{Tr1}}{\lambda_{Tr2}} = \frac{307.1}{157.18} \cdot \frac{e^{(0.0464 \times 1.93)} - e^{-(0.2412)(1.93)}}{e^{(0.0464 \times 0.995)} - e^{-(0.2412)(0.995)}}$$

$$= 3.50$$

代入式（6-221），且取 $\varepsilon = 1.0$

$$A_{12} = \frac{[1 + (3.50)^{\frac{1}{2}}(16.04/44.10)^{\frac{1}{4}}]^2}{[8(1 + 16.04/44.10)]^{\frac{1}{2}}} = 1.82$$

同理，$A_{21} = 0.521$

代入式（6-220）

$$\lambda_m = 3.278 \times 10^{-2} \, W/(m \cdot K)$$

$$误差 = \frac{3.278 - 3.20}{3.20} \times 100 = 2.45\%$$

③ Brokaw 经验法

$$\lambda_{mL} \times 10^2 = (0.486)(4.39) + (0.514)(2.65) = 3.496$$

$$\lambda_{mR} \times 10^2 = \left(\frac{0.486}{4.39} + \frac{0.514}{2.65} \right)^{-1} = 3.282$$

由表 6-23，当 $y_{CH_4} = 0.486$，$q = 0.45$

$$\lambda_m = [(0.45)(3.496) + (0.55)(3.282)] \times 10^{-2} \, W/(m \cdot K)$$

$$= 3.378 \times 10^{-2} \, W/(m \cdot K)$$

$$误差 = \frac{3.378 - 3.20}{3.20} \times 100 = 5.5\%$$

④ Ribblett 经验式

应用式（6-227）

$$\lambda_m = \frac{\lambda_1 y_1 M_1^{1/3} + \lambda_2 y_2 M_2^{1/3}}{y_1 M_1^{1/3} + y_2 M_2^{1/3}}$$

$$= \frac{(4.39)(0.486)(16.043)^{\frac{1}{3}} + (2.65)(0.514)(44.10)^{\frac{1}{3}}}{(0.486)(16.043)^{\frac{1}{3}} + (0.514)(44.10)^{\frac{1}{3}}} \times 10^{-2} \, W/(m \cdot K)$$

$$= 3.351 \times 10^{-2} \, W/(m \cdot K)$$

$$误差 = \frac{3.351 - 3.20}{3.20} \times 100 = 4.7\%$$

6.2.6.3 Sutherland 模型法[52]

基于 Sutherland 模型方程编者导出如下形式的方程

$$\lambda_m = \sum_{i=1}^{n} \frac{\lambda_i}{1 + \sum_{\substack{j=1 \\ j \neq i}}^{n} G_{ij}^* \frac{y_j}{y_i}} \tag{6-228}$$

式中，λ_m 为气体混合物热导率；λ_i 为组分 i 的热导率；y_i，y_j 为组分 i 和 j 的摩尔分数。

式中，结合系数 G_{ij}^* 为

$$G_{ij}^* = \varepsilon_{ij}\phi_{ij}^* = \varepsilon_{ij}\left(\frac{1}{4}\right)\left(\frac{M_{ij}}{M_j}\right)^{-\frac{1}{2}} \times \left\{1 + \left[\left(\frac{\eta_i}{\eta_j}\right)\left(\frac{M_i}{M_j}\right)^{\frac{1}{2}}\frac{1 + \dfrac{S_i}{T}}{1 + \dfrac{S_j}{T}}\right]^{\frac{1}{2}}\right\}^2 \frac{1 + \dfrac{S_{ij}}{T}}{1 + \dfrac{S_i}{T}} \tag{6-229}$$

其中，系数 ε_{ij} 为

$$\varepsilon_{ij} = \varepsilon_{ji} = \left(\frac{M_{ij}}{\overline{M}_{ij}}\right)^{\frac{1}{4}} \tag{6-230}$$

$$M_{ij} = \frac{M_i + M_j}{2} \qquad \overline{M}_{ij} = \sqrt{M_i M_j}$$

式中，Sutherland 常数 S 之计算与 6.1.4 节相同。

通过对 60 种双元气体混合物的 200 个数据点的检验计算，平均误差为 2.1%，本方法特别适用于相对分子质量大小相差悬殊和含极性组分的物系。

另外，基于式（6-229），还提出如下两个简化推算法。

（1）简化公式（Ⅰ）

$$\lambda_m = \sum_{i=1}^{n} \frac{\lambda_i}{1 + \sum_{\substack{j=1 \\ j \neq i}}^{n} G_{ij}\dfrac{y_j}{y_i}} \tag{6-231}$$

其中

$$G_{ij} = \varepsilon_{ij}\phi_{ij} \tag{6-232}$$

$$\phi_{ij} = \frac{1}{4}\left(\frac{M_{ij}}{M_j}\right)^{-\frac{1}{2}}\left\{1 + \left[\left(\frac{\eta_i}{\eta_j}\right)\left(\frac{M_j}{M_i}\right)^{\frac{1}{2}}\right]^{\frac{1}{2}}\right\}^2$$

此法平均误差为 2.6%。

（2）简化公式（Ⅱ）

本方法称为简单结合系数法，其表示式为

$$\lambda_m = \sum_{i=1}^{n} \frac{\lambda_i}{1 + \sum_{\substack{j=1 \\ j \neq i}}^{n} G_{ij}^*\dfrac{y_j}{y_i}} \tag{6-233}$$

其中

$$G_{ij}^{\circ} = \varepsilon_{ij}\phi_{ij}^{\circ} \tag{6-234}$$

$$\phi_{ij}^{\circ} = \left(\frac{M_j}{M_i}\right)^{\frac{1}{4}}$$

此法的平均误差为 2.7%。对于含有极性气体，如氨，水蒸气等的混合物，其误差一般为 4%～5%。

例 6-33　试推算含氮 50%（摩尔）的氮-氩气体混合物在低压 1000K 下的热导率，文献值为 $12.77 \times 10^{-2}\,\text{W/(m·K)}$。

查得　λ_1（氮，1000K）$= 33.83 \times 10^{-2}\,\text{W/(m·K)}$

λ_2（氩，1000K）$= 4.23 \times 10^{-2}\,\text{W/(m·K)}$

η_1（氮，1000K）$= 4.34 \times 10^{-4}\,\text{g/(cm·s)}$

η_2（氩，1000K）$= 5.41 \times 10^{-4}\,\text{g/(cm·s)}$

解　先确定 S_1，S_2 和 S_{12}

$$S_1 = 79 \quad S_2 = 1.47T_{b2} = (1.47)(87.5) = 128.6$$

$$S_{12} = S_{21} = \sqrt{S_1 S_2} = [(79)(128.6)]^{\frac{1}{2}} = 100.8$$

查得相对分子质量 $\qquad M_1 = 4.003 \quad M_2 = 39.94$

并计算出校正系数

$$\varepsilon_{12} = \varepsilon_{21} = \left(\frac{M_{12}}{M_{12}}\right)^{\frac{1}{4}} = \left(\frac{21.9715}{12.6443}\right)^{\frac{1}{4}} = 1.148$$

（1）使用式（6-233）计算

先计算结合参数

$$\phi_{12}^* = \frac{1}{4}\left(\frac{M_{12}}{M_2}\right)^{-\frac{1}{2}}\left\{1 + \left[\left(\frac{\eta_1}{\eta_2}\right)\left(\frac{M_2}{M_1}\right)^{\frac{1}{2}}\frac{1+\frac{S_1}{T}}{1+\frac{S_2}{T}}\right]^{\frac{1}{2}}\right\}^2 \frac{1+\frac{S_{12}}{T}}{1+\frac{S_1}{T}}$$

$$= \frac{1}{4}\left(\frac{21.97}{39.94}\right)^{-\frac{1}{2}}\left\{1 + \left[\left(\frac{4.34}{5.41}\right)\left(\frac{39.94}{4.00}\right)^{\frac{1}{2}}\frac{1+\frac{79}{1000}}{1+\frac{128.6}{1000}}\right]^{\frac{1}{2}}\right\}^2 \frac{1+\frac{100.8}{1000}}{1+\frac{79}{1000}}$$

$$= 2.245$$

同理，$\phi_{21}^* = 0.28$

因此，

$$G_{12}^* = \varepsilon_{12}\phi_{12}^* = (1.148)(2.245) = 2.577$$

$$G_{21}^* = \varepsilon_{21}\phi_{21}^* = (1.148)(0.28) = 0.321$$

应用式（6-228）

$$\lambda_m = \frac{\lambda_1}{1+G_{12}^*\frac{y_2}{y_1}} + \frac{\lambda_2}{1+G_{21}^*\frac{y_1}{y_2}}$$

$$= \frac{33.83\times10^{-2}}{1+2.577\frac{0.5}{0.5}} + \frac{4.32\times10^{-2}}{1+0.321\frac{0.5}{0.5}}$$

$$= 9.458\times10^{-2} + 3.270\times10^{-2} = 12.728\times10^{-2}$$

$$误差 = \frac{12.728-12.770}{12.770}\times100 = -0.33\%$$

（2）使用简化公式（Ⅰ）

$$\phi_{12} = \frac{1}{4}\left(\frac{M_{12}}{M_2}\right)^{-\frac{1}{2}}\left\{1 + \left[\left(\frac{\eta_1}{\eta_2}\right)\left(\frac{M_2}{M_1}\right)^{\frac{1}{2}}\right]^{\frac{1}{2}}\right\}^2$$

$$= \frac{1}{4}\left(\frac{21.98}{39.94}\right)^{-\frac{1}{2}}\left\{1 + \left[\left(\frac{4.34}{5.41}\right)\left(\frac{39.94}{4.00}\right)^{\frac{1}{2}}\right]^{\frac{1}{2}}\right\}^2$$

$$= 2.27$$

同理，$\phi_{21} = 0.282$

因此，

$$G_{12} = \varepsilon_{12}\phi_{12} = (1.148)(2.27) = 2.60$$

$$G_{21} = \varepsilon_{21}\phi_{21} = (1.148)(0.282) = 0.323$$

应用式（6-231）

$$\lambda_m = \frac{\lambda_1}{1+G_{12}\frac{y_2}{y_1}} + \frac{\lambda_2}{1+G_{21}\frac{y_1}{y_2}}$$

$$=\frac{33.83\times10^{-2}}{1+2.60\times\dfrac{0.5}{0.5}}+\frac{4.23\times10^{-2}}{1+0.323\times\dfrac{0.5}{0.5}}$$

$$=(9.397\times10^{-2}+3.197\times10^{-2})\,W/(m\cdot K)=12.594\times10^{-2}\,W/(m\cdot K)$$

$$误差=\frac{12.594-12.770}{12.770}\times100=-1.37\%$$

例 6-34　试推算气体混合物［含 25%（摩尔）苯和 75%氩］在 373.8K 和约 1bar 下的热导率。已知实验值为 $1.92\times10^{-2}\,W/(m\cdot K)$。已知

参　数	苯(1)	氩(2)	参　数	苯(1)	氩(2)
T_c/K	562.2	150.8	ω	0.212	0.001
p_c/bar	48.9	48.7	Z_c	0.271	0.291
$V_c/(cm^3/mol)$	259	74.9	$M/(g/mol)$	78.114	39.948

在 373.8K 和 1bar 下纯组分的黏度和热导率

参　数	苯(1)	氩(2)
$\eta\times10^7/[(N\cdot S)/m^2]$	92.5	271
$\lambda\times10^2/[W/(m\cdot K)]$	1.66	2.14

解　(1) Mason-Saxena 法

应用式(6-220)，其中 $A_{12}=\phi_{12}$，$A_{21}=\phi_{21}$，应用式 (6-223)

$$A_{12}=\frac{[1+(92.5/271)^{\frac12}(39.948/78.114)^{\frac14}]^2}{\{8[1+(78.114/39.948)]\}^{\frac12}}=0.459$$

$$A_{21}=A_{12}\frac{\eta_2}{\eta_1}\cdot\frac{M_1}{M_2}=0.459\frac{271}{92.5}\cdot\frac{78.114}{39.948}=2.63$$

$$\lambda_m=\frac{y_1\lambda_1}{y_1+A_{12}y_2}+\frac{y_2\lambda_2}{y_2+A_{21}y_1}$$

$$=\left[\frac{(0.25)(1.66)}{0.25+(0.459)(0.75)}+\frac{(0.75)(2.14)}{0.75+(2.63)(0.25)}\right]\times10^{-2}\,W/(m\cdot K)$$

$$=1.84\times10^{-2}\,W/(m\cdot K)$$

$$误差=\frac{1.84-1.92}{1.92}\times100=-4.2\%$$

(2) 对比态的 Mason-Saxena 法

$$\Gamma_1=210\left[\frac{(562.2)(78.114)^3}{(48.9)^4}\right]^{\frac16}=398.7$$

$$\Gamma_2=210\left[\frac{(150.8)(39.948)^3}{(48.7)^4}\right]^{\frac16}=229.6$$

$$\frac{\lambda_{Tr1}}{\lambda_{Tr2}}=\frac{229.6\{exp[(0.0464)(0.665)]-exp[(-0.2412)(0.665)]\}}{398.7\{exp[(0.0464)(2.479)]-exp[(-0.2412)(2.479)]\}}$$

$$=0.1808$$

$$\frac{\lambda_{Tr2}}{\lambda_{Tr1}}=(0.1808)^{-1}=5.536$$

把上述数据代入式 (6-221)，并设 $\varepsilon=1.0$，则得

$$A_{12}=\frac{[1+(0.1808)^{\frac12}(78.114/39.948)^{\frac14}]^2}{\{8[1+(39.948/78.114)]\}^{\frac12}}=0.4645$$

$$A_{21}=\frac{[1+(5.536)^{\frac12}(39.948/78.114)^{\frac14}]^2}{\{8[1+(39.948/78.114)]\}^{\frac12}}=2.571$$

于是，应用式（6-220）

$$\lambda_m = \left[\frac{(0.25)(1.66)}{0.25+(0.75)(0.4645)} + \frac{(0.75)(2.14)}{0.75+(0.25)(2.571)}\right] \times 10^{-2}\,W/(m\cdot K)$$

$$= 1.85 \times 10^{-2}\,W/(m\cdot K)$$

$$误差 = \frac{1.85-1.92}{1.92} \times 100 = -3.6\%$$

（3）Sutherland 模型法

先用组分 1 和 2 的正常沸点确定 Sutherland 常数。已查得 $T_{b1} = 353.3K$，$T_{b2} = 87.3K$，于是

$$S_1 = 1.47 T_{b1} = (1.47)(353.3)K = 519.35K$$

$$S_2 = 1.47 T_{b2} = (1.47)(87.3)K = 128.33K$$

$$S_{12} = \sqrt{S_1 S_2} = \sqrt{(519.35)(128.33)}K = 258.16K$$

再由相对分子质量 $M_1 = 78.114$，$M_2 = 39.948$ 求出校正系数 ε_{12}（或 ε_{21}）

$$\varepsilon_{12} = \varepsilon_{21} = \left(\frac{M_{12}}{\overline{M}_{12}}\right)^{\frac{1}{4}} = \left(\frac{59.03}{55.86}\right)^{\frac{1}{4}} = 1.014$$

根据式（6-229），计算结合参数

$$\phi_{12}^* = \frac{1}{4}\left(\frac{M_{12}}{M_2}\right)^{-\frac{1}{2}} \left\{1 + \left[\left(\frac{\eta_1}{\eta_2}\right)\left(\frac{M_2}{M_1}\right)^{\frac{1}{2}}\frac{1+\frac{S_1}{T}}{1+\frac{S_2}{T}}\right]^{\frac{1}{2}}\right\}^2 \frac{1+\frac{S_{12}}{T}}{1+\frac{S_1}{T}}$$

$$= \frac{1}{4}\left(\frac{59.031}{39.948}\right)^{-\frac{1}{2}} \left\{1 + \left[\left(\frac{92.5}{271}\right)\left(\frac{39.948}{78.114}\right)^{\frac{1}{2}}\frac{1+1.389}{1+0.343}\right]^{\frac{1}{2}}\right\}^2 \frac{1+0.691}{1+1.389}$$

$$= 0.401$$

同理，算得

$$\phi_{21}^* = 2.292$$

于是

$$G_{12}^* = \varepsilon_{12}\phi_{12}^* = (1.014)(0.401) = 0.4066$$

$$G_{21}^* = \varepsilon_{21}\phi_{21}^* = (1.014)(2.292) = 2.3244$$

由式（6-228）

$$\lambda_m = \frac{1.66\times10^{-2}}{1+(0.4066)\frac{0.75}{0.25}} + \frac{2.14\times10^{-2}}{1+(2.3244)\frac{0.25}{0.75}}$$

$$= (0.7478+1.2058)\times10^{-2}\,W/(m\cdot K) = 1.9535\times10^{-2}\,W/(m\cdot K)$$

$$误差 = \frac{1.9535-1.920}{1.920} \times 100 = 1.75\%$$

（4）简化公式（Ⅰ）

先计算结合参数

$$\phi_{12} = \frac{1}{4}\left(\frac{M_{12}}{M_2}\right)^{-\frac{1}{2}} \left\{1 + \left[\left(\frac{\eta_1}{\eta_2}\right)\left(\frac{M_2}{M_1}\right)^{\frac{1}{2}}\right]^{\frac{1}{2}}\right\}^2$$

$$= \frac{1}{4}\left(\frac{59.031}{39.948}\right)^{-\frac{1}{2}} \left\{1 + \left[\left(\frac{92.5}{271}\right)\left(\frac{39.948}{78.114}\right)^{\frac{1}{2}}\right]^{\frac{1}{2}}\right\}^2$$

$$= 0.4590$$

同理，求得

$$\phi_{21} = 2.6303$$

于是

$$G_{12}=\varepsilon_{12}\phi_{12}=(1.014)(0.4590)=0.4655$$

$$\varepsilon_{21}=\varepsilon_{21}\phi_{21}=(1.014)(2.6303)=2.6671$$

应用式（6-231）

$$\lambda_{\mathrm{m}}=\left[\frac{1.66\times10^{-2}}{1+0.4655\dfrac{0.75}{0.25}}+\frac{2.14\times10^{-2}}{1+2.6671\dfrac{0.25}{0.75}}\right]\mathrm{W/(m\cdot K)}$$

$$=1.826\times10^{-2}\mathrm{W/(m\cdot K)}$$

$$误差=\frac{1.826-1.920}{1.920}\times100=-4.7\%$$

（5）简化公式（Ⅱ）

先计算结合参数

$$\phi_{12}^{\circ}=\left(\frac{M_2}{M_1}\right)^{\frac{1}{4}}=\left(\frac{39.948}{78.114}\right)^{\frac{1}{4}}=0.84565$$

$$\phi_{21}^{\circ}=\left(\frac{M_1}{M_2}\right)^{\frac{1}{4}}=1.1825$$

于是

$$G_{12}^{\circ}=\varepsilon_{12}\phi_{12}^{\circ}=0.8575$$

$$G_{21}^{\circ}=\varepsilon_{21}\phi_{21}^{\circ}=1.1990$$

应用式（6-233）

$$\lambda_{\mathrm{m}}=\left[\frac{1.66\times10^{-2}}{1+0.8575\dfrac{0.75}{0.25}}+\frac{2.14\times10^{-2}}{1+1.1990\dfrac{0.25}{0.75}}\right]\mathrm{W/(m\cdot K)}=1.993\times10^{-2}\mathrm{W/(m\cdot K)}$$

$$误差=\frac{1.993-1.920}{1.920}\times100=3.8\%$$

6.2.6.4　Chung 等方法 [42, 43]

当应用本方法时，是利用 6.1 节中所论述的关系式来确定混合物性质 η_{m}，M_{m}，ω_{m} 和 T_{cm}（参看例 6-12）。对于含苯 25%（摩尔）和氩 75%（摩尔）在 373.8K 下的混合物，算得 $\eta_{\mathrm{m}}=182.2\mu\mathrm{P}=182.2\mathrm{N\cdot s/m^2}$，$M_{\mathrm{m}}=0.04631\mathrm{kg/mol}$，$\omega_{\mathrm{m}}=0.0817$ 及 $T_{\mathrm{cm}}=277.4\mathrm{K}$。根据已得到的定容热容量数据，$C_{\mathrm{v1}}=96.7\mathrm{J/(mol\cdot K)}$，$C_{\mathrm{v2}}=12.7\mathrm{J/(mol\cdot K)}$。应用 $C_{\mathrm{vm}}=\sum\limits_{i}y_iC_{\mathrm{vi}}$，求得 $C_{\mathrm{vm}}=(0.25)(96.7)+(0.75)(12.7)=33.7\mathrm{J/(mol\cdot K)}$。于是，按式（6-173），求混合物热导率

$$\lambda_{\mathrm{m}}=\frac{(\eta_{\mathrm{m}}C_{\mathrm{vm}}/M_{\mathrm{m}})(3.75\psi_{\mathrm{m}})}{C_{\mathrm{Vm}}/R}=\frac{\eta_{\mathrm{m}}R}{M_{\mathrm{m}}}(3.75\psi_{\mathrm{m}})$$

$$\psi_{\mathrm{m}}=1+\frac{\alpha_{\mathrm{m}}[0.215+0.28288\alpha_{\mathrm{m}}-1.061\beta_{\mathrm{m}}+0.26665Z_{\mathrm{m}}]}{0.6366+\beta_{\mathrm{m}}Z_{\mathrm{m}}+1.061\alpha_{\mathrm{m}}\beta_{\mathrm{m}}}$$

$$\alpha_{\mathrm{m}}=(C_{\mathrm{Vm}}/R)-\frac{3}{2}=(33.7/8.314)-\frac{3}{2}=2.553$$

$$\beta_{\mathrm{m}}=0.7862-0.7109\omega_{\mathrm{m}}+1.3168\omega_{\mathrm{m}}^2=0.7369$$

$$T_{\mathrm{rm}}=373.8/277.4=1.348$$

$$Z_{\mathrm{m}}=2.0+10.5T_{\mathrm{rm}}^2=2.0+(10.5)(1.348)^2=21.07$$

$$\psi_{\mathrm{m}}=1.812$$

$$\lambda_{\mathrm{m}}=\left|(182.2\times10^{-7})\frac{8.314}{0.04631}\right|[(3.75)(1.812)]\mathrm{W/(m\cdot K)}$$

$$= 2.22 \times 10^{-2} \, W/(m \cdot K)$$

$$误差 = \frac{2.22 - 1.92}{1.92} \times 100 = 15.6\%$$

推荐意见

对于非极性气体混合物，推荐应用 Mason-Saxena 结合参数 A_{ij} 的 Wassiljewa 法和 Sutherland 模型法，大多数情况下 Sutherland 模型法精度比较高，而且还可应用于一些含极性物质的体系。不过这两种方法均需要纯组分的 η 和 λ 的数据。Chung 方法计算精度比较差，但它的优点是不需要纯组分的 η 和 λ 的数据。

6.2.7 高压气体混合物热导率的计算

下面我们将介绍几种推算法。所有这几种方法都是先前为推算低压和高压下纯气体热导率而提出的。

6.2.7.1 Stiel-Thodos 法

式（6-193）～式（6-195）是作为推算纯气体高压热导率的一种方法。本方法可以用于混合物，如果混合规则和组合规则是适合于确定 T_{cm}，p_{cm}，V_{cm}，Z_{cm} 和 M_m 的话。M. Yorizane 等已研究过这种近似方法并推荐如下：

$$T_{cm} = \frac{\sum_i \sum_j y_i y_j V_{cij} T_{cij}}{V_{cm}} \tag{6-235}$$

$$V_{cm} = \sum_i \sum_j y_i y_j V_{cij} \tag{6-236}$$

$$\omega_m = \sum_i y_i \omega_i \tag{6-237}$$

$$Z_{cm} = 0.291 - 0.08 \omega_m \tag{6-238}$$

$$p_{cm} = Z_{cm} R T_{cm} / V_{cm} \tag{6-239}$$

$$M_m = \sum_i y_i M_i \tag{6-240}$$

$$T_{cii} = T_{ci} \tag{6-241}$$

$$T_{cij} = (T_{ci} T_{cj})^{1/2} \tag{6-242}$$

$$V_{cii} = V_{ci} \tag{6-243}$$

$$V_{cij} = \frac{1}{8} [(V_{ci})^{1/3} + (V_{cj})^{1/3}]^3 \tag{6-244}$$

他们应用这些简单的规则，很好地关联了 CO_2—CH_4 和 CO_2—Ar 等体系的高压热导率数据。

例 6-35 试推算甲烷（1）-二氧化碳（2）混合物在 370.8K 和 174.8bar 下的热导率。此混合物的摩尔体积 $V_m = 159 \, cm^3/mol$ 及 1bar 下 $\lambda_m^\circ = 3.77 \times 10^{-2} \, W/(m \cdot K)$。

解 查得本例所需的甲烷和二氧化碳的纯组分的物性常数。

参 数	甲烷(1)	二氧化碳(2)	参 数	甲烷(1)	二氧化碳(2)
T_c/K	190.4	304.1	$\mu_p/debye$	0	0
p_c/bar	46.0	73.8	$C_p/[J/(mol \cdot K)]$	39.65	40.20
$V_c/(cm^3/mol)$	99.2	93.9	$C_v/[J/(mol \cdot K)]$	31.33	31.89
Z_c	0.288	0.274	$M/(g/mol)$	16.043	44.01
ω	0.011	0.239	$M/(kg/mol)$	0.01604	0.04401

应用式（6-235）～式（6-244）

$$T_{c12} = [(190.4)(304.1)]^{1/2} K = 240.6K$$

$$V_{c12}=\frac{1}{8}\big[(99.2)^{1/3}+(93.9)^{1/3}\big]^3\,\mathrm{cm^3/mol}=96.5\,\mathrm{cm^3/mol}$$

$$V_{cm}=(0.755)^2(99.2)+(0.245)^2(93.8)+(2)(0.755)(0.245)(96.5)\,\mathrm{cm^3/mol}$$
$$=97.9\,\mathrm{cm^3/mol}$$

$$T_{cm}=\big[(0.775)^2(190.4)(99.2)+(0.245)^2(304.1)(93.9)$$
$$+(2)(0.755)(0.245)(240.6)(96.5)\big]/97.9\,\mathrm{K}=215.2\,\mathrm{K}$$

$$\omega_m=(0.755)(0.011)+(0.245)(0.239)=0.067$$

$$Z_{cm}=0.291-(0.08)(0.067)=0.286$$

$$p_{cm}=\frac{(0.286)(8.314)(215.2)}{97.9\times10^{-6}}=5.24\times10^6\,\mathrm{Pa}=52.4\,\mathrm{bar}$$

$$M_m=\big[(0.755)(16.04)+(0.245)(44.01)\big]\mathrm{g/mol}=22.9\,\mathrm{g/mol}$$

应用式 (6-188)

$$\Gamma=(210)\left[\frac{(215.2)(22.9)^3}{(52.4)^4}\right]^{1/6}=176$$

及

$$\rho_{rm}=\frac{V_{cm}}{V_m}=\frac{97.9}{159}=0.616$$

应用式 (6-194)

$$(\lambda_m-\lambda_m^\circ)\big[(176)(0.286)^5\big]=(1.14\times10^{-2})\{\exp[(0.67)(0.616)]-1.069\}$$
$$\lambda_m-\lambda_m^\circ=1.50\times10^{-2}\,\mathrm{W/(m\cdot K)}$$
$$\lambda_m=(1.50+3.77)(10^{-2})\,\mathrm{W/(m\cdot K)}=5.27\times10^{-2}\,\mathrm{W/(m\cdot K)}$$

$$误差=\frac{5.27-5.08}{5.08}\times100=4\%$$

6.2.7.2　Chung 等方法

要把该方法用于高压气体混合物的热导率的计算，则必须将高压纯组分关系式与相应的混合规则结合起来。下面举例详细说明此方法的使用。

例 6-36　应用 Chung 方法重作例 6-35。

解　对于甲烷 (1)-二氧化碳 (2) 体系所需的纯组分性质已在例 6-35 中给出。

为了使用式 (6-196)，首先应用 6.1 节中所述的方法推算 η_m^*。根据式 (6-75) 和式 (6-77)

$$\left(\frac{\varepsilon}{K}\right)_1=\frac{190.4}{1.2593}\,\mathrm{K}=151.2\,\mathrm{K}$$

$$\left(\frac{\varepsilon}{K}\right)_2=\frac{304.1}{1.2593}\,\mathrm{K}=241.5\,\mathrm{K}$$

$$\sigma_1=(0.809)(99.2)^{1/3}\,\mathrm{\AA}=3.745\,\mathrm{\AA}$$

$$\sigma_2=(0.809)(93.9)^{1/3}\,\mathrm{\AA}=3.677\,\mathrm{\AA}$$

于是，相互作用值可由式 (6-76)，式 (6-78)，式 (6-80) 以及式 (6-83) 求出

$$\sigma_{12}=\big[(3.745)(3.677)\big]^{1/2}\,\mathrm{\AA}=3.711\,\mathrm{\AA}$$

$$\left(\frac{\varepsilon}{K}\right)_{12}=\big[(151.2)(241.5)\big]^{1/2}\,\mathrm{K}=191.1\,\mathrm{K}$$

$$\omega_{12}=\frac{0.011+0.239}{2}=0.125$$

$$M_{12}=\frac{(2)(16.04)(44.01)}{(16.04+44.01)}=23.51$$

以 $y_1=0.755$ 和 $y_2=0.245$，应用式 (6-68)～式 (6-72) 和式 (6-84)，则得

$$\sigma_m=3.728\,\mathrm{\AA}\qquad\left(\frac{\varepsilon}{K}\right)_m=171.0\,\mathrm{K}\qquad T^*=2.168$$

$$M_{\mathrm{m}} = 20.89\mathrm{g/mol} \qquad \omega_{\mathrm{m}} = 0.066 \qquad F_{\mathrm{cm}} = 0.982$$

因此，由式（6-15）求得 $\Omega_{\mathrm{V}} = 1.144$，然后，由式（6-9）得

$$\eta^{\circ}_{\mathrm{m}} = (26.69)(0.982)\frac{[(20.89)(370.8)]^{1/2}}{(3.728)^2(1.144)}$$

$$= 145.1\mu\mathrm{P} = 145.1 \times 10^{-7}(\mathrm{N \cdot s})/\mathrm{m}^2$$

由式（6-86）和式（6-87）

$$V_{\mathrm{cm}} = \left(\frac{\sigma_{\mathrm{m}}}{0.809}\right)^3 \mathrm{cm}^3/\mathrm{mol} = 97.85\mathrm{cm}^3/\mathrm{mol}$$

$$T_{\mathrm{cm}} = (1.2593)\left(\frac{\varepsilon}{k}\right)_{\mathrm{m}} = 215.3\mathrm{K}$$

$$T_{\mathrm{rm}} = \frac{T}{T_{\mathrm{cm}}} = \frac{370.8}{215.3} = 1.722$$

混合物的 C_{v} 由 $C_{\mathrm{vm}} = \sum_i y_i C_{\mathrm{vi}}$ 求得为 $31.47\mathrm{J/(mol \cdot K)}$。$\psi$ 是由式（6-173）中指出的而用下列各数求出。

$$\alpha_{\mathrm{m}} = \frac{31.47}{8.314} - \frac{3}{2} = 2.285$$

$$\beta_{\mathrm{m}} = 0.7862 - (0.7109)(0.066) + (1.3168)(0.066)^2 = 0.745$$

$$Z = 2.0 + (10.5)(1.722)^2 = 33.14$$

$$\psi = 1.750$$

及 $\qquad\qquad M' = M/10^3 = 20.89 \times 10^{-3}\mathrm{kg/mol}$

由式（6-197）～式（6-201）和表 6-22。

$$y_{\mathrm{m}} = 0.1026$$

$$G_1 = 1.313$$

$$G_2 = 0.6522$$

$B_1 = 2.466$，$B_2 = -0.6089$，$B_3 = 6.982$，$B_4 = 13.95$，$B_5 = 0.8469$，$B_6 = -5.019$，$B_7 = 99.54$

$$q = \frac{(3.586 \times 10^{-3})(215.3/20.89 \times 10^{-3})^{\frac{1}{2}}}{(97.85)^{\frac{2}{3}}} = 1.714 \times 10^{-2}$$

最后，把这些数值代入式（6-196）得

$$\lambda_{\mathrm{m}} = \left\{ \frac{(31.2)(145.1 \times 10^{-7})(1.750)}{20.89 \times 10^{-3}}[(0.6522)^{-1} - (5.019)(0.1026)] + (1.714 \times 10^{-2}) \right.$$

$$\left. (99.54)(0.1026)^2(1.722)^{\frac{1}{2}}(0.6522) \right\} \mathrm{W/(m \cdot K)} = 5.40 \times 10^{-2}\mathrm{W/(m \cdot K)}$$

$$误差 = \frac{5.40 - 5.08}{5.08} \times 100 = 6\%$$

6.2.7.3　Ely-Hanley 法[44, 45]

混合物的热导率由下式给出

$$\lambda_{\mathrm{m}} = \lambda_{\mathrm{m}}^{**} + \lambda_{\mathrm{m}}' \tag{6-245}$$

其中

$$\lambda_{\mathrm{m}}' = \sum_i \sum_j y_i y_j \lambda_{\mathrm{ij}}' \tag{6-246}$$

$$\lambda_{\mathrm{ii}}' = \lambda_{\mathrm{i}} \tag{6-247}$$

$$\lambda_{\mathrm{ij}}' = \frac{2\lambda_{\mathrm{i}}' \lambda_{\mathrm{j}}'}{\lambda_{\mathrm{i}}' + \lambda_{\mathrm{j}}'} \tag{6-248}$$

$$\lambda_{\mathrm{i}}' = (\eta_{\mathrm{i}}^* / M_{\mathrm{i}})(1.32)\left(C_{\mathrm{vi}} - \frac{3}{2}R\right) \tag{6-249}$$

λ_i' 的定义是和式（6-175）右侧第二项相同。λ_i' 是每个组分的 T_c，C_v 和 M 及系统温度 T 的函数。

λ_m^{**} 按照式（6-201）同样的方法予以确定。按计算步骤 1，2，3 ［见式（6-201）中的计算］求得混合物中每个组分的 f_i 和 h_i，然后，按照如下的混合规则和组合规则求得 h_m，f_m 和 M_m。

$$h_m = \sum_i \sum_j y_i y_j h_{ij} \tag{6-250}$$

$$h_{ii} = h_i \tag{6-251}$$

$$h_{ij} = \frac{1}{8}\left[(h_i)^{\frac{1}{3}} + (h_j)^{\frac{1}{3}}\right]^3 \tag{6-252}$$

$$f_m = \frac{\displaystyle\sum_i \sum_j y_i y_j f_{ij} h_{ij}}{h_m} \tag{6-253}$$

$$f_{ii} = f_i \tag{6-254}$$

$$f_{ij} = (f_i f_j)^{\frac{1}{2}} \tag{6-255}$$

$$M_m = \left[\sum_i \sum_j y_i y_j M_{ij}^{-1/2} f_{ij}^{1/2} \cdot h_{ij}^{-4/3}\right]^{-2} (f_m h_m^{-8/3}) \tag{6-256}$$

$$M_{ii}' = M_i' \tag{6-257}$$

$$M_{ij}' = \frac{2M_i' M_j'}{M_i' + M_j'} \tag{6-258}$$

T_0 和 ρ_0 是由下列公式，利用系统温度 T，和混合物的摩尔体积 V_m，cm^3/mol 求得。然后，按式（6-210）～式（6-212），利用以上求得的 T_0 和 ρ_0 求出 $\lambda(1)$，$\lambda(2)$ 和 $\lambda(3)$，于是，得

$$H_m = \left(\frac{16.04 \times 10^{-3}}{M_m}\right)^{1/2} \cdot \frac{f_m^{1/2}}{h_m^{2/3}} \tag{6-259}$$

$$\lambda_m^{**} = [\lambda(1) + \lambda(2) + \lambda(3)] \cdot H_m \tag{6-260}$$

如有必要，还可采用校正因子 X ［由式（6-216）定义］，即式（6-213）右侧乘以 X。然后，根据式（6-245）求混合物的热导率。

例 6-37　应用 Ely-Hanley 法重算例 6-36。

解　甲烷（1）-二氧化碳（2）双元体系的两个纯组分性质已在例 6-35 中给出。

应用式（6-245）计算 λ_m，先要求得 λ_m^{**}。已知 $T_c(1) = 190.4K$，$T_c(2) = 304.1K$，$V_c(1) = 99.2cm^3/mol$，$V_c(2) = 93.9cm^3/mol$，$T = 370.8K$，且 $V_m = 159cm^3/mol$。于是，$T_r(1) = 370.8/190.4 = 1.947$；$T_r(2) = 370.8/304.1 = 1.219$，$V_r(1) = 159.0/99.2 = 1.603$，及 $V_r(2) = 159.0/93.9 = 1.693$。应用式（6-202）和式（6-203）

$$T^+(1) = T_r(1) = 1.947 \qquad T^+(2) = T_r(2) = 1.219$$

$$V^+(1) = V_r(1) = 1.603 \qquad V^+(2) = V_r(2) = 1.693$$

然后，应用式（6-177）～式（6-180），

$$\theta(1) = 1.0 \qquad \theta(2) = 0.964$$

$$\phi(1) = 1.0 \qquad \phi(2) = 1.073$$

$$f(1) = 1.0 \qquad f(2) = 1.540$$

$$h(1) = 1.0 \qquad h(2) = 1.016$$

现应用式（6-250）～式（6-258），由 $y(1) = 0.755$，$y(2) = 0.245$，求

$$h_{12} = [(1.0)^{\frac{1}{3}} + (1.016)^{\frac{1}{3}}]^3/8 = 1.008$$

$$h_m = (0.755)^2(1.0) + (0.245)^2(1.016) + (2)(0.755)(0.245)(1.008)$$
$$= 1.004$$

$$f_{12} = [(1.0)(1.540)]^{\frac{1}{2}} = 1.241$$

$$f_m = (0.755)^2(1.0) + (0.245)^2(1.540) + (2)(0.245)(0.745)(1.241)$$
$$= 1.122$$

$$M'_{12} = \frac{(2)(0.01604)(0.04401)}{(0.01604 + 0.04401)} = 0.02351$$

$$M_m = [(0.755)^2(0.01604)^{-\frac{1}{2}}(1.0)^{\frac{1}{2}}(1.0)^{-\frac{4}{3}} + (0.245)^2(0.04401)^{-\frac{1}{2}}$$
$$\times (1.540)^{\frac{1}{2}}(1.016)^{-\frac{4}{3}} + (2)(0.755)(0.245)(0.02351)^{-\frac{1}{2}}(1.241)^{\frac{1}{2}}(1.008)^{-\frac{4}{3}}]^{-2}$$
$$\times [(1.122)(1.004)^{-\frac{8}{3}}] = 0.01969$$

因此，应用式（6-259）和式（6-260）

$$T_0 = \frac{370.8}{1.122}\text{K} = 330.5\text{K}$$

$$\rho_0 = \left(\frac{16.04}{159}\right)(1.004)\text{g/cm}^3 = 0.1013\text{g/cm}^3$$

应用式（6-182），$\eta_0 = 1.225 \times 10^{-5}\text{N} \cdot \text{s} \cdot \text{m}^{-2}$，且由式（6-210）得

$$\lambda(1) = (1944)(1.225 \times 10^{-5})\text{W/(m} \cdot \text{K}) = 2.38 \times 10^{-2}\text{W/(m} \cdot \text{K})$$

并且由式（6-211）和式（6-212）得

$$\lambda(2) = -1.89 \times 10^{-5}\text{W/(m} \cdot \text{K})$$

$$\lambda(3) = 1.618 \times 10^{-2}\text{W/(m} \cdot \text{K})$$

然后，由式（6-259）和式（6-260）

$$H_m = \frac{(0.01604/0.01969)^{1/2}(1.122)^{1/2}}{(1.004)^{2/3}} = 0.953$$

$$\lambda_m^{**} = (2.38 + \sim 0 + 1.62)(10^{-2})(0.953)\text{W/(m} \cdot \text{K}) = 3.81 \times 10^{-2}\text{W/(m} \cdot \text{K})$$

其次，还需推算由式（6-249）给出的 $\lambda'(1)$ 和 $\lambda'(2)$。

$$\lambda'(1) = 2.087 \times 10^{-2}\text{W/(m} \cdot \text{K})$$

$$\lambda'(2) = 1.086 \times 10^{-2}\text{W/(m} \cdot \text{K})$$

应用式（6-248）

$$\lambda'_{12} = \frac{(2)(2.087 \times 10^{-2})(1.086 \times 10^{-2})}{(2.086 \times 10^{-2} + 1.086 \times 10^{-2})}\text{W/(m} \cdot \text{K}) = 1.429 \times 10^{-2}\text{W/(m} \cdot \text{K})$$

并由式（6-246）

$$\lambda'_m = [(0.755)^2(2.087 \times 10^{-2}) + (0.245)^2(1.086 \times 10^{-2})$$
$$+ (2)(0.755)(0.245)(1.429 \times 10^{-2})]\text{W/(m} \cdot \text{K}) = 1.78 \times 10^{-2}\text{W/(m} \cdot \text{K})$$

于是，由式（6-245）得

$$\lambda_m = (3.81 \times 10^{-2} + 1.78 \times 10^{-2})\text{W/(m} \cdot \text{K}) = 5.59 \times 10^{-2}\text{W/(m} \cdot \text{K})$$

$$误差 = \frac{5.59 - 5.08}{5.08} \times 100 = 10\%$$

讨论

所有三种推算高压（或高密度）气体混合物热导率的方法都经过检验，并表明比较可靠，其平均误差约为 5%～7%，但其中没有一个被认为可用于极性流体混合物。三种方法中后两种比较复杂，而 Stiel-Thodos 方法最简单，可适合手算，而其它两种可采取编程序使用。

6.2.8 液体热导率数据

液体热导率的实测数据比较少，而且不同作者的实测值之间往往有较大差别，这与测试

手段不同有关。影响测试精度的一个重要因素是消除对流的产生所造成的影响。

LB 手册[34]系统收集了 1967 年前的 λ_c 实验值，而 Jamieson 等[50]收集了 1973 年前 850 个有机物及许多混合物的 λ_L 实验值，并且按其可靠性分为 A、B、C 三个等级，其误差分别为 <2%、<5%和>5%。美国热物理中心的手册[35,36]，其中所包含的化合物种类不多，但作出了严格地评选。除了上述重要手册外，Vargaftik，Beaton[53]等手册也收集了一些 λ_L 数据。

绝大多数化合物的热导率随温度上升而减小，在沸点前 λ_L 与 T 呈线性关系，即

$$\lambda_L = A - BT \tag{6-261}$$

式中，A，B 是与温度无关的常数，B 值约为 $(1\sim3)\times10^{-4}\,\mathrm{W/(m \cdot K)}$。

当包括更大的温度范围时，可使用三项式，即

$$\lambda_L = A + BT + CT^2 \tag{6-262}$$

表 6-24 中给出一些常用物质的方程常数。

提供温度关联式系数的手册有：Jamieson 等[52]、Touloukian 等[36]、Цедербеrг[54]、Yaws 等[55]。

表 6-24 一些液体导热系数

$\lambda = A + BT + CT^2$，$\mathrm{W/(m \cdot K)}$和(T)，K

化学式	名 称	英文名称	A	B	C	λ	T	温度范围 /℃
He	氦	helium	$-3.995E-1$	$6.490E-1$	$-2.094E-1$	$8.33E-2$	1.9	1.9~2.2
			$4.118E-2$	$-1.833E-2$	$3.789E-3$	$2.11E-2$	3.2	2.2~4.9
Ne	氖	neon	$1.374E-2$	$8.392E-3$	$-1.726E-4$	$1.01E-1$	34	25~43
A	氩	argon	$1.862E-1$	$-4.121E-4$	$-3.589E-6$	$1.09E-1$	100	84~145
H_2	氢	hydrogen	$-8.546E-3$	$1.036E-2$	$-2.239E-4$	$1.11E-1$	23	14~32
N_2	氮	nitrogen	$-2.629E-1$	$-1.545E-3$	$-9.450E-7$	$1.15E-1$	91	64~121
O_2	氧	oxygen	$2.444E-1$	$-8.813E-4$	$-2.023E-6$	$1.49E-1$	90	55~138
F_2	氟	fluorine	$2.565E-1$	$-6.795E-4$	$-4.958E-6$	$1.34E-1$	103	54~133
Cl_2	氯	chlorine	$2.508E-1$	$-2.022E-4$	$-6.381E-7$	$1.37E-1$	293	172~405
Br_2	溴	bromine	$1.608E-1$	$-1.285E-5$	$-3.366E-7$	$1.28E-1$	293	266~573
I_2	碘	iodine	$1.340E-1$	$4.296E-5$	$-2.031E-7$	$1.15E-1$	429	386~785
HF	氟化氢	hydrogen fluoride	$7.100E-1$	$-8.622E-4$	$-6.440E-7$	$4.02E-1$	293	190~438
HCl	氯化氢	hydrogen chloride	$4.487E-1$	$-7.721E-5$	$-2.756E-6$	$1.89E-1$	293	159~304
HBr	溴化氢	hydrogen bromide	$2.428E-1$	$1.605E-4$	$-1.721E-6$	$1.42E-1$	293	186~343
HI	碘化氢	hydrogen iodide	$2.599E-1$	$-4.300E-5$	$-9.098E-7$	$1.69E-1$	293	223~383
CO	一氧化碳	carbon monoxide	$1.991E-1$	$1.386E-5$	$-8.971E-6$	$1.52E-1$	73	68~128
CO_2	二氧化碳	carbon dioxide	$4.070E-1$	$-8.438E-4$	$-9.626E-7$	$7.69E-2$	293	217~299
SO_2	二氧化硫	sulfur dioxide	$8.964E-1$	$-3.281E-3$	$2.991E-6$	$1.91E-1$	293	223~423
SO_3	三氧化硫	sulfur trioxide	$9.510E-1$	$-3.185E-3$	$2.789E-6$	$2.57E-1$	293	283~483
N_2O	氧化亚氮	nitrous oxide	$3.546E-1$	$-8.952E-4$	$-1.796E-6$	$7.67E-2$	293	171~293
NO	氧化氮	nitric oxide	$1.773E-1$	$1.060E-3$	$-8.891E-6$	$1.83E-1$	113	110~177
NO_2	二氧化氮	nitrogen dioxide	$2.176E-1$	$2.604E-5$	$-1.077E-6$	$1.33E-1$	293	262~415
H_2O	水	water	$-3.838E-1$	$5.254E-3$	$-6.369E-6$	$6.09E-1$	293	273~623
H_2O_2	过氧化氢	hydrogen peroxide	$-1.954E-1$	$3.374E-3$	$-3.667E-6$	$4.79E-1$	293	273~673
NH_3	氨	ammonia	$1.068E+0$	$-1.577E-3$	$-1.229E-6$	$5.00E-1$	293	196~373
N_2H_4	肼	hydrazine	$1.198E+0$	$-7.337E-4$	$-1.017E-6$	$8.95E-1$	293	275~591
CH_4	甲烷	methane	$3.026E-1$	$-6.047E-4$	$-3.197E-6$	$1.35E-1$	153	90~183
C_2H_6	乙烷	ethane	$2.928E-1$	$-6.945E-4$	$-2.039E-7$	$7.17E-2$	293	90~293
C_3H_8	丙烷	propane	$2.611E-1$	$-5.309E-4$	$-8.876E-8$	$9.78E-2$	293	85~353
C_2H_4	乙烯	ethylene	$3.565E-1$	$-9.586E-4$	$-1.972E-7$	$1.46E-1$	210	104~269
C_3H_6	丙烯	propylene	$2.906E-1$	$-6.053E-4$	$1.256E-8$	$1.14E-1$	293	88~343
C_4H_8	1-丁烯	1-butene	$2.554E-1$	$-3.984E-4$	$-1.135E-7$	$1.29E-1$	293	88~393
C_4H_8	异丁烯	isobutylene	$2.325E-1$	$-5.204E-4$	$2.609E-7$	$1.02E-1$	293	133~373
C_4H_6	1,3-丁二烯	1,3-butadiene	$3.007E-1$	$-7.837E-4$	$4.916E-7$	$1.13E-1$	293	164~393
C_5H_8	异戊二烯	isoprene	$2.215E-1$	$-3.170E-4$	$-5.527E-8$	$1.24E-1$	293	127~433
C_6H_6	苯	benzene	$1.776E-1$	$4.773E-6$	$-3.781E-7$	$1.47E-1$	293	278~533
C_7H_8	甲苯	toluene	$2.031E-1$	$-2.254E-4$	$-2.470E-8$	$1.35E-1$	293	178~581
C_8H_{10}	乙苯	ethyl benzene	$2.142E-1$	$-3.440E-4$	$1.943E-8$	$1.30E-1$	293	178~573

续表

化学式	名　称	英文名称	A	B	C	λ	T	温度范围 /℃
C_8H_{10}	邻二甲苯	o-xylene	1.649E-1	-7.440E-5	-1.415E-7	1.31E-1	293	248～605
C_8H_{10}	间二甲苯	m-xylene	1.643E-1	-1.466E-5	-2.387E-7	1.39E-1	293	225～603
C_8H_{10}	对二甲苯	p-xylene	1.487E-1	2.717E-5	-2.822E-7	1.32E-1	293	287～609
C_8H_8	苯乙烯	styrene	2.696E-1	-3.384E-4	1.675E-8	1.72E-1	293	243～623
C_9H_{12}	异丙基苯	cumene	1.973E-1	-2.421E-4	2.052E-8	1.28E-1	293	180～578
$C_{10}H_8$	萘	naphthalene	1.328E-1	5.954E-5	-1.692E-7	1.30E-1	393	354～733
C_3H_6	环丙烷	cyclopropane	1.661E-1	-1.763E-4	-2.814E-7	9.03E-2	293	146～390
C_4H_8	环丁烷	cyclobutane	1.452E-1	-1.217E-4	-1.516E-7	9.64E-7	293	183～435
C_5H_{10}	环戊烷	cyclopentane	2.143E-1	-2.588E-4	-5.820E-8	1.33E-1	293	180～488
C_6H_{12}	环己烷	cyclohexane	1.626E-1	-9.513E-5	-1.382E-7	1.23E-1	293	267～527
CH_3OH	甲醇	methanol	3.225E-1	-4.785E-4	1.168E-7	1.92E-1	293	176～483
C_2H_5OH	乙醇	ethanol	2.629E-1	-3.847E-4	2.211E-7	1.69E-7	293	160～463
C_3H_7OH	正丙醇	n-propanol	1.854E-1	-3.366E-5	-2.215E-7	1.56E-1	293	148～493
C_4H_9OH	正丁醇	n-butanol	2.288E-1	-2.697E-4	1.323E-8	1.51E-1	293	184～503
C_2H_4O	环氧乙烷	ethylene oxide	2.624E-1	-3.329E-4	-1.193E-7	1.55E-1	293	161～453
C_3H_7O	环氧丙烷	propylene oxide	2.359E-1	-2.236E-4	-2.127E-7	1.52E-1	293	162～453
C_4H_9O	环氧丁烷	butylene oxide	2.146E-1	-1.196E-4	-3.057E-7	1.53E-1	293	123～513
$C_6H_5NH_2$	胺	aniline	2.251E-1	-1.274E-4	-6.239E-8	1.82E-1	293	268～680
CH_3Cl	氯(代)甲烷	methyl chloride	3.781E-1	-6.639E-4	-1.763E-7	1.68E-1	293	176～396
CH_2Cl_2	二氯甲烷	methylene chloride	2.252E-1	-2.532E-4	-1.126E-7	1.41E-1	293	177～459
$CHCl_3$	氯仿	chloroform	1.634E-1	-8.617E-5	-2.119E-7	1.20E-1	293	210～510
CCl_4	四氯化碳	carbon tetrachloride	1.608E-1	-1.903E-4	-1.005E-8	1.04E-1	293	250～497
C_6H_5Cl	氯苯	chlorobenzene	1.809E-1	-1.604E-4	-4.689E-8	1.30E-1	293	228～600
C_4H_5Cl	氯丁二烯	chloropene	1.925E-1	-3.439E-4	1.491E-7	1.04E-1	293	143～493

6.2.9　液体热导率的计算

至目前为止，已有许多专著比较系统地从理论上讨论了液体热导率，但还难以从分子作用力模型方法计算热导率。由于液体热导率实验值不多，故使得经验的估算方法更显得重要。本节介绍几个较常用的方法。

6.2.9.1　Latini 等方法[56, 57]

G. latini 和他的合作者对许多不同类型物质的热导率进行分析研究，从而提出如下形式的关联式

$$\lambda_L = \frac{A(1-T_r)^{0.38}}{T_r^{1/6}} \tag{6-263}$$

式中　λ_L——液体的热导率，W/(m·K)；

T_r——对比温度，$T_r = T/T_c$；

A——特性常数，由下式表示。

$$A = \frac{A^* T_b^\alpha}{M^\beta T_c^\gamma} \tag{6-264}$$

T_b——正常沸点（1atm），K；

T_c——临界温度，K；

M——摩尔质量，g/mol。

其中，参数 A^*，α，β 和 γ 如表 6-25 中表示。

表 6-25　式（6-264）的关联系数

种　类	A^*	α	β	γ
饱和烃	0.00350	1.2	0.5	0.167
烯烃	0.0361	1.2	1.0	0.167
环烷烃	0.0310	1.2	1.0	0.167
芳烃	0.0346	1.2	1.0	0.167
醇类	0.00339	1.2	0.5	0.167
酸类（有机）	0.00319	1.2	0.5	0.167

续表

种　类	A^*	α	β	γ
酮类	0.00383	1.2	0.5	0.167
酯类	0.0415	1.2	1.0	0.167
醚类	0.0385	1.2	1.0	0.167
冷冻剂（R20，R21，R22，R23）	0.562	0.0	0.5	−0.167
其它	0.494	0.0	0.5	−0.167

6.2.9.2　Sato-Riedel 法

K. Sato 曾提出正沸点下 λ_L 的计算式

$$\lambda_L(T_b) = \frac{1.11}{M^{1/2}} \tag{6-265}$$

式中　$\lambda_L(T_b)$——正常沸点（1atm）下液体热导率，$W/(m \cdot K)$；

$\quad\quad M$——摩尔质量，g/mol。

为了推算其它温度下的 λ_L，可利用 Riedel 方程

$$\lambda_L = B[3 + 20(1 - T_r)^{2/3}] \tag{6-266}$$

因此，联合式（6-265）和式（6-266）得

$$\lambda_L = \frac{(1.11/M^{1/2})[3 + 20(1 - T_r)^{2/3}]}{3 + 20(1 - T_{br})^{2/3}} \tag{6-267}$$

令（6-266）式中通用常数 B 设为：

$$B = 5.8544 - 1.5686 T_r$$

则可用（6-266）式计算饱和液相氙的热导率 $W/(m \cdot K)$ 计算结果如下

T/K	$\lambda_{L文}$	$\lambda_{L计}$	Dev. /%	T/K	$\lambda_{L文}$	$\lambda_{L计}$	Dev. /%
170	70	69.55	−0.63	220	50	50.19	0.37
180	66	65.58	−0.64	230	46	46.15	0.34
190	62	61.81	−0.31	240	42	41.99	−0.02
200	58	57.99	−0.01	250	38	37.66	−0.89
210	54	54.13	0.23	260	34	33.07	−2.70

6.2.9.3　Missenard 法[58]

F. A. Missenard 曾先后提出过几个方程用来估算 λ_L，而最后推荐如下方程[26]

$$\lambda_{L0} = \frac{(9 \times 10^{-3})(T_b \rho_0 / M)^{1/2} \cdot C_{p0}}{N^{1/4}} \tag{6-268}$$

式中　λ_{L0}——273K 下液体热导率，$W/(m \cdot K)$；

$\quad\quad T_b$——正常沸点（1atm），K；

$\quad\quad \rho_0$——273K 下液体密度，mol/cm^3；

$\quad\quad C_{p0}$——273K 下液体热容，$J/(mol \cdot K)$；

$\quad\quad M$——摩尔质量，g/mol；

$\quad\quad N$——分子中的原子数目。

如果把式（6-268）和式（6-266）联合，则得

$$\lambda_L = \frac{\lambda_{L0}[3 + 20(1 - T_r)^{2/3}]}{3 + 20[1 - (273/T_c)]^{2/3}} \tag{6-269}$$

6.2.9.4　Robbins-Kingrea 法[59]

本方法是一种基团贡献法，其公式如下（参见表 6-26）。

$$\lambda_L = \frac{(36.8 - 2.07H)}{\Delta S^*} \cdot \left(\frac{0.55}{T_r}\right)^N C_p (\rho/M)^{4/3} \tag{6-270}$$

$$\Delta S^* = \frac{\Delta H_b^\gamma}{T_b} + R\ln\left(\frac{273}{T_b}\right) \tag{6-271}$$

式中　C_p——液体恒压热容，J/(mol·K)；

　　　ρ——液体密度，g/cm³；

　　　T_b——正常沸点（1atm），K；

　　　ΔH_b^v——正常沸点下蒸发焓，J/mol；

　　　M——摩尔质量，g/mol。

参数 N 与20℃下 ρ 值有关，$\rho>1$ 时 $N=0$，$\rho<1$ 时，$N=1$。但当 $\rho>1$ 时，取 $N=1$，在多数情况下，也能取得可靠结果。参数 H 与物质结构有关；当基团数多于1时，H 值应按基团数加和。

表 6-26　式（6-270）中 H 值

基　团	基团数	H	基　团	基团数	H
非支链烷烃		0	Br 取代	1	4
非支链烯烃		0		2	6
非支链环烃		0	I 取代	1	5
CH₃ 支链	1	1	OH 取代	1（异构）	1
	2	2		1（正构）	−1
	3	3		2	0
C₂H₅ 支链	1	2		1（叔碳）	5
i-C₃H₇ 支链	1	2	＞C＝O（醛、酮）		0
C₄H₉ 支链	1	2	—COO—（酸、酯）		0
F 取代	1	1			
	2	2	—O—（醚）		2
Cl 取代	1	1			
	2	2	NH₂ 取代	1	1
	3 或 4	3			

例 6-38　试推算四氯化碳在 293.2K 时的热导率。已知在此温度热导率实验值为 0.103W/(m·K)。

解　查取或求算得有关物性数据：

参　数	273K		293K
比热容/[J/(mol·K)]	130.3		132.0
密度/(mol/cm³)	0.0106		0.0103
临界温度/K		556.4	
正常沸点/K		349.9	
摩尔质量/(g/mol)		153.82	
原子数/N		5	
蒸发热/(J/mol)		30000	

（1）Latini 法

应用式（6-265）和表 6-25，设 CCl₄ 为冷冻剂，则

$$A=\frac{(0.562)(556.4)^{1/6}}{(153.82)^{0.5}}=0.1299$$

然后，根据 $T_r=293/556.4=0.527$ 和式（6-264）

$$\lambda_L=\frac{(0.1299)(1-0.527)^{0.38}}{(0.527)^{1/6}}\text{W/(m·K)}=0.1087\text{W/(m·K)}$$

$$误差=\frac{0.1087-0.1030}{0.1030}\times100=5.5\%$$

（2）Sato-Riedel 法

根据 $T_r=0.527$ 和 $T_{br}=349.9/556.4=0.629$

应用式（6-267）

$$\lambda_L = \frac{1.11}{(153.84)^{1/2}} \cdot \frac{3+20(1-0.527)^{2/3}}{3+20(1-0.629)^{2/3}} W/(m \cdot K) = 0.101 W/(m \cdot K)$$

$$误差 = \frac{0.101-0.103}{0.103} \times 100 = -1.6\%$$

（3）Missenard-Riedel 法

首先根据式（6-268），求取 λ_{L0}

$$\lambda_{L0} = (9.0 \times 10^{-3})[(349.9)(0.0106)]^{1/2} \frac{130.7}{(153.84)^{1/2} \cdot (5)^{1/4}} W/(m \cdot K)$$

$$= 0.122 W/(m \cdot K)$$

然后，应用式（6-270）和 $T_r = 273/556.4 = 0.491$

$$\lambda_L = (0.122) \frac{3+20(1-0.527)^{2/3}}{3+20(1-0.491)^{2/3}} W/(m \cdot K) = 0.118 W/(m \cdot K)$$

$$误差 = \frac{0.118-0.103}{0.103} \times 100 = 14\%$$

（4）Robbins-Kingrea 法

由表 6-26 查得 $H=3$，由于液体密度 $\rho = (0.0103)(153.82) = 1.58 > 1$，故式（6-270）中参数 $N=0$。

由式（6-271）

$$\Delta S^* = \left[\frac{30000}{349.9} + 8.314\ln\left(\frac{273}{349.9}\right)\right] J/(mol \cdot K) = 83.722 J/(mol \cdot K)$$

由式（6-270）得

$$\lambda_L = \left\{\frac{[(36.8)-(2.07)(3)]}{83.722}\right\}\left(\frac{0.55}{0.527}\right)^0 (132)(0.0103)^{4/3} W/(m \cdot K)$$

$$= 0.108 W/(m \cdot K)$$

$$误差 = \frac{0.108-0.103}{0.103} \times 100 = 4.9\%$$

6.2.9.5 Teja-Rice 法[60]

本方法实际上是一种插值法，其公式如下：

$$\lambda_L \phi = (\lambda_L \phi)' + \frac{\omega-\omega'}{\omega''-\omega'}[(\lambda_L \phi)'' - (\lambda_L \phi)'] \tag{6-272}$$

其中 ϕ 定义为

$$\phi = \frac{V_c^{2/3} M^{1/2}}{T_c^{1/2}} \tag{6-273}$$

显然，在本方法中 $\lambda_L \phi$ 是根据偏心因子 ω 通过内插来确定。这里 "'" 和 """ 分别表示两种参比流体的性质。当选用 λ'_L 和 λ''_L 时，应按同一的对比温度来计算。

推荐意见

λ_L 的估算法目前有如下情况：①各种方法都缺乏理论依据，基本上都是经验的；②文献中各个作者提供的实验值，它们之间差别比较大；③各种推算法的误差都比较大，如 Reid 等人认为，在沸点前 Latini 法和 Sato-Riedel 法都是可以用的，但其误差仍然比较大，有的可能达 15% 以上；④各个估算法都较多地依赖其他物性，如 ρ，C_p，有时还引入 ΔH_b^v 和 η 等数据。

6.2.10 压力对液体热导率的影响

除临界点附近外，在 $30\sim40bar$ 以下，压力对液体热导率的影响可以忽略不计。实验表明，在较低温度下，液体的热导率 λ_L 随压力升高而增加。压力对液体热导率的影响可以由以下若干方法来估算。

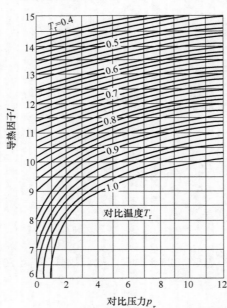

图 6-3 压力对液体热导率的影响

6.2.10.1 导热因子法

本方法是用以下关系来表示压力对 λ_L 的影响。

$$\frac{\lambda_2}{\lambda_1}=\frac{l_2}{l_1} \tag{6-274}$$

其中，λ_2，λ_1 分别指在温度 T 时，压力为 p_2 和 p_1 下液体的热导率；l_2，l_1 称为导热因子，它是对比温度和对比压力的函数，可以从图 6-3 查得。通过对 12 种液体（包括极性非极性）进行检验，其误差为 $2\%\sim4\%$。

例 6-39 推算在 311K 和 276bar 下 NO_2 的热导率。实验值为 $0.134W/(m \cdot K)$。在 311K 和 2.1bar 下饱和液体的热导率 λ_L 值为 $0.124W/(m \cdot K)$。

解 查得 $T_c=431K$，$p_c=101bar$。因此 $T_r=311/431=0.722$，$p_{r1}=2.1/101=0.021$，$p_{r2}=276/101=2.79$。由图 6-3 查得 $l_2=11.75$，$l_1=11.17$，应用式（6-112）

$$\lambda_L(276bar)=0.124\times\frac{11.75}{11.17}W/(m \cdot K)=0.130W/(m \cdot K)$$

$$误差=\frac{0.130-0.134}{0.134}\times100=-3\%$$

6.2.10.2 Missenard 法[61]

A. Missenard 曾提出一个简单的 λ_L 关系式

$$\lambda_L(P_r)=\lambda_L(低压)(1+Qp_r^{0.7}) \tag{6-275}$$

其中，$\lambda_L(p_r)$ 和 λ_L（低压）分别指高压和低压下液体的热导率，两者都在相同的对比温度下，Q 是对比温度和对比压力的函数，由表 6-27 给出。高压下液体热导率的 Missenard 关系见图 6-4。

为了使用方便，本书编者根据表列数据进行回归计算，从而提出参数 Q 与 T_r，p_r 的函数关系。

$$Q=(-0.003579+0.032518T_r)+(-0.001725+0.006630T_r)\ln p_r \tag{6-276}$$

表 6-27 式（6-275）中的 Q 值

T_r	p_r					
	1	5	10	50	100	200
0.8	0.036	0.038	0.038	(0.038)	(0.038)	(0.038)
0.7	0.018	0.025	0.027	0.031	0.032	0.032
0.6	0.015	0.020	0.022	0.024	0.025	0.025
0.5	0.012	0.0165	0.017	0.019	0.020	0.020

例 6-40 试推算 6330bar 和 304K 时液体甲苯的热导率，在此高压下的实验值为 $0.228W/(m \cdot K)$。已知在 1bar 和 304K 时 $\lambda_L=0.129W/(m \cdot K)$。

解 由图 6-4 查得 $T_c = 591.8K$，$p_c = 41.0bar$，因此 $T_r = 304/591.8 = 0.514$，$p_r = \frac{6330}{41.0} = 154$，从表 6-27 查得 $Q = 0.0205$，于是应用式（6-275）

$$\lambda_L = 0.129[1 + (0.0205)(154)^{0.7}]W/(m \cdot K) = 0.219W/(m \cdot K)$$

$$误差 = \frac{0.219 - 0.228}{0.228} \times 100 = -4\%$$

另外，根据 $T_r = 0.514$ 和 $p_r = 154$，由式（6-276）求得 $Q = 0.021612$，于是

$$\lambda_L = (0.129)[1 + (0.021612)(154)^{0.7}]W/(m \cdot K) = 0.224W/(m \cdot K)$$

$$误差 = \frac{0.224 - 0.228}{0.228} \times 100 = -1.8\%$$

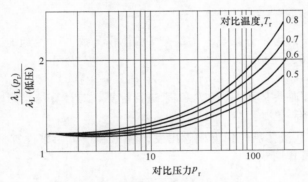

图 6-4　高压液体热导率的 Missenard 关系

6.2.11　液体混合物热导率的估算

至今已有许多液体混合物热导率的关联式发表。下面只介绍其中若干方法，这些方法经广泛检验，表明对绝大多数混合物是可靠的。

6.2.11.1　Fillippov 方程

此关系式是由一些俄罗斯学者提出的，已经通过许多种混合物数据广泛检验。

$$\lambda_m = w_1\lambda_1 + w_2\lambda - 0.72w_1w_2(\lambda_2 - \lambda_1) \tag{6-277}$$

式中，w_1，w_2 是组分 1 和 2 质量分数，而 λ_1，λ_2 是纯组分的热导率。组分是如此来选定的，以使 $\lambda_2 \geqslant \lambda_1$，常数 0.72 也可用可调参数来取代，如果有双元混合物的数据可利用的话。本方法不适用于多元体系。

6.2.11.2　Jamieson 关联式

D. T. Jamieson 等人在 NEL 方程基础上提出如下关联式

$$\lambda_m = w_1\lambda_1 + w_2\lambda_2 - \alpha(\lambda_2 - \lambda_1)[1 - (w_2)^{\frac{1}{2}}]w_2 \tag{6-278}$$

式中，w_1 和 w_2 是质量分数，如 Fillippov 方法一样，组分是如此选定，以使 $\lambda_2 \geqslant \lambda_1$。$\alpha$ 是一可调参数，如果混合物数据对回归计算不合用，此时可令 $\alpha = 1.0$。

6.2.11.3　幂律方程

D. Vredeveld 提出如下关系式

$$\lambda_m^r = \sum_{j=1}^{n} w_j\lambda_j^r \tag{6-279}$$

对双体系

$$\lambda_m^r = w_1\lambda_1^r + w_2\lambda_2^r \tag{6-280}$$

上两式中 w 为质量分数，r 为一常数，如果 $r = 1$，则 λ_m 为质量分数平均值，但最佳的

r 值是与 λ_2/λ_1（$\lambda_2 > \lambda_1$）有关，对于大多体系，当 $1 \leqslant \frac{\lambda_2}{\lambda_1} \leqslant 2$ 时，在此范围内取 $r = -2$，计算结果比较好。

6.2.11.4　Li方程[62]

多元体系热导率的另一种推算法是由 C. C. Li 等提出。

$$\lambda_m = \sum_{i=1}^{n} \sum_{j=1}^{n} \varphi_i \varphi_j \lambda_{ij} \qquad (6\text{-}281)$$

$$\lambda_{ij} = 2(\lambda_i^{-1} + \lambda_j^{-1})^{-1} \qquad (6\text{-}282)$$

$$\varphi_i = \frac{x_j V_i}{\sum\limits_{j=1}^{n} x_j V_j} \qquad (6\text{-}283)$$

式中，x_i 为组分 i 的摩尔分数，φ_i 为组分 i 的体积分数，V_i 为组分 i 液体摩尔体积，对于双元体积，式（6-281）变为

$$\lambda_m = \varphi_1^2 \lambda_1 + \varphi_2^2 \lambda_2 + 2\varphi_1 \varphi_2 \lambda_{12} \qquad (6\text{-}284)$$

对于非水溶液，用临界体积 V_{ci} 代替 V_i 来进行计算，对计算结果影响不大。

6.2.11.5　T-L方程[63]

编者于 1996 年曾从液体胞腔模型概念出发，提出一个可用来推算常压或高压下液体混合物热导率的方法，其普遍式为

$$\lambda_m = \sum_{i=1}^{n} \sum_{j=1}^{n} \varphi_i \varphi_j \lambda_{ij} \qquad (6\text{-}285)$$

$$\lambda_{ij} = \sqrt{\lambda_i \lambda_j} \cdot \kappa_{ij} \qquad (6\text{-}286)$$

$$\kappa_{ij} = \left[\frac{V_i^{1/3} \cdot V_j^{1/3}}{V_i^{1/3} + V_j^{1/3}} \right]^6 \qquad (6\text{-}287)$$

式中，φ_i，φ_j 为组分 i 和 j 的体积分数；V_i，V_j 为组分 i 和 j 在体系压力和温度下的摩尔体积。

例 6-41　应用上述诸方法推算甲醇和苯液体混合物在 273K 时的热导率。甲醇的质量分数为 0.40。在此温度下纯的甲醇和苯的热导率分别为 0.210 和 0.152W/(m·K)。混合物热导率的实验值为 0.170W/(m·K)。

解　(1) Fillippov 法

这里把甲醇选定为组分 2，因 λ（甲醇）>λ（苯），因此，应用式（6-277）

$\lambda_m = [(0.6)(0.152) + (0.4)(0.210) - (0.72)(0.4)(0.6)(0.210 - 0.152)]W/(m·K)$
$= 0.1652W/(m·K)$

$$误差 = \frac{0.1652 - 0.1700}{0.1700} \times 100 = -2.84\%$$

(2) Jamieson 方法

这里仍然选定甲醇为组分 2，应用式（6-277），且令 $\alpha = 1.0$，于是

$\lambda_m = [(0.6)(0.152) + (0.4)(0.210) - (0.210 - 0.15)(1 - \sqrt{0.4})0.4]W/(m·K)$
$= 0.1667W/(m·K)$

$$误差 = \frac{0.1667 - 0.1700}{0.1700} \times 100 = -1.94\%$$

(3) Li方法

先应用式（6-282）

$$\lambda_{12} = 2[(0.152)^{-1} + (0.210)^{-1}]^{-1} = 0.176$$

在 273K 时，V（甲醇）$=39.6\mathrm{cm^3/mol}$，而 V（苯）$=88.9\mathrm{cm^3/mol}$，已知甲醇质量分数为 0.40，则算得其摩尔分数为 0.619，因此，应用式（6-283）

$$\varphi(\text{甲醇})=\frac{(0.619)(39.6)}{(0.619)(39.6)+(0.391)(88.9)}=0.414$$

$$\varphi(\text{苯})=1-0.414=0.586$$

然后，应用式（6-281）得

$$\lambda_\mathrm{m}=[(0.414)^2(0.210)+(0.586)^2(0.152)+(2)(0.414)(0.586)(0.176)]\mathrm{W/(m \cdot K)}$$
$$=0.1736\mathrm{W/(m \cdot K)}$$

$$\text{误差}=\frac{0.1736-0.1700}{0.1700}\times100=2.11\%$$

（4）幂律法

由式（6-284）且取 $r=-2$，则得

$$\lambda_\mathrm{m}^{-2}=(0.6)(0.152)^{-2}+(0.4)(0.210)^{-2}=35.04$$

$$\lambda_\mathrm{m}=0.1689\mathrm{W/(m \cdot K)}$$

$$\text{误差}=\frac{0.1689-0.1700}{0.1700}\times100=-0.63\%$$

（5）T-L 法

设苯和甲醇分别为组分 1 和 2。已知在 273K 时，$V_1=88.9\mathrm{cm^3/mol}$，$V_2=39.6\mathrm{cm^3/mol}$，对二元体系，由式（6-287）得

$$\kappa_{12}=\left\{\frac{\left[(88.9)^{\frac{1}{3}} \cdot (39.6)^{\frac{1}{3}}\right]^{\frac{1}{2}}}{\left[\frac{(88.9)^{\frac{1}{3}}+(39.6)^{\frac{1}{3}}}{2}\right]}\right\}^6=0.9467$$

已知在 Li 方法中已算得组分 1 和 2 的体积分数为 $\varphi_1=0.586$，$\varphi_2=0.414$，于是，由式（6-275）得

$$\lambda_\mathrm{m}=\varphi_1^2\lambda_1+\varphi_2^2\lambda_2+2\varphi_1\varphi_2\sqrt{\lambda_1\lambda_2} \cdot \kappa_{12}$$
$$=[(0.586)^2(0.152)+(0.414)^2(0.210)+(2)(0.586)$$
$$(0.414)\sqrt{(0.152)(0.210)}\times0.9467]\mathrm{W/(m \cdot K)}$$
$$=0.1703\mathrm{W/(m \cdot K)}$$

$$\text{误差}=\frac{0.1703-0.1700}{0.1700}\times100=0.17\%$$

讨论

应用大量双元液体混合物（包括水溶液）对上述五个方法进行检验表明，Fillippov 法，Jamieson 法和 Li 法三个方法的计算误差一般为 3%～4%，除了那些随着组成变化而 λ_m 有最小值的体系以外。幂律法和 T-L 方法的计算精度比前三个方法好。它们一个共同的缺点是都需要纯组分的同温同压下的热导率数据。

6.2.12　电解质水溶液的热导率

就电解质水（稀）溶液来说，混合物热导率常随着溶解盐浓度增加而减小。为了推算这种混合物的热导率，Jamieson 和 Tudhope 推荐使用原由 Riedel 提出，并由 Vargaftik 等人检验的方程，在 293K 时

$$\lambda_\mathrm{m}=\lambda_{H_2O}+\sum_i\sigma_iC_i \tag{6-288}$$

式中　λ_m——离子溶液在 293K 时的热导率，$\mathrm{W/(m \cdot K)}$；

λ_{H_2O}——水在 293K 时的热导率，W/(m·K)；

C_i——电解质浓度，mol/L；

σ_i——每种离子的特征系数，由表 6-28 查得。

表 6-28　式（6-288）中阴离子和阳离子的 σ_i 值

阴　离　子	$\sigma_i \times 10^5$	阳　离　子	$\sigma_i \times 10^5$
OH^-	20.934	H^+	−9.071
F^-	2.0934	Li^+	−3.489
Cl^-	−5.466	Na^+	0.0000
Br^-	−17.445	K^+	−7.560
I^-	−27.447	NH_4^+	−11.63
NO_2^-	−4.652	Mg^{2+}	−9.304
NO_3^-	−6.978	Ca^{2+}	−0.5815
ClO_3^-	−14.189	Sr^{2+}	−3.954
ClO_4^-	−17.445	Ba^{2+}	−7.676
BrO_3^-	−14.189	Ag^+	−10.47
CO_3^{2-}	−7.560	Cu^{2+}	−16.28
SiO_3^{2-}	−9.300	Zn^{2+}	−16.28
SO_3^{2-}	−2.326	Pb^{2+}	−9.304
SO_4^{2-}	1.163	Co^{2+}	−11.63
$S_2O_3^{2-}$	8.141	Al^{3+}	−32.56
CrO_4^{2-}	−1.163	Th^{4+}	−43.61
$Cr_2O_7^{2-}$	15.93		
PO_4^{3-}	−20.93		
$Fe(CN)_6^{4-}$	18.61		
乙酸根$^-$	−22.91		
草酸根$^-$	−3.489		

在其它温度下的 λ_m 值，可由 293K 的 λ_m（293K）值计算

$$\lambda_m(T) = \lambda_m(293K) \frac{\lambda_{H_2O}(T)}{\lambda_{H_2O}(293K)} \qquad (6\text{-}289)$$

除了高浓度的强酸和强碱之外，式（6-288）和式（6-289）的精确度在 ±5％以内。

对于高浓度溶液，按下列公式计算

$$\lambda_э = \lambda_\beta \left(\frac{C_{pэ}}{C_{pB}}\right) \left(\frac{\rho_э}{\rho_B}\right)^{\frac{4}{3}} \left(\frac{M_э}{M_B}\right)^{\frac{1}{3}} \qquad (6\text{-}290)$$

式中　$\lambda_э$——电解质水溶液的热导率，W/(m·K)；

λ_B——水的热导率，W/(m·K)；

$\rho_э$——电解质水溶液密度，g/cm³；

ρ_B——水的密度，g/cm³；

$M_э$——电解质水溶液的平均摩尔质量，等于 $x_B M_B + x_{\rho B} M_{\rho B}$，其中 x_B，$x_{\rho B}$ 为水和溶质的摩尔分数，$M_{\rho B}$ 为溶质的摩尔质量，M_B 为水的摩尔质量；

$C_{pэ}$——电解质水溶液的定压比热容，J/(kg·℃)；

C_{pB}——水的定压比热容，J/(kg·℃)。

编者对电解质水（稀）溶液的热导率曾提出如下形式关联式[31]

$$\frac{\lambda_m \rho_m}{\lambda_0 \rho_0}=1+A(\sqrt{m})+B(\sqrt{m})^2+D(\sqrt{m})^4 \qquad (6\text{-}291)$$

式中　λ_m——电解质水溶液的热导率，W/(m·K)；

　　　λ_0——水的热导率，W/(m·K)；

　　　ρ_m——电解质水溶液密度，g/cm³；

　　　ρ_0——水的密度，g/cm³；

　　　m——溶液中所含电解质的质量浓度，mol/kg（水）。

A，B 和 D 是常数，对每种电解质，其常数列于表 6-29 中。

表 6-29　电解质溶液热导率关联结果（$t=20℃$）

物质	A	B	D	AAD/%[①]	物质	A	B	D	AAD/%[①]
NaBr	0.0138	0.4226	−0.2223	0.02	BaI₂	0.0721	1.7437	−2.5668	0.14
NaNO₃	0.0341	0.3411	−0.1182	0.00	ZnCl₂	0.0167	0.5479	−0.5369	0.20
NaS₂O₃	0.0148	1.0811	−1.1685	0.04	LiBr	0.0404	0.1208	−0.06556	0.10
KBr	0.0382	0.2984	−0.2480	0.06	LiI	0.0278	0.2506	−0.1625	0.14
KI	0.0626	0.3719	−0.4016	0.14	AgNO₃	0.0153	1.0247	−0.5229	0.04
K₂CO₃	0.1514	0.5828	−0.4578	0.32	H₃PO₄	0.0421	0.0592	−0.0176	0.05
MgBr₂	0.1125	0.3404	−0.5633	0.24	H₂SO₄	0.1143	−0.0301	0.0003	0.48
CaCl₂	0.0155	0.6286	−0.3266	0.10	HNO₃	0.0681	−0.0393	0.0004	0.24
BaBr₂	0.0164	1.6839	−1.9894	0.00	NaOH	0.0687	0.0763	−0.0876	0.02

① 绝对平均偏差（Absolute Average Deviation）。

6.2.13　固体热导率数据与估算

固体材料的热导率主要取决于物质种类和温度，有的还与物料的湿度有很大关系。金属的热导率位于 $2\sim400$W/(m·K) 范围内，银是最好的导热金属（$\lambda=420$），其次是紫铜（$\lambda=395$）等；大多数金属的热导率是随着温度升高而减小。当纯金属含有各种杂质时则热导率急剧减小。非金属固体的热导率在很大范围内变化，数值高的同液体相近，数值低的则接近，甚至低于空气热导率的数量级。在实用计算中，大多数材料的 λ 都容许采用线性近似关系，即 $\lambda=\lambda_0(1+bt)$。另外，该种材料还随着单位重量（容重）的增加而增加。

习惯上把热导率小于 0.2W/(m·K) 的材料称为隔热材料，或热绝缘材料，保温材料。石棉、矿渣棉、硅藻土都属于这类材料。20 世纪 80 年代以来，我国发展生产了岩棉板、岩棉玻璃布缝毡、膨胀珍珠岩、膨胀蛭石及膨胀塑料等许多新型隔热材料，它们都具有容重轻、隔热性能好和价格便宜、施工方便等优点。这些性能良好的隔热材料都是蜂窝状多孔性结构的材料。高温时，这些隔热材料中热量转移的机理包括蜂窝固体结构的导热及穿过微小气孔的导热几种方式；在更高温度时，穿过微小气孔不仅有导热，同时还有热辐射方式。为了存贮液氢、液氨等超低温材料的需要，还发展了能在 −250 ℃有极高隔热效用的所谓超级隔热材料。这些超级隔热材料的热导率可低到 0.0003W/(m·K)。有一些材料，如木材、石墨以及聚合物材料等，它们各向的结构不同，不同方向上热导率各异，这种材料称为各向异性材料。

下面的表 6-30～表 6-32 给出金属、建筑及保温材料的 λ 数据。

表 6-30　金属材料的热导率

材料名称	密度 ρ/(kg/m³)	20℃ 比热容 cp/[J/(kg·℃)]	20℃ 热导率 λ/[W/(m·℃)]	-100	0	100	200	300	400	600	800	1000	1200
				热导率 λ/[W/(m·K)]　温度/℃									
纯铝	2710	902	236	243	236	240	238	234	228	215			
杜拉铝 (96Al-4Cu, 微量 Mg)	2790	881	169	124	160	188	188	193					
铝合金 (92Al-8Mg)	2610	904	107	86	102	123	148						
铝合金 (87Al-13Si)	2660	871	162	139	158	173	176	180	118				
铍	1850	1758	219	382	218	170	145	129					
纯铜	8930	386	398	421	401	393	389	384	379	366	352		
铝青铜 (90Cu-10Al)	8360	420	56	49	49	57	66						
青铜 (89Cu-11Sn)	8800	343	24.8		24	28.4	33.2						
黄铜 (70Cu-30Zn)	8440	377	109	90	106	131	143	145	148				
铜合金 (60Cu-40Ni)	8920	410	22.2	19	22.2	23.4							
黄金	19300	127	315	331	318	313	310	305	300	287			
纯铁	7870	455	81.1	96.7	83.5	72.1	63.5	56.5	50.3	39.4	29.6	29.4	31.6
阿姆口铁	7860	455	73.2	82.9	74.7	67.5	61.0	54.8	49.9	38.6	29.3	29.3	31.1
灰铸铁 (C≈3%)	7570	470	39.2		28.5	32.4	35.8	37.2	36.6	20.8	19.2		
碳钢 (C≈0.5%)	7840	465	49.8		50.5	47.5	44.8	42.0	39.4	34.0	29.0		
碳钢 (C≈1.0%)	7790	470	43.2		43.0	42.8	42.2	41.5	40.6	36.7	32.2		
碳钢 (C≈1.5%)	7750	470	36.7		36.8	36.6	36.2	35.7	34.7	31.7	27.8		
铬钢 (Cr≈5%)	7830	460	36.1		36.3	35.2	34.7	33.5	31.4	28.0	27.2	27.2	
铬钢 (Cr≈13%)	7740	460	26.8		26.5	27.0	27.0	27.0	27.6	28.4	29.0	29.0	
铬钢 (Cr≈17%)	7710	460	22		22	22.2	22.6	22.6	28.3	24.0	24.8	25.5	
铬钢 (Cr≈26%)	7650	460	22.6		22.6	23.8	25.5	27.2	28.5	31.8	35.1	38	
铬镍钢 (18-20Cr/8-12Ni)	7820	460	15.2	12.2	14.7	16.6	18.0	19.4	20.8	23.5	26.3	28.2	
铬镍钢 (17-19Cr/9-13Ni)	7830	460	14.7	11.8	14.3	16.1	17.5	18.8	20.2	22.8	25.5	28.2	30.9

续表

材料名称	密度 ρ /(kg/m³)	20℃ 比热容 c_p /[J/(kg·℃)]	20℃ 热导率 λ /[W/(m·℃)]	热导率 λ [W/(m·K)] 温度/℃									
				−100	0	100	200	300	400	600	800	1000	1200
镍钢(Ni≈1%)	7900	460	45.5	40.8	45.2	46.8	46.1	44.1	41.2	35.7			
镍钢(Ni≈3.5%)	7910	460	36.5	30.7	36.0	38.8	39.7	39.2	37.8				
镍钢(Ni≈25%)	8030	460	13.0										
镍钢(Ni≈35%)	8110	460	13.8	10.9	13.4	15.4	17.1	18.6	20.1	23.1			
镍钢(Ni≈44%)	8190	460	15.8		15.7	16.1	16.5	16.9	17.1	17.8	18.4		
镍钢(Ni≈50%)	8260	460	19.6	17.3	19.4	20.5	21.0	21.1	21.3	22.5			
锰钢(Mn≈12%~13%,Ni≈3%)	7800	487	13.6			14.8	16.0	17.1	18.3				
锰钢(Mn≈0.4%)	7860	440	51.2			51.0	50.0	47.0	43.5	35.5	27		
钨钢(W≈5%~6%)	8070	436	18.7			19.7	21.0	22.3	23.6	24.9	26.3		
铅	11340	128	35.3	37.2	35.5	34.3	32.8	31.5					
镁	1730	1020	156	160	157	154	152	150					
钼	9590	255	138	146	139	135	131	127	123	116	109	103	93.7
镍	8900	444	91.4	144	94	82.8	74.2	67.3	64.6	69.0	73.3	77.6	81.9
铂	21450	133	71.4	73.3	71.5	71.6	72.0	72.8	73.6	76.6	80.0	84.2	88.9
银	10500	234	427	431	428	422	415	407	399	384			
锡	7310	228	67	75	68.2	63.2	60.9						
钛	4500	520	22	23.3	22.4	20.7	19.9	19.5	19.4	19.9			
铀	19070	116	27.4	24.3	27	29.1	31.1	33.4	35.7	40.6	45.6		
锌	7140	388	121	123	122	117	112						
钴	6570	276	22.9	26.5	23.2	21.8	21.2	20.9	21.4	22.3	24.5	26.4	28.0
钨	19350	134	179	204	182	166	153	142	134	125	119	114	110

表 6-31　保温、建筑及其它材料的密度和热导率

材 料 名 称	温度 t /℃	密度 ρ /(kg/m³)	热导率 λ /[W/(m·K)]	材 料 名 称	温度 t /℃	密度 ρ /(kg/m³)	热导率 λ /[W/(m·K)]
膨胀珍珠岩散料	25	60～300	0.021～0.062	玉米梗板	22	25.2	0.065
沥青膨胀珍珠岩	31	233～282	0.069～0.076	棉花	20	117	0.049
磷酸盐膨胀珍珠岩制品	20	200～250	0.044～0.052	丝	20	57.7	0.036
水玻璃膨胀珍珠岩制品	20	200～300	0.056～0.065	锯木屑	20	179	0.083
岩棉制品	20	80～150	0.035～0.038	硬泡沫塑料	30	29.5～56.3	0.041～0.048
膨胀蛭石	20	100～130	0.051～0.07	软泡沫塑料	30	41～162	0.043～0.056
沥青蛭石板管	20	350～400	0.081～0.10	铝箔间隔层（5层）	21		0.042
石棉粉	22	744～1400	0.099～0.19	红砖（营造状态）	25	1860	0.87
石棉砖	21	384	0.099	红砖	35	1560	0.49
石棉绳		590～730	0.10～0.21	松木（垂直木纹）	15	496	0.15
石棉绒		35～230	0.055～0.077	松木（平行木纹）	21	527	0.35
石棉板	30	770～1045	0.10～0.14	水泥	30	1900	0.30
碳酸镁石棉灰		240～490	0.077～0.086	混凝土板	35	1930	0.79
硅藻土石棉灰		280～380	0.085～0.11	耐酸混凝土板	30	2250	1.5～1.6
粉煤灰砖	27	458～589	0.12～0.22	黄砂	30	1580～1700	0.28～0.34
矿渣棉	30	207	0.058	泥土	20		0.83
玻璃丝	35	120～492	0.058～0.07	瓷砖	37	2090	1.1
玻璃棉毡	28	18.4～38.3	0.043	玻璃	45	2500	0.65～0.71
软木板	20	105～437	0.044～0.079	聚苯乙烯	30	24.7～37.8	0.04～0.043
木丝纤维板	25	245	0.048	花岗石		2643	1.73～3.98
稻草浆板	20	325～365	0.068～0.084	大理石		2499～2707	2.70
麻杆板	25	108～147	0.056～0.11	云母		290	0.58
甘蔗板	20	282	0.067～0.072	水垢	65		1.31～3.14
葵芯板	20	95.5	0.05	冰	0	913	2.22

表 6-32　几种保温、耐火材料的热导率与温度的关系

材 料 名 称	材料最高允许温度 /℃	密度 ρ /(kg/m³)	热导率 λ /[W/(m·K)]
超细玻璃棉毡、管	400	18～20	$0.033+0.00023t$[①]
矿渣棉	550～600	350	$0.0674+0.000215t$
水泥蛭石制品	800	420～450	$0.103+0.000198t$
水泥珍珠岩制品	600	300～400	$0.0651+0.000105t$
粉煤灰泡沫砖	300	500	$0.099+0.0002t$
岩棉玻璃布缝板	600	100	$0.0314+0.000198t$
A 级硅藻土制品	900	500	$0.0395+0.00019t$
B 级硅藻土制品	900	550	$0.0477+0.0002t$
膨胀珍珠岩	1000	55	$0.0424+0.000137t$
微孔硅酸钙制品	650	≯250	$0.041+0.0002t$
耐火黏土砖	1350～1450	1800～2040	$(0.7～0.84)+0.00058t$
轻质耐火黏土砖	1250～1300	800～1300	$(0.29～0.41)+0.00026t$
超轻质耐火黏土砖	1150～1300	540～610	$0.093+0.00016t$
超轻质耐火黏土砖	1100	270～330	$0.058+0.00017t$
硅砖	1700	1900～1950	$0.93+0.0007t$
镁砖	1600～1700	2300～2600	$2.1+0.00019t$
铬砖	1600～1700	2600～2800	$4.7+0.00017t$

① t 表示材料的平均温度。

下面提供一些聚合物材料的热导率数据[64]（见表 6-33、表 6-44）。

表 6-33　聚甲基丙烯酸丁酯

T/K	$\lambda/[W/(m \cdot K)]$	T/K	$\lambda/[W/(m \cdot K)]$	T/K	$\lambda/[W/(m \cdot K)]$	T/K	$\lambda/[W/(m \cdot K)]$
90	0.148	150	0.170	210	0.181	270	0.183
100	0.153	160	0.172	220	0.182	280	0.182
110	0.157	170	0.175	230	0.183	290	0.180
120	0.161	180	0.177	240	0.183		
130	0.164	190	0.179	250	0.184		
140	0.167	200	0.180	260	0.183		

聚甲基丙烯酸丁酯

$$\lambda = 0.20632 - 0.00537 \times 10^3 \frac{1}{T} \qquad T = 90 \sim 250K$$

$$\lambda = 0.16636 + 0.00437 \times 10^3 \frac{1}{T} \qquad T = 250 \sim 290K$$

表 6-34　乙烯类聚合物

T/K	$\lambda/[W/(m \cdot K)]$				T/K	$\lambda/[W/(m \cdot K)]$			
	聚甲基丙烯酸甲酯	聚苯乙烯	聚对氯苯乙烯	聚乙烯基咔唑		聚甲基丙烯酸甲酯	聚苯乙烯	聚对氯苯乙烯	聚乙烯基咔唑
280	0.147	...	...	...	400	0.167	0.155	0.140	0.149
290	0.148	0.132	0.111	0.124	410	0.168	0.160	0.141	0.153
300	0.149	0.132	0.112	0.126	420	—	—	0.142	0.156
310	0.150	0.133	0.114	0.127	430	—	—	0.143	0.160
320	0.152	0.134	0.116	0.129	440	—	—	—	0.163
330	0.153	0.135	0.118	0.130	450	—	—	—	0.167
340	0.155	0.136	0.120	0.132	460	—	—	—	0.170
350	0.157	0.138	0.123	0.134	470	—	0.169	—	0.172
360	0.160	0.141	0.126	0.136	490	—	0.172	—	—
370	0.163	0.145	0.130	0.139	510	—	0.176	—	—
380	0.166	0.148	0.134	0.143	530	—	0.180	—	—
390	0.166	0.151	0.139	0.146	550	—	0.184	—	—

聚甲基丙烯酸甲酯

$$\lambda = 0.19529 - 0.013759 \times 10^3 \frac{1}{T} \qquad T = 280 \sim 350K$$

$$\lambda = 0.22351 - 0.022545 \times 10^3 \frac{1}{T} \qquad T = 360 \sim 410K$$

聚苯乙烯

$$\lambda = 0.22140 - 0.02768 \times 10^3 \frac{1}{T} \qquad T = 290 \sim 410K$$

$$\lambda = 0.27248 - 0.04895 \times 10^3 \frac{1}{T} \qquad T = 470 \sim 550K$$

聚对氯苯乙烯

$$\lambda = 0.19438 - 0.02476 \times 10^3 \frac{1}{T} \qquad T = 280 \sim 370K$$

$$\lambda = 0.19829 - 0.02356 \times 10^3 \frac{1}{T} \qquad T = 380 \sim 430K$$

聚乙烯基咔唑

$$\lambda = 0.18870 - 0.01900 \times 10^3 \frac{1}{T} \qquad T = 290 \sim 370K$$

$$\lambda = 0.29945 - 0.05988 \times 10^3 \frac{1}{T} \qquad T = 380 \sim 470K$$

表 6-35　硬质聚氯乙烯

T/K	$\lambda/[W/(m \cdot K)]$	T/K	$\lambda/[W/(m \cdot K)]$	T/K	$\lambda/[W/(m \cdot K)]$	T/K	$\lambda/[W/(m \cdot K)]$
90	0.125	160	0.142	230	0.158	300	0.170
100	0.128	170	0.144	240	0.161	310	0.171
110	0.130	180	0.146	250	0.163	320	0.171
120	0.132	190	0.149	260	0.165	330	0.172
130	0.135	200	0.151	270	0.167	340	0.172
140	0.137	210	0.153	280	0.168		
150	0.140	220	0.156	290	0.169		

硬质聚氯乙烯

$$\lambda = 0.16921 - 0.00422 \times 10^3 \frac{1}{T} \qquad T = 90 \sim 200K$$

$$\lambda = 0.20594 - 0.01088 \times 10^3 \frac{1}{T} \qquad T = 210 \sim 340K$$

表 6-36　1,4-聚甲基丁二烯（顺式）

T/K	$\lambda/[W/(m \cdot K)]$	T/K	$\lambda/[W/(m \cdot K)]$	T/K	$\lambda/[W/(m \cdot K)]$	T/K	$\lambda/[W/(m \cdot K)]$
90	0.152	160	0.160	230	0.153	300	0.143
100	0.153	170	0.161	240	0.151	310	0.142
110	0.155	180	0.162	250	0.149	320	0.142
120	0.156	190	0.162	260	0.148	330	0.141
130	0.157	200	0.165	270	0.147	340	0.141
140	0.158	210	0.159	280	0.145		
150	0.159	220	0.155	290	0.144		

1,4-聚甲基丁二烯（顺式）

$$\lambda = 0.17283 - 0.00198 \times 10^3 \frac{1}{T} \qquad T = 90 \sim 200K$$

$$\lambda = 0.11062 + 0.009805 \times 10^3 \frac{1}{T} \qquad T = 210 \sim 340K$$

表 6-37　聚甲基丙烯酸乙酯

T/K	$\lambda/[W/(m \cdot K)]$	T/K	$\lambda/[W/(m \cdot K)]$	T/K	$\lambda/[W/(m \cdot K)]$	T/K	$\lambda/[W/(m \cdot K)]$
90	0.139	180	0.165	270	0.184	360	0.195
100	0.141	190	0.168	280	0.186	370	0.195
110	0.145	200	0.170	290	0.188	380	0.194
120	0.148	210	0.173	300	0.190	390	0.194
130	0.151	220	0.175	310	0.191	400	0.193
140	0.154	230	0.177	320	0.192	410	0.191
150	0.157	240	0.179	330	0.193	420	0.190
160	0.160	250	0.181	340	0.194		
170	0.163	260	0.183	350	0.195		

聚甲基丙烯酸乙酯

$$\lambda = 0.21144 - 0.007466 \times 10^3 \frac{1}{T} \qquad T = 90 \sim 350K$$

$$\lambda = 0.16703 + 0.010184 \times 10^3 \frac{1}{T} \qquad T = 360 \sim 420K$$

表 6-38 聚酯型氨基甲酸酯弹性体 (Vulkollan)

T/K	$\lambda/[W/(m \cdot K)]$	T/K	$\lambda/[W/(m \cdot K)]$	T/K	$\lambda/[W/(m \cdot K)]$	T/K	$\lambda/[W/(m \cdot K)]$
90	0.190	160	0.206	230	0.210	300	0.191
100	0.193	170	0.207	240	0.207	310	0.189
110	0.196	180	0.208	250	0.204	320	0.187
120	0.199	190	0.209	260	0.201	330	0.185
130	0.201	200	0.210	270	0.199	340	0.184
140	0.203	210	0.210	280	0.196	350	0.183
150	0.205	220	0.210	290	0.193		

聚酯型氨基甲酸酯弹性体

$$\lambda = 0.22615 - 0.003271 \times 10^3 \frac{1}{T} \qquad T = 90 \sim 210K$$

$$\lambda = 0.130233 + 0.018303 \times 10^3 \frac{1}{T} \qquad T = 220 \sim 350K$$

表 6-39 硅橡胶

T/K	$\lambda/[W/(m \cdot K)]$	T/K	$\lambda/[W/(m \cdot K)]$	T/K	$\lambda/[W/(m \cdot K)]$	T/K	$\lambda/[W/(m \cdot K)]$
90	0.170	160	0.208	230	0.185	300	0.165
100	0.177	170	0.210	240	0.181	310	0.162
110	0.183	180	0.212	250	0.178	320	0.160
120	0.189	190	0.210	260	0.175	330	0.157
130	0.194	200	0.206	270	0.173	340	0.155
140	0.199	210	0.200	280	0.170	350	0.152
150	0.204	220	0.195	290	0.168	360	0.149

硅橡胶

$$\lambda = 0.255821 - 0.007877 \times 10^3 \frac{1}{T} \qquad T = 90 \sim 180K$$

$$\lambda = 0.08342 + 0.02413 \times 10^3 \frac{1}{T} \qquad T = 190 \sim 360K$$

表 6-40 聚甲基丙烯酸甲酯

T/K	λ /[W/(m $\cdot$ K)]	$\lambda_{\parallel}$ /[W/(m $\cdot$ K)]	$\lambda_{\perp}$ /[W/(m $\cdot$ K)]	T/K	λ /[W/(m $\cdot$ K)]	$\lambda_{\parallel}$ /[W/(m $\cdot$ K)]	$\lambda_{\perp}$ /[W/(m $\cdot$ K)]
90	0.148	0.170	0.135	210	0.188	0.247	0.168
100	0.153	0.183	0.139	220	0.190	0.251	0.170
110	0.158	0.191	0.142	230	0.192	0.255	0.172
120	0.162	0.199	0.145	240	0.193	0.260	0.173
130	0.167	0.205	0.148	250	0.195	0.264	0.174
140	0.170	0.211	0.152	260	0.196	0.268	0.174
150	0.174	0.217	0.154	270	0.198	0.271	0.175
160	0.176	0.222	0.157	280	0.198	0.275	0.175
170	0.178	0.228	0.160	290	0.200	0.278	0.176
180	0.181	0.233	0.162	300	0.201	0.281	0.176
190	0.183	0.238	0.164	310	0.202	0.286	0.176
200	0.185	0.242	0.166	320	0.202	—	—

续表

T/K	λ /[W/(m·K)]	$\lambda_\parallel$ /[W/(m·K)]	$\lambda_\perp$ /[W/(m·K)]	T/K	λ /[W/(m·K)]	$\lambda_\parallel$ /[W/(m·K)]	$\lambda_\perp$ /[W/(m·K)]
330	0.202	—	—	410	0.194	—	—
340	0.201	—	—	420	0.192	—	—
350	0.201	—	—	430	0.189	—	—
360	0.200	—	—	440	0.186	—	—
370	0.199	—	—	460	0.184	—	—
380	0.199	—	—	480	0.182	—	—
390	0.198	—	—	500	0.180	—	—
400	0.196	—	—				

注：$\lambda_\parallel$ 和 $\lambda_\perp$ 分别为平行和垂直于拉伸轴方向上的热导率。

聚甲基丙烯酸甲酯

$$\lambda_\parallel = 0.321714 - 14.80103/T \qquad T = 90 \sim 310\text{K}$$

$$\lambda_\perp = 0.196224 - 5.984435/T \qquad T = 90 \sim 310\text{K}$$

表 6-41　尼龙 610

T/K	λ/[W/(m·K)] 在下列密度时×10^3/(kg/m³)		T/K	λ/[W/(m·K)] 在下列密度时×10^3/(kg/m³)	
	1.0939	1.0966		1.0939	1.0966
90	0.300	0.309	260	0.324	0.337
100	0.303	0.312	270	0.323	0.335
110	0.306	0.316	280	0.322	0.333
120	0.309	0.320	290	0.320	0.330
130	0.311	0.323	300	0.318	0.327
140	0.314	0.325	310	0.316	0.324
150	0.316	0.328	320	0.314	0.320
160	0.318	0.331	330	0.312	—
170	0.320	0.333	340	0.309	—
180	0.321	0.335	350	0.306	—
190	0.323	0.337	360	0.304	—
200	0.324	0.338	370	0.300	—
210	0.325	0.339	460	0.105	—
220	0.325	0.340	470	0.106	—
230	0.325	0.340	490	0.108	—
240	0.325	0.339	510	0.110	—
250	0.324	0.338			

注：尼龙 610 的湿含量：密度 1.0939×10^3kg/m³ 者为 1.1%（体）；密度为 1.0966×10^3kg/m³ 者为 3.7%（体）。

尼龙 610（密度 1.0939×10^3kg/m³）

$$\lambda = 0.344108 - 4.15948/T \qquad T = 90 \sim 230\text{K}$$

$$\lambda = 0.265181 + 15.139984/T \qquad T = 240 \sim 360\text{K}$$

尼龙 610（密度 1.0966×10^3kg/m³）

$$\lambda = 0.36374 - 5.23650/T \qquad T = 90 \sim 230\text{K}$$

$$\lambda = 0.266168 + 18.02234/T \qquad T = 240 \sim 320\text{K}$$

表 6-42 高密度聚乙烯

T/K	λ/[W/(m·K)],在下列密度时,×10³kg/m³			T/K	λ/[W/(m·K)],在下列密度时,×10³kg/m³		
	0.951[228,229]	0.962[217,225]	0.982[225,299]		0.951[228,229]	0.962[217,225]	0.982[225,299]
90	0.500	0.710	1.170	280	0.427	0.470	0.624
100	0.503	0.700	1.120	290	0.416	0.457	0.606
110	0.505	0.690	1.090	300	0.405	0.445	0.590
120	0.507	0.680	1.055	310	0.392	0.430	0.573
130	0.509	0.667	1.030	320	0.380	0.416	0.556
140	0.509	0.655	0.998	330	0.370	0.400	0.540
150	0.509	0.642	0.960	340	0.357	0.390	0.525
160	0.508	0.630	0.920	350	0.346	0.375	0.508
170	0.506	0.615	0.880	360	0.335	0.363	0.490
180	0.503	0.600	0.855	370	0.322	0.350	0.475
190	0.500	0.590	0.835	380	0.310	—	0.455
200	0.495	0.577	0.800	390	0.295	—	0.425
210	0.488	0.550	0.760	410	0.255	0.255	0.255
220	0.482	0.550	0.730	430	0.255	0.255	0.255
230	0.474	0.537	0.705	450	0.255	0.255	0.255
240	0.466	0.525	0.686	470	0.255	0.255	0.255
250	0.457	0.510	0.670	490	—	0.255	0.255
260	0.448	0.496	0.655	510	—	0.255	—
270	0.437	0.484	0.640	520	—	0.255	—

表 6-43 聚丙烯

T/K	λ/[W/(m·K)]			T/K	λ/[W/(m·K)]		
	无规立构	全同立构	全同立构密度 0.911×10³kg/m³		无规立构	全同立构	全同立构密度 0.911×10³kg/m³
90	0.118	—	0.155	300	0.177	0.177	0.241
100	0.124	—	0.163	310	0.177	0.181	0.241
110	0.130	0.113	0.171	320	0.176	0.185	0.240
120	0.137	0.116	0.177	330	0.175	0.189	0.238
130	0.144	0.120	0.183	340	0.174	0.195	0.236
140	0.150	0.125	0.189	350	0.174	0.199	0.234
150	0.155	0.128	0.195	360	0.173	0.206	0.232
160	0.160	0.131	0.200	370	0.172	0.218	0.230
170	0.165	0.135	0.205	380	0.171	0.227	0.227
180	0.169	0.139	0.210	390	0.170	0.245	—
190	0.172	0.142	0.214	400	0.170	—	0.216
200	0.175	0.146	0.219	410	0.169	—	—
210	0.176	0.150	0.223	420	0.168	—	0.195
220	0.178	0.154	0.227	430	0.162	—	—
230	0.180	0.157	0.230	440	0.158	—	0.162
240	0.181	0.160	0.233	450	0.155	—	0.163
250	0.182	0.164	0.235	460	0.152	—	0.165
260	0.183	0.166	0.238	470	0.149	—	0.167
270	0.180	0.168	0.240	480	—	—	0.169
280	0.180	0.171	0.241	500	—	—	0.171
290	0.178	0.175	0.242	520	—	—	0.177

表 6-44 聚四氟乙烯（密度 $2.168 \times 10^3 \, kg/m^3$）

T/K	$\lambda/[W/(m \cdot K)]$	T/K	$\lambda/[W/(m \cdot K)]$	T/K	$\lambda/[W/(m \cdot K)]$	T/K	$\lambda/[W/(m \cdot K)]$
90	0.230	190	0.252	290	0.240	390	0.251
100	0.232	200	0.255	300	0.241	400	0.251
110	0.235	210	0.256	310	0.241	410	0.251
120	0.237	220	0.257	320	0.243	420	0.251
130	0.240	230	0.259	330	0.245	430	0.251
140	0.241	240	0.260	340	0.248	440	0.251
150	0.242	250	0.260	350	0.250	450	0.251
160	0.244	260	0.259	360	0.250		
170	0.247	270	0.257	370	0.251		
180	0.250	280	0.253	380	0.251		

6.3 扩散系数

6.3.1 基本概念与单位

扩散指的是在没有混合（即无对流）的情况下，某单相内净物质的传递。扩散过程除了由于有浓度梯度所引起外，还可以由于压力梯度（压力扩散），温度梯度（热扩散）和外力场（外力扩散）所引起。本章只考虑由于浓度梯度所引起的扩散，扩散所产生的物质流与扩散驱动因素之间的比例常数，叫做扩散系数。

Fick（1854）总结了 Graham 的实验，并提出扩散定律。根据 Fick 定律，扩散通量（扩散流率）与浓度梯度成正比

$$J = -D \frac{dC}{dx} \tag{6-292}$$

式中，负号表示浓度是沿着 x 增长的方向而减小，比例系数 D 即为扩散系数。物质 A 在物质 B 中的扩散系数用 D_{AB} 表示，而物质 B 在物质 A 中的扩散系数以 D_{BA} 表示，

$$D_{AB} = D_{BA} \tag{6-293}$$

扩散系数单位随表示扩散通量与浓度梯度所用单位而定，在法定单位制中，扩散通量用 $kmol/(m^2 \cdot s)$ 表示，浓度梯度用 $kmol/m^4$ 表示，故扩散系数单位为 m^2/s。

$$1 \, m^2/s = 10^4 \, cm^2/s = 3600 \, m^2/h \tag{6-294}$$

6.3.2 气相扩散系数数据

扩散系数实验测试比较难，数据不全，精确性也比较差，至今系统地筛选整理的数据集也少。早期汇集数据较全的是 LB 手册，其中有双元和多元系中气体和液体的扩散系数，也有一些自扩散系数。另外，Vargaftik 等人收集了一些扩散系数数据。

6.3.3 低压下气体扩散系数的计算

6.3.3.1 低压双元气体体系扩散系数

（1）Chapman-Enskog 方程

描述中低压下双元气体体系中的扩散理论已得到了很好发展。该理论来自于对 Boltzmann 方程的求解，通常归之为 Chapmann 和 Enskog 两人，他们各自独立地导出了下列公式

$$D_{AB} = \frac{3}{16} (4\pi \kappa T/M_{AB})^{\frac{1}{2}} \frac{1}{(n\pi D_{AB}^2 \Omega_D)} f_D \tag{6-295}$$

式中 M_{AB}——折合相对分子质量，其值 $M_{AB} = 2\left(\dfrac{1}{M_A} + \dfrac{1}{M_B}\right)^{-1}$;

M_A、M_B——组分 A 和 B 的相对分子质量；

n——混合物中摩尔密度；

κ——Boltzmann 常量；

T——热力学温度，K；

Ω_D——扩散碰撞积分，是温度的函数，取决于碰撞分子间作用力的选择；

f_D——数量级为 1 的校正值，如果 $M_A \approx M_B$，不管组成和分子间作用力如何，$1.0 \leqslant f_D \leqslant 1.02$，如果相对分子质量很不同，且轻组分又很小，则 f_D 的数值明显不同于 1，通常介于 1.0 和 1.1 之间。

如果取 $f_D = 1$，且应用理想气体定律来表示 n，则上式变为

$$D'_{AB} = 0.00266 \frac{T^{3/2}}{p M_{AB}^{1/2} \sigma_{AB}^2 \Omega_D} \tag{6-296}$$

式中 D'_{AB}——扩散系数，cm^2/s；

T——热力学温度，K；

p——压力，bar（1bar＝0.1MPa）；

σ_{AB}——特征长度，Å；

Ω_D——扩散碰撞积分。

使用式（6-296）的关键是选择分子间作用力定律及确定 σ_{AB} 和 Ω_D。

Lennard-Jones 12-6 势如前所述，它是一个通用的关联分子作用能 ψ 和分子间距离 r 的关联式，即

$$\psi(r) = 4\varepsilon \left[\left(\frac{\sigma}{r} \right)^{12} - \left(\frac{\sigma}{r} \right)^6 \right] \tag{6-297}$$

其中，ε 和 σ 分别代表 Lennard-Jones 势中的能量和长度。

为了使用式（6-296），必须选择由 σ_A 和 σ_B 得到双元值 σ_{AB} 的法则。碰撞积分 Ω_D 只是 $\kappa T / \varepsilon$ 的函数，同样涉及如何选择由 ε_A 和 ε_B 的法则问题。经常使用的简单法则为

$$\varepsilon_{AB} = \sqrt{\varepsilon_A \varepsilon_B} \tag{6-298}$$

$$\sigma_{AB} = \frac{\sigma_A + \sigma_B}{2} \tag{6-299}$$

Ω_D 作为 $\kappa T / \varepsilon$ 的函数，已列成数据表，但也有各种解析式，例如 Neufeld 的推荐式

$$\Omega_D = \frac{A}{T^{*B}} + \frac{C}{\exp(DT^*)} + \frac{E}{\exp(FT^*)} + \frac{G}{\exp(HT^*)} \tag{6-300}$$

其中

$T^* = \kappa T / \varepsilon_{AB}$ $A = 1.0603$ $B = 0.15610$

$C = 0.19300$ $D = 0.47635$ $E = 1.03587$

$F = 1.52996$ $G = 1.76474$ $H = 3.89411$

例 6-42 试计算 590K 和 1bar 时 N_2-CO_2 体系的扩散系数，实验值是 $0.583 cm^2/s$。

解 查得

$\sigma_{CO_2} = 3.941$Å $\sigma_{N_2} = 3.798$Å

$\varepsilon_{CO_2}/\kappa = 195.2K$ $\varepsilon_{N_2}/\kappa = 71.4K$

则

$\sigma_{N_2\text{-}CO_2} = (3.941 + 3.798)/2$Å $= 3.8695$Å

$$\varepsilon_{N_2\text{-}CO_2}/\kappa = [(195.2)(71.4)]^{1/2}\,K = 118K$$

$$T^* = \kappa T/\varepsilon_{N_2\text{-}CO_2} = 590/118 = 5.0$$

代入式（6-300）求得 $\Omega_D = 0.842$。

又因 $M_{CO_2} = 44$ $M_{N_2} = 28$

$$M_{CO_2\text{-}N_2} = (2)\left[\left(\frac{1}{44}\right) + \left(\frac{1}{28}\right)\right]^{-1} = 34.22$$

代入式（6-296）

$$D_{CO_2\text{-}N_2} = \frac{(0.00266)\,(590)^{3/2}}{(1)(34.22)^{1/2}(3.8695)^2(0.842)}\,cm^2/s = 0.52\,cm^2/s$$

当使用 Ellis 和 Holsen 建议值 $\varepsilon_{CO_2\text{-}N_2}/\kappa = 134K$ 和 $\sigma_{CO_2\text{-}N_2} = 3.660$ 时，算得 $D = 0.56\,cm^2/s$。可见计算值对 ε_{AB}/κ 并不敏感，而主要是取决于 σ_{AB} 的选择。

（2）Brokaw 修正式[65]

对于含有极性组分的双元系，仍使用式（6-295）计算扩散系数，只是要对按式（6-300）计算的碰撞积分，要作如下修正

$$\Omega_D' = \Omega_D + \frac{0.19\delta_{AB}^2}{T^*} \tag{6-301}$$

其中

$$T^* = \kappa T/\varepsilon_{AB}$$

$$\delta = \frac{1.94 \times 10^3 \mu_p^2}{V_b T_b} \tag{6-302}$$

式中 μ_p——偶极矩，D；

V_b——沸点下液体的摩尔体积，cm^3/mol；

T_b——正常沸点（1atm），K。

$$\frac{\varepsilon}{\kappa} = 1.18(1 + 1.38^2)T_b \tag{6-303}$$

$$\sigma = \left(\frac{1.585V_b}{1 + 1.38^2}\right)^{1/3} \tag{6-304}$$

$$\delta_{AB} = (\delta_A \delta_B)^{1/2} \tag{6-305}$$

$$\frac{\varepsilon_{AB}}{\kappa} = \left(\frac{\varepsilon_A}{\kappa} \cdot \frac{\varepsilon_B}{\kappa}\right)^{1/2} \tag{6-306}$$

$$\sigma_{AB} = (\sigma_A \sigma_B)^{1/2} \tag{6-307}$$

例 6-43 试计算氯甲烷-二氧化硫在 1bar 和 323K 时的扩散系数。实验值为 $0.077\,cm^2/s$。

已知数据如下：

参 数	CH_3Cl	SO_2	参 数	CH_3Cl	SO_2
μ_p/D	1.9	1.6	T_b，K	249.1	263.2
$V_b/(cm^3/mol)$	50.6	43.8			

解 由式（6-302）和式（6-305）

$$\delta_{CH_3Cl} = \frac{(1.94 \times 10^3)(1.9)^2}{(50.6)(249.1)} = 0.55$$

$$\delta_{SO_2} = \frac{(1.94 \times 10^3)(1.6)^2}{(43.8)(263.2)} = 0.43$$

$$\delta_{\mathrm{CH_3Cl\text{-}SO_2}} = [(0.55)(0.43)]^{1/2} = 0.49$$

由式（6-303）和式（6-306）

$$\frac{\varepsilon_{\mathrm{CH_3Cl}}}{\kappa} = 1.18[1+(1.3)(0.55)^2](249.1)\mathrm{K} = 412\mathrm{K}$$

$$\frac{\varepsilon_{\mathrm{SO_2}}}{\kappa} = 1.18[1+(1.3)(0.43)^2](263.2)\mathrm{K} = 385\mathrm{K}$$

$$\frac{\varepsilon_{\mathrm{CH_3Cl\text{-}SO_2}}}{\kappa} = [(412)(385)]^{1/2}\mathrm{K} = 398\mathrm{K}$$

由式（6-304）和式（6-307）

$$\sigma_{\mathrm{CH_3Cl}} = \left[\frac{(1.585)(50.6)}{1+(1.3)(0.55)^2}\right]^{1/3}\text{Å} = 3.85\text{Å}$$

$$\sigma_{\mathrm{SO_2}} = \left[\frac{(1.585)(43.8)}{1+(1.3)(0.43)^2}\right]^{1/3}\text{Å} = 3.82\text{Å}$$

$$\sigma_{\mathrm{CH_3Cl\text{-}SO_2}} = [(3.85)(3.82)]^{1/2}\text{Å} = 3.84\text{Å}$$

$$T^* = \kappa T/\varepsilon_{\mathrm{CH_3Cl\text{-}SO_2}} = 323/398 = 0.811$$

由式（6-300）算得 $\qquad \Omega_{\mathrm{D}} = 1.598$

由式（6-301）计算修正的 Ω_{D} 为

$$\Omega_{\mathrm{D}}' = 1.598 + \frac{(0.19)(0.490)^2}{0.811} = 1.65$$

已知 $\qquad M_{\mathrm{CH_3Cl}} = 50.49 \quad M_{\mathrm{SO_2}} = 64.6$

则 $\qquad M_{\mathrm{CH_3Cl\text{-}SO_2}} = (2)\left[\left(\frac{1}{50.49}\right)+\left(\frac{1}{64.60}\right)\right]^{-1} = 56.68$

代入式（6-296）得

$$D_{\mathrm{CH_3Cl\text{-}SO_2}} = \frac{(0.00266)(323)^{3/2}}{(1)(56.68)(3.84)^2(1.65)}\mathrm{cm^2/s} = 0.084\mathrm{cm^2/s}$$

$$误差 = \frac{0.084-0.078}{0.078}\times100 = 6.4\%$$

6.3.3.2　低压双元气体混合物扩散系数的经验式

至目前为止，已提出多种推算低压气体双元系的扩散系数 D_{AB}' 的方法，基本上都保持如式（6-296）的普遍形式，其中常数都根据实验来确定。这些方法的计算值与其实验值比较，误差一般为 5%～10% 左右。现介绍若干个目前较常用的关联式。

（1）Fuller-Schettler-Giddings 式[66,67,68]

这是按式（6-296）的形式提出的经验式

$$D_{\mathrm{AB}} = \frac{0.00143T^{1.75}}{pM_{\mathrm{AB}}^{1/2}[(\Sigma V)_{\mathrm{A}}^{1/3}+(\Sigma V)_{\mathrm{B}}^{1/3}]^2} \tag{6-308}$$

式中　T——热力学温度，K；

$\qquad p$——压力，bar。

ΣV 为分子扩散体积，由原子扩散体积加和求得。原子扩散体积数据列于表 6-45 中。

表 6-45　原子及简单分子的扩散体积

原子及基团的扩散体积 V					
C	15.9	F	14.7	S	22.9
H	2.31	Cl	21.0	芳香环	−18.3
O	6.11	Br	21.9	杂环	−18.3
N	4.54	I	29.8		

简单分子的扩散体积 ΣV					
He	2.67	N_2	18.5	H_2O	13.1
Ne	5.98	O_2	16.3	SF_6	71.3
Ar	16.2	Air	19.7	Cl_2	38.4
Kr	24.5	CO	18.0	Br_2	69.0
Xe	32.7	CO_2	26.9	SO_2	41.8
H_2	6.12	N_2O	35.9		
D_2	6.84	NH_3	20.7		

例 6-44　试计算 298K 和 1bar 时氯丙烯在空气中的扩散系数。实验值为 $0.0975 \mathrm{cm^2/s}$。

解　由表 6-45 查得原子扩散体积，并计算

$$(\Sigma V)_{C_3H_5Cl} = 3(C) + 5(H) + (Cl)$$
$$= 3(15.9) + 5(2.31) + 21.0$$
$$= 80.25$$
$$(\Sigma V)_{air} = 19.7$$

已知　　　　　　$M_{C_3H_5Cl} = 76.5$　$M_{air} = 29$

故　　　　　　$M_{C_3H_5Cl\text{-}air} = (2)\left[\left(\dfrac{1}{76.5}\right) + \left(\dfrac{1}{29}\right)\right]^{-1} = 42.0$

代入式（6-308）得

$$D_{C_3H_5Cl\text{-}air} = \frac{0.00143(298)^{1.75}}{(1)(42)^{\frac{1}{2}}\left[(80.25)^{\frac{1}{3}} + (19.7)^{\frac{1}{3}}\right]^2}\mathrm{cm^2/s}$$

$$= 0.095\,\mathrm{cm^2/s}$$

$$误差 = \frac{0.095 - 0.0975}{0.0975} \times 100 = -2.5\%$$

（2）Wilke-Lee 改进式[69]

该方法是把式（6-296）中的常数 0.00266 代之以和相对分子质量 M_A，M_B 有关的系数，即

$$D_{AB} = \left[3.03 - (0.98/M_{AB}^{\frac{1}{2}})\right] \times 10^{-3} \frac{T^{\frac{3}{2}}}{p M_{AB}^{\frac{1}{2}} \sigma_{AB}^2 \Omega_D} \tag{6-309}$$

式中，各项的意义及计算与式（6-296）所使用的相同，只是在计算纯组分的势能参数时，是应用下列经验式

$$\sigma = 1.18 V_b^{\frac{1}{3}} \tag{6-310}$$

$$\frac{\varepsilon}{\kappa} = 1.15 T_b \tag{6-311}$$

式中　T_b——正常沸点（1atm），K；

$\quad\quad\quad V_b$——Le Bas 体积，$\mathrm{cm^3/mol}$，可由表 6-46 查得后加和求得。

表 6-46 计算摩尔体积 V_b 的加和体积增量

名　　称	增量/(cm³/mol)		名　　称	增量/(cm³/mol)	
	Schroeder	Le Bas		Schroeder	Le Bas
碳	7	14.8	氯	24.5	24.6
氢	7	3.7	氟	10.5	8.7
氧(如下指出的除外)	7	7.4	碘	38.5	37
在甲酯和甲醚中	—	9.1	硫	21	25.6
在乙酯和乙醚中	—	9.9	环,三元	—7	—6.0
在高级酯和高级醚中	—	11.0	四元	—7	—8.5
在酸中	—	12.0	五元	—7	—11.5
连接 S,P,N	—	8.3	六元	—7	—15.0
氮	7		萘	—7	—30.0
双键连接		15.6	蒽	—7	—47.5
伯胺	—	10.5	碳原子间的双键	7	
仲胺	—	12.0	碳原子间的叁键	14	
溴	31.5	27			

注：加和体积法不能应用于简单分子。在推算扩散系数法中可取用如下近似值：H_2，14.3；O_2，25.6；N_2，31.2；空气，29.9；CO，30.7；CO_2，34.0；SO_2，44.8；NO，23.6；N_2O，36.4；NH_3，25.8；H_2O，18.9；H_2S，32.9；COS，51.5；Cl_2，48.4；Br_2，53.2；I_2，71.5。

例 6-45 使用 Wilke-Lee 改进式重复上例计算。

解 正如原文中建议，对空气取下列数据

$$\sigma_{air} = 3.62 \text{Å} \quad \left(\frac{\varepsilon}{\kappa}\right)_{air} = 97.0 \text{K}$$

查得氯丙烯的参数

$$T_b = 318.3 \text{K} \quad V_b = 87.5 \text{cm}^3/\text{mol}$$

使用两个经验式，即式（6-310）和式（6-311）得

$$\sigma_{C_3H_5Cl} = (1.18)(87.5)^{\frac{1}{3}} \text{Å} = 5.24 \text{Å}$$

$$\left(\frac{\varepsilon}{\kappa}\right)_{C_3H_5Cl} = (1.15)(318.3) \text{K} = 366 \text{K}$$

由式（6-306）和式（6-307）可得

$$\left(\frac{\varepsilon}{\kappa}\right)_{C_3H_5Cl\text{-}air} = [(97.0)(366)]^{\frac{1}{2}} \text{K} = 188 \text{K}$$

$$\sigma_{C_3H_5Cl\text{-}air} = \frac{3.62 + 5.24}{2} \text{Å} = 4.43 \text{Å}$$

$$T^* = \frac{T}{\left(\frac{\varepsilon}{\kappa}\right)_{C_3H_5Cl\text{-}air}} = \frac{298}{188} = 1.59$$

由式（6-300）计算出

$$\Omega_D = 1.17$$

代入式（6-309）

$$D_{C_3H_5Cl\text{-}air} = \{3.03 - [0.98/(42.0)]^{\frac{1}{2}}\}(10^{-3}) \frac{(298)^{\frac{1}{2}}}{(1)(42.0)^{\frac{1}{2}}(4.43)^2(1.17)} \text{cm}^2/\text{s} = 0.10 \text{cm}^2/\text{s}$$

$$误差 = \frac{0.100 - 0.0975}{0.0975} \times 100 = 2.6\%$$

（3） 改进的Sutherland 模型扩散系数方程

编者在前人工作的基础上提出如下形式的扩散系数方程

$$D_{AB} = \frac{0.01205 T^{\frac{3}{2}}}{p M_{AB}^{1/2} (V_{bA}^{\frac{1}{3}} + V_{bB}^{\frac{1}{3}})^2 \left(1 + \dfrac{S_{AB}^*}{T}\right)} \tag{6-312}$$

式中 M_{AB}——平均相对分子质量，$M_{AB} = 2\left(\dfrac{1}{M_A} + \dfrac{1}{M_B}\right)^{-1}$；

V_{bA}，V_{bB}——组分 A 和 B 在正常沸点下液体的摩尔体积，cm^3/mol；

$\quad\quad T$——热力学温度，K；

$\quad\quad p$——压力，bar。

式（6-312）中 Sutherland 常数 $S_{AB}^* = C_S S_{AB}$，而 $S_{AB}' = F\sqrt{S_A S_B}$，其中 F 为一校正因子，可用 $F = \left(2\dfrac{\sqrt{V_{bA}V_{bB}}}{(V_{bA} + V_{bB})}\right)^{\frac{1}{3}}$ 来估算，而常数 S_A 和 S_B 可应用 Vogel 公式，即 $S = 1.47 T_b$（T_b 为正常沸点，K）计算。对于系数 C_S，若两个组分均为非极性气体（包括弱极性气体），则取 $C_S = 1.0$，对于其中有强极性气体（包括氢键缔合分子），则取 $C_S = 0.733$。

当应用式（6-312）时，要求：① 对于惰性气体，如 He，Ne，Ar，Kr，Xe 及 H_2，D_2，其常数 S 和摩尔体积 V_b 直接取表 6-47 中数据；② 对于另一些简单气体，如 N_2，O_2，air，CO，CO_2 和 H_2O 等，其摩尔体积 V_b 也是直接从表 6-47 中查取（参看表 6-46）。而其常数 S 仍应用 $S = 1.47 T_b$ 确定；③ 对于一些复杂分子气体，其摩尔体积是根据 Le Bas 数据表，按 Kopp 叠加法进行计算，参看表 6-47，而其常数 S 仍应用 $S = 1.47 T_b$ 计算。

表 6-47　预测气体扩散系数的补充数据[①]

气体名称	分子式	Sutherland 常数	$V_b/(cm^3/mol)$	气体名称	分子式	Sutherland 常数	$V_b/(cm^3/mol)$
氦	He	72.9	7.31	氙	Xe	252	44.55
氖	Ne	64.1	12.64	氢	H_2	72	14.4
氩	Ar	148	29.93	氘	D_2	61	15.1
氪	Kr	188	33.33				

① 惰性气体的 Sutherland 常数取自文献[15]，而其摩尔体积是根据黏度和 Sutherland 常数计算得到。

例 6-46　试应用式（6-312）重复上例计算。

解　由表 6-46 中查得 Le Bas 法计算 V_b 的结构增量，得

$$V_{bA} = 3(C) + 5(H) + Cl$$
$$= 3(14.8) + 5(3.7) + 24.6$$
$$= 87.5$$

并查得
$$V_{bB} = 29.9$$

并查得正常沸点 $T_{bA} = 318.3K$，$T_{bB} = 79.2K$，于是求得

$$S_A = 1.47 \times 318.3 = 467.9 \quad S_B = 1.47 \times 79.2 = 116.4$$

$$S_{AB} = \sqrt{S_A S_B} = 233.37$$

再求

$$F = \left[\frac{2\sqrt{V_{bA}V_{bB}}}{(V_{bA} + V_{bB})}\right]^{\frac{1}{3}} = \left[\frac{2\sqrt{(87.5)(29.9)}}{87.5 + 29.9}\right]^{\frac{1}{3}}$$
$$= 0.955$$

$$S_{AB}^* = F S_{AB} = 0.955 \times 233.37 = 222.87$$

由上例中已算得
$$M_{AB} = 42.0$$

应用式（6-312）

$$D_{AB} = \frac{0.01205 \times (298)^{3/2}}{(1)(42.0)^{1/2}[(87.5)^{1/3}+(29.9)^{1/3}]^2(1+0.748)}$$

$$= 0.0962$$

$$误差 = \frac{0.0962-0.0975}{0.975} \times 100 = -1.33\%$$

小结：

a. 对于简单的非极性体系，使用 Fuller-Schettler-Giddings 方程［即式（6-308）和式（6-312）］，误差小于 5%～10%。

b. 对于含有极性组分的体系，可使用 Brokaw 改进式和式（6-312），误差小于 15%。表 6-48 给出了各方法对一些体系的计算结果，可供参考。

表 6-48　低压下气体扩散系数预测方法比较

体　　系	T/K	$D_{AB}p$ (obs.) /[(cm²/s)·bar]	式(6-295)	Brokaw 法	式(6-309)	Fuller 法
			\multicolumn{4}{c}{观测值的百分误差}			
空气-二氧化碳	276	0.144	−6	−1	6	−4
	317	0.179	−3	2	10	−2
空气-乙醇	313	0.147	−10	−13	−8	−9
空气-氦	276	0.632	0	−1	−2	−6
	346	0.914	0	0	−1	−3
空气-正己烷	294	0.081	−6	−5	−4	−8
	328	0.094	−1	0	1	−4
空气-2-甲基呋喃	334	0.107	—	6	10	6
空气-萘	303	0.087	—	−18	−17	−17
空气-水	313	0.292	−18	2	−9	−6
氨-乙醚	288	0.101	−23	−13	−14	1
	337	0.139	−23	−13	−15	−3
氩-氨	255	0.152	3	3	3	11
	333	0.256	3	2	1	5
氩-苯	323	0.085	8	9	14	13
	373	0.112	7	8	15	10
氩-氪	276	0.655	−1	−6	−7	−3
	418	1.417	−10	−13	−15	−7
氩-六氟代苯	323	0.082	—	−7	−5	−18
	373	0.095	—	−5	—	−10
氩-氢	295	0.84	−9	−2	−8	−5
	628	3.25	−15	−10	−16	−8
	1068	8.21	−19	−14	−20	−7
氩-氖	273	0.121	−1	−5	2	−2
氩-甲烷	298	0.205	5	7	13	3
氩-二氧化硫	263	0.078	24	17	23	22
氩-氙	195	0.052	−1	−3	5	7
	378	0.180	−2	−4	3	−1
二氧化碳-氦	298	0.620	−3	0	−2	−6
	498	1.433	−2	1	−1	0
二氧化碳-氮	298	0.169	−9	−7	−1	−4
二氧化碳-氧化氮	313	0.180	−6	7	16	−3
二氧化碳-二氧化硫	473	0.198	8	10	16	13
二氧化碳-四氟甲烷	298	0.087	−1	4	13	−12
	673	0.385	−4	4	12	−17
二氧化碳-水	307	0.201	−20	−5	−8	9

体 系	T/K	$D_{AB}p$ (obs.) /$[(cm^2/s) \cdot bar]$	观测值的百分误差			
			式(6-295)	Brokaw 法	式(6-309)	Fuller 法
二氧化碳-氮	373	0.322	−6	−6	0	−5
乙烯-水	328	0.236	−7	−6	−10	−4
氨-苯	423	0.618	8	19	7	−6
氨-溴苯	427	0.550	—	30	13	−3
氨-2-氯丁烷	429	0.568	—	25	9	−3
氨-正丁烷	423	0.595	10	3	7	−3
氨-1-碘丁烷	428	0.524	—	26	10	0
氨-甲醇	432	1.046	7	6	−2	−3
氨-氮	298	0.696	1	1	−1	−1
氨-水	352	1.136	1	20	−5	−1
氢-丙酮	296	0.430	0	32	6	1
氢-氨	263	0.58	4	23	4	5
	358	1.11	−4	11	−6	−5
	473	1.89	−5	6	−12	−9

6.3.4 高压下气体扩散系数的计算

大部分高压扩散实验仅限于自扩散系数的测试。下面介绍几个高压扩散的计算法。

6.3.4.1 Dawson-Khoury-Kobayashi 公式

R. Dawson 等人曾对甲烷等物质作了较广泛的研究并且将其实验数据关联成如下关系式

$$\frac{D\rho}{(D\rho)^\circ} = 1 + 0.053432\rho_r - 0.030182\rho_r^2 - 0.029725\rho_r^3 \tag{6-313}$$

式中　D——在 T 和 p 条件下的自扩散系数；

　　　ρ——密度；

　$(D\rho)^\circ$——在温度 T 和低压条件下计算的 D 和 ρ 的乘积；

　　　ρ_r——对比密度，即 $\rho_r = \rho/\rho_c$。

当 $\rho_r < 1$ 时，密度对扩散系数影响不大，$(D\rho) \approx (D\rho)^\circ$。式（6-313）的适用范围是 $0.8 < T_r < 1.9$；$0.3 < \rho_r < 7.4$。图 6-5 是式（6-313）的图解形式。

6.3.4.2 Mathur-Thodos 公式[70]

在这同样的对比密度范围内，G. P. Mathur 和 G. Thodos 也曾提出如下公式

$$D\rho_r = \frac{10.75 \times 10^{-5} T_r}{\beta} \tag{6-314}$$

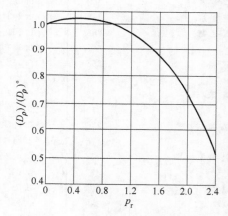

图 6-5　式（6-313）的图解形式

式中　D——高压自扩散系数，cm^2/s；

　　　ρ_r——对比密度。

$$\beta = \frac{M^{1/2} p_c^{1/3}}{T_c^{5/6}}$$

其中，p_c 和 T_c 的单位分别为 bar 和 K。

式（6-313）和式（6-314）也可以用来计算双元系的互扩散系数，此时必须按一定的混合规则求出假临界参数等。

例 6-47　试计算 138bar 和 313K 时甲烷和乙烷混合物的扩散系数，甲烷的分子分数为 0.8。在这些条件下，实验密度是 $0.135g/cm^3$，和 $D_{AB} = 8.4m^2/s$。

解　如果使用式（6-314），需要首先计算假临界参数 V_{cm}，p_{cm} 和 T_{cm}。查得

$$T_c(CH_4)=190.6K \qquad T_c(C_2H_6)=305.4K$$
$$V_c(CH_4)=99.0cm^3/mol \qquad V_c(C_2H_6)=148cm^3/mol$$
$$Z_c(CH_4)=0.288 \qquad Z_c(C_2H_6)=0.285$$
$$M(CH_4)=16.0 \qquad M(C_2H_6)=30.1$$

按 Kay 规则

$$T_{cm}=[(0.8)(190.6)+(0.2)(305.4)]K=213.6K$$
$$V_{cm}=[(0.8)(99.0)+(0.2)(148)]cm^3/mol=108.8cm^3/mol$$
$$Z_{cm}=(0.8)(0.288)+(0.2)(0.285)=0.287$$
$$M_m=(0.8)(16.0)+(0.2)(30.1)=18.85$$
$$p_{cm}=(0.287)(83.14)\frac{213.6}{108.8}bar=46.8bar$$

于是

$$\beta=\frac{M_m^{1/2}\,p_{cm}^{1/3}}{T_{cm}^{5/6}}=\frac{(18.85)^{1/2}(46.8)^{1/3}}{(213.6)^{5/6}}$$
$$=0.179$$
$$\rho_r=\frac{\rho V_{cm}}{M_m}=0.135\frac{108.8}{18.85}=0.779$$
$$T_r=\frac{40+273.5}{213.6}=1.46$$

由式（6-314）

$$D_{AB}=\frac{(10.75\times10^{-5})(1.46)}{(0.179)(0.779)}cm^3/s=11.25\times10^{-4}cm^2/s$$

误差大约为 30%。

6.3.5　温度对气体扩散的影响

在低压下，从式（6-296）可以看出，当 p 为常数时，

$$D_{AB}\propto\frac{T^{3/2}}{\Omega_D(T)} \tag{6-315}$$

这表明

$$\frac{\partial\ln D_{AB}}{\partial\ln T}=\frac{3}{2}-\frac{\partial\ln\Omega_D}{\partial\ln T} \tag{6-316}$$

在多数情况下，变化率 $\dfrac{\partial\ln\Omega_D}{\partial\ln T}$ 由 0 变到 $-\dfrac{1}{2}$，因此 D_{AB} 随着 $T^{3/2}\sim T^2$ 而变化。这一结果与经验推算法中 $D\propto T^{1.75}$ 相一致，但在较宽的温度范围内温度指数如图 6-6 中所示，是随对比温度变化的。

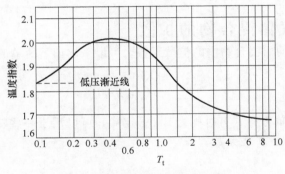

图 6-6　气体扩散中的温度指数

当已知 1atm 和 273K 下的扩散系数时，可由下式计算压力为 p，温度为 T 条件下气体的扩散系数

$$D = D_0 \frac{p_0}{p} \left(\frac{T}{273} \right)^{3/2} \qquad (6\text{-}317)$$

式中　p_0——1 标准大气压[❶]；

　　　D_0——在 1 标准大气压和 273K 时气体的扩散系数。

表 6-49 中列出了某些气体在空气中的扩散系数 D_0 值。表 6-50 给出了 $p=1\mathrm{atm}$ 时，$D = D_0 \left(\frac{T}{273} \right)^n$ 中的 D_0 和 n 值。

表 6-49　气体在空气中的扩散系数

气　体	$D_0/(\mathrm{cm^2/s})$	气　体	$D_0/(\mathrm{cm^2/s})$	气　体	$D_0/(\mathrm{cm^2/s})$
H_2	0.611	SO_2	0.103	C_7H_8	0.076
N_2	0.132	SO_3	0.095	CH_3OH	0.132
O_2	0.178	NH_3	0.17	C_2H_5OH	0.102
CO_2	0.138	H_2O	0.220	CS_2	0.089
HCl	0.130	C_6H_6	0.077	$C_2H_5OC_2H_5$	0.078

表 6-50　当 $p=1\mathrm{atm}$ 时，方程式 $D = D_0 \left(\frac{T}{273} \right)^n$ 中的 D_0 及 n 值

气　体	扩散系数 $D_0/(\mathrm{cm^2/s})$	指数 n	温度范围/K	气　体	扩散系数 $D_0/(\mathrm{cm^2/s})$	指数 n	温度范围/K
N_2-N_2	0.178	1.90	77～353	空气-CO_2	0.142	1.70	273～1533
N_2-H_2	0.689	1.72	137～1083	空气-癸烷	0.0461	1.60	454～537
N_2-He	0.621	1.73	283～3000	空气-壬烷	0.0490	1.60	425～525
N_2-CO_2	0.144	1.73	288～1200	空气-辛烷	0.0544	1.60	298～528
Ar-Ar	0.157	1.92	77～353	空气-四氢萘	0.0536	1.90	484～507
Ar-H_2	0.715	1.89	273～418	空气-燃料 T-5	0.0287	1.96	523～673
Ar-He	0.638	1.75	250～3000	空气-甲苯	0.0709	1.90	273～332
H_2-H_2O	0.734	1.82	290～370	空气-乙醇	0.105	1.77	273～340
H_2-CO_2	0.575	1.76	250～1083	He-He	1.62	1.71	14～296
H_2-O_2	0.661	1.89	142～1000	He-CO_2	0.494	1.80	200～404
H_2O-空气	0.216	1.80	273～1493	CO_2-CO_2	0.0965	1.90	273～362
H_2O-CO_2	0.146	1.84	298～434	CO_2-O_2	0.138	1.80	273～1000
H_2O-O_2	0.240	1.73	298～1000	O_2-O_2	0.186	1.92	77～353
空气-苯	0.0783	1.89	273～617	O_2-CO_2	0.188	1.68	273～1000
空气-己烷	0.0646	1.60	273～575	CH_4-CH_4	0.200	1.69	90～353
空气-庚烷	0.0594	1.60	373～573				

6.3.6　多组元气体混合物的扩散

稀释组分 i 扩散到均匀混合物中的扩散系数，可以采用如下简单的关联式

$$D_{\mathrm{im}} = \left(\sum_{\substack{j=1 \\ j \neq i}}^{n} \frac{x_j}{D_{ij}} \right)^{-1} \qquad (6\text{-}318)$$

已经证明，这一简单方程（有时称为 Blanc 定律）可以用于一些三元体系，其中 i 为微量组分，D_{ij} 为 ij 体系双元扩散系数。

---

❶　标准大气压（也称物理大气压）即 atm，$1\mathrm{atm}=0.101325\mathrm{MPa}$。

6.3.7 液体中的扩散

由于液体中的分子比较稠密且分子间的引力又比较大，因此在液体中的扩散系数值比在低压气体中的要小。

通过分析，已导得如下理论方程，称为 Stokes-Einstein 方程，关联液体扩散系数与溶剂的黏度

$$D_{AB} = \frac{RT}{6\pi\eta_B r_A} \tag{6-319}$$

式中，η_B 为溶剂的黏度；r_A 为球形溶质分子半径。

这一方程尽管是由特殊情况下推导而来的，但许多作者却利用 $D_{AB}\eta_B = f$（溶质大小）这一关系作为起点，导出了一系列关联方程。

6.3.8 无限稀释双元溶液扩散系数的计算

对于溶质 A 在溶剂 B 中的双元混合物，A 组分在无限稀释溶液中的扩散系数 D_{AB}° 意味着每一个 A 分子基本上处于纯 B 组分的包围中。然而在工程实际中，即使 A 组分的分子浓度达到 5%（或许达 10%）的情况下，也可以用 D_{AB}° 代表扩散系数。

下面介绍几种无限稀扩散系数的计算法。

6.3.8.1 Wilke-Chang 推算法[71]

这是一个获得广泛应用的 D_{AB}° 的计算式。Wilke-Chang 法本质上是一个 Stokes-Einstein 方程的改进式，即

$$D_{AB}^{\circ} = 7.4 \times 10^{-8} \frac{(\phi M_B)^{1/2} T}{\eta_B V_A^{0.6}} \tag{6-320}$$

式中 D_{AB}°——在非常低的浓度下，溶质 A 在溶剂 B 中的扩散系数，cm^2/s；

       M_B——溶剂 B 的摩尔质量，g/mol；

        T——热力学温度，K；

       η_B——溶剂 B 的黏度，cP；

       V_A——正常沸点下溶质 A 的摩尔体积，cm^3/mol；可查表，或由公式 $V_B = 0.285V_c^{1.048}$ 估算；

       ϕ——溶剂 B 的缔合因子，无量纲，如果溶剂是水，$\phi=2.6$；溶剂是甲醇，$\phi=1.9$；溶剂是乙醇，$\phi=1.5$。对于非缔合溶剂 $\phi=1.0$。

该式计算结果平均误差约为 10%，图 6-7 是式（6-320）的图解表示。

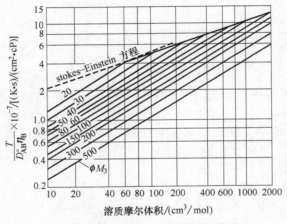

图 6-7   Wilke-Chang 方程的图解表示

例 6-48 试推算 303K 时己二酸在甲醇中的无限稀扩散系数。303K 时甲醇的黏度是 0.514cP，己二酸在正常沸点下的摩尔体积是 173.8cm³/mol，甲醇的相对分子质量是 32.04。实验值是 $D_{AB}^{\circ}=1.38\times10^{-5}\,cm^2/s$。

解 由式（6-320）且 $\phi=1.0$

$$D_{AB}^{\circ}=(7.4\times10^{-8})\frac{[(1.9)(32.04)]^{1/2}(303.2)}{(0.514)(173.8)^{0.6}}cm^2/s$$

$$=1.37\times10^{-5}\,cm^2/s$$

$$误差=\frac{1.37\times10^{-5}-1.38\times10^{-5}}{1.38\times10^{-5}}\times100=-0.7\%$$

例 6-49 试应用 Wilke-Chang 公式推算 293K 时乙苯向水中扩散的 D_{AB}°，已知在温度下水的黏度为 1.0cP，已知 D_{AB}° 实验值为 $0.81\times10^{-5}\,cm^2/s$。

解 乙苯正常沸点为 409.3K，在该温度下其密度为 0.761g/mol，取用 $M_A=106.17$，则 $V_A=106.17/0.761=139.1cm^3/mol$，水的相对分子质量 $M_B=18.0$，且缔合系数为 $\phi=2.6$，式（6-320）

$$D_{AB}^{\circ}=7.4\times10^{-8}\frac{[(2.6)(18.0)^{1/2}(298)]}{(1.0)(139.5)^{0.6}}cm^2/s$$

$$=0.77\times10^{-5}\,cm^2/s$$

$$误差=\frac{0.77-0.81}{0.81}\times100=-5\%$$

6.3.8.2 Scheibel 关联式 [72]

E. G. Scheibel 曾建议，从 Wilke-Chang 方程中消去缔合因子 ϕ，将它改为如下形式

$$D_{AB}^{\circ}=\frac{\kappa T}{\eta_B V_A^{1/3}} \tag{6-321}$$

其中

$$\kappa=(8.2\times10^{-8})\left[1+\left(\frac{3V_B}{V_A}\right)^{2/3}\right] \tag{6-322}$$

但对于水作为溶剂时，如果 $V_A<V_B$，取 $\kappa=25.2\times10^{-8}$；对于苯作溶剂，如果 $V_A<2V_B$，则取 $\kappa=18.9\times10^{-8}$。对于其它溶剂，如果 $V_A<2.5V_B$，则使用 $\kappa=17.5\times10^{-8}$。以上两式各项的定义和单位与式（6-320）相同。

6.3.8.3 Reddy-Doraiswamy 关联式 [73]

此关联式不包含缔合因子，而为

$$D_{AB}^{\circ}=\frac{\kappa' M_B^{1/2} T}{\eta_B (V_A V_B)^{1/3}} \tag{6-323}$$

其中

$$\kappa'=\begin{cases}10\times10^{-8} & \frac{V_B}{V_A}\leqslant1.5 \\ 8.5\times10^{-8} & \frac{V_B}{V_A}\geqslant1.5\end{cases}$$

通过对 96 组双元系的验算，该式的平均误差<20%，即使对于水作溶质这样难于处理的情况，误差也在 25% 以内。

例 6-50 应用 Scheibel 关联式及 Reddy-Doraiswamy 关联式计算 280.3K 时，溴苯在乙苯中的无限稀扩散系数，已知实验值为 $1.44\times10^{-5}\,cm^2/s$。

解 查得 V_A（溴苯）$=120cm^3/mol$

对乙苯，应用 Le Bas 计算

$$V_B(乙苯)=(6)(C)+10(H)+(六元环)$$

$$=[(6)(14.8)+(10)(3.7)-15.0]cm^3/mol$$

$$=110.8\text{cm}^3/\text{mol}$$

280.3K 乙苯的黏度约为 0.81cP，而相对分子质量为 $M=106.2$。

Scheibel 法 因 $V_A < 2.5V_B$，取 $\kappa = 18.9 \times 10^{-8}$。由式（6-321）

$$D_{AB}^\circ = \frac{(18.9)(10^{-8})(280.5)}{(0.81)(110.8)^{1/3}}\text{cm}^2/\text{s} = 1.36 \times 10^{-5}\,\text{cm}^2/\text{s}$$

$$误差 = \frac{1.36 - 1.44}{1.44} \times 100 = -5.5\%$$

Reddy-Doraiswamy 法 因 $V_B/V_A < 1.5$，取 $\kappa' = 10 \times 10^{-8}$。由式（6-322）

$$D_{AB}^\circ = \frac{(10 \times 10^{-8})(106.2)^{1/2}(280.5)}{(0.81)\left[(120)(110.8)\right]^{1/3}}\text{cm}^2/\text{s} = 1.51 \times 10^{-5}\,\text{cm}^2/\text{s}$$

$$误差 = \frac{1.51 - 1.44}{1.44} \times 100 = 4.8\%$$

上述两种方法计算结果都与实验值比较接近。

6.3.8.4 Hayduk-Laudie 关联式[74]

非电解质在水中的无限稀扩散系数可由下式计算

$$D_A^\circ = 13.26 \times 10^{-5}\,\eta_W^{-1.4}\,V_A^{-0.589} \tag{6-324}$$

式中 η_W——水的黏度，cP；

V_A——溶质在正常沸点下的摩尔体积，cm^3/mol；

D_{AW}°——无限稀溶液中扩散系数，cm^2/s。

该式的平均误差约为 5.9%。

6.3.8.5 Tyn-Calus 法[75]

作者曾提出如下的关联式

$$D_{AB}^\circ = 8.93 \times 10^{-8} \left(\frac{V_A}{V_B^2}\right)^{1/6} \left(\frac{P_B}{P_A}\right)^{0.6} \frac{T}{\eta_B} \tag{6-325}$$

式中 V_B，V_A——分别为正常沸点下溶剂和溶质的摩尔体积，cm^3/mol；

η_B——溶剂 B 的黏度，cP；

P_B，P_A——分别为溶剂和溶质的等张比容。

等张比容可用同温下的表面张力和摩尔体积按下式计算

$$P = V(\sigma)^{1/4} \tag{6-326}$$

式中，表面张力和摩尔体积的单位分别为 dyn/cm 和 cm^3/mol。

等张比容也可用表 6-51 提供的基团贡献值估算。

表 6-51 等张比容的结构计算

C—H		—COO—	63.8	S	49.1
C	9.0	—COOH	73.8	P	40.5
H	15.5	—OH	29.8	F	26.1
CH₃	55.5	—NH₂	42.5	Cl	55.2
在（—CH₂）n 中的 CH₂		—O—	20.0	Br	68.0
$n<12$	40.0	—NO₂	74	I	90.3
$n>12$	40.3	NO₃（硝酸酯）	93	双键	
1-甲基乙基	133.3	—CO(NH₂)	91.7	在末尾	19.1
1-甲基丙基	171.9	酮（RCOR'）		2,3 位	17.7
1-甲基丁基	211.7	R+R'=2	51.3	3,4 位	16.3
2-甲基丙基	173.3	=3	49.0	叁键	40.6
1-乙基丙基	209.5	=4	47.5	环	
1,1-二甲基乙基	170.4	=5	46.3	三元环	12.0
1,1-二甲基丙基	207.5	=6	45.3	四元环	6.0
1,2-二甲基丙基	207.9	=7	44.1	五元环	3.0
1,1,2-三甲基丙基	243.5	—CHO	66	六元环	0.8
C₆H₅—	189.6	O（除上述外）	20		
特殊基团		N（除上述外）	17.5		

使用 Tyn-Calus 法时应当注意：

① 此法不能用于 η_B 值在 20～30cP 以上的黏性溶剂体系。

② 当溶质为水时，则 V_A，P_A 应采用二聚体数据，即 $V_A = 37.4\text{cm}^3/\text{mol}$，$P_A = 105.2$ $\text{cm}^3 \cdot \text{g}^{1/4}/(\text{s}^{1/2} \cdot \text{mol})$。

③ 倘若溶质是一种有机酸而溶剂非水，甲醇或丁醇时，则酸应作二聚体来考虑，V_A，P_A 采用二聚体值，即为计算值的 2 倍。

④ 当非极性溶质扩散进入一元醇时，V_B 和 P_B 应乘以 $8\eta_B$，这里 η_B 是溶剂黏度，cP。

根据检验结果，Tyn-Calus 法的计算，其误差一般在 10% 以下。

6.3.8.6 改进的 Tyn-Calus 法

本方法的计算式为

$$D_{AB}^{\circ} = 8.93 \times 10^{-8} \frac{V_B^{0.267}}{V_A^{0.433}} \left(\frac{T}{\eta_B}\right) \left(\frac{\sigma_B}{\sigma_A}\right)^{0.15} \tag{6-327}$$

式中 σ_B，σ_A——溶剂和溶质在 T_b 下的表面张力，erg/cm^2；

$\quad\quad V_B$，V_A——溶剂和溶质在 T_b 下的摩尔体积，cm^3/mol；

$\quad\quad\quad \eta_B$——溶剂 B 的黏度，cP。

因大多数有机液体在 T_b 下有着类似的表面张力，故对表面张力比值可近似地取它等于 1，因此式（6-327）可以简化为

$$D_{AB}^{\circ} = 8.93 \times 10^{-8} \frac{V_B^{0.267}}{V_A^{0.433}} \cdot \frac{T}{\eta_B} \tag{6-328}$$

另外，σ_B/σ_A 值是可以用某个关联式予以确定，例如，采用 Brock-Bird 对比态法

$$\sigma = p_c^{2/3} T_c^{1/3} (0.132\alpha_c - 0.278)(1 - T_{br})^{11/9} \tag{6-329}$$

其中，p_c 为临界压力，bar；T_b 和 T_c 分别为正常沸点和临界温度，K；$T_{br} = T_b/T_c$，而 α_c 为 Riedel 因子，可表示为

$$\alpha_c = 0.9076 \left[1 + \frac{T_{br}\ln(p_c/1.013)}{1 - T_{br}} \right] \tag{6-330}$$

6.3.8.7 Hayduk-Minhas 法

对正烷烃溶液，

$$D_{AB}^{\circ} = 13.3 \times 10^{-8} T^{1.47} V_A^{-0.71} (\eta_B)^{\varepsilon} \tag{6-331}$$

其中 $\varepsilon = (10.2/V_A) - 0.791$

上式是根据 $C_5 \sim C_{32}$ 的正烷烃溶质在 $C_5 \sim C_{16}$ 的正烷烃溶剂中的实验数得出的。

对于水溶液，

$$D_{AB}^{\circ} = 1.25 \times 10^{-8} (V_A^{-0.19} - 0.292) T^{1.52} (\eta_W)^{\varepsilon^*} \tag{6-332}$$

其中 $\varepsilon^* = (9.58/V_A) - 1.12$

式中，下标 W 指水，此式的计算值误差小于 10%。

对于非电解质溶液，

$$D_{AB}^{\circ} = 1.55 \times 10^{-8} T^{1.29} (P_B^{0.5} P_A^{-0.42})(V_B^{-0.23})(\eta_B^{-0.92}) \tag{6-333}$$

若将式（6-326）引入式（6-333）以删去等张比容，得

$$D_{AB}^{\circ} = 1.55 \times 10^{-8} V_B^{0.27} V_A^{-0.42} \sigma_B^{0.125} \sigma_A^{-0.105} T^{1.29} \eta_B^{-0.92} \tag{6-334}$$

此式除温度指数较大外，与 Tyn-Calus 方程很相似。如前述，当 σ_B 与 σ_A 相差不大时，和式（6-328）一样可设表面张力比值为 1，或者，若 σ_B 与 σ_A 差别显著，可以引用式（6-

329）和式（6-330）。

例 6-51　试推算 313K 时乙酸在丙酮中的无限稀释扩散系数。其实验值为 4.04×10^{-5} cm^2/s。

解　所需的数据如下：

参　　数	乙酸（溶质）A	丙酮（溶剂）B	参　　数	乙酸（溶质）A	丙酮（溶剂）B
T_b/K	391.1	329.2	$M/(g/mol)$	60.05	58.08
T_c/K	592.7	508.1	$V（在 T_b）/(cm^3/mol)$	64.0	77.5
p_c/bar	57.9	47.0	$P/(cm^3 \cdot g^{1/4}/s^{1/2} \cdot mol)$	129	162
$\rho（在 T_b）/(g/cm^3)$	0.939	0.749	η_B/cP		0.270

（1）Tyn-Calus 法

根据规定③（见 879 页），乙酸应视为二聚体，这样，$V_A = (2)(64.0) = 128 cm^3/mol$ 及 $P_A = (2)(129) = 258(cm^3 \cdot g^{1/4})/(s^{1/2} \cdot mol)$。

由式（6-325）

$$D_{AB}^\circ = 8.93 \times 10^{-8} \left(\frac{128}{(77.5)^2}\right)^{1/6} \left(\frac{162}{258}\right)^{0.6} \frac{313}{0.270} cm^2/s$$

$$= 4.12 \times 10^{-5} cm^2/s$$

$$误差 = \frac{4.12 - 4.04}{4.04} \times 100 = 2\%$$

（2）Tyn-Calus 改进法

由式（6-328）

$$D_{AB}^\circ = 8.93 \times 10^{-8} \frac{(77.5)^{0.267}}{(128)^{0.433}} \cdot \frac{313}{0.270} cm^2/s = 4.04 \times 10^{-5} cm^2/s$$

$$误差 = 0\%$$

由式（6-327）、式（6-328）和式（6-329），对于乙酸

$$T_{br} = 391.1/592.7 = 0.660$$

$$\alpha_c = 0.9076 \left\{ 1 + (0.660) \left[\frac{\ln(57.9/1.013)}{1 - 0.660} \right] \right\} = 8.031$$

同理，对于丙酮，α 为 7.316。

$$\sigma_A = (57.9)^{2/3}(592.7)^{1/3}[(0.132)(8.031) - 0.278](1 - 0.660)^{11/9} erg/cm^2$$

$$= 26.0 erg/cm^2$$

对于丙酮，$\sigma_B = 19.9 erg \cdot cm^{-2}$，且 $(\sigma_B/\sigma_A)^{0.15} = 0.961$

$$D_{AB}^\circ = (4.04 \times 10^{-5})(0.961) cm^2/s = 3.88 \times 10^{-5} cm^2/s$$

$$误差 = \frac{3.88 - 4.04}{4.04} \times 100 = -4\%$$

在这特殊情况中，$(\sigma_B/\sigma_A)^{0.15}$ 因子的引入实际上是增大了误差，但在其它大多数情况中误差要减小。

（3）Hayduk-Minhas

由式（6-334）

$$D_{AB}^\circ = 1.55 \times 10^{-8}(313)^{1.29} \frac{(162)^{0.5}/(258)^{0.42}}{(0.270)^{0.92}(77.5)^{0.23}} cm^2/s$$

$$= 3.89 \times 10^5 cm^2/s$$

$$误差 = \frac{3.89 - 4.04}{4.04} \times 100 = -4\%$$

讨论：

关于非电解质水溶液，Wilke-Chang，Scheibel，Hauduk-Laudie，以及 Tyn-Calus，Hayduk-Minhas 等方法都是经过检验的，计算值误差一般在 $10\% \sim 15\%$ 以内。其中 Hayduk-Laudie 法最简单，使用方便。总的来说，相比之下，Tyn-Calus 和 Hayduk-Minhas 法较好。

6.3.9　双液系扩散与浓度的关系

在双液混合物中，扩散系数 D'_{AB} 与 $[(\partial \ln a/\partial \ln x)]_{T,P}$ 成比例，其中 a 是活度，x 是分子分数。根据 Gibbs-Duhem 方程，无论对于 A 或 B，$[(\partial \ln a/\partial \ln x)]_{T,P}$ 都是相同的，在稀溶液情况下，这一变化率等于 1。定义

$$D_{AB} \equiv \frac{D'_{AB}}{[(\partial \ln a/\partial \ln x)]_{T,P}} \tag{6-335}$$

D_{AB} 不像 D'_{AB} 那样对组成很敏感。浓度对液体扩散系数的影响可以通过以下几种方法来计算。

（1）Vignes 法

$$D_{AB} = (D^\circ_{AB})^{x_B} \cdot (D^\circ_{BA})^{x_A} \tag{6-336}$$

（2）改进的 Vignes 法

$$D_{AB}\eta = (D_{AB}\eta_B)^{x_B} \cdot (D_{BA}\eta_A)^{x_A} \tag{6-337}$$

（3）Anderson 法

$$\frac{D'_{AB}}{D^\circ_{AB}} = (1-\varphi)^{6.5} \tag{6-338}$$

式中　D°_{AB}——无限稀扩散系数；

φ——溶质的体积分数。

在上述三种方法中，Vignes 法经检验，其精度较好，便于使用。

6.3.10　温度和压力对液体中扩散的影响

前面所讨论的大部分液体扩散系数推算法都把 $D^\circ_{AB}\eta_B/T$ 看作常数，然而在得到那些关联式时所使用的实验数据的温度范围都比较小。实验表明，$D^\circ_{AB}\eta_B/T$ 是随温度变化的。由于 η 通常随 T 变化很大，故 D°_{AB} 随温度的变化也比较大，扩散过程的速率明显地随着温度的增加而增加。图 6-8 给出了几个体系 D°_{AB} 随温度的变化，可供参考。

在较小的温度范围内，温度对液体中扩散的影响关系，常采用下式表示

$$D_{AB}（或 \ D^\circ_{AB}）= A\exp(-B/T) \tag{6-339}$$

在较大的温度范围内，Tyn 曾提出下列公式[74]

$$\frac{D^\circ_{AB}(T_2)}{D^\circ_{AB}(T_1)} = \left(\frac{T_c - T_1}{T_c - T_2}\right)^n \tag{6-340}$$

式中，T_c 为溶剂 B 的临界温度。指数 n 与溶剂的正常沸点下的气化热 ΔH^γ_b 有如下关系，见下列数据。

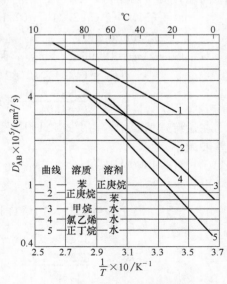

图 6-8　液体扩散系数随温度的变化

$\Delta H_b^v/(J/mol)$	n	$\Delta H_b^v/(J/mol)$	n
7900～30000	3	46000～50000	8
30000～39700	4	＞50000	10
39700～46000	6		

注：$n=3$ 时的典型化合物：正戊烷、丙酮、环己烷、氯仿；

$n=4$ 时的典型化合物：苯、甲苯、氯苯、正辛烷、四氯化碳；

$n=6$ 时的典型化合物：丙醇、丁醇、水；

$n=8$ 时的典型化合物：庚醇；

$n=10$ 时的典型化合物：乙二醇、丙二醇。

通过大量实验数据检验、Tyn 方法推算值的误差约为 9%。

压力对液体扩散系数的影响至目前还没有得到很多研究。Easteal 提出用下式来关联自扩散系数与压力之间的变化关系

$$\ln D_j^* = a + b p^{0.75} \tag{6-341}$$

式中，D_j^* 为自扩散系数，而 a 和 b 对一给定溶质是常数，但它们都随温度变化。b 是负数，故 D_j^* 随压力增加而减小。例如正己烷在 298K 下的自扩散系数自 1bar 时的 $4.2 \times 10^{-5} cm^2/s$ 变到 350bar 时的 $0.7 \times 10^{-5} cm^2/s$。

6.3.11　多组分液体混合物中的扩散

在双元液体混合物中，单个的扩散系数足以表示流率与浓度梯度之间的关系。在多元体系中，情况就比较复杂。一给定组分的流率取决于混合物中 $n-1$ 个组分的梯度，例如在 A、B、C 三元系中，A 组分的流率表示为

$$J_A = D_{AA}(dC_A/dZ) + D_{AB}(dC_B/dZ) \tag{6-342}$$

对于 J_B 和 J_C 可以写出同样的关系式。其中 D_{AA}，D_{BB} 称作主系数，而不是自扩散系数。D_{AB}，D_{BA} 等称为交叉系数。因为它们关联了 i 组分的流率与 j 组分浓度梯度之间的关系。对多元体系，D_{ij} 通常不等于 D_{ji}。

6.3.11.1　在混合溶剂中的扩散

多组分扩散的一个重要情况是溶质在混合溶剂的均匀溶液中扩散；当溶质很稀时，溶剂组分没有浓度梯度，因此人们可以认为只有溶质相对于混合物的扩散 D_{Am}^o。关于 D_{Am}^o 的计算，可介绍如下两个方程。

（1）Perkins-Geankoplis 关联式[76]

$$D_{Am}^o \eta_m^{0.8} = \sum_{\substack{j=1 \\ j \neq A}} x_j D_{Aj}^o \cdot \eta_j^{0.8} \tag{6-343}$$

式中　D_{Am}^o——稀溶质 A 在混合物中的扩散系数，cm^2/s；

D_{Aj}^o——溶质 A 在溶剂 j 中的无限稀扩散系数；

x_j——组分 j 的摩尔分数；

η_m——混合物黏度，cP；

η_j——组分 j 的黏度，cP。

通过对 8 个三元系的检验，误差小于 20%，而 CO_2 扩散到乙醇-水溶剂中是例外。

（2）Wilke-Chang 方程

$$D_{Am} = 7.4 \times 10^{-8} \frac{(\varphi M)^{1/2} T}{\eta_m V_A^{0.6}} \tag{6-344}$$

其中

$$\varphi M = \sum_{\substack{j=1 \\ j \neq A}}^{n} x_j \varphi_j M_j \tag{6-345}$$

式中，各项的含义与 Wilke-Chang 方程相同。

例 6-52 计算 298K 时乙酸在乙醇的含量为 20%（摩尔）的乙醇-水混合溶剂中的扩散系数。乙酸的含量很小。已知数据：令 $E=$ 乙醇，$W=$ 水，$A=$ 乙酸

$$\eta_E = 1.100 \text{cP} \qquad \eta_W = 0.894 \text{cP}$$

$$D_{AE}^o = 1.030 \times 10^{-5} \text{cm}^2/\text{s} \qquad D_{Am}^o = 1.30 \times 10^{-5} \text{cm}^2/\text{s}$$

$$\eta_m = 2.350 \text{cP}$$

解 由式（6-343）

$$D_{Am} = \left(\frac{1}{2.350}\right)^{0.8} \left[(0.207)(1.030 \times 10^{-5})(1.10)^{0.8} + (0.793)(1.30 \times 10^{-5})(0.896)^{0.8}\right] \text{cm}^2/\text{s}$$

$$= 0.59 \times 10^{-5} \text{cm}^2/\text{s}$$

实验值为 $0.571 \times 10^{-5} \text{cm}^2/\text{s}$

$$误差 = \frac{0.590 - 0.571}{0.571} \times 100 = 3.3\%$$

若使用式（6-344）和式（6-345），且 $V_A = 64.1 \text{cm}^3/\text{mol}$，$\varphi_E = 1.5$，$\varphi_W = 2.6$，$M_E = 46$，$M_W = 18$，则

$$\varphi M = (0.207)(1.5)(46) + (0.793)(2.6)(18) = 51.39$$

$$D_{Am}^o = (7.4 \times 10^{-8}) \frac{(51.39)^{1/2}(298)}{(2.350)(64.1)^{0.6}} \text{cm}^2/\text{s} = 0.55 \times 10^{-5} \text{cm}^2/\text{s}$$

$$误差 = \frac{0.55 - 0.571}{0.571} \times 100 = -3.7\%$$

6.3.11.2 多组分扩散系数

至目前还没有比较好的计算方法来计算多组分液体的扩散系数。

6.3.12 电解质溶液中的扩散

当盐溶解在溶液中时，扩散的是离子而不是分子。然而，在没有电势的情况下，纯（单一）盐的扩散可以按分子扩散来处理。

对于纯（单一）盐的扩散，可以使用 Nernst-Haskell 方程

$$D_{AB}^o = \frac{RT}{F^2} \cdot \frac{1/n_+ + 1/n_-}{1/\lambda_+^0 + 1/\lambda_-^0} \tag{6-346}$$

式中　　D_{AB}^o——无限稀溶液中的扩散系数，cm^2/s；

T——温度，K；

R——气体常数，$8.314 \text{J}/(\text{mol} \cdot \text{K})$；

λ_+^0，λ_-^0——阳离子和阴离子极限（零浓度）电导，$\text{A}/[\text{cm}^2 (\text{V/cm})^{-1} \cdot (\text{g-equiv}/\text{cm}^3)^{-1}]$；

n_+，n_-——阳离子和阴离子的价数；

F——法拉第常数，$96500 \text{C}/(\text{g-equiv})$。

许多物质在 298K 时的离子电导值列于表 6-52 中。

表 6-52 298K 时水中的极限离子电导

单位：$(A/cm^2)(V/cm)^{-1}(g\text{-}equiv/cm^3)^{-1}$

阳离子	λ^0_+	阴离子	λ^0_-	阳离子	λ^0_+	阴离子	λ^0_-
H^+	349.8	OH^-	197.6	$1/2Cu^{2+}$	54	$CNCH_2CO_2^-$	41.8
Li^+	38.7	Cl^-	76.3	$1/2Zn^{2+}$	53	$CH_3CH_2CO_2^-$	35.8
Na^+	50.1	Br^-	78.3	$1/3La^{3+}$	69.5	$CH_3(CH_2)_2CO_2^-$	32.6
K^+	73.4	I^-	76.8	$1/3CO(NH_3)_6^{3+}$	102	$C_6H_5CO_2^-$	32.3
Ag^+	61.9	NO_3^-	71.4			$HC_2O_4^-$	40.2
Ti^+	74.7	ClO_4^-	68.0			$1/2C_2O_4^{2-}$	74.2
$1/2Mg^{2+}$	53.1	HCO_3^-	44.5			$1/2SO_4^{2-}$	80
$1/2Ca^{2+}$	59.5	HCO_2^-	54.6			$1/3Fe(CN)_6^{3-}$	101
$1/2Sr^{2+}$	50.5	$CH_3CO_2^{-1}$	40.9			$1/4Fe(CN)_6^{4-}$	111
$1/2Ba^{2+}$	63.6	$ClCH_2CO_2^-$	39.8				

随着盐的浓度的增加，扩散系数迅速减少然后增加；在高浓度下扩散系数大于 D^o_{AB}。在低浓度下扩散系数的减少与浓度的平方根成比例，但当浓度大于 0.1mol/L 时，偏离这一倾向。至目前为止还没有一个方法来关联 D^o_{AB}-浓度关系，但有一经验方程可用来计算浓度在 2mol/L 以下的体系的扩散系数。

$$D_{AB} = D^o_{AB}\frac{1}{\rho_S \overline{V}_S}\frac{\mu_S}{\mu}\left(1+m\ \frac{\partial \ln\gamma_\pm}{\partial m}\right) \tag{6-347}$$

式中　D^o_{AB}——无限稀扩散系数，cm^2/s，见式 (6-346)；

　　　ρ_S——溶剂的摩尔密度，mol/cm^3；

　　　$\overline{V}_S$——溶剂的偏摩尔体积，cm^3/mol；

　　　μ_S——溶剂的黏度，cP；

　　　μ——溶液的黏度，cP；

　　　m——溶质的质量摩尔浓度，mol/1000g（溶剂）；

　　　$\gamma_\pm$——溶质的平均离子活度系数。

在许多情况下，乘积 $\rho_S\overline{V}_S$ 等于 1，黏度比也等于 1，因而式 (6-347) 提供了一种用活度系数修正无限稀扩散系数，进而计算扩散系数的方法。

小结：对于非常稀的电解质溶液，使用式 (6-346)。当得不到所需温度下在水中的极限离子电导数值时，可使用 298K 时离子电导值，由式 (6-346) 计算出 D_{AB}，再乘以 $T/334\eta_w$ 就可得到温度 T 时的无限稀扩散系数，其中 η_w 是水在 T，K 时的黏度，cP。

对于浓溶液，使用式 (6-347)。如果得不到温度 T 下的 $\gamma_\pm$ 值和 λ^o 值，可以计算 298K 时的 D'_{AB} 值，再乘以 $(T/298)[\eta(298K)/\eta(T, K)]$ 就可得到 T，K 时的 D'_{AB} 值。如果必要的话，可以假定 298K 时溶液黏度与 T，K 时溶液黏度之比值与相应水之黏度比值相同。

例 6-53　试计算 288K 时，2mol/L 含水溶液中 NaOH 的扩散系数。

解　由 Perry 给出的 NaOH 水溶液密度数据可以看出，直到 NaOH 质量分数为 12%，密度增加几乎精确地与水的质量分数成反比，即每 1000cm³ 水的摩尔比基本上是一个常数 (55.5)。因此 $\frac{V}{n_1}$ 和 $\overline{V}_1$ 都是非常接近 55.5，式 (6-347) 中两者可以抵消。在这种情况下，质量摩尔浓度基本上等于过去的当量浓度。

在 298K 时水和 2mol/L 的 NaOH 溶液的黏度分别为 0.894 和 1.42cP，将这些数据代入式 (6-346) 和式 (6-347) 得

$$D_{AB}^{\circ}=\frac{(2)(8.314)(298)}{(\frac{1}{50}+\frac{1}{198})(96500)^2}cm^2/s=2.12\times10^{-5}\,cm^2/s$$

$$D_{AB}'=2.12\times10^{-5}\frac{55.5}{55.5}\cdot\frac{0.894}{1.420}[1+(2)(0.135)]cm^2/s$$
$$=1.70\times10^{-5}\,cm^2/s$$

这是 298K 时的 D_{AB}' 值。在 288K 时，水的黏度是 1.144cP，因此，288K 时

$$D_{AB}'=1.70\times10^{-5}\frac{288}{334\times1.144}cm^2/s=1.28\times10^{-4}\,cm^2/s$$

文献值是 $1.36\times10^{-5}\,cm^2/s$。

6.3.13 固体的扩散

6.3.13.1 固体扩散系数与扩散的研究方法

两种固体相互接触后，两类原子发生对向移动，构成扩散现象。现在考虑 B 种物质在 A 种物质内扩散，并以 C 表示在 A 种物质内任意一点的浓度，即每单位体积内所含 B 种物质的质量。如果浓度是逐点变化的，那么扩散的效应是使浓度分配平均，最后达到均匀的地步。设 A 种物质是一种棒状物体，浓度是沿着棒轴变化，并以 dc 表示轴上距离为 dx 的两点的浓度差，则扩散系数即可由下式中求出

$$dm=DS\frac{dc}{dx}dt \tag{6-348}$$

式中，dm 表示 B 种物质在时间 dt 内，通过两点间而垂直于轴线的面积 S 的质量，虽然 D 可看做一个常量，但实际上，它和浓度，温度都有关系。

应须注意，原子在立方晶体内扩散时，D 和扩散方向无关。但在非立方晶体内扩散时，则 D 与扩散方向有关。

扩散的研究方法有多种，如直接法，示踪法等。现介绍如下。

（1）直接法

让两种样品 A 和 B 相互接触，并始终保持在一定温度下，一直等到有了一定扩散量时为止，然后把两种样品截成多段，并应用化学分析法，确定两种成分在离开接触处不同的各点上的浓度。从浓度的分布，确定扩散系数在给定温度下，是各成分的函数。用这种手段可确定不同温度下的扩散系数。从实验结果可以知道，扩散系数是和温度有关。显然，这种方法的应用，并不专限于两种固体扩散的研究，而且也可用来研究气体在固体中的扩散。

（2）放射性示踪法

这种方法，是利用物质 B 是一种放射性物质，以确定样品中不同区域的浓度。示踪法的用途比化学分析法广泛得多。最初示踪法的使用，只限于自然放射性元素在其它金属内扩散的研究。因为那时只有铅和铋的放射性同位素为唯一有用的元素，所以示踪法就受到限制。但从人为放射性元素发现后，这种阻碍才被消除，而示踪法的应用范围就日益发展。示踪法也可用来确定一种纯金属的原子在同样金属中的扩散系数。这种扩散系数称为自扩散系数。

6.3.13.2 扩散系数与温度的关系

任何一种扩散形式，无论沿晶粒边界扩散，还是在晶粒中扩散，已找到和温度有关的定律如下：

$$D=Ae^{-\frac{Q}{RT}} \tag{6-349}$$

式中，A 和 Q 实际上和温度无关，但它们与晶体结构有关，R 为气体常数，T 为绝对温度。按式（6-349），D 的对数成为 $\frac{1}{T}$ 的函数，若用图线表示，应为一条直线，参看图 6-9

表示。图中指出，铅在金中扩散是符合式（6-349）的规律。

表 6-53 给出式（6-349）中的 A 和 Q 值，这些值是从铅的自扩散，和锡、金、铋、汞等元素在铅中扩散时获得的。要精确地测量 A 值比测量 Q 值更困难，因为 D 对 A 的变化是很不敏感的。可是 A 的观察值则相当正确的符合式（6-350），即

$$A = Qd^2C \qquad (6\text{-}350)$$

式中，C 为一普适常数，d 为原子间的距离。式（6-350）通常叫杜西曼-朗缪尔方程。如果将式（6-350）

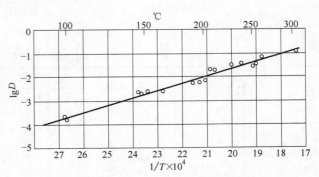

图 6-9　铅在金中扩散成为温度的函数

代入式（6-349），则以扩散系数 D 代入所得的方程中，就可算得 Q。这样所得的 Q 值列在表 6-53 中右边第一行。

表 6-53　金属间扩散的 A 和 Q 值

体　系	A	Q	Q[式(6-350)]	体　系	A	Q	Q[式(6-350)]
Pb 在 Pb 内	5.1	116730	102090	Bi 在 Pb 内	7.7×10^{-3}	33470	—
Sn 在 Pb 内	3.4×10^{-2}	100420	97070	Hg 在 Pb 内	3.6×10^{-1}	79500	—
Au 在 Pb 内	4.9×10^{-1}	54390	55650				

A 单位为 cm^2/s，Q 单位为 J/mol。

从表中数值来看，自扩散中 Q 值大于外来原子扩散中的 Q 值。这已成为一个普通定则。

各种金属在一给定金属中扩散的 Q 值，和各金属的熔点成正比，即熔点高，Q 值大。例如铜在金中扩散时，$Q=20T_m$，设 Q 以 J 为单位，则 T_m 为以绝对温度表示的铜熔点，这是另一个普通定则。

6.4　表面张力

6.4.1　表面张力的定义和单位

液体内部一个分子受四周其它分子的吸引力，各个方向是相同的。而液体表面上分子受上方气体分子的引力则远小于受内层液体分子的吸引力，从而使液体表面趋于吸向液体内部，此种向内引力使得液面尽量收缩而形成表面张力 σ。因此，表面张力定义为单位长度的表面内所施加的力。它的单位是 dyn/cm。在 SI 单位制中，$1erg/cm^2 = 1mJ/m^2 = 1mN/m$。

6.4.2　液体表面张力数据

测试表面张力的方法有多种，至今文献已公布的数据也比较多，如 Jasper[1] 曾系统地整理了 1847～1969 年间公布的 2200 种物质在不同温度下的 σ 值，而 Yaws[2] 等提供了 633 种有机物在某一温度下的 σ 值。另外，还有 Vargaftik，Schlunder，Максимоь 等也都提供了不少数据。

6.4.3　纯液体表面张力和温度的关系

众所周知，表面张力随温度升高而下降，至临界状态其值为零。当 $T_r = 0.4 \sim 0.7$ 时，常用如下关系式

$$\sigma = a - bt \qquad (6\text{-}351)$$

式中，σ 是温度 $t℃$ 时的表面张力，a，b 为实验数据拟合的参数。因为工程计算中常使

用该温度范围，而实验数据也最多，因此式（6-351）是目前最常用的计算式。Jasper 已提供了该式近 2000 种物质的参数 a、b 值[77]。本节提供了工程中常用的物质的 a、b 值，见表 6-54。

表 6-54 式（6-351）的 a、b 值

物　　　质	温度范围/℃	a	b	物　　　质	温度范围/℃	a	b
乙烷	$-140\sim-90$	1.24	0.1660	1,1-二氯乙烷	$20\sim40$	27.03	0.1186
丙烷	$-90\sim10$	9.22	0.0874	1,2-二氯乙烷	$20\sim85$	35.43	0.1428
丁烷	$-70\sim20$	14.87	0.1206	氯苯	$10\sim130$	35.97	0.1191
异丁烷	$-70\sim20$	12.83	0.1236	甲醇	$10\sim60$	24.00	0.0773
戊烷	$10\sim30$	18.25	0.11021	乙醇	$10\sim70$	24.05	0.0832
异戊烷	$-20\sim25$	17.20	0.1103	丙醇	$10\sim90$	25.26	0.0777
正己烷	$10\sim60$	20.44	0.1022	异丙醇	$10\sim80$	22.90	0.0789
异己烷	$10\sim60$	19.37	0.09967	1-丁醇	$10\sim100$	27.18	0.0898
2,2-二甲基丁烷	$10\sim40$	18.29	0.0990	乙二醇	$20\sim140$	50.21	0.0890
3-甲基戊烷	$10\sim60$	20.26	0.1060	甲醚	$-70\sim-25$	14.97	0.1478
正庚烷	$10\sim90$	22.10	0.0980	丙醚	$15\sim60$	22.60	0.1047
2-甲基己烷	$-20\sim90$	21.22	0.09635	乙醛	$10\sim50$	23.90	0.1360
正辛烷	$10\sim120$	23.52	0.09509	丙酮	$25\sim50$	26.26	0.112
2-甲基庚烷	$10\sim100$	22.68	0.0964	甲酸	$10\sim90$	39.87	0.1098
异辛烷	$10\sim100$	20.55	0.08876	乙酸	$15\sim90$	29.58	0.0994
正壬烷	$10\sim120$	24.72	0.09347	丙酸	$15\sim90$	28.68	0.0993
正癸烷	$10\sim120$	25.67	0.09197	醋酸甲酯	$10\sim60$	27.95	0.1289
环戊烷	$5\sim50$	25.53	0.1462	醋酸乙酯	$10\sim100$	26.29	0.1161
环己烷	$5\sim70$	27.62	0.1188	甲胺	$15\sim40$	22.87	0.1488
甲基环戊烷	$10\sim60$	24.63	0.1163	乙胺	$15\sim40$	22.63	0.1372
甲基环己烷	$5\sim60$	26.11	0.1130	苯胺	$15\sim90$	44.83	0.1085
乙烯	$-160\sim-110$	-2.73	0.1854	乙腈	$20\sim60$	31.83	0.1263
丙烯	$-80\sim-30$	9.99	0.1427	环氧乙烷	$-50\sim40$	27.66	0.1664
1-丁烯	$-70\sim20$	15.19	0.1323	甲硫醇	$15\sim40$	28.09	0.1696
异丁烯	$-50\sim20$	14.84	0.1319	乙硫醇	$15\sim30$	25.06	0.0793
乙炔	$-90\sim-50$	3.42	0.1935	萘	$90\sim200$	42.84	0.1107
丙炔	$-90\sim-40$	14.51	0.1482	苯酚	$40\sim140$	43.54	0.1068
甲苯	$10\sim100$	30.90	0.1189	糠醛	$10\sim100$	46.41	0.1327
乙苯	$10\sim100$	31.48	0.1094	氧	$-202\sim-184$	-33.72	0.2561
邻二甲苯	$10\sim100$	32.51	0.1101	氮	$78\sim90K$	26.42	0.2265
间二甲苯	$10\sim100$	31.23	0.1104	一氧化碳	$-192\sim-182$	-30.20	0.2073
对二甲苯	$10\sim100$	30.69	0.1074	氧化二氮	$-100\sim-10$	5.09	0.2032
联苯	$80\sim200$	41.52	0.09307	一氧化氮	$-160\sim-152$	-67.48	0.5853
氯甲烷	$10\sim30$	19.5	0.1650	二氧化硫	$-50\sim10$	26.58	0.1948
二氯甲烷	$20\sim40$	30.41	0.1284	氟化氢	$-80\sim20$	10.41	0.07867
三氯甲烷	$15\sim75$	29.91	0.1295	二硫化碳	$10\sim50$	35.29	0.1484
四氯化碳	$15\sim105$	29.49	0.1224				

当温度范围较大时，可使用指数关联式

$$\sigma = \sigma_0 (1 - T_r)^m \tag{6-352}$$

或者

$$\sigma_2 = \sigma_1 \left(\frac{1 - T_{r2}}{1 - T_{r1}} \right)^m \tag{6-353}$$

式中，σ_1 为对比温度 T_{r1} 时的表面张力，σ_0 和 m 可用实验数据进行回归确定。实际上，各物质的 m 值相差不太大，故可用一常数来取代，正如 Yaws 等[78]在关联 600 多种有机物

时，取 m 为定值，即 $m=11/9$，这样就把式（6-352）变为单参数式。

6.4.4　表面张力的估算法

6.4.4.1　结构贡献法

（1）Macleod-Sugden 关联式

D. B. Macleod 等很早就提出如下的关联式

$$\sigma^{\frac{1}{4}}=[P](\rho_L-\rho_V) \tag{6-354}$$

式中　$[P]$——等张比容，可由结构加和法计算，表 6-55 中列出了等张比容的结构贡献值。
表 6-56 列出了某些物质的等张比容值；

ρ_L——液体密度，mol/cm^3；

ρ_V——气体密度，mol/cm^3。

表 6-55　计算等张比容的结构贡献

碳-氢		—O(酮)	
C	9.0	三碳原子	22.3
H	15.5	四碳原子	20.0
CH_3—	55.5	五碳原子	18.5
—CH_2—[①]	40.0	六碳原子	17.3
CH_3—$CH(CH_3)$—	133.3	—CHO	66
CH_3—CH_2—$CH(CH_3)$—	171.9	O(不包括上述基团中的)	20
CH_3—CH_2—CH_2—$CH(CH_3)$—	211.7	N(不包括上述基团中的)	17.5
CH_3—$CH(CH_3)$—CH_2—	173.3	S	49.1
CH_3—CH_2—$CH(C_2H_5)$—	209.5	P	40.5
CH_3—$C(CH_3)_2$—	170.4	F	26.1
CH_3—CH_2—$C(CH_3)_2$—	207.5	Cl	55.2
CH_3—$CH(CH_3)$—$CH(CH_3)$—	207.9	Br	68.0
CH_3—$CH(CH_3)$—$C(CH_3)_2$—	243.5	I	90.3
C_6H_5—	189.6	乙烯键	
特殊基团		在终端	19.1
—COO—	63.8	在 2,3 位置	17.7
—COOH—	73.8	在 3,4 位置	16.3
—OH	29.8	叁键	40.6
—NH_2	42.5	闭合环	
—O—	20.0	三元	12.5
—NO_2(亚硝酸根)	74	四元	6.0
—NO_3(硝酸根)	93	五元	3.0
—$CO(NH_2)$	91.7	六元	0.8

① 如果在（—CH_2—）$_n$ 中 $n>12$，每次的增量为 40.3。

表 6-56　等张比容数据

物　质	$[P]$	物　质	$[P]$	物　质	$[P]$	物　质	$[P]$
CO	61.6	Ar	54.0	S	49.2	二甲苯	283.8
CO_2	77.5	NOCl	103.1	SO_2	101.5	HCN	81.5
CS_2	144.1	H_2O	52.7	Br_2	132.1	N_2O	81.1
H_2	35.2	H_2SO_4	146.9	$SOCl_2$	174.5	H_2O_2	69.9
HCl	67.8	N_2	60.4	苯	206.3	N_2O_4	144.4
HNO_3	105.0	O_2	54.0	甲苯	246.5	S_2Cl_2	204.2

例 6-54　试应用 Macleod-Sugden 公式计算 333K 时异丁酸的表面张力。已知实验值为 21.36dyn/cm（mN/m）。

解 在 333K 时，液体密度为 $0.912\text{g}/\text{cm}^3$，而已知相对分子质量 $M=88.107$，故 $\rho_L=0.912/88.107=1.035\times10^{-2}\text{mol}/\text{cm}^3$，因为 333K 处于异丁酸的沸点以下，在此压下 $\rho_v \ll \rho_L$，故 ρ_v 可以忽略。由表 6-55，

$$[P]=[CH_3-CH(CH_3)-]+(-COOH)$$
$$=133.3+73.8=207.1$$

由式（6-354）

$$\sigma=[(207.1)(1.035\times10^{-2})]^4=21.10\text{dyn}/\text{cm}=21.10\text{mN/m}$$

$$误差=\frac{21.10-21.36}{21.36}\times100=-1.2\%$$

由于 σ 与 $([P]\rho_L)^4$ 成比例，故式(6-354)对于所选的等张比容和液体密度非常敏感。

如果不使用实验的密度值，可使用下式计算

$$\rho_L-\rho_v=\rho_{Lb}\left(\frac{1-T_r}{1-T_{br}}\right)^n \tag{6-355}$$

式中，ρ_{Lb} 是正常沸点下液体的密度，单位是 mol/cm^3，指数 n 的值为 $0.25\sim0.31$，可按下面所列选择。

物 质	n
醇 类	0.25
烃类和醚类	0.29
其它有机物	0.31

使用式（6-355），则式（6-354）变为

$$\sigma=([P]\rho_{Lb})^4\left(\frac{1-T_r}{1-T_{br}}\right)^{4n} \tag{6-356}$$

其中，$(4n)$ 的值介于 1.0 和 1.24 之间。

（2）Grain 法

本方法是把 Grain 的 ρ_L 估算法和式（6-354）相结合而得到。已知 Grain 关系式

$$\rho_L=\rho_{Lb}\left(3-2\frac{T}{T_b}\right) \tag{6-357}$$

再引入一个经验系数 k，则

$$\sigma=1\times10^{-3}\left[\frac{[P](1+k)}{V_b}\left(3-\frac{2T}{T_b}\right)^n\right]^4 \tag{6-358}$$

式中，V_b 为沸点下的摩尔体积，cm^3/mol，k 和 n 是结构常数（表 6-57）通过用 32 种物质进行检验，其误差约为 5%。本方法也适用于沸点前。

表 6-57 式（6-358）中的 k 和 n

结 构	k	n	结 构	k	n
醇和酚	0.020	0.25	多元醇	0.1	0.25
酰胺和伯胺	0.065	0.25	烃	0	0.29
仲胺和叔胺	0	0.25	其它	0	0.31
全卤化物	−0.028	0.29			

6.4.4.2 对比态法

（1）Brock-Bird 关联式[79]

$$\frac{\sigma}{p_c^{2/3}\cdot T_c^{1/3}}=(0.132\alpha_c-0.279)(1-T_r)^{11/9} \tag{6-359}$$

式中　p_c——临界压力，bar；

　　　　T_c——临界温度，K；

　　　　α——Riedel 因子，可按下式求得

$$\alpha_c = 0.9076\left(1 + \frac{T_{br}\ln(p_c/1.013)}{1 - T_{br}}\right) \tag{6-360}$$

　　　将式（6-360）代入式（6-359）可得

$$\sigma = p_c^{2/3} T_c^{1/3} (1 - T_r)^{11/9} \cdot Q \tag{6-361}$$

　　　其中

$$Q = 0.1196\left[1 + \frac{T_{br}\ln(p_c/1.013)}{1 - T_{br}}\right] - 0.279 \tag{6-362}$$

　　　式（6-361）和式（6-362）适用于非极性液体。但不适用于具有氢键化合物（醇，酸等）和量子流体（H_2，He，Ne 等）

　　　计算二甲醚的表面张力，可用下列形式的对比态方程

$$Z_c^{2/3}\sigma/p_c^{2/3} T_c^{1/3} = A + B(1 - T_r)^{11/9}$$

　　　在 $-20 \sim 100{}^\circ\!C$ 温度范围内式中常数，A 取值为 0.00040，B 取值为 0.2530，计算结果与文献值比较，平均绝对偏差为 0.26%，数据如下：

温度/℃	$\sigma_\text{文}$	$\sigma_\text{计}$	误差/%
-10	16.480	16.528	0.29
0	15.040	15.073	0.22
10	13.630	13.642	0.09
20	12.240	12.238	-0.01
30	10.880	10.864	-0.15
40	9.546	9.520	-0.27
50	8.242	8.211	-0.38
60	6.972	6.938	-0.48
70	5.739	5.708	-0.54
80	4.549	4.526	-0.51

（2）Hakim-Steinberg-Stiel 关联式[80]

　　　为了把上述方法推广应用于极性流体，Hakim 等对此引入 Stiel 因子，从而提出如下公式

$$\sigma = p_c^{2/3} T_c^{1/3} \left(\frac{1 - T_r}{0.4}\right)^m Q_p \tag{6-363}$$

式中　σ——极性液体的表面张力，dyn/cm（mN/m）；

　　　　p_c——临界压力，bar；

　　　　T_c——临界温度，K。

$$Q_p = 0.1560 + 0.365\omega - 1.754X - 13.57X^2 - 0.506\omega^2 + 1.287\omega X$$

$$m = 1.210 + 0.5385\omega - 14.61X - 32.07X^2 - 1.656\omega^2 + 22.03\omega X$$

　　　　ω——偏心因子；

　　　　X——Stiel 极性因子。

　　　Stiel 极性因子 X 可由 $T_r = 0.6$ 时的对比饱和蒸气压 p_r 计算，

$$X = \lg p_r(T_r = 0.6) + 1.70\omega + 1.552 \tag{6-364}$$

其中少数物质的极性因子数据是已知的，可从表 6-58 中查到。

表 6-58　Stiel 极性因子

物　　质	X	物　　质	X	物　　质	X
甲醇	0.037	氯甲烷	0.007	氟甲烷	0.012
乙醇	0.0	氯乙烷	0.005	乙烯化氧	0.012
正丙醇	−0.057	氨	0.013	乙酸甲酯	0.005
异丙醇	−0.053	水	0.023	乙硫醇	0.004
正丁醇	−0.07	氯化氢	0.008	乙醚	−0.003
二甲基醚	0.002	丙酮	0.013		

例 6-55　应用式（6-361）和式（6-362）计算液态乙硫醇在 303K 时的表面张力。已知实验值为 22.68dyn/cm（mN/m）。

解　查得所需数据：T_c=499K，T_b=308.2K，p_c=54.9bar

T_{br}=308.2/499=0.618，由式（6-362）

$$Q=0.1196\left[1+\frac{0.618\ln(54.9/1.013)}{1-0.618}\right]-0.279=0.613$$

代入式（6-361）

$$\sigma=(54.9)^{2/3}(499)^{1/3}(0.613)\left(1-\frac{303}{499}\right)^{11/9}$$

$$=22.41\text{dyn/cm}=22.41\text{mN/m}$$

$$误差=\frac{22.41-22.68}{22.68}\times100=-1.2\%$$

（3）Lielmezs-Herriek 法[81]

$$\frac{\sigma/T}{\sigma_b/T_b}=1.002855T^{*1.118091} \tag{6-365}$$

$$T^*=\frac{(1/T_r)-1}{(1/T_{br})-1} \tag{6-366}$$

式中，σ_b 是 T_b，K 时的表面张力。该法是用 34 种化合物数据拟合的，其平均误差为 5.2%。

（4）Rice-Teja 双参比流体法[82]

本方法是对比态法一种发展。其特点是使用不固定的双参比流体，是在假定 $\sigma V_c^{2/3}/T_c$ 与 ω 呈线性关系的基础上提出的。

$$\sigma\phi=(\sigma\phi)'+\frac{\omega-\omega'}{\omega''-\omega'}[(\sigma\phi)''-(\sigma\phi)'] \tag{6-367}$$

$$\phi=V_c^{2/3}/T_c \tag{6-368}$$

式中，T_c 是临界温度，K，V_c 是临界体积，cm³/mol，ω 是偏心因子，而 "'" 和 "''" 表示所选用的两种参比流体，该两种参比流体在一定温度下的 σ 是已知的，而且很可靠。当用正庚烷和正十三烷作为参比流体来估算正构烷烃，芳烃，氟苯，碘苯等，并用乙醇和戊醇来估算各种醇的表面张力，平均误差约 1%。

6.4.4.3　其它估算法

表面张力可以和其它许多物性相关联，文献中提出的与 σ 相关的物性有：折射率、液体压缩因子、黏度和蒸发热，其中用得最多的，是蒸发热。下面介绍应用蒸发热来计算沸点下的表面张力。

P. Walden 曾提出如下关联式

$$\sigma_b=0.0656\left(\frac{\Delta H_b^v}{V_b}\right)\cdot10^{-3} \tag{6-369}$$

式中　σ_b——沸点下液体表面张力，mN/m；

ΔH_b^v——在正常沸点下的蒸发热；J/mol；

V_b——在正常沸点下液相比容，cm^3/mol。

上述公式用来估算非缔合性液体在沸点下的表面张力，是很方便的。

推荐意见：

对于有机液体的表面张力，最好使用 Jasper 收集的数据。对于不含氢键类的液体，使用对比态法的式（6-361）和式（6-362）时，需要有正常沸点和临界态数据，其误差通常为<5%。对于含氢键类液体，使用式（6-354），需要有饱和液体和饱和蒸气密度数据，或者使用式（6-356），只是精度稍差一点。Macleod-Sugden 方法，即式（6-354），误差一般小于 5%～10%。如果有偏心因子 ω 和 Stiel 因子的数据，对于醇类使用式（6-363），往往会更精确。

6.4.5　溶液的表面张力

6.4.5.1　非水溶液的表面张力

液体混合物的表面张力并不是纯组分表面张力的简单函数，因为在液体混合物中，表面的组成和内部的组成是不一样的，在多数情况下，知道的是混合物内部的组成而不是表面组成。混合物的表面张力通常比纯组分表面张力的分子分数平均值要小。此外，变化率 $\partial \sigma_m/\partial y$ 通常随着表面张力最大的组分的含量增加而增加。推算混合物表面张力的方法可以划分两类，即以纯液体的经验关系式为基础，和从热力学中推导而来的方法。

（1）Macleod-Sugden 法

将式（6-354）应用于液体混合物，得

$$\sigma_m^{1/4} = \sum_{i=1}^{n} [P_i](\rho_{Lm}x_i - \rho_{vm}y_i) \tag{6-370}$$

式中　σ_m——混合物的表面张力，dyn/cm（mN/cm）；

$[P_i]$——组分 i 的等张比容；

x_i, y_i——液相和气相中组分 i 的摩尔分数；

ρ_{Lm}——液相混合物密度，mol/cm^3；

ρ_{vm}——气体混合物密度，mol/cm^3。

在低压下，包括蒸气密度和组成的那一项可以忽略不计，如果这样做，则该式可以用来计算很大范围的液体混合物的表面张力，结果也会很好。此式也可以用来计算高压下气-液体系的表面张力，只是蒸气的那一项不能忽略。在低压下使用式（6-370），通常误差小于 5%～10%。

（2）对比态法

通过一定混合规则，求出 p_{cm}、T_{cm} 及 Q_m，然后使用计算纯组分的公式（6-361）来计算混合物的表面张力。混合规则如下：

$$p_{cm} = \sum_{i=1}^{n} x_i p_{ci} \tag{6-371}$$

$$T_{cm} = \sum_{i=1}^{n} x_i T_{ci} \tag{6-372}$$

$$Q_m = \sum_{i=1}^{n} x_i Q_i \tag{6-373}$$

于是，应用式（6-361）得

$$\sigma_m = p_{cm}^{2/3} T_{cm}^{1/3} Q_m (1 - T_{rm})^{11/9} \tag{6-374}$$

对于非极性液体检验结果表明，该方法的精度和 Macleod-Sugden 方法相当。

（3）其它经验法

通常，当只需要近似计算时，可以使用下列公式

$$\sigma_m^r = \sum_{j=1}^{n} x_j \sigma_j^r \tag{6-375}$$

式中，$r = -1 \sim -3$。对于大多数碳氢化合物，可以取 $r = 1$。

另一个公式是修正的 Maclead-Sugden 式，即

$$\sigma_m^{1/4} = \rho_{Lm} \sum_{i=1}^{n} \frac{x_i \sigma_i^{1/4}}{\rho_{Li}} \tag{6-376}$$

式（6-376）比起式（6-375）的优点是，在极限组成时，可以得到确切的数值，即 $x_i \rightarrow 1$ 时，$\sigma_m \rightarrow \sigma_i$。

例 6-56 计算含乙醚 42.3%（摩尔）的乙醚和苯的混合物在 298K 时的表面张力。

解 ① Macleod-Sugden 法

由表 6-55

$$[P_苯] = (C_6H_5-) + H = 189.6 + 15.5 = 205.1$$
$$[P_醚] = (2)(CH_3-) + (2)(-CH_2-) + (-O-)$$
$$= (2)(55.5) + (2)(40.0) + 20.0 = 211$$
$$M_m = (0.423)(74.123) + (0.577)(78.114) = 76.426$$

当忽略蒸气项时，式(6-370)成为

$$\sigma_m^{\frac{1}{4}} = \frac{0.7996}{76.426}[(0.423)(211) + (0.577)(205.1)]$$

$$\sigma_m = 22.25 \text{dyn/cm} = 22.25 \text{mN/m}$$

$$误差 = \frac{22.25 - 21.81}{21.81} \times 100 = 2.0\%$$

若使用上面计算的等张比容值和纯组分密度值，由式(6-370)算得纯苯和纯乙醚的表面张力值分别为 27.5dyn/cm 和 16.40dyn/cm，与实验值 28.23dyn/cm 和 16.47dyn/cm 相比，误差也不算大。

② 修正的 Macleod-Sugden 法

由式(6-376)

$$\sigma_m^{\frac{1}{4}} = \frac{0.7996}{76.426}\left[\frac{(0.423)(16.47)^{\frac{1}{4}}}{0.7069/74.123} + \frac{(0.577)(28.23)^{\frac{1}{4}}}{0.8722/78.114}\right]$$

$$\sigma_m = 22.63 \text{dyn/cm} = 22.63 \text{mN/m}$$

$$误差 = \frac{22.63 - 21.81}{21.81} \times 100 = 3.8\%$$

③ 对比态法

用摩尔分数平均值法确定 p_{cm}、T_{cm} 和 Q_m

$$p_{cm} = (0.423)(36.4) + (0.577)(48.9) = 43.6 \text{bar}$$
$$T_{cm} = (0.423)(466.7) + (0.577)(562.1) = 522 \text{K}$$

由式(6-362)可算出纯组分的 Q 值

$$Q(乙醚) = 0.674 \qquad Q(苯) = 0.628$$

故

$$Q_m = (0.423)(0.674) + (0.577)(0.628) = 0.647$$
$$T_{rm} = \frac{298}{522} = 0.571$$

代入式（6-361）得

$$\sigma_m = (43.6)^{2/3}(522)^{1/3} \cdot (0.647)(1-0.571)^{11/9}$$
$$= 22.97 \text{dyn/cm} = 22.97 \text{mN/m}$$

$$误差 = \frac{22.97-21.81}{21.81} \times 100 = 5.3\%$$

④ 指数式

使用式（6-375），并用不同的 r 值，计算结果如下：

r	$\sigma_m/(\text{dyn/cm})$	误差/%	r	$\sigma_m/(\text{dyn/cm})$	误差/%
1	23.5	6.6	-2	20.92	-4.0
0①	22.48	3.1	-3	20.19	-7.4
-1	21.68	-0.6			

① 当 $r=0$ 时，可导得 $\sigma_m = \sigma_1 \exp[x_2 \ln(\sigma_2/\sigma_1)]$。

（4）热力学关联式

前面介绍的方法都是经验的，每一个都是使用整个液体（有时是蒸气）内部的组成来代表混合物，然而表面相的组成与整个液体和蒸气的组成是不同的，因而有理由认为，在混合物的表面张力关联式中，表面组成比整体组成起着更为重要的作用。因而有人主张由表面组成分子分数平均值来计算混合物的表面张力 σ_m。

应用热力学方法来推导 σ_m 的表达式，其结果如下：

$$\sum_{i=1}^{n} \left(\frac{x_i^B \gamma_i^B}{\gamma_i^\sigma} \right) \exp \frac{\overline{A_i}(\sigma_m - \sigma_i)}{RT} = 1 \tag{6-377}$$

式中　x_i^B——液体内部 i 摩尔分数；

　　　γ_i^B——归一化的液体内的 i 组分活度系数，当 $x_i \to 1$ 时，$\gamma_i^B \to 1$；

　　　γ_i^σ——归一化的表面相 i 组分的活度系数，即当表面相趋于与纯组分相同时，$\gamma_i^\sigma \to 1$；

　　　$\overline{A_i}$——i 组分的偏摩尔表面积，cm^2/mol；

　　σ_m，σ_i——混合物和 i 组分的表面张力。

活度系数 γ_i^B 通常由气-液平衡数据或从某些液体模型得到。对于表面相，不能直接测量，必须假定一些数学模型来处理，如使用正规溶液理论来处理。对于偏摩尔表面积 $\overline{A_i}$，可近似表示为 $V_i^{2/3} \cdot (N_0)^{1/3}$，其中 V_i 是 i 组分的纯液体摩尔体积，N_0 是阿伏加德罗数。

更为方便的是认为 $\gamma_i^B = \gamma_i^\sigma = 1$。对于双元系这个方程可以简化为：

$$\sigma_m = x_A \sigma_A + x_B \sigma_B - \frac{\overline{A}}{2RT} (\sigma_A - \sigma_B)^2 x_A x_B \tag{6-378}$$

式中，各项的定义如上，x_A、x_B 是液体内 A、B 组分的摩尔分数，$\overline{A}$ 是体系的平均表面积。这个简单表达式清楚地表明，σ_m 小于摩尔分数平均值。

例 6-57　使用热力学关联式的简化式重复上例计算。

解　用下标 "A" 表示乙醚，下标 "B" 表示苯，则

$$x_A = 0.423, \sigma_A = 16.47, x_B = 0.577, \sigma_B = 28.23$$
$$RT = (8.314 \times 10^7)(298) \text{erg/(mol} \cdot \text{K)} = 2.478 \times 10^{10} \text{erg/(mol} \cdot \text{K)}$$
$$\overline{A_A} = \left(\frac{74.123}{0.7069} \right)^{2/3} (6.023 \times 10^{23})^{1/3} \text{cm}^2/\text{mol} = 1.775 \times 10^9 \text{cm}^2/\text{mol}$$
$$\overline{A_B} = \left(\frac{78.114}{0.8722} \right)^{2/3} (6.023 \times 10^{23})^{1/3} \text{cm}^2/\text{mol} = 1.690 \times 10^9 \text{cm}^2/\text{mol}$$

应用式 $\overline{A} = (\overline{A_A} + \overline{A_B})/2 = 1.749 \times 10^9 \text{cm}^2/\text{mol}$，代入式（6-378），则

$$\sigma_m = (0.423)(16.47) + (0.577)(28.23)$$

$$- \frac{1.749 \times 10^9}{(2)(2.478 \times 10^{10})} \times (16.47 - 28.23)^2 (0.423)(0.577)$$

$$= 22.03 \text{dyn/cm} = 22.03 \text{mN/m}$$

$$误差 = \frac{22.03 - 21.81}{21.81} \times 100 = 1\%$$

（5）用等张比容和折射度来计算混合液的表面张力

$$\sigma_m = \left\{ \frac{[P_m]}{R_m} \cdot \frac{n_m^2 - 1}{n_m^2 + 1} \right\}^4 \tag{6-379}$$

式中 $[P_m]$——混合液的等张比容，$[P_m] = \sum_i [P_i] x_i$；

σ_m——混合液的表面张力，dyn/cm；

n_m——混合液的折射率，$n_m = \sum_i x_i n_i$；

x_i——组分 i 的摩尔分数；

R_m——混合液的摩尔折射度，$R_m = \sum_i x_i R_i$；

R_i——i 组分的摩尔折射度。

摩尔折射度由下式表示

$$R = \frac{n^2 - 1}{n^2 + 2} \cdot \frac{M}{\rho} \tag{6-380}$$

式中 n——折射率；

M——相对分子质量；

ρ——密度，g/cm³。

上式中 $\frac{M}{\rho} = V$，即摩尔体积，cm³/mol，代入上述公式，得

$$n = \left(\frac{V + 2R}{V - R} \right)^{1/2}$$

摩尔折射度可由原子及基团的折射度加和法求得，参看表 6-59。

表 6-59 原子及基团折射度 R 数值表

名　称	R	名　称	R
C	2.42	（脂肪族腈）	3.05
H	1.10	N(芳香族腈)	3.79
O(OH 中)	1.52	（脂肪族肟）	5.93
O(醚及酯中)	1.64	（伯酰胺类）	2.65
O²⁻	2.21	（仲酰胺类）	2.27
Cl	5.96	（叔酰胺类）	2.71
Br	8.86	（联氨）	2.47
I	13.90	NO₂(硝酸烷基酯类)	7.59
S(RSH 中)	7.69	（亚硝酸烷酯基类）	7.44
S(R₂S 中)	7.97	（芳香族硝基化合物）	7.30
S(HCNS 中)	7.91	（硝胺类）	7.51
S(R₂S₂ 中)	8.11	NO(亚硝酸酯类)	5.91
N(羟基氨)	2.45	（亚硝基胺属）	5.37
（脂肪族伯胺）	2.32	双键	1.73
（脂肪族仲胺）	2.42	叁键	2.40
（脂肪族叔胺）	2.89	三元环	0.71
（芳香族伯胺）	3.24	四元环	0.48
（芳香族仲胺）	3.59	环氧乙烷-末端	2.02
（芳香族叔胺）	4.56	非末端	1.85

小结：对于非极性体系，使用式（6-377），至少可以得到一个混合物的 σ_m 值。即使是极性体系，也可以使用该式来计算，误差一般小于 $2\%\sim3\%$。对于不太精确的计算，式（6-370）和式（6-371），以及式（6-378）都可使用，其误差通常小于 $5\%\sim10\%$。对于极性（非水）混合物 Macleod-Sugden 方程 [式（6-370）] 是唯一可用的方法。

6.4.5.2　水溶液的表面张力

对于有机的水溶液，根据情况可采用如下两个公式来计算。

（1）Szyszkowski 公式

$$\frac{\sigma_m}{\sigma_w}=1-0.411\lg\left(1+\frac{x}{a}\right) \tag{6-381}$$

式中　σ_w——纯水的表面张力；

x——有机物的摩尔分数；

a——有机物特征常数，某些化合物 a 值，可由表 6-60 查得。

该方程不能用于有机物的摩尔分数大于 0.01 的水溶液，它只能用于很稀的有机水溶液。

表 6-60　方程式（6-381）中的常数 a 值

化　合　物	$a\times10^4$	化　合　物	$a\times10^4$	化　合　物	$a\times10^4$
丙　酸	26	异丁醇	7.0	正戊醇	1.7
正丙醇	26	甲酸丙酯	8.5	异戊醇	1.7
异丙醇	26	乙酸乙酯	8.5	丙酸丙酯	1.0
乙酸甲酯	26	丙酸甲酯	8.5	正己酸	0.75
正丙胺	19	二乙酮	8.5	正庚酸	0.17
甲基乙基酮	19	丙酸乙酯	3.1	正辛酸	0.034
正丁酸	7.0	乙酸丙酯	3.1	正癸酸	0.0025
异丁酸	7.0	正戊酸	1.7		
正丁醇	7.0	异戊酸	1.7		

（2）Tamura 方程

$$\sigma_m^{1/4}=\psi_w^\sigma\sigma_w^{1/4}+\psi_o^\sigma\sigma_o^{1/4} \tag{6-382}$$

式中，下标 w，o 分别代表纯水和纯有机物，上标 σ 代表表面层。ψ_w^σ，ψ_o^σ 分别为水和有机物在表面层内的比体积分数，由下列诸式联立求出。

$$B=\lg\frac{(\psi_w)^q}{\psi_o} \tag{6-383}$$

$$b=B+W \tag{6-384}$$

$$b=\lg\frac{(\psi_w^\sigma)^q}{\psi_o^\sigma} \tag{6-385}$$

$$W=0.441\frac{q}{T}\left(\frac{\sigma_o V_o^{2/3}}{q}-\sigma_w V_w^{2/3}\right) \tag{6-386}$$

而体积分数 ψ_w 和 ψ_o 分别为

$$\psi_w=\frac{x_w V_w}{x_w V_w+x_o V_o}\qquad \psi_o=\frac{x_o V_o}{x_w V_w+x_o V_o} \tag{6-387}$$

式中　x_w，x_o——纯水和纯有机物在混合物中的摩尔分数；

V_w，V_o——纯水和纯有机物的摩尔体积；

σ_w，σ_o——纯水和纯有机物的表面张力；

T——热力学温度，K；

q——与有机物特征及大小有关的常数。

物 质	q	例 子
脂肪酸、醇	碳原子数	乙酸，$q=2$
酮	碳原子数减一	丙酮，$q=2$
脂肪酸的卤	碳原子数乘以卤素衍生物与原脂肪酸	氯乙酸
素衍生物	摩尔体积之比值	$q=2\dfrac{V_b(氯乙酸)}{V_b(乙酸)}$

例 6-58 计算甲醇的摩尔分数为 0.122 的甲醇水溶液在 303K 时的表面张力，已知实验值为 46.1dyn/cm。

解 在 303K 时，$\sigma_w=71.18$dyn/cm，$\sigma_o=21.75$dyn/cm，$V_w=18$cm^3/mol，$V_o=41$cm^3/mol，q 为碳原子数，数值为 1。

由式（6-387）

$$\frac{\psi_w}{\psi_o}=\frac{(0.878)(18)}{(0.122)(41)}=3.16$$

由式（6-383）

$$B=\log 3.16=0.50$$

由式（6-386）

$$W=(0.441)\left(\frac{1}{303}\right)\left[(21.75)(41)^{2/3}-(71.18)(18)^{2/3}\right]=-0.34$$

由式（6-384）

$$b=B+W=0.50-0.34=0.16$$

由式（6-385）

$$\lg(\psi_w^\sigma/\psi_o^\sigma)=b=0.16，又\ \psi_w^\sigma+\psi_o^\sigma=1$$

所以

$$\frac{\psi_w^\sigma}{1-\psi_w^\sigma}=10^{0.16}=1.45$$

求解得

$$\psi_w^\sigma=0.59 \qquad \psi_o^\sigma=0.41$$

代入式（6-382）

$$\sigma_m=\left[(0.59)(71.18)^{\frac14}+(0.41)(21.75)^{\frac14}\right]^4$$
$$=46\text{dyn/cm}=46\text{mN/m}$$

$$误差=\frac{46-46.1}{46.1}\times100=-0.2\%$$

Tamura 方程也可以用于其它强极性物质，例如醇类。误差通常不超过 5%～10%。

最后介绍一下界面张力。在两种或两种以上不互溶或部分互溶的液相体系内，在每一交界面上存在有界面张力，这种界面张力有点类似于液体与蒸气之间的表面张力。

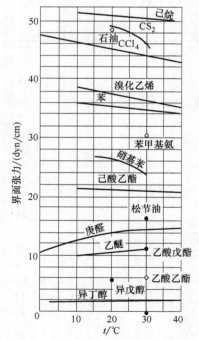

图 6-10 几种有机液体与水的界面张力

图 6-10 中给出了几种有机物与水的界面张力。界面张力也可应用下式来计算：

$$\sigma_i=|\sigma_{1s}-\sigma_{2s}| \qquad (6-388)$$

式中，σ_i 为界面张力，σ_{1s}、σ_{2s} 为互相饱和的两液相在同一蒸气或气体的表面张力。注意，这里不能用纯组分的表面张力相减求得。如用饱和相的表面张力，则对水-有机物，或有机物-有机物等体系的计算，其误差在 15% 以内。

6.4.6 量子流体低温下的表面张力

依据表面热力学理论导出如下形式的计算式：

$$Z_c^{2/3} \cdot \sigma / p_c^{2/3} T_c^{1/3} = A + B\ln[(T_r)^{-1/2} - 1]$$

式中的 A 和 B 为对应给定物质的常量。

物 质	氦	氢	氖
A	0.0545162	0.1008874	0.1477679
B	0.0186118	0.0407397	0.0628254

取用下列的各种物质的基础物性数据。

物质	M	T_c/K	$p_c(\times 10^5)/Pa$	$V_c/(cm^3/mol)$	Z_c
氦	4.003	5.19	2.29	57.763	0.3065
氢	2.016	33.2	12.98	65.00	0.3050
氖	20.183	44.4	27.56	41.70	0.3110

计算得出表面张力 mN/m。

氦				氢				氖			
T/K	$\sigma_实$	$\sigma_计$,式(11)	偏差/%	T/K	$\sigma_实$	$\sigma_计$,式(11)	偏差/%	T/K	$\sigma_实$	$\sigma_计$,式(11)	偏差/%
4.20	0.09	0.0907	0.78	20.4	1.91	1.896	−0.73	24	5.9	5.885	−0.25
4.00	0.12	0.1178	1.83	18.7	2.19	2.194	0.18	25	5.5	5.534	0.62
3.50	0.17	0.1729	1.70	17.9	2.31	2.330	0.87	26	5.15	5.176	0.50
3.00	0.22	0.2186	0.64	16.1	2.63	2.628	0.08	27	4.80	4.809	0.19
				14.6	2.88	2.871	0.31	28	4.45	4.431	−0.43
平均绝对偏差			1.23	平均绝对偏差			0.43	平均绝对偏差			0.40

6.4.7 金属熔体的表面张力

依据表面热力学理论导出如下的计算式：

$$V_c^{2/3} \cdot \sigma / T_c = A_0 + B_0\ln[(T_r)^{-1/2} - 1]$$

对应 Li、Na、K、Rb、Cs 五种碱金属，取用下列的临界参数和 A_0、B_0 等数值。

物质	T_c/K	$p_c(\times 10^5)/Pa$	$V_c/(cm^3/mol)$	Z_c	A_0	B_0
Li	3800	970	69.39997	0.2130669	1.2717928	0.5391209
Na	2500	370	127.72776	0.2273607	1.4600035	0.6966689
K	2250	160	244.3749	0.2090079	1.3128049	0.7162345
Rb	2100	160	244.2286	0.2238029	1.0983926	0.6311976
Cs	2050	117	309.09298	0.2121728	1.0694111	0.6149445

五种碱金属的计算值与实验值对比，符合性很好。

物质名称	温度范围/K	平均绝对偏差（AAD）/%
Li	400~1500	1.26
Na	400~1500	1.26
K	400~1500	1.27
Rb	400~1400	1.42
Cs	400~1300	0.99

主要符号表

A	特性常数，摩尔表面积	Γ	对比例热导率
C	热容，溶液浓度，基团贡献值	δ	极性参数，Stockmayer 参数
C_v	定容比热容	ε	位能常数，Stockmayer 参数，特性参数
C_p	定压比热容	η	黏度
D	扩散系数	η_r	对比黏度
F	单位面积剪切应力，校正因子，法拉第常数	θ	形状因子
g	重力加速度	κ	Boltzmann 常数，缔合因子
J	扩散流率	λ	热导率
M	相对分子质量或摩尔质量	μ_p	偶极矩
m	溶质的质量浓度	ν	运动黏度
N	分子中原子数目	ξ	对比倒黏度；组合数
N_0	Avogadro 常量	ρ	密度
n	折射率，组分数目	ρ_c	临界密度
p	压力	σ	硬球直径
p_c	临界压力	ϕ	结合因子；形状因子，缔合因子
p_r	对比压力	φ	体积分数
q	特性参数	ψ	位能函数
R	气体常量	$\overline{\omega}$	偏心因子
r	分子间距离	Ω	碰撞积分
S	Sutherland 常数		
T	热力学温度	上标	
T_b	正常沸点	o	理想气体；纯组分，简单流体
T_c	临界温度	*	低压下气体，分子结构特性
V	摩尔体积		
V_b	正常沸点下液相体积	下标	
V_c	临界体积	b	正常状态
w	重量分数	c	临界状态；分散相
X	极性因子	d	连续相
x	液体摩尔分数	L	液相
y	气体摩尔分数	m	混合物
Z	压缩因子	o	有机物
Z_c	临界压缩因子	r	对比状态，参比流体
		s	溶剂
希腊字母		v	气相
γ	重度，活度系数	w	水相

参 考 文 献

[1]　Landolt-Bornstein. Zahlenwerte und Funktionen aus Physik, Chemie, Astronomie und Technik. 6 Auf., 5 Teil, Band teil a: Transportphanomene I. Berlin: Springer, 1969.

[2]　Vargaftik. N. B. Tables on the Thermophysical Properties of Liquids and Gases. 2nd Edn. New york: Hemisphere Pub Corp, 1975.

[3]　Golubev. I. F. Viscosities of Gases and Gas Mixture. Moscow: Fizmat. Press, 1959.

[4]　Liley, P. E, Makita, T, Tanaka. V. CINDAS Data Series on Material Properties: Vol. V-I: Properties of Inorganic and organic Fluids, edited by C. Y. Ho. New york: Hemisphere, 1988.

[5]　Liley. P. E, Maddox, R. N, Pugh. S. F, Schunck, M. et al. Physical Property Data for the Design Engineer.

edited by C. F. Beaton, Hewitt. G. F. New york: Hemisphere, 1989.

[6] 马沛生，江碧云，张建侯. 化工学报. 1981, 32 (3): 193.

[7] Kim. S. K, Ross. J, J. Chem. Phys, 1967, 46: 818.

[8] Hattikudur, U. R, Thodos, G. J. Chem. Phys. 1970, 52: 4313.

[9] Neufeld, P. D, Janzen, A. R, Aziz, R. A. J. Chem. Phys. 1972, 57: 1100.

[10] Monchick, L, Mason, E. A. J. Chem. Phys. 1961, 35: 1679.

[11] Brokaw, R. S. Ind. Eng. Chem. Proc. Des. Dev. 1969, 8: 240.

[12] Chung, T. H, Lee, L. L, Starling, K. E. Ind. Eng. Chem. Fundam. 1984, 23: 8.

[13] Chung, T. H, Ajlan, M, Lee, L. L, Starling, K. E. Ind. Eng. Chem. Res. 1988, 27: 671.

[14] Lucas, K. Phase Equilibria and Fluid Properties in the Chemical Industry. Frankfart: DECHEMA, 1980.

[15] Lucas, K. Chem. Ing. Tech. 1981, 53: 959.

[16] Reichenberg, D. AIChE J. 1975, 21: 181.

[17] Wilke, C. R. J. Chem. Phys. 1950, 18: 517.

[18] 童景山. 流体的热物理性质. 北京: 中国石化出版社, 1996 .

[19] Brokaw, R. S. Ind. Eng. Chem. Process Design Develop. 1969, 8: 240.

[20] Dean, D. E, Stiel, L. I. AIChE J. 1965, 11: 526.

[21] Jossi, J. A, Stiel, L. I. Thodos. G, AIChE J. 1962, 8: 59.

[22] Reichenberg, D. AIChE J. 1975, 21: 181.

[23] Brulé, M. R, Starling, K. E. Ind. Eng. Chem. Process Design Develop. 1984, 23: 833.

[24] Viswanath. D. S, Natarajan. G. Data Book on the Viscosity of Liquids. New york: Hemisphere, 1989.

[25] Duhne. C. R. Chem. Eng. 1979, 86 (15): 83.

[26] Goletz, Jr. E, Tassios, D. Ind. Eng. Chem. Process Des. Dev. 1977, 16: 75.

[27] Van Velzen, D, Cardozo, R. L, Langenkamp, H. *Ind. Eng. Chem. Fundam.* 1972, 11: 20.

[28] Przezdzieck, J. W., Sridhar, T. AIChE J. 1985, 31: 333.

[29] Letsou, A, Stiel. L. I. AIChE J. 1973, 19: 409.

[30] Teja, A. S, Rice, P, Chem. Eng. Sci. 1981, 36: 7.

[31] Teja, A. S, Rice, P, Ind. Eng. Chem. Fundam. 1981, 20: 77.

[32] Grunberg, L, Nissan, A. H, Nature. 1949, 164: 799.

[33] 蒔田董. 黏度と热传导率, 东京: 培风馆, 1975.

[34] Landolt-Bornstein. Zahlenwerte und FunkTionen aus Physik, Chemie, Astronomie und Technik, 6 Auf. 5 Teil. Bandteil b: Transportphanomene Ⅱ. Berlin: Springer-Verlag, 1968.

[35] Kestin J, Wakeham, W. A, CINDAS Data Series on Material Properties : Ⅰ-1: Transport Properties of Fluids: Thermal Conductivity, Viscosity and Diffusion Coefficient, edited by C. Y. HO. New york: Hemisphere, 1988.

[36] Touloukian, Y. S., Liley, P. E, Saxena, S. C. Thermal Conductivity, Nonmetallic Liquids and Gases. New york: Plenum, 1970.

[37] Miller, J. W, Jr, Shah, P. N, Yaws, C. L. Chem. Eng. 1976, 83 (25): 153.

[38] Hirschfeld, J. O, J. Chem. Phys. 1957, 26: 282.

[39] 童景山等, 工程热物理学报, 2001, 22 (2) 157-158.

[40] 童景山等, 工程热物理学报, 2000, 21 (5) 548-550.

[41] Chung, T. H, Ajlan, M, Lee, L. L, Starling, K. E. *Ind. Eng. Chem. Res.* 1988, 27: 671.

[42] Chung, T. H, Lee, L. L, Starling, K. E. Ind. Eng. Chem. Fundam, 1984, 23: 8.

[43] Mason, E. A, Monchick, I, J. Chem. Phys. 1962, 36: 1622.

[44] Ely, J. F, Hanley, H. J, M. Cryogenics. 1976, 16 (11): 643.

[45] Ely, J. F, Hanley, H. J, M, Ind. Eng. Chem. Fundam. 1983, 22: 90.

[46] Roy, D, Thodos, G, Ind. Eng. Chem. Fundam. 1968, 7: 529.

[47] Roy, D., Thodos, G, Ind. Eng. Chem. Fundam. 1970, 9: 71.

[48] Stiel, L. I, Thodos, G, AIChE J. 1964, 10: 26.

[49] Mason, E. A, Saxena, S. C. Phys. Fluids. 1958, 1: 361.

[50] Lindsay, A. L, Bromley, L. A. Ind. Eng. Chem. 1950, 42: 1508.

[51] Brokaw, R. S. Ind. Eng. Chem. 1955, 47, 2398.

[52] Jamieson, D. T, Irving, J. B, Tudhope, J. S. Liquid Thermal Conductivity, A Data Survey to 1973. Edinburgh: H. M. Stationary Office, 1975.

[53] Beaton, C. F, Hewitt, G. F. Physical Property Data for the Design Engineers. New york: Hemisphere, 1989.

[54] Tsederberg, N. V. Thermal Conductivity of Gases and Liquids. Cambridge. Mass.: M. I. T. Press, 1965.

[55] Yaws, L. Physical Properties. New York: McGraw-Hill, 1977.

[56] Baroncini, C, Di Filippo, P, Latini, G, Pacetti, M, Intern. J. Thermophysics. 1981, 2 (1): 21.

[57] Baroncini, C, Di Filippo, P, Latini, G, Intern. J. Refrig, 1983, 6 (1), 60.

[58] Missenard, A, C. R, 1965, 260 (5): 5521.

[59] Robbins, L. A, Kingrea, L. L, Hydrocarbon Proc. Pet. Refiner. 1962, 41 (5): 133.

[60] Teja, A. S, Rice, P. Chem. Eng. Sci. 1981, 36: 417; 1982, 37: 790.

[61] Reid, R. C, Prausnitz, J. M, Poling, B. E. The Properties of Gases and Liquids, third ed. New York: McGraw-Hill, 1977.

[62] Li, C. C, AIChE J, 1976, 22: 927.

[63] 童景山等，化学世界（增刊），1996, 37, 110.

[64] ［荷兰］D. W. 范克雷维伦，聚合物的性质. 许元泽等译. 北京：科学出版社，1981.

[65] Brokaw, R. S, Ind. Eng. Chem. Process Design Develop. 1969, 8: 240.

[66] Fuller, E. N. Giddings, J. C. J. Gas Chromatogr. 1965, 3: 222.

[67] Fuller, E. N, Ensley, K, Giddings, J. C. J. Phys. Chem. 1969, 75: 3679.

[68] Fuller, E. N, Schettler, P. D, Giddings, J. C. Ind. Eng. Chem. 1966, 58: (5), 18.

[69] Wilke, C. R, Lee, C. Y. Ind. Eng. Chem. 1955, 47: 1253.

[70] Mathur, G. P, Thodos, G. AIChE J. 1965, 11: 613.

[71] Wilke, C. R, Chang, P. AIChE J. 1955, 1: 264.

[72] Scheibel, E. G. Ind. Eng. Chem. 1954, 46: 2007.

[73] Reddy, K. A, Doraiswamy, L. K, Ind. Eng. Chem. Fundam. 1967, 6: 77.

[74] Hayduk, W, Laudie, H. AIChE J. 1974, 20: 611.

[75] Tyn, M. T, Calus, W. F. J. Chem. Eng. Data. 1975, 20: 106.

[76] Chapman S and T G Cowling. Mathematical Theory of Non-uniform Gases, New York: Cambridge University Press, 1970.

[77] Jasper, J. J. J. Phys. Chem. Ref. Data, 1972, 1: 841.

[78] Yaws, C. L, Yang, H. C, Pan. X, Chem. Eng. 1991, 98 (3): 140.

[79] Brock, J. R, Bird, R. B, AIChE J. 1955, 1: 174.

[80] Hakim, D. I, Steinberg. D, Stiel, L. I, Ind. Eng. Chem. Fundam. 1971, 10: 174.

[81] Lielmezs. J, Herrick. T. A. Chem. Eng. J, 1986, 32: 165.

[82] Rice, P, Teja, A. S. J. Colloid. Interface Sci. 1982, 86: 158.

第7章 石油馏分物性数据

石油和石油产品是由以烃类为主的有机化合物组成的复杂物质系统或复杂混合物，其中的化学组分多得不可胜数以致无法确切得知。作为多元系的一种极限情况，石油或石油产品可实用地等效为由一定数目石油馏分（distillate fraction）组成的多元假组分（pseudo-component）体系。所谓馏分，是在某种蒸馏条件（通常为实沸点蒸馏）下分离混合物得到的混合物的一个物质构成部分。显然，石油馏分自身也是一种化学组分多得不可胜数的复杂混合物，并在用于构成其母体混合物的物质系统时被称为假组分。这种表征石油或其产品物质构成的方法，被称作假组分法。假组分法是石油加工工程计算中最常用且被公认为标准的特征化（characterization）方法。假组分是一种具有一定未知但却真实存在的化学物质构成、一定已知的平均物理性质和平均化学性质的虚拟化学组分。借助假组分概念，传统的多组分物系的工程计算方法便可用于石油体系。除了假组分方法，人们在研究中还提出了诸如连续分布函数法等其它特征化方法。然而，无论采用何种特征化方法，石油馏分的性质计算都是工程计算必须事先解决的问题。

大量试验表明，尽管各种石油馏分在来源、外观及组成上存在相当大的差异，但石油馏分的各种物理和化学性质间却存在着普适的关联关系，而且石油或石油产品的宏观性质可以通过其构成馏分的数量和性质进行预测。

前人曾就石油馏分的物性关联和预测做了大量的研究[1]，这些研究成果在美国石油学会（API）编写的石油炼制技术手册[2,3,4]中给予了系统的汇编和评述，本章介绍的有关内容主要取材于该手册，部分图表及算法取自其它文献[5,6]。由于篇幅有限，凡是有简单、可靠关联式相对应的图表，只列出关联式。

7.1 石油馏分的特性数据

用于描述石油馏分组成及其宏观物理性质的特性数据由常规试验测定或从测定数据导出，主要包括分子量、相对密度、平均沸点、特性因数、偏心因子等，分别叙述如下。

7.1.1 平均沸点

混合物的平均沸点（average boiling point），是刻画混合物性质的重要指标，因此也被称为特征化沸点（characterizing boiling point）。对于组成明确的混合物，可定义以下平均沸点：

$$T_V = \sum_{i=1}^{n} x_{Vi} T_{Bi} \tag{7-1}$$

$$T_M = \sum_{i=1}^{n} x_i T_{Bi} \tag{7-2}$$

$$T_W = \sum_{i=1}^{n} x_{Wi} T_{Bi} \tag{7-3}$$

$$T_{CU} = \left(\sum_{i=1}^{n} x_{Vi} T_{Bi}^{1/3} \right)^3 \tag{7-4}$$

$$T_{ME} = \frac{T_M + T_{CU}}{2} \tag{7-5}$$

式中　　　　n——组分数目；

x_i，x_{Vi}，x_{Wi}——组分 i 的分子分数、体积分数、质量分数；

T_{Bi}——组分 i 的常压沸点 （normal boiling point），K；

T_V——体积平均沸点 （volumetric average boiling point），K；

T_M——分子平均沸点 （molal average boiling point），K；

T_W——质量平均沸点 （weight average boiling point），K；

T_{CU}——立方平均沸点 （cubic average boiling point），K；

T_{ME}——中平均沸点 （mean average boiling point），K。

　　石油馏分的平均沸点由恩氏蒸馏试验（ASTM D86）结果计算得到。应用中，首先从恩氏蒸馏数据计算体积平均沸点以及恩氏蒸馏曲线斜率，

$$T_V = \frac{T_{N,10} + T_{N,30} + T_{N,50} + T_{N,70} + T_{N,90}}{5} \tag{7-6}$$

$$S_L = \frac{T_{N,90} - T_{N,10}}{90 - 10} \tag{7-7}$$

式中　T_V——　体积平均沸点，℃；

$T_{N,p}$——恩氏蒸馏 $p\%$（p=10，30，60，70，90；体积分数）点温度，℃；

S_L——恩氏蒸馏曲线斜率，℃／%。

然后，应用下面关联式计算其它四类平均沸点。

$$T_M = T_V - \Delta_M \tag{7-8}$$

$$T_W = T_V + \Delta_W \tag{7-9}$$

$$T_{CU} = T_V - \Delta_{CU} \tag{7-10}$$

$$T_{ME} = T_V - \Delta_{ME} \tag{7-11}$$

$$\ln\Delta_M = -1.151577 - 0.011810 T_V^{2/3} + 3.7068547 S_L^{1/3} \tag{7-12}$$

$$\ln\Delta_W = -3.649910 - 0.027064 T_V^{2/3} + 5.163875 S_L^{0.25} \tag{7-13}$$

$$\ln\Delta_{CU} = -0.823677 - 0.089970 T_V^{0.45} + 2.456791 S_L^{0.45} \tag{7-14}$$

$$\ln\Delta_{ME} = -1.531807 - 0.012800 T_V^{2/3} + 3.646779 S_L^{1/3} \tag{7-15}$$

式中　　　　　　T_M——分子平均沸点，℃；

T_W——质量平均沸点，℃；

T_{CU}——立方平均沸点，℃；

T_{ME}——中平均沸点，℃；

Δ_M，Δ_W，Δ_{CU}，Δ_{ME}——分子平均沸点，质量平均沸点，立方平均沸点以及中平均沸点的校正值，℃。

　　例 7-1　如果 T_V=133℃，S_L=1.54℃／%，则从式（7-12）～（7-15）计算可得 Δ_M=16.8，Δ_W=4.0，Δ_{CU}=3.8，Δ_{ME}=10.4℃。

7.1.2　特性因数

　　石油馏分的特性因数 （characterization factor）定义为

$$K_w = \frac{(1.8 T_{ME})^{1/3}}{S} \tag{7-16}$$

式中　K_w——特性因数，又称 Watson 特性因子；

T_{ME}——中平均沸点，K；

S——相对密度（specific gravity），15.56℃/15.56℃。

特性因数可大致表示石油的烃类组成特征。烷烃的 K_w 最高，芳香烃最低，而环烷烃居中。一般来说，富含烷烃的石油馏分 $K_w = 12.5 \sim 13.0$，富含环烷烃和芳香烃的馏分 $K_w = 10.0 \sim 11.0$。K_w 愈高，石蜡性（paraffinicity）愈强。

石油馏分的很多性质可由特性因数和相对密度关联。图 7-1 是 1957 年 Winn 给出的关联图，该图用于从相对密度或 API 重度及中平均沸点、摩尔质量（molecular weight）、苯胺点（aniline point）和碳氢质量比（carbon-to-hydrogen weight ratio）中的一个求取特性因数，精度取决于所用数值的精度。显然，在中平均沸点已知情况下，应优先采用定义式（7-16）计算 K_w。顺便指出，API 重度（API gravity，°API）和相对密度（15.56℃/15.56℃）之间的关系如下。

$$\gamma = \frac{141.5}{S} - 131.5 \tag{7-17}$$

在确定重质馏分（摩尔质量＞300）时，应注意以下三点。

① 如果缺乏确定中平均沸点的蒸馏数据，可用 API 重度和分子量在图 7-1 上查得特性因数。如果没有实测的分子量，则可用式（7-19）从馏分的黏度数据估算。

② 不宜用 API 重度和碳氢质量比或苯胺点求取特性因数。

③ 如果从图 7-1 无法确定重质馏分的特性因数，可用 Woodle 关联式[7] 作估算。Woodle 关联式的输入量是馏分的 API 重度、闪点、苯胺点或折射率。

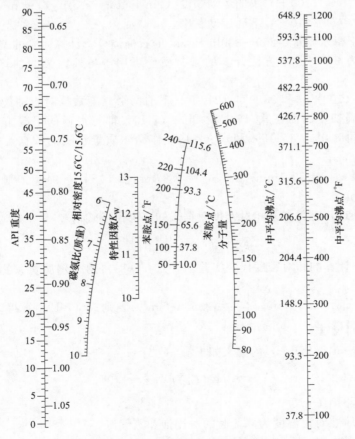

图 7-1　石油馏分的特性因数

此外，用图 7-1 预测特性因数之外的其它性质时，精度很可能不如本章中别的专门方法。例如，用 7.1.9 节方法预测苯胺点的精度会好很多，而分子量预测则推荐采用 7.1.3 节的方法。

7.1.3 摩尔质量

如果已知油品的恩氏蒸馏数据和相对密度，可用下式估算其摩尔质量（molecular weight）。

$$M=42.9654 T_{ME}^{1.26007} S^{4.98308}$$
$$\exp(2.097\times10^{-4} T_{ME}-7.78712S+2.08476\times10^{-3} T_{ME}S) \tag{7-18}$$

式中　M——摩尔质量，kg/kmol；

　　T_{ME}——中平均沸点，K；

　　S——相对密度，15.56℃/15.56℃。

式（7-1-18）建立的条件范围是摩尔质量＝70～700kg/kmol；沸点＝32.2～565.6℃；相对密度（15.56℃/15.56℃）＝0.63～0.97；API 重度＝14.4～93.1。应用中沸点范围可安全外推至 815.6℃。用 635 个实验数据点检验的结果是，式（7-18）的平均误差当 $M<300$ 时为 3.4%，当 $M>300$ 时为 4.7%。

例 7-2　如果 $T_{ME}=438.15K$，$S=0.816$，则式（7-18）算得 $M=133.4kg/kmol$。

对于重质馏分或在中平均沸点未知的情况，摩尔质量可由下式估算。

$$M=223.56 \nu_{100}^{(-1.2435+1.1228S)} \nu_{210}^{(3.4758-3.038S)} S^{-0.6665} \tag{7-19}$$

式中　ν_{100}——37.8℃（100℉）下的运动黏度（kinematic viscosity），mm²/s；

　　ν_{210}——98.9℃（210℉）下的运动黏度，mm²/s。

上式只适用于摩尔质量＝200～800kg/kmol 的石油馏分。计算得到的摩尔质量与实验值的平均相对偏差为 2.7%。本方法计算的摩尔质量可用于特性因数的估算（参见第 7.1.2 节）。

由于 37.8℃（100℉）和 98.9℃（210℉）下的两个黏度数据对石油馏分特性的描述不如恩氏蒸馏数据确切，因而在式（7-18）和式（7-19）都行得通的情况下，应选择使用前者。对于少量可同时用式（7-18）和式（7-19）作摩尔质量预测的数据，两式结果的偏差为 8.5%。

例 7-3　如果 $\nu_{100}=55.1mm^2/s$，$\nu_{210}=5.87mm^2/s$，$S=0.9188$，则式（7-19）算得 $M=339.7kg/kmol$。

在应用式（7-19）时，如果相对密度数据未知，可用下式估算

$$S=0.7717 \nu_{100}^{0.1157} \nu_{210}^{-0.1616} \tag{7-20}$$

用式（7-20）计算的相对密度代替实验值，式（7-19）的摩尔质量预测误差将从 2.7%升至 3.5%。

例 7-4　如果 $\nu_{100}=55.1mm^2/s$，$\nu_{210}=5.87mm^2/s$，则式（7-19）算得 $S=0.9212$。

7.1.4 偏心因子

偏心因子（acentric factor）的定义如下。

$$\bar{\omega}=-\lg(P_r)_{T_r=0.7}-1.0 \tag{7-21}$$

式中　ω——偏心因子；

$(P_r)_{T_r=0.7}$——物质在对比温度为 0.7 时的对比饱和蒸气压。

对于纯烃化合物，若偏心因子未知，可采用下面的关联式估算：

$$\omega=\frac{\ln P_r^* -5.92714+6.09648/T_r+1.28862\ln T_r-0.169347T_r^6}{15.2518-15.6875/T_r-13.4721\ln T_r+0.43577T_r^6} \tag{7-22}$$

式中　T_r——对比温度（reduced temperature），T/T_c；

　　　T——温度，K；

　　　T_c——临界温度（critical temperature），K；

　　P_r^*——对比压力（reduced pressure），P^*/P_c；

　　　P_c——临界压力（reduced pressure），MPa；

　　　P^*——温度 T 下的饱和蒸气压，MPa。

在应用式（7-22）时，如果物质的常压沸点已知，则取 T 为常压沸点温度，取 P^* 为标准大气压，即 0.101325MPa；如果常压沸点未知，则可取 $T_r=0.7$，并用适当的方法预测该温度下的饱和蒸气压作为 P^*。$T_r=0.7$ 附近温度范围内准确的蒸气压数据也可使用。

式（7-22）的可靠性直接取决于所用临界性质和蒸气压数据的准确度。对某些烃，式（7-22）计算数值和文献值之间存在大的偏差。如常压沸点用于式（7-22），计算的偏心因子与文献数值间的平均偏差为 1.3%。

例 7-5　已知某烃 $T_c=419.59\text{K}$，$P_c=4.02\text{MPa}$，常压沸点 $T=266.87$，则在常压沸点下，该烃的对比温度和对比压力是：$T_r=266.87/419.59=0.6360$，$P_r^*=0.101325/4.02=0.0252$。将 T_r 和 P_r^* 代入式（7-22），可得该烃的偏心因子 $\omega=0.188$。

对于明确组分混合物，可用以下方程计算其偏心因子。

$$\bar\omega=\sum_{i=1}^n (x_i\bar\omega_i) \tag{7-23}$$

式中　ω_i——组分 i 的偏心因子。

虽然式（7-1-23）过于简化，但在多数情况下令人满意，且目前尚无更好的替代。

石油馏分的偏心因子，可首先用 7.4 节方法计算蒸气压，然后从偏心因子定义式出发计算。具体步骤如下。

① 计算石油馏分的中平均沸点 T_{ME} 和 15.56℃/15.56℃ 相对密度 S；

② 计算特性因数 K_w；

③ 由 7.3.2 节方法，计算假临界点温度 T_{pc}；

④ 由 7.4.2 节方法，计算 $0.7T_{pc}$ 下馏分的蒸气压$(P^*)_{T_r=0.7}$；

⑤ 由 7.3.4 节方法，计算馏分的假临界点压力 P_{pc}；

⑥ 用式（7-21）计算偏心因子如下。

$$\bar\omega=-\lg(P_r)_{T_r=0.7}-1.0=-\lg\left[\frac{(P^*)_{T_r=0.7}}{P_{pc}}\right]-1.0$$

值得注意的是，7.4.2 节计算蒸气压的方法严格意义上仅适用于纯烃和窄沸点石油馏分。但在上述计算偏心因子的方法里，则可用于宽沸点石油馏分。

例 7-6　某石油馏分的相对密度（15.56℃/15.56℃）为 0.8160，恩氏蒸馏数据如下。

馏出（体积分数）/%	10	30	50	70	90
温度/℃	108.3	135.6	171.1	211.7	265.0

求其偏心因子。

用 7.1.1 节方法计算中平均沸点 $T_{ME}=164.5℃$，由式（7-16）算得特性因数 $K_w=11.32$，用 7.3.2 节方法计算假临界温度 $T_{pc}=362.1℃$。取温度 $T=0.7T_{pc}=444.65\text{K}$。由 7.4.2 节方法，算得 444.65K（171.5℃）下的蒸气压 $(P^*)_{T_r=0.7}=897\text{mmHg}=0.1196\text{MPa}$。由 7.3.4 节方法计算得馏分的假临界压力 $P_{pc}=2.758\text{MPa}$。因此

$$\bar{\omega} = -\lg(0.1196/2.758) - 1.0 = 0.363$$

7.1.5 分子族组成

石油馏分的族组成（molecular type composition），即烷烃（paraffin）、环烷烃（naphthene）和芳香烃（aromatics）各自占馏分总量的分子分数，在已知馏分的黏度、相对密度和折射率（refractive index）时，可由下面三个关联式预测。

$$x_p = \alpha_0 + \alpha_1 R_I + \alpha_2 V_G \tag{7-24}$$

$$x_n = \beta_0 + \beta_1 R_I + \beta_2 V_G \tag{7-25}$$

$$x_a = \gamma_0 + \gamma_1 R_I + \gamma_2 V_G \tag{7-26}$$

式中 α_0，α_1，α_2，β_0，β_1，β_2，γ_0，γ_1，γ_2——随摩尔质量变化的常数，见下。

	轻质馏分 （摩尔质量 70~200kg/kmol）	重质馏分 （摩尔质量 200~600kg/kmol）
α_0	−13.3590	2.5737
α_1	14.4591	1.0133
α_2	−1.41344	−3.573
β_0	23.9825	2.464
β_1	−23.333	−3.6701
β_2	0.81517	1.96312
γ_0	−9.6235	−4.0377
γ_1	8.8739	2.6568
γ_2	0.59827	1.60988

x_p，x_n，x_a——烷烃、环烷烃和芳香烃的摩尔分数；

R_I——折射率截距，定义为

$$R_I = n - d/2 \tag{7-27}$$

n——20℃，1atm 下的折射率；

d——20℃，1atm 下的液体密度，g/cm³；

V_G——对重质和轻质馏分取不同值，分别如下。

对于重质馏分取黏度重力常数（V_{GC}），即 $V_G = V_{GC}$。V_{GC}定义为

$$V_{GC} = \frac{10S - 1.0752\lg(\nu'_{100} - 38)}{10 - \lg(\nu'_{100} - 38)} \tag{7-28a}$$

或

$$V_{GC} = \frac{S - 0.24 - 0.022\lg(\nu'_{210} - 35.5)}{0.755} \tag{7-28b}$$

对于轻质馏分取黏度重力函数（V_{GF}），即 $V_G = V_{GF}$。V_{GF}定义为

$$V_{GF} = -1.816 + 3.484S - 0.1156\ln\nu_{100} \tag{7-29a}$$

或

$$V_{GF} = -1.948 + 3.535S - 0.1613\ln\nu_{210} \tag{7-29b}$$

ν'_{100}，ν'_{210}——100℉，210℉下的赛氏通用黏度（Saybolt universal viscosity），赛氏通用秒（Saybolt universal second）；

ν_{100}，ν_{210}——100℉，210℉下的运动黏度，mm²/s；

S——相对密度，15.56℃/15.56℃。

曾在以下条件范围内对本届方法进行测试。

	轻质馏分数据范围	重质馏分数据范围
摩尔质量/(kg/kmol)	78~214	233~571
R_I	1.04~1.08	1.04~1.06
V_{GC} 或 V_{GF}	0.57~1.52	0.79~0.98
x_p	0.02~0.93	0.10~0.81
x_n	0.02~0.46	0.13~0.64
x_a	0.01~0.93	0.0~0.31

对 85 个轻质石油馏分，x_p 和 x_n 预测的平均偏差分别为 0.04 和 0.06 摩尔分数；对 72 个重质石油馏分，x_p 和 x_n 预测的平均偏差分别为 0.02 和 0.04 摩尔分数。

应用中，摩尔质量的下限可外延到 70，但不宜在上述测试范围之外使用。

本节方法的应用步骤如下。

① 得到石油馏分 15.56℃/15.56℃ 相对密度 (S)，20℃ 下密度 (d) 和折射率 (n)。如果折射率未知，可用 7.1.6 节方法估计。如果密度未知，可用 7.5 节方法估计。但对于摩尔质量 $M>300$kg/kmol 的馏分，可更方便地使用下式。

$$d = 2.83085 M^{0.03975} I^{1.13543} \tag{7-30}$$

式中　I——黄 (Huang) 氏特征参数，$I=(n^2-1)/(n^2+2)$。

② 如果摩尔质量未知，可用 7.1.3. 方法估计。由此确定馏分类型：轻质或重质。

③ 得到所需的黏度数值。如果没有实测的黏度，可用 7.9 节方法估算。

④ 依定义，计算 V_{GC} 或 V_{GF}，并计算 R_I。

⑤ 分别计算烷烃、环烷烃和芳香烃的摩尔分数。三者加合应为 1.0。

对于高度芳香性馏分，如果需要详细了解芳烃的类型，可用下式计算馏分中单环芳烃的含量。

$$x_{ma} = -62.8245 + 59.90816 R_I - 0.0248335 m \tag{7-31}$$

式中　x_{ma}——单环芳烃的摩尔分数；

　　　m——因数，$m=M(n-1.4750)$。

上式适用于摩尔质量 $M<250$kg/kmol 的石油馏分。其它类型芳烃（双环和多环芳烃）含量可确定为

$$x_{pa} = x_a - x_{ma} \tag{7-32}$$

式中　x_{pa}——双环和多环芳烃的摩尔分数。

例 7-7　某石油馏分的 15.56℃/15.56℃ 相对密度为 0.9046，20℃ 下的折射率为 1.5002，20℃ 下液体密度为 0.90g/cm³，中平均沸点为 425.6℃，100℉（37.8℃）下的黏度为 336 赛氏通用秒，计算该馏分的烃类族组成。

由式（7-18），得馏分的摩尔质量 $M=378$kg/kmol。

因此，该馏分属重质馏分，须用黏度重力常数进行关联。由式（7-28a）计算黏度重力常数 $V_{GC}=0.8485$。

由式（7-27）计算折射率截距 $R_I=1.05$。

采用重质馏分参数，由式（7-24）至式（7-26）可计算得 $x_p=0.606$，$x_n=0.276$，$x_a=0.118$。

$\Sigma x=1.00$。

实验测定结果是 $x_p=0.59$，$x_n=0.28$，$x_a=0.13$。

7.1.6　折射率

石油馏分的折射率（refractive index）可由下式估算。

$$n=\left(\frac{1.0+2I}{1.0-I}\right)^{1/2} \tag{7-33}$$

式中　n——20℃下的折射率；

　　　I——20℃下的黄（Huang）氏特征参数，是中平均沸点和相对密度的函数：

$$I=0.023435T_{ME}^{0.0572}S^{-0.720}\exp(7.027\times10^{-4}T_{ME}+2.468S-1.02672\times10^{-3}T_{ME}S)$$

$$\tag{7-34}$$

式中　T_{ME}——中平均沸点，K；

　　　S——相对密度，15.56℃/15.56℃。

本节方法的应用条件是：

中平均沸点/℃	38～510
相对密度，15.56℃/15.56℃	0.63～0.97
20℃下的折射率	1.35～1.55

预测的折射率与实验值间的平均绝对相对误差为0.3%。

用常压沸点替代中平均沸点，本方法也可用于纯烃。

例7-8　某石油馏分15.56℃/15.56℃，相对密度是0.732，中平均沸点是364.44K，由（7-33）式算得$I=0.246$，式（7-34）算得20℃下的折射率$n=1.4065$。实验值是1.4074。

7.1.7　闪点

由石油馏分的恩氏蒸馏（ASTM D86）10%（体积分数）点温度，可计算石油馏分的Pensky-Martens闭杯闪点（Pensky-Martens closed cup flash point，ASTM D93）。

$$T_{FP}=0.69T_{N,10}-71.18 \tag{7-35a}$$

及Cleveland开杯闪点（Cleveland open cup flash point，ASTM D92）

$$T_{FP}=0.68T_{N,10}-66.58 \tag{7-35b}$$

式中　T_{FP}——闪点，℃；

　　　$T_{N,10}$——恩氏蒸馏10%（体积分数）点温度（或纯烃的常压沸点），K。

曾在以下条件下对式（7-35）进行评估：

闪点/℃	－17.8～232.2
恩氏蒸馏10%（体积分数）点或常压沸点/℃	65.6～454.4

闭杯和开杯闪点预测的绝对平均误差分别是5.3和1.8℃。

上述条件范围之外，式（7-35）可以做合理外推。此外，用恩氏蒸馏5%点确定闪点按理会更精确，但由于缺乏此类数据尚无出现此类关联式。

例7-9　某石油馏分的恩氏蒸馏10%点为206.1℃，由（7-35）式算得其开杯闪点是73.6℃。实验值是73.9℃。

7.1.8　倾点

在具备石油馏分的运动黏度数据时，倾点（pour point，ASTM D97）可由下式估算。

$$T_{PP}=418.33+75.56[1-\exp(-0.15\nu_{100})]-317.78S+0.02844\nu_{100}+0.139T_{ME}$$

$$\tag{7-36a}$$

式中　T_{PP}——倾点温度，K；

　　　ν_{100}——100℉（37.8℃）下的运动黏度，mm²/s；

　　　S——相对密度，15.56℃/15.56℃；

　　　T_{ME}——中平均沸点，K。

在未知运动黏度时，倾点可用下式计算。

$$T_{PP}=5.391T_{ME}^{5.49}\times10^{-(7+0.8568T_{ME}^{0.315}+0.133S)}+0.778 \tag{7-36b}$$

如果仅知道云点（cloud point），倾点可用 7.1.15 方法预测。

曾在以下条件下对式（7-36）进行评估：

倾点/K	233.3～327.8
中平均沸点/K	444.4～833.3
运动黏度/(mm²/s)	2～960
相对密度/15.56℃/15.56℃	0.8～1.0

式（7-36a）预测 280 个倾点的平均偏差是 3.83K。在运动黏度未知时，式（7-36b）预测 428 个倾点的平均偏差是 5.5K。

在应用式（7-36a）时，黏度不应该采用估算值。此外，式（7-36a）和（7-36b）也许可以一定范围内进行外推。

例 7-10　对某石油馏分，$T_{ME}=540$ K，$S=0.839$，$\nu_{100}=3\,mm^2/s$，由式（7-36a）或（7-36b）算得 $T_{PP}=254.2K$。实验值是 252.8K。

7.1.9　苯胺点

苯胺点（aniline point）是物质液体和等体积蒸馏级苯胺（distilled aniline）完全互溶的最低温度。石油馏分的苯胺点可按 ASTM D611 实验确定，也可由下式估算。

$$T_{AP}=-696.5-0.139T_{ME}+59.889K_w+482.611S \tag{7-37}$$

式中　T_{AP}——苯胺点，K；

　　　T_{ME}——中平均沸点，K；

　　　K_w——Watson 特性因数；

　　　S——相对密度，15.56℃/15.56℃。

曾在以下条件下对式（7-37）进行评估：

中平均沸点/℃	93.3～593.3
相对密度，15.56℃/15.56℃	0.7～1.0
苯胺点/℃	37.8～115.6

对 $T_{ME}<398.9℃$ 的 343 点实验数据，平均预测误差是 2.33℃。对包括有 $T_{ME}>398.9℃$ 的 475 点实验数据，平均预测误差是 2.61℃。式（7-37）用于纯化合物及 $T_{ME}>398.9℃$ 的石油馏分时，须慎重。

苯胺点也可方便地从图 7-1 估计，48 点估计值的平均误差是 4.78℃。

例 7-11　对某石油馏分，$T_{ME}=299℃$，$S=0.8304$，则依定义式（7-16）得 $K_w=12.16$，依式（7-37）得 $T_{AP}=353.0K$。实验值是 355.1K。

7.1.10　烟点

烟点（smoke point）是标准条件下油灯不发烟的火苗高度（mm）。石油馏分的烟点可按 ASTM D1322 实验确定，也可由下式估算。

$$\ln H_{SP}=-1.028+0.474K_w-0.003024T_{ME} \tag{7-38}$$

式中　H_{SP}——烟点，mm；

　　　T_{ME}——中平均沸点，K；

　　　K_w——Watson 特性因数。

曾在以下条件下对式（7-38）进行评估：

烟点/mm	15～33
相对密度，15.56℃/15.56℃	0.7～0.86
中平均沸点/℃	93.3～287.8

预测值的平均相对误差是 6.3%。

式（7-38）不宜用于 $S<0.8$ 及 $T_{ME}>537.8℃$ 的石油馏分。

例 **7-12** 对某石油馏分，$T_{ME} = 212.5℃$，$S = 0.853$，则依定义式（7-16）得 $K_w = 11.21$，依式（7-38）得 $H_{SP} = 16.7mm$。实验值是 17mm。

7.1.11 冰点

冰点（freezing point）是固体结晶形成的临界温度：低于该温度结晶形成，高于此温度结晶消失。石油馏分的冰点可按 ASTM D2386 实验确定，也可由下式估算。

$$T_{FRP} = -1328.01 + 1014.44S + 68.05K_w - 0.135T_{ME} \tag{7-39}$$

式中 　T_{FRP}——冰点，K；

　　　S——相对密度，15.56℃/15.56℃；

　　　K_w——Watson 特性因数；

　　　T_{ME}——中平均沸点，K。

曾在以下条件下对式（7-39）进行评估：

冰点/K	177.8～283.3
相对密度，15.56℃/15.56℃	0.74～0.90
中平均沸点/K	402.8～627.8

预测值的平均误差是 4K。上述范围之外，式（7-39）也许可以做出合理的外推。

例 **7-13** 对某石油馏分，$T_{ME} = 485.83K$，$S = 0.799$，则依定义式（7-16）得 $K_w = 11.97$，依式（7-39）得 $T_{FRP} = 231.5K$。实验值是 227.2K。

7.1.12 云点

石油产品（油品）的云点（cloud point）是其固体烷烃成分（通常含在油品溶液里）开始固化并以微小结晶析出，从而引起油品呈云状的温度，可按 ASTM D97 实验确定，也可由下式估算。

$$\lg T_{CP} = -6.264 + 5.49\lg T_{ME} - 0.8568T_{ME}^{0.315} - 0.133S \tag{7-40}$$

式中 　T_{CP}——云点，K；

　　　T_{ME}——中平均沸点，K；

　　　S——相对密度，15.56℃/15.56℃。

曾在以下条件下对式（7-1-40）进行评估：

云点/K	208.3～311.1
相对密度，15.56℃/15.56℃	0.77～0.93
中平均沸点/K	444.4～680.6

预测值的平均误差是 4.1K。上述测试范围之外，式（7-40）可以做出合理的外推。

例 **7-14** 对某石油馏分，$T_{ME} = 450.83K$，$S = 0.787$，则依式（7-40）得 $T_{CP} = 213K$。实验值是 213K。

7.1.13 十六烷指数

石油馏分的十六烷指数（cetane index）是与其点火性能相同的标准燃料（正十六烷和 α-甲基萘调合物）中的正十六烷的百分数，可由下式预测。

$$N_{CI} = 421.212 - 7.673\gamma + 0.3348 T_{ME} + (3.503\gamma - 193.816)\lg(1.8 T_{ME} + 32) \tag{7-41}$$

式中 　N_{CI}——十六烷指数；

　　　T_{ME}——中平均沸点，℃；

　　　γ——15.56℃下的 API 重度。

曾在以下条件下对式（7-41）进行评估：

API 重度	27～47
中平均沸点/℃	182.2～371.1

150 点数据预测的平均相对误差是 2.9%。式（7-41）不宜用于 $T_{ME} < 121℃$。

例 7-15　对某石油馏分 API°＝32.3，T_{ME}＝325℃，则依式（7-41）得 N_{CI}＝57.1。实验值是 56。

7.1.14　烟点-苯胺点关联

在已知相对密度的情况下，烟点和苯胺点之间可由以下两式相互预测。

$$H_{SP} = -3500 + 3522[1 + 1.48212 \times 10^{-4}(T_{AP} + 17.778)]S - 3021\ln S \qquad (7\text{-}42\text{a})$$

$$T_{AP} = 6747.1\left[\frac{H_{SP} + 3500 + 3021\ln S}{3522S} - 1\right] - 17.778 \qquad (7\text{-}42\text{b})$$

式中　H_{SP}——烟点，mm；

　　　T_{AP}——苯胺点，℃；

　　　S——相对密度，15.56℃/15.56℃。

曾在以下条件下对式（7-42a）进行评估：

烟点/mm	15～42
苯胺点/℃	44.4～76.7
相对密度，15.56℃/15.56℃	0.76～0.86

烟点预测的平均绝对误差与相对误差分别是 1.7mm 和 7.3%。

注意，式（7-42a）只有当苯胺点可由式（7-37）算得时才可应用。同样，式（7-42b）只有当烟点可由式（7-38）算得时才可应用。

例 7-16　对某石油馏分 S＝0.839，T_{AP}＝53.44℃，则依式（7-42a）得烟点 H_{SP}＝16.5mm。实验值是 16.7mm。

7.1.15　云点-倾点关联

在无法直接从 7.1.8 节和 7.1.12 节方法直接计算倾点或云点的情况下，若两者其中几个之一已知，则可用下式估计另外一个。

$$T_{PP} = 0.9895T_{CP} + 0.778 \qquad (7\text{-}43)$$

式中　T_{PP}——倾点，K；

　　　T_{CP}——云点，K。

曾在以下条件下对式（7-42a）进行评估：

云点/K	205.6～316.7
倾点/K	205.6～316.7

对 213 个实验数据的云点和倾点预测的平均绝对误差是 1.22K。

例 7-17　对某石油馏分，云点 T_{CP}＝319K，则依式（7-43）得倾点 T_{PP}＝316K。实验值是 314K。

7.1.16　调和油的闪点

由 n 个原料油调和而成的调和油（blend）的闪点可由 Wickey-Chittenden 调和模型预测。方法是，首先计算每个原料油的闪点调和指数（flash point blending index）：对原料油 i，i＝1，2，…，n，依闪点调和指数定义为

$$\lg FBPI_i = -6.1188 + \frac{4345.2}{1.8T_{FP,i} + 415.0} \qquad (7\text{-}44)$$

式中　$FBPI_i$——原料油 i 的闪点调和指数；

　　　$T_{FP,i}$——原料油 i 的闪点，℃。

然后，计算调和油的闪点调和指数

$$FBPI_B = \sum_{i=1}^{n} X_{V,i}FBPI_i \qquad (7\text{-}45)$$

式中　$FBPI_B$——调和油的闪点调和指数；

$X_{V,i}$——原料油 i 的体积分数。

最后，计算调和油的闪点（$T_{FP,B}$，℃）

$$T_{FP,B}=\frac{2414}{\lg FBPI_B+6.1188}-230.556 \tag{7-46}$$

Wickey 和 Chittenden 曾对二元和三元调和系统测试过上述调和算法，调和的闪点范围是 26～284℃。对 162 个调和油，预测闪点的绝对平均偏差为 3.33℃，且 71% 的偏差都在试验误差范围之内。

尽管在原料油闪点差别高达 174℃ 情况下取得了良好结果，但不建议将这个算法用于非常轻的石脑油和沥青的调和。也不推荐将这一算法用于开杯闪点和闭杯闪点的相互调和。此外，在原料油多于 3 个时，应用这一算法须慎重。

例 7-18　某调和油由两种原料油构成：原料油 1 的闪点是 77.78℃、体积分数是 0.25，原料油 2 的闪点是 162.78℃、体积分数是 0.75。应用本节方法可得该调和油的闪点是 102.3℃。

7.2　蒸馏曲线的换算

美国材料与试验协会（American Society for Testing and Materials，ASTM）蒸馏和实沸点（true boiling point，TBP）蒸馏试用于定义石油馏分及其它复杂混合物的挥发特性。两者均为间歇蒸馏，区别在于蒸馏过程的分馏程度不同。

ASTM D86 和 D1160 蒸馏在恩氏（Engler）烧瓶中进行，无填料，少量回流源自烧瓶颈部的热损失。与 TBP 蒸馏相比，ASTM 蒸馏简单、便宜、需求样品量小且试验耗时约是 TBP 蒸馏的十分之一，因而应用更加广泛。ASTM 蒸馏是标准化试验，而 TBP 蒸馏却在试验设备和方法上有相当大的变化。

当今应用的 ASTM 蒸馏方法包括：

ASTM D86　这一方法用于发动机汽油、航空汽油、航空涡轮机燃料、石脑油、煤油、瓦斯油、馏分燃料油及类似石油产品的蒸馏。试验在大气压下进行，使用裸温度计且报告的温度无需校正，试验结果为馏出温度对馏出体积分数的标绘。

ASTM D1160　该方法用于重质石油产品的蒸馏。这类产品在最高液体温度为 400℃（750 ℉）、绝对压力最低为 13.3Pa（1mmHg）下可被部分或全部气化，且可在试验压力下被冷凝。发动机汽油、航空汽油、航空涡轮机燃料、石脑油、煤油、瓦斯油、馏分燃料油及类似石油产品的蒸馏。试验在绝对压力 13.3Pa（1mmHg）～666Pa（50mmHg）下进行，温度由热电偶检测，试验结果为馏出温度对馏出体积分数的标绘。

ASTM D2887　该方法是用气相色谱进行的模拟蒸馏（simulated distillation，SD），可用于终了常压沸点低于 538℃ 或 1000℉ 的所有石油馏分，但受限于样品的初始沸点不能低于 37.7℃ 或 100℉，试验结果为馏出温度对馏出质量分数的标绘。SD 似乎是清晰描述烃类馏分沸点范围的最为简单、重复性和一致性最好的方法。

ASTM D2892　该方法用于稳定原油的蒸馏。所谓稳定原油是指雷德（Reid）蒸气压小于 82.7kPa（12psi）的原油。试验采用的分馏塔具有 14～18 个理论级，操作的回流比是 5。该方法是实沸点蒸馏的一种形式，可用于沸点高于轻质石脑油、但终了沸点低于 399℃（750℉）的任何石油混合物。

ASTM D3710　该方法与 ASTM D2887 类似，用气相色谱法确定汽油（其常压沸点不高于 260℃ 或 500℉ 的沸点范围分布。

在 ASTM D86、D1160 及 D2892 蒸馏中，试验结束时蒸馏设备中可能存在残余物，且馏出物和残余物体积之和也可能与装料的体积间存在差异。这种差异通常被称作"损失"且一般被认为是未被冷凝的装料中的易挥发成分。以换算 TBP 蒸馏为目的的 ASTM 蒸馏试验，馏出百分数应是收集到的馏出物和损失之和。

当加热温度足够高时，石油馏分会发生热裂解。热裂解和化学组成有关，其数量和深度随沸点温度、接触时间、压力和加热温度而增加。之前版本中，ASTM D86 温度在高于 246℃ 或 475℉时要做温度校正。但在这一版中，不再使用温度校正。

TBP 蒸馏用的精馏塔有 15～100 块理论板，且在相对高的地回流比（5∶1 或更高）下操作。这类蒸馏的分馏度高，可以给出混合物中组分的精确分布。其缺点是缺乏标准的蒸馏设备及操作规程。但由于通常均可达到依组分沸点的完全分离，不同试验设备间的差异是微小的。

平衡气化（equilibrium flash vaporization，EFV）是确定一定压力下温度与馏出体积分数关系的实验。EFV 曲线上的每一点，代表的是一个平衡分离实验。为完整确定 EFV 曲线所需平衡气化实验的次数和曲线的形状有关，一个压力下的 EFV 曲线通常需要至少五次实验。定压和相平衡状态下，油品的平衡气化率（体积分数）对平衡温度的对应关系。

在特别借重本章关联方法的结果时，使用者应特别注意参考方法精度的评述。由于缺乏标准化和其它内在的不适应性，现存关于相同馏分的 ASTM、TBP 和 SD 数据精度不够或一致性差，因此难以发展高精度的关联方法。

本章介绍的关联方法本质上是经验关联式，从烃类油料及馏分数据发展而来，而这些油料和馏分饱含众多组分因而具有光滑的蒸馏曲线。因此，这些关联方法不可以用于少数几个沸点相差很大的化合物构成的混合物。

在美国石油学会（API）最新推荐的方法中，石油馏分的 EFV 曲线用计算机程序计算，计算中相平衡常数由 7.7.6 节介绍的修正的 Soave-Redlich-Kwong 状态方程确定。为了便于手工计算，本节依旧保留了 EFV 的换算关系。

图 7-2 给出了各类蒸馏数据的换算途径，其中 1～9 表示的换算方法分别在 7.2.1～7.2.9 中叙述。平衡气化气液相产物的性质估算方法在 7.2.10 中介绍。

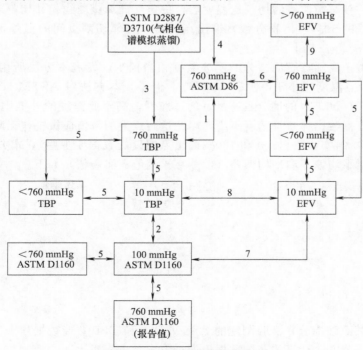

图 7-2　各类蒸馏曲线换算关系

7.2.1　ASTM D86-TBP 常压蒸馏曲线的相互换算

定义实沸点蒸馏曲线上相邻切割点的温度差为

$$\Delta T_{B,i} = T_{B,p_i} - T_{B,p_{i-1}} \tag{7-47}$$

及的 ASTM D86 蒸馏曲线上相邻切割点的温度差为

$$\Delta T_{N,i} = T_{N,p_i} - T_{N,p_{i-1}} \tag{7-48}$$

式中　T_{B,p_i}——TBP 蒸馏 $p_i\%$（体积分数）馏出点温度，℃；

　　　T_{N,p_i}——ASTM D86 蒸馏 $p_i\%$（体积分数）馏出点温度，℃；

　　　$\Delta T_{B,i}$——TBP 蒸馏曲线上相邻切割点 i 和 $i-1$ 间的温差，℃；

　　　$\Delta T_{N,i}$——ASTM D86 蒸馏曲线上相邻切割点 i 和 $i-1$ 间的温差，℃。

$i=1$，2，3，4，5，6。

$p_i=10$，30，50，70，90，100。且 $p_0=0$。

本方法中，两种蒸馏曲线的 50%（体积分数）馏出点温度间的关系是：

$$T_{B,50} = 0.88512(T_{N,50} + 17.78)^{1.0258} - 17.78 \tag{7-49}$$

两种蒸馏曲线的相邻切割点温差间的关系是：

$$\Delta T_{B,i} = \alpha \Delta T_{N,i}^{\beta} \tag{7-50}$$

式中　α、β 为关联系数，不同切割点上的数值是：

i	切割点范围 /%（体积分数）	α	β	容许的最大 $T_{N,i}$/℃
1	10～0	5.8589	0.60244	56
2	30～10	4.1481	0.71644	139
3	50～30	2.6956	0.80076	139
4	70～50	2.2744	0.82002	83
5	90～70	2.6339	0.75497	56
6	100～90	0.17396	1.6606	—

应用中，在已知一种蒸馏曲线的切割点温度后，按定义计算该曲线相邻切割点间温差，进而计算待求蒸馏曲线的 50%（体积分数）馏出点温度和相邻切割点间的温差，最终得到待求的蒸馏曲线。

应用范围：由于高沸点石油馏分的实验数据相当稀少，发展本方法所用馏分的 ASTM 50%（体积分数）点温度均小于 249℃（480°F）。但是，本方法对 ASTM 50%（体积分数）点温度小于 316℃（600°F）的馏分具有良好的适应性，高于此温度的外推则需慎重。此外，由于初馏点和终馏点数据稀缺且精度不高，因此这两点上的数值应被视作粗略估计。

可靠性：对 71 组实验数据（0 和 100%馏出点温度的数据要少些），本方法预测的 TBP 切割点温度的绝对平均偏差和平均偏差（偏差＝预测值－实验值）如下。

切割点（体积分数）/%	绝对平均误差/℃	平均偏差/℃
0	12.1	−4.3
10	5.0	−1.0
30	3.2	−0.2
50	2.6	−0.1
70	3.1	0.6
90	3.9	1.3
100	2.3	2.2

例 7-19　对某石油馏分，实验测定的 ASTM D86 和 TBP 蒸馏数据列于下表。分别从这些数据出发，依本节方法计算的蒸馏数据也列于下表，以为对比。

馏出（体积分数）/%	10	30	50	70	90
实测 ASTM D86 温度/℃	176.7	193.3	206.7	222.8	242.8
实测 TBP 温度/℃	160.6	188.3	209.4	230.6	255.0
预测 ASTM D86 温度/℃	178.2	192.4	205.5	220.7	239.8
预测 TBP 温度/℃	158.1	189.2	210.7	232.9	258.2

7.2.2　10mmHg 绝压下 ASTM D1160-TBP 蒸馏曲线的相互换算

10mmHg 绝压下 ASTM D1160 与实沸点蒸馏数据借助图 7-3 进行换算。

本换算方法假设 10mmHg 绝压下恩氏蒸馏（ASTM D1160）与实沸点蒸馏的 50％馏出点温度相等，借助图 7-2 由一种蒸馏的相邻馏出点温差求得另一种蒸馏的相邻馏出点温差，然后以 50％馏出点温度为基准进行加减，得到所需的蒸馏数据。

可靠性： 由于缺乏数据，本节关联方法没有定量考核的结论。Edmister 和 Okamoto[8] 称该方法预测的温度与测定值间的偏差在 14℃（25℉）以内。

例 7-20　已知某石油馏分在 10mmHg 绝压下的 ASTM D1160 实验数据，可由本节方法求得 10mmHg 绝压下的 TBP 数据。两种蒸馏的数据列于下表，以为算法交验。

馏出（体积分数）/%	10	30	50	70	90
实验 ASTM D1160 温度/℃	148.9	204.4	246.1	287.8	343.3
预测 TBP 温度/℃	141.7	200.6	246.1	287.8	343.3

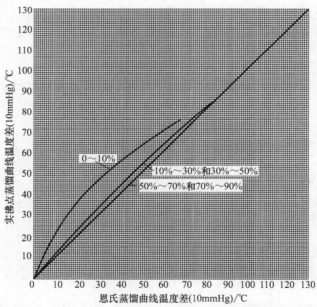

图 7-3　10mmHg 绝压下 ASTM D1160-TBP 蒸馏数据的换算关系

与图 7-3 对应的回归关联式如下。

$$T_{B,10\sim0} = \begin{cases} 2T_{N,10\sim0} & (T_{N,10\sim0} \leqslant 10.0) \\ 0.125 + 2.1785T_{N,10\sim0} - 0.023128T_{N,10\sim0}^2 + \\ 1.0788 \times 10^{-4} T_{N,10\sim0}^3 & (T_{N,10\sim0} > 10.0) \end{cases} \tag{7-51}$$

$$T_{B,30\sim10} = \begin{cases} 1.3T_{N,30\sim10} & (T_{N,30\sim10} \leqslant 10.0) \\ 0.500 + 1.1621T_{N,30\sim10} - 1.8568 \times 10^{-3} T_{N,30\sim10}^2 \\ (10.0 < T_{N,30\sim10} \leqslant 90.0) \\ T_{N,30\sim10} & (T_{N,30\sim10} > 90.0) \end{cases} \tag{7-52}$$

$$T_{B,50\sim30}=\begin{cases}1.3T_{N,50\sim30}\ (T_{N,50\sim30}\leqslant10.0)\\0.500+1.1621T_{N,50\sim30}-1.8568\times10^{-3}T_{N,50\sim30}^2\\ (10.0<T_{N,50\sim30}\leqslant90.0)\\T_{N,50\sim30}\ (T_{N,50\sim30}>90.0)\end{cases} \tag{7-53}$$

$$T_{B,70\sim50}=T_{N,70\sim50} \tag{7-54}$$

$$T_{B,90\sim70}=T_{N,90\sim70} \tag{7-55}$$

式中，$T_{B,10\sim0}$，$T_{B,30\sim10}$，$T_{B,50\sim30}$，$T_{B,70\sim50}$，$T_{B,90\sim70}$ 分别表示实沸点蒸馏相邻馏出点 0 到 10%，10% 到 30%，30% 到 50%，50% 到 70%，70% 到 90% 间的温差，单位℃；$T_{N,10\sim0}$，$T_{N,30\sim10}$，$T_{N,50\sim30}$，$T_{N,70\sim50}$，$T_{N,90\sim70}$ 分别表示 ASTM D1160 蒸馏相应的相邻馏出点间的温差，单位℃。

7.2.3 模拟蒸馏（ASTM D2887）到常压 TBP 蒸馏曲线的换算

定义实沸点蒸馏曲线上相邻切割点的温度差为

$$\Delta T_{B,i}=T_{B,p_i}-T_{B,p_{i-1}} \tag{7-56}$$

及的 ASTM D2887 蒸馏曲线上相邻切割点的温度差为

$$\Delta T_{S,i}=T_{S,p_i}-T_{S,p_{i-1}} \tag{7-57}$$

式中 T_{B,p_i}——TBP 蒸馏 p_i%（体积分数）馏出点温度，℃；

T_{S,p_i}——ASTM D2887 模拟蒸馏 p_i（质量分数）馏出点温度，℃；

$\Delta T_{B,i}$——TBP 蒸馏曲线上相邻切割点 i 和 $i-1$ 间的温差，℃；

$\Delta T_{S,i}$——ASTM D2887 模拟蒸馏曲线上相邻切割点 i 和 $i-1$ 间的温差，℃。

$i=1$，2，3，4，5，6，7。

$p_i=10\%$，30%，50%，70%，90%，95%，100%。且 $p_0=5$。

本方法中，取 TBP 蒸馏曲线的 50%（体积分数）馏出点温度等于模拟蒸馏 50%（质量分数）馏出点温度

$$T_{B,50}=T_{S,50} \tag{7-58}$$

两种蒸馏曲线的相邻切割点温差间的关系是

$$\Delta T_{B,i}=\alpha\Delta T_{S,i}^{\beta} \tag{7-59}$$

式中，α、β 为关联系数，不同切割点上的数值是

i	切割点范围/%	α	β	容许的最 $\Delta T_{S,i}$/℃
1	10~5	0.20312	1.4296	22.2
2	30~10	0.021746	2.0253	41.7
3	50~30	0.080554	1.6988	41.7
4	70~50	0.25088	1.3975	41.7
5	90~70	0.37475	1.2938	41.7
6	95~90	0.90427	0.8723	22.2
7	100~95	0.038487	1.9733	16.7

应用中，在已知模拟蒸馏曲线的切割点温度后，按定义计算该曲线相邻切割点间温差，进而计算待求的 TBP 蒸馏曲线的 50%（体积分数）馏出点温度和相邻切割点间的温差，最终得到 TBP 蒸馏曲线。

应用范围：发展本方法所用数据的 TBP50%点温度在 121~371℃。尽管本方法外推性能良好，但无法鼓励采纳本方法在上述温度范围之外预测的数据。此外，由于蒸馏曲线的终点数据一般不精确，该点上的数据应被视作粗略估计。

可靠性：21 组实验数据用于发展本方法，其中仅有 8 组包括了 100%馏出点。由于初馏点非常分散以致无法得到有意义的关联式，因此没有包括在内。对这些数据，本方法预测的

TBP 蒸馏各馏出点温度的绝对平均偏差和平均偏差（偏差＝预测值－实验值）如下。

馏出点（体积分数）/%	绝对平均误差/℃	平均偏差/℃
5	12.1	1.2
10	10.9	0.1
30	6.8	0.6
50	5.3	0.3
70	6.1	−0.8
90	7.0	−0.8
95	6.7	−1.4
100	4.5	−4.4

特别说明：测试结果表明，在 TBP 温度低于 315.6℃时，本方法与两步法（用 7.2.4 节方法首先换算出 ASTM D86 数据，然后再用 7.2.1 节方法换算得到 TBP 数据）准确度相当。

例 7-21 对某石油馏分，实验测定的 ASTM D2887 和 TBP 蒸馏数据列于下表。依本节方法从模拟蒸馏数据计算的 TBP 蒸馏数据也列于下表，以为对比。

馏出/%	5	10	30	50	70	90	95
实测 ASTM D2887 温度/℃	145.0	151.7	162.2	168.9	173.3	181.7	187.2
实测 TBP 温度/℃	160.6	161.1	163.3	166.7	169.4	173.9	175.6
预测 TBP 温度/℃	161.2	164.3	166.9	168.9	170.9	176.7	180.8

7.2.4 模拟蒸馏（ASTM D2887）到 ASTM D86 蒸馏曲线的换算

定义 ASTM D86 蒸馏曲线上相邻切割点的温度差为

$$\Delta T_{N,i}=T_{N,p_i}-T_{N,p_{i-1}} \tag{7-60}$$

及的 ASTM D2887 模拟蒸馏曲线上相邻切割点的温度差为

$$\Delta T_{S,i}=T_{S,p_i}-T_{S,p_{i-1}} \tag{7-61}$$

式中 T_{N,p_i}——ASTM D86 蒸馏 p_i%（体积分数）馏出点温度，℃；

T_{S,p_i}——ASTM D2887 模拟蒸馏 p_i%（质量分数）馏出点温度，℃；

$\Delta T_{N,i}$——ASTM D86 蒸馏曲线上相邻切割点 i 和 $i-1$ 间的温差，℃；

$\Delta T_{S,i}$——ASTM D2887 模拟蒸馏曲线上相邻切割点 i 和 $i-1$ 间的温差，℃。

$i=1$，2，3，4，5，6。

$p_i=10$，30，50，70，90，100。且 $p_0=0$。

本方法中，ASTM D86 蒸馏曲线的 50%（体积分数）馏出点温度可由模拟蒸馏 50%（质量分数）馏出点温度换算。

$$T_{N,50}=0.79424(T_{S,50}+17.78)^{1.0395}-17.78 \tag{7-62}$$

两种蒸馏曲线的相邻切割点温差间的关系是

$$\Delta T_{N,i}=\alpha\Delta T_{S,i}^{\beta} \tag{7-63}$$

式中，α、β 为关联系数，不同切割点上的数值是

i	切割点范围/%	α	β	容许的最 $\Delta T_{S,i}$/℃
1	10～0	0.32810	1.1259	55.6
2	30～10	0.08227	1.5176	55.6
3	50～30	0.10949	1.5386	55.6
4	70～50	0.19121	1.4287	55.6
5	90～70	0.35326	1.2341	83.3
6	100～90	2.13092	0.65962	83.3

应用中，在已知模拟蒸馏（ASTM D2887）曲线的切割点温度后，按定义计算该曲线相邻切割点间温差，进而计算待求的 ASTM D86 蒸馏曲线的 50％（体积分数）馏出点温度和相邻切割点间的温差，最终得到 ASTM D86 蒸馏曲线。

应用范围：发展本方法所用数据的 ASTM D86 50％（体积分数）点温度在 65.6～315.6℃。尽管本方法外推性能良好，但无法鼓励采纳本方法在上述温度范围之外预测的数据。有证据显示，温度高于 351.6℃ 时误差显著增高。由于初馏点和终馏点数据不精确，这些点上的数据应被视作粗略估计。

可靠性：对参与本方法发展的大约 125 组实验数据，预测的 ASTM D86 各馏出点温度的绝对平均偏差和平均偏差（偏差＝预测值－实验值）如下。

馏出点（体积分数）/％	绝对平均误差/℃	平均偏差/℃
0	11.9	4.4
10	4.8	1.8
30	2.9	0.5
50	4.3	＜0.1
70	2.5	－0.1
90	5.3	－1.0
100	10.8	－5.3

例 7-22 对某石油馏分，实验测定的 ASTM D2887 和 ASTM D86 蒸馏数据列于下表。依本节方法从模拟蒸馏数据计算的 ASTM D86 蒸馏数据也列于下表，以为对比。

馏出/％	0	10	30	50	70	90	100
实测 ASTM D2887 温度/℃	25.0	33.9	64.4	101.7	140.6	182.2	208.9
实测 ASTM D86 温度/℃	40.0	56.7	72.8	97.8	131.7	168.3	198.9
预测 ASTM D86 温度/℃	49.6	53.5	68.2	96.8	132.5	167.8	186.4

7.2.5 减压下石油馏分蒸馏数据的相互换算

ASTM、TBP、EFV 蒸馏数据在不同压力（通常是 1mmHg，10mmHg，100mmHg，760mmHg）之间的换算可借助下述方法。

a. 对减压（＜760mmHg）数据，假设石油馏分的 Watson 特性因数为 $K_w=12$，利用 7.4.2 节方法计算所需压力下的沸点温度。由于 $K_w=12$，所以无需 K_w 校正。

b. 对常压（760mmHg）数据，如果已知馏分的密度和中平均沸点则计算 K_w，否则设 $K_w=12$。然后应用 7.4.2 节方法计算所需压力下的沸点温度。

应用范围：本方法的应用范围与 7.4.2 节方法相同。

可靠性：本方法的可靠性与 7.4.2 节方法相同。在假设 $K_w=12$ 时，误差变大，对芳烃含量高的馏分情况尤为如此。

例 7-23 沙特阿拉伯某原油的 API 重度是 31.4，实验测定的 TBP 数据如下。

TBP 温度/℃	压力/mmHg	馏出（体积分数）/％	API°
232.2	760	30	44.5
122.2	10	34	40.8
239.4	10	58	26.3
206.1	1	62	24.7

应用本节方法，假设 $K_w=12$（尽管本例中 K_w 可计算得到），由任一实测的某个馏出点温度，借助图 7-4 可读出其它两个压力下该馏出点上的温度，结果如下（＊为实验数据）。

压力/mmHg	馏出（体积分数）/%			
	30	34	58	62
	TBP 温度/℃			
760	232.2*	255.6	394.4	416.7
10	103.3	122.2*	239.4*	258.9
1	62.2	79.4	187.8	206.1*

可以看出，上述列表数据具有良好的一致性。

本例中，第一点上的 K_w 是可以计算的，且为 12.06，因此完整应用 7.4.2 节方法是可行的。

而对整个原油，假设中平均沸点是 325℃，则其 $K_w=11.8$。该值可作为对所有减压馏分的 K_w 的一个估计。

7.2.6　ASTM D86 蒸馏与常压平衡气化的曲线换算

ASTM D86 蒸馏与常压平衡气化数据可用下面两个方程式进行换算。

$$T_E = \alpha T_N^\beta S^\gamma \tag{7-64}$$

$$T_N = \alpha^{(-1/\beta)} T_E^{(1/\beta)} S^{(-\gamma/\beta)} \tag{7-65}$$

式中　T_E——气化 0，10%，30%，50%，70%，90%，100%（体积分数）的平衡气化温度，K；

T_N——相应馏出（体积分数）的恩氏蒸馏温度，K；

S——相对密度（15.56℃/15.56℃）。

α，β，γ——常数，随馏出液体体积分数变化，分别为

馏出（体积分数）/%	常数 α	常数 β	常数 γ
0	2.97481	0.8466	0.4208
10	1.44594	0.9511	0.1287
30	0.85060	1.0315	0.0817
50	3.26805	0.8274	0.6214
70	8.28734	0.6871	0.9340
90	10.62656	0.6529	1.1025
100	7.99502	0.6949	1.0737

本方法换算结果，尤其在端点处，偶尔会有严重误差。本方法在以下温度范围之外不适用。

馏出（体积分数）/%	恩氏蒸馏温度范围/℃	平衡气化温度范围/℃
0	10.0～265.6	48.9～298.9
10	62.8～322.2	79.4～348.9
30	93.3～340.6	97.8～358.9
50	112.8～354.4	106.7～366.7
70	131.1～399.4	118.3～375.6
90	162.8～465.0	133.9～404.4
100	187.8～484.4	146.1～433.3

用文献数据评价本方法的可靠性，估算的平衡气化温度与实验测定值间的平均偏差对 0，10%，30%，50%，70%，90%，100%（体积分数）馏出点分别为 10.0℃，4.4℃，4.4℃，6.1℃，7.2℃，5.6℃，6.1℃。

在没有测定的相对密度数据时：①为了得到恩氏蒸馏数据，S 可用式（7-66）计算。②为了得到平衡气化数据，S 可用式（7-67）计算。

$$S=0.0913774 T_{E,10}^{-0.01534} T_{E,50}^{0.36844} \tag{7-66}$$

$$S=0.083423 T_{N,10}^{0.10731} T_{N,50}^{0.26288} \tag{7-67}$$

式中，$T_{N,10}$，$T_{N,50}$，$T_{E,10}$，$T_{E,50}$为恩氏蒸馏和平衡气化的 10％和 50％点温度，K。

式（7-66）和（7-67）只有在 7.5 节方法不能应用的情况下使用，且只能用于直馏馏分。

7.2.7　10mmHg 绝压下恩氏蒸馏到平衡气化的曲线换算

借助图 7-4 和图 7-5，可由 10mmHg（1.33kPa）绝压下恩氏蒸馏（ASTM D1160）数据导出该压力下的平衡气化数据。图 7-4 用于确定平衡气化 50％（体积分数）点的温度，图 7-5 ASTM D1160 蒸馏的相邻馏出点温差与平衡气化的相邻馏出点温差间的关系。

该方法换算得到的 10％，30％，50％，70％，90％（体积分数）平衡气化温度与实验值的偏差一般在 8.3℃（15℉）内，但偶尔有严重误差。

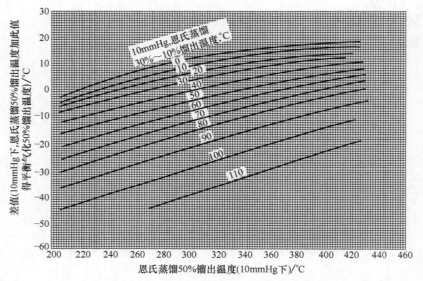

图 7-4　10mmHg（绝）下恩氏蒸馏（ASTM D1160）50％温度与平衡气化 50％温度关系

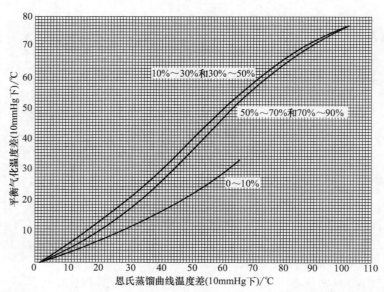

图 7-5　10mmHg（绝）下恩氏蒸馏（ASTM D1160）温差与平衡气化温差关系

例 7-24 已知某石油馏分在 10mmHg 绝压下的 ASTM D1160 试验数据如下。

馏出（体积分数）/%	10	30	50	70	90
ASTM D1160 温度/℃	148.89	190.56	223.89	254.44	298.89

估算其在 10mmHg 绝压下的平衡气化曲线。

首先，由图 7-4 确定平衡气化 50% 点温度：计算 ASTM D1160 蒸馏 10% 和 30%（体积分数）馏出点温差为 41.67℃，由此数值和 ASTM D1160 50%（体积分数）馏出点温度 223.89℃，查图 7-4 得到 $\Delta F = -9.44$℃，因而得 10mmHg 下平衡气化 50%（体积分数）点温度为 [223.89＋(−9.44)]℃ = 214.45℃。

然后，由图 7-5 确定平衡气化曲线上相邻馏出点的温度差：计算 ASTM D1160 蒸馏曲线上相邻馏出点的温度差，列于下表第二栏，查图 7-5 得到平衡气化曲线上相邻馏出点的温度差，列于下表第三栏。

相邻馏出点（体积分数）/%	ASTM D1160 曲线 相邻点馏出温差/℃	平衡气化曲线 相邻点馏出温差/℃
10～30	41.67	31.67
30～50	33.33	24.44
50～70	30.56	18.33
70～90	44.44	30.56

最后，以 50%（体积分数）点温度为基准进行加减，得到所需的平衡气化数据。

50%（体积分数）点温度 = 214.45℃

30%（体积分数）点温度 = (214.45−24.44)℃ = 190.01℃

10%（体积分数）点温度 = (190.01−31.67)℃ = 158.34℃

70%（体积分数）点温度 = (214.45＋18.33)℃ = 232.78℃

90%（体积分数）点温度 = (232.78＋30.56)℃ = 363.34℃

与图 7-3 对应的回归关联式如下。

$$\Delta F = T_{E,50} - T_{N,50} = \frac{A_0 + A_1\zeta + A_2\zeta^2 + A_3\zeta^3}{1.8} \tag{7-68a}$$

$$A_i = a_i + b_i\zeta + c_i\zeta^2 + d_i\zeta^3 + e_i\zeta^4 + f_i\zeta^5 \quad (i=0,1,2,3) \tag{7-68b}$$

$$\zeta = \frac{1.8T_{N,50} + 32}{100} \tag{7-68c}$$

$$\zeta = \frac{1.8(T_{N,30} - T_{N,10})}{10} \tag{7-68d}$$

式中 ΔF——平衡气化 50%（体积分数）点温度和 ASTM D1160 50%（体积分数）点温度的差，℃；

$T_{N,10}$，$T_{N,30}$，$T_{N,50}$——ASTM D1160 10%，30%，50%（体积分数）点温度，℃；

$T_{E,50}$——平衡气化 50%（体积分数）点温度，℃。

a_i，b_i，c_i，d_i，e_i，f_i 关联式系数，列于下表。

i	0	1	2	3
a_i	−200.397039	81.1486819	−9.60903494	0.393870103
b_i	−5.4935695	2.89929333	−0.648832336	0.0463065715
c_i	7.22547653	−3.48733284	0.533809166	−0.0273274812
d_i	−1.18582366	0.522758105	−0.0747803286	3.5927561×10^{-3}
e_i	0.0708985427	−0.0298549912	4.11088498×10^{-3}	-1.8986654×10^{-4}
f_i	-1.44986052×10^{-3}	5.87660751×10^{-4}	-7.87764791×10^{-5}	3.5359201×10^{-6}

与图 7-5 对应的回归关联式如下。

$$T_{E,10} - T_{E,0} = u_0 + u_1(T_{N,10} - T_{N,0}) + u_2(T_{N,10} - T_{N,0})^2 +$$
$$u_3(T_{N,10} - T_{N,0})^3 + u_4(T_{N,10} - T_{N,10})^4 \tag{7-69a}$$
$$T_{E,30} - T_{E,10} = v_0 + v_1(T_{N,30} - T_{N,10}) + v_2(T_{N,30} - T_{N,10})^2 +$$
$$v_3(T_{N,30} - T_{N,10})^3 + v_4(T_{N,30} - T_{N,10})^4 \tag{7-69b}$$
$$T_{E,50} - T_{E,30} = v_0 + v_1(T_{N,50} - T_{N,30}) + v_2(T_{N,50} - T_{N,30})^2 +$$
$$v_3(T_{N,50} - T_{N,30})^3 + v_4(T_{N,50} - T_{N,30})^4 \tag{7-69c}$$
$$T_{E,70} - T_{E,50} = w_0 + w_1(T_{N,70} - T_{N,50}) + w_2(T_{N,70} - T_{N,50})^2 +$$
$$w_3(T_{N,70} - T_{N,50})^3 + w_4(T_{N,70} - T_{N,50})^4 \tag{7-69d}$$
$$T_{E,90} - T_{E,70} = w_0 + w_1(T_{N,90} - T_{N,70}) + w_2(T_{N,90} - T_{N,70})^2 +$$
$$w_3(T_{N,90} - T_{N,70})^3 + w_4(T_{N,90} - T_{N,70})^4 \tag{7-69e}$$

式中　$T_{E,0}$，$T_{E,10} \cdots T_{E,90}$——平衡气化曲线 0，10%，$\cdots$，90%（体积分数）点温度，℃；

$T_{N,0}$，$T_{N,10} \cdots$，$T_{N,90}$——ASTM D1160 曲线 0，10%，$\cdots$，90%（体积分数）点温度，℃。

$u_0 \sim u_4$，$v_0 \sim v_4$，$w_0 \sim w_4$ 回归参数，按下表取值。

i	u_i	v_i	w_i
0	$0.1032276487 \times 10^{-8}$	-0.01150794068	0.0079365051
1	0.3040615156	0.5554431248	0.3052116421
2	0.00291936103	0.005220485948	0.01109722212
3	$-0.2734620916 \times 10^{-4}$	$0.353009522 \times 10^{-5}$	$-0.4467592437 \times 10^{-4}$
4	$0.4362184049 \times 10^{-6}$	$-0.351562513 \times 10^{-6}$	$-0.208333341 \times 10^{-6}$

7.2.8　10mmHg 绝压下实沸点蒸馏和平衡气化数据的换算

借助图 7-6 和图 7-7，可从 10mmHg 绝压下的实沸点蒸馏数据推算该压力下的平衡气化数据。

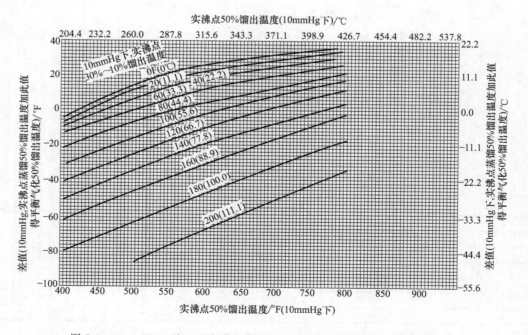

图 7-6　10mmHg（绝）下实沸点蒸馏 50% 温度与平衡气化 50% 温度关系

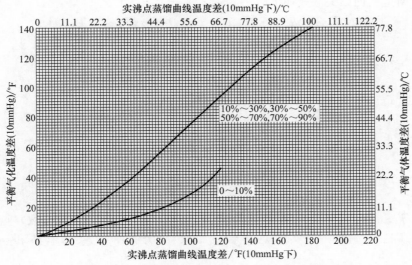

图 7-7　10mmHg（绝）下实沸点温差与平衡气化温差关系

具体步骤如下。

① 查图 7-6，由实沸点曲线上 50%（体积分数）馏出点温度和 10%～30%馏出点连线斜率，确定平衡气化 50%点温度；

② 查图 7-7，由实沸点曲线上相邻馏出点温差，确定平衡气化曲线上相邻点温差；

③ 在已知平衡气化 50%点温度基础上加减相应的温差，即得平衡气化温度。

本节方法适用于重残油。由于缺乏实验数据，本节方法没有定量检验的结论。Edmister 和 Okamoto[8]指出本节方法预测的平衡气化各点温度与实验值的偏差＜14℃。

当同时具备恩氏蒸馏数据和实沸点蒸馏数据时，为了得到平衡气化数据，应采用可靠性更高的 7.2.7 节方法。

图 7-6 对应的关联式如下。

$$\Delta F = T_{E,50} - T_{B,50} = \frac{A_0 + A_1 \zeta + A_2 \zeta^2 + A_3 \zeta^3}{1.8} \qquad (7\text{-}70a)$$

$$A_i = a_i + b_i \zeta + c_i \zeta^2 + d_i \zeta^3 + e_i \zeta^4 + f_i \zeta^5 \quad (i = 0, 1, 2, 3) \qquad (7\text{-}70b)$$

$$\xi = \frac{1.8 T_{B,50} + 32}{100} \qquad (7\text{-}70c)$$

$$\zeta = \frac{1.8 (T_{B,30} - T_{B,10})}{10} \qquad (7\text{-}70d)$$

式中　　　　　　ΔF——平衡气化 50%（体积分数）点温度和实沸点蒸馏 50%（体积分数）点温度的差，℃；

$T_{B,10}$，$T_{B,30}$，$T_{B,50}$——实沸点蒸馏 10%，30%，50%（体积分数）点温度，℃；

$T_{E,50}$——平衡气化 50%（体积分数）点温度，℃。

a_i，b_i，c_i，d_i，e_i，f_i关联式系数，列于下表。

i	0	1	2	3
a_i	−254.183011	108.771159	−14.2306039	0.645542208
b_i	−29.3893810	14.6779289	−2.49663929	0.140273594
c_i	23.5366692	−11.4980856	1.82128313	−0.0951305355
d_i	−3.59583935	1.702817	−0.2643704	0.0135973101
e_i	0.208578595	−0.0970535653	0.0148663559	$-7.55980831 \times 10^{-4}$
f_i	$-4.1883889 \times 10^{-3}$	$1.91898124 \times 10^{-3}$	$-2.9077594 \times 10^{-4}$	1.4646969×10^{-5}

与图 7-7 对应的回归关联式如下。

$$T_{E,10} - T_{E,0} = u_0 + u_1(T_{B,10} - T_{N,10}) + u_2(T_{B,10} - T_{B,0})^2 +$$
$$u_3(T_{B,10} - T_{B,0})^3 + u_4(T_{B,10} - T_{B,0})^4 \tag{7-71a}$$

$$T_{E,30} - T_{E,10} = w_0 + w_1(T_{B,30} - T_{B,10}) + w_2(T_{B,30} - T_{B,10})^2 +$$
$$w_3(T_{B,30} - T_{B,10})^3 \tag{7-71b}$$

$$T_{E,50} - T_{E,30} = w_0 + w_1(T_{B,50} - T_{B,30}) + w_2(T_{B,50} - T_{B,30})^2 +$$
$$w_3(T_{B,50} - T_{B,30})^3 \tag{7-71c}$$

$$T_{E,70} - T_{E,50} = w_0 + w_1(T_{B,70} - T_{B,50}) + w_2(T_{B,70} - T_{B,50})^2 +$$
$$w_3(T_{B,70} - T_{B,50})^3 \tag{7-71d}$$

$$T_{E,90} - T_{E,70} = w_0 + w_1(T_{B,90} - T_{B,70}) + w_2(T_{B,90} - T_{B,70})^2 +$$
$$w_3(T_{B,90} - T_{B,70})^3 \tag{7-71e}$$

式中　$T_{E,0}$，$T_{E,10} \cdots T_{E,90}$——平衡气化曲线 0，10%，…，90%（体积分数）点温度，℃；
　　　　$T_{B,0}$，$T_{B,10} \cdots T_{B,90}$——实沸点蒸馏曲线 0，10%，…，90%（体积分数）点温度，℃。

$u_0 \sim u_4$，$w_0 \sim w_3$ 回归参数，按下表取值。

i	u_i	w_i
0	0.001751927084	0.04668842478
1	0.03094969323	0.2666578259
2	0.01005725236	0.01331145981
3	-0.0002286688018	$-0.8331289494 \times 10^{-4}$
4	$0.2332096863 \times 10^{-5}$	

7.2.9　由常压恩氏蒸馏和平衡气化数据求高于 1atm 的平衡气化数据

压力高于 1atm 下的平衡气化数据，可借助图 7-8 从常压恩氏蒸馏数据和常压平衡气化数据换算得到。

具体步骤如下。

① 计算恩氏蒸馏曲线上 10% 到 90% 点的连线斜率以及体积平均沸点；

② 按下式计算恩氏蒸馏的平均沸点对斜率比值，

$$R_{ts} = \frac{1.8 t_V + 32}{1.8 S_L + 16}$$

式中　R_{ts}——比值，图 7-8 的标绘参数；
　　　　S_L——恩氏蒸馏曲线上 10% 到 90% 点的连线斜率，℃/%；
　　　　t_V——体积平均沸点，℃。

③ 在图 7-8 上确定焦点位置：从恩氏蒸馏体积平均沸点出发，水平向左与 API 重度线相交，从此交点垂直向上（或向下）与恩氏蒸馏 10% 到 90% 斜率线相交，从交点水平向左与比值 R_{ts} 线相交，即得焦点。

④ 在恒压（常压）线上标绘出常压平衡气化各馏出点温度。

⑤ 直线连接焦点与常压平衡气化各馏出点，得到等体积百分数气化线，即完成温度-压力相图的绘制。在等体积百分数气化线上，可读出不同压力下的平衡气化温度。

本节方法只能在临界温度以下使用，且不可在 1atm 以下压力应用。故在应用本节方法前，须首先依照 7.3 节方法确定临界温度，以免在无效区域内使用本图。

焦点是温度-压力平面上等体积百分数气化线的交点，并不预示临界点位置。

本节方法估算的平衡气化 10%，30%，50%，70%，90% 各点的温度与实验值的偏差

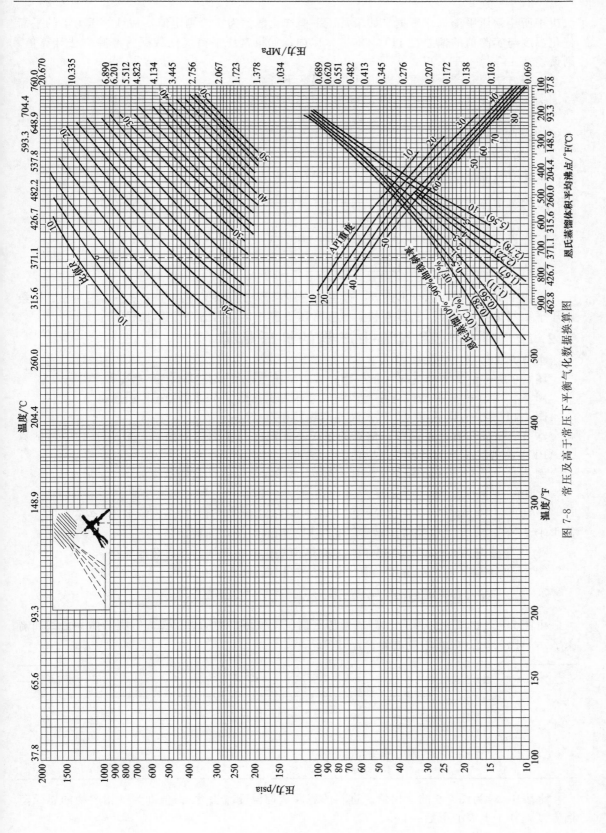

图 7-8　常压及高于常压下平衡气化数据换算图

取决于所用常压平衡气化数据。如果常压平衡气化数据为实验测定值，估算的压力下的平衡气化温度与实测值的偏差在 11℃（20℉）以内；如果常压平衡气化数据为经验方法计算值，则偏差在 14℃（25℉）以内。

本节方法偶尔产生严重误差，且在临界区不可靠。

例 7-25 某稳定汽油的 API 重度为 61.6，常压恩氏蒸馏和平衡气化数据如下。

馏出（体积分数）/%	10	30	50	70	90
ASTM D86 温度/℃	47.2	85.6	115.0	141.7	172.2
平衡气化温度/℃	51.1	76.1	92.8	106.7	122.2

试建立该油品的相图。

$$恩氏蒸馏体积平均沸点 = \frac{47.2+85.6+115.0+141.7+172.2}{5}℃ = 112.3℃$$

$$恩氏蒸馏曲线 10\%～90\% 斜率 = \frac{172.2-47.2}{90-10}℃ = 1.56℃/\%$$

$$比值\ R_{ts} = \frac{1.8t_V+32}{1.8S_L+16} = \frac{1.8×112.3+32}{1.8×1.56+16} = 12.4$$

在图 7-8 中查到并标绘出焦点，如图中虚线和箭头所示。按照前述方法在图 7-8 上标绘常压平衡气化各馏出点，直线连接焦点和常压平衡气化各馏出点即得相图。

7.2.10 平衡气化气液相产物的性质估算

本节方法包括三张关联图。

图 7-9 用于估算平衡气化气相产物的常压恩氏蒸馏（ASTM D86）温度；

图 7-10 用于估算平衡气化液相产物的常压恩氏蒸馏（ASTM D86）温度；

图 7-11 用于估算平衡气化气、液相产物的相对密度；

本节方法偶尔有严重误差，估算的恩氏蒸馏温度与实测值的偏差一般小于 11℃，估算的 API 重度与实测值的偏差在 3 以内。

例 7-26 已知某石油馏分的 API 重度为 43.2，常压恩氏蒸馏数据如下。

馏出（体积分数）/%	10	30	50	70	90
ASTM D86 温度/℃	120.0	161.1	190.0	217.8	252.2

试求① 气化分率为 50% 的常压平衡气化气相产物的恩氏蒸馏数据；

② 气化分率为 50% 的 1.38MPa（G）平衡气化液相产物的恩氏蒸馏数据；

③ 气化分率为 70% 的常压平衡气化气、液相产物的 API 重度。

$$馏分恩氏蒸馏的 10\%～70\% 斜率 = \frac{217.8-120.0}{70-10}℃ = 1.63℃/\%$$

由图 7-9 查出气化分率为 50% 的常压平衡气化气相产物的恩氏蒸馏数据，图中虚线和箭头表示恩氏蒸馏 10% 点温度的计算。计算结果如下表。

馏出(体积分数)/%	馏出温度/℃		
	进料	Δ_V	气相产物
10	120.0	16.7	103.3
30	161.1	32.2	128.8
50	190.0	43.9	146.1
70	217.8	50.6	167.2
90	252.2	55.0	197.2

上表中 Δ_V 为图 7-9 的读出值。进料的恩氏蒸馏温度减去此 Δ_V 值即为气相产物的恩氏蒸馏温度，列于上表的最后一栏。

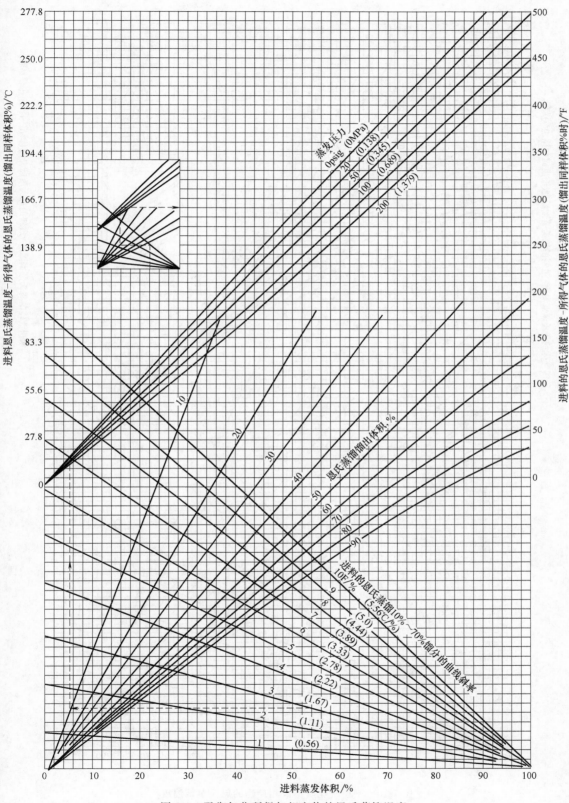

图 7-9　平衡气化所得气相产物的恩氏蒸馏温度

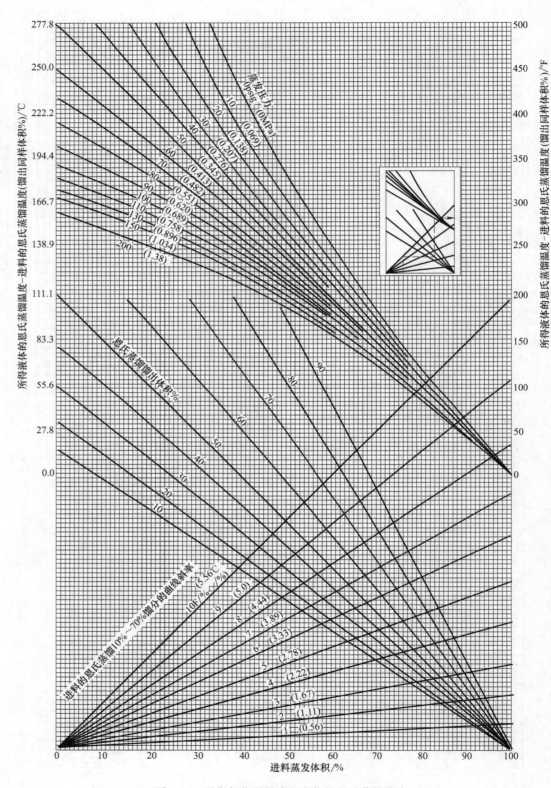

图 7-10　平衡气化所得液相产物的恩氏蒸馏温度

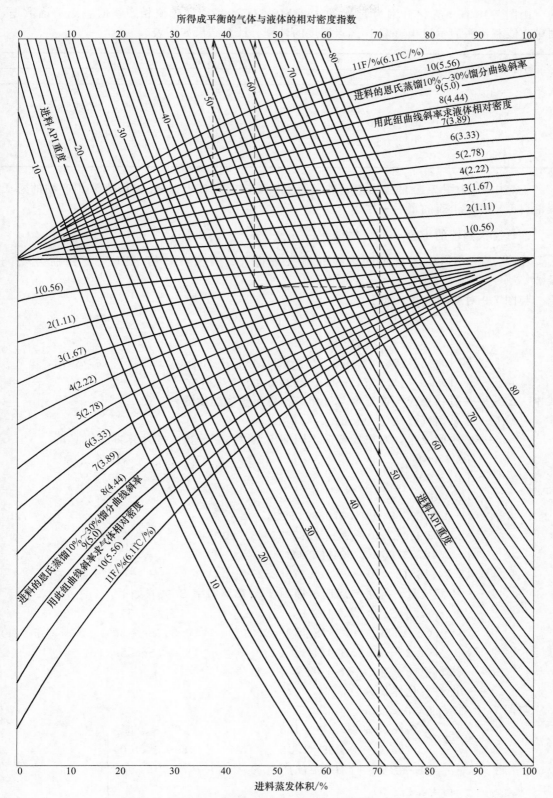

所得成平衡的气体与液体的相对密度指数

图 7-11　平衡气化所得气液相产物的相对密度和 API 重度

由图 7-10 查出气化分率为 50％的 1.38MPa（G）平衡气化液相产物的恩氏蒸馏数据，图中虚线和箭头表示恩氏蒸馏 10％点温度的计算。计算结果如下表。

馏出（体积分数）/％	馏出温度/℃		
	进料	Δ_L	液相产物
10	120.0	33.3	153.3
30	161.1	26.7	187.8
50	190.0	21.7	211.7
70	217.8	15.6	233.4
90	252.2	11.1	263.3

上表中 Δ_L 为图 7-10 的读出值。进料的恩氏蒸馏温度加上此 Δ_L 值即为液相产物的恩氏蒸馏温度，列于上表的最后一栏。

馏分恩氏蒸馏的 $10\％\sim30\％$ 斜率 $=\dfrac{161.1-120.0}{30-10}℃=2.06℃/\％$。

在图 7-11 中，按照所示的虚线和箭头查得气、液相产物的 API 重度分别为 45.3 及 37.0。

与图 7-9 对应的关联式如下。

$$\Delta T_V=\begin{cases}[2.4834-0.345\ln(0.1P_E)] & (\xi\leqslant30)\\ 15.065-2.21359\ln(0.1P_E)-\\ 0.0307176P_E\exp(0.1P_E)-2.54885P_E/\exp(0.1P_E)- & (\xi>30)\\ 10.0+[2.63752-0.1629216\ln(0.1P_E)]\xi\end{cases} \tag{7-72a}$$

式中　ΔT_V——进料恩氏蒸馏温度与气相产物恩氏蒸馏温度的差，℃；

　　　P_E——平衡气化压力，atm；

　　　ξ——中间变量，对恩氏蒸馏不同馏出点（体积分数）的计算方法如下式，

$$\xi=\begin{cases}0.3396\Psi & (10\％点)\\ 0.6509\Psi & (30\％点)\\ 0.9009\Psi & (50\％点)\\ -0.198956846+1.07088616\Psi-\\ 2.59709294\times10^{-3}\Psi^2+4.27333045\times10^{-5}\Psi^3 & (70\％点)\\ -0.48773795+1.30486381\Psi-\\ 8.84713818\times10^{-3}\Psi^2+1.27852527\times10^{-4}\Psi^3 & (90\％点)\end{cases} \tag{7-72b}$$

　　　Ψ——中间变量，与进料恩氏蒸馏 $10\％\sim70\％$ 斜率 S_L 关联如下，

$$\Psi=\begin{cases}14.64S_L(1-0.01f) & (S_L\leqslant0.5)\\ (-2.959+20.552S_L)(1-0.01f) & (0.5<S_L\leqslant3.0)\\ (1.25+19.15S_L)(1-0.01f) & (3.0<S_L\leqslant5.5)\end{cases} \tag{7-72c}$$

　　　S_L——进料恩氏蒸馏 $10\％\sim70\％$ 斜率，℃/％；

　　　f——进料气化体积分数，％。

与图 7-10 对应的关联式如下。

$$\left.\begin{aligned}\Delta T_L&=\begin{cases}(\alpha_0+\alpha_1\xi+\alpha_2\xi^2)/1.8 & (0<\xi\leqslant80)\\ 5\alpha_3(1-0.01\xi)/1.8 & (80<\xi<100)\end{cases}\\ \alpha_i&=A_i+B_iP_E+C_iP_E^2+D_iP_E^3+E_iP_E^4+F_iP_E^5\\ &(i=0,1,2,3)\end{aligned}\right\} \tag{7-73a}$$

式中　ΔT_L——进料液相产物恩氏蒸馏温度与恩氏蒸馏温度的差，℃；

　　P_E——平衡气化压力表，atm；

　　ξ——中间变量，按下式计算；

$$\xi = 100 - \frac{f}{c}(0.0996581143 + 10.0536080 S_L - 0.589152603 S_L^2$$
$$+ 1.51186361 S_L^3 - 0.427440592 S_L^4 + 0.0393646617 S_L^5) \tag{7-73b}$$

　　c——常数，对恩氏蒸馏 10％，30％，50％，70％，90％（体积分数）馏出点分
别取值为 65.0，79.3，99.7，139.4，191.0；

　　f——进料气化体积分数，％；

　　S_L——进料恩氏蒸馏 10％～70％斜率，℃/％。

A_i，B_i，C_i，D_i，E_i，F_i，G_i回归常数，见下表。

i	0	1	2	3
A_i	872.147131	-12.6126009	$3.92462834 \times 10^{-2}$	120.141666
B_i	-162.145659	2.87113376	$-1.18280449 \times 10^{-2}$	-12.0833913
C_i	19.3262513	$-1.59641358 \times 10^{-1}$	$-9.20506243 \times 10^{-4}$	2.54039585
D_i	-1.46562855	$-1.22081760 \times 10^{-2}$	$4.12015073 \times 10^{-4}$	$-3.09468158 \times 10^{-1}$
E_i	$8.14642037 \times 10^{-2}$	$1.38913288 \times 10^{-3}$	$-3.56765413 \times 10^{-5}$	$1.86673704 \times 10^{-2}$
F_i	$-2.26923601 \times 10^{-3}$	$-3.20983932 \times 10^{-5}$	$9.85593854 \times 10^{-7}$	$-4.35961432 \times 10^{-4}$

与图 7-11 对应的关联式如下。

$$\gamma_V = \gamma_F + (0.1\xi)\begin{pmatrix} 2.82864655 + 0.0343596776\gamma_F - \\ 1.05942562 \times 10^{-4}\gamma_F^2 \end{pmatrix} +$$
$$(0.1\xi)^2 \begin{pmatrix} 0.184826931 - 7.44719449 \times 10^{-3}\gamma_F + \\ 5.41393452 \times 10^{-4}\gamma_F^2 - 1.5626209 \times 10^{-5}\gamma_F^3 \\ + 1.92530408 \times 10^{-7}\gamma_F^4 - 8.1251343 \times 10^{-10}\gamma_F^5 \end{pmatrix} \tag{7-74a}$$

式中　γ_V——平衡气化气相产物的 API 重度；

　　γ_F——平衡气化进料的 API 重度；

　　ξ——中间变量，$\left.\begin{aligned} &\xi = \alpha_0 + \alpha_1 f + \alpha_2 f^2 + \alpha_3 f^3 \\ &\alpha_i = a_{Vi} + b_{Vi} S_L + c_{Vi} S_L^2 + d_{Vi} S_L^3 \\ &(i = 0, 1, 2, 3) \end{aligned}\right\}$; $\tag{7-74b}$

　　f——进料气化体积分数，％；

　　S_L——进料恩氏蒸馏 10％～30％斜率，℃/％。

a_{Vi}，b_{Vi}，c_{Vi}，d_{Vi}关联系数，见下表。

i	a_{Vi}	b_{Vi}	c_{Vi}	d_{Vi}
0	$-3.97375889 \times 10^{-1}$	15.1359579	$-1.28860274 \times 10^{-2}$	$6.32048733 \times 10^{-3}$
1	$-7.45684361 \times 10^{-3}$	$-2.71494675 \times 10^{-1}$	$-1.71051319 \times 10^{-3}$	$-6.41852220 \times 10^{-5}$
2	$2.35492586 \times 10^{-4}$	$1.69542031 \times 10^{-3}$	$1.00049853 \times 10^{-4}$	$-7.89769259 \times 10^{-6}$
3	$-1.20464330 \times 10^{-6}$	$-4.86692735 \times 10^{-6}$	$-8.60945371 \times 10^{-7}$	$8.39966240 \times 10^{-8}$

以及，

$$\gamma_L = \gamma_F + (0.1\zeta)\begin{pmatrix} -3.49752463 - 0.0363278759\gamma_F + \\ 1.71792691 \times 10^{-4}\gamma_F^2 \end{pmatrix} +$$
$$(0.1\zeta)^2 \begin{pmatrix} 0.271969356 - 9.72609871 \times 10^{-3}\gamma_F + \\ 2.67915963 \times 10^{-4}\gamma_F^2 - 2.15624101 \times 10^{-6}\gamma_F^3 \end{pmatrix} \tag{7-75a}$$

式中　γ_L——平衡气化液相产物的 API 重度；

γ_F——平衡气化进料的 API 重度；

ζ——中间变量，$\zeta = \begin{cases} \beta_0 f & (f<10) \\ \beta_1 + \beta_2 f + \beta_3 f^2 & (f \geqslant 10) \end{cases}$;

$$\left.\begin{array}{c} \beta_i = a_{Li} + b_{Li} S_L + c_{Li} S_L^2 + d_{Li} S_L^3 \\ (i=0, 1, 2, 3) \end{array}\right\} \tag{7-75b}$$

f——进料汽化体积分数，%；

S_L——进料恩氏蒸馏 10%～30% 斜率，℃/%。

a_{Li}，b_{Li}，c_{Li}，d_{Li} 为关联系数，见下表。

i	a_{Li}	b_{Li}	c_{Li}	d_{Li}
0	$-1.25454605 \times 10^{-2}$	$1.71553852 \times 10^{-1}$	$-5.77762324 \times 10^{-3}$	0.0
1	$-2.49586649 \times 10^{-2}$	$1.57015454 \times 10^{-1}$	$5.53441167 \times 10^{-3}$	$-3.96891510 \times 10^{-3}$
2	$-9.12368511 \times 10^{-3}$	$1.52930337 \times 10^{-1}$	$-7.14283943 \times 10^{-3}$	$7.99871246 \times 10^{-4}$
3	$2.96002048 \times 10^{-4}$	$-9.36816102 \times 10^{-4}$	$9.83491072 \times 10^{-5}$	$-1.03859401 \times 10^{-5}$

7.3 临界点和假临界点

无论是纯物质或是混合物，都存在着一种被称为临界点（critical point）的气液平衡状态。在临界点上物质平衡气液两相的所有性质完全相同。常把临界点状态的温度、压力和体积称为临界性质，分别记为临界温度（T_c）、临界压力（P_c）和临界体积（V_c）。

临界性质不仅反映了物质存在的一种特殊状态，还是物质特性的集中反映。在对应状态原理中，临界性质常被用于推算其它物性。在混合物性质关联中，则常用假临界点，或称虚拟临界点（pseudocritical point）。

对明确组分混合物，其假临界点可确定为

$$P_{pc} = \sum_{i=1}^{n} (x_i P_{c,i}) \tag{7-76}$$

$$T_{pc} = \sum_{i=1}^{n} (x_i T_{c,i}) \tag{7-77}$$

式中　P_{pc}，T_{pc}——混合物假临界点压力和温度，分别称为假临界压力、假临界温度；

$P_{c,i}$，$T_{c,i}$——组分 i 的临界压力和临界温度；

x_i——组分 i 的分子分数；

n——组分数目。

由式（7-76）及式（7-77）可以看出，混合物假临界点的压力和温度是各组分临界压力和温度的分子算术平均值。

本节介绍石油、石油馏分这一类复杂混合物的临界点和假临界点性质的推算方法。

顺便指出，目前尚没有成熟、简单的方法用于估算石油馏分的临界体积。因此本节所谓的临界性质仅包括临界温度和临界压力。纯烃的临界体积可估算为：

$$V_c = \frac{RT_c}{P_c[3.72 + 0.26(4.919\bar{\omega} - 1.189)]} \tag{7-78}$$

式中　V_c——临界体积，$m^3/kmol$；

T_c——临界温度，K；

P_c——临界压力，MPa；

$\bar{\omega}$——偏心因子；

R——气体常数，8.3145×10^{-3} (m³·MPa)/(kmol·K)。

式（7-78）对 $C_3 \sim C_{18}$ 烷烃和 $C_3 \sim C_{11}$ 其它烃类进行过检验，平均误差为 87cm³/kg，对不饱和烃的误差大于饱和烃。此外，如果临界温度、压力和偏心因子是估算值，则这三个输入参数的估算误差将直接影响临界体积的预测精度。

7.3.1 石油馏分的临界点温度

石油馏分的临界点温度可由下式计算。

$$\left.\begin{array}{l} T_c = 358.794 + 1.6667\Delta - 1.28286 \times 10^{-3}\Delta^2 \\ \Delta = S(t_V + 73.333) \end{array}\right\} \tag{7-79}$$

式中 T_c——临界点温度，K；

S——相对密度，15.56℃/15.56℃；

t_V——恩氏蒸馏的体积平均沸点，℃。

建立式（7-79）的馏分特征物性限于以下数据范围。

临界温度/K	561～811
临界压力（绝）/MPa	1.72～4.82
15.56℃/15.56℃相对密度	0.660～0.975

在上述范围内，式（7-79）预测值与实验临界温度的误差约 1%（±3.3℃），最大偏差可达 12.2℃。在上述范围以外，准确度下降。

7.3.2 石油馏分的假临界点温度

石油馏分的假临界温度可由下式计算。

$$T_{pc} = 9.523276 T_{ME}^{0.81067} S^{0.53691}$$
$$\exp(-9.31446 \times 10^{-4} T_{ME} - 0.54444S + 6.47910 \times 10^{-4} T_{ME}S) \tag{7-80}$$

式中 T_{pc}——假临界温度，K；

T_{ME}——中平均沸点，K；

S——相对密度，15.56℃/15.56℃。

上式在以下范围内有效。

摩尔质量/(kg/kmol)	70～295
常压沸点/℃	26.67～343.33
API 重度	6.6～95.0
15.56℃/15.56℃相对密度	0.625～1.025

7.3.3 石油馏分的临界点压力

石油馏分的临界点压力，与馏分的体积平均沸点、API 重度、恩氏蒸馏曲线 10%～90%点斜率相关联，可由图 7-12 得。

在以下特性范围内

临界温度/℃	288～538
临界压力/MPa	0.345～4.826
15.56℃/15.56℃相对密度	0.660～0.975

对本节方法作过评价，结论是：估算的临界点压力与实验值偏差约 3%（0.11MPa）。最大偏差预计为 0.41MPa。

图 7-12 的优点是所有参数均为直接的标准试验值。如果这些参数未知，可按 7.1 节方法估算。

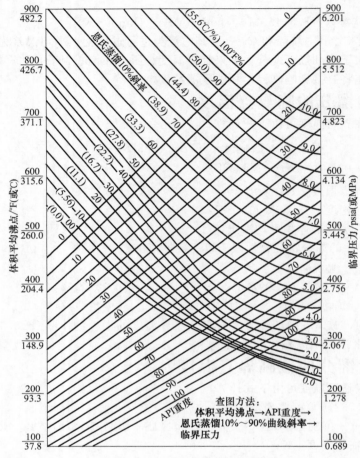

图 7-12　石油馏分的临界压力

7.3.4　石油馏分的假临界点压力

石油馏分的假临界压力可由下式计算。

$$P_{pc} = 3.1958 \times 10^4\, T_{ME}^{-0.4844}\, S^{4.0846}$$

$$\exp(-8.505 \times 10^{-3}\, T_{ME} - 4.8014 S + 5.74902 \times 10^{-3}\, T_{ME} S) \qquad (7\text{-}81)$$

式中　P_{pc}——假临界压力（绝），MPa；

　　　T_{ME}——中平均沸点，K；

　　　S——相对密度，15.56℃/15.56℃。

式（7-81）在以下范围内有效。

摩尔质量/(kg/kmol)	70～295
常压沸点/℃	26.67～343.33
API 重度	6.6～95.0
15.56℃/15.56℃相对密度	0.625～1.025

7.3.5　明确组分和石油馏分混合物的临界点与假临界点温度

对于既含有明确组分（烃类）又含有石油馏分的混合物，可用以下方法计算其临界点和假临界点温度。这类混合物在组成上，含有一个或多个轻质纯烃作为较易挥发的明确组分，余下的不明确部分为一个或多个石油馏分，且每个馏分的恩氏蒸馏曲线与相对密度已知。

具体计算步骤如下。

① 准备必要的输入数据。须已知混合物的摩尔组成，其中组成不明确的部分作为一个假组分。对于组成不明确的部分，须具备恩氏蒸馏曲线、API 重度、摩尔质量，摩尔质量可用 7.1.3 节方法估算。对于甲烷等轻烃组分须使用下列的有效重度（相对密度）值：

	有效 API 重度	有效相对密度（15.56℃/15.56℃）
甲烷	440	0.247
乙烷	213	0.41
乙烯	213	0.41

② 若现有蒸馏曲线非恩氏蒸馏曲线，按 7.2 节方法换算。

③ 对于每个组成不明确部分，按式（7-6）计算体积平均沸点 t_V，按照式（7-7）计算恩氏蒸馏曲线斜率 S_L。

④ 按照第 7.1.1 节方法，计算每个组成不明确部分的中平均沸点、分子平均沸点、立方平均沸点。

⑤ 根据组分的摩尔质量和分子分数，计算混合物的平均摩尔质量。用混合物平均摩尔质量除组分摩尔质量和分子分数的乘积，计算所有组分的质量分数。

⑥ 用组分的质量分数和 API 重度，计算整个混合物的质量平均 API 重度和相对密度。

如果只计算临界点温度，跳过⑦、⑧两步。

⑦ 用组分的质量分数和组分相对密度，按照下式计算组分的体积分数。

$$x_{vi} = \frac{x_{wi}/S_i}{\sum_{j=1}^{n}(x_{wj}/S_j)} \qquad (i=1,2,\cdots,n) \tag{7-82}$$

式中，x_{vi}，x_{wi}，S_i 分别为组分 i 的体积分数、质量分数和相对密度（15.56℃/15.56℃），n 为组分个数。

⑧ 用组分的分子分数和体积分数，分别结合所有组分的分子平均沸点和立方平均沸点（对明确组分的纯烃，使用常压沸点），计算整个混合物的分子平均沸点和立方平均沸点。然后按定义计算出混合物的中平均沸点。

如果只计算假临界点温度，可跳过⑨步。

⑨ 用组分的体积分数和体积平均沸点，依定义计算整个混合物的体积平均沸点。

⑩ 根据用 7.3.1 节方法，从步⑨计算的体积平均沸点温度和步⑥计算的相对密度，计算整个混合物的临界点温度。

⑪ 根据用 7.3.2 节方法，从步⑧计算的中平均沸点温度和步⑥计算的相对密度，计算整个混合物的假临界点温度。

例 7-27 某原油的组成数据如下。

	摩尔分数
甲烷	0.3223
乙烷	0.0424
丙烷	0.0335
异丁烷	0.0108
正丁烷	0.0148
戊烷	0.0218
己烷及重质组分（C_6+）	0.5544

C_6+ 部分的 API 重度为 38.0，摩尔质量为 172kg/kmol，恩氏蒸馏数据如下。

馏出（体积分数）/%	10	30	50	70	90
温度/℃	112.2	188.9	247.8	311.1	383.3

计算该原油的临界点和假临界点温度。

注，70%和90%两点的温度来源于减压实验，经7.2节方法转换得到。

由恩氏蒸馏数据得 C₆＋部分的体积平均沸点为 248.7℃，恩氏蒸馏 10% 到 90% 斜率为 3.39℃/%。

由 7.1.1 节方法计算得到 C₆＋部分的中平均沸点为 217.5℃，分子平均沸点为 196.79℃，立方平均沸点为 238.16℃。

为了计算整个原油的各种平均性质，借助下面表格比较方便，其中纯组分的平均沸点取常压沸点。

项 目	① 相对分子质量	② 摩尔分数	③ 分子平均沸点/℃	④ 质量分数	⑤ 相对密度	⑥ 体积分数	⑦ 立方平均沸点/℃	⑧ 体积平均沸点/℃
甲烷	16.04	0.3223	−161.52	0.0486	0.247	0.1431	−161.52	−161.52
乙烷	30.07	0.0424	−88.61	0.0120	0.410	0.0213	−88.61	−88.61
丙烷	44.10	0.0335	−42.08	0.0139	0.508	0.0199	−42.08	−42.08
异丁烷	58.12	0.0108	−12.22	0.0059	0.563	0.0076	−12.22	−12.22
正丁烷	58.12	0.0148	−0.51	0.0081	0.585	0.0101	−0.51	−0.51
戊烷	72.15	0.0218	31.67	0.0148	0.628	0.0172	31.67	31.67
C₆＋部分	172.00	0.5544	196.79	0.8967	0.835	0.7808	238.16	248.7
合计		1.000		1.000		1.000		
平均值	106.3		52.4		0.727		133.0	168.8

从上表①、②栏数据，计算出原油的平均摩尔质量为 106.3kg/kmol。如步⑤示，从平均摩尔质量，结合①、②栏数据，可算得④栏列出的质量分数。如步⑥示，计算混合物的平均相对密度（S）和 API 重度如下

$$S = \frac{1.0}{\sum_{i=1}^{n}(x_{wi}/S_i)} = 0.7272$$

$$API \text{ 重度} = \frac{141.5}{S} - 131.5 = 63.1$$

式中，符合意义如前述。按步⑦述，计算组分的体积分数列于⑥栏。在步⑧，按照定义计算混合物的复杂平均沸点和立方平均沸点分别为 52.4℃ 和 133.0℃，并得中平均沸点为

$$T_{ME} = (分子平均沸点 + 立方平均沸点)/2$$
$$= (52.4 + 133.0)/2℃ = 92.7℃$$

步⑨中，计算混合物的体积平均沸点列于⑧栏。

原油的临界点温度，由体积平均沸点和相对密度（API 重度），从式（7-79）计算为 339.3℃。

原油的假临界温度可由式（7-80）计算为 546.3K（273.1℃）。

7.3.6 明确组分和石油馏分混合物的临界点与假临界点压力

本节可作为 7.3.5 节的继续，介绍同时含有明确组分（烃类）与石油馏分混合物的临界点和假临界点压力的计算方法。具体步骤如下。

① 按照 7.3.5 节方法计算混合物的临界点和假临界点温度，以及临界点对假临界点温度（绝对温标）的比值，保留所有中间计算结果。

② 用整个混合物的平均密度和中平均沸点，按 7.3.4 节方法求假临界压力。

③ 用上面得到的临界温度比值和假临界压力，查图 7-13，或用下面的关联式计算，得到混合物的临界压力。

$$\lg P_c = 0.0523151 + 5.656282 \lg(T_c / T_{pc}) + 1.001047 \lg P_{pc} \tag{7-83}$$

式中　P_c——临界点压力，MPa；

　　　P_{pc}——假临界点压力，MPa；

　　　T_c——临界点温度，K；

　　　T_{pc}——假临界点温度，K。

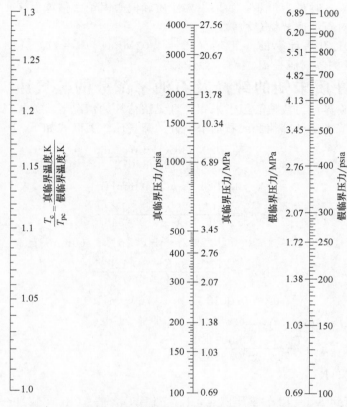

图 7-13　石油馏分的临界压力（仅用于 7.3.6 节方法）

7.4　石油馏分的蒸气压

7.4.1　临界性质已知的纯烃及石油窄馏分的蒸气压

在临界温度、临界压力和偏心因子为已知（或可以估算得到）的情况下，可用下面的关联式计算纯烃或石油窄馏分的饱和蒸气压：

$$\ln P_r^* = (\ln P_r^*)^{(0)} + \omega(\ln P_r^*)^{(1)} \quad (\text{对给定的 } T_r) \tag{7-84}$$

式中　　　　P_r^*——对比蒸气压，P^*/P_c；

　　　　　　P^*——蒸气压，MPa；

　　　　　　P_c——临界压力，MPa；

　　　　　　ω——偏心因子；

$(\ln P_r^*)^{(0)}$ 和 $(\ln P_r^*)^{(1)}$——关联函数项，

$$\left.\begin{array}{l} (\ln P_r^*)^{(0)} = 5.92714 - 6.09648/T_r - 1.28862\ln T_r + 0.169347 T_r^6 \\ (\ln P_r^*)^{(1)} = 15.2518 - 15.6875/T_r - 13.4721\ln T_r + 0.43577 T_r^6 \end{array}\right\}; \tag{7-85}$$

　　　　　　T_r——对比温度，T/T_c；

T——温度，K；

T_c——临界温度，K。

式（7-84）被证明是估算纯烃蒸气压的最好方法。但该式仅对非极性物质有效，使用的温度应限制在 $T_r > 0.30$，且在低于冰点温度下不适用。

如果已知临界性质，式（7-84）预测的蒸气压与实验值间的平均误差为 3.5%。本节方法在对比温度高于 0.5 时最为可靠。如果临界性质和偏心因子由估算而来，误差会升高。

本节方法尚未对石油馏分做过检验。

例 7-28　利用上方法计算的 1-丁烯（$P_c = 4.02\text{MPa}$，$T_c = 419.6\text{K}$，$\omega = 0.1867$）在 98℃（371.15K）下的蒸气压是 $P^* = 1.73\text{MPa}$。

7.4.2 临界性质未知的纯烃及石油窄馏分的蒸气压

在临界温度、临界压力或偏心因子未知，且无法估算的情况下，如果已知常压沸点和特性因数，则可用本节方法计算纯烃或石油窄馏分的蒸气压。关联式如下。

$$\lg p^* = \frac{3000.538X - 6.761560}{43X - 0.987672} \tag{7-86}$$

（$X > 0.0022$ 或 $p^* < 2\text{mmHg}$）

$$\lg p^* = \frac{2663.129X - 5.994296}{95.76X - 0.972546} \tag{7-87}$$

（$0.0013 \leqslant X \leqslant 0.0022$ 或 $2\text{mmHg} \leqslant p^* \leqslant 760\text{mmHg}$）

$$\lg p^* = \frac{2770.085X - 6.412631}{36X - 0.989679} \tag{7-88}$$

（$X < 0.0013$ 或 $p^* > 760\text{mmHg}$）

式中　p^*——蒸气压，mmHg；

X——参数，$X = \dfrac{T_b'/T - 0.00051606T_b'}{748.1 - 0.3861T_b'}$； $\tag{7-89}$

T——温度，K；

T_b'——校正到 $K_w = 12$ 的常压沸点，K，$T_b' = T_b - \dfrac{25f}{18}(K_w - 12)\lg\dfrac{p^*}{760}$； $\tag{7-90}$

T_b——常压沸点，K；

K_w——特性因数；

f——校正因子，取值方法为：对于所有常压沸点高于 204.44℃的物质，$f = 1.0$；对于所有常压沸点低于 93.33℃的物质，$f = 0.0$；对于常压沸点在 93.33～204.44℃间的物质，当蒸气压低于大气压时 $f = 1.0$，蒸气压高于大气压时，

$$f = \frac{1.8T_b - 659.7}{200} \tag{7-91}$$

图 7-14a～f 和图 7-15 是对上述计算方法的标绘。

手工查图计算步骤如下。

① 得到常压沸点（T_b）和特性因数（K_w）。

② 用 $T_b' = T_b$ 在图 7-14 上读出一个蒸气压。对于环烷烃、烯烃、炔烃、低分子量（$<C_5$）烷烃，进行 K_w 校正通常没有益处，故计算结束。对其它烃类，继续以下步骤。

③ 用上步得到的蒸气压，从图 7-15 读出 K_w 校正值 ΔT（$T_b - T_b'$）。常压沸点减去 ΔT（若蒸气压低于大气压，减去 f 乘以 ΔT 的积）得校正的常压沸点 T_b'。

④ 重复步骤②、③，直到步骤③中用于估计 K_w 校正值的蒸气压与步骤②中预测的蒸气压符合到一定精度。每个循环中，步骤②中使用步骤③得到的 T_b'。

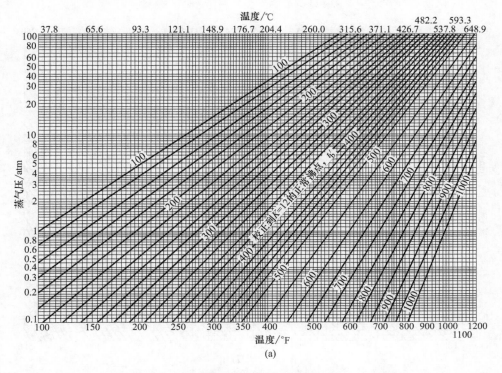

图 7-14a　纯烃和石油窄馏分的蒸气压图（一）

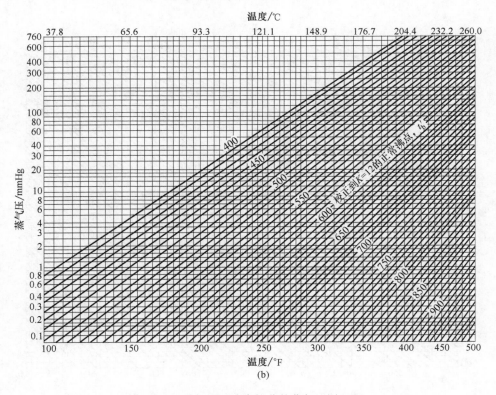

图 7-14b　纯烃和石油窄馏分的蒸气压图（二）

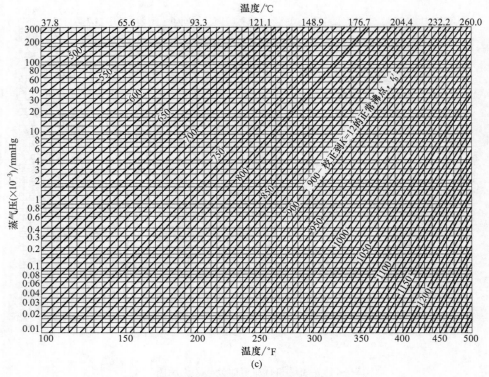

图 7-14c　纯烃和石油窄馏分的蒸气压图（三）

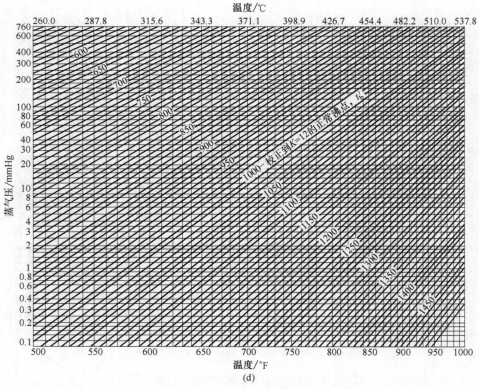

图 7-14d　纯烃和石油窄馏分的蒸气压图（四）

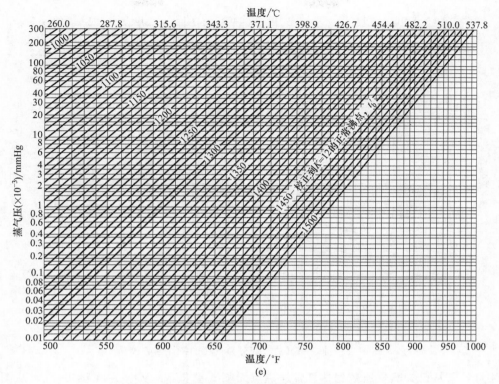

图 7-14e　纯烃和石油窄馏分的蒸气压图（五）

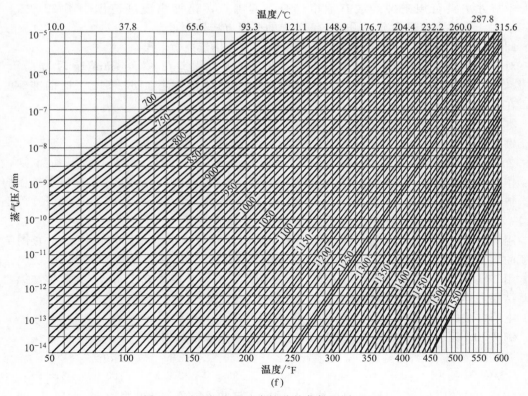

图 7-14f　纯烃和石油窄馏分的蒸气压图（六）

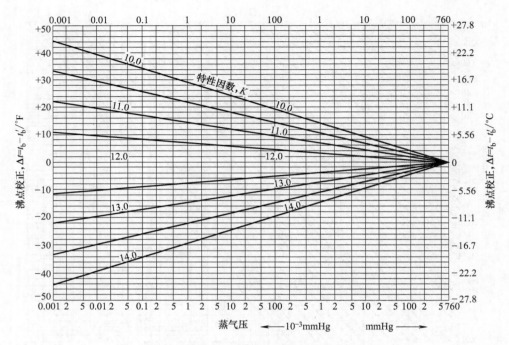

图 7-15　纯烃和石油窄馏分蒸气压的特性因数校正

注意，若从已知蒸气压数据估算常压沸点无须试差求解：从图 7-14 读出 T_b'，从图 7-15 读出 K_w 校正值 ΔT，$T_b' + \Delta T$ 即是常压沸点。

本节方法只可用于纯烃或石油窄馏分（实沸点蒸馏馏出温度范围小于 27.8℃，即 50F）。对于宽沸点范围馏分，须用 7.2 节中的适当方法处理。

此外，在 7.4.1 节方法和本节方法均可使用时，优选前者。

对纯烃，本节方法预测的蒸气压与实验值间的平均误差在 $p^* > 1\text{mmHg}$ 时为 8%，在 $10^{-6} < p^* \leqslant 1\text{mmHg}$ 时为 30%。由于缺乏实验数据，本节方法在 $p^* < 10^{-6}$ 时的准确度未知。在蒸气压接近大气压时，本方法的准确度最高。

本节方法没有对石油馏分进行过考核。

例 7-29　计算 1,2,3,4-四氢化萘（萘满）在 150℃下的蒸气压。

查表得常压沸点 $T_b = 207.61℃$，特性因数 $K_w = 9.78$。

作为第一次试差，$T_b' = T_b = 207.61℃$。用 T_b' 和 $T = 150℃$，从图 7-14 查得蒸气压的第一次估计值为 0.20atm。据此蒸气压（152mmHg）和 $K_w = 9.78$，查图 7-15 得 K_w 校正值 $\Delta T = 2.22℃$。用于第二次试差的 $T_b' = T_b - \Delta T = 205.39℃$。

用新的 T_b'，从图 7-14 查得蒸气压的第二次估计值为 0.21atm（160mmHg）。查图 7-15 得新的 K_w 校正值 $\Delta T = 2.17℃$。因此，用于第三次试差的 $T_b' = T_b - \Delta T = 205.44℃$。

用 $T_b' = 205.44℃$，从图 7-14 查得蒸气压的第三次估计值为 0.21atm。此数值与第二次试差结果一样，故试差求解结束。

本节方法的估算结果 0.21atm 与实验结果 0.213atm 符合良好。

例 7-30　某石油馏分在 10mmHg 压力下的实沸点蒸馏数据如下。

馏出（体积分数）/%	10	30	50	70	90
温度/℃	176.7	193.3	218.3	260.0	315.65

估算 10% 到 30% 馏出部分的平均常压沸点。已知该馏分的特性因数 $K_w = 12.5$。

10mmHg 下的平均沸点是(176.7＋193.3)/2＝185.0℃。

从图 7-14 查得 T_b'＝311.1℃。

从图 7-15 查得 $\Delta T = T_b - T_b' = -1.3℃$。

因此，常压平均沸点 $T_b = T_b' + \Delta T = 329.8℃$。

7.4.3　原油和产品油的蒸气压

图 7-16 用于从原油的雷特（Reid）蒸气压，估计通常储罐温度下的真实蒸气压。

图 7-17 用于从汽油或产品油的雷特（Reid）蒸气压求真实蒸气压。当没有蒸馏数据时，恩氏蒸馏（ASTM D86）10％点斜率 $\left(\dfrac{t_{15}-t_5}{10}\right)$ 可取成以下近似值（℉／％）。

	恩氏蒸馏 10％点斜率（℃／％）
车用汽油	1.7
航空汽油	1.1
轻汽油馏分（雷特蒸气压 465～724mmHg）	1.9
汽油馏分（雷特蒸气压 103～414mmHg）	1.4

这两张图的准确性未知。

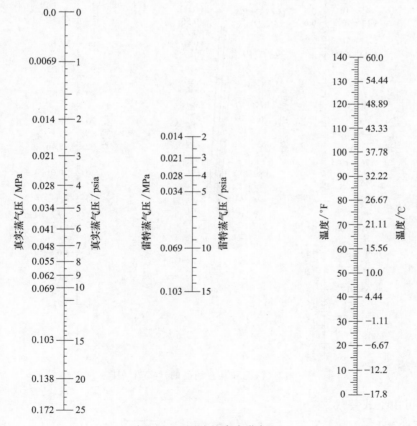

图 7-16　原油的真实蒸气压

图 7-16 可由下式替代。

$$\ln(u_0 P_{vp}) = a_0 + a_1\ln(u_0 P_{Rvp}) + a_2 u_0 P_{Rvp} + 1.8 a_3 T +$$
$$\frac{b_0 + b_1\ln(u_0 P_{Rvp}) + b_2(u_0 P_{Rvp})^4}{1.8T} \tag{7-92}$$

式中　　P_{vp}——真实蒸气压，kPa；

$\quad\quad P_{Rvp}$——雷特蒸气压，kPa；

$\quad\quad T$——温度，K；

$a，b，u$——参数，取值如下；

$$a_0 = 7.78511307$$
$$a_1 = -1.08100387$$
$$a_2 = 0.05319502$$
$$a_3 = 0.00451316$$
$$b_0 = -5756.85623050$$
$$b_1 = 1104.41248797$$
$$b_2 = -0.00068203$$
$$u_0 = 1/6.8948$$

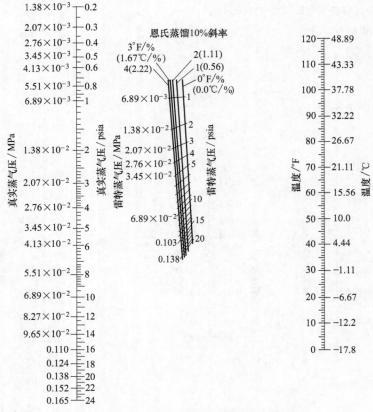

图 7-17　汽油和其它油品的真实蒸气压

图 7-17 可由下式替代。

$$
\ln(u_0 P_{vp}) = \left[a_0 + a_1\sqrt{1.8S} + a_2\ln(u_0 P_{Rvp}) + a_3\sqrt{1.8S}\ln(u_0 P_{Rvp}) + a_4 u_0 P_{Rvp}\right] + \\
\left[b_0 + b_1\sqrt{1.8S} + b_2\sqrt{1.8S}\ln(u_0 P_{Rvp}) + b_3 u_0 P_{Rvp}\right](1.8T) + \\
\left[\begin{array}{l} c_0 + c_1\sqrt{1.8S} + c_2\ln(u_0 P_{Rvp}) + c_3\sqrt{1.8S}\ln(u_0 P_{Rvp}) + \\ c_4 u_0 P_{Rvp} + c_5(u_0 P_{Rvp})^2 \end{array}\right]\dfrac{1}{1.8T}
\tag{7-93}
$$

式中　　P_{vp}——真实蒸气压，kPa；

P_{Rvp}——雷特蒸气压，kPa；

　　S——ASTM D86 蒸馏 10%（体积分数）点斜率，℃/%；

　　T——温度，K；

a，b，c，u——参数，取值如下：

$$a_0 = 21.36512862$$
$$a_1 = -6.7769666$$
$$a_2 = -0.93213944$$
$$a_3 = 1.42680425$$
$$a_4 = -0.29459386$$
$$b_0 = -0.00568374$$
$$b_1 = 0.00477103$$
$$b_2 = -0.00106045$$
$$b_3 = 0.00030246$$
$$c_0 = -10177.78660360$$
$$c_1 = 2306.00561642$$
$$c_2 = 1097.68947465$$
$$c_3 = -463.19014182$$
$$c_4 = 65.61239475$$
$$c_5 = 0.13751932$$
$$u_0 = 1/6.8948$$

例 7-31　某原油的雷特蒸气压是 41kPa，由式（7-92）可得其在 21℃下的蒸气压是 28kPa。

例 7-32　某轻质石脑油 ASTM D86 蒸馏 10%（体积分数）点斜率是 1.9℃/%，雷特蒸气压是 76kPa，由式（7-93）可得其在 21℃下的蒸气压是 48kPa。

7.4.4　调和油的雷特（Reid）蒸气压

调和油的雷特（Reid）蒸气压可由其构成原料（由纯组分或石油馏）的雷特蒸气压估计。

$$P_{Rvp,b} = \left(\sum_i v_i P_{Rvp,i}^{\alpha} \right)^{1/\alpha} \tag{7-94}$$

式中　$P_{Rvp,b}$——调和油的雷特蒸气压，kPa；

　　$P_{Rvp,i}$——原料油 i 的雷特蒸气压，kPa，纯组分的雷特蒸气压取为 37.8℃下的真实蒸气压；

　　　v_i——原料油 i 的体积分数；

　　　α——参数，取为 1.2。

应用范围：本方法用于纯组分和石油馏分的调和，不可用于调和原料性质差异巨大的情况。

可靠性：本方法尚无进行广泛测试。对适用的系统，本方法平均预测精度为 7 kPa（1 psi）。对差异大的原料油的调和，存在误差会增大。

例 7-33　某调和油含 7.56%（体积分数）的乙基叔丁基醚（ETBE）和 92.44%（体积分数）的异戊烷。从文献可知，前后两者在 37.8℃下的真实蒸气压分别是 28.60kPa 和 141.10kPa。按照本方法，可计算调和油的雷特蒸气压是 133.5kPa（实测值是 131.0kPa）。

7.4.5 雷特（Reid）蒸气压的预测

本方法通过对雷特（Reid）蒸气压测试试验（ASTM D323-94）的计算模拟，预测明确组分混合物的雷特（Reid）蒸气压。模拟过程分两个步骤：首先，冷样品被空气饱和；然后，样品与 37.78℃（100℉）、1atm 空气按体积比 1:4 形成混合物。保持该混合物体积不变，在 37.78℃（100℉）下做恒容闪蒸，得到的闪蒸压力经校正后即是雷特蒸气压。具体步骤如下。

① 输入样品的摩尔组成。对每种组分及氧气和氮气需具备分子量（MW）、临界温度（T_c）、临界压力（P_c）、偏心因子（ω）、Z_{RA}（计算液体体积的 Rackett 方程参数[2]）及 S_2（SRK 状态方程的温度函数参数[2]）。

② 用 7.7.6 节方法让样品被空气饱和：对由 98%（mol）样品和 2%（mol）干空气组成的进料，在 0.56℃（33℉）、1atm 做平衡闪蒸计算，所得液体（一级闪蒸液）用于后续模拟计算。

③ 用 7.5 节方法计算一级闪蒸液的密度。

④ 1m³ 一级闪蒸液和 4m³ 的 37.78℃（100℉）、1 atm 干空气混合形成二级闪蒸的进料。假设干空气中氧气和氮气的摩尔比是 21:79，且符合理想气体。由此可得二级闪蒸进料的摩尔组成。

⑤ 在 5m³ 和 37.78℃（100℉）下对二次闪蒸进料进行平衡闪蒸：改变闪蒸压力（二次闪蒸压力），用 7.7.6 节方法计算两个平衡相的质量、组成和总体积（液相密度用 7.5 节方法计算，气相压缩因子从闪蒸计算得到），直到总体积等于 5m³。

⑥ 二次闪蒸压力减去大气压即是待求的雷特蒸气压。

应用范围：雷特蒸气压试验对样品中包含的气体和轻烃成分高度敏感。对存在的气体或碳原子个数小于七的烷烃组分（即，含有六个及以下碳原子的烷烃）须精确定量。

因为试验方法（ASTM D323-94）不需要对空气湿度做校正，即无需记录试验时空气中的水分含量，本方法没有考虑大气中水分的影响。此外，计算表明大气中水分对雷特蒸气压预测的影响可以忽略不计。

可靠性：本方法预测雷特蒸气压的平均误差对明确组分混合物是 4.1kPa，对石油馏分或原油是 5.5kPa。

例 7-34 计算含有 93.57%（摩尔）异戊烷（$i\text{-}C_5$）和 6.43%（摩尔）乙基叔丁基醚（ETBE）的混合物的雷特蒸气压。所需参数如下。

	MW/(kg/kmol)	T_c/K	P_c/MPa	ω	Z_{RA}	S_2
$i\text{-}C_5$	72.5	460.43	3.3811	0.2275	0.2718	−0.003898
ETBE	102.18	514.00	3.0401	0.2957	0.2726	0.046280
O_2	32.0	154.58	5.0431	0.0222	0.2890	0.0
N_2	28.01	126.20	3.4001	0.0377	0.2893	−0.011016

首先，用 7.7.6 节方法在 0.56℃（33℉）、1atm 下对用 2%（摩尔）干空气饱和的样品进行平衡闪蒸计算，结果如下。

	进料组成（摩尔分数）	液体组成（摩尔分数）
$i\text{-}C_5$	0.9170	0.9338
ETBE	0.0630	0.0648
O_2	0.0042	0.0005
N_2	0.0158	0.0009

用 7.5 节方法计算一次闪蒸液的密度为 8.7828kmol/m³。

二次闪蒸进料包括 1m³ 或 8.7828kmol 的一次闪蒸液，以及 37.78℃（100℉）、1atm 下

的干空气 $4m^3$ 或 $0.15678kmol$（其中氧气 $0.03292kmol$，氮气 $0.12386kmol$）。二次闪蒸进料组成如下。

	千摩尔	摩尔分数
$i\text{-}C_5$	8.2014	0.9174
ETBE	0.5691	0.0637
O_2	0.0373	0.0042
N_2	0.1318	0.0147
合计	8.9396	1.0000

用 7.7.6 节方法，在 $5m^3$ 和 $37.78℃$（$100°F$）下对二次闪蒸进料进行平衡闪蒸，算得平衡压力是 $233.0kPa$。减去大气压得雷特蒸气压是 $131.7kPa$。对这一油品，Wiltec 研究公司报道的实验值是 $131.0kPa$。

将本节方法用于石油馏分和原油时，样品中含有六个碳原子及更轻的烃类和非烃类化合物按明确组分处理，其余的重质部分被当做一个假组分。为了特征化这个假组分，需要已知样品的相对密度和实沸点蒸馏数据（可用 7.2 节方法从 ASTM D86 数据转化得到），还需要整个轻质部分的体积馏出百分数（被称作分界体积，即该体积是实沸点蒸馏曲线上明确组分和假组分的分界点）。假组分的特征化步骤如下。

① 用 7.7.1 节方法计算样品的中平均沸点（T_{ME}），依 7.1.2 节定义计算特性因数（K_w）。

② 确定重质部分被蒸出一半时的馏出体积分数（重质部分的中点体积）：该体积分数等于分界体积和 100% 的算术平均值。

③ 在实沸点蒸馏曲线上，查出重质部分的中点体积对应的温度，假设该温度是重质部分的中平均沸点。

④ 假设特性因数对整个样品是恒定的，依特性因数定义反求重质部分的相对密度。

⑤ 在已知重质部分的中平均沸点、相对密度和特性因数的情况下，将重质部分特征化为一个假组分。

a. 由 7.3.2 节方法计算假临界点温度（T_c）；

b. 由 7.3.4 节方法计算假临界点压力（P_c）；

c. 由 7.1.4 节方法计算偏心因子（ω）；

d. 由 7.1.3 节方法计算摩尔质量（MW）；

e. 依据已知的密度和温度，用 7.5 节方法计算 Rackett 方程参数 Z_{RA}。

例 7-35　某原油相对密度是 0.8445，轻质部分占 8.86%（体积分数），实沸点蒸馏数据如下。

馏出（体积分数）/%	10	30	50	70	90
实沸点温度/℃	77.0	177.0	282.5	404.9	616.3

依照上述特征化方法，可得该原油重质部分作为假组分的性质如下。

$T_c=493.3℃$，$P_c=1.520MPa$，$\omega=0.6488$，$MW=248kmol/kg$，$Z_{RA}=0.2419$。

对整个原油而言，如果常压重质部分未知，可用其它原油的常压重质部分替代，如此会让本节方法的精度略微降低。也就是说，在精度要求不是很高的情况下，原油的雷特蒸气压可从轻质部分各组分与某个参考重质部分预测。但这种做法显然不适合于轻质或窄石油馏分。

7.5　石油馏分的密度

在石油加工中，常用相对密度表示密度。对液体和气体有不同的相对密度定义。

① 液体相对密度，液体密度与规定温度（通常为 4℃ 或 15.56℃）和压力（通常为 1atm）下水的密度之比，如 20℃/4℃ 表示液体在 20℃ 下的密度与 4℃ 水的密度之比，又如 15.56℃/15.56℃ 表示液体在 15.56℃（60℉）下的密度与 15.56℃ 水的密度之比，如果没有特别指明压力即表示是 1atm。

② 气体相对密度，气体的密度与标准状态（0℃，1atm）下空气的密度之比。

此外，还经常用到相对密度指数，即 API 重度（American Petroleum Institute gravity，美国石油学会重度），简称为 API 度（°API）由下式定义。

$$\gamma = \frac{141.5}{S} - 131.5 \tag{7-95}$$

式中　S——液体相对密度，15.56℃/15.56℃。

7.5.1　纯烃及其混合物的液体密度

对纯组分液体，其从三相点到临界点之间的饱和液体密度可用修正的 Rackett 方程计算

$$\frac{1}{\rho_s} = \frac{RT_c}{P_c} Z_{RA}^{[1+(1-T_r)^{2/7}]} \tag{7-96}$$

式中　ρ_s——温度 T 下的饱和液体的密度，kmol/m³；

　　R——气体常数，8.3145×10^{-3}（m³·MPa）/（kmol·K）。

　　T_c——临界温度，K；

　　P_c——临界压力，MPa；

　　T_r——对比温度，T/T_c；

　　T——温度，K；

　　Z_{RA}——Rackett 方程参数，文献 [2] 中对常用的组分有详细列表。

混合物的饱和液体密度，可用下式计算。

$$\frac{1}{\rho_b} = R \left(\sum_i x_i \frac{T_{c,i}}{P_{c,i}} \right) \left(\sum_i x_i Z_{RA,i} \right)^{[1+(1-T/T_c)^{2/7}]} \tag{7-97}$$

$$T_c = \sum_{i=1}^{n} \sum_{j=1}^{n} \varphi_i \varphi_j \sqrt{T_{c,i} T_{c,j}} (1 - k_{ij}) \tag{7-98}$$

$$\varphi_i = \frac{x_i V_{c,i}}{\sum_{j=1}^{n} x_j V_{c,j}} \tag{7-99}$$

$$k_{ij} = 1 - \left[\frac{\sqrt{V_{c,i}^{1/3} V_{c,j}^{1/3}}}{0.5(V_{c,i}^{1/3} + V_{c,j}^{1/3})} \right]^3 \tag{7-100}$$

式中　ρ_b——温度 T 下的饱和液体的密度，kmol/m³；

　　R——气体常数，8.3145×10^{-3}（m³·MPa）/（kmol·K）；

　　x_i——组分 i 的摩尔分数；

　　$T_{c,i}$——组分 i 的临界温度，K；

　　$P_{c,i}$——组分 i 的临界压力，MPa；

　　$V_{c,i}$——组分 i 的临界体积，m³/kmol；

　　T——温度，K；

　　$Z_{RA,i}$——组分 i 的 Rackett 方程参数，文献 [2] 中对常用的组分有详细列表。

7.5.2　低压下石油馏分的液体密度

低压下石油馏分的液体密度随温度变化关系可用下式表示。

$$\frac{1}{\rho}=\frac{RT_{pc}}{P_{pc}}Z_{RA}^{[1+(1-T_r)^{2/7}]} \tag{7-101}$$

式中 ρ——密度，kmol/m³；

     R——气体常数，8.3145×10⁻³(m³·MPa)/(kmol·K)；

   T_{pc}——假临界温度，K；

   P_{pc}——假临界压力，MPa；

    T_r——对比温度，T/T_{pc}；

     T——温度，K；

  Z_{RA}——经验常数。

    如果已知馏分在某个温度下的密度，且可以估算到它的假临界性质，则可由上式推算该馏分在其它温度下的密度值。由于没有包括压力校正项，应用式（7-101）时压力须限制在饱和压力或不过分高于大气压的情况。

    曾用包括重质烃和石油馏分在内的实验数据检验本节方法，方法的预测结果与实验值间的平均误差为 0.75%。

    例 7-36   已知某石油调和品的中平均沸点是 281.11℃，相对密度指数为 30.6，估算 71.1℃下该调和物的液体密度。

    中平均沸点＝554.26K，15.56℃/15.56℃相对密度＝0.87292

    15.56℃下的密度＝0.87292×0.99904＝0.87208g/cm³

    由 7.1.3 节方法得摩尔质量＝215.1kg/kmol

    由 7.3.2 节方法得假临界温度 T_{pc}＝753.13K

    由 7.3.4 节方法得假临界压力 P_{pc}＝1.8834MPa

    用已知的密度值反求经验常数 Z_{RA}：ρ＝0.87208×10³/215.1＝4.0543kmol/m³

$$T_r=(15.6+273.15)/753.13=0.3834$$

$$Z_{RA}=0.2490$$

    计算 71.1℃下密度 T_r＝(71.1+273.15)/753.13＝0.4571

$$\rho=3.883\text{kmol/m}^3=0.8352\text{g/cm}^3$$

    实验值为 0.8343g/cm³。

7.5.3   高压下石油馏分的液体密度

    本节方法关于石油馏分的液体密度随压力变化的情况。如果已知馏分在大气压下的液体密度，则可用下式确定其它压力下的密度值。

$$\frac{\rho_0}{\rho}=1.0-\frac{P}{B_T} \tag{7-102}$$

式中 ρ_0——指定温度 T 和大气压下的液体密度，g/cm³；

     ρ——指定温度 T 和指定压力 P 下的液体密度，g/cm³；

    P——压力（表），MPa；

   B_T——等温正割胀量模数，MPa；

$$B_T=\frac{-1}{\rho_0}\left(\frac{\Delta P}{\Delta V}\right)_T=B_I+\frac{m(B_{138}-689.473)}{159.751}; \tag{7-103}$$

  B_{138}——138MPa（20000psig）和给定温度 T 下的正割胀量模数，

$$\lg B_{138}=2.7737+0.7133\rho_0-0.001098(T-273.15); \tag{7-104}$$

  B_I，m——压力参数，MPa；

$$m = 149.2434 + 0.0734P + 2.097688 \times 10^{-5}P^2$$
$$B_1 = 104.8 + 4.704P - 3.743002 \times 10^{-3}P^2 + 2.232140 \times 10^{-6}P^3 \quad \Big\}; \qquad (7\text{-}105)$$

T——温度，K。

如果常压下液体密度未知，可从式（7-101）估算。

本节方法高压下的误差大致为 1.5%。

7.5.4 烃及其混合物液体密度与温度和压力的关系

纯烃及烃类混合物液体密度随温度和压力的变化可表示成以下关系。

$$\rho_2 = \rho_1 \times \frac{\delta_2}{\delta_1} \qquad (7\text{-}106)$$

式中 ρ_1，ρ_2——液体在条件（T_1，P_1）和（T_2，P_2）下的密度，kmol/m³；

T_1，T_2——温度，K；

P_1，P_2——压力，MPa；

δ_1，δ_2——关联因子，分别在条件（T_1，P_1）和（T_2，P_2）下按下式计算，

$$\delta = A_0 + A_1 T_r + A_2 T_r^2 + A_3 T_r^3; \qquad (7\text{-}107)$$

δ——关联因子；

$A_0 \sim A_3$——关联系数；

$$A_i = a_i + b_i P_r + c_i P_r^2 + d_i P_r^3 + e_i P_r^4 \qquad (i = 0,1,2,3) \qquad (7\text{-}108)$$

T_r——对比温度，T/T_c；

T——温度，K；

T_c——临界温度（对石油馏分取假临界温度），K；

P_r——对比压力，P/P_c；

P——压力，MPa；

P_c——临界压力（对石油馏分取假临界压力），MPa；

a_i，b_i，c_i，d_i，e_i——常数，按下表取值。

i	0	1	2	3
a_i	1.6368	−1.9693	2.4638	−1.5841
b_i	−0.04615	0.21874	−0.36461	0.25136
c_i	2.1138×10^{-3}	-8.0028×10^{-3}	12.8763×10^{-3}	-11.3805×10^{-3}
d_i	-0.7845×10^{-5}	-8.2328×10^{-5}	14.8059×10^{-5}	9.5672×10^{-5}
e_i	-0.6923×10^{-6}	5.2604×10^{-6}	-8.6895×10^{-6}	2.1812×10^{-6}

对于混合物，假临界压力 P_c 按式（7-76）计算，假临界温度 T_c 按式（7-98）计算。

本节关联式预测纯烃密度的平均误差为 1%，对混合物的平均误差稍大于 2%。在 $T_r >$ 0.95 时，对纯烃的误差可高达 8%。对于 $P_r > 10$ 或组分摩尔质量有太大差异的情况，预测混合物密度的误差可达 20%。

本节方法不宜用于含甲烷体系，但对于非烃或含有非烃的体系须慎重。

7.5.5 低摩尔质量烃类与原油混合后的体积收缩

轻质烃类如丙烷、丁烷、天然汽油或其它轻质石油馏分与原油相混合时，产生的体积收缩量可由下式估算。

$$S = 2.14 \times 10^{-5} C^{-0.0704} G^{1.76} \tag{7-109}$$

式中　S——收缩率，占轻质组分的体积分数；

　　　C——浓度，混合物中轻质组分的液相含量（体积分数），%；

　　　G——API 相对密度指数差。

方程（7-107）不适用于轻组分浓度超过 50% 的情况。但文献资料表明，该方程在轻组分浓度低于 21% 的情况下相当准确。

例 7-37　将 95000m³ 原油（15.56℃ 下的 API 重度 = 30.7）与 5000m³ 天然汽油（15.56℃ 下的 API 重度 = 86.5）相混合，求混合后的体积。

相对密度指数差 $G = 86.5 - 30.7 = 55.8$

混合物中轻质组分的液相体积分数 $C = 5000/(5000 + 95000) = 5\%$

收缩率 $S = 0.023$

混合后体积 $= 95000 + 5000 \times (1 - 0.023) = 99885\text{m}^3$

7.5.6　烃与非烃气体及其混合物的密度

为了便于下节叙述石油馏分热性质的方便，特加入本节内容，作为对 Lee-Kesler 状态方程[9]的介绍。

由对应状态原理可以得出以下压缩因子的计算方程：

$$Z = Z^{(0)} + \frac{\bar{\omega}}{\bar{\omega}^{(1)}} \left[Z^{(1)} - Z^{(0)} \right] \tag{7-110}$$

式中　Z——压缩因子，由 Z 可计算密度，$\rho = 1/V = P/(ZRT)$；　　　　　　　(7-111)

　　　ρ——密度，kmol/m³；

　　　V——比容，m³/kmol；

　　　P——压力，MPa；

　　　T——温度，K；

　　　R——气体常数，8.3145×10^{-3}（m³·MPa)/(kmol·K)；

　　　$Z^{(0)}$——简单流体的压缩因子；

　　　$Z^{(1)}$——重参比流体（正辛烷）的压缩因子；

　　　$\bar{\omega}$——偏心因子；

　　　$\bar{\omega}^{(1)}$——重参比流体（正辛烷）的偏心因子，等于 0.3978。

从式（7-110）可以看出，流体压缩因子的计算归结到分别计算简单流体和重参比流体的压缩因子，具体如下。

$$\left. \begin{array}{l} Z^{(i)} = 1 + \dfrac{B}{V_r} + \dfrac{C}{V_r^2} + \dfrac{D}{V_r^5} + \dfrac{c_4}{T_r^3 V_r^2} \left[\beta + \dfrac{\gamma}{V_r^2} \right] \exp\left(\dfrac{-\gamma}{V_r^2} \right) \\[2mm] B = b_1 - b_2/T_r - b_3/T_r^2 - b_4/T_r^3 \\[2mm] C = c_1 - c_2/T_r + c_3/T_r^3 \\[2mm] D = d_1 + d_2/T_r \end{array} \right\} \tag{7-112}$$

式中　　　　　　　　　　　　$Z^{(i)}$——$Z^{(0)}$ 或 $Z^{(1)}$；

　$b_1 \sim b_4$，$c_1 \sim c_4$，d_1、d_2、β、γ——常数，取值如下表。

常　　数	简单流体	重参比流体
b_1	0.1181193	0.2026579
b_2	0.265728	0.331511

常　数	简单流体	重参比流体
b_3	0.154790	0.027655
b_4	0.030323	0.203488
c_1	0.0236744	0.0313385
c_2	0.0186984	0.0503618
c_3	0.0	0.016901
c_4	0.042724	0.041577
$d_1 \times 10^4$	0.155488	0.48736
$d_2 \times 10^4$	0.623689	0.0740336
β	0.65392	1.226
γ	0.060167	0.03754

T_r——对比温度，T/T_c；

P_r——对比压力，P/P_c；

V_r——对比体积，V/V_c；

T_c——临界温度，K；

P_c——临界压力，MPa；

V_c——临界体积，$m^3/kmol$。

对于混合物，临界性质用以下混合规则进行计算：

$$T_c = \frac{1}{4V_c} \Big[\sum_{i=1}^n x_i V_{c,i} T_{c,i} + 3 \Big(\sum_{i=1}^n x_i V_{c,i}^{2/3} \sqrt{T_{c,i}} \Big) \Big(\sum_{i=1}^n x_i V_{c,i}^{1/3} \sqrt{T_{c,i}} \Big) \Big] \tag{7-113}$$

$$V_c = \frac{1}{4} \Big[\sum_{i=1}^n x_i V_{c,i} + 3 \Big(\sum_{i=1}^n x_i V_{c,i}^{2/3} \Big) \Big(\sum_{i=1}^n x_i V_{c,i}^{1/3} \Big) \Big] \tag{7-114}$$

$$V_{c,i} = Z_{c,i} R T_{c,i} / P_{c,i} \tag{7-115}$$

$$Z_{c,i} = 0.2905 - 0.085 \bar{\omega}_i \tag{7-116}$$

$$P_c = (0.2905 - 0.085 \bar{\omega}) R T_c / V_c \tag{7-117}$$

$$\bar{\omega} = \sum_{i=1}^n x_i \bar{\omega}_i \tag{7-118}$$

式中　i——组分 i；

　　　n——组分数目；

　　　x——组分的分子分数。

本节方法对非烃物质未进行过广泛检验，但一般可适用于非极性或弱极性的非烃类气体。对非烃气体混合物的计算误差较烃类气体混合物的要大。

本节方法在近临界区以外计算的压缩因子与实验值的偏差，对纯物质而言通常小于 1%，对混合物而言很少超过 2%，而在近临界区，对纯物质可高达 30%，对混合物为 10%～50%。

本节方法的适用范围是 $T_r = 0.3 \sim 4.0$，$P_r = 0 \sim 20$。

组分临界性质和偏心因子不准确降低本节方法的准确性。

对于氢气或含有氢气的混合物，取氢气的临界性质 $T_c = 41.67K$，$P_c = 2.103MPa$。

此外须注意，由于式（7-112）关于 V_r 有多个根，迭代求解可能收敛到错误数值。

7.6 石油馏分的热性质

7.6.1 石油馏分的焓

计算石油馏分的焓，区别以下两种情况。

① $T_r \leqslant 0.8$ 且 $P_r \leqslant 1.0$ 的液体，此时无须考虑压力影响，单位焓值可作如下关联。

$$H_L = A_1[T - 144.28] + A_2[T^2 - 144.28^2] + A_3[T^3 - 144.28^3] \qquad (7\text{-}119)$$

式中　H_L——液体焓，kJ/kg；

　　　T——温度，K；

　　　$A_1 = -4.903831 + (0.0993193 + 0.1042806S)K_w + (4.814066 - 0.194833K_w)/S$；

　　　$A_2 = (1.0 + 0.82463K_w)(422.678 - 104.128/S)(10^{-6})$；

　　　$A_3 = -(1.0 + 0.82463K_w)(131.253 - 32.0858/S)(10^{-9})$；

　　　K_w——特性因数；

　　　S——相对密度，15.56℃/15.56℃；

　　　T_r——对比温度，即 T/T_{pc}；

　　　T_{pc}——假临界温度，K；

　　　P_r——对比压力，即 P/P_{pc}；

　　　P——压力，MPa；

　　　P_{pc}——假临界压力，MPa。

② 气体或 $T_r > 0.8$ 或 $P_r > 1.0$ 的液体。

$$H = H_{L,0.8} + B_1[T - 0.8T_{pc}] + B_2[T^2 - 0.64T_{pc}^2] + B_3[T^3 - 0.512T_{pc}^3]$$
$$+ \frac{RT_{pc}}{M}\left[4.507 + 5.266\bar{\omega} - \left(\frac{\widetilde{H}^0 - \widetilde{H}}{RT_{pc}}\right)\right] \qquad (7\text{-}120)$$

式中　H——气体焓，kJ/kg；

　　$H_{L,0.8}$——按式（7-119）计算的液体在 $T_r = 0.8$ 时的焓，kJ/kg；

　　$B_1 = -1.492343 + 0.124432K_w + B_4(1.235190 - 1.040252/S)$；

　　$B_2 = [-1.1021 + (0.58496 - 0.0208905K_w)K_w - B_4(2.27157 - 1.91323/S)](10^{-3})$；

　　$B_3 = -(7.66259 + 0.40017B_4)(10^{-7})$；

$$B_4 = \begin{cases} \left[\left(\dfrac{12.8}{K_w} - 1.0\right)\left(1.0 - \dfrac{10.0}{K_w}\right)(S - 0.885)(S - 0.70)(10^4)\right]^2 \\ \qquad\qquad (10.0 < K_w < 12.8,\ 0.70 < S < 0.885)； \\ 0.0 \qquad （其它情况） \end{cases}$$

　　M——摩尔质量，kg/kmol；

　　R——气体常数，8.3145kJ/(kmol·K)；

　　$\bar{\omega}$——偏心因子；

　$\left(\dfrac{\widetilde{H}^0 - \widetilde{H}}{RT_{pc}}\right)$——压力作用项，无因次，由式（7-121）计算。

其它符号意义同前式。

压力对焓的作用项可用下式计算。

$$\left(\frac{\widetilde{H}^0 - \widetilde{H}}{RT_{pc}}\right) = \left(\frac{\widetilde{H}^0 - \widetilde{H}}{RT_{c,0}}\right)^{(0)} + \frac{\bar{\omega}}{\bar{\omega}^{(1)}}\left[\left(\frac{\widetilde{H}^0 - \widetilde{H}}{RT_{c,1}}\right)^{(1)} - \left(\frac{\widetilde{H}^0 - \widetilde{H}}{RT_{c,0}}\right)^{(0)}\right] \qquad (7\text{-}121)$$

式中　$\left(\dfrac{\widetilde{H}^0-\widetilde{H}}{RT_{\text{pc}}}\right)$——压力对焓的作用，无因次；

$\left(\dfrac{\widetilde{H}^0-\widetilde{H}}{RT_{\text{c},0}}\right)^{(0)}$——压力对简单流体焓的作用，无因次，由式（7-122）计算；

$\left(\dfrac{\widetilde{H}^0-\widetilde{H}}{RT_{\text{c},1}}\right)^{(1)}$——压力对重参比流体焓的作用，无因次，由式（7-122）计算；

$\bar{\omega}$——偏心因子；

$\bar{\omega}^{(1)}$——重参比流体的偏心因子，等于 0.3978。

压力对简单流体和重参比流体焓的作用项由下式计算。

$$\left(\dfrac{\widetilde{H}^0-\widetilde{H}}{RT_{\text{c},i}}\right)^{(i)}=-T_{\text{r}}\left\{Z^{(i)}-1-\dfrac{b_2+2b_3/T_{\text{r}}+3b_4/T_{\text{r}}^2}{T_{\text{r}}V_{\text{r}}}\right.$$

$$\left.-\dfrac{c_2-3c_3/T_{\text{r}}^2}{2T_{\text{r}}V_{\text{r}}^2}+\dfrac{d_2}{5T_{\text{r}}V_{\text{r}}^5}+3E\right\} \tag{7-122}$$

$$E=\dfrac{c_4}{2T_{\text{r}}^3\gamma}\left[\beta+1-\left(\beta+1+\dfrac{\gamma}{V_{\text{r}}^2}\right)\exp\left(-\dfrac{\gamma}{V_{\text{r}}^2}\right)\right] \tag{7-123}$$

式中，$i=0$ 或 1，表示简单流体或重参比流体；$Z^{(i)}=Z^{(0)}$ 或 $Z^{(1)}$，简单流体或重参比流体的压缩因子，由 7.5.6 节方法计算。

其它符号意义同 7.5.6 节。

上述方法的应用步骤如下。

① 用 7.1 节方法，从测量数据出发，确定石油馏分的特性因数及摩尔质量。

② 用 7.3 节方法，确定馏分的假临界温度和假临界压力。

③ 用 7.1 节方法，计算馏分的偏心因子。

④ 计算对比温度和对比压力。如果馏分为气相，或是液相但 $T_{\text{r}}>0.8$ 或 $P_{\text{r}}>1.0$，转步骤⑥。

⑤ 用式（7-119）计算液体焓，计算结束。

⑥ 令 $T=0.8T_{\text{pc}}$，用式（7-119）计算 $H_{\text{L},0.8}$。

⑦ 用式（7-121）计算压力对焓的作用项 $\left(\dfrac{\widetilde{H}^0-\widetilde{H}}{RT_{\text{pc}}}\right)$。在 $P_{\text{r}}<0.01$ 可认为该作用项等于 0，略去本步计算。

⑧ 由式（7-120）计算所需的石油馏分焓值。

应用本节方法须注意以下两点。

① 焓的基准点（焓为 0 点）是 1atm、−128.89℃（−200℉）下的液体。由于基准点不包括生成热，只能用于确定物理变化的热效应。

② 本节方法可用于计算给定温度、压力下的气化热，气化热等于气体焓与液体焓的差值。

本节方法在近临界区不可靠。

在临界区以外，本节方法对液相和气相焓的误差分别在 7.0kJ/kg 和 11.6kJ/kg 以内。在临界区，对液相和气相焓的误差分别在 23.3kJ/kg 和 34.9kJ/kg，偶尔可高达 93kJ/kg。

本节方法的准确度强烈依赖于假临界性质、摩尔质量和偏心因子的准确度。

如果已知馏分的恩氏蒸馏和族组成分析数据，推荐使用假组分法，参见 Huang and Daubert，Ind. Eng. Chem. Proc. Des. and Develop. 13，539（1974）。假组分法对液体和气体，无论是在临界区或是非临界区，焓的计算准确度均在 7.0kJ/kg 左右。

图 7-18（a～h）用于手工计算石油馏分的焓和气化热。

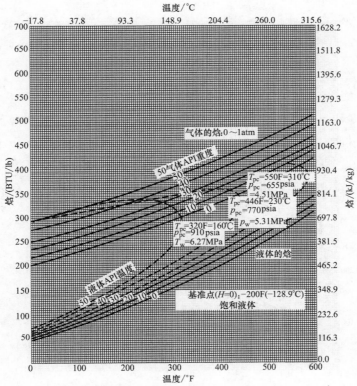

图 7-18a　石油馏分的焓（$K_w = 10.0$，$t = -17.78 \sim 315.56℃$）

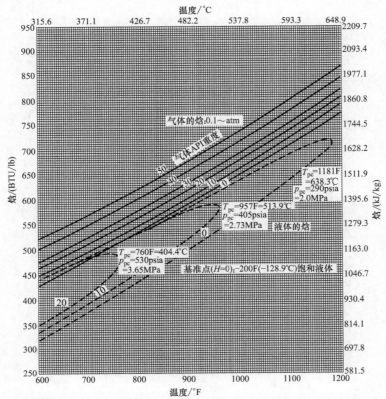

图 7-18b　石油馏分的焓（$K_w = 10.0$，$t = 315.56 \sim 648.89℃$）

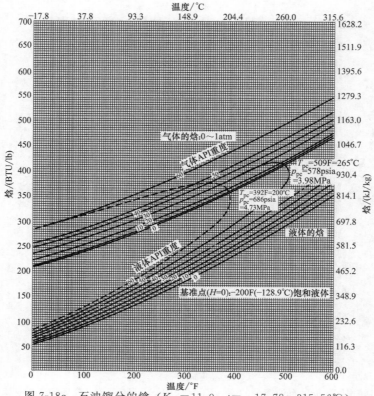

图 7-18c　石油馏分的焓（$K_w = 11.0$，$t = -17.78 \sim 315.56℃$）

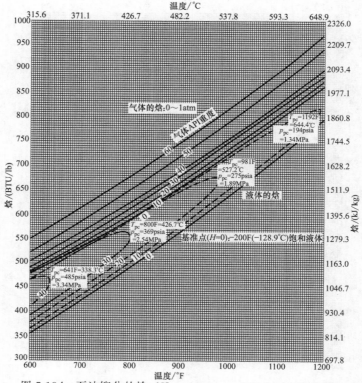

图 7-18d　石油馏分的焓（$K_w = 11.0$，$t = 315.56 \sim 648.89℃$）

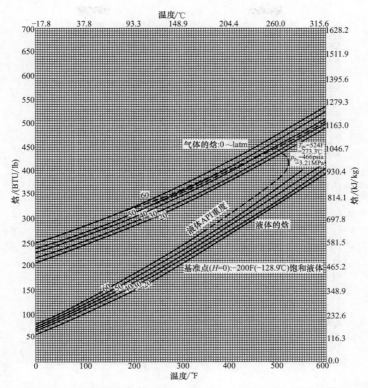

图 7-18e　石油馏分的焓（$K_w=11.8$，$t=-17.78\sim315.56℃$）

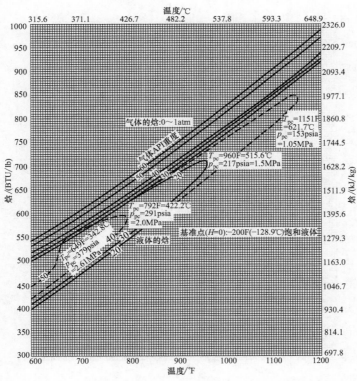

图 7-18f　石油馏分的焓（$K_w=11.8$，$t=315.56\sim648.89℃$）

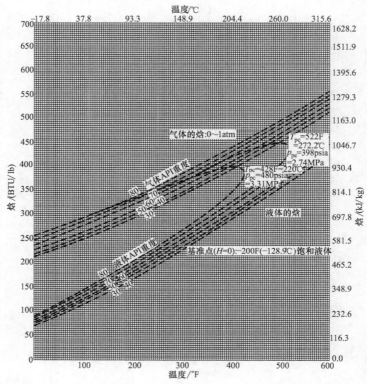

图 7-18g 石油馏分的焓（$K_w = 12.5$，$t = -17.78 \sim 315.56℃$）

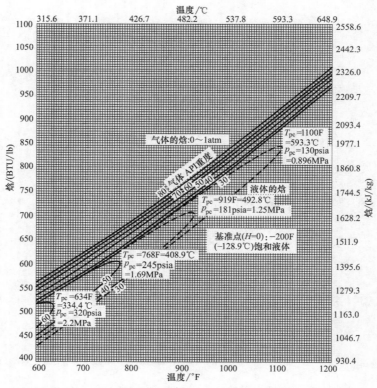

图 7-18h 石油馏分的焓（$K_w = 12.5$，$t = 315.56 \sim 648.89℃$）

7.6.2　石油馏分的等压热容和等容热容

液体石油馏分的等压热容，分两种情况计算。

1. $T_r \leqslant 0.85$ 的液体

$$C_p = A_1 + A_2 T + A_3 T^2 \tag{7-124}$$

式中　C_p——等压热容，kJ/(kg · K)；

T——温度，K；

T_r——T/T_{pc}，对比温度；

T_{pc}——假临界温度，K；

$A_1 \sim A_3$——关联系数，

$A_1 = -4.90383 + (0.099319 + 0.104281S)K_w + (4.81407 - 0.194833K_w)/S$

$A_2 = (1.0 + 0.82463K_w)(8.453551 - 2.082565/S)(10^{-4})$

$A_3 = -(1.0 + 0.82463K_w)(3.937580 - 0.9625617/S)(10^{-7})$；

K_w——特性因数；

S——相对密度，15.56℃/15.56℃。

对于 $T_r \leqslant 0.85$ 的液体，等容热容与等压热容被认为具有相同的数值。

2. 气体或 $T_r > 0.85$ 的液体

$$C_p = B_1 + B_2 T + B_3 T^2 - \frac{R}{M}\left(\frac{\widetilde{C}_p^0 - \widetilde{C}_p}{R}\right) \tag{7-125}$$

式中　M——摩尔质量，kg/kmol；

R——气体常数，8.3145kJ/(kmol · K)；

$B_1 \sim B_4$——关联系数；

$B_1 = -1.492343 + 0.124432K_w + B_4(1.23519 - 1.04025/S)$

$B_2 = -[2.20412 - (1.16993 - 0.04177K_w)K_w + B_4(4.54307 - 3.82042/S)](10^{-3})$

$B_3 = (2.29876 + 0.119917B_4)(10^{-6})$

$$B_4 = \begin{cases} [(12.8/K_w - 1.0)(1.0 - 10.0/K_w)(S - 0.885)(S - 0.70)(10^4)]^2 \\ \qquad (10.0 < K_w < 12.8, 0.70 < S < 0.885) \\ 0.0 \qquad (其它情况) \end{cases} ;$$

$\left(\dfrac{\widetilde{C}_p^0 - \widetilde{C}_p}{R}\right)$——压力作用项，无因次，由式（7-126）计算。

其它符号意义同前式。

压力对等压热容的作用可表示成

$$\left(\frac{\widetilde{C}_p^0 - \widetilde{C}_p}{R}\right) = \left(\frac{\widetilde{C}_p^0 - \widetilde{C}_p}{R}\right)^{(0)} + \frac{\bar{\omega}}{\bar{\omega}^{(1)}}\left[\left(\frac{\widetilde{C}_p^0 - \widetilde{C}_p}{R}\right)^{(1)} - \left(\frac{\widetilde{C}_p^0 - \widetilde{C}_p}{R}\right)^{(0)}\right] \tag{7-126}$$

式中　$\left(\dfrac{\widetilde{C}_p^0 - \widetilde{C}_p}{R}\right)$——压力对流体等压热容的作用项，无因次；

$\left(\dfrac{\widetilde{C}_p^0 - \widetilde{C}_p}{R}\right)^{(0)}$——压力对简单流体等压热容的作用项，无因次，用式（7-127）计算；

$\left(\dfrac{\widetilde{C}_p^0 - \widetilde{C}_p}{R}\right)^{(1)}$——压力对重参比流体等压热容的作用项，无因次，用式（7-127）计算；

$\bar{\omega}$——流体的偏心因子；

$\bar{\omega}^{(1)}$——重参比流体（正辛烷）的偏心因子，等于 0.3978。

简单流体和重参比流体的等压热容的压力作用由下式计算。

$$\left(\frac{\widetilde{C}_p^0 - \widetilde{C}_p}{R}\right)^{(i)} = 1 + T_r \left(\frac{\partial P_r}{\partial T_r}\right)_{V_r}^2 \Big/ \left(\frac{\partial P_r}{\partial V_r}\right)_{T_r} + \left(\frac{\widetilde{C}_v^0 - \widetilde{C}_v}{R}\right)^{(i)} \tag{7-127}$$

$$\left(\frac{\partial P_r}{\partial T_r}\right)_{V_r} = -\frac{1}{V_r}\left\{1 + \frac{b_1 + b_3/T_r^2 + 2b_4/T_r^3}{V_r} + \frac{c_1 - 2c_3/T_r^3}{V_r^2}\right.$$
$$\left. + \frac{d_1}{V_r^5} - \frac{2c_4}{T_r^3 V_r^2}\left[\left(\beta + \frac{\gamma}{V_r^2}\right)\exp\left(-\frac{\gamma}{V_r^2}\right)\right]\right\} \tag{7-128}$$

$$\left(\frac{\partial P_r}{\partial T_r}\right)_{V_r} = -\frac{T_r}{V_r^2}\left\{1 + \frac{2B}{V_r} + \frac{3C}{V_r^2} + \frac{6D}{V_r^5}\right.$$
$$\left. + \frac{c_4}{T_r^3 V_r^2}\left[3\beta + \left(5 - 2\beta - \frac{2\gamma}{V_r^2}\right)\frac{\gamma}{V_r^2}\right]\exp\left(-\frac{\gamma}{V_r^2}\right)\right\} \tag{7-129}$$

$$\left(\frac{\widetilde{C}_v^0 - \widetilde{C}_v}{R}\right)^{(i)} = -\frac{2(b_3 + 3b_4/T_r)}{T_r^2 V_r} + \frac{3c_3}{T_r^3 V_r^2}$$
$$+ \frac{3c_4}{T_r^3 \gamma}\left\{\beta + 1 - \left(\beta + 1 + \frac{\gamma}{V_r^2}\right)\exp\left(-\frac{\gamma}{V_r^2}\right)\right\} \tag{7-130}$$

式中，$i=0$ 或 1，表示简单流体或重参比流体。

其它符号意义同 7.5.6 节。

气体或 $T_r > 0.85$ 的液体的等容热容计算为

$$C_v = B_1 + B_2 T + B_3 T^2 - \frac{R}{M}\left[1 + \left(\frac{\widetilde{C}_v^0 - \widetilde{C}_v}{R}\right)\right] \tag{7-131}$$

式中，C_v 是等容热容，kJ/(kg·K)，压力对等容热容的作用可表示成

$$\left(\frac{\widetilde{C}_v^0 - \widetilde{C}_v}{R}\right) = \left(\frac{\widetilde{C}_v^0 - \widetilde{C}_v}{R}\right)^{(0)} + \frac{\bar{\omega}}{\bar{\omega}^{(1)}}\left[\left(\frac{\widetilde{C}_v^0 - \widetilde{C}_v}{R}\right)^{(1)} - \left(\frac{\widetilde{C}_v^0 - \widetilde{C}_v}{R}\right)^{(0)}\right] \tag{7-132}$$

式中 $\left(\dfrac{\widetilde{C}_v^0 - \widetilde{C}_v}{R}\right)$——压力对流体等容热容的作用项，无因次。其它各项内容的意义及计算方法见前述。

本节方法没有用实验数据检验过，但与石油馏分焓的计算方法（精确方法）在热力学上是一致的。

本节方法在近临界区不可靠。

此外，如果已知馏分的恩氏蒸馏和族组成分析数据，推荐使用假组分法，参见 Huang and Daubert，Ind. Eng. Chem. Proc. Des. and Develop. 13，539（1974）。

7.7　石油馏分的气液相平衡

本节对平衡常数的经验关联图表[2,3,4,6]不作介绍。尽管这类图表曾在 20 世纪 60 年代的工程中通用过，但由于是从相当有限的实验数据得到的，故借此所作的气液平衡工程计算只能是粗略的，往往很不准确[10]。

目前工程设计中通用的气液平衡计算方法是严谨的状态方程法，包括两个基本方面，即状态方程和石油馏分组成的表达。本节将系统介绍以 SRK 状态方程[1,10,11]为基础的石油馏分气液平衡计算方法。

7.7.1　SRK 状态方程

SRK 状态方程如下。

$$P=\frac{RT}{V-b}-\frac{a}{V(V+b)} \tag{7-133}$$

式中 P——压力，kPa；

V——分子体积，$m^3/kmol$；

T——温度，K；

R——气体常数，$8.3145(m^3 \cdot kPa)/(kmol \cdot K)$；

a——温度函数；

b——体积常数。

式 (7-133) 中各个参数确定方法如下。

$$a=\sum_{i=1}^{n}\sum_{j=1}^{n}x_ix_j(a_ia_j)^{1/2}(1-k_{ij}) \tag{7-134}$$

$$b=\sum_{i=1}^{n}x_ib_i \tag{7-135}$$

式中 n——组分数目；

i,j——流体中组分 i,j；

x_i——组分 i 的分子分数；

a_i——纯组分 i 的温度函数，$a_i=a_{c,i}\alpha_i$ (7-136)

$$a_{c,i}=0.42747\frac{(RT_{c,i})^2}{P_{c,i}} \tag{7-137}$$

$$\alpha_i=\left[1+s_i\left(1-\sqrt{T_{r,i}}\right)\right]^2 \tag{7-138}$$

对 H_2，α_i 采用下式计算。

$$\alpha_{H_2}=1.202\exp(-0.30228T_{r,H_2}) \tag{7-139}$$

且 H_2 的临界性质和偏心因子取下列数值

$$T_{c,H_2}=41.7K$$

$$P_{c,H_2}=2103kPa$$

$$Z_{c,H_2}=0.291$$

$$\tilde{\omega}_{H_2}=0.0000$$

式 (7-139) 适用的温度为 104K 以上。

b_i——纯组分 i 的体积常数，$b_i=0.08664\dfrac{RT_{c,i}}{P_{c,i}}$； (7-140)

$P_{c,i}$——组分 i 的临界压力，MPa；

$T_{c,i}$——组分 i 的临界温度，K；

$T_{r,i}$——组分 i 的对比温度，$T/T_{c,i}$；

s_i——组分 i 的参数。$s_i=0.48508+1.55171\tilde{\omega}_i-0.15613\omega_i^2$ (7-141)

$\tilde{\omega}_i$——组分 i 的偏心因子；

K_{ij}——组分 i,j 间的二元交互作用参数，取值方法见 7.7.4 节。

为了便于求根，常将式 (7-133) 变化成压缩因子的立方方程形式。

$$Z^3-Z^2+(A-B-B^2)Z-AB=0 \tag{7-142}$$

式中，Z,A,B 分别是压缩因子和参数，定义如下。

$$Z=\frac{PV}{RT} \tag{7-143}$$

$$A=\frac{a}{(RT)^2} \tag{7-144}$$

$$B = \frac{bP}{RT} \tag{7-145}$$

可用迭代法或解析法求解式（7-142）表示的方程。如果方程（7-142）存在三个正的实数根，则最大的一个表示气相压缩因子，最小的一个表示液相压缩因子。

7.7.2 逸度系数

由 SRK 状态方程可推导出纯物质和混合物中组分的逸度系数计算式。

对纯物质中的 i 组分有：

$$\ln\phi_i = Z - 1 - \ln(Z - B) - \frac{A}{B}\ln\left(1 + \frac{B}{Z}\right) \tag{7-146}$$

式中，ϕ_i 为组分 i 的逸度系数。当 A，B，Z 按液相温度、压力、组成计算时，上式算得液相的逸度系数 ϕ_i^{L}，即 $\phi_i = \phi_i^{\mathrm{L}}$；同理可计算气相逸度系数 ϕ_i^{V}。其它符号意义同上节。

对混合物中的 i 组分有：

$$\ln\phi_i = \frac{b_i}{b}(Z - 1) - \ln(Z - B) - \frac{A}{B}\left[\frac{2\sum_{j=1}^{n} x_j(a_i a_j)^{1/2}(1 - k_{ij})}{a} - \frac{b_i}{b}\right]\ln\left(1 + \frac{B}{Z}\right) \tag{7-147}$$

与式（7-142）相同，ϕ_i 可以分别是气相或液相的逸度系数。

7.7.3 焓差与熵差

由 SRK 状态方程可导出流体的焓差与熵差计算式如下。

$$\frac{(H - H^0)}{RT} = Z - 1 - \frac{A}{B}\left[1 - \frac{T}{a} \times \frac{\mathrm{d}a}{\mathrm{d}T}\right]\ln\left(1 + \frac{B}{Z}\right) \tag{7-148}$$

$$\frac{(S - S^0)}{R} = \ln(Z - B) + \frac{A}{B}\left[\frac{T}{a} \times \frac{\mathrm{d}a}{\mathrm{d}T}\right]\ln\left(1 + \frac{B}{Z}\right) \tag{7-149}$$

及温度导数，

$$T\frac{\mathrm{d}a}{\mathrm{d}T} = -\sum_{i=1}^{n}\sum_{j=1}^{n} x_i x_j s_j (a_i a_{c,j} T_{r,j})^{0.5}(1 - k_{ij}) \tag{7-150}$$

式中　H——流体的焓，kJ/kmol；

　　　H^0——流体作为理性气体在相同温度 T 下的焓，kJ/kmol；

　　　S——流体的熵，kJ/(kmol·K)；

　　　S^0——流体作为理性气体在相同温度 T 和 1atm 下的熵，kJ/(kmol·K)。

其它符号意义同 7.7.1 节。

本节公式可以分别用于计算气相或液相的焓与熵，取决于公式中各变量是根据哪一相的温度、压力和组成确定的。

7.7.4 交互作用参数

交互作用参数用于改进气液平衡预测的精度，通常从实验数据回归得到。

如果有关于组分 i，j 的二元气液相平衡实验数据 NP 组，调整 k_{ij}，使以下目标函数 F 在所有数据点上为最小。

$$F = \sum_{i=1}^{NP}\left\{\left(\frac{K_{\mathrm{EXP},i}^{\mathrm{L}} - K_{\mathrm{CAL},i}^{\mathrm{L}}}{K_{\mathrm{EXP},i}^{\mathrm{L}}}\right)^2 + \sqrt{\frac{K_{\mathrm{EXP},i}^{\mathrm{H}}}{K_{\mathrm{EXP},i}^{\mathrm{L}}}}\left(\frac{K_{\mathrm{EXP},i}^{\mathrm{H}} - K_{\mathrm{CAL},i}^{\mathrm{H}}}{K_{\mathrm{EXP},i}^{\mathrm{H}}}\right)^2\right\} \tag{7-151}$$

式中　$K_{\mathrm{EXP}}^{\mathrm{L}}$——实测的轻组分平衡常数；

　　　$K_{\mathrm{EXP}}^{\mathrm{H}}$——实测的重组分平衡常数；

　　　$K_{\mathrm{CAL}}^{\mathrm{L}}$——计算的轻组分平衡常数；

K_{CAL}^{H}——计算的重组分平衡常数。

则可得到优化的二元交互作用参数 k_{ij}。

上式提出的目标函数偏重考虑了轻组分平衡常数的权重，理由是实验中测量的重组分平衡常数通常较轻组分的为大。

显然，交互作用参数随状态方程不同而异，随用于回归交互作用参数的二元相平衡数据不同而异。因此，为了提高计算准确性，交互作用参数的应用条件范围应尽可能与用于回归它的二元气液平衡数据的条件范围一致。

对于通常的相平衡计算，SRK 状态方程交互作用参数的取值方法概括如下。

① 所有烃类组分间的交互作用参数为 0。

② H_2 与其它组分间的交互作用参数为 0。

③ H_2S，CO_2，N_2，CO 与一些烃类组分间的交互作用参数见表 7-1。

表 7-1　由气液平衡数据确定的 SRK 方程的交互作用参数

组　分	H_2S	CO_2	N_2	CO
H_2S	—	0.102	0.140	—
CO_2	0.102	—	−0.022	−0.064
N_2	0.140	−0.022	—	−0.046
CO	—	−0.064	−0.046	—
CH_4	0.0850	0.0973	0.0319	0.030
乙烷	0.0829	0.1346	0.0388	0.000
丙烷	0.0831	0.1018	0.0807	0.020
异丁烷	0.0523	0.1358	0.1357	—
正丁烷	0.0609	0.1474	0.1007	—
异戊烷	—	0.1262	—	—
正戊烷	0.0697	0.1278	—	—
正己烷	—	—	0.1444	—
正庚烷	0.0737	0.1136	—	—
正辛烷	—	—	—	0.100
正壬烷	0.0542	—	—	—
正癸烷	0.0464	0.1377	0.1293	—
丙烯	—	0.0914	—	—
环己烷	—	0.1087	—	—
异丙基环己烷	0.0562	—	—	−0.010
苯	—	0.0810	0.2131	—
1,3,5-三甲基苯	0.0282	—	—	—

并可用下述关联式估算 H_2S，CO_2，N_2 与其它烃类组分间的交互作用参数。

$$H_2S \quad k_{ij}=0.01786+0.0244 \, |\delta_{HC}-\delta_{H_2S}| \tag{7-152}$$

$$CO_2 \quad k_{ij}=0.1294+0.0292 \, |\delta_{HC}-\delta_{CO_2}| -0.0222 \, |\delta_{HC}-\delta_{CO_2}|^2 \tag{7-153}$$

$$N_2 \quad k_{ij}=-0.0836+0.1055 \, |\delta_{HC}-\delta_{N_2}| -0.010 \, |\delta_{HC}-\delta_{N_2}|^2 \tag{7-154}$$

式中，溶解度参数 δ 对 H_2S，CO_2，N_2 分别取为

$$\delta_{H_2S}=8.80(cal/cm^3)^{1/2}$$

$$\delta_{CO_2}=7.12(cal/cm^3)^{1/2}$$

$$\delta_{N_2}=4.44(cal/cm^3)^{1/2}$$

δ_{HC} 是另一组分（烃）的溶解度参数，$(cal/cm^3)^{1/2}$。溶解度参数的估算式如下。

$$\delta=\sqrt{\left(\Delta H_\mathrm{v}-\frac{RT}{M}\right)\rho} \tag{7-155}$$

式中　δ——溶解度参数，$(\mathrm{cal/cm^3})^{1/2}$；

　　ΔH_v——组分 25℃下的气化热，$\mathrm{cal/g}$；

　　M——摩尔质量，$\mathrm{g/mol}$；

　　T——温度，$298.15\mathrm{K}$；

　　R——气体常数，$1.9872\mathrm{cal/(mol \cdot K)}$；

　　ρ——25℃下的密度，$\mathrm{g/cm^3}$。

④ 对沸点非常靠近的组分，交互作用参数对预测的相对挥发度有异常显著的影响。如果没有与对象系统本质相同的数据产生可靠的交互作用参数，使用本节介绍的气液平衡计算方法时要特别慎重。

7.7.5　石油馏分的气液相平衡

对于石油馏分或石油馏分与明确组分的混合物，可套用上述的相平衡计算方法。

在开始计算前，须对石油馏分的组成和性质进行特征化描述，这里介绍的是假组分法，具体步骤如下。

① 按照实沸点蒸馏曲线将石油馏分切割成一系列窄馏分，确定每个窄馏分的沸点和相对密度。每个窄馏分在计算中当作一个独特的纯组分处理，即"假组分"或"虚拟组分"。

窄馏分的沸点范围一般控制在 28℃（50℉）左右。但对于沸程较窄的馏分，窄馏分的沸点范围应控制在 5.5～14℃（10～25℉），取决于一定温度范围内馏出的体积多少。

注意，对于沸程<30℃的窄馏分，可以认为各种平均沸点接近相等，并以中平均沸点代替而不致引起大的误差。

② 依据窄馏分的沸点和相对密度，估算出每个假组分的摩尔质量、临界温度、临界压力和偏心因子：

按 7.1.3 节方法估算摩尔质量；

依 7.1.4 节方法计算偏心因子；

按 7.3.2 节方法计算假临界温度；

按 7.3.4 节方法计算假临界压力。

必须强调指出，SRK 方程计算相平衡结果与假临界性质和偏心因子取值有强烈的依赖关系。有不同的方法计算石油馏分的假临界温度、假临界压力和偏心因子。很多研究者曾就这一问题做过考察，可参见 Pedersen 等人著作[12]。

③ 对假组分 i，按式（7-141）确定 s_i。

④ 确定各窄馏分与体系内其它组分间的交互作用参数：各窄馏分间，以及窄馏分与明确组分烃类间的交互作用参数置为 0；窄馏分与非烃其它间的交互作用参数可由式（7-152）到式（7-154）估算，所需的溶解度参数由式（7-155）估算，用到的气化热可由 7.6.1 节方法计算。

⑤ 把所有明确组分与窄馏分统一编号，从而构成一个假多元体系。按照假组分的摩尔质量，计算假多元系的分子组成。

⑥ 套用一般多元气液平衡算法，进行各类气液平衡计算。

7.7.6　气液相平衡常数及平衡气化的计算方法

对于含有 n 个组分和假组分的多元或假多元混合物，组成 $z=\{z_1, z_2, \cdots, z_n\}$，求组分（假组分）在一定温度、压力下的气液相平衡常数，可采用以下方法。

① 按照下式赋定各组分的平衡常数初值。

$$K_i = \frac{y_i}{x_i} = \frac{P_{c,i}}{P} \exp\left[5.42\left(1 - \frac{T_{c,i}}{T}\right)\right] \tag{7-156}$$

式中　K_i——组分 i 的平衡常数；

　　　y_i——组分 i 在气相中的分子分数；

　　　x_i——组分 i 在液相中的分子分数；

　　$P_{c,i}$——组分 i 的临界压力（对假组分为假临界压力），MPa；

　　$T_{c,i}$——组分 i 的临界温度（对假组分为假临界温度），K；

　　　P——压力，MPa；

　　　T——温度，K。

② 按下式求解气化分率。

$$\sum_{i=1}^{n} \frac{z_i(K_i - 1)}{1 + e(K_i - 1)} = 0 \tag{7-157}$$

式中　e——分子气化分率，$0 \leqslant e \leqslant 1$。

③ 按下式确定气液相组成。

$$x_i = \frac{z_i}{1 + e(K_i - 1)} \tag{7-158}$$

$$y_i = K_i x_i \tag{7-159}$$

并对气液相组成做归一化，使

$$\sum_{i=1}^{n} x_i = 1 \tag{7-160}$$

$$\sum_{i=1}^{n} y_i = 1 \tag{7-161}$$

④ 按照本节上面的方法，计算每一个组分的气液相逸度系数 ϕ_i^{V} 和 ϕ_i^{L}。并按下式检查组分的气液相逸度是否相等。

$$\left| 1 - \frac{\phi_i^{\mathrm{V}} y_i}{\phi_i^{\mathrm{L}} x_i} \right| < \varepsilon, \qquad (i = 1, 2, \cdots, n) \tag{7-162}$$

式中，ε 为收敛精度，一般可取 $\varepsilon = 10^{-3}$。

如果，式（7-162）成立，则按平衡常数定义重新计算平衡常数，转步骤⑤。

否则，令 $K_i = \phi_i^{\mathrm{L}}/\phi_i^{\mathrm{V}}$，$i = 1$，2，$\cdots$，$n$，返回②重新迭代。

⑤ 如果仅需要平衡常数，则计算结束。如果是模拟平衡气化，则用下式计算平衡气化（EFV）体积分数。

$$\text{平衡气化体}(\%) = \frac{e \times d_i^{\mathrm{V}}}{e \times d_i^{\mathrm{V}} + (1 - e) \times d_i^{\mathrm{L}}} \times 100 \tag{7-163}$$

式中，d_i^{V} 和 d_i^{L} 是组分 i 在平衡条件下的气体和液体密度，单位是 m³/kmol。

须指出，SRK 状态方程预测的气相密度相当准确，但液相密度准确度欠佳。这就是说，上式中的气相分子体积可由 SRK 方程的气相压缩因子根计算，但液相分子体积须用其它方法估算，例如可根据液相组成及窄馏分在标准条件（15.56℃，1atm）下的密度，使用 7.5.4 节方法。

例 7-38　计算 H_2，CH_4，C_2H_6 在 -73.33℃，6.895MPa 下的气液相组成。进料的分子组成分别为 24.78％，49.09％，26.13％。

三个组分的物性如下。

i	$T_{b,i}/K$	$\bar{\omega}_i$	$T_{c,i}/K$	$P_{c,i}/MPa$
H_2	20.40	0.0000	41.70	2.103
CH_4	111.67	0.0115	190.59	4.604
C_2H_6	184.56	0.0908	305.43	4.880

所有交互作用参数均取为 0。

计算结果列表如下。

i	z_i	实验值		计算值		
		x_i	y_i	x_i	y_i	K_i
H_2	0.2478	0.0376	0.4579	0.04216	0.46986	11.1442
CH_4	0.4909	0.4957	0.4862	0.49957	0.48153	0.9639
C_2H_6	0.2613	0.4667	0.0559	0.45827	0.04861	0.1061

例 7-39 从某原油的实沸点蒸馏曲线得到窄馏分的分布及性质如下表所列，求该原油在 300℃下的气化分率。

窄馏分	算术平均沸点/K	相对密度 15.56℃/15.56℃	平均摩尔质量 /(kg/kmol)	质量分数/%	分子分数/%
1	349.15	0.7159	98	2.98	10.813
2	407.15	0.7510	121	3.15	9.258
3	448.65	0.7747	143	3.22	8.007
4	483.15	0.8004	172	3.25	6.719
5	514.15	0.8137	194	3.40	6.232
6	546.15	0.8206	217	3.46	5.670
7	574.15	0.8218	246	3.44	4.973
8	597.15	0.8295	264	3.37	4.539
9	618.15	0.8392	292	3.45	4.201
10	637.15	0.8407	299	3.43	4.079
11	657.15	0.8440	328	3.35	3.632
12	677.65	0.8522	349	3.55	3.617
13	698.15	0.8578	387	3.39	3.115
14	718.65	0.8728	420	3.88	3.285
15	738.65	0.8773	438	4.05	3.288
16	760.65	0.8827	496	4.52	3.241
17	742.65	0.8723	468	0.2174	0.1652
18	784.75	0.8755	554	1.6826	1.080
19	826.95	0.8795	656	3.8873	2.107
20	861.25	0.8831	751	7.2697	3.442
21	892.55	0.8904	847	5.8616	2.461
22	925.05	0.9088	948	3.4560	1.296
23	952.55	0.9225	1047	3.2678	1.110
24	979.05	0.9345	1150	2.2655	0.7005
25	1003.75	0.9495	1250	1.5800	0.4495
26	1024.95	0.9573	1350	1.4622	0.3852
27	1044.45	0.9642	1450	1.2027	0.2950
28	1062.55	0.9705	1550	1.0450	0.2397

29	1079.45	0.9753	1650	0.9132	0.1968
30	1095.65	0.9804	1750	0.9935	0.2019
31	1110.55	0.9844	1850	0.7309	0.1405
32	1125.05	0.9886	1950	0.6169	0.1125
33	1181.95	1.0059	2402	4.5470	0.6732
34	1275.15	1.0291	3402	1.8311	0.1914
35	1359.45	1.0493	4647	1.0474	0.08015
损失				0.2322	

将损失作为最轻组分处理，所有交互作用参数取为 0，计算得到气化分率为 20.18%（重），气化部分的 15.56℃/15.56℃ 相对密度为 0.7877，剩余部分的 15.56℃/15.56℃ 相对密度为 0.8905。

相应的实验值分别是 20.5%（质量分数），0.7882，0.9038。

7.8 表面张力

原油和石油馏分的表面张力可由下式估算。

$$\sigma = \frac{0.6737}{K_w}(1-T_r)^{1.232} \tag{7-164}$$

式中 σ——液体的表面张力，J/m²；

K_w——特性因数；

T_r——T/T_{pc}，对比温度；

T——温度，K；

T_{pc}——假临界温度，K。

上式没有包括压力影响，在压力超过 3.447MPa（500psi）时会出现较大误差。此外，式（7-164）不能用于煤液化产物。

式（7-164）计算的表面张力与实验值的平均误差为 10.7%。

例 7-40 已知某原油的假临界温度等于 741.1K，特性因数等于 12.4，计算其在 15.56℃ 下的表面张力。

按照本节方法计算得 $\sigma=0.0296$J/m²。

实验测定值等于 0.0287J/m²。

7.9 黏度

本节内容涉及黏度换算以及石油馏分液体黏度和组成不明确烃类气体黏度的计算方法等内容。

7.9.1 黏度换算

(1) 运动黏度 (kinematic viscosity) 换算成赛氏通用黏度 (Saybolt universal viscosity)

$$\nu_t' = [1+0.0001098(t-37.778)]\nu_{eq}' \tag{7-165}$$

$$\nu_{eq}' = 4.6324\nu_t + \frac{(1.0+0.03264\nu_t)\times10^5}{3930.2+262.7\nu_t+23.97\nu_t^2+1.646\nu_t^3} \tag{7-166}$$

式中 t——温度，℃；

ν_t——温度 t 下的运动黏度（厘拖），mm²/s；

ν_t'——温度 t 下的赛氏通用黏度，赛氏通用秒（SUS）；

ν_{eq}'——温度 t 下的等价赛氏通用黏度，s。当 $t=37.78℃$（100℉）时，ν_{eq}' 即是实际的通

用赛氏黏度。

在温度范围 20～160℃ 内，本节换算的赛氏黏度与实验值的平均偏差为 0.17%，最大误差为 0.5%。

(2) **运动黏度换算成赛氏重油黏度** (Saybolt furol viscosity)

$$\nu'_{50} = 0.4717\nu_{50} + \frac{13924}{\nu_{50}^2 - 72.59\nu_{50} + 6816} \tag{7-167}$$

$$\nu'_{98.89} = 0.4792\nu_{98.89} + \frac{5610}{\nu_{98.89}^2 + 2130} \tag{7-168}$$

式中 ν'_{50}，$\nu'_{98.89}$——50℃（122℉）和 98.89℃（210℉）下的赛氏重油黏度，s；

ν_{50}，$\nu_{98.89}$——50℃（122℉）和 98.89℃（210℉）下的运动黏度，mm^2/s。

上式换算值与实验值间的平均误差是 0.3%。

(3) **雷氏黏度 (Redwood viscosity)、恩氏 (Engler viscosity) 黏度与运动黏度的换算**

$$\chi = a_0\nu + \frac{1}{a_1 + a_2\nu + a_3\nu^2 + a_4\nu^3} \tag{7-169}$$

$$\nu = b_0\chi - \frac{b_1\chi}{\chi^3 + b_2} \tag{7-170}$$

式中 ν——运动黏度，mm^2/s；

χ——流动时间或恩氏度，s；

$a_0 \sim a_4$，$b_0 \sim b_2$——参数，按照下表取值。

参数	60℃雷氏 1 号黏度	雷氏 2 号黏度	恩氏黏度
	$\nu > 4.0$	$\nu > 73$	$\nu > 1.0$
a_0	4.0984	0.40984	0.13158
a_1	0.038014	0.38014	1.1326
a_2	1.919×10^{-3}	0.01919	0.01040
a_3	2.78×10^{-5}	2.78×10^{-4}	0.000656
a_4	5.21×10^{-6}	5.21×10^{-5}	0.0
	$\chi > 35$	$\chi > 31$	$\chi > 1.0$
b_0	0.244	2.44	7.60
b_1	8000	3410	18.0
b_2	12500	9550	1.7273

式（7-169）用于从运动黏度换算雷氏、恩氏黏度，式（7-170）用于相反换算。

式（7-169）换算雷氏 1 号黏度的最大误差为 0.05%，换算恩氏黏度的最大误差为 1%。换算式（7-170）与英国石油协会相应换算表间的最大偏差为 0.23%。

(4) **由运动黏度计算黏度指数** (viscosity index)

黏度指数是表示油品黏度随温度变化的一个经验常数。黏度指数越小，黏度对温度变化越敏感。本节计算方法直接取自 ASTM D2270-86，分两个部分。

① 对于黏度指数小于或等于 100 的情况。

$$VI = \frac{L - \nu_{40}}{L - H} \times 100 \tag{7-171}$$

式中 VI——黏度指数；

ν_{40}——当前油品在 40℃ 下的黏度，mm^2/s；

L——0♯ 参考油品在 40℃ 下的黏度，该参考油品的黏度指数为 0，而在 100℃ 下的黏度与当前油品的黏度相等，mm^2/s；

H——100♯ 参考油品在 40℃ 下的黏度，该参考油品的黏度指数为 100，而在 100℃

　　下的黏度与当前油品的黏度相等，mm^2/s。

　　如果油品在 100℃ 下的运动黏度高于低于 70cSt，L 和 H 可查表[2] 得到。若高于 $70mm^2/s$ 且黏度指数低于 100，则 L 和 H 可计算如下。

$$L=0.8353\nu_{100}^2+14.67\nu_{100}-216 \tag{7-172}$$

$$H=0.1684\nu_{100}^2+11.85\nu_{100}-97 \tag{7-173}$$

式中　ν_{100}——当前油品在 100℃ 下的黏度，mm^2/s。

　　② 对于黏度指数大于 100 的情况。

$$VI=\frac{10^N-1}{0.00715}+100 \tag{7-174}$$

式中指数 N 计算如下。

$$N=\frac{\lg H-\lg\nu_{40}}{\lg\nu_{100}} \tag{7-175}$$

　　上式中，H 的取值方法是：油品在 100℃ 下的运动黏度高于低于 $70mm^2/s$，查表[2] 得到，否则由式（7-173）计算。

　　计算黏度指数需试差确定所选用的方程，式（7-171）和式（7-174），是否恰当。

　　对黏度指数稍大于 100 的情况，两式计算结果差别不大。此时黏度指数应取距离两式计算结果算术平均值最近的那个数值。

　　从 40℃ 和 100℃ 下的运动黏度计算得到的黏度指数（ASTM D2270-86）和之前从 100℉ 和 210℉ 下的运动黏度计算得到的黏度指数（ASTM D2270-64）在事实上是相同的。

7.9.2　常压下石油馏分的液体黏度

　　石油馏分在 1atm 和 37.78℃（100℉）和 98.89℃（210℉）下的液体黏度计算如下。

$$\lg\nu_{37.78}=4.39371-1.94733K_w+0.127690K_w^2+3.26290\times10^{-4}\gamma-0.0118246K_w\gamma+$$
$$\frac{0.171617K_w^2+10.9943\gamma+0.0950663\gamma^2-0.860218K_w\gamma}{\gamma+50.3642-4.78231K_w} \tag{7-176}$$

$$\lg\nu_{98.89}=-0.463634-0.166532\gamma+5.13447\times10^{-4}\gamma^2-8.48995\times10^{-3}K_w\gamma+$$
$$\frac{0.0803250K_w+1.24899\gamma+0.197680\gamma^2}{\gamma+26.786-2.6296K_w} \tag{7-177}$$

式中　$\nu_{37.78}$，$\nu_{98.89}$——37.78℃（100℉）和 98.89℃（210℉）下的运动黏度（厘泊），mm^2/s；

　　　　K_w——特性因数，见式（7-16）定义；

　　　　γ——API 重度，见式（7-17）定义。

　　当 $K_w\leqslant10$ 和 $\gamma\leqslant0.0$ 时，慎用上述二式。在图 7-19 上标出的 A、B、C 三个区域内，上述关联式预测的黏度随温度升高而变大，故上述关联式不适用。

　　对上述关联式检验结果显示，式（7-176）预测结果与实验值的平均偏差为 16.7%，而式（7-177）则为 15.5%。式（7-176）在 0.5～200.0mm^2/s（37.78℃）范围内，式（7-177）在 0.3～40.0mm^2/s（98.89℃）范围内，均有非常良好的预测精度。

　　在已知任意两个温度下的黏度时，石油馏分液体在其它温度下的黏度可用下式确定。

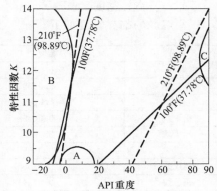

图 7-19　关联式（7-176）和式（7-177）的适用范围

$$\nu = \exp[\exp(a + b\ln T)] - 0.6 \tag{7-178}$$

式中的系数 a、b 计算为

$$b = \frac{\ln[\ln(\nu_1 + 0.6)] - \ln[\ln(\nu_2 + 0.6)]}{\ln T_1 - \ln T_2}$$

$$a = \ln[\ln(\nu_1 + 0.6)] - b\ln T_1$$

式中 T，T_1, T_2——温度，K；

ν，ν_1，ν_2——馏分在温度 T，T_1, T_2 下的运动黏度，mm^2/s。

式（7-178）仅适用于牛顿型流体。当温度高于 246℃ 时，由于发生裂解，估算结果不可靠。在外推馏分黏度时，已知的两个黏度点距离愈远愈好，且外推的温度不宜过分离开已知的实验点。

某些聚合物、含蜡油及某些硅酸酯的黏度远远高于 37.78℃ 和 98.89℃ 下两个黏度点连线外推预测值。而某些摩尔质量很高的纯化合物，以及某些超级精炼的矿物油，在低温下的黏度却远远低于式（7-178）的预测值。

低温下，式（7-178）偏差可很大。

油品的芳香度越高，式（7-178）的偏差越大。

对纯化合物，式（7-178）预测黏度的误差在 4% 以内。

式（7-178）所作的线性假设在 0~100℃ 温度范围内非常合适，随着温度升高，偏差将变大。且这种偏差对芳香基馏分比对石蜡基馏分为大。

当内差的黏度区间在数量级上有变化，式（7-178）误差变大。

7.9.3　压力对低摩尔质量烃液体黏度的影响

对于碳原子数<20 的低摩尔质量烃或石油馏分，如果已知其临界黏度或在某个温度、压力下的黏度值，则在高压下的液体黏度可做如下关联。

$$\mu_r = \mu_r^{(0)} + \bar{\omega}\mu_r^{(1)} \tag{7-179}$$

如果已知流体的临界黏度，则

$$\mu = \mu_r\mu_c \tag{7-180}$$

否则，在某一参考温度和压力下的黏度已知时，则

$$\mu = \mu_r \times \frac{\mu_0}{\mu_{r0}} \tag{7-181}$$

式中 μ_r——对比黏度，μ/μ_c；

μ——黏度，$mPa \cdot s$。

μ_c——临界黏度，$mPa \cdot s$。

一些烷烃的临界黏度如下。

组分	临界黏度/mPa·s	组分	临界黏度/mPa·s
甲烷	0.0140	正癸烷	0.0305
乙烷	0.0200	正十一烷	0.0309
丙烷	0.0237	正十二烷	0.0315
正丁烷	0.0245	正十三烷	0.0328
异丁烷	0.0270	正十四烷	0.0337
正戊烷	0.0255	正十五烷	0.0348
新戊烷	0.0350	正十六烷	0.0355
正己烷	0.0264	正十七烷	0.0362
正庚烷	0.0273	正十八烷	0.0370
正辛烷	0.0282	正十九烷	0.0375
正壬烷	0.0291	正二十烷	0.0388

μ_{r0}——参考温度和参考压力下的对比黏度，μ_0/μ_c；

μ_0——参考温度和参考压力下的黏度，mPa·s；

$\mu_r^{(0)}$——简单流体的对比黏度。在当前流体的对比温度（T_r）和对比压力（P_r）下确定，查表 7-2 或图 7-20 得到；

$\mu_r^{(1)}$——流体分子偏心性校正项。在当前流体的对比温度（T_r）和对比压力（P_r）下确定，查表 7-3 或图 7-21 得到；

T_r——对比温度，T/T_c；

T——流体温度，K；

T_c——临界温度，K；

P_r——对比压力，P/P_c；

P——流体压力，MPa；

P_c——临界压力，MPa；

$\bar{\omega}$——偏心因子。

表 7-2　压力对液体黏度的作用——简单流体项 $[\mu_r^{(0)}]$

对比温度	对 比 压 力												
	饱和点	1.00	2.00	3.00	4.00	5.00	6.00	7.00	8.00	10.00	12.00	14.00	16.00
0.45	16.5	17.1	17.8	18.5	19.1	19.7	20.2	20.7	21.2	22.0	22.8	23.5	24.1
0.50	13.0	13.6	14.2	14.8	15.3	15.8	16.2	16.6	17.0	17.6	18.2	18.7	19.1
0.55	10.5	11.1	11.6	12.0	12.4	12.8	13.2	13.5	13.8	14.3	14.8	15.2	15.6
0.60	8.20	8.70	9.10	9.50	9.90	10.3	10.7	11.0	11.4	11.9	12.4	12.7	13.0
0.65	6.90	7.30	7.60	8.00	8.30	8.70	9.10	9.50	9.80	10.4	10.9	11.2	11.5
0.70	5.80	6.10	6.40	6.70	7.00	7.30	7.60	7.90	8.20	8.70	9.20	9.70	10.2
0.75	4.80	5.00	5.30	5.60	5.90	6.20	6.50	6.70	6.90	7.30	7.70	8.00	8.30
0.80	3.90	4.30	4.60	4.80	5.00	5.20	5.40	5.60	5.80	6.20	6.60	6.90	7.20
0.85	3.20	3.45	3.75	4.15	4.45	4.65	4.85	5.05	5.30	5.70	6.10	6.40	6.70
0.90	2.70	2.90	3.30	3.68	4.00	4.25	4.50	4.73	4.95	5.35	5.75	6.05	6.35
0.95	2.10	2.18	2.80	3.20	3.60	3.83	4.08	4.30	4.47	5.00	5.30	5.70	6.10
0.96	2.03	2.05	2.46	3.11	3.51	3.75	4.00	4.21	4.43	4.92	5.22	5.61	6.00
0.97	1.90	1.95	2.42	3.02	3.42	3.67	3.92	4.12	4.39	4.84	5.14	5.52	5.90
0.98	1.70	1.80	2.40	2.93	3.33	3.59	3.85	4.03	4.34	4.76	5.06	5.43	5.80
0.99	1.50	1.60	2.35	2.84	3.24	3.50	3.78	3.94	4.29	4.68	4.98	5.34	5.70
1.00	1.00	1.00	2.30	2.75	3.15	3.42	3.70	3.85	4.25	4.60	4.90	5.25	5.60

$T_r=1$ 处内插：

P_r	1.10	1.20	1.30	1.40	1.50
$\mu_r^{(0)}$	1.15	1.30	1.47	1.60	1.72

表 7-3　压力对液体黏度的作用——偏心性校正项 $[\mu_r^{(1)}]$

对比温度	对 比 压 力												
	饱和点	1.00	2.00	3.00	4.00	5.00	6.00	7.00	8.00	10.00	12.00	14.00	16.00
0.45	30.0	30.3	30.8	31.1	31.5	31.8	32.1	32.3	32.5	32.9	33.1	33.4	33.7
0.50	20.0	20.4	21.2	22.1	22.4	23.1	23.2	23.5	23.8	24.4	24.8	25.1	25.6
0.55	11.5	11.8	12.2	12.6	13.0	13.3	13.6	14.0	14.3	15.0	15.3	15.5	15.6
0.60	6.70	6.80	6.90	7.00	7.10	7.20	7.30	7.50	7.60	7.90	8.30	8.70	9.00

续表

对比温度	对 比 压 力												
	饱和点	1.00	2.00	3.00	4.00	5.00	6.00	7.00	8.00	10.00	12.00	14.00	16.00
0.65	4.40	5.10	5.20	5.30	5.40	5.50	5.50	5.50	5.50	5.50	5.60	5.90	6.10
0.70	3.60	3.70	3.80	3.90	4.00	4.10	4.10	4.10	4.10	4.20	4.20	4.10	3.90
0.75	2.35	2.50	2.50	2.50	2.50	2.50	2.40	2.40	2.40	2.20	2.00	1.90	1.80
0.80	1.65	1.50	1.50	1.50	1.50	1.50	1.50	1.50	1.50	1.50	1.40	1.40	1.40
0.85	1.05	1.05	1.05	0.95	0.90	0.90	0.95	0.90	0.90	0.90	0.80	0.70	0.60
0.90	0.40	0.40	0.35	0.12	0.00	0.00	0.00	0.00	0.00	−0.10	−0.20	−0.20	−0.20
0.95	−0.10	−0.08	−0.17	−0.38	−0.50	−0.50	−0.55	−0.60	−0.65	−0.80	−0.92	−1.14	−1.20
0.96	−0.13	−0.05	−0.04	−0.41	−0.60	−0.67	−0.70	−0.75	−0.85	−0.98	−1.00	−1.18	−1.25
0.97	−0.15	−0.10	0.06	−0.45	−0.70	−0.72	−0.75	−0.78	−0.88	−1.06	−1.08	−1.23	−1.31
0.98	−0.10	−0.10	−0.07	−0.49	−0.75	−0.77	−0.80	−0.83	−0.94	−1.15	−1.16	−1.28	−1.37
0.99	−0.15	−0.10	−0.25	−0.53	−0.79	−0.81	−0.90	−0.93	−1.05	−1.24	−1.23	−1.33	−1.43
1.00	0.00	0.00	−0.33	−0.56	−0.85	−0.90	−0.97	−0.98	−1.15	−1.32	−1.31	−1.37	−1.48

$T_r = 1$ 处内插：

P_r	1.10	1.20	1.30	1.40	1.50
$\mu_r^{(1)}$	−0.07	−0.10	−0.13	−0.17	−0.21

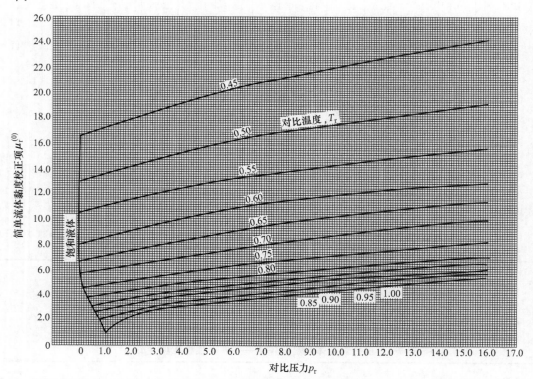

图 7-20 压力对液体黏度的作用——简单流体项

本节方法预期的平均黏度误差是 4%。

在未知临界黏度时，选取的参考黏度之温度最好靠近所需温度，但如果此温度下流体的蒸气压过于偏离 1atm，则应根据 7.4 节方法确定常压沸点，然后选取离常压沸点最近的已

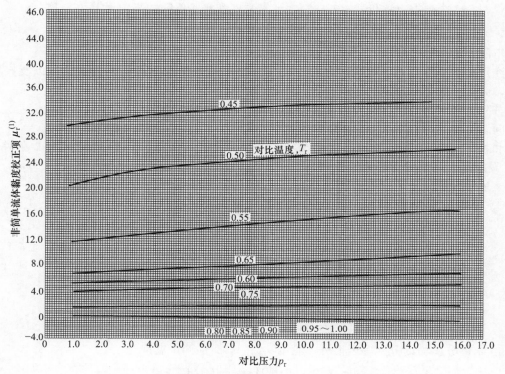

图 7-21　压力对液体黏度的作用——偏心性校正项

知黏度作为参考黏度。

本节方法的应用步骤如下。

① 得到临界温度、临界压力、偏心因子、临界黏度（μ_c）或一个已知的黏度作为参考黏度（μ_0）。参考黏度的选取原则如上述。

② 计算当前条件下的对比温度和对比压力。

③ 查表 7-2 或图 7-20 得 $\mu_r^{(0)}$，查表 7-3 或图 7-21 得 $\mu_r^{(1)}$。按式（7-179）计算 μ_r。

④ 如果 μ_c 已知，按式（7-180）计算 μ，结束。

⑤ 在 1atm 和参考温度下计算，按照步骤③计算 μ_{r0}。注意，如果参考温度下流体的蒸气压偏离 1atm 不太远，则使用表 7-2 或图 7-20 和表 7-3 或图 7-21 示出的饱和轨迹数值确定 $\mu_r^{(0)}$ 和 $\mu_r^{(1)}$。

⑥ 按式（7-181）计算 μ，结束。

7.9.4　压力对高摩尔质量石油馏分液体黏度的影响

在 40atm 以下，压力对液体黏度的影响不大，在一般工程应用上可以忽略。

40atm 以上高压下，高摩尔质量（含碳原子数≥20）纯烃或石油馏分的液体黏度受压力影响的关系为：

$$\lg \frac{\mu_p}{\mu_a} = \frac{P}{6.89476}(-0.0102 + 0.04042\mu_a^{0.181}) \tag{7-182}$$

式中　μ_p——给定温度和压力下的黏度，mPa·s；

$\quad\quad\mu_a$——给定温度和 1atm 下的黏度，mPa·s；

$\quad\quad P$——给定压力（表），MPa。

式（7-182）不可在 138MPa 以上压力下使用。

曾用 791 个数据点评价式（7-182），计算黏度和实验值间的平均误差为 8.5%。

7.9.5 石油馏分掺和物的液体黏度

不同石油馏分进行掺和，掺合物的黏度可由本节方法确定。

注意，本节方法的前提是认为式（7-178）表示的黏度-温度关系对所有馏分以及掺和物成立，并认为掺和中不发生体积变化。

首先，考虑两个馏分进行掺和的情况。

问题可描述为：体积为 V_1 的馏分 1 和体积为 V_2 馏分 2 掺和，得到体积为 $V_x = V_1 + V_2$ 的掺和物 x，已知馏分 1 在两个温度点 T_{11} 和 T_{21} 下的黏度数据为 ν_{11} 和 ν_{21}，馏分 2 在两个温度点 T_{12} 和 T_{22} 下的黏度数据为 ν_{12} 和 ν_{22}，求掺合物 x 在某温度 T_x 下的黏度 ν_x。

上述掺和物黏度的求取步骤如下。

① 对馏分 1 分别计算式（7-178）中的两个常数 a，b。

$$b_1 = \frac{\ln[\ln(\nu_{11}+0.6)] - \ln[\ln(\nu_{21}+0.6)]}{\ln T_{11} - \ln T_{21}}$$

$$a_1 = \ln[\ln(\nu_{11}+0.6)] - b_1 \ln T_{11}$$

② 对馏分 2 分别计算式（7-178）中的两个常数 a，b。

$$b_2 = \frac{\ln[\ln(\nu_{12}+0.6)] - \ln[\ln(\nu_{22}+0.6)]}{\ln T_{12} - \ln T_{22}}$$

$$a_2 = \ln[\ln(\nu_{22}+0.6)] - b_2 \ln T_{22}$$

③ 求馏分 1 黏度分别等于馏分 2 黏度 ν_{12} 和 ν_{22} 时的两个温度。

$$T_{11}^* = \exp\left\{\frac{\ln[\ln(\nu_{12}+0.6)] - a_1}{b_1}\right\}$$

$$T_{21}^* = \exp\left\{\frac{\ln[\ln(\nu_{22}+0.6)] - a_1}{b_1}\right\}$$

④ 计算掺和物在黏度等于馏分 2 黏度 ν_{12} 和 ν_{22} 时的两个温度。

$$T_{1x} = \exp\left\{\frac{V_1 \ln T_{11}^* + V_2 T_{12}}{V_x}\right\}$$

$$T_{2x} = \exp\left\{\frac{V_1 \ln T_{21}^* + V_2 T_{22}}{V_x}\right\}$$

⑤ 计算掺和物黏度-温度关系，式（7-178）中的两个常数 a，b。

$$b_x = \frac{\ln[\ln(\nu_{12}+0.6)] - \ln[\ln(\nu_{22}+0.6)]}{\ln T_{1x} - \ln T_{2x}}$$

$$a_x = \ln[\ln(\nu_{22}+0.6)] - b_x \ln T_{2x}$$

⑥ 求掺合物在温度 T_x 下的黏度。

$$\nu_x = \exp[\exp(a_x + b_x \ln T_x)] - 0.6$$

当多个馏分掺和时，首先取两个馏分，按照上述步骤①～⑤，计算掺和物的黏度-温度关系系数 a_x，b_x；然后令 $x=1$，再取另一个馏分作为馏分 2，重复上述步骤①～⑤，得到三个馏分掺和物的黏度-温度关系系数；如此反复将部分馏分掺和物作为馏分 1，取剩余馏分中的一个作为馏分 2，直至所有馏分全部被掺和。最后按上述步骤⑥计算掺和物的黏度。

本方法精度受限于式（7-178）表达的黏度-温度关系。对低黏度的预测精度较对高黏度的高。石油馏分在 38℃（100℉）～99℃（210℉）间的掺和物黏度预测的平均误差为 3%，纯化合物掺和物黏度预测的平均误差约为 20%。

7.9.6 组成不明确的烃类混合物气体在低压下的黏度

没有组成分析的烃类气体混合物在低压（对比压力≤0.6）下的黏度可估算如下。

$$\mu = 18.9943 + 0.061819t + 0.017352M + 9.08118 \times 10^{-6} tM$$
$$- 1.00638 \times 10^{-5} t^2 - 1.04832 \times 10^{-4} M^2 - 0.136695 \frac{t}{M} \qquad (7\text{-}183)$$
$$- 3.20527 \ln M - 8.35025 \times 10^{-3} t \ln M$$

式中　μ——黏度，mPa·s；

$\quad$ t——温度，℃；

$\quad$ M——摩尔质量，kg/kmol。

对式（7-183）进行检验的结果是：平均误差为 6%，最大误差为 22%。

式（7-183）是从烷烃蒸气黏度数据得到的，对不同种类化合物的误差有很大差异。但就一般用途而言，可以预期的最小平均误差是 6%。

可以使用粗略估计的摩尔质量数值，由此引入的误差一般会被式（7-183）本身的误差掩盖掉。

当气体组成已知时，应优先考虑使用其它方法。

此外，文献［3］还推荐以下关联式。

$$\mu = -0.0092696 + (0.00138323 - 5.97124 \times 10^{-5} \sqrt{M})\sqrt{T} + 1.1249 \times 10^{-5} M$$

式中　μ——黏度，mPa·s；

$\quad$ T——温度，K；

$\quad$ M——分子量。

上式在形式上较简单，但对于摩尔质量较高的情况与文献［3］推荐的图表偏差较大。

7.9.7　压力对烃类气体黏度的影响

压力（对比压力 ＞ 0.6）对烃类及其混合物气体黏度的作用可描述为以下方程。

$$\mu - \mu_0 = 4.969 \times 10^{-4} \frac{M^{1/2} P_c^{2/3}}{T_c^{1/6}} [\exp(1.439 \rho_r) - \exp(-1.11 \rho_r^{1.858})] \qquad (7\text{-}184)$$

式中　μ——黏度，mPa·s；

$\quad$ μ_0——低压下的黏度，mPa·s；

$\quad$ ρ_r——对比密度，ρ / ρ_c；

$\quad$ ρ——密度，kg/m³；

$\quad$ ρ_c——临界密度，kg/m³；

$\quad$ V_c——临界体积，m³/kg；

$\quad$ T_c——临界温度，K；

$\quad$ M——摩尔质量，kg/kmol；

$\quad$ P_c——临界压力，MPa。

对于混合物，使用按式（7-76）和式（7-77）计算的假临界压力和假临界温度，按下式计算平均摩尔质量。

$$M = \sum_{i=1}^{n} x_i M_i$$

式中　M——平均摩尔质量，kg/kmol；

$\quad$ M_i——组分 i 的摩尔质量，kg/kmol；

$\quad$ x_i——组分 i 的摩尔分数；

$\quad$ n——组分数目。

本节方法对 O_2，N_2，CO_2，等非烃类气体不适用。

在临界温度以上，本节方法适用于所有压力；在临界温度以下，压力应在饱和压力以下。

本节方法计算的黏度与实验值间的误差约为 5.3%。对非烃的误差较大（9%）。如果使用测定密度值，预测误差可降低 0.5 个百分点。如果混合物中组分的摩尔质量范围较窄，则本节方法对混合物黏度预测精度与对相应纯组分的预测精度大致相同。

7.9.8　含溶解气的烃和烃类混合的液体黏度

下列方程用于估算溶解气体对液态烃类在 37.78℃（100℉）和 1atm 下黏度的影响。

$$\frac{\mu_m}{\mu_a}=\left[\frac{1.6520r+137.0\mu_a^{1/3}+538.4}{(137.0+4.8940r)\mu_a^{1/3}+538.4}\right]^3 \tag{7-185}$$

式中　μ_a——饱和液体在 37.78℃（100℉）、1atm 下的黏度，mPa·s；

　　　μ_m——不含溶解气液体在 37.78℃（100℉）、1atm 下的黏度，mPa·s；

　　　r——气体-液体比，按下式计算。

$$r=\frac{溶解的气体体积,m^3(15.56℃,1atm)}{不含溶解气的液体体积,m^3(15.56℃,1atm)}$$

为了得到其它温度下的黏度，可使用以下关系式。

$$\lg\mu_t=-1.209+\frac{1.209+\lg\mu_m}{1.8t+171}\times239 \tag{7-186}$$

式中　μ_t——所需温度下的黏度，mPa·s；

　　　t——温度，℃。

本方法是从液态烃溶解 N_2，CO_2，CH_4 等轻质烃类气体的数据得来，在 260℃（500℉）以上不适用。预计的平均误差在 15% 左右。

例 7-41　某脱蜡油在 37.78℃ 下的黏度为 28.38mPa·s，在 54.44℃ 下将甲烷气体溶于该脱蜡油，每 1m³ 油的饱和气体溶解量为 9.708m³（所有体积均在 1atm、15.56℃ 下计量）。计算为甲烷所饱和的脱蜡油在 54.44℃ 下的黏度。

本例中，$\mu_a=28.38$，$r=9.708$，$t=54.44$。

饱和液体在 37.78℃（100℉）、1atm 下的黏度（厘泊）。

由式（7-185）计算得 $\mu_m=19.54$。

由式（7-186）计算得 $\mu_t=10.28$。

实验值 $\mu_t=10.72$。

7.10　热导率

7.10.1　液体石油馏分的热导率

在大约 34atm 以下，液体的热导率可认为与压力无关，可按按下式计算。

$$k=0.12886-1.27726\times10^{-4}t \tag{7-187}$$

式中　k——热导率，W/(m·℃)；

　　　t——温度，℃。

上式预期的平均误差为 10%，最大误差可达 40%。由于没有考虑摩尔质量和分子类型的影响，上式过于简化。对于已知组成的混合物，应选用其它方法。

在已知中平均沸点时，石油馏分的热导率（$P<3.45MPa$）可用下式估计。

$$k=(0.02010-1.98205\times10^{-5}t)T_{ME}^{0.2904} \tag{7-188}$$

式中　k——热导率，W/(m·℃)；

　　　t——温度，℃；

　　　T_{ME}——中平均沸点，K。

上式可用于中平均沸点在 64~585℃ 的石油馏分，预测误差约为 6%，最高可达 24%。

在中平均沸点未知时，可用图 7-1 从特性因数、苯胺点、碳氢比、分子量估计。

当 $P>3.45\text{MPa}$ 时，可按照下式估计压力对液体热导率的影响。

$$k_2=k_1\frac{C_2}{C_1} \tag{7-189}$$

式中　k_1——指定温度（T）和压力（P_1，通常 $P_1=1\text{atm}$）下的热导率，W/(m·℃)；

　　　k_2——指定温度（T）和另一压力（P_2）下的热导率，W/(m·℃)；

　C_1，C_2——与 k_1 和 k_2 对应的参数，可分别在条件（T，P_1）和（T，P_2）按下式计算。

$$C=\begin{cases} 21.2169527+12.499948T_r-9.603780567T_r^2+0.5664484604P_r^3 \\ +4.822993858P_rT_r^2-2.607023917T_rP_r^2-0.02307650779T_r/P_r \\ +0.01299329126T_r\ln P_r+0.01891359681/P_r \\ -16.63635745\sqrt{T_r}-1.07947156P_r\ln T_r \\ \qquad (0.4\leqslant T_r<0.87) \\ 10.5799492-0.6203616852P_r-7.442715621\ln P_r \\ +9.141193175T_r\ln P_r+0.02420923204/P_r-10.5097815P_r\ln T_r \\ \qquad (0.87\leqslant T_r\leqslant1.0) \end{cases}$$

　　　T_r——对比温度，T/T_c；

　　　T——与 k_1 和 k_2 对应的温度，K；

　　　T_c——临界温度（对石油馏分取假临界温度），K；

　　　P_r——对比压力，分别等于 P_1/P_c，P_2/P_c；

　P_1，P_2——与 k_1 和 k_2 对应的压力，MPa；

　　　P_c——临界压力（对石油馏分取假临界压力），MPa。

式（7-189）的平均误差，仅压力校正部分，为 3%，最大误差为 15%。

此外，对于 $T_r=0.4\sim0.8$ 的情况，参数 C_1，C_2 也可按下式计算。

$$C=17.77+0.065P_r-7.764T_r-2.054T_r^2\exp(-0.2P_r)$$

7.10.2　石油馏分与组成已知的烃类液态混合物的热导率

首先，对于已知组成的烃类液态混合物，其热导率可由其组分的热导率进行计算。

$$k_m=\sum_i\sum_j\varphi_i\varphi_jk_{ij} \tag{7-190}$$

$$k_{ij}=2\left(\frac{1}{k_i}+\frac{1}{k_j}\right)^{-1}\quad(k_{ij}=k_{ji},k_{ii}=k_i) \tag{7-191}$$

$$\varphi_i=\frac{x_iV_i}{\sum_jx_jV_j}\quad(\sum_i\varphi_i=1) \tag{7-192}$$

式中　k_m——混合物的热导率，W/(m·℃)；

　　　k_i——组分 i 的热导率，W/(m·℃)；

　　　V_i——组分 i 的摩尔体积，m^3/kmol；

　　　x_i——组分 i 的摩尔分数。

上述方法预测混合物热导率的平均误差为 5%，遂于具有可靠纯烃组分热导率的混合物，误差罕见超过 15%。

石油馏分与组成已知的烃类液体混合，形成的混合物的热导率可套用上述方法计算，步骤如下。

① 按 7.10.1 节方法估计石油馏分的热导率，作为假组分 1；

② 按式（7-190）计算组成已知的烃类液体混合物的热导率，作为假组分 2；

③ 对上述两个假组分，应用式（7-190），计算得到石油馏分与组成已知的烃类液体混合物的热导率。

7.10.3 石油馏分蒸气的热导率

组成不明确的烃类蒸气，在低压下（蒸气可认为是理想气体）的热导率，可用以下方程估算。

$$k = 0.00376 + \frac{0.70595}{M^{1.086497}} + \left(0.102684 + \frac{3.308}{M^{1.7}}\right)\frac{t}{1000} \tag{7-193}$$

式中 k——热导率，W/(m·℃)；

M——摩尔质量，kg/kmol；

t——温度，℃。

上式取自文献 [5]，与文献 [3] 图 12B3.1 的最大偏差为 0.002W/(m·℃)。

式（7-193）过于简化，仅用在其它方法不能使用的场合。

式（7-193）的平均误差为 10%。对石油馏分蒸气没有做过精度考察。

当气体混合物摩尔质量未知时，可以使用粗略估计的摩尔质量数值。由此引入的误差一般会被式（7-193）本身的误差掩盖掉。

上式不可用于含有量子气体（H_2，He，Ne）的混合物。对于这类混合气体，可首先用式（7-193）估算除去量子气体以外的烃类部分的热导率，然后将烃类部分作为一个假组分，套用明确组分混合物气体热导率的计算方法。

对组成不明确的低压烃类蒸气，文献 [2] 也提供了一个类似的关联式。

$$k = A + \frac{B}{M} + \frac{C}{M^2} + \left(D + \frac{E}{M} + \frac{F}{M^2}\right)t \tag{7-194}$$

上式的符号与式（7-193）相同，各个参数是：$A = 4.1251 \times 10^{-3}$；$B = 0.42856$；$C = 2.0911$；$D = 1.0208 \times 10^{-4}$；$E = 1.3047 \times 10^{-4}$；$F = 5.7405 \times 10^{-3}$。其适用的温度范围是 $-18 \sim 538℃$，分子量范围是 $15 \sim 150$kg/kmol。

当气体压力高于 0.345MPa 时，可用下面方法估算压力对气体热导率的影响。

$$\frac{k}{k^*} = \frac{C'_v}{C_v}\left(\frac{k}{k^*}\right)' + \frac{C''_v}{C_v}\left(\frac{k}{k^*}\right)'' \tag{7-195}$$

式中 k——指定温度（T）和压力（P）下的热导率，W/(m·℃)；

k^*——指定温度（T）和低压（P^*，通常 $P^* = 0.101325$MPa）下的热导率，W/(m·℃)；

C_v——真实气体的等容热容，kJ/(kmol·K)。由下式计算。

$$C_v = C_p^0 - R\left[1 + \left(\frac{\widetilde{C}_v^0 - \widetilde{C}_v}{R}\right)\right] \tag{7-196}$$

C'_v——真实气体的位移等容热容，kJ/(kmol·K)。计算式如下。

$$C'_v = 20.79 - R\left[1 + \left(\frac{\widetilde{C}_v^0 - \widetilde{C}_v}{R}\right)^{(0)}\right] \tag{7-197}$$

C''_v——真实气体的内部等容热容，kJ/(kmol·K)。计算式如下。

$$C''_v = C_v - C'_v \tag{7-198}$$

$\left(\dfrac{k}{k^*}\right)'$——位移等容热容对热导率比的贡献，无因次。计算式如下。

$$\left(\frac{k}{k^*}\right)' = 1.0 + \frac{4.18}{T_r^4} + 0.537\frac{P_r}{T_r^2}[1 - \exp(aP_r^b)] + 0.510\frac{P_r}{T_r^3}\exp(aP_r^b)$$

$$a = -0.0617\exp\left(\frac{1.91}{T_r^9}\right) \left.\vphantom{\begin{array}{c}1\\1\\1\end{array}}\right\} \quad (7\text{-}199)$$

$$b = 2.29\exp\left(\frac{1.34}{T_r^{16}}\right)$$

$\left(\dfrac{k}{k^*}\right)''$——内部等容热容对热导率比的贡献，无因次。计算式如下。

$$\left(\frac{k}{k^*}\right)'' = \begin{cases} 1.0 + \dfrac{1.0}{T_r^5}\left(\dfrac{P_r^4}{2.44T_r^{20} + P_r^4}\right) + 0.012\dfrac{P_r}{T_r} & \text{（对非环烷烃）} \\[4mm] 1.0 + \dfrac{0.520}{T_r^4}\left(\dfrac{P_r^5}{5.38 + P_r^5}\right) + 0.009\dfrac{P_r}{T_r} & \text{（对环烷烃）} \end{cases} \quad (7\text{-}200)$$

$\left(\dfrac{\widetilde{C}_v^0 - \widetilde{C}_v}{R}\right)$——压力对流体等容热容的影响，无因次。见式（7-132）；

$\left(\dfrac{\widetilde{C}_v^0 - \widetilde{C}_v}{R}\right)^{(0)}$——压力对简单流体等容热容的影响，无因次。见式（7-130）；

C_p^0——流体作为理想气体的热容，$kJ/(kmol \cdot K)$。对石油馏分可令压力作用项为
　　　0，由式（7-125）计算。注意式（7-125）中 C_p^0 的单位是 $kJ/(kg \cdot K)$，需
　　　乘摩尔质量转化；

R——气体常数，$8.3145kJ/(kmol \cdot K)$；

T_r——对比温度，T/T_c；

T——温度，K；

T_c——临界温度（对石油馏分取假临界温度），K；

P_r——对比压力，P/P_c；

P——压力，MPa；

P_c——临界压力（对石油馏分取假临界压力），MPa。

上述压力校正方法，是处理非理想气体热导率的唯一方法。临界区外平均误差为 5%，临界区内的平均误差为 20%，甚至可达 50%。

7.11　燃烧热

物质的燃烧热是物质被分子氧氧化为最终氧化物所放出的热量，也称为发热值或热值。烃类物质的完全燃烧方程可表示为

$$C_x H_y + \left(x + \frac{y}{4}\right)O_2 \longrightarrow \frac{y}{2}H_2O + xCO_2$$

燃烧热是燃烧反应焓变化的绝对值。因此，可通过计算燃烧反应的焓变化来计算燃烧热。按照反应物和最终产物所处的状态不同，燃烧热有三种不同定义。

① 标准燃烧热，反应物和产物均处于 25℃ 和 1atm，产物中的水按照液体计算。

② 高发热值，反应物和产物均处于 15.56℃ 和 1atm，产物中的水按照液体计算。

③ 低发热值，反应物和产物均处于 15.56℃ 和 1atm，产物中的水按照气体计算。

低发热值又称低热值、净热值，高发热值又称高热值。两者之间的关系为

$$\Delta H = Q - c\lambda_{H_2O} \quad (7\text{-}201)$$

式中　ΔH——净热值，kJ/kg-燃料；

　　　Q——高热值，kJ/kg-燃料；

c——每千克燃料燃烧生成的水量，kJ/kg-燃料；

λ_{H_2O}——水在 15.56℃ 和其蒸气压下的气化热，kJ/kg。

大多数场合下由空气供给燃烧所需的分子氧，为保证完全燃烧常加入过量空气。出口烟气的温度在实际中常不固定。实际中关心的是燃烧可得到的实际热量，即有效燃烧热，也称为有效热值。有效燃烧热可计算为

$$(H_t - H_{15.56}) = Q - \sum_{i=1}^{n} d_i (H_t - H_{15.56})_i \qquad (7\text{-}202)$$

式中 $(H_t - H_{15.56})$——有效燃烧热，kJ/kg-燃料。假设燃料供给温度为 15.56℃，烟气出口温度为 t℃；

$(H_t - H_{15.56})_i$——烟气组分 i 从 15.56℃ 到 t℃ 的总焓变，kJ/kg-i 组分；

n——烟气组分数目；

d_i——烟气组分 i 的质量，kg-i 组分/kg-燃料。

对于炼厂气体和燃油来说，烟气质量对燃料质量的比值可通过物料衡算得到。

$$\frac{烟气, kg}{燃料, kg} = \frac{64.1 w_S}{32.1} + \frac{44.0\beta(1-w_S-w_I)}{12.0(\beta+1)} + \frac{18.0(1-w_S-w_I)}{2(\beta+1)}$$
$$+ \left[\frac{w_S}{32.1} + \frac{\beta(1-w_S-w_I)}{12.0(\beta+1)} + \frac{1-w_S-w_I}{4(\beta+1)}\right]\left[\frac{79\times28.0}{21} + \frac{29.0\times\alpha}{21}\right] \qquad (7\text{-}203)$$

式中 w_S——燃料中硫含量，质量分数；

w_I——燃料中惰性组分含量，质量分数；

β——燃料的碳氢元素质量比；

α——过剩空气分子分数。

烟气（不含水）中含 CO_2 的质量分数为

$$CO_2\% = \frac{\dfrac{\beta(1-w_S-w_I)}{12.0(\beta+1)}}{\dfrac{w_S}{32.1} + \dfrac{\beta(1-w_S-w_I)}{12.0(\beta+1)} + \left(\dfrac{79}{21}+\dfrac{\alpha}{21}\right)\left[\dfrac{w_S}{32.1} + \dfrac{\beta(1-w_S-w_I)}{12.0(\beta+1)} + \dfrac{1-w_S-w_I}{4(\beta+1)}\right]} \qquad (7\text{-}204)$$

式（7-203）和式（7-204）是按照表 7-4 及表 7-5 列出的基础燃料组成推导的。

表 7-4 基础燃料油性质

API 重度 (°API)	硫含量(质量分数) w'_S/%	惰性组分含量(质量分数) w'_I/%	碳/氢 (质量比)
0	2.95	1.15	8.80
5	2.35	1.00	8.55
10	1.80	0.95	8.06
15	1.35	0.85	7.69
20	1.00	0.75	7.65
25	0.70	0.70	7.17
30	0.40	0.65	6.79
35[①]	0.30	0.60	6.50

① 如果 API 重度 > 35，式（7-206）和式（7-208）所作的杂质校正可忽略。式（7-205）和式（7-207）表示的热值为纯烷烃的热值，燃料碳氢质量比等于 $12n/(2n+2)$，n 是烃分子焓的碳原子数。

表 7-5　基础燃料气性质

公称热值[1] /(kJ/m³)[2]	实际燃烧热			硫含量（质量分数） w'_S/%[3]	惰性组分含量（质量分数） w'_I/%[4]	烃类部分摩尔质量 /(kg/kmol)
	高热值		低热值 /(kJ/kg)			
	/(kJ/m³)[2]	/(kJ/kg)				
37000	38635	50704	45820	4.72	5.38	16.5
45000	46496	50239	—	3.88	4.42	20.4
52000	54320	50007	—	3.32	3.78	24.3
60000	62182	49541	45122	2.90	3.30	28.2
67000	70005	48844	—	2.52	2.88	32.1
75000	77867	48378	—	2.29	2.61	36.1

① 公称热值是一种近似高热值。

② 燃料气体积在 16.56℃ 和 1atm 下计量。

③ 相当于 2.5%（分子）H_2S。

④ 相当于 1.25%（分子）CO_2 和 1.25%（分子）空气。

7.11.1　石油馏分的燃烧热

下式用于计算表 7-4 列出的基础燃料油的高热值。

$$Q=41105.072+154.9116G-0.735016G^2-0.0032564G^3 \tag{7-205}$$

式中　Q——15.56℃ 下的高热值，kJ/kg-燃料；

　　　G——API 重度。

如果燃料含水或杂质含量与表 7-4 数据有显著差异，须用下式校正式（7-205）结果。

$$Q_c=Q[1-0.01(w_{H_2O}+\Delta w_S+\Delta w_I)]+94.203\Delta w_S \tag{7-206}$$

式中　Q_c——经校正的高热值（15.56℃），kJ/kg-燃料；

　　　Q——未经校正的高热值（15.56℃），kJ/kg-燃料。按式（7-205）计算；

　　　$\Delta w_S=w_S-w'_S$；

　　　$\Delta w_I=w_I-w'_I$；

　　w_{H_2O}——燃料含水量，质量分数；

　　　w_S——燃料含硫量，质量分数；

　　　w_I——燃料含惰性组分量，质量分数；

　　　w'_S——API 重度为 G 的基础燃油的硫含量（见表 7-4），质量分数；

　　　w'_I——API 重度为 G 的基础燃油的惰性组分含量（见表 7-4），质量分数。

对于表 7-4 列出的基础燃料油，其净热值可估算为

$$\Delta H=39067.496+126.767G-0.504742G^2-0.0044194G^3 \tag{7-207}$$

式中　ΔH——15.56℃ 下的净热值，kJ/kg-燃料。

如果燃料含水或杂质含量与表 7-4 数据有明显差异，须用下式校正式（7-207）结果。

$$\Delta H_c=\Delta H[1-0.01(w_{H_2O}+\Delta w_S+\Delta w_I)]+94.203\Delta w_S-24.49278w_{H_2O} \tag{7-208}$$

式中　ΔH_c——经校正的净热值（15.56℃），kJ/kg-燃料。

本节方法估算的高热值和净热值的平均误差分别是 419 和 477kJ/kg-燃料。

例 7-42　某燃油 15.6℃ 下的 API 重度为 11.3，水、硫、惰性组分的含量（质量分数）分别是 0.30%、1.49%、1.67%。估算其高、低热值。

查表 7-4，内插得 11.3°API 基础燃料油的硫及惰性组分的质量分数含量分别是 1.68% 和 0.92%。因此，

$$w_{H_2O}=0.30$$

$$\Delta w_S=1.49-1.68=-0.19$$

$$\Delta w_I=1.67-0.92=0.75$$

由式（7-205）和式（7-207）分别算得

$$Q = 42757 \text{kJ/kg-燃料}$$

$$\Delta H = 40429 \text{kJ/kg-燃料}$$

由式（7-206）和式（7-208）分别算得

$$高热值 \ Q_c = 42371 \text{kJ/kg-燃料}$$

$$净热值 \ \Delta H_c = 40056 \text{kJ/kg-燃料}$$

实验测定的高热值和净热值分别是 42073 和 39840kJ/kg-燃料。

7.11.2　燃料气的燃烧热

下式可用于燃料气体在 15.56℃ 和 1atm 下的高热值。

$$Q = \frac{\sum_{i=1}^{n} x_i Z_i Q_i}{Z_m} \tag{7-209}$$

式中　Q——燃料气的高热值，kJ/kg-燃料；

$\quad\quad Q_i$——组分 i 的高热值，kJ/kg-i；

$\quad\quad n$——组分数目；

$\quad\quad x_i$——组分 i 的分子分数；

$\quad\quad Z_i$——组分 i 在 15.56℃ 和 1atm 下的压缩因子；

$\quad\quad Z_m$——燃料气混合物在 15.56℃ 和 1atm 下的压缩因子。

上式前提是燃料气不含水分，计算热值的平均误差不超过 1%。如果气体燃料为水气饱和（15.56℃，1atm），则须将式（7-209）计算结果乘以 0.9825。

套用式（7-201），则可进一步计算燃料气的净热值。

例 7-43　某燃料气的组成见下表，其在 15.6℃ 和 1atm 下的压缩因子为 0.998，计算其高热值。

组分 i	x_i	Z_i	Q_i
N_2	0.0710	1.0000	0.0
CO_2	0.0049	1.0000	0.0
甲烷	0.8465	0.9981	2352.6
乙烷	0.0520	0.9916	4148.2
丙烷	0.0190	0.9820	5961.5
正丁烷	0.0028	0.9667	7846.9
异丁烷	0.0031	0.9696	7801.3
戊烷以上组分	0.0007	0.9435	9103.1

按式（7-209）计算得高热值 $Q = 2368.3 \text{kJ/kg-燃料气}$。

7.11.3　有效燃烧热

下式可用于燃料油（不含水）的有效燃烧热。

$$Q_{a,o} = \Delta H_o \frac{\alpha - (w_S + w_I)}{\alpha - (w_S' + w_I')} \Big\{ (1.00029944 - 1.6756 \times 10^{-6} \alpha) -$$

$$(0.2221088553 + 1.8803765 \times 10^{-3} \alpha) \left(\frac{1.8t - 28}{1000} \right) - \tag{7-210}$$

$$(0.0105929217 + 1.047375 \times 10^{-4} \alpha) \left(\frac{1.8t - 28}{1000} \right)^2 \Big\}$$

式中　$Q_{a,o}$——燃油的有效燃烧热，kJ/kg；

ΔH_0——燃油的低热值，kJ/kg，根据燃油的 API 重度（γ）取下列数值。

γ, °API	0	5	10	15	20
ΔH_0, J/kg	39075	39773	40238	40703	41401

w_S——燃油含硫量，质量分数；

w_I——燃油含惰性组分量，质量分数；

w_S'——API 重度为 γ 的基础燃油的硫含量（见表 7-4），质量分数；

w_I'——API 重度为 γ 的基础燃油的惰性组分含量（见表 7-4），质量分数；

α——过剩空气摩尔分数；

t——烟气温度，℃。

式（7-210）出自文献［5］，从文献［3］的关联图回归得到。原图查得的有效燃烧热与实验值间的平均误差为 1%。式（7-210）计算结果与查图结果间的平均偏差为 116kJ/kg。

燃料气（不含水）的有效燃烧热可用下式估算。

$$Q_{a,g} = \Delta H_g \frac{\alpha - (0.5w_S + w_I)}{\alpha - (w_S' + w_I')} \Big\{ (1.001681087 - 1.3115 \times 10^{-6}\alpha) -$$

$$(0.2312837435 + 1.9003543 \times 10^{-3}\alpha)\left(\frac{1.8t - 28}{1000}\right) -$$

$$(0.0115302407 + 9.38422 \times 10^{-5}\alpha)\left(\frac{1.8t - 28}{1000}\right)^2 \Big\} \qquad (7\text{-}211)$$

式中　$Q_{a,g}$——燃气的有效燃烧热，kJ/kg；

ΔH_g——燃气的低热值，kJ/kg，依据表 7-5 燃料气的公称热值取值，即

公称热值，kJ/m³	37000~52000	60000~75000
ΔH_g, kJ/kg	45820	45122

w_S——燃气含硫量，质量分数；

w_I——燃气含惰性组分量，质量分数；

w_S'——低热值为 ΔH_g 的基础燃气的硫含量（见表 7-5），质量分数；

w_I'——低热值为 ΔH_g 的基础燃气的惰性组分含量（见表 7-5），质量分数；

α——过剩空气摩尔分数；

t——烟气温度，℃。

式（7-211）出自文献［5］，从文献［3］的关联图回归得到。原图是从烷烃气体混合物数据导出的，查图得到的有效燃烧热与实验值间的平均误差为 1%。式（7-211）计算结果与查图结果间的平均偏差为 116kJ/kg。

7.11.4　煤的热值

下式可用于估算煤的恒容高热值。

$$Q_v = 340.95C + 1322.98H + 68.38S - 15.31A - 119.86(O+N) \qquad (7\text{-}212)$$

式中　Q_v——恒容条件下的干基高热值，kJ/kg；

C——碳元素含量（质量分数），%；

H——氢元素含量（质量分数），%；

S——硫元素含量（质量分数），%；

A——灰分含量（质量分数），%；

$(O+N)$——氧和氮元素含量（质量分数），%。

上述质量分数，是干基的。

恒压高热值可估计为

$$Q_p = Q_v + 6.0476H - 0.76758O \qquad (7\text{-}213)$$

式中 Q_p——恒压条件下的干基高热值，kJ/kg。

恒压净热值或低热值可估计为

$$\Delta H_p = Q_v + 214.46H - 0.76758O - 24.423M \qquad (7\text{-}214)$$

式中 ΔH_p——恒压条件下的净热值，kJ/kg；

M——水分含量（质量分数），%。

上述 Q_v、H、O 是干基的。

参 考 文 献

[1] Riazi, M. R. Characterization and Properties of Petroleum Fractions. 1st ed. American Society for Testing and Materials (ASTM), PA. 2005.

[2] American Petroleum Institute. API Technical Data Book-Petroleum Refining. 6th ed. American Petroleum Institute (API), Washington, DC. 1997.

[3] American Petroleum Institute. API Technical Data Book-Petroleum Refining. 5th ed. Washington, DC. 1992.

[4] American Petroleum Institute. API Technical Data Book-Petroleum Refining. Metric Edition. New York. 1985.

[5] 何良知等. 石油化工工艺计算程序. 北京：中国石化出版社，1993.

[6] 华东石油学院炼制系. 石油炼制及石油化工计算方法图表集. 1979.

[7] Woodle, R. A. "New Ways to Estimate Characterization of Lube Cuts," Hydrocarbon Process. 1980. 59 (7)：171.

[8] Edmister, W. C. and Okamoto, K. K. Applied Hydrocarbon Thermodynamics-Part 13. Equilibrium Flash Vaporization Correlations for Heavy Oils under Sub-atmospheric Pressures. Petrol. Refiner. 1959. 38 (9)：271.

[9] Lee, B. I and Kesler, M. G. "A Generalized Thermodynamic Correlation Based on Three-Parameter Corresponding States," AIChE J. 21：510.

[10] 郭天民等. 多元汽液平衡和精馏. 第一版. 北京：化学工业出版社，1982.

[11] Soave, G. "Equilibrium Constants of Vapor-Liquid K-Values for Hydrocarbon-Hydrocarbon Systems," Chem. Eng. Sci. 1972：27：1192.

[12] Pedersen K. S, Fredenslund, A, and Thomassen, P. Properties of Oils and Natural Gases. Gulf Publishing Co, Houston. 1989.

第8章 石油化工物性数据库

8.1 石油化工物性数据库的特点

8.1.1 数据库技术是计算机学科的一个分支

数据库技术是在20世纪60年代初开始发展起来的一种数据管理技术，已成为计算机学科的重要分支。当人们从不同角度来描述数据库时就会产生不同的概念，例如称数据库是一个"记录保存系统"，这个定义强调了数据库是若干记录的集合。又如称数据库是"人们为解决特定任务，以一定组织方式存储在一起的相关的数据的集合"，这个定义侧重于数据的组织。J. Martin对数据库做了一个比较完整的定义：数据库是存储在一起的相关数据的集合，这些数据是结构化的，无有害的或不必要的冗余，并为多种应用服务；数据的存储独立于使用它的程序；对数据库插入新数据、修改和检索原有数据均能按一种公用的和可控制的方式进行。由此可见可以简单地定义数据库是按照数据结构来组织、存储和管理数据的仓库。

数据库技术包括数据处理和数据管理两方面内容。数据处理是对数据进行收集、组织、评选加工、存储、提取和传播的过程。它的主要任务是要从大量的、凌乱的和难以理解的数据信息中，获取有价值的数据，作为过程设计决策的依据。数据管理是实施数据的组织、存储、检索、更新和维护等工作，它是数据库技术的主要工作。

数据库系统实际上可以包括计算机硬件、操作系统、数据库管理系统、数据库和在数据库管理系统基础上开发的各类应用软件。图8-1表示了一个数据库系统各个组成部分及其相互关系。

8.1.2 数据库的特点

数据库的最大特点就是数据共享。数据库系统提供数据间交互访问的手段，极大地减少了数据的冗余度。数据库技术还提供了较强的数据独立性、安全性和完整性，数据的可靠性得到了保证，并使用户在利用数据的效率方面得到极大的提高。数据库系统已成为科研、设计、教学和生产等方面不可缺少的有力工具。

目前，一个完整的石油化工物性数据库与其他专业数据库相比具有如下特点。

① 数据量浩瀚，物质种类多，单质和化合物数量繁杂，同时涉及每个物质在不同物态下的物性数据项目众多。目前工程中应用的单个数据库收录的物质数目一般可达到数千，数据项目可达到近百项，数据总量可达到十万个以上。

② 数据结构复杂。由于石油化工组分的物理性质包括基础性质、热化学性质和传递性质等，有的性质与温度无

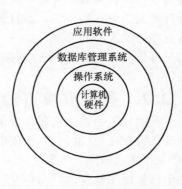

图 8-1 数据库系统结构

关，有的强烈依赖于温度关系，使它的存储结构不是单一的。

③ 具有强大的物性推算系统。石油化工艺物流的性质一般均是物态、组成、温度和压力的复杂函数。石化过程工艺条件的多样性决定了性质数据不可能以单纯的数据形式存储在数据库中，数据库必须具有强大的推算系统来预测物性，才能满足工艺人员在各种各样的工艺条件下获取物系性质的要求。

④ 具有估算系统。由于人力限制、测试困难等原因，尽管石化物性数据库存储大量数据，仍旧不能在数据库中收集储存全部数据，始终存在缺项。同时新物质的发现和应用也造成不可能在现有数据库中搜索到它们的性质。因此，石油化工物性数据库中需要具备按照某些理论如基团性质理论建立的物性估算系统，来估算这些性质缺项。目前石化物性数据库主要具有有机物物系的物性估算系统。

⑤ 具有数据回归系统，用于将实验数据或其他来源的数据回归成数据库中存储模型的参数，以填补数据库中数据的缺项或在计算和预测中更良好地符合计算对象的实际工况。

8.2 数据库在石油化工工艺设计中的应用和发展

8.2.1 数据库技术在石油化工工艺设计中发挥重要作用

石油化工工艺设计是石油化工装置和企业设计的龙头，它需要运用高新技术和现代知识（包括专利技术、现代物理化学知识、技术标准和规范、工程实践和生产经验等）通过有组织地进行的、有继承又有创造性的、多专业人才的集体工作，完成工程项目的各类设计文件、图纸和资料等工程建设必需的基础数据，是国民经济建设中极为重要的一个环节。

随着计算机及数据库技术的不断发展和完善，已经能对大量工程设计的数据和各种资料、文件和档案进行有效的储存、组织和管理，使工艺设计逐渐实现电子化、数字化和信息化，完全摆脱了大量人工准备数据、图板作业的繁杂劳动，大大提高了工作效率和设计质量。通过石油化工物性数据库检索石化物性数据和完成性质推算是石化工艺设计的基础。在此基础上完成计算机辅助工艺设计，到完成工艺包设计等，极大地提高了设计速度和设计质量。例如，在20世纪80年代初，采用手工设计某炼油厂吸收稳定系统时，花费数名工艺设计人员两个多月的时间才完成该系统的工艺计算，但到了80年代后期，同类装置应用石化物性数据库支持的工艺流程模拟系统时，数据准备耗时几个小时，使用当时的计算机完成主要工艺计算，计算机CPU耗时仅95min。又如在指定温度和压力下计算某混合物的黏度，借助数据库仅需数秒钟就可完成。由此可见，使用数据库技术不仅改变了传统的查阅、查表手算和人工设计的方法，而且数据的可靠性、精确程度和工作效率等都发生了质的飞跃。随着石油化学工业的发展，科研、设计、生产和教学等领域对于数据库的依赖性越来越明显。也只有依靠数据库技术的不断发展才能实现石油化工工程设计的系统化、集成化和综合应用。

8.2.2 我国重视石油化工物性数据库的研发

石油化工物性数据库显示了明显的优越性，是计算机辅助工艺设计必不可少的工具，我国石化行业在20世纪70年代中期开始建立石油化工物性数据库。例如，在1978年完成的"化工物性数据库"是原化学工业部组织有关设计、科研和高等学校编制合成氨和乙烯分离两个流程模拟软件时，由原化工部化工设计公司完成的。虽然规模较小，储存320个组分（单质和化合物），每个组分收储十几项数据，但它已发挥了数据库的优越性，在当时受到化工和石油界人士的重视。

　　随着我国石化工业的发展，在 20 世纪 80 年代原化工部组织了南北方两个数据库发展中心。南方中心以南京化工研究院计算站为主要单位，北方中心以北京化工大学计算机系为主要单位。同一时期内，清华大学、大连理工大学、天津大学、青岛理工大学、化工部化学工程技术中心站、中石化总公司各设计单位和天津市化工设计院等都做了大量工作，分别建立了各具特色的石油化工物性数据库。

　　进入 20 世纪 90 年代后，随着计算机软硬件技术的迅速发展，数据库技术发展更为迅速，设计部门对于石化基础物性数据的需要和重视程度也与日俱增，当时国内的石油化工物性数据库以 ECSS[1]、天津市化工物性数据库[2] 和烃类实验物性数据库[3] 为代表。ECSS 是工程化学模拟系统数据库及物性推算包的英文缩写，由青岛理工大学计算机与化工研究所开发。ECSS 数据规模较大、功能较全，在 1995 年增订发行的 V3.10 版本中收储 1037 种组分 23 项基础性质和 5000 多对二元交互作用参数，物性推算包中储存 180 个以上的物性推算模型，以及各种基础性质的估算模型等，拥有 50 多个用户。天津市化工物性数据库是天津市化工设计院和南开大学在 20 世纪 80 年代后期开发的用于检索化工物性的数据库，而烃类试验物性数据库是天津大学在同一时期对国内外烃类实验数据收集、整理和评选基础上建立的物性数据库，都得到广大应用者的欢迎，在石化领域科研、设计、教学和生产中发挥积极作用。

8.2.3　石油化工物性数据库在国外的发展过程

　　在国外，特别是欧美技术先进、工业发达的国家，计算机技术和石油化工工业起步早、发展迅速。自 20 世纪 60 年代起欧美各个大学、专门机构和工程公司为适应石化工业发展的需要，相继组织开发独立的或与过程模拟系统配套的石化物性数据库。当时，随着化工热力学学科的迅速发展，出现了许多优秀的热力学性质推算模型，使物性数据库如虎添翼，得到迅猛发展。在 70 年代，国际上各个大型工程公司都已建立自有的过程模拟系统和与之配套的石化物性数据库。例如，Lummus Co. 的 GPS（General Process Simulator），Stone & Webster Co. 的 PIPS（Process Industrial Program System），Kelloge Co. 的 GFS（General Flowsheet Simulator），Badge Co. 的 GMB（General Material Balance）系统，UCC Co. 的 IPES 和丹麦 TOPSOE 公司的 GIPS 等过程模拟系统都匹配相应的石化物性数据库，这些数据库都结合公司自身的经验，将一些专有数据提供本公司的设计使用。又如，英国 PPDS、ICI Co. 的 FLOWPACK、Monsanto Co. 的 FLOWTRAN 和 Puedue 大学的计算机辅助工艺设计物性数据包（Physical Properties Package for Computer-Aided Process Design）等都是相当著名的石化物性数据库。

　　另一方面，在 20 世纪 60 年代后期和 70 年代相继成立的许多过程工业应用软件专业化公司，其中一些公司专门从事过程模拟软件的开发和商业化服务工作。这些公司推出通用过程模拟软件中，石化物性数据库是它的重要组成部分。如科学模拟公司（SIMSCI）在 70 年代初期发布的 SSI 100 系统软件，就包括一个数百组分的物性数据库及其物性推算系统。在 1969 年成立的 Chemshare 公司推出的过程模拟软件 DESIGN 中也具有类似的数据库。在 1981 年成立的 AspenTech 公司所发行的过程模拟软件 Aspen Plus 中，由纯组分、电解质等数个石化物性数据库及其物性推算系统构成了它的重要组成部分。在进入 80 年代后，由于经济和技术的原因，各大工程公司逐渐放弃自有的过程模拟系统，先后分别采用不同软件公司提供的通用模拟软件为主要过程模拟软件。到 80 年代后期，科学模拟公司的 PROCESS、AspenTech 公司的 Aspen Plus 和 Chemshare 公司的 DESIGN Ⅱ三个过程模拟软件基本上占据了过程模拟领域极大部分市场，在国外被认为是石化工程设计中工艺流程计算的标准软件。在这段时间里，构成过程模拟软件重要组成部分的石化物性数据库也得到长足的发展，逐渐演变为由纯组分数据库、无机物数据库、电解质数据库、二元交互作用参数数据库、乙烯或有机胺专用数据库等构成的数据库组合。进入新世纪后，过程模拟软件功能越发广泛，软件向集成化综合化方向继续发展，作为工艺流程计算的标准软件也演变为 HYSYS，Aspen Plus 和 PRO/Ⅱ三驾马车，分别由 AspenTech 和 Invensys 等公司所拥有，其中 AspenTech 公司将 AspenPlus 中的石化物性数据库部分单独推出一个软件产品 Aspen Properties，作为单独的石化物性平台供用户选择使用。

8.2.4 我国在石油化工物性数据库方面的应用现状

随着我国改革开放的步伐，我国石化工业获得迅速发展，石化设计科研单位和有关高校，先后引进了上述各种过程模拟软件和石化物性数据库。此外，曾有若干石化设计单位引进了 PPDS 物性数据系统[4,5]。PPDS（Physical Property Data Service）是英国国家工程实验室和化学工程师协会联合执行机构研究开发的成果。它由输入/出程序、物性数据库（纯组分、二元交互作用参数和用户库）、物性推算程序、相平衡计算程序、相平衡参数拟合程序、应用程序接口等组成。PPDS 用于计算、预测、拟合和集成石油化学组分的基础性质、热力学性质和传递性质数据。石化设计单位曾经常使用 PPDS 来提供换热器工艺计算所需要的全部物性数据，以及来满足科学家和工程师在石化工业和能源工业中对于物性计算的其它需要。目前，石化物性数据库的应用主要通过过程模拟软件平台来满足工艺计算中对于物性的多种多样的需要。单独就过程模拟而言，统计表明物性计算往往占过程模拟计算中约80%的计算工作量，可见石化物性数据库对于过程模拟是极其重要的，它往往决定了过程模拟的准确程度，甚至是决定过程模拟成功与否的关键。当前，国内使用最多的过程模拟系统是 Aspen Plus、PRO/Ⅱ 和 HYSYS，本章后面部分将较为详细地介绍前两个过程模拟系统数据库的情况。

8.3 PRO/Ⅱ通用过程模拟软件中的石化物性数据库

PRO/Ⅱ 通用过程模拟软件是美国英维思过程系统公司（Invensys Process System，简称 IPS）SimSci-Esscor（流程模拟与优化）的产品之一。IPS 总部设在美国马萨诸塞州的福克斯波罗（Foxboro），它属于总部设在英国的英维思集团的一个业务公司。1988 年开发完成的 PRO/Ⅱ是 SimSci-Esscor 经由 SSI 100 和 PROCESS 软件阶段升级后的过程模拟系统，目前增订至 8.2 版本。该系统具有多个物性数据库，能灵活广泛地定义各种组分，解决各种各样的石化科研设计等方面的问题。

石化工艺中涉及的组分有真实组分、石油组分和聚合物组分等。像 C、O_2、H_2S、CH_4 和 C_2H_5OH 等都是真实组分，使用各种纯组分数据库来储存它们的数据。石油组分是通过油样数据分析分解得到石油窄馏分，演变成虚拟组分或假组分——具有实际组分一样性质类型的石油窄馏分。使用石油数据库来储存油样数据。本章不讨论聚合物组分。

8.3.1 PRO/Ⅱ真实组分数据库

8.3.1.1 纯组分数据库[6]

纯组分数据库包括两个库：PROCESS 库和 SIMSCI 库。前者作为 PROCESS、PIPEPHASE、HEXTRAN 软件和 PRO/Ⅱ早期版本的缺省数据库，后者是一个完整的物性数据库。纯组分数据库总共含有经过评选的 1750 个组分，涉及单质和化合物、无机和有机物、气体、液体和固体组分。一般工作中遇到的组分都可以从库内搜索到。表 8-1 和表 8-2 列出每个组分所储存的性质参数。

表 8-1　PRO/Ⅱ纯组分数据库中组分内置的固定性质和常数

序号	英文名称	中文名称	序号	英文名称	中文名称
1	Acentric Factor	偏心因子	16	Heat of Formation	生成热
2	Carbon Number	碳原子数	17	Hydrogen Deficiency Number	缺氢数
3	Chemical Abstract Number	美国化学文摘编号	18	Liquid Molar Volume	液体摩尔体积
4	Chemical Formula	化学式	19	Lower Heating Value	低发热值
5	Critical Compressibility Factor	临界压缩因子	20	Molecular Weight	相对分子质量
6	Critical Pressure	临界压力	21	Normal Boiling Point	正常沸点
7	Critical Temperature	临界温度	22	Rackett Parameter	Rackett 参数
8	Critical Volume	临界体积	23	Radius of Gyration	回转半径
9	Dipole Moment	偶极矩	24	Solubility Parameter	溶解度参数
10	Enthalpy of Combustion	燃烧热	25	Specific Gravity	相对密度
11	Enthalpy of Fusion	融解热	26	Triple Point Temperature	三相点温度
12	Flash Point	闪点	27	Triple Point Pressure	三相点压力
13	Free Energy of Formation	生成自由能	28	UNIFAC Structure	UNIFAC 官能团结构参数
14	Freezing Point (Normal Melting Point)	冰点(正常熔点)	29	Van Der Waals Area And Volume	范德华面积和体积参数
15	Gross Heating Value	高发热值			

表 8-2　PRO/Ⅱ纯组分数据库中组分内置的与温度相关的性质

序号	英文名称	中文名称	序号	英文名称	中文名称
1	Enthalpy of Vaporization	气化焓	8	Solid Heat Capacity	固体比热容
2	Ideal Vapor Enthalpy	理想气体焓	9	Solid Vapor Pressure	固体蒸气压
3	Liquid Density	液体密度	10	Surface Tension	表面张力
4	Liquid Thermal Conductivity	液体热导率	11	Vapor Pressure	蒸气压
5	Liquid viscosity	液体黏度	12	Vapor Thermal Conductivity	气体热导率
6	Saturated Liquid Enthalpy	饱和液体焓	13	Vapor Viscosity	气体黏度
7	Solid Density	固体密度			

8.3.1.2　电解质数据库

电解质数据库也是一种纯组分数据库。PRO/Ⅱ电解质数据库 OLILIB 是 SimSci-Esscor 和 OLI 系统公司（OLI system Inc.）共同开发的数据库。在 PRO/Ⅱ 8.2 的 OLILIB 中储存 5154 个 Public 组分和 146 个 Geochemical 组分。这些组分中也包含非电解质组分，如常规的烃类组分。OLI 系统公司在 1971 年成立，主要从事于电解质热力学研究和它的应用技术的公司，发布 OLI Engine 和模拟程序界面程序等软件，是该领域带头的公司。自 7.0 版本起，当用户具有 PRO/Ⅱ电解质系统使用许可时，就可使用 OLI 的电解质模型完成过程模拟计算。对于不具有 PRO/Ⅱ电解质系统使用许可的用户——大部分用户属于这个类型——继续如以前版本一样，可以使用 PRO/Ⅱ 软件中内置的专用热力学包处理表 8-3 中的电解质体系。

表 8-3　PRO/Ⅱ 内置专用电解质热力学体系

包名称	模型名	组　　分
Amine Electrolyte Systems	MEA	H_2O,CO_2,C_2H_6,CH_4,H_2S,N_2,n-C_4H_{10},C_3H_8,MEA
	DEA	H_2O,CO_2,C_2H_6,CH_4,H_2S,N_2,n-C_4H_{10},C_3H_8,DEA
	TEA	H_2O,CO_2,C_2H_6,CH_4,H_2S,N_2,n-C_4H_{10},C_3H_8,TEA
	DGA	H_2O,CO_2,C_2H_6,CH_4,H_2S,N_2,n-C_4H_{10},C_3H_8,DGA
	MDEA	H_2O,CO_2,C_2H_6,CH_4,H_2S,N_2,n-C_4H_{10},C_3H_8,MDEA
	DIPA	H_2O,CO_2,C_2H_6,CH_4,H_2S,N_2,n-C_4H_{10},C_3H_8,DIPA
Sour Water Electrolyte Systems	SWO1	H_2O,CO_2,H_2S,NH_3,CH_4,C_6H_5OH,NaOH,$NaHCO_3$,Na_2CO_3,C_2H_6,C_3H_8,N_2,HCl,HCN,H_3PO_4,NaCl,NaHS,HCOOH
	SWO2	H_2O,CO_2,H_2S,NH_3,CH_4,C_6H_5OH,NaOH,$NaHCO_3$,Na_2CO_3,HCl,NaCl,NaHS,HCN,CH_3COOH
	SWO3	H_2O,CO_2,H_2S,NH_3,CH_4,C_6H_5OH,NaOH,$NaHCO_3$,Na_2CO_3,C_2H_6,C_3H_8,N_2,HCl,HCN,n-C_4H_{10},NaCl,NaHS,H_2,O_2,CO
	SWO4	H_2O,CO_2,H_2S,NH_3,CH_4,C_6H_5OH,NaOH,$NaHCO_3$,Na_2CO_3,C_2H_6,C_3H_8,N_2,n-C_4H_{10}
	SWO5	H_2O,CO_2,H_2S,NH_3
Benfield Systems	BENF	H_2O,CO_2,CO,C_2H_6,C_2H_4,CH_4,H_2S,H_2,N_2,NH_3,C_3H_8,K_2CO_3,$KHCO_3$,KHS,H_3PO_4,$B(OH)_3$,KOH
Acid Systems	ACID	H_2O,CO,CO_2,H_2,HCN,HCOOH,N_2,NH_3,H_3PO_4
	HCl	H_2O,HCl
	Cl_2	H_2O,HCl,Cl_2,HClO,N_2
	CLSF	H_2O,HCl,Cl_2,HClO,N_2,O_2；SO_2,H_2SO_3,H_2SO_4
	SULF	H_2O,SO_2,H_2SO_3,H_2SO_4
	PHOS	H_2O,$H_2PO_4 \cdot PO_4$
Caustic Systems	CAUS	H_2O,Cl_2,HClO,HCl,SO_2,NaCl,Na_2SO_3,Na_2SO_4,NaOH,H_2SO_4
	CAU2	H_2O,NaOH,KOH
Mixed Salt Systems	SALT	H_2O,NaCl,KCl
	CANA	H_2O,HCl,$MgSO_4$,Na_2SO_4,NaCl,H_2SO_4,$CaSO_4$,NaOH,$CaCl_2$,$MgCl_2$,$Ca(OH)_2$,$Mg(OH)_2$
	HOTC	H_2O,CO_2,CO,C_2H_6,CH_4,H_2S,H_2,N_2,C_3H_8,$NaHCO_3$,Na_2CO_3,NaOH
	GENE	H_2O,CO_2,Cl_2,HClO,HCl,N_2,O_2,SO_2,NaOH,NaCl,$NaHCO_3$,Na_2CO_3
	GEOT	H_2O,CO_2,NH_3,H_2S,HCl,$BaCl_2$,$CaCl_2$,$CuCl_2$,$FeCl_2$,$FeCl_3$,KCl,LiCl,$MgCl_2$,$MnCl_2$,NaCl,Na_2S,Na_2SO_3,Na_2SO_4,$PbCl_2$,$SrCl_2$,$ZnCl_2$,Na_4EDTA,Ca_2EDTA,$B(OH)_3$,$BaCO_3$,$BaSO_4$,$CaCO_3$,$CaSO_4$,Fe_3O_4,$MgCO_3$,NH_4SO_4,$SrCO_3$,$SrSO_4$
	OILF	H_2O,CO_2,HCl,Na_2SO_4,$NaHCO_3$,Na_2CO_3,$MgCl_2$,$BaCl_2$,$CaCl_2$,NaCl,NaOH,KCl,$BaSO_4$,$CaCO_3$,$CaSO_4$,$BaCO_3$,$Ca(OH)_2$,K_2CO_3,K_2SO_4,$KHCO_3$,$MgCO_3$,$Mg(OH)_2$,$Ba(OH)_2$,KOH,$MgSO_4$,H_2SO_4
LLE and Hydrate Systems	TWL1	H_2O,CO_2,H_2S,NH_3,CH_4,C_6H_5OH,C_7H_8,NaOH,$NaOH \cdot H_2O$,Na_2CO_3,$Na_2CO_3 \cdot 10H_2O$,$Na_2CO_3 \cdot H_2O$,$Na_2CO_3 \cdot 7H_2O$,$NaHCO_3$,NaCl,NaHS,HCl,$CaCl_2$,$CaCl_2 \cdot H_2O$,$CaCl_2 \cdot 2H_2O$,$CaCl_2 \cdot 4H_2O$,$CaCl_2 \cdot 6H_2O$,$Ca(HCO_3)_2$,$CaCO_3$,$Ca(OH)_2$,NH_4Cl,NH_4HCO_3,NH_4HS
	TWL2	H_2O,NaCl,$NaHSO_4$,Na_2SO_4,$Na_2SO_4 \cdot 10H_2O$,NaOH,$NaOH \cdot H_2O$,$CaHSO_4$,$CaSO_4$,$CaSO_4 \cdot 2H_2O$,$Ca(OH)_2$,HCl,N_2,CH_4,CH_3OH,C_2H_5OH,m-XYLENE,C_6H_6,C_7H_8,$CaCl_2$,$CaCl_2 \cdot H_2O$,$CaCl_2 \cdot 2H_2O$,$CaCl_2 \cdot 4H_2O$,$CaCl_2 \cdot 6H_2O$,HF,H_2SO_4,CaF_2,NaF

石化行业中经常遇到酸性气体的处理，因此，有机胺电解质系统、酸性水电解质系统是常用的解决方案。对于这两个系统，PRO/Ⅱ 专用热力学包的情况分别如下。

（1）有机胺电解质系统

有机胺电解质系统中的有机胺包括 MEA（甲基乙醇胺）、DEA（二乙醇胺）、TEA（三乙醇胺）、DGA（二甘醇胺）、MDEA（甲基二乙醇胺）和 DIPA（二异丙醇胺）的水溶液体系。有机胺系统可用于模拟酸性气中 H_2S 和 CO_2 的脱除。每种胺提供一个模型，模型只适用于单胺水溶液，不能用于一个胺组分以上的混合胺溶液。

使用 Kent-Eisenberg 方法[7]生成氢离子为基础的化学离解反应，采用温度多项式表示该反应的化学反应平衡常数。

液体焓由反应热与理想法模型计算的焓加和得到。气相焓、气相熵和气相密度由 SRKM 法[8]计算。液相密度由理想法模型计算。

MEA 和 DEA 系统的相平衡预测较好。DIPA 系统较差，预测结果不足以良好地用于设计。DGA 和 MDEA 系统，用户可以提供无量纲剩余因子来良好地匹配 CO_2 的分离。MDEA 的预测对于设计不够精确。应用范围列于表 8-4。

表 8-4　胺系统的应用指南

工艺条件	MEA	DEA	DGA	MDEA	DIPA
压力/MPa	0.17～3.45	0.69～6.89	0.69～6.89	0.69～6.89	0.69～6.89
温度/℃	<135	<135	<135	<135	<135
胺浓度/%	15.25	25～35	55～65	50	50
负荷(气体/胺)/(mol/mol)	0.5～0.6	0.45	0.5	0.4	0.4

（2）酸性水电解质系统

酸性水电解质系统（Sour）使用 Grant Wilson 在 API/EPA 项目中开发的酸水平衡模型（SWEQ）[9]，改进的 van Kravelen[10]法用于预测 CO_2、NH_3、H_2S 和 H_2O 的相平衡。系统中不考虑 H_3PO_4、$NaHCO_3$、Na_2CO_3、$NaOH$、$NaCl$、$NaHS$ 和乙酸的气液相平衡。

SWEQ 对于每个组分使用溶液中的每个组分的亨利常数作为温度和液相中未离解分子组分的函数。H_2S 和 CO_2 的亨利常数是从 Kent-Eisenberg 发表的数据中获得。水的亨利常数来自水蒸气表关联的水蒸气压求出。NH_3 的亨利常数取自 Edward 等的出版物[11]。

模型中考虑了液相中酸性气体分子离解所引起的所有主要化学反应的化学平衡。化学反应平衡常数作为温度、未离解酸性分子的组成和离子强度的函数来进行关联。PRO/Ⅱ 中应用了非理想度的气相关联式，因此，将可应用的压力范围扩展到 10.34MPa。

使用 SRK-修改的 Panagiotopoulos-Reid 模型（SRKM）计算气液相的熵、气相焓和气相密度。使用理想模型（Ideal）计算液相焓和液相密度。

酸性水电解质系统的应用范围为：温度 20～149℃，压力最高至 10.34MPa。对于同时存在 NH_3 和 H_2O 的体系，当存在其他酸性气体组分时可以应用，不推荐用于单纯的 NH_3-H_2O 体系。

（3）GPA 改进的酸性水电解质系统

1990 年气体加工者协会（Gas Processors Association，简称 GPA）改进了 SWEQ 模型。GPA 对于含有 NH_3、H_2S、CO_2、CO、CS_2、CH_3SH、C_2H_5SH 和 H_2O 的酸

性水电解质体系开发出 GPA 改进的 SWEQ 模型（GPSWATER）[12]，从而扩展了应用范围。

GPSWATER 考虑了上述组分所有在水中的化学反应，化学反应平衡常数作为温度和组成的函数进行关联。气相考虑了非理想度，而液相考虑了置前因子。如 N_2 和 H_2 那样的轻气体组分的影响也得到考虑，静电效应结合进液体活度系数中。使用 SRKM 模型计算系统中出现的其它组分的相平衡。对于所有组分的其它热力学性质，使用 SRKM 模型计算气液相熵、气相焓和气相密度，使用 Ideal 模型计算液相焓和液相密度。

GPA 酸性水电解质系统的应用范围为：温度 20～316℃，压力最高至 13.79MPa。体系中 NH_3 的质量分率必须小于 0.4，并且 CO_2 和 H_2S 的分压必须不超过 8.27MPa。

8.3.1.3 DIPPR 数据库

DIPPR 数据库是可以附加到 PRO/Ⅱ 软件中的一个选项。当用户拥有 DIPPR 数据库的使用许可时，可以选用该库作为组分数据库之一。

DIPPR 数据库是美国化工学会（AIChE）下属物理性质设计院（Design Institute of Physical Property，简称 DIPPR）评估工业重要化学品的工艺设计数据所开发的纯组分数据库。DIPPR 不仅进行纯组分性质的项目，而且进行混合物等方面的项目。项目开发经费来自企业如杜邦和联合碳化物等公司的资助，并得到美国政府的财政补贴。由宾夕法尼亚州立大学、加利福尼亚州立大学和普渡大学等大学及研究机构参与共同开发。其中 DIPPR 801 数据库项目就从事纯物质数据库的开发。该数据库编辑化工工艺和设备设计中所使用重要工业化学品的物理性质、热力学性质和传递性质。数据包括实验数据、必需的估算数据、温度关联式系数、参考信息、注解、质量编码和适合计算机存取的数据库使用所需要的其他许多信息，详见表 8-5。该数据库 1983 年初版时出版了 193 个化合物，在 2007 年公开版中包含了 1921 个化合物，而资助人版达到了 2047 个化合物。其中每种物质的物性项目包括 32 种与温度无关的固定值性质和 15 种与温度相关的性质，参见表 8-6。推算手册的各章标题列于表 8-7。DIPPR 数据库现在已经被认为是标准数据库。目前该库以在线存取和电子介质两种方式提供给用户。

表 8-5 DIPPR 数据库信息

1	化学识别符	12	固定数值性质的推荐值
2	分子式	13	与温度有关性质的温度关联式系数
3	分子结构	14	数据质量码
4	简单分子输入行式输入系统（SMILES）分子式	15	危险性性质(作为有效和可应用)
5	化学文摘名	16	闪点
6	国际理论和应用化学联合会（IUPAC）化合物名	17	燃烧限
7	别名和简称	18	自燃温度
8	化学文摘注册编号	19	注解和解释
9	文件中化学品识别号	20	背景信息
10	源数据参考符：(A)可接受； (N)数据可接受回归但不可使用； (R)不可使用或拒绝；	21	化学品加入文件的日期
11	原始数据数值	22	最近修改的日期

表 8-6　DIPPR 数据库中的物性项目

1	相对分子质量	17	熔点下的熔融热	33	固体密度
2	临界温度	18	标准燃烧热(25℃)	34	液体密度
3	临界压力	19	偏心因子	35	固体蒸气压
4	临界体积	20	回转半径	36	蒸气压
5	临界压缩因子	21	溶解度参数	37	蒸发潜热(饱和压力)
6	熔点(1atm)	22	偶极矩	38	固体比热容
7	三相点温度	23	范德华体积	39	液体比热容
8	三相点压力	24	范德华面积	40	理想气体比热容
9	正常沸点	25	折射率	41	第二维理系数
10	液体摩尔体积(25℃)	26	闪点	42	液体黏度
11	理想气体生成热(25℃)	27	燃烧限下限/温度	43	气体黏度
12	理想气体生成自由能(25℃,1bar)	28	燃烧限上限/温度	44	固体热导率
13	理想气体绝对熵(25℃,1bar)	29	自燃点	45	液体热导率
14	标准态生成热(25℃,1bar)	30	升华热	46	气体热导率
15	标准态生成自由能(25℃,1bar)	31	等张比容	47	表面张力
16	标准态绝对熵(25℃,1bar)	32	介电常数		

表 8-7　DIPPR 数据库物性推算手册各章标题

第 1 章　一般数据	第 2 章　临界性质	第 3 章　蒸气压	第 4 章　密度
第 5 章　热性质	第 6 章　相平衡	第 7 章　表面张力	第 8 章　黏度
第 9 章　热导率	第 10 章　扩散系数	第 11 章　燃烧	第 12 章　环境数据

8.3.1.4　醇类专用热力学包

醇类专用热力学包（ALCOHOL）使用 NRTL 液体活度系数方法[13] 计算相平衡。它用于含有醇、水和其它极性化合物体系的气液相平衡和/或液液相平衡的预测。这个包使用一组专门的 NRTL 二元交互作用参数。ALCOHOL 通常应用于含有醇类体系的工艺过程，特别是醇类脱水装置的共沸蒸馏过程。

ALCOHOL 建议的应用范围：

温度　　水-醇体系 50～110℃；其它体系 65～110℃

压力　　最高达到 10.34MPa

相状态　支持汽-液-液系统，不支持游离水状态

组分　　适用组分参见表 8-8

ALCOHOL 热力学包中使用 SRKM 模型计算气相焓、气相密度、气相熵和液相熵，而使用 IDEAL 模型计算液相焓和液相密度。

表 8-8　ALCOHOL 包含的组分

组分	化学式	组分	化学式	组分	化学式
水	H_2O	酮类		烃类(续)	
醇类		丙酮	C_3H_6O	1-己烯	C_6H_{12}
甲醇	CH_4O	甲乙酮	C_4H_8O	正己烷	C_6H_{14}
乙醇	C_2H_6O	酯类		甲基环戊烷	C_6H_{12}
正丙醇	C_3H_8O	甲酸甲酯	$C_2H_4O_2$	苯	C_6H_6
异丙醇	C_3H_8O	乙醇乙酯	$C_4H_8O_2$	环己烷	C_6H_{12}
正丁醇	$C_4H_{10}O$	其它含氧化合物		2,4-二甲基戊烷	C_7H_{16}
异丁醇	$C_4H_{10}O$	乙醛	C_2H_4O	3-甲基己烷	C_7H_{16}

续表

组分	化学式	组分	化学式	组分	化学式
仲丁醇	$C_4H_{10}O$	环丁砜	$C_4H_8O_2S$	1-反-2-二甲基环戊烷	C_7H_{14}
叔丁醇	$C_4H_{10}O$	轻气体		正庚烷	C_7H_{16}
3-甲基-1-丁醇	$C_5H_{12}O$	氢气	H_2	甲基环己烷	C_7H_{14}
正戊醇	$C_5H_{12}O$	氮气	N_2	甲苯	C_7H_8
醚类		氧气	O_2	2,4-二甲基己烷	C_8H_{18}
甲醚	C_2H_6O	二氧化碳	CO_2	1-反-顺-4-三甲基环戊烷	C_8H_{16}
乙醚	$C_4H_{10}O$	烃类			
异丙醚	$C_6H_{14}O$	异戊烷	C_5H_{12}		
酸类		正戊烷	C_5H_{12}		
甲酸	CH_2O_2	环戊烷	C_5H_{10}		
乙酸	$C_2H_4O_2$	2-甲基戊烷	C_6H_{14}		

8.3.1.5　乙二醇专用热力学包

乙二醇专用热力学包（GLYCOL）用于含有乙二醇、水和其它化合物体系的气液相平衡和/或液液相平衡的预测。它使用一组专门由实验数据回归得到的 SRKM 模型二元交互作用参数和 α 参数。GLYCOL 通常用于含有三甘醇和少量二甘醇和乙二醇的工艺过程，特别适用于三甘醇脱水装置。

GLYCOL 同时使用 SRKM 模型计算气相焓、气相熵、气相密度、液相焓和液相熵，而液相密度由 API 方法计算。

GLYCOL 建议应用范围：

温度　　　26～204℃

压力　　　最高允许 13.79MPa

相状态　　支持汽-液-液系统，不支持游离水状态

组　分　　适用组分参见表 8-9

表 8-9　GLYCOL 包含的组分

组分	化学式	组分	化学式	组分	化学式
气体		液体		液体（续）	
氢气	H_2	异戊烷	C_5H_{12}	间二甲苯	C_8H_{10}
氮气	N_2	正戊烷	C_5H_{12}	对二甲苯	C_8H_{10}
氧气	O_2	正己烷	C_6H_{14}	乙苯	C_8H_{10}
二氧化碳	CO_2	正庚烷	C_7H_{16}	乙二醇	$C_2H_6O_2$
硫化氢	H_2S	环己烷	C_6H_{12}	二甘醇	$C_4H_{10}O_3$
甲烷	CH_4	甲基环己烷	C_7H_{14}	三甘醇	$C_6H_{14}O_4$
乙烷	C_2H_6	乙基环己烷	C_8H_{16}	水	H_2O
丙烷	C_3H_8	苯	C_6H_6		
异丁烷	C_4H_{10}	甲苯	C_7H_8		
正丁烷	C_4H_{10}	邻二甲苯	C_8H_{10}		

8.3.2　石油组分数据库

8.3.2.1　石油表征方法和虚拟组分

石油（或称原油）及其产品一般是宽沸点范围的复杂烃类混合物。石油加工过程是将石油分割为不同沸程的馏分，然后按照油品的使用要求，脱除其中的非理想组分，或者采用化学转化方法生成所需的组成，从而获得汽煤柴油、润滑油等石油产品和其它石油化工产品。

由于石油组成的特性，因此与像氧气和水那样的真实组分不同，石油性质的表征需要经过石油试样分析和虚拟组分性质生成两个步骤。第一个步骤中将石油馏分按一定的规则切割成具有较小沸程的窄馏分，称为虚拟组分，并得到它的最基本的性质。第二个步骤是由虚拟组分两或三个最基本的性质生成像真实组分那样的各种热力学性质、传递性质和其它石油组分特有的性质，从而形成描述石油试样的物性体系。

8.3.2.2　石油试样数据分析

典型的石油试样数据分析由蒸馏数据（TBP、ASTM D86、ASTM D1160 或 ASTM D2887）、重度数据（一个试样的平均重度和/或重度曲线）以及相对分子质量、轻端组分，专门的石油性质如硫含量等数据组成。PRO/Ⅱ程序应用这些数据信息进行分析生成一组或数组用于表示每个试样组成的不连续的虚拟组分。这个分析过程执行四步：

① 用户定义一组或数组实沸点蒸馏曲线（TBP）的切割点。这些切割点定义了将要产生的虚拟组分所对应的正常沸点范围。如果用户不进行定义时，就意味着使用 PRO/Ⅱ内置的切割点缺损值；

② 将用户提供的每个试样除 TBP 之外的蒸馏曲线-常压蒸馏曲线（ASTMD86）或减压蒸馏曲线（ASTM D1160）或模拟蒸馏曲线（ASTM D2887）都转变成常压 TBP；

③ 将每条曲线生成的 TBP 数据各自拟合成一条连续曲线，然后程序"切割"每根曲线，决定每个试样的多少百分比进入到每个确定切割点的虚拟组分中。重度曲线和相对分子质量曲线的加工过程类似，从而使得每个"切割"小段都具有正常沸点、相对密度和相对分子质量这三个基础性质。同时在这一步中，可以除去或修改最低沸点的切割来计算用户可能输入的轻端组分。专门石油性质曲线也按照蒸馏曲线相类似的方法进行切割处理，得到各个切割小段的石油性质；

④ 在每个切割点组内，所有试样流股的这个切割点组的数据组合，得到这个切割点族所产生虚拟组分的平均正常沸点、平均重度和平均相对分子质量。将这些数值作为该虚拟组分的最基本的物性。

8.3.2.3　虚拟组分性质生成

用户可以跳过上述石油试样数据分析步骤，直接输入虚拟组分的两个或三个最基本的性质。在 PRO/Ⅱ中，如果仅有正常沸点、标准液体密度和相对分子质量三个基本性质中的两个时，程序将使用 SIMSCI 方法自动产生第三个性质。

从上述三个最基本性质出发，程序计算为产生热力学性质所需要的其它性质，其中包括所有临界性质、偏心因子、标准生成热、溶解度因子、理想气体焓、蒸气压、气化潜热、饱和液体焓和液体密度等，然后再衍生相关的热力学性质等其它性质。PRO/Ⅱ提供四种虚拟组分性质生成计算方法的组合，参见表 8-10。

通过上述两个步骤后，形成研究对象的虚拟组分物性体系。PRO/Ⅱ中没有设置石油试样数据库和相应的接口程序，石油试样都需要人工输入后，才能进行石油的表征计算。

表 8-10　PRO/Ⅱ的虚拟性质生成方法

方法名称	方　法　简　述
SIMSCI	使用 Black 和 Twu(1983)[14]和 Twu(1984)[15]发表的临界性质和理想气体焓计算方法和由 SimSci 开发的其它方法的组合
CAVETT	Cavett(1962)[16]研发的临界性质计算方法和其它计算方法的组合
Lee-Kesler	Lee 和 Kesler(1975 和 1976)[17,18]研发的方法
HEAVY	SIMSCI 方法的扩展，对重质石油和沥青中更重和环数更多的环烷烃和芳烃具有更良好的表征。适用于正常沸点 111.1～1366.5K，相对密度 0.49～1.2 和相对分子质量 16～2500

8.3.3 用户数据库

用户根据需要可以创立用户自定义的真实组分数据库，或称用户数据库。建立用户数据库的需要在于：

- 添加 PRO/Ⅱ系统数据库中缺少的组分；
- 加入系统数据库中没有的组分性质；
- 为某个课题或某些模拟提供专用的数据；
- 为了使用试验数据或合成数据；
- 为了在一个项目中或某些模拟中避免输入同样的组分和/或同样的性质；
- 用户为一个项目创立一个广泛的、专门的、可控制的数据库。

PRO/Ⅱ的热力学数据管理程序（Thermo Data Manager，简称 TDM）[19]用来实现用户数据库的建立。同时 TDM 还有着广泛的其它功能：

- 试验数据回归功能　该功能使用国家标准和技术研究院（National Institute of Standards and Technology，简称 NIST）的加权正交距离回归算法（Weighted Orthogonal Distance Regression Algorithm）和非线性最小二乘法来将试验数据回归得到 PRO/Ⅱ中模型的参数；
- 性质合成功能　该功能用于估算官能团性质，如在宽阔温度范围内基于分子结构构成的蒸气压、密度、黏度和其它性质。完成性质合成需要使用四种方法：Marrero & Gani（2001）、Constantinou & Gani（1994）、Joback & Reid（1987）和 Wilson & Jasperson（1996）。通过性质合成可以得到一级性质（仅由分子结构计算得到的性质）、二级性质（由其它性质衍生的性质）和函数性质（与温度有关的性质）。
- 管理系统数据库 SIMCSCI、PROCESS 和 OLILIB 的功能等。

8.3.4 内置性质计算系统介绍

性质计算系统是数据库重要组成部分。它使数据库能进行各种各样的性质推算，完成研究对象在所处的工艺条件下所需要了解的性质预测。性质计算系统强大与否是决定数据库生命力的极其重要的条件。软件总是内置若干性质推算模型的组合来方便各类用户使用物性推算系统。

PRO/Ⅱ内置性质计算系统（Property Calculation System）一般是指使用一个主要方法，如气液平衡模型或活度系数模型，为中心建立的一组热力学性质和传递性质模型。PRO/Ⅱ中内置约 52 组性质计算系统。按方法的类型分别列在表 8-11～表 8-16 中。表中简称指 PRO/Ⅱ程序中使用的简写，简述中仅仅描述主要方法的含义和它的适用体系，详细参阅 PRO/Ⅱ有关手册[20,21]。

表 8-11　普遍化关联式为主要方法的内置性质计算系统

主要方法名称	简称	简　述
Braun K10	BK10	会聚压法。1960 年由 Cajander 等的 Braun K10 图导出[22]。比较适用于低压状态下的气体、烃类和石油馏分及其构成的理想体系
Grayson-Streed	GS	1963 年 Grayson 和 Streed[23]拟合更宽范围的数据改进了 CS 模型，使其适用于氢气和甲烷，同时使用范围扩大到 20.68MPa 和 427℃
Improved Grayson-Streed	IGS	开发一组用于富水相的溶解度参数和新的气体的液相逸度系数，使 GS 能用于富水相的预测
Grayson-Streed-Erbar	GSE	1963 年 Erbar 和 Edmister[24]提出 CS 中 N_2、H_2S 和 CO_2 的液体逸度系数关联式新的常数组，改善了这些气体的相平衡常数预测

续表

主要方法名称	简称	简　述
Chao-Seader	CS	1961 年 Chao 和 Seader[25]根据正规溶液理论应用 Scatchard-Hildebrand 方程的溶解度参数和摩尔液体积解决了液体活度计算方法;应用 Pitzer 对应状态理论解决了纯液体逸度系数的计算,从而提出计算符合正规溶液的非理想体系的气液平衡常数的计算模型。适合除甲烷外的烃类体系,压力为<13.79MPa,且<0.8 体系对比压力;温度-73~260℃,且<0.93 平衡液体的临界温度
Chao-Seader-Eabar	CSE	1963 年 Erbar 和 Edmister[24]提出 CS 中 N_2、H_2S 和 CO_2 的液体逸度系数关联式新的常数组,改善了这些气体的相平衡常数预测
Ideal	IDEAL	气相符合道尔顿分压定律,液相符合拉乌尔定律的理想体系,组分相平衡常数等于组分分压除以体系总压

表 8-12　状态方程为主要方法的内置性质计算系统

主要方程名称	简称	简　述
Soave-Redlich-Kwong	SRK	1972 年 Soave[26]改进 Redlich-Kwong 方程,最先引进 α(T)式,改善纯组分蒸气压预测,进而改善多组分气液平衡的预测。适用于非极性体系。内置 N_2、O_2、H_2、H_2S、CO_2、硫醇和其它含硫化合物的二元交互作用参数
SRK-Kabadi-Danner	SRKKD	1985 年 Kabadi 和 Danner[27]改进 SRK 方程,定义与组成有关的混合规则,使方程不仅准确预测富烃相和气相,而且能准确预测富水相。并制定了应用基团贡献方法估算烃组分与水二元交互作用参数的公式
SRK-Huron-Videl	SRKH	1979 年 Huron 和 Videl[28]建议 SRK 方程新的复杂的混合规则,研制出该规则与类似 NRTL 所导出的过剩吉布斯自由能 g^E 的关系式。能用于高压非理想体系
SRK-Panagiotopulos-Reid	SRKP	1986 年 Panagiotopulos 和 Reid[29]使用两参数不对称混合规则改进 SRK 方程。扩展方程良好地应用于低压非理相体系、高压体系、气-液-液三相体系和超临界体系
SRK-Modified-Panag.-Reid	SRKM	SimSci[8]修改 SRKP 混合规则,克服 SRKP 在组分处理方面的两个不足,改善多元体系的预测
SRK-SimSci	SRKS	1991 年 Twu[30]又一次修改的 SRKP 混合规则,克服 SRKP 在组分处理方面造成系统不一致性的两个不足
SRK-Hexamer		1993 年 Twu[31]等开发内置化学平衡模型的 SRK 模型,能预测氟化氢在气相六聚物平衡的计算
Peng-Robinson	PR	1976 年 Peng 和 Robinson[32]类似 Soave 改进的 RK 方程。对液体密度具有更好的预测
PR-Panag.-Reid	PRP	1986 年 Panagiotopulos 和 Reid[29]使用两参数不对称混合规则改进 PR 方程。扩展方程良好地应用于低压非理相体系、高压体系、气-液-液三相体系和超临界体系
PR-Modified-Panag.-Reid	PRM	SimSci[8]修改 PRP 混合规则,克服 SRKP 在组分处理方面的两个不足,改善多元体系的预测
BWRS	BWRS	1973 年 Starling[33]改进 Benedict-Webb-Rubin 多参数方程,改善其对轻烃预测的准确性
Lee-Kesler-Plöcker	LKP	基于 BWR 方程和 Pitzer 对应状态理论,1978 年 Plöcker[34]开发了新的更广义的混合规则。尤其适合处理不对称分子组成的混合物

主要方程名称	简称	简 述
UNIWAALS		1986 年 Gupte[35]等将超额吉布斯自由能模型与立方型状态方程结合，并开发使用 UNIFAC 导出 g^E 的方法，使低压气液平衡数据能应用于高压体系
Tacite		
Twu-Bluck-Coon	TBC	1998 年 Twu、Bluck 和 Coon[36]开发基于零压的混合规则来精确反映超额吉布斯自由能模型，从而使 SRK 和 PR 方程能应用于强非理想体系

表 8-13　活度系数为主要方法的内置性质计算系统

主要方程名称	简称	简 述
Non-random two liquid	NRTL	1968 年 Renon 和 Prausnitz[37]提出的局部溶液理论的三参数活度系数方程。适用于强极性溶液和部分互溶体系
Universal quasi-chemical	UNIQUAC	1975 年 Abrams 和 Prausnitz[38]以 Guggenheim 似化学理论为基础，应用局部组成概念和统计力学建立的二参数活度系数方程。适用于非电解质的极性和非极性组分组成的混合物和部分互溶体系
Wilson	WILSON	1964 年 Wilson[39]最先提出局部组成概念的活度系数方程。可用于非极性溶剂中的极性或缔合组分和完全互溶体系的预测
van Laar		1910 年 Van Laar[40]理论导出的活度系数方程，可应用于化学上相似的组分。1946 年 Wohl 由过剩吉布斯自由能导出该方程
Margules		1895 年 Margules[41,42]导出最早的液体活度系数经验关联式，最常用的是 1948 年 Redlich 和 Kesler 建议的四尾标 Margules 方程。适用于拟合参数处的温度或接近该温度的体系
Regular Solution	REGULAR	1929 年 Hildbrand 提出正规溶液理论，1970 年 Scatchard 和 Hildbrand[43]进行简单假定后导出活度系数是组分溶解度参数的函数。适合分子大小差别不大的非极性组分的混合物，不适用于含有氟烃的极性组分和溶液
Universal Functional activity coefficient	UNIFAC	1975 年 Fredenslund，Jones 和 Prausnitz[44]继 ASOG 法之后建立的由基团贡献概念估算活度系数的模型。适合压力最高至 100atm，温度在 0～149℃之间临界点以下的所有组分
Lyngby Modified UNIFAC	UNIFACTDep-1	1987 年在 Lyngby[45]的研究者们修改的 UNIFAC 模型，开发基团二元交互作用参数的三参数温度关联式，改善方法估算的精确度
Dortmund Modified UNIFAC	UNIFACTTDep-2	1987 年在 Dortmund[46]的研究者们提出的另一个修改的 UNIFAC 模型，开发另一个基团二元交互作用参数的三参数温度关联式，改善方法估算的精确度
Modified UNIFAC	UNIFACTDep-3	1986 年 Torres-Marchal 和 Cantalino[47]修改的 UNIFAC 模型，提出二元参数的三参数温度关联式，改善方法估算的精确度

表 8-14　专用数据包为主要方法的内置性质计算系统

主要应用体系名称	简称	简 述
Alcohol Package	ALCOHOL	使用 NRTL 活度系数方法计算相平衡，已内置该体系中出现组分的二元交互作用参数，适合工业应用
Glycol Package	GLYCOL	使用 SRKM 状态方程法计算相平衡，已内置该体系中出现组分的二元交互作用参数和专门的 α 参数，适合工业应用
Sour Package	SOUR	使用 SWEQ 模型计算 H_2S、CO_2、NH_3 和 H_2O 的相平衡，其它组分使用 SRKM 方程。适合酸性水处理过程应用
GPA Sour Water Package	GPAWATER	GPA 改进的 SWEQ 模型，扩展 SOUR 的使用范围
Amine Package	AMINE	Kent 和 Eisenberg 电解质模型，适合有机胺化学吸收 H_2S 和 CO_2 工艺过程

表 8-15　电解质体系的内置性质计算系统

主要应用体系名称	简称	简　述
Amine	AMINE	根据不同的组分体系选择相应的电解质模型 MEA、DEA、TEA、DGA 或 MDEA
Acid		根据不同的组分体系选择相应的电解质模型 ACID、Cl$_2$、HCl、CLSF、SULF 或 PHOS
Mixed Salt		根据不同的组分体系选择相应的电解质模型 SALT、CANA、CANX、HOTC、HOTX、GENE、GENX、GEOT 或 OILF
Sour Water	SOUR	根据不同的组分体系选择相应的电解质模型 SW01、SW1X、SW02、SW2X、SW03、SW3X、SW04、SW4X 或 SW05
Caustic		根据不同的组分体系选择相应的电解质模型 CAUS、CAUX、CAU2 或 CA2X
Benfield		根据不同的组分体系选择相应的电解质模型 BENF 或 BENX
Scrubber		根据不同的组分体系选择相应的电解质模型 SCRU 或 SCRX
LLE and Hydrate		根据不同的组分体系选择相应的电解质模型 TWL1 或 TWL2
User-added Models 7.0		使用 OLI 的电解质化学导航系统，需要具有 OLI 使用许可
User-added Models 6.6		使用电解质公用工程包，同时要规定模型，如 M41 等

表 8-16　聚合物体系的内置性质计算系统

主要应用体系名称	简称	简　述
Flory-Huggins		分子大小显著不同的混合分子熵效应的正规溶液理论校正式。最适合用于化学上相似仅仅分子大小不同的组分
Free Volume Modefication to UNIFAC	UNFV	为聚合物研制的模型。活度系数由组合、剩余和自由体积效应三部分叠加构成
Advanced Lattice Model		用于聚合物/溶剂体系的液体活度 K 值方法
Statistical Associating Fluid Theory EOS	SAFT	统计缔合流体理论(Statistical Associating Fluid Theory)状态方程。适用于中小分子(溶液)和大分子(聚合物和共聚物)，也适用于气态、液态和超临界状态的所有流体状态
Perturbed Hard Sphere Chain EOS	PHSC	扰动硬球链(Perturbed Hard Sphere Chain)状态方程。适用于中小分子(溶液)和大分了(聚合物和共聚物)，也适用于气态、液态和超临界状态的所有流体状态

8.4　Aspen Plus 通用过程模拟软件中的石化物性数据库

8.4.1　Aspen Plus 及其数据库概况

通用过程模拟软件 Aspen Plus 是艾斯本技术公司（Aspen Tech）工程软件套件（Engineering Suit）的核心软件之一。它是在美国麻省理工学院（MIT）承担能源部研制新一代过程模拟软件 ASPEN（Advanced System for Process Engineering）任务基础上发展出来的商品化软件。据称 Aspen Tech 是当今世界上把全部精力致力于过程制造优化的最大软件公司，经过将近 30 年的发展，拥有 1500 个客户和 75000 个用户。具有贯穿工程、制造和供应链操作的完全集成的解决方案 Aspen ONE，和实现世界顶级水平的过程优化解决方案。直到今天，Aspen Plus 的石化物性数据库的规模、内容、功能、适用范围和物性模型的深度和广度等仍旧保持着世界领先水平。2009 年初，Aspen Tech 推出的最新版本是 Aspen ONE V7.1，其中 Aspen 工程套件系列的软件大致有 26 个，Aspen Plus 物性数据库可以支持该系列软件物性计算的需要。本节依据 V7 的上一个版本 2006.5 版进行 Aspen Plus 石化物性数据库的描述。

Aspen Plus 物性系统的物性数据库分为三类：系统数据库、内部数据库和用户数据库。详细参见表 8-17 中列出的三类数据库。系统数据库是 Aspen Plus 软件中固有的内置数据库，用户可以调用其中的任何一个数据库。程序自动地设置 PURE20、AQUEOUS、SOL-ID 和 INOGANIC 四个库为缺损设置，并且按此先后顺序检索数据。其它各个系统数据库为选用。各个版本的纯组分数据库表示自那个版本开始启用的库，当用户为了保持早先版本运行文件在现有版本的执行结果的一致性时，可以选用当时版本的纯组分数据库。内部数据库用于放置内部的数据，特别是大量内部专用数据。内部数据库需要由系统管理员创立并激活后，一般用户方能使用。用户数据库适合用于某些数据不宜所有用户使用的情况，例如，数据准确性存在一些问题时或某些数据不宜公开使用时等。可以使用 Aspen 物性数据文件管理系统（DFMS）来建立用户数据库。这些数据库一旦建立就能用于任何 Aspen 物性系统的计算。

表 8-17 Aspen Plus 石化物性数据库

数据库名称	库类型	最大参数数目	最大组分数目	最大二元对数目	描述
系统数据库					
PURE20	PP1	100	2500	—	主纯组分数据库
ASPENPCD	PP1	40	1000	—	Aspen 物性系统纯组分数据库
SOLIDS	PP1	40	4000	—	固体组分数据库
AQUEOUS	PP1	40	4000	—	离子组分数据库
BINARY	PP2	20	100	3000	二元交互作用参数数据库
COMBUST	PP1	40	4000	—	燃烧数据库
ETHYLENE	PP2	20	100	3000	乙烯数据库
INORGANIC	PP1	25	2500	—	无机物组分数据库
PURE856	PP1	100	2500	—	8.5.6 版纯组分数据库
PURE93	PP1	100	2500	—	9.3 版纯组分数据库
PURE10	PP1	100	2500	—	10.2 版纯组分数据库
PURE11	PP1	100	2500	—	11.1 版纯组分数据库
PURE12	PP1	100	2500	—	12.1 版纯组分数据库
PURE13	PP1	100	2500	—	2004.1 版纯组分数据库
AQU92	PP1	40	4000	—	9.2 版离子组分数据库
内部数据库					
INHSPCD	PP1	40	1800	—	内部纯组分数据库
INHSSOL	PP1	25	2500	—	内部固体组分数据库
INHSAQUS	PP1	40	4000	—	内部离子组分数据库
INHSBIN	PP2	20	100	3000	内部二元数据库
用户数据库					
USRPP1A	PP1	40	500	—	用户 PP1 数据库
USRPP1B	PP1	40	500	—	用户 PP1 数据库
USRPP2A	PP2	20	100	3000	用户 PP2 数据库
USRPP2B	PP2	20	100	3000	用户 PP2 数据库

8.4.2　纯组分数据库

主纯组分数据库 PURE20 含有 1898 个组分的参数，其中大部分是有机物。该数据库是 Aspen 石化物性数据库纯组分参数的主要来源。这个数据库基于 AIChE DIPPR 数据编辑项目（2006 年 1 月 DIPPR 公用版）所开发的数据、AspenTech 研制的参数、ASPENPCD 数据库得到的参数以及其它来源的数据。PURE20 数据库含有用户需要的所有性质参数。储存在数据库中的参数分类如下，并详见表 8-18。

- 通用常数，如临界温度和临界压力；
- 转变温度和性质，如沸点和三相点；
- 参考态性质，如生成热和吉布斯生成自由能；
- 与温度有关的热力学性质的系数，如液体的蒸气压；
- 与温度有关的传递性质的系数，如液体黏度；
- 安全性质，如闪点和燃烧极限；
- UNIFAC 模型官能团的全部信息；
- RKS 和 PR 状态方程的参数；
- 石油属性的性质，如 API 重度和辛烷值；
- 其它模型的专用参数，如 Rackett 和 UNIQUAC 参数。

表 8-18　纯组分数据库的参数类别

参数名称	说　明	数据库中参数的有效性							
		P20	P13	P12	P11	P10	P93	P856	PCD
AIT	自燃点	X[(1)]	X	X	X	X	X	X	
ANILPT	苯胺点	X	X	X	X	X	X	X	
API	API 重度	X	X	X	X	X	X		X
AROMATIC	芳烃含量(1=芳烃,0=非芳烃)	X	X	X	X				
ATOMNO	分子中所含原子的类型矢量,必须与参数矢量 NOATOM 相对应	X	X	X	X	X	X		
CPDIEC	介电常数	X	X	X	X	X	X		X
CPIG	理想气体比热容系数								X
CPIGDP	DIPPR 理想气体比热容系数	X	X	X	X	X	X		
CPLDIP	DIPPR 液体比热容系数	X	X	X	X	X	X		
CPSDIP	DIPPR 固体比热容系数	X	X	X	X	X	X		
DCPLS	在三相点液体和固体比热容之差	X	X	X	X	X	X		
DELTA	溶解度参数(298.15K)	X	X	X	X	X	X		X
DGFORM	理想气体吉布斯生成自由能(298.15K)	X	X	X	X	X	X		X
DHFORM	理想气体生成热(298.15K)	X	X	X	X	X	X		X
DHLCVT	Cavett 焓差参数								X
DHVLB	气化热(在 TB 处)	X	X	X	X	X	X		
DHVLDP	DIPPR 气化热系数	X	X	X	X	X	X		
DHVLWT	Watson 气化热参数								X
DNLDIP	DIPPR 液体密度系数	X	X	X	X	X	X		
DNSDIP	DIPPR 固体密度系数	X	X	X	X	X	X		
ENT	绝对生成熵(298.15K)	X	X	X	X	X	X		
FLML	可燃性极限下限	X	X	X	X	X	X		
FLMU	可燃性极限上限	X	X	X	X	X	X		
FP	闪点	X	X	X	X	X	X		
FREEZEPT	正常冰点(也见 TFP)	X	X	X	X	X	X		
GMUQQ	UNIQUAC 面积参数	X	X	X	X	X	X		X
GMUQR	UNIQUAC 体积参数	X	X	X	X	X	X		X

参数名称	说　明	数据库中参数的有效性							
		P20	P13	P12	P11	P10	P93	P856	PCD
HCOM	在标准态和 298.15K,1bar 下生成 $CO_2(g)$,$H_2O(g)$,$F_2(g)$,$Cl_2(g)$,$Br_2(g)$,$I_2(g)$,$SO_2(g)$,$N_2(g)$,P_4O_{10}(晶态),SiO_2(晶态)和 Al_2O_3(α 晶态)的标准燃烧热	X	X	X	X	X	X	X	
HFUS	在熔点处的熔解热	X	X	X	X	X	X	X	
HYDROGEN	含氢质量分率	X	X	X	X				
KLDIP	DIPPR 液体热导率系数	X	X	X	X	X	X	X	
KVDIP	DIPPR 气体热导率系数	X	X	X	X	X	X	X	
MOC—NO	马达法辛烷值	X	X	X	X				
MOCTNO	马达法辛烷值						X	X	
MULAND	Andrade 液体黏度系数								X
MULDIP	DIPPR 液体黏度系数	X	X	X	X	X	X	X	
MUP	偶极矩	X	X	X	X	X	X	X	
MUVDIP	DIPPR 气体黏度系数	X	X	X	X	X	X	X	
MW	相对分子质量	X	X	X	X	X	X	X	X
NAPHTHEN	环烷烃含量(1=环烷烃,0=非环烷烃)	X	X	X	X				
NATOM	含 C,H,O,N,S,F,Cl,Br,I,Ar,和 He 原子数量的矢量								X
NOATOM	分子中 ATOMNO 所定义原子的数量矢量。ATOMNO 和 NOATOM 定义该分子的化学式	X	X	X	X	X	X	X	
NTHA	Nothnagel 参数	X	X	X	X	X			X
OLEFIN	烯烃含量(1=烯烃,0=非烯烃)	X	X	X	X				
OMEGA	Pitzer 偏心因子	X	X	X	X	X	X	X	X
OMGCTD	COSTALD 模型的专用偏心因子	X	X	X	X	X	X	X	X
OXYGEN	含氧质量分率	X	X	X	X				
PARAFFIN	烷烃含量(1=烷烃,0=非烷烃)	X	X	X	X				
PC	临界压力	X	X	X	X	X	X	X	X
PLCAVT	Cavett 蒸气压系数								X
PLXANT	扩展的 Antoine 蒸气压系数	X	X	X	X	X	X	X	
PRMCP	PR 状态方程的 Mathias-Copeman 参数	X	X	X	X	X	X	X	
PRSRP	PR 状态方程的 Schwartzentruber-Renon 参数	X	X	X	X	X	X	X	
RGYR	回转半径	X	X	X	X	X	X	X	
RI	折射率(298.15K)	X	X	X	X	X		X	
RKSMCP	SRK 状态方程的 Mathias-Copeman 参数	X	X	X	X	X	X		
RKSSRP	SRK 状态方程的 Schwartzentruber Renon 参数	X	X	X	X	X	X		
RKTZRA	Rackett 液体密度参数	X	X	X	X	X	X	X	X
ROC-NO	研究法辛烷值	X	X	X	X				
ROCTNO	研究法辛烷值						X	X	
SG	标准相对密度(60°F)	X	X	X	X	X	X	X	X
SIGDIP	DIPPR 表面张力系数	X	X	X	X	X		X	
SULFUR	含硫质量分率	X	X	X	X				
SVRDIP	第二 virial 系数	X	X	X	X	X	X		
TB	正常沸点	X	X	X	X	X	X	X	X
TC	临界温度	X	X	X	X	X	X	X	X
TFP	正常冰点(也见 FREEZEPT)					X	X	X	X

参数名称	说　明	数据库中参数的有效性							
		P20	P13	P12	P11	P10	P93	P856	PCD
TOTAL-N2	总氮含量(质量分率)	X	X	X	X				
TPP	三相点压力	X	X	X	X	X	X	X	
TPT	三相点温度	X	X	X	X	X	X	X	
UFGRP	UNIFAC 模型官能团信息	X	X	X	X	X	X	X	X
UFGRPD	Dortmund 修改的 UNIFAC 模型官能团信息	X	X	X	X	X	X	X	
UFGRPL	Lyngby 修改的 UNIFAC 模型官能团信息	X	X	X	X	X	X		
VB	液体摩尔体积(在 TB 处)	X	X	X	X	X	X	X	
VC	临界体积	X	X	X	X	X	X	X	X
VLCVT1	Scatchard-Hildebrand 特性体积参数	X	X	X	X	X	X	X	
VLSTD	标准液体体积(60°F)	X	X	X	X	X	X	X	
VSTCTD	COSTALD 模型特性体积	X	X	X	X	X	X	X	
WATSOL	水溶解度关联式系数	X	X	X	X	X	X	X	
ZC	临界压缩因子	X	X	X	X	X	X	X	X

注：X 表示参数在该数据库中有效。

主纯组分数据库连续的更新、扩展和改进。因此数据库从一个版本到下一个时，一些参数值要发生改变。这个变化在用户使用新版更新的数据库时将会引起计算结果的不同。为了便于向上兼容性（也就是说为了用户得到与先前版本相同的计算结果），按照 Aspen Plus 或 Aspen 物性系统的主要版本来命名主纯组分数据库，例如，自 Aspen Plus8.5-6 版本起的纯组分数据库称为 PURE856，其余类推。各个纯组分数据库的变化情况列于表 8-19。

表 8-19　主纯组分数据库的变化情况

数据库名称	Aspen Plus 起始版本	组分数	参数项目数
ASPENPCD	初始版	472	35
PURE856	8.5~6	1212	47
PURE93	9.3	1558	63
PURE10	10.2	1677	63
PURE11	11	1762	71
PURE12	12	1764	71
PURE13	2004	1798	71
PURE20	2006	1898	71

8.4.3　离子数据库

离子数据库 AQUEOUS 含有 1676 个离子试样，用于电解质应用。该数据库中的主要参数是无限稀释条件下的水合热和吉布斯生成自由能和无限稀释条件下的水相比热。该数据库包含的参数类别详见表 8-20。AQU92 是 Aspen Plus9.2 版本的离子数据库，含有 902 个离子试样，其包含的参数类别与 AQUEOUS 相同。

表 8-20　AQUEOUS 数据库的参数类别

参数名字	描　述
ATOMNO	分子中所含原子的类型矢量,必须与参数矢量 NOATOM 相对应
CHARGE	离子电荷
CPAQO	无限稀释条件下水相比热容
CPIG	理想气体比热容系数
DGAQFM	无限稀释条件下水相生成自由能
DGFORM	理想气体吉布斯生成自由能(298.15K)
DHAQFM	无限稀释条件下水相生成热

续表

参数名字	描　述
DHFORM	理想气体生成热(298.15K)
GMBPB	Bromley-Pitzer 模型离子专有 B 参数
GMBPD	Bromley-Pitzer 模型离子专有 delta 参数
IONTYP	Criss-Cobble 离子类型
MW	相对分子质量
NOATOM	分子中 ATOMNO 所定义原子的数量矢量。ATOMNO 和 NOATOM 定义该分子的化学式
PLXANT	Antoine 液体蒸气压系数
PRADII	Pauling 离子半径
S025C	Criss-Cobble 绝对熵(25℃)
VLBROC	无限稀释条件下部分分子体积

8.4.4　固体数据库

固体数据库 SOLID 含有 3312 个固体组分，用于固体和电解质应用。这个数据库已由无机物数据库 INOGANIC 所替代，但是它对于电解质应用仍旧是必要的。SOLID 包含的参数类别详见表 8-21。

表 8-21　SOLID 数据库的参数类别

参数名字	描　述
ATOMNO	分子中所含原子的类型矢量,必须与参数矢量 NOATOM 相对应
CPIG	理想气体比热容系数
CPSP01	固体比热容系数
DGFORM	理想气体吉布斯生成自由能(298.15K)
DGSFRM	固体生成自由能(298.15K)
DHFORM	理想气体生成热(298.15K)
DHLSF	在熔点处的熔解热
DHSFRM	固体生成热(298.15K)
DHVLB	气化热(在 TB 处)
DHVLWT	Watson 气化热参数
MW	相对分子质量
NOATOM	分子中 ATOMNO 所定义原子的数量矢量。ATOMNO 和 NOATOM 定义该分子的化学式
OMEGA	Pitzer 偏心因子
PC	临界压力
PLXANT	Antoine 液体蒸气压系数
PSANT	Antoine 固体蒸气压系数
TB	沸点
TC	临界温度
TFP	冰点
VC	临界体积
VSPOLY	固体摩尔体积系数
ZC	临界压缩因子

8.4.5　无机物数据库

无机物数据库 INOGANIC 含有 2477 个组分的热化学数据，其中大部分组分是无机物。主要数据是焓、熵、吉布斯自由能和比热容关联式的系数。对于给定的一个组分，可以存在许多个固相、一个液相和一个理想气相的数据。同一组参数可用于计算一个给定的温度范围之内的一个给定相态的焓、熵、吉布斯自由能和比热容。

为了在一个较宽的温度范围之内达到合适的拟合精度，固相、液相和理想气相已采用多个数据范围，分别为 7 个、2 个和 3 个。在存在多个固相情况时，多个范围也可以对同一个试样涉及不同晶态结构的不同固相。

如果一个组分具有一个以上的固相情况时，每个固相也定义为一个单独的组分。例如，除 FE 组分之外，还有组分 FE-A、FE-B、FE-C 和 FE-D。每个组分包括 FE 的不同固相的数据。对于这些组分，使用同样的液体和理想气体的参数。

在模拟液体冶金溶液时，一般选择液体参考状态组分。然而，液体溶液也可以把气体组分作为参考状态物质。例如溶解在合金和其它相中的氧气、氢气、氮气和硫都有理想气体参考状态。此外，参考状态可以是单原子的［如 $1/2 O_2$（g）］或多原子的［如 S_2（g）］。IN-ORGANIC 数据库包括许多通常作为参考状态物质的组分，例如 $1/2 O_2$（g）。

用于 INORGANIC 数据库中的焓、熵和吉布斯自由能的参考态是它们在 25℃、1atm 下的标准相态的元素。25℃的标准生成焓用于计算焓值，而 25℃的标准吉布斯生成自由能用于计算吉布斯自由能。因为该参考状态也用于 ASPENPCD、PURECOMP 和其它纯组分数据库中，所以可能把该数据与那些来自于其它 ASPEN PLUS 数据库中的数据相混合。注意，该参考状态与《Barin 数据手册》（Barin，1989）中定义的有所不同，在 Barin 手册中采用的是 25℃的生成焓和绝对熵值。因此，用 INORGANIC 数据库计算出的吉布斯自由能和熵值将会与《Barin 数据手册》中列成表格的那些数值不同。

INROGANIC 数据库用于固体、高温冶金和电解质应用。表 8-22 列出了数据库中的参数类别。

表 8-22　INROGANIC 数据库的参数类别

参数名字	描　述
ATOMNO	分子中所含原子的类型矢量，必须与参数矢量 NOATOM 相对应
CPIXP1	区间 1 下的理想气体性质参数
CPIXP2	区间 2 下的理想气体性质参数
CPIXP3	区间 3 下的理想气体性质参数
CPLXP1	区间 1 下的液体性质参数
CPLXP2	区间 2 下的液体性质参数
CPSXP1	区间 1 下的固体性质参数
CPSXP2	区间 2 下的固体性质参数
CPSXP3	区间 3 下的固体性质参数
CPSXP4	区间 4 下的固体性质参数
CPSXP5	区间 5 下的固体性质参数
CPSXP6	区间 6 下的固体性质参数
CPSXP7	区间 7 下的固体性质参数
MW	相对分子质量
NOATOM	分子中 ATOMNO 所定义原子的数量矢量。ATOMNO 和 NOATOM 定义该分子的化学式
TB	正常沸点
TFP	正常冰点
VSPOL	固体摩尔体积参数

8.4.6　NIST-TRC 数据库

Aspen Plus 新版本中新增加了允许选用 NIST-TRC 数据库。除了在主要纯组分数据库（如 PURE20）中已有的近 2000 个组分外，NIST-TRC 数据库拥有大约 13000 个化合物（大部分为有机物）。NIST-TRC 数据库中组分的参数类型列于表 8-23 中。在 Aspen Plus V7 版本中组分增加到大约 18000 个。与前面所介绍的所有数据库不同，它分布在 Aspen 工程套件的 Aspen 性质企业数据库（Aspen Properties Enterprise Database）中，作为一个独立的数据库，命名为 NIST06。并且 NIST-TRC 数据库的数据格式不同于前述使用数据库管理系统管理的数据库。

NIST-TRC 数据库是在与美国国家标准技术局的标准参考数据计划［the National Institute of Standards and Technology's（NIST）Standard Reference Data Program（SRDP）］的协议下提供使用。数据库中所使用的性质参数和实验数据都由热力学研究中心（TRC）收集和使用用于实验热物理和热化学性质数据的 NIST 热数据引擎（TDE）和 NIST/TRC 源数据档案系统进行评估。NIST/TRC 源数据是世界上这类数据最全面集大成之一。

表 8-23　NIST06 数据库所储存的参数

参数名称	描 述
CPIALEE	TDE Ali-Lee 理想气体比热容
CPITMLPO	ThermoML 多项式理想气体比热容系数
CPLTDECS	TDE 方程液体比热容系数
CPLTMLPO	ThermoML 多项式液体比热容系数
CPSTMLPO	ThermoML 多项式固体比热容系数
DELTA	溶解度参数(25C)
DHVLTDEW	TOE Watson 方程气化热系数
DNLRACK	TDE Rackett 方程液体摩尔密度系数
FREEZEPT	冰点温度
HFUS	熔解热
KLTMLPO	ThermoML 多项式液体热导率系数
KVTMLPO	ThermoML 多项式气体热导率系数
MULNVE	TDE 方程液体黏度系数
MULPPDS9	PPDS9 方程液体黏度系数
MUP	偶极矩
MUVTMLPO	ThermoML 多项式气体黏度系数
MW	相对分子质量
OMEGA	Pitzer 偏心因子
PSTDEPOL	TDE 多项式固体蒸气压系数
PC	临界压力
SG	相对密度
SIGISTE	TDE 扩展式液-气表面张力系数
SIGPDS14	PPDS14 方程液-气表面张力系数
SIGTDEW	TDE Watson 方程液-气表面张力系数
TB	正常沸点
TC	临界温度
THRSWT	热力学性质子模型选择器参数
TPT	三相点温度
TRNSWT	传递性质子模型选择器参数
VC	临界体积
VLSTD	API 标准液体摩尔体积
WAGNER25	TDE Wagner 25 液体蒸气压
ZC	临界压缩因子

8.4.7　COMBUST 数据库

COMBUST 数据库是一个用于高温气相计算的专用数据库。它包括在燃烧产品中发现的 59 个包括自由基的典型组分的参数。CPIG 由 JANAF 表中的数据决定，温度高达 6000K[48]。

如果使用 ASPENPCD 和 PURE20 中的参数，在 1500K 以上时计算通常不够准确。

COMBUST 数据库只能应用于理想气体计算（IDEAL 物性选择集）和部分单元操作模型，并且用户必须规定相态数量等于 1 的选项，来使它适用于每个单元操作模块和每个物流。表 8-24 和表 8-25 列出了 COMBUST 数据库中的参数和组分。

表 8-24 COMBUST 数据库中的参数

参数名字	描　述
CPIG	理想气体比热容系数
DGFORM	理想气体吉布斯生成自由能（298.15K）
DHFORM	理想气体生成热（298.15K）
MW	相对分子质量
NATOM	分子中含有 C,H,O,N,S,F,Cl,Br,I,Ar 和 He 原子的数量矢量

表 8-25 COMBUST 数据库中的组分

组分标识符	组分名	组分标识符	组分名	组分标识符	组分名
AR	氩气	CHO	甲酰气体	HF	氟化氢
BR	单原子溴气体	Cl	单原子氯气体	HI	碘化氢
BR2	溴	Cl_2	氯气	HNO	硝酰基
C	石墨态碳	CN	氰基气体	HO_2	过氧化氢基
C-2	双原子碳气体	CNO	氰酸自由基	HS	一硫化氢气体
C-S	一硫化碳气体	CO	一氧化碳	I	单原子碘气体
C_2H_2	乙炔	CO_2	二氧化碳	I_2	碘
C_2H_4	乙烯	COS	羰基硫	N	单原子氮气体
C_2N_2	氰	CS_2	二硫化碳	N_2	氮气
C_3O_2	二氧化三碳	F	单原子氟气体	N_2O	一氧化二氮
CCl_4	四氯化碳	F_2	氟	NH	亚胺基气体
CH	甲炔气体	H	单原子氢气体	NO	一氧化氮
CH_2	亚甲基气体	H_2	氢气	NO_2	二氧化氮
CH_2Cl_2	二氯甲烷	H_2N	氨基	O	单原子氧气体
CH_2O	甲醛	H_2O	水	O_2	氧气
CH_3	甲基气体	H_2S	硫化氢	O_2S	二氧化硫
CH_3Cl	氯甲烷	H_3N	氨	OH	羟基气体
CH_4	甲烷	HBR	溴化氢	S_2	双原子硫气体
$CHCl_3$	氯仿	HCl	氯化氢	SO	一氧化硫气体
CHN	氰化氢	HE-4	氦-4		

8.4.8　ETHYLENE 数据库

ETHYLENE 数据库含有模拟典型乙烯工艺过程所需要的纯组分和二元交互作用参数。这些参数应用于 SRK 性质方法，其中包括临界温度、临界压力、偏心因子和二元交互作用参数。乙烯工艺过程中最常遇到的 85 个组分的参数都储存在该数据库中。ETHYLENE 数据库应该和 PURE13 数据库和 SRK 性质方法一起使用。表 8-26 和表 8-27 列出 ETHYLENE 数据库中有效的参数和组分。

表 8-26 ETHYLENE 数据库中有效的参数

性质参数	描　述
SRKAIJ	SRK 状态方程模型二元交互作用参数
SRKBIJ	SRK 状态方程模型二元交互作用参数
SRKOMG	SRK 状态方程偏心因子
SRKPC	SRK 状态方程临界压力
SRKTC	SRK 状态方程临界温度

表 8-27　ETHYLENE 数据库中有效的组分

组分标识符	组分名	组分标识符	组分名	组分标识符	组分名
AR	氩气	C_5H_8-4	1,4-戊二烯	$C_{10}H_{20}$-5	1-癸烯
CCl_2F_2	二氯二氟甲烷	C_5H_8-6	2-甲基-1,3-丁二烯	$C_{10}H_{22}$-1	正癸烷
CH_4	甲烷	C_6H_{10}-2	环己烯	$C_{10}H_8$	萘
CO	一氧化碳	C_6H_{12}-1	环己烷	$C_{11}H_{10}$-1	1-甲基萘
CO_2	二氧化碳	C_6H_{12}-3	1-己烯	$C_{11}H_{22}$-2	1-十一烯
C_2H_2	乙炔	C_6H_{14}-1	正己烷	$C_{11}H_{24}$	正十一烷
C_2H_4	乙烯	C_6H_{14}-5	2,3-二甲基-丁烷	$C_{12}H_{18}$-D2	对二异丙基苯
C_2H_6	乙烷	C_6H_6	苯	$C_{12}H_{24}$-2	1-十二烯
C_3H_4-1	丙二烯	C_7H_{14}-6	甲基环己烷	$C_{12}H_{26}$	正十二烷
C_3H_4-2	甲基乙炔	C_7H_{14}-7	1-庚烯	$C_{13}H_{10}$	芴
C_3H_6-2	丙烯	C_7H_{16}-1	正庚烷	$C_{13}H_{26}$-2	1-十三烯
C_3H_7NO	N,N-二甲基甲酰胺	C_7H_{16}-2	2-甲基己烷	$C_{13}H_{28}$	正十三烷
C_3H_8	丙烷	C_7H_8	甲苯	$C_{14}H_{10}$-1	蒽
C_4H_{10}-1	正丁烷	C_6H_{10}-2	间二甲苯	$C_{14}H_{28}$-2	1-十四烯
C_4H_{10}-2	异丁烷	C_6H_{10}-4	乙苯	$C_{14}H_{30}$	正十四烷
C_4H_4	乙烯基乙炔	C_8H_{16}-1	1,1-二甲基环己烷	$C_{15}H_{24}$	正壬基苯
C_4H_6-4	1,3-丁二烯	C_8H_{16}-16	1-辛烯	$C_{15}H_{32}$	正十五烷
C_4H_8-1	正丁烯	C_8H_{18}-1	正辛烷	$C_{16}H_{12}$	1-苯基萘
C_4H_8-2	顺-2-丁烯	C_8H_{18}-2	2-甲基庚烷	$C_{18}H_{12}$	䓛
C_4H_8-3	反-2-丁烯	C_8H_8	苯乙烯	$C_{20}H_{16}$	三苯基乙烯
C_4H_8-5	异丁烯	C_9H_{10}	ALPHA-甲基-苯乙烯	$C_{26}H_{20}$	四苯基乙烯
C_5H_{10}-1	环戊烷	C_9H_{12}-5	1-甲基-4-乙基苯	H_2	氢气
C_5H_{10}-2	1-戊烯	C_9H_{18}-1	正丙基环己烷	H_2O	水
C_5H_{12}-1	正戊烷	C_9H_{18}-3	1-壬烯	H_2S	硫化氢
C_5H_{12}-2	2-甲基-丁烷	C_9H_{20}-1	正壬烷	N_2	氮气
C_5H_6	环戊二烯	C_9H_{20}-D1	2-甲基辛烷	O_2	氧气
C_5H_8	顺-1,3-戊二烯	C_9H_8	茚	O_2S	二氧化硫
C_5H_8-1	环戊烯	$C_{10}H_{14}$-9	1,2,4,5-四甲基苯		
C_5H_8-3	1-反-3-戊二烯	$C_{10}H_{20}$-1	正丁基苯		

8.4.9　二元交互作用参数库

Aspen Plus 中内置两类性质方法的二元交互作用参数：具有量纲的活度系数方法的和无量纲的状态方程方法的。同时，活度系数方法又分为适用于气-液应用和液-液应用的两种。后者也应同时适用于气-液-液三相应用。表 8-28 和表 8-29 分别列出 Aspen Plus 中各种活度系数方法和状态方程方法的二元交互作用参数的名称。

AspenTech 公司使用 Dortmund Databank（DDB）开发各种活度系数方法的二元交互作用参数，和使用广泛的文献数据研发各种状态方程的二元交互作用参数。当用户在模拟中选用这些性质方法时，程序会自动地检索这些参数，同时显示在性质文件夹的二元交互作用参数表格的输入数据表中。用户也可以灵活地选择不使用某一对内置的二元参数的方式，并在输入数据表中输进自用的二元交互作用参数。

DDB 起始于 20 世纪 70 年代，由德国多特蒙德大学建立，最初收集气-液相平衡数据用于开发 UNIFAC 基团贡献法来估算混合物的蒸气压。经过多年的努力，并在德国政府的强力支持下，现在已扩展至许许多多其它的性质，收集的数据数量也极大地增加。仅仅混合物数据部分，至 2007 年 4 月为止，已收集的数据有 10750 组分的 308000 数据组的 2157000 数据点，构成 84870 个二元及更高组分数的体系，而且在继续不断地发展中。因此，Aspen Plus 中二元交互作用参数不是简单地几百对或几千对数量问题，而是依靠着一个庞大数据库源源不断地支持着。即使如此，由于某些数据受使用条件的限制或仍旧缺乏某些体系的实验数据，因此在使用过程中经常会发生二元交互作用参数空缺的情况。

表 8-28　活度系数方法二元交互作用参数的名称

性质方法名称	液相模型	气相模型	二元参数名称
气-液相应用			
NRTL	NRTL	IDEAL	NRTL
NRTL-HOC	NRTL	Harden-O'Connell	NRTL
NRTL-RK	NRTL	Redrich-Kwong	NRTL
UNIQUAC	UNIQ	IDEAL	UNIQ
UNIQ-HOC	UNIQ	Harden-O'Connell	UNIQ
UNIQ-RK	UNIQ	Redrich-Kwong	UNIQ
WILSON	WILSON	IDEAL	WILSON
WILS-HOC	WILSON	Harden-O'Connell	WILSON
WILS-GLR	WILSON	IDEAL	WILSON
WILS-LR	WILSON	IDEAL	WILSON
WILS-RK	WILSON	Redrich-Kwong	WILSON
液-液相应用			
NRTL	NRTL	IDEAL	NRTL
NRTL-HOC	NRTL	Harden-O'Connell	NRTL
NRTL-RK	NRTL	Redrich-Kwong	NRTL
UNIQUAC	UNIQ	IDEAL	UNIQ
UNIQ-HOC	UNIQ	Harden-O'Connell	UNIQ
UNIQ-RK	UNIQ	Redrich-Kwong	UNIQ

表 8-29　状态方程方法二元交互作用参数的名称

状态方程模型名称	二元参数名称
标准 RKS 方程	RKSKBV
标准 PR 方程	PRKIJ
Lee-Kesler-Plöcker 方程	LKPKIJ
BWR-Lee-Starling 方程	BWRKV, BWRKT
Harden-O'Connell 方程	HOCETA

8.4.10　内部数据库

Aspen Plus 中具有 4 个内部数据库用于不同的内部组分体系：纯组分、固体组分、离子组分和二元交互作用参数，见表 8-17。当用户拥有大量内部数据在 Aspen 物性系统中使用时，需要使用内部数据库。这些数据库独立于软件的系统数据库。它们可以单独使用，也可以和系统数据库联合使用。可以是优先搜索，或不是。内部数据库需要由系统管理员应用数据库管理系统来创立和激活，然后用户才能使用。

8.4.11　用户数据库

Aspen Plus 中具有 4 个用户数据库（见表 8-17）。当用户拥有某些不打算面向所有用户的数据时，适合使用用户数据库。这种情况存在于某些数据准确性可能有问题或它们不适宜公开使用等场合。与内部数据库一样，它们可以是独立地优先地使用，或不是。内部数据库可以由用户自己应用数据库管理系统来创立并使用。

8.4.12　选用的数据库

8.4.12.1　PPDS 数据库

当用户具有 PPDS 数据库使用许可时，Aspen Plus 可以直接调用 PPDS 的数据和物性推算系统。

8.4.12.2 FACTPCD 数据库

Aspen Plus 中 FACTPCD 数据库含有 Aspen/TACT/ChemApp 接口要求的组分。当使用该数据库时，同时要求安装第三方软件 FactSage5.0 和 ChemApp。实施规定的操作步骤后，组分实际上就转变成不同于 Aspen Plus 组分的 FACT 试样，使得 Aspen Plus 用户通过上述接口在模拟中使用 FactSage 软件的热力学数据和求解模型。FACTPCD 主要应用于高温冶金过程模拟。

8.4.12.3 Aspen OLI Interface[49~52]

Aspen OLI 界面程序是一个分层产品，用户通过这个程序能在 Aspen 工程套件环境内完全地使用 OLI 公司的三个产品：OLI Engine，Chemistry Wizard，Chemistry Generator。从而使用户能全面地使用 OLI 数据库完成所需要的电解质体系的模拟和分析。用户需要同时获得这个界面程序和 OLI 系统公司这三个产品的使用许可。

8.4.13 ADA/PCS 系统和石油试样数据库

Aspen Plus 对于石油及其产品的处理方法类似 PRO/Ⅱ模拟软件，它使用类似的石油试样数据分析和虚拟组分性质生成系统，称为 ADA/PCS 系统。关于石油试样数据分析和虚拟组分的描述可阅读前节之（6）"石油表征方法和虚拟组分"中的有关叙述。Aspen Plus 内置的虚拟组分性质生成方法共有 8 种，列于表 8-30。

Aspen Plus 同时具有两个石油试样数据库：Phillips 原油数据库和 Aspen 内置石油试样数据库。前者需要具有 Phillips 公司原油数据库的使用许可。后者是来自于文献收集的世界各地的 184 个石油试样数据，用户都可以使用。内置石油试样数据库的石油试样名称列于表 8-31。

表 8-30　Aspen Plus 内置的虚拟组分性质生成方法

性质名称	性质方法名称			
	API-METH	API-TWU	ASPEN	Coal-Liq
相对分子质量	Hariu-Sage	Hariu 和 Sage-Aspen	Hariu 和 Sage-Aspen	Hariu-Sage
临界温度	Riazi-Daubert	TWU	Riazi-Daubert	Tsang-Aspen
临界压力	Riazi-Daubert	TWU	Riazi-Daubert	Tsang-Aspen
临界体积	Riedel	TWU	Riedel	Riedel
偏心因子	Kesler-Lee	Kesler-Lee,Aspen	Kesler-Lee,Aspen	Kesler-Lee
蒸气压	Maxwell-Bonnell	BK-10	BK-10	Tsang-SWAP
液体摩尔体积	Rackett	Rackett	Rackett	Rackett
水溶解度	Aspen	API 煤油溶解度曲线	Aspen	Aspen
液体黏度	Watson	Watson	Watson	Watson
理想气体比热容	Kesler-Lee	Kesler-Lee	Kesler-Lee	Mathias-Monks
气化热	Vetere	Vetere	Vetere	Vetere
标准生成焓	设为 0	Edmister	Edmister	设为 0
标准吉布斯自由能	设为 0	Edmister	Edmister	设为 0
RKS 二元参数	API 1978	API 1978	API 1978	API 1978
BWR 方位参数,临界温度和体积	Brule et al.	Watson	—	Brule 等

表 8-30（续）　Aspen Plus 内置的石油性质生成方法

性质名称	性质方法名称/模型			
	EXTAPI	EXTCAV	EXTTWU	Coal-Liq
相对分子质量	扩展 API 关联式	扩展 API 关联式	Twu 扩展式	Kesler-Lee
临界温度	Twu 扩展式	扩展 Cavett	Twu 扩展式	Kesler-Lee
临界压力	Twu 扩展式	扩展 Edmister	Twu 扩展式	Kesler-Lee

续表

性质名称	性质方法名称/模型			
	EXTAPI	EXTCAV	EXTTWU	Coal-Liq
临界体积	Twu 扩展式	扩展 Edmister	Twu 扩展式	Riedel
偏心因子	Lee-Kesler 扩展式	Lee-Kesler 扩展式	Twu 扩展式	Kesler-Lee
蒸气压	BK-10	BK-10	BK-10	Kesler-Lee
液体摩尔体积	Rackett	Rackett	Rackett	Rackett
水溶解度	API 煤油溶解度曲线	Aspen	API 煤油溶解度曲线	Aspen
液体黏度	Watson	Watson	Watson	Watson
理想气体比热容	Kesler-Lee	Kesler-Lee	Kesler-Lee	Kesler-Lee
气化热	Vetere	Vetere	Vetere	Vetere
标准生成焓	Edmister	Edmister	Edmister	Edmister
标准吉布斯自由能	Edmister	Edmister	Edmister	Edmister
RKS 二元参数	API 1978	API 1978	API 1978	API 1978
BWR 方位参数,临界温度和体积	—	—	—	—

表 8-31 Aspen Plus 内置石油试样数据库

石油试样名称	原油中文名称	原油名称
	亚太和前苏联	
ARDJUNA	印度尼西亚,阿尔朱纳	Ardjuna,Indonesia
ARIMBI	印度尼西亚,阿利姆比	Arimbi,Indonesia
ATTAKA	印度尼西亚,阿塔卡	Attaka,Indonesia
BACHHO	越南,白虎	Bach Ho(White Tiger),Viet Nam
BEKAPAI	印度尼西亚,贝卡派	Bekapai,Indonesia
BELIDA	印度尼西亚,南纳土纳海,贝里达,浮动油库和卸油船	Belida,floating storage and offloading vessel,South Natuna Sea,Indonesia
BEKOK	马来西亚,彼各	Bekok,Malaysia
BINTULU	马来西亚,民都鲁	Bintulu,Malaysia
BUNYU	印度尼西亚,布纽	Bunyu,Indonesia
BOMBAYHG	印度,孟买	Bombay High,India
CHAMPION	文莱,钱皮恩出口	Champion Export,Brunei
CINTA	印度尼西亚,辛塔	Cinta,Indonesia
DAIHUNG	越南,大熊	Dai Hung(Big Bear),Viet Nam
DULANG	马来西亚,都兰原油(近海生产区域)	Dulang,Malaysia offshore production area
DURI	印度尼西亚,苏门答腊岛,杜里(苏门答腊重质)	Duri(Sumatran Heavy),Sumatra,Indonesia
HANDIL	印度尼西亚,加里曼丹,亨迪尔	Handil,Kalimantan,Indonesia
JATIBRNG	印度尼西亚,爪哇,贾迪巴朗	Jatibarang,Java,Indonesia
KUMKOL	哈萨克斯坦,Kumkol	Kumkol,Kazakhstan
LABUANBL	马来西亚,沙巴,拉布安混合油	Labuan Blend,Sabah,Malaysia
MINAS	印度尼西亚,苏门答腊岛,米纳斯(苏门答腊轻质)	Minas(Sumatran Light),Sumatra,Indonesia
MIRILT	马来西亚,沙捞越,米里轻质	Miri Light,Sarawak,Malaysia
PULAI	马来西亚,普莱	Pulai,Malaysia
SALAWATI	印度尼西亚,西伊里安,萨拉瓦蒂	Salawati,West Irian,Indonesia
SANGA	印度尼西亚,加里曼丹,桑阿桑阿	Sanga Sanga,Kal imantan,Indonesia
SEPINGGA	印度尼西亚,东加里曼丹,塞平甘一亚金(4∶1)混合	Sepinggan-Yakin Mixed(4 to 1)East Kalimantan,Indonesia
SERIALT	文莱,诗里亚轻质	Seria Light,Brunei
SHENGLI	中国,胜利	Shengli,China

续表

石油试样名称	原油中文名称	原油名称
SIBERNLT	俄罗斯,西伯利亚轻质	Siberian Light,Russia
SOVIET	苏维埃出口混合油	Soviet Export Blend
TACHING	中国,大庆	Taching(Daqing),China
TAPIS	马来西亚,塔皮斯	Tapis,Malaysia
TAPISBL	马来西亚,塔皮斯混合油	Tapis Blend,Maiaysia
TEMBUNGO	马来西亚,沙巴,丁朋歌	Tembungo,Sabah,Malaysia
HYDRA	帝汶海,印度尼西亚-澳大利亚合作区域	Timor Sea,Indonesia-Australia Zone of Cooperation
UDANG	印度尼西亚,纳士纳海,乌丹	Udang,Natuna Sea,Indonesia
WALIO	印度尼西亚,西伊里安,瓦利奥	Walio,West Irian,Indonesia
澳洲		
BARROW	巴罗岛	Barrow Island
COOPERBS	南澳大利亚库珀盆地	Cooper Basin,South Australia
GIPPSLAN	巴斯海峡,吉普斯兰	Gippsland(Bass Strait)
GRIFFIN	西澳大利亚浮式采油单元,格里芬	Griffin,Floating production unit Western Australia
JABIRU	贾比鲁	Jabiru
JACKSON	杰克逊混合	Jackson Blend
KUTUBU	巴布亚新几内亚,库土布	Kutubu,Papua,New Guinea
NWSHELF	西北大陆架凝析油	Northwest Shelf Condensate
SALADIN	西澳大利亚,近海油田,萨拉丁	Saladin,Offshore,Western Australia
SKUA	澳大利亚,斯库厄	Skua,Australia
拉丁美洲		
BCF24	委内瑞拉,BCF24	BCF24,Venezuela
BACHAQUE	委内瑞拉,巴查克罗	Bachaquero,Venezuela
BOSCAN	委内瑞拉,博斯坎	Boscan,Venezuela
CANSECO	Canadon Seco	Canadon Seco
CANOLIMO	哥伦比亚,卡努里蒙	Cano Limon,Colombia
CEUTA	委内瑞拉,休达	Ceuta,Venezuela
CUSIANA	Cusiana	Cusiana
ESCALANT	Escalante	Escalante
GALEOTA	特立尼达多巴哥,加莱奥塔(特立尼达)混合	Galeota Mix(Trinidad Blend), Trinidad Tobago
ISTHMUS	墨西哥,伊斯默斯	Isthmus,Mexico
LAGOMEDI	委内瑞拉,拉戈梅迪亚	Lagomedio,Venezuela
LAROSAMD	委内瑞拉,拉罗莎中质	La Rosa Medium,Venezuela
LEONA	委内瑞拉,利昂娜	Leona,Venezuela
LORETO	秘鲁,洛莱托	Loreto,Peru
MAYA	墨西哥,马亚	Maya
MEDANITO	Medanito(Neuquen Rio Negro Blend)	Medanito(Neuquen Rio Negro Blend)
MEREY	委内瑞拉,梅雷	Merey,Venezuela
OLMECA	墨西哥,奥尔梅卡	Olmeca
ORIENTE	厄瓜多尔,奥连特	Oriente,Ecuador
RINCON	Rincon de Los Sauces	Rincon de Los Sauces
TIAJUALT	委内瑞拉,蒂亚-胡安那轻质	Tia Juana Light,Venezuela
TIAJUAPS	委内瑞拉,蒂亚-胡安那重质	Tia Juana Pesado(Heavy),Venezuela
中东		
ABOOZAR	伊朗,阿布扎尔(阿尔德希尔)	Aboozar(Ardeshir),Iran

续表

石油试样名称	原油中文名称	原油名称
ABUALBU	阿拉伯联合酋长国,阿布扎比,阿布布科什	Abu Al Bu Khoosh,Abu Dhabi, U. A. E.
ALIF	也门,阿里夫(马里波)	Alif(Marib),Northern Yemen
ARABHY	沙特阿拉伯,阿拉伯重质(萨菲尼亚)	Arabian Heavy(Safaniya), Saudi Arabia
ARABLT1	沙特阿拉伯,阿拉伯轻质	Arabian Light,Saudi Arabia
ARABLT2	沙特阿拉伯,阿拉伯轻质(拜里)	Arabian Light(Berri),Saudi Arabia
ARABMD1	沙特阿拉伯,阿拉伯中质[胡尔塞尼亚-阿布萨法赫]	Arabian Medium[Khursaniyah-Abu Safah],Saudi Arabia
ARABMD2	沙特阿拉伯,阿拉伯中质[近海,祖卢夫-迈尔坚]	Arabian Medium[Offshore, Zuluf-Marjian],Saudi Arabia
BAHRGANS	伊朗,巴布坎萨尔-诺鲁兹(SIRIP 混合)	Bahrgansar-Nowruz(SIRIP Blend), Iran
BASRAHY	伊拉克,巴士拉重质	Basrah Heavy,Iraq
BASRALT	伊拉克,巴士拉轻质	Basrah Light,Iraq
BASRAMD	伊拉克,巴士拉中质	Basrah Medium,Iraq
BELAYIM	埃及,被拉易姆	Belayim,Egypt
BURGAN	中立区,布尔甘(沃夫拉)	Burgan(wafra),Divided Zone
DORROOD	伊朗,多尔鲁德(大留士)	Dorrood(Darius),Iran
DUBAI	阿拉伯联合酋长国,迪拜,迪拜(法塔赫)	Dubai(Fateh),Dubai,U. A. E.
DUKHAN	卡塔尔,杜汉(卡塔尔岛)	Dukhan(Qatar Land),Qatar
ESTZEITM	埃及,埃及海上生产区,东采特混合	East Zeit Mix,Egypt Offshore production area
EOCENE	中立区,伊奥森(沃夫拉)	Eocene(wafra),Divided Zone
FOROOZAN	伊朗,福罗赞(费雷敦)	Foroozan(Fereidoon),Iran
GLFSUEZM	埃及,苏伊士湾混合	Gulf of Suez Mix,Egypt
HOUT	中立区,豪特	Hout,Divided Zone
IRANHY	伊朗,伊朗重质	Iranian Heavy,Iran
IRANLT	伊朗,伊朗轻质	Iranian Light,Iran
KHAFJI	中立区,海夫吉	Khafji,Divided Zone
KIRKUKBL	伊拉克,基尔库克混合	Kirkuk Blend,Iraq
KUWAITEX	科威特,科威特出口	Kuwait Export,Kuwait
MARGHAM	阿拉伯联合酋长国,迪拜,莫尔加姆轻质	Margham Light,Dubai,U. A. E.
MUBAREK	阿拉伯联合酋长国,沙迦,穆巴拉克	Mubarek,Sharjah,U. A. E.
MURBAN	阿拉伯联合酋长国,阿布扎比,穆尔班	Murban,Abu Dhabi
OMANEXP	阿曼,阿曼出口	Oman Export,Oman
QATARMRN	卡塔尔,卡塔尔海上	Qatar Marine,Qatar
ROSTAM	伊朗,罗斯塔姆	Rostam,Iran
SALMON	伊朗,萨蒙(萨桑)	Salmon(Sassan),Iran
SHARJAH	阿拉伯联合酋长国,沙迦,沙迦凝析油	Sharjah Condensate,Sharjah,U. A. E.
SIRRI	伊朗,锡里	Sirri,Iran
SOROOSH	伊朗,索罗什(居鲁士)	Soroosh(Cyrus),Iran
SOUEDIE	叙利亚,苏埃迪	Souedie,Syria
UMMSHAIF	阿拉伯联合酋长国,阿布扎比,乌姆谢夫(阿布扎比海上)	Umm Shaif(Ahu Dhabi Marine),Abu Dhabi
ZAKUM	阿拉伯联合酋长国,阿布扎比,扎库姆(下扎库姆阿布扎比海上)	Zakum(Lower Zakum-Abu Dhabi Marine),Abu Dhabi

续表

石油试样名称	原油中文名称	原油名称
	北海	
ALBA	英国，北海阿尔巴重质	Alba，U. K. North Sea
ARGYLL	英国，北海阿盖尔	Argyll，U. K. North Sea
AUK	英国，北海奥克	Auk，U. K. North Sea
BEATRICE	英国，北海比阿特丽斯	Beatrice，U. K. North Sea
BERYL	英国，北海贝里尔	Beryl，U. K. North Sea
BRAE	英国，北海布雷	Brae，U. K. North Sea
BRENT	英国，北海布伦特	Brent，U. K. North Sea
BRENTBL	英国，北海布伦特混合	Brent Blend，U. K. North Sea
BUCHAN	英国，北海巴肯	Buchan，U. K. North Sea
CORMORA1	英国，北海科莫伦特北部	Cormorant，North，U. K. North Sea
CORMORA2	英国，北海科莫伦特南部	Cormorant A，South，U. K. North Sea
DAN	丹麦，北海达恩	Dan，Denmark North Sea
DANISH	丹麦的北海	Danish，North Sea
DUNLIN	英国，北海邓林	Dunlin，U. K. North Sea
EKOFISK	挪威，北海埃柯菲斯克	Ekofisk，Norway North Sea
EMERALD	英国，北海埃默拉尔德	Emerald，U. K. North Sea
FLOTTA	英国，北海弗洛塔	Flotta，U. K. North Sea
FORTIES	英国，挪威，北海福蒂斯	Forties，U. K. ，Norway，North Sea
FORTISBL	英国，北海福蒂斯混合	Forties Blend，U. K. North Sea
FULMAR	英国，北海富尔玛尔	Fulmar，U. K. North Sea
GORM	丹麦，北海戈尔姆	Gorm，Denmark North Sea
GULLFAKS	挪威，北海古尔法克斯	Gullfaks
KITTIWAK	英国，北海基特韦克	Kittiwake，U. K. North Sea
MAGNUS	英国，北海马格努斯	Magnus，U. K. North Sea
MAUREEN	英国，北海莫林	Maureen，U. K. North Sea
MONTROSE	英国，北海蒙特罗斯	Montrose，U. K. North Sea
MURCHISN	英国，挪威，北海默奇森	Murchison，U. K. ＆Norway，North Sea
NINIANBL	英国，北海尼尼安混合	Ninian Blend，U. K. North Sea
OSEBERG	挪威，奥赛贝格	Oseberg，Norway
STATFJOR	挪威，北海国家湾	Statfjord
TARTAN	英国，北海塔尔坦	Tartan，U. K. North Sea
THISTLE	英国，北海锡斯尔	Thistle，U. K. North Sea
	北非	
AMNA	利比亚，阿姆纳(高倾点)	Amna(High Pour)，Libya
ASHTART	突尼斯，阿什塔特	Ashtart，Tunisia
BREGA	利比亚，布雷加	Brega，Libya
BUATTIFE	利比亚，布阿蒂费尔	Bu Artifel，Libya
ESSIDER	利比亚，锡代尔	Es Sider，Libya
SAHARNBL	阿尔及利亚，萨哈兰混合	Saharan Blend，Algeria
SARIR	利比亚，塞里尔	Sarir，Libya
SIRTICA	利比亚，锡尔提加	Sirtica，Libya
ZARZAITN	阿尔及利亚，扎尔扎伊廷	Zarzaitine，Algeria
ZUEITINA	利比亚，祖韦提纳	Zueitina，Libya
	北美	
ALASKAKP	美国，阿拉斯加，库帕勒克	Kuparuk，Alaska
ALASKAWS	美国，阿拉斯加，西萨克	West Sak，Alaska
ALASKANS	美国，阿拉斯加，北坡	U. S. Alaska North Slope (ANS，Sadlerochit)
BOWRIVER	加拿大，艾伯特，鲍河重质	Bow River Heavy，Alberta

石油试样名称	原油中文名称	原油名称
CANSCOSY	加拿大合成	Syncrude Canada's SCO
CANSCOBP	加拿大两家改质工厂的合成	SCO from Bi-Provencial upgrader
CLDLAKBL	加拿大，艾伯特，冷湖混合[埃德蒙顿]	Cold Lake Blend[Edmonton]，Alberta
FEDERATE	加拿大，艾伯特，费德拉特轻质和中质	Federated Light and Medium，Alberta
GULFALBE	加拿大，艾伯特湾，轻质和中质	Gulf Alberta，L&M
HONDOMTY	美国，加利福尼亚，洪多蒙特	Hondo Monterey，California
HONDOSDS	美国，加利福尼亚，洪多桑德斯通	Hondo Sandstone，California
HONDOBL	美国，加利福尼亚，洪多混合	Hondo Blend(90%Monterey-10% Sandstone)，California
LIOYDMIN	加拿大，艾伯特和萨斯喀彻温，劳埃德明斯特	Lioydminster，Alberta and Saskatchewan
RAINBOW	加拿大，艾伯特，雷恩博轻质和中质	Rainbow Light and Medium，Alberta
RANGLDST	加拿大，艾伯特，南兰奇兰德轻质和中质	Rangeland-South L&M，Alberta
WAINWTKS	加拿大，艾伯特，韦恩赖特-金塞拉	Wainwright-Kinsella，Alberta
WSTTXINT	美国，俄克拉荷马，库欣，西德克萨斯中间	West Texas，Intermediate，Cushing，Okla.
西非		
BONNYLT	尼日利亚，邦尼轻质	Bonny Light，Nigeria
BONNYMD	尼日利亚，邦尼中质	Bonny Medium，Nigeria
BRASS	尼日利亚，布拉斯河	Brass River，Nigeria
CABINDA	安哥拉，卡宾达	Cabinda，Angola
DJENOBL	刚果，杰诺混合	Djeno Blend，Congo(Brazzaville)
ESCRAVOS	尼日利亚，哀思克拉沃	Escravos，Nigeria
ESPOIR	象牙海岸，埃斯普瓦	Espoir，Ivory Coast
FORCADOS	尼日利亚，福卡多斯混合	Forcados Blend，Nigeria
GAMBA	加蓬，甘巴	Gamba，Gabon
KOLEMARN	喀麦隆，科莱海上混合	Kole Marine Blend，Cameroon
LUCINA	加蓬，卢西纳海上	Lucina Marine，Gabon
MANDJI	加蓬，曼吉	Nandji，Gabon
PENNINGT	尼日利亚，彭宁顿	Pennington，Nigeria
QUAIBOE	尼日利亚，夸伊博	Qua Iboe，Nigeria
SALTPOND	加纳，萨尔特波德	Salt Pond，Ghana
SOYOBL	安哥拉，索约混合	Soyo Blend，Angola
ZAIRE	扎伊尔，扎伊尔	Zaire，Zaire

8.4.14 物性推算系统

Aspen Plus 中的物性推算系统是由性质方法（Property Method）所构成的。性质方法是用户用来计算热力学性质和传递性质的方法和模型的集合，类似于 PRO/Ⅱ 中的性质计算系统。

性质方法中计算的热力学性质包括：

- 逸度系数（相平衡常数 K）
- 焓
- 熵
- 吉布斯自由能
- 体积

性质方法中计算的传递性质包括：

- 黏度
- 热导率
- 扩散系数

- 表面张力

Aspen Plus 中已设置 81 组内置的性质方法，以满足各类专业计算的需要。用户也可以根据计算要求新建或修改内置的性质方法。表 8-32～表 8-35 分别列出 54 组以 K 计算方法说明为主的主要内置的性质方法。详细信息可以参阅 Aspen Plus 物性方法参考手册[53,54]。

表 8-32 理想性质方法

性质方法名称	K 值计算方法
IDEAL	理想气体定律/拉乌尔定律/亨利定律
SYSOP0	Aspen Plus 8 版的理想气体定律/拉乌尔定律

表 8-33 状态方程性质方法

性质方法名称	K 值计算方法
BWR-LS	BWR-Lee-Starling 方程
LK-PLOCK	Lee-Kesler-Plöcker 方程
PENG-ROB	Peng Robinson 方程（PR 方程）
PR-BM	具有 Boston Mathias alpha 函数的 PR 方程[55]
PRWS	具有 Wong-Sandier 混合规则的 PR 方程[56,57,58]
PRMHV2	具有修改的 Huron Vidal 混合规则的 PR 方程[59]
PSRK	预测性的 Redlich-Kwong-Soave 方程（RKS 方程）[60]
RKSWS	具有 Wong Sandier 混合规则的 RKS 方程
RKSMHV2	具有修改的 Huron-Vidal 混合规则的 RKS 方程
RK-ASPEN	Redlich-Kwong-ASPEN 方程
RK-SOAVE	RKS 方程
RKS-BM	具有 Boston-Mathias alpha 函数的 SRK 方程
SR-POLAR	Sehwartzentruber Renon 方程[61]

表 8-34 活度系数性质方法

性质方法名称	液相活度系数方法	气相逸度系数方法
B-PITZER	Bromley Pitzer 方程[62]	RKS 方程
ELECNRTL	电解质 NRTL 方程[63]	Redlich-Kwong 方程（RK 方程）
ENRTL-HF	电解质 NRTL 方程	HF 六聚模型[64]
ENRTL-HG	电解质 NRTL 方程	RK 方程
NRTL	NRTL 方程	理想气体方程
NRTL-HOC	NRTL 方程	Hayden-O'Connell 方程[65]
NRTL-NTH	NRTL 方程	Nothnagel 方程[66]
NRTL-RK	NRTL 方程	RK 方程
PITZER	Pitzer 方程[67]	RKS 方程
PITZ-HG	Pitzer 方程	RKS 方程
UNIFAC	UNIFAC 方程	KK 方程
UNIF-DMD	Dortmund 修改的 UNIFAC 方程	RKS 方程
UNIF-HOC	UNIFAC 方程	Hayden-O'Connell 方程
UNIF-LBY	Lyngby 修改的 UNIFAC 方程	理想气体方程
UNIF-LL	液-液体系 UNIFAC 方程	RK 方程
UNIQUAC	UNIQUAC 方程	理想气体方程
UNIQ-HOC	UNIQUAC 方程	Hayden-O'Connell 方程
UNIQ-NTH	UNIQUAC 方程	Nothnagel 方程
UNIQ-RK	UNIQUAC 方程	RK 方程
VANLAAR	Van Laar 方程	理想气体方程
VANL-HOC	Van Laar 方程	Hayden-O'Connell 方程
VANL-NTH	Van Laar 方程	Nothnagel 方程

续表

性质方法名称	液相活度系数方法	气相逸度系数方法
VANL-RK	Van Laar 方程	RK 方程
WILSON	Wilson 方程	理想气体方程
WILS-HOC	Wilson 方程	Hayden-O'Connell 方程
WILS-NTH	Wilson 方程	Nothnagel 方程
WILS-RK	Wilson 方程	RK 方程
WILS-HF	Wilson 方程	HF 六聚模型
WILS-GLR	Wilson 方程(理想气体和液相焓参考态)	理想气体方程
WILS-LR	Wilson 方程(液相焓参考态)	理想气体方程
WILS-VOL	具有体积项的 Wilson 方程	RK 方程

表 8-35　专用体系的性质方法

性质方法名称	K 值计算方法	适合应用的体系
AMINES	Kent-Eisenberg 有机胺模型	H_2S 和 CO_2 在 MEA,DEA, DIPA,DGA 溶液中
APISOUR	API 酸性水模型[68]	含有 NH_3,H_2S 和 CO_2 的酸性水
BK10	Braun K10[22,69,70]	石油
SOLIDS	理想气体定律/拉乌尔定律/亨利定律/固体活度系数	高温冶金
CHAO-SEA	Chao-Seader 对应状态模型	石油
GRAYSON	Grayson-Streed 对应状态模型	石油
STEAM-TA	ASME 水蒸气表关联式[71,72]	水/蒸汽
STEAMNBS	NBS/NRC 水蒸气状态方程[73]	水/蒸汽

8.4.15　物性估算方法

Aspen 物性系统的性质常数估算系统（Property Constant Estimation System，简称 PCES）用于估算物系的各类性质常数。当用户要求进行参数估算运算时，在缺省情况下，Aspen Plus 将完成计算模拟过程的物性模型中所需的所有缺少的性质常数。这些性质常数包括在指定的所有数据库中缺乏的和未在输入表格中规定的全部常数。

表 8-36～表 8-39 列出 Aspen Plus PCES 能够进行估算的常数和应用的估算方法。关于各个估算方法应用误差的评估可参阅 Aspen Plus 物性方法手册[52]和有关文献。

表 8-36　由 ASPEN PLUS 估算的纯组分常数

参数标识符	物理意义	估算方法
MW	分子量	分子结构
TB	正常沸点	Joback,Ogata-Tsuchida,Gani,Mani
TC	临界温度	Joback,Lydersen,Ambrose,Fedors,Simple,Gani,Mani
PC	临界压力	Joback,Lydersen,Ambrose,Gani
VC	临界体积	Joback,Lydersen,Ambrose,Riedel,Fedors,Gani
ZC	临界压缩因子	由 P,V 和 T 关系式
DHFORM	在 25℃的理想气生成热	Benson,Joback,Gani
DGFORM	在 25℃的理想气 Gibbs 生成自由能	Benson,Joback,Gani
OMEGA	Pitzer 偏心因子	定义式、Lee-Kesler
DHVLB	在 TB 时的气化热	由 TB 时的气化热关联式 DHVLWT
VB	在 TB 时的液体摩尔体积	在 TB 时的 Rackett 方程
VLSTD	标准液体积	在 60°F 时的 Rackett 方程

续表

参数标识符	物 理 意 义	估 算 方 法
RGYR	回转半径	由等张比容 PARC 计算
DELTA	在 25℃时的溶解度参数	定义式
GMUQR	UNIQUAC R 参数	UNIQUAC
GMUQQ	UNIQUAC Q 参数	UNIQUAC
PARC	等张比容①	基团贡献法
DHSFRM	在 25℃时的固体生成焓	Mostafa
DGSFRM	在 25℃时的固体 Gibbs 生成能	Mostafa
DHAQHG	无限稀释水溶液的生成焓	AQU-DATA，THERMO，AQU-EST1，AQU-EST2
DGAQHG	无限稀释水溶液 Gibbs 生成能	AQU-DATA，THERMO，AQU-EST1，AQU-EST2
S25HG	在 25℃时的熵	AQU-DATA，THERMO，AQU-EST1，AQU-EST2

① 在估计表面张力和回转半径时需要。

表 8-37　由 ASPEN PLUS 估算的温度相关性质关联式参数

参数标识符	物 理 意 义	估 算 方 法
CPIG	理想气体热容	实验数据回归，Benson，Joback
CPLDIP	液体热容	实验数据回归，Ruzicka
CPSPO1	固体热容	实验数据回归，Mostafa
PLXANT	蒸气压力	实验数据回归，Riedel，Li-Ma，Mani
DHVLWT	气化热	实验数据回归，定义式，Vetere，Gani，Ducros，Li-Ma
RKTZRA	液体摩尔体积	实验数据回归，Gunn-Yamada，Le Bas
OMEGHG	Helgeson OMEGA 比热容系数	Helgeson
CHGPAR	Helgeson C 比热容系数	HG-AUQ，HG-CRIS，HG-EST
MUVDIP	蒸汽黏度	实验数据回归，Reichenberg
MULAND	液体黏度	实验数据回归，Orrick-Erbar，Letsou-Stiel
KVDIP	蒸汽热导率	实验数据回归
KLDIP	液体热导率	实验数据回归，Sato-Riedel
SIGDIP	表面张力	实验数据回归，Brock-Bird，Macleod-Sugden，Li-Ma

表 8-38　由 ASPEN PLUS 估算的二元交互作用参数

参数标识符	物 理 意 义	估 算 方 法
WILSON/1，WILSON/2	Wilson 参数	实验数据回归，UNIFAC，UNIF-LL，UNIF-DMD，UNIF-LBY
NRTL/1，NRTL/2	NRTL 参数	实验数据回归，UNIFAC，UNIF-LL，UNIF-DMD，UNIF-LBY
UNIQ/1，UNIQ/2	UNIQUAC 参数	实验数据回归，UNIFAC，UNIF-LL，UNIF-DMD，UNIF-LBY

表 8-39　由 ASPEN PLUS 估算的 UNIFAC 组基团参数

参数标识符	物 理 意 义	估 算 方 法
GMUFR	UNIFAC R 参数	Bondi
GMUFR	UNIFAC Q 参数	Bondi
GMUFDR	用于 Dortmund UNIFAC 的 R 参数	Bondi
GMUFDQ	用于 Dortmund UNIFAC 的 Q 参数	Bondi
GMUFLR	用于 Lyngby UNIFAC 的 R 参数	Bondi
GMUFLQ	用于 Lyngby UNIFAC 的 Q 参数	Bondi

8.4.16　DFMS 数据库管理系统

DFMS 是 ASPEN PLUS 的一个外围系统。它具有它自己的运行程序，并随着操作系统不同而不同。DFMS 是用于创建和更新系统、内置或用户物性数据库的一个系统。DFMS 的五个主要功能是：

- 创建一个新的数据库
- 向一个已有的数据库中添加新的数据
- 从一个已有的数据库中删除数据
- 把一个数据库中的数据拷贝到另一个数据库
- 打印一个数据库的内容

　　物性数据库具有关于它们所储存数据的类型和位置的信息目录。目录结构反映了数据库类型。两种类型的数据库可由 DFMS 创建和维护：类型 1（或 PP1 数据库）和类型 2（或 PP2 数据库）。除了类型之外，所有的数据库都有它们自己的名称和口令。

　　类型 1（PP1 数据库）有一个解包的结构。拥有提供组分和参数任意组合的空间。它类似于一个网格，在一个轴上列出了所有的组分，另一个轴上列出了参数。如果缺少参数值，数据文件中就可能存在有空缺（文件完全没有被打包）。这种类型的数据库只使用一个参数目录。每个组分都有相同的参数和相同的结构。数据网格和数据结构在图 8-2 中举例说明。

(a)　网格结构　　　　　(b)　数据结构

图 8-2　解包结构数据库

类型 2（或 PP2 数据库）

　　具有一个打包的结构，与解包结构在以下两个方面有所不同：

- 每个组分具有它自己的参数目录并且可以具有唯一的一个参数集。
- 数据不按位置保存。指针跟踪数据，以至于这个文件是完全打包的。图 8-3 举例说明指针怎样用于 PP2 数据库结构中。

　　一个 PP2 数据库使用空间的效率比 PP1 要高，但是 PP2 数据库在保存或检索数据时需要更多的内存。在包含的所有组分所共有的并且范围又相当宽的参数集中，大部分数值有效的情况下，PP1 结构是合适的。PP2 结构适用于对 PP1 文件不合适的参数。例如，所有的二元交互作用参数对必须保存在 PP2 数据库中。

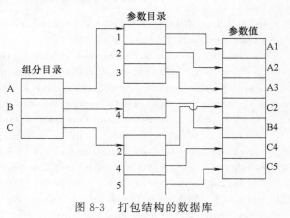

图 8-3　打包结构的数据库

　　关于 DMFS 数据库管理系统的使用等信息可参阅 [74]。

参 考 文 献

[1]　ECSS 工程化学模拟系统技术手册（汉化增强版）. 青岛理工大学计算机与化工研究所：1995.

[2]　李荷如. 天津市化工物性数据库. 计算机与化学，1991，（4）.

[3]　陈元勇，马沛生等. 烃类实验物性数据库. 河北化工，1996，（2）.

[4]　PPDS-2（Physical Property Data Service）User Manual Version 1. 0.

[5]　PPDS User Manual Version 1. 0 1984.

[6]　Component and Thermodynamic Data Keyword Input Manual，Volume I：Component，PRO/Ⅱ 8. 2 Edition，Invensys Simsci-Esscor，Oct 2008.

[7]　Kent R L，Eisenberg B. Better Data for Amine Treating，Hydrocarbon Processing，1976，Feb：87-90.

[8]　Harvey A H，Prausnitz J M. Thermodynamics of High-Pressure Aqueous Systems Containing Gases and Salts，AIChE J，1989，35：635-644.

[9]　Wilson G M. A New Correlation for NH_3，CO_2，H_2S Volatility Data from Aqueous Sour Water Systems，EPA Report EPA-600/2-80-067，1980.

[10]　Van Krevelen D W，Hoftijzer P J，Huntjens F J. Rec Trav Chim，1949，68：191-216.

[11]　Edwards T J，Newman J，Prausnitz J M. Thermodynamics of Aqueous Solutions Containing Volatile Weak Electrolytes，AIChE J，1975，21：248-259.

[12]　Wilson G M，Eng W W Y. GPAWAT：GPA Sour Water Equilibria Correlation and Computer and Computer Program，GPA Research Report RR-118，Gas Processors Association，1990.

[13]　Renon H，Prausnitz J M. Local Composition in Thermodynamic Excess Functions for Liquid Mixtures，AIChE J，1968，14：135-144.

[14]　Black C，Twu C H. Correlation and Prediction of Thermodynamic Properties for Heavy Petroleum，Shale Oils，Tar Sands and Coal Liquids，Paper presented at AIChE Spring Meeting，Houston，March 1983.

[15]　Twu C H. An Internally Consistent Correlation for Predicting the Critical Properties and Molecular Weights of Petroleum and Coad-tar Liquids，Fluid Phase Equil，1984，16：137-150.

[16]　Cavett R H. Physical Data for Distillation Calculations—Vapor-Liquid Equilibria，27th Mid-year Meeting of the API Division of Refining，42［Ⅲ］，1962，351-357.

[17]　Lee B I，Kesler M G. A Generalized Thermodynamic Correlation Based on Three-Parameter Corresponding States，AIChE J，1975，21：510-527.

[18]　Kesler M G，Lee B I. Improve Prediction of Enthalpy of Fractions，Hydrocarbon Proc，1976，53（3）：153-158.

[19]　Thermo Data Manager Manual，PRO/Ⅱ 8. 2 Edition，Invensys Simsci-Esscor，Oct 2008.

[20]　Component and Thermodynamic Data Keyword Input Manual，Volume Ⅱ：Thermodynamic Data，PRO/Ⅱ 8. 2 Edition，Invensys Simsci-Esscor，Oct 2008.

[21]　Reference Manual，Volume 1，Component and Thermophysical Properties，PRO/Ⅱ 8. 2 Edition，Invensys Simsci-Esscor，Oct 2008.

[22]　Cajander B C，Hipkin H G，Lenior J M. Prediction of Equilibrium Rations from Nomographs of Improved Accuracy，J Chem Eng Data，1960，5（3）：251-259.

[23]　Grayson H G，Streed C W. Vapor-Liquid Equilibria for High Temperature，High Pressure Hydrocarbon-Hydrocarbon Systems，6th World Congress，Frankfurt am Main，June 1963，19-26.

[24]　Erbar J H，Edmister W C. Vapor-Liquid Equilibria for High Temperature，High Pressure Hydrocarbon-Hydrocarbon Systems，6th World Congress，Frankfurt am main，June 1963，19-26.

[25]　Chao K C，Seader J D. A Generalized Correlation of Vapor-Liquid Equilibria in Hydrocarbon Mixtures，AIChE J，1961，7（4）：598-605.

[26]　Soave G. Equilibrium Constants from a Modified Redlich-Kwong Equation of State，Chem Eng Sci，1972，35：1197.

[27]　Kabadi V N，Danner R P. A modified Soave-Redlich-Kwong Equation of State for Water-Hydrocarbon Phase Equilibria，Ind Eng Chem，Proc Des Dev，1985，24（3）：537-541.

[28]　Huron M J，Vidal J. New Mixing Rules in Simple Equations of State for Representing Vapor-Liquid Equilibria of Strongly Non-ideal Mixtures，Fluid Phase Equil，1979，3：255-271.

[29]　Panagiotopoulos A Z，Reid R C. A New Mixing Rule for Cubic Equation of State for Highly Polar Asymmetric Systems，ACS Symp. Ser. 300，American Chemical Society，Washington，DC，1986，71-82.

[30]　Twu C H，Bluck D，Cunningham J R，Coon J E. A Cubic Equation of State with a New Alpha Function and New

Mixing Rule，Fluid Phase Euqil，1991，69：33-50.

[31]　Twu C H，Coon J E，Cunningham J R. An Equation of State for Hydrogen Fluoride，Fluid Phase Equil，1993，86：47-62.

[32]　Peng D Y，Robinson D B. A New Two-constant Equation of State for Fluids and Fluid Mixtures，Ind Eng Chem Fundam，1976，15：58-64.

[33]　Starting K E. Fluid Thermodynamic Properties for Light Petroleum Systems，Gulf Publishing Company，Houston，TX，1973.

[34]　Plöcker U，Knapp H，Prausnitz J M. Calculation of High-Pressure Vapor-Liquid Equilibria from a Corresponding States Correlation with Emphasis on Asymmetric Mixtures，Ind Eng Chem Proc Des Dev，1978，17：324-332.

[35]　Gupte P A，Rasmussen P，Fredenslund A. A New Group-Contribution Equation of State for Vapor-Liquid Equilibria，Ind Eng Chem Fundam，1986，25：636-645.

[36]　Twu C H，Coon J E，Bluck D. "Comparison of the Peng-Robinsen and Soave-Ridlich-Kwong Equations of State Using a New Zero-Pressure-Based Mixing Rule for the Prediction of High-Pressure and High-Temperature Phase Equilibria"，Ind Eng Chem Res 1998，37：1580-1585.

[37]　Renon H，Prausnitz J M. Local Composition in Thermodynamic Excess Functions for Liquid Mixtures，AIChE J，1968，14：135-144.

[38]　Abrams D S，Prausnitz J M. Statistical Thermodynamics of Mixtures：A New Expression for Excess Gibbs Free Energy of Partly or Completely Miscible Systems，AIChE J，1975，21：116-128.

[39]　Wilson G M. Vapor Liquid Equilibrium XI，A New Expression for the Excess Free Energy of Mixing，J Amer Chem Soc，1964，86：127.

[40]　van Laar J J. The Vapor Pressure of Binary Mixtures，Z Phys Chem，1910，72：723-751.

[41]　Margules Sitzber，Akad Wiss Wien，Math Naturw，(2A)，1895，104：1234.

[42]　Redlich O，Kister A T. Algebraic Representation of Thermodynamic Properties and the Classification of Solutions，Ind Eng Chem 1984，40：345-348.

[43]　Hildebrand J H，Prausnitz J M，Scott R L. Regular and Related Solutions，Van Nostrand Reinhold Co，New York，1970.

[44]　Fredenslund Aa，Jones R L，Prausnitz J M. Group Contribution Estimation of Activity Coefficient in Nonideal Liquid Mixtures，AIChE J，1975，27：1089-1099.

[45]　Larsen B L，Rasmussen P，Fredenslund Aa. A modified UNIFAC Group Contribution Model for Prediction of Phase Equilibria and Heats of Mixing，Ind Eng Chem Res，1987，26 (11)：2274-2286.

[46]　Weidlich V，Gmehling J. A modified UNIFAC Model. 1. Prediction of VLE，h^E，and γ，Ind Eng Chem Res，1987，26：1372-1381.

[47]　Torres-Marchal C，Cantalino A L. Industrial Applications of UNIFAC，Fluid Phase Equil，1986，29：69-76.

[48]　JANAF Thermochemical Tables，Dow Chemical Company，Midland，Michigan，1979.

[49]　Aspen OLI Interface User Guide，Version 2006. 5，AspenTech，Oct 2007.

[50]　Aspen OLI Interface Chemistry Wizard User Guide，Version 2006. 5，AspenTech，Oct 2007.

[51]　Aspen OLI Interface Chemistry Generator User Guide，Version 2006. 5，AspenTech，Oct 2007.

[52]　Aspen OLI Interface Data Locator User Guide，Version 2006. 5，AspenTech，Oct 2007.

[53]　Aspen Physical Property Methods，Version 2006. 5，AspenTech，Oct 2007.

[54]　Aspen Physical Property Models，Version 2006. 5，AspenTech，Oct 2007.

[55]　Boston J F，Mathias P M. Phase Equilibria in a Third-Generation Process Simulator，in Proceedings of the 2nd International Conference on Phase Equilibria and Fluid Properties in the Chemical Process Industries，West Berlin，(17-21 March 1980) pp. 823-849.

[56]　Wong D S，Sandler S I. A Theoretically Correct New Mixing Rule for Cubic Equations of State for Both Highly and Slightly Non-ideal Mixtures，AIChE J，1992，38：671-680.

[57]　Wong D S，Orbey H，Sandler S I. Equation of State Mixing Rule for Non-ideal Mixtures Using Available Activity Coefficient Model Parameters and That Allows Extrapolation over Large Ranges of Temperature and Pressure，Ind Eng Chem Res，1992，31：2003-2039.

[58]　Orbey H，Sander S I，Wong D S. Accurate Equation-of-State Predictions at High Temperatures and Pressure Using the Existing UNIFAC Model，Fluid Phase Eq，1993，85：41-54.

[59]　Dahl S，Michelsen M L. High-Pressure vapor-Liquid Equilibrium with a UNIFAC-based Equation-of-State，AIChE J，1990，36：1829-1836.

［60］ Holderbaum T, Gmehling J. PSRK: A Group Contribution Equation-of-State Based on UNIFAC, Fluid Phase Eq, 1991, 70: 251-265.

［61］ Schwartzentruber J, Renon H. extension of UNIFAC to High Pressures and Temperature by the Use of a Cubic Equation-of-State, Ind Eng Chem Res, 1989, 28: 1049-1055.

［62］ Bromley L A. Thermodynamic Properties of Strong Electrolytes in Aqueous Solutions, AIChE J, 1973, 18: 313.

［63］ Mock B, Evans L B, Chen C-C. Phase Equilibria in Multiple-Solvent Electrolyte Systems: A New Thermodynamic Model, Article Presented in Summer Computer Simulation Conference, Boston, July 1984.

［64］ Abbott M M, van Ness H C. Thermodynamics of Solutions Containing Reactive Species, a Guide to Fundamentals and Applications, Fluid Phase Eq, 1992, 77: 53-119.

［65］ Hayden J G, O' Connell J P. A Generalized Method for Predicting Second Virial Coefficients, Ind Eng Chem, Process Des Dev, 1974, 14 (3): 209-216.

［66］ Nothnagel K H, Abrams D S, Prausnitz J M. Generalized Correlation for Fugacity Coefficients in Mixtures at Moderate Pressures, Ind Eng Chem, Process Des Dev, 1973, 12 (1): 25-35.

［67］ Pitzer KS. Thermodynamics of Electrolytes. I. Theoretical Basis and General Equations, J Phys Chem, 1973, 77: 268.

［68］ American Petroleum Institute, New Correlation of NH_3, CO_2, and H_2S volatility Data from Aqueous Sour Water Systems, API Publication 955, March 1978.

［69］ Lenoir J M. Predict K Values at Low Temperatures, part 1, Hydrocarbon Processing, 1969, September: 167.

［70］ Lenoir J M. Predict K Values at Low Temperatures, part 2, Hydrocarbon Processing, 1969, October: 121.

［71］ ASME Steam Tables, Thermodynamic and Transport Properties of Steam, 1967.

［72］ Moore K V. Aerojet Nuclear Company, Prepared for the U. S. Atomic Energy Commission, ASTEM-A Collection of FORTRAN Subroutines to Evaluate the 1967 ASME equations of state for water/steam and derivatives of theses equations.

［73］ Haar L, Gallagher J S, Kell J H. NBS/NRC Steam Tables, Washington: Hemisphere Publishing Corporation, 1984.

［74］ Aspen Plus System Management Guide, Version 2006. 5, AspenTech, Oct 2007.

附录　常用单位换算

附表 1　长度单位换算

米(m)	英寸(in)	英尺(ft)	码(yd)	米(m)	英寸(in)	英尺(ft)	码(yd)
1	39.37	3.2808	1.0936	0.3048	12	1	0.3333
0.0254	1	0.0833	0.0278	0.9144	36	3	1

附表 2　面积单位换算

米²(m²)	英寸²(in²)	英尺²(ft²)	码²(yd²)	米²(m²)	英寸²(in²)	英尺²(ft²)	码²(yd²)
1	1550	10.764	1.196	0.0929	144	1	0.1111
6.4516×10^{-4}	1	6.944×10^{-4}	7.716×10^{-4}	0.8361	1296	9	1

附表 3　体积单位换算

米³(m³)	分米³、升(dm³,L)	英寸³(in³)	英尺³(ft³)	英加仑(UKgal)	美加仑(USgal)
1	10^3	61024	35.315	220	254.2
10^{-3}	1	61.02	0.0353	0.22	0.2642
1.64×10^{-3}	0.0164	1	5.787×10^{-4}	3.605×10^{-3}	4.320×10^{-3}
0.0283	28.317	1728	1	6.2288	7.4805
0.0045	4.546	227.4	0.1605	1	1.201
3.785×10^{-3}	3.785	231	0.1337	0.8327	1

注：1桶（美）（石油）=9702in³=158.987L=34.972gdl（英）=42gal（美）。

附表 4　质量单位换算

千克(kg)	磅(lb)	英吨(长吨)(ton)	美吨(短吨)(USton)	千克(kg)	磅(lb)	英吨(长吨)(ton)	美吨(短吨)(USton)
1	2.2046	9.842×10^{-4}	1.1023×10^{-3}	1016.1	2240	1	1.12
0.4536	1	4.464×10^{-4}	5×10^{-4}	907.185	2000	0.892857	1

附表 5　密度单位换算

千克/米³(kg/m³)	磅/英寸³(lb/in³)	磅/英尺³(lb/ft³)	磅/英加仑(lb/UK gal)	磅/美加仑(lb/US gal)	千克/米³(kg/m³)	磅/英寸³(lb/in³)	磅/英尺³(lb/ft³)	磅/英加仑(lb/UK gal)	磅/美加仑(lb/US gal)
1	3.613×10^{-5}	6.243×10^{-2}	1.002×10^{-2}	8.345×10^{-3}	99.78	3.605×10^{-3}	6.229	1	0.8327
2.768×10^{4}	1	1728	277.42	231					
16.02	5.787×10^{-4}	1	0.1605	0.1337	119.8	4.329×10^{-3}	7.481	1.201	1

附表 6　相对密度、波美度和 API 单位的换算

$$波美度(°Bé)=145-\frac{145}{相对密度}（比水重时）$$

$$API 度(°API)=\frac{141.5}{相对密度}-131.5$$

$$波美度(°Bé)=\frac{140}{相对密度}-130（比水轻时）$$

相对密度 60°/60°F	°Bé	°API	相对密度 60°/60°F	°Bé	°API	相对密度 60°/60°F	°Bé	°API	相对密度 60°/60°F	°Bé	°API
0.600	103.33	104.33	0.700	70.00	70.64	0.800	45.00	45.38	0.900	25.56	25.72
0.605	101.40	102.38	0.705	68.58	69.21	0.805	43.91	44.28	0.905	24.70	24.35
0.610	99.51	100.47	0.710	67.18	67.80	0.810	42.84	43.19	0.910	23.85	23.99
0.615	97.64	98.58	0.715	65.80	66.40	0.815	41.78	42.12	0.915	23.01	23.14
0.620	95.81	96.73	0.720	64.44	65.03	0.820	40.73	41.06	0.920	22.17	22.30
0.625	94.00	94.90	0.725	63.10	63.67	0.825	39.70	40.02	0.925	21.35	21.47
0.630	92.22	93.10	0.730	61.78	62.34	0.830	38.67	38.98	0.930	20.54	20.55
0.635	90.47	91.33	0.735	60.48	61.02	0.835	37.66	37.96	0.935	19.73	19.84
0.640	88.75	89.59	0.740	59.19	59.72	0.840	36.67	36.95	0.940	18.94	19.03
0.645	87.05	87.88	0.745	57.92	58.43	0.845	35.68	35.96	0.945	18.15	18.24
0.650	85.38	86.19	0.750	56.67	57.17	0.850	34.71	34.97	0.950	17.37	17.45
0.655	83.74	84.53	0.755	55.43	55.92	0.855	33.74	34.00	0.955	16.60	16.67
0.660	82.12	82.89	0.760	54.21	54.68	0.860	32.79	33.03	0.960	15.83	15.90
0.665	80.53	81.28	0.765	53.01	53.47	0.865	31.85	32.08	0.965	15.08	15.13
0.670	78.96	79.69	0.770	51.82	52.27	0.870	30.92	31.14	0.970	14.33	14.38
0.675	77.41	78.13	0.775	50.65	51.08	0.875	30.00	30.21	0.975	13.59	13.63
0.680	75.88	76.59	0.780	49.49	49.91	0.880	29.09	29.30	0.980	12.86	12.89
0.685	74.38	75.07	0.785	48.34	48.75	0.885	28.19	28.39	0.985	12.13	12.15
0.690	72.90	73.57	0.790	47.22	47.61	0.890	27.30	27.49	0.990	11.41	11.43
0.695	71.44	72.10	0.795	46.10	46.49	0.895	26.42	26.60	0.995	10.70	10.71
									1.000	10.00	10.00

相对密度 60°/60°F	°Bé	相对密度 60°/60°F	°Bé	相对密度 60°/60°F	°Bé	相对密度 60°/60°F	°Bé	相对密度 60°/60°F	°Bé
1.010	1.44	1.100	13.18	1.190	23.15	1.280	31.72	1.370	39.16
1.020	2.84	1.110	14.37	1.200	24.17	1.290	32.60	1.380	39.93
1.030	4.22	1.120	15.54	1.210	25.17	1.300	33.46	1.390	40.68
1.040	5.58	1.130	16.68	1.220	26.15	1.310	34.31	1.400	41.43
1.050	6.91	1.140	17.81	1.230	27.11	1.320	35.15	1.410	42.16
1.060	8.21	1.150	18.91	1.240	28.06	1.330	35.98	1.420	42.89
1.070	9.49	1.160	20.00	1.250	29.00	1.340	36.79	1.430	43.60
1.080	10.74	1.170	21.07	1.260	29.92	1.350	37.59	1.440	44.31
1.090	11.97	1.180	22.12	1.270	30.83	1.360	38.38	1.450	45.00

续表

相对密度 60°/60°F	°Bé	相对密度 60°/60°F	°Bé	相对密度 60°/60°F	°Bé	相对密度 60°/60°F	°Bé	相对密度 60°/60°F	°Bé
1.460	45.68	1.570	52.64	1.680	58.69	1.790	63.99	1.900	68.68
1.470	46.36	1.580	53.23	1.690	59.20	1.800	64.44	1.910	69.08
1.480	47.03	1.590	53.81	1.700	59.71	1.810	64.89	1.920	69.48
1.490	47.68	1.600	54.38	1.710	60.20	1.820	65.38	1.930	69.87
1.500	48.33	1.610	54.94	1.720	60.70	1.830	65.77	1.940	70.26
1.510	48.97	1.620	55.49	1.730	61.18	1.840	66.20	1.950	70.64
1.520	49.61	1.630	56.04	1.740	61.67	1.850	66.62	1.960	71.02
1.530	50.23	1.640	56.59	1.750	62.14	1.860	67.04	1.970	71.40
1.540	50.84	1.650	57.12	1.760	62.61	1.870	67.45	1.980	71.77
1.550	51.45	1.660	57.65	1.770	63.08	1.880	67.87	1.990	72.14
1.560	52.05	1.670	58.17	1.780	63.54	1.890	68.28	2.000	72.50

附表 7　速度单位换算

米/秒(m/s)	千米(公里)/时(km/h)	英尺/秒(ft/s)	英尺/分 fpm(ft/min)	英里(哩)/时 mph(mile/h)
1	3.600	3.281	1.969×10^2	2.237
0.2778	1	9.113×10^{-1}	54.68	0.6214
0.3048	1.097	1	60.00	0.6818
5.080×10^{-3}	1.829×10^{-2}	1.667×10^{-2}	1	1.136×10^{-2}
0.4470	1.609	1.467	88.00	1

附表 8　体积流量单位换算

米³/时 (m³/h)	米³/分 (m³/min)	米³/秒 (m³/s)	英尺³/时 (ft³/h)	英尺³/秒 (ft³/s)	英加仑/分 gpm (Imp. gal/min)	美加仑/分 (U.S. gal/min)
1	1.667×10^{-2}	2.778×10^{-4}	35.31	9.81×10^{-3}	3.667	4.403
60	1	1.667×10^{-2}	2.119×10^3	0.5886	2.1998×10^2	2.642×10^2
3.6×10^3	60	1	1.271×10^5	35.31	1.32×10^4	1.585×10^4
2.832×10^{-2}	4.72×10^{-4}	7.866×10^{-3}	1	2.778×10^{-4}	0.1038	0.1247
1.019×10^2	1.699	2.832×10^{-2}	3.6×10^3	1	3.737×10^2	4.488×10^2
0.2728	4.546×10^{-3}	7.577×10^{-3}	9.632	2.676×10^{-3}	1	1.201
0.2271	3.785×10^{-3}	6.309×10^{-5}	8.021	2.228×10^{-3}	0.8327	1

附表 9　质量流量单位换算

千克/秒(kg/s)	千克/时(kg/h)	磅/秒(lb/s)	磅/时(lb/h)	吨/日(t/d)	吨/年(8000 小时)(t/a)
1	3.6×10^3	2.205	7.937×10^3	86.4	2.88×10^4
2.778×10^{-4}	1	6.124×10^{-4}	2.205	2.4×10^{-2}	8
0.4536	1.633×10^3	1	3.6×10^3	39.19	1.306×10^4
1.26×10^{-4}	0.4536	2.778×10^{-4}	1	1.089×10^{-2}	3.629
1.157×10^{-2}	41.67	0.02552	91.86	1	3.333×10^2
3.472×10^{-2}	0.125	7.656×10^{-5}	0.2756	3×10^{-3}	1

附表 10　力单位换算

牛顿(N)	千克力(kgf)	达因(dyn)	磅(lb)	磅达(pdl)
1	0.102	10^5	0.2248	7.233
9.807	1	9.807×10^5	2.2046	70.93
10^{-5}	1.02×10^{-6}	1	2.248×10^{-6}	7.233×10^{-5}
4.448	0.4536	4.448×10^5	1	32.174
0.1383	1.41×10^{-2}	1.383×10^4	3.108×10^{-2}	1

附表 11　压力单位换算

牛顿/米²(N/m²)或帕斯卡(Pa)	巴 bar	千克力/厘米²(kgf/cm²)或工程大气压(at)	磅/英寸²(psi)(lb/in²)	大气压(atm)(标准大气压)	毫米汞柱(0℃)(mmHg)	英寸汞柱(0℃)(inHg)	毫米水柱(15℃)(mmH₂O)	英寸水柱(15℃)(inH₂O)
1	10^{-5}	1.02×10^{-5}	1.45×10^{-4}	9.869×10^{-6}	7.501×10^{-3}	2.953×10^{-4}	0.1021	4.018×10^{-3}
10^5	1	1.020	14.5	0.9869	750.1	29.53	1.021×10^4	401.8
9.807×10^4	0.9807	1	14.22	0.9678	735.6	28.96	1.001×10^4	394.1
6.895×10^3	6.895×10^{-2}	7.031×10^{-2}	1	6.805×10^{-2}	51.71	2.036	7.037×10^2	27.7
1.013×10^5	1.013	1.033	14.7	1	760	29.92	1.034×10^4	407.2
1.338×10^2	1.333×10^{-3}	1.36×10^{-3}	1.934×10^{-2}	1.316×10^{-3}	1	3.937×10^{-2}	13.61	0.5357
3.336×10^3	3.386×10^{-2}	3.453×10^{-2}	0.4912	3.342×10^{-2}	25.4	1	3.456×10^2	13.61
9.798	9.798×10^{-5}	9.991×10^{-5}	1.421×10^{-3}	9.67×10^{-5}	7.349×10^{-2}	2.893×10^{-3}	1	3.937×10^{-2}
2.489×10^2	2.489×10^{-3}	2.538×10^{-3}	3.609×10^{-2}	2.456×10^{-3}	1.867	7.349×10^{-2}	25.4	1

注：标准大气压即物理大气压。

附表 12　表面张力单位换算

达因/厘米(dyn/cm)	克力/厘米(gf/cm)	千克力/米(kgf/m)	磅/英尺(lb/ft)	达因/厘米(dyn/cm)	克力/厘米(gf/cm)	千克力/米(kgf/m)	磅/英尺(lb/ft)
1	1.02×10^{-3}	1.02×10^{-4}	6.854×10^{-5}	9807	10	1	0.672
980.7	1	0.1	6.72×10^{-2}	14592	14.88	1.488	1

附表 13　（动力）黏度单位换算

帕·秒(Pa·s)或牛顿·秒/米²,[(N·s)/m²]	千克力·秒/米²[(kgf·s)/m²]	泊,P或克/(厘米·秒)[g/(cm·s)]	厘泊(cP)	磅·秒/英尺²[(lb·s)/ft²]
9.81	1	98.1	9.81×10^3	0.205
1	0.102	10	10^3	20.9×10^{-3}
0.1	1.02×10^{-2}	1	10^2	20.9×10^{-4}
10^{-3}	1.02×10^{-4}	10^{-2}	1	2.09×10^{-5}
47.88	4.88	478.8	4.788×10^4	1

注：$1N\cdot s/m^2=1kg/(m\cdot s)$；$1dyn\cdot s/cm^2=1P$（泊）。

附表 14　运动黏度单位换算

米²/秒(m²/s)	厘米²/秒(cm²/s)或沲(St)	米²/时(m²/h)	英尺²/秒(ft²/s)	英尺²/时(ft²/h)
10^{-4}	1	0.36	1.076×10^{-3}	3.875
1	10^4	3.6×10^3	10.76	3.875×10^4
2.778×10^{-4}	2.778	1	2.99×10^{-3}	10.76
9.29×10^{-2}	929	3.346×10^2	1	3.6×10^3
2.58×10^{-3}	0.258	9.29×10^{-2}	2.78×10^{-4}	1

注：沲是斯托克斯（Stokes）的习惯叫法，1沲（St）=10^2厘沲（cSt）。

附表15 功、能和热量单位换算

焦耳 (J)	千克力·米 (kgf·m)	米制马力·时 (PS·h)	英制马力·时 (HP·h)	千瓦·时 (kW·h)	千卡 (kcal)	英热单位 (Btu)	英尺·磅 (ft·lb)
1	0.102	3.777×10^{-7}	3.725×10^{-7}	2.778×10^{-7}	2.389×10^{-4}	9.478×10^{-4}	0.7376
9.807	1	3.704×10^{-6}	3.653×10^{-6}	2.724×10^{-6}	2.342×10^{-3}	9.295×10^{-3}	7.233
2.648×10^{6}	2.7×10^{5}	1	0.9863	0.7355	632.5	2510	1.953×10^{6}
2.685×10^{6}	2.738×10^{5}	1.014	1	0.7457	641.2	2544.4	1.98×10^{6}
3.6×10^{6}	3.671×10^{5}	1.36	1.341	1	859.8	3412	2.655×10^{6}
4187	426.9	1.581×10^{-3}	1.559×10^{-3}	1.163×10^{-3}	1	3.968	3.087×10^{3}
1055	107.6	3.985×10^{-4}	3.93×10^{-4}	2.93×10^{-4}	0.252	1	778.2
1.356	0.1383	5.121×10^{-7}	5.05×10^{-7}	3.768×10^{-7}	3.24×10^{-4}	1.285×10^{-3}	1

注：1焦耳（J）＝1牛顿·米（N·m）＝1瓦·秒（W·s）＝10^{7}尔格（erg）；1尔格（erg）＝1达因·厘米（dyn·cm）＝10^{-7}焦耳。

附表16 功率单位换算

瓦 (W)	千瓦 (kW)	米制马力 (PS)	英制马力 (HP)	千克力·米/秒 [(kgf·m)/s]	千卡/秒 (kcal/s)	英热单位/秒 (Btu/s)	英尺·磅/秒 [(ft·lb)/s]
1	10^{-3}	1.36×10^{-3}	1.341×10^{-3}	0.102	2.39×10^{-4}	9.478×10^{-4}	0.7376
10^{3}	1	1.36	1.341	102	0.239	0.9478	737.6
735.5	0.7355	1	0.9863	75	0.1757	0.6972	542.5
745.7	0.7457	1.014	1	76.04	0.1781	0.7068	550
9.807	9.807×10^{-3}	1.333×10^{-2}	1.315×10^{-2}	1	2.342×10^{-3}	9.295×10^{-3}	7.233
4187	4.187	5.692	5.614	426.9	1	3.968	3087
1055	1.055	1.434	1.415	107.6	0.252	1	778.2
1.356	1.356×10^{-3}	1.843×10^{-3}	1.82×10^{-3}	0.1383	3.24×10^{-4}	1.285×10^{-3}	1

注：1瓦（W）＝1焦耳/秒（J/s）＝1牛顿·米/秒（N·m/s）；1尔格/秒（erg/s）＝10^{-7}瓦（W），1英尺·磅达/秒［(ft·pdl)/s］＝0.04214牛顿·米/秒［(N·m)/s］。

附表17 比热容单位换算

焦耳/(千克·K) [J/(kg·K)]	焦耳/(克·℃) [J/(g·℃)]	千卡/(千克·℃) [kcal/(kg·℃)]	英热单位/(磅·°F) [But/(lb·°F)]	摄氏热单位/(磅·℃) [Chu/(lb·℃)]	千克·米/(千克·℃) [(kg·m)/(kg·℃)]
1	10^{-3}	2.389×10^{-4}	2.389×10^{-4}	2.389×10^{-4}	1.02×10^{-1}
10^{3}	1	0.2389	0.2389	0.2389	1.02×10^{2}
4.187×10^{3}	4.187	1	1	1	4.269×10^{2}
9.807	9.807×10^{-3}	2.342×10^{-3}	2.342×10^{-3}	2.342×10^{-3}	1

附表18 温度单位换算

开尔文(K)	摄氏度(℃)	华氏度(°F)	兰金度(°R)
℃＋273.15	℃	$\frac{9}{5}$℃＋32	$\frac{9}{5}$℃＋491.67
$\frac{5}{9}$(°F＋459.67)	$\frac{5}{9}$(°F－32)	°F	°F＋459.67
$\frac{5}{9}$°R	$\frac{5}{9}$(°R－491.67)	°R－459.67	°R
K	K－273.15	$\frac{9}{5}$K－459.67	$\frac{9}{5}$K

附表19 导热系数单位换算

千卡/(米·时·℃) [kcal/(m·h·℃)]	卡/(厘米·秒·℃) [cal/(cm·s·℃)]	瓦/(米·K) [W/(m·K)]	焦耳/(厘米·秒·℃) [J/(cm·s·℃)]	英热单位/(英尺·时·°F) [Btu/(ft·h·°F)]
1	2.78×10^{-3}	1.16	1.16×10^{-3}	0.672
360	1	418.7	4.187	242
0.8598	2.39×10^{-3}	1	10^{-2}	0.578
85.98	0.239	100	1	57.8
1.49	4.13×10^{-3}	1.73	1.73×10^{-2}	1

附表20 传热系数单位换算

焦耳/(米²·秒·K) [J/(m²·s·K)] 瓦/米²·K[W/(m²·K)]	千卡/(米²·时·℃) [kcal/(m²·h·℃)]	卡/(厘米·秒·℃) [cal/(cm²·s·℃)]	英热单位/ (英尺²·时·℉) [Btu/(ft²·h·℉)]
1	0.8598	2.388×10^{-5}	0.1761
1.162	1	2.778×10^{-5}	0.2048
4.187×10^4	3.6×10^4	1	7373
5.678	4.882	1.356×10^{-4}	1

附表21 扩散系数单位换算

厘米²/秒 (cm²/s)	米²/时 (m²/h)	英尺²/时 (ft²/h)	英寸²/秒 (in²/s)	厘米²/秒 (cm²/s)	米²/时 (m²/h)	英尺²/时 (ft²/h)	英寸²/秒 (in²/s)
1	0.36	3.875	0.155	0.2581	0.0929	1	0.04
2.778	1	10.76	0.4306	6.452	2.323	25	1